Erziehungswissenschaft

Norbert M. Seel
Ulrike Hanke

Erziehungswissenschaft

Lehrbuch für Bachelor-, Master- und Lehramtsstudierende

Springer VS

Norbert M. Seel
Institut für Erziehungswissenschaft
Albert-Ludwigs-Universität Freiburg
Freiburg, Deutschland

Ulrike Hanke
Teachertraining
Freiburg, Deutschland

ISBN 978-3-642-55205-2 ISBN 978-3-642-55206-9 (eBook)
DOI 10.1007/978-3-642-55206-9

Die Deutsche Nationalbibliothek verzeichnet diese Publikation in der Deutschen Nationalbibliografie; detaillierte bibliografische Daten sind im Internet über http://dnb.d-nb.de abrufbar.

Springer VS

Planung und Lektorat: Marion Krämer, Meike Barth, Stella Schmoll
Redaktion: Maren Klingelhöfer
Zeichnungen: Sonia Schadwinkel
Index: Alexander Reischert (Redaktion ALUAN)
Grafiken: Stephan Meyer
Einbandentwurf: eStudio Calamar
Einbandabbildung: © lightpoet – shutterstock.com

Gedruckt auf säurefreiem und chlorfrei gebleichtem Papier.

Springer-Verlag GmbH Berlin Heidelberg ist Teil der Fachverlagsgruppe Springer Science+Business Media (www.springer.com)

Vorwort

Eine weit verbreitete Annahme ist, dass es sich bei Erziehungswissenschaft bzw. Pädagogik um ein Fach handelt, das vor allem angehende Lehrerinnen und Lehrer studieren. Das ist insofern durchaus richtig, als Kenntnisse der Erziehungswissenschaft selbstverständlich zum pädagogischen Professionswissen von Lehrpersonen gehören. Aber ein Großteil der Studierenden, die sich für das Studium der Erziehungswissenschaft entschieden haben, ist im Rahmen von Bachelor- und Masterstudiengängen mit Fragen der Erziehung und Bildung außerhalb der Schule befasst.

In der Bundesrepublik Deutschland studieren derzeit etwa 60.000 junge Menschen Erziehungswissenschaft, was dieses Fach zu einem der beliebtesten Studienfächer macht. Dabei ist das Fach Erziehungswissenschaft breit angelegt: Das Spektrum der thematischen Schwerpunkte reicht von der Erziehung in der frühen Kindheit bis zur Erwachsenenbildung und betrieblichen Weiterbildung. Und neben der traditionellen Schulpädagogik gehören die Sozialpädagogik und Sonderpädagogik ebenso zur Erziehungswissenschaft wie beispielsweise die Wirtschafts- und Berufspädagogik, die Medienpädagogik und das Handlungsfeld der interkulturellen Erziehung und Bildung.

Die Beobachtung, dass die Erziehungswissenschaft im deutschsprachigen Raum zu den Studienfächern zählt, für die sich sehr viele junge Menschen entscheiden, hat damit zu tun, dass Erziehen ein zentraler Bestandteil des menschlichen Daseins ist: Wo immer Menschen zusammenleben, wird versucht, auf ihre psychische und physische Entwicklung Einfluss zu nehmen, indem sie „erzogen" werden. Kein Wunder also, dass es kaum jemanden gibt, der sich noch keine Gedanken über Erziehung, ihre Bedingungen und Auswirkungen gemacht hat. Zum Erziehen existieren deshalb viele Alltagstheorien, die zwar nicht naiv sein müssen, es aber oft sind und eher auf Mythen basieren als auf wissenschaftlichen Erkenntnissen. Alltagstheorien konkurrieren also mit wissenschaftlichen Theorien der Erziehung, die freilich oft unverständlich formuliert sind und die Nähe zum pädagogischen Alltag vermissen lassen. Hier will und soll das Lehrbuch Erziehungswissenschaft Abhilfe schaffen. Es möchte in erziehungswissenschaftliches Denken einführen und so für Studierende und andere Neugierige den idealen Einstieg in eine der faszinierendsten Wissenschaftsdisziplinen überhaupt bieten.

Dieses Lehrbuch vermittelt in übersichtlicher und wissenschaftlich fundierter Weise das Wissen, das einem professionellen pädagogischen Handeln in Theorie und Praxis zugrunde liegen sollte. Es soll ein ständiger Begleiter im Studium (und danach) sein. Beim Schreiben des Lehrbuchs haben wir uns am Kerncurriculum Erziehungswissenschaft der Deutschen Gesellschaft für Erziehungswissenschaft orientiert und uns bemüht, geistes- und erfahrungswissenschaftliche Sichtweisen als einander ebenbürtig zu behandeln. Da wir einen Paradigmenstreit in der Erziehungswissenschaft für ebenso unsinnig wie unproduktiv halten, schätzen wir als empirisch arbeitende Erziehungswissenschaftler auch die qualitativen Methoden der pädagogischen Erkenntnisgewinnung als unentbehrlich ein.

Gelernt haben wir diese liberale wissenschaftstheoretische Position von dem Nestor der Freiburger Erziehungswissenschaft, Prof. Dr. Gunther Eigler, dem dieses Lehrbuch in Dankbarkeit und Verehrung gewidmet ist.

Von der Idee, ein umfassendes Lehrbuch für die Erziehungswissenschaft zu verfassen, wie sie vom Springer-Verlag in Person von Marion Krämer an die Autoren herangetragen wurde, bis zur Fertigstellung war es ein langer und mitunter beschwerlicher Weg. Ohne die geradezu perfekte Zusammenarbeit mit Meike Barth, Stella Schmoll, Marion Krämer und der Lektorin Maren Klingelhöfer wäre dieses Lehrbuch nicht möglich geworden. Danke dafür! Als Glücksfall betrachten wir auch die Zusammenarbeit mit Sonia Schadwinkel, die unseren „pädagogischen Agenten" Anna und Jakob grafisch ein Gesicht und Profil gegeben hat.

Unsere „pädagogischen Agenten" Anna und Jakob sind fiktive Studierende im Fach Erziehungswissenschaft. Sie werden Sie, liebe Leserinnen und Leser, durch dieses Lehrbuch begleiten. Anna und Jakob werfen kritische Fragen zu den behandelten Themen des Lehrbuchs auf, reflektieren, wenden die Informationen des Textes auf Beispiele aus dem studentischen

Alltag an und beziehen kritisch Stellung. Wir hoffen, dass es Anna und Jakob dadurch gelingen wird, auch Sie zum kritischen Lesen und Reflektieren anzuregen. Außerdem wünschen wir uns, dass die Dialoge von Anna und Jakob Sie manchmal auch zum Schmunzeln anregen, so dass das Lesen und Bearbeiten dieses Lehrbuch für Sie freudvoll wird.

Wir wünschen Ihnen in diesem Sinne viel Spaß mit dem Buch und hoffen, dass es in Ihrem Studium und/ oder darüber hinaus Nutzen bringen wird.

Norbert M. Seel und Ulrike Hanke
Freiburg und Tallahassee im Juli 2014

Autoren

Professor Dr. Norbert M. Seel war von 1998 bis zu seiner Emeritierung im Jahre 2012 Ordinarius der Erziehungswissenschaft an der Universität Freiburg und zugleich der Direktor des Instituts für Erziehungswissenschaft.
Nach einem Lehramtsstudium und mehrjähriger Berufstätigkeit als Lehrer studierte er an der Universität Saarbrücken Erziehungswissenschaft, Geschichte und Psychologie. Nach verschiedenen Tätigkeiten im wissenschaftlichen Dienst der Pädagogischen Hochschule und später der Universität des Saarlandes wurde er 1988 zum Professor für Weiterbildung durch Telekommunikation an das Deutsche Institut für Fernstudienforschung (DIFF) an der Universität Tübingen berufen. Von 1992 bis 1998 war er Professor für Schulpädagogik/Empirische Unterrichtsforschung und bis 1997 Dekan der Fakultät Erziehungswissenschaft an der Technischen Universität Dresden. Von 2005 bis 2009 leitete er als Adjunct Distinguished Professor das Instructional Systems Program an der Florida State University (Tallahassee). Darüber hinaus war er Visiting Professor an der Syracuse University (Syracuse, NY) und an der German University in Kairo.
Seine Forschungsschwerpunkte sind modellbegründetes Lernen und Lehren, induktives Denken und komplexes Problemlösen, forschendes und entdeckendes Lernen, Kreativität und Prozesse des instructional design.
Professor Seel hat mehr als zwanzig Bücher verfasst oder herausgegeben, darunter auch das Lehrbuch Psychologie des Lernens. Darüber hinaus hat er mehr als 200 Zeitschriftenbeiträge und Beiträge für Sammelbände veröffentlicht. Er ist Herausgeber der 2012 veröffentlichten siebenbändigen Encyclopedia of the Sciences of Learning (Springer, New York und Berlin).

PD Dr. Ulrike Hanke ist Privatdozentin für das Fach Erziehungswissenschaft.
Nach ihrem Studium der Fächer Erziehungswissenschaft und Sprachwissenschaft des Deutschen an der Universität Freiburg war sie von 2003 bis 2004 als freie Mitarbeiterin am Dienstleistungszentrum Bildung der Deutschen Bahn tätig. Anschließend war sie bis 2013 wissenschaftliche Mitarbeiterin und akademische Rätin am Institut für Erziehungswissenschaft an der Universität Freiburg, wo sie zum Thema externale Modellbildung 2006 promoviert und im Jahr 2012 zum Thema „Bedingungen und Prozesses des Lehrens" habilitiert hat. Außerdem war sie an der Entwicklung verschiedener erziehungswissenschaftlicher Studiengänge beteiligt.
Von 2013 bis 2014 war sie wissenschaftliche Mitarbeiterin am Institut für Erziehungswissenschaft an der Pädagogischen Hochschule Freiburg, wo sie vor allem in die grundständige Ausbildung angehender Lehrerinnen und Lehrer eingebunden war.
Seit 2014 ist sie selbstständige Dozentin im Bereich Hochschuldidaktik, Bibliotheksdidaktik und Trainerqualifizierung (Train the Trainer) an verschiedenen Institutionen im In- und Ausland.
Sie ist Verfasserin mehrerer Lehrbücher zu den Themen Hochschuldidaktik, Förderung von Informationskompetenz und Lernen und hat zahlreiche Aufsätze zu Themen des Lehrens und Lernens publiziert.

Inhaltsverzeichnis

Allgemeine Pädagogik: Grundlagen der Erziehungswissenschaft

Norbert M. Seel, Ulrike Hanke

N. M. Seel, U. Hanke, *Erziehungswissenschaft*,
DOI 10.1007/978-3-642-55206-9_1, © Springer-Verlag Berlin Heidelberg 2015

Lebensweisheiten und poetische Gedanken bringen viele „Wahrheiten" auf den Punkt – manchmal treffsicherer und tiefgründiger als kluge Fachbücher. Als Vorgeschmack auf das, was die Leser im folgenden Kapitel erwartet, ein Auszug aus Wilhelm Buschs (1864/2002) Gedicht *Trauriges Resultat einer vernachlässigten Erziehung*:

» Ach, wie oft kommt uns zu Ohren,
Daß ein Mensch was Böses tat,
Was man sehr begreiflich findet,
Wenn man etwas *Bildung* hat.
Manche Eltern sieht man lesen
In der Zeitung früh bis spät;
Aber was will dies bedeuten,
Wenn man nicht zur Kirche geht!
Denn man braucht nur zu bemerken,
Wie ein solches Ehepaar
Oft sein eignes Kind *erziehet*.
Ach, das ist ja schauderbar!
[…]

Lernziele

- Sie können die Problematik der Begriffe in der Erziehungswissenschaft erläutern.
- Sie können die zentralen Begriffe der Erziehungswissenschaft (z. B. Bildung, Erziehung, Lernen, Lehren) wissenschaftlich definieren.
- Sie können pädagogische Handlungen wie z. B. Bildung und Erziehung als Prozesse mit ihren Bestimmungsstücken, Auslösern und Endzuständen beschreiben.
- Sie können die Grundlagen der Wissenschaftstheorie der Erziehungswissenschaft erläutern.
- Sie können die hermeneutische und die empirische Erziehungswissenschaft voneinander abgrenzen.
- Sie können die Funktionen und Aufgaben der vergleichenden Erziehungswissenschaft benennen.
- Sie können die Problematik internationaler Vergleichsstudien erläutern.

▪ Überblick über das Kapitel: Hauptrichtungen der allgemeinen Pädagogik

In diesem Kapitel werden die Grundlagen der Erziehungswissenschaft behandelt. Diese sind Gegenstand der *allgemeinen Pädagogik*, die drei Hauptrichtungen umfasst:

1. die *systematische Pädagogik*, die sich auf die wissenschaftstheoretischen Grundlagen und die Klärung der grundlegenden theoretischen Begriffe konzentriert;
2. die *historische Pädagogik*, die sich – wie der Name bereits besagt – mit der Geschichte des Faches Pädagogik und der Erziehung und Bildung befasst; und
3. die *vergleichende Erziehungswissenschaft*, die sich mit dem Phänomen Erziehung und Bildung im (internationalen) Vergleich befasst.

Die Beschäftigung mit der allgemeinen Pädagogik schließt eine Abgrenzung gegenüber den verschiedenen Teildisziplinen der Erziehungswissenschaft ein.

▪ In diesem Kapitel verwendete Grundbegriffe

Abgesehen von einzelnen theoretischen Fachbegriffen, die im Text erklärt werden, werden in diesem Kapitel durchgängig folgende Grundbegriffe verwendet:

Bildungssystem – Als Bildungssystem wird die staatlich organisierte Gesamtheit der Bildungseinrichtungen bezeichnet. Zweck und Funktion ist, die Gesellschaft eines Landes für die Dauer des gesamten Lebens der Individuen mit Bildung zu versorgen. Neben dem Schulsystem umfasst das Bildungssystem das Hochschulwesen und den Bereich der persönlichen Weiterbildung. Während das Schulsystem staatlich reguliert und straff organisiert ist, verfügt das Bildungssystem auch über weite, nicht reglementierte Bereiche. Das Bildungssystem steht mit drei gesellschaftlichen Funktionssystemen in Beziehung: mit dem sozial-kulturellen, dem ökonomischen und dem politischen System.

System – Ein System ist eine Menge miteinander interagierender oder verbundener Komponenten, die eine integrierte Gesamtheit bilden. Systeme haben eine Struktur, d. h., sie enthalten Teile, die direkt oder indirekt miteinander verknüpft sind. Systeme haben ein Verhalten, da Prozesse eingehende Größen (Input) in Ergebnisse (Output) transformieren. Systeme sind Zusammenschaltungen, da die Teile und Prozesse mittels struktureller und/oder verhaltensbezogener Verbindungen miteinander verknüpft sind. Struktur und Verhalten eines Systems können in Teilsysteme und Teilprozesse zerlegt werden. Im sozialwissenschaftlichen Kontext bezieht sich der Begriff System auch auf Regeln, die Struktur und Verhalten regulieren. In diesem Falle wird auch der Begriff Institution verwendet (Backlund 2000).

Disposition – Der Begriff Disposition wird zur Bezeichnung von Persönlichkeitseigenschaften gebraucht, die im Laufe des Lebens relativ stabil bleiben.

Operationalisierung – Nach Atteslander (2010) sind unter Operationalisierung die Schritte der Zuordnung von empirisch erfassbaren oder von zu beobachtenden Indikatoren zu einem theoretischen Begriff gemeint. Durch Operationalisierung werden Messungen der durch einen Begriff bezeichneten empirischen Erscheinungen erst möglich.

Lernen – Lernen ist ein theoretischer Grundbegriff, der von vielen Wissenschaftsdisziplinen verwendet wird, um auf Erfahrungen gründende Veränderungen von Dispositionen zu bezeichnen. Lernen ist von der Reifung zu unterscheiden, die biologisch und genetisch bestimmte Prozesse umfasst und ebenfalls Dispositionsveränderungen bewirkt.

Entwicklung – Entwicklung ist eine allgemeine Bezeichnung für eine zeitlich geordnete Folge von Veränderungen äußerer Merkmale, innerer Strukturen und/oder Verhaltensweisen, die für körperliche sowie für seelische Vorgänge verwendet wird. Entwicklung ist von Lernen abzugrenzen.

Individuum – Der Begriff Individuum trägt der Einzigartigkeit jedes Menschen Rechnung. Individuum stammt vom lateinischen Verb *dividere* (= teilen) ab und bedeutet wörtlich „das Unteilbare".

Instructional design oder didaktisches Design – Als *instructional design* oder didaktisches Design wird die systematische Planung, Entwicklung und Evaluation von Lernumgebungen und Lernsystemen bezeichnet.

Lehrmethoden – Lehrmethoden umfassen immer wiederkehrende Verhaltensmuster des Lehrens, die auf verschiedene Fachgebiete angewandt werden können, die für das Lernen relevant sind (Gage und Berliner 1996).

Kommunikation – Kommunikation (lateinisch *communicare* = mitteilen) ist der Austausch oder die Übertragung von Information. Information ist eine zusammenfassende Bezeichnung für Wissen, Erkenntnis oder Erfahrung.

1.1 Gegenstand und Aufgaben der allgemeinen Pädagogik

Aufgabe als Denkanstoß

Allgemeine Pädagogik – was stellen Sie sich darunter vor? Gibt es auch eine spezielle Pädagogik?

Eine exakte Bestimmung des Begriffs „allgemeine Erziehungswissenschaft" ist schwer möglich und wurde in der Vergangenheit auch selten geleistet. Deshalb wollen wir hier eine Parallele zur allgemeinen Psychologie ziehen. Diese richtet ihr Forschungsinteresse auf psychische Prozesse, die *alle* Menschen teilen, wohingegen individuelle Unterschiede und deren Entwicklung Gegenstand von Spezialisierungen der Psychologie sind. Die allgemeine Psychologie versteht sich als Grundlage für viele psychologische Spezialisierungen und auch für Nachbargebiete. Überdies beschäftigt sie sich mit der praktischen Umsetzbarkeit der wissenschaftlichen Erkenntnisse.

In Entsprechung zu diesem Grundverständnis der allgemeinen Psychologie stellt die *allgemeine Pädagogik* die Prozesse der Erziehung und Bildung im Allgemeinen und für *alle* Menschen in den Mittelpunkt. Sie befasst sich mit den *allgemeinen* erziehungswissenschaftlichen Aufgaben und Methoden der pädagogischen Erkenntnisgewinnung. Mit anderen Worten: Die allgemeine Pädagogik erhebt den Anspruch, die Erziehungswissenschaft und ihre Teildisziplinen im Hinblick auf ihre *gemeinsame* wissenschaftliche Bedeutung und Sinnhaftigkeit umfassend zu beschreiben und kritisch zu reflektieren. Sie ist nach Röhrs (1969) so etwas wie die kritisch-reflektierende Instanz für die Erziehungswissenschaft und ihre Teildisziplinen, deren Erkenntnisse sie in einen Gesamtzusammenhang einordnet und durchaus kritisch diskutiert. Der allgemeinen Pädagogik kommt damit auch die Aufgabe zu, der fortschreitenden Spezialisierung in immer mehr Teildisziplinen als Korrektiv entgegenzuwirken und das Ganze und Gemeinsame nicht aus den Augen zu verlieren. Tatsächlich hatte die Vielgestaltigkeit der Erziehungswirklichkeit eine Aufgliederung der Erziehungswissenschaft in zahlreiche

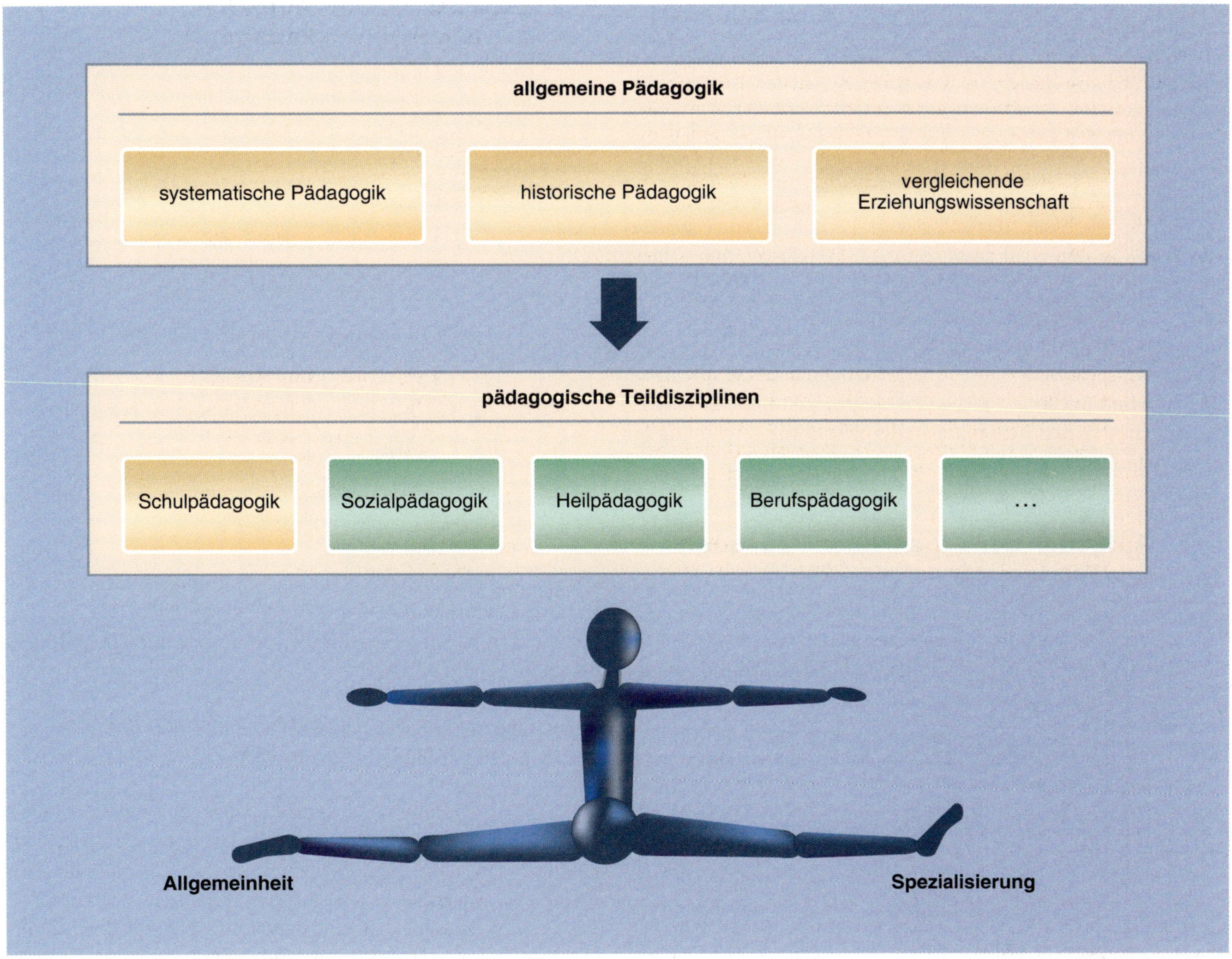

Abb. 1.1 Allgemeine Pädagogik und pädagogische Teildisziplinen – ein Spagat zwischen allgemeinen Erkenntnissen und Spezialisierung

Forschungsbereiche zur Folge, aus denen mehrere Spezialdisziplinen entstanden sind. Deren Erkenntnisse in einen pädagogischen Zusammenhang einzuordnen und zu systematisieren, ist eine zentrale Aufgabenstellung der allgemeinen Pädagogik. Zugleich möchte sie die wissenschaftlichen Standards der Disziplin definieren. Diese Funktion der allgemeinen Pädagogik im Verhältnis zu den pädagogischen Teildisziplinen und Spezialisierungen kann wie in Abb. 1.1 dargestellt werden.

Die Aufgabe der allgemeinen Pädagogik, bei allen notwendigen Spezialisierungen der pädagogischen Erkenntnisgewinnung das Gemeinsame nicht aus den Augen zu verlieren, kommt einem Spagat gleich, da sie zwischen allgemeinen Erkenntnissen und dem speziellen Nutzen pädagogischer Theorien und Forschungsergebnisse vermitteln soll.

1.1.1 Zielsetzungen der allgemeinen Pädagogik

Zielsetzung jeder Forschung ist es, Phänomene zu erklären und Theorien zu entwickeln, wobei der Gegenstand, auf den die Bemühungen wissenschaftlicher Erkenntnis gerichtet sind, nicht aus dem Auge verloren werden darf. Nun leistet aber die diffuse Verwendung des Begriffs *Theorie* häufig der impliziten Annahme Vorschub, dass jeder untersuchte Zusammenhang sowie jeder Teilbereich der Pädagogik in gleicher Weise theoriefähig sei und dass jeder Versuch, wissenschaftliche Erkenntnis in einem Forschungsfeld zu erzielen, bereits Theorie sei. Ebenso wird angenommen, eine bestimmte Herangehensweise an ein Problem bringe bereits eine Theorie hervor.

Die in der allgemeinen Pädagogik angestellten Überlegungen gelten vor allem einer angemessenen und realistischen Einschätzung der Theorie- und Praxistauglichkeit der Pädagogik insgesamt und ihrer Teildisziplinen. In methodologischen Schriften der Pädagogik wird aber nicht selten die Allgemeingültigkeit einer Theorie höher bewertet als die Genauigkeit und Zuverlässigkeit, mit der pädagogische Phänomene erfasst werden (Klauer 1973a). Die Allgemeinheit einer Theorie wird mit Fortschritt der Wissenschaft assoziiert. Daraus folgen dann oft Theoriespiele, in denen die empirische Überprüfbarkeit pädagogischer Sachverhalte dem Ziel einer höheren Abstraktion geopfert wird und der Bezug zur pädagogischen Praxis verloren geht. Das Streben nach Allgemeinheit von Theorien geht oft zu Lasten der pädagogischen Nutzbarkeit und äußert sich in vielfacher Weise – z. B. in der Vernachlässigung und Abqualifizierung deskriptiver Analysen, in vorschnellen Verallgemeinerungen und unüberlegten Extrapolationen, in der Überlieferung naiver Theorien, besonders aber in hektischen Reaktionen auf politische Veränderungen und gesellschaftliche Bedürfnisse, die scheinbar eine Reform des Bildungswesens erfordern, ohne dass irgendeine wissenschaftliche Erkenntnis dies je legitimieren könnte.

Eine Möglichkeit, das schwierige Verhältnis von Theorie und Praxis in den Griff zu bekommen, besteht in einer Differenzierung von Theorien gemäß ihrer jeweiligen Reichweite. Je nach Untersuchungsgegenstand gelingt es eher *Theorien mittlerer Reichweite*, Allgemeinheit der Aussagen, empirische Überprüfbarkeit und spezifische Anwendbarkeit miteinander zu vereinbaren. Theorien mittlerer Reichweite entsprechen unseres Erachtens am ehesten den Bedingungen der Erkenntnisgewinnung in der Erziehungswissenschaft.

1.1.2 Aufgaben der allgemeinen Pädagogik – und Missverständnisse

Eine zentrale Aufgabe der allgemeinen Pädagogik ist es, der an sich notwendigen Schwerpunktbildung in der Disziplin entgegenzuwirken und eine zu weitgehende Verselbstständigung ihrer Spezialisierungen zu verhindern. Tatsächlich haben sich einige Teildisziplinen der Pädagogik im Laufe der letzten Jahrzehnte verselbstständigt und eine „Heimat" in anderen Disziplinen gefunden. Das hat unterschiedliche Gründe. Einer liegt darin, dass sich die allgemeine Pädagogik über Jahrzehnte hinweg überwiegend mit sich selbst beschäftigt und auf die Klärung eigener Grundlagenprobleme konzentriert hat, wie das Beispiel der eigentlich unsinnigen Diskussion zum Unterschied zwischen Pädagogik und Erziehungswissenschaft illustriert (Brezinka 1971). Ein anderer Grund liegt in der zunehmenden Ausdifferenzierung pädagogischer Teildisziplinen, die längst nicht abgeschlossen ist, wie das zurzeit zu beobachtende Bestreben zeigt, eine empirische Bildungsforschung zu etablieren, die wahlweise von einem psychologischen oder soziologischen und nicht von einem originär pädagogischen Erkenntnisstreben gekennzeichnet ist. Es scheint, als hätten verschiedene Teildisziplinen der Erziehungswissenschaft eine „Fliehkraft" entwickelt, die sie kontinuierlich vom Zentrum der Pädagogik wegtreibt. Gefördert wird dieses Wegstreben von der Erziehungswissenschaft dadurch, dass ihr als Disziplin oft nicht das Ansehen entgegengebracht wurde und wird, das ihrer Bedeutung im gesellschaftlichen und wissenschaftlichen Rahmen entspricht (Röhrs 1969).

Anna: „Erziehungswissenschaft und Pädagogik? Ist das nicht das Gleiche? Einmal ein deutscher Begriff und der andere basierend auf einem Fremdwort?"

Jakob: „Ich denke schon, die benutzen das hier im Text ja auch synonym. Ich hab aber von solchen Diskussionen schon mal irgendwo gehört."

Anna: „Echt? Wie wird da denn argumentiert?"

Jakob: „Na, die Erziehungswissenschaftler wollen sich halt nicht als Pädagogen sehen, weil damit Lehrer und vor allem die praktische Arbeit mit Kindern und Jugendlichen assoziiert werden. Erziehungswissenschaftler haben aber ein größeres Interessensgebiet und, was wichtig für sie ist, glaub ich: Im Namen Erziehungswissenschaft steckt die Wissenschaft mit drin."

Anna: „Ja stimmt. Und Pädagogik ist mehr praktisch orientiert."

Jakob: „Na sagen wir so: Pädagogik wird mehr mit pädagogischer Praxis assoziiert. Erziehungswissenschaft klingt dagegen weniger nach Praxis und mehr nach Wissenschaft und Forschung und so …"

Anna: „Ja, hm … o.k. …"

Jakob: „Krasser finde ich ja die Sache mit der empirischen Bildungsforschung."

Anna: „Ja, wieso denn?"

Jakob: „Ja, sollte das nicht eine wirklich originär erziehungswissenschaftliche Angelegenheit sein: Bildungsforschung? Wer kennt sich denn noch mit Bildung aus?"

Anna: „Ja gut, aber die Psychologen forschen halt schon viel über Lehren und Lernen."

Jakob: „Schon. Aber die Frage ist ja – warum? Ich finde die Forschung der Psychologen ist immer so klein-klein. Das hat doch oft überhaupt nichts mit der pädagogischen Praxis zu tun. Und die sollte doch in der Erziehungswissenschaft schon eine Rolle spielen, oder?"

Anna: „Da hast du recht. Außerdem ist natürlich auch die Frage, ob dieses Klein-Klein überhaupt etwas mit Bildung zu tun hat."

Jakob: „Ja, das wäre mein zweiter Punkt gewesen. Aber wenn heute von Bildungsforschung die Rede ist, sind meistens diese internationalen Vergleichsstudien wie PISA gemeint. Und die messen keine Bildung, sondern Schulleistungen."

Anna: „Auf der anderen Seite find ich es schon einen guten Ansatz, dass sich in der empirischen Bildungsforschung mal mehrere Disziplinen zusammentun und zusammen forschen und arbeiten. Immer dieses kleinliche Denken in Disziplinen kommt mir manchmal wie im Sandkasten vor: ‚Nein, das ist meine Schaufel. Mit der darfst du nicht spielen.'"

Der Erziehungswissenschaft haftet ein *Imageproblem* an, wobei die Gründe auch in der abendländischen Wissenschaftsgeschichte liegen, die der Erforschung von Sprache, Recht, Kunst, Religion, Philosophie und Geschichte größere Bedeutung zuschrieb als der Erziehung und Bildung. Sie liegen aber ebenso in der weitverbreiteten Auffassung, Erziehen könne eigentlich jede Mutter, jeder Vater, jede Amme, jeder Meister, im Grunde jede Person, die eigene Kinder hat, eine Ausbildung genossen hat oder zur Schule gegangen ist. Dazu kommt auch noch, dass die Pädagogik in der Ausbildung von zukünftigen Lehrpersonen oft nur eine untergeordnete Rolle spielt und hinter dem Studium der Fächer zurücksteht. Die Folge ist, dass dann in der pädagogischen Praxis oft Alltagstheorien dominieren, die durch Fehldeutungen der sogenannten empirischen Bildungsforschung und ihren internationalen Vergleichsstudien genährt werden. Ein Beispiel dafür ist die aus der PISA-Studie 2000 hergeleitete Behauptung, das deutlich schlechtere Abschneiden von Jugendlichen mit Migrationshintergrund der zweiten Generation gegenüber Jugendlichen mit Migrationshintergrund der ersten Generation sei ein Beleg für die schlechtere Integration der jüngeren Generation. Unter dem Stichwort der Parallelgesellschaft wird dieser Befund als Indiz einer misslungenen schulischen Anpassung interpretiert (z. B. bei Sarrazin 2010). Wir werden auf diese Problematik in ▶ Kap. 4 ausführlich eingehen.

Einen mitunter starken Einfluss von Alltagstheorien auf das Verständnis einer Wissenschaftsdisziplin findet man auch anderswo, wie das Beispiel der Psychologie zeigt. Wer kennt nicht die Gespräche, in denen Personen – meist Abwesende – eingehend charakterlich analysiert werden? Vertrauen wir nicht tagtäglich unserer Menschenkenntnis und attestieren uns (und anderen), „gute Psychologen" zu sein? Grundsätzlich gilt das auch für unsere Kenntnisse in der Medizin, die sich auf eigene Erfahrungen mit Krankheiten, Berichte aus Apothekerzeitschriften und „Fachgesprächen" mit anderen stützen. Und dennoch hat die Medizin nicht das Imageproblem, das der Pädagogik zu eigen zu sein scheint. Das liegt wohl auch daran, dass Mediziner weniger selbstkritisch sind, wenn es um die Beurteilung ihrer Disziplin geht.

» Treffen sich zwei Pädagogikstudenten nach der Vorlesung in der Mensa. Sagt der eine zum anderen: „Hast du eigentlich verstanden, was allgemeine Erziehungswissenschaft ist?" – „Nein", sagt der andere, „aber gut, dass wir darüber gesprochen haben."

Dieser Witz, so abgestanden er sein mag, geht auf ein verbreitetes Vorurteil zurück, das die Erziehungswissenschaft als „Laberfach" verunglimpft. Da auch wahlweise andere Fächer dieses Etikett verliehen bekommen, u. a. auch die Psychologie und Psychotherapie (vgl. Lebiger-Vogel 2011, Sydow 2007)[1], sollte man das Imageproblem der Pädagogik nicht allzu ernst nehmen, denn schließlich gehört dieses Fach seit langem zu den beliebtesten Studienfächern an deutschen Universitäten, wie die *Zeit online* in Ausgabe 20 des Jahrgangs 2010 festgestellt hat – gekoppelt mit dem Hinweis darauf, dass die Erziehungswissenschaft alles andere als ein „Laberfach" ist.

1.1.3 Der Gegenstandsbereich der allgemeinen Pädagogik

Die Pädagogik ist als eine *Integrationswissenschaft* zu verstehen, die das Fachwissen für die Bereiche Erziehung und Bildung bereitstellt aber keine Patentrezepte! Das bereitet offenkundig so manchen Zeitgenossen Probleme, erwarten sie doch von der Erziehungswissenschaft vor allem konkrete Hilfestellungen bei der Lösung pädagogischer Probleme. Eine Wissenschaft ist aber weder vom Umfang noch von der Komplexität ihrer Aufgaben her begründbar, und ebenso sollte auch die Aktualität vermeintlich drängender Bildungsprobleme keinen Einfluss auf sie haben.

Wichtigste Voraussetzung für das Selbstverständnis einer wissenschaftlichen Disziplin ist ein eigenständiger wissenschaftlicher Gegenstandsbereich, der von keiner anderen Disziplin bearbeitet wird oder bearbeitet werden kann.

Es sind erstens dieses „Alleinstellungsmerkmal" einer wissenschaftlichen Disziplin, die sich mit einem Wirklichkeitsbereich befasst, der von keiner anderen Wissenschaft vergleichsweise effektiv und nachhaltig erforscht werden kann, und zweitens die (relativ) eigenständigen und charakteristischen Methoden zur Bewältigung dieser Aufgabe, die als elementare Vorbedingungen für die Entwicklung einer jeden Wissenschaft zu betrachten sind.

Welches ist der besondere Wirklichkeitsbereich, der für die allgemeine Erziehungswissenschaft konstituierend ist? Diese Frage hat Röhrs (1969) dahingehend beantwortet, dass unter dem *Wirklichkeitsbereich der Pädagogik* die Gesamtheit der erziehe-

1 Bemerkenswerterweise hat im Oktober 2012 der Psychologe und Nobelpreisträger Daniel Kahneman in einem offenen Brief der Sozialpsychologie ein Imageproblem angelastet. Unter anderem warf er Sozialpsychologen die Praxis vor, die Bedingungen ihrer Experimente so lange anzupassen, bis sich der erwünschte Effekt einstelle, und nur die Ergebnisse dieser Untersuchungen zu publizieren.

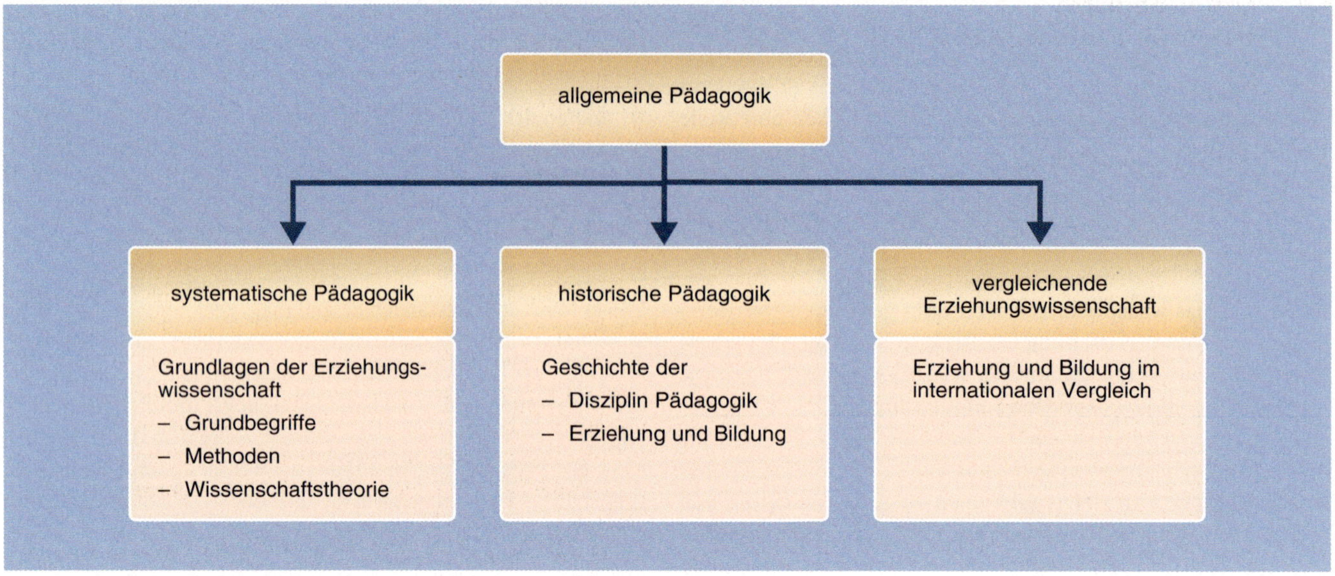

Abb. 1.2 Bereiche der allgemeinen Pädagogik und ihre Untersuchungsgegenstände

rischen Einflüsse, Bedingungen und Effekte zu verstehen sei, die intentional (d. h. institutionalisiert) oder funktional (spontan) zwischenmenschliches Geschehen bestimmen. Erziehung und Bildung sind in diesem Sinne Urfunktionen des menschlichen Daseins; denn erst unter der Einwirkung von Erziehung gelangt der Mensch zur Entfaltung und Selbstverwirklichung. Den *Begriff der erzieherischen Urfunktion*, wonach jeder jeden jederzeit erzieht, wurde u. a. von Petersen (1931) geprägt. Es ist die Erziehung, die wesentlich und nachhaltig zur Menschwerdung beiträgt – oder wie es Kant ausgedrückt hat: „Der Mensch kann nur Mensch werden durch Erziehung. Er ist nichts, als was die Erziehung aus ihm macht" (Kant 1803, S. 7).

Erziehung ist in die menschlichen Vorgänge des Miteinanderlebens eingebettet. Darum ist es naheliegend, bei Erziehung von einer Urfunktion des menschlichen Daseins schlechthin zu sprechen, die immer schon dort angelegt ist, wo Menschen einander begegnen: in institutionalisierten Handlungsfeldern der Pädagogik, wo bewusst und kontrolliert auf die Erziehung eingewirkt wird, aber auch in Spiel- und Arbeitsgruppen, in der Alltagswelt, wo die Erziehung eher unkontrolliert und unbewusst erfolgt – oft nachhaltiger und wirksamer als in Elternhaus und Schule.

Die allgemeine Erziehungswissenschaft analysiert die komplexen Zusammenhänge von Bildung, Lernen, Erziehen und Sozialisation in ihren institutionellen, gesellschaftlichen und historischen Kontexten. Erziehung ist der Gegenstand einer wissenschaftlich begründeten Praxis und zugleich Gegenstand der pädagogischen Theoriebildung.

Die allgemeine Pädagogik reflektiert pädagogische Theorie und Praxis hinsichtlich ihrer begrifflichen, historischen und wissenschaftstheoretischen Grundlagen sowie hinsichtlich ihrer interdisziplinären Bezügen, indem sie Erkenntnisse der Philosophie, Anthropologie, Soziologie, Ethnologie und Psychologie aufgreift, diese systematisch auf die pädagogische Praxis bezieht und in Bezug auf Erziehung und Bildung analysiert. Zu einem großen Teil ist die allgemeine Pädagogik mit der Definition der theoretischen Begriffe ihrer Fachsprache sowie mit den wissenschaftstheoretischen Grundlagen und Argumentationsweisen der Pädagogik als Wissenschaftsdisziplin befasst. Dieses Aufgabenfeld wird allgemein mit dem Begriff *systematische Erziehungswissenschaft* verknüpft. Darüber hinaus gehört zur allgemeinen Pädagogik auch die geschichtliche und vergleichende Analyse der Erziehungswirklichkeit. Dementsprechend gliedert sich die allgemeine Pädagogik in drei umfassende Aufgabenfelder, die als „systematische Pädagogik", „historische Pädagogik" und „vergleichende Erziehungswissenschaft" bezeichnet werden und die mit spezifischen Aufgaben befasst sind (Abb. 1.2).

Mit diesen Bereichen der allgemeinen Pädagogik werden sich die folgenden Ausführungen beschäftigen, wobei wir uns in diesem Kapitel auf die systematische und vergleichende Erziehungswissenschaft konzentrieren und die sehr umfangreiche historische Pädagogik in ► Kap. 2 behandeln werden.

Aufgaben zum Festigen des neuen Wissens

1. Welche Aufgaben hat die allgemeine Pädagogik?
2. In welche Bereiche lässt sich die allgemeine Pädagogik aufteilen? Was sind die Aufgaben und Themenfelder der jeweiligen Teilbereiche?

Aufgaben zum Weiterdenken

1. Ist es sinnvoll, von einer allgemeinen Pädagogik zu sprechen? Schreiben Sie Pro- und Kontra-Argumente auf.
2. Viele Universitäten und Hochschulen haben Fachbereiche oder Lehrstühle für allgemeine Pädagogik/Erziehungswissenschaft. Sehen Sie sich zwei bis drei Websites davon an (z. B. PH Ludwigsburg und PH Freiburg) und notieren Sie, welche Aufgaben diese Fachbereiche oder Lehrstühle für sich definieren. Inwieweit stimmen diese mit dem hier entwickelten Verständnis der allgemeinen Pädagogik überein?

Weiterführende Literatur

- Benner, F. (2010). *Allgemeine Pädagogik. Eine systematisch-problemgeschichtliche Einführung in die Grundstruktur pädagogischen Denkens und Handelns* (6. Aufl.). Weinheim: Juventa.

1.2 Grundbegriffe der Erziehungswissenschaft

Aufgabe als Denkanstoß

Ist jemand, der gebildet ist, auch gut erzogen? Ist jemand, der gut erzogen ist, auch gebildet? Was hat Bildung mit Lehren, Lernen und Unterricht zu tun? Und: Wie sehr hängt Bildung von der Generation und der Biografie ab?

Überlegen Sie kurz auf der Grundlage dieser Fragen, was Bildung, Erziehung, Lehren und Lernen, Unterricht und Ausbildung, Generation, Biografie und Lebenslauf für Sie bedeuten.

Wie jede andere Wissenschaft kann auch die Erziehungswissenschaft nicht auf eine eigene Fachsprache verzichten. Fachsprachen gewinnen in der modernen Informationsgesellschaft immer mehr an Bedeutung, was nicht zuletzt auf die dynamischen Entwicklungen von Wissenschaften zurückzuführen ist, deren fortschreitende Differenzierung mit der Entstehung neuer Begriffe verbunden ist. Hinzu kommen internationale Kooperationen von Wissenschaftlern, die eine gemeinsame Fachsprache benötigen, um miteinander kommunizieren zu können. Zu guter Letzt müssen die wissenschaftlichen Erkenntnisse aber auch an interessierte Laien vermittelbar sein. Daran entzündet sich auch häufig die Kritik an Fachsprachen. So stellte Dolch (1965) fest, dass die oft zu hörenden Klagen, der Laie könne die Geheimsprache der Fachleute nicht mehr verstehen, zwar eine gewisse Berechtigung hätten, sie sollten aber nicht ausschließlich gegen die Wissenschaft gerichtet werden und sie träfen für die pädagogische Fachsprache ohnehin kaum zu. Gleichwohl seien die Klagen über Unklarheiten in der pädagogischen Fachsprache besonders laut zu vernehmen – „sie reichen weit zurück und reißen nicht ab" (Dolch 1965, S. 9).

Nur sechs Jahre später konstatierte Klauer:

» Die Begriffsbildung der Pädagogik stellt ein besonders trauriges Kapitel dar, und daß gerade die tragenden Begriffe dieser Wissenschaft so wenig klar, so wenig eindeutig und oft auch noch so unzweckmäßig festgesetzt sind, wirkt sich nach allen Richtungen Verwirrung stiftend aus (Klauer 1973a, S. 11).

Viele Studierende sind vermutlich spontan bereit, dieser Kritik zuzustimmen, da sie im Studium einigen Begriffen begegnen, die sie aus dem Alltag zwar kennen, die in der Erziehungswissenschaft aber ganz anders verwendet werden. Außerdem verfügen die meisten Studierenden über umfangreiches und vielfältiges Wissen über pädagogische Situationen, bevor sie irgendwelche pädagogischen Theorien kennenlernen – schließlich haben sie ja lange genug die Schulbank gedrückt, um zu wissen, was Pädagogik ist. Sie glauben auch zu wissen, was *Bildung* ist und wie sie von *Erziehung* zu unterscheiden ist. Einen Einblick in die Verwendung der Begriffe Erziehung und Bildung gibt ◘ Tab. 1.1, die aufgrund einer Befragung von Studierenden des Masterstudiengangs Erziehungswissenschaft erstellt wurde. Befragt wurden also nicht Laien, sondern Personen, die gerade ein Studium der Erziehungswissenschaft absolvierten. Es ist davon auszugehen, dass sie die Begriffe Erziehung und Bildung definieren und voneinander abgrenzen können.

Diese Definitionsversuche von Studierenden heben sich zum Teil durch Sachverstand von dem ab, was man auf manchen Internetportalen namhafter Universitäten zum Begriff der Bildungswissenschaft finden kann. Obwohl die Bildungswissenschaft da z. B. als Berufswissenschaft für lehrende und erziehende Berufe bezeichnet wird, wird üblicherweise von einem impliziten und umgangssprachlich geprägten Verständnis des Bildungsbegriffs ausgegangen, und Bildung wird gelegentlich auch einfach mit Lehren und Lernen gleichgesetzt.

Eine wissenschaftliche Sprache sollte aus der Sicht Dolchs (1965) die Worte der Umgangssprache schärfer fassen und gegeneinander abgrenzen, um größere Genauigkeit zu erlangen. Dies gilt für die pädagogische Fachsprache genauso wie für alle anderen wissenschaftlichen Sprachen. Wie in der Medizin, die sich ja auch nicht mit umgangssprachlichen Bezeichnungen (z. B. Ausschlag, Leibschmerzen, Gliederschmerzen) begnügt und ihre Begriffe (international verbindlich) festgelegt hat, ist eine fortlaufende Klärung und Präzisierung der verwendeten Begriffe auch in der Erziehungswissenschaft von elementarer Bedeutung. In diesem Sinne formulierte Klauer (1973a) drei Bedingungen, die Begriffe der pädagogischen Fachsprache erfüllen sollen:

1. Das System der Begriffe soll in sich konsistent, d. h. widerspruchsfrei und nicht redundant, sein.
2. Es sollen damit alle pädagogisch interessierenden Sachverhalte erfasst werden, d. h., es darf kein wichtiger Sachverhalt aus der Erziehungswissenschaft hinaus definiert werden.
3. Die Begriffe sollen sich auf empirisch beobachtbare Sachverhalte der Erziehungswirklichkeit beziehen.

Unter Berücksichtigung dieser Postulate werden wir uns in den folgenden Abschnitten mit der Klärung der elementaren pädagogischen Fachbegriffe Erziehung und Bildung, Sozialisation und Enkulturation, Biografie und Lebenslauf, Lehren und Lernen befassen.

Zuvor aber ist eine Entscheidung zu treffen, welchem Verfahren der Begriffsdeutung Vorrang gewährt werden soll. Grundsätzlich können Begriffe nämlich etymologisch und historisierend oder semantisch definiert werden. Die *Etymologie* befasst sich mit dem Ursprung und der Entwicklung von Begriffen (vgl. Röhrs 1969), während die *Semantik* als Lehre von der Wortbedeutung

Tab. 1.1 Erziehung und Bildung: Definitionsversuche von Studierenden der Erziehungswissenschaft

<table>
<tr><th>Erziehung</th><th>Bildung</th></tr>
<tr><td>Erziehung beschreibt ein anleitendes oder unterstützendes Verhalten, das sich auf den zu Erziehenden auswirkt und ihn in seinem Verhalten, seinem Wissen und seinem Verständnis von der Welt prägt</td><td>Bildung beschreibt das Aneignen von zunehmendem Wissen in unterschiedlichen Themenbereichen – häufig mit spezifischer Ausrichtung (z. B. Mathematikunterricht); häufig unter Betreuung eines Experten oder mit Hilfe von extern bereitgestellten Hilfsmitteln</td></tr>
<tr><td>Erziehung ist die aktive Einflussnahme auf die Entwicklung von Kindern, Jugendlichen und Erwachsenen</td><td>Bildung: Vermittlung von Wissensinhalten</td></tr>
<tr><td>Erziehung ist die Formung von Individuen unter Berücksichtigung von gesellschaftlichen, ethischen und sozialen Faktoren
Ziel von Erziehung ist, junge Menschen zu selbstständigen und verantwortungsvollen Erwachsenen zu machen. Erziehung ist zudem Lernen durch Nachahmung im sozialen und emotionalen Bereich</td><td>Bildung geht über Erziehung hinaus und bezieht sich zum einen auf Wissen in verschiedenen Bereichen, zum anderen aber auch auf Normen und Werte, Umgangsformen, Wertschätzung (→ könnte als sozial-emotionale Bildung bezeichnet werden). Auch hat Bildung die Entwicklung zum eigenständigen, toleranten, verantwortungsvollen, selbstbestimmten Individuum zum Ziel!</td></tr>
<tr><td colspan="2">Erziehung und Bildung gehören für mich zur Sozialisation. Erziehung und Bildung sind beim Individuum schon früh verortet. Nach der Sozialisationstheorie von Hurrelmann gibt es drei Sozialisationen: primäre, sekundäre und tertiäre. Sie finden in verschiedenen Stadien statt und entwickeln sich je nach Individuum unterschiedlich
Bildung ist die Aneignung von weiterem Wissen und dadurch auch eine persönliche Weiterbildung. Erziehung vermittelt Werte und Normen und befähigt ein Individuum, nach und nach Selbstständigkeit und Lebenslust/-qualität zu erlangen. Erziehung soll das Individuum auf das spätere Leben vorbereiten</td></tr>
<tr><td>Wenn man erzieht, unterstützt man seinen Zögling darin, sich so zu entwickeln, dass er/sie zu einem eigenständigen Leben in der Gesellschaft fähig ist</td><td>Für den Bildungsbegriff gibt es unterschiedliche Definitionen (z. B. Humboldt). Unter Bildung kann aber u. a. die Aneignung von spezifischem Wissen verstanden werden</td></tr>
<tr><td>Erziehung = Lehren bestimmter Verhaltensweisen in unterschiedlichen Situationen</td><td>Bildung = Aneignung von neuem Wissen über einen bestimmten Wissensbereich (mehr als Grundkenntnisse) und Weitervermitteln des Wissens an andere als „Experte"</td></tr>
<tr><td>Äußere Einwirkung eines Erziehers auf einen Zögling mit dem Ziel der Vergesellschaftung und Autonomie des Zöglings. Erziehung zielt also darauf, sich selbst überflüssig zu machen. Sie ist intrinsisch</td><td>Aneignung von Kompetenzen (Wissen, Fähigkeiten, Einstellungen) durch das Individuum selbst. Lebenslanger Prozess</td></tr>
<tr><td>Erziehung: das Lehren von gesellschaftlichen Normen und Werten etc. durch beispielsweise die Eltern, die Schule, Peergroups und anderen Institutionen</td><td>Bildung: Lernen im Kontext verschiedener Institutionen (Schule, Hochschule etc.) oder informell</td></tr>
<tr><td>Erziehung = das Einwirken eines Menschen auf einen anderen Menschen mit der Intention, Bildungsinhalte, Werte und Normen zu vermitteln und damit das Verhalten des zu Erziehenden gerichtet zu verändern</td><td>Bildung = Aneignung von Wissen</td></tr>
<tr><td>Unter Erziehung versteht man einen intentionalen Einflussprozess auf menschliches Verhalten. Erziehung kann in Institutionen und Instanzen stattfinden, wie z. B. in Familie, Kindergarten, Schule und Universität</td><td>Bildung impliziert einen Lernprozess, indem Lernende sich Wissen oder Fähigkeiten aneignen. Darüber hinaus kann man durch Bildung seine Einstellung zu bestimmten Themen ändern. Nicht zuletzt soll man sich dadurch entwickeln</td></tr>
</table>

den Sinn und die Bedeutung von Begriffen untersucht. Wir werden oft beide Verfahren der Begriffsklärung verwenden, aber dabei doch den Schwerpunkt auf semantische Definitionen legen.

Begriffe sind geistige Abstraktionen, die Klassen von Sachen, Ereignissen oder Vorstellungen repräsentieren. Begriffe werden durch Wörter markiert, die einen Sinn und eine Bedeutung aufweisen. Die Bedeutung eines Wortes ist das, was es als Sprachzeichen zu verstehen gibt, während sein Sinn das von ihm im weitesten Sinne „Ausgedrückte" ist. In natürlichen Sprachen ist der Sinn von Wörtern stets ein „gemeinter Sinn", der vom Sprecher absichtlich ausgedrückt wird. Dabei ist zwischen dem Sinn der Wörter und dem Sinn ihrer Äußerung (als Zweck) zu unterscheiden.

Die vorgenommene Unterscheidung zwischen Sinn und Bedeutung von Wörtern geht auf den Aufsatz Freges *Über Sinn und Bedeutung* (1892/1973) zurück, in dem zwischen der Bezeichnungs- und Bedeutungsfunktion von Sprache unterschieden wurde. So wird unter der Bedeutung eines Eigennamens der durch ihn bezeichnete Namensträger verstanden, während die Art seines Gegebenseins den Sinn des Eigennamens konstituiert – z. B. ist derselbe Planet zum einen als Morgenstern und zum anderen als Abendstern oder dieselbe Person als Jorge Mario Bergoglio und als Papst Franziskus bekannt. Zwei sprachliche Ausdrücke können also dieselbe Bedeutung (oder Referenz), aber einen anderen Sinn haben. Die signifikative Funktion[2] von Wörtern kann unter Bezugnahme auf Freges Semantik wie in Abb. 1.3 schematisch dargestellt werden.

Durch Wörter können wir uns einen Begriff von den Dingen und Ereignissen der Welt machen. Begriffe realisieren sich demnach im Gebrauch von Wörtern. Und das Besondere einer gemeinsamen Sprache ist, dass sie nicht nur die Benennung von Begriffen durch Wörter erlaubt, sondern auch ihre Kommunikation, mit-

2 In der Semantik (bzw. Logik) wird der Term *signifikative Bedeutung* zur Bezeichnung des Begriffsinhaltes im Unterschied zur Denotation als Bezugnahme auf die außersprachliche Wirklichkeit verwendet (Seel 1991).

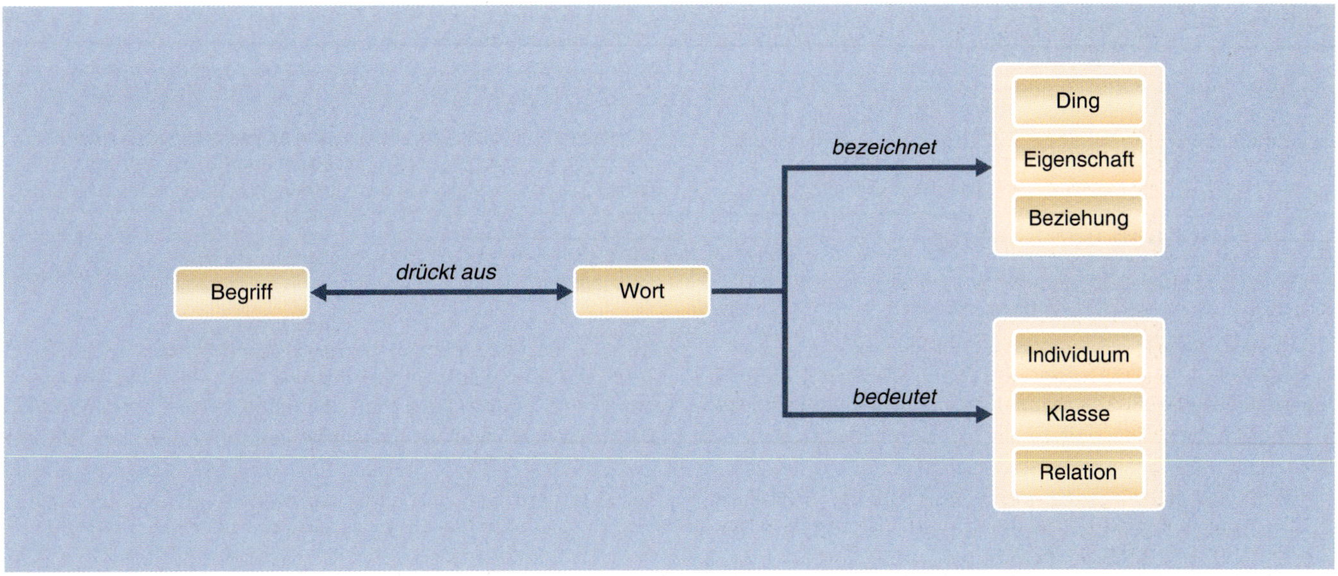

Abb. 1.3 Die Beziehung zwischen Begriff und Wort in der Semantik (Seel 1991)

tels derer dann wieder neue Begriffe erworben werden. Ähnliche Informationen, die Menschen über Dinge, Qualitäten und Ereignisse aufnehmen und verarbeiten, führen dazu, dass sie überall auf der Erde – unabhängig von der jeweiligen Muttersprache – auch ähnliche Begriffe von Mond, Sonne, Häusern und den Gegenständen des Alltagslebens erwerben.

Gemeinsame Erfahrungen und Sprachverwendungshandlungen (z. B. in der Schule) führen zu weithin akzeptierten *Bedeutungen* von Namen, wie sie beispielsweise in Wörterbüchern zu finden sind. Hier werden verschiedene Techniken angewendet, um Sinn und Bedeutung von Namen zu kennzeichnen: äquivalente oder synonyme Ausdrücke, Beispiele der Verwendung eines Wortes, und häufig werden auch formale Definitionen und Beziehungen zu anderen Begriffen geboten. Das kann am Beispiel des Wortes Haus verdeutlicht werden:

» *Haus* [mhd, ahd. hûs, eigtl. = das Bedeckende, Umhüllende]: 1.a) Gebäude, das Menschen zum Wohnen dient: ein großes, kleines, mehrstöckiges, schmales, verwinkeltes H.; armselige, einfache, verkommene, saubere Häuser; feste, baufällige, moderne Häuser; sein väterliches H.; das H. seiner Eltern; [...] ein H. bauen, einrichten, beziehen, bewohnen; [...] ein eigenes H. haben, besitzen [...] (Duden 1977, S. 1160)

Obwohl die Bedeutungen von Wörtern in Sprachgemeinschaften allgemein akzeptiert werden, hat jeder auch seinen eigenen Begriff von „Haus", da er subjektive Erfahrungen mit diesem Gegenstand der Objektwelt hat. Die *subjektive Bedeutung*, die ein Individuum einer Gegebenheit der Objekt- und Ereigniswelt zuschreibt, konstituiert *seinen* Begriff dieser Gegebenheit und entspricht der sogenannten *konnotativen Bedeutung* eines Begriffs. Mit diesem Begriff sind Affekte und Wertungen ebenso verbunden wie kognitiv verwertbare Informationen. So löst z. B. das Wort „Schule" bei vielen Erwachsenen nicht nur Assoziationen zu architektonischen Merkmalen eines bestimmten Gebäudes aus, sondern auch emotional besetzte Erinnerungen an die Schulzeit.

Begriffsbildung

Begriffsbildung hat ihren Ausgangspunkt in der Feststellung der gemeinsamen Merkmale von Dingen, Qualitäten und Ereignissen, die aufgrund der Ähnlichkeit ihrer Merkmale zu einer semantischen Kategorie zusammengefasst werden können.

Diese Definition gilt für konkrete Begriffe, die wahrnehmungsgebunden sind (z. B. Hund, Katze, Baum) ebenso wie für abstrakte Begriffe (z. B. Liebe, Hoffnung, Gerechtigkeit). Ebenso gilt, dass semantische Kategorien in der Regel am besten durch ein typisches Exemplar repräsentiert werden, das Prototyp genannt wird.

Machen wir die Probe aufs Exempel: Fällt Ihnen ein bestimmtes Exemplar ein, wenn Sie an den Begriff „Vogel" denken? Und bei „Gemüse"? Und bei „Werkzeug"? Und bei „Spiel"? Bei Nennung des Wortes „Vogel" fällt Ihnen vermutlich ein kleines Tier ein, vielleicht in der Größe und im Aussehen eines Rotkehlchens oder Sperlings. Eher unwahrscheinlich ist, dass Sie an einen Pinguin oder Steinadler denken, und noch unwahrscheinlicher ist es, dass Sie an einen Emu denken. Bei dem Wort „Gemüse" fällt vielen Personen Spinat, Brokkoli oder Wirsing ein. Bei „Werkzeug" ist die Sache aber klar und eindeutig, weil fast alle den Hammer als das typische Werkzeug assoziieren. Bei „Spiel" ist es demgegenüber wieder sehr viel schwerer, einen Prototypen zu finden. Und bei „Erziehung" und „Bildung"? Was ist ihr Prototyp? Vielleicht der schulische Unterricht?

Begriffe der pädagogischen Fachsprache wie z. B. Erziehung und Bildung werden oft vieldeutig verwendet, was viele am Sinn und an der Verwendbarkeit dieser Begriffe zweifeln lässt. Aus der Sicht der analytischen Philosophie stellt die Mehrdeutigkeit eines Begriffs dessen Verwendbarkeit aber nicht in Frage, da bei Begriffen mit unterschiedlichen Verwendungsweisen lediglich eine Kohärenz dieser Verwendungsweisen notwendig ist, um die Bedeutung festzulegen. Die Bedeutung kommt durch semantische Überschneidungen zustande (vgl. Wittgenstein 1984), die eine *Familienähnlichkeit* begründen und aus der sich der Bedeutungszusammenhang für einen Begriff ergibt. Ein auf Familienähnlichkeit gründender Begriff kann nicht streng und abschließend festgelegt werden, sondern unterliegt historischen Bedeutungsverschiebungen. Unsere These lautet, dass pädagogische Fachbegriffe häufig das Merkmal der Familienähnlichkeit aufweisen.

1.2.1 Erziehung und Bildung

Erziehung als *Aufgabe, Vorgang und Ergebnis* stellt das ureigene Forschungsfeld der Erziehungswissenschaft dar. In Übereinstimmung mit Petersen (1931), der die Erziehung als *Urfunktion menschlichen Daseins* überhaupt begriffen hatte, wird Erziehung in der deutschen Pädagogik als ein *Grundphänomen des menschlichen Lebens* aufgefasst, das weder zeitlich auf ein bestimmtes Entwicklungsalter begrenzt noch räumlich an eine Institution gebunden ist. Erziehung erstreckt sich quer durch alle Lebensbereiche und Lebensalter als konstitutive Elemente der Menschwerdung. Dieser weite Begriff von Erziehung weicht von dem Begriff *education* in der englischen Sprache ab, da hier der Begriff üblicherweise auf den schulischen Bereich eingeengt wird. Andere Begriffsbestimmungen, wie man sie in englischsprachigen Wörterbüchern finden kann, führen auch nicht viel weiter, da eine Aussage wie „The proper definition of education is the process of becoming an educated person" zirkulär ist und nichts anderes besagt, als dass Erziehung der Prozess ist, eine erzogene Person zu werden; es sei denn, man übersetzt „educated person" mit „gebildete Person", was dann auf den deutschen Begriff der Bildung hinweist.

Wenig hilfreich ist eine historisierende Aufarbeitung, wie sie in der älteren Fachliteratur (z. B. Röhrs 1969) zu finden ist, da das Wort „Erziehung" (engl. *education*, frz. *éducation*) in Europa im Lauf der Jahrhunderte und insbesondere während der bürgerlichen Emanzipation im 19. Jahrhundert verschiedene begriffliche Fassungen erhalten hat (Oelkers 2001). Die Liste von Definitionen des Begriffs „Erziehung" ist lang und erzeugt häufig mehr Verwirrung als Klarheit. Es ist daher verständlich, dass in Anbetracht der Vieldeutigkeit des Begriffs „Erziehung" Zweifel an seiner Sinnhaftigkeit und Verwendbarkeit aufkommen. Und dabei ist der Begriff der Erziehung im Vergleich zu dem der Bildung noch leichter zu handhaben, da für den Erziehungsbegriff deutlich mehr Übereinstimmungen in Definitionen feststellbar sind. Was genau Erziehung und was Bildung ist und was beide unterscheidet, ist nicht immer klar definiert, obwohl ein Vergleich synonymer Begriffe auf unterschiedliche Bedeutungszuschreibungen hinweist.

Synonyme für Erziehung:
- Unterweisung, Anleitung, Ausbildung, Schulung, Unterricht, Instruktion, Belehrung, Lehre, Lehrjahre, Lehrzeit, Vorbereitung, Formung, Prägung, Bildung, Bildungsgang
- Förderung, Entwicklung, Entfaltung, Ausformung, Vertiefung, Festigung
- Kinderstube, Zucht; ugs.: Schliff

Synonyme für Bildung:
- Entwicklung, Entstehung, Zusammenstellung, Form, Formierung
- Erziehung, Wissen, Kenntnis(se), Gelehrtheit, Gebildetsein, Kultur, geistiger Überblick, Ausbildung, Schulung, Allgemeinwissen; ugs.: geistiger Horizont

(▶ http://www.wissen.de)

Trotz einiger Überschneidungen weisen die Synonyme jedoch auf Unterschiede im Alltagsverständnis von Erziehung und Bildung hin. Zugleich wird auch deutlich, was *nicht* zu den beiden Begriffen gehört. So ist Erziehung keine Dressur oder Abrichtung, auch wenn z. B. Sarrazin (2010) meint, Erziehung ähnele der Hundedressur, und dabei auf das Alltagswissen des Jägers zurückgreift (vgl. dazu Thüngen 1865).

1.2.1.1 Begriffsklärung: Erziehung

Erziehung ist im Vergleich zu Bildung der ältere und weiter gefasste Begriff, auch wenn in der derzeitigen Begriffsverwendung die Erziehungswissenschaft gelegentlich als Teil einer Bildungswissenschaft verstanden wird. Etymologisch ist das Wort aus „ziehen" entstanden, was vom Wortstamm her das Auf- und Großziehen bei Betonung einer pflegerischen Seite meint – wie es z. B. in Artikel 6, Absatz 2 des deutschen Grundgesetzes zum Ausdruck kommt: „Pflege und Erziehung der Kinder sind das natürliche Recht der Eltern und die zuvörderst ihnen obliegende Pflicht."

Der komplexe Bedeutungsgehalt von Erziehung ist bereits in den entsprechenden griechischen und lateinischen Begriffen vorgegeben, auf die wir aber nicht näher eingehen. Vielmehr greifen wir auf einige Definitionen zurück, die in der pädagogischen Fachliteratur aus unterschiedlichen Blickwinkeln vorgetragen wurden.

Betrachten wir zunächst die Begriffsklärung von Dolch (1965): Für ihn ist Erziehung grundsätzlich ein *Vorgang zwischen Menschen* – „im allgemeinsten Sinne die Gesamtheit jener *zwischenmenschlichen Einwirkungen*, durch die eine mehr oder minder dauernde *Verbesserung* im *Verhalten und Handeln* eines Menschen beabsichtigt oder erreicht wird" (S. 54). Der Gegenbegriff zur Erziehung ist für Dolch die *Verwahrlosung*, da hierbei „weder bewusst noch unbewusst etwas in Richtung auf die Verbesserung, Vervollkommnung zu wahrer Menschlichkeit beigetragen wird" (S. 57). Die Verbesserung von Verhalten und Handeln, die mehr oder minder *dauerhaft* (d. h. dispositionell) sein muss, stellt das zentrale Merkmal von Erziehung dar. Das Verhalten und Handeln eines Menschen reicht „in seinem ganzen Umfang von den leiblichen Funktionen bis zu den höchsten geistigen Prozessen der Wesensverwirklichung der Person" (S. 55). Damit sind die wesentlichen Bestimmungsstücke für das Grundverständnis von Erziehung genannt: Es handelt sich um einen zwischenmenschlichen Vorgang, der gezielt auf eine nachhaltige Verbesserung von Verhalten und Handeln von Personen Einfluss zu nehmen versucht.

In weitgehender Übereinstimmung mit Dolch definiert Klafki den Erziehungsbegriff im umfassendsten Sinne

» als Begriff für alle bewussten Einwirkungen von Menschen, die auf die Entwicklung oder die Veränderung des Wissens und Könnens, dauerhafter Haltungen und Verhaltensformen anderer, insbesondere junger Menschen, gerichtet sind (Klafki 1971, S. 17).

Damit kommt ein neuer Aspekt hinzu, nämlich dass sich Erziehung insbesondere an junge Menschen richtet und von Erwachsenen ausgeht. Erziehung wird zu einer pädagogisch-anthropologischen Kategorie, in der es um ein Grundverhältnis zwischen *Generationen* geht (vgl. Eisenstadt 1966): Es ist die ältere Generation, die versucht, die nächste Generation zu erziehen.

Das wird auch deutlich in der von Brezinka vorgeschlagenen Definition:

» Mit „Erziehung" sind Handlungen gemeint, durch die Erwachsene [...] versuchen in den Prozeß des Werdens heranwachsender Persönlichkeiten [...] einzugreifen, um Lernvorgänge zu unterstützen oder in Gang zu bringen, die zu Disposition und Verhaltensweisen führen, welche von den Erwachsenen [...] als erwünscht angesehen werden (Brezinka 1972, S. 26).

Brezinka betont in seiner Definition die Einflussnahme von Erwachsenen auf Heranwachsende, was aber eine (unnötige) Einengung des Erziehungsbegriffs mit sich bringt, da ja auch Gleichaltrige auf einander erzieherisch Einfluss nehmen können, wie das Beispiel der sogenannten Peer-Education zeigt (Nörber 2003). Daher liegt es nahe, Erziehung allgemein als eine *soziale Interaktion* zwischen zwei oder mehreren Personen zu begreifen, die auf Änderungen des Verhaltens und Erlebens von Individuen *einwirken* will (Tausch und Tausch 1998).

Mit dem Verweis auf die soziale Interaktion, die bei der Erziehung sinnstiftend vorausgesetzt werden muss, wird ein Perspektivenwechsel angesprochen, der dem sozialen Charakter der Erziehung Rechnung trägt – ganz im Sinne des Verdikts von Bernfeld (1925/2006), wonach Erziehung „die Summe aller Reaktionen einer Gesellschaft auf die Entwicklungstatsache" (Bernfeld 2006, S. 51) ist. Mit *Entwicklungstatsache* ist gemeint, dass der Mensch nicht sofort ein fertiges Mitglied der Gesellschaft ist, sondern dies erst in einem langen Lernprozess werden muss. In weitgehender Entsprechung mit diesem Denkansatz wurde in den 1960er Jahren der Begriff der *Sozialisation* aus der Soziologie übernommen und auf das Grundverständnis von Erziehung angewendet (Wurzbacher 1963), um den Einfluss von Umwelt- und Gesellschaftsfaktoren auf die Erziehung des Menschen zu betonen.

■ Erziehung und Sozialisation

Mit dem Begriff Sozialisation wird gearbeitet, um den Vorgang des sozialen Einfügens und Eingliederns in das soziale und kulturelle Gesamtsystem zu umschreiben. Der Mensch wird als soziales Wesen begriffen, das nur in sozial bedeutsamen Lebenssituationen Mensch werden und bleiben kann. Im Unterschied zur frühen Sozialisationsforschung, die Sozialisation als Anpassung des Menschen an seine Umwelt auffasste, wird die Sozialisation in modernen Theorien als *Vergesellschaftungsprozess* im Sinne einer kontinuierlichen sozialen Interaktion des Menschen mit seiner Umwelt begriffen (Hurrelmann et al. 2008), die die gesamte Entwicklung des Menschen und der Gesellschaft als Zusammenschluss von Menschen durchdringt. Nach dem heutigen Verständnis von Sozialisation ist damit insbesondere ein Hineinwachsen in bestimmte vorgegebene Rollen gemeint, die Menschen oft verpflichtend prägen, aber ihnen auch genügend Spielraum für eigene Initiativen zur Umformung der Rollen gewähren sollen. In der modernen Gesellschaft ist der Mensch gewöhnlich Träger mehrerer Rollen, deren Verhältnis zueinander er freilich selbst bestimmen kann. Mit den Rollen übernimmt eine Person nicht nur bestimmte Formen und Normen des Verhaltens, sondern auch kulturelle und soziale Inhalte. Daher ist das flexible Rollenspiel in der Gesellschaft immer auch ein Prozess der *Enkulturation* (Wurzbacher 1963), mittels derer der Mensch nachahmend, übernehmend, lernend, aber auch kritisch reflektierend in eine Kulturgemeinschaft hineinwächst.

In der zweiten Hälfte des 20. Jahrhunderts zeichnete sich eine deutliche Tendenz vor allem in der Psychologie ab, den Erziehungsbegriff durch den Sozialisationsbegriff zu ersetzen (z. B. Mietzel 2002). Das führt uns zu der Frage, ob Erziehung und Sozialisation tatsächlich dasselbe meinen. Die Antwort lautet *nein*, denn im Unterschied zur Erziehung verläuft die Sozialisation nicht als eine selbstbewusste Handlung geplant und zielorientiert, sondern vollzieht sich quasi automatisch ein Leben lang in mitunter äußerst komplexen Interaktionen zwischen einem Individuum und dessen sozialer und kultureller Umwelt. Gelegentlich wird die Sozialisation deshalb auch mit dem Begriff einer *funktionalen Erziehung* in Verbindung gebracht, der unbeabsichtigte Wirkungen des sozialen und kulturellen Umfeldes auf die Erziehung (wie auch umgekehrt) in den Vordergrund stellt (Mollenhauer 1983).

Im Unterschied zur Erziehung laufen Prozesse der Sozialisation (und Enkulturation) überwiegend funktional und unbewusst ab. Zusätzlich zu den zweifellos stark prägenden Einflüssen von Familie, Milieu und Schule beeinflussen auch Gesellschaft, Staat und epochale Strömungen, der sogenannte *Zeitgeist*, die kulturellen und sozialen Anpassungsprozesse von Menschen an soziale und kulturelle Bedingungen ihrer Umgebung. Die Hilfsbegriffe Sozialisation und Enkulturation reichen alleine nicht aus, um das Phänomen Erziehung zu erfassen. Sie bilden lediglich die Tragpfeiler dessen, was als *Personalisation* bezeichnet wird und als Synonym für Menschwerdung verstanden werden kann. Die soziokulturelle Beeinflussung, wie sie uns in dem Begriffspaar Sozialisation und Enkulturation begegnet, umschreibt im Grunde den Vorgang der Bildung als Voraussetzung der Personalisation.

Seit ihrer Einführung in die erziehungswissenschaftliche Diskussion haben die Begriffe „Sozialisation" und „Enkulturation" zweifelsohne das Verständnis von Erziehung nachhaltig beeinflusst, ohne aber je vollständig den über Jahrhunderte angereicherten Bedeutungsgehalt von Erziehung erfassen zu können. Bevor wir uns im Weiteren mit dem Bildungsbegriff auseinandersetzen, wollen wir eine Definition von Erziehung vorschlagen, die mit den oben angeführten Definitionen kompatibel ist.

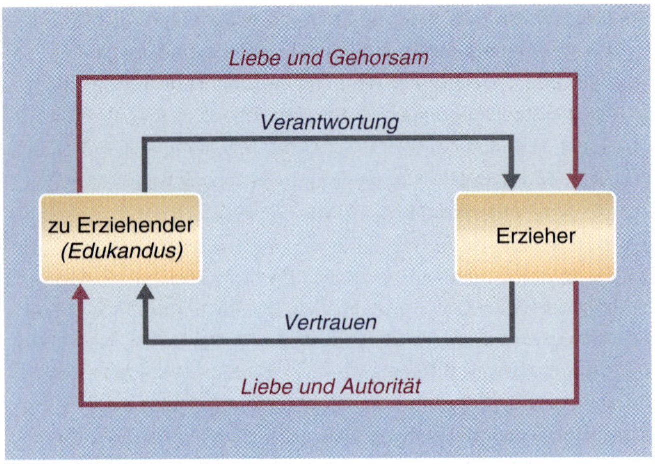

Abb. 1.4 Der pädagogische Bezug als Grundkategorie von Erziehung

Erziehung

Der Begriff der *Erziehung* beschreibt Prozesse, die Personen (in der Regel Kinder oder Jugendliche) unter Anleitung anderer durchlaufen, um ihre intellektuellen, emotionalen, geistigen, sozialen und physischen Fähigkeiten zu entwickeln (= Personalisation) und zu vollwertigen Mitgliedern der sozial-kulturellen Gemeinschaft zu werden, der sie angehören (= Sozialisation/Enkulturation).

In dieser Definition sind die Hilfsbegriffe der Personalisation und Sozialisation ebenso enthalten wie die Aspekte des *Erzogenwerdens* und des *Erziehens*. Der erste Aspekt bezieht sich auf die Person, die erzogen wird, indem sie den Anleitungen folgt und die Hilfen annimmt, die andere Personen mit erzieherischer Absicht anbieten. Der zweite Aspekt bezieht sich auf die Maßnahmen, die Erwachsene vornehmen, um bei Heranwachsenden Lernvorgänge zu bewirken, die aus der Sicht der Erwachsenen zu gewünschten Ergebnissen in der Person- und Sozialwerdung führen.

Der pädagogische Bezug als Wesensmerkmal von Erziehung

Ein Wesensmerkmal von Erziehung ist die *Interaktion* zwischen dem, der erziehen will, und dem, der erzogen werden soll. Dieses eigentümliche Verhältnis zwischen Interaktionspartnern wird auch *pädagogischer Bezug* genannt. Dieser Begriff wurde von Nohl (1933/2002) in die Pädagogik eingeführt und avancierte zu einem der bekanntesten, aber auch umstrittensten Konzepte der Pädagogik, wobei sich die Kritik vor allem darauf bezog, dass der Aspekt der Sozialisation nicht ausreichend berücksichtigt werde (Bollnow 1981). Die Beziehung zwischen Erzieher und Kind (als zu Erziehendem) ist getragen von *Liebe und Autorität* auf Seiten des Erziehers und von *Liebe und Gehorsam* auf Seiten des Kindes. Dabei erwächst die Autorität des Erziehers nicht aus dessen Macht und Überlegenheit, sondern aus seiner *Verantwortung* gegenüber dem zu Erziehenden, dessen Gehorsam auch nicht als Unterwerfung unter die Macht des Erziehers zu verstehen ist, sondern als *Vertrauen* in den Erzieher. In Abb. 1.4 werden diese Komponenten des pädagogischen Bezugs im Verhältnis zueinander dargestellt.

Um Autorität zu bewahren, muss der Erzieher in der Lage sein, gekonnt mit der Spannung zwischen den Erwartungen der Umwelt und der Persönlichkeit des zu Erziehenden umzugehen, d. h. weder das eine noch das andere absolut zu setzen – was nicht immer einfach ist!

Anna: „Ach ja, es ist wirklich nicht einfach, dem Kind und den Erwartungen der Umwelt gerecht zu werden, das kann ich bestätigen. Einen solchen Konflikt hatte ich mal, als ich mit meinem Babysitterkind einkaufen war. Wir waren in der Obstabteilung. Ich hab da irgendwas gesucht und Luisa kurz aus den Augen gelassen. Als ich mich dann wieder nach ihr umgeschaut hab, war sie gerade dabei, die Mangos aus dem Karton auf dem Boden der Größe nach zu sortieren. Sie war dabei hoch konzentriert. Da stand ich ziemlich dumm da. Die anderen hatten schon blöd geschaut, so nach dem Motto: ‚Macht die denn gar nichts? Lässt die dem Kind alles durchgehen?' Und ich hab da wirklich im Moment gezweifelt, ob ich Luisa zur Ordnung rufen muss. Die war so zufrieden und konzentriert. Ich hab mich dann aber entschieden, ihr die Mangos wegzunehmen und in den Karton zurückzulegen. Schließlich hätte ich auch keine Lust, Mangos zu kaufen, die schon von allen möglichen Kindern angefingert wurden."

Jakob: „Und wie hat die Kleine reagiert?"

Anna: „Ich hab natürlich versucht, ihr zu erklären, warum ich ihr die Mangos wegnehme. Aber das ging nicht wirklich gut und sie hat ziemlich geweint."

Jakob: „Und die anderen haben dann auch wieder blöd geschaut."

Anna: „Ja, und ich hab mich ziemlich schlecht gefühlt, als Luisa weinte. Deshalb habe ich ihr eine Mango gelassen und sie gekauft. Das hat sie dann einigermaßen beruhigt."

Jakob: „Das hätte ich wohl auch so getan, obwohl es ja Leute gibt, die meinen, ein solches Verhalten wäre sehr inkonsequent."

Anna: „Ich weiß, aber mir ging es darum, nicht das Vertrauen von Luisa zu verlieren. Denn die war ganz schön enttäuscht von mir. Aber was hätte ich anders machen sollen? Ich konnte sie doch nicht gewähren lassen …"

Damit der pädagogische Bezug förderlich ist, muss er von einem wechselseitigen Vertrauen zwischen Erzieher und zu Erziehendem getragen sein. Ohne Vertrauen in den zu Erziehenden müsste der Erzieher zwangsläufig die sozialen Normen absolut setzen; der zu Erziehende wiederum würde ohne Vertrauen dem Erzieher nicht folgen, da für ihn die Gründe für das Handeln des Erziehers nicht immer rational nachvollziehbar sein werden.

Nur durch einen fruchtbaren pädagogischen Bezug kann der Mensch laut Nohl *mündig* werden, d. h. ein Leben in Einklang mit sich selbst und der Kultur führen. Die Übernahme von Verantwortlichkeit für das Werden einer Persönlichkeit, die sich in ihrer sozial-kulturellen Umgebung zurechtfindet, ist wesentliches Merkmal des Erziehens. Junge Menschen dahin zu führen, selbstständig zu werden, Anerkennung zu finden, in der Wertegemeinschaft an- und aufgenommen zu werden, das sind die Beweggründe für die Erziehung im Sinne der Personalisation, wie sie auch von Nohl propagiert wurde. Erziehung gelingt aber nur, wenn die vom Erzieher unternommenen Einflussversuche vom zu Erziehenden akzeptiert werden und sich in dessen Verhalten niederschlagen. Erziehung ist nach diesem Verständnis nicht der Versuch der Einflussnahme an sich, sondern muss als „akzeptierter Beeinflussungsversuch" im Verhalten des Beeinflussten zu einem offenen Ausdruck gelangen. Die Zielgerichtetheit der erzieherischen Einflussnahme durch den Erzieher korrespondiert mit der Anerkennung und Akzeptanz auf Seiten des zu Erziehenden. Für dieses Wechselspiel haben sich in der Literatur unterschiedliche Metaphern eingebürgert, auf die nun kurz eingegangen werden soll.

■ Metaphern des Erziehens

Die beiden vermutlich bekanntesten Metaphern sind die von Litt (1927/1967) verwendeten Umschreibungen des Erziehens als Führen oder Wachsenlassen, die zwei entgegengesetzte Ansätze der Pädagogik markieren, von Litt wie auch in den meisten pädagogischen Theorien aber als Synthese begriffen werden. Beim *Führen* ist der Erzieher tonangebend. Er kennt das jeweils zu verfolgende Ziel wie auch den Weg dahin. Er lenkt daher den zu Erziehenden in eine bestimmte Richtung, indem er bestimmte Methoden der Einflussnahme verwendet, um das Ziel möglichst effizient und effektiv zu erreichen. Werden die gesetzten Ziele nicht erreicht, hat entweder der Erzieher die falschen Methoden eingesetzt, oder Defizite auf Seiten des zu Erziehenden verhindern die Zielerreichung. Erziehen wird als handwerkliches Tun, als ein *Machen* und *Formen* betrachtet, was natürlich voraussetzt, dass der zu Erziehende beliebig lenk- und formbar ist. Raithel et al. (2009) sprechen deshalb auch vom *Erzieher als Bildhauer oder Handwerker*, der bestimmte Mittel und Methoden einsetzt, um einen angestrebten Zweck zu erfüllen.

Erziehung als Führung war u. a. das Credo von Watson, dem Begründer der behavioristischen Psychologie:

> » Gebt mir ein Dutzend gesunder, wohlgebildeter Kinder und meine eigene Umwelt, in der ich sie erziehe, und ich garantiere, daß ich jedes nach dem Zufall auswähle und es zu einem Spezialisten in irgendeinem Beruf erziehe, zum Arzt, Richter, Künstler, Kaufmann oder Bettler und Dieb, ohne Rücksicht auf seine Begabungen, Neigungen, Fähigkeiten, Anlagen und die Herkunft seiner Vorfahren (Watson 1930, S. 82).

Die Gegenposition beschreibt Erziehung als ein organisches *Wachsenlassen*, bei dem sich der Zögling aus sich heraus nach seinen Wachstumsbedingungen entfaltet. Als Bild wird der Gärtner oder Bauer verwendet, der den natürlichen Entwicklungsprozess mit geeigneten Maßnahmen unterstützt und fördert (vgl. Raithel et al. 2009), indem er potentielle Störfaktoren kontrolliert. Der Erzieher sorgt insgesamt für günstige „Wachstumsbedingungen" und reagiert auf die Impulse, die von Seiten des zu Erziehenden kommen, um diese aufzugreifen und Hilfen für eine optimale Entfaltung des individuellen Potentials bereitzustellen. Der wohl prominenteste Vertreter dieser Erziehungskonzeption war kein geringerer als Rousseau, an dem sich später die reformpädagogische Bewegung „vom Kinde aus" orientierte (▶ Abschn. 2.4.2).

In dem Buch *Führen oder Wachsenlassen* fordert Litt (1927) eine Synthese beider Positionen:

> » In verantwortungsbewusstem Führen niemals das Recht vergessen, das dem aus eigenem Grunde wachsenden Leben zusteht – in ehrfürchtig-geduldigem Wachsenlassen niemals die Pflicht vergessen, in der der Sinn erzieherischen Tuns sich gründet – das ist der pädagogischen Weisheit letzter Schluß (Litt 1927, S. 100).

Die Entfaltung der inneren Kräfte des zu Erziehenden wird damit genauso wichtig genommen wie die Notwendigkeit, ihn in die Objektwelt und in die Werte und Normen einer Gesellschaft einzu*führen*. Im Zusammenschluss von Wachsenlassen und Führen hilft Erziehung dem zu Erziehenden, eine eigene Haltung zur Objektwelt herauszubilden und eigenverantwortlich und selbstständig in der Gesellschaft zu handeln. Das setzt nicht nur einen Abwägungsprozess voraus, um Führen und Wachsenlassen auszubalancieren, sondern auch die Anwendung geeigneter Formen der Erziehung.

■ Grundformen der Erziehung

Im Allgemeinen wird zwischen zwei Grundformen der Erziehung unterschieden:

1. der intentionalen Erziehung und
2. der funktionalen Erziehung.

Intentionales Erziehen wird als zielgeleitetes und absichtsvolles Handeln beschrieben. Selbstverständlich kann Erziehung auch dann stattfinden, wenn keine Absicht vorliegt (Treml 2000), und ebenso kann Erziehung stattgefunden haben, ohne dass sie sich als erfolgreich im Sinne der Zielerreichung erweist. Obwohl dies der Fall sein kann, ist es analytisch durchaus sinnvoll, zwischen Prozessen des Erziehens mit zugrundliegender Absicht und solchen ohne explizite Absicht zu unterscheiden. Intentionale Erziehung bezieht sich auf diejenigen Handlungen, die ein Erzieher mit

Absicht und Zweck vollzieht, um bei einem zu Erziehenden Vorgänge der Person- und Sozialwerdung auszulösen und zu fördern.

Während man im alltäglichen Sprachgebrauch Erziehen als ein Handeln mit positiver Absicht begreift, wird Manipulieren als ein Handeln verstanden, dem tendenziell eine negative Absicht zugrundeliegt. Was jedoch positive und negative Absichten sind, unterscheidet sich je nach Zeitgeist und unterscheidet sich auch von Mensch zu Mensch. Ob intentionale Erziehung in die Nähe von Manipulation als einer gezielten, aber verdeckten Einflussnahme rückt, hängt davon ab, ob die Einflussnahme negativ oder positiv zu bewerten ist. Zielt sie auf eine Fremdbestimmung des zu Erziehenden gegen seinen Willen, also auf Unmündigkeit, spricht man von *Manipulation* mit einer negativen Konnotation, wird ein positives Ergebnis angestrebt oder erreicht, handelt es sich um *Überzeugung*.

Die Gegenposition zur intentionalen Erziehung ist die *funktionale Erziehung*, die in lebensweltlichen Situationen ihren Ausgangspunkt findet. Raithel et al. (2009) sprechen von „gesellschaftlich wirksamen Faktoren", zu denen die Medien ebenso wie das Wertesystem einer Gesellschaft gehören. Funktionale Erziehung tendiert sehr stark in Richtung der Sozialisation. In der Interaktion mit der sozial-kulturellen Umwelt findet Erziehung „nebenbei" statt, sie ist weder geplant noch verfolgt sie ein bestimmtes Ziel.

Zwischen der intentionalen und funktionalen Erziehung liegt eine Form, die als *nebenläufige Erziehung* bezeichnet werden kann.[3] Treml (2000) verwendet hierfür die Bezeichnung *extensionale Erziehung*. Unter diesen Begriff fallen alle jene Handlungen, die ein Erzieher primär zwar nicht ausführt, um zu erziehen, an denen er aber den zu Erziehenden mit Absicht teilhaben lässt. Extensionale oder nebenläufige Erziehung ist als indirekte Einflussnahme durch die Bereitstellung von Umweltgegebenheiten zu verstehen.

Jakob: „Dann haben mich also meine Eltern erzogen, als sie mich darin bestärkt haben, ein Jahr im Ausland zu studieren."

Anna: „Ja. Und wenn andere Eltern bewusst entscheiden, keinen Fernseher im Haus zu haben, dann ist das auch eine Form der nebenläufigen Erziehung ihrer Kinder."

Unabhängig davon, ob dabei zwischen intentionaler, funktionaler und nebenläufiger Erziehung unterschieden wird, wird in der Pädagogik seit langem (insbesondere aber nach den Erfahrungen mit Nazideutschland) eine Erziehung angestrebt, die imstande ist, den Menschen aus dem Zustand der Unmündigkeit in den Zustand der Mündigkeit zu führen (Blankertz 1982).

» Eine Demokratie, die nicht nur funktionieren, sondern ihrem Begriff gemäß arbeiten soll, verlangt mündige Menschen. Man kann sich verwirklichte Demokratie nur als Gesellschaft von Mündigen vorstellen (Adorno 1969, S. 133).

Nur in gemeinsamen Handlungen kann die emotionale und kognitive Intelligenz des Kindes allmählich wach werden und sich entwickeln – im geglückten Fall – zur Entfaltung der Mündigkeit und Freiheit. Die insbesondere von Adorno vertretene Auffassung von *Erziehung als Bewegung zur Mündigkeit* vermeidet es, eine bestimmte Wirkung zu erwarten, wie es in bestimmten Vorstellungen und Formen von Erziehung der Fall ist. Erziehung zur Mündigkeit soll eine schrittweise „Bewusstwerdung" bzw. Einsicht in die Gegebenheiten der (eigenen) Sozialisation ermöglichen. Dementsprechend werden als Ziele der Erziehung zur Mündigkeit die Ermöglichung eigenständigen Denkens, angemessenen Urteilens und sozial verantwortlichen Handelns genannt. Das sich dabei allmählich entwickelnde, aber nicht abschließbare Herausbilden eines selbstverantwortlichen Handelns und eines Selbst- und Weltverhältnisses, zu dem die Erziehung zur Mündigkeit hinführen soll, kann auch als Teil der *Bildung* verstanden werden, die von Generation zu Generation weitergegeben wird.

Erzieherisches Handeln kann ausschließlich durchgeführt werden, um zu erziehen (*intentionale Erziehungshandlungen*); es kann aber auch ein Handeln sein, das Gelegenheiten schafft, von denen sich der Erzieher erhofft, dass sie eine Person erziehen (*extensionale Erziehungshandlungen*). Für beide Grundformen gilt, dass erzieherische Maßnahmen erst durch individuelles Mitwirken des zu Erziehenden realisierbar werden.

1.2.1.2 Begriffsklärung: Bildung

Jakob: „Es ist zum Verzweifeln. Ich suche jetzt schon seit einer halben Stunde nach einer brauchbaren Definition von Bildung."

Anna: „Schau doch mal nach, was du unter dem Stichwort ‚empirische Bildungsforschung' finden kannst. Das ist doch zurzeit *in*."

3 Dabei legen wir folgende Definition von Nebenläufigkeit zugrunde: Zwei Vorgänge A und B heißen *nebenläufig*, wenn sie voneinander unabhängig sind. Dabei ist es egal, ob zuerst der Vorgang A und dann der Vorgang B stattfindet, ob beide in umgekehrter Reihenfolge stattfinden oder gleichzeitig.

Jakob: „Was denkst du denn, was ich gerade gemacht habe? Ich habe fast alle Internetseiten der Institute für empirische Bildungswissenschaft durchgeackert und bin nicht schlau daraus geworden, was unter Bildung zu verstehen ist."

Wann ist jemand gebildet? Ist jemand gebildet, der möglichst viel enzyklopädisches Wissen angehäuft hat und einen Doktortitel trägt – oder der Goethe und Schiller gelesen hat und an ihnen sittlich gereift ist? Oder ist jemand gebildet, wenn er mehrere Fremdsprachen beherrscht und die Pyramiden in Ägypten besucht hat – oder wenn er mindestens einmal im Monat ein Museum und eine Theater- oder Konzertveranstaltung besucht? Und wie steht es mit der sogenannten Herzensbildung?

Für die Begriffe der Aus-, Fort- und Weiterbildung ist es relativ leicht, übereinstimmende Definitionen zu finden:

Ausbildung – Ausbildung umfasst nach allgemeinem Verständnis die Vermittlung von Fertigkeiten, Fähigkeiten, Kenntnissen und Wissen an Menschen beliebigen Alters durch eine ausbildende Institution (z. B. eine Schule, eine Hochschule oder ein Handwerksbetrieb). Wesentliches Merkmal ist die Vollendung und Zweckbestimmtheit. Am Ende einer Ausbildung steht eine Abschlussprüfung, deren Bestehen durch ein Zertifikat bescheinigt wird, das die durch die Ausbildung erworbene Befähigung nachweist.

Fortbildung – Der Begriff der Fortbildung bezieht sich (in Deutschland) laut Berufsbildungsgesetz auf den Erwerb von Qualifikationen, die über die in einer Ausbildung erworbenen Fähigkeiten hinausgehen, um dadurch eine Anpassung an veränderte Arbeitsbedingungen zu erreichen. Fortbildung kann aber auch dem beruflichen Aufstieg dienen.

Weiterbildung – Weiterbildung zielt auf eine Vertiefung, Erweiterung oder Erneuerung von Wissen, Fähigkeiten und Fertigkeiten bei Menschen, die bereits eine erste oder zweite Bildungsphase abgeschlossen haben und in der Regel erwerbstätig sind. Die Bezeichnungen Erwachsenenbildung, Weiterbildung und Andragogik werden oft synonym, gelegentlich auch additiv verwendet. Allgemein wird die Erwachsenen- und Weiterbildung nach verschiedenen Kriterien geordnet und zwischen einer allgemeinen, beruflichen und politischen Weiterbildung differenziert (vgl. Arnold 2011a).

Im Gegensatz dazu ist es sehr viel schwerer zu definieren, was Bildung eigentlich ist. In der älteren Literatur (z. B. Dolch 1965) findet sich die Behauptung, *Bildung sei ein genuiner Begriff der deutschen Sprache, der in anderen Sprachen keine Entsprechung habe.* Aus semantischer Sicht ist dies nicht zu akzeptieren, da die Tatsache, dass in einer anderen Sprache kein bestimmtes Wort existiert, um etwas zu bezeichnen (◘ Abb. 1.3), ja nicht so interpretiert werden darf, dass Menschen, die diese Sprache sprechen, nicht über das jeweilige Phänomen nachdenken würden. Was als Bildung in der deutschen Sprache bezeichnet wird, heißt im Englischen *educated mind* oder *self-education* (Bruford 1975) und im Französischen *homme de culture* (Reichenbach 2007).

Sich mit dem Bildungsbegriff zu befassen, ist dennoch schwierig und heikel, da es kaum einen anderen Begriff der pädagogischen Fachsprache gibt, der auch nur annähernd so viele Bedeutungen und Konnotationen aufweist. Festzustehen scheint lediglich, dass die Bildung im Dienst der *Selbstverwirklichung und des Selbstverständnisses* des Menschen steht. Als problematisch erweist sich vor allem auch das Verhältnis von Erziehung und Bildung zueinander. Wo schlägt die Erziehung in Bildung um, wo liegt die Grenze und welche Merkmale gebieten es, Erziehung und Bildung voneinander zu unterscheiden? Sind Erziehung und Bildung überhaupt klar trennbare Phänomene oder bezeichnen sie ein und dasselbe? Um solche Fragen beantworten zu können, sind die Bedeutung und die Geltungsbreite des Begriffs der Bildung zu bestimmen. Dies erscheint derzeit umso dringlicher, als der Bildungsbegriff infolge der PISA-Studien und der durch sie ausgelösten Diskussion um eine grundlegende Reform des Bildungswesens ein gesellschaftliches Schlagwort geworden ist. Darüber hinaus ist zu beobachten, dass zahlreiche Universitäten dazu übergegangen sind, die Bezeichnung *Bildungs*wissenschaft anstatt *Erziehungs*wissenschaft zu verwenden. Dies steht in einem Missverhältnis zu der Kritik, welcher der Bildungsbegriff über Jahrzehnte ausgesetzt war.

Jede Debatte über den Bildungsbegriff mündet früher oder später in einem Verweis auf Wilhelm von Humboldt (1767–1835) und einer Neuauflage seines Bildungsideals, aus dem die unterschiedlichsten Bildungskonzepte abgeleitet wurden und werden (Benner 2003). Bei Humboldt heißt es:

> » Es gibt schlechterdings gewisse Kenntnisse, die allgemein sein müssen, und noch mehr eine gewisse Bildung der Gesinnungen und des Charakters, die keinem fehlen darf. Jeder ist offenbar nur dann guter Handwerker, Kaufmann, Soldat und Geschäftsmann, wenn er an sich und ohne Hinsicht auf seinen besonderen Beruf ein guter, anständiger, seinem Stande nach aufgeklärter Mensch und Bürger ist. Gibt ihm der Schulunterricht, was hierfür erforderlich ist, so erwirbt er die besondere Fähigkeit seines Berufs nachher so leicht und behält immer die Freiheit, wie im Leben so oft geschieht, von einem zum anderen überzugehen (Humboldt 1809, S. 218).

Humboldt wurde in seinem Standpunkt von Pestalozzi beeinflusst, der *Bildung als sittliche Bildung*, d. h. als Herausbildung von Gesinnung und Haltung begreift. Wie bei Rousseau wird Bildung nicht als abhängig von der Menge des Gelernten betrachtet, sondern von der inneren Bereitschaft, sich neuen Erfahrungen gegenüber aufgeschlossen zu zeigen. Ähnliche Ideen finden sich dann auch bei Herder. Aus alledem resultierte der „klassische" Bildungsbegriff des Neuhumanismus, der in der vielseitigen *Bildung der Individualität* die vornehmste Aufgabe des Menschen sah.

Im Verlauf des 19. Jahrhunderts wurde der neuhumanistische Ansatz immer mehr zu einer konservativen Ideologie einer *formalen Bildung* umgeformt, welche die Betonung auf grundlegende und generalisierbare Erkenntnismethoden legte, die an wenigen als besonders relevant betrachteten Fächern erworben werden konnten. In der pädagogischen Theorie und Praxis führte dies u. a. zu einer einseitigen Überbetonung der altsprachlichen Fächer (Latein, Altgriechisch), denen der höchste formale Bildungsgehalt zugesprochen wurde.

An diesem Verständnis einer formalen Bildung übte keiner so scharfe Kritik wie Nietzsche:

> » Wir haben ja unsere Kultur, heißt es dann, denn wir haben ja unsere „Klassiker", das Fundament ist nicht nur da, nein auch der Bau steht schon auf ihm gegründet – wir selbst sind dieser Bau. Dabei greift der Philister an die eigene Stirn […], ihnen das so nachdenkliche Wort „Klassiker" anzuhängen und

sich von Zeit zu Zeit einmal an ihren Werken zu „erbauen", das heißt, sich jenen matten und egoistischen Regungen zu überlassen, die unsere Konzertsäle und Theaterräume jedem Bezahlenden versprechen; auch wohl Bildsäulen stiften und mit ihrem Namen Feste und Vereine bezeichnen – das alles sind nur klingende Abzahlungen, durch die die Bildungsphilister sich mit ihnen auseinandersetzt, um im übrigen sie nicht mehr zu kennen, und um vor allen nicht nachfolgen und weiter suchen zu müssen. Denn: es darf nicht mehr gesucht werden; das ist die Philisterlosung (Nietzsche 1873/1999), S. 144 f.).

Dem Gedanken der formalen Bildung und der Betonung nicht inhaltlich bestimmter Fähigkeiten und Fertigkeiten wurde die *materiale Bildung* als Entwicklung und Konsolidierung kanonischen Wissens gegenübergestellt. Die Konzeption der materialen Bildung hängt eng mit einem bildungstheoretischen Objektivismus[4] zusammen, der sich auf die Übernahme der tradierten Inhalte von Wissenschaften und gegebener Kulturgüter bezieht, die oft als „klassisch" bezeichnet werden.

Beide Standpunkte, formale und materiale Bildung, standen sich lange unversöhnlich gegenüber und prägten die bildungstheoretische Diskussion bis in die Mitte des 20. Jahrhunderts. Dabei wurde der Bildungsbegriff nach und nach mit einem dermaßen hoch aufgeladenen Bedeutungsgehalt ausgestattet, dass er sich laut Oelkers (2001) zu einer kaum mehr überschaubaren metaphorischen Breite ausformte.

Dementsprechend gelangte Dolch (1965) in seiner Gesamtsicht der damaligen Literatur zu dem niederschmetternden Ergebnis, dass eine weitgehende Einmütigkeit „so vieler derzeitiger Vertreter der wissenschaftlichen Pädagogik und zwar der verschiedensten ‚Richtungen' und weltanschaulichen Grundeinstellung in ihrer Reserve gegenüber dem Bildungsbegriff" (S. 37) bestehe, so dass es nur noch möglich sei, eine Art Rettungsversuch für den brauchbaren Sinn des Bildungsbegriffs zu unternehmen. Dabei bezog sich Dolch auf die Kritik prominenter Vertreter der geisteswissenschaftlichen Pädagogik wie Litt, Lochner, Bollnow und Nohl, wobei letztgenannter nach Dolch sogar so weit ging, Teilbestandteile einer Bildungspädagogik als „alte Semmeln" zu bezeichnen. Die damals gegen den Bildungsbegriff vorgetragenen Einwände waren so stark, dass der Begriff der Bildung aus dem Schriftgut der Pädagogik eigentlich hätte verschwinden müssen, was jedoch nicht der Fall war.

Etwas weniger als fünfzig Jahre nach Dolch forderte der Soziologe Luhmann (2002), den Bildungsbegriff abzuschaffen, da dieser viel zu vage sei, um den funktionalen Sinnzusammenhang des Erziehungssystems adäquat zu erfassen:

» Um auf das ganze Erziehungssystem anwendbar zu sein, musste der Begriff der Bildung daher von allen Inhalten entleert werden. Er wird seitdem nur noch floskelhaft und vor allem politisch gebraucht (Luhmann 2002, S. 191).

Wenige Jahre zuvor hatte Bollenbeck (1996) das Festhalten an dem Begriff der Bildung als „altzopfig" und „nostalgisch" bezeichnet. Selbst wenn man den Bildungsbegriff gegen seine Verwendungsgeschichte aufpoliere, könne er nicht gerettet werden (S. 312). Die „idealistisch imprägnierten Bedeutungen" von Bildung würden letztlich nur noch in der Philosophie und der Pädagogik aufbewahrt und „neuen Deutungen unterzogen", was aber nichts daran ändere, dass die Begriffe Bildung und Kultur „akademische Pflegefälle" geworden seien (S. 307) und im Grunde nur noch in den versprengten Resten des Bildungsbürgertums, den Ewiggestrigen, überlebten. In keinem Falle aber sollte man, wie Bollenbeck (1996) kritisch anmerkt, die Verwendung des Begriffs der Bildung im Deutschen als eine Bestätigung für den Tiefgang des deutschen Denkens über Bildung und Erziehung betrachten und implizit anderen diesen Tiefgang absprechen. Was von manchen als tiefschürfendes Denken betrachtet wird, ist für andere nur kluges Geschwätz – oder nach Nietzsche „Bildungsphilistertum".

Anlässlich einer Konferenz der Friedrich-Ebert-Stiftung, die sich mit dem *Wandel des Bildungsbegriffs* befasste, schrieb von Hentig (2007) der Bildung drei Bestimmungen zu:

» [Bildung] ist erstens das, was „der sich bildende Mensch" aus sich zu machen sucht, ein Vorgang mehr als ein Besitz. Diesem Streben folgt er auch unabhängig von der Gesellschaft. Das ist die *persönliche Bildung*, die freilich stark von der Kultur bestimmt wird, in der einer aufgewachsen ist, die aber auch ohne sie Geltung hat.
Bildung ist zweitens das, was dem Menschen ermöglicht, in seiner geschichtlichen Lage zurechtzukommen: das Wissen und die Fertigkeiten, die Einstellungen und Verhaltensweisen, die ihm helfen, sich in der Welt zu orientieren und in der arbeitsteiligen Gesellschaft sowohl zu überleben wie nützlich zu sein. Das ist die *praktische Bildung*. („Technai" hätten die Griechen dazu gesagt.)
Bildung ist drittens das, was der Gemeinschaft erlaubt, gesittet und friedlich, in Freiheit und mit einem Anspruch auf Glück zu bestehen. Sie richtet den Blick des Einzelnen auf das Gemeinwohl, auf die Existenz, die Kenntnis und die Einhaltung von Rechten und Pflichten, auf die Verteidigung der Freiheit und die Achtung für Ordnungen und Anstand. Sie ist für die dikaiosyne, die richtige Balance, in der Gesellschaft zuständig. Sie hält zur Prüfung der Ziele, der Mittel und beider Verhältnis zueinander an. Sie befähigt zur Entscheidung angesichts von Macht und begrenzten Ressourcen in begrenzter Zeit. Das ist die *politische Bildung*; um ihretwillen muss es die öffentliche Pflichtschule geben; den anderen Aufgaben könnte anders genügt werden (von Hentig 2007, S. 15).

Anna: „Das ist doch jetzt mal ein brauchbarer Ansatz, oder?"

Jakob: „Ja, find ich auch nicht schlecht. Aber man kann ja auch Bildung einfach als das Zusammenspiel von formaler und kategorialer Bildung beschreiben, oder?"

Anna: „Auch kein schlechter Ansatz. Letztlich stecken beide Aspekte ja auch bei von Hentig drin …"

4 Der *Objektivismus* ist eine erkenntnistheoretische Position, die im Gegensatz zum Subjektivismus die Bildung von Begriffen an die Eigenschaften von Objekten und nicht an die Eigenschaften des begriffsbildenden Subjekts knüpft.

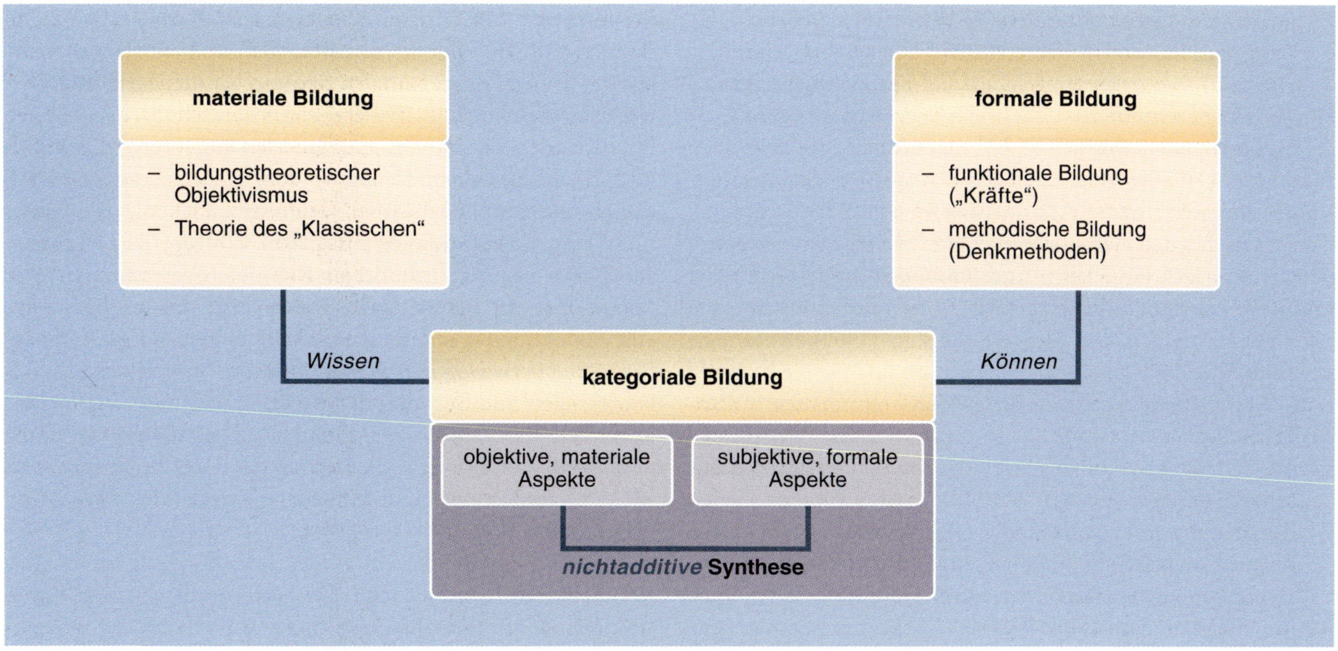

Abb. 1.5 Das Verhältnis von kategorialer Bildung zur formalen und materialen Bildung

Ein Meilenstein in dem erziehungswissenschaftlichen Versuch, Bildung zu definieren, ist das Konzept der *kategorialen Bildung* von Klafki (1959), mit dem es gelang, eine Brücke zwischen der formalen und materialen Bildung zu schlagen. Klafki macht sich dabei den Sinn des Begriffs der *Kategorie* zu Nutze, wonach Objekte aufgrund gemeinsamer Merkmale in eine bestimmte Klasse eingeordnet werden, so dass die Kategorienbildung eine Grundform des Erkennens und Verstehens konstituiert („etwas gehört zu einer bestimmten Kategorie") und zugleich den Inhalt der zu einer Kategorie gehörenden Objekte repräsentiert. Das entspricht dem Konzept der Familienähnlichkeit Wittgensteins.

Kategoriale Bildung

Kategoriale Bildung im Sinne Klafkis meint die Fähigkeit, sich einen Inhaltsbereich oder Sachverhalt gedanklich zu erschließen und zugleich sich durch erlernte Methoden eigenständig Sachverhalte und Kompetenzen anzueignen.

Stark vereinfacht kann man die materiale Bildung als Aufbau von Wissen, die formale Bildung als Konsolidierung von Können und die kategoriale Bildung als Zusammenschluss von Wissen und Können begreifen (Abb. 1.5).

Im Unterschied zur *Erziehung*, die als gezielte Einflussnahme auf die Sozialisation und Personalisation *von außen nach innen* wirken will, bezieht sich *Bildung* auf den in der Person ablaufenden Prozess des Sichherausbildens eines Selbst- und Wertbewusstseins, das auf die Außenwelt gerichtet ist und zeitlich überdauernd das Handeln der Person in unterschiedlichen Lebensbereichen beeinflusst. Bildung ist somit *von innen nach außen* gerichtet.

Bildungsreformen

Die Geschichte des Bildungsbegriffs deutet darauf hin, dass die Diskussion über Bildung häufig auch einen starken politischen Akzent hatte und den Nährboden für Reformen des Bildungssystems bot. Tatsächlich ist die Notwendigkeit von Bildungsreformen das Mantra der Bildungspolitik und nicht aus ihr wegzudenken, wie ein Blick in die Vergangenheit und auf die Gegenwart zeigt (Abb. 1.6).

Im zwölften Kapitel seiner *Großen Didaktik* aus dem Jahre 1657 versprach Comenius unter der Überschrift „Die Schulen können reformiert werden",

> die Schulen so einzurichten, daß I. die gesamte Jugend – mit Ausnahme höchstens derer, denen Gott den Verstand versagt hat – dort gebildet wird; und zwar II. in allem, was den Menschen weise, gut und heilig machen kann; und III. so, daß dieser Bildungsvorgang (formatura) vor dem Erwachsenenleben, gleichsam als Vorbereitung für das Leben, abgeschlossen ist (zit. nach Reble 1971, S. 123).

Abb. 1.6 © Martin Breuer

Es ließen sich noch viele andere Beispiele aus der Geschichte der Pädagogik für die behauptete Notwendigkeit von Bildungsreformen anführen. Der Hinweis auf das diesbezügliche Wirken Humboldts zu Beginn des 19. Jahrhunderts mag genügen.

Tief greifende Reformen und Veränderungen des deutschen Bildungssystems wurden durch das Schlagwort „Bildungsnotstand" ausgelöst, das die Diskussion in der Bundesrepublik Deutschland in den 1960er Jahren prägte. Die Schularten wurden neu strukturiert, neue Lehr- und Bildungspläne ausgearbeitet und neue Lehrmethoden eingeführt. Einer der einflussreichen „Bildungstheoretiker" war damals Robinsohn (1969), der für eine grundlegende Revision der Curricula warb und für die Auswahl und verbindliche Festschreibung von Bildungsinhalten in Curricula drei Kriterien nannte:

1. die Bedeutung eines Gegenstandes im Gefüge der Wissenschaft,
2. die Leistung eines Gegenstandes für das Weltverstehen, d. h. für die Orientierung innerhalb einer Kultur und für die Interpretation ihrer Phänomene, und
3. die Funktion eines Gegenstandes in spezifischen Verwendungssituationen des privaten und öffentlichen Lebens.

Abgesehen davon, dass die Bemühungen Robinsohns insgesamt als gescheitert betrachtet werden können (Benner 2002), kann mit ihnen der Bogen zur gegenwärtigen Diskussion um Bildungsinhalte, Bildungsdefizite, Bildungsstandards und die Notwendigkeit einer grundlegenden Reform des Bildungswesens gespannt werden. Im Unterschied zu Robinsohn, der von *Qualifikationen* als Bildungsziel gesprochen hatte, die Menschen auf die Anforderungen im Alltag vorbereiten, steht derzeit der Begriff *Kompetenz* im Mittelpunkt der Bildungsdiskussion.

■ Bildung als Kompetenzentwicklung

Die Verwendung des Kompetenzbegriffs im erziehungswissenschaftlichen Kontext ist nicht neu, sondern reicht Jahrzehnte zurück. Unter anderem verwendete Roth (1971b) den Begriff in seiner *Pädagogischen Anthropologie*, indem er Mündigkeit als Kompetenz für verantwortliche Handlungsfähigkeit als das zentrale Ziel von Erziehung definierte. Dabei unterschied er zwischen *Selbstkompetenz, Sachkompetenz* und *Sozialkompetenz*. Unter der Annahme, dass das Konstrukt Kompetenz mehrdimensional ist, gelangte Weinert (2001) zu einer Definition, die bis heute vorzugsweise verwendet wird. Demnach umfasst Kompetenz

> » die bei Individuen verfügbaren oder durch sie erlernbaren kognitiven Fähigkeiten und Fertigkeiten, um bestimmte Probleme zu lösen, sowie die damit verbundenen motivationalen, volitionalen und sozialen Bereitschaften und Fähigkeiten, um die Problemlösungen in variablen Situationen erfolgreich und verantwortungsvoll nutzen zu können (Weinert 2001, S. 27 f.).

In einem früheren Beitrag hatte Weinert (1999) darauf hingewiesen, dass eine Vielzahl unterschiedlicher Kompetenzbegriffe existiert – angefangen bei angeborenen Persönlichkeitsmerkmalen (z. B. Begabung, Intelligenz) bis hin zu umfangreichem Weltwissen, von fachspezifischen Fertigkeiten bis zu fachübergreifenden Schlüsselqualifikationen. Für den pädagogischen Bereich empfahl Weinert, mit einer Definition von Kompetenz aus der Expertiseforschung zu arbeiten, da sich der dort entwickelte Kompetenzbegriff sehr gut auf den schulischen Bereich übertragen ließe, aber zusätzlich zu den kognitiven Leistungen auch motivationale und handlungsbezogene Merkmale einbeziehen sollte. Im Unterschied dazu betonen Klieme und Hartig (2007) im Zusammenhang mit dem Konzept der Bildungsstandards, dass die formulierten Kompetenzerwartungen zwar kompatibel mit Bildungszielen seien, aber notwendigerweise eine Reduktion bedeuteten – nämlich zugunsten der *Aneignung funktional verwendbaren Wissens*, was im Grunde der Idee der kategorialen Bildung entspricht. Folgt man dieser Argumentation, rückt der Begriff der Bildung in ein Spannungsverhältnis zum Kompetenzbegriff: Die Bildung dient der Kompetenzentwicklung und ist nur mehr Mittel zum Zweck (Dehnbostel und Gillen 2005).

Übereinstimmend wird in der Literatur festgestellt, dass Kompetenzen hypothetische *Konstrukte* sind (vgl. zum Konstruktbegriff die Ausführungen in ► Abschn. 1.3), also wissenschaftliche Konstruktionen, die sich auf etwas beziehen, was sich der unmittelbaren Beobachtung verschließt (vgl. Klieme und Hartig 2007, Schott und Ghanbari 2012). Dementsprechend lautet die Schlüsselfrage, welches die psychischen Prozesse und Strukturen sind, die letztlich die Grundlage von Kompetenzen bilden. Nach Weinert bilden verschiedenartige Dispositionen bzw. die auf sie bezogenen Konstrukte (z. B. Wissen, Motivation, Volition) die Ausgangsgrundlage für die Entwicklung von Kompetenzen, die ebenfalls hypothetische Konstruktionen sind. Konstrukte mit Hilfe anderer Konstrukte zu erklären, kann leicht in Spekulation ausarten, so dass sich unmittelbar die Herausforderung stellt, für Dispositionen und Kompetenzen, die als *latent* (im Sinne von verborgen) zu begreifen sind, auf der Ebene des beobachtbaren Verhaltens und Handelns *manifeste Variablen* zu finden, die als zuverlässige und gültige Indikatoren der Kompetenzen betrachtet werden können. Diesbezüglich wird übereinstimmend argumentiert (z. B. Klieme und Leutner 2006, Schott und Ghanbari 2012), dass die Bestimmung und Analyse von Kompetenzen üblicherweise aufgrund der Bewältigung spezifischer Aufgaben bzw. Aufgabenmengen erfolgt, für deren Lösung eine spezifische Kompetenz hypothetisch angenommen wird. Kann jemand algebraische Gleichungen mit zwei Unbekannten lösen oder den Wendepunkt einer Parabel berechnen, schreibt man der Person eine mathematische Kompetenz zu; kann jemand eine wohlschmeckende Mousse au Chocolat herstellen, verfügt die Person über Kochkompetenz; kann eine Person fließend von der deutschen in die französische Sprache wechseln, spricht man ihr eine Fremdsprachenkompetenz zu; kann ein Kind Cellosonaten von Brahms fehlerfrei spielen, verfügt es über eine hohe musikalische Kompetenz; und kann ein Schüler die naturwissenschaftlichen Aufgaben des PISA-Tests lösen, verfügt er neben einer naturwissenschaftlichen Kompetenz auch über eine Testkompetenz. Worin eine Kompetenz besteht, wird letztlich durch die Angabe der spezifischen Merkmale (inhalts- und verhaltensbezogen) von *Aufgaben* bestimmt, die eine Person auszuführen imstande ist. Der beobachtbaren Performanz, also der Leistung zur Lösung bestimmter Aufgaben,

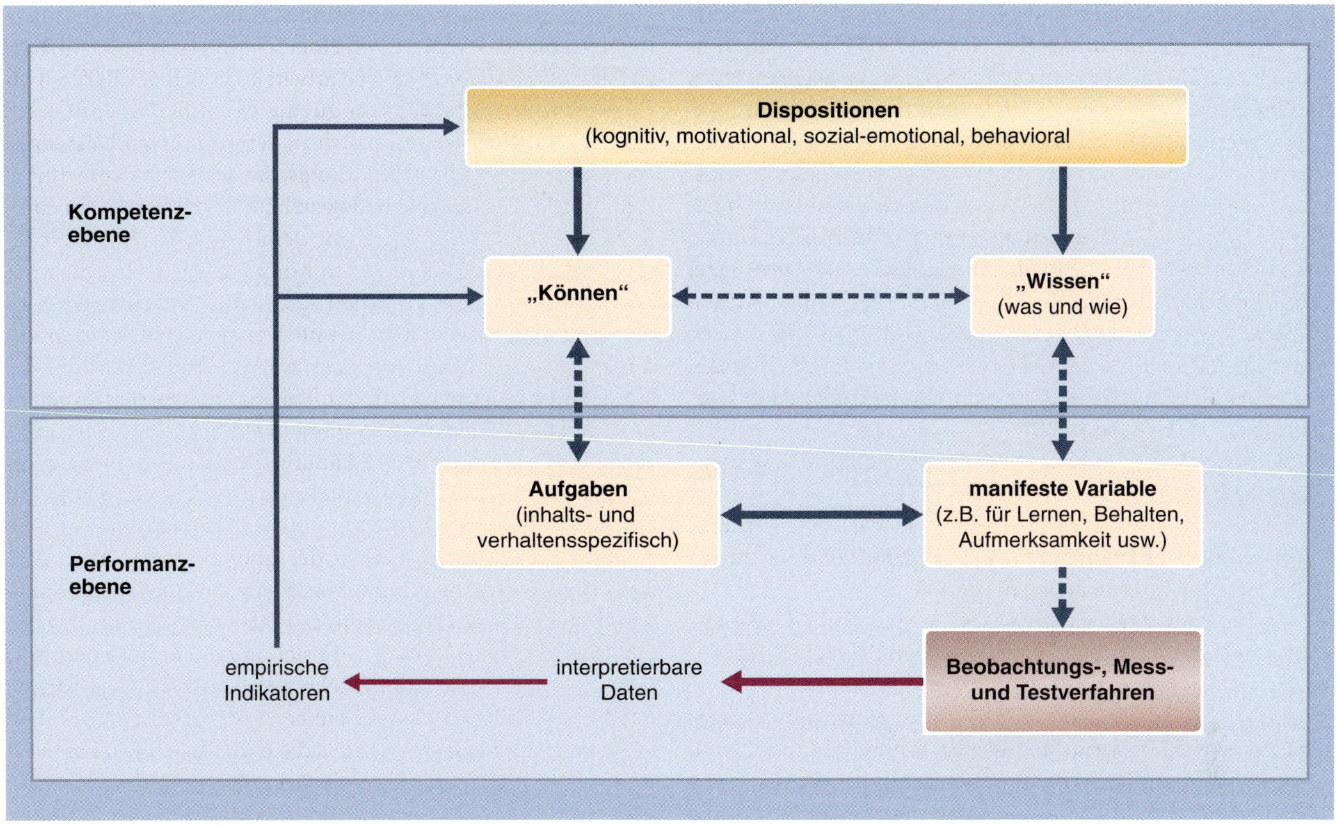

Abb. 1.7 Komponenten des Konstrukts der Kompetenz

wird eine entsprechende Kompetenz, also Fähigkeit, unterstellt, die ihrerseits wiederum auf grundlegendere Dispositionen zurückgeführt wird.

Die Verwendung des Begriffs der Performanz im Unterschied zur Kompetenz geht auf Chomsky (1972) zurück, der mit Performanz die Sprachverwendung und mit Kompetenz die der Sprachverwendung zugrunde liegenden Fähigkeiten bezeichnete.

Dementsprechend wird im heutigen Sprachgebrauch Performanz als begriffliches Komplement zu Kompetenz gebraucht und meint die Ausführung und den Vollzug einer Handlung bzw. eine Leistung. Dementsprechend bezeichnet Performanz den Vollzug einer Leistung und Kompetenz die Befähigung dazu.

Schematisch ist dies in Abb. 1.7 dargestellt, wobei der Übersichtlichkeit wegen die Kompetenz durch *Können* und *Wissen* repräsentiert wird. Können und Wissen verknüpfen sich zur Handlungsfähigkeit in lebensweltlichen Situationen. Das Wissen kann deklarativ (*Wissen was*) oder prozedural (*Wissen wie*) sein, das Können beruht auf kognitiven, metakognitiven und sozial-kommunikativen Fähigkeiten und spezifischen Fertigkeiten.

Das in der Abbildung wiedergegebene Kompetenzmodell geht grundlegend davon aus, dass Kompetenzen auf latenten Dispositionen begründet sind, die aufgrund von Leistungen bei der Bewältigung spezifischer Aufgaben(mengen) erschlossen werden müssen. Allgemein ist davon auszugehen, dass kognitive Dispositionen sich eher und leichter erschließen lassen als die in der Definition von Weinert ebenfalls genannten motivationalen, volitionalen und sozialen Dispositionen. Aber sowohl beim lernabhängigen Erwerb als auch bei der Anwendung von Kompetenzen spielen Motivation und Volition, also die Bereitschaft und der Wille zum Handeln, eine entscheidende Rolle.

Zur Bestimmung einer Kompetenz gehört laut Schott und Ghanbari (2012) aber nicht nur die Spezifikation der Aufgaben, die aufgrund einer Kompetenz gelöst werden können, sondern auch die *Angabe des Kompetenzgrades*, d. h. wie gut die Aufgaben gelöst werden. Dabei weisen die Autoren auf den Unterschied zwischen Kompetenzgrad und Kompetenzniveau hin: Letzteres beschreibt, „welche konkreten situativen Anforderungen Personen bei welcher Ausprägung einer Kompetenz bewältigen können“ (Klieme und Leutner 2006, S. 6), während der Kompetenzgrad angibt, wie gut die Menge der Aufgaben gelöst wird, die als Operationalisierung einer Kompetenz betrachtet werden. Während die Meinungen hinsichtlich Kompetenzniveau und Kompetenzgrad auseinandergehen, besteht Übereinstimmung in der Annahme, dass Kompetenzen relativ überdauernd sind und dementsprechend das *Merkmal der Nachhaltigkeit* aufweisen.

Obwohl es durchaus plausibel ist, Kompetenzen auf der Grundlage von Aufgaben und der diesbezüglichen Performanz zu erschließen, beschwört dies doch die Gefahr herauf, so viele Kompetenzen unterscheiden zu müssen, wie es unterschiedliche Aufgabenmengen mit spezifischen Inhalts- und Verhaltensanforderungen gibt. Die PISA-Studien beispielsweise messen in ihren Tests die mathematische Kompetenz, Lesekompetenz und naturwissenschaftliche Kompetenz. Darüber hinaus beziehen z. B. Jude et al. (2008) auch die soziale und selbstregulatorische Kompetenz, die interkulturelle und die berufliche Kompetenz in ihre Überlegungen ein. Des Weiteren werden in der Literatur

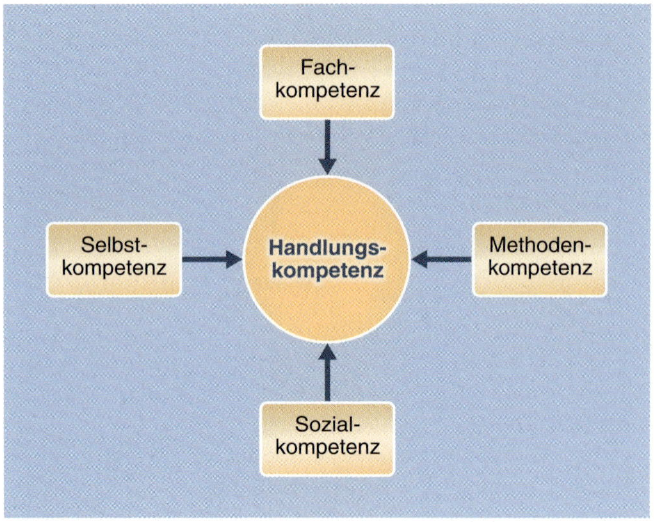

Abb. 1.8 Die vier Dimensionen der Handlungskompetenz

noch andere Kompetenzen genannt (z. B. kommunikative Kompetenz, Medienkompetenz, Lernkompetenz usw.), was insgesamt die Gefahr heraufbeschwört, dass der früher verbreitete Qualifikationsjargon nun von einem Kompetenzjargon abgelöst wird (Dewe 2010). Um nicht im Begriffsdschungel verloren zu gehen, liegt es nahe, ein Kompetenzmodell zu verwenden, das von einer *allgemeinen Handlungskompetenz* ausgeht, auf die Bildung abzielt und verschiedenartige Ausformungen beinhaltet, nämlich personale Kompetenz im Sinne von *Selbstkompetenz, Fachkompetenz, Methodenkompetenz* und *Sozialkompetenz* (Abb. 1.8).

Der Begriff der *Selbstkompetenz* geht auf Roth (1971b) zurück und meint die durch Lernprozesse vermittelte Fähigkeit und Zuständigkeit, eigenverantwortlich und moralisch handeln zu können. *Fachkompetenz* bezieht sich auf Fähigkeiten, bestimmte Sachgebiete bzw. Aufgaben zu meistern, und entspricht dem Konzept der materialen Bildung. Demgegenüber ist die *Methodenkompetenz* mit der Idee der formalen Bildung verknüpfbar und zielt darauf, Probleme analysieren, bewerten und lösen zu können. Die *Sozialkompetenz* beinhaltet die Befähigung, kommunikativ und kooperativ zu handeln. Das Ideal einer *kompetenzorientierten Bildung* besteht in der Herausbildung eines ausgewogenen Verhältnisses der unterschiedlichen Kompetenzen zueinander. Dazu beizutragen, ist Aufgabe und Ziel von Erziehung, denn Kompetenzen sind nicht angeboren, sondern werden während der gesamten Lebenszeit eines Menschen erworben (d. h. gelernt) und sind dementsprechend von außen (z. B. durch Erziehung) beeinflussbar. Da Kompetenzen in Situationen mit spezifischen Anforderungen erworben werden, sind sie in hohem Maße kontextspezifisch und werden bevorzugt in einander ähnlichen Situationen angewandt.

Letztendlich liegt das Ziel der Kompetenzentwicklung in der Regulierung des selbstständigen und selbstverantwortlichen Handelns – von Roth (1971b) als *Mündigkeit* bezeichnet.

Erziehung – Der Begriff der *Erziehung* bezieht sich auf äußere Maßnahmen, die zielgerichtet Prozesse auslösen sollen, durch die Personen (*zu Erziehende*) unter Anleitung anderer Personen (*Erzieher*) ihre intellektuellen, emotionalen, geistigen, sozialen und physischen Fähigkeiten entwickeln (*Personalisation*) und zu vollwertigen Mitgliedern der sozialen und kulturellen Gemeinschaft werden, der sie angehören (*Sozialisation/Enkulturation*). Grundlage der Erziehung ist der *pädagogische Bezug* zwischen Erzieher und zu Erziehendem. Erziehung ist *von außen nach innen* gerichtet.

Bildung – Der Begriff der *Bildung* bezieht sich auf die in Personen ablaufenden Prozesse des Sichherausbildens eines Selbst- und Wertbewusstseins, das zeitlich überdauernd zu eigen- und sozialverantwortlichem Handeln in unterschiedlichen Lebenssituationen mit spezifischen Anforderungen qualifiziert. Bildung beinhaltet den *Aufbau von Handlungskompetenz*, die Selbstkompetenz, Fachkompetenz, Methodenkompetenz und Sozialkompetenz umfasst, auf eine gesellschaftlich gewünschte Qualität ausgerichtet ist und als pädagogisch erstrebenswert beurteilt wird. Bildung ist *von innen nach außen* gerichtet.

1.2.1.3 Prozesscharakter von Erziehung und Bildung

Wenn von Erziehung und Bildung die Rede ist, wird gewöhnlich der Prozesscharakter hervorgehoben, ohne dass ausreichend geklärt wird, was unter einem Prozess der Erziehung und/oder Bildung verstanden wird. Wer aber über einen Prozess spricht, ohne dessen Merkmale zu nennen, will entweder nichts sagen oder kennt sie nicht! Daher skizzieren wir nachfolgend zunächst die allgemeine Charakteristik von Prozessen, bevor wir auf die Prozesscharakteristik von Erziehung und Bildung eingehen.

Allgemeine Merkmalscharakteristik von Prozessen

Konsultiert man das Duden-Bedeutungswörterbuch, findet man diese Definition:

> Ein Prozess ist ein über eine gewisse Zeit sich erstreckender Vorgang, bei dem etwas entsteht oder abläuft. Ein Prozess kann daher auch als Verlauf oder Entwicklung bezeichnet werden.

Im englischsprachigen Merriam-Webster lautet die Definition:

> Ein Prozess ist eine Serie von Handlungen oder Operationen, die zu einem Ziel führen. Ausgelöst wird die Serie der Handlungen von einem Ereignis oder einer Person (Übers. des Autors).

Das wesentliche Merkmal einer Handlung ist, dass sie auf eine Zustandsveränderung eines Objektes oder Systems zielt. In der Physik bezeichnet ein *Zustand* alle Informationen zur Beschreibung der veränderlichen Eigenschaften eines Systems. Aussagen über den Zustand des Systems heißen *Zustandsgrößen*, die aber nichts darüber sagen, wie das System in einen bestimmten Zustand gelangt ist. Zustandsgrößen sind demnach wegunabhängig. Die Veränderung zwischen zwei Zuständen wird durch Prozessgrößen charakterisiert. Sie beschreiben den Vorgang, der zu Zustandstransformationen führt, und sind somit wegabhängig. Nehmen wir als Beispiel ein Girokonto, das durch die Zustandsgröße *Kontostand* beschrieben werden kann. Diese Zustandsgröße sagt nichts darüber, wie der Zustand des Kontos erzielt wurde. Ein Kontostand von 1000 € kann durch monatliches Sparen von je 50 € erreicht worden sein oder aber durch Einzahlung von 5000 € und nachfolgende Abbuchungen. Die Überweisung ist eine Prozessgröße, die einen Kontostand erzielt. Dieses Beispiel kann übertragen werden auf den Prozess der Wissensveränderung: Ein Wissensbereich wird als Menge Q von Aufgaben formalisiert. Die Aufgabenteilmenge K von Q, die eine Person lösen kann, kennzeichnet deren *Wissenszustand*. Eine Wissensstruktur beschreibt die geordnete Menge **K** der möglichen Wissenszustände (= Zustandsgrößen). Durch Hinzufügung neuer Informationen wird ein Wissenszustand transformiert, dementsprechend ist das Hinzufügen (bzw. der Erwerb) neuer Informationen die Prozessgröße.

Ausgelöst durch ein Ereignis bewirkt ein Prozess in der Gesamtheit zusammenhängender Operationen Zustandsänderungen von Systemen und bringt Ergebnisse (Produkte oder Dienstleistungen) hervor. Kein Prozess lässt sich eindimensional darstellen, denn er besteht immer aus einer Serie von Operationen und Zustandstransformationen, die sich durch spezifische Wechselwirkungen untereinander auszeichnen. Dementsprechend ist jeder Prozess gekennzeichnet durch die ihm eigenen Merkmale, aber er kann auch Merkmale mit anderen Prozessen teilen. Folgende *Prozessmerkmale* können unterschieden werden:

Ein Prozess entsteht nicht aus dem Nichts. Er muss durch ein Ereignis (oder eine handelnde Person) angestoßen werden. Dementsprechend ist das *auslösende Ereignis* zu spezifizieren. Ebenso muss der *Endzustand* des Prozesses eindeutig und klar spezifiziert sein.

Prozesse können nach der *Art ihres Verlaufs* charakterisiert werden.

- Ein Prozess kann selbstständig und unabhängig *autonom* ablaufen (z. B. eine chemische Reaktion), oder der Verlauf kann *gelenkt* sein (z. B. durch eine Person).
- Ein Prozess kann *umkehrbar* (reversibel) oder *unumkehrbar* (irreversibel) sein. Irreversibel ist ein Prozess, wenn er auf keine Weise vollständig rückgängig gemacht werden kann. Folglich ist ein Prozess dann reversibel, wenn man ein System dadurch in den Anfangszustand zurückversetzen kann, dass man alle Zustandstransformationen in umgekehrter Reihenfolge durchläuft.
- Bezüglich des Zustandsraums kann zwischen *kontinuierlichen und diskreten Prozessen* unterschieden werden. Misst $X(t)$ beispielsweise die Intelligenz, so handelt es sich um einen kontinuierlichen Prozess; steht $X(t) \in \{1, \ldots, 6)$ für die Augenzahl beim Würfeln, so ist dies ein diskreter Prozess, der auch *Kette* genannt wird.
- Prozesse können deterministisch oder stochastisch verlaufen. Bei einem *deterministischen Prozess* ist jeder Zustand kausal von vorherigen abhängig und wird von diesen bestimmt. Bei einem *stochastischen Prozess* oder Zufallsprozess folgt ein Zustand aus anderen Zuständen nur mit einer gewissen Wahrscheinlichkeit.

Ein Prozess wird durch die *Art der Aktivitäten* charakterisiert, z. B. biologisch, genetisch, psychisch, verhaltensbegründet.

Der *Gegenstand* des Prozesses beschreibt seinen Inhalt und dient der Abgrenzung gegenüber anderen Prozessen. Manchmal ist es einfacher zu bestimmen, was nicht Gegenstand eines Prozesses ist.

Die *Beteiligten* sind Individuen oder Organisationen, die aktiv in einen Prozess involviert sind oder deren Interessen und Verhalten möglicherweise durch den Prozess oder die Prozessergebnisse positiv oder negativ beeinflusst werden. Sie können auch selbst Einfluss auf den Prozess, dessen Inhalte und Ergebnisse nehmen.

Die *Randbedingungen* eines Prozesses sind faktische Gegebenheiten, die den Prozess maßgeblich beeinflussen und ihrerseits nicht geändert werden können. Dies können Gesetze, Normen, Regelungen, Verträge oder prozessspezifische Richtlinien sein.

Prozesse unterscheiden sich voneinander durch die unterschiedliche *Nachhaltigkeit*, d. h. durch die *zeitliche Dauer* der Prozessauswirkungen.

Ein Prozess kann mit *Risiken* behaftet sein, die den Prozessablauf stören, ihn verlängern oder sogar zum Abbruch des Prozessverlaufs zwingen. Zugleich kann ein Prozess auch unbeabsichtigte *Auswirkungen* haben, die z. B. das Anstoßen anderer Prozesse betreffen.

Nach dieser etwas abstrakten Darstellung der generellen Merkmalscharakteristik von Prozessen wollen wir untersuchen, welches die charakteristischen Merkmale von Erziehungs- und Bildungsprozessen sind.

Merkmalscharakteristik von Erziehungs- und Bildungsprozessen

Auslöser. Der *Auslöser eines Erziehungsprozesses* ist eine Person, da Erziehung alle bewussten und gezielten Handlungen eines Individuums in Bezug auf ein anderes Individuum umfasst, die dieses zu einer selbstständigen Lebensführung befähigen sollen. Demgegenüber ist der *Auslöser eines Bildungsprozesses* die sozial-kulturelle Umwelt (zu der auch Personen wie Erzieher gehören). Der „beste Lehrer" ist oft die natürliche Umgebung, in der Personen aufwachsen und deren Bedingungen sie sich stellen müssen. Das belegen ethnografische Studien, die das Lernen in natürlichen Umgebungen untersucht haben. In einer häufig zitierten Studie fanden Carraher et al. (1985) heraus, dass brasilianische Straßenverkäufer, die wenig oder gar keinen Mathematikunterricht hatten, sehr kompetent waren, die Preise von Waren und Lotterielosen zu berechnen, die von der Anzahl der Permutationen von vier oder mehr Zahlen abhängen.

Die Kompetenz von jungen Straßenverkäufern, ohne Kenntnisse von Schulmathematik zu korrekten Lösungen mathematischer Probleme zu gelangen, wird dadurch erklärt (z. B. Lave 1988), dass menschliches Denken in hohem Maße kontextgebunden und an einer bestmöglichen Nutzung der Informationsressourcen in der gegebenen Situation orientiert ist. Seit den Untersuchungen von Wagenschein (1977) und der Forschung zu mentalen Modellen (Seel 1991, 2003) ist bekannt, dass der sozial-kulturelle Kontext und die situativen Bedingungen das Lernen und Denken von Personen auch in anderen Bereichen wie Physik oder Ökonomie prägen (Crawford 2009) und einen wesentlichen Beitrag zu dem leisten, was man als „Alltagsbildung" bezeichnen kann. Diese steht laut

Rauschenbach (2007) „im Schatten der formalen Bildung", ist aber als wichtige, wenn nicht gar entscheidende Form der Bildung zu begreifen. Aber auch Alltagsbildung wird wesentlich durch die soziale und kulturelle Umwelt geformt, wie am Beispiel des Beitrags, den Museen zur Allgemeinbildung leisten, gezeigt werden kann (Horn 2005).

Endzustand. Erziehungs- und Bildungsprozesse unterscheiden sich nicht nur darin, wie sie ausgelöst werden, sondern auch in der Qualität des angestrebten Endzustandes. Der Endzustand von Erziehung ist die mündige Person, der Endzustand von Bildung ist Handlungskompetenz (ausdifferenzierbar in Fach-, Methoden-, Sozial- und Selbstkompetenz).

Art des Verlaufs. Erziehungsprozesse sind, wenn man die funktionale Erziehung außer Betracht lässt, qua Definition mehr oder weniger stark *gelenkt* und angeleitet, Bildungsprozesse können demgegenüber auch völlig *autonom* und ohne direkte Lenkung ablaufen. Erziehung ohne Lenkung ist Interaktion und Kommunikation. Auch die antiautoritäre Erziehung kommt nicht, wie ihr unterstellt wird, ohne jede Lenkung des zu Erziehenden aus, sie wendet sich nur gegen den Zwang in der Erziehung und will die Entwicklungsautonomie des Kindes fördern.

Dazu kommt, dass Erziehungs- und Bildungsprozesse *unumkehrbar* sind, was nicht heißen soll, dass sie nicht auch rückläufig sein, d. h. „Verluste" des bereits Erreichten mit sich bringen können. Aber es ist grundsätzlich nicht möglich, die Prozessschritte umzukehren und punktgenau zum Ausgang zurückzukommen. Erziehung und Bildung sind als *kontinuierliche dynamische Verbesserungsprozesse* zu begreifen, da sie ihre Ziele nur mit stetigen Verbesserungen in kleinen Schritten erreichen. Das heißt, Erziehungs- und Bildungsprozesse erstrecken sich über längere Zeiträume, manche sogar über die gesamte Lebensspanne.

Unter *Verbesserung* kann dabei sowohl eine stetige Erhöhung der Qualität (z. B. des Kompetenzgrads) als auch die Berichtigung von Fehlern durch Korrektur verstanden werden. Gelegentlich wird Erziehung und Bildung in der Zielsetzung auch mit *Perfektibilität* verknüpft, was nicht mit Perfektion gleichzusetzen ist, sondern eine Vervollkommnungsfähigkeit bezeichnet, um Leistungen zu einem krönenden Abschluss zu bringen (vgl. Schulz 2003). Hinsichtlich der Zielsetzungen von Erziehung und Bildung kann danach unterschieden werden, ob sie eine Extremierung, Satisfizierung oder Meliorisierung der Zielerreichung zugrunde legen.

Extremierungsziele – Extremierungsziele setzen den Zielinhalt so hoch an, dass keine Alternative bekannt ist, die denselben Zielinhalt in noch höherem Ausmaß erfüllen würde. Sollte Bildung tatsächlich auf Vervollkommnung zielen, wäre dies ein Extremierungsziel.

Satisfizierungsziele – Demgegenüber ist das Ziel, nur eine von vornherein bestimmte feste Größe zu erreichen, ein Fixierungs- bzw. Satisfizierungsziel. Es ist dann erreicht, wenn eine bestimmte Mindest- oder Höchstgrenze über- bzw. unterschritten wird. Die Festsetzung von Kompetenzniveaus bei Bildungsstandards entspricht einem Satisfizierungsziel. Grundlage ist die Vorstellung eines wünschenswerten Niveaus der Erfüllung des Zielinhaltes.

Meliorisierungsziele – Meliorisierungsziele setzen einen bereits realisierten Status quo eines Prozesses voraus (z. B. einen Wissensstand x) und begnügen sich damit, von diesem Bezugspunkt ausgehend die weitere Richtung des Prozesses anzugeben, der zum Endzustand führt.

Während *Extremierungsziele* in der Betriebswirtschaftslehre vorherrschend sind, finden sie im pädagogischen Kontext so gut wie keine Anwendung. Hier sind *Satisfizierungsziele* und insbesondere *Meliorisierungsziele* dominierend.

Erziehungs- und Bildungsprozesse zeichnen sich üblicherweise durch mehrfache Zielsetzungen aus, die nicht immer alle optimal erreicht werden können. Der Zielerreichungsgrad einiger Ziele wird besser, der anderer dagegen schlechter sein. Eine Optimierung von Erziehungs- und Bildungsprozessen bei mehrfacher Zielsetzung erfordert eine Kompromisslösung. Ist keine eindeutig beste Lösung definiert, wird eine Menge von Lösungen bestimmt, bei der eine Verbesserung eines Zielerreichungsgrades nur durch Verschlechterung eines anderen erreicht werden kann. Wenn man sich bei einer Verbesserung in einem Ziel in den anderen Zielen nur noch verschlechtern kann, spricht man von einer *Pareto-optimalen Lösung*. Dabei muss kein absoluter Zielerreichungswert festgelegt werden, sondern es reicht aus, Zieloptionen zu vergleichen, um die bessere Option auszuwählen. In den Bereichen von Erziehung und Bildung genügt meistens eine relative Angabe der Verbesserung (Option a ist besser als b). Erziehungs- und Bildungsprozesse sind *stochastisch*, d. h., der Übergang von einem Zustand zum nächsten erfolgt stets nur mit einer gewissen Wahrscheinlichkeit, die durch pädagogische Einflussnahme erhöht werden kann. Zur Beschreibung von Erziehungs- und Bildungsprozessen gehört die Bestimmung der Übergangswahrscheinlichkeiten von einem Zustand zum anderen. Dazu können Markov-Ketten-Modelle genutzt werden (dazu später in ▶ Abschn. 1.2.2.2 mehr!). Erziehungs- und Bildungsprozesse sind als zeitabhängige Prozesse *dynamisch*, d. h., bezüglich der Zeit sind sie *homogen*, da ihr Verlauf zwar vom Anfangs*zustand*, aber nicht vom Anfangs*zeitpunkt* abhängt.

Art der Aktivitäten. Hinsichtlich der Art der Aktivitäten, die Erziehungs- und Bildungsprozesse charakterisieren, kann festgestellt werden, dass diese auf *Kommunikation und Interaktion* begründet sind und einen Informationsaustausch zwischen den beteiligten Personen voraussetzen. Erfolgreiche Erziehung ist grundsätzlich als Gelingen sozialer Interaktion zu begreifen. Dafür ist wiederum Kommunikation notwendig, die erfolgreich ist, wenn sie die beabsichtigte Wirkung erzielt. Ein einfaches Beispiel ist die Frage eines Kindes, die von der Mutter beantwortet wird. Das Kommunikationsziel ist erreicht, wenn das Kind die Antwort versteht und damit seine Erwartung erfüllt wird.

Da Erziehung grundsätzlich Kommunikation voraussetzt, gelten für sie auch die Axiome, die Watzlawick formuliert hat (Watzlawick et al. 2011). Das erste Axiom lautet: „Man kann nicht nicht kommunizieren!" Sobald zwei Personen einander wahrnehmen, kommunizieren sie miteinander, weil dann jedes Verhalten kommunikativen Charakter hat. Da Verhalten kein Gegenteil hat und man sich nicht nicht verhalten kann, ist es auch nicht möglich, nicht zu kommunizieren. Das zweite Axiom besagt, dass jede Kommunikation einen Inhalts- und einen Beziehungsaspekt hat, wobei der Beziehungsaspekt den Inhaltsaspekt bestimmt. Der Beziehungsaspekt besteht beim Erziehen im pädagogischen Bezug und determiniert, wie der jeweilige Inhalt einer Kommunikation vom Empfänger interpretiert wird. Das dritte Axiom Watzlawicks lautet: Da Beziehungen zwischen Kommunikationspartnern auf Gleichheit oder Ungleichheit beruhen, sind zwischenmenschliche Kommunikationsabläufe entweder symmetrisch oder komplementär. Kommunikation im Rahmen von Erziehung ist überwiegend komplementär, da sich die unterschiedlichen Verhaltensweisen von Erzieher und zu Erziehendem bei erfolgreicher Interaktion ergänzen. Die Beziehungsgrundlage besteht bei der Erziehung in der Unterschiedlichkeit der Interaktionspartner, die sich durch eine Unterordnung des einen unter den anderen auszeichnet.

Gegenstand und Grund. Das erzieherische Handeln, das sich auf das Veränderbare von Dispositionen bezieht, ist Gegenstand und Grund von Erziehungs- und Bildungsprozessen. Da es manchmal einfacher ist zu bestimmen, was nicht Gegenstand eines Prozesses ist, kann in Bezug auf Erziehung gesagt werden, dass diese nicht der Manipulation von Individuen dient, sondern der Überzeugung (Winkler 2006). Erziehung dient dem Zweck der Mündigkeit und setzt somit Handeln und Reflexion darüber voraus. Gegenstand und Grund von Bildung ist der Erwerb von Kompetenzen und Schlüsselqualifikationen, die für ein zufriedenstellendes Leben in einer sozioökonomisch bestimmten Umwelt Voraussetzung sind.

Beteiligte. Die Beteiligten bei der Erziehung sind Individuen oder Institutionen; mindestens setzt Erziehung einen Erzieher und einen zu Erziehenden voraus, zwischen denen ein pädagogischer Bezug hergestellt wird. Das Verhältnis der Erziehungspartner kann mit den Begriffen Führung und Geführtwerden umschrieben werden, wobei das Geführtwerden eine Akzeptanz auf Seiten des Geführten voraussetzt. Bildung setzt nicht notwendigerweise Personen voraus, die auf andere Einfluss nehmen, aber Einrichtungen (Organisationen und Institutionen), die Angebote für das Sichbilden offerieren.

Randbedingungen. Erziehungs- und Bildungsprozesse unterliegen Randbedingungen, die gleichermaßen Möglichkeiten eröffnen wie sie Grenzen ziehen. Die Randbedingungen von Erziehung liegen in gesellschaftlichen Normen und Zielen, in Ansprüchen und Erwartungen von Familie, Schule und Beruf sowie in psychosozialen Co-Faktoren wie z. B. den Erziehungsstilen von Eltern, Lehrern und anderen Bezugspersonen. Die Randbedingungen von Bildung bestehen im weiteren Sinn in den Ansprüchen und Erwartungen der kulturell bestimmten Umwelt und im engeren Sinn in den Curricula, Lehr- und Bildungsplänen sowie in Bildungsstandards, die Mindestanforderungen an Grundkompetenzen und Schlüsselqualifikationen definieren.

Nachhaltigkeit. Im Hinblick auf die Nachhaltigkeit von Erziehungs- und Bildungsprozessen gilt der allgemeine Grundsatz, dass deren Effekte auf die Lebensspanne bezogen werden. Oft wird in Abwandlung des Satzes von Seneca „Non vitae, sed scholae discimus" behauptet, dass wir für das Leben und nicht für die Schule lernen. Nachhaltigkeit von Erziehung und Bildung meint auch, Kinder, Jugendliche und Erwachsene zu einem nachhaltigen Denken und Handeln zu erziehen, um sie in die Lage zu versetzen, Entscheidungen für die Zukunft zu treffen und abzuschätzen, wie sich eigene Handlungen auf künftige Generationen oder das Leben in anderen Weltregionen auswirken (vgl. Langthaler 2013). Kurz gefasst wird Gestaltungskompetenz als Ziel der Bildung reklamiert.

Risiken. „Zu Risiken und Nebenwirkungen siehe Packungsbeilage oder fragen Sie Ihren …" kann man auf Erziehungs- und Bildungsprozesse nicht anwenden, da die Risiken, die zweifelsohne bestehen, nicht exakt benannt werden können. Der Soziologe Luhmann (2004) hat das dahingehend zum Ausdruck gebracht, dass absichtsvolles Erziehen eher Glückssache als eine Selbstverständlichkeit ist. Erziehung gilt manchem als Balanceakt zwischen Risiko und Protektion (Burow 2003). Allgemein wird darüber, dass in der Erziehung etwas misslingen kann und der Erzieher nicht zu dem gesetzten Ziel gelangt, nicht gerne gesprochen. Das hat Bollnow (1958) bereits vor Jahrzehnten festgestellt und das gilt nach wie vor. Pädagogik ist die Kunst, mit Risiken umzugehen, vermeidbar sind sie nicht. Ein misslungener Versuch, durch Erziehung etwas zu bewirken, ist noch lange kein Scheitern. Dasselbe gilt für den Bereich der Bildung, für den die Risiken besser bekannt sind. Sie liegen in den Auswirkungen sozioökonomischer Randbedingungen, die beispielsweise eine Bildungsbenachteiligung einkommensschwacher Familien oder solcher mit Migrationshintergrund bewirken (Boos-Nünning 2011, Solga 2009).

Erziehungs- und Bildungsprozesse haben beabsichtigte, aber auch unbeabsichtigte *Auswirkungen* in den Bereichen der Personalisation und Sozialisation. Im Allgemeinen wird davon ausgegangen, dass sich Erziehungs- und Bildungsprozesse positiv auf die Persönlichkeitsentwicklung und die Integration in das gesellschaftliche System auswirken, negative Auswirkungen können aber nicht ausgeschlossen werden.

1.2.2 Lehren und Lernen – Unterricht und Ausbildung

Mit den Phänomenen des Lehrens und Unterrichtens befasst sich traditionell die *Didaktik*. Als Kerndisziplin der Pädagogik hat die Didaktik eine lange Geschichte, die mindestens bis Comenius ins frühe 17. Jahrhundert zurückreicht. Sie hat Dutzende theoretische Modelle hervorgebracht, die zur Analyse und Planung pädagogischen Handelns in schulischen und außerschulischen Lehr- und Lernsituationen angewandt werden können (Jank und Meyer 2004). Da der Didaktik in diesem Lehrbuch ein eigenes Kapitel gewidmet ist, sollen an dieser Stelle nur ihre Hauptströmungen angesprochen werden, die zum Grundverständnis der Begriffe Lehren, Lernen, Unterricht und Ausbildung beitragen.

Ausgehend von seinem Verständnis der Erziehung definierte Dolch die „Didaktik als die Wissenschaft und Lehre vom Lernen und Lehren" mit dem ausdrücklichen Hinweis, sie habe es auch mit jenen Formen des Lehrens und Lernens zu tun, „die nicht Unterricht oder Lernen im Unterricht sind" (Dolch 1965, S. 45). Grundsätzlich vergleichbar ist der Ansatz der *lern- bzw. lehr-/lerntheoretischen Didaktik* von Heimann et al. (1965) und später von Schulz (1980), der aber das Lernen in den Mittelpunkt der Unterrichtsanalyse und -planung stellt. Als Klassiker der lerntheoretischen Didaktik ist die psychologische Didaktik von Aebli

Abb. 1.9 © kristian sekulic / istockphoto.com

(1963/1976) zu beurteilen. Sie gilt bis heute als Vorbild für die Integration von lernpsychologischem Wissen in didaktisches Denken. Neben Aebli haben sich auch Roth (1963), Eigler (z. B. Eigler et al. 1973) und Klauer (1973a) unter dem Stichwort der Lehr-Lern-Forschung um die systematische Einbindung psychologischer Theorien des Lernens in die Didaktik bemüht.

Konträr zu der lehr-/lerntheoretischen Didaktik steht die *bildungstheoretische Didaktik*, die eng mit dem Namen Klafki verbunden ist (Klafki 1958). Sie ist, wie der Name verrät, mit dem theoretischen Konzept der Bildung verknüpft und stellt die Inhalte von Unterricht in den Mittelpunkt des didaktischen Handelns. Die didaktische Leitfrage lautet: Mit welchen Bildungsinhalten müssen sich junge Menschen auseinandersetzen, um sich zu bilden und mündig zu werden? Ein Kernproblem der bildungstheoretischen Didaktik ist daher die Zugänglichkeit zu den Bildungsinhalten aus Sicht der Schüler und die Sachstruktur der Unterrichtsinhalte.

Obwohl die beiden Hauptrichtungen der Didaktik auch für den Bereich der beruflichen Ausbildung relevant sind, steht hier eher die qualifikationsorientierte *Didaktik der beruflichen Bildung* als eigenständiger Bereich der Pädagogik im Vordergrund (Rebmann et al. 2011). Er unterscheidet sich von der allgemeinen Didaktik durch die Fokussierung auf die Berufsbildung und die vielfältigen Bezüge zur Berufs- und Lebenswelt von Auszubildenden, was sich auf Inhalte und Ziele der beruflichen Ausbildung auswirkt und auch eigentümliche Methoden beruflicher Bildungsmaßnahmen bedingt.

In den folgenden Abschnitten gehen wir vom Allgemeinen zum Besonderen vor, d. h., wir behandeln zunächst den Komplex Lehren und Lernen, dann den Unterricht und schließlich die Ausbildung mit ihrer berufsspezifischen Schwerpunktsetzung.

1.2.2.1 Lehren und Lernen

„Merkwürdigerweise findet man in der deutschen Pädagogik sehr viel Literatur über Erziehung und Bildung und sehr wenig über Lehren und Lernen." Mit diesen Worten eröffnet Klauer (1973a, S. 14) seine Ausführungen zum Begriff des Lehrens, um dann im weiteren Verlauf seiner *Revision des Erziehungsbegriffs* zu einem relativ engen Verständnis von Erziehung zu gelangen: „Erziehung ist der Prozess der Wechselwirkung (Interaktion) von Lehren und Lernen" (Klauer 1973a, S. 47). Auf den ersten Blick mag diese Definition vielleicht irritieren, aber sie entspricht punktgenau der Auffassung Dolchs.

Im Alltag ist man sich relativ sicher im Urteil darüber, was Lehren und was Lernen ist: Lehren ist das, was Lehrer tun, und Lernen ist das, was Schüler tun (Abb. 1.9). Daher wird Lehren und Lernen auch oft mit Unterricht gleichgesetzt, weil die meisten von uns sofort an die Schule denken, wenn von Lehren die Rede ist. Nach dem Begriffsverständnis von Dolch ist Lehren und Lernen aber der Oberbegriff, unter den der Begriff Unterricht zu subsumieren ist, denn Unterrichten ist nur die „wichtigste Sonderform des Lehrens" (Dolch 1965, S. 87). Grundsätzlich gilt dies auch für den Begriff der *Instruktion*, der gelegentlich als Synonym zum Lehren verwendet wird (Klauer und Leutner 2007). Im Alltagsverständnis werden Instruktionen als Anweisungen zur Aneignung praktischen Wissens oder einer Vorgehensweise begriffen. Das entspricht auch der Verwendung von *instruction* im Englischen im Sinne der Vermittlung von praktischem Wissen oder Fertigkeiten.

„Religious and spiritual *teachers*, such as gurus, mullahs, rabbis, pastors/youth pastors and lamas, may *teach* religious texts such as the Quran, Torah or Bible." So zu lesen in Wikipedia unter dem Stichwort *teacher* (▶ http://en.wikipedia.org/wiki/Teacher). Bemerkenswert ist, dass auch Dolch eine solche Auffassung vertrat. Denn neben dem Unterricht gäbe es das „eigentliche Lehren von Religion oder Wissenschaft, das L. beim Lehrmeister, durch Vortrag, Predigt, Beratung usw. [...] Die großen Religionsstifter haben gelehrt, nicht unterrichtet" (Dolch 1965, S. 87). Und mit Blick auf die Tätigkeit des Lehrers fügt er hinzu: „Der Lehrer heißt Lehrer und nicht Unterrichter, weil [...] seine didaktische Tätigkeit keineswegs immer U. ist oder sein muß, erst recht sich nicht darin erschöpft" (Dolch 1965, S. 126).

Lehr-Lern-Prozesse sind der Kern der *intentionalen Erziehung*. Lehren und Lernen unterliegen dabei den übergreifenden Zielsetzungen und Normen der Erziehung und werden als das geeignetste Mittel betrachtet, bei Personen gewünschte Veränderungen zu erreichen. Lehren und Lernen bilden eine *Symbiose* im Sinne des Zusammenwirkens von zahlreichen Faktoren, die sich vielfach gegenseitig begünstigen. Dabei ist die Wirkungsrichtung klar: Sie führt eindeutig vom Lehren zum Lernen, aber nicht umgekehrt, da Menschen alles Mögliche lernen, ohne dass es ihnen durch Lehren beigebracht wird. „Lehren ist Lernenmachen" (Willmann 1889), aber Lernen ist nur sehr eingeschränkt auch ein „Lehrenmachen". Wenn überhaupt, dann nur in dem Sinne, dass beim Lehren, soll es erfolgreich sein, der Fortschritt der angeregten Lernprozesse beobachtet werden muss, um die weiteren Lehrmaßnahmen anzupassen. In der Sprache der Mathematik kann man Lehren metaphorisch als *Homomorphismus* betrachten (Seel 1991), demzufolge Elemente des Bereichs Lehren so in den Bereich Lernen abgebildet werden, dass sich die Abbildungen hinsichtlich ihrer Struktur ebenso verhalten, wie sich die Elemente im Definitionsbereich verhalten. Das aber wäre eine starke Annahme, die einem Ideal der Wirksamkeit von Lehren nahekäme, wonach das, was gelehrt wird, sich eins zu eins beim Lernen widerspiegelt.

Lehren und Lernen

„Lehren ist die übertragende Darstellung eines körperlichen, seelischen oder geistigen Inhaltes (des Lehrgutes) zum Zwecke der Aneignung durch andere" (Dolch 1965, S. 86).

„Mit Lehren werden alle die Tätigkeiten zusammenfassend bezeichnet, von denen begründet zu vermuten ist, daß sie Lernvorgänge beeinflussen" (Klauer 1973a, S. 27).

In einer Zusammenfassung verschiedener Definitionen in der englischsprachigen Literatur, die ebenfalls in der engen Verknüpfung von Lehren und Lernen übereinstimmen, gelangt Curzon (2003, S. 22) zu einer Definition von Lehren als „System von Handlungen, die darauf zielen, Lernen herbeizuführen, einschließlich der absichtlichen und methodischen Erzeugung und Kontrolle solcher Bedingungen, unter denen Lernen abläuft".

Bereits Willmann (1889) hat darauf hingewiesen, dass nicht jedes Lehren erfolgreich ist und Lernen bewirkt. Soll Lehren erfolgreich sein, setzt es notwendigerweise die Bereitschaft und Akzeptanz des Lernenden voraus, sich belehren zu lassen. Ob Lernen aufgrund von Lehren tatsächlich stattfindet oder nicht, ist für die Definition von Lehren im Grunde irrelevant, da es grundsätzlich wie bei allen Handlungen die beiden Ausgänge *Erfolg* oder *Nichterfolg* gibt. Gleiches gilt auch für das Lernen – es kann erfolgreich sein oder auch nicht. Erfolgreich ist Lehren, wenn die angestrebten Lernprozesse herbeigeführt werden und zum gesetzten Ziel führen. Das geschieht mittels spezifischer Lehrhandlungen und -maßnahmen, die den Lernenden bei der Aneignung von Wissen und Fertigkeiten anleiten und unterstützen. Dabei ist auch immer die Möglichkeit gegeben, dass Fehler, Irrtümer, Untugenden und Unsinn gelehrt und gelernt werden.

Um zu einer tragfähigen Begriffsklärung von Lehren zu gelangen, greifen wir auf Scheffler (1954, 1960) zurück, der drei Merkmale herausgestellt hat:

1. die *Absicht* eines Lehrenden, bei anderen Personen Lernprozesse zu bewirken (Kriterium der *Intentionalität*). Lehren ohne die Absicht, jemand anderen zum Lernen zu bewegen, ist kein Lehren, sondern bloß Interaktion und Kommunikation.
2. *Methoden*, von denen man vernünftigerweise erwarten kann, dass sie zur Erreichung der angestrebten Ziele dienlich sind (Kriterium der *Angemessenheit*), und
3. *allgemeine ethische Richtlinien* der Lehrtätigkeit (Kriterium des *Verhaltens*), wonach nicht alles erlaubt sein sollte, was möglich ist. (Was damit gemeint ist, kann der Leser in ► Abschn. 4.4.1 am Beispiel des Milgram-Experiments leicht nachvollziehen.)

Die Kernaussage von Scheffler lautet, dass Lehren kein Lernen impliziert, sondern nur ermöglicht. Das schließt auch die Tatsache ein, dass durch Lehren gelernt werden kann. Lernen durch Lehren ist eine handlungsorientierte Methode, durch die Schüler oder Studenten lernen, indem sie sich den Stoff gegenseitig vermitteln, d. h. die Rolle des Lehrers übernehmen (Martin und Kelchner 1998). Die Definition von Lehren trifft dementsprechend auch auf das Lehren durch Lernen zu.

Lehren und Lernen wird in der analytischen Philosophie als das gemeinsame, in der Regel *methodische Handeln* zweier oder mehrerer Personen verstanden, durch das wenigstens eine der Personen sich *Lerngegenstände* (d. h. praktische oder theoretische Fertigkeiten) aneignet. Im Hinblick auf das methodische Handeln hält sich hartnäckig die weit verbreitete Auffassung, Lehren sei eine Kunst, die zu lernen nicht einfach sei. Diese Auffassung findet sich in der *Großen Didaktik* von Comenius (1657/2007) ebenso wie Jahrhunderte später bei Skinner (1958), der *The Science of learning and the art of teaching* unterscheidet. Die metaphorische Redensweise von *Lehren als Kunst* ist bis auf den heutigen Tag aus der Literatur nicht mehr wegzudenken (z. B. Marzano 2007). Ohne in Abrede stellen zu wollen, dass zum erfolgreichen Lehren durchaus Einfallsreichtum und eine gewisse Kunstfertigkeit gehören mag, ist Lehren deshalb doch etwas, was systematisch gelehrt und gelernt werden kann (Höfer und Madelung 2006). Davon jedenfalls geht man seit jeher in der Ausbildung von Lehrern aus und seit Jahrzehnten auch in der hochschuldidaktischen Qualifizierung (Arnold 1997, Macke et al. 2012, Winteler 2008). Nicht nur das Planen von Lehr-Lern-Prozessen ist lehr- und lernbar, wovon alle didaktischen Modelle ausgehen, sondern auch einzelne Lehrverhaltensweisen, wie jahrzehntelange Erfahrungen mit *Microteaching*[5] belegen (vgl. Hattie 2013, Klinzing 2002, Remesh 2013). Aber es dauert lange, die „Kunstfertigkeit" des Lehrens zu erwerben und zum *Lehrexperten* zu werden – laut Expertiseforschung etwa zehn Jahre (Ericsson 1996). Auf die Entwicklung von Lehrexpertise bezieht sich Forschung im Bereich des didaktischen Designs im Hinblick auf die Professionalisierung der didaktischen Planung (z. B. Ertmer und Stepich 2005, Leinhardt und Greeno 1986, Perez und Emery 1995) sowie auch Forschung zur Entwicklung pädagogischen Inhaltswissens (Shulman 1986). Unter dem Schlüsselbegriff *Inhalt* wird u. a. nach fachspezifisch und inhaltsbezogenen notwendigen Lehrerkompetenzen gesucht: Welches Wissen brauchen Lehrer, um beim Thema X im Fach Y vielfältige Erklärungswege, kognitiv anregende Aufgaben, multiple Darstellungsformen usw. einsetzen zu können? Traditionell ist diese Forschung stark auf das Lehren im schulischen Unterricht bezogen, was auch für den *Grundkurs Lehren und Lernen* von Eigler et al. (1973) gilt, der unter Bezugnahme auf Aebli, Ausubel, Bruner und Gagné die Grundlagen unterschiedlicher Lehrtheorien und ihrer Wirkungen auf ebenso unterschiedliche Lernarten vermittelt.

■ Lehrmethoden und Lernumgebungen

Seit Menschengedenken dürfte die Lehrmethode des Vor- und Nachmachens, auch *Meisterlehre* genannt, zu den erfolgreichsten und meist angewandten Verfahren gehören, um Wissen und

5 *Microteaching* ist ein Trainingsverfahren, bei dem der Lehrer nach jeder Lehreinheit eine Videoaufzeichnung des Unterrichts prüfen kann, um herauszufinden, was gut war, was nicht so gut gelaufen ist und was zu tun ist, um das Lehren zu verbessern. Microteaching wurde in den 1960er Jahren an der Stanford University von Dwight Allen entwickelt und wird seitdem mit Erfolg genutzt, um Lehrenden (Lehrer, Dozenten und Trainer) zu helfen, neue Lehrfertigkeiten zu erwerben.

Fertigkeiten zu vermitteln, die erforderlich sind, um gekonnt in praktischen Feldern von Malerei, Musik und Bildhauerei bis hin zu Medizin und Recht zu arbeiten (Collins et al. 1993). Das Lehren besteht hauptsächlich im Vormachen komplexer Handlungen gekoppelt mit sprachlichen Erläuterungen, so dass der Lernende durch das Nachmachen entsprechende Fertigkeiten aufbaut. Lernen besteht wesentlich im Erwerb und Verstehen der vorgemachten Fertigkeiten. Es sind zahlreiche wohldurchdachte praktische Übungen nötig, um „Meisterschaft" in einer Fertigkeit zu erreichen. Der Lehrer leitet den Lernenden zu diesen praktischen Übungen an und betreut ihn zudem durch Hilfestellungen und Korrekturmaßnahmen. Traditionell wird die Methode des Vormachens und angeleiteten Nachmachens auf die berufsbezogene Ausbildung z. B. im Handwerk bezogen. Ende der 1980er Jahre wurde der Grundgedanke der Meisterlehre auch auf den Erwerb von Wissen und kognitiven Fertigkeiten übertragen und als Methode der *Cognitive Apprenticeship* propagiert (Collins et al. 1989). Zentrale Elemente dieser Methode sind *Modeling* (Vormachen einer Problemlösung durch einen Experten), *Coaching* (Anleitung und Betreuung beim Anwenden der Expertenlösung durch den Lernenden) und *Scaffolding* (Hilfestellung beim Aufbau eines Problemlösegerüsts) (vgl. Seel et al. 2000). Die Befunde zahlreicher Studien sprechen generell für die Effektivität dieser Lehrkonzeption als Grundlage für die didaktische Gestaltung von Lernumgebungen (z. B. Al-Diban und Seel 1999).

Neben der sogenannten Meisterlehre dürfte das *darstellende Lehren* die in und außerhalb der Schule am meisten verbreitete Methode des Lehrens sein. Sie zielt laut Terhart (1989) auf ein *aufnehmendes* Lernen. Darüber hinaus nennt dieser Autor u. a. noch ein problemorientiertes Lehren, das auf entdeckendes Lernen zielt. Das stimmt weitgehend mit der Unterteilung überein, an der sich auch der *Grundkurs Lehren und Lernen* von Eigler et al. (1973) orientierte.

Laut Einsiedler (1981) qualifiziert sich eine Lehrmethode dadurch, dass sie beim Lernenden die angestrebten Verarbeitungsprozesse aktiviert. Dementsprechend verwendet er die Kriterien Strukturierungsgrad und Aktivierungsanregung, um zu einer Klassifikation von Lehr- und Unterrichtsverfahren zu gelangen. Im Ergebnis unterscheidet auch er zwischen darbietenden Verfahren mit einem hohen Strukturierungsgrad, erarbeitenden Verfahren mit einem mittleren Strukturierungsgrad und entdeckenlassenden Verfahren mit einem niedrigen Strukturierungsgrad. Darauf werden wir im ▶ Abschn. 1.2.2.3 über Unterricht näher eingehen, da Lehrmethoden in der pädagogischen Fachliteratur, wie bereits erwähnt, üblicherweise unter der Rubrik Unterricht behandelt werden.

Begreift man Lehren als die *planvolle Organisation von Lernprozessen* durch die Bereitstellung geeigneter Lernbedingungen (Eigler et al. 1973), dann kommt deren Planung, Organisation und Gestaltung eine besondere Bedeutung zu, da sie die *Gelegenheiten zum Lernen* bereitstellen. In der pädagogischen Literatur wird diese Thematik unter *Lernumgebungen* bzw. *Lernumwelten* behandelt, die als didaktische gestaltete Lehrsituationen darauf abzielen, Lern- und Denkprozesse auszulösen und zu steuern (Collins et al. 1994). Es geht darum, die Umgebung des Lernenden durch eine planvolle Gestaltung der sozialen und medialen Bedingungen und Lernmaterialien so zu strukturieren und zu organisieren, dass dem Lernenden Gelegenheiten zum Lernen und Nachdenken geboten werden, indem er didaktisch präparierte Lernaufgaben bearbeitet und Übungen praktiziert, die geeignet sind, das Gelernte im Gedächtnis zu verankern, um es bei späteren Anwendungen abrufen zu können. Dabei können grundsätzlich zwei pädagogische Positionen eingenommen werden: Die eine geht davon aus, dass Lernumgebungen eng begrenzt werden sollten, damit die intendierten Lernprozesse notwendigerweise bewirkt werden. Die andere Position gesteht den Lernenden hingegen große Freiräume zu und zielt auf ein eigenständiges Problemlösen. Dabei wird argumentiert, dass Lernen von außen nur unterstützt, aber nicht erzwungen werden kann.

> » Lernen sollte wie Therapie geplant werden, so daß es einen Prozess der Übertragung und Gegenübertragung auf den Lernenden selbst gibt (Stolurow 1973, S. 377).

Bereits Montessori (z. B. 1985, 2002) betonte, dass Lernumgebungen und -materialien auf besondere Weise gestaltet sein sollten, um optimale Bedingungen für die Entfaltung von Eigeninitiative der Lernenden bereitzustellen und äußere Eingriffe auf das Notwendige reduzieren.

Farnham-Diggory (1972) hat solche Umgebungen als *freie Lernumgebungen* bezeichnet. Auch Stolurow (1973) sprach sich dafür aus, Lernumgebungen zu kreieren, die Gelegenheiten zum Nachdenken bieten und die Aufmerksamkeit der Lernenden in eine effektive Richtung lenken sollten. Seinerzeit bezeichnete Stolurow das Schaffen solcher Lernumgeben noch als eine in Entwicklung befindliche Technologie. Heutzutage ist diese Technologie so weit fortgeschritten, dass sie der planvollen Gestaltung und Organisation von Bedingungen des Lernens inner- und außerhalb der Schule gerecht wird (Seel und Ifenthaler 2009).

All dies illustriert, dass Lehren und Lernen für Pädagogen einfach zusammengehört. Das zeichnet sich auch in verschiedenen Studien ab, die sich mit den epistemischen Überzeugungen von Lehrern in Bezug auf Lehren und Lernen befasst haben (z. B. Boulton-Lewis et al. 2001, Samuelowicz und Bain 1992; ◘ Tab. 1.2).

Relativ übereinstimmend geht aus diesen Aussagen hervor, dass Lehrer das *Anregen* zum aktiven Lernen und das *Erleichtern* des Lernens als ihre Hauptaufgabe betrachten.

▪ Lernen

Wir wissen nicht, welche epistemischen Überzeugungen Lehrpersonen vor 40 oder 50 Jahren hatten, aber wir können in Anbetracht der damaligen Vorliebe für behavioristische Theorien davon ausgehen, dass *Lernen* damals vor allem mit *Verhaltensänderungen* assoziiert worden ist. So jedenfalls hatten Hilgard und Bower (1971) in ihrem Klassiker *Theorien des Lernens* argumentiert:

> » Lernen ist die relativ dauerhafte Verhaltensänderung aufgrund von Erfahrung, von Interaktionen eines lernenden Organismus mit der Umwelt.

Verhaltensänderungen, die aufgrund von biologischer Reifung oder vorübergehend durch Drogenkonsum zustande kommen, werden allerdings nicht als Lernen begriffen (vgl. auch Klix 1971).

Tab. 1.2 Epistemische Überzeugungen von Lehrern in Bezug auf Lehren und Lernen (Boulton-Lewis et al. 2001)

Lehren ist Kundtun und Vermitteln von Informationen oder Fertigkeiten	Lernen besteht darin, Informationen oder Fertigkeiten zu erwerben und anzuwenden
Lehren ist ein Beitrag zum Entwickeln von Fertigkeiten, Erzeugen von Verständnis durch Darbietung, Strukturierung, Modellierung usw.	Lernen ist Verstehen und Anwenden durch den Vollzug praktischer Aufgaben, durch Bezugnahme zu eigenen Erfahrungen und Problemlösungen
Lehren ist ein Erleichtern des Lernens und Verstehens durch Hilfestellungen, Anregungen, Fragen, Diskutieren	Lernen besteht im Entwickeln von mentalen Modellen und Begriffen durch schlussfolgerndes Denken, Diskussionen und Gruppenarbeit
Lehren zielt auf das Entwickeln und Ausweiten von Schülerkognitionen und Verhaltensweisen durch Bereitstellen von Gelegenheiten zum Nachdenken	Lernen besteht darin, dass Schüler sich kognitiv, emotional und im sozialen Verhalten entwickeln und verändern

Diesem Verständnis hatte sich damals auch die Pädagogik angeschlossen, wie die von Dolch vorgeschlagene Definition zeigt, nach der Lernen als „die in der Auseinandersetzung mit der Umwelt erworbene zweckmäßige Veränderung […] von Verhaltens- und Leistungsdispositionen" (Dolch 1965, S. 101) zu begreifen sei.

> » Besonders durch wiederholten Vollzug, Einsicht und Voraussicht beim Menschen und durch befriedigendes Ergebnis gewinnt die Verhaltensweise unter einer größeren Anzahl möglicher anderer Verhaltensweisen eine erhöhte Wahrscheinlichkeit des Eintritts (Dolch 1965, S. 101).

Zugleich versteht Dolch Lernen aber auch als eine persönliche Verarbeitung von Lebenserfahrungen, die somit für die weitere Lebensgestaltung zur Verfügung stehen. Lernen ist auf keinen Entwicklungsabschnitt beschränkt, sondern findet lebenslang statt.

Lernen ist mit dem Erwerb und der Veränderung von Dispositionen, d. h. der Fähigkeit und Bereitschaft, verknüpft, sich an wechselnde Bedingungen der Umwelt relativ dauerhaft anzupassen und bestimmte von der Umwelt herangetragene Aufgaben und Anforderungen zu meistern. Da Dispositionen Eigenschaften sind, die nicht direkt beobachtbar sind, sondern sich in einem spezifischen Verhalten manifestieren, spricht man auch von Lernen im Sinne des Erwerbs eines *Verhaltenspotentials.* Edelmann (2000) weist darauf hin, dass Lernen durch relativ überdauernde Veränderungen im Organismus charakterisiert ist, während die konkrete Leistung (Performanz) bei der Bewältigung von Lernaufgaben von augenblicklichen Bedingungen (z. B. Motivation, Ermüdung) abhängt. Lernen bezieht sich nicht nur auf den Erwerb und die Veränderung vereinzelter Dispositionen, sondern auf den Gesamtkomplex von Personalisation, Sozialisation und Enkulturation.

Lernen ist dispositionell und universell.

Im Verlauf des 20. Jahrhunderts haben sich verschiedene Denkschulen mit dem Lernen befasst und dabei unterschiedliche Schwerpunkte gesetzt. Allgemein können drei große Richtungen unterschieden werden:

1. *Verhaltenstheorien* des Lernens mit dem Fokus auf Konditionierungs- und Verstärkungsprozesse,
2. *kognitive Theorien* des Lernens mit dem Fokus auf den Aufbau kognitiver Strukturen und
3. Theorien des Imitationslernens bzw. Modelllernens.

Da diese Theorien in der Literatur ausführlich beschrieben worden sind (z. B. Edelmann 2000, Seel 2003), konzentrieren wir uns hier auf ihr unterschiedliches Grundverständnis von Lernen.

Verhaltenstheorien. Verhaltenstheorien des Lernens (üblich ist auch die Bezeichnung *behavioristische* Theorien) betrachten Lernen als beobachtbare Verknüpfung eines spezifischen Reizes mit einer ebenso spezifischen Reaktion des Organismus, deren Wahrscheinlichkeit durch Verstärkung sukzessive erhöht werden kann. Der Ausgangspunkt dieser Konzeption liegt in der *klassischen Konditionierung.* In diesem Zusammenhang wird häufig ein Experiment von Pawlow dargestellt. Um zu zeigen, dass Lernen als ein Verknüpfen von einem Reiz mit einem Reflex erfolgt, konfrontierte Pawlow einen Hund stets mit einem Glockenton, bevor er ihn fütterte. Zunächst reagierte der Hund natürlich nur auf das Futter, indem er Speichel absonderte. Der Glockenton alleine bewirkte nichts. Nachdem der Hund jedoch mehrmals erfahren hatte, dass er zugleich mit dem Glockenton Futter erhielt, reagierte er bereits beim Glockenton durch Speichelabsonderung. Er hatte gelernt, dass Glockenton und Futter gemeinsam auftreten.

Ein anderes Beispiel ist das Experiment, das Watson und Rayner (1920) mit einem Kleinkind namens Albert durchführten, um zu belegen, dass durch klassische Konditionierung auch Ängste und Phobien erworben werden. Dem kleinen Albert trainierte man per Konditionierung eine Rattenphobie an. Jedes Mal, wenn Albert eine Ratte gezeigt wurde, erfolgte gleichzeitig ein sehr lautes Geräusch, so dass er erschrak. Zunächst zeigte er keine Reaktion auf die Anwesenheit der Ratte, sondern nur auf das Geräusch. Schon nach kurzer Zeit begann er jedoch voller Angst wegzukrabbeln, wenn er nur die Ratte sah. Damit war die Ratte zu einem Stimulus geworden, der die Reaktion von Angst auslöste (konditionierte Reaktion). Alberts Angst vor Ratten übertrug sich dann auch auf andere Pelztiere, sogar auf den Bart eines Mannes. Das konditionierte Verhalten wurde also übergeneralisiert, und es dauerte sehr lange, bis die Angst wieder „gelöscht" werden konnte.

Beim *instrumentellen Konditionieren*, wie es v. a. Thorndike an Katzen untersuchte, wird ein bestimmtes Verhalten gelernt, indem es mit einer nachfolgenden, positiven Konsequenz verknüpft wird. Die wichtigsten Erkenntnisse Thorndikes lassen sich in drei Gesetzen zusammenfassen:

1. das Gesetz der Wirkung,
2. das Gesetz der Bereitschaft und
3. das Gesetz der Übung (Hilgard und Bower 1971).

Das *Gesetz der Wirkung* besagt, dass eine Verknüpfung zwischen einer Situation (bzw. den gegebenen Reizen) und einer Reaktion verstärkt wird, wenn auf die Reaktion eine Belohnung erfolgt. Bei Eintreten ähnlicher Situationen wird die Reaktion mit einer größeren Wahrscheinlichkeit als zuvor erfolgen. Folgen einem Verhalten in einer bestimmten Situation aber negative Konsequenzen, sinkt die Wahrscheinlichkeit der Reaktion. Nach dem *Gesetz der Bereitschaft* werden verschiedene Reaktionen verknüpft, um ein spezifisches Ziel zu erreichen. Und das *Gesetz der Übung* besagt, dass zum erfolgreichen Lernen Wiederholungen und Übungen gehören. Auf diesen Gesetzmäßigkeiten beruht ein *Lernen durch Versuch und Irrtum* als Verknüpfung einer Reizsituation mit einem Verhalten, das sich zufällig in dieser Situation einstellt und zu einem erfolgreichen Abschluss führt. Es wird daher auch als „Lernen am Erfolg" bezeichnet.

Das *operante Konditionieren* von Skinner geht noch einen Schritt weiter, indem Belohnungen auf „richtige" Verhaltensweisen verabreicht werden, um diese zu verstärken. Nicht mehr der Reiz, sondern die Verstärkung determiniert das Verhalten, das auf Wirkungen zielt, die positiv verstärkt werden. Dementsprechend werden bereits Anzeichen eines richtigen Verhaltens positiv verstärkt, um dafür zu sorgen, dass sich bestimmte Verhaltensweisen zunehmend häufiger einstellen und stabilisieren. Die Wirkung der Verstärkung ist daran gebunden, dass sie unmittelbar, häufig und in spezifischer Weise erfolgt. Komplexe Verhaltensweisen (z. B. Drehbewegungen oder Ping-Pong-Spielen von Tauben) werden operant konditioniert, indem jedes kleine Anzeichen des richtigen Verhaltens positiv verstärkt wird (Skinner 1951).

Obwohl die Behavioristen fast ausschließlich mit Tieren experimentiert hatten, bezogen sie ihre Erkenntnisse zur Wirkungsweise von Konditionierung und Verstärkung auch auf das menschliche Lernen. Da das Konzept der Verstärkung (als Lohn oder Strafe) dem Verständnis der Alltagspädagogik entsprach, prägte es zusammen mit der Konditionierung das pädagogische Verständnis von Lernen bis weit ins 20. Jahrhundert hinein. Dass dies insgesamt auch zu einem gründlichen Missverständnis der Qualität und des Leistungsumfangs menschlichen Lernens führte, ist nahezu selbstverständlich, auch wenn manches, was der Behaviorismus zur Funktion der Verstärkung herausfand, eine zentrale Bedeutung für pädagogisches Handeln hat.

Als Verstärkung wird ein Ereignis oder eine Maßnahme verstanden, die die Häufigkeit des Auftretens eines Verhaltens erhöht.

Allgemein gilt die Daumenregel, dass *positive Verstärkung*, z. B. in Form einer Belohnung, die Wahrscheinlichkeit eines Verhaltens erhöht; ein Missverständnis aber liegt darin, dass angenommen wird, Strafe könne die Wahrscheinlichkeit eines Verhaltens verringern. Strafe wird von Behavioristen als Mittel der Verstärkung abgelehnt. Wenn die Wahrscheinlichkeit unerwünschten Verhaltens verringert werden soll, sollte dieses Verhalten einfach ignoriert und erwünschtes Verhaltens belohnt werden. Deshalb ist es z. B. nicht sinnvoll, einen Hund, der weggelaufen ist, zu bestrafen, wenn er zurückkommt, da er dann das Zurückkommen mit der Bestrafung verknüpft und nicht das Weglaufen. Positive Verstärkung ist eine für das lernende Individuum positive Konsequenz aus seinem Verhalten. Dazu gehören Lob und Belohnungen.

Negative Verstärkung ist das Ausbleiben einer negativen Konsequenz, z. B. das Ausbleiben eines Angstzustandes. Dabei ist negative Verstärkung nicht gleichzusetzen mit Bestrafung. Es geht bei der negativen Verstärkung nicht darum, für Verhalten bestraft zu werden, sondern darum, dass etwas Negatives ausbleibt.

Anna: „Was denkst du, ist es sinnvoll, ein Kind für gute Noten mit Geld zu belohnen, oder nicht?"

Jakob: „Klar, ist doch eine positive Verstärkung."

Anna: „Aber wird damit den guten Noten nicht ihr Wert entzogen? Es ist nichts mehr wert, dass ich mich angestrengt habe und deshalb erfolgreich war, sondern nur noch das Geld ist etwas wert."

Jakob: „Stimmt, und wenn du dann mal kein Geld bekommst, dann strengst du dich nicht mehr an, weil es sich ja nicht lohnt."

Anna: „Sind Belohnungen dann pädagogisch doch nicht das Gelbe vom Ei?"

Jakob: „Ich denke, wenn es um Dinge geht, die eben gemacht werden müssen, aber keine direkte Belohnung in sich haben, und die auch nicht dauernd gemacht werden müssen, da könnte das schon sinnvoll sein. Es ist wahrscheinlich gut und sinnvoll, ein Kind zu belohnen, wenn es beim Zahnarzt gut mitgemacht hat. Aber es ist nicht zu empfehlen, das Zähneputzen jeden Tag zu belohnen, da der Wert des Zähneputzens in gesunden Zähnen liegt, und nicht in zusätzlichen Gute-Nacht-Geschichten oder so, und weil es dann passieren kann, dass das Kind die Zähne nicht mehr putzt, wenn es keine zusätzliche Gute-Nacht-Geschichte erzählt bekommt."

Anna: „Das leuchtet mir ein."

Lange Zeit galten Konditionierung und Verstärkung als universelle Mechanismen des Lernens und fanden ihren Niederschlag in der pädagogisch relevanten Lernpsychologie wie auch in der Verhaltenstherapie. Ein Umschwung trat in den 1960er Jahren ein, als ein Paradigmenwechsel erfolgte und *Kognitionen* (d. h. Wissen, Einstellungen, Gedanken, Bewertungen und Überzeugungen) in den Mittelpunkt rückten, die das Black-Box-Denken des Behaviorismus überwanden (vgl. Batra et al. 2013, Seel 2003).

Black Box ist eine Metapher, welche die Denkweise des Behaviorismus verdeutlicht. Als Black Box bezeichnet man das Modell eines Systems zur Verarbeitung innerer und äußerer Reize, deren Aufbau unbekannt ist. Die Box hat einen Eingang und einen Ausgang, aber was innen abläuft, bleibt im Dunkeln und kann nicht erklärt werden. Das ist für Behavioristen auch unerheblich und uninteressant, da Phänomene wie Lernen, Denken, Behalten, Motivation und Emotion der wissenschaftlichen Untersuchung ihrer Meinung nach nicht zugänglich sind. Wichtig ist nur, dass als Reaktion auf einen Reiz das gewünschte Verhalten gezeigt wird. Alles, was innerhalb der Black Box abläuft, ist aus behavioristischer Sicht irrelevant (◘ Abb. 1.10).

Unter ausdrücklicher Bezugnahme auf die Pädagogik wies Klauer (1973a) in seiner Kritik des behavioristischen Lernbegriffs darauf hin, dass Verhaltensänderung als solche nicht das alleinige Ziel der Pädagogik sein könne. Vielmehr sei Lernen als nicht beobachtbarer Prozess der Änderung psychischer Dispositionen zu betrachten, und eine beobachtbare Verhaltensänderung *weise* nur auf einen stattgefundenen Lernvorgang hin, sei aber nicht identisch mit ihm. Beobachtbare Verhaltensänderungen dienen als Indikatoren für grundsätzlich nicht beobachtbare Lernprozesse. Lernen stellt nach diesem Ansatz ein theoretisches Konstrukt dar, das sich auf verschiedenartige Phänomene beziehen kann, nicht allein auf beobachtbares Verhalten.

Kognitive Theorien. Mit dem Modell der Black Box und dem behavioristischen Lernbegriff hat sich schon früh die Gestaltpsychologie (Wertheimer, Köhler, Duncker) kritisch auseinandergesetzt und dem Reiz-Reaktions-Lernen die Theorie des *Lernens durch Einsicht* und des produktiven Denkens entgegengesetzt. Lernen vollzieht sich entsprechend dieser Theorie als ein Prozess der Umorganisation von Erfahrungen, der so lange dauert, bis sich im Moment der Einsicht (Aha-Erlebnis) die vollständige Durchgliederung des Erfahrungsfeldes und somit die Lösung des Problems einstellt. Lernen in diesem Sinne ist stets bedeutungserzeugend und bewirkt die Einsicht in eine Situation oder das Verständnis einer Vorgehensweise. Auf der Grundlage dieses Lernverständnisses setzten sich ab der zweiten Hälfte des 20. Jahrhunderts immer mehr *kognitive Theorien* durch. Anknüpfungspunkte fanden diese Theorien auch und vor allem in der Epistemologie Jean Piagets.

Unter *Kognitionen* versteht man alle Vorgänge der Informationsverarbeitung, mittels derer ein Organismus Kenntnis von seiner Umwelt erlangt. Beim Menschen sind dies besonders Vorgänge des Wahrnehmens, Vorstellens, des Denkens und Urteilens sowie der Sprache. Etwas zugespitzt formuliert, geht es beim kognitiven Lernen zuvorderst um *Wissenserwerb, Begriffsbildung* und *Problemlösen*. Die Trennung kognitiver Prozesse von emotionalen und motivationalen Prozessen ist laut Edelmann (2000) analytisch, da kognitive Prozesse stets eng mit emotionalen, motivationalen und volitionalen Vorgängen verbunden

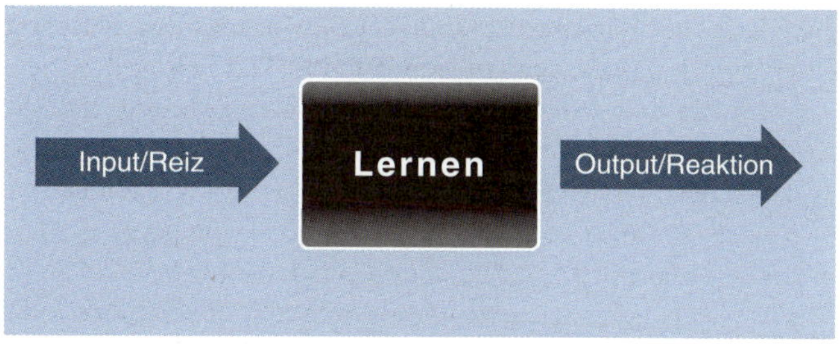

◘ **Abb. 1.10** Die Black Box des Lernens aus Sicht des Behaviorismus

sind. Um den Unterschied zwischen dem behavioristischen und dem kognitiven Ansatz zu verdeutlichen, greifen wir unter den zahlreichen kognitiven Lerntheorien den Ansatz des generativen Lernens von Wittrock (1974, 1990) heraus. Dieser veranschaulicht gut, in welcher Weise Kognitionen die Black Box des Behaviorismus füllen (◘ Abb. 1.11).

Die Idee des generativen Lernens gründet auf der Annahme, dass Lernen stets auf der Basis bereits vorliegenden Wissens erfolgt, und wird als ein Prozess des Generierens von Bedeutungen begriffen. Das setzt voraus, dass Lernende aktiv Verknüpfungen zwischen zu verarbeitenden Informationen (Input) und bereits bestehenden Wissensinhalten und -strukturen generieren. Demnach ist generatives Lernen als Prozess der Bedeutungskonstruktion mittels der Generierung von Verknüpfungen zwischen Informationsinput und bestehenden kognitiven Strukturen konzipiert. Generatives Lernen setzt voraus, dass der Lernende aufmerksam und motiviert ist und auch über Vorwissen verfügt, das mit neuer Information verknüpft werden kann. Aus diesem Grund unterscheidet Wittrock vier Prozesse des generativen Lernens:

1. Aufmerksamkeit,
2. Motivation,
3. Gedächtnis und
4. Generierung.

Damit gelernt werden kann, muss zunächst die *Aufmerksamkeit* auf einen neuen Sachverhalt gelenkt werden, dann muss ausreichend *Motivation* vorliegen, den Sachverhalt verstehen zu wollen, und es müssen bereits Wisseneinheiten im *Gedächtnis* vorliegen, die durch Verknüpfung mit dem Neuen Bedeutung zu erzeugen vermögen. In diesem Sinne kann man die Aufmerksamkeit, die Motivation und das Gedächtnis als Bedingungen für ein erfolgreiches *Generieren* von Bedeutung durch Verknüpfung von Bestehendem mit dem Neuem bezeichnen.

Wittrocks Ansatz des generativen Lernens ist nur ein Beispiel einer kognitiven Theorie des Lernens, verdeutlicht aber sehr gut den Unterschied zum behavioristischen Ansatz. Andere theoretische Ansätze kognitiven Lernens sind von Aebli, Ausubel, Bruner u. a. entwickelt worden. Übereinstimmend gehen diese Ansätze davon aus, dass durch Informationsverarbeitungsprozesse kognitive Strukturen (z. B. Begriffe und Wissen) aufgebaut werden. Dabei findet häufig kein Neulernen, sondern ein *Umlernen* im Sinne von Umstrukturieren statt. Das ist auch eine der Grundannahmen des Lernens als Konstruktion mentaler Modelle (Seel 2004). Insgesamt zeichnet sich kognitives Lernen durch folgende Merkmale aus:

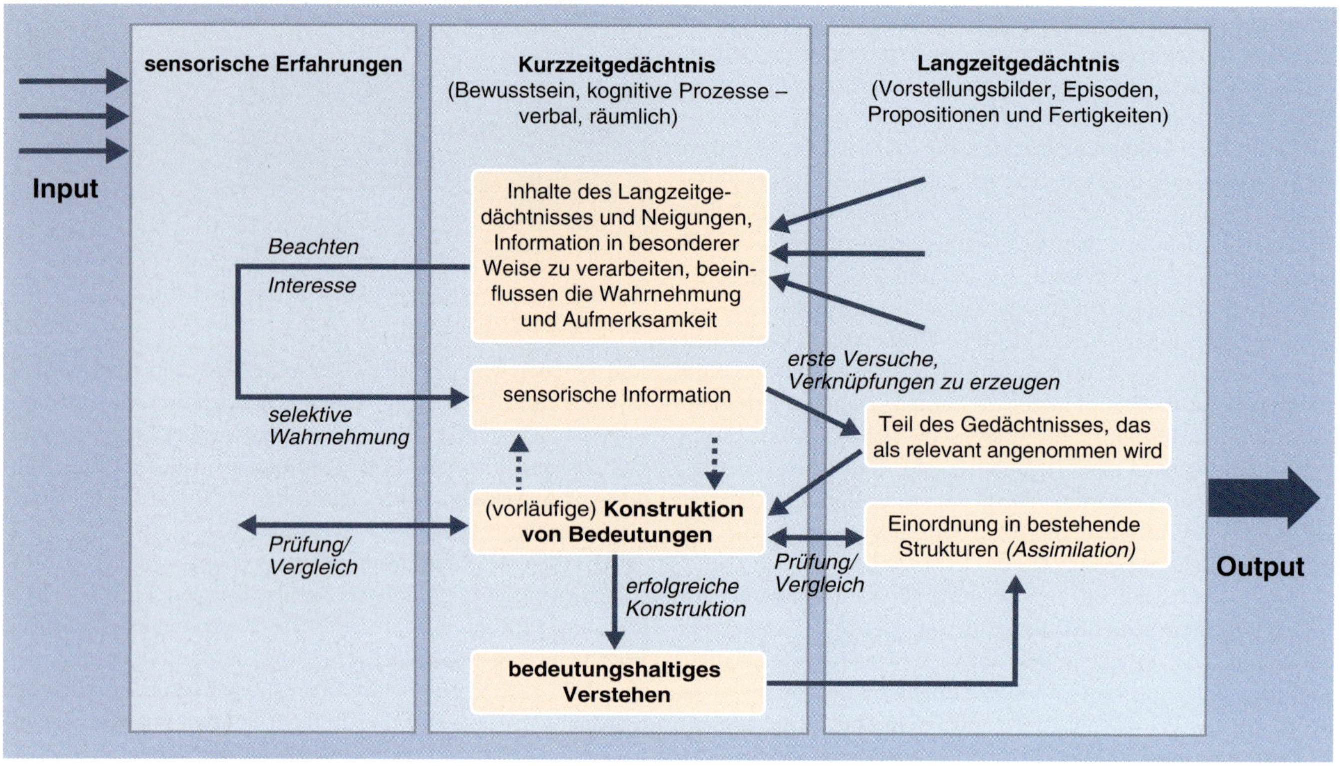

Abb. 1.11 Das Modell des generativen Lernens (nach Osborne und Wittrock 1983, S. 493) in der Black Box

- Lernen ist *dispositionell*, insofern es auf die Veränderung von Dispositionen zielt.
- Lernen ist *konstruktiv*, insofern es mit der Konstruktion von Wissen, mentalen Modellen und kognitiven Prozeduren befasst ist.
- Lernen ist *kumulativ*, insofern es zur Erzeugung komplexer und überdauernder Wissensstrukturen und Fertigkeiten beiträgt, die aufeinander aufbauen (vgl. Lee 2012).
- Lernen ist *zielgerichtet* und *kontextspezifisch*, da es mit der Bewältigung von Anforderungen verknüpft ist, wie sie von der jeweiligen Situation an den Lernenden herangetragen werden. „Eine Verbesserung der Lernfähigkeiten erfolgt durch die Einübung begrifflichen und prozeduralen Wissens im Kontext spezifischer Wissensbereiche. Lernen und Denken entwickeln sich in weitgehender Abhängigkeit von den Inhalten und Begriffen eines Wissensbereichs, wie sie in Lernsituationen enthalten sind. Diese schränken das Wissen ein, um bestimmten Zwecken und Zielen zu dienen" (Glaser 1984, S. 99).

Theorien des Imitationslernens. Nicht nur Theorien des kognitiven Lernens stehen im Gegensatz zum behavioristischen Paradigma, sondern auch die sozial-kognitive Theorie Banduras (1976) mit ihrer Betonung des *Imitationslernens* (Modelllernen). Diese Auffassung ist dadurch gekennzeichnet, dass zwischen der Anregung des Verhaltens durch ein Modell und dessen Nachahmung durch den Beobachter kognitive Prozesse angenommen werden. Wir werden in ▶ Kap. 4 ausführlicher auf diese theoretische Konzeption eingehen.

Durch Lernen wird jedoch noch mehr angestrebt, als wir bisher skizziert haben. Nach Roth (1963) können folgende Grundformen des menschlichen Lernens unterschieden werden:
- Lernen, bei dem das *Können* das Hauptziel ist, das Automatisieren von Fähigkeiten zu motorischen und geistigen Fertigkeiten;
- Lernen, bei dem das *Problemlösen* (Denken, Verstehen, Einsicht) die Hauptsache ist;
- Lernen, bei dem das *Behalten* und Präsenthalten von Wissen das Ziel ist;
- Lernen, bei dem das *Lernen der Verfahren* das Hauptziel ist (Lernen lernen, Arbeiten lernen, Forschen lernen, Nachschlagen lernen usw.);
- Lernen, bei dem die *Übertragung auf andere Gebiete* die Hauptsache ist, also die Steigerung der Fähigkeiten und Kräfte (Latein lernen, um einen besseren Einstieg in die romanischen Sprachen zu haben);
- Lernen, bei dem der *Aufbau einer Gesinnung, Werthaltung, Einstellung* das Hauptziel ist;
- Lernen, bei dem das *Gewinnen eines vertieften Interesses* an einem Gegenstand das Hauptziel ist (Differenzierung der Bedürfnisse und Interessen);
- Lernen, bei dem ein *verändertes Verhalten* das Ziel ist.

Mit diesen Grundformen hat Roth bereits vor einem halben Jahrhundert das Gesamtspektrum menschlichen Lernens abgedeckt, wie es bis heute dem pädagogischen Verständnis entspricht (vgl. Seel 2003). Lernen ist in diesem Sinne nicht auf die Veränderung von Verhalten und die Aneignung von Kenntnissen und Fertigkeiten begrenzt, gelernt werden auch Einstellungen und

Tab. 1.3 Choreografien des Lehrens und Lernens (Oser und Patry 1994b)

Basismodell	Zieltyp des Lernens	Merkmale	Sichtstruktur
Lernen durch Erfahrung	Aneignung von Erfahrungswissen	Unmittelbarer Lebensbezug	Arbeit in Sozial- und Produktionsbetrieben
Entwicklungs- bzw. strukturveränderndes Lernen	Transformation von Tiefenstrukturen (z. B. des moralischen Urteils)	Vorgänge der Disäquilibration (Ungleichgewicht)	Kontroverse Diskussionen
Problemlösen/Entdeckendes Lernen	Lernen durch Einsicht oder Versuch und Irrtum	Hypothesenbildung und -prüfung	Experimentieren, Lösen von kognitiven Konflikten
Wissensaufbau/ Begriffslernen	Memorierbare Fakten und Fertigkeiten, „Narratives"	Strukturierung von Lehrgängen	Darbietender und/oder entwickelnder Unterricht
Strukturbildendes Lernen	Verwendung von mentalen Modellen und Schemata	Differenzierung und Analogiebildung	Lernen durch Anwendung, Transfer komplexer Systeme
Lernen von Strategien	Lernen lernen (Metalernen)	Gebrauch und Einsatz von Techniken und Verfahrensweisen	Reflexion über eigenes Lernen
Routinebildung/ Training von Fertigkeiten	Fertigkeiten und Routinen ohne Belastung des Bewusstseins	Hohe Übungsfrequenz (Autofahren, mathematische Reihen, Vokabellernen)	Differenzierender Unterricht und Übungen
Motilitätsmodell	Verarbeitung affektiver Spannungen durch schöpferisches Tun	Aufbau von affektiver Erregung, Indignation, Trauer, Freude u. a.	Gestalterisches Zeichnen, Musizieren, Tanzen, Dichten u. a.
Lernen dynamischer Beziehungen/Lernen gemeinsamer Normen durch Partizipation	Positiver Verhaltensaustausch mit anderen, aktive Gestaltung des Zusammenlebens in Lebensgemeinschaften	Verhandlungsfähigkeit, Diskursfähigkeit, Normenkonstituierung	Gestaltung von Freundschaften, kollaboratives Arbeiten
Wert- und Identitätsaufbau	Wandel des Wertbewusstseins	Aufbau von Wertehierarchien	Wertklärungsverfahren, politische Bildung
Betrachtendes Lernen	Assimilation ästhetischer Objekte	Verinnerlichte Nachahmung, Meditation	Stille Übungen, Bildbetrachtung

Anmerkung: In der Tabelle sind Begriffe (z. B. Assimilation, Disäquilibration, Schemata, mentale Modelle) aufgeführt, die erst später in diesem Lehrbuch erklärt werden.

Werte, Motive, die Anpassung an Lebenslagen sowie der Erwerb allgemeinerer Fähigkeiten z. B. des Problemlösens.

Die Grundformen des Lernens nach Roth spiegeln sich auch in den Choreographien des (schulischen) Lernens wider, die Oser und Patry (1994b) in Anlehnung an die psychologische Didaktik Aeblis (1963) entwickelt haben. Da diese Choreografien über den schulischen Kontext hinausreichen und auf jede Form des Lernens unter den Bedingungen des Lehrens anwendbar sind, sollen sie zum Abschluss skizziert werden.

Lernen unter der Bedingung von Lehren

Ausgangspunkt der *Choreografien schulischen Lernens* ist die von Aebli vorgeschlagene Unterscheidung zwischen Tiefenstrukturen und Oberflächenmerkmalen von Lehr-Lern-Situationen. Darüber hinaus argumentieren Oser und Patry (1994a), dass die Sequenz des Lehrens und Lernens auf einer Choreografie begründet ist, die einerseits Freiheit in der Wahl der Methoden, der Sozialform und der situationsabhängigen Improvisation beinhaltet, andererseits aber ziemlich streng in der Abfolge der einzelnen Schritte ist, sofern diese absolut notwendig sind für die Initiierung und Steuerung der Lernaktivitäten (Baeriswyl 2012).

Choreografien des Lernens unter den Bedingungen von Lehren haben eine Tiefenstruktur und eine Sichtstruktur, die durch Basismodelle repräsentiert werden. Die *Tiefenstruktur* bezieht sich auf die Natur und Sequenz der Lernprozesse, die erforderlich sind, um ein bestimmtes Lernziel (z. B. Aneignung von Erfahrungswissen oder Lernen durch Versuch und Irrtum) zu erreichen. Sie ist nicht beobachtbar, sondern als Konstrukt zu begreifen. Die *Sichtstruktur* bezieht sich auf das Lehren, seine konkreten methodischen Vorgehensweisen (Lektionen, Projektarbeit, Fallstudien, problemorientiertes Lernen, generatives Lehren usw.), realisierbare Sozialformen (Einzelarbeit, Partnerarbeit, Gruppenarbeit) und mediengestützte Formen des Lehrens. Die Sichtstruktur ist grundsätzlich beobachtbar. Grundlegend wird dabei vorausgesetzt, dass Lernprozesse zielgeleitet ablaufen und bereichsspezifisch sind. Dementsprechend ist der Lehrprozess hinsichtlich der Sichtstruktur anders zu gestalten, wenn das Lernziel darin besteht, Werte und Einstellungen aufzubauen, als wenn das Ziel im Begriffslernen besteht (Tab. 1.3).

Jedes Basismodell umfasst mehrere Schritte, die sich auf auszuführende Operationen beziehen. Das Basismodell *Lernen durch eigene Erfahrung* beispielsweise umfasst die operativen Schritte:

- Antizipieren und Planen möglicher Handlungen,
- Ausführung der Handlung,
- Konstruktion einer Bedeutung für die Aktivität,

- Generalisieren der Erfahrung,
- Reflexion über ähnliche Erfahrungen.

Das Konzept der Basismodelle stellt Lernprozesse (und die beteiligten Grundoperationen) in den Vordergrund. Lernen wird dabei als eine Handlung verstanden, die einen Weg und ein Ziel hat. Erfolgreiches Lernen unter der Bedingung von Lehren setzt Planung voraus. Dies ist aber nicht alleine in der Verantwortlichkeit des Lehrenden; vielmehr hat auch der Lernende das eigene Lernen als einen Prozess zu verstehen, für den er selbst Verantwortung zu übernehmen hat.

1.2.2.2 Prozesscharakter von Lehren und Lernen

Da Lehren und Lernen als Subkategorien von Erziehung und Bildung betrachtet werden können, gehen wir davon aus, dass die Prozesscharakteristik von Erziehung und Bildung generell auch auf Lehren und Lernen zutrifft. Unter dieser Annahme werden wir uns im folgenden Abschnitt den Prozessmerkmalen von Lehren und Lernen widmen, die bislang nicht angesprochen wurden.

Lehrprozesse

Der Ausgangspunkt für Lehren liegt im Willen oder Auftrag, andere Personen zum Lernen anzuregen und sie dabei wirksam zu unterstützen. Der Endzustand besteht in der erfolgreichen Umsetzung von Lehrhandlungen und in der Erreichung des gesetzten Lernziels. Daraus ergibt sich die etwas paradoxe Situation, dass der Erfolg von Lehrhandlungen in der Performanz der Lernenden liegt. Lehren ist absichtsvolles Handeln, das Lernvorgänge anregen und unterstützen soll (Klauer 1973a). Daraus ergeben sich zwei Fragen:

1. Welches Ausmaß an Lenkung der Lernprozesse durch Lehrhandlungen ist zweckmäßig und erfolgreich im Sinne der Zielerreichung?
2. Welche Lehrmethoden sind geeignet, Lernen so zu lenken und anzuleiten, dass die gesetzten Ziele erreicht werden?

Die Steuerung des Lernens durch Lehrhandlungen ist variabel. Sie reicht von einer sehr engen Führung bis zur „grenzenlosen" Freiheit beim entdeckenden Lernen. Zum entdeckenden Lernen anzuregen und anzuleiten, setzt voraus, Lernumgebungen zu gestalten, die *Gelegenheiten zum Nachdenken* bieten (Stolurow 1973). Bis zur „kognitiven Wende" der Lernpsychologie wurde Lehren als Oberbegriff für das Konditionieren, das Eintrainieren durch Übung und Wiederholung, das Instruieren bzw. Lehren und das Indoktrinieren betrachtet (Green 1964). Der Unterschied zwischen Training und Lehren liegt dabei in der Art, etwas zu vermitteln:

» When we train a dog, we give an order and then push and pull and give reward or punishment. We give the order to sit and then push it on the hindquarters precisely because we cannot explain the order. We cannot elaborate its meaning. It is precisely this limitation of intelligence or communication which disposes us to speak of training a dog rather than instructing him […]. Instruction seems, at heart, to involve a kind of conversation, the object of which is to give reasons, weigh evidence, justify, explain, conclude and so forth (Green 1964, S. 288).

Damit nimmt Green nicht nur eine Position ein, die dem damaligen Zeitgeist des Behaviorismus gründlich widerspricht, sondern er weist auch auf die Tatsache hin, dass Lehren wesentlich mit sprachlicher Kommunikation zusammenhängt (vgl. auch Thiele 1981).

Unter Kommunikation wird ein *soziales Handeln* zwischen wenigstens zwei Individuen verstanden, das durch Ziel und Zweck bestimmt wird. Das Ziel der Kommunikation ist das Erreichen eines geteilten Verständnisses von etwas. Sich zu verständigen bedeutet, eine Kompatibilität von Erfahrungen im Hinblick auf ein Thema herzustellen. Erst auf der Basis von Verständigung kann ein Kommunikationszweck erreicht und können übergeordnete Probleme gelöst werden. Übergeordnete Kommunikationszwecke sind z. B. das gemeinsame Verrichten von Arbeit, aber auch Lehren und Lernen, das auf die Veränderung von Wissen, Überzeugungen und Handlungen zielt.

Erfolgreiches Lehren setzt nicht nur die erfolgreiche Kommunikation zwischen Lehrer und Lerner voraus, sondern auch eine effektive *Methodik des Lehrens*. Erfolgreiche Lehrmethoden bauen auf den Erkenntnissen über die Lernvorgänge auf, die angeregt werden sollen. Bei Zugrundelegung der Grundformen des darbietenden, erarbeitenden und problemorientierten Lehrens kann der Zusammenhang zwischen Lehrzielen sowie Lehr- und Lernaktivitäten wie in ◘ Tab. 1.4 zusammengefasst werden.

Lehren beginnt mit dem *Planen* als Entwurf einer Strategie, die zum Erfolg führen soll. Nach Openshaw und Strasser (1967) ist unter einer Lehrstrategie ein allgemeiner Plan für das Lehren zu verstehen, der eine Struktur, die Lernziele und einen Entwurf der geplanten Maßnahmen umfasst, die erforderlich sind, um die Strategie umzusetzen. Daran anknüpfend unterscheidet Hanke (2012) zwischen dem Prozess des Planens und dem der Durchführung von Lehrhandlungen. Der Planungsprozess umfasst zum einen Entscheidungen im Inhaltsbereich (Was soll gelehrt werden?) und zum anderen im methodischen Bereich (Wie soll gelehrt werden?). Zu beiden Bereichen bietet die allgemein-didaktische Literatur eine Vielzahl an Modellen, die Anleitungen für eine effektive Lehrplanung bieten. Darauf werden wir in ► Abschn. 7.3 ausführlicher eingehen. Wir verstehen den Planungsprozess als einen Vorgang des *didaktischen Designs*, der als Produkt didaktische gestaltete Lernumgebungen und einen Organisationsplan der angestrebten Lernaktivitäten umfasst.

Faktisch wird der Begriff *Planung* beim didaktischen Design zur Kennzeichnung recht verschiedener Aspekte verwendet. So wird er beispielsweise für die vorausschauende Koordination konkurrierender Alternativen eingesetzt oder für den Zeitraum, auf den sich die Planung bezieht, so dass zwischen kurz-, mittel- und langfristiger Planung unterschieden werden kann. Dementsprechend kann sich didaktisches Design auf umfassende Entwicklungen (z. B. die Weiterentwicklung eines Unternehmens) beziehen (*Globalplanung*) oder auch stärker disaggregiert sein und sich auf spezifische Einzelaspekte von Lehr-Lern-Prozessen beziehen (*Detailplanung*). In Abhängigkeit davon wird auch das vor allem in praktischer Hinsicht bedeutsame Ausmaß der *Verbindlichkeit* einer Planung bestimmt. Hieraus resultieren die meisten praktischen Probleme des didaktischen Designs, insofern Planung auf Zukunftswissen abstellt und dieses notwendigerweise mit meist erheblichen Unsicherheiten behaftet ist. Diese sind umso größer, je langfristiger geplant werden muss oder je detaillierter der Tatbestand ist, auf den sich die mit der Planung verknüpfte Prognose bezieht. Wenn nun aber Planung unvermeidbar auf unvollständigem und unsicherem Wissen aufbaut, ist der

Tab. 1.4 Lehr- und Lernaktivitäten im Rahmen unterschiedlicher Lehrverfahren

	Darbietende Lehrverfahren	Erarbeitende Lehrverfahren	Problemorientierte Lehrverfahren
Ziele	– Aufbau von Wissensstrukturen: deklaratives Wissen; grundlegende, allgemeine Rahmenkonzeptionen, Basiswissen u. a. – Vorbereitung für eine tiefere Verarbeitung (aktives Handeln) durch andere Verfahren – Nachbereitung eines Lehrgangs z. B. als Zusammenfassung oder Wiederholung von Lernstoff	– Aufbau, Erweiterung und Veränderung kognitiver Fähigkeiten; Erwerb von Wissen, Einstellungen und Bewertungen in dialogischer Auseinandersetzung mit einem Thema (Lerngegenstand) – Erörterung von Meinungen und Erfahrungen – Erweiterung, Umstrukturierung und Festigung vorhandenen Wissens – Mehrperspektivischer Zugang – Förderung der Kommunikationsfähigkeit	– Anregung und Befähigung zu selbstgesteuertem Lernen, Problemlösen – Kooperations- und Teamfähigkeit – Soziale Kompetenzen – Transfer von Wissen – Beteiligung der Lernenden bei Planung, Gestaltung, Umsetzung von Problemlösungen
Lehraktivitäten	– Anregung und Unterstützung kognitiver Lernprozesse (z. B. durch Strukturierung, Veranschaulichung, motivierende Elemente) – Darbietung von Informationen	– Variable Verwendung von Fragen und Denkanstößen – Lehrerzentrierter fragend-entwickelnder Unterricht – Coaching von Gruppenarbeit – Zeitmanagement	– Lehrer als Lernhelfer und Berater – Gestaltung von Lernumgebungen – Unterstützung der Lernprozesse durch prozess- und ergebnisorientierte Lernhilfen
Lernaktivitäten	– Bedeutungsvolles rezeptives Lernen als Aufbau und Veränderung kognitiver Strukturen – Begriffs- und Regellernen, Beobachtungslernen – Üben und Festigen durch Aufgaben und Tests	– Umbau kognitiver Strukturen durch Integration, Differenzierung und Transformation – Anregung von Denkprozessen und zur elaborativen Vertiefung – „Kommunikatives Lernen"	– Hypothesenprüfendes Arbeiten und Denken – Aktive, selbstständige Erarbeitung von Wissen und Arbeitstechniken in Problemlöseprozessen (Heuristiken) – Gelenktes Entdecken, erkundendes Lernen, forschendes Lernen

Planungsträger mit einem Dilemma konfrontiert: Je konkreter und langfristiger er plant, desto größer ist die Wahrscheinlichkeit der Fehlplanung; verzichtet er aber weitgehend auf Planung, so besteht die Gefahr, dass er Spielräume für künftige Entscheidungen einbüßt und von Situationsbedingungen bestimmt und getrieben wird. Dieses Dilemma legt als Konsequenz eine Planung nahe, die differenziert und strategisch vorgeht: Danach sind einerseits langfristige Entwicklungen zu antizipieren, um zu verhindern, dass augenblickliche Entscheidungen zu kurz greifen und dadurch künftige Optionen verhindert werden. Andererseits sind verbindliche Festlegungen künftigen Handelns möglichst auf ein Minimum zu beschränken und durch Offenhaltung alternativer Konkretisierungs- und Handlungsmöglichkeiten flexibel zu gestalten. Dies wird als „flexible Planung" bezeichnet (Rowland 1993), was zweierlei voraussetzt: die ständige Überprüfung der Planung in Bezug auf relevante Entscheidungen sowie die Bereitschaft und Fähigkeit des Planenden, erforderliche Veränderungen und Modifikationen der Planung vorzunehmen.
Die Hauptaufgabe des didaktischen Designs liegt also darin, theoretisch und pragmatisch begründete Entscheidungen darüber herbeizuführen, welche Lehrstrategie auszuwählen ist, um Veränderungen in psychischen und sozialen Dispositionen der Lernenden zu erzielen (vgl. Van Patten et al. 1986).

„Instructional design is a decision-making process. Its purpose is to select the best possible instructional methods given certain outcomes that instruction is intended to attain, and certain conditions under which instruction is to occur (Winn 1987, S. 60 f.)."

Ein gutes Beispiel hierfür bietet das DO-ID-Modell (Decision Oriented Instructional Design) von Niegemann et al. (2008) für den Bereich des multimedialen Lernens und Lehrens.

Erfahrene Lehrer wissen aber zur Genüge, dass selbst ein sehr sorgfältig geplanter Unterricht nicht notwendigerweise zu den angestrebten Effekten führt, sondern dass auf dem Weg zum Ziel viele Barrieren zu überwinden sind. Das gilt für Lehren als Prozess der Steuerung und Lenkung von Lernen generell. In der Literatur wird die Durchführung des Lehrprozesses mit dem Hinweis abgehandelt, dass hierbei *interaktive Entscheidungen* der Lehrenden zum Tragen kommen, die darauf zielen, sich an die Dynamik der gegebenen Situation anzupassen und geeignete Maßnahmen zu ergreifen, um die Zielerreichung zu gewährleisten (Leinhardt und Greeno 1986, Parker und Gehrke 1986).

Die interaktiven Entscheidungen, die Lehrer in Bezug auf zu ergreifende Maßnahmen treffen, um den Erfolg einer Lehrstrategie zu sichern, sind Komponenten einer *Prozessgestaltung*, die einen horizontalen und ganzheitlichen Blick auf das Lehren und Lernen wirft (Gaitanides 2007). Im Englischen wird das zentrale Anliegen der Prozessgestaltung mit den Worten „Doing the right things and doing the things right" umschrieben.

Am Anfang der Prozessgestaltung steht die Gewichtung der strukturierten Prozesse entsprechend ihrer Bedeutung für das Lehren und Lernen. Hierbei ist eine exakte Trennung vorzunehmen zwischen den auf die Lernenden bezogenen *Führungsprozessen*, den zielorientierten *Kernprozessen* des Lehrens (Tab. 1.4) und den *Unterstützungsprozessen* (z. B. Bereitstellung von Ressourcen und Hilfsmitteln). Ein effektives *Prozessmanagement* bedeutet, die Kernprozesse des Lehrens, die auf die Steuerung und Verbesserung von Lernprozessen zielen, zu identifizieren, optimal zu gestalten und durchzuführen. Darüber hinaus werden auch die einzelnen Lehraktivitäten und die damit verbundenen organisatorischen Vorgänge einem Workflow-Management unterzogen (Abb. 1.12), denn Lehren kann sinnvoll als *Arbeitsablauf* (Workflow) verstanden werden, der sich in unterschiedliche aufeinander folgende Arbeitsschritte bzw. -etappen untergliedert, für die jeweils entsprechend dem gefassten Plan ein Satisfizierungs- bzw. Meliorisierungsziel bestimmt wird.

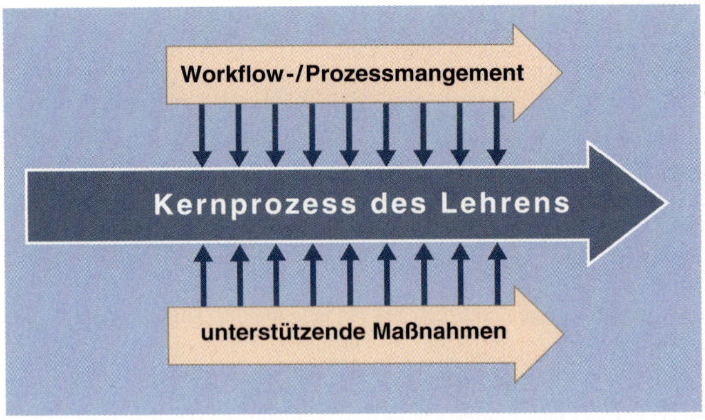

Abb. 1.12 Komponenten der Lehrprozessgestaltung

Der Arbeitsablauf des Lehrens beschreibt die operationale und technische Komponente des Gesamtprozesses. Die einzelnen Aktivitäten stehen in Abhängigkeit zueinander; ideal wäre es, wenn die folgende Aktivität durch den Ausgang der jeweils vorangehenden festgelegt wird, d. h. dass erst im Ablauf fortgefahren wird, wenn das Ziel eines Arbeitsschrittes erreicht wurde.

Die *Prozessorganisation* des Lehrens ist ein System von Aktivitäten, die über einen durchgängigen Arbeitsablauf miteinander verknüpft sind und in einer klar definierten Folgebeziehung zueinander stehen. Da sich die Führungs-, Kern- und Unterstützungsprozesse letztlich an den Lernenden ausrichten, kann eine Verbesserung der Prozessorganisation durch eine *Eigenschaftsfrüherkennung* erzielt werden, die sich in einer gegebenen Lehr-Lern-Situation auf die relevanten Merkmale der Lernenden (z. B. Leistungsstand, Lernmotivation) und die Verhaltensweisen bezieht, die als Indikatoren für die relevanten Eigenschaften der Lernenden dienen können (Abb. 1.13). Im Bereich des *instructional design* wird darüber hinaus ein *rapid prototyping* empfohlen, um die Lehrprozessgestaltung zu optimieren (Desrosier 2011).

Die Grundidee von *rapid prototyping* ist, während der gesamten Planung und Realisierung des Lehrens, d. h. von Anfang bis Ende, ein kontinuierliches Feedback zu erhalten, um Fehler bei der Planung und Durchführung zu minimieren (Piskurich 2000).

Abschließend kann festgehalten werden, dass Lehrprozesse einem Plan entsprechend realisiert werden, wobei Verfahren des Workflow-Managements und *rapid prototyping* angewandt werden, um die Konsistenz des Handelns mit dem Plan und den gesetzten Zielen zu prüfen und gegebenenfalls Abweichungen auf dem Weg zum Ziel zu korrigieren. Ein effektives Lehren ohne Plan und Kontrolle kann es nicht geben – planloses Lehren ist Improvisation. Wer improvisiert, braucht auch kein Prozessmanagement.

Jakob: „Das kommt mir alles wie eine Idealvorstellung vor. Wenn ich da an manche Seminarveranstaltungen denke, würde ich das eher als schlechte Improvisation und nicht als gutes Lehren bezeichnen."

Anna: „Da gehst du aber wieder streng ins Gericht mit der Uni. Vielleicht hatten die Dozenten ja einen Plan, haben aber die Lehrveranstaltung nicht so gegliedert, dass man Etappen des Ablaufs erkennen konnte."

Jakob: „Möglich! Aber wenn ich zum Beispiel meinen Mathelehrer am Gymnasium nehme, hatte ich immer den Eindruck, dass der ziemlich genaue Vorstellungen hatte, was wann und warum in seinem Unterricht geschehen sollte. Er hat auch immer wieder Pausen eingelegt, um zu kontrollieren, ob wir alles verstanden hatten. Und erst wenn er sicher war, dass wir kapiert hatten, was er uns beibringen wollte, hat er weitergemacht."

Anna: „Mich erinnert das an eine Lehrerin, die hat den Deutschunterricht auch sehr gut gegliedert und uns immer wieder kleinere Arbeitsaufträge erteilt, so dass wir alle wussten, wo wir gerade waren."

Jakob: „Ich glaube, dass erfahrene Lehrer sich im Laufe der Jahre Techniken des Workflow-Managements zugelegt haben, die ihnen erlauben, den Fortgang und Erfolg ihrer Lehrmaßnahmen zu checken und sich bei Abweichungen auf dem Weg zum Ziel schnell an die neue Situation anzupassen. Die wissen ziemlich genau, was sie zu tun haben, um beim Lehren Erfolg zu haben."

Anna: „Dabei frage ich mich, ob man so was lernen kann. Bei manchen Lehrern hatte ich nämlich den Eindruck, dass die keinen Plan hatten. Die haben immer gejammert, dass sie mit dem Stoff nicht durchkommen, und wir waren natürlich Schuld daran."

Jakob: „Ich kenne da wiederum andere, die nach der Devise handeln ‚was kümmert es mich, ob meine Schüler was lernen, Hauptsache ich komme mit dem Lehrstoff durch'."

Anna: „Ist das noch verantwortungsvolles Lehren?"

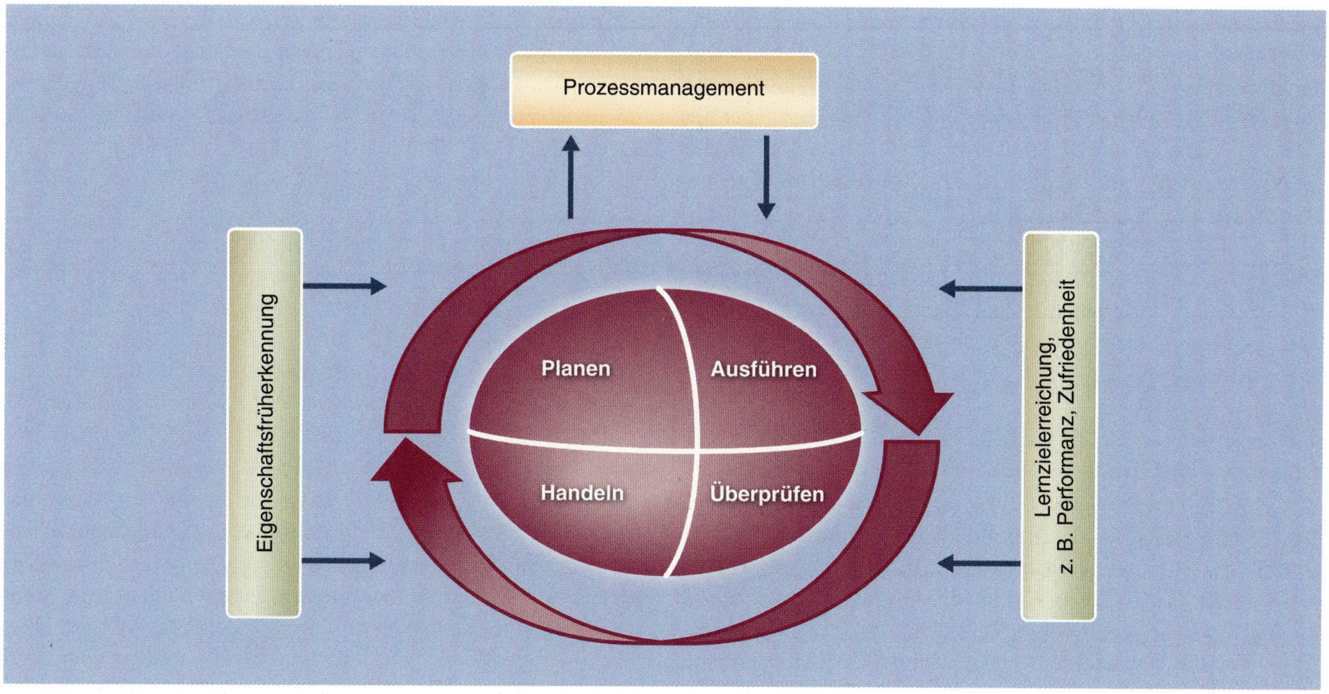

Abb. 1.13 Modell des Prozessmanagements des Lehrens. (Nach ▶ http://de.wikipedia.org/wiki/Prozessmanagement)

Lernprozesse

Ganz allgemein liegt der Ausgangspunkt für Lernen in Gegebenheiten der Objekt- und Ereigniswelt, die entweder organismische Reaktionen oder kognitive Verarbeitungsprozesse auslösen. Da durch Lernen erworbene Verhaltensweisen wesentlich flexibler sind als angeborene, kann sich der Lernende an völlig unterschiedliche Anforderungen der Umwelt anpassen, was als Endzustand des Lernens zu begreifen ist. Verhaltensdispositionen können schnell oder zumindest innerhalb einer überschaubaren Zeit erlernt werden, sie werden aber auch rasch wieder vergessen und verlernt. Allerdings kann das, was verlernt wurde, auch schnell wieder aufgefrischt werden. Das zeigen die behavioristischen Lernexperimente deutlich: Wenn operantes Verhalten, das zuvor verstärkt wurde, keine verstärkenden Konsequenzen mehr produziert, nimmt die Wahrscheinlichkeit seines Auftretens graduell ab. Das ist auch beim klassischen Konditionieren zu beobachten. Das Ausbleiben von Verstärkungen der Reiz-Reaktions-Verbindungen macht den Lernprozess quasi rückgängig. Das darf man sich aber nicht so vorstellen, als habe der kleine Albert seine Angst vor allem Pelzigen nur dadurch wieder verloren, dass Watson und Rayner ihn nicht weiterhin der Konditionierung ausgesetzt hatten; dazu bedurfte es einer Gegenkonditionierung, die mehr Zeit in Anspruch nahm als die Konditionierung der Angst (Miltenberger 2012).

Was für das Lernen auf der Grundlage von Konditionierung gilt, gilt auch für das kognitive Lernen, denn „all unser Lernen beruht darauf, dass wir ein Gedächtnis haben" (Koffka 1925, S. 115). Und was im Gedächtnis gespeichert wird, ist zwangsläufig auch dem Vergessen unterworfen.

Jakob: „Ich überlege gerade, wie viel ich in meinem Leben schon gelernt habe. Wie viele Stunden saß ich schon zu Hause am Schreibtisch und habe versucht, mir Matheformeln, Geschichtsdaten und die Hauptstädte von fremden Ländern zu merken? Und dann lernt man ja auch noch nebenbei, zum Beispiel wenn Julia mir wieder alle Details zum Klimawandel erzählt. Eigentlich lerne ich ständig. Aber: Behalte ich auch alles?"

Anna: „Nein, natürlich nicht. Bei mir ist das oft so: Kaum gelernt, schon vergessen. In Erdkunde gab es jedes Schuljahr wieder einen Test zur Deutschlandkarte: Bundesländer, Hauptstädte, Flüsse, Gebirge. Ich habe das wirklich jedes Schuljahr wieder neu gelernt. Warum konnte ich mir das einfach nicht ein für allemal merken? Andere Sachen, die ich gerne vergessen möchte, bekomme ich nicht aus meinem Kopf."

Jakob: „Ich vermute, dass da Emotionen im Spiel sind. Denn es ist doch schon lange bekannt, dass Ereignisse, die starke Emotionen auslösen, dauerhaft im Gedächtnis bleiben, während man das, was einem gleichgültig ist, rasch vergisst."

Anna: „Ja, das stimmt. Bei manchen Sachen, die ich nicht vergessen kann, kommt heute noch die Wut in mir hoch."

Jakob: „Eigentlich ist es doch ein Glück, wenn man vergessen kann."

Anna: „Finde ich auch. Außerdem sollte man nicht zu hohe Ansprüche an das Gedächtnis stellen. Da wird oft erwartet, dass wir uns relativ unbedeutende und unverbundene Einzelfakten so genau wie möglich für immer merken sollen – und das auch noch, wenn man sie nur einmal gehört hat. So arbeitet mein Gedächtnis einfach nicht. Kopf auf, Wissen rein, Kopf zu – so funktioniert das nicht bei mir."

Jakob: „Bei mir auch nicht, und ich denke, bei anderen auch nicht. Ich kann mir zwar durch Auswendiglernen Matheformeln in den Kopf reinstopfen, aber das bleibt doch sehr oberflächlich, und richtig gelernt habe ich dann nix. Denn beim nächsten Mal, wenn ich die Formeln anwenden soll, kann ich es nicht, weil ich die Zusammenhänge gar nicht kapiere."

Anna: „Ich denke, dass gutes und langfristiges Lernen vor allem von meiner Motivation abhängig ist, mich mit dem Stoff zu beschäftigen, der mir zum Beispiel in einer Vorlesung geboten wird. Aber bleibt das dann alles für immer im Kopf?"

Zu vergessen, was man gelernt hat, ist natürlich. Menschen vergessen über die Zeit hinweg kontinuierlich, wobei die Geschwindigkeit und der Umfang des Vergessens von vielen Faktoren abhängen, u. a. vom Interesse und der subjektiven Wichtigkeit von Informationen, wobei Details eher vergessen werden als das Wesentliche. Darüber hinaus gibt es auch ein motiviertes und gezieltes Vergessen. Der Verlust von Erinnerung erfolgt selektiv: Dinge, die einem gleichgültig sind, werden schneller vergessen als solche, die starke Emotionen hervorrufen. Allgemein weisen Erinnerungen an Ereignisse und Handlungen, die von starken negativen Emotionen begleitet sind, die Tendenz auf, bewusst oder unbewusst verdrängt zu werden. Die alten Zeiten sind die guten Zeiten, weil irgendwann nur noch die positiven Erinnerungen daran gepflegt werden (Emrich und Smith 1996).

Lernen, Behalten und Vergessen sind also untrennbar miteinander verbunden. Wird über Lernen gesprochen, ist stets das Phänomen des Erinnerungsverlusts einzubeziehen. Wenn die Autoren von PISA-International-Plus (Prenzel et al. 2006) beklagen, dass in Mathematik nur 60 % der Schüler und Schülerinnen innerhalb eines Jahres etwas dazugelernt hätten, in naturwissenschaftlichen Fächern sogar nur 44 %, während fast jeder Fünfte das zuvor erworbene naturwissenschaftliche Wissen wieder vergessen hätte, wirft dies die Frage auf, mit welchen Erwartungen die Forscher an die Lern- und Erinnerungsfähigkeit von Schülern herangegangen sind. Um Veränderungen und Entwicklungen der mathematischen und naturwissenschaftlichen Kompetenz im Verlauf eines Schuljahres zu beschreiben, wurden entsprechende Tests zu zwei Messzeitpunkten (zu Beginn und am Ende des Schuljahres) durchgeführt. Was in der Zeit zwischen den beiden Messzeitpunkten im Unterricht geschah, wurde nicht kontrolliert, so dass auch nicht bekannt ist, ob das, was die Schüler/innen gelernt hatten, kontinuierlich wiederholt worden war. Dies wiederum ist aber eine wesentliche Voraussetzung dafür, dass nicht schnell wieder vergessen wird, was gelernt wurde. Zu diesem Ergebnis kam Ebbinghaus (1885) mit seinen bahnbrechenden Studien *Über das Gedächtnis*. Die berühmt gewordenen Lern- und Vergessenskurven stellen jeweils eine Exponentialfunktion dar.

Mit seinen Experimenten konnte Ebbinghaus zeigen, dass Menschen schnell lernen, den größten Lernzuwachs aber nach den ersten Wiederholungen des Lernmaterials aufweisen. Dann flacht die Kurve ab, da immer weniger neue Informationen nach jeder Wiederholung behalten werden. Komplementär zur *Lernkurve* verläuft die *Vergessenskurve*.

Bemerkenswert ist, dass der Vorgang des Vergessens durch mehrfaches Wiederholen des Lernmaterials abgeschwächt werden kann, was auf den Effekt des Überlernens zurückgeht. Mit *Überlernen* wird das Wiederholen eines Lernstoffs über den Zeitpunkt hinausgehend bezeichnet, zu dem man den Stoff bereits gelernt hat. *Überlernen* steigert zwar das kurz- und langfristige Behalten, aber man kann deshalb den Lernerfolg trotzdem nicht beliebig steigern, da die relative Wirkung des Behaltens mit der Zeit immer mehr abnimmt. Daraus folgt, dass ständiges Üben (z. B. einer Etüde für Gitarre) nur in einem relativ schmalen Zeitkorridor einen Kompetenzzuwachs bewirkt. Diese Annahmen spiegeln sich in den Kurven, die in ◘ Abb. 1.14 wiedergegeben sind.

Bis heute bilden die Lern- und die Vergessenskurve einen Orientierungspunkt, wenn es um die pädagogische Einschätzung der Effektivität des kognitiven Lernens geht (Myers 2008). Nach Michel und Novak (1990) gelten näherungsweise die Daumenregeln, dass sinnlose Silben *nach einem Monat* bis zu 80 %, Prosatexte zu 60 %, Gedichte zu etwa 50 % vergessen werden, während das Behalten von Prinzipien und Gesetzmäßigkeiten erstaunlich stabil ist (nach 30 Tagen sind etwa nur 5 % vergessen). – Vergessen wird aber immer!

Lernen und Vergessen sind dynamische Prozesse, die bezüglich der Zeit homogen sind. Das wichtigste Beschreibungsmittel für zeitkontinuierliche dynamische Prozesse sind Differentialgleichungen; $x_{n+1} = a\ x_n + b$; x_0 beschreibt einen dynamischen Prozess. Prenzel et al. (2006) haben zur Darstellung der Kompetenzveränderung in der Studie PISA-International-Plus die Residualwerte von Regressionsanalysen verwendet, was grundsätzlich möglich ist, wenn begründet von einer linearen Funktion der Veränderung zwischen Messzeitpunkten ausgegangen werden kann. Geht man aber, wie es die Ebbinghaus-Kurven nahelegen,

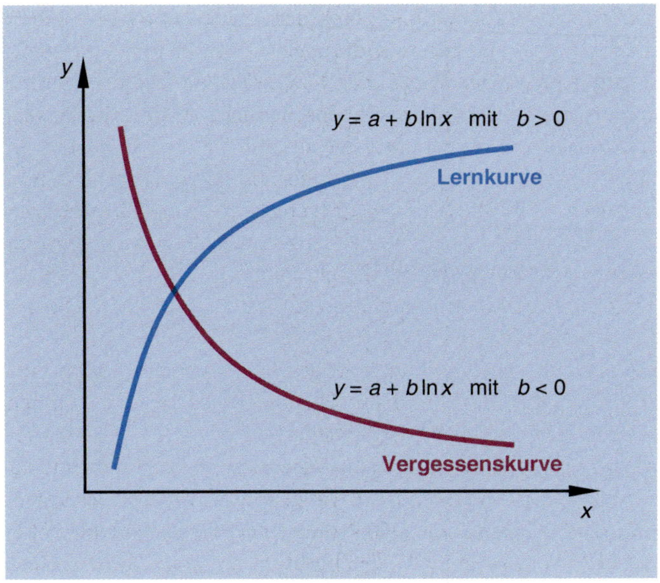

Abb. 1.14 Die Lern- und Vergessenskurve nach Ebbinghaus

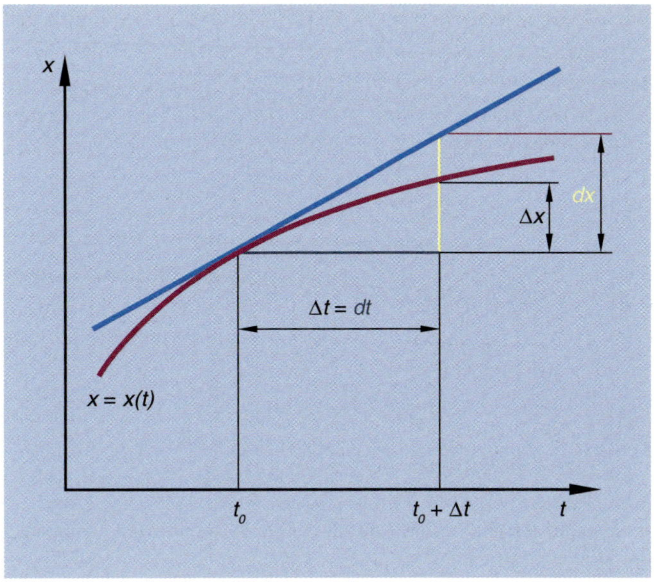

Abb. 1.15 Anwendung der Differentialrechnung zur Darstellung zeitdiskreter Lernzuwächse

von einem exponentiellen Verlauf des Lernzuwachses aus, sind Differentialgleichungen anwendbar, welche die Veränderungen in der Kriteriumsvariable mathematisch korrekt darstellen. In Abb. 1.15 wird die Anwendung der Differentialrechnung an die Lernkurve illustriert. Dabei wird folgender Gedankengang zugrunde gelegt: Eine Größe X – z. B. die mathematische Kompetenz (gemessen durch einen Test) – verändert sich mit der Zeit t. Wenn die Zeit diskret in „Sprüngen" **Δ**t verläuft, so beschreibt der Differenzenquotient **Δ**x | **Δ**t den Zuwachs (besser: die Veränderung) der Kompetenz während der Zeit **Δ**t.

Begreift man Lernen z. B. als Veränderung von Zuständen der mathematischen Kompetenz, wird ein diskretes Zustandssystem konstituiert, das zwei Gruppen von Elementen umfasst:

1. eine Menge von möglichen Zuständen und
2. eine endliche Menge T von Übergangsregeln, die alle möglichen Übergänge zwischen den einzelnen Zuständen definiert.

Beim Lernen können die Übergänge von einem Zustand in den nächsten entweder deterministisch oder nichtdeterministisch sein. Eine deterministische Übergangsregel besagt, dass einem bestimmten Zustand S_1 immer Zustand S_2 folgt (z. B. bei der klassischen Konditionierung), während eine nichtdeterministische Regel besagt, dass Zustand S_2 nur mit einer gewissen Wahrscheinlichkeit p dem Zustand S_1 folgt. Ist der Zustand S_2 zum Zeitpunkt t nur eine Funktion von S_1 zum Zeitpunkt (t – 1), also unabhängig von den Zuständen vor (t – 1), erfüllt die Übergangsregel die sogenannte *Markov-Eigenschaft*.

Seit den 1970er Jahren werden Lernprozesse mit stochastischen Modellen formalisiert (z. B. Tack 1976), die auf der Markov-Eigenschaft aufbauen. Auf sie näher einzugehen, würde den Rahmen dieses Kapitels sprengen. Deshalb nur in der gebotenen Kürze die wichtigsten Merkmale stochastischer Lernmodelle:

- Der Lernprozess führt von einem Zustand (z. B. des Wissens) zu einem anderen und erzeugt eine Reihenfolge von Zuständen.
- Die Markov-Eigenschaft besagt, dass die Wahrscheinlichkeit eines jeden folgenden Zustandes nur von dem vorhergehenden Zustand abhängt: $P[q_t = S_j \mid q_{t-1} = S_i, q_{t-2} = S_k, \ldots] = P[q_t = S_j \mid q_{t-1} = S_i]$.
- Um den Lernprozess zu modellieren, muss die Menge der möglichen Zustände ebenso bestimmt werden wie die Übergangswahrscheinlichkeiten $\{a_{ij}\}$ und die Anfangswahrscheinlichkeiten π_i.

Da die Zustände, die durch Lernen verändert werden, nicht sichtbar sind, sind *Hidden-Markov-Modelle* bzw. latente Übergangsmodelle besser geeignet, den Lernprozess zu beschreiben (Luhmann und Eid 2012). Ein Hidden-Markov-Modell besteht aus dem Tupel $\lambda = (S, V, A, B, \pi)$. Dabei bezeichnet S die Menge aller Zustände, V die Menge der Verhaltensbeobachtungen, *A* die Übergangsmatrix, bei der $\{a_{ij}\}$ die Wahrscheinlichkeit angibt, dass vom Zustand S_i zum Zustand S_i gewechselt wird, *B* die Beobachtungsmatrix, bei der $b_i(v_j)$ die Wahrscheinlichkeit angibt, im Zustand S_i das Verhalten v_j beobachten zu können, und π die Anfangsverteilung mit der Angabe, dass S_i der Anfangszustand ist.

Will man die lernabhängigen Veränderungen von Dispositionen erfassen und darstellen, reicht es nicht aus, die Differenzen zwischen Vor- und Nachtestwerten zu berechnen, da dies wenig aussagekräftig in Bezug auf die Lernprozesse ist, die für die Veränderung als ursächlich angenommen werden. Ein solcher Vergleich von Vor- und Nachtest ist, obwohl in der psychologischen Lernforschung üblich, eine Zustandsdiagnostik zu zwei Zeitpunkten, aber keine Prozessdiagnostik. Denn das, was genau zwischen den beiden Messzeitpunkten an Lernhandlungen geschieht, bleibt im Dunkeln. Ist der zeitliche Abstand zwischen den Messzeitpunkten klein, kann mit einer gewissen Wahrscheinlichkeit davon ausgegangen werden, dass eine beobachtbare Veränderung von t_1 zu t_2 auf einen Lernvorgang zurückgeführt werden kann. Je größer aber der Zeitabstand wird, desto wahrscheinlicher ist, dass *Zufallsprozesse* einen Großteil der Varianz bewirken. Ein zeitlicher Abstand von einem Jahr zwischen zwei Messzeitpunkten lässt nur auf ein

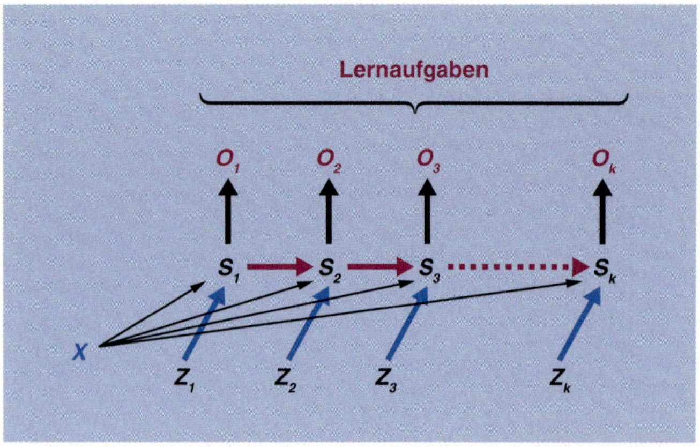

Abb. 1.16 Sequenzierung von Lernaufgaben zur Erschließung lernabhängiger Zustandsänderungen. O_k beobachtete Variable zu k Zeitpunkten (z. B. mathematische Lernaufgaben), S_k latente, zeitvariable Zustände (z. B. des prozeduralen Wissens), *x* konstante Kovariate (z. B. Geschlecht), z_k zeitvariable Kovariate (z. B. Lernmotivation)

Abb. 1.17 © CandyBox Images / fotolia.com

Entwicklungsrauschen (Mahner und Bunge 2000) schließen, aber die zwischenzeitlich ablaufenden Lernprozesse lassen sich nicht erfassen. Das erfordert nämlich eine Zergliederung des gesamten Lernprozesses in zeitlich eng begrenzte Abschnitte und die Messung von Zustandsänderungen zu möglichst vielen Zeitpunkten. Da Lernprozesse im Organismus ablaufen und nicht unmittelbar beobachtbar sind, bedarf es besonderer Aufgabenstellungen, die als valide Indikatoren für die latenten Lernvorgänge eingesetzt werden können. Solche Aufgabenstellungen werden als *Lernaufgaben* bezeichnet (Seel 1981), welche die Funktion haben, Lernprozesse zu initiieren (und gegebenenfalls zu steuern), die für die Lösung der Aufgabe vorausgesetzt werden. Eine mathematische Lernaufgabe beispielsweise könnte fragen, welches Volumen ein kugelsymmetrisch gebauter Gasbehälter bei gegebenem Durchmesser beinhaltet; vom Lernenden gefordert sind Kenntnis und Anwendung der Formel zur Berechnung eines Kugelvolumens. Für diese Problemstellung lassen sich unzählige viele Aufgabenvarianten erstellen, die allesamt zur Lösung die gleiche mathematische Kompetenz voraussetzen. Ordnet man mehrere äquivalente Lernaufgaben in einer zeitlichen Sequenz, lässt sich durch Berechnung der Übergangswahrscheinlichkeiten der korrekten Aufgabenlösung ein Lernfortschritt erschließen. Lernaufgaben sind somit Operationalisierungen latenter Fähigkeiten (z. B. des prozeduralen Wissens), die lernabhängig veränderbar sind.

Das in Abb. 1.16 beschriebene Prozessmodell wurde in verschiedenen experimentellen Studien von Seel und Mitarbeitern zur Darstellung der lernabhängigen Progression mentaler Modelle verwendet (z. B. Darabi et al. 2009, Ifenthaler und Seel 2005, 2011, Ifenthaler et al. 2011, Seel und Dinter 1995). Das Konzept der Lernaufgaben, wie es von Seel (1981) in die pädagogische Lernforschung eingebracht wurde, erlebt derzeit eine Art Renaissance (Blumschein 2014, Kiper et al. 2010). Lernaufgaben werden als *Katalysator von Lernprozessen* im Unterricht (Thonhauser 2008) betrachtet.

1.2.2.3 Unterricht und Ausbildung

Unterricht dürfte eines der Wörter sein, das bei vielen Erwachsenen mulmige Gefühle auslöst, da die Erinnerung an Schule und Unterricht oft mit negativen Erfahrungen einhergeht. Bei dem Wort „Ausbildung" fallen einem leicht Redensarten ein wie „Lehrjahre sind keine Herrenjahre" oder „Vor den Erfolg haben die Götter den Schweiß" gesetzt, die ebenfalls nichts Gutes ahnen lassen. Die Erinnerungen an die Schule haben etwas Janusköpfiges, da ja nicht nur negative Erfahrungen, sondern auch – mit zunehmendem Alter und Abstand von der Schule – positive Erinnerungen gepflegt werden, was auch als Feuerzangenbowle-Effekt bezeichnen wird.

Die Feuerzangenbowle ist ein Roman von Heinrich Spoerl aus dem Jahr 1933, der mehrfach verfilmt wurde. Der Titel bezieht sich darauf, dass sich einige ältere Herren bei einer Feuerzangenbowle an ihre Schulzeit erinnern und dabei in nostalgische Verzückung geraten. Im selben Jahr wurde Erich Kästners Jugendroman *Das fliegende Klassenzimmer* veröffentlicht, der ebenfalls mehrfach verfilmt wurde. Von 1967 bis 1972 wurden auf der Grundlage des satirischen Romans *Zur Hölle mit den Paukern* von Herbert Rösler unter dem Pseudonym Alexander Wolf (1963) zahlreiche sogenannte Lümmelfilme mit großem Publikumserfolg produziert.
Das in diesen und anderen Romanen bzw. Filmen gezeichnete positive Bild von Schule und Unterricht findet sich auch in Fernsehproduktionen wieder wie z. B. der Familienserie *Unser Lehrer Doktor Specht* mit insgesamt 70 Folgen (1991–1996), in denen – im Gegensatz zu den Lümmelfilmen – der Versuch einer realistischen Darstellung des Schullebens im Vordergrund stand. Das gilt auch für die Filme von Marco Petry mit den Titeln *Schule* (aus dem Jahr 2000) und *Die Klasse von '99 – Schule war gestern, Leben ist jetzt* (aus dem Jahr 2003).
Den beschönigenden oder manchmal auch realistischen Darstellungen von Schule und Unterricht stehen viele literarische Zeugnisse gegenüber, die ein ausgesprochen negatives Bild zeichnen. Als Beispiele seien hier nur die Darstellungen eines sadistischen Lehrers in Kästners Autobiografie *Als ich ein kleiner Junge* war und in Heinrich Manns *Der Untertan* genannt.

Unterricht findet überwiegend, aber nicht ausschließlich in der Schule statt. Wird in den Seminarräumen von Hochschulen unterrichtet, spricht man eher von Lehrveranstaltungen. In der beruflichen Ausbildung stellt der schulische Unterricht neben der praktischen Ausbildung in Betrieben die zweite tragende Komponente der dualen Bildung dar.

■ Unterricht

Unterricht ist, wie bereits Dolch (1965) herausgestellt hat, eine besondere Form des Lehrens und Lernens. Unterricht zeichnet sich ihm zufolge durch eine längere Zeitbeanspruchung und das Bemühen um „wirkliches Lernen" auf Seiten der Schüler, aber

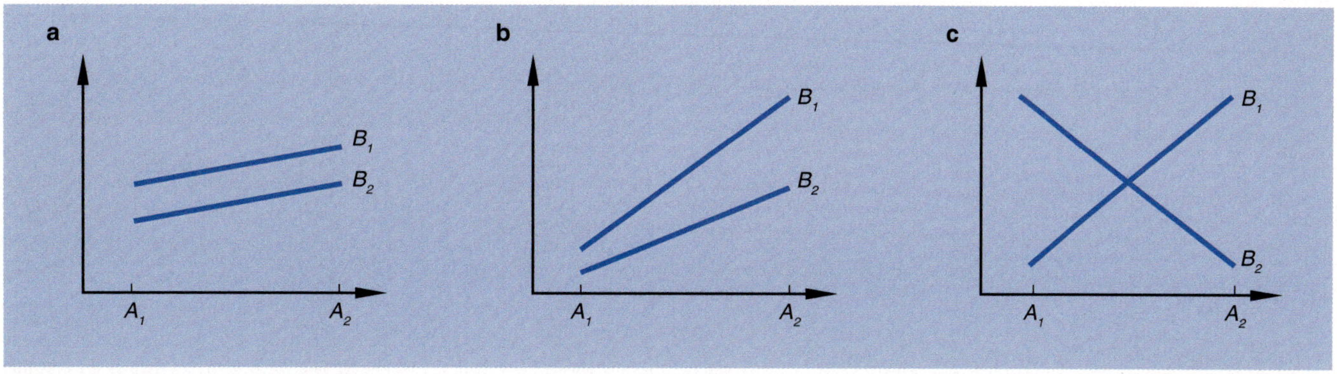

Abb. 1.18a–c Haupteffekte und Interaktionseffekte von Lehrmaßnahmen und Schülermerkmalen (Schwarzer und Steinhagen 1975, S. 16). Bei **a** handelt es sich um die Darstellung von Haupteffekten sowohl der Lehrmaßnahmen B1 und B2 als auch des Schülermerkmals A1 bzw. A2. B1 ist der Maßnahme B2 in beiden Ausprägungen des Schülermerkmals A überlegen. Bei **b** sind sowohl Haupteffekte in A und B als auch eine ordinale Interaktion wiedergegeben, da die Lehrmethode B1 deutlich die Schüler mit der Merkmalsausprägung A2 begünstigt. Bei **c** liegt kein Haupteffekt, aber eine disordinale Interaktion vor, die ein ATI konstituiert. B1 ist ausgesprochen effektiv für Schüler mit der Merkmalsausprägung A2, während B2 für Schüler mit der Merkmalsausprägung A1 effektiver ist

auch durch Maßnahmen um Ruhe und rechtes Verhalten von Seiten des Lehrers aus (Abb. 1.17).

> Auch das Lehren ist mitunter höchst kunstvoll, zweckmäßig angelegt und durchgeführt, es *achtet* auf Verständlichkeit und Einprägsamkeit, aber es bemüht sich darum *nicht* durch eigene *Maßnahmen* der Bereitstellung alles Erforderlichen und Beseitigung alles Hinderlichen, es sorgt sich nicht um Einprägen, Einüben, um Fehlerverbesserung usw. und geht nicht so sehr auf die besondere Eigenart und jeweilige Lage des einzelnen Schülers ein (Dolch 1965, S. 126; Hervorhebungen im Original).

Unterricht ist demnach durch das besondere Bemühen gekennzeichnet, das Lernen durch geeignete Maßnahmen systematisch zu fördern, wie auch durch eine Anpassung der Lehrmaßnahmen an die individuellen Voraussetzungen der Schüler. Lernen wirksam zu unterstützen, ist der Zweck von Lehren im Rahmen des Unterrichts. Der Erfolg des Unterrichts wird maßgeblich beeinflusst von

- den kognitiven Dispositionen des Lernenden (d. h. seiner Informationsverarbeitungs- und Behaltensfähigkeit),
- den motivationalen Dispositionen des Lernenden (um Lernen überhaupt aufrechtzuerhalten),
- dem körperlichen und geistigen Entwicklungsstand des Lernenden und
- der (Struktur und Qualität) der Lehr-Lern-Situation bzw. Lernumgebung (Seel 2003).

Steht die optimale Passung von Lehrmethoden und individuellen Lernvoraussetzungen der Schüler im Vordergrund des Unterrichtsgeschehens, wird der Unterricht als *adaptiv* bezeichnet (Schwarzer und Steinhagen 1975). Die zum Tragen kommende Leitidee kann sehr gut anhand des ATI-Konzepts von Cronbach und Snow (1977) verdeutlicht werden.

A*ptitude-****T****reatment* ***I****nteraction* (ATI) bezeichnet die Wechselwirkung zwischen Fähigkeiten (*aptitudes*) der Lernenden und speziellen Lehrmethoden (*treatments*). Die Argumentation ist leicht nachvollziehbar: Es bedarf ebenso einer besonderen Lehrstrategie oder -methode, um begabte Schüler zu unterrichten, wie es besonderer Methoden bedarf, weniger begabte Schüler zu unterrichten. Flammer (1975) gibt ein Beispiel, in dem zwei unterschiedliche Lehrstrategien (deduktiver Vortrag vs. induktive Erarbeitung) in ihrer Wirkung auf Schüler mit geringeren und höheren Ängstlichkeitswerten verglichen wurden. Dabei zeigte sich, dass Schüler mit höheren Ängstlichkeitswerten mehr im deduktiven Unterricht als im induktiven gelernt hatten, während bei Schülern mit niedrigeren Ängstlichkeitswerten genau das Gegenteil der Fall war. Eine solche Beobachtung bezeichnet man als Interaktion zweier Variablen. Interaktionseffekte sind von Haupteffekten zu unterscheiden. Ein Haupteffekt liegt vor, wenn eine Lehrmethode A unabhängig von Begabungsunterschieden der Schüler einer Lehrmethode B überlegen ist oder wenn eine höhere Begabung unabhängig von jeder Lehrmethode auf den Lernerfolg durchschlägt. In Abb. 1.18 werden Haupt- und Interaktionseffekte grafisch dargestellt.

Um adaptiven Unterricht im Sinne des ATI-Ansatzes zu realisieren, muss der Lehrer sowohl die individuellen Unterschiede in relevanten Persönlichkeitsmerkmalen der Schüler als auch die unterschiedliche Effektivität verschiedener Lehrmethoden kennen und berücksichtigen. Nur so kann gewährleistet werden, dass Lernen und Lehren optimal aufeinander abgestimmt sind (Snow 1991).

Das ATI-Konzept wurde zwei Jahrzehnte lang recht intensiv erforscht, allerdings mit uneinheitlichen Ergebnissen, was dazu führte, dass das Forschungsinteresse abklang. In der Beurteilung seines pädagogischen Nutzwertes scheiden sich die Geister. Während Terhart (1989) den ATI-Ansatz als pädagogisch unbrauchbar beurteilt, bezeichnet Sternberg (1996), ein prominenter Intelligenzforscher, ATI als einen „schlafenden Riesen", den aufzuwecken sich pädagogisch lohne. Beachtung findet der ATI-Ansatz derzeit gelegentlich im Bereich des multimedialen Lernens (z. B. Astleitner und Koller 2006). Einen Überblick über den aktuellen Stand der Forschung zum ATI-Konzept bietet Yeh (2012).

Die Idee der Anpassung des Unterrichts an die individuellen Voraussetzungen der Lernenden wurde nicht nur im ATI-Konzept aufgegriffen, sondern auch in theoretischen Ansätzen, die unter der Bezeichnung „Kernkonzepte des Unterrichts" bekannt geworden sind (Harnischfeger und Wiley 1977).

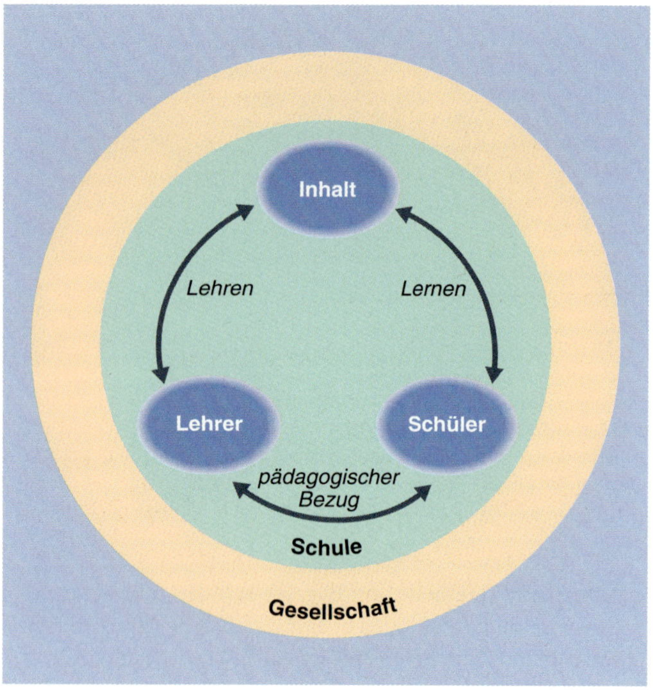

Abb. 1.19 Das didaktische Dreieck als Strukturmodell von Unterricht

Kernkonzepte und Determinationsmodelle des Unterrichts

Unterricht ist „veranstaltetes Lehren und Lernen" (Schöler 1977) im Rahmen einer Bildungsinstitution. Im Unterschied zum Lehren zeichnet sich Unterricht dadurch aus, dass er systematische und geplante Lernerfahrung bereitstellt (Einsiedler 1981). Systematik und Planung ist nötig, da Unterricht äußerst komplex sein kann. Qualität und Wirksamkeit des Unterrichts hängen von zahlreichen Faktoren ab, so dass der Unterrichtserfolg nicht genau vorhergesagt werden kann (Helmke und Weinert 1997).

In der allgemeinen Didaktik wird die Frage nach den zentralen Faktoren des Unterrichts traditionell in der Form eines Dreiecks mit den Eckpunkten Schüler, Lehrer und Inhalt beschrieben (Zierer und Seel 2012; Abb. 1.19).

Die Wechselwirkungen zwischen Schüler, Lehrer und Inhalt und dem umfassenden Kontext von Schule und Gesellschaft beschreibt Meyer (1987) folgendermaßen: Die *Inhalte* des Unterrichts werden durch den *Lehrer* bestimmt. Er wählt ein Thema aus den im Curriculum vorgegebenen Inhalten aus und entscheidet über das methodische Handeln im Unterricht, indem er aus seinem Verständnis des Lehrgegenstandes, seiner Wahrnehmung der Adressaten und aus seiner Selbstwahrnehmung heraus eine angemessen erscheinende Methode wählt. Die *Schüler* verarbeiten die Inhalte und konstruieren subjektive Bedeutungen und Sinnstiftungen. Gesellschaftliche und institutionelle Vorgaben bestimmen mittels Curricula die Zielsetzungen und Inhalte des Unterrichts. Daher ist die Interaktion zwischen Lehrer und Schüler im Unterricht zielbezogen und dient der gemeinsamen Auseinandersetzung mit den Lerninhalten im Hinblick auf bestimmte Lernziele. Das didaktische Dreieck stellt die äußerste Reduktion des Gegenstandes der Didaktik dar und kann daher die Frage, wie Schülerleistungen aufgrund von Unterricht zustande kommen und welche Faktoren des Unterrichts dafür bestimmend sind, nicht einmal ansatzweise beantworten.

Das wollen verschiedene *Determinationsmodelle* leisten, die seit den 1960er Jahren entwickelt wurden. Den Anfang markierte das *Modell schulischen Lernens von Carroll* (1963), das sich als sehr einflussreich und richtungsweisend für die nachfolgende Unterrichtsforschung erwies. Dieses Modell spezifiziert die unterschiedlichen Funktionen allgemeiner Fähigkeiten und aufgabenspezifischer Fertigkeiten, um zu bestimmen, welche Effekte das Lehren auf das Lernen hat. Die Lernwirksamkeit des Unterrichts wird als eine Funktion der benötigten und tatsächlich aufgewandten Lernzeit im Verhältnis zu der zugestandenen Lernzeit definiert. Diese beiden Variablen sind ihrerseits abhängig von anderen internalen und externalen Variablen wie z. B. der Begabung der Lernenden und der Qualität des Unterrichts. Die Zeitvariablen des Modells beziehen sich ausdrücklich auf aktives Lernen und sind abhängig vom Aufgabenverständnis der Lernenden und ihrer Fähigkeit, eine bestimmte Aufgabe bewältigen zu können. Das Gesamtmodell Carrolls wird in Abb. 1.20 dargestellt.

Das Modell beinhaltet ein Schwellenkonzept der Art, dass bei einer hohen Qualität des Unterrichts die „aufgabenspezifische Begabung" die ausschlaggebende Größe für die benötigte Lernzeit ist. Die Qualität des Unterrichts wie auch die zugestandene Lernzeit sind die Komponenten, die an die Lernvoraussetzungen der Schüler angepasst werden können und den Lernerfolg nachhaltig beeinflussen. Über diese beiden äußeren Bedingungsfaktoren – Lernzeit und Unterrichtsqualität – hinausgehend beeinflussen drei Faktoren auf Seiten der Lernenden die schulische Leistung:

1. die aufgabenspezifische Begabung,
2. die allgemeine Fähigkeit, dem Unterricht zu folgen, und
3. die Motivation zu lernen.

Das Modell Carrolls war die Ausgangsgrundlage für die Entwicklung weiterer Modelle, die jeweils unterschiedliche Aspekte des Unterrichts herausstellen. Das in den 1970er Jahren entwickelte Modell von Bloom (1974, 1976) beispielsweise betonte den sequentiellen und kumulativen Charakter des Lernens und die damit verbundene Bedeutung der wiederholenden Bearbeitung von Lernaufgaben. Der weitreichendste Beitrag Blooms zur theoretischen Erklärung von Unterricht aber lag in dem Konzept des *Mastery Learning* (Bloom 1971) – häufig mit *zielerreichendes Lernen* übersetzt. Damit gelang ihm sozusagen der „große Wurf". Mitte der 1960er Jahre hatte Bloom mit Untersuchungen zu Variationen der Lernleistungen begonnen und dabei festgestellt, dass alle Schüler gleichermaßen effektiv lernen konnten, wenn ihnen die benötigte Zeit und angemessene Lernbedingungen gewährt wurden. Auf dieser Idee begründete Bloom eine Lehrstrategie, die er *Learning for Mastery* und später *Mastery Learning* nannte.

Im Rahmen der Lehrstrategie des *Mastery Learning* organisieren Lehrer zunächst die Konzepte und Fertigkeiten, die sie ihren Schülern beibringen wollen, in Lerneinheiten, die sich über ein oder zwei Wochen erstrecken. Nach einer kurzen Einführung in eine Lerneinheit lässt der Lehrer einen kleinen Test schreiben, um den Ausgangszustand der Lernenden zu erfassen. Das Ergebnis wird den Lernenden mitgeteilt, um deutlich zu machen, was sie bis zu diesem Zeitpunkt schon gelernt und was sie noch zu lernen haben. Nachdem die Schüler

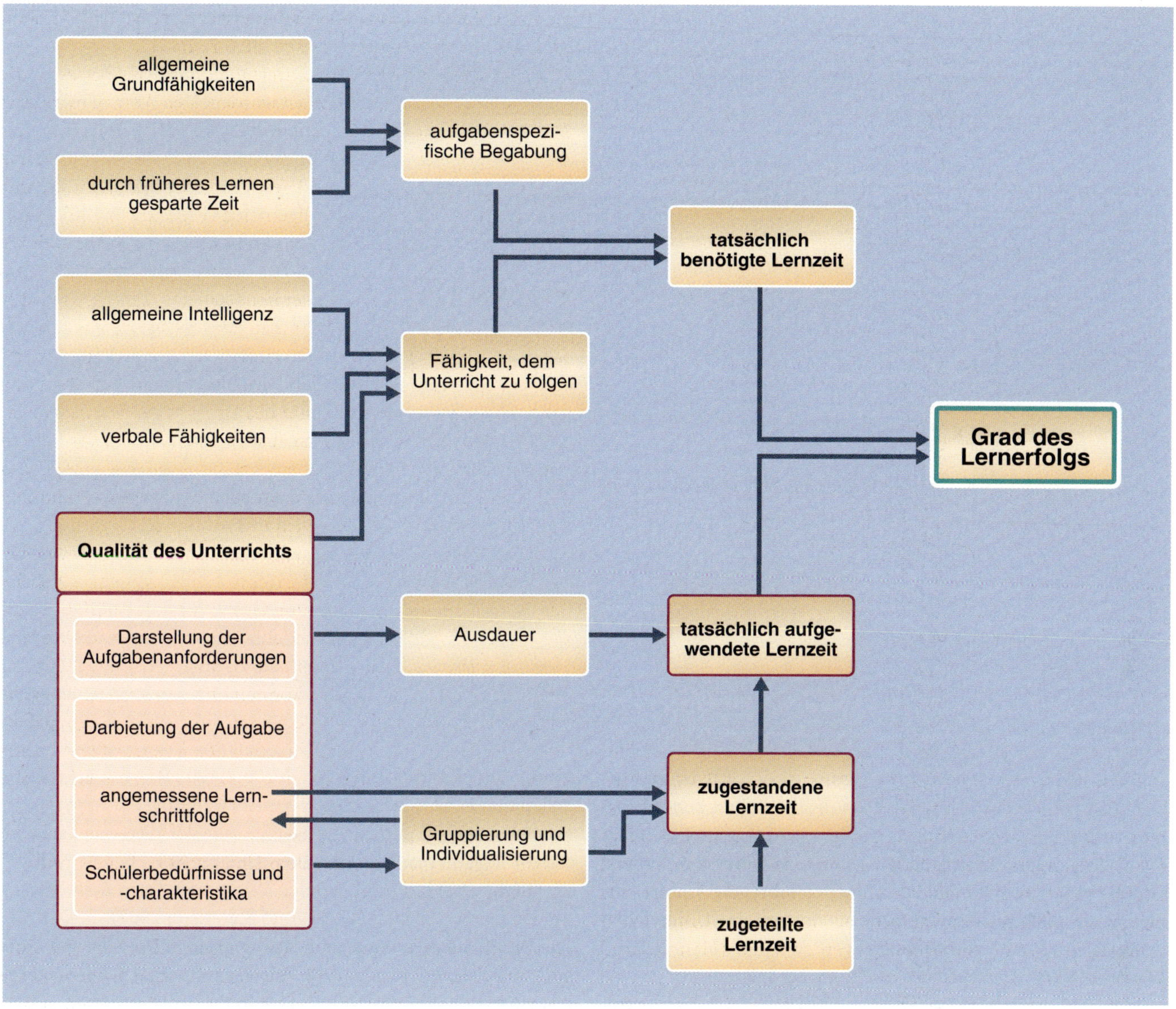

Abb. 1.20 Carrolls Modell des schulischen Lernens (Carroll 1963)

die Lerneinheit durchgegangen sind, die fehlerbehebende Aufgaben umfasst, wird ein weiterer Test durchgeführt, der den inzwischen erzielten Lernzuwachs erfasst. Es soll damit festgestellt werden, ob die fehlerbehebenden Aufgaben erfolgreich waren, um den Lernenden zu helfen, individuelle Lernprobleme zu meistern. Zugleich bietet dieser zweite Test die Möglichkeit, den Lernenden eine positive Rückmeldung zu geben und sie damit zu weiterem Lernen zu motivieren. Das hängt natürlich davon ab, ob es dem Lehrer gelingt, Lernaufgaben anzubieten, die fehlerbehebend und lernfördernd sind. Schüler, die beim ersten Durchgang bereits die angestrebte Lernleistungen erbringen, erhalten im weiteren Verlauf des Unterrichts weiterführende Aufgaben. Schüler, die das Lernziel nach der ersten Runde hingegen nicht erreichen, soll durch weitere Lernaufgaben geholfen werden, die entsprechenden Leistungen noch zu erbringen. Dies wird dann wiederum durch einen Test geprüft. Das geht so weiter, bis die Lernenden die gesetzten Lehrziele erreicht haben.

Das Konzept des Mastery Learning hat sich bis heute als überaus tragfähig erwiesen (Zimmerman und Dibenedetto 2008) und zählt weltweit zu den besonders ausgiebig untersuchten Ansätzen der Pädagogik. Viele Untersuchungen (z. B. Slavin und Karweit 1984, Wambugu und Changeywo 2008) belegen, dass die Umsetzung der Prinzipien des Mastery Learning signifikante Verbesserungen der Lernleistungen von Schülern zu erzielen vermag – und dies auch langfristig (z. B. Whiting und Render 1987). Nach einer Auswertung von Metaanalysen in fast 40 verschiedenen Feldern der pädagogischen Forschung gelangten Kulik et al. (1990, S. 292) zu dem Urteil:

> » Few educational treatments of any sort were consistently associated with achievement effects as large as those produced by mastery learning. In evaluation after evaluation, mastery programs have produced impressive gains.

Die Modelle Carrolls und Blooms, aber auch das didaktische Dreieck standen Pate für zahlreiche Modelle, die bis heute entwickelt wurden. In dem *Modell des kumulativen Lernens* von Anderson (1976) wird die Schulleistung als das Ergebnis kumulativer und lang andauernder Lernprozesse betrachtet, die eine effektive Sequenzierung der Lernaufgaben und Ausdauer der Schüler voraussetzen. Besondere Bedeutung wird in diesem Modell neben der Begabung dem Vorwissen und der Motivation der Lernenden

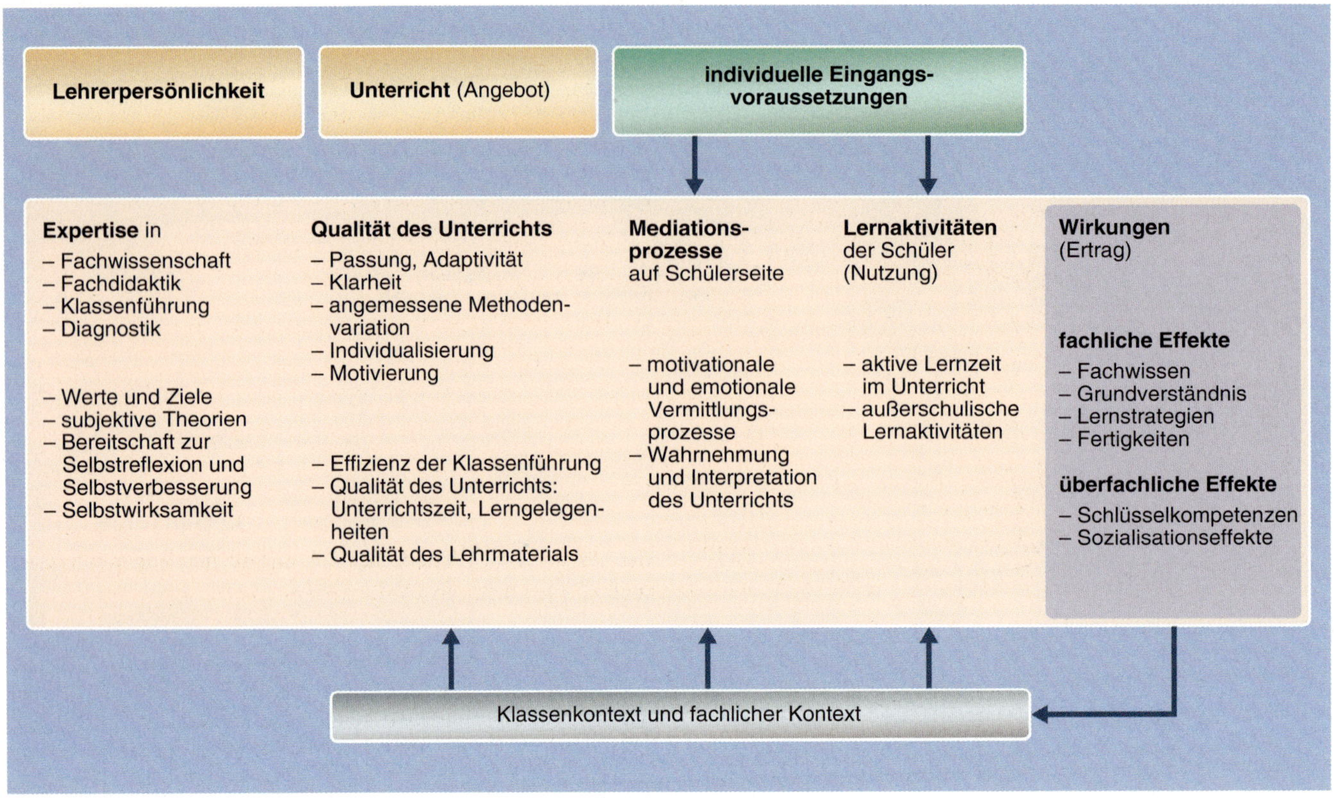

Abb. 1.21 Das Angebots-Nutzungs-Modell des schulischen Lernens von Helmke (2003, S. 42)

zugeschrieben, so dass die Bewältigung einer Lernsequenz als abhängig vom Verhältnis der Lernmotivation eines Schülers zu konkurrierenden Motivationen gesehen wird. Einen deutlichen Bezug zum didaktischen Dreieck weist das Modell von Creemers (1994) auf, das die Qualität des Unterrichts anhand von drei Dimensionen beschreibt, die in Kombination einen erfolgreichen Unterricht ausmachen. Es sind dies

1. die *Qualität der Lehrpläne* und ihrer Umsetzung,
2. *Maßnahmen zur inneren Differenzierung* des Unterrichts (z. B. kooperativen Lernen in Gruppen) und
3. *Merkmale des Lehrerverhaltens* (z. B. effizientes Klassenmanagement, adäquate Dosierung von Hausaufgaben und Darbietung des Lehrstoffs).

Ein weiteres Determinationsmodell, das in Anlehnung an Carroll entwickelt wurde, ist das *QAIT-Modell* von Slavin (2006). Dabei bezeichnet das *Q* die Qualität von Unterricht im Sinne Carrolls, das *A* bezieht sich auf angemessene Anspruchsniveaus des Lehrens, die – im Sinne des ATI-Ansatzes – die Feststellung von Begabungen und Fähigkeiten der Lernenden voraussetzen. I steht für *incentive* (Anreiz) und ersetzt die Ausdauer in Carrolls Modell durch eine Lehrmaßnahme. Schließlich steht *T* für die zugestandene Lernzeit. Diese Faktoren sind unumgänglich und nicht kompensierbar.

Unter den zahlreichen Determinationsmodellen ragt das *Angebots-Nutzungs-Modell des schulischen Lernens* von Helmke (2003) heraus (Abb. 1.21).

Dieses Modell, das eine ausgezeichnete Ausgangsgrundlage für Mehrebenenanalysen bietet (vgl. Seel et al. 2009), spricht eigentlich für sich und bedarf keiner weiter greifenden Erläuterung. Was dieses Modell von den anderen Determinationsmodellen unterscheidet, ist die explizite Erwähnung der Expertise in Fachwissenschaft und Fachdidaktik sowie der Werte und subjektiven Theorien von Lehrern. Konsequenterweise betont Helmke „fachliche Aspekte" auch bei den Wirkungen (bzw. dem Ertrag) des Unterrichts (s. auch Seidel und Shavelson 2007).

Abschließend ist noch auf das *Produktivitätsmodell* von Walberg hinzuweisen, in dem drei Dimensionen des schulischen Lernens unterschieden werden:

1. die *Schülerkompetenz* (kognitive Fähigkeiten, Vorwissen, Entwicklungsstand, Motivation),
2. die *Unterrichtsvariablen* (Quantität und Qualität des Unterrichts) und
3. die *Umweltvariablen* (häusliche Umwelt, Klassenklima, Umfeld der Gleichaltrigen, Massenmedien).

Um festzustellen, welche der zahlreichen Bedingungsvariablen den Schulerfolg am meisten beeinflussen, führten Wang et al. (1993) eine Metaanalyse unter Heranziehung einer Analyse von 270 Artikeln und 91 anderen Metaanalysen durch und fanden sechs Kategorien, die sie hinsichtlich ihres Einflusses auf die Schulleistung in eine Rangreihe brachten (Tab. 1.5).

Es wird deutlich, dass die individuellen Merkmale der Lernenden den größten Effekt auf das schulische Lernen ausüben – gefolgt von der Qualität des Unterrichts.

Qualität des Unterrichts

» Guter Unterricht ist ein Unterricht, in dem mehr gelernt als gelehrt wird (Weinert 1998).

Anna: „Was ist für dich guter Unterricht?"

Jakob: „Zunächst mal, dass der Lehrer die Themen bearbeitet, die im Lehrplan genannt sind und später vielleicht mal geprüft werden. Ich hatte da nämlich in der Oberstufe einen Lehrer, der den ganzen Unterricht verquatscht hat und dabei vergessen hat zu unterrichten."

Anna: „Für mich ist guter Unterricht aber mehr, als den Lehrstoff zu behandeln. Ich möchte mich im Unterricht auch wohlfühlen."

Jakob: „Typisch Frau! Ohne Emotionen geht es wohl nicht."

Anna: „Jetzt mach mal halblang mit deinen verstaubten Klischees."

Jakob: „Ich wollte dich doch nur etwas ärgern. Selbstverständlich sollte in einer Klasse ein angenehmes Sozialklima herrschen. Wenn man sich nicht wohlfühlt, behindert das ganz schön das Lernen."

Anna: „Gut, dass du das einsiehst. Ich fühle mich einfach besser, wenn ich stark in eine Gruppe eingebunden bin. Das ist jetzt an der Uni auch so. Dadurch dass ich mit dir und anderen zusammenarbeiten kann, macht es mehr Spaß."

Tab. 1.5 Rangreihe von sechs Faktorengruppen, die den Schulerfolg beeinflussen (Wang et al. 1993)

Faktorengruppe	Mittlerer T-Wert
Merkmale der Lernenden	54,7
Unterrichtspraktiken (Qualität des Unterrichts)	51,4
Soziales Milieu: Elternhaus und Umgebung	47,3
Curricula und Lehrpläne	47,3
Schuldemografie, -kultur, -klima, -politik und -praxis	45,1
Staatliche Organisation des Schulwesens	35,0

Anmerkung: Bei T-Werten der Normskala ist der Mittelwert 50 und die Standardabweichung 10.

Jakob: „So geht's mir auch. Aber zu einem guten Unterricht gehört auch, dass wenig gestört wird. Bei meiner Französischlehrerin in der Mittelstufe ging es ganz schön drunter und drüber. Gelernt hat man da fast nichts, und die Lehrerin war richtig gestresst."

Anna: „Ich finde, dass zum Unterricht auf jeden Fall auch eine gewisse Disziplin gehört. Sonst kommt da nix raus!"

Um es vorweg zu sagen: *Unterrichtsqualität ist ein Konstrukt*, was die Frage aufwirft, welche Indikatoren genutzt werden können, um sie objektiv, zuverlässig und gültig zu erfassen. Mit dieser Frage haben sich in der Vergangenheit unzählige Untersuchungen befasst, so dass die Qualität des Unterrichts insgesamt zu einem der meistuntersuchten Konstrukte der Erziehungswissenschaft wurde, was man alleine schon an der großen Anzahl an Metaanalysen ablesen kann (Seidel und Shavelson 2007), die in den Vergangenheit durchgeführt wurden, um aus der Unmenge an Einzelstudien die zentral bedeutsamen Variablen herauszufiltern. Die meisten Metaanalysen orientierten sich am *Prozess-Produkt-Modell*, das die Qualität des Unterrichts aus zwei Perspektiven betrachtet:
1. den ablaufenden Prozessen und
2. den daraus resultierenden Produkten.

Auf der *Prozessebene* geht es um die im Unterricht ablaufenden Lehr-Lern-Prozesse. Die Qualität des Unterrichts bemisst sich u.a. an der Qualität der sozialen Interaktionen innerhalb einer Schulklasse und daran, wie gut es den Lehrern gelingt, die Schüler am Unterrichtsgeschehen zu beteiligen und sie für die Auseinandersetzung mit den Lehrinhalten zu motivieren.

Auf der *Produktebene* wird die Qualität des Unterrichts an seinen Wirkungen oder Effekten gemessen. Als Kriterien gelten üblicherweise die Lernleistungen und erworbenen Kompetenzen der Schüler, aber auch Einstellungen, Haltungen und Interessen (Ditton 2002). Dabei wird zumeist von direkten, linearen und einseitig gerichteten Zusammenhängen zwischen Unterrichtsqualität und Performanzen der Schüler ausgegangen.

Auf zwei Metaanalysen soll kurz eingegangen werden, um einen Eindruck von den Variablen und den festgestellten Effekten zu vermitteln. In der Metaanalyse von Scheerens und Bosker (1997), die ganz in der Tradition des Prozess-Produkt-Modells stand, wurden die Effektstärken für die Variablen *Lernzeit, strukturiertes Lehren, kooperatives Lernen, Rückmeldung und Verstärkung* sowie *Differenzierung/Adaptivität* aus einer Vielzahl an Einzelstudien berechnet. Scheerens und Bosker nennen für das Lehren insgesamt eine mittlere Effektstärke von 0,25 bei einer Varianz von 0,06 bis 0,58. Für die oben aufgezählten Variablen fand sich keine Effektstärke größer als 0,14. Insgesamt sind die errechneten Effektstärken sehr ernüchternd, da sie insgesamt sehr klein ausfallen. Mit einer gewissen Vorsicht kann gesagt werden, dass die zugestandene Lernzeit durchgängig noch den größeren Effekt erzielte, gefolgt von dem kooperativen Lernen, das allerdings im Hinblick auf die kognitiven Lernergebnisse völlig wirkungslos blieb.

Seidel und Shavelson (2007) errechneten in ihrer Metaanalyse bei der Anwendung des Prozess-Produkt-Modells für das Lehren insgesamt eine mittlere Effektstärke von 0,02 mit einer Variation der Komponenten von 0,01 bis 0,04 – ebenfalls ein sehr schwaches Ergebnis. Im Einzelnen legten Seidel und Shavelson ihrer Metaanalyse die Variablen *Lernzeit, Organisation des Lernens, sozialer Kontext, Zielsetzung und -orientierung, Vollzug von Lernhandlungen, Evaluation des Lernens* und *Regulierung/Beobachtung* zugrunde. Neben der Lernzeit erzielten *bereichsspezifische Lernaktivitäten* (Mathematik, Lesen, Naturwissenschaft) den stärksten Effekt auf die Lernprozesse wie auch auf die motivational-affektiven und kognitiven Ergebnisse von Unterricht.

Wenn es um Metaanalysen zur Bestimmung der Qualitätsmerkmale von Unterricht und der dafür entscheidenden Faktoren geht, kommt man nicht an der Synthese von Metaanalysen vorbei, die Hattie (2013) vorgenommen hat, um „Lernen sichtbar" zu machen. Die Synthese fasst die Ergebnisse von mehr als 800 Metaanalysen zusammen. Unter den Variablen des Unterrichts, die das Lernen stark beeinflussen, nehmen die formative Evaluation des Unterrichts, Rückmeldungen, ein rhythmisiertes Unterrichten und die Förderung meta kognitiver Fähigkeiten Rangplätze zwischen 3 und 18 (von insgesamt 135 Faktoren) ein. Einen wesentlichen Beitrag leisten auch die Klarheit der Lehrperson (klare Artikulierung von Erfolgskriterien und Leistungserwartungen) und die Lehrer-Schüler-Beziehungen.

Die in der Forschungssynthese Hatties unterschiedenen Variablen finden sich in den meisten Prozess-Produkt-Modellen des Unterrichts wieder. So schlüsselt Einsiedler (1997) das Unterrichtsgeschehen auf in *Makromethoden des Unterrichts* (z. B. darstellendes oder entdeckungsorientiertes Vorgehen), *Klassenmanagement* und Organisation, *Sozialformen* (Klassen- oder Gruppenunterricht, Einzelarbeit) und *Sozialklima*. Für Weinert (1998) sind neben der Erreichung der inhaltlich bestimmten *Lernziele* die *kognitive Aktivierung* der Schüler, die *Förderung des Selbstkonzepts, die Förderung des sozialen Lernens* und die *Divergenzminderung* innerhalb der Klasse die zentralen Merkmale von Unterrichtsqualität.

Mit diesen Variablen überschneiden sich die „vier Asse" von Bulger et al. (2002), die ein Lehrer auszuspielen hat, um eine gute Qualität des Unterrichts zu erzielen. Als erstes Ass nennen Bulger et al. *Zielsetzung und Zielorientierung* als wichtige Dimension, um die Aufmerksamkeit der Schüler auf klar definierte Lernziele und -ergebnisse zu richten. Damit verbunden ist auch eine Abgleichung mit dem Curriculum und Verfahren der Ergebnisfeststellung. Das zweite Ass heißt nach Bulger et al *Klarheit*, was bedeutet, den Schülern explizite Anleitungen und Erläuterungen in Bezug auf die Inhalte und die Organisation des Unterrichts zu geben. Nichts sollte dem Zufall überlassen bleiben, und der Unterricht sollte so strukturiert sein, dass der Schüler das neue Lernmaterial mit dem verknüpfen kann, was er bereits gelernt hat. Bulger et al. bezeichnen die anzuwendende Lehrstrategie als Herstellung eines „curricularen Gerüsts". Das dritte Ass, das auszuspielen ist, betrifft das *Engagement* der Schüler. Hierfür sind dynamische Lernumgebungen zu kreieren, die dem Schüler die Gelegenheit zum eigenständigen Einüben des Gelernten und zum Problemlösen geben. Dabei erfüllen Lernumgebungen die Funktion, den Schülern Gelegenheiten zum Nachdenken und Einüben der kognitiven Handlungen zu gewähren, die zum Wissenserwerb und Problemlösen qualifizieren. Das vierte Ass ist der *Enthusiasmus* der Lehrperson, der als ansteckend bezeichnet wird: „If you love to teach it, your students may very well love to learn it." Der Enthusiasmus verrät etwas über die professionelle Kompetenz und das Selbstvertrauen und wird als positiver Prädiktor des effektiven Lehrerhandelns beurteilt (vgl. auch Duckworth et al. 2011).

Da Unterricht von sehr verschiedenartigen Perspektiven aus betrachtet werden kann, liegen auch viele unterschiedliche Konzeptionen zum Unterricht vor. Erstaunlich ist für Ditton (2002), dass die Autoren oft trotz vielfacher Überschneidungen und Berührungspunkte kaum Notiz voneinander nehmen und zu jeweils andersartigen Klassifikationen von Variablen gelangen, die für die Qualität des Unterrichts als ausschlaggebend betrachtet werden. Eine für unsere Zwecke brauchbare Klassifikation hat Clausen (2002) vorgeschlagen. Sie kann als Schnittmenge der bisher vorgetragenen Argumentation verstanden werden.

Die erste Dimension, die Clausen nennt, ist die *Effektivität des Unterrichts*, die sich auf eine Optimierung von Lernleistungen bezieht. Hierfür werden in der Literatur Strukturierungsgrad, eine optimale Zeitnutzung, aber auch ein hohes Maß an Lenkung des Unterrichtsgeschehens und eine kontinuierliche Lernerfolgskontrolle durch den Lehrer genannt (vgl. Einsiedler 1981). Clausen führt ein zügiges Voranschreiten im Unterricht, die Kontrolle des Schülerverhaltens und ein hohes Maß an Disziplin als Merkmale des wirkungsorientierten Unterrichts an. Die zweite Dimension betrifft die *kognitive Aktivierung der Schüler*, die auf eine Verbesserung der Wissenskonstruktion und der metakognitiven Kompetenz zielt. Im Allgemeinen verspricht man sich davon auch eine Förderung der Lernmotivation und des Interesses der Schüler am Unterricht. Eine kognitive Aktivierung kann praktisch durch anspruchsvolle Übungsformen, die einen Lerntransfer erfordern, gefördert werden oder aber auch durch modellbegründetes Lernen und Problemlösen (Seel 2014). Bezug nehmend auf Einsiedler (1981), nach dessen Auffassung sich Lehrverfahren dadurch qualifizieren, wie sie Schüler zu Handlungen anregten, lassen sich Lehrmethoden nach ihrem jeweiligen Grad an Steuerung und Aktivierungsanregung beurteilen (■ Abb. 1.22).

Die Qualität von Unterricht hängt auch davon ab, in welchem Ausmaß eine *Individualisierung* der Lernvorgänge durch eine innere Differenzierung des Unterrichts vorgenommen wird, z. B. durch eine Einteilung der Schüler in Lerngruppen unterschiedlicher Kompetenzniveaus (vgl. Bönsch 1995) oder durch Maßnahmen im Sinne des ATI-Konzepts. Das Auseinanderstreben von Lernleistungen innerhalb einer Klasse kann durch einen Unterricht im Sinne von Mastery Learning gemindert werden, was Clausen in Anlehnung an Weinert als *Divergenzminderung* bezeichnet und als ein Merkmal von Unterrichtsqualität versteht. Während die bisher genannten Qualitätsmerkmale von Unterricht sich eher auf den kognitiven Bereich beziehen lassen, zielt die *Förderung des Selbstkonzepts und der Selbstwirksamkeit der Schüler* auf den motivationalen Bereich. Ergänzt wird die Liste der Merkmale von Unterrichtsqualität durch die *Förderung des sozialen Lernens* in Übereinstimmung mit Erziehungszielen wie Selbstständigkeit, Mündigkeit, Kooperationsfähigkeit und gegenseitige Wertschätzung. In diesem Zusammenhang sind die Pädagogen Montessori, Dewey und Freinet mit ihrer Konzeption des offenen Unterrichts zu nennen. Schließlich ist noch das *Unterrichtsklima* im Sinne des Sozialklimas einer Schulklasse oder Schule als Qualitätsmerkmal erwähnenswert (vgl. Eder 2002, Saldern 1986).

Unterrichtsqualität ist nach allem, was bisher gesagt wurde, ein mehrdimensionales Konstrukt. Dieser Aspekt kann jedoch in diesem Kapitel, das der Klärung der pädagogischen Grundbegriffe gewidmet ist, nicht weiter vertieft werden. Die angesprochenen Dimensionen werden im Weiteren an verschiedenen Stellen noch ausführlicher behandelt. Außer der bereits genannten Literatur ist abschließend noch auf die lesenswerten Publikationen von Gerecht (2010) und Helmke (2012) zu verweisen. Nach Klärung des Begriffs Unterricht wenden wir uns nun dem Begriff *Ausbildung* zu.

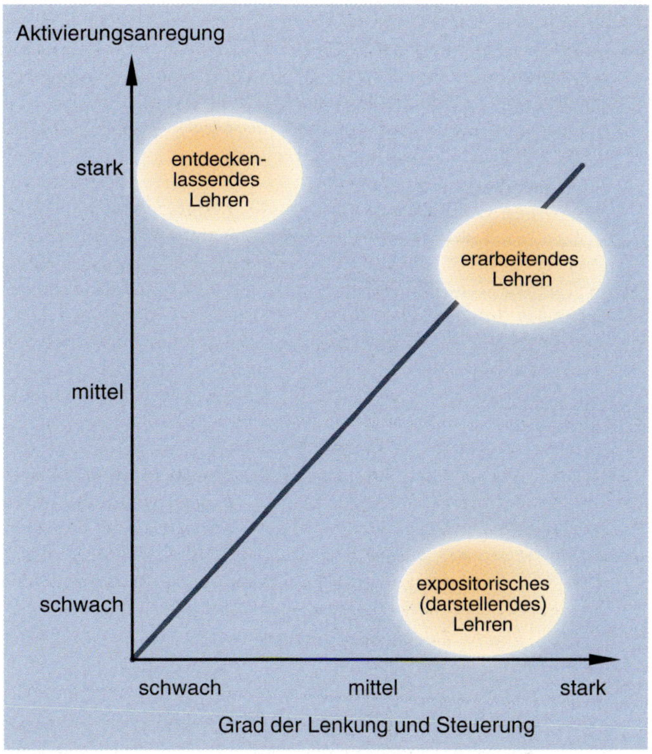

Abb. 1.22 Klassifikation von Lehrverfahren nach dem Grad der Steuerung und Aktivierung

Ausbildung

Was unter Ausbildung zu verstehen ist, weiß eigentlich jeder. Denn jede Person, die einen Beruf ausübt – jeder Lehrer, Anwalt, Arzt, Krankenpfleger, Gärtner, Heizungsmonteur, Verwaltungsangestellte, Polizist usw. – verfügt über eine Ausbildung. Es gibt nur wenig Berufe, die keine geregelte Ausbildung als Vorbereitung für den Beruf voraussetzen, sondern nur ein *Anlernen*. So brauchen beispielsweise Reinigungskräfte keine Ausbildung, aber auch Professoren und Politiker werden gewöhnlich nicht für diese Stelle speziell ausgebildet, sondern üben ihren Beruf aufgrund ihrer bisherigen beruflichen Laufbahn aus.

Um den Stellenwert der beruflichen Ausbildung im Vergleich zur Allgemeinbildung zu verdeutlichen, kann auf eine Statistik der Kulturministerkonferenz für das Jahr 2010 verwiesen werden (▶ http://www.kmk.org/statistik/schule/statistische-veroeffentlichungen/). Danach besuchten in diesem Jahr knapp 3,8 Millionen Personen die Schulen des Sekundarbereichs II. Davon entfielen 1.092.000 auf die allgemeinbildende Oberstufe (Gymnasium oder Gesamtschule), während 2.700.000 berufliche Schulen besuchten, davon ein Drittel eine berufliche Vollzeitschule. Der Berufsbildungsbericht 2013 verzeichnete für Deutschland im Vergleich zu den Vorjahren zwar einen weiteren Rückgang der Zahl der nicht studienberechtigten Schulabgänger und Schulabgängerinnen aus allgemeinbildenden Schulen um 1,6 %, geht aber für das Jahr 2013 von einer Zunahme von 3,2 % auf 551.800 Personen aus, die in eine berufliche Ausbildung eintreten (Bundesministerium für Bildung und Forschung 2013). Laut Eurostat verzeichnete Deutschland gemeinsam mit Österreich im März 2013 mit 7,6 % europaweit die niedrigste Arbeitslosenquote bei den unter 25-Jährigen. Im Vergleich dazu waren 2011 aber nur 2,4 % der Personen mit einem Hochschulabschluss erwerbslos. Dennoch wird die Ausbildungsmarktsituation für junge Menschen als weiterhin gut beurteilt. Allerdings haben als Folge der demografischen Entwicklung Betriebe zunehmend Schwierigkeiten, die angebotenen Ausbildungsstellen zu besetzen. Nach den Ergebnissen des BIBB-Qualifizierungspanels 2012 konnten mehr als ein Drittel der befragten Betriebe ihre Ausbildungsstellen teilweise oder vollständig nicht besetzen. Davon besonders betroffen waren Klein- und Kleinstbetriebe (Troltsch et al. 2012). Dass in einer solchen Situation in der öffentlichen Diskussion die Forderung nach mehr Hochschulabsolventen erhoben wird, erscheint etwas fragwürdig.

Am 24. Januar 2013 stellte die Wochenzeitung *Die Zeit* zwei Bildungsfachleuten die einfache Frage „Brauchen wir noch mehr Studenten?". In Tab. 1.6 stellen wir die Antworten der beiden Experten einander gegenüber.

Bei den meisten theoretischen Begriffen, die wir bisher eingeführt haben, musste darauf hingewiesen werden, dass deren Bedeutung nicht immer genau definiert ist. Das ist beim Begriff „Ausbildung" anders, insofern allgemeine Übereinstimmung darin besteht, dass sich Ausbildung auf den systematischen Aufbau von Wissen, Fertigkeiten und Fähigkeiten für ein eingeschränktes Verwendungsgebiet bezieht, das üblicherweise mit der Ausübung eines bestimmten Berufs verknüpft ist. Im weiteren Sinne meint Ausbildung demnach die Vorbereitung auf einen Beruf oder eine Berufsrichtung. In einem engeren Sinne meint Ausbildung nach Dolch die „mehr oder weniger allgemeine Vorbereitung auf die Leistungsbewältigung, die Vorbereitung auf eine größere Gruppe von Leistungen, die der Art nach übereinstimmen, aber im einzelnen wechseln" (Dolch 1965, S. 29).

Die ausdrückliche Bezugnahme auf die Vermittlung berufsspezifischer Fertigkeiten und Fähigkeiten verleitet gelegentlich

Tab. 1.6 Brauchen wir noch mehr Studenten? (*Die Zeit* 24.01.2013)

„**Ja**, aus Gründen der wirtschaftlichen Konkurrenzfähigkeit und der sozialen Gerechtigkeit. Das Land benötigt nicht nur mehr Studenten, sondern vor allem mehr erfolgreiche Hochschulabsolventen. Was den Anteil der Absolventen an der Bevölkerung angeht, ist Deutschland hinter andere Länder zurückgefallen. [...] Dem geringen Akademikeranteil stehen wachsende Anforderungen an die Arbeitskräfte entgegen. [...] Sie ergeben sich aus dem raschen wirtschaftlichen und sozialen Strukturwandel. [...] verlangt die technisierte und verwissenschaftlichte Arbeitswelt fast überall, auch in der Industrie, zunehmend mehr abstrakte, vor allem in der Allgemeinbildung vermittelte Fähigkeiten. Auch eine größere Anpassungsfähigkeit und lebenslanges Lernen sind gefordert. [...] Einem Teil dieses Wandels kann man möglicherweise durch die verstärkte Förderung der Allgemeinbildung in Verbindung mit der Berufsbildung gerecht werden. Niemand kann den darüber hinaus bestehenden wachsenden Bedarf an Hochschulabsolventen exakt vorausberechnen. [...] Auf verschiedenen Gebieten, die eine Hochschulbildung erfordern, besteht heute schon ein Mangel an Fachkräften, weitere sind für die Zukunft erkennbar. [...] In manchen Berufssegmenten sind die Anforderungen außerdem derart angestiegen, dass mit guten Gründen gefordert wird, die Ausbildung dafür weiter anzuheben. [...] Auch der Arbeitsmarkt sendet Signale, die den Bedarf [...] zeigen. Zum einen rufen Unternehmen schon nach Rekrutierung von hoch qualifiziertem Personal aus dem Ausland. Zum andern finden sich Hochschulabsolventen in praktisch jeder denkbaren Hinsicht in einer besseren Lage als Angehörige anderer Qualifikationsgruppen: Sie sind häufiger und länger erwerbstätig, häufiger in Vollzeit und wesentlich seltener arbeitslos. [...] Obwohl der Anteil der Akademiker in den letzten Jahren gewachsen ist, ist der Einkommensvorsprung von Absolventen der Hochschulen gegenüber denen der Berufsausbildung sogar deutlich angestiegen. Überdurchschnittlich wachsende Löhne sind ein klarer Hinweis für eine starke Nachfrage. [...] Seit der Soziologe Ralf Dahrendorf 1965 seinen Aufruf *Bildung ist Bürgerrecht* formulierte, ist die Welt noch um ein Vielfaches komplexer und undurchsichtiger geworden. Damit Bürger in einer solchen Welt selbstbestimmt bestehen, ihre Rechte wahrnehmen und im demokratischen Prozess kompetent mitbestimmen können, kann es kaum je zu viel Bildung geben. Und nach wie vor gibt es massiv ungleiche Chancen. Viele begabte Kinder können weiterhin ihr Potenzial für höhere Bildung nicht ausschöpfen. All dies spricht für höhere Studierquoten. Walter Müller (emeritierter Professor für Soziologie an der Universität Mannheim)"	„**Nein**, denn klangvollere Zertifikate bedeuten keine höhere Qualifikation. Konkurrenzfähigkeit, Strukturwandel, verwissenschaftlichte Arbeitswelt, Chancengleichheit – als Bildungshistoriker fällt mir auf, dass sich solche Begründungsformeln nicht nur wiederholen, sie scheinen seit dem 20. Jahrhundert auch beliebig einsetzbar. [...] Immer scheinen die List und Logik der gesellschaftlichen, ökonomischen, technischen, wissenschaftlichen Entwicklung im Bunde mit den schönsten bildungspolitischen Wünschen. [...] Da muss man doch daran erinnern, dass die von der OECD so sehr gelobten west- und südeuropäischen Länder nicht erst aktuell sehr hohe Raten an Jugendarbeitslosigkeit für Absolventen der Pflichtschulen haben und sehr große Probleme beim Berufszugang für Hochschulabsolventen. Erinnern muss man auch daran, dass in dem wegen seiner hohen Zugangsquoten gelobten Frankreich das Hochschulsystem vollständigen Schiffbruch erlitten hat. Oder dass es in Italien als System der Qualifizierung für Arbeit und Beruf schon lange nicht mehr funktioniert, sondern nur noch unzufriedene *laureati* erzeugt. Auch die Rede vom ‚Bedarf' weckt schon deswegen Skepsis, weil nicht ganz klar ist, welcher Bedarf eigentlich mit fortschreitender Akademisierung bedient werden soll: Sind es Anforderungen von Arbeitsprozessen, generelle Kompetenzen und Einstellungen, also allgemeine, nicht akademische Bildung, oder ist es die Rechtfertigung eines spezifischen Status und die damit verbundene Besoldung? [...] In Tarifverträgen dienen Bildungszertifikate der Zuordnung von Tätigkeiten und ihrer Eingruppierung und Bezahlung – aber das ist Politik, keine objektive Bedarfsfeststellung. Auch gute Bezahlung geht nicht unbedingt mit höherer Bildung einher [...]. Im dualen Ausbildungssystem und der ihm zugeordneten Beschäftigung haben sich entsprechend hierarchisch unterschiedene Berufssegmente herausgebildet, Abiturientenberufe, zum Beispiel für Handel und öffentlichen Dienst, und solche, die zumindest den mittleren Schulabschluss voraussetzen, bilden die beiden oberen Segmente. Für den Rest, und das ist die größte Gruppe, [...] bleibt damit die Hälfte der Berufe verschlossen – schon über das Zertifikat, nicht wegen ihrer Kompetenzen! Die haben nicht einmal die Chance auf Bewährung. Aber dass die qualifizierte Arbeit von morgen eine akademische Ausbildung fordert, trifft nicht so einfach und klar zu. [...] Neben der Hierarchisierung und Segmentierung der Berufe sind [...] auch Verdrängungseffekte nicht zu übersehen. Für die Nichtakademiker bleibt dann die schlecht bezahlte Arbeit. Akademisierung ist [...] nicht wünschenswert. Es gibt bessere Alternativen, ein System von schulischen Bildungsgängen und berufsbezogener Qualifizierung zum Beispiel. Das bewährte deutsche duale System. Dessen Zertifikate müssen [...] den Anschluss an weitere Bildungsprozesse eröffnen. Heinz-Elmar Tenorth (emeritierter Professor für Erziehungswissenschaft an der Humboldt Universität Berlin)"

dazu, die Ausbildung als einen *Gegensatz* zur Bildung oder Allgemeinbildung zu sehen (vgl. Böhm 1994). Dieser neuhumanistischen Gepflogenheit hatte bereits Dolch widersprochen, indem er darauf hinwies, dass dies „sachlich unberechtigt und (schon wegen des gemeinsamen Grundwortes) auch sprachlich unhaltbar" (Dolch 1965, S. 30) sei. Ausbildung schließe Bildung ebenso wenig aus, wie Bildung die Ausbildung ausschließe, sondern beides bilde durchaus eine erstrebenswerte Einheit. Anzumerken ist, dass Dolch selbst jahrelang Berufsschullehrer ausgebildet hatte und wesentlich von seinem akademischen Lehrer Kerschensteiner und dessen Idee der *Arbeitsschule* beeinflusst war (► Kap. 2).

Auf Kerschensteiners Ansatz gründet auch die *Arbeitslehre*, die in der Bundesrepublik Deutschland als Pendant zur polytechnischen Bildung der DDR in den 1970er Jahren eingeführt wurde. Bis heute wird als ihr Hauptmerkmal die Verbindung von Technik, Wirtschaft und Hauswirtschaft unter Berücksichtigung von gesellschaftspolitischen und sozialen Aspekten genannt. Arbeitslehre wird als Fach in fast allen Ländern der Bundesrepublik Deutschland unterrichtet. An Hauptschulen wird Arbeitslehre als Pflichtfach geführt, in einigen Bundesländern auch als Wahlpflichtfach an Real- und Gesamtschulen. Am Gymnasium hat Arbeitslehre demgegenüber bis heute keinen Platz finden können. An deutschen Gymnasien ist eine Bezugnahme auf die berufliche Ausbildung geradezu verpönt, und auch in der öffentlichen Diskussion ist das Thema Ausbildung – insbesondere nach den PISA-Studien – nicht sehr präsent.

Demgegenüber hatte in der DDR die Allgemeinbildung gegenüber der beruflichen Bildung keine Vorrangstellung. Unter Bezugnahme auf Marx diente der

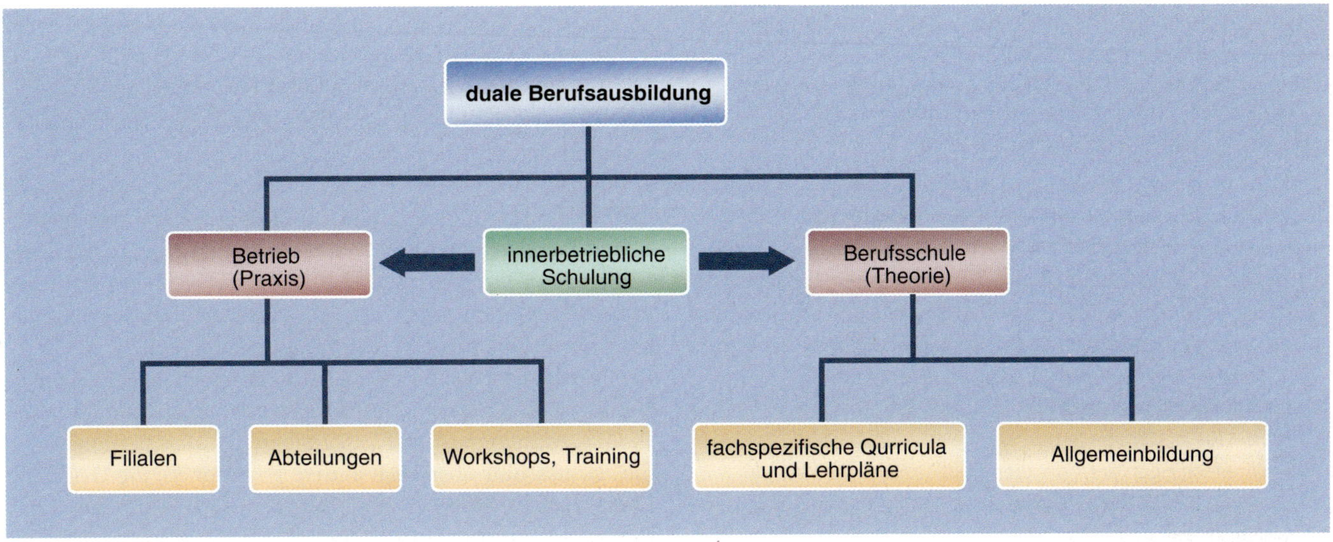

Abb. 1.23 Schema der dualen Berufsausbildung

polytechnische Unterricht dem Ziel, den Schülern die theoretischen, aber auch die praktischen Aspekte der produktiven Arbeit zu vermitteln. Mit der Wiedervereinigung war das Ende des polytechnischen Unterrichts besiegelt, und er wird heute nur noch als historische Episode betrachtet.

In Deutschland, Österreich und der Schweiz bildet das *duale System* das Herzstück der Berufsausbildung (Abb. 1.23). Dabei sind die rechtlich jeweils voneinander unabhängigen Ausbildungsbetriebe und Berufsschulen gesetzlich zur Zusammenarbeit verpflichtet, um eine optimale berufliche Qualifizierung der Auszubildenden zu gewährleisten. Laut Bundesstatistik betrug 2011 der Anteil der dualen Ausbildung an der Berufsausbildung etwa 70 %. Innerhalb des dualen Systems vermittelt die berufliche Teilzeitausbildung in der Berufsschule neben einer Allgemeinbildung insbesondere berufliche Fähigkeiten und Fertigkeiten in enger Abstimmung mit der betrieblichen Ausbildung. Alternativ zum dualen System vermittelt die *berufliche Vollzeitschule* in Theorie und Praxis berufliche Fähigkeiten und Fertigkeiten, zielt aber auch auf die Vertiefung der Allgemeinbildung.

In Deutschland hat die duale Berufsausbildung einen extrem hohen Stellenwert und ist deshalb laut Aff (2006) im internationalen Vergleich singulär. Mit Blick auf Österreich und seine berufsbildenden Vollzeitschulen (Handelsakademien, höhere technische Lehranstalten, berufsbildende mittlere Schulen) spricht Aff von einem „Zwei-Säulen-Modell auf gleicher Augenhöhe" mit dem dualen System (Aff 2006, S. 137).

Ein entscheidender Vorzug des dualen Berufsausbildungssystems ist die Nähe zum Beschäftigungssystem. Einerseits ermöglicht es Unternehmen, ihren Fachkräftenachwuchs praxisnah und bedarfsgerecht auszubilden, andererseits sichert es den Auszubildenden hohe Übernahmequoten in Betriebe und ist somit eine wesentliche Voraussetzung für eine eigenständige Lebensführung und gesellschaftliche Teilhabe (Abb. 1.23).

In der dualen Berufsausbildung konstituieren Betrieb und Berufsschule zwei in ihrer pädagogischen Funktion unterscheidbare *Lernorte* (Münch 2001) mit unterschiedlicher Intensität und Gewichtung. Der Deutsche Bildungsrat (1974), auf den der Begriff *Lernort* zurückgeht, unterscheidet vier Lernorte der beruflichen Ausbildung:

1. Der *Lernort Schule* dient der theoretischen Ausbildung oder Vorbildung der Jugendlichen. Durch die Vermittlung von Fachinhalten wird den Lernenden eine allgemeine und auch eine berufliche Grundbildung ermöglicht. Des Weiteren soll die Berufsschule auch eine Sozialisationsfunktion wahrnehmen und die Jugendlichen in die Gesellschaft einführen. Neben der Vermittlung von Werten und moralischen Vorstellungen gehört dazu auch eine Einführung in die Kommunikationskultur einer Gesellschaft.
2. Am *Lernort Betrieb* geht es zunächst darum, Fähigkeiten, die in der Ausübung eines Berufs selbst erworben werden, zu erlernen. Überall dort, „wo praxisnahe Einübung und Erfahrungen einer lehrgangsmäßigen Unterweisung überlegen sind" (Deutscher Bildungsrat 1974, S. 72), übernimmt der Betrieb eine ergänzende Funktion zur Schule, indem er den Ort bietet, an dem die in der Schule erworbenen Kenntnisse praktisch umgesetzt werden.
3. Unter dem *Lernort Lehrwerkstatt* werden schulische, betriebliche und überbetriebliche Ausbildungsstätten, aber auch Laboratorien, Simulationseinrichtungen, Ausbildungs- und Übungsbüros und vergleichbare Einrichtungen verstanden. Während im Betrieb die praktische Tätigkeit im Vordergrund steht, liegt die Betonung in der Lehrwerkstatt auf der didaktischen Anleitung zu einer praktischen Arbeit z. B. der Handhabung komplizierter technischer Apparaturen. Eine Lehrwerkstatt kann in der Nähe zur Schule, zum Betrieb oder überbetrieblich geführt werden.
4. Neben Schule, Betrieb und Lehrwerkstatt hat der Deutsche Bildungsrat den *Lernort Studio* als vierten Ausbildungsort genannt. Der Schwerpunkt der Ausbildung in einem Studio liegt im kreativen, ästhetischen und sozialen Lernen.

„Schuster, bleib bei deinem Leisten", sagt man im Alltag, um eine Person davon abzuhalten, sich auf einem Gebiet zu betätigen, von der sie nichts versteht. Es sind die konkreten Anforderungen eines Berufs und deren Struktur, die der beruflichen Ausbildung die Erfordernis der *Vollständigkeit und Vollendung* auferlegen. Wer Brücken bauen will, kann nicht darauf verzichten, sich mit Statik zu beschäftigen, nur weil das vielleicht den augenblicklichen Interessen nicht entgegenkommt. Wer kosteneffiziente Heizungen einbauen will, muss sich in der Wärmelehre der Physik auskennen und auch die Fähigkeit besitzen, den Wärmebedarf eines Eigenheims zu berechnen. Kurz gesagt: Was die Berufsausübung erfordert, muss gelernt und beherrscht werden, und was erforderlich ist, bestimmen die geltenden Leistungsstandards und die historische Erfahrung einer Branche (Hensge et al. 2009). Während Bildung unvollendet ist und bleibt, ist Ausbildung stets auf Vollendung ausgerichtet, um Fachleute für Berufsfelder zu qualifizieren, die den höchsten Ansprüchen an die Ausführung ihrer Tätigkeiten genügen müssen.

» **Ich bin Klempner von Beruf** (Reinhard Mey 1974)
Ich bin Klempner von Beruf.
Ein dreifach Hoch dem, der dies' gold'ne Handwerk schuf.
Denn auch in den größten Nöten
Gibt es immer was zu löten.
Immer wieder gibt es Pannen
An WCs und Badewannen:
Ich bin Klempner von Beruf.

Neulich hab' ich einen Boiler installiert,
Der hat gut und gern zwei Tage funktioniert.
Dann war er drei Tage alt
Und das heiße Wasser kalt.
Na, da hab' ich gar nicht lange repariert,
Sondern sofort einen neuen installiert.
Und da fragt mich doch der Kunde noch nachher,
Ob denn reparieren nicht doch preiswerter wär'.
Da antwort' ich blitzeschnell:
„Ihr uraltes Modell
Stellt die Firma heute schon gar nicht mehr her,
Und Ersatzteile gibt's schon längst nicht mehr."

[...]

Ich bin Klempner von Beruf.
Ein dreifach Hoch dem, der dies' gold'ne Handwerk schuf.
Linker Hand die Werkzeugtasche,
Zwanz'ger Schlüssel, Thermosflasche,
Rechter Hand meine Rohrzange,
So wird mir so schnell nicht bange:
Ich bin Klempner von Beruf.
Und braucht man keine Klempner mehr,
Na, dann werd' ich halt Installateur.

Wir alle schätzen Fachleute, die durch ihr Wissen und Können unser Leben erleichtern oder bereichern. Und wir haben es auch gerne, wenn wir aufgrund unserer eigenen Expertise um Rat gefragt werden, um anderen bei der Lösung von Problemen zu helfen – es muss ja nicht unbedingt das Wissen eines Klempners oder Installateurs sein. Was in der beruflichen Ausbildung gelehrt und gelernt werden muss, um den Anforderungen des Berufslebens auf Dauer gewachsen zu sein, legen (nicht nur) in Deutschland staatlich abgesegnete *Ausbildungsordnungen* fest. In Deutschland gibt es Ausbildungsordnungen für 267 Berufe, wobei das Spektrum von Änderungsschneider(in), Anlagemechaniker(in) für Sanitär-, Heizungs- und Klimatechnik über Zupfinstrumentenmacher(in) bis hin zu Zweiradmechaniker(in) reicht. Die Qualifikation für einige Berufe, insbesondere im medizinischen Bereich (Gesundheitsfachberufe), wird in speziellen Gesetzen geregelt. Ausbildung erfolgt nicht allgemein und unspezifisch, sondern *selektiv*. Was für eine bestimmte Tätigkeit oder die Berufsausübung insgesamt vonnöten ist, muss gelernt werden, alles andere ist (zunächst) irrelevant. – Wer dazu ausgebildet wird, Autos zu reparieren, wird nicht dazu ausgebildet, Kranke zu pflegen. Wer dazu ausgebildet wird, andere zu unterrichten, sollte nicht versuchen, psychische Erkrankungen zu heilen.

Primär dient die berufliche Ausbildung einer *Berufsqualifizierung*, d. h., die Ausbildung bezieht sich auf einen bestimmten Beruf („Ausbildungsberuf", „Schulberuf"). Darüber hinaus hat die Berufsschule aber auch andere Funktionen, die Deißinger (2010) als *Berufsvorbereitungs- oder Berufsorientierungsfunktion* (Erleichterung des Eintritts in ein Lehrverhältnis), *Berechtigungsfunktion* (Erwerb eines höheren Bildungsabschlusses wie der Fachhochschulreife) und *Park- oder Aufbewahrungsfunktion* (z. B. das Berufsvorbereitungsjahr) bezeichnet hat.

Ausbildung

Ausbildung umfasst in einem allgemeinen Sinn den graduellen Aufbau von Qualifikationen (Kenntnisse und Fertigkeiten), die für die effektive Verrichtung einer Tätigkeit – in der Regel im Rahmen eines Berufs – erforderlich sind. Ausbildung zielt auf die Entwicklung von Expertise in einem spezifischen Tätigkeitsfeld.

Von diesem Grundverständnis gehen nicht nur die gesetzlichen Ausbildungsordnungen aus, sondern auch die berufs- und subjektbezogenen Qualifikations- und Kompetenzmodelle (Linten und Prüstel 2011). So ist das in ▶ Abschn. 1.2.1 (◘ Abb. 1.7) dargestellte Kompetenzmodell durchaus auf den Bereich der beruflichen Ausbildung übertragbar. Während im Hinblick auf die Allgemeinbildung zwar von einem ausgewogenen Verhältnis der Kompetenzarten ausgegangen wird, aber unzweifelhaft der kognitive Bereich im Vordergrund steht, wird in der beruflichen Bildung die *Fach- und Methodenkompetenz* deutlich höher gewichtet. Geht man zunächst einmal von einem einfachen Zusammenhang zwischen Anforderungen an eine Berufsausübung und den dafür erforderlichen *Qualifikationen* (d. h. die Fähigkeiten einer Person in ihrem Arbeitsgebiet) aus, kann auf das Handbuch *Bildungsstandards in der Berufsbildung* (Timischl et al. 2006) verwiesen werden. Für die Fachkompetenz wird dort die in ◘ Abb. 1.24 dargestellte Hierarchie von Kenntnissen zugrunde gelegt.

Die Ausbildung für die meisten Berufe dauert in der Regel 3,5 Jahre. Die Ausbildung im ersten Ausbildungsjahr vermittelt eine berufsfeldbreite Grundbildung entweder in einer beruflichen Vollzeitschule oder in einer beruflichen Teilzeitschule. Die verbleibende Ausbildungszeit wird im Rahmen des *dualen Systems* realisiert; d. h., die Ausbildung in den Betrieben findet an drei bis vier Tagen pro Woche statt, an ein bis zwei Tagen werden Berufsschultage angeboten. Die in den jeweils anzuwendenden Ausbildungsordnungen genannten Kenntnisse und Fertigkeiten sollen insgesamt so vermittelt werden, dass die Auszubildenden

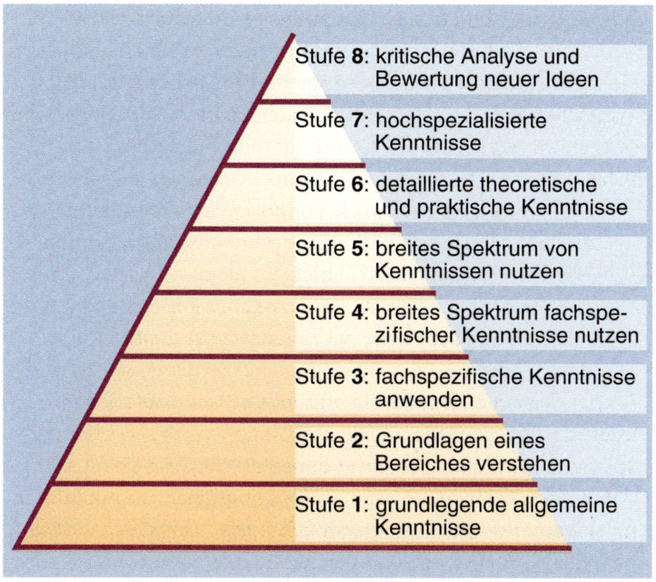

Abb. 1.24 Stufeneinteilung von Qualifikationen zum Erwerb von Fachkompetenz (Timischl et al. 2006, S. 2)

zur Ausübung einer qualifizierten beruflichen Tätigkeit im Sinne des Berufsbildungsgesetzes befähigt werden.

Die Ausbildung in der Berufsschule unterliegt den Schulaufsichtsbehörden der Bundesländer. Es besteht weitgehender Konsens darin, dass die Aufgabenschwerpunkte der *Berufsschulen* in der Vermittlung von theoretischen Fachkenntnissen, der Vertiefung der Allgemeinbildung und der Verleihung von Bildungsabschlüssen liegt. Grundlage für die betriebliche Ausbildung ist die jeweils gültige Ausbildungsordnung des Berufs, wobei die Ausbildungsschwerpunkte aber bundeseinheitlich durch das Berufsbildungsgesetz festgelegt sind. In § 1 und § 14 BBiG wird nicht nur die Vermittlung von fachlichen Fähigkeiten, Kenntnissen und Fertigkeiten (im Sinne einer „beruflichen Handlungsfähigkeit"), wie sie sich inhaltlich aus der Ausbildungsordnung für jeden Beruf ergeben, als Ziel der betrieblichen Ausbildung festgeschrieben, sondern auch die Ermöglichung erster Berufserfahrungen, eine charakterliche Förderung und die Vermeidung von Gefährdungen. Dementsprechend werden z. B. in der Ausbildungsordnung für den Ausbildungsberuf des Anlagenmechanikers für Sanitär-, Heizungs- und Klimatechnik insgesamt 26 Fertigkeiten und Kenntnisse aufgelistet, die *mindestens* Gegenstand der Berufsausbildung sind. Dazu gehören nicht nur handwerkliche Fertigkeiten im engeren Sinne wie z. B. das Installieren elektrischer Baugruppen und Komponenten in versorgungstechnischen Anlagen und Systemen, das Montieren von Mess-, Steuerungs-, Regelungs- und Sicherheitseinrichtungen versorgungstechnischer Anlagen und Systeme, das Montieren und Demontieren von Rohrleitungen und Kanälen, sondern auch die Fähigkeit einer betrieblichen, technischen und kundenorientierten Kommunikation sowie das selbstständige Planen, Durchführen und Kontrollieren von Arbeitsvorgängen. Darüber hinaus legt der Ausbildungsbetrieb spezifische *Handlungsfelder* (z. B. Wassertechnik, Wärmetechnik, Umwelttechnik) für die praktische Anwendung und Vertiefung der zu erwerbenden Kenntnisse und Fertigkeiten fest.

Vergleicht man den Bereich der beruflichen Ausbildung mit der allgemeinen Bildung, stellt man fest, dass in allgemeinbildenden Schulen allzu oft das „Wissen was" im Vordergrund steht, wohingegen in der Ausbildung der Schwerpunkt auf dem „Wissen wie" und der beruflichen Handlungskompetenz liegt. Dementsprechend zählt der Begriff der *Handlungsorientierung* mit der Betonung von Vormachen und Nachmachen seit langem zu den Grundbegriffen in der Literatur zur beruflichen Ausbildung (Czycholl und Ebner 2006, Pahl 2010).

Jakob: „Ich hab da gerade im Internet was Interessantes gefunden, was zum Thema berufliche Ausbildung passt.[6] Die OECD, heißt es da, hat zum wiederholten Male bemängelt, dass in Deutschland der Anteil der Hochschulabgänger im Vergleich zu anderen Ländern zu niedrig ist und dass zu viele Jugendliche nicht studieren, sondern eine Berufsausbildung bevorzugen."

Anna: „Das ist nichts Neues. Das ist die alte OECD-Litanei, die von Politikern nachgebetet wird. Die Sprecher des deutschen Handwerks haben da eine ganz andere Auffassung und betonen immer wieder, dass viele Lehrlinge die duale Ausbildung als solide ausgebildete Facharbeiter verlassen, die sehr gute Chancen auf dem Arbeitsmarkt haben."

Jakob: „Das scheint auch die OECD langsam einzusehen, denn in dem Artikel, den ich vor mir habe, steht auch, dass die OECD die duale Berufsausbildung zum ersten Mal in einigen Aspekten mit einem Hochschulstudium gleichsetzt. Und außerdem könnten Länder, in denen überproportional viele Jugendliche eine berufliche Ausbildung durchliefen, viel besser mit den sich schnell ändernden wirtschaftlichen Rahmenbedingungen umgehen."

Anna: „Da staune ich aber. Hat die OECD jetzt damit aufgehört, nach mehr Hochschulabsolventen zu schreien?"

Jakob: „Nee, hat sie nicht. Das wäre ja auch etwas viel verlangt, wenn sie eingestehen müsste, dass sie jahrelang ziemlich viel Quatsch verzapft hat."

6 Es handelt sich um einen Beitrag in Handwerksblatt.de von August 2013.

Anna: „Wenn ich mich so in meiner Verwandtschaft umschaue, in der es einige Handwerksmeister gibt, behaupte ich glatt, dass Meister und Techniker ebenso zu den Hochqualifizierten gehören wie Akademiker. Vor allem aber wissen die Handwerker und Techniker, um was es im wirklichen Leben geht. Da leben doch manche Akademiker irgendwie im Wolkenkuckucksheim."

Jakob: „Hundert Pro! Für mich ist das duale Ausbildungssystem das Fundament von Wirtschaft und Handwerk, und qualifizierte Fachkräfte sichern die hohe Qualität der Produkte ‚Made in Germany'. Sie erwirtschaften das, was die Politik in Bildung und Wissenschaft reinstecken kann."

1.2.2.4 Prozesscharakter von Unterricht und Ausbildung

Unterricht ist die *organisierte Interaktion zwischen Lehren und Lernen* (Schröder 2002) unter besonderen institutionellen Bedingungen – aber keine Improvisation. Für den Unterrichtsprozess sind zwei Dimensionen zu unterscheiden:

1. die *interaktionale Dimension*, die sich auf die Organisation der sozialen Beziehungen und der Kommunikation bezieht, und
2. die *didaktisch-methodische Dimension*, die sich auf die Inhaltsauswahl, Zielbestimmung und methodische Gestaltung von Unterricht bezieht.

Vieles von dem, was einen erfolgreichen Unterricht ausmacht, kann vorab geplant werden, so dass eine Gesamtkonzeption des Unterrichtsverlaufs vorliegt, bevor mit dem Unterricht überhaupt begonnen wird. Vieles aber kann nicht geplant werden, sondern erfordert situationsspezifische und spontane Entscheidungen, um den Unterrichtsverlauf auf die jeweils geltenden Bedingungen einzustellen (vgl. Parker und Gehrke 1986). Individuen neigen in komplexen Situationen zu intuitiven Entscheidungen, die in einer engen Beziehung zu der inneren Logik von Sachverhalten und früheren Erfahrungen stehen. Üblicherweise neigen Wissenschaftler dazu, die Notwendigkeit und Überlegenheit rationaler Entscheidungen zu betonen, was aber nicht bedeutet, dass intuitive Entscheidungen nicht doch zu richtigen und gelegentlich sogar optimalen Ergebnissen führen können. Grundsätzlich können zwei Arten der Intuition unterschieden werden:

1. eine gefühlsmäßige Entscheidung, die auch als „Bauchgefühl" oder „Intelligenz des Unbewussten" bezeichnet wird (Gigerenzer 2007), und
2. eine Intuition, die auf einem mehr oder weniger langen Nachdenken beruht, auf das dann eine plötzliche Eingebung folgt.

Da die Qualität intuitiver Entscheidungsfindung in hohem Maße von den Erfahrungen des Entscheidungsträgers abhängig ist, dürfte unmittelbar einleuchten, dass diese Form der Entscheidungsfindung während des Unterrichts solchen Lehrpersonen vorbehalten ist, die über das notwendige „pädagogische Inhaltswissen" (*pedagogical content knowledge*) – wie Shulman (1986) es bezeichnet – verfügen:

> » *Pädagogisches Inhaltswissen* umfasst die regelmäßig gelehrten Themen in einem Fachgebiet, die nützlichsten Formen ihrer Darstellung, die leistungsfähigsten Analogien, Illustrationen, Beispiele, Erklärungen und Demonstrationen – in einem Wort die Mittel, einen Gegenstand so darzustellen und zu formulieren, dass er für andere verständlich wird. Da es keine einzelne leistungsstärkste Form der Darstellung gibt, muss der Lehrer ein veritables Rüstzeug alternativer Darstellungsformen zur Hand haben, von denen manche aus der Forschung hergeleitet sind, während andere ihren Ursprung in der „Weisheit der Praxis" haben.
> Pädagogisches Inhaltswissen umfasst auch ein Verständnis dessen, was das Lernen spezifischer Inhalte leicht oder schwer macht: die Präkonzeptionen, die Schüler unterschiedlichen Alters und Hintergrunds in Bezug auf die am häufigsten gelehrten Inhalte und Lektionen mit sich bringen. Wenn diese Präkonzeptionen fehlerhaft sind, was sie oft sind, brauchen Lehrer ein Wissen von den Strategien, die mit größter Wahrscheinlichkeit nutzbringend sind, um das Verständnis der Lernenden zu reorganisieren (Shulman 1986, S. 9f).

Dieses pädagogische Inhaltswissen heißt im deutschen Sprachraum *pädagogisches Professionswissen* und ist derzeit als Folge der PISA-Studien in der Lehr-Lern-Forschung von großer Bedeutung (z. B. Blömeke et al. 2010, Borowski et al. 2010, Kraus et al. 2009, Lange et al. 2012). Verfügt eine Lehrperson über pädagogisches Professionswissen und kann dieses Potential nutzen, kann sie intuitiv rasch zu Entscheidungen gelangen, die den Verlauf des Unterrichts effektiv steuern. Umgekehrt gilt, dass intuitive Entscheidungen sich schnell als denkbar ungünstig auf den Unterrichtsverlauf auswirken können, wenn das pädagogische Inhaltswissen nicht oder nur ansatzweise vorhanden ist. Da für die Entwicklung von Expertise die Daumenregel von 10 Jahren gilt, benötigen Lehranfänger (aber nicht nur sie) eine Anleitung zur methodischen Planung des Unterrichts.

■ Methodische Planung des Unterrichts

Die *methodische Gestaltung von Unterricht* steht seit Jahrhunderten – spätestens seit Comenius (► Kap. 2) – im Zentrum der Didaktik und hat seitdem eine nicht mehr überschaubare Zahl an Publikationen nach sich gezogen (z. B. Aschersleben 1990, Meyer 2011, Wiechmann 2010). Es gibt eigentlich nichts, was über den Unterrichtsprozess und die Methodik des Unterrichtens noch nicht gesagt wurde. Als Quintessenz kann mit Hilbert Meyer festgehalten werden, dass Unterricht eine didaktische Inszenierung ist:

> » Methodisches Handeln des Lehrers besteht aus der Inszenierung des Unterrichts durch die zielgerichtete Organisation der Arbeit, durch soziale Interaktion und sinnstiftende Verständigung mit den Schülern (Meyer 2011a, S. 21).

Unterricht konstituiert sich als geordnete Menge von Handlungssituationen von zeitlich begrenzten und strukturierten Interaktionseinheiten, die dem Erwerb von Wissen und Fertigkeiten ebenso dienen wie dem Aufbau von Lernmotivation, der Mobilisierung von Lerntätigkeiten, der Anleitung schlussfolgernden Denkens und der Gewinnung von Lernergebnissen (Wellenhofer 2002). Effektives Unterrichten setzt nicht nur eine didaktische Analyse, sondern auch eine Planung des Verlaufs und der verwendbaren Methoden voraus. In Anlehnung an Bonz (2006) sind für einen erfolgreichen Unterricht grundsätzliche methodische Entscheidungen in Bezug auf Zeitplanung, Aktions- und Sozialformen und die Binnenstrukturierung des Unterrichts durch Artikulation, Lehrgriffe und Hilfsmittel zu treffen.

Ausgangspunkt der methodischen Überlegungen sind Zielvorgaben, aus denen sich allgemeine methodische Leitlinien ergeben. Besteht z.B. das Unterrichtsziel im Erwerb und der Konsolidierung einer komplexen technischen Fertigkeit, sind andere methodische Leitlinien handlungsregulierend, als wenn es um den Erwerb von Faktenwissen, die Herausbildung von Fähigkeiten des schlussfolgernden Denkens oder die Entwicklung des sozialen Urteilens geht. Und wiederum andere methodische Leitlinien ergeben sich aus dem Ziel, bei den Lernenden Reflexionsfähigkeit und Exploration zu fördern.

Der nächste Schritt auf der Makroebene der methodischen Planung des Unterrichts besteht in der Bestimmung einer Gesamtkonzeption. Bezug nehmend auf die oben angesprochene Konzeption des generativen Lernens (◘ Abb. 1.11) haben Kourilsky und Wittrock (1992) eine Konzeption des generativen Lehrens entwickelt und erprobt, die sich gut in ◘ Abb. 1.25 einfügt.

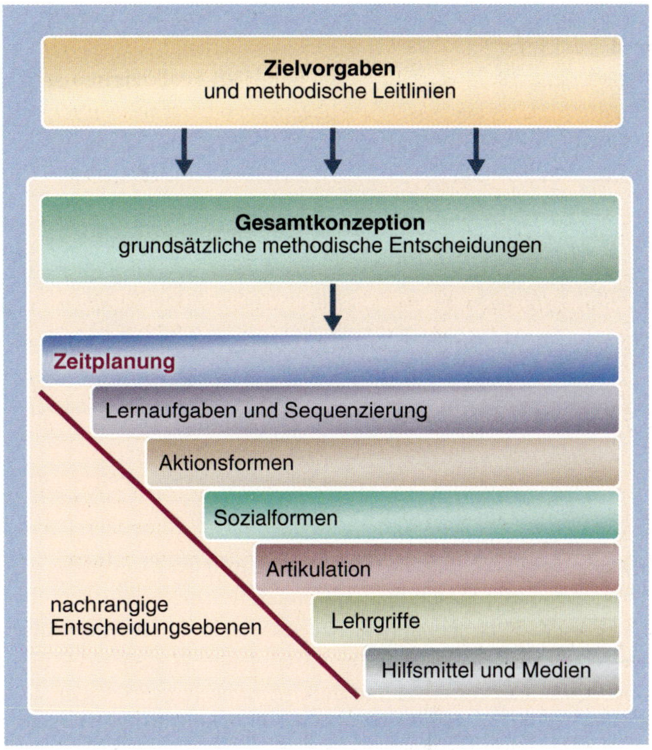

◘ **Abb. 1.25** Methodische Grundentscheidungen für die Unterrichtsplanung und -durchführung

Generatives Lehren

Generatives Lehren bezieht sich auf generatives Lernen durch ein gezieltes Eingehen auf das Wissen, die Präkonzeptionen und das Verständnis von Lernenden sowie durch eine Anleitung, Beziehungen zwischen neuen Inhalten und bestehendem Wissen zu erzeugen. Ziel des generativen Lehrens ist die *Revision von Präkonzeptionen* der Lernenden. Hierfür sind folgende methodische Schritte vorgesehen:

Schritt 1:
Die Lernenden werden über die Konzeption generativen Lernens informiert. Sie erhalten eine Liste mit Anleitungen, den Lehrinhalt zu ihrem Vorwissen und ihren Präkonzeptionen in Beziehung zu setzen, Beispiele zu erzeugen, Fragen zu formulieren, um zum Kern des Problems vorzustoßen und Zusammenfassungen zu formulieren.

Schritt 2:
Den Lernenden werden die üblichen Fehlkonzeptionen im Inhaltsbereich vorgestellt und erläutert.

Schritt 3:
Die Fehlkonzeptionen werden in Beziehung gesetzt zu den Konzepten, die bereits gelernt wurden.

Schritt 4:
Die Lernenden werden aufgefordert, die eigenen Beispiele inkorrekter Auffassungen zu generieren, um sie dann durch korrekte zu ersetzen.

Schritt 5:
Die Lernenden werden aufgefordert, in Lerngruppen „laut zu denken" und Fehlkonzeptionen anderer festzustellen und zu korrigieren.

Ein zentrales Merkmal des generativen Lehrens wird darin gesehen, dass es vorzugsweise in kooperierenden Lerngruppen durchgeführt werden soll:

„Kooperatives Lernen betont den sozialen Kontext von Lernen, […] generatives Lehren orientiert sich an den kognitiven Prozessen der Konstruktion von Bedeutung, indem Erfahrungen und Wissen […] einbezogen werden" (Kourilsky und Wittrock 1992, S. 864).

Alternativ zum generativen Lehren können auch andere Gesamtkonzeptionen wie z. B. die Cognitive Apprenticeship von Collins et al. (1989) herangezogen werden, um aus ihr recht konkrete Vorstellungen zur methodischen Gestaltung des Unterrichts abzuleiten (vgl. Al-Diban und Seel 1999).

Unterricht – welcher Art auch immer – hat eine zeitliche Struktur, wobei nach Meyer (2011b) zwischen einer äußeren und einer inneren Seite zu unterscheiden ist. Die äußere Seite der Prozessstruktur erfasst die Zeitintervalle und Arbeitsschritte des Unterrichts. Bei der inneren Seite steht die Folgerichtigkeit der einzelnen Unterrichtsschritte im Vordergrund. Meyer nennt dies den *methodischen Gang des Unterrichts*, wir sprechen von der zeitlichen Sequenzierung von Unterrichtsphasen. Entlang der Zeitachse von Unterricht (oder Unterrichtseinheiten) werden die *Lernaufgaben* angeordnet; sie sind die Objekte des Lernens und integrieren Inhalte und Lernaktivitäten. Die Sequenz der Lernaufgaben konstituiert die innere Logik des methodischen Unterrichtsgangs (Poelchau 1980). Diese wird auch wesentlich durch die sogenannte *Artikulation* bestimmt. Damit ist die Gliederung des Unterrichts in Schritte, Phasen oder Stufen zu verstehen, die auch als „Formalstufen" bezeichnet werden. Diese Idee geht auf Herbart (1776–1841) zurück, der den Unterricht in zwei

Tab. 1.7 Merkmale der Unterrichtsstile. (Nach Hart und Hodson 2010, S. 27)

Unterrichtsstile/Aktionsformen			
Autoritär	*Freizügig*	*Autoritativ*	*Beziehungsorientiert*
Regeln Respekt vor AutoritätGehorsam	Bedürfnisse der Schüler nach freiem Ausdruck und Entscheidungsfreiheit	Hohe Leistungen, Kontinuität, Struktur, Entscheidungen der Schüler	Gemeinsame Bedürfnisse von Schülern und Lehrer
Der Lehrer legt die Regeln fest	Die Schüler legen die Regeln fest	Der Lehrer legt die Regeln fest	Gemeinsame Zielsetzung
Der Lehrer trifft Entscheidungen	Die Schüler treffen Entscheidungen	Der Lehrer trifft Entscheidungen	Gemeinsame Entscheidungsfindung
Befehle und Forderungen, Anwendung von Macht	*Dialog und Forderung* Schwanken zwischen bestrafender und beschützender Anwendung von Macht	*Dialog und Erwartung* Milder Einsatz von Bestrafung zwecks Durchsetzung	*Echter Dialog* Nur beschützende Anwendung von Macht
Fördert Angst vor disziplinierenden Strafen	Bietet Freiheit mit wenig oder ganz ohne Disziplin	Fördert die Suche nach Disziplin im Außen	Fördert Selbstvertrauen und Selbstdisziplin

Hauptphasen, die Phase der Vertiefung und der Besinnung, untergliederte und diesen die Funktionen zuschrieb, *Klarheit* über das Vorwissen zu schaffen, um neues Wissen damit zu verknüpfen (*Assoziation*), dieses in die vorhandenen Wissensstrukturen einzubauen (*Integration*) und durch *Einüben* zu verfestigen. Die Formalstufen Herbarts gerieten in der Reformpädagogik in Misskredit, da sie von den sogenannten Herbartianern zu einem starren Muster des Unterrichtsverhaltens umgestaltet worden waren (Jörg 1970), das die Phasen *Vormachen – Erklären – Nachmachen – Üben* (VENÜ) für jeden Unterricht als verbindlich vorschrieb. Ungeachtet der Kritik an den Formalstufen umfasst Unterricht unterschiedliche, aber miteinander verbundenen Abschnitte. Bei Roth (1963) heißen sie Lernschritte und umfassen *Motivation*, die *Stufe der Schwierigkeit, Stufe der Lösung, Stufe des Tuns und Ausführens, Stufe des Behaltens und Einübens* sowie die *Stufe des Bereitstellens, der Übertragung und Integration*. In den meisten Fällen lässt sich der Stundenverlauf laut Meyer (2011) auf den Dreischritt *Einstieg – Erarbeitung – Ergebnissicherung* zurückführen (vgl. auch Smith und Meux 1970), der den *methodischen Grundrhythmus* des Unterrichts erzeugt. Der äußere Rahmen des Unterrichts wird durch die *Sozialformen* bestimmt. Damit sind soziale Organisationsformen des Unterrichts mit unterschiedlichen Interaktionsmöglichkeiten gemeint wie z. B. Frontalunterricht mit der Großgruppe, Gruppenarbeit oder Einzelarbeit.

Unmittelbaren Einfluss auf den Unterrichtsverlauf nimmt der Lehrer durch Aktionsformen, Lehrgriffe und die Bereitstellung von Hilfsmitteln und Medien.

Aktionsformen. Als wichtige Steuerungs- und Kontrollinstrumente des Unterrichtsablaufs fungieren *Aktionsformen*, sie lassen sich dementsprechend nach dem Grad der Lenkung differenzieren. Insofern Aktionsformen als Handlungsmuster in gleichen Situationen gleichförmig verwendet werden, haben sie den Charakter von *Ritualen* und prägen den individuellen Unterrichtsstil einer Lehrperson.

„Teachers teach as they were taught, not as they were taught to teach (Altmann 1983, S. 24)." Mit dieser Aussage bezieht sich Altmann auf die Beobachtung, dass viele Lehrpersonen in ihren Aktionsformen von dem Stil geprägt sind, den sie früher als Schüler bei ihren Lehrern erlebt haben. Das kann von einer Nachahmung bis zur bewussten Ablehnung und Wahl des gegensätzlichen Stils reichen. Allgemein hat es sich eingebürgert, vier Unterrichtsstile zu unterscheiden, die das Handeln von Lehrern mehr oder weniger konsistent charakterisieren (vgl. Tab. 1.7):

1. Der *autoritäre Unterrichtsstil* orientiert sich an festgezurrten Regeln und pocht auf Gehorsam und Respekt vor der Autorität der Lehrperson. Befehle und Forderungen sind üblich und die Schüler lernen zu gehorchen, weil sie Angst haben. Ihre Bedürfnisse werden weitgehend ignoriert. Das Ergebnis ist ein Verhalten, das durch Duckmäuserei, Widerstand, Rückzug sowie Rebellion gekennzeichnet ist und mannigfaltige Konflikte im Unterricht heraufbeschwört.
2. Das genaue Gegenteil ist der *freizügige Unterrichtsstil* (*laissez-faire*), bei dem die Bedürfnisse der Schüler nach freiem Ausdruck und Entscheidungsfreiheit im Vordergrund stehen und die der Lehrperson kaum zur Geltung kommen. Wenn die Schüler dann irgendwann „außer Kontrolle" geraten, schwingt das Pendel zurück und die Lehrer wechseln zum autoritären Unterrichtsstil, um wieder Ordnung in den Unterricht zu bringen. Im Ergebnis weiß keiner mehr genau, wie man sich verhalten soll. Es herrscht einfach nur Chaos.
3. Der *autoritative Unterrichtsstil* gewährt den Schülern innerhalb einer klaren und stabilen Struktur Wahlmöglichkeiten. Die Lehrer leiten und fördern das Lernen, sie zeigen den Lernenden den Weg, wie sie erfolgreich Ergebnisse erzielen können. Dabei wird Wert auf Kontinuität und ein hohes Leistungsniveau gelegt. Der Rahmen, in dem die Schüler sich bewegen, wird von der Lehrperson festgelegt. Das heißt, sie formuliert die Erwartungen und bestimmt die Regeln der Interaktion. Dabei befasst sich der Lehrer selektiv mit einigen Bedürfnissen der Schüler, mit anderen nicht.
4. Demgegenüber beachtet ein *beziehungsorientierter Unterrichtsstil* gleichermaßen die Bedürfnisse und Erwartungen von Schülern und Lehrer und sucht nach Möglichkeiten, sie zu erfüllen. Gemeinsame Zielsetzungen und Entscheidungsfindung werden praktiziert und Kooperation wird durch einen wechselseitigen Dialog gefördert. Das ganze Unterrichtsgeschehen wird getragen von gegenseitigem Respekt, Fürsorge, echter Kooperation und der Konzentration auf gemeinsame Aufgaben.

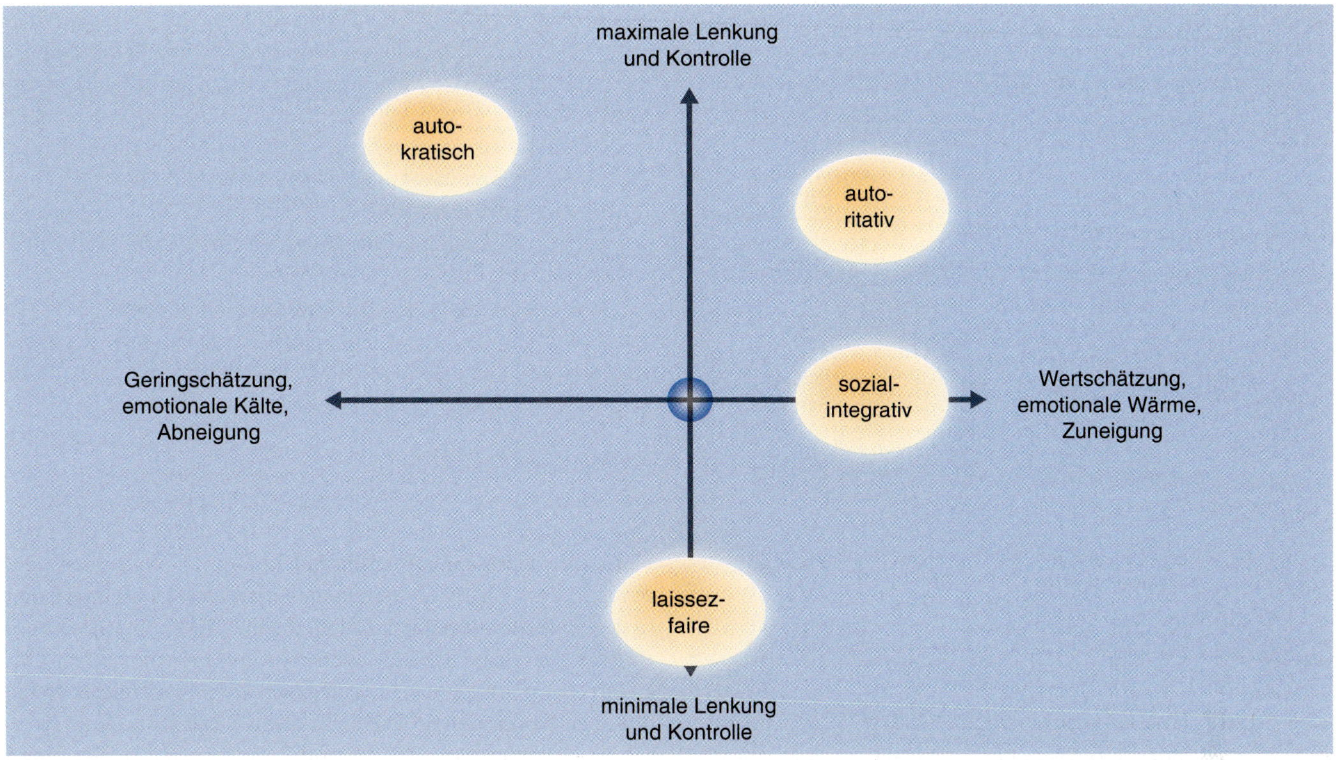

Abb. 1.26 Klassifikation der Unterrichtsstile nach den Dimensionen Lenkung und Emotionalität. (Nach Tausch und Tausch 1998)

In Tab. 1.7 sind die charakteristischen Merkmale der Unterrichtsstile in Anlehnung an Hart und Hodson (2010) zusammengefasst.

Diese Klassifikation stimmt weitgehend mit dem typologischen Konzept der Erziehungsstile von Lewin et al. (1939) und ihrer Unterscheidung zwischen einem autoritären, demokratischen und Laissez-faire-Stil überein. Elder (1962) hat diese Stile um den autokratischen, egalitären, permissiven und missachtenden Erziehungsstil ergänzt.

Bezug nehmend auf die Lewin'schen Stile hat das Ehepaar Tausch zwei Dimensionen unterschieden, die das Erziehungs- bzw. Unterrichtsverhalten maßgeblich beeinflussen:

1. das Ausmaß an Wertschätzung, emotionaler Wärme und Zuneigung gegenüber den Schülern und
2. das Ausmaß der Kontrolle und Lenkung des Schülerverhaltens.

Beide Dimensionen lassen sich in einem Koordinatensystem darstellen und ermöglichen so die Bestimmung und Beschreibung von typischen Verhaltensweisen der Erziehungs- bzw. Unterrichtsstile. In Abb. 1.26 sind die in Tab. 1.7 genannten Unterrichtsstile in das Koordinatensystem eingetragen.

Lehrgriffe. Während die Aktionsformen maßgeblich das Unterrichtsklima bestimmen, dienen die *Lehrgriffe* der konkreten Umsetzung der Inhalte im Unterricht. Lehrgriffe sind Fragen, prozess- oder ergebnisorientierte Hilfen beim Problemlösen, Veranschaulichungen komplexer Sachverhalte in Form konzeptueller Modelle und Strukturierungshilfen (z. B. Begriffsnetzstrukturen oder Concept Maps). Lehrgriffe dienen dem Motivieren, Aktivieren, Steuern und Organisieren von Lernhandlungen (Bonz 2006). Eine herausragende Bedeutung für die Steuerung der Lernaktivitäten haben *Lehrerfragen*, die, sofern sie planvoll und wohldosiert gestellt werden, einen wesentlichen Beitrag zur kognitiven Strukturierung der Lernprozesse und des Problemlösens beitragen können (vgl. Redfield und Rousseau 1981, Seel 1983).

Bereitstellung von Medien. Einen wesentlichen Beitrag zum Gelingen von Unterricht leistet auch die Bereitstellung von *Medien* im Sinne aufgabenbezogener Arbeits- und Lernmittel. Hierbei reicht das Spektrum von Texten, Arbeitsblättern und Grafiken über auditive Medien bis hin zu Multimedia (vgl. Seel und Winn 1997).

Methoden für den berufsbezogenen Unterricht

Die bisherigen Ausführungen bezogen sich auf die Gestaltung von Unterricht, aber sie treffen generell auch auf den Bereich der beruflichen Ausbildung zu. Die in Abb. 1.25 genannten methodischen Grundentscheidungen gehen auf Bonz (2006) zurück, dessen Ausführungen sich explizit auf die Berufsausbildung beziehen. Hinsichtlich der Unterrichtsmethoden, die zur Anwendung gelangen können, wird für den berufsbezogenen Unterricht zwischen vorwiegend besprechenden Verfahren (z. B. Lehrgespräch, Diskussion), darbietenden Verfahren (z. B. Vier-Stufen-Methode) und erarbeitenden Verfahren (z. B. Metaplanmethode, Rollenspiel, Leittextmethode, Projektmethode) unterschieden (Jüttemann 2013, Wilbers 2012). Die berufliche Ausbildung umfasst neben dem schulischen Anteil auch die betriebliche Ausbildung am Arbeitsplatz.

Vier-Stufen-Methode. Zum Vermitteln umfangreicher manueller Fertigkeiten und praktischer Tätigkeiten (z. B. Gewinde bohren, Elektrokupplungen herstellen, Bremsbeläge erneuern) ist es sinnvoll und zweckmäßig, eine methodische, d. h. planmäßige und schrittweise Form der Arbeitsunterweisung zu verwenden, wie sie die *Vier-Stufen-Methode* darstellt. Ziel dieser Methode, deren wesentlicher Teil am Arbeitsplatz vollzogen wird, ist der graduelle Aufbau von Geschicklichkeit und Gewandtheit bei der Ausführung einer Tätigkeit, die sich z. B. durch häufige Wiederholung einer Arbeitsaufgabe ergibt. Eine *Routinisierung* praktischer Tätigkeiten ist dort erforderlich, wo Sicherheitsbestimmungen oder Hygienevorschriften keinen oder nur wenig Interpretationsspielraum für den Handlungsträger gestatten. Routinisierung meint nicht Automatisierung, denn die Vier-Stufen-Methode zielt auf ein selbstständiges und flexibles Anwenden der gelernten Fertigkeiten.

Die Vier-Stufen-Methode

Stufe 1: Vorbereiten und erklären

Es geht darum, beim Auszubildenden ein Interesse an der zu erwerbenden Tätigkeit zu wecken. Der Ausbilder ermittelt den Kenntnisstand und knüpft an vorhergehende Lernerfahrungen an; er stellt das Arbeitsmaterial zur Verfügung und erklärt deren Handhabung.

Stufe 2: Vormachen und erklären

Der Ausbilder zerlegt die Tätigkeit in Teilschritte und erklärt dabei, was, wie und warum er das macht. Wenn erforderlich, werden einzelne Schritte wiederholt und das Wesentlich hervorgehoben. Abschließend wird der gesamte Arbeitsvorgang vorgeführt und die Auszubildenden werden zum Nachahmen aufgefordert.

Stufe 3: Nachmachen und erklären lassen

Der Auszubildende macht den Arbeitsvorgang nach und hat dabei zu erklären, was er wie und warum tut. Der Ausbilder korrigiert umgehend Fehler.

Stufe 4: Vertiefen durch Üben

„Übung macht den Meister!" Nach dieser Devise wird die erlernte Tätigkeit bis zur fehlerfreien Anwendung eingeübt – auch in anderen verwandten Anwendungsbereichen.

Eine detaillierte Beschreibung der Vier-Stufen-Methode hat Reibold (2007) für den praktischen Teil der Ausbilderprüfung vorgelegt. Die Übereinstimmung mit den traditionellen Formalstufen (Vormachen, Erklären, Nachmachen, Üben) ist unverkennbar. Anzumerken ist, dass der Vier-Stufen-Methode nicht nur für handwerkliche und industrielle Berufe, sondern auch für die Vermittlung kaufmännischer Tätigkeiten eine berufspädagogische Bedeutung zugeschrieben wird (vgl. Wilbers 2012) und dass die für den kognitiven Bereich entwickelte Lehrkonzeption der *Cognitive Apprenticeship* sich grundlegend an der Vier-Stufen-Methode orientiert.

Leittextmethode. So wie die Vier-Stufen-Methode, die ihre Wurzeln im Handwerk und in der industriellen Fertigung hat, ist auch die *Leittextmethode* nicht in der pädagogischen Theorie entwickelt worden, sondern in der betrieblichen Ausbildungspraxis. Die Leittextmethode erwuchs aus der Diskussion über *Schlüsselqualifikationen* in den 1970er Jahren. Auszubildende sollten nach dieser Methode dazu qualifiziert werden, in größeren Zusammenhängen zu denken (Möller 1999). Statt einer Routinisierung praktischer Tätigkeiten, wie von der Vier-Stufen-Methode angestrebt, stehen bei der Leittextmethode Problemlösungsfähigkeit, Planungsfähigkeit und soziale Kompetenz im Vordergrund. Hierfür erhalten die Auszubildenden bei der Bewältigung praktischer Tätigkeiten eine Anleitung anhand von schriftlichen Unterlagen (Müller 2001). Üblicherweise umfasst ein Leittext sechs Komponenten, die Pätzold (1996) in ein Phasenmodell eingebettet hat (■ Abb. 1.27).

Die für Unterricht und Ausbildung in Frage kommenden Lehrverfahren werden in der pädagogischen Fachliteratur umfassend und detailliert beschrieben und mit zahlreichen Beispielen verdeutlicht. Einer soliden methodischen Planung steht von daher nichts im Wege, was aber längst keine Garantie für einen gelingenden Unterricht ist. Denn Unterricht ist (weit mehr als die Ausbildung am Arbeitsplatz) ausgesprochen störanfällig.

■ Klassenmanagement

Unterrichtsstörungen sind bewusste oder unbewusste Unterbrechungen des Unterrichtsverlaufs und der Lehr- und Lernprozesse, entweder durch den Lehrenden oder die Lernenden oder durch äußere Umstände, die kurzzeitig, mittelfristig oder langfristig wirken. Unzureichende pädagogische Fähigkeiten und eine mangelnde persönliche Eignung einer Lehrperson, die sich z. B. in einem unsicheren Auftreten oder einem unruhigen Wesen mitteilen, können den Unterricht ebenso stören wie eine mangelnde Disziplin und soziale Kompetenz der Schülerinnen und Schüler. Während Störungen von außen (z. B. Lärm) kaum zu kontrollieren sind, sind die meisten Störungen in der Schulklasse bei einem angemessenen Klassenmanagement vermeidbar bzw. abstellbar (vgl. Bennett und Smilanich 1994, Perels et al. 2007).

> » Die Arbeit mit häufig mehr als 20 manchmal sogar 30 jungen Menschen in einem Klassenraum stellt eben sehr hohe Anforderungen an das Professionswissen und die Handlungsroutinen der Lehrer. Gleichwohl zeigt die Unterrichtsforschung, dass erfolgreiche Klassenführung erlernbar ist und innerhalb von professionellen Schulen auch unter schwierigen Bedingungen möglich wird (Brüning 2010, S. 8).

Nach Auffassung Brünings ist ein störungsvorbeugendes Lehrerverhalten während des Unterrichtsprozesses entscheidend, um dessen geregelten Verlauf zu gewährleisten. Hierfür spricht er Empfehlungen aus, die er als empirisch gesichert betrachtet. Unter anderem empfiehlt er Lehrpersonen, auf eine hohe Präsenz und einen reibungslosen Ablauf des Unterrichts zu achten, schüleraktivierend zu unterrichten und Langeweile und Überforderungen der Schüler zu vermeiden. Um Störungen vorzubeugen, empfiehlt Brüning, Regeln und Routinen einzuführen, um eine ruhige Lernatmosphäre zu erzeugen und angemessenes Schülerverhalten einzuüben und dann konsequent einzufordern (■ Abb. 1.28). Stärker auf ein Prozessmanagement, also auf das, was den direkten Ablauf einer Unterrichtsstunde betrifft, zielen die von Perels et al. (2007) genannten Aspekte, die

- die Verhaltensweisen aller am Unterricht beteiligten Personen,
- den Umgang der Lehrer mit Fragen und Beiträgen der Schüler,
- die Verabreichung von Rückmeldungen und
- die Motivierung der Schüler betreffen.

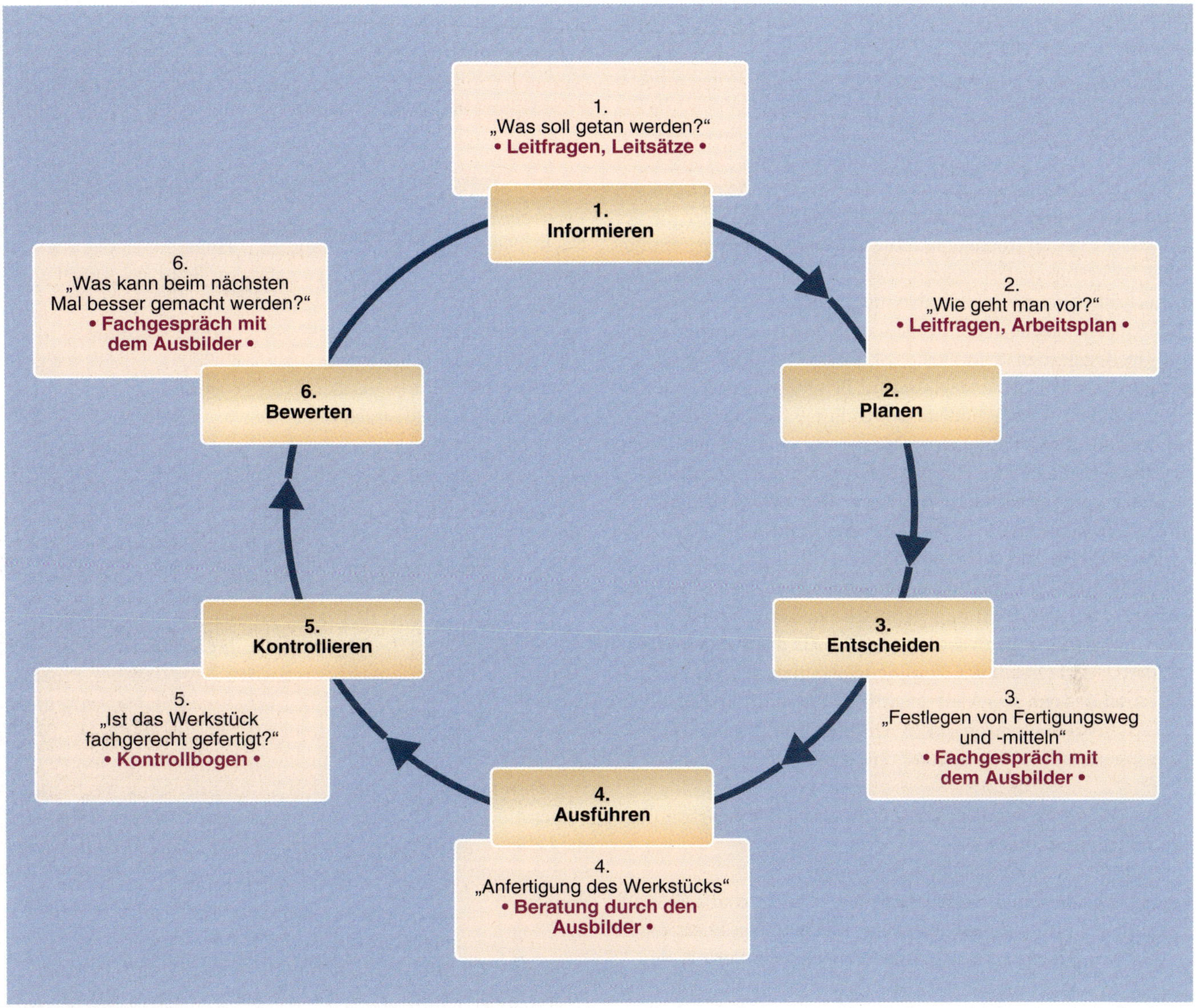

Abb. 1.27 Das Phasenmodell der Leittextmethode (Pätzold 1996, S. 178)

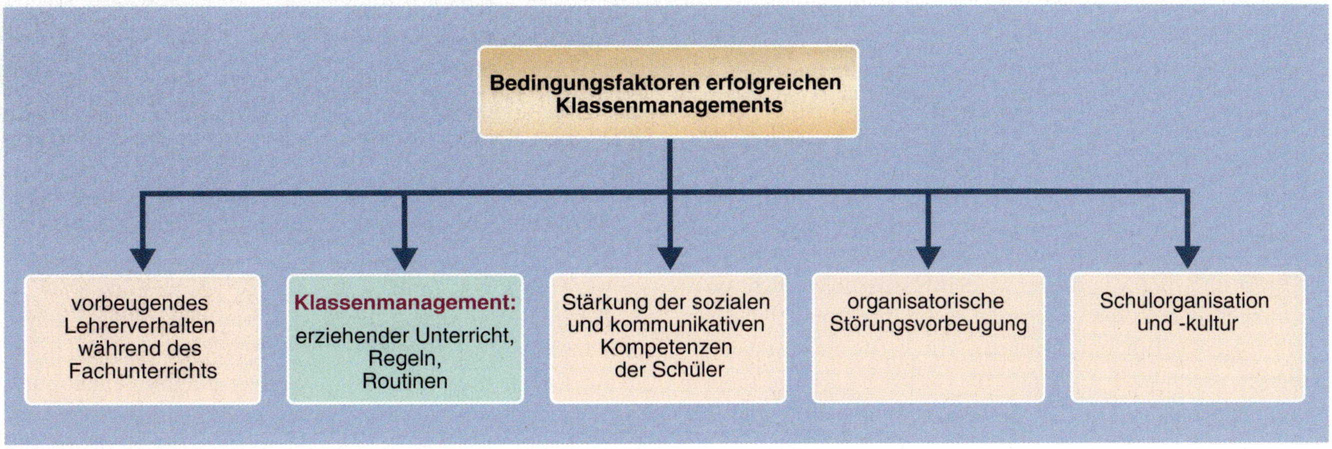

Abb. 1.28 Bedingungsfaktoren eines erfolgreichen Klassenmanagements (Brüning 2010, S. 8)

Die Fähigkeit zum Klassen- bzw. Prozessmanagement ist einer Lehrperson nicht angeboren, sondern muss sich im Verlaufe der praktischen Tätigkeit erst entwickeln. Lehrexperten verfügen über die metakognitive Kompetenz, das eigene Handeln zu beobachten und situationsspezifisch zu modifizieren (Seel 2003). Anfänger hingegen benötigen ein Training, um die Fähigkeit der Selbstbeobachtung und Modifikation des Lehrhandelns zu entwickeln. Lehrer- bzw. Lehrverhaltenstrainings hatten in den 1970er und 1980er Jahren Hochkonjunktur, wobei das Training kommunikativer Fertigkeiten zur Gesprächsführung und von Präsentationstechniken sowie Rollenspiele mit Videofeedback, praktische Unterrichtsversuche in der Realsituation mit Videoaufzeichnung und -feedback ebenso im Blickpunkt standen wie Trainings zum pädagogischen Selbstkonzept und zur Erweiterung und Differenzierung didaktisch-methodischer Handlungskompetenzen angehender Lehrerinnen und Lehrer. Mittlerweile ist die Begeisterung für Lehrverhaltenstrainings merklich abgeklungen und sie finden nur noch gelegentlich statt. Wer mehr über Lehrverhaltenstrainings, ihre theoretische Fundierung und praktische Umsetzung erfahren will, sei auf die ausgezeichnete Gesamtdarstellung von Toepell (2009) verwiesen (s. auch Pallasch et al. 1992). Der personelle, organisatorische und technische Aufwand, den Lehrtrainings in Kleingruppen voraussetzen, ist für die meisten Hochschulen in Anbetracht der Studierendenzahlen zu groß, um den Bedarf zu decken. Der kleinschrittige Erwerb und Aufbau von Professionswissen und -handeln wird daher der zweiten Ausbildungsphase, dem Referendariat, überlassen.

Jakob: „Was sagst du dazu, dass an Hochschulen Lehrtrainings kaum mehr stattfinden?"

Anna: „Auf der einen Seite schade, da es ja durchaus sinnvoll wäre, die Lehramtsstudenten möglichst früh in den Fertigkeiten zu trainieren, die für einen guten Unterricht erforderlich sind."

Jakob: „Das meine ich aber auch!"

Anna: „Ja, aber ich sehe auch die andere Seite. Die hat etwas mit dem Professionswissen und den pädagogischen Fähigkeiten derer zu tun, die Lehrerbildung betreiben. Und da sehe ich einen gewaltigen Vorsprung der Dozenten, die in der zweiten Ausbildungsphase tätig sind. Das sind doch überwiegend sehr erfahrene Lehrkräfte, die schulpraktische Erfahrungen haben und auch über pädagogische Theorien Bescheid wissen."

Jakob: „Das ist ein Punkt für dich. Ich bezweifele ja nicht, dass die Profs und ihre Mitarbeiter an den Hochschulen nicht über das theoretische Wissen verfügen, aber was ihre schulpraktischen Erfahrungen betrifft, bin ich sehr skeptisch. Die meisten von denen haben doch nicht mal einen Tag vor einer Klasse gestanden und unterrichtet."

Anna: „Ja, die kennen den Schulbetrieb eigentlich nur aus der Perspektive eines Schülers."

Jakob: „Was sie aber nicht davon abhält zu glauben, alles besser zu wissen und die Lehrer deshalb unentwegt kritisieren zu dürfen."

Anna: „Und dann wird den jungen Lehrerinnen und Lehrern in der Schule erst mal erklärt, dass sie ganz schnell alles vergessen sollen, was man ihnen an der Uni so über Pädagogik und Unterricht erzählt hat."

1.2.3 Generation, Biografie und Lebenslauf

Nach pädagogischem Verständnis beinhaltet Erziehung ein Grundverhältnis zwischen Generationen: Es ist die Aufgabe der älteren Generation, die nächste Generation zu erziehen. Der pädagogische Generationenbegriff, wie er im 19. Jahrhundert in die Diskussion eingeführt wurde (vgl. Kelle 2005), wird derzeit gelegentlich mit dem englischen Wort *generationing* umschrieben (Alanen 2001), um deutlich zu machen, dass es sich hierbei um einen ebenso komplexen wie dynamischen Prozess handelt, in dem die ältere Generation die sozialen Rollen von Heranwachsenden bestimmt (▣ Abb. 1.29). Eng verbunden mit der Idee des *generationing* als Prozess der Generationenbildung ist die Argumentation, dass hierbei *Biografien* und biografische Bildungsprozesse involviert sind.

Generationen und Biografien können als Ausdrucksformen einer *Pädagogik der Lebensalter* betrachtet werden, die sich mit struktur- und handlungstheoretischen Aspekten der Prozesshaftigkeit von Lebensläufen und Lebensgeschichten auseinandersetzt (Alheit und von Felden 2009, Schulze 2006). Die Pädagogik der Lebensalter stellt die biografischen Bedingungen und Dimensionen der Erziehung und Bildung der heranwachsenden Generation in den Mittelpunkt und untersucht deren Effekte auf die Lebensentwürfe von Personen (Eckert et al. 2011), wobei ein Schwerpunkt auf dem Kindesalter liegt (Grunert et al. 1999). Für die Erziehungswissenschaft stellen die Begriffe der Generation, der Biografie und des Lebenslaufs wichtige Kategorien der Analyse von Sozialisationsprozessen auf unterschiedlichen Ebenen dar und zugleich erlauben sie, Erziehungsprozesse in ihrer zeitlichen Dimension zu verorten.

1.2.3.1 Generation und Biografie

Die Begriffe *Generation* und *Biografie* sind eng verknüpft mit der Variable *Lebensalter*, was Goethe im Vorwort zu *Dichtung und Wahrheit* zu der Bemerkung veranlasste,

> » daß man wohl sagen kann, ein jeder, nur zehn Jahre früher oder später geboren, dürfte, was seine eigene Bildung oder die Wirkung nach außen betrifft, ein ganz anderer geworden sein (Goethe1811, S. XI).

Das Lebensalter ist keine Variable, die unmittelbar einen Einfluss auf menschliche Dispositionen hat. Die Zeit ist lediglich ein Index für Ereignisse, die oft einen relativen Zusammenhang mit dem Lebensalter aufweisen. Es steht einigermaßen fest, wann man in den Kindergarten geht, ab wann und wie lange man in der Regel die Schule besucht, wann man mit dem Studium beginnt oder in die Arbeitswelt eintritt und wann man in den Ruhestand geht. Demgegenüber stehen historische Ereignisse wie Kriege, Naturkatastrophen oder Hungersnöte nicht fest. Sie, wie auch einschneidende persönliche Ereignisse wie der Tod der Eltern oder des eigenen Kindes, vielleicht auch eine Trennung oder Scheidung vom Lebenspartner, prägen die individuellen Biografien. Zu diesen zeitlich nicht vorhersehbaren Ereignisse auf verschiedenen Ebenen gesellen sich persönliche Eigenarten eines Menschen, seine persönlichen Einstellungen, Wertbindungen und Ziele, die ihn prägen und ihn zu einem einzigartigen Wesen mit einer ebenso einzigartigen Biografie machen.

Das Lebensalter ist daher im Grunde nichts anderes als ein Ordnungskriterium, mittels dessen mehr oder weniger signifikante Erfahrungen nach dem Datum ihres Eintretens geordnet werden können. Vieles kann aber nicht sinnvoll nach dem Lebensalter geordnet werden. Vor allem jenseits des Jugendalters verliert das Lebensalter nach Meinung einiger Wissenschaftler (z. B. Neugarten 1980) zunehmend seine ordnende Funktion. Die Industrienationen sind auf dem Weg, „altersunabhängige Gesellschaften" zu werden. Entscheidungen bezüglich Lebensstil, Aussehen, sozialer Beziehungen, beruflicher Karriere und Freizeit werden zunehmend unabhängig vom Lebensalter getroffen. Weiterhin sind heutzutage ausgeprägte Unterschiede zwischen gleichaltrigen Menschen ein Grundmerkmal des Alterns. Während z. B. die einen mit 75 Jahren bei bester Gesundheit Weiterbildungsveranstaltungen besuchen und sich sportlich betätigen, sind andere pflegebedürftig. Es bestehen mitunter sehr markante Unterschiede zwischen den „jungen Alten" und den wirklich Alten, die sich nicht alleine mit der Zahl der Lebensjahre erklären lassen. Das lässt darauf schließen, dass oft die Unterschiede innerhalb einer Altersgruppe oder Generation größer sind als die Unterschiede zwischen verschiedenen Generationen.

Dennoch wird die menschliche Entwicklung üblicherweise in altersgradierte Lebensabschnitte eingeteilt. Die meisten gehen, wenn sie über die eigene Entwicklung oder die eines anderen berichten, nach Lebensabschnitten oder Lebensjahren vor. Das dient dazu, die Lebensgeschichte überschaubar und mit der Biografie anderer Personen derselben Altersgruppe oder einer anderen Generation vergleichbar darzustellen.

» Früher glaubte jede neue Generation, mit ihr fange die Welt an. Heute glaubt die neue Generation, mit ihr gehe sie zu Ende (Johannes Gross, deutscher Journalist und Publizist).

Die Problematik der Generationen hat derzeit Konjunktur. Auf Tagungen, in Ausstellungen und in politischen Debatten wird die Generationenproblematik unter den Schlagworten „Generationenvertrag" und „Generationensolidarität" von unterschiedlichen Seiten thematisiert und diskutiert. Der Begriff der Generation wird geradezu inflationär verwendet, z. B. um eine bestimmte Altersgruppe oder die Neuauflage irgendeines Produktes zu bezeichnen (z. B. Generation Praktikum, Generation Computerspiel, Generation X, Mediengeneration, Singlegeneration, Netzgeneration, 68er-Generation).

Tatsächlich ist das Leben in Generationen eine Alltagserfahrung, da jeder Mensch Eltern, Großeltern und ältere Verwandte hat, so dass das Wort Generation in der Alltagssprache einen gemeinsamen Bedeutungsgehalt aufweist. Die alltagssprachliche Verwendung des Begriffs Generation wie auch die Mehrdeutigkeit von Wörtern wie Generationsbeziehungen, Generationsverhältnisse und Generationensolidarität erschweren allerdings den wissenschaftlich-analytischen Zugang zum Thema.

Abb. 1.29 © Abel Mitja Varela / istockphoto.com

Stellt man jemandem die Frage, was unter Generation zu verstehen ist, so erhält man oft die Antwort, es handele sich hierbei um eine Unterscheidung der Abstammungsfolgen in Familien. Dies ist der *genealogische Generationenbegriff*. Darüber hinausgehend wird der Begriff der Generation aber auch zur Unterscheidung kollektiver historischer und/oder sozialer Gruppierungen verwendet, die sich durch ein gemeinsames Leben zur gleichen Zeit, durch gemeinsame prägende Erlebnisse und deren Verarbeitung charakterisieren lassen. Es ist dieser *historisch-gesellschaftliche Generationenbegriff*, für den Kaufmann (1993) eine Unterscheidung zwischen Generationsbeziehungen und Generationsverhältnissen vorgenommen hat. Als *Generationenverhältnisse* bezeichnete er die „für die Beteiligten nicht unmittelbar erfahrbaren, im wesentlichen durch die Institutionen des Sozialstaats vermittelten Zusammenhänge zwischen den Lebenslagen und kollektiven Schicksalen unterschiedlicher Altersklassen" (S. 97); demgegenüber bezeichnet er mit dem Hilfsbegriff der *Generationsbeziehungen* „die beobachtbaren Folgen sozialer Interaktion zwischen Angehörigen verschiedener, in der Regel familial definierter" Altersklassen und Kohorten (Kaufmann 1993, S. 97).

In der gesamten Geschichte der Menschheit standen die Beziehungen zwischen den Generationen und ihr Verhältnis zueinander zur Diskussion. Dabei wurde einerseits die Solidarität zwischen Jung und Alt betont, da ohne sie eine Gesellschaft langfristig nicht überleben kann. Andererseits wurden aber vor allem die Konflikte zwischen den Generationen hervorgehoben. Stark vereinfacht zeichnet sich dabei das Bild ab, dass die Alten üblicherweise den moralischen Niedergang der Jugend beklagten und die Jungen sich gegen die Bevormundung durch die Alten zur Wehr setzten.

» Die Jugend verflacht: anstatt in wetteiferndem Streben etwas leisten zu wollen, gibt sie sich oberflächlichen Vergnügungen hin, wobei der Sexualtrieb eine bestimmende Rolle spielt; sie kennt keine Zurückhaltung mehr in der Öffentlichkeit, sei es auf der Straße, sei es in Gaststätten niedrigster Art; sie erkennt keine Autorität der Erwachsenen an; sie will sich durch Geistreicheleien interessant machen (Isokrates, 438–338 v. Chr., zitiert nach Mietzel, 2002, S. 379).

In ähnlich negativer Weise äußerte sich auch Aristoteles (384–322 v. Chr.) über das Generationsverhältnis seiner Zeit, indem er der Jugend rundweg die Fähigkeit absprach, die Zukunft des Landes zu gestalten.

Wir wollen nicht bestreiten, dass es mitunter markante Unterschiede zwischen den Generationen gibt, aber diese lassen sich nicht alleine mit der Zahl der Lebensjahre erklären. Vielmehr werden die Generationen nämlich von historischen Ereignissen geprägt und zeigen deshalb unterschiedliche kulturelle und soziale Verhaltensmuster. Das kann sehr gut am Beispiel der häufig angeführten *68er-Generation* (gemeint sind damit die Geburtsjahrgänge 1940 bis 1950) verdeutlicht werden. Die gesellschaftlichen Konflikte, die Ende der 1960er Jahre weltweit aufbrachen, werden im Rückblick gerne als Generationenkonflikt dargestellt, was sie aber nur zum Teil waren (▶ Kap. 2).

Allgemein wird der *pädagogische Generationenbegriff* als eine anthropologische Grundkategorie betrachtet, in der es um ein Grundverhältnis der Erziehung, genauer um das Verhältnis zwischen Bildung vermittelnder und aneignender Generation geht. Dazu stellt Mollenhauer (1998) fest, dass sich Generationen nicht einfach als Altersklassen und Kohorten beschreiben lassen, sondern dass „ihre Realisation einerseits das Problem der personalen Beziehung zwischen Erwachsenen und Kindern in sich birgt, andererseits aber auch als gesellschaftlich-strukturelles Verhältnis der generativen Reproduktion" festlegt (S. 35). Das Verhältnis der Generationen zueinander ist ein allgemeines pädagogisches Problem, für den Bereich der Sozialpädagogik indessen ist es von besonderer Wichtigkeit.

Generationenbeziehungen begründen Solidaritäten und provozieren Konflikte, wobei diese nicht losgelöst vom Familiensystem betrachtet werden können. Ein Generationenkonflikt tritt z. B. auf, wenn die ältere und die jüngere Generation (seien dies nun Vater und Sohn/Tochter oder Mutter und Sohn/Tochter) unterschiedliche Werte vertreten und verschiedenartige Meinungen zu Themen des alltäglichen Lebens entwickeln. Dazu kommen Konflikte, die auf unterschiedlichen Rollenerwartungen begründet sind und sich oft als unvereinbar zwischen Eltern und Kindern herausstellen.

Wie sieht es heutzutage mit dem Konfliktpotential zwischen den Generationen aus? Eine Antwort auf diese Frage kann man aus der Shell-Studie 2010 ableiten. Die Shell-Jugendstudien analysieren seit 1953 die Lebenssituation und Einstellung Jugendlicher in Deutschland und stützen sich dabei jeweils auf eine repräsentativ zusammengesetzte Stichprobe (im Jahr 2010 waren dies 2604 Jugendliche im Alter von 12 bis 25 Jahren aus den alten und neuen Bundesländern). Die Erhebungen finden üblicherweise in Form eines standardisierten Fragebogens statt. Zusammengefasst ergeben sich für die Bereiche *soziales Engagement* und *Familie* für das Jahr 2010 die folgenden Ergebnisse:

- Von vielen Jugendlichen wird im Vergleich zu früheren Befragungen mehr *soziales Engagement* und Verständnis für Ältere geäußert. Im Vergleich zu den Vorjahren sind immer mehr Jugendliche sozial engagiert. Allerdings ist das soziale Engagement offenkundig bildungs- und schichtabhängig: Je gebildeter und privilegierter die Jugendlichen sind, desto eher sprechen sie sich dafür aus, sich aktiv für den guten Zweck zu engagieren.
- Die *Bedeutung der Familie* für Jugendliche ist angestiegen. Mehr als drei Viertel der Jugendlichen stellen für sich fest, dass man eine Familie braucht, um wirklich glücklich leben zu können. Das bezieht sich nicht nur auf die Gründung einer eigenen Familie, sondern auch auf die Herkunftsfamilie. Mehr als 90 % der Jugendlichen haben ein gutes Verhältnis zu ihren Eltern. Auch mit deren Erziehungsmethoden sind die meisten einverstanden. Fast drei Viertel aller Jugendlichen würden ihre eigenen Kinder so erziehen, wie sie selbst erzogen wurden – ganz im Sinne des Spruchs „Wie die Alten sungen, so zwitschern auch die Jungen".

Ursprünglich und lange Zeit bezog sich der pädagogische Begriff der Generation ausschließlich auf die gesellschaftliche Tätigkeit der Erziehung, für die nur zwei Generationen, die der Erzieher und die der zu Erziehenden, vorausgesetzt wurden. Die dabei üblicherweise zugrunde gelegte Unterscheidung der Generation der zu erziehenden Kinder und Jugendlichen gegenüber der erziehenden Generation der Erwachsenen gilt heutzutage jedoch nicht mehr, da Lernen nicht mehr ausschließlich in der Jugend stattfindet, sondern zu einer dauerhaften lebensbegleitenden Aufgabe geworden ist. Das hat erhebliche Folgen für die pädagogischen Generationenbeziehungen, und in heutigen Gesellschaften ist es nicht unüblich, dass junge und ältere Erwachsene gleichzeitig beiden pädagogischen Generationen (der vermittelnden und der lernenden Generation) angehören.

In den letzten zwei Jahrzehnten haben sich die Diskussionen zur Generationenfrage allerdings in bedeutsamer Weise verschoben. Nicht mehr die „Rebellion der Jungen" gegen die ältere Generation steht im Mittelpunkt, sondern die Stellung der älteren Menschen, denn die Veränderungen der Altersverteilung haben zu historisch neuen Entwicklungen geführt. Eine markante Veränderung auf individueller Ebene ist die höhere Lebenserwartung. In den Industrienationen werden die Menschen immer älter. Deshalb gibt es derzeit mehr Menschen im Rentenalter und mehr hochaltrige Menschen als je zuvor. Das führt zu neuen Herausforderungen der Gesellschaft im Allgemeinen (Gesundheitsdienste, Wohnen im Alter usw.) und des Zusammenlebens der Generationen.

Ausgehend von theoretischen Überlegungen und Befunden empirischer Studien hat Lüscher (1998) mehrere Merkmale von Generationenbeziehungen für postmoderne Gesellschaften benannt:

- Generationenbeziehungen konstituieren personale Identitäten und soziale Systeme, die sich gegenseitig bedingen. Kulturelle Werte und sozialer Status werden zwischen den Generationen vermittelt, was dazu führt, dass Eltern und Kinder oft eine ausgeprägte Statusähnlichkeit aufweisen.
- Generationenbeziehungen sind allgemein eng verknüpft mit Geschlechterrollen. Frauen spielen bei der alltäglichen Gestaltung der Generationenbeziehungen eine Schlüsselrolle. So ist die Pflege betagter Familienmitglieder immer noch weitgehend „Frauensache".

- Generationenbeziehungen sind fester Bestandteil des alltäglichen Lebens und akzentuieren sich in besonderen Lebenssituationen in Abhängigkeit gesellschaftlicher Entwicklungen, die den Rahmen des bisher erlebten Alltags sprengen (z. B. wenn erwachsen gewordene Kinder ausziehen und die Eltern bemerken, dass für sie die nachelterliche Lebensphase begonnen hat).
- Generationenbeziehungen begründen Solidaritäten und lösen Konflikte aus. Die demografische Entwicklung hat allerdings dazu geführt, dass die Konflikte weniger alters- als situationsabhängig sind. Die Diskussion hat sich von der uralten Generationenfrage auf die ältere Generation verlagert.
- Generationenbeziehungen werden maßgeblich von Überzeugungen beeinflusst. Wie andere gesellschaftliche Bereiche wird auch die Generationenfrage nicht allein durch objektive Tatbestände, sondern auch durch subjektive Vorstellungen, Leitbilder oder Vorurteile und Mythenbildung bestimmt.

1.2.3.2 Biografie und Lebenslauf

In der Pädagogik der Lebensalter sind die Begriffe *Biografie* und *Lebenslauf* neben dem Begriff Generation die zentralen Konzepte. Während sich der Begriff Generation auf den Querschnittcharakter von Generationsbeziehungen bezieht, steht bei Biografie und Lebenslauf der *Längsschnittcharakter* der Individuation (Menschwerdung) im Vordergrund – gleichsam von der Wiege bis zur Bahre.

Die Verwendung des Begriffspaares Biografie und Lebenslauf führt zu der Frage, ob damit Gleiches oder Unterschiedliches gemeint ist. Offenkundig Unterschiedliches ist gemeint, wenn man die alltagssprachlichen Verwendungen beider Begriffe in Betracht zieht, wie aus folgendem Beispiel hergeleitet werden kann. Anlässlich der anstehenden Neuwahl des Bundespräsidenten im Juni 2010 spottete der Vorsitzende der SPD: „Joachim Gauck bringt ein Leben mit in seine Kandidatur und in sein Amt, und der Kandidat der Koalition bringt eine politische Laufbahn mit." Damit schrieb er dem einen Kandidaten, der mittlerweile nach einigen politischen Wirren Bundespräsident geworden ist, eine Biografie zu, dem anderen aber nur einen Lebenslauf. Zur Unterscheidung beider Begriffe führte Fuchs (1983) aus, dass wir im Alltag in Form von Anekdoten und Geschichten unsere Biografie erzählen, während wir im Lebenslauf die wichtigsten individuellen Daten unseres Lebens- und Ausbildungsganges auflisten.

> » Denn dieses scheint die Hauptaufgabe der Biographie zu sein, den Menschen in seinen Zeitverhältnissen darzustellen, und zu zeigen, inwiefern ihm das Ganze widerstrebt, inwiefern es ihn begünstigt, wie er sich eine Welt- und Menschenansicht daraus gebildet (Goethe 1811, S. X f.)

In Entsprechung mit diesem Biografiebegriff von Goethe definiert Meulemann (1999) den *Lebenslauf als Resultat aus Entscheidungen* während des Lebens einer Person, die *Biografie als das Ergebnis der Reflexion* über getroffene Entscheidungen. Der Lebenslauf gibt Auskunft über die gesellschaftliche Rahmung von Biografien. Der Begriff Lebenslauf ist enger gefasst als der Begriff Biografie und wird üblicherweise mit der Abfolge der innerhalb der Lebensspanne einer Person auftretenden bedeutsamen Ereignisse verknüpft, während die *Biografie als Lebensgeschichte* die subjektive Deutung dieser Ereignisse darstellt. Im Lebenslauf wird der Gegenstand der Biografie hervorgebracht, die als mündliche oder schriftliche Darstellung der Lebensgeschichte stets eine *Sinnkonstruktion* ist. Menschen entwerfen ihre eigenen Biografien je nach Bedarf in unterschiedlichen Lebenssituationen (z. B. bei der Aufnahme persönlicher Beziehungen, bei der eigenen Lebensrückschau). Obwohl Biografien ein wichtiges Instrument der Erinnerung (auch an andere Personen) darstellen, darf ihnen nicht uneingeschränkt vertraut werden, da sie eher zum Ausdruck bringen, wie sich eine Person gerne selbst im Rückblick sieht.

Im Lebenslauf spiegelt sich nicht nur die individuelle Persönlichkeit wider, sondern auch die Gesellschaft in Form von Erwartungen, Werten und Normen. An jeden Lebensabschnitt werden bestimmte gesellschaftliche Vorstellungen und Erwartungen geknüpft. Die individuelle Lebensgeschichte ist *idiosynkratisch*, wird aber wesentlich durch die verschiedenartigsten Formen der Interaktion mit anderen Menschen beeinflusst. Die Eigentümlichkeit der Lebensgeschichte besteht in der Einmaligkeit und Unwiederholbarkeit – deshalb ist die oft im Alltag zu hörende Aussage „Wenn ich noch mal die Gelegenheit hätte, würde ich …" Unsinn. Die Idiosynkrasie bzw. Eigentümlichkeit der Lebensgeschichte bewirkt auch, dass die Biografie eines Menschen nur genau so möglich ist, wie sie geschildert wird, denn das, was sich ereignet, geschieht nur ihm, und nur er ist in die Lebensereignisse in einzigartiger Weise verstrickt, niemand anders sonst. Interindividuelle Unterschiede in den Lebensläufen bzw. Biografien sind daher die Regel.

▪ Kontinuität im Wandel

Der Fokus der erziehungswissenschaftlichen Biografieforschung lag in der Vergangenheit auf den interindividuellen Unterschieden in einer Lebensphase bzw. auf den Übergängen von einer Lebensphase zur nächsten, wobei die Entwicklung im Kindes- und Jugendalter im Vordergrund stand und steht (vgl. Grunert et al. 1999). Mittlerweile hat sich infolge der demografischen Entwicklung das Untersuchungsinteresse auch auf spätere Abschnitte des Lebensalters verlagert (Gereben und Kopinitsch-Berger 1998). Allgemein wird dabei davon ausgegangen, dass die Wertsysteme und Handlungsweisen von Menschen einem Prozess lebenslangen Lernens unterworfen und somit auch veränderbar sind (Hervieu-Léger 2000). Das wird als *Kontinuität im Wandel* bezeichnet.

Was damit gemeint ist, kann sehr gut anhand des Beispiels *Die Kinder von Golzow*, einer filmischen Langzeitdokumentation über die Schüler einer Schulklasse aus dem brandenburgischen Golzow im Oderbruch, gezeigt werden. In 20 Filmen begleiteten die Filmemacher Barbara und Winfried Junge 18 Menschen der Jahrgänge 1953 bis 1955 von 1961 bis 2007 auf ihrem Lebensweg. Die emotional anrührenden Filme beleuchten nicht nur die individuellen Lebensgeschichten dieser Menschen, sondern auch ihre sich verändernden Lebenslagen über eine Zeitspanne von fast fünf Jahrzehnten, wobei die Vereinigung der beiden deutschen

Staaten das herausragende historische Ereignis mit individuell höchst unterschiedlichen Folgen darstellt. Mit den beiden Teilen *Und wenn sie nicht gestorben sind …* und *… dann leben sie noch heute* endet die längste und preisgekrönte Dokumentation der Filmgeschichte, die zugleich ein beeindruckendes Dokument der Biografiearbeit darstellt (zum Lesen: Junge und Junge 2009).

Jochen – ein Golzower aus Philadelphia

„Jochen wird 1955 in Philadelphia im Landkreis Oder-Spree geboren und hat zwei Brüder und eine Schwester. Sein Vater ist bis zu seinem Tod Leiter der Maschinen-Tausch-Station und muss berufsbedingt häufig umziehen, weshalb Jochen aus Philadelphia nach Golzow zieht. … Lustig wird er 33 Jahre später beim erwähnten Grillen seinen Klassenkameraden erzählen, welche Missverständnisse ihm in der Schule wegen seines Geburtsortes begegnet sind. […]

Nach einem Jahr Schule in Golzow zieht die Familie nach Bernau, nach insgesamt acht Jahren verlässt Jochen die Schule und besucht ab 1971 eine Berufsschule für Melker. Nachdem er die Lehre […] besteht, meldet Jochen sich für drei Jahre freiwillig bei der Armee. Dort ist er bei der Grenzsicherung und berichtet von den Schwierigkeiten und Problematiken des Schießbefehls. Selbst auf einen Menschen geschossen hat er nie. Auch ist er nie Mitglied der SED gewesen, dafür aber im Deutschen Bauern Bund und sogar Stadtverordneter, was ihm im Nachhinein lächerlich vorkommt. Jochen mag die Genossen und Systemkonformität nicht. Sein Leben lang eckt er damit an einigen Stellen an. Zwar hätte er als Sohn seines hochgestellten Vaters mehr erreichen können, als Melker zu werden, aber der Umgang mit Tieren macht ihm Spaß.

Mit 22 Jahren lernt er die 14-jährige Manuela kennen. Sie ist mit 16 von ihm schwanger und wird trotz Widerstands der Familie und des Staates seine Frau, mit der er noch heute verheiratet ist und insgesamt drei Kinder zeugt. Wegen des Kalten Krieges macht er sich Sorgen, ob seine Kinder im Frieden leben werden. Auf das Haus, in dem Jochen lebt, erhebt nach der Wende ein Westdeutscher Anspruch. Überhaupt bringt ihm die Wende nicht viel Gutes. Er ist sich unsicher, wie er seine Kinder erziehen soll. Im Betrieb fehlen Entscheidungsträger, sodass es noch schlechter läuft als in DDR-Zeiten, als wenigstens noch alle etwas zu tun hatten.

Aber auch vor der Wende läuft es in der DDR schlecht. Jochen beteiligt sich an einer Demonstration auf dem Alexanderplatz kurz vor der Wende und beschwert sich, dass alles kaputt sei. Spaßig fügt er hinzu, er werde nach Kanada auswandern. Er hat es nicht getan. Bald verlieren er und seine Frau nach der Wende ihren Arbeitsplatz. […] Aus diesem Grund verwundert es nicht, dass Jochen die Wiedervereinigung als etwas Schlechtes ansieht, das die kleinen Leute bestraft.

Elke – ein Kind von Golzow

In ihrer Kindheit lebt Elke mit ihren Eltern nahe Golzow und geht in dem Ort zur Schule, mit Bildern ihrer Einschulung beginnt der Film. Die darauf folgende Schullaufbahn verläuft für Elke erfolgreich, sie schreibt gute Noten und macht nach der 10. Klasse ihren Abschluss. In der Nähe ihrer Heimatortes bleibend, beginnt sie daraufhin eine Ausbildung zur technischen Zeichnerin, dem Beruf, dem sie bis zum Mauerfall nachgehen wird.

Die wichtigere Rolle in Elkes Leben spielt die Familie. Ihre erste Tochter, Doreen, bekommt sie mit 19, weniger als ein Jahr nachdem sie ihren ersten Mann, Dietmar Glante, geheiratet hat. Von diesem lässt sie sich schon nach einem Jahr scheiden. Auf diese erste folgen zwei weitere längere Beziehungen, bevor sie ihren neuen Mann trifft; mit ihrem ersten Lebensgefährten hat sie noch eine weitere Tochter, Ulrike.

Nach dem Fall der Mauer beschließt Elke, aus dem Filmprojekt auszusteigen. Nach 2 Jahren trifft sie sich jedoch wieder mit Junge und die Arbeit wird fortgesetzt. Nach dem Mauerfall musste sie eine Umschulung machen, um nicht arbeitslos zu werden, ansonsten habe der Mauerfall wenige Veränderungen für sie gebracht.

Das Ende des Films zeigt Elke und ihren neuen Mann Friedel, einen Unternehmer aus Frankfurt am Main, bei einer Feier in deren Neubauhaus zwischen Golzow und Frankfurt.

‚Was geht Euch mein Leben an?' zeigt nicht das Leben einer Rebellin oder auch einem Unterstützer des Systems, sondern das einer einfachen Bürgerin der DDR. Elke lebt ganz einfach ein ganz normales Leben mit Familie und Arbeit, mit Höhen und Tiefen, ohne dass die Politik oder das System je eine große Rolle spielen."

(Quelle: ► http://de.wikipedia.org/wiki/Die_Kinder_von_Golzow)

Die Kinder von Golzow ist nicht nur ein eindrucksvolles Dokument der Kontinuität im Wandel, sondern noch viel mehr der *Diskontinuitäten* der individuellen Entwicklung – ausgelöst vor allem durch ein unvorhersehbares historisches Ereignis, das in vielen Fällen zu dramatischen Veränderungen der Bildungsprozesse und Lebensverläufe geführt hat: dem Mauerfall und damit dem Ende der DDR.

Die Problematik der Erziehungs- und Bildungsprozesse zwischen Kontinuität und beruflicher Karriere wird in Deutschland auch unter Hinweis auf das Phänomen der Mehrfachausbildung diskutiert. Mit den Auswirkungen der Mehrfachausbildung auf individuelle Biografien hat sich die Westdeutsche Lebensverlaufsstudie des Max-Planck-Instituts für Bildungsforschung und des Instituts für Arbeitsmarkt- und Berufsforschung in Bezug auf die Geburtsjahrgänge 1964 und 1971 befasst, deren Ausbildungs- und Berufsverläufe in einer umfassenden retrospektiven Längsschnittstudie (an 2878 Personen) untersucht wurden (Corsten und Hillmert 2001). Die Ergebnisse zeigen tatsächlich eine Kontinuität im Wandel, insofern bei Mehrfachausbildungen die späteren Ausbildungen sich zu einem großen Teil an der Erstausbildung orientierten und zu einer Höherqualifizierung führten, mit der Konsequenz, dass Mehrfachausbildungen interindividuelle Bildungsunterschiede eher vergrößerten als ausglichen (Hillmert und Jacob 2003).

Zur Gestaltung berufsbiografischer Diskontinuität mit besonderer Bezugnahme auf Bewältigungsstrategien ostdeutscher

Berufs- und Hochschulabsolventen befassen sich zahlreiche Untersuchungen, auf die hier nur hingewiesen werden kann (z. B. Schlegel 1995, Struck-Möbbeck et al. 1996). Abschließend und als Zusammenfassung der aufgeführten Studien kann festgehalten werden, dass Kontinuität im Wandel als *Entwicklungsmerkmal* verschiedenartig realisiert werden kann: Es kann Wachstum bedeuten, indem Neues zum Alten hinzugefügt wird. Es kann aber auch das Ersetzen oder Verschwinden des Früheren, die Modifikation als qualitativer Wandel einer Lebenslage oder auch eine Ausdifferenzierung der Daseinsformen bedeuten.

■ Baby- und Kinderbiografien

Obwohl die genannten Untersuchungen zum Aspekt der Kontinuität im Wandel überwiegend mit Erwachsenen durchgeführt wurden, darf dies nicht darüber hinwegtäuschen, dass im Mittelpunkt der erziehungswissenschaftlich relevanten Biografieforschung vor allem die Lebensphase der Kindheit steht. Der Lebensabschnitt insbesondere der frühen Kindheit ist nicht nur für die Biografieforschung von großer Bedeutung, sondern auch für die Eltern. Diese verbringen viel Zeit damit, liebevoll ihre Kinder in den verschiedensten Lebenssituationen zu beobachten. Viele Eltern führen auch mehr oder weniger ein genaues Protokoll über die Beobachtungen – z. B. wann das erste Zähnchen zu sehen war, wann das Kleinkind zu laufen begann oder wann es zum ersten Mal Mama oder Papa sagte. Diese Aufzeichnungen werden in der Entwicklungspsychologie auch *Babybiografien* genannt (Mietzel 2002).

Nicht nur heute werden solche Babybiografien gerne verfasst, sie waren auch schon vor Jahrhunderten beliebt. Mietzel verweist beispielsweise auf die biografischen Aufzeichnungen, die Darwin und Pestalozzi über die individuellen Werdegänge ihrer Söhne angefertigt haben, wobei beide allerdings unterschiedliche Absichten hegten. Darwins (1877) biografische Skizze seines Sohnes, die in den 50 Jahren nach ihrer Veröffentlichung viele Nachahmer fand (Dennis 1936), diente dazu, aus einem Einzelfall allgemeine Schlussfolgerungen herzuleiten, was natürlich nicht möglich ist. Pestalozzi (1774) beobachtete nicht nur das Verhalten seines Sohnes in verschiedenen Lebenssituationen, sondern fertigte die biografischen Aufzeichnungen an, um das Resultat einer streng nach Rousseaus *Emile* ausgerichteten Erziehung zu dokumentieren. Natürlich musste Pestalozzi damit scheitern; sein Sohn musste mit 11 Jahren in die Obhut einer Pflegefamilie übergeben werden, und so richtig erholen konnte er sich bis zu seinem Tod im Alter von 31 Jahren nicht von den Strapazen der väterlichen Erziehung.

Grundsätzlich gilt: Baby- und Kinderbiografien sind für Eltern gut, nicht aber für eine wissenschaftliche Aufarbeitung von Lebensgeschichten.

Sofern die moderne erziehungswissenschaftlich relevante Biografieforschung zugleich auch Kindheitsforschung sein will und ist, untersucht sie auf der Grundlage autobiografischer Materialien oder Interviews mit Erwachsenen, welche Relevanz Kindheitserfahrungen für die weitere Sozialisations- und Bildungsgeschichte der Individuen haben. Dieses Interesse an der Bedeutung von Kindheitserfahrungen für die weitere Persönlichkeitsentwicklung teilt sie mit der Psychoanalyse, die den Ursachen und Gründen psychischer Erkrankungen in der Kindheit nachspürt. In seinem Werk *Anatomie der menschlichen Destruktivität* führte Fromm (1974) eindrucksvoll Psychoanalyse und Biografien zusammen, indem er unter Zugrundelegung von Biografien Stalin als klinischen Fall von nichtsexuellem Sadismus, Himmler als klinischen Fall des anal-hortenden Sadismus und Hitler als klinischen Fall der Nekrophilie beschrieb. Im Unterschied zur Psychoanalyse, die kausalanalytisch ausgerichtet ist, ist die erziehungswissenschaftliche Biografieforschung deskriptiver Natur. Dies trifft auch auf die biografisch orientierte Kindheitsforschung zu, die bereits im Schulalter ansetzt und Kinder nach ihrer Lebensgeschichte fragt, um Veränderungen der kindlichen Normalbiografien zu analysieren (vgl. Krüger et al. 1994). Im Unterschied zur Entwicklungspsychologie und Soziologie des Lebenslaufs, die sich in erster Linie auf quantitative Untersuchungsmethoden stützen, arbeitet die pädagogische Biografieforschung primär, wenn auch nicht ausschließlich, mit autobiografischen Materialien und qualitativen Verfahren wie z. B. Interviews und Protokollen der teilnehmenden Beobachtung.

■ Biografie und Tagebuch

Viele Kinder (insbesondere Mädchen) notieren auch heute noch – besonders in der Pubertät –wichtige Ereignisse in ihrem Leben, Wünsche und Enttäuschungen, Probleme und Erfolge in einem Tagebuch. Für die Biografieforschung sind solche *Tagebuchaufzeichnungen* interessant, weil darin auch intime Probleme und Tabus angesprochen werden, die üblicherweise nicht öffentlich mitgeteilt werden. Tagebuchaufzeichnungen dienten bereits Bühler (1934) als Grundlage für entwicklungspsychologische Analysen der Entwicklung im Jugendalter, sie haben ihren Reiz bis heute nicht verloren (Soff 1989). Obwohl es durchaus beeindruckende Tagebuchaufzeichnungen gibt (wie z. B. die Tagebücher der Anne Frank), wird ihr Wert für die Biografieforschung nicht unkritisch gesehen, da sie höchst subjektiv und gelegentlich auch verfälscht oder rechtfertigend sein können.

Das gilt ebenso für *Autobiografien*, die sich die Erinnerung als biografische Wissensressource zu Nutzen machen (Kauppert 2010). Autobiografien dienen der Erfahrungsbildung und der Vergangenheitsbewältigung und manches, was als lebensgeschichtliche Erinnerung mitgeteilt wird, geht gar nicht auf eigene Erlebnisse zurück, sondern speist sich aus ganz anderen Quellen (z. B. Erzählungen der Eltern, Bücher, Filme), die der eigenen Lebensgeschichte einverleibt werden. Dazu hat die Forschung zum autobiografischen Gedächtnis beeindruckende Befunde geliefert (► Abschn. 3.3). Zwar gibt es durchaus auch sehr interessante Autobiografien von Politikern, Gelehrten, Dichtern und Künstlern, die sich als Selbstzeugnisse zu lesen lohnen (z. B. Kankeleit 1959), aber sie sind eher als literarische Gattung zu betrachten.

Jakob: „Du kennst doch bestimmt noch die Geschichten von Käpt'n Blaubär aus der *Sendung mit der Maus*."

Anna: „Klar! Die waren immer sehr lustig und ich habe fast keine verpasst."

Jakob: „Hihi, der Käpt'n hat auch eine Autobiografie verfasst. Die hat den Titel *Die 13½ Leben des Käpt'n Blaubär*. Da werden die ‚halben Lebenserinnerungen eines Seebären' aufgetischt. Das muss man einfach gelesen haben."

Anna: „Das habe ich längst."

Im Unterschied zu Autobiografien und Tagebuchaufzeichnungen werden Verfahren der teilnehmenden Beobachtung und der objektiven Hermeneutik als verlässlicher, wenn auch nicht problemlos beurteilt (Sackmann 2007). Dabei nimmt die sogenannte *Biografiearbeit* eine besondere Stellung ein.

▪ Biografiearbeit

Biografiearbeit ist ein qualitatives Verfahren, das darauf zielt, individuelle Biografien in einem gesellschaftlichen und historischen Zusammenhang zu sehen, um eine sich erinnernde Person bei der Bilanzierung des bisherigen Lebens zu unterstützen. In der Literatur (z. B. Miethe 2011, Ruhe 2012) wird relativ einmütig argumentiert, dass die Auseinandersetzung mit der eigenen Vergangenheit dazu beiträgt, persönliche Verunsicherungen abzubauen, das Selbstvertrauen zu stärken und älteren Menschen dabei zu helfen, das Älterwerden besser zu bewältigen. Dementsprechend ist Biografiearbeit in der Gesundheits- und Altenpflege schon seit längerem fest etabliert (Specht-Tomann 2009). Aber sie ist nicht auf diesen Bereich beschränkt, da sie in den unterschiedlichsten Bereichen (z. B. Familie, Arbeit, Schule) und praktisch in jeder Altersstufe (Ryan und Walker 2007) und in unterschiedlichen sozialen Settings (z. B. Einzel- oder Gruppenarbeit) durchgeführt werden kann. Folglich ist die Biografiearbeit mittlerweile in den verschiedensten Anwendungsfeldern verbreitet, zu denen u. a. die Heilpädagogik, die Erwachsenenbildung, die Kinder- und Jugendarbeit zählen (Hölzle 2011, Lattschar und Wiemann 2011, Lindmeier 2004). Da die Arbeit an der eigenen Biografie auf Eigen- und Fremdverständnis zielt, kann sie auch effektiv in der Schule und Hochschule angewendet werden – z. B. zum Einstieg in die Behandlung eines Unterrichtsthemas. Der Biografiearbeit wird gelegentlich eine besondere Bedeutung für den Erziehungs- und Bildungsbereich zugesprochen, da sie sich laut Gudjons et al. (1986) für die Reflexion über das eigene Lernen im Kontext der Biografie eignet und sowohl in Gruppenarbeit als auch in Einzelarbeit durchführbar ist.

» **das weite suchen**
mich zurückziehen.
von der fülle lassen.
mich konzentrieren auf das Wesentliche.
die augen klar werden lassen.

den punkt finden,
von dem ich ausgehe,
an den ich immer wieder
zurückkehren werde.
mit wenigen gehen,
und mit diesen weit.

wache worte
an die wände werfen
und vor den scherben
nicht erschrecken.

die stille aufnehmen.
mit den Ängsten Freundschaft halten.
der Geduld Tür und Tor öffnen.
und den kampf verstehen.

nicht länger
heimatlos sein.

(Heidebrecht 1983, zit. nach Gudjons et al. 2008)

Biografiearbeit zielt nach allgemeiner Auffassung darauf ab,

1. die Fähigkeit zu stärken, sich mit der eigenen Vergangenheit auseinanderzusetzen,
2. die eigene Lebensgeschichte zu rekonstruieren und ein Verständnis für die eigene Biografie zu gewinnen,
3. zu einer Integration der Lebensgeschichte zu gelangen, indem Erkenntnisse über Kontinuität und Diskontinuität in eine Gesamtsicht integriert werden.

Zeitlich betrachtet geht es einerseits um die Bilanzierung und Erzeugung von Kohärenz bisheriger Lebenserfahrungen in das gegenwärtige Selbstbild, andererseits um die Lebensplanung und erfahrungsbegründete Entscheidungen im Hinblick auf zukünftiges Handeln – *um* aus der Vergangenheit für die Zukunft zu lernen. Biografiearbeit wird zu einem Mittel, ein Gefühl von Kohärenz zu entwickeln und die eigene Identität als eine integrierte Ganzheit zu empfinden.

Tab. 1.8 Ausschnitt aus einem Gesprächsleitfaden. (Quelle: ▶ www.altenpflegemagazin.de)

Gesprächsleitfaden für die Biografiearbeit
Soziales Umfeld
– Welchen Beruf übte Ihr Vater aus? – Welche Eigenschaften mochten Sie an Ihrem Vater und welche nicht? – War Ihre Mutter berufstätig oder versorgte sie den Haushalt? – Welche Eigenschaften mochten Sie an Ihrer Mutter und welche nicht? – Haben Sie Brüder oder Schwestern? Sind Ihre Geschwister älter oder jünger? – Wie war das Verhältnis zu den Geschwistern in der Jugend? Haben Sie sich häufig gestritten? Wie ist das Verhältnis heute? – Haben Sie Ihre Groß- oder Urgroßeltern bewusst erlebt? – In welcher Umgebung lebten Sie in Ihrer Jugend? Auf dem Land oder in der Stadt? […] – Welche Traditionen wurden von Ihrer Familie gepflegt? […]
Kindheit
– Wurden Jungen und Mädchen unterschiedlich erzogen? – Genossen Sie eine strenge, eine religiöse oder eine liberale Erziehung? – Hatten Sie ein eigenes Kinderzimmer oder lebten Sie mit anderen Geschwistern zusammen? – Waren Sie viel in der Natur oder lieber im Elternhaus? – Welche Streiche haben Sie anderen gespielt? – Welche Charaktereigenschaften wurden Ihnen als Kind nachgesagt? Waren Sie schüchtern, wagemutig oder gar frech? […] – Haben Sie Erinnerungen an die Zeit in Jugendorganisationen (HJ, BDM, katholische Jugend, FDJ usw.)? – Welche Anekdoten und Familiengeschichten sind Ihnen in Erinnerung geblieben? – Welche Belohnungen gab es für gutes Benehmen oder gute Leistungen? – Wie wurden Sie bestraft (Schläge, Hausarrest oder Ähnliches?) […]
Schulzeit/Jugend
– Wie haben Sie Ihre Schulzeit empfunden? – Hatten Sie strenge Lehrer? – Wie waren Ihre Noten? – Welche Fächer mochten Sie? Welche nicht?

Tab. 1.8 *(Fortsetzung)* Ausschnitt aus einem Gesprächsleitfaden. (Quelle: ▶ www.altenpflegemagazin.de)

Gesprächsleitfaden für die Biografiearbeit
– Hatten Sie einen Schwarm oder ein Idol? – Wann haben Sie Ihr Elternhaus verlassen?
Krieg, Verfolgung und andere einschneidende Erlebnisse
– Haben Sie unter Verfolgung durch die Nazis gelitten? – Welche Erinnerungen haben Sie an den Krieg und den Bombenterror? – Haben Sie gefährliche Krankheiten oder Unfälle überstanden? – Gab es andere schreckliche Ereignisse in Ihrem Leben? […]
Berufsleben
– Konnten Sie Ihren Beruf frei wählen? – Wie war Ihre Ausbildungszeit? – Gab es schwierige Phasen der Berufstätigkeit? – Mussten Sie berufsbedingt häufiger umziehen? – Welche Bedeutung hatte die Berufstätigkeit für Sie? War es mehr als nur Gelderwerb? – Wie lange waren Sie berufstätig? – Haben Sie den Abschied aus dem Berufsleben bedauert?
Ehe/Partnerschaft?
– Wer war Ihre erste große Liebe? – Haben Sie geheiratet? – Wo und wie haben Sie Ihren späteren Ehepartner kennengelernt? – Wie war Ihre Lebenssituation, als Sie heirateten? – Welche Kosenamen haben Sie füreinander verwendet? – Haben Sie Kinder? – Wie haben Sie das „Flüggewerden" der eigenen Kinder erlebt? Wie ist das aktuelle Verhältnis zu den Kindern? – Wie hat sich die Beziehung zu Ihrem Ehepartner im Laufe der Jahre verändert? – Gab es Scheidungen? Verstarb Ihr Ehepartner? Haben Sie erneut geheiratet? […]
Weiteres
– Haben Sie ein besonderes Interesse für Politik? – In welchen Vereinen haben Sie sich engagiert? – Was haben Sie getan, um sich fit und gesund zu halten? – Haben Sie besonders enge Freundschaften geschlossen? – Haben Sie andere Länder besucht? – Haben Sie besonderes Interesse für Kultur, Musik, Theater?

Für die praktische Durchführung der Arbeit an der eigenen Biografie werden in der Literatur verschiedene Vorgehensweisen genannt (vgl. Miethe 2011, Ruhe 2012): Die *gesprächsorientierte Biografiearbeit* stützt sich auf Einzel- und Gruppengespräche, die zu vorgegebenen Themen geführt werden, während die *aktivitätsorientierte Biografiearbeit* sich durch gemeinschaftliche Tätigkeiten (z. B. Museumsbesuche, handwerkliche Aktivitäten, Basteln) auszeichnet. Stärker forschungsorientiert ist die *biografisch-narrative Gesprächsführung*, die sich aus der qualitativen Forschungsmethode des narrativen Interviews entwickelt hat. Interviewpartner werden zu einer umfassenden und detaillierten Stegreiferzählung persönlicher Erlebnisse in einem vorgegebenen Themenbereich gebeten (Jakob 1997). Dabei können auch standardisierte Fragen als Gesprächsleitfaden verwendet werden (◘ Tab. 1.8). Ein anderer Ansatz ist die Darstellung des Lebenslaufs in einer ganzheitlichen Betrachtungsweise. Hierzu können biografische Daten aus einzelnen Lebensbereichen gesammelt werden, wobei standardisierte Fragen als Gesprächsleitfaden verwendet werden können.

Über die qualitativen Verfahren hinausgehend werden in der Biografieforschung auch quantitative Methoden wie die Ereignisdatenanalyse und die Sequenzmusteranalyse empfohlen (Sackmann 2007). Während die *Sequenzmusteranalyse* den Lebenslauf als eine Abfolge von Ereignissen entwirft, denen Prädikate wie „Ausbildung" oder „Beruf" zuerkannt werden, untersucht die *Ereignisdatenanalyse* die Abfolge sozialer Ereignisse im Zeitverlauf und die Intervalle zwischen diesen Ereignissen, wobei die Zeitdauer zwischen zwei Ereignissen als Episode bezeichnet wird. Durch den Einbezug der Zeitdauer einer Episode sind Ereignisdaten besser zur Prozessanalyse geeignet als Querschnittsdaten

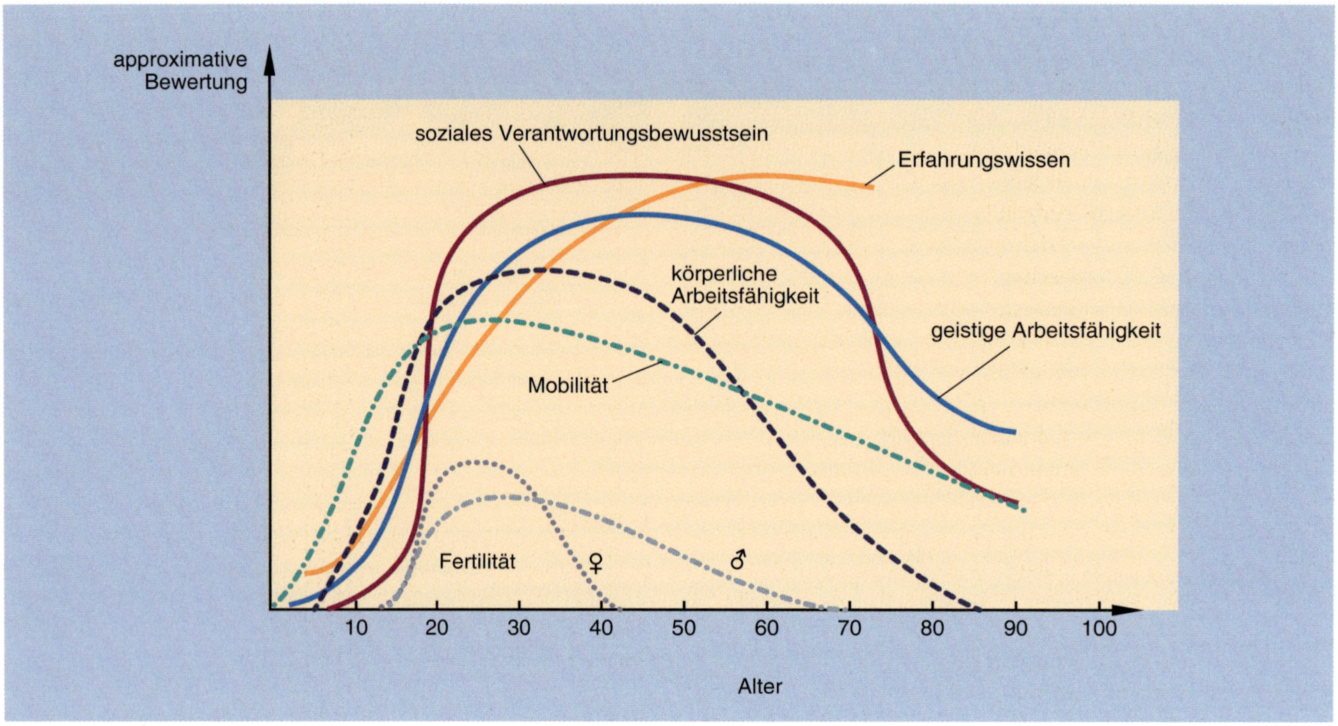

Abb. 1.30 Entwicklung als zeitkontinuierlicher Prozess. (Nach Hofecker et al. 1979)

oder Panelinformationen, die im Grunde nur Ereignisse zu bestimmten Zeitpunkten betrachten.

Obwohl zunehmend auf den innovativen Charakter und besonderen Vorteil einer Integration qualitativer und quantitativer Verfahren hingewiesen wird (Kluge und Kelle 2001, Sackmann 2007), ist die Präferenz für qualitative Verfahren der Datengewinnung in der erziehungswissenschaftlichen Biografieforschung unübersehbar, während in der soziologischen und psychologischen Auseinandersetzung mit Lebenslauf und Biografie die quantitativen Verfahren bzw. ein Methodenmix favorisiert werden. Die Gründe dafür liegen in der paradigmatischen Ausrichtung der Wissenschaftsdisziplinen und entsprechenden Forschungstraditionen. Die deutsche Erziehungswissenschaft ist eben deutlich stärker geisteswissenschaftlich geprägt als die Soziologie und Psychologie. Darauf wie auch auf die unterschiedlichen wissenschaftstheoretischen Positionen gehen wir in ▶ Abschn. 1.3 ein.

Die erziehungswissenschaftliche Biografieforschung arbeitet in einem bildungstheoretischen Bezugsrahmen, indem sie sich mit dem Aufbau, der Aufrechterhaltung und der Veränderung der Welt- und Selbstreferenzen von Menschen im Laufe ihres Lebens befasst. Dabei bildet nach Marotzki (1999) die Kategorie der Biografie die Schnittstelle zwischen der philosophischen Tradition, die der Bildungsbegriff in der Erziehungswissenschaft aufweist, und der stärker sozialwissenschaftlich orientierten Erforschung konkreter Bildungsverläufe.

1.2.3.3 Prozesscharakter von Lebenslauf und Biografie

Entwicklungsprozesse, wie sie Biografien und Lebensläufen zugrunde liegen, sind dynamische Prozesse und bezüglich der Zeit *homogen*, da ihr Verlauf zwar von einem Anfangs*zustand*, aber nicht vom Anfangs*zeitpunkt* abhängt. Generell wird zwischen einer diskreten (d. h. stufenförmigen) und kontinuierlichen Zeitentwicklung unterschieden. Bei einem diskreten dynamischen Prozess ändern sich die Zustände in äquidistanten Zeitsprüngen, d. h. in aufeinanderfolgenden, stets gleich großen Abständen, während die Zustandsänderungen bei einem kontinuierlichen dynamischen Prozess in infinitesimal kleinen Zeitschritten stattfinden.

Bei dem Versuch, Entwicklungsprozesse formal zu charakterisieren, stehen sich diese zwei Richtungen gegenüber: die eine interpretiert die Entwicklung des Menschen als Stufengang, d. h. als Vorgang diskreter und somit diskontinuierlicher Veränderungen, die andere Richtung betrachtet Entwicklung als zeitkontinuierlichen Prozess (Mietzel 2002). Für die Darstellung der Entwicklung als zeitkontinuierlicher Prozess wird in der Literatur gerne auf Hofecker et al. (1979) zurückgegriffen (Abb. 1.30).

Stufenmodelle der Ontogenese gehen von diskontinuierlichen „Sprüngen" in der Entwicklung aus und legen zeitlich befristete und klar voneinander unterscheidbare Stufen als alterskorrelierte Abwicklungsabschnitte fest. Bekannte Beispiele sind die Stufen der Entwicklung, die Montessori unterschieden hat, Piagets Stufen der intellektuellen Entwicklung und das Stufenmodell der psychosozialen Entwicklung von Erikson (auf diese Modelle wird in ▶ Kap. 3 ausführlich eingegangen). Ein geeignetes Beispiel, die Idee des zeitdiskreten Verlaufs der Entwicklung zu illustrieren, ist das Regressionsdiskontinuitätsdesign von Cook und Campbell (1979). Damit kann man, wie es Cahan und Cohen (1989) und Artman et al. (2006) getan haben, beispielsweise schätzen, welchen Nettoeffekt das Lebensalter und die schulische Bildung auf die intellektuelle Leistungsentwicklung von Schülern hat. Bei diesem Design wird der Zusammenhang von Leistung und Alter als kontinuierlich angenommen, der Effekt der schulischen Bildung wird durch Diskontinuitäten (Unterbrechungen) der Regressionsgeraden abgebildet (Abb. 1.31).

Um entscheiden zu können, ob Veränderungen (z. B. der kognitiven Kompetenz) auf Effekte des Alters oder der Schulbildung zurückgehen, kann eine Vierfeldermatrix verwendet werden (Abb. 1.32).

Entwicklung bedeutet langfristige Veränderungen im individuellen Lebenslauf, der als lebenslanger dynamischer Prozess zu sehen ist. Die Veränderungen beziehen sich auf Persönlichkeitsmerkmale und lassen sich nach dem Lebensalter ordnen. Der Lebenslauf eines Menschen wird daher als geordnet, kumulativ und gerichtet aufgefasst, wobei in allen Phasen sowohl kontinuierliche als auch diskontinuierliche Veränderungen auftreten können. Die Entwicklung des Menschen ist nicht determiniert (z. B. durch die Erbanlagen), sondern zeichnet sich durch eine hohe intraindividuelle Plastizität aus. Die individuelle Entwicklung einer Person hängt wesentlich von ihren Lebensbedingungen, Erfahrungen und Zielen ab, so dass es stets Spielräume nach oben und unten gibt. Darauf gründet die pädagogische Leitidee, durch gezielte erzieherische Maßnahmen auf die Entwicklung und den Lebenslauf von zu Erziehenden Einfluss zu nehmen.

Es gilt abzuklären, welche pädagogischen Maßnahmen unter welchen gegebenen Bedingungen zu Entwicklungsfortschritten in einem bestimmten Bereich führen. Dies kann unter Verwendung verschiedenartiger Untersuchungsdesigns geprüft werden. Allgemein kann zwischen Querschnitts- und Längsschnittsdesign und der Zeitwandelmethode unterschieden werden. Deren Merkmale werden in Tab. 1.9 exemplarisch dargestellt.

Als *Längsschnittsdesign* bezeichnet man eine Form der Datenerhebung, bei der dieselben Personen wiederholt zu mehreren Zeitpunkten untersucht werden. Die Zeitwandelmethode wird manchmal als Spezialfall des Längsschnittsdesigns verstanden, manchmal aber auch davon abgegrenzt (vgl. Rietz und Rudinger 2007). Die Zeitwandelmethode operiert mit Zeitreihen, die üblicherweise viele Messzeitpunkte (häufig mehr als 50 Messungen) umfassen, während Längsschnittstudien meistens mit wenigen Erhebungen auskommen. Die pädagogische Biografie- und Le-

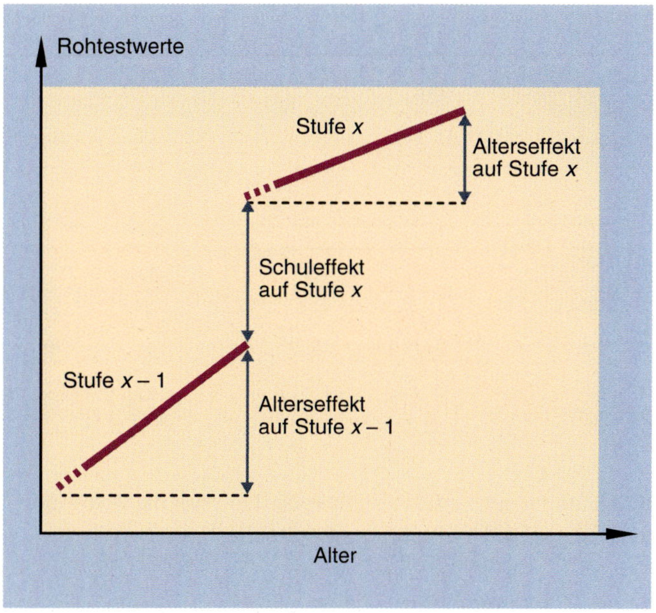

Abb. 1.31 Effekte von Alter und Schule auf die Entwicklung nach dem Regressionsdiskontinuitätsdesign. (Artman et al. 2006, S. 136)

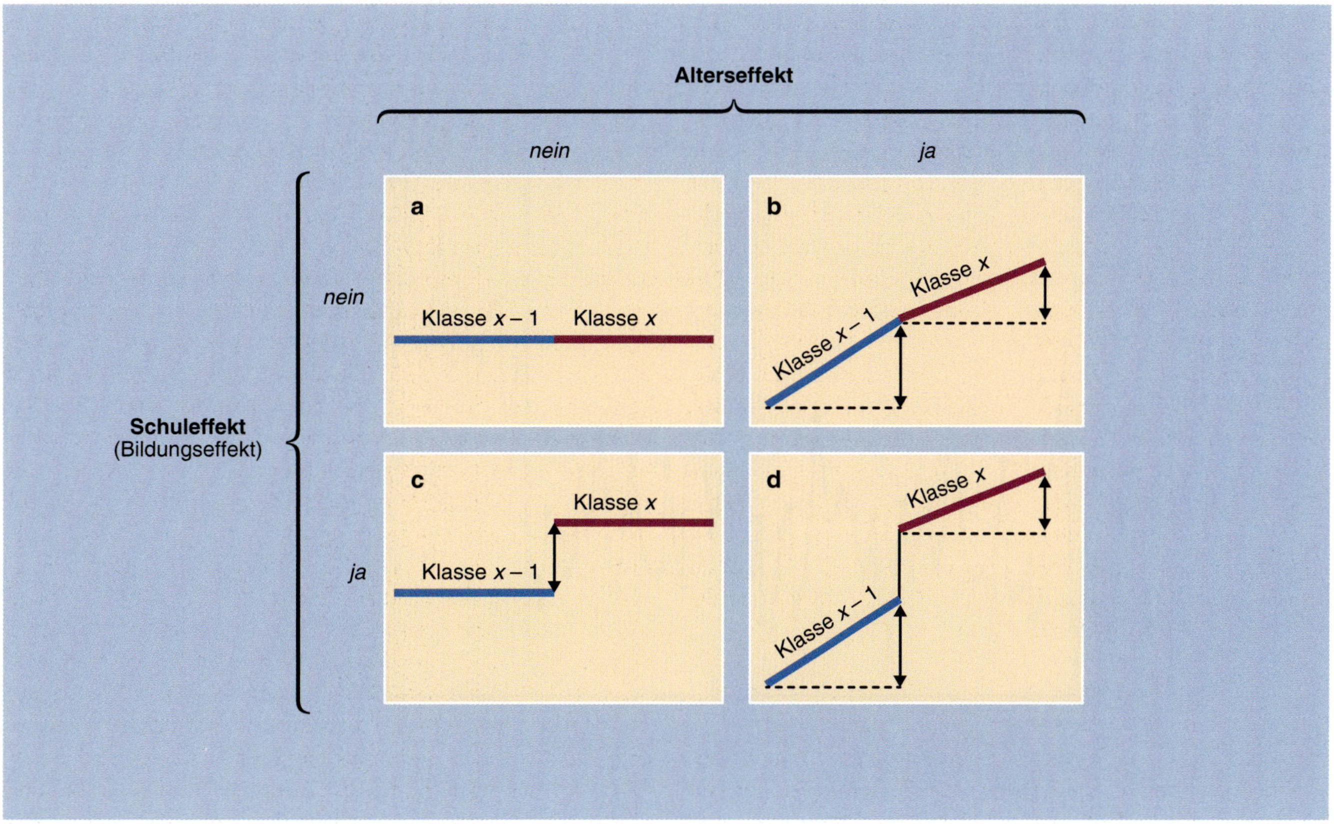

Abb. 1.32 Kombinierte Effekte von Alter und Bildung auf die Entwicklung. (Cahan und Cohen 1989, S. 1241)

Tab. 1.9 Darstellung des Querschnitts- und Längsschnittsdesigns sowie der Zeitwandelmethode nach Schaie (1965)

Geburtsjahr	Alter								
1920	0	20	40	*60*	**80**				
1940		0	20	*40*	60	**80**			
1960			0	*20*	40	60	**80**		
1980				*0*	20	40	60	**80**	
2000					***0***	***20***	***40***	***60***	***80***
Testzeitpunkt	1920	1940	1960	1980	2000	2020	2040	2060	2080

Das Querschnittsdesign findet sich (kursiv) in den Spalten, das Längsschnittdesign (fett und kursiv) in den Zeilen. Bei der Zeitwandelmethode (fett) werden Personen gleichen Alters aus verschiedenen Kohorten zu unterschiedlichen Testzeitpunkten untersucht.

benslaufforschung stützt sich in erster Linie auf die Zeitwandelmethode auf der Grundlage von Zeitreihen.

Zeitreihenanalysen

Zeitreihenanalysen werden verwendet, wenn Beobachtungen wiederholt gemacht werden, wobei sich diese gelegentlich auf einen einzigen Fall beziehen, aber häufiger sind es Aggregrationen vieler Fälle. Beispielsweise können die Beobachtungen in der täglichen Zahl von Trotzanfällen eines zweijährigen Kindes bestehen oder im Jahresbruttoprodukt eines Entwicklungslandes – typisch und entscheidend ist, dass sie sich über einen längeren Zeitraum erstrecken.

Zeitreihenanalysen verfolgen generell drei Ziele: Ein Ziel besteht darin, über die Zeit typische Muster in den Daten zu finden, die mit sich selbst korrelieren, aber zeitverschoben auftreten. Zentrale Fragestellungen sind, ob die Datenmuster über die Zeit für verschiedene Variablen oder Populationen ähnlich oder verschieden sind oder ob verschiedene Populationen dieselben Muster der Ausprägung eines Merkmals (z. B. der kognitiven Kompetenz) besitzen. Des Weiteren wird geprüft, ob saisonale Zyklen oder (wöchentliche, monatliche oder jährliche) Trends erkennbar sind.

Ein weiteres Ziel von Zeitreihenanalyen besteht darin, den Effekt einer oder mehrerer Interventionen zu testen. Beispielsweise kann mittels einer Zeitreihenanalyse geprüft werden, ob eine pädagogische Maßnahme (z. B. ein Trainingsprogramm) mittel- und langfristig zum Abbau aggressiven Verhaltens von Kindern führt. Anders als Vortest-Nachtest-Erhebungen, bei denen der Prozess, der durch eine Intervention ausgelöst wird, unerschlossen bleibt,

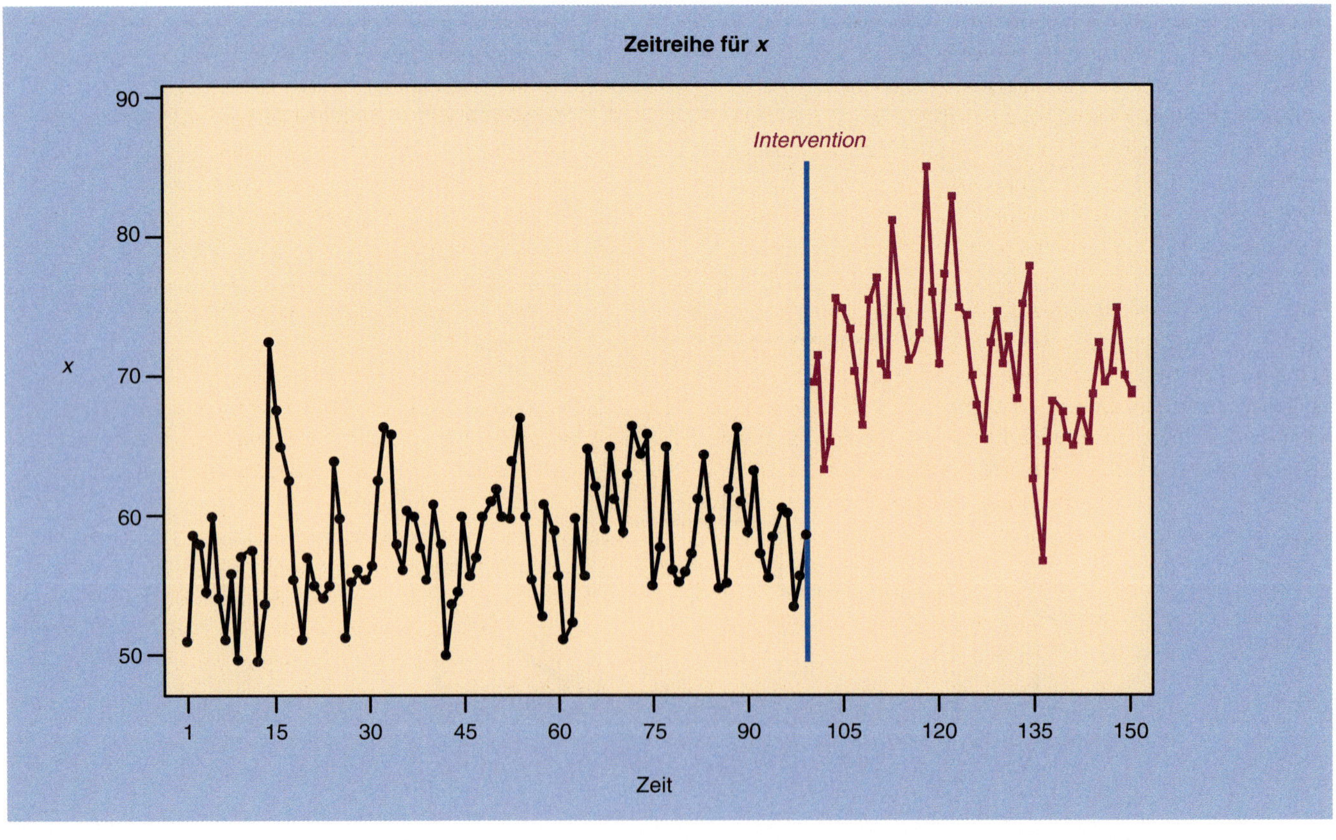

Abb. 1.33 Darstellung einer Zeitreihe mit Interventionen

sind *interventionsbezogene Zeitreihenanalysen* auf die Analyse eines jeden Ereignisses anwendbar, das in einer Zeitreihe auftritt. Es leuchtet unmittelbar ein, dass nur Zeitreihenanalysen es erlauben, z. B. die längerfristigen Effekte unvorhersehbarer historischer Ereignisse (wie der Fall der Mauer im Jahr 1989) auf die Biografien einzelner Menschen zu erforschen. Interventionsbezogene (oder unterbrochene) Zeitreihenanalysen vergleichen Beobachtungen vor und nach einem klar identifizierbaren Ereignis.

Bezieht man die Darstellung der ◘ Abb. 1.33 auf das historische Ereignis des Falls der Mauer, wird evident, dass eine Würdigung der nach dem Mauerfall beobachteten Ereignisse mit Ereignissen davor in Beziehung gesetzt werden muss. Hierfür geben *Die Kinder von Golzow* (Junge und Junge 2009) ein gutes Beispiel, auch wenn im Hinblick auf deren Biografien nicht mit objektiven Daten, sondern mit anekdotischer Evidenz operiert wird.

Das dritte Ziel einer Zeitreihenanalyse ist, den Effekt einer spezifischen Maßnahme auf den nachfolgenden Verlauf der Ereignisse zu evaluieren. Dabei können Interventionen hinsichtlich des Beginns (abrupt oder graduell) und der Dauer (permanent oder zeitweise) der ausgelösten Effekte unterschieden werden. Manche spontane pädagogische Intervention erfolgt einmalig und schnell und erzeugt einen Effekt mit einem abrupten Beginn und einer temporären Dauer – diese Intervention kommt einem Erdbeben gleich. Im Jargon von Zeitreihen wird eine spontane Intervention auch als *Impuls* bezeichnet und der Effekt als Impulsfunktion. Gewöhnlich werden pädagogische Interventionen (z. B. die Einführung der Mengenlehre in den Mathematikunterricht Ende der 1960er Jahre) realisiert, um permanente Effekte von langer Dauer zu erzeugen (Perels und Otto 2010); der Beginn kann aber sowohl graduell als auch abrupt sein. Da es zwei Kategorien der Dauer (permanent und temporär) und zwei Arten des Beginns (abrupt und graduell) gibt, kann man vier mögliche Kombinationen von Effekten einer Intervention unterscheiden (◘ Tab. 1.10).

Die Verbindung zwischen einer Intervention und ihren Effekten wird *Transferfunktion* genannt. Ein Effekt mit einem abrupten Beginn und einer permanenten oder langen Dauer wird *Stufenfunktion* genannt. Zeitreihenanalysen von Bildungswachstum in „langen Wellen" sind ein Beispiel für die Eigendynamik von Schulreformen im Sinne der Transferfunktion (Metz 2006, Nath und Dartenne 2008). Abrupter Beginn und permanente Effekte (Stufenfunktion) sind das, was man in der Pädagogik gemeinhin antrifft: ein unmittelbarer Effekt, der sich über einen langen Zeitraum fortpflanzt (Astleitner 2010). Dabei kann eine Intervention einen maximalen Effekt erzielen, der dann andauert und somit zu einem permanenten Effekt wird. Der Datenverlauf ist derselbe wie für einen abrupten und permanenten Effekt, aber er unterliegt einem linearen Wachstum von dem Zeitpunkt an, an dem die Intervention vorgenommen wird. In diesem Fall können Zeitreihenanalysen auch verwendet werden, um zukünftig zu erwartende Ereignismuster zu prognostizieren.

◘ **Tab. 1.10** Klassifikation interventionsbezogener Zeitreihen nach Beginn und Dauer

		Dauer	
		temporär	permanent
Beginn	abrupt		
	graduell		

Aufgaben zum Festigen des neuen Wissens

1. Notieren Sie die wesentlichen Bestimmungsstücke des wissenschaftlichen Erziehungs- und Bildungsbegriffs. Tragen Sie in ◘ Tab. 1.11 die Merkmale ein, die im Kapitel genannt wurden.
2. Wie unterscheiden sich Lernen und Lehren sowie Unterricht und Lehren? Tragen Sie in ◘ Tab. 1.12 die Merkmale ein, die im Kapitel genannt wurden.
3. Was ist der Unterschied zwischen Biografie und Lebenslauf?

Aufgaben zum Weiterdenken

1. Die Ausführungen zum Bildungsbegriff standen unter dem Vorzeichen der von Dolch (1965) angestrebten Rettung des Begriffs. – Ist diese gelungen oder würden Sie sagen, der Bildungsbegriff hat „ausgedient"?
   Fertigen Sie eine Liste an, in der Sie Pro und Kontra in Bezug auf den Bildungsbegriff aufführen.
2. Leutner, einer der Protagonisten der Instruktionspsychologie in Deutschland, hat die Instruktionspsychologie in einem Handbuchartikel (Leutner 2010) als „Psychologie des Lehrens und Lernens bzw. die Psychologie des Lernens unter Einfluss des Lehrens" bezeichnet. Dabei versteht er Instruktion als „eine spezifische Form von Intervention mit Querschnittsfunktion in unterschiedlichen Anwendungsgebieten psychologischer Erkenntnisse über Lehren und Lernen […]. Gegenstand der Instruktionspsychologie sind psychologisch begründete instruktionale Interventionen, die über die reine Anwendung didaktischer Rezepte hinaus gehen. Dabei lässt sich – entsprechend instruktionspsychologischer Forschungstradition – individuell gestaltetes, material- und technologiegestütztes Lehren und Lernen als Gegenstand der Instruktionspsychologie im engeren Sinne, Unterricht, Ausbildung und Training als Gegenstand der Instruktionspsychologie im weiteren Sinne verstehen" (Leutner 2010, S. 289 f.).
   Was spricht dafür und was dagegen, die Instruktionspsychologie als nicht dem Bereich der Erziehungswissenschaft zugehörig zu betrachten und die Ergebnisse der Instruktionspsychologie aus erziehungswissenschaftlichen Betrachtungen auszuschließen?
3. Die Shell-Studien werden seit 1953 durchgeführt und bilden damit eine gute Ausgangsgrundlage für Vergleiche verschiedener Alterskohorten. Besorgen Sie sich die vier letzten Shell-Studien und vergleichen Sie die wichtigsten Ergebnisse. In welchen Bereichen sind deutliche Veränderungen über die Zeit feststellbar?

Tab. 1.11 Tabelle zu Aufgabe 2 zum Festigen des neuen Wissens

Merkmale	Erziehungsprozess	Bildungsprozess
Auslösendes Ereignis		
Endzustand		
Art des Verlaufs		
– autonom oder gelenkt		
– umkehrbar oder unumkehrbar		
– kontinuierlich oder diskret		
– deterministisch oder stochastisch		
Art der Aktivitäten		
Gegenstand		
Beteiligte		
Randbedingungen		
Nachhaltigkeit		
Risiken		
Auswirkungen auf andere Prozesse		

Tab. 1.12 Tabelle zu Aufgabe 4 zum Festigen des neuen Wissens

Merkmale	Lehrprozess	Lernprozess
Auslösendes Ereignis		
Endzustand		
Art des Verlaufs		
– autonom oder gelenkt		
– umkehrbar oder unumkehrbar		
– kontinuierlich oder diskret		
– deterministisch oder stochastisch		
Art der Aktivitäten		
Gegenstand		
Beteiligte		
Randbedingungen		
Nachhaltigkeit		
Risiken		
Auswirkungen auf andere Prozesse		

Weiterführende Literatur

- Fetz, B. (Hrsg.) (2009). *Die Biographie – Zur Grundlegung ihrer Theorie*. Berlin: DeGruyter.
- Oelkers, J. (2001). *Einführung in die Theorie der Erziehung*. Weinheim: Beltz.
- Pahl, J.P. (2010). *Berufsbildende Schule – Bestandsaufnahme und Perspektiven*. Bielefeld: W. Bertelsmann.
- Sackmann, R. (2007). *Lebenslaufanalyse und Biografieforschung. Eine Einführung*. Wiesbaden: VS Verlag für Sozialwissenschaften.
- Seel, N.M. (Hrsg.) (2012). *Encyclopedia of the sciences of learning*. New York: Springer.
- Seel, N.M., & Hanke, U. (2010). *Lernen und Behalten*. Weinheim: Beltz.
- Thome, H. (2005). *Zeitreihenanalyse. Eine Einführung für Sozialwissenschaftler und Historiker*. München: Oldenbourg.
- Treml, A.K. (2000). *Allgemeine Pädagogik. Grundlagen, Handlungsfelder und Perspektiven der Erziehung*. Stuttgart: Kohlhammer.

1.3 Systematische Pädagogik: Wissenschaftstheorie der Erziehungswissenschaft

Aufgabe als Denkanstoß
Wenn Sie die Veränderung der Einstellung von Schülerinnen und Schülern zur Schule über deren Schulzeit hinweg untersuchen wollten, hätten Sie verschiedene Möglichkeiten: Sie könnten Tagebuchaufzeichnungen von Schülern analysieren, Sie könnten über viele Jahre hinweg immer wieder Interviews mit Schülern führen oder Sie könnten die Schüler immer wieder darum bitten, einen Fragebogen auszufüllen. Jedes der Vorgehen hätte Vor- und Nachteile. Welche?

Die systematische Pädagogik kreist um Grundprobleme der Wissenschaftstheorie der Pädagogik. Dabei bezieht sich der Begriff *Wissenschaftstheorie* im Allgemeinen auf die systematische Analyse der Voraussetzungen, Bedingungen, Methoden und Ziele einer wissenschaftlichen Disziplin. In diesem Zusammenhang wird die Wissenschaftstheorie auch als *Logik der Forschung* bezeichnet. Die Wissenschaftstheorie befasst sich

- mit der Theoriebildung und den hierfür erforderlichen theoretischen Begriffen,
- mit der Legitimation von Forschung im Sinne einer logischen und gelegentlich auch gesellschaftlichen Begründung der Forschungsgrundsätze,
- mit Methoden der Bestätigung oder Widerlegung von theoretisch begründeten Aussagen und Hypothesen und legt außerdem auch
- Kriterien des Erkenntnisfortschritts fest (vgl. Kron 1999).

Diesem breiten Ansatz von Wissenschaftstheorie steht ein Verständnis gegenüber, das die wissenschaftlichen Methoden und Instrumente der Erkenntnisgewinnung in den Mittelpunkt stellt, um dadurch die Grenzen der Forschung abzustecken. Nach diesem engeren Verständnis ist Wissenschaftstheorie nichts anderes als *Methodologie*, die allgemein als Lehre von den Prinzipien, Regeln und Methoden wissenschaftlichen Arbeitens begriffen wird.

Aus Sicht der Methodologie wird die Erziehungswissenschaft üblicherweise auf der Grundlage einer geisteswissenschaftlichen oder empirisch-analytischen Methodik ausdifferenziert, wobei die geisteswissenschaftliche Pädagogik auf den Zugangsweisen der Hermeneutik, Phänomenologie oder Dialektik begründet sein kann, während bei der empirisch-analytischen Methodik die Prüfung von Gesetzmäßigkeiten und Zusammenhängen auf der Grundlage von Beobachtungen und Messungen im Mittelpunkt steht. Auf dieser groben Unterscheidung zwischen einer *geisteswissenschaftlichen Pädagogik* und einer *empirisch-analytischen Erziehungswissenschaft*, die auch als *Paradigmen* der erziehungswissenschaftlichen Erkenntnisgewinnung bezeichnet werden, basieren die weiteren Ausführungen. Dabei werden wir diese beiden Ausrichtungen der Pädagogik hinsichtlich ihres unterschiedlichen Erkenntnisanspruchs, ihrer verschiedenartigen Erkenntnismittel (d. h. Forschungsmethoden) und der ihnen zugrunde liegenden normativen Positionen (d. h. Werte und Einstellungen) darstellen und diskutieren.

1.3.1 Sinn und Zweck einer Wissenschaftstheorie der Pädagogik

Bei der Darstellung der wissenschaftstheoretischen Grundlagen der Pädagogik geht es darum, den Leser mit den Methoden wissenschaftlichen Arbeitens und den zugrunde liegenden Leitgedanken vertraut zu machen. Diese beziehen sich auf

- den *Entstehungszusammenhang* erziehungswissenschaftlicher Theoriebildung und Forschung in ihrer Abhängigkeit von den natürlichen Grundlagen der Erziehung,
- den *Begründungszusammenhang* im Sinne des inneren Zusammenhangs von Erziehungswissenschaft und ihren methodologischen Ausrichtungen und
- den *Verwertungszusammenhang* von pädagogischer Forschung, der die Wirkungen der Erziehungswissenschaft im gesellschaftlichen Kontext betrifft.

Sich mit wissenschaftstheoretischen Problemen einer Disziplin zu befassen, sollte eigentlich selbstverständlich sein, aber mancher Pädagogikstudent stellt sich hin und wieder die Frage, ob das nicht viel zu abstrakt und zu weit von den Problemen entfernt ist, mit denen sich Pädagogen in der Praxis auseinanderzusetzen haben. Reicht es nicht aus, wenn sich einige Spezialisten in der Wissenschaftstheorie auskennen? Oft werden diese Fragen im Studium der Erziehungswissenschaft dadurch beantwortet, dass grundlegende Kenntnisse in der Wissenschaftstheorie nicht vermittelt werden und ersatzweise eine Konzentration auf ein bestimmtes Wissenschaftsverständnis unter ausdrücklichem Ausschluss anderer Erkenntnisweisen erfolgt. Als Beispiel kann die Zielsetzung der Gesellschaft für empirische Bildungsforschung dienen, die Zusammenarbeit der Disziplinen zu stärken, die mit *empirischen Methoden* zu Bildungsfragen forschen. Die Vertreter der geisteswissenschaftlichen Pädagogik verhalten sich nicht anders, indem sie die empirisch-analytische Ausrich-

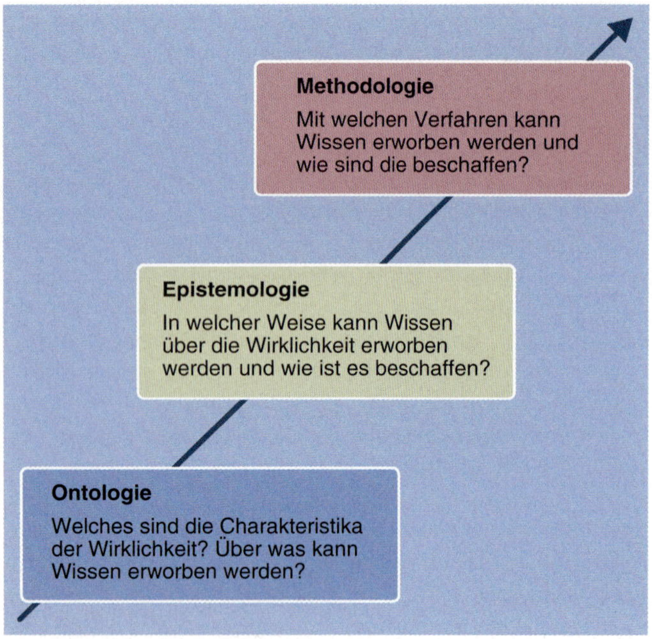

Abb. 1.34 Der Zusammenhang von Ontologie, Epistemologie und Methodologie beim wissenschaftlichen Arbeiten

tung der Erziehungswissenschaft ablehnen. Dieser Unsitte setzen wir die Auffassung entgegen, dass ein solide ausgebildeter Erziehungswissenschaftler über ein wissenschaftstheoretisches Gesamtverständnis der Erkenntnisgewinnung und der dabei eingesetzten Methodik(en) verfügen sollte. Auch wenn sich ein Erziehungswissenschaftler bewusst für eine bestimmte Methodik entscheidet, sollten alternative methodische Herangehensweisen bekannt sein – und respektiert werden. Dieses Kapitel will zu einem liberalen methodologischen Grundverständnis der Erziehungswissenschaft beitragen. Vor allem aber geht es darum, wissenschaftliche pädagogische Theorien von Alltagstheorien abzugrenzen. Denn allzu oft wird auf den gesunden Menschenverstand gepocht, wenn im Alltag Probleme der Erziehung diskutiert werden, und es wird nach einfachen Lösungen gerufen.

Alltags- und Wissenschaftsverständnis von Erziehung

Warum bezeichnen wir die Kinder eines Bekannten als nicht gut erzogen, wenn sie sich während eines Besuchs trotz aller Ermahnungen so richtig daneben benehmen? Warum glauben wir, der junge Mann, der in der Straßenbahn einer älteren Dame seinen Sitzplatz überlässt, sei gut erzogen? Und warum bescheinigen wir einem bekannten Pädagogen, der in seinen Vortrag über Erziehung einige Wörter Altgriechisch einstreut, eine umfassende Bildung? – In diesen Fällen operieren wir mit Vermutungen über andere Menschen, wobei wir uns auf unsere vielfältigen Alltagserfahrungen berufen. Aber nicht nur im Alltag werden Vermutungen über andere Menschen angestellt, sondern auch in der Erziehungswissenschaft. Die Frage lautet deshalb, worin sich wissenschaftliche Mutmaßungen von denen im Alltag unterscheiden.

Zwischen dem alltäglichen und dem wissenschaftlichen Verständnis von Erziehung bestehen nicht nur inhaltliche Unterschiede, der wesentliche Unterschied liegt in den *Begründungs- und Aufbauprinzipien* des Wissens und den Methoden der Erkenntnisgewinnung. Während man im Alltag davon ausgeht, dass etwas eben so ist, wie es ist, unterwirft der wissenschaftlich arbeitende Pädagoge seine Erkenntnisse einer systematisch geplanten Kontrolle. Der Erziehungswissenschaftler handelt somit nicht nur auf einer *ontologischen Ebene* (die Ebene der Untersuchung des Seins), sondern auch auf der *epistemologischen Ebene* (die erkenntnistheoretische Ebene) und auf der *methodologischen Ebene*, indem er auch danach fragt, wie ein Wissen über die Wirklichkeit gewonnen werden kann und mit welchen Mitteln dies möglich ist.

Ein Erziehungswissenschaftler leitet aus systematisch gewonnenem Wissen Vermutungen über Erziehung ab und prüft, ob diese in der beobachtbaren Wirklichkeit zutreffen. So will er den Wahrheitsgehalt seiner Vermutungen feststellen. Aber das macht der „Mann auf der Straße" auch, indem er seine Vermutungen und Meinungen über Menschen und deren Erziehung an Alltagsbeobachtungen überprüft. Wenn im Fernsehen oder in der Zeitung von gewalttätigen Ausschreitungen berichtet wird, die von einigen Jugendlichen ausgingen, dann sieht er sich in seiner Meinung bestätigt, dass die junge Generation insgesamt nicht allzu viel taugt und ohnehin schlecht oder gar nicht erzogen ist. Solche Verallgemeinerungen von Einzelereignissen werden von einem Wissenschaftler nicht anerkannt, da er weiß, dass Beobachtungen unbewusst selektiv ausgewählt werden, um lieb gewordene Vorurteile zu bestätigen – nach dem Motto „Ich glaube an meine Vorurteile, da sie immer wieder bestätigt werden". Um genau dies zu vermeiden, plant der Erziehungswissenschaftler seine Untersuchungen sehr sorgfältig und systematisch. Dabei kommen der ontologischen, epistemologischen und methodologischen Ebene unterschiedliche Aufgaben zu (Abb. 1.34).

Kommen wir nicht ohne die systematische Überprüfung theoretischer Annahmen aus? Die Existenz der praktischen Pädagogik spricht doch schließlich für die Qualität der Erziehungsbemühungen. Um die eingesetzten Methoden bewerten zu können, muss man sich mit den Zielen der wissenschaftlichen Pädagogik befassen. Das haben wir weiter oben als Begründungszusammenhang bezeichnet. Die schlichte Frage, die es zu beantworten gilt, lautet: „Was will die wissenschaftliche Pädagogik eigentlich erreichen?" Wenn man das einigermaßen überzeugend beantworten kann, ergeben sich aus den Zielen auch die Forderungen an die Methoden, die angewandt werden können oder müssen, um die Ziele zu erreichen.

Nehmen wir an, wir säßen auf einer Bank vor einem Sandkasten, in dem Kinder spielen. Unter anderem beobachten wir folgende Abfolge von Ereignissen: Die fünfjährige Paula backt mit einem Förmchen Sandkuchen. Der etwa gleich alte Johann, der daneben sitzt, beugt sich plötzlich vor und zerstört die Sandkuchen mit der Hand. Daraufhin ergreift Paula eine neben ihr liegende kleine Schaufel und schlägt Johann auf den Kopf.

Im Alltag wird ein solches Verhalten als aggressiver Akt Paulas betrachtet, wobei vielleicht übersehen wird, dass die erste aggressive Handlung von Johann ausgeführt wurde. Eine genauere Betrachtung von Paulas Verhalten ergibt, dass sie infolge von Frustration aggressiv wurde. Das stimmt sogar mit der bekannten Frustrations-Aggressions-Hypothese von Dollard und Miller (Dollard et al. 1939) überein, die besagt:

Aggression (Verhaltensweisen, die mit der Absicht ausgeführt werden, ein anderes Individuum direkt oder indirekt zu schädigen oder zu verletzen) ***ist stets eine Folge von Frustration*** (Behinderung einer zielgerichteten Handlung), wobei sich die Aggression zunächst gegen das Individuum richtet, das die Frustration bewirkt.

Solche Situationen wie die beschriebene Sandkastensituation zu *verstehen* und zu *erklären*, um daraus hilfreiche pädagogische Maßnahmen zu entwickeln, ist ein Ziel der erziehungswissenschaftlichen Erkenntnisgewinnung. Dabei sind verschiedenartige Herangehensweisen zu unterscheiden. Eine wird als pädagogisches Fall*verstehen* bezeichnet und der Hermeneutik als Methodik der Geisteswissenschaft zugeschrieben, eine andere sucht nach einer Gesetzmäßigkeit des beobachteten Verhaltens, um es zu *erklären*, und wird der empirisch-analytischen Erziehungswissenschaft zugeschrieben. Man kann auch sagen, dass der Hermeneutiker deduktiv verfährt, indem er von einem allgemeinen bekannten Grundsatz ausgehend nach Fällen sucht, die den Grundsatz bekräftigen, wohingegen der Empiriker induktiv verfährt, indem er auf der Grundlage einer Vielzahl von Einzelbeobachtungen zur Formulierung einer Gesetzmäßigkeit gelangt.

Es hat sich eingebürgert, unterschiedlich begründete Epistemologien und Methodologien einer wissenschaftlichen Disziplin als *Paradigmen* zu bezeichnen. Darüber hinaus werden Begriffe wie *Theorie, Hypothese, Konstrukt, Modell, Variable* u. v. a. verwendet. Um die wissenschaftstheoretischen Grundlagen der Erziehungswissenschaft zu begreifen, ist es notwendig, die Grundbegriffe der Wissenschaftstheorie zu klären.

1.3.2 Grundbegriffe der pädagogischen Wissenschaftstheorie

In dem Kapitel „Umgangssprache – Bildungssprache – Wissenschaftssprache" seiner *Kleinen politischen Schriften* zitiert Habermas (1977, S. 340) Goethe mit den Worten: „Die Deutschen besitzen die Gabe, die Wissenschaften unzugänglich zu machen." Habermas führt aus, dass er Goethe nicht aus Artigkeit zitiert, sondern als Kritik an Soziologen, Psychologen, Politologen, Anthropologen, Philosophen und allen voran Pädagogen, die in dem Ruf stehen, sich unnötig abstrakt und kompliziert auszudrücken. Wir wollen hier nicht darauf eingehen, ob dieser Vorwurf gerechtfertigt ist, betrifft er ja in seiner Pauschalität jede Wissenschaft.

Über die Sprache von Wissenschaftlern mokieren sich viele, erstaunlicherweise aber ist auch immer wieder zu beobachten, dass es Begriffe gibt, die den Sprung aus der Wissenschaftssprache in die Umgangssprache schaffen. Zum einen hat das mit einer zunehmenden Verwissenschaftlichung der Alltagswelt und ihrer Sprache zu tun, zum anderen mit Moden und Trends in der Sprachverwendung. Ein Beispiel ist die Verwendung des Wortes Quantensprung in der Sprache von Politikern. Der aus der Physik stammende Begriff wird gerne als Redensart verwendet, um die eigenen politischen oder wirtschaftlichen Leistungen als einen großen, epochemachenden und alles umwälzenden Fortschritt zu verkaufen. Hier geht der Quantensprung sogar über den Superlativ hinaus – so jedenfalls ist es intendiert. Das hat mit dem ursprünglichen Begriff überhaupt nichts zu tun, widerspricht ihm sogar wesentlich, denn in der Quantenphysik bezeichnet ein Quantensprung den Übergang eines unvorstellbaren kleinen Systems in einen anderen Zustand, wobei sich der Energiegehalt sprunghaft ändert. Die Veränderung ist im Verhältnis zu anderen Erscheinungen so klein wie nur überhaupt möglich, sie kommt unendlich oft vor und geht sehr schnell und sprunghaft vor sich. Wann und unter welchen Umständen der Quantensprung den Sprung in die Sprache der Politiker schaffte, weiß man nicht. Dasselbe gilt auch für die Verwendung des Begriffs Paradigmenwechsel in der Alltagssprache.

1.3.2.1 Paradigmen und Paradigmenwechsel

Ursprünglich nur in den Naturwissenschaften für den Übergang von einem alten in ein neues Denkmodell verwendet, findet der Begriff *Paradigmenwechsel* mittlerweile überall Verwendung, wo ein Wechsel oder Wandel von Mitteln, Moden und Methoden erfolgt. Dementsprechend ist die Rede von einem Paradigmenwechsel in der Außenpolitik, wenn sich das Verhältnis zwischen Staaten verändert, oder es wird verlautbart, dass nur ein Paradigmenwechsel in der Energiepolitik einen globalen Klimaschutz ermöglicht. Umgangssprachlich wird von einem Paradigmenwechsel immer dann gesprochen, wenn es um einen Wechsel der Lebenseinstellung oder des sozialen Umfeldes geht. Es werden aber auch wissenschaftliche Entwicklungen und Umorientierungen angesprochen, die als besonders wichtig angesehen werden. So kann es eigentlich nicht verwundern, dass der Begriff Paradigmenwechsel auch in der Erziehungswissenschaft beliebt ist. Da wird von einem notwendigen oder bereits vollzogenen Paradigmenwechsel in der interkulturellen Pädagogik gesprochen und die „evolutionäre Pädagogik" wird mit einem Paradigmenwechsel gleichgesetzt (Treml 2002). Dann gibt es wiederum die sehr allgemeine Forderung (z. B. Giesecke 1996), dass das pädagogische Bewusstsein insgesamt einen Paradigmenwechsel vollziehen müsse, um mit Professionalität aufwarten zu können.

Laut der *Enzyklopädie Philosophie und Wissenschaftstheorie* (Mittelstraß 1984) geht der Begriff *Paradigma* auf das griechische Wort *παράδειγμα* (*paradeigma*) zurück, was so viel wie Beispiel, Vorbild, Muster heißt. Seit dem späten 19. Jahrhundert wird das Wort Paradigma als erkenntnistheoretischer Begriff verwendet, der ein Weltbild, eine Weltanschauung oder ein Denkmuster in wissenschaftlichen Disziplinen bezeichnet (Zachhuber 2008). In dem populären Buch *Paradigms: The Business of Discovering the Future* definiert Barker (1993) ein Paradigma als eine Menge an Grundüberzeugungen eines Individuums, einer Gruppe oder einer Zivilisation, die für wahr gehalten werden und jemanden davon abhalten, Dinge aus anderen Perspektiven zu betrachten. In dem Kapitel „Paradigmen für die Unterrichtsforschung" des *Handbuchs für Unterrichtsforschung* stellt Gage (1963) fest, dass Paradigmen jene Denkweisen sind, mit deren Hilfe Forschung vorstrukturiert wird. Sie legen das Forschungsprogramm fest und damit auch, was warum und wie untersucht wird.

Für die Unterrichtsforschung war die Frage der gültigen Paradigmen bis in die 1980er Jahre weitgehend geklärt, dann aber setzte das ein, was Gage (1989) als „Krieg der Paradigmen" bezeichnet und folgendermaßen beschreibt:

» Der Paradigmenkrieg, der in den 1980er tobte, resultierte aus dem Niedergang der nach Objektivität suchenden quantitativen Lehrforschung […]. Danach gelangten die interpretatorischen ethnographischen Studien zur Blüte, um die kulturelle Angemessenheit von Schule zu verbessern. Und kritische Theoretiker förderten den Kampf um die Leistungsfähigkeit der Armen, der Nicht-Weißen und Frauen (Gage 1989, S. 4).

Wenn man in den 1990er Jahren an pädagogischen Konferenzen (z. B. der American Educational Research Association) teilnahm, konnte man den „Krieg der Paradigmen" in Form der damaligen *Objektivismus-Konstruktivismus-Debatte* miterleben. Zimperlich ging man dabei nicht miteinander um, und es konnte auch schon mal beobachtet werden, dass einer der Kontrahenten wütend den Versammlungsraum verließ.

Die Objektivismus-Konstruktivismus-Debatte ist im Zusammenhang mit der Infragestellung des behavioristischen Paradigmas der Lernforschung zu sehen. Laut Bruner (1990) erfolgte bereits in den 1960er Jahren ein Wechsel vom normativen Paradigma des Behaviorismus zum interpretativen Paradigma des symbolischen Interaktionismus: „Wir konzentrierten uns auf die symbolischen Aktivitäten von Menschen, die sie anwenden, um Bedeutungen zu konstruieren und der Welt und sich selbst einen Sinn zu geben" (Bruner 1990, S. 2). Pointiert hat der Philosoph Buss (1979) von der Grundstruktur zweier Paradigmen gesprochen, die er mit „Die Person konstruiert die Wirklichkeit" (konstruktivistische Position) und „Die Wirklichkeit konstruiert die Person" (objektivistische Position) charakterisiert hat. Bezeichnenderweise bezieht er sich ausdrücklich auf die Abhandlung *The Structure of Scientific Revolutions* von Kuhn aus dem Jahr 1962, die zu einem Meilenstein der wissenschaftstheoretischen Diskussion über Paradigmenwechsel avancierte.

Seit der Publikation dieses Buches wurde die Rede von einem notwendigen oder soeben vollzogenen Paradigmenwechsel zum Mantra vieler Wissenschaftsdisziplinen, obwohl Kuhn sich im Grunde nur auf die Veränderungen physikalischer Weltmodelle bezog. Dies hielt Geistes- und Sozialwissenschaftler aber nicht davon ab, Kuhns Überlegungen auf ihre Disziplinen zu übertragen. Daher konstatierte Oesterreicher:

» Die Gültigkeit der für die Naturwissenschaften konzipierten Entwicklungstheorie Kuhns ist […] grundsätzlich für die Sozialwissenschaften abzulehnen. Kuhn selber hat diese Gültigkeit auch nicht behauptet oder eine Übertragung auf diesen Bereich angeregt (Oesterreicher 1977, S. 270).

Dies trifft nur zum Teil zu, da Kuhn selbst für die Ausdehnung seiner Theorie auf wissenschaftliche Umbruchsituationen insgesamt plädiert und sich dabei auch auf die Geschichte der Geisteswissenschaften und auf die Kulturgeschichte bezogen hatte (vgl. Seele 2008). Bemerkenswert ist in diesem Zusammenhang, dass die von Blumenberg (1981) für das Schema der Wissenschaftsgeschichte behauptete *Diskontinuität* der Kuhn'schen Auffassung des Paradigmenwechsels entspricht.

Laut Kuhn ist ein Paradigma nicht einfach mit einer gängigen Theorie gleichzusetzen, sondern es ist vielmehr die gesamte Weltsicht, in der die Theorie existiert, wie auch aller Implikationen, die mit ihr einhergehen.

Das Paradigma repräsentiert die Menge an Gewohnheiten oder Methoden in einer Wissenschaft. Ein wissenschaftliches Paradigma determiniert

- das, was beobachtet und eingehend untersucht werden soll,
- die Art von Fragen, von denen gemutmaßt wird, dass sie gestellt und hinsichtlich von Antworten in Bezug auf den Gegenstand geprüft werden sollen,
- wie diese Fragen zu stellen sind und
- wie die Ergebnisse wissenschaftlicher Untersuchungen zu interpretieren sind.

Bei alledem erfüllt das Paradigma zwei Funktionen: eine Vorbildfunktion und eine traditions- bzw. identitätsstiftende Funktion (Kron 2001).

Die *Vorbildfunktion* umschrieb Kuhn dahingehend, dass ein Paradigma das sei, „was den Mitgliedern einer wissenschaftlichen Gemeinschaft gemeinsam ist, und umgekehrt besteht eine wissenschaftliche Gemeinschaft aus Menschen, die ein Paradigma teilen" (Kuhn 1976, S. 187). Insofern wirkt ein Paradigma auch *identitätsstiftend* und ist mit einer eigentümlichen Wahrnehmung des Untersuchungsgegenstandes verknüpft. Je nach Verschiedenheit der Paradigmen werden unterschiedliche Tatbestände wahrgenommen und zum Gegenstand wissenschaftlicher Analysen. Die Anhänger verschiedener Paradigmen leben im Grunde in verschiedenen Welten. Was sie als wichtig und neu wahrnehmen und erforschen, ist das, was sie im Rahmen eines Paradigmas „erfinden". Daher hat wissenschaftlicher Fortschritt für Kuhn nur eine praktische Bedeutung, aber keine ontologische, da wissenschaftlicher Fortschritt nicht das Wissen der Menschen über das von ihnen unabhängige Sein vergrößert, sondern lediglich die Fähigkeit, Probleme mit wissenschaftlichen Mitteln zu lösen.

▪ Wann kommt es zu einem Paradigmenwechsel?

Paradigmen werden induktiv aus exemplarischen Einzelfällen abgeleitet, sind aber selbst nicht empirisch überprüfbar. Für Kuhn ist Wissenschaft als ein Spiel zu begreifen, mit dem Personen versuchen, mittels einer bestimmten Theorie Rätsel zu lösen und die Theorie dann auf immer mehr rätselhafte Erscheinungen anzuwenden. Für jedes Paradigma gibt es von Anfang an eine ganze Menge an Anomalien, aber die werden üblicherweise als akzeptable Irrtümer beiseitegeschoben oder einfach ignoriert – ganz im Sinne Barkers (1993), der konstatiert, dass ein Paradigma davon abhalte, die Dinge aus anderen Perspektiven zu betrachten. Irgendwann aber tritt der Zeitpunkt ein, dass so viele Anomalien gegen ein gängiges Paradigma sprechen, dass die Wissenschaftsdisziplin in den Zustand einer Krise gerät und das Paradigma aufgeben muss. In diesem Falle tritt ein *Paradigmenwechsel* ein, was natürlich voraussetzt, dass es zu einem bisherigen Paradigma eine bessere Alternative gibt.

Echte Paradigmenwechsel im Sinne wissenschaftlicher Revolutionen sind in der Wissenschaftsgeschichte bisher nur selten vorgekommen. Denn gewöhnlich tritt ein neues Paradigma neben das bisher gültige, konkurriert mit diesem oder ergänzt es. Das kann am Beispiel des konstruktivistischen Paradigmas der Lernforschung verdeutlicht werden, das bis auf den heutigen Tag neben dem behavioristischen Paradigma existiert und mit diesem konkurriert. Auch die von Roth in den 1960er Jahren propagierte „realistische Wende der Erziehungswissenschaft" kann nicht als Paradigmen*wechsel* bezeichnet werden, da das geisteswissenschaftliche Paradigma ja nicht aufgegeben wurde, sondern bis heute Bestand hat.

Anna: „Wenn ich das richtig verstanden habe, gibt es eigentlich nur sehr wenige echte Paradigmenwechsel."

Jakob: „Genau. Den Wechsel von der ptolemäischen zur kopernikanischen Kosmologie kennt ja jeder, da in der Literatur immer wieder darauf verwiesen wird. Ein anderes Beispiel ist die Quantentheorie, die in der Physik zu Beginn des 20. Jahrhunderts die klassische Mechanik zu Fall brachte."

Anna: „Für mich ist die Evolutionstheorie von Darwin auch ein Paradigmenwechsel, da sie die Theorie von Lamarck abgelöst hat."

Jakob: „Und was hältst du von der ‚kognitiven Revolution', wie man den Paradigmenwechsel vom Behaviorismus zum Kognitivismus gerne bezeichnet?"

Anna: „Na, ich weiß nicht, ob man das als einen echten Paradigmenwechsel sehen kann."

Damit ein Paradigmenwechsel erfolgen kann, müssen mehrere Bedingungen erfüllt sein: Eine bislang gültige Theorie muss durch eine neue ersetzt werden, weil bedeutsame Phänomene mit der alten Theorie nicht mehr erklärt werden können. Oder neue Ergebnisse aus der Forschung erzwingen ein Überdenken und eine gründliche Revision eines bisher gültigen Paradigmas. Wird ein neues Paradigma eingeführt, so führt dies zu einer grundsätzlichen Unverträglichkeit und Nichtvergleichbarkeit (*Inkommensurabilität*) mit dem alten Paradigma. Dies bewirkt eine Umorganisation des alten Wissens, nicht aber notwendigerweise eine neue Begrifflichkeit. Wenn ein Bedeutungswandel nur bei zentralen Begriffen erfolgt, wird es nicht einfach, zwischen einem alten und einem neuen Paradigma zu unterscheiden.

■ Wissenschaft als Wachstum des Wissens

Popper stellt der Kuhn'schen Auffassung vom *Paradigmenwechsel* als wissenschaftliche Revolution die Auffassung vom wissenschaftlichen *Erkenntnisfortschritt* als evolutionären Vorgang entgegen. Wissenschaft wird als *Wachstum des Wissens* begriffen (Popper 1961, 1968). Der Begriff *Paradigma* kommt in Poppers Wissenschaftstheorie nicht vor (bzw. nur in der Auseinandersetzung mit Kuhn). Popper spricht durchgängig von *Theorien*, die einem steten Wandel unterworfen sind.

Jede Theorie ist laut Popper hypothetisch und kann sich daher jederzeit als falsch erweisen, was als *Fallibilität* oder *Fehlbarkeit* bezeichnet wird (Popper 1974). Aufgabe von Wissenschaft ist es, nach den Schwachstellen der Theorie, d.h. einer empirisch begründeten Falsifizierung der Theorie, zu suchen. Dabei versteht Popper unter Falsifizierung die empirische Widerlegbarkeit durch *Beobachtungssätze*. Das sind Aussagen, über deren Gültigkeit auf der Grundlage von Beobachtungen eine intersubjektive Übereinkunft erzielt werden kann. Jede durch empirische Prüfung zustande gekommene Übereinkunft ist vorläufig, da sich jeder Beobachtungssatz bei weiteren Überprüfungen als falsch herausstellen kann. Wird eine Theorie durch einen Beobachtungssatz widerlegt, bedarf sie einer entsprechenden Modifizierung. Die vollständige Verwerfung einer Theorie ist daher ein sehr seltenes Ergebnis, der kontinuierliche Wandel ist die Regel. Wissenschaftlicher Erkenntnisfortschritt – von Popper als *Growth of Knowledge* bezeichnet – beruht auf der fortgesetzten Falsifikation als einem kritisch-rationalen Dauertest wissenschaftlicher Annahmen.

Poppers *Wachstum des Wissens* ist als darwinistische Theorie ausgelegt, da sie sich nachdrücklich auf Darwins Prinzip von Versuch und Irrtum (im Sinne der natürlichen Selektion) beruft und dabei wissenschaftliche Hypothesen mit Mutationen der Natur gleichsetzt. So wie Mutationen der Natur immanent sind, so sind auch Veränderungen der Wissenschaft systemimmanent begründet und werden nicht (wie bei Kuhn) von außen an sie herangetragen. Um im Bild zu bleiben: Der Wert einer Mutation erweist sich in der effektiven Anpassung an sich verändernde Lebensbedingungen, der Wert einer Hypothese im Bestehen der kritischen Prüfung durch Beobachtungssätze. Nicht gut angepasste Individuen sterben aus, Nichtentsprechungen einer Theorie mit empirischen Prüfungen führen zur Falsifikation. Der Unterschied zwischen der Entwicklung des Lebens und des Wissens besteht darin, dass es bei Theorien nicht um Leben oder Tod geht. Die Tatsache, dass Theorien nicht wie Organismen einfach sterben, wenn sie in der Anpassung an die Wirklichkeit versagen, hängt damit zusammen, dass Theorien versprachlicht und damit unsterblich werden – zumindest solange die Sprache gesprochen und verstanden wird. Die *Versprachlichung von Theorien* ermöglicht es, über die Wahrheit ihrer Aussagen zu streiten, d. h. sie zu kritisieren, und „indem wir unsere Theorien kritisieren, können wir sie an unserer Stelle sterben lassen" (Popper 1975, S. 78). Auf diese Weise können immer raffiniertere Theorien im Sinne einer nie endenden Annäherung an die Wahrheit heranwachsen. Wird eine neue Theorie eingeführt, hat sie das zu erklären, was die alte Theorie erklärte, und steht dennoch im Widerspruch zu ihr. Im Grunde enthält die neue Theorie die alte Theorie, aber eben nur näherungsweise.

Wenn Popper vom Wachstum wissenschaftlichen Wissens spricht, meint er damit nicht die simple Anhäufung von Einzelbeobachtungen, sondern die Veränderung wissenschaftlicher Theorien und ihre Auswechslung durch bessere oder geeignetere (Popper 1979). Wissenschaftliche *Revolutionen* gibt es für Popper nicht! Dem entspricht eine Feststellung Gadamers, wonach die „großen Leistungen geisteswissenschaftlicher Forschung kaum je veralten" (Gadamer 1972, S. 268), weil sich die Geisteswissenschaft nur in Aspekten wandle, die sich nicht einfach in der Kontinuität fortschreitender Forschung aufheben, sondern wie einander ausschließende Bedingungen fungieren, die jede für sich bestehen und die sich nur in uns selbst vereinigen (Gadamer 1972, S. 268).

Bei allen Unterschieden, die wissenschaftstheoretisch zwischen Kuhn und Popper festzustellen sind, einigt sie ein wesentliches Merkmal: Beide haben ihre Positionen auf die Naturwissenschaften bezogen, aber nicht auf die Sozial- und Geisteswissenschaften. Die Übertragung des *kritischen Rationalismus* Poppers auf die Geistes- und Sozialwissenschaften hat wesentlich Hans Albert geleistet (z. B. Albert 1977, 1991). Seit der „realistischen Wende der Erziehungswissenschaft" ist der kritische Rationalismus aus der pädagogischen Wissenschaftstheorie nicht mehr wegzudenken (vgl. Brezinka 1972, Ulich 1974), allerdings nur in Bezug auf die empirisch-analytische Ausrichtung der Pädagogik. Die geisteswissenschaftliche Rezeption der Theorien Kuhns hat die Entwicklung alternativer Sichtweisen vorangetrieben. So führte Oesterreicher (1977) als Gegenentwurf zum Paradigmenbegriff Kuhns das Konzept des *heuristischen Paradigmas* ein.

- **Paradigmen der Erziehungswissenschaft**

In der Erziehungswissenschaft stehen sich zwei umfassende Verständnisweisen von Wissenschaft gegenüber, die man als *Makroparadigmen* bezeichnen kann (vgl. Masterman 1970):

1. das *empirisch-analytische Paradigma*, das ein *nomothetisches* Wissenschaftsverständnis zugrunde legt und vor allem mit quantitativen Methoden arbeitet. In Entsprechung mit der Bedeutung des griechischen Wortes *nomos*, das Gesetz und These bedeutet, zielt dieses Paradigma auf kausale Erklärungen von Phänomenen und die Aufdeckung von Gesetzmäßigkeiten.
2. das *hermeneutische Paradigma* legt ein *idiographisches* Wissenschaftsverständnis und eine qualitative Methodologie zugrunde. Es ist auf die Beschreibung und das Verstehen von Eigentümlichkeiten (griechisch *idiom*) der Welt ausgerichtet.

Jedes dieser Makroparadigmen umfasst zahlreiche Mikroparadigmen mit einer geringeren Reichweite. Ein Mikroparadigma wird beispielsweise schon durch die Andersartigkeit der Untersuchungsmethoden gebildet. Für die Mikroparadigmen gilt, was Masterman (1970) ganz allgemein in Bezug auf die Paradigmenproblematik festgestellt hat, nämlich dass die zahlreichen Paradigmen, die ein Forschungsfeld und eine Wissenschaft charakterisieren, nicht notwendigerweise in Konkurrenz zueinander stehen. Vielmehr existieren zahlreiche Paradigmen in friedlicher Koexistenz und werden von einem übergeordneten Makroparadigma zusammengehalten. Beispielsweise gehören die unterschiedlichen Mikroparadigmen Cognitive Load Theory (CLT) und modellbegründetes Lernen und Denken, die sich in wesentlichen Teilen der theoretischen Begründung unterscheiden, zu ein und demselben kognitionswissenschaftlichen Makroparadigma. Während die Mikroparadigmen mehr oder weniger friedlich nebeneinander bestehen, herrscht zwischen den Makroparadigmen manchmal eine so starke Konkurrenz, dass von einem „Krieg der Paradigmen" die Rede ist. Nicht nur Gage (1989) hatte seinerzeit das Wort Krieg verwendet, auch mancher Wissenschaftstheoretiker liebt die martialische Sprache. So spricht beispielsweise der Wissenschaftstheoretiker Lakatos von „science as a battleground of research programmes" (Lakatos 1970, S. 175).

- **Die Wissenschaft als Schlachtfeld**

Lakatos ist ein Befürworter der Pluralität von Paradigmen auf praktischer Ebene. Dies alleine macht aber noch keine Wissenschaft aus, sie muss nach Lakatos auch über eine heuristische Stärke verfügen:

> Mature science consists of research programmes in which not only novel facts but, in an important sense, also novel auxiliary theories, are anticipated; mature science – unlike pedestrian trial-and-error – has „heuristic power" (Lakatos 1970, S. 175).

Bemerkenswert ist auch die Feststellung von Lakatos, dass die Richtung, die eine Wissenschaft einschlägt, nicht durch das Universum der uns umgebenden Fakten, sondern primär durch die kreative Vorstellungskraft der Menschen bestimmt werde (S. 187).

In Bezug auf die von Kuhn propagierten Paradigmenwechsel als eine Art wissenschaftlicher Revolutionen konstatiert Lakatos lakonisch, dass ein Paradigmenwechsel nichts anderes als eine mystische Bekehrung sei, die nicht von Regeln der Vernunft beherrscht werde und auch nicht beherrscht werden könne; sie falle in den Bereich der Sozialpsychologie der Entdeckungen: „Scientific change is a kind of religious change" (Lakatos 1970, S. 93). Und um noch einen draufzusetzen, behauptet Lakatos, nicht nur die theoretische Physik, sondern auch die aus seiner Sicht ohnehin unterentwickelten Sozialwissenschaften könnten die Güte einer Theorie lediglich dadurch beurteilen, dass die Anzahl, der Glaube und die Lautstärke ihrer Unterstützer festgestellt wird: „truth lies in power" (Lakatos 1970, S. 93). Ein gutes Beispiel, dies zu illustrieren, ist die bereits erwähnte Cognitive Load Theory (CLT), die derzeit in der pädagogischen Psychologie populär ist. Sie ist relativ simpel und plausibel, was dazu geführt hat, dass sie weltweit eine wachsende Schar von Befürwortern gefunden hat. Diese treten mittlerweile auf so gut wie jeder wissenschaftlichen Tagung als Gruppe auf und stellen mehr oder weniger lautstark die neuesten Untersuchungsergebnisse dar, die den alten entsprechen und im Grunde keinen Erkenntnisgewinn mehr bringen. Stark ist die Bewegung, aber sind ihre Erkenntnisse auch „wahr"? Natürlich nicht, denn eine Theorie ist immer nur mehr oder weniger nützlich, aber kann keinen Anspruch auf Wahrheit erheben. Das soll im nächsten Abschnitt ausführlicher dargelegt werden.

In Bezug auf den Paradigmenbegriff kann abschließend festgestellt werden, dass seine positive Interpretation die Pluralität und Koexistenz von Paradigmen einschließt, seine negative Auslegung hingegen in einer *Reductio ad absurdum* mündet, die dem evolutionären Programm des kritischen Rationalismus entspricht.

1.3.2.2 Theorien

> Das grundlegende Ziel der Wissenschaft ist die Theorie (Kerlinger 1967, S. 10).

Was ist eine Theorie? Aus welchen Komponenten setzt sich eine Theorie zusammen? Wie werden Theorien gebildet? Wie werden sie geprüft? – Mit diesen Fragen befasst sich der folgende Abschnitt.

Beispiel für eine Theorie

Als Beispiel für eine Theorie dient eine vereinfachte Fassung der *Schematheorie*. Wir wählen diese Theorie, weil uns der theoretische Begriff der Schemata in diesem Lehrbuch in unterschiedlichen Zusammenhängen immer wieder begegnen wird; außerdem spielt er in verschiedenen pädagogischen Konzeptionen eine zentrale Rolle.

Die Schematheorie

Die Schematheorie geht wesentlich auf das Wirken von Selz (1913) zurück, der unter einem *Schema ein Netzwerk von Begriffen* verstand, das den Denkprozess leitet und eine Person zu sinnvollen und bedeutungshaltigen Schlussfolgerungen befähigt (ter Hark 2010). Der Ausgangspunkt der Schematheorie liegt in zwei grundlegenden Annahmen:

1. Das Gedächtnis umfasst das Wissen einer Person und repräsentiert vergangene Erfahrungen in kognitiven Strukturen, die als *Schemata* bezeichnet und als Bausteine eines konstruktiven Bewusstseinsbegriffs verstanden werden (Rumelhart 1980). Einige Autoren (z. B. Neisser 1979) gehen davon aus, dass das gesamte Wissen durch Schemata organisiert wird – angefangen beim Buchstaben A bis hin zum Wissen über Astrophysik oder politische Ideologien.
2. Denken wird als ein Prozess des Operierens mit Symbolen begriffen, die subjektive Erfahrungen, Vorstellungen, Gedanken und Gefühle repräsentieren. Dabei spielen v. a. Begriffe eine zentrale Rolle, die als Schemata organisiert sind. Nach diesem Verständnis sind Schemata ein Format der Repräsentation von Wissen.

Schematheoretiker (z. B. Anderson 1984) argumentieren, dass Schemata das aufgrund vielfältiger Einzelerfahrungen mit Objekten, Personen, Situationen und Handlungen erworbene verallgemeinerbare und abstrakte Wissen einer Person *repräsentieren*.

Den unterschiedlichen Lernanlässen entsprechend wird zwischen verschiedenartigen Schemata differenziert – angefangen bei Objekt- und Ereignisschemata (*Skripte*), Situationsschemata (*Rahmen/Frames*), Handlungsschemata (*Pläne*) bis zu „Grammatiken" als Repräsentationen der Struktur von Erzählungen und Geschichten (Schank und Abelson 1977).

In der Schematheorie wird zwischen *Struktur und Funktion von Schemata* unterschieden.

Die *Struktur* betreffend haben Rumelhart et al. (1986) folgende Merkmale genannt:

- *Schemata haben Variablen*, die unterschiedliche Werte annehmen können. Das Ampelschema z. B. umfasst die Variablen „Signal" (mit den Werten rot, gelb und grün) und „Betriebsart"(an, Warnstellung, aus) sowie den Standardwert „in Betrieb". Denn ihrem Zweck der Verkehrsregelung kann die Ampel nur dienen, wenn sie „in Betrieb" ist und entsprechend eine der möglichen Farben leuchtet. Wenn z. B. ein gelbes Licht blinkt, bedeutet dies „Warnstellung".
  Aufgrund der Standardwerte eines Schemas können im Falle unvollständiger Informationen Ergänzungen vorgenommen werden. Das Gesichtschema z. B. umfasst als Standardwerte zwei Augen, zwei Ohren, eine Nase, einen Mund. Fehlt einmal ein Merkmal (z. B. bei Kinderzeichnungen die Ohren), fällt es leicht, dieses Merkmal zu ergänzen (▫ Abb. 1.35a).
- Dieses Beheben von „Fehlern" wird in der Literatur als *default reasoning* bezeichnet (Seel 1991) und bezieht sich auf die Beseitigung von Wissenslücken.
- *Schemata können „einbetten"*, was heißt, dass Schemata hierarchisch organisiert sind und unterschiedliche Grade an Generalisierbarkeit und Abstraktheit aufweisen. Einbettung meint dann nichts anderes, als dass allgemeinere und abstraktere Schemata einfachere und konkretere Schemata beinhalten.
- *Schemata repräsentieren Wissen auf allen Abstraktionsebenen*. Allerdings werden die auf der Hierarchie untergeordneten Schemata durch abstraktere Schemata hinsichtlich ihrer Reichweite und zulässigen Umformungen eingeschränkt. Zugleich geben die abstrakteren Schemata auch Merkmale „nach unten weiter", was als „Vererbung" bezeichnet wird. Dies kann einleuchtend mit der Begriffshierarchie aus ▫ Abb. 1.35b verdeutlicht werden.
- Jeder Begriff der Hierarchie ist als ein Schema zu verstehen, das – wie oben dargelegt – Standardwerte enthält. Wenn man in der Hierarchie von oben nach unten geht, wird klar, dass die charakteristischen Merkmale von oben nach unten weitergegeben, d. h. „vererbt" werden.
- *Schemata sind aktive Prozesse*. Dies festzuhalten ist geboten, da in der Literatur gelegentlich der Eindruck geweckt wird, Schemata seien kognitive Strukturen, die im Wissensgedächtnis als Gegebenheiten gespeichert sind, die sich anforderungs- und situationsspezifisch abrufen lassen (vgl. Sweller 1988). Demgegenüber haben Rumelhart et al. (1986) herausgestellt, dass Schemata aus der Aktivierung der Verknüpfungen innerhalb komplexer Interpretationsnetzwerke resultieren, die Zustände erzeugen, welche als aktualisierte Schemata verstanden werden können. Unmissverständlich sagen Rumelhart et al., dass Schemata keine Dinge sind, die aus dem Gedächtnis abgerufen werden können. Schemata werden situations- und aufgabenabhängig durch die Umgebung erzeugt, die sie zu interpretieren versuchen.
- *Schemata weisen eine variierende Flexibilität auf*, die sich aus der Enge und Festigkeit der Verknüpfungen zwischen den Einheiten eines Schemas ergibt. Je enger und fester diese Verknüpfungen sind, desto rigider (d. h. starrer und unbeweglicher) ist die Struktur eines Schemas. Je schwächer die Verknüpfungen sind, desto flexibler und anpassungsfähiger ist die Struktur des Schemas. Rigide Schemata organisieren z. B. soziale Stereotype und Vorurteile, während komplexes Problemlösen flexible Schemata voraussetzt.

Schemata erfüllen mehrere *Funktionen* bei der Informationsverarbeitung. Zunächst ist die *Integrationsfunktion* bei der Verarbeitung von Informationen zu nennen. Diese Funktion entspricht der strukturellen Bedeutung der Standardwerte eines Schemas, das wie ein kohärenz- und verständniserzeugender Rahmen für die Integration neuer Information in bereits vorhandenes Wissen fungiert. In Anlehnung an Piagets Erkenntnistheorie wird dies als *Assimilation* bezeichnet. Rumelhart et al. (1986) betrachten die Fähigkeit zur Assimilation als eine der wichtigsten kognitiven Fähigkeiten überhaupt. Demnach sind Menschen sehr gut in der Mustererkennung, da sie imstande sind, jedes neue Informationsmuster sehr schnell zu interpretieren, indem sie es mit vorhandenen Schemata abgleichen. Diese Fähigkeit ist von zentraler Bedeutung beim Wahrnehmen, Erinnern und Verstehen und ist durch die Aktivierung und Instanziierung von Schemata begründet.
Ein gutes Beispiel, die Integrationsfunktion von Schemata zu verdeutlichen, bietet das Kippbild in ◘ Abb. 1.35c.
Schemata liefern, sobald sie lern- und entwicklungsabhängig zureichend konsolidiert sind, den kognitiven Bezugsrahmen für die Passung von Information und Inhalten des Wissensgedächtnisses und bewirken dabei eine schemakonsistente Selektion der zu verarbeitenden Information. Das wird auch als *aufmerksamkeitssteuernde Funktion* von Schemata bezeichnet, mittels derer die Aufmerksamkeit auf die Information gelenkt wird, die auf ein Schema bezogen werden kann. Verschiedene Autoren argumentieren (z. B. Antes et al. 1981), dass Informationen, die typisch für eine Situation sind und daher mit hoher Wahrscheinlichkeit erwartet werden können, weniger Aufmerksamkeit auf sich lenken und schlechter behalten werden als Informationen, die zwar schemabezogen, aber atypisch sind und aufgrund ihrer Neuartigkeit die Neugier einer Person anregen. Die aufmerksamkeitssteuernde Funktion von Schemata bei der Wahrnehmung hat Neisser (1979) als Wahrnehmungszyklus dargestellt (◘ Abb. 1.35d).
Schließlich ist noch die *Inferenzfunktion* zu nennen, die sinnvolles und bedeutungshaltiges Schlussfolgern ermöglicht. Diese Funktion steht bei Selz (1913) im Vordergrund, der für sie einfache und nachvollziehbare Wort- und Satzergänzungsbeispiele angeführt hat, die er als *Antizipationsschemata* bezeichnete.

MEL ....
Welches Wort ist gesucht?

Nach Selz stellt ein Schema einen Plan in Bezug auf die Lösung einer Aufgabe bereit, indem es die Denkprozesse in erfolgversprechende Richtungen lenkt und spezifische Erwartungen bezüglich möglicher Ergänzungen eines unvollständigen Schemas auslöst.

„Das Bewußtsein von dem gesuchten Wort geht nämlich aus dem Bewußtsein von einem nicht näher bestimmten Wort in das Bewußtsein von einem Wort über, das mit Mel .... anfängt. Die Entstehung dieses Bewußtseins haben wir uns so zu denken, daß das leere Schema eines konkreten Wortes durch die Einsetzung […] ausgefüllt wird (Selz 1913, S. 113 f.)."

Auf diese Weise besorgen Schemata die Grundlage für „geordnete Denkverläufe": Die Lösung eines Problems wird nicht durch ungerichtete Assoziationen, sondern durch ein Suchen nach und Finden von Information herbeigeführt, die sinnvoll in die Leerstellen eines Schemas eingesetzt werden kann, um dieses zu vervollständigen.
Die genannten Funktionen von Schemata zielen allesamt auf eine Entlastung der Informationsverarbeitung – nicht nur beim Lernen, sondern auch beim Behalten und Erinnern. Schemata fungieren z. B. bei Gedächtnisaufgaben, die eine möglichst exakte Reproduktion von Lernerfahrungen erfordern, wie regelrechte „Abrufpläne", die eine systematische Suche nach schemabezogener Information im Gedächtnis steuern.
Es kann daher festgehalten werden, dass Schemata beim Erwerb von Wissen und seiner Rekonstruktion aus dem Gedächtnis zentrale kognitive Funktionen (der Informationsintegration, der Aufmerksamkeitszuwendung, der Inferenzbildung) erfüllen. Zudem repräsentieren sie das aufgrund vielfältiger Einzelerfahrungen mit Objekten, Personen, Situationen und Handlungen erworbene verallgemeinerbare Wissen. Sie dienen der Assimilation, d. h. der Integration neuer Informationen in Wissensstrukturen. Sobald ein Schema aktiviert werden kann, wird es quasi automatisch abgespielt und reguliert die Informationsverarbeitung. Dadurch wird eine sehr rasche Verarbeitung von Information möglich, die für den Menschen lebensnotwendig ist, insofern sie eine unmittelbare Adaptation an die Umwelt gestattet.
Assimilation als Integration neuer Informationen in bestehende Wissensstrukturen ist eine Grundform der kognitiven Verarbeitung, aber nicht die einzige. Nach Piaget besteht eine andere Grundform der kognitiven Verarbeitung in der *Akkomodation*, die mit einer Restrukturierung von Wissen einhergeht. Aus der Sicht der Schematheorie betrifft die Akkomodation die Modifikation eines Schemas, wofür drei Möglichkeiten in Betracht kommen (Norman und Rumelhart 1978):
1. *Erweiterung* eines Schemas,
2. *Anpassung* (*tuning*) eines Schemas durch Ausdifferenzierung und
3. *Reorganisation* der Struktur und des Inhaltes eines Schemas.

Diese Art der Akkomodation setzt eine Anpassung bestehender Schemata an neue Gegebenheiten voraus. Ist eine solche Anpassung nicht möglich, muss die kognitive Verarbeitung entweder abgebrochen werden, oder es muss ein mentales Modell konstruiert werden.
Das aber ist nicht mehr Gegenstand der Schematheorie, sondern der Theorie der mentalen Modelle (Seel 1991).

Bevor wir auf weitere Details der Schematheorie näher eingehen, soll noch kurz auf ihre verschiedenen Anwendungen in pädagogischen Zusammenhängen hingewiesen werden:

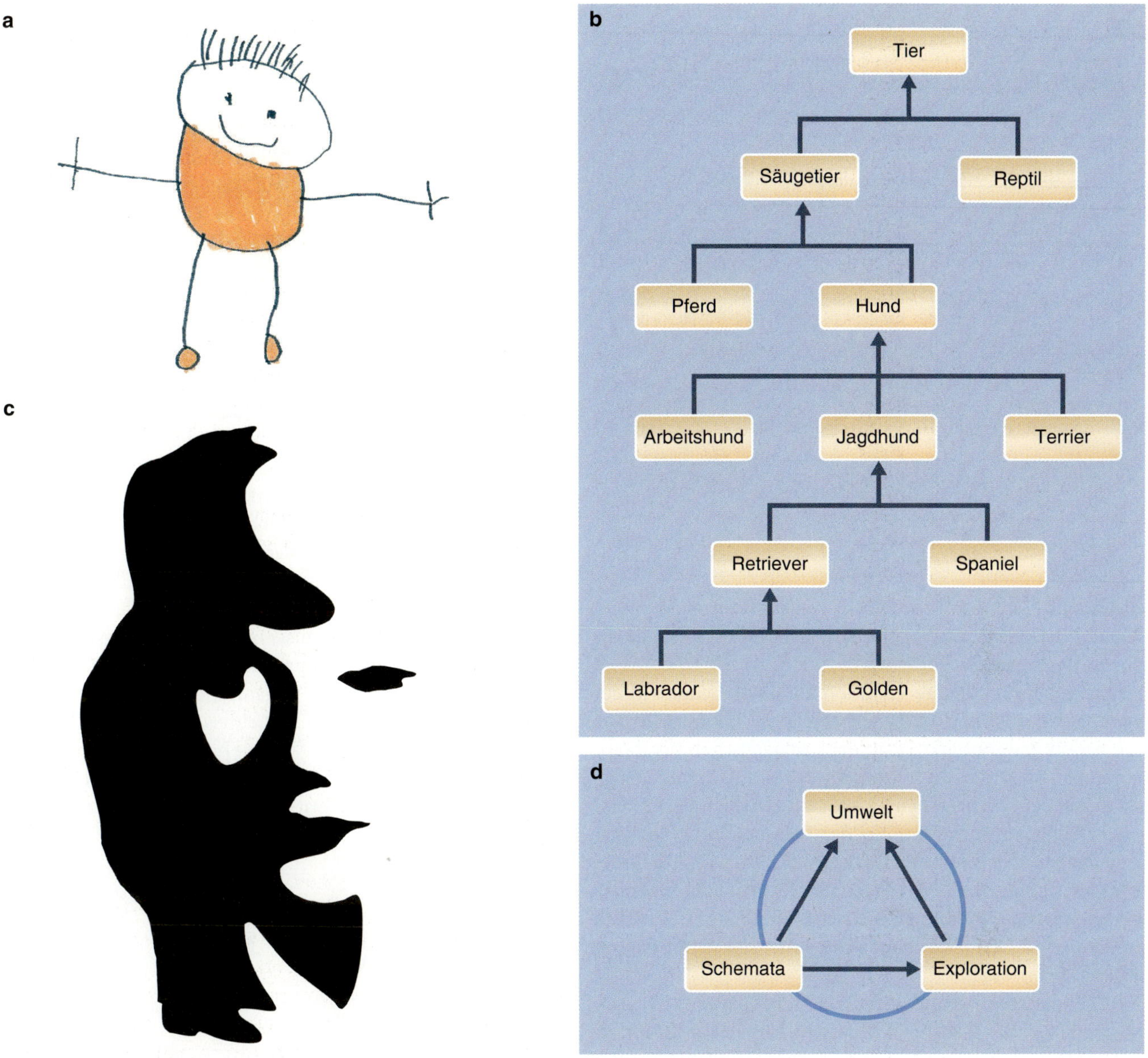

Abb. 1.35a–d **a** © gaiamoments / istockphoto.com **c** © Wikimedia Commons/CC-BY SA 3.0

Unter den pädagogischen Anwendungen der Schematheorie weist die Theorie des bedeutungshaltigen Lernens von Ausubel (1974) vermutlich die meisten Übereinstimmungen mit dem bisher Gesagten auf. Das Herzstück dieser Theorie ist die *Assimilationshypothese,* die besagt, dass neue Lernerfahrungen (z. B. verbal-sprachliche Mitteilungen eines Textes) stets in bereits bestehende kognitive Strukturen integriert werden. Bedeutungshaltiges Lernen ist darauf ausgerichtet, Information, die vorwiegend sprachlich übermittelt wird, zu verstehen, d. h. ihr eine Bedeutung zu verleihen, indem die enthaltenen Aussagen dauerhaft in eine kognitive Struktur assimiliert werden. Dazu muss die kognitive Struktur aber geeignete Anknüpfungspunkte bieten, damit die zu verarbeitende Information assimiliert werden kann. Sind diese Anknüpfungspunkte nicht vorhanden, werden sie mittels spezieller Lernhilfen, sogenannter *advance organizers*, bereitgestellt. Diese bewirken entweder den Aufbau einer Wissensstruktur, in die neue Information assimiliert werden kann, oder eine Modifikation bestehender Wissensstrukturen durch Erweiterung, Verfeinerung oder Reorganisation. Im Mittelpunkt der Ausubel'schen Theorie des bedeutungshaltigen Lernens steht somit die Integrationsfunktion von Schemata.

Demgegenüber betont die *Konzeption des generativen Lernens* von Wittrock (1974), auf die wir bereits an in ▶ Abschn. 1.2.2 (Abb. 1.11) verwiesen haben, die aufmerksamkeitssteuernde Funktion von Schemata. Die Grundannahme dieser Konzeption lautet, dass Menschen Informationen nicht passiv konsumieren, sondern eigene Interpretationen der erfahrbaren Informationen konstruieren und daraus Schlussfolgerungen herleiten, indem idiosynkratische Assoziationen zwischen Reiz- und Gedächtnisinformation generiert werden. Mit Verständnis lernen heißt nach diesem Denkansatz, Bedeutungen zu konstruieren. Dazu rufen Lernende aus dem Langzeitgedächtnis Informationen ab, die schematisch organisiert sind und benutzt werden können, um sie mit neuen Erfahrungen zu verknüpfen und auf diese Weise

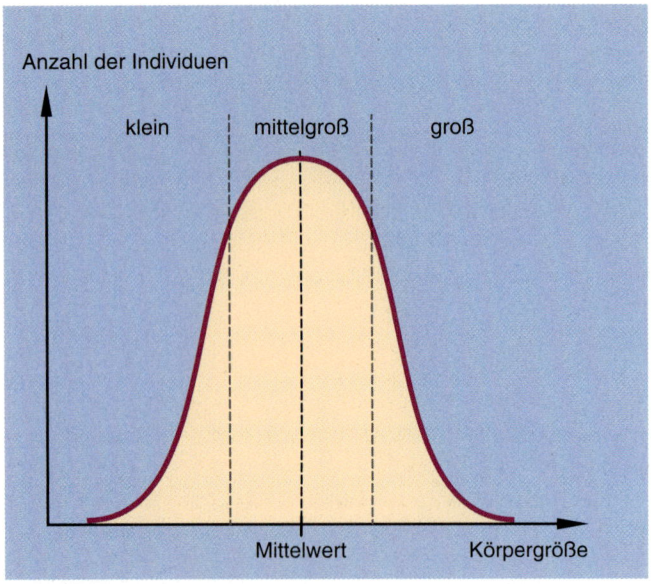

Abb. 1.36 Kontinuierliche und kategoriale Variation in der Körpergröße

Bedeutung zu erzeugen. Schemata lenken die Wahrnehmung auf relevante Merkmale der Reizinformationen und organisieren die Generierung neuer Bedeutungen.

Eine wiederum andere Funktion kommt Schemata in der *Cognitive Load Theory* (CLT) von Sweller (1988) zu, die, wie oben bereits erwähnt, derzeit in der pädagogischen Psychologie populär ist. Die zentrale Annahme dieses Ansatzes besagt, dass wegen der beschränkten Kapazität des Arbeitsgedächtnisses eine Überbeanspruchung bei der Verarbeitung komplexer Lernaufgaben eintreten kann. Die Beschränkung des Arbeitsgedächtnisses könne dadurch umgangen werden, dass Schemata aktiviert werden, die eine automatische Verarbeitung bewirken und dadurch die Beanspruchung des Arbeitsgedächtnisses reduzieren.

Außer diesen Anwendungen der Schematheorie in der Pädagogik gibt es noch weitere (z. B. Pascual-Leone und Goodman 1979), auf die hier aber nicht mehr eingegangen werden soll. Vielmehr soll nun anhand dieser Theorie dargestellt werden, was eine Theorie eigentlich ausmacht.

Bauelemente einer Theorie

Ein wichtiges Bauelement einer Theorie ist der Begriff *Variable*. Weiter oben haben wir gesagt, dass Schemata Variablen enthalten. Dabei sind wir davon ausgegangen, dass der Leser bereits ein Vorverständnis des Variablenbegriffs hat, z. B. aus dem Mathematikunterricht. Dort ist eine Variable eine Veränderliche, d. h. eine Größe, die unterschiedliche Werte annehmen kann. Dementsprechend ist alles, was variiert, als Variable zu betrachten. Beispielsweise kann das Alter zu verschiedenen Zeitpunkten verschiedene Werte für verschiedene Personen oder für ein und dieselbe Person einnehmen. Die Variation der Werte ist bei der Variable „Alter“ gleichförmig, da gilt, dass gleichgültig welche zwei benachbarten Varianten X_i und X_j man auswählt, es immer eine Variante X_k gibt, für die $X_i > X_k > X_j$ gilt. Oder einfacher ausgedrückt: Die Werte der Variablen verteilen sich kontinuierlich über die Werte eines Wertebereichs.

Jedes Individuum unterscheidet sich von jedem anderen in vielen Merkmalen, z. B. im Lebensalter, in der Körpergröße oder im Gewicht. Auch dies sind *kontinuierliche Variable*.

Bei anderen Merkmalen gibt es nur eine Variation in einem engen Rahmen. Das Geschlecht ist ein Beispiel einer Variablen, die nur zwei Werte annehmen kann. Andere Merkmale treten zwar in mehreren Variationen auf, aber dennoch nur in einer begrenzten Anzahl, z. B. die Augenfarbe. Eine solche Art der Variation nennt man auch *kategoriale oder diskrete Variation*, sie beruht auf graduellen Unterschieden zwischen Merkmalen. Je mehr Abstufungen möglich sind, desto eher kann die kategoriale Variation in eine kontinuierliche überwechseln. Das heißt aber auch, dass eine Variation von Merkmalen graduell sein kann, ohne kontinuierlich zu sein, andererseits aber, dass jede kontinuierliche Variation graduell ist (Abb. 1.36).

Die Unterscheidung zwischen gradueller (kategorialer) und kontinuierlicher Variation ist von großer methodologischer Bedeutung, je nachdem, ob im Objektbereich kategoriale Unterscheidungen gemacht werden können oder ob die zu untersuchenden Phänomene „ineinander übergehen“.

In der Erziehungswissenschaft setzen sich Maßnahmen, Behandlungen (*treatments*) oder ein Bildungsprogramm gewöhnlich aus mehreren Variablen zusammen. Ein Bildungsprogramm kann unterschiedliche Zeitspannen für die Bearbeitung von Lernaufgaben, verschiedene Organisationsformen des Unterrichts, unterschiedliche Schüler-Lehrer-Interaktionen usw. als Variablen enthalten. Der Einfachheit halber kann man das Bildungsprogramm auch als *eine* aggregierte Variable betrachten, die aus einer Menge an Teilvariablen zusammengesetzt ist.

Anna: „Sag mal Jakob, kennst du dich mit all den Variablen aus, von denen manchmal in unseren Kursen die Rede ist? Ich habe da oft Schwierigkeiten, einen klaren Kopf zu bewahren. Den Unterschied zwischen einer Variablen und einer Konstanten kenne ich noch aus dem Matheunterricht, aber was einem an Variablen z. B. in der Lernforschung begegnet, ist ja ein Hammer!“

Jakob: „Da geht es mir ähnlich. Ich kann ja noch was anfangen mit der Unterscheidung zwischen unabhängigen und abhängigen Variablen, aber was genau der Unterschied zwischen einer intervenierenden und einer Moderatorvariable ist, könnte ich nicht erklären."

Anna: „Ja, und da gibt es auch noch die Mediatorvariable. Ist das dasselbe wie Moderatorvariable?"

Jakob: „Keine Ahnung, aber ich hoffe, das jetzt zu erfahren."

Allgemein wird zwischen unabhängigen und abhängigen Variablen unterschieden. Die *unabhängige Variable* ist das, was die Natur oder die Umwelt vorgibt oder was ein Forscher gezielt manipulieren kann: eine Behandlung, ein Programm oder irgendeine Bedingung der Umwelt. Die *abhängige Variable* ist das, was durch die unabhängige Variable bewirkt wird, d. h. das Resultat einer Behandlung, eines Programms oder die Reaktion auf die gegebene Situation. Werden beispielsweise die Effekte eines neuen Bildungsprogramms auf die Leistungen von Schülern untersucht, ist das Programm die unabhängige Variable und die mit einem Test gemessenen Leistungen der Schüler sind die abhängige Variable.

In der Forschungspraxis sind zwei Merkmale der Variablen von entscheidender Bedeutung. Erstens sollte eine Variable *erschöpfend* sein, d. h. alle möglichen Ausprägungen umfassen. Wenn beispielsweise „Religion" die interessierende Variable ist und nur die Optionen „Katholik", „Protestant" und „Muslim" in Betracht gezogen werden, ist diese Liste an Optionen nicht erschöpfend, da es noch andere gibt, die auf die Liste gehören. Nicht immer kann man alle Optionen der Klassifikation ausschöpfen, da es dann zu viele Kategorien gibt. Daher beschränkt man sich gewöhnlich auf eine Zahl an Kategorien, die ausreichen, um die überwiegende Mehrheit der zu klassifizierenden Subjekte zu erfassen, und fügt eine Restkategorie „und andere" hinzu. Das zweite Merkmal von Variablen besteht darin, dass die Attribute einer Variablen *sich wechselseitig ausschließend* sein sollten. Das ist in der Praxis nicht immer einfach zu erreichen. Wenn man beispielsweise die Variable „Berufstätigkeit" mit den Ausprägungen „berufstätig" und „nicht berufstätig" klassifiziert, schließen sich diese Ausprägungen nicht notwendigerweise wechselseitig aus, weil ein Student zwar offiziell durchaus als nicht berufstätig gelten mag, aber dennoch in einem Betrieb beschäftigt sein kann, also berufstätig ist.

Neben unabhängigen und abhängigen Variablen kennen Human- und Sozialwissenschaften auch noch sogenannte *intervenierende Variablen.* Ursprünglich geht dieser Term auf Tolman (1938) zurück, der sie rein operational definierte, um auf nicht beobachtbare Größen wie Persönlichkeitseigenschaften verzichten zu können. Im Grunde entspricht dies dem mathematischen Begriff der intervenierenden Variablen, die zwischen zwei oder mehr Variablen vermittelt und deshalb auch Mediator- oder Moderatorvariable genannt wird (Baron und Kenny 1986). Allgemein gesagt, ist eine *Moderatorvariable* eine qualitative Variable (z. B. Geschlecht, Rasse, Klassenzugehörigkeit) oder eine quantitative Variable (z. B. Stärke einer Belohnung), welche die Richtung oder Stärke der Beziehung zwischen einer unabhängigen und einer abhängigen Variablen beeinflusst. Dabei kann zwischen vollständiger und partieller Moderation unterschieden werden. Bei der vollständigen Moderation „verschwindet" der Einfluss einer unabhängigen Variable und wird ganz von der Moderatorvariable kontrolliert. Das ist z. B. der Fall, wenn die Intelligenz als Moderatorvariable den Effekt einer pädagogischen Behandlung (unabhängige Variable) nicht mehr erkennen lässt. Bei der partiellen Mediation/Moderation wird der Zusammenhang zwischen zwei Variablen lediglich abgeschwächt. Mittlerweile ist es üblich geworden, den Begriff der intervenierenden Variable allgemein zur Bezeichnung von nicht beobachtbaren Veränderlichen zu verwenden, die *innerhalb* einer Person wirksam werden (z. B. Gedächtnisprozesse oder Emotionen). Den intervenierenden Variablen wird dabei keine kausale Wirkung auf eine abhängige Variable zugeschrieben, sondern nur eine moderierende Funktion.

In ◘ Abb. 1.37 wird das Zusammenwirken der verschiedenen Variablen in Bezug auf die oben skizzierte Schematheorie dargestellt.

Dieser Abbildung können wir leicht den intervenierenden Charakter von Schemata entnehmen. Sie füllen quasi den Raum zwischen unabhängigen und abhängigen Variablen aus. Diese sind beobachtbar, wohingegen die intervenierenden Variablen nicht unmittelbar beobachtbar sind und aus den Beobachtungen *erschlossen* werden müssen. Sie sind gedankliche Konstruktionen, die sich ein Wissenschaftler ausdenkt, um einen regelhaften Zusammenhang zwischen den unabhängigen und abhängigen Variablen theoretisch zu erklären. Deshalb bezeichnet man die intervenierenden Variablen auch als *Erklärungsbegriffe* oder synonym als *theoretische Begriffe* bzw. Konstrukte.

▪ Theoretische Konstrukte

Konstrukte gewinnen ihre Bedeutung erst durch die theoretische Erklärung. Ein Erklärungsbegriff, der nichts erklärt, ist sinnlos. *Beschreibungs-* oder *Beobachtungsbegriffe*, die sich auf die unabhängigen und abhängigen Variablen beziehen, müssen die relevanten Gegebenheiten, Ereignisse und Beziehungen zwischen ihnen zutreffend und intersubjektiv nachvollziehbar *beschreiben.* Beschreibende und erklärende Begriffe können unterschiedlich gewichtet werden: In manchen Theorien hat die Beschreibung Vorrang, in anderen die Erklärung, wieder andere streben eine Balance zwischen Beschreibung und Erklärung an. Bei Theorien, die sich auf ein neues Forschungsgebiet beziehen, steht üblicherweise der Aspekt der Beschreibung stärker im Vordergrund.

Die theoretischen Begriffe bzw. Erklärungsbegriffe sind so lange hypothetischer Natur, wie sie Gegebenheiten, Ereignisse und Beziehungen betreffen, die potentiell beobachtbar sind, bisher aber nicht beobachtet werden konnten. Die Annahme etwa, dass Schemata hirnphysiologisch aus der wiederholten Aktivierung derselben reizbezogenen neuronalen Netzwerke resultieren, kann man (noch) nicht auf der Grundlage von Beobachtungen (Messungen) bestätigen, weshalb der Schemabegriff ein *hypothetischer Erklärungsbegriff* ist. Sobald es gelingt, neuronale Netzwerke, die unverwechselbar Schemata konstituieren, eindeutig zu identifizieren, verliert der Begriff *Schema* seinen hypothetischen Charakter und seinen Status als intervenierende Variable, da er nun je nach Fragestellung entweder als unabhängige oder als abhängige Variable fungiert. Das Gesagte gilt für alle theoretischen Konstrukte.

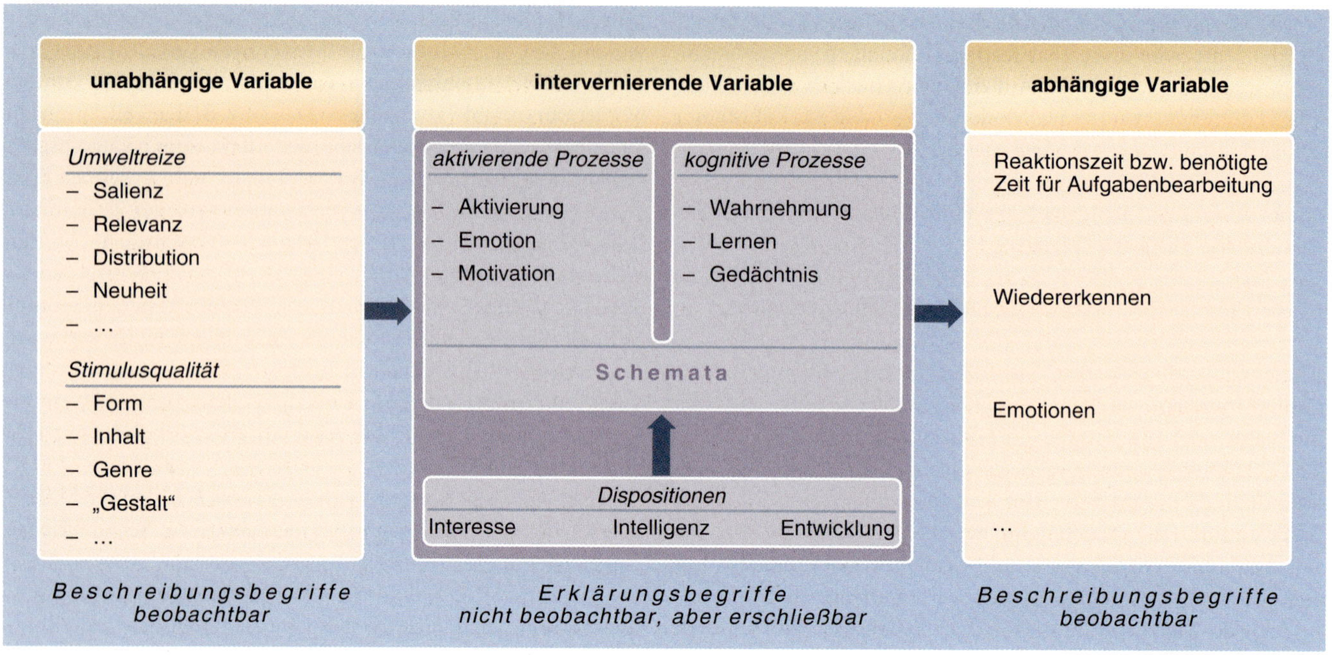

Abb. 1.37 Die Variablen(gruppen) der Schematheorie im Überblick

Erklärungs- und Beschreibungsbegriffe machen, für sich alleine genommen, natürlich noch keine *Theorie* aus. Erst durch ihre Verknüpfungen entsteht eine Theorie. Ein Begriff wie *kognitives Schema* gelangt erst durch seine Einbettung in den gesamten Erklärungszusammenhang zu seiner theoretischen Bedeutung.

Aufgaben und Funktionen von Theorien

Bisher haben wir über Theorien unter der stillschweigenden Annahme gesprochen, der Leser wisse schon, was eine Theorie ist. Das beschwört aber die Gefahr herauf, dass ein Alltagsverständnis in die pädagogische Wissenschaftstheorie übernommen wird, der wir ja gerade durch die Ausführungen in diesem Kapitel entgegenwirken wollen. Also wird es höchste Zeit, dass wir uns dem wissenschaftstheoretischen Verständnis von Theorie zuwenden.

Das Wort Theorie stammt aus dem Griechischen (*θεωρεῖν = theorein*) und bezeichnet ursprünglich die *Erschließung der Wahrheit durch reines Denken*. Vermutlich wird deshalb der Begriff bis heute alltagssprachlich als Gegenteil von Praxis benutzt.

In der Logik bezeichnet Theorie eine deduktiv abgeschlossene Menge an Aussagen (Formeln). Daraus leitet sich eine formale Definition des Theoriebegriffs (Seel 1991) ab, wonach eine Menge T von Aussagen in einer Sprache genau dann Theorie heißt, wenn T erfüllbar ist und wenn jeder Satz, der aus T folgt, bereits zu T gehört. Einfacher ausgedrückt: Die Menge an Aussagen muss überhaupt *wahr* sein können und zudem in sich abgeschlossen und widerspruchsfrei sein.

Jeder Theorie liegen also mehr oder weniger deutlich ausformulierte Annahmen zugrunde, die Verallgemeinerungen sind und sich als *beschreibende* und/oder *erklärende Aussagen* auf Ausschnitte der Wirklichkeit beziehen. Auf dieser Grundlage werden dann Vorhersagen über das Eintreten bestimmter Gegebenheiten sowie Handlungsempfehlungen für die Praxis abgeleitet. Wissenschaftliche Theorien sind üblicherweise mit dem Anspruch verknüpft, durch Beobachtungen bzw. Experimente auf ihren „Wahrheitsgehalt" geprüft werden zu können.

Dabei kann grundsätzlich zwischen Axiomen und Theoremen unterschieden werden. *Axiome* sind Regelhaftigkeiten und Gesetzmäßigkeiten, deren Wahrheit als gesichert angenommen wird. Um dies zu verdeutlichen, kann auf die kommunikationspsychologischen Axiome Watzlawicks verwiesen werden. Ähnlich hat Ruth Cohn (z. B. 1975) für die themenzentrierte Interaktion Axiome als anthropologische Aussagen über Autonomie, Wertschätzung und das Erweitern von Grenzen formuliert, die weder bestätigt noch widerlegt werden können. Auch der Pädagoge Kerschensteiner hat ein „Grundaxiom der Erziehung und Bildung" formuliert:

> » Die Bildung des Individuums wird nur durch jene Kulturgüter ermöglicht, deren geistige Struktur ganz oder teilweise der Struktur der jeweiligen Entwicklungsstufe der individuellen Lebensform adäquat ist (Kerschensteiner 1917, S. 27).

Im Unterschied zu Axiomen, die also weder bestätigt noch widerlegt werden können, sind *Theoreme* Aussagen über Regelhaftigkeiten und Gesetzmäßigkeiten, die durch eine Theorie erklärt und durch Beobachtungen bestätigt werden müssen. Wenn die Axiome wahr sind, müssen auch die von ihnen streng abgeleiteten Theoreme wahr sein. Wenn Theoreme nicht durch Beobachtungen bestätigt werden, heißt das aber nicht, dass die Axiome falsch sind.

Theorien werden entworfen, um Beobachtbares oder beobachtete Gegebenheiten und Ereignisse zu beschreiben und zu erklären. Leider hat die Alltagssprache eine Tendenz, theoretische Konstrukte zu vergegenständlichen, d. h. sich in einer Art und Weise auf sie zu beziehen, als ob sie wirkliche und beobachtbare Dinge seien. Für Wissenschaft aber ist es sehr wichtig, zwischen Konstrukten und beobachtbaren Vorgängen zu unterscheiden. Damit eine Theorie dies leisten kann, muss sie eindeutig und unverwechselbar festlegen, welche Beobachtungen sie beschreibt oder erklärt. Auf den ersten Blick scheint diese Überlegung trivial zu sein, aber sie spielt eine wichtige Rolle für die Entwicklung einer Theorie. Wenn dies immer in einem sehr engen Kontakt mit dem, was zu beschreiben oder zu erklären ist, geschehen könnte, würde sich die Verknüpfung zwischen Theorie und Wirklichkeit von alleine herstellen. Theorien entstehen aber nicht auf diese Weise, da sie in der Regel auf gedanklichen Konstruktionen aufbauen. Diese kommen aber meistens „im stillen Kämmerlein", auf der Terrasse oder beim Spaziergang zustande, also dann, wenn ein Wissenschaftler darüber nachdenkt, wie bestimmte Phänomene der Objekt- und Ereigniswelt erklärt werden können. Die „Erfindung" einer Theorie bzw. der sie konstituierenden theoretischen Konstrukte ist eng mit einem kreativen Problemlösen verknüpft. Neue Ideen zur Erklärung der Welt, die ganz plötzlich aufkommen (und daher mit einem Heureka- oder Aha-Erlebnis verbunden werden können), lassen vorherige Beobachtungen oft in einem ganz anderen Licht erscheinen, so dass es notwendig wird, die alten Beobachtungen noch einmal kritisch und unter Anlegung der neuen Aspekte zu überprüfen.

Das heißt aber nicht, dass man dann vom beobachtbaren Geschehen zur Konstruktion einer Theorie gelangt, sondern immer steht die Theorie *am Anfang* jeder Forschung. Es wird stets von der Theorie ausgegangen, um nach konkreten Belegen zu suchen, die geeignet sind, die Theorie zu bestätigen. Damit das überhaupt möglich wird, muss genau bestimmt werden, auf welche Belege sich die Theorie bezieht.

Nehmen wir an, wir hätten eine Theorie entworfen, die besagt, dass eine bestimmte Lehrmethode (z. B. Gruppenunterricht) die Lernleistungen von Schülern im Fach Mathematik aufgrund der Lernmotivation steigert. Es ist klar, dass die Lehrmethode die unabhängige Variable, die Lernmotivation die intervenierende Variable und die Lernleistungen in Mathematik die abhängige Variable ist. Wir setzen voraus, dass wir ein grundlegendes Verständnis davon haben, was Lernmotivation ist, und dass wir die Lehrmethode genau bestimmen können. Dann bleibt aber immer noch das Problem, wie die Lernleistungen festzustellen sind. Betrachten wir die Zeugnisnoten oder die Ergebnisse in einem bestimmten Test oder zeigt sich die Lernleistung in der Anwendung des Gelernten im Alltag? Um die Theorie zu prüfen, braucht man also eine genaue Angabe dessen, was als Lernleistung verstanden wird. Das gelingt am ehesten, wenn man den Begriff der Lernleistung mit ganz konkreten Beobachtungsdaten (z. B. mit den Ergebnissen in einem Test) verknüpft.

Die Verankerung eines theoretischen Konstrukts im Beobachtbaren bezeichnet man als *Operationalisierung* oder *operationale Definition*. Konkret heißt das nichts anderes, als dass Handlungen anzugeben sind, deren Ausführung dann als *Indikator* für das Wirken einer intervenierenden Variablen interpretiert wird. Je nach Art der auszuführenden Handlungen sind zwei Klassen operationaler Definitionen zu unterscheiden:

1. *Operationalisierung durch Angabe von Messanweisungen* (z. B. Intelligenz wird definiert als der Wert, den eine Person in einem Intelligenztest erreicht);
2. *Operationalisierung durch Angabe experimenteller Manipulationen*. Unterschiede in den resultierenden Daten werden auf das Wirken der experimentellen Variation zurückgeführt.

Aber „darauf zu bestehen, daß jeder Begriff, der im wissenschaftlichen Diskurs verwendet wird, operational zu definieren sei, würde zu einengend, zu restriktiv [...] und wissenschaftlich unfruchtbar sein" (Kerlinger 1967, S. 36). Gleichwohl muss die Operationalisierung im Sinne der Verankerung eines theoretischen Konstrukts im Beobachtbaren als eine der wichtigsten Anforderungen an Theorien betrachtet werden (z. B. man lässt eine Person Schach spielen, um ihre Spielintelligenz beobachten zu können). Weitergehende Anforderungen lauten, dass eine Theorie *explizit*, *widerspruchsfrei* (d. h. konsistent) und grundsätzlich *überprüfbar* sein muss. Und selbstverständlich sollte eine Theorie auch einen praktischen Nutzen haben (Praktikabilität) und nicht unnötig kompliziert sein. Die zuletzt genannte Anforderung wird auch „Ockhams Rasiermesser" genannt. Dabei handelt es sich um ein aus der mittelalterlichen Scholastik bekanntes Forschungsprinzip, das Sparsamkeit bei der Erzeugung von Theorien gebietet. Es besagt, dass man im Falle der Wahl mehrerer möglicher Erklärungen für ein Phänomen diejenige bevorzugen sollte, die mit der geringsten Anzahl an Variablen und Hypothesen auskommt und somit die sparsamste Theorie darstellt. Darüber hinaus wird gefordert, dass für jeden Untersuchungsgegenstand nur eine einzige hinreichende Erklärung anerkannt werden soll.

Bezug nehmend auf das, was im Zusammenhang mit Paradigmen und dem Wachstum von Wissen gesagt wurde, sollte nachvollziehbar sein, dass üblicherweise gefordert wird, dass eine Theorie eine Verträglichkeit mit bereits bewährten Theorien aufweisen und sich nicht in völligem Gegensatz zum Stand der Wissenschaft befinden sollte. Vielmehr sollte sie befruchtend wirken, d. h. auch andere Wissenschaftler inspirieren. Eine „gute Theorie" sollte außerdem einen Erklärungswert besitzen und nicht bloß beschreibend sein; und schlussendlich sollte sie Vorhersagen ermöglichen, die in der Praxis auch eintreffen. Das aber setzt voraus, dass die Theorie nicht zu weitgreifend (extensiv), aber auch nicht zu speziell ist.

Eine allgemeine Theorie zu konstruieren, die der Erklärung und der Entdeckung von Neuem dient, ist ein langsamer Prozess, wobei die „Kunst" darin besteht, ein Gleichgewicht zwischen Allgemeinheit und Genauigkeit zu erzielen. Eine wirklich allgemeine Theorie muss etwas in Bezug auf einen breiten Bereich an Situationen und Individuen aussagen können. Aber es ist fast unmöglich, dass eine Theorie allgemein anwendbar und zugleich spezifisch genug ist, um unzweideutige Vorhersagen zu erlauben. Eine vollständig spezifizierte allgemeine Theorie würde so viele Details enthalten, dass es rasch hoffnungslos würde, alle auf einmal zu klären und zu realisieren. Daher ist die Breite und Reichweite einer Theorie weitgehend unverträglich mit sehr großer Genauigkeit. Auf der einen Seite sind Details notwendig, um exakte, prüfbare und nützliche Vorhersagen zu treffen, auf der anderen Seite ist es unmöglich, dies konsistent zu erreichen.

Eine Möglichkeit, dieses Dilemma zu umgehen, besteht darin, das Allgemeine vom Detail zu trennen. Das heißt, dass es eine allgemeine Theorie gibt, die breit angelegt bleibt und viele Aspekte und Anwendungen abdeckt, und dass es zugleich präzisere Repräsentationen zentraler Teile gibt, die mehr Details enthalten. Diese hinsichtlich ihrer Reichweite eingeschränkten Theorien nennt man theoretische *Modelle*. Deren wichtigstes

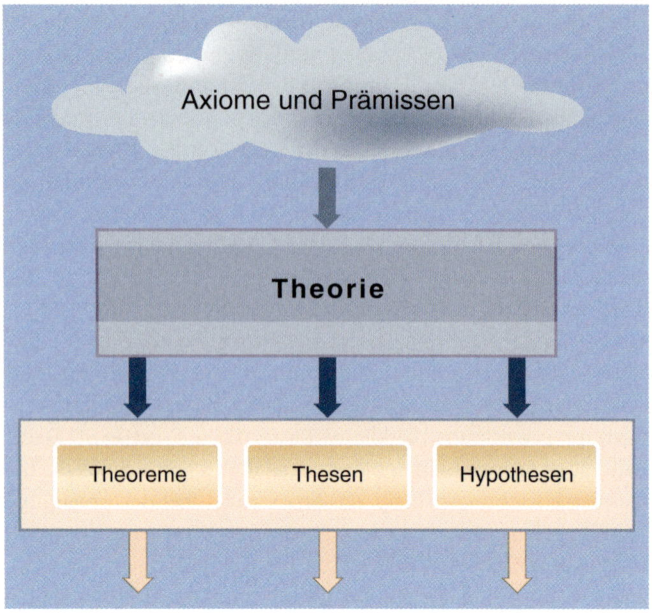

Abb. 1.38 Zentrale Begriffe der Theoriekonstruktion im Zusammenhang

Merkmal ist, dass sie hinreichend konkret und präzise sind, damit ihre Eigenschaften gut definiert sind und die Vorhersagen genau werden können. Nach allgemeinem wissenschaftstheoretischem Verständnis ist ein Modell demnach eine vereinfachte Repräsentation oder Abstraktion einer Theorie.

> The great game of science is modeling the real world […]. The object of the game is to construct models of real objects and processes. Such models comprise the core of scientific knowledge (Hestenes 1992, S. 732).

Modelle in diesem Sinn sind nicht nur in der Psychologie und Messtheorie bekannt, sondern auch in der allgemeinen Didaktik, um spezifische Aspekte von Unterricht und Lehren zu akzentuieren. Die didaktischen Modelle können als Repräsentationen einer umfassenden Theorie des Lehrens und Lernens verstanden werden.

Die Verwendung von Modellen zur Bestätigung einer Theorie ist jedoch nur in Bezug auf eine Theorie möglich, die zuvor hinreichend spezifiziert und expliziert wurde. Da ein jedes Modell die Theorie nur in einem eng bestimmten Geltungsbereich repräsentiert, und das auch nur mit einem bestimmten Maß an Genauigkeit, gibt es immer wieder Situationen, in denen das Modell scheitert, ohne dass die Theorie aufzugeben ist. Da ein Test des Modells in einem solchen Falle nicht viel bringt, besteht eine praktikable Lösung darin zu untersuchen, warum ein Modell gescheitert ist, und es mit einem anderen Modell zu vergleichen, das aus derselben Theorie hergeleitet wurde.

1.3.2.3 Theoreme, Axiome, Thesen, Hypothesen und Gesetze

In den bisherigen Ausführungen zu Theorien und ihren Bausteinen ist bereits von Hypothesen und Gesetzmäßigkeiten die Rede gewesen. Auch die Bedeutung von Axiomen und Theoremen haben wir bereits erörtert. Nun ist es Zeit, diese wissenschaftstheoretischen Begriffe in einen Zusammenhang zu bringen (Abb. 1.38).

Axiome und Theoreme

Axiome haben wir als Regelhaftigkeiten und Gesetzmäßigkeiten definiert, deren Wahrheit als gesichert angenommen und vorausgesetzt wird, während wir *Theoreme* als Aussagen bezeichnet haben, die Regelhaftigkeiten und Gesetzmäßigkeiten betreffen, die durch eine Theorie erklärt werden. Albert (1973) hat die Begriffe Axiome, Theoreme und Hypothesen miteinander in Verbindung gebracht:

> Die Theorie eines bestimmten Objektbereichs ist die Gesamtheit der logisch miteinander verbundenen nomologischen Hypothesen, die zur Erklärung und Voraussage des Verhaltens der Phänomene dieses Bereichs herangezogen werden müssen. Die übersichtlichste und am leichtesten überprüfbare Darstellung eines solchen Aussagenzusammenhangs ist die eines axiomatisch-deduktiven Systems, dessen Axiome (Grundsätze) und Theoreme (abgeleitete Sätze) als generelle Hypothesen interpretierbar sind (Albert 1973, S. 76).

Aus dieser Aussage können wir herleiten, dass Axiome und Theoreme kennzeichnend sind für *axiomatisch-deduktive Theorien*, die aus einer Menge von Sätzen, den Theoremen, erzeugt werden, die sich aus einem Fundament an Grundannahmen, den Axiomen, durch logisches Schlussfolgern gewinnen lassen. Viele mathematische Disziplinen werden heute so definiert. Beispielsweise wird die Theorie der Analysis aus den Eigenschaften der reellen Zahlen hergeleitet, die in Körperaxiomen, Ordnungsaxiomen und dem Vollständigkeitsaxiom niedergelegt sind. In den Sozialwissenschaften findet man axiomatisch-deduktive Theorien unter der Bezeichnung „logische oder rationale Rekonstruktion". Damit ist ein Übersetzungsvorgang gemeint, der die in einer wissenschaftlichen Fachsprache formulierten erfahrungswissenschaftlichen Aussagensysteme in die formale Sprache der Logik übersetzt und dabei von jedem Inhalt dieser Aussagensysteme abstrahiert. Daraus resultieren syntaktische Strukturen ohne jede Semantik, und das Ziel besteht darin, die formal rekonstruierten syntaktischen Strukturen auf logische Konsistenz oder Widerspruchsfreiheit zu untersuchen. In der Erziehungswissenschaft wird auf axiomatisch-deduktive Theorien üblicherweise im Zusammenhang mit wissenschaftstheoretischen Überlegungen zum kritischen Rationalismus von Popper verwiesen (z. B. Wulf 1983).

› ***Theoreme* sind die auf der Grundlage von *Axiomen* logisch beweisbaren Aussagen in einer Theorie.**

In der Pädagogik wird relativ häufig von Theoremen in einem eher pragmatischen Sinne gesprochen – z. B. vom *Theorem der sozialen Bedingtheit*, wonach die Bildung des Menschen aus der Unmittelbarkeit des Lebens hervorgeht (Niemeyer et al. 1997). Andere Theoreme beziehen sich auf die Individualisierung, soziale Desintegration, Inklusion und Heterogenität. Beispielsweise wird mit Blick auf die Frühpädagogik mit den Theoremen Inklusion und Heterogenität gearbeitet (Prengel 2010), wobei sich *Inklusion* auf ein pädagogisches Modell bezieht, das die Aufnahme aller

Kinder in eine Bildungseinrichtung sowie uneingeschränkte Teilhabe und Gemeinsamkeit innerhalb dieser Einrichtung vorsieht. Der Inklusionsbegriff leitet unmittelbar über zum Integrationsbegriff, für den wiederum ein Theorem formuliert wird, das sich auf Prozesse bezieht, durch die „Einigungen" zwischen einander widersprechenden psychischen Komponenten, gegensätzlichen Sichtweisen, interagierenden Personen und Personengruppen erzielt werden. Integrative Prozesse bilden damit den Kern des Theorems der Inklusion, das die wechselseitige Anerkennung verschiedener Positionen als zentrales Element beinhaltet und damit eine Verknüpfung zum Theorem der Heterogenität herstellt.

Das Problem, das aus dieser Begriffsverwendung resultiert, besteht darin, dass, wenn von Theoremen gesprochen wird, es eigentlich unabdingbare Voraussetzung ist, die Axiome zu kennen und zu benennen, aus denen die Theoreme deduktiv abgeleitet werden und aufgrund derer sie auch bewiesen werden können. Da dies sehr selten der Fall ist, empfehlen wir, den Begriff Theorem nur im Kontext axiomatisch-deduktiver Theorien zu verwenden und ansonsten mit dem Begriff These zu arbeiten.

▪ Thesen

Eine *These* ist eine Relationsaussage über die beobachtbare Wirklichkeit, deren Wahrheitsgehalt ebenfalls eines Beweises bedarf. Ist eine These nicht beweisbar, kann sie nicht aufrechterhalten und muss verworfen werden. Gelingt ein solcher Nachweis der Unhaltbarkeit einer These nicht, kann an ihr festgehalten werden.

Die unabdingbare Notwendigkeit der Beweisbarkeit teilen Thesen mit Theoremen, aber Thesen werden nicht aus Axiomen deduktiv hergeleitet, so dass ihr Beweis nicht logisch, sondern *pragmatisch* auf der Grundlage von Beobachtungen erfolgt.

Beispiele für Thesen pädagogischer Sachverhalte sind leicht zu finden. Zur Illustration dessen, was man unter Thesen zu verstehen hat, greifen wir auf einige Thesen zur pädagogischen Reformierung der Lehrerausbildung an berufsbildenden Schulen zurück, die von Arnold et al. (2002) formuliert wurden.

> These 1: Die Ausbildung von Lehrerinnen und Lehrern muss reflexiv sein, indem sie deren eigene Lernerfahrungen aufgreift und produktiv verarbeitet.
> These 2: Lehrerbildung braucht aktive Methodenorientierung. Indem Lehrerinnen und Lehrer Experten ihres eigenen Lernprozesses werden, können sie später auch die Lernenden beim Einsatz von Methoden beraten und selbst Methoden im Unterricht produktiv einsetzen (Arnold et al. 2002, S. 359).

Solche Thesen können hinsichtlich ihres „Wahrheitsgehaltes" empirisch geprüft werden. Das ist auch das charakteristische Merkmal von Hypothesen, einem v. a. in den Erfahrungswissenschaften üblichen wissenschaftstheoretischen Begriff.

▪ Hypothesen

Eine *Hypothese* ist (wörtlich übersetzt) eine Unterstellung, d. h. eine Annahme, eine Vermutung. Eine Hypothese *behauptet* z. B. einen Zusammenhang zwischen zwei oder mehreren beobachtbaren Variablen oder zwischen einer beobachtbaren und einer nicht beobachtbaren Variablen. Eine Hypothese wird nur aufgestellt, wenn wir auch die Absicht haben, sie zu überprüfen.

Daraus folgt, dass wenn wir eine Theorie überprüfen wollen, wir aus ihr Hypothesen abzuleiten haben, die wir dann einer empirischen Überprüfung unterziehen.

▪ Gesetze

Wissenschaftliche Thesen, die als in einem hohen Maße bestätigt gelten, werden in den Erfahrungswissenschaften als *Gesetze* bezeichnet. Es sind dies Erklärungssätze, die viele Überprüfungen bestanden haben.

Um die wissenschaftstheoretische Bedeutung von Gesetzen (bzw. Gesetzesaussagen) herauszuarbeiten, greifen wir noch einmal auf das in ▶ Abschn. 1.3.1 angeführte Beispiel der im Sandkasten spielenden Kinder zurück. Wir haben beobachtet: Johann hat die Sandkuchen, die Paula gebacken hat, zerstört, woraufhin Paula ihm mit einer Schaufel auf den Kopf schlägt. Wir haben im Zusammenhang mit diesem Beispiel auf die *Frustrations-Aggressions-Hypothese* von Dollard und Miller (Dollard et al. 1939) verwiesen, die viele Jahre als ein psychologisches Gesetz galt. Demnach ist Aggression stets eine Folge von Frustration, wobei sich die Aggression zunächst gegen das Individuum richtet, das die Frustration bewirkt. Wenn wir nun das Schlagen mit der Schaufel als eine Aggression Y der Person A gegen Person B bezeichnen und das Zerstören der Sandkuchen durch B eine Frustration X ist, dann haben wir das Ereignis $Y_A = f(X_B)$, dass die Aggression von A eine Funktion durch die von B vorgenommene Frustration ist. Mit der Formel $Y_A = f(X_B)$ drücken wir eine Gesetzmäßigkeit oder Regelhaftigkeit aus, die unterschiedliche Formen der Aggression Y und der Frustration X sowie verschiedene Individuen enthält. Die Funktion *f* lesen wir als „wenn X, dann Y". Unsere im Beispiel dargelegte Beobachtung betrachten wir als Spezialfall der angenommenen Regelhaftigkeit oder Gesetzmäßigkeit, dass, wann immer ein Individuum A durch eine Handlung eines anderen Individuums B frustriert wird, dies eine wie auch immer geartete aggressive Handlung von A gegenüber B zur Folge hat. Ein anderer Spezialfall dieses Gesetzes wäre dann, dass ein Vater seinen Sohn anschreit, weil dieser nicht sofort seine Anweisung befolgt, eine Aufgabe zu erledigen. Der Vater wird durch das Nichtstun seines Sohnes frustriert und schimpft ihn deshalb aus (was eine aggressive Handlung darstellt).

Gesetze oder Regelhaftigkeiten dieser Art sind als Generalisierungen zu begreifen, die grundsätzlich in zwei Richtungen ablaufen können:

1. als Generalisierung über verschiedene Personen in ähnlichen Situationen und/oder
2. als Generalisierung über dieselbe(n) Person(en) in unterschiedlichen Situationen.

Im zweiten Fall würden wir einer Person A, die sich in unterschiedlichen Situationen als Folge einer wie auch immer gearte-

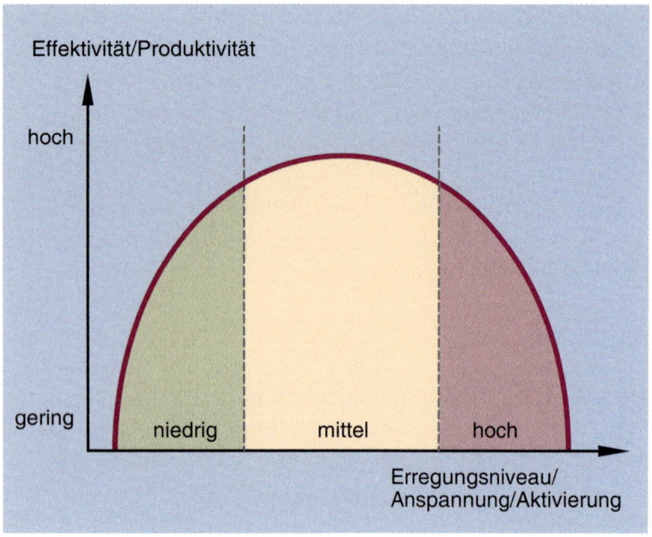

Abb. 1.39 Das Aktivierungsmodell nach Yerkes und Dodson (1908)

ten Frustration stets aggressiv verhält, ein größere Aggressionsbereitschaft und geringere Frustrationstoleranz zuschreiben als einer Person C, die nur gelegentlich mit Aggression auf Frustration reagiert. Bei Generalisierungen haben wir es stets mit Aussagen zu tun, die sich auf interindividuelle und intraindividuelle Gemeinsamkeiten und Unterschiede in der Realisierung einer angenommenen Gesetzmäßigkeit oder Regelhaftigkeit beziehen. Das heißt konkret, dass wir stets davon ausgehen, dass z. B. Aggression als Folge einer Frustration bei ein und derselben Person unterschiedliche Grade haben kann und dass sich verschiedene Personen in dem Ausmaß an Aggression unterscheiden.

Wir können das aufgestellte Gesetz der Frustration-Aggression nicht nur anwenden, um ein Ereignis im Nachhinein als Exempel einer Gesetzmäßigkeit zu interpretieren, sondern auch, um Aggressionsverhalten aufgrund von erfahrener Frustration *vorherzusagen*. Dabei sind zwei Varianten zu unterscheiden: eine deterministische und eine probabilistische Vorhersage. Eine *deterministische Vorhersage* beinhaltet die starke Annahme, dass „immer y, wenn immer x" oder „y wenn x und nur wenn x" – ohne Ausnahme und unentrinnbar. Die *probabilistische Vorhersage* beinhaltet demgegenüber die wesentlich schwächere Aussage, dass y mit einer gewissen Wahrscheinlichkeit als Folge von x eintritt, aber keineswegs mit Sicherheit. Dennoch gehen wir davon aus, dass ein Gesetz, mit dem wir in der Wissenschaft arbeiten, einigermaßen „gesichert" ist, d. h., die Wahrscheinlichkeit des Eintretens von y als Folge von x sollte hoch sein und nicht das Ergebnis bloßen Zufalls. Der Zusammenhang von Frustration und Aggression, mit dem wir bisher als Beispiel gearbeitet haben, scheint zwar unmittelbar plausibel zu sein, aber er ist wissenschaftlich nicht in dem Maße gesichert, dass man von einem Gesetz sprechen könnte.

Ein anderes Beispiel, das wir zur Verdeutlichung des Begriffs Gesetz heranziehen können, ist das zu Beginn des 20. Jahrhunderts formulierte Yerkes-Dodson-Gesetz (Yerkes und Dodson 1908), das die menschliche Leistungsfähigkeit als abhängig von der physiologischen Aktivierung (d. h. dem Erregungsniveau, der Anspannung) sieht. Das Aktivationsmodell geht davon aus, dass zwischen der physiologischen Aktivierung und der Leistungsfähigkeit ein umgekehrt u-förmiger Zusammenhang besteht. Die Leistungsfähigkeit wird bei jedem Menschen als veränderlich betrachtet. Sie hängt von dem Grad der emotionalen Erregung ab. Fühlt sich eine Person durch eine Aufgabenstellung unterfordert, bleibt sie hinter ihren Leistungsmöglichkeiten zurück – es entsteht ein Leistungsdefizit. Eine Spitzenleistung wird für den Falle eines mittleren Ausmaßes an emotionaler Aktiviertheit behauptet, wohingegen die Leistung wieder sinkt, wenn das Erregungsniveau (z. B. Angst) über das erforderliche Maß hinausgeht. Dieser gesetzmäßige Zusammenhang wird in Abb. 1.39 grafisch beschrieben.
Dieses Aktivierungsmodell erscheint vielen plausibel, aber es hat zwei gravierende Mängel: Erstens geht das Yerkes-Dodson-Gesetz auf Experimente mit Labormäusen und nicht auf Beobachtungen bei Menschen zurück, was die grundsätzliche Frage nach der Übertragbarkeit auf Menschen nach sich zieht. Zweitens suggeriert die Darstellungsform als umgekehrtes U eine kontinuierliche Variation des Aktivierungsniveaus; tatsächlich aber werden nur drei Kategorien der Aktivierung (niedrig, mittel, hoch) zugrunde gelegt.

Wir haben das Yerkes-Dodson-Gesetz als Beispiel ausgewählt, da es trotz erheblicher wissenschaftlicher Vorbehalte bis heute seine Attraktivität nicht verloren hat. Man braucht nur das Internet zu bemühen und wird rasch fündig. Wir fanden einen Studienbrief mit dem Titel „Innere Spannung und Leistung" eines Instituts für Organisationsberatung und Coaching, in dem das Yerkes-Dodson-Gesetz auf den Alltag angewandt wird (Hilsenbeck 2007). Argumentiert wird, dass man dieses Gesetz und seine Implikationen unbedingt kennen sollte, wenn man nicht in der Misserfolgsfalle landen will. Wir wollen nicht vertiefend auf solche Aussagen eingehen, da wir das Yerkes-Dodson-Gesetz ja nur zur Illustration eines psychologischen Gesetzes skizziert haben, aber nicht mit dem Ziel, seine Gültigkeit zu diskutieren.

Wissenschaft besteht im Wesentlichen aus Erklären und Vorhersagen auf der Grundlage allgemeingültiger Gesetze über das Zustandekommen bedeutsamer Ereignisse. Beobachtungen einzelner Ereignisse werden erklärt oder vorhergesagt, indem sie als Spezialfälle oder Exempel eines für gültig befundenen Gesetzes verstanden werden.

Hierfür haben Hempel und Oppenheim (1948) ein deduktiv-nomologisches Modell wissenschaftlicher Erklärungen erarbeitet, das jeder wissenschaftlich arbeitende Pädagoge kennen sollte. Mit diesem Modell ist der Anspruch verbunden, dass jede wissenschaftliche Erklärung in diese Form gebracht werden kann (Abb. 1.40).

Das Schema besagt, dass ein Ereignis von wissenschaftlichem Interesse durch die Angabe von Anfangsbedingungen (*Antezedenzbedingungen*) und allgemeinen Gesetzen erklärt werden kann. Das Ereignis, das zu erklären ist, heißt *Explanandum* und das Erklärende heißt *Explanans* und setzt sich aus den Anfangsbedingungen und den Gesetzen zusammen.

Aus feststellbaren Anfangsbedingungen folgt aufgrund allgemeiner Gesetze zwingend das zu erklärende Ereignis. Beides zusammen, die Anfangsbedingungen und die Gesetze, bilden das, was als Ereignis wissenschaftlich erklärt wird. Im Alltag reicht zur Erklärung eines Ereignisses (z. B. dass ein Schüler eine schlechte Note im Mathematiktest erhält) aus, wenn man die Ursache (z. B. mangelnde Vorbereitung) angibt. Das ist aber noch lange keine wissenschaftliche Erklärung. Die mangelnde Vorbereitung auf den Mathetest gehört in der Umgangssprache als Ursache nämlich zu den Anfangsbedingungen. Um das Ergebnis des schlechten Abschneidens im Mathetest wissenschaftlich erklären zu können, muss noch mindestens ein allgemeines

Struktur		Bestandteile
$G_1, G_2, \ldots, G_k$	*Explanans*	allgemeine Gesetze, Hypothesen oder theoretische Annahmen
$A_1, A_2, \ldots, A_j$		Sätze, die die Antezedenzbedingungen beschreiben
———		***Argumentationsschritt: E folgt logisch aus G_k und A_j***
E	*Explanandum*	Beschreibung des zu erklärenden Ereignisses

Explanans heißt das Erklärende, *Explanandum* das zu Erklärende

Abb. 1.40 Das Hempel-Oppenheim-Schema wissenschaftlicher Erklärungen

Gesetz herangezogen werden. Die bloße Angabe einer Ursache mag im Alltag ausreichen – aber nicht für eine wissenschaftliche Erklärung, die über die Angabe der Anfangsbedingung (mangelnde Vorbereitung) noch ein Gesetz voraussetzt, welches die Beobachtung von Ursache und Wirkung erklärt.

Wir können also festhalten, dass, wenn Wissenschaftler etwas erklären oder vorhersagen, dies unter Heranziehung hinreichend gesicherter Gesetzmäßigkeiten geschieht, was etwas ganz anderes ist, als wenn man im Alltag etwas erklärt oder vorhersagt, denn da begnügt man sich gewöhnlich mit subjektiv einleuchtender Plausibilität. Solche plausibilitätsbegründeten und auf dem „gesunden Menschenverstand" ruhenden Erklärungen und Vorhersagen können durchaus mit wissenschaftlich begründeten Erklärungen und Vorhersagen korrespondieren, müssen es aber nicht, was ja auch für viele ihren Reiz ausmacht. Dann gibt es auch noch *prophetische* Vorhersagen, die zwar gelegentlich einen wissenschaftlichen Anspruch erheben (wie z. B. die Astrologie), der aber nicht eingelöst werden kann. Horoskope sollte man daher am besten im Nachhinein lesen, was dann durchaus erheiternd sein kann.

„Prognosen sind schwierig, besonders wenn sie die Zukunft betreffen", lautet eine berühmt gewordene Aussage, die verschiedenen Personen (wahlweise Mark Twain, Karl Valentin, Winston Churchill) zugeschrieben wird. Aber wissenschaftliche Vorhersagen lauten nie, dass irgendetwas unter allen Umständen eintreten wird, sondern „Wenn das und das geschieht, wird mit einer gewissen (möglichst großen) Wahrscheinlichkeit dieses oder jenes eintreten". Im Gegensatz zu prophetischen Vorhersagen sind wissenschaftliche Vorhersagen also stets bedingte oder konditionale Wahrscheinlichkeitsaussagen.

Da es unterschiedliche Arten von Gesetzen gibt, unterscheiden sich auch die Erklärungen aufgrund der verwendeten Gesetze. Werden z. B. für eine Erklärung nach dem Hempel-Oppenheim-Schema *statistische Gesetze* verwendet (Hörz 1973), kann die Erklärung natürlich nur eine gewisse Wahrscheinlichkeit aufweisen. Das heißt, dass nach den Gesetzen der Wahrscheinlichkeit unter bestimmten Anfangsbedingungen das Ereignis mit einer mehr oder minder großen Wahrscheinlichkeit eben eintritt. Dieser Gesetzesbegriff betrachtet die Wahrscheinlichkeit als Grad der Möglichkeit. Nach Hörz (1973) beschreiben Gesetze konkrete, wirkliche Vorgänge in Raum und Zeit nicht, sondern spannen ein Möglichkeitsfeld für sie auf. Sie beschreiben, unter welchen Bedingungen welche Vorgänge möglich sind, nicht ob und wo diese Bedingungen gerade erfüllt oder nicht erfüllt sind. Im Unterschied zu diesen probabilistischen Gesetzen behaupten deterministische Gesetze, dass ein Ereignis so ist, wie es ist, und so zustande kommt, wie es zustande kommt. Ursache und Wirkungen treten aufgrund eines Gesetzes nicht bloß wahrscheinlich, sondern sicher ein.

Warum irgendetwas als Folge von irgendetwas anderem eintritt, wird damit aber (noch) nicht gesagt. Dieses Warum zu ergründen, also Gesetze ihrerseits zu erklären, wird als Beobachtung oder Erklärung zweiter Ordnung bezeichnet. Es werden also zwei Ebenen der Beobachtung oder Erklärung unterschieden. Auf der Ebene der *Beobachtung oder Erklärung erster Ordnung* geht es um das, was zu beobachten ist und was der Fall ist. Das heißt, es wird auf der ontologischen Ebene operiert. Das ist natürlich sehr selektiv, da bei der Beobachtung oder Erklärung erster Ordnung nur das beobachtet wird, was jemand beobachten will, das andere „sieht" er nicht. Diesen Umstand, dass man beim Beobachten gewisse Dinge nicht sehen kann oder will, hat von Foerster (1985) den „blinden Fleck" der Erkenntnis genannt. Dieser „blinde Fleck" kann durch eine *Beobachtung oder Erklärung zweiter Ordnung* überwunden werden. Dabei handelt es sich um die Erklärung, warum eine Beobachtung erster Ordnung verwendet und was dabei alles ausgeblendet wird. Das ist die *epistemologische Ebene der Erkenntnisgewinnung*. Wenn man so will, schaut der Wissenschaftler mittels der Beobachtung oder Erklärung zweiter Ordnung auf das, was er auf der Ebene der Beobachtung oder Erklärung erster Ordnung angerichtet hat, und sucht nach dem Warum einer auf dieser Ebene festgestellten Regelhaftigkeit. Er geht den Gesetzmäßigkeiten auf den Grund.

Beobachtungen oder Erklärungen erster Ordnung kann man leicht am Beispiel behavioristischer Lerntheorien verdeutlichen.

Vereinfacht ausgedrückt wird entsprechend dieser Theorien Lernen als das Eintreten einer spezifischen Reaktion als Folge eines ebenso spezifischen Reizes verstanden; *warum* dies der Fall ist, ist nicht Gegenstand der Erklärung. Dies ist Gegenstand der Beobachtung oder Erklärung zweiter Ordnung. Sie besteht bei Behavioristen aus der Black Box. Die Beobachtung erster Ordnung betrifft dann nur den beobachtbaren Eingang (Reiz) in den schwarzen Kasten und das, was herauskommt (Reaktion). Was in dem schwarzen Kasten geschieht, entzieht sich der Beobachtung und wird auch nicht erklärt. Wenn man nun Annahmen darüber trifft, was in dem Kasten passiert, gelangt man zu einem System von Aussagen, das erklärt (zweiter Ordnung), *warum* eine bestimmte Reaktion auf einen bestimmten Reiz hin erfolgt. Genau das haben wir in dem Sandkastenbeispiel getan: Ausgangspunkt war eine konkrete Beobachtung (erster Ordnung) einer spezifischen Reaktion (Schlagen mit der Schaufel) auf einen ebenso spezifischen Reiz hin (Zerstören des Sandkuchens). Ein Behaviorist begnügt sich damit, diese Reiz-Reaktions-Konfiguration in vielen Situationen zu beobachten, aber er käme nicht auf den Gedanken, dem Warum nachzuspüren und das Geschehen im schwarzen Kasten erklären zu wollen.

1.3.2.4 Überprüfung von Theorien

Wissenschaftlichen Theorien begegnet man in der pädagogischen Praxis oft mit großen Vorbehalten – auch schon früher, wie das Zitat aus einem Vortrag Rudolf Steiners (1923) über *Pädagogische Praxis* zeigt:

> » Es kommt am wenigsten Lebenspraxis heraus, wenn man von pädagogischen Theorien ausgeht. Die ergeben gar nichts, nur Vorurteile ergeben sie eigentlich. Dagegen ist die wirkliche Pädagogik Menschenerkenntnis. Und richtige Menschenerkenntnis ist es schon, wenn sie nach dieser besonderen Richtung ausgebildet wird [...]. Sie ist schon Pädagogik, und sie wird zur Didaktik in der lebendigen Handhabung des Unterrichts und der Erziehung; sie wird eben zur pädagogisch-didaktischen Gesinnung, und auf diese kommt es an (Steiner 1923, S. 138).

Mit dieser Aussage des Begründers der Waldorfpädagogik wird der Gegenentwurf zu unserer bisherigen wissenschaftstheoretischen Argumentation vorgestellt, die davon ausgeht, dass die Bestätigung oder Widerlegung einer Theorie über ihre weitere Verwendbarkeit in der Wissenschaft und im praktischen Handeln entscheiden. Denn „Nichts ist so praktisch wie eine gute Theorie", wie Kurt Lewin (1890–1947) festgestellt haben soll. Eine Theorie kann richtig oder falsch sein, aber sie kann nicht richtig sein und dann in der Praxis doch nichts taugen. Eine Theorie, die in der pädagogischen Praxis nichts taugt, ist entweder falsch oder unvollständig oder auf einen konkreten Fall nicht anwendbar. Die gelegentliche „Theoriefeindlichkeit der pädagogischen Praxis" entspricht bei genauer Betrachtung nicht einer prinzipiellen Ablehnung, sondern ist Ausdruck einer mangelnden Bereitschaft, sich mit Theorien, ihrem Bedeutungsgehalt und den Konsequenzen für das Handeln in der Praxis auseinanderzusetzen. Das wird dadurch verstärkt, dass sozialwissenschaftliche Forschung oft von dem Eindruck begleitet wird, dass ihre Ergebnisse so offenkundig sind, dass selbst unsere Großmutter sie uns erzählt haben könnte oder zumindest nicht von den Befunden überrascht worden wäre (Levin 1993). „Was Großmutter auch schon wusste" ist eine beliebte Killerphrase, die dem gesunden Menschenverstand mehr Vertrauen entgegenbringt als wissenschaftlichen Erkenntnissen. Aber Theorien sind für eine erfolgreiche pädagogische Praxis viel zu wichtig, als dass man sie pauschal unbeachtet lassen könnte. Denn wissenschaftliche Theorien, die sich bewährt haben, unterscheiden sich in ihrem Bedeutungsgehalt und ihren Konsequenzen wesentlich von bloßen Vermutungen und Erlebnissen, die von diesem oder jenem berichtet werden. Erlebnisse einzelner Personen können nicht überprüft werden und sind deshalb wissenschaftstheoretisch wertlos.

Wie aber werden Theorien überprüft, um sie anerkennen zu können oder verwerfen zu müssen? Unter welchen Bedingungen können Theorien als widerlegt betrachtet werden und wie kann man ihre Gültigkeit nachweisen? Welche Kriterien werden dabei zugrunde gelegt?

Auf diese Fragen gibt die Wissenschaftstheorie je nach Denkschule unterschiedliche Antworten. Auf diese Denkschulen werden wir nun näher eingehen.

Die längste Zeit ihrer Geschichte war die Pädagogik durch die Überprüfung ihrer Theorien auf der Grundlage *subjektiver Erfahrungen und Erlebnisse* gekennzeichnet. Erst zu Beginn des 20. Jahrhunderts vollzog sie eine Hinwendung zur erfahrungswissenschaftlichen Methodik. Es waren vor allem Meumann (1862–1915) und Lay (1867–1931), die unter dem Einfluss der neu entstandenen wissenschaftlichen Psychologie der *experimentellen Pädagogik* den Weg bereiteten (Hopf 2004). Die von Meumann und Lay propagierte experimentelle Ausrichtung mit der Betonung von Laboruntersuchungen und systematischen Beobachtungen stand dabei in krassem Gegensatz zu dem Verständnis der empirischen Pädagogik, wie sie z. B. von Scherer (1907) unter Bezugnahme auf das Wirken von Pestalozzi und seinen Nachfolgern dargelegt worden war. Das Verständnis von Empirie bezog sich bei Scherer auf die subjektiven Erfahrungen und Erlebnisse namhafter Pädagogen, die im Grunde aber nur als anekdotische Evidenz zu betrachten sind.

In den Sozialwissenschaften hat sich die Verwendung des Begriffs *Erfahrungswissenschaft* zur Kennzeichnung des Erkenntnisgewinns aus Erfahrungen eingebürgert. Dazu ist zu sagen, dass Erfahrungen zwar die Ausgangsgrundlage für Theorien bilden, diese sich aber nicht vollständig auf Erfahrungen zurückführen lassen. Theorien sind keine Verallgemeinerungen von Erfahrungen, sondern sie setzen, wie das Hempel-Oppenheim-Schema besagt, Gesetze oder theoretische Annahmen voraus, die über die Erfahrung hinausgehen. Theorien tragen daher stets einen hypothetischen Charakter. Im Unterschied zu Erfahrungswissenschaften, die ihre Kenntnisse aus äußeren Erfahrungen gewinnen, versuchen Geisteswissenschaften, ihre Kenntnisse auch aus inneren Erfahrungen zu gewinnen.

Sowohl für die Erfahrungs- als auch für die Geisteswissenschaften gilt, dass jedes konkrete, beobachtbare und erfahrbare Ereignis raumzeitlich gebunden und im Hinblick auf seine Geschichtlichkeit nicht wiederholbar ist. Das gilt axiomatisch für jedes Ereignis und Geschehen.

Anders als beispielsweise der Historiker, der sich mit der Einmaligkeit der geschichtlichen Ereignisse abfindet und sie daher bloß beschreibt, macht es sich der Erfahrungswissenschaftler zur Aufgabe, auch die zwangsläufig einmaligen Ereignisse unter Zuhilfenahme eines allgemeinen Gesetzes zu erklären und vorherzusagen. Er versucht, das Einmalige mit Allgemeinem zu erklären. Kann das gelingen?

Eine Voraussetzung für das Gelingen ist die Annahme, dass man geschichtlich einmalige Ereignisse und Fakten als Instanzen allgemeinerer Kategorien klassifizieren kann und auch darf. Dann kann man sagen: Diese oder jene Einzelbeobachtung ist *ein Fall* eines durch eine bestimmte Theorie abgedeckten und erklärten gesetzmäßigen Zusammenhangs von Variablen. Dieser Fall kann mittels erfahrungswissenschaftlicher Methoden untersucht werden, aber auch einer hermeneutischen Analyse unterzogen werden. Das bezeichnet man in der Erziehungswissenschaft als *pädagogisches Fallverstehen*, das in der Sozialpädagogik und Sozialarbeit eine lange und weit zurückreichende Tradition hat. Auch beim Fallverstehen wird der Fall seiner historischen Einmaligkeit beraubt, nämlich genau dann, wenn ein Pädagoge einen Fall nicht nur beschreibt, sondern auch erklären will, indem er den Fall in eine bekannte Kategorie einordnet. Dadurch enthistorisiert das pädagogische Fallverstehen den Fall und ordnet ihn *sub specie* einer allgemeineren Kategorie zu. Der Unterschied zur empirisch-analytischen Erziehungswissenschaft kommt zustande, weil sich das Fallverstehen auf *einen* Fall stützt, während die empirisch-analytische Erziehungswissenschaft viele Fälle auf Gemeinsamkeiten untersucht. Das wissenschaftliche Streben nach Verallgemeinerung findet dann ein Ende, wenn ein Ereignis in seinem konkreten Jetzt und Hier als so einzigartig und abgeschlossen zu betrachten ist, dass es keiner allgemeineren Kategorie untergeordnet werden kann. Wissenschaft gelangt aber auch rasch zu einem Ende, wenn sie sich nur auf Erlebnisdaten und die Introspektion stützt.

▪ Die Grenzen der Introspektion und Erfahrung

Die *Introspektion* war bis zu Beginn des 20. Jahrhunderts die Standardmethode der noch jungen psychologischen Forschung. Unter anderem waren Wundt, Titchener und Külpe ihre Hauptbefürworter. Die Versuchspersonen, meist die Forscher selbst oder enge Mitarbeiter, hatten Denk- und Urteilsaufgaben zu lösen und zu berichten, was sie während des Versuchs erlebt hatten. Ein sehr gutes Beispiel hierfür bietet die in mancherlei Hinsicht grandiose wissenschaftliche Arbeit von Duncker (1935) zum Problemlösen. Gleichwohl beurteilte Karl Bühler bereits 1928 die Erlebnispsychologie als *Krise der Psychologie*. Seit Mitte des 20. Jahrhunderts haben die Erfahrungswissenschaften die Introspektion und die daraus resultierenden Erlebnisdaten weitgehend aus ihrer Methodologie verbannt. Dessen ungeachtet gibt es bis heute Forschungsbereiche, die sich auf Introspektion und Erlebnisdaten stützen. Beispielhaft können die Kreativitätsforschung und die *dialogische Introspektion* genannt werden, die sich mit der gruppenbezogenen Erforschung der Wahrnehmung des bewussten eigenen Erlebens befasst (Kleining 1994).

Das stärkste Argument gegen die Introspektion und die durch sie gewonnenen Erlebnisdaten besteht in dem Hinweis auf ihren privaten Charakter mit der Folge, dass Erlebnisdaten intersubjektiv nicht teilbar sind. Erlebnisse sind nur dem Erlebenden selbst zugänglich, sie sind in ihm „verborgen". Niemals ist ein identisches Erlebnis mehreren Personen zugleich zugänglich. Dem stimmen viele im Hinblick auf Gedanken und Gefühle spontan zu, glauben aber, dass sich das Gesagte nicht auf die Empfindung von Farben, Tönen, Düften usw. beziehe, da deren Wahrnehmung ja jedem zugänglich sei. Wenn mehrere Personen den blauen Himmel betrachten, wird vermutet, dass sie höchstwahrscheinlich alle die gleiche Blauempfindung haben. Dazu Ebbinghaus (1919):

> » [Wahrnehmungserlebnisse gehören] in gewisser Hinsicht zu den Dingen der Außenwelt. Allen zugleich ist doch das, was bei einer Sinnesempfindung der eine erlebt, der von ihm empfundene Eindruck selbst, als Gebilde seines Bewußtseins der sinnlichen Wahrnehmung *aller Anderen* wieder entzogen. Andre mögen unter geeigneten äußeren Einwirkungen Ähnliches empfinden, aber jederzeit sind die dem Bewußtsein des einen Individuums angehörigen sinnlichen Erlebnisse als solche dem Sehen und Tasten aller übrigen ganz ebenso unzugänglich und unerreichbar wie die Gedanken und Gefühle jenes Individuums (Ebbinghaus 1919, S. 2).

Wir müssen somit unterscheiden zwischen den Erlebnissen und den Gegebenheiten der Außenwelt, die sie bewirken. Der blaue Himmel ist grundsätzlich allen Personen zugänglich, die Blauempfindung aber nur jeder einzelnen Person. Und keine zwei Personen werden das Blau des Himmels exakt gleich empfinden. Die Aussagen über Erlebnisse und Empfindungen einer Person sind dem Korrektiv derselben Erfahrungen durch andere Personen entzogen. Daher fehlt ihnen jene überprüfbare Gewissheit, die Beobachtungen der äußeren Natur mit sich bringen. Die Eindeutigkeit von Aussagen über Erlebnisdaten kann nicht in einer Weise gesichert werden, wie dies bei Beobachtungen der Objektwelt möglich ist. Dem kann freilich entgegengehalten werden, dass sich diese Unsicherheit womöglich durch einen Vergleich vieler Berichte über ein Erlebnis verkleinern lassen. Wenn man sehr viele Menschen ein bestimmtes, gemeinsam erfahrenes Erlebnis schildern lässt, kann man womöglich die subjektiven Eigenarten der Selbstbeobachtung einzelner Personen ausschalten und zu einer quasi objektiven Schilderung des Erlebnisses gelangen. Dieses Vorgehen setzt aber zwingend voraus, dass die in den Erlebnisberichten der Personen enthaltenen sprachlichen Wendungen und Wörter die gleiche Bedeutung und den gleichen Sinn besitzen. Wenn ein Begriff der Erlebnisbeschreibung bei einer Person etwas anderes bedeutet als bei einer zweiten Person, dann bringt ein Vergleich von Erlebnisberichten nicht viel. Tatsächlich ist die Unklarheit der Bedeutungen von erlebnisbeschreibenden Begriffen das Hauptargument gegen die wissenschaftliche Verwendung von Erlebnisdaten.

Erlebnisbeschreibungen erschließen sich der Kommunikation und wissenschaftlichen Analyse nur dann, wenn es gelingt, ein und dasselbe Erlebnis eindeutig und unmissverständlich durch ein gemeinsames Repertoire an Begriffen zu beschreiben. Ganz offensichtlich ist dies bei Beobachtungen von Gegenständen der Objektwelt (ab einem gewissen Kindesalter) leichter zu bewerkstelligen als bei subjektiven Erlebnissen wie z. B. Angst.

Abb. 1.41 © Wikimedia Commons/public domain

Versuchen Sie einmal, einem achtjährigen Kind erlebnisbeschreibende Begriffe wie „Angst", „sich angespannt fühlen", „eine unangenehme Erinnerung haben", „wohlschmeckend" usw. so zu erklären, dass es tatsächlich begreift, worüber Sie gesprochen haben. Die Krux bei der Verwendung einer erlebnisbeschreibenden Sprache liegt darin, dass sich die kommunizierenden Personen eigentlich nie sicher sein können, dass sie auch wirklich verstehen, worüber gerade gesprochen wird. Auf die methodische Ebene von Wissenschaft bezogen meint dies, dass Erlebnisse und Erfahrungen des Beobachtbaren nur dann intersubjektiv teilbar sind, wenn ein gemeinsames Begriffsrepertoire gegeben ist.

Theorien und Tatsachen: naiver und logischer Empirismus

Oft wird gesagt, Theorien müssten mit den Tatsachen übereinstimmen. Doch so einfach ist die Sache nicht, denn es gibt keine „reine" Tatsache. Jede feststellbare Tatsache und jede Beobachtung ist immer schon vorgeformt durch die Kenntnisse des Beobachters und die Sprache, mit der Tatsachen beschrieben werden.

Bevor sich diese Erkenntnis in der Wissenschaftstheorie durchsetzte, war der *naive Empirismus* der Standard für die wissenschaftliche Erkenntnisgewinnung. Dabei wurden zwei methodische Verfahrensweisen angewandt, um der Natur ihre Geheimnisse abzulauschen und nachprüfbare Daten zu liefern, die jeder andere bei Anwendung derselben methodischen Verfahrensweisen ebenso finden kann: die *systematische Beobachtung* und das *Experiment*. Das wissenschaftliche Interesse galt dabei in erster Linie naturwissenschaftlichen Phänomenen und dem Sammeln von Erkenntnissen über die Natur (Abb. 1.41). Auf deren Grundlage erlangt der Naturwissenschaftler mittels *induktiver Generalisierungen* den Zugang zu den Naturgesetzen. Der Fokus liegt alleine auf dem Objekt, sei es die Natur oder der Mensch oder sein Verhalten. Daher ist der naive Empirismus *Objektivismus* in Reinkultur.

Der naive Empirismus wurde um die Jahrhundertwende von der Wiener Schule des logischen Empirismus und in Bezug auf die Pädagogik vor allem von Natorp (1854–1924) wissenschaftlich widerlegt. Im Gegensatz zum naiven Empirismus verzichtet der *logische Empirismus* nicht nur auf die absolute Gültigkeit der Erfahrung, sondern steht auch der induktiven Generalisierung als alleinigem Prinzip der Erkenntnisgewinnung skeptisch gegenüber.

Grundsätzlich geht der logische Empirismus davon aus, dass der Wissenschaftler immer schon über bestimmte Vermutungen, Thesen, Hypothesen und theoretische Konzeptionen verfügt, mit denen er erkenntnisleitend an die Objekte der Untersuchung herangeht. Schon bei der Auswahl des Untersuchungsgegenstandes werden die theoretischen Konzeptionen und Vorentscheidungen des Wissenschaftlers wirksam.

Der logische Empirismus begreift Wissenschaft als ein System von Sätzen, das nach dem Prinzip der Widerspruchsfreiheit konstruiert werden muss.

Die grundlegenden und für Wissenschaft bedeutsamen Sätze sind die *Beobachtungssätze*, die im strengen Sinne des Wortes *operationalisierbar* sind und sich direkt auf Beobachtungen abstützen lassen. Die logische Schwierigkeit besteht in der Verknüpfung der Beobachtungssätze mit anderen Sätzen, die nicht operationalisierbar sind. Um diese Schwierigkeit zu umgehen, lässt der logische Empirismus nur solche Sätze als sinnvoll gelten, die Beobachtungssätze sind oder die logisch aus ihnen ableitbar sind. Etwas anderes gibt es für den logischen Empirismus nicht. Alltagserfahrungen brauchen lediglich durch logische Formulierung zu Hypothesen umgebaut werden, die operationalen Definitionen zugänglich sind, um Forschung in Gang zu setzen. Das Problem der Forschung besteht darin, diese Hypothesen durch Beobachtungen oder Experimente zu *verifizieren*.

Die *Verifikation von Hypothesen* stellt im logischen Empirismus das grundlegende und wichtigste Prinzip wissenschaftlicher Arbeit dar. Dabei gewinnt die Induktion insofern eine neue Bedeutung, als sie probabilistische Vorhersagen erlaubt.

Dabei gilt: Je besser Hypothesen empirisch abgestützt sind, desto größer ist ihr prognostischer Wert.

Das Kernproblem des logischen Empirismus liegt darin, dass auf die theoretische Reflexion von Forschungsinhalten und -interessen verzichtet wird (Holzkamp 1971). Die Auffassung, Wissenschaft erwachse unmittelbar aus der alltäglichen Erfahrung und ermögliche das Finden von Wahrheiten über die Natur, ist nach Holzkamp unhaltbar. In Bezug auf die Vorhersagbarkeit stellt dieser Autor fest:

> » Es lassen sich schlechterdings keine Gründe dafür angeben, warum sich der Vorhersagewert einer Hypothese in dem Maße erhöhen soll, in dem sich die Hypothese in der Vergangenheit empirisch bestätigt hat (Holzkamp 1971, S. 18).

Kritischer Rationalismus

Aus der Wiener Schule des logischen Empirismus ging Karl Popper hervor, den wir im ▶ Abschn. 1.3.2 „Paradigmen und Paradigmenwechsel" schon als Hauptvertreter des *kritischen Rationalismus* erwähnt haben. Dementsprechend geht auch Popper davon aus, dass Wissenschaft als ein System von Sätzen beschrieben werden kann, die von unterschiedlichem Allgemeinheitsgrad sind. Die grundlegenden Sätze heißen bei ihm *Basissätze*. Diese entsprechen weitgehend den Beobachtungssätzen des logischen Empirismus mit dem Unterschied, dass die Geltung von Basissätzen immer nur vorläufig ist.

Des Weiteren geht Popper davon aus, dass die „Wahrheit" einzelner Basissätze, sofern sie überhaupt feststellbar ist, nichts über die „Wahrheit" von allgemeineren Sätzen aussagt, aus denen die Basissätze logisch korrekt abgeleitet wurden. Dazu kommt noch, dass eine Übereinstimmung in Bezug auf die Richtigkeit der Aussagen von Basissätzen unter Wissenschaftlern nicht immer erreichbar ist, selbst wenn die methodologischen Spielregeln konsequent angewendet werden. Kann aber über die Geltung eines Basissatzes keine Einigung erzielt werden, so muss durch Umformulierung versucht werden, eine neue Aussageform zu finden, die entsprechend den Regeln der angewandten Methode korrekt ist und Zustimmung aller finden kann. Auf dieser Überlegung gründet das *Prinzip der Nullhypothese*, bei dem es darauf ankommt, Hypothesen so in der Form von Basissätzen zu formulieren, dass sie empirisch grundsätzlich widerlegbar sind. Solange die empirische Kontrolle diese Widerlegung nicht zu leisten vermag, gelten die theoretischen Annahmen als empirisch bewährt. Aber sie sollten nicht als „wahr" bezeichnet werden, weil es vorläufige Grade der Wahrheit nicht gibt.

An die Stelle der Verifikationstheorie des logischen Empirismus tritt bei Popper das *Prinzip der Falsifikation*, dessen Rolle in der Forschung in ◘ Abb. 1.42 dargestellt wird.

Das Prinzip der Falsifikation geht davon aus, dass eine Hypothese niemals bewiesen, aber gegebenenfalls widerlegt werden kann. Diesen Grundgedanken findet man bereits bei August Weismann, der 1868 meinte, dass sich eine wissenschaftliche Hypothese zwar niemals beweisen lasse, wohl aber, wenn sie falsch ist, widerlegen. Damit wird der Geltungsanspruch von Wissenschaft im empirischen Bereich noch stärker reduziert als im logischen Empirismus, da das Falsifikationsprinzip keine Kriterien zur theoretischen Gewichtung von Forschungsinhalten liefert. Es handelt sich bei ihm vielmehr um ein logisch in sich stimmiges, vom Wahrheitsanspruch her radikal reduziertes System, das streng immanent gehandhabt werden muss.

» Das Aufstellen von Theorien scheint uns einer logischen Analyse weder fähig noch bedürftig zu sein: An der Frage, wie es vor sich geht, daß jemandem etwas Neues einfällt – sei es nun ein musikalisches Thema, ein dramatischer Konflikt oder eine wissenschaftliche Theorie – hat wohl die empirische Psychologie Interesse, nicht aber die Erkenntnislogik (Popper 1966, S. 6).

Natürlich blieb eine solche wissenschaftstheoretische Position nicht unkritisiert. Das zeigt der *Positivismusstreit* zwischen Popper und Albert auf der einen und Adorno und Habermas auf der anderen Seite. Der etwas irreführende Begriff Positivismusstreit bezieht sich auf eine Debatte zwischen Popper und Adorno anlässlich einer Tagung im Jahre 1961, bei der es darum ging, ob in den Sozialwissenschaften die gleiche Methodologie zum Zuge kommen kann wie in den Naturwissenschaften. Eng verbunden war damit auch die Debatte über den Status von Werten in den Natur- und Sozialwissenschaften, was dann im *Werturteilsstreit*

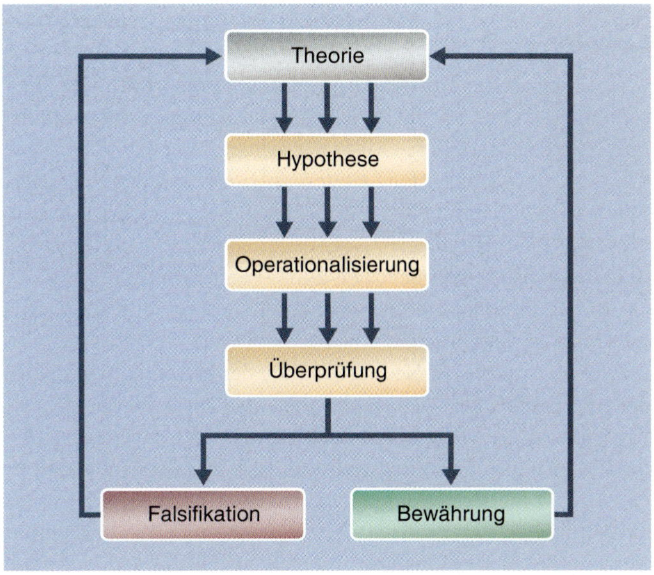

◘ **Abb. 1.42** Falsifikationsprinzip des kritischen Rationalismus

mündete. Einen guten Überblick über diese Debatte bietet das Buch von Dahms (1994), das auch auf den zweiten Positivismusstreit eingeht, der von den nordamerikanischen Pragmatisten Thomas Kuhn und Paul Feyerabend angezettelt wurde. Letztgenannter vertrat im krassen Gegensatz zum kritischen Rationalismus die Position, dass Wissenschaft im Wesentlichen ein anarchistisches Unterfangen sei.

» „Anything goes" ist nicht das eine und einzige „Prinzip" einer neuen von mir empfohlenen Methodologie. Ich empfehle keine „Methodologie", ganz im Gegenteil, ich betone, daß die Erfindung, Überprüfung, Anwendung methodologischer Regeln und Maßstäbe die Sache der konkreten wissenschaftlichen Forschung und nicht des philosophischen Träumens ist. Philosophen haben in der Methodologie nichts zu suchen, außer sie nehmen an der wissenschaftlichen Forschung selbst teil. „Anything goes" ist die Weise, in der traditionelle Rationalisten, die an universelle Maßstäbe und Regeln der Vernunft glauben, meine Darstellung von Traditionen, ihrer Wechselwirkung und ihrer Änderung werden beschreiben müssen. Für sie ist das Bild der Wissenschaften, das aus der historischen Forschung hervorgeht und ihre „Rekonstruktionen" ersetzt, in der Tat ohne Regel, ohne Vernunft und alles, was sie angesichts dieses Bildes sagen können, ist: anything goes (Feyerabend 1981, S. 97).

Dessen ungeachtet avancierte der kritische Rationalismus, insbesondere in seiner sozialwissenschaftlichen Auslegung durch Albert, zur bestimmenden Methodologie der erfahrungswissenschaftlichen Pädagogik – zumindest so lange, bis der Begriff Konstruktivismus die wissenschaftstheoretische Debatte zu dominieren begann.

▪ Konstruktivismus

Da der Begriff *Konstruktivismus* auch in der Lehr-Lern-Forschung seit mehr als zwanzig Jahren eine Rolle spielt, ist ausdrücklich darauf hinzuweisen, dass die dort zugrunde gelegte

Bedeutung kaum eine Entsprechung mit dem wissenschaftstheoretischen Begriff des Konstruktivismus aufweist – außer dass er den Begriff der Konstruktion in den Mittelpunkt der Theoriebildung stellt. Obwohl der lernpsychologische Konstruktivismus in der Pädagogik seit Mitte der 1990er Jahre Konjunktur hat und sogar zur Entwicklung einer *konstruktivistischen Pädagogik* geführt hat (Arnold 2007, Reich 2006), hat er nichts mit dem wissenschaftstheoretischen Konstruktivismus zu tun, wie er bei der Überprüfung von Theorien zum Tragen kommt.

In der Philosophie und Wissenschaftstheorie des 20. Jahrhunderts bezieht sich der Konstruktivismus zunächst auf verschiedene Ansätze zur Neubegründung der Mathematik als Folge der *mathematischen Grundlagenkrise*. Aus diesen Anfängen erwuchsen rasch zwei unterschiedliche Ansätze des wissenschaftstheoretischen Konstruktivismus, die sich gegen den Szientismus (als Auffassung, dass sich mit naturwissenschaftlichen Methoden alle sinnvollen Fragen beantworten lassen) wandten und an das Konzept der Operationalisierung (z. B. bei Dingler) anknüpften. Der erste Ansatz des Konstruktivismus wurde maßgeblich von der Erlanger Schule (Lorenzen, Lorenz, Kamlah, Mittelstraß) entwickelt. Grundidee ist der Aufbau von Wissenschaftssprachen, um über Sprachspielverfahren (à la Wittgenstein) gemeinsame Gegenstandsbereiche zu konstituieren. Mit Konstruktivismus ist hierbei ein Grundverständnis *konstruktiver Gegenstandskonstitution* mit einem darauf bezogenen konstruktiven Begründungsbegriff gemeint.

Der zweite Ansatz des wissenschaftstheoretischen Konstruktivismus ist eng mit dem *Realisationsprinzip* verknüpft, demzufolge die Realität nicht (passiv) in Theorien abgebildet wird, sondern reale Verhältnisse, auf die sich eine Theorie bezieht, im aktiven Handeln durch Beobachtung ausgewählt und durch wissenschaftliche Untersuchungen (z. B. Experimente) überhaupt erst hergestellt werden. Der Forschungsprozess sieht aus dieser Sicht zwei methodische Möglichkeiten vor: Entweder man gelangt von den Daten zu den Theorien oder umgekehrt von den Theorien zu den Daten. Anders als im Empirismus ist Forschung dadurch gekennzeichnet, dass Wissenschaftler ihre Theorien an die Realität herantragen und Untersuchungsbedingungen schaffen, welche die Theorie realisieren – in Übereinstimmung mit dem Grundsatz: „Ich benenne die Dinge, wie ich sie erkenne, und sie wirken, wie ich um ihr Wirken weiß."

Im Unterschied zum Empirismus und kritischen Rationalismus werden beim Konstruktivismus die empirischen Daten nicht nur im Sinne einer Theorie interpretiert, sondern in Übereinstimmung mit dem *Primat des Theoretischen* konsequent aus der Eigenart der Theorie konstruiert. Die durch Untersuchungen erzeugten Beobachtungsdaten dienen nicht der Falsifikation theoretischer Annahmen, sondern werden als Realisationen der Theorie betrachtet. Das Induktionsprinzip wird durch das Realisationsprinzip ersetzt, weshalb der wissenschaftliche Konstruktivismus auch sehr zurückhaltend sein muss bei der Formulierung von Vorhersagen, die grundsätzlich als Bedingungssätze (wenn dies, dann jenes) formuliert werden. Realisationen einer Theorie können durchaus auch misslingen, wenn sie unbeabsichtigt mehr oder weniger starke Abweichungen zwischen theoretischen Annahmen und Beobachtungsdaten nach sich ziehen. Im kritischen Rationalismus wird dies als Falsifikation theoretischer Annahmen betrachtet, im Konstruktivismus werden die Abweichungen auf störende Umstände zurückgeführt und die Theorie wird beibehalten. „Sofern bestimmte, in der theoretischen Annahme formulierte, konstituierende Bedingungen realisiert sind und sofern keine störenden Bedingungen vorliegen, treten bestimmte, nämlich die in der theoretischen Annahme behaupteten, empirischen Effekte auf" (Holzkamp 1971, S. 24), aber nur dann.

Das Verfahren der Aufrechterhaltung theoretischer Aussagen trotz widersprechender empirischer Befunde wird nach Dingler (1955) *Exhaustion* genannt. Das Verfahren der Exhaustion macht die Gültigkeit einer Theorie von empirischen Daten unabhängig und verneint damit das Induktionsprinzip des Empirismus. Seit den Tagen Galileis wird das Exhaustionsverfahren in der praktischen empirischen Forschung immer dann angewendet, wenn eine Theorie aufrechterhalten werden soll, obgleich Beobachtungsdaten ihr zu widersprechen scheinen. Man redet dann davon, dass „störende Umstände" die Gültigkeit der Theorie in der Empirie quasi „verdeckt" hätten. So wird auch die Falsifikation im Sinne des kritischen Rationalismus als störender Umstand definiert (diese Möglichkeit hatte auch schon Popper erwähnt).

Ohne Zweifel hat das Exhaustionsverfahren seinen Reiz, strapaziert man es aber zu sehr, indem man ihm unbegrenzte Gültigkeit zuschreibt, werden präzise wissenschaftlich geltende Aussagen überhaupt nicht mehr möglich. Empirische Forschung wird durch eine exzessive Exhaustion im Grunde sinnlos, weil sie – logisch nicht widerlegbar – durch immer neue Rückführungen auf Störvariablen in eine absolute Relativität geführt wird. Das war auch den Befürwortern des wissenschaftstheoretischen Konstruktivismus bewusst. Um eine Reduktion zum Absurden zu vermeiden, führte Holzkamp (1971) das Prinzip der *Belastetheit* einer Theorie ein, demzufolge Exhaustionen nur dann erlaubt sind, wenn begründet davon ausgegangen werden kann, dass Abweichungen zwischen Theorie und empirischen Daten *tatsächlich* auf Störfaktoren zurückgehen, die dann auch benannt werden müssen. Ist dieser Nachweis nicht möglich, so bezeichnet Holzkamp eine Theorie als belastet, und es gilt der Grundsatz: Je stärker eine Theorie belastet ist, umso geringer wird ihr Realisationsgrad. Theorien mit geringerem Realisationsgrad sind nicht erwünscht. Dennoch beschwört das im wissenschaftstheoretischen Konstruktivismus zugrunde gelegte Exhaustionsverfahren die Gefahr herauf, dass in einer Wissenschaftsdisziplin an Theorien festgehalten wird, die durch Beobachtungsdaten längst widerlegt sind.

■ Methodenpluralismus der Erziehungswissenschaft

Die Methodik der Erziehungswissenschaft sollte weder auf der ungeprüften Übernahme von Expertenurteilen noch im Vertrauen auf die Intuition begründet sein, da dies nach Kerlinger (1973) der Gegensatz zur wissenschaftlichen Erkenntnisgewinnung wäre. Für diesen Autor war klar, dass nur eine erfahrungswissenschaftliche Pädagogik imstande ist, einen hohen Informationsgehalt von Theorien mit deren Überprüfbarkeit zu verknüpfen. Dieser Anforderung zu genügen, ist aber nicht einfach, und zwar unabhängig davon, ob man der Argumentation des kritischen Rationalismus oder des Konstruktivismus mehr Glauben schenkt. Bei Zugrundelegung des Falsifikationsprinzips kann es schon einmal passieren, dass am Kern des Problems vorbeigegangen wird, indem der Untersuchungsgegenstand der Methodologie zuliebe auf das Machbare zugeschneidert wird, um ein statistisch signifikantes Ergebnis zu erzielen, das die Ablehnung einer Nullhypothese erlaubt. Bei Zugrundelegung des Realisationsprinzips (und dem dabei zur Anwendung gelangenden Exhaustionsverfahren) kann die letztendlich absurde Situation eintreten, dass an einer Theorie festgehalten wird, obwohl ihr unentwegt Beobachtungen widersprechen. Beide wissenschaftstheoretische Positionen können also, um es salopp zu formulieren, ins Auge gehen.

Wirksam begegnen kann man dem eigentlich nur durch einen *Methodenpluralismus*, wie er uns in der Erziehungswissenschaft in einzigartiger Weise begegnet. In der Methodenlehre der Erziehungswissenschaft sind tatsächlich die verschiedenen Ursprünge und Traditionen des Faches gegenwärtig: die geisteswissenschaftliche, die verhaltenswissenschaftliche und die sozialwissenschaftliche Orientierung. Das hat weniger damit zu tun, dass, wie manchmal unterstellt wird, die Erziehungswissenschaft jedem methodischen Trend hinterherlaufe, sondern ist das Ergebnis einer langen Geschichte, in der Hermeneutik und phänomenologische Reduktion, Deutung und Interpretation, Introspektion, Verhaltensbeobachtung, Fallverstehen, kontrollierte Experimente, Systemanalyse, Simulation und Modellierung usw. als Methoden der pädagogischen Erkenntnisgewinnung entwickelt wurden. Diese weisen untereinander und mit den beschriebenen wissenschaftstheoretischen Konzeptionen mehr oder weniger starke Berührungen auf. Während zwischen kritischem Rationalismus (als Prototyp einer erfahrungswissenschaftlichen Pädagogik) und Hermeneutik (als Prototyp einer geisteswissenschaftlichen Pädagogik) unüberbrückbare Gegensätze zu bestehen scheinen (vgl. Ulich 1974), wird von konstruktivistischen Pädagogen gerne die Nähe des Konstruktivismus zur Hermeneutik herausgestellt. Folgt man beispielsweise der Argumentation Arnolds (2005), so stülpt der kritische Rationalismus als vorherrschende Methodologie sozialwissenschaftlicher Forschung dem pädagogischen Forschungsgegenstand ein Ideal von Wissenschaftlichkeit oder Wirklichkeit über, das nie und nimmer die Zustimmung von Erziehungswissenschaftlern wird finden können, die ihre Daten auf hermeneutischem Wege gewinnen und interpretieren. Dazu im nächsten Abschnitt mehr.

Der Methodenpluralismus der Erziehungswissenschaft macht dem Studierenden das Leben nicht einfacher, aber bringt den größtmöglichen Nutzen mit sich. Ohne ein kritisches Methodenbewusstsein – wie es heutzutage gelegentlich zu beobachten ist, indem auf *eine* Methode „gesetzt" wird – entsteht methodischer Dilettantismus. Methodologische Diskussionen sind daher als positive Anzeichen für ein hoch entwickeltes Methodenbewusstsein einer Disziplin zu bewerten. Letztendlich aber erweist sich die Effizienz einer Forschungsmethode erst in ihrem praktischen Einsatz. Eine Methodendiskussion ohne Korrektiv aus der Forschungspraxis kann daher schnell zum Selbstzweck werden und sich selbst ad absurdum führen.

1.3.3 Hermeneutik: die Methode der geisteswissenschaftlichen Pädagogik

Als *Wissenschaft vom Menschen und seiner Gestaltung durch Bildung und Erziehung* kennt die Pädagogik verschiedenartige Forschungsmethoden, die sich flexibel den unterschiedlichsten Erziehungssituationen anpassen können. Dabei spielen traditionell die *hermeneutischen Methoden* eine herausragende Rolle, wobei ein *idiographisches* Wissenschaftsverständnis zugrunde gelegt wird, das auf das Verstehen von Eigentümlichkeiten der Welt ausgerichtet ist. Dementsprechend werden auch die dialektische und phänomenologische Methodik zum hermeneutischen Paradigma gezählt.

Die hermeneutische Methode und ein Grundverständnis von Erziehung als kulturelles und historisches Phänomen prägen das Selbstverständnis der geisteswissenschaftlichen Pädagogik als pragmatische Wissenschaft. Sie wird allgemein als die bis Mitte des 20. Jahrhunderts führende Ausrichtung der Pädagogik in Deutschland betrachtet. Als ihre Hauptvertreter gelten Nohl, Litt, Spranger, W. Flitner und Weniger. Der Begriff *Geisteswissenschaft* wurde von Wilhelm Dilthey (1833–1911) in die philosophische Wissenschaftstheorie eingeführt. Unter seinem Einfluss hat die geisteswissenschaftliche Pädagogik ein Selbstverständnis entwickelt, das wie folgt skizziert werden kann:

- Gegenstand der geisteswissenschaftlichen Pädagogik ist die *Erziehungswirklichkeit;* dies sind konkrete Situationen und Ereignisse der unterschiedlichen pädagogischen Handlungsfelder, aber nicht, wie fälschlicherweise oft angenommen wird, irgendwelche theoretischen Normen, die dem pädagogischen Handeln übergestülpt werden.
- Die Erziehungswirklichkeit hat für die beteiligten Personen eine spezifische Bedeutung, auf deren Grundlage sie in pädagogischen Bezugsfeldern konkret handeln. Aufgabe der geisteswissenschaftlichen Pädagogik ist es, die Erziehungswirklichkeit in ihrer Bedeutung für die Handelnden zu erfassen und zu *verstehen*. Dazu bedient sie sich in erster Linie hermeneutischer Verfahren. Andere Methoden geisteswissenschaftlicher Erkenntnisgewinnung sind die Beobachtung konkreter Erziehungssituationen und der Rückgriff auf eigene Erfahrungen.
- Die Erziehungswirklichkeit ist das Ergebnis der geschichtlichen Entwicklung. Dementsprechend ist die Bedeutung einer konkreten Erziehungssituation nur zu verstehen, wenn ihre historische Entwicklung mitbedacht wird. Zur geisteswissenschaftlichen Pädagogik gehört daher ein *historisches Bewusstsein*, denn erst durch das Bewusstmachen wissenschaftlicher Sichtweisen und Herangehensweisen in ihrer historischen Genese kann man verstehen lernen, wie und warum so und nicht anders gedacht und gehandelt wurde.
- Eine historische Betrachtung der Erziehungswirklichkeit alleine hat kaum eine praktische Bedeutung. Sie erwächst aus dem, was aus der Geschichte für die *Gestaltung der Zukunft* gelernt werden kann. Eine Grundannahme geisteswissenschaftlicher Pädagogik ist, dass aus dem Verständnis der bisherigen Entwicklung heraus zukünftige Aufgaben, Ziele und Möglichkeiten von Erziehung und Bildung bestimmt und vorhergesagt werden können.

Tab. 1.13 Zielsetzungen geistes- und erfahrungswissenschaftlicher Pädagogik

Erziehungswissenschaft als *Erfahrungswissenschaft* zielt auf deduktiv-nomologische, induktiv gewonnene Erklärungen und statistische Analysen	Erziehungswissenschaft als *Geisteswissenschaft* zielt auf das Verstehen von Bewusstseinsinhalten, Texten, Werken mittels kritisch-reflektierender Interpretation	Pädagogische Überzeugungssysteme und Ideologien gründen auf naiven und impliziten Denkschemata, „Intuitionen" und Alltagsdeutungen
Erklären	**Verstehen und Deuten**	**Spekulieren**

Die geisteswissenschaftliche Pädagogik ist ebenso wenig spekulativ wie die erfahrungswissenschaftliche Variante der Pädagogik. Denn allen in der Erziehungswissenschaft angewandten Methoden der Erkenntnisgewinnung liegt unabhängig davon, ob sie geistes- oder erfahrungswissenschaftlich daherkommen, die gleiche Vorstellung von Wissenschaftlichkeit zugrunde, nämlich das *Bemühen um begriffliche Klarheit*, die Möglichkeit der *Kontrolle durch andere Wissenschaftler* und die Begründung theoretischer Annahmen durch *rationale Argumente* (Tab. 1.13).

Gegen die geisteswissenschaftliche Pädagogik wurden und werden oft starke Einwände erhoben (vgl. Ulich 1974), aber auch erfahrungswissenschaftliche Methoden der pädagogischen Erkenntnisgewinnung werden radikal abgelehnt. Einer solchen dogmatischen Verengung von Erziehungswissenschaft und ihrer Methoden kann mit Gadamer entgegengehalten werden:

> Offenheit für den anderen schließt aber die Anerkennung ein, daß ich in mir etwas gegen mich gelten lassen muß, auch wenn es keinen anderen gäbe, der es gegen mich geltend machte! (Gadamer 1965, S. 343)

1.3.3.1 Die hermeneutische Methode

Das methodische Grundverfahren der Geisteswissenschaften ist das Verstehen. Während die Naturwissenschaften Phänomene zu erklären versuchen, indem sie von der Gültigkeit allgemeiner Gesetze ausgehen, wollen die Geisteswissenschaften eine historisch gewordene Gegebenheit von äußeren Erscheinungen ausgehend verstehen. Diese Auffassung geht auf eine Unterscheidung des Historikers Droysen (1808–1884) zurück, der zwischen dem *Erklären* in den Naturwissenschaften und dem *Verstehen* in den Geisteswissenschaften unterschieden hatte. Das Verstehen bezieht sich in erster Linie auf die *Interpretation von Texten* – in Entsprechung mit der im Deutschunterricht oft üblichen Redewendung „Was will uns der Dichter mit seinem Werk sagen?". Diese Redewendung ist oft mit der Absicht verbunden, den Verfasser durch die Interpretation seines Textes besser zu verstehen, als er sich selbst verstanden hat. So hatte Kant in der *Kritik der reinen Vernunft* angemerkt,

> daß es gar nichts Ungewöhnliches sei, sowohl im gemeinen Gespräche, als in Schriften, durch die Vergleichung der Gedanken, welche ein Verfasser über seinen Gegenstand äußert, ihn sogar besser zu verstehen, als er sich selbst verstand, indem er seinen Begriff nicht genugsam bestimmte (Kant 1787, A314/B370).

Hermeneutik ist zwar zum überwiegenden Teil mit dem Verstehen von Texten befasst, geht aber wissenschaftstheoretisch darüber hinaus, so dass mehrere Bedeutungen der Hermeneutik unterschieden werden können (Grondin 2012):

- Im klassischen Sinn des Wortes bezeichnet Hermeneutik (*ἑρμηνεύω = hermēneuō*) die *Kunst, Texte richtig zu deuten.* Diese Kunst hatte sich in der Antike und im Mittelalter hauptsächlich in solchen Disziplinen entfaltet, die mit der Interpretation von Texten zu tun hatten, also Theologie, Rechtswissenschaft und Sprachwissenschaft. Die Hermeneutik wurde dabei als Auslegungshilfe bei zweideutigen oder anstößigen Textstellen verstanden. Ihre Absicht war normativ: Die Hermeneutik bot Regeln und Richtlinien, die eine adäquate Textauslegung gestatteten.
- Im 19. Jahrhundert erwuchs die *Hermeneutik als methodisches Instrument aller Geisteswissenschaften* (Literaturwissenschaft, Geschichte, Theologie, Philosophie). Die Hermeneutik bietet nun die methodologische Grundlage, um über den Wahrheitsanspruch und den wissenschaftlichen Status von Geisteswissenschaften zu entscheiden. Das ist vor dem Hintergrund der im 19. Jahrhundert sich durchsetzenden Naturwissenschaften zu sehen, gegen die sich die Geisteswissenschaften methodologisch behaupten mussten. Um als Wissenschaft anerkannt zu werden, brauchten auch die Geisteswissenschaften eine Methodenlehre, die in der Hermeneutik gefunden wurde.
- Eine weitere Deutung von Hermeneutik nimmt – unter dem maßgeblichen Einfluss von Heidegger – die Form einer *universellen Interpretationsphilosophie* an. Verstehen und Interpretieren wird als ein grundlegender Vorgang beurteilt, den man mitten im Dasein findet. Verstehen wird als Wesensmerkmal der menschlichen Welterfahrung betrachtet – frei nach Nietzsche: Alles ist Interpretationssache. „Es gibt keinen Tatbestand an sich", sondern „ein Sinn muss immer erst hineingelegt werden, damit es einen Tatbestand geben kann" (Nietzsche 1956, S. 478). In Übereinstimmung damit wird die Hermeneutik in den Dienst einer Existenzphilosophie gestellt, die darauf zielt, in Menschen die Kapazitäten des Verstehens zu wecken. Die klassische *Texthermeneutik* wird zur *Existenzhermeneutik.*

Texthermeneutik

Ursprünglich geht die Hermeneutik, wie soll es auch anders sein, bis in die antike Philosophie zurück. Allerdings ist der Begriff Hermeneutik als solcher erst in der Neuzeit entstanden. Prominente Vertreter der klassischen Hermeneutik sind Aristoteles, Phaidros, Cicero und Augustinus. In der Antike und im Mittelalter diente die Hermeneutik in erster Linie der Auslegung grundlegender Texte wie der Bibel und der Gesetze. Die meisten Regeln entstammten der Rhetorik, in der man hermeneutische Betrachtungen zur Auslegung von Texten fand (z. B. bei Quintilian). Auch Augustinus hatte in der *De doctrina christiana* Regeln zur Textinterpretation verfasst. Damit wurde eine Tradition der theologischen Hermeneutik begründet, die bis in die Zeit des Protestantismus reichte (z. B. die *Rhetorica* von Melanchthon). Diese Tradition blieb bis zu Schleiermacher weitgehend unangefochten. Hermeneutik war eine *Kunstlehre der Textauslegung*.

Schleiermacher begründete ein allgemeines Prinzip der Hermeneutik, wonach *Verstehen bedeutet, das Entstehen von etwas zu rekonstruieren*. Dabei beschränkte Schleiermacher die Hermeneutik nicht auf schriftstellerische Produkte, sondern auf sprachliche Äußerungen überhaupt,

> » denn ich ergreife mich sehr oft mitten im vertrauten Gespräch auf hermeneutischen Operationen, wenn ich mich mit einem gewöhnlichen Grade des Verstehens nicht begnüge, sondern zu erforschen suche, wie sich wohl in dem Freunde der Übergang von einem Gedanken zum anderen gemacht habe […]; [so ist] deutlich genug, daß die Auflösung der Aufgabe, für welche wir eben die Theorie suchen, keinesfalls an dem für das Auge durch die Schrift fixierten Zustande der Rede hängt, sondern daß sie überall vorkommen wird, wo wir Gedanken oder Reihen von solchen durch Worte zu vernehmen haben (Schleiermacher 1829, S. 315).

Für Schleiermacher ist die Interpretation von Text und Rede eine „Kunst", da es zwar Regeln der Interpretation gibt, aber keine Regeln für die Anwendung dieser Regeln. Die Anwendung der Interpretationsregeln bleibt der konstruktiven, „divinatorischen" (seherischen) Fähigkeit des Interpreten überlassen. Erst die grammatische Analyse verleiht ihr eine Struktur, aber die methodische Sicherheit der Interpretation bleibt, wie Gadamer (1965) es ausdrückte, prinzipiell hypothetisch, aber nicht beliebig. Über die Geltungsansprüche jeder Interpretation eines Textes kann daher mit guten Gründen gestritten werden. Zusammenfassend besagen Schleiermachers Interpretationsregeln, dass ein Text verstanden wird, wenn sowohl die Funktion seiner Elemente als auch die Funktion des Textes verstanden wird. Um diese Funktionen zu verstehen, müssen die einzelnen Elemente und der Text auf relevante Kontexte bezogen werden. Damit sind die im Text angesprochenen Kontexte, der Text als Kontext, und der Kontext des Textes gemeint. – Interpretieren ist im Grunde nichts anderes als *Kontextualisieren*.

Dreh- und Angelpunkt des Verstehens ist der hermeneutische Zirkel (Abb. 1.43). Das ist ein Verfahren der Bildung von Inferenzen, um hypothetische Schlussfolgerungen aus einem Text zu ziehen.

Da ein Text aus Teilen zusammengefügt ist, besteht eine erste Aufgabe darin zu verstehen, wie das Ganze aus seinen Teilen verstanden werden kann und diese ihrerseits aus dem Ganzen heraus verstanden werden können. Wie leicht nachvollziehbar ist, wird der umfassendere Zusammenhang eines Textes nur durch seine Sinneinheiten verstanden und umgekehrt werden die einzelnen Sinneinheiten, ihre Beziehungen zueinander und damit ihre Bedeutungen durch ihre Einbettung in den Gesamtzusammenhang festgelegt. Der hermeneutische Zirkel erklärt dem-

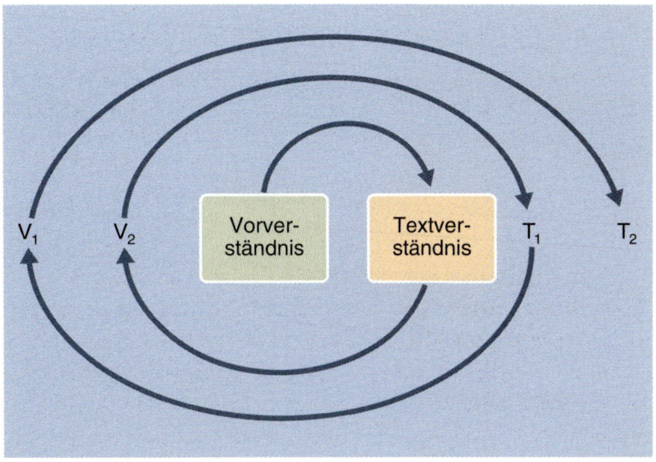

Abb. 1.43 Der hermeneutische Zirkel

nach das Zustandekommen des Verstehens eines Textes aus dem Verstehen seiner Sinneinheiten heraus. Dabei beinhaltet der hermeneutische Zirkel ein scheinbares Paradox, da das, was verstanden werden soll, vorher schon irgendwie verstanden worden sein muss. Mit anderen Worten: Das Verstehen eines Textes erfolgt nicht voraussetzungslos. Bereits die erste Auseinandersetzung mit einem Text setzt ein Vorverständnis voraus, da sonst Sinn und Bedeutung seiner Sinneinheiten nicht begreifbar würden. Im weiteren Verlauf des Verstehens entfaltet sich eine Art hermeneutische Spirale, die eine kontinuierliche Erweiterung und Verfeinerung des Verständnisses eines Textes beschreibt. Dies wird in Abb. 1.43 dargestellt.

Der Startpunkt des hermeneutischen Zirkels liegt in der leicht nachvollziehbaren Annahme, dass man immer mit einem gewissen Vorverständnis an einen Text (oder an eine historische Quelle) herangeht, wobei dieses Vorverständnis sozial-kulturell und historisch bedingt ist. Dieses Vorverständnis setzt Wissen über linguistische Merkmale von Texten, d. h. ein grundlegendes Verständnis von Wörtern, Sätzen und Argumenten ebenso voraus wie ein Wissen über den Autor und sein Werk sowie über den gesellschaftlichen Kontext, in dem ein Text entstand. Nehmen wir einmal an, Sie wollen folgenden Text von Pestalozzi lesen und verstehen:

> » Soweit als ich ihn kannte, kam er mir wie ein großes Haus vor, dessen oberstes Stockwerk zwar in hoher vollendeter Kunst strahlt, aber nur von wenigen Menschen bewohnt ist; in dem mittleren wohnen denn schon mehrere, aber es mangelt ihnen an Treppen, auf denen sie auf eine menschliche Weise in das obere hinaufsteigen könnten; und wenn sie Gelüste zeigen, etwas tierisch in dasselbe hinaufzuklettern, so schlägt man ihnen einen Arm oder ein Bein, das sie dazu brauchen konnten, provisorisch entzwei; im dritten wohnt eine zahllose Menschenherde, die für Sonnenschein und gesunde Luft vollends mit den oberen das gleiche Recht haben, aber sie wird nicht nur im ekelhaften Dunkel fensterloser Löcher sich selbst überlassen, sondern man bohrt in demselben noch denen, die auch nur den Kopf aufzuheben wagen, um zu dem Glanz des obersten Stockwerks hinaufzugucken, noch gewaltsam die Augen aus (Pestalozzi 1801, 9. Brief, S. 242).

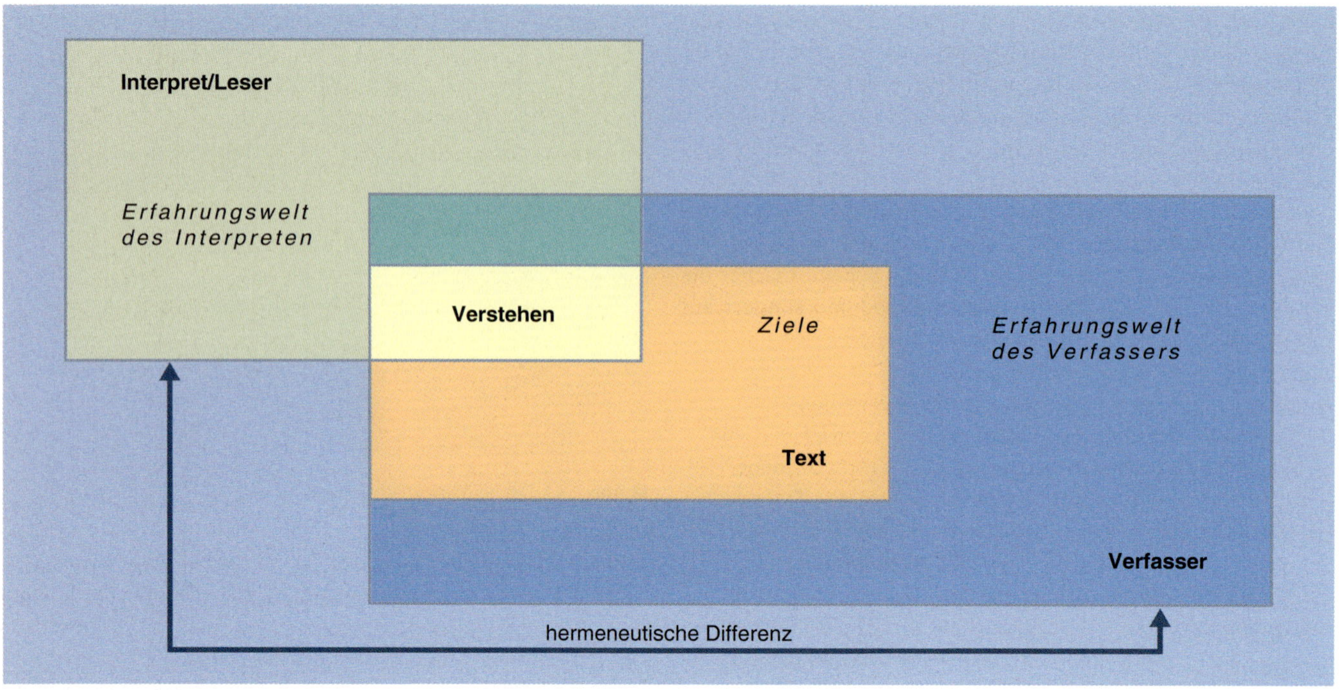

Abb. 1.44 Hermeneutische Differenz zwischen Interpret und Verfasser

Unsere Frage lautet ganz einfach: Worüber spricht Pestalozzi eigentlich in diesem Text? Über ein Gefängnis? Wenn Sie wissen, dass Pestalozzi als einer der großen Pädagogen gilt, vermuten Sie vielleicht, dass er sich über irgendetwas Pädagogisches ausgelassen hat. Das ist richtig. Sie hätten wahrscheinlich etwas weniger Mühe mit dem Verständnis dieses Textabschnittes, wenn Sie ihn in dem größeren Kontext der Schrift *Wie Gertrud ihre Kinder lehrt* (Pestalozzi 1801) gelesen und daher gewusst hätten, dass sich Pestalozzi hier über den Schulunterricht seiner Zeit geäußert hat. Um den Text aber überhaupt zu verstehen, wird als Erstes ein Verständnis der benutzten Wörter, der Satzkonstruktionen und der verwendeten Metaphern vorausgesetzt. Hätten wir Ihnen denselben Text in Koreanisch dargeboten, wären Sie wahrscheinlich zum Scheitern verurteilt gewesen. Ein weitergehendes Verstehen setzt ein, wenn Sie etwas über die Person des Verfassers in Erfahrung bringen oder bereits wissen. In seiner ganzen Bedeutung erschließt sich der Text aber erst bei Kenntnis des historischen und gesellschaftlichen Kontextes zum Zeitpunkt des Entstehens.

Wir gehen davon aus, dass sich Ihr Vorverständnis in Bezug auf den Text Pestalozzis nach dem Hinweis auf den Schulunterricht zu V_1 geändert hat (Abb. 1.43). Sie gehen bei einem erneuten Lesen anders an den Text heran und werden ihn nun als T_1 anders als zuvor verstehen. Wird V_1 nun noch um Kenntnisse über den historischen und gesellschaftlichen Kontext des Wirkens Pestalozzis angereichert, resultiert daraus eine neue Ebene Ihres Verständnisses V_2, mit dem Sie erneut an den Text herangehen (T_1) und nun seine Metaphorik entschlüsseln. Darüber hinaus können Sie zu einer neuen Ebene des Verstehens V_3 gelangen, wenn Sie die Bedeutung der Aussagen Pestalozzis auf die heutige Zeit übertragen. Nach hermeneutischem Grundverständnis erfährt das Vorverständnis mit dem Verstehen des Textes eine Korrektur und Erweiterung, so dass ein besseres Textverständnis entsteht. Dazu müssen Sie sich ihr Vorverständnis jedoch zuvor bewusst machen und es an der Quelle selbst immer wieder überprüfen und gegebenenfalls ändern. Man kann dies mit dem fortgesetzten Prüfen einer *Arbeitshypothese* vergleichen, die im Vollzug des Verstehens bestätigt werden soll. Gelingt dies nicht, muss sie abgewandelt und erneut überprüft werden. Dies wird so lange wiederholt, bis sich ein Verständnis des Textes einstellt.

Das Ziel der hermeneutischen Vorgehensweise ist es, möglichst viele Einzelelemente eines Textes in einen konsistenten Interpretationszusammenhang zu bringen und damit die Komplexität des Sinnzusammenhangs zu erschließen – was gelegentlich gründlich danebengehen kann, denn beim Prozess des Verstehens tritt üblicherweise eine *hermeneutische Differenz* als Störgröße in Erscheinung, wie sie als Grundproblem der sprachlichen Kommunikation und der Interpretation von Sprache stets gegeben ist. In dem Maße, in dem das, was verstanden werden soll, zunächst als fremdartig und unverständlich erscheint, muss zuerst eine „Übersetzung" in die Sprache des verstehenden Betrachters erfolgen (Abb. 1.44).

Bei der hermeneutischen Differenz treten graduelle Unterschiede auf. In der Kommunikation des Alltags sind sie eher selten oder nur schwach bemerkbar, denn Gespräche über das Wetter benötigen keine Hermeneutik. Auf der anderen Seite bleibt Hermeneutik wirkungslos, wenn die hermeneutische Differenz zu groß wird – z. B. bei Sprachäußerungen in einer dem Hörer völlig unbekannten Sprache. Daraus kann leicht hergeleitet werden, dass Hermeneutik als Prozess des Verstehens und Interpretierens ein Minimum an Sprachgemeinsamkeiten zwischen dem Subjekt und dem Objekt des Verstehens voraussetzt.

Hermeneutik als Methode der Geisteswissenschaften

Bei Schleiermacher wird die Hermeneutik noch als philologische und theologische Hilfsdisziplin verstanden, bei Dilthey (1833–1911) erlangt sie eine *methodologische* Funktion. Diltheys

Auffassung von Hermeneutik hat ihre Wurzeln sowohl in seinem „Kampf" gegen den seinerzeit vorherrschenden empirischen Positivismus, demzufolge es keine spezifischen Methoden für die Geisteswissenschaften gibt, als auch in der Ablehnung der Geschichtsmetaphysik der idealistischen Philosophie. Dilthey lässt sich vor allem von der Unterscheidung des Historikers Droysen leiten, der – wie oben erläutert – zwischen *Erklären* und *Verstehen* unterschieden hatte.

Die Methodologie der Geisteswissenschaften wird als eine Methodenlehre des Verstehens entwickelt. Die Geisteswissenschaften wollen die menschliche Welt *verstehen*, und zwar „sofern menschliche Zustände erlebt werden, sofern sie in Lebensäußerungen zum Ausdruck gelangen und sofern diese Ausdrücke verstanden werden" (Dilthey 1900, S. 98). Ziel ist es, das Singuläre zu verstehen und dann zur Allgemeingültigkeit zu erheben.

> Und wenn die systematischen Geisteswissenschaften aus dieser objektiven Auffassung des Singulären allgemeine gesetzliche Verhältnisse und umfassende Zusammenhänge ableiten, […] sind diese Wissenschaften so gut wie die Geschichte in ihrer Sicherheit davon abhängig, ob das Verständnis des Singulären zur Allgemeingültigkeit erhoben werden kann (Dilthey 1900, S. 317).

Darauf werden wir aber im Zusammenhang mit dem pädagogischen Fallverstehen noch ausführlicher eingehen.

Über die elementaren Formen des Verstehens, wie sie den Interaktionen des Alltags innewohnen („Eine Miene bezeichnet uns Freude oder Schmerz", Dilthey 1900, S. 255), hinausgehend konzentriert sich Dilthey auf die *höheren Formen des Verstehens*, d.h. auf die „dauernden geistigen Schöpfungen […] oder die beständigen Objektivierungen des Geistes in gesellschaftlichen Gebilden" (S. 254), für die Kunstwerke als beste Beispiele zu betrachten seien. Der Vorgang des Verstehens besteht nach Dilthey darin, sich in das ursprüngliche Erleben des Autors hineinzudenken und es neu zu schaffen. Dementsprechend gilt der *Dreisprung von Erlebnis, Ausdruck und Verstehen* im Sinne eines Sichhineinversetzens, Nachbildens und Nacherlebens des ursprünglichen Schaffensvorgangs als grundlegend für die Hermeneutik der Geisteswissenschaften. Dieses stark psychologisierende und die historischen Differenzen überbrückende Konzept des Verstehens wurde von Dilthey auf verschiedene Geisteswissenschaften bezogen, insbesondere auch auf die Pädagogik.

Das Dilthey'sche Verständnis einer geisteswissenschaftlichen Pädagogik wurde vor allem von Nohl, Litt, Spranger, Weniger und anderen gepflegt und dominierte in der Erziehungswissenschaft bis in die Mitte des 20. Jahrhunderts. Allerdings hat das geisteswissenschaftliche Paradigma auch zu einer kritischen Auseinandersetzung mit den Grundsätzen der Hermeneutik Diltheys geführt. So stellte z.B. der Theologe Bultmann (1884–1976) Diltheys Auffassung vom Verstehen, Nachvollzug und Nacherleben der sich im Autor abspielenden seelischen Vorgänge grundsätzlich in Frage. Bultmann verwarf Diltheys Psychologisierung der Hermeneutik und rückte den *Sachbezug des Verstehens* in den Vordergrund. Beim Bemühen, den Text zu verstehen, gehe es nicht um den subjektiven Schaffensprozess des Autors, sondern um die *Sache*, die in dem Text behandelt wird.

> Ein Verstehen, eine Interpretation ist […] stets *an einer bestimmten Fragestellung, an einem bestimmten Woraufhin orientiert*. Das schließt aber ein, dass […] sie *immer von einem Vorverständnis der Sache geleitet* ist, nach der sie den Text befragt. Auf Grund eines solchen Vorverständnisses ist eine Fragestellung und eine Interpretation überhaupt erst möglich (Bultmann 1993, S. 216, Hervorhebung im Original).

Deutliche Kritik an Diltheys Begriff der Hermeneutik übten u.a. auch Heidegger, Gadamer und Habermas. Eine Folge war, dass die Hermeneutik insbesondere unter dem Einfluss Heideggers zum Bestandteil der Existenzphilosophie wurde.

■ Existenzhermeneutik

In der Existenzphilosophie Heideggers (1889–1976) wird die Hermeneutik zu einer Reflexion *über* die Interpretation und ihre Methoden umgeformt. Sie wird nun verstanden als Vollzug eines Auslegungsvorgangs, der mit der Philosophie selbst verschmilzt (Grondin 2012). Damit geht dieser Ansatz zwar weit über die pädagogische Hermeneutik hinaus, bleibt aber grundsätzlich relevant für die pädagogische Wissenschaftstheorie.

Heidegger (1977) hat in seinem Werk *Sein und Zeit* die Hermeneutik als eine *Hermeneutik des Daseins* im Dienste einer Fundamentalontologie neu definiert. Er spricht auch von einer „Hermeneutik der Faktizität", wobei er mit Faktizität das konkrete, jeweilige Dasein bezeichnet. Dabei beruft er sich einerseits auf Diltheys Auffassung, dass das Leben an sich hermeneutisch sei, und andererseits auf Husserl, in dessen Phänomenologie das Bewusstsein stets sinnstiftend auf ein Phänomen (Gegenstand, Sachverhalt) gerichtet ist, so dass die Welt immer nur aus sinnstiftender Perspektive wahrgenommen werden kann. Heidegger unternimmt den Versuch, die „Als-Struktur des Verstehens" (X gilt als Y in einem sprachlich vermittelten Handlungszusammenhang Z) auf allgemeinste Bedingungen menschlichen Daseins, auf ein *In-der-Welt-sein* zurückzuführen. In seiner unnachahmlichen Art formulierte er, dass das Dasein sich dadurch auszeichnet, dass es dem Seienden in seinem Sein *um* dieses Sein selbst geht (Heidegger 1977).

Da nun aber in der Wissenschaft jede Kenntnis und jeder Bezug zu einem Gegenstand auf einem Verstehen des Seins beruhen, mit dem man es zu tun hat, ist eine Hermeneutik erforderlich, die von einem Existenzial des Verstehens als einer ontologischen Gegebenheit ausgeht. *Verstehen gehört untrennbar zum menschlichen Dasein* und dem fortgesetzten Bemühen, sich mit anderen im alltäglichen Miteinander-Handeln (überwiegend sprachlich) zu verständigen. Dem menschlichen Dasein wohnt grundsätzlich ein Verständnis des Seins inne. Das macht Heidegger deutlich, indem er sich auf die Redewendung „sich auf etwas verstehen" (d.h. sich auskennen mit etwas und zu etwas fähig sein) beruft. Das Verstehen wird bei ihm zu einem Können, d.h. einer Fähigkeit oder Geschicklichkeit. *Verstehen ist Können*, und das, was in diesem Können „gekonnt" wird, ist nach Heidegger immer auch eine Möglichkeit des „Sich-selber-Verstehens".

Wenn Verstehen eine ontologische Gegebenheit des menschlichen Daseins ist und für das eigene und gegenseitige Verständnis in dem Miteinander-Handeln fundamental ist, dann gilt dies selbstverständlich auch für alle pädagogischen Handlungsfelder.

Auf diesem Grundverständnis von Verstehen als ontologische Gegebenheit gründet auch die *existenzphilosophische Pädagogik* z. B. von Bollnow (1965), der sich dann doch eher auf die Argumentation Diltheys stützte.

1.3.3.2 Hermeneutik in Abgrenzung zu anderen philosophischen Richtungen

Hermeneutik ist nicht die einzige philosophische Tradition, die Verstehen und Interpretation als bedeutsam für das menschliche Dasein betrachtet. Im Verlauf des 20. Jahrhunderts haben noch andere Richtungen der Philosophie diese Position eingenommen. Da diese Richtungen und die Hermeneutik einige Annahmen teilen, ist es hilfreich, die Unterschiede zu beschreiben, um die Einzigartigkeit der Hermeneutik zu verstehen.

Hermeneutik und Phänomenologie

Zunächst ist die *Phänomenologie* zu nennen, die maßgeblich von Husserl (1859–1938) geprägt und beeinflusst wurde. Wie die Hermeneutik ist auch die Phänomenologie mit der Struktur des Verstehens befasst. Aber sie begreift Verstehen in erster Linie in der Terminologie kognitiver Konstrukte und Funktionen. Husserls Phänomenologie ist stark vom Ansatz der deskriptiven Psychologie, die sein akademischer Lehrer Franz Brentano vertreten hatte, beeinflusst. In Abgrenzung zu einer empirischen Psychologie seiner Zeit hatte Brentano den Begriff des *intentionalen Bewusstseins* gebildet, womit gemeint war, dass Bewusstsein immer Bewusstsein von etwas ist. In der Hermeneutik ist Verstehen nicht nur eine kognitive Funktion, sondern – wie wir unter Bezugnahme auf Heidegger dargelegt haben – eine ontologische Bedingung für die menschliche Existenz. Während die Hermeneutik auch die soziale Natur des Verstehens betont, wird bei der Phänomenologie nicht ganz klar, ob Verstehen als Erzeugen von Bedeutung eher subjektiv oder sozial bestimmt wird. Einen guten Überblick über die Phänomenologie bietet das Buch *Der Weg der Phänomenologie – Husserl, Heidegger* von Becke (1999), das, wie der Titel schon sagt, auch die Rezeption der Phänomenologie durch Heidegger beschreibt.

Während bei der Phänomenologie der soziale Bezug des Verstehens nicht deutlich wird, betont Wittgenstein in seiner späten Philosophie analog zur Hermeneutik, dass Verstehen als Bedeutungserzeugung in den Konventionen und Praktiken des alltäglichen sozialen Lebens beheimatet ist. Bedeutung wird verhandelt, konditioniert, praktiziert und ist vor allem veränderlich. Allerdings lehnt Wittgenstein eine gemeinsame Struktur aller „Sprachspiele" im Unterschied zur Hermeneutik ab. Noch stärker als bei Wittgenstein kommt die soziale Komponente des Verstehens in der kritischen Theorie der Frankfurter Schule zum Tragen.

Hermeneutik und kritische Theorie

Hermeneutik und *kritische Theorie* (KT) behaupten übereinstimmend, dass Verstehen und Bedeutungserzeugung gestaltende Bausteine des sozialen Lebens sind. Hermeneutik aber geht davon aus, dass die gegenwärtige Situation einer Person immer in jeden Prozess des Verstehens involviert ist. Daher sei es unmöglich, alle Bedeutungen, die in einer Tradition eingebettet sind, in einer endgültigen Form zu erfassen. Hermeneutik vermeidet es, der Sache auf den Grund zu gehen, und konzentriert sich auf das Interpretieren in gegebenen Situationen und Kontexten. Demgegenüber ordnet die kritische Theorie das Verstehen in einen breiteren und umfassenderen Erklärungsrahmen ein und legt insbesondere dar, in welcher Weise herrschende Ideologien nicht nur das Verstehen anleiten und bedingen, sondern alle Interessen und Beziehungen, die soziales Leben konstituieren.

Üblicherweise wird die kritische Theorie als eine von Hegel, Marx und Freud beeinflusste Gesellschaftstheorie im Bereich der Soziologie und Sozialwissenschaften verortet mit dem erklärten Ziel, Mechanismen der Herrschaftsausübung und vorherrschende Ideologien aufzudecken (Dubiel 2001). Da aber, wie wir in ► Abschn. 1.2.1 bei der Klärung des Erziehungs- und Bildungsbegriffs herausgestellt haben, Adorno als wichtiger Repräsentant der kritischen Theorie die Idee einer *Erziehung zur Mündigkeit* propagiert hat, hat sie einen nachhaltigen Einfluss auf die Erziehungswissenschaft ausgeübt. Wir gehen sogar so weit zu behaupten, dass die kritische Theorie der Frankfurter Schule die philosophische Richtung ist, die den größten Einfluss auf die Pädagogik ausübt(e). Das kann am Beispiel der *kritisch-konstruktiven Erziehungswissenschaft* von Klafki (z. B. 2000) gezeigt werden, die Erziehungswissenschaft als *gesellschaftskritische Disziplin*, aber auch als Methode der Erkenntnisgewinnung begreift, die sich auf die pädagogische Praxis bezieht.

Obwohl die Ursprünge der kritischen Theorie in die 1930er Jahre zurückreichen, wurde sie wesentlich erst nach dem Zweiten Weltkrieg unter dem Einfluss von Horkheimer und Adorno entwickelt. Zur ersten Generation der kritischen Theorie zählen auch Bloch, Fromm und Marcuse. Die zweite Generation hat in Habermas ihren Hauptvertreter gefunden. Mit der Zielsetzung, die Problematik des wissenschaftlich-technischen Zeitalters in einen gesellschaftskritischen Zusammenhang zu bringen, richten sich zentrale Aussagen der kritischen Theorie gegen den Positivismus und die Betonung der Vernunft als Grundlage der Erkenntnisgewinnung. Die Theoretiker der Frankfurter Schule sind der Dialektik Hegels verbunden, bei der es darauf ankommt, dass *Satz und Gegensatz* unmittelbarer Ausdruck anschaulich verarbeiteter Wirklichkeit sind und nicht abstrahierender Aufguss von Theoremen. Ein weiteres Merkmal der kritischen Theorie ist die Verknüpfung marxistischer und psychoanalytischer Sichtweisen, wie sie uns vor allem in Fromms Beiträgen begegnet. Vor dem historischen Hintergrund des Scheiterns der Revolutionen der Arbeiterbewegung nach dem Ersten Weltkrieg und des Aufstiegs des Nationalsozialismus mit verheerenden Folgen für die Zivilgesellschaft rückte die kritische Betrachtung der Gesellschaft in den Mittelpunkt der kritischen Theorie – verbunden mit der Auffassung, dass ein Ziel von Wissenschaften darin bestehen sollte, in praktischer Weise zur Entwicklung besserer gesellschaftlicher Verhältnisse beizutragen.

Das wissenschaftstheoretische Verständnis der kritischen Theorie erwuchs aus dem. *Positivismusstreit* mit Vertretern des kritischen Rationalismus.

Ausgangspunkt der kritischen Theorie ist die Grundannahme, dass jeder Theoriebildung immer schon ein Erkenntnisinteresse vorausgeht und dass Theorien stets von Herrschaftsinteressen, wenn auch oft versteckt, durchsetzt sind.

Der Forscher sei stets Teil der Gesellschaft, und dementsprechend müsse er ständig sein Verhältnis zu Gesellschaft, Forschung und Wissenschaft überdenken. Ausgehend von Marx stellte Horkheimer (1970, S. 17) provokativ fest: „Die Beziehung von Hypothesen auf Tatsachen vollzieht sich schließlich nicht im Kopf von Gelehrten, sondern in der Industrie."

Habermas. Vor diesem Hintergrund entwickelte Habermas (z. B. 1973) eine *Theorie der Erkenntnisinteressen* und teilte die Wissenschaft gemäß dieser Interessen ein: Die empirisch-analytischen Wissenschaften (die Naturwissenschaften) legen ein technisches Erkenntnisinteresse zugrunde und streben nach Macht über die Gegenstände. Die historisch-hermeneutischen Wissenschaften (die Geisteswissenschaften im Sinne Diltheys) verfolgen ein praktisches Erkenntnisinteresse, das Verstehen ermöglichen soll. Eine dritte Kategorie wird von Habermas als *kritische Wissenschaften* bezeichnet. Das sind „aufgeklärte" Gesellschaftswissenschaften (allen voran die Soziologie), deren *emanzipatorisches Erkenntnisinteresse* jedwede Herrschaft über Menschen ebenso ablehnt wie technische und gesellschaftliche Manipulationen. Zur Legitimation der „kritischen Wissenschaften" versucht Habermas nachzuweisen, dass jeder Wissenschaft ein gesellschaftliches Interesse zugrunde liegt. Die Idee einer „interessefreien" Wissenschaft und der Wertfreiheit, wie sie den empirisch-analytischen Wissenschaften zugeschrieben wird, betrachtet Habermas als Wunschdenken. Zugleich versucht er den Beweis, dass es eine Vielzahl möglicher Erkenntnisinteressen und dementsprechend auch eine Vielzahl wissenschaftlicher Methoden gebe, die sich nicht auf das nomologische Verständnis der empirisch-analytischen Wissenschaften einengen lassen und sich dennoch innerhalb der Wissenschaften behaupten können. Gegen das streng deduktiv-nomologische Vorgehen wendet Habermas ein, dass dabei die Frage nach den Bedingungen möglicher Erkenntnis und nach dem Sinn von Erkenntnis überhaupt auf eine rein „methodologische Frage nach den Regeln des Aufbaus und der Überprüfung wissenschaftlicher Theorien" eingeengt werde (Habermas 1973, S. 88). Das aber sei mit dem Ignorieren der „synthetischen Leistungen des erkennenden Subjekts" verbunden, so dass *der Sinn von Erkenntnis selbst irrational* werde.

Habermas orientiert sich am Pragmatismus von Peirce, wenn er argumentiert, dass sich die Wirklichkeit als Objektbereich der Wissenschaften erst als deren Praxis und in der Kommunikation der Forscher herausbilde. Eine Ontologisierung von Tatsachen lehnt Habermas in Entsprechung mit Peirce strikt ab:

> » Wir können so etwas wie uninterpretierte Tatsachen sinnvollerweise nicht denken; gleichwohl handelt es sich um Tatsachen, die nicht in unseren Interpretationen aufgehen (Habermas 1973, S. 124).

Wahrheit ergebe sich erst aus dem objektiven Lebenszusammenhang, wobei den Wissenschaften die Aufgabe zukommt, Meinungen zu stabilisieren, Ungewissheiten zu beseitigen und unproblematische Überzeugungen zu gewinnen, an denen sich menschliches Verhalten orientiert. In Konsequenz dieser Argumentation wird das System der Wissenschaften als *ein* Element eines umfassenden Lebenszusammenhangs begriffen, der den „Objektbereich der Geisteswissenschaften" bildet und erst von diesem ausgehend interpretiert werden kann.

Mit dieser Position schließt Habermas an Dilthey und dessen Verständnis der Geisteswissenschaften und die besondere Rolle der Hermeneutik an. Dabei geht er davon aus, dass es sowohl den hermeneutischen als auch den empirisch-analytischen Wissenschaften um die „fundamentalen Bedingungen der möglichen Reproduktion und Selbstkonstituierung der Menschengattung" (Habermas 1973, S. 242) gehe. Der Unterschied zwischen beiden besteht darin, dass die empirisch-analytischen Wissenschaften in den Lebenszusammenhängen des instrumentellen Handelns eingebettet sind und die Wirklichkeit unter dem Gesichtspunkt möglicher technischer Verfügung betrachten, wohingegen das Interesse der hermeneutischen Wissenschaften dem kommunikativen Handeln und der Intersubjektivität der Verständigung in der umgangssprachlichen Kommunikation und im Handeln auf der Basis gemeinsamer Normen gilt.

Habermas hat keinen eigenständigen Beitrag zur Hermeneutik vorgelegt. Sein wissenschaftlicher Anspruch zielt allgemeiner auf eine *Theorie des kommunikativen Handelns* im Rahmen gesellschaftlicher und ökonomischer Verflechtungen. In diesem Rahmen findet die Hermeneutik eine Anwendung, wobei die Texthermeneutik im Vordergrund steht. Das *kommunikative Modell der Hermeneutik*, wie es von Habermas beschrieben wird, zielt auf eine geschichtsbewusste *Sinnkritik*, die sowohl die Rekonstruktion des historischen Sinns als auch seinen gegenwärtigen Geltungsanspruch einschließt. Der Geltungsanspruch der Hermeneutik wird erweitert, indem sie die Dimension der Ideologiekritik in sich aufnimmt. Dabei ist jede Ideologie als ein „notwendig falsches Bewusstsein" zu verstehen: Reale Bedingungen der Vergesellschaftung (Familienstruktur, Arbeitsbedingungen, Klassenstruktur und politische Verfassung einer Gesellschaft usw.) rufen in mehr oder weniger systematischer Weise Bewusstseinsformen, Weltbilder und Deutungen hervor, mit deren Hilfe die Individuen sich in jenen Verhältnissen zwar gut zurechtfinden, die ihnen aber zugleich die Einsicht in die tatsächlichen Herrschaftsstrukturen verwehren.

Kritik an der KT. Die kritische Theorie ist nicht unkritisiert geblieben, wobei sich die Kritik u. a. darauf richtet, dass sie z. B. den Begriff des Positivismus negativ überdehnt habe. Aus der Sicht der marxistischen Philosophie wurde und wird kritisch eingewendet, dass die kritische Theorie selbst ein Überbleibsel des bürgerlichen Idealismus sei und mit der politischen Praxis und revolutionären Bewegungen überhaupt nichts zu tun habe. So bezeichnete der marxistische Philosoph Georg Lukács, der ursprünglich zu den Vertretern der ersten Generation der kritischen Theorie gehört hatte, die Frankfurter Schule als „Grand Hotel Abgrund", in dem „der tägliche Anblick des Abgrunds, zwischen behaglich genossenen Mahlzeiten oder Kunstproduktionen" nicht zu Umsturzversuchen führen, sondern „die Freude an diesem raffinierten Komfort nur erhöhen" könne (Lukács 1955, S. 219). Dessen ungeachtet übt(e) die kritische Theorie einen umfassenden und weitreichenden Einfluss auf die Erziehungswissenschaft aus.

1.3.3.3 Pädagogische Hermeneutik

Ganz im Sinne von Schleiermacher und Dilthey bemüht sich die pädagogische Hermeneutik, die Erziehungswirklichkeit so zu *verstehen*, wie sie geschichtlich konkret geworden ist, um den Sinn des erzieherischen Handelns zu interpretieren. Eine solche Hermeneutik verfährt historisch-rekonstruktiv und bemüht sich um eine textvermittelte Erfahrung der pädagogischen Ideen und Bewegungen, die in der Geschichte der Pädagogik nachweisbar und bis in die Gegenwart hinein wirksam sind.

Dabei wird von einem versprachlichten vorwissenschaftlichen Erziehungsverständnis ausgegangen, auf dem der *hermeneutische Zirkel* begründet ist: Das Vorverständnis von Erziehung soll auf einer höheren Stufe des Verstehens aufgeklärt werden, es bestimmt aber schon die Auswahl der Untersuchungsfragen und deren Beantwortungsmöglichkeiten. Hermeneutische pädagogische Forschung beginnt bei der Analyse der Ideen, die für die historische Entwicklung der hier und heute vorfindbaren Erziehungswirklichkeit maßgeblich waren. Anhand von Texten, historischen Quellen und Dokumenten werden pädagogische Ideen und Motive ihrer Autoren analysiert und interpretiert, mit der damaligen und heutigen Erziehungswirklichkeit verglichen und in der Wechselwirkung von Erziehungswirklichkeit und historisch-gesellschaftlichen Bedingungen analysiert.

❯ Text und Interpretation sind in der pädagogischen Hermeneutik komplementäre Begriffe.

Kritisiert wurde an der geisteswissenschaftlichen Pädagogik, dass sie die Hermeneutik auf die Auslegung pädagogischer Klassiker einengte und sich kaum mit der gegenwärtigen Erziehungswirklichkeit befasste. Tatsächlich wurde der Interpretation pädagogisch motivierter Texte in der geisteswissenschaftlichen Pädagogik eine alles bestimmende Bedeutung beigemessen, was dazu führte, dass die Texthermeneutik immer mehr zum Selbstzweck wurde und kaum mehr Berührungspunkte mit der Erziehungswirklichkeit hatte. Sie war nur noch vergangenheitsorientiert.

Zwar hatte sich in der ersten Hälfte des 20. Jahrhunderts auch eine existenzphilosophische Hermeneutik – wie oben dargelegt – entwickelt, aber diese war in erster Linie mit sich selbst beschäftigt, so dass sie nur mittelbar relevant für die pädagogische Wissenschaftstheorie wurde. Die philosophische Hermeneutik konstituiert quasi den philosophischen Überbau der pädagogischen Hermeneutik, die auf der praktischen Ebene aber der traditionellen Texthermeneutik verbunden bleibt. Die von Bollnow (1959) versuchte Verknüpfung von Existenzphilosophie und Pädagogik kann als historisches Ereignis verstanden werden, das keine weiteren Spuren in der heutigen Erziehungswissenschaft hinterlassen hat.

Ganz anders verhält es sich mit dem Einfluss der kritischen Theorie auf die Pädagogik. Verschiedene Pädagogen (wie z. B. Blankertz, Klafki, Mollenhauer), die aus der Tradition der geisteswissenschaftlichen Pädagogik kommend die kritische Theorie aufgriffen, entwickelten eine *kritische Erziehungswissenschaft* und stabilisierten damit die Methodologie der Hermeneutik.

▪ Kritische Erziehungswissenschaft

Im Anschluss an Habermas stellte Mollenhauer (z. B. 1970) die *Emanzipation* (i. S. von Mündigkeit und Freiheit) als erkenntnisleitendes Interesse der kritischen Erziehungswissenschaft heraus, während Klafki sich stärker auch mit Problemen der Hermeneutik als Methode der erziehungswissenschaftlichen Forschung befasste. Im Funkkolleg „Erziehungswissenschaft" fasst Klafki (1971) die Prinzipien der hermeneutischen Analyse folgendermaßen zusammen:

Den Ausgangspunkt bildet selbstverständlich eine *pädagogische Fragestellung*. Dann begibt man sich in den *hermeneutischen Zirkel* von Vorverständnis und Text, wobei die Kunst darin besteht, in den hermeneutischen Zirkel einzusteigen. Es schließt sich eine *Quellen- und Textkritik* an, wobei insbesondere „kritische Ausgaben" von Texten zugrunde gelegt werden sollen. Dabei kommt es darauf an, den *Entstehungszusammenhang* der Texte aufzudecken, um die Motive des Verfassers zu begreifen. Das wird möglicherweise erleichtert, indem weitere Quellen analysiert und zu dem zur Debatte stehenden Text in Beziehung gesetzt werden. Als weitere Schritte nennt Klafki die *semantische und syntaktische Analyse* des Textes. Dabei kommt es vor allem darauf an, den Gesamttext gedanklich zu gliedern und den Argumentationszusammenhang herauszufinden. In Übereinstimmung mit der kritischen Theorie wird sodann der *gesellschaftliche und kulturelle Kontext* des Textes in die Analyse einbezogen.

Wir wollen nun das bisher Gesagte an einem Beispiel verdeutlichen. Dabei kombinieren wir Klafkis Schritte der hermeneutischen Analyse mit einem Verfahren der Textanalyse (▪ Tab. 1.14), wie man es in der Literatur finden kann (z. B. Gugel 2004, Klippert 2004). Die Textstellen können Sie später selbst zuordnen (Aufgaben zum Weiterdenken). Als Text wählen wir folgenden Ausschnitt aus Piagets *Theorien und Methoden der modernen Erziehung*:

> **» Wissenschaftliche Pädagogik und Festlegung der Erziehungsziele**
>
> Es versteht sich von selbst, daß es an der Gesellschaft liegt, die Ziele der Erziehung, die sie den nachrückenden Generationen angedeihen lässt, festzulegen, und sie tut es stets in aller Souveränität, auf zweifache Art: einmal spontan (durch das Mittel der Sprache, der Gebräuche, der Meinung, der Familie, der wirtschaftlichen Notwendigkeiten usw., also mittels der mannigfachen Formen des kollektiven Handelns, mit deren Hilfe sich die Sozietäten erhalten und verwandeln), und zum anderen auf dem Wege einer zielgerichteten und vernunftsbestimmten Aktivität (mit Hilfe staatlicher Organe oder besonderer Institutionen) je nach den gewünschten Typen der Erziehung.
>
> Aber diese Festlegung der Erziehungsziele geschieht niemals zufällig. Wenn sie spontan erfolgt, gehorcht sie soziologischen Gesetzen, die man analysieren kann. Was die vernunftsbestimmten Entscheidungen der Behörde über das Erziehungswesen betrifft, so ist die vorliegende Untersuchung geeignet, diese zu klären. Diese Entscheidungen werden im allgemeinen erst nach Prüfung der verschiedenartigsten – nicht nur politischen, sondern auch wirtschaftlichen, technischen, moralischen, intellektuellen usw. – Informationen getroffen. Man verschafft sich diese Informationen für gewöhnlich durch direkte Befragungen

Tab. 1.14 Schritte einer hermeneutischen Textanalyse

Hermeneutische Analyse	Textanalyse	Zuordnung der Textstelle(n)
Fragestellung	Von wem stammt der Text? Wann wurde er verfasst? Welche Textsorte liegt vor? Thema des Beitrags?	
Hermeneutischer Zirkel von Vorverständnis und Text	Was weiß der Leser bereits über Erziehung und Erziehungsziele? Welches Verständnis hat der Leser in Bezug auf wissenschaftliche Pädagogik?	
Quellen- und Textkritik	Wovon handelt der Text? Welches Thema/Problem wird angesprochen? Wie entwickelt der Text das Problem? Welches Phänomen wird behandelt?	
Semantische Analyse – Inhaltsanalyse	Aus welcher Perspektive ist der Text verfasst? Werden innere Vorgänge beschrieben? In welcher Form (innerer Monolog oder erlebte Rede)? Wie steht der Autor zum Dargestellten? Gelangt seine Auffassung zum Ausdruck? Kommentiert er das Gesagte?	
Entstehungssituation	Wann und wo entstand der Text? Welche Rolle spielen Ort und Zeit? Welche Ziele verfolgt der Autor? Wie stehen Entstehungszeit und Intention des Autors zueinander?	
Weitere Quellen	Bezieht der Autor weitere Quellen in seine Darstellung ein? Welche weiteren Quellen zu dem Thema kennt der Leser? Stimmen weitere Quellen mit dem Text überein oder widersprechen sie ihm? In welchen Aussagen?	
Syntaktische Mittel – Sprachanalyse	Welche Satzarten und welche Satzorganisation bevorzugt der Autor? Welche stilistischen Mittel setzt der Erzähler ein (sprachliche Bilder, Personifikation, Wiederholung, Ironie, Leitmotive usw.)?	
Gedankliche Gliederung des Gesamttextes	Ist eine gedankliche Gliederung in dem Text erkennbar? Welche Schritte der Darstellung sind erkennbar? Wird chronologisch berichtet? Gibt es Rückblenden, Vorwegnahmen, Vorausdeutungen? Hat das dargestellte Geschehen einen Wendepunkt, von dem aus die Entwicklung in eine neue Richtung verläuft?	
Argumentationszusammenhang	Welche Einstellung des Autors zum Dargestellten wird erkennbar? Welche Überzeugung, Erfahrung will er vermitteln? Will der Autor den Leser belehren, mahnen, aufklären, unterhalten, manipulieren, zum Handeln auffordern oder …?	
Hermeneutischer Zirkel von Teil und Ganzem	Sind die im Gesamttext enthaltenen Sinneinheiten thematisch-inhaltlich relativ abgeschlossene Segmente mit einer textsortentypischen Funktion im Gesamttext? Werden in den Textteilen spezifische Themen entfaltet, die zur Entwicklung und zum Verständnis des Gesamttextes beitragen? (Bei längeren Texten ist die Frage nach dem Verhältnis von Textexemplar, Textteilen, Teiltexten, Textauszügen und Makrostrukturen zu stellen. – Das entfällt bei dem gegebenen Beispiel.)	
Gesellschaftlicher und kultureller Kontext	Welche Zusammenhänge (historische, gesellschaftliche, ideologische, politische) lässt der Text erkennen? Welche Überzeugungen und Erfahrungen will der Autor vermitteln? Übernimmt er vorgefasste Meinungen oder steht er ihnen kritisch gegenüber? Diskutiert der Autor den gegenwärtigen gesellschaftlichen und kulturellen Kontext oder bezieht er die Aussagen auf historische Phänomene?	
Hypothesen über den Zusammenhang von Bedingungen und Erscheinungsformen	Kann man aufgrund des Textes Hypothesen über den Zusammenhang von Bedingungen und Erscheinungsformen des thematisierten Komplexes formulieren? Können diese gegebenenfalls empirisch überprüft werden?	

der Beteiligten, und wenn es zum Beispiel um die technischen und wirtschaftlichen Bedürfnisse der Gesellschaft geht, muß man ohne Zweifel damit beginnen. Doch auch hier wiederum wäre es von größter Wichtigkeit, daß die für die an die Erzieher ausgegebenen Direktiven Verantwortlichen objektive Studien über die Zusammenhänge zwischen Gesellschaft und Erziehungswesen besäßen. Wenn man ein Ziel erreichen will, genügt es nämlich nicht, dieses einfach festzulegen: es bleibt dann immer noch das Problem der Mittel und Wege zu lösen, ein Problem, das wohl mehr mit Psychologie als mit Soziologie zu tun hat, das aber trotzdem die Wahl der Zielsetzungen bestimmt. Deshalb hat Durkheim die Dinge ein wenig allzusehr vereinfacht, als er die Meinung verfocht, der von der Erziehung gewollte Mensch sei ein Produkt der Gesellschaft und nicht der Natur: Man muß bedenken, daß die Natur sich der Gesellschaft nur unter gewissen Bedingungen unterwirft; erkennt man dies, so wird dadurch die Wahl der sozialen Ziele nicht erschwert, sondern erleichtert. Andererseits können – wenn wir uns auf die Ziele beschränken – die verschiedenen gewünschten Endzwecke untereinander mehr oder weniger vereinbar oder widersprüchlich sein: Zum Beispiel darf man von den auszubildenden Individuen nicht unbedingt erwarten, daß sie einerseits in gewissen Bereichen gesellschaftlicher Aktivität, wo solche Eigenschaften benötigt werden, Schöpfer und Neuerer, in anderen Bereichen des Wissens und Handelns aber rigorose Konformisten sein sollen. Demnach bleibt die Festlegung der Erziehungsziele entweder „berufenen" Meinungen und dem Empirismus vorbehalten, oder sie muß Gegenstand systematischer wissenschaftlicher Untersuchung werden – und genau das hat man in den letzten Jahren mehr und mehr begriffen (Piaget 1972, S. 28f.) .

Von Vertretern der empirisch ausgerichteten Erziehungswissenschaft wird die Hermeneutik als Methode pädagogischer Erkenntnisgewinnung oft abgelehnt (z. B. Ulich 1974), was allerdings an der Tatsache vorbeigeht, dass die Hermeneutik die methodische Grundlage für die Analyse jedweder Art von Quellen und Texten bietet. Sie gelangt selbstverständlich auch in empirischen Untersuchungen zur Anwendung, da diese voraussetzen, den bisherigen Untersuchungsstand und seine theoretische Fundierung aufzuzeigen, was in der Regel durch Heranziehung und Analyse von Texten geschieht. Dessen ungeachtet wird von Seiten der empirischen Forschung kritisiert, dass die Hermeneutik nur dazu geeignet sei, Hypothesen zu formulieren, die sie aber nicht überprüfen könne. Diese Auffassung findet sich auch bei Klafki, der fordert, dass die hermeneutischen Hypothesen erst empirisch überprüft werden müssen. Allerdings wird nicht klar, wie das konkret geschehen kann. Dessen ungeachtet kann festgehalten werden, dass die Hermeneutik grundsätzlich ebenso für die Interpretation der Ergebnisse empirischer Forschung wie für die gesellschaftskritische Diskussion von Normen und Zielen pädagogischen Handelns unentbehrlich ist. Wir wollen deshalb zum Abschluss dieses Abschnitts noch einmal die Arbeitsschritte einer hermeneutischen Interpretation zusammenfassen:

Arbeitsschritte einer hermeneutischen Interpretation

Schritt 1:

Das *Vorverständnis* wird formuliert. Es geht darum, sich einen vorläufigen Eindruck des Textes zu verschaffen. Erst aufgrund einer ersten Anmutung beim Lesen eines Textes wird eine Interpretation möglich. In das Vorverständnis fließen erste Vermutungen über Sinn und Bedeutung des Textes ein. Daraus sollte sich eine *Deutungshypothese* entwickeln die dem Lesen des Textes zugrunde gelegt wird. Selbstverständlich können auch mehrere Hypothesen aufgestellt werden, die textbezogen zu prüfen sind und sich nach der Textanalyse entweder als richtig oder falsch erweisen werden. Um ein möglichst weitreichendes Vorverständnis zu gewinnen, sind Unverständlichkeiten aufgrund eventueller Unklarheiten des Textes und der Verwendung nicht vertrauter Begriffe auszuräumen.

Schritt 2:

Bei Schritt 2 steht die Analyse des Textes im Mittelpunkt, wobei zunächst eine knappe *Inhaltsanalyse* erfolgt, die den Zusammenhang mit dem Kontext der Gesamtsituation herstellt. Zusätzlich werden Informationen über den Verfasser und die Textart zusammengestellt, um die Intentionen des Autors auch aus anderen von ihm verfassten Texten herzuleiten. Im Falle wissenschaftlicher Texte fällt die Feststellung der Textsorte relativ leicht. Nützlich ist für das Verständnis des Textinhaltes auch das Einbeziehen von Informationen über den historischen Kontext des Textes (im gegebenen Beispiel des Piaget-Textes die 1960er Jahre). Danach beginnt die eigentliche *Textanalyse*, die sich auf den Aufbau, die Gliederung, den Satzbau und die stilistischen Mittel des Textes bezieht. Das entspricht einer semantischen und syntaktischen Analyse des Textes. Damit verbunden ist eine Textbeschreibung, die auf unterschiedlichen Ebenen angelegt ist. Auf der syntaktischen Sprachebene wird vor allem der Satzbau untersucht: Benutzt der Autor kurze oder lange Sätze, viele Satzgefüge oder unvollständige Sätze? Des Weiteren wird der Textaufbau, d. h. seine innere und äußere Gliederung analysiert. Auf der semantischen Ebene werden die verwendeten Begriffe analysiert ebenso wie die Verwendung spezieller stilistischer Mittel wie z. B. Metaphern. In erster Linie geht es bei der semantischen Analyse um die Erschließung der Bedeutung konkreter oder abstrakter Begriffe.

Schritt 3:

Schritt 3 des hermeneutischen Verfahrens bezieht sich auf die *deutende Interpretation des Textes*. Es geht darum, den Sinn des Textes und die Intentionen herauszufinden, die der Autor beim Abfassen verfolgt hat. Im Vordergrund steht die kritisch-erörternde Auseinandersetzung mit dem Text, seinen Aussagen, Urteilen und Schlussfolgerungen.

Schritt 4:

Bei Schritt 4 wird die Wirkung des Textes auf den Interpreten in den Mittelpunkt gestellt. Es wird geprüft, ob die in der Deutungshypothese formulierte Anmutung erhalten bleiben kann oder ob sie revidiert werden muss.

Anna: „Nach allem, was ich nun über die Hermeneutik in der Pädagogik gehört habe, habe ich das Gefühl, das Meiste davon bereits im Literaturunterricht gelernt zu haben. Wir haben da zwar nicht alle Schritte durchgeführt, aber im Großen und Ganzen das getan, was der hermeneutische Zirkel besagt."

Jakob: „Ja, mir kommt das auch alles aus dem Literaturunterricht bekannt vor. Ich hab mir sogar ein regelrechtes Schema für die Analyse von Texten aneignen müssen. Unser Lehrer hatte empfohlen, zunächst den Inhalt eines Textes knapp zu umreißen, dann eine Hypothese zu formulieren, was der Autor mitteilen will. Dann hatten wir uns den Aufbau des Textes anzuschauen und die wichtigsten Aussagen zu notieren. Abschließend sollten wir sagen, welche Wirkung der Text hatte."

Anna: „So ähnlich war es auch in unserem Unterricht. Nur hatten wir auch noch die sprachlichen Mittel zu untersuchen. Du weißt ja, so was wie Satzbau und Wortwahl. Und am Schluss hatten wir die Ergebnisse der Interpretation noch mal kurz und knackig zusammenzufassen und den Text zu bewerten."

Jakob: „Ich glaube, wenn man das in ein formales Schema presst, hat man eine ganz gute Grundlage für eine hermeneutische Textanalyse."

1.3.3.4 Pädagogische Kasuistik und Fallverstehen

Der Begriff *Kasuistik* bezieht sich im Sprachgebrauch verschiedener Wissenschaftsdisziplinen (z. B. Rechtswissenschaft, Medizin) auf die Analyse und Interpretation von *Einzelfällen*, um vom Besonderen zum Allgemeinen zu gelangen. In der pädagogischen Fachliteratur wird die Kasuistik gelegentlich als zweiter Traditionsstrang neben der Hermeneutik bezeichnet, wobei darauf hingewiesen wird, dass es sich hierbei – im Unterschied zur Hermeneutik – nicht um eine wissenschaftliche Methode, sondern um eine „fachkulturell tradierte Form der pädagogischen Reflexion" (Wernet 2006, S. 84) handele. Im Vordergrund stehe die Vergegenständlichung und Veranschaulichung pädagogischer Sachverhalte. Andere Autoren (z. B. Binneberg 1993) gehen so weit, die *Kasuistik als Kunst* zu bezeichnen, eine Fallbeobachtung in eine Falldarstellung zu überführen und sie mit einer Fallanalyse zu verbinden. Dieses Verständnis stimmt allerdings nicht mit der sozialwissenschaftlichen Auffassung überein, dass die Kasuistik eine der forschungsmethodischen Hauptgruppen bildet (Alemann und Ortlieb 1975).

Wir ordnen die Kasuistik als Verfahren pädagogischer Erkenntnisgewinnung zwischen Hermeneutik und empirisch-analytischer Erziehungswissenschaft ein, da bei der Kasuistik durchaus auch quantitative Verfahren der Datensammlung zum Einsatz gelangen können. Dabei kann die Ausrichtung des Fallverstehens sich an einem *rekonstruktionslogischen Ansatz* im Sinne der *objektiven Hermeneutik* (Kraimer 2000) oder an dem Konzept der *komparativen Kasuistik* orientieren, um aus dem Vergleich von Einzelfällen neue wissenschaftliche Hypothesen für die empirische Forschung zu gewinnen (Jüttemann 1981). Beides widerspricht der Auffassung, die Kasuistik sei in erster Linie als Kunst zu betrachten.

Die zentrale Bedeutung für den wissenschaftlichen Erkenntnisgewinn der Kasuistik kann man gut am Beispiel der Fallbeschreibungen und -analysen Piagets zur intellektuellen Entwicklung verdeutlichen, auf die sich die moderne Entwicklungspsychologie bis heute stützt (vgl. Mietzel 2002). In der Erziehungswissenschaft wird die Kasuistik in erster Linie im Zusammenhang mit der qualitativen Forschung behandelt (Mayring 1996); ihr wissenschaftlicher Wert ist aber auch für die empirisch-analytische Erziehungswissenschaft unbestritten, seitdem Roth (1958) die Kasuistik dem Experiment gleichgestellt hatte. Für die weiteren Ausführungen legen wir folgende Definition zugrunde:

Kasuistik

Die Kasuistik bzw. Fall-Methode ist ein Verfahren, um durch ein gründliches, sich stetig ausweitendes Studium einzelner konkreter (wirklicher oder erdachter) Fälle zu verallgemeinerbaren wissenschaftlichen Erkenntnissen zu gelangen.

In der Pädagogik kommt die Kasuistik üblicherweise in drei Varianten vor:

1. als literarische Tradition, die vom Erziehungsroman (z. B. *Emile* von Rousseau) bis zur Gelegenheitserzählung eines konkreten Falles aus der pädagogischen Praxis reicht;
2. als Verfahren zur Veranschaulichung von Musterbeispielen und exemplarischen Problemlösungen im erziehungswissenschaftlichen Forschungsprozess (vgl. Datler 1995);
3. als forschungslogisch begründete und methodologisch motivierte Beschäftigung mit *Einzelfällen*, um vom Besonderen

dieser Fälle auf allgemeine Regelmäßigkeiten zu schließen. Von manchen Autoren (z.B. Brähler und Adler 1996) wird die Methode der quantitativen Einzelfallanalyse als die strengste Prüfung von Theorien überhaupt angesehen, da man bereits mit *einem* Fall eine Theorie widerlegen könne.

Kasuistik ist wesentlich mit einer teilnehmenden bzw. teilhabenden Beobachtung verknüpft, die in sprachlicher Form festgehalten wird, um sie einer intersubjektiven Analyse zugänglich zu machen.

In den weiteren Ausführungen konzentrieren wir uns auf die oben genannten Varianten 2. und 3. der pädagogischen Kasuistik, da die literarische Tradition der Fallbeschreibung in den Bereich der Texthermeneutik gehört.

Was ist ein Fall – und was nicht?

Als Michael Jackson, der sogenannte *King of Pop*, im Juni 2009 unerwartet starb, wurde sein Tod schon bald zu einem *Kriminalfall*, der von der Polizei aufgeklärt werden musste. Jacksons Arzt geriet unter Verdacht, dem medikamentensüchtigen Popstar eine Überdosis eines Narkosemittels verabreicht zu haben, das den Tod herbeigeführt hatte. Jacksons plötzlicher Tod war dadurch ein *Fall* geworden. Einerseits konnte der Fall Jackson nun in die allgemeine Kategorie *Tod durch Medikamenten- oder Drogenmissbrauch* eingeordnet werden, zu der auch die Fälle Janis Joplin, Elvis Presley, Amy Winehouse u.a. zu rechnen sind. Andererseits hebt sich der Fall Jackson wegen des Fremdverschuldens seines Arztes von den anderen Fällen ab, obwohl z.B. im Falle Presleys ein Fremdverschulden des Arztes zwar nicht aktenkundig wurde, aber auch nicht ausgeschlossen werden konnte.

Die Bedeutung des Begriffs *Fall* in einem polizeilichen Zusammenhang ist im Alltag ebenso vertraut wie in der Medizin – z.B. wenn gesagt wird, dass die schweren Fälle auf der Intensivstation liegen oder dass es sich um einen hoffnungslosen Fall handelt, dem nicht mehr zu helfen ist. Dass jemand *ein Fall für den Psychiater* ist, ist im Sprachgebrauch des Alltags auch ziemlich klar in seiner Bedeutung: Da verhält sich jemand so sonderbar, dass eine Beurteilung nach normalen Maßstäben nicht möglich scheint. Immer wenn wir von einem Einzelfall, Normalfall, Spezialfall, Sonderfall, Extremfall usw. sprechen, meinen wir damit, dass jemand von einem Ereignis oder einer Situation betroffen ist. Dabei bezeichnet der Begriff *Fall* immer etwas Besonderes. Sein charakteristisches Merkmal ist, zu einer Kategorie vergleichbarer Fälle zu gehören und sich doch von ihnen wesentlich zu unterscheiden.

Ein Ereignis oder eine Situation wird erst zu einem Fall, wenn seine Einordnung in eine bekannte Kategorie problematisch oder fraglich wird.

Das bloß einmalige Ereignis oder Vorkommen ist ebenso wenig als Fall zu begreifen wie das Ereignis, das vollständig auf einen bekannten allgemeinen Zusammenhang zurückgeführt und daher in eine bekannte Kategorie von Ereignissen und Situationen eingeordnet werden kann (Wernet 2006). Dann ist das Ereignis nur ein Exempel der Kategorie, aber kein Fall.

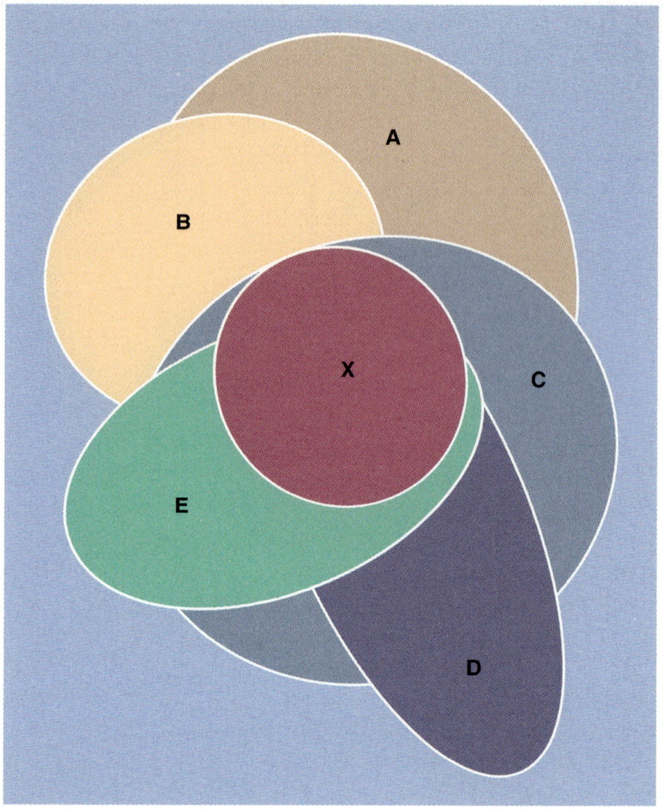

Abb. 1.45 Darstellung einer Fallkategorie als Venn-Diagramm

Obwohl jeder besondere Fall ein Exemplar einer gemeinsamen Kategorie ähnlicher Fälle sein kann, verliert er deshalb nicht seine charakteristischen Merkmale, die den Fall zu etwas Besonderem machen. Begreift man eine Fallkategorie als semantische Kategorie, wird die Unterscheidung zwischen definierenden und unterscheidenden Merkmalen relevant. Alle Mitglieder der Kategorie weisen dieselben definierenden Merkmale auf, unterscheiden sich aber in charakteristischen Merkmalen mehr oder weniger stark voneinander.

Bezug nehmend auf das obige Beispiel kann das definierende Merkmal der Fallkategorie mit *Tod durch Medikamenten- oder Drogenmissbrauch* festgestellt werden, der Fall Jackson weist darüber hinaus das Merkmal *Fremdverschulden* des behandelnden Arztes auf. Robin Gibb, einer der Bee Gees, verstarb wegen einer falschen Behandlung eines Arztes, aber nicht aufgrund von Medikamentenmissbrauch; damit gehört er nicht zur *Fallkategorie* von Joplin, Presley, Jackson u.a. Der Zusammenschluss von Einzelfällen zu einer Fallkategorie wird in Abb. 1.45 dargestellt.

Jeder Fall (A, B, C, D, E ...) einer *Fallkategorie* zeichnet sich durch spezifische und nur für ihn charakteristische Merkmale aus, teilt aber auch Merkmale (in X) mit anderen Fällen. Ob ein besonderer Fall zu einer bestimmten Fallkategorie gehört, hängt davon ab, wie viele Merkmale er mit den Fällen der Kategorie teilt. Hierfür ist folgende Überlegung anzustellen: Wenn ein Ereignis E_x die Merkmale a, b, c, d, e, ... x, y, z aufweist, von denen die Merkmale a bis e die Annahme zulassen, die Gegebenheit gehöre in die Fallkategorie A mit eben diesen Merkmalen a bis e, dann ist zu prüfen, ob E_x trotz der Merkmale x, y, z zu der Fallkategorie A gehört oder doch eher nicht, da E_x z.B. mit anderen Ereignissen die Merkmale x und y teilt, nicht aber a, b und c.

Kasuistik beschäftigt sich mit *Fällen*, die entweder in eine bereits bestehende Fallkategorie aufgrund der die Kategorie definierenden Merkmale eingeordnet werden können oder die aufgrund gemeinsamer Merkmale induktiv zu einer Fallkategorie zusammengeschlossen werden können. Daraus ergeben sich zwei Varianten des Fallverstehens:

1. *Subsumption* eines Falles unter eine allgemeine Gesetzmäßigkeit durch Einordnung in eine Fallkategorie;
2. *induktive Erschließung* des Allgemeinen aus einer Menge an Einzelfällen, die bei allen spezifischen Merkmalen, die jeden speziellen Fall charakterisieren, auch gemeinsame Merkmale aufweisen und deshalb eine Fallkategorie konstituieren.

Bezug nehmend auf unsere Ausführungen zur Schematheorie (▶ Abschn. 1.3.2) kann man die Subsumption eines Falles als Assimilation in eine bereits existierende generische Wissensstruktur begreifen, wobei diese Einordnung problematisch oder fraglich sein muss, damit überhaupt von einem *Fall* gesprochen werden kann. Beide Fälle der Kasuistik gründen auf der Analogiebildung, um strukturelle Abbildungen zwischen dem Besonderen und dem Allgemeinen, dem Singulären und der Vielfalt zu bilden und dadurch zu verallgemeinerbaren Erkenntnissen zu gelangen. Man kann sagen, dass die Analogiebildung das charakteristische Merkmal des Fallverstehens ist. Darüber hinaus ist ein Fall immer auch durch eine prozesshafte und zeitliche Dimension gekennzeichnet, d. h., ein Fall entwickelt sich in einer Folge von Erfordernissen des Handelns. Ein drittes Merkmal besteht darin, dass Fälle einen Bezug zur Wirklichkeit haben oder sich auf gedankliche Sachverhalte und damit verbundene Handlungen beziehen. Zu einem Fall wird eine reale oder gedankliche Handlung aber erst dann, wenn es eine Person gibt, die ein Bewusstsein über den gegebenen Sachverhalt entwickelt und über ihn spricht. Wir fassen zusammen:

Ein Ereignis wird zum Fall, wenn und weil ein Entscheidungs- und Handlungsproblem virulent wird. Ohne ein Entscheidungs- und Handlungsproblem und den Anspruch auf eine angemessene Lösung mittels Analogiebildung tritt ein Fall gar nicht erst ein.

In der Kasuistik geht es allgemein um die Frage, ob und inwiefern eine konkrete Gegebenheit in eine Fallkategorie eingeordnet werden kann oder ob aufgrund der Ähnlichkeit zwischen verschiedenartigen Fällen eine Fallkategorie gebildet werden kann. Dabei geht es oft darum – wie uns aus Hollywoodfilmen hinlänglich bekannt ist –, einen *Präzedenzfall* zu finden, der auf eine spezifische Situation angewandt werden kann. Auf diese Weise trägt das Fallverstehen zur Systematisierung von Wissen bei. Das gilt für die Rechtsprechung ebenso wie für die Pädagogik, wo Einzelfälle als Musterbeispiele und exemplarische Problemlösungen im Forschungsprozess zum Erkenntnisgewinn beitragen.

Musterbeispiele und exemplarische Problemlösungen im Forschungsprozess

Seit einigen Jahren zeichnet sich in der empirischen Unterrichtsforschung ein Trend zur Erhebung verbaler Daten ab. Beispielsweise gelangt bei Fallstudien insbesondere das Verfahren des „lauten Denkens" zur Anwendung. In der Literatur finden sich viele Beispiele für die Erhebung verbaler Daten, die spezifische pädagogische Sachverhalte vergegenständlichen und veranschaulichen sollen. Obwohl diese Darstellungen durchaus sinnvoll und informativ sein können, ist die Frage zu stellen, ob sie sich tatsächlich auf Fälle beziehen, für die ein Entscheidungs- und/oder Handlungsproblem gegeben sein muss. Nur bei einer positiven Beantwortung dieser Frage kann von einem *Fall* gesprochen werden. Zielt die Darlegung verbaler Daten lediglich auf eine Illustration und wird kein spezifisches Untersuchungsproblem angesprochen, handelt es sich nicht um einen Fall im Sinne der Kasuistik, sondern um eine *Veranschaulichung*.

Ohne der Veranschaulichung einer pädagogischen Situation den wissenschaftlichen Wert absprechen zu wollen, konzentrieren wir uns in den weiteren Ausführungen auf die methodologische Frage nach dem Verhältnis zwischen Falldarstellung/-analyse und dem Forschungsprozess. Dabei beziehen wir uns bei der Beantwortung dieser Frage auf Datler (1995), der gezeigt hat, dass Falldarstellungen/-analysen und Fallrekonstruktionen zum Standardrepertoire wissenschaftlicher Erkenntnisgewinnung gehören, insofern sie „Anomalien" zum Ausdruck bringen oder als Musterbeispiele gestaltet sein können, die im Rahmen exemplarischer Problemlösungen weitergehende Forschung initiieren (können). Aus unserer Sicht wird damit eine eigenständige wissenschaftliche Praxis der induktiven Gewinnung von Fallkategorien begründet, die einen großen heuristischen Wert für die Herleitung von Gesetzmäßigkeiten haben.

Ausgangspunkt der Kasuistik ist stets die Frage „*Was ist hier der Fall?*" (Wernet 2006, S. 113), verbunden mit der Bestimmung dessen, worin eigentlich das Problem besteht, das den Fall konstituiert. Diese erste Phase der Kasuistik wird auch als *Fallbeobachtung* bezeichnet. Methodologisch relevant wird die *Fallbeobachtung*, wenn sie in geeigneter Form sprachlich beschrieben wird. Dann spricht man von der *Falldarstellung*, die zum Gegenstand einer wissenschaftlichen *Fallanalyse* wird (Kraimer 2000). Die pädagogische Kasuistik stützt sich wesentlich auf die teilnehmende bzw. teilhabende Beobachtung. Ihr entscheidender Vorteil wird darin gesehen, dass der teilnehmende Beobachter in besonderer Weise in der Lage sei, die häufig geforderte Ganzheit eines Untersuchungsobjektes herauszustellen (Alemann und Ortlieb 1975). Über dieses „klassische" Vorgehen der teilnehmenden Beobachtung hinausgehend stützt sich die pädagogische Kasuistik in großem Umfang auch auf Falldarstellungen im Rahmen von Interviews. Im Folgenden skizzieren wir drei Beispiele, um die wesentlichen Merkmale von Musterfällen als exemplarische Problemlösungen im Forschungsprozess zu verdeutlichen.

Beispiel 1. Beginnen wollen wir mit der *klinischen Methode* des Fallverstehens, die z. B. von Piaget angewandt wurde, um die intellektuelle Entwicklung von Kindern zu untersuchen. Die klinische Methode ist eine besondere Form des Interviews, die eine Person (in den Untersuchungen von Piaget ein junges Kind) mit einem Problem konfrontiert. Es werden problembezogene Fragen gestellt, um die Versuchsperson zum lauten Denken anzuregen, und es wird beobachtet, wie die Versuchsperson mit dem Problem und der Situation umgeht, um daraus Folgerungen in Bezug auf die Denkprozesse der Versuchsperson zu ziehen. Bei der klinischen Methode geht es also nicht darum, die Versuchsperson durch geschicktes Fragen möglichst schnell zur richtigen Lösung hinzuführen, sondern darum, etwas darüber zu erfahren, *wie sie denkt*. Daher werden weder negative noch positive Rückmeldungen gegeben.

Um zu untersuchen, ob ein Kind im Vorschulalter Gesamt- und Teilmengen unterscheiden und miteinander vergleichen kann, zeigte Piaget in einem Versuch zur Entwicklung des Mengenbegriffs dem Kind eine Schachtel, in der sich 20 (18 braune und 2 weiße) Holzperlen befanden. Zwischen Piaget und dem Kind entwickelte sich folgender Dialog:

P.: „Sind alle Perlen aus Holz?"

Kind: „Ja."

P.: „Sind in der Schachtel mehr Holzperlen oder mehr weiße Perlen?"

Kind: „Mehr braune, weil dort nur zwei weiße sind."

P.: „Sind die weißen Perlen aus Holz?"

Kind: „Ja."

P.: „Auch die braunen?"

Kind: „Ja."

P.: „Sind da also mehr Holzperlen oder mehr braune Perlen?"

Kind: „Mehr braune."

Piaget interpretierte diese Antworten als charakteristisch für *voroperationales Denken* (vgl. dazu die Ausführungen in ► Kap. 5). Die klinische Methode und die Tatsache, dass Piaget seine Erkenntnisse aus den Untersuchungen an seinen drei Kindern Jacqueline, Lucienne und Laurent herleitete, sind bereits zu seinen Lebzeiten v. a. von Psychologen angegriffen worden. Als herausragender Erkenntnistheoretiker seiner Zeit vertrat Piaget aber konsequent eine andere methodologische Position als die sich etablierende Psychologie, die sich seines Erachtens zu stark auf standardisierte Untersuchungsmethoden stützte. Zur Methodik äußerte sich Piaget (z. B. 1978) ziemlich unmissverständlich:

» Ein guter Experimentator muß zwei oft unverträgliche Eigenschaften in sich vereinigen: Er muß beobachten, das Kind sprechen lassen können, er darf den Redefluß nicht bremsen, nicht in eine falsche Richtung bringen, und er muß gleichzeitig ein Sensorium haben, etwas Genaues herauszuholen. Er muß jederzeit eine Arbeitshypothese, eine Theorie, ob richtig oder falsch, zur Hand haben [...]. Anfänger suggerieren dem Kind, was sie finden möchten, oder aber sie suggerieren überhaupt nicht, weil sie nichts suchen, und dann finden sie auch nichts (Piaget 1978, S. 19).

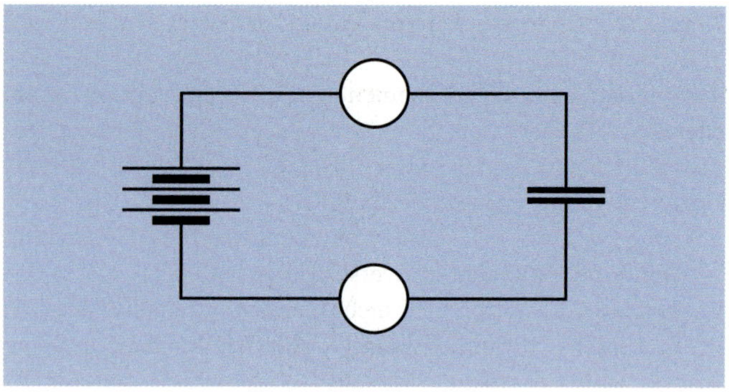

Abb. 1.46 Darstellung eines elektrischen Kreislaufs aus der Studie von Clement und Steinberg (2002)

Obwohl Piaget seine wegweisenden Erkenntnisse über die intellektuelle Entwicklung von Kindern auf einer äußerst schmalen Forschungsbasis ableitete, kann festgestellt werden, dass „die Ausführungen Piagets zur Denkentwicklung bei Kindern (und auch zu anderen Bereichen) [...] einen unschätzbaren wissenschaftlichen Wert" haben und nach wie vor die Standards in diesem Forschungsfeld setzen (Tücke 2007, S. 221).

Bei allem Respekt für die Leistungen Piagets muss allerdings festgestellt werden, dass die kritische Methode ihre Tücken hat, denn man kann – im Sinne Watzlawicks – bei einem Gespräch oder Interview nicht nicht beeinflussen. Die Voraussetzungsgebundenheit dessen, was man in einem Gespräch erschließen will, beginnt bereits bei der Fallbeobachtung und setzt sich bis zur Fallanalyse als Interpretation fort. Verschiedene Untersuchungen (z. B. Cowan und Al-Zubaidi 1985, Donaldson 1982) weisen darauf hin, dass die Ergebnisse der klinischen Interviews Piagets wesentlich durch die Erwartungen der Kinder in Abhängigkeit von dem jeweiligen sozialen Kontext beeinflusst wurden, in dem sie sich befanden.

Die Voraussetzungsgebundenheit trifft nicht nur auf die klinische Methode nach Piaget zu, sondern für jede Interviewsituation, also auch auf die folgenden Beispiele.

Beispiel 2. Eine von Clement und Steinberg (2002) durchgeführte Fallstudie hatte das Untersuchungsziel, Folgerungen und Hypothesen in Bezug auf die Konstruktion und Revision mentaler Modelle zu gewinnen. Eine Untersuchungshypothese war, dass erwartungswidrige Ereignisse in einem physikalischen Experiment Überraschungsmomente produzieren und Revisionen des mentalen Modells der lernenden Person bewirken. Weitergehend wurde untersucht, ob das konstruierte Erklärungsmodell erlaubte, zutreffende Vorhersagen und kohärente Erklärungen für ein Transferproblem zu generieren.

Die Versuchsperson Susan war 16 Jahre alt und besuchte eine High School. Sie durchlief in einem tutoriellen Experiment vier Lernepisoden. Wir skizzieren den Verlauf der ersten Episode mit dem Überraschungsmoment. Diese Episode bezieht sich auf einen elektrischen Kreislauf, wie er in ◘ Abb. 1.46 dargestellt ist.

Nachdem der Tutor den Aufbau dieses Kreislaufs erklärt hatte, entwickelte sich folgender Dialog:

Tutor: „Ich werde nun den Kondensator in der Mitte anbringen."

Susan: „Ich kann nicht erkennen, wie er die Glühbirnen anmachen kann."

Tutor: „Sag' mir, warum die Glühbirnen nicht leuchten."

Susan: „Weil sie beide mit verschiedenen dünnen Metallteilen verbunden sind, die sich nicht berühren" (gemeint sind die Blechstreifen des Kondensators). „Und der elektrische Strom wird genau da gestoppt."

Tutor: „Wie du sagst, da ist ein Isolierteil hier in der Mitte" (zwischen den Blechstreifen). „Verbinde beide miteinander. Mach, dass sie nichts tun."

Susan macht das und ist überrascht, dass die Glühbirne leuchtet.

Susan: „Oh. Warte mal."

Tutor: „Wo kam die elektrische Ladung her, so dass diese Glühbirne (oben) leuchtete?"

Susan: „Sie kam von dem roten Ende der Batterie. Aber ich verstehe nicht, wieso diese Glühbirne (gemeint ist die untere) auch leuchten konnte."

Tutor: „Welchen Weg nimmt der Kreislauf durch diese (untere) Glühbirne?"

Susan: „Er kommt diesen Weg" (von oberhalb der unteren Glühbirne). „Ich meine, er kommt von irgendwo her, wo er nicht herkommen kann."

Tutor: „Kam er von hier?" (irgendwo oberhalb des Kondensators).

Susan: „Nein, er kam vom Kondensator. Daher muss er von einem Ende des Kondensators kommen."

Tutor: „Genau. Du kannst nicht nur Ladungen von der Batterie bekommen, sondern auch von einem gewöhnlichen Stück Metall."

In dieser Weise wurden auch die anderen Lernepisoden realisiert und aufgezeichnet. Schließlich gab Susan bei der Bearbeitung des Transferproblems im Nachtest zu Protokoll:

Susan: „Ich würde sagen, das, was tatsächlich geschieht, ist, dass du das (gemeint ist ein zusätzlicher Draht) nimmst und ihn dazwischen (roter und grüner Bereich) anbringst. Und die Ladung – die gerade vorhanden ist –, der Druck bewegt sich von einem Bereich höherer Spannung (sie wedelt mit beiden Händen von rechts nach links) zu einem Bereich niedrigerer Spannung.

Und so gibt es eine Ladung, die sich durch diesen Draht bewegt, und sie geht von links nach rechts – von diesem Bereich höherer Spannung zu einem Bereich niedrigerer Spannung." Susan bewegt Finger von rechts nach links über dem Zusatzdraht in dem Kreislaufdiagramm.

Die auf Video aufgezeichneten Beobachtungen wurden gemäß den theoretischen Annahmen zur Funktion mentaler Modelle gedeutet. Susans Handbewegungen wurden als Indikatoren für ihre dynamischen visuellen Vorstellungen interpretiert.

Beispiel 3. Das dritte Beispiel ist aus dem sozialen Bereich gegriffen. Die Falldarstellung stammt von Valtin (1991), die sich in ihrer Forschung auf die Rekonstruktion der Bedeutung und die Entwicklung wichtiger sozial-kognitiver und moralischer Konzepte (z. B. Freundschaft, Lügen, Geheimnis) konzentrierte und insgesamt mehr als 300 Kinder im Alter zwischen 5 und 12 Jahren in halbstrukturierten Interviews befragte, um Einblick in die Denkweise von Kindern zu gewinnen. Die leitende Hypothese dieser umfangreichen Untersuchungen war, wie Valtin (1993) in ihrer Antrittsvorlesung sagte, die Weiterführung des Gedankens von Piaget, dass nicht die Gruppe der Gleichaltrigen an sich, sondern die Freundschaften einen wichtigen Ort sozialen Lernens bilden, wo das Kind spezifische Erfahrungen gewinnt und besonderen Herausforderungen ausgesetzt ist. Hier ein Ausschnitt des Interviews, das Valtin mit Alexander (7 Jahre alt) über seine Freundschaftsvorstellungen durchgeführt hatte (Valtin 1991, S. 14 f):

I.: „Du hast doch bestimmt einen Freund oder mehrere?"

A.: „Einen Freund hab' ich, das ist der Olaf, das ist eigentlich mein Lieblingsfreund. Heute gehe ich zu ihm – und dann hab' ich noch 'nen Freund, wie heißt'n der, ach so, Oliver. Mit dem bin ich auch meistens zusammen."

I.: „Und warum sind sie deine Freunde?"

A.: „Weil sie nett sind. Weil sie mir gefallen als Freunde."

I.: „Ja. Was ist denn gut an denen, oder was findest du nicht gut?"

A.: „An dem Oliver find' ich eins nicht gut, der malt in der Stunde immer."

I.: „Stört dich das?"

A.: „Na, ich find' es nicht gut. Das stört mich an ihm. An Olaf, was stört mich denn an Olaf, hm, also, eigentlich bei meinem Freund Olaf also nichts. Hab' ich jedenfalls nichts beobachtet, was mich stört."

I.: „Mhm. Also du sagst, es sind deine Freunde, weil sie nett sind."

A.: „Ja."

I.: „Gibt's noch einen Grund, warum sie deine Freunde sind?"

A.: „Mhm, weil … also der Olaf, der hat nämlich mal zwei Orden im Rennen gekriegt, und deswegen mag ich ihn so."

I.: „Ach so, findest du das toll?"

A.: „Ja, und sporthaft."

I.: „Sportlich, ja? Ja. Warum ist es denn wichtig, daß man Freunde hat?"

A.: „Daß man mit ihnen spielt, und wenn man jetzt keinen Freund hat, dann ist man ja dauernd alleine. Ich hab' zwar, ich hab' zwar 'n Bruder …"

I.: „Und warum brauchst du einen Freund, also zum Spielen, ja?"

A.: „Ja, um … 'n Freund brauch' ich, daß ich nicht immer in der Schule allein bin; wenn ich keine Freunde hab', das ist ja alles nicht gut – weil, das ist ja traurig."

I.: „Weißt du noch, wie ihr Freunde geworden seid, du und Olaf, oder du und Oliver?"

A.: „Ich bin mit Oliver Freund geworden, als ich in der Vorschule noch war, als ich eingeschult wurde, da hat er mich angesprochen, da hat er seinen Namen gesagt, und ich hab' dann meinen Namen gesagt, und dann sind wir Freunde geworden."
[…]

I.: „Wie muß denn ein Kind sein, mit dem du gerne spielen willst und Freund sein willst?"

A.: „Freundlich, nett."

I.: „Du hast doch gesagt, du guckst ihn dir erst mal von weitem an, nich? Worauf achtest du denn da noch?"

A.: „Auf sein Gesicht, auf sein Gesicht muß man nämlich gucken, ob sein Gesicht nett ist oder ob es nicht nett ist – wenn es nett ist, wenn es nett aussieht, dann werd' ich mit ihm Freund, wenn es böse ist, oder wenn es 'n Amerikaner ist, dann möcht' ich nicht mit ihm spielen."

I.: „Aber warum? Kennst du denn Amerikaner?"

A.: „Nö."

I.: „Denkst du dir, daß die nicht nett sind, oder wie?"

A.: „Na ja, manche können sehr böse werden."
[…]

I.: „Stell dir jetzt mal vor, du hättest was ausgefressen, irgendwas Schlimmes gemacht, aber deinem Freund, dem vertraust du, würdest du's dem Olaf erzählen?"

A.: „Ich würde ihm vertrauen, ja."

I.: „Dürfte dein Freund es deinen Eltern erzählen?"

A.: „Nein. Ich würde ihm sagen, ‚Du darfst das nie, nie, nie in deinem Leben verraten, und du mußt mir die Ehrenhand geben'."

I.: „Aha, und was wäre, wenn er das trotzdem verraten würde?"

A.: „Dann wär' ich mit ihm nicht mehr Freund, dann wär' ich mit ihm sehr sauer, sehr böse."

I.: „Könntest du ihm verzeihen?"

A.: „Nee."

Valtin beurteilt Alexanders Freundschaftsvorstellungen in vielfacher Hinsicht als charakteristisch für sieben- bis achtjährige Kinder. Damit wird der Fall Alexander zu einem *Musterbeispiel* für den Untersuchungsgegenstand.

Die angeführten Beispiele können als exemplarische Problemlösungen in einem Forschungsprozess verstanden werden. Charakteristisch ist, dass jeweils von einem besonderen Fall auf die Allgemeinheit geschlussfolgert wurde. Dabei wurde im Unterschied zur qualitativen Forschung im Rahmen der interpretativen Soziologie (Hoffmann-Riem 1980) *nicht* auf eine vorherige Hypothesenbildung verzichtet. Ganz im Gegenteil: Ein Wissenschaftler muss „jederzeit eine Arbeitshypothese, eine Theorie, ob richtig oder falsch, zur Hand haben" (Piaget 1978, S. 19). Sonst verlieren Fälle als Musterbeispiele rasch ihren Wert als exemplarische Problemlösungen im Forschungsprozess. Das gilt noch mehr für den Fall, dass die Kasuistik mit Interventionen verbunden ist.

Fallverstehen und pädagogische Intervention

Die pädagogische Kasuistik ist insbesondere in Handlungsfeldern der Sozialpädagogik/Sozialarbeit mit pädagogischen Interventionen verknüpft. Ein Fall im sozialen Handlungsgefüge ist oft aus unterschiedlichen Perspektiven mit einem konkreten Handlungsproblem verbunden: Etwas (eine Situation, eine Person, eine Person in einer Situation) entspricht nicht den Erwartungen, was die Frage aufwirft, wie damit umzugehen ist. Dann ist die Frage *„Was ist hier der Fall?"* unmittelbar mit der nächsten Frage *„Was ist zu tun?"* verknüpft. Dementsprechend ist der Fall einem praktischen Problem unterworfen, dessen Lösung einer theoretischen Begründung einer angemessenen Intervention bedarf. Dazu ist es unerlässlich, den Menschen in seiner Situation und mit seinem Problem zu verstehen, d. h. sich ein Bild von ihm zu machen und dann nach Lösungsmöglichkeiten für den gegebenen Fall zu suchen.

Der Prozess des Erfassens des Falls und des Nachvollziehens der Problemlage im Sinne einer *Fallrekonstruktion* wird allgemein als pädagogische, soziale oder psychosoziale *Diagnose* bezeichnet. Die hier zugrunde gelegte Fallmethodik wurde von Wernet (2006) als *klientenorientierte Kasuistik* bezeichnet und gegen die *akteursorientierte Kasuistik* abgegrenzt, die wir im vorangegangenen Abschnitt behandelt haben. Wernet stellt bei der klientenorientierten Kasuistik das didaktische und pädagogische Handeln insbesondere von Lehrpersonen im Unterricht in den

Tab. 1.15 Schema der multiperspektivischen Kasuistik von Müller (1993)

	Fall von …	Fall für …	Fall mit …
Anamnese			
Diagnose			
Intervention			
Evaluation			

Vordergrund und spricht in diesem Zusammenhang auch von *schulpädagogischer Kasuistik*, bei der er zwischen der fallrekonstruktiven Schulentwicklungsforschung, die von einer Schule als Fall ausgeht, und der Biografieforschung unterscheidet, die vom einzelnen Lehrer als Fall ausgeht. Als Domäne der klientenorientierten Kasuistik betrachtet er die Forschungstradition der Sozialpädagogik/Sozialarbeit. Ein gezieltes Fallverstehen mit pädagogischer Intervention wird insbesondere bei Kindern und Jugendlichen notwendig, die als „schwierig" gelten, sich in besonderen Krisensituationen befinden oder wegen ihrer sozialen Umgebung und Lebenssituation als „gefährdet" bezeichnet werden. Diese Charakterisierung der potentiellen Klienten einer pädagogischen Kasuistik mit Interventionsbedarf trifft aber genauso auf die Handlungsfelder der Schulpädagogik und der Heil- und Sonderpädagogik zu (vgl. Fernsehkolleg Lehrerprobleme – Schülerprobleme: Weinert 1982; Matthes 2009).

Zur Illustration der klientenorientierten Kasuistik in den genannten pädagogischen Handlungsfeldern dienen die folgenden beiden Beispiele.

Beispiel 1. Zwei Jungen geraten beim Spielen mit einem Ball in Streit. Ein Junge schubst den anderen, woraufhin dieser Junge (Peter) den anderen mit der Faust ins Gesicht schlägt und dazu ansetzt, ihn weiter zu schlagen. Der erste Junge läuft weg und wird wutentbrannt von Peter verfolgt, der sich offensichtlich in seine Aggression hineingesteigert hat. Ein solches aggressives Verhalten ist dem Betreuer bereits mehrfach aufgefallen ebenso wie die Tatsache, dass mit Peter in einer solchen Situation nicht zu reden war, da er entweder gar nicht reagierte oder nur antwortete, dass er den anderen verprügeln wolle.

Der Betreuer stellt sich deshalb vor Peter, um die beiden Streitenden zu trennen. Peter versucht, am Betreuer vorbeizukommen, so dass dieser ihn festhalten muss, um weitere Gewalt gegen den anderen Jungen zu verhindern. Daraufhin steigert sich Peter noch weiter in seine Aggression und beschimpft lautstark umstehende Kinder (die das Ganze unterhaltend finden). Der Betreuer hält Peter weiter fest. Peters aggressives Verhalten tritt regelmäßig auf. Der Kontakt zur Mutter ist sporadisch.

Beispiel 2. Diese Fallbeschreibung von Matthes (2006) zur individuellen Lernförderung bei Lernstörungen verknüpft in anschaulicher Form die Frage „*Was ist der Fall?*" mit der Frage „*Was ist zu tun?*".

> » Bei Lara wird Ende des 3. Schuljahres ein sonderpädagogischer Förderbedarf im Lernen festgestellt. Bei ihr bestehen erhebliche und schwer überwindbare Schwierigkeiten sowohl im Erwerb der Schriftsprache als auch in Mathematik (meist etwa zwei Jahre Rückstand). Dieser Stand wurde erreicht, weil Lara intensiv individuell betreut wurde (Binnendifferenzierung, Förderunterricht). Sonderpädagogische Beratung wurde herangezogen. Sonst wäre der derzeitige Stand nicht erreicht worden. Durch die Förderung ergaben sich Fortschritte immer dann, wenn die Anforderungen etwa dem Rahmenplan für Schüler/innen mit sonderpädagogischem Förderbedarf im Lernen entsprachen. Unübersehbar sind, ausgehend vom Alter, eine eingeschränkte Sprachkompetenz und kognitive Entwicklungsverzögerungen. Lara ist kognitiv impulsiv und hat dabei Schwierigkeiten im Erkennen und Anwenden von Beziehungen (Denken). Sie ist gut motiviert und arbeitet bereitwillig mit, wenn die Anforderungen auf sie zugeschnitten werden. Häufig über- oder unterschätzt Lara sich stark. Bei der Konfrontation mit einem höheren Anforderungsniveau ist eine emotionale Beeinträchtigung überaus deutlich. Solche Probleme treten auf, wenn nicht konsequent nach dem Rahmenplan der allgemeinen Förderschule unterrichtet wird (Matthes 2006, S. 28).

Wie geht man nun bei solchen Fällen analytisch vor, um aus pädagogischer Sicht zu verstehen, *was der Fall ist* und *was zu tun ist*, um das Problem zu beheben? Diese Fragen ergeben sich, weil die pädagogische Kasuistik ja keine Zusammenstellung von Musterlösungen für pädagogische Probleme ist, sondern sich auf den speziellen Fall mit seinem Handlungsproblem richtet, um daraus allgemeine Erkenntnisse herzuleiten.

Wir empfehlen für die Durchführung der Fallanalyse das *Modell der multiperspektivischen Kasuistik* von Müller (1993), das die wesentlichen Schritte auf dem Weg zu einem fundierten Verständnis von Fällen in pädagogischen Handlungsfeldern beschreibt. Müllers Modell spezifiziert zwölf Felder (Tab. 1.15), in denen nach Informationen gesucht werden muss, um einen gegebenen Fall zu verstehen und mögliche Lösungen für das Problem zu finden.

Mit dem Ausdruck „*Fall von*" ist die Person angesprochen, für die ein Handlungs- oder Entscheidungsproblem definiert und ein Interventionsbedarf festgestellt wird. Es geht um die Klärung der Frage, *wessen* Problem in welcher Situation zu einem Fall geworden ist. Der Ausdruck „*Fall von*" bezieht sich aber nicht nur auf ein Handlungsproblem einer bestimmten Person in einer bestimmten Situation oder Lage, sondern bedeutet auch, dass der Fall ein „Beispiel für ein anerkanntes Allgemeines (Beispiel für eine Theorie, eine Norm, ein Phänomen) ist" (Müller 1993, S. 23). Damit wird der Einzelfall vor dem Hintergrund einer Theorie zum pädagogischen Fall.

Der Ausdruck *„Fall für“* ist leicht zu verstehen. Er verweist auf Instanzen (Behörden, Institutionen, Organisationen), die sich mit einem Fall befassen oder befassen sollten. Der Fall eines drogenabhängigen Jugendlichen beschäftigt verschiedene Instanzen wie z. B. das Sozialamt, die Drogenberatung, die Jugendhilfe, womöglich das Jugendgericht, während ein Fall wie Lara die betroffene Schule, den Kinderarzt und den schulpsychologischen Dienst betrifft. Es liegt in der Natur der pädagogischen Praxis der Sozialpädagogik/Sozialarbeit und Heil- und Sonderpädagogik, dass sie auf andere Instanzen und das dort vorhandene Expertenwissen angewiesen ist.

Der Ausdruck *„Fall mit“* – von Müller als wichtigster Typus der sozialpädagogischen Arbeit bezeichnet – bezieht sich auf den Bereich der Intervention und kennzeichnet die besondere Beziehung zwischen dem Klienten und dem Helfer. Damit ist nach Müller die eigentliche pädagogische Dimension angesprochen, die so viel besagt wie „Was macht man in diesem Fall?“ und „Wie können die am Fall Beteiligten bzw. Interessierten gemeinsam das Problem lösen?“.

Das Schema der multiperspektivischen Kasuistik von Müller (1993) bezieht unterschiedliche aufeinanderfolgende Phasen der pädagogischen Fallmethode ein, die als Anamnese, Diagnose, Intervention und Evaluation bezeichnet werden.

Die *Anamnese* ist eine Zustandsanalyse und ermittelt (im Gespräch) die Vorgeschichte eines Falles. Sie wird als wichtiger Bestandteil der Diagnosefindung durchgeführt, um die Dispositionen, Lebensumstände und den Kontext des Klienten zu erfassen. Nach Müller (1993) hat die Anamnese eine doppelte Funktion: Sie grenzt den relevanten Bereich der Fallbearbeitung ab, ohne dass voreilige Schlüsse gezogen werden, und sie zielt auf ein tiefergehendes Verstehen der Situation. Dazu müssen die Geschichte und der Kontext des Falles ebenso einbezogen werden wie die Lebenswelt und die „Zeugen“ des Falls (Müller 1993, S. 64). Vor allem geht es bei der Anamnese darum, relevante Informationen über die Vorgeschichte des Falles aus unterschiedlichen Blickwinkeln zu betrachten, um so Verständnis für den Menschen zu entwickeln, mit dem man im Fall befasst ist.

Der zweite Schritt der Fallanalyse ist die *Diagnose* als die methodische Erforschung der Merkmale eines Falles, „um ihn mit bereits bekannten Begriffen erfassen zu können und seine Merkmale gleichsam auf die Folie eines Bekannten bzw. Allgemeinen zu legen und zu prüfen, ob sie dazu passen“ (Müller 1993, S. 56). Das entspricht der oben aufgeführten Subsumption eines Falles unter eine Fallkategorie.

Auf die Diagnose folgt eine pädagogische *Intervention*, wobei es durchaus bemerkenswert ist, dass Müller nicht von Beratung spricht, sondern von Intervention als einem Bündel gezielter Maßnahmen, um ein unerwünschtes Phänomen zu beseitigen. Im Zentrum dieser Phase steht die Lösung des im Fall gegebenen Problems durch geeignete pädagogische oder therapeutische Maßnahmen. Dabei ist zunächst zu klären, ob eine Intervention grundsätzlich oder nur in bestimmten Grenzen sinnvoll und angebracht ist. Dann stellt sich erst die Frage, *wie* zu intervenieren ist, d. h. was getan werden kann oder muss, um das anstehende Handlungsproblem zu lösen.

Abschließend ist in der Phase der *Evaluation* kritisch zu prüfen, ob die getroffenen Maßnahmen richtig und wirksam waren. Einfach ausgedrückt: Es muss – bezogen auf die Dimensionen *„Fall von“*, *„Fall für“* und *„Fall mit“* – geprüft werden, ob das Handlungsproblem gelöst wurde. Das ist nichts anderes als eine Rückversicherung, dass eine pädagogische Intervention den *„Fall von …“* effektiv gelöst hat – und möglicherweise auch auf andere Fälle anwendbar ist.

Eine Fallanalyse nach dem Modell der multiperspektivischen Kasuistik ist eine aufwendige Angelegenheit, aber unumgänglich, um einen Fall und das damit verbundene Handlungsproblem lösen zu können. Die bisherigen Beispiele zum pädagogischen Fallverstehen bezogen sich in erster Linie auf Gesprächssituationen (z. B. im klinischen Interview). Darüber hinausgehend sind auch andere Methoden des Fallverstehens verfügbar.

■ Pädagogisches Fallverstehen kontra Fallmanagement

Wir haben im vorangegangenen Abschnitt ein recht ausführliches Fallbeispiel eines Konfliktes zwischen Schülern in einem konkreten Schulkontext geschildert; das zitierte „Fernsehkolleg Lehrerprobleme – Schülerprobleme“ enthält noch viele andere Fallbeispiele mit ausgearbeiteten Vorschlägen zur Lösung von Handlungsproblemen.

Der schulpädagogische Kontext ist gewiss eine der wichtigsten Domänen pädagogischen Fallverstehens und erforderlicher Interventionen, wobei die hier anfallenden Handlungsprobleme oft einen psychosozialen oder sozialpädagogischen Hintergrund ausweisen. Die pädagogische Aufgabe besteht dabei in der Diagnose des Falls, seiner Analyse und im Urteil über einen erzieherischen Bedarf. Außer im schulpädagogischen Kontext wird die Expertise des Fallverstehens vor allem in der Sozialpädagogik/Sozialarbeit und Heil- und Sonderpädagogik erforderlich. Fallverstehen in der Jugendhilfe wird z. B. als Versuch begriffen, mittels unterschiedlicher Verfahren der Beschaffung und Auswertung von Informationen und Daten herauszufinden, was mit einem Jugendlichen und in seinem sozialen Umfeld nicht stimmt. Sozialpädagogische Diagnostik und Fallverstehen sind hierbei untrennbar miteinander verbunden.

Unter dem besonderen Hinweis auf die hermeneutische Dimension des sozialpädagogischen Fallverstehens spricht Uhlendorff (2002) von *sozialpädagogisch-hermeneutischer Diagnostik* und unterscheidet hierfür drei Schritte: Im ersten Schritt geht es darum, Jugendliche dazu zu bringen, über ihre Lebenssituation und Handlungsprobleme zu sprechen. Der zweite Schritt besteht in einer Analyse der Selbst- und Weltdeutungen des oder der Jugendlichen und seiner oder ihrer Probleme. Der dritte Schritt besteht in der Festlegung des Problems und in der Aufgabe, die an den Jugendlichen von seinem sozialen oder pädagogischen Milieu herangetragenen Anforderungen und Erwartungen zu analysieren und das daraus resultierende Handlungsproblem zu spezifizieren. Sozialpädagogische Diagnose eines Falles und sozialpädagogisches Handeln gehören eng zusammen, denn es beinhaltet immer auch den Entwurf einer pädagogischen Intervention, um dem Klienten in seiner Entwicklung zu unterstützen und ihm bei der Bewältigung individueller Schwierigkeiten in seinem Milieu zu helfen. Grundsätzlich gilt das auch für die Heil- und Sonderpädagogik.

Als Alternative zum traditionellen Grundverständnis von Fallverstehen und pädagogischem Handeln, wie es uns in der

Sozialpädagogik und der Heil- und Sonderpädagogik in besonders prägnanter Form entgegentritt, hat sich in den letzten Jahren die Idee und *Methode des Fallmanagements* entwickelt (Wendt 2010).

Allgemein wird unter Fallmanagement ein Ablaufschema in der Sozialarbeit verstanden, das eine gut organisierte und bedarfsgerechte Hilfeleistung auf den besonderen Fall zuschneidet und die hierfür zuständigen und verantwortlichen Institutionen zusammenführt. Bezug nehmend auf das Modell der multiperspektivischen Kasuistik von Müller liegt der Schwerpunkt des Fallmanagements auf der Dimension *„Fall mit"*. Fallmanagement wird gelegentlich auch als „klinische Sozialarbeit" bezeichnet und ist als fachlich differenzierte Sozialarbeit spezialisiert auf die direkte sozialpädagogische Arbeit mit dem Klienten bei schwierigen sozialen und psychosozialen Störungen, sozialen Problemen sowie psychischen, somatischen und chronischen Erkrankungen mit bedeutsamen sozialen Implikationen.

Wie beim pädagogischen Fallverstehen allgemein gehört es zum Vorgehen im Fallmanagement, dass sich die Beteiligten darüber verständigen, „was der Fall ist", gemeinsam einschätzen und planen, was in dem jeweiligen Fall zu tun ist, um sodann das vereinbarte Handlungsprogramm umzusetzen. Die Managementaufgabe bezieht sich in erster Linie auf den Prozess, in dem man zielgerichtet vorankommen will.

Trotz zahlreicher Übereinstimmungen mit dem Ansatz des Fallmanagements hält sich die Sozialpädagogik/Sozialarbeit nach Wendt (2005) gegenüber diesem Ansatz sehr distanziert, wenn nicht sogar abweisend, und nimmt ein methodisches Fallverstehen für sich in Anspruch, das mit dem Fallverständnis im Fallmanagement wenig gemein hat. Tatsächlich sind beim sozialpädagogischen Fallverstehen – wie oben dargelegt – zwei Forschungstraditionen eine enge Verbindung eingegangen: die aus der Soziologie stammende *objektive Hermeneutik* und das ursprünglich aus der Medizin stammende psychosoziale Diagnosemodell. Sozialpädagogen (wie auch Heil- und Sonderpädagogen) sehen das Typische des pädagogischen Fallverstehens im Erschließen eines Falles und seiner Rekonstruktion, wobei stets der „ganze Mensch" gesehen wird, indem hinter die Phänomene geblickt wird und die Motive und Handlungsweisen der Fallperson analysiert werden (Thimm 2003).

Fallmanagement tritt demgegenüber, wie Wendt (2005) dargelegt hat, weder mit einem therapeutischen noch mit einem pädagogischen Anspruch auf, sondern versteht sich als Mittler zwischen der Versorgung mit Sozialleistungen und individueller Lebenspraxis. Daher braucht es nicht, „den ganzen Menschen" mit seinen Lebensverhältnissen insgesamt in den Blick zu nehmen und nach dem Sinn „hinter dem Verhalten" einer Person zu suchen. Der Fallmanager hat lediglich eine Kooperations- und Koordinierungsaufgabe zu erfüllen, bei der er sich nicht sozialpädagogisch auf den Klienten einzustellen braucht. Der Fallmanager führt organisatorisch einen Handlungsauftrag der Eltern, der Schule, des Jugendamtes oder des Sozialdienstes aus; bei der Feststellung eines Falles in der Ablauforganisation des Fallmanagements geht es nicht darum, einen Menschen zu verstehen – das Relevanzsystem des Fallmanagers ist laut Wendt (2005) nicht das eines Pädagogen oder Therapeuten.

1.3.4 Empirische Erziehungswissenschaft oder Pädagogik

Die empirische Erziehungswissenschaft überprüft pädagogische Theorien und Praktiken mittels erfahrungswissenschaftlicher Methoden und unter Anlegung bestimmter methodischer Standards (z. B. der Objektivität, Zuverlässigkeit und Gültigkeit). Angestrebt werden wahrscheinlichkeitsbegründete Erklärungen und Vorhersagen der Wirksamkeit von Erziehungs- und Bildungsprozessen sowie die Herleitung technologischen Wissens zur Veränderung pädagogischen Handelns. Obwohl die empirische Pädagogik in Deutschland bereits vor mehr als hundert Jahren eingeführt wurde, erlangte sie bei weitem nicht die Prominenz der geisteswissenschaftlichen Pädagogik.

Derzeit hat die empirische Bildungsforschung jedoch Konjunktur, was auf die Breitenwirkung internationaler Vergleichsstudien (z. B. PISA) zurückzuführen ist. Die beobachtbare Tendenz, Universitätsinstitute, die vormals pädagogisch oder erziehungswissenschaftlich hießen, nun bildungswissenschaftlich zu nennen, ist Wissenschaftspolitik, hat aber mit den wissenschaftstheoretischen und methodologischen Grundlagen einer erfahrungswissenschaftlich ausgerichteten Pädagogik nichts zu tun.

Um die heutige Diskussion zu verstehen, ist es zweckmäßig, einen Blick auf die historische Entwicklung der empirisch-analytischen Erziehungswissenschaft zu werfen. Denn

> » empirische Bildungsforschung gibt es nicht erst, seit wir alle – besorgt oder zustimmend – PISA-Daten rezipieren, […] sondern – je nach dem Begriff der Forschung – bereits seit mehr als 200 Jahren, wenn auch in unterschiedlicher Gestalt und Nähe zur aktuellen empirischen Bildungsforschung (Tenorth 2010b, S. 7).

1.3.4.1 Historische Entwicklung der empirischen Pädagogik

Die empirische Pädagogik hatte es seit ihren Anfängen schwer, sich gegenüber der geisteswissenschaftlichen Pädagogik zu behaupten. Die Ablehnung einer empirischen Pädagogik reicht weit zurück, wie folgende Textstelle aus Herbarts *Allgemeiner Pädagogik* zeigt:

> » Möchten diejenigen, welche die Erziehung so gern *bloß* auf Erfahrung bauen wollen, doch einmal aufmerksam hinüberblicken auf andre Erfahrungswissenschaften, möchten sie bei der Physik, bei der Chemie sich zu erkundigen würdigen, was alles dazu gehört, um nur *einen einzigen Lehrsatz* im Feld der Empirie soweit festzustellen, wie es in diesem Felde möglich ist! *Erfahren* würden sie da, daß man aus *einer* Erfahrung nichts lernt, und aus zerstreuten Beobachtungen ebensowenig; daß man vielmehr denselben Versuch mit zwanzig Abstufungen zwanzigmal wiederholen muß, ehe er ein Resultat gibt, das nun noch die entgegengesetzten Theorien je nach ihrer Art auslegen. Erfahren würden sie da, daß man nicht eher von Erfahrung reden darf, bis der Versuch *geendigt* ist, bis man vor allen Dingen die RÜCKSTÄNDE genau geprüft, genau gewogen hat. *Der Rückstand der pädagogischen Experimente sind die Fehler des Zöglings im*

Mannesalter. Der Zeitraum für ein einziges dieser Experimente ist also aufs wenigste ein halbes Menschenleben! (Herbart 1806/1976, S. 74).

Bis gegen Ende des 19. Jahrhunderts wurde die Pädagogik ebenso wie die Psychologie als Teil der Philosophie betrachtet, und es bedurfte einiger Anstrengungen, sie als eigenständige wissenschaftliche Disziplin zu etablieren. Verhältnismäßig leicht war dies im Falle der geisteswissenschaftlichen Pädagogik, die sich bis heute als einflussreichste Strömung behaupten konnte. Lange Zeit wurde in der pädagogischen Historiografie darüber hinweg gegangen, dass Ende des 19. Jahrhunderts auch eine empirische ausgerichtete wissenschaftliche Pädagogik, die sogenannte *experimentelle Pädagogik*, ihren Anfang nahm. Freilich führte diese Richtung eher ein Nischendasein (vgl. Hopf 2004) und erzielte nie die Breitenwirkung wie die geisteswissenschaftliche Pädagogik, von der sie mitunter heftig bekämpft wurde. Dies ist insofern bemerkenswert, als die experimentelle Pädagogik im Grunde der „szientistische Flügel der Reformpädagogik" (Tenorth 2000, S. 224) ist, die ihrerseits in der pädagogischen Historiografie ausführlich gewürdigt wird (Scheibe 1994).

▪ Die Anfänge

Tatsächlich hat die experimentelle Pädagogik, die eng mit dem Wirken von Ernst Meumann (1862–1915) und Wilhelm A. Lay (1862–1926) verknüpft ist, dieselben Wurzeln wie die Reformpädagogik. Die Entstehungsbedingungen und der historische Kontext der experimentellen Pädagogik werden ausführlich von Hopf (2004) beschrieben. Bei ihm ist nachzulesen, dass im Zeitalter der Industrialisierung nicht nur die expandierenden Naturwissenschaften zunehmend Anerkennung gewannen, sondern dass auch eine zunehmende *Pädagogisierung des öffentlichen Bewusstseins* einsetzte, die das Entstehen neuer Wissenschaften zur Folge hatte, die sich mit Kindern und Jugendlichen auseinandersetzten. Zum Ausdruck gelangte dies nicht nur in dem von Ellen Key (1903) proklamierten *Jahrhundert des Kindes*, was allgemein als Auftakt für die reformpädagogische Bewegung betrachtet wird, sondern auch in der zunehmenden Bedeutung der *Schulhygienebewegung*, die eine Hinwendung zu physiologischen Fragen und empirischen Methoden bewirkte. Wissenschaftstheoretisch bereiteten der Positivismus Comtes und die neu entstandene experimentelle Psychologie den Boden für die Entwicklung einer experimentellen Pädagogik.

Deren Protagonisten, Meumann und Lay, wurden nicht nur durch Wilhelm Wundt und sein Forschungsprogramm der experimentellen Psychologie beeinflusst und geprägt, sondern auch durch populärwissenschaftliche Bücher, die zur damaligen Zeit die *Seele des Kindes* in den Mittelpunkt entwicklungspsychologischer und pädagogischer Betrachtungen stellten (z. B. Ament 1906, Scupin und Scupin 1907) und nachhaltige Wirkungen erzielten. Auf diesem Nährboden entwickelte sich die experimentelle Pädagogik, deren Programm Meumann (1911) folgendermaßen absteckte:

» Daß wir diese Art Pädagogik zu treiben experimentelle Pädagogik nennen, ist streng genommen nicht einmal ganz korrekt, denn die experimentelle Pädagogik versucht, alle Hilfsmittel und Methoden empirischer Forschung in den Dienst pädagogischer Untersuchungen zu stellen, und wir benutzen z. B. auch in ausgiebiger Weise die Massenuntersuchung, die allgemeinen Erhebungen (Enquêten) und ebenso die Statistik und die mathematische Bearbeitung statistischer Zahlen. Gerne würden wir also von der Pädagogik als empirischer Forschung sprechen, um unsere neue Art, die Pädagogik zu betreiben, richtig zu bezeichnen. Der Name experimentelle Pädagogik hat sich von dem vornehmsten Forschungsmittel dieser Wissenschaft aus gebildet, und er ist dadurch berechtigt, daß das Experiment innerhalb der Pädagogik die größten Neuerungen herbeigeführt hat (Meumann 1911, S. 13).

In den *Vorlesungen zur Einführung in die experimentelle Pädagogik* beschreibt Meumann beispielhaft die Untersuchung der körperlichen und geistigen Entwicklung des Kindes und des Jugendlichen und stellt damit die kinderpsychologische Forschung als Gegenstand der experimentellen Pädagogik heraus. Möglicherweise hat dies bewirkt, dass Meumann später eher als experimenteller Psychologe wahrgenommen wurde. Das täuscht aber darüber hinweg, dass das *pädagogische Experiment* den anderen Hauptgegenstand der Arbeit Meumanns bildete. Als dessen Sinn und Zweck sieht Meumann die direkte Entscheidung über den Wert pädagogischer Mittel und Methoden:

» In diesem Falle wird das Experiment mehr zu einem Ausprobieren der zweckmäßigsten pädagogischen Methoden und Mittel als ein theoretisches Forschen nach den Grundlagen der Pädagogik (Meumann 1911, S. 14).

Als Wesensmerkmale der experimentellen Pädagogik gelten die Überprüfung von Hypothesen, der Einsatz systematischer Beobachtungen und die statistische Auswertung des Festgestellten.

Eine solche *Pluralität der Untersuchungsmethoden* ist auch das Kennzeichen der experimentellen Pädagogik Lays, der neben dem Experiment ausdrücklich die „statistische" Beobachtung erwähnt, zu der er die schriftliche Umfrage zählt. Für das Experiment unterscheidet Lay (1908) die Stufen

- der Hypothesenbildung,
- der Gestaltung und Durchführung des Versuchs sowie
- der Bewahrheitung (Verifikation) in der Praxis.

Dabei ist es ihm wichtig, den „didaktisch-psychologischen Versuch" von dem „rein psychologischen Versuch" zu unterscheiden:

» Das didaktische Experiment hat praktische, pädagogische Zwecke; es hat die Forderung zu erfüllen: die Versuchsumstände müssen soweit nur möglich den Verhältnissen einer Unterrichtsstunde […] angepaßt werden (Lay 1908, S. 10).

Das didaktische Experiment ist für Lay „eine Art" Unterrichts- und Schulpraxis, eine „exakte Unterrichtspraxis, bei der die Maßnahmen (Reize) und Erfolge (Reaktionen) zahlenmäßig genau kontrolliert und verglichen werden können" (S. 10). Im Unterschied zu Meumann, der das pädagogische Experiment auch als bedeutsam für die Grundlagenforschung betrachtete, betonte Lay den pragmatischen Aspekt des didaktischen Experimentes.

Für ihn hatte der didaktische Versuch den Anforderungen an ein Experiment zu genügen und musste zugleich der Unterrichts- und Schulpraxis möglichst nahe kommen. Konsequenterweise unterscheidet Hopf (2004) deshalb zwei Richtungen der experimentellen Pädagogik, die als „empirische Grundlagenforschung" und „pragmatische Forschung" bezeichnet werden.

Die *empirische Grundlagenforschung* verwendete vor allem kontrollierte und laborähnliche Experimente für die Untersuchung pädagogisch relevanter Probleme der Entwicklungspsychologie, Lern- und Gedächtnisforschung, Begabungs- und Wahrnehmungsforschung. Dabei war die Grenze zur Psychologie fließend. Meumann und Lay wurden deshalb nicht müde, die wissenschaftliche Eigenständigkeit der experimentellen Pädagogik und deren Unterschiede zur Psychologie zu betonen. Beide gingen stets davon aus, dass die experimentell-pädagogische Forschung immer unter dem *Gesichtspunkt der Erziehung* erfolgen müsse. Im Unterschied zur experimentellen Psychologie der damaligen Zeit, die nach Wundt als Erkenntniswissenschaft zu begreifen ist, ist die experimentelle Pädagogik, vor allem in der von Lay propagierten pragmatischen Richtung, als *Handlungswissenschaft* zu verstehen. Die Anwendung des didaktischen Experimentes in der Unterrichtspraxis ist für Lay das Nonplusultra der experimentellen Pädagogik. Es sollte deshalb ausschließlich von Lehrern ausgeführt werden. Folgerichtig wurde die *pragmatische Richtung* der experimentellen Pädagogik vor allem an den Lehrerseminaren betrieben. Ihre Methode war das didaktische Experiment in der Schulklasse, das sich in erster Linie dem Elementarbereich zuwandte. Darauf bezog sich dann auch die Kritik geisteswissenschaftlicher Pädagogen, die die experimentelle Pädagogik als pure Erziehungstechnologie abqualifizierte, die lediglich Einzelfragen des Elementarunterrichts oder entwicklungspsychologische Sachverhalte aufklären könne.

Trotz der Widerstände, die ihr entgegengebracht wurden, expandierte die experimentelle Pädagogik (allerdings in bescheidenem Maße) bis 1914, dann brachte der Erste Weltkrieg einen Einschnitt, der durch Meumanns Tod im Jahre 1915 noch tiefer wurde, da William Stern als sein Nachfolger in Hamburg sich intensiv mit Kinderpsychologie, Begabungs- und Intelligenzforschung befasste, den Bereich der Pädagogik aber weitgehend aussparte. Nach dem Krieg begann dann die Erfolgsgeschichte der Reformpädagogik in ihrer geisteswissenschaftlichen Ausrichtung. Von einem Scheitern der experimentellen Pädagogik kann allerdings nicht gesprochen werden, da Meumann und Lay den Samen gesät hatten, aus dem in der Folgezeit die deskriptive Pädagogik Fischers und Lochners wie auch die pädagogische Tatsachenforschung Elsa Köhlers und des Ehepaars Petersen erwuchsen. Sowohl Aloys Fischer (1880–1937) als auch Peter Petersen (1884–1952) waren mit den Versuchen Meumanns und Lays vertraut, aber ihre eigenen Arbeiten auf dem Gebiet der empirischen Pädagogik waren methodisch sorgfältiger durchdacht, auch wenn sie heutigen Ansprüchen kaum genügen könnten. Die unmittelbaren Wirkungen der von Fischer propagierten deskriptiven Pädagogik und der pädagogischen Tatsachenforschung waren insgesamt aber genauso begrenzt wie die der experimentellen Pädagogik Meumanns und Lays. Der Widerstand der geisteswissenschaftlichen Pädagogik war groß, obwohl Petersen die Tatsachenforschung lediglich als „Hilfswissenschaft der Pädagogik" betrachtete und ähnlich wie Fischer eine Verbindung von Deskription und Hermeneutik anstrebte.

■ Pädagogische Tatsachenforschung

Die *pädagogische Tatsachenforschung* vertrat eine Pluralität der Untersuchungsmethoden, wobei die Verbindung von qualitativen und quantitativen Methoden ebenso bemerkenswert ist wie das Ziel, komplexe Zusammenhänge nicht nur deskriptiv und phänomenologisch zu erfassen, sondern auch auf mögliche Kausalitäten zu untersuchen. Ausgangspunkt war dabei nicht das pädagogische Experiment, sondern die *wissenschaftliche Beobachtung*, die unter dem Gesichtspunkt der Erziehung erfolgte. Pädagogische Tatsachen finden sich nach Petersen (1965) in dem Verhalten, der Tätigkeit, den Handlungen und Leistungen der Kinder und Jugendlichen, der Lehrer und Erzieher. Im Unterschied zu den experimentellen Pädagogen bezieht die Tatsachenforschung die Komplexität der pädagogischen Situation mit ein. Das aus den Beobachtungen resultierende Protokollmaterial wird unter mehreren Gesichtspunkten ausgewertet: *deskriptiv* (Erfassen des Geschehens), *phänomenologisch* (Verallgemeinerung der Tatsache), *logisch* (Systematisierung), *numerisch* (Anfertigung von Listen und Tabellen), *zeichnerisch* (Anfertigung von Grafiken), *statisch und dynamisch* (Situation und Prozess) und *kausal* (Feststellung von Ursache-Wirkungs-Zusammenhängen).

Mit den Beiträgen der experimentellen Pädagogik und der Tatsachenforschung war bereits ein großer Schritt auf dem Weg zu einer empirisch-analytischen Erziehungswissenschaft im heutigen Sinne getan, aber der Nationalsozialismus und der Zweite Weltkrieg brachten den Niedergang, auch wenn Peter Petersen, wie Böhm (2010) kritisch anmerkt, den Jenaplan den Nationalsozialisten (vergeblich) angedient hatte.[7]

■ Der Neubeginn

Nach dem Zweiten Weltkrieg dominierte (wieder) die geisteswissenschaftliche Pädagogik, und zaghafte erste Versuche, eine wissenschaftliche Pädagogik empirisch-analytisch zu betreiben, blieben zunächst auf eine kleine Gruppe beschränkt. Maßgeblich an dem Aufschwung einer neuen empirischen Pädagogik beteiligt war die 1951 gegründete Hochschule für Internationale Pädagogische Forschung in Frankfurt, die 1964 in Deutsches Institut für Internationale Pädagogische Forschung (DIPF) umbenannt wurde. Hier wirkten u. a. Erich Hylla, Eugen Lemberg, Walter Schultze und insbesondere Heinrich Roth, die man als Pioniere der modernen empirischen Pädagogik in Deutschland bezeichnen kann.

In der DDR wurde die pädagogische Tatsachenforschung innerhalb des Jenaplans nach dem Krieg von Friedrich Winnefeld (1911–1968) zu einem allgemeinen Konzept empirischer Forschung in der Pädagogik ausgebaut. Winnefeld erweiterte die Tatsachenforschung durch Theoreme der Feldtheorie Kurt Lewins und der Gestaltpsychologie und erarbeitete damit einen methodisch originellen Beitrag zur Mikroanalyse des Kontaktgeschehens im Unterricht. Dieses Konzept wurde auch in der Bundesrepublik Deutschland breit rezipiert, wie die rasche Folge

7 Der *Jenaplan* ist ein Schulentwicklungskonzept, das selbsttätiges Arbeiten, gemeinschaftliches Zusammenarbeiten und -leben und eine Mitverantwortung der Schüler- und Elternschaft betont.

von fünf Auflagen des Buches *Pädagogischer Kontakt und pädagogisches Feld* von Winnefeld (1957) belegt, geriet dann aber weitgehend in Vergessenheit.

Demnach ist festzuhalten, dass in beiden deutschen Staaten die empirische Pädagogik nach dem Zweiten Weltkrieg allmählich wieder Tritt fassen konnte, wobei sie allerdings bis in die 1960er Jahre hinein weiterhin ein Nischendasein fristete. In der Bundesrepublik war die geisteswissenschaftliche Pädagogik, in der DDR das ideologisch geprägte Überzeugungssystem des Marxismus-Leninismus übermächtig (vgl. Baske 1998). Den Durchbruch schaffte die empirische Pädagogik in Deutschland erst nach der von Heinrich Roth (1962) proklamierten *realistischen Wendung in der pädagogischen Forschung*. Zum Leben und Wirken Roths empfehlen wir die Lektüre des Buchs von Jungmann und Huber (2009).

Der Durchbruch

Nach Bekanntwerden der Thesen Roths gab es kein Halten mehr. Forscherpersönlichkeiten wie Gunther Eigler, Karl-Heinz Flechsig, Karlheinz Ingenkamp, Karl Josef Klauer, Hans Schiefele, Wolfgang Brezinka, Peter Strittmatter u. v.a. trugen in der Folgezeit wesentlich zur Etablierung und Konsolidierung einer empirischen Pädagogik an deutschen Hochschulen bei. Den Liberalen unter ihnen ging es dabei darum, die Methoden der geisteswissenschaftlichen Pädagogik durch Methoden der empirisch-analytischen Forschung zu ergänzen, die radikaleren Kräfte wollten nicht ergänzen, sondern ersetzen und artikulierten eine deutliche Aversion gegen die geisteswissenschaftliche Pädagogik (vgl. Ulich 1974). Blühende Gärten der Pädagogik versprachen die Vertreter der empirischen Pädagogik nicht – es war eher von steilen und beschwerlichen Wegen die Rede, aber sie zeigten einen Pfad.

Bis in die 1970er Jahre lag das Hauptziel der empirischen Pädagogik in der Erzeugung methodologischer Standards. Ein eindrucksvolles Beispiel bietet das 1970 von Ingenkamp und Parey aus dem Amerikanischen übersetzte und bearbeitete Handbuch der Unterrichtsforschung. Andere Übersetzungen z. B. von Kerlinger (1975) sowie Travers (1970) folgten und prägten zunehmend das Selbstverständnis der neuen empirischen Pädagogik. In dieser Zeit ging es darum, die experimentelle Labor- und Feldforschung durch solide Verfahren der Umfrageforschung zu ergänzen und hierfür die methodischen Standards zu entwickeln. Das kontrollierte Experiment galt unverändert als „goldener Standard", aber die bis dahin vorherrschenden objektiven Tests wurden zunehmend durch Fragebogentechniken, Interviews sowie Verhaltensbeobachtungen und Dokumenten- bzw. Inhaltsanalysen ergänzt. In den 1980er Jahren waren dann zwei Entwicklungen in der deutschen Bildungslandschaft zu beobachten, die unterschiedliche Anforderungen an die pädagogische Forschung stellten:

1. eine Vielzahl an Bildungsreformen, die innovative Bildungsprogramme und Erziehungspraktiken nach sich zogen, und
2. die Entwicklung neuartiger Forschungsinstrumente (z. B. Mehrebenenanalysen, Metaanalysen), um die Effekte von Interventionen in pädagogischen Handlungsfeldern systematisch zu evaluieren und dabei deren Komplexität gerecht zu werden (Seel et al. 2009).

Diese neuen Untersuchungsmethoden ergänzten die bis dahin üblichen Primär- und Sekundäranalysen von Daten. Eine rasante Entwicklung nahm in dieser Zeit v. a. die Anwendung von *Metaanalysen*, um z. B. Effekte neuartiger Schulprogramme, des kooperativen Lernens oder des mediengestützten Lernens zu synthetisieren. Jede Forschungssynthese erbrachte eine Evidenz robuster und verallgemeinerbarer Befunde, die bestimmte Programme, Inhalte, Kontexte und Lehrpraktiken betrafen.

Die in den 1970er und 1980er Jahren entwickelten methodischen Standards haben ihre Gültigkeit bis heute nicht verloren. Aber es ist heutzutage bei weitem schwieriger, Entscheidungen über Forschungsmethoden zu treffen als früher. Während Shulman (1981) noch ein Bild der pädagogischen Forschung zeichnete, in dem quantitative und qualitative Methoden gleich stark vertreten waren, rückten in den 1990er Jahren zunehmend qualitative Verfahren in den Vordergrund, ohne dass die damit verbundenen Probleme der Datenauswertung auch nur ansatzweise gelöst waren (vgl. Leutner 1999).

Empirische Bildungsforschung

Nachdem jahrzehntelang die Bezeichnungen empirische Erziehungswissenschaft und empirische Pädagogik gebräuchlich waren, rückt seit geraumer Zeit der Begriff der empirischen Bildungsforschung bzw. Wissenschaft in den Vordergrund, auch wenn er, wie Prenzel (2006, S. 72) feststellt, „kein selbstverständlicher und gut eingeführter Begriff" und keineswegs klar abgrenzbar ist. Vor 40 Jahren gab der Deutsche Bildungsrat den Anstoß zu einer empirischen Bildungsforschung, die er als „Untersuchung der Voraussetzungen und Möglichkeiten von Bildungs- und Erziehungsprozessen im institutionellen und gesellschaftlichen Kontext" definierte (Deutscher Bildungsrat 1974). Weitergehend wird ausgeführt:

> » Im engeren Sinne beschäftigt sie [die Bildungsforschung] sich mit der Erfassung von Lehr- und Lernprozessen in Schule und Unterricht. Im weiteren Sinne erforscht sie die Lehr- und Lernprozesse aller Altersstufen und in allen außerschulischen und nicht institutionalisierten Sozialbereichen. Das Bildungswesen und seine organisatorische und ökonomische Einbettung in Staat und Gesellschaft sind ebenfalls Gegenstand der Bildungsforschung (Deutscher Bildungsrat 1974, S. 16).

Bei diesem Rundumschlag wird nichts ausgespart, was zu Erziehung und Bildung zählt. Gegenstand der Bildungsforschung sind die frühkindliche Bildung, die Schulbildung, die Bildung an Hochschulen und im Beruf, die Erwachsenen- und Weiterbildung, die Kinder- und Jugendforschung, aber auch die international vergleichende Bildungsforschung.

Bei alledem wird besonders auf die Verwendung empirisch-analytischer Methoden verwiesen, aber auch auf die Notwendigkeit, interdisziplinär und problemorientiert vorzugehen. Das Gesamtunternehmen der Bildungsforschung wird vom Deutschen Bildungsrat (1974) in einen politischen Kontext eingebunden: In den Vordergrund werden die Probleme gestellt, „die das Bildungswesen, die Bildungsprozesse und deren Reform betreffen" (Merkens 2006, S. 10). Die Aufgabe der Bildungsforschung ist es demnach, wissenschaftliche Informationen auszuarbeiten, die Entscheidungen in der Bildungspolitik und Praxis ermöglichen. Die derzeitige Aktualität und starke Aufwertung der Bildungsforschung hängt nach Edelmann et al. damit zusammen, „dass Bildungsforschung im Kontext ihrer Orientierungs-, Aufklärungs- und Steuerungsrelevanz dazu beiträgt, […] rationale Begründungen bildungspraktischer und bildungspolitischer Entscheidungen zu ermöglichen“ (Edelmann et al. 2012, S. 15).

Auf die seinerzeit vom Deutschen Bildungsrat ausgesprochenen Empfehlungen zur Bildungsforschung beziehen sich ihre Vertreter bis heute, und zwar sowohl im Hinblick auf die Bestimmung der Forschungsfelder (z. B. Zlatkin-Troitschanskaia und Gräsel 2011) als auch im Hinblick auf die der Bildungspolitik dienende Funktion. Letztere wird dadurch verdeutlicht, dass das deutsche Bundesministerium für Bildung und Forschung (BMBF) seit 2007 ein Rahmenprogramm Empirische Bildungsforschung aufgelegt hat, das dazu beitragen soll, fundierte Erkenntnisse über Bildungsprozesse und ihre Rahmenbedingungen zu generieren und damit evidenzbasiertes Wissen für bildungsrelevante Entscheidungen und Reformen im Bildungssystem zur Verfügung zu stellen, die interdisziplinäre Zusammenarbeit und die Internationalisierung der Bildungsforschung zu unterstützen sowie die empirische Bildungsforschung in Deutschland strukturell zu stärken und qualitativ zu entwickeln.

Unter dem Dach des Rahmenprogramms wurden bislang mehrere Forschungsschwerpunkte eingerichtet, die aber kein kohärentes Forschungsprogramm erkennen lassen. Das Spektrum der Schwerpunkte umfasst Neurowissenschaften und Lehr-Lern-Forschung, Sprachdiagnostik und Sprachförderung, Professionalisierung des pädagogischen Personals, Steuerung im Bildungssystem, Diagnostik und Intervention bei Entwicklungsstörungen, sozialen Wandel und Strategien der Förderung usw. Die Einrichtung der Schwerpunkte und die Forschungsförderung scheint nach dem Prinzip des *Windhundverfahrens* zu erfolgen.

Auf der Grundlage der eher unsystematischen Förderung von Forschungsschwerpunkten durch das BMBF haben Edelmann et al. (2012) u. a. folgende Aufgabenbereiche der Bildungsforschung herausgearbeitet: Bedarfsanalysen, Hilfe bei Bildungssteuerung durch Evaluationen, Entwicklung von Bildungsstandards, Diagnose von Bildungsverläufen, institutionelle Netzwerkforschung, Erforschung der Gründe für Abbrecherquoten in Schulen, Hochschule und Berufsbildung. Auch hier ist ein kohärentes Programm der Forschung nicht erkennbar: *anything goes* – frei übersetzt „erforscht wird, was gefällt“.

Ein Beispiel hierfür bietet die Forschung zur *Cognitive Load Theory* (CLT), die in der empirischen Bildungsforschung im Rahmen der Pädagogischen Psychologie sehr populär ist (z. B. Plass et al. 2010; vgl. ► Abschn. 1.3.2). Die Cognitive Load Theory wurde von Sweller (1988) im Rahmen von *Instructional Design* entwickelt und hat ihre Wurzeln in der Informationswissenschaft, programmierten Unterweisung und darauf bezogenen kybernetischen Prinzipien des Lernens und Lehrens aus den 1960er Jahren. Obwohl die CLT in den beiden vergangenen Jahrzehnten eine regelrechte Flut an empirischen Studien ausgelöst hat und damit zu einer der einflussreichsten Theorien der pädagogischen Psychologie avancierte, werden die Ergebnisse dieser Forschung zunehmend in Frage gestellt (z. B. de Jong 2010, Gerjets et al. 2009), da sie nur in fragmentarischer Weise und in kleinem Maßstab durchgeführt und nicht ausreichend in umfassendere didaktische Konzeptionen integriert wurde.

Das Beispiel der Forschung zur Cognitive Load Theory steht stellvertretend für viele andere Fälle der Vergangenheit, in denen es nicht gelungen war, die Relevanz für die pädagogische Praxis im Sinne einer ökologischen Validität der Forschung unter Beweis zu stellen. Dazu hat Wineburg (1989) festgestellt, dass jede Lerntheorie, die nicht hinreichend in einer Lehrtheorie „situiert“ sei, die Welt des Klassenzimmers praktisch unberührt lässt.

Obwohl neuere Bestrebungen versuchen, die empirische Bildungsforschung in einer Nebenlinie zur Erziehungswissenschaft zu etablieren, hat sie ihren angestammten Platz in der Erziehungswissenschaft, was auch dadurch zum Ausdruck kommt, dass die Deutsche Gesellschaft für Erziehungswissenschaft seit vielen Jahren eine Sektion Empirische Bildungsforschung umfasst, zu der auch die 1965 gegründete Arbeitsgemeinschaft für empirische pädagogische Forschung (AEPF) gehört. Dessen ungeachtet hat sich neuerdings eine Gesellschaft für Empirische Bildungsforschung (GEBF) konstituiert, die zum Ziel hat, Forschung in diesem Bereich zu fördern sowie auf die Verbreitung ihrer wissenschaftlichen Ergebnisse hinzuarbeiten.

Anna: „Verstehst du das? Warum braucht es eine neue Gesellschaft für empirische Bildungsforschung, wenn es eine solche Vereinigung schon längst gibt?“

Jakob: „Ich kenne die Gründe auch nicht, aber schaden kann es doch nichts, wenn sich gleich mehrere Gruppen um die empirische Bildungsforschung bemühen.“

Anna: „Mag sein, aber was mich irgendwie stört, ist, dass die empirische Bildungsforschung eng mit den internationalen Vergleichsstudien gekoppelt zu sein scheint.“

Jakob: „Stimmt! Weder das Bundesministerium noch andere Einrichtungen wie z. B. das DIPF machen einen Hehl daraus, dass sie die Bildungsforschung in nächster Nähe zu PISA und TIMSS (The International Mathematics and Science Study) wie auch zu der Entwicklung von Bildungsstandards sehen.“

Anna: „Außerdem wird halt das Disziplinübergreifende der Bildungsforschung betont.“

Jakob: „Das ist ja grundsätzlich mal kein schlechter Ansatz.“

Anna: „Stimmt, aber gerade wenn es um Bildung geht – steckt ja schon im Namen Bildungsforschung –, müsste die Erziehungswissenschaft halt schon prominent bleiben in dieser ‚neuen Disziplin‘. Sie ist doch eigentlich die einzige Disziplin, die sich wirklich mit dem Thema *Bildung* beschäftigt.“

Auch wenn die Erziehungswissenschaft mit ihrem Fokus auf Bildungsprozesse in ihrer ganzen Breite als eine, wenn nicht gar als *die* Bezugsdisziplin der Bildungsforschung gelten kann, ist die Beziehung zwischen Bildungsforschung und Erziehungswissenschaft keineswegs geklärt oder eindeutig (vgl. Benner 2006). Selbstverständlich gibt es Erziehungswissenschaftler(innen), die sich als Bildungsforscher(innen) verstehen und deshalb keine Differenz zwischen beidem wahrnehmen. Es gibt aber auch sol-

Abb. 1.47 © Henrik5000 / istockphoto.com

che, die keine Gemeinsamkeiten zwischen beiden Bereichen feststellen können, da sie in der Bildungsforschung eine theorielose, ohne pädagogische Fragestellungen auskommende, zweckgebundene Forschung sehen.

So formuliert z. B. Baumert (2001) zwei mögliche Einwände von Seiten der Erziehungswissenschaft gegenüber der Bildungsforschung: Die Messungen der Bildungsforschung seien sehr selektiv und würden dadurch dem erziehungswissenschaftlichen Anspruch nach Ganzheitlichkeit nicht gerecht. Des Weiteren werde der Operationalismus bei der Konstruktion der Messinstrumente als Kritikpunkt genannt, was vor allem auf die lange geisteswissenschaftliche Tradition der Erziehungswissenschaft zurückzuführen sei, die diesem entgegensteht.

Bislang hat eine Annäherung zwischen Erziehungswissenschaft und Bildungsforschung nur teilweise stattgefunden (Tippelt und Schmidt 2009). Statt sich durch eine eigene empirische Herangehensweise auf Fragen der Erziehung zu fokussieren, hat man sich durch die pädagogische Psychologie und Soziologie quasi aus dem Feld herausdrängen lassen. Tillmann (2006) fordert deshalb, dass z. B. gerade die Schulpädagogik stärker quantitativ-empirisch arbeiten solle (Abb. 1.47), denn „nur auf diese Weise kann gesichert werden, dass der sich etablierende Strang der schulbezogenen Bildungsforschung nicht allein von Psychologen und Soziologen, sondern in relevanten Teilen auch von Erziehungswissenschaftlern betrieben wird“ (Tillmann 2006, S. 90).

1.3.4.2 Programmatik der empirischen Pädagogik

Ausgangspunkt und Gegenstand des Erkenntnisinteresses der empirischen Pädagogik ist wie bei der geisteswissenschaftlichen Pädagogik die Erziehungswirklichkeit. Im Unterschied zur geisteswissenschaftlichen Pädagogik und ihrem *idiografischen* Wissenschaftsverständnis ist die empirische Pädagogik aber einem *nomothetischen* Wissenschaftsverständnis verpflichtet und zielt auf die Aufdeckung von Gesetzmäßigkeiten und deren Erklärung. Pädagogische Forschung befasst sich mit der Frage, „nach welchen allgemeinen Gesetzen und aufgrund welcher Vorbedingungen […] das Phänomen“ (Hempel und Oppenheim 1948, S. 136) auftritt. Die entscheidende Frage lautet also: *Warum* tritt das Phänomen auf?

Aus erkenntnistheoretischer Sicht können gesetzmäßige Beziehungen der Pädagogik durchaus mit denen in Naturwissenschaften verglichen werden (Lehner 1994), Unterschiede bestehen aber im Hinblick auf die Präzision der Gesetzmäßigkeiten, da pädagogische Gesetze wegen der Komplexität der Sachverhalte kaum alle relevanten Randbedingungen berücksichtigen können. Genau genommen wäre es daher angebrachter, von „Regelhaftigkeiten“ oder „Prinzipien“ zu sprechen.

Unabhängig von einer solchen Sprachregelung ist es so, dass Gesetzmäßigkeiten oder Regelhaftigkeiten der Wissenschaft stets *Generalisierungen* sind, die auf beträchtlichen Mengen an Beobachtungen und Daten beruhen. Aber es ist nicht genug, umfangreiche Daten zu sammeln, um eine Gesetzmäßigkeit zu entdecken. Dafür braucht man einen relativ gesicherten Bestand an theoretischem Wissen, um prüfbare Hypothesen zu formulieren. Kein ernstzunehmender Erziehungswissenschaftler beschränkt sein Interesse nur auf die Sammlung möglichst vieler Daten, denn das Ziel von Wissenschaft ist es, *gültige Aussagen* herzuleiten, die auch auf andere Situationen zutreffen als nur auf diejenigen, aus denen die Daten gewonnen wurden. Obwohl dieses Grundverständnis in den Naturwissenschaften ausgeprägter ist als in den Human- und Verhaltenswissenschaften, stellt es die Essenz empirischer Forschung dar, auch wenn es in der Pädagogik schwieriger sein mag, genau zu bestimmen, was eine gültige Generalisierung ist. Nur gültige Generalisierungen haben aber einen prognostischen Wert, d. h. erlauben die Vorhersage von bestimmten Ereignissen. Generalisierungen, die nur auf vergangene Ereignisse passen, besitzen keinen prognostischen Wert, obwohl viele Generalisierungen, die aus der Geschichte abgeleitet werden, zu diesem Typ gehören. Sie ziehen lediglich Aussagen nach sich, die man *postdiktiv* nennen kann – nach dem Motto „Wenn man aus dem Rathaus kommt, ist man klüger“. Ohne in Abrede stellen zu wollen, dass man selbstverständlich aus vergangenen Ereignissen viel für die Zukunft lernen kann, zielt jede empirische Wissenschaft darauf, Gesetzmäßigkeiten zu finden, die so beschaffen sind, dass mit einer möglichst großen Wahrscheinlichkeit eine Vorhersage zukünftiger Ereignisse möglich wird. Wir halten dementsprechend als charakteristisches Merkmal der empirischen Pädagogik fest:

Pädagogische Gesetzmäßigkeiten und Regelhaftigkeiten müssen so beschaffen sein, dass sie
- **kausale und funktionale Abhängigkeiten umfassend und nachvollziehbar erklären und**
- **zur Vorhersage von Ereignissen gebraucht werden können.**

Die empirisch-analytische Erziehungswissenschaft will nicht nur pädagogische Phänomene in ihrem Entstehungszusammenhang *erklären*, was in Aussagen der Form „wenn x und nur wenn x, dann y“ geschieht; sie zielt auch darauf, nomologisches Wissen für die Lösung von Problemen bereitzustellen, die mit „um y zu erzielen, ist x notwendig und hinreichend“ umschrieben werden können. Es geht der empirischen Pädagogik also darum, ein „Wissen warum“ und ein „Wissen wie“ auf der Grundlage

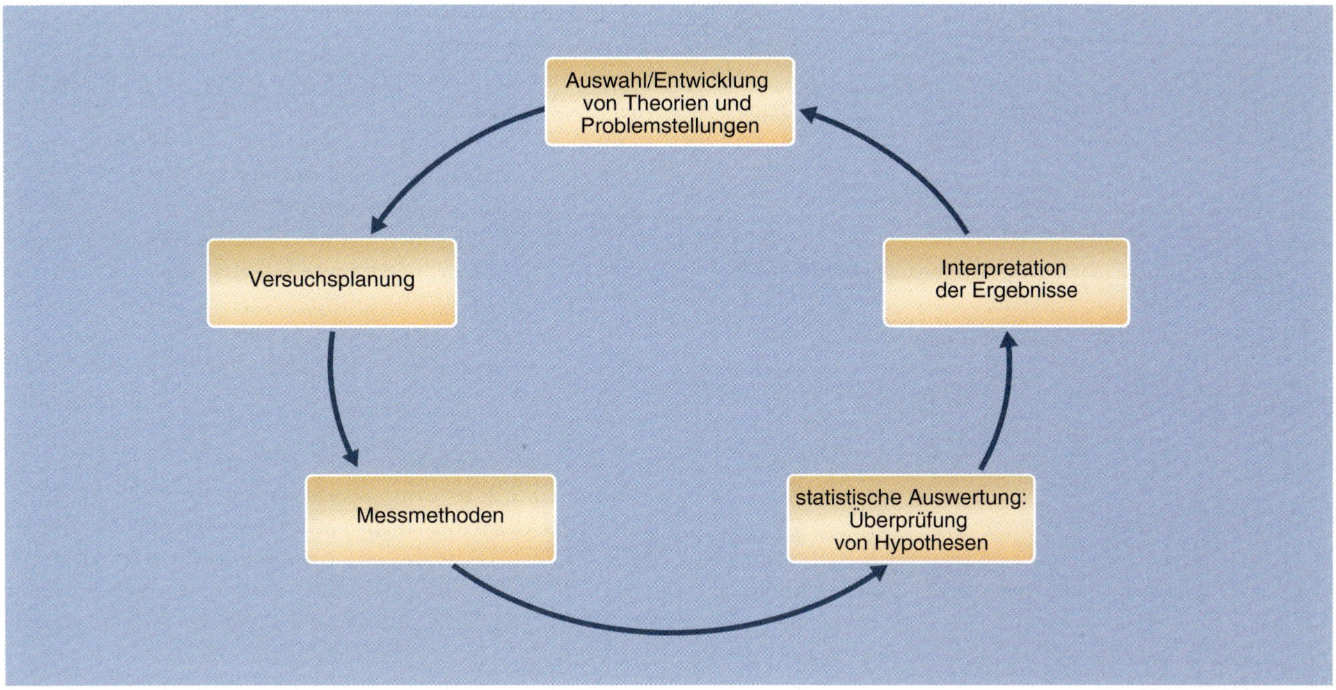

Abb. 1.48 Phasen und Komponenten der empirisch-pädagogischen Forschung

empirischer Daten bereitzustellen. Dabei will die empirisch-analytische Forschung wenigstens dem Anspruch nach „alle jene Erziehungsphänomene oder pädagogische Probleme beschreiben, erklären und lösen helfen, die einer Beschreibung, Erklärung und Lösung bedürftig erscheinen" (Krumm 1983, S. 140).

Als Zusammenfassung des bisher Gesagten unterscheiden wir zwei große *Aufgabenbereiche der empirischen Pädagogik*:

1. Die empirische Pädagogik zielt auf umfassende Kausalerklärungen für Erziehungsphänomene und auf Prognosen zukünftiger Ereignisse und Entwicklungen;
2. sie stellt technologisches Wissen über Zweck-Mittel-Relationen, d. h. geeignete Mittel zur Erreichung bestimmter pädagogischer Zwecke, zur Verfügung.

Viele und manchmal die hartnäckigsten pädagogischen Probleme sind freilich ethischer und moralischer Natur und lassen sich mit den üblichen Verfahren der empirischen Forschung nicht lösen. Allerdings kann die empirische Pädagogik auch bei der Lösung normativer Probleme *behilflich* sein, indem sie die Ziel- und Normenproblematik der Erziehung zum Gegenstand der Forschung macht. Sie kann mittels geeigneter Erhebungsverfahren Daten über Ziele und Normen der Erziehung gewinnen, deren Konsistenz und Stimmigkeit mit anderen Zielen und Normen überprüfen und Fragen nach den Konsequenzen der Verfolgung bestimmter Ziele und Normen beantworten. Wozu auch immer die empirisch-analytische Erziehungswissenschaft bemüht wird, hat sie stets zwei Anforderungen zu erfüllen:

1. einen hohen Informationsgehalt der zugrunde gelegten Theorie(n) und
2. empirische Überprüfbarkeit.

Damit kann verhindert werden, dass der Untersuchungsgegenstand bloß auf das Machbare (und statistisch Auswertbare) zugeschnitten wird und am Kern eines pädagogischen Problems vorbeigeht.

Die empirische Pädagogik hat in den letzten Jahrzehnten ein Verständnis des pädagogischen Handelns in Theorie und Praxis entwickelt, das Erziehungs- und Bildungsprozesse im Rahmen unterschiedlicher Handlungsfelder in einem umfassenden Sinne zum Gegenstand hat. Als Leitidee und Aufgabe wird die Entwicklung, Vermittlung und Anwendung pädagogischer Erkenntnis mit dem Ziel der Optimierung von Erziehungs- und Bildungsverläufen betrachtet. Dabei wird die Effektivität des Handelns in der Verfolgung dieses Optimierungsziels als abhängig von den *normativen Voraussetzungen* (wissenschaftsinterne und -externe Standards und Relevanz), den *theoretischen Voraussetzungen* und den *methodischen Voraussetzungen* (Verfahren der Datengewinnung und statistischen Auswertung) beurteilt. Allgemein resultiert daraus das in Abb. 1.48 dargestellte Schema der erziehungswissenschaftlichen Methodik.

Start- und Zielpunkt empirisch-pädagogischer Forschung ist demnach eine wissenschaftlich, gesellschaftlich oder praktisch bedeutsame Problemstellung, zu deren Lösung eine empirische Untersuchung in einem pädagogischen Handlungsfeld beitragen soll. So besteht z. B. im Bereich von Lehren und Lernen ein Ziel der empirischen Forschung darin, zu untersuchen, wie effektiv spezifische Lehrmaßnahmen bei den Lernenden definierbare Dispositionen (d. h. überdauernde Persönlichkeitseigenschaften) des individuellen Verhaltens und Erlebens sowie des Verarbeitens von Informationen und des Produzierens von Wissen erzielen können (vgl. Seel 2003). Grundlage ist dabei eine aussagekräftige Theorie, die Annahmen in Bezug auf zu erwartende Daten erlaubt. Hierfür die organisatorischen und untersuchungstechnischen Bedingungen zu schaffen, ist die zentrale Aufgabe der Versuchsplanung und des Designs von Untersuchungen. Anschließend werden die Messmethoden gewählt, die Untersuchung

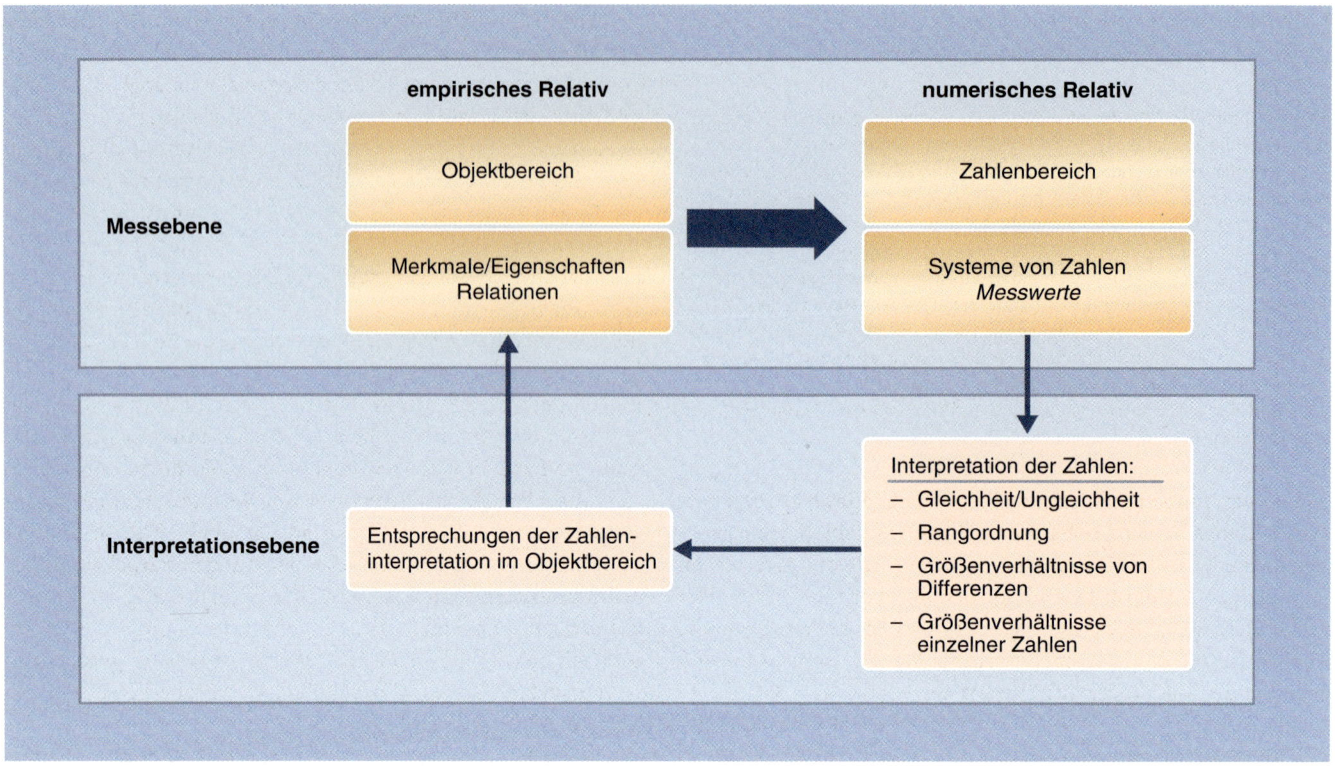

Abb. 1.49 Messen als Abbildung vom empirischen zum numerischen Relativ

durchgeführt, die Daten ausgewertet und vor dem Hintergrund der vorhergehenden theoretischen Annahmen und Überlegungen interpretiert. Mehr dazu in ▶ Kap. 6.

1.3.4.3 Methoden der empirischen Pädagogik

Der Begriff *Forschung* wird gelegentlich auf so viele pädagogische Handlungsfelder angewandt, dass er fast keinen eindeutigen Sinn mehr hat. Wir halten deshalb noch einmal fest:

Das wissenschaftliche Ziel pädagogischer Forschung ist die Entdeckung von generalisierbaren Beziehungen zwischen Variablen und die Vorhersage und Kontrolle von Ereignissen in Erziehungssituationen.

Das setzt zwingend systematische Beobachtungen und Messungen der relevanten Variablen voraus, denn: *Ohne Messen gibt es keine empirische Forschung.* Empirisch-pädagogische Forschung ist aufs engste mit Messvorgängen verbunden. Messen meint dabei das Zuordnen von Zahlen zu Objekten bzw. deren Eigenschaften auf eine Art und Weise, dass Relationen zwischen den Zahlen den Relationen zwischen den Objekteigenschaften entsprechen. Man spricht auch davon, dass *Objekte eines empirischen Relativs* derart in ein numerisches Relativ abgebildet werden, dass Eigenschaften der Zahlen isomorph zu Eigenschaften der Objekte sind (Abb. 1.49). Die Eigenschaften des Zahlensystems dienen als numerisches Modell für Eigenschaften der Objekte.

Die quantitativen Daten bilden den Ausgangspunkt für die weiterführende statistische Analyse, indem Häufigkeitsverteilungen der gemessenen Merkmale erstellt werden.

Die theoretischen Grundlagen des Messens sind für alle Wissenschaften gleich, aber man sollte bei „Messen" nicht zu sehr an Geräte und Instrumente denken, die in der Physik das Messen begleiten. Ein Vergleich der pädagogischen Messproblematik mit der der Physik wäre unangebracht, da das Einzige, was die verschiedenen Wissenschaften hinsichtlich des Messens gemeinsam haben, die Skalenniveaus und deren formalen Eigenschaften sind. Darüber hinaus entwickelt jede Wissenschaft die Strategien und Techniken, mit denen sie ihre Messprobleme meistern kann. Die quantitative Bildungsforschung arbeitet vorzugsweise mit objektiven Tests, Skalen und Fragebögen (z. B. zur Messung von Schülerinteressen, Selbstvertrauen und Beteiligung am Unterricht) die üblicherweise ordinal- oder intervallskaliert sind.

Direkte und indirekte Messmethoden

Kein Mensch kann unmittelbar beobachten, wie ein anderer Mensch lernt, wie laut dieser einen Ton wahrnimmt, wie sehr er jemanden liebt usw. Gewöhnlich erfährt man darüber nur in Form verbaler Äußerungen oder beobachtbarer Verhaltensweisen, die als Indikatoren für das Nichtbeobachtbare betrachtet werden können. Daher sind die Daten, auf denen das Messen in der pädagogischen Forschung beruht, üblicherweise verbale Urteile von Personen, aus denen die wahre Ausprägung der dahinterliegenden, nicht direkt beobachtbaren „Reaktionen" erschlossen werden muss. Nach der Form, in der eine Person über ihre Reaktionen Auskunft gibt, sind zwei Hauptgruppen von Skalierungsmethoden unterscheidbar:

1. die *direkten Methoden*, bei denen die untersuchte Person über das Ausmaß einer Reaktion in Form eines quantitativen Urteils Auskunft gibt, was voraussetzt, dass die urteilende Person unmittelbar über ein „inneres" Messmodell verfügt;
2. *indirekte Methoden*, bei denen die untersuchte Person das Ausmaß einer Reaktion mittels bestimmter Antwortkategorien (ja – nein, mehr – weniger) mitteilt, denen zunächst kein nume-

rischer Wert zugeordnet ist. Ein solcher resultiert erst aus der Anwendung eines „von außen" angelegten Messmodells.

Bei den indirekten Urteilsmethoden besteht das vorgegebene Reaktionsschema häufig aus Zahlen (z. B. von 1 bis 7), die zur Differenzierung der Ausprägung einer Reaktion dienen. Bei der *Methode der gleich erscheinenden Intervalle* beispielsweise sortiert die Person ihre Reaktionen in Klassen, die durch Zahlen bezeichnet sind, und es wird angenommen, dass nicht nur deren Ordnung, sondern auch die Differenzen zwischen ihnen empirischen Sinn haben. D. h., die Zahlen müssen für die Person einen subjektiven Wert haben, der sie mit dem Ausmaß einer bestimmten Reaktion vergleichbar macht. Weiterhin muss der zur Verfügung gestellte Zahlenbereich so justiert werden, dass er der Differenzierung zwischen der stärksten und schwächsten Reaktion entspricht. Aus messtheoretischer Sicht wird dabei die Frage virulent, ob der subjektive Wert und die arithmetische Bedeutung der Zahl, mit der die Person urteilt, identisch sind.

Mit diesem fundamentalen messtheoretischen Problem befassen sich Bildungsforscher, selbst wenn sie extensiv mit Skalen arbeiten, aber eher selten. Oft entwerfen sie ihre Erhebungsverfahren (Fragebögen, Ratingskalen) ad hoc und legen der Gewinnung der numerischen Daten weder ein geeignetes Messmodell zugrunde, noch nehmen sie eine explizite Kontrolle von Reliabilität und Validität der Messungen vor. Darauf werden wir in ► Kap. 6 ausführlich eingehen und Verfahren darstellen, die eine qualitativ hochwertige Bildungsforschung gestatten. Hier reicht es zunächst festzustellen, dass die Methoden und Techniken der quantitativen Erfassung relevanter Variablen im Dienst der *Methodologie quantitativer Bildungsforschung* stehen.

1.3.4.4 Methodologie der empirischen Pädagogik

Seit Lay (1912) ist das *Experiment* der „goldene Standard" der Hypothesenprüfung im Bereich der empirischen Pädagogik. Laut Klauer (1973b) ist es sogar die einzige brauchbare Methode zur Feststellung kausaler Zusammenhänge.

Experiment

Ein *Experiment* ist ein planmäßig ausgelöster und wiederholbarer Vorgang, bei dem beobachtet wird, in welcher Weise sich unter Konstanthaltung spezifischer Bedingungen mindestens eine abhängige Variable ändert, nachdem mindestens eine unabhängige Variable geändert worden ist. Wesentliche Merkmale des Experiments sind Planmäßigkeit, Wiederholbarkeit und systematische Variation bzw. Konstanthaltung von Bedingungen.

Unumstritten war die Verwendung des Experimentes in der pädagogischen Forschung schon zu Zeiten von Meumann und Lay nicht, und das hat sich bis heute nicht geändert: Zum einen werden experimentelle Methoden vor dem Hintergrund einer allgemeinen Diskussion um die Möglichkeiten und Grenzen empirischer Verfahren häufig grundsätzlich abgelehnt, zum anderen müssen selbst hartgesottene Experimentalforscher anerkennen, dass das pädagogische Experiment mit den klassischen Kriterien von *interner* und *externer* Validität nicht auskommt, da sich diese Kriterien nicht an den Realitätsausschnitten orientieren, wie sie durch die Erziehungs- und Bildungspraxis konstituiert werden.

Eine *interne Validität* ist gewährleistet, wenn alle relevanten unabhängigen Variablen und Bedingungen der Versuchsdurchführung kontrolliert und Veränderungen der abhängigen Variable eindeutig auf Variationen unabhängiger Variablen zurückgeführt werden können; *externe Validität* liegt vor, wenn die Ergebnisse einer Studie auf andere Personen, Situationen und Zeitpunkte übertragen werden können. Wie die interne und externe Validität pädagogischer Experimente kontrolliert werden kann, wird ausführlich in ► Kap. 6 behandelt. *Randomisierte*[8], *kontrollierte Experimente*, die laut Klauer (1973b) einzig und alleine Kausalzusammenhänge aufdecken können, finden üblicherweise im *Labor* oder in laborähnlichen Umgebungen statt und erlauben eine weitgehende Kontrolle der internen Validität – allerdings zu Lasten der externen Validität. Oft sind randomisierte, kontrollierte Experimente in pädagogischen Kontexten überhaupt nicht machbar. Dann sollten *quasiexperimentelle Versuchsanordnungen* realisiert werden (Cook und Campbell 1979), was immer noch besser ist, als auf bloße Beobachtungen zurückzugreifen. Bei quasiexperimentellen Versuchen erfolgt die Zuteilung der Versuchspersonen zur Versuchs- und Kontrollgruppe nicht auf der Basis des Zufalls, sondern aufgrund spezieller Eigenschaften der Versuchspersonen (z. B. Schulklasse, Mitgliedschaft in einer Gruppe, Alter, Geschlecht usw.).

In der Unterrichtsforschung haben sich seit der bahnbrechenden Publikation von Campbell und Stanley (1965, 1970) über experimentelle und quasiexperimentelle Designs komplexe Ansätze (Versuchspläne und statistische Analysemethoden) entwickelt, die eine befriedigende Lösung der Validitätsproblematik gestatten. Gleichwohl gilt, dass quasi experimentelle Versuchsanordnungen eine eher niedrige interne und externe Validität aufweisen. Die Lösung wird deshalb in *Feldexperimenten* gesehen, denen eine hohe externe Validität attestiert wird. Dabei ist freilich zwischen dem kontrollierten (randomisierten) Feldexperiment, das beide Arten der Validität hochhält, und der quasiexperimentellen Feldstudie zu unterscheiden, die eine niedrige interne Validität, aber hohe externe Validität aufweist. In ◘ Abb. 1.50 wird eine zusammenfassende Kategorisierung der verschiedenartigen Möglichkeiten des Experimentes in pädagogischen Handlungsfeldern hinsichtlich der Kontrolle von interner und externer Validität vorgenommen.

Zur Verdeutlichung des bisher Gesagten wollen wir ein Beispiel einer empirischen Studie aus der Unterrichtsforschung skizzieren. Wir haben diese Studie von Fuchs et al. (2004) ausgewählt, weil sie auf der Grundlage der Schematheorie operiert, die wir in ► Abschn. 1.3.2 bereits skizziert haben.

Die Studie war im Bereich mathematischen Lernens angesiedelt und ging von der allgemeinen Beobachtung aus, dass mathematisches Problemlösen für Kinder ein Transferproblem darstellt, dessen Lösung die Entwicklung eines Schemas erfordert, um erkennen zu können, dass neue Probleme mit bereits bekannten Problemtypen übereinstimmen, für die bereits Lösungen bekannt sind.

---

8 *Randomisierung* ist ein Verfahren, bei dem die Teilnehmer(innen) einer Studie unter Verwendung eines Zufallsmechanismus unterschiedlichen Gruppen (z. B. Versuchs- und Kontrollgruppe) zugeordnet werden. Dadurch sollen bekannte und unbekannte personengebundene Störgrößen gleichmäßig auf Versuchs- und Kontrollgruppen verteilt werden.

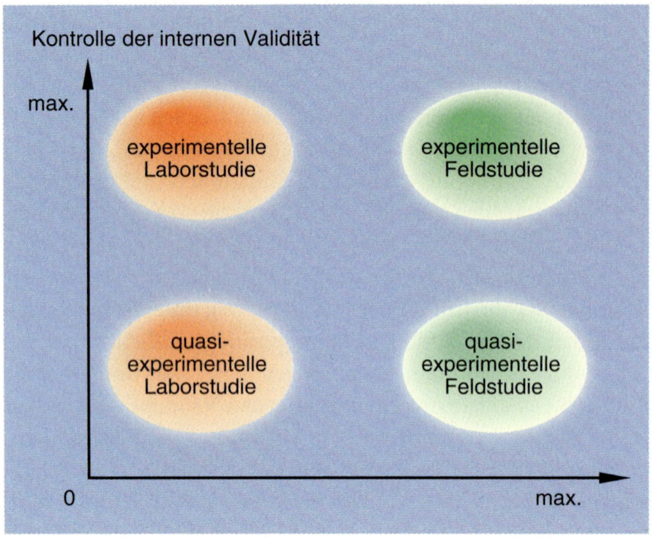

Abb. 1.50 Ausmaß der Kontrolle der internen und externen Validität bei unterschiedlichen Formen des pädagogischen Experimentes

Fuchs et al. (2004) entwarfen eine theoretische Rahmenkonzeption, für die sie die relevante vorliegende Forschung analysierten. Hieraus leiteten sie theoretische Annahmen und Hypothesen für ihre empirische Untersuchung her. In deren Mittelpunkt stand eine pädagogische Intervention in Form einer *schemabegründeten Transfer-Instruktion* (SBTI), die explizit darauf zielte, bekannte mathematische Probleme so zu verändern, dass sie oberflächlich betrachtet als neuartig erscheinen, obwohl sie lediglich bekannte Lösungsstrategien erfordern.

Die Studie weitete diese Strategie dahingehend aus, dass SBTI darauf zielte, den Schülern dabei zu helfen, ihre Schemata zu erweitern und zu erkennen, dass mathematische Probleme des Alltags lösbar sind.

Mit dieser Hypothese im Hintergrund führten Fuchs et al. nach eigenen Angaben ein randomisiertes kontrolliertes Experiment durch, bei dem drei Versuchsbedingungen miteinander verglichen wurden: 1. die erweiterte SBTI-Strategie (der Schemaerweiterung), 2. die herkömmliche SBTI-Strategie (der Verfremdung bereits bekannter Probleme) und 3. konventioneller Mathematikunterricht gemäß Lehrplan und der üblichen Unterrichtsmethodik (Kontrollgruppe).

An der Studie nahmen freiwillig 24 Lehrer von 7 Schulen teil, an denen sie in der dritten Klassenstufe Mathematik unterrichteten. Jeweils 8 Lehrpersonen wurden per Zufall einer der Versuchsbedingungen ($SBTI_{reg}$, $SBTI_{exp}$, Kontrollgruppe) zugeteilt. Die Lehrergruppen waren vergleichbar hinsichtlich Geschlecht, Alter und Lehrerfahrung. An der Studie nahmen 351 Schüler teil. Nach einem Vortest wurden die Schüler in drei Leistungsgruppen eingeteilt (unterdurchschnittliche, durchschnittliche und überdurchschnittliche Problemlösefähigkeit), ansonsten zeigte eine vergleichende Analyse der drei Schülergruppen keine Unterschiede im Hinblick auf Geschlecht, Rasse, Bildungsstand und verschiedene demografische Daten.

Die Schüler erfuhren in den drei Bedingungen dieselbe Ausgangsbehandlung, die aus einem Basaltext (Math Advantage) und dem Bezirkscurriculum bestand, das genau vorgab, welche mathematischen Fertigkeiten die Lernenden erreichen sollten. Aus dem verbindlichen Curriculum wurden vier Problemtypen ausgewählt (z. B. Einkaufsaufgaben wie „Joe braucht Materialien für ein Projekt im Physikunterricht. Er braucht 2 Batterien, 3 Drähte und ein Brett. Die Batterien kosten das Stück 4 Dollar, die Drähte jeweils 2 Dollar und das Brett 6 Dollar. Wie viel Geld braucht Joe?").

Die Lehrpersonen erhielten präzise Anleitungen und Anweisungen zur Umsetzung der unterschiedlichen Lehrstrategien. Die Effektivität wurde mittels vier Transferaufgaben im Nachtest erhoben, wobei die Aufgaben durchgängig hohe Werte in den Reliabilitätsmaßen erzielten. Des Weiteren konnte die Validität der Aufgaben als gesichert gelten.

Die Autoren führten eine detaillierte Datenanalyse mittels einer zweifaktoriellen Varianzanalyse für die Vortestwerte (zur Feststellung der Vergleichbarkeit der Gruppen) und für Veränderungswerte durch, die auf der Grundlage des Vortest-Nachtest-Vergleichs der Transferleistungen erhoben wurden. Die Ergebnisse der statistischen Analyse werden ausführlich beschrieben. Kurz gesagt zeigte sich eine deutliche Überlegenheit der Versuchsbedingung $SBTI_{exp}$ gegenüber $SBTI_{reg}$, die wiederum der Kontrollbedingung überlegen war.

▪ Korrelationsforschung

Neben den experimentellen Versuchsanordnungen spielen in der empirischen Pädagogik insbesondere *Korrelationsstudien* eine große Rolle. Sie gelangen immer dann zum Einsatz, wenn es darum geht, die *Stärke von Zusammenhängen zwischen mindestens zwei Variablen* zu untersuchen. Viele vermuten einen solchen Zusammenhang zwischen den Schulleistungen in Mathematik und Physik, da die Physik mathematische Fertigkeiten voraussetzt, oder Französisch und Italienisch, da beides romanische Sprachen sind. Ob dies zutrifft, kann dadurch geprüft werden, dass man die Schulnoten von Schülern miteinander in Beziehung setzt oder – besser noch – objektive Tests einsetzt. Dann kann man sehen, ob jemand, der gute Leistungen in Mathematik erzielt auch gut in Physik ist, oder ob jemand, der gut in Französisch ist, auch gut in Italienisch ist.

Ein anderes unmittelbar einleuchtendes Beispiel ist der Zusammenhang zwischen den Variablen Gewicht und Körpergröße, kann man doch annehmen, dass größere Menschen auch mehr Gewicht auf die Waage bringen. Andererseits geht man auch oft davon aus, dass ältere Menschen schlechter sehen und vermutet einen Zusammenhang zwischen den Variablen Lebensalter und Sehschärfe.

Anna: „Ich habe noch eine Korrelation gefunden, die dir sicher gefallen wird."

Jakob: „Lass hören."

Anna: „Röcke werden mit steigenden Aktienkursen kürzer!"

Jakob: (lacht) „Das gefällt mir wirklich. Aber wer hat diesen Unsinn verzapft? Klingt wie aus der Bild-Zeitung."

Anna: „Nee, diese Korrelation hat der Ökonom George Taylor in den 1930er Jahren behauptet. Ein Beweis oder eine nähere Begründung steht aber bis heute noch aus (lacht)."

Jakob: (lacht)

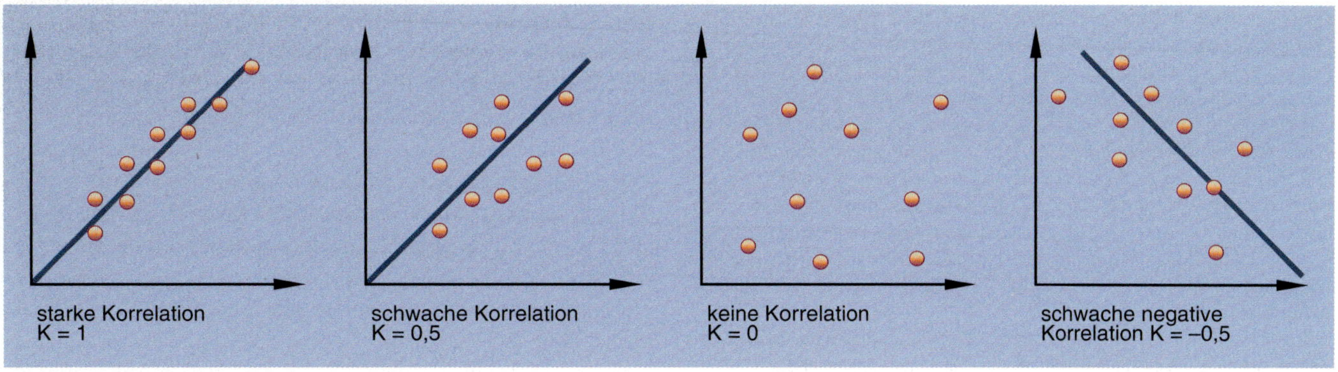

Abb. 1.51 Variationen von Korrelationsmaßen

Bei feststellbaren Zusammenhängen zwischen Variablen ist zu prüfen, ob eine *Koinzidenz* als mehr oder weniger zufälliges zeitliches oder räumliches Zusammentreffen von Ereignissen oder eine *Korrelation* als konsistente und stabile Beziehung zwischen Variablen vorliegt. Obwohl die Begriffe Koinzidenz und Korrelation im alltäglichen Sprachgebrauch dazu gebraucht werden, einen vermuteten Zusammenhang zwischen Ereignissen zu bezeichnen, kann dabei nie auf einen kausalen Zusammenhang geschlossen werden. Nicht nur hat die Kürze von Röcken nichts mit dem Aktienkurs zu tun, auch zwischen dem Rückgang der Störche in der Eifel und einem dortigen Rückgang der Geburtenrate besteht kein Zusammenhang! Letzteres Beispiel ist gleich in zweifacher Hinsicht Unsinn, denn Störche bringen keine Kinder oder umgekehrt, und dann wird auch noch ein Zusammenhang zwischen Zufallsvariablen postuliert, die gar nichts miteinander zu tun haben können.

Korrelationen beziehen sich ausschließlich auf Zusammenhänge zwischen Merkmalsausprägungen ein und derselben Menge an Individuen.

Das heißt, wir können keinen Zusammenhang zwischen Mathematik- und Physiknoten feststellen, wenn die Daten hierfür bei unterschiedlichen Personengruppen (z. B. Mathematik bei Schülern der Klasse 7 A und Physik bei Schülern der Klasse 7 C) erhoben wurden. Wenn man davon ausgeht, dass das Bewässern von Tomaten eine bessere Ernte bringt, nutzt es nichts, die Gurken im Nachbargarten zu bewässern. Das muss man schon im eigenen Garten bei den eigenen Tomaten machen, um den vermuteten Zusammenhang zwischen Bewässerung und Tomatenernte prüfen zu können.

Eine Korrelation beschreibt niemals eine Ursache-Wirkungs-Beziehung in die eine oder andere Richtung!

Was eine Korrelation auszudrücken vermag, kann man mit „je mehr, desto mehr" bzw. „je weniger, desto weniger" oder „je mehr, desto weniger" ausdrücken. Die beiden ersten Ausdrücke beziehen sich auf eine positive Korrelation, die Aussage „je mehr, desto weniger" auf eine negative Korrelation. Wenn man davon ausgeht, dass Korrelationen in einem Bereich von −1 (maximal negative Korrelation) bis +1 (maximal positive Korrelation) variieren können, sind die in Abb. 1.51 dargestellten Ergebnisse möglich.

Für die Pädagogik bedeutet das beispielsweise: „Je mehr sich ein Schüler anstrengt, desto besser sind seine Lernleistungen" wird von den meisten stillschweigend akzeptiert, während „Je mehr sich ein Schüler anstrengt, desto schlechter sind seine Lernleistungen" unmittelbar kritische Fragen nach dem Unterrichtsgeschehen oder der Leistungsbeurteilung aufwerfen dürfte, da ein solcher Zusammenhang nicht den Erwartungen entspricht. Keine Probleme wirft wiederum die Aussage „Je ängstlicher ein Schüler ist, desto schlechter schneidet er beim Mathetest ab" auf, da dies erwartungskonform ist. Diese Erwartungen beruhen auf unserem pädagogischen Wissen z. B. über Auswirkungen der Prüfungsangst auf Schulleistungen. Zugleich sagt uns unser pädagogisches Wissen, dass die Schulleistungen auch von der Schwierigkeit der gestellten Aufgaben oder den erbrachten Anstrengungen abhängig sein können. Allgemein gilt deshalb, dass es für jede Korrelation zweier Variablen eine dritte Variable geben kann, die mit beiden in Zusammenhang steht. Als Folge daraus werden in der pädagogischen Forschung häufig multiple Korrelationen zwischen vielen relevanten Variablen berechnet und dann hinsichtlich der Stärke des Zusammenhangs zwischen den Variablen interpretiert.

Nehmen wir einmal an, wir wären tatsächlich daran interessiert, den *Nachweis* zu erbringen, dass Sex nervöse Gemüter beruhigt, dann müssten wir ein entsprechendes *Experiment* durchführen, bei dem ein Faktor (Sex) variiert werden müsste, um beruhigende Effekte auf das Gemüt (was selbstverständlich operationalisiert werden müsste) messen zu können. Ein solches Experiment, obwohl denkbar, dürfte allgemein als *unethisch* und nicht durchführbar beurteilt werden. Mit der Ethik ist ein Kriterium angesprochen, das für die Durchführung von Korrelationsstudien spricht. Andere Gründe, die für Korrelationsstudien sprechen, liegen in einer langen Dauer oder in zu hohen Kosten experimenteller Studien.

Wir wollen nun exemplarisch eine Korrelationsstudie beschreiben, die von McDougall und Kang (2003) zur Prüfung des Zusammenhangs zwischen Selbstwirksamkeit und Gedächtnisleistungen bei älteren Männern durchgeführt wurde.

Ausgehend von verschiedenen Studien, in denen sich Hinweise darauf finden ließen, dass ältere Männer im Vergleich zu Frauen gleichen Alters stärkere Beeinträchtigungen von Gedächtnisleistungen zeigen, die mitunter mit Depressionszuständen und Ängstlichkeit verbunden sind, untersuchten McDougall und Kang das Phänomen der mentalen Altersschwäche bei Männern, wobei sie dieses Phänomen als Zusammenwirken nachlassender kognitiver Prozesse, Ängstlichkeit und zunehmendem Vertrauen in das Gedächtnis begreifen. Dieses wird definiert als Überzeugung einer Person, in verschiedenen Situationen das Gedächtnis effektiv zu nutzen. Bandura (1989) hatte dazu angemerkt, dass das Wissen über Gedächtnisfunktionen sich von den Überzeugungen in Bezug auf die Gedächtniswirksamkeit unterscheidet.

Das Niveau des Leidens, das bei Gedächtnisproblemen und den Handlungen in Bezug auf diese Probleme erfahren wird, hängt von einer großen Anzahl an Faktoren ab: Diese beinhalten Überzeugungen in Bezug auf das Altern, die Einschätzung des Schweregrades von Erkrankungen, Zuwendung zum Symptom des Alterns sowie neurotische Persönlichkeitszüge. Bei älteren Menschen sind Gedächtnisbeschwerden mit Depression verbunden, die anscheinend als vermittelnder Faktor in der Beziehung von Gedächtnisbeschwerden und Gedächtnisleistungen wirkt.

Vor dem Hintergrund dieser theoretischen Überlegungen und der Analyse entsprechender Untersuchungen bestand das Ziel der Studie von McDougall und Kang darin, die demografischen Daten, das Selbstvertrauen in das Gedächtnis, die Gedächtnisleistung und das Maß von Depression bei älteren Männern zu erfassen und in Zusammenhang zueinander zu bringen.

Versuchspersonen waren 157 ältere Männer eines Gemeinwesens, die aus Wohnkomplexen für Wohlhabende und Rentnersiedlungen in Ohio und Texas rekrutiert wurden. Zur Erfassung der interessierenden Gedächtnisleistungen wurden verschiedene Tests und Fragebögen verwendet (z. B. der Fragebogen MSEQ zum Selbstvertrauen in das Gedächtnis), die Neigung zu Depression wurde mit der Depressionsskala CES-D (Center for Epidemiological Studies Depression Scale) gemessen; darüber hinaus wurde das Metagedächtnis mit dem Fragebogen MIA (Metamemory in Adulthood) gemessen, um subjektive Gedächtniskomponenten von Wissen, Überzeugungen und Affekten zu erfassen (der MIA umfasst 108 Items).

Eine multiple Korrelationsanalyse erbrachte signifikante Zusammenhänge zwischen dem Selbstvertrauen in das Gedächtnis und verschiedenen Variablen wie dem Alter, Ängstlichkeit, Aufnahmefähigkeit. Zusammenfassend können die Ergebnisse wie folgt dargestellt werden: Mit zunehmendem Alter nimmt das Selbstvertrauen in das Gedächtnis wie auch die tatsächliche Gedächtnisleistung ab. Dazu kommt, dass mit zunehmendem Alter die Gedächtniskapazität abnimmt und sich zu Instabilität verschlechtert. Ein älterer Mann mit weniger Bildung ist ängstlicher in Bezug auf sein Gedächtnis als ein gebildeterer und zeigt deutlichere Anzeichen von Depression.

▪ Retrospektive Forschung

Die experimentellen und korrelativen Versuchsanordnungen der empirischen Pädagogik werden durch eine dritte Gruppe ergänzt, die als *Ex-post-facto-Anordnungen* (im Sinne von von rückwirkend oder nachträglich) bezeichnet werden. Diese gelangen zum Einsatz, wenn die Anforderungen für experimentelle oder quasiexperimentelle Versuchsanordnungen nicht erfüllt werden, der Forscher aber dennoch an Ursache-Wirkungs-Zusammenhängen interessiert ist. Kerlinger (1973) hat diese retrospektive Art der Forschung folgendermaßen definiert: Eine abhängige Variable wird zum gegenwärtigen Zeitpunkt beobachtet, aber mögliche Einflüsse unabhängiger Variablen liegen in der Vergangenheit. Um die Variationen der abhängigen Variable in der Ist-Zeit zu erklären, wird in retrospektiver Weise nach unabhängigen Variablen gesucht, die mit der abhängigen Variablen in Verbindung gebracht werden können. Anders ausgedrückt: Der Forscher untersucht retrospektiv die Effekte eines natürlich ablaufenden Ereignisses auf ein nachfolgendes Ereignis, um also im Nachhinein (ex post facto) eine kausale Beziehung zwischen beiden Ereignissen zu konstruieren.

Ex-post-facto-Forschung

Ex-post-facto-Forschung umfasst Studien, die Ursache-Wirkungs-Zusammenhänge untersuchen, indem ein bestimmter Stand der Dinge beobachtet und rückblickend nach Faktoren für sein Zustandekommen gesucht wird.

Bemerkenswerterweise entsprechen verschiedene Ex-post-facto-Anordnungen in einer umgekehrten Reihenfolge der experimentellen Forschung: Anstatt randomisierte oder äquivalente Versuchsgruppen unterschiedlichen Behandlungen zu unterziehen, um deren Effekte auf die abhängige Variable zu messen, startet die Ex-post-facto-Untersuchung mit Versuchspersonen, die sich hinsichtlich der abhängigen Variablen unterscheiden, und sucht dann im Nachhinein nach dem Faktor, der diese Unterschiede bewirkt haben könnte. Insofern bei Ex-post-facto-Anordnungen eine Aufteilung in Versuchs- und Kontrollgruppe erst im Nachhinein aufgrund der beobachteten Werte einer abhängigen Variable erfolgt, gleichen sie experimentellen Anordnungen, was aber nichts daran ändert, dass sie immer nur pseudoexperimentell sind. Denn anders als bei experimentellen und quasiexperimentellen Anordnungen können Störvariablen, die die interne und externe Validität beeinträchtigen, bei Ex-post-facto-Anordnungen nicht kontrolliert werden.

In der Literatur zu Forschungsmethoden der Erziehungswissenschaft (z. B. Cohen et al. 2005) wird zwischen *zwei Arten der Ex-post-facto-Anordnungen* unterschieden: die ko-relationale Forschung und die Kriteriumsgruppenuntersuchung. Die erste wird auch als „kausale Forschung", die zweite als „kausal-vergleichende Forschung" bezeichnet.

Ko-relationale Untersuchungen sind damit befasst, die Antezedenten einer jetzt und heute gemachten Beobachtung O einer abhängigen Variablen zu identifizieren. Daher umfasst sie die Sammlung von zwei Datenmengen, von denen eine retrospektiv verwendet wird, um den Zusammenhang zwischen den beiden Datenmengen zu bestimmen. Eine solche Anordnung kann einfach durch X _ O wiedergegeben werden, wobei X für eine Interventionsmaßnahme oder ein Treatment und O für eine Messung steht. Für den Fall, dass ein starker Zusammenhang zwischen X und O gefunden wird, ergeben sich drei verschiedene Interpretationen:

1. X hat O verursacht,
2. O hat X verursacht,
3. es gibt eine dritte, bisher nicht identifizierte Variable, die X und O verursacht hat.

Diese Interpretationsmöglichkeiten machen deutlich, dass nicht von einem kausalen Ursache-Wirkungs-Zusammenhang gesprochen werden kann, sondern von einer Koinzidenz zwischen den Variablen. Daher liegt der Nutzeffekt der ko-relationalen Ex-post-facto-Untersuchung auch eher in ihrem explorativen oder anregenden Charakter.

Bei dem Ansatz der *Kriteriumsgruppenuntersuchung* versucht der Forscher, mögliche Ursachen für ein Phänomen zu finden, indem er Personen, bei denen die fragliche Variable gegeben ist, mit Personen vergleicht, bei denen die Variable nicht beobachtbar ist. Hierfür haben Cohen et al. (2005) folgendes Beispiel angeführt: Eine Beobachtung O1 von Lehrern, die sich durch effektives Lehren auszeichnen, wird mit einer Beobachtung O2 von Lehrern verglichen, die nicht effektiv lehren. Dann wird nach dem Faktor X gesucht, der für den Unterschied zwischen O1 und O2 verantwortlich ist. X kann dabei Unterschiedliches sein wie z. B. die Ausbildung, der soziale Hintergrund, Persönlichkeitseigenschaften.

Man kann es drehen und wenden, wie man will: Beide Formen der Ex-post-facto-Forschung haben nichts mit experimenteller oder quasiexperimenteller Forschung zu tun und eignen sich somit nicht für die Erforschung kausaler Zusammenhänge.

Kerlinger (1973) beschreibt den Modus Operandi des Experimentalforschers mit „wenn X, dann Y", also z. B. „wenn Frustration, dann Aggression". Ein Kausalzusammenhang zwischen X und Y kann nur festgestellt werden, wenn X systematisch variiert oder experimentell manipuliert wird, um dann die unterschiedlichen Effekte auf Y zu beobachten. Variationen in Y (bzw. entsprechende Beobachtungen O) werden auf die Variationen in X zurückgeführt. Erfolgt diese Beobachtung wiederholt unter randomisierten und kontrollierten Versuchsbedingungen, kann von einer kausalen Regelhaftigkeit ausgegangen werden. Dann werden auch Vorhersagen für zukünftige Ereignisse möglich. Im Unterschied dazu wird bei Ex-post-facto-Untersuchungen ein Y beobachtet und dann in einer rückblickenden Suche nach der Variable X gesucht, die Y verursacht haben mag. Wird ein solches X gefunden, das plausibel und mit der Hypothese vereinbar ist, wird ein Zusammenhang zwischen X und Y angenommen. Die Frage, ob dieser Zusammenhang kausal ist, kann aber nie zuverlässig beantwortet werden. Denn das größte Problem von Ex-post-facto-Untersuchungen besteht darin, dass eine Kontrolle von Stör- und Drittvariablen schwierig, wenn nicht sogar unmöglich ist, so dass die interne und externe Validität fraglich wird.

Üblicherweise werden in der Literatur verschiedene Erhebungsdesigns für Ex-post-facto-Untersuchungen unterschieden:

Querschnittsstudien. Bei Querschnittsstudien werden zum gleichen Zeitpunkt unterschiedliche Personen(gruppen) mit denselben Methoden untersucht. Dabei entstehen Momentaufnahmen von Wirkungszusammenhängen zwischen unabhängigen und abhängigen Variablen. Bei Querschnittsstudien werden gewöhnlich Zufallsstichproben verwendet, um z. B. derzeit gültige Fakten, Meinungen oder Verhaltensweisen von Personen zu erfassen. Mit großen Zufallsstichproben will man die Repräsentativität der Daten gewährleisten.

Längsschnittstudien. Bei Längsschnittstudien wird dieselbe empirische Untersuchung (gewöhnlich eine Befragung) zu mehreren Zeitpunkten durchgeführt und die Ergebnisse der einzelnen Untersuchungswellen miteinander verglichen. Allgemein unterscheidet man Zeitreihen, Trendstudien (gelegentlich auch replikativer Survey genannt), Panelstudien und Kohortenstudien:

- Bei *Zeitreihen* liegen für wenigstens eine Variable pro Untersuchungseinheit Werte für mehrere Zeitpunkte vor. Auf Zeitreihenanalysen sind wir bereits im Zusammenhang mit der Charakterisierung von Entwicklungsprozessen eingegangen (▶ Abschn. 1.2.3).
- Bei *Trendstudien* werden die Werte der gleichen Variablen zu mehreren Zeitpunkten mit unterschiedlichen Stichproben erhoben. Ein Beispiel für Trendstudien bieten die Shell-Studien, auf die wir ebenfalls bereits in einem anderen Zusammenhang hingewiesen haben (▶ Abschn. 1.2.3). Die seit 1953 durchgeführten Studien erfassen die Einstellungen, Werte, Gewohnheiten und das Sozialverhalten von Jugendlichen in Deutschland.
- Bei *Panelstudien* werden auch die Werte der gleichen Variablen zu mehreren Zeitpunkten, aber auf der Grundlage ein und derselben Stichprobe erhoben. Ein populäres Beispiel für eine Panelstudie ist das sozioökonomische Panel (SOEP), eine repräsentative Wiederholungsbefragung von über 12.000 Privathaushalten in Deutschland, die seit 1984 im jährlichen Rhythmus bei denselben Personen und Familien (= Panel) durchgeführt wird.
- Bei *Kohortenstudien* werden unabhängig vom Erhebungsdesign Personen bestimmter Altersklassen (Jahrgänge) erfasst, die durch ein zeitlich überdauerndes gemeinsames prägendes Merkmal definiert werden. Die verschiedenen Personen werden zu verschiedenen Zeitpunkten überprüft. Als Beispiel für eine pädagogische Kohortenstudie kann auf die von Köller et al. (2006) durchgeführte Mehr-Kohorten-Längsschnittuntersuchung an über 600 Gymnasiasten verwiesen werden, in der das Ursachen-Wirkungs-Gefüge zwischen mathematischem Interesse und mathematischen Schulleistungen zu drei Messzeitpunkten untersucht wurde.

1.3.4.5 Forschungsschwerpunkte der empirischen Pädagogik

Heutzutage bietet die empirische Pädagogik ein breites Spektrum von Forschungsfeldern, wobei sich sowohl langfristige Forschungslinien als auch an aktuellen Problemen orientierte Forschungsfelder abzeichnen. Sieht man einmal von den Teildisziplinen ab, die sich traditionell mit nichtempirischen Forschungsmethoden begnügen (wie z. B. die historische Pädagogik), gibt es eigentlich keine Richtung der Erziehungswissenschaft, in der nicht (auch) empirisch-analytisch geforscht wird. Dabei zeichnet sich wie bereits zu Zeiten der experimentellen Pädagogik ab, dass die Grenzen der empirischen Pädagogik zu anderen Wissenschaftsdisziplinen (wie z. B. Psychologie oder Soziologie) fließend sind, insbesondere auch im Hinblick auf die Forschungsmethodik.

Das kann gut am Beispiel der Sozialpädagogik/Sozialarbeit illustriert werden, die sich aufgrund einer zunehmenden sozialwissenschaftlichen Fundierung in den letzten Jahrzehnten im Bereich der empirischen Forschung profiliert (vgl. Heimgartner et al. 2012, Oelerich und Otto 2011), obwohl allgemein die Methodik des Fallverstehens und der objektiven Hermeneutik dominiert. Sofern die Sozialpädagogik/Sozialarbeit empirisch-analytisch verfährt, stehen Ex-post-facto-Studien im Vordergrund. Noch stärker begegnet uns diese Präferenz von Ex-post-facto-Forschung im Bereich der sogenannten Bildungssoziologie, die sich mit der Untersuchung den soziologischen und sozial-ökonomischen Bedingungen (und Auswirkungen) von Erziehung befasst. Darauf wird in ▶ Kap. 4 ausführlich eingegangen. Einen guten Überblick gewinnt man auch bei der Lektüre wissenschaftlicher Zeitschriften wie z. B. des *American Educational Research Journal*, die in der Sektion „Social and Institutional Analysis" kontinuierlich empirische Studien zu politischen, kulturellen, sozialen, ökonomischen Problemstellungen der Erziehung und Bildung veröffentlicht. Im deutschsprachigen Bereich existieren mehrere Zeitschriften, die sich mit diesen Problemstellungen befassen (z. B. *Zeitschrift für Pädagogik, Zeitschrift für Erziehungswissenschaft, Zeitschrift für Bildungsforschung*).

Ein anderer Bereich der empirischen Pädagogik, in dem seit Jahrzehnten ausgesprochen intensiv und breit geforscht wird, ist die Schul- und Unterrichtsforschung bzw. Lehr-Lern-Forschung. Die Analyse einschlägiger Publikationen und wissenschaftlicher Zeitschriften (z. B. *American Educational Research Journal, Journal of Experimental Education, Cognition and Instruction, Unterrichtswissenschaft*) weist darauf hin, dass in der Unterrichtsforschung neben Ex-post-facto-Studien auch quasiexperimentelle Versuchsanordnungen üblich sind. Beispielsweise veröffentlicht das *American Educational Research Journal* hochwertige Beiträge zu Prozessen und Ergebnissen von Lehren, Lernen und menschlicher Entwicklung auf allen Ebenen von Erziehung. Eine andere Zeitschrift, die sich insbesondere auf die Publikation von Labor- und Feldexperimenten spezialisiert hat, ist das *Journal of Experimental Education,* wobei, wie nachdrücklich betont wird, sowohl quantitative als auch qualitative Methoden akzeptiert werden. Es könnten noch mehrere Dutzend wissenschaftliche Publikationsorgane genannt werden, die der empirischen Unterrichtsforschung einen breiten Raum bieten. Nimmt man dann noch die regelmäßigen Tagungen, Konferenzen und Workshops (z. B. die Jahreskonferenz der American Educational Research Association, die alle zwei Jahre stattfindende Konferenz der European Association for Research on Learning and Instruction, die jährlich stattfindenden Treffen der Arbeitsgemeinschaft für empirische pädagogische Forschung AEPF) hinzu, zeichnet sich das Bild einer regen empirisch-analytischen Pädagogik – auch in Deutschland – ab. Man kann nicht umhin festzustellen, dass die empirische Schul- und Unterrichtsforschung längst kein Nischendasein mehr fristet, sondern zu einer respektablen Größe der Erziehungswissenschaft geworden ist. Weitgehend überwunden scheint auch die leidige Diskussion über den Wert quantitativer gegenüber qualitativer Daten für die empirische Pädagogik, da diese sich heute wie eigentlich schon immer durch einen ausgesprochenen Pluralismus der Forschungsmethoden und Datenerhebung auszeichnet (z. B. Helsper und Böhme 2008).

? Aufgaben zum Festigen des neuen Wissens

1. Handelt es sich bei der oben skizzierten Studie von Fuchs et al. (2004) um ein randomisiertes und kontrolliertes Experiment? Was spricht für und was gegen diese Einschätzung?
   - Ist die Studie ein Feldexperiment oder eine Laboruntersuchung?
   - Wie beurteilen Sie interne und externe Validität dieser Untersuchung?
2. Begründen Sie, warum zentrale wissenschaftliche Begriffe operationalisiert werden sollen und zeigen Sie die Nachteile von Operationalisierungen auf.
3. Ein Axiom ist ein Grundsatz einer Wissenschaft, der innerhalb der Wissenschaft nicht begründet oder deduktiv aus anderen Grundsätzen abgeleitet wird. Betrachten Sie die folgenden Aussagen, ob sie als Axiome der Pädagogik oder als Theoreme zu klassifizieren sind:
   a. „Jede Idee, jedes Problem, jeder Wissensbereich kann in eine so einfache Gestalt gebracht werden, daß jeder einzelne Schüler sie in einer erkennbaren Form verstehen kann" (Bruner 1974).
   b. „Jedem Individuum entspricht zu einem bestimmten Zeitpunkt ein anderes psychologisches Feld, das wir den Lebensraum dieses Individuums nennen. Es schließe sowohl die Person wie die Umwelt ein; und zwar die Umwelt, wie sie das Individuum sieht. Veränderungen in einem Feld können durch psychologische oder nichtpsychologische Einwirkungen hervorgerufen werden" (Lewin 1942).
   c. Ziel ist, „Kinder verschiedener sozialer Herkunft und mit unterschiedlicher Lerngeschichte zu befähigen, in Situationen ihres gegenwärtigen und zukünftigen Lebens möglichst autonom und kompetent denken und handeln zu können" (Gerstacker und Zimmer 1978).
   d. „Nie wird ein Lehrer ein Kind mit Erfolg angemessen leiten können, wenn er nicht die psychologische Welt verstehen lernt, in der das individuelle Kind lebt" (Lewin 1942, S. 159).
   e. „Eine Verbesserung von Lernfertigkeiten […] erfolgt durch die Einübung konzeptuellen und prozeduralen Wissens im Kontext spezifischer Wissensbereiche. Lernen und Fähigkeiten des Schlussfolgerns entwickeln sich […], wie die Inhalte und die Konzepte eines Wissensbereichs in Lernsituationen ankommen" (Glaser 1984, S. 99, Übersetzung vom Autor).
4. Zur Abwechslung mal ein kleiner Test. – Bitte kreuzen Sie die jeweils richtige Antwort an:
   a. Zu den verschiedenen Themenbereichen innerhalb einer Wissenschaft gibt es jeweils eine Vielzahl unterschiedlicher Aussagen, Auffassungen und Standpunkte. Jeder Vertreter eines Standpunktes weiß eine Menge vernünftiger Argumente für seine Position und gegen andere Standpunkte vorzutragen. Welcher der folgenden Aussagen stimmen Sie zu?
      - ☐ Man kann mit guten Argumenten alleine entscheiden, ob eine neue Behandlungsmethode zum Abbau von Prüfungsangst wirksamer ist als bisher angewendete Verfahren.
      - ☐ Argumente alleine helfen nicht weiter. Um tiefer in die Zusammenhänge der Wirklichkeit eindringen zu können, benötigen wir Verfahren, mit denen wir bestimmte Auffassungen als zutreffend oder unzutreffend beurteilen können.
      - ☐ Die Zahl der Anhänger eines bestimmten Standpunktes reicht als Kriterium für die Gültigkeit der zugrunde liegenden Aussagen aus. Entscheidend ist die systemtranszendente Eindeutigkeit der Aussagen.
      - ☐ Die Verfechter der einzelnen Theorien halten so lange an ihren Auffassungen fest, bis sich durch empirische Prüfung oder praktische Anwendung gezeigt hat, welche Theorie besser mit der Wirklichkeit übereinstimmt.

   b. Welche der folgenden Behauptungen trifft am ehesten zu?
      - ☐ Theorien sind Behauptungen über die Wirklichkeit, die aus Forschungsergebnissen abgeleitet wurden.

- ☐ Theorien sind Behauptungen über die Wirklichkeit, deren Wahrheit bewiesen wurde.
- ☐ Eine Annäherung von Theorien an Zusammenhänge in der Wirklichkeit ist kaum möglich, da Informationen über die Bestätigungen oder Widerlegungen der Theorie nur von den Absichten des Forschers abhängig sind.

c. Welche der folgenden Aussagen ist zutreffend?
- ☐ Um Hypothesen überprüfen zu können, müssen die theoretischen Begriffe auf die Wirklichkeit übertragen werden.
- ☐ Hypothesen können im Grunde nur im Labor getestet werden, da man nur hier die entscheidenden Bedingungen effektiv isolieren kann.
- ☐ Die Erziehungswissenschaft ist ihrer Struktur nach prinzipiell anders geartet als andere Wissenschaften, so dass sie mit anderen wissenschaftlichen Bereichen nicht verglichen werden kann und darf.
- ☐ Erziehungswissenschaft ist eine normative Disziplin. Daher ist ein empirisches Vorgehen nicht nur unmöglich, sondern auch ohne Sinn.

d. Welche der folgenden Aussagen ist bezüglich der Standards wissenschaftlichen Arbeitens zutreffend?
- ☐ Wenn ein Forscher sich um Objektivität bemüht, dann wird er dies auch mitteilen und nachprüfbar darstellen.
- ☐ Das Bemühen um Objektivität sowie um intersubjektive Überprüfbarkeit stellt eine Voraussetzung für eine strenge Prüfung einer Theorie dar.
- ☐ Man kann leicht zeigen, dass eine dauerhafte Bestätigung einer Theorie als Beweis der Wahrheit einer Theorie verstanden werden kann.
- ☐ Um eine Prüfung einer Theorie durchzuführen, sollten alternative Theorien, die andere Prognosen erlauben, verworfen werden.

e. Vier Studierende diskutieren hinsichtlich der Prüfbarkeit wissenschaftlicher Hypothesen. Welche Meinung ist zutreffend?
- ☐ A sagt, dass sich wissenschaftliche Hypothesen zwar falsifizieren, nicht aber verifizieren lassen.
- ☐ B behauptet das Gegenteil: Wissenschaftliche Hypothesen ließen sich zwar beweisen, nicht aber widerlegen.
- ☐ C vertritt die Position, dass wissenschaftliche Hypothesen sowohl beweisbar als auch widerlegbar seien. Wie in der Mathematik könne man auch in den Erziehungswissenschaften exakt feststellen, ob eine Behauptung richtig oder falsch sei.
- ☐ D wiederum sagt, dass wissenschaftliche Hypothesen niemals wirklich bewiesen oder widerlegt werden könnten. Man könne aufgrund einer Hypothesenprüfung lediglich sagen, dass gemachte Beobachtungen entweder für die Hypothese sprechen oder aber Zweifel an ihrer Gültigkeit aufkommen lassen.
- ☐ Keiner der Studierenden hat recht.

f. Welche der folgenden Behauptungen würde ein kritischer Rationalist vertreten?
- ☐ Behauptungen soll man nur dann aufstellen, wenn man sie hinreichend begründen kann.
- ☐ Wir lernen durch Irrtümer. Deshalb sollen unsere Theorien strengen Tests ausgesetzt werden.
- ☐ Wir lernen, indem wir Ideal und Wirklichkeit miteinander konfrontieren.

5. Stellen Sie eine Verbindung zwischen Hermeneutik, implizitem Wissen, quantitativer und qualitativer Forschung her und begründen Sie Ihre Auffassung.
6. Wie unterscheidet sich die Bedeutung des Begriffs Kritik zwischen der Verwendung im kritischen Rationalismus und in der kritischen Theorie? Beziehen Sie sich in der Argumentation auf die Unterscheidung zwischen Entstehungs- bzw. Entdeckungs- und Begründungszusammenhang.

? Aufgaben zum Weiterdenken

1. Beurteilen Sie die folgenden Aussagen hinsichtlich ihrer Aussagekraft:
   - Personen, die mehr Stress empfinden, zeigen eine geringere Arbeitsleistung.
   - Extravertierte Menschen sind glücklicher.
   - Personen, die mehr Kaffee trinken, sind öfter arbeitsunfähig.
   - Rauchen schadet der Intelligenz.
   - Glückliche Menschen sind gesünder.
   - Sex beruhigt nervöse Gemüter.

   (Quelle: ► http://de.wikipedia.org/wiki/Korrelation)
2. Finden Sie heraus, wer zu den „liberalen" und wer zu den „radikalen Vertretern" der empirischen Erziehungswissenschaft im Zeitraum bis 1980 zu zählen ist.
3. Wie kann man feststellen, ob erziehungswissenschaftliche Forschung Erkenntniszuwachs und Fortschritt bringen ? (Verwenden Sie bei der Beantwortung folgende Begriffe: Praxisrelevanz, Schulerfolg, Berufserfolg, Noten.)
4. Fertigen Sie eine Aufstellung der heute üblichen Methoden der empirisch-analytischen Erziehungswissenschaft an und diskutieren Sie deren Vor- und Nachteile mit Blick auf die Prüfung von Hypothesen.
5. Diskutieren Sie folgende These: Theoretiker der qualitativen Forschung legen das Schwergewicht auf den Entdeckungszusammenhang, Vertreter des kritischen Rationalismus auf den Begründungszusammenhang.
6. Bitte beantworten Sie die in ◘ Tab. 1.14 aufgeführten Fragen zur Textanalyse in Bezug auf den Text von Piaget. Bedenken Sie dabei, dass die Fragen nur eine mögliche Methode der Textanalyse vorgeben. Sie verstehen sich als Anregungen und erheben keinen Anspruch auf Vollständigkeit.
7. Im Beispiel einer Fallbeobachtung im Handlungsfeld Sozialpädagogik haben wir das aggressive Verhalten eines Jungen namens Peter skizziert (► Abschn. 1.3.3). Können Sie mit diesem Fall etwas anfangen? Welche Erklärung liegt auf der Hand? Hilft es Ihnen zu wissen, dass Peter 10 Jahre alt ist und dass sein Verhalten von einem Schulpsychologen als auffällig eingestuft worden ist?

1

8. Wir greifen den Fall Lara aus Beispiel 2 (▶ Abschn. 1.3.3) wieder auf, indem wir uns auf ein ausführliches Gespräch mit Laras Mutter beziehen, an dem sich auch die Großmutter beteiligt hatte. Matthes fasst die Ergebnisse des Gesprächs folgendermaßen zusammen:
„*Familienformel und allgemeine häusliche Situation:* Lara ist das einzige Kind ihrer Eltern. Die Familie bewohnt seit knapp einem Jahr ein Einfamilienhaus, in dem auch die Großmutter wohnt. Der Vater arbeitet in einem anderen Bundesland. Die Mutter arbeitet einige Stunden. Die Großmutter lebt im Haus und hat eine enge Beziehung zu Lara.
Vorschulische Entwicklung: Die frühkindliche Entwicklung sei unauffällig verlaufen (alles nach Angaben der Mutter). Lara habe aber schwer sprechen gelernt und sei im Alter von ca. fünf Jahren über ein Jahr von einer Logopädin betreut worden. Eine Kita habe Lara 1,5 Jahre vor dem Schuleintritt besucht. Sie sei gut integriert gewesen, habe aktiv am Spielgeschehen teilgenommen und sei auch selbstständig gewesen.
Schuldurchlauf: Lara wurde altersgerecht in die flexible Eingangsstufe eingeschult. Sie habe sich auf die Schule gefreut. Körperlich zählte sie zu den kräftigen Kindern der Gruppe. Die Lernschwierigkeiten traten praktisch von Anfang an auf. Mit Achtung berichtet die Mutter von der großen Mühe, welche die Lehrerinnen sich gegeben haben. Auch zu Hause sei geübt worden. Allerdings habe Lara diese Übungen bald nicht mehr gern durchgeführt. Auch die Großmutter schaffe das nicht. Seit einiger Zeit gehe Lara nicht mehr gern zur Schule und erzähle auch nichts mehr von der Schule. Der Antrag auf Feststellung des sonderpädagogischen Förderbedarfs wurde im März d. J. von den Eltern gestellt. Diese entsprechende Frage sei auch vom Kinderarzt aufgeworfen worden, mit dem die Mutter ihre Sorgen beriet.
Weitere Einschätzungen: Lara sei verspielt. In letzter Zeit wolle sie nur noch spielen und habe auch Wutanfälle, wenn etwas nicht nach ihrem Kopf gehe. Ein Mädchen aus der Nachbarschaft sei ihre Freundin. Lara sehe gern fern.
Wünsche der Eltern: Die Eltern möchten eine Klärung herbeiführen und wünschen sich Förderstunden für Lara. Der Besuch der Förderschule sollte nur als letzte Möglichkeit erwogen werden" (Matthes 2006, S. 89).
Bitte wenden Sie das in ◘ Tab. 1.15 wiedergegebene Schema der multiperspektivischen Kasuistik von Müller (1993) auf den Fall Lara an. Finden Sie dafür die relevanten Informationen für die zwölf Zellen des Schemas aus der Gesprächsaufzeichnung. Sollten Sie für eine Zelle keine Informationen in der Fallbeschreibung finden, markieren Sie dies bitte und überlegen Sie, wie Sie diese fehlenden Informationen gewinnen könnten.

Weiterführende Literatur

- Cook, T.D., & Campbell, D.T. (1979). *Quasi-experimentation: Design and analysis issues for field settings.* Chicago: Rand MacNally.
- Kron, F.W. (1999). *Wissenschaftstheorie für Pädagogen.* München: Reinhardt.
- Lehner, H. (1994). *Einführung in die empirisch-analytische Erziehungswissenschaft.* Wissenschaftsbegriff, Aufgaben und Werturteilsproblematik. Bad Heilbrunn: Klinkhardt.
- Meidl, C.N. (2009). *Wissenschaftstheorie für SozialforscherInnen.* Stuttgart: Böhlau.
- Rittelmeyer, C., & Parmentier, M. (2006). *Einführung in die pädagogische Hermeneutik* (2. Aufl.). Darmstadt: Wissenschaftliche Buchgesellschaft.
- Rosenthal, G. (2008). *Interpretative Sozialforschung. Eine Einführung* (2. Aufl.). Weinheim: Juventa.
- Schrapper, C. (Hrsg.) (2004). *Sozialpädagogische Diagnostik und Fallverstehen in der Jugendhilfe.* Anforderungen, Konzepte, Perspektiven. Weinheim: Juventa.
- Schülein, J.A., & Reitze, S. (2012). *Wissenschaftstheorie für Einsteiger* (3. Auf.). Wien: Facultas.
- Schurz, G. (2006). *Einführung in die Wissenschaftstheorie.* Darmstadt: Wissenschaftliche Buchgesellschaft.

1.4 Vergleichende Erziehungswissenschaft

Aufgabe als Denkanstoß

Internationale Vergleichsstudien im Bildungsbereich sind derzeit sehr populär, viel beachtet und diskutiert. Unabhängig von den Leistungsrankings, die immer wieder durch die Presse gehen, kann die vergleichende Erziehungswissenschaft die Forschung weiterbringen. Bitte überlegen Sie, welche Funktionen eine vergleichende Erziehungswissenschaft erfüllen kann.

Jakob: „Sag mal, hast du eine Ahnung, was vergleichende Erziehungswissenschaft ist? Ich habe da einen Text gefunden, in dem steht, dass dies eine wichtige Teildisziplin der Pädagogik sein soll. Aber an unserer Universität gibt es diese Richtung nicht und im Internet habe ich auch keine so richtig befriedigende Erklärung oder Definition gefunden."

Anna: „Und da musst du mich fragen? Meinst du, Google ist mein zweiter Vorname?"

Jakob: „Sei mal nicht so kratzbürstig! Ich denke, dass es sich dabei um eine Richtung der Pädagogik handelt, bei der Erziehungswissenschaftler zum Beispiel in Deutschland und in Amerika untersuchen, wie effektiv ihre Bildungsprogramme sind. Ich nehme an, dass die Bildung und Erziehung in verschiedenen Regionen, Ländern und Kontinenten untersuchen."

Anna: „Du meinst also, dass diese Wissenschaftler die Erziehungswirklichkeit durch die vergleichende Brille betrachten, so wie andere durch die historische Brille sehen?"

Jakob: „Ja, so würde ich das verstehen. Ich glaube aber, dass es dabei vor allem um Ländervergleiche geht so wie bei PISA. Das ist doch ständig in den Medien, dass die deutschen Schüler nicht so gut sind wie zum Beispiel die Schüler in Finnland oder Südkorea. Und die Politiker sind doch richtig durchgedreht wegen dieser Ergebnisse."

Anna: „Ja, man hört ständig im Fernsehen davon. Es hat auch schon so eine merkwürdige Quizsendung gegeben, in denen der PISA-Test mit Leuten, Zahnärzten und so, aus den verschiedenen Bundesländern durchgeführt wurde."

Jakob: „Da wird doch was verglichen, was man nicht vergleichen kann. Aber irgendwie interessant ist das schon."

Anna: „Spannend finde ich, mal so nachzuschauen und zu vergleichen, wie unser Bildungssystem abschneidet im Vergleich mit anderen Ländern."

Jakob: „Aber am besten wäre es, wenn man selber Feldstudien vor Ort machen könnte – heute mal in Südafrika vorbeischauen, morgen nach Mexiko (ist vielleicht zu gefährlich und außerdem kann ich kein Spanisch), aber auf jeden Fall nach Neuseeland oder …"

Anna: „Stopp! Da habe ich eine viel bessere Idee. Wir schicken dich nach Alaska. Dort kannst du mal nachsehen, wie Sarah Palin ihre Kinder erzogen hat. Schließlich hat die Dame ja so wunderbare Sprüche von sich gegeben wie ‚Ich bin eine Hockey-Mutter mit fünf Kindern' und ‚Was ist der Unterschied zwischen einer Hockey-Mutter und einem Pitbull? – Lippenstift!'"

Jakob: „Wunderbar. Ich liebe diese Frau. Und du gehst nach L. A. und schaust mal, wie Britney Spears oder Brangelina ihre Kinder erziehen." (Beide lachen.)

■ Einstieg ins Thema

Die Frage, was *vergleichende Erziehungswissenschaft* (VE) ist, wird derzeit von vielen Zeitgenossen fast reflexartig unter Verweis auf die PISA-Studien beantwortet, die so etwas wie der Inbegriff vergleichender Studien geworden sind. Das ist teilweise durchaus zutreffend, aber selbstverständlich reicht dieser Verweis nicht aus, um das Wesen und den Gegenstand einer vergleichenden Pädagogik zu erfassen. Leider helfen auch manche gut gemeinten Definitionsversuche in der einschlägigen Literatur nicht weiter. Beispielsweise gibt Adick (2008) in ihrer *Einführung in die Vergleichende Erziehungswissenschaft* drei Antworten:

1. „Die Vergleichende Erziehungswissenschaft ist das, was ihre Erfindung zu tun beabsichtigte – wozu wurde sie sonst wissenschaftlich erfunden?" (Aldick 2008, S. 15).
2. „Vergleichende Erziehungswissenschaft ist das, was die scientific community, d. h. die wissenschaftliche Gemeinde, unter diesem Etikett praktiziert" (Adick 2008, S. 24).
3. „Vergleichende Erziehungswissenschaft ist das, was andere wissenschaftliche Zugriffe in ihren Augen nicht sind" (Adick 2008, S. 29).

Abgesehen von solchen wenig hilfreichen Ausführungen findet man häufig die Antwort darauf, was vergleichende Erziehungswissenschaft ist, in einem historischen Rückblick auf ihre Entstehung. In diesem Zusammenhang wird üblicherweise auf Marc-Antoine Jullien de Paris (1775–1848) als Begründer der vergleichenden Erziehungswissenschaft verwiesen (Gautherin 1993). Sein Ziel war es, die Erziehungs- und Bildungswirklichkeit im Europa der damaligen Zeit mittels Fragebögen komplett abzubilden und daraus Grundsätze für eine bessere Schulbildung abzuleiten. Im englischsprachigen Raum war es Michael Sadler (1861–1943), der zu Beginn des 20. Jahrhunderts vergleichende Studien propagierte und damit der Pädagogik entscheidende Impulse verlieh. Über die Langzeiteffekte seines Schaffens informiert der Artikel „A Century of Evolution in Comparative Studies" von King (2000).

Als Wegbereiter der modernen vergleichenden Erziehungswissenschaft in Deutschland gelten Friedrich Schneider (1881–1974) und Franz Hilker (1881–1969), die beide nach dem Zweiten Weltkrieg wesentlich an ihrer Wiederbegründung beteiligt waren (Stübig 1997). Maßgeblich an der Konsolidierung der vergleichenden Erziehungswissenschaft beteiligt war die 1951 gegründete Hochschule für Internationale Pädagogische Forschung in Frankfurt – seit 1964 Deutsches Institut für Internationale Pädagogische Forschung (DIPF), das bis auf den heutigen Tag die erste Adresse der internationalen Vergleichsforschung in Deutschland ist. Darüber hinaus gibt es im Rahmen der Deutschen Gesellschaft für Erziehungswissenschaft seit 1966 auch die Kommission Vergleichende Erziehungswissenschaft und für die Thematik „interkulturelle Bildung" und „Bildung für nachhaltige Entwicklung" haben sich mittlerweile auch Kommissionen konstituiert. Auch in der DDR wurde bis zu ihrem Ende eine *vergleichende Pädagogik* praktiziert, die allerdings permanent im Spannungsfeld von politischer Ideologie und Wissenschaft stand (vgl. John 1993).

Dem Eigenverständnis der vergleichenden Erziehungswissenschaft entspricht,

» dass sie die Gesamtheit von Erziehung und Bildung mit einer bestimmten, für sie charakteristischen Perspektive – die des Vergleichs – in den Blick nimmt. So wie die Historische Pädagogik die Gesamtheit von Erziehung und Bildung mit einer „historischen Brille" in den Blick nimmt, so betrachtet die Vergleichende Erziehungswissenschaft Erziehung und Bildung mit einer „vergleichenden Brille" (Adick 2008, S. 52).

Dabei richtet sich der vergleichende Blick auf fremde Erziehungswirklichkeiten, und als Bezugsgröße des Vergleichs wird gewöhnlich die Nation, der Kulturkreis oder das Sozialsystem zugrunde gelegt (Hörner 1993). Dementsprechend richtet die vergleichende Erziehungswissenschaft ihr Erkenntnisinteresse primär auf die Erforschung nationaler und internationaler Bildungsentwicklungen und Trends, wobei sie sich seit Jahren auch zunehmend mit Fragen der Globalisierung und mit multikulturellen Erziehungs- und Bildungsproblemen auseinandersetzt (vgl. Lenhart 2007).

1.4.1 Untersuchungsfelder und Schwerpunkte der vergleichenden Erziehungswissenschaft

Ihren theoretischen Stellenwert und die Ausrichtung ihrer Forschung erhält die vergleichende Erziehungswissenschaft durch ihren Fokus auf die *kulturelle Andersartigkeit* und ihre *internationale Vernetzung*. Dementsprechend gliedert sich die vergleichende Erziehungswissenschaft in zwei große Schwerpunkte:

1. die vergleichende Erziehungswissenschaft im engeren Sinne – auch als *Komparatistik* bezeichnet und
2. die internationale und interkulturelle Erziehungswissenschaft.

Für den ersten Schwerpunkt bieten die im Kontext der komparativen Erziehungswissenschaft entstandenen Länderstudien (z. B. TIMSS und PISA) prominente Beispiele. Sie haben im nationalen und internationalen Vergleich neue Herausforderungen an die Erziehungs- und Bildungspraxis festgestellt und nachhaltige Wirkungen auf die Reform der nationalen Bildungssysteme nach sich gezogen. Dazu später mehr.

Der zweite Schwerpunkt der vergleichenden Erziehungswissenschaft richtet das Erkenntnisinteresse u. a. auf Probleme der inter- und multikulturellen Erziehung, der Bildung für nachhaltige Entwicklung wie auch auf Auswirkungen der Globalisierung auf das Lernen und internationale Bildungskooperationen. Lenhart (1999) versteht die *internationale Erziehungswissenschaft* als

» die auf Verständigung und Frieden ausgerichtete Lösung von Problemen, die aus dem Neben-, Gegen- und Miteinander unterschiedlicher nationaler, ethnischer und kultureller Gruppierungen herrühren und die sich entweder auch im Erziehungs- und Bildungsbereich manifestieren oder mit Erziehungs- und Bildungsmaßnahmen bearbeitet werden können (Lenhart 1999, S. 210).

Demgegenüber steht Mitter (1996) der Verwendung des Begriffs „internationale Erziehungswissenschaft" zur Kennzeichnung diverser internationaler und vergleichender Herangehensweisen kritisch gegenüber, denn die internationale Erziehungswissenschaft sei eher eine indirekte Komparatistik und eine Angelegenheit *aller* Erziehungswissenschaftler, die „sich in ihren erziehungswissenschaftlichen Teildisziplinen auf die Vorbilder und Bezugspersonen außerhalb ihrer ‚nationalen' Wissenschaftlergemeinschaft beziehen" (Mitter 1996, S. 8).

Dieses Verständnis des Vergleichens als Grundkategorie des wissenschaftlichen Arbeitens liegt auch der vergleichenden Erziehungswissenschaft zugrunde, die allerdings darüber hinausgeht, indem sie den *Vergleich* nicht nur als Methode, sondern auch *als Gegenstand der Forschung* betrachtet. Dementsprechend kann festgehalten werden:

In der vergleichenden Erziehungswissenschaft ist der Vergleich nicht nur eine Methode der wissenschaftlichen Erkenntnisgewinnung, sondern auch Gegenstand des erziehungswissenschaftlichen Erkenntnisinteresses.

Dabei ist zu fragen: *Was* wird verglichen? Und *warum und wozu* wird verglichen?

In Bezug auf das Was führt Van Daele (1993) aus, dass die Phänomene von Bildung und Erziehung in verschiedenen Regionen, Ländern oder Kontinenten in ihren vielfältigen Beziehungen mit dem jeweiligen gesellschaftlichen, wirtschaftlichen und kulturellen Kontext erforscht und miteinander verglichen werden. Das Warum und Wozu umschreibt Van Daele damit, dass die vergleichende Erziehungswissenschaft auf den Vergleich von Ähnlichkeiten und Unterschieden zielt, um sowohl den einmaligen Charakter des untersuchten Phänomens im jeweiligen Bildungssystem (besser) zu verstehen als auch gültige (oder gewünschte) Verallgemeinerungen herzuleiten, um letztendlich Bildung und Erziehung nachhaltig zu verbessern. Das entspricht dem, was Dilthey (1962) in Bezug auf die Funktionen des Vergleichs in der wissenschaftlichen Pädagogik gesagt hat:

» Alsdann wird eine vergleichende Betrachtung der Erziehungssysteme anzustellen sein und sie wird ergeben, daß

> hier die Einzelformen durch die voranschreitende Entwicklung der Menschheit miteinander verbunden sind. In gewissen Grenzen wird es hierdurch möglich, die Tendenz in der Entwicklung der Erziehung zu bestimmen und so unsere wissenschaftlichen Einsichten für die Leitung des Unterrichtswesens zu benutzen (Dilthey 1962, S. 81).

1.4.1.1 Funktionen des Vergleichs

Vergleiche von Bildung und Erziehung in andersartigen Bezugssystemen werden also nicht um ihrer selbst durchgeführt, sondern mit dem Ziel, das eigene Bildungs- und Erziehungssystem nachhaltig zu verbessern. Daher kann es nicht verwundern, dass die vergleichende Erziehungswissenschaft oft im Dienste von Bildungs- und Gesellschaftspolitik steht, um ihren Beitrag zu politisch motivierten Entscheidungen zu leisten. Mit dieser Problematik im Spannungsfeld wissenschaftlichen Erkenntnisinteresses hat sich Hörner (1997) auseinandergesetzt. Er unterscheidet grundsätzlich zwischen einem theoretischen und einem praktischen Interesse der vergleichenden Erziehungswissenschaft, wobei der Vergleich vier Funktionen dient. Das sind:

1. die *idiografische Funktion* als Suche nach dem Besonderen,
2. die *melioristische*[9] *Funktion* als Suche nach besseren Lösungen,
3. die *experimentelle Funktion* als Suche nach dem Allgemeingültigen und
4. die *evolutionistische Funktion* als Suche nach Entwicklungstrends.

Bezug nehmend auf das *theoretische Interesse* des Vergleichs kann mit Lê Thành Khôi festgehalten werden:

> » Die vergleichende Erziehungswissenschaft ist wie alle Sozialwissenschaften idiographisch, d. h. sie untersucht individuelle Erscheinungen, während sie sich gleichzeitig bemüht, nomothetisch (bei Hörner experimentell) zu sein, d. h. wiederholt auftretende und allgemeingültige Aspekte der Tatbestände aufzuzeigen und deren Gesetzmäßigkeiten zu beschreiben (Lê Thành Khôi 1981, S. 33).

Diese Argumentation aufgreifend kann die von Hörner (1997) vorgenommene Unterscheidung der Funktionen des Vergleichs in der vergleichenden Erziehungswissenschaft wie in ◘ Abb. 1.52 dargestellt werden.

Bei der *idiografischen Funktion* des Vergleichs steht das Besondere im Vordergrund, es geht um die Analyse des Einmaligen und Besonderen – im Grunde ein Fall für das pädagogische Fallverstehen. Bei der *nomothetischen Funktion* steht die Suche nach dem Allgemeinen oder Universellen im Mittelpunkt des Erkenntnisinteresses, wobei die Objekte des Vergleichs durch unterschiedliche Konfigurationen und Ausprägungen relevanter Variablen gebildet werden. Hier dient der Vergleich der Prüfung von Hypothesen auf der Grundlage allgemeiner Theorien.

9 In Philosophie und Soziologie bezeichnet der Begriff *Meliorisierung* die Verbesserung des Menschen, seiner Beziehungen und der gesellschaftlichen, wirtschaftlichen und kulturellen Strukturen, die seine Lebensweise bestimmen.

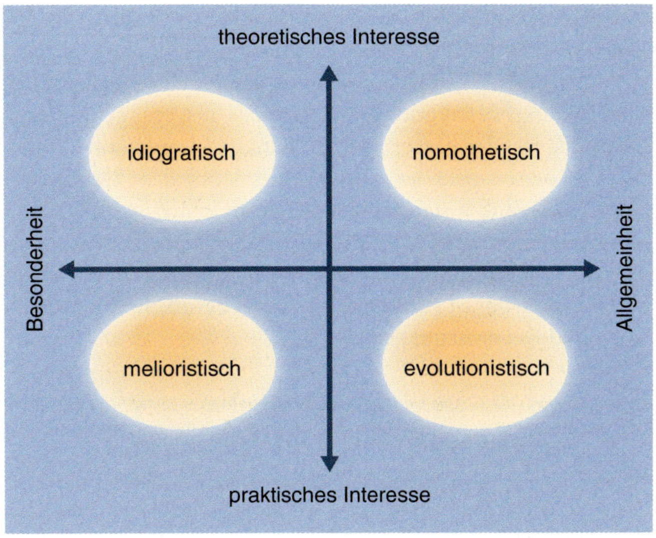

◘ **Abb. 1.52** Funktionen des Vergleichs in der Erziehungswissenschaft. (Nach Hörner 1997, S. 70)

Dabei gelangen laut Hörner (1997) zwei Forschungsdesigns zur Anwendung: Das Modell der „größtmöglichen Ähnlichkeit" und das Modell der „größtmöglichen Unterschiedlichkeit".

Die idiografische und die nomothetische (experimentelle) Funktion des Vergleichs sind wissenschaftlich orientiert. Demgegenüber sind die melioristische und evolutionistische Funktion mit *politischen Motiven* verbunden, um die Erfahrungen anderer Länder für die Entwicklung eigener Auffassungen, Modelle und Reformprojekte zu nutzen. Unabhängig von dem politischen System, das ein spezifisches praktisches Interesse an Vergleichen im Bereich von Bildung und Erziehung hat, zielen die *melioristische* und *evolutionistische Funktion* auf eine nachhaltige Verbesserung des Bildungssystems, indem entweder melioristisch nach dem Besonderen von Bildung und Erziehung bei den anderen gesucht wird oder evolutionistisch das Gemeinsame, allgemeine Trends und langfristige Entwicklungen (z. B. in der Zielsetzung und Verwirklichung reformpädagogischer Projekte) in den Mittelpunkt der vergleichenden Analyse gestellt werden.

1.4.1.2 Vergleiche ohne Ende

Der Vergleich ist ein universelles wissenschaftliches Verfahren, und auch die Entwicklung der pädagogischen Wissenschaft ist ohne die systematische Anwendung vergleichender Methoden nicht denkbar (Mitter 1996). In ihr ist der Vergleich – wie gesagt – zugleich Gegenstand und Methode in Bezug auf internationale und interkulturelle Fragestellungen der pädagogischen Theorie und Praxis.

Die Betonung des Internationalen und Interkulturellen sollte nicht vergessen lassen, dass auch der Vergleich von Bildungsbedingungen und -effekten innerhalb eines Staates Gegenstand der vergleichenden Erziehungswissenschaft ist. Beispielhaft können die wissenschaftlichen Begleituntersuchungen von Schulversuchen und die Analysen bildungsökomischer Bedingungen von Bildung und Erziehung (z. B. der Personen mit Migrationshintergrund) genannt werden (Below 2009). Schwerpunkt der vergleichenden Erziehungswissenschaft ist aber eindeutig der *internationale Vergleich*.

Allgemein wird in der vergleichenden Erziehungswissenschaft von dem Wirken äußerer Faktoren (z. B. Staat, Kirche, Wirtschaft, Familie, Minderheiten usw.) auf das nationalstaatliche Bildungswesen und seine Merkmale ausgegangen. In Entsprechung mit der melioristischen Funktion werden oft Länder, die unter dem Aspekt des Aufbaus eines nationalen Bildungssystems als führend gelten, in den Vergleich einbezogen. Das soll nun an einem Beispiel einer internationalen Vergleichsstudie von Alexander und Pilz (2004) veranschaulicht werden, in der es um die Gleichwertigkeit von allgemeiner und beruflicher Bildung in Japan und Deutschland geht.

Alexander und Pilz (2004) begründen die Auswahl von Japan und Deutschland mit der vergleichbaren wirtschaftlichen Produktivität und Bedeutung im internationalen Wettstreit, für die neben einer hohen Arbeitsbereitschaft und Arbeitsmoral auch ein jeweils hervorragendes Bildungssystem die Voraussetzung ist. In Deutschland existiert neben dem allgemeinbildenden Schulsystem, das für ein Studium an einer Hochschule qualifiziert, auch das (duale) berufsbildende Ausbildungssystem, das für die Ausübung eines Berufs qualifiziert. Die Frage der Gleichwertigkeit von allgemeiner und beruflicher Bildung gewinnt nicht nur in Deutschland, sondern auch international an Bedeutung. Daraus leiten Alexander und Pilz die Fragestellung ihrer Analyse her, in deren Mittelpunkt sie den Vergleich zwischen Japan und Deutschland stellen. Dies könne allerdings – infolge der historischen und kulturellen Unterschiede – nicht mit der Intention einer Übernahme erfolgreicher Bildungsprogramme von dem einen in das andere Land erfolgen, sondern

„realistisch erscheinen vielmehr die Erklärung und Begründung von Strukturen und Bildungsprozessen im jeweiligen landesspezifischen Kontext sowie die Ableitung von allgemeiner zu formulierenden Tendenzen und Problemen, welche für das jeweils andere Land wertvolle Hinweise zur Verbesserung der eigenen Bildungsprozesse bieten können (Alexander und Pilz 2004, S. 748)."

Da der Vergleich zwischen Japan und Deutschland im Gegensatz zu einer auf Europa fokussierenden Untersuchung weit größere Unterschiede zwischen den Bildungs- und Beschäftigungssystemen der beiden Länder vermuten lässt, entwickeln die Autoren zunächst ein Indikatorenmodell zur Erkennung von Gleichwertigkeit von allgemeiner und beruflicher Bildung (■ Abb. 1.53). Die auf diesem Modell begründete Analyse beruht im Wesentlichen auf der Auswertung von Sekundärquellen und allgemein zugänglichen Statistiken. Auf deren Grundlage gelangen Alexander und Pilz für Deutschland zu folgendem Urteil:

„Die berufliche Bildung besitzt im Verhältnis zur allgemeinen Bildung einen eigenen Wert, der sich vor allem aus der Bedeutung ihrer spezifischen Bildungsgänge und qualifizierenden Abschlüsse im Beschäftigungssystem ergibt (S. 753)."

Insgesamt genießt die berufliche Ausbildung im dualen System in Deutschland einen guten Ruf und ist als qualifizierter Einstieg in den Arbeitsmarkt weithin anerkannt. Eine Stigmatisierung im Sinne eines „Versagens im allgemeinbildenden Bereich" ist nicht feststellbar. Dennoch sind sich leistungsstarke Jugendliche und ihre Eltern einer Benachteiligung beruflicher Abschlüsse gegenüber den akademischen bewusst und streben daher eher allgemeinbildend orientierte Bildungsbiografien an. Andererseits zeigen verschiedene Studien, dass deutsche Facharbeiter, die eine duale Ausbildung durchlaufen haben, oft Tätigkeiten ausüben, die in anderen Ländern dem Niveau von akademisch vorgebildeten Arbeitskräften entsprechen. Es gibt sehr anspruchsvolle Bereiche, in denen eher erfahrene Praktiker mit ihrer Expertise tätig sind als Akademiker. Wenn es aber um den Zugang zur Hochschule geht, zeigt sich eine vergleichsweise geringe „Durchlässigkeit" der dualen Berufsausbildung. Für das zeitnahe Erreichen des Hochschulzugangs zeichne sich der Besuch der Sekundarstufe II mit dem Abschluss Abitur gegenüber der Ausbildung im dualen System als „Königsweg" aus, während die berufliche Bildung hier nur „zweite Wahl" ist.
Während sich für Deutschland eine Tradition der Gleichwertigkeitsdebatte in Bezug auf Allgemein- und Berufsbildung feststellen lässt, ist so etwas für Japan nicht festzustellen: Trotz gewisser Tendenzen, die einseitige Vermittlung von Allgemeinbildung besonders an Hochschulen durch eine Fachausbildung zu komplettieren, gilt in Japan die universitäre Bildung und das darauf ausgerichtete Unterrichtssystem an Oberschulen als Idealform der Bildung.
Der Blick auf Japan zeigt somit ein völlig anderes Bild als für Deutschland. In Japan gibt es eigentlich gar keine Berufe, sondern lediglich eine Art „Betrieblichkeit", die mit einer auf einen langen Zeitraum angelegten Zugehörigkeit zu einem Unternehmen verbunden ist. Ziel eines japanischen Jugendlichen ist es, in einem renommierten und prestigeträchtigen Unternehmen eingestellt zu werden. Dafür ist aber keine geregelte Berufsausbildung erforderlich, sondern der Abschluss eines Studiums an einer prestigeträchtigen Universität. Der Übergang vom Schul- bzw. Hochschulsystem in das Beschäftigungssystem erfolgt direkt, d. h. ohne eine vorhergehende geregelte Berufsausbildung. Dementsprechend besuchen seit Beginn der 1990er Jahre mehr als 95 % aller Fünfzehnjährigen nach der Grund- und Mittelschule eine weiterführende Oberschule mit dem Ziel, einen ranghohen Studienplatz an einer Topuniversität zu erlangen. Nur diejenigen, die diese Hoffnung wegen bestehender Leistungsdefizite oder der zu hohen Kosten für die privat zu finanzierenden „Paukschulen", die auf die universitären Eingangsprüfungen vorbereiten, begraben haben, streben bereits an der Oberschule eine berufliche Spezialisierung an, die den Besuch einer Fachoberschule gestattet – mit nachhaltigen negativen Folgen für das spätere Prestige und Einkommen.
Der Grund für die international beispiellose Gewichtung der „höheren Bildung" in Japan liegt in dem ungewöhnlich hohen gesellschaftlichen Stellenwert der Allgemeinbildung und dem Prestige eines Hochschulabschlusses. Wenn berufliche Inhalte und Kompetenzen vermittelt werden, so haben diese im Vergleich zu Deutschland einen allgemeinen und unverbindlichen Charakter. Für eine Karriere im Berufsleben entscheidend sind erstens der Abschluss eines Studiums an einer ranghohen Universität und zweitens die guten Beziehungen ranghoher Unternehmen zu Oberschulen und Universitäten. Zur japanischen Elite zählen diejenigen, die diese Beziehungen zu nutzen wissen und erfolgreich die „Examenshölle" bewältigen können. Im Vergleich zu Deutschland ist in Japan der Weg über die Universität der „Königsweg" in ein lukratives Beschäftigungsverhältnis.
Alexander und Pilz stellen zum Abschluss ihrer Analyse fest, „dass simplifizierende Vergleiche oder gar unreflektierte Übernahmeversuche von fremden Bildungssystemteilen nicht hilfreich sein können, insbesondere dann, wenn es sich um kulturell so unterschiedliche Länder wie Japan und Deutschland handelt" (S. 765).

© mdworschak/fotolia.com

Untersuchungen wie diese finden sich hundertfach in der Literatur zur vergleichenden Erziehungswissenschaft (z. B. Argyrokastriti 2008, Lauterbach 1994, Rakhkochkine 2003). Die Menge dieser Untersuchungen auch nur näherungsweise zu erfassen, übersteigt die Möglichkeiten dieses Lehrbuchs. Dasselbe gilt auch für die Unmenge an Untersuchungen, die sich auf den Vergleich der Bildungssysteme der BRD und DDR bezogen haben.

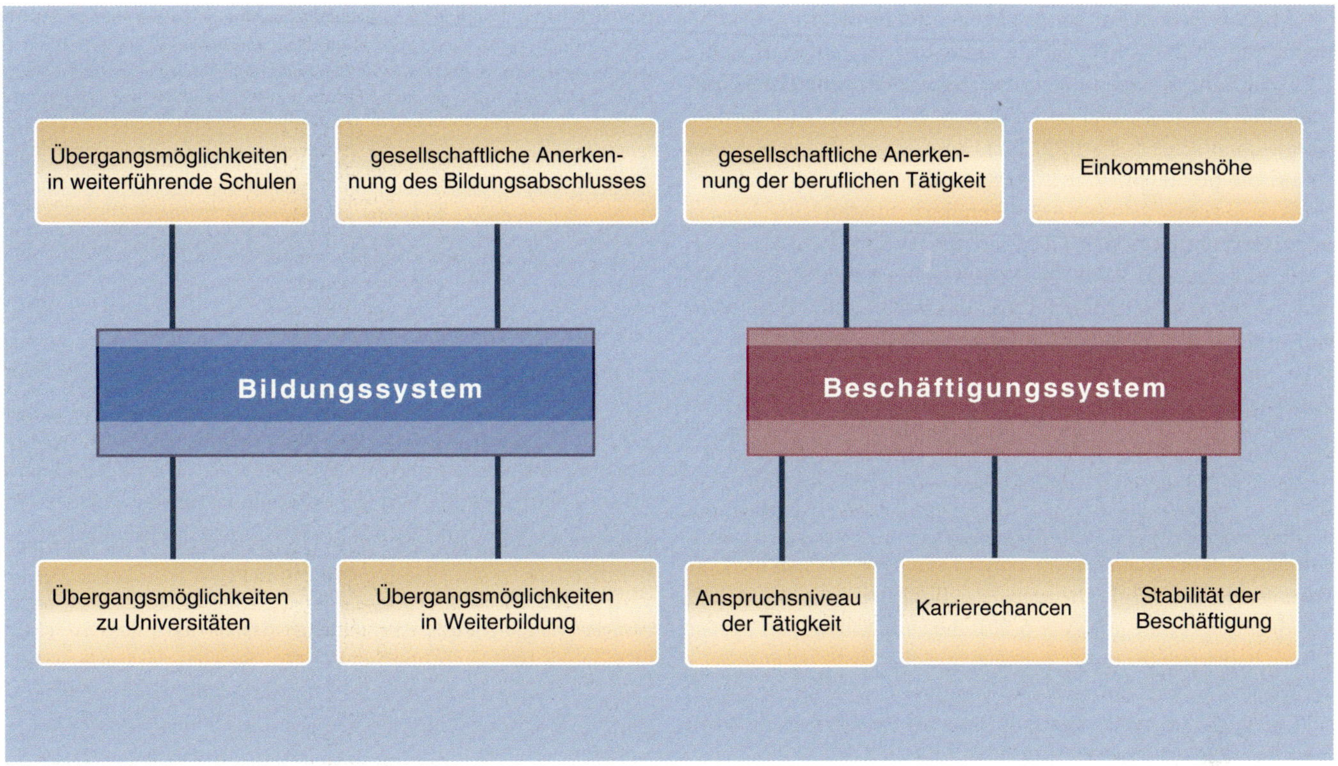

Abb. 1.53 Indikatorenmodell für die Messung von Gleichwertigkeit von allgemeiner und beruflicher Bildung (Alexander und Pilz 2004, S. 750)

Vergleichende Erziehungswissenschaft unter dem Diktat der Politik

Nachdem im Mai 1949 die Bundesrepublik Deutschland und wenig später im Oktober 1949 die Deutsche Demokratische Republik gegründet wurden, geriet alsbald der Ost-West-Vergleich in den Mittelpunkt des vergleichenden Interesses der Erziehungswissenschaft. Seit Mitte der 1960er Jahre erschien z. B. in der BRD *Pädagogik und Schule in Ost und West, eine Zeitschrift für gesamtdeutsche und vergleichende Pädagogik*, deren Publikation 1993 eingestellt wurde. Auch in der DDR existierte ab Mitte der 1960er Jahre eine Zeitschrift für *Vergleichende Pädagogik*, die fest in das Herrschaftssystem der Sozialistischen Einheitspartei Deutschlands (SED) integriert war und primär als Instrument im ideologischen Klassenkampf fungierte.

Anders als im Westen, wo der Blick auf den Osten zwar kritisch, aber frei war, hatte die vergleichende Pädagogik in der DDR die nationale und internationale Entwicklung so zu erklären, dass sie mit den ideologischen Vorgaben des Marxismus-Leninismus und der SED korrespondierte (vgl. John 1993). Um das sicherzustellen, wurde die vergleichende Erziehungswissenschaft in der DDR von zentralen Forschungseinrichtungen betrieben, die unmittelbar der politischen Bildungsadministration unterstellt waren. Die Aufgaben waren klar bestimmt und lauteten: Auseinandersetzung mit der imperialistischen Pädagogik und positive Aus- und Bewertung der sozialistischen Pädagogik. In theoretischer Hinsicht gipfelte dies in dem Versuch, eine Theorie einer marxistisch vergleichenden Pädagogik zu begründen:

> Gegenüber der bürgerlichen besitzt die marxistische Vergleichende Pädagogik durch ihre Fundierung auf den dialektischen und historischen Materialismus nicht nur eine unbedingt humanistische und demokratische Zwecksetzung, sondern auch eine eigentlich wissenschaftliche Ausgangsposition (Kienitz und Mehnert 1966, S. 231).

Die politische Funktion der vergleichenden Pädagogik in der DDR kann mit dem Grußwort des Präsidenten der Akademie der Pädagogischen Wissenschaften Gerhart Neuner zum zwanzigjährigen Bestehen der Zeitschrift *Vergleichende Pädagogik* illustriert werden:

> Ihre Zeitschrift, die ihre Aufgabe darin sieht, internationale Erfahrungen und Entwicklungen in Schulpolitik und Pädagogik sozialistischer Länder bekannt zu machen, trägt dazu bei, die Einheit und Geschlossenheit unserer Bruderländer auf bildungspolitischem Gebiet zu dokumentieren. Die erfolgreiche Auswertung der schulpolitischen und pädagogischen Erfahrungen unserer Bruderländer, insbesondere der Sowjetunion, weist die Überlegenheit des Sozialismus über den Bildungsverfall in den Hauptländern des Imperialismus immer offensichtlicher nach (Vergleichende Pädagogik 1985, Heft 1, S. 3).

Das klingt heute wie aus einer anderen, lange vergessenen Zeit, als der bildungspolitische Kotau Usus war.

Mit der Entwicklung der Pädagogik und insbesondere der vergleichenden pädagogischen DDR-Forschung hat sich Ernst Cloer intensiv beschäftigt, dessen 1998 erschienenes Buch *Theoretische Pädagogik in der DDR* zum Lesen empfohlen wird, auch wenn nur eine Bilanz „von außen" gezogen wird (vgl. auch Benner und Sladek 1998).

Im Unterschied zur vergleichenden Pädagogik in der DDR bemühte sich die vergleichende Erziehungswissenschaft in der BRD um eine sachlich-objektive, wenn auch kritische Darlegung der Bildungsverhältnisse in der DDR, und bei manchen Vergleichen schnitt die BRD nicht immer gut ab – z. B. wenn es um die polytechnische Bildung in der DDR ging, die auch im Westen zeitweise weite Anerkennung gefunden hatte. Unsere positive Würdigung der westdeutschen vergleichenden Erziehungswissenschaft sollte aber nicht dahingehend missverstanden werden, dass hier der bildungspolitische Kotau nicht üblich war und ist. Auf diese Schattenseite der Pädagogik werden wir im ▶ Abschn. 2.4.4.7 zur historischen Pädagogik noch eingehen. Zugespitzt formuliert erscheint die Verführbarkeit der Pädagogik durch die praktische Politik fast wie ein „genetisches Merkmal" der Pädagogik.

■ Vergleiche auf nationaler und lokaler Ebene

Mit dem Fall der Mauer im November 1989 änderte sich das Forschungsfeld der vergleichenden Erziehungswissenschaft hüben wie drüben grundlegend; der politische Umbruch in den 1990er Jahren bedeutete für die deutsche vergleichende Erziehungswissenschaft den Verlust eines „Lieblingsthemas" und die bisher übliche Gegenüberstellung des sozial-marktwirtschaftlichen (oft auch kapitalistisch genannt) und sozialistischen Gesellschafts- und Bildungssystems büßte nach der Auflösung der DDR und der Integration der neuen Bundesländer schlagartig an Bedeutung ein, nicht aber das Interesse an den Folgen des demokratischen Wandels in den ehemals sozialistischen Ländern. So war ein neues Thema gefunden, indem nun die Auswirkungen der Wiedervereinigung auf den Bereich der Bildung und Erziehung untersucht wurden.

Darauf bezieht sich das folgende Beispiel von Valtin und Rosenfeld (2001), das die Einstellungen von Eltern zur Schule in einem Ost-West-Vergleich in den Mittelpunkt stellt. Bemerkenswert ist an dieser Studie, dass sie eine Replikation einer vier Jahre zuvor durchgeführten Studie ist (Valtin und Rosenfeld 1997), so dass Veränderungen der elterlichen Einstellungen in diesem Zeitraum analysiert werden können.

Als Ausgangspunkt der Studie beziehen sich Valtin und Rosenfeld (1997) auf bundesweite Umfragen, die darauf hindeuten, dass die Schule zunehmend unter Erwartungs- und Leistungsdruck gerät. Demzufolge steigen die Ansprüche an die Qualifikations- und Erziehungsfunktion der Schule, und gleichzeitig nimmt die Zufriedenheit mit dieser Institution ab. Vor diesem Hintergrund gingen Valtin und Rosenfeld der Frage nach, ob sich auch bei Berliner Eltern mit Grundschulkindern diese Ambivalenz von Anspruch und Unzufriedenheit zeigt und ob weiterhin, d. h. im Vergleich zu der ersten Studie, Unterschiede zwischen Eltern aus Ost- und West-Berlin nachweisbar waren.

An der ersten Erhebung (per Elternfragebogen) beteiligten sich 477 Eltern aus 41 Klassen (20 aus Ost-Berlin, 21 West-Berlin), an der zweiten Erhebung 377 Eltern aus 32 Klassen (20 aus Ost-Berlin und 12 aus dem Westteil der Stadt). 162 Eltern beteiligten sich an beiden Befragungen. Die Eltern wurden u. a. nach ihrer Meinung gefragt, was die Kinder *in der Familie* ganz allgemein mitbekommen sollten. Zur Beantwortung sollten die Befragten drei Punkte aus einer Liste wählen, auf der Lebensfreude, Achtung vor Mitmenschen, gute Umgangsformen, Ordnung und Disziplin, sicheres Selbstbewusstsein, eigene Urteilsfähigkeit, vielseitiges Wissen, Kenntnisse für den Beruf als Antwortmöglichkeiten standen. In gleicher Weise wurden die Eltern nach ihrer Meinung gefragt, was die Kinder *in der Schule* ganz allgemein mitbekommen sollten.

Der Vergleich der Ergebnisse beider Erhebungen zeigt, dass die Eltern in West- und Ost-Berlin recht stabile Vorstellungen zu den Aufgaben der Erziehung in der Familie äußerten. Als Fazit fassen Valtin und Rosenfeld zusammen:

„Insgesamt haben die in der DDR aufgewachsenen Eltern Vorstellungen und Erwartungen an Schule, die von ihren Erfahrungen geprägt sind, so zum Beispiel die Befürwortung einer langen gemeinsamen Schulzeit aller Kinder, die hohe Wertschätzung von Wissensvermittlung, Disziplin und Notengebung sowie die Forderung nach mehr schulischen Angeboten am Nachmittag. Westberliner Eltern sind in ihren Einstellungen liberaler, kindgemäßer und auch grundschulreformfreudiger (S. 845)."

Die skizzierte Studie von Alexander und Pilz (2004) bezog sich in geradezu „klassischer" Weise auf den internationalen Vergleich, während die Studie von Valtin und Rosenfeld (2001) sich auf den Vergleich auf nationaler bzw. lokaler Ebene bezog. Ein weiteres Beispiel auf der lokalen Ebene und eine der seltenen hypothesenprüfenden Vergleichsstudien ist die von Olechowski (2008) durchgeführte Studie zum Beitrag zur sozialen Selektion der höheren Schule am Beispiel der Stadt Wien.

Wie gesagt existieren so viele Einzelstudien zu Fragestellungen der vergleichenden Erziehungswissenschaft, dass es schier unmöglich ist, sie zu überblicken. Im Bereich der empirischen Pädagogik wird das Problem, eine große Anzahl an Untersuchungen zu einem Fragenkomplex in theoretisch begründeter Weise zusammenzufassen und zu diskutieren, durch *Metaanalysen* zu lösen versucht. Tatsächlich stellt das Verfahren der Metaanalyse seit den 1980er Jahren ein probates Verfahren zur Synthese von disparaten Forschungsergebnissen dar, aber offenkundig nicht im Bereich der vergleichenden Erziehungswissenschaft. Uns ist bei der Analyse der einschlägigen Literatur keine Metaanalyse im Bereich internationaler und interkultureller vergleichender Erziehungswissenschaft bekannt geworden. Das mag damit zusammenhängen, dass in der vergleichenden Erziehungswissenschaft qualitative Forschungsmethoden im Vordergrund stehen (Kotthoff 2003), obwohl seit den frühen Tagen dieser Disziplin auch quantitative Daten aus Bildungsstatistiken und dem Zensus verwendet werden. Das führt uns zu der Frage nach der Methodik und Methodologie der vergleichenden Erziehungswissenschaft.

1.4.2 Methodologie der vergleichenden Erziehungswissenschaft

Die Problematik der Methodik und Methodologie der vergleichenden Erziehungswissenschaft ist ein Thema, das bereits seit den 1970er Jahren diskutiert wird (z. B. Mitter 1976, Röhrs 1972).

Am Anfang war die Bildungsstatistik! So kann man kurz und knapp den häufig gewählten Ausgangspunkt der vergleichenden Erziehungswissenschaft umschreiben. Tatsächlich wurden in der Vergangenheit und werden auch heute noch immer wieder statistische Daten aus verschiedenen Ländern zur Grundlage von Vergleichen des Bildungswesens herangezogen, obwohl weder deren Grad an Genauigkeit und Zuverlässigkeit noch ihre Gültigkeit geprüft wird. Zahlen alleine scheinen schon zu reichen, um die Glaubwürdigkeit der damit verbundenen Aussagen zu gewährleisten. Ein Hinweis auf das berühmte Buch *How to lie with statistiscs* von Huff (1954) ist hier angebracht, ohne damit den Forschern, die mit Bildungsstatistiken arbeiten, bewusstes Lügen unterstellen zu wollen. Aber wie gelegentlich mit statistischen Daten umgegangen wird, ist schon ziemlich abstrus und kommt in die Nähe dessen, was man als wissenschaftlichen Popanz bezeichnen kann.

Das veranschaulichen Lauterbach und Mitter (1998) mit folgendem Beispiel: In einer Studie der OECD aus dem Jahre 1996 wird berichtet, dass in Deutschland 22,6 % der Schüler(innen) einer Alterspopulation die Sekundarstufe II mit einem Schulabschluss verlassen und dass 65,9 % derselben Population sich einer beruflichen Bildung unterzogen hatten. Beide Zahlen wurden in dem Bericht addiert, so dass daraus ein Gesamtanteil an Schulabgängern von 88,5 % resultierte. Das aber bezog nicht die Tatsache ein, dass 15 % der Schüler(innen), die sich einer Berufsbildung unterzogen, dies nach erfolgreichem Abitur taten. Addiert man diese 15 % zu den vorher genannten 22,6 %, so ergibt sich ein anderes Bild als beim OECD-Bericht. Lauterbach und Mitter bezweifeln nicht die Korrektheit der Zahlen, mit denen die OECD operierte, aber sie weisen darauf hin, dass der Fehler der OECD in der simplen Addition der Prozentwerte für die allgemeine und berufliche Bildung lag, was schlicht und einfach auf mangelndes Wissen über das deutsche Bildungssystem zurückzuführen war. Sonst hätte man bei der Berechnung der Prozentwerte die Überschneidung von allgemeiner und beruflicher Bildung bei einem wahrlich nicht kleinen Anteil der Population berücksichtigt. Das Beispiel verdeutlicht die Bedeutung einer adäquaten Methodologie auch beim Vergleich numerischer Werte. Der Fehler wäre wohl kaum unterlaufen, wäre das Design der vergleichenden Untersuchung von Erziehungswissenschaftlern mit dem erforderlichen Expertenwissen erstellt worden.

Recht lustig – oder vielleicht auch nicht – ist ein anderes Beispiel, das Lauterbach und Mitter erwähnen, nämlich Ländervergleiche in Bezug auf des Abschneiden bei internationalen Wettbewerben wie z. B. den Skill Olympics, die sich auf berufsbezogene Fertigkeiten beziehen (Wilson 2000). Diese wurden ab 1977 neun Mal in Folge von Südkorea gewonnen; auch Japan war außerordentlich erfolgreich – ebenso wie Liechtenstein. Für das nationale Selbstbewusstsein der Koreaner war das Ergebnis durchaus wichtig, aber die Bedeutung aus vergleichender Sicht der Pädagogik ist eher bescheiden. Wir werden im nächsten Kapitel beschreiben, wohin solche Ländervergleiche und pädagogischen Leistungsolympiaden führen können, wenn deren Ergebnisse politisch ausgeschlachtet werden.

Nach diesen kritischen Anmerkungen ist nun noch einmal daran zu erinnern, dass der *Vergleich* für jede wissenschaftliche Disziplin ein logisches und nützliches Instrument bereitstellt, dessen man sich in einem induktiven Gedankengang bedient, um Probleme zu lösen, die sich im Verlauf einer wissenschaftlichen Recherche stellen. Der wissenschaftliche Vergleich ist damit ein methodisch kontrolliertes Verfahren, das durch Gegenüberstellen und Vergleichen sowohl das Allgemeine in den Besonderheiten als auch die Unterschiede herausarbeitet. Für die vergleichende Erziehungswissenschaft stellen Vergleiche mit anderen Gesellschaften und deren Bildungssystemen eine wesentliche Vorbedingung für das Verständnis der eigenen Gesellschaft und der eigenen Position dar. Dementsprechend richtet die internationale und interkulturelle vergleichende Erziehungswissenschaft ihr Augenmerk auf supranationale Probleme der Erziehung und Bildung und deren Vergleich mit Problemen, die dem eigenen Bildungssystem zu eigen sind. Dabei orientiert sie sich an Theorien und Methodologien von Geschichte, Philosophie und Sozialwissenschaften, was für Lauterbach und Mitter (1998) ein Beleg für die *Pluridisziplinarität* der vergleichenden Erziehungswissenschaft ist.

▪ Jeder Vergleich setzt Vergleichbarkeit voraus

Die Feststellung der Vergleichbarkeit beruht darauf, dass kategoriale und thematische Zusammenhänge zwischen den ausgewählten Vergleichsobjekten begründet werden, die, wie bereits Hilker (1962) ausgeführt hat, auf *Gleichheit* (Kongruenz), *Ähnlichkeit* (Verwandtschaft) und *Verschiedenheit* (Gegensatz) zielen. Im Unterschied zur Alltagssprache von Gleichheit setzt *Vergleichbarkeit* bei wissenschaftlichen Vergleichen die Feststellung von Ähnlichkeit und Verschiedenheit voraus. Dabei schafft die Definition eines *tertium comparationis* – verbunden mit der Präzision einer Hypothese – die Voraussetzung für den systematischen Vergleich. „Das *tertium comparationis* ist gleichsam der Bezugspunkt, der den Vergleich – konzentriert auf eine spezielle Aufgabenstellung – in methodologisch begründeter Form erlaubt" (Röhrs 1975, S. 99). Das *tertium comparationis* ist das Gemeinsame zweier Phänomene, das deren Vergleich überhaupt erst ermöglicht. Wenn gesagt wird, ein Kind sei wie ein Wirbelwind, dann liegt dieser Metapher ein *tertium comparationis* zugrunde (◘ Abb. 1.54).

Tertium comparationis

Tertium comparationis ist ein aus dem Lateinischen stammender Begriff der Rhetorik und bedeutet „das Dritte des Vergleichs".
Mit ihm wird die Gemeinsamkeit zweier verschiedener, miteinander zu vergleichender Gegenstände oder Sachverhalte bezeichnet. Wenn ein Vergleich z. B. eine Person betrifft, indem er eine Parallele zu einer anderen Person zieht, sind die beiden verglichenen Personen selbstverständlich nicht identisch. Dennoch müssen beide zumindest eine Eigenschaft gemeinsam haben. Diese Eigenschaft wird als *tertium comparationis* bezeichnet.

In der vergleichenden Erziehungswissenschaft ist der Vergleich auf der Grundlage des *tertium comparationis* eine Grundoperation zur Erzeugung neuen Wissens, damit aus der Frage nach Gemeinsamkeiten und Unterschieden zweier Phänomene zugleich Informationen über die Phänomene und die sie kennzeichnenden Kategorien gewonnen werden. Das *tertium comparationis* liegt also nicht in den Objekten selbst, sondern wird vom Beobachter eingesetzt, indem, wie im obigen Beispiel, sowohl dem Kind als auch dem Wirbelwind das Merkmal Ungestümtheit zugeschrieben wird. Das *tertium comparationis* wird entwickelt, indem die zu vergleichenden Phänomene in einen Bezug zu dem erwarteten Erkenntnisgewinn gesetzt werden. Konkret bedeutet das, „dass für jeden Vergleich eine Aufgaben-

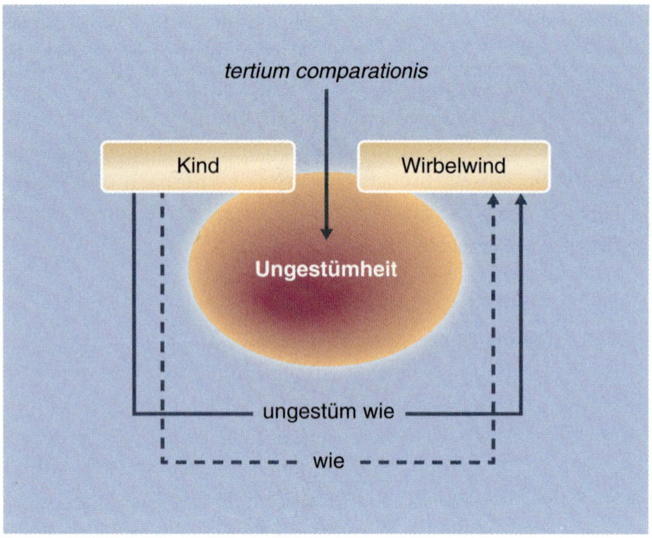

Abb. 1.54 Das *tertium comparationis* (Quelle: ► http://www.teachsam.de/deutsch/d_rhetorik/mmf/images/vergleich.jpg)

stellung neu definiert wird, die den systematischen Vergleich erst erlaubt" (Röhrs 1975, S. 99). Anders formuliert: Die Feststellung des *tertium comparationis* legt die Grundlage für die Ausarbeitung der Vergleichsmaßstäbe, entsprechend derer die vergleichende Untersuchung durchgeführt wird. Vor diesem Hintergrund wurden die verschiedenen Schritte des Vergleichs von Hilker (1962) festgelegt:

- *Beschreibung* der ausgewählten Gegenstände des Vergleichs und Sammeln von Daten und anderen Informationsquellen,
- *Interpretation* eines jeden Vergleichsgegenstandes im Rahmen des gesamten Bildungssystems wie auch der politischen, ökonomischen und kulturellen Bedingungen mit besonderer Berücksichtigung der historischen Entwicklung,
- *Gegenüberstellung* der deskriptiven und interpretierten Ergebnisse der vorausgegangenen Schritte (in erster Linie unter Verwendung von Tabellen),
- *Durchführen des Vergleichs* als komparative Interpretation der Untersuchung als Ganzes.

Dieses Ablaufschema ist so etwas wie das „klassische" Muster des Vergleichs in der geisteswissenschaftlichen vergleichenden Erziehungswissenschaft geworden. Im Unterschied dazu entwickelte Robinsohn (1973) ein an der Methodologie der empirischen Sozialwissenschaften orientiertes Verlaufsschema des Vergleichs, das folgende Komponenten umfasst:

- die „Idee" (Analyse eines gegebenen Problems oder einer Situation, Prüfung der verfügbaren Quellen), die zu einer Hypothese geformt wird;
- die Identifikation relevanter Daten;
- die Feststellung von Variablen und die Bestimmung von Vergleichbarkeit (der ausgewählten Gegenstände);
- die wiederholte Modifikation der Hypothesen und der Datensammlung (in Entsprechung mit den vom Kontext auferlegten Anforderungen);
- die Nutzbarmachung vorhandenen Wissens, und schließlich
- die Feststellung des *tertium comparationis*.

Obwohl dieses Verlaufsschema durchaus dem damaligen Zeitgeist entsprach, fand es weit weniger Anwendung als das Schema Hilkers.

Betrachtet man die Verfahrensweisen der vergleichenden Erziehungswissenschaft etwas näher, stellt man rasch fest, dass die Beschreibungen der vergleichenden Methode stark variieren. In Entsprechung mit unterschiedlichen Forschungsbereichen und theoretischen Positionen reicht das Spektrum vom historischen Vergleich über Literaturstudien bis hin zu quantifizierenden Analysen. Nach Lauterbach und Mitter (1998) steht in der vergleichenden Forschung zur allgemeinen und beruflichen Bildung weithin die Nebeneinanderstellung bzw. Gegenüberstellung von Daten (meist in tabellarischer Form) im Vordergrund, wobei davon ausgegangen wird, dass die Daten die Ergebnisse quantitativer Analysen seien. Welche Daten auch immer verwendet werden, es geht dabei stets darum festzustellen, was *gleich* und was *ungleich* ist (Hilker 1962).

Paradigmatische Ausrichtung der vergleichenden Erziehungswissenschaft

Im Vordergrund stehen bei der vergleichenden Forschung – wie in der Erziehungswissenschaft generell – hermeneutische und empirisch-analytische Verfahren. Der *hermeneutische Ansatz* zielt, wie wir in ► Abschn. 1.2.2 dargelegt haben, auf ein *Verstehen* hauptsächlich aufgrund von Textinterpretationen und einer historisierenden Analyse der Erziehungswirklichkeit. Nützliche Quellen für die hermeneutisch ausgerichtete vergleichende Erziehungswissenschaft sind staatliche Dokumente (Gesetze, Erlasse, Verfügungen, Curricula, Stundentafeln usw.), didaktische und methodische Empfehlungen und Leitlinien ebenso wie Schüler- und Lehrbücher.

Den Gegensatz zur hermeneutischen Analyse markiert der empirisch-analytische Ansatz, der sich laut Lauterbach und Mitter (1998) zu dem bevorzugten Instrument der vergleichenden Erziehungswissenschaft entwickelt hat. Die empirische vergleichende Erziehungswissenschaft wurde seit den 1960ern wesentlich durch die International Association for the Evaluation of Educational Achievement (IEA) und ihre Vergleichsstudien vorangetrieben. In Deutschland ist es das bereits erwähnte DIPF, das hier die Standards setzt. Der stetige Fortschritt in der Entwicklung quantitativer Methoden der vergleichenden Erziehungswissenschaft und ihrer Anwendung wird seit Jahren von einer zunehmenden Verwendung qualitativer Methoden begleitet. Im Rahmen der vergleichenden Erziehungswissenschaft begegnen sie uns vor allem in Form ethnografischer Untersuchungen und Fallstudien (vgl. Zinnecker 2000). Damit geht einerseits eine Art Wiederentdeckung der Hermeneutik einher, andererseits bereichern qualitative Verfahren die traditionellen Verfahren der quantitativen Forschung (Standardtests, Fragebögen und standardisierte Interviews) durch „weichere" Verfahren (z. B. halbstandardisierte und offene Interviews, Portfoliotechniken, Audio- und Videoaufzeichnungen).

Trotz des breiten und weit gefächerten Einsatzes quantitativer Verfahren sind experimentelle und quasiexperimentelle Untersuchungen in der vergleichenden Erziehungswissenschaft sehr selten, obwohl Hörner (1997) in der Unterscheidung der Funktionen des Vergleichs ausdrücklich von einer „experimentellen

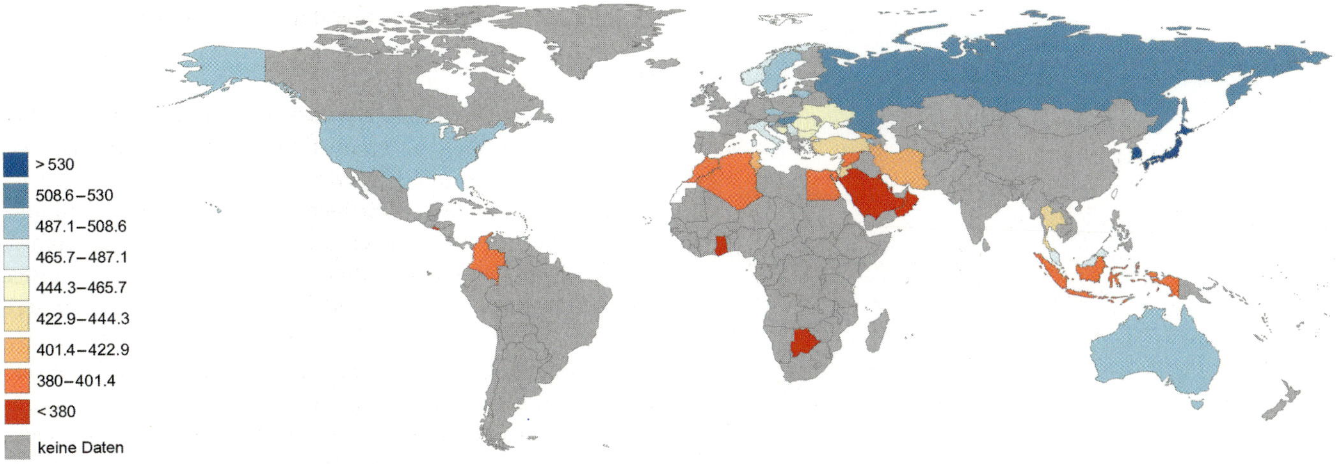

Abb. 1.55 An TIMSS 2007 beteiligte Länder (© StatSilk (2014). StatWorld: Interactive Maps of World Stats. ► http://www.statsilk.com / CC BY 3.0)

Funktion" spricht. Auch Lauterbach und Mitter (1998) verweisen in ihrem Grundlagentext zur Methodik der vergleichenden Erziehungswissenschaft auf die Möglichkeit der quasiexperimentellen Forschung. Ein Beispiel dafür stellen die vergleichenden Studien von Krope und Wolze (2005) dar, in denen ein Lehrgang im Bereich der Elementarphysik in drei Ländern (Deutschland, Polen und Ungarn) durchgeführt und evaluiert wurde. Unter Zugrundelegung eines quasiexperimentellen Designs wurde die Hypothese getestet, dass der Lehrgang transnational kognitive Fertigkeiten vermittelt, die über die Ebene der bloßen Reproduktion physikalischen Faktenwissens hinausgehen. Diese Hypothese konnte bestätigt werden.

Abschließend kann festgehalten werden, dass die vergleichende Erziehungswissenschaft insgesamt durch eine große Vielfalt der Forschungsmethoden charakterisiert ist, bei denen deskriptiv-statistische und hermeneutische Verfahren im Vordergrund stehen. Bemerkenswert ist, dass fast alle Untersuchungen im Zeitraum ab 1990 sich mehr oder weniger explizit auf TIMSS und PISA beziehen und in deren Ergebnissen ihren Ausgang nehmen. Tatsächlich beteiligt sich Deutschland seit den 1990er Jahren regelmäßig an drei internationalen Schulleistungsstudien. Dazu gehören die von der IEA (International Association for the Evaluation of Educational Achievement) verantworteten Studien PIRLS/IGLU (Progress in International Reading Literacy Study bzw. Internationale Grundschul-Lese-Untersuchung), die TIMS-Studie (Trends in International Mathematics and Science Study) und die von der OECD koordinierten PISA-Studien (Programme for International Student Assessment).

1.4.3 Internationale Erziehungswissenschaft

Der internationalen Erziehungswissenschaft geht es, wie der Name sagt, um den internationalen Vergleich in der Erziehungswissenschaft (Schriewer 2000). Sie richtet ihr Interesse auf die Erziehung im internationalen Raum, ihre theoretischen Grundlagen, Ausdifferenzierungen und Weiterentwicklungen. Darüber hinausgehend befasst sie sich zunehmend auch mit der Analyse von Bildungsprozessen unter den Bedingungen von Multikulturalität und Mehrsprachigkeit, was üblicherweise zum Bereich der interkulturellen Pädagogik gezählt wird (vgl. Gogolin und Krüger-Potratz 2006), die sich als Teildisziplin der Erziehungswissenschaft etabliert hat. Sie versteht sich insbesondere als Ausländer- und Migrantenpädagogik (Nohl 2006) und wird wesentlich von Ideen und Vorstellungen beeinflusst, die aus anderen Bereichen der Pädagogik (z. B. Friedens-, Europa- und Dritte-Welt-Pädagogik) stammen. Der internationale Vergleich steht demgegenüber im Hintergrund. Wir werden deshalb auf die interkulturelle Pädagogik als Teildisziplin der Erziehungswissenschaft in ► Kap. 7 eingehen.

Die internationale vergleichende Erziehungswissenschaft kann auf eine lange Tradition zurückblicken, aber in das öffentliche Bewusstsein rückte sie schlagartig nach Publikation der Ergebnisse internationaler Vergleichsstudien wie TIMSS und PISA.

1.4.3.1 TIMSS – oder wie die allgemeine Verunsicherung begann

TIMSS ist das Akronym für Third International Mathematics and Science Study; sie wurde 1995 durchgeführt und 1999 als TIMSS-R(epeat) fortgesetzt. Die Kennzeichnung als dritte Studie besagt, dass zwei Studien vorangegangen waren. Im Bereich der Mathematik waren dies FIMS (First International Mathematics and Science Study) im Jahre 1964 mit 12 beteiligten Ländern, SIMS (Second International Mathematics and Science Study) in den Jahren 1980 bis 1982 mit 20 beteiligten Ländern, zu denen Deutschland aber nicht gehörte. Für Physik gab es die Studien FISS und SISS (First/Second International Science Study, 1968–1972 bzw. 1982–1986). Deutschland war nicht an SISS beteiligt, nahm aber wie Österreich und die Schweiz an TIMSS 1995 und 2007 teil. In der Weltkarte in Abb. 1.55 ist eingetragen, welche Staaten an TIMSS 2007 teilgenommen haben – in der Tat ein globales Projekt.

TIMSS steht in einer vierzigjährigen Tradition internationaler Schulleistungsvergleiche, die von der International Association for the Evaluation of Educational Achievement (IEA) durchgeführt wurden. An der dritten Studie nahmen mehr als eine halbe Million Schüler aus rund 15.000 Schulen in 46 Ländern teil. Über die Schulleistungen hinausgehend wurden auch Hintergrundinformationen über den Unterricht, die Lehrer, die Schulen sowie Aspekte der außerschulischen Lebensumwelt der

Abb. 1.56 Pisa als Symbol für Widerspruch und Konvergenz (© Andrea-photo / fotolia.com)

Schüler(innen) erhoben. Auf den Spitzenplätzen sowohl in Mathematik als auch in Naturwissenschaften landeten bei TIMSS bisher regelmäßig asiatische Staaten. Ausführliche Informationen findet man auf der Homepage des Max-Planck-Instituts für Bildungsforschung unter folgender Adresse: ► http://www.timss.mpg.de/. Hier wird nachdrücklich darauf hingewiesen, dass es sich grundsätzlich verbietet, eine Länderrangreihe aufzustellen, da die Untersuchungspopulationen der Teilnahmeländer *generell nicht vergleichbar* sind. Gleichwohl werden dann solche Reihungen vorgenommen mit dem Ergebnis, dass die Testleistung deutscher Schüler in der Gruppe vergleichbarer Länder durchgängig im unteren Bereich liegt. Selbst die potentiell leistungsstärksten deutschen Schüler bestanden bei TIMSS nicht den Vergleich mit Spitzenschülern europäischer Nachbarländer.

Die Ergebnisse der TIMSS-Studien wurden in DACH (Deutschland, Österreich und Schweiz) zwar zur Kenntnis genommen, aber ohne nachhaltige Wirkungen. Eine regelrechte Lawine bildungspolitischer Aktionen aber wurde losgetreten, nachdem am 4. Dezember 2001 die Bekanntmachung der Ergebnisse der ersten PISA-Studie die Öffentlichkeit schockierte (in Deutschland wie in Österreich).

1.4.3.2 Der PISA-Schock und die Folgen

Mit PISA ist selbstverständlich nicht die italienische Stadt mit ihrem berühmten schiefen Turm gemeint. Und doch passt die Bezugnahme auf den Turm in Pisa zu den PISA-Studien, da er häufig als Symbol für Widerspruch und Konvergenz gilt (Abb. 1.56).

PISA steht vielmehr für Program for International Student Assessment der OECD und verfolgt das Ziel, alltagsrelevante Kenntnisse und Fähigkeiten fünfzehnjähriger Schüler in Lesen, Mathematik und Naturwissenschaften in einem dreijährigen Turnus in den Mitgliedstaaten der OECD zu messen und zu vergleichen. Mittlerweile hat es sich eingebürgert, den Effekt der ersten PISA-Studie mit dem Sputnik-Schock des Jahres 1957 gleichzusetzen (Radtke 2003). Dieser hatte in den USA und mit etwas Verzögerung auch in der übrigen „westlichen Welt" die Frage nach der technologischen Konkurrenzfähigkeit und der Leistungsfähigkeit des Bildungssystems aufgeworfen. In Deutschland proklamierte einige Jahre später Picht (1964) die „deutsche Bildungskatastrophe", was Politiker auf den Plan rief, die eine „Bildungsoffensive" mit dem Ziel der Steigerung der Abiturientenzahlen starteten (was damals auch dringend erforderlich war). Hektische politische Reaktionen bewirkte auch PISA 2000; und wieder war das Wort *Bildungskatastrophe* Schlagzeilen wert.

Was war geschehen, dass die Öffentlichkeit in Deutschland und Österreich so aufgeregt auf eine wissenschaftliche Studie reagierte? – Im Grunde dasselbe wie bei TIMSS: Die Leistungen fünfzehnjähriger Schüler im Lesen, in Mathematik und Naturwissenschaften erwiesen sich beim internationalen Vergleich als unterdurchschnittlich. Was in Deutschland als besonders schlimm wahrgenommen wurde, war das Ergebnis, dass jeder vierte Fünfzehnjährige nicht richtig lesen und schreiben konnte. Diese Gruppe wurde auch sogleich als „Risikogruppe" eingestuft.

Stanat und Schneider (2004) gelangten auf der Basis einer eingehenderen Analyse der PISA-Befunde zur Lesekompetenz zu dem Ergebnis, dass in Deutschland zwei Drittel der Schüler(innen) aus der Hauptschule und ein Fünftel aus Realschulen dieser Risikogruppe angehören. Etwa ein Drittel der sog. Risikoschüler(innen) hatte einen Migrationshintergrund. Demzufolge wurde die *Bildungsungerechtigkeit* als das charakteristische Merkmal der deutschen PISA-Ergebnisse herausgestellt. In keinem anderen Land war die Schulleistung so eng an die soziale Herkunft gekoppelt wie in Deutschland. Dieses Wesensmerkmal des deutschen Schulsystems durchzieht auch die nachfolgenden PISA-Studien wie ein roter Faden.

Als schwerer Schlag für das nationale Bewusstsein wurde die PISA-Studie auch in Österreich empfunden und es setzten hier dieselbe Diskussion und derselbe politische Aktionismus ein wie in Deutschland. Schweiz und Liechtenstein hatten sich tapfer behauptet und lagen deutlich vor den anderen deutschsprachigen Ländern.

Die politische Betroffenheit nahm auch nicht nach Veröffentlichung der Ergebnisse von PISA 2003 ab. Zur Illustration ist in Tab. 1.16 das „Abschneiden" der deutschsprachigen Länder im Vergleich mit den anderen Ländern in der PISA-Studie 2003 wiedergegeben.

Warum die öffentliche Reaktion nach PISA 2000 so heftig war, ist im Rückblick rational eigentlich nicht nachvollziehbar, da Deutschland auch bereits bei vorherigen internationalen Vergleichen nicht besonders gut abgeschnitten hatte. Vielleicht lag es daran, dass in Deutschland am Anfang des neuen Jahrtausends die Angst umging, wirtschaftlich „abgehängt" zu werden, was bekanntlich auch zur Agenda 2010 der damaligen Bundesregierung geführt hatte. Bezug nehmend auf den Vergleich mit dem Sputnik-Schock stellt Radtke fest, dass

> » der Sputnik für die USA *überraschend* am Himmel erschien und zuerst dort und dann in der weiteren OECD als Gelegenheit benutzt wurde, zusätzliche Bildungsinvestitionen anzumahnen, während PISA ein von der OECD selbst erzeugtes Kommunikationsereignis ist, das Gelegenheit bieten und Begründung liefern soll, eine grundsätzliche Änderung der Politik und der Regierungstechnik einzuleiten (Radtke 2003, S. 110 f.).

PISA-Studien werden seit dem Jahr 2000 in dreijährigem Turnus in den meisten Mitgliedstaaten der OECD in der Verantwortung

Tab. 1.16 Ergebnisse von PISA 2003 – eine Auswahl

Mathematik			Lesefähigkeit			Naturwissenschaften		
1.	Hong Kong (China)	550	1.	Finnland	543	1.	Finnland	548
2.	Finnland	544	2.	Südkorea	534	2.	Japan	548
3.	Südkorea	542	3.	Kanada	528	3.	Hongkong	539
4.	Niederlande	538	4.	Australien	525	4.	Südkorea	538
5.	Liechtenstein	536	5.	Liechtenstein	525	5.	Liechtenstein	525
6.	Japan	534	6.	Neuseeland	522	6.	Australien	525
8.	Belgien	529	11.	Belgien	507	**12.**	**Schweiz**	513
10.	**Schweiz**	524	**13.**	**Schweiz**	499	14.	Belgien	509
18.	**Österreich**	506	**21.**	**Deutschland**	491	**18.**	**Deutschland**	502
19.	**Deutschland**	503	**22.**	**Österreich**	491	**23.**	**Österreich**	491
23.	Luxemburg	493	27.	Luxemburg	479	27.	Italien	486
31.	Italien	466	29.	Italien	476	29.	Luxemburg	483

der jeweiligen Regierungen (in Deutschland ist die Kultusministerkonferenz zuständig) durchgeführt. Sie sind im Grunde nichts anderes als *politisch motivierte Auftragsforschung*. In der Tat ist es bemerkenswert, dass der Auftrag, eine PISA-Studie durchzuführen, in Deutschland und Österreich (anders als z. B. in den USA) ohne öffentliche Ausschreibung an Institutionen vergeben wurde und wird, die als der politischen Bildungsadministration „nachgeordnet" betrachtet werden können. *Honi soit qui mal y pense.*

Anna: „Sollte man bei einer Auftragsforschung nicht nachfragen, wer mit welchen Zielen den Auftrag erteilt hat?"

Jakob: „Auf jeden Fall. Denn Butterhersteller wünschen den wissenschaftlichen Nachweis, dass Butter gesund ist, und Margarinehersteller wollen den Nachweis, dass Butter gesundheitsgefährdend und Margarine gesund ist."

Anna: „Und die OECD will den Nachweis, dass die Bildung nicht mehr nachkommt, zur wirtschaftlichen Entwicklung beizutragen?"

Hinter den PISA-Studien steht die Organisation für *wirtschaftliche* Zusammenarbeit und Entwicklung (OECD), deren erklärte Ziele darin liegen,

- zu einer optimalen Wirtschaftsentwicklung, hoher Beschäftigung und einem steigenden Lebensstandard in ihren Mitgliedstaaten (ausschließlich Länder mit hohem Pro-Kopf-Einkommen) beizutragen,
- in ihren Mitgliedstaaten und den Entwicklungsländern das Wirtschaftswachstum zu fördern und
- zu einer Ausweitung des Welthandels auf multilateraler Basis beizutragen.

Es ist eindeutig der *ökonomische Nutzen von Bildung* für die Gesellschaft, der im Mittelpunkt der bildungspolitischen Offensiven der OECD steht. Bildung wird zur Ware. Dementsprechend veröffentlicht die OECD in ihrer jährlich erscheinenden Publikation *Bildung auf einen Blick* vergleichende Statistiken und Indikatoren zum Ressourceneinsatz (Finanzmittel oder Personalausstattung in nationalen Bildungssystemen) und analysiert, wie sich die Bildung auf die Innovationskraft der Wirtschaft und den Arbeitsmarkt auswirkt. Während diese Statistiken gewöhnlich wenig Aufmerksamkeit erregen, hat die OECD mit den PISA-Studien für Furore – zumindest in Ländern, die sich als „Verlierer" des internationalen Vergleichs sehen – gesorgt, was eigentlich unsinnig ist, da die PISA-Studien gar keine Untersuchungen der Leistungsfähigkeit nationaler Schulsysteme sind und daher Binnenvergleiche (z. B. zwischen den Bundesländern in Deutschland) gar nicht angestrebt werden. Dessen ungeachtet war die erste PISA-Studie Grund genug für einige Ministerpräsidenten der Bundesrepublik Deutschland, die Bildungspolitik zur „Chefsache" zu erklären. Das Engagement von Politikern für Fragen der Erziehung und Bildung kann man je nach persönlicher Wertung als nachhaltigen Beitrag zu einer „neuen Performanzkultur" der Bildung oder auch als „Versuchung, die Kultur verschwinden zu lassen" auslegen.

Tatsächlich hat bisher noch jede PISA-Studie sofort ihre Befürworter und Kritiker auf den Plan gerufen hat. Da gibt es einerseits die Gruppe derer, die PISA als ein wichtiges Instrument der Politikberatung und der Steuerung der Bildungssysteme betrachten, und es gibt die Gruppe derer, die PISA misstrauisch und ablehnend gegenüber stehen und dafür Argumente aus bildungstheoretischer wie auch methodologischer Sicht ins Feld führen. So wächst den Ergebnissen von PISA schnell ein Januskopf. Um dies zu illustrieren, geben wir einen Ausschnitt einer Diskussion zwischen Claudia Schreiner, Leiterin des österreichischen PISA-Projekts, und Stefan Hopmann, Bildungsforscher am Institut für Bildungswissenschaft der Universität Wien, vom 7. April 2012 in den *Oberösterreichischen Nachrichten* wieder (Tab. 1.17).

Auch in Deutschland gibt es Befürworter und Kritiker von „PISA & Co.". Radtke (2003) z. B. sieht in den PISA-Studien in erster Linie ein *politisches Mittel der Systemsteuerung*. Der Bil-

Tab. 1.17 Brauchen wir die Pisa-Studie? (*Oberösterreichische Nachrichten*, 07. April 2012 . Quelle: ► http://www.nachrichten.at/nachrichten/meinung/kommentar/art13612,857578)

PRO: Claudia Schreiner	KONTRA: Stefan Hopmann
Die Ergebnisse der PISA-Studie sind eine wichtige Information für die Entwicklung des Bildungssystems. Man kann ein Bildungssystem nicht ohne sinnvoll erhobene Daten steuern. PISA liefert eine bestimmte Art von Daten und Fakten, die als Baustein für die Bildungspolitik dienen können. Welche Kompetenzen Schüler in Österreich am Ende ihrer Schulpflicht in den wesentlichen Bereichen Lesen, Mathematik und Naturwissenschaften haben, darauf liefert die PISA-Studie Antworten. Damit misst sie entscheidende Fähigkeiten. Handlungsanleitungen lassen sich aus der PISA-Studie nicht direkt ableiten, sehr wohl werden aber Handlungsfelder aufgedeckt. PISA hat gezeigt, dass es in Österreich eine hohe Zahl an Schülern gibt, die nicht sinnerfassend lesen können. Da gilt es zu handeln.	Zu hohe Erwartungen werden in Österreich immer wieder in die PISA-Studie gesteckt. Der Test bildet nur kleine Ausschnitte aus der Breite des Wissens ab, er beschreibt lediglich die Zufallsverteilung von bestimmten Wissensständen in den Teilnehmerländern. Über die Qualität des Unterrichts sagt PISA gar nichts aus, auch wenn in Österreich immer so getan wird. Die PISA-Ergebnisse sind eine Momentaufnahme. Wichtiger sind Fragen, wie erfolgreich das Bildungssystem an den Übergängen funktioniert. Da liegt Österreich im Gegensatz zu PISA gar nicht so schlecht. Die politische Funktion ist die eigentliche Hauptaufgabe von PISA: Die OECD hat den Bildungsvergleich als Weckruf für die Mitgliedsländer eingeführt, um Diskussionen über Bildungsreformen anzuregen. In diesem Punkt funktioniert PISA.

dungspolitik und den PISA-Studien gehe es um Neubestimmung und Neuorganisation der Erziehung und Bildung in einer an Wachstum orientierten Wirtschaftsgesellschaft, aber es fehle die Aufklärung der politischen Motive, der Hintergründe und Ziele des Programms:

> » Dass die deutschen PISA-Autoren den politischen Zusammenhang ihrer Studien unerörtert lassen, leistet einer Dekontextualisierung von Wissenschaft Vorschub, die mit einem Verlust an Selbstbeobachtung und Kritik bezahlt wird (Radtke 2003, S. 112).

Man kann es auch so formulieren, dass die PISA-Studien den *Gegenentwurf zur kritischen Erziehungswissenschaft* und der dahinter stehenden *kritischen Theorie* darstellen.

Hinsichtlich der durch die PISA-Studien festgestellten Unterschiede im Vergleich des Abschneidens der deutschen Bundesländer stellt der Berufspädagoge Arnold (2002) fest, dass die Ergebnisse der PISA-Studie für keine wirklich seriös geführte Standortdebatte taugen. Zwar könne man darüber streiten, ob es „ausreicht", wenn Deutschlands Schüler im unteren Drittel des OECD-Vergleichs liegen, doch könne man aus dem schlechten Abschneiden bei PISA nicht auf einen möglichen wirtschaftlichen Niedergang Deutschlands schließen und eine neue „Leistungskultur" fordern. Deutschland halte nachweislich dem wirtschaftlichen Vergleich stand, obwohl es im Bildungsvergleich der PISA-Studie schlecht abschneidet. Durchaus kritisch begegnen auch die Gewerkschaften (in Deutschland vor allem die Gewerkschaft Erziehung und Wissenschaft, GEW) den PISA-Studien, da ihre Rezeption durch die Öffentlichkeit oft mit einer voreiligen Kritik an der Qualität des Unterrichts und dem Engagement der Lehrpersonen einhergeht (ausgewählte Publikationen der GEW zu PISA findet man unter ► www.gew.de; vgl. auch Erdsiek-Rave und John-Ohnesorg 2012).

Worum geht es eigentlich bei PISA?

Jede PISA-Studie umfasst standardisierte Leistungserhebungen in drei Bereichen: Lesekompetenz, Mathematik und Naturwissenschaften. Bei jedem Durchgang wurde bisher einer der Bereiche eingehender untersucht (▫ Abb. 1.57).

Darüber hinaus wurden in der Vergangenheit PISA-Sonderstudien durchgeführt, um beispielsweise zu untersuchen, ob Migrantenkinder im Schulsystem ebenso erfolgreich sind wie autochthone Schüler, welchen Einfluss die Familienstruktur auf die PISA-Ergebnisse hat, welchen Einfluss die Arbeitslosigkeit eines Elternteils auf die Testergebnisse hat, welchen Einfluss der Bildungsabschluss der Eltern und der sozioökonomische Status der Familien auf die PISA-Ergebnisse hat (z. B. Schiefele et al. 2004) usw. Des Weiteren sieht die Gesamtkonzeption von PISA vor, dass die teilnehmenden Staaten weitergehende Untersuchungen zu relevanten Fragestellungen durchführen können. Davon wurde in Deutschland, Österreich und der Schweiz reger Gebrauch gemacht, wobei die *Erweiterungsstudien* oft mit größerem Aufwand und größerer methodischer Sorgfalt durchgeführt wurden als die internationalen Vergleiche.

Da in Deutschland seit Jahrzehnten eine Dauerdebatte über das mehrgliedrige Schulsystem andauert, war man rasch an einem Vergleich der Bundesländer interessiert (vgl. Prenzel et al. 2005), und Bildungspolitiker der Bundesländer und die politischen Parteien registrierten aufmerksam die Ergebnisse, um Argumente für die Diskussion über den Föderalismus der deutschen Bildungspolitik zu gewinnen. Wir gehen darauf nicht näher ein, da die Neuauflagen der Föderalismusdebatte weder einen Erkenntnis- noch einen Unterhaltungswert haben.

Unterhaltsamer waren die Sendungen von Fernsehanstalten, in denen publikumswirksam der Wettstreit zwischen bestimmten Berufsgruppen aus verschiedenen Bundesländern unter Bezugnahme auf die PISA-Studien ausgetragen wurde.

Das Wort PISA wurde schon bald zu einem allseits bekannten Synonym für den Vergleich im Bereich der Bildung und darüber hinaus, wie ein Beitrag aus *Die Zeit* vom 10.11.2005 zeigt, in dem über ein „PISA-Fernsehen" (genauer eine Untersuchung zum Zustand des politischen Journalismus im Fernsehen) berichtet wurde. Vergleiche auf Länderebene wurden selbstverständlich auch in Österreich und in der Schweiz (auf der Ebene der Kantone) durchgeführt und waren auch dort Grundlage für mancherlei politisch motivierte Debatten. Anlässlich von PISA 2012 führte die Zeitung *Salzburger Nachrichten* ein Interview mit dem Philosophen Konrad Paul Liessmann zur österreichischen Bildungspolitik durch. Im Folgenden geben wir einen Ausschnitt wieder.

Erhebungsjahr	2000	2003	2006	2009	2012	2015
Erhebungsbereiche	**Lesen** Mathematik Naturwissenschaften	Lesen **Mathematik** Naturwissenschaften Problemlösen	Lesen Mathematik **Naturwissenschaften**	**Lesen** Mathematik Naturwissenschaften	Lesen **Mathematik** Naturwissenschaften Problemlösen	Lesen Mathematik **Naturwissenschaften**
Selbsteinschätzung der Schüler/Schülerinnen	Lernansätze Leseengagement	Lernansätze Einstellungen zu Mathematik	Lernansätze Einstellungen zu Naturwissenschaften	Lernmotivation Lernstrategien	Lernansätze Leseengagement	

Abb. 1.57 Erhebungsbereiche der PISA-Studien 2000–2012

PISA ist verzichtbar (Salzburger Nachrichten, 05.12.2013)

„Sie äußern sich seit Jahren kritisch zu Rankings im Bildungssystem. Was stört Sie denn an PISA?

Liessmann:

All diese Tests und Studien messen nicht das, was sie zu messen vorgeben. PISA misst in erster Linie die Fähigkeit von 15-Jährigen, PISA-Tests zu lösen. Der Zusammenhang mit den Schulleistungen, der Qualität des Schulsystems, den Fähigkeiten der Jugendlichen, sich in die Gesellschaft und in den Arbeitsprozess einzugliedern, gar mit allgemeiner Bildung, ist nicht nachweisbar. Dafür betreibt man einen unheimlichen Aufwand, versetzt ganze Nationen in Erregung, steckt viel Geld hinein […], mit dem Ergebnis, dass das rauskommt, was wir ohnehin wissen. […]

Wir sollten also bei PISA gar nicht mehr mitmachen?

Liessmann:

PISA ist verzichtbar – so wie 90 Prozent all dieser Tests. Das Verheerende daran ist ja, dass die Bildungsfrage darauf reduziert wird, was bei einem fragwürdigen Test herauskommt. Man hat kein Vertrauen mehr in jene Menschen, die im Bildungssystem arbeiten. Es hätte genügt, Lehrer aufzufordern, ehrlich zu sagen, wie es um die Lese- und Rechenkompetenzen ihrer Schüler bestellt ist. Dann hätten wir authentischere und umfassendere Ergebnisse. Und solche Tests ersticken jede Frage danach, welche Kenntnisse und Fähigkeiten junge Menschen in einem umfassenden Sinn haben sollen.

Was ist die Konsequenz?

Liessmann:

Die Bildungspolitik glaubt, sich daran orientieren zu müssen. Fällt ein PISA-Test schlecht aus, muss die Ministerin fast zurücktreten, fällt er gut aus, sagt sie: Das ist das Ergebnis meiner Politik. Beides ist Unsinn. […]"

Der öffentlichkeitswirksame Erfolg von PISA hat das deutsche Bundesministerium für Bildung und Forschung (BMBF) veranlasst, sich auch an anderen internationalen Vergleichsstudien zu beteiligen (▶ http://www.bmbf.de/). Zu nennen ist zunächst eine Art Erwachsenen-PISA, das Programme for the International Assessment of Adult Competencies (PIAAC), dessen Ziel es ist, Schlüsselkompetenzen wie Lesen, Mathematik und allgemeine Kompetenzen von Erwachsenen international (in Übereinstimmung mit der Vorgehensweise bei PISA) zu vergleichen. Die Zielpopulation besteht in Personen im Alter zwischen 16 und 65 Jahren, der Fokus liegt auf arbeitsmarktbezogenen Kompetenzen. Mit dem nationalen Projektmanagement von PIAAC in Deutschland wurde das GESIS – Leibniz-Institut für Sozialwissenschaften beauftragt.

Seit 2012 wird die auf die Messung Computer- und informationsbezogener Kompetenzen ausgerichtete International Computer and Information Literacy Study durchgeführt. Bis 2015 sollen computer- und informationsbezogene Kompetenzen von Schülern der 8. Klassen im internationalen und nationalen Vergleich gemessen werden. Gute Computer- und informationsbezogene Kompetenzen werden als ausschlaggebend für die Berufschancen junger Menschen betrachtet.

▪ Erfolg braucht einen langen Atem

Insgesamt sieht sich das deutsche BMBF in seiner Politik durch die „Erfolge" von PISA bestätigt. Bei der Vorstellung der Ergebnisse von PISA 2009 führte die damalige Ministerin aus (Schavan 2011, ▶ http://www.bmbf.de/de/899.php):

» Die Ergebnisse der PISA-Studie zeigen einen klaren Aufwärtstrend. Gerade im Vergleich zu anderen Ländern hat sich Deutschland über die Jahre kontinuierlich verbessert und liegt inzwischen in vielen Bereichen über dem OECD-Durchschnitt. In unser Bildungssystem ist eine positive Dynamik gekommen. Der Einsatz aller an Bildung Beteiligten hat sich gelohnt. Wir werden diesen Weg konsequent fortsetzen.

Etwas später folgt die Beweisführung:

» Deutschland gehört zu den sieben OECD-Staaten, in denen sich die Lesekompetenz von PISA 2000 zu PISA 2009 signifikant verbessert hat. Sie liegt mit 497 Punkten nun im Mittelfeld der OECD-Staaten. Hier besteht weiterhin politischer Handlungsbedarf. In Mathematik gehört Deutschland zu den sechs OECD-Staaten, die sich seit PISA 2003 verbessert haben. Mit 513 Punkten liegt Deutschland 2009 erstmals im oberen Drittel. Noch stärker aufgeholt hat Deutschland in den Naturwissenschaften. Hier erreichten die 15-jährigen Schülerinnen und Schüler im deutschen Durchschnitt 520 Punkte.

Betrachtet man die Ergebnisse von PISA 2009, stellt man fest, dass sich Deutschland in Mathematik von Rang 18 2003 auf Rang 13 hochgearbeitet hatte, in der Lesekompetenz rutschte Deutschland von Rang 21 auf Rang 17 vor, ein deutlicher Sprung nach oben verbuchte es in Naturwissenschaften (von Rang 18 in PISA 2003 auf Rang 12 in PISA 2009). Die von der Bundesministerin betonten statistisch signifikanten Verbesserungen sollten dennoch nicht überbewertet werden, da sie in erster Linie auf die große Stichprobe zurückzuführen sind (► Kap. 6), die bei bereits kleineren Veränderungen statistische Signifikanz produziert. Über die hinsichtlich einer *praktischen Signifikanz* wichtigeren Maße der *Effektstärken* schweigen sich die PISA-Berichte in der Regel aus. Der Trend zur Verbesserung setzte sich fort, wie das vergleichsweise gute Abschneiden der deutschen (und österreichischen) Schülerstichprobe bei PISA 2012 zeigt (◘ Tab. 1.18).

Während die Ergebnisse früherer PISA-Studien in den Pressekommentaren den politisch gewünschten Niederschlag fanden, hat PISA 2012 ein eher kritisches Echo gefunden. In einem Kommentar in *Zeit online* vom 3. Dezember 2013 konstatiert der Verfasser Parvin Sadigh:

» Deutsche Schüler schneiden von Studie zu Studie besser ab. Alles andere wäre auch enttäuschend. PISA-Ranglisten brauchen wir nicht mehr, sondern den Blick aufs Detail. Daher: Bitte weniger PISA, aber mehr gute Lehrer!

Zu einem ähnlichen Urteil gelangte der bereits erwähnte Philosoph Liessmann mit Blick auf Österreich:

PISA ist verzichtbar (Salzburger Nachrichten, 05.12.2013)

„Ist also ein guter Lehrer die beste Garantie für gute Bildung?
Liessmann:
Genau darum ginge es – und zwar nahezu unabhängig vom Bildungssystem. Das zumindest zeigt uns ja auch PISA: Finnland, das bisher aufgrund seiner Ergebnisse und der Gesamtschule als Bildungswunderland galt, ist nicht mehr an der Spitze. Und die Schweiz, die ein differenziertes Schulsystem hat, ist in manchen Bereichen zum besten Land Europas aufgestiegen. Zugleich ist die reiche und demokratisch reife Schweiz das Land mit dem geringsten Akademikeranteil Europas. Das könnte ja auch zu denken geben. […] Also weg von der Idee, aus PISA ließen sich triftige Rückschlüsse über Bildungssysteme ziehen.
Was müsste denn im heimischen Bildungssystem passieren?
Liessmann:
Dauerreformen sind immer schädlich. Man sollte sich für eine Struktur entscheiden – egal welche – und dann alle Kräfte dort bündeln, statt ständig Strukturreformdebatten zu führen, die Energie und Zeit vergeuden. Wenn ich mich für die Gesamtschule entscheide, dann grundsätzlich und flächendeckend samt einem Verbot von Privatschulen. Wenn ich das nicht will, dann soll ich mich klar zu einem differenzierten Schulsystem bekennen und aus diesem das Beste machen.
[…]
Liessmann:
Ich bin kein Kulturpessimist, meine These ist: Kein Schulsystem kann so schlecht sein, dass sich die Neugier nach Wissen bei jungen Menschen nicht irgendwann durchsetzt. Ich sehe weder den Untergang des Abendlandes noch den von Österreich. Ich sehe nur, dass wahnsinnig viele Ressourcen verschleudert werden und manches in die falsche Richtung läuft. Die Auswirkungen sehen wir erst in vielen Jahren. Ausgetragen wird diese Reformiererei aber auf Kosten der Schüler und Studenten. Änderungen sollten nicht dem Zeitgeist folgen."

Bemerkenswert ist, dass die Gewerkschaft Erziehung und Wissenschaft (*GEW*) bereits vor Jahren zu der gleichen Bilanz gelangte. So konstatierte Marianne Demmer, die stellvertretende Vorsitzende der GEW, in ihrer „PISA Bilanz" 2010:

» PISA hat zu einem Boom der empirischen Bildungsforschung und bildungspolitischer Sonntagsreden geführt. Der Paradigmenwechsel zur ergebnisorientierten Steuerung ist teuer und pädagogisch wirkungslos, wenn nicht sogar kontraproduktiv. Chancengleichheit und Bildungsgerechtigkeit sind zum Thema geworden, aber nicht zur Realität. Die Lehrerbildung wurde bislang sträflich vernachlässigt […] die Kluft wird nicht kleiner: Weder zwischen den Schülerinnen und Schülern, noch zwischen den Bundesländern (Demmer 2010).

Man kann es drehen und wenden wie man will, PISA hat der bildungspolitischen Diskussion und dem *praktischen Interesse* an pädagogischen Vergleichen im Sinne Hörners (1997) großen Auftrieb gegeben und einen Standard gesetzt, an dem sich andere Vergleichsstudien orientieren. Jedenfalls ist die Menge an Veröffentlichungen im Rahmen der verschiedenen PISA-Studien und der durch sie ausgelösten Untersuchungen mittlerweile so stark angewachsen, dass einen fast der Mut verlässt, sich eingehend damit zu befassen.

Tab. 1.18 Ergebnisse von PISA 2012 – eine Auswahl (Quelle: OECD 2013)

Mathematik			Lesefähigkeit			Naturwissenschaften		
1.	Shanghai (China)	611	1.	Shanghai (China)	570	1.	Shanghai (China)	580
2.	Singapur	573	2.	Hongkong (China)	545	2.	Hongkong (China)	555
3.	Hongkong (China)	561	3.	Singapur	542	3.	Singapur	551
4.	Taipeh	560	4.	Japan	538	4.	Japan	547
5.	Südkorea	554	5.	Südkorea	536	5.	Finnland	555
6.	Macau (China)	538	6.	Finnland	524	6.	Estland	541
8.	**Liechtenstein**	535		Irland	523		**Liechtenstein**	525
9.	**Schweiz**	531		**Schweiz**	509		**Deutschland**	524
16.	**Deutschland**	514		**Deutschland**	508		**Schweiz**	515
18.	**Österreich**	506		**Österreich**	490		**Österreich**	506
29.	Luxemburg	490		Italien	490	27.	Italien	494
32.	Italien	466		Luxemburg	488	29.	Luxemburg	491

Anna: „Das erinnert mich irgendwie an den Herrn Tur Tur."

Jakob: „Kommt mir irgendwie bekannt vor, aber im Moment weiß ich nicht genau, was du meinst."

Anna: „Kannst du dich an *Jim Knopf und Lukas den Lokomotivführer* von Michael Ende erinnern? Der Herr Tur Tur ist ein sogenannter *Scheinriese*; je weiter man sich von ihm entfernt, desto größer scheint er. Nur wer sich ganz nah an ihn heran wagt, erkennt, dass er genauso groß ist wie jeder normale Mensch."

Jakob: „Und du glaubst, die Situation mit den vielen Untersuchungen, die durch PISA losgetreten wurden, ähnelt dem Scheinriesen Tur Tur."

Anna: „Genau! Vor allem auch, weil der Herr Tur Tur später ein lebendiger Leuchtturm für Lummerland wird, damit der Postbote nicht immer mit seinem Schiff mit der Insel kollidiert."

Jakob: „PISA ist also der Leuchtturm für die Bildungspolitik? Darauf muss man aber erst kommen!"

Insgesamt kann PISA als eines der erfolgreichsten Projekte der Internationalen Erziehungswissenschaft beurteilt werden. Die Wirkungen dieses Programms auf die pädagogische Psychologie und empirische Bildungsforschung sind enorm, wie der derzeitige Boom an Professuren für empirische Bildungsforschung an deutschen Universitäten belegt. PISA ist nicht nur eine Initiative für weit reichende Vertiefungsstudien in den Bereichen der Schul- und Unterrichtsforschung, die PISA-Studien haben als Folge ihrer publikumswirksamen Vermarktung auch das allgemeine Bewusstsein für Bildungsfragen geweckt und die Bildungsforschung institutionell gestärkt.

1.4.3.3 PISA im Vergleich mit anderen Vergleichsstudien

Die PISA-Studien sind grundsätzlich als Querschnittsuntersuchungen angelegt, und selten wird Veränderungen der Kompetenzen über eine längere Zeitspanne nachgegangen. Im Kontext von PISA stellt die Studie PISA-International-Plus diesbezüglich eine Ausnahme dar (Prenzel et al. 2006).

Im Unterschied zu PISA und ihrem Fokus auf fünfzehnjährige Schüler haben sich andere internationale Vergleichsuntersuchungen auf jüngere Altersgruppen konzentriert. Beispielsweise untersucht die *Internationale* Grundschul-Lese-Untersuchung IGLU (International PIRLS: Progress in International Reading Literacy Study) seit 2001 in einem Zeitabstand von fünf Jahren die Lesekompetenz deutscher Grundschulkinder (am Ende der Grundschulzeit) – und gelangt zu anderen Ergebnissen als die PISA-Studien. Bemerkenswert ist auch, dass sich der Fokus von IGLU nicht nur auf die Schülerleistungen richtet, sondern auch die schulischen und häuslichen Rahmenbedingungen in die Analysen einbezieht.

Bezug nehmend auf die Ergebnisse von IGLU 2006 ist festzustellen, dass Deutschland im Vergleich zu anderen Teilnehmerstaaten ausgesprochen gut abschneidet. Die Lesekompetenz der deutschen Grundschüler liegt im oberen Viertel der Verteilung und in keinem der teilnehmenden Mitgliedsländer der EU schneiden Viertklässler besser ab. Des Weiteren fiel die Leistungsstreuung zwischen leistungsstarken und leistungsschwachen Schülern vergleichsweise gering aus.

Dieser Befund steht in deutlichem Kontrast zu dem negativen Bild, das PISA für fünfzehnjährige Schüler hinsichtlich der Lesekompetenz zeichnet. Es lag daher nahe, den Gründen für die Unterschiede zwischen IGLU und PISA nachzuspüren, so wie dies Artelt et al. (2008) versucht haben. Diese Autoren beschreiben aber ausführlich die Gründe, die gegen einen direkten Vergleich der Kennwerte aus beiden Studien sprechen, besonders wird auf die Unterschiede im Hinblick auf den jeweils zugrunde gelegten Lesekompetenzbegriffs hingewiesen. Die gleichwohl getroffene Gesamtaussage, dass gutes Abschneiden am Ende der Grundschule kein Garant für hohe Lesekompetenz am Ende der Sekundarstufe ist, ist trivial und kann nicht befriedigen, da sich die Untersuchungen auf unterschiedliche Zielpopulationen bezogen hatten und weder in PISA noch in IGLU eine echte Längsschnittuntersuchung zur Entwicklung der Lesekompetenz an ein und derselben Stichprobe über mehrere Jahre durchgeführt worden ist, die eine solche Aussage rechtfertigen könnte. Die Ergebnisse von IGLU und PISA sind schlicht und einfach nicht vergleichbar.

Das gilt grundsätzlich auch für die Ergebnisse einer der seltenen Längsschnittstudien zum Lesen in der Sekundarstufe (LISA), die (ausgelöst durch PISA) seit 2004 repräsentativ für Schleswig-Holstein die Entwicklung von Leseverhalten, Lesemotivation und Lesekompetenz von über 1000 Schüler(innen) im Verlauf der Sekundarstufe I analysiert. Bei einem ersten Vergleich (Retelsdorf und Möller 2008) zeigte sich, dass sich für die Lesekompetenz etwa gleich große *Leistungszuwächse* für Schüler aller Schulformen (Hauptschule, Realschule, Gymnasium) feststellen ließen, während die Lesemotivation der Gymnasiasten weniger rückläufig war als die von Schülern der anderen beiden Schulformen. Für das Selbstkonzept in Bezug auf das Lesen zeigte sich sogar ein deutlicher Aufholeffekt der Hauptschüler gegenüber den Selbstkonzepten der Schüler der anderen Schulformen. LISA gelangte also zu ähnlich positiven Ergebnissen wie IGLU in Bezug auf die Lesekompetenz deutscher Schüler.

1.4.4 Methodik der internationalen Vergleichsforschung

„PISA & Co." haben viel bewirkt und dennoch begegnet man ihnen in der Erziehungswissenschaft mit einem gewissen Unbehagen und sogar Misstrauen. Das hat auch damit zu tun, dass diese Vergleichsstudien tief in der Politik verwurzelt sind und das Gegenteil dessen verkörpern, was die *kritische Erziehungswissenschaft* seit Jahrzehnten anstrebt (z. B. eine kritische Distanz zur Politik).

Bezug nehmend auf die von Hörner (1997) vorgenommene Klassifikation der Funktionen des pädagogischen Vergleichs (◘ Abb. 1.52) liegt die Schlussfolgerung nahe, dass „PISA & Co." nicht dem theoretischen Interesse dienen, da sie weder *idiografisch* (hermeneutisch) noch *nomothetisch* (experimentell) ausgerichtet sind. Sie dienen überwiegend dem praktischen (d. h. politisch motivierten) Interesse und stellen die *melioristische* und *evolutionistische* Funktion des Vergleichs in den Mittelpunkt. Das erklärte Ziel von PISA ist ja, nicht nur Beschreibungen des Ist-Zustandes zu liefern, sondern *Verbesserungen* auszulösen. Dem dient der evolutionistische Vergleich auf der Suche nach internationalen Trends.

1.4.4.1 Charakteristika der Methodik der Vergleiche

Internationale Vergleichsstudien wie PISA, TIMSS oder IGLU zielen weder auf Verstehen noch Erklären, sie sind schlicht und einfach *deskriptiver Natur.* Wenn nach „Erklärungen" für das Zustandekommen der Ergebnisse gesucht wird, erfolgt dies üblicherweise auf der Grundlage von Ex-post-facto-Anordnungen. Für diesen Bereich der empirischen Forschung haben die internationalen Vergleichsstudien (allen voran PISA) allerdings einen Standard gesetzt. In diesem Zusammenhang ist auch die forschungsmethodische Bedeutung der seit TIMSS 1999 üblich gewordenen Videostudien (z. B. Reusser und Pauli 2010) hervorzuheben, die einen bedeutsamen Beitrag zur kulturvergleichenden Unterrichtsforschung und zur Integration qualitativer Daten geleistet haben.

Die internationalen Vergleichsstudien stellen eine wichtige Facette der vergleichenden Erziehungswissenschaft dar. Ihr Verdienst besteht darin, über die Methoden der Hermeneutik, des Fallverstehens und der quasiexperimentellen Forschung hinausgehend die deskriptiv-statistische Methode des Vergleichs zu pflegen. Die große Stärke liegt in der Deskription und der Ex-post-facto-Untersuchung des Zustandekommens pädagogischer Phänomene. Ihre Schwäche liegt in dem *Verzicht auf Verstehen* (im Sinne der Hermeneutik) *und Erklären* (im Sinne experimenteller und quasi experimenteller Forschung). Wir halten fest:

Die Internationale Vergleichsforschung im Rahmen von PISA oder TIMSS verfolgt ein praktisches (politisch motiviertes) Interesse am Vergleich und verfährt deskriptiv. Sie zielt auf melioristische und evolutionistische Vergleiche sowie auf Ex-post-facto-Untersuchungen des Zustandekommens ihrer Ergebnisse.

Bezug nehmend auf die Ausführungen zum Bildungsbegriff (► Abschn. 1.2.1) ist festzustellen, dass sich PISA und TIMSS nicht an dem deutschen Bildungsbegriff oder einer Schnittmenge nationaler Curricula orientieren, sondern einen Bildungsbegriff verwenden, der im Englischen als *literacy* bezeichnet wird. Dabei geht es um das Wissen, die Fähigkeiten und Kompetenzen, die relevant sind für persönliches, soziales und *ökonomisches* Wohlergehen (OECD 1999). Damit verbunden ist der Anspruch, über die Messung von Schulwissen hinauszugehen und die Fähigkeit zur Bewältigung von authentischen Problemen zu untersuchen. Infolgedessen stellt die *curriculare Validität*, d. h. die Übereinstimmung der Testaufgaben mit dem Lehrplan, ein Kernproblem von „PISA & Co." dar. Für den mathematischen Bereich von PISA und TIMSS hat z. B. der Mathematikdidaktiker Meyerhöfer (2003, 2005) auf der Grundlage objektiv-hermeneutischer Analysen die curriculare Gültigkeit der Testaufgaben in Zweifel gezogen, wobei er unter dem Stichwort der „Abkehr von der Sache" die Überbetonung des Fachsprachlichen und die Verwerfung des Mathematischen wie auch des Realen bei realitätsnahen Aufgaben bemängelt.

Hinsichtlich der *Zielpopulation* und Stichprobenbildung wird in PISA das Lebensalter (fünfzehnjährige Schüler) zugrunde gelegt. Auch in anderen Projekten (wie TIMMS) wird das Lebensalter der Testpersonen zugrunde gelegt. Die Messungen der Kompetenzen (in den Zielbereichen) erfolgen in der Regel als *Momentaufnahme* zu einem einzigen Zeitpunkt und haben daher etwas Blitzlichtartiges. Nur im Falle von PISA-International-Plus fand eine Wiederholungsmessung statt. Dementsprechend kann PISA-International-Plus als Panelstudie verstanden werden, wohingegen die anderen PISA-Studien (wie auch TIMSS) als *Trendstudien* konzipiert sind und die Messungen zu verschiedenen Zeitpunkten mit jeweils unterschiedlichen Personenstichproben durchführen. Aus Trenddaten können aber keine Veränderungen auf der Individualebene abgeleitet werden. Wird dies dennoch getan, liegt ein *ökologischer Fehlschluss* vor.

Legt man die seit Campbell und Stanley (1965) propagierten Kriterien der internen und externen Validität als Qualitätsstandards für empirische Forschung zugrunde, weisen die internationalen Vergleichsstudien weder die eine noch die andere Validität auf, so dass Generalisierungen der Befunde nicht möglich sind – weder in Bezug auf andere Personengruppen noch auf andere Situationen.

Problematik der PISA-Tests

In Anbetracht der Tatsache, dass bei „PISA & Co." Kompetenzen von Personen gemessen werden, ist insbesondere ein Blick auf die Tests und die verwendeten Testaufgaben geboten. Da die weltweit gestellten Aufgaben der PISA-Studien aus praktischen Gründen geheim gehalten werden (z. B. um Aufgaben in Folgestudien wieder verwenden zu können), muss man sich, um einen Eindruck zu gewinnen, mit einigen freigegebenen Beispielaufgaben begnügen.[10] Testtheoretisch wird der Auswertung der Testwerte das Rasch-Modell bzw. die Item Response Theory zugrunde gelegt, was erlaubt, Aufgabenschwierigkeiten und Kompetenzen auf einer Skala zu beschreiben. Die PISA-Skala ist so konstruiert, dass die Kompetenzen normalverteilt werden mit dem Mittelwert $\mu = 500$ und der Standardabweichung $\sigma = 100$ (▶ Kap. 6).

Bei der PISA-Skala liegt z. B. eine Person mit dem Messergebnis 514 im mittleren Erwartungsbereich der Normalverteilung, aber oberhalb des OECD Mittelwertes. Eine andere Person mit dem Wert 475 liegt auch im mittleren Bereich, aber unter dem festgelegten OECD Mittelwert. Wenn man die Ergebnisse von PISA 2009 betrachtet, stellt man fest, dass nur Shanghai mit dem Wert 600 knapp an der Grenze zu $\mu+/-2\sigma$ liegt und damit besser abschneidet als 95 %. Das ist wirklich Spitze! Will man nun einen Vergleich von Shanghai und Deutschland durchführen, muss man für beide Länder die Verteilungen der Testwerte kennen, um sie gegen die Standardnormalverteilung auf einen signifikanten Unterschied hin zu prüfen. Aber allen Warnungen der Testentwickler zum Trotz werden die Ergebnisse der PISA-Studien in der Öffentlichkeit gewöhnlich auf eine Kennzahl (den länderspezifischen Mittelwert ohne Berücksichtigung der Varianz) pro Land reduziert. Signifikanzgrenzen werden ignoriert, und das Ganze wird interpretiert wie ein olympischer Medaillenspiegel, d. h. nur mit Blick auf das sogenannte Ranking (◘ Abb. 1.58).

◘ **Abb. 1.58** © goldencow_images / fotolia.com

Ähnliche Normierungen wie bei PISA sind seit langem aus der Intelligenzforschung (z. B. mit $\mu = 100$ und $\sigma = 15$) bekannt. Die Normalverteilung der Intelligenz ist aber nichts anderes als ein idealtypisches Modell, das nach Rosemann (1979) der Realität „aufgepfropft" und ein Axiom der Testkonstruktion ist. Legt man die Standardnormalverteilung als *tertium comparationis* zugrunde, ergeben sich naturgemäß weitgehende Übereinstimmungen zwischen den PISA-Skalen und Intelligenztests. Das wird verschiedentlich dahingehend interpretiert (z. B. Rindermann 2006), dass die PISA-Tests im Grunde nichts anderes als Intelligenztests seien, und PISA könne als das aufwendigste Projekt der Intelligenzmessung auf internationaler Ebene betrachtet werden. Schön wäre es, wenn das zuträfe. Aber da PISA, TIMMS und IGLU nicht miteinander korrelieren können, da ihnen unterschiedliche Stichproben zugrunde liegen, und da in den verschiedenen Vergleichsstudien keine Intelligenztests durchgeführt wurden, um deren Korrelation mit den Testwerten der Vergleichsstudien berechnen zu können, ist die Behauptung, die PISA-Tests seien Intelligenztests, nicht haltbar. Sonst wäre ja auch die Aussage „Röcke werden mit steigenden Aktienkur-

10 Beispielaufgaben sind auf einer Internetseite des Max-Planck-Instituts für Bildungsforschung zu finden: ▶ http://www.mpib-berlin.mpg.de/Pisa/beispielaufgaben.html. Eine englischsprachige Publikation mit Beispielaufgaben aus dem Haupttest ist auf der Webseite der OECD zu finden: OECD (Hrsg) (2001). *Measuring student knowledge and skills: The PISA 2000 assessment of reading, mathematical and scientific literacy*. Paris: OECD.

sen kürzer" eine zulässige Korrelationsaussage. Abschließend sei noch darauf hingewiesen, dass Intelligenztests üblicherweise nach Altersgruppen und auch nach anderen Merkmalen (z. B. Schulabschlüsse) normiert werden. Diese Normierung erfolgt meist getrennt für einzelne Länder (auch im deutschen Sprachraum), so dass länderübergreifende Vergleiche nur eingeschränkt oder gar nicht möglich sind. Die Argumentation, PISA sei bloß die Fortsetzung einer langen Tradition der Intelligenzforschung, läuft somit ins Leere.

So einfach lässt sich der Vorwurf leider nicht entkräften, dass zumindest die frühen PISA-Studien erhebliche Mängel in der statistischen Auswertung aufweisen. Tatsächlich hat Gaeth (2005) methodische Mängel in einer solchen Häufung nachweisen können, dass ihm der wissenschaftliche Wert der PISA-Studie(n) insgesamt fraglich erscheint. Im Einzelnen führt Gaeth aus, dass das schlechte Abschneiden der deutschen Schüler auf die Stichprobenbildung auf der Grundlage des Lebensalters zurückgeführt werden könne. In Deutschland wird bekanntlich vergleichsweise spät eingeschult, so dass Schüler anderer Länder im Alter von 15 Jahren gewöhnlich bereits über eine längere Schulzeit zurückblicken können, also mehr Zeit hatten, die getesteten Kompetenzen zu entwickeln. Daraus leitet Gaeth die Annahme ab, dass die Werte für die deutschen Schüler deutlich besser ausfallen würden, wenn die Stichprobengewinnung (wie bei IGLU) auf der Grundlage von Klassenstufen erfolgte. Zur Erinnerung: Bei IGLU schneiden die deutschen Schüler tatsächlich wesentlich besser ab als bei PISA.

In Bezug auf die sozialen Disparitäten[11] im Lesen, wie sie bei PISA-Studien regelmäßig berichtet werden, stellt Gaeth fest, dass diese einem mangelhaften Testkonstrukt zuzuschreiben seien, das einerseits mit der Stichprobendefinition zusammenhinge und andererseits das Ergebnis von sogenannten Boden- und Deckeneffekten sei. Des Weiteren führt er aus, dass die Kategorie der sogenannten Nichtleser auf eine Fehlinterpretation eines Items (*read for enjoyment*) zurückgehe. Wenn eine Person verneint, „aus Vergnügen zu lesen", heißt das nicht, dass die Person nicht liest. Aus der Beobachtung, dass die Schüler der gezogenen Stichproben angeben, nicht gerne zu lesen, kann nicht die Folgerung abgeleitet werden, dass es in Deutschland besonders viele Nichtleser gibt.

1.4.4.2 Alternative Methoden des Vergleichs

Die internationalen Vergleichsstudien sind als Trendstudien konzipiert, wobei „Trend" eine Entwicklung meint, die auf der Grundlage valider Messungen zumindest teilweise prognostiziert werden kann. Wie will man aber auf der Grundlage einer einmaligen Messung im Alter von 15 Jahren eine valide und zuverlässige Vorhersage in Bezug auf die Kompetenzen im Alter von 20 oder 30 Jahren treffen? Und was weiß man über die vorangegangene Entwicklung der Schüler?

11 Disparitäten betreffen ungleiche Lebensbedingungen innerhalb eines genau definierten Raumes in sozialer und wirtschaftlicher Hinsicht (Arbeitsplätze, Dienstleistungen). Sie werden definiert als Abweichungen bestimmter, als gesellschaftlich relevant erachteter Merkmale von einer gedachten Referenzverteilung. Man spricht auch von globalen, nationalen und regionalen Disparitäten.

In Hatties (2013) Forschungssynthese nimmt das vorausgehende Leistungsniveau unter 135 erfassten Variablen Rang 14 und die Selbsteinschätzung des eigenen Leistungsniveaus sogar den ersten Rangplatz ein, dicht gefolgt vom Stand der kognitiven Entwicklung. Trendstudien wie PISA aber ignorieren sowohl die individuelle Entwicklung von Personen als auch die Tatsache, dass Lernen kumulativ ist (Lee 2012). Diesen Aspekt hatte bereits Norman (1980), ein prominenter Kognitionswissenschaftler, angesprochen:

> » Es gibt erstaunlich wenig Forschung zum Lernen – wirklichem Lernen, Lernen komplexer Sachverhalte, Lernen, das Monate, sogar Jahre dauert, um es zu bewältigen. Ich habe irgendwo anders geschätzt, dass Experten für eine Aufgabe bis zu 5000 Stunden aufbringen, um ihre Fertigkeiten zu erwerben. Das ist keine so lange Zeit; es sind 2½ Jahre Vollzeitbemühung, 40 Stunden pro Woche, 50 Wochen im Jahr. Nicht viel Zeit, um ein Tennisprofi, ein Programmierer oder Linguist zu werden. Was passiert in dieser Zeit? Was auch immer, es ist langsam und kontinuierlich (Norman 1980, S. 20).

▪ Vergleichende Längsschnittstudien

TIMSS, PISA und IGLU haben den Leistungsstand deutscher Schüler in unterschiedlichen Fähigkeitsbereichen für verschiedene Altersgruppen im Querschnitt beschrieben. Allerdings bieten diese Studien neben der Feststellung von Leistungsunterschieden im internationalen und im Vergleich der Bundesländer und verschiedener Bevölkerungsgruppen (z. B. nach dem Migrationshintergrund) kaum eine Grundlage für eine Analyse der Bedingungen und Ursachen der aufgezeigten Unterschiede. Für die Untersuchung dieser Zusammenhänge werden Längsschnittstudien zum Bildungsverlauf benötigt, denn Querschnittsstudien können immer nur eine momentane Ausprägung von Lernleistungen und Fähigkeiten erfassen. Um beispielsweise den Leistungsstand einer bestimmten Schülerkohorte im Lesen erklären zu können, müsste ihre bisherige Bildungslaufbahn betrachtet werden.

Ein Beispiel hierfür bietet die Untersuchung der Stabilität und Veränderung der Lesemotivation von Kush et al. (2005), in der auch die Entwicklung der Lesefähigkeit im Längsschnitt erfasst wurde. Auf der Grundlage eines Kovarianz-Struktur-Modells wurde die Annahme dreier lesebezogener Konstrukte (Einstellung zu Lesen, Leseverhalten und Leseleistung) in der zweiten und dritten Klassenstufe untersucht, um für die untersuchten 151 Schüler(innen) die Leseleistung in der siebten Klasse vorherzusagen. Die Ergebnisse zeigen, dass bei der ersten Messung die Einstellung zum Lesen nicht mit der Leseleistung korrelierte, aber beide Variablen erwiesen sich als signifikante Prädiktoren für die Leseleistung in der siebten Klassenstufe. Die Varianz der Leseleistung auf Klassenstufe 7 wird zum überwiegenden Teil (fast perfekt) durch die Varianz der Anfangsleseleistung (auf Klassenstufe 2 und 3) erklärt (◘ Abb. 1.59) – ein Indikator für eine äußerst stabile Performanz über die Zeit von mehreren Jahren.

Das Beispiel zeigt, dass Entwicklungen in den individuellen Bildungsverläufen nur untersucht werden können, wenn Informationen auf der Mikroebene von Beobachtungseinheiten zu verschiedenen Zeitpunkten erhoben werden. Nur so lassen sich Zusammenhänge und Verhaltensregelmäßigkeiten aufdecken.

Die erziehungswissenschaftlichen Vorzüge von Längsschnittuntersuchungen betreffen drei Ebenen. Erstens erlauben sie Beschreibungen der Dauer und Veränderung von Zuständen im Zeitverlauf, zweitens eignen sich Längsschnittstudien in besonderer Weise zur multivariaten Untersuchung von individuellen und gesellschaftlichen Entwicklungs- und Veränderungsprozessen. Und drittens ermöglichen Längsschnittdesigns die kausale Rekonstruktion von Entwicklungs- und Veränderungsprozessen. Der Vergleich der Messwerte aus verschiedenen Erhebungswellen erlaubt festzustellen, ob und in welcher Weise sich ein bestimmtes Merkmal verändert hat und ob über die verschiedenen Messungen hinweg statistisch signifikante Zusammenhänge zwischen den Variablen bestehen.

Im Unterschied zu einigen europäischen Ländern und Nordamerika, wo in der Vergangenheit verschiedene Längsschnittstudien zum Bildungsverlauf durchgeführt wurden, befindet sich die deutsche Bildungsforschung in einem deutlichen Rückstand, so das Urteil von Kristen et al. (2005). Diese Feststellung ist insofern zu revidieren, als die Langzeitstudie LISA von Retelsdorf und Möller (2008, 2010) über vier Jahre hinweg die Entwicklung der Lesemotivation an 1500 Jugendlichen in Schleswig-Holstein im Abstand von jeweils 1,5 Jahren untersuchte.

Metaanalysen

Eine Alternative zu internationalen Vergleichsstudien wird gelegentlich in Metaanalysen gesehen. Metaanalysen folgen aber einer gänzlich anderen Konzeption als internationale Vergleichsstudien. Metaanalysen „fangen" *ex post facto* die internationalen Aspekte ein, was voraussetzt, dass international hinreichend viele Studien zu ein und derselben Fragestellung durchgeführt wurden und dass zwischen den beteiligten Ländern differenziert werden kann. Genau daran aber scheitern die bislang vorliegenden Metaanalysen. Sie kommen zwar relevanten Variablen und Zusammenhängen auf die Spur, aber bieten so gut wie keine Grundlage für die vergleichende Analyse im Sinne der internationalen Vergleichsstudien. Das kann gut mit der Forschungssynthese Hatties (2013) verdeutlicht werden, in der zwar erdumspannend die Effekte von 135 Variablen auf die Schulleistungen von insgesamt mehr als 80 Millionen Schüler(innen) bestimmt werden, die aber keine Vergleiche zwischen den Bildungs- und Schulsystemen verschiedener Länder erlauben.

Fazit

Wir fassen das Ergebnis des Kapitels mit den Worten Noahs zusammen, der in Bezug auf die vergleichende Forschung der Pädagogik zwei Parteien unterscheidet:

» diejenigen, die glauben, daß man aus dem Studium ausländischer Bildungssysteme und -aktivitäten profitieren kann, und diejenigen, die nicht dieser Meinung sind. Die letzteren begründen ihre Skepsis und ihre Meinung damit, dass Bildung und Erziehung idiosynkratischer Natur seien, d. h. eine besondere und eigenartige Mischung spezifischer Elemente darstellen. Es ist nicht nur so, wird behauptet, daß jede Nation das Bildungswesen besitzt, das sie verdient, sondern daß jede Nation und jedes Land das eigene Bildungs- und Erziehungswesen aus einer einzigartigen Konstellation der historischen und kulturellen Umstände generiert, so daß nichts Wesentliches und Wertvolles durch ein Lernen vom Ausland gewonnen werden könne [...]. Die Vertreter der anderen Auffassung verweisen dagegen auf die gemeinsamen historischen Ursprünge, ähnliche Funktionen sowie die heutigen Potentiale, aber auch Herausforderungen an Bildung und Erziehung (Noah 1991, S. 29).

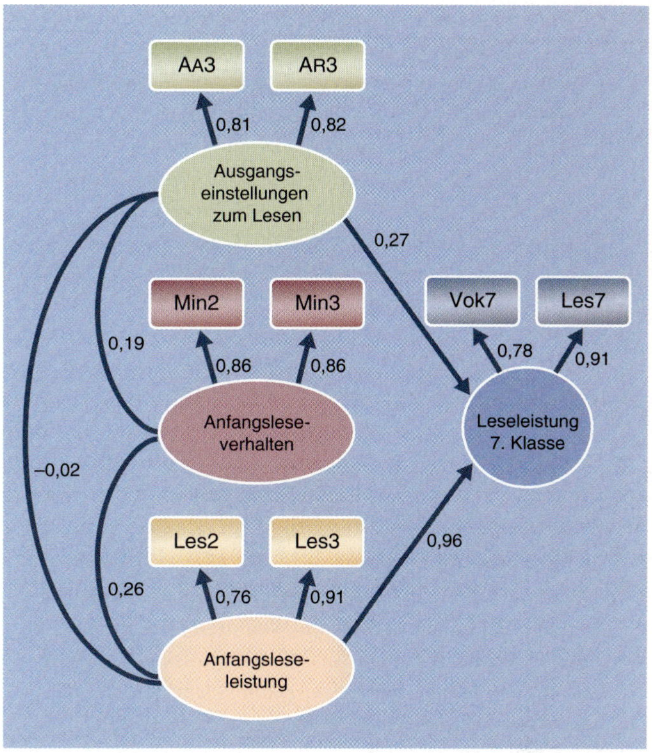

Abb. 1.59 Prädiktor-Modell zur Leseleistung (Kush et al., 2005) S. 37). **AA3** Einstellungen zum schulbezogenen Lesen auf Klassestufe 3, **AR3** Einstellungen zum entspannenden Lesen auf Klassestufe 3, **Min2** Zeit für Lesen (in Minuten) auf Klassenstufe 2, **Min3** Zeit für Lesen (in Minuten) auf Klassenstufe 3, **Les2** Ergebnis aus NCE-Lesetest auf Klassenstufe 2, **Les3** Ergebnis aus NCE-Lesetest auf Klassenstufe 3, **Vok7** Ergebnis aus NCE-Worttest auf Klassenstufe 7, **Les3** Ergebnis aus NCE-Lesetest auf Klassenstufe 7

Aufgaben zum Festigen des neuen Wissens

1. Der vergleichenden Erziehungswissenschaft werden verschiedene pragmatische Funktionen für die pädagogische Erkenntnisgewinnung zugeschrieben. Stellen Sie fest, in welcher Weise die vergleichende Erziehungswissenschaft folgenden Funktionen dient:
   - der bildungspolitischen Funktion,
   - der praktisch-pädagogischen Funktion
   - der interkulturellen Funktion.
2. Welche Absichten werden mit großen internationalen Vergleichsstudien im Bildungsvergleich verfolgt?

Aufgaben zum Weiterdenken

1. Nachdem Sie die Kurzfassung der vergleichenden Analyse von Alexander und Pilz gelesen haben, sollten Sie imstande sein, unter Bezugnahme auf die von Hörner (1997)

unterschiedenen Funktionen des Vergleichs festzustellen, welche Art des Vergleichs vorgenommenen wurde.

2. Prüfen Sie die von Hörner (1997) genannten Funktionen des Vergleichs auch bei der Studie von Valtin und Rosenberg. – Bitte begründen Sie Ihr Urteil.
3. Wenn Sie die in dem Kapitel getroffenen Aussagen zu den PISA-Studien überdenken, fallen Ihnen womöglich verschiedene Argumente ein, die für und gegen internationale Ländervergleiche sprechen. Tragen Sie die Argumente in die Liste ein:

Pro PISA	Kontra PISA

Weiterführende Literatur

- Allemann-Ghionda, C. (2004). *Einführung in die Vergleichende Erziehungswissenschaft.* Weinheim: Beltz.
- Seiffge-Krenke, I. (2006). *Nach PISA. Stress in der Schule und mit den Eltern. Bewältigungskompetenzen deutscher Jugendlicher im internationalen Vergleich.* Göttingen: Vandenhoeck & Ruprecht.

Literatur

Adick, C. (2008). *Vergleichende Erziehungswissenschaft. Eine Einführung. Stuttgart: Kohlhammer.*

Adorno, T. W. (1969). *Stichworte. Kritische Modelle 2. Frankfurt a. M.: Suhrkamp.*

Aebli, H. (1963/1976). *Psychologische Didaktik. Didaktische Auswertung der Psychologie von Jean Piaget (6. Aufl.). Stuttgart: Klett.*

Aebli, H. (1983). *Zwölf Grundformen des Lehrens. Eine Allgemeine Didaktik auf psychologischer Grundlage. Stuttgart: Klett-Cotta.*

Aff, J. (2006). Berufliche Bildung in Vollzeitschulen – konjunkturabhängige Hebamme des dualen Systems oder eigenständige bildungspolitische Option? In M. Eckert, & A. Zöller (Hrsg.), *Der europäische Berufsbildungsraum – Beiträge der Berufsbildungsforschung (S. 125–138). Bielefeld: Bertelsmann.*

Alanen, L. (2001). Exploration in general analysis. In L. Alanen, & B. Mayall (Hrsg.), *Conceptualizing child-adult relations (S. 11–22). London: Routledge/Falmer Press.*

Albert, H. (1973). *Theologische Holzwege. Gerhard Ebeling und der rechte Gebrauch der Vernunft. Tübingen: Mohr.*

Albert, H. (1977). *Kritische Vernunft und menschliche Praxis. Stuttgart: Reclam.*

Albert, H. (1991). *Traktat über Kritische Vernunft (5. Aufl.). Tübingen: Mohr-Siebeck.*

Al-Diban, S., & Seel, N. M. (1999). Evaluation als Forschungsaufgabe von Instruktionsdesign – Dargestellt am Beispiel eines multimedialen Lehrprogramms. *Unterrichtswissenschaft, 27(1), 29–60.*

von Alemann, H., & Ortlieb, P. (1975). Die Einzelfallstudie. In J.van Koolwijk, & M. Wieken-Mayer (Hrsg.), *Untersuchungsformen (Bd. 2, S. 157–177). München: Oldenbourg.*

Alexander, P.-J., & Pilz, M. (2004). Die Frage der Gleichwertigkeit von allgemeiner und beruflicher Bildung in Japan und Deutschland im Vergleich. *Zeitschrift für Pädagogik, 50(5), 748–769.*

Alheit, P., & von Felden, H. (Hrsg.). (2009). *Lebenslanges Lernen und erziehungswissenschaftliche Biographieforschung. Konzepte und Forschung im europäischen Diskurs. Wiesbaden: VS Verlag für Sozialwissenschaften.*

Allemann-Ghionda, C. (2004). *Einführung in die Vergleichende Erziehungswissenschaft. Weinheim: Beltz.*

Altmann, H. (1983). Training foreign language teachers for learner-centered instruction. Deep structures, surface structures and transformations. In J. E. Alatis, H. H. Stern, & P. Strevons (Hrsg.), *Applied linguistics and the preparation of second language teachers (S. 19–26). Washington, D.C: Georgetown University Press.*

Ament, W. (1906). *Die Seele des Kindes: eine vergleichende Lebensgeschichte. Stuttgart: Kosmos.*

Anderson, L. W. (1976). An empirical investigation of individual differences in time to learn. *Journal of Educational Psychology, 68, 226–233.*

Anderson, R. C. (1984). Some reflections on the acquisition of knowledge. *Educational Researcher, 13(9), 5–10.*

Antes, J. R., Penland, J. G., & Metzger, R. L. (1981). Processing global information in briefly presented pictures. *Psychological Research, 43, 277–292.*

Argyrokastriti, S. (2008). *Schulklima und Unterrichtspraxis in komparatistischer Sicht. Eine schulethnographische Untersuchung in deutschen und griechischen Grundschulen. Stuttgart: Ibidem.*

Arnold, E. (1997). *Lehren lernen: Ergebnisse aus einem Projekt zur hochschuldidaktischen Qualifizierung des akademischen Mittelbaus. Münster: Waxmann.*

Arnold, R. (2002). Der Elefant kann zwar nicht tanzen, ist aber trotzdem stark. Anmerkungen und offene Fragen zur PISA-Studie. *GEW-Zeitung Rheinland-Pfalz, 1-2, 4–8.*

Arnold, R. (2005). *Die emotionale Konstruktion der Wirklichkeit Beiträge zu einer emotionspädagogischen Erwachsenenbildung. Baltmannsweiler: Schneider.*

Arnold, R. (2007). *Ich lerne, also bin ich. Eine systemisch-konstruktivistische Didaktik. Heidelberg: Carl Auer.*

Arnold, R. (2011). *Erwachsenenbildung: eine Einführung in Grundlagen, Probleme und Perspektiven (4. Aufl.). Baltmannsweiler: Schneider.*

Arnold, R., Müller, H.-J., Pätzold, H., & Schüßler, I. (2002). Wohin geht die Reise? Thesen zur pädagogischen Reformierung der Lehrerausbildung an berufsbildenden Schulen. *PÄD-Forum, 15(5), 359–363.*

Artelt, C., Drechsel, B., Bos, W., & Stubbe, T. C. (2008). Lesekompetenz in PISA und PIRLS/IGLU – ein Vergleich. *Zeitschrift für Erziehungswissenschaft, Sonderheft 10, 35–52.*

Artman, L., Cahan, S., & Avni-Babad, D. (2006). Age, schooling and conditional reasoning. *Cognitive Development, 21, 131–145.*

Aschersleben, K. (1990). *Einführung in die Unterrichtsmethodik (5. Aufl.). Stuttgart: Kohlhammer.*

Astleitner, H. (2010). Methodische Rahmenbedingungen zur Entdeckung der Wirksamkeit von pädagogischen Interventionen. In T. Hascher, & B. Schmitz (Hrsg.), *Pädagogische Interventionsforschung. Theoretische Grundlagen und empirisches Handlungswissen (S. 48–62). Weinheim: Juventa.*

Astleitner, H., & Koller, M. (2006). An aptitude-treatment-interaction-approach on motivation and student's self-regulated multimedia-based learning. *Interactive Educational Multimedia, 13, 11–23.*

Atteslander, P. (2010). *Methoden der empirischen Sozialforschung (13. Aufl.). Berlin: E. Schmidt.*

Ausubel, D. P. (1974). *Psychologie des Unterrichts. Weinheim: Beltz.*

Backlund, A. (2000). The definition of system. *Kybernetes, 29(4), 444–451.*

Baeriswyl, F. (2012). Choreographies of school learning. In N. M. Seel (Hrsg.), *The encyclopedia of the sciences of learning (Bd. 2, S. 537–540). New York: Springer.*

Bandura, A. (1976). *Lernen am Modell. Ansätze zu einer sozial-kognitiven Lerntheorie. Stuttgart: Klett-Cotta.*

Bandura, A. (1989). Social cognitive theory. In R. Vasta (Hrsg.), *Six theories of child development Annals of child development, (Bd. 6, S. 1–60). Greenwich, CT: JAI Press.*

Barker, J. A. (1993). *Paradigms. The business of discovering the future. New York: Harper Collins.*

Baron, R. M., & Kenny, D. A. (1986). The moderator-mediator variable distinction in social psychological research: Conceptual, strategic, and statistical considerations. *Journal of Personality and Social Psychology, 51(6), 1173–1182.*

Baske, S. (1998). Pädagogische Wissenschaft. In C. Führ, & C. L. Furck (Hrsg.), *1945 bis zur Gegenwart. Zweiter Halbband: Deutsche Demokratische Republik und neue Bundesländer Handbuch der deutschen Bildungsgeschichte, (Bd. VI, S. 137). München: Beck.*

Batra, A., Wassmann, R., & Buchkremer, G. (Hrsg.). (2013). *Verhaltenstherapie. Grundlagen – Methoden – Anwendungsgebiete (4. Aufl.). Stuttgart: Thieme.*

Baumert, J. (2001). Vergleichende Leistungsmessung im Bildungsbereich. *Zeitschrift für Pädagogik, Beiheft 43, 13–36.*

Becke, A. (1999). *Der Weg der Phänomenologie – Husserl, Heidegger, Rombach. Hamburg: Verlag Dr. Kovac.*

von Below, S. (2009). Bildungssysteme im historischen und internationalen Vergleich. In R. Becker (Hrsg.), *Lehrbuch der Bildungssoziologie (S. 131–153). Opladen: VS Verlag für Sozialwissenschaften.*

Benner, D. (2002). Die Struktur der Allgemeinbildung im Kerncurriculum moderner Bildungssysteme. Ein Vorschlag zur bildungstheoretischen Rahmung von PISA. *Zeitschrift für Pädagogik, 48, 68–89.*

Benner, D. (2003). *Wilhelm von Humboldts Bildungstheorie (3. Aufl.). Weinheim: Juventa.*

Benner, D. (2006). Bildungsforschung – Erziehungswissenschaft. Schlussreferat im Rahmen der von der DGfE veranstalteten Tagung „Erziehungswissenschaft und Bildungsforschung". In H. Merkens (Hrsg.), *Erziehungswissenschaft und Bildungsforschung (S. 129–146). Wiesbaden: VS Verlag für Sozialwissenschaften.*

Benner, D., & Sladek, H. (1998). *Vergessene Theoriekontroversen in der Pädagogik der SBZ und DDR 1946-1961. Monographie mit Quellenteil. Weinheim: Deutscher Studien Verlag.*

Benner, F. (2010). *Allgemeine Pädagogik. Eine systematisch-problemgeschichtliche Einführung in die Grundstruktur pädagogischen Denkens und Handelns (6. Aufl.). Weinheim: Juventa.*

Bennett, B., & Smilanich, P. (1994). *Classroom management. A thinking and caring approach. Toronto, Ontario: Bookation.*

Bernfeld, S. (1925/2006). *Sisyphus oder die Grenzen der Erziehung (10. Aufl.). Frankfurt a. M.: Suhrkamp.*

Binneberg, K. (1993). Plädoyer für eine pädagogische Kasuistik. In K. Binneberg (Hrsg.), *Pädagogische Fallstudien (S. 7–23). Frankfurt a. M.: Lang.*

Blankertz, H. (1982). *Die Geschichte der Pädagogik. Von der Aufklärung bis zur Gegenwart. Wetzlar: Büchse der Pandora.*

Blömeke, S., et al. (2010). Lerngelegenheiten und Kompetenzerwerb angehender Mathematiklehrkräfte im internationalen Vergleich. *Unterrichtswissenschaft, 38(1), 29–50.*

Bloom, B. S. (1971). Mastery learning. In J. H. Block (Hrsg.), *Mastery learning: Theory and practice (S. 47–63). New York: Holt, Rinehart & Winston.*

Bloom, B. S. (1974). Time and learning. The. *American Psychologist, 29, 682–688.*

Bloom, B. S. (1976). *Human characteristics and school learning. New York: McGraw-Hill.*

Blumenberg, H. (1981). *Die Lesbarkeit der Welt. Frankfurt a. M: Suhrkamp.*

Blumschein, P. (Hrsg.). (2014). *Lernaufgaben – Didaktische Forschungsperspektiven. Bad Heilbrunn: Klinkhardt.*

Böhm, W. (1994). *Wörterbuch der Pädagogik (14. Aufl.). Stuttgart: Kröner.*

Böhm, W. (2010). *Geschichte der Pädagogik. Von Platon bis zur Gegenwart (3. Aufl.). München: C.H. Beck.*

Bönsch, M. (1995). *Differenzierung in Schule und Unterricht. München: Ehrenwirth.*

Bollenbeck, G. (1996). *Bildung und Kultur. Glanz und Elend eines deutschen Deutungsmusters. Frankfurt a. M.: Suhrkamp.*

Bollnow, O. F. (1958). Wagnis und Scheitern in der Erziehung. *Pädagogische Arbeitsblätter zur Fortbildung für Lehrer und Erzieher, 10(8), 337–349.*

Bollnow, O. F. (1959). *Existenzphilosophie und Pädagogik. Versuch über unstetige Formen der Erziehung. Stuttgart: Kohlhammer.*

Bollnow, O. F. (1965). *Existenzphilosophie und Pädagogik. Versuch über unstetige Formen der Erziehung (3. Aufl.). Stuttgart: Kohlhammer.*

Bollnow, O. F. (1981). Der Begriff des pädagogischen Bezugs bei Herman Nohl. *Zeitschrift für Pädagogik, 27(1), 31–37.*

Bonz, B. (2006). *Lernarrangements in der Berufsausbildung. Baltmannsweiler: Schneider.*

Boos-Nünning, U. (2011). *Migrationsfamilien als Partner von Erziehung und Bildung. Bonn: Friedrich-Ebert-Stiftung. Expertise im Auftrag der Abteilung Wirtschafts- und Sozialpolitik der Friedrich-Ebert-Stiftung*

Borowski, A., et al. (2010). Professionswissen von Lehrkräften in den Naturwissenschaften (ProwiN) – Kurzdarstellung des BMBF-Projekts. *Zeitschrift für die Didaktik der Naturwissenschaften, 16, 341–349.*

Boulton-Lewis, G. M., Smith, D. J. H., McCrindle, A. R., Burnett, P. C., & Campbell, K. H. (2001). Secondary teachers' conceptions of teaching and learning. *Learning and Instruction, 11(1), 35–51.*

Brähler, E., & Adler, C. (Hrsg.). (1996). *Quantitative Einzelfallanalysen und qualitative Verfahren. Gießen: Psychosozial-Verlag.*

Brezinka, W. (1971). *Von der Pädagogik zur Erziehungswissenschaft. Weinheim: Beltz.*

Brezinka, W. (1972). *Von der Pädagogik zur Erziehungswissenschaft (2. Aufl.). Weinheim: Beltz.*

Brown, A. L. (1992). Design experiments: Theoretical and methodological challenges in creating complex interventions in classroom settings. *The Journal of the Learning Sciences, 2(2), 141–178.*

Bruford, W. H. (1975). *The German tradition of self-cultivation: „Bildung" from Humboldt to Thomas Mann. Cambridge: Cambridge University Press.*

Bruner, J. (1990). *Acts of meaning. Cambridge, MA: Harvard University Press.*

Brüning, L. (2010). Störungsfrei unterrichten. Klassenmanagement als Basis erfolgreicher Lehr- und Lernprozesse. *Praxis Schule, 4, 4–8.*

Bühler, C. (1934). *Drei Generationen im Jugendtagebuch. Quellen und Studien zur Jugendkunde, Bd. 11. Jena: Fischer.*

Bulger, S. M., Mohr, D. J., & Walls, R. T. (2002). Stack the deck in favour of your students by using the four aces of effective teaching. *Journal of Effective Teaching, 5(2).*http://www.uncw.edu/cte/ET/

Bultmann, R. (1950/1993). Das Problem der Hermeneutik. In R. Bultmann (Hrsg.), *Glauben und Verstehen. Gesammelte Aufsätze (6. Aufl., Bd. 2, S. 211–235). Tübingen: Mohr.*

Burow, O.-A. (2003). *Prinzipien erfolgreicher Erziehung. Bad Heilbrunn: Klinkhardt.*

Busch, W. (2002). *Werke. Historisch-kritische Gesamtausgabe. Hannover: Schlütersche. 3 Bände*

Buss, A. R. (1979). *A dialectical psychology. New York: Irvington.*

Cahan, S., & Cohen, N. (1989). Age vs. schooling effects on intelligence development. *Child Development, 60, 1239–1249.*

Campbell, D. T., & Stanley, J. C. (1965). Experimental and quasi-experimental designs for research on teaching. In N. L. Gage (Hrsg.), *Handbook of research on teaching (2. Aufl., S. 171–246). Chicago: Rand McNally.*

Campbell, D. T., & Stanley, J. C. (1970). Experimentelle und quasi-experimentelle Anordnungen in der Unterrichtsforschung. In K. Ingenkamp, & E. Parey (Hrsg.), *Handbuch der Unterrichtsforschung. Teil I: Theoretische und methodologische Grundlegung (S. 445–632). Weinheim: Beltz.*

Carraher, T. N., Carraher, D. W., & Schliemann, A. D. (1985). Mathematics in the streets and in the schools. *British Journal of Developmental Psychology, 3(1), 21–29.*

Carroll, J. B. (1963). A model for school learning. *Teachers College Record, 64, 723–733.*

Chomsky, N. (1972). *Aspekte der Syntax-Theorie. Frankfurt a. M.: Suhrkamp.*

Clausen, M. (2002). *Unterrichtsqualität: Eine Frage der Perspektive? Münster: Waxmann.*

Clement, J. J., & Steinberg, M. S. (2002). Step-wise evolution of mental models of electric circuits: A „learning-aloud" case study. *The Journal of the Learning Sciences, 11(4), 389–452.*

Cohen, L., Manion, L., & Morrison, K. (2005). *Research methods in education (5. Aufl.). London: Routledge Falmer.*

Cohn, R. C. (1975). *Von der Psychoanalyse zur themenzentrierten Interaktion. Von der Behandlung einzelner zu einer Pädagogik für alle. Stuttgart: Klett-Cotta.*

Collins, A., Brown, J. S., & Newman, S. E. (1989). Cognitive apprenticeship: Teaching the crafts of reading, writing, and mathematics. In L. B. Resnick (Hrsg.), *Knowing, learning, and instruction (S. 453–494). Hillsdale, NJ: Erlbaum.*

Collins, A. S., Brown, J. S., & Holum, A. (1993). Cognitive apprenticeship: Making thinking visible. *American Educator, 15(3), 38–46.*

Collins, A., Greeno, J. G., & Resnick, L. B. (1994). Learning environments. In T. Husén, & T. N. Postlethwaite (Hrsg.), *The international encyclopedia of education (2. Aufl., Bd. 6, S. 3297–3302). Oxford, UK: Pergamon.*

Comenius, J. A. (1657/2007). *Große Didaktik. Die vollständige Kunst alle Menschen alles zu lehren. Stuttgart: Klett- Cotta. Hrsg. A. Flitner & K. Schaller*

Cook, T. D., & Campbell, D. T. (1979). *Quasi-experimentation: Design and analysis issues for field settings. Chicago: Rand MacNally.*

Corsten, M., & Hillmert, S. (2001). *Qualifikation, Berufseinstieg und Arbeitsmarktverhalten unter Bedingungen erhöhter Konkurrenz: was prägt Bildungs- und Erwerbsverläufe in den achtziger und neunziger Jahren? Arbeitspapier Nr. 1 des Projektes Ausbildungs- und Berufsverläufe der Geburtskohorten 1964 und 1971 in Westdeutschland. Berlin: Max-Planck-Institut für Bildungsforschung.*

Cowan, R., & Al-Zubaidi, A. S. (1985). Social context effects on children's performance of number conservation tasks: plausibility and evidence. *Educational Psychology, 5(3, 4), 267–278.*

Crawford, K. (2009). Cultural processes and learning: Expectations, actions, and outcomes. In L. P. Steffe et al. (Hrsg.), *Theories of mathematical learning (S. 1934–1948). New York: Routledge.*

Creemers, B. P. M. (1994). *The effective classroom. London: Cassell.*
Cronbach, L. J., & Snow, R. E. (1977). *Aptitudes and instructional methods: A handbook for research on interactions. New York: Irvington.*
Curzon, L. B. (2003). *Teaching in further education. An outline of principles and practice (6. Aufl.). London: Continuum Books.*
Czycholl, R., & Ebner, H. G. (2006). Handlungsorientierung in der Berufsbildung. In R. Arnold, & A. Lipsmeier (Hrsg.), *Handbuch der Berufsbildung (2. Aufl., S. 44–54). Wiesbaden: VS Verlag für Sozialwissenschaften.*
Dahms, H. J. (1994). *Positivismusstreit. Die Auseinandersetzungen der Frankfurter Schule mit dem logischen Positivismus, dem amerikanischen Pragmatismus und dem kritischen Rationalismus. Frankfurt am Main: Suhrkamp.*
Darabi, A. A., Nelson, D. W., & Seel, N. M. (2009). Progression of mental models throughout the phases of a computer-based instructional simulation: Supportive information, practice, and performance. *Computers in Human Behavior, 25, 723–730.*
Darwin, C. (1877). A biographical sketch of an infant. *Mind, 2(286), 294.*
Datler, W. (1995). Musterbeispiel, exemplarische Problemlösung und Kasuistik. Eine Anmerkung zur Bedeutung der Falldarstellung im Forschungsprozess. *Zeitschrift für Pädagogik, 41(5), 719–728.*
Dehnbostel, P., & Gillen, J. (2005). Kompetenzentwicklung, reflexive Handlungsfähigkeit und reflexives Handeln in der Arbeit. In J. Gillen (Hrsg.), *P. et al. (Hrsg.), Kompetenzentwicklung in Vernetzten Lernstrukturen. Konzepte arbeitnehmerorientierter Weiterbildung*
(S. 27–42). Bielefeld: Bertelsmann.
Deißinger, T. (2010). Warum funktionieren berufliche Vollzeitschulen in Deutschland anders als in Österreich? – Kritische Anmerkungen im Zeichen nationaler und internationaler Problemlagen. In R. Fortmüller, & B. Greimel-Fuhrmann (Hrsg.), *Wirtschaftsdidaktik – eine Tour d'horizon von den theoretischen Grundlagen zur praktischen Anwendung. Festschrift für Josef Aff zum 60. Geburtstag (S. 181–189). Wien: Manz Verlag.*
de Jong, T. (2010). Cognitive load theory, educational research, and instructional design: some food for thought. *Instructional Science, 38, 105–134.*
Demmer, M. (2010). *PISA Bilanz – PISA verstehen. Was hat sich seit dem PISA-Schock getan?.* http://www.gew.de/Publikationen_PISA.html
Dennis, W. (1936). A bibliography of baby biographies. *Child Development, 7, 121.*
Desrosier, J. (2011). Rapid prototyping resonsidered. *The Journal of Continuing Higher Education, 59, 135–145.*
Deutscher Bildungsrat (1974). *Aspekte für die Planung der Bildungsforschung. Empfehlungen der Bildungskommission. Stuttgart: Klett.*
Dewe, B. (2010). Begriffskonjunkturen und der Wandel vom Qualifikations- zum Kompetenzjargon. In T. Kurtz, & M. Pfadenhauer (Hrsg.), *Soziologie der Kompetenz (S. 107–118). Wiesbaden: VS Verlag für Sozialwissenschaften.*
Dilthey, W. (1900/1902). Die Entstehung der Hermeneutik. In G. Misch (Hrsg.), *Wilhelm Diltheys Gesammelte Schriften Bd. 5 Leipzig: Teubner.*
Dilthey, W. (1962). *Einleitung in die Geisteswissenschaften. Versuch einer Grundlegung für das Studium der Geschichte und der Gesellschaft. Gesammelte Schriften Bd. 1. Stuttgart: Teubner.*
Dingler, H. (1955). *Die Ergreifung des Wirklichen. München: Eidos Verlag.*
Dingler, H. (1969). *Die Ergreifung des Wirklichen. Eingeleitet von Kuno Lorenz und Jürgen Mittelstrass (Neuaufl.). Frankfurt a. M.: Suhrkamp.*
Ditton, H. (2002). Unterrichtsqualität – Konzeptionen, methodische Überlegungen und Perspektiven. *Unterrichtswissenschaft, 30(3), 197–212.*
Dolch, J. (1965). *Grundbegriffe der pädagogischen Fachsprache (6. Aufl.). München: Ehrenwirth.*
Dollard, J. et al. (1939). *Frustration and Aggression. New Haven, CT: Yale University Press.*
Donaldson, M. (1982). Conservation: What Is the Question? *British Journal of Psychology, 73, 199–207.*
Dubiel, H. (2001). *Kritische Theorie der Gesellschaft. Eine einführende Rekonstruktion von den Anfängen im Horkheimer-Kreis bis Habermas (2. Aufl.). Weinheim: Juventa.*
Duckworth, A. L., et al. (2011). Role of test motivation on intelligence testing. *Proceedings of the National Academy of Science USA, 108(19), 7716–7720.*
Duden (1977). *Bedeutungswörterbuch. Mannheim: Bibliographisches Institut.*
Duncker, K. (1935/1966). *Zur Psychologie des produktiven Denkens. Berlin: Springer.*
Ebbinghaus, H. (1885). *Über das Gedächtnis. Untersuchungen zur experimentellen Psychologie. Leipzig: Duncker & Humblot.*
Ebbinghaus, H. (1919). *Abriss der Psychologie (6. Aufl.). Leipzig: Veith.*
Eckert, T., von Hippel, A., Pietraß, M., & Schmidt-Hertha, B. (Hrsg.). (2011). *Bildung der Generationen. Wiesbaden: VS Verlag für Sozialwissenschaften.*
Edelmann, D., Schmidt, J., & Tippelt, R. (2012). *Einführung in die Bildungsforschung. Stuttgart: Kohlhammer.*
Edelmann, W. (2000). *Lernpsychologie (6. Aufl.). Weinheim: Beltz & Gelberg.*
Eder, F. (2002). Unterrichtsklima und Unterrichtsqualität. *Unterrichtswissenschaft, 30(3), 213–229.*
Eigler, G., Judith, H., Künzel, M., & Schönwälder, A. (1973). *Grundkurs Lehren und Lernen. Weinheim: Beltz.*
Einsiedler, W. (1981). *Lehrmethodenforschung. München: Urban & Schwarzenberg.*
Einsiedler, W. (1997). Research on instructional methods. A European perspective. In R. D. Tennyson, F. Schott, S. Dijkstra, & N. M. Seel (Hrsg.), *Instructional design: International perspectives Theory, research and models, (Bd. 1, S. 269–291). Mahwah, NJ: Erbaum.*
Eisenstadt, S. N. (1966). *Von Generation zu Generation. Altersgruppen und Sozialstruktur. München: Juventa.*
Elder jr., G. H. (1962). Structural variations in the child rearing relationship. *Sociometry, 25(3), 241–262.*
Emrich, H. M., & Smith, G. (Hrsg.). (1996). *Vom Nutzen des Vergessens. Berlin: Akademie-Verlag.*
Erdsiek-Rave, U., & John-Ohnesorg, M. (Hrsg.). (2012). *PISA- folgenlos? Handlungsmöglichkeiten gegen Bildungsbenachteiligung. Berlin: Friedrich-Ebert-Stiftung.*
Ericsson, K. A. (1996). The acquisition of expert performance: An introduction to some of the issues. In K. A. Ericsson (Hrsg.), *The road to excellence: The acquisition of expert performance in the arts and sciences, sports, and games (S. 1–50). Mahwah, NJ: Erlbaum.*
Ertmer, P. A., & Stepich, D. A. (2005). Instructional design expertise: How will we know it when we see it? *Educational Technology, 45(6), 38–43.*
Farnham-Diggory, S. (1972). *Cognitive processes in education: A psychological preparation for teaching and curriculum development. New York: Harper & Row.*
Fetz, B. (Hrsg.). (2009). *Die Biographie – Zur Grundlegung ihrer Theorie. Berlin: DeGruyter.*
Feyerabend, P. (1981). *Erkenntnis für freie Menschen (2. veränderte Aufl.). Frankfurt a. M.: Suhrkamp.*
Flammer, A. (1975). Wechselwirkungen zwischen Schülermerkmalen und Unterrichtsmethoden (WSU). In R. Schwarzer, & K. Steinhagen (Hrsg.), *Adaptiver Unterricht. Zur Wechselwirkung von Schülermerkmalen und Unterrichtsmethoden (S. 27–41). München: Kösel.*
von Foerster, H. (1985). *Sicht und Einsicht: Versuche zu einer operativen Erkenntnistheorie. Braunschweig: Vieweg.*
Frege, G. (1892/1973). Ausführungen über Sinn und Bedeutung. In *Schriften zur Logik. Aus dem Nachlaß (S. 27–36). Berlin: Akademie Verlag.*
Fromm, E. (1974). *Anatomie der menschlichen Destruktivität. Stuttgart: Deutsche Verlags-Anstalt.*
Fuchs, L. S., et al. (2004). Expanding schema-based transfer instruction to help third graders solve real-life mathematical problems. *American Educational Research Journal, 41(2), 419–445.*
Fuchs, W. (1983). Jugendliche Statuspassage oder individualisierte Jugendbiographie. *Soziale Welt, 34, 341–370.*
Gadamer, H.-G. (1965). *Wahrheit und Methode. Grundzüge einer philosophischen Hermeneutik (2. Aufl.). Tübingen: Mohr-Siebeck.*
Gadamer, H.-G. (1972). *Wahrheit und Methode. Grundzüge einer philosophischen Hermeneutik (3., erw. Aufl.). Tübingen: Mohr-Siebeck.*
Gaeth, F. (2005). *PISA (Programme for International Student Assessment). Eine statistisch-methodische Evaluation. Berlin: Freie Universität, FB Politik und Sozialwissenschaften (Diss.).* http://www.diss.fu-berlin.de/2005/218/
Gage, N. L. (1963). Paradigms for research on teaching. In N. L. Gage (Hrsg.), *Handbook of research on teaching (S. 94–141). Chicago: Rand McNally.*
Gage, N. L. (1989). The paradigm wars and their aftermath: A „historical" sketch of Research on teaching since 1989. *Educational Researcher, 18(7), 4–10.*
Gage, N. L., & Berliner, D. C. (1996). *Pädagogische Psychologie (5. Aufl.). Weinheim: Beltz/PVU.*
Gaitanides, M. (2007). *Prozessorganisation (2. Aufl.). München: Vahlen.*

Gautherin, J. (1993). Marc-Antoine Jullien („Jullien de Paris") (1775-1848). *Prospects: the quarterly review of comparative education, 23(3/4), 757–773.*

Gereben, C., & Kopinitsch-Berger, S. (1998). *Auf den Spuren der Vergangenheit. Anleitung zur Biografiearbeit mit älteren Menschen. Wien: Verlag Wilhelm Maudrich.*

Gerecht, M. (2010). *Schul- und Unterrichtsqualität und ihre erzieherischen Wirkungen. Münster: Waxmann.*

Gerjets, P., Scheiter, K., & Cierniak, G. (2009). The scientific value of cognitive load theory: A research agenda based on the structuralist view of theories. *Educational Psychology Review, 21, 43–54.*

Gerstacker, R., & Zimmer, J. (1978). Der Situationsansatz in der Vorschulerziehung. In R. Dollase (Hrsg.), *Handbuch der Früh- und Vorschulpädagogik (Bd. 2, S. 189–205). Düsseldorf: Schwann.*

Giesecke, H. (1996). *Das Ende der Erziehung. Neue Chancen für Familie und Schule. Stuttgart: Klett-Cotta.*

Gigerenzer, G. (2007). *Bauchentscheidungen. Die Intelligenz des Unbewussten und die Macht der Intuition. München: Bertelsmann.*

Glaser, R. (1984). Education and thinking: The role of knowledge. *American Psychologist, 39, 93–104.*

Goethe, J. W. (1811). *Aus meinem Leben. Dichtung und Wahrheit. Erster Teil. Tübingen: J.G. Cottaische Buchhandlung.* http://www.deutschestextarchiv.de/book/view/goethe_leben01_1811?p=7

Gogolin, I., & Krüger-Potratz, M. (2006). *Einführung in die Interkulturelle Pädagogik. Opladen: Barbara Budrich.*

Green, T. F. (1964). A topology of the teaching concept. *Studies in Philosophy and Education, 3, 284–319.*

Grondin, J. (2012). *Einführung in die philosophische Hermeneutik (3. Aufl.). Darmstadt: Wissenschaftliche Buchgesellschaft.*

Grunert, C., Krüger, H.-H., & Marotzki, W. (1999). Biographieforschung und pädagogische Kindheitsforschung. In H.-H. Krüger (Hrsg.), *Handbuch erziehungswissenschaftliche Biographieforschung (S. 227–242). Opladen: Leske + Budrich.*

Gudjons, H., et al. (1986). Lernen für die Zukunft. *Westermanns Pädagogische Beiträge, 38(9), 6–45.*

Gudjons, H., Wagner-Gudjons, B., & Piper, M. (2008). *Auf meinen Spuren: Übungen zur Biografiearbeit. Bad Heilbrunn: Klinkhardt.*

Gugel, G. (2004). *Methoden-Manual I – „Neues Lernen". Tausend Praxisvorschläge für Schule und Lehrerbildung (4. Aufl.). Weinheim: Beltz.*

Habermas, J. (1973). *Erkenntnis und Interesse. Mit einem neuen Nachwort (2. Aufl.). Frankfurt a. M.: Suhrkamp.*

Habermas, J. (1977): Umgangssprache, Wissenschaftssprache, Bildungssprache. *Jahrbuch der Max-Planck-Gesellschaft zur Förderung der Wissenschaften, 36–51.*

Hanke, U. (2012). *Bedingungen und Prozesse des Lehrens: Warum Lehrende unterrichten, wie sie unterrichten. Saarbrücken: Südwestdeutscher Verlag für Hochschulschriften.*

Harnischfeger, A., & Wiley, D. E. (1977). Kernkonzepte des Schullernens. *Zeitschrift für Entwicklungspsychologie und Pädagogische Psychologie, 9(3), 207–228.*

Hart, S., & Hodson, V. K. (2010). *Das respektvolle Klassenzimmer. Paderborn: Jungfermannsche Verlagsbuchhandlung.*

Hattie, J. (2013). *Lernen sichtbar machen. Baltsmannsweiler: Schneider Verlag Hohengehren. Überarbeitete deutschsprachige Ausgabe von „Visible Learning" besorgt von W. Beywl und K. Zierer*

Heidegger, M. (1977). *Vom Wesen der Wahrheit (8. Aufl.). Frankfurt a. M.: Suhrkamp.*

Heimann, P., Schulz, W., & Otto, G. (1965). *Unterricht – Analyse und Planung. Hannover: Schroedel.*

Heimgartner, A., Loch, U., & Sting, S. (Hrsg.). (2012). *Empirische Forschung in der Sozialen Arbeit. Methoden und methodologische Herausforderungen. Wien: Lit.*

Helmke, A. (2003). *Unterrichtsqualität – erfassen, bewerten, verbessern. Seelze: Kallmeyer.*

Helmke, A. (2012). *Unterrichtsqualität und Lehrerprofessionalität. Diagnose, Evaluation und Verbesserung des Unterrichts. Stuttgart: Kallmeyer-Klett. Orientierungsband*

Helmke, A., & Weinert, F. E. (1997). Bedingungsfaktoren schulischer Leistungen. In F. E. Weinert (Hrsg.), *Psychologie der Schule und des Unterrichts Enzyklopädie der Psychologie, (Bd. 3, S. 71–176). Göttingen: Hogrefe.*

Helsper, W., & Böhme, J. (Hrsg.). (2008). *Handbuch der Schulforschung (2. Aufl.). Wiesbaden: VS Verlag für Sozialwissenschaften.*

Hempel, C. G., & Oppenheim, P. (1948). Studies in the logic of explanation. *Philosophy of Science, 15(2), 135–175.*

Hensge, K., Lorig, B., & Schreiber, D. (2009). *Kompetenzstandards in der Berufsausbildung. Abschlussbericht. Bonn: Bundesinstitut für Berufsbildung.*

von Hentig, H. (2007). Klassischer Bildungsbegriff und pragmatisches Bildungsverständnis. In R. Wernstedt, & M. John-Ohnesorg (Hrsg.), *Der Bildungsbegriff im Wandel. Verführung zum Lernen statt Zwang zum Büffeln (S. 13–17). Berlin: Friedrich-Ebert-Stiftung.*

Herbart, J. F. (1806/1976). Allgemeine Pädagogik aus dem Zweck der Erziehung abgeleitet. In J. F. Herbart (Hrsg.), *Ausgewählte Schriften zur Pädagogik. Berlin: Volk und Wissen.*

Hervieu-Léger, D. (2000). *Religion as a chain of memory. Cambridge: Polity Press.*

Hestenes, D. (1992). Modeling games in the Newtonian world. *American Journal of Physics, 60(8), 732–748.*

Hilgard, E. R., & Bower, G. H. (1971). *Theorien des Lernens Bd. 2. Stuttgart: Klett.*

Hilker, F. (1962). *Vergleichende Pädagogik. Eine Einführung in ihre Geschichte, Theorie und Praxis. München: Hueber.*

Hillmert, S., & Jacob, M. (2003). Bildungsprozesse zwischen Diskontinuität und Karriere: Das Phänomen der Mehrfachausbildungen. *Zeitschrift für Soziologie, 32(3), 325–345.*

Hilsenbeck, T. (2007). *Studienbrief „Innere Spannung und Leistung". Das Aktivierungsgesetz nach Yerkes & Dodson und seine Anwendung im Alltag. Kürnach: aperio Organisationsberatung & Coaching.*

Hofecker, G., et al. (1979). Messung des biologischen Alters. *Cytobiological Revue, 3, 49–54.*

Höfer, C., & Madelung, P. (2006). *Lehren und Lernen für die Zukunft. Unterrichtsentwicklung in selbstständigen Schulen. Troisdorf: Bildungsverlag EINS.*

Hoffmann-Riem, C. (1980). Die Sozialforschung einer interpretativen Soziologie. Der Datengewinn. *Kölner Zeitschrift für Soziologie und Sozialpsychologie, 32, 339–372.*

Holzkamp, K. (1971). *Wissenschaftstheoretische Voraussetzungen kritisch emanzipatorischer Psychologie. Hamburg: Arbeitstexte-Verlag.*

Hölzle, C. (2011). Gegenstand und Funktion von Biografiearbeit im Kontext Sozialer Arbeit. In C. Hölzle, & I. Jansen (Hrsg.), *Ressourcenorientierte Biografiearbeit (2. Aufl., S. 31–54). Wiesbaden: VS Verlag für Sozialwissenschaften.*

Hörner, W. (1993). *Technische Bildung und Schule. Eine Problemanalyse im internationalen Vergleich. Köln: Böhlau.*

Hörner, W. (1997). „Europa" als Herausforderung für die Vergleichende Erziehungswissenschaft – Reflexionen über die politische Funktion einer pädagogischen Disziplin. In C. Kodron et al. (Hrsg.), *Vergleichende Erziehungswissenschaft. Herausforderung – Vermittlung – Praxis. Festschrift für Wolfgang Mitter zum 70. Geburtstag (S. 65–80). Köln: Böhlau.*

Hörz, H. (1973). Die Bedeutung statistischer Gesetze in den Gesellschaftswissenschaften. *Deutsche Zeitschrift für Philosophie, 21(2), 174–189.*

Hopf, C. (2004). *Die experimentelle Pädagogik. Empirische Erziehungswissenschaft in Deutschland am Anfang des 20. Jahrhunderts. Bad Heilbrunn: Klinkhardt.*

Horkheimer (1937/1970). Traditionelle und kritische Theorie. In M. Horkheimer (Hrsg.), *Traditionelle und kritische Theorie (S. 12–64). Frankfurt a. M.: Fischer.*

Horn, K.-P. (2005). Museum – Bildung – Lernen. Zur Einführung in den Themenschwerpunkt. *Zeitschrift für Pädagogik, 51(6), 749–755.*

Huff, D. (1954). *How to lie with statistiscs. New York: W.W. Norton.*

Humboldt, & v, W. (1809). Rechenschaftsbericht an den König. In A. Flitner, & K. Giel (Hrsg.), *Wilhelm von Humboldt. Werke in fünf Bänden Bd. IV Darmstadt: Wissenschaftliche Buchgesellschaft.*

Hurrelmann, K., Grundmann, M., & Walper, S. (Hrsg.). (2008). *Handbuch Sozialisationsforschung (7. Aufl.). Weinheim: Beltz-Juventa.*

Ifenthaler, D., & Seel, N. M. (2005). The measurement of change: Learning-dependent progression of mental models. *Technology, Instruction, Cognition, and Learning, 2(4), 321–340.*

Ifenthaler, D., & Seel, N. M. (2011). A longitudinal perspective on inductive reasoning tasks: Illuminating the probability of change. *Learning and Instruction, 21(4), 538–549.*

Ifenthaler, D., Masduki, I., & Seel, N. M. (2011). The mystery of cognitive structure and how we can detect it: tracking the development of cognitive structures over time. *Instructional Science, 39, 41–61.*

Ingenkamp, K., & Parey, E. (Hrsg.). (1970). *Handbuch der Unterrichtsforschung. 3 Bände. Weinheim: Beltz.*

Jakob, G. (1997). Das narrative Interview in der Biographieforschung. In B. Friebertshäuser, & A. Prengel (Hrsg.), *Handbuch Qualitative Forschungsmethoden in der Erziehungswissenschaft (S. 445–458). Weinheim: Juventa.*

Jank, W., & Meyer, H. (2004). *Didakische Modelle. Mit didaktischer Landkarte. Berlin: Cornelsen.*

John, B. (1993). Vergleichende Pädagogik im Spannungsfeld von Ideologie und Wissenschaft. Zu Selbstverständnis und Entwicklungsprozessen der Disziplin in der DDR. In W. Mitter, & U. Schäfer (Hrsg.), *Bildung und Erziehung im Umbruch. Vorträge von Mitarbeitern des Deutschen Instituts auf dem VIII. Weltkongress für Vergleichende Erziehungswissenschaft, "Education, democracy and development", vom 8.–14. Juli 1992 in Prag (S. 75–83). Frankfurt am Main: Deutsches Institut für Internationale Pädagogische Forschung.*

Jörg, H. (1970). *Unterrichtspraxis. Grundbegriffe und Grundfragen der Schulpädagogik und Allgemeinen Didaktik. Oberursel: Finken Verlag.*

Jude, N., Hartig, J., & Klieme, E. (2008). *Kompetenzerfassung in pädagogischen Handlungsfeldern. Theorie, Konzepte und Methoden. Bildungsforschung, Bd. 26. Berlin: Bundesministerium für Bildung und Forschung.*

Jüttemann, G. (1981). Komparative Kasuistik als Strategie Psychologischer Forschung. *Zeitschrift für Klinische Psychologie und Psychotherapie, 29, 101–111.*

Jüttemann, S. (2013). *Pädagogisch-psychologische Grundlagen der Ausbildung (Handlungsfeld 3). Berlin: Verwaltungsakademie.*

Junge, B., & Junge, W. (2009). *Lebensläufe – Die Kinder von Golzow (4. Aufl.). Marburg: Schüren Verlag.*

Jungmann, W., & Huber, K. (Hrsg.). (2009). *Heinrich Roth – „moderne" Pädagogik als Wissenschaft. Weinheim: Juventa.*

Kästner, E. (2013). *Als ich ein kleiner Junge war (17. Aufl.). München: Deutscher Taschenbuch Verlag.*

Kankeleit, O. (1959). *Das Unbewusste als Keimstätte des Schöpferischen. München: Reinhardt.*

Kant, I. (1803). *Über Pädagogik. Königsberg: Fr. Nicolovius.* http://archive.org/details/berpdagogik00kant

Kaufmann, F. X. (1993). Generationsbeziehungen und Generationenverhältnisse im Wohlfahrtsstaat. In K. Lüscher, & F. Schultheis (Hrsg.), *Generationenbeziehungen in „postmodernen" Gesellschaften (S. 95–108). Konstanz: UVK.*

Kauppert, M. (2010). *Erfahrung und Erzählung. Zur Topologie des Wissens (2. Aufl.). Wiesbaden: VS Verlag für Sozialwissenschaften.*

Kelle, H. (2005). Kinder und Erwachsene. Die Differenzierung von Generationen als kulturelle Praxis. In H. Hengst, & H. Zeiher (Hrsg.), *Kindheit soziologisch (S. 83–108). Wiesbaden: VS Verlag für Sozialwissenschaften.*

Kerlinger, F. N. (1967). *Foundations of behavioral research. New York: Holt, Rinehart & Winston.*

Kerlinger, F. N. (1973). *Foundations of behavioural research (2. Aufl.). New York: Holt, Rinehart & Winston.*

Kerlinger, F. N. (1975). *Grundlagen der Sozialwissenschaften. Weinheim: Beltz. 2 Bände*

Kerschensteiner, G. (1917). *Das Grundaxiom des Bildungsprozesses und seine Folgerungen für die Schulorganisation. Berlin: Union Deutsche Verlagsanstalt.*

Key, E. (1903). *Das Jahrhundert des Kindes. Berlin: S. Fischer.*

Kienitz, W., & Mehnert, W. (1966). Über Gegenstand und Aufgaben der marxistischen Vergleichenden Pädagogik. *Vergleichende Pädagogik, 2(3), 225–246.*

King, E. (2000). A century of evolution in comparative studies. *Comparative Education, 36(3), 267–277.*

Kiper, H. et al. (Hrsg.). (2010). *Lernaufgaben und Lernmaterialien im kompetenzorientierten Unterricht. Stuttgart: Kohlhammer.*

Klafki, W. (1958). Didaktische Analyse als Kern der Unterrichtsvorbereitung. *Die deutsche Schule, 50(10), 450–471.*

Klafki, W. (1959). *Das pädagogische Problem des Elementaren und die Theorie der kategorialen Bildung. Weinheim: Beltz.*

Klafki, W. (1971). Erziehungswissenschaft als kritisch-konstruktive Theorie: Hermeneutik - Empirie - Ideologiekritik. *Zeitschrift für Pädagogik, 17(3), 351–366.*

Klafki, W. (2000). Kritisch-konstruktive Pädagogik. Herkunft und Zukunft. In J. Eierdanz, & A. Kremer (Hrsg.), *Weder erwartet noch gewollt – Kritische Erziehungswissenschaft und Pädagogik in der Bundesrepublik Deutschland zur Zeit des Kalten Krieges (S. 152–178). Baltmannsweiler: Schneider.*

Klauer, K. J. (1973a). *Revision des Erziehungsbegriffs. Düsseldorf: Schwann.*

Klauer, K. J. (1973b). *Das Experiment in der pädagogischen Forschung. Düsseldorf: Schwann.*

Klauer, K. J., & Leutner, D. (2007). *Lehren und Lernen. Einführung in die Instruktionspsychologie. Weinheim: Beltz/PVU.*

Kleining, G. (1994). *Qualitativ-heuristische Sozialforschung. Schriften zur Theorie und Praxis (2. Aufl.). Hamburg: Fechner.*

Klieme, E., & Hartig, J. (2007). Kompetenzkonzepte in den Sozialwissenschaften und im erziehungswissenschaftlichen Diskurs. In M. Prenzel, I. Gogolin, & H. H. Krüger (Hrsg.), *Kompetenzdiagnostik. Sonderheft 8 der Zeitschrift für Erziehungswissenschaft (S. 11–29).*

Klieme, E., & Leutner, D. (2006). Kompetenzmodelle zur Erfassung individueller Lernergebnisse und zur Bilanzierung von Bildungsprozessen. *Zeitschrift für Pädagogik, 52(6), 876–903.*

Klinzing, G. (2002). Wie effektiv ist Microteaching? Ein Überblick über fünfunddreißig Jahre Forschung. *Zeitschrift für Pädagogik, 48(2), 194–214.*

Klippert, H. (2004). *Kommunikations-Training (10. Aufl.). Weinheim: Beltz.*

Klix, F. (1971). *Information und Verhalten. Bern: Huber.*

Kluge, S., & Kelle, U. (Hrsg.). (2001). *Methodeninnovation in der Lebenslaufforschung. Integration qualitativer und quantitativer Verfahren in der Lebenslauf- und Biografieforschung. Weinheim: Juventa.*

Koffka, K. (1925). *Die Grundlagen der psychischen Entwicklung (2. Aufl.). Osterwieck: Zickfeld.*

Köller, O., Trautwein, U., Lüdtke, O., & Baumert, J. (2006). Zum Zusammenspiel von schulischer Leistung, Selbstkonzept und Interesse in der gymnasialen Oberstufe. *Zeitschrift für Pädagogische Psychologie, 20(1, 2), 27–39.*

Kotthoff, H.-G. (2003). *Bessere Schulen durch Evaluation? Internationale Erfahrungen. Münster: Waxmann.*

Kourilsky, M., & Wittrock, M. C. (1992). Generative teaching: An enhancement strategy for the learning of economics in cooperative groups. *American Educational Research Journal, 29(4), 861–876.*

Kraimer, K. (Hrsg.). (2000). *Die Fallrekonstruktion. Sinnverstehen in der sozialwissenschaftlichen Forschung. Frankfurt a. M.: Suhrkamp.*

Kraus, S., et al. (2009). Die Untersuchung des professionellen Wissens deutscher Mathematik-Lehrerinnen und -Lehrer im Rahmen der COACTIV-Studie. *Journal für Mathematik-Didaktik, 29(3, 4), 223–258.*

Kristen, C., Müller, W., & Kalter, F. (2005). *Längsschnittstudien für die Bildungsberichterstattung – Beispiele aus Europa und Nordamerika. Bildungsreform, Bd. 10. Berlin: Bundesministerium für Bildung und Forschung.*

Kron, F. W. (1999). *Wissenschaftstheorie für Pädagogen. München: Reinhardt.*

Kron, F. W. (2009). *Grundwissen Pädagogik (7. Aufl.). München: Reinhardt.*

Krope, P., & Wolze, W. (2005). *Konstruktive Begriffsbildung. Vom lebensweltlichen Wissen zum wissenschaftlichen Paradigma der Physik. Münster: Waxmann.*

Krüger, H.-H., Ecarius, J., & Grunert, C. (1994). Kinderbiographien: Verselbstständigungsschritte und Lebensentwürfe. In *Kinderleben (S. 221–271). Opladen: Leske + Budrich.*

Krumm, V. (1983). Kritisch-rationale Erziehungswissenschaft. In D. Lenzen, & K. Mollenhauer (Hrsg.), *Theorien und Grundbegriffe der Erziehung und Bildung Enzyklopädie Erziehungswissenschaft, (Bd. 1, S. 139–154). Stuttgart: Klett.*

Kuhn, T. S. (1976). *Die Struktur wissenschaftlicher Revolutionen. Frankfurt a. M.: Suhrkamp.*

Kulik, C. C., Kulik, J. A., & Bangert-Drowns, R. L. (1990). Effectiveness of mastery learning programs: A meta-analysis. *Review of Educational Research, 60, 265–299.*

Kush, J. C., Watkins, M. W., & Brookhart, S. M. (2005). The temporal-interactive influence of reading achievement and reading attitude. *Educational Research and Evaluation, 11(1), 29–44.*

Lakatos, I. (1970). Falsification and the methodology of scientific research programmes. In I. Lakatos, & A. Musgrave (Hrsg.), *Criticism and the growth of knowledge (S. 91–196). Cambridge, UK: Cambridge University Press.*

Lange, K., et al. (2012). Fachdidaktisches Wissen von Lehrkräften und multiple Ziele im naturwissenschaftlichen Unterricht. *Zeitschrift für Erziehungswissenschaft, 15, 55–75.*

Langthaler, M. (2013). *Die entwicklungspolitischen Wirkungen von Bildung. Rezente Forschungsergebnisse und ihre Implikationen für die Entwicklungszusammenarbeit. Policy Note 04. Wien: Österreichische Forschungsstiftung für Internationale Entwicklung.*

Lattschar, B., & Wiemann, I. (2011). *Mädchen und Jungen entdecken ihre Geschichte. Grundlagen und Praxis der Biografiearbeit. (3. Aufl.). Weinheim: Juventa.*

Lauterbach, U. (1994). Schulische und betriebliche Berufsbildung im internationalen Vergleich. *Bildung und Erziehung, 47(3), 237–247.*

Lauterbach, U., & Mitter, W. (1998). Theory and methodology of internal comparisons. In Cedefop (Hrsg.), *Vocational education and training – the European research field. Background report (Bd. 2, S. 235–271). Luxembourg: Office for Official Publications of the European Communities.*

Lave, J. (1988). *Cognition in practice: Mind, mathematics and culture in everyday life. New York: Cambridge University Press.*

Lay, W. A. (1908). *Experimentelle Pädagogik mit besonderer Rücksicht auf die Erziehung durch die Tat (2. Aufl.). Leipzig: Teubner.*

Lay, W. A. (1912). *Experimentelle Pädagogik mit besonderer Rücksicht auf die Erziehung durch die Tat (3. Aufl.). Leipzig: Teubner.*

Lebiger-Vogel, J. (2011). *Gute Psychotherapie: Verhaltenstherapie und Psychoanalyse im soziokulturellen Kontext. Göttingen: Vandenhoeck & Ruprecht.*

Lee, J. M. (2012). Cumulative learning. In N. M. Seel (Hrsg.), *The encyclopedia of the sciences of learning (Bd. 2, S. 887–893). New York: Springer.*

Lehner, H. (1994). *Einführung in die empirisch-analytische Erziehungswissenschaft. Wissenschaftsbegriff, Aufgaben und Werturteilsproblematik. Bad Heilbrunn: Klinkhardt.*

Leinhardt, G., & Greeno, J. G. (1986). The cognitive skill of teaching. *Journal of Educational Psychology, 78(2), 75–95.*

Lenhart, V. (1999). Aktuelle Aufgaben einer Kritischen internationalen Erziehungswissenschaft. In H. Sünker, & H.-H. Krüger (Hrsg.), *Kritische Erziehungswissenschaft am Neubeginn?! (S. 210–230). Frankfurt a. M.: Suhrkamp.*

Lenhart, V. (2007). Die Globalisierung in der Sicht der Vergleichenden Erziehungswissenschaft. *Zeitschrift für Pädagogik, 53(6), 810–824.*

Lê Thành Khôi (1981). *L'education comparée. Paris: Armand Colin.*

Leutner, D. (1999). Hypothesenprüfung versus interpretative Exploration. Die endlose Debatte zur Funktion quantitativer und qualitativer Analysen in der Lehr-Lern-Forschung (Kommentar). *Unterrichtswissenschaft, 27(4), 323–332.*

Leutner, D. (2010). Instruktionspsychologie. In D. Rost (Hrsg.), *Handwörterbuch Pädagogische Psychologie (4. Aufl., S. 289–298). Weinheim: Beltz/PVU.*

Levin, J. R. (1993). Statistical significance testing from three perspectives. *Journal of Experimental Education, 61, 378–382.*

Lewin, K. (1942). Field theory of learning. In deutscher Sprache unter dem Titel „Feldtheorie des Lernens". In C. F. Graumann (Hrsg.), *Feldtheorie Kurt-Lewin-Werkausgabe, (Bd. 4, S. 157). Bern: Huber.*

Lewin, K., Lippitt, R., & White, R. K. (1939). Patterns of aggressive behavior in experimentally created „social climates". *Journal of Social Psychology, 10, 271–299.*

Lindmeier, C. (2004). *Biografiearbeit mit geistig behinderten Menschen. Ein Praxisbuch für Einzel- und Gruppenarbeit. Weinheim: Juventa.*

Linten, M., & Prüstel, S. (2011). *Auswahlbibliographie „Kompetenz in der beruflichen Bildung: Begriff, Erwerb, Erfassung, Messung". Bonn: Bundesinstitut für Berufsbildung.*

Litt, T. (1927/1967). *Führen oder Wachsenlassen: Eine Erörterung des pädagogischen Grundproblems (13. Aufl.). Stuttgart: Klett.*

Lüscher, K. (1998). Generationenbeziehungen. Neue Zugänge zu einem alten Thema. In K. Lüscher, & F. Schultheis (Hrsg.), *Generationenbeziehungen in „postmodernen" Gesellschaften (S. 17–47). Konstanz: Universitätsverlag.*

Luhmann, N. (2002). *Das Erziehungssystem der Gesellschaft. Frankfurt M.: Suhrkamp. Hrsg. Dieter Lenzen*

Luhmann, N. (2004). *Schriften zur Pädagogik. Frankfurt a. M.: Suhrkamp.*

Luhmann, M., & Eid, M. (2012). Measurement of change in learning. In N. M. Seel (Hrsg.), *Encycopledia of the sciences of learning (Bd. 5, S. 2137–2140). New York: Springer.*

Lukács, G. (1955). *Probleme des Realismus (2. Aufl.). Berlin: Aufbau Verlag.*

Macke, G., Hanke, U., & Viehmann, P. (2012). *Hochschuldidaktik. Lehren, vortragen, prüfen. Mit Methodensammlung „Besser lehren" (2. Aufl.). Weinheim: Beltz.*

Mahner, M., & Bunge, M. (2000). *Philosophische Grundlagen der Biologie. Berlin: Springer.*

Mann, H. (1995). *Der Untertan. Frankfurt a. M.: S. Fischer.*

Marotzki, W. (1999). Bildungstheorie und Allgemeine Biographieforschung. In H.-H. Krüger, & W. Marotzki (Hrsg.), *Erziehungswissenschaftliche Biographieforschung (S. 57–69). Opladen: Leske + Budrich.*

Martin, J. P., & Kelchner, R. (1998). Lernen durch Lehren. In J. P. Thimm (Hrsg.), *Englisch lernen und lehren – Didaktik des Englischunterrichts (S. 211–219). Berlin: Cornelsen.*

Marzano, R. J. (2007). *The art and science of teaching. A comprehensive framework for effective instruction. Alexandria, VA: Association for Supervision and Curriculum Development.*

Masterman, M. (1970). The nature of a paradigm. In I. Lakatos, & A. Musgrave (Hrsg.), *Criticism and the growth of knowledge (S. 59–89). Cambridge, UK: Cambridge University Press.*

Matthes, G. (2006). *Individuelle Lernförderung bei Lernstörungen. Potsdam: Universitätsverlag Potsdam.*

Matthes, G. (2009). *Individuelle Lernförderung bei Lernstörungen. Verknüpfung von Diagnostik, Förderplanung und Unterstützung des Lernens. Stuttgart: Kohlhammer.*

Mayring, P. (1996). *Einführung in die qualitative Sozialforschung. Eine Anleitung zu qualitativem Denken. Weinheim: Beltz.*

McDougall, G. J., & Kang, J. (2003). Memory self-efficacy and memory performance in older males. *International Journal of Men's Health, 2(2), 131–147.*

Meidl, C. N. (2009). *Wissenschaftstheorie für SozialforscherInnen. Stuttgart: Böhlau.*

Merkens, H. (2006). Bildungsforschung und Erziehungswissenschaft. In H. Merkens (Hrsg.), *Erziehungswissenschaft und Bildungsforschung (S. 9–20). Wiesbaden: VS Verlag für Sozialwissenschaften.*

Metz, R. (2006). „Lange Wellen" im deutschen Bildungswachstum? Möglichkeiten und Grenzen moderner Zeitreihenanalyse. *Zeitschrift für Erziehungswissenschaft, 7, 15–51. Beiheft*

Meumann, E. (1911). *Vorlesungen zur Einführung in die experimentelle Pädagogik und ihre psychologischen Grundlagen. Erster Band (2. Aufl.). Leipzig: Engelmann.*

Meulemann, H. (1999). Stichwort: Lebenslauf, Biographie und Bildung. *Zeitschrift für Erziehungswissenschaft, 2(3), 305–324.*

Meyer, H. (1987/2011a). *UnterrichtsMethoden. I. Theorieband (15. Aufl.). Frankfurt a. M.: Scriptor.*

Meyer, H. (2011b). Unterrichtsmethoden. In H. Kiper, H. Meyer, & W. Topsch (Hrsg.), *Einführung in die Schulpädagogik (6. Aufl., S. 109–121). Berlin: Cornelsen Scriptor.*

Meyerhöfer, W. (2003). *Was testen Tests? Objektiv-hermeneutische Analysen am Beispiel von TIMSS und PISA. Potsdam: Universität. Institut für Mathematik,* http://opus.kobv.de/ubp/volltexte/2007/1284

Meyerhöfer, W. (2005). *Tests im Test. Das Beispiel PISA. Opladen: Barbara Budrich.*

Michel, C., & Novak, F. (1990). *Kleines psychologisches Wörterbuch. Freiburg: Herder. Neuausgabe*

Miethe, I. (2011). *Biografiearbeit. Lehr- und Handbuch für Studium und Praxis. Weinheim: Juventa.*

Mietzel, G. (2002). *Wege in die Entwicklungspsychologie. Kindheit und Jugend (4. Aufl.). Weinheim: Beltz/PVU.*

Miltenberger, R. (2012). *Behavior modification, principles and procedures (5. Aufl.). Belmont, CA: Wadsworth.*

Mittelstraß, J. (Hrsg.). (1984). *Enzyklopädie Philosophie und Wissenschaftstheorie. Mannheim: Bibliographisches Institut. 4 Bde.*

Mitter, W. (1976). Komparative Forschung in der Erziehungswissenschaft. *International Review of Education, 22(3), 317–337.*

Mitter, W. (1996). Vergleichende Analyse und Internationale Erziehung in der Vergleichenden Erziehungswissenschaft. In V. Lenhart, & H. Hörner (Hrsg.), *Aspekte internationaler Erziehungswissenschaft Festschrift für Hermann Röhrs aus Anlaß seines 80. Geburtstages (S. 3–11). Weinheim: Deutscher Studienverlag.*

Mollenhauer, K. (1970). *Erziehung und Emanzipation. Polemische Skizzen (4. Aufl.). München: Juventa.*

Mollenhauer, K. (1983). *Vergessene Zusammenhänge. Über Kultur und Erziehung. München: Juventa.*

Mollenhauer, K. (1998). „Sozialpädagogische" Forschung. Eine thematische Skizze. In T. Rauschenbach, & W. Thole (Hrsg.), *Sozialpädagogische Forschung. Gegenstand und Funktionen, Bereiche und Methoden (S. 29–46). Weinheim: Juventa.*

Möller, D. (1999). *Förderung vernetzten Denkens im Unterricht: Grundlagen und Umsetzung am Beispiel der Leittextmethode. Münster: Lit.*

Montessori, M. (1985). *Grundlagen meiner Pädagogik und weitere Aufsätze zur Anthropologie und Didaktik (6. Aufl.). Heidelberg: Quelle & Meyer.*

Montessori, M. (2002). *Lernen ohne Druck. Freiburg: Herder.*

Müller, B. (1993). *Sozialpädagogisches Können. Ein Lehrbuch zur multiperspektivischen Fallarbeit. Freiburg im Breisgau: Lambertus.*

Müller, U. (2001). Leittext-Methode. In G. Schweizer, & H. M. Selzer (Hrsg.), *Methodenkompetenz lehren und lernen (S. 155–159). Dettelbach: Röll-Verlag.*

Münch, J. (2001). Lernorte. In R. Arnold, S. Nolda, & E. Nuissl (Hrsg.), *Wörterbuch Erwachsenenpädagogik (S. 201–202). Bad Heilbrunn: Klinkhardt.*

Myers, D. G. (2008). *Psychologie (2. Aufl.). Heidelberg: Springer.*

Nath, A., & Dartenne, C. M. (2008). Zur „Eigendynamik" in den Langen Wellen des Bildungswachstums. In C. Crottl, & F. Osterwalder (Hrsg.), *Das Jahrhundert der Schulreformen. Internationale und nationale Perspektiven, 1900-1950 (S. 39–60). Bern: Haupt.*

Neisser, U. (1979). *Kognition und Wirklichkeit. Prinzipien und Implikationen der kognitiven Psychologie. Stuttgart: Klett-Cotta.*

Neugarten, B. L. (1980). Acting on one's age: New rules for the old. *Psychology Today, 13, 66–80.*

Niegemann, H. M., Domagk, S., Hessel, S., Hein, A., Hupfer, M., & Zobel, A. (2008). *Kompendium multimediales Lernen. Berlin: Springer.*

Niemeyer, C., Schröer, W., & Böhnisch, L. (Hrsg.). (1997). *Grundlinien Historischer Sozialpädagogik. Traditionsbezüge, Reflexionen und übergangene Sozialdiskurse. Weinheim: Juventa.*

Nietzsche, F. (1956). *Aus dem Nachlass. Werke, Bd. 3. München: Hanser. Hrsg. K. Schlechta*

Nietzsche, F. (1873/1999). *Unzeitgemäße Betrachtungen. Erstes Stück: David Strauss der Bekenner und der Schriftsteller (2. Aufl.). Kritische Studienausgabe, Bd. 1. Berlin: De Gruyter. Hrsg. G. Colli und M. Montinari*

Noah, H. J. (1991). Bildungspolitik und Internationale Studien zum Bildungswesen. *Bildung und Erziehung, 44(27), 38.*

Nohl, H. (1933/2002). *Die pädagogische Bewegung in Deutschland und ihre Theorie (11. Aufl.). Frankfurt a. M.: Klostermann.*

Nohl, A.-M. (2006). *Konzepte Interkultureller Pädagogik. Eine systematische Einführung. Bad Heilbrunn: Klinkhardt.*

Nörber, M. (Hrsg.). (2003). *Peer Education. Bildung und Erziehung von Gleichaltrigen durch Gleichaltrige. Weinheim: Beltz.*

Norman, D. A. (1980). Twelve issues for Cognitive Science. *Cognitive Science, 4, 1–32.*

Norman, D. A., & Rumelhart, D. E. (1978). Gedächtnis und Wissen. In D. A. Norman, & D. E. Rumelhart (Hrsg.), *Strukturen des Wissens. Wege der Kognitionsforschung (S. 21–47). Stuttgart: Klett-Cotta.*

OECD (1999). *Measuring student knowledge and skills: A new framework for assessment. Paris: OECD Publ.*

OECD (2001). *Measuring student knowledge and skills: The PISA 2000 assessment of reading, mathematical and scientific literacy. Paris: OECD Publ.*

OECD (2013). *PISA 2012. Ergebnisse im Fokus. Was 15-Jährige wissen und wie sie dieses Wissen einsetzen können. Paris: OECD Publ.*

Oelerich, G., & Otto, H.-U. (Hrsg.). (2011). *Empirische Forschung und Soziale Arbeit – Ein Studienbuch. Wiesbaden: VS Verlag für Sozialwissenschaften.*

Oelkers, J. (2001). *Einführung in die Theorie der Erziehung. Weinheim: Beltz.*

Oesterreicher, W. (1977). Paradigma und Paradigmawechsel – Thomas S. Kuhn und die Linguistik. *Osnabrücker Beiträge zur Sprachtheorie, 3, 241–284.*

Olechowski, R. (2008). Die höhere Schule – eine Stätte sozialer Selektion. *Erziehung und Unterricht, 158(7, 8), 587–601.*

Openshaw, K., & Strasser, B. (1967). A conceptual model of instruction. *Journal of Teacher Education, 18(1), 63–74.*

Osborne, R. J., & Wittrock, M. C. (1983). Learning science: A generative process. *Science Education, 67, 489–508.*

Oser, F., & Patry, J. L. (1994a). Sichtstruktur und Basismodelle des Unterrichts: Über den Zusammenhang von Lehren und Lernen unter dem Gesichtspunkt psychologischer Lernverläufe. Theorie und Praxis. In R. Olechowski, & B. Rollett (Hrsg.), *Aspekte empirisch-pädagogischer Forschung – quantitative und qualitative Methoden (S. 138–146). Frankfurt a. M.: Lang.*

Oser, F., & Patry, J. L. (1994b). Choreographien unterrichtlichen Lernens (Arbeitsgruppe). In R. Olechowski, & B. Rollett (Hrsg.), *Theorie und Praxis. Aspekte empirisch-pädagogischer Forschung – quantitative und qualitative Methoden (S. 138–146). Frankfurt/M: Lang.*

Pahl, J. P. (2010). *Berufsbildende Schule – Bestandsaufnahme und Perspektiven. Bielefeld: Bertelsmann Verlag.*

Pallasch, W., Mutzeck, W., & Reimers, H. (Hrsg.). (1992). *Beratung – Training – Supervision. Eine Bestandsaufnahme über Konzepte zum Erwerb von Handlungskompetenzen in pädagogischen Arbeitsfeldern. Weinheim: Juventa.*

Parker, W. C., & Gehrke, N. J. (1986). Learning activities and teachers´ decision making: Some grounded hypotheses. *American Educational Research Journal, 23(2), 227–242.*

Pascual-Leone, J., & Goodman, N. (1979). Intelligence and experience: A neo-Piagetian approach. *Instructional Science, 8, 314–367.*

Pätzold, G. (1996). *Lehrmethoden in der beruflichen Bildung (2. Aufl.). Heidelberg: Sauer.*

Perels, F., & Otto, B. (2010). Evaluation von Interventionen – Erfassung der Veränderung versus Erfassung des Prozesses?. In T. Hascher, & B. Schmitz (Hrsg.), *Pädagogische Interventionsforschung. Theoretische Grundlagen und empirisches Handlungswissen (S. 252–259). Weinheim: Juventa.*

Perels, F., Schmitz, B., & van de Loo, K. (2007). *Training für Unterricht – Training im Unterricht. Moderne Methoden machen Schule. Göttingen: Vandenhoeck & Ruprecht.*

Perez, R. S., & Emery, C. D. (1995). Designer thinking: How novices and experts think about instructional design. *Performance Improvement Quarterly, 8(3), 80–95.*

Pestalozzi, J. H. (1774). *Tagebuch Pestalozzis über die Erziehung seines Sohnes vom 27. Januar bis zum 19. Februar. Pestalozzis sämtliche Werke, Bd. 1, S. 115). Berlin: De Gruyter.*

Pestalozzi, J. H. (1801). *Wie Getrud ihre Kinder lehrt. Ein Versuch, den Müttern Anleitung zu geben, ihre Kinder selbst zu unterrichten. In Briefen. Bern/Zürich: H. Geßner.* http://www.heinrich-pestalozzi.de/ru/dokumentation/werke_pestalozzis/volltexte/

Petersen, P. (1931/1965). *Der Ursprung der Pädagogik. Berlin: Gruyter.*

Piaget, J. (1972). *Theorien und Methoden der modernen Erziehung. Wien: Molden.*

Piaget, J. (1978). *Das Weltbild des Kindes. Stuttgart: Klett-Cotta.*

Picht, G. (1964). *Die deutsche Bildungskatastrophe. Olten und Freiburg: Walter.*

Piskurich, G. M. (2000). *Rapid Instructional Design. Learning ID fast and right. San Francsico, CA: Jossey-Bass.*

Plass, J., Moreono, R., & Brünken, R. (Hrsg.). (2010). *Cognitive load theory. New York: Cambridge University Press.*

Poelchau, H. W. (1980). *Lernobjekt, Lernprozess, Lernmaterial. Voraussetzungen zu einer lehr-lern-theoretisch orientierten Konstruktion von Lernmaterial. Weinheim: Beltz.*

Popper, K. R. (1961). *The poverty of historicism (2. Aufl.). London: Routledge.*

Popper, K. R. (1966). *The open society and its enemies (5. Aufl.). Princeton: Princeton University Press. 2 Bde.*

Popper, K. R. (1968). *The logic of scientific discovery. New York: Harper Torchbooks.*

Popper, K. R. (1974). *Logik der Forschung. Tübingen: Mohr Siebeck.*

Popper, K. R. (1975). The rationality of scientific revolutions. In R. Harré (Hrsg.), *Problems of scientific revolutions (S. 72–101). Oxford: Clarendon Press.*

Popper, K. R. (1979). *Die beiden Grundprobleme der Erkenntnistheorie. Tübingen: Mohr Siebeck.*

Prengel, A. (2010). *Inklusion in der Frühpädagogik. Bildungstheoretische, empirische und pädagogische Grundlagen. München: Deutsches Jugendinstitut.*

Prenzel, M. (2006). Bildungsforschung zwischen Pädagogischer Psychologie und Erziehungswissenschaft. In H. Merkens (Hrsg.), *Erziehungswissenschaft und Bildungsforschung (S. 69–80). Wiesbaden: VS Verlag für Sozialwissenschaften.*

Prenzel, M., Baumert, J., Blum, W., Lehmann, R., Leutner, D., Neubrand, M., Pekrun, R., Rost, J., & Schiefele, U. (Hrsg.). (2005). *PISA 2003. Der zweite Vergleich der Länder in Deutschland – Was wissen und können Jugendliche? Münster: Waxmann.*

Prenzel, M., Baumert, J., Blum, W., Lehmann, R., Leutner, D., Neubrand, M., Pekrun, R., Rost, J., & Schiefele, U. (Hrsg.). (2006). *PISA 2003. Untersuchungen zur Kompetenzentwicklung im Verlauf eines Schuljahres. Münster: Waxmann.*

Radtke, F. O. (2003). Die Erziehungswissenschaft der OECD – Aussichten auf eine neue Performanz-Kultur. In D. Nittel, & W. Seitter (Hrsg.), *Die Bildung des Erwachsenen. Erziehungs- und sozialwissenschaftliche Zugänge (S. 277–304). Bielefeld: Bertelsmann.*

Raithel, J., Dollinger, B., & Hörmann, G. (2009). *Einführung Pädagogik. Begriffe, Strömungen, Klassiker, Fachrichtungen (3. Aufl.). Wiesbaden: VS Verlag für Sozialwissenschaften.*

Rakhkochkine, A. (2003). *Das pädagogische Konzept der Offenheit in internationaler Perspektive. Die Idee der Offenheit in der westeuropäischen Pädagogik im Hinblick auf die gegenwärtige pädagogische Diskussion in Russland. Münster: Waxmann.*

Rauschenbach, T. (2007). Im Schatten der formalen Bildung. Alltagsbildung als Schlüsselfrage der Zukunft. *Diskurs Kindheits- und Jugendforschung, 2(4), 439–453.*

Reble, A. (1971). *Geschichte der Pädagogik (11. Aufl.). Stuttgart: Klett.*

Reble, A. (1999). *Geschichte der Pädagogik Bd. 1. Stuttgart: Klett-Cotta.*

Rebmann, K., Tenfelde, W., & Schlömer, T. (2011). *Berufs- und Wirtschaftspädagogik. Eine Einführung in Strukturbegriffe (4. Aufl.). Wiesbaden: Gabler.*

Redfield, D., & Rousseau, E. (1981). A meta-analysis of experimental research on teacher questioning behavior. *Review of Educational Research, 51(2), 237–245.*

Reibold, D. K. (2007). *Die Ausbilderprüfung – praktischer Teil (4. Aufl.). Renningen-Malmsheim: Expert.*

Reich, K. (2006). *Konstruktivistische Didaktik – ein Lehr- und Studienbuch inklusive Methodenpool auf CD. Weinheim: Beltz.*

Reichenbach, R. (2007). *Philosophie der Bildung und Erziehung. Eine Einführung. Stuttgart: Kohlhammer.*

Remesh, A. (2013). Microteaching, an efficient technique for learning effective teaching. *Journal of Research in Medical Sciences, 18(2), 158–163.*

Retelsdorf, J., & Möller, J. (2008). Entwicklung von Lesekompetenz und Lesemotivation. Schereneffekte in der Sekundarstufe? *Zeitschrift für Entwicklungspsychologie und Pädagogische Psychologie, 40(4), 179–188.*

Retelsdorf, J., Becker, M., Köller, O., & Möller, J. (2012). Reading development in a tracked school system: A longitudinal study over 3 years using propensity score matching. *British Journal of Educational Psychology, 83(4), 647–671. doi:10.1111/j.2044-8279.2011.02051.x.*

Reusser, K., & Pauli, C. (2010). Unterrichtsgestaltung und Unterrichtsqualität – Ergebnisse einer internationalen und schweizerischen Videostudie zum Mathematikunterricht: Einleitung und Überblick. In K. Reusser, C. Pauli, & M. Waldis (Hrsg.), *Unterrichtsgestaltung und Unterrichtsqualität. Ergebnisse einer internationalen und schweizerischen Videostudie zum Mathematikunterricht (S. 9–32). Münster: Waxmann.*

Rietz, C., & Rudinger, G. (2007). Die Analyse von Längsschnittdaten. In W. Schneider, & M. Hasselhorn (Hrsg.), *Handbuch Entwicklungspsychologie (S. 213–225). Göttingen: Hogrefe.*

Rindermann, H. (2006). Was messen internationale Schulleistungsstudien? Schulleistungen, Schülerfähigkeiten, kognitive Fähigkeiten, Wissen oder allgemeine Intelligenz? *Psychologische Rundschau, 57, 69–86.*

Rittelmeyer, C., & Parmentier, M. (2006). *Einführung in die pädagogische Hermeneutik (2. Aufl.). Darmstadt: Wissenschaftliche Buchgesellschaft.*

Robinsohn, S. B. (1969). *Bildungsreform als Reform des Curriculum (2. Aufl.). Neuwied: Luchterhand.*

Robinsohn, S. B. (1973). Vergleichende Erziehungswissenschaft. In F. Braun, D. Glowka, & H. Thomas (Hrsg.), *Erziehung als Wissenschaft (S. 313–355). Stuttgart: Klett.*

Röhrs, H. (1969). *Allgemeine Erziehungswissenschaft. Weinheim: Beltz.*

Röhrs, H. (1972). Das Methodenstrategische Konzept in der Vergleichenden Erziehungswissenschaft. *International Review of Education, 18(1), 316–323.*

Röhrs, H. (1975). *Forschungsstrategien in der Vergleichenden Erziehungswissenschaft. Weinheim: Beltz.*

Rosemann, H. (1979). *Intelligenztheorien. Reinbek bei Hamburg: Rowohlt Verlag.*

Rosenthal, G. (2008). *Interpretative Sozialforschung. Eine Einführung (2. Aufl.). Weinheim: Juventa.*

Roth, H. (1958). Die Bedeutung der empirischen Forschung für die Pädagogik. In H. Roth (Hrsg.), *Erziehungswissenschaft, Erziehungsfeld und Lehrerbildung. Gesammelte Abhandlungen 1957–1967 (S. 9–56). Hannover: Schroedel.*

Roth, H. (1962). Die realistische Wendung in der pädagogischen Forschung. *Neue Sammlung, 2(481), 490.*

Roth, H. (1963). *Pädagogische Psychologie des Lehrens und Lernens. Hannover: Schroedel.*

Roth, H. (1971a). *Bildsamkeit und Erziehung. Pädagogische Anthropologie, Bd. 1. Hannover: Schroedel.*

Roth, H. (1971b). *Entwicklung und Erziehung. Grundlagen einer Entwicklungspädagogik. Pädagogische Anthropologie, Bd. 2. Hannover: Schroedel.*

Rowland, G. (1993). Designing and instructional design. *Educational Technology: Research and Development, 41(1), 79–91.*

Ruhe, H. G. (2012). *Methoden der Biografiearbeit. Lebensspuren entdecken und verstehen (5. Aufl.). Weinheim: Beltz.*

Rumelhart, D. E. (1980). Schemata: The building blocks of cognition. In R. Spiro, B. Bruce, & W. Brewer (Hrsg.), *Theoretical issues in reading comprehension (S. 33–58). Hillsdale, NJ: Erlbaum.*

Rumelhart, D. E., Smolensky, P., McClelland, J. L., & Hinton, G. E. (1986). Schemata and sequential thought processes in PDP models. In J. L. McClelland, & D. E. Rumelhart (Hrsg.), *Psychological and biological models Parallel distributed processing. Explorations in the microstructure of cognition, (Bd. 2, S. 7–57). Cambridge, MA: MIT Press.*

Ryan, T., & Walker, R. (2007). *Wo gehöre ich hin. Biografiearbeit mit Kindern und Jugendlichen. Weinheim: Juventa.*

Sackmann, R. (2007). *Lebenslaufanalyse und Biografieforschung. Eine Einführung. Wiesbaden: VS Verlag für Sozialwissenschaften.*

von Saldern, M. (1986). *Sozialklima von Schulklassen. Frankfurt a. M.: Lang.*

Samuelowicz, K., & Bain, J. D. (1992). Conceptions of teaching held by academic teachers. *Higher Education, 24, 93–111.*

Sarrazin, T. (2010). *Deutschland schafft sich ab. Wie wir unser Land aufs Spiel setzen. München: Deutsche Verlags-Anstalt.*

Schaie, K. W. (1965). A general model for the study of developmental problems. *Psychological Bulletin, 64, 92–107.*

Schank, R. C., & Abelson, R. P. (1977). *Scripts, plans, goals, and understanding: An inquiry into human knowledge structures. Hillsdale, NJ: Erlbaum.*

Scheerens, J., & Bosker, R. J. (1997). *The foundations of educational effectiveness. Oxford, UK: Pergamon.*

Scheffler, I. (1954). Toward an analytic philosophy of education. *Harvard Educational Review, 24, 223–230.*

Scheffler, I. (1960). *The language of education. Springfield: Charles C. Thomas.*

Scheibe, W. (1994). *Die reformpädagogische Bewegung – eine einführende Darstellung (10. Aufl.). Weinheim: Beltz.*

Scherer, H. (1907). *Die Pädagogik als Wissenschaft von Pestalozzi bis zur Gegenwart. III. Abteilung: Die wichtigsten Darstellungen der empirischen Pädagogik. Leipzig: Fr. Brandstetter.*

Schiefele, U., Artelt, C., Stanat, P., & Schneider, W. (Hrsg.). (2004). *Struktur, Entwicklung und Förderung von Lesekompetenz-vertiefende Analysen im Rahmen von PISA 2000. Wiesbaden: Verlag für Sozialwissenschaften.*

Schlegel, U. (1995). Ostdeutsche Frauen in neuen gesellschaftlichen Strukturen. In H. Sydow et al. (Hrsg.), *Chancen und Risiken im Lebenslauf: Beiträge zum gesellschaftlichen Wandel in Ostdeutschland (S. 111–128). Berlin: Akademie-Verlag.*

Schleiermacher, F. D. E. (1829/1995). *Hermeneutik und Kritik. Mit einem Anhang sprachphilosophischer Texte Schleiermachers (6. Aufl.). Frankfurt a. M.: Suhrkamp. Hrsg. und eingeleitet von Manfred Frank*

Schöler, W. (1977). *Strukturen und Modelle des Unterrichts. Paderborn: Schöningh.*

Schott, F., & Ghanbari, S. A. (2012). *Bildungsstandards, Kompetenzdiagnostik und kompetenzorientierter Unterricht zur Qualitätssicherung des Bildungswesens. Münster: Waxmann.*

Schrapper, C. (Hrsg.). (2004). *Sozialpädagogische Diagnostik und Fallverstehen in der Jugendhilfe. Anforderungen, Konzepte, Perspektiven. Weinheim: Juventa.*

Schriewer, J. (2000). Stichwort: Internationaler Vergleich in der Erziehungswissenschaft. *Zeitschrift für Erziehungswissenschaft, 3(4), 495–515.*

Schröder, H. (2002). *Lehren – Lernen – Unterricht: Lernpsychologische und didaktische Grundlagen (2. Aufl.). München: Oldenbourg.*

Schülein, J. A., & Reitze, S. (2012). *Wissenschaftstheorie für Einsteiger (3. Aufl.). Wien: Facultas.*

Schulz, A. (2003). Der „Gang der Natur" und die „Perfektibilität" des Menschen. Wissensgrundlagen und Vorstellungen von Kindheit seit der Aufklärung. In L. Gall, & A. Schulz (Hrsg.), *Wissenskommunikation im 19. Jahrhundert (S. 15–40). Stuttgart: Steiner.*

Schulz, W. (1980). *Unterrichtsplanung. München: Urban & Schwarzenberg.*

Schulze, T. (2006). Biographieforschung in der Erziehungswissenschaft. Gegenstandsbereich und Bedeutung. In H. H. Krüger, & W. W. Marotzki (Hrsg.), *Handbuch erziehungswissenschaftliche Biographieforschung (2. Aufl., S. 34–58). Wiesbaden: VS Verlag für Sozialwissenschaften.*

Schwarzer, R., & Steinhagen, K. (1975). Adaptiver Unterricht als Beitrag zu einer pädagogischen Ökologie. In R. Schwarzer, & K. Steinhagen (Hrsg.), *Adaptiver Unterricht. Zur Wechselwirkung von Schülermerkmalen und Unterrichtsmethoden (S. 11–26). München: Kösel.*

Scupin, E., & Scupin, G. E. (1907). *Bubi's erste Kindheit. Ein Tagebuch. Leipzig: Th. Grieben's Verlag.*

Seel, N. M. (1981). *Lernaufgaben und Lernprozesse. Stuttgart: Kohlhammer.*

Seel, N. M. (1983). Fragenstellen und kognitive Strukturierung. *Psychologie in Erziehung und Unterricht, 30, 241–252.*

Seel, N. M. (1991). *Weltwissen und mentale Modelle. Göttingen: Hogrefe.*

Seel, N. M. (2003). *Psychologie des Lernens (2. Aufl.). München: Reinhardt.*

Seel, N. M. (2004). Model-centered learning environments: Theory, instructional design, and effects. In N. M. Seel, & S. Dijkstra (Hrsg.), *Curriculum, Plans, Processes of Instructional Design: International Perspectives (S. 49–73). Mahwah, NJ: Lawrence Erlbaum Associates.*

Seel, N. M. (2014). Model-based learning and performance. In J. M. Spector et al. (Hrsg.), *Handbook of research in educational communication and technology (4. Aufl., S. 465–484). New York: Springer.*

Seel, N. M., & Dinter, F. R. (1995). Instruction and mental model progression: Learner-dependent effects of teaching strategies on knowledge acquisition and analogica transfer. *Educational Research and Evaluation, 1(1), 4–35.*

Seel, N. M., & Ifenthaler, D. (2009). *Online Lehren und Lernen. München: Reinhardt.*

Seel, N. M., & Hanke, U. (2010). *Lernen und Behalten. Weinheim: Beltz.*

Seel, N. M., Al-Diban, S., & Blumschein, P. (2000). Mental Models and Instructional Planning. In M. Spector, & T. M. Anderson (Hrsg.), *Integrated and Holistic Perspectives on Learning, Instruction and Technology: Understanding Complexity (S. 129–158). Dordrecht: Kluwer Academic Publishers.*

Seel, N. M., Pirnay-Dummer, P. N., & Ifenthaler, D. (2009). Quantitative Bildungsforschung. In R. Tippelt, & B. Schmidt (Hrsg.), *Handbuch Bildungsforschung (2. Aufl., S. 551–570). Wiesbaden: VS Verlag für Sozialwissenschaften.*

Seele, P. (2008). *Philosophie der Epochenschwelle. Berlin: deGruyter.*

Seidel, T., & Shavelson, R. J. (2007). Teaching effectiveness research in the past decade: The role of theory and research design in disentangling meta-analysis results. *Review of Educational Research, 77(4), 454–499.*

Seiffge-Krenke, I. (2006). *Nach PISA. Stress in der Schule und mit den Eltern. Bewältigungskompetenzen deutscher Jugendlicher im internationalen Vergleich. Göttingen: Vandenhoeck & Ruprecht.*

Selz, O. (1913). *). Über die Gesetze des geordneten Denkverlaufs. Eine experimentelle Untersuchung. Erster Teil. Stuttgart: W. Spemann.*

Shulman, L. S. (1981). Disciplines of inquiry in education: An overview. *Educational Researcher, 10(6), 5–12.*

Singer, W. (2002). *Der Beobachter im Gehirn. Frankfurt a. M.: Suhrkamp.*

Shulman, L. (1986). Those who understand: Knowledge growth in teaching. *Educational Researcher, 15(2), 4–14.*

Skinner, B. F. (1951). How to teach animals. *Scientific American 185, 26–29.*

Skinner, B. F. (1958). The science of learning and the art of teaching. The. *Harvard Educational Review, 24(2), 86–97.*

Slavin, R. (2006). *Educational psychology: Theory and practice (8. Aufl.). Needham Heights: Allyn and Bacon.*

Slavin, R., & Karweit, N. (1984). Mastery learning and student teams: A factorial experiment in urban general mathematics classes. *American Educational Research Journal, 21(4), 725–736.*

Smith, B. O., & Meux, M. O. (1970). *A study of the logic of teaching. Chicago: University of Illinois Press.*

Snow, R. E. (1991). Aptitude-treatment interaction as a framework for research on individual differences in psychotherapy. *Journal of Consulting and Clinical Psychology, 59, 205–216.*

Soff, M. (1989). *Jugend im Tagebuch: Analysen zur Ich-Entwicklung in Jugendtagebüchern verschiedener Generationen. Weinheim: Juventa.*

Solga, H. (2009). Bildungsarmut und Ausbildungslosigkeit in der Bildungs- und Wissensgesellschaft. In R. Becker (Hrsg.), *Lehrbuch der Bildungssoziologie (S. 395–432). Wiesbaden: VS Verlag für Sozialwissenschaften.*

Specht-Tomann, M. (2009). *Biografiearbeit in der Gesundheits-, Kranken- und Altenpflege. Heidelberg: Springer.*

Stanat, P., & Schneider, W. (2004). Schwache Leser unter 15-jährigen Schülerinnen und Schülern in Deutschland: Beschreibung einer Risikogruppe. In U. Schiefele, C. Artelt, W. Schneider, & P. Stanat (Hrsg.), *Struktur, Entwicklung und Förderung von Lesekompetenz. Vertiefende Analysen im Rahmen von PISA 2000 (S. 243–273). Wiesbaden: VS Verlag für Sozialwissenschaften.*

Steiner, R. (1923). *Die pädagogische Praxis vom Gesichtspunkte geisteswissenschaftlicher Menschenerkenntnis. Die Erziehung des Kindes und jüngeren Menschen Rudolf Steiner Online Archiv.* http://anthroposophie.byu.edu

Sternberg, R. J. (1996). Matching abilities, instruction and assessment: Reawakening the sleeping giant of ATI. In I. Dennis, & P. Tapsfield (Hrsg.), *Human abilities: their nature and measurement (S. 167–181). Mahwah, NJ: Erlbaum.*

Stolurow, L. M. (1973). Lernumwelten oder Gelegenheiten zum Nachdenken. In W. Edelstein, & D. Hopf (Hrsg.), *Bedingungen des Bildungsprozesses. Psychologische und pädagogische Forschungen zum Lehren und Lernen in der Schule (S. 351–398). Stuttgart: Klett.*

Struck-Möbbeck, O., Rasztar, M., Sackmann, R., Weymann, A., & Wingens, M. (1996). *Gestaltung berufsbiografischer Diskontinuität. Bewältigungsstrategien von ostdeutschen Berufs- und Hochschulabsolventen im Transformationsprozess. Arbeitspaper Nr. 38. Sonderforschungsbereich 186 „Statuspassagen und Risikolagen im Lebenslauf. Bremen: Universität Bremen.*

Stübig, H. (1997). Die Wiederbegründung der Vergleichenden Erziehungswissenschaft in Westdeutschland nach dem Zweiten Weltkrieg -- Friedrich Schneider und Franz Hilker. *Bildung und Erziehung, 50, 467–480.*

Sweller, J. (1988). Cognitive load during problem solving: Effects on learning. *Cognitive Science, 12, 257–285.*

von Sydow, K. (2007). Das Image von Psychologen, Psychotherapeuten und Psychiatern in der Öffentlichkeit: Ein systematischer Forschungsüberblick. *Psychotherapeut, 52(5), 322–333.*

Tack, W. H. (1976). *Stochastische Lernmodelle. Stuttgart: Kohlhammer.*

Tausch, R., & Tausch, A.-M. (1998). *Erziehungspsychologie. Begegnung von Person zu Person (11. Aufl.). Göttingen: Hogrefe.*

Tenorth, H. E. (2000). *Geschichte der Erziehung. Einführung in die Grundzüge ihrer neuzeitlichen Entwicklung (3. Aufl.). Weinheim: Juventa.*

Tenorth, H. E. (2010b). Empirische Schulforschung aus bildungstheoretischer Sicht. In J. D. Gauger, & J. Kraus (Hrsg.), *Empirische Bildungsforschung. Notwendigkeit und Risiko (S. 7–20). St. Augustin/Berlin: Konrad-Adenauer-Stiftung.*

ter Hark, M. (2010). The psychology of thinking before the cognitive revolution: Otto Selz on problems, schemas, and creativity. *History of Psychology, 13(1), 2–24.*

Terhart, E. (1989). *Lehr-Lern-Methoden. Eine Einführung in Probleme der methodischen Organisation von Lehren und Lernen. Weinheim: Juventa.*

Thiele, H. (1981). *Lehren und Lernen im Gespräch. Gesprächsführung im Unterricht. Bad Heilbrunn: Klinkhardt.*

Thimm, K. (2003). Sozialpädagogische Fallarbeit zwischen Diagnostik und Fallverstehen am Beispiel der Hilfen zur Erziehung. *Archiv für Wissenschaft und Praxis der sozialen Arbeit, 34(4), 72–88.*

Thome, H. (2005). *Zeitreihenanalyse. Eine Einführung für Sozialwissenschaftler und Historiker. München: Oldenbourg.*

Thonhauser, J. (Hrsg.). (2008). *Aufgaben als Katalysatoren von Lernprozessen. Münster: Waxmann.*

v. Thüngen, C. E. (1865). *Anleitung zur zweckmäßigen Erziehung und Dressur der zur Niederjagd gehörigen Hunde. Würzburg: Stuber's Buchhandlung.*

Tillmann, K.-J. (2006). Schulpädagogik und Bildungsforschung: Aktuelle Trends vor dem Hintergrund langfristiger Entwicklungen. In H. Merkens (Hrsg.), *Erziehungswissenschaft und Bildungsforschung (S. 81–96). Wiesbaden: VS Verlag für Sozialwissenschaften.*

Timischl, W. et al. (2006). *Bildungsstandards in der Berufsbildung. Handbuch. Wien: Bundesministerium für Bildung, Wissenschaft und Kultur.*

Tippelt, R., & Schmidt, B. (2009). Einleitung der Herausgeber. In R. Tippelt, & B. Schmidt (Hrsg.), *Handbuch Bildungsforschung (2. Aufl., S. 9–19). Wiesbaden: Verlag für Sozialwissenschaften.*

Toepell, S. (2009). *Lehrertrainings im deutschen Sprachraum. Einzeldarstellungen und Entwicklungsverläufe. München: Utz Verlag.*

Tolman, E. C. (1938). The determiners of behavior at a choice point. *Psychological Review, 45, 1–41.*

Travers, R. M. W. (1970). *Einführung in die erziehungswissenschaftliche Forschung. München: Oldenbourg.*

Treml, A. K. (2000). *Allgemeine Pädagogik. Grundlagen, Handlungsfelder und Perspektiven der Erziehung. Stuttgart: Kohlhammer.*

Treml, A. K. (2002). Evolutionäre Pädagogik – Umrisse eines Paradigmenwechsels. *Zeitschrift für Pädagogik, 48(5), 652–669.*

Troltsch, K., Gerards, C., & Mohr, S. (2012). Vom Regen in die Traufe? Unbesetzte Ausbildungsstellen als künftige Herausforderung des Ausbildungsstellenmarktes. *BIBB Report, 6(19), 1–11.*

Tücke, M. (2007). *Entwicklungspsychologie des Kindes- und Jugendalters für (zukünftige) Lehrer (3. Aufl.). Berlin: Lit Verlag.*

Uhlendorff, U. (2002). Sozialpädagogisch-hermeneutische Diagnosen in der Jugendhilfe. In W. Thole (Hrsg.), *Grundriss Soziale Arbeit (S. 577–588). Opladen: Leske + Budrich.*

Ulich, D. (1974). Probleme und Möglichkeiten erziehungswissenschaftlicher Theorienbildung. In D. Ulich (Hrsg.), *Theorie und Methode der Erziehungswissenschaft (S. 14–87). Weinheim: Beltz.*

Valtin, R. (1991). *Mit den Augen der Kinder. Freundschaft, Geheimnisse, Lügen, Streit und Strafe. Reinbek bei Hamburg: Rowohlt.*

Valtin, R. (1993). *Die Welt mit den Augen der Kinder betrachten. Der Beitrag der Entwicklungstheorie Piagets zur Grundschulpädagogik. Antrittsvorlesung an der Humboldt-Universität zu Berlin, Philosophische Fakultät IV, Institut für Schulpädagogik und Pädagogische Psychologie. edoc.hu-berlin.de/humboldt-vl/valtin-renate/PDF/Valtin.pdf*

Valtin, R., & Rosenfeld, H. (1997). Zur Präferenz von Noten- oder Verbalbeurteilung - Ein Vergleich Ost- und Westberliner Eltern. *Zeitschrift für Pädagogik, 37. Beiheft, 293–304.*

Valtin, R., & Rosenfeld, H. (2001). Zehn Jahre nach der Wende: Elterliche Einstellungen zur Schule im Ost/West-Vergleich. *Zeitschrift für Pädagogik, 47(1), 837–845.*

Van Daele, H. (1993). *L'éducation comparée. Paris: Presses Universitaires de France.*

Van Patten, J., Chao, C.-I., & Reigeluth, C. M. (1986). A review of strategies for sequencing and synthesizing instruction. *Review of Educational Research, 56(4), 437–471.*

Wagenschein, M. (1977). *Verstehen lehren. Genetisch – Sokratisch – Exemplarisch. Weinheim: Beltz.*

Wambugu, P. W., Johnson, M., & Changeiywo, J. M. (2008). Effects of mastery learning approach on secondary school students' physics achievement. *Eurasia Journal of Mathematics, Science & Technology Education, 4(3), 293–302.*

Wang, M. C., Haertel, G. D., & Walberg, H. J. (1993). Toward a knowledge base for school learning. *Review of Educational Research, 63(3), 249–294.*

Watson, J. B. (1930). *Behaviorism. New York: Norton.*

Watson, J. B., & Rayner, R. (1920). Conditioned emotional reactions. *Journal of Experimental Psychology, 3, 1–14.*

Watzlawick, P., Beavin, J. H., & Jackson, D. D. (1969/2011). *Menschliche Kommunikation – Formen, Störungen, Paradoxien (12. Aufl.). Bern: Huber.*

Weinert, F. E. (1982). *Fernsehkolleg Lehrerprobleme – Schülerprobleme. 1B. Unklare pädagogische Ziele: Lehrererwartungen und Unterrichtsziele. Tübingen: Deutsches Institut für Fernstudien an der Universität Tübingen.*

Weinert, F. E. (1998). Guter Unterricht ist ein Unterricht, in dem mehr gelernt als gelehrt wird. In J. Freund, H. Gruber, & W. Weidinger (Hrsg.), *Guter Unterricht – Was ist das? Aspekte von Unterrichtsqualität (S. 7–18). Wien: ÖBV Pädagogischer Verlag.*

Weinert, F. E. (1999). *Concepts of competence. Contribution within the OECD project Definition and Selection of Competencies: Theoretical and Conceptual Foundations (DeSeCo). München: Max Planck Institute for Psychological Research..*

Weinert, F. E. (Hrsg.). (2001). *Leistungsmessung in Schulen. Weinheim und Basel: Beltz.*

Wellenhofer, W. (2002). *Unterricht heute: Aufgaben – Möglichkeiten – Probleme: Ein Studien- und Lehrbuch in Schaubildern. Ainring: Gruenstein.*

Wendt, W. R. (2005). Methodisches Fallverstehen und das Management von Fällen – eine Auseinandersetzung. *Case Management, 2, 60–64.*

Wendt, W. R. (2010). *Case Management im Sozial- und Gesundheitswesen. Eine Einführung (5. Aufl.). Freiburg: Lambertus Verlag.*

Wernet, A. (2006). *Hermeneutik – Kasuistik – Fallverstehen. Stuttgart: Kohlhammer.*

Whiting, B., & Render, G. F. (1987). Cognitive and affective outcomes of mastery learning: A review of sixteen semesters. *The Clearing House, 60, 276–280.*

Wiechmann, J. (2010). Unterrichtsmethoden – vom Nutzen der Vielfalt. In J. Wiechmann (Hrsg.), *Zwölf Unterrichtsmethoden. Vielfalt für die Praxis (S. 13). Weinheim: Beltz.*

Wilbers, K. (2012). *Wirtschaftsunterricht gestalten. Lehrbuch. Berlin: epubli.*

Willmann, O. (1906). In W. Rein (Hrsg.), *Klassenorganisation der Volksschule – Munterkeit (2. Aufl.) Enzyklopädisches Handbuch der Pädagogik (Bd. 5, S. 411–415). Langensalza: Beyer & Mann.*

Willmann, O. (1889). *Didaktik als Bildungslehre nach ihren Beziehungen zur Socialforschung und zur Geschichte der Bildung Bd. 2. Braunschweig: Vieweg.*

Wilson, J. P. (2000). Citius. Altius. Fortius. Peritius: The Skill Olympics and skill competitions. *Industrial and Commercial Training, 32(6), 201–208.*

Wineburg, S. S. (1989). Remembrance of theories past. *Educational Researcher, 18(4), 7–10.*

Winkler, M. (2006). *Kritik der Pädagogik. Der Sinn der Erziehung. Stuttgart: Kohlhammer.*

Winn, W. D. (1987). Instructional design and intelligent systems: Shifts in the designer's decisionmaking role. *Instructional Science, 16, 59–77.*

Winnefeld, F. (1957). *Pädagogischer Kontakt und pädagogisches Feld. München: Reinhardt.*

Winteler, A. (2008). *Professionell lehren und lernen. Ein Praxisbuch. Darmstadt: Wissenschaftliche Buchgemeinschaft.*

Wittgenstein, L. (1984). *Werkausgabe Band 1: Tractatus logico-philosophicus. Tagebücher 1914–1916. Philosophische Untersuchungen. Frankfurt a. M.: Suhrkamp.*

Wittrock, M. C. (1974). Learning as a generative process. *Educational Psychologist, 11(2), 87–95.*

Wittrock, M. C. (1990). Generative processes of comprehension. *Educational Psychologist, 24, 345–376.*

Wolf, A. (1991). *Zur Hölle mit den Paukern. Reinbek: Rowohlt.*

Wulf, C. (1983). *Theorien und Konzepte der Erziehungswissenschaft (3. Aufl.). Weinheim: Juventa.*

Wurzbacher, G. (1963). Sozialisation – Enkulturation – Personalisation. In G. Wurzbacher (Hrsg.), *Sozialisation und Personalisation. Beiträge zu Begriff und Theorie der Sozialisation (S. 1–36). Stuttgart: Enke.*

Yeh, C. Y. (2012). Aptitude-Treatment Interaction. In N. M. Seel (Hrsg.), *The encyclopedia of the sciences of learning (Bd. 1, S. 295–298). New York: Springer.*

Yerkes, R. M., & Dodson, J. D. (1908). The relation of strength of stimulus to rapidity of habit-formation. *Journal of Comparative Neurology and Psychology, 18(459), 482.*

Zachhuber, J. (2008). Weltbild, Weltanschauung, Religion. Ein Paradigma intellektueller Diskurse im 19. Jahrhundert. In J. Zachhuber, & C. Markschied (Hrsg.), *Die Welt als Bild (S. 171–194). Berlin: DeGruyter.*

Zierer, K., & Seel, N. M. (2012). General Didactics and Instructional Design: Eyes like twins A transatlantic dialogue about similarities and differences, about the past and the future of two sciences of learning and teaching. *SpringerPlus, 1(15),1.*

Zimmerman, B. J., & Dibenedetto, M. K. (2008). Mastery learning and assessment: Implications for students and teachers in an era of high-stakes testing. *Psychology in the Schools, 45(3), 206–216.*

Zinnecker, J. (2000). Pädagogische Ethnographie. *Zeitschrift für Erziehungswissenschaft, 3(3), 381–400.*

Zlatkin-Troitschanskaia, O., & Gräsel, C. (2011). Empirische Bildungsforschung – ein Überblick aus interdisziplinärer Perspektive. In O. Zlatkin-Troitschanskaia (Hrsg.), *Stationen empirischer Bildungsforschung. Traditionslinien und Perspektiven (S. 9–22). Wiesbaden: VS Verlag für Sozialwissenschaften.*

Historische Pädagogik: die Geschichte der Erziehung und Erziehungswissenschaft

Norbert M. Seel, Ulrike Hanke

N. M. Seel, U. Hanke, *Erziehungswissenschaft*,
DOI 10.1007/978-3-642-55206-9_2,

Lernziele

- Sie können darstellen, wie sich über die Geschichte hinweg das Verständnis von Erziehung gewandelt hat.
- Sie können die Geschichte der Erziehungswissenschaft nachzeichnen.
- Sie können erklären, wie sich das Bild und die Rolle des Kindes von der Vor- und Frühzeit bis heute verändert haben.
- Sie können die zentralen Paradigmen der Erziehung von der Vor- und Frühzeit bis heute erläutern.

Einleitung

Pädagogen lieben die Geschichte ihres Faches. Diesen Eindruck kann man gewinnen, wenn man die Fülle der Literatur betrachtet, die zur Geschichte der Pädagogik publiziert wurde. Dabei findet die historische Pädagogik ihre Legitimation darin, dass

> » die Gegenwart in ihrer Vielschichtigkeit, ihren Spannungen und Schwierigkeiten […] auch im pädagogischen Bereich […] nicht zu verstehen [ist], wenn man nicht weiß […], wie sie aus der Vergangenheit herausgewachsen ist (Reble 1965, S. 12).

Da die Pädagogik sehr vielfältig mit dem kulturellen und sozialen Umfeld, mit weltanschaulichen und ökonomischen Entwicklungen, mit der Ideengeschichte und dem Zeitgeist wie auch mit der Politik verwoben ist, kann der Schwerpunkt der historischen Analyse der Pädagogik sehr verschieden gewählt werden: Die historische Betrachtung der Erziehungswirklichkeit folgt oft einem biografischen Ansatz, indem der Fokus auf die Gedankenwelt und das Wirken historischer Persönlichkeiten („die wichtigsten Pädagogen") gerichtet wird (Stumpf 2007). Ein anderer Zugang liegt in einer Sozial- oder Institutionengeschichte. Am häufigsten aber wird die Geschichte der Pädagogik als Ideengeschichte begriffen, die von der Antike bis in unsere Zeit reicht und sich an den jeweils vorherrschenden philosophischen Grundströmungen einer Zeitepoche orientiert (z. B. Böhm 2010; Reble 1965). Dabei wird gelegentlich übersehen, dass es die politischen und wirtschaftlichen Bedingungen und Verhältnisse sind, die einer historischen Epoche den Stempel aufdrücken und auch deren Erziehungs- und Bildungswesen bestimmen.

Da es zur Geschichte als Disziplin durchaus divergierende Meinungen gibt (vgl. ◘ Abb. 2.1), ist es erforderlich, die von uns gewählte Zugangsweise zur Geschichte der Pädagogik zu umreißen und zu begründen:

Unser Ausgangspunkt liegt in der Feststellung, dass *Geschichte keine Nostalgie* ist, auch wenn sie gelegentlich so verkauft wird. Geschichte ist die Rekonstruktion der Vergangenheit mit dem Wissen von heute. Eine Analyse der Geschichte ist daher nie wertungsneutral und positionsfrei.

Da es bereits zahllose Darstellungen der Geschichte der Pädagogik gibt, die sich als Ideengeschichte verstehen, wollen wir in diesem Kapitel eine Geschichte der Pädagogik skizzieren, die zum einen den Schwerpunkt auf die einflussreichen Vordenker legt, da fast nichts von dem, was heute gedacht wird, nicht schon längst gedacht wurde. Zum anderen richtet sich der Blick insbesondere auf die historische Entwicklung der Erziehung und Bildung breiter Bevölkerungsschichten (Bauern, Handwerker, Arbeiter).

Bei der *Zeitreise durch die Pädagogik* ist außerdem das Phänomen zu berücksichtigen, dass die historischen Ereignisse oft klarer und trennbarer werden, je weiter man in die Vergangenheit reist. Je näher man an die Gegenwart heranrückt, desto mehr Details fließen in die Analyse ein, so dass man gelegentlich vor lauter Bäumen den Wald nicht mehr sehen kann. An dem zunehmenden Grad an Detailliertheit der neueren und neuesten Geschichte liegt es ja wohl auch, dass Geschichtsunterricht bei jüngeren Schülern durchaus beliebt ist, mit zunehmendem Alter und wachsender Stoffmenge aber immer unbeliebter wird. Die Detailverliebtheit von Historikern stellt auch eine Gefahr für die historische Pädagogik dar. Deshalb werden wir die historische Entwicklung pädagogischen Denkens und Handelns eher in groben Zügen nachzeichnen und auf Vollständigkeit verzichten (müssen). Hans Ebeling, ein Geschichtsdidaktiker der 1950er Jahre, hat diese Vorgehensweise als *Inselbildung* bezeichnet und sich für mehr „Mut zur Lücke" in der Historiografie ausgesprochen. Das soll aber nicht heißen, dass wir an einigen Stellen nicht doch stärker ins Detail gehen werden, um bestimmte pädagogische Entwicklungen zu beschreiben, die bisher in der Literatur vernachlässigt wurden.

Mit der Inselbildung der historischen Analyse verknüpfen wir auch von Fall zu Fall eine Fokussierung auf einen ausgewählten geografischen Raum, indem wir, wenn immer dies möglich ist, auf die Geschichte des heutigen Saarlandes zurückgreifen. Hier kann man auf einem engen und überschaubaren Raum alle

Geschichte ist _____

„Die meistens falsche Darstellung meistens unwichtiger Ereignisse, die von meistens schurkischen Herrschern und meistens dummen Soldaten herbei gefuhrt wurden" (Ambrose Bierce).

„Nicht viel mehr als eine Aufzählung der Verbrechen, Narrheiten und Unglucksfälle der Menschheit" (Edward Gibbon).

„Geschichte handelt fast nur von schlechten Menschen, die später gutgesprochen worden sind" (Nietzsche).

„Die Geschichte lehrt die Menschen, dass die Geschichte die Menschen nichts lehrt" (Gandhi).

„Glücklich ist das Volk, dessen Geschichte sich langweilig liest" (Montesquieu).

„Die glücklichsten Zeiten der Menschheit sind die leeren Blätter im Buch der Geschichte" (L. von Ranke)

„Der Historiker ist ein Reporter, der überall dort nicht dabei war, wo etwas passiert ist" (Shaw).

„Die Geschichte ist eine Fortsetzung der Zoologie" (Schopenhauer).

„Die Geschichte lehrt dauernd, aber sie findet keine Schüler" (Ingeborg Bachmann).

„Geschichte ist größtenteils nur Geschwätz" (Henry Ford).

„Das Wesen der Geschichte ist die Wandlung" (Goethe)

„Die Geschichte ist ein Drehbuch von miserabler Qualität" (Norman Mailer).

„Die Luge, auf die man sich geeinigt hat" (Voltaire.)

Abb. 2.1 Die Geschichte im Urteil prominenter Autoren

historischen Entwicklungen und Verwerfungen seit dem antiken Rom bis in die Gegenwart nachzeichnen, ohne sich zu sehr in den weltgeschichtlichen Ereignissen zu verstricken.

Da diese aber nachhaltige Einflüsse auf die Pädagogik und das pädagogische Denken und Handeln ausgeübt haben, werden wir die historische Pädagogik gemäß der allgemein üblichen *Einteilung der Geschichte in Epochen* skizzieren. Eine solche Einteilung erleichtert das Verständnis und die Vermittlung von historischen Prozessen, Situationen und Begebenheiten. Angesichts der Komplexität geschichtlicher Prozesse ist aber eine klare Einteilung in der Regel schwer und selten eindeutig. In der europäischen Geschichtsschreibung dominiert die Dreiteilung in Antike, Mittelalter und Neuzeit. Die Grenze zwischen Antike und Mittelalter wird dabei sehr unterschiedlich gezogen, die Abgrenzungen schwanken zwischen dem 3. und dem 8. Jahrhundert n. Chr., der Übergang zwischen Mittelalter und Neuzeit wird meist auf die zweite Hälfte des 15. Jahrhunderts n. Chr. festgelegt, oft sehr genau auf das Jahr 1492, als Columbus Amerika entdeckte. Üblicherweise fängt die systematische Auseinandersetzung mit der Geschichte der Pädagogik bei der Antike an (Reble 1965), die Vor- und Frühgeschichte wird demgegenüber selten thematisiert, da kaum verwertbare Quellen zu verzeichnen sind. Das schließt natürlich nicht aus, dass in dieser Epoche der Menschheitsgeschichte nicht pädagogisch gehandelt worden wäre. Da aber im Unterschied zu nachfolgenden Epochen kaum verwertbare Quellen existieren, wissen wir nicht, wie die Menschen in der Frühgeschichte erzogen wurden, aber man kann Vermutungen anstellen. Wir unterscheiden in unserer historischen Betrachtung der Pädagogik die Epochen

- Vor- und Frühgeschichte,
- Antike,
- Mittelalter,
- Neuzeit,
- neueste Geschichte.

In diesem Kapitel verwendete Grundbegriffe

Abgesehen von einzelnen theoretischen Fachbegriffen, die im Text erklärt werden, werden in diesem Kapitel durchgängig folgende Grundbegriffe verwendet:

Epoche – Eine Epoche ist ein größerer historischer Abschnitt, der durch das Überwiegen gemeinsamer Merkmale im Vergleich zu anderen Epochen gekennzeichnet ist.

Quelle – Als historische Quellen werden im weitesten Sinn alle Zeugnisse (Überlieferungen) verstanden, die über geschichtliche Abläufe, Zustände, Denk- und Verhaltensweisen informieren, also letztlich über alles, was sich in der Vergangenheit ereignet hat und diese kennzeichnet.

Famulussystem – Das Famulussystem der antiken Erziehung entspricht etwa dem Meister-Lehrling-Verhältnis des altdeutschen Handwerks.

Reich – Bezeichnung eines politischen Machtbereichs bzw. das Territoriums eines Staates.

Staat – Im weitesten Sinn die Bezeichnung einer politischen Ordnung. Laut der soziologischen Definition von Max Weber (1980) bezeichnet der Staat die Gemeinschaft von Menschen, die „innerhalb eines bestimmten Gebietes [...] das Monopol legitimer physischer Gewaltsamkeit für sich (mit Erfolg) beansprucht" (S. 822). Dementsprechend wird der Staat als ein „Herrschaftsverhältnis von Menschen über Menschen" begriffen, das auf Rechtmäßigkeit begründet ist.

Volk – Der Begriff Volk wird in einem zweifachen Sinne verwendet: Einerseits zur Kennzeichnung einer Gruppe von Menschen, andererseits als Bezeichnung der politischen Subjekte eines Staates.

2.1 Vor- und Frühgeschichte

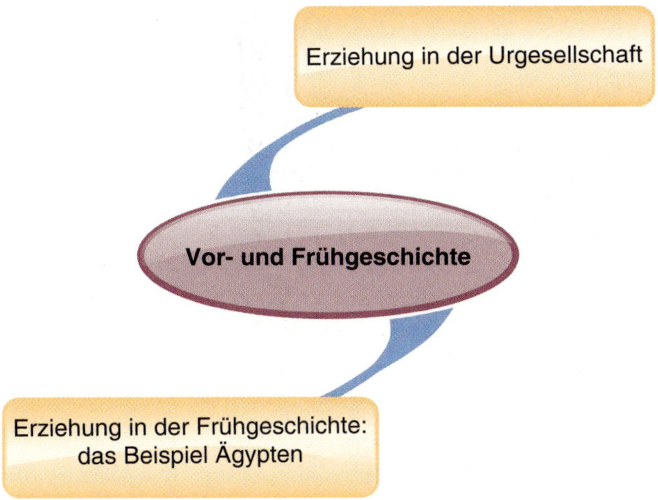

Aufgabe als Denkanstoß
Wie, würden Sie annehmen, wurden Kinder und Jugendliche in der Vor- und Frühgeschichte erzogen? Welche Rolle dürfte Erziehung damals gespielt haben?

Über die Vor- und Frühgeschichte der Menschheit weiß man mangels schriftlicher Überlieferung sehr wenig. Dessen ungeachtet müssen, sofern die Grundannahme der pädagogischen Anthropologie zutrifft, dass die *Erziehungsbedürftigkeit ein Wesensmerkmal* der Spezies Mensch ist, Kinder und Jugendliche auch zu den frühesten Zeiten der Menschheit erzogen worden sein.

2.1.1 Erziehung in der Urgesellschaft

Das Zusammenleben der Menschen in vorgeschichtlicher Zeit, die quellenmäßig nicht direkt erschließbar ist, wird als *Urgesellschaft* bezeichnet. Urgesellschaften umspannen den längsten Zeitraum der Menschheitsgeschichte (nämlich mehr als 3 Millionen Jahre), und als Folge ihrer Existenz in verschiedenen Klimazonen und zu erdgeschichtlich verschiedenen Zeiten zeichnen sie sich durch eine große Heterogenität aus. Aus der Archäologie stammt der Begriff *Steinzeit* für die Zeit der Urgesellschaften, weil Steinwerkzeuge die ältesten erdgeschichtlich klassifizierbaren Funde sind. Allgemein wird das Aufkommen von Ackerbau und Viehzucht als Übergang zur Jungsteinzeit und als Ende der Urgesellschaft betrachtet.

Das Phänomen *Urgesellschaft* hat einen großen Einfluss auf Gesellschaftstheorien (z. B. von Hobbes, Rousseau, Engels) ausgeübt; besondere Bedeutung wird der Urgesellschaft als Prototyp des Urkommunismus in der marxistischen Gesellschaftstheorie zugeschrieben, was auch erklärt, dass die *Erziehung in der Urgesellschaft* insbesondere in der DDR-Pädagogik eine große Rolle spielte (vgl. Eichler 2000). Die Erziehung als „ein für den Bestand und die Fortentwicklung menschlicher Gesellschaft unabdingbarer Vorgang" begreifend, gelangt Alt (1956) in seinen *Vorlesungen über die Erziehung auf den frühen Stufen der Menschheitsentwicklung* zu der Auffassung, Erziehung sei ein *Produkt der Arbeit* (im Sinne von Karl Marx).

Die Ausführungen der marxistischen Pädagogen sind aber überwiegend genauso fiktiv wie Romane (z. B. Denzel 1988) und gründen auf plausiblen Annahmen über das Zusammenleben in der Urgesellschaft und ihrem Bedarf nach Erziehung, um das Überleben in einer feindlichen Umgebung zu sichern. Aus marxistischer Sicht argumentiert beispielsweise Schaller (1963), dass die Erziehung in der Urgesellschaft nicht nur die Übermittlung der Elemente des technischen Arbeitsprozesses umfasst, sondern zugleich die jeweiligen gesellschaftlichen Verhältnisse widerspiegelt, unter denen sich der Arbeitsprozess vollzieht. Weiterhin führt er aus:

> » In der Erziehung in der Urgesellschaft zeigt sich eine zunehmende Entwicklung von zunächst spontanen zu bewusst erzieherischen Prozessen […], mit deren Fortschreiten auch ein Erziehungsziel im Sinne der bewussten direkten Menschformung – als Typ des Menschen – deutlich wird: der Mensch als Glied der urkommunistischen Gesellschaft, der in der Lage ist, im gesellschaftlichen Verband die notwendigen Existenzmittel zu beschaffen, der die sittlichen Normen der Gesellschaft achtet und bestimmte Vorstellungen über weltanschauliche Elemente, insbesondere mystisch-religiöse, besitzt (Schaller 1963, S. 31).

Das ist natürlich reine Spekulation und kann wissenschaftlich weder bewiesen noch widerlegt werden. Aber es klingt plausibel.

Trotz des Mangels an schriftlicher Überlieferung sollte man die Bedeutung von Erziehung in der Urgesellschaft nicht unterschätzen, vor allem nicht hinsichtlich der kulturellen Leistungen, die sie hervorgebracht hat. Die Menschen, die bereits einige tausende Jahre vor unserer Zeitrechnung in der Lage waren, Kunstwerke wie die Höhlenmalereien zu kreieren, mussten dies irgendwie gelernt haben. Es liegt auch nahe anzunehmen, dass diese Kunstfertigkeit gelehrt und von einer Generation zur nächsten tradiert wurde. Die Höhlenmalerei belegt, dass Menschen vor vielen Jahrtausenden bereits über hochentwickelte künstlerische Fähigkeiten verfügten. Die Malereien in den Höhlen von Chauvet, Lascaux und Altamira erinnern in ihrer Lebendigkeit und Expressivität an Werke des modernen Expressionismus und Kubismus und zeugen von einer großen Beobachtungsgabe und Kunstfertigkeit – und dies wie im Falle der Höhlen von Lascaux 16.000 Jahre vor unserer Zeitrechnung.

Einen gewaltigen Auftrieb erfuhr die zivilisatorische Entwicklung der Menschheit aber erst nach der *neolithischen Revolution* (ab 9000 v. Chr.). Damit wird der Übergang zur sesshaften Lebensweise bezeichnet, die mit einem rapiden Wandel des sozialen Zusammenlebens verbunden war und die Grundlage für das Entstehen segmentärer Gesellschaften bildete, d. h. von Gesellschaften ohne zentrale politische Institution, deren soziale Struktur von Klans als einlinige Abstammungsgruppen geprägt war. So entstanden ab 5500 v. Chr. (d. h. einige tausend Jahre später als in Vorderasien) auch in Mitteleuropa jungsteinzeitliche Siedlungen wie die in Unteruhldingen am Bodensee. In den sumerischen Stadtstaaten entstanden dann im 4. Jahrtausend v. Chr. die ersten Keilschriften und leiteten den Übergang von

Tab. 2.1 Überblick über geschichtliche und kulturelle Ereignisse der Vor- und Frühgeschichte

Vor- und Frühgeschichte		
	Markante geschichtliche Ereignisse	**Pädagogik & Kultur**
ca. 4 Mio. Jahre v. Chr.: erste menschenartige Wesen in Ostafrika		
ca. 2 Mio. Jahre v. Chr.: Altsteinzeit, erste Werkzeuge	ca. 150.000 v. Chr.: *Homo sapiens sapiens*	
		40.000 v. Chr.: Felsmalereien
9000 v. Chr.: Jungsteinzeit in Vorderasien 5500 v. Chr.: Jungsteinzeit in Mitteleuropa	Neolithische Revolution: jungsteinzeitliche Siedlungen mit Langhäusern in Mitteleuropa	
4000 v. Chr.: Kupferzeit 3500 v. Chr.: Bronzezeit	3500 v. Chr.: sumerische Stadtstaaten 3300 v. Chr.: Gletschermann „Ötzi"	3500 v. Chr.: erste Keilschriften
3000 v. Chr.: frühe Hochkultur in Ägypten	2580 v. Chr.: Cheops-Pyramide	
2700 v. Chr.: Altes Reich, erste Blüte der ägyptischen Hochkultur 1500 v. Chr.: Eisenzeit	1900 v. Chr.: babylonisches Reich, Hammurabi, erste Gesetze	ca. 2800 v. Chr.: *Ptahhotep*
1600 v. Chr.: mykenische Kultur, erste Hochkulturen in Europa	1000 v. Chr.: Königreich Israel	

der Vor- zur Frühgeschichte ein. Bevor wir auf diese Epoche der Menschheitsgeschichte eingehen, wollen wir einen kurzen Überblick über die Entwicklung während der Vor- und Frühgeschichte geben (Tab. 2.1).

Am Anfang der Entstehung der frühgeschichtlichen Zivilisation steht die Erfindung der Schrift, was als *Revolution der Informationsübermittlung* betrachtet werden kann. Ab diesem Zeitpunkt liegt eine historische Überlieferung vor, die uns eine Rekonstruktion von der Vergangenheit bis heute – auch auf pädagogischem Gebiet – ermöglicht.

Obwohl die Schrift in zahlreichen Kulturen und an ebenso zahlreichen Orten entwickelt wurde und nicht die Erfindung eines einzigen Volkes war (vgl. Haarmann 2004), wird den Sumerern in Mesopotamien zugeschrieben, die erste Schrift erfunden zu haben (etwa 3500 v. Chr.). Die abgebildeten Tontafeln sind auf den Zeitraum 3200 v. Chr. datiert und wurden in Tell Asmar im Irak gefunden (Abb. 2.2).

Die Schrift der Sumerer bestand aus einfachen Bildern oder Piktogrammen, die ein Objekt oder eine Idee repräsentieren. Damit wurde es möglich, Neuigkeiten und Vorstellungen an weit

Abb. 2.2 Beispiel für die Keilschrift der Sumerer (© swisshippo/Getty Images/iStockphoto)

entfernte Orte zu übermitteln, ohne auf die Merkfähigkeit von Boten angewiesen zu sein. In Mesopotamien wurde sie zur Aufzeichnung für kommerzielle Transaktionen und administrative Zwecke entwickelt. Es gab aber auch Texte, die Anleitungen zum Schreiben enthielten und der Ausbildung zukünftiger Schreiber dienten.

Damit kommt die Pädagogik ins Spiel: Das Schreiben wurde zum Gegenstand einer systematischen Ausbildung zum Schreiber. Das sumerische Schreibsystem wurde in der Folgezeit von anderen Völkern in Mesopotamien (z. B. den Babyloniern) übernommen und modifiziert. Als gesprochene Sprache starb das Sumerische zwar aus, aber als eine „gelernte" Schriftsprache überdauerte es noch Jahrhunderte (so wie später Latein im Mittelalter).

2.1.2 Erziehung in der Frühgeschichte: das Beispiel Ägypten

Parallel zur Entwicklung in Mesopotamien entstanden andere Hochkulturen – zum Beispiel in Ägypten, China und Indien. Besonders gut erforscht ist die Hochkultur Ägyptens, und hier findet man auch zahlreiche gut dokumentierte Belege für die Erziehung der jungen Generation. Obwohl die Ägypter ihre Kinder liebten, wie aus den Quellen hervorgeht, findet man fast zu allen Zeiten der ägyptischen Geschichte Warnungen, die Kinder nicht zu verzärteln. Erziehung sollte nicht zu nachgiebig sein. Nur Strenge würde die erwünschten Ergebnisse bringen. In dieser Weise äußerte sich vor allem *Ptahhotep*, ein Wesir und Stadtverwalter zur Zeit der 5. Dynastie, dessen Maximen für die Erziehung auf ca. 2880 v. Chr. datiert werden (Grimal 1992). Ptahhotep verstand sich selbst „als einen, der den Unwissenden zum Wissenden erzieht und zu den Regeln vollkommener Rede, zum Nutzen dessen, der darauf hört, zum Schaden dessen, der dawider handelt" (zit. n. Brunner 1991a, S. 133). Das probate Mittel der Erziehung ist für Ptahhotep die Prügel: „Ein Sohn stirbt nicht von dem Prügeln der Hand seines Vaters. Wer aber seinen Sohn so lieb hat, dass er zugrunde geht, richtet sich selbst zugrunde, denn Stock und Scham schützen einen Sohn gegen den Fall." Wir werden später sehen, dass sich die Idee, den Nachwuchs mit Hilfe körperlicher Züchtigungen zu erziehen, durch die gesamte Geschichte der Pädagogik (bis zur Mitte des 20. Jahrhunderts) zieht.

Die Lehre des Ptahhotep markiert auch den Beginn des Zusammenspiels von Politik und Erziehung. Die Pädagogik wurde zu allen Zeiten im alten Ägypten als klassisches Werk der politischen Erziehung betrachtet (Kootz 2006).

Die Lehren und Weisheiten des Ptahhotep sind weniger diskursiv angelegt, als man es für politische Schriften erwarten würde. Politische Schriften dienen oft auch als Grundlage für die Erziehung des Menschen, aber so deutlich wie in den Lehren des Ptahhotep tritt uns ihre Funktion als *Erziehungsliteratur* mit einem ausgeprägten didaktischen Charakter selten entgegen. Kootz stellt fest, dass im alten Ägypten kontroverse Auseinandersetzungen nur äußerst selten schriftlich festgelegt wurden. Daher stellen die niedergeschriebenen Lehren des Ptahhotep etwas allgemein Anerkanntes dar, sie waren so etwas wie eine Schullektüre, der man sich pflichtschuldig zu unterziehen hatte (◘ Abb. 2.3).

▪ Die Erziehungstheorie des Ptahhotep

Ausgangspunkt der Lehre des Ptahhotep ist die Erfahrung der Unvollkommenheit des Menschen, die sich in den verschiedensten Lebensbereichen als negativ erweist und bedingt, dass er auf Führung angewiesen ist. Dies entspricht im Grunde dem Verständnis der modernen pädagogischen Anthropologie, die von der Erziehungsbedürftigkeit des Mängelwesens Mensch ausgeht (▶ Abschn. 4.1). Die mangelnde körperliche Selbstständigkeit des Kleinkinds wird allmählich mit Unterstützung der Eltern überwunden, und durch das Erlernen von Sprache kann eine Integration in die Gesellschaft stattfinden. Eine Erziehung in diesem Sinne soll Charaktereigenschaften des Menschen fördern bzw. bilden, so dass sie den allseits anerkannten Tugenden des altägyptischen Gesellschaftsideals entsprechen.

Im Mittelpunkt des altägyptischen pädagogischen Denkens und Handelns steht also die Erziehung des Einzelnen zum Gesellschaftswesen. Das Idealbild des Menschen ist Kootz zufolge der „Schweiger", womit nicht gemeint ist, dass er sprachlos sein soll, sondern er soll vielmehr die Fähigkeit besitzen, die eigenen Triebkräfte kontrollieren und dadurch vernunftorientiert handeln zu können. Situationsangemessenes und wirksames Verhalten bedeutet, selbstbeherrscht zu handeln, das Recht zu achten und gegen Unrecht einzuschreiten, was ein Verantwortungsgefühl für gesellschaftliche Belange voraussetzt. Aus den vorhandenen Quellen und schriftlichen Überlieferungen kann hergeleitet werden, dass die Erziehung in diesem Sinne eine überragende Rolle im alten Ägypten spielte.

Aus den Schriften des Ptahhotep wie auch aus anderen Quellen (z. B. die Lehren des *Amenemope* aus der Zeit des Pharaos Ramses (ca. 1300–1075 v. Chr.)) zeichnet sich ab, dass man im alten Ägypten die ersten zehn Lebensjahre als Zeitraum der Erziehung betrachtete. In diesem Zeitraum war dem Kind ein Bewusstsein für rechtes Handeln (Maat) und Fehlverhalten (Isfet) zu vermitteln. Das Kind wird als ein unbeholfenes, unwissendes und damit unvollkommenes Wesen betrachtet, das erziehungsbedürftig ist. Die „Kenntnis des Guten" ist dem Menschen nach der Lehre des Ptahhotep bei der Geburt nicht mitgegeben, sondern muss ihm durch Erziehung vermittelt werden.

Schule deinen Sohn zum Hörenden,
der angesehen sein wird im Herzen der Vornehmen.

Wenn ein Sohn seines Vaters Wort annimmt,
wird keiner seiner Pläne fehlschlagen.

Wenn er alt geworden ist und die Ehrwürdigkeit erreicht hat,
dann redet er ebenso zu seinen Kindern, indem er die Lehre
seines Vaters erneuert.

Jeder, der wie er unterrichtet ist, möge zu seinen Kindern
sprechen: Setze ein Beispiel, verärgere nicht.

Stärke die Weltordnung, damit deine Kinder leben.

◘ **Abb. 2.3** Ptahhotep und seine Lehre (© picture alliance / Prisma Archiv)

▪ Altägyptische Erziehungspraxis

Die überaus gründliche und vorbildliche Analyse der altägyptischen Quellen durch Brunner (1957/1991b) zeichnet für die verschiedenen Epochen ein unterschiedliches Bild des Erziehungswesens. Zwar sind die schriftlichen Überlieferungen hinsichtlich der Erziehung im *Alten Reich* (etwa 2700–2215 v. Chr.) spärlich, aber die auf Papyri überlieferten Lehren des Ptahhotep (die dann jahrhundertelang kopiert und weitervermittelt wurden), die Lehren des Amenemope und die *Lehre für Kagemni* (ein Papyrus aus der Zeit der 9. oder 10. Dynastie) geben Auskunft über die geltende Erziehungstheorie wie auch fragmentarisch über die Erziehungspraxis. Danach beruhte das Erziehungswesen des Alten Reiches auf dem *Famulussystem*. Der Schüler wurde ganz in das Haus seines Lehrers aufgenommen und hatte sich auch um dessen Haushalt zu kümmern. Bemerkenswert ist, dass Ptahhotep eindringlich vor den Gefahren warnt, die das Amt des Lehrers mit sich bringt. Hochmut hält er für besonders gefährlich, wohingegen er die Geduld als eine Kardinaltugend des Lehrers betrachtet.

Da die Erziehung der Rekrutierung des Nachwuchses für *maßgebende Staatsämter* diente, gehörte es zu den ausdrücklichen Pflichten eines Mannes in leitender Stellung, einen Schüler aufzunehmen (12. Lehre des Ptahhotep), beruhte doch die Kontinuität der Gesellschaftsordnung auf dieser Einrichtung. Es war Sitte, dass sich jeder Beamte seinen Nachfolger selbst heranzog und auf ihn durch persönliches Vorbild, durch Beteiligung an der täglichen Arbeit und durch kleinere Aufträge einwirkte.

Daneben gab es noch die *Pagenerziehung* am Hofe, der naturgemäß die größte Bedeutung zugemessen wurde, denn in der Regel wurden die Pagen hohe Beamte, z. B. Wesir (vgl. zum Beamtentum Hornung 2008). Diese Erziehung kam aber nur den Angehörigen der Oberschicht zugute.

Im Zentrum des „Unterrichts" stand Lesen und Schreiben. Ob die Lese- und Schreibanfänger bereits im Alten Reich Unterrichtsklassen bildeten, ist nicht bekannt, aber es spricht wenig dafür. Quellen belegen aber, dass zu Beginn des Mittleren Reiches (etwa 2135–1780 v. Chr.) Kinder in Klassen unterrichtet wurden, um das Anfangswissen in Gemeinschaft zu erwerben. Das Unterrichten in Klassen und damit der Beginn eines Schulbetriebs wurde dadurch begünstigt, dass zu dieser Zeit eine straffe Verwaltung mit einem technisch wie ethisch durchgeformten Beamtenapparat notwendig wurde. Die Kinder gingen also nun zur Schule, wobei der Unterricht für die Kinder der Oberschicht ein gesellschaftliches Muss war (allerdings nicht im Sinne einer Schulpflicht).

Grundsätzlich konnten die Kinder aller Schichten zur Schule gehen. Ohne Schulbildung hatten die Ägypter keine Möglichkeit, einen angesehenen Beruf zu erlernen. Doch für die meisten Eltern kam der Schulbesuch ihrer Kinder nicht in Betracht, denn für sie war von Geburt an ein anderer Weg vorgesehen.

Obwohl überwiegend Knaben zur Schule gingen, konnten auch Mädchen die Schule besuchen, was in anderen frühen Hochkulturen nicht selbstverständlich war. Aber nur sehr wenige Mädchen machten von dieser Möglichkeit Gebrauch. Sie heirateten früh und mussten sich daher schon in sehr jungen Jahren um ihre eigene Familie und ihren Haushalt kümmern. Berufe erlernten sie daher nur selten, so war eine Schulausbildung für sie einfach überflüssig. Aber auch die Mehrheit der Jungen ging nicht zur Schule, da ihnen ein anderer Lebensweg beschieden war, nämlich der eines Bauern.

Man kann davon ausgehen, dass nur 3 bis 4 % der altägyptischen Bevölkerung schreiben und lesen konnten – dies dürften die Angehörigen der Oberschicht gewesen sein. Die jüngeren Kinder wurden in Höfen unterrichtet, in denen sie es sich im Schneidersitz auf einer Matte bequem machten. Ältere Kinder gingen in eine Schreiberschule, in ein *Haus des Lebens*. Neben Schreiben und Lesen unterrichteten die Lehrer dort auch Mathematik, Geometrie und Astronomie. In höheren Klassen standen auch noch Medizin, Geografie, Recht, Verwaltungswesen sowie Religion (und gelegentlich Traumdeutung) auf dem Stundenplan (vgl. Brunner 1991b).

Es gibt sehr viel mehr Dokumente (Papyri und Holztafeln), die über das Erziehungswesen (in Theorie und Praxis) das Neuen Reiches (etwa 1550–1070 v. Chr.) informieren als Quellen über das Alte und Mittlere Reich.

Zur Zeit des Neuen Reiches herrschte ein enormer Bedarf an Schreibkundigen. Daher war das Fach Schreiben und Lesen von besonderer Bedeutung. Schreiben und Lesen lernten die Kinder anhand von literarischen Texten, die damals teilweise schon 700 Jahre alt waren. Entweder schrieben sie diese Texte ab oder der Lehrer diktierte sie. Eine andere Lernmethode bestand darin, einen vorher gelesenen oder gehörten Text aus dem Gedächtnis aufzuschreiben. Ein Großteil der Schreibübungen bestand aus Weisheitslehren (z. B. des Ptahhotep), so dass die Schüler nebenbei auch etwas über Tugendhaftigkeit, Anstand und Ausdauer lernten. Respekt und Gehorsam gegenüber den Lehrern sowie gegenüber dem eigenen Vater sind ein in den verschiedenen Textsammlungen oft erörtertes Thema.

In den späteren „Gehilfejahren" wurden die Schüler in moderner Literatur und praktischen Dingen (wozu auch Sport gehörte) unterrichtet. Zur Zeit des Neuen Reiches wird mit großer Selbstverständlichkeit davon gesprochen, dass die Kinder in die Schule geschickt werden (obwohl keine Schulpflicht bestand). Zudem belegen die schriftlichen Quellen, dass der Ausbildung zum Schreiber ernsthafte Konkurrenz durch andere Berufe erwuchs. Bis zum Überdruss wiederholten die Lehrer deshalb nun Ermahnungen, sich für das gesicherte, wenn auch eintönig verlaufende Leben eines Verwaltungsbeamten zu entscheiden und nicht das abwechslungsreiche Leben eines Soldaten oder Landmannes, eines Handwerkers, eines Fischers oder Schiffers zu wählen. Die „schreibende Zunft" war offensichtlich besorgt, nicht ausreichend Nachwuchs zu bekommen.

Tatsächlich brachen zahlreiche Schüler die Schule ab, da ihnen der Leistungsdruck zu groß war oder die Erziehungsmethoden der Lehrer zu streng erschienen. Wer aber durchhielt, konnte mit 15 oder 16 Jahren einen gut bezahlten und einflussreichen Posten in der Verwaltung erhalten. Ausgebildeten Schreibern stand praktisch jeder Beruf offen (z. B. Arzt oder Priester). Auch für hochrangige Militärs war eine vorherige Schreibausbildung unerlässlich.

Vergessen sollten wir bei all dem aber nicht, dass wir nur von maximal 5 % der ägyptischen Bevölkerung sprechen. Mit anderen Worten: 95 % der Ägypter erhielten auch im Neuen Reich keine schulische Bildung und konnten deshalb keine höheren Positionen im ägyptischen Staat einnehmen. Die altägyptische Erziehung war etwas für die Privilegierten und Angehörigen der Oberschicht. Die breite Masse der Bevölkerung (etwa 2 Millionen zur Zeit des Alten Reiches und 3 bis 4 Millionen zur Zeit des Neuen Reiches) blieb ungebildet – und damit leichter regierbar.

? Aufgaben zum Festigen des neuen Wissens

1. Fassen Sie die wesentlichen Merkmale der altägyptischen Erziehungspraxis in wenigen Worten zusammen.
2. In welcher Weise unterschied sich die Erziehung von Jungen und Mädchen im alten Ägypten?

? Aufgaben zum Weiterdenken

Wenn Sie Eltern von Kindern im alten Ägypten wären und Ihre Kinder als Strafmaßnahme körperlich züchtigen würden, welche Reaktionen anderer Eltern würden Sie erwarten und warum?

Weiterführende Literatur

- Brunner, H. (1991a). *Altägyptische Erziehung* (2. Aufl.). Wiesbaden: Harrassowitz.
- Brunner, H. (1991b). *Die Weisheitsbücher der Ägypter*. Zürich/München: Artemis.

2.2 Erziehung in der Antike

Aufgabe als Denkanstoß

Rufen Sie sich ins Gedächtnis, was Sie über das alte Griechenland und die Römer wissen. Wie, würden Sie annehmen, wurden die Kinder damals erzogen? Welche Rolle, welche Funktion hat man den Kindern zugewiesen?

Üblicherweise werden unter den Begriff der Antike die Epochen der Vorherrschaft der Griechen und Römer im Mittelmeerraum bis zum Beginn des Mittelalters gefasst, nicht aber die alten Kulturen Chinas, Indiens und des Vorderen Orients. Daher umfasst der Begriff der Antike auch nicht das *antike Israel*. Das hat wesentlich mit dem Eurozentrismus der Historiografie zu tun. Man wollte die politischen und geistigen Traditionen des Abendlandes von der Frühgeschichte des Orients abgrenzen und die Überlegenheit der eigenen Kultur betonen. Dementsprechend hebt Marrou (1957) in seiner *Geschichte der Erziehung im klassischen Altertum* hervor:

> Die Geschichte der Erziehung in der Antike ist für unsere moderne Kultur nicht gleichgültig […]. Wir sind Graeco-Lateiner: alle Grundlagen unserer Zivilisation stammen von ihnen; und das trifft in besonderem Maß für unser Erziehungssystem zu (Marrou 1957, S. 2).

Diese Argumentation ist zwar nicht nachvollziehbar, aber konsequenterweise wird der Beginn des abendländischen Erziehungswesens in die klassische Epoche der Griechen gelegt (z. B. Reble 1965), was zu einem Widerspruch führt, wenn gleichzeitig behauptet wird, dass die abendländische Bildung auf zwei Säulen beruhe: der griechisch-römischen Antike und dem Christentum. Da das Christentum seinen Ursprung im mosaischen Glauben hat (Schmitz 2009), ist auch der Beitrag des antiken Israel auf das abendländische Bildungs- und Erziehungsverständnis zu untersuchen. Denn

> nicht nur hat sich das christliche Denken einschließlich seiner Theologie nur in enger Anbindung an die spätantike Philosophie entwickeln und artikulieren können, sondern seine Wurzeln reichen so tief in das Judentum hinein, dass es gerade im Hinblick auf seinen Beitrag zur Anreicherung und Ausdifferenzierung der pädagogischen Idee als eine Fortsetzung und Vertiefung der alttestamentlichen Anthropologie und Bildungslehre angesehen werden kann (Böhm 2010, S. 32).

Dementsprechend gliedern wir ▶ Abschn. 2.2 in drei Unterabschnitte (■ Tab. 2.2): die Erziehung

1. im antiken Israel,
2. in der klassischen Epoche der Griechen und
3. im Römischen Reich.

2.2.1 Erziehung im antiken Israel

Die wechselvolle Geschichte Israels im letzten Jahrtausend vor unserer Zeitrechnung bis zu seiner Zerstörung Anfang des 2. Jahrhunderts n. Chr. spiegelt in einmaliger Weise die eminente Bedeutung der *Wechselbeziehungen der Kulturen* im Sinne einer frühen Globalisierung (Dussel 1998) der verschiedenen historisch-geografischen Räume des Altertums.

2.2.1.1 Kurzer historischer Abriss

Lohmann (2006) verwendet den Begriff *antikes Israel* für den Zeitraum von der Einwanderung hebräischer Stämme in Kanaan im 13. Jahrhundert v. Chr. bis in die Zeit der Gründung der rabbinischen Akademien in der Spätantike (2. Jahrhundert n. Chr.), so dass das antike Israel anderthalb Jahrtausende umfasst. Das antike Israel war aufgrund seiner geografischen Lage stets ein Durchgangsland für den Handel zwischen Ägypten, den Stadtstaaten Mesopotamiens, dem Roten Meer und dem Mittelmeer. Demzufolge war es die längste Zeit seines Bestehens Spielball der Großmächte Mesopotamiens und Ägyptens. Vom 3. bis weit in das 1. Jahrtausend v. Chr. hinein wurde die Region abwechselnd von Mesopotamien und Ägypten beherrscht und kulturell geprägt. Zwischen dem 10. und dem 9. Jahrhundert v. Chr. verloren die Großmächte jedoch ihre Vorherrschaft mit der Folge, dass das entstandene Machtvakuum die Einwanderung hebräischer Stämme und den allmählichen Übergang von einem lockeren Stammesverband zu einem zentralistisch verwalteten Staatswesen ermöglichte.

Biblischen Angaben zufolge setzte sich um 1000 v. Chr. das Königtum mit der Dynastie Davids und Salomons (etwa 970–931 v. Chr.) durch. In diese Zeit fiel auch der Bau des Ersten Tem-

Tab. 2.2 Überblick über geschichtliche und kulturelle Ereignisse während der Antike

Zeitalter der Antike (10. Jahrhundert v. Chr.–5. Jahrhundert n. Chr.)		
	Markante geschichtliche Ereignisse	**Pädagogik & Kultur**
1300 v. Chr. bis 136 n. Chr.: **antikes Israel** Nordreich Israel (930–722 v. Chr.) Südreich Juda (930–586 v. Chr.)	Ab 1000 v. Chr. Königreich Israel: *Salomon* (970–931 v. Chr.)	
Epoche des Zweiten Tempels (515 v. Chr.–70 n. Chr.)	Babylonisches Exil (598–539 v. Chr.)	Entstehung des Alten Testamentes und Konsolidierung des Monotheismus
8.–4. Jahrhundert v. Chr.: **antikes Griechenland**		
Kolonisation, Entstehung der Polis (750–550 v. Chr.)	Perserkriege (500–479 v. Chr.) Demokratie in Athen, *Solon* (594 v. Chr.)	
Perikles (490–429 v. Chr.) attischer Seebund (477 v Chr.)	Reform der attischen Demokratie durch Kleisthenes (508/07 v. Chr.)	
	Blütezeit der Polis Athen, der Wissenschaften und Künste Ausbau der Akropolis Peloponnesischer Krieg (431–404 v. Chr.)	Protagoras (490–411 v. Chr.) *Sophistik* Sokrates (469–399 v. Chr.) *Platon* (428/27–348/47 v. Chr.) *Isokrates* (436–338 v. Chr.)
4.–1. Jahrhundert v. Chr.: *Hellenismus*	*Alexander der Große* (356–323 v. Chr.)	Aristoteles (384–322 v. Chr.)
		Lukrez (99–56 v. Chr.) Cicero (106–43 v. Chr.)
5. Jahrhundert v.–5. Jahrhundert n. Chr.: **Römisches Reich – Imperium Romanum**		
Römische Republik (510–27 v. Chr.)	*Punische Kriege* (264–146 v. Chr.) Bürgerkriege	
Caesar (100–44 v. Chr.)	Gallische Kriege (58–51 v. Chr.)	
Augustus (27 v.–14 n. Chr.), Beginn der Kaiserzeit	*Jesus von Nazareth*	
Trajan (117 n. Chr.), größte Ausdehnung Römisches Reich		Seneca (1–65 n. Chr.) *Quintilian* (35–96 n. Chr.)
	Das Christentum wird Staatsreligion (391 n. Chr.)	
	Teilung des Römischen Reiches in ein West- und Ostreich (395 n. Chr.)	*Augustinus* (354–430 n. Chr.)
Ende des Weströmischen Reiches (476 n. Chr.)		

pels in Jerusalem. Das Königreich Salomons markierte einen der wenigen Höhepunkte eines autarken Israel, das unmittelbar nach Salomons Tod in ein Nordreich Israel (930–722 v. Chr.) und ein Südreich Juda (930–586 v. Chr.) zerfiel. Bereits 722 wurde das Nordreich assyrische Provinz, das Ende des Südreichs kam 586, als Babylon das Südreich eroberte und den Ersten Tempel zerstörte. Weite Teile der Bevölkerung, vor allem der Oberschicht, wurden nach Babylon deportiert, und es begann die 60 Jahre dauernde *Zeit des Babylonischen Exils*.

Nach dessen Ende begann die *Epoche des Zweiten Tempels* (515 v. Chr. bis 70 n. Chr.). In diese Zeit fallen die Darstellungen des *Pentateuch* (die ersten fünf Bücher des Alten Testaments) und die damit verbundenen ethischen und pädagogischen Vorstellungen, die alleine dem Ziel dienten, den Monotheismus durchzusetzen. Der Zweite Tempel wurde unter Herodes dem Großen (ca. 73–4 v. Chr.), dem König über Judäa, Galiläa und Samaria von Roms Gnaden, ausgebaut, aber durch die Römer im Jahr 70 n. Chr. zerstört. Eine homogene Kultur oder Identität der jüdischen Gemeinden in Palästina und in der Diaspora gab es ab diesem Zeitpunkt nicht mehr. Umso wichtiger wurde es, den Glauben an den *einen* Gott zu bewahren und zu pflegen. Für die frühe Zeit Israels liegen nur spärliche Quellen vor, der größte Teil der schriftlichen Überlieferung, die Aufschluss über das Erziehungswesen geben kann, stammt aus der vergleichsweise späten Epoche des Zweiten Tempels.

2.2.1.2 Erziehungstheorien im antiken Israel

Wie bei allen altorientalischen Völkern waren auch bei den Israeliten Religion und Alltagsleben untrennbar miteinander verwoben. Dabei hatte die Erziehung eine fundamentale Bedeutung für die Sicherung des Lebensunterhaltes der Familien und Sippen. Dementsprechend zielte die Erziehung in allen Bevölkerungsschichten nicht nur auf die Übermittlung sittlich-religiöser Werte und Normen, sondern umfasste auch die Unterweisung und Ausbildung für den Erhalt des sozialen Status, der von Generation zu Generation weitervererbt wurde. Das Babylonische Exil markierte nicht nur eine Zäsur in der politischen Verfasstheit des antiken Israel, sondern auch seiner Erziehungskonzeptionen.

Das Erziehungswesen des antiken Israel vor der Babylonischen Gefangenschaft wurde vor allem durch die Weisheiten des *Buches der Sprüche*[1] geprägt. Die Belehrungen und Ermahnungen der Sprüche betonen die Gottesfurcht und die Einsicht in das Wort Gottes, aus der ein gottgefälliges Alltagsleben erwächst. Das *Buch der Sprüche* wird gerne mit den Lehren des Ptahhotep verglichen (Delkurt 2001; Lohmann 2006). Auf der Annahme gründend, dass der Mensch der Erziehung bedarf, ergab sich eine Pflicht für Eltern und „Lehrer", die Heranwachsenden mit dem nötigen Wissen und den nötigen Fertigkeiten auszustatten. Das *Buch der Sprüche* enthält zahlreiche Proverbien, die fast wörtlich aus der Lehre des Amenemope (19. Dynastie) übernommen wurden (Laisney 2009). Dies zeigt, dass die altägyptischen Weisheitslehren auf den gesamten Vorderen Orient Einfluss hatten.

Die Weisheitssprüche sind kurz und prägnant, sie legen Wert auf Memorierbarkeit (vgl. Ansberry 2011), was auf ihre erzieherische Absicht hinweist. Im Unterschied zu den altägyptischen Weisheitslehren halten die Proverbien des Sprüchebuches Beobachtungen fest und formulieren deren Inhalt als *Erfahrungsaussage* – z. B. „Arm wird, wer mit lässiger Hand arbeitet, aber die Hand des Fleißigen macht reich" (Spr 10,4). Den Anspruch auf Anerkennung finden die Erfahrungsaussagen des Buchs der Sprüche durch diejenigen, für die sie formuliert wurden. Die Sprüche wollen überzeugen und den Heranwachsenden zur *Einsicht* führen. Es geht nicht um Forderungen, denen blind zu folgen ist, sondern um eine geistige Auseinandersetzung mit dem Gesagten. Damit wird der Reaktion auf einen Spruch grundsätzlich ein gewisser Freiraum eingeräumt, der aber sofort wieder eingeschränkt wird, da die Sprüche mit unterschiedlichen Methoden operieren, um den Adressaten zu überzeugen, in eine bestimmte Richtung zu gehen. Diese Richtung soll nicht wie bei der Lehre des Ptahhotep aus blindem Gehorsam eingeschlagen werden, sondern weil sie als richtig anerkannt wird. Um dies zu erreichen, bieten die Sprüche keine zwei gleichwertigen Wege zur Auswahl, sondern legen stets durch eine Schwarz-Weiß-Technik oder durch übertriebenen Spott nahe, welcher der beiden Wege eingeschlagen werden soll („Die Tür dreht sich in ihrer Angel und der Faule auf seinem Bett", Spr 26,14). Obwohl die Sprüche unterschiedliche Techniken der Überredung verwenden, um die Adressaten zur rechten Einsicht zu bewegen, legen sie dem Jugendlichen keinen Katalog von Vorschriften für ein angemessenes Verhalten in allen möglichen Situationen vor. Vielmehr zielen sie darauf ab, die Heranwachsenden zu eigenen Einsichten und zu entsprechenden Entscheidungen des Handelns zu qualifizieren. Im Sinne unserer modernen Terminologie geht es darum, einsichtige Persönlichkeiten auszubilden, die zu Entscheidungen in der Lage sind, die mit den ethischen Prinzipien der sozialen und religiösen Gemeinschaft zu vereinbaren sind. Damit wird dem Einzelnen eine Entscheidungsfreiheit und Eigenverantwortlichkeit eingeräumt, wie sie in den altägyptischen Lehren des Ptahhotep und Amenemope nicht einmal ansatzweise erkennbar sind.

▪ Das Problem von Übersetzungen

> » Mein Sohn, verwirf nicht die Züchtigung des Herrn und sei nicht unmutig ob seiner *Strafe*; denn wen der Herr liebhat, den züchtigt er wie ein Vater den Sohn, dem er wohlwill (Spr 3,11).

Nach Auffassung des Alttestamentlers Delkurt (2001) hat kein anderer Spruch das Verständnis von Erziehung im antiken Israel so stark geprägt wie Spruch 3,11. Dieser Spruch wie auch andere Weisheiten erwecken den Eindruck, dass in den Weisheitssprüchen Strenge des Erziehers gefordert wird. Nun weist aber Delkurt (2001) darauf hin, dass die hebräischen Wörter, die in der deutschen Übersetzung mit „Zucht" und „Züchtigung" wiedergegeben werden und unmittelbar an die Prügelstrafe denken lassen, im Hebräischen die Bedeutung von *Unterweisung* haben. Diese erfolgt durch das gesprochene Wort und wird entsprechend verarbeitet: „*Höre* auf Ratschlag und nimm Erziehung an, damit du weise bist in Zukunft" (Spr 19,20). Diese Aussage ist klar: Ziel der Unterweisung und Erziehung ist die Weisheit. Ersetzt man in Spruch 3,11 die kritischen Wörter, bekommt er plötzlich einen ganz anderen Sinn:

> » Mein Sohn, verwirf nicht die *Unterweisung* JHWHs [= Jahwe, Erg. des Autors], und sei nicht unmutig über seine *Erziehung*; denn wen er liebt, den *erzieht* JHWH wie ein Vater den Sohn, an dem er Gefallen hat.

Nach dieser Übersetzung wird Gott zum Erzieher, und Einsicht kommt alleine durch ein Vertrauen in die Gebote und Weisungen Gottes zustande. Etwas pathetisch ausgedrückt: Gott wird zum väterlichen Pädagogen, der den rechten Weg zum Leben aufzeigt. Für diese Sichtweise, bei der die körperliche Züchtigung nur eine nachgeordnete Rolle in der Erziehung spielt, sprechen nach Delkurt zahlreiche Aussagen im Buch der Sprüche.

1 Das Buch der Sprüche (hebr. *Mischle/Schelomo*) ist eine Sammlung von Weisheitssprüchen, deren erster Teil von König Salomon verfasst worden sein soll. Nach jüdischer Tradition aber geht das gesamte Buch auf Hiskija (727–698 v. Chr.) zurück, den König von Judäa. Die alttestamentliche Forschung geht von einer Entstehungszeit der Sprichwortsammlung aus, die bis in das 4. und 3. Jahrhundert v. Chr. reicht. In der christlichen Adaptation des Alten Testaments gehört das Buch der Sprüche zur Dichtung und Weisheitsliteratur.

Anna: „Das ist aber ein Riesenunterschied in den Übersetzungen. In der einen Übersetzung ist Gott der Züchtigende und in der anderen der Erzieher."

Jakob: „Und in der Bibelübersetzung von Luther heißt es wieder etwas anders. Da heißt es: ‚Mein Sohn, verwirf die *Zucht* des Herrn nicht und sei nicht ungeduldig, wenn er dich *zurechtweist*, denn wen der Herr liebt, den weist er zurecht, und hat doch Wohlgefallen …' usw."

Anna: „Ich glaube, da hat so mancher gerade so übersetzt, wie es ihm in den Kram passte. Da war es ja von Gott gewollt, dass man den lieben Kleinen den Hintern versohlte oder ihnen eine Ohrfeige verpasste."

Jakob: „Und das jahrhundertelang. Ich für meinen Teil ziehe Delkurts Übersetzung vor. Da kann in der Luther-Bibel und sonst wo stehen, was will."

▪ Das Primat der mündlichen Überlieferung

Über die inhaltlichen und formalen Unterschiede zwischen den Proverbien des Alten Testamentes und den Lehren des Ptahhotep und Amenemope hinausgehend besteht ein weiterer Unterschied in der Art der Tradierung der Sprüche.

Im Gegensatz zum altägyptischen Erziehungswesen gibt es für das antike Israel weder Hinweise auf ein Famulussystem noch auf die Organisation der Erziehung in Schulen (Breitmaier 2004). Laut Crenshaw (1998) wurden nur sehr wenige Texte gefunden, die als Schreibübungen von Schülern zu betrachten sind. Daher vermutet Crenshaw, dass eine Notwendigkeit, das Schreiben zu erlernen, nur für eine sehr kleine Personengruppe bestand (Verwaltungsbeamte, Priester, hohe Militärs). Ob eine Schreibausbildung wie in Ägypten bei einem Meister bzw. Lehrer oder in kleinen Lerngruppen erfolgte, lässt sich für das antike Israel nicht feststellen. Inhalt und Form der Sprüche weisen keine Bezüge zu irgendwelchen Berufen auf, die meisten Sprüche sind so allgemein gefasst, dass sie eher als Lebensregeln zu begreifen sind und nicht mit den besonderen Erfordernissen z. B. einer Beamtenschulung wie in Ägypten in Verbindung stehen. Vor allem aber spricht die kontinuierliche Rede von Vater und Mutter als den Erziehern des Heranwachsenden für die Familie als Ziel der Sprüche: „Höre, mein Sohn, auf die Erziehung deines Vaters, und verwirf nicht die Weisung deiner Mutter!" (Spr 1,8).

Von einer gewissen Verbreitung der Schriftkultur kann erst mit den schriftgelehrten Weisen und den Anfängen der rabbinischen Bewegung die Rede sein, also ab 200 v. Chr. Bis dahin galt das *Primat der mündlichen Überlieferung*.

▪ Priester, Leviten, Propheten und Rabbiner

In vorexilischer Zeit war es die soziale Schicht der Gelehrten mit priesterlichen und prophetischen Aufgaben, die das Erziehungsgeschehen im antiken Israel bestimmte. So berichtet der Rabbiner Rab (3. Jahrhundert):

> » Im Anfange wurde jeder von seinem Vater unterrichtet; wer keinen Vater hatte, lernte eben nichts. Später verordnete man, daß in Jerusalem Kinderlehrer angestellt werden, wobei es aber noch immer das Übel gab, daß, wer einen Vater hatte, nach Jerusalem gebracht und unterrichtet wurde, der Vaterlose jedoch ohne Unterricht blieb. Darum verordnete man, daß man in jedem Bezirke Lehrer anstelle, zu denen man Schüler im Alter von 16 bis 17 Jahren einführte. Da ergab es sich, daß, wem der Lehrer zürnte, diesen verschmähte und davonging. Da kam nun Josua gen Gamla und verordnete, daß man in jeder Stadt Lehrer anstelle, zu denen die Kinder im Alter von 6 bis 7 Jahre eingeführt wurden (zit. nach Krauss 1966, S. 200 f.).

Der Text ist insofern aufschlussreich, als er die Bedeutung des Vaters als Lehrperson herausstreicht, zugleich aber auf eine Unterweisung der Heranwachsenden durch „professionelle" Lehrer bereits in vorexilischer Zeit hinweist.

Folgt man den Ausführungen des Alten Testaments, so waren Priester die bestmöglichen Erzieher der Nachkömmlinge der Herrschenden:

> » Sieben Jahre war Joas, als er König wurde, und er tat, was dem Herrn wohlgefiel, sein ganzes Leben lang, weil ihn der Priester Jojada unterwiesen hatte (2. Könige 11,21 und 12,2).

Auf die vorexilische Zeit verweist auch die Chronik von Joschafat (ca. 870–848 v. Chr.), der die Rechtsprechung und die Unterweisung des Volkes organisierte:

» Und im dritten Jahr seiner Regierung sandte er seine Obersten […], dass sie in den Städten Judas lehren sollten, und mit ihnen die *Leviten* […] und mit ihnen die *Priester* […]. Und sie lehrten in Juda, und sie hatten das Buch des Gesetzes JHWHs bei sich und zogen in allen Städten Judas umher und lehrten das Volk (2. Chr 17,7–9).

In nachexilischer Zeit übernahmen zunehmend die Leviten[2] die Aufgaben der Erziehung. Ursprünglich war ihnen die Aufgabe des Tempeldienstes zugedacht, verbunden mit der Kontrolle der Einhaltung der rituellen Reinheitsvorschriften bei Opferhandlungen sowie der Vorschriften der Torah. Aus ihren Reihen kamen die ersten Torahgelehrten in der Zeit des Exils, als die Beschäftigung mit der religiösen Überlieferung intensiviert wurde. Außerdem waren Leviten in der Administration tätig. Die Fertigkeit des Schreibens erlangten sie bei Hofbeamten im babylonischen Königspalast, wo sie selbst als Beamte tätig waren. Als Musterbeispiel für den Schriftgelehrten des neuen Typs kann *Esra* genannt werden, der am persischen Hofe ein hohes Amt bekleidet hatte und angeblich von dem persischen König nach Jerusalem gesandt wurde, um dort die Ordnung des einen Gottes wieder einzuführen. Esra wird die Redaktion des Pentateuch, des Hohenlieds, der Bücher Ruth und Hiob, des Kohelet und zahlreicher Psalmen zugeschrieben.

Im antiken Israel waren die Priester und Leviten die Lehrer und Erzieher des Volkes. Dementsprechend stand die gesamte Erziehung im Dienste der Beziehung zu Gott und bediente sich der Mittel der Belehrung und Unterweisung, der Ermahnung zum Gehorsam gegenüber Gott. Daneben gab es bereits seit den Zeiten des Ersten Tempels aber auch *Propheten,* die sich oft als streitbare Gegenspieler des priesterlichen Tempelpersonals in Szene setzten und darum rangen, die sozialen und ethischen Verpflichtungen des Bundes mit Gott zu verteidigen, wenn sie diese von den Machthabern verletzt sahen. Der Begriff *Prophet* geht auf das griechische Wort *prophetes* zurück und bedeutet so viel wie Sprecher oder Bote. Propheten sind Personen, die von Gott berufen werden, um dem Volk oder einer bestimmten Person (z. B. einen Herrscher) die Worte und den Willen Gottes zu offenbaren.

Im Alten Testament werden verschiedene Propheten genannt, von denen die meisten (z. B. Jesaja, Jeremia, Jona, Hosea) vor dem Exil gewirkt haben. Einige Propheten (z. B. Daniel, Hesekiel) wirkten während des Exils und danach (z. B. Maleachi). In die Tradition der Propheten wird im Neuen Testament auch Johannes der Täufer gestellt. Glaubt man den Ausführungen des Alten Testamentes, traten Propheten immer dann auf den Plan, wenn der Monotheismus gefährdet war (vgl. Schmitz 2009) oder wenn soziale Missstände (Amos) und Korruption der Verwaltung (Micha) überhand nahmen.

Über den erzieherischen Einfluss der zahlreichen Propheten gehen die Meinungen in der Literatur ebenso auseinander wie über ihr Ansehen in der Bevölkerung. Dass das Dasein eines Propheten gefährlich sein konnte, zeigen die Beispiele Jeremias, der der Überlieferung nach von seinen Landsleuten gesteinigt wurde, und Johannes des Täufers, der Opfer von Herodes Antipas wurde. Mit Blick auf das Wirken der Propheten gelangt Lohmann zu dem Urteil:

» Folgt man heutigen Interpretationen des modernen Bildungsdenkens, die als dessen wesentliche Dimension die Fähigkeit des Einzelnen zur Herrschaftskritik verstehen, dann wäre ein radikal kritischer Bildungsbegriff somit nicht nur in der antiken griechischen […] Klassengesellschaft hervorgebracht worden, sondern bereits in der hebräischen Antike, wäre „Mündigkeit" des Einzelnen durch Befolgung der Gebote des gebieterischen JHWH nicht etwa vereitelt, sondern im Gegenteil erst ermöglicht worden (Lohmann 2006, S. 199).

In der nachexilischen Zeit spielten die Leviten die Hauptrolle, wenn es um die Erziehung des Volkes in religiöser Hinsicht ging. Sie begründeten auch die schriftgelehrte Tradition der *Torah* (im engeren Sinne des Pentateuch). Die Torah enthält nicht nur die Zehn Gebote, die Moses der mündlichen Überlieferung nach von Gott empfangen haben soll, sondern auch eine Vielzahl von Geboten, die die sozialen Beziehungen im Alltag und den religiösen Kult betreffen. Aus ihnen entwickelte sich der *Talmud*, der festlegt, wie die Gesetze der Torah im Alltag umgesetzt werden sollen.[3]

Der zentrale und auch einzig legitime Kultort des antiken Israel war der Tempel, der sich in Jerusalem befand. Die Religion war aber bereits vor dem Exil über die Grenzen Israels hinaus weit verbreitet, und spätestens seit der Zeit des Exils gab es im Zweistromland und auch in Nordägypten eine starke israelitische Gemeinschaft. Weit ab vom religiösen Zentrum entstand allmählich eine Einrichtung, die zur Zeit Jesu und bis heute als wesentlich für die jüdische Identität gilt, aber bemerkenswerterweise im Alten Testament überhaupt nicht erwähnt wird: die *Synagoge*. Zwar blieb der Tempel mit seinem Priestertum die zentrale gottesdienstliche Institution, aber nach der Rückkehr aus dem Exil begann die Synagoge allmählich den Tempel als Ort des religiösen Lebens zu ersetzen (Schmitz 2009).

Parallel zu dieser Entwicklung kam ab dem 2. Jahrhundert die Bezeichnung *Rabbi* (Meister) für Lehrer in Mode, die Schüler um sich scharten und auf der Basis der religiösen Überlieferung unterwiesen. Auch Jesus wurde von seinen Anhängern mit dem Titel Rabbi angesprochen. Ob er aber, wie es später allgemein erforderlich war, eine formale Ausbildung zum Rabbi durchlaufen hatte, kann auf der Grundlage des Neuen Testamentes nicht beantwortet werden.

2 Die Leviten, genannt nach dem Stammvater Levi, einer der Söhne Jakobs, wurden nach Dtn 18,1–8 allein zum Tempeldienst für alle Israeliten erwählt. Als einziger Stamm Israels erhielten sie keinen Landbesitz, stattdessen standen ihnen die Tempelabgaben zu. Für die Leviten, die bis heute als eigene Gruppe im religiösen Judentum existieren, gilt eine Reihe besonderer Gesetze und Vorschriften. Levitentum ist in männlicher Linie erblich und kann weder abgelegt noch erworben werden; demgegenüber war und ist das Amt eines Rabbiners nicht erblich, sondern konnte und kann bis heute von jedem Juden nach entsprechender Ausbildung ausgeübt werden.

3 Kernstück des Talmud ist die *Mischna* (Lehre durch Wiederholung), ergänzt durch die *Gemara* (aramäisch: Lehre, Wissenschaft), die aus Kommentaren und Analysen zur *Mischna* in aramäischer Sprache besteht.

Orte der Erziehung im antiken Israel

Der Hinweis auf die Synagoge als Ort, an dem Schriftgelehrte nach dem Exil zunehmend tätig wurden, führt zu der Frage, ob es im antiken Israel Schulen oder damit vergleichbare Institutionen des organisierten Lehrens und Unterweisens gegeben hatte. Die Antwort von Alttestamentlern ist ziemlich eindeutig: Im Gegensatz zu Ägypten und den mesopotamischen Staaten gibt es für das antike Israel keine überzeugenden Belege für ein Schulwesen oder ein Famulussystem (vgl. Delkurt 2001). Bereits Klostermann hatte im Jahr 1908 in der Torah nach Belegen für das Vorhandensein von Schulen im antiken Israel gesucht, konnte aber auf dieser Grundlage kein genaues Bild des Schulunterrichts dieser Zeit zeichnen. Während für die altägyptischen Großreiche und die mesopotamischen Staaten ein unzweifelhafter Nachweis einer sozialen Schicht gelehrter Schreiber, die als Hof- und Verwaltungsbeamte tätig waren, möglich ist, trifft dies für das antike Israel nicht zu. In dieses Bild passt auch die Tatsache, dass selten schriftliche Belege gefunden wurden, die auf die Existenz von Schulen für den Verwaltungsnachwuchs hindeuten. Die wenigen Bibelstellen, die eine schulische Unterweisung nahelegen, beziehen sich eher auf außerinstitutionelle Unterweisungsformen, mittels derer der Nachwuchs an gelehrten Schreibern für verschiedene Aufgaben sichergestellt wurde, etwa für Bekanntmachungen des Hofes, die Buchhaltung, diplomatische Korrespondenzen, Ausfertigung offizieller Dokumente (wie etwa Testamente oder Urkunden über Landerwerb). Allgemein sollte man ohnehin, wenn man von Schulen in der Antike spricht, nicht an institutionelle Orte mit eigens ausgestatteten Gebäuden denken, sondern eher an Zirkel von Schülern, Lehrlingen oder Anhängern, die sich um einen Lehrer (Rabbi) scharten, um dessen Belehrungen und Ermahnungen zu empfangen.

Selbst wenn man der Oberschicht des antiken Israel in Analogie zu Ägypten oder Babylon eine schulische Erziehung und Bildung zugestehen sollte, ist dies für die Erwerbstätigkeiten oder Berufe in biblischen Zeiten, also für die breite Masse der Bevölkerung, als sehr unwahrscheinlich zu betrachten. Selbstverständlich brauchten die Fischer, Hirten, Ackerbauer, Soldaten und die vielen Handwerker (die Bibel nennt u. a. im Zusammenhang mit dem Tempelbau Schmiede und Schlosser, Lederarbeiter, Färber, Steinschneider, Maurer, Töpfer, Zimmerleute, Baumeister, Maler, Bäcker, Kunsthandwerker) eine Ausbildung, aber die erfolgte durchweg im Rahmen der Familien und an den Stätten der Erwerbstätigkeit auf der Grundlage von Vorbild und Nachahmung der nötigen Fertigkeiten sowie der Mitteilung der (oft als Geheimwissen betrachteten) Kenntnisse von einer Generation zur anderen. Crenshaw (1998) nimmt an, dass es für die Ausbildung des priesterlichen Nachwuchses wie auch für spezialisierte Handwerker im Umkreis des Tempels Ausbildungszentren gab, die unter der Leitung der Familienoberhäupter standen und fast ausschließlich der Nachwuchsförderung aus der eigenen Verwandtschaft dienten. Es liegt nahe, auch für kleinere Städte von solchen Orten der handwerklichen und gewerblichen Ausbildung auszugehen. Keine dieser Ausbildungen erforderte jedoch eine Lese- und Schreibkompetenz.

Lediglich für das Heranziehen des priesterlichen Nachwuchses kann man von einer gewissen Institutionalisierung der Ausbildung ausgehen, aber auch die dürfte – infolge der Erblichkeit des Levitentums – in den Händen der Sippen gelegen haben. Es ist zu vermuten, dass auch die Unterweisung und Ausbildung von Ärzten, salbenmischenden Apothekern und Schreibern in der Familie erfolgte und nicht etwa an Schulen wie in Altägypten oder Babylon.

Geschichten und Legenden, Naturvorstellungen, Weisheitslehren, ethische Prinzipien, Kenntnisse und Erfahrungen waren im antiken Israel in erster Linie Gegenstand des Erzählens und der mündlichen Tradierung. Nur allmählich verbreiteten sich in der Zeit des Nachexils Fertigkeiten wie Lesen, Schreiben und Rechnen, was aber bereits auf den Einfluss des Hellenismus und später des Imperium Romanum verweist. In der Erziehung des antiken Israel galt das Primat der Oralität.

2.2.2 Erziehung im antiken Griechenland

Im 2. Jahrtausend v. Chr. wanderten indogermanische Stämme in das Gebiet des heutigen Griechenlands ein und unterwarfen die einheimische Bevölkerung der Sklaverei. Nach gängiger Lehrmeinung kamen die *Ionier* (um 1600) mit der ersten Welle der Einwanderung. Ihre Siedlungsgebiete waren Mittelgriechenland (Attika mit dem späteren Athen als politisches und kulturelles Zentrum) und die ägäischen Inseln und Küsten. In einer zweiten Welle drängten ab 1300 Aioler und Achaier in den griechischen Raum, die *Dorer* nahmen ab 1200 den Peleponnes in Besitz. So ergab sich um 1000 v. Chr. ein vielseitiges Bild der griechischen Territorien.

Die ersten Jahrhunderte nach der Landnahme war durch eine Konsolidierung der Macht nach innen (Versklavung der Urbevölkerung) und nach außen (Perserkriege) gekennzeichnet. Nach den Perserkriegen setzte die *klassische Epoche* des antiken Griechenland ein; sie wird allgemein auf ca. 500 bis 330 v. Chr. datiert. Diese Epoche war vor allem in Athen eine Blütezeit der Künste und Architektur. Bis heute wird in der Literatur mit Bewunderung und Verklärung von der klassischen Epoche des antiken Griechenland berichtet. In dieser Zeit entstanden in Athen die Historiografie von Herodot und Thukydides, die Denkschulen der Sophisten und Sokratiker sowie ein ausgeklügeltes und hoch entwickeltes Erziehungssystem, das vielen Pädagogen als früh praktiziertes Utopia gilt.

Das antike Griechenland hat viele Facetten und vor allem eine zweifache Geschichte: die tatsächliche und die eines verklärten Bildes. Denn sowohl die Polis von Athen als auch ihr Antipode Sparta wurden in späterer Zeit immer wieder als Projektionsflächen für Staats- und Erziehungsphilosophien benutzt. Dies gilt vor allem für den Stadtstaat Athen, dem allgemein eine überragende Bedeutung für das Entstehen eines pädagogischen Denkens im Abendland beigemessen wird:

> » Von den beiden Ordnungsbegriffen Polis und Kosmos her und aus dem Lebensgedanken und der Lebenswirklichkeit des hellenischen Stadtstaates (Polis) heraus entfaltet sich

eine spannungsreiche Vielheit von pädagogischen Denk- und Handlungsmodellen, die für die gesamte abendländische Bildungs- und Kulturgeschichte beispielhaft und wegweisend geworden sind. Mehr oder weniger unmittelbar greifen fast alle nachantiken Pädagogiken auf eines oder mehrere dieser Modelle zurück (Böhm 2010, S. 12).

Neben dem ionischen Modell der Erziehung gab es aber auch das dorische Modell im Militärstaat Sparta. Beide Modelle, das ionische und dorische, gehören zur klassischen Epoche des antiken Griechenland und finden ihren Nachhall auch in Platons Werk *Politeia*, das bis auf den heutigen Tag als wichtigster Beitrag zur altgriechischen Erziehungsphilosophie betrachtet wird.

2.2.2.1 Die spartanische Erziehung in der klassischen Epoche

Manches am spartanischen Erziehungswesen erinnert an die Nationalpolitischen Erziehungsanstalten zur Heranbildung des nationalsozialistischen Führungsnachwuchses (vgl. Scholz 1973). Eine solche Anstalt existierte z. B. ab 1941 im saarländischen St. Wendel.

Sparta war ein Militärstaat, in der die Unterordnung des Einzelnen unter die Gemeinschaft als wichtigstes Ziel angesehen wurde. Die Gesellschaft Spartas bestand aus drei Statusgruppen, den Spartiaten, Heloten und Periöken. Nur die *Spartiaten*, die Nachkommen der dorischen Eroberer, waren Vollbürger Spartas, wohingegen die *Heloten*, die unterworfene Urbevölkerung des Peleponnes, keine Rechte besaßen und als Sklaven für den Unterhalt der Spartiaten sorgten. Die *Periöken*, die persönlich frei waren, aber keine politischen Entscheidungsbefugnisse hatten, besiedelten das Land um die Stadt Sparta. Ein Großteil der Periöken waren Bauern, aber sie waren auch in Fischerei, Schiffbau, Metallproduktion, Handwerk und Handel tätig. Innerhalb des spartanischen Staates hatten sie ein Monopol auf Handwerk und Handel, da die Heloten auf Sklavendienste in der Landwirtschaft beschränkt waren. Die Periöken hatten eine eigene Sozialstruktur mit einer gebildeten Elite, und sie besaßen auch Sklaven. Gemeinsam mit den Spartiaten dienten sie im Heer.

Um sich ein Bild von den demografischen Verhältnissen zu machen, sei erwähnt, dass die Zahl der Spartiaten zur Blütezeit Spartas im 6. Jahrhundert bei etwa 8000 lag, während die Zahl der Periöken auf etwa 40.000 geschätzt wird. Für die Schicht der Heloten gibt es keine genauen Angaben (vgl. Christ 1986).

Schon zur klassischen Zeit galt Sparta als bevölkerungsarm, wie aus einer Aussage Xenophons deutlich wird:

» Eines Tages dachte ich darüber nach, dass Sparta, wiewohl eine der bevölkerungsärmsten Städte, zur mächtigsten und berühmtesten Stadt Griechenlands geworden ist – und ich wunderte mich darüber, wie dies geschehen konnte. Dann dachte ich an die Einrichtungen der Spartiaten, und ich wunderte mich nicht mehr (Xenophon, *Der Staat der Lakedaimonier*, 1,1 zit. n. Baltrusch 2007, S. 11).

Zu diesen Einrichtungen, die Xenophons Bewunderung fanden, gehörte die Erziehung.

▪ Erziehung der Spartiaten

Wenn von der spartanischen Erziehung (*Agoge)* die Rede ist, bezieht sich dies in der Regel auf die *Erziehung der Spartiaten*, die sich antiken Quellen zufolge durch Abhärtung, Kampfsport, Disziplin und ein Verbot aller Bequemlichkeiten auszeichnete. Allerdings sind nur wenige konkrete Details bekannt, da nur spätere Quellen (z. B. Plutarch, ca. 45–125 n. Chr.) über das spartanische Erziehungswesen berichten, wobei eine tendenziöse Darstellung unverkennbar ist, insofern entweder ein Idealbild gezeichnet oder es negativ dem attischen Modell gegenübergestellt wird.

Schenkt man diesen vereinzelten Quellen Glauben, dann waren in Sparta die Jungen bis zum 7. oder 8. Lebensjahr in der Obhut der Familie. Danach übernahm der Staat die Erziehung, die unter Aufsicht des Paidonomen vollzogen wurde, bei dem alle Fäden der staatlich kontrollierten Erziehung zusammenliefen. Die Mädchen lebten bis zu ihrer Verehelichung weiterhin im Hause ihrer Eltern, wo sie eine Erziehung erhielten, deren Ziel nach Marrou (1957) darin lag, „aus den spartanischen jungen Mädchen kräftige männliche Jungfrauen zu machen, die kein kompliziertes Gefühlsleben haben" (S. 43) und fruchtbare Mütter werden konnten. Die Agoge diente in erster Linie der militärischen Ausbildung der Spartiaten und war durch brutale körperliche Abhärtung geprägt. Die Grundausbildung war im Alter von 14 Jahren beendet, der körperliche Drill aber ging weiter. Es galt, die Wehrtüchtigkeit des Staates nach innen (d. h. gegenüber den Heloten) und nach außen zu erhalten. Daher befanden sich die Spartiaten in einem permanenten militärischen Training. Die Jugenderziehung dauerte bis zum 18. Lebensjahr, auch wenn die Männer noch bis zu ihrem 30. Lebensjahr kaserniert wurden und auch erst dann das volle Bürgerrecht erhielten. Wer den Anforderungen der Erziehung nicht standhielt, verlor sein Anrecht auf das Bürgerrecht.

Entsprechend der Zielsetzung der Wehrtüchtigkeit standen die gymnastischen Übungen als Erziehungsmittel im Vordergrund. Dabei ging es weniger um eine Ausbildung von Athleten als um die militärische Ertüchtigung. Auf dem Lehrplan stand der Fünfkampf (Laufen, Ringen, Springen, Diskus- und Speerwerfen) an erster Stelle. Die Unterweisung in das eigentliche Kriegshandwerk, also die Handhabung der Waffen, lag in der Ausbildungsphase vor dem 20. Lebensjahr. Hinzu kam laut Marrou (1957) die Einübung des Marschierens in Formation, wodurch das spartanische Heer im klassischen Griechenland Bewunderung auslöste, so jedenfalls berichtet Plutarch. Die geistige Erziehung bestand hauptsächlich in einer musikalischen Ausbildung, die sich auf Singen und das Spielen der Kithara und Flöte erstreckte (Nolte und Weyer 2011). Lesen und Schreiben sowie die Beschäftigung mit den Wissenschaften hatten bei den Spartiaten nur geringes Ansehen. Das überließ man den Periöken, die Handel betrieben und – gemeinsam mit den Heloten – für das wirtschaftliche Auskommen des Staates sorgten.

Darüber hinaus werden in der Literatur zwei weitere Charakteristika der spartanischen Erziehung genannt: die Erziehung in *Rhetorik*, bei der die Jugendlichen lernten, sich in lakonischer Kürze auszudrücken, und die *Knabenliebe*, eine pädagogische Beziehung zwischen einem älteren und jüngeren Mann, ähnlich dem aus Altägypten bekannten Famulussystem, aber mit einer sexuellen Komponente. Die Knabenliebe war im klassischen Griechenland ein weit verbreitetes Phänomen – vor allem in der Oberschicht –, und Marrou (1957) geht sogar so weit zu behaupten, dass sie für den antiken Griechen die Erzieherin schlechthin war. Der Liebhaber übernahm die Rolle der Eltern und war Vermittler der ethischen Bildung (Link 1994). Die Knabenliebe war nicht nur auf den dorischen Raum (Sparta und Kreta) beschränkt, sondern auch in der attischen Polis verbreitet, die ansonsten das genaue Gegenteil der spartanischen Erziehung verfolgte.

2.2.2.2 Erziehung in der attischen Polis

> Griechewird man nicht durch Geburt, sondern durch Erziehung, und sie ist es auch, die einen Griechen von einem Barbaren unterscheidet (Isokrates, 436–338 v. Chr.).

Das antike Athen wird bis auf den heutigen Tag als Begründer und Wegbereiter der Demokratie (Herrschaft des Volkes) betrachtet. Dazu muss festgestellt werden, dass die Demokratie in Athen sich nur sehr bedingt mit einer modernen Demokratie vergleichen lässt. Die attische Demokratie erwuchs aus der Reaktion auf übergroße Machtfülle und Machtmissbrauch durch Einzelne und sah ihre wichtigste Aufgabe in der Kontrolle der Regierung und der Gerichte sowie in der Entscheidung über alle Fragen von großer politischer Tragweite. Nach lange dauernden Anlaufschwierigkeiten von 600 bis 480 v. Chr. gelangte die attische Demokratie ab 450 (d. h. nach den Perserkriegen) zu ihrem absoluten Höhepunkt.

In diesem Zusammenhang ist Perikles (ca. 490–429 v. Chr.) zu erwähnen, der vielen als bedeutendster Staatsmann Athens gilt. Ihm schreibt man den Ausbau der attischen Demokratie, die Sicherung der Hegemonie Athens im Attischen Seebund und den glanzvollen Ausbau der Akropolis zu. Perikles war aber nicht nur Vollender der klassischen Epoche Athens, er leitete auch deren Niedergang ein, der mit dem Auftreten Alexanders III. von Makedonien, der Große genannt, endete. Den Niedergang der Polis Athen spiegeln die demografischen Veränderungen: Für das Jahr 435 v. Chr. werden bis zu 300.000 Einwohner (darunter 100.000 Sklaven und 60.000 männliche erwachsene Bürger) geschätzt, im Jahr 325 v. Chr. gab es nur noch maximal 250.000 Einwohner (vgl. Scheidel et al. 2007).

Ein herausragendes Merkmal der klassischen Epoche der attischen Polis ist die Entstehung von Erziehungstheorien und -philosophien, die bis in die heutige Zeit nachwirken. Den Anstoß dazu gaben die *Sophisten*, deren bedeutendster Vertreter *Protagoras* (490–411 v. Chr.) war. Als dessen Gegenspieler wird in der Literatur Sokrates (469–399 v. Chr.) genannt, der zum Begründer einer neuen *philosophisch-wissenschaftlichen Lehre* wurde, die im Gegensatz zur *rhetorisch-lebenspraktischen* Lehre der Sophisten stand. Wie einschneidend das Wirken des Sokrates in der Philosophiegeschichte beurteilt wird, kann man daran erkennen, dass die Ideengeschichte vor ihm als *vorsokratisch* bezeichnet wird.

▪ Sophistik

Die Gründe für das Aufkommen der *Sophistik* im 5. Jahrhundert liegen im politisch-kulturellen Aufschwung der attischen Polis nach dem Sieg über die Perser und der beginnenden Großmachtpolitik Athens. Dazu gesellte sich ein gesteigertes Bedürfnis nach Bildung und der Klärung ihrer Ziele im Zuge der weiteren Demokratisierung und der Teilhabe des einzelnen Bürgers am Staatswesen. Nicht zuletzt aber erweiterte die Tatsache, dass Athen eine Großmacht zur See geworden war, den geografischen und geistigen Horizont (Reisen bildet) und verstärkte das Interesse an ethnologischen Vergleichen (hier die Gebildeten, dort die Barbaren). Aus dieser substantiellen Erweiterung des attischen Weltbildes resultierte ein Kulturrelativismus, der die Frage nach dem Wesen menschlicher Kultur in Abgrenzung zur Natur aufwarf.

Ursprünglich wird das Wort *Sophist* zur Bezeichnung einer Person verwendet, die durch besonderes Wissen oder Können aus der Menge herausragt. Demnach bedeutet das Wort *Sophist* nichts anderes als *Sachkundiger*. Damit konnte jeder gemeint sein, der sich durch Können und Wissen auszeichnete. Heute wird angenommen, dass die Sophisten Wanderlehrer waren, die gegen Entlohnung alle damaligen Wissensgebiete, insbesondere aber Rhetorik unterrichteten. Sie bildeten einen eigenständigen Berufszweig, der im Zuge der Demokratisierung seine Adressaten bzw. Schüler bei den nichtaristokratischen Bürgern fand, die Bildung als Mittel betrachteten, sich aktiv an Gesellschaft und Politik beteiligen zu können. Bildung wurde als Rüstzeug für ein gutes Leben betrachtet, und um sie zu erreichen, ließ man sich von Sophisten unterweisen, die zum Unterhalt des eigenen Lebens auf Lohn angewiesen waren. Im Gegensatz dazu konnten sich gebildete Aristokraten wie Platon den Luxus des Philosophierens ohne Entgelt erlauben. Während die Philosophen in der Linie Sokrates, Platon und Aristoteles eine theoretische Erkenntnis der Wahrheit anstrebten, suchten die Sophisten den Erfolg im praktischen Können. Dazu dienten ihnen die *Rhetorik* und die *Eristik* (die Kunst des Streitens).

Das sophistische Grundverständnis des menschlichen Wesens wird in dem von Platon (im Theaitetos) überlieferten Aphorismus des Protagoras deutlich: „Der Mensch ist das Maß aller Dinge, der Seienden, wie sie sind, und der Nichtseienden, wie sie nicht sind" (später im Lateinischen als *Homo-Mensura-Satz* bezeichnet). In Übereinstimmung damit untersuchten Protagoras, Gorgias, Hippias von Elis und andere Sophisten Fragen der Politik, der Ethik, des Staates, des Rechts und der Sprachwissenschaft. Als Sensualisten hielten sie sinnliche Wahrnehmungen bzw. die eigenen körperlichen Empfindungen für die Basis des Wissens. Als Agnostiker verneinten sie die Möglichkeit von Kenntnissen über Wahrheit und Götter und stellten die hergebrachten mythischen Auffassungen in Frage.

Die unbestreitbaren Verdienste der Sophisten liegen darin, den Blick auf den Menschen gelenkt zu haben, das Denken zum Gegenstand des Denkens und seine Möglichkeiten und Grenzen deutlich gemacht zu haben. Des Weiteren unterzogen sie die ethischen Wertmaßstäbe ihrer Zeit einer ganz und gar vernunftgemäßen Betrachtung (vgl. Störig 2011).

In pädagogischer Hinsicht ist das Wirken der Sophisten insofern bedeutsam, als sie den Erfolg im praktischen Können suchten und hierbei der Erfahrung und Induktion einen besonderen Stellenwert zuschrieben. Dementsprechend hatte Protagoras, der bedeutendste Sophist seiner Tage, seine Tätigkeit als Lehrer in der Vermittlung technischen Wissens und technischer Fertigkeiten, in der Erziehung zur Tüchtigkeit und vor allem in der Befähigung zur erfolgreichen Teilnahme an der Demokratie gesehen. Dazu gehörte, sich im politischen Prozess der Meinungsbildung und Entscheidungsfindung durchsetzen sowie auch seine Meinung (z. B. in der Volksversammlung) so vertreten zu können, dass sie allgemeine Zustimmung fand. Dies ist der Grund dafür, warum die *Rhetorik* und die *Eristik* ganz oben auf dem Lehrplan der Sophisten standen.

Dass die Sophisten bis auf den heutigen Tag mit einem Imageproblem behaftet sind, hat weniger damit zu tun, dass sie oft eine hohe Entlohnung für ihre Lehrtätigkeit erhielten, sondern vor allem mit der Polemik Platons. In seinen Dialogen lässt er Sokrates als Vertreter einer reinen, nur vom Interesse nach Wahrheit geleiteten Philosophie gegen die geld- und machtgierigen Sophisten antreten, um deren Scheinwissen zu entlarven. Dazu hatte Durant bereits 1917 angemerkt, dass es ein gravierender Fehler wäre, die Sophisten aufgrund der Polemik Platons als leichtfertige Skeptiker abzuqualifizieren, die gegen Bezahlung bereit waren, alles, was man von ihnen verlangte, zu beweisen. Zu bedenken ist ferner, dass Platon als reaktionärer Denker – Popper (1945/1992) zählt ihn zu den Erzfeinden einer offenen Gesellschaft – die Sophisten nicht zuletzt wegen ihrer demokratischen Überzeugungen bekämpfte.

▪ Sokrates & Co. auf der Suche nach der absoluten Wahrheit

Es gibt kaum eine Person des antiken Griechenland, die sich im Nachruhm mit *Sokrates* (ca. 469–399 v. Chr.) messen könnte. Er gilt als der Philosoph, der den Grundstein für das abendländische Denken legte. Ihm wird die philosophische Methode eines strukturierten Dialogs[4] zugeschrieben, die bis auf den heutigen Tag in der Pädagogik als Meilenstein gefeiert wird. Das Problem mit Sokrates ist, dass er selbst keine schriftlichen Werke hinterließ und in seinem Denken nur in den Darstellungen anderer, insbesondere in Platons Sokratischen Dialogen, überlebt hat. Sokrates ist zu einem Mythos geworden, was hauptsächlich darauf beruht, dass er, nachdem er wegen verderblichen Einflusses auf die Jugend und Missachtung der Götter zum Tode verurteilte wurde, das Urteil heroisch akzeptierte und den Schierlingsbecher leerte, aber kurz davor mit seinen Schülern und Freunden noch philosophische Fragen erörterte. Über seine Herkunft wie über seine erste Lebenshälfte ist kaum etwas bekannt. Die zeitgenössischen Hinweise auf seine Person beruhen wesentlich auf drei Quellen, die ein widersprüchliches Bild von Sokrates zeichnen.

Der Komödiendichter Aristophanes, eine dieser Quellen, lässt in seiner im Jahre 423 uraufgeführten Komödie *Die Wolken*, in der Sokrates die Hauptfigur ist, den Chor Folgendes anstimmen:

> » Du aber, du Priester des kniffligen Worts, verkünde uns jetzt dein Begehren!
> Denn keinem sonst willfahr'n wir so gern von allen Erhabenheitsschwätzern
> Wie dem Prodikos: ihm seiner Weisheit zu lieb, seiner Einsicht; und außer ihm dir noch,
> Weil du stolz in den Gassen herumflanierst und die Augen rundum lässest schweifen,
> Stets barfuß und ohne Empfindlichkeit und im Glauben an uns voller Dünkel.

Aristophanes karikiert Sokrates als dünkelhaften Erhabenheitsschwätzer und findet keinerlei Gefallen an dessen Umgang mit dem Worte. Bemerkenswert ist, dass er auch den Ort der Verkündung nennt: die Gassen von Athen.

Ähnliches berichtet auch die zweite Quelle, der Historiker Xenophon (1977, I, 10):

> » So tat gerade er stets alles in voller Öffentlichkeit. Am frühen Morgen ging er nämlich nach den Säulenhallen und Turnschulen, und wenn der Markt sich füllte, war er dort zu sehen, und auch den Rest des Tages war er immer dort, wo er mit den meisten Menschen zusammen sein konnte. Und er sprach meistens, und wer nur wollte, konnte ihm zuhören.

Als dritte Quelle dient Platon, der seinen Lehrer Sokrates zur Projektionsfläche seiner eigenen philosophischen Denkweise machte. Die Bedeutung Platons für den Nachruhm Sokrates verdeutlicht Figal (2006), indem er fragt, was von Sokrates ohne die Werke Platons bliebe, und selbst folgende Antwort liefert eigentlich nicht viel mehr als eine interessante Figur des Athener Lebens im 5. Jahrhundert. Tatsächlich lässt Platons zentrale Stellung für die Überlieferung sokratischen Denkens kaum eine klare Abgrenzung zwischen beiden zu. Deshalb liegt es nahe, Platons Wirken näher zu betrachten.

Platon (428/27–348/47 v. Chr.) stammte aus einer vornehmen, wohlhabenden Familie Athens. Er wird bis heute als einer der größten und einflussreichsten Philosophen des Abendlandes betrachtet, wobei aber auch eine idealistische Überhöhung seiner Person und seines Einflusses mitschwingt. Augenfällig wird dies in dem Gemälde *Die Schule von Athen* von Raffael (1510/11 n. Chr.). In dessen Zentrum stehen die Philosophen Platon und Aristoteles. Hier wird ganz im Sinne der Renaissance das antike Denken als Ursprung der europäischen Kultur, Philosophie und Wissenschaften verherrlicht (▣ Abb. 2.4).

In den frühen Dialogen, in denen Platon immer wieder seinen Lehrer Sokrates auftreten lässt, geht es darum, gängige Vorstellungen über das Erstrebenswerte und das richtige Handeln als unzutreffend und unbrauchbar zu entlarven, um zu zeigen, wie klein der Schritt zwischen vermeintlichem Wissen zu eingestandenem Nichtwissen ist (gemäß der Aussage „Ich weiß, dass ich nichts weiß", die Platon seinem Lehrer Sokrates zuschreibt).

Während Platon in seinen frühen Werken noch eng dem sokratischen Denken verbunden ist, entwickelt er in seiner mittleren Schaffensperiode seine berühmte *Ideenlehre*, die eine verlässliche Grundlage für echtes Wissen schaffen will. Solches Wissen kann nicht auf der sinnlichen Erfahrung gründen, sondern fußt auf Gegebenheiten einer geistigen Welt, den *Ideen*, die der Sinneswahrnehmung grundsätzlich unzugänglich sind, aber als die

4 In der neuzeitlichen philosophischen Literatur wird die auf Sokrates zurückgeführte Form des philosophischen Dialogs als Sokratische Methode bezeichnet. Das dabei angewandte didaktische Vorgehen, den Lernenden durch geeignete Fragen zur eigenen Erkenntnis zu bringen, wird als Mäeutik (Hebammenkunst) bezeichnet.

Abb. 2.4 Raffael: Die Schule von Athen (© picture-alliance / akg-images)

unveränderlichen und ewigen Ur- und Vorbilder der sinnlich erfahrbaren Dinge begriffen werden. Der *Seele*, die Platon als unsterblich betrachtet (was ihn später für die christliche Philosophie zum akzeptablen Vordenker machte), schreibt er eine Teilhabe an der Ideenwelt zu, so dass sie einen Zugang zu der absoluten Wahrheit hat.

Nur wer sich durch intensive philosophische Bemühungen um die Wahrheit einem jahrzehntelangen Erziehungsprogramm unterzieht, kann seine wahre Bestimmung als Mensch erkennen und die ihm gebührende Position im öffentlichen Leben finden. Hier sieht Platon den Staat in der besonderen Verantwortung, seinen Bürgern optimale Voraussetzungen für die Bildung als Suche nach der Wahrheit zu schaffen. Platons Anliegen ist politisch-pädagogischer Natur, indem er sich ausgiebig mit der Frage befasst, wie ein idealer Staat verfasst sein sollte. Die Utopie eines idealen Staates vermittelt Platon in dem Buch *Politeia*, das seit Rousseau mit großer Begeisterung in der pädagogischen Literatur rezipiert wird (vgl. Reble 1965). In diesem Werk erhebt Platon die Philosophie zur Führerin der Politik und zugleich zur höchsten Bildungsmacht.

Die Motive für das Entstehen des Buches *Politeia* liegen in Platons persönlicher Verarbeitung des Todes seines Lehrmeisters Sokrates, den er in einem engen Zusammenhang mit dem politischen Niedergang Athens nach der Niederlage im Peleponnesischen Krieg sieht. Athen hatte seine Vormachtstellung in Griechenland verspielt und war ethisch und moralisch heruntergekommen. Hier konnte nur eine radikale Reform des Staatswesens und der Erziehung helfen. Geradezu traumatisiert von den politischen Ereignissen betrachtet Platon sowohl den pragmatischen Individualismus der Sophistik als auch die Demokratie als verderblich. Ihm schwebt das Modell Spartas vor, und so proklamiert er für den inneren Aufbau des neuen Staates eine Synthese von Sparta und Athen, also von starker Autorität des Staates und philosophischem Esprit. Dabei geht er von drei Kasten der Gesellschaft aus, die jeweils unterschiedliche Aufgaben haben: Die *Bauern und Handwerker* sorgen für den Lebensunterhalt der Bürger, die *Wächter und Krieger* für den Schutz der Bürger, während die *Philosophen* die Kaste der Herrschenden bilden und für die Lenkung des Staates zuständig sind. Die Zugehörigkeit zu diesen Kasten ist naturgegeben und nicht veränderbar.

Platonische Paideia

Nach Platon hat die Erziehung (*Paideia*) die Menschen für die ihnen zukommenden Aufgaben vorzubereiten, die ganz und gar vom Staatsdenken geprägt sind. Im Hinblick auf den Stand der Bauern und Handwerker hält Platon nicht einmal eine Grundbildung für nötig. Dafür legt er umso größeren Nachdruck auf die Erziehung des ersten und zweiten Standes. Den Mitgliedern dieser Stände weist er besondere Pflichten zu, zudem hatten sie zahlreiche Entbehrungen aufzubringen. So versagt er ihnen z. B. das Familienleben und fordert Güter-, Weiber- und Kindergemeinschaft, wobei er auch extremen Gedanken biologischer Aufzucht freien Lauf lässt.

Ziel der Erziehung der Wächter und Philosophen ist die *Kalokagathie*: Schönheit und Ebenmaß des Körpers und Geistes. Eine solche Erziehung dauert natürlich lange – im Falle der Philosophen geht Platon von einer Lehrzeit bis zum 50. Lebensjahr aus; erst dann sind Philosophen zur Lenkung des Staates qualifiziert.

Eine wie in der *Politeia* propagierte Erziehung von Philosophen durch Philosophen in der Praxis wenigstens annähernd zu verwirklichen, war die Idee der von Platon im Jahre 387 gegründeten Schule, die später nach ihrem Standort, dem Hain des attischen Helden Akademos, den Namen *Akademie* erhielt. Es wird heute angenommen, dass Platon sich bei der Gründung seiner Schule an dem Vorbild der Pythagoreer und ihrer Schulbildung in Italien orientiert hatte,[5] was auch die zentrale Bedeutung der Mathematik für den „Lehrplan" der Akademie erklären würde.

Zwar konnte die Akademie Platons nichts an den realen Machtverhältnissen und inneren Zuständen Athens ändern, aber sie wurde zur Urform der Akademien und Hochschulen, die dazu beitrugen, die eigentlich von den Sophisten stammende Idee einer höheren Bildung zu verwirklichen. Ob die Wissensvermittlung in der Akademie formell organisiert war, wissen wir nicht, und ebenso sind die Methoden des Unterrichts unbekannt. Was wir wissen, ist, dass alle Mitglieder dieser Lebensgemeinschaft, d. h. die Lehrenden und Lernenden, Platons Grundüberzeugungen teilen mussten; wenn das nicht mehr der Fall war (wie bei Aristoteles), mussten sie die Akademie verlassen. Solange Platons Zeitgenossen lebten, blieb die Erinnerung an seinen (mündlichen) Unterricht maßgebend. Später, im 3. Jahrhundert, begann die schriftliche Fixierung des Unterrichtsstoffs und die Kommentierung von Platons Schrifttum. Die Scholarchen, die Nachfolger Platons, verfassten zahlreiche Schriften, die zwar verloren gingen, deren überlieferte Titel aber einen Eindruck von der Vielfalt der Unterrichtsfächer vermitteln. Neben der Mathematik und Geometrie, die im Zentrum des Unterrichts standen, wurden auch Inhalte der Metaphysik, Dialektik, Ethik, Verfassungstheorie, Physik, Astronomie, Sprachwissenschaft und Theologie unterrichtet.

Von der Akademie, die sich über die Zeit immer wieder wandelte, ohne je die Grundorientierung an Platons Schrifttum aufzugeben, breitete sich der Platonismus über die antike Welt aus und nahm in nachfolgenden Jahrhunderten in vielfältiger Weise Einfluss auf die jüdische, christliche und islamische Philosophie.

Die Akademie fand ihre Schüler zu Platons Zeiten ausschließlich in der attischen Ober- und Mittelschicht, Bauern und Handwerker waren ausgeschlossen, da sie keiner besonderen Erziehung bedürftig erschienen.

Im Gegensatz zu der idealistischen Überhöhung Platons und seiner Philosophenschule kann die These vertreten werden, dass mit Platon und seinen Jüngern Personen aus der attischen Oberschicht ein Tätigkeitsfeld fernab der Notwendigkeit gefunden hatten, ihren Lebensunterhalt durch Arbeit verdienen zu müssen. Bereits der zum Mythos gewordene Sokrates war ja seinen Zeitgenossen vor allem dadurch aufgefallen, dass er sich auf den öffentlichen Plätzen herumtrieb und die Leute zu tiefschürfenden Dialogen einlud. Dass solche Personen ein mehr als gestörtes Verhältnis zur arbeitenden Bevölkerung hatten, versteht sich fast von selbst.

Philosophen in der Linie Sokrates und Platon schätzten weder das Handwerk, die *téchnai banausikaí* (davon leitet sich das heutige Wort *Banause* ab), noch irgendeine Form körperlicher Arbeit. Xenophon, von dem bereits die Rede war und der in seiner Jugend zum Kreis um Sokrates gehörte, gelangte in seinem Werk *Oikonomikos* (4, 2–3) zu folgendem Urteil:

> » […] gerade die so genannten handwerklichen Berufe sind verrufen und werden aus gutem Grund in den Städten besonders verachtet. Sie schädigen nämlich die Körper der Arbeiter und Aufseher, indem sie diese zwingen, zu sitzen und unter einem Dach zu arbeiten; manche nötigen sie sogar dazu, den ganzen Tag vor dem Feuer zuzubringen. Sind die Körper aber erst verweiblicht, werden auch die Seelen anfälliger für Krankheiten. Auch gewähren die so genannten handwerklichen Berufe die geringste freie Zeit, sich noch um Freunde oder die Stadt zu kümmern, so dass solche Leute unbrauchbar zu sein scheinen für geselligen Umgang und zur Verteidigung des Vaterlandes. Folglich ist es in einigen Städten, besonders aber in denen, die als kriegstüchtig gelten, auch keinem Bürger erlaubt, in handwerklichen Berufen zu arbeiten.

Deutlicher geht es nicht: Das Ausüben eines Handwerks disqualifiziert also den Handwerker für den Kriegsdienst; er kann seine Polis nicht verteidigen und außerdem bleibt ihm auch keine Freizeit, sich mit Freunden zu treffen und Politik zu betreiben.

Andererseits wusste Xenophon die Spezialisierung und Arbeitsteilung des Handwerks durchaus zu schätzen (*Kyrupädie*, VIII 2, 6–7). Platon sieht den Handwerker in seinem Hauptwerk *Politeia* (601c–602a) in allzu starker Abhängigkeit vom Konsumenten, dem er alleine das Wissen um den Wert handwerklicher Produkte zuschrieb. Aufgrund dieser Abhängigkeit vom wissenden Konsumenten kann der Handwerker für Platon nicht im eigentlichen Sinne frei sein und hat damit einen sklavenähnlichen Status, was wiederum keine Bildung erfordert, die über die Ausbildung zum Beruf hinausgeht.

▪ Schule der Beredsamkeit

Oft wird Platons *Akademie* als erste Schule der Philosophen überhaupt gewürdigt, was aber an der Tatsache vorbeigeht, dass bereits drei Jahre zuvor die *Schule der Beredsamkeit* des Isokrates gegründet wurde. Zwischen Platon und Isokrates wie auch zwischen ihren Schulen herrschte eine erbitterte Rivalität, die mit fundamentalen Verschiedenheiten der beiden Schulleiter im philosophischen und politischen Denken zusammenhing. So richtete sich Isokrates auch vehement gegen Vorstellungen, die in Sparta ein musterhaftes Staatswesen sahen. Die große Bedeutung von *Isokrates* (436–338 v. Chr.) liegt in der Entwicklung neuer literarischer Formen und in seiner Funktion als Vorbild für die Rhetorik der Antike. Er stammte aus einer wohlhabenden Athener Familie, musste aber, nachdem er im Peloponnesischen

5 Als *Pythagoreer* bezeichnet man im engeren Sinne die Angehörigen einer religiös-philosophischen Schule, die Pythagoras von Samos (ca. 570–510 n. Chr.) gegen Ende des 6. Jahrhunderts v. Chr. in Unteritalien gründete und die nach seinem Tod noch einige Jahrzehnte fortbestand.

Krieg sein Vermögen verloren hatte, als Lehrer seinen Lebensunterhalt bestreiten. Ganz im Sinne der Sophistik bereitete Isokrates seine Schüler dabei auf die praktische Tätigkeit in der Athener Demokratie vor. Schüler von Isokrates waren namhafte Athener Politiker, die bereit waren, für die Ausbildung stattliche Geldbeträge zu entrichten. Dies wie auch das von Isokrates propagierte Rhetorikkonzept wurde von Platon strikt abgelehnt. Umgekehrt schätzte Isokrates den praktischen Wert der in Platons Akademie betriebenen Studien gering ein.

Allgemein gilt Isokrates als einflussreicher Vertreter der griechischen Rhetorik, auf dessen Schriften selbst Aristoteles zurückgegriffen hatte und der in der römischen Republik ein vielgelesener Autor war, wie aus Anmerkungen Ciceros (*De oratore,* II 64) hervorgeht. Dabei galt die Wertschätzung die längste Zeit hauptsächlich Isokrates als überragendem Stilisten der Rhetorik, und es war der modernen Philosophie vorbehalten, auch das pädagogische Wirken Isokrates' zu würdigen. In seinem großen Werk über die Padeia bezeichnet ihn Jaeger (1955) als den eigentlichen *Vater der humanistischen Bildung,* und Niehues-Pröbsting (2004) sieht erstaunlich viele Parallelen zwischen dem an der *Schule der Beredsamkeit* betriebenen Studium und den Bildungskonzeptionen heutiger Pädagogen und Reformer, da das Studium bei Isokrates ebenso praxisorientiert wie allgemeinbildend, gebührenpflichtig und effizienzorientiert war.

▪ Schule des Aristoteles

Keine Beschreibung der Philosophie des antiken Athens kommt um *Aristoteles* (384–322 v. Chr.) herum. Aus einer wohlhabenden Familie stammend, trat Aristoteles mit 17 Jahren in Platons Akademie ein und wurde zu einem maßgeblichen Mitglied dieser philosophischen Lebensgemeinschaft. Im Jahr 347 verließ er Athen, um in Makedonien Lehrer des Thronfolgers Alexander zu werden – ein Umstand, der in der Literatur bis heute hervorgehoben wird, denn kein Philosoph außer Aristoteles war jemals Lehrer eines göttlich gewordenen Mythos. Um 335 kehrte Aristoteles nach Athen zurück und gründete die Schule *Peripatos* (im *Lykeion*, einem Park mit Gymnasium gelegen). Nach dem Tod Alexanders des Großen musste Aristoteles Athen wegen politischer Spannungen und antimakedonischer Agitationen, die er als persönliche Gefährdung empfand, verlassen und starb kurz danach auf Chalkis.

Aristoteles hat die christliche und auch die islamische Welt geprägt wie kein anderer Philosoph des antiken Griechenland. Obwohl er in einer Linie mit Sokrates und Platon zu nennen ist, unterscheidet sich seine Auffassung von Philosophie, Politik und Pädagogik wesentlich von Platons Lehren. Während dieser die Welt der Idee von der sinnlich-wahrnehmbaren Welt unterscheidet, vertritt Aristoteles ein wirklichkeitsbezogenes Lebensgefühl. Für ihn liegen die Ideen *in den Dingen selbst* und sind nichts anderes als die Form der Dinge. Alle Dinge tragen ein Gestaltprinzip in sich, das ein kontinuierliches Stufensystem erzeugt, das von den Elementen über die Pflanzen und Tiere bis hin zum Menschen reicht. Das Formende bei den Lebewesen ist die *Seele.* Dies gilt für Pflanzen ebenso wie für Tiere und den Menschen.

Aristoteles unterscheidet sich nicht nur in den philosophischen Grundannahmen von Platon, sondern auch in den politischen Auffassungen. Aristoteles ist in vielerlei Hinsicht eher ein Mann der Mitte und des Ausgleichs; radikale politische Vorstellungen, wie sie Platon vertreten hatte, sind im fremd. Dementsprechend sieht er laut Reble (1965) die beste Gewähr für das Gedeihen des Staates in einer breiten wohlhabenden Mittelschicht und einer gemäßigten Aristokratie bzw. Demokratie wie zu Solons Zeiten.

Der Mensch ist für Aristoteles ein „gesellschaftliches Wesen", das in einer Gemeinschaft, einem Staat leben muss. Dessen Sinn und Zweck besteht darin, dem Menschen die Entfaltung seiner Persönlichkeit und eine Gestaltung seines Lebens nach ethischen Prinzipien zu ermöglichen. Keimzelle und notwendige Grundlage des Gemeinwesens ist die *Familie,* der auch die Hauptverantwortung für die Erziehung der Kinder zukommt. Dementsprechend versagt Aristoteles dem Staat die Erziehung der Heranwachsenden. Zwar soll sich der Staat der Erziehung nach dem 7. Lebensjahr annehmen, aber nur im Bereich des Elementaren. Der Schwerpunkt der Erziehung in der Familie und außerhalb liegt im ethisch-persönlichen Bereich. Reble (1965) hat dieses „Erziehungsprogramm" dahingehend gedeutet, dass das Ziel der Bildung im aristotelischen Sinne der geistig durchgeformte, innerlich selbstständige Mensch ist. Die sinnliche Erfahrung der Natur sowie Gewöhnung und die Einsicht in die Dinge sind die wichtigen Faktoren im Erziehungsprozess – „es kommt auf das Hervorbringen alles Geistigen aus dem eigenen Inneren an, Lernen ist ein Aufnehmen von außen und ein Wachsen von innen zugleich" (Reble 1965, S. 33). Ausgeschlossen davon blieben – dem Zeitgeist entsprechend – die Handwerker und Bauern, denn laut Aristoteles (*Politik* 1328b–1329a) kann eine Polis nur dann glücklich sein, wenn keiner ihrer Bürger ein Handwerk ausüben muss.

Über das bisher Gesagte hinausgehend ist mit Blick auf das pädagogische Wirken des Aristoteles noch einmal auf die von ihm gegründete Schule *Peripatos* („Wandelhalle") zu verweisen, die so etwas wie die erste Universität war – keine Lebensgemeinschaft wie Platons Akademie, sondern eine wissenschaftliche Lehr- und Forschungsanstalt. Von hier aus ging der *Aristotelismus* in die Welt, im 1. Jahrhundert v. Chr. unter dem maßgeblichen Einfluss des Andronikos von Rhodos über Alexander von Aphrodisias (an der Wende vom 2. zum 3. Jahrhundert n. Chr.) bis zu seiner Rezeption in der Renaissance (Moraux 1984).

2.2.2.3 Der Hellenismus und seine Denkschulen

Alexander III., König von Makedonien und Hegemon des Korinthischen Bundes, avancierte schon zu Lebzeiten zu einem Mythos und wird in der Historiografie *Alexander der Große* genannt. Sein Tod im Jahre 323 wurde schon von den Zeitgenossen als Zäsur in der Geschichte erlebt. Das Weltreich Alexanders wurde binnen kurzem zerschlagen und unter den *Diadochen*, den Feldherren Alexanders, aufgeteilt. Mit wechselnden Bündnissen führten diese insgesamt sechs Kriege, die der attischen Polis einen beispiellosen Niedergang in politischer und ethischer Sicht bescherten. Ab 300 v. Chr. etablierte sich dann ein komplexes Staatensystem, das bis zur Einverleibung in das Imperium Romanum (im Jahre 30 v. Chr.) Bestand hatte.

In kultureller Hinsicht ist die Zeit ab Alexander durch die Hellenisierung geprägt, die einen Einfluss der griechischen Kultur auf den Orient und Ägypten sowie auch umgekehrt einen

Einfluss orientalischer Kultur auf die griechische Welt mit sich brachte. *Hellenismus* ist daher im Grunde nichts anderes als die Verschmelzung verschiedenartiger Kulturen. Je nachdem, welchen Blickwinkel man einnimmt, könnte man aber auch von der *Orientalisierung* der griechischen Welt sprechen. Verschiedentlich wurde der Hellenismus auch ohne Rücksicht auf bisherige Traditionen gewaltsam durchgesetzt, wie die Herrschaft der Ptolemäer in Ägypten zeigt, wo die Ureinwohner in der von Griechen und Makedonen beherrschten Bevölkerung den niedrigsten Stand einnehmen mussten. Abgesehen davon waren die ersten Ptolemäer hervorragende Organisatoren und ihnen kommt das Verdienst zu, das von Kriegen zerrüttete Reich der Pharaonen restauriert zu haben. Dazu gehörte auch, dass Alexandria zu einem Zentrum der Kultur und im Altertum die erste Adresse für die Ausbildung von Ärzten und Naturwissenschaftlern wurde.

Im griechischen Kernland brachte der unerwartete Tod Alexanders einen bis dahin beispiellosen Verfall des Staatswesens und der politischen Ethik mit sich. In diese Zeit fällt aber dennoch die Gründung von zwei neuen Schulen der Philosophie: der Epikureismus und die Stoa. Zusammen mit Akademie (Platonismus) und Peripator (Aristotelismus) bilden der Epikureismus und die Stoa die vier großen philosophischen Schulen der Antike. Kennzeichnend für sie ist, dass sie in Zeiten entstanden, als die attische Polis in keiner Weise mehr als ein geeigneter Bezugsrahmen für Politik und Erziehung dienen konnte.

In dieser Situation erteilte *Epikur* (ca. 341–270 v. Chr.) einer jeden politischen Betätigung eine klare Absage und erhob ein rational gesteuertes und wohldosiertes Genussleben zum Leitbild, um individuelles Lebensglück und Seelenheil (*Eudaimonie*) zu finden. Dem setzte *Zenon von Kition* (333/332–272/261) – ebenfalls auf der Suche nach dem richtigen Weg zum persönlichen Seelenheil – mit den Lehren der *Stoa* eine völlig konträre Auffassung entgegen. Danach sollte das Individuum durch Einübung emotionaler Selbstbeherrschung lernen, sein Schicksal zu akzeptieren und mit Hilfe von Gelassenheit und Gleichmaß zur Weisheit zu streben. Während die Stoa auf die breite Zustimmung weiter Teile des politischen Establishments stieß, wirkte die von Epikur entwickelte *hedonistische Lehre* seit ihren Anfängen zwischen Anhängern und Gegnern stark polarisierend. Später polemisierten vor allem die frühen Kirchenväter des Christentums heftig gegen die Lehren Epikurs, was bis heute im Hinblick auf die Würdigung der Epikureer nachzuwirken scheint. Epikureismus wird oft gleichgesetzt mit Genuss und uneingeschränkter Lust, was aber ein großes Missverständnis bzw. gezielte Verleumdung der Lehren Epikurs ist.

■ Die hedonistische Lehre Epikurs

Epikur kam im Jahre 306 v. Chr. nach Athen, wo nach dem Sturz des Demetrios von Phaleron die attische Demokratie wieder aufzuleben schien. Dort erwarb Epikur den Garten (*Kepos*), in dem er seine Schule gründete. Der Garten wurde zum Versammlungsort für Menschen aus allen Gesellschaftsschichten, und im Gegensatz zu den herrschenden Sitten waren auch Ehepaare, Frauen und Sklaven als Schüler willkommen. Die Schule Epikurs war eine Lebensgemeinschaft auch für Personen, die keinen persönlichen Besitz hatten. Epikurs Hauptwerk *Über die Natur* ist verloren gegangen, wird aber in dem Buch *De rerum natura* von Lukrez (99–56 v. Chr.) überliefert, der sich wohl eng an die Vorlage hielt und den Epikureismus als Heilslehre für die Römische Republik propagierte.

Die *Lehre Epikurs* war vollständig auf das Diesseits gerichtet und ging von der Grundannahme aus, dass es einem Menschen jederzeit möglich sei, lustvoll zu leben, was das Ziel seines Daseins sei. Dazu müssten die menschlichen Bedürfnisse nicht nur befriedigt, sondern auch kultiviert werden. Um die Bedürfnisse befriedigen zu können, müssten sie stets kontrolliert werden, damit der Mensch mit der Zeit selbstgenügsamer wird. Die sinnlichen Begierden sollten sich auf die kleinen, leicht erreichbaren Freuden richten – ganz im Sinne der Epikur zugeschrieben Aussage „Schicke mir ein Stück Käse, damit ich einmal gut essen kann". Auch könne man durch Kultivierung teurer Bedürfnisse kein höheres Maß an Lust erreichen, da das Maximum an Lust dann erreicht ist, wenn keinerlei Unlust existiert. Lust ist nicht unbegrenzt steigerungsfähig, wichtig ist nur, dass die Unlust befriedigt ist. Unterstellungen über Schwelgereien und Exzesse der Epikureer stammen nicht aus glaubwürdigen Quellen und stehen im Widerspruch zu der Lehre Epikurs. Ihr zufolge gibt es drei Faktoren, die ein glückliches, d. h. lustvolles Leben gefährden können:

1. Furcht,
2. Begierde und
3. Schmerz.

Die *Furcht* – und zwar die vor den Göttern und vor dem Tod – ist die größte Gefahr für ein glückliches Leben. Da man aber im Tod jegliche Empfindung verliert, kann dieser keinerlei negative oder positive Auswirkungen haben, so dass jeder dem Tod gelassen entgegensehen kann. Hinsichtlich der *Begierden*, die ebenfalls eine Gefahr für ein glückliches Leben bedeuten, unterscheidet Epikur zwischen natürlichen und leeren Begierden. Begierden können einfach nur natürlich sein (z. B. der Sexualtrieb) oder natürlich und notwendig für die Glückseligkeit. Dabei gilt, dass eine jede Begierde, die bei einer Nichtbefriedigung nicht zum Schmerz führt, als nicht notwendig gilt. Der *Schmerz* ist für Epikur ein Grundübel und lässt sich im Unterschied zu Furcht und Begierde nur schlecht kontrollieren. Es geht deshalb darum, auf den Schmerz gut vorbereitet zu sein.

Auf dem Weg zum glücklichen und lustvollen Leben können einige praktische Grundsätze helfen, die nach Epikur den Gegenstand der Erziehung bilden. Ganz vorne steht die *Einsicht* in die Dinge, was durchaus praktisch zu verstehen ist, da die Einsicht hilft, das Gute vom Bösen zu unterscheiden und damit die Grundlage für Weisheit, Tapferkeit, Besonnenheit und Gerechtigkeit legt. Ungerechtigkeit wird demnach nur deshalb gemieden, weil die Angst vor Sühne eine Unlust darstellt. Die Bewertung eines Gesetzes ist stets abhängig von dem Nutzen, den es der Gemeinschaft bietet. In schroffem Gegensatz zu der Naturrechtstheorie Platons bedarf das Recht nach Epikur eines sozialen Vertrags, und der Weise ist sich stets bewusst, welcher Nutzen aus einem Gesetz zu ziehen ist. Neben der Einsicht wird die *Selbstgenügsamkeit* als Tugend herausgestellt. Sie entwickelt sich aus der angemessenen Einschätzung der Begierden. Es wäre somit denkbar, eine Einladung zu einem Festmahl anzunehmen, aber man sollte nicht enttäuscht sein, wenn man keine solche

Einladung erhält, da die Glückseligkeit davon völlig unabhängig ist. Der einsichtige Mensch ist von äußeren Gegebenheiten nicht abhängig. Der von Lukrez überlieferte Spruch Epikurs „Lebe im Verborgenen!" zieht aus der postulierten Selbstgenügsamkeit die Konsequenz und schützt den Einzelnen, da ein Leben im Verborgenen keine Angriffsfläche für andere bietet. Eine weitere Tugend, die Epikur lehrt, ist die der Freundschaft um der Freundschaft willen.

Da Epikur jegliche Form der Existenz nach dem Tod verneinte, ist verständlich, dass ihn die Kirchenväter allein schon deshalb ablehnten, doch seine Naturlehre stellte einen weiteren Stein des Anstoßes dar. Der zufolge ist das Universum unendlich. Wenn es eine Grenze gäbe, müsste außer dem All noch etwas anderes existieren. Ferner hat sich das All nie verändert, denn aus nichts kommt nichts. Zentraler Bestandteil der Naturlehre Epikurs ist zudem die Anerkennung der sinnlichen *Wahrnehmung als das höchste Kriterium*, um die Existenz oder den Wahrheitsgehalt eines Dings zu untersuchen. Jedes scheinbar übernatürliche Phänomen (also auch angebliche Wunder) könne stets auf natürliche Weise erklärt werden.

▪ Die Stoa

Ähnlich, aber auf unterschiedlichen Annahmen gründend, sind auch die Stoiker von der natürlichen Kausalität allen Geschehens überzeugt: Was immer in der Welt und unter Menschen vorkommt, beruht auf einer Verkettung von Ursache und Wirkung. Wo diese nicht nachweisbar ist, versagt das Erkenntnisvermögen. Ein zentrales Merkmal der Philosophie der Stoa ist eine auf die Ganzheitlichkeit der Welt und ihrer natürlichen Zusammenhänge gerichtete Betrachtungsweise. Der einzelne Mensch hat seinen Platz in der von der Natur gegebenen Ordnung zu erkennen und auszufüllen. Das gelingt ihm, indem er durch die Einübung emotionaler Selbstbeherrschung sein Schicksal zu akzeptieren lernt und mit Gelassenheit und Ausgeglichenheit zur Einsicht und Weisheit strebt.

Zenon von Kiton gründete 290 v. Chr. die philosophische Schule, die ihren Namen von der *stoa poikile* ableitet, einer Halle gegenüber der Akropolis, wo sich Zenon mit seinen Schülern traf. Vor dem Hintergrund eines weitreichenden kosmopolitischen Bewusstseins wurde der einzelne Mensch als Teil und Glied der vom Logos beherrschten Natur betrachtet, in die er sich einzuordnen hatte, um Seelenheil und Lebensglück zu erfahren. Dazu verhilft ihm sein Geist und Denkvermögen. Wie bei den Epikureern gilt auch Zenon und seinen Schülern die Weisheit als höchstes Gut und Inbegriff eines glücklichen Lebens. Der Weg dahin führt über die Selbsterkenntnis und die Aneignung angemessener Verhaltensweisen, Gewohnheiten und Haltungen. Die Anleitung gibt die eigene Vernunft wie auch das Streben nach Selbstvervollkommnung. Voraussetzung dafür ist dreierlei:

1. die Freiheit von Leidenschaften als Ergebnis einer ausgeprägten Kontrolle der Affekte und Emotionen,
2. Selbstgenügsamkeit und
3. Unerschütterlichkeit.

Das sind die Eigenschaften, die bis heute den Begriff der „stoischen Ruhe" begleiten, die aber nicht mit Apathie zu verwechseln ist.

Die Stoa hat mit dem Epikureismus nicht nur das Entstehen in der nachalexandrinischen Zeit gemeinsam, sondern auch die Organisation als Schule. Genauso wie Epikurs Schule bezog auch die Gemeinschaft der Stoiker grundsätzlich alle Menschen ein: Griechen und Barbaren, Bürger wie Sklaven, ohne an den bestehenden Herrschaftsverhältnissen zu rütteln. Die Stoa hatte mit ihrer Gründung einen deutlich kosmopolitischen Zug und spiegelte damit in kultureller Hinsicht das politische Vermächtnis Alexanders. In das Bild passt, dass die herausragenden Vertreter der Stoa eher aus den Randgebieten des antiken Griechenland stammten.

Im Unterschied zu Epikurs Schule, die programmatisch keinen politischen Einfluss auf die Politik ausüben wollte und daher kaum einen Zugang zu den Reichen und Mächtigen fand, verzeichnete die Stoa zur Zeit des römischen Kaiserreichs den mächtigsten Mann seiner Zeit, Marc Aurel, als würdigen Vertreter und Vorreiter stoischen Denkens.

Tatsächlich fanden beide Schulen ihre Fortsetzung und Erweiterung im Römischen Reich, das sich die griechische Kultur ebenso einverleibte wie das Territorium Griechenlands. Epikureismus und Stoa fanden im antiken Rom eifrige Anhänger, was zu einer wechselseitigen Beeinflussung der griechischen und römischen Kultur führte.

Jakob: „Sagt dir der Name Xanthippe was?"

Anna: „Klar, das war die Ehefrau von Sokrates und gilt als Inbegriff der zänkischen Frau."

Jakob: „Genau. Dafür hat Xenophon gesorgt, der sie als ausgesprochen übellaunig und streitsüchtig beschreibt. Sie soll dem armen Sokrates das Leben schwer gemacht haben."

Anna: „Da frage ich mich, wer da wem das Leben schwer gemacht hat. Also wenn ich mit drei Kindern daheim sitzen würde und mein Mann nichts anderes zu tun hat, als sich auf dem Marktplatz herumzutreiben und Leute anzuquatschen, wäre ich auch ziemlich sauer und übellaunig. Aber klar, wenn es um den supertollen Sokrates geht, gibt es wenig Verständnis für eine Frau."

Jakob: „Das sehe ich genauso. Das bringt mich auch zu der Feststellung, dass mir diese ganze Clique um Sokrates, vor allem aber Platon, gewaltig auf den Geist geht. Da können die in der Literatur noch so viel von ihm schwärmen, für mich ist Platon, wie Popper auch gesagt hat, ein Erzreaktionär, wie es ihn selten gegeben hat."

Anna: „Aber was der Xenophon über die Handwerker sagt, ist auch ein starkes Stück. Diese Philosophen waren doch mehr oder weniger reiche Nichtstuer und arrogante Typen."

Jakob: „Epikur aber anscheinend nicht. Der gefällt mir mit seiner Lebensauffassung und seiner Schule am besten. Da war ja schon ein richtig modernes Demokratieverständnis."

Anna: „Ja, der gefällt mir auch, der fällt völlig aus dem Rahmen der damaligen Zeit."

2.2.3 Erziehung und Bildung im Römischen Reich

Während sich in der Ägäis und im Orient der Aufstieg und Niedergang von Staaten und Großreichen abspielte, entwickelte sich im Westen eine Hegemonialmacht, die spätestens seit dem 2. Jahrhundert v. Chr. zur bestimmenden Größe im Mittelmeerraum wurde: das *Imperium Romanum*. Während die griechischen Staaten der Antike eine vorwiegend gegen Osten gerichtete Politik verfochten, entwickelte sich Rom kontinuierlich zur bestimmenden Großmacht in der westlichen Hemisphäre, die zur Zeit der späten Republik im Norden an Germania und im östlichen Bereich an das Reich der Parther grenzte.

Im Vergleich zum Beitrag, den das antike Griechenland zur Theorie und Praxis der Erziehung geleistet hat, wird der Beitrag des antiken Rom in der Literatur eher gering geschätzt und ganz in der Tradition des Griechischen gesehen (z. B. Böhm 2010). Repräsentativ dafür ist die Sichtweise, die Reble (1965) in seiner *Geschichte der Pädagogik* bietet:

> » Während das Griechentum besonders durch Entfaltung seiner musischen und seiner philosophisch-theoretischen Kräfte der Welt Großes gegeben hat, überwiegt bei den Römern die nüchtern-praktische Einstellung. Sie sind in erster Linie das Volk der Staats- und Rechtsbildung […]. Literatur und Wissenschaft, Kunst und Philosophie liegen ihnen sehr viel weniger, und hier bewährt sich nun ihre große Nachahmungs- und Aneignungskraft […], sie übernehmen die griechischen Formen und philosophischen Theorien (Reble 1965, S. 39).

Diese Aussage wird dann in den weiteren Ausführungen, in denen römische Gelehrte wie Cicero, Seneca, Quintilian und Mark Aurel in ihrem eigenständigen Wirken hervorgehoben werden, ad absurdum geführt. Vor allem aber steht sie im Widerspruch zu der politischen Bedeutung, die Rom über Jahrhunderte für Europa einnahm. Wie sollte ein solches Imperium ohne ein hoch entwickeltes Erziehungs- und Bildungssystem auskommen?

Ein Verständnis des römischen Erziehungswesens, das historisch bedingt einer ständigen Entwicklung und Anpassung an die Erfordernisse der politischen Ereignisse und Umformungen unterworfen war, erschließt sich nur unter einer historischen Sichtweise, denn auch im *Imperium Romanum* waren Politik und Pädagogik untrennbar miteinander verbunden. Dementsprechend kann man auch nicht von einem homogenen, die Jahrhunderte überdauernden Erziehungs- und Bildungswesen einer Weltmacht sprechen, die im Verlaufe der Zeit vielfachen politischen Veränderungen unterworfen war.

Zunächst ist die Geschichte Roms in zwei große Abschnitte zu gliedern: die Ära der Republik und die Ära des Prinzipats bzw. Kaisertums.
Die Geschichte der *römischen Republik* lässt sich in fünf Phasen einteilen:

1. die *Entstehungszeit* (ab 500 bis Mitte des 4. Jahrhunderts v. Chr.);
2. der Aufstieg Roms zur Hegemonialmacht in Italien, eine Phase, die durch die Latinerkriege mit der Einverleibung Latiums, den Tarentinischen Krieg (Eroberung Süditaliens) und den ersten Punischen Krieg (gegen Karthago) gekennzeichnet ist und Rom den Aufstieg zur Großmacht bescherte;
3. eine *Zeit der Konsolidierung* bis etwa 200 v. Chr., in die der zweite Punische Krieg (Hannibal) fiel, der eine wesentliche Erweiterung des römischen Territoriums (z. B. Iberien) zur Folge hatte. Ab 200 v. Chr. drangen die Römer auch in die hellenische Welt ein, indem sie den vorderasiatischen Raum und große Teile Nordafrikas eroberten und Ägypten in die Abhängigkeit zwangen;
4. eine *Phase der innenpolitischen Krise* Mitte des 2. Jahrhunderts v. Chr., die durch innenpolitische Verwerfungen und Unruhen als Folge großer sozialer Spannungen gekennzeichnet war. Diese führten zur Herausbildung zweier Parteien, die sich unversöhnlich gegenüber standen: die *Optimaten* aus der Oberschicht und die *Popularen*, die plebejische Interessen vertraten;
5. ein jahrzehntelanger *Bürgerkrieg*, zu dem die Spannungen zwischen Optimaten und Popularen nach einem zweijährigen Bundesgenossenkrieg (91–89 v. Chr.), in dem sich die römischen Bundesgenossen das volle Bürgerrecht erkämpften, geführt hatten.

Am Ende konnte Cäsar den Machtkampf zwar für sich entscheiden, aber seine Ambitionen hinsichtlich einer königlichen Monarchie führten zu seiner Ermordung. Politisches Wirken und Art seines Todes machten Cäsar zum Mythos und Namengeber für die nachfolgenden Herrscher Roms. Kurz zusammengefasst kam es nach dem Tode Cäsars zur Gründung des Zweiten Triumvirats, dem dann eine neue Phase des Bürgerkrieges folgte, den Oktavian für sich entscheiden konnte, um danach als Augustus ab 27 v. Chr. eine neue Ära einzuleiten.
Die Illusion einer republikanischen Regierungsform blieb zwar noch lange bestehen, doch lag die Macht nur noch in den Händen des *Princeps*, des Ersten unter Gleichen. Daraus entwickelte sich das römische Kaisertum, das bis zum Ende der Antike währte. Die Liste der römischen Kaiser der Antike enthält daher alle Cäsaren von Augustus bis Herakleios, dessen Herrschaftszeit von 610 bis 641 n. Chr. als das Ende der Antike betrachtet wird.
Anzumerken ist, dass die Liste der römischen Kaiser sich seit der Alleinherrschaft Konstantins I. (324–337 n. Chr.) für etwa drei Jahrhunderte mit der Liste der byzantinischen Kaiser überschneidet. Staatsrechtlich besteht kein Unterschied zwischen dem Römischen und dem Byzantinischen Reich, das im Mittelalter in der Tradition des Imperium Romanum im Osten zur beherrschenden Großmacht aufstieg, dessen Ende in das Jahr 1453 datiert wird. Das sogenannte Weströmische Reich hatte sein Ende im Jahr 476 gefunden. Geht man vom Aufstieg Roms zur Großmacht zur Zeit der Punischen Kriege aus, umfasst das Imperium einen Zeitraum von 725 Jahren, im Falle Ostroms sogar von etwa 1200 Jahren.

Ein solch gigantisches Reich zu erbauen und über die Jahrhunderte zu retten, setzte eine effiziente Staatsverwaltung ebenso voraus wie eine effektive Erziehung und ein schlagkräftiges Militärwesen. Letzteres interessiert uns hier aber weniger als die Erziehung.

2.2.3.1 Das römische Erziehungswesen in alter Zeit

Obwohl das Gesamtleben im frühen Rom auf den Staat ausgerichtet war, spielte die *Familie* die herausragende Rolle für das Gemeinwesen. Sie war die große Erziehungsmacht der frühen Republik. Nicht der Staat stand (wie in Sparta) in der Verantwortung der Erziehung, sondern die Familie, wobei der Vater die alles bestimmende Instanz war. Bis zum 7. Lebensjahr blieben die Kinder vollständig in der Obhut der Mütter, danach übernahmen die Väter die weitere Erziehung und Ausbildung der Söhne. Diese begleiteten den Vater bei allen Tätigkeiten und lernten „aus erster Hand", worauf es in der Familie ankam.

In höheren Kreisen der Gesellschaft war eine Art politisches Lehrjahr (*tirocinium fori* genannt) zentraler Bestandteil der Erziehung, um vom Vater oder einem Freund der Familie in das römische Recht und in die Grundsätze der Staatsgeschäfte eingeführt zu werden. Zusätzlich leisteten die Jungen bereits frühzeitig einen Militärdienst ab, um gehorchen, aber auch befehlen zu lernen. Die Mädchen blieben bis zur Heirat im Haus, ihre Erziehung und Vorbereitung auf das Leben einer *Domina* oblag der Mutter.

Die Erziehung diente bei Jungen und Mädchen gleichermaßen nicht nur der Vermittlung von Wissen, sondern auch der Befolgung ethischer Werte wie Gehorsam, Bescheidenheit, Beständigkeit, Disziplin und Tapferkeit (zusammenfassend *virtus*). Ziel der Erziehung der Jungen war der Mann von tadelloser Sittlichkeit, der *vir bonus*, der mit Waffen zu kämpfen verstand und sich in den Gesetzen und in der Politik so gut auskannte, dass er sich in den gesetzgebenden Gremien und im Senat zu behaupten vermochte. Es war das rechte Eintreten für die gerechte Sache, das den *vir bonus* auch zu einem gerechten Mann machte. Dabei spielte die Bezugnahme auf das Beispiel der Vorfahren und deren Sitten (*mores*) eine zentrale Rolle.

Die Begriffe *virtus* und *mores* bildeten für den antiken Römer eine untrennbare Einheit und stellten das Fundament für die ethische und moralische Beurteilung jedweder Handlung dar. Die *mores*, d. h. die Sitten und Gebräuche, umfassten einen ganzen Komplex sozialer Konventionen und Normen, sie dienten dem Erhalt der Tugendhaftigkeit des Einzelnen und des Gemeinwesens. Jemand, der die *mores* verinnerlicht hatte, musste sich auch im Sinne der *virtus* verhalten und umgekehrt. Dementsprechend galten sittliche Haltung, Festigkeit des Willens sowie Klarheit und Schärfe des Denkens als die Tugenden, auf die sich die römische Erziehung traditionell konzentrierte. In der Praxis dürfte das praktische Anlernen, das Vormachen und Nachahmen, bei den Jungen in Ackerbau, Handwerk und Kriegsdienst, bei den Mädchen eher in häuslichen Verrichtungen, im Vordergrund gestanden haben. Darüber hinaus lernten die jungen Römer Lesen, Schreiben und vor allem Rechnen.

Eine Schulpflicht bestand im alten Rom nicht. Zahlreiche Quellen belegen aber, dass es seit dem 3. Jahrhundert v. Chr. zahlreiche *Elementarschulen* nach griechischem Vorbild gab. Die Elementarschule (*ludus litterarius*) war eine private Einrichtung, zu der alle Jungen und Mädchen Zutritt hatten, deren Eltern den Unterricht bezahlen konnten. Die Lehrer waren häufig zugewanderte Griechen, Sklaven oder Freigelassene, die mit niedrigem Einkommen auskommen mussten. Um ihre Autorität bei den Schülern durchzusetzen, griffen sie, wie quellenmäßig belegt ist, auch mal gerne auf die Prügelstrafe zurück. Das aber weist darauf hin, dass diese Lehrer keine Sklaven waren, da es schwer vorstellbar ist, dass ein Sklave Kinder seiner Herrschaften prügeln durfte.

2.2.3.2 Das römische Erziehungswesen und der Hellenismus

Griechische Kultur befand sich bereits seit langem vor der Haustür (in Süditalien) und war den Römern bekannt. Nach dem Tarentinischen Krieg (280–275 v. Chr.) und der folgenden Einverleibung der griechischen Siedlungen wie auch nach dem Ersten Punischen Krieg strömten viele gebildete Griechen nach Rom. Livius Andronikus, ein griechischer Kriegsgefangener aus Tarent, übersetzte attische Tragödien und Komödien wie auch Homers *Odysee* ins Lateinische. Dadurch wurde Homer zu einem vielgelesenen und hochgeschätzten Autor der römischen Jugend. Später (d. h. um 200 v. Chr.) übersetzte Ennius die griechischen Mythen ins Lateinische, die dadurch einen hohen Grad an Popularität erlangten. Die Durchdringung der römischen Gesellschaft durch die griechische Kultur veranlasste bereits *Cato* den Censor (234–149 v. Chr.) dazu, vor den Gefahren der Hellenisierung zu warnen. Im ersten Jahrhundert v. Chr. trat dann eine geistige Wende ein, da nun das philosophische Schrifttum in lateinischer Sprache einen enormen Aufschwung erfuhr.

Lukrez (ca. 97–55 v. Chr.), ein erklärter Epikureer, verfasste mit *De rerum natura* das älteste erhaltene lateinische *Lehrgedicht*. Lukrez will Lehrer sein und propagiert ganz im Sinne Epikurs die Befreiung des Menschen vom Aberglauben durch Erkenntnis und Einsicht in die Vergänglichkeit der Dinge. Er kann als Schöpfer einer besonderen literarischen Gattung betrachtet werden. Sein Einfluss auf die nachfolgende lateinische Lehrdichtung (z. B. Vergil, Ovid) war enorm, und indem Vergils *Aeneis* seinem Beispiel folgte, wirkte Lukrez auf das gesamte lateinische Epos der augusteischen Zeit und darüber hinaus. Die *Aeneis* wurde unter Augustus zur Pflichtlektüre eines jeden jungen Römers und damit zum Nationalepos. Das Beispiel Lukrez zeigt, dass der gebildete Römer in seinem Denken zwar durch den Hellenismus beeinflusst sein mochte, aber durchaus zu eigenständigen kulturellen Leistungen imstande war.

Das wird auch bei dem römischen Staatsmann *Cicero* (106–43 v. Chr.) deutlich, der ein einflussreicher Rhetoriker und Bildungstheoretiker war. Sein Ziel war die Verschmelzung griechischen und römischen Denkens, aber „auf Augenhöhe". Davon zeugt seine Trias von *Griechen, Römern und Barbaren*, in der eine Gleichstellung Roms mit den Griechen zugrunde gelegt wird. Im Hinblick auf die Erziehung und Bildung des römischen Bürgers forderte Cicero eine Verknüpfung einer ethisch begründeten politischen Gesinnung mit umfassender Sachkenntnis, innerer Gelassenheit und Seelenruhe, also im Grunde die Erziehung zum *vir bonus*. Ihn deshalb als Vordenker der humanistischen Bildungsidee zu bezeichnen (Reble 1965), wäre allerdings überzogen.

Neben Lukrez und Cicero ist *Varro* (116–27 v. Chr.) als ein herausragendes Beispiel der Verschmelzung griechischen und römischen Denkens (wie bei Cicero „auf Augenhöhe") zu nennen. Sein enormes Werk (etwa 70 Werke zu den unterschiedlichsten Themen) galt den nachfolgenden Generationen bis in die Spätantike hinein als wahre Fundgrube. Besondere Bedeutung kommt dabei seinem enzyklopädischen Werk *Disciplinarum libri IX* zu, einer Gesamtdarstellung der *septem artes liberales* (Grammatik, Dialektik, Rhetorik, Geometrie, Arithmetik, Astronomie, Musik), die er um Architektur und Medizin ergänzte (Cardauns 2001). Quintilian nannte Varro den gelehrtesten aller Römer (Baier 1997). So viel man über Varro weiß, war er (wie auch Cicero) Schüler des Grammatikers Stilo und des Platonikers Antiochos von Askalon. Den größten Einfluss aber gewann die Lehre der Stoa auf ihn.

Varro kann auch als Beispiel des gebildeten Römers betrachtet werden, der großen Wert auf eine griechische Bildung und auf Zweisprachigkeit legte. Wie er unternahmen Römer der Oberschicht ausgedehnte Reisen nach Athen und Kleinasien, um vor Ort eine Ausbildung bei angesehenen Rhetoren und Philosophen zu erhalten. Auch auf diese Weise gewannen die philosophischen Schulen Attikas (Platonismus, Aristotelismus, Epikureismus und Stoa) einen Einfluss auf das antike Rom. Ohne den Einfluss des Hellenismus auf das römische Erziehungsgeschehen in Abrede zu stellen, ist auf einen in der Tat beträchtlichen Unterschied hinzuweisen: Anders als in der attischen Polis gab es nämlich in der römischen Republik ein regelrechtes Schulsystem für breite Bevölkerungsteile.

Schulsystem der römischen Republik

Ab der ersten Hälfte des 2. Jahrhunderts wurde die Elementarbildung zunehmend durch eine höhere Bildung ergänzt, so dass ein dreigliedriges Schulsystem bestehend aus Elementarschulen, Grammatikschulen und Rhetorikschulen erwuchs. Die Existenz von *Elementarschulen* ist bereits für das 3. Jahrhundert gut belegt. Das waren Privatschulen, zu denen alle Jungen und Mädchen im Alter zwischen 7 und 12 Jahren Zutritt hatten. Die Lehrer (*magister ludi*) waren oft zugewanderte Griechen, die mit niedrigem Einkommen und geringem gesellschaftlichen Ansehen auskommen mussten. Wer es sich finanziell leisten konnte, schickte seine Kinder in die Elementarschulen. Bauern, Handwerker und Tagelöhner, also die überwiegende Mehrheit des römischen Volkes, wurden vom elementaren Bildungsangebot ausgeschlossen. In den Elementarschulen stand Lesen, Schreiben und Rechnen auf dem Lehrplan. Aus den Schriften Quintilians, auf den wir später noch zu sprechen kommen, weiß man in etwa, wie der Unterricht an den Elementarschulen ablief:

Beim *Lesen* wurde die Syllabiermethode angewandt, die von einzelnen Buchstaben ausgehend, zur Bildung von Silben und Wörtern fortschritt. Gegen diese Methode wandte Quintilian ein, es sei nicht gut, dass die Kinder die Namen und Reihenfolge der Buchstaben eher als die Gestalt derselben kennenlernten. Der Unterricht lief anscheinend so ab, dass ein Übungsbuch in zwei verschiedenen Klassen (Anfänger und Fortgeschrittene) zum Einsatz gelangte, indem ein älterer und besserer Schüler oder der Lehrer die Lektion vorsagte und die anderen sie nachsprachen.
Hand in Hand mit dem Lesen ging die Behandlung der *partes orationis* (Redeteile) sowie der Deklination und Konjugation: kurz der erste grammatische Unterricht, der nach Quintilians Forderung die leichtere Aneignung des späteren Lehrstoffes durch gründliche Belehrung anbahnen sollte (Quintilian, *Institutio oratoria*, 4, 22).
Neben dem Lesen wurde das *Schreiben* gelehrt. Dabei ahmte der Schüler entweder Musterschriften nach, wobei der Lehrer ihn verbesserte oder die Hand führte. Als Material beim Schreiben dienten bekanntlich Wachstäfelchen, auf die man mit einem spitzen Griffel (*stylus*) schrieb, dessen oberes stumpfes Ende zum Auslöschen des Geschriebenen verwendet wurde. Für das Schreiben auf Papyri verwendete man den Saft der Sepia als Tinte.

Abb. 2.5 Römischer Abakus – Rechenhilfe (© Francisco Arara/Getty Images/iStockphoto)

Das *Rechnen* war ein wichtiger, nach Horaz der wichtigste Gegenstand des Unterrichts und nahm viel Zeit und Mühen in Anspruch. Die Rechenoperationen waren ebenso unpraktisch wie schwierig, so dass Lucian das Einmaleins einen schlimmen Pädagogen nannte. Neben den Fingern nahm man den Abakus, eine Art Rechenmaschine, zu Hilfe (Abb. 2.5).

Die Elementarbildung ihrer Kinder kostete den römischen Bürger viel Geld, aber noch teurer kam die *höhere Bildung* an den Grammatik- und Rhetorikschulen. An den *Grammatikschulen*, die im Alter von 12 bis 16 Jahren besucht werden konnten, erhielten die jungen Römer eine solide Unterweisung in den *artes liberales* bei besonderer Pflege des Sprachlich-Literarischen. Eine Hauptlektüre war die Übersetzung von Homers *Odyssee*, bis Augustus per Dekret Vergils *Aeneis* zur Pflichtlektüre erhob. Die konkrete Arbeit an den literarischen Texten erfolgte in vier Stufen: Textkritik, Vorlesen, Erklärung, Beurteilung. Dabei wurde vor allem auf die moralische Beurteilung (im Sinne der *mores*) Wert gelegt.

Familien der Oberschicht, deren Söhne eine politische, juristische oder militärische Laufbahn einschlagen sollten, wurden im Alter von 16 bis 20 Jahren in die *Rhetorikschulen* geschickt, die ebenfalls viel Schulgeld kosteten, deren Besuch aber allgemein die Voraussetzung war für das Durchlaufen der Ämterlaufbahn (*cursus honorum*) und die Übernahme politischer Ämter (bis hin zur Aufnahme in den Senat). Wegen der hohen Kosten der Rhetorikausbildung blieb diese nur den Nobiles vorbehalten.

Tabelle 2.3 gibt – in Anlehnung an Marrou (1957) – einen Überblick über das dreigliedrige Schulsystem der römischen Antike.

2.2.3.3 Das römische Bildungswesen in der Kaiserzeit

> Non vitae sed scholae discimus
> (Seneca: Epistulae morales ad Lucilium, 106, 12).

Dieser Ausspruch Senecas („Nicht für das Leben, sondern für die Schule lernen wir") aus der Kaiserzeit des 1. Jahrhunderts, der

Tab. 2.3 Überblick über das römische Bildungssystem. (Nach Marrou 1957)

	Elementarschule Elementar-bildung	Grammatikschule Höhere Bildung I	Rhetorikschule Höhere Bildung II
Alter	7–12 Jahre	12–16 Jahre	16–20 Jahre
Inhalte	Elementarunterricht in Lesen und Schreiben des Lateinischen und Griechischen und Rechnen	Unterricht in Grammatik und den *septem artes liberales*	Stilkunde und praktische Übungen der Rhetorik

sich kritisch auf die Philosophieschulen seiner Zeit bezog, dürfte eines der bekanntesten und oft absichtlich verdrehten Zitate der Pädagogik sein. Das Zitat belegt aber, dass es im 1. Jahrhundert n. Chr. bereits ein reguläres Schulwesen gab.

Tatsächlich schrieben die meisten römischen Kaiser der Bildung einen hohen Stellenwert zu und trieben mit großer finanzieller Unterstützung den Auf- und Ausbau von Rhetorik- und Grammatikschulen voran. Ein Reich der Größe Roms brauchte sehr viele hochqualifizierte Beamte und gebildete Bürger. Ohne schriftliche Aufzeichnungen und Anweisungen war ein solches Weltreich nicht zu organisieren und auf Dauer zu erhalten. Nach den Anfängen unter Augustus, der sich vor allem um die Förderung der lateinischen Dichtung bemüht hatte, wurde das Bildungswesen, das bis dahin privaten Charakter hatte, in der Kaiserzeit zunehmend dem Staat unterstellt. Reble (1965) spricht in diesem Zusammenhang von einer Art Reichsschulwesen. In das Bild der Wertschätzung, die die Kaiser der Bildung entgegenbrachten, passt auch die Tatsache, dass einige unter ihnen wie *Claudius* (10 v. Chr.–54 n. Chr.), *Hadrian* (Amtszeit von 117–138 n. Chr.) und *Marcus Aurelius* (121–180 n. Chr.) ausgewiesene und allseits anerkannte Gelehrte waren. Es galt als vornehm, gebildet und gelehrt zu sein. Unverändert bezieht sich diese Aussage aber nur auf die römische Oberschicht, die sich den Mühen der Grammatik- und Rhetorikschulen unterzogen, während sich die Mehrheit der Plebejer mit den Elementarschulen zufriedengeben musste.

In der höheren Bildung gewann zunehmend die Lehre der Stoa an Bedeutung. Es waren römische Gelehrte wie Seneca und Marcus Aurelius, die der Stoa entscheidende Impulse verliehen und sie vollendeten. Die Stoa wurde zum Markenzeichen der römischen Philosophie der Kaiserzeit – gekoppelt mit einem rhetorischen Bildungsideal. Die Rhetorikbildung blieb die Ausgangsgrundlage für gut dotierte Laufbahnen in Staat und Militär.

Quintilian und die Pädagogik

Der bedeutendste römische Theoretiker der Rhetorikbildung und damit auch der Pädagogik im 1. Jahrhundert war *Quintilian* (ca. 35–90 n. Chr.). Sein Hauptwerk ist die *Institutio oratoria* (Unterweisung des Redners), dessen Ziel die Bildung des vollkommenen Redners (*orator perfectus*), der zugleich ein Weiser (*vir sapiens*) und moralisch integerer Mensch (*vir bonus*) sein soll. Dazu gehörte selbstredend auch eine gründliche sachliche Ausbildung.

Die *Institutio oratoria* zählt zu den wichtigsten Lehrbüchern der Rhetorik im Abendland (Seel 1977). Sie enthält auch zahlreiche pädagogische Maximen für den Rhetorikunterricht. Ganz im Sinne des traditionellen römischen Erziehungsideals, das auf die Einheit von *virtus* und *mores* gerichtet war, betonte Quintilian eine sittliche Lebensführung (*mores*), die Würde der Erscheinung (*gravitas*), eine entschiedene Selbstbeherrschung (*summa abstinentia*) im Sinne der Stoa und eine strenge Disziplin (*severitas disciplinae*) als Erziehungsziele. Dabei vertrat er ein Konzept der ganzheitlichen Bildung, da neben der Wissensvermittlung (*doctrina*) auch körperliche Einübungen (*exercitationes*) wie z. B. Gebärden und Körperbewegungen zur Schulung der Redepraxis zählten. Bezeichnend für das pädagogische Denken Quintilians ist, dass die Ausbildung der natürlichen Anlagen von frühester Kindheit an mit größter Sorgfalt erfolgen sollte, da die ersten Bildungseindrücke nicht zu korrigieren seien.

Die von Quintilian für den Rhetorikunterricht unterbreiteten pädagogischen und didaktische Leitlinien lassen ihn auch nach heutigem Verständnis als fortschrittlichen Pädagogen erkennen (Schmitz 1988). Lehren sollte Ausdruck der Zuneigung (*affectus*) des Lehrers zum Schüler sein, aber nicht im Sinne der spartanischen Knabenliebe, sondern vergleichbar der Liebe des Vaters zu seinen Kindern. Das wichtigste didaktische Mittel des Lehrers war für Quintilian das *Lob*, das die Liebe des Schülers zum Lernen bewirken und bestärken sollte.

> Denn man muss ja vor allem verhüten, dass ein Kind, das geistige Arbeit noch nicht lieben kann, sie stattdessen hassen lernt und die bitteren Erfahrungen der frühesten Jugend auch noch über die Kinderjahre hinaus voll Angst und Abscheu bewahrt. Ein Spiel soll das Ganze sein. Man muss fragen, loben; immer soll das Kind strahlen, wenn es etwas gekonnt hat […] (Quintilian, *Institutio oratoria* I l, 20).

In heutiger Sprache ausgedrückt geht es Quintilian also darum, eine spielerische und angstfreie Lernatmosphäre zu schaffen, die eine emotionale Grundlage für die weitere Entwicklung des Kindes bildet. Dazu gehörte auch, den natürlichen sozialen Ehrgeiz des Kindes ins Spiel zu bringen:

> […] wenn es einmal selbst keine Lust hat, soll ein anderer drankommen, auf den es dann eifersüchtig ist; es soll immer einmal ein Wettkampf stattfinden, wobei es öfters das Gefühl haben soll, dass es gewinnt (Quintilian, *Institutio oratoria* I 1, 20).

Eine Förderung des Gemeinschaftsgeistes (*sensus communis*), aber auch Anspornung des sozialen Ehrgeizes (*aemulatio*) bewährten sich als erzieherische Mittel auch in der Ausbildung der jungen Männer in der Rhetorikschule. Dazu dienten öffentliche Redewettkämpfe als spielerische Inszenierungen und Vorwegnahmen der späteren Bewährungssituationen, in denen sie vor einem größeren Publikum rhetorisch bestehen mussten. Durch die inszenierten Redewettkämpfe sollten die jungen Rhetoren in ihrer sozialen Verantwortung, ihrer reflexiven Urteilskraft und ihrem moralischen Urteilsvermögen geschult werden, indem sie z.B. Reden gegen Ehebrecher zu halten hatten. Quintilian glaubte, mit diesen Redewettkämpfen auch geistige Leistungen freisetzen zu können, die im kleinen Gesprächskreis nicht erreichbar wären.

» Ich möchte noch hinzufügen, dass auch die Lehrer selbst nicht so viel Geist und Feuer für ihren Vortrag gewinnen können, wenn immer nur ein Schüler da ist, wie wenn der reichliche Hörerkreis sie begeistert (Quantilian, Institutio oratoria I 2, 29).

Der in den Redewettkämpfen entwickelte soziale Ehrgeiz fördere den Lerneifer mehr als „alle Ermahnung der Lehrer, die Überwachung der Pädagogen und die Versprechungen der Eltern“ (*Institutio oratoria* I 2, 25). Offenkundig wusste Quintilian aus eigener Erfahrung über die dauerhafte Wirkungslosigkeit erzieherischer Strenge Bescheid, die von einem Schüler als entmutigend und emotional niederdrückend empfunden werden musste. Quintilian war davon überzeugt, dass die von ihm propagierte Ausbildung zum Rhetor mehr Freude und Genuss bot als ein ausschweifendes Leben, denn edles Tun trage größere Freude in sich (*Institutio oratoria* I, 12, 18).

Zusammenfassend kann man die pädagogische Konzeption Quintilians wie folgt umreißen: Der Lehrer hat das persönliche Interesse des Schülers zu wecken, dazu muss er auf die Individualität des Schülers eingehen und dessen Entwicklungsstand berücksichtigen. Der Unterricht soll abwechslungsreich gestaltet sein und die größeren Zusammenhänge der Dinge berücksichtigen. Ziel des Unterrichts ist eine Erziehung zu Selbstständigkeit, wobei auch ein gesunder Wettbewerb unter den Schülern geweckt werden soll. Das alles macht ihn zu dem bedeutendsten Pädagogen, den das antike Rom hervorgebracht hat (Böhm 2010). Aber Quintilian konnte noch so eindringlich und überzeugend gegen die Strafe argumentieren, die Lehrer bis hinauf in die Grammatikschulen kümmerten sich nicht darum und prügelten, was das Zeug hielt, um die Schüler gefügig zu machen. Das ist durch viele Quellen belegt.

■ Römische Stoa

Im Vergleich mit Quintilians Beitrag zur Pädagogik sind die Beiträge der römischen Stoiker im Hinblick auf die Erziehungspraxis eher bescheiden, vor allem aber sind sie auf einer abstrakten Ebene angelegt und wenig praxisbezogen. Böhm (2010) bezeichnet die Beiträge der römischen Stoiker zur Bildungstheorie als Beispiele einer Ermahnungs- und Erweckungspädagogik.

Den mit Abstand einflussreichsten Beitrag dazu leisteten die *Epistulae morales ad Lucilium*,[6] die Seneca nach seinem Rückzug aus der Politik in den Jahren 62 bis 64 verfasste. In den Briefen, die dieselbe Einleitung (*Seneca Lucilio suo salutem*) und denselben Abschluss (*vale*) enthalten, erteilt Seneca Ratschläge, wie Lucilius zu einem besseren Stoiker werden könnte. Die Briefe sollten lebensnah dazu anleiten, auf dem Wege zur Weisheit fortzuschreiten. Es ist die stoische Philosophie, die nach Seneca zur Weisheit führt und sich dabei der *Erziehung zum glücklichen Menschen* verpflichtet. Ihre einzige Aufgabe ist es, im göttlichen und menschlichen Bereich die Wahrheit zu finden und zu Weisheit zu gelangen. Dazu gehören untrennbar Götterverehrung, Pflichterfüllung und Gerechtigkeit wie auch andere Tugenden des *vir bonus*. Die Weisheit lehrt, Göttliches zu verehren und die Welt der Menschen zu lieben. Am Ende eines zähen Ringens um Wahrheit wird der Weise mit der Harmonie der Seele belohnt – für Seneca das höchste Gut des glücklichen Menschen. Voraussetzung dafür ist die ständige Auseinandersetzung mit den eigenen Leidenschaften, was ein fortgesetzter und lebenslanger Prozess der Arbeit an sich selbst ist und mit dem Begriff der *Selbsterziehung* korrespondiert.

Die zentrale Instanz beim Prozess der Selbsterziehung ist die Vernunft. Sie ist letztendlich die Instanz, die das sittlich Gute im Gegensatz zum Übel beurteilt und somit den sittlichen Fortgang und die Weiterentwicklung der Erziehung bedingt. Die Urteilskraft entspricht dem freien und aufrechten Geist und ist grundlegend für Durchsetzungsvermögen und einen starken Willen. Die Stoa betont die Gleichheit der Menschen im Hinblick auf die Vernunft, die allen Menschen gegeben ist. Doch was nützt das, wenn viele Menschen nicht in der Lage sind, die natürliche Anlage auszubilden und für das Leben nutzen zu können? Daher mahnte Seneca in seiner Schrift *De ira* an: „Viel ist daran gelegen, dass man den Kindern freundliche Lehrer und Erzieher gibt. Alles richtet sich nach seiner Umgebung, was noch nicht erstarkt ist“ (Seneca, *De ira* II, 21).

Mehr als hundert Jahre später verfasste Marcus Aurelius, auch als Mark Aurel bekannt, seines Zeichens von 161–180 n.Chr. Imperator und Kaiser, in seinem letzten Lebensjahrzehnt seine *Selbstbetrachtungen*, die ihn zum *Philosophenkaiser* machten. Dabei vertrat er einen undogmatischen Stoizismus, der Weisheit mit praktisch-politischer Lebenskunst gleichsetzte. Nicht die Anhäufung von möglichst viel Wissen, sondern Harmonie der Seele sollte das Ziel der Erziehung sein. Dabei sah Mark Aurel den Beitrag der stoischen Philosophie in der Bildung des Charakters und der Beruhigung der Seele. Um dies zu erreichen, war dreierlei zu beachten: Die Vorstellung vom steten Wandel aller Dinge, das Bewusstsein der Hinfälligkeit des Daseins und die Erkenntnis, dass Werden und Vergehen einen Kreislauf bilden, in dem das Einzelne keinen Bestand hat. Mit großem Nachdruck hielt der Philosoph in seiner Rolle als Kaiser an den Pflichten des Einzelnen gegenüber der Gemeinschaft fest. Seine politische Leitidee war ein Staat, in dem „alle Bürger gleich sind vor dem Gesetz“ und eine „Regierung, die nichts so hochhält wie die bürgerliche Freiheit“ (*Selbstbetrachtungen*, Buch I, 14). Für die Christen galt dies allerdings nur eingeschränkt, wie deren Verfolgung zur Zeit Mark Aurels belegt.

Mit dem Imperium Romanum wird oft dauerhafter Krieg und brutale Unterdrückung fremder Völker assoziiert. Übersehen wird dabei, dass die römische Herrschaft dem Reich eine in der Geschichte wahrlich seltenen Epochen des Friedens und des wachsenden Wohlstands gebracht hat. Diese Epoche wird als Pax Romana bezeichnet.

6 Seneca (2001). *Epistulae morales*. (Exempla 12). Göttingen. Vandenhoeck & Ruprecht.

2

Pax Romana an Saar und Blies

Die Pax Romana bezieht sich auf eine Zeitspanne, die von Augustus (Pax Augusta) bis in die Zeit nach dem Tod Mark Aurels reichte. Politisch wird damit die Programmatik des inneren Friedens und der Absicherung der Grenzen gegen äußere Feinde umschrieben. Es war die Zeit des Aufblühens des kulturellen und wirtschaftlichen Lebens im gesamten Imperium Romanum. Das kann gut in der Provinz Gallien, genauer im geografischen Raum an Saar und Blies, gezeigt werden, wo verschiedene Ausgrabungen (z. B. in Schwarzenacker oder Bliesbruck) einen hohen Entwicklungsstand von Handwerk und Handel belegen. Neben der Eisenverhüttung, deren Überreste im Europäischen Kulturpark Bliesbruck-Reinheim zu besichtigen sind, gab es vor allem Töpfereien und Steingutwerkstätten, deren Produkte nachweislich bis an den Rhein oder sogar nach England verkauft wurden. Von Wohlstand zeugen die palastartigen Villen, die an mehreren Stellen in der Saarregion gefunden wurden. In Schwarzenacker wurden die Reste eines Gutshofes ausgegraben, dessen Hauptgebäude 70 mal 13 Meter betrug. Mehr als doppelt so groß war das Herrenhaus der Römervilla in Nennig, dessen Häuserfronten 600 Meter einnahmen. Noch heute beeindruckt ein Mosaikfußboden mit Szenen aus Gladiatorenkämpfen im Ausmaß von 10 mal 16 Meter.

Das Land an der Saar erlebte nach Auffassung von Historikern (z. B. Behringer und Clemens 2009; Burgard 2010) während der Pax Romana über 200 Jahre hinweg einen einzigartigen wirtschaftlichen und kulturellen Aufschwung. Dann folgte mit Beginn des 3. Jahrhunderts ein ebenso langer Niedergang der gallorömischen Zivilisation.

Im Hinblick auf unser Thema, die Erziehung im Römischen Reich, belegen die archäologischen Ausgrabungen ein reges Handwerks- und Händlerwesen, das in der Bevölkerung die Fähigkeiten des Lesens, Schreibens und Rechnens vorausgesetzt haben muss. Man kann daher vermuten, dass in den römischen Siedlungen an Saar und Blies auch zahlreiche Elementarschulen ihre Basisarbeit verrichteten. Ob es hier auch Grammatik- und Rhetorikschulen gab, erschließt sich weder aus den archäologischen Funden noch aus der schriftlichen Überlieferung.

2.2.3.4 Römer, Kelten und Germanen

In der Kaiserzeit stieg Gallien zu einem Zentrum römischer Kultur auf. Nachgewiesen sind Schulen für die höhere Bildung für fast alle größeren Städte Galliens, denn nirgendwo blühte das römische Bildungs- und Schulwesen so stark wie in Gallien. Besonders die Schule der *Augusta Treverorum* (das heutige Trier), an der Grammatik und Rhetorik unterrichtet wurde, erfreute sich in der Zeit der Pax Romana einer starken Nachfrage und sogar einer gewissen Berühmtheit. So jedenfalls berichten es Schmid und Baur (1884) in ihrem Buch über die vorchristliche Erziehung im Römischen Reich. Demnach waren alle großen Städte Galliens Bildungssitze und besaßen öffentliche Schulen, in denen die Heranwachsenden mit dem römischen und griechischen Schrifttum vertraut gemacht wurden. Da diese Provinz aber vor ihrer Einverleibung von Kelten besiedelt worden war, stellt sich die Frage nach der Erziehung der Kelten in vorrömischer Zeit. Wir verknüpfen dies mit der Frage nach der Erziehung der Germanen, die für gebildete Römer wie Tacitus als Projektionsfläche für die römische Gesellschaft galt.

Die Römer betrachteten Kelten und Germanen als *Barbaren*, d. h. als Menschen ohne griechisch-römische Bildung. Die Kelten eigneten sich aber sehr rasch die griechisch-römische Bildung an, was gelegentlich vergessen lässt, dass es vorher über Jahrhunderte hinweg eine eigenständige *keltische Kultur* gegeben hatte. Gleiches gilt auch für die Germanen. Bedingt durch die Tatsache, dass die Kelten und Germanen nur wenig aufgeschrieben haben und in erster Linie die mündliche Überlieferung pflegten, beruhen die Kenntnisse über Kultur und Erziehung der Kelten und Germanen auf teils sehr problematischen Quellen der römischen Geschichtsschreibung sowie auf archäologischen Funden.

▪ Die Kelten

Die keltische Kultur erlebt bis in unsere Zeit eine permanente Wiedergeburt, obwohl sie als eigenständige Größe das Altertum nicht überlebt hat. Unter ausdrücklichem Hinweis auf die Tatsache, dass das Saarland mit Lothringen, Rheinland-Pfalz und dem belgischen Wallonien vor 2500 Jahren ein wichtiges Zentrum Europas mit Sitz der Kelten war, wollte Das Weltkulturerbe Völklinger Hütte in den Jahren 2010 und 2011 mit der Ausstellung „Die Kelten – Druiden, Fürsten, Krieger“ einen breiten Einblick in dieses vergessene Kapitel *unserer* Kultur geben. Abgesehen davon, dass hierbei erstaunliche Exponate keltischer Kultur und Kunst gezeigt wurden, war und ist die Rede von *unserer* Kultur historisch ebenso unsinnig wie die oft übliche Rede von den Germanen als den Vorfahren der Deutschen.

So interessant und beeindruckend die archäologischen Funde auch sein mögen, reichen sie nicht aus, um ein Bild der Kultur der keltischen Völker zu formen. Dass sich ein Teil des Keltentums noch heute in der gälischen Sprache widerspiegelt,[7] ändert nichts daran, dass wir recht wenig über die Kelten zur Zeit des Römischen Reiches wissen. Was man recht gut weiß, ist dagegen, dass die Kelten – wie auch die Germanen – nicht als *ein* Volk zu betrachten sind, sondern als eine Ansammlung mehrerer nomadisierender Völker, die ursprünglich irgendwo zwischen Donau und Rhein-Main angesiedelt waren und sich seit dem 7. Jahrhundert v. Chr. in mehreren Wanderungen in Gallien, Spanien und auf einigen britischen Inseln ausgebreitet hatten, wo sie bald mit der einheimischen Bevölkerung verschmolzen.

Die in der Literatur gepflegte These, die Kelten seien ein Volk der mündlichen Überlieferung gewesen, bedarf zumindest für die Spätlatènezeit (d. h. ab der zweiten Hälfte des 3. Jahrhunderts) einer Korrektur. Diese Zeit wird wegen der Gründungen großer befestigter Siedlungen auch *Oppidakultur* genannt. Sie ist durch kurze Texte in keltischer Sprache und zahlreiche archäologische Funde von Schreibgeräten belegt. Die Kelten in Noricum (im heutigen Österreich und angrenzenden Bayern und Slowenien

7 Die irische Sprache ist eine gälische Sprache. Auch in Schottland wird Gälisch von etwa einem Prozent der Bevölkerung gesprochen. Die meisten gälisch sprechenden Menschen leben heute auf den Äußeren Hebriden und im Westen des Schottischen Hochlandes.

beheimatet) verfügten über eine eigenständige, der etruskischen Schrift nahestehende von rechts nach links geschriebene Schrift; bemerkenswert ist, dass in Noricum bereits vor Beginn der römischen Besatzung (15 v. Chr.) das Lateinische in Schrift und Sprache vorherrschend war. Zumindest für die keltische Oberschicht muss daher bereits für die Zeit vor der Integration in das Römische Reich von der Fähigkeit des Lesens und Schreibens ausgegangen werden, wobei neben der eigenen Sprache auch die etruskische und lateinische Schrift verwendet wurde.

Viele archäologische Funde weisen die keltischen Stämme als erfindungsreich und hochzivilisiert aus: Die z. T. heute noch genutzte Pflugschar wurde von ihnen erfunden ebenso wie die Vorläufer der Sicherheitsnadel, der Töpferscheibe und die erste Seife. Eine hoch entwickelte Handwerks- und Kunstfertigkeit zeichnet die keltische Oppidakultur ab Ende des 2. bis ins späte 1. Jahrhundert v. Chr. als eine Hochkultur aus (Demandt 2007).

Obwohl die archäologischen Funde einiges über die Kultur der Kelten aussagen, weiß man über die Erziehung bei den Kelten nichts Genaues. Cäsar erwähnt in seinem *De bello gallico*, dass die Ausbildung von Druiden, die kultische und geistige Elite der Kelten, sehr lange dauerte:

» Die Druiden nehmen in der Regel nicht am Krieg teil und zahlen auch nicht wie die übrigen Steuern. [...] Diese großen Vergünstigungen veranlassen viele, sich aus freien Stücken in ihre Lehre einweihen zu lassen, oder ihre Eltern und Verwandte schicken sie zu den Druiden. Wie es heißt, lernen sie dort eine große Zahl von Versen auswendig. Daher bleiben einige 20 Jahre lang im Unterricht (Cäsar, *De bello gallico*, VI, 14).

Da man heute weiß, dass Cäsar bei seinen Darlegungen gerne übertrieb, sollte man auch diese Aussage mit Vorsicht genießen.

Über die Erziehung der nicht für den Druidendienst auserkorenen Kinder und Jugendlichen ist nicht viel bekannt. Die Feststellung, dass die Kelten der Erziehung der Kinder eine große Bedeutung beimaßen, ist trivial. Aus den spärlichen Quellen kann man ableiten, dass die Kinder in der Familie erzogen oder auch im Alter von 7 Jahren der Obhut von Pflegeeltern übergeben wurden, die nach bestimmten Kenntnissen und Fertigkeiten ausgewählt wurden und die Aufgabe der Erziehung übernahmen. Gelegentlich wird auch behauptet, die Jugendlichen hätten ihre Waffenausbildung und auch die Sexualausbildung durch eine Kaste kriegerischer Frauen, einer Mischung von Zauberinnen und Amazonen erhalten. Das ist aber ein Hirngespinst antiker Historiker (z. B. Plutarch), die den keltischen Frauen eine besondere Bedeutung zusprachen und dabei alte Mythen und Sagen mit der Wahrheit verwechselten. Die Vorstellung von zauberhaften keltischen Amazonen ist bestenfalls für Computerspiele geeignet.

Die Germanen – und die Deutschen

Werden die Kelten als geheimnisumwittert dargestellt, so gilt dies noch mehr für die Germanen. Allerdings ist zu bedenken, dass die Germanen nicht *ein* Volk waren, wie die Nationalsozialisten glaubten, sondern sich aus einer Vielzahl verschiedener Stämme in Mitteleuropa und im südlichen Skandinavien zusammensetzten, deren ethnische Identität über die Sprache bestimmt wird. Auch ein homogenes Volk der Kelten gab es nicht. Und die Germanen sind ebenso wenig die Vorfahren der Deutschen wie die Kelten die Vorfahren der Franzosen sind. Wenn die Nationalsozialisten bei ihrer abstrusen Verherrlichung des Germanentums nicht auch die pädagogische Literatur einbezogen hätten, könnte man nun die Darstellung abbrechen, da man so gut wie nichts über die Erziehung bei den Germanen weiß.

Die Geschichtsklitterung, die von den Nationalsozialisten meisterhaft betrieben wurde, begann schon im 19. Jahrhundert, als die Deutschen nach ihrer Identität als Nation zu suchen begannen. Ein herausragendes Beispiel – und das ist wörtlich zu nehmen – bietet das Hermannsdenkmal im Teutoburger Wald, das mit einer Gesamthöhe von 53 Metern an den Cheruskerhäuptling Arminius (Hermann) und die Schlacht im Teutoburger Wald (9 v. Chr.) erinnern soll, als die „Vorfahren der Deutschen", die tapferen Germanen, drei römische Legionen unter ihrem Befehlshaber Varus vernichtend besiegten. Was ab dem 19. Jahrhundert alles an Unsinn fabriziert wurde, füllt dicke Bücher, in denen auch die Erziehungsziele und -methoden der Germanen ohne Belegbarkeit durch historische Quellen abgehandelt wurden. Den Höhepunkt fand das Ganze in der nationalsozialistischen Erziehungsideologie mit der Betonung *germanisch-deutscher Werte und Tugenden*. Mit dem Hinweis auf das Buch von Beck (1944), in dem der Germanenkult der Nazis deutlich wird, verlassen wir dieses Thema und wenden uns den wenigen historischen Quellen zu, die zwar ein etwas verlässlicheres Bild der Germanen und ihrer Erziehung abgeben als die Hirngespinste nationalsozialistischer Historiker, aber auch mit großer Vorsicht zu genießen sind.

Die ersten Erfahrungen machte das Römische Reich mit den Germanen im 1. Jahrhundert v. Chr., als sie sich zwanzig Jahre lang mit den Kimbern und Teutonen auseinandersetzen mussten. Zu dieser Zeit brachte man die Kimbern und Teutonen in Rom aber eher mit den Kelten in Verbindung. Erst Cäsar verwendete die Bezeichnung *Germanen* für alle Völker östlich des Rheins. Die in späteren römischen Quellen überlieferte Beschreibung der Kimbern und Teutonen prägte das antike (aber auch das moderne) Klischee der Germanen als wildes Kriegsvolk. Unter anderem beschrieb Plutarch sie als überaus zahlreich, schrecklich anzuschauen und beinahe tiergleich. Das war natürlich stark übertrieben und diente reinen Propagandazwecken, um den Feldherrn Marius als Retter Italiens herauszustellen.

Ab Mitte des 1. Jahrhunderts v. Chr. beschäftigten sich einige antike Autoren nebenbei auch mit den Germanen, wobei von Opferfrauen der Kimbern (bei Strabo) und Weissagern und merkwürdigen Ritualen die Rede ist. Das ist aber keine ernst zu nehmende Historiografie, sondern sollte die Überlegenheit der römischen Zivilisation herausstellen.

Über die germanischen Stämme weiß man aus eigenen Quellen so gut wie nichts. Zwar gibt es viele Votivsteine germanischer Soldaten in römischen Diensten, aber ihre Inschriften sind sehr kurz gehalten und schwer verständlich. Sie belegen nur, dass germanische Söldner bereits zu Zeiten von Kaiser Augustus im Dienst der römischen Legionen standen – so auch der oben erwähnte Arminius, der nach Angaben des römischen Historikers Velleius von 4 bis 6 n. Chr. römischen Kriegsdienst verrichtete.

Eine authentische schriftliche Überlieferung aus Germanien selbst liegt erst ab dem 3. Jahrhundert n. Chr. mit dem Gebrauch der Runenschrift für geritzte und gravierte Inschriften auf Gegenständen und Steindenkmälern vor. Die *Runenschrift* entwickelte sich aber nie zu einer Buch- und Urkundenschrift und überließ Literatur, Liturgie, Geschichtsüberlieferung und Recht der mündlichen Überlieferung. Erst ab dem 10. Jahrhundert sind Quellen in einer germanischen Sprache wie z. B. die *Merseburger Zaubersprüche* verfügbar. Ab dann blühte die Sagaliteratur auf, die auch auf die Erziehung der Kinder und Jugendlichen eingeht. Aber das war nicht mehr im Altertum, sondern im Mittelalter.

Unter den römischen Quellen, die über die Germanen, ihre Sitten und Bräuche berichten, nehmen die Darstellungen von Cäsar und Tacitus aufgrund ihrer Ausführlichkeit eine Sonderstellung ein, aber sie sind mit größter Vorsicht zu genießen, da sie der politischen Propaganda dienten.

Cäesars Schrift *Commentarii de Bello Gallico* zielt darauf, die germanischen Stämme jenseits des Rheins als ständige Bedrohung darzustellen. Dementsprechend stellte er die Kriegslüsternheit der Germanen heraus und verstieg sich zu Behauptungen über Religion und Lebensart, die völlig aus der Luft gegriffen waren. So ist z. B. die Aussage Cäsars, dass die Germanen ihr Leben ausschließlich auf Jagd und Krieg ausrichteten, nachweislich falsch, da die Germanen überwiegend sesshafte Bauern waren und selten zur Jagd gingen. Neben der Landwirtschaft gab es auch Handwerker wie Schmiede, Töpfer und Tischler. Die Betonung der kriegerischen Aktivitäten der Germanen war reine politische Propaganda: Die Gallier waren leicht zu befrieden und ins Imperium Romanum einzugliedern, die Germanen aber stellten eine ständige Bedrohung an den Grenzen des Imperiums dar. In dieses Bild, das Cäsar von den kriegerischen Germanen zeichnete, passt auch seine Randbemerkung in Bezug auf die Erziehung der Heranwachsenden, die sich seines Erachtens durch Härte und ständige militärische Übungen auszeichnete. Viel mehr erfährt man von Cäsar nicht über die Erziehung bei den Germanen.

Auch das Büchlein *De origine et situ Germanorum* (Von der Herkunft und Lage der Germanen) des Gaius Cornelius *Tacitus* (55–120 n. Chr.), auf das immer wieder gerne Bezug genommen wird, ist mit Vorsicht zu genießen, da es auf eine scharfe Kritik an den Zuständen der römischen Gesellschaft zielte. Tacitus war selbst niemals in Germanien gewesen und er bezog sich auf Quellen, die er nicht näher benannte. Viele Informationen hatte er höchstwahrscheinlich von Plinius dem Älteren (23–79 n. Chr.) übernommen, dessen Buch *Bella Germanica* jedoch verloren ging. Tacitus legte das Augenmerk weniger auf die Fakten als auf eine wertende Verhaltensbeschreibung. Für Tacitus waren die Germanen das Idealbild eines Urvolkes, das noch unbeeinflusst schien von Zivilisationserscheinungen wie Korruption und Dekadenz.

Obwohl Tacitus andere Zwecke als Cäsar verfolgte und daher auch andere Akzente setzte, stimmen beide darin überein, dass die *Familie* das Grundgerüst der germanischen Gesellschaft bildete. Ihr gegenüber waren alle Mitglieder zu voller Loyalität verpflichtet. Das Oberhaupt hatte die Aufgabe, die gesamte Familie zu schützen. Diese schloss auch die Unfreien, die Knechte und Mägde ein. Eine Sippe umfasste alle Blutsverwandten. Zusammen siedelte man in einer Dorfgemeinschaft und kämpfte im Krieg als geschlossener Verband. Die Macht des Stammeshäuptlings oder Königs reichte aber nur bis zum Hausherrn („nec regibus infinita ac libera potestas", heißt es dazu in ► Kap. 7 der *Germania*). Tacitus beschreibt die Germanen als ausgesprochen bodenständig, sie würden Edelmetalle und Geld wenig schätzen, was sie vor Habgier schütze. Das ist historisch betrachtet ebenso falsch wie die Behauptung, Eisen sei ein seltenes Metall bei den Germanen und nur wenige besäßen ein Schwert („ne ferrum quidem superest […] rari gladiis […] utuntur"). Grabbeigaben zeigen, dass die Germanen Edelmetalle wie Gold und Silber schätzten, und der Übergang von der Bronze- in die Eisenzeit war bereits um 400 v. Chr. erfolgt.

Im Unterschied zu Cäsar behauptete Tacitus, die Germanen seien sehr religiös und hätten einen starken und archaischen Glauben an Vorherbestimmung und Schicksal. Zu der Vorbildfunktion der Germanen für die dekadenten Römer gehörte für Tacitus auch die Monogamie und das Eheleben. So erwähnt er auch, dass germanische Eheleute ihre Gedanken niemals Briefen anvertrauen hätten („litterarum secreta viri pareiter ac feminae ignorant", Kap. 19), wobei er wohlweislich verschweigt, dass dies in erster Linie daran lag, dass die Eheleute gar nicht lesen und schreiben konnten. Dies dem römischen Leser mitzuteilen, hätte aber bedeutet, die Germanen als Barbaren abzustempeln, was dem Ziel des Buchs widersprochen hätte. Zur Erziehung der Germanen merkt Tacitus in Kap. 20 an:

> » In jedem Hause wachsen die Kinder nackt und schmutzig zu diesem Gliederbau, zu dieser von uns bestaunten Größe heran. Die Mutter nährt ein jedes an der eigenen Brust, und man überlässt sie nicht Mägden oder Ammen. Herr und Knecht werden unterschiedslos ohne Zärtelei aufgezogen; unter demselben Vieh, auf demselben Erdboden verbringen sie ihre Zeit, bis das wahrhafte Alter die Freien absondert, ihre Tüchtigkeit sich geltend macht.

Damit ist auch schon alles gesagt, was man aufgrund der überlieferten Quellen von der Erziehung der Germanen zur Zeit des Imperium Romanum weiß. Insgesamt entspricht das einem Zerrbild, und es ist davon auszugehen, dass die Germanen ihre Kinder so erzogen haben, wie es die Lebensumstände erforderten. Aber damit begeben wir uns schon auf die Ebene der Spekulation.

2.2.4 Erziehung im frühen Christentum bis zur Spätantike

Mit den *Christen* trat eine religiöse Gruppe auf den Plan, die eine systematische Missionierung betrieb, was in der Antike eine Besonderheit war, da das Judentum und andere im Orient praktizierte Religionen dem Missionsgedanken fernstanden. Glaubt man dem Evangelium von Matthäus, dann geht der Auftrag zur Missionierung von Jesus selbst aus: „Und Jesus trat zu ihnen, redete mit ihnen und sprach: […] Darum gehet hin und lehret alle Völker und taufet sie" (Matthäus 11,27–18, 20). Auch bei Markus findet sich ein Hinweis auf den Missionsauftrag (Markus

16,15–16), und Paulus erwähnt in mehreren seiner Briefe den an ihn ergangenen Auftrag zur Missionierung (z. B. Brief an die Galater, 1,15).

2.2.4.1 Missionierung, Verfolgung und Konsolidierung

Die Missionstätigkeit der Apostel Jesu wurde dadurch erleichtert, dass Rom über ein ausgedehntes und gut ausgebautes Verkehrsnetz verfügte und dass sich jedermann im Reich frei bewegen konnte. Nachdem die Gewinnung Judäas für den neuen Glauben am Widerstand der orthodoxen Gläubigen gescheitert war, wurde die Missionierung der jüdischen Diaspora in den Nachbarregionen angestrebt. Allgemein wird davon ausgegangen, dass der Apostel Petrus unter Juden in der Diaspora und Paulus unter Nichtjuden missionierte. Eine solche Aufteilung in *Judenmission* und *Heidenmission* wird durch den Brief an die Galater nahegelegt, in dem Paulus schrieb:

> » Als sie sahen, dass ich mit dem Evangelium an die Unbeschnittenen beauftragt sei wie Petrus mit dem an die Beschnittenen, denn der, der durch Petrus für das Apostelamt unter den Beschnittenen wirkte, war auch bei mir wirksam für die Völker (Galater 2,7–9).

An dieser Lesart der Aufteilung der Mission bestehen zwar Zweifel (Schnabel 2002), was für unsere Thematik aber nebensächlich ist. Fest steht, dass sich die christliche Missionsarbeit nicht nur auf die Juden in der Diaspora, sondern auch auf Nichtjuden konzentrierte. Die größten Erfolge erzielte die Missionstätigkeit im erstem Jahrhundert in der jüdischen Diaspora des Ostens, wo sich zahlreiche christliche Gemeinden bildeten, und zwar fast ausschließlich in den untersten Sozialschichten der größeren Städte. Zunehmend gewannen die Missionare aber auch Anhänger in den westlichen Regionen des Reiches, so dass bereits zur Zeit des Claudius in Rom eine stattliche Christengemeinde existierte. Der neue Glaube hatte es demnach innerhalb von drei Jahrzehnten geschafft, in Kleinasien, Griechenland und in Italien Fuß zu fassen. Die zahlreichen Gemeinden waren zwar lokal organisiert, standen aber in regem Kontakt miteinander. Sie übten offenkundig eine enorme Anziehungskraft auf die Unterprivilegierten der antiken Gesellschaft aus. Es wurde das Prinzip der Nächstenliebe praktiziert. Man kümmerte sich um Arme, Kranke, Witwen und Waisen. Neben dem Dienst an der und für die Gemeinde übte man sich in Gastfreundschaft, Beten und Fasten. Vermutlich war es diese Kombination aus asketischer Lebensweise und praktizierter Nächstenliebe, die den urchristlichen Gemeinden immer mehr Zustrom brachte. Die rasche Expansion des Glaubens führte dann dazu, dass es zunehmend schwieriger wurde, das Wort Jesu authentisch zu lehren. Daher ging man dazu über, die Lehre Jesu schriftlich zu fixieren. So entstanden ab ca. 65 bis 110 n. Chr. die *Evangelien*. Im Grunde sind es auch nur die Evangelien, die über das Leben und Wirken Jesu berichten, was die historische Jesusforschung vor einige Rätsel stellte und stellt (vgl. Theißen und Merz 2001). Diejenigen, die seine Lehre verbreiteten, waren aber ebenso von der historischen Existenz Jesu überzeugt wie diejenigen, die der Lehre Glauben schenkten.

Kaum ein Mensch vor oder nach Jesus, einem Wanderprediger aus Galiläa, hat die Geschicke der Welt, zumindest des sogenannten Abendlandes, mehr beeinflusst: Bekehrungen, Erlösungen, Kriege, Eroberungen und ungeahntes Leid werden mit seinem Namen verbunden. Und dennoch wissen wir von ihm und seinem Leben so gut wie nichts. Nicht einmal, dass er gelebt hat, lässt sich unzweifelhaft nachweisen. Alles, was über ihn berichtet wird, stammt aus späteren Zeiten. Wir kennen weder Jahr noch Ort seiner Geburt, wir wissen nichts von seinen Eltern, Geschwistern und auch nichts von seiner Erziehung. Was wir glauben zu wissen, geht auf die Evangelien zurück, die frühestens zu Beginn des 2. Jahrhunderts von unbekannten Männern niedergeschrieben und deren Namen später hinzugefügt wurden. Doch keiner der Evangelisten von ihnen konnte sich auf Selbsterlebtes berufen. In spekulativer Weise werden in der populären fiktionalen und esoterischen Literatur die bei *Qumran* gefundenen Schriften herangezogen, um die neutestamentlichen Angaben zu ergänzen und durch ein Jesusbild zu ersetzen, das ihn (ebenso wie Johannes den Täufer) als Mitglied einer religiösen Gruppe sieht, die als *Essener* bezeichnet wird (vgl. dazu Stegemann 1999).
Eine Stelle in Platons *Politeia* (361e) macht verständlich, warum Platon die Gunst der christlichen Gelehrten fand: „Sie werden also sagen: Wenn der Gerechte so gesinnt ist, wird er gegeißelt, gefoltert, in Ketten gelegt, an beiden Augen geblendet werden, und schließlich wird man nach allen Martern ihn ans Kreuz schlagen, damit er zur Einsicht kommt, dass es nicht das Richtige ist in dieser Welt, gerecht zu sein, sondern es nur zu scheinen."

Der römische Staat ließ die Christen gewähren, denn im Allgemeinen wandte er sich nur gegen Gruppierungen, wenn sie die innere Sicherheit und Ordnung zu gefährden schienen. Dass der römische Staatsapparat bei Aufruhr und Aufstand mit eiserner Faust durchgriff, zeigt das Schicksal Jesu. In der Zeit des Urchristentums zögerte der Staat auch nicht, die Christen schon beim geringsten Verdacht der Unruhestiftung zu verfolgen. So berichtete Tacitus in seinen *Annalen* (15, 44), die zwischen 110 bis 120 n. Chr. veröffentlicht wurden:

> » Er [gemeint ist Claudius] trieb die Juden aus der Stadt heraus, die auf den Impuls eines „Chrestos" hin beständig Aufruhr stifteten.

Die erste große Christenverfolgung fand unter Nero im Jahre 64 im Anschluss an den verheerenden Brand Roms statt. Die Christen wurden beschuldigt, den Brand gelegt zu haben, was ihnen die Bevölkerung ohne Weiteres zutraute, da die Christen am Gesellschaftsleben Roms nicht teilnahmen. Diese Blitzableiterfunktion sollten sie auch später noch oft übernehmen. Ab Beginn des 2. Jahrhunderts hielt sich die Staatsgewalt in Bezug auf die Christen zurück. Das belegt Plinius, der als Staathalter in Kleinasien an den Hof die Frage richtete, wie er mit den Christen verfahren sollte, und von Trajan die Antwort erhielt:

> » Aufgespürt sollen sie nicht werden; wenn sie angezeigt und überwiesen werden, so sind sie strafwürdig, jedoch mit der Ausnahme, dass jeder, der seine Zugehörigkeit zu den Christen leugnet und es auch durch die Tat, d. h. durch Anbetung unserer Götter, beweist, ohne Rücksicht auf seine frühere Verdächtigkeit wegen seiner Reue Verzeihung erhalten soll. Anonyme Anklagen aber dürfen bei keiner Beschuldigung beachtet werden; das wäre ein sehr schlechtes Beispiel und des Geistes unserer Zeit nicht würdig (10. Buch der Briefsammlung des Plinius, Brief 97).

Für lange Zeit blieb die Weisung Trajans die Richtschnur für den staatlichen Umgang mit den Christen. Zwar kam es in der Regierungszeit Mark Aurels in den Jahren 166 bis 168 im Zusammenhang mit der Pestepidemie, für die man den Christen die Schuld zuschob, zu einer der schlimmsten Christenverfolgungen seit Nero, aber diese war nicht staatlich gelenkt. Mark Aurel blieb insgesamt der Linie treu, die seit Trajan galt: Die Christen sollten nicht behördlich belangt werden, solange sie auf öffentliche Glaubensbekenntnisse verzichteten.

Diese Toleranz des Staates in Kombination mit der Attraktivität, die der christliche Glaube auf breite Kreise der Bevölkerung ausübte, führte zu einer rasanten Verbreitung des Christentums im gesamten römischen Reich bis in den Donauraum hinein. Im 3. Jahrhundert veränderte sich die soziale Zusammensetzung der Gemeinden, da nun immer mehr Angehörige der bemittelten Klassen, Beamte und Soldaten zum Christentum übertraten. Daher erließ Septimus Severus (Regierungszeit 193–211 n. Chr.) ein Edikt, das den Übertritt zum Christentum unter Strafe stellte. Damit begann eine neue Welle der Verfolgungen im gesamten Reichsgebiet. Unter Diokletian fand dann um 300 die letzte große Christenverfolgung statt. Es dauerte dann nicht einmal 15 Jahre, bis den Christen in der *Mailänder Vereinbarung* (313 n. Chr.) von Konstantin die freie Religionsausübung gestattet wurde. Das war ein geschickter Schachzug Konstantins (262–337), um das Christentum für seine eigenen politischen Ziele zu instrumentalisieren. Das Christentum verfügte über eine Organisation im ganzen Reich, die sich während der Verfolgungen als stabil erwiesen hatte. Obwohl Konstantin sich erst auf dem Sterbebett taufen ließ, nutzte er das Christentum geschickt, um der Kaiserwürde eine neue, sakral geprägte Bedeutung zu verleihen. Den Christen fiel es leicht, sich an die neue Rolle im Staat zu gewöhnen, denn Gehorsam gegenüber der Obrigkeit war seit Paulus ein Prinzip der Christengemeinden: „Jedermann sei untertan der Obrigkeit, die Gewalt über ihn hat. Denn es ist keine Obrigkeit außer von Gott" (Römer 13,1–7). In diesem Sinne waren auch die Heranwachsenden zu erziehen.

2.2.4.2 Bildung und Erziehung im frühen Christentum

In pädagogischer Hinsicht stand das frühe Christentum vor einem großen Problem. In den christlichen Familien und Gemeinden war die religiöse Erziehung von großer Bedeutung, aber in den öffentlichen Elementarschulen mussten sich die christlichen Kinder und Jugendlichen an den heidnischen Klassikern schulen und wurden mit den Göttermythen und anderen unmoralischen Erzählungen konfrontiert. Da musste der Glaube stark sein, wie der aus Karthago stammende christliche Schriftsteller Tertullian (160–225 n. Chr.) in seiner Schrift *De idolatria* (Über den Götzendienst) anmerkte:

> » Ehe der Gläubige beginnt sich zu bilden, soll er zuerst das vor Augen haben, was er zuerst gelernt hat, nämlich das Wissen um Gott und den Glauben. Dann wird er das Schädliche ausspeien, nicht in sich aufnehmen und so geschützt sein, wie jener, der um den vergifteten Trank weiß, diesen zwar annimmt, aber davon nicht trinkt (idol. 10, 6).

Aus dieser Bemerkung ist herauszulesen, dass die christlichen Kinder und Jugendlichen sich der öffentlichen Bildung zu unterziehen hatten, in ihrer Familie aber so im Glauben gefestigt werden mussten, dass ihnen der Schulunterricht in ethischer und religiöser Hinsicht nicht schaden konnte. Tertullian ist nicht nur eine der wenigen Quellen aus dem 2. und 3. Jahrhundert, er ist auch deshalb bemerkenswert, da er auf Latein schrieb und als Begründer des Kirchenlateins gilt. Tatsächlich waren die urchristlichen Gemeinden stark griechisch geprägt, da der neue Glaube zuerst in den vom Hellenismus geprägten Regionen Fuß fassen konnte.

Das 2. Jahrhundert, in dem sich der Schwerpunkt des christlichen Glaubens zunehmend in den griechisch-römischen Bereich verlagerte, war mit einer anhaltenden theologischen Auseinandersetzung zwischen verschiedenen Denkschulen verbunden. In den judenchristlichen Gemeinden des 2. Jahrhunderts war der *Ebitionismus* entstanden, wonach Jesus der Sohn Josefs und Marias war, aber außerordentlich heilig und begnadet. Ähnlich dachten auch die Adoptianer, die Jesus als Menschen betrachteten, der vom Logos des einen Gottes inspiriert war. Der *Adoptianismus* bestritt die ontologische Beziehungseinheit von Gott und Jesus, während der *Doketismus* sogar auf eine strikte Leugnung der wahren Menschheit Christi zielte. Über diese Denkrichtungen hinausgehend trat auch noch der *Modalismus* auf den Plan, um den Monotheismus zu retten, indem die Trias von Vater, Sohn und Heiligem Geist als dreifache Erscheinungsweisen (Modi) des einzigen Gottes herausgestellt wurde.
Die theologische Diskussion fand ihre Fortsetzung im 3. Jahrhundert in *Arius* (ca. 260–336 n. Chr.), der die Lehrmeinung vertrat, dass es nur einen wahren Gott gebe und dass Jesus Christus nur ein besonders ausgezeichnetes Geschöpf gewesen sei. Damit stand Arius in scharfem Gegensatz zur Trinitätslehre. Der *arianische Streit*, wie die Auseinandersetzungen zwischen Arianern und Anhängern der Trinität genannt wird, dominierte die Kirchengeschichte von 318 bis 381 und hatte nicht nur eine theologische, sondern auch eine politische Dimension.

Im 2. und 3. Jahrhundert herrschte also eine heillose Verwirrung der theologischen Lehrmeinungen. Da war es nicht leicht, den Kindern und Jugendlichen eine einheitliche Lehre beizubringen. Einen Beitrag dazu leistete *Titus Flavius Clemens von Alexandria* (ca. 150–215 n. Chr.), der über den Platonismus zum Christentum gelangt war. Clemens, der viele Jahre Lehrer der Katechetenschule von Alexandria und ab 200 deren Leiter war, bemühte sich, Christentum und griechische Philosophie (insbesondere den Platonismus) zu integrieren. Die Katechetenschule in Alexandria war um das Jahr 150 als erste ihrer Art nach dem Vorbild der griechischen Philosophenschulen entstanden. Die Katechetenschule in Alexandria ging zwar in Folge der arianischen Streitigkeiten um 350 zugrunde, gilt aber als Wegbereiter für die christliche Bildung, in der zunehmend die griechische Philosophie rezipiert wurde. Unter *Origenes* (185–254 n. Chr.), dem Schüler und Nachfolger von Clemens, gelang die fast vollständige Einverleibung der griechischen Philosophie in die Theologie. Damit wurden die Grundlagen für eine Jahrhunderte währende Tradition eingeleitet. Selbst der Epikureer Lukrez wurde eifrig zitiert, was auf die überragende literarische Qualität von *De rerum natura* hinweist.

Obwohl sich die Trinitarier ab 360 zunehmend durchsetzen, war die arianische Bewegung bis ins 6. Jahrhundert hinein aktiv, da viele Soldaten mit „barbarischem" Hintergrund Arianer waren. Das hing damit zusammen, dass Germanenstämme, die um die Mitte des 4. Jahrhunderts an den Nordostgrenzen des

Römischen Reiches siedelten, während der Vorherrschaft des Arianismus christianisiert wurden. In dieser Zeit verfasste der gotische Bischof Wulfila eine *Bibel in gotischer Sprache*, die als das älteste schriftliche Zeugnis einer germanischen Sprache gilt.

» atta unsar þu ïn himinam
weihnai namo þein
qimai þiudinassus þeins
wairþai wilja þeins
swe ïn himina jah ana airþai
hlaif unsarana þana sinteinan gif uns himma daga
jah aflet uns þatei skulans sijaima
swaswe jah weis afletam þaim skulam unsaraim
jah ni briggais uns ïn fraistubnjai
ak lausei uns af þamma ubilin
unte þeina ïst þiudangardi
jah mahts jah wulþus ïn aiwins
amen

Die Zeit der arianischen Streitigkeiten ist auch die Zeit der Kirchenväter, die für unser Thema bedeutsam sind, da sich die meisten von ihnen auch zu Fragen der Erziehung und Bildung geäußert haben.

2.2.4.3 Die Kirchenväter und die christliche Bildung

Als Kirchenväter (*pater ecclesiae*) werden üblicherweise die Gelehrten der ersten acht Jahrhunderte bezeichnet, die mit ihrem Schrifttum entscheidend zur Lehre und zum Selbstverständnis des Christentums beigetragen haben. Wir befassen uns mit den Kirchenvätern bis zum Ende der Spätantike, wobei wir zuerst auf die *Hierarchen* der Ostkirche (Basilius, Gregor von Nazianz und Johannes Chrysostomos) und danach auf die Kirchenväter der lateinischen Kirche (allen voran Augustinus) eingehen.

Die frühe Zeit der Kirchenväter, das 4. Jahrhundert, ist durch Gründungen vieler Klöster sowie Schulen im gesamten Römischen Reich gekennzeichnet. Auf dem Lehrplan der Schulen, die auf eine höhere Bildung zielten, standen die *septem artes liberales*, also das *Trivium* (Grammatik, Rhetorik und Logik) und das *Quadrivium* (Arithmetik, Geometrie, Astronomie und Musik). Vom 5. bis zum 7. Jahrhundert, also beim Übergang von der Spätantike zum frühen Mittelalter, stellten viele Gelehrte (z. B. Martianus Capella, Isidor von Sevilla) Kompendien zusammen, die das vorhandene Wissen sammelten und den Schülern als Lehrbücher dienten.

In diesem Zusammenhang verdient der Gelehrte *Boethius* (ca. 480–526 n. Chr.) besondere Erwähnung, da er aus pädagogischer Sicht gleichsam das Ende der Spätantike markiert (Zierer und Saalfrank 2012). Boethius war römischer Gelehrter, Politiker, neuplatonischer Philosoph, Theologe – und vor allem eine tragische Figur. Seine Tätigkeit fiel in die Zeit der Herrschaft des Ostgotenkönigs Theoderich, unter dem er hohe Ämter bekleidete. Unter dem Verdacht einer Verschwörung wurde er verurteilt und hingerichtet, bevor er sein ehrgeiziges Bildungsprogramm verwirklichen konnte. Sein Plan war gewesen, sämtliche Werke von Platon und Aristoteles in die lateinische Sprache zu übersetzen und zu kommentieren, um sie allgemein zugänglich zu machen. In Anbetracht der Tatsache, dass im lateinisch dominierten Westen Europas die Kenntnisse der griechischen Sprache immer mehr abnahmen, verfasste Boethius auch Lehrbücher, um den Bestand der aus dem Altertum überlieferten Bildungsgüter für die weitere Zukunft zu sichern. Boethius steht in einer langen Kette von Gelehrten, an deren Anfang die Kirchenväter stehen.

Zu beginnen ist mit *Basilius* aus Caesarea (in der heutigen Türkei), der schon zu Lebzeiten (ca. 330–389 n. Chr.) als *der Große* bezeichnet wurde. Als Kirchenlehrer zählt Basilius zu den bedeutendsten Gestalten der orthodoxen Kirche, die ihn als Hierarchen verehrt. Um 356 begann Basilius als Lehrer der Rhetorik, lernte auf Reisen in Ägypten und im Vorderen Orient das Kloster- und Einsiedlerleben schätzen und gründete um 360 mit seinem Freund und früheren Lehrer Gregor von Nazianz, der ebenfalls zu den Hierarchen der Ostkirche gezählt wird, eine mönchische Lebensgemeinschaft, die zum Vorbild der Basilianermönche[8] wurde.

In seinen Mönchsregeln gab Basilius auch einige Ratschläge zur Förderung einer christlichen Kindererziehung. Dazu gehörte beispielsweise der Hinweis auf die Wirksamkeit häufiger *Fragen* an das Kind, um zu erfahren, was es gerade denkt. Basilius ging davon aus, dass das Kind davon abzuhalten wäre, Schlechtes zu denken, wenn man es oft nach seinen Gedanken fragt. Zugleich aber wäre das häufige Fragen ein Zeichen des Interesses am Leben des Kindes. Ein weiterer wichtiger Grundsatz Basilius' ist die Erziehung der Kinder zur Tugend. Wenn ein Kind ein Fehlverhalten zeigt, soll es sich in der entgegengesetzten Tugend üben. Isst das Kind z. B. außerhalb der Essenszeiten, soll es fasten und den anderen Kindern bei der Mahlzeit zusehen. Auf diese Weise wird es zur Selbstbeherrschung erzogen, was im späteren Leben von Nutzen sein wird. Das erinnert stark an Quintilian wie auch an die Grundsätze der Stoa mit ihrer Betonung der Disziplin und Selbstbeherrschung. Das Erziehungsziel besteht bei Basilius in der Verantwortung, die jeder Mensch für sich selbst hat. Ein Mittel zur Erziehung – besonders des Neulings im Glauben – ist die Gottesfurcht, die nicht die Angst vor einem strafenden Gott meint, sondern das Staunen über die Größe und Macht Gottes, die dem Menschen Ehrfurcht gebietet.

■ Erziehungslehre des Johannes Chrysostomos

Ausführlich äußerte sich *Johannes Chrysostomos* (349–407 n. Chr.), der dritte Hierarch, zu Fragen der Erziehung. Erziehung ist für ihn eine Form der natürlichen Herrschaft der Eltern über die Kinder, die er mit dem Spruch „Wie dich nämlich die Eltern geboren haben, so kannst du sie nicht gebären" gerechtfertigt haben soll (zit. n. Pfürtner 1988, S. 121). Seine Überlegungen in Bezug auf den Stellenwert der Bildung innerhalb der Kirche gründen auf seinen theologischen Überzeugungen, die sich auch aus praktischen Erfahrungen nähren. Bei seinen Ratschlägen für eine christliche Kindererziehung geht es ihm um die Erziehung zu einer christlichen Lebensführung, die den Weg

8 Als *Basilianer* werden alle Mönchsgemeinschaften bezeichnet, die nach den von Basilius aufgestellten Regeln leben. Das sind keine Ordensregeln, wie sie später z. B. von Benedikt verfasst wurden, sondern allgemeine Hinweise, die später von griechischen und ägyptischen Mönchsvätern weiterentwickelt wurden.

zum Heil darstellt. Dazu muss der Mensch den im Evangelium verkündeten Glauben annehmen und sein Leben entsprechend einrichten. Das verknüpfte Chrysostomos mit der platonischen Idee der *Politeia* als rechter Lebensführung, wobei er den politischen Begriff einfach christlich umdeutete. Der Christ soll sich innerhalb der Welt als würdiger Bürger des zu erwartenden Gottesstaates erweisen. Dazu gehört auch, auf jeden Luxus auf Kosten der Armen zu verzichten – bei Chrysostomos das zentrale Thema. Dementsprechend erstellte Chrysostomos für die Mitglieder seiner Gemeinde in Antiochia einen Leitfaden, wie sie ihren Alltag in Übereinstimmung mit dem Evangelium gestalten sollen. Das Ziel von Erziehung wurde darin gesehen, die Mitglieder der Gemeinde zu einer christlichen Lebensführung zu motivieren und sie dabei zu unterstützen, würdige Bürger des Himmelreichs zu werden.

In diesen allgemeinen Zusammenhang ist die Schrift *De inani gloria et de educandis liberi*s einzuordnen, deren neuen Erziehungsansätze aus der von ihm als mangelhaft empfundenen Gegenwart resultieren. In dieser Schrift (oft mit „Über Hoffart und Kindererziehung" übersetzt, vgl. Glagla 1968) gab Chrysostomos ganz konkrete Hinweise, wie eine christliche Erziehung auszusehen hatte, um die Kinder vor negativen Einflüssen zu schützen und sie auf den rechten Weg zum Glauben zu bringen. Dabei unterschied er strikt zwischen der intellektuellen und religiösen Erziehung, die dem Seelenheil dient und deshalb den höheren Wert besitzt. Erst wenn das Kind innerlich gefestigt sei, könne eine intellektuelle Erziehung erfolgen und positiv genutzt werden. Zur Charakterisierung dessen, was er unter Erziehung verstand, verwendete Chrysostomos gerne das Wort *Ordnen* im Sinne von Harmonisieren: Das Leben und die Seele des Kindes waren im Sinne des Evangeliums miteinander in Einklang zu bringen. Die frühkindliche Erziehung sollte gewährleisten, dass das Kind sich die christliche Lebensführung so aneignet und internalisiert, dass sie zur Gewohnheit wird. Erziehung war für Chrysostomos nichts anderes als Seelsorge. Das kann gut an den Kinderkatechesen verdeutlicht werden, die Chrysostomos an den Geschichten des Alten Testamentes (z. B. Kain und Abel, Esau und Jakob, Josef) ausrichtet.

Im Mittelpunkt der Kinderkatechesen steht das richtige Erzählen der biblischen Geschichten. Dabei kommt dem Vater die Rolle zu, diese Geschichten zu erzählen, ohne etwas hinzuzufügen, aber kindgemäß und spannend. Zunächst soll die Geschichte (z. B. die Geschichte Josefs) einmal erzählt werden, am nächsten Tag dann noch einmal. Dann wird das Kind angehalten, die Geschichte nachzuerzählen. Der nächste Schritt besteht darin, dass das Kind die Geschichte auswendig lernt. Erst wenn das Kind die ganze Geschichte fehlerlos wiedergeben kann, wird über ihren Inhalt gesprochen. Der ganze Alltag des Kindes wird auf das Hören und Erlernen biblischer Inhalte ausgerichtet. Dazu gehört, dass die Mutter an der Unterweisung beteiligt wird und das Kind die Kirche besuchen soll, wenn dort die erlernte Geschichte gelesen wird. Da das Kind noch formbar ist wie Wachs, wird sich die biblische Erzählung dauerhaft im Gedächtnis einprägen und das moralische Handeln im Alltag beeinflussen. Die biblischen Geschichten lehren die Kinder, die Eltern zu achten, auf Gott zu hoffen, niemanden zu verachten, sich seiner einfachen Lebensweise nicht zu schämen und Unglück zu ertragen. Was Chrysostomos mit den Kinderkatechesen für die jüngeren Kinder beispielhaft vorführt, soll der Vater anhand der gesamten Bibel für Kinder aller Altersstufen selbstständig nachvollziehen. Dabei sind Alter und geistige Reife des Kindes ausschlaggebend dafür, zu welchem Zeitpunkt es welche Geschichte erfährt. Parallel soll das Kind Psalmen singen, da auch das zu einer inneren Haltung und Gottesfurcht beiträgt.

Chrysostomos bleibt mit seinen Weisungen zur Kindererziehung und ihrer Methodik ganz in der antiken Tradition (vgl. Tloka 2005). Es finden sich z. B. überraschend deutliche Parallelen zu den Ansichten Plutarchs aus dem 2. Jahrhundert, der eine sorgfältige Auswahl der frühkindlichen Umgebung gefordert und das Märchenerzählen abgelehnt hatte. Was freilich noch frappierender ist, ist die Aktualität der Weisungen Chrysostomos', die dadurch offenkundig wird, dass sie vielen heutigen Beiträgen zur christlichen Erziehung im Internet nahe kommt. Und manches von der Methodik, die Chrysostomos der christlichen Erziehung der Kinder empfahl, findet sich bis heute in den Familien des sogenannten Bibelgürtels der Vereinigten Staaten. Bei der Würdigung des Kirchenlehrers Chrysostomos darf eine Schattenseite seines Wirkens nicht übersehen werden: Mit ihm begann die harte Verurteilung der Juden, die für den Tod Jesu verantwortlich gemacht wurden. Hier liegen die Wurzeln des *christlichen Antisemitismus*, der sich wie ein roter Faden durch die gesamte mittelalterliche und neue Geschichte zieht. Der Antijudaismus findet sich auch bei anderen Kirchenvätern wie z. B. Augustinus.

▪ Erziehungslehre der Kirchenväter

Parallel zu den Hierarchen der Ostkirche lebten und wirkten in der lateinischen Westkirche die Kirchenväter *Ambrosius* von Mailand (339–397 n. Chr.), *Hieronymus* aus Dalmatien (347–420 n. Chr.) und *Augustinus* von Hippo bzw. von Thagaste (354–430 n. Chr.), der als wichtigster Philosoph an der Epochenschwelle zwischen Antike und Mittelalter betrachtet wird.

Augustinus begann seine Laufbahn als Rhetoriker in Thagaste, seinem Geburtsort (im heutigen Algerien) und lehrte dann in Karthago, Rom und Mailand. Von 395 bis zu seinem Tod 430 war er Bischof von Hippo Regius. Nachdem Augustinus mit Unterstützung einflussreicher Freunde als Rhetoriklehrer nach Mailand berufen worden war, orientierte er sich philosophisch zunächst an Cicero und wandte sich dann unter dem Einfluss des in Mailand lehrenden Ambrosius den Schriften der Neuplatoniker zu. Insbesondere die von Platon stammende Idee der Dreiteilung der Wirklichkeit in die Welt des höchsten Seins, die nur dem Geist zugänglich ist, die Seele des Menschen und die niedere und sinnlich erfahrbare Welt des Daseins fand bei Augustinus eine christliche Auslegung und bildete das Grundgerüst seiner zahlreichen (bis heute erhaltenen) theologischen Schriften. Seine *Confessiones* (Bekenntnisse) gehören zu den einflussreichsten autobiografischen Texten der Weltliteratur.

Augustinus trat auch mit Beiträgen zur Erziehung hervor, wobei drei Werke hervorzuheben sind: *De magistro* (Über den Lehrer), *De doctrina christiana* (Über die christliche Bildung) und *De catechizandis rudibus* (Vom ersten katechetischen Unterricht). In dem Buch *De doctrina christiana*, das als Grundstein für die Hermeneutik gilt, wollte Augustinus die Heilige Schrift auslegen und der Gemeinde zugleich den biblischen Sinn vermitteln. Die ersten drei der insgesamt vier Bücher des Werkes sollen helfen, die Bibel zu verstehen, während das vierte Buch thematisiert, wie das, was man verstanden hat, vorgetragen werden muss.

Konkreter wurde Augustinus im Hinblick auf Ziele und Methoden der christlichen Erziehung in seinen Werken *De magistro* und *De catechizandis rudibus*. Dem platonischen Vorbild folgend wird in dem Buch *De magistro*[9] ein intensiver Dialog des Vaters mit dem Sohn wiedergegeben, in dem Augustinus seinen Sohn davon überzeugen will, dass er ihn nicht erzogen habe, obwohl er alles getan hat, was man allgemein als Aufgabe der Eltern betrachtet. Nach Auffassung Augustinus kann ein Vater nicht Lehrer des Sohnes sein; was er tun könne, sei zu mahnen und dem Sohn die Richtung weisen, in die er sich zu entwickeln habe. Was von den Hinweisen des Vaters Wirkung zeige, komme aus den Dingen selbst heraus und aus ihrer inneren Ordnung, die von Gott, dem einzigen Lehrmeister, geschaffen wurde.

Augustinus stellt in *De magistro* keine Methode der Erziehung vor, sondern er will seinen Gesprächspartner (bzw. Leser) einladen, ihn auf den Wegen zu begleiten, die er selbst zuvor denkend beschritten hat. Er will den Gesprächspartner an seinem Denken teilhaben lassen und dabei herausfinden, ob der andere zu ähnlichen Ergebnissen gelangt oder ob es etwas gibt, das er übersehen hat und ihn zwingen müsste, sein Urteile zu revidieren. Augustinus nimmt in dem Dialog seinen wissbegierigen und begabten Sohn mit auf den Weg, um ihn mit Fragen ans Ziel zu bringen. Zunächst verständigt sich Augustinus im Dialog mit dem Sohn auf den Zeichencharakter der Sprache (1, 1–8, 21), wobei es ihm als Rhetoriklehrer darauf ankommt, sich über bestimmte Wortbedeutungen und Fallstricke der Grammatik (4, 8–5,14) zu verständigen. Dann folgt eine kleine Argumentationsübung für den Sohn (6, 17–18) und schließlich eine Zusammenfassung des bisher Erarbeiteten (7, 19–8, 21). In diesem Stil geht es weiter, wobei es bis zum Schluss darauf ankommt, den Sohn durch Fragen so zu lenken, dass er die Wahrheit in allen Dingen selbst findet. Der Vater kann den Sohn zur Wahrheit führen, indem er verdeutlicht, was die Wahrheit ihm selbst bedeutet, aber finden und aneignen muss sich der Sohn die Wahrheit selbst.

Aus pädagogischer Sicht vertrat Augustinus in *De magistro* eine liberale Position: Erziehung kann man nicht erzwingen, der Jugendliche übernimmt nicht einfach das, was der Erzieher sagt, sondern eignet sich die ihm vorgelebten und gelehrten Inhalte und Werte auf seine Weise an. Er orientiert sich intellektuell und ethisch an dem, was er für richtig hält, und an Personen, zu denen er Vertrauen fassen kann. Er nimmt nur das an, was ihn persönlich anspricht und beeindruckt. Der liberale pädagogische Grundton ist auch kennzeichnend für die im Jahr 405 entstandene Schrift *De catechizandis rudibus*, die zwar auf den Katechismusunterricht Erwachsener zugeschnitten war, aber eine Fülle allgemeiner Hinweise zur Erziehung bot.[10] Unter der umfassenden Zielsetzung der christlichen Liebe, zu der die Gottesliebe und Nächstenliebe zu zählen sind, nennt Augustinus als wesentliche Voraussetzung für einen erfolgreichen Unterricht, dass der Lehrer oder Erzieher dem Schüler mit Freundlichkeit, Geduld und innerer Gelassenheit begegnet. Die Kapitelüberschriften sind bereits pädagogisch sehr aufschlussreich:

» 3. Kapitel: Der Lehrvortrag des Katecheten muss inhaltlich etwas Ganzes sein; er hat sich auf das Wesentliche zu beziehen, ohne sich in Einzelheiten zu verlieren. Die ganze Lehre muss sich aber in Christus wie in einem Brennpunkt treffen.
4. Kapitel: Der Katechet soll sich als höchstes Ziel seiner ganzen Lehrunterweisung die von Christus gelehrte Liebe setzen.
5. Kapitel: Der Katechet suche sich darüber Klarheit zu verschaffen, aus welchen Beweggründen sich sein Schüler ihm naht.
6. Kapitel: Von den persönlichen Motiven des Taufbewerbers ausgehend, gebe der Katechet einen gedrängten Überblick über die Geschichte der christlichen Religion von den ersten Anfängen der Biblischen Geschichte bis zur kirchlichen Gegenwart.
[…]
8. Kapitel: Wie die Katechese für gebildete Taufbewerber einzurichten sei.
9. Kapitel: Wie man Leute behandeln soll, die eine besondere, mehr philologisch gerichtete Vorbildung mitbringen.
[…]
11. Kapitel: Manchmal liegt der Grund der Verdrossenheit in dem Gefühl der Unzulänglichkeit des eigenen Wissens und in der Ungewissheit des Erfolges. – Verhaltungsmaßregeln für den Fall, dass uns in unserer Unterweisung ein Irrtum unterlaufen ist.
[…]
15. Kapitel: Der Lehrvortrag des Katecheten muss je nach den Zuhörern ein verschiedener sein.

Jedes der Kapitel enthält detaillierte Hinweise, wie zu verfahren ist. Zum Beispiel führt Augustinus im 3. Kapitel aus:

» Der erzählende Vortrag ist dann vollständig, wenn dem Zuhörer alles vorgeführt wird, angefangen von dem Worte der Schrift: „Im Anfang schuf Gott Himmel und Erde", bis zur kirchlichen Gegenwart. Damit soll aber nicht gesagt sein, daß man nun den ganzen Pentateuch, alle Bücher der Richter, der Könige und des Esdras und alle Evangelien nebst der Apostelgeschichte wörtlich auswendig lernen und dann aus dem Gedächtnis wiedergeben oder auch bloß mit eigenen Worten all das darlegen und erklären müsse, was in diesen Büchern steht. Zu einem solchen Unternehmen reicht weder die Zeit hin, noch liegt irgendeine Notwendigkeit dafür vor. Man muss vielmehr den gesamten Inhalt im großen und ganzen zusammenfassend darstellen, d. h. man greife nur das Bemerkenswerte heraus, was die Zuhörer gerade am liebsten hören und wie es die Zeitumstände gerade mit sich bringen […] Das andere [weniger Interessante] aber soll man in raschem Durcheilen dazwischen einschieben und damit verweben. Auf diese Weise tritt das Nebensächlichere mehr zurück, während gerade das, worauf wir das Hauptinteresse lenken wollen, mehr zur Geltung kommt; so kommt dann auch derjenige, auf den unser Vortrag Eindruck machen soll, nicht erst bei diesem wichtigsten Punkt an, wenn er schon [durch Nebensachen] ermüdet ist; auch wird sein Gedächtnis nicht gleich förmlich überschwemmt, während ihn unser Unterricht belehren soll (Augustinus, *De catechizandis rudibus*).

---

9 Zur Lektüre dieser Schrift empfehlen wir die lateinisch-deutsche Fassung von Perl, C.J. (1974). *Augustinus: Der Lehrer – De Magistro*. Paderborn: Schöningh.

10 Die Schrift *De catechizandis rudibus* liegt vollständig und kommentiert als Internetveröffentlichung der Universität Freiburg (Schweiz) in der *Bibliothek der Kirchenväter* vor; ihr liegt die Übersetzung ins Deutsche von Pustet (1925) zugrunde: ► http://www.unifr.ch/bkv/index.htm.

In diesem Zitat werden pädagogische Grundsätze deutlich, die bis auf den heutigen Tag ihre Gültigkeit haben: Konzentration der Stoffauswahl auf das Wesentliche, Herausarbeitung größerer Zusammenhänge, Ablehnung des simplen Auswendiglernens, Eingehen auf die Interessen der Schüler und Sparsamkeit in der Menge der Informationsdarbietung. In den anderen Kapiteln der *De catechizandis rudibus* lassen sich noch zahlreiche andere pädagogische und didaktische Hinweise finden, so dass sich die Beiträge Augustinus' zur Erziehung insgesamt als überraschend modern herausstellen. Seit der preisgekrönten Abhandlung *Der heilige Augustinus als Pädagoge und seine Bedeutung für die Geschichte der Bildung* von Eggersdorfer (1907) besteht kaum ein Zweifel, dass Augustinus zu den großen Pädagogen zu zählen ist.

Jakob: „Also, ich bin ehrlich überrascht, wie modern die alten Kirchenväter in Bezug auf die Erziehung dachten. Das hätte ich so nicht erwartet."

Anna: „So geht es mir auch. Die Argumentation von Chrysostomos und Augustinus liest sich stellenweise wie aus der Reformpädagogik. Ich finde das modern. Aber warum hört und liest mal so selten in der pädagogischen Fachliteratur was über Augustinus?"

Jakob: „Das hängt, glaube ich, mit dem Neuhumanismus zusammen, der sich fast ausschließlich mit den alten Griechen, vor allem mit Platon, befasst und alles andere darüber vergisst."

Anna: „Schön und gut. Aber Chrysostomos und Augustinus haben sich doch ausdrücklich auf Platon bezogen."

Jakob: „Ja, und der Dialog zwischen Augustinus und seinem Sohn ist sogar dem Sokratischen Dialog voll und ganz nachgebildet."

Aufgaben zum Festigen des neuen Wissens

1. Fassen Sie die Grundgedanken der Pädagogik Quintilians zusammen.
2. Erläutern Sie Erziehungstheorien des alten Israel.
3. Benennen Sie die „Schulen" der Griechen. Welche Lehren wurden dort jeweils verbreitet?
4. Wie erfolgte die Bildung im Römischen Reich? Was war Gegenstand der Bildung?
5. Warum ist es schwierig, etwas über die Erziehung der Kelten und Germanen zu sagen?

Aufgaben zum Weiterdenken

1. Vergleichen Sie Platon, Aristoteles und Isokrates hinsichtlich ihrer Beiträge zum Aufbau pädagogischer Theorien. Worin bestehen die Gemeinsamkeiten und Unterschiede?
2. Vergleichen Sie die vier großen philosophischen Schulen der Antike – Platonismus, Aristotelismus, Epikureismus und Stoa – in Bezug auf ihr Verständnis von Erziehung und Bildung.
3. Erläutern Sie, was Sokrates vermutlich mit einem Jungen gemacht hätte, der beim Stehlen erwischt wurde, und begründen Sie Ihre Annahmen.
4. Zeigen Sie auf, wo sich die Römer von den griechischen Erziehungsmethoden beeinflussen ließen und welche eigenen Ansätze sie einbrachten.

Weiterführende Literatur

- Christes, J., Klein, R., & Luth, C. (Hrsg.) (2006). *Handbuch der Erziehung in der Antike*. Darmstadt: Wissenschaftliche Buchgesellschaft.
- Crenshaw, J. L. (1998). *Education in Ancient Israel. Across the deadening silence*. New York: Doubleday.
- Demandt, A. (2007). *Die Kelten* (7. Aufl.). München: C. H. Beck.
- Hossenfelder, M. (1995). *Stoa, Epikureismus und Skepsis* (2. Aufl.) München: C.H. Beck.
- Markschies, C. (2006). *Das antike Christentum. Frömmigkeit, Lebensformen, Institutionen*. München: C. H. Beck.
- Oesterreich, P.L. (1994). *Philosophen als politische Lehrer. Beispiele öffentlichen Vernunftgebrauchs*. Darmstadt: Wissenschaftliche Buchgesellschaft.
- Schwenk, B. (1996). *Geschichte der Bildung und Erziehung von der Antike bis zum Mittelalter*. Weinheim: Deutscher Studien Verlag.
- Usener, S. (1994). *Isokrates, Platon und ihr Publikum. Hörer und Leser von Literatur im 4. Jahrhundert v. Chr.* Tübingen: Narr.
- Zierer, K., & Saalfrank, W.T. (2012). *Pädagogik der Antike. Ein pädagogisches Lesebuch von Demokrit bis Boethius*. Paderborn: Schöningh.

2.3 Erziehung und Bildung im Mittelalter

Aufgabe als Denkanstoß

Rufen Sie sich ins Gedächtnis, was Sie über das Mittelalter wissen. Wie, würden Sie annehmen, wurden Kinder damals erzogen? Welche Rolle, welche Funktion hat man den Kindern zugewiesen?

Anna: „Hallo Jakob, du kennst dich doch gut mit dem Mittelalter aus …"

Jakob: „Klar, ich habe die verschiedenen Robin-Hood-Filme bestimmt schon zwei dutzend Mal gesehen, wobei mir der Film mit Kevin Costner am besten gefällt. ‚Die Ritter der Kokosnuss' von Monty Python ist auch nicht übel, und dann gibt es ja noch die neue Serie ‚Game of Thrones' mit Sean Bean und …"

Anna: „Stopp, stopp. Ich glaube dir ja, dass du all diese Filme und noch viel mehr gut kennst. Aber: Überraschung! Du darfst mich am kommenden Samstag zu einem Mittelalterfest begleiten. Ich habe Eintrittskarten besorgt. Nun müssen wir uns nur noch überlegen, welche Klamotten wir anziehen. Ich denke, du kannst grüne Strumpfhosen anziehen und mit Pfeil und Bogen den Robin Hood spielen."

Jakob: „Cool, da bin ich natürlich dabei. Aber nicht als Robin Hood oder als blöder Ritter. Ich lege nämlich Wert auf die Feststellung, dass ich gebildet bin." (lacht).

Anna: „Also, wenn Robin Hood und Ritter nichts für dich ist, welche Rolle würdest du denn gerne spielen?"

Jakob: „Na, dein Minnesänger natürlich:

» Herzeliebez frouwelîn,
waz mac ich dir sagen mê,
wan daz dir nieman holder ist? dâ von ist mir vil wê.

Anna: „Oje, was war denn das? Du spinnst ja total …"

Jakob: „Liebste Dame mein, das sollt' ein Lied von Walther sein … dem von der Vogelweide."

Anna: „Ich verstehe zwar immer noch nicht, was du da von dir gegeben hast, aber irgendwie hat es schön geklungen."

Jakob: „Ich kenne auch nur ein paar Zeilen der ersten Strophe, die habe ich mal aus Spaß gelernt. Auf Deutsch heißt das: Mein herzliebstes Fräulein, was aber kann ich dir noch sagen, als dass dir niemand holder ist. – Dadurch erleid ich manchen Schmerz."

Anna: „Du überraschst mich immer wieder aufs Neue. Ich wusste gar nicht, dass du so charmant und liebenswert sein kannst."

Jakob: „Na, für dich doch immer, aber warte erst mal ab, bis ich das Lied *singe*."

Mittelalterfeste mit Rittern, Handwerkern, Lagerleben, Markt, Schaukämpfen, Geschichtenerzählern, Tanz und Gaukeleien gehören seit einigen Jahren zum unverzichtbaren Freizeitangebot vieler Städte und Gemeinden in Deutschland und Österreich. Dabei sollen die Besucher die Gelegenheit erhalten, Geschichte zu erleben. Selbstverständlich stehen dabei aber kommerzielle Interessen im Vordergrund, und was auf den Mittelalterfesten an Attraktionen angeboten wird, gehört in die Sparte Unterhaltung und Amüsement, hat aber mit der tatsächlichen Geschichte des Mittelalters ebenso wenig zu tun wie die Karl-May-Spiele in Bad Segeberg mit der Geschichte der Indianer Nordamerikas.

Über das Mittelalter herrschen im Allgemeinen weitgehende Unkenntnis und zahlreiche Vorurteile. Dazu gehört z. B. die Annahme, die Menschen des Mittelalters hätten geglaubt, die Erde sei flach. Diese Behauptung ist historisch nicht nachweisbar und taucht zum ersten Mal in der ersten Hälfte des 19. Jahrhunderts auf, als Washington Irvin in seiner Kolumbusbiografie den Matrosen unterstellte, sie hätten Angst gehabt, vom Rand der „Erdenscheibe" herunterzufallen. Ein anderes Vorurteil lautet, die

Menschen im Mittelalter wären insgesamt ungebildet und abergläubisch gewesen. Wir werden im folgenden Kapitel zeigen, dass diese Behauptung in ihrer Pauschalität nicht zutrifft, da das Mittelalter nicht nur hervorragende Denker und Gelehrte (wie z. B. Albertus Magnus, Thomas von Aquin) hervorgebracht hat, sondern auch die ersten Universitäten als akademische Lehranstalten.

Wenig glaubwürdig ist auch die weitverbreitete Auffassung, die Wissenschaft sei durch den Islam nach Europa gebracht worden. Gerne wird mit dem Hinweis auf die im 13. Jahrhundert eingerichtete Institution der *Inquisition* behauptet, das Mittelalter sei von Willkür, Folter und massenhaften Hinrichtungen geprägt, was nicht zutrifft, da die Inquisition sich anfangs ausschließlich der Ketzerei zugewandt hatte und die dem Mittelalter angekreideten Hexenverfolgungen am Ende des 16. Jahrhunderts, also in der Neuzeit, ihren ersten Höhepunkt hatten. Zudem wird behauptet, dass Bauern und die niederen Stände in den Städten ständig Hunger und Kälte ausgesetzt waren und unmenschliche Arbeit hätten verrichten müssen. Tatsächlich ging es den Bauern und Handwerkern nicht besonders gut, aber historisch verbrieft ist, dass das Mittelalter in eine klimatische Warmzeit fiel, die den Ausbau der Landwirtschaft begünstigte. Klimatische und jahreszeitliche Schwankungen der Erntemenge (Hunger im späten Winter) waren stets gegeben, aber die oft zitierte „vom Hunger beherrschte dunkle Zeit" lässt sich zumindest für das Hochmittelalter nicht nachweisen.

Auch andere Behauptungen in Bezug auf das Mittelalter wie z. B. die mangelnde Körperhygiene sind Unterstellungen der neueren Zeit und historisch nicht haltbar. Die Behauptung, das Mittelalter sei durch Gewalt und Kriege gekennzeichnet gewesen, verliert in Anbetracht der Brutalität und Rücksichtslosigkeit der Kriege in der Neuzeit (z. B. Dreißigjähriger Krieg, Erster und Zweiter Weltkrieg) rasch an Bedeutung.

Die Liste an Vorurteilen und Unterstellungen in Bezug auf das Mittelalter ließe sich noch fortsetzen (vgl. Pernoud 2000), aber wir wollen es hier mit der Bemerkung bewenden lassen, dass das Mittelalter nicht das „dunkle Zeitalter" war, wie es später dargestellt wurde, aber auch nicht so heiter und vergnüglich, wie es die heutigen Mittelalterfeste glauben machen wollen.

Der Begriff *Mittelalter* ist nur bei einer eurozentrischen Historiografie anwendbar. Von dem *medium aevum* (mittleres Zeitalter) sprachen erstmals im 14. Jahrhundert italienische Humanisten, die sich damit von dieser Zeit absetzen und die Modernität des eigenen Denkens herausstellen wollten. Aus ihrer Sicht war das Mittelalter eine Epoche des kulturellen Niedergangs gewesen – also ein „dunkles Zeitalter" (*aetas obscura*).

In Fortsetzung der humanistischen Tradition hat sich in der deutschen Geschichtsschreibung seit dem 19. Jahrhundert eine Unterteilung des Mittelalters in drei Hauptphasen durchgesetzt:

1. *Frühmittelalter* (6. bis 10. Jahrhundert), auch als Zeitalter der Merowinger und Karolinger bezeichnet,
2. *Hochmittelalter* (10. Jahrhundert bis Mitte des 13. Jahrhunderts), das mit dem Kaisertum der Ottonen, Salier und Staufer verknüpft wird, und
3. Spätmittelalter (bis ca. 1500), auch Herbst des Mittelalters genannt.

Üblicherweise werden diese drei Hauptphasen mit der Metapher von *Aufstieg*, *Blüte* und *Verfall* verknüpft (Tab. 2.4).

2.3.1 Erziehung und Bildung im Frühmittelalter

Wie in früheren und späteren Epochen der Menschheitsgeschichte war auch die Erziehung und Bildung im Frühmittelalter von den jeweils geltenden politischen Verhältnissen und von besonderen historischen Ereignissen abhängig. Die Zeit des Frühmittelalters umfasst die Zeit von der *Völkerwanderung* (die Wanderbewegung germanischer Stämme nach dem Einbruch der Hunnen) bis zur Teilung des Fränkischen Reichs nach dem Tod Karls des Großen. Damit verbunden waren viele einschneidende Veränderungen wie der Untergang des Römischen Reiches und die Umformung des antiken römischen Erbes in Wissenschaft und Bildung. Trotz zahlreicher Brüche in der Entwicklung neuer Herrschaftsräume ist aber auch Kontinuität erkennbar.

2.3.1.1 Historischer Abriss

Der Übergang von der Spätantike zum Mittelalter erfolgte nicht abrupt von einem Tag oder Jahr zum anderen, sondern war ein langer und schleichender Prozess.

Am Anfang dieses Prozesses steht nach allgemeiner Auffassung der Geschichtsschreibung die *Völkerwanderung*, die einen wesentlichen Beitrag zum Niedergang des bereits seit langem innerlich zerrütteten Weströmischen Reiches leistete. Der Untergang Westroms wurde durch den Einbruch der *Hunnen* in Gang gesetzt, die sich – vermutlich wegen Nahrungsmittelknappheit – ab 374 n. Chr. aus dem asiatischen Raum in den Westen in Bewegung setzten und sich nach und nach in den Territorien der heutigen Ukraine und westlich davon ausbreiteten. Der sogenannte Hunnensturm löste die Wanderung verschiedener germanischer Stämme (Vandalen, Langobarden, West- und Ostgoten) aus, die sich in den Territorien des Römischen Reichs (bis nach Karthago) ausbreiteten und ansiedelten.

Unter Attila, der sich in einem internen Machtkampf durchgesetzt hatte, erreichte die Macht der Hunnen, die in der Theißebene sesshaft geworden waren, gegen Mitte des 5. Jahrhunderts ihren Höhepunkt. Um seine Machtposition zu behaupten, war Attila auf Tributzahlungen und, wenn diese ausblieben, auf Beutegewinne angewiesen. Nachdem er die europäischen Provinzen Ostroms verwüstet hatte, wandte sich Attila gegen Westrom und fiel im Jahre 451 mit einem großen Heer in Gallien ein, das vielerorts in Schutt und Asche versank. Gemeinsam mit Franken, Burgundern und Westgoten gelang es dem römischen Feldherrn Flavius Aetius, Attila und seine ostgotischen Verbündeten zum Rückzug zu bewegen. Danach verlor Westrom zunehmend die Kontrolle über die germanischen Verbündeten, die immer mehr die regulären weströmischen Legionen ersetzten und schon bald faktisch von Rom unabhängige Reiche errichteten. Das Ergebnis dieses Prozesses führte schließlich 476 bis 480 zum vollständigen Zusammenbruch des Weströmischen Reiches und zur Entstehung neuer germanisch-romanischer Reiche, die Europa im gesamten Mittelalter kulturell prägen sollten.

Seit der Reichsteilung hatte sich im Osten das Byzantinische Reich zu einer eigenständigen Hegemonialmacht entwickelt. Als eine Mischung aus römischem Staatswesen, griechischer Kultur und christlichem Glauben konnte sich Byzanz im hellenischen und vorderasiatischen Raum mit wechselnden Grenzen bis 1453 behaupten (vgl. Lilie 2010).

Bei einer nur auf Europa bezogenen Sichtweise der historischen Ereignisse wird leicht übersehen, dass ab Mitte des 7. Jahrhunderts mit dem Islam eine neue spirituelle und politische Bewegung zur bestimmenden Macht im vorderasiatischen und nordafrikanischen Raum emporstieg, die sich bis nach Spanien ausbreitete (Krämer 2011). Der Islam erlebte seine kulturelle Blütezeit unter den Abbasiden (749–1258 n. Chr.). Auf europäischem Territorium erreichten die Emirate von Córdoba und Granada im Mittelalter in fast allen wissenschaftlichen Disziplinen der damaligen Zeit (Medizin, Mathematik, Astronomie, Chemie usw.) eine führende Position (vgl. Lombard 1998). Nicht zuletzt verdankt das sogenannte christliche Abendland den islamischen Gelehrten auch die Übersetzungen der philosophischen Schriften des Aristoteles.

Tab. 2.4 Überblick über geschichtliche und kulturelle Ereignisse während des Mittelalters

Mittelalter (6.–15. Jahrhundert n. Chr.)		
	Markante geschichtliche Ereignisse	**Pädagogik & Kultur**
5. und 6. Jh.: **Hunnensturm und Völkerwanderung**	Niedergang des Weströmischen Reichs *Theoderich* (451/56–526)	
6.–10. Jh.: **Frühes Mittelalter**	Herausbildung des Lehnswesens, des Feudalismus und der Ritter	Ab 529: Beginn des Klosterlebens nach den Regeln Benedikts *Kloster- und Domschulen*
5. und 6. Jh.: Fränkisches Reich bildet sich in West- und Mitteleuropa		
7. Jh.: Stiftung und Verbreitung des *Islam*	Mohammed (ca. 570–632) Kaiserkrönung *Karl der Große* (800)	**Reform des Bildungswesens**
8. und 9. Jh.: Zeitalter der Merowinger und Karolinger	Fränkische Teilungen (843)	Höhepunkt des Klosterlebens: Zisterzienser, Franziskaner u. a.
962: *Heiliges Römisches Reich* (Zusatz „Deutscher Nation" im 16. Jh.)	Kaiserkrönung Otto I. der Große (962) Investiturstreit zwischen Kaiser und Papst (1075)	
11.–13. Jh.: **Hochmittelalter** (Zeit der Ottonen, Salier und Staufer)	Zahlreiche Städtegründungen in Europa	*Albertus Magnus* (1200–1280) *Thomas von Aquin* (1225–1274) Blütezeit der **Scholastik**
	Beginn der Inquisition Festigung des Feudalsystems Beginn der *Kleinen Eiszeit*	
14. und 15. Jh.: **Spätmittelalter**	Pestepidemie (ca. 15. Mio. Tote) (1348/49) Blüte der Handelsstädte in Norditalien	
	Gutenberg erfindet den Buchdruck (1450)	**Humanismus**
15. und 16. Jahrhundert: **Zeitalter der Renaissance – Übergang zur Neuzeit**	*(Neu-)Entdeckung Amerikas* (1492)	*Desiderius Erasmus* (1466–1536)
	Zeit der großen Entdeckungsfahrten	**Reformation** *Martin Luther* (1483–1546)

Im Gebiet des Weströmischen Reiches hatte sich das Zentrum der Macht seit Mitte des 5. Jahrhunderts nach Gallien verlagert, wo die Franken nach der Völkerwanderung sesshaft geworden waren. Hier war es *Chlodwig* (466–511 n. Chr.) aus der Dynastie der Merowinger gelungen, vom Verbündeten Roms zum König der Franken aufzusteigen, nachdem er andere fränkische Fürsten und germanische Stämme gewaltsam unterworfen hatte. Im Unterschied zu anderen Germanenstämmen, die der arianischen Variante des Christentums angehörten, trat Chlodwig der katholischen Kirche bei, dem Glauben der Bevölkerungsmehrheit in Gallien. Dieser kluge Schachzug sicherte ihm die Unterstützung der Bevölkerung und sollte sich als wichtige Weichenstellung für die weitere Entwicklung Europas im Mittelalter erweisen. Einerseits knüpfte Chlodwig an spätantike römische Traditionen an, in die er sich mit seiner Taufe selbst einordnete, andererseits leitete er eine Entwicklung ein, die zur *Herausbildung des Feudalsystems* im Mittelalter führen sollte.

Die Größe des Reiches machte eine Verwaltung nötig, die der König mit seinem engsten Führungskreis nicht mehr alleine wahrnehmen konnte. Daher ging Chlodwig dazu über, einen Teil der königlichen Machtbefugnisse an ihm treu ergebene Adlige zu übertragen, wofür sie als Belohnung große Ländereien mit allen damit verbundenen Einnahmequellen auf Zeit zur Nutzung (*Lehen*) erhielten. Die mit Lehen ausgestatteten Gefolgsleute waren dem König in besonderer Weise zu Treue und Gehorsam verpflichtet: Sie mussten an den königlichen Kriegszügen teilnehmen. Wer ein besonders großes Lehen hatte, musste zusätzlich eine bestimmte Anzahl Reiter mitbringen. Wer den Treueeid brach, dem wurde das Land entzogen. Auch wenn ein Lehnsträger starb, fiel das Land an den Lehnsherrn zurück. Je nach Größe des Lehens konnten die Lehnsträger ihrerseits wieder Lehen an ihre Gefolgsleute vergeben. Das zog ein Feudalsystem nach sich, das der herrschenden Oberschicht Macht und Einkommen sicherte, die Nichtbeliehenen aber zu Untertanen machte, die besitz- und machtlos waren.

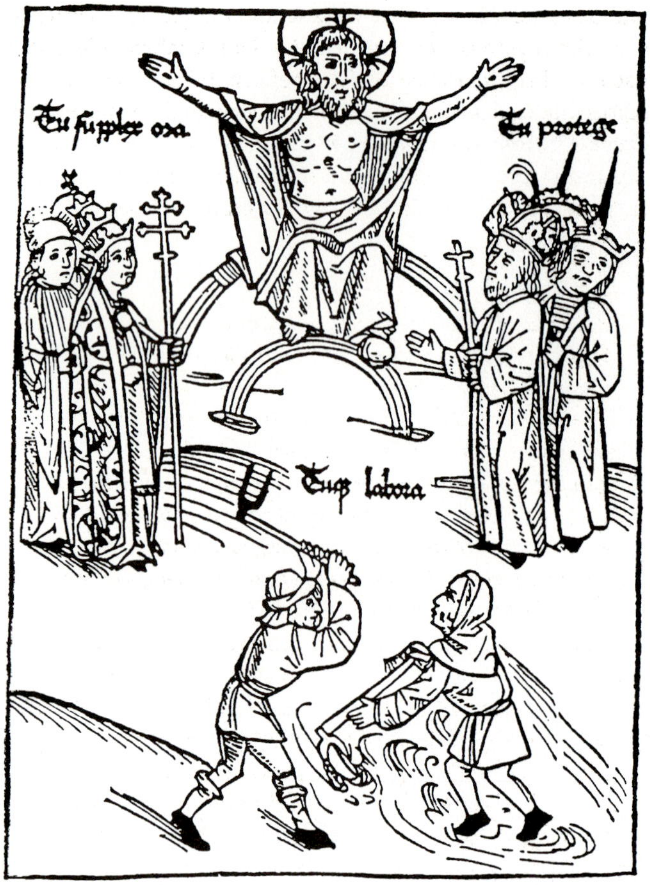

Abb. 2.6 Holzschnitt aus dem 15. Jahrhundert: Darstellung des von Gott gewollten Feudalsystems (© Johann von Lichtenberg: *Prognosticatio*, Wikimedia Commons, in the public domain)

Nach dem Tode Chlodwigs wurde das Frankenreich zwar in mehrere Königreiche aufgeteilt, galt aber weiterhin als Einheit (*Regnum Francorum*). Die Nachkommen Chlodwigs waren in jeder Hinsicht würdige Nachfolger des Despoten, indem sie unentwegt versuchten, sich gegenseitig umzubringen – mit der Folge, dass sechs fränkische Könige innerhalb von 40 Jahren durch Mord und Gift ums Leben kamen. Verstrickt in politische Intrigen und Mord und Totschlag fanden die Merowinger immer weniger Zeit, um sich den Regierungsgeschäften zu widmen. Diese überließen sie dem *Hausmeier* (*Majordomus*), der die Geschicke des Reiches leitete und zunehmend an Macht und Einfluss gewann (Geary 2004). Mit der dauerhaften Begleitung dieser Aufgabe begann der Aufstieg der Karolinger, der im Jahre 800 mit der Krönung Karls des Großen zum Kaiser den Höhepunkt fand.

Systematisch aufgebaut wurde die Macht der Karolinger durch Karl Martell (688–741) und seinen Sohn und Nachfolger Pippin, der sich 751 mit Unterstützung des Papstes zum König der Franken ausrufen ließ und den letzten merowingischen König nebst Thronfolger in den Ruhestand versetzte, indem er ihn in ein Kloster verweisen ließ. Fünf Jahre später konnte sich Pippin dem Papst gegenüber dankbar erweisen, indem er diesem nach kriegerischen Auseinandersetzungen mit den Langobarden die Gebiete um Ravenna und in Rom schenkte (*Pippinsche Schenkung*) und damit den Grundstein für die weltliche Macht des Papstes legte. Nachfolger Pippins wurden seine Söhne Karl (747–814) und Karlmann I. (751–771). Nach dem Tode Karlmanns übernahm Karl die alleinige Macht, er wurde als *Karl der Große* zu einem der bedeutendsten Herrscher des Abendlandes überhaupt. Er war fränkischer König (ab 768) sowie ab 800 n. Chr. der erste „römische" Kaiser namens Karl und wird in beiden Ämtern als Karl I. gezählt.

Nach dem Tode Karls wurde das Reich unter den Söhnen aufgeteilt. Die neu geschaffenen Reiche verselbstständigten sich rasch: Aus dem Westfrankenreich entwickelte sich Frankreich, dessen mittelalterliche Zeit durch den unaufhaltsamen Aufstieg des Königtums in ständiger Auseinandersetzung mit dem Hochadel und der weltlichen Gewalt der Klöster geprägt war. Aus dem Ostfrankenreich wurde im Laufe des 10. Jahrhunderts unter der Herrschaft der Ottonen das *Heilige Römische Reich*. Mit dieser Bezeichnung wurde der Anspruch der römisch-deutschen Kaiser (vom Mittelalter bis 1806) unterstrichen, die Tradition des antiken Römischen Reiches fortzusetzen und ihre Herrschaft als Gottes heiligen Willen zu legitimieren (Abb. 2.6). Mit dem Willen Gottes wurde auch das von Chlodwig eingeführte Feudalsystem legitimiert, wie bei Adalbero von Laon (ca. 947–1030) nachzulesen ist:

» Tripertita Dei domus est, quae creditur una:/Nunc orant, alii pugnant, aliique laborant./Quae tria sunt simul et scissuram non patiuntur./Unius offitio sic stant operate duorum,/Alternis uicibus cunctis solamina prebent (nach der ältesten Fassung in der Handschrift zit. n. Oexle 1978, S. 24).
(Das Haus Gottes ist dreigeteilt; die einen beten, die anderen kämpfen, die Dritten endlich arbeiten. Diese drei miteinander lebenden Schichten können nicht getrennt werden. Die Dienste des einen sind die Bedingung für die Werke der beiden anderen.)

Die Unfreiheit der untersten Schicht wurde zwar bedauernd zur Kenntnis genommen, aber zugleich als Voraussetzung für das Funktionieren der Gesellschaft angesehen:

» Dieses gebeugte Geschlecht von Menschen hat nichts als seine Arbeit […]. Wer kann ihre Pflichten beschreiben, ihre Mühsal, ihren Einsatz, ihre überaus schweren Arbeiten? Für alle müssen sie die Kleidung und die Verpflegung schaffen, und kein Adliger kann ohne die Arbeiter leben (Adalbero, Fol. 39v Z. 1–4; zit. n. Pilch 2009, S. 494).

Die alte christliche Auffassung, dass die Freiheit aller Menschen das Ursprüngliche und die Unfreiheit nur eine Folge der Sünde sei, war verloren gegangen. Genauso wie die frühchristlichen Ideale der Erziehung und Bildung. Darauf wird der folgende Abschnitt eingehen. Zuvor aber soll der historische Abriss mit der Feststellung abgeschlossen werden, dass die Krönung Ottos I. zum Kaiser im Jahre 962 allgemein als Ende des frühen Mittelalters betrachtet wird.

2.3.1.2 Klöster und die Macht der Bildung

Kennzeichnend für das Bildungswesen des europäischen Frühmittelalters war sein kontinuierlicher Niedergang, der mit dem Ende des Weströmischen Reiches eingeleitet wurde. Dieser allgemeine Niedergang wird umso deutlicher, wenn man den Stand der abendländischen Kultur und Wissenschaften mit dem vergleicht, was die islamischen *Mauren* auf der Iberischen Halbinsel seit Beginn des 8. Jahrhunderts erreicht hatten (vgl. Bossong 2007). Man kann sich kaum einen größeren Gegensatz vorstellen als den, der zwischen dem kulturellen Leben des merowingischen Frankenreichs und der von den Mauren in Spanien praktizierten Förderung von Kunst und Wissenschaft bestand. Es gab zahlreiche Schulen und Bibliotheken, in denen Mathematik, Geografie, Medizin, Astronomie und Poesie in Arabisch unterrichtet wurden. Nicht nur in dieser Hinsicht war das maurische Spanien ein zivilisiertes Reich im Vergleich zu dem sich entwickelnden Frankenreich, sondern auch in Bezug auf die praktizierte Toleranz gegenüber der christlichen und jüdischen Bevölkerung.

Während gallische Grammatik- und Rhetorikschulen im 5. Jahrhundert noch weit verbreitet waren und ein hohes Ansehen genossen, verfielen diese Schulen im Verlaufe des frühen Mittelalters immer mehr. Als Gregor von Tours (538–594) seine *Zehn Bücher Geschichten* verfasste, beklagte er den Zustand der Wissenschaften mit den Worten:

> » Da die Pflege der freien Wissenschaften […] in den Städten Galliens in Verfall geraten, ja sogar im Untergang begriffen ist, hat sich kein in der Redekunst erfahrener Grammatiker gefunden, um in Prosa oder Versen zu schildern, was sich unter uns zugetragen hat (zit. n. Nonn 2012, S. 10).

Tatsächlich war die Zahl der Grammatik- und Rhetorikschulen nach den Verwüstungen der Völkerwanderung in allen Teilen des vorherigen Weströmischen Reiches drastisch zurückgegangen. Als sie schließlich völlig verloren gingen, fielen die Aufgaben der Bildung und Wissensvermittlung in den privaten Bereich zurück. Das reichte in der Merowingerzeit gewöhnlich auch für eine Karriere in der Verwaltung oder am Hof aus. Anzumerken ist, dass die meisten Merowinger zwar brutale Machtmenschen, aber nicht ungebildet waren. Sie waren durchaus in der Lage, ihre Urkunden eigenhändig zu unterschreiben, was für spätere Herrscher des Mittelalters nicht mehr zutraf, und Gregor von Tours erwähnte in seiner Chronik ausdrücklich König Chilperich, der nach damaligen Maßstäben als sehr gebildet betrachtet werden kann.

In der zweiten Hälfte des 7. Jahrhunderts, mit dem Verfall des merowingischen Königtums, nahmen die elementaren Kenntnisse wie Lesen und Schreiben bei den Laien[11] rasch ab. Und selbst in kirchlichen Kreisen gingen die Kenntnisse so stark zurück, dass der Missionsbischof Bonifatius im Jahre 746 Priestern in Bayern den Auftrag erteilte, alle Personen noch einmal zu taufen, denen das Sakrament mit den Worten *In nomine patria et filia et spiritus sancti* („Im Namen Vaterland und Tochter und des Heiligen Geistes") gespendet worden war (Bonifatius, Epistolae n. 68, zit. n. Wolfram 1996).

Im 6. Jahrhundert entstanden im Frankenreich die ersten christlichen Schulen als *Klosterschulen*. Ab dem 8. Jahrhundert kamen dann die *Bischofs- und Domschulen* hinzu, in denen Lesen, Schreiben, liturgischer Gesang und die rechte Verwaltung der Sakramente gelehrt wurden. Ab dem 9. Jahrhundert, d.h. nach der karolingischen Bildungsreform, öffneten sich die Bischofsschulen dann auch zunehmend Laien, und im Hochmittelalter entstanden zusätzlich die *Stiftsschulen*. Einige der im 8. und 9. Jahrhundert gegründeten Klosterschulen bestehen bis heute (z. B. St. Gallen, Eichstätt, Freising, Paderborn, Passau).

11 Ein *Laie* ist nach katholischem Kirchenrecht ein Angehöriger der katholischen Kirche, der kein geistliches Amt innehat.

Das Frühmittelalter an der Saar

Die Zeit der Völkerwanderung brachte der Region an der Saar einen wirtschaftlichen und kulturellen Niedergang. Im 5. Jahrhundert wurden Trier und Metz mehrmals zu Opfern plündernder Eindringlinge, und ab Mitte des 5. Jahrhunderts übernahmen die Franken das Gebiet. Berichte aus dem von den Franken eroberten Trier um 470 vermitteln ein durch Leichenberge gezeichnetes Schreckensszenario. Nach dem Hunnensturm Mitte des 5. Jahrhunderts sind kaum mehr Spuren zu finden, die auf einen Fortbestand der gallorömischen Zivilisation hinweisen. Höfe und Siedlungen verödeten, ganze Landstriche wurden menschenleer. Dieser Untergang verlief ziemlich abrupt, aber gegen die Annahme eines Genozids sprechen viele archäologische Funde. Genauso falsch dürfte aber auch die (von nationalsozialistischen Historikern vertretene) These sein, dass die germanische Landnahme in friedvoller Koexistenz mit der alten Bevölkerung stattfand. Gut gesichert ist, dass sich die „neuen" Bewohner auf den fruchtbaren Böden des Bliesgaus und auf beiden Seiten der Saar niederließen, was sich auch durch die vielen fränkischen Ortsnamen belegen lässt.

In der Merowingerzeit entstanden große Königsgüter (z.B. der Königshof in Völklingen) wie auch die strategisch wichtige Burg *Sarabrucca* auf einem Felsen über der Saar. Königliches Land wurde auch an Gefolgsleute verschenkt – z. B. das Dorf Merkingen an den Metzer Bischof Arnual, der an dieser Stelle ein Stift errichtete, das später seinen Namen tragen sollte. „Stift und Ort St. Arnual […] spannen somit einen in mancher Hinsicht exemplarischen Bogen zwischen der römischen und der mittelalterlichen Geschichte des Saarlandes. Buchstäblich übereinander geschichtet finden sich hier die Zeugnisse aus der römischen Blütezeit, der Phase der fränkischen Besiedlung und der später nachfolgenden Machtentfaltung der katholischen Kirche. Dies kann als Zeichen dafür gedeutet werden, dass die mittelalterliche Geschichte doch viel stärker in der römischen Vergangenheit gründet, als dies zunächst den Anschein hat" (Burgard 2010, S. 39).

Stift und Ort St. Arnual sind nur ein Beispiel für die kulturelle Inbesitznahme des Saarlandes durch die Kirche im frühen Mittelalter. Andere Beispiele finden sich zahlreich: So ist in einer Abschrift aus dem 10. Jahrhundert ein Testament aus dem Jahre 634 überliefert, in dem der fränkische Edelmann Adalgisel-Grimo seinen Grundbesitz und eine Kirche in Tholey dem Bistum Verdun vermachte. Das Grimo-Testament, in dem eine Klerikergemeinschaft am Schaumberg in der Nähe Tholeys erwähnt wird, ist eines der frühesten Zeugnisse für eine Klostergemeinschaft in Mitteleuropa. Weitere Klostergrün-

dungen folgten im 7. Jahrhundert als Auswirkung einer regen Missionstätigkeit. Auf die Missionare Ingobertus und Wendelinus gehen die Namen der Städte St. Ingbert und St. Wendel zurück. Auch der Ursprung der heutigen Stadt Ottweiler liegt in der Gründung eines Klosters um 871.
Bis zur Teilung des fränkischen Reiches erlebte das Gebiet an der Saar die gleiche Entwicklung wie andere Regionen des Frankenreichs: Es ging in erster Linie um die Verbreitung des christlichen Glaubens, wobei die Klöster auch die Aufgabe der Erziehung übernahmen.
Klosterschulen scheint es im Gebiet des heutigen Saarlandes zahlreiche gegeben zu haben, einige davon mit einem ausgesprochen guten Ruf. Außer der *Academie* des Klosters Wadgassen ist die Klosterschule der Abtei Mettlach gut dokumentiert, wobei allerdings die meisten Hinweise auf den Sponheimer Abt Trithemius aus dem Spätmittelalter zurückgehen. Dieser erwähnt mehrere damals berühmte Gelehrte (z. B. Germanus, Adalbert wie auch Gerbert, den späteren Papst Silvester II.), die an der Klosterschule Mettlach zeitweise als Lehrer tätig waren (s. dazu: Lager 1875). Gesichert ist durch die historischen Quellen die Existenz der vom Stift St. Arnual in Saarbrücken eingerichteten Stiftsschule „An den Pforten", die 1472 eine städtische Lateinschule wurde, aus der 1604 das bis heute bestehende Ludwigsgymnasium hervorging.
Nach der Teilung des fränkischen Reiches entwickelte sich das Land an der Saar infolge des Lehnswesens zu einem Flickenteppich mit einer Vielzahl benachbarter Kleinstherrschaften mit unzähligen Rechtsansprüchen. Zwischen dem 10. und 14. Jahrhundert bildeten sich dann die territorialen Mächte heraus, die bis in die neueste Zeit hinein das Schicksal des Saarlandes bestimmen sollten. Dies wird im heutigen saarländischen Landeswappen deutlich, wo die Symbole von Kurtrier, der Herzogtümer Lothringen und Pfalz-Zweibrücken sowie der Grafschaft Nassau-Saarbrücken wiedergegeben sind. Aus dieser Gemengelage resultierten zahllose Konflikte und Reibereien zwischen den Nachbarn, folgenschwerer war aber die Beeinträchtigung der wirtschaftlichen und kulturellen Entwicklung der Region.

▪ Bildungswesen im frühen Mittelalter

Das 7. und 8. Jahrhundert erlebte einen stetigen Zuwachs an Klostergründungen verbunden mit der Einrichtung von Schulen, in denen die angehenden Mönche und Nonnen, aber auch (wenige) externe Schüler und Schülerinnen unterrichtet wurden. Denn anders als die frühen Klostergemeinschaften der Eremiten konnten die mittelalterlichen Klosterschulen nicht auf Bildungsangebote verzichten, da auch kleine Kinder ins Kloster aufgenommen wurden, woraus sich die Notwendigkeit einer schulischen Unterweisung ab dem 6. oder 7. Lebensjahr ergab.

Grundsätzlich diente das klösterliche Schulwesen vor allem der Ausbildung zukünftiger Mönche, Nonnen und Kleriker. Die Unterrichtssprache war (zumindest theoretisch) Latein. Als Folge langanhaltender Vorbehalte gegen die in der Antike gepflegte höhere Bildung legten die Klosterschulen anfangs den Schwerpunkt auf die Vermittlung von Elementarkenntnissen des Lesens, Schreibens und Singens, um ein Verständnis der biblischen Schriften und gottesdienstlichen Texte zu ermöglichen. Dabei stand das schwerer zu lernende Schreiben erst später auf dem Lehrplan als das Lesen, denn Schreiben stellte eine ganz besondere Herausforderung für die Menschen des frühen Mittelalters dar (Tenorth 2010) – alleine schon wegen der verwendeten Materialien (Pergament und Federkiel).

Trotz der erwähnten Vorbehalte gegen die höhere Bildung der Antike war die mittelalterliche Bildung stark vom antiken Bildungsdenken beeinflusst. So wurde auch der Elementarunterricht im Verlauf des frühen Mittelalters zunehmend durch eine höhere Bildung mit Betonung des klassischen Fächerkanons der *septem artes liberales* ergänzt. In der Antike galten diese als die Grundlagen einer Bildung, die eines freien Mannes (*homo liber*) würdig war. Im frühen Mittelalter verstand man demgegenüber *liber* aber oft als Buch und die freien Künste als „Buchwissenschaften", die als eine Propädeutik zur Bibelexegese betrachtet wurden. Bildung war im gesamten Mittelalter untrennbar mit dem Lesen der biblischen Texte und deren Deutung verknüpft. Im Unterschied zur antiken Bildung, die vor allem auf die Formung des Einzelnen ausgerichtet war, wollte das Christentum die Menschen zum Leben im Sinne der Kirche anleiten. Einen Christen erziehen hieß, ihn „zum Leben in der Gemeinde, in der Kirche erziehen" (Schwenk 1996, S. 204). Die *septem artes liberales* galten deshalb als Grundstock der höheren Bildung – und zwar bis ins 18. Jahrhundert hinein, was darauf hinweist, dass das *pädagogische Mittelalter* in mancherlei Hinsicht viel länger dauerte als gewöhnlich angenommen wird.

Die Erziehungs- und Unterrichtsmethoden der Klosterschulen stellten – vor allem auf der Elementarstufe – Auswendiglernen und Folgsamkeit in den Vordergrund. Darüber hinaus kann der Spruch *sub virga degere* (unter der Rute leben) geradezu als Synonym für den Besuch der Klosterschulen betrachtet werden. Nonn (2012) hat dies in seinem lesenswerten Buch *Mönche, Schreiber und Gelehrte* anschaulich beschrieben. Dabei bezieht er sich insbesondere auf das schulische Leben im Kloster St. Gallen, wie es von Ekkehard I., der bis 973 Mönch und Dekan des Klosters war, beschrieben wurde. Insgesamt schilderte Ekkehard ein hohes geistiges Niveau, aber auch eine strenge Disziplin der Klosterschule:

> » Es waren die Lehrmethoden in St. Gallen wie immer, so auch damals streng, nicht nur im Kloster, sondern auch in der Schule außerhalb (c. 66, zit. n. Nonn 2012, S. 63).

▪ Gelehrte Menschen des frühen Mittelalters

Alles in allem reichte das klösterliche Schulwesen des frühen Mittelalters aus, um den notwendigen Bedarf an lese- und schreibkundigen Klerikern zu sichern. Darüber hinaus brachten die Klöster des frühen Mittelalters aber auch einige herausragende Gelehrte hervor. Zu ihnen zählte beispielsweise Alkuin (735–804), der auf Einladung Karls des Großen die Hofschule in Aachen leitete und als größter Gelehrter seiner Zeit galt.

Ein anderer berühmter Gelehrter war *Hrabanus Maurus* (780–856), der nach seiner Ausbildung an der Hofschule Karls des Großen Abt des Benediktinerklosters in Fulda sowie Mainzer Erzbischof wurde. Im Rahmen seiner Tätigkeit als Leiter der Klosterschule in Fulda verfasste er ein dreibändiges Werk *De institutione clericorum* („Von der Ausbildung der Geistlichen"), wobei er sich insbesondere auf Augustinus stützte. Das Werk wurde zum wichtigsten pädagogischen Lehrbuch seiner Zeit und gilt bis heute als die erste Theorie einer vollständigen geistlichen Erziehung (Kössinger 2008).

Hrabanus Maurus betrachtete den *Geist der Liebe* als zentrale Voraussetzung für die Erziehung der Geistlichen. Seiner Meinung nach käme ohne sie weder die Wissenstüchtigkeit noch die Weisheit und Lauterkeit des sittlichen Handelns zustande, die den Idealen auszeichne. Als Kind seiner Zeit betrachtete Hrabanus Maurus zwar Zucht und Gehorsam als wesentliche Komponenten der geistlichen Erziehung, diese seien jedoch nicht mit roher Gewalt und Schikanen durchzusetzen. Das deutet auf den Einfluss der augustinischen Erziehungstheorie in *De catechizandis rudibus* hin (vgl. ► Abschn. 2.2.4).

Die Klosterschulen und die hier ausgebildeten Kleriker besaßen im frühen Mittelalter das *Monopol der elementaren und höheren Bildung*. Ohne sie lief an den Königshöfen und in der Verwaltung der Reiche nichts. Aber wie sah es mit der Bildung außerhalb der Klostermauern aus? – Die Antwort lautet schlicht und einfach: Eine reguläre Bildung von Laien gab es nicht. Allerdings gab es auch im frühen Mittelalter zumindest Ansätze einer Laienbildung wie z. B. die *Fürstenspiegel* als ermahnende und belehrende Schriften, die sich an Fürsten und deren Nachkommen richteten und ihnen die Tugenden und Pflichten eines Herrschers und die Grundsätze richtigen Regierens zeigen (vgl. Anton 2006). Ein anderes Beispiel ist das Handbuch *Liber manualis*, das die fränkische Adlige Dhuoda um 840 für ihren sechzehnjährigen Sohn verfasst hatte, um ihn zu einem christlichen Leben anzuhalten. Ansonsten sah es mit der Bildung der Laien im frühen Mittelalter schlecht aus – insbesondere auf dem Lande, wo Handwerkstätigkeiten wie die Verarbeitung von Nahrungsmitteln, die Herstellung von Textilien oder das Anfertigen von Geräten auf die Eigenproduktion beschränkt waren. Spezialisierte Handwerke wie Bronzeguss (für Glocken) und Schmieden, aber auch Malerei und Bildhauerei waren in erster Linie Dienstleistungen, die an die Klöster gebunden waren.

Ausgangsgrundlage für die Entwicklung des klerikalen Bildungswesens war eine weitreichende Bildungsreform, die Karl der Große unter Einfluss von Alkuin verordnet hatte.

2.3.1.3 Karolingische Bildungsreform

Die Notwendigkeit einer Bildungsreform erwuchs aus dem Bestreben Karls, eine Verwaltungspraxis auf schriftlicher Grundlage einzuführen. Dafür war es unerlässlich, das Bildungswesen gründlich zu reformieren. Die Ausgangsidee für die Bildungsreform war so einfach wie überzeugend. Sie lag aber abgesehen von dem praktischen Nutzen für die Verwaltung des Reichs ganz im Glauben begründet: Die in lateinischer Sprache verfassten Kirchenschriften waren oft fehlerhaft und stimmten mit den Originalen nicht überein. Viele Kleriker verfügten über mangelhafte Lateinkenntnisse und konnten die Gottesdienste nicht korrekt ausführen. Die Mehrheit der Bevölkerung konnte überhaupt kein Latein. Das alles zusammen machte den Weg zum wahren Glauben unmöglich. Ein vordringliches Ziel der Bildungsreform Karls des Großen bestand deshalb darin, die Kleriker wieder in die Lage zu versetzen, ihrem christlichen Auftrag gerecht zu werden.

Die karolingische Bildungsreform umfasste verschiedene Maßnahmen: Eine erste bestand in der Einrichtung einer *Hofschule*. Aus Sorge um den Bildungsstand der Kleriker und Laien, aber auch aufgrund seines eigenen Bildungsbedürfnisses versammelte der König die besten Gelehrten der Zeit, damit sie an der *Hofschule* lehrten, wofür sie mit wichtigen Ämtern am Hof, Bistümern und Reichsabteien belohnt wurden. So kam 782 auch der Gelehrte Alkuin aus England mit einigen Schülern an die Hofschule. Bemerkenswert ist, dass Alkuin dafür eintrat, Laien und Kleriker gemeinsam auszubilden. Sie sollten lernen, die Bibel selbstständig zu lesen und zu verstehen. Alkuin avancierte rasch zum wichtigsten Berater des Königs. Es gelang ihm, mit tatkräftiger Unterstützung des Königs die Hofschule zu einem einflussreichen Zentrum der Wissenschaften und der Wissensvermittlung auszugestalten, wo berühmte Gelehrte wie Hrabanus Maurus ihre Ausbildung erhielten.

Den Gelehrten der Hofschule ist zu verdanken, dass sie das literarische Erbe der Antike durch Abschriften retteten. Aus dem Wirken der Hofschule resultierten auch königliche Anweisungen zur Korrektur fehlerhafter Textabschriften, wobei dreierlei zu berücksichtigen war: das Korrigieren von Fehlern, das Entfernen des Überflüssigen und das Fördern des Richtigen. Diese Maßnahme wie auch die Einführung eines neuen Schriftsystems, die *karolingische Minuskel*, sollte dazu beitragen, eine einheitliche Sprache in Wort und Bild zu schaffen (▣ Abb. 2.7). Aus der karolingischen Minuskel, die sich durch Klarheit und Einfachheit des Schriftbildes auszeichnete, entwickelten sich später die Kleinbuchstaben der deutschen Schriften und über die humanistische Minuskel die heutigen Kleinbuchstaben der lateinischen Schrift.

Die dritte Maßnahme der karolingischen Bildungsreform bestand in Weisungen des Königs an Bischöfe und Äbte, Schulen einzurichten und zu unterhalten (*Epistula de litteris colendis, Admonitio generalis*). Die Dom- und Stiftsschulen wurden in der *Admonitio generalis* dazu verpflichtet, das Lesen der Psalter, das Erlernen des liturgischen Gesangs, Rechnen und Grammatik zu unterrichten (vgl. Fleckenstein 1980).

Was den unmittelbaren Erfolg der karolingischen Bildungsreform anbelangt, gehen die Meinungen in der Literatur auseinander, nicht aber, was die langfristigen Wirkungen betrifft. Sie gab nicht nur den Anstoß zu zahlreichen Klosterneugründungen, was zu einer weiteren Verfestigung der Vormachtstellung der Klöster in der Bildung beitrug, sie führte auch zu zahlreichen Gründungen von Dom- und Stiftsschulen in den Städten, die sowohl Klerikern als auch Laien zugänglich waren und die Grundlage für die Lateinschulen des Spätmittelalters und der frühen Neuzeit legten. Die große Mehrheit der Bevölkerung, insbesondere die Landbevölkerung, profitierte von der karolingischen Bildungsreform nicht. Die Kloster-, Dom- und Stiftsschulen standen fast ausschließlich der adligen Oberschicht offen, für Kinder und Jugendliche der Unterschicht war ein *Bildungsaufstieg* nur über das Kloster und das Mönchsgelübde möglich. Ein Aufstieg in leitende Positionen z. B. als Bischof oder Abt war so gut wie ausgeschlossen, da diese Positionen zu den Pfründen zählten, die vom Adel beansprucht wurden.

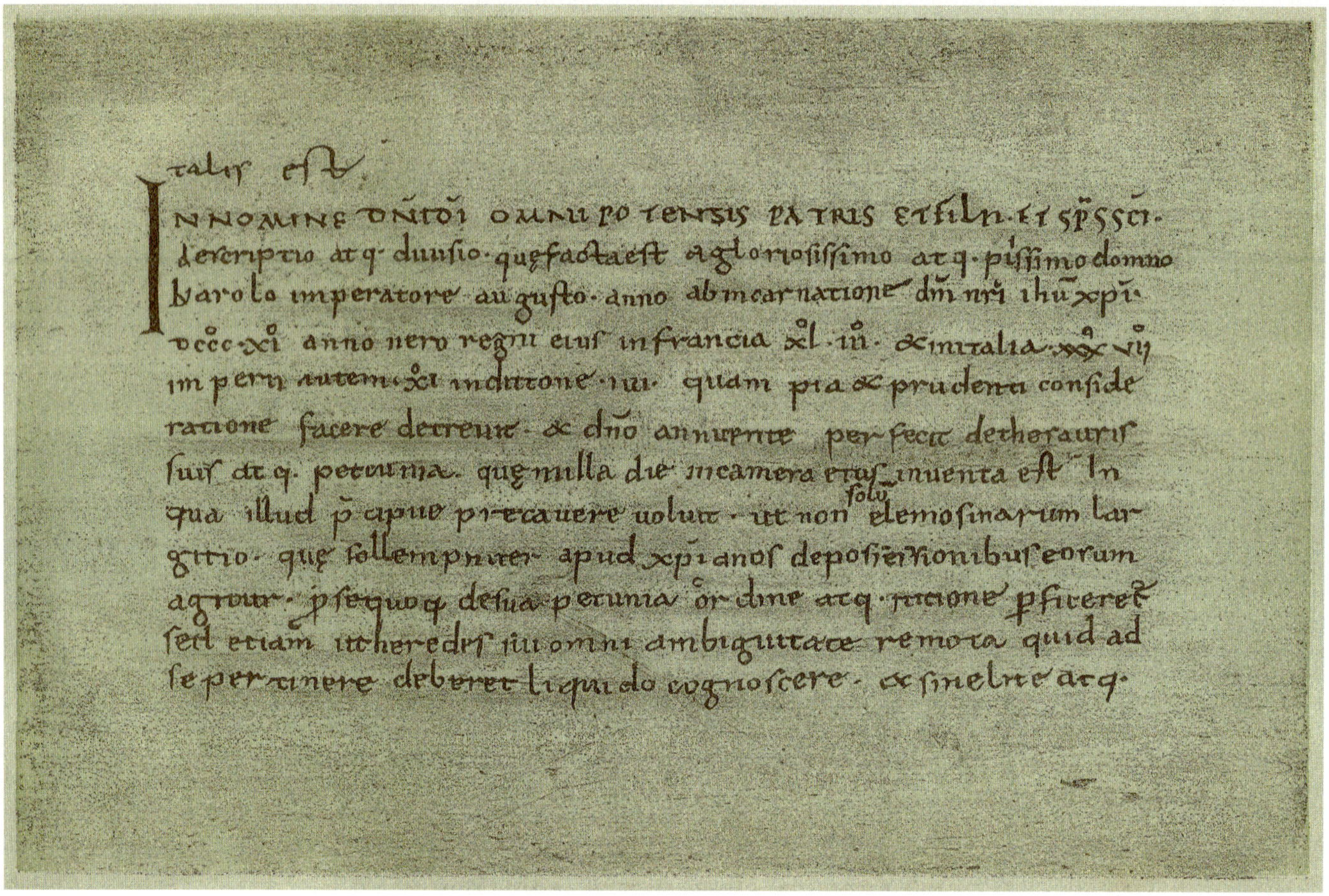

Abb. 2.7 Beispiel für karolingische Minuskel (© ZU_09/iStockphoto)

Jakob: „Schon ein Wahnsinn, was Karl der Große geleistet hat."

Anna: „Ja, das hätte ich auch nicht gedacht. Wir haben nämlich das Wirken Karls nur in wenigen Unterrichtsstunden abgehandelt, wobei der Schwerpunkt auf der Kaiserkrönung sowie auf seinen Kriegen gegen die Sachsen und gegen die Mauren lag. Von einer karolingischen Bildungsreform war da nicht die Rede."

Jakob: „Genau wie bei mir. Aber das macht nichts, da es Karl den Großen nach Aussage eines Münchner Privatgelehrten ohnehin nicht gegeben hat. Der soll nämlich eine reine Erfindung von Kaiser Otto III. und Papst Silvester II. sein. Der Privatgelehrte glaubt weder an die Existenz Karls des Großen noch an die Alkuins. Insgesamt sind die Ereignisse, die in unseren Geschichtsbüchern für die Jahre 614 bis 911 aufgeführt sind, seiner Ansicht nach eine reine Erfindung, und der gesamte Zeitraum von 297 Jahren ist eine Phantomzeit, das Ergebnis eines Komplotts von Otto und Silvester."

Anna: „Ist das ein Aprilscherz oder eine dieser ewig wiederkehrenden Verschwörungstheorien? Und wie gehen denn Experten mit solchen Thesen um?"

Jakob: „Da kein einziger Pergamentfetzen erhalten ist, der die geheime Operation belegen würde, glaubt keiner außer einer kleinen Gruppe an die Theorie. Die Fachhistoriker stützen sich auf ihre historischen Quellen, die der Münchner Privatgelehrte als gefälscht bezeichnet. Die Fachwelt antwortet auf die These des gefälschten Mittelalters mit Spott und Missachtung."

Anna: „Ich bin ja keine Historikerin, aber ich glaube nicht, dass man sich die Ereignisse in der fraglichen Phantomzeit ausgedacht haben kann. Dafür sind die doch viel zu komplex, das kann sich doch niemand nur ausdenken."

Jakob: „Der Privatgelehrte bleibt stur bei seiner Meinung, genauso wie er behauptet, die Pyramiden seien 2000 Jahre jünger als allgemein behauptet. Er meint, dass man seine Ideen erst nach seinem Tod würdigen wird."

Anna: „Vielleicht ist es aber auch er, der dann seine Meinung ändert. Wenn er Karl dem Großen begegnet."[12]

2.3.2 Erziehung und Bildung im Hochmittelalter

Als *Hochmittelalter* wird die Epoche vom 11. bis zum 13. Jahrhundert bezeichnet, wobei sich dieser Begriff ausschließlich auf

12 Dieser Dialog orientiert sich an einem Artikel aus *Die Welt* vom 16. November 2009 (Quelle: ► http://www.welt.de/kultur/article5229635/Wie-man-Karl-den-Grossen-aus-der-Geschichte-tilgt.html).

West- und Mitteleuropa bezieht. Hier erwuchsen aus dem fränkischen Reich in einem lange dauernden Prozess das heutige *Frankreich* und das *Reich der deutschen Könige und Kaiser*. Während sich Frankreich zu einem *Zentralstaat* entwickelte, der bereits im 13. Jahrhundert eine Vormachtstellung in Europa errang, etablierten sich im frühen Deutschland starke Herzogtümer – die Grundlage für die Entwicklung eines föderalen Systems. Bezogen auf West- und Mitteleuropa assoziiert man mit dem Begriff des Hochmittelalters im Allgemeinen folgende Merkmale:

- Das Hochmittelalter war die Blütezeit des *Rittertums* und der Etablierung des Feudalwesens.
- Es war eine Epoche der Auseinandersetzung zwischen weltlicher und geistlicher Macht (d. h. zwischen Kaiser und Papst), die im *Investiturstreit* gipfelte.
- Das Hochmittelalter war die Zeit der *Kreuzzüge*, aber auch des *Minnesangs*.
- Im Verlaufe des Hochmittelalters entstanden die ersten *Universitäten*.
- Im Hochmittelalter wurde die *Scholastik* entwickelt.
- Das Hochmittelalter war die Zeit der Gründung der *Bettelorden* (Franziskaner und Dominikaner) und des Entstehens neuer christlicher Laienbewegungen, die von der katholischen Kirche als häretisch bezeichnet wurden.
- Im Hochmittelalter wurde die *Inquisition* ins Leben gerufen, um gegen Ketzer und Häretiker vorzugehen.

In dieser Aufzählung sind auch die Themen genannt, denen sich die traditionelle Mittelalterforschung bevorzugt zuwendet: Die Entwicklung von Papsttum und Königsherrschaft (Stichwort Investiturstreit) und die Probleme im Umfeld von Kirche, Reich und Adel haben den absoluten Vorrang in der mittelalterlichen Historiografie. Hinzu kommt – vor allem in der pädagogischen Historiografie – die Entstehung der Universitäten.

Wir nähern uns dem Hochmittelalter nicht aus der traditionellen Sichtweise, die sich auf die Geschichte der Herrschenden richtet, sondern lenken das Augenmerk auf die *Entwicklung der Stände* und deren Auswirkungen auf das Bildungswesen. Die Entwicklung des Ständewesens ist eingebettet in eine langfristige Wirtschafts- und Gesellschaftsentwicklung, die durch eine Periode des *Aufschwungs der Agrarwirtschaft* gekennzeichnet ist, welche die Blütezeit des Städtewesens ermöglichte.

Das auffälligste Phänomen des Hochmittelalters ist der enorme *Bevölkerungszuwachs* in Gesamteuropa. Zahlreiche Faktoren führten dazu, dass die Bevölkerung im dünn besiedelten Europa von 900 bis 1300 n. Chr. um das Drei- bis Vierfache wuchs. Begünstigt durch eine Warmzeit gelang es der Agrarwirtschaft des Hochmittelalters, die wachsende Bevölkerung einigermaßen zu ernähren. Ab dem 11. Jahrhundert konnte der Ackerbau durch den Einsatz besserer Geräte (z. B. Pflug und Egge) und die Einführung der *Dreifelderwirtschaft* intensiviert sowie durch exzessive Rodungen der Wälder enorm ausgedehnt werden. Durch sie veränderten sich die europäischen Landschaften vollständig und behielten dieses Aussehen dann bis zum 19. Jahrhundert bei. Rösener (1991) hat daher mit Blick auf die agrarische Entwicklung die Devise „Stadtluft macht frei" durch „Rodung macht frei" ergänzt.

Grundlegende Wandlungen im hochmittelalterlichen Wirtschafts- und Gesellschaftssystem wurden nicht zuletzt dadurch verursacht, dass parallel zur Ausbreitung von Handel und Gewerbe, zum Bevölkerungswachstum und zum Agrarfortschritt auch das Städtewesen aufblühte und sich allmählich eine Verkehrs- und Geldwirtschaft durchzusetzen begann (vgl. Engel und Jacob 2006).

Stadtluft machte zwar frei, aber nicht jeden satt. In den meisten Städten des Hochmittelalters gehörte über die Hälfte der Bevölkerung zu den Armen, die zum nackten Überleben auf die Unterstützung der wohlhabenden Bürger und auf Betteln angewiesen waren (Mollat 1984). Trotz der herrschenden Armut in Stadt und Land hielt sich die Not der Bevölkerung Europas während des Hochmittelalters im Vergleich zu den Zeiten vorher und danach aus den genannten Gründen noch einigermaßen in Grenzen. Gleichwohl blieben lokale Hungersnöte während des gesamten Hochmittelalters nicht aus und hatten katastrophale Auswirkungen (Mollat 1984).

2.3.2.1 Entwicklung der Stände

Kaum ein Bild des Mittelalters hat sich so eingeprägt wie der Ritter in seiner strahlenden Rüstung auf der einen Seite und der zerlumpte Bauer auf der anderen Seite. Gefüttert wird dieses Bild nicht nur durch Hollywood-Filme, sondern auch von Historikern. Mit vollem Ernst behauptete z. B. Dannenbauer (1941):

> » Die Welt des Mittelalters ist eine aristokratische Welt. Staat und Gesellschaft werden vom Adel beherrscht. Eine Anzahl großer Familien […] gebietet über Land und Leute […]. *Von anderen Leuten ist nichts zu vermelden. Das Volk auf dem Land* ist zum größten Teil abhängig, unfrei in mannigfaltigen Abstufungen. Es hat zu gehorchen, zu arbeiten und Abgaben zu entrichten. Zu sagen hat es nichts. Es *hat im Grunde keine Geschichte* (zit. n. Rösener 1991, S. 15).

In dieser Sichtweise schwingt die für das Frühmittelalter zutreffende Unterscheidung zwischen *Freien* und *Unfreien* mit. Bis zum 12. Jahrhunderts hatte sich die gesellschaftliche Ordnung aber dahingehend verändert, dass drei Stände zu unterscheiden sind: *milites* (Ritter), *cives* (Bürger) und *rustici* (Bauern). Für unsere Betrachtungen des Bildungswesens zur Zeit des Hochmittelalters ist diese gesellschaftliche Ordnung von grundsätzlicher Bedeutung, da sie sich in standesspezifischen Formen der Erziehung und Bildung niederschlug, die bis weit in die Neuzeit reichten.

▪ Ritter

Mit dem Begriff Ritter ist ein Mitglied des Standes der berittenen Berufskrieger gemeint. Gestützt auf Lehen, Großgrundbesitz und Leibeigene verdrängten die Ritter die waffenführenden, aber in Friedenszeiten Ackerbau betreibenden Freien aus dem Kriegsdienst. Damit wurde ein Prozess beschleunigt, der mit der Ausbreitung des Lehnswesens seit der karolingischen Zeit die *Freien* in immer stärkere Abhängigkeit vom Adel und Klerus geraten ließ, so dass sie zu Beginn des Hochmittelalters nur noch als Randgruppen anzutreffen waren. Der Landbevölkerung wurde in den Gottes- und Landfrieden des 11./12. Jahrhunderts zwar besonderer Schutz zugesichert, ihr wurde aber auch die Waffenführung untersagt. Damit wechselte das Monopol der Gewalt zu den Rittern und Feudalherren.

▪ Bauern

> » Schon im Mittelalter war der Bauer der Hüter der alten Sitte. Zäh hielt er an der Tradition fest und er zumal bewahrte treu Überlieferungen und Nachklänge der heidnischen Zeit. Trotz mancher Einwirkung des Ritters und Bürgers blieb seine Lebensweise einfach und bescheiden. Seine Kleidung war ein

schlichtes graues Arbeitsgewand und nüchtern und still lebte er dahin (Herre 1912, S. 201).

Die Bauern machten nach allgemeinen Schätzungen etwa 90 % der mittelalterlichen Bevölkerung aus und bildeten den „armseligen und mühsamen" Stand der armen Leute, der im Hochmittelalter drei Gruppen umfasste:

1. Freie,
2. Hörige und
3. Leibeigene.

Soziale Gliederung des Bauernstandes

Freie Bauern, die als Grundherren ihre uralten und angestammten Familienhöfe bewirtschafteten, gab es bereits zu Beginn des Hochmittelalters nicht mehr viele. Im Besitz der gleichen Rechte wie Adel und Klerus, zeichneten sich freie Bauern oft durch eine Lebensweise aus, die dem Adel gleichkam, und Heiraten reicher Bauernkinder mit Adligen waren nicht selten.

Die *hörigen Bauern* standen in einem Lehnsverhältnis zu einem Lehnsherrn (aus Adel oder Klerus). Sie betrieben die Landwirtschaft zu eigenem Nutzen, mussten aber Abgaben an den Grundherren entrichten und Frondienste leisten. Zentrale Aufgabe war, den Gutsherren das ganze Jahr hindurch zu versorgen. Hörige Bauern verfügten aber noch über gewisse Freiheiten und Selbstständigkeiten, die den Leibeigenen in unterschiedlichen Abstufungen verwehrt wurden.

Leibeigene standen im unmittelbaren Dienst ihrer Herren (z. B. als Köche, Bäcker, Hirten, Handwerker). Es gab auch Leibeigene, denen ein Grundstück zum eigenen Anbau übergeben wurde, wofür sie dann entsprechende Abgaben und Dienste zu leisten hatten. Ob sie nun unmittelbar oder mittelbar in Diensten des Lehnsherrn standen, änderte nichts an der Unfreiheit und Unselbstständigkeit der Leibeigenen. Leibeigene durften nicht ohne Einverständnis des Lehnsherren heiraten, und sie konnten auch ohne Weiteres vom Gut vertrieben werden. Aus der Leibeigenschaft gab es kein Entrinnen, da sie sich auf die Kinder vererbte. Das Fatale an der Entwicklung während des Hochmittelalters war, dass die Zahl der Hörigen immer kleiner und die Zahl der Leibeigenen immer größer wurde, da weltliche und kirchliche Lehnsherren nicht davor zurückscheuten, ihre Grundherrschaften zu vermehren, indem sie die Landbevölkerung gewaltsam in die Leibeigenschaft zwangen.

- **Bürger**

Während die meisten Bauern in Abhängigkeit von Grundherren ein armseliges Dasein fristeten, galt für die aufstrebenden Städte und ihre Bürger die Devise „Stadtluft macht frei". Die Städte waren weitgehend autonom und unterstanden nur dem Landesherren oder dem König, aber ansonsten keiner Lehnsherrschaft. An der Spitze der Stadt stand ein Rat gewählter Bürger. Zusammen mit den *freien Bauern* bildeten die *freien Bürger* den *dritten Stand* der mittelalterlichen Gesellschaft. Aber auch die städtische Gesellschaft hatte ihre sozialen Schichten.

Soziale Gliederung in den Städten des Hochmittelalters

An der Spitze stand der *Stadtherr* (das konnte der Landesherr oder im Falle der Reichsstädte der König sein).

Großgrundbesitzer und Großhändler bildeten die *herrschende Oberschicht*, das *Patriziat*.[13] Den Patriziern standen weitreichende politische Rechte zu.

Handwerker und andere Bürger bildeten als *Mehrheit* der Stadtbevölkerung die soziale *Mittelschicht*, hatten aber nur wenige politische Rechte.

Hausangestellte, Dienstboten, Henker, Totengräber und Gefängniswärter bildeten die *untere Schicht*. Sie hatten keine politischen Mitwirkungsrechte.

Juden, Bettler und Spielleute zählten zur untersten Schicht. Sie galten als „Auswurf der Gesellschaft".

West- und Mitteleuropa waren in der Zeit des Hochmittelalters trotz des Aufschwungs des Städtewesens überwiegend *agrarisch*, d. h. durch Ackerbau und Viehzucht geprägt, und mehr als 90 % der Menschen lebten auf dem Land.

2.3.2.2 Ständische Erziehung und Bildung

Wie auch zu anderen Zeiten war im Hochmittelalter die Kluft zwischen Land und Stadt, zwischen Arm und Reich, zwischen Mädchen und Jungen enorm, und zwar nicht nur in wirtschaftlicher und gesellschaftlicher Hinsicht, sondern vor allem auch im Hinblick auf die Bildung und Erziehung. Einfach gesagt war der hochmittelalterliche Bauer unfrei und ungebildet, der Bürger in einer Stadt frei und – zumindest elementar – gebildet. Im Unterschied dazu waren die *Ritter* zwar persönlich frei, aber üblicherweise ebenso ungebildet wie die Bauern. Als Angehöriger des Berufskriegerstandes benötigte der Ritter weder eine elementare noch höhere Bildung, sondern eine mehrjährige Ausbildung für den Kriegsdienst.

Verbreitet war im gesamten Mittelalter die Ansicht, dass die Kindheit in Abschnitte von je 7 Jahren gegliedert sei: Bis zum 7. Lebensjahr währte die frühe Kindheit, in der es ums nackte Überleben ging, da die Kindersterblichkeit sehr hoch war. Darauf folgte bis zum Alter von 14 Jahren die Knabenzeit bzw. Mädchenzeit, in der die *Erziehung* begann und die Entscheidung getroffen wurde, ob das Kind eine weltliche oder geistliche Laufbahn einschlagen würde. Der weitaus größte Teil der Kinder wechselte mit 7 Jahren, zum Teil auch schon früher, ins Arbeitsleben, denn ab dem 7. Lebensjahr galt das Kind als kleiner Erwachsener, der sich seinen Lebensunterhalt selbst zu verdienen oder sich am Broterwerb der Familie zu beteiligen hatte.

Auf dem Land erhielten die Kinder nicht einmal einen elementaren Unterricht in Lesen, Schreiben und Rechnen, sondern mussten die für die Landwirtschaft erforderlichen Kenntnisse und Erfahrungen durch Nachahmung der Erwachsenen lernen.

13 Ein Beispiel für die Macht der Patrizier sind die Familien Müllenheim und Zorn, die ab dem 11. Jahrhundert in Straßburg die mächtigsten Patriziergeschlechter waren. Die Rivalität zwischen ihnen wurde auch öffentlich, indem das Rathaus zwei Eingänge erhielt, einen für die Müllenheims und einen für die Zorns. Bis heute heißen die beiden Ufer der Ill *Quai Muellenheim* und *Quai Zorn*.

So wurden die Mädchen auf ihre Pflichten als Hausfrau und Mutter vorbereitet, die Jungen auf die Übernahme des väterlichen Betriebes. Die Ausbildung zum Landwirt oder Handwerker war bei weitem wichtiger als jede Elementarbildung in Lesen und Schreiben. Der Landbevölkerung wurde selbst eine elementare Unterweisung in Lesen, Schreiben und Rechnen verwehrt, so dass man durchaus vom *ungebildeten Bauern* sprechen kann.

„Gewalt und Betrug sind die zwei Haupttugenden im Kriege" (*Leviathan*, Hobbes 1651), eine höhere Bildung ist nicht erforderlich. Dementsprechend verfügten die Berufskrieger des Mittelalters, die *Ritter*, auch gewöhnlich über keinen allzu hohen Bildungsstand. Bis zum 7. Lebensjahr blieben die Edelknaben unter der Obhut ihrer Mütter, die auch für eine christliche Erziehung sorgten. Dann begann die *Ausbildung* zum Knappen, die wenn nicht vom Vater selbst, von einem „Zuchtmeister" oder einem anderen Ritter übernommen wurde. Neben der *Aneignung ritterlicher Fertigkeiten* stand auch die Einübung in höfische Sitten und Gebräuche auf dem Lehrplan des Knappen. Über eine elementare Bildung reichte die Ausbildung des Knappen gewöhnlich nicht hinaus. Sie bezog sich auf die Kenntnis der biblischen Geschichte und die Sagen der Vorzeit, hinzu kamen Musik, Gesang und Saitenspiel. Schreiben und Lesen hingegen waren keine allgemein verbreiteten Fertigkeiten im Ritterstand. Es gibt verschiedene Hinweise, dass selbst Minnesänger wie Wolfram von Eschenbach (1160–1220) oder Ulrich von Lichtenstein (1200–1275) nur über mäßige Fertigkeiten in Lesen und Schreiben verfügten und bei der Abfassung ihrer Minnegedichte auf die Hilfe von Schreibern angewiesen waren. Das sah natürlich ganz anders aus, wenn Söhne aus dem Ritterstand dazu bestimmt wurden, Kleriker zu werden. Dann wurde sehr früh mit dem kirchlichen Unterricht in den Klosterschulen begonnen, aber am Ende kamen dann ja auch keine Ritter, sondern geistliche Herren heraus. Ansonsten durchliefen die Edelknaben wie gesagt eine Ausbildung, die ganz und gar auf den Kriegsdienst ausgerichtet war. Darüber hinaus sollten sie die höfischen Sitten in unmittelbarer Nähe einer Edelfrau lernen, woraus sich dann der Minnesang entwickelte.

Mit dem 14. Lebensjahr galt die militärische wie höfische Erziehung als so weit vollendet, dass der Edelknabe zum Knappen erhoben wurde. Der junge Mann galt jetzt als wehrfähig und diente nun in einer mehrjährigen Knappschaft einem erfahrenen Ritter, bei dem er eine praktische Unterweisung im Waffendienst erhielt. Gab es keine kriegerischen Auseinandersetzungen, boten Turniere die Gelegenheit zum Training. In der Regel wurde ein Knappe mit 21 Jahren zum Ritter geschlagen.

Die *Erziehung der Mädchen* aus dem Ritterstand war ganz auf die Rolle der Hausherrin und Mutter abgestimmt. Die ersten 7 Jahre verbrachten die Mädchen in der Obhut der Mütter. Die weitere Erziehung und Ausbildung fand dann entweder im elterlichen Haus oder in einem Nonnenkloster statt, wo eine Schulmeisterin (*die schuole meisterin*) die Unterweisung in den Grundfertigkeiten einer Edelfrau übernahm. Bis ins 12. Jahrhundert hinein lag der Schwerpunkt auf Hauswirtschaft und Handfertigkeiten. Darüber hinaus gehörten Sticken, Weben, Reiten, Schachspielen, Singen, Tanzen und Gedichtevortragen zum Fächerkanon. Außerdem erfolgte auch die Unterweisung in Religion sowie im Lesen und Schreiben. Aber auch dies ging gewöhnlich nicht über eine elementare Bildung hinaus. Die Edelfräuleins wurden früh verheiratet (im Alter von 14 Jahren) und ihre Hauptaufgabe bestand darin, möglichst viele männliche Nachkommen zu gebären, die dann tapfere Ritter werden konnten.

Während die Bildung von Bauern und Rittern im Hochmittelalter also ein eher trauriges Kapitel der Geschichte der Pädagogik darstellt, verlief die Entwicklung des Bildungswesens in den Städten anders.

2.3.2.3 Entwicklung der Städte und der Stadtschulen

Den stärksten Aufschwung nahm die Entwicklung der Städte in den wirtschaftlich gut entwickelten Gebieten Europas: im Süden Englands, in den Tälern der Seine und Loire, im Gebiet um Paris, im deutschen Rheintal, in Flandern und in Norditalien. Hier befanden sich auch die größten Städte. So wurde beispielsweise *Köln* erst im 12. Jahrhundert mit etwa 40.000 Einwohnern zur größten Stadt im Rheingebiet,[14] zählte aber bereits im Jahre 1348 mit mehr als 100.000 Einwohnern zu den europäischen Großstädten. Allgemein hatten die Städte Europas aber eher eine Größenordnung, die zwischen 5000 bis 50.000 Einwohnern variierte.

Der Aufschwung der Städte, den man als herausragendes Merkmal des Hochmittelalters begreifen kann, ging am Saarland vorbei. Zwar wurde im Hochmittelalter mehreren Orten (z. B. Saarbrücken, Merzig, Homburg, Blieskastel, Wallerfangen) das Stadtrecht verliehen, aber weder bildete sich eine zusammenhängende Städtelandschaft noch eine urbane Kultur heraus.
Nimmt man als Beispiel die heutige Landeshauptstadt Saarbrücken, so mehren sich erst ab dem 13./14. Jahrhundert die Hinweise in den Quellen, dass sich das *Castellum Sarabrucca* auf dem Weg zu einer Stadt befand. 1322 erhielt die *stat* Saarbrücken wie auch das gegenüber liegende *dorf* St. Johann den Freiheitsbrief des Königs. Im Verlaufe des Spätmittelalters entwickelte sich daraus eine kleine Doppelstadt, die allerdings durch den Fluss geteilt war, über den keine Brücke führte. Die Doppelstadt blieb während des gesamten Mittelalters in den Worten Burgards ein

„sehr überschaubares Gemeinwesen, das mit einer der aufstrebenden Reichsstädte […] nicht viel gemein hatte. 162 Wohnhäuser weist eine der ersten Steuerlisten Saarbrücken aus dem 15. Jahrhundert nach, in denen etwa 1000 Menschen lebten; gut ein Drittel weniger waren es in der Schwesterstadt jenseits der Saar" (Burgard 2010, S. 59).

Dabei war die Doppelstadt Saarbrücken-St. Johann im 14. Jahrhundert die größte Stadt zwischen den alten und neuen Metropolen Metz und Straßburg, Trier, Mainz und Speyer und entwickelte durchaus auch zentralörtliche Funk-

14 Ab dem Jahre 1180 wurde in Köln mit dem Bau einer Stadtmauer mit 12 Toren und 52 Mauertürmen in der Ringmauer und mit mehr als 16 Toren und Pforten in der Rheinmauer begonnen. Als die Mauer um 1225 fertiggestellt war, war sie gewaltiger als die zur gleichen Zeit errichtete Stadtmauer von Paris.

tionen. Die Doppelstadt war zwar keine Ackerbürgerstadt, doch blieben Handel und Gewerbe auf den lokalen und regionalen Bedarf beschränkt, eine überregionale Bedeutung konnten nur die holzverarbeitenden Berufe und die Eisenschmelzer gewinnen.
Abgesehen von der bereits erwähnten Stiftsschule „An den Pforten" in St. Arnual gibt es keine Hinweise auf die Existenz einer Stadtschule.

Bemerkenswert ist, dass die meisten Städte im Hochmittelalter mehr Einwohner hatten als am Ende des Spätmittelalters. Beispielsweise lebten in Regensburg im 13. Jahrhundert 50.000 Einwohner, im 15. Jahrhundert ging die Bevölkerung auf weniger als ein Drittel zurück. Auf die Gründe werden wir in ▶ Abschn. 2.3.3. noch eingehen.

Erziehung und Bildung in den Städten des Hochmittelalters waren unverändert eine Hauptaufgabe des Klerus, der mit einem Netz an Kloster-, Dom- und Stiftsschulen in erster Linie für die Bildung des eigenen Nachwuchses sorgte. Die *Kollegiatstifte* nahmen aber auch bürgerliche Schüler in ihre Schulen auf, sofern diese für das höhere Bildungsangebot in den Städten zuständig waren. Aus den Stiftsschulen gingen später die *Lateinschulen* hervor, die zum Markenzeichen der höheren Bildung in der Neuzeit wurden. Die Ansiedlung einer Stiftsschule in der Stadt erbrachte gewöhnlich ergiebige Zuwendungen seitens wohlhabender Kaufmannsfamilien und des Stadtmagistrats. Dessen ungeachtet musste Schulgeld bezahlt werden, was der einkommensschwachen Bevölkerung – und das war ja der größte Teil – den Besuch einer Stiftsschule nicht erlaubte. Das Aufnahmealter lag zwischen 12 und 18 Jahren. Leben und Lernen fanden in einer Stiftsschule üblicherweise in verschiedenen Gebäuden statt. Die im Stift lebenden Schüler besuchten die Schule, die außerhalb des Klosters lag, und gingen nach dem Unterricht in ihr Stift zurück. Dort machten sie unter Aufsicht ihre Hausaufgaben. In Schule und Kloster gab es feste Gebetszeiten und Kleidervorschriften.

Da die Stiftsschulen ihre Schüler hauptsächlich auf einen geistlichen Beruf oder ein späteres Studium an einer Universität vorbereiten sollten, gliederte sich der Unterricht in drei Stufen: Die Elementarstufe befasst sich mit dem Lese- und Schreibunterricht, Psalterlernen bzw. Singen und Schönschreiben. Die Mittelstufe baute darauf ein geschlossenes System der *septem artes liberales* auf, die Oberstufe war ganz durch die Theologie bestimmt; hier standen Bibelexegese und Dogmatik auf dem Lehrplan (◘ Abb. 2.8).

Den Stiftsschulen erwuchs im Verlaufe des Hochmittelalters zunehmend Konkurrenz durch neu gegründete *Stadtschulen*, die sich allerdings noch ganz dem kirchlichen Bildungswesen unterordnen mussten. Obwohl die Stadtschulen mit der Zeit eine breite Wirkung entfalteten, verdrängten sie die kirchlichen Schulen nicht, so dass Stifts- und Stadtschulen nebeneinander existierten. Die Unterrichtssprache war Latein, und das wichtigste Schulbuch war die lateinische Grammatik des *Aelius Donatus* aus dem 4. Jahrhundert (Schönberger 2009), von der bis 1500 insgesamt 355 Auflagen nachgewiesen sind.

◘ **Abb. 2.8** Der Schulmeister von Esslingen aus dem Codex Manesse (fol. 292v, um 1305) (© picture-alliance / akg-images)

Das stadteigene Schulsystem bildete den Ausgangspunkt des weltlichen Schulsystems. Der Unterricht unterschied sich allerdings kaum von den kirchlichen Schulen, oft verzichteten die Stadtschulen aber auf den höheren Unterricht.

Ausschließlich auf eine elementare Bildung beschränkten sich die sogenannten *Klipp-, Winkel- oder Heckschulen*. Sie waren praktisch ausgerichtet und boten Kindern der unteren Sozialschichten gewöhnlich den einzigen Bildungsweg. Klippschulen kamen im späten Mittelalter vor allem in den großen Handelszentren der Niederlande und Deutschlands auf. Sie waren behördlich nicht anerkannt, benötigten aber dennoch eine Konzession vom Stadtrat. Als private Unternehmen boten sie Schreibdienste an und halfen den Bürgern beim Anfertigen von deutschsprachigen Briefen, Rechnungen und Urkunden. Gegen Bezahlung nahmen sie auch Kinder als Schüler an und führten sie auf elementarem Niveau in Schreiben, Lesen und Rechnen ein. Die Lehrer, die sogenannten Winkelmeister, verfügten in der Regel weder über Fachkenntnisse noch über pädagogisches Geschick. Im Vordergrund des Unterrichts standen der Erwerb von Grundkenntnissen durch Auswendiglernen und eine „handwerkliche" Unterweisung in Lesen und Schreiben. Klippschulen bestanden in Deutschland bis 1800 und wurden dann durch öffentliche Schulen ersetzt. So kritisch man die Klippschulen auch insbesondere aus pädagogischer Sicht beurteilen mag – besagt der Spruch „Hier geht's ja zu wie auf der Klippschule" ja nichts anderes, als dass pädagogisch erbärmliche Zustände herrschen –, muss anerkannt werden, dass sie einen wichtigen Beitrag zur Alphabetisierung der einfachen

Bürger (zum Teil auch der Bauern) geleistet haben. Die Einrichtung von Klippschulen war eigentlich nichts anderes als eine Konsequenz aus der Entfaltung der Städte zu Zentren der handwerklichen Produktion und des Warenaustauschs, was auf breiter Basis Fertigkeiten im Schreiben, Lesen und Rechnen voraussetzte.

Ausbildung der Handwerker

Begleitet wurde die Entwicklung des städtischen Bildungswesens durch einen verstärkt einsetzenden Prozess der Arbeitsteilung im Handwerk, das sich zunehmend aus dem ländlichen Umfeld löste und städtisch wurde. Wirtschaftlicher Aufschwung und Ausweitung von Handel und Gewerbe boten einer wachsenden Bevölkerung Arbeitsmöglichkeiten. Anzumerken ist, dass die städtische und ländliche Entwicklung sich nicht voneinander trennen lassen, da die städtischen Neuerungen, die im Rahmen der Agrargesellschaft entstanden, auf den ländlichen Raum zurückwirkten und auch hier langfristig den wirtschaftlichen und sozialen Wandel unterstützten. Die Stadt mit ihrem Markt wurde zu einer Zentralstelle der hochmittelalterlichen Wirtschaft und ermöglichte eine zunehmende Spezialisierung im Handwerk (Engel und Jacob 2006), so dass mit der Zeit eine Vielzahl neuer Handwerksberufe entstand. Die Palette der Handwerksberufe war vielseitig – übrigens auch für Frauen, die zwar hauptsächlich, aber nicht nur in typischen „Frauenberufen" tätig waren.

Um die Expansion der Handwerksberufe zu begrenzen und zugleich die eigenen Pfründe zu sichern, schlossen sich in den Städten nördlich der Alpen die Handwerker zu selbstverwalteten *Zünften*[15] zusammen. Es herrschte Zunftzwang, d. h., jeder neu zugezogene Handwerker musste von der jeweiligen Zunft formell aufgenommen werden, sonst durfte er sein Handwerk nicht ausüben. Infolgedessen gab es neben den Zünften nur wenige freie Gewerbe und einzelne, vom Zunftzwang befreite *Freimeister*. Die Zunft legte die Preise für handwerkliche Produkte fest und kontrollierte die Qualität der Erzeugnisse.

Die Zünfte waren als Standesorganisation der städtischen Handwerksberufe auch zuständig für die *Ausbildung der Handwerker*, die in den Haushalten der Zunftmeister stattfand. Bis zu seiner Gesellenprüfung lebte und arbeitete der Lehrling zusammen mit der Meisterfamilie. Dabei wurde er einerseits wie ein Familienmitglied behandelt, andererseits aber hatte er auch dienende Aufgaben. Das Erlernen des Handwerks geschah durch schlichte Einbeziehung in die Arbeitsprozesse, d. h. Zusehen, Nachahmen und Helfen sicherten die technischen Fertigkeiten und das Wissen über Werkstoffe und deren Handhabung. Um als Lehrling in einen Meisterbetrieb aufgenommen zu werden, musste man ausdrücklich ehrbar geboren worden sein und die Eltern durften nicht aus unehrbaren Berufen stammen, zu denen beispielsweise Abdecker, Gerber, Henker, Müller oder Schäfer zählten. Die Zahl der auszubildenden Lehrlinge war je nach Handwerk unterschiedlich groß. In der Textilherstellung und -verarbeitung waren relativ viele Lehrlinge anzufinden, während Goldschmiede gewöhnlich nur einen Lehrling ausbildeten. Die Lehrlinge waren vom Meister abhängig und weitgehend ohne Rechte. Eine Bezahlung erhielten sie gewöhnlich nicht, eher war es umgekehrt üblich, dass die Väter Lehrgeld für die Ausbildung der Kinder zu entrichten hatten. Am Ende der Lehrzeit, die je nach Handwerk bis zu sechs Jahren dauern konnte, wurde der Lehrjunge „losgegeben" oder „abgedingt" und von da an war er Geselle. Mit diesem Ereignis waren in manchen Zünften grobe Bräuche (Hänseln) verbunden. Die Ableistung einer Wanderung als Geselle war im Gegensatz zu einer weitverbreiteten Meinung keineswegs in allen Zünften vorgeschrieben und wurde ohnehin erst in nachmittelalterlicher Zeit eingeführt.

Das Bürgerrecht erwarben Gesellen in der Regel nicht, so wie es ihnen in den meisten Fällen nicht gelang, den Meistertitel zu erwerben, da das erforderliche Kapital fehlte. Zusätzlich hatten sie je nach Stadt und Zunft weitere Bedingungen zu erfüllen. Und die konnten nach Belieben der Zünfte stets neu festgelegt werden, denn je angesehener und vermögender eine Zunft war, desto stärker war das Bedürfnis der Meisterfamilien, sich nach außen abzuschließen und Fremden die Aufnahme in die Zunft zu verwehren (Engel und Jacob 2006). Man beschränkte nicht nur den Zugang zu den Zünften durch die Festsetzung der zugelassenen Meisterzahl, sondern pflegte auch „geschlossene Heiratskreise", d. h., Meisterkinder heirateten Meisterkinder. Für einen gewöhnlichen Gesellen bot sich kaum eine Chance zum sozialen Aufstieg. Das sollte in späteren Zeiten noch für viel Zündstoff für soziale Unruhen sorgen.

Die Ausbildung zum Handwerker unterschied sich grundsätzlich von der Bildung, die die höheren Stände im Rahmen der *septem artes liberales* erhielten. Vereinfacht ausgedrückt ging es bei der höheren Bildung um die Vermittlung und den Erwerb theoretischen Wissens, während bei der Ausbildung des Handwerkers die Vermittlung und der Erwerb von *Handlungswissen* und Fertigkeiten im Vordergrund standen. In dem einen Falle ging es um die Wissenschaft (*scientia*), im anderen Falle um das Handwerk im eigentlichen Sinne (*ars*). Die Wissenschaft wurde durch die *septem artes liberales* abgedeckt, das Handwerk durch die *septem artes mechanicae* (die praktischen Künste). Beide waren scharf voneinander getrennt.

Als *artes mechanicae* oder praktische Künste wurden im Mittelalter die Fertigkeiten bezeichnet, die dem unmittelbaren Broterwerb dienten. Es waren die Klöster, die als erste den Wert von Handwerk und Handarbeit betonten und den *septem artes liberales* die *septem artes mechanicae* gegenüberstellten. Zum Ausdruck gelangte dies u. a. in den Schriften des Hugo von St. Viktor, seit 1133 Leiter einer Klosterschule in Paris, der *sieben Handwerkszweige* unterschied: Webekunst, Waffenschmiedekunst, Bauhandwerk als Steinmetz und Maurer, Schifffahrt, Jagd, Heilkunst und Schauspielkunst.
Im Verlaufe des Hochmittelalters bürgerte es sich ein, die *artes mechanicae* in *armatura*, *agricultura* und *lanificium* einzuteilen. Zu den *armatura* zählten alle Berufe des Handwerks, der Baukunst und der bildenden Künste; die *agricultura* entsprach der Landwirtschaft und das *lanificium* umfasste das Bekleidungshandwerk. Grundsätzlich wurde den *artes mechanicae* deutlich weniger Achtung gezollt und Wert beigemessen als den *artes liberales* – eine Tradition, die gelegentlich bis heute gepflegt wird.

Zusammenfassend kann festgehalten werden, dass mit der Entwicklung der Städte ein Aufschwung der Stadtschulen und damit eine *Säkularisierung* der Bildung verbunden war. Diese fand besonders in einer neuen Bildungseinrichtung statt: der Universität.

15 Als *Zünfte* – von althochdeutsch *zumft* „zu ziemen" – bezeichnet man ständische Körperschaften von Handwerkern, wie sie seit dem Mittelalter zur Wahrung gemeinsamer Interessen entstanden und bis ins 19. Jahrhundert existierten, in gewissen Regionen (beispielsweise in der Schweiz) bis heute.

Abb. 2.9 Die Universität im Mittelalter (© picture-alliance / Costa/ Leemage)

2.3.2.4 Universitäten: neue Zentren der Wissenschaft

Die Universität als eigenständige Bildungseinrichtung nahm ihren Ausgang in Bologna, wo sich 1088 Lehrer und Schüler zu einer Gemeinschaft, der *universitas magistrorum et scholarium*, zusammenschlossen. Im 12. und 13. Jahrhundert wurden die Universitäten in Oxford (um 1170) und in Paris (um 1200) gegründet. Dann folgten im 13. Jahrhundert in rascher Abfolge die Universitätsgründungen in Cambridge, Salamanca, Padua und in anderen Städten. Die ersten Universitäten im deutschen Sprachraum (Prag, Krakau, Wien, Heidelberg und Köln) wurden erst ab Mitte des 14. Jahrhunderts gegründet und fallen damit in die Zeit des Spätmittelalters.

In der Geschichte der Pädagogik wird die Universität als „die bedeutsamste Erscheinung im Bildungsleben zwischen 1200 und 1500" (Reble 1965, S. 56) gefeiert. In der Tat kann man die Gründung von Universitäten als Meilenstein in der Geschichte von Wissenschaft und Bildung betrachten, aber sie erfolgte nicht ohne Vorgeschichte. Den Weg zur Universität bereiteten die *Domschulen* des 11. Jahrhunderts, wo renommierte Gelehrte die *Scholastik* entwickelten, die so etwas wie das Markenzeichen des gesamten Mittelalters wurde.

▪ Scholastik als Schulwissenschaft

Der Weg zur Scholastik setzte mit Anselm von Canterbury (1033/34–1109) und der Wiederentdeckung der Schriften des Aristoteles ein. Neben einer gründlichen Ausbildung in den *artes liberales* gehörte die Dialektik zum Kern des wissenschaftlichen Arbeitens. Dabei beriefen sich die Gelehrten des 11. Jahrhunderts gerne auf Hrabanus Maurus und seine Definition der Dialektik als

> » Disziplin des vernunftmäßigen Fragens, Definierens und Erörterns, auch des Vermögens der Unterscheidung von wahr und falsch […] sie lehrt Lehren, sie lehrt Lernen, in ihr zeigt sich die Vernunft selbst und legt offen, was das sei, das man zu erkennen wünscht (*De clericorum institutione III*, 20, zit. n. Nonn 2012, S. 82).

Wenn von der Entwicklung der Scholastik des Mittelalters die Rede ist, muss auf *Abaelard* (1079–1142) verwiesen werden – nicht so sehr wegen der berühmt gewordenen Liebesaffäre mit seiner Schülerin Heloise als vielmehr wegen des Streites, den er wegen seiner Lehren mit dem erzkonservativen Kreuzzugsprediger und Mystiker *Bernhard von Clairvaux* (1090–1153) auszufechten hatte und der ihm schließlich die päpstliche Verurteilung zu Klosterhaft und ewigem Schweigen einbrachte. Abaelard betonte (Jahrhunderte vor der Aufklärung) den Vorrang der Vernunft in der Philosophie, aber auch in Glaubensfragen – seinerzeit ein Sakrileg.

Die *scholastische Methode* umfasst vier Schritte: die präzise Formulierung eines Problems in Form einer Frage (*quaestio*), eine genaue Klärung der verwendeten Begriffe (*distinctio*), eine logische Beweisführung und die dialektische Disputation (*disputatio*). Zu einem Problem werden alle verfügbaren Argumente zusammengetragen, um eine Glaubenswahrheit zu bestätigen. Die mittelalterliche Scholastik konzentrierte sich darauf, theologische Aussagen rational zu begründen, zu interpretieren, zu systematisieren und zu rechtfertigen. Der Bibel und den Schriften der Autoritäten wird so stark vertraut, dass jedes neue Wissen im Einklang mit ihnen stehen muss (vgl. Hoye 2003).

Das methodische Vorgehen

Zur Behandlung einer Problemstellung der Dogmatik wird eine Abhandlung eines anerkannten Gelehrten ausgewählt. Indem sie diese Abhandlung gründlich und kritisch lesen, lernen die Schüler etwas über die theoretischen Argumentationen der Autorität. Um diese zu bewerten, werden andere Quellen und Textstellen herangezogen. Alles, was zu dem Thema geschrieben wurde, muss hinsichtlich von Unstimmigkeiten und strittigen Punkten analysiert werden. Diese werden in Form von Sätzen (*sententiae*) festgehalten.

Der nächste Schritt besteht in einer dialektischen Analyse, bei der die zwei Seiten eines jeden Arguments herausgearbeitet werden, so dass klar zwischen Zustimmung und Widerspruch unterschieden werden kann. Einige Argumente können auch völlig zurückgewiesen oder neue Argumente können eingebracht werden. Die dialektische Analyse erfolgt philologisch und logisch. In der philologischen Analyse werden die Wörter hinsichtlich möglicher Mehrdeutigkeiten geprüft. Zusätzlich wird in Betracht gezogen, dass der Autor vielleicht ein bestimmtes Wort verwendet, aber eigentlich etwas anderes meint. Zusätzlich kann Doppeldeutigkeit verwendet werden, um die Gemeinsamkeit zwischen zwei (scheinbar) einander widersprechenden Aussagen zu finden. Die logische Analyse beruht auf den Regeln der formalen Logik und zielt auf einen Beweis, dass Widersprüche zwischen Aussagen nicht existieren.

Eine Exposition umfasst demnach folgende Komponenten:

- die Ausgangsfragen (*quaestiones*),
- die Erläuterung der Meinungen von Autoritäten (*sententiae auctorum*),
- die Aufstellung aller Pro- und Kontraargumente ebenso wie aller einander widersprechenden Aussagen der Autoritäten und
- die Antworten, die auf logischen Folgerungen und eventuell auf den Meinungen von Autoritäten begründet sind.

Im Rahmen dieser Exposition, die charakteristisch ist für die scholastische Methode des Lehrens, werden zwei Methoden unterschieden:

Die erste Lehrmethode ist die *lectio*. Der Student hat dem Lehrer zuzuhören, wenn dieser einen Text liest und bestimmte Wörter und Ideen erklärt. Fragen sind nicht gestattet, der Schüler hat zu lauschen und zu schweigen. Die zweite Lehrmethode ist die *disputatio*, die den Schwerpunkt der mittelalterlichen Scholastik ausmachte. Dabei waren zwei Varianten üblich: Entweder wurde die zu behandelnde Problemfrage vorab angekündigt oder die Schüler konnten beim Quodlibet[16] ohne Vorwarnung eine Frage an den Lehrer richten. Der Lehrer beantwortete die Frage, indem er unterstützende Texte von Autoritäten zitierte, um die eigene Position zu beweisen. Wenn die Schüler der Antwort widersprachen, ging das Quodlibet weiter. Jemand hatte Notizen anzufertigen, so dass der Lehrer die Argumente zusammenfassen und einen Tag später seine endgültige Position präsentieren konnte, um alle Gegenmeinungen zu widerlegen.

Die scholastische Methode ist durch die Gegenüberstellung von Argumenten in Form von Pro und Kontra sowie von Ja und Nein (*sic et non*) gekennzeichnet. Üblicherweise zielt die scholastische Methode auf Abklärung und Auflösung angenommener oder faktischer Antinomien und Antagonismen zwischen Autoritäten mittels einer näheren Bestimmung des Sinns und der Bedeutung ihrer Aussagen. Deshalb wird die scholastische Methode auch als Konkordanzverfahren bezeichnet (*concordantia catholica*), eine Methode des Vermittelns und Beilegens vermeintlicher Widersprüche.

Die neu gegründeten Universitäten traten die Nachfolge der Domschulen an und wurden immer mehr zu den neuen Zentren der Gelehrsamkeit in Philosophie, Theologie und den anderen Wissenschaften (◘ Abb. 2.9). Der Begriff der Universität konnte zweierlei bedeuten: zum einen die Gesamtheit der Wissenschaften (*universitas literarum*), zum anderen die Gemeinschaft der Lehrenden und Lernenden (*universitas magistrorum et scholarium*), also eine Organisation. Da die Universitäten in den Städten nicht der Ausbildung von Klerikern dienten, sondern dem, was man heutzutage unter dem Begriff Studium generale versteht, wurden sie von der Kirche mit Misstrauen und Argwohn betrachtet (Nonn 2012). An den neu gegründeten Universitäten (Bologna, Oxford, Paris) studierte man eine überschaubare Anzahl wissenschaftlicher Disziplinen, unter denen die Theologie selbstredend die Königsdisziplin war.

Die zunächst als freie Gemeinschaften auftretenden Universitäten erhielten nach und nach die Anerkennung durch die weltlichen und kirchlichen Herrschaften, sie wurden dabei mit bestimmten Vorrechten (z. B. einer eigenen Gerichtsbarkeit) ausgestattet und wuchsen allmählich zu einer einflussreichen Bildungseinrichtung heran. Einen großen Anteil an der Entwicklung der Universitäten hatten die Bettelorden der Dominikaner und Franziskaner. Die Sorbonne in Paris gewann unter dem Wirken namhafter Gelehrter aus dem Orden der Dominikaner die größte Autorität in der Theologie und Philosophie des Hochmittelalters. Zu ihnen zählte *Albertus Magnus* (1200–1280), der zum unangefochtenen Experten für Aristoteles und die jüdisch-arabische Philosophie avancierte und den christlichen Aristotelismus des hohen Mittelalters maßgeblich prägte. Einer seiner Schüler in Paris war *Thomas von Aquin* (1225–1274), der zum größten Gelehrten seiner Zeit aufsteigen sollte. Er wurde zu *dem* Repräsentanten der Scholastik des Hochmittelalters. Für unsere Thematik ist er aber auch wegen seiner Beiträge zur Erziehung und Bildung bedeutsam.

2.3.2.5 Thomas von Aquin und die Erziehung

„Wer wie Thomas v. Aquin (1224/25–1273) gelehrt hat, dass das Lehren nachgerade die ideale Lebensform ist, weil es unübertreff-

16 Das Quodlibet war bei den Scholastikern eine Abhandlung vermischten Inhalts; es bestand meistens aus Fragen und Antworten (*quaestiones et responsiones quodlibeticae*) ähnlich wie beim Katechismus. Bei der *disputatio de quodlibet* musste ein ausgewählter Kandidat Fragen zu einem Thema ohne Vorbereitung schnell beantworten.

lich Denken und Handeln, die *vita activa* und die *vita contemplativa*, in sich vereinigt, darf in der Reihe der Schlüsselwerke der Pädagogik nicht fehlen", so Prange (2008, S. 66).

Selbstverständlich war Thomas von Aquin in erster Linie Theologe, aber er versuchte, Gott und die Schöpfung eher durch natürliches Schlussfolgern als durch Exegese der Bibel zu beleuchten. Er war ein außerordentlicher Philosoph, der – unter dem Einfluss seines Lehrers Albertus Magnus – die aristotelische Philosophie tief in das christliche Denken verankerte. In seinen pädagogischen Beiträgen, die man allerdings aus seinem überwältigenden Schrifttum erst heraussuchen muss, vertrat er Auffassungen, wie man sie auch heutzutage finden kann.

Im Hinblick auf Lehren und Lernen sind vor allem die *Summa theologiae* und die *Quaestiones disputatae de veritate* zu nennen. Das sind Werke der Metaphysik, in denen es darum ging, Vernunft und Glaube auf einen Nenner zu bringen, wobei Thomas nicht nur auf die Philosophie des Aristoteles zurückgriff (Metz 1998), sondern auch auf die Schriften des *Averroës*, der als maurischer Philosoph im 12. Jahrhundert als Kommentator der aristotelischen Schriften bekannt war. Die Auffassungen des Thomas von Aquin zum Lehren und Lernen sind ebenso in der aristotelischen Philosophie wie in der Scholastik verankert, wobei Thomas aber auch die Grenzen der Bezugnahme auf Autoritäten betont. Auch Debatten pädagogischer Natur verlangen laut Thomas von Aquin Begründungen, welche die Wurzel der Wahrheit ausfindig machen und wirkliches Wissen darüber erzeugen, inwiefern Behauptungen wahr sind. Wenn sich Pädagogen bei Problemen, die zu lösen seien, nur auf Autoritäten einlassen und verlassen, wird den Zuhörern zwar gesagt, dass etwas so und so ist, aber sie gewinnen kein Verständnis dessen, was gesagt wurde, und gehen leer aus.

Ausgangspunkt der pädagogisch relevanten Betrachtungen des Thomas von Aquin ist eine Theorie des Wissens, die sich auf das Verstehen der Sinneserfahrungen stützt. Menschen sind für Thomas potentielle Wissende, wissensdurstige Fragesteller und nicht bloß passive Empfänger von Sinnesdaten (Donohue 1968). Obwohl die Sinneserfahrungen Wissen erzeugen, können sie ihm zu Folge das nicht aus sich heraus tun. Sinnesdaten werden vielmehr durch den Verstand in Wissen transformiert, so dass es eine aktive Fähigkeit des Verstandes geben muss, damit dies geschehen kann – auch um allgemeine Prinzipien aus einer Welt sich verändernder Dinge abstrahieren zu können (Thomas Aquinas 1265–8, 1, 84, a. 6). Thomas geht davon aus, dass es im Menschen ein „bestimmtes Wissensprinzip, nämlich das Licht des aktiven Verstandes, gibt, der das Potenzial hat, um universelle Prinzipien unmittelbar zu verstehen" (Thomas Aquinas 1265–8, Q 117, a. 1). Die Quelle dieses Lichts ist letztlich Gott als Ursache des Verstehens, aber auf der Ebene der Sinneswahrnehmung ist der Verstand das Mittel, um Begriffe über die Welt zu speichern. Je mehr der Verstand in der Lage ist, von den einzelnen Objekten zu abstrahieren, desto sicherer wird das Wissen. „Die vollendete intellektuelle Operation im Menschen", schreibt Thomas, „besteht in einer Abstraktion von Vorstellungsbildern" und je freier der Verstand von den Vorstellungsbildern wird, desto besser wird er die Welt verstehen (Thomas Aquinas 1265–8, II-II, Q. 15, a. 3, 3).

Die thomasische Theorie des Wissens beruht auf den Sinnen, die die Welt akkurat repräsentieren, und dem Verstehen, das die Natur der Wahrheit unmittelbar begreift. Der Irrtum resultiert aus Urteilen, die irrtümlich sein können, weil ein Urteil sich mittels Vergleich und Bestätigung bildet und Ähnlichkeiten ablehnt. Wir können z. B. glauben, dass Wasser bei 100° C kocht, und dann nicht zutreffend urteilen, dass, weil Wasser in einer Berghütte auf 3000 m Höhe kochte, die Temperatur im Kessel 100° C betrug. Wir können diesen Fehler selbst korrigieren, oder wir werden von anderen korrigiert. Gehen wir der Sache näher auf den Grund, gelangen wir am Ende zu einem zutreffenden wissenschaftlichen Verständnis der Siedepunkte auf der Grundlage der Clausius-Clapeyron-Gleichung.

Die *Verbesserung von Irrtümern* durch Erziehung ist für Thomas ein ökonomischer Weg des Lernens. Unterricht kann Schüler auf Irrtümer und korrekte Schlussfolgerungen hinweisen, aber die bloße Darbietung von Informationen oder Schlussfolgerungen ist weder Lehren noch Lernen. Ohne etwas verstanden zu haben, kann kein Wissen erwachsen. Der Schüler mag belehrt worden sein, hat aber nichts gelernt. Laut Thomas bewirkt der Lehrer die Aneignung von Wissen im Lernenden dadurch, dass er ihn vom Potential zum Handeln zurückführt. Lernen findet nach Thomas immer mittels Entdeckung (*inventio*) statt, auch wenn dies durch formale Unterweisung (*disciplina*) unterstützt wird. Die „Kunst des Lehrers" ist zwar wichtig, aber vergleichbar mit der Kunst des Arztes ist sie eher indirekt. Der Arzt kann Gesundheit nicht direkt an den Patienten verabreichen, sondern nutzt seine Fertigkeiten, um dem Patienten beim Gesundwerden zu helfen. So kann auch der Lehrer nicht direkt Wissen in einem Schüler verursachen, aber er kann durch Anwendung bestimmter Methoden dazu beitragen, dass aus einer ungebildeten Person jemand wird, der etwas gelernt hat. Wie ein Arzt den Weg zum Gesundwerden zeigt, so zeigt der Lehrer dem Schüler den Weg, wie effektiv gelernt werden kann. Die wesentliche Rolle des Lehrers besteht darin, den Schüler zum Lernen zu motivieren und im Unterricht *Zeichen* einzubringen, so dass der Schüler selbst *vernünftige Begriffe* mittels des eigenen Verstandes bilden kann (Thomas Aquinas 1265–8, 1, Q. 117, 3.).

Dabei kann Lehren nach Thomas von Aquin zwei Formen annehmen: Bei der ersten Methode bietet der Lehrer dem Schüler vertraute Beispiele oder Aussagen (Lehrsätze) einer weniger allgemeinen Art dar, die sich auf das Vorwissen des Schülers beziehen und ihm erlauben, Vergleiche hinsichtlich der Ähnlichkeiten und Unterschiede durchzuführen, um auf diese Weise das Wissen zu erweitern. Der Lehrer führt den Lernenden von bekannten Dingen zu neuen Entdeckungen – ganz im Sinne des aristotelischen Verdikts, wonach alles Lehren und Lernen vom Vorwissen auszugehen habe. Die zweite Methode besteht darin, dass der Lehrer den Verstand des Schülers stärkt, so dass dieser selbst herausfindet, in welcher Weise logische Prinzipien zu Schlussfolgerungen führen (Thomas Aquinas 1265–8, I, Q 117, a. 1). Dabei gilt grundsätzlich, dass man nicht irgendetwas passiv wissen kann. Schlussfolgerungen können nicht wirklich gewusst werden, ohne dass die Prämissen verstanden werden, die zu den Folgerungen führen. Die Rolle des Lehrers ist stets indirekt. Darin liegt für Thomas auch der Grund, dass der Lehrer *Zeichen* (v.a. Wörter) verwendet, um zu unterrichten. Man kann nie zu Wissen über die Natur der Dinge mittels der Zeichen alleine gelangen, denn nicht das Wissen von den Zeichen, sondern das der Prinzipien erzeugt die Schlussfolgerungen. Wahres Lernen ist immer ein *Entdecken durch den Lernenden*. Obwohl der Lehrer Zeichen verwenden muss, um dem Schüler dabei zu helfen, selbstevidente Prinzipien der Begriffsbildung und des Schlussfolgerns anzuwenden, ist es das *Licht des Verstandes*, das den Schüler zu konkreten Besonderheiten führt und die Schlussfolgerungen bestimmt (Thomas Aquinas 1256–9, Q 11; 8, 1, Q. 117).

Als Beispiele für Prinzipien, die als selbstevident bekannt sind, führt Thomas das Beispiel an, dass die Summe der Winkel in einem Dreieck gleich der Summe zweier rechter Winkel ist. Die Wahrheit solcher Aussagen erscheint dem Verstand unmittelbar evident. Bezogen auf die materielle Welt, wie sie durch die Sinne „gewusst" wird, ist es die aktive Vernunft, die vernünftige Formen aus der Sinneserfahrung abstrahiert, um eine „verstandesmäßige Ähnlichkeit" der sensorischen Erfahrungen im Verstand zu erzeugen. Dabei kann der Lehrer durch Bereitstellung von Zeichen von Verstandesdingen helfen (Thomas Aquinas 1256–9, Q 11, Art. II). Sinneseindrücke werden dann Zeichen in der vernunftbegabten Seele – in der modernen Kognitionspsychologie wird dies als *Internalisierung* bezeichnet. Der Lehrer kann den Kopf des Schülers nicht mit Wissen füllen, dieses wird vom Schüler durch entdeckendes Lernen erzeugt. Damit will Thomas nicht die Rolle des Lehrers schmälern, es geht ihm um die Betonung des intellektuellen Potentials der Lernenden. Ein Lehrer kann den Schüler nicht wissend machen, aber wenn der Lehrer adäquat gelehrt hat, dann wird das Wissen des Schülers dem des Lehrers gleichen (Thomas Aquinas 1265-8, II-II, Q 171, a. 6).

Die bisherige Darstellung darf nicht dahingehend missverstanden werden, als habe Thomas nur die intellektuellen Fähigkeiten von Lernenden, die durch Lehrer gefördert werden sollen, behandelt. Thomas von Aquin hatte einen entscheidenden Einfluss auf die christliche Erziehungsidee insgesamt (Prange 2008): Die Aufgabe der Eltern für die Erziehung ihrer Kinder lag für ihn in der *Pflege* begründet, damit das Kind als Mensch so wird, wie es von Gott und der Natur bestimmt ist. Das Ziel von Erziehung sollte das *perfectum esse* (das Vollkommensein) im Sinne einer charakterlichen Erziehung sein. In der Erziehung der Kinder sollte nicht nur Barmherzigkeit, Vergebung und Nächstenliebe walten, sondern Eltern und Lehrer sollten selbst ein Leben praktizieren, das als Modell für die Heranwachsenden dienen kann (vgl. Hörner et al. 2008). Eltern (vor allem der Vater) und Lehrer sollten Autorität besitzen – Autorität im Sinne von Würde, sittlicher Haltung und sozialem Ansehen. Erziehen heißt für Thomas, zur Entwicklung der vollkommenen Reife des Menschen gemäß seiner menschlichen Natur beizutragen.

Anna: „Das haut einen glatt um, wenn man liest, wie Thomas von Aquin pädagogisch gedacht hat. Das könnte doch auch von einem modernen Pädagogen stammen, der sich der Idee des entdeckenden Lernens verschrieben hat."

Jakob: „Ja, ich glaube, dass jemand wie Bruner, der das entdeckende Lernen propagiert hat, mit Thomas hundertpro übereinstimmen dürfte."

Anna: „Wenn er ihn kennen würde. Ich habe eher den Eindruck, dass heutzutage kaum noch jemand weiß, dass es einen Thomas von Aquin gegeben hat, geschweige denn, dass jemand weiß, was er über Lehren und Lernen gedacht und geschrieben hat."

Jakob: „Grundsätzlich stimme ich dir zu. Aber wenn du mal im Internet stöberst, wirst du überrascht sein, wie präsent die Erziehungsphilosophie von Thomas heute ist. Da findest du jede Menge Blogs und Kurzartikel, in denen auf die Aktualität der Pädagogik des Thomas hingewiesen wird. Allerdings eher mit der Betonung des Religiösen und seiner Bedeutung für die heutige Erziehung."

Anna: „Ja, so was habe ich auch mal im Internet gelesen. Da hatte jemand die Erziehungsphilosophie von Thomas auf den kurzen Nenner ‚helfen, zu sein' gebracht und von einer ‚unvergänglichen Pädagogik' gesprochen."

Jakob: „Was ist denn darunter zu verstehen?"

Anna: „Soweit ich mich erinnere, hat der Autor damit gemeint, dass die Pädagogik im Sein des Menschen und in seiner unvergänglichen Natur gründen sollte."

2.3.3 Erziehung und Bildung im Spätmittelalter und in der Renaissance

Als *Spätmittelalter* wird der Zeitraum der europäischen Geschichte von der Mitte des 13. bis zum Ende des 15. oder Anfang des 16. Jahrhunderts bezeichnet, was die Frage nach der zeitlichen Einordnung der *Renaissance* aufwirft. Denn die Anfänge der Renaissance liegen im Italien des späten 14. Jahrhunderts, ihren Höhepunkt aber erreichte sie im 15. und 16. Jahrhundert, und sie wurde dann durch den Barock abgelöst. Damit gehört die Epoche der Renaissance, wenn man die übliche Unterteilung zugrunde legt, sowohl zum späten Mittelalter als auch zur frühen Neuzeit. Das Spätmittelalter hat zwei Gesichter: Eines steht für *Krise und Niedergang*, das andere für den *Aufschwung zu einem neuen Denken*. Dieses neue Denken wird mit dem Begriff des *Humanismus* umschrieben, der zur Renaissance als eine kunstgeschichtliche Entwicklung hinzutritt.

Im 13. Jahrhundert waren große Teile Europas nicht nur weitgehend von Kriegen verschont geblieben, sondern hatten auch eine positive wirtschaftliche Entwicklung genommen, die sich in einer Bevölkerungszunahme und dem Aufschwung der Städte niedergeschlagen hatte. Ab 1290 änderte sich die Situation in vielen Teilen Europas nahezu schlagartig.

Im *Heiligen Römischen Reich* kam es im Spätmittelalter zu einer kontinuierlichen Machtzunahme der Territorialfürsten bei gleichzeitiger Entmachtung des Kaisers. England und Frankreich rieben sich im *Hundertjährigen Krieg* (1337–1453) und standen lange Zeit am Rande des Abgrunds. Demgegenüber gelang es Spanien, Polen und Russland, sich als Königreiche zu stabilisieren und zu Hegemonialmächten aufzusteigen. Frankreich, England und das Heilige Römische Reich zählen zu den Verlierern, während die osteuropäischen Länder Polen-Litauen und Russland Gewinner der historischen Entwicklung wurden – zum Teil auch dadurch begünstigt, dass Osteuropa von der Pest verschont blieb. Gewinner der Krisen der europäischen Großmächte waren in jedem Falle die *italienischen Städte*. Florenz und Venedig wuchsen im 14. Jahrhundert infolge des rasanten Aufschwungs von Gewerbe, Handel und Finanzgeschäften zu mächtigen Stadtrepubliken in der Toskana und Venetien heran. Die in Florenz seit 1434 dominierende Familie der Medici förderte die Künste nachhaltig und wurde zum Treibriemen der Renaissance. Neben Florenz und Venedig entwickelte sich *Rom* unter dem Einfluss der Päpste zur dritten herausragenden politischen und kulturellen Metropole Italiens.

Das Spätmittelalter wurde durch Hunger und Elend geprägt. Eine Ursache hierfür lag in der Klimaveränderung, die um 1300 bis 1350 auf die mittelalterliche Warmzeit die sogenannte *Kleine Eiszeit* folgen ließ, die bis ins späte 19. Jahrhundert andauerte.

2.3.3.1 Hunger, Pest und Not

Wenn soeben von Gewinnern und Verlierern der historischen Entwicklung die Rede war, muss festgestellt werden, dass die großen Verlierer des Spätmittelalters nicht die Fürstenhäuser, sondern die einfachen Leute waren. Nicht genug damit, dass sie zahlreiche Kriege zu erleiden hatten, wurden sie während des gesamten Spätmittelalters auch von Hungersnöten und der Pest geplagt.

Nachdem die Bevölkerung Europas während des Hochmittelalters infolge einer Intensivierung der Landwirtschaft kontinuierlich zugenommen hatte, wurde bereits zu Beginn des 14. Jahrhunderts die Landknappheit in vielen Dörfern in West- und Mitteleuropa spürbar. Dennoch nahm die Bevölkerung noch weiter zu. Vor allem die Zahl der Kleinbauern vermehrte sich in dicht bevölkerten Regionen in beängstigendem Ausmaß. Immer mehr Menschen drängten sich auf enger werdendem Raum, die Preise für Ackerland stiegen unaufhaltsam. Mit der zunehmenden Bevölkerungsdichte verschlechterte sich die Ernährungslage von breiten Schichten der Bevölkerung. Schwere Hungersnöte und Epidemien ließen dann ab dem Beginn des 14. Jahrhunderts die Bevölkerung rapide schrumpfen. Nach mehreren lokalen Hungersnöten gegen Ende des 13. Jahrhunderts kam es in den Jahren zwischen 1315 und 1318 infolge dreier aufeinanderfolgender kalter und nasser Sommer europaweit zur größten Hungersnot des Spätmittelalters. Die Preise für Getreide stiegen in astronomische Höhen, die Menschen starben tausendfach an Entkräftung, Krankheiten und Unterernährung. Katastrophale Folgen hatte auch die europaweite Hungersnot der Jahre 1437/38, die ebenfalls mit einer Kettenreaktion von Krankheiten, Viehseuchen, Landflucht, Teuerung, wachsender Kriminalität und allgemeiner Verelendung verbunden war. Bemerkenswert ist, dass der Teufelskreis von Missernten, Inflation, Hunger, Unterernährung und Seuchen die Bevölkerung aller west- und mitteleuropäischen Länder von England über Frankreich und Deutschland bis in die Schweiz betraf. Viele mittelalterliche Heiligen- und Wohltäterlegenden wie z. B. die Legende von der heiligen Elisabeth von Thüringen handeln von den damaligen Hungersnöten.

Die schlimmste Katastrophe des Spätmittelalters aber war die *Pest*, die sich ab 1347 von der Halbinsel Krim im Schwarzen Meer nach Europa ausbreitete und die Bevölkerung Europas um ein Drittel bis zur Hälfte dezimierte.

Die europäische Gesellschaft vor 1300 besaß zwar schon recht gut ausgestattete Universitäten, errichtete beeindruckende gotische Kathedralen und erlebte eine künstlerische und literarische Blütezeit, aber den Naturwissenschaften wurde wenig Aufmerksamkeit gewidmet. Insbesondere das medizinische Wissen war sehr schwach entwickelt. Man verstand weder die Ursache von Krankheiten, noch hatte man irgendeine Vorstellung geeigneter Gegenmaßnahmen. Die mittelalterliche Gesellschaft hatte daher überwiegend nichtmedizinische Antworten zu den verheerenden Auswirkungen einer Pandemie wie der Pest: Gebet und Sühne, Quarantäne der Kranken, Flucht der Gesunden und die Suche nach Sündenböcken; und Letztere waren in der jüdischen Minorität schnell gefunden.

Seit dem Frühjahr 1348 kam es – beginnend in Frankreich – zu den sogenannten *Pestpogromen*, die nach der ersten mittelalterlichen Pestpandemie vermutlich von den Obrigkeiten im Gebiet des südlichen Oberrheins organisiert wurden. Im Januar 1349 wurden in Basel und Freiburg viele Juden lebendig verbrannt. Am 14. Februar 1349 wurde die gesamte jüdische Gemeinde in Straßburg ermordet. Das Straßburger Pogrom war eine geplante Aktion der einflussreichen Patrizierfamilien, die sich den Judenhass der breiten Bevölkerung zunutze machten mit dem Hauptziel, sich von ihren Schulden bei jüdischen Geldverleihern zu befreien. Die faktische Rechtlosigkeit der Juden und ihre Wahrnehmung als störende Faktoren der religiösen Homogenität begünstigten den mittelalterlichen Judenhass, der von der Kirche vorsätzlich geschürt wurde.

Bis heute wird gerätselt, wieso sich die Pest so schnell über den europäischen Kontinent ausbreiten konnte (Vasold 2008).

Alle möglichen Infektionswege dieser Krankheit lassen eine solche Geschwindigkeit nämlich nicht erwarten. Merkwürdig ist auch, dass die Pest sich nicht gleichmäßig in Europa ausbreitete, da einige Gebiete fast unberührt blieben. So blieben z.B. große Teile Polens und Belgiens sowie Prag von der Pest verschont, während sie in anderen Landstrichen die vollständige Entvölkerung bewirkte. Während Mailand dem *Schwarzen Tod* entging, starben in Florenz vier Fünftel der Bürger (vgl. Bergdolt 2011). Auch Süddeutschland blieb weitgehend unberührt von der Seuche, während Hamburg und Bremen ebenso massiv von der Pandemie heimgesucht wurden wie Köln (vgl. Vasold 2008). Man schätzt, dass insgesamt etwa 20 bis 25 Millionen Menschen, rund ein Drittel der damaligen Bevölkerung Europas, durch die Pest ums Leben kamen (Bergdolt 2011).

▪ Wandel der spätmittelalterlichen Gesellschaft und der Erziehung

Hungersnöte und Pest brachten eine dramatische Entvölkerung großer Landstriche und damit den Verlust von Einkünften der Lehnsherren aus dem Ritterstand mit sich. Während die Städte weiter wuchsen und das Bürgertum politisch immer stärker wurde, verlor das Rittertum zunehmend an Einfluss und Macht. Verstärkt wurde dies dadurch, dass sich die Fürsten des Spätmittelalters bei ihren Kriegen nicht mehr auf die Ritter stützten, sondern auf Söldnerheere. Infolge des Verlustes an Einnahmen verarmte ein Teil der Ritterschaft. Zum Überleben gingen zahlreiche Ritter dazu über, sich unter Berufung auf das alte Fehderecht bei anderen Adligen und Rittern durch Raubzüge zu bedienen. Ein bekanntes Beispiel ist Götz von Berlichingen, dem Goethe zu literarischem Ruhm verholfen hat. Berüchtigt war auch *Hans von Trotha*, der gegen Ende des 15. Jahrhunderts als Herr der Burg Berwartstein im Wasgau sein Unwesen trieb und bis heute als *Hans Trapp* im Krummen Elsass die Kinder das Fürchten lehren soll (wie andernorts der Knecht Ruprecht). Von einem allgemeinen Niedergang des Rittertums am Ende des Mittelalters kann daher nicht gesprochen werden. Zwar verloren die Ritter ihre Aufgabe als Berufskrieger, aber die meisten von ihnen blieben im Besitz der alten Lehen, die längst in Eigentum übergegangen waren.

Eine sichtbare Veränderung ihrer Lebensverhältnisse bestand darin, dass die alten Burgen, die alles andere als komfortabel waren, aufgegeben wurden. Eine weitere Veränderung lag in der zunehmenden Bereitschaft der Ritterfamilien, ihren Nachkömmlingen eine Bildung angedeihen zu lassen, damit sich diese in der zunehmend von Wirtschaftsinteressen geleiteten Gesellschaft behaupten konnten. Ein Beispiel für die zunehmende Bedeutung, die der höheren Bildung der Abkömmlinge des niederen Adels beigemessen wurde, geben die Briefe der englischen Familie Paston, die zwischen 1422 und 1509 verfasst wurden (Gardner 1983). Diese vermitteln ein ziemlich authentisches Bild des englischen Spätmittelalters, sind aber zugleich auch bedrückendes Zeugnis der damals praktizierten Erziehungsmethoden (Bennett 1932/1993).

Das ständische System des Spätmittelalters wurde insgesamt durchlässiger, da es seit dem 14. Jahrhundert nach und nach Praxis wurde, dass die Fürsten, um ihre eigene Position gegenüber dem Rittertum zu stärken, die Entwicklung des sogenannten *Amtsadels* förderten, d.h. Angehörige des dritten Standes aufgrund ihrer Verdienste als Beamte mit einem Adelstitel belohnten. Bis dahin hatte eigentlich nur der Weg in den geistlichen Stand einem Angehörigen des dritten Standes die Möglichkeit des sozialen Aufstiegs geboten. Innerhalb der aufstrebenden Städte war eine größere Durchlässigkeit alleine schon dadurch gegeben, dass man das Bürgerrecht einer Stadt erwerben konnte. Dabei konnte vor allem die Bildung den sozialen Aufstieg ermöglichen. Ein studierter Jurist, der als Stadtschreiber angestellt wurde, fand nicht selten Eingang in die Gruppe der Ratsmitglieder. Verstärkt wurde die Durchlässigkeit zwischen den Ständen in den Städten durch zahlreiche Aufstände der Handwerker und Kaufleute gegen die herrschenden Patrizier.

Als Folge einer dynamischen Entwicklung von Handel und Gewerbe geriet auch die Ständegesellschaft in den spätmittelalterlichen Städten in Bewegung. Die Kaufleute und Handwerker, die einen entscheidenden Beitrag zur wirtschaftlichen Entwicklung der Städte geleistet hatten, forderten zunehmend einen ihrer Bedeutung entsprechenden Anteil an der politischen Macht, die bisher von wenigen Patrizierfamilien ausgeübt wurde. Wie in anderen Städten Europas erhoben sich auch in vielen deutschen Städten des späten Mittelalters immer wieder Teile der Stadtbevölkerung gegen die herrschenden Patrizier. Schon in den ersten Jahrzehnten des 14. Jahrhunderts erreichten die daraus resultierenden Auseinandersetzungen in deutschen Städten eine beachtliche Intensität. Gut dokumentiert sind die Handwerkeraufstände in Bautzen, Köln, Hamburg, Augsburg, Nürnberg und Straßburg. In der Bischof- und freien Reichsstadt Köln, die im späten Mittelalter in einem raschen wirtschaftlichen Fortschritt und sozialen Wandel begriffen war, regte sich seit Mitte des 14. Jahrhunderts der Aufstand der Handwerker gegen die Finanz- und Steuerpolitik des von Patriziern beherrschten Rates. Wie unterschiedlich auch die politischen Ergebnisse der Handwerkeraufstände in den deutschen Städten ausfielen, veränderten sie auf Dauer die Gesellschaft und blieben auch nicht ohne Folgen für den Bereich der Erziehung und Bildung.

2.3.3.2 Säkularisierung des städtischen Bildungswesens

Die allmähliche Ausbreitung eines Netzes an Pfarreien seit dem 12. Jahrhundert zog eine flächendeckende Verbreitung der christlichen Bildung in Gesamteuropa nach sich und leitete eine wenigstens partielle *Alphabetisierung der Bevölkerung* ein. Aber für die Zeit des Spätmittelalters gilt wie auch zu früheren Zeiten, dass die Mehrheit der Bevölkerung weiterhin ohne Schulbildung blieb, da die Heranwachsenden schon in jungen Jahren in die Arbeitswelt eintraten, wo das Erlernen berufspraktischer Fähigkeiten im Vordergrund stand. Das galt insbesondere für die Mädchen und für die Landbevölkerung insgesamt.

Zwar führten Priester aus dem niederen Klerus den Elementarunterricht in den ländlichen Pfarrgemeinden durch, aber dabei ging es darum, ausgewählte Knaben für eine künftige Klerikerlaufbahn vorzubereiten. Da das kanonische Recht bestimmte, dass ein Priester kein *illiteratus* sein sollte, vermittelte der Elementarunterricht Grundkenntnisse in Latein, das Glaubensbekenntnis, die Auslegung der Episteln und Sonntagsevangelien und eine Einführung in den Vollzug der Liturgie. Die Kunst des

Schreibens war nicht erforderlich und wurde ohnehin eher dem (Kunst-)Handwerk zugeordnet.

In den aufblühenden Städten des späten Mittelalters sah die Situation ganz anders aus, da das Bürgertum der Städte zunehmend pädagogisiert wurde, was sich in einer Vielzahl an Universitätsgründungen im Spätmittelalter (auch nördlich der Alpen) ebenso widerspiegelt wie in der zunehmenden Verbreitung der städtischen *Lateinschulen*. War bis zum Ende des Hochmittelalters die höhere Bildung alleine dem Klerus vorbehalten, so nahm im späten Mittelalter der Bedarf an akademisch Gebildeten in der höfischen und städtischen Verwaltung ständig zu. Je wichtiger die Schriftlichkeit in der Verwaltung wurde, desto mehr Lateinschulen wurden eingerichtet. Dabei war die Lateinschule eine durchaus prekäre Institution im Spannungsfeld städtischer, kirchlicher und landesherrlicher Interessen. Obwohl die Einrichtung von Lateinschulen aus durchaus heterogenen Zielsetzungen hervorging, erwiesen sie sich als Teil einer *Bildungsexpansion*, wie sie seit Jahrhunderten nicht zu beobachten gewesen war. Angetrieben wurde diese Entwicklung durch den ständig wachsenden *Bildungsbedarf der Stadtgesellschaft*.

Schulwesen des Spätmittelalters

Das Schulwesen des späten Mittelalters gestaltete sich recht vielfältig. In vielen Städten des 15. Jahrhunderts gab es drei verschiedene Schulformen:

Da waren zuerst einmal die traditionellen Schulen des Klerus, in denen in erster Linie der eigene Nachwuchs ausgebildet wurde. Nur in den „äußeren" *Klosterschulen* wurden für drei oder vier Jahre Jungen aufgenommen, die keinen geistlichen Beruf ergreifen wollten.

Als Alternative zu diesen Schulen bot sich die städtische *Lateinschule* an, die ausschließlich für Jungen der städtischen Ober- und Mittelschichten zugänglich war. Die Lateinschulen unterstanden, sofern sie nicht privat betrieben wurden, dem Rat der Stadt (daher auch der Begriff *Ratsschule* oder *Bürgerschule*), der für den Unterhalt der Schule und des Lehrpersonals zu sorgen hatte.

Als dritte Schulform existierten seit dem Hochmittelalter die *Schreibschulen*, die wesentlich zur Alphabetisierung des Bürgertums beitrugen. Besonderer Beliebtheit erfreuten sich die Schreibschulen bei Kaufleuten, da ihre Kinder dort nicht nur im Schreiben und Lesen, sondern auch in Rechnen unterrichtet wurden. Bemerkenswert ist, dass in einigen Städten auch Mädchen für drei oder vier Jahre eine Schreibschule besuchen durften.

Eingeschult wurden die Kinder im Alter von 6 Jahren. Bis dahin war die vom Ideal der christlichen Lebensführung geprägte häusliche Erziehung üblich. Anders als in höfischen gab es in bürgerlichen Familien selten Privatlehrer. Einige Zeugnisse aus dem 14./15. Jahrhundert weisen aber auf Privatlehrer in reichen Bürgerhäusern hin, die mitunter mehrere Kinder einer Familie gemeinsam betreuten. Neben den standesmäßigen Umgangsformen wurden die Kinder vor allem mit Gebeten vertraut gemacht. Prügelstrafen waren als Erziehungsmittel selbstverständlich.

Insgesamt kann das Spätmittelalter aus pädagogischer Sicht als die *Epoche der Säkularisierung des Bildungs- und Schulwesens* in Europa betrachtet werden. Was sich dabei nicht änderte, war die strenge Ausrichtung der elementaren und höheren Bildung an den Idealen und Zielen einer christlichen Erziehung. Das kann am Beispiel der *Bürgerschule zu St. Stephan* verdeutlicht werden, die zur bedeutendsten Lateinschule der Stadt Wien avancierte. Von Österreichern wird sie auch als *Mutter des Wiener Schulwesens* bezeichnet (vgl. Mühlberger 2001). Ihre Geschichte als Stadtschule beginnt im Jahre 1296. Neben der Ausbildung des weltlichen Klerus sollte die Schule die gesteigerten Bildungsbedürfnisse der Wiener Bürgerschaft befriedigen. In einer späteren Schulordnung von 1445 wurde festgelegt, dass es innerhalb der Stadt Wien nur vier öffentliche Schulen geben sollte: St. Stephan, St. Michael, die Schule im Bürgerspital und die Benediktinerschule Unserer Lieben Frau zu den Schotten.

Die Bürgerschule zu St. Stephan

Die Schüler der Stephansschule gehörten unterschiedlichen Altersgruppen an, die je nach Lernfortschritt in drei Kohorten eingeteilt wurden, die unter der Aufsicht von drei Obersten Lokaten standen. Die Lokaten waren die Lehrer des niederen Unterrichts. Sie hatten meist das Baccalaureat erlangt, nachdem sie zuvor zwei Jahre an der Universität (an der Artistenfakultät) studiert hatten. Sie lebten in der Schule und hatten mit dem Schulmeister die – wörtlich zu verstehende – Gewalt über die Schüler. Die Lokaten waren für den elementaren Unterricht verantwortlich und wurden dabei von älteren Schülern oder Studenten der Artistenfakultät unterstützt, die vor allem bei Übungen der Grammatik und der Beaufsichtigung von Schülergruppen eingesetzt wurden. Die als Pädagogen bezeichneten Helfer führten die Kinder zur Schule und mussten sie anschließend zu Hause „verhören". Außerdem mussten sie im Lehrsaal neben ihren Schülern sitzen, um ihnen während des Unterrichts zu helfen.
Der Unterricht aller Schüler fand in einem großen gemeinsamen Lehrsaal statt, in dem die Schüler in „Klassen" aufgeteilt waren. Es gab eine feste Sitzordnung für die verschiedenen Altersgruppen, wonach die Gruppe der Ältesten die Fensterplätze einnehmen durfte und die Jüngsten sich in der Mitte des Raumes aufhalten mussten (Mühlberger 2001). Vierteljährlich fand ein öffentliches Examen vor dem Obersten Lokaten und allen Schülern statt, um über den Aufstieg eines Schülers in die nächsthöhere Leistungsgruppe zu entscheiden. Im günstigsten Fall konnte der gesamte neunstufige Grundkurs in drei Jahren absolviert werden.
Der Unterricht zu St. Stephan dauerte je nach Lichtverhältnissen bis zu 12 Stunden. Im Sommer begann der Tag für die Schüler um 5 Uhr morgens mit dem Besuch der Frühmesse. Der Vormittagsunterricht begann dann um 6 Uhr und dauerte bis zur Essenszeit am Mittag. Nach der Mittagsstunde begann der Nachmittagsunterricht, der bis zum Nachtgebet dauerte. An Sonn- und Feiertagen fand kein Unterricht statt, was aber nicht hieß, dass den Schülern viel Zeit zum Spielen blieb, denn sie hatten (wie auch die Lehrer) an allen Gottesdiensten und besonderen Festlichkeiten (z. B. der Fronleichnamsprozession) teilzunehmen. Der Elementarunterricht umfasste nicht nur Lesen, sondern auch das Schreiben, was bemerkenswert ist, da es im Hochmittelalter noch überhaupt nicht

üblich war, dass von Beginn an auch Schreiben unterrichtet wurde.

In St. Stephan übten bereits die Schulanfänger das Schreiben einzelner Buchstaben mit Griffeln auf Wachstafeln und das Buchstabieren nach der Elementargrammatik des Aelius Donatus. Ansonsten stand das Lernen von Latein im Vordergrund. Vor- und Nachsprechen, Diktat und Auswendiglernen waren die üblichen Lehrmethoden, wobei besonders das Gedächtnis geschult werden sollte.

In den höheren Stufen folgten dann intensivere Grammatik- und Gedächtnisübungen, wobei zu der Grammatik des Donatus das Memorieren von Lebensregeln und Spruchweisheiten aus dem 3. Jahrhundert (die sogenannten *Disticha Catonis*) hinzukamen. Auf der höchsten Leistungsstufe wurde mit der Rhetorik als Kunst des sprachlichen Stils und Ausdrucks begonnen. Dabei befasste sich der Rhetorikunterricht vor allem auch mit dem Erlernen des Brief- und Urkundenstils, denn die Kunst, korrekte Briefe zu verfassen, wurde sowohl von Adeligen als auch von Bürgerlichen (besonders Kaufleuten) hoch geschätzt. Zusätzlich zum Rhetorikunterricht setzte das Studium des Quadriviums ein, wobei Boethius die Grundlage bot. Das zeigt, wie tief verwurzelt im Schrifttum der Antike sogar noch die höhere Bildung im Spätmittelalter war.

Bei einer Beschreibung der Bürgerschule zu St. Stephan muss auch die Bestrafung von Schülern bei Ungehorsam erwähnt werden. Die Schulordnung von St. Stephan sah wie alle mittelalterlichen Schulen in der *Prügelstrafe* das wirksamste pädagogische Mittel, um die Schüler gefügig zu machen und zum Lernen anzutreiben. Es durfte aber nicht auf den Kopf geschlagen werden. Bei schweren Vergehen wurde die Strafe in Anwesenheit des Obersten Schulmeisters vollzogen, der die höchste Disziplinargewalt besaß. Die Rute (*besen*) war ständiger Begleiter der Lehrer.

Neben der Entwicklung der städtischen Lateinschulen erwies sich die rasante Vermehrung von *Universitäten* als zweiter Faktor der Säkularisierung der Bildung im späten Mittelalter. Nachdem infolge der Gründung der ersten Universität (1088 in Bologna) bis zur Mitte des 13. Jahrhunderts etwa zehn Universitäten (in Italien, Frankreich, England und Spanien) hinzugekommen waren, ging es ab 1250 Schlag auf Schlag. Bis zum Übergang zur Neuzeit wurden europaweit mehr als 80 Universitäten gegründet, davon 20 im deutschen Sprachraum (z. B. 1348 die Universität Prag, 1365 die Universität Wien, 1386 die Universität Heidelberg und dann in rascher Abfolge Köln, Erfurt, Würzburg, Leipzig usw.).

▪ Entwicklung der Universität

Die spätmittelalterliche Universität umfasste üblicherweise die drei *höheren Fakultäten der Theologie, Jurisprudenz und Medizin* sowie die *Artistenfakultät*, von der bereits die Rede war. Die *Artistenfakultät*, deren Name sich aus den *artes liberales* herleitet, diente der Vermittlung propädeutischen Wissens zur Vorbereitung auf das Studium an einer der drei höheren Fakultäten sowie der Ausbildung zum Lehrer einer Lateinschule. Die Studenten der Artistenfakultät brauchten zum Beginn des Studiums nur grundlegende Lateinkenntnisse vorzuweisen, die sie üblicherweise an den städtischen Lateinschulen erworben hatten. Im Durchschnitt waren sie 16 Jahre alt. Bemerkenswert ist, dass die Lehrer der Artistenfakultät in der Regel zugleich Studenten an einer der oberen Fakultäten waren und nicht zum eigentlichen Lehrkörper der Universität, den Magistri, gehörten, sondern zu den Scholaren.[17] Sie hatten nicht gerade den besten Leumund: in der hoch- und spätmittelalterlichen Erzählliteratur werden die Scholaren gerne als Inbegriff des leichtlebigen Verführers dargestellt.

2.3.3.3 Humanistische Pädagogik der Renaissance

Der Begriff *Renaissance* bezieht sich auf die Kunstepoche des 15. und 16. Jahrhunderts. Besonders deutlich tritt uns die Renaissance in der italienischen Kunst und Literatur des späten 14. Jahrhunderts entgegen. Auf der Liste der Renaissance-Humanisten stehen die Namen von Patrarca, Leonardo da Vinci, Michelangelo, Raffael und Albrecht Dürer, die bis auf den heutigen Tag als wahre Genies bewundert werden. Der Begriff Renaissance wurde im 19. Jahrhundert v. a. durch Jacob Burckhardts Buch *Kultur der Renaissance in Italien* (1860) geprägt und steht für die *Wiedergeburt der klassischen Antike* und deren Wissenschaft und Künste. Damit war die Vorstellung verbunden, dass sich die europäische Kultur nach all den schrecklichen Ereignissen des Mittelalters – Hundertjähriger Krieg, die Pest, Hungersnöte, Finanzkrisen – erneut an die griechische und römische Antike erinnern und an deren Wertesysteme anschließen sollte.

Zum großen Vorbild avancierte *Cicero*, was Rüegg (1993) dazu veranlasste, den Humanismus der Renaissance als *Paradigmenwechsel von Aristoteles zu Cicero* zu bezeichnen. Es mag dahingestellt sein, ob die Sicht der Humanisten auf die antiken Denker den historischen Personen entsprach oder als reine Projektionsfläche für die eigenen Denkweisen diente. Jedenfalls entstand der Humanismus zunächst außerhalb der Universitäten als Kontrastprogramm zu der dort betriebenen Scholastik, die sich im Laufe der Zeit zu einem starren und dogmatischen System des Denkens entwickelt hatte (Nonn 2012). Bis zum Ende des 15. Jahrhunderts hatte sich der Humanismus jedenfalls dann dank der Förderung durch weltliche und kirchliche Regenten (z. B. Kaiser Karl IV., Papst Nikolaus V., Papst Pius II.) auch an den Universitäten Europas durchgesetzt.

Es waren die sozialen und politischen Zustände im Italien des späten Mittelalters, die die Entwicklung des neuen Denkens begünstigten. Hier waren die meisten Städte (von Oligarchen beherrschte) Republiken, die ihren Bürgern relativ viele politische Freiheit boten und durch einen regen Handel mit der Levante verbunden waren, so dass sie auch in Kontakt mit der islamischen Wissenschaft und Kunst kamen. Der Handel brachte den Städten Wohlstand, der eine rege Bautätigkeit und eine nachhaltige Förderung von Kunst und Wissenschaft nach sich zog. Außerdem wurde mehr Geld und Zeit für die Bildung aufgebracht. Die Zentren der italienischen Renaissance waren das Florenz der Medici (z. B. Cosimo de Medici), das Rom der Päpste (z. B. Pius II), die

17 Als *Scholar* bezeichnete man im Spätmittelalter einen Studenten oder einen akademisch gebildeten Kleriker ohne Amt und feste Stellung.

Höfe der Fürsten von Urbino, Ferrara, Mantua und Neapel. Der italienische Humanismus fand schon bald einflussreiche Förderer auch außerhalb Italiens. Im deutschen Sprachraum wurde der Renaissance-Humanismus bereits ab Mitte des 14. Jahrhunderts vor allem am Hofe Karls IV. (1316–1378), aber auch in mehreren Städten (z. B. Heidelberg, Augsburg, Straßburg) gepflegt. Im 15. Jahrhundert wurde dann Nürnberg zum Zentrum des deutschen Humanismus, wo Willibald Pirckheimer (1470–1530) eine maßgebliche Rolle spielte.

Die kunstgeschichtliche Epoche der Renaissance wurde also vom *Humanismus* als einer philosophischen Richtung begleitet, die den Menschen in seiner schöpferischen Individualität in den Mittelpunkt stellte. In der Rangordnung der Geschöpfe Gottes wurde der Mensch an die erste Stelle gesetzt:

> » Die menschliche Natur aber ist jene, die über alle Werke Gottes erhöht und nur ein wenig unter die Engel erniedrigt ist, die geistige und sinnliche Natur einfaltet und alles insgesamt in sich zusammenzieht (Nicolaus Cusanus, *De docta ignorantia* III, 3).

Im Zentrum des Humanismus steht der gesittete Mensch mit den ihm eigenen Fähigkeiten und Interessen. Es war nun zunehmend die Rede von der menschlichen Würde, die es zu achten galt, vom Respekt vor der Individualität des Menschen und von der Unterstützung der Entfaltung seiner individuellen Fähigkeiten.

Humanismus und Pädagogik

Thomas von Aquin war es gelungen, unter Bezugnahme auf Aristoteles Glaube und Vernunft zu vereinen, in seiner Nachfolge führte dies aber zur Trennung der Philosophie vom Glauben. Hier versuchten die Humanisten der Renaissance zu vermitteln, wobei sie Erkenntnis, Vernunft und Glaube nicht mehr alleine durch Bezugnahme zu Aristoteles, sondern auch unter Bezugnahme auf Platon und die Philosophie der Stoa wieder zusammenbringen wollten. Damit verbunden war auch ein *neues Bildungsideal*, denn die Umsetzung der humanistischen Vorstellungen von Menschlichkeit sollte durch Unterricht und Bildung in den Schulen und Universitäten erfolgen. Vereinfacht ausgedrückt ging man im Humanismus der Renaissance davon aus, dass sich wahre Menschlichkeit nur im Prozess der Bildung des Einzelnen entwickeln könnte. Durch die Wiederbelebung und Pflege der griechisch-römischen Kultur und ihrer Sprachen (klassisches Latein und Griechisch) sollte eine umfassende geistige und künstlerische Bildung dem Menschen ein ihm würdiges Dasein erschließen. Das Bildungsziel – allerdings nur für eine kleine Elite in den Städten – war die autonome Persönlichkeit und ein enges Verhältnis zur Kunst, die den Menschen in den Mittelpunkt rückte.

Ausführlich haben sich in Italien die Humanisten Vergerio (1370–1444), Veronese (1374–1460), Barizza (1360–1431) und dessen Schüler da Feltre (1378–1446) mit pädagogischen Fragen beschäftigt. Bezeichnenderweise unterhielten diese Personen kaum Beziehungen zu einer Universität und sie entwickelten in ihren Privatschulen im Gegensatz zu den damaligen öffentlichen Schulen frühe Modelle einer Gemeinschaftserziehung.

Besonders deutlich wird das humanistische Verständnis von Erziehung und Bildung in Vergerios Abhandlung *De ingenuis moribus et liberalibus studiis adolescentiae* (Über das anständige Betragen und die allgemeinbildenden Studien der Jugend) aus den Jahren 1402/03. Als *allgemeinbildend* wurden die Disziplinen betrachtet, die zur Tugend und zum Erwerb guter Eigenschaften führten. Eltern und Lehrer hatten für eine Unterweisung der Kinder in den allgemeinbildenden Disziplinen zu sorgen, aber Tugend erwirbt sich jedes Kind nur durch eigene Anstrengungen. Tugendhaftigkeit war nicht an einen sozialen Stand gebunden, sondern an die einzelne Person. Musolff (2010) hat herausgestellt, dass Vergerios Abhandlung eine Synthese aus aristotelischem Denken und dem der römischen Stoa (v. a. Senecas) sei, mit dem Ziel einer moralischen und intellektuellen Schulung der Heranwachsenden. Über das Ziel einer *Bildung als die Erfüllung der individuellen Fähigkeiten* einer Person hinausgehend, betonte Vergerio die individuellen Verschiedenheiten von Menschen und daraus abgeleitet die Notwendigkeit, die Erziehung an die einem jeden Kind eigenen Veranlagungen anzupassen. Vergerio kannte zwar keine Standesunterschiede bei der Bildung, aber er unterschied sorgsam zwischen *edlen* und *unedlen* Charakteren und nur „aufgeschlossene Gemüter" galten ihm als *edel* und den allgemeinbildenden Studien verpflichtet. Ein „aufgeschlossenes Gemüt" zeichnet sich durch Wettbewerbsgeist, Respekt vor Älteren, Lebhaftigkeit, Fleiß, Freundlichkeit usw. aus.

Die pädagogische Maxime Vergerios lautete, dass Schüler mit geringeren Fähigkeiten eine größere Aufmerksamkeit und mehr Zuwendung von den Lehrern benötigten als die begabteren. Dabei spielten in Vergerios Empfehlungen pädagogische Milde und Mäßigung eine besondere Rolle. Schlechte Verhaltensweisen (wie z. B. Verschwendung, Anmaßung, Trotz, Prahlerei, Leichtgläubigkeit und Heftigkeit) sollten mit Bedacht korrigiert werden. Vergehen sollten nicht zu hart bestraft werden und Eltern und Lehrer könnten den Kindern durchaus auch in gewissem Maße nachgeben. In diesen Ratschlägen spiegeln sich Maßstäbe der Stoa und ihrer Ethik.

Die Abhandlung Vergerios war die am häufigsten kopierte Erziehungsschrift eines italienischen Humanisten seiner Zeit. Als Druckschrift wurde sie zwischen 1472 und 1604 über vierzigmal aufgelegt. – In der Tat ein pädagogischer Bestseller, was auf die weitreichende Bedeutung der Erfindung des Buchdrucks hinweist, da erst dadurch eine Verbreitung des Geschriebenen ermöglicht wurde. Kurz gesagt: Der Buchdruck demokratisierte das Lernen.

Nach den ersten Anfängen am Hofe Karls IV. durchdrang der Humanismus Italiens den deutschen Sprachraum im 15. Jahrhundert. Große Verdienste erwarb sich dabei vor allem Enea Silvio Piccolomini (1405–1464), der spätere Papst Pius II., der viele Jahre in verschiedenen Teilen Deutschlands im Auftrag des Vatikans weilte. Unter den zahlreichen Schriften des Humanisten Piccolimini ist seine Abhandlung *De liberorum educatione* (Über die Erziehung der Kinder) zu erwähnen, in der er sich gegen die Verwendung der karolingischen Schriftform wandte, die er als barbarisch, hässlich und schwer zu schreiben abqualifizierte. Andere erwähnenswerte deutsche Humanisten waren Rudolf Agricola (1443–1485) und Conrad Celtis (1459–1508), die aber keine Abhandlungen zur Pädagogik verfassten. Diesbezüglich ist *Jakob Wimpfeling* (1450–1528) aus dem Elsass zu nennen, der sich mehrere Jahre in Freiburg aufhielt, wo er sich im ständigen Streit mit den dort ansässigen Humanisten befand. Wimpfeling, der nach den Beschreibungen der damaligen Zeit ein recht kauziger Mensch gewesen sein muss, verdient Beachtung, da er sich in seinen pädagogischen Schriften wiederholt für eine Reform des Unterrichts in Schule und Universität ausgesprochen hatte. Mit seinen pädagogischen Schriften *Isidoneus* (Wegweiser), *Agatarchia* (Fürstenspiegel), *Adolescentia* (Die Jugend) und *Über die rechte Unterweisung der Knaben in den Trivialschulen und der Jünglinge an den Universitäten*, die zwischen 1497 und 1514 erschienen waren, hatte Wimpfeling zu seiner Zeit breite Anerkennung gefunden.

Wie alle humanistischen Pädagogen plädierte Wimpfeling dafür, dass die Bildung des Heranwachsenden sich an dessen individuellen Fähigkeiten orientieren und auf seine Vorlieben und Interessen eingegangen werden sollte. Zudem teilte er mit anderen Humanisten die Auffassung, dass der Unterricht nicht zu lange beim Elementaren verweilen sollte und dass die Lektüre antiker Autoren wichtiger sei als das Pauken der lateinischen Grammatik. Als entschiedener Gegner der Lernmethoden in den Lateinschulen kritisierte er, dass viele junge Leute nach Jahren fleißigen Studiums zwar den Magistertitel erhielten, aber nicht in der Lage wären, Latein zu reden und zu schreiben. Wie alle Humanisten legte er Wert auf eine milde Behandlung der Schüler. Nicht durch Zwang und Strafe, sondern durch Förderung der Wissbegier und Ansporn durch Wettbewerb und Ehrgefühl sollte die Jugend erzogen werden. So vernünftig und stellenweise modern die Ausführungen Wimpfelings klingen mögen, so kurios sind andere Stellen seiner pädagogischen Schriften, wo er ziemlich kleinkariert und schulmeisterlich argumentiert – z. B. wenn er in der *Adolescentia* die ihm verhasste Sitte junger Männer kritisierte, sich die Haare zu kräuseln und zu färben.

Die Humanisten wirkten nicht nur direkt durch pädagogische Schriften auf das Verständnis von Bildung und Erziehung ein, sondern auch durch ihre praktische Tätigkeit als Lehrer (an Privatschulen und Universitäten). Einen wesentlichen Beitrag leisteten sie auch in Bezug auf den Aufschwung der Naturwissenschaften im 14./15. Jahrhundert. Der Impuls ging dabei von Übersetzungen antiker Klassiker wie z. B. der medizinischen Schriften des Hippokrates und des Galenos aus. Nicht nur wurde das Interesse an der Medizin gesteigert, sondern auch an der Botanik, an Arzneimitteln und an der Physik. So erfuhr z. B. die *Naturalis historia* (Naturgeschichte) von Plinius dem Älteren eine große Nachfrage; sie wurde erstmals 1469 gedruckt und kommentiert. Bis 1600 erlebte die Schrift 50 Auflagen (vgl. Nonn 2012). Darüber hinaus wurden die Werke Euklids und Archimedes' zum Wegbereiter der humanistischen Aufarbeitung der antiken Mathematik. Doch blieben die Renaissance-Humanisten nicht in der Rezeption und Verbreitung der antiken Werke zu Mathematik, Botanik, Physik, Medizin und Astronomie stecken, sondern trieben diese Wissenschaften selbst voran. Nach und nach entwickelte sich vor allem die Astronomie zu einem der wichtigsten Forschungsgebiete der Renaissance-Humanisten im 15. Jahrhundert, wobei sich vor allem die Wiener Schule auszeichnete.

Damit wollen wir die Ausführungen zum mittelalterlichen Teil des Renaissance-Humanismus abschließen. Aus dem Gesagten dürfte leicht verständlich werden, warum diese historische Epoche in der wissenschaftsgeschichtlichen und pädagogischen Rezeption bis heute geradezu enthusiastisch gefeiert wird. Vor allem aus pädagogischer Sicht kann man gar nicht anders, als den Beiträgen einiger Humanisten zu Fragen der Erziehung und Bildung großen Respekt zu zollen. Aber wir müssen Wasser zum Wein mischen, da all das Großartige und Neue, was der Renaissance-Humanismus bis 1500 hervorbrachte, nur für eine sehr kleine Gruppe von Menschen relevant wurde. Auf den Punkt gebracht: Während den Schülern in den Schulen prominenter Humanisten mit Respekt und Milde begegnet wurde und diese in ihren individuellen Fähigkeiten gestärkt wurden, stand in den Latein- und Schreibschulen das Auswendiglernen und die Prügelstrafe ganz oben auf der Tagesordnung. Und die meisten Universitäten rochen nach dem Muff der in Routine erstarrten Scholastik.

? Aufgaben zum Festigen des neuen Wissens

1. Welche Wissenschaften neben der Theologie wurden an den mittelalterlichen Universitäten gelehrt?
2. Erklären Sie bitte, welche Rolle Klöster und die Kirche im Hinblick auf Erziehung und Bildung im frühen Mittelalter spielten.
3. Zeichnen Sie bitte nach, wie sich die Schulen im Mittelalter entwickelten und welche Funktion sie hatten.

? Aufgaben zum Weiterdenken

1. Finden Sie heraus, in welchen Handwerksberufen Frauen im Hochmittelalter tätig waren. Welche davon würden Sie als eher männliche Berufe bezeichnen und warum?
2. Eine etwas knifflige Aufgabe ist, herauszufinden, wie im Spätmittelalter die Ausbildung in den kaufmännischen Berufen und im Handelswesen erfolgte.
3. Welche Erklärung gibt es dafür, dass die meisten Universitäten im Mittelalter in Italien und Spanien gegründet wurden und dass in deutschen Territorien die Universitätsgründungen verhältnismäßig spät einsetzten?
4. Welche in Ihrer Region beheimatete Universität wurde im späten Mittelalter gegründet?
5. Finden Sie heraus, ob es in Ihrer Region Gymnasien gibt, die aus einer Lateinschule des späten Mittelalters hervorgegangen sind. Als Hilfestellung verweisen wir auf ► http://de.wikipedia.org/wiki/Liste_der_ältesten_Schulen_im_deutschen_Sprachraum.
6. Auf der Webseite der Universität Tübingen findet man ein Mittelalterquiz – nicht ganz einfach, aber in jedem Falle empfehlenswert: ► http://www.mittelalter.uni-tuebingen.de/spiele/quiz/quiz1.html.
7. Informieren Sie sich auf der folgenden, wirklich sehr lesenswerten Website weiter über Kinder im Mittelalter: ► http://www.deutschland-im-mittelalter.de/kinder.php.
8. Gehen Sie das Kapitel erneut durch und stellen Sie die Denker heraus, die bereits im Mittelalter eine Erziehung forderten, wie sie auch heute noch gefordert wird. Zeigen Sie Unterschiede und Gemeinsamkeiten auf.

Weiterführende Literatur

- Arnold, K. (1980). *Kind und Gesellschaft in Mittelalter und Renaissance. Beiträge und Texte zur Geschichte der Kindheit.* Paderborn: Schöningh.
- Hildebrandt, M.M. (1992). *The external school in Carolingian society*. Leiden, NL: E.J. Brill.
- Jüssen, G., Krieger, G., & Schneider, J.H.J. (Hrsg. und Übers.) (2006). *Thomas von Aquin: Über den Lehrer/De magistro*. Hamburg: Felix Meiner.
- Nonn, U. (2012). *Mönche, Schreiber und Gelehrte. Bildung und Wissenschaft im Mittelalter*. Darmstadt: Wissenschaft—liche Buchgesellschaft.
- Steckel, S. (2011). *Kulturen des Lehrens im Früh- und Hochmittelalter. Autorität, Wissenskonzepte und Netzwerke von Gelehrten*. Köln: Böhlau Verlag.

2.4 Erziehung und Bildung in der Neuzeit

Aufgabe als Denkanstoß

Rufen Sie sich ins Gedächtnis, was Sie über die letzten ca. 500 Jahre Geschichte wissen. Welche wichtigen geschichtlichen Ereignisse fallen Ihnen ein? Überlegen Sie, welches Bild von Kindern zum jeweiligen Ereignis vorgeherrscht haben dürfte.

Die *Neuzeit* ist nach gängiger Lehrmeinung nach Altertum und Mittelalter die dritte der historischen Großepochen. In der Geschichtswissenschaft wird üblicherweise das Jahr *1500* als Datum für den Beginn der Neuzeit angesetzt, was willkürlich ist, da verschiedene Entwicklungen (z. B. der Humanismus) bis weit in die „neue Zeit" hineinreichten (Tab. 2.5). Eigentlich reicht die Neuzeit auch bis in die Gegenwart, aber es hat sich eingebürgert, ab 1917 von der „neuesten Zeit" zu sprechen.

2.4.1 Frühe Neuzeit: das Zeitalter der Konfessionalisierung

Als *Frühe Neuzeit* wird üblicherweise die Zeit ab 1500 bis zum Ausbruch der Französischen Revolution (1789–1799) bezeichnet. Drei Entwicklungen markieren in der europäischen Historiografie den Beginn der Neuzeit:

1. der Renaissance-Humanismus und der damit verbundene Aufschwung der Wissenschaften,
2. die Entdeckung Amerikas und die anschließenden *Entdeckungsfahrten*,
3. die *Reformation*, die 1517 ihren Anfang nahm, als Luther seine 95 Thesen zur Reform der Kirche auf die Tür der Schlosskirche zu Wittenberg geschlagen haben soll.

Die Zeitspanne von 1517 bis 1648, die durch *Reformation und Gegenreformation* und vor allem durch den *Dreißigjährigen Krieg* (1618–1648) geprägt wird, stellt den ersten Abschnitt der Frühen Neuzeit dar. Ihm folgten die Epochen des *Absolutismus* und der *Aufklärung*, die mit der Französischen Revolution ein Ende fanden. Jeder dieser Zeitabschnitte weist spezifische Facetten der Politik, Gesellschaft und Bildung auf.

2.4.1.1 Die Zeit der Glaubensspaltung (1517–1648)

Jakob: „Gestern habe ich an dich gedacht, als ich bei einem Freund einen Film über Luther geschaut habe. Da hatte Joseph Fiennes mitgespielt, den du magst."

Anna: „Nett, dass du an mich gedacht hast, aber Historienfilme mag ich eigentlich nicht so sehr. Die sind doch immer so langweilig."

Jakob: „In diesem Falle irrst du dich, denn der Regisseur hat aus der Geschichte einen regelrechten Abenteuerfilm gemacht, der sich aber stark an den wahren Begebenheiten orientiert. Sein Luther ist nicht ein kleiner pummeliger Mönch, sondern wird von Joseph Fiennes gespielt. Und der spielt seine Rolle so richtig mit Leidenschaft, keinen Moment langweilig. Ich fand's voll spannend. Da kannst du so richtig nachempfinden, welch einen Druck die Ablassprediger auf das Volk ausgeübt haben.

Tab. 2.5 Überblick über geschichtliche und kulturelle Ereignisse der Neuzeit (1500–1900)

Neuzeit (1500–1900)		
	Markante geschichtliche Ereignisse	Pädagogik & Kultur
1492: Entdeckung Amerikas	Renaissance in Deutschland	**Desiderius Erasmus** (1466/69–1536)
16. und 17. Jh.: **Frühe Neuzeit**	1517: **Beginn der Reformation**	Philipp Melanchthon (1497–1560)
Glaubensspaltung Aufstieg des Osmanischen Reichs	1524/25: Bauernkrieg 1550–1650: Hexenverfolgung 1555: Augsburger Religionsfrieden	
17. und 18. Jh.: **Absolutismus und Aufklärung** 1643–1715 Ludwig XIV.	1618–1648: **Dreißigjähriger Krieg**	Ratke (1571–1635) **Comenius** (1592–1670) *de la Salle* (1651–1719) **Pietismus:** *August Hermann Francke* (1663–1727)
1740–1786: Friedrich II. der Große von Preußen, **aufgeklärter Absolutismus**	Siebenjähriger Krieg 1772–1795: Polnische Teilungen	1717: **Preußisches Edikt zur allgemeinen Schulpflicht** Rousseau (1712–1778)
Epoche der Revolutionen 1804–1815: Napoleon I. *Zeit der Restauration*	1776: Unabhängigkeitserklärung der USA 1789: **Französische Revolution** 1815: Wiener Kongress, Neuordnung Europas	**Pestalozzi** (1746–1827) **Idealistische Bildungstheorie** Humboldt (1767–1835) **Herbart** (1776–1841) Diesterweg (1790–1866)
19. Jh.: **Entstehung der Nationalstaaten** *Industrialisierung* *Imperialismus und Kolonialismus*		1854: **Stiehlsche Regulative**
Bismarck (1815–1898)	*Agrarische Revolution* *Industrielle Revolution*	**Karl Marx** (1818–1883) Kollektiverziehung
Protektionismus und Nationalismus	1848: Revolution Kommunistisches Manifest	Preußische Fundamentalerziehung
	1869: Gründung der Sozialdemokratischen Arbeiterpartei	Kulturkampf
Wilhelm II. (1859–1941)	1871: *Proklamation des Deutschen Kaiserreichs* *Sozialistengesetz*	
	Wettrüsten der europäischen Großmächte	Reformpädagogik

Die haben selbst den Ärmsten noch den letzten Groschen aus der Tasche gezogen. Da kannst du verstehen, warum Luther wutentbrannt seine Thesen gegen den Ablasshandel an die Tür der Wittenberger Schlosskirche geheftet hat."

Anna: „Das klingt zwar ganz gut, aber so todernste Sachen mag ich auch nicht in Filmen. Da möchte ich manchmal auch mal schmunzeln oder lachen."

Jakob: „Na ja, eigentlich hat der Film eine ganze Reihe komischer Momente. Dafür sorgt Peter Ustinov in der Rolle des Kurfürsten. Der hat den totalen Durchblick in die Machenschaften des Klerus und das Gemauschel mit dem Adel. Du müsstest nur mal die Mimik sehen, da kannst du an den Stirnfalten von Ustinov ablesen, mit welcher Ironie und Schadenfreude der Kurfürst die Machthaber der damaligen Zeit gegeneinander ausspielt."

Anna: „Jetzt hast du mich doch neugierig gemacht. Glaubst du, dass dein Freund mir die DVD mal ausleiht, damit ich den Film auch sehen kann?"

Jakob: „Die habe ich schon. Davor können wir ja noch was zusammen kochen oder so."

Der Verlauf der Reformation ist in jedem Geschichtsbuch ausführlich beschrieben, so dass wir uns dies hier sparen können. Wir halten nur kurz die wichtigsten Eckpunkte fest: Den Beginn der Reformation datiert man üblicherweise auf den 31. Oktober 1517, als Martin Luther seine 95 Thesen wider den Ablasshandel publik machte. Als Luther nach langen Diskussionen mit seinen Gegnern im Jahr 1520 die reformatorische Programmschriften *An den Christlichen Adel*, *De captivitate Babylonia* und *Von der Freiheit eines Christenmenschen* publiziert, setzt eine breite evangelische Massenbewegung in Europa ein, die vielerorts zum Zusammenbrechen der kirchlichen Autorität führt.

Es ist erstaunlich, wie rasch sich die Reformation in Europa ausbreiten konnte. Zwar wurde sie in den katholischen Ländern Frankreich und Spanien gewaltsam unterdrückt, was letztlich zur Auswanderung der Hugenotten, einer leistungsfähigen Schicht der französischen Gesellschaft führte, aber in Mittel- und Nordeuropa wurde die Reformation zu einer geistigen Bewegung mit weitreichenden politischen und gesellschaftlichen Auswirkungen. Zum theologischen Ringen um die richtige Auslegung der Bibel traten auch schon bald politische Auseinandersetzungen, denn verschiedene soziale Gruppierungen sahen sich durch die Reformation in ihren politischen Forderungen nach Reformen des Lehnswesens bestätigt. Auf regionaler Ebene ist der sogenannte Ritterkrieg der Jahre 1522 und 1523 zu nennen, überregional der Deutsche Bauernkrieg der Jahre 1524 bis 1526. Er wird auch *Revolution des gemeinen Mannes* genannt. Von den Ideen der Reformation bewegt, erhoben sich die Bauern gegen die Obrigkeit und forderten ein Ende der Lehnsherrschaft; nach einigen Anfangserfolgen wurde der Aufstand brutal niedergeschlagen. Bei Saverne wurden an die 20.0000 Bauern massakriert, obwohl sie sich vorher ergeben hatten und waffenlos waren. Moralische Rückendeckung erhielt die marodierende Obrigkeit ausgerechnet von Martin Luther.

Das war auch konsequent, da die Reformation seit ihrem Anfang die Unterstützung mächtiger Landesfürsten gefunden hatte, die zum Teil aus religiösen Gründen, aber mehr noch aus machtpolitischen Gründen handelten. Zum einen boten die reformatorischen Gedanken den Reichsfürsten eine theologische Begründung, die Abgaben an den Papst drastisch zu reduzieren, zum anderen sahen manche Fürsten in der Reformation ein geeignetes Instrument, dem Kaiser noch mehr Rechte abzutrotzen und die eigene Autonomie zu stärken. Zum Protestantismus wechselten die Landgrafschaft Hessen, die Kurpfalz, das Kurfürstentum Sachsen und das Herzogtum Württemberg. Demgegenüber blieben Bayern, das Kurfürstentum Trier und das Herzogtum Lothringen katholisch. An vielen Orten des Heiligen Römischen Reiches wurden evangelische Prediger berufen und Kirchenordnungen erlassen, die eine landesherrliche Kirchenverwaltung mit sich brachten. Was sich auf der Bühne der mächtigen Landesfürsten abspielte, war auch im Kleinen zu beobachten.

Die Reformation an der Saar

Der politischen Zergliederung des Saarraums entsprechend stellte sich die Lage nach der Reformation verworren dar. Die kurtrierischen und lothringischen Gebiete blieben katholisch, während Pfalz-Zweibrücken schon in den 1530er Jahren protestantisch wurde. In der Grafschaft Nassau-Saarbrücken blieben die Verhältnisse lange unentschieden, da die Grafen lange schwankten, welcher Glaubensrichtung sie folgen sollten. Hier wurde die Reformation als Prozess vollzogen, bei dem das Alte und Neue noch lange nebeneinander existierte. Formell wurde die Grafschaft Nassau-Saarbrücken erst 1574 protestantisch. Die Saarbrücker Verhältnisse sind geradezu exemplarisch für den Versuchscharakter, der die frühe Reformationszeit charakterisiert. Abgesehen von den Querelen zwischen dem Stift St. Arnual, das sich früh der Reformation anschließen wollte, und dem noch katholischen Grafen ging man an der Saar recht locker mit den Konfessionen um.
Eine Bestandsaufnahme saarländischer Gemeinden vor dem Saarbrücker Konfessionswechsel im Jahre 1573 zeigt eine erstaunliche Flexibilität. Da konnte es schon einmal passieren, dass ein und derselbe Priester in einer Pfarrei das evangelische Abendmahl und einen Tag später in der Nachbarpfarrei die katholische Messe zelebrierte. Diese saarländische Lösung war einzigartig und fand andernorts leider keine Entsprechung.
Bereits 1525 wurde der Augustinermönch Jean Chatelain, der in Metz den neuen Glauben predigte, auf Geheiß der Inquisition öffentlich verbrannt. Umgekehrt ging auch die protestantische Bewegung gegen Häretiker in den eigenen Reihen mit denselben Maßnahmen vor, wie das Beispiel des Genfer Wissenschaftlers und Theologen Michael Servetus zeigt, der 1553 unter maßgeblicher Einflussnahme von Calvin auf dem Scheiterhaufen den Tod fand.

In der ersten Hälfte des 16. Jahrhunderts kam es zu verschiedenen kriegerischen Auseinandersetzungen zwischen katholischen und protestantischen Fürsten im Heiligen Römischen Reich (z. B. Schmalkaldischer Krieg) und in der Schweiz (Zweiter Kappelerkrieg). In der Schweiz beendete der Zweite Landfrieden von Kappel (1531) und in Deutschland der Augsburger Religionsfrieden (1555) die erste Welle der Religionskriege. Bei beiden Abkommen kam die Lösung *Cuius regio, eius religio* („wessen Land, dessen Glaube") heraus: In deutschen Territorien bestimmten fortan die Landesherren, in den Reichsstädten der Magistrat und in der Schweiz die Regierungen der Kantone die Konfession der Bevölkerung.

Für einige Jahre blieb es dann ruhig. Handel und Gewerbe konnten zeitweise kräftig zulegen und selbst im beschaulichen Saarbrücken ging es aufwärts. Aber bereits ab 1563 änderte sich die Lage durch den erneuten Ausbruch der Pest, die bis 1569 besonders schwer in Europa wütete. Kaum war diese Schreckenszeit vorbei, sorgte die *Kleine Eiszeit* für besonders kalte Zeitabschnitte und für Hunger und unvorstellbare Not. Wieder wurde nach den Schuldigen gesucht. Da es – zynisch formuliert – nach den zahlreichen Pogromen des Mittelalters nicht mehr genügend Juden gab, denen man die Schuld hätte zuschieben können, wurde eine neue Gruppe gefunden, die für das Leid der Menschen verantwortlich gemacht werden konnte: die *Hexen*.

Hexenverfolgung als tödliche Folge der Ungebildetheit

Aus Sicht der pädagogischen Historiografie ist diese Phase der Frühen Neuzeit aus verschiedenen Gründen bemerkenswert. Sie zeigt, dass die Verbindung von Glaube und Vernunft verloren gegangen war und dem Aberglauben ungebildeter Volksmassen und zynischer Machthaber Raum geschaffen hatte. Auch der Humanismus mit seinen Erziehungsidealen wird in diesem Treiben nicht mehr erkennbar. Die Hexenverfolgung hat weder etwas mit christlichen noch mit humanistischen Idealen gemein, aber sie ist die konsequente Folge einer Bildung, die sich alleine auf den Glauben stützte und den Naturwissenschaften keine Beachtung schenkte.

Die Hexenverfolgungen am Ende des 16. Jahrhunderts konnten nur in dem für diese Zeit charakteristischen Bildungsvakuum der Bevölkerungsmehrheit in Europa erwachsen und standen in einem vielschichtigen sozialen, wirtschaftlichen, rechtlichen und politischen Kontext. Die Verantwortung trug nicht die katholische Kirche oder die Inquisition, wie oft angenommen wird, denn die Hexenprozesse fanden fast ausnahmslos vor weltlichen Gerichten statt. Allerdings taten Geistliche ihr Bestes, die Hexenfurcht zu schüren, indem sie Traktate verfassten, in denen sie die Existenz der schaden- und todbringenden Hexen „bewiesen" und die weltliche Obrigkeit zur unnachsichtigen Verfolgung aufriefen. Als Beispiel kann der *Hexenhammer* genannt werden, der zu einem Bestseller seiner Zeit wurde – vergleichbar mit Hitlers *Mein Kampf*.

Der *Hexenhammer* ist eine Schrift zur Legitimation der Hexenverfolgung, die der Dominikaner Heinrich Kramer im Jahre 1486 veröffentlichte. Verfasst ist er als scholastische Abhandlung. Im ersten Teil wird definiert, was unter einer Hexe zu verstehen sei. Obwohl Kramer auch von männlichen Zauberern spricht, bezieht er sich hauptsächlich auf das weibliche Geschlecht, da Frauen für die schwarze Magie anfälliger seien als Männer. Aus unterschiedlichen Gründen unterstellte Kramer den Frauen sexuelle Unersättlichkeit, weshalb sie auch intimen Kontakten mit dem Teufel keine Gegenwehr leisteten. Der Teufelspakt bilde zusammen mit der schlechten Veranlagung der Frauen die Grundlage für das gefürchtete Phänomen der Hexe. Die Männer fielen dann dem Zauber der Frauen zum Opfer. Die Diskrepanz der Geschlechter zeige sich auch bei der Rollenverteilung im Verhältnis von Magie und Wissenschaft. Die Männer befänden sich in Positionen, die sie aufgrund ihres Wissens einnähmen, während sich die Frauen der Magie bedienten und Schaden anrichteten. Kramer beschreibt ausführlich, wie man sich vor Schadenszauber schützen und diesen aufheben könne. Und er plädiert vor allem für eine unnachsichtige Ausmerzung des Hexenwesens durch die weltliche Obrigkeit.

Mit großem Eifer wurden die Hexen zwischen 1585 und 1593 im Erzbistum Trier und im Herrschaftsbereich der Reichsabtei St. Maximin verfolgt, deren Abt mit der Hexenjagd die Reichsunmittelbarkeit der Abtei unter Beweis stellen wollte, um der Einverleibung durch Kurtrier entgegenzuwirken. Diese Verfolgung setzte sowohl in ihrem Ausmaß als auch in ihren Wirkungen völlig neue Maßstäbe. In ihrer Resonanz wurde sie zum reichsweiten Exempel, und erstmals fielen ihr nicht nur Mitglieder der unteren Schichten, sondern auch Adlige und Beamte des Bischofs zum Opfer. In einer Kölner Chronik merkt der Chronist in Bezug auf die Hexenverfolgung des Jahres 1589 Folgendes an:

> » Der Kurfürst von Trier habe innen und außen Trier viele Zauberer und Zauberinnen, Männer und Frauen, Geistliche und Weltliche, gefangen, verbrannt und ertränkt. […] Mich gibt es Wunder, dass es in dem katholischen und heiligen Stifte von Trier so viele böse Weiber gibt, warum dem Teufel dort von Gott mehr die Zauberei gestattet werden soll als in der Stadt Köln (zit. n. Behringer 1993, S. 203).

Man schätzt, dass bei den Hexenverfolgungen gegen Ende des 16. Jahrhunderts europaweit 60.000 Menschen den Tod fanden. Obwohl in Kurtrier die Akten der Hexenprozesse nach 1652 auf Befehl des Kurfürsten vernichtet wurden, lassen sich für die Jahre zwischen 1487 und 1660 mehr als 800 Prozesse nachweisen, doch muss die Opferzahl deutlich höher gelegen haben.

Dank des bürokratischen Eifers des Amtmannes von St. Maximin ist auch die Hexenverfolgung im Gebiet dieser Reichsabtei für die Jahre 1586 bis 1596 bestens dokumentiert: In dieser winzig kleinen Herrschaft wurden innerhalb von 10 Jahren nahezu 400 Menschen verbrannt, das sind so viele Opfer, wie alle Hexenjagden während des 16. und 17. Jahrhunderts im gesamten Saarraum und in der lothringischen Bailliage d'Allemagne gefordert hatten.

Hexenjagd an der Saar

Von der weltlichen Obrigkeit wurde die Hexenverfolgung auch an der Saar tatkräftig unterstützt, da sie der Bevölkerung, die seit 1589 durch religiöse Krisen sowie Missernten und Teuerungen zutiefst verunsichert war, ein Ventil bot.
Zwar unterschieden sich die Hexenjagden in Stadt und Land im Hinblick auf die soziale Herkunft und die Anzahl der Opfer, aber der überwiegende Teil der hingerichteten Personen war weiblichen Geschlechts. Während im Trierer Land und in der Eifel sogar Pfarrer ins Visier der Hexenjäger gerieten, wurden im Saarraum vor allem alte Frauen aus der Unterschicht als Hexen hingerichtet.
Fakt ist, dass das „Volk" bei der Hexenverfolgung besonders aktiv war: Es waren die Hexenausschüsse der Dörfer und Städte, von den Gemeinden gewählte Vertretungen, die sich in der Hexenverfolgung hervortaten, um die Reinheit des Glaubens wieder herzustellen. Manche Dörfer im Saarraum erlebten ab 1580 jedes Jahr eine oder mehrere Hexenverbrennungen, in kleineren Dörfern wurde binnen kurzer Zeit ein Großteil der weiblichen Bevölkerung Opfer des Wahns. Der Wahnsinn fand im Saarraum seinen Höhepunkt, als im protestantischen Bliesransbach im Jahr 1580 binnen Jahresfrist 13 Frauen öffentlich hingerichtet wurden.

Bei den Hexenverfolgungen spielten (wie bei den mittelalterlichen Judenpogromen) vor allem gesellschaftliche und wirtschaftliche Interessen eine Rolle. In den Gebieten von St. Maximin wurden auffällig viele Meier und Hofleute der Hexerei bezichtigt und hingerichtet, die gegen die ständigen Erhöhungen der Pachtzinsen und Abgaben des prunksüchtigen Abtes opponierten.

Bei der Hexenverfolgung wirkten verschiedene Faktoren zusammen:

1. die allgemeine wirtschaftliche Krise,
2. die Verbreitung der Hexentheorie in allen Bevölkerungsschichten,
3. die Hysterie der ungebildeten Bevölkerungsteile, die nach einem Ventil für die angestauten Aggressionen suchten,
4. die politisch motivierte Bereitschaft der Obrigkeit, dem Volk nachzugeben und sich zugleich aus dem Nachlass der Hingerichteten zu „bedienen", und
5. ein ausgeprägter Karriere-, Profilierungs- und Bereicherungswille der juristischen „Zwischeninstanzen", zu denen Amtmänner, Schöffen und Notare ebenso zählten wie die Schreiber, also halbwegs gebildete Menschen.

Burgard (2010) weist mit Blick auf den Saarraum darauf hin, dass bei der Hexenjagd auch Personen beteiligt waren, von denen man es wegen ihrer humanistischen Gesinnung eigentlich nicht hätte erwarten dürfen. Als Beispiel führt er Johann Jakob Fischart an, der seit 1583 als Jurist und Amtmann in Forbach die Amtsgeschäfte führte und ab 1580 bei zahlreichen Hexenprozessen den Vorsitz innehatte. Der Calvinist Fischart war zu seiner Zeit ein bekannter humanistischer Schriftsteller und so rätselt man darüber, was einen humanistisch gebildeten Menschen veranlassen konnte, den Hexenwahn anzuführen. Tatsächlich spielten Juristen, Notare und Schreiber, also gebildete Leute, eine tragende Rolle bei den Massenverfolgungen von Hexen.

▪ Lehrstück über den zynischen Gebrauch der Vernunft: Schreiber und Notare

Der Einfluss der Schreiber und Notare kam schon bei der Abfassung der Anklage zum Tragen. Die Schreiber formulierten und verfassten die Klageschriften und brachten die von Hexenausschüssen und privaten Klägern vorgetragenen Verdachtsmomente in eine juristisch brauchbare Form. Außerdem hatten sie die Prozesse zu protokollieren und schriftlich festzuhalten, was ihnen eine besondere Bedeutung zukommen ließ, da die Laienrichter der Schöffengerichte in der Regel schreib- und leseunkundig waren. Darüber hinaus erstellten die Notare Rechtsgutachten (z. B. über die Zulassung von Folter). Den Schreibern und Notaren mangelte es als nützliche Spezialisten in den massenhaft geführten Hexenprozessen nicht an Arbeit und Einkommen. Der im Gebiet der Reichsabtei St. Maximin häufig eingesetzte Notar Peter Omsdorf († vor 1615) verdiente ein Vermögen als Prozessschreiber.

Neben den Notaren fiel den *Schöffen* (Gerichtsbeisitzer) und *Amtmännern* die wichtigste Funktion bei den Hexenprozessen zu. In ihrer Entscheidung lag es, ob die Indizien ausreichend erschienen, um eine Anklage zu erheben. Blieb ein Amtmann abwartend, dann fand die Verfolgungswut der dörflichen Hexenjäger oft ein rasches Ende. Für eine solche Haltung sind aber nur wenige Beispiele in den Quellen zu finden. Im Gegenteil begründeten viele Amtmänner und Schöffen ihren sozialen Aufstieg gerade dadurch, dass sie Hexenprozesse führten und sich ihren Herren unentbehrlich machten. Die Karriere des Amtmannes *Claudius Musiel* († ca. 1609) gibt dafür das beste Beispiel. Als Richter in Hexenprozessen war Musiel schon 1586 gleich zu Beginn der großen Verfolgungswelle aktiv. Er nahm praktisch an allen Prozessen im Gebiet von St. Maximin teil. Das Bemerkenswerte an Musiel ist nicht nur sein Eifer in der Verfolgung von vermeintlichen Hexen, sondern auch dass er den Stand der Hexenverfolgung in St. Maximin bilanzieren und Verzeichnisse über Hinrichtungen, Besagungen sowie Prozesskosten aufstellen ließ. Das sogenannte *Hexenregister des Claudius Musiel*, das ab 1586 geführt wurde, ist nicht nur ein Beweis für Musiels bürokratische Fähigkeiten, sondern eine historische Quelle von enormer Bedeutung (Voltmer 1998).

Jakob: „Ich habe gestern Alex getroffen. Die kennst du doch auch. Die hat mir erzählt, dass sie im Moment etwas Stress hat, weil sie sich auf die Hexenprüfung vorbereiten muss."

Anna: „Braucht die nicht, die ist doch Hexe genug und braucht nicht noch eine Prüfung. Nee, im Ernst, ich kann die Alex gut leiden, aber das mit der Hexenprüfung kapiere ich nicht ganz."

Jakob: „Nun, die ist Mitglied in einem Fastnachtsverein im Schwarzwald, wo die Hexen bei ihren Auftritten mit schaurigen Ritualen bei dem ein oder anderen Zuschauer für Gänsehaut sorgen wollen. Die treiben bis zum Aschermittwoch ihr Unwesen."

Anna: „Wozu braucht man dafür eine Prüfung? Da reicht doch eine Maske mit vielen Warzen, krummer Nase und schiefen Zähnen."

Jakob: „Wie es der Brauch gebietet, muss eine Hexenanwärterin anscheinend einige Aufgaben meistern, um in den Kreis der Hexen aufgenommen zu werden. Sie muss einen Besen binden und mit Schokocreme, Tomatenmark sowie Leberwurst gefüllte Windbeutel verzehren. Und sie muss auch noch die Prozedur der Hexentaufe über sich ergehen lassen. Da kann es schon mal passieren, dass das Gesicht in ein Gemisch aus Bioabfall, Schweineohren und Tierknochen samt Fleischresten getunkt wird."

Anna: „Uaaaahhhh. Wie eklig! Und das machen die Girls freiwillig. Könnte ich nicht."

Jakob: „So absonderlich ist das ja eigentlich nicht mehr, oder? Denk nur mal an diese Fernsehsendung, wo irgendwelche Deppen sich so etwas gefallen lassen."

Anna: „Na ja, da sind mir die alten Fastnachtsbräuche ja noch lieber. Aber auch da habe ich meine Schwierigkeiten. Vor allem, wenn ich bedenke, wie viele Menschen als Hexen den Tod gefunden haben. Da finde ich das Hexentreiben an Fastnacht oder den Hexentanz in der Walpurgisnacht eher zynisch und wenig spaßig."

Jakob: „Dann musst du aber auch viele Märchen als zynisch beurteilen. Oder *Die kleine Hexe* von Otfried Preußler oder *Bibi Blocksberg*."

Anna: „Stimmt ja, an die hatte ich gar nicht gedacht. Die modernen Hexen sind ja sehr sympathisch. Und was die *Hexen von Eastwick* mit Jack Nicholson anstellen, ist auch super."

Jakob: „Ja und Nicole Kidman ist in dem Film *Bewitched* auch eine zauberhafte Hexe. Etwas problematisch finde ich aber Bewegungen wie die *Wicca-Religion*."

Anna: „Von der habe ich auch schon mal gehört. Die hat in Amerika viele Anhänger gefunden und ist dort als Religion anerkannt. Das ist eine neue Form einer heidnischen Naturreligion von Hexen, die sich mit Heilkräutern befasst."

Das Sammeln von Heilkräutern und ein unansehnliches Äußeres (wie die heutigen Masken mit Warzen) reichten zur Zeit der Hexenverfolgung aus, um in Verdacht zu geraten (Schwerhoff 1995). In manchen Landstrichen wurde noch bis in die 1680er Jahre hinein nach Hexen und Zauberern gefahndet, während z. B. an der Saar der Dreißigjährige Krieg die Verfolgungstätigkeit beendete, da hier bereits 1637 infolge der fortgesetzten Kriegshandlungen und der Pest fast niemand mehr lebte, den man hätte verfolgen können. Damit sind wir bei einem besonders traurigen Kapitel der Geschichte der Frühen Neuzeit angelangt.

Der Dreißigjährige Krieg: Ein Leichentuch senkt sich über Europa

Oft wird der Dreißigjährige Krieg (1618–1848) als Konfessionskrieg verstanden, was richtig und gleichzeitig falsch ist. Über die Konfessionsfrage hinausgehend war er vor allem ein Konflikt um die Vorherrschaft in Deutschland und Europa. Auf Deutschland bezogen entluden sich in diesem Krieg die unversöhnlichen Gegensätze zwischen der Katholischen Liga und der Protestantischen Union. Auf Europa bezogen ging es um den Kampf der habsburgischen Mächte mit Frankreich um die Vormachtstellung in Europa. Parallel mit dem Dreißigjährigen Krieg verlief der Achtzigjährige Krieg (1568–1648) um die Unabhängigkeit der Niederlande vom habsburgischen Spanien und der Torstensson-Krieg (1643–1646) zwischen Schweden und Dänemark-Norwegen um die Vorherrschaft an der Ostsee.

Als Auslöser des Dreißigjährigen Krieges gilt der Aufstand der böhmischen Stände gegen die Herrschaft der Habsburger mit dem Zweiten Prager Fenstersturz vom 23. Mai 1618. Er war die Folge der religiösen, wirtschaftlichen und politischen Krise zu Beginn des 17. Jahrhunderts. In den folgenden 30 Jahren reihten sich Konflikte verschiedener Koalitionen gegen den Kaiser des Heiligen Römischen Reiches aneinander, die Europa nicht mehr zur Ruhe kommen ließen. Nach zähen und nicht enden wollenden Verhandlungen, die seit 1641 geführt wurden, kam es 1648 zu einem gesamteuropäischen Friedensvertrag.

Die meisten Feldzüge und Schlachten hatten auf dem Gebiet des Heiligen Römischen Reiches stattgefunden. Marodierende Söldnertruppen aus aller Herren Länder verwüsteten weite Landstriche Deutschlands und terrorisierten die Bevölkerung. Kaum einer hat das besser beschrieben als Grimmelshausen in seinem autobiografisch gefärbten Buch *Der Abentheuerliche Simplicissimus Teutsch*, das 1668 erschien und in der Folgezeit zu einem der meistgelesenen Bücher im deutschen Sprachraum wurde. Mehr noch als die Kriegshandlungen setzten Hungersnöte und Seuchen der Bevölkerung zu. Ganze Landstriche wurden entvölkert. In manchen Teilen Süddeutschlands überlebte nur ein Drittel der Bevölkerung. Nach den wirtschaftlichen und sozialen Verheerungen des Krieges benötigten einige Territorien mehr als ein Jahrhundert, um sich zu erholen. So auch das Saarland, das besonders unter dem Krieg zu leiden hatte, da es Durchzugsgebiet für marodierende Söldner der verschiedenen Kriegsparteien war.

Der Dreißigjährige Krieg an der Saar

Zunächst hatten es die Grafen von Saarbrücken noch geschafft, sich aus den Auseinandersetzungen zwischen den Kriegsparteien herauszuhalten. Schon 1623 aber brach im Gebiet erstmals die Pest aus. Kaum war sie überstanden, wurden 1627/1628 in der gesamten Grafschaft zum ersten Mal Söldnertruppen einquartiert. Zur Katastrophe kam es 1635, nachdem der Graf von Saarbrücken aus unerfindlichen Gründen ein Bündnis mit den Schweden eingegangen war. Daraufhin verwüstete das kaiserliche Heer das Land. Die Landbevölkerung war, sofern möglich, in befestigte Städte geflohen, hauptsächlich nach Trier, Luxemburg und vor allem in das französische Metz.

Als die kaiserlichen Söldner abzogen, hinterließen sie verbrannte Erde. Am Ende des Jahres 1635 notierte der Saarbrücker Rentmeister Klicker, dass „auf den Dörfern fast niemand mehr sei, die Untertanen seien teils verstorben, teils aus dem Land entwichen, sich Hungers und der Soldateska zu erwehren".

1641 konnte in Blieskastel kein Soldat mehr einquartiert werden, weil niemand mehr dort wohnte. Hunger, Not und Pest herrschten, wo vor Beginn des Krieges etwas Wohlstand eingekehrt war. Das kann am Beispiel der Meierei Gersweiler gezeigt werden, die bis 1635 ein mittlerer Ort der Grafschaft und nicht arm war. Im Dezember 1635 berichtete Rentmeister Klicker: In Gersweiler „seind nit mehr als 3 Einwohner am Leben." In Völklingen seien, so Klicker, gerade noch 8 oder 9 Untertanen am Leben, in Malstatt 5. Andere Dörfer waren völlig abgebrannt, und kein Mensch lebte mehr in ihnen. „Insgesamt betrugen die Verluste an Menschenleben – gemessen am Stand von 1600 – zwischen 85 und 100 Prozent: Kaum eine Region im Riesenreich der Habsburger hatte mehr unter den Folgen des Krieges zu leiden" (Burgard 2010, S. 95).

In Anbetracht des Verlaufs des Dreißigjährigen Kriegs erübrigt sich für große Landstriche Deutschlands die Frage nach dem Erziehungs- und Bildungswesen in dieser Zeit. Umso bemerkenswerter ist es, dass ausgerechnet während des Dreißigjährigen Krieges Männer wie *Wolfgang Ratke* (1571–1634) und *Johann Amos Comenius* (1592–1670) der Pädagogik neue Impulse gaben und sie auf den Weg zu einer Wissenschaft brachten. Darauf werden wir gleich ausführlicher eingehen.

Der Mehrheit der Bevölkerung ging es in der ersten Hälfte des 17. Jahrhunderts nur ums nackte Überleben, Bildung und Erziehung wurden zur Nebensache. Dabei hatte die Frühe Neuzeit gerade im Hinblick auf das Bildungswesen positive Signale gesetzt. Um 1500 prägten religiöse, soziale, politische, wirtschaftliche und wissenschaftliche Veränderungen das Alltagsleben und veränderten die Leitbilder von Erziehung und Bildung. In der Gedankenwelt der Humanisten und der Renaissance waren bereits Ansätze individueller Bildung erkennbar. Und die Reformation trug neue Vorstellungen von Bildsamkeit und Bildungsbedürftigkeit des Menschen in die Amtsstuben, Schulen und Elternhäuser. Auch in der Grafschaft Nassau-Saarbrücken war dies zu beobachten. Bis zum Ausbruch des Krieges erlebte die Grafschaft in wirtschaftlicher und kultureller Beziehung einen außergewöhnlichen Aufschwung. Anstelle der alten Burg wurde ein prächtiges Schloss im Renaissancestil erbaut, die Lateinschule in Saarbrücken wurde durch Aufnahme der Fächer Griechisch, Religion und Mathematik zu einem Gymnasium mit fünf Klassen erweitert. Die Absolventen konnten eine Universität besuchen und danach in den Kirchen-, Schul- oder Staatsdienst aufgenommen werden. Im Sommer 1604 wurde das neue Gymnasium mit einer Feier eingeweiht. In dem 1620 ausgestellten Stiftungsbrief werden folgende Regelungen angeordnet:

- Die Schule wird staatlicher Aufsicht unterstellt.
- Sie wird durch Errichtung von fünf Klassen gegenüber der Lateinschule erweitert.
- Der evangelische Charakter der Schule wird festgestellt. Alle fünf Lehrer müssen deshalb der Augsburgischen Konfession angehören. Sie haben neben ihrem Lehramt noch Pflichten als Seelsorger.
- Die Schule wird von den Einkünften des Stifts St. Arnual unterhalten.
- Zehn ärmeren, aber begabten Schülern wird der Schulbesuch durch Stipendien ermöglicht.

In der Folgezeit schwankte die Schülerzahl zwischen 50 und 100. Aber das Glück währte nicht lange, und der über das Land hereinbrechende Krieg machte alle erzielten Fortschritte in Wirtschaft, Kultur und Bildung zunichte.

2.4.1.2 Erziehung und Bildung in Humanismus, Reformation und Gegenreformation

Auf die Anfänge des Humanismus sind wir bereits im Kapitel zum Spätmittelalter eingegangen, was sinnvoll ist, da sich der Humanismus des Spätmittelalters in erster Linie gegen die Scholastik wandte. Demgegenüber steht der Humanismus ab 1500 in gewisser Hinsicht in einer Konkurrenz zu Reformation und Gegenreformation. Humanismus, Reformation und Gegenreformation sind als die prägenden Kräfte des deutschen Bildungswesens im 16. Jahrhundert zu begreifen.

Wie hätte dies auch anders sein sollen, da die Hauptvertreter des Humanismus, Desiderius Erasmus und Juan Luis Vives, doch zur selben Zeit lebten und wirkten wie die Leitgestalten der Reformation Luther, Melanchthon und Zwingli. Erasmus und Vives kannten einander sehr gut, während beide keine persönlichen Kontakte mit den Reformatoren pflegten. Erasmus und Luther hatten sich nie kennengelernt, korrespondierten jedoch mehr oder weniger öffentlich ab 1519 miteinander. Während Luther eine harte Linie gegen das Papsttum der katholischen Kirche vertrat, setzte sich Erasmus für innere Reformen ein. In einem Brief an Luther im Mai 1519 sprach er sich für Mäßigung im Umgang mit der Kirche aus:

> » Soviel wie möglich halte ich mich neutral, um desto mehr dem Wiederaufblühen der Wissenschaft nützlich zu sein. Meines Erachtens kommt man mit bescheidenem Anstand weiter als mit Sturm und Drang […]. Bei Dingen, die so fest eingewurzelt sind, dass man sie nicht plötzlich aus den Herzen reißen kann, muss man lieber mit beständigen und wirksamen Argumenten disputieren, statt schroffe Behauptungen aufstellen. Giftige Streitereien gewisser Leute sollte man mehr verachten als widerlegen. Immer muss man sich davor hüten, anmaßend oder parteilich zu reden oder zu handeln (Erasmus 1519, Brief Nr. 150).

Dass dies Luther nicht gefiel, dürfte klar sein. Zum endgültigen Bruch zwischen beiden kam es 1524. Von da ab fand Luther kein gutes Wort mehr über Erasmus.

Obwohl Erasmus gelegentlich als Weggefährte der Reformation angesehen wird (vermutlich weil seine Werke vom Konzil von Trient verboten wurden), war sein Kampf gegen Ignoranz und Aberglauben von humanistischen Überzeugungen getragen (Schulz 1998). Von theologischen Diskussionen hielt er sich fern, da er sich als Gelehrter verstand und nicht als Reformator. Auch der andere große Humanist der damaligen Zeit, Juan Luis Vives, schloss sich den Gedanken der Reformation nicht an, da er als überzeugter Katholik eine Spaltung der Kirche strikt ablehnte. Wie Erasmus war auch Vives ein Gegner jedweder Radikalität.

So zeichnete sich für die erste Hälfte des 16. Jahrhunderts eine bemerkenswerte Konstellation des Geisteslebens ab: auf der einen Seite die beiden Hauptvertreter des Humanismus, die für eine sachliche Diskussion und maßvolle Reform der Kirche eintraten, auf der anderen Seite die theologischen Dogmatiker, die den Streit anheizten und letztlich eine Kirchenspaltung herbeiführten. Die Auseinandersetzung zwischen den Lagern nahm an Entschiedenheit zu, nachdem die katholische Kirche eine Gegenreformation einleitete, die wesentlich von dem 1534 gegründeten Orden der Jesuiten (*Societas Jesu*: *SJ*) getragen wurde.

Für unsere Thematik stellt sich die Situation so dar, dass der Humanismus für beide Seiten richtungsweisend war und die Bildungsprogrammatik sowohl der Reformation als auch der Gegenreformation beeinflusste. Daher liegt es nahe, zunächst auf die beiden Humanisten Erasmus und Vives einzugehen, die als die wissenschaftlichen Überväter des 16. Jahrhunderts angesehen werden können.

▪ Pädagogik der Humanisten

Desiderius Erasmus von Rotterdam (1466/69–1536) war zu seiner Zeit der berühmteste Humanist nördlich der Alpen. Er schrieb viele einflussreiche Bücher und hinterließ eine kaum überschaubare Menge von Briefen an Humanisten des frühen 16. Jahrhunderts (z. B. Thomas More und Guillaume Budé), aus denen auch seine pädagogischen Vorstellungen und Ziele deutlich werden. Alles, was Erasmus schrieb, wurde von einem breiten Publikum gelesen. Sein berühmtestes Werk, die Satire *Das Lob der Torheit* (1511) – Thomas More gewidmet – ist ein wahres Meisterwerk der ironischen Reflexion aller möglichen scheinbaren Gegensätze, Widersprüche und Fragwürdigkeiten seiner Zeit (Rattner und Danzer 2008). Dabei finden sich auch viele pädagogische Überlegungen und Anregungen, aber Erasmus hinterließ auch Texte mit einer eindeutigeren pädagogischen Zielsetzung.

Eine der ersten pädagogischen Schriften von Erasmus war *De ratione studii* aus dem Jahre 1512, die sich mit der Erziehung Jugendlicher befasste. Diese Schrift ist im Zusammenhang mit der etwas später publizierten Abhandlung *De copia rerum ac verborum* zu sehen. Beide Schriften gehören zusammen, da die spätere auf der früheren Abhandlung aufbaut. Unter der Annahme, dass die Grundlagen der Sprache bereits erworben wurden, bezieht sich die *Copia* auf die Präzision des Schreibers oder Sprechers und die angemessene Sprache, mit der er das Publikum überzeugen kann. Die *Copia* wurde zu einem Meilenstein des Bildungswesens im 16. Jahrhundert. Die Schrift *De ratione studii* war auch insofern einflussreich, als sie sich in den pädagogischen Werken anderer Autoren niederschlug. Ein Beispiel dafür bietet das Buch *Lily's Grammar* des Schulmeisters William Lily der Schule St. Paul aus dem Jahre 1513. Diese Grammatik wurde zum Standard des Lateinunterrichts im 16. Jahrhundert in England und blieb es bis ins 18. Jahrhundert hinein. Abgesehen von seinen eigenen Werken sorgte auch die Zusammenarbeit mit anderen Humanisten dafür, dass die Sichtweisen des Erasmus zum Rüstzeug der Erziehung im 16. Jahrhundert wurden. Seine *Colloquia Familiara* (1518), eine Sammlung von Dialogen, zielten darauf ab, Studenten in die lateinische Umgangssprache einzuführen. In späteren Ausgaben wurden die *Colloquia* zu einem ausgereiften literarischen Werk.

Erasmus war kein radikaler Bildungsreformer, sondern ein Bewahrer der traditionellen Lateinschule. Aber er war ein ausgesprochener Gegner der scholastischen Methode, die zu einem starren Schema verkommen war. Erasmus befürwortete deshalb eine gründliche Reform des Unterrichts. In seinen jungen Jahren hatte er noch die Hoffnung, dass die Erziehung ein Antrieb für Reformen in Religion und Gesellschaft sein könnte. Die pädagogische Innovation lag für Erasmus im Umgang mit der Klassik und dem Anspruch, Charakter, Moral und Höflichkeit der Schüler zu kultivieren. Ältere Schüler sollten in der Praxis der Rede unterwiesen werden, aber diese sollte im täglichen Gebrauch verwurzelt sein und nicht bei auswendig gelernten Regeln der Grammatik stehen bleiben. Erasmus betonte, dass sich Wissen aus dem *besten Gebrauch* und nicht aus Definitionen speist. Den besten Gebrauch sah er bei Cicero, den er als Grundlage für den Rhetorikunterricht empfahl.

In einer Zeit, als Lehren als Beruf für diejenigen betrachtet wurde, die zu nichts anderes imstande waren, betonte Erasmus nachhaltig die gesellschaftliche Bedeutung guter Lehrer. 1516 pries er in einem Brief an den niedergeschlagenen Schulmeister Johannes Sapidus Lehren als einzigartigen Dienst an der Gesellschaft. Es gäbe keinen größeren Beitrag, den ein gelehrter und ehrenwerter Mann für sein Land leisten könnte, als unfertige junge Menschen zu formen. Dabei betrachtete er es als wichtig, die Schüler in ihren Anlagen zu stärken und von körperlichen Strafen abzusehen. Auch für Schüler, die nicht belehrt werden könnten, bezweifelte er, dass Strafen eine Wirkung erzielten. Diese Grundsätze waren nicht neu und finden sich auch bei anderen Renaissance-Humanisten, aber es ist bemerkenswert, dass Erasmus glaubte, sie gegen die Vertreter der Scholastik und deren Vorliebe für Schimpfwörter und die Rute verteidigen zu müssen.

In seiner 1529 publizierten Schrift *Declamatio de pueris ad virtutem ac liberaliter instituendis idque protinus a nativitate* („Vortrag über die Nothwendigkeit, die Knaben gleich von der Geburt an in einer für Freigeborne würdigen Weise sittlich und wissenschaftlich ausbilden zu lassen") setzte sich Erasmus für eine Erziehung ab frühen Lebensjahren ein und propagierte den Gebrauch von Bildern, um Kinder in Gegenständen zu unterrichten, die sie nicht erfahren konnten (z. B. exotische Tiere). Darüber hinaus empfahl er auch verschiedene spielerische Mittel wie z. B. Spielbuchstaben, um Lernen anzuregen, ebenso wie die Verwendung von Gleichnissen und Analogien, damit junge Kinder von ihrem Wissen über bekannte Objekte zu einem Verständnis neuer und unbekannter Objekte gelangen könnten. Dadurch sollten sie gleichzeitig ein *Wissen der Sprache* und ein *Wissen der Dinge* aufbauen, aber auch Hinweise erhalten, dass Wörter nicht eindeutig den Dingen entsprechen. Der Titel des Spätwerks *De civilitate morum puerilium libellus* aus dem Jahre 1530 drückt auch seinen Inhalt aus. Es ist eine Anleitung zu guten Manieren, angefangen bei der körperlichen Hygiene bis hin zum Verhalten beim Spiel und dem Benehmen in Gesellschaften. Sie zielt darauf, das Kind in Benehmen und zu Selbstdisziplin zu erziehen, was beides als notwendig betrachtet wird, um erwachsen zu werden. Erasmus glaubte, dass gute Manieren einen moralischen und bürgerlichen Wert hätten und in Kindern den Keim für die Entwicklung von Frömmigkeit, die Liebe zu lernen, und Pflichtbewusstsein legten. Als die reformatorische Bewegung seine Hoffnungen für eine innere Reform der Kirche zunichtemachte, wurde Erasmus zunehmend pessimistischer in Bezug auf die Kraft der Erziehung, gesellschaftliche Veränderungen zu erzielen. Aber er gab die Hoffnungen bis zu seinem Tod nicht auf.

Der andere große Humanist, der in der ersten Hälfte des 16. Jahrhunderts das pädagogische Denken prägte, war *Juan Luis Vives* (1492–1550). Obwohl er als Kind zwangsgetaufter Juden zusehen musste, wie sein Vater auf dem Scheiterhaufen sterben musste, war dieser spanische Humanist kirchentreu bis zu seinem Tod. Nach einem Studium in Paris lebte Vives ab 1512 überwiegend in Brügge und Löwen, wo er eine Lehrerlaubnis an der Universität erhielt und Erasmus von Rotterdam kennenlernte, den er sehr bewunderte und dessen Bekanntschaft für ihn die vollständige Hinwendung zum Humanismus bedeutete. Vives veröffentlichte zahlreiche Werke, darunter die Abhandlung *De causis corruptarum artium* (1522), in der er die herrschende Scholastik und ihre Lehrmethoden kritisierte.

Für viele gilt Vives als *Begründer der modernen Pädagogik*, aber dies wird ja auch von anderen behauptet, so dass wir uns mit der Feststellung begnügen, dass er das pädagogische Denken seiner Zeit maßgeblich beeinflussen konnte. In seinen pädagogischen Schriften betonte Vives den hohen Wert von Sachwissen. Dementsprechend setzte er sich für eine Stärkung der Naturwissenschaften und die Nutzbarmachung der Natur ein. Des Weiteren setzte sich Vives für das Recht der Frauen auf umfangreiche Erziehung und Bildung ein und verfasste Schriften über die Versorgung der Armen durch den Staat (Zeller 2006). Im 16. und 17. Jahrhundert gehörte Vives neben Erasmus zu den meistgelesenen Autoren.

Unter Vives' wissenschaftlichen und pädagogischen Schriften ist die über die Wissenschaften (*De disciplinis*) aus dem Jahre 1531 die wichtigste. Sie sollte der Neubelebung der Wissenschaften und ihrer rechten Unterweisung dienen. Sein wichtigstes Anliegen aber ist die religiöse Verinnerlichung. Daher beginnt das 1. Buch der Wissenschaften mit dem Preis der Religion als Anfang und Ziel aller Bildung.

Im 2. Buch empfiehlt Vives große Vorsicht in der Wahl des Schulortes (gesunde, ruhige Lage) und der Lehrer, die sittenrein, erzieherisch begabt, gelehrt und kinderlieb sein müssten. Um ihrer Unabhängigkeit willen sollen sie vom Staat bezahlt werden und sich viermal im Jahr über die Anlagen und den Fleiß ihrer Schüler besprechen.

Religiöse Unterweisung sollten alle erhalten, aber zu einem wissenschaftlichen Unterricht nur die geeigneten Schüler zugelassen werden. Daher sind die Schüler in höhere Schulen vorerst nur probeweise aufzunehmen und auf ihre geistige Begabung hin zu beobachten. Für den Unterricht empfiehlt Vives eine *richtige Stoffanordnung*, so dass das Folgende gleichsam aus dem Vorhergehenden hervorzugehen scheine. In jeder Stadt solle ein Gymnasium, in jeder Provinz eine Akademie sein. Außerdem vertrat er die Ansicht, dass gute Schulen der Einzelerziehung vorzuziehen seien.

Das 3. Buch handelt vom Sprachunterricht. Ab dem 7. Lebensjahr soll der lateinische, bald danach wahlfrei der griechische, zuletzt der hebräische Unterricht erfolgen. Die Unterrichtssprache sollte anfangs die Muttersprache sein, später Latein. Lebende Sprachen lerne man aus dem Verkehr mit dem Volke. Den Wert der damals bei Scholastikern beliebten Disputationen schätzte er nicht hoch ein. Vives hielt auf Zucht in der Schule, wollte aber Schläge nur im Notfall angewendet wissen. Zur Erholung empfahl er häufige Leibesübungen und Spiele.

Das 4. und 5. Buch handelt von den Wissenschaften, die in einer von ihm dargestellten Musterakademie zu lehren wären. Dabei tritt Vives für einen auf Anschauung und Beobachtung gegründeten Unterricht in den *Naturwissenschaften* ein und stellt die Geschichte der Naturwissenschaften in den Mittelpunkt.

Vives' *Institutio feminae christianae* (1523), der Königin von England gewidmet, ist eine Erziehungslehre für Mädchen und Frauen. Nach dem Vorbild der Kirchenväter preist er Frömmigkeit und Sittenreinheit als höchste Ziele weiblicher Erziehung und unterstellt diesen Zielen die Wahl und Art des Lehrstoffs (die Bibel, die Kirchenväter und christlichen Dichter der Spätantike, von den Heiden etwas Platon, Cicero und Seneca).

Wichtig ist ihm die Einführung der Mädchen in Haushaltskenntnisse und -pflichten. Die Frau soll sich durch Lektüre zum Beruf der Erzieherin befähigen oder sich durch ihren Mann belehren lassen. Die Mutter hat die Erziehung in den ersten Kinderjahren in den Händen. Später soll der Vater die Führung des Sohnes übernehmen. Mit dieser Schrift hat Vives das jahrhundertelang gültige Muster der Frauenerziehung formuliert.

Viele Gedanken aus dem Buch *De disciplinis* wurden später von den Jesuiten, Bacon und Comenius übernommen und selbst bei den Reformatoren fanden sie Anklang.

■ Pädagogik der Reformation

Zunächst bedeutete die Reformation dort, wo sie eingeführt wurde, den kompletten Zusammenbruch des traditionellen Bildungswesens, da den Schülern der Lateinschulen die Aussicht auf eine kirchliche Karriere genommen wurde und die Reformatoren – allen voran Luther – mit beißender Kritik an der Schule nicht geizten. Aber schon bald erkannten die Reformatoren die Bedeutung des Erziehungs- und Schulwesens für die Sache der Reformation, was eine reformatorische Pädagogik nach sich zog, die in der *Gelehrtenschule* Melanchthons ihren Höhepunkt fand. Dabei erwiesen sich die Reformatoren (Luther, Melanchthon und Zwingli) als Geistesverwandte innerhalb des Humanismus, wo auch ihre Motive als Gegner der Scholastik lagen. Wie in theologischen Fragen gab Luther auch in der Pädagogik die allgemeinen Richtlinien vor und überließ seinem Freund und Weggefährten Melanchthon die systematische Ausarbeitung. So wurde Melanchthon auch zum Schöpfer des protestantischen Schulwesens, in dessen Zentrum die *Gelehrtenschule* stand.

So widersprüchlich *Martin Luther* oft in seinen politischen Auffassungen war (siehe seine Haltung im Bauernkrieg), so widersprüchlich waren auch seine pädagogischen Vorstellungen. Auf der einen Seite betonte er die Unmündigkeit der Kinder und die damit verbundene Notwendigkeit ihrer Erziehung, wobei er als Erziehungsmittel auch die körperliche Strafe empfiehlt. Auf der anderen Seite klingen bei Luther auch Aspekte einer modernen Theorie der Erziehung an, die denen der Humanisten ähneln (Schluss 2000).

In der Pflicht für die Erziehung sieht Luther zunächst die Eltern, die er wiederholt daran erinnert, dass Kinder zu bekommen auch die Übernahme von Verantwortung bedeutet. Den Eltern, die ihre Pflicht einer strengen und verantwortlichen Erziehung ihrer Kinder vernachlässigen, droht er mit der Hölle. So wie Luther die Bedeutung der häuslichen Erziehung im Kleinkindalter betont, so hebt er in seinem Aufruf an die Ratsherren (1524/1990) die Verpflichtung der Städte hervor, mit guten Schulen zum Gelingen der Erziehung der Kinder und Jugendlichen beizutragen. Anders als die häusliche Erziehung, die durch Zucht und Strenge geprägt sein sollte, sollte sich die Erziehung im Schulalter durch größere Offenheit und Rücksichtnahme auf die individuellen Fähigkeiten der Schüler auszeichnen. Mit zunehmender Kompetenz sollten Freiräume für die Selbsttätigkeit der Schüler geschaffen werden.

Die Schule wollte Luther in drei Klassenstufen unterteilt wissen, die er „Haufen" nannte, wobei die Schüler ihren Fähigkeiten und Leistungen entsprechend einem Haufen zugeteilt werden sollten. Der Übergang von einem Haufen in die nächsthöhere Stufe sollte leistungsabhängig erfolgen. Dabei ging Luther von einer adäquaten Auswahl der Lehrstoffe aus. Selbstverständlich hatte die Bibel als Lehrbuch eine besondere Bedeutung, aber er lehnte auch eine zu starke Ausrichtung an der Bibel ab. In der Unterstufe (erster Haufen) sollte eine Grundbildung für alle erfolgen und dementsprechend Lesen, Schreiben, etwas Latein, aber auch Musik umfassen.

Der zweite Haufen sollte sich mit den Fabeln des Altertums, zeitgenössischen Lehrbüchern (z. B. von Erasmus) und ausgewählten Texten der Bibel sowie mit dem Glaubensbekenntnis und Katechismus befassen. Ein besonderer Schwerpunkt sollte in der Beherrschung der Grammatik liegen.

Der dritte Haufen sollte sich mit anspruchsvollen Autoren der Antike wie Vergil, Ovid und insbesondere Cicero auseinandersetzen. Wichtig war für Luther das Erlernen der Sprache durch ständige Verwendung im Unterricht. Abgerundet werden sollte der Unterricht auf der dritten Stufe durch Übungen in Dialektik und Rhetorik. Luther machte sich auch Gedanken darüber, wie in der Schule gelernt werden sollte. Vor dem Hintergrund seiner eigenen Schulerfahrungen ermutigte er die Lehrer, das natürliche Interesse und den Erkenntnisdrang der Schüler zu nutzen und die Darbietung des Unterrichtsstoffes an den Bedürfnissen der Schüler zu orientieren. Diese Auffassung eines schülerorientierten Unterrichts bezog Luther auf die ganze Breite der Schulfächer, d. h. auf Sprachen, die Künste sowie auf Geschichte.

Bildung ist bei Luther kein Standesprivileg (vgl. Schluss 2000): Der Übergang zwischen den Haufen der Schule sollte einzig durch die Leistung der Schüler bestimmt werden. Schulbildung sollte allen zukommen, nicht nur den oberen Schichten der Gesellschaft, sondern auch Waisen und verwahrlosten Kindern, für deren Bildung der Staat die Verantwortung zu übernehmen hatte. Als „Realpolitiker" verstand Luther diese Forderung nach Allgemeinbildung allerdings nicht als eine Entlastung der Kinder von der Arbeit, die zum Unterhalt der Familie beitrug. Vielmehr sollte die Schule so organisiert sein, dass die Anwesenheit der Kinder in der Schule zeitlich zu begrenzen wäre und ihnen genügend Zeit bliebe, im Haushalt mitzuhelfen oder ein Handwerk zu lernen. Bemerkenswert ist, dass Luther in seinem Aufruf an die Ratsherren darauf hinweist, dass eine anspruchsvolle Erziehung in städtischen Schulen nur dann zu verwirklichen ist, wenn die Stadt nicht jeden Dahergelaufenen mit der Aufgabe des Pädagogen betraut, sondern versucht, gute Lehrer anzuwerben. Das allerdings hätte auch seinen Preis, denn gute Lehrer sollten auch gut bezahlt werden. Überhaupt war es Luther wichtig, das soziale Ansehen der Lehrer anzuheben, was an verschiedenen Stellen seiner Werke und Predigten zum Ausdruck gelangt. Nicht nur dies stimmte mit den Vorstellungen des Erasmus von Rotterdam überein.

Auch der Schweizer Reformator *Ulrich Zwingli* (1484–1531) erkannte früh die Bedeutung der Erziehung und des Schulwesens für den Erfolg der Reformation. Denn die Erneuerung des Gottesdienstes, Zwinglis wichtigstes Ziel, war nach seiner Ansicht nur aufgrund der Erneuerung des Schulwesens, insbesondere einer reformierten Ausbildung der Pfarrer, möglich. Im Zusammenhang mit der Säkularisation der Klöster hatte er deshalb auch eine Reorganisation des Schulwesens vorgeschlagen, wobei er sich dem humanistischen Bildungsideal verschrieb (Büsser 1985). Den Ratschlägen Zwinglis folgend beschloss der Zürcher Magistrat 1523 als Reform des Großmünsterstifts die Gründung der *Prophezei*, die Zürcher Theologenschule, deren Leiter Zwingli ab 1525 war. Abgesehen von diesem bildungspolitischen Engagement ist die im Sommer 1523 verfasste Abhandlung *Quo pacto ingenui adolescentes formandi sint praeceptiones pauculae* (Wie man edle Jünglinge erziehen soll) die einzige speziell pädagogische Schrift Zwinglis. Obwohl diese Schrift im Grunde als eine Anleitung zur Selbsterziehung verstanden werden kann, zielte sie auf eine Reform der traditionellen Lateinschule.

Diese Reform wurde zum Lebenswerk von *Philipp Melanchthon* (1497–1560), der nicht nur die theologischen, sondern auch pädagogischen Vorstellungen seines Freundes Luther systematisierte und damit zum Erfolg verhalf. Dem Aufruf Luthers nach Gründung und Erhaltung höherer Schulen folgten nämlich zunächst nur wenige Städte. Erst nachdem Melanchthon in der Kursächsischen Schulordnung von 1528 als Anhang der Kirchenordnung die Schrift *Unterricht der Visitatoren an die Pfarrherren im Kursfürstentume zu Sachsen* publiziert hatte, breiteten sich die pädagogischen Ideen der Reformation aus und fanden in der von Melanchthon entworfenen *Gelehrtenschule* ihren Höhepunkt.

Melanchthon, der bereits in jungen Jahren europaweit als wissenschaftliche Ausnahmeerscheinung galt, war sein Leben lang überzeugter Humanist, der Erasmus verehrte, und zugleich ein überzeugter und überzeugender Reformator (Jesse 2005). Zugleich war er immer auch Pädagoge, und der ihm später verliehene Ehrentitel *Praeceptor Germaniae* (Hartfelder 1889) weist darauf hin, wie wichtig ihm Bildung und Erziehung waren. Für den Humanisten Melanchthon hatten *Glauben, Vernunft und Erfahrung* eine gleichrangige Bedeutung im Bildungsprozess, um dem Einzelnen größere Freiheit zu gewähren.

Im Zentrum der pädagogischen Überlegungen Melanchthons stand die Reform der Lateinschulen und der Universität, die beide unter den verkrusteten Strukturen des scholastischen Lehrbetriebs zu leiden und mit der Scholastik eines Thomas Aquinas nichts mehr gemein hatten. Melanchthon propagierte wiederholt die Notwendigkeit der Rückbesinnung auf die alten Sprachen, wozu er reichlich Anlass hatte, da nach Luthers Kritik an Aristoteles viele Studenten am Sinn und Zweck des Studiums der alten Sprachen zweifelten.

» Da nun die Theologie teils hebräisch, teils griechisch ist – denn wir trinken als Lateiner aus ihren Quellflüssen – muss man die fremden Sprachen erlernen, damit wir nicht als „stumme" Person mit den Theologen umgehen. […] Wenn wir den Buchstaben verstanden haben, werden wir unvermittelt auch den Sinn des Inhalts erfassen (MSA[18] 3, 20, 11–17).

Diese Argumentation verbindet Melanchthon mit Erasmus! Nicht um der Theologie willen, sondern um ihrer selbst willen sollten die Studenten zu den Quellen vordringen, wobei Melanchthons Empfehlung lautete, sich das Beste vom Besten auszuwählen, was zur Kenntnis der Natur und zur Bildung des Charakters beiträgt. Ausgangsgrundlage hierfür ist die griechische Bildung, da sie die gesamte Naturwissenschaft umfasse, um über die Ethik sachkundig und gewandt sprechen zu können. Melanchthon gliederte – in Übereinstimmung mit humanistischen Leitideen – die *septem artes liberales* in Disziplinen, die mit der Sprache (*oratio*) zu tun haben, und in solche, die mit den Dingen (*res*) zu tun haben.

Melanchthons pädagogische Vorstellungen und Maximen flossen in seine Abhandlung *Unterricht der Visitatoren* des Jahres 1528 ein. Nach ihrer Abspaltung von Rom stand die evangelische Kirche vor der Aufgabe, sich neu zu organisieren. In den Städten und Gemeinden mussten Pfarrstellen besetzt und die bereits eingesetzten Pfarrer in den Grundsätzen der evangelischen Lehre geschult werden. Seit 1527 ließ der Kurfürst von Sachsen, Johann der Beständige, Visitationen abhalten und sich über die kirchliche Situation in seinem Land informieren. Die erste Visitation in Thüringen leitete Melanchthon. Was er dabei vorfand, bewegte ihn zur Veröffentlichung der genannten Abhandlung *Unterricht der Visitatoren*, die sodann als amtliche Kirchenordnung für das Kurfürstentum Sachsen verbindlich eingeführt wurde. Sie sollte Pfarrer über die Organisation und die Aufgaben in der Gemeinde und über die Leitung von Gottesdienst und Schulunterricht informieren. Mit dieser Schrift wurde die Grundlage für die pädagogische Einrichtung gelegt, die bis heute mit dem Namen Melanchthon verbunden ist: die protestantische *Gelehrtenschule*.

Melanchthons Gelehrtenschule

Der Lehrstoff der Lateinschulen sollte einzig im Lesen und Schreiben in der lateinischen Sprache (keiner anderen) und im Christentum bestehen. Die Schüler werden wie bei Luther in drei Haufen eingeteilt.

18 MSA = Stupperich, R. et al. (Hrsg.) (1951). *Melanchthon Studienausgabe.* 7 Bände. Gütersloh: R. Mohn.

Der erste Haufen lernt: Lesen aus einer lateinischen Fibel Melanchthons, ferner Schreiben, die Anfangsgründe der Grammatik nach Donatus, Sittensprüche aus Cato und einen reichen Vokabelschatz.
Auf der zweiten Stufe wird der Grammatikunterricht erweitert und vertieft. Als Lese- und Übungsstoff dienen die Fabeln Äsops, die Knabengespräche (*Paedologia*) des Petrus Mosellanus, die *Colloquia Familiara* (Gespräche) des Erasmus und die Lustspiele des Terenz und Plautus – soweit sie sittlich rein sind. Für den Religionsunterricht (Erlernen des Vaterunsers, des Glaubensbekenntnisses, der Zehn Gebote, einiger Psalmen und die Erklärung leichter Stücke aus der Bibel) soll ein besonderer Tag gewählt werden. Die Besprechung von kirchlichen „Hadersachen" wird ausdrücklich verboten.
Die dritte Stufe der Schule dürfen nur die geschicktesten Schüler durchlaufen. Ciceros Briefe und seine Schrift *Über die Pflichten*, Vergils und Ovids Dichtungen sollen auf dieser Stufe die Beherrschung der lateinischen Sprache weiter fördern. Unterricht in Dialektik und Rhetorik bildet den Abschluss. Dem kirchlichen Gesangsunterricht wird die erste Stunde nach Tisch zugewiesen.
Die Schüler sollen in und außerhalb der Schule Latein sprechen und jede Woche eine lateinische Arbeit („Epistel oder Vers") liefern.

Unterricht der Visitatoren wurde richtungsweisend für das protestantische Schulwesen in Deutschland. Die durch Johannes Burgenhagen (1485–1558), auch ein enger Freund und Weggefährte Luthers, nach und nach durchgestalteten Schulordnungen norddeutscher Reichsstädte und Länder verfolgten den Zweck eines staatseigenen Schulwesens unter Aufsicht der Landeskirchen. Auch die aus den älteren Ratsschulen hervorgegangenen Gymnasien in Straßburg, Nürnberg, Augsburg usw., die über Melanchthons Lehrplan hinausgehend auch Griechisch und Hebräisch, Mathematik und Philosophie lehrten, verfolgten den Zweck staatlicher Schulen. Nach dem Augsburger Religionsfrieden mehrten sich die Schulordnungen, die das protestantische Schulwesen regelten.

So sah z. B. die württembergische Schulordnung des Herzogs Christoph von 1559 die Errichtung von Lateinschulen für größere Orte vor, in denen die Knaben Unterricht im Lesen und Schreiben, im Katechismus und Kirchengesang erhalten sollten. Für die Städte forderte die Schulordnung drei- bis fünfklassige Partikularschulen[19], in denen in den unteren Klassen nur Latein und deutscher Katechismus, von der vierten Klasse an auch Griechisch gelehrt werden sollte. Den besten Schülern bot sich nach bestandener Prüfung im „Landexamen" die Aufnahme in eine Klosterschule, in deren Unterstufe (Grammatikabteilung) der Unterricht der beiden letzten Klassen der Lateinschulen wiederholt und vertieft werden sollte, während in der Oberstufe der Unterricht in den lateinischen und griechischen Schriften, in Dialektik und Rhetorik erweitert und täglich eine *lectio theologica* erteilt werden sollte. Diese Klosterschulen waren zur unentgeltlichen Vorbereitung zukünftiger Geistlicher bestimmt und bildeten die Vorstufe zum Studium an der Universität Tübingen, wo das sogenannte Stift 100 zukünftigen Theologen kostenlose Verpflegung und Unterhalt gewährte. Ähnliche Beihilfen wurden 20 jungen Adligen zur Vorbereitung auf weltliche Ämter gewährt.

Die von Melanchthon geschaffene Institution der Gelehrtenschule blieb im protestantischen Deutschland bis weit ins 18. Jahrhundert hinein beherrschend. Besondere Erwähnung verdient in diesem Zusammenhang das Wirken von Johannes Sturm in Straßburg (1508–1589), der das dortige Gymnasium zu einer der bedeutendsten Gelehrtenschulen Deutschlands machte, aus der dann im 17. Jahrhundert die Straßburger Universität entstand. Neben den Gelehrtenschulen galt Melanchthons pädagogische Hauptsorge der Reform des Universitätswesens. Durchaus auf Bewahrung des Bestehenden bedacht, krempelte er die Wittenberger Universität in der theologischen Fakultät völlig um, während die Artistenfakultät (nun philosophische Fakultät genannt) die vom Humanismus geschaffene Form und Struktur behielt.

▪ Gegenreformation

Nachdem die Versuche, die Einheit der Kirche zu erhalten, gescheitert waren, verfolgte die katholische Kirche das Ziel, dem Vordringen der Reformation Einhalt zu gebieten. Dies wurde zur Hauptaufgabe des von *Ignatius von Loyola* 1540 neu gegründeten Ordens Societas Jesu (SJ) – auch kurz Jesuitenorden genannt. Bildung und Unterricht wurde als wirksamstes Mittel gegen die Reformation gesehen, weshalb sich die SJ auch ganz dem Unterrichtswesen von der Lateinschule bis zu den Universitäten widmete. 1552 erhielt der Orden von Papst Julius III. die Lizenz, überall Schulen zu errichten und an Einrichtungen der höheren Bildung die akademischen Titel Baccalaurus, Magister und Doktor zu verleihen. Im selben Jahr wurde das *Collegium Germanicum* in Rom gegründet, das zum Vorbild der deutschen Jesuitenschulen wurde. 1556 bereits wurde das erste Jesuitenkolleg in Ingolstadt eröffnet. Danach fand die SJ breite Unterstützung bei den Bischöfen als Landesherren und in katholischen Städten, die Schulhäuser im Sinne der Jesuiten errichteten und unterhielten. Die Unterrichtsarbeit blieb komplett dem Orden überlassen. Anfangs fehlte noch ein Lehr- und Erziehungsplan. Der wurde erst nach mehrjährigen Erfahrungen 1559 ausgearbeitet und 1599 als *Ratio atque institutio studiorum S.J.* verabschiedet. Das war die erste Schul- und Studienordnung von überstaatlicher Geltung überhaupt. Die erste Ratio Studiorum war ein Werk von großer Einheitlichkeit und Geschlossenheit, das ganz auf die Menschenformung im Sinne der katholischen Kirche zielte. Zugleich war sie eine Anleitung zum Lernen. Ab 1599 war sie die maßgebliche Anleitung für die jesuitische Erziehung und Bildung weltweit und regelte bis zur vorübergehenden Aufhebung des Ordens im Jahre 1773 das Unterrichtswesen der Societas Jesu.

Die Ratio umfasste das gesamte Lehr- und Erziehungssystem der Jesuiten vom Eintritt in die Schule bis zum Abschluss der theologischen Studien. In den als Internaten eingerichteten Lehranstalten (den Kollegien) sollten nicht nur zukünftige Ordens-

19 Der Begriff der *Partikularschule* meint jene Schulen, die sich in ihren Ausbildungsansprüchen auf den Zuständigkeitsbereich eines Landes oder einer Stadt beschränkten. Partikularschulen sind Schulen, die den Zweck haben, eine festgelegte Anzahl von Schülern pro Klasse zu unterrichten.

mitglieder, sondern auch Laienschüler unterrichtet werden. Der Unterricht verteilte sich auf eine niedere und eine höhere Schule mit je einem Präfekten unter der Oberleitung eines Rektors.

Die niedere Schule (*studia inferioria*) vermittelte in 5 Klassen über 6 Jahre den Gymnasialunterricht. Er deckte sich im Ziel und in der Lehrmethode weitgehend mit der protestantischen Gelehrtenschule. Hier wie dort sollte die lateinische Eloquenz einzig und allein der Frömmigkeit dienen. Am Anfang stand die eingehende grammatische Unterweisung in Latein, dann sollten die Schüler durch methodisch geregeltes Lesen (v. a. Cicero), durch Stilübungen und Lateinsprechen zur Eloquenz hingeführt werden. Griechisch sollte schon in der untersten Klasse täglich eine Viertelstunde unterrichtet und später wie Latein gelehrt werden. Sachkenntnisse vermittelte in den oberen Klassen die sogenannte Eruditio, eine Auswahl wichtiger geschichtlicher und geografischer Tatsachen. In freien Arbeitsgemeinschaften (Akademien) konnte der gesamte Lehrstoff erweitert und vertieft werden. – Der Religions- bzw. Katechismusunterricht war Teil der Christenlehre, die von der Kirche erteilt wurde.

Die höhere Schule (*studia superiora*) diente ausschließlich der Ausbildung der zukünftigen Ordensmitglieder und umfasste zunächst einen zwei- bis dreijährigen philosophischen Unterricht, der sich insbesondere auf Aristoteles bezog. Es folgte eine mehrjährige Unterrichtszeit an der niederen Schule, die der methodischen Vorbereitung des späteren Lehrers diente, und dann erst der abschließende vierjährige theologische Unterricht, der auf den pädagogischen Grundsätzen des Thomas Aquinas aufbaute.

Insgesamt zeichnete sich die Ratio Studiorum durch Einheit, Festigkeit im Glauben und Klarheit in Ziel und Mitteln der Erziehung sowie durch eine gezielte Ausbildung der geistigen Fähigkeiten der Schüler aus. Sie richtete sich an die Provinziale, Rektoren, Studienpräfekten und Professoren und enthielt Anweisungen zur Organisation des Lehrbetriebes an den Kollegien, über Unterrichtsinhalte, Ziele und Methoden. Der Schwerpunkt der Pädagogik der *Societas Jesu* lag weniger auf dem Gebiet des Unterrichts als auf dem der katholischen Gesamterziehung. Daher enthielt die Ratio auch deutliche Anweisungen in Bezug auf Frömmigkeit, Fleiß, Keuschheit und Gehorsam (d. h. völlige Unterwerfung unter die kirchlichen Gebote). Durch Streitgespräche und gegenseitiges Abfragen der Schüler im Unterricht, durch die Wahl von Magistraten, Prätoren, Zensoren und Dekurionen, die die Leistungen und das sittliche Betragen ihrer Mitschüler zu überwachen hatten, durch öffentliche, mit Theatervorstellungen verbundene Preisverleihungen, durch das Veröffentlichen der besten Schülergedichte an den Wänden des Schulzimmers, aber auch durch die Verstoßung schlechter Schüler auf die Schandbank sollte das Ehrgefühl gefördert werden. Körperliche Strafen sollten die Ausnahme sein, und ernstere körperliche Züchtigungen vollstreckte ein „Korrektor". Für die Gesundheit der Schüler sorgte man durch gute Lehrräume, Spiel- und Erholungsplätze, durch Leibesübungen und Beschränkung der Stundenzahl auf fünf täglich sowie durch Unterbrechungen des Unterrichts durch lange Pausen und Ferien.

Die Jesuiten bekämpften den Protestantismus auf dem Gebiet des Schulwesens im Grunde mit den eigenen Waffen. Noch entschiedener als die Reformatoren stellten sie den humanistischen Lehrbetrieb in den Dienst der kirchlichen Ziele. Ihre Erziehung war milder, der Unterricht planmäßiger und durchdachter. Die Schulhäuser der Jesuiten waren besser als alles, was an Schulen in protestantischen und katholischen Gebieten existierte. In den katholischen Ländern übernahmen die Jesuiten fast das gesamte Unterrichtswesen von der Lateinschule bis zur Universität und beherrschten es bis in die Mitte des 18. Jahrhunderts.

Die Pädagogik der Jesuiten hatte, so fortschrittlich sie nach außen wirkte, auch ihre pädagogischen Schattenseiten: Die Muttersprache blieb im Unterricht bis ins 18. Jahrhundert hinein ausgeschlossen, Mathematik, Geschichte und Erdkunde wurden in der niederen Schule stark vernachlässigt, die Erkenntnisse der Naturwissenschaften seit Galilei schlichtweg ignoriert oder bekämpft. Diese Missstände nötigten die *Societas Jesu (SJ)*, die Ratio zu reformieren, was dann 1832 erfolgte, um den Forderungen der Zeit mehr Rechnung zu tragen.

Sowohl die Gelehrtenschule als auch die Jesuitenkollegien waren ausschließlich für den männlichen Nachwuchs bestimmt. Noch in der ersten Hälfte des 16. Jahrhunderts (1537) begann auf katholischer Seite der *Orden der Ursulinerinnen* durch eine intensive Tätigkeit auf dem Gebiete des Mädchenunterrichts einen unauffälligen, aber zielbewussten Kampf gegen den Protestantismus. Seit Anfang des 17. Jahrhunderts arbeitete dann der *Orden der Englischen Schwestern* in ähnlicher Weise unter den Frauen der mittleren und höheren Gesellschaftsschichten. Er verstand sich im Unterrichtswesen als weibliches Pendant zum Jesuitenorden, musste aber lange um eine offizielle Anerkennung kämpfen.

Obwohl die Reformatoren – allen voran Luther – auch die Allgemeinbildung des Volkes im Auge hatten, galt ihr Hauptinteresse doch der Gelehrtenbildung. Auch die Jesuiten konzentrierten sich auf die Bildung einer Elite. Langsam und spät kam es zu einer planmäßigen Bildung des niederen Volkes. Das ganze Mittelalter und die Frühe Neuzeit hindurch fand die breite Masse keine Berücksichtigung bei Bildungsfragen. Die Volksbildung wurde erst Ende des 17. Jahrhunderts zum Programm von *Jean Baptiste de la Salle* (1651–1719) und dem von ihm gegründeten Orden *Fratres scholarum piarum*. Davor waren es Ratke und Comenius, die auf eine Bildung aller Kinder aller Schichten drängten.

2.4.1.3 Pädagogik in den Zeiten der Pest und des Krieges

So wie es üblich geworden ist, die Geistesrichtung des Humanismus mit dem kunstgeschichtlichen Begriff der Renaissance zu verknüpfen, hat es sich eingebürgert, das pädagogische Wirken von Wolfgang Ratke und Comenius mit der Kunstform des Barocks zu assoziieren. So schreibt beispielsweise Reble über Ratke: „In echt barockhafter Grundeinstellung geht er mit seinen Bestrebungen weit über eine Schulreform hinaus" (Reble 1965, S. 102), wobei er unter „barockhaft" das Hindrängen auf einen übersteigerten Höhepunkt meint. Tatsächlich wird in der Kunstgeschichte mit der Epoche des Barocks, die für den Zeitraum von 1600 bis Ende des 18. Jahrhunderts angesetzt wird, eine üppige Prachtentfaltung angesprochen, die als Ausdruck von Reichtum und Bewegtheit interpretiert wird. Gemeint ist damit auch die Zeit der Gegenreformation, in der die katholische Kirche alles daran setzte, die Gläubigen durch die Entfaltung von Prunk und Pracht in den Kirchen festzuhalten oder zurückzugewinnen.

Von daher ist es gewagt, den Protestanten Ratke in seinen Einstellungen und Verhaltensweisen als echt barockhaft zu bezeichnen und auch Comenius als Repräsentanten des Barocks zu sehen. Beide Männer wurden wahrlich nicht von dem Prunk des Barocks verwöhnt, sondern in ihrer physischen Existenz von Krieg und Pestilenz bedroht. Ratke wurde Ende 1619 der Ketzerei beschuldigt und verbrachte neun Monate im Gefängnis. Noch schlimmer erging es Comenius, der 1622 seine erste Frau und die beiden Töchter durch die Pest verlor und 1628 mit seiner zweiten Frau und den Kindern Mähren verlassen musste, um mit seiner verfolgten Religionsgemeinschaft in Polen Asyl zu finden. Trotz der späteren europaweiten Erfolge als Gelehrter war Comenius alles andere als ein Mann des Barocks, sondern ein von Krieg und Flucht gezeichneter Mensch.

Wolfgang Ratke bzw. *Ratichius* (1571–1636) wird von Reble als „äußerlich und innerlich eine unstete Natur, ein unverträglicher Feuerkopf mit überspannten Weltverbesserungsideen" (Reble 1965, S. 101) abqualifiziert. Es mag dahingestellt sein, ob diese Beurteilung Ratke gerecht wird, sie spielt für unsere Betrachtungen ohnehin keine Rolle. Ratke war überzeugter Lutheraner, beschäftigte sich aber nach dem Studium der Theologie und Philosophie zeitlebens vorzugsweise mit gesellschaftlichen und pädagogischen Fragestellungen, wobei ein langjähriger Aufenthalt in Amsterdam sicherlich seine Lebenseinstellungen prägte. In Amsterdam beschäftigte er sich ausgiebig mit der Philosophie Bacons, auf die sich auch Ratkes Vorstellung des kindlichen Verstandes als *Tabula rasa* gründete. Zurück aus Amsterdam stellte er 1612 dem in Frankfurt am Main versammelten Reichstag seine Pläne für eine pädagogische Reform in Deutschland vor. Eine zentrale Forderung lautete, dass der Elementarunterricht sich auf den Erwerb der Muttersprache und von Wissen über Naturkunde konzentrieren sollte. Fremde Sprachen sollten erst dann gelehrt werden, wenn die Schüler die Muttersprache beherrschten. Außerdem wandte er sich im *Frankfurter Memorial* gegen eine zu große Stoffmenge und Stundenzahl (wie in den Lateinschulen üblich): Es sollte pro Tag nur ein Fach und täglich maximal 4 Stunden unterrichtet werden, wobei zwischen 2 Stunden am Vormittag und 2 Stunden am Nachmittag genügend Zeit zur Entspannung (eine *Erquick- und Singstunde*) gewährt werden sollte. Ratkes Ideen fanden zwar durchaus Zustimmung bei Bürgern und Gelehrten, nicht aber beim Adel, Klerus und Scholastikern an den Universitäten, die wegen Ratkes Ablehnung der lateinischen Sprachschule ketzerische Tendenzen zu erkennen glaubten. Infolge fehlender Unterstützung konnte Ratke seine Vorstellungen zunächst nur auf privater Grundlage verwirklichen.

Als er 1618 von dem Fürsten von Anhalt-Köthen nach Köthen bestellt wurde, um dort eine Schule zu gründen, konnte er sich mit dessen Unterstützung an die Umsetzung seiner pädagogischen Reformideen begeben. So entstanden in Köthen eine Hochschule, die in erster Linie der Lehrerbildung diente, und eine Druckerei zur Herstellung von Lehr- und Schulbüchern. Bücher wie *Allunterweisung. Nach der Lehrart Ratichii* (Ratke und Ratichius 1619) und Lehrbücher z. B. mit dem Titel *Ratio vicit, Vetustas cessit* („Die Vernunft hat gesiegt, die Bejahrtheit ist gewichen") wurden in diesem ersten pädagogischen Verlagsunternehmen Deutschlands gedruckt.

Der Unterricht in Köthen begann nach Ratkes Vorstellungen im Jahre 1619 mit 6 Klassen und insgesamt etwa 200 Jungen und Mädchen (!). Doch schon wenige Wochen nach Eröffnung der Schule war auch ihr Ende besiegelt, da Ratke wegen persönlicher und konfessioneller Konflikte mit dem Fürsten verhaftet und nach „hartem Gewahrsam" 1620 aus der Stadt verwiesen wurde. In Magdeburg versuchte er noch einmal sein Glück, wurde aber auch dort rasch wieder aus dem Schuldienst (auf Veranlassung des Fürsten von Anhalt-Köthen) entlassen. Seine letzten Lebensjahre verbrachte Ratke in Thüringen, wo er bis zu seinem Tode im Jahre 1635 zahlreiche Schriften in den Bereichen Pädagogik, Philosophie und Politik verfassen konnte. – Was war neu an Ratkes Bildungsprogramm?

Die Ordnung der Kapitel in der *Allunterweisung* aus dem Jahre 1619 vermittelt einen Eindruck über die umfangreichen Inhalte, die Ratke für seine Schul- und Unterrichtsreform (als Teil einer Gesellschaftsreform) vorsah. Die Vermittlung der breit gefächerten Lehrinhalte sollte nach der „Lehrart Ratichii" erfolgen, die in neun Sätzen zusammengefasst werden kann:

1. Alles nach Ordnung und Lauf der Natur.
2. Nicht mehr als einerlei auf einmal.
3. Eines oft wiederholt.
4. Alles zuerst in der Muttersprache.
5. Alles ohne Zwang.
6. Nichts soll auswendig gelernt werden.
7. Gleichförmigkeit in allen Dingen.
8. Erst ein Ding an sich, dann die Weise von dem Dinge.
9. Alles durch Erfahrung und stückliche Untersuchung.

Diese Grundsätze werden durch viele Textstellen in Ratkes Werken belegt und können als gesichert gelten. Ob, wie es der 9. Satz andeutet, auch die Realien eine besondere Rolle im Unterricht spielten, ist allerdings nicht bekannt. Veranschaulichungen der Lerninhalte (z. B. durch Bilder) gibt es in den Lehrbüchern Ratkes nicht. Allerdings enthalten Ratkes Lehrbücher vielfach Register und Tabellen zum besseren Verständnis und zur besseren Memorierbarkeit. Die Bücher sind in der Art des Katechismus in Frage- und Antwortform aufgebaut.

Auch für die Schulorganisation hatte sich Ratke seine Gedanken gemacht. In einer Schrift von Kromeyer (1629) *Methodus Scholarum im Fürstenthumb Weymar* wird auf die Ideen Ratkes zu einer Schulreform verwiesen, ohne seinen Namen zu nennen: Danach soll die Grundlage des ganzen Schulwesens eine *deutschsprachige Schule* sein – für *alle* Kinder und für alle verbindlich. Für die höheren Berufe soll sich daran eine Art Fachschule anschließen (auch sie nur in deutscher Sprache). Erst darauf soll der fremdsprachliche Unterricht aufbauen. Reble (1965) sieht in diesem Programm eine dreifache Wendung gegen den Humanismus: den Gedanken einer allgemeinen Volksbildung, die Hervorhebung der deutschen Sprache als Unterrichtssprache und die Betonung der Berufsbildung.

2.4.1.4 Comenius und die Pädagogik

Ratkes pädagogische Maximen hatten zu seinen Lebzeiten nicht den gewünschten Erfolg, aber sie beeinflussten *Johann Amos Comenius* (1592–1670) und sie wirkten durch ihn bis in die Zeit der Aufklärung hinein. „Das pädagogische Denken des Renaissance-Humanismus erreicht seine Klimax in der pansophischen [...] Pädagogik" des Comenius, urteilt Böhm (2010, S. 53). Für andere (z. B. Schurr 1981) ist Comenius *der* Klassiker der neuzeitlichen Pädagogik und ihr Begründer (▫ Abb. 2.10). Comenius war schon zu seinen Lebzeiten ein europaweit bekannter Gelehrter, dem Leibniz eine Leichenpredigt widmete, an deren Ende er dem Werk des Verstorbenen eine große Zukunft vorhersagte.

Wir haben bereits weiter oben angesprochen, dass Comenius unfreiwillig ein bewegtes und unstetes Leben hatte, was auch damit zu tun hatte, dass er Mitglied (und später Bischof) der Unität der Böhmischen Brüder[20] war, die aus dem Hussitentum stammend nach dem Ausbruch des Dreißigjährigen Krieges verfolgt wurden und 1628 in die südpolnische Stadt Lissa (Leszno) flüchten mussten. Danach lebte Comenius als Heimatloser an den verschiedensten Orten in Europa – z. B. von 1642 bis 1648 in Elbing, einer schwedischen Exklave bei Danzig, und von 1650 bis 1654 in Ungarn. 1656 musste Comenius nach seiner Rückkehr nach Lissa erleben, wie diese Stadt während des schwedisch-polnischen Krieges dem Erdboden gleich gemacht wurde. Zusammen mit etwa 300 Familien der Unität siedelte Comenius mitsamt der eigenen Familie nach Amsterdam um, wo er freundlich und ehrenvoll aufgenommen wurde und aufgrund der Unterstützung durch Laurentius de Geer seine letzten 14 Lebensjahre abgesichert verbringen konnte. Hier konnte er mit finanzieller Unterstützung des Amsterdamers Stadtrats im Jahre 1657 in zwei Folianten seine *Opera didactica magna* publizieren lassen. Die geplante Veröffentlichung der *Opera pansophica omnia* kam nicht mehr zustande, da Comenius während der Arbeit an diesem Werk verstarb. Es entspricht sicherlich der Realität, wenn Comenius in seiner Autobiografie von 1668 schrieb:

» Mein Leben war eine Wanderschaft; eine Heimat hatte ich nicht. Ruhelos musste ich von Herberge zu Herberge ziehen; niemals und nirgends fand ich einen festen Wohnsitz (J.A. Comenius, *Unum necessarium* X, 10 (DK 18, 127.26–28).

Comenius als herausragenden Pädagogen zu feiern, ist gewiss gerechtfertigt, aber dabei sollte nicht übersehen werden, dass er Pädagogik und Pansophie[21] immer als Theologe betrieb: „Ego quae pro Iuventite scripse, non ut Paedagogus, sed ut Theologus" (Comenius, *Pro latinitate apologia*, ODO IV, Sp. 27). Die Bildung war für ihn ein wichtiges Mittel, um die Menschen wieder zur Ordnung der Welt zurückzuführen, wie Gott sie gewollt hatte.

Aus seiner Pansophie leitete Comenius den philosophischen Grundsatz der Pädagogik *Omnes omnia omnino excoli* ab: Allen alles gänzlich lehren (Comenius, *Didactica magna*. Caput XI,

▫ **Abb. 2.10** Porträt von Comenius, dem Verfasser des *Orbis sensualium pictus* (© picture alliance / Quagga Illust)

Sp. 49). In die moderne Sprache übersetzt meint dieses Verdikt „weder polyglotte Allerweltsweisheit noch ein tumultuarisches Vielwissen, sondern ein Wissen des Ganzen und um das Ganze. Und diese im wahrsten Sinne des Wortes ‚Allgemeinbildung' steht allen Menschen überall und jederzeit gleichermaßen zu" (Böhm 2010, S. 54) – ganz im Sinne der modernen Forderung nach gleicher Bildung für alle.

Ähnliche Forderungen haben wir weiter oben auch schon bei Ratke herausgestellt. Bei Comenius wird die Forderung gleicher Bildung nicht nur auf das Kindes- und Jugendalter bezogen, sondern auf alle Lebensalter, die in acht aufeinanderfolgende Stufen unterteilt werden – angefangen bei dem vorgeburtlichen Leben über Kindheit, Reifezeit, Mannesalter bis hin zum Greisenalter und der Stufe des Todes. Heutzutage nennt man dies *lebenslanges Lernen*.

Eine andere pädagogische Maxime wird auf der Titelseite des *Orbis* mit den Worten *Omnia sponte fluant, absit violentia rebus* (übersetzt: Alles fließe aus eigenem Antrieb, Gewalt sei fern den Dingen) ausgedrückt. Damit sprach sich Comenius unmissverständlich und eindeutig gegen jedwede Anwendung von Gewalt in der Erziehung aus, und zugleich plädierte er dafür, die Interessen und die Motivation der Lernenden zur Grundlage von Erziehung und Unterricht zu machen. In seinem Spätwerk *Pampaedia* (Allerziehung) stellte Comenius die Erziehung zu einem Pansophen (Allwissenden) als Ideal der Bildung dar, um eine Veränderung der Lebensverhältnisse durch Bildung im Einklang mit der von Gott geschaffenen Natur und ihren Gesetzen zu erreichen. Weniger philosophisch, aber ungemein erfolgreich waren die Bücher *Didactica magna* und der *Orbis sensualium*

20 Die *Unität der Böhmischen Brüder* war eine religiöse Gemeinschaft, die im 15. und 16. Jahrhundert vor allem in Böhmen und Mähren verbreitet war. Ihr Kennzeichen war eine am Urchristentum orientierte Lehre und Lebensweise, die Verweigerung von Kriegsdienst sowie die Ablehnung, öffentliche Ämter zu bekleiden.

21 Das Wort *Pansophie* leitet sich aus dem Griechischen ab und meint so viel wie Allweisheit. Mit Pansophie wird die religiös-philosophische Lehre des Comenius bezeichnet, in der eine Zusammenfassung aller Wissenschaften angestrebt wurde. Eine sehr gute und lesenswerte Beschreibung der Pansophie Comenius' hat Raffaelli (2009) vorgelegt.

pictus, die bis auf den heutigen Tag als Meilensteine der abendländischen Pädagogik gelten (Meyer 2012).

2

Die Große Didaktik des Comenius

Die *Didactica magna* (*Große Didaktik*)[22] wurde zwischen 1627 und 1638 verfasst, aber erst 1657 veröffentlicht. In der pädagogischen Historiografie wird sie als erstes großes Werk der Pädagogik herausgestellt. Sie sollte als Leitfaden dienen, um in angenehmer Lernatmosphäre einen hohen Lernertrag bei den Schülern zu erzielen.

Comenius setzte sich in dieser Schrift wie auch später nachdrücklich dafür ein, dass Kinder beider Geschlechter und aller Stände unterrichtet werden sollten, und zwar in drei Bereichen: Wissenschaft, gute Sitten und Frömmigkeit. Insgesamt umfasst die *Didactica magna* 33 Kapitel, die sich mit unterschiedlichen Themen (z. B. Lebensziel des Menschen, Schule und Unterricht) befassen. Darüber hinaus enthält sie auch Vorstellungen zu einer allgemeinen Schulordnung, vor allem aber ziemlich genaue didaktische Anleitungen, für die – wie in der Natur – das Prinzip der Ordnung gilt.

So wie die Natur alles zur rechten Zeit tut, so soll der Mensch in jungen Jahren lernen, was er für das Leben braucht. Comenius betrachtet die Morgenstunden als beste Zeit für Unterricht und Arbeiten, aber alles, was in Erziehung und Unterricht gelehrt und gelernt werden soll, soll sich an der Fassungskraft des jeweiligen Alters orientieren. Beim Unterricht kommt es ihm auf die rechte Folge der Inhalte an, wobei folgende Grundsätze zu beachten sind: vom bereits Bekannten zum Neuen, vom räumlich, zeitlich und seelisch Nahen zum Fernen, vom Einfachen zum Komplexen, vom Leichten zum Schwierigen und vom Konkreten zum Abstrakten. Dabei sollten die Lehrer nach Möglichkeit weniger lehren, die Schüler aber gleichzeitig mehr lernen. Wie Ratke forderte Comenius eine Verkürzung der täglichen Schulzeit – er sprach sich für einen Achtstundentag und für 48 Stunden pro Woche aus. Der Unterricht sollte allerdings weit weniger Zeit beanspruchen – nämlich täglich 2 Stunden Wissenschaft mit Lesen, Schreiben, Rechnen und Sachkunde am Vormittag und 2 Stunden Hausarbeit und Singen am Nachmittag. Die übrige Zeit sollten sich die Schüler eigenständig mit dem Studium der Natur und des Menschen beschäftigen.

Als goldene Regel für das Lehren und den Unterricht formulierte Comenius das Primat des Lernens mit allen Sinnen:

„Alles soll, wo immer möglich, den Sinnen vorgeführt werden […]. Hierfür gibt es drei triftige Gründe: Der Anfang der Kenntnis muss immer von den Sinnen ausgehen, *denn nichts befindet sich in unserem Verstande (intellectus), das nicht zuvor in einem der Sinne gewesen wäre …* [Hervorhebung durch den Autor]. Die Wahrheit und Sicherheit der Wissenschaft ist von nichts so abhängig wie vom Zeugnis der Sinne. Denn die Dinge prägen sich zuerst und unmittelbar den Sinnen ein, dann erst durch Vermittlung der Sinne dem Verstande. Und weil die Sinne die treuesten Sachwalter des Gedächtnisses sind, so wird diese Veranschaulichung der Dinge bewirken, dass jeder das, was er weiß, auch behält" (Comenius, Didactica magna 1657/2007, S. 136f.). Schulen sollten *Freudenanstalten zur Weisheit* und *Lustgärten des Menschengeschlechts* sein. Deshalb sollte der Unterricht auch durch Vernunft, statt durch „Schreien, Einsperren und Prügeln" wirken. „Denn weise hat der gesprochen, welcher sagte, die Schulen seien Werkstätten der Menschlichkeit, indem sie bewirken, dass der Mensch wirklich Mensch werde", heißt es im 3. Kapitel der *Didactica magna*.

Dabei ging Comenius insgesamt von folgender Untergliederung der Schulbildung aus:

- Eine *Mutterschule* von der Geburt bis zum 6. Lebensjahr, die den Knospen und mannigfach duftenden Blüten des Frühlings entspräche;
- eine *Elementarschule* vom 7. bis 12. Lebensjahr, die also das Knabenalter umfasste und in jeder Gemeinde für alle eingerichtet werden sollte;
- eine *Lateinschule* bzw. ein *Gymnasium* vom 13. bis 18. Lebensjahr, die das Jünglingsalter abdecken und in jeder Stadt vorhanden sein sollte;
- eine *Akademie* wie auch Reisen (*academia et peregrinationes*) für alle diejenigen im Mannesalter, die höhere Ämter in Schule, Kirche und Staat anstrebten.

Didaktik wird zur Kunst des Lehrens erhoben: *Didactica est ars docendi*. Drei Prinzipien sind dafür maßgeblich:

Abb. 2.11 Beispiel einer Anlauttabelle mit Tierlauten aus *Orbis sensualium pictus* (© Johann Amos Comenius: *Orbis sensualium pictus*, Wikimedia Commons, in the public domain)

- *Das Prinzip der Anschauung*: Alles muss anschaulich und gut lesbar gestaltet sein, um gut unterrichtet werden zu können.
- *Das Prinzip des Lernens mit allen Sinnen*: Alles muss mit allen Sinnen erfahrbar gelehrt werden, damit es angenehm und leicht von den Lernenden aufgenommen werden kann.
- *Das Prinzip des natürlichen Lernens*: Alles muss natürlich, im Ablauf vom Einfachen zum Schwierigen, vom Allgemeinen zum Besonderen, vom Generellen zum Speziellen langsam und dem natürlichen Aufbau gemäß gelehrt werden.

Die Umsetzung dieser Prinzipien setzt nach Comenius einheitliche Lehrgegenstände und effektive Methoden ihrer Vermittlung durch Bücher, Enzyklopädien und Lexika, Tabellen und Bilder voraus.

Daran schloss das von ihm (während seines Aufenthaltes in Ungarn) verfasste Jugend- und Schulbuch *Orbis sensualium pictus* (Die sichtbare Welt) an, das vom 17. bis zum 19. Jahrhundert weite Verbreitung in Europa fand. Das „kleine Büchlein", wie Comenius es nannte, umfasste in seiner Erstausgabe 1653 immerhin 309 Seiten in lateinischer Sprache; 1658 erschien dann die um die deutsche Sprache erweiterte 2. Auflage. Die meist doppelseitigen Artikel sind links mit je einer nummerierten Abbildung und rechts mit zweispaltigen Erläuterungen (in

22 Unter den vielen Ausgaben der *Didactica magna* haben wir uns für die von Flitner herausgegebene Ausgabe als Quelle entschieden: Comenius, J.A. (1657/2007). *Große Didaktik. Die vollständige Kunst alle Menschen alles zu lehren*. (Übers. und Hrsg. A. Flitner) (10. Aufl.). Stuttgart: Klett-Cotta.

der Nürnberger Ausgabe in lateinischer und deutscher Sprache) versehen. Die Zweisprachigkeit der Texte machte *Orbis sensualium pictus* später zu einer Fibel, um Latein zu lernen, aber auch zu einem deutschen Lehrbuch par excellence. Die einzelnen Artikel dieses enzyklopädischen Werkes befassen sich mit Gott und der Welt, Himmel und Erde, Pflanzen und Tieren bis hin zu den Berufen, Künsten und Wissenschaften. Tugenden und Laster werden ebenso thematisiert wie Spiele, Politik, Kriege, Religionen und Strafen bis hin zum Jüngsten Gericht (▪ Abb. 2.11).
Ziel des Lehrbuchs ist es, eine dem Alter der Lernenden entsprechende zweisprachige Ausbildung in Latein und der Muttersprache zu unterstützen. Im Buch werden *Dinge* – konkrete wie abstrakte – in Bild und Wort erklärt. Dies bezeichnen pädagogische Psychologen heutzutage als *Doppelcodierung*.
Orbis sensualium pictus ist in der Konzeption so einfach wie genial. Das erkannten auch die Menschen im 17. bis 19. Jahrhundert und machten dieses Werk zu einem unvergleichlichen pädagogischen Bestseller. Welches Lehrbuch hat schon 200 Auflagen aufzuweisen und war mehr als 200 Jahre lang das bevorzugte Schulbuch?

In *Orbis sensualium pictus*, aber nicht nur da, wird Comenius' Leitidee deutlich: *Scire est rem per causas nosse* („Wissen ist, die Sache durch ihre Gründe und Ursachen kennen"). Bildung zielt auf die Verbesserung der menschlichen Lebensverhältnisse und nicht bloß auf umfangreiches enzyklopädisches Wissen. Es geht Comenius darum, dass die Schüler die Ordnung der von Gott geschaffenen Welt verstehen. Seine pädagogischen und didaktischen Konzeptionen sind zeitlos und haben bis heute nichts an Überzeugungskraft verloren.

2.4.2 Erziehung und Bildung im Zeitalter des Absolutismus und der Aufklärung

Anna: „Jakob, was fällt dir spontan ein, wenn du an den Absolutismus denkst?"

Jakob: „Da fällt mir sofort der Film *Die verrückte Geschichte der Welt* von Mel Brooks ein, in dem es am Schluss um die Zeit unmittelbar vor der Französischen Revolution geht. Der Hof in Versailles schwelgt und gibt sich der Dekadenz hin, während das Volk hungert. Es ist sogar so arm, dass es nicht mal eine eigene Sprache hat. – Und was fällt dir ein, wenn du an den Absolutismus denkst?"

Anna: „Ich denke an ein Bild, das Ludwig XIV. in einer pompösen Haltung und einem fürchterlich komischen Outfit zeigt. Das war in meinem Geschichtsbuch. Dann fallen mir noch die Mätressen ein, die sich der König hielt, und das ganze Brimborium um seine Person. Und dann noch, dass er sich ‚Sonnenkönig' nennen ließ."

Jakob: „Wenn du von Brimborium sprichst, fällt mir das Wort Antichambrieren ein. Das Antichambre war eines der Vorräume zum Schlafzimmer des Königs. Dort versammelten sich alle, die sich irgendeinen Vorteil vom König versprachen und dafür ihre Seele verkauft hätten. Richtige Speichellecker waren das."

Anna: „Ja, das hat unser Geschichtslehrer auch erzählt. Er hat auch auf die mangelhafte Hygiene am Hof und überall in Frankreich hingewiesen."

Jakob: „Wohl zu Recht! Dazu fällt mir ein Text einer Radiosendung zu dem Thema ein, warum Ludwig XIV. so fürchterlich gestunken hat."[23]

Anna: „Das wundert mich nicht. Wenn ich mir das Bild von Ludwig XIV. ins Gedächtnis rufe, dann fällt mir der Spruch ‚Außen hui, innen pfui' ein. Aber was mich noch mehr erstaunt, ist die Tatsache, dass man überall in Europa den Unfug von Versailles nachgeahmt hat."

Jakob: „Und das mit üblen Folgen für die Bevölkerung, denn die musste dafür finanziell geradestehen. Aber heute sind genau diese Paläste regelrechte Magnete für Touristen, die sich an den Vergoldungen, Säulen und Rundbögen und dem ganzen Prunk erfreuen, mit dem die Herrscher ihren Reichtum und ihre Macht demonstrieren wollten. Bezahlt wurde der Prunk von den Untertanen."

Die Religionskriege wurden von den Zeitgenossen als massive Bedrohung ihrer Existenz beurteilt. Eine Ursache dafür wurde auch in dem fortgesetzten Kampf der Stände um Macht und Einfluss gesehen. Um ein Ende dieser Verhältnisse zu erreichen, entwarf *Jean Bodin* bereits 1576 die Idee der absoluten Souveränität des Herrschers, der alle Staatsgewalt innehat und als neutrale Macht über seine Untertanen herrscht. 75 Jahre später vertrat *Thomas Hobbes* in seinem Hauptwerk *Leviathan* die Auffassung, dass der Mensch naturgemäß ein Egoist sei, dem es um den Besitz möglichst vieler Güter gehe, so dass im Naturzustand ein *Krieg aller gegen alle* stattfinde. Um dies zu überwinden, bedarf es nach Hobbes eines Gesellschaftsvertrags, der besagt, dass sich die Mitglieder einer Gesellschaft in freier Entscheidung dem allmächtigen Staat unterwerfen, welcher als Gegenleistung für Sicherheit und Ordnung sorgt. Bodin und Hobbes begründeten damit staatstheoretisch die *Herrschaftsform des Absolutismus*.

Der Absolutismus ist die vorherrschende Staatsform des Barocks. Am Anfang stand der *konfessionelle Absolutismus*, dem der *höfische Absolutismus* folgte, der unter dem Eindruck der Aufklärung zum *aufgeklärten Absolutismus* bzw. *Reformabsolutismus* mutierte. Der konfessionelle Absolutismus umfasst den Zeitraum von 1500 bis 1650 und findet in der Formel *Cuius regio, eius religio* sein charakteristisches Merkmal. Repräsentanten sind Philipp II. von Spanien und Elisabeth I. von England. Der höfische Absolutismus (1650–1740) fand am Hofe des Sonnenkönigs Ludwig XIV. seine prägnanteste Erscheinungsform und wurde eifrig nachgeahmt. Die Phase des aufgeklärten Absolutismus bzw. Reformabsolutismus dauerte knapp 50 Jahre (1740–1789) und wird von Friedrich II., Maria Theresia und Joseph II. verkörpert. Die Zeit des konfessionellen Absolutismus haben wir bereits behandelt, so dass wir uns im folgenden Abschnitt nur noch mit dem höfischen und aufgeklärten Absolutismus und seinen Folgen für Erziehung und Bildung befassen werden.

23 Jakob meint die im Dezember 2005 ausgestrahlte Sendung des DLR Köln, in welcher der Schriftsteller Hans Conrad Zander König Ludwig XIV. porträtierte. Der Text steht im Internet: ▸ http://www.j-paschen.de/zander/index.html

2.4.2.1 Die Verfassung des Absolutismus

Nach dem Ende des Dreißigjährigen Krieges stellt sich die Verfassung vieler Territorialstaaten Europas wie folgt dar: An der Spitze steht der Landesfürst (König, Herzog, Bischof), der sich auf ein Heer und die Verwaltung stützt. Der Adel stellt Offiziere und Beamte. Der Klerus stellt ebenfalls Beamte, wie die Beispiele der Kardinäle Richelieu und Mazarin als Erste Minister von Ludwig XIII. und Ludwig XIV. zeigen.

Wirtschaftlich gesehen bildete das *Großbürgertum* – bestehend aus Groß- und Fernhandelsleuten, Besitzern von Manufakturen und Banken – die finanzielle Stütze des Staates. Die Großbürger entrichteten hohe Steuern und Abgaben, ebenso wie die Bauern, Handwerker und Händler, die das *Kleinbürgertum* bildeten. Die unterste Gesellschaftsschicht bestand aus den unselbstständigen Arbeitern in der Landwirtschaft, in Manufakturen und im Handwerk. Die zunehmende Wirtschaftstätigkeit in Europa (Landwirtschaft, Handel, Manufakturen) bewirkte in der zweiten Hälfte des 17. Jahrhunderts enorme Einkommens- und Vermögenssteigerungen des Großbürgertums, was die Forderung nach mehr Mitspracherechten in Politik und Wirtschaft nach sich zog. Wollte ein Landesfürst die Herrschaftsform des Absolutismus durchsetzen, musste er dem Streben der Stände nach mehr politischen Rechten ein Ende setzen und eventuell aufkeimenden Widerstand notfalls mit Gewalt brechen.

In Frankreich dauerte dies von den Hugenottenkriegen Ende des 16. Jahrhunderts bis zur Machtübernahme durch Ludwig XIV. im Jahr 1661. Unter ihm erlangte der Absolutismus eine vollständig auf den Monarchen zugeschnittene Verfassung:

- Der Herrscher besaß die alleinige, ungeteilte Staatsgewalt, während die Stände (Adel, Klerus und Bürgertum) entmachtet waren.
- Es wurde ein straff organisiertes und zentralisiertes Verwaltungssystem aufgebaut, um Staatsfinanzen, Gesetzgebung, Justiz und innere Sicherheit, *Erziehung und Ausbildung* an den Notwendigkeiten des Staates auszurichten.
- Um sich militärisch zu behaupten, d. h. das Staatsgebiet zu erhalten und auszuweiten, wurde ein *stehendes Heer* aufgebaut und unterhalten.
- Der Herrscher bildete mit seiner extrem hierarchisch gegliederten Hofhaltung das gesellschaftliche und kulturelle Zentrum des Staates und Landes. Höfisches Zeremoniell und Prunkentfaltung symbolisierten die fürstliche Macht.

Nach diesem Vorbild entstanden in Spanien und Portugal, in verschiedenen italienischen Staaten und nicht zuletzt in Österreich-Habsburg, Bayern und Brandenburg-Preußen absolutistische Herrschaftsformen.

Die Machtentfaltung des absolutistischen Staates trat vor allem nach außen in Erscheinung. So ging es Ludwig XIV. nicht nur um die Erhaltung, sondern um die Erweiterung bzw. Abrundung des französischen Staatsgebietes, und hartnäckig verfolgte er das Ziel, den Rhein zur natürlichen Grenze im Osten zu machen. Dementsprechend führte er wiederholt Krieg mit dem Heiligen Römischen Reich, wovon insbesondere der Saarraum und Pfalz-Zweibrücken betroffen waren.

Der Saarraum während des Krieges mit dem Heiligen Römischen Reich

Der ab 1674 einsetzende Krieg mit dem Heiligen Römischen Reich gab dem Saarraum nach einer kurzen Verschnaufpause nach dem Dreißigjährigen Krieg den Rest: Wieder stand alles in Flammen, neben vielen Dörfern brannten die französischen Truppen im Jahre 1677 Merzig, St. Wendel und Saarbrücken völlig nieder, um dem Feind die Basis für militärische Operationen zu entziehen. Der Vertrag von Nijmwegen im Jahre 1769 beendete zwar den Krieg, eröffnete Frankreich aber die Möglichkeit, die militärischen Zugewinne diplomatisch-juristisch zu legitimieren. Da die Bistümer Metz, Toul und Verdun 1648 Frankreich zugesprochen worden waren, leitete Ludwig XIV. daraus Lehnsrechte ab, um seine Ansprüche auf die Gebiete der Bistümer im Saarraum geltend zu machen. Die Metzer Reunionskammer sprach auch Urteile aus, in deren Folge die Grafschaft Saarbrücken wegen der Metzer Schenkung von 999 dem französischen Staatsgebiet einverleibt wurde – ebenso wie große Teile der Lothringer und Kurtrierer Herrschaft. Es wurde die Province de la Sarre mit einer neu geschaffenen Hauptstadt Saarlouis eingerichtet und an die französischen Verwaltungsverhältnisse angepasst. Diese Provinz fand zwar 1691 wieder ein Ende, aber das Vordringen des absolutistischen Zentralstaates hatte bis dahin der Bevölkerung eigentlich nur Vorteile gebracht, denn die französischen Machthaber verfolgten einen politischen Kurs, der auf die Steigerung der Wohlfahrt der Bevölkerung zielte, die wegen des Verschuldens der alten Herrschaft ins Elend geraten war: Aufhebung der Leibeigenschaft, Abschaffung der Binnenzölle, Verbot neuer Steuerbelastungen und Dienstpflichten sowie eine systematische Wiederbevölkerung (Peuplierung) und Neulandgewinnung gehörten zu den Maßnahmen, die eine besondere Sorge Ludwigs XIV. für die Notlage der einfachen Leute im Saarraum zum Ausdruck brachten. Der für die Province de la Sarre verantwortliche Intendant de la Goupillière unternahm alles, um dem geschundenen Land durch Straßenbau, Förderung des Handels und des Handwerks wieder auf die Beine zu helfen (Burgard 2010). Wie gesagt, währte das Glück der Bevölkerung aber nur 20 Jahre, dann wurde die alte Herrschaft der Grafen wieder hergestellt.
Für die Protestanten hatte das französische Interregnum nachteilige Effekte, da die Obrigkeit in der Region eine systematische Rekatholisierungspolitik betrieb. Die Reformation an der Saar sollte rückgängig gemacht werden, und man schreckte auch nicht vor drakonischen Strafen zurück, wenn Verordnungen nicht eingehalten wurden. Ab 1680 wurde in St. Johann wieder die katholische Messe gelesen, im Schulwesen entstand zusätzlich zur evangelisch-deutschen Schule eine katholische Schule unter französischer Regie.

Im absolutistischen Staat zählte der einzelne Mensch nicht viel, er war Funktionsträger in der Gesellschaft und stand im Dienste des Staates und seines Monarchen. Die *Machtentfaltung des Absolutismus nach innen* drückte sich in Unterdrückung, strengen Strafen für geringfügige Vergehen und der Forderung nach unbedingtem

Gehorsam aller Untertanen aus. So beschied beispielsweise der preußische König Friedrich Wilhelm I. gleich nach Regierungsantritt im Jahre 1713 seine Minister, er verlange weder Rat noch Räsonnement, sondern Gehorsam. Die uneingeschränkte Macht des Herrschers fand ihren Ausdruck in Prachtbauten und in einer luxuriösen Lebenshaltung, an der auch der parasitäre Adel beteiligt wurde. *Versailles*, die Residenz des französischen Königs, war unter Ludwig XIV. und seinen beiden Nachfolgern der Inbegriff von Glanz, Luxus und absoluter Macht. Am Hofleben beteiligt zu werden und dadurch in der Nähe des Königs zu sein, war eines der größten Privilegien, das einem normal sterblichen Angehörigen des Adels oder Klerus verliehen werden konnte.

Der Hof von Versailles wurde zum Vorbild für deutsche Landesfürsten. Das zeigen die barocken Schlossanlagen und Residenzstädte, die sich nicht nur Friedrich I., seit 1701 der erste König in Preußen, erbauen ließ, sondern auch die Bautätigkeit z. B. des Markgrafen von Baden-Durlach oder der Grafen von Nassau-Saarbrücken.

Der Absolutismus an der Saar

Fürst Wilhelm Heinrich, seit 1741 Landesherr von Nassau-Saarbrücken pflegte ein enges Verhältnis zur Großmacht Frankreich. Er reiste oft nach Paris und wurde dort mit militärischen Ehrenbezeugungen, wie etwa der Beförderung zum Feldmarschall und der Verleihung hoher Orden überhäuft. Seiner Verehrung des französischen Königs verlieh er dadurch Ausdruck, dass er seinem Sohn den Namen Ludwig gab. Seinen unbestreitbaren Verdiensten in der Förderung von Landwirtschaft, Handel und Gewerbe und in der Reform von Verwaltung und Justiz steht die ungeheure *Verschuldung* der Grafschaft gegenüber.
Baumaßnahmen wie die Errichtung eines neuen Schlosses, der Ludwigskirche und der Basilika St. Johann, die heute zu den Sehenswürdigkeiten Saarbrückens zählen, ruinierten die Staatsfinanzen bei wachsender Belastung der Bürger durch Steuern. 1741 lasteten 185.000 Gulden Schulden auf der Grafschaft. Als Wilhelm Heinrich starb, hatte sich der Betrag verzehnfacht. Davon entfielen „allein 589.000 fl auf das Konto der Schlossbauten, erstaunliche 270.000 fl verschlang der höfische Reiseetat und mehr als 270.000 fl kosteten Aufstellung und Unterhaltung von Regimentern in französischen Diensten" (Burgard 2010, S. 121). Als Ludwig 1768 die Nachfolge seines Vaters antrat, konnte die Grafschaft nicht einmal mehr die Zinsen für die europaweit gemachten Schulden aufbringen. 1769 wurde vom Reichshofrat eine Kaiserliche Administrationskommission zur Schuldentilgung eingesetzt, was der finanziellen Entmündigung des Fürsten gleichkam. Das war möglich, da auch die absolutistische Allmacht der deutschen Fürsten formal durch die Beschlüsse des Reichstags und die Verpflichtung zu Loyalität gegenüber Kaiser und Reich eingeschränkt war.
Auch die Grafschaft von der Leyen mit ihren knapp 20.000 Bewohnern aus 63 Orten und damit viel kleiner als Nassau-Saarbrücken investierte im 18. Jahrhundert enorme Summen in die barocke Ausgestaltung ihrer Residenz, den Marktflecken Blieskastel. Dabei wurden alle Rahmen gesprengt. So ließ der Erbprinz 1783 im Alter von 17 Jahren das Schloss Neu-Philippsburg für sage und schreibe 650.000 Taler bauen, wobei das Interieur u. a. Gemälde von da Vinci, Tizian, Rubens, Cranach und Dürer umfasste.
Übertroffen wurde aber alles von Pfalz-Zweibrücken, wo der Herzog auf einem Bergplateau über der Kleinstadt Homburg eine Landresidenz für die Summe von 14 Millionen Gulden bauen ließ. Burgard schreibt dazu: „Auf einer Gesamtbreite von mehr als einem Kilometer entstand jene Landresidenz, die nicht nur auf Grund ihrer schieren Größe keinen zeitgenössischen Vergleich zu scheuen brauchte. Auch ihre Ausstattung mit erlesenen Einrichtungsgegenständen, mit kostbaren Kunst- und Antikensammlungen, mit Bibliotheken und Kuriosenkabinetten, mit einem riesigen Park, der nicht nur architektonische Impressionen aus aller Welt enthielt, sondern auch eine eigene Tier- und Menschenschau beherbergte, war einmalig" (Burgard 2010, S. 118).

Was in der Provinz geschah, war auch an den großen Höfen der Fall, wie das Beispiel Brandenburg-Preußen zeigt. Friedrich Wilhelm, dem Großen Kurfürsten, war es nach dem Dreißigjährigen Krieg gelungen, seinem Land durch eine pragmatische und reformfreudige Regierungspolitik – zu Lasten der Bauern – den Weg zur Großmacht zu ebnen. Sein Nachfolger Friedrich I., der erste seiner Familie mit dem Königstitel, war beseelt von der Idee, Ebenbürtigkeit mit den europäischen Mächten zu erlangen, und investierte Unsummen für die Hebung der baulichen Kultur, aber auch der Bildung. Er gründete reihenweise Akademien: 1694 die Universität Halle, 1696 die *Academie der Mahler-, Bildhauer- und Architectur-Kunst* in Berlin, 1700 die *Kurfürstlich-Brandenburgische Societät der Wissenschaften* (die spätere Königlich-Preußische Akademie der Wissenschaften). Er baute die königliche Bibliothek in Berlin aus und lud bedeutende Wissenschaftler und Künstler nach Preußen ein. Doch der Preis war hoch: Die Staatsfinanzen wurden ruiniert und mehr Bevölkerungsteile als je zuvor wurden ins Elend getrieben, da sie die immensen Kosten zu tragen hatten. Dementsprechend hart fiel auch das Urteil aus, das Friedrich der Große später über seinen Großvater fällte.

> » Friedrich war zwar ohne Festigkeit, eitel und glanzsüchtig, doch nicht ohne Wohlwollen und Gutmütigkeit, im ganzen aber groß in kleinen Dingen und klein in großen. […] Er zeigte Herrscherpracht und Freigiebigkeit. Aber um welchen Preis erkaufte er sich das Vergnügen, seine geheimen Wünsche zu befriedigen (Friedrich II. über Friedrich I. in Preußen, zit. n. Bentzien 1996, S. 108).

Der absolutistische Staat kostete viel Geld und war auf hohe Steuereinnahmen angewiesen, die vom Bürgertum oft nicht zu erbringen waren, weshalb sich viele Fürsten bei Banken verschuldeten. Dafür mussten dann hohe Zinsen gezahlt werden, was eine Erhöhung der Steuern mit sich brachte – ein Kreislauf, der nicht selten zum Staatsbankrott führte. Es war damals so wie heute, dass eine gut florierende Volkswirtschaft der beste Garant für Steuereinnahmen war. Der absolutistische Staat brauchte sichere und wachsende Steuereinnahmen, um das stehende Heer und den Verwaltungsapparat, aber auch den Bau der prunkvollen Paläste zu finanzieren. Daher entwickelte sich in verschiedenen europäischen Staaten eine Wirtschaftspolitik, die von *Dirigismus* und *Interventionismus* geprägt war. Die grundlegende Idee war, Überschüsse im Außenhandel zu erzielen und die Einfuhr von Waren aus anderen Ländern zu beschränken. Rohstoffe sollten möglichst billig importiert werden, was am einfachsten war, wenn der Staat Kolonien besaß, die als Rohstofflieferanten fungierten. Die fertigen Produkte – am besten Luxusgüter – sollten mit hohem Gewinn ins Ausland verkauft werden. Demgegenüber wurde der Import von Waren und Gütern mit hohen Zöllen und Steuern belegt.

Diese Wirtschaftsauffassung des 17. und 18. Jahrhunderts wird seit Adam Smith (1776) als Merkantilismus bezeichnet. Man kann den Merkantilismus (vom lateinischen Wort *mercator*, d. h. Kaufmann, abgeleitet) als die wirtschaftspolitische Doktrin des Absolutismus begreifen. Ein prominenter Vertreter war *Jean-Baptiste Colbert* (1619–1683), der Finanzminister Ludwigs XIV., weshalb die französische Variante des Merkantilismus auch *Colbertismus* genannt wird. Colbert reformierte das Wirtschaftssystem Frankreichs von Grund auf. Im Zentrum seiner Marktreformen stand vor allem die Förderung der Warenproduktion durch Errichtung staatlicher (Muster-)Manufakturen. Der Merkantilismus bewirkte nicht nur eine Stärkung der Volkswirtschaften der absolutistischen Staaten, sondern beeinflusste auch maßgeblich das Bildungs- und Erziehungswesen, denn die neu errichteten Manufakturen, die qualitativ hochwertige Produkte herstellen sollten, brauchten gut ausgebildete Arbeitskräfte. In Folge der Entvölkerung ganzer Landstriche mussten alle verfügbaren Arbeitskräfte in die Produktion – auch Waisen, Bettler und Tagelöhner – eingegliedert werden. So erwuchs aus den wirtschaftlichen Umständen der Bedarf an einer Volksbildung.

2.4.2.2 Der absolutistische Staat und die Bildung

Das Interesse des absolutistischen Staates an der Erziehung unterlag vollständig der Doktrin des Merkantilismus:

» Die Wirtschaft, die ja ganz im Dienste der territorialen Machtpolitik stand, wird hier […] aufs Engste mit der Erziehung in Zusammenhang gebracht, und zwar unter dem typisch merkantilistischen Gesichtspunkt des Staatsnutzens (Iven 1929/1982, S. 129).

Für den Merkantilismus hatten *berufsbildende Schulen* und *Realschulen*, die sich an den Interessen der Gewerbetreibenden und Kaufleute orientierten, eine weit größere Bedeutung als die höhere Bildung an den Lateinschulen.

Dementsprechend richteten die absolutistischen Herrscher im 17. Jahrhundert ihr Augenmerk verstärkt auf die niedere Bildung ihrer Untertanen. Ihr Bemühen richtete sich auf ein einheitliches Volksschulwesen mit allgemeinem Schulzwang – allerdings mit einem mäßigen Erfolg. So gelangte Heubaum (1904) zu der Feststellung:

» Es ist eine interessante Erscheinung, den absoluten Staat, der seine alldurchgreifende Regierungsgewalt auf wirtschaftlichem und militärischem Gebiete mit strengster Konsequenz und großem Erfolg durchsetzte, der Mannigfaltigkeit des Schulwesens gegenüber machtlos zu sehen […] die große Mehrzahl der ihm nicht unterstellten, vielmehr von Magistraten, Korporationen, Privatpersonen abhängigen Schulen entzogen sich hartnäckig jedem Einflusse der Regierung (Heubaum 1904, S. 192).

Die Reform des Bildungswesens vollzog sich im Absolutismus von unten nach oben.

▪ Geburt des Volksschulwesens

Außerhalb Deutschlands waren es im 17. Jahrhundert vor allem die Piaristen (*Fratres scholarum piarum*), die sich dem Volksschulwesen widmeten. Der Orden der *Schulbrüder* geht auf eine Gründung des Spaniers José de Calasanz zurück, der 1597 im römischen Armenviertel Trastevere die erste kostenfreie Schule für das gemeine Volk gründete. Im Jahre 1617 erteilte Papst Paul V. der Kongregation Pauperum Matris Dei Scholarum Piarum den Auftrag, sich um die Erziehung der Armen zu kümmern. Seit dem Ende des 17. Jahrhunderts wurde der Orden vor allem in Österreich, Böhmen, Ungarn und Polen tätig. Im 18. Jahrhundert unterhielt der Orden in Österreich mehr als zwanzig Gymnasien und war das führende Schulsystem im mittleren Bildungswesen. Bis heute sind die Piaristen in Wien, Horn und Krems vertreten.

Anna: „Jakob, Du weißt ja bestimmt, dass in der katholischen Kirche manche Heilige als Schutzpatrone für bestimmte Berufe verehrt werden."

Jakob: „Ja, ich weiß, dass Josef der Patron der Zimmerleute und Christophorus der Patron der Fernfahrer ist."

Anna: „Und wer ist der Patron der Lehrer?"

Jakob: „Haben die auch einen Schutzheiligen?"

Anna: „Ja, sein Name ist de la Salle. Er wurde 1950 zum Schutzpatron der Lehrer erklärt."

In Frankreich war es *Jean Baptiste de la Salle* (1651–1719), der sich mit großem Weitblick der Aufgabe der niederen Erziehung widmete. Bereits ein Jahr nach der Priesterweihe gründete er 1679 eine kostenlose Schule für Arme. Wenige Jahre später gab er sein Amt als Domherr auf und gründete im Jahr 1684 die Kongregation *Fratres Scholarum Christianorum* (Brüder der christlichen Schulen). Bemerkenswert ist, dass de la Salle seinen Brüdern untersagte, Latein zu lernen, damit sie sich nur der *unentgeltlichen Unterweisung des niederen Volkes* widmeten. 1688 eröffnete der Orden die ersten Volksschulen in Paris, in der Folge wurden überall in Frankreich Sonntagsschulen für junge Handwerker, Erziehungsanstalten für verwahrloste Jugendliche sowie ein Lehrerseminar eingerichtet. Neu war dabei, dass der Unterricht an den Schulen in Klassen stattfand, die Unterrichtssprache Französisch war und dass körperliche Strafen gänzlich verboten waren. Die *Fratres Scholarum Christianorum* wurden in Frankreich zu der bedeutendsten Einrichtung des Volksschulwesens. Im Jahre 1792 verfügte die Revolutionsregierung zwar die Schließung von 120 Schulen, die von mehr als 30.000 Schülern besucht wurden, aber bereits 1803 wurde die Kongregation von Napoleon wieder zugelassen und breitete sich im 19. Jahrhundert weltweit aus.

Bemerkenswert ist, dass der Beitrag der Piaristen und der *Fratres Scholarum Christianorum* zur Gründung des Volksschulwesens in der deutschsprachigen pädagogischen Historiografie nicht erwähnt wird (vgl. Prange 2008; Reble 1965; Weimer und Jacobi 1992; Tenorth 2010), dafür der deutsche Pietismus umso mehr.

Pädagogik des Pietismus

Der *Pietismus* ist eine Reformbewegung innerhalb des Protestantismus, die gegen Ende des 17. Jahrhunderts als Gegenbewegung zu der starren Orthodoxie der protestantischen Kirchen aufkam. In manchen protestantischen Ländern konnte man damals eher als Nichtprotestant eine Beamtenstelle erhalten als wenn man gegen die „reine Lehre" des Protestantismus verstoßen hatte. Für Reble (1965) war der Pietismus der „Aufstand des Herzens gegen die haarspalterische, lebentötende Theologengelehrsamkeit" (S. 118 f.) der damaligen Zeit. Als Gallionsfigur des deutschen Pietismus gilt gemeinhin *August Hermann Francke* (1663–1727).

Franckes Schrift *Kurzer und einfältiger Unterricht, wie die Kinder zur wahren Gottseligkeit und christlichen Klugheit anzuführen sind* (1702) bringt das Ziel der pietistischen Erziehung auf den Punkt: Es geht um die Erziehung zum wahren christlichen Lebenswandel. *Demut* in der Befolgung der göttlichen Gebote, *Gehorsam* gegenüber Gott und der von ihm eingesetzten Obrigkeit sowie *Fleiß* werden als Tugenden und als Ziel der Erziehung herausgestellt. Wissen ist zu nichts nutze, Theater, Dichtung, Musik sind bedenklich, da sie zur Sünde verführen. Dasselbe gilt für Spiele und andere harmlose Freuden des Alltags – nichts als Müßiggang und Verlockung zu sündhaftem Leben. Um die Verfehlungen des jungen Menschen so gering wie möglich zu halten, muss er unter eine ständige und strenge Aufsicht gestellt werden. Dementsprechend wurden auch in der Schule hohe Anforderungen gestellt.

Ganz im Sinne des Merkantilismus sollte Unterricht dem dienen, was im Leben gebraucht wird. Ähnlich wie de la Salle in Frankreich baute Francke ein *Waisenhaus in Halle* auf, das neben Lateinschulen und Deutschen Schulen auch Heime (getrennt für Adel, Bürgertum und Waisenkinder) und Wirtschaftseinrichtungen (Apotheke, Buchdruckerei und Buchhandlung, landwirtschaftliche Güter) umfasste. Diese Einrichtung zog schon bald nach ihrer Gründung im Jahre 1698 viele Lehrer und Erzieher an, so dass Francke für sie im *Seminarium praeceptorum* eine Lehrerbildungsanstalt einrichtete. Am Ende seines Lebens hatte das Waisenhaus mehr als 2000 Schülerinnen und Schüler. Aus dieser Einrichtung entstanden nach dem Tod Franckes die *Franckeschen Stiftungen*, die bis heute bestehen und ein reichhaltiges und umfassendes Bildungsprogramm für alle Altersstufen anbieten und mehrere Schulen beheimaten.

Obwohl Franckes „Mission" in einer religiösen Erziehung lag, waren der Unterrichtsplan und die Organisation des Unterrichts in vielen Punkten geradezu revolutionär. Neben den traditionellen Schulfächern standen auch Mineralogie, Landwirtschaft, Anatomie, Handarbeiten wie Drechseln, Glasschleifen, Stricken und Gärtnern auf dem Lehrplan. Es fanden Exkursionen in Handwerksbetriebe und in die Natur statt. Im Unterricht wurden deutsch- und fremdsprachige Zeitungen gelesen. Mit der Zeit führte der Ausbau des Realunterrichts zu einem Fachlehrersystem und das Klassensystem wurde zugunsten des Fachsystems aufgegeben. Die Schüler wurden entsprechend ihren Leistungen in den verschiedenen Fächern auf unterschiedlichen Niveaus unterrichtet. In einem bestimmten Rahmen durften die Schüler sogar unter den Unterrichtsfächern wählen. – Alles in allem eine durchaus modern zu nennende Konzeption von Unterricht, aber unter dem Diktat einer strengen religiösen Dogmatik. Francke gab mit seinem Waisenhaus wichtige Anstöße zur Entwicklung der Realschule. Zwei ehemalige Lehrer am Waisenhaus, Semler und Hecker, sollten sich später um den Aufbau der Realschulen in Deutschland besonders verdient machen.

Insgesamt blieb der Pietismus selbst in den protestantischen Ländern aber eher von lokaler Bedeutung, so dass Rebles (1965) Aussage, der Pietismus hätte vereinheitlichend auf das *deutsche* Schulwesen gewirkt und vollendet, was schon das ganze 17. Jahrhundert hindurch angestrebt worden war, schlicht und einfach falsch ist. „Fallen landesherrliche Vorkehrungen als Erklärungsfaktor aus, so auch die schon aus chronologischen Gründen wenig überzeugenden Versuche, den Pietismus um 1700 als entscheidende Ursache für die Entstehung des Dorfschulwesens" anzusehen (Neugebauer 1985, S. 251 f.).

In Kontrast zu der Machtfülle absolutistischer Herrscher steht ihre relative Ohnmacht, die Bildung zu reformieren. Dezentralität der bestimmenden Kräfte und eine relative Wirkungslosigkeit des landesherrlichen Schulregiments prägten das Gesamtbild des Bildungswesens, das als Mittel der *Sozialdisziplinierung* betrachtet wurde.

2.4.2.3 Erziehung als Mittel der Sozialdisziplinierung: die Schulordnungen des 18. Jahrhunderts

Der Begriff *Sozialdisziplinierung* wurde von Oestreich (1969) in die historische Forschung eingebracht, um damit die Bestrebungen des absolutistischen Staates zu kennzeichnen, Effizienz und Macht durch eine *Disziplinierung der Untertanen* in allen Lebensbereichen zu stärken. Ausgangspunkt der Sozialdisziplinierung ist der *militärische Bereich*, wofür die Disziplinierung der preußischen Soldaten durch den sogenannten Soldatenkönig als Beispiel angeführt werden kann. Vom Militär ausgehend wurde die Sozialdisziplinierung auch auf die *Verwaltung* (z. B. Polizeiordnungen), das *Armenwesen* (die Armen sind so zu erziehen, dass sie die gottgewollte Funktionszuweisung nicht in Frage stellen) und das Wirtschaftssystem des *Merkantilismus* (Erziehung der Untertanen zu Fleiß und Akzeptanz der Arbeitsbedingungen) übertragen.

Unter dem Aspekt der Sozialdisziplinierung ist es nicht verwunderlich, dass ausgerechnet der als *Soldatenkönig* bezeichnete Friedrich Wilhelm I. im Jahre 1717 das *Edikt zur allgemeinen Schulpflicht* erließ, demzufolge Kinder auf den königlichen Domänengütern vom 5. bis zum 12. Lebensjahr in die Schule gehen und erst entlassen werden sollten, wenn sie lesen und schreiben konnten. Gleich am Anfang des Edikts nennt der König die Gründe für die Verordnung:

Tab. 2.6 Schuldichte (auf dem Land) in Pommern 1777 und 1782. (Nach Neugebauer 1985, S. 275)

Provinzteil	Vorpommern (1777)		Hinterpommern (1782)	
	königlich	adlig	königlich	adlig
Dorfzahl	206	397	426	1270
Küster/ Schulmeister	138	316	263	683
Dichte in %	67,0	79,6	61,7	53,8

» Wir vernehmen missfällig und wird verschiedentlich von denen Inspectoren und Predigern bey Uns geklaget, dass die Eltern, absonderlich auf dem Lande, in Schickung ihrer Kinder zur Schule sich sehr säumig erzeigen, und dadurch die arme Jugend in grosse Unwissenheit, so wohl was das lesen, schreiben und rechnen betrifft, als auch in denen zu ihrem Heyl und Seligkeit dienenden höchstnötigen Stücken auffwachsen laßen.

In der pädagogischen Historiografie wird relativ übereinstimmend behauptet, dass die 1717 erlassene Schulpflicht wesentlich dazu beigetragen hätte, Brandenburg-Preußen flächendeckend mit Dorfschulen auszustatten. Aber „ewig gleiche, über die Jahre sich wiederholende Klagen belegen, dass man sich nicht auf Gemeindeverordnungen verlassen sollte – wie es viele Historiker tun –, wenn man die Realität der Ausbildung in den Gemeinden beschreiben will" (Liberles 2003, S. 73).

Konkret stellt sich die Frage, ab welchem Zeitpunkt ein flächendeckendes dörfliches Schulwesen in Brandenburg-Preußen angenommen werden kann. Dieser Frage hat sich Neugebauer (1985) gewidmet. Er gelangt aufgrund seiner Analyse zu dem Schluss, dass auf dem platten Lande der Kurmark die Schuldichte von 1746 bis 1800 stets zwischen 80 und 85 % schwankte, was darauf hinweist, dass die Infrastruktur des ländlichen Schulwesens in der Kurmark zu dieser Zeit erstaunlich gut war. Schlechter war es um die Versorgung der Landbevölkerung mit Schulen in Pommern bestellt (Tab. 2.6). Die Zuständigkeit für die Schulen lag beim König oder dem Landadel.

Bemerkenswert ist, dass in den preußischen Landschulen die Schullehrer auch die Dienste des Küsters zu übernehmen hatten. Das galt auch noch im 18. Jahrhundert, wie eine Verordnung des Allgemeinen Landrechts für die Preußischen Staaten aus dem Jahr 1811 zeigt (vgl. Mannkopf 1838). Auch zu Lebzeiten von Wilhelm Busch (1832–1908) hatte der Dorfschullehrer die Aufgaben des Küsters zu übernehmen, wie am Beispiel des Lehrers Lämpel gezeigt werden kann, dem Busch in *Max und Moritz* (1865) ein liebenswertes Denkmal gesetzt hat (Abb. 2.12).

Die von Neugebauer angegebenen Zahlen hinsichtlich der Schuldichte in Brandenburg werden auch für andere Teile Preußens bestätigt (vgl. Friedrichs 2000). Gebietsweise wurde im 18. Jahrhundert eine Versorgung bis zu 100 % erreicht.

Friedrich II. setzte in Brandenburg die Reform des Schulwesens fort – auf der Ebene von Verordnungen. Im August 1763 erließ er das *Königlich-Preußische Generallandschulreglement*, in dem die Dauer der Schulzeit für alle preußischen Gebiete auf 8 Jahre festgelegt wurde.

Also lautet ein Beschluß:
Daß der Mensch was lernen muß.
Nicht allein das Abc
Bringt den Menschen in die Höh,
Nicht allein im Schreiben, Lesen
Übt sich ein vernünftig Wesen;
Nicht allein in Rechnungssachen
Soll der Mensch sich Mühe machen;
Sondern auch der Weisheit Lehren
Muß man mit Vergnügen hören.
Daß dies mit Verstand geschah,
War Herr Lehrer Lämpel da.
[...]
Einstens, als es Sonntag wieder
Und Herr Lämpel brav und bieder
In der Kirche mit Gefühle
Saß vor seinem Orgelspiele ...

Abb. 2.12 © Wilhelm Busch, Max und Moritz – Eine Bubengeschichte in sieben Streichen

Auch Friedrichs große Gegenspielerin auf der politischen Bühne, Kaiserin *Maria Theresia*, die von 1740 bis 1780 regierte und wie der Preußenkönig zu den prägenden Monarchen der Ära des aufgeklärten Absolutismus zu zählen ist, ordnete das Schulwesen in ihren Herrschaftsgebieten neu. Dazu musste zunächst die Macht der katholischen Amtskirche im Bildungswesen eingeschränkt und vor allem der Einfluss der Jesuiten gebrochen werden. Auch in Österreich sollte ein laizistisches Schulwesen der Sozialdisziplinierung dienen, um die Machtstrukturen des absolutistischen Staates zu legitimieren und abzusichern. Die im Jahre 1774 erlassene *Allgemeine Schulordnung* führte die Schulpflicht für alle Untertanen ein und band das Bildungswesen an Gesetze und Verordnungen. Ein wichtiges Ziel, dessen Erreichung notfalls auch mit Zwangsmaßnahmen durchgesetzt werden sollte, bestand in der Alphabetisierung der österreichischen Bevölkerung.

Obwohl die von oben verordneten Schulreformen in Brandenburg-Preußen und Österreich in der pädagogischen Historiografie als Meilensteine der Entwicklung des Volksschulwesens gefeiert werden, wurde die Reform des Schulwesens in diesen Staaten deutlich stärker von dezentralen Kräften getragen und durchgesetzt (Neugebauer 1985, 2005). Der Erfolg des preußischen Edikts von 1717 lag hauptsächlich darin, dass es zum Vorbild für viele deutsche Kleinstaaten wurde. An vielen Orten (z. B. im Hochstift Speyer, in der Markgrafschaft, in Bayern) wurde die allgemeine Schulpflicht für Knaben und Mädchen vom 6. bis zum 12. Lebensjahr eingeführt.

Alle Schulordnungen, die im Laufe des 18. Jahrhunderts überall in Deutschland erlassen wurden, betrachteten die schulische Bildung als Mittel der Sozialdisziplinierung, um jeden Bereich des staatlichen, wirtschaftlichen, gesellschaftlichen und privaten Lebens zu erfassen.

2.4.2.4 Der Merkantilismus – Anfang einer Industriepädagogik?

Der absolutistische Staat mit seiner wirtschaftspolitischen Doktrin des Merkantilismus setzte zwar das Volksschulwesen durch, aber für Merkantilisten hatten *Realschulen* und *berufsbildende Schulen* eine größere Bedeutung.

Die Idee der Realbildung geht bis ins frühe Mittelalter zurück, wie das Gartengedicht *Hortulus* des Benediktinerabtes Walahfrid Strabo (808–849) belegt, in dem dargelegt wird, wie die Erfahrung durch der eigenen Hände Arbeit vergrößert werden kann. Eine praktische Umsetzung fand die reale Bildung in der Trivialschule[24] von Johannes Raue (1610–1679), an der bereits Unterricht in Realfächern wie Geometrie, Stenografie und Biologie erteilt wurde. Das Ideal des handwerklich gebildeten Gelehrten vor Augen, gründete der Merkantilist Johann Joachim *Becher* 1675 in Wien das *Kaiserliche Kunst- und Werck-Hauß*, das als Staatsfabrik mit einer staatlichen Lehrwerkstatt gekoppelt war.

Bereits lange vorher hatte der Adel erkannt, dass das traditionelle Erziehungsmodell der Lateinschule nicht mehr den Anforderungen der Zeit genügte. Unter dem Eindruck des Humanismus und der unliebsamen Konkurrenz gebildeter Bürger in den Verwaltungen wurde die Bildung auch für den Adel wichtiger, weshalb ab Ende des 16. Jahrhunderts *Ritterakademien* gegründet wurden, in denen der adelige Nachwuchs auf die staatliche Verwaltungslaufbahn vorbereitet wurde. Während die Ritterakademien der höheren Bildung der Söhne adliger Familien dienten, war das aufstrebende Bürgertum stärker an *Realschulen* und *Fachschulen für gewerbliche und handwerkliche Berufe* zur Steigerung der Produktivität der Wirtschaft interessiert.

▪ Anfänge des Realschulwesens

Im 18. Jahrhundert wurde der Ruf nach Realschulen und Fachschulen für die gewerbliche Bildung immer lauter (Greinert 2003). Renommierte Merkantilisten wie Johann Friedrich von Pfeiffer (1718–1787) sprachen sich dafür aus, mehr Schulen einzurichten, die stärker auf die berufliche Qualifizierung der Schüler ausgerichtet sein sollten. Auf lange Zeit aber blieb die Errichtung von Realschulen die Aufgabe einzelner Pädagogen, während sich der absolutistische Staat vornehm zurückhielt und – wie im Falle Preußens – nicht bereit war, die Kosten für die Einrichtung und den Unterhalt von Realschulen zu übernehmen (Neugebauer 2005). Den Anfang machte der pietistische Theologe *Christoph Semler*, der im Jahre 1709 die *Mathematische und Mechanische Realschule* in Halle mit der Idee gründete, den Unterricht zu veranschaulichen und Techniken zu schulen, die für das spätere Leben und den Beruf notwendig erschienen. Nach einem Misserfolg gründete er die Schule 1738 noch einmal, aber auch sie fand zwei Jahre später mit Semlers Tod ein Ende.

Seiner Zeit weit voraus, entwarf *Paul Jacob Marperger* im Jahre 1723[25] ein Gesamtkonzept für ein Berufsbildungssystem und unterbreitete Gliederungsvorschläge für Berufsbildungsgänge. Obwohl der Titel seiner Abhandlung *Trifolium mercantile aureum* vor allem die Kaufmannschaft ansprechen sollte, beinhaltet sie zum weitaus größeren Teil Ausführungen zum gewerblich-technischen Schulwesen. In mechanischen Werkschulen sollten die angehenden Handwerker Mathematik-, Mechanik- und Zeichenunterricht erhalten. Marperger gliederte diese Bildungseinrichtungen nach den verschiedenen Arbeitsmaterialien – z. B. Schulen des Textilgewerbes oder der Eisen- und Stahlbehandlung – und entwarf damit ein System berufsqualifizierender Schulen, wie es im Grunde bis heute besteht.

Erfolgreicher als Pfeiffer war *Johann Julius Hecker* (1707–1768), auch ein Schüler Franckes und Pfarrer an der Berliner Dreifaltigkeitskirche. Er gründete in seiner Pfarrei im Jahre 1747 die *Ökonomisch-mathematische Realschule*, die sich aus den Einkünften eines Buchverlags und Privatspenden finanzierte. In Übereinstimmung mit der pietistischen Pädagogik, wie er sie in Halle kennengelernt hatte, legte Hecker seiner Realschule ein Fachklassensystem zugrunde und einen differenzierten Lehr- und Stoffplan, der den verschiedenen Berufssparten wie auch dem Berufswunsch der Schüler entsprechen sollte. Ähnlich wie Francke ließ Hecker auch einen Schulgarten anlegen. Zwar fand Hecker das Gehör des preußischen Königs und auch dessen Unterstützung bei der Gründung des ersten preußischen Lehrerseminars im Jahr 1749, aber zahlen wollte der Monarch nicht. Auch Friedrich II., schon zu Lebzeiten der Große genannt, lehnte jede Form der staatlichen Finanzierung der Gründungen Heckers ab. Erst ab 1795 erhielt die Schule einen Zuschuss aus der staatlichen Lotterie. Heckers Realschule wurde zum Vorbild für viele andere (z. B. in Kurmainz, Braunschweig, Wittenberg), und so kann man ihn als *Begründer der praxisorientierten Realschule* bezeichnen. Insgesamt gesehen blieben die Realschulen im deutschsprachigen Raum aber nur vereinzelte Beispiele pädagogisch-praktischer Innovationen.

Neugebauer (2005) sieht es als geradezu bezeichnend für das Verhältnis des aufgeklärten Absolutismus zum Bildungs- und Schulwesen an, dass aus dem viel bewunderten Einzelprojekt des Vorstadtpfarrers Hecker in Brandenburg-Preußen kein allgemein verbreiteter Schultyp entstand. Erst ab 1832 und gegen den erklärten Widerstand Wilhelm von Humboldts wurden die Abschlüsse der Realschule in Preußen als Berechtigung zu mittleren Verwaltungslaufbahnen anerkannt. Bis dahin blieben die Realschulen der privaten Initiative überlassen und hatten in der Regel keine allzu lange Lebenszeit. Elementarschulen in Stadt und Land mit dem Schwerpunkt auf Realien und praktische Handarbeit blieben in Brandenburg-Preußen – mit Ausnahme der schlesischen Spinnschulen – eine regionale und lokale Erscheinung.

24 Ursprünglich bezeichnete der Begriff *Trivialschule* die spätmittelalterliche Lateinschule, an der nur das Trivium unterrichtet wurde. Ab dem 17. Jahrhundert wurde der Begriff für Schulen verwendet, die nur Elementarunterricht erteilen, also hauptsächlich für Bürger- oder Volksschulen. Dabei bedeutete „trivial" einfach oder elementar. Ein Trivialschüler war somit ein Schüler, der nur eine einfache Schule besuchte.

25 Marperger, P.J. (1723). *Trifolium mercantile aureum oder dreyfaches güldenes Klee-Blat der werthen Kauffmannschaft*. Dresden und Leipzig. (Nachdr. Hrsg. U.A. Michelsen & K.F. Pott. Darmstadt 1990).

Das von einem protestantischen Pfarrer entwickelte Modell der Realschule fand bemerkenswerterweise in katholischen Ländern Deutschlands weit mehr Anklang als im protestantischen Preußen. So wurden z. B. im Pädagogium Durlach (Pforzheim, Karlsruhe) sogenannte Realkurse für angehende Handwerker eingerichtet. In enger Kooperation mit dem Karlsruher Gymnasium entstand dann 1774 eine Realschule, die 1825 in die neu errichtete Polytechnische Schule integriert wurde. An der Realschule fand der Unterricht in drei Klassen statt, teils gemeinsam mit den Gymnasiasten, teils davon getrennt in speziellen Fächern wie Buchhaltung und kaufmännischem Rechnen (vgl. Rothe 2011). Auch andernorts (z. B. in Fulda, Nürtringen, Stuttgart, Würzburg, Bützow) wurden ab 1770 Realzweige an Gymnasien eingerichtet.

Österreichische Variante der Bildungsreform

Der *Reformabsolutismus* von Kaiserin Maria Theresia und ihres Sohnes Joseph II. in Bezug auf das niedere Schulwesen und insbesondere die Einrichtung von Realschulen war laut Neugebauer (2005) wandlungsfähiger als andernorts. Während in Brandenburg-Preußen die Initiative zur Gründung von Realschulen *von unten* ausging, war es in Österreich die Kaiserin, die die Gründung von staatlichen berufsbildenden höheren Schulen betrieb. Im Jahre 1758 wurde die erste Gewerbliche Schule eingerichtet, um Musterzeichner für die Seidenindustrie auszubilden.

Wenige Jahre zuvor hatten die *Piaristen* in Prag erfolgreich den *Entwurf eines Seminarii Politici* für die Jugend vorgelegt, die vom 9. bis 17. Lebensjahr für Hof-, Staats-, Kriegs-, Handlungs- und Wirtschaftsdienste auszubilden war. 1759 genehmigte Maria Theresia die Errichtung einer Real-Handelsakademie mit einer Real- und Werkschule, die dann den Betrieb 1770 aber nur in reduzierter Form aufnahm. Die Real-Handelsakademie hatte die Aufgabe, auf die Führung von Handelsgeschäften vorzubereiten. Unterrichtsgegenstände waren: praktische Handlungswissenschaft, Naturalien- und Warenkenntnis, doppelte Buchführung, Geometrie, Mechanik, Naturlehre, Korrespondenz, Geschichte der Handlung und Künste, Fremdsprachen, Naturrecht sowie Handelsrecht. Die Schüler traten mit 15 Jahren ein und absolvierten eine zweijährige Ausbildung.

Die von Maria Theresia eingeleitete Reform des Bildungswesens wurde nur unvollständig umgesetzt, so dass in den Jahren der Regierungszeit Josephs II. (1765–1790) eine umfassender geplante Reform eingeleitet wurde. Ganz im Sinne der Staatsdoktrin sollte das Bildungswesen der Ausbildung fachlich qualifizierter und der Herrschaft treu ergebener Staatsdiener dienen. In einer Resolution vom November 1782 merkte Joseph II. an:

> » Es muß nichts den jungen Leuten gelehrt werden, was sie nachher als seltsam, oder gar nicht zum Besten des Staates gebrauchen, oder anwenden können, da die wesentliche Studien in Universitäten für die Bildung der Staats Beamten nur dienen, nicht aber der Erziehung Gelehrter gewidmet seyn müssen, welche, wenn sie die ersten Grundsätze wohl eingenommen haben, nachher sich selbst ausbilden müssen, und glaube nicht, daß ein Beispiel seye, daß von der blossen Catheder herab einer so geworden seye (zit. n. Stachel 1999, S. 116).

Die Bildungsreform Josephs II. wurde unter maßgeblicher Beteiligung von Gottfried van Swieten[26] (1733–1803) geplant und durchgeführt. Ziel war die flächendeckende *Errichtung von Trivialschulen*, in denen Lesen, Schreiben, Rechnen vermittelt werden sollten. Dazu sollte die flächendeckende Organisation der katholischen Kirche genutzt werden, weshalb an die Pfarrer die Anordnung erging, für Schulgründungen zu sorgen. Gemäß der Auffassung des Kaisers hinsichtlich eines Staatskirchentums sollten die Pfarrer als Staatsbeamte im Dienste des Staates tätig werden. Um sie hierfür zu qualifizieren, wurde in jedem Kronland ein theologisches Generalseminar unter staatlicher Leitung eingerichtet, in dem die angehenden Geistlichen nicht allein theologische Kenntnisse, sondern v. a. auch praktische pädagogische Fertigkeiten erwerben sollten. Darüber hinausgehend wurde den Pfarrern aufgetragen, Mustergärten anzulegen und den Bauern neue Erkenntnisse in der Landwirtschaft zu vermitteln. Selbstverständlich wurde dieser Reform, vor allem was die Verstaatlichung der Priesterausbildung betraf, von Seiten der Kirche hartnäckiger Widerstand entgegengebracht. Mittelfristig setzten sich dann auch die konservativen Kräfte – zumindest was die Priesterausbildung anbelangte – durch, da Josephs Nachfolger Leopold II. nichts Besseres zu tun wusste, als die staatlichen Priesterseminare wieder aufzulösen.

Neben der flächendeckenden Einführung der Trivialschulen gab es im habsburgischen Reich noch die „Baustelle" Gymnasium. Das heterogene und allgemein niedrige Bildungsniveau der Gymnasialschüler war eine Schwachstelle des Bildungswesens. Die üblicherweise unter kirchlicher Leitung stehenden Gymnasien waren sechsklassig, pro Woche wurden höchstens 18 Stunden unterrichtet, davon mehr als die Hälfte Lateinunterricht. Die restlichen Unterrichtsstunden entfielen mehrheitlich auf Altgriechisch und Religion, wohingegen muttersprachlicher und fremdsprachlicher Unterricht wie auch die Realien kaum Berücksichtigung fanden. Eine abschließende Prüfung fand nicht statt und die Unterrichtsorganisation folgte dem Klassenlehrerprinzip, d. h., mit Ausnahme des Religionsunterrichtes wurde der Unterricht in allen Fächern von demselben Lehrer gehalten.

Um die Qualität des Unterrichts zu illustrieren, führt Stachel (1999) eine Textstelle aus den Memoiren des berühmten Musikwissenschaftlers Eduard Hanslick (1825–1904) an:

> » Einer meiner Professoren in den oberen Gymnasialklassen war ein vortrefflicher Lateiner, aber ein so schlechter Mathematiker, daß er keine halbwegs schwierige Gleichung auf der Tafel bis zu Ende führen konnte. Ein anderer, gut beschlagen in Geschichte und Geographie, schwankte so bedenklich im Griechischen, daß er sich über drei bis vier wohlgeübte Lesestücke nicht hinausgewagt hätte.

Zur Behebung der Missstände schlug van Swieten ein sogenanntes *Philosophiestudium* zwischen dem 15. und 17. Lebensjahr als Vorbereitung auf das Universitätsstudium vor. Der Unterricht sollte von speziell ausgebildeten Fachlehrern in den philosophi-

26 Gottfried van Swieten, einer der vielseitigsten und liberalsten Köpfe der österreichischen Aufklärung, ist heute v. a. als Textdichter der großen Oratorien Joseph Haydns bekannt.

schen Fächern, einschließlich Mathematik und Naturwissenschaften, durchgeführt werden. Das Bestehen einer Prüfung, *Philosophicum* genannt, sollte die Voraussetzung für das Studium an den drei klassischen Fakultäten sein.

Es gelang van Swieten, seine Reformideen bezüglich des Philosophiestudiums gegen alle Widerstände und auch gegen Bedenken des Kaisers durchzusetzen, aber mit seinen Vorschlägen zu einer Reform der Didaktik scheiterte er komplett. Seine Anstrengungen, die pädagogisch fragwürdige Lehrmethode des „reihenweisen" Abfragens auswendig gelernter Merksätze durch einen am Dialog und auf Verständnis des Lehrstoffes ausgerichteten Unterricht zu ersetzen, scheiterten ebenso wie sein Vorhaben, Latein als Unterrichtssprache durch die jeweilige Landessprache in den Kronländern Habsburgs zu ersetzen. Völlig chancenlos waren seine Pläne zur Reform des Religionsunterrichts, um das stupide Auswendiglernen des Katechismus zu beenden. Der konservative Klerus kämpfte mit allen Mitteln, um diese Reform zu verhindern, und war erfolgreich. Bereits gegen Ende der Regierungszeit Josephs II. geriet van Swieten zunehmend mit dem Monarchen in Konflikt, nach dessen Tod übernahm dann ein Vertreter des konservativen Lagers die Leitung der Studienhofkommission. Unter dem vergleichsweise liberalen Leopold wurde die Reform der Universitäten zwar noch eine Weile fortgesetzt, aber von seinem Nachfolger Franz II. wurde dann die restaurative Wende mit den Mitteln eines Polizeistaates vollzogen. Von der Bildungsreform van Swietens blieb so gut wie nichts übrig.

Als Fazit bleibt die Feststellung, dass der Wandel des Schul- und Bildungswesens auch von absolutistischen Herrschern nicht *von oben* eingepflanzt werden konnte. Wenn ein Wandel eintrat, dann wurde er von einem bewusster werdenden Bürgertum, einem den Ideen der Aufklärung aufgeschlossenen Klerus, einem an Bildung interessierten Landadel, aber auch von Landgemeinden getragen, deren Nachfrage ein wesentlicher Antrieb für die Entstehung eines Volksschul- und Realschulwesens war. Landesherrliche Dekrete blieben demgegenüber relativ wirkungslos (vgl. Neugebauer 2005).

▪ Le Roi-Philosophe und die Bildung

Friedrich II. ließ sich zu Lebzeiten als *Roi Philosophe* feiern und unterhielt für kurze Zeit auch fast freundschaftliche Kontakte zu *Voltaire*, einem der meistgelesenen und einflussreichsten Autoren der französischen und europäischen Aufklärung. – In Frankreich nennt man das 18. Jahrhundert bis heute le siècle de Voltaire („das Jahrhundert Voltaires"). – Tatsächlich hielt sich Voltaire von 1750 bis 1753 auf Einladung Friedrichs II. am Hof in Potsdam auf, gab aber seine gut dotierte Stelle eines Königlichen Kammerherrn nach Querelen mit dem König tief gekränkt auf. Die Kränkung resultierte daraus, dass Voltaire eine ziemlich üble Aussage Friedrichs zu Ohren gekommen war: „J'aurai besoin de lui encore un an, tout au plus; on presse l'orange et on en jette l'écorce" (übersetzt: „Ich brauche ihn noch höchstens ein Jahr; man presst die Orange aus und wirft die Schale weg"). Später versöhnten sich König und Philosoph wieder und standen bis zum Tod Voltaires in Briefkontakt.

Die Leistungen des Philosophen auf dem preußischen Thron bestanden in erster Linie in mehreren erfolgreichen Kriegen, die zu einer Erweiterung des preußischen Staatsgebietes führten, und in einer Sanierung der Staatsfinanzen. Trotz der fortwährenden Kriege verdreifachte Friedrich die Staatseinnahmen bis 1786. Als er starb, hinterließ er seinem Nachfolger einen finanziell gesunden Staat, ein Erbe, das der vom Volk als „der dicke Lüderjahn" (Taugenichts) bezeichnete Friedrich Wilhelm II. rasch verprasste. Ein Riesenerfolg war auch Friedrichs Peuplierungspolitik, da in seiner Regierungszeit die Bevölkerung von zweieinhalb Millionen auf fünfeinhalb Millionen anstieg – und ausreichend ernährt werden konnte. Obwohl der Bevölkerungszuwachs nur auf eine vergleichsweise kleine Zahl an Einwanderern (ca. 285.000) zurückgeführt werden kann, wird die Zuwanderung in der Historiografie besonders herausgestellt, weil sie in einem engen Zusammenhang mit der Zusicherung religiöser Toleranz steht.

» Alle Religionen seindt gleich und gut, wan nuhr die leute, so sie profesieren, Ehrlige leute seindt, und wenn Türken und Heiden kämen und wollten das Land pöplieren, so wollten wir sie Mosqueen und Kirchen bauen.

So lautete die Randverfügung Friedrichs II. zum Immediatbericht des Generaldirektoriums vom 15. Juni 1740 (Lehmann 1881, S. 3).[27] Mit der nicht ganz uneigennützigen Toleranz und Offenheit gegenüber Einwanderern und religiösen Minderheiten wie Hugenotten und Katholiken stand Friedrich II. in der Tradition seiner Vorgänger, und auch in der diskriminierenden Behandlung der Juden knüpfte er nahtlos an die Politik seiner Vorgänger an.

Damit sind wir bei einem Thema angelangt, das in der älteren Literatur zur historischen Pädagogik (z. B. Reble 1965) lange keine Berücksichtigung fand, sich aber in jüngerer Zeit zu einem bedeutenden Forschungsstrang der pädagogischen Historiografie entwickelt hat: die gesellschaftliche Stellung und *Erziehung von Personen jüdischen Glaubens* in Deutschland (vgl. Kaplan 2003; Liberles 2003; Nagel 2005; Neugebauer 2005).

2.4.2.5 Deutsch-jüdische Erziehung im 17. und 18. Jahrhundert

Brandenburg und das spätere Königreich Preußen werden gerne als Musterland religiöser Freiheit gefeiert, weil es tolerante Herrscher besessen habe wie den Großen Kurfürsten und Friedrich den Großen. Gemessen an den Zeiten zuvor trifft dies sogar mit einer gewissen Berechtigung zu, denn in der Zeit des späten Mittelalters und der frühen Neuzeit wurden die Juden in Brandenburg genauso unterdrückt, verfolgt und vertrieben wie in anderen europäischen Ländern.

Die neuere Geschichte der deutschen Juden in Preußen beginnt 1671, als sich der Kurfürst im Rahmen seiner Peuplierungspolitik entschloss, außer französischen Hugenotten auch 50 jüdische Familien, die aus Wien vertrieben worden waren, einreisen zu lassen. Dabei machte der Kurfürst deutliche Unterschiede bei der Aufnahme der verschiedenen Volksgruppen. Während er Niederländer, Hugenotten und andere protestantische Zuwanderer (z. B. die aus dem Salzburger Land) ohne Einschränkungen aufnahm, mussten die jüdischen Familien, um sich in Brandenburg niederlassen zu dürfen, ein Mindestvermögen von 10.000 Talern nachweisen. Es war also nicht religiöse Toleranz, die den Kurfürs-

27 Lehmann, M. (1881). *Preussen und die katholische Kirche seit 1640. Nach den Acten des Geheimen Staatsarchives. 2. Theil.* 1740–1747. Leipzig: Hirzel.

ten zur Aufnahme von Juden bewegt hatte. Er schätzte sie als Kaufleute, Händler und Geldverleiher, von denen er sich große Steuereinnahmen versprach. Die Errichtung von Synagogen wurde ihnen nicht gestattet, aber im privaten Bereich durften sie ihre religiösen Bräuche ausüben.
Die späteren Nachfolger des Kurfürsten, der sogenannte Soldatenkönig und der sogenannte Philosoph von Sanssouci, verhielten sich nicht anders. Auch ihre Politik gegenüber den Juden orientierte sich nicht an der Idee religiöser Toleranz, sondern einzig und alleine an finanz- und wirtschaftspolitischen Interessen des Merkantilismus. Die Juden boten eine Einnahmequelle, die kräftig sprudeln sollte. Beide Potentaten waren daher auch recht erfinderisch, wenn es um neue Steuern und Belastungen für die Juden ging. Reiche Juden, d. h. solche, die ein Vermögen von mindestens 10.000 Talern nachweisen konnten, waren im Reich der Preußenkönige stets willkommen – aber nur als Untertanen der niedrigsten Gesellschaftsklasse.

▪ Soziale Lage der jüdischen Bevölkerung zur Zeit des Absolutismus

Die staatlichen Vorgaben in Bezug auf die Vermögensverhältnisse einwanderungswilliger Juden änderten nichts daran, dass sich mit der Expansion der jüdischen Bevölkerung in den deutschen Ländern während des 18. Jahrhunderts in großen und kleinen Gemeinden enorme Unterschiede in den Besitzverhältnissen herausbildeten. Eine Vermögensdeklaration aus dem lothringischen Steinbiedersdorf aus dem Jahre 1776 zeigt, dass 19 von 29 jüdischen Hausbesitzern der niedrigsten Schicht, 6 Familien der Mittelschicht und 4 der Oberschicht angehörten. Diese 4 Familien besaßen etwa zwei Drittel des gesamten Vermögens der Gemeinde. In Braunschweig herrschte 1770 ein noch stärkeres Gefälle: 22 von 29 Familien besaßen Vermögen von weniger als 3000 Talern, während die übrigen 7 Familien zwischen 6000 und 400.000 Talern besaßen. Einer einzigen Person gehörten etwa 70 % des gesamten Vermögens, und die 7 Familien, die auch noch irgendwie zueinander in Beziehung standen, besaßen zusammen mehr als 90 % des Gemeindevermögens. Ähnliche Vermögensverhältnisse sind für Emden und für Harburg überliefert (vgl. Liberles 2003).

Während einige wenige Familien für damalige Verhältnisse steinreich waren, war die überwiegende Mehrheit der deutschen Juden bitterarm. Dennoch ging es ihnen im Vergleich zu den Christen in ihrer Umgebung noch etwas besser, denn das Alltagsleben der deutschen Juden unterschied sich in mehreren Punkten von dem Alltagsleben der Christen: Die große Mehrheit der Juden lebte in kleinen, ländlichen Gemeinden und war überwiegend im Handel (z. B. als Hausierer) tätig, oft in Kombination mit verwandten Berufen oder Dienstleistungen in der Gemeinde. Mit den Verkaufsständen der Händler und den Ranzen der Hausierer rückte zunehmend der Handel an die Stelle des Geldverleihs im jüdischen Geschäftsleben. Demgegenüber waren die meisten Christen nur in der Landwirtschaft tätig und erzielten niedrigste Einkünfte. Die jüdische Wirtschaft war vielfältiger und flexibler, was dazu führte, dass der merkantilistisch geprägte Staat sie zu schätzen lernte. So wurden in Preußen in der Zeit von 1700 bis 1750 vier umfassende Generalreglements erlassen, die den Juden wesentliche Erleichterungen zukommen ließen; allerdings nur den wohlhabenden, denn unverändert richtete sich die ganze Härte des absolutistischen Staates gegen arme Juden, die ihr Einkommen als Hausierer bestreiten mussten. Ihnen wurden immer wieder Zuchthausstrafen und anschließende Abschiebung über die Landesgrenze angedroht, um sie in ständiger Ungewissheit und Furcht zu halten.

Und dennoch, so paradox es klingt, wirkten die absolutistischen Staaten Deutschlands aufgrund der prosperierenden Wirtschaft und relativen Toleranz auf Juden aus Osteuropa wie ein Magnet. Daher kam es im 17. und 18. Jahrhundert zu einer zunehmenden Einwanderung osteuropäischer Juden, die kaum Deutsch sprechen konnten, so dass die ohnehin schon bestehenden gesellschaftlichen Barrieren noch verstärkt wurden. Daran änderten auch die gelegentlichen privaten Beziehungen oder Geschäftspartnerschaften mit Christen nicht viel. Der Status der Juden als Minderheit trug beträchtlich zu einer anderen Lebensweise bei: Juden waren und blieben *das Andere und Fremde* in einer christlich dominierten Gesellschaft. Wurde Weideland knapp, stritten die christlichen Bauern untereinander, doch über die Weiderechte der Juden wurde nicht gestritten, die wurden einfach beschnitten oder entzogen. Die Juden waren auch anders, weil sie Kontakte untereinander über große geografische Entfernungen pflegten. Geschäftsverbindungen von jüdischen Händlern und Hausierern bestanden oft über die Landesgrenzen hinweg. Hieraus resultierte eine im Vergleich zu Christen deutlich unterschiedliche Wahrnehmung der Welt und dessen, was sie ist und sein konnte. Alles in allem reisten deutsche Juden viel, sie hatten anderorts Verwandte und sie mussten in anderen Gemeinden und Regionen nach Ehepartnern für die Kinder suchen. Die wohlhabenden jüdischen Händler schickten ihre Söhne auch oft zum Studieren an Universitäten in ganz Europa.

Infolge fehlender Bevölkerungsstatistiken lässt sich nur grob schätzen, wie viele Juden im 17./18. Jahrhundert in deutschen Landen lebten. Liberles (2003) geht von 60.000 Juden im Jahre 1750 aus, die mehrheitlich zu wenigen Familien und weit verstreut in kleinen Dörfern lebten.

Unter den Städten nahmen Wien, Prag und Metz eine besondere Stellung für die deutschen Juden ein. Vor allem das Elsass und Lothringen boten als Randgebiete der europäischen Großmächte noch am ehesten den Raum für das soziale, wirtschaftliche und religiöse Leben der jüdischen Minderheit. Aber auch hier waren sie zur Zeit der Aufklärung nur geduldet, vielerlei Rechtsbeschränkungen unterworfen und sozial und kulturell von der übrigen Bevölkerung fast vollständig isoliert.

▪ Merkmale der jüdischen Erziehung

Die regionale Zersplitterung schränkte das religiöse Leben und die Erziehung der deutschen Juden ein, da für viele der regelmäßige Besuch der Synagoge oft nicht möglich war. Die allgemeine Schulpflicht nahm in den deutschen Kleinstaaten im späten 18. Jahrhundert erst langsam Gestalt an, so dass die *Familie* bestimmte, welche Erziehung und Ausbildung ein Kind erhielt. Liberles zitiert den unbekannten Verfasser einer Autobiografie, die diesbezüglich aufschlussreich ist:

» Zu Beginn meiner Ausbildung ließ mein Vater mich ein, zwei Mal die Gemara Sota studieren, obwohl ich bisher noch nie den Talmud oder auch nur die Mischna studiert hatte. So lernte ich lange Zeit überhaupt nichts, bis ich mir selbst und erst recht meinem Vater ein Dorn im Auge war, denn ich war ein Bauerntrampel, der in Ermangelung einer Mutter im Schmutz und ohne jede Reinlichkeit aufgewachsen war (Liberles 2003, S. 62).

Viele jüdische Kinder und Jugendliche wurden in ihrer Bildung stark vernachlässigt. Der soeben erwähnte unbekannte Autor berichtet, dass sein Vater, obwohl er schon als Lehrer gearbeitet hatte, kaum Wert auf die Ausbildung und Erziehung der Söhne legte.

Die schulische Bildung der jüdischen Kinder auf dem Lande kann nicht anders als katastrophal bezeichnet werden. Wegen chronischer Geldsorgen waren kleinere jüdische Gemeinden kaum in der Lage, einen Lehrer auf Dauer zu beschäftigen. So war man auf Lehrer angewiesen, die von Stadt zu Stadt oder von einem Dorf zum anderen zogen und oft keine pädagogische Grundausbildung hatten.

Eine Verbesserung der schulischen Bildung der jüdischen Kinder trat erst nach Inkrafttreten der allgemeinen Schulpflicht ein, was allerdings auch eine zunehmende Vernachlässigung der religiösen Erziehung nach sich zog. Aber immerhin wurden gegen Ende des 18. Jahrhunderts auch die jüdischen Kinder in die Elementarbildung einbezogen und gehörten der ländlichen Bevölkerung an, die lesen, schreiben und rechnen konnten.

Wie für die Christen zeichnete sich das allgemeine Bild des Bildungs- und Schulwesens in den Städten auch für die deutschen Juden ganz anders ab als auf dem Lande. In den Städten wurden jüdische Kinder aus finanziell bessergestellten Familien oft schon vom 4. Lebensjahr an in kleinen Privatschulen unterrichtet. Privatlehrer unterrichteten nicht selten in den Häusern wohlhabender Juden, aber üblicherweise fand der Unterricht im *Cheder*[28], d. h. in einem Zimmer im Hause des Lehrers statt. Hier wurden Schüler mit unterschiedlichen Kenntnisständen und Fähigkeiten gemeinsam unterrichtet. Den Vorständen der jüdischen Gemeinden und vor allem den Rabbinern war das Chedersystem allerdings ein Dorn im Auge (Liberles 2003), da sich die Lehrer häufig durch völlige pädagogische Inkompetenz und Unterwürfigkeit gegenüber den Eltern auszeichneten und die Lernfortschritte der Schüler ausgesprochen mäßig waren.

Im Allgemeinen besuchten die Jungen ab dem Alter von 5 Jahren bis zum 13. oder 14. Lebensjahr die Schule. Die Dauer der Schulzeit war eine finanzielle Frage. In den *Schulen der jüdischen Gemeinden*, die der Synagoge angeschlossen waren, begann das Schuljahr nach dem Laubhüttenfest im Herbst. Der Unterricht dauerte von Sonnenaufgang, unterbrochen von Pausen für ein Mittagessen zu Hause und Synagogenbesuche, bis zum Abend. Im Sommer begann der Unterricht erst nach dem Synagogenbesuch. Ähnlich wie in den christlichen Schulen hatten viele jüdische Schulen einen Stundenplan, der je 3 Unterrichtsstunden (bzw. im Winter zweieinhalb Stunden) vor- und nachmittags vorsah. Aufschlussreich ist, was den Lehrstoff anbelangt, die Aufteilung unter den an der Talmud-Tora-Schule in Hamburg beschäftigten vier Lehrer (anno 1652): Der erste Lehrer unterrichtete das hebräische Alphabet und Lesen. Der nächsthöhere Lehrer lehrte den wöchentlichen Toraabschnitt auf Hebräisch, wobei höchstens die Hälfte des Unterrichts in Ladino, einer von den sephardischen Juden gesprochenen Variante des Spanischen, erfolgen durfte. Der dritte Lehrer unterrichtete die frühen biblischen Propheten und Kommentare zur Tora. Der vierte und ranghöchste Lehrer unterrichtete den Talmud. Bemerkenswert ist nicht nur die Staffelung des Lehrstoffs, sondern auch die Staffelung der Lehrergehälter gemäß dem intellektuellen Anspruch des Unterrichts. Generell galt aber für jüdische und christliche Lehrer gleichermaßen, dass die Einkünfte als Lehrer so niedrig waren, dass sie auf Nebentätigkeiten angewiesen waren, um überleben zu können.

Vergleiche des jüdischen Bildungswesens mit dem seiner christlichen Umgebung hinsichtlich Umfang und Qualität sind für das 17. und 18. Jahrhundert äußerst problematisch, da die Quellenlage sehr dürftig ist. Bildungsstatistiken für einzelne Länder und Regionen gab es damals nicht, so dass man z. B. nichts Genaues über den Stand der Alphabetisierung in den jüdischen Gemeinden weiß. Relativ gut überliefert ist die mitunter harsche Kritik am Bildungswesen in den jüdischen Gemeinden (besonders auf dem Lande) sowohl von Seiten der Traditionalisten als auch von Seiten der Vertreter der *Haskala*, der jüdischen Variante der Aufklärung. Eine flächendeckende Reglementierung des jüdischen Schul- und Bildungswesen wurde in Preußen erst ab 1823 wirksam, als Erlasse die allgemeine Schulpflicht nach staatlichen Vorgaben auch auf jüdische Kinder übertrugen und vom Lehrpersonal an jüdischen Schulen den Nachweis der Tüchtigkeit zum Elementarlehramt verlangten (vgl. Brämer 2005).

▪ Über die Schwierigkeit, ein jüdischer Gelehrter zu sein

In der traditionellen jüdischen Gemeinschaft des 17./18. Jahrhunderts wurde *religiöse Gelehrsamkeit* besonders geschätzt. Es ging darum, das Erbe des Judentums und seines Glaubens auch in der Diaspora zu erhalten und zu pflegen, zugleich steigerte religiöse Gelehrsamkeit das soziale Prestige der intellektuellen Elite. Weit gereist und oft an renommierten Zentren der jüdischen Gelehrsamkeit ausgebildet, waren jüdische Gelehrte auch mit dem Gedankengut des Humanismus vertraut geworden und kannten sich bestens in der antiken Philosophie aus. Sie waren *gebildete Doppelgänger* (Jensen 2005). Seit Beginn des 18. Jahrhunderts wurden immer mehr Abhandlungen, in denen das Wissen des Humanismus aufgegriffen wurde, in hebräischer Sprache veröffentlicht, wie auch Wörterbücher, linguistische und grammatische Untersuchungen, Darstellungen mittelalterlicher Philosophie oder Einführungen in die Algebra. Ab einem gewissen Zeitpunkt wurde dies auch von der christlichen Mehrheit wohlwollend wahrgenommen, so dass zunehmend die Frage diskutiert wurde, ob und in welcher Form die Menschen mit jüdischer Konfession in den Staat integriert und mit grundlegenden Rechten ausgestattet werden könnten. Den Nährboden für diese Überlegungen bildete zum Teil auch die Tatsache, dass die *Haskala* grundlegende Ideen der Aufklärung aufgenommen und kritisch-konstruktiv in den jüdischen Kontext eingeordnet hatte. Aufklärer wie Christian Wilhelm Dohm thematisierten die randständische Existenz der Juden als historisches Produkt der Unterdrückung, Verfolgung und Absonderung und forderten einen Wandel im Umgang mit den jüdischen Gemeinden.

Der herausragende Repräsentant jüdischer Gelehrsamkeit und zugleich der deutschen Aufklärung war *Moses Mendelssohn* (1729–1786). Als Schüler des berühmten Rabbiners David Fränkel war Mendelssohn in jüdischer Gelehrsamkeit unterwiesen

28 *Cheder* ist das hebräische Wort für Zimmer und allgemein die Bezeichnung für die traditionellen, religiös geprägten Schulen, die im westeuropäischen Judentum bis zum Ende des 18. Jahrhunderts, im osteuropäischen Judentum bis zum Holocaust üblich waren.

worden. Später eignete er sich autodidaktisch Deutsch und Latein, Französisch und Englisch sowie umfangreiches weltliches Wissen an. Früh zeigte er eine Neigung zur Philosophie, wobei ihn John Locke, Christian von Wolff und Gottfried Wilhelm Leibniz am meisten beeinflussten. Den französischen Aufklärern mit Rousseau begegnete er demgegenüber eher mit Skepsis. Zusammen mit Lessing, mit dem ihn eine lebenslange Freundschaft verband, und Nicolai wurde Mendelssohn einer der wichtigsten Vertreter des Montagsclubs der Berliner Aufklärer und zum Wegbereiter der *Haskala*. Den Durchbruch als Philosoph schaffte Mendelssohn, als er 1763 vor Kant den ersten Preis der *Königlichen Academie* für einen philosophischen Aufsatz gewann. 1767 veröffentlichte er sein Werk *Phädon oder über die Unsterblichkeit der Seele* – einen viel gelesenen philosophischen Text, der in mehreren Auflagen erschien und in zehn Sprachen übersetzt wurde. Dieses Werk – eine neuzeitliche Interpretation des platonischen Dialogs *Phaidon* – brachte Mendelssohn zwar den Ehrennamen eines „deutschen Sokrates" ein, reichte aber nicht für eine Aufnahme in die Preußische Akademie der Wissenschaften im Jahre 1771, da diese vom *Roi Philosophe* verhindert wurde.

Wie schwer es selbst für einen jüdischen Gelehrten von Rang in der damaligen Zeit war, zeigt der sogenannte Lavater-Streit im Jahre 1770. Ausgelöst wurde der Streit vom Schweizer Pfarrer Lavater, der Mendelssohn öffentlich aufgefordert hatte, entweder in aller Form das Christentum zu widerlegen oder selbst Christ zu werden. In Anbetracht der Tatsache, dass es heikel war, als Jude knapp geduldet in einer christlichen Gesellschaft zu überstehen, bedeutete die Auseinandersetzung für Mendelssohn eine enorme psychische Belastung, die auch zu seinem gesundheitlichen Kollaps führte. Es dauerte lange, bis sich Mendelssohn einigermaßen von der Erkrankung erholen und seine Arbeit wieder aufnehmen konnte. Anzumerken ist, dass ihm sein Freund Lessing ein bleibendes Denkmal gesetzt hat – Moses Mendelssohn ist für immer *Nathan der Weise* und die Ringparabel ein zeitloses Plädoyer für religiöse Toleranz.

2.4.2.6 Erziehung und Bildung aus der Sicht der Aufklärung

Was ist Aufklärung? – Mit dieser Frage riefen 1784 die Herausgeber der *Berliner Monatsschrift* zur Klärung des Begriffs auf. Gleich zwei berühmte Philosophen, Moses Mendelssohn und Immanuel Kant, verfassten eine Antwort[29]:

Moses Mendelssohn (1784):
„Bildung zerfällt in Cultur und Aufklärung. Jene scheint mehr auf das Praktische zu gehen: auf Güte Feinheit und Schönheit in Handwerken Künsten und Geselligkeitssitten (objektive); auf Fertigkeit, Fleiß und Geschicklichkeit in jenen, Neigungen Triebe und Gewohnheit in diesen (subjektive). [...] Aufklärung hingegen scheinet sich mehr auf das Theoretische zu beziehen. Auf vernünftige Erkenntniß (objekt.) und Fertigkeit (subj.) zum vernünftigen Nachdenken, über Dinge des menschlichen Lebens, nach Maaßgebung ihrer Wichtigkeit und ihres Einflusses in die Bestimmung des Menschen."

Immanuel Kant (1784):
„Aufklärung ist der Ausgang des Menschen aus seiner selbstverschuldeten Unmündigkeit. Unmündigkeit ist das Unvermögen, sich seines Verstandes ohne Leitung eines anderen zu bedienen. Selbstverschuldet ist diese Unmündigkeit, wenn die Ursache derselben nicht am Mangel des Verstandes, sondern der Entschließung und des Muthes liegt, sich seiner ohne Leitung eines anderen zu bedienen. Sapere aude! Habe Muth, dich deines eigenen Verstandes zu bedienen! ist also der Wahlspruch der Aufklärung."

Die Vorstellung, in einem Zeitalter der Aufklärung zu leben, hatte sich bereits zu Lebzeiten von Mendelssohn und Kant allgemein herausgebildet. In Frankreich war die Bezeichnung *Siècle des Lumières* seit Mitte des 18. Jahrhunderts üblich und daraus hergeleitet auch in England die Bezeichnung *Enlightenment*. Es ist – kurz gesagt – das *Zeitalter der Vernunft*. Von Descartes, einem der Wegbereiter der Aufklärung, stammt der berühmte Spruch, der durchaus als Drohung an die Mächtigen seiner Zeit zu verstehen ist: *Cogito ergo sum*.

Mit ihrer Betonung der Vernunft und eines pragmatischen Empirismus „passt" die Aufklärung geradezu perfekt zum Merkantilismus, steht aber zugleich in einem schroffen Gegensatz zum Absolutismus. Unter den europäischen Aufklärern sind vor allem Locke, Montesquieu und Rousseau als die herausragenden Staatstheoretiker zu nennen, die das *Prinzip der Gewaltenteilung* propagierten und sich damit gegen den Absolutismus, in welcher Variante auch immer, stellten. Knapp und prägnant drückte es *John Locke* in seiner Abhandlung *Two treatises of government* aus dem Jahre 1689 aus: „Die Vernunft lehrt alle Menschen, daß wir alle gleich und unabhängig sind, daß daher keiner dem andern in bezug auf sein Leben, seine Gesundheit, seine Freiheit und sein Eigentum schaden soll" (Locke, 2. Abhandlung, § 6) und „niemand kann eine Gewalt haben, der Gesellschaft Gesetze zu geben, es sei denn auf Grund ihrer eigenen Zustimmung und Autorität, die ihr von ihren Gliedern verliehen wurde" (2. Abhandlung § 134). Ihren Niederschlag fanden diese Gedanken dann in der *Unabhängigkeitserklärung der Vereinigten Staaten* von Amerika im Jahre 1776.

Anknüpfend an Locke formulierte der französische Aufklärer Baron de La Brède et de *Montesquieu* 1748 in seiner staatstheoretischen Schrift *De l'esprit des lois* das Prinzip der staatlichen Gewaltenteilung, nämlich die strikte Trennung der Bereiche Gesetzgebung (Legislative), Rechtsprechung (Judikative) und Regierungsgewalt (Exekutive).

Als Dritter im Bunde der aufklärerischen Staatstheoretiker ist Jean-Jacques *Rousseau* zu nennen, der in seinem 1762 publizierten Werk *Du contract social ou Principes du droit politique* zu dem Fazit gelangte:

» Der Mensch ist frei geboren, und überall liegt er in Ketten. Einer hält sich für den Herrn der anderen und bleibt doch mehr Sklave als sie (Contrat social, I, 1).

29 Kants Antwort wurde kurze Zeit nach Mendelssohns Beitrag publiziert. In einer später hinzugefügten Anmerkung schrieb Kant, dass ihm der Aufsatz von Moses Mendelssohn noch nicht bekannt war und er ansonsten seinen Beitrag zurückgehalten hätte.

Hieraus leitete er das Programm des Gesellschaftsvertrags ab:

> Finde eine Form des Zusammenschlusses, die mit ihrer ganzen gemeinsamen Kraft die Person und das Vermögen eines jeden Mitglieds verteidigt und schützt und durch die er, indem er sich mit allen vereinigt, nur sich selbst gehorcht und genauso frei bleibt wie zuvor (Contrat social, I.,6).

Ihren Niederschlag fanden die Gedanken Rousseaus in der französischen Verfassung von 1791, deren sechs Anfangsartikel die Menschen- und Bürgerrechte festlegten, wie sie noch heute gelten (sollten).

Dass die Aufklärung untrennbar mit Bildung und Erziehung verknüpft war, belegt die weiter oben angeführte Antwort Mendelssohns auf die Frage, was Aufklärung sei, indem er apodiktisch feststellte: „*Bildung zerfällt in Kultur und Aufklärung.*" Und bei Kant heißt es: „Der Mensch kann entweder bloß dressiert, abgerichtet, mechanisch unterwiesen, oder würklich aufgeklärt werden" (Kant 1803/1977, A 24). Wirklich aufgeklärt wird der Mensch nur, wenn er zum Gebrauch der eigenen Vernunft gebracht wird. Das pädagogische Programm der Aufklärung bestand in der Verbreitung von Bildung und in der Erziehung des Einzelnen zu einer von freier Vernunft geleiteten Persönlichkeit, denn der Fortschritt der Menschheit beruht auf der Bildung und Erziehung jedes Einzelnen. Drei Philosophen der englischen, französischen und deutschen Aufklärung sind in Bezug auf die Pädagogik herauszustellen: Locke, Rousseau und Kant.

John Lockes Beitrag zur Erziehungstheorie der Aufklärung

John Locke (1632–1704) war ein unermüdlicher Autor, dessen Gedanken und Schrifttum um die Themen der religiösen Toleranz, der Einschränkung der Staatsgewalt und der Bedeutung der Erfahrung kreisten. Ein wichtiges Thema war für ihn auch die Erziehung. In seinem 1690 veröffentlichten Buch *Some Thoughts Concerning Education* legte er die Grundlagen der Erziehung des Gentleman dar.[30]

Dabei vertrat Locke die Auffassung, dass Kinder als Kinder behandelt werden sollten und nicht als kleine, verständnislose Erwachsene. Der Mensch werde entscheidend durch die Erziehung geprägt; Fehler in der Kindheit könnten später nicht mehr oder nur schwer korrigiert werden. Vernunft und Moral sind nicht von Geburt an mitgegeben, vielmehr ist der geistige Zustand eines neugeborenen Kindes eine *Tabula rasa* und jede menschliche Erkenntnis entwickelt sich aus der Erfahrung. Der Mensch hat naturgemäß durchaus eine eigene Fähigkeit, das Wahre und Gute zu erkennen, was aber vielfältige Erfahrungen auf unterschiedlichen Ebenen voraussetzt. Um aus Heranwachsenden moralisch verantwortliche, weise und für die Gemeinschaft nützliche Menschen herauszubilden, sollten vor allem die Eltern besonderen Wert auf die Erziehung ihrer Kinder legen, dabei aber sorgsam und umsichtig vorgehen, ohne zu verzärteln. Eine gewisse Abhärtung gegenüber widrigen Umständen war aus der Sicht des Arztes Locke unumgänglich, um die Heranwachsenden auf spätere Härten des Lebens vorzubereiten und eine Verweichlichung zu verhindern. Dementsprechend sparte Locke auch nicht mit Empfehlungen zu körperlicher Abhärtung, gesunder Ernährung, Sport und Bewegung.

Erziehung sollte durch das Vermitteln von Autorität und Respekt gegenüber den Erziehern gekennzeichnet sein, und mit zunehmendem Alter sollte ein freundschaftliches Verhältnis zwischen Kindern und Eltern bestehen, das sich dann im Erwachsenenalter positiv auf das soziale Verhalten des Heranwachsenden auswirken könnte. Alles in allem sollten Eltern ihre Kinder lieben, aber nicht bevormunden, da Kinder ab einem gewissen Zeitpunkt zu rationalem Denken in der Lage sind.

Die geistige Eigenständigkeit des Kindes war Locke eine Herzensangelegenheit, und er wurde nicht müde, individuelle Freiheiten (in einem begrenzten Rahmen) einzufordern, die dem Kind die Entwicklung eines unabhängigen Geistes ermöglichen sollten. Wiederholt stellte Locke heraus, dass Lernen, sei es Latein oder Geometrie, Spaß machen sollte. Lange vor den Behavioristen des 20. Jahrhunderts predigte er den Nutzen positiver Verstärkungen und schimpfte über die seinerzeit übliche Praxis körperlicher Strafen. Der Lehrplan, den er vorschlug, war freilich übermäßig umfangreich, da er nicht nur Geografie, Mathematik, Astronomie, Zeitrechnung, Geschichte, Rhetorik, Logik und Naturphilosophie umfasste, sondern auch Musik, Fechten, Malen und Gartenarbeit. Da er selbst gute Erfahrungen damit gemacht hatte, empfahl Locke eine Form von Stenografie für die Anfertigung von Notizen im Unterricht. Gegen Ende seiner Überlegungen legte er dem jungen Gentleman nahe zu reisen, um den Erfahrungshorizont zu erweitern. Abschließend kann mit Böhm (2010) konstatiert werden:

> Für einen Aufklärer auf den ersten Blick erstaunlich, legt Locke bei der Erziehung des *gentleman* weniger Gewicht auf das Wissen als auf die Tugend, weniger auf das Studium der Wissenschaften als auf das *savoir vivre*, weniger auf das Vielwissen als auf die Aktivität des Lernens (Böhm 2010, S. 60).

Rousseaus Beitrag zur Erziehungstheorie der Aufklärung

Gleiches lässt sich auch für die Erziehungslehre des *Jean-Jacques Rousseau* (1712–1778) feststellen. Neben dem *Contrat social* stellt Rousseaus Novelle *Émile, ou de l'éducation* aus dem Jahre 1762 sein Meisterwerk dar. Oft wird *Émile* als *pädagogisches* Hauptwerk betrachtet, was richtig und falsch zugleich ist, da *Émile* vor allem auch eine staatstheoretische Abhandlung ist. Im Mittelpunkt steht nämlich die Verwandlung des Naturmenschen zu einem Staatsbürger. Das staatstheoretische Moment des *Émile* wird auch dadurch erkennbar, dass am Ende eine Zusammenfassung der Argumente des Sozialvertrags steht. Bacon schreibt man die Aussage *Wissen ist Macht*, Descartes das Verdikt *Cogito ergo sum* und Rousseau die Parole *Retournons à la nature* zu. Tatsächlich findet sich der Aufruf *Retournons à la nature* in keinem seiner Werke. Zwar plädierte Rousseau für die natürliche Erziehung in ländlicher Umgebung, aber nicht in dem Sinne von *Zurück zur Natur*, was eine Verhöhnung Rousseaus durch seine Gegner war.

30 Eine frei verfügbare Version der *Thoughts concerning education* hat die Fordham University, New York ins Netz gestellt: ► http://www.fordham.edu/halsall/mod/1692locke-education.asp.

In dem Buch *Émile* geht es um die Versöhnung von Natur und Gesellschaft oder, wie Kant bemerkte, um die Beendigung des Konflikts zwischen Natur und Moral (Böhm 2010).

Émile umfasst fünf Bücher, die im Detail die Entwicklung des Jungen Émile unter dem alles sehenden Auge eines Tutors, Rousseaus Alter Ego, beschreiben. Ähnlich wie im *Contrat social* schreibt Rousseau im *Émile*[31] (S. 42), dass der Mensch wegen der Verderbtheit der Gesellschaft in Sklaverei geboren wird, darin lebt und stirbt. Damit ordnet sich der Erziehungsroman *Émile* in Rousseaus umfassendere Sozialkritik und Staatstheorie ein.

Am Anfang lernt das Kind durch Versuch und Irrtum. Anstatt ihm zu verbieten, mit Feuer zu spielen, lässt der Tutor den kleinen Émile – natürlich unter sorgfältiger Beobachtung – mit Feuer spielen, so dass er lernt, warum Feuer gefährlich sein kann. Dem Kind wird auch erlaubt, frei in den Wiesen, Feldern und Wäldern umherzustreifen, um von der Natur zu lernen. Bei alledem hat das Kind keine Spielkameraden, es ist ein Einzelgänger. Kinder auf Hof und Feld sieht er nur aus der Entfernung. Auch eine Familie hat er nicht, nach der Geburt ernährt ihn eine Amme aus dem Bauernstand, ansonsten hat Émile den Tutor und die Natur.

In einem etwas späteren Alter leitet ihn der Tutor an, Geometrie zu lernen, indem er Émile die Schatten messen lässt, um die Höhe von Bäumen und anderer Objekte zu bestimmen. Anstatt ihn die geometrischen Formeln zu lehren, um die Länge der unbekannten Seite eines Dreiecks herauszufinden, bringt der Tutor seinen Zögling im Wald zu dieser Erkenntnis, und zwar auf eine Art und Weise, die an Platons Menon-Dialog erinnert, in dessen Verlauf Sokrates dem ungebildeten Sklavenjungen die Formel für die Flächenberechnung eines Dreiecks aus der Nase zieht.

Da Rousseau seinen Émile durch Tun lernen lässt, wird er gelegentlich als Vorgänger der Methode Montessoris betrachtet, die u. a. auf der Fähigkeit des selbstgeleiteten Lernens von Kindern beruht. Wie auch immer, Rousseau geht davon aus, dass Kinder einen alles aufsaugenden Verstand besitzen, so dass es am besten ist, Kinder beim natürlichen Lernen zu beobachten und anzuleiten, anstatt sie zu belehren.

Abgeschirmt von sozialen Kontakten, von den Lektionen der Lehrer, von den Predigten der Geistlichen entwickelt Émile das, was Rousseau *„le sommeil de la raison"* nennt: *„L'enfance est le sommeil de la raison."*

Wie Locke argumentiert auch Rousseau, dass Kinder keine kleinen Erwachsenen sind. Man muss ihnen erlauben und sie ermutigen heranzuwachsen, bevor sie lernen, vernünftig zu urteilen. Dementsprechend unterscheidet er im *Émile* fünf Phasen der Entwicklung von der Geburt bis zur Gründung einer Familie. Dabei verknüpft Rousseau die Entwicklung mit dem sozialen Leben und nimmt damit entwicklungspsychologische Gedanken vorweg, wie sie im 20. Jahrhundert von Jean Piaget formuliert werden.

Um als Erwachsener ein unabhängiges und produktives Leben führen zu können, erlernt Émile einen Beruf. Dazu gelangt er, indem er seinen natürlichen Interessen folgt, weshalb er als Ergebnis seiner Liebe für Wälder, Bäume und Holz den Beruf des Zimmermanns wählt.

Im Jugendalter beginnt auch Émiles Erziehung in moralischer Hinsicht. Rousseau stellt die moralische Erziehung in den Zusammenhang des Glaubensbekenntnisses des savoyardischen Vikars (profession de foi du vicaire savoyard). Diese Passage war ausschlaggebend dafür, dass der *Émile* 1762 in Paris verboten und gegen Rousseau ein Haftbefehl erteilt wurde. Dem Pariser Beispiel folgten alsbald auch die calvinistische Obrigkeit in Genf, der Heimatstadt Rousseaus. Womöglich bewirkten aber gerade diese Verbote, dass das Glaubensbekenntnis des Vikars zu dem am häufigsten exzerpierten und publizierten Teil aus dem Gesamtwerk avancierte.

Stein des Anstoßes war die Feststellung Rousseaus, dass der Vikar nicht versucht hatte, eine Regel für moralisches Empfinden auf der Grundlage religiöser Angelegenheiten aufzustellen, sondern ein Beispiel dafür, wie man mit einem Heranwachsenden vernünftig umgehen kann, um seine moralische Gesinnung zu entwickeln. Was Rousseau vorschwebt, ist naturgemäße Religion.

Am Ende seines Weges zum Erwachsenen (Buch V) trifft Émile Sophie, die er zu seiner Frau nimmt. In diesem Teil des Romans geht Rousseau auf die *Erziehung von Mädchen* ein. Grundsätzlich ist die Erziehung von Sophie der von Émile ähnlich, aber sie erhält eine gänzlich andere Ausbildung: Sie lernt singen, Klavier spielen, nähen und kochen. Ihre Hauptaufgabe ist es, ihrem zukünftigen Mann zu gefallen und ihm das Leben so angenehm wie möglich zu machen. Die natürliche kindliche Neugier von Mädchen und jungen Frauen ist abzutöten, „da sie klug genug sind, um Geheimnisse, die man ihnen verbirgt, zu ahnen, und weil sie schlau genug sind, sie zu entdecken" (S. 81) Insgesamt vermittelt Rousseau in Bezug auf Sophie die Klischees seiner Zeit: Émile ist stark, Sophie aber schwach. Émile ist aktiv, Sophie aber passiv. Sie eignet sich dazu, Ehefrau und Mutter zu sein, aber auch nur dazu.

Die Geschichte von Émile und Sophie fand dann eine Fortsetzung in dem Fragment eines Briefromans mit dem Titel *Émile et Sophie, ou les Solitaires*. Das Paar begibt sich nach Paris, wo Sophie aber dem dekadenten Leben erliegt. Als Sophie Émile beichtet, ein Kind von einem anderen zu erwarten, zerbricht die Beziehung. Émile verlässt Sophie und kehrt sich von der Welt ab – ohne jede Bindung an Dinge oder Menschen. Gescheitert war die Beziehung aus der Sicht Rousseaus an der unzureichenden Erziehung Sophies und an der Dekadenz der Gesellschaft. Von der idealtypischen Konstruktion des *Émile* bleibt in dem Fragment nichts mehr übrig. Stattdessen rücken Gedanken zur Philosophie der Einsamkeit in den Vordergrund, die Rousseau in seinem letzten Werk, den *Träumereien des einsamen Spaziergängers*, zu Ende spinnt.

Anna: „Ich habe im Internet die Aussage gefunden, dass Rousseaus Émile einen starken Einfluss auf die Pädagogik gehabt hätte, die sich Mitte des 18. Jahrhunderts bereits auf dem Weg zu einer eigenständigen Disziplin befunden hätte. Was hältst du von dieser Aussage?"

Jakob: „Na ja, ich weiß nicht. Ich verstehe den *Émile* eher als ein philosophisches Buch. Ich denke, dass die Erziehung von *Émile* mit dem heutigen Verständnis von Erziehung wenig zu tun hat."

Anna: „Da habe ich zwei Gegenargumente. Erstens hat vor nicht allzu langer Zeit von Hentig ein Buch über Rousseau und dessen Beitrag zur Pädagogik veröffentlicht,[32] und zweitens hat sich doch der berühmte Pädagoge Pestalozzi stark an Rousseau angelehnt."

Jakob: „Stimmt schon, dass Rousseau immer schon viel Anklang bei pädagogischen Schriftstellern gefunden hat, und offenkundig hat sich das bis heute nicht geändert. Aber gerade das Beispiel

31 Wir legen die deutsche Ausgabe von 1971 zugrunde: Rousseau (1971). *Émile oder über die Erziehung*. Paderborn: Schöningh.

32 Gemeint ist: von Hentig (2004).

Pestalozzis zeigt, dass Émile keine praktische Anleitung zur Erziehung von Kindern war. Ich habe mal gelesen, dass Pestalozzi tatsächlich versucht haben soll, die pädagogischen Grundsätze des *Émile* am eigenen Sohn zu praktizieren. Und er ist ja bekanntermaßen kläglich dabei gescheitert."

Anna: „Ja, darüber habe ich auch schon was gelesen. Aber was mir an dem *Émile* überhaupt nicht gefällt, ist das Bild, das Rousseau von Frauen und jungen Mädchen zeichnet."

Jakob: „Das stört mich auch, aber da war Rousseau wohl ein Kind seiner Zeit. Irgendwie macht die Kombination von Weiblichkeit, Mütterlichkeit und Erotik Sophie aber auch attraktiv. Aber ich kann mir vorstellen, dass Rousseau in der feministischen Pädagogik nicht gut wegkommt."[33]

Anna: „Was mir aber wieder ganz gut gefällt, ist, dass Rousseau die Kindheit als eigenständige Phase der Menschwerdung betrachtet hat. Damit macht er den Blick frei für die Eigenarten des Kindes und seiner Entwicklung. Das macht den *Émile* aus meiner Sicht zu einem Klassiker der Pädagogik."

In dieser Einschätzung stimmen die meisten historischen Pädagogen überein: Der *Émile* gilt allgemein als ein wichtiges Referenzwerk in der Geschichte der Pädagogik. Kein Wunder, dass man im *Katalog der deutschen Nationalbibliothek* weit mehr als 400 Publikationen über Rousseau finden kann (► http://www.dnb.de/).

» Wollte man alle Erzieher und Pädagogen aufzählen, die durch die Lehren Rousseaus beeinflußt worden sind, dann hätte man die Geschichte der ganzen modernen Pädagogik zu schreiben (Davidson 1970, zit. n. Böhm 2010, S. 74).

Für uns ist und bleibt der *Émile* aber dennoch das, was er auch aus der Sicht Rousseaus war: ein Erziehungs*roman*.

▪ Kants Beitrag zur Erziehungstheorie der Aufklärung

Wenn es um die Pädagogik in der Zeit der Aufklärung geht, darf der Name *Immanuel Kant* (1724–1804) nicht fehlen. Dabei war Kant eigentlich nur in der von Rink (1803) herausgegebenen Vorlesung *Über Pädagogik* auf die Problematik der Erziehung eingegangen, und dies aus der Sicht der *Anthropologie*, die er 1773 als neues Fach an der Universität Königsberg eingeführt hatte. Kants pädagogischen Überlegungen waren eng mit der Frage „Was ist der Mensch?" verbunden und standen im Zusammenhang mit seinen Vorstellungen über den Fortschritt der Menschheit. Die anthropologische Programmatik der Pädagogik wird von Kant folgendermaßen umschrieben:

» Kinder sollen nicht dem gegenwärtigen, sondern dem zukünftig möglich besseren Zustande des menschlichen Geschlechts, das ist: der Idee der Menschheit, und deren ganzer Bestimmung angemessen, erzogen werden (Kant in Rink 1803, S. 17).

Bevor wir auf zentrale Aussagen der *Vorlesung über Pädagogik* eingehen, ist anzumerken, dass Kant seine anthropologischen Vorlesungen als eine Propädeutik im Sinne der Vermittlung allgemeiner Weltweisheiten verstanden hat. Die Vorlesungen sollten unterhaltsam sein.

Zwei Textstellen sind es, die immer wieder zitiert werden, um Kants Verständnis von Erziehung zu umreißen:

» Der Mensch ist das einzige Geschöpf, das erzogen werden muß. Unter der Erziehung verstehen wir die Wartung (Verpflegung, Unterhaltung), Disciplin (Zucht) und Unterweisung nebst der Bildung (S. 1).

» Der Mensch kann nur Mensch werden durch Erziehung. Er ist nichts, als was die Erziehung aus ihm macht. Es ist zu bemerken, daß der Mensch nur durch Menschen erzogen wird, durch Menschen, die ebenfalls erzogen sind. Daher macht auch Mangel an Disziplin und Unterweisung bei einigen Menschen sie wieder zu schlechten Erziehern ihrer Zöglinge (S. 7).

Die Menschheit befindet sich nach Kant in einem kontinuierlichen Entwicklungsprozess, der die Menschen in die Lage versetzt, sich ihren Naturanlagen entsprechend zu entwickeln, wobei der Weg über die Erziehung führt. Besonderen Wert legt Kant dabei auf die *Entwicklung der Moralität.* Der Mensch muss seine Anlagen zum Guten erst entwickeln, was die Fähigkeit voraussetzt, sich selbst besser zu machen und sich zu kultivieren. Das aber setzt Einsicht voraus, die wiederum von der Erziehung abhängt und diese wiederum von der Einsicht: „es kommt vorzüglich darauf an, daß Kinder denken lernen" (S. 24).

Die Erziehung zur Moralität, so Kant, darf nicht dem Prediger überlassen bleiben, sondern die Eltern haben ihre Kinder von Jugend an zu lehren, das Laster zu verabscheuen. Auf die Fürsten und ihr Vorbild möchte er sich dabei nicht stützen, da diese selbst erst der Erziehung bedürften. Für Kant ist völlig unstrittig, dass alle Kultur beim aufgeklärten Privatmann beginnt und sich von daher ausbreitet. Die Erziehung der Kinder kann nur schrittweise erfolgen, indem eine Generation der nachfolgenden ihre Erfahrungen und Kenntnisse überliefert:

» Die Erziehung ist eine Kunst, deren Ausübung durch viele Generationen vervollkommnet werden muß. Jede Generation, versehen mit den Kenntnissen der vorhergehenden, kann immer mehr eine Erziehung zu Stande bringen, die alle Naturanlagen des Menschen proportionierlich und zweckmäßig entwickelt, und so die ganze Menschengattung zu ihrer Bestimmung führt (S. 13).

Auf die Frage, wo der bessere Zustand der Welt herkommen soll, antwortet Kant mit dem Hinweis auf die Erziehungspflicht der Eltern und der *Einrichtung von Schulen*, die vom Urteil der aufgeklärtesten Kenner abhängig sein sollen (S. 21). Besonders wichtig ist Kant Folgendes:

33 Das stimmt. Zu dieser Problematik liegt eine lesenswerte Publikation von Schneider-Taylor (2006) vor, in der zusätzlich zu *Émile* auch das Fortsetzungsfragment *Émile und Sophie oder Die Einsamen* aus feministischer Sicht analysiert wird. Bemerkenswert ist dieses Buch auch im Hinblick auf die Methode der Hermeneutik, die in exemplarischer Weise auf die genannten Schriften Rousseaus angewandt wird.

> Erst muß man Experimentalschulen errichten, ehe man Normalschulen errichten kann […]. Man bildet sich zwar insgeheim ein, daß Experimente bey der Erziehung nicht nöthig wären, und daß man schon aus der Vernunft urtheilen könne, ob etwas gut, oder nicht gut seyn werde. Man irret hierin aber sehr, und die Erfahrung lehrt, daß sich oft bey unsern Versuchen ganz entgegengesetzte Wirkungen zeigen von denen, die man erwartete. Man sieht also, daß, da es auf Experimente ankommt, kein Menschenalter einen völligen Erziehungsplan darstellen kann (S. 26 f.).

In diesem Zusammenhang verweist Kant ausdrücklich auf die Schulreformen in Österreich und stellt dem gescheiterten österreichischen Modell das Dessauische Institut gegenüber[34], das seinerzeit in Deutschland sehr bekannt war und an dem – laut Kant – die Lehrer die Freiheit hatten, nach eigenen Methoden und Plänen zu arbeiten.

Von hier aus gelangt Kant zur Unterscheidung zwischen dem *Lehrer als Informator* und dem *Lehrer als Hofmeister*, wobei der eine bloß für die Schule, der andere aber für das Leben erzieht. Schulen dienen nach Kant der Vervollkommnung der häuslichen Erziehung. Dabei merkt er kritisch an:

> Wenn erst nur die Eltern, oder andere, die ihre Mitgehilfen in der Erziehung sind, gut erzogen wären, so könnte der Aufwand der öffentlichen Institute wegfallen (S. 29 f.).

Auch über die Dauer der Erziehung machte sich Kant seine Gedanken und gelangte zu dem Schluss, dass diese bis zum 16. Lebensjahr dauern sollte, bis dahin also „da er selbst Vater werden kann und selbst erziehen soll" (S. 31). Bis zu diesem Zeitpunkt steckt die Erziehung in einem Dilemma:

> Eines der größesten Probleme der Erziehung ist, wie man die Unterwerfung unter den gesetzlichen Zwang mit der Fähigkeit, sich seiner Freyheit zu bedienen, vereinigen könne. Denn Zwang ist nöthig! Wie kultivire ich die Freyheit bey dem Zwange? (S. 52).

Kant weiß die Antwort:

> Hier muß man folgendes beachten: 1) daß man das Kind, von der ersten Kindheit an, in allen Stücken frey seyn lasse, (ausgenommen in Dingen, wo es sich selbst schadet […] 2) Muß man ihm zeigen, daß es seine Zwecke nicht anders erreichen könne, als nur dadurch, daß es Andere ihre Zwecke auch erreichen lasse […] 3) Muß man ihm beweisen, daß man ihm einen Zwang auflegt, der es zum Gebrauche seiner eigenen Freyheit führt, daß man es kultivire, damit es einst frey seyn könne, d. h. nicht von der Vorsorge Anderer abhängen dürfe (S. 32 f.).

Ohne eine solche Erziehung blieben die Kinder, besonders Kinder reicher Eltern und Fürstensöhne, das ganze Leben hindurch Kinder. Nach den allgemeinen Überlegungen zur Erziehung schloss Kant in seiner Vorlesung eine *Abhandlung* an, in der er ausführlich auf die praktische Pädagogik bzw. Erziehungslehre eingeht, wobei mit *praktisch* alles genannt wird, was eine Beziehung zur Freiheit hat. Praktische Erziehung

> ist Erziehung zur Persönlichkeit, Erziehung eines frey handelnden Wesens, das sich selbst erhalten, und in der Gesellschaft ein Glied ausmachen, für sich selbst aber einen innern Werth haben kann (S. 35).

Die praktische Erziehung umfasst nach Kant
1. die scholastisch-mechanische Bildung,
2. die pragmatische Bildung auf Klugheit zielend und
3. die moralische Bildung.

Die *scholastische Bildung*, die als Erstes einsetzen sollte, zielt auf den Erwerb von Geschicklichkeit, die *pragmatische Bildung* auf Klugheit, um zum vollwertigen Bürger heranzuwachsen, und die *moralische Bildung* verschafft dem Menschen einen sittlichen Wert. Sie muss von Anfang an Bestandteil der Erziehung sein, weil sich sonst Fehler des sittlichen Verhaltens verfestigen, an denen dann später jede Erziehungskunst scheitert. Im Hinblick auf Geschicklichkeit und Klugheit soll die Erziehung in Entsprechung mit der Entwicklung des Kindes über Jahre erfolgen.

> Man hat verschiedene Erziehungspläne entworfen, um […] zu versuchen, welche Methode bey der Erziehung die beste sey. Man ist unter andern auch darauf verfallen, die Kinder alles, wie im Spiele, lernen zu lassen […]. Das Kind soll spielen, es soll Erholungsstunden haben, aber es muß auch arbeiten lernen (S. 73).

Ganz besonders wichtig ist Kant die *Kultur des Gedächtnisses*. Vom bloßen Memorieren wie beim Vokabellernen hält er nicht viel. Um das Gedächtnis zu trainieren, schlägt Kant vor:

> Das Gedächtnis wird cultivirt 1) durch das Behalten der Nahmen in Erzählungen; 2) durch das Lesen und Schreiben; jenes aber muß aus dem Kopfe geübt werden und nicht durch das Buchstabieren; 3) durch Sprachen, die den Kindern zuerst durchs Hören, bevor sie noch etwas lesen, müssen beygebracht werden (S. 82 f.).

Ausgangspunkt könnte in der Verwendung des *Orbis pictus* und seinen Naturbeschreibungen liegen. Grundsätzlich sei dabei darauf zu achten, im Unterricht Wissen und Können zu verbinden. Dafür scheint ihm die Mathematik am geeignetsten.

Kinder sollten nicht eingeschüchtert werden. Kant lehnt die Schelte ebenso ab wie körperliche Strafen, was aber nicht bedeutet, dass die Kinder deshalb verzogen werden dürften:

> Der Wille der Kinder muß […] nicht gebrochen, sondern nur in der Art gelenkt werden, daß er den natürlichen Hindernissen nachgebe. Im Anfang muß das Kind freylich blindlings gehorchen (S. 94).

---

34 Der Philantrop Johann Bernhard Basedow hatte 1774 in Dessau eine Musterschulanstalt mit dem Titel *Philanthropin* gegründet, auf die sich Kant in seiner Vorlesung bezog.

Wenn man Kindern jeden Willen erfüllt, werden sie verzogen. Diese Gefahr sieht Kant vor allem in der Erziehung der einfachen Leute gegeben:

» Man kann wol mit Wahrheit sagen, daß die Kinder der gemeinen Leute viel mehr verzogen werden, als die Kinder der Vornehmen. Denn die gemeinen Leute spielen mit ihren Kindern, wie die Affen (S. 47).

So wie Kant Strafen als Erziehungsmittel ablehnt, lehnt er auch Belohnungen ab, da diese die Kinder eigennützig machten.

Im weiteren Verlauf der Vorlesung geht Kant ausführlich auf die moralische Erziehung der Heranwachsenden ein, wobei an vielen Stellen epikureisches Denken durchscheint. In diesem Sinne schließt die Vorlesung *Über Pädagogik*: Erziehung soll darauf zielen, dass der Heranwachsende

» einen geringen Werth setze, in den Genuß der Ergötzlichkeiten des Lebens. Die kindische Furcht vor dem Tode wird dann wegfallen. Man muß dem Jünglinge zeigen, daß der Genuß nicht liefert, was der Prospect versprach (S. 146).

Wir wollen an dieser Stelle die Darstellung der Kant'schen Vorstellungen zu Erziehung und Bildung beenden; der interessierte Leser kann das Original studieren und wird überraschend viele Positionen finden, die auch heute noch aktuell und bedenkenswert sind. Insgesamt stellt die Vorlesung *Über Pädagogik* ein klassisch zu nennendes Beispiel dafür dar, ohne große Systematisierung wesentliche Themen der Erziehung und Bildung zu erfassen und vor dem Hintergrund einer aufklärerischen Philosophie in durchaus anregender und stellenweise erheiternder Art zu diskutieren. Manche Kant'schen Aussagen sind heutzutage nicht mehr nachvollziehbar, andere – z. B. die über Experimentalschulen – möchte man den heutigen Schul- und Bildungsreformern gerne ins Stammbuch schreiben. Geradezu verblüffend ist der an manchen Stellen der Vorlesung zu Tage tretende Humor Kants, wird er doch oft als steifer und freudloser Mensch dargestellt, der nichts kannte als seine wissenschaftliche Arbeit und nie aus Königsberg herausgekommen war. Seine Zeitgenossen (z. B. Johann Gottfried Herder, Johann Georg Hamann und Johann Friedrich Reichardt) zeichnen ein anderes Bild, wonach Kant durchaus Gefallen an gesellschaftlicher Zerstreuung gefunden haben soll.

Mit Locke, Rousseau und Kant haben wir die Theoretiker der aufklärerischen Pädagogik behandelt; daneben gab es aber auch eher praktische orientierte Pädagogen, die dem Zeitgeist der Aufklärung folgten: die Philanthropen. Unter Philanthropie wird dabei allgemein ein menschenfreundliches Denken und Verhalten verstanden. Der Begriff stammt aus der Antike, wurde aber zur Zeit der Aufklärung im Rahmen der Wesensbestimmung des Menschen diskutiert.

2.4.2.7 Aufklärungspädagogik der Philanthropen

Was wir weiter oben in Bezug auf die Wirksamkeit der pietistischen Reformbewegung festgestellt haben, gilt auch für das Wirken der deutschen philanthropischen Bewegung: Auch sie wurde von einer Handvoll Männer getragen, die – beseelt von Rousseau – der Erziehung und Bildung neue Impulse geben wollten. Böhm beurteilt dieses Bemühen mit folgenden Worten:

» Die Aufklärungspädagogik der deutschen Philanthropen (Johann Bernhard Basedow, Johann Heinrich Campe, Christian Gotthilf Salzmann, Ernst Christian Trapp, Peter Villaume u. a.), die allesamt wohl keine Denker ersten Ranges waren, hat ihren Schwerpunkt nicht in der theoretischen Klärung, sondern in dem Bemühen um eine Reform von Erziehung und Schule aus dem Geiste der Aufklärung (Böhm 2010, S. 65).

Die Zeitgenossen beurteilten die philanthropische Bewegung durchaus kontrovers, aber überwiegend doch anerkennend. Kant bewertete das von Basedow in Dessau gegründete Philanthropin ausgesprochen positiv, wohingegen Herder meinte, er würde Basedow nicht mal Kälber zur Erziehung überlassen, geschweige denn Menschen.

■ Deutsche Philanthropen

Johann Bernhard Basedow (1724–1790), von Reble (1965) als der „Agitator" der Philanthropie in Deutschland bezeichnet, propagierte eine *vernünftig-natürliche Erziehung* im Sinne Rousseaus. Der Mensch sollte zum tüchtigen, praktischen, fleißigen und aufgeklärten Bürger erzogen werden. Neben dem praktischen Nutzen lag dem Philanthropen Basedow auch das irdische Glück am Herzen. Das Leben und die Erziehung sollten vergnüglich sein, deshalb lehnte er Strafen als Erziehungsmittel entschieden ab und vertrat die Auffassung, dass vor allem im Spiel gelernt werden sollte.

Nachdem er seine Ideen zur Reform der Bildung in mehreren Schriften veröffentlicht hatte, bot ihm der Fürst von Anhalt-Dessau die Möglichkeit, in Dessau ein Institut zu gründen, in dem Kinder verschiedener Herkunft im Sinne der Aufklärung standesgemäß erzogen werden sollten. Im Jahre 1774 wurde das *Philanthropin*, eine „Pflanzschule der Menschheit", gegründet und fand in der Bevölkerung eine große Resonanz, wie die Zahl der Schüler, aber auch die finanziellen Spenden zeigen, die Basedow erhielt. Das *Philanthropin* lag im Trend der Zeit, so dass Basedow namhafte Mitarbeiter wie z. B. Campe, Trapp und Salzmann als Lehrer gewinnen konnte, die später andernorts eigene philanthropische Bildungsanstalten gründeten.

Bereits zwei Jahre nach Gründung des Philanthropin trat Basedow als Leiter der Einrichtung zurück, da er seine Ziele nicht verwirklicht sah. Im Jahre 1793 wurde das Philanthropin wegen der fortdauernden Querelen in der Lehrerschaft und der überhandnehmenden Organisations- und Finanzprobleme geschlossen.

Der Unterricht am Philanthropin war ausgesprochen lebenspraktisch orientiert und beinhaltete moderne Sprachen und Naturwissenschaften ebenso wie Sport (Gymnastik) und handwerkliches Arbeiten. Eine besondere Bedeutung maßen die philanthropischen Pädagogen der geschlechtlichen Unterweisung der Zöglinge bei.

In diesem Bereich erwies sich vor allem *Joachim Heinrich Campe* (1746–1818) als Pionier einer Sexualerziehung. Auch auf dem Gebiet der Jugendliteratur tat er sich hervor: Er veröffentlichte 1779/80 eine freie Übersetzung und Bearbeitung des *Robinson Crusoe* von Daniel Defoe. Diese deutsche Version wurde zu einem der erfolgreichsten deutschsprachigen Jugendromane. Kurz danach folgte der Jugendroman *Die Entdeckung von Amerika*. Die Tantiemen machten Campe finanziell unabhängig, was ihn wohl auch veranlasste, die Leitung des von ihm in Trittau gegründeten Bildungsinstituts an seinen Freund Trapp zu übergeben und sich seiner schriftstellerischen Tätigkeit zu widmen. Bemerkenswert ist noch, dass Campe 1787 die *Braunschweigische Schulbuchhandlung* gründete und ganz nebenbei die Massenproduktion im deutschen Buchhandel erfand.

Der eben erwähnte *Ernst Christian Trapp* (1745–1818) wurde nach seiner Tätigkeit am Philanthropin 1779 zum ersten Lehrstuhlinhaber für Pädagogik an die Universität Halle berufen. Nach fortdauernden Querelen mit dem theologischen Seminar, dem das Erziehungsinstitut angeschlossen war, gab Trapp 1783 die Professur auf und übernahm die ihm angetragene Leitung der von Campe gegründeten Lehranstalt in Trittau.

Als pädagogischer Volksschriftsteller ersten Ranges machte sich *Christian Gotthilf Salzmann* (1744–1811) einen Namen. Von Beruf Pfarrer arbeitete er drei Jahre lang als Liturg am Philanthropin in Dessau und gründete 1784 eine eigene philanthropische Bildungsanstalt in Schnepfenthal bei Gotha, die schon bald zu einer Musteranstalt reüssierte und von renommierten Gelehrten der Zeit (Klopstock, Wieland, Jean Paul, Goethe, Fichte) besichtigt wurde. Salzmann verstand sich stets als praktischer Erzieher, dem es wesentlich darum ging, pädagogische Missstände zu bekämpfen. Er schrieb für ein breites Publikum: für Kinder, Jugendliche und für Erwachsene, für die Gebildeten und für Handwerker, für wohlhabende Bauern wie auch für Adlige. Salzmann verfasste über hundert Bände volkspädagogischer Schriften, die er zum Teil fortlaufend in seinem etwa 30 Jahre lang erscheinenden Wochenblatt *Der Bote aus Thüringen* veröffentlichte. Dabei bediente er sich der verschiedensten Stilformen: volkstümlichen Erzählungen, Briefen, Anekdoten, Liedern usw. Durchweg aber handelte es sich um tendenziöse Schriften, in denen er praktische Ratschläge für die Erziehung gab und dabei ganz im Sinne der Aufklärung an das selbstständige Denken und die Selbsthilfe eines jeden Einzelnen appellierte.

Das pädagogische Kredo Salzmanns tritt besonders deutlich in der kleinen satirischen Schrift *Krebsbüchlein oder Anweisung zu einer unvernünftigen Kindererziehung* (1777) hervor. In kleinen munteren Erzählungen schildert er einfache und drastische Beispiele von Erziehungsfehlern und tritt dabei als leidenschaftlicher Anwalt der Kinder gegen die Erwachsenen auf, die, da der Mensch von Natur aus gut ist, die Kinder erst verderben und dann für die Fehler der Erwachsenen verantwortlich machen. Das *Krebsbüchlein* soll eine „Schutz- und Bittschrift für die armen, wehrlosen Kinder sein, deren viele durch die Unwissenheit und Unvorsichtigkeit der Eltern um ihre vergnügten Stunden, um Tugend, Gesundheit und Leben gebracht werden" (S. XIX). Später wurde das Krebsbüchlein durch das Ameisenbüchlein (1806) ergänzt, das sich der Erziehung der Erzieher zuwendet. Mit dem Ameisenbüchlein weist Salzmann auf die zentrale Bedeutung der Bildung der Erzieher und Lehrer hin. In echter aufklärerischer Manier betrachtet Salzmann die Erziehung als die edelste und segensreichste Aufgabe des Menschen. Niemand könne so unmittelbar und durchgreifend Gutes stiften wie der Erzieher. Mit dem *Ameisenbüchlein* leistete Salzmann einen wesentlichen Beitrag zur Literatur über die Bildung des Erziehers und Lehrers.[35] Was Salzmann vom Lehrer fordert, ist Kraft und Unparteilichkeit und so zu verfahren, dass er – nicht wie allgemein üblich – den Grund für Unannehmlichkeiten bei anderen suchen sollte, sondern *zunächst bei sich selbst*. Bei seinen konkreten Hinweisen auf das, was ein Erzieher lernen muss, bleibt er durchaus realistisch. Sein *Plan zur Erziehung der Erzieher* ist im Grunde nichts anderes als eine Anleitung zur Selbstreflexion:

» 1. Sei gesund!
2. Sei immer heiter!
3. Lerne mit Kindern sprechen und umgehen!
4. Lerne mit Kindern dich beschäftigen!
5. Bemühe dich, dir deutliche Kenntnisse der Erzeugnisse der Natur zu erwerben!
6. Lerne die Erzeugnisse des menschlichen Fleißes kennen!
7. Lerne deine Hände brauchen!
8. Gewöhne dich, mit deiner Zeit sparsam umzugehen!
9. Suche mit einer Familie oder einer Erziehungsgesellschaft in Verbindung zu kommen, deren Kinder oder Pflegesöhne sich durch einen hohen Grad von Gesundheit auszeichnen!
10. Suche dir eine Fertigkeit zu erwerben, die Kinder zur innigen Überzeugung von ihren Pflichten zu bringen!
11. Handle immer so, wie du wünschtest, daß deine Zöglinge handeln sollen!

(Salzmann 1806/1916, S. 58–87).

Pestalozzi und die Aufklärung

Während die deutschen Philanthropen in ihrer Wirkung auf das Bildungswesen örtlich und zeitlich beschränkt blieben, schaffte es der Schweizer Philanthrop und Pädagoge *Johann Heinrich Pestalozzi* (1746–1827), mit seinen Schriften zu einem charismatischen Ideengeber seiner Zeit aufzusteigen und schon zu Lebzeiten zu einem Mythos zu werden.

Pestalozzi war ein glühender Bewunderer Rousseaus und gab seinem Sohn nicht nur den Namen des großen Philosophen, sondern ließ ihm auch die in *Émile* dargelegten Prinzipien der natürlichen Erziehung angedeihen. Das Tagebuch, das Pestalozzi über die Erziehung seines Sohnes angelegt hat, ist eines der besten Beispiele einer verfehlten Kindeserziehung und des Scheiterns auf breiter Linie. Scheitern sollte Pestalozzi auch mit seinen anderen pädagogischen Bemühungen. Pestalozzi war kein Wissenschaftler, sondern ein charismatischer Praktiker mit einem weitreichenden Einfluss auf zeitgenössische Gelehrte wie Herbart, Fichte, Fröbel.

In seinem Vorwort zu Kants Schrift *Über Pädagogik* (1803) vermerkt der Herausgeber Rink: „Die Pädagogik hat neuerdings durch die Bemühungen mehrerer verdienter Männer, nahment-

35 Die drei genannten Schriften Salzmanns sind im Internet frei verfügbar als Google Books:
Salzmann (1845). *Conrad Kiefer oder Anweisung zu einer vernünftigen Erziehung der Kinder. Ein Buch für's Volk* (4. Aufl.). Stuttgart: Hoffman'sche Verlags-Buchhandlung.
Salzmann (1819). *Krebsbüchlein oder Anweisung zu einer unvernünftigen Erziehung der Kinder* (5. Aufl.). Erfurt: G.A. Keyser.
Salzmann (1806/1916). Ameisenbüchlein oder Anweisung zu einer vernünftigen Erziehung der Erzieher (10. Aufl.). Paderborn: Schöningh.
► http://archive.org/details/ameisenbchlein00salz

lich eines Pestalozzi [...] eine neue interessante Richtung genommen" (S. IV). Auch Herbart, auf den wir später noch zu sprechen kommen, war von der pädagogischen Genialität Pestalozzis überzeugt, beurteilte aber dessen Schrifttum als unwissenschaftlich. Pestalozzi genoss also schon zu Lebzeiten den Ruf eines bedeutenden Pädagogen und Philanthropen.

Schlagartig berühmt geworden war Pestalozzi nach der Veröffentlichung des Volksromans *Lienhard und Gertrud*, der vierbändig von 1781 bis 1787 erschien. In den beiden ersten Bänden wollte Pestalozzi das einfache Volk ansprechen, um ihm Wege aus der sozialen Verelendung zu zeigen. Die übrigen Bände waren eher an die Gebildeten gerichtet und stellten Pestalozzis theoretische Überlegungen in den Mittelpunkt, die aber durch eine gekünstelte Sprache und endlose Schachtelsätze schwer nachzuvollziehen sind. Dessen ungeachtet wird *Lienhard und Gertrud* bis heute als Klassiker der Sozialpädagogik gewürdigt und im Kontext seiner anderen Schriften diskutiert (Niemeyer 2010). *Wie Gertrud ihre Kinder lehrt* – 1801 erschienen – begründete Pestalozzis pädagogischen Ruhm. Die Person Gertrud kommt in dem ganzen Werk nicht vor, sie wurde vom Verleger aus werbetechnischen Gründen in Anlehnung an die Mutterfigur *Gertrud* in *Lienhard und Gertrud* in den Titel aufgenommen.[36] Im Folgenden geben wir einen Ausschnitt aus dem 5. Brief wieder, der Pestalozzis Vorstellungen über eine effektive Unterrichtsmethode zum Ausdruck bringt:

» Ich habe Dir sie hingeworfen, diese einzelnen Sätze, aus denen, wie ich glaube, der Faden einer *allgemeinen und psychologischen Unterrichtsmethode* sich herausspinnen läßt. Sie befriedigen mich nicht, ich fühle es, ich bin nicht imstande, das Wesen der Naturgesetze, auf denen diese Sätze ruhen, mir in ihrer ganzen Einfachheit und in ihrer ganzen Umfassung aufzustellen. So viel sehe ich, sie haben sämtlich eine dreifache Quelle. Die erste dieser Quellen ist die Natur selber, vermöge welcher sich unser Geist von dunklen Anschauungen zu deutlichen Begriffen emporschwingt. Aus dieser Quelle fließen folgende Grundsätze, die als Fundamente der Gesetze, deren Natur ich nachspüre, anerkannt werden müssen.
1. Alle Dinge, die meine Sinne berühren, sind für mich nur insoweit Mittel zu richtigen Einsichten zu gelangen, als ihre Erscheinungen mir ihr unwandelbares, unveränderliches Wesen vorzüglich vor ihrem wandelbaren Wechselzustand, oder ihrer Beschaffenheit in die Sinne fallen macht – sie sind umgekehrt für mich insoweit Quellen des Irrtums und der Täuschung, als ihre Erscheinungen mir ihre zufälligen Beschaffenheiten vorzüglich vor ihrem Wesen in die Sinne fallen machen.
2. An eine jede, dem menschlichen Geist tief eingeprägte, und unvergeßlich gemachte Anschauung reihen sich mit großer Leichtigkeit und soviel als unwillkürlich ein ganzes Gefolge dieser Anschauung mehr oder weniger verwandten Nebenbegriffen.
[...]
4. Durch das Zusammenstellen von Gegenständen, deren Wesen das nämliche ist, wird deine Einsicht über die innere Wahrheit derselben wesentlich und allgemein erweitert, geschärft und gesichert, der einseitige, überwiegende Eindruck von Beschaffenheiten einzelner Gegenstände, zum Vorteil des Eindrucks, den ihr Wesen auf dich machen soll, geschwächt, das Verschlingen deines Geistes durch die isolierte Kraft einzelner Beschaffenheitseindrücke, verhütet, und du vor der Gefahr bewahret, in eine gedankenlose Vermischung der Außenseite der Gegenstände, mit ihrem Wesen, und dadurch in eine übertriebene Anhänglichkeit und Vorliebe für irgendeine Sache, die dir eine bessere Einsicht als Nebensache unterordnet, und in die fantastische Kopffüllung mit solchen Nebensachen zu fallen.
[...]
5. Auch die verwickeltste Anschauung besteht aus einfachen Grundteilen; wenn du diese in der Hand hast, so wird dir das Verwickeltste einfach.
6. Durch je mehr Sinne du das Wesen oder die Erscheinungen einer Sache erforschest, je richtiger wird deine Erkenntnis über dieselbe.
[...]
Die zweite Quelle dieser physisch-mechanischen Gesetze, ist die mit diesem Anschauungsvermögen allgemein verwobene Sinnlichkeit meiner Natur.
[...]
Die dritte Quelle dieser physisch-mechanischen Gesetze liegt in dem Verhältnis meiner äußeren Lage mit meinem Erkenntnisvermögen. Der Mensch ist an sein Nest gebunden, und wenn er es an hundert Fäden hängt, und mit hundert Kreisen umschreibt, was tut er mehr als die Spinne, die ihr Nest auch an hundert Fäden hängt, und mit hundert Kreisen umschreibt? Und was ist der Unterschied von einer etwas größeren und einer etwas kleineren Spinne? Das Wesen von ihrem Tun ist: sie sitzen alle im Mittelpunkte des Kreises, den sie umschreiben; aber der Mensch wählet den Mittelpunkt, in dem er wallet, und webet nicht einmal selbst, und er erkennt als bloßes physisches Wesen alle Wahrheit der Welt gänzlich nur nach dem Maße, als die Gegenstände der Welt, die ihm zur Anschauung kommen, sich dem Mittelpunkte nähern, in dem er wallet und webet (Pestalozzi zit. nach Zimmer 1905, S. 110 ff.)

Dieser Textausschnitt vermittelt einen Eindruck über den Schreibstil Pestalozzis: endlose Schachtelsätze, an deren Ende man nicht mehr weiß, was am Anfang stand, und das alles auf einem abstrakten Niveau. Dessen ungeachtet belegt der Textausschnitt gut das, was Herbart als nachahmenswerte *Pestalozzi-Idee* bezeichnet hat: Pestalozzi betont – wie auch Comenius lange zuvor – die Bedeutung des sensorischen Lernens und des *Prinzips der Anschauung* als Bildungskraft. Dieses Prinzip kann als ein Prozess der inneren Vorstellung verstanden werden, der auf die Herausbildung von Begriffen aus den Sinneserfahrungen zielt. In Entsprechung damit entwarf Pestalozzi Unterrichtslektionen, in denen die Schüler die Form, Gestalt, Größe und das Gewicht verschiedener physikalischer Objekte untersuchen und sie in Verbindung mit den Sinneserfahrungen benennen ließ. Dabei folgten die Unterrichtsstunden einer Sequenz vom Einfachen zum Komplexen wie auch vom Konkreten zum Abstrakten – das war genau das, was Herbart an Pestalozzis Unterricht so gut gefiel. Konsequenterweise verwarf Pestalozzi die traditionelle Me-

36 Die Schriften Pestalozzis sind im Internet frei verfügbar unter: ► http://www.heinrich-pestalozzi.de/de/dokumentation/werke_pestalozzis/volltexte/

thode des Auswendiglernens und Rezitierens und befürwortete ein gruppenzentriertes Lehren und Unterweisen.

Mit diesen Vorstellungen avancierte Pestalozzi zum Vorläufer der Anschauungspädagogik und der aus ihr entstehenden Reformpädagogik. Sein pädagogisches Ziel reichte aber über das Klassenzimmer hinaus: Es ging ihm um die ganzheitliche Volksbildung und die Erziehung von Menschen zu selbstständigen und kooperativen Mitgliedern des Gemeinwesens. Dementsprechend sollten auch die Eltern befähigt werden, ihre Kinder in diesem Sinne zu erziehen und nachahmenswerte Vorbilder zu sein. Die Elementarbildung der Kinder sollte vor der Schule in der Familie beginnen, wobei die Förderung der intellektuellen, sittlich-religiösen und handwerklichen Fähigkeiten im Vordergrund stehen sollte. Zusammengefasst wird diese Idee einer ganzheitlichen Elementarbildung unter dem Schlagwort *Lernen mit Kopf, Herz und Hand.*

Pestalozzis Vorstellungen fanden nicht nur in Deutschland großen Anklang, wo sie unter dem nachhaltigen Einfluss Fichtes zur Ausgangsgrundlage für die Preußische Bildungsreform im Jahre 1809 wurde, sondern auch im Ausland. Beispielsweise wurde 1836 in England die *Home and Colonial School Society* unter Zugrundelegung der Pädagogik Pestalozzis gegründet, und in den Vereinigten Staaten von Amerika wurden Pestalozzis Ideen von William Maclure und Edward Sheldon gefördert (Barlow 1997). Diesem internationalen Erfolg steht das Scheitern der von ihm gegründeten Bildungsanstalten gegenüber. Dem unter Pestalozzis Leitung stehenden Waisen- und Armenhaus in Stans wurde 1799 durch den Einmarsch der französischen Truppen ein Ende bereitet. Noch im selben Jahr gründete Pestalozzi im Schloss Burgdorf sein Institut, in dem er seine Unterrichts- und Erziehungsmethode praktizieren konnte und das ihn berühmt machte. Das 1804 nach Yverdon-les-Bains verlegte Institut ging 1825 an den internen Streitigkeiten in der Lehrerschaft um Pestalozzis Nachfolge zugrunde.

2.4.3 Erziehung und Bildung im 19. Jahrhundert: das Zeitalter der Revolutionen

Anna: „Preisfrage: Wann begann das 19. Jahrhundert?"

Jakob: „Das ist doch klar. Das 19. Jahrhundert begann mit dem Jahr 1801 und endete im Jahr 1900 – oder begann es 1800 und ging bis 1899? Hm, irgendwas steckt doch hinter deiner Frage."

Anna: „Die erste Antwort wäre ja richtig, wenn man die übliche Zeitrechnung zugrunde legt. Aber beim 19. Jahrhundert haben sich die Historiker eine andere Zeitspanne ausgedacht. Sie lassen das 19. Jahrhundert mit dem Ausbruch der Französischen Revolution im Jahr 1789 beginnen und manchmal mit dem Epochenjahr 1917 enden. Deshalb sprechen sie auch vom ‚langen 19. Jahrhundert'."

Jakob: „Das mit der Französischen Revolution ist irgendwie plausibel, aber warum wird das Jahr 1917 als Epochenjahr bezeichnet?"

Anna: „Wenn ich mich richtig erinnere, fand in diesem Jahr in Russland die Oktoberrevolution statt. Und dann gab es noch viele andere kleinere Ereignisse, die ich aber nicht mehr weiß."

Jakob: „Hm, ja okay. Nun wissen wir also, dass das 19. Jahrhundert ein ‚langes' Jahrhundert war und dass an seinem Anfang und Ende eine Revolution stattfand. Und was geschah dazwischen?"

Anna: „Noch mehr Revolutionen, die gewaltsam unterdrückt wurden. Vor allem aber wurde in diesem Jahrhundert das Bildungswesen in den meisten Staaten Europas gründlich reformiert."

Im Vergleich zu anderen Epochen ist das „lange 19. Jahrhundert" vor allem durch eine Reihe von Revolutionen und radikalen Umbrüchen des politischen, gesellschaftlichen und wirtschaftlichen Lebens gekennzeichnet. Es ist das *Jahrhundert der Revolutionen,* zugleich aber auch der Restauration und Unterdrückung (◘ Tab. 2.7). Am Anfang stand die Französische Revolution von 1789, die den Geist von *Freiheit, Gleichheit und Brüderlichkeit* in Europa verbreitete und zur *Mutter aller folgenden Revolutionen* wurde. Zu nennen sind in chronologischer Folge zunächst die vom Bürgertum ausgehenden und getragenen Revolutionen: die *Julirevolution 1830* in Frankreich, die *Februarrevolution 1848* in Frankreich, die eine Fortsetzung in der *Märzrevolution* des Jahres *1848* in den Staaten des Deutschen Bundes, in Ungarn, Österreich und in italienischen Staaten fand. Diese bürgerlichen Revolutionen waren wesentlich von den Ideen der Aufklärung und des Liberalismus[37] geprägt. Die Zeit nach der gescheiterten Revolution des Jahres 1848 stand unter dem zunehmenden Einfluss der proletarischen Bewegung. Die Auseinandersetzungen mit dem bürgerlichen Lager und dem Kapitalismus des 19. Jahrhunderts führten im Jahre *1871* zur ersten *proletarisch-sozialistischen Revolution der Pariser Kommune,* die aber nach kurzer Zeit niedergeschlagen wurde. Erfolgreicher verlief dann in Russland die bolschewisti-

37 Der *Liberalismus* ist eine politische Grundauffassung und Bewegung, die eine freiheitliche politische, soziale und wirtschaftliche Ordnung anstrebt. Leitziel des Liberalismus ist die Freiheit des Individuums gegenüber staatlicher Gewalt.

Tab. 2.7 Das „lange 19. Jahrhundert" im Zeitraffer

1789	*Ausbruch der Französischen Revolution*
1792–1794	Erste Republik in Frankreich; radikaldemokratische Revolutionsregierung
1795–1794	Diktorialzeit, Revolutionskriege gegen europäische Staaten
1799	Machtübernahme durch Napoleon; die Revolution wird als beendet erklärt
1804	In Frankreich wird der Code Civil, das erste bürgerliche Gesetzbuch, erlassen, das allen Bürgern die gleichen Rechte gewährt; Napoleon krönt sich zum Kaiser der Franzosen
1807–1815	Reformen in Preußen: Bauernbefreiung, Aufhebung des Zunftzwangs, Emanzipation der jüdischen Bevölkerung, Verwaltungs-, Bildungs- und Heeresreform
1813/14	Bündniskriege gegen Napoleon; Auflösung des Rheinbundes
1814	Napoleon dankt ab
1814/15	Wiener Kongress zur Neuordnung Europas; Gründung des Deutschen Bundes aus 35 souveränen Fürstentümern und vier Reichsstädten; Gründung der Heiligen Allianz, die weitere Revolutionen verhindern soll.
1819	*Karlsbader Beschlüsse*; Einführung der Zensur und Beginn der Repressionspolitik
1830	*Juli-Revolution* in Frankreich: Bourbonen danken ab, Louis Phillip von Orleans („Bürgerkönig") wird französischer König
1832	Hambacher Fest; Massenkundgebung des liberal gesinnten Bürgertums und der Studentenschaft
1833	Gründung des Deutschen Zollvereins; Abschaffung der Zölle innerhalb Deutschlands
1835	Erste deutsche Eisenbahn zwischen Nürnberg und Fürth
1844	Weberaufstand in Schlesien wegen unzumutbarer sozialer Verhältnisse
1848–1850	Revolution in Frankreich, die sich nach Mittel- und Südeuropa ausdehnt, Ursachen waren die Unzufriedenheit mit dem Zenuswahlrecht der bürgerlichen Monarchie und soziale Missstände; *Kommunistisches Manifest* von *Karl Marx* und *Friedrich Engels*
1848	Eröffnung der Deutschen Nationalversammlung in der Frankfurter Paulskirche; erstes gewähltes Parlament zur Ausarbeitung einer Verfassung für Deutschland, es wird im Sommer 1849 aufgelöst
1852	Napoleon III.; Zweites Kaiserreich
1861	Zar Alexander II. hebt in Russland die Leibeigenschaft der Bauern auf
1861–1865	Nach der Wahl von *Abraham Lincoln* zum Präsidenten der USA kommt es zum *Sezessionskrieg* zwischen den Nord- und Südstaaten; Aufhebung der Sklaverei
1862	Bismarck wird preußischer Ministerpräsident
1865	Genfer Konvention
1866	Krieg zwischen Preußen und Österreich um die Vorherrschaft in Deutschland; Sieg Preußens
1870–1871	Deutsch-Französischer Krieg; Niederlage Frankreichs; Proklamation des Deutschen Kaiserreichs; Kaiser Wilhelm I.
1871	Pariser Kommune; Gründung der Dritten Republik Frankreichs
1873	Wirtschaftskrise in Deutschland; Verbot der Sozialdemokratischen Arbeiterpartei
1871–1878	Kulturkampf
1876	Einführung der gesetzlichen Rentenversicherung in Deutschland; 1884 Unfallversicherung; 1889 Alters- und Invaliditätsversicherung
1888	Wilhelm II. wird deutscher Kaiser
1890	Entlassung Bismarcks; Bemühungen von Wilhelm II., Deutschland zu einer Großmacht zu machen; Spannungen mit England und Russland; Annäherung zwischen England und Frankreich
1904	Entente Cordiale
1914–1918	Erster Weltkrieg
1917	Oktoberrevolution in Russland

sche *Oktoberrevolution des Jahres 1917*. Die Idee der proletarischen Revolution wurde im 20. Jahrhundert zum „Exportschlager" des kommunistischen Regimes in Moskau und veränderte die Welt.

Zwei Entwicklungen können als Triebfeder der verschiedenen Revolutionen betrachtet werden:

1. eine rapide Veränderung aller Lebensbereiche und der staatlichen Ordnung, die sich im Übergang von der ständischen zur bürgerlichen Gesellschaft und der Umwandlung vom Agrarstaat zum modernen Industriestaat manifestierte;

2. die Wandlung der europäischen Feudalstaaten zu Nationalstaaten, was zugleich eine Stärkung des Imperialismus mit einer Dominanz Europas in der Welt mit sich brachte, von der sich manche Weltregionen bis heute nicht erholt haben.

Das 19. Jahrhundert war aber auch die Zeit, in der sich die *Industrialisierung* und die *kapitalistische Wirtschaftsordnung* in Europa und in Nordamerika durchsetzten. Um die mit der Industrialisierung einhergehende Veränderung der Wirklichkeit zu kennzeichnen, hat es sich eingebürgert, von der *industriellen Revolution* zu sprechen. Sie führte zu einer tiefgreifenden und dauerhaften Umgestaltung der wirtschaftlichen und sozialen Verhältnisse, der Arbeitsbedingungen und Lebensumstände und mündete in der modernen Industriegesellschaft. Gelegentlich wird der industriellen Revolution, die in der zweiten Hälfte des 18. Jahrhunderts in England ihren Anfang nahm, weltgeschichtlich eine ähnliche Bedeutung beigemessen wie dem Übergang vom Nomadentum zur Sesshaftigkeit in der neolithischen Revolution.

Die industrielle Revolution setzte eine *landwirtschaftliche Revolution* im Sinne einer grundlegenden und dauerhaften Umwälzung der bestehenden landwirtschaftlichen Strukturen voraus. Innerhalb der sich industrialisierenden Gesellschaften veränderten sich auch die Lebensweisen teilweise drastisch. Der soziale Wandel zerstörte die hergebrachten Verhaltens- und Denkweisen – oft so gründlich und nachhaltig, dass von einer *Revolution des sozialen Lebens* gesprochen werden kann. Arbeiterbewegung und Sozialismus wurden zu zentralen Begriffen in der zweiten Hälfte des 19. Jahrhunderts. Die Industrialisierung zog auch eine radikale Veränderung des Verkehrswesens und eine drastische Erhöhung der allgemeinen Mobilität nach sich. Das kann als *Revolution des Verkehrswesens* bewertet werden.

Im Falle des Bildungswesens kann man zwar nicht von einer *Revolution* sprechen, aber auch in diesem Bereich brachte das 19. Jahrhundert nachhaltige Veränderungen mit sich. Die Französische Revolution löste bei den Herrschern Europas die Angst vor Revolten im eigenen Lande aus, weshalb eine *Fundamentaldisziplinierung* der Bevölkerung angestrebt wurde, die Erziehung und Bildung als Mittel der fortgesetzten staatlichen Kontrolle und Unterdrückung individueller Freiheiten und Rechte missbrauchte. In Deutschland ging dies einher mit einer *Nationalerziehung*, die Politik und Pädagogik aufs Engste miteinander verband: „Der Erziehungsplan und Regierungsplan ist ganz derselbe", befand Fichte in seinen *Politischen Fragmenten* von 1807 (Fichte 1963, S. 583).

2.4.3.1 Erziehung und Bildung zur Zeit der Französischen Revolution

Die Französische Revolution von 1789 wurde wesentlich vom Bürgertum und dem Geist der Aufklärung getragen. Sie war nicht nur die entscheidende Wende *zur Etablierung des bürgerlichen Bildungswesens*, von ihr nahm auch der Sozialismus seinen Ausgang, der mit dem Konzept der *Kollektiverziehung* eine grundsätzliche Alternative zum bürgerlichen Bildungssystem entwickelte.

Die Französische Revolution eröffnete die Möglichkeit, ein modernes Bildungssystem in Übereinstimmung mit den proklamierten Menschen- und Bürgerrechten einzurichten. Nun konnte man die Säkularisierung des Bildungswesens und die Reform des Unterrichts in Angriff nehmen. Eine allgemeine öffentliche Bildung auf der Grundlage staatlicher Finanzierung war in greifbare Nähe gerückt. Dementsprechend wurde der *Nationalkonvent* von unzähligen Plänen, Petitionen und Projekten zur Reform des Bildungswesens überflutet. Die meisten davon wurden nicht umgesetzt, da in den verschiedenen Phasen der Revolution jeweils die Erziehungspläne der machthabenden Gruppe verfolgt wurden. Große Hoffnungen wurden am Anfang der Revolution in den Grafen Mirabeau gesetzt. Als dieser 1791 verstarb, wurde das Problem einer öffentlichen Erziehung im Sinne der von Mirabeau hinterlassenen programmatischen Schrift *Über die öffentliche Erziehung* diskutiert. Auf diese Schrift, in der Mirabeau die Grenzen der Wirksamkeit des Staates in Bildungsfragen sowie die Überwindung der Verordnungswut der absolutistischen Staaten thematisiert hatte, bezog sich später Wilhelm von Humboldt in seinen Überlegungen zu einer nationalen Erziehung (Benner 1990).

In Entsprechung mit dem revolutionären Prinzip der politischen Gleichheit legte *Condorcet* (1743–1794), ein den Enzyklopädisten[38] nahe stehender liberaler Politiker, 1792 der Nationalversammlung einen Gesetzentwurf vor, der auf eine *Demokratisierung von Erziehung und Bildung* zielte. Seit 1790 trat Condorcet entschieden dafür ein, auch Frauen die Menschen- und Bürgerrechte zu gewähren, die Sklaverei abzuschaffen und den Freihandel einzuführen. In einem aufklärerischen Sinne wollte er auch das Erziehungs- und Bildungswesen reformieren, wobei seine erste Sorge darin bestand, Erziehung und Unterricht „einerseits so gleichmäßig, so allgemein und andererseits so vollständig zu [gestalten], wie die Umstände es gestatten könnten" (Condorcet 1949, S. 64). Dabei blickte er weit über die Elementarerziehung hinaus, indem er eine höhere Bildung an Lyzeen und an der Vaterländischen Gesellschaft der Wissenschaften und Künste fordert, da „der Unterricht für die Menschen nicht aufhören darf mit dem Augenblick, wo sie aus der Schule entlassen werden; daß er alle Altersstufen umfassen muss; das es keine gibt, in der es nicht nützlich und möglich wäre zu lernen" (Condorcet 1949, S. 65 f.). Es geht ihm nicht nur um die Erziehung der Kinder und Erwachsenen, „sondern um den Unterricht der gesamten Generation, um die Vervollkommnung der menschlichen Vernunft" (Condorcet 1949, S. 97 f.). Ziel sollte es sein, das Unterrichtswesen einheitlich zu organisieren und Wissensvermittlung und Wissensentwicklung aufeinander zu beziehen. In unmissverständlicher Weise spricht sich Condorcet gegen staatliche Direktiven aus und ebenso unmissverständlich ist die Forderung, in die *Demokratisierung des Wissens* auch die Armen und die Frauen einzubeziehen.

In seinem Rapport ging Condorcet auch auf die Auswahl der Lehrinhalte ein, wobei er – ganz im Gegensatz zur merkantilistischen Doktrin – den theoretischen Kenntnissen den Vorrang vor der Praxis gab. Der Unterricht sollte auf allen Stufen in einer angemessenen Form die enzyklopädische Gesamtheit des Wissens vermitteln, wobei der Schwerpunkt auf der Mathematik und den Naturwissenschaften liegen sollte. Selbstverständlich war die

38 Als die *Enzyklopädisten* werden die 144 Autoren der von Diderot und le Rond herausgegebenen *Encyclopédie ou Dictionnaire raisonné des sciences, des arts et des métiers* bezeichnet. Sie erschien zwischen 1751 und 1765 in 17 Bänden.

Religion aus dem Lehrplan zu entfernen, dafür sollte eine Unterweisung in Politik und in den Wissenschaften des menschlichen Verhaltens erfolgen, damit die durch die Erziehung erworbenen Einstellungen und Haltungen der Schüler später kritisch überprüft werden könnten.

Ein anderer Pädagoge der Französischen Revolution war der Jakobiner *Le Peletier* (1760–1793), der eine allgemeine und gemeinschaftliche Erziehung auf Kosten der Wohlhabenden forderte. Alle Kinder sollten den gleichen Unterricht, die gleiche Arbeit, Nahrung und Kleidung erhalten. Im Mittelpunkt des Bildungsprogramms Le Peletiers standen die Nationalerziehung und die Koedukation von Jungen und Mädchen im Sinne der Égalité.

Mit den Revolutionspädagogen Condorcet und Le Peletier standen sich zwei völlig unterschiedliche Erziehungsauffassungen gegenüber. Der eine – in der Aufklärung des 18. Jahrhunderts verwurzelt – betrachtete mit seiner liberalen Grundhaltung die Erziehung und Bildung des Einzelmenschen als vordringliches Ziel, während der andere es als Hauptaufgabe der Erziehung betrachtete, den Menschen für den Staat brauchbar zu machen.

Beide Auffassungen setzten sich nicht durch, denn nach dem Sturz der Jakobiner gewannen die bürgerlichen Interessen wieder die Oberhand und die Kirchen erhielten ihren großen Einfluss auf das Erziehungswesen zurück. Das durchaus revolutionäre Programm eines allgemeinen und wissenschaftlichen Unterrichts, wie es Condorcet propagiert hatte, hinterließ keine Spuren in der Zeit des Direktorats und der napoleonischen Herrschaft. Aber es blieb, wie Durkheim (1977) betonte, für das ganze 19. Jahrhundert der Dreh- und Angelpunkt für die progressiven Fraktionen des französischen Bürgertums und wurde dann in den großen Schulreformen der Dritten Republik (1871–1940) in wesentlichen Punkten durchgesetzt.

Anna: „Das war ein wirklich modernes Programm der Erziehung und Bildung, das Condorcet 1792 vorgelegt hatte (Condorcet 1792). Warum kann man darüber kaum etwas in den deutschsprachigen Büchern zur historischen Pädagogik finden?"

Jakob: „Vielleicht weil alles, was mit der Französischen Revolution zu tun hatte, von ihren Gegnern schlechtgeredet und verdammt wurde. Das war ja zum großen Teil übelste Propaganda, was da alles über die Revolutionäre in Frankreich verbreitet wurde. Ich habe da vor einiger Zeit mal ein Buch von einem britischen Historiker gelesen, der auch als Stand-up-Comedian sein Geld verdient hat.[39] Da wird ein ganz anderes Bild von der Französischen Revolution und ihren Hauptakteuren gezeichnet, als wir es vom Geschichtsunterricht kennen. Das musst du mal lesen."

Anna: „Wenn ich mich recht erinnere, waren auch Goethe und Beethoven zumindest am Anfang große Anhänger der Revolution."

Jakob: „Ja, das habe ich auch mal so gelernt. Und viele andere Intellektuelle waren es auch."

39 Es handelt sich um das Buch *Vive la révolution* von Mark Steele aus dem Jahre 2003.

Das Saarland und die Revolution

Für das Land an der Saar wirkte sich die Revolution in Frankreich zum Vorteil der Bevölkerung aus, die sich daher rasch mit den neuen Verhältnissen arrangierte.

Ein Teil des heutigen Saarlandes, nämlich die *Bailliage de Sarrelouis* gehörte zu Frankreich und die Saarbrücker und Zweibrücker Grafen unterhielten enge Beziehungen zum absolutistischen Hof in Versailles, da Paris deutlich näher war als Wien und Berlin – „auch in den Köpfen und Herzen der Herren von Saar- und Zweibrücken" (Burgard 2010, S. 128). Bis 1792 verstand es Fürst Ludwig von Nassau-Saarbrücken, sich mit den neuen Machthabern in Paris zu verständigen und sich aus den militärischen Aktionen gegen Frankreich herauszuhalten. Nachdem die Invasion der preußischen und österreichischen Truppen, die die alte Ordnung in Frankreich wiederherstellen wollten, 1792 gescheitert war, ging das revolutionäre Frankreich zum Angriff über und setzte sich militärisch an allen Fronten durch. Die Radikalisierung der Revolution nach Proklamation der Republik ließ ein Lavieren des Saarbrücker Fürsten nicht mehr zu, der Neutralitätskurs Saarbrückens und Zweibrückens scheiterte, und ab 1793 stand das Saarland faktisch unter Besatzung.

Nachdem Petitionen der Bürger und Bauern bis dahin weitgehend unbeantwortet geblieben waren, verjagten sie unter dem Schutz der französischen Truppen ihre Landesherren. Karl II. August von Zweibrücken konnte gerade noch im letzten Moment flüchten ebenso wie Gräfin Marianne von Blieskastel, die sich als Bäuerin verkleidet dem Zugriff der revolutionären Volksvertreter ihrer Grafschaft entzog. Kurz zuvor hatte sich Fürst Ludwig aus dem Staub gemacht, und Erbprinz Heinrich konnte sich – wortwörtlich – nur durch einen Sprung aus dem Fenster retten. Keiner von ihnen sollte das Saarland noch einmal sehen.

Die Revolution im Saarland fand unter großer Beteiligung der Bevölkerung statt und war nicht, wie später dargestellt wurde, eine von den Revolutionstruppen diktierte Angelegenheit. Nicht nur die Bevölkerung der Bailliage de Sarrelouis war von Anfang an an der Revolution beteiligt, sie fand auch in den reichsdeutschen Gemeinden rasch Anhänger. Anfangs gelang es der Obrigkeit noch, die revolutionären Umtriebe zu kontrollieren. So ließ z. B. die heutzutage von Nostalgikern als *gütige Landesmutter* bezeichnete Marianne in ihrem Herrschaftsbereich Blieskastel revolutionäre Rädelsführer gefangen nehmen und die Höfe renitenter Bauern pfänden. Sie hatte später aber gute Gründe, sich fluchtartig abzusetzen. Kurz nach der Flucht der Fürsten und Grafen standen deren Paläste in Flammen.

In Folge der Kriegshandlungen wurden Saarbrücken und St. Johann im November 1793 von deutschen Truppen belagert, bis 1794 standen die Koalitionstruppen noch im Nordsaarland, ehe Trier an die Franzosen fiel. Ab diesem Zeitpunkt bis zum Ende der Herrschaft Napoleons war das Saarland französisch und wurde nach französischen Grundsätzen verwaltet. „Nach einem viel zitierten Wort hat Napoleon die Revolution in Frankreich *be*endet, in den vier ‚deutschen' Departments

hingehen *vol*lendet" (Burgard 2010, S. 140). Burgard weist auch darauf hin, dass Napoleon, obwohl nur zehn Jahre Kaiser der Franzosen, das Saarland so oft wie kein anderer Kaiser vor und nach ihm besucht hat. In den saarländischen Departements war Napoleon überaus populär. Davon zeugt bis auf den heutigen Tag die Widmung eines Brunnens in Blieskastel: „A NAPOLEON premier Empereur des Francais. Le Canton de Bliescastel le 28e floréal an XII."
Die Bevölkerung an Saar und Blies hatte auch allen Grund zur Zufriedenheit. Mit dem Code Civil (ab 1807 auch *Code Napoléon* genannt) wurde ein einheitliches Rechtssystem eingeführt, das Privat- und Strafrecht voneinander trennte und erstmals in der Geschichte des Saarlandes die Freiheit der Person und des persönlichen Eigentums garantierte.
Auch wirtschaftlich profitierte das Land: Die Eisen- und Kohlenindustrie steigerte die Produktivität in bisher nicht bekanntem Ausmaß, der Handel florierte und verkehrspolitische Großprojekte wie der Ausbau der alten Römerstraße von Metz zum Rhein und die Kanalisierung der Saar bescherten der Bevölkerung wachsenden Wohlstand. Kein Wunder, dass die französische Herrschaft von großen Teilen der Bevölkerung in Stadt und Land gerne angenommen wurde.
Nach dem Wiener Kongress übernahmen Preußen und Bayern die Herrschaft an Saar und Blies und verleibten sich die früher selbstständigen Grafschaften ein. Eine Rückkehr der früheren Herrschaften erlaubten sie nicht. Um es auf den Punkt zu bringen: Die verschiedenen Grafschaften im Saarland wurden nicht von Napoleon liquidiert, sondern von Preußen und Bayern.

Allgemein wird in der deutschen Geschichtsschreibung bis zum heutigen Tage ein überwiegend negatives Bild der Französischen Revolution gezeichnet, das in erster Linie auf die Propaganda der späteren Siegermächte zurückzuführen ist. Im Gegensatz zu der Propaganda steht nicht nur die verbriefte Zustimmung breiter Bevölkerungsteile im Raum der Saar, sondern auch die Tatsache, dass andere Territorien wie z. B. Baden aus der Protektion des Kaisers der Franzosen großen Nutzen zogen. Baden war 1806 als souveräner Staat entstanden und konnte infolge der napoleonischen Neuordnung bis 1810 erhebliche Gebietsgewinne (u. a. Vorösterreich mit den Städten Freiburg im Breisgau und Konstanz) erzielen. Für unser Thema bedeutsam ist die Tatsache, dass der Markgraf von Baden im Mai 1803 ein Edikt zur Reorganisation des Schulwesens in seinem Herrschaftsgebiet erließ, das für damalige Verhältnisse exemplarisch ist.[40]

Das Ziel war die allgemeine Anhebung des Bildungsniveaus auf dem Lande und in der Stadt. Dafür waren die Lehrer entsprechend auszubilden und die finanziellen Mittel ausfindig zu machen. Die reguläre Schulzeit für die Trivialschulen und die Elementarbildung wird auf das 7. bis 13. Lebensjahr bei Mädchen und bis zum 14. Lebensjahr bei Jungen festgelegt. Neben den Trivialschulen werden auch die Organisation und Lehrpläne von Mittelschulen als untere Studienanstalten (Lateinschulen, Pädagogien, Gymnasien) festgelegt. Für alle Schulen gilt, dass sie als fortdauernd, d. h. das ganze Jahr hindurch, einzurichten sind,

> » wobei aber immer dahin zu sehen ist, daß die *SchulStunden* im Sommer so früh mit den grösseren Kindern gehalten werden, damit noch eine gute Tags-Zeit übrig bleibe, wo sie den Eltern zu ihren häuslichen Geschäften zur Hand seyn können (zit. n. Demel und Puschner 1995, S. 361).

In diesen Kontext passt auch die Erwähnung von Realschulen und Industrieschulen, die sich auf Handarbeit konzentrieren sollen, um den Armen einen Broterwerb zu sichern.

Aber nicht nur in den von Napoleon geförderten Kleinstaaten wurden Reformen des Bildungs- und Schulwesens auf den Weg gebracht, sondern auch in Brandenburg-Preußen.

2.4.3.2 Idealistische Bildungstheorie und Nationalerziehung

Neben der Reform des Staatswesens lag eines der wichtigsten Probleme, das die Französische Revolution den Staaten Europas bereitete, in der Reform des Bildungswesens. Schockiert über die Erfolge der französischen Revolutionssoldaten auf dem Schlachtfeld und die napoleonischen Eroberungen wurde die Notwendigkeit einer grundlegenden Reform des Staats- und Bildungswesens zum Mantra der geistigen Eliten in deutschen Landen. Unter dem Einfluss der Aufklärung, aber auch eines aufkeimenden Nationalismus sollte die Bildung in den Dienst einer *Nationalerziehung* gestellt werden. Maßgeblich wurde die bildungstheoretische Diskussion um die Wende vom 18. zum 19. Jahrhundert von der philosophischen Strömung beeinflusst, die später *Deutscher Idealismus* genannt wurde und als dessen Hauptvertreter Fichte gilt.

- **Fichte**

Im Hinblick auf den Entwurf einer *idealistischen Bildungstheorie* im Dienste einer Nationalerziehung ist das Werk von *Johann Gottlieb Fichte* (1762–1814) exemplarisch. Wie andere Intellektuelle seiner Zeit war auch Fichte zunächst ein Anhänger der Französischen Revolution, später profilierte er sich durch seine patriotischen *Reden an die deutsche Nation* (1808) als entschiedener Gegner Napoleons. Bis zur militärischen Niederlage Preußens hatte sich Fichte nur philosophischen Problemen zugewandt, dann rückte zunehmend die öffentliche Erziehung und Bildung in den Mittelpunkt seiner Publikationen. Die Lehre, die Fichte aus der Niederlage Preußens auf dem Schlachtfeld zog, war, dass Preußen zu einer Modernisierung seiner gesellschaftlichen und politischen Strukturen gezwungen war. In diesem Zusammenhang gewann die Idee einer Nationalerziehung an politischer Bedeutung. In ihrem Dienste sollte eine *Bildung durch Selbsttätigkeit* zur Emanzipation des Einzelnen beitragen. In Fichtes programmatischen Schriften zur Pädagogik sind bereits die Grundlinien der dann 1808 in Preußen auf den Weg gebrachten Bildungsreform erkennbar (Fichte 1794, *Sämtliche Werke*, VII, 257 ff. u. VIII, 95 ff.). Die Eckpunkte waren

40 Das Edikt ist abgedruckt in: Demel, W., & Puschner, U. (Hrsg.) (1995). *Von der Französischen Revolution bis zum Wiener Kongreß 1789–1815* (S. 349–262). Stuttgart: Reclam.

- der Aufbau eines Elementarschulwesens, das sich an der Methode des Schweizer Pädagogen Pestalozzi orientieren sollte,
- die Umgestaltung des höheren Schulwesens im Geiste des Neuhumanismus und
- die Neuorganisation der Universität unter dem Primat der Philosophie, um die Einheit von Forschung und Lehre durchzusetzen.

Auf allen Ebenen sollte der Lehrstoff durch Selbsttätigkeit erschlossen werden, wobei die *Übereinstimmung von Vernunft und Leben* als Maxime galt.

Einen wesentlichen Beitrag zur Initiierung und Umsetzung der preußischen Bildungsreform leisteten auch Wilhelm von Humboldt und Friedrich Schleiermacher.

Humboldt

Während man Fichte als Hauptvertreter der idealistischen Bildungstheorie begreifen kann, war *Wilhelm von Humboldt* (1767–1835) derjenige, der die preußische Bildungsreform auf der praktischen Ebene der Politik beeinflusste. Nach diplomatischer Tätigkeit in Wien wurde Humboldt 1808 im Zuge der Stein-Hardenberg-Reformen mit der Leitung der *Sektion des Kultus und des öffentlichen Unterrichts* beauftragt. Im Herbst 1809 legte er zwei Entwürfe für die Reform des Schulwesens vor, den *Königsberger Schulplan* und den *Litauischen Schulplan*, in denen ein dreistufiges Bildungssystem mit Elementarschule, Gymnasium und Universität zugrunde gelegt wurde. Leitidee war die *allgemeine Menschbildung* und entsprechend wurde die bisherige Standesbildung als überholt beurteilt. Mit seinen Vorschlägen wandte sich Humboldt ausdrücklich gegen die bestehenden Ritterakademien, Kadettenschulen und bürgerlichen Realschulen mit ihrem Fokus auf eine berufliche Bildung.

Auch die von Humboldt angeregte Reform stellte die Idee der Nationalerziehung in den Vordergrund. Die Erziehung soll „auf die ganze Masse der Nation" gerichtet sein und „sucht diejenige Entwickelung der menschlichen Kräfte zu befördern, welche allen Ständen gleich nothwendig ist und an welche die zu jedem einzelnen Beruf nöthigen Fertigkeiten und Kenntnisse leicht angeknüpft werden können" (Humboldt 1809, Werke IV, S. 217). Wissenschaft und Bildung werden in den Dienst der Entwicklung der bürgerlichen Gesellschaft und der Nation gestellt. Wie Fichte empfahl Humboldt für die dreijährige Elementarschule die Ausrichtung an den Methoden Pestalozzis, für die höhere Bildung schwebte ihm das Modell des humanistischen Gymnasiums vor, das er als Vorbereitung zum Studium an der Universität betrachtete. Im Sinne des Neuhumanismus lag ihm vor allem an der Pflege der alten Sprachen als Beitrag zu einer formalen Bildung.

Als Voraussetzung für das Gelingen der Bildungsreform wurde die Notwendigkeit einer qualifizierten Lehrerschaft erkannt. Deshalb führte Humboldt 1810 das Lehramtsexamen ein, womit er zugleich den Beruf des Gymnasiallehrers schuf, der Kenntnisse in den alten Sprachen, in Geschichte und Mathematik nachweisen musste, um die Lehrerlaubnis zu erhalten. Eine qualitative Verbesserung erhoffte man sich auch aus der Vereinheitlichung und Verpflichtung der Abiturprüfung, für die 1812 erste Regelungen ergingen.

Der im Jahr 1816 in der Nachfolge Humboldts erarbeitete *Plan der Unterrichtsverfassung* für ein zehnjähriges Gymnasium wurde nie verwirklicht. Humboldt hatte bereits nach einem Jahr sein Amt aus Enttäuschung über die zögerliche Umsetzung der Reformvorschläge Steins und seiner eigenen nachgeordneten Position im Kabinett aufgegeben und war wieder in den diplomatischen Dienst gewechselt. Zuvor aber krönte er sein Reformwerk mit der *Gründung der Berliner Universität* im Jahre 1810, an die er renommierte Wissenschaftler (z. B. Schleiermacher) berufen konnte.

Auf Humboldts Vorstellung von der Universität, die von einer *Einheit von Lehre und Forschung* ebenso wie von einem Erziehungsverhältnis zwischen Lehrenden und Studierenden ausging, wird bis auf den heutigen Tag zurückgegriffen, vor allem wenn es darum geht, dass der Staat in die Geschäfte der Universität eingreifen will. Humboldt ging grundsätzlich davon aus, dass die Universität in verantwortlicher Selbststeuerung und -verantwortung auch die staatlichen Zwecke erfüllt, ohne vom Staat gegängelt werden zu müssen. Wie manches andere, was Humboldt sich ausgedacht hatte, blieb auch diese Verfasstheit der Universität noch lange Zeit ein Wunschdenken, denn zum Modell der deutschen Universität wurde Humboldts Konzeption erst zu Beginn des 20. Jahrhunderts.

Schleiermacher

Auch der Theologe *Friedrich Schleiermacher* (1768–1834), den Humboldt an die neu gegründete Berliner Universität gerufen hatte, prägte als Mitarbeiter der Sektion für Kultus und Unterricht die Reform des preußischen Bildungswesens mit. Grundlegend unterschied er in seinen Überlegungen zwischen der *Erziehung* als Entwicklung der Gesinnung und der *Bildung* als ein Herausbilden kognitiver Fertigkeiten im Sinne intellektueller Verstandeskräfte. Hierfür war ein Bildungsprozess als gegliederte Abfolge über die Jahrgangsklassen und ihre Bildungsstufen zu organisieren. Die Schule musste sich zu einem *System von Schulfächern* entwickeln, um eine eigenständige gesellschaftliche Wissensform zu konstituieren, die nicht unmittelbar aus der Wissenschaft abgeleitet werden kann, sondern stets das Moment der Gesinnung enthalten muss. Die Wissensform, die aus den Schulfächern resultiert, hat die Funktion, das Alltagswissen der Schüler und das wissenschaftliche Wissen im Unterricht aufeinander zu beziehen.

Die Stellung Schleiermachers in der Geschichte der deutschen Pädagogik ist umstritten. Nicht selten wird er in einem Atemzug mit Herbart als Begründer der geisteswissenschaftlichen Pädagogik genannt. Dazu stellt Schurr fest:

> » Während Herbarts Pädagogik Schule gemacht hat, die weit bis ins 20. Jahrhundert hineinreicht, […] ist Schleiermachers Erziehungstheorie […] ohne sichtbare Wirkung geblieben (Schurr 1975 S. 13).

Herbart

Johann Friedrich Herbart (1776–1835) stand anfangs unter dem Einfluss der Philosophie Fichtes, distanzierte sich aber schon bald davon und war infolgedessen auch der Idee der Nationalerziehung im Grunde zutiefst abgeneigt (vgl. Spranger 1963).

Sein Hauptinteresse galt eher der theoretischen Untermauerung von Erziehung und Bildung, wobei er davon ausging, dass die Pädagogik als Wissenschaft von der praktischen Philosophie und Psychologie abhängt. In dieser Konzeption spiegelt sich die Vielschichtigkeit des Gelehrten Herbart, der als Philosoph 1809 auf den früheren Lehrstuhl Kants in Königsberg berufen wurde, wo er sich – in enger Anlehnung an Leibniz – mit psychologischen Problemen befasste und dabei mit mathematischen Formalisierungen arbeitete (was ihm den Ruf als Begründer der mathematischen Psychologie einbrachte). Herbart war aber nicht nur Philosoph und Psychologe, sondern vor allem auch Pädagoge. Davon zeugt nicht nur, dass er einige Jahre als Hauslehrer in der Schweiz gearbeitet und in dieser Zeit Pestalozzi kennen und schätzen gelernt hatte, sondern auch seine Mitarbeit an der Reform des Schulwesens in Preußen unter Humboldt. Bemerkenswert ist auch, dass er in Königsberg ein Pädagogium einrichtete, wo er mit etwa 10 Kindern, einigen Studenten und seiner Frau zusammenlebte. Herbart wirkte fast 25 Jahre in Königsberg, kehrte aber 1833 wegen des Widerstandes der Preußischen Regierung gegen seine Bildungsforschung an seine alte Wirkungsstätte in Göttingen zurück, wo er bis zu seinem Tode lehrte.

Herbart verknüpfte Philosophie, Psychologie und Pädagogik miteinander: Die Philosophie zeigt die Ziele der Bildung, die Psychologie die Mittel und Hindernisse auf dem Weg zu den Zielen (Herbart 1841). Mit dieser Auffassung wurde Herbart im Grunde zum Wegbereiter einer auf der Psychologie aufbauenden Didaktik, die in der Formalstufentheorie kulminierte. Hierbei wird der Lernprozess als eine Abfolge von Stufen begriffen, die als Klarheit, Assoziation, System und Methode bezeichnet und in zwei Phasen eingeteilt werden:

1. die Phase der Vertiefung, die darauf zielt, Klarheit über das Vorwissen zu schaffen und neue Wissenselemente mit bereits bestehendem Wissen zu assoziieren,
2. die Phase der Besinnung, die auf den Einbau der neuen Wissenselemente in das System des vorhandenen Wissens und das Einüben zielt, um das neue Wissen als Methode anwendbar zu machen.

Später bauten die sogenannten Herbartianer, z. B. Tuiskon Ziller (1817–1882) und Wilhelm Rein (1847–1929), die Formalstufentheorie weiter aus und machten daraus eine Technik der Unterrichtsplanung, die zu einem starren System, bestehend aus den Stufen Vorbereitung, Präsentation, Umgang, Verallgemeinerung und Anwendung, wurde und bis ins 20. Jahrhundert hinein als ein strenges Regelwerk für die Unterrichtsplanung und -durchführung die Didaktik beherrschte.

In der pädagogischen Historiografie ist es mittlerweile üblich, den *Herbartianismus* vom Wirken Herbarts abzugrenzen (vgl. Benner 1997), denn das autoritäre Erziehungsgehabe, das aus einer falsch verstandenen Formalstufentheorie resultierte, stand in schroffem Kontrast zu der Idee Herbarts, die Lernprozesse der Schüler durch Denkanstöße in eine erfolgversprechende Richtung zu lenken, ansonsten aber *Lernen als Selbsttätigkeit* zu begreifen, das vom Lehrer nur unterstützt werden sollte. Zugespitzt formuliert: Herbart und Herbartianismus haben im Grunde nichts miteinander zu tun und die Kritik an den Herbartianern kann nicht auf Herbart gemünzt werden.

■ Diesterweg

Als erklärter Anhänger Pestalozzis und Verbreiter seiner Ideen vertrat auch *Friedrich Adolph Wilhelm Diesterweg* (1790–1866) unter besonderer Betonung der Anschauung das Prinzip des Lernens als Selbsttätigkeit. Im Unterschied zu Herbart war Diesterweg in hohem Maße politisch motiviert und begriff die *Volksbildung* als Beitrag zur Heranbildung eines mündigen und kritischen Staatsbürgers.

Als entschiedener Gegner der preußischen Tradition des bürokratischen Absolutismus betrachtete er die bürgerliche Revolution als Garanten der Verwirklichung des Prinzips der Volksbildung, die bei ihm den Charakter der Volksbefreiung gewann. Für Diesterweg lag die *Aufgabe der Volksschule in der Erziehung der Nation auf einer einheitlichen und demokratischen Grundlage.* Ab 1832 arbeitete Diesterweg als Direktor des Stadtschullehrerseminars in Berlin an einer Reform der Volksschullehrerausbildung mit dem Ziel ihrer Verwissenschaftlichung und Demokratisierung. In Folge der Revolution von 1848 wurde er wegen seiner politischen Auffassungen des Amtes enthoben und 1850 in den Ruhestand versetzt. Danach kämpfte Diesterweg von 1858 bis zu seinem Tod im Jahr 1866 als Abgeordneter der Fortschrittspartei im preußischen Landtag gegen die Schulerlasse.

Es passt in das Bild des politisch engagierten Pädagogen, dass Diesterweg sich auch sozialpolitisch engagierte. Unter anderem gab er im Jahr 1844 Anregungen zur „Gründung des Centralvereins für das Wohl der arbeitenden Klassen". Diesterweg erkannte früh die fortschreitende Industrialisierung und ökonomische Emanzipation des Bürgertums als charakteristische Entwicklungstendenzen seiner Zeit. Daraus leitete er die Forderung ab, dass in einer Zeit, in der „die Beherrschung der Naturkräfte […] das Fundament und die Basis des Lebens im Staate ausmacht", die Naturwissenschaften und ihre Anwendung zum Mittelpunkt der Bildung werden müssten (Diesterweg 1956, SW III, S. 204). Für ihn war die Pädagogik der modernen Schule die Manifestation des Prinzips der freien Entwicklung von innen heraus und von unten nach oben – *Bildung ist ein allgemeines Menschenrecht* (Diesterweg 1956, SW VIII, S. 113).

Zusammenfassend kann die Epoche des Bildungsidealismus mit Spranger folgendermaßen charakterisiert werden:

> » In der großen Linie der deutschen Pädagogik wird trotz aller Einflüsse *Fichtes* immer wieder gerade der Familiengeist als die Urkraft der Erziehung gefeiert. *Pestalozzi* sieht das Geheimnis der Nationalerziehung, für die er sein Leben lang wirkt hat, gerade in der Erhaltung der Wohnstubenkraft, und die öffentliche Schule hat er im Grunde nur als notwendiges Übel in einer industrialisierenden Gesellschaft betrachtet. […] Schleiermachers ausgleichender Sinn hätte niemals eine bloße Staatserziehung geduldet. Herbart war ihr im Grunde abgeneigt (Spranger 1963, S. 62).

Zu ergänzen ist, dass Diesterweg mit seinem Programm der Demokratisierung der Bildung an der restriktiven Restaurationspolitik Preußens scheiterte.

Damit kommen wir auf ein Thema zu sprechen, das in der pädagogischen Historiografie eher zurückhaltend behandelt wird:

die politische Repression und Gesinnungsschnüffelei während des sogenannten Vormärz und nach der 1848er Revolution, in deren Dienst nicht nur die Geistlichen, sondern auch die Lehrer gestellt wurden.

2.4.3.3 Wissenschaft und Bildung unter dem Diktat der Restauration

Nach der Französischen Revolution und der napoleonischen Herrschaft über Europa standen die deutschen Staaten vor dem Problem, wieder die alte politische und soziale Ordnung herzustellen. Dabei wurde die grassierende Angst der deutschen Fürsten vor einer Revolution zur Triebfeder einer Politik der Unterdrückung des aufkeimenden Liberalismus. In einer Nacht-und-Nebel-Aktion wurden 1819 anlässlich der Ermordung des russischen Generalkonsuls von Kotzebue durch einen Theologiestudenten, der einer Burschenschaft angehörte, und der Hep-Hep-Unruhen[41] in vielen Städten von den einflussreichsten Staaten im Deutschen Bund Maßnahmen zur Überwachung und Bekämpfung liberaler und nationaler Tendenzen im nachnapoleonischen Deutschland beschlossen, die im September 1819 vom Bundestag in Frankfurt in einem fragwürdigen Eilverfahren bestätigt wurden. Vier Gesetze – die Exekutionsordnung, das Universitätsgesetz, das Pressegesetz und das Untersuchungsgesetz – zielten auf das Verbot der Meinungsfreiheit sowie auf die Abschaffung der studentischen Burschenschaften und der Turnplätze, da diese als potentielle Orte der Verschwörung gegen den Staat betrachtet wurden. Kultur- und bildungspolitisch wurde eine strenge Zensur der Presse und eine vollständige Überwachung der Universitäten angeordnet, die u. a. auch auf ein Berufsverbot für liberal und national gesinnte Professoren zielte.

Eine besondere Qualität dieser Beschlüsse bestand darin, dass der Deutsche Bund unter dem Diktat des erzreaktionären Fürsten Metternich *liberale und nationale Ideen als Volksverhetzung* begriff und die Verbreiter solcher Ideen als *Demagogen* mit allen Mittel zu verfolgen begann. Die *Demagogenverfolgung* fand besonders intensiv in Preußen statt, wo u. a. Ernst Moritz Arndt, Karl Marx, Hoffmann von Fallersleben, Friedrich Ludwig Jahn (Turnvater genannt), Georg Büchner und viele andere Opfer der Verfolgung wurden. Als Folge des Hambacher Festes wurde die Demagogenverfolgung 1832 noch einmal verschärft. Erst mit der Märzrevolution 1848 wurden die Karlsbader Beschlüsse vom Deutschen Bundestag suspendiert, und in Österreich wurde der starke Mann der Restauration Fürst Metternich zum Abdanken und Verlassen des Landes gezwungen. Bis zu diesem Zeitpunkt hatte der letzte Kaiser des Heiligen Römischen Reiches Deutscher Nation Franz II., der von 1804 bis 1835 als Franz I. Kaiser von Österreich sein Herrschaftsgebiet mit tatkräftiger Unterstützung Metternichs in einen Polizeistaat verwandelt hatte, alle Reformen Josephs II. zurückgenommen und durch ein ausgeklügeltes System der politischen Unterdrückung und polizeilichen Bespitzelung ersetzt. Die Ironie der Geschichte ist, dass die paranoide Angst vor einer revolutionären Erhebung und in deren Folge der Versuch, den absolutistischen Staat zu retten, genau zu dem führte, was verhindert werden sollte: zur Revolution.

41 Bei den *Hep-Hep-Unruhen* kam es erstmals seit dem Mittelalter zu überregionalen antisemitischen Gewaltausbrüchen, die vor allem von Handwerkern, Händlern und Studenten ausgingen und in vielen Städten des Deutschen Bundes pogromartige Auswüchse annahmen.

Die 48er Revolution im Saargebiet

Bis in die 1840er Jahre hinein verteidigten die Saarländer ihre vom *Code Civil* garantierten staatsbürgerlichen Grundrechte gegenüber der preußischen und der bayerischen Regierung, die 1815 das Land okkupiert hatten. Der liberale Geist, der sich in den 20er und 30er Jahren des 19. Jahrhunderts überall an der Saar verbreitete, führte in der saarpfälzischen Provinz 1832 zum *Hambacher Fest*, der ersten demokratischen und nationalen Massenkundgebung, an der bis zu 30.000 Menschen teilnahmen. Am selben Tag fand ein Freiheitsfest auf dem St. Wendeler Bosenberg statt, auf dem – wie es später gerne dargestellt wurde – zum Kampf des Volkes gegen das herrschende System aufgerufen wurde. Es gärte im Volk, aber bis 1848 konnte der Obrigkeitsstaat die liberalen Bestrebungen unterdrücken. Das änderte sich in Folge der Pariser Februarrevolution, die zur Abdankung des französischen Königs und zur französischen Republik führte.

Nach der Februarrevolution erfasste der Geist der Revolution auch die deutschen Länder und das Kaisertum Österreich mit seinen Kronländern. In den deutschen Fürstentümern nahm die Revolution im Großherzogtum Baden den Anfang und griff binnen weniger Wochen auf die übrigen Staaten des Deutschen Bundes über. Das Ziel der Revolution war, einen demokratisch verfassten, einheitlichen Nationalstaat zu schaffen. Auch die Bevölkerung an der Saar schwelgte in vaterländischer Euphorie, vor allem nachdem der preußische König verkündet hatte, dass Preußen künftig in Deutschland aufgehen würde. Dass derselbe König schon bald alles dransetzen würde, die liberale Bewegung mit Waffengewalt niederzuschlagen, konnte man zu diesem Zeitpunkt nicht voraussehen. Nach anfänglichen Erfolgen (z. B. Durchführung von Wahlen zu einer verfassungsgebenden Nationalversammlung, Aufhebung der Pressezensur und Bauernbefreiung) geriet die revolutionäre Bewegung bereits Mitte 1848 in die Defensive und wurde schließlich mit militärischer Gewalt niedergeschlagen.

Die Revolution von 1848 war keine homogene Bewegung, sondern wies viele Facetten auf. Dazu gehörte u. a. auch die Erhebung der Landbevölkerung, die überwiegend sozialer Natur war und durch die Missernten im Hungerjahr 1846/47 einen starken Anschub erhielt. Auf dem Lande ging es um das nackte Überleben und nicht um das *einig Vaterland*. Es war die *soziale Frage*, die die Menschen auf dem Lande umtrieb, nicht der national-liberale Patriotismus.

Im Juli 1849 war der erste Versuch, einen demokratisch verfassten, einheitlichen deutschen Nationalstaat zu schaffen, gescheitert. Die Bevölkerung an der Saar wurde danach einer *Fundamentaldisziplinierung* unterzogen, bei der die Erziehung zum Untertan im preußischen Sinne ein konstituierendes Element war. Die soziale Frage aber blieb ungelöst.

Erziehung als Mittel der politischen Repression

Im absolutistischen Staat hatte der Lehrer nicht nur die Aufgabe, die Schüler und Studenten zu funktionierenden Untertanen zu erziehen, wobei *Erziehen als Zucht* verstanden wurde, er hatte auch den vom Staat verordneten Lehrplan und die vorgeschriebenen Lehrinhalte *exakt* und ohne Hinzufügungen, Weglassungen oder Kommentare umzusetzen und zu lehren. Diese strenge Bindung des Unterrichts an die Verordnungen des Staates wurde zum Dogma des bürokratischen Absolutismus bis zum Ausbruch der Revolution von 1848.

Der in gesetzlichen Vorschriften benutzte Begriff der *Vorlesung* entsprach dabei ganz der Realität: Die Lehrenden an den Universitäten und Lyceen lasen die – bis 1824 noch lateinisch verfassten – Texte der Lehrbücher laut vor und die Prüfungen begnügten sich mit der mehr oder weniger wörtlichen Wiedergabe auswendig gelernter Texte. Das Ergebnis bestand in einem denkbar schlechten Bildungsstand der Schul- und Universitätsabsolventen, was durch die Qualität der Vorlesebücher verstärkt wurde: Miserable Lehrbücher und eine ebenso miserable Lehre konnten nur in einem miserablen Bildungsstand des Untertanen münden – und genau darauf zielten Metternich und Konsorten. Aber „Die Gedanken sind frei"! Das wird in dem seit 1780 verbreiteten und 1842 von Hoffmann von Fallersleben und Ernst Richter überarbeiteten Volkslied zum Ausdruck gebracht, das so etwas wie die Hymne der Freiheitsbewegung wurde:

» Die Gedanken sind frei
Wer kann sie erraten?
Sie rauschen vorbei
Wie nächtliche Schatten.
Kein Mensch kann sie wissen,
Kein Jäger sie schießen.
Es bleibet dabei:
Die Gedanken sind frei!
Ich denke was ich will
Und sperrt man mich ein
Im finsteren Kerker,
Das alles sind rein
Vergebliche Werke;
Denn meine Gedanken
Zerreißen die Schranken
Und Mauern entzwei:
Die Gedanken sind frei.
[…]

Die *Allgegenwart der staatlichen Überwachung* beschränkte sich nicht nur auf die Lehrinhalte und die strikte Befolgung des Lehrplans, sondern umfasste praktisch das gesamte Leben der Schüler und Studenten in und außerhalb der Schule, denn die Behörden waren der Auffassung, dass „das Tun und Lassen […] der studierenden Jugend stets der sorgfältigsten Überwachung bedarf" (Barth-Barthenheim 1853, zit. n. Stachel 1999, S. 141).

Im habsburgischen Vielvölkerstaat wurde den Studenten des Philosophikums der Besuch von Theatern und Gasthäusern untersagt, selbstverständlich auch der Zusammenschluss in Burschenschaften. Die Benutzung von Bibliotheken und deren Bestand wurde streng reglementiert, damit ja keine liberale Idee aufgegriffen werden konnte. Die Kontrolle der Abwesenheit während der Vorlesungen wurde dadurch sichergestellt, dass den Studenten nummerierte Sitze zugewiesen wurden, wobei Wert darauf gelegt wurde, dass diese Zuweisung im Abstand von sechs Monaten verändert wurde, um die Entwicklung von Verbindungen unter den Schülern oder Studenten zu verhindern. Die Namen von Studenten, die durch Zuwiderhandlungen gegen die vielfältigen Regelungen aufgefallen waren, wurden am Ende eines jeden Semesters an die Polizeidirektion übermittelt, die dann begann, den Lebenswandel der Genannten gründlich zu untersuchen.

Die Aufgabe, die Schüler und Studenten permanent zu kontrollieren, wurde den Lehrern und dem Klerus überantwortet. Zu diesem System der Kontrolle und Gesinnungsschnüffelei gehörte auch die Verpflichtung der Schüler und Studenten, täglich den Gottesdienst zu besuchen und vierteljährlich eine schriftliche Bestätigung über die Ablegung der Beichte, den *Beichtzettel*, vorzulegen. Außerdem gehörte zu der vollständigen Kontrolle der akademischen Lehre ein generelles Verbot, im Ausland zu studieren, und zeitweise wurden den Studenten für die Dauer des Studiums auch Reisen ins Ausland untersagt.

Bereits zu Beginn der 1840er Jahre sah sich die Studienhofkommission Österreichs angesichts der immer stärker zu Tage tretenden Bildungsmisere zur Erarbeitung von Reformvorschlägen veranlasst, von denen jedoch bis 1848 keine einzige in Angriff genommen wurde. Auch in Preußen, wo die Karlsbader Beschlüsse mit derselben Entschiedenheit umgesetzt wurden, führte die Revolution von 1848 zu einer Reform des Schul- und Bildungswesens – aber anders als es sich die Vorreiter der idealistischen Bildungstheorie hatten träumen lassen.

Die Stiehlschen Regulative und Folgen des Neuhumanismus

Auf den Beamten im preußischen Kultusministerium August Ferdinand Stiehl (1812–1878) gehen die *Preußischen Regulative für das Volksschul-, Präparanden- und Seminarwesen* zurück, die der preußische Kultusminister Karl Otto von Raumer 1854 erließ. In ihnen wird die Spaltung von niederem und höherem Schulwesen endgültig vollzogen, und die Erziehung erhält die Bedeutung von starker Einflussnahme und Zwang.

Als Ziel des Schul- und Bildungswesens wurde die Erziehung der Jugend zur christlichen und vaterländischen Gesinnung sowie zu häuslicher Tugend festgelegt. Die in den Regulativen verordneten didaktischen Grundsätze betonten auf der einen Seite eine größere Klarheit und Schärfung des Urteils sowie Sicherheit der Kenntnisse und Vertiefung der Bildung, gingen aber auf der anderen Seite einher mit einer Beschränkung des Lehrstoffs auf das Wesentliche und einem Grundverständnis von Unterricht als einseitig vom Lehrer auszugehenden und zu steuernden Prozess der Unterweisung und Disziplinierung. Damit war die Bildungstheorie des Idealismus endgültig gestorben.

Kritik an den Stiehlschen Regulativen wurde nicht nur von dem liberalen Pädagogen Diesterweg geübt, sondern auch von dem Herbartianer Dörpfeld, wobei sich die Kritik vor allem auf die Abtrennung der Volksschulen von den Mittelschulen und den inneren Aufbau der Volksschulen bezog. Bei aller berechtigten

Kritik wird jedoch gelegentlich übersehen, dass die Stiehlschen Regulative eine deutliche Verbesserung der Ausbildung der Volksschullehrer bewirkten.

Stiehl überlebte als Beamter sieben Minister und wechselte erst 1872 nach unüberbrückbaren Differenzen mit dem neuen Kultusminister Adalbert Falk in den Ruhestand. Bis zum Schluss war Stiehl nicht bereit, irgendeine Veränderung an seinen Regulativen hinzunehmen. Da auch Falk nicht besonders erfolgreich darin war, Reformen umzusetzen, blieben die Stiehlschen Regulative noch lange gültig.

Zunehmend paradox wurde die Situation im Bereich der Gymnasien: Während allgemein das naturwissenschaftlich-technische Wissen in der Gesellschaft an Bedeutung gewann, wurde sein Stellenwert in den Lehrplänen des humanistischen Gymnasiums nach 1848 noch weiter vermindert. Eine Akzeptanz fand das naturwissenschaftlich-technische Wissen im höheren Schulwesen nur in einer praktischen Hinsicht, aber nicht in seiner kulturellen Bedeutung. Die Vermittlung dieses Wissens blieb den Oberrealschulen, Realgymnasien und technischen Hochschulen – die allerdings in der Bedeutung dem humanistischen Gymnasium nachgeordnet waren – vorbehalten.

Damit ging auf lange Zeit eine tiefe Spaltung von Natur- und Geisteswissenschaften einher, die erst in der zweiten Hälfte des 20. Jahrhunderts überwunden wurde. Wenn Dilthey in einer schulpolitischen Stellungnahme den Zusammenhang zwischen Naturwissenschaft, Französischer Revolution und ihrer Forderung nach Gleichheit herausstellt, offenbart er damit den Geist der Zeit und zugleich den Erfolg der Restauration.

> » In dem Gegensatz gegen die Propaganda der Revolution ist die historische Schule entstanden. […] So kämpfen wir für die Monarchie, indem wir die Entwicklung des geschichtlichen Bewußtseins als die Vorschule des Juristen und des Beamten zur Geltung bringen (Dilthey 1963, 86 f.).

Abgesehen davon, dass diese Aussage den in der geisteswissenschaftlichen Pädagogik verehrten Dilthey als Erzfeind der offenen Gesellschaft zu erkennen gibt, ist sie auch ein Hinweis auf die *Fundamentaldisziplinierung*, die das preußische Bildungswesen nach 1848 praktizierte. Das kann gut am Beispiel der Geschichte des preußischen Teils des Saarlandes illustriert werden, dessen Bevölkerung binnen weniger Jahrzehnte von Unterstützern der Französischen Revolution zu vorbildhaften preußischen Untertanen umerzogen wurde (Beringer und Clemens 2009, Burgard 2010). Dabei spielten die Industrialisierung und das Erziehungswesen Hand in Hand. Dazu gleich mehr.

2.4.3.4 Vom Agrarland zum Industrieland

In der 2. Hälfte des 18. Jahrhunderts war die Landwirtschaft gesellschaftsfähig geworden. Die Pompadour, die Mätresse Ludwigs XV., ließ Versuche mit Saatkorn anstellen, Marie-Antoinette fand darin Vergnügen, eigenhändig Kühe zu melken, Kaiser Joseph II. nahm bei einer Inspektionsreise in Böhmen den Pflug zur Hand, und in England ließ sich der König als Farmer George feiern. Die mit „Revenons à la nature" zum Ausdruck kommende Zivilisationsmüdigkeit führte allenthalben zu einer Verklärung und Verkitschung des ländlichen Lebens.

Was war natürlicher als das Leben des Landmannes? Nur dort, in Gottes freier Natur, gab es wahres Menschsein, frei von den Fesseln einer morbiden und dekadenten Gesellschaft. So pries Johann Nepomuk Schwerz in seiner Rede zur Eröffnung der Hohenheimer landwirtschaftlichen Lehr- und Versuchsanstalt im Jahr 1818 den Landmann, der keinen Zwang kennt, seiner selbst und seiner Handlungen Herr sei, dessen Brust frei atme und der selbstständig auf freiem Feld, unter dem blauen Himmel als Mensch zu seiner eigentlichen Bestimmung zurückkehrt. Mit diesem verklärten Bild stellte sich Schwerz in eine Reihe, die von Rousseau über Pestalozzi und Fellenberg bis zu ihm führte. Der Landbau war in den Augen dieses Schwärmers nicht eine Beschäftigung wie jede andere, sondern er hatte aus sich heraus einen *erzieherischen Wert* und bildete den Charakter des Menschen.

Die Realität war jedoch eine andere! Auf dem Lande gab es weder die Idylle der Schäferspiele noch empfanden die Bauern ihre Schwerstarbeit als Vergnügen, und von dem erzieherischen Wert des Landbaus an sich dürften die Kinder am wenigsten gespürt haben, denn neben der nationalen Bewegung war der Pauperismus das zentrale Merkmal des 19. Jahrhunderts.

▪ Pauperismus im 19. Jahrhundert

Mit *Pauperismus* bezeichnet man Armut und Elend breiter Bevölkerungsschichten. Verursacht wurde der Pauperismus vor allem durch das Bevölkerungswachstum, dem das Wachsen der Wirtschaft nicht entsprechen konnte. Deutschland war bereits um 1800 ein überbevölkertes Land mit hohen Agrarpreisen, niedrigen Löhnen und einem *unvorstellbar niedrigen Lebensstandard* des größten Teils der Bevölkerung. Die Bevölkerung Deutschlands wird für die Zeit um 1800 auf etwa 22 bis 24 Millionen geschätzt. Dann schnellten die Zahlen hoch: Die Bevölkerung wuchs auf 45 Millionen im Jahr 1880. Zugleich nahm die Verstädterung kontinuierlich zu. Um 1800 lebten 90 % der Bevölkerung auf dem Land oder in Kleinstädten mit weniger als 5000 Einwohnern, um 1870 lebte bereits mehr als ein Drittel der Menschen in Städten.

Pauperismus an der Saar

Auch das heutige Saarland war zu Beginn des 19. Jahrhunderts ein Agrarland und der Norden gehörte wegen der kargen natürlichen Gegebenheiten zu den Armenhäusern Mitteleuropas. Aber selbst in den von der Natur begünstigten Landschaften an der Saar und an der Blies nahm die Verelendung der Landbevölkerung in gleichem Maße zu, wie die Zahl der Menschen wuchs. Die Zahlen belegen auch für das Saarland ein enormes Wachstum der Bevölkerung. Wohnten 1800 um die 115.000 Menschen in dem Gebiet, so waren es 1855 bereits 250.000 und gegen Ende des 19. Jahrhunderts 800.000. Auch eine zunehmende Verstädterung ist festzustellen. Die drei selbstständigen Gemeinden Saarbrücken, St. Johann und Malstatt-Burbach hatten im Jahr 1850 zusammen nicht mehr als 10.000 Einwohner, aber als diese Gemeinden 1909 zur Stadt Saarbrücken zusammengefasst wurden, waren es mehr als 100.000 Menschen, die hier wohnten und arbeiteten.

Als Ergebnis der preußischen und bayrischen Okkupation im Jahr 1815 war das Saarland in einer wirtschaftlich denkbar schwierigen Lage. Nachdem es zwanzig Jahre an Frankreich angegliedert war, befand es sich nun in einer ungünstigen Grenzlage. Frankreich und die Niederlande schützten ihre Volkswirtschaften durch hohe Schutzzölle, und die preußische Regierung förderte den Freihandel. Zusätzlich erhöhte der preußische Staat ständig die Steuerlasten, um die Kriegskosten der Vergangenheit zu begleichen. Dies traf naturgemäß besonders die unteren Bevölkerungsschichten.
Zusätzlich zu dem rasanten Bevölkerungswachstum erschwerte die durch den *Code Civil* festgelegte Erbregelung die Situation. Nach dem Code Civil waren nämlich alle Kinder erbberechtigt, was mit der Zeit zu einer Parzellierung des Landbesitzes führte. Zusätzlich fand eine Konzentration der Landwirtschaft statt, da kleinere Höfe wegen zu geringer Erträge aufgegeben werden mussten. Viele, die es sich gerade noch leisten konnten, wanderten aus – vor allem nach Nordamerika.
Die seit Anfang des 19. Jahrhunderts bereits wachsende Zahl an Emigranten nahm nach den Hunger- und Krisenjahren 1846/47 sprunghaft zu. Binnen kurzem verließen mehr als 7500 Menschen das dünn besiedelte Nordsaarland, und der Zustrom nach Übersee wurde durch euphorische Berichte der Ausgewanderten an die Daheimgebliebenen noch verstärkt. Die Emigration der Saarländer war Teil der Auswanderungswellen, die in den 1850er Jahren ihren Höhepunkt hatten und in deren Verlauf mehr als eine Million Deutsche in der Neuen Welt ihr Glück suchten. Die preußische Regierung reagierte zunehmend besorgt und fragte wiederholt bei den Landräten nach den Gründen für den Massenexodus an, da ja nicht nur die Tagelöhner, sondern auch die mittleren und kapitalkräftigeren Bauern scharenweise das Land verließen, um in den Vereinigten Staaten eine neue Existenz aufzubauen. Die Antwort war stets gleich: Es war zum einen große Armut und zum anderen die geringe Aussicht auf Besserung, die die Menschen zur Auswanderung bewegten.
Das Problem der Auswanderung löste sich erst in den 1870er Jahren infolge der rasant wachsenden Industrie im Saargebiet.

Das drängendste Problem in der ersten Hälfte des 19. Jahrhunderts bestand in der Ernährung einer wachsenden Bevölkerung. Erst durch die beginnende und sich dann verstärkende Industrialisierung wurde der Pauperismus allmählich überwunden. Festzuhalten ist, dass ohne die grundlegenden Wandlungen im landwirtschaftlichen Bereich der Prozess der Industrialisierung gar nicht hätte stattfinden können. Weder die agrarische noch die industrielle Revolution war mit einem plötzlichen Umbruch verbunden, so dass die Bezeichnung Revolution eigentlich unzutreffend ist. Revolutionär war der Effekt, den die Wandlungen hervorbrachten – auch im Bereich der Bildung, wobei nicht das Volksschulwesen, wie vielleicht zu erwarten wäre, sondern die landwirtschaftlichen Akademien und Ackerschulen in der Entwicklung voranschritten.

Der Beitrag von Landwirtschaftsakademien zur agrarischen Revolution

In der ersten Hälfte des 19. Jahrhunderts kam es an verschiedenen Orten Deutschlands und Österreichs zur Gründung *landwirtschaftlicher Lehr- und Versuchsanstalten*, die kurze Zeit danach Akademien wurden. Hier liegen die Anfänge einer Agrarwissenschaft, die mit der zunehmenden Spezialisierung der Landwirtschaftslehre eine wissenschaftliche Grundlage schaffte. Die Landwirtschaftslehre blieb nicht länger eine aus der täglichen Erfahrung und Beobachtung gewonnene Sammlung von Kunstregeln für die Praxis, sondern sie bediente sich mehr und mehr der Methode des Experimentierens und gewann an naturwissenschaftlicher Exaktheit.

Als Pionier der landwirtschaftlichen Akademien gilt *Albrecht Daniel Thaer* (1752–1828), der 1802 die erste Akademie in Celle gründete. Er vertrat die Meinung, dass Landwirte auch Kaufleute seien und naturwissenschaftliche Erkenntnisse anwenden sollten. Außerdem sollten sich Landwirte kontinuierlich weiterbilden und ihr Wissen mehren, wofür sie spezielle landwirtschaftliche Schulen besuchen sollten. Anlässlich seines Wechsels in den preußischen Beamtendienst wurde Thaer 1804 das Gut Möglin als landwirtschaftliche Akademie zur Verfügung gestellt. Die Akademie wurde 1806 eröffnet und ab 1809 unter dem Namen *Königlich Preußische Akademie des Landbaus* weitergeführt. Nach einer kurzzeitigen Schließung wegen der Freiheitskriege baute Thaer die Akademie weiter aus. Insgesamt haben von 1806 bis 1861 in dem einjährigen Ausbildungsgang in Möglin 773 Studenten ein Landwirtschaftsstudium absolviert. Nach diesem Vorbild wurden landwirtschaftliche Akademien in Eldena bei Greifswald, Proskau in Schlesien, Poppelsdorf bei Bonn, Tharandt bei Dresden und in Hohenheim gegründet.
Manche der landwirtschaftlichen Akademien, die im 19. Jahrhundert gegründet wurden, existierten bis weit ins 20. Jahrhundert hinein und einige davon (z. B. die Landwirtschaftsschule Weihenstephan, die Staatliche Lehr- und Versuchsanstalt für Wein- und Obstbau Weinsberg und die in Österreich beheimatete Höhere Bundeslehranstalt und Bundesamt für Wein- und Obstbau Klosterneuburg) gibt es heute noch.

Wichtigster pädagogischer Grundsatz der landwirtschaftlichen Akademien war die Einheit von Theorie und Praxis. Der theoretische Unterricht war eng mit der konkreten Anschauung auf den Mustergütern der Akademie verbunden, und den Naturwissenschaften wurde ein hoher Stellenwert eingeräumt. Daher gehörten in Möglin Chemie, Physik, Botanik, Zoologie, Geografie und Mathematik zu den grundlegenden Lehrfächern, während im Mittelpunkt der landwirtschaftlichen Unterrichtsfächer die Gewerbslehre (Agrarökonomie), gefolgt von der Agronomie (Bodenkunde, Düngerlehre, Acker- und Pflanzenbau) und den Fachgebieten aus der Tierproduktionslehre standen. Zum Lehrinhalt der Akademie in Eldena gehörten u. a. Staatswissenschaft und Finanzwissenschaft, Landwirtschaft (Ackerbau, Viehzucht sowie Gartenbau), landwirtschaftliche Betriebslehre, Forstwirtschaft, technologische Prozesse wie Bierbrauerei, Schnapsbrennerei, Sirup-, Zucker-, Essig- und Käseherstellung, Ziegelbrennerei und das Mühlenwesen, landwirtschaftliche Baukunst, Naturwissenschaften, Mathematik, Landwirtschaftsrecht sowie Geschichte und Statistik.

Die landwirtschaftlichen Akademien wurden mitunter, sofern sie nicht einer Universität angeschlossen waren, von Seiten der Universitäten heftig bekämpft. Dabei profilierte sich besonders *Justus Liebig* (1803–1873), der sich als Begründer der organischen Chemie und der Agrikulturchemie, aber auch als Erfinder eines Fleischextraktes einen Namen gemacht hatte. Die herausragende

Erfindung Liebigs und seiner Mitarbeiter aber war die Entwicklung eines wasserlöslichen Phosphatdüngers, der die Ernteerträge wesentlich steigerte und die Nahrungsversorgung in der zweiten Hälfte des 19. Jahrhunderts außerordentlich verbesserte.

Liebig erlangte durch seine Forschungen, durch seine innovativen Lehrmethoden und durch seine Veröffentlichungen auf dem Gebiete der Chemie, der Pharmazie, der Physiologie und der Landwirtschaft weltweite Anerkennung. Sein Wort hatte Gewicht – vor allem wenn es sich gegen die landwirtschaftlichen Akademien richtete. Erstmals sprach sich Liebig 1861 dafür aus, den Landwirten ihre Ausbildung selbst zu überlassen anstatt landwirtschaftliche Lehranstalten zu errichten und staatlich zu fördern, denn diese Akademien seien wie berechnet, um eine höhere Ebene der Bildung zu verhindern. Nach Liebig gehörte der höhere landwirtschaftliche Unterricht an die Universitäten, nicht an Akademien, die für ihn nicht mehr als bessere Bauernschulen waren.

Die Angriffe Liebigs auf die landwirtschaftlichen Akademien sind vor dem Hintergrund des Düngerstreits zu sehen, denn die sogenannten Stickstöffler, Liebigs Widersacher, fanden sich vor allem in den Reihen der Lehrer der landwirtschaftlichen Akademien. Die Attacken Liebigs waren größtenteils unberechtigt, erzielten aber Wirkung. Nach und nach wurde die agrarwissenschaftliche Ausbildung zunehmend an Universitäten verlagert, was einerseits zur Einrichtung landwirtschaftlicher Institute und Fakultäten führte, andererseits aber die Schließung zahlreicher landwirtschaftlicher Akademien zur Folge hatte. Mit der Zeit entwickelte sich die Situation so, dass die Universitäten für die theoretisch begründete Agrarwissenschaft zuständig wurden, während an den Akademien bzw. neu entstehenden höheren landwirtschaftlichen Fachschulen mehr Wert auf die praktische Ausbildung von Landwirten gelegt wurde.

Ländliche Berufs- und Fortbildungsschulen

Parallel zur Entwicklung landwirtschaftlicher Akademien entstanden vielerorts auch *ländliche Berufs- und Fortbildungsschulen*, in denen Bauernsöhne eine theoretische und praktische Unterweisung in der Landwirtschaft erhalten sollten. Eine solche *Ackerbauschule* gründete der oben erwähnte Schwerz in Hohenheim, wobei diese 1818 zunächst als Waisenanstalt (mit zunächst zehn vierzehnjährigen Waisenknaben) startete und gemäß der philanthropischen Gesinnung des Gründers nicht nur ein Lehr-, sondern auch ein Erziehungsinstitut war. 1842 wurde aus der Ackerbauschule die *Gartenbauschule*, die bis heute als *Staatsschule für Gartenbau und Landwirtschaft* besteht. Bei der Gründung seiner Schule orientierte sich Schwerz am Vorbild des Schweizer Pädagogen und Agronoms Philipp Emanuel *Fellenberg* (1771–1844), der seinem landwirtschaftlichen Institut in Hofwyl 1804 eine Armenschule angegliedert hatte, in der verwaiste und verwahrloste Knaben unterrichtet und erzogen wurden, wobei die Beschäftigung mit landwirtschaftlichen Arbeiten das Haupterziehungsmittel darstellte.[42] Ab 1807 wurden in Hofwyl junge Landwirte und ab 1808 auch Söhne höherer Stände aufgenommen.

Eine größere Verbreitung fanden die Ackerbauschulen ab Mitte des 19. Jahrhunderts, wobei sie im Laufe der Zeit ihren ursprünglichen Charakter von Armenschulen und Erziehungsanstalten verloren und sich in eine Art ländliche Berufsschule verwandelten, in denen Bauernsöhne in gewöhnlich zweijährigen Kursen zu theoretisch und praktisch geschulten Landwirten ausgebildet wurden. Der theoretische Unterricht erstreckte sich sowohl auf die Elementarfächer als auch auf die Landwirtschaftslehre und grundlegende Teile der Naturwissenschaften. Zur praktischen Ausbildung stand den Ackerbauschulen gewöhnlich ein mittelgroßes Landgut zur Verfügung, das von Lehrern und Schülern betrieben wurde. Der Winter war vorzugsweise dem theoretischen, der Sommer dem praktischen Unterricht gewidmet. Im Jahre 1857 gab es in Deutschland 38 solcher Ackerbauschulen als private Einrichtungen. Ihre Zahl nahm in den folgenden Jahren aber kontinuierlich ab, weil die Ausbildung ziemlich teuer war und die Bauern ihre Söhne in den Sommermonaten im eigenen Betrieb nicht entbehren wollten und zudem der Meinung waren, dass die landwirtschaftliche Praxis am väterlichen Hof ohnehin besser zu erlernen sei.

Als eine Art Kompromiss kamen *landwirtschaftliche Winterschulen* zustande, in denen die Bauernsöhne nur theoretisch unterrichtet wurden, während sie im Sommer dem väterlichen Betrieb zur Verfügung standen. Während der Sommermonate fungierte der Direktor der Winterschule als Wanderlehrer und landwirtschaftlicher Berater. Landwirtschaftliche Winterschulen wurden zunächst in den 1860er Jahren im Großherzogtum Baden eingerichtet, fanden aber in der Folgezeit, weil sie sich gut bewährten, auch in anderen deutschen Ländern zunehmende Verbreitung. Am Ende des 19. Jahrhunderts gab es im Deutschen Reich insgesamt 200 Winterschulen, und 1936 war die Zahl sogar auf rund 700 angewachsen. Etwa gleichzeitig mit der Einführung der Winterschulen wurden landwirtschaftliche Fortbildungsinstitute eingerichtet, in denen nur an einigen Abenden der Woche, hauptsächlich im Winter, Elementarunterricht und Unterweisung in Landwirtschaftslehre und Naturkunde geboten wurde. Die Anzahl solcher meist von fünfzehn- bis zwanzigjährigen Bauernsöhnen besuchten Fortbildungsschulen belief sich allein in Preußen im Jahr 1900 auf rund tausend Stück.

Weiterhin sind noch die auf *Konrad Michelsen* (1804–1862) zurückgehenden *landwirtschaftlichen Mittelschulen* zu erwähnen (die erste wurde 1858 in Hildesheim eröffnet und feierte 2008 den 150. Geburtstag). Sie erhielten gegen Ende des 19. Jahrhunderts den gleichen Status wie Realschulen. Ihr Lehrplan zeichnete sich dadurch aus, dass die Landwirtschaft ein besonderes Lehrfach war und den Naturwissenschaften breiter Raum eingeräumt wurde, während dem Sprachunterricht weniger Bedeutung beigemessen wurde. Die Ausbildung schloss mit dem Einjährigen (mittlere Reife) ab und eröffnete die Möglichkeit des Studiums an einer landwirtschaftlichen Hochschule. Im Jahre 1900 gab es im Deutschen Reich 21 solcher landwirtschaftlichen Mittelschulen, die später *Landwirtschaftsschulen* hießen.

Zusammenfassend kann festgehalten werden, dass die landwirtschaftliche Revolution, die der industriellen Revolution vorausging und vorausgehen musste, von manchen Veränderungen des Bildungswesens begleitet war, die bis in die heutige Zeit nachwirken. Die Mehrung landwirtschaftlicher Kenntnisse auf der Grundlage der Naturwissenschaften trug im Verbund mit der

42 Fellenbergs Frau errichtete eine ähnliche Anstalt für junge Mädchen. Zweimal wurde der Versuch unternommen, die Fellenbergschen Anstalten mit denen Pestalozzis zu verschmelzen (1804 und 1817), aber die beiden Pädagogen konnten sich nicht auf eine gemeinsame Linie einigen.

Abb. 2.13 Auf diesem Bild zeigt der Landschaftsmaler Carl Malchin (1838–1923) aus Schwerin den Einzug der Maschine in die bäuerliche Arbeitswelt, die als ländliche Idylle dargestellt ist. (© picture-alliance / akg-images)

zunehmenden Technisierung der Landwirtschaft zur allmählichen Überwindung des Pauperismus bei. Neue Düngemittel wie Chilesalpeter, dessen Verbrauch zwischen 1870 und 1900 von 66.000 auf 484.000 Tonnen stieg, sowie verbesserte Saatzucht, Bodenbearbeitung und Stallfütterungsmethoden erhöhten die landwirtschaftliche Produktivität und verringerten die Gefahr von Missernten und Mangelwirtschaft. Von 1873 bis 1913 stieg die jährliche Getreideernte um mehr als die Hälfte, von rund 16 auf 25 Millionen Tonnen. Ab Mitte des 19. Jahrhunderts zogen auch Maschinen in die ländliche Arbeitswelt ein (Abb. 2.13). Mit den Lokomobilen, den beweglichen Dampfmaschinen, begann in Großbetrieben die Industrialisierung des agrarischen Sektors.[43]

2.4.3.5 Folgen der Industrialisierung für Gesellschaft und Erziehung

Die in der zweiten Hälfte des 19. Jahrhunderts rasch um sich greifende Industrialisierung der gewerblichen und landwirtschaftlichen Produktion führte zu einer Entwicklung von Technik, Produktivität und Wissenschaften, die in der Menschheitsgeschichte bis dahin einmalig war. Aber sie war begleitet von einem enormen Wachstum der Bevölkerung, was wiederum mit einer neuen Qualität und Zuspitzung der sozialen Missstände einherging. Das wird üblicherweise unter dem Begriff der *sozialen Frage* subsumiert. Dieser bezeichnet allgemein die sozialen Missstände, die mit der *industriellen Revolution* einhergingen.

Die Industrialisierung der Landwirtschaft führte zunächst dazu, dass sich der Pauperismus infolge einer massenhaften Landflucht der Ärmsten der Armen in die Städte verlagerte, wo es nicht genug Wohnungen gab und ebenso wenig zum Essen. Nach und nach entwickelte sich ein *Lohnarbeiterproletariat*, von dessen Lebensverhältnissen Friedrich Engels in seiner Schrift über *Die Lage der arbeitenden Klasse in England* (1845) ein erschütterndes Bild zeichnete. Die soziale Lage des Proletariats wurde zu einem politischen Kernproblem, da sie immer wieder zu Aufständen der Arbeiter führte. Die Situation führte nicht nur Bemühungen von Sozialreformern (z. B. Wilhelm von Ketteler, Adolph Kolping, Papst Leo XIII.), die akute Not zu lindern und die Ursachen zu bekämpfen, sondern auch zur Gründung neuer politischer Gruppierungen und Parteien (1869: *Sozialdemokratische Arbeiterpartei;* 1875: *Sozialistische Arbeiterpartei Deutschlands*) sowie zum Erstarken des Kommunismus.

Bereits kurz nach der Veröffentlichung der Schrift Engels' stellte Bruno Hildebrand, einer der Begründer der Historischen Schule der Nationalökonomie, 1848 die Gegenposition dar, wonach nicht das Vorhandensein, sondern gerade das Fehlen moderner Fabrikindustrie die größte materielle Not bewirkte (vgl. Klein 1973). Demnach wäre also die *industrielle Revolution* trotz der Fratze des Frühkapitalismus die Voraussetzung für die Ver-

43 Die fest mit dem Dampfkessel verbundene Maschine ruhte auf einem Fahrgestell, und die Übertragung der von ihr erzeugten Energie erfolgte über einen auf die Schwungradwelle geworfenen Treibriemen. Dieser setzte eine Dreschmaschine in Gang und betrieb nach Bedarf auch eine Häcksel-, Schrot- oder Futterschneidemaschine oder einen Grubber, einen Spezialpflug zum Auflockern des Bodens.

Abb. 2.14 © Wilhelm Busch (aus: Wilhelm Busch: Hans Huckebein / Fipps der Affe / Plisch und Plum. 1974 Diogenes Verlag AG Zürich)

besserung der Lebensverhältnisse der Menschen in der zweiten Hälfte des 19. Jahrhunderts gewesen. Dafür gibt es in der Tat einige Belege – beispielsweise wenn man die Begleitumstände und Folgen der Industrialisierung des Saarlandes ab 1870 betrachtet.

Industrialisierung des Saargebiets

Landeshistoriker (z. B. Behringer und Clemens 2009) sprechen, wenn es um die Industrialisierung des Saarlandes geht, von einer *Take-off-Phase* der saarländischen Industrie ab Mitte des 19. Jahrhunderts, der eine etwa 50 Jahre währende „Inkubationszeit" vorausgegangen war, „in der die technischen, ökonomischen und personell-administrativen Voraussetzungen für die faszinierende Erfolgsgeschichte der zweiten Jahrhunderthälfte geschaffen wurden" (Burgard 2010, S. 156).
Rückgrat der Industrialisierung an der Saar war die Steinkohleförderung. Preußen hatte sich 1815 das Revier an der Saar einverleibt und wurde anschließend nicht nur die bestimmende politische Macht, sondern auch der größte Arbeitgeber, da die saarländischen Gruben in den Besitz des Staates übergingen. Demgegenüber war die Eisenindustrie in Privatbesitz. Zwei Unternehmerdynastien, die Familien Stumm und Röchling, bestimmten Wirtschaft, Gesellschaft und Politik weit über das 19. Jahrhundert hinaus. Die Allmacht des Industriellen Stumm wurde in den 1890er Jahren mit *Königreich Stumm* treffend umschrieben. Auch andere Industriezweige (wie z. B. die Glas- und Keramikindustrie) waren zu Beginn der Industrialisierung bereits etabliert und nahmen ab 1850 einen ungeahnten Aufschwung; hinzu kamen zahlreiche Unternehmen der weiterverarbeitenden Wirtschaft.
Die Montanindustrie brachte die Menschen an der Saar zu Lohn und Arbeit. In welchem Ausmaße verdeutlichen folgende Zahlen: 1820 arbeiteten etwa 4500 Menschen im Bergbau und 1500 in der Eisenindustrie. Einhundert Jahre waren es etwa 100.000 Menschen, die in der Montanindustrie beschäftigt waren und recht gut verdienten. Verbunden war damit nicht nur eine rasante Zunahme der städtischen Bevölkerung, auch neue Verkehrsmittel – allen voran die Eisenbahn – revolutionierten das Verkehrswesen und schufen eine bis dahin unvorstellbare Mobilität und auch ein völlig neues Gefühl für Zeit und Raum.

Die Industrialisierung trug zwar dazu bei, das Elend der Bevölkerung in Stadt und Land zu lindern, aber den *Bildungsnotstand* der untersten Sozialschicht konnte sie nicht beheben – ebenso wenig wie die Bildungstheorien und Reformvorschläge der pädagogischen Schriftsteller dazu in der Lage waren. Da konnte ein Herbart für ein Lernen als Selbsttätigkeit eintreten und autoritäre Erziehungsmethoden als wirkungslos ablehnen, was in die pädagogische Praxis eingebracht wurde, war eine falsch verstandene Formalstufentheorie, die zum festen Bestandteil des autoritären Erziehungsstils des 19. Jahrhunderts wurde. Da konnten die bekannten Pädagogen des 19. Jahrhunderts zu Erziehung und Unterricht schreiben, was sie wollten, die pädagogische Praxis blieb davon weitgehend unberührt. In den Schulen wurde gestraft und geprügelt, was das Zeug hielt. Eine Erziehung, die mit Gewalt und Einschüchterung operiert, wird seit einer Publikation von Rutschky (1977) als *Schwarze Pädagogik* bezeichnet. Mit spitzer Feder und dem ihm eigenen Humor hat Wilhelm Busch dieses Erziehungsgebaren in *Plisch und Plum* (1882) festgehalten (Abb. 2.14).

» Geliebte Knaben, ich bin erfreut,
Daß ihr nunmehro gekommen seid,
Um, wie ich hoffe, mit allen Kräften
Augen und Ohren auf mich zu heften. –
[…]
Um solchermaßen mit einigen Streichen
Die harten Gemüter euch zu erweichen.
Flugs hervor aus seinem Kleide,
Wie den Säbel aus der Scheide,
Zieht er seine harte, gute,
Schlanke, schwanke Haselrute,
Faßt mit kund'ger Hand im Nacken
Paul und Peter bei den Jacken
Und verklopft sie so vereint,
Bis es ihm genügend scheint.

Die *Volksschule als Ort der niederen Bildung* war im Laufe des 19. Jahrhunderts flächendeckend institutionalisiert worden, aber pädagogische Reformen zielten üblicherweise auf die Umgestaltung des Gymnasiums und der Realschule. Die höhere Bildung war und blieb ein Privileg des Bürgertums. Sein Interesse galt

Abb. 2.15 Brot! (Käthe Kollwitz, © VG Bild-Kunst, Bonn 2014; Fotostudio Bartsch, Berlin)

der Ausgestaltung des humanistischen Gymnasiums als Hort der höheren Bildung und der Realschule als Vorbereitung auf das Berufsleben. Beide lagen jenseits der Bildungsoptionen, die sich den Kindern von Tagelöhnern und Fabrikarbeitern boten.

Schulbildung der Lohnarbeiter

Den Preis für den industriellen Fortschritt bezahlten die Arbeiter. Maschinen, die rund um die Uhr benutzt werden konnten, führten zu einem Zwölfstundentag in einer Tages- und einer Nachtschicht an sechs bis sieben Tagen in der Woche. Bezahlt wurde den Arbeitern gewöhnlich so wenig, dass ihnen gar nichts anderes übrigblieb, als ihre Frauen und ihre Kinder zur Arbeit zu schicken, die für noch geringere Löhne Schwerstarbeit leisten mussten. Die Arbeiter besaßen nichts als ihre Nachkommenschaft, sie bildeten nach Karl Marx (1818–1883) die Schicht der *Proletarier*, die nur durch den Verkauf ihrer Arbeitskraft ihren Lebensunterhalt erzielen konnten. Die Arbeiter waren den Unternehmern auf Gedeih und Verderb ausgeliefert, es gab keinerlei Arbeitsschutz, und die Unternehmer waren nur auf maximalen Profit fixiert. Die Massenarmut in den Slums der entstehenden Großstädte schrie zum Himmel, und die Lebenserwartung der Arbeiter war extrem niedrig. Eindrucksvoll haben Heinrich Zille (1858–1929) und Käthe Kollwitz (1867–1945) die Lage des Proletariats mit grafischen Mitteln festgehalten (Abb. 2.15), während auf literarischem Gebiet Gerhard Hauptmann (1862–1946) zu nennen ist, dessen Drama *Die Weber* (1893) den Weberaufstand von 1844 zum Thema hat. Hauptmanns Drama hat wiederum Kollwitz zu ihrem weltberühmten Zyklus *Ein Weberaufstand* (entstanden 1895–1898) inspiriert.

Charakteristisch für die industrielle Revolution ist die Kinderarbeit, die schon ab einem Alter von vier oder sechs Jahren an der Tagesordnung war und oft jeglichen Schulbesuch verhinderte. Die Arbeitszeit betrug durchschnittlich mehr als zehn Stunden täglich, und das bei geringstem Lohn. Die Schulbildung der Arbeiterkinder war so miserabel wie ihr Leben. Es dauerte ein Jahrhundert, um die Lage der Lohnarbeiter zu verändern.

Jakob: „Von wegen ein Jahrhundert! Das Jahrhundert dauert aber dann doch sehr lange, denn in den USA geht es den Mitarbeitern der Fastfoodketten immer noch ausgesprochen schlecht."

Anna: „Aber sie verhungern doch nicht."

Jakob: „Weit davon entfernt ist es nicht, wenn die kostenlose Mitarbeitermahlzeit, die McDonald's anbietet, die einzige Mahlzeit ist, die mancher Mitarbeiter hat. Ich habe im Internet einen Artikel[44] gefunden, der genau das besagt: Da ist die Rede von einem 28-jährigen Amerikaner, der pro Stunde 8,25 Dollar verdient."

Anna: „Na hör mal, der CEO von McDonald's hat 2012 auch nur schlappe 13,8 Millionen Dollar verdient."

Jakob: „Entschuldige, das hatte ich fast vergessen. Der hat vermutlich noch zu Spenden seiner Mitarbeiter aufgerufen, um sein schäbiges Einkommen zu verbessern."

Anna: „Das wäre ja auch verständlich, denn schließlich hat dieser gutherzige Mensch seinen Mitarbeitern den Rat gegeben, sich noch einen zweiten Job zuzulegen, wenn das Einkommen nicht reicht."

Jakob: „Ja und er hat auch einen Haushaltsplan für seine Mitarbeiter veröffentlichen lassen, um denen eine Lebenshilfe zu geben, damit sie mit dem Lohn auskommen. Für Essen wird dabei nichts eingeplant, da die Mitarbeiter ja kostenlos speisen können, für die Krankenversicherung sind 20 Dollar im Monat vorgesehen, tatsächlich kostet sie aber 215 Dollar. Kleider sind auch nicht eingeplant, Benzin auch nicht. Insgesamt kommt McDonald's zu der Schlussfolgerung, dass 600 Dollar auf jeden Fall ausreichen, um ein Leben in der amerikanischen Großstadt zu finanzieren."

Anna: „Das ist doch der reinste Hohn. Und so was im 21. Jahrhundert!"

Im 19. Jahrhundert waren die meisten Fabrikbesitzer und Arbeitgeber davon überzeugt, dass es ein Akt der Wohltätigkeit sei, nicht nur die Familienväter, sondern auch deren Kinder arbeiten zu lassen, weil sie damit den Familien ein zusätzliches und dringend benötigtes Einkommen ermöglichten. Dem schob dann der preußische Staat 1839 einen Riegel vor, indem er ein *Regulativ über die Beschäftigung jugendlicher Arbeiter* erließ, das

44 Es handelt sich um einen Beitrag in *Die Welt* vom 29.08.2013, auf den sich auch der Dialog stützt.

Kindern bis zum 9. Lebensjahr die regelmäßige Arbeit in Fabriken, in Berg-, Hütten- und Pochwerken verbot. Das geschah aber nicht aus humanitären Gründen, vielmehr hatte der Staat erkannt, dass viele Kinder von der Arbeit krank wurden und das Militär dadurch zunehmend Probleme bekam, gesunde junge Männer zu rekrutieren, die man in den Krieg schicken konnte.

Fabrikarbeit wurde Jugendlichen unter 16 Jahren untersagt, wenn sie keine dreijährige Schulzeit nachweisen konnten. Bis zum vollendeten 16. Lebensjahr durfte die tägliche Arbeitszeit von 10 Stunden nicht überschritten werden, wobei dazwischen zwei Freistunden liegen sollten, in denen Bewegung in freier Luft gewährt werden sollte. Ausgenommen von dieser Regel waren Fabriken, denen eigene Schulen angegliedert waren und die eine minimale Bildung garantierten. Nachtarbeit wurde für Jugendliche grundsätzlich verboten.
Örtliche Polizei- und Schulbehörden hatten die Aufgabe, die Ausführung der Vorschriften in den Fabriken zu kontrollieren. Daraus wurde später die Gewerbeaufsicht.
1853 wurde das Mindestalter für die Fabrikarbeit von 9 auf 12 Jahre angehoben. Dessen ungeachtet arbeiteten noch 1858 mehr als 12.000 Kinder im Alter von 8 bis 14 Jahren in preußischen Fabriken. Schließlich untersagte das 1904 in Kraft getretene Kinderschutzgesetz im Deutschen Kaiserreich die Beschäftigung von Kindern unter 12 Jahren in gewerblichen Unternehmen. Die Kinderarbeit in Familienbetrieben blieb davon unberührt, hier konnten auch Kinder vor dem 10. Lebensjahr beschäftigt werden.
Dem Beispiel Preußens folgten 1840 das Königreich Bayern und das Großherzogtum Baden, in anderen deutschen Ländern wurden entsprechende Verordnungen in den 1860ern erlassen.
In Österreich wurde im Jahre 1842 ein Gesetz erlassen, das Kindern beiderlei Geschlechts untersagte, vor dem vollendeten 12. Lebensjahr eine Arbeit in Fabriken aufzunehmen. Aber keine Regel ohne Ausnahme: Hatten Kinder mit vollendetem 9. Lebensjahr eine wenigstens dreijährige Schulzeit vorzuweisen, konnten sie zu einer erwerbsmäßigen Arbeit nachgehen, wenn für eine angemessene Fortsetzung des Religions- und Schulunterrichts gesorgt wurde, solange sie schulpflichtig waren. Zur Vermeidung gesundheitlicher Schäden wurde für Kinder von 9 bis 12 Jahren eine maximal Arbeitszeit von 10 Stunden täglich, für Kinder von 12 bis 16 Jahren eine Höchstarbeitszeit von 12 Stunden täglich festgesetzt.
Während in Deutschland und Österreich also ab Mitte des 19. Jahrhunderts die Kinderarbeit reguliert wurde und auf eine Mindestbildung geachtet wurde, bot die Schweiz während des 19. Jahrhunderts ein besonders trauriges Bild. Hier konnten Bauern von den Behörden Verdingkinder, d. h. Waisen- und Scheidungskinder, auf einem Verdingmarkt ersteigern und dann zu Zwangsarbeit einsetzen (Freisler-Mühlemann 2011).

2.4.3.6 Fundamentaldisziplinierung und die vaterländische Erziehung

In Preußen, aber nicht nur dort, wurde das Privatleben und das Leben am Arbeitsplatz vom militärischen Reglement, d. h. Zucht und Ordnung, strenger Gehorsam gegen die Obrigkeit, Disziplin, und anderen preußischen „Tugenden" bestimmt, mit denen die Monarchie in den Köpfen und Herzen der Menschen verwurzelt wurde. Im „Königreich Stumm" benötigte der Arbeiter zur Heirat einen Konsens mit dem Industriebaron.

Preußische Fundamentaldisziplinierung an der Saar

Trotz einer umfassenden Sozialpolitik, die an der Saar lange vor den Sozialreformen Bismarcks umgesetzt wurde, konnten es die Industriebarone nicht verhindern, dass sich im Saarland der Widerstand der Arbeiter organisierte und zu Streiks führte. Vier Jahre nach einem schweren Grubenunglück, bei dem 188 Bergleute bei einer Schlagwetterexplosion ihr Leben verloren hatten, begann im Frühjahr 1889 eine mehrjährige Streikwelle der Bergarbeiter, die im Winter 1892/93 militante Züge annahm und die preußischen Machthaber in ihrer Haltung gegenüber Gewerkschaften und Sozialdemokraten bestätigte. So folgte man dem Rat des erzreaktionären Freiherrn von Stumm und entließ 2500 Bergleute vorübergehend oder dauerhaft. Man kann es auch so sagen: Der preußische Staat und die kapitalistischen Industriebarone hatten keine Probleme damit, jede auch nur im Ansatz erkennbare gewerkschaftliche oder sozialdemokratische Bewegung im Keim zu ersticken und Streiks mit den üblichen Mitteln zu beenden. Dass der preußische Staat nicht zimperlich in der Wahl der Mittel war, um die Untertanen fundamental zu disziplinieren, zeigt das Verhalten der Obrigkeit anlässlich der *Marienerscheinung* vom Juli 1876. Drei achtjährige Mädchen aus der Bergarbeitergemeinde Marpingen im nördlichen Saarland hatten beim Erdbeerpflücken eine Marienerscheinung, was binnen kurzem dazu führte, dass Massen an katholischen Gläubigen nach Marpingen pilgerten. Im Juli 1876 strömten bis zu 20.000 Menschen aus dem gesamten Reichsgebiet in der Hoffnung auf Hilfe oder Heilung herbei. „Das Ungewöhnliche an den Marpinger Marienerscheinungen war aber nicht die große Resonanz, die sie fanden, sondern die Härte, mit der der preußische Staat auf sie reagierte" (Burgard 2010, S. 178). Zehn Tage nach der ersten Vision gingen preußische Soldaten mit aufgepflanztem Bajonett gegen die Versammlung der Pilger vor, und danach wurde unter Androhung von Waffengewalt jede weitere Zusammenrottung an dem Orte untersagt. Hier wird deutlich, dass für die Menschen an der Saar der Katholizismus nicht nur eine religiöse, sondern auch eine sozialpolitische Seite hatte. Die katholischen Geistlichen gaben Halt und Orientierung in einem Obrigkeitsstaat, dem die Interessen der Industrie näher standen als die Nöte der Untertanen. Der Kulturkampf Bismarcks und die Verfolgungen der katholischen Kirche verstärkten das Bündnis zwischen politischem Katholizismus und Arbeiterschaft. Nach ihrer Gründung im Jahre 1871 wurde die Zentrumspartei zur führenden politischen Kraft an der Saar; nur in Saarbrücken und Ottweiler erreichte sie nicht ihre Ziele, da hier die protestantischen Nationalliberalen und Stumms Freikonservative bis zum Ersten Weltkrieg die führende Rolle spielten.

Das Vorgehen der preußischen Obrigkeit wird erklärbar, wenn man die Marpinger Ereignisse in den Kontext der Auseinandersetzungen zwischen dem preußischen Staat unter Bismarcks Führung und der katholischen Kirche einordnet, die unter dem Begriff *Kulturkampf* in die Geschichte eingegangen sind.

Politisch ging es beim *Kulturkampf*, der von 1871 bis 1878 zwischen Bismarck und Papst Pius IX. ausgetragen wurde, um die strikte Trennung von Kirche und Staat. Näher betrachtet versuchte die Regierung Bismarck, die katholische Kirche derselben Fundamentaldisziplinierung zu unterziehen wie die Bevölkerung. So forderte man z. B. eine staatliche Kontrolle bei der Ernennung der „richtigen" Priester und die Einführung der Zivilehe. Bismarck ging mit allen Mitteln gegen die katholische Geistlichkeit vor, weshalb er schlussendlich sogar von Protestanten heftig kritisiert wurde. Von den Maßnahmen einer strafrechtlichen Verfolgung war vor allem das Bistum Trier betroffen. Geistliche wurden verhaftet oder ausgewiesen, und sogar der Bischof wanderte für neun Monate ins Gefängnis und starb kurz danach. Insgesamt dauerte es acht Jahre, bis der Konflikt zwischen preußischem Staat und katholischer Kirche beigelegt werden konnte. Am Ende waren im preußischen Staat fast zweitausend Priester kriminalisiert und Kircheneigentum im Wert von 16 Millionen Goldmark (106 Millionen Euro) beschlagnahmt worden. Dennoch erreichte Bismarck nur einen Teil seiner Ziele. Der Katholizismus konnte sich behaupten und seine Partei, das *Zentrum*, erhielt mehr Zulauf an Wählern als je zuvor. Nach und nach ging Bismarck auch die Unterstützung der Liberalen verloren, deren Zustimmung er aber für die Verabschiedung der *Sozialistengesetze* im Jahr 1878 brauchte. Um dem *Gesetz gegen die gemeingefährlichen Bestrebungen der Sozialdemokratie* eine parlamentarische Mehrheit zu beschaffen, war er bereit, sich mit der katholischen Kirche zu arrangieren und den Kulturkampf zu beenden.

Obwohl Gegner im Kulturkampf, waren sich die katholische Kirche und Bismarck im Ziele einig, den Sozialismus und Kommunismus zu bekämpfen. Unter dem maßgeblichen Einfluss von Kolping hatte die katholische Kirche in Deutschland und Österreich die zentrale Bedeutung der Sozialen Frage in der entstehenden Industriegesellschaft schon lange erkannt. Die Sozialtätigkeit zum Wohle der Arbeiterschaft wurde zum Programm, das schließlich von Papst Leo XIII. (1878–1903) in die erste *Sozialenzyklika* des Vatikans übernommen und zur Grundlage der katholischen Soziallehre wurde. Mit der berühmt gewordenen Enzyklika *Rerum Novarum* (1891), in der er u. a. die Koalitionsfreiheit der Arbeiter und die soziale Verpflichtung des Staates thematisierte, begründete der ansonsten als konservativ geltende Leo XIII. seinen Ruf als *Arbeiterpapst.* Politisch ging es darum, dem atheistischen Kommunismus entgegenzuwirken.

Anna: „Was ich nicht begreife, ist die allgemeine Bewunderung, die dem Bismarck bis heute entgegengebracht wird. Der war doch eigentlich ein ziemlich widerlicher Typ."

Jakob: „Ja, das ist irgendwie schon erstaunlich. Es gibt doch so gut wie keine Stadt in Deutschland, wo es nicht eine Bismarckstraße oder Bismarckbrücke oder einen Park mit seinem Namen gibt."

Anna: „Ich denke, dass man daran auch den Erfolg der preußischen Fundamentalerziehung erkennen kann. Obwohl ich ihn nicht so mag, hat Bismarck sich ja auch große Verdienste erworben."

Jakob: „Klar, das wurde auch in meinem Geschichtsunterricht immer ganz stark herausgestellt, dass er der Kanzler der deutschen Einheit ist."

Anna: „Ooops, und ich dachte, der Kohl sei das. Aber im Ernst, das habe ich auch so gelernt. Und dann noch, dass er ein genialer Außenpolitiker gewesen sein soll."

Jakob: „Nicht zu vergessen, dass er die Sozialgesetze auf den Weg brachte, um auf die soziale Not der Arbeiterschaft zu reagieren und sie nicht in die Arme der Sozialisten zu treiben."

Anna: „Ich habe auch mal gelesen, dass Bismarck die Krankenversicherung, eine Unfallversicherung und vor allem die gesetzliche Rentenversicherung eingeführt haben soll."

Jakob: „Das war aber wahrscheinlich nur ein Ablenkungsmanöver. Mir hat mein Onkel, der aktiv in der Gewerkschaft ist, mal erzählt, dass damals das Rentenalter bei 71 Jahren lag und die Höhe der Sozialleistungen überhaupt keine finanzielle Absicherung bedeutete. Das hat mein Onkel übrigens mit Blick auf die heutige Rentendiskussion gesagt."

Anna: „Was darauf hinweist, dass ein Jahrhundert sehr, sehr lange dauern kann!"

Alles in allem kann man feststellen, dass der preußische Obrigkeitsstaat erfolgreich in der Umsetzung der Fundamentaldisziplinierung der Bevölkerung war. Die straffe Regulierung der Arbeits- und Lebensumstände wurde zusätzlich durch die überall aus dem Boden sprießenden Vereine zu den wirksamsten Instrumenten einer Fundamentaldisziplinierung im Geiste der preußischen Monarchie. Um den aufkeimenden sozialistischen und gewerkschaftlichen Bestrebungen entgegenzuwirken, begannen der Bergbau unter staatlicher Regie und die private Eisenindustrie mit einer umfangreichen Sozialpolitik: allerdings nach dem Prinzip von Zuckerbrot und Peitsche. Einerseits wurden Prämien zum Bau eines Eigenheims ebenso wie Kranken-, Invaliden- und Hinterbliebenenversorgung gewährt, andererseits wurde den Arbeitern ein gesellschaftliches Verhalten abverlangt, das den Konsum von Alkohol nach der Schicht ebenso wenig erlaubte wie eine aktive Mitarbeit bei den vaterlandslosen und umstürzlerischen Sozialdemokraten. Selbst Vertreter des 1889 gegründeten

Rechtsschutzvereins für die bergmännische Bevölkerung wurden nicht müde, ihre kaisertreue Gesinnung und Verurteilung der Sozialdemokraten zu betonen und unter Beweis zu stellen – und wenn es nur das Tragen des Kaiser-Wilhelm-Bartes war.

Nachdem sich Preußen während des 19. Jahrhunderts in Erziehungs- und Bildungsfragen bereits zu einem reaktionären und autoritären Staat entwickelt hatte, wurde das preußische Modell durch Kaiser Wilhelm II. ab dem Jahr 1888 auf das Deutsche Reich ausgedehnt.

Vaterländische Erziehung

Nach Ablauf der Sozialistengesetze wurde die *vaterländische Erziehung* zu einem wichtigen Instrument in der Auseinandersetzung mit der mächtiger werdenden proletarischen Bewegung. Wilhelm II. und seine Berater waren davon überzeugt, dass Verbote geringere Wirkungen erzielten als eine systematische Aufklärung des Volkes – Aufklärung im Sinne erzieherischer Propaganda. Begeistert von allem, was mit Militär zusammenhing, betrachtete Wilhelm II. das preußische Militär als Modell für eine *Schule der Nation*, d. h. als Disziplinierungs- und Erziehungsinstrument. Dabei ging der Kaiser, der sich schon bald des störrischen Reichskanzlers Bismarck zu entledigen wusste, durchaus geschickt vor: Eingebettet in ein Programm aus Sozialreformen und Arbeiterschutzmaßnahmen (das Zuckerbrot) hielten preußischer Militärgeist (die Peitsche) und nationale Elemente Einzug in die Schulen. Neben der Unterrichtung in klassischen Bildungsfächern spielte nun die vaterländische Erziehung die Hauptrolle. Die Lehrer wurden verpflichtet, den Schülern Nationalismus, Patriotismus und Treue zum Kaiser einzuflößen, um der sozialistischen Bewegung den Nachwuchs zu entziehen. Ganz oben auf dem Lehrplan der Schulen standen die *preußischen Tugenden* und die uneingeschränkte Treue zur Monarchie.

Die Grundorientierung an den preußischen Tugenden ging eng mit einer Glorifizierung des Militarismus einher. Unterrichtsfächer wie Geschichte und Geografie wurden dazu bestimmt, *deutsche Kultur und nationale Leistungen* zu vermitteln, die Schüler geistig aufzurüsten und gegen sozialdemokratische Einflüsse zu immunisieren. Aus Sicht des Kaisers und der protestantischen Führungseliten hatten die Schulen ihrer wichtigen nationalen Aufgabe nachzukommen (aber zackig!) und gleichzeitig die Ausbreitung sozialistischer und kommunistischer Ideen zu verhindern. Ordnung und Disziplin wurden als höchste Tugenden gepriesen. Schon kleine Verstöße gegen die vorgeschriebene Ordnung oder Versäumnisse sollten unnachsichtig und hart bestraft werden – körperliche Züchtigung, Strafarbeiten, Arrest oder Nachsitzen waren so gang und gäbe, als hätte es nie zuvor pädagogische Bewegungen gegeben, die genau diese Maßnahmen vehement abgelehnt hatten. Selbstverständlich waren auch Fehltritte außerhalb der Schule (z. B. schlechtes Benehmen in der Öffentlichkeit oder unerlaubte Wirtshausbesuche) zu bestrafen.

Wilhelm II., dem die Welt schon bald den Ersten Weltkrieg zu verdanken hatte, strebte mit seiner Schul- und Erziehungspolitik nicht nur die *Schwächung der inneren Feinde* (Sozialisten und Arbeiterbewegung) an, sondern es ging ihm um die Wehrfähigkeit des Deutschen Reiches gegenüber den anderen Großmächten. In diesem Sinne diente auch die Ausweitung des Sportunterrichts der vormilitärischen Ausbildung. Die bizarren Erziehungsvorstellungen des Kaisers und seiner Gefolgschaft gipfelten in der Idee, dass bei den Jungen die *Ausbildung zu Soldaten und Beamten* im Vordergrund stehen sollte, während die Mädchen auf die Rolle der Hüterin des Hauses und der Soldatenmutter vorbereitet werden sollten. In diesem Sinne sollten sie auch ihren spezifischen Beitrag bei der Erziehung des Nachwuchses leisten.

Es war kein Nationalsozialist, sondern der preußische Kultusminister von Gossler (1838–1902), der die Rolle der deutschen Frau folgendermaßen beschrieb:

> » Unsere deutsche Frau, die Trägerin aller wahrhaften christlichen, humanen und idealen Gedanken, wird bei uns als die Hüterin des Hauses und der Familie betrachtet [...]. Deutschlands Mädchen sind eine der edelsten Schöpfungen der Entwicklung der Menschen, und der Hort idealer, nationaler Gedanken muss aufrecht erhalten werden. Seien sie dann überzeugt, dass die Zukunft uns das danken wird (von Gossler zit. n. Pust 2000, S. 39 f.).

Wir wissen heute mit Gewissheit, dass die Saat dieses Denkens aufging. Seiner erzkonservativen Gesinnung und seinem humanistischen Bildungsbegriff entsprechend, hielt dieser Mensch auch an der Vorrangstellung des humanistischen Gymnasiums fest und stemmte sich gegen den stärkeren Ausbau der Realschulen und damit sogar gegen den eigenen Kaiser. Gleichwohl erfreute sich von Gossen auch nach dem Ausscheiden aus dem Ministeramt der Gunst des Kaisers, der ihn zum Oberpräsidenten der Provinz Westpreußen ernannte, wo er dann sein völkisches Unwesen weiter treiben konnte.

Im Deutschen Reich Wilhelms II. wurde das gesamte Schulsystem auf die vaterländische Erziehung eingeschworen, wobei dem humanistischen Gymnasium die Vorreiterrolle zukam. Um das Unternehmen auch gefühlsmäßig zu unterfüttern, wurden an Feiertagen (z. B. Geburtstag des Kaisers, der Sedantag) Schulfeierlichkeiten im Geiste der vaterländischen Bewegung inszeniert. Ausflüge zu geschichtsträchtigen Orten dienten der „nationalen Erbauung" der Schüler ebenso wie die Behandlung der deutschen Klassiker im Deutschunterricht. Nationales Gedankengut nahm einen wichtigen Platz im Unterrichtsgeschehen und im Schulleben ein.

Die vaterländische *aggressiv-militärische Erziehung* zeigte überall im Deutschen Reich ihre Wirkung. Zu Beginn des Ersten Weltkriegs meldeten sich unzählige Lehrer und Schüler freiwillig an die Front. Auch wenn sich schon bald Ernüchterung breitmachte, da der Krieg nicht zu gewinnen war und es so gut wie keine Familie gab, die nicht über Gefallene zu klagen hatte, wirkten die Erziehungsziele und -maßnahmen der Kaiserzeit noch lange nach. Das lässt sich an vielen Gewalttaten der reaktionären Kreise während der Weimarer Republik ebenso zeigen wie am Aufkommen der Nationalsozialisten, die ihre Kindheit und Jugend im Kaiserreich nach 1890 erlebten und der vaterländischen Erziehung ausgesetzt waren. Erfolgreich war die Erziehungspolitik der Kaiserzeit vor allem in der Unterdrückung der proletarischen Bewegungen.

2.4.3.7 Marxismus und die Kollektiverziehung

» Die Philosophen haben die Welt nur verschieden *interpretiert*; es kommt aber darauf an, sie zu *verändern* (Karl Marx, 1888).

Kaum ein Denker hat die Welt so verändert wie *Karl Marx* (1818–1883), der zusammen mit *Friedrich Engels* (1820–1895) zum Wegbereiter der proletarischen Revolution und damit zu einem politischen System wurde, das bis zum heutigen Tage große Teile der Welt bestimmt. Karl Marx gilt unbestritten als einflussreichster Theoretiker des Kommunismus, dessen Schriften die Arbeiterbewegungen des 19. und 20. Jahrhunderts weltweit – von den sozialistisch-kommunistischen Bewegungen Russlands und Deutschlands (SPD, KPD) bis zu denen Südamerikas und Ostasiens – entscheidend, wenn auch unterschiedlich geprägt haben. Die Anhänger seiner Theorie in verschiedenen Disziplinen (z. B. Ökonomie, Philosophie, Sozialwissenschaften) werden üblicherweise unter dem Begriff des Marxismus zusammengefasst.

Wie viele Philosophen des 19. Jahrhunderts war Marx von der Philosophie Hegels (1770–1831) und dessen Dialektik geprägt. Aber im Unterschied zu den sogenannten *Rechtshegelianern*, die den preußischen Staat mit seiner effizienten Bürokratie, den guten Universitäten, der fortgeschrittenen Industrialisierung und hohen Beschäftigungsquote als Abschluss der dialektischen Entwicklung betrachteten, erwartete Marx als *Linkshegelianer* infolge einer weitergehenden dialektischen Entwicklung eine preußische Gesellschaft mit Massenarmut, staatlicher Zensur und der Unterdrückung der Menschen, die nicht der staatstragenden protestantischen Konfession angehörten. Karl Marx, dem der preußische Staat trotz ausgezeichneter Promotion über die *Differenz der demokritischen und epikureischen Naturphilosophie* (1841) wie auch anderen Gelehrten der damaligen Zeit (z. B. Ludwig Feuerbach) eine akademische Laufbahn verweigerte, sollte mit seinen Thesen Recht behalten. Das nutzte ihm persönlich aber wenig, da er aufgrund permanenter politischer Verfolgung – wie Comenius zwei Jahrhunderte zuvor – zum Heimatlosen und unsteten Wanderer wurde, der sein Leben lang mit Engels auf die proletarische Revolution und die Lösung der sozialen Frage im Zeichen des Kommunismus hinarbeitete.

▪ Politisches Programm des Kommunismus

Die politische Lehre des Kommunismus mit seiner zentralen Idee einer klassenlosen Gesellschaft hatte seit der Veröffentlichung des von Karl Marx und Friedrich Engels verfassten *Manifests der Kommunistischen Partei* (1848) in der Arbeiterschaft regen Zulauf gefunden und wurde von der herrschenden Kaste als Bedrohung ihrer Existenz empfunden. Im letzten Abschnitt des Manifests heißt es nämlich:

» Die Kommunisten verschmähen es, ihre Ansichten und Absichten zu verheimlichen. Sie erklären es offen, daß ihre Zwecke nur erreicht werden können durch den gewaltsamen Umsturz aller bisherigen Gesellschaftsordnungen. Mögen die herrschenden Klassen vor einer kommunistischen Revolution zittern. Die Proletarier haben nichts in ihr zu verlieren als ihre Ketten. Sie haben eine Welt zu gewinnen. Proletarier aller Länder – vereinigt euch!

Später, als es dann darum ging, einen Richtungsstreit zwischen dem Kommunistischen Bund und der Sozialistischen Arbeiterpartei Deutschlands zu schlichten, umschrieb Marx das Ziel des Kommunismus mit *gesellschaftlichem* Reichtum unter Zugrundelegung des Prinzips „Jeder nach seinen Fähigkeiten, jedem nach seinen Bedürfnissen!" (Marx 1875, Kritik des Gothaer Programms, MEW 19, S. 21). Das Hauptziel lag für Marx, Engels und die frühen Kommunisten darin, das kapitalistische System abzuschaffen und die klassenlose Gesellschaft zu begründen.

▪ Sozialistische Pädagogik

Der moderne Sozialismus und Kommunismus, wie er von Marx und Engels entwickelt wurde, war auch mit einer grundlegenden *Neukonzeption von Bildung und Erziehung* verbunden, die ihren Ausgangspunkt – genauso wie das bürgerliche Bildungswesen – in der Französischen Revolution hatte, dem bürgerlichen Bildungswesen aber diametral gegenüberstand. Tatsächlich gibt es deutliche Parallelen zwischen Marx/Engels und dem Neujakobiner und Frühsozialisten *François Babeuf* (1760–1797), der nach dem Sturz Robespierres in scharfer Gegnerschaft zur Diktatur des Direktoriums und Napoleons in seinem *Manifest der Plebejer* 1796 eine sozialistische Gütergemeinschaft mit gleichen Rechten für alle gefordert hatte, aber kurz vor einer geplanten *Verschwörung für die Gleichheit* verhaftet und nach mehrmonatiger Haft hingerichtet worden war.

Der *Marxismus* als Grundlage des Sozialismus und Kommunismus war von Anfang an eine über die Grenzen von Nationalstaaten hinausgreifende Bewegung, wie die *Erste Internationale* zeigt, die 1864 als Zusammenschluss von Arbeitergesellschaften gegründet wurde, die alle dasselbe Ziel verfolgten, nämlich den Schutz, den Fortschritt und die vollständige Emanzipation der Arbeiterklasse. Dementsprechend abstrahiert der Marxismus hinsichtlich der Erziehung und Bildung von den spezifischen nationalen Bedingungen der pädagogischen Theoriebildung und stellt die bürgerliche Pädagogik in den Kontext von Klassenherrschaft und Bildungsprivileg. Demgegenüber stellt die sozialistische Pädagogik die allseitig entwickelte Persönlichkeit in den Mittelpunkt, aber die Ziele und Methoden der erforderlichen Erziehung und Bildung werden streng aus der Perspektive des Proletariats bestimmt. Die arbeitende Masse steht im Zentrum von Kultur und Politik, wobei die *Arbeit* den Menschen die Entfaltung ihrer Persönlichkeit ermöglicht.

Die der sozialistischen Pädagogik innewohnende, materialistische Grundüberzeugung schreibt der Ausbildung der Sinne, des körperlichen Geschicks, der Arbeitsfähigkeit und der sozialen Kompetenz eine ausschlaggebende Bedeutung für die gesamte Entwicklung des Heranwachsenden zu. Der Unterricht hat nicht nur die Aufgabe, Lernprozesse systematisch zu organisieren, sondern stets mit der Arbeitswelt zu verbinden. Erziehung als Sozialisationsvorgang wird mit der Produktion verknüpft, um den Schülern neben vielfältigen praktischen Fertigkeiten und Erfahrungen eine Gesamtübersicht über den gesellschaftlichen Produktionsprozess und seine theoretischen Prinzipien zu vermitteln. Diese Konzeption, die als Kernbestand sozialistischer

Pädagogik auf ihre Begründer *Charles Fourier* (1772–1837) und *Robert Owen* (1771–1858) zurückgeht, weist der *Arbeit* in der zukünftigen Gesellschaftsordnung eine völlig neue Qualität zu: Sie tritt an die Stelle von Selbstentfremdung und Vereinseitigung. Daher forderte man, den Gegensatz von Allgemeinbildung und Berufsausbildung, in dem sich die bürgerliche Gesellschaft permanent reproduzierte, vollständig aufzuheben.

„Wenn der Mensch von den Umständen gebildet wird, so muß man die Umstände menschlich bilden" (MEW 2, S. 138).[45] Dementsprechend wurde gefordert, die gesamte Gesellschaft unter erzieherischen Gesichtspunkten zu reorganisieren. Eine radikale Umgestaltung des Bildungswesens wurde als notwendig betrachtet, um die Gesellschaft umzuwälzen; umgekehrt war jedoch klar, dass diese Umgestaltung erst nach einer solchen Umwälzung erfolgreich in Angriff genommen werden konnte. Um diesen Circulus vitiosus zu durchbrechen, schreibt Marx (1845) in den *Thesen über Feuerbach* (1845):

» Die materialistische Lehre von der Veränderung der Umstände und der Erziehung vergißt, daß die Umstände von den Menschen verändert und der Erzieher selbst erzogen werden muß [...] das Zusammenfallen des Änderns der Umstände und der menschlichen Tätigkeit oder Selbstveränderung kann nur als *revolutionäre* Praxis gefaßt und rational verstanden werden (MEW 3, S. 5 ff.).

Wenige Jahre später forderten Marx und Engels im *Manifest der Kommunistischen Partei* (1848) als 10. Punkt:

» Öffentliche und unentgeltliche Erziehung aller Kinder. Beseitigung der Fabrikarbeit der Kinder in ihrer heutigen Form. Vereinigung der Erziehung mit der materiellen Produktion usw.

Eine Pädagogik, die sich vom Primat der sozialen Bewegung leiten lässt und auf die Selbstveränderung des Menschen in revolutionärer Praxis zielt, steht dem staatlichen Bildungswesen naturgemäß skeptisch gegenüber, weil dadurch ein Machtgefälle zwischen Erzieher und zu Erziehendem sozial verfestigt und ideologisch legitimiert wird.

» Ganz verwerflich ist eine *„Volkserziehung durch den Staat"* [...] Regierung und Kirche [sind] gleichmäßig von jedem Einfluß auf die Schule auszuschließen. Im preußisch-deutschen Reich nun gar [...] bedarf umgekehrt der Staat einer sehr rauhen Erziehung durch das Volk (MEW 19, S. 30 f.).
Unter Erziehung verstehen wir drei Dinge: Erstens: *Geistige Erziehung.* Zweitens: *Körperliche Erziehung,* wie sie in den Sportschulen und durch militärische Übungen gegeben wird. Drittens: *Polytechnische Ausbildung,* die die allgemeinen Prinzipien aller Produktionsprozesse vermittelt und gleichzeitig das Kind und die junge Person einweiht in den praktischen Gebrauch und die Handhabung der elementaren Instrumente aller Arbeitszweige. Der Einteilung der jugendlichen Arbeiter sollte ein stufenweise fortschreitender Kursus der geistigen, sportlichen und polytechnischen Ausbildung angepasst sein. Die Kosten für die polytechnischen Schulen sollten teilweise durch den Verkauf ihrer Produkte gedeckt werden. Die Verbindung von bezahlter produktiver Arbeit, geistiger Erziehung, körperlicher Übung und polytechnischer Ausbildung wird die Arbeiterklasse weit über das Niveau der Aristokratie und Bourgeoisie erheben (MEW 16, S. 194 f.).

Das Konzept der polytechnischen Bildung bei Marx entstand aus der Analyse der kapitalistischen Verhältnisse und im Kontext einer revolutionären Programmatik. Insofern die Arbeiter sich in der sozialistischen Revolution die Produktionsmittel materiell aneignen, kommt der polytechnischen Bildung die Funktion zu, die Arbeiter dazu zu befähigen, die Produktionsmittel bewusst in ihrem eigenen Interesse anzuwenden und weiterzuentwickeln. Polytechnische Bildung wird damit zu einem wichtigen Moment der theoretischen Aneignung der Produktionsmittel im Zuge einer sozialistischen Umwälzung der gesellschaftlichen Verhältnisse.

▪ Erziehung als Kollektiverziehung

Eine weitere Maxime der marxistischen Pädagogik ist das Postulat der *Erziehung als Kollektiverziehung*. Im *Manifest der Kommunistischen Partei* heißt es dazu:

» Aufhebung der Familie! Selbst die Radikalsten ereifern sich über diese schändliche Absicht der Kommunisten.
Worauf beruht die gegenwärtige, die bürgerliche Familie? Auf dem Kapital, auf dem Privaterwerb. Vollständig entwickelt existiert sie nur für die Bourgeoisie; aber sie findet ihre Ergänzung in der erzwungenen Familienlosigkeit der Proletarier und der öffentlichen Prostitution.
Werft ihr uns vor, daß wir die Ausbeutung der Kinder durch ihre Eltern aufheben wollen? Wir gestehen dieses Verbrechen ein.
Aber, sagt ihr, wir heben die trautesten Verhältnisse auf, indem wir an die Stelle der häuslichen Erziehung die gesellschaftliche setzen.
Und ist nicht auch eure Erziehung durch die Gesellschaft bestimmt? Durch die gesellschaftlichen Verhältnisse, innerhalb derer ihr erzieht, durch die direktere oder indirektere Einmischung der Gesellschaft, vermittelst der Schule usw.? Die Kommunisten erfinden nicht die Einwirkung der Gesellschaft auf die Erziehung; sie verändern nur ihren Charakter, sie entreißen die Erziehung dem Einfluß der herrschenden Klasse.

Kollektiverziehung ist die Erziehung in Gruppen und Institutionen, die zu Kollektiven (sogenannten Grundkollektiven) werden, weil sie das Wertesystem einer sozialistischen Gesellschaft (dem Gesamtkollektiv) teilen. Kollektiverziehung soll einen Beitrag leisten zur Schaffung und Entwicklung einer sozialistischen Gesellschaft, die entsprechend den marxistischen Forderungen durch die Aufhebung der Klassenherrschaft, durch die Vergesellschaftung der Produktionsmittel, durch die Aufhebung entfremdeter Arbeit und durch die Aufhebung der „Abhängigkeit des Weibes vom Mann und der Kinder von den Eltern vermittelst

45 Die Seitenzahlen verweisen auf die Marx-Engels-Werke Band 1–39. (1969). Berlin: Dietz.

des Privateigentums" gekennzeichnet ist. Dabei wurden Marx und Engels durchaus konkret, was die Umsetzung ihrer pädagogischen Maxime betraf:

> In einem rationellen Zustand der Gesellschaft sollte *jedes Kind* vom 9. Jahr an ein produktiver Arbeiter werden, ebenso wie kein arbeitsfähiger Erwachsener von dem allgemeinen Naturgesetz ausgenommen sein sollte, nämlich zu arbeiten, um essen zu können, und zu arbeiten nicht bloß mit dem Hirn, sondern auch mit den Händen. [...] Aus physischen Gründen halten wir es für notwendig, dass die Kinder und jungen Personen beiderlei Geschlechts in *drei* Gruppen eingeteilt werden, die unterschiedlich behandelt werden müssen. Die erste Gruppe soll das Alter von 9 bis 12 Jahren umfassen, die zweite das von 13 bis 15 Jahren und die dritte das von 16 und 17 Jahren. Wir schlagen vor, dass die Beschäftigung der ersten Gruppe in irgendeiner Werkstatt oder mit häuslicher Arbeit gesetzlich auf *zwei* Stunden beschränkt wird, die der zweiten auf *vier* und die der dritten auf *sechs* Stunden. Für die dritte Gruppe muss eine Unterbrechung von wenigstens einer Stunde für Mahlzeiten oder Erholung gegeben werden (Marx, *Programm der Internationalen Arbeiterassoziation*, MEW 16, S. 193 f.).

Marx und Engels erlebten weder eine erfolgreiche proletarische Revolution noch die praktische Umsetzung ihrer Gesellschafts- und Bildungstheorie. Die Hoffnungen, die beide in die Märzrevolution von 1848 und die Pariser Kommune von 1871 setzten, wurden enttäuscht. In beiden Fällen wurde den revolutionären Bewegungen mit den Mitteln des Militärs und Polizeistaates der Garaus bereitet. Die insbesondere von der Pariser Kommune aufgeworfenen Fragen nach Demokratie oder Diktatur, Rätesystem oder Parlamentarismus, Sozialismus oder Wohlfahrtskapitalismus, Säkularisierung, Volksbewaffnung und Frauenemanzipation blieben bis 1917 unbeantwortet.

2.4.3.8 Reformpädagogische Bewegung

Die in der Regierungszeit Wilhelm II. praktizierte *vaterländische Erziehung* mit ihrer am Militär ausgerichteten Betonung von Zucht und Ordnung wurde nicht nur von der marxistischen Pädagogik in Frage gestellt, sondern auch von der reformpädagogischen Bewegung. Sie ist im Nachhinein als internationale Strömung im Erziehungs- und Schulwesen zu beschreiben, die allerdings auch andere Lebensbereiche erfasste. Sie wird grob auf die Zeit zwischen 1890 und 1933 datiert und ist in engem Zusammenhang mit der bereits angesprochenen Jugend-, Arbeiter- und Frauenbewegung sowie der Entstehung von Volkshochschulen und der Sozialpädagogik zu sehen.

Man spricht heute von reformpädagogischen „Bewegung", da mit ihr ein Aufbruch zu Neuem verbunden war, der kaum aufzuhalten war. Bemerkenswert ist, dass die reformpädagogische Bewegung trotz ihrer unterschiedlichen Ansätze international war. Reformpädagogen vernetzten sich über die Landesgrenzen hinweg, unternahmen Studienreisen und trafen sich regelmäßig zum Erfahrungsaustausch. Es wurden Vereinigungen wie *New Education Fellowhip* als Bund für Erneuerung der Erziehung gegründet, der sich ab 1920 im zweijährigen Rhythmus zusammenfand. Des Weiteren wurden die *World Federation of Educational Association* und das *Bureau International d'Education* gegründet. Außerdem wurden Zeitschriften zur Verbreitung und zur kritischen Auseinandersetzung mit den Ideen herausgegeben – z. B. die Zeitschrift *Das werdende Zeitalter*. In England gründete Alexander S. Neill, der in Deutschland fälschlicherweise als Begründer der antiautoritären Erziehung betrachtet wird, die Zeitschrift *The New Era*.

Eine Wurzel der Reformpädagogik findet sich in der *Auseinandersetzung mit den pädagogischen Klassikern und der Kulturkritik*. Anknüpfend an die Ideen von Rousseau, Pestalozzi und Fröbel forderte man eine Hinwendung zum Kind und die Beachtung seiner alterstypischen Fähigkeiten. Man betonte, dass Kinder keine kleinen Erwachsenen seien, sondern eine altersangemessene Behandlung und Lebensweise benötigen. In diesem Sinne forderte man das Recht auf freie Entfaltung für Kinder und lehnte das zur damaligen Zeit typische Einwirken auf das Kind, seine Manipulation und „Dressur" in der sogenannten „Buchschule" ab. Man sollte nicht das Kind zu etwas machen, sondern ihm eine geeignete Umgebung bieten, damit es sich selbst entwickeln und entfalten kann. Damit stellte man sich klar gegen die damals vorherrschende „negative Erziehung" und forderte eine Erziehung des Wachsenlassens. Das Bild des Erziehers als Gärtner, das Fröbel auch bei der Gründung des Kindergartens nutzte, war zentral. Kinder sollten gehegt und gepflegt werden, ansonsten sollte man Vertrauen haben, statt aktiv einzuwirken.

Als weitere Wurzel der reformpädagogischen Bewegung ist, wie bereits gesagt wurde, die *Kulturkritik* zu betrachten. Ausgehend von der zunehmenden Industrialisierung und des damit verbundenen gesellschaftlichen Wandels glaubte man an eine Entfremdung des Menschen von der Natur. Die Welt schien zunehmend ein artifizielles Gebilde zu werden, in dessen Zentrum einseitig die Vernunft und Logik standen. In Anlehnung an Nietzsches Kulturkritik, der beanstandete, dass Trieb, Rausch und Kunst zunehmend zu kurz kämen, forderte man deshalb einen künstlerischen Lebensstil. Neben der Industrialisierung sah man den Ursprung dieses Mangels auch im Bildungs- und Schulsystem. Kritisiert wurde der Historismus, d. h. die Zurückwendung, die Lebensfeindlichkeit und die Einseitigkeit, bei der nur intellektuelle Leistungen wertgeschätzt wurden. Außerdem sah man die Lehrpläne als zu voll und als überholt an. Man forderte deshalb ein Zurücktreten der Wissenschaft und des Verstandes zugunsten der Ganzheitlichkeit.

Auch mit der *Kritik an der Organisation, den Methoden und Inhalten der Schule* hielt man sich nicht zurück. Die Schule wurde als „Stoffschule", „Buchschule", „Lernschule", „Strafanstalt" und „Zwangsschule" bezeichnet. Man kritisierte vor allem, dass der Lebensweltbezug in der Schule vollständig fehle. Es werde nur Stoff vermittelt, der propädeutischen Charakter habe, d. h. auf ein Universitätsstudium vorbereite, der aber mit der Gegenwart der Schüler nichts zu tun habe. Die Schule sei zu kopflastig, körperliche, praktische und künstlerische Bildung würden vollständig vernachlässigt. Daraus folgerte man, dass die Schule nicht kindgemäß sei.

In diese Richtung zielt auch die Kritik an der unangefochtenen Vormachtstellung des humanistischen Gymnasiums. Das sogenannte Realgymnasium und die Oberrealschule waren dem humanistischen Gymnasium nur scheinbar gleichgestellt, da den alten Sprachen und der humanistischen Bildung mehr Wert zugesprochen wurde als der Orientierung an den sogenannten Realien, also den Naturwissenschaften und den modernen Fremdsprachen.

Neben der Kritik am Lehrstoff wurde auch die Unterrichtsmethodik kritisiert. Im Zentrum der Schulen der Zeit stand der Frontalunterricht und das Auswendiglernen. Die Schüler hatten keine Möglichkeit, selbst etwas zu erarbeiten und zu erfahren. Der Stoff wurde ihnen sozusagen „vorgekaut" und sie hatten die Aufgabe, ihn wiederzukäuen. Dabei war der Lehrer die unangefochtene Autorität, die nicht selten den Rohrstock nutzte. Körperliche Züchtigung war nicht nur in der schulischen, sondern auch in der familiären Erziehung der damaligen Zeit nicht nur akzeptiert, sondern geradezu gefordert. Dadurch wurde jedoch aus Sicht der Reformpädagogen ein Verhalten der Kinder gefördert, welches Ausreden und Lügen nötig machte. Die Schüler mussten mit der Angst vor Bestrafung leben. Interesse und Neigungen wurden im Keim erstickt; die Kinder hatten zu „spuren" und zu funktionieren. Dadurch unterstützte die Schule nicht nur aus Sicht der damaligen Reformpädagogen die Ausbildung gesunder, starker und selbstständiger Persönlichkeiten in keiner Weise.

Daraus ergaben sich die Forderungen der reformpädagogischen Bewegung nach einer *Erziehungs- statt einer Lernschule*, einer lebensnahen Schule statt einer lebensfremden, einer freien statt einer Zwangsschule. Die Schule sollte den Charakter der Kinder stärken, sie in ihrer individuellen Entwicklung unterstützen und sie zu Selbstständigkeit, Eigenverantwortlichkeit und Mündigkeit erziehen. Den Weg, um dies zu realisieren, sahen die Reformpädagogen in einer ganzheitlichen Erziehung, die gleichermaßen Körper und Geist fördern sollte.

Grundlegende Ideen der Reformpädagogen

Generell kann man die reformpädagogische Bewegung als eine Hinwendung zum Kind bezeichnen, also als *Pädagogik vom Kinde aus*. Wie bereits gesagt, wandte man sich damit den pädagogischen Klassikern wie Rousseau, Pestalozzi und Fröbel zu, die bis dahin für die Erziehungs- und Schulpraxis wenig Beachtung gefunden hatten. Durch neue anthropologische Erkenntnisse und die Entwicklungspsychologie, die einen Einfluss der Erlebnisse der Kindheit auf das Erwachsenenalter postulierte, rückten die Ideen der pädagogischen Klassiker mehr in den Fokus. Man begann, das Kind als Individuum zu sehen, das voller Möglichkeiten steckt, die entfaltet und geweckt werden müssen. Man begann, das Kind als von Natur aus gut zu betrachten und als Teil der Natur zu begreifen, welches durch Erziehung vervollkommnet werden kann.

Dementsprechend sollte Erziehung Kinder in ihrer Entwicklung und ihrem geistigen Wachstum unterstützen und ernstnehmen. Dafür wurde es als notwendig erachtet, dass der Erzieher das Kind zu verstehen versucht, ihm Schutz gibt und es hegt und pflegt wie ein Gärtner seine Pflanzen. Hierbei lehnte man sich eng an Rousseaus Idee der negativen Erziehung an, wonach es Aufgabe des Erziehers ist zu beobachten, jedoch nicht das Kind zu manipulieren oder zu etwas machen zu wollen. Durch Vertrauen und das Wissen über Kinder sollte man die Kinder wachsen lassen und ihnen Anregungen zur Selbstbildung geben, sie zur eigenständigen Betätigung anregen und dadurch ihre Kräfte herauszufordern. Man sollte sie also behüten, damit sie ihre Fähigkeiten entfalten können. Eine besondere Bedeutung wurde dabei dem kindlichen Spiel beigemessen. Der Erzieher sollte durch das Bereitstellen von Spielzeug mit Anreizcharakter und durch Raum, Zeit, Ruhe und Ungestörtheit das Kind zum Spiel anregen. Damit lehnten sich die Reformpädagogen eng an die Ideen von Fröbel, dem Gründer des ersten Kindergartens, an.

Auch wenn die Vielfalt der im Rahmen der reformpädagogischen Bewegung gegründeten Schulen hoch ist, zeichnet sich insgesamt das Bild einer „neuen" Schule ab, in der Lehrer und Schüler *frei* sein sollten. Dazu gehörte auch die Unabhängigkeit der Schule von Staat und Kirche. Die Schule sollte außerdem lebensnah sein, was durch natürlichen Unterricht gewährleistet werden sollte. Darunter verstand man, dass der Unterricht von der Erfahrungswelt der Schüler ausgehen, dass er das natürliche Interesse der Kinder berücksichtigen und in einer natürlichen Form und nicht künstlich erfolgen sollte. Im Zentrum sollte die Eigenaktivität der Schüler stehen. Dass dies erfolgreich sein kann, führten die Reformpädagogen darauf zurück, dass sie dem Kind eine grundlegende Schaffensfreude, Neugier und einen natürlichen Wissensdrang zusprachen.

Ein weiterer Akzent der neuen Schule, wie sie in der Reformpädagogik angestrebt wurde, lag auf dem *Schulleben*. Dieses sollte auf Gemeinschaft beruhen. Zur Gemeinschaft gehörten dabei Schüler, Lehrer und Eltern gleichermaßen. Das *Schulleben* sollte eine Lebensform werden, weshalb die meisten Schulgründungen in der Reformpädagogik Internatsgründungen waren. Zum Kontext des Gemeinschaftsaspekts gehörte außerdem, dass die meisten reformpädagogischen Schulen koedukativ waren, d. h. Mädchen und Jungen gemeinsam unterrichtet wurden. Dies war zur damaligen Zeit in den traditionellen Schulen keineswegs üblich.

Als Grundanschauung der reformpädagogischen Bewegung kann es demnach gelten, Leben und Lernen nicht mehr zu trennen, sondern als Einheit zu betrachten. Das Leben sollte in die Schule integriert werden. Umgekehrt wurde Bildung auch als dynamisches Ereignis in allen Lebensbereichen begriffen, welches aus der Auseinandersetzung mit der Welt erwächst. Dementsprechend war man der Überzeugung, dass die gesamte Gesellschaft pädagogisch zu werden habe und sich jeder uneingeschränkt für Erziehung orientiert am Wohl des Kindes einzusetzen habe. Des Weiteren stand die Besinnung auf sich und den eigenen Körper im Fokus und damit auch eine Besinnung auf das Diesseits. Statt kirchlicher Religiosität lebte man entsprechend den Ideen der sogenannten Theosophie. In Abgrenzung zur kirchlichen Religiosität wird hier die Meinung vertreten, dass es keine Ursünde gebe und keine Grenze zwischen Leben und Tod gezogen werden solle. Um nach dem Tod in einer anderen, höheren Welt weiterleben zu können, sei es notwendig – so die Vertreter der Theosophie – die Erfahrungen auf der Erde zu verarbeiten, was durch kontinuierliches Lernen ermöglicht werden sollte.

Diese Ideen und Grundhaltungen fanden ihren Niederschlag in den zahlreichen Schulgründungen der reformpädagogischen Bewegung. Die ersten Gründungen werden dabei in der sogenannten Landerziehungsheimbewegung zusammengefasst.

Landerziehungsheimbewegung

Der Ausgangspunkt der Gründung der sogenannten Landerziehungsheime findet sich in einem kulturkritischen Ansatz. Man kritisierte die Zivilisation mit ihrem Stadtleben und dem Missbrauch von Alkohol und Nikotin, man hielt die Familie für unzureichend im Hinblick auf Erziehung und kritisierte die Schule im Hinblick auf Methoden, Inhalte, die Lehrer, die Geisteshaltung und das gesamte System. Dementsprechend wurden die Landerziehungsheime als Heimschulen auf dem Land, d. h. in der Natur gegründet. Dadurch sollte eine kraftvolle, ursprüngliche Erziehung durch Garten- und Ackerbau stattfinden und ein Leben im Einklang mit der Natur ermöglicht werden. Die Schule als Heimschule, d. h. als Internat sollte Schutz vor zivilisatorischen Einflüssen bieten und wurde als jugendgemäße Lebensform gesehen. In den Heimschulen, in der die Gemeinschaft großgeschrieben wurde, konnte die Jugend selbsttätig werden, ihr Leben selbst gestalten und war nicht nur ein Anhängsel der Erwachsenenwelt. Durch die Lage der Heimschulen in der Natur wurde es auch möglich, die Handarbeit, im Sinne körperlicher Arbeit, in den Alltag zu integrieren und damit einen Ausgleich zur geistigen Arbeit zu schaffen. Auf diese Weise sollte außerdem der Dialog zwischen Gebildeten und Arbeitern unterstützt werden, weil man durch die Integration körperlicher und geistiger Arbeit Verständnis für die körperlich Arbeitenden schaffen wollte und dementsprechend eine Charakterbildung damit verknüpfte.

Vorrangige Aufgabe in den Landerziehungsheimen war damit die Erziehung, die als *Erziehung zur Gemeinschaft durch Gemeinschaft* erfolgen sollte. Dementsprechend lebten die Schüler in den Landerziehungsheimen in „Familien" oder „Kameradschaften" zusammen, in denen Lehrer und Schüler unterschiedlicher Altersstufen zusammengefasst wurden. Innerhalb dieser „Familien" oder „Kameradschaften" wie auch zwischen Lehrern und Schülern allgemein wurde ein kameradschaftliches und freundschaftliches Verhältnis gepflegt. Dies zeigte sich z. T. sogar darin, dass man sich in manchen Landerziehungsheimen sogar duzte, was zu deren Gründungszeit selbst in manchen Familien noch nicht gang und gäbe war.

Im Zentrum der Landerziehungsheime stand die *Schulgemeinde*. Zu ihr gehörten alle Lehrer und Schüler. Sie bestimmte zumeist unter Einhaltung demokratischer Grundprinzipien über das Schulleben und die Gestaltung der Schule. Hier konnte jeder Wünsche äußern und Vorschläge einbringen, über die dann gemeinsam entschieden wurde. Durch die Arbeit in der Schulgemeinde wurde somit die staatsbürgerliche Erziehung in den Landerziehungsheimen geleistet. Neben der Schulgemeinde sind als weitere pädagogische Aspekte der Landerziehungsheime die körperliche Arbeit (körperliche Ertüchtigung, Leibesübungen, gesunde Ernährung, landwirtschaftliche Arbeit und Arbeit in der Werkstatt) und musische Erziehung (künstlerisches Schaffen) und die Selbstzucht (asketische Erziehung, Selbsterziehung) zu nennen. Lehrplan und Lehrmethoden waren lebenswelt- und zukunftsbezogen. Der Unterricht erfolgte durch die Aktivierung der Schüler und gemeinsames Arbeiten. Außerdem kam dem freien Reden und Diskutieren eine besondere Stellung zu. Auf diese Weise sollte gewährleistet werden, dass die Schüler mit Freude und Begeisterung lernten.

Kennzeichen einiger Landerziehungsheime war außerdem die sogenannte „Kapelle". Hier traf man sich regelmäßig zu (philosophischen) Gesprächen und gemeinsamen Andachten, wobei keine kirchliche Religiosität gelebt wurde, sondern eher eine Hinwendung zu sich.

Die ganz spezielle Prägung erhielten die Landerziehungsheime jedoch durch ihre jeweiligen Gründer. Die hier dargestellten Gemeinsamkeiten sollten deshalb nicht darüber hinwegtäuschen, dass im Detail durchaus auch große Unterschiede bestanden. Zu den heute noch bestehenden Landerziehungsheimen gehören die Landerziehungsheime auf Spiekeroog von Hermann Lietz (1868–1919), Salem als heutige Eliteschule am Bodensee von Kurt Hahn (1886–1974) und die Odenwaldschule, die von Paul Geheeb (1870–1961) gegründet wurde. Ein weiterer Gründer innerhalb der Landerziehungsheimbewegung war Gustav Wyneken (1875–1964), der zusammen mit Paul Geheeb das Landerziehungsheim Wickersdorf ins Leben rief. Eine Übersicht über die jeweilige Prägung dieser und weiterer Landerziehungsheime gibt ◘ Tab. 2.8.

Damit wird deutlich, dass es selbst innerhalb der Landerziehungsheimbewegung große Unterschiede gab. Zum Beispiel kann mit Otto (1859–1933) und Lietz das politische Spektrum der frühen reformpädagogischen Bewegung verdeutlicht werden: Lietz war ein ausgesprochener Nationalist und sein pädagogisches Denken kreiste um einen religiös gefärbten Idealismus, während Otto als der demokratische Vertreter der Erziehung zu Toleranz zu betrachten ist. Auch Neill, dessen Ansatz und Landerziehungsheim Summerhill im folgenden Abschnitt vorgestellt wird, kann als ein Reformpädagoge betrachtet werden, der demokratische Grundwerte hochhielt, vertrat und lebte.

Summerhill und die „antiautoritäre" Erziehung

Als ein besonderes Landerziehungsheim soll hier *Summerhill* vorgestellt werden, das im Jahre 1923 von Alexander S. Neill (1883–1973) gegründet wurde. Auch wenn diese Schule keine Nachahmer fand, d. h. dass es keine weiteren Schulen dieser Art gab und gibt (Summerhill selbst existiert aber auch heute noch), scheint uns wichtig zu sein, Neills Ansatz hier vorzustellen, denn sein Ansatz wurde im Rahmen der 68er-Generation häufig falsch verstanden und dem Ansatz werden auch heute noch Aspekte zugesprochen, die Neill in der Form nie vertreten hat.

Der Ursprung dieser Missverständnisse liegt darin, dass Neills Buch mit einem reißerischen Titel in Deutschland vermarktet wurde. Das englische Original trug den Titel *A Radical Approach to a Child Rearing*. Der Titel der ersten deutsche Auflage von 1965 kam dem auch noch sehr nahe, er lautete: *Das revolutionäre Beispiel einer freien Schule*. In den späteren Auflagen wählt man dann den Titel *Theorie der antiautoritären Erziehung*, da man sich dadurch im Kontext der 68er-Bewegung größere Absatzzahlen versprach. Dies gelang! Das Buch wurde zu einem Bestseller, denn es traf den Zeitgeist: Für die Anhänger der 68er-Generation, die Freiheit forderte und sich von den konservativen Einstellungen ihrer Elterngeneration abwenden wollte, war ein Buch zur antiautoritären Erziehung wie geschaffen. Allerdings wurde es wohl vielfach auch zu einer Projektionsfläche für das, was man für antiautoritäre Erziehung hielt. Ohne genau zu lesen, sah man sich schon durch den Titel unterstützt. Hätte man dagegen genauer

Tab. 2.8 Übersicht über die spezifischen Prägungen der Landerziehungsheime

Landerziehungsheim (Gründungsjahr)	Gründer	Besondere Prägung
Ilsenburg (1898) Haubinda (1901) Biberstein(1904)	Lietz	– Patriachalische Struktur – Völkisch – Charakterbildung – Förderung der Teilhabe am einfachen, gesunden und tüchtigen Leben – Erziehung zur Stille – Strenger Tagesablauf – Nur Jungen
Freie Schulgemeinde Wickersdorf (1906)	Wyneken und Geheeb	– Forderung nach Emanzipation der Jugend: Jugendkultur – Koedukation – Demokratischer Schülerausschuss – Ganzheitlichkeit
Odenwaldschule (1910)	Geheeb	– Kurssystem, dadurch Wahlmöglichkeiten im Hinblick auf Lerninhalte – Wichtig: Schulgemeinde (Alltagsprobleme lösen und politische Diskussionen) – Andachten (immanente Religiosität) – Koedukation
„Pädagogische Provinz" – Salem (1920)	Hahn	– Friedliche Kooperation unter den Völkern – Charakterbildung – Verpflichtende Gemeinschaftsdienste (z. B. Feuerwehr) – Selbstzucht – Bildung eines „Seelenadels"
Summerhill (1923)	Neill	– Freiwilliger Unterrichtsbesuch – Selbstregierung – Freiheit, solange die Freiheit anderer nicht gestört wird – Koedukation

gelesen, wäre man sehr schnell darauf gestoßen, dass es Neill zwar um eine freiheitliche Erziehung ging, aber nicht um eine Erziehung im Stile von Laissez-faire, was häufig mit dem Begriff der antiautoritären Erziehung assoziiert wird und wurde und (berechtigterweise) stark kritisiert wird. Neills Ansatz ist deutlich von einem Ansatz der Zügellosigkeit und einer daraus resultierenden Rücksichtslosigkeit zu unterscheiden, wie sie jedoch aus einer Erziehung nach dem Prinzip Laissez-faire resultiert. Wesentliches Merkmal von Neills Erziehung ist vielmehr die Freiheit, die jedoch stets nur so weit gehen darf, wie die Freiheit eines anderen Menschen nicht beeinträchtigt wird.

Das wesentliche und viel diskutierte Merkmal von Neills Summerhill ist die *Freiwilligkeit des Unterrichtsbesuchs*. Ganz im Sinne einer kindergeeigneten Schule, die auf Freiwilligkeit statt auf Druck und Zwang fußt, können die Kinder in Summerhill wählen, ob sie zum Unterricht gehen wollen oder nicht. Spannend dabei ist Neills Ansatz: Er ging davon aus, dass jeder, der lernen will, auch lernt. Der Unterrichtsmethode maß er dementsprechend deutlich weniger Gewicht bei wie andere Reformpädagogen. Er bezeichnete es sogar als „Betrug", den Unterricht spielerisch zu gestalten, um das Lernen anzuregen. Da er auf das natürliche Interesse am Lernen vertraute, konnte er diese Meinung vertreten. Seine Erfahrungen schienen dies auch zu bestätigen. Wie er selbst und einige seiner ehemaligen Schüler berichteten, gingen die meisten Kinder früher oder später freiwillig und gerne zum Unterricht.

Ein weiteres Merkmal von Summerhill war das *demokratische Grundverständnis*. Die Schüler waren, wie alle anderen Mitglieder der Schule Teil der Selbstregierung. Diese bestimmte über die Regeln an der Schule, indem eingehende „Gesetzesentwürfe" geprüft und verabschiedet wurden. Dabei hatten alle Mitglieder gleiches Stimmrecht. Außerdem wurden auch Anklagen geführt und über Strafen bestimmt. Dies sollte den Gerechtigkeitssinn der Schüler entwickeln helfen und stärken.

Insgesamt kann *Neill als Anwalt der Kinder* verstanden werden, der seinen ganz eigenen, höchst demokratischen Ansatz umsetzte und lebte, der jedoch, wie beschrieben wurde, nichts mit Laissez-faire und missverstandener antiautoritärer Erziehung zu tun hat. Auf der anderen Seite sind seine Ansichten recht pauschal: Er wird nicht ganz zu Unrecht auch als „trotziger Rebell" bezeichnet, der gegen alles Bestehende rebellierte, für den es zwischen Gut und Böse nichts gab, der pauschalisierend davon ausging, dass die meisten ihre Eltern hassten und alle Sex für unmoralisch hielten. In diesem Sinne ist aber auch verständlich, dass die 68er-Generation durch ihn ihre Interessen vertreten sahen.

Neben den Landerziehungsheimen wurden weitere Versuchsschulen im Rahmen der pädagogischen Bewegung gegründet. Zu den Versuchsschulen, die nicht den Landerziehungsheimen zuzurechnen sind, gehören die auch heute noch existierenden Freien Waldorfschulen, die auch und vor allem in der Schweiz in Anlehnung an ihren Gründer als Rudolf-Steiner-Schule bekannt sind, und die Jenaplan-Schule von Petersen. Des Weiteren sind die Montessori-Schulen und -Kindergärten zu nennen, die ebenfalls überdauert haben. Diese Ansätze werden im Folgenden genauer beleuchtet, wobei der Zeitraum des 19. Jahrhunderts überschritten wird, da die reformpädagogische Bewegung nach dem ersten Weltkrieg einen rasanten Aufschwung erlebte. Um den thematischen Zusammenhang zu wahren, greifen wir hier in der Darstellung zeitlich etwas vorweg.

Waldorfschulen – Rudolf-Steiner-Schulen

Ende des Ersten Weltkriegs erhielt Rudolf Steiner (1861–1925) von der Zigarettenfabrik Waldorf-Astoria den Auftrag, eine Schule, die frei von staatlicher Bevormundung sein sollte, für die Kinder ihrer Betriebsangehörigen zu gründen. Steiner hatte sich davor intensiv mit der Entwicklung des Kindes und davon ausgehend mit Erziehung beschäftigt. Zudem hatte er die Anthroposophie begründet.

Die Anthroposophie ist als Menschenkunde zu verstehen, der ein ganzheitliches Menschenbild zugrunde liegt, das den Menschen bereits vor der Geburt bis nach dem Tod betrachtet. Entwicklung wird dabei in Sieben-Jahres-Abständen und gemäß der Viergliederung des Menschen (physischer Leib, Ätherleib, Astralleib und Ich-Leib) beschrieben. Steiner geht davon aus, dass jeweils nach sieben Jahren eine Hülle abgestreift und ein neuer Leib freigelegt wird. Solange die Hülle einen Leib umschließt, ist seiner Auffassung nach auf diesen Leib auch nicht durch Erziehung einzuwirken.

Daraus ergibt sich Steiners *Erziehungslehre*. Derzufolge lernt das Kind in seinen ersten sieben Lebensjahren, die mit dem äußeren Zeichen des Zahnwechsels enden, vor allem durch Nachahmung. Aus diesem Grund ist in diesen ersten sieben Jahren von großer Bedeutung, dass das Kind die richtigen Eindrücke, die phantasieanregend sind, erhält und Vorbilder hat, die es nachahmen kann. Eine wichtige Rolle spielt dabei der heitere Erzieher, der Liebe schenkt, aber auch die Gestaltung der Umwelt mittels der richtigen Farben und schönen Klängen. Außerdem ist die physische Handarbeit wichtig und die Bewegung (Tanz). Das Kind sollte Freude an und mit seiner Umgebung haben.

Mit dem Zahnwechsel beginnt dann das zweite Jahrsiebt. In dieser Zeit sollen durch Gleichnisse und Bilder Gefühle und Empfindung angeregt werden. Alles muss jedoch im Anschaulichen verhaftet bleiben und lebendig erfasst werden. Das Kind lernt jetzt durch Nachfolge und Autorität mittels Kunst, Musik und Sport. Auch das Gedächtnis soll trainiert werden, allerdings soll der Verstand und das Verstehen noch nicht aktiviert und gefördert werden, da dieser noch „umhüllt" ist. Die Kinder sollen vielmehr dazu angeregt werden, sich etwas anzueignen, das sie später dann durchdringen können. Der Erzieher soll in dieser Zeit Freude am Leben, Liebe zum Dasein und Kraft zur Arbeit demonstrieren. In diesen sieben Jahren fühlen die Kinder die wachsende Kraft und die Urteilskraft, ihr Denken reift. Mit der Geschlechtsreife, die nach den folgenden sieben Jahren, also mit ca. 14 Jahren eintritt, entfaltet sich nach Steiner dann der Verstand. Die Urteilsfähigkeit entwickelt sich auf der Grundlage des bisher Gespeicherten.

Von zentraler Bedeutung ist die *Temperamentenlehre* für die Erziehung, wonach man Menschen in vier Typen einteilen kann: Sanguiniker, Phlegmatiker, Melancholiker und Choleriker (vgl. ▶ Kap. 3.). Den entsprechenden Typus der Kinder zu berücksichtigen, ist für Steiner zentral.

Konkret entwickelte Steiner aus diesen grundlegenden Annahmen dann seine erste Freie Waldorfschule als Einheitsschule, in der alle Kinder von der 1. bis zur 12. Klasse gemeinsam unterrichtet wurden. Steiner begründete dies damit, dass alle Kinder das Recht auf eine vollständige Erziehung haben sollten. Obwohl die Waldorfschule als frei von staatlicher Bevormundung gegründet werden sollte, machte Steiner ein Zugeständnis: Die Schüler, die das Zeug zum Abitur hatten, konnten nach der 12. Klasse das staatlich anerkannte Abitur machen. Dies ist auch heute weiterhin der Fall.

Besonderes Kennzeichen der Waldorfschulen ist es, dass die Kinder bis zur 8. Klasse von ein und demselben Klassenlehrer unterrichtet werden. Dies soll zu einer gefestigten Lehrer-Schüler-Beziehung führen. Außerdem wird in Waldorfschulen die Mitarbeit der Eltern für die Schule großgeschrieben. Des Weiteren kann man nicht „sitzen bleiben", und es gibt keine Noten und Zeugnisse. So soll verhindert werden, dass Kinder aus Angst nicht mehr lernen können, Täuschungsversuche unternehmen oder depressiv werden. Eine Waldorfschulklasse umfasste zu Steiners Zeiten 30 bis 40 Schüler. Durch diese großen Klassen sollten die Schüler lernen, sich in eine Gemeinschaft einzuordnen.

Der Unterricht ist vor allem durch den sogenannten *Epochenunterricht* geprägt. Das bedeutet, dass über 4 Wochen hinweg jeweils 2 Schulstunden täglich ein Thema behandelt wird. Dies soll der vertieften Auseinandersetzung mit dem Thema dienen. In der Oberstufe kommen außerdem Projektarbeiten dazu, in deren Rahmen sich die Schüler für ein bis zwei Wochen intensiv mit einem Projekt beschäftigen.

Besonderer Wert wird in Waldorfschulen außerdem auf die *Kunsterziehung* gelegt. Diese gilt als grundlegendes Prinzip jedweden Unterrichts und des Schullebens an sich. Zur Kunsterziehung gehört die künstlerische Ausgestaltung der Schule – Steiner hatte eine Aversion gegen rechte Winkel, die nach seiner Meinung unnatürlich seien, da sie in der Natur so nicht vorkämen, weshalb viele Waldorfschulen auch heute noch durch ihren besonderen Baustil auffallen, der rechte Winkel vermeidet. Außerdem wird im Rahmen der Kunsterziehung in Waldorschulen dem Aquarellmalen, der Gartenarbeit, dem Handwerksunterricht, der Eurythmie (Tanz, der Sprache in Bewegung umsetzt), der Musik und den Feiern und Festen im Jahresrhythmus besondere Bedeutung zugemessen. Alle Kinder lernen Blockflöte und später Geige.

Die Kinder lernen außerdem bereits ab der 1. Klasse moderne Fremdsprachen; ganz im Sinne von Steiners Entwicklungslehre durch Nachahmung. Ansonsten soll der Unterricht laut Steiner insgesamt lebensnah und idealistisch sein. Er soll Kräfte und Fähigkeiten wecken, damit das Kind lebenstüchtig wird, um die Aufgaben der Gegenwart und der Zukunft bewältigen zu können. Damit dies gelingt, sollen die Lehrer sich auf das Leben einlassen und viel Menschenkenntnis besitzen. Nur so könne Erziehungs- und Unterrichtskunst durch ein Miteinanderleben erfolgen.

Montessori-Schulen

Maria Montessori kann als typische Vertreterin der Reformpädagogik gelten. Auch sie wollte durch eine verbesserte Erziehung letztlich die Menschheit verändern. Montessori war Ärztin, weshalb sie bestrebt war, Erziehung auf den Experimentalwissenschaften aufzubauen. Nicht verwunderlich ist es deshalb, dass Montessoris Pädagogik ihren Ursprung in einem *Schlüsselerlebnis* hat: Sie arbeitete mit behinderten Kindern und soll beobachtet haben, wie ein Kind so in sein Spiel vertieft war, dass man es mitsamt seinem Stuhl wegtragen konnte, ohne dass das Kind sich in seinem Spiel merklich stören ließ. Dies veranlasste Montessori zu der Überzeugung, dass Lernen selbsttätig und quasi nebenbei stattfindet, wenn das zu Lernende zur jeweiligen individuellen Entwicklung des Kindes passt.

Montessori ging in diesem Sinne davon aus, dass im Laufe der Entwicklung Kinder sogenannte *sensible Phasen* für das Lernen bestimmter Fähigkeiten durchlaufen. Diese Phasen hielt sie für immanent, d. h. vorgegeben, jedoch bei unterschiedlichen Kindern zu unterschiedlichen Zeiten. Sie ging davon aus, dass man das volle Potential der Kinder am besten ausschöpfen könne, wenn man sie entsprechend dieser Phasen fördert. Außerdem erlebten die Kinder nach Montessori dann ein Wonnegefühl und empfänden sich als unabhängig, was wiederum die beste Voraussetzung für das Lernen sei.

Insgesamt hielt Montessori die frühe Kindheit für eine sehr wichtige Entwicklungsphase mit großen Entwicklungschancen. Vor allem die soziale Erziehung ist aus Montessoris Sicht zu dieser Zeit besonders wichtig.

In ihrem *Kinderhaus*, welches sie in einem Elendsviertel in Rom gründete, bot sie den Kindern deshalb eine *vorbereitete Umwelt*, in der die Kinder jeweils das Lernmaterial aussuchen konnten, welches zu ihrer sensiblen Phase passte. Auf diese Weise sollten sie ihren „inneren Hunger" befriedigen können. Im Kinderhaus, aber auch heute in Kindergärten und Grundschulen, die nach den Methoden Montessoris arbeiten, wählen die Kinder deshalb selbstständig das Material aus, mit dem sie arbeiten wollen. Dadurch sei gewährleistet, dass sie sich weiterentwickeln. Diese Höherentwicklung findet nämlich laut Montessori nur dann statt, wenn Kinder ihren Interessen folgen und entsprechend ihrer jeweils sensiblen Phase lernen.

Zentral für die Pädagogik Montessoris ist deshalb das sogenannte und auch heute immer noch aktuelle *Montessori-Material*. Montessori entwickelte für jede Sinnesfunktion bestimmtes Übungsmaterial, mit welchem die Kinder arbeiten konnten. Typisch für dieses Material ist, dass es so gestaltet ist, dass die Kinder auch selbst kontrollieren können, ob sie eine Übung richtig gemacht haben (▣ Abb. 2.16).

Durch die Arbeit z. B. mit den in der Abb. 2. 16 gezeigten Einsatzzylindern schulen die Kinder die Wahrnehmung von Körpergrößen und Volumen. Alle Materialien sind gleichzeitig Gedulds-, Genauigkeits- und Wiederholungsübungen und damit Übungen des täglichen Lebens, die eine äußere Bildung ermöglichen sollen. Dazu kommen Meditationsübungen und Übungen zum Stillsein, um die innere Bildung zu vollziehen.

Erzieher und Lehrer treten in Montessoris Konzept zurück. Sie arbeiten einem Wissenschaftler entsprechend, der beobachtet, erkennt und interessiert ist und Interesse zu wecken vermag. Die Erzieher müssen erkennen, wenn das Kind für eine höhere Übung „reif" ist, und es dann dazu anregen. Die selbsttätige Arbeit mit dem Material fördert gleichzeitig das Verantwortungsbewusstsein und die Disziplin der Kinder. Die Erzieher sind dafür verantwortlich, die genutzten Materialien sorgfältig zu behandeln und auch wieder aufzuräumen, damit sie dann anderen Kindern zur Verfügung stehen. Auf diese Weise sollen die Kinder also durch die Umwelt und durch die Strukturierung der Erziehungstätigkeit in ihrer Selbsttätigkeit gefördert werden, um sich selbst entfalten zu können und durch Freude am eigenen Erfolg zur Selbsterziehung (*autoeducatione*) befähigt werden. Dabei soll auch gelernt werden, dass Selbstverwirklichung nur so weit möglich ist, wie die Freiheit anderer Menschen nicht beeinträchtigt wird, denn jeder Mensch möchte ein soziales Wesen sein. Wichtig ist an dieser Stelle noch zu erwähnen, dass Montessori kaum von Spiel spricht, sondern zumeist von Arbeit. Da aus ihrer Sicht das kindliche Spiel die Voraussetzung für Entwicklung ist, sieht sie es nicht als Zeitvertreib, sondern als Arbeit.

▣ **Abb. 2.16** Typisches Montessori-Material: Einsatzzylinder (© Svetlana Shapiro / Fotolia.com)

▪ Jenaplan-Schulen

Deutlich weniger verbreitet, aber durchaus vertreten auf der Liste der heutigen privaten Schulen, die aus der reformpädagogischen Bewegung hervorgingen, sind die sogenannten Jenaplan-Schulen, die auf Peter (1884–1952) und Else (1891–1968) Petersen zurückgehen. Das Ehepaar berief sich auf andere Reformpädagogen wie z. B. Lietz, Otto und Geheeb und auf die sogenannte pädagogische Tatsachenforschung.

Im Zentrum des Jenaplans steht die *Gestaltung des Gemeinschaftslebens*, das Petersen wie auch andere Reformpädagogen für äußerst wichtig für ein natürliches und spontanes Leben einschätzte. Konkret wird dies durch die Arbeit in den sogenannten Stammgruppen realisiert. In einer Stammgruppe werden jeweils drei Jahrgänge zusammengefasst, was zu einem sozial differenzierteren und anregungsreicheren Lernen führen soll. Außerdem soll auf diese Weise die Kontinuität auch dann gewährt sein, wenn ein Wechsel in eine höhere Stufe ansteht. Hilfestellung bieten hier dann jeweils Paten der beiden Jahrgänge, die nicht wechseln, für den jeweils wechselnden jüngeren Jahrgang. Um das Gemeinschaftsleben positiv zu gestalten, spielen im Jenaplan auch Feste und Feiern eine wesentliche Rolle. Dies soll die Schule zu einem Lebensraum machen, statt sie als Lehrinstitution zu gestalten.

▪ Kritik an der reformpädagogischen Bewegung

Es kann an dieser Stelle festgehalten werden, dass mit den reformpädagogischen Vorstellungen einer Pädagogik vom Kinde aus so gut wie jede politische Position verknüpft war, die es am

Ende des 19. und am Beginn des 20. Jahrhunderts in Deutschland gab. Einige Reformpädagogen (z. B. Theodor Litt) verbanden eine liberale Grundhaltung mit einem starken sozialen Engagement, andere orientierten sich an sozialistischen Erziehungsidealen und -zielen (z. B. Otto Felix Kanitz oder Fritz Karsen), wieder andere (z. B. Hermann Lietz) betonten die völkische Erziehung und waren (z. B. Ellen Key oder Peter Petersen) den rassistischen und antisemitischen Strömungen ihrer Zeit alles andere als abhold. Für einige Reformpädagogen (z. B. Heinrich Scharrelmann und Otto Friedrich Bollnow) wurde der Nationalsozialismus zur geistigen Heimat, und sie traten der NSDAP bei, während die kommunistischen, sozialistischen Reformpädagogen wie auch die Pädagogen jüdischen Glaubens (z. B. Adolf Reichwein, Paula Fürst) von den Nazis zum Schweigen gebracht wurden. Politisch verfolgten viele Reformpädagogen einen konservativ-reaktionären Kurs und verbanden – von der Idee der geschlossenen Volksgemeinschaft – mit Erziehung deutlich antidemokratische Führungsphantasien.

Die deutsche Reformpädagogik vor dem Ersten Weltkrieg war eine Mischung aus Neuplatonismus, Rückbesinnung auf die Natur und natürliche Lebensreformen und reaktionärer Gesellschaftstheorie. Einigkeit herrschte im Grunde aber nur in der gemeinsamen Ablehnung der alten Schule und in der Betonung der Selbsttätigkeit der Schüler. Das Programm der neuen Erziehung war dabei eng verknüpft mit einer Erlösungsrhetorik, die unentwegt einen pädagogischen Eros beschwor, der die alternative Schul- und Unterrichtspraxis bestimmen sollte.

Zu dem politischen Treiben der Reformpädagogen um die Wende vom 19. zum 20. Jahrhundert merkte Johannes Trüper, der Mitbegründer der Heilpädagogik, an:

» Ein zweiter Fehler der meisten Schulblätter und Lehrer […] liegt darin, daß sie unsere Berufswissenschaft, die Pädagogik, zu sehr mit politischen Parteigedanken verunreinigen und unsere Standesanliegen mit politischen Parteiinteressen verbünden. Es kommt dies auf beiden Seiten vor, auf der rechten wie auf der linken […]. Durch solche Fälschungen der Pädagogik thut man ihr aber überdies das zweite Übel an, daß man die Welt glauben macht, die Pädagogik sei die unterthänige *Magd der Politik* und müsse dieser zum Gefallen auch jeweilig sich zum Lügen verstehen (Trüper 1901, S. 48).

2.4.4 Erziehung und Bildung im 20. Jahrhundert

» Kennst du das Land, wo die Kanonen blühn?
Du kennst es nicht? Du wirst es kennenlernen!
Dort stehn die Prokuristen stolz und kühn
in den Büros, als wären es Kasernen.
Dort wachsen unterm Schlips Gefreitenknöpfe.
Und unsichtbare Helme trägt man dort.
Gesichter hat man dort, doch keine Köpfe.
Und wer zu Bett geht, pflanzt sich auch schon fort!
Wenn dort ein Vorgesetzter etwas will
– und es ist sein Beruf etwas zu wollen –
steht der Verstand erst stramm und zweitens still.
Die Augen rechts! Und mit dem Rückgrat rollen!
Die Kinder kommen dort mit kleinen Sporen
und mit gezogenem Scheitel auf die Welt.
Dort wird man nicht als Zivilist geboren.
Dort wird befördert, wer die Schnauze hält.
[…]
Kennst du das Land? Es könnte glücklich sein.
Es könnte glücklich sein und glücklich machen!
Dort gibt es Äcker, Kohle, Stahl und Stein
und Fleiß und Kraft und andre schöne Sachen.
Selbst Geist und Güte gibt's dort dann und wann!
Und wahres Heldentum. Doch nicht bei vielen.
Dort steckt ein Kind in jedem zweiten Mann.
Das will mit Bleisoldaten spielen.
Dort reift die Freiheit nicht. Dort bleibt sie grün.
Was man auch baut – es werden stets Kasernen.
Kennst du das Land, wo die Kanonen blühn?
Du kennst es nicht? Du wirst es kennenlernen!
(Erich Kästner, 1927, in Kästner 1970, Bd. 1, S. 60 f.)

Die erste Hälfte des 20. Jahrhunderts, auf die wir uns im folgenden Abschnitt konzentrieren werden, war durch Krieg, Hunger und Not gekennzeichnet, wie es Europa seit dem Dreißigjährigen Krieg in einem vergleichbaren Ausmaß nicht mehr erlebt hatte (■ Tab. 2.9). Abgesehen von der Zerstörung weiter Landesteile kommt man, wenn man die Todesopfer des Ersten und Zweiten Weltkrieges zusammenzählt, zu der ungeheuren Zahl von etwa 80 Millionen Menschen, die unmittelbar durch Kriegseinwirkungen zwischen 1914 bis 1918 und 1939 bis 1945 ums Leben kamen. Die Zahl der Kriegsversehrten lag noch höher. In diese Zeit fällt auch der *Holocaust* mit mehr als 6 Millionen ermordeter Männer, Frauen und Kinder jüdischen Glaubens. Dazu kommt der Völkermord an den Roma, dem fast eine halbe Million Menschen zum Opfer fielen.

Das *Dritte Reich* war aber nicht die einzige Diktatur, die aus den Trümmern des Ersten Weltkrieges und der anhaltenden Wirtschaftskrise erstand; auch in der Sowjetunion, in Italien, Polen und Spanien gelangten Diktatoren an die Macht. Und wie immer in der Geschichte fand die Politik eine Entsprechung in der Erziehung, die im Falle der faschistischen Diktaturen als *völkische Erziehung* deklariert wurde. Im Deutschen Reich war sie die konsequente Fortführung der vaterländischen Erziehung, so dass sich der Bogen von der Kaiserzeit über die Weimarer Republik bis zu Hitler spannt. Auch die Nazi-Propaganda sah das so: „Was der König (Friedrich II.) eroberte, der Fürst (Bismarck) formte, der Feldmarschall (Hindenburg) verteidigte, rettete und einigte der Soldat (Hitler)."

Für manche Historiker ist der Erste Weltkrieg die Urkatastrophe des 20. Jahrhunderts. „Andere und größere Katastrophen sollten zwar noch folgen, doch diese hatten ihre Wurzeln im Ersten Weltkrieg" (Behringer und Clemens 2009, S. 92).

Die Erzieher und Lehrer der Wilhelminischen Ära hatten ganze Arbeit geleistet: Vor allem die Gymnasiasten zogen mit Begeisterung in den vaterländischen Krieg, während sich die bäuerliche Bevölkerung eher zurückhielt, da die Rekrutierung den landwirtschaftlichen Betrieben die Arbeitskräfte entzog. Der Traum vom raschen Sieg erfüllte sich aber nicht und am

Tab. 2.9 Das 20. Jahrhundert im Zeitraffer

Das 20. Jahrhundert		
	Markante geschichtliche Ereignisse	**Pädagogik & Kultur**
1914–1918 **Erster Weltkrieg**		*„Kriegspädagogik"*
	1917 Kriegseintritt der USA Oktoberrevolution in Russland 1918 *„Novemberrevolution"*	Kollektiverziehung
	Abdankung von Wilhelm II. und Karl II.	Sowjetpädagogik
1918–1933 Weimarer Republik	1919 Versailler Vertrag	
1919–1938 Erste Österreichische Republik	Erste demokratische Verfassungen in Deutschland und Österreich	1924–1929 „Goldene Zwanziger" *Blütezeit der Reformpädagogik*
1924–1953 Stalinismus 1934–1938 Austrofaschismus	1929 Weltwirtschaftskrise 1938 Eingliederung Österreichs	Glöckelsche Bildungsreform in Österreich
1933–1945 „Drittes Reich": *Nationalsozialistische Diktatur* 1939–1945 **Zweiter Weltkrieg**	1941–1945 *Holocaust* 1945 Bedingungslose Kapitulation Deutschlands	*„Völkische Erziehung"*
	Atombomben auf Hiroshima und Nagasaki Gründung der UNO	
1945 Zweite Österreichische Republik	1945 Nationalratswahlen in Österreich	
1945–1949 Besatzungszeit ab 1945 *Dekolonisation*	1944–1949 Flucht und Vertreibungen in Ost- und Mitteleuropa 1947 Unabhängigkeit Indiens	
1949 Bundesrepublik Deutschland/Deutsche Demokratische Republik 1945–1990 *Ost-West-Konflikt* ab 1957 Europäische Einigung	1949 Teilung Deutschlands 1949 Volksaufstand in der DDR 1949 Volksrepublik China 1950–1953 Koreakrieg 1957 Römische Verträge (EWG) 1961 Bau der Mauer 1962 Kubakrise	
		Realistische Wende der Erziehungswissenschaft
	1989 Fall der Mauer 1991 Ende der Sowjetunion	*68er-Bewegung*
1990 *Deutsche Vereinigung*	1993 Europäische Union (EU)	1966–1976 Kulturrevolution in China

Ende hatte der Erste Weltkrieg 17 Millionen Menschenleben und 20 Millionen Verwundete gefordert. Weite Teile Europas standen vor einem Scherbenhaufen. Die Schuld an dem Debakel sollte in Deutschland schon bald bei einem inneren Feind gesucht werden, der die geistig-moralische Erhebung des deutschen Volkes und die Kampfkraft der Truppen untergraben und zerstört hatte. Für die Niederlage Deutschlands wurde nicht die ruhmreiche Oberste Heeresleitung verantwortlich gemacht, sondern die von Juden und Bolschewisten beherrschte Sozialdemokratie. Das deutsche Heer, so die Lesart der Generäle Ludendorff und Hindenburg, sei „im Felde unbesiegt" geblieben und habe erst durch „vaterlandslose" Zivilisten aus der Heimat einen „Dolchstoß von hinten" erhalten. Das war blanker Unsinn, bildete aber als *Dolchstoßlegende* die Grundlage für das Wiedererstarken der völkisch-nationalen Ideologie. Hinzu kamen die Sanktionen des Versailler Friedensvertrags, die Deutschland als alleinigem Kriegsverursacher enorme Reparationslasten auferlegten, die die deutsche Wirtschaft lähmten und den Neuanfang erschwerten.

Die Saar nach 1918

Im Vertrag von Versailles wurde 1919 auch das *Saarstatut* entwickelt. Als Entschädigung für die Zerstörungen des lothringischen Kohlereviers während des Ersten Weltkriegs gingen die Saargruben in das Eigentum des französischen Staates über.

Das Industrierevier an der Saar wurde mitsamt den Wohn- und Einzugsgebieten der Arbeiter vom Deutschen Reich abgetrennt und einer internationalen, dem Völkerbund verantwortlichen Regierungskommission unterstellt. Nach Inkrafttreten des Status im Jahr 1920 sollte, wer zu diesem Zeitpunkt Saareinwohner war, 15 Jahre später an einer Volksabstimmung teilnehmen, in der über das weitere Schicksal des Mandatsgebietes zu befinden war. Mit dem Statut war das *Saargebiet* entstanden, das etwa drei Viertel des heutigen Bundeslandes umfasste. 1935 stimmte die große Mehrheit der Saarländer dann auch für den Anschluss an das Deutsche Reich.

Das Saarstatut war von Anfang an höchst umstritten. Frankreich strebte eine Annexion auf der Grundlage der deutsch-französischen Grenze von 1814 an, was aber der amerikanische Präsident mit dem Verweis auf das Selbstbestimmungsrecht der Völker verhinderte. Die Abtrennung des Saargebietes vom Deutschen Reich verschärfte in der Folgezeit den deutsch-französischen Konflikt, vor allem auch, weil Frankreich einen unversöhnlichen Kurs einschlug und die Menschen an der Saar zunehmend das Gefühl entwickelten, wie Bewohner einer französischen Kolonie behandelt zu werden.
Als besonders provozierend empfand die Bevölkerung, dass die Grubenverwaltung der *Mines Domaniales Francaises de la Sarre* ein eigenes französisches Schulsystem (die *Domanialschulen*) einrichtete, wo die Kinder aus Bergarbeiterfamilien einen laizistischen und kostenfreien Unterricht erhielten. Als Verletzung des Nationalgefühls wurde die weiterreichende Bestimmung empfunden, dass Französisch auch an deutschen Volksschulen als Pflichtfach eingeführt werden musste.

2.4.4.1 Die Erziehung der Kaserne und der Drill der Schule

Die folgende wörtliche Wiedergabe des Befehls des I. Bayrischen Armeekorps aus dem Jahr 1917 hat zwar nicht direkt mit dem Thema Erziehung zu tun, verdeutlicht aber den Geist der Zeit:

> Die Mannschaften reden sich immer noch darauf hinaus, dass sie bei dem sehr schnellen Fahren der Autos des Generalkommandos nicht sehen können, ob jemand darin sitzt oder nicht. Deswegen wird angeordnet, daß die Mannschaften die Autos in jedem Falle zu grüßen haben, gleichgültig, ob jemand darin sitzt oder nicht (zit. n. Doderer 2002, S. 61).

Als am 1. August 1914 der Kriegsbeginn verkündet wurde, kam es vielerorts zu Jubel und Beifallskundgebungen. Quer durch alle Bevölkerungsgruppen war man der Meinung, dass die errungene Vormachtstellung Deutschlands in Europa nur durch einen Krieg, der Deutschland aufgezwungen wurde, zu sichern war. Die Kriegsbegeisterung war die Folge einer streng *kaisertreuen und vaterländischen Erziehung* in den Familien und in der Schule, die für eine Grundeinstellung sorgte, die zur Kriegsführung qualifiziert. Für die Erziehung im Elternhaus war das Kaiserhaus Vorbild, dessen männliche Mitglieder vorwiegend in Uniform gekleidet waren.

Jakob: „Wenn du denkst, das sei typisch für die damalige Zeit gewesen, musst du nur mal sehen, wie die männlichen Mitglieder der europäischen Königsfamilien bis heute auftreten. Die tragen doch ihre Operettenuniformen, wann immer sich dazu Gelegenheit bietet."

Anna: „Ja, zum Beispiel wenn ein Prinz heiratet. Dann hängen Millionen Menschen an den Fernsehgeräten."

Jakob: „Und denken sich nichts dabei, wenn die Uniformen mit Köpfen, aber ohne Gesichter vorbeimarschieren."

Anna: „Du bist ein Radikaldemokrat. Aber für viele Frauen ist es halt ein Traum, einen Prinzen zu heiraten."

Jakob: „Ja, und wenn sie ihn küssen, ist er ein Frosch!"

Zur familiären Erziehung in der Kaiserzeit gehörten die Armeen von Bleisoldaten und das spielerische Einüben soldatischen Verhaltens. Die *Kriegspädagogik* beherrschte nicht nur die Schulen und die häusliche Erziehung, sie wurde auch zu einem viel erörterten Thema der damaligen Pädagogik, und manche ihrer Leitfiguren nahmen sich des Themas an. Bei Amrhein heißt es:

> Es ist ja richtig: Kinder sind von Natur kriegerisch und siegesfroh; sie halten sich an die lustigen Symbole der schimmernden Wehr, an blanke Waffen und bunten Schmuck, an Fahnen und Trompetengeschmetter, Soldatenlied und Hurraruf (Amrhein 1916, S. 9).

Wie im richtigen Leben durften Mädchen an den Soldatenspielen nur im Hintergrund als Krankenschwestern oder als Küchenpersonal teilnehmen. Ein beliebtes Kleidungsstück war das Matrosenkleid und bei Jungen der Matrosenanzug, um die Verbundenheit mit der kaiserlichen Kriegsmarine zu zeigen.

Aber nicht nur in der Kleidung zeigte sich der aggressiv vaterländische Geist, sondern auch darin, dass Drill und Kommandoton zum Markenzeichen der Erziehung wurden. Nach Kriegsbeginn wurden die Lehrer per Verordnung darauf verpflichtet, bei den Kindern die für die Kriegsführung erforderliche innere Haltung zu erzeugen. In den didaktischen Handlungsanleitungen der Zeit wurden die Lehrer angewiesen, den Schülern die Rechtmäßigkeit und den Sinn des Krieges zu vermitteln.

Ein beeindruckendes Beispiel dafür ist das Buch *Der Weltkrieg im Unterricht* von Amrhein. In ihm wird der vaterländische Krieg zum Unterrichtsprinzip. Nicht nur Geschichte und Religionslehre werden in den Dienst der Kriegspropaganda gestellt, sondern auch Geografie (z. B. durch die Schilderung der besetzten Landschaften in Belgien) oder Naturkunde (z. B. durch die anschauliche Darlegung des Aufbaus und der Wirkung von Torpedos); das Einzige, was fehlte, ist die Anleitung zur Herstellung von Senfgas im Chemieunterricht.[46] – Der Krieg wird verherrlicht und die Politik des Kaisers gepriesen. Bei alledem gilt die Maxime:

» Ziehen wir also in der Schule die Zügel der Disziplin mit aller Festigkeit an, so wird von selbst schon das Verhalten der Schüler auch auf der Straße und im Freien dadurch in eine heilsame Beeinflussung mit hineingenommen werden. [...] Es ist eine unerläßliche Pflicht des Lehrers, jeder Art von Schlendrian entgegenzutreten (Amrhein 1916, S. 18 f. und S. 23).

War es da verwunderlich, dass sich viele Schüler freiwillig zum Kriegsdienst meldeten und gelegentlich sogar das Geburtsdatum fälschten, um in den Krieg ziehen zu dürfen? Am 6. September 1914 meldete das *Neuköllner Tageblatt*:

» Großlichterfelde darf sich rühmen, den allerjüngsten Soldaten ins Feld geschickt zu haben. Es handelt sich um ein Mitglied der Hauptkadettenanstalt[47], den Obertertianer Villert. V. ist 14 Jahre und 9 Monate alt; er ist in ein Ersatzbataillon eingetreten.

Die Erziehung zum Krieg war erfolgreich: Zu tausenden fanden jugendliche Kriegsfreiwillige den Heldentod, z. B. 1914 bei einem Sturmangriff deutscher Kompanien auf französische und englische Stellungen in der Nähe von Ypern. Diese Schlacht, eine der unsinnigsten der Militärgeschichte, wurde später von den Nationalsozialisten zum Mythos verklärt. Kästner (1928 bzw. 1970) teilte die Ansicht der Nationalsozialisten in seinem Gedicht *Jahrgang 1899* jedoch keinesfalls:

» Dann holte man uns zum Militär,
bloß so als Kanonenfutter.
In der Schule wurden die Bänke leer,
zu Hause weinte die Mutter.
[...]
Wir haben der Welt in die Schnauze geguckt,
anstatt mit Puppen zu spielen.
Wir haben der Welt auf die Weste gespuckt,
soweit wir vor Ypern nicht fielen.

Die realpolitische Umsetzung des Erziehungsprogramms während der Kaiserzeit folgte dem Motto „Wie der Staat, so die Schule". Dementsprechend urteilte *Karl Liebknecht* (1871–1917), prominenter Marxist und Antimilitarist seiner Zeit:

» Die Schule ist das mächtigste Mittel der Befreiung, und die Schule ist das mächtigste Mittel der Knechtung – je nach der Natur und dem Zweck des Staats (Liebknecht 2011, S. 127).

Während des Ersten Weltkrieges wurde die Schule zur Dressuranstalt, deren Hauptzweck es war, den Kasernen das Rohmaterial zu liefern, aus dem Soldaten für die Front herausgebildet werden konnten.

» Der Schulmeister dressiert, der Unteroffizier drillt. Der Unteroffizier ist die Fortsetzung des Schulmeisters. Die Volksschule ist die Vorschule der Kaserne, die Kaserne die Fortbildungsschule der Volksschule. Ohne den Schulmeister kein Unteroffizier! (Liebknecht 2011, S. 128).

Kästner (1929) erinnert sich speziell an *Sergeant Waurich*:[48]

» Das ist nun ein Dutzend Jahre her,
da war er unser Sergeant.
Wir lernten bei ihm: „Präsentiert das Gewehr!"
Wenn einer umfiel, lachte er
und spuckte vor ihm in den Sand.
[...]
Und wer schon auf allen Vieren kroch,
dem riß er die Jacke auf
und brüllte: „Du Luder frierst ja noch!"
Und weiter ging's. Man machte doch
in Jugend Ausverkauf ...
[...]
Er war ein Tier. Und er spie und schrie.
Und Sergeant Waurich hieß das Vieh,
damit es jeder weiß.

Der selbstbewussten Aussage zur Zeit des Ersten Weltkrieges „Wir Deutschen haben das beste Schulsystem, ergo sind wir das gebildetste Volk" setzte Liebknecht einen schonungslosen Tatsachenbericht entgegen:

» Nicht das Denkvermögen der Kinder wird geweckt und geschärft, nicht die Kenntnis der Natur und ihrer Gesetze ihnen eingeflößt, das Wesen des Menschen und der Gang der menschlichen Entwicklung ihnen nicht klargemacht, nicht das Selbstständigkeitsgefühl gepflegt: Das Gegenteil von alledem.

46 Das Buch von Amrhein ist als eBook unter ▶ http://archive.org/details/derweltkriegimun00amrh frei verfügbar.

47 Kadettenanstalten dienten der Vorbereitung auf den Militärdienst. Kadett konnte man mit 10 Jahren werden. Die Kadetten erhielten eine reguläre Oberschulbildung, gleichzeitig aber auch eine militärische Grundausbildung.

48 Erich Kästner wurde 1917 in den *Militärdienst* einberufen. Die brutale militärische Ausbildung führte zu einem bleibenden nervösen Herzleiden und machte ihn zum engagierten Antimilitaristen.

Geschichte und Naturwissenschaften werden so gut wie nicht gelehrt – unter dem Namen „Geschichte" ein wüster Haufen von Jahreszahlen, Fürstennamen und Schlachten, erlogene oder schön gefärbte Anekdoten zur Verherrlichung der betreffenden Landesväter, verleumderische den rohesten Nationalhaß fördernde Lügen über fremde Nationen, lächerliches Herausstreichen imaginärer Tugenden der eigenen Nation. Durch mechanisches Auswendiglernen wird das Denkvermögen erstickt, blinder Glaube – der Bruder des blinden Gehorsams, welchen die Kinder später in der Kaserne zu üben haben – als oberste Pflicht, die freie Forschung als Teufelswerk hingestellt, jede selbständige Regung ertötet. Und das Lesen und Schreiben sogar wird der Regel nach nur auf das ungenügendste in unserer gepriesenen Volksschule gelehrt. [...]
Fließend und richtig lesen können nur die wenigsten Kinder, welche die Schule verlassen. Und was das Schreiben anbelangt, so ist das Resultat ein noch weit ungünstigeres. [...] Durch meine persönlichen Erfahrungen bin ich zu dem Resultat gekommen, daß in Deutschland [...] unter je tausend Zöglingen unserer gepriesenen Volksschulen kaum einer imstande ist, seine Gedanken mit einiger Korrektheit schriftlich auszudrücken (Liebknecht 2011, S. 129).

In dieses Bild passt, dass zu Beginn des Krieges die *1. Verordnung über die vorzeitige Ablegung der Reifeprüfung an den höheren Lehranstalten für die männliche Jugend* Notreifeprüfungen in kürzester Frist und ohne die sonst vorgeschriebene Anwesenheit der Departementsräte des Königlichen Provinzialschulkollegiums anordnete, was in der Folgezeit dazu führte, dass die Universitäten diese Abiturprüfungen nicht anerkennen wollten.

2.4.4.2 Das Experiment Republik

Als die Niederlage Deutschlands im Krieg feststand, führte die *Novemberrevolution* von 1918 zur Umwandlung des Deutschen Reiches in eine parlamentarische Demokratie. Ihren Namen erhielt die Republik nach der thüringischen Stadt Weimar, dem Tagungsort der verfassunggebenden Nationalversammlung. Die Weimarer Republik begann am 9. November 1918 und endete mit der Ernennung Adolf Hitlers zum Reichskanzler am 30. Januar 1933. Eine Chance, sich dauerhaft zu etablieren, hatte diese Republik nie, denn bereits in den Krisenjahren von 1919 bis 1923 wurde sie von den unmittelbaren Kriegsfolgen, einer Hyperinflation sowie zahlreichen Umsturzversuchen und politischen Morden (z. B. an dem oben erwähnten Karl Liebknecht und seiner politischen Weggefährtin Rosa Luxemburg) heimgesucht. Am Anfang der ersten deutschen Republik standen politischer Mord und die Kumpanei der Sozialdemokratie mit der militärischen Kaste.

Ab Mitte der 1920er Jahre stabilisierten sich die politischen und sozialen Verhältnisse als Folge eines wirtschaftlichen Aufschwungs. Finanziert wurde der Wirtschaftsboom aber überwiegend durch kurzfristige Geldanleihen im Ausland und einen ausufernden Kapitalismus, was Kästner (1927) zu dem Gedicht *Der Mensch ist gut* veranlasste. Dort heißt es:

» Der Mensch ist gut. Drum haut ihm in die Fresse!
Drum seid so gut; und seid so schlecht, wie's geht!
Drückt Löhne! Zelebriert die Leipziger Messe!
Der Himmel hat für sowas immer Interesse.
Der Mensch bleibt gut, weil ihr den Kram versteht.

Nicht nur der kurzzeitige wirtschaftliche Aufschwung, auch die sogenannten *Goldenen Zwanziger*, die als Blütezeit der deutschen Kunst, Kultur und Wissenschaft gelten, waren auf Pump finanziert.

Die Weltwirtschaftskrise, die ihren Ausgang in dem von Finanzspekulanten verursachten Kollaps der New Yorker Börse im Oktober 1929 hatte und den globalen Zusammenbruch des Bankenwesens und eine Depression der Weltwirtschaft nach sich zog, beendete die *Goldenen Zwanziger* und führte zu einem massiven Rückgang der Wirtschaft, zu Massenarbeitslosigkeit und sozialer Not. Hatte der Weimarer Republik von Anfang an die Unterstützung breiter Bevölkerungsschichten gefehlt, so verspielte sie in der Zeit der Weltwirtschaftskrise den letzten Kredit. Die zahlreichen Finanzskandale zwischen 1923 und 1929, Massenarbeitslosigkeit und wenig Hoffnung auf Besserung schürten das Misstrauen der Bevölkerung gegenüber der demokratisch verfassten Republik. Ein deutliches Signal setzte diesbezüglich die Wahl des ehemaligen Generalfeldmarschalls Paul Hindenburg zum Reichspräsidenten nach dem plötzlichen Tod Eberts im Jahre 1925. Obwohl der erzreaktionäre Hindenburg insgesamt nicht unmittelbar republikgefährdend agierte, trug er ab 1930 mit den sogenannten Präsidialkabinetten wesentlich zum Niedergang der Weimarer Republik bei und ermöglichte mit der Ernennung Hitlers zum Reichskanzler den Aufstieg der Nationalsozialisten.

Mit der *Verordnung des Reichspräsidenten zum Schutz von Volk und Staat* vom 28. Februar 1933 besiegelte Hindenburg das Ende der Weimarer Republik und schuf die rechtliche Grundlage für die erste Terrorwelle, mit der Hitlers Schlägertruppen Deutschland überzog. Die Verordnung dieses Reichspräsidenten brachte nicht nur massive Beschränkungen der persönlichen Freiheit, des Rechts der freien Meinungsäußerung, des Vereins- und Versammlungsrechts und Verletzungen des Briefgeheimnis mit sich, sondern auch das Ende des Föderalismus, denn fortan konnte die Reichsregierung in alle Belange der Länder eingreifen, was die Zentralisierung und Gleichschaltung des staatlichen Systems zur Folge hatte.

2.4.4.3 Erziehung und Bildung in der Weimarer Republik

Nach dem Ersten Weltkrieg wirkten sich die militärischen Niederlage und der nachfolgende politische Umbruch auch auf die Pädagogik aus. Allenthalben wurde in den Anfangsjahren der jungen Republik gefordert, das Schulwesen im liberal-demokratischen Sinne zu verändern und hierfür die entsprechenden reformpädagogischen Theorien zu entwickeln und in der Praxis zu erproben.

In der Weimarer Republik gelang es Reformpädagogen wie Fritz Karsen, Peter Petersen, Georg Kerschensteiner, Bertold Otto, Gustav Wyneken und anderen, zumindest zeitweise ihre pädagogischen Vorstellungen in der Praxis zu erproben. Im Rückblick kann heute gesagt werden, dass die Weimarer Republik die Hochzeit der deutschen Reformpädagogik war. Dabei wurden die unterschiedlichsten Richtungen eingeschlagen, wie oben bereits dargestellt wurde. Einige Reformpädagogen (z. B. Litt) verbanden eine liberale Grundhaltung mit sozialem Engagement und identifizierten sich mit der Weimarer Republik, andere (z. B. Karsen) schlossen sich sozialistischen Erziehungsvorstellungen an und wiederum andere (z. B. Scharrelmann) arrangierten sich mit den Nationalsozialisten und ihrer Erziehungsideologie (▶ Abschn. 2.4.3.8). Allgemein wurde die Pädagogik der Weimarer Republik von zwei bildungspolitischen Lagern bestimmt: Das eine Lager forderte eine Demokratisierung der Schule, die Selbstverwaltung der Schüler und die Schaffung von Schulgemeinden als Lebensgemeinschaften; das andere Lager bemühte sich darum, die alte Ordnung zu erhalten bzw. zu restaurieren.

▪ Verfassungswirklichkeit und Verfassungspraxis

Die im Jahre 1919 verabschiedete Verfassung der ersten deutschen Republik ist ein einzigartiges Dokument pädagogischen Reformdenkens. Kunst, Wissenschaft und ihre Lehre werden als frei und unter dem Schutz des Staates stehend deklariert. Es gilt die allgemeine Schulpflicht, zu deren Erfüllung die Volksschule mit mindestens 8 Schuljahren und die anschließende Fortbildungsschule bis zum vollendeten 18. Lebensjahr dienen (Art. 145). Weiter heißt es in Artikel 146:

> » Das öffentliche Schulwesen ist organisch auszugestalten. Auf einer für alle gemeinsamen Grundschule baut sich das mittlere und höhere Schulwesen auf. Für diesen Aufbau ist die Mannigfaltigkeit der Lebensberufe, für die Aufnahme eines Kindes in eine bestimmte Schule sind seine Anlage und Neigung, nicht die wirtschaftliche und gesellschaftliche Stellung oder das Religionsbekenntnis seiner Eltern maßgebend.

Am deutlichsten wird der Geist der Verfassung in Artikel 148:

> » In allen Schulen ist sittliche Bildung, staatsbürgerliche Gesinnung, persönliche und berufliche Tüchtigkeit im Geiste des deutschen Volkstums und der Völkerversöhnung zu erstreben. Beim Unterricht in öffentlichen Schulen ist Bedacht zu nehmen, daß die Empfindungen Andersdenkender nicht verletzt werden.

Die Weimarer Verfassung stellte also eine radikale Abkehr vom Obrigkeitsdenken dar und erhob die Demokratisierung der Schule und auch manche reformpädagogische Zielsetzungen in den Rang einer verfassungsrechtlichen Norm. Ihre Umsetzung in der Praxis hing aber entscheidend davon ab, wie das Problem des konfessionell geprägten Volksschulwesens gelöst werden konnte. Die im Juni 1920 einberufene *Reichsschulkonferenz* konnte dieses Problem nicht lösen, und es gelang ihr auch nicht, ein einheitliches Schulgesetz auf den Weg zu bringen. Die Reichsschulkonferenz zeigte, dass das, was Verfassungsnorm war, nicht auch Verfassungswirklichkeit zu werden brauchte.

Ein Erfolg war die Verabschiedung des *Grundschulgesetzes von 1920*, das den vierjährigen obligatorischen Volksschulbesuch für Kinder aller Sozialschichten reichseinheitlich regelte und längerfristig dazu beitrug, dass sich die Zahl der Gymnasialschüler(innen) von etwa 9 % im Jahre 1910 bis zum Jahre 1928 verdoppelte. Ein weiterer Effekt der Schulreformen mit einer stärkeren Betonung der Naturwissenschaften und modernen Fremdsprachen bestand darin, dass der Anteil der humanistischen Gymnasien zugunsten der Realgymnasien zurückging. Auch die Reform der Ausbildung der Volksschullehrer kann als Erfolg der Reichsschulkonferenz betrachtet werden. Insgesamt aber gelangte die Reform des Bildungs- und Erziehungswesens über einige bescheidene Ansätze nicht hinaus. Vor allem aber schaffte man es nicht, der jungen Republik ein reichseinheitliches Bildungs- und Schulsystem zur Seite zu stellen. Die Initiative für weitergreifende Reformen des Bildungswesens musste deshalb von den Ländern ausgehen.

Die Richtlinien, die Preußen für die Grund- und Mittelschule sowie für die Gymnasien in den Jahren 1921 bis 1925 verordnete, waren von modernen pädagogischen Prinzipien geprägt. Die Bedeutung der künstlerischen Bildung und der Leibeserziehung wurde ebenso betont wie der *Arbeitsunterricht*. Selbsttätigkeit der Schüler und Schülerinnen wurde zum allgemeinen Unterrichtsgrundsatz erhoben. Im Bereich der Grundschule fand der Gesamtunterricht unter Aufgabe der festen Stundenpläne als Anfangsunterweisung eine amtliche Anerkennung, und freie Arbeitsgemeinschaften und Arbeitsgruppen sollten den starren Frontalunterricht ablösen. Ganz im Sinne der angestrebten Demokratisierung der Schule führte Preußen die Institution der Schulelternbeiräte und an höheren Schulen die Schülerselbstverwaltung ein. Die preußischen Richtlinien blieben erfreulicherweise nicht ohne Einfluss auf andere Länder des Deutschen Reichs (Dietrich 1975).

Während in Preußen und anderen Ländern des Reichs der Wille zur Umgestaltung des Schul- und Bildungswesens konkrete Formen annahm, wurde die Schulpolitik Bayerns in den 1920er Jahren durch zwei Kultusminister geprägt, die völlig gegensätzliche politische und weltanschauliche Auffassungen hatten. Zunächst betrieb der Sozialdemokrat Johannes Hoffmann eine kompromisslose laizistische Schulpolitik, die im stark konfessionell geprägten Bayern den breiten Widerstand in der Bevölkerung auslöste. Sein Nachfolger Franz Matt von der Bayerischen Volkspartei nahm dann alle Reformen wieder zurück und stärkte mit der Konfessionalisierung des Schulwesens den Einfluss der Kirchen auf das Volksschulwesen.

Die Verfassung der Weimarer Republik sah ausdrücklich die Einführung eines staatsbürgerlichen Unterrichts vor, um dem neuen Staat auf Seiten der Bürger eine konforme Gesinnung anzuerziehen, aber durch die sich immer weiter verschärfende politische Situation wuchs der Druck der verschiedenen politischen Gruppierungen auf den Bildungsbereich. Die Umsetzung der staatsbürgerlichen Erziehung wurde immer mehr zum Streitpunkt der Bildungspolitik und der Versuch, die Schulen vor einer Politisierung zu schützen, scheiterte letztendlich. Die Schule sollte in der Weimarer Republik die Aufgabe übernehmen, Werte, Normen und Verhaltensweisen der demokratischen Gesellschaft zu vermitteln. Die Wirklichkeit sah aber ganz anders aus, da der Weimarer Republik nicht nur die Unterstützung breiter Bevölkerungsschichten fehlte, sondern auch die der Pädagogen. Vor allem die Studienräte konnten sich nur schwer mit dem parlamentarisch-demokratischen System anfreunden. Das Versagen der deutschen Lehrerschaft, die demokratische Grundordnung zu unterstützen, hat Kästner (1929 bzw. 1970) in seinem Gedicht *An die beleidigten Lehrer* gebrandmarkt:

> Die Lehrerschaft hat erklärt:
> „Kästner hat uns beleidigt."
> Es wird Zeit, daß sie erfährt,
> wie Kästner sich verteidigt.
> Er lässt euch hierdurch sagen:
> Ihr brachtet den Kindern zwar bei,
> nach dem Akkusativ zu fragen
> und was eine Gleichung sei.
> Aber er hatte sich mehr erträumt!
> Er sah eure höhere Pflicht.
> Diese habt ihr versäumt.
> Diese tatet ihr nicht!
> Zwölf Jahre, behauptet er,
> vergingen seit dem Krieg.
> Zwölf Jahre sind es her,
> seit er euch liebte und schwieg.
> Jetzt steht er von euch entfernt.
> Sein Herz wurde immer schwerer.
> Das Volk hat nichts gelernt.
> Und ihr wart des Volkes Lehrer!
> Ihr fandet nur dafür Zeit, das Einmaleins zu lehren.
> Nun sind sie wieder so weit
> Und spielen mit Schießgewehren.
> Sie saßen in euren Klassen.
> Sie waren in eurer Hut.
> Nun wollen sie wieder hassen.
> Nun wollen sie wieder Blut.
> So habt ihr Deutschland erzogen!
> Und da stellt ihr euch hin und sprecht:
> „Kästner, der Kerl, hat gelogen."
> Nein, der Kerl hat recht!

In einer grundsätzlichen Abwehrhaltung gegenüber der demokratischen Verfassung verharrten auch die meisten Hochschullehrer und insbesondere die Pädagogikprofessoren, die die Demokratisierung des Bildungswesens als Gefährdung der eigenen herausgehobenen Stellung betrachteten. Die Anhänger der neuen demokratischen Ordnung bildeten eine kleine Gruppe, deren Einfluss und Gewicht sich mit den Jahren als Folge der wirtschaftlichen Verschlechterung stetig verminderte. Demokratisch gesinnte Professoren wie *Theodor Litt* (1880–1962) sind mit ihrem ausdrücklichen Bekenntnis zur Weimarer Republik als Ausnahme zu beurteilen,[49] andere Universitätsprofessoren wie z. B. Hermann Nohl, Eduard Spranger und Erich Weniger begegneten der Weimarer Republik mit ausgesprochener Skepsis und begrüßten deren Ende anlässlich der *Machtergreifung* Hitlers, wobei sie Hoffnungen in das neue Regime setzten, die schon bald enttäuscht wurden:

> Vieles von dem, um das die pädagogische Bewegung im Verein mit Jugendbewegung und Volkshochschulbewegung seit Kriegsende gerungen hat, ist plötzlich in greifbare Nähe gerückt (Nohl 1933, S. 95).

Dies war reichlich naiv, wie sich schon bald herausstellen sollte, denn für die Nationalsozialisten galt die Devise *Nach dem Krieg ist vor dem Krieg*. Bemerkenswert an der Äußerung Nohls ist die Betonung der Jugendbewegung und Volkshochschulbewegung als Kennzeichen der jungen Republik.

Die Volkshochschule der Weimarer Republik

Die *Volkshochschulbewegung* war neben der Reform des Volksschulwesens ein Wesensmerkmal der Weimarer Republik, wobei mit dem Begriff *Volkshochschule* zwei Institutionen gemeint sind: die *Abendvolkshochschule* in der Stadt und die vorwiegend auf dem Lande verbreitete *Heimvolkshochschule*. Beiden Institutionen lagen unterschiedliche gesellschaftstheoretische und pädagogische Auffassungen zugrunde. Während die Abendvolkshochschule die Idee der ungebundenen, freien Form der Erwachsenenbildung betonte und dementsprechend keiner politischen, weltanschaulichen oder religiösen Richtung verpflichtet war, war die gesellschaftliche und/oder religiös-weltanschauliche Grundorientierung das Markenzeichen der ländlichen Heimvolkshochschule.

Die Konzeption einer *bürgerlich-liberalen Erwachsenenbildung* war schon vor und während des Krieges entwickelt worden (vgl. Olbrich 2001), ihren Durchbruch aber erlebte sie ab 1918. In der Weimarer Zeit bildete die deutsche Volkshochschule die innere und äußere Form heraus, wie sie ihr bis heute eigen ist. Bereits 1919 existierten in Deutschland 135 Volkshochschulen, für 1928 weist das *Archiv für Volksbildung* des Reichsinnenministeriums insgesamt 215 Volkshochschulen aus (Olbrich 2001, S. 151).

Anfangs überwogen eher unstrukturierte und gelegentliche Bildungsangebote, mit der Zeit wandelte sich dies zu einer geplanten und organisierten Form der Erwachsenenbildung. Eine sich allmählich durchsetzende Professionalisierung der Bildungsarbeit und die damit einhergehende Institutionalisierung auf Länder- und Reichsebene verschafften der Volkshochschule eine klare pädagogische Kontur. Dabei orientierte sich die pädagogische Praxis der *Abendvolkshochschule* an den didaktischen Prinzipien des exemplarischen und interdisziplinären Unterrichts sowie an Lebensnähe und Aktualität. Der Umsetzung dieser didaktischen Prinzipien standen allerdings erhebliche Einschränkungen (z. B. eine große Fluktuation der Dozenten und eine unzureichend abgestimmte Lehrplangestaltung) entgegen.

> Die Teilnehmer erwarteten von der Bildungsarbeit der Volkshochschulen hauptsächlich einen Beitrag zur Gestaltung ihres persönlichen Lebens. Diese persönliche Orientierung war besonders in der Zeit des Umbruchs und des Wertewandels von besonderer Bedeutung. […] Neben diesen persönlichkeitsorientierten Wünschen standen für die Teilnehmer gesellschaftliche, ökonomische und politische Themen im Vordergrund. Es ging […] um die Gestaltung des öffentlichen Lebens (Olbrich 2001, S. 155).

49 In das Bild, das man von Theodor Litt gewinnen kann, gehört nicht nur, dass er als Rektor der Universität Leipzig in Konflikt mit dem Nationalsozialismus geriet und 1937 vorzeitig in den Ruhestand versetzt wurde, sondern auch, dass er sich nach dem Krieg ebenso wenig mit der Ideologie der SED arrangieren konnte und deshalb an die Universität Bonn wechselte, wo er das Institut für Erziehungswissenschaften gründete.

Überwiegend stammten die Teilnehmer aus der Mittelschicht, und mittelschichtorientiert waren auch die Bildungsangebote der meisten Volkshochschulen in der Weimarer Zeit. Als zentrale Aufgabe wurde die Vermittlung von Wissen und Fertigkeiten betrachtet, die der Volkshochschüler für sein Berufsleben braucht. Üblicherweise wurde der Unterricht von nebenberuflichen, akademisch gebildeten Lehrkräften gegen ein (bescheidenes) Honorar durchgeführt.

Die von den Kommunen finanzierten Volkshochschulen wurden von der Krise zwischen 1929 und 1933 besonders hart getroffen. Unter dem Druck von Massenarbeitslosigkeit und zunehmender Verarmung breiter Bevölkerungsteile vollzog die Abendvolkshochschule eine *sozialpolitische Wende*, indem sie zunehmend Aufgaben des *Freiwilligen Arbeitsdienstes* (FAD) übernahm. Zugleich musste sie sich ab 1930 mehr und mehr mit dem aufkommenden Nationalsozialismus auseinandersetzen, dem die liberal-demokratische Volksbildung ein Dorn im Auge war. Allgemein kann festgehalten werden, dass die Abendvolkshochschule die Institution der Weimarer Republik war, die am stärksten auf eine Demokratisierung der Volksbildung zielte (Olbrich 2001, S. 164).

Im Vergleich zur Abendvolkshochschule fiel das Bildungsangebot der *Heimvolkshochschulen* kaum ins Gewicht. Ihrer romantisch-konservativen Grundorientierung entsprechend wurde die *Einheit von Lernen und Leben* zur Leitidee der Heimvolkshochschule erhoben. Lehrer und Schüler lebten gemeinsam im Heim und bildeten eine Lern- und Lebensgemeinschaft. Im Jahre 1927 existierten in Deutschland 57 Heimvolkshochschulen, die ihr Weiterbildungsangebot entweder überwiegend an städtische Arbeiter und Angestellte oder an die bäuerliche Landbevölkerung richteten. Im Unterschied zu den Abendvolkshochschulen mit ihrer liberal-demokratischen Grundorientierung wurden die Heimvolkshochschulen überwiegend von weltanschaulichen Interessengruppen getragen. Eine mehr oder weniger starke Einflussnahme der Trägerorganisation auf politische, religiöse und weltanschauliche Einstellungen und Überzeugungen der Teilnehmer war durchaus gewollt.

Die Volkshochschulen der Weimarer Zeit rekrutierten ihre Teilnehmer überwiegend aus der Mittelschicht, Arbeiter waren eher selten in den Kreisen der Volkshochschüler zu finden (vgl. Olbrich 2001). An sie richtete sich die Bildungsarbeit der Gewerkschaften, die bereits vor dem Weltkrieg den Weg zu einer wirtschaftlichen und sozialwissenschaftlichen Fachbildung eingeschlagen hatte.

▪ Bildungsarbeit der Gewerkschaften

In der Weimarer Verfassung wurde die Mitverantwortung und Mitwirkung der Gewerkschaften für die Bereiche Wirtschaft, Recht und allgemeine öffentliche Angelegenheiten verankert, und Artikel 165 rief Arbeiter und Angestellte auf, gleichberechtigt mit den Arbeitgebern an der einvernehmlichen Regelung der Lohn- und Arbeitsbedingungen sowie an der gesamten wirtschaftlichen Entwicklung der produktiven Kräfte mitzuwirken. Die Wahrnehmung dieser Aufgaben erforderte eine entsprechende Qualifizierung der Gewerkschaftsfunktionäre, und ihre Mitwirkung an der Gestaltung der Produktionsverhältnisse nach dem Betriebsverfassungsgesetz setzte eine entsprechende Aus- und Weiterbildung voraus.

Die sich daraus entwickelnde Bildungsarbeit der Gewerkschaften hatte Fricke (1931) wie folgt charakterisiert:

> » Solche, im engeren Sinne gewerkschaftliche Bildungsarbeit hat die Aufgabe, dem Führungsnachwuchs und auch der Masse in der Gewerkschaftsbewegung umfassende Kenntnisse zu vermitteln über diejenigen Lebensgebiete der Gesellschaft und deren Problematik, auf denen die Betätigung dieser Bewegung sich vornehmlich abspielt: Wirtschaft, Recht und Politik. Der erziehliche Teil der Gewerkschaftsbildung wird in der Hauptsache Denk- und Fähigkeitsschulung darstellen, auf der Basis sozial-ethischer Grundwerte, insbesondere des sozialen Verantwortungsbewusstseins und der Solidarität (Fricke 1931; zit. n. Olbrich 2001, S. 184).

Dementsprechend konzentrierten sich die Gewerkschaften nicht nur auf die Qualifizierung der Funktionäre, sondern auch auf die örtliche Bildungsarbeit mit der Durchführung von Abendkursen und Einzelveranstaltungen (vgl. Langewiesche 1989).

Die gewerkschaftliche Bildungsarbeit fand wie auch die Volkshochschulbewegung nach der Machtergreifung Hitlers ein Ende und konnte erst nach dem Zweiten Weltkrieg wieder aufgegriffen werden. Genauso erging es auch der Jugendbewegung, die in der Weimarer Zeit Konjunktur hatte.

▪ Weimarer Jugendbewegungen

Hervorgegangen war die Jugendbewegung bereits Ende des 19. Jahrhunderts aus einem dumpfen Gefühl der Unzufriedenheit der Jugendlichen mit Gesellschaft und Schule der Wilhelminischen Ära. Vor allem die bürgerliche Jugend begann, gegen den Drill der Schulen und Familien aufzumucken und suchte das Heil in der Hinwendung zur Natur und zum natürlichen Leben. Dies war im Grunde eine verspätete Variante der „Zurück zur Natur"-Bewegung des 18. Jahrhunderts. Um die Wende zum 20. Jahrhundert war ein Teil der bürgerlichen Jugend gegen alles, was mit Stadt und Industrie zu tun hatte, und eine deutschtümelnde Sozialromantik gewann die Oberhand, wobei diese oft mit einem starken Antisemitismus und einer ausgeprägten Frauenfeindlichkeit einherging. Zahllose Kleingruppen zivilisationsmüder Jugendlicher pilgerten an den Wochenenden und in den Ferien in die Natur. Mit zunehmender Verbreitung des Wanderbetriebs der Jugendlichen entstanden die ersten *Jugendherbergen*, die zum Vermächtnis der Jugendbewegung zu zählen sind.

Starken Zulauf hatte der *Wandervogel*. Nach dem Ersten Weltkrieg mutierte er zur Bewegung der *Bündischen Jugend*, die sich von der Romantik der Wandervogelbewegung verabschiedete und an deren Stelle eine umfassende Verpflichtung eines jeden Mitglieds im Dienste einer großen Sache setzte. Charakteristisch für diese Zeit war die Vielzahl von Neugründungen von Jugendorganisationen der verschiedensten Art. Da gab es den Deutschwandervogel und den Wandervogel deutscher Bund, den Deutschen Ritterbund, den Bund der Wandervögel und Pfadfinder, die Neupfadfinder, die Ringpfadfinder usw. Selbst Experten fiel es schwer, die einzelnen Gruppierungen und ihre Ziele voneinander zu unterscheiden.

Die größten und mitgliederstärksten Bünde der Weimarer Republik waren aber, wie Laqueur (1978) herausgearbeitet hat, die rechtsgerichteten paramilitärischen Organisationen, deren größter Gegenspieler die gewerkschaftlich organisierte *Arbeiterjugend* war, die zur bürgerlichen Jugendkultur aufgrund der unterschiedlichen Zielsetzungen und andersartigen Sozialisation kaum Verbindungen hatte. Eine zahlenmäßig große Organisation der Arbeiterjugend war die *Kinderfreunde-Bewegung*, die in Österreich seit 1908 existierte und sich in der Weimarer Republik in der *Reichsarbeitsgemeinschaft der Kinderfreunde* großen Zulaufs erfreute.[50]

Gegen Ende der Weimarer Republik umfasste die Kinderfreunde-Bewegung in Deutschland mehr als tausend Gruppen mit insgesamt 120.000 Kindern und 10.000 Helfern, die das Hauptziel in der sozialen Emanzipation durch Bildung sah. Erlebnispädagogische Elemente sollten die Bildung für Arbeiterkinder und -jugendliche attraktiv machen. Kurt Löwenstein, von 1924 bis 1933 Vorsitzender der *Kinderfreunde*, umschrieb 1924 deren Programm wie folgt:

» [Die Bewegung] ist der Versuch der Arbeiterklasse, revolutionierend einzudringen in Geist und Gestalt des öffentlichen Erziehungswesens und darüber hinaus aus eigenem Wollen und eigenem Können mit den Arbeiterkindern zusammen eine Erziehungsöffentlichkeit rein aus den Bedürfnissen der Arbeiterkinder vorzubereiten.

Die nationalsozialistische Machtübernahme bereitete allen Vereinigungen der Jugend ein Ende. Einige wurden in die Hitlerjugend eingegliedert, andere aufgelöst. Die aufgelösten Jugendorganisationen, insbesondere die konfessionellen, fristeten bis zum Ende des Krieges ein Dasein im Untergrund, den Nachspürungen und Verfolgungen der Gestapo ausgesetzt.

▪ Erziehung durch Arbeit zur Arbeit

Über die Bildung und Erziehung in der Weimarer Zeit zu sprechen, schließt auch die letzten Jahre der Republik ein, als unter dem Eindruck steigender Jugendarbeitslosigkeit, zunehmender Verwahrlosung und Radikalisierung von Jugendlichen im Juni 1931 die Einführung der allgemeinen Arbeitsdienstpflicht für alle Jugendlichen zwischen 18 und 25 Jahren beschlossen wurde. Der Begriff der *Arbeit* nahm in der damaligen Pädagogik als Erziehungsmittel einen festen Platz ein, wofür nicht zuletzt die damals populäre Bewegung der Arbeitspädagogik von Kerschensteiner, Oestreich, Gaudig und Scheibner die theoretische Legitimation bereitstellte. Das von den Arbeitspädagogen propagierte Prinzip der Selbsttätigkeit wurde im *Freiwilligen Arbeitsdienst* auf die Losung *Erziehung durch Arbeit und zur Arbeit* zurechtgebogen, um wirksam auf die rapide steigende Jugendarbeitslosigkeit zu reagieren. Grundsätzlich wurde die Arbeit als erzieherisch wünschenswert und wertvoll betrachtet. Das galt für die allgemeinbildende Volksschule ebenso wie für die berufliche Bildung, den Jugendstrafvollzug, die Fürsorgeerziehung und die Freizeit.

Arbeit wurde bis zur Mitte des 20. Jahrhunderts als zentraler Bestandteil der Persönlichkeitsentwicklung von Jugendlichen beurteilt und gehörte zum Grundvokabular der damaligen Pädagogik. Die Nationalsozialisten übernahmen die Idee des Freiwilligen Arbeitsdienstes und wandelten ihn zum *Reichsarbeitsdienst* um, der den jungen Männern vor Ableistung des Militärdienstes eine sechsmonatige Arbeitspflicht auferlegte. Der Reichsarbeitsdienst hatte eine große Bedeutung für die nationalsozialistische Wirtschaft und war Bestandteil des nationalsozialistischen Erziehungssystems.

Anna: „Also, ich muss sagen, dass ich ziemlich beeindruckt bin, welch frischer Wind die Weimarer Republik in die Pädagogik brachte."

Jakob: „Und das in knapp fünfzehn Jahren. Schade nur, dass das alles kaputt gemacht wurde durch die Wirtschaftskrise und verantwortungslose Politiker."

Anna: „Ich denke, die meisten Menschen waren im Kopf noch in der Kaiserzeit und hatten gar nicht kapiert, welche Chancen sich ihnen mit der Demokratie boten."

Jakob: „Ich denke, das war auch ziemlich schwer bei dem Kampf ums nackte Überleben. Du musst dir nur vorstellen, dass es in der Zeit der Inflation billiger war, das Zimmer mit Geldnoten zu tapezieren, als Tapeten zu kaufen."

Anna: „Ich war tief beeindruckt, als ich mal Briefmarken aus der Inflationszeit gesehen habe. Da waren tatsächlich Marken im Wert von 500 Millionen, 5 Milliarden und 50 Milliarden Reichsmark im Verkehr."

2.4.4.4 Bildungs- und Schulwesen in Österreich 1919–1934

Der zweite große Verlierer des Ersten Weltkrieges war die habsburgische Doppelmonarchie Österreich-Ungarn. Die sich abzeichnende Niederlage im Krieg führte bereits Ende 1918 zum Zusammenbruch des Vielvölkerstaates und in der Kette der sich überschlagenden Ereignisse zur Proklamation der Republik Österreich. Der Kaiser wurde zum Verzicht auf den Thron gezwungen und nach zwei Putschversuchen 1921 endgültig nach Madeira verbannt.

Wirtschaftlich war Österreich ruiniert. Viele Bürger der jungen Republik glaubten daher nicht an ihre Überlebensfähigkeit. Von Anfang an spielte der Gedanke an den Anschluss an das Deutsche Reich eine große Rolle in der politischen Diskussion. Die Ausgangsbedingungen für das wirtschaftliche und politische Überleben der ersten Republik Österreichs waren also denkbar schlecht. Genauso schlecht waren auch die Bedingungen für die Entwicklung des Bildungs- und Schulwesens. Zwar herrschte allgemein die Überzeugung, das Bildungs- und Schulsystem gründlich reformieren zu müssen, doch an dem *Wie* schieden sich die Geister.

▪ Entwicklung des Bildungswesens nach 1918

Nach den Nationalratswahlen Ende 1918, bei denen die Sozialdemokratische Partei Österreichs die Mehrheit im Parlament errang, wurde mit *Otto Glöckel* (1874–1935) ein Bildungsreformer ersten Ranges in das Amt des Unterstaatssekretärs im Innenministerium

50 Die Tradition der Kinderfreunde-Bewegung wurde ab 1945 von der *Sozialistischen Jugend Deutschland – Die Falken* aufgegriffen und fortgeführt.

berufen. Dieses Amt entsprach etwa der Funktion eines heutigen Bildungsministers. Für Furore sorgte im April 1919 der sogenannte *Glöckel-Erlass*, mit dem die verpflichtende Beteiligung der Schüler am Religionsunterricht sowie das tägliche Schulgebet abgeschafft werden sollte. Kurz danach ermöglichte Glöckel mit einem weiteren Erlass Frauen den freien Zugang zu den Universitäten. Glöckel war nicht nur ein entschiedener Verfechter des Laizismus, sondern zielte generell auf die Demokratisierung der Schule durch eine organisatorische und inhaltliche Mitbestimmung der Lehrer, Eltern und Schüler. Vor allem aber sprach sich Glöckel entschieden gegen die hergebrachte Lern- und Drillschule aus.

Nach dem Scheitern der Koalition von Sozialdemokraten und Christlich-Sozialen setzte ab 1920 eine dauerhafte bildungspolitische Kontroverse ein, die zum Scheitern einer umfassenden und einheitlichen Bildungs- und Schulreform in der Republik Österreich führte. Als Erfolg war lediglich zu verbuchen, dass ab 1927 an die Stelle der veralteten Bürgerschule ein neue vierklassige *Hauptschule* trat. Wie im Deutschen Reich mussten auch in der Republik Österreich die Länder nach Lösungen suchen, nachdem eine republikweite Bildungs- und Schulreform gescheitert war.

Vorreiter wurde die Hauptstadt Wien, die aufgrund der Tatsache, dass die Sozialdemokratische Arbeiterpartei bei den Wahlen zu Landtag und Gemeinderat wiederholt die absolute Mehrheit erreichte, den Namen *Rotes Wien* erhielt. Ab 1920 übernahm Glöckel dort die Position des stellvertretenden Vorsitzenden des Bezirksschulrates und setzte dann als Präsident des Wiener Stadtschulrates von 1922 bis 1934 seine Reformpolitik auf die Stadt Wien begrenzt fort. Die unter seiner Führung eingeleitete *Wiener Schulreform* ist eine der wichtigsten Bildungsreformen des 20. Jahrhunderts, was allerdings in der pädagogischen Historiografie oft übersehen wird (Keim 1984).

Die Wiener Schulreform

Die *Wiener Schulreform* war modern und aufsehenerregend, sie stellte dem bis dahin geltenden autoritären Erziehungsgebaren die Forderung nach der freien Entfaltung der Persönlichkeit der Heranwachsenden entgegen. Kinder und Jugendliche sollten zu selbstständigem Denken, Kritikfähigkeit und eigenständigem Handeln erzogen werden. Dementsprechend mussten neue Erziehungs- und Unterrichtsmethoden entwickelt werden, um die Schule zu einer sozialgerechten Lebens- und Arbeitsschule umzugestalten.

In einer Schrift von 1928 unterschied Glöckel die Schultypen nach Drillschule, Lernschule und Arbeitsschule (Achs und Krassnigg 1974). Die *Drillschule* war für ihn die konfessionell geprägte Schule der Monarchie, die *Lernschule* entsprach der Paukschule, wie sie nach dem Reichsvolksschulgesetz 1869 bis zum Ende des Ersten Weltkrieges die Szene beherrschte, und die *Arbeitsschule* war die Schule, die aus der sozialdemokratischen Schulreform entstanden war (Glöckel 1928). Vornehmste Aufgabe dieser modernen Schule war es, die natürliche Lernmotivation der Schülerinnen und Schüler zu wecken und zu fördern und sie zu selbstständigem Lernen hinzuführen.

» Arbeitsschule bedeutet, daß das Kind durch geschickte Führung des Lehrers das Neue selbst entdecken, erforschen, erarbeiten soll (Glöckel 1928, S. 199).

Im Zentrum der Wiener Schulreform stand die Neuformulierung der Lehrpläne. Es wurden neue Schulbücher herausgegeben, die kostenlos an die Schüler der Gemeinde Wien ausgeteilt wurden. Hilfs- und Sonderschulen für geistig und körperlich behinderte Kinder wurden errichtet. Die Mitbestimmung von Eltern und Schülern bei schulischen Angelegenheiten wurde gestärkt. Wichtig war Glöckel und seinen Mitstreitern auch, das Niveau der Aus- und Fortbildung der Lehrerinnen und Lehrer zu heben, um eine nachhaltige Besserung des Berufsstandes zu erreichen. Dementsprechend wurde 1923 das Pädagogische Institut der Stadt Wien gegründet, das mit einer pädagogischen Zentralbibliothek ausgestattet wurde.

Glöckel und seine Mitstreiter waren vor allem Praktiker und vieles von dem, was die Wiener Schulreform in die Wege leitete, war zuvor in der Praxis erprobt worden und konnte dementsprechend auch praktisch umgesetzt werden. In Glöckels Schriften finden sich kaum ausführliche theoretische Ausarbeitungen zur Arbeitsschule, für ihn stand die pädagogische Praxis im Vordergrund (Achs und Krassnigg 1974). Er war Lehrer und Politiker, er hatte visionäre Vorstellungen und aufsehenerregende Ideen, die seiner Zeit weit voraus waren, aber er war kein Wissenschaftler. Den wissenschaftlichen Unterbau der Wiener Schulreform besorgten andere – allen voran die Wiener Schule der Psychologie unter Leitung von Karl und Charlotte Bühler sowie psychoanalytisch orientierte Pädagogen wie August Aichhorn.

Die Wiener Schulreform war eng mit der Individualpsychologie *Alfred Adlers* (1870–1937) verknüpft. Die individualpsychologische Maxime der *Erziehung zur Freiheit* entsprach exakt dem Programm der Wiener Schulreformer und rückte eine planmäßige Förderung von Selbstständigkeit, persönlichem Mut, Verantwortungs- und Gemeinschaftsgefühl in den Mittelpunkt des pädagogischen Denkens und Handelns. Von grundsätzlicher Bedeutung war auch die Ablehnung der Annahme einer Vererbung seelischer Eigenarten durch die Individualpsychologie, denn dadurch wurde ein Optimismus genährt, der dem Erzieher oder Lehrer nahezu unbegrenzte Chancen für das pädagogische Wirken, aber auch eine große Verantwortung eröffnete.

Die zukunftsweisende Bildungs- und Schulpolitik des *Roten Wien* stellte das Kontrastprogramm zur Politik der Christlich-Sozialen Partei dar, die in den 1920er Jahren in den anderen Bundesländern und auf der Bundesebene der Republik Österreich regierte und sich durch eine konservative Bildungs- und Schulpolitik auszeichnete. Das *Rote Wien* mitsamt seiner fortschrittlichen Bildungspolitik endete 1934, als der Bürgermeister infolge des österreichischen Bürgerkrieges[51] seines Amtes enthoben und verhaftet wurde und die *Vaterländische Front* die Macht übernahm, um die Republik Österreich in den *Austrofaschismus* überzuleiten, der 1938 zur Eingliederung Österreichs in das Dritte Reich führte.

Bislang haben wir uns bei der Behandlung des Bildungs- und Schulwesen nach dem Ersten Weltkrieg auf den deutschen

51 Als *Österreichischer Bürgerkrieg* oder *Februarkämpfe 1934* werden bewaffnete Kämpfe bezeichnet, die zwischen dem Republikanischen Schutzbund der Sozialdemokratischen Arbeiterpartei auf der einen Seite und dem unter Befehlsgewalt des die Diktatur anstrebenden Regierungschefs Dollfuß stehenden Bundesheers und der Polizei auf der anderen Seite ausbrachen, als der Versuch unternommen wurde, den Republikanischen Schutzbund zu entwaffnen.

Sprachraum beschränkt, wobei außer Acht gelassen wurde, dass die bildungspolitische Diskussion in Deutschland und Österreich auch unter dem Eindruck der Entwicklung im ehemaligen Reich der Zaren stand, wo sich nach 1917 eine marxistisch geprägte Pädagogik in Theorie und Praxis durchsetzte.

2.4.4.5 Das Programm der kommunistischen Erziehung und Bildung

Im Herbst 1917 übernahmen die Bolschewiki unter Führung von Lenin (eigentlich Wladimir Iljitsch Uljanow) in der sogenannten *Großen Sozialistischen Oktoberrevolution* die Macht und errichteten einen neuen Staat, der sich selbst als *Diktatur des Proletariats* verstand. Die Machtübernahme hatte sich relativ einfach gestaltet, die Erhaltung der Macht erwies sich als ungleich schwerer. Als keine leichte Aufgabe erwies sich u. a. auch die Umsetzung der Ziele und Ideale der marxistischen Pädagogik, da diese teilweise den Ansprüchen und Möglichkeiten einer Räterepublik widersprachen. Zur Lösung entwickelte *Lenin* das *Konzept der Kulturrevolution*. Eine „friedliche organisatorische ‚Kultur'arbeit" (Lenin 1977, S. 460) sollte die Beziehungen zwischen Partei und Arbeiterklasse sowie zwischen der Arbeiterklasse und der Bauernschaft bestimmen, wobei die Erziehung (*Vospitanie*) und Bildung (*Obrazovanie*) eine Schlüsselrolle spielen sollten.

Um die von Marx geforderte Durchdringung von Erziehung und Gesellschaft zu erreichen, setzten die Bolschewiki grundlegende und weitreichende Reformen des Bildungswesens durch, zu denen die 1918 per Gesetz eingeführte *Einheitsarbeitsschule*, die Aufhebung von Bildungsprivilegien, eine Demokratisierung der Schul- und Unterrichtsorganisation und ein breit gefächertes System außerschulischer Erziehungs- und Bildungsaktivitäten zählten. Führende bolschewistische Pädagogen wie Lenins Ehefrau *Nadežda Krupskaja* (1869–1939), *Anatoli Lunatscharski* (1875–1933) und *Pavel Blonski* (1884–1941) forderten, dass die Kinder als zukünftige Staatsbürger sich möglichst frühzeitig als Mitglieder ihrer Schule fühlen und zum Aufbau des sozialistischen Staates und der neuen politischen Ordnung beitragen sollten. Gemäß Marx und Engels sollte die Einheitsarbeitsschule auf der polytechnischen Erziehung aufgebaut sein, was im Hinblick auf die katastrophal rückständische Wirtschaft Russlands eine enorme Herausforderung darstellte und grundsätzlich auch die Frage nach dem Stellenwert der Allgemeinbildung aufwarf.

Jahrzehntelang hatten die Begründer des sowjetischen Bildungswesens beobachten können, wie sich die Wissenschaft dem totalitären Staat angedient hatte. Dies und das Misstrauen gegenüber einer Wissenschaft, die sich von der Praxis losgelöst hatte, wie auch gegenüber einer Bildung, die der Arbeiterklasse von Intellektuellen verabreicht, aber nicht durch eigene Selbsttätigkeit bewirkt wurde, bewegte die Sowjetpädagogen, den Fachunterricht durch eine Wissensaneignung mittels praktischer Aufgaben zu ersetzen. Dabei stand u. a. auch die Idee der *progressiven Erziehung* von *John Dewey* (1859–1952) mit ihrer Betonung der Projektmethode Pate. Ähnlich wie es in Deweys Laborschule seit 1896 praktiziert wurde, betonten die frühen Sowjetpädagogen, dass das Lernen ganz und gar auf der praktischen Erfahrung aufgebaut sein müsste.

Neben der schulischen Erziehung und Bildung lag den kommunistischen Pädagogen vor allem die Rolle der *gesellschaftlichen Erziehung* am Herzen. Der Volkskommissar für Finanzen G. F. Grinko (der, nebenbei bemerkt, 1937 in einem Schauprozess zum Tode verurteilt wurde) forderte, den „Aufbau des kollektiven Lebens der gesamten Kinderbevölkerung" in Form von „Kinderheimen" zu organisieren, die einen „Einfluss der individualistischen Familie" praktisch ausschließen sollten (G.F. Grinko, zit. nach Anweiler 1964, S. 174).

Mit dem Tode Lenins und der Machtübernahme Stalins (1878–1953) endete die Kulturrevolution. Ihre unmittelbaren Ziele – Industrialisierung und Kollektivierung der Landwirtschaft, flächendeckende Beseitigung des Analphabetentums und Einführung der allgemeinen Schulpflicht – wurden staatlich verordnet und notfalls mit Gewalt erzwungen. Weiter reichende Emanzipationsbestrebungen wie z. B. das polytechnische Erziehungsprogramm wurden aufgegeben. Die *Einheitsarbeitsschule* wurde zum Instrument der politischen Fundamentaldisziplinierung im Sinne des sowjetischen Diktators. Die sozialistische Pädagogik nahm eine Wende zu einem sozialen und staatlichen Ordnungsdenken, in dem die Familie wieder eine zentrale Stellung als stabiler Faktor der Sozialisation einnahm. Wesentlichen Einfluss auf das veränderte Denken nahm Makarenko, der die Familie als ein *sowjetisches Kollektiv* und damit als Träger der Kollektiverziehung betrachtete.

Anton S. Makarenko (1888–1939), der als einer der einflussreichsten Pädagogen des 20. Jahrhunderts betrachtet werden kann, propagierte in seinen Schriften demokratische Ideen und Prinzipien der Erziehungspraxis. Vor dem Hintergrund der massenhaften Kinderverwahrlosung entwickelte er die Theorie und Methodologie der Erziehung in selbstverwalteten Kinderkollektiven und führte das Konzept der produktiven Arbeit in das sowjetische Bildungssystem ein. Bei Makarenko gelangten Anspruch und Methode der Kollektiverziehung zur völligen Übereinstimmung: „Das Kollektiv ist der Erzieher der Persönlichkeit" (Makarenko 1960, Bd. II, S. 414), und der Erzieher kann die Persönlichkeitsentwicklung des Heranwachsenden nur vermittelt über die Entwicklung des Kollektivs als Lebens- und Arbeitsgemeinschaft fördern. Sein Gedanke, dass jede Kollektiverziehung eine *bewusste Disziplin* erfordere, wurde auf die Schulpolitik (z. B. Betonung der führenden Rolle des Erziehers), Familienpolitik (z. B. Erschwerung der Ehescheidung) und Jugendpolitik (Einrichtung von Kinder- und Jugendorganisationen, die von der Partei kontrolliert wurden) übertragen und im Sinne einer Bindung aller Kollektiverziehung an die Autorität der Partei weiterentwickelt.

Im Laufe der Jahrzehnte des 20. Jahrhunderts permutierte in vielen sozialistischen Ländern die marxistische Vision einer gesellschaftlichen Erziehung als Befreiung des Menschen zu einer autoritären Staatserziehung, die z. B. in China nach dem Scheitern der Kulturrevolution von 1968 verankert wurde. Diktaturen pflegen die autoritäre Erziehung, wobei es keine Rolle spielt, ob sie sich einer kommunistischen oder faschistischen Ideologie verschrieben haben. Ein in jeder Hinsicht abschreckendes Beispiel bietet das nationalsozialistische Erziehungs- und Bildungssystem.

2.4.4.6 Erziehung im Nationalsozialismus

Das Erziehungs- und Bildungswesen in der Zeit des Nationalsozialismus stellt nicht nur den denkbar schärfsten Kontrast zur Wiener Schulreform dar, sondern kann am zutreffendsten mit dem allgemeinen *Verlust der Menschenwürde* charakterisiert werden. Die in der Wilhelminischen Ära propagierte vaterländische Erziehung, die bereits deutlich antisemitische Züge trug, wurde von den Nationalsozialisten zu einer *völkischen Erziehung* umgedeutet, deren Ziel es war, die *arische Jugend* zu rassebewussten Volksgenossen und bedingungslos folgsamen Nationalsozialisten zu erziehen.

Anna: „Wenn ich daran denke, was mir meine Großeltern und Lehrer über Deutschland in der Nazizeit erzählt haben, stelle ich mir immer wieder die Frage, wie es dazu kommen konnte. Wie konnte es passieren, dass kluge Menschen wie Heidegger, Gottfried Benn, Richard Strauss und viele andere zumindest anfangs einem Regime zustimmten, das von Anfang an auf einen neuen Krieg zusteuerte; das Menschen wegen ihrer Religion und politischen Überzeugungen verfolgte und ermorden ließ?"

Jakob: „Ich glaube, dass die Gründe dafür in den Folgen des Versailler Vertrags und der Weltwirtschaftskrise lagen. Und außerdem war die Propaganda der Nazis sehr erfolgreich. Die schaffte es doch immer wieder, die Volksmassen zu mobilisieren und für die Sache des Nationalsozialismus zu gewinnen."

Anna: „Mein Großvater meinte mal, dass Hitlers Erfolg bei den Menschen auch damit zusammenhing, dass die Massenarbeitslosigkeit überwunden wurde. Viele Menschen erlebten, dass es ihnen unter Hitler wieder besser ging und sie wieder eine Arbeit gefunden hatten."

Jakob: „Ja, so viel ich aus meinem Geschichtsunterricht noch weiß, hat er nach der Machtübernahme Maßnahmen zur Arbeitsbeschaffung ergriffen."

Anna: „Ein alte Frau in unserer Nachbarschaft sagt dazu: ‚Und der Hitler hat auch die Autobahnen gebaut und vielen Menschen Arbeit gegeben.'"

Jakob: „Dass bei den Wirtschaftsmaßnahmen auch die Aufrüstung des Militärs total wichtig war, wird dabei gerne unterschlagen. Hauptsache war, dass es wirtschaftlich wieder aufwärts ging. Das sicherte den neuen Machthabern die breite Zustimmung in der Bevölkerung."

Anna: „Die alte Dame hat mir mal erzählt, dass sie bei der Heirat ein Ehestandsdarlehen in Höhe von 1000 Reichsmark erhalten hatte, dafür aber ihren Beruf als Kontoristin aufgeben musste. Danach hatte sie nur noch eine Aufgabe – die der Mutter und Ehefrau. Später hat sie sich sehr darüber geärgert.[52] Was ihr aber gut gefallen hat, war die Freizeitorganisation Kraft durch Freude, die ihr und ihrem Mann eine Reise nach Rügen ermöglichte, die sie mit ihrem Einkommen nie hätten finanzieren können."

Jakob: „Meine Großmutter hat mir erzählt, dass die Nazis auch das Winterhilfswerk, die NS-Volkswohlfahrt und die NS-Frauenschaft organisierten. So haben sie es geschafft, sich so darzustellen, als ob sie sich um das Wohlergehen der Bevölkerung sorgen würden."

Anna: „Dabei wurde übersehen, dass es den Nazis nur darum ging, alle Bereiche des öffentlichen und privaten Lebens mit ihrer Ideologie zu durchdringen und die Menschen von Kindheit an zu einem bedingungslosen Gehorsam gegenüber dem Führer zu verpflichten."

Jakob: „Ja, der Nationalsozialismus war wie eine Krebserkrankung: Sie ist in das Gewebe und jede Faser des Alltags eingedrungen und hat nicht nur das politischen Bewusstsein, sondern auch die politische Moral vergiftet. Wegschauen und Schweigen wurde zur allgemeinen Gewohnheit. Wenn die jüdischen Mitbürger deportiert wurden, hat man weggeschaut oder es für gut befunden."

Anna: „Meinst du nicht, dass die meisten Menschen ab einem bestimmten Zeitpunkt einfach nur noch Angst hatten und sich nicht einmal trauten, den sogenannten Deutschen Gruß ‚Heil Hitler' mit ausgestrecktem rechtem Arm zu verweigern, obwohl dieser Gruß rechtlich nie verordnet worden war?"

Jakob: „Ja, sehr viele hatten einfach Angst, sich aktiv oder auch nur passiv gegen die Nazis zu wenden. Die Sorge vor Unannehmlichkeiten und Repressalien war sehr groß. Die Angst reichte ja bis in die Familien hinein, da es die Nationalsozialisten schafften, die Kinder und Jugendlichen in ihrem Sinne abzurichten und gegen die eigenen Eltern in Stellung zu bringen. Eine regimekritische Haltung oder ein Abweichen vom arischen Ideal endete ja oft im KZ."

Anna: „Wir haben uns im Geschichtsunterricht sehr lange und ausführlich mit diesem Thema befasst. Und das *Tagebuch der Anne Frank* werde ich mein Leben lang nicht vergessen."

Jakob: „So geht es mir mit dem Roman *Jeder stirbt für sich allein* von Hans Fallada. Der ist mir richtig unter die Haut gegangen."

52 Als Folge dieser Politik stieg die Zahl der jährlichen Eheschließungen in Deutschland – bedingt auch durch allgemeine materielle Verbesserungen – zwischen 1932 und 1934 von rund 510.000 auf über 732.000.

Die Nationalsozialisten hatten schon früh die Bedeutung der Erziehung der Jugend als Mittel der Machterhaltung erkannt, was in dem Slogan „Nationalsozialismus ist organisierter Jugendwille" zum Ausdruck gelangte. Erklärtes Ziel war, schon im Kinderzimmer mit der Einschwörung auf die NS-Ideologie und die Gefolgschaft zum Führer zu beginnen und dann anschließend die nationalsozialistische Gesinnung in der *Hitler-Jugend* (HJ) zu fördern und zu festigen.

» Im Kaiserreich spielte die Jugend Räuber und Gendarm. Nach 1933 wurde daraus die Geländeübung der Hitlerjugend (HJ). Auch das Jungvolk, die Pimpfe, machte da schon mit und empfand keinen Unterschied zu früheren Zeiten, zumal Nachtmärsche und Campieren im Freien damit verbunden waren. Und etwas Disziplin tat der Jugend doch gut. […]
Man war dem Elternhause entronnen und eine ganze Reihe nützlicher Dinge gab es von Staats wegen umsonst. So wurden schon früh noch formbare Menschen in den Dienst einer Sache gestellt, die damals fast von keinem durchschaut wurde.
Es gab aber auch schon bemerkenswerte Auswüchse des Systems. Ein Junge in Uniform konnte seinen Eltern sagen: Ihr dürft mich nicht schlagen, ich habe die Uniform an. Uniform, auch ein Mittel, Loyalität zu schaffen. In meinem Berufsleben habe ich erfahren, wie einfach es ist, Abhängige an sich zu binden, wenn man ihnen eine Uniform irgend einer Art gibt, was das Gefühl vermittelt, Angehöriger einer Gruppe zu sein, die ja immer stärker als ein Einzelner ist.
Das Einfügen in die Gemeinschaft war u. a. eine Erfahrung für das ganze Leben (Theo Schänker, *1926).[53]

Die Hitler-Jugend wurde neben Familie und Schule die wichtigste Erziehungsinstanz des Nationalsozialismus. Anfangs war die Mitgliedschaft in der Hitler-Jugend freiwillig, ab 1936 aber wurde sie per Gesetz für alle arischen Jugendlichen in Deutschland (und später in Österreich) obligatorisch. Ihr unbestreitbarer Erfolg beruhte nicht alleine auf der Zwangsmitgliedschaft, sondern vor allem auf attraktiven Freizeitangeboten. Feierliche Aufzüge, Propagandamärsche und Paraden, Geländespiele, Zeltlager, Radtouren oder auch Segelfliegen und Reiten, die früher nur privilegierten Bevölkerungskreisen zugänglich waren, machten die HJ für die jungen Menschen attraktiv. Daneben gehörten auch Sammelaktionen z. B. das Sammeln für das Winterhilfswerk oder Ernteeinsätze in der Landwirtschaft zu den Pflichten der HJ. Sie war die Einrichtung, über die das Wertesystem von Gefolgschaftstreue, Kameradschaft, Pflichterfüllung und Willensstärke vermittelt wurde. Vervollständigt wurde das NS-Erziehungsprogramm durch den sechsmonatigen *Reichsarbeitsdienst*, der das Ziel einer vormilitärischen Erziehung und körperlichen Ertüchtigung hatte. Auf dieses Ziel wurden auch die Sportvereine verpflichtet.

In der Phase der Sicherung der Macht blieben Eingriffe in das Schulwesen zunächst noch aus, der Schwerpunkt der Politik lag auf der straffen Zentralisierung des Staatswesens und der Gleichschaltung der Gesellschaft. Allerdings wurden bereits in dieser ersten Phase politisch unerwünschte und vor allem jüdische Pädagogen aus dem Schul- und Hochschuldienst entfernt. In der zweiten Phase, 1936 bis 1939, wurde der Krieg vorbereitet und Lehrpläne und Schulorganisation wurden im Sinne der völkischen Erziehung umgekrempelt. In der Zeit des Krieges, der letzten Phase, wurde der Unterricht auf das Notwendige beschränkt und völlig auf die Kriegsführung abgestimmt. Der allgemeine Bildungsstand strebte unaufhaltsam dem tiefsten erreichbaren Niveau zu: ganz nach der Devise „Mit dem Führer in den Abgrund"!

■ Wollt ihr die totale Erziehung?

Erziehung im Nationalsozialismus war gleichbedeutend mit der Theorie und Praxis einer *totalen Erziehung*, die vergleichbar mit der bösartigen Ausbreitung von Krebszellen alle Bereiche der Erziehung verseuchte – angefangen bei der Vorschulerziehung, über die schulische und außerschulische Erziehung bis hin zur Hochschulbildung.

Mit ihrer rassistischen Ideologie war die nationalsozialistische Erziehung ausgesprochen antiintellektuell und inhuman. Bereits im Parteiprogramm der NSDAP von 1920 hieß es:

» Staatsbürger kann nur sein, wer Volksgenosse ist. Volksgenosse kann nur sein, wer deutschen Blutes ist, ohne Rücksichtnahme auf Konfession. Kein Jude kann daher ein Volksgenosse sein.

Noch deutlicher wurde Hitler in seinem Buch *Mein Kampf*, welches jeder deutsche Haushalt vorzuhalten hatte, wo er die Herrschaft der arischen Herrenrasse mit der radikalen Ausmerzung der *Untermenschen* propagierte, zu denen er in erster Linie Menschen jüdischen Glaubens zählte, die er zur minderwertigsten aller Rassen abstempelte. Das war zwar grenzenlos dumm, da Religion mit Rasse gleichgesetzt wurde, aber das zu erkennen, war den gleichgeschalteten Volksgenossen nicht möglich.

Zum Treiben der Nationalsozialisten steuerten Pädagogen auf allen Handlungsebenen ihren Teil bei (vgl. Giesecke 1999; Mathes 1998; Scholtz 1985). Schon bald nach der *Machtergreifung* wurden alle Lehrkräfte jüdischer Herkunft entlassen und die deutsche Lehrerschaft dazu aufgefordert, dem Nationalsozialistischen Lehrerbund (NSLB) beizutreten, was 97 % der Lehrer auch prompt taten, von denen wiederum ein Drittel Mitglieder der NSDAP wurden. In gleicher Weise schlossen sich auch die meisten Universitätspädagogen der nationalsozialistischen Bewegung an und dienten den Machthabern ihre pädagogischen Konzepte an. Ein einflussreicher Vertreter dieser Gruppe war *Theodor Wilhelm*, Mitglied der SA und Schriftleiter der nationalsozialistischen *Internationalen Zeitschrift für Erziehung*, in der er nicht müde wurde, die Segnungen des Nationalsozialismus für das Erziehungs- und Schulwesen zu preisen und nebenbei auch die *Ermordung der Juden als europäische Aufgabe* herauszustellen (z. B. Wilhelm 1944). Dem zum Professor ohne Promotion aufgestiegenen Volksschullehrer *Ernst Kriek* (1882–1947) verdankt die pädagogische Welt die Ausformulierung der Maximen einer nationalen Erziehung im völkischen Gesamtstaat (z. B. Kriek 1931, 1937), und dem österreichischen Pädagogen *Alfred Baeumler* (1887–1968) gelang es auf wunderliche Weise, die Rasse als Grundbegriff der Erziehungswissenschaft zu verankern. Dabei wurden auch Ideen der

53 Ausschnitt aus einem Interview vom 30.01.2001 *in LeMo Kollektives Gedächtnis*, ▶ http://www.dhm.de/lemo/forum/kollektives_gedaechtnis/040/index.html.

Reformpädagogik aufgegriffen und missbraucht, wann immer sie dem Bild der *Menschenformung* im Sinne der NS-Ideologie entsprachen (Giesecke 1999; Scholtz 1985).

An der praktischen Umsetzung der nationalen Erziehung hatten sich alle Bildungs- und Erziehungseinrichtungen zu beteiligen, um den neuen Menschen heranzuzüchten. Dementsprechend stand der *Kindergarten* im Mittelpunkt der nationalsozialistischen Vorschulerziehung, wobei das Ziel darin lag, ein Geschlecht heranzuziehen,

> » das stark ist, zuverlässig, treu, gehorsam und anständig […].
> Der kleine Junge wird einmal ein deutscher Soldat werden, das kleine Mädchen eine deutsche Mutter (Benzing 1941, S. 61).

Dementsprechend sollten die Vorschulkinder mit Härte und Unnachsichtigkeit erzogen werden. Bis 1941 besuchten etwa 31 % der Kinder einen Kindergarten, aber eine flächendeckende und totale Erziehung der Kleinkinder scheiterte an den Gegebenheiten der Zeit, was aber nicht die nationalsozialistische Erziehung in der Familie ausschloss.

In das Bild, das man sich von der damaligen Zeit machen muss, gehört auch, dass die SS im Rahmen der *Aktion Lebensborn* Heime einrichtete, in denen nicht nur der Nachwuchs der SS herangebildet wurde, sondern auch ledige Frauen ihre Kinder anonym zur Welt bringen konnten, um sie dann der SS zu überantworten (Koop 2007). Der Reichsführer der SS, Heinrich Himmler, versäumte kaum eine Gelegenheit, für die Lebensborn-Heime zu werben. Ab 1941 wurde der Lebensborn für die systematische Verschleppung und Eindeutschung mittel- und osteuropäischer Kinder zuständig, wobei die *gutrassigen* Kinder in deutsche Familien als Pflege- und Adoptivkinder vermittelt wurden, die *schlechtrassigen* in Kinderlager abgeschoben wurden, wo sie mehrheitlich einen frühen Tod fanden. Neben dieser Organisation unterhielten die verschiedenen Gruppierungen der Nationalsozialisten besondere Ausleseschulen, zu denen die *Nationalpolitischen Erziehungsanstalten* (im Volksmund Napola genannt), die *Adolf-Hitler-Schulen* als Reichsschulen der NSDAP, die *SS-Junkerschulen und Ordensburgen* wie auch die *Hauptschulen* zur Förderung begabter Volksschüler zählten. An diesen Einrichtungen sollte die zukünftige deutsche Elite im Sinne nationalpolitischer Erziehung ausgebildet und gefördert werden.

In Entsprechung mit Hitlers Vorstellungen von der Schule als Vorstufe zum Wehrdienst, wurde die Wehrerziehung – wie bereits in der Wilhelminischen Zeit – zum Dreh- und Angelpunkt der nationalsozialistischen Schulen (Keim 1997). Leitbild für die Erziehung der Jungen wurde die Vorstellung des für den Führer und das Vaterland bedingungslos kämpfenden Soldaten, der sich durch Willens- und Entschlusskraft, unbedingten Gehorsam, Verschwiegenheit und Verantwortungsübernahme auszeichnen sollte. Das Leitbild für Mädchen wurde die gebärfreudige Frau und robuste Mutter von Soldaten.

■ Schulorganisation und Lehrpläne

Bis 1937 hatten die Nationalsozialisten damit zu tun, ihre Macht zu festigen und auszuweiten, erst dann begannen sie, das Schulsystem neu zu organisieren und neue Richtlinien für die Unterrichtsfächer und -inhalte zu erlassen. An dem System der Volksschulen wurde nichts geändert, während die Oberrealschulen und Realgymnasien reichseinheitlich zu sogenannten Oberschulen umbenannt wurden und wie die humanistischen Gymnasien zum Abitur führten. Der NS-Ideologie entsprechend war die Organisation der Schularten und Klassenfolgen streng gegliedert.

Die Einschulung in die Allgemeine Deutsche Volksschule erfolgte im Alter von sechs Jahren. Nach vier Jahren erfolgte der Übergang in die Oberschule oder Mittelschule, die speziell für Mädchen Hauswirtschaftslehre, Säuglings- und Kinderpflege als Pflichtfächer einführte.
1941 wurde die Hauptschule eingeführt, die als eine Ausleseschule allgemeinbildender Art besonders begabten Volksschülern eine Ausbildung für alle mittleren und gehobenen Berufe in Landwirtschaft, Handel, Handwerk, Technik, Industrie und Verwaltung sowie für alle hauswirtschaftlichen, pflegerischen, sozialen und technisch-künstlerischen Frauenberufe vermitteln sollte. Die Hauptschule sollte die Mittelschule ersetzen und neben der Volksschule bestehen, auf dem 4. Grundschuljahr aufbauen und nur noch vier aufsteigende Klassen umfassen. Danach folgten zwei *Hauptschulaufbauklassen*, die der Allgemeinbildung dienten.
Die Oberschule gliederte sich ab dem 10. Schuljahr frei wählbar in einen sprachlichen oder mathematisch-naturwissenschaftlichen Zweig. Mädchen konnten sich auch für einen hauswirtschaftlichen Zweig entscheiden, der geringere geistige Anforderungen stellte und dessen Abschluss im Volksmund *Puddingabitur* hieß. Ab 1937 durften Mädchen nur noch die Oberschule mit hauswirtschaftlichen Fächern besuchen, andere Oberschulen und Gymnasien waren für sie verboten.
Quasi in einer Parallelwelt gab es zu dem Schulsystem noch die *Eliteschulen der Partei*, deren Ziel und Aufgabe in der Auslese von rassisch, körperlich, charakterlich und geistig intakten Jungen bestand. Zweck dieser streng parteikonformen Schulen war es, den Nachwuchs für die Partei heranzuzüchten.

Mit der Reform der Schulorganisation ging die Überarbeitung der Lehrbücher für alle Unterrichtsfächer in Entsprechung mit der nationalsozialistischen Ideologie einher, wobei selbst die Aufgaben in Mathematik an Geschmacklosigkeit nicht zu übertreffen waren. Im Schulbuch Mathematik im Dienste der nationalpolitischen Erziehung fanden sich z. B. folgende Aufgaben (vgl. Flessau 1977):

> » Wieviel Kinder muß eine Familie haben, damit der zahlenmäßige Bestand des Volkes gesichert ist?
> Wieviel Personen gehören in die „Ahnentafel" eines Menschen, falls sie von der nullten bis zur n-ten Reihe fortgesetzt wird?
> Ein Geisteskranker kostet täglich etwa 4 RM, ein Krüppel 5,50 RM, ein Verbrecher 3,50 RM. Nach vorsichtigen Schätzungen sind in Deutschland 300.000 Personen in Anstaltspflege. Wieviel Ehestandsdarlehen zu 1000 RM könnten von diesem Geld jährlich ausgegeben werden?

Das Fach Deutsch bildete mit Geschichte und Erdkunde den Kanon deutschkundlicher Fächer, deren Lehrinhalte so ausgewählt und im Unterricht zu behandeln waren, dass die Schüler immer wieder auf das Ideal des Soldatentums gestoßen wurden. Die altnordische und mittelalterliche Literatur (wie z. B. das Nibelungenlied) standen ganz oben auf dem Lehrplan des Deutschunterrichts und aus der zeitgenössischen Literatur wurde das ausgewählt, was kriegsmotivierend war und den Rassenhochmut schürte. Geschichte und Erdkunde wurden vor allem vom Revanchismus gegen den Versailler Vertrag und der Idee des Volks ohne Raum beherrscht. Weiter reichende Planungen zur Umgestaltung der Schul- und Lehrbücher blieben wegen des

Krieges im Ansatz stecken, da es schon bald nach Kriegsausbruch zu einem allgemeinen Materialmangel kam.

Wesentliche Veränderungen betrafen auch die Ausbildung der Lehrpersonen. Die in der Weimarer Republik eingerichteten Pädagogischen Akademien wurden aufgelöst und ab 1940 durch Lehrerbildungsanstalten ersetzt, für deren Besuch kein Abitur vorausgesetzt wurde. Die wissenschaftliche Ausbildung der Volksschullehrer wurde vollständig durch die nationalsozialistische Ideologie ersetzt. Nicht so einschneidend waren die Veränderungen im gymnasialen Bereich. Als Folge der Kriegshandlungen wurde der Vorbereitungsdienst für Gymnasiallehrer auf ein Jahr verkürzt.

Während im Deutschen Reich alles, was mit Erziehung und Bildung zu tun hatte, auf den Krieg ausgerichtet wurde, wurde in den von der deutschen Wehrmacht besetzten Gebieten alles unternommen, jedwede Bildung zu verhindern. In Polen richteten die deutschen Besatzer ein Schulsystem ein, das, wie Nohl schon 1933 propagiert hatte, auf die Germanisierung der deutschstämmigen und die Versklavung der slawischstämmigen Kinder zielte. Aufschlussreich ist diesbezüglich, was der Reichsführer SS Heinrich Himmler an Gedanken über die Behandlung der Fremdvölkischen im Osten am 15. Mai 1940 von sich gab:

» Eine grundsätzliche Frage bei der Lösung aller dieser Probleme ist die Schulfrage und damit die Frage der Sichtung und Siebung der Jugend. Für die nichtdeutsche Bevölkerung des Ostens darf es keine höhere Schule geben als die vierklassige Volksschule. Das Ziel dieser Volksschule hat lediglich zu sein: Einfaches Rechnen bis höchstens 500, Schreiben des Namens, eine Lehre, daß es ein göttliches Gebot ist, den Deutschen gehorsam zu sein und ehrlich, fleißig und brav zu sein. Lesen halte ich nicht für erforderlich.
Außer dieser Schule darf es im Osten überhaupt keine Schulen geben. Eltern, die ihren Kindern von vorneherein eine bessere Schulbildung sowohl in der Volksschule als auch später an einer höheren Schule vermitteln wollen, müssen dazu einen Antrag bei den Höheren SS- und Polizeiführern stellen. Der Antrag wird in erster Linie danach entschieden, ob das Kind rassisch tadellos und unseren Bedingungen entsprechend ist. Erkennen wir ein solches Kind als unser Blut an, so wird den Eltern eröffnet, daß das Kind auf eine Schule nach Deutschland kommt und für Dauer in Deutschland bleibt.
So grausam und tragisch jeder einzelne Fall sein mag, so ist diese Methode, wenn man die bolschewistische Methode der physischen Ausrottung eines Volkes aus innerer Überzeugung als ungermanisch und unmöglich ablehnt, doch die mildeste und beste (Kühnl 1978, S. 328 ff.).

Zu den Maßnahmen, die von der SS im besetzten Polen ergriffen wurden, um die Bildung im Sinne Himmlers auf ein absolutes Minimum zu reduzieren, gehörte auch die Liquidierung polnischer Lehrer. Schätzungen gehen von 17.000 polnischen Lehrpersonen aus, die von den Nazis ermordet wurden – unter ihnen auch *Janusz Korczak*, der die ihm anvertrauten Kinder eines Waisenhauses beim Abtransport in ein Vernichtungslager begleitete, was auch für ihn den Tod bedeutete (Pelzer 2004). Der *Holocaust* machte auch nicht vor Kindern halt.

■ Der Holocaust

Als *Holocaust* (griechisch *holókauston*, d. h. vollständig verbrannt) oder *Shoa* (hebräisch *ha'Schoah*, d. h. die Katastrophe, das große Unheil) wird der Völkermord an mehr als 6 Millionen Menschen bezeichnet, die der Nationalsozialismus als Juden definiert hatte. Der Holocaust zielte auf die vollständige Vernichtung der europäischen Juden und wurde von 1941 bis 1945 systematisch, ab 1942 mit industriellen Methoden durchgeführt.
Zum *Holocaust* kommt der *Porajmos*, der Völkermord an den Roma: Rund 25.000 deutsche und österreichische Roma, insgesamt schätzungsweise 500.000 sogenannte „Zigeuner" (genaue Zahlen gibt es nicht) fielen in Europa dem Völkermord zum Opfer.

Hatte man nach den Novemberpogromen des Jahres 1938 zunächst die öffentlichen Schulen und Universitäten für Juden geschlossen, ihnen aber *Jüdische Schulen* mit einem stark reduzierten Bildungs- und Ausbildungsangebot gestattet, wurden diese 1942 mit einem reichsweiten Unterrichtsverbot belegt, und die Judenfrage wurde von der SS in den Vernichtungslagern auf ihre Art „end-gelöst". Auch für Schulkinder aus der Minderheit der Roma mit deutscher Staatsangehörigkeit wurden zunächst sogenannte *Zigeunerschulen* und *Zigeunerklassen* im Bereich der Volksschule eingerichtet, ab 1943 löste die SS auch die Zigeunerfrage durch die massenhafte Deportation der *Zigeuner* und *Zigeunermischlinge* in das Zigeunerlager Auschwitz.

In dieses Horrorszenario gehört auch die Verschleppung von Kindern und Jugendlichen aus den besetzten Gebieten Osteuropas (insbesondere der Sowjetunion), die, sofern sie als *gutrassig* beurteilt wurden, zur Adoption in deutsche Familien freigegeben wurde, ansonsten in Arbeitslagern und sogenannte Ausländerkinder-Pflegestätten verschwanden, wo sie Schwerstarbeit bei vorsätzlicher Unterernährung zu leisten hatten. Infolgedessen verhungerten zehntausende dieser erbarmungswürdigen Geschöpfe. Nicht viel besser erging es den Kindern der osteuropäischen Zwangsarbeiter. SS und Wehrmacht setzten konsequent und bis zum bitteren Ende alle Maximen und Vorgaben Hitlers durch – angefangen von der totalen Kriegsführung bis hin zum systematischen Völkermord.

Genauso konsequent wurde im pädagogischen Bereich die rassistische Ideologisierung des Unterrichts bei Zurückdrängen eines jeden kirchlichen Einflusses betrieben. Kriegsbedingt wurde nicht nur die Schulzeit verkürzt, sondern der gesamte Unterricht wurde auf die Erzeugung von Kriegsbegeisterung bei den Jungen und die Vorbereitung auf die Mutterrolle bei den Mädchen abgestimmt. Es ging den Machthabern um Sicherung der politischen Kontrolle in allen Lebensbereichen und insbesondere in der Schule. Kein Mittel wurde gescheut, die Kinder und Jugendlichen im Sinne des Nationalsozialismus abzurichten. Das Netz der staatlichen Kontrolle, der Gesinnungsschnüffelei und Denunziation wurde so eng gestrickt, dass jede Abtrünnigkeit vom „wahren Wege" wie auch aufkeimender Widerstand erstickt wurde.

Und wo blieb der Widerstand?

Widerstand gegen die Nazidiktatur setzte spät und ohne die erhoffte Wirkung ein. Im Machtbereich der Nationalsozialisten gab es nur wenige Bürger, die die Zivilcourage hatten, sich dem Staat zu verweigern oder gar gegen ihn zu opponieren. – Der Fall des Ehepaares Otto und Elise Hampel, das 1940 bis 1942 in Berlin Postkartenflugblätter gegen Hitler ausgelegt hatte und dafür hingerichtet worden war, war eine Ausnahme. Hans Fallada setzte dem Ehepaar Hampel mit dem Roman *Jeder stirbt für sich allein* aus dem Jahre 1947 ein bleibendes Denkmal.[54]

Neben dem politisch motivierten Widerstand in den Reihen der alten Parteien und Gewerkschaften, gab es vereinzelt auch religiösen und ethisch motivierten Widerstand gegen die Nazis – im deutschen Reich wie auch in den besetzten Gebieten Europas. Im Unterschied zur *Résistance* im besetzten Frankreich, die als Organisation auch militärisch gegen die Besatzer operierte, gab es im Deutschen Reich keine einheitlich auftretende und handelnde Widerstandsbewegung. Der *Widerstand gegen den Nationalsozialismus* war überwiegend eine Angelegenheit einzelner Personen oder isolierter Gruppen. Die meisten Gruppen wurden von der Gestapo aufgespürt und nach kurzem Prozess liquidiert. Den bis heute nachhaltigsten Eindruck auf die Nachwelt übt das *Attentat vom 20. Juli 1944* aus. In dieses Attentat auf Hitler waren mehr als 200 Personen verstrickt, die alle hingerichtet wurden. Zu nennen sind außerdem der *Kreisauer Kreis*, aus dem sich später die Widerstandsgruppe um Stauffenberg rekrutierte und die *Rote Kapelle* als loser Verbund kommunistischer Kleingruppen.

Die *Weiße Rose*, eine Gruppe christlich motivierter Münchner Studenten um den Universitätsprofessor Kurt Huber, und eine Widerstandsgruppe in Hamburg, mit der auch der Pädagogikprofessor Wilhelm Flitner verbunden war, später als *Weiße Rose Hamburg* bezeichnet, sowie der *Freiburger Kreis* als Gruppe von Wirtschaftswissenschaftlern (u.a. Walter Eucken) und einigen evangelischen und katholischen Christen waren im Universitätsbereich die Ausnahme. Dies hing damit zusammen, dass der Nationalsozialismus von Anfang an große Unterstützung an den Hochschulen gefunden hatte.

Schon vor 1933 war der *Nationalsozialistische Deutsche Studentenbund*, eine Unterorganisation der NSDAP, die stärkste Gruppe innerhalb der Deutschen Studentenschaft. Aufsehen erregte die im Jahre 1933 von der Studentenschaft mit Unterstützung nationalsozialistischer Professoren 1933 durchgeführte, öffentliche *Bücherverbrennung*. Nach 1933 wurden alle Studentenverbindungen und -gruppierungen aufgelöst und gleichgeschaltet. Die Dozenten traten in großer Zahl in die NSDAP ein oder engagierten sich für den Nationalsozialismus, ohne der Partei anzugehören. Am Ende der Diktatur waren mehr als zwei Drittel der deutschen und österreichischen Hochschullehrer Mitglieder der Partei oder einer anderen Parteiorganisation (z.B. der SA). Davon wollten aber die wenigsten von ihnen nach dem Zweiten Weltkrieg noch etwas wissen – sie wuschen ihre Hände in Unschuld und wandelten sich von Unterstützern des Systems zu heimlichen Widerstandskämpfern.

54 Falladas Roman *Jeder stirbt für sich allein* wurde mehrfach verfilmt. 2011 wurde er vom Aufbau-Verlag erstmals in einer ungekürzten Fassung neu aufgelegt.

2.4.4.7 Die Zeit nach 1945

Als am 8. Mai 1945 der Zweite Weltkrieg zum Ende kam, war die Bilanz grauenhaft: Europa war verwüstet, viele Millionen Tote waren zu beklagen (◘ Abb. 2.17). Sechs Millionen Menschen jüdischen Glaubens, hunderttausende Sinti und Roma, unzählige oppositionelle Politiker (v.a. Kommunisten), Kriegsgefangene und Zwangsarbeiter, Homosexuelle, aber auch Angehörige unerwünschter Minderheiten (z.B. Zeugen Jehovas) waren ermordet worden. Und die Täter und Mitwisser? – Sie übten sich in Rechtfertigungen und Entschuldigungen, man habe gegen die Nazis nichts unternehmen können, wenn man nicht das eigene Leben hatte gefährden wollen. Konzentrationslager und Haft hätten ja jedem gedroht, der sich nicht angepasst hatte. Viele Deutsche betrachteten sich allen Ernstes selbst als Opfer, und der Großteil der Österreicher wähnte sich, da ihr Land 1938 von Deutschland annektiert worden war, von aller Schuld reingewaschen. Man fand überall nur Opfer, aber keine Täter. Selbst Personen, deren Mitarbeit in der NSDAP und anderen Organisationen aktenkundig war, waren um keine Ausrede verlegen. So hatte z.B. der bis 1972 lehrende Pädagogikprofessor Theodor Wilhelm die Chuzpe, seine Mitgliedschaft in der SA als Jux und diese Schlägertruppe als eine Art Sportverein zu bezeichnen gewagt; insgesamt sprach Wilhelm auch die Hitler-Jugend von jeglicher Schuld frei: „Kein vernünftiger Zeitgenosse wird es dieser Jugend verdenken, daß sie Hitler zulief" (Oetinger alias Wilhelm 1951, S. 77). Irgendetwas war ziemlich schiefgelaufen mit dem *Programm der Entnazifizierung*, mit dem die alliierten Streitkräfte nach Kriegsende die Mitglieder der NSDAP und anderer NS-Organisationen aus allen Institutionen der Gesellschaft zu entfernen suchten (vgl. Mathes 1998).

Deutschland und Österreich wurden 1945 in vier Besatzungszonen aufgeteilt, in denen die Sowjetunion, die USA, Großbritannien und Frankreich als Siegermächte das Sagen hatten. Die Besatzungszeit dauerte in Deutschland bis 1949, in Österreich, das 1945 als eigenständiger Staat wiedergegründet wurde, sogar bis 1955. Bei allen Unterschieden in Einzelfragen stimmten die Siegermächte in der Zielsetzung überein, die Bevölkerung in den Besatzungszonen zu einer friedlichen und demokratischen Gesellschaft umzuformen. Die Bildungspolitik wurde als ein wichtiger Baustein in diesem Prozess betrachtet und dementsprechend wurde die Umerziehung zum gängigen Begriff. Was aber genau sollte die Umerziehung in Deutschland nach 1945 leisten? – Dazu hatten auch deutsche Gelehrte eine dezidierte Auffassung:

> » *Die Forderung, daß Auschwitz nicht noch einmal sei, ist die allererste an die Erziehung.* Sie geht so sehr jeglicher anderen voran, daß ich weder glaube, sie begründen zu müssen noch zu sollen. Sie zu begründen, hätte etwas Ungeheuerliches angesichts des Ungeheuerlichen, das sich zutrug (Adorno 1966, S. 88).

Die Besatzungsmächte gingen unterschiedlich an das Problem der Entnazifizierung und Umerziehung heran. Bei den Amerikanern war der moralische Rigorismus mit einem eher hinderlichen Bürokratismus verbunden, Briten und Franzosen gingen eher pragmatisch an die Sache heran und zielten in erster Linie darauf ab, die NS-Eliten auszuwechseln. Am konsequentesten und schnellsten wurde die Entnazifizierung in der sowjetischen Besatzungszone

Abb. 2.17 Dresden 1945 (© picture-alliance / akg-images)

durchgeführt. In allen Besatzungszonen wurden bei der Entnazifizierung Fachleute, die für das Funktionieren bestimmter Einrichtungen oder für den Wiederaufbau als unentbehrlich betrachtet wurden, äußerst rücksichtsvoll behandelt. Bemerkenswert ist, dass bei der Entnazifizierung auch Personen mitwirkten, die sich den Nationalsozialisten erfolglos angedient hatten.

Als Beispiel dafür kann der Pädagoge Nohl genannt werden, der sich zwar schon vor der Machtergreifung mit eindeutig rassistischem Schriftgut ausgewiesen hatte, aber 1937 dennoch als Universitätsprofessor entlassen worden war, was ihn später qualifizierte, bei der Entnazifizierung an der Universität Göttingen mitzuhelfen. Und Nohl war kein Einzelfall. In den Westzonen gelangten schon viele NS-Funktionäre nach ihrer Entnazifizierung wieder zu Amt und Würden. Das gilt insbesondere für einige namhafte Pädagogikprofessoren, was allerdings erst zu dem Zeitpunkt offenkundig wurde, als die pädagogische Historiografie die bis in die 1980er Jahre gängige Praxis der Verdunkelung der Nazizeit aufgab und sich dem Kapitel der Pädagogik im Dritten Reich zuwandte (z. B. Horn und Link 2011; Schreckenberg 2001). Diese neueren Analysen zeigen deutlich, dass vor allem geisteswissenschaftliche Pädagogen ihren Beitrag zur Erziehungstheorie und -praxis der Nationalsozialisten geleistet hatten. Dass dann später bei der Entnazifizierung so mancher Bock zum Gärtner gemacht wurde, lag nicht nur daran, dass der Wiederaufbau die Mitarbeit von Fachleuten erforderte, sondern auch dass das Programm der Umerziehung, sofern Erwachsene die Adressaten waren, sich überwiegend mit kurzfristigen Maßnahmen begnügte und das Schwergewicht auf längerfristige Maßnahmen zur Erziehung der jüngeren Generation und der Nachfolgegenerationen legte.

Nach der Befreiung Europas durch die alliierten Streitkräfte waren zunächst alle Schulen in Deutschland und Österreich geschlossen worden. Vor der Wiederaufnahme des Unterrichts sollten die Lehrer, Lehrpläne und Lehrmittel entnazifiziert werden. In Anbetracht der Tatsache, dass die meisten Lehrer Mitglied der NSDAP oder deren Unterorganisationen gewesen waren, stellte die Wiederaufnahme des Unterrichts ein gewaltiges organisatorisches Problem dar, da die konsequente Durchführung eines Entnazifizierungsprogramms auf lange Zeit jeden Schulbetrieb verhindert hätte.

Umerziehung in den Besatzungszonen

Im Herbst 1945 wurden die Schulen gegen alle möglichen Bedenken und trotz mangelhafter Vorbereitung in allen Zonen wieder eröffnet. Wegen des Lehrermangels holte man Pensionäre in die Schulen zurück und stellte Studenten als Schulhelfer ein. Damit konnte man zwar die Schüler und Jugendlichen von der Straße holen, aber eine Umerziehung zur Demokratie fand nicht statt. Wichtiger als die Reform des Bildungs- und Schulwesens war es, die kaum zu bewältigenden Alltagsprobleme – Wohnungsnot,

Verlust der Heimat und Identität, Zerstörungen und Mangel an Nahrungsmitteln und elementaren Gütern – in Angriff zu nehmen. So brauchte der Alliierte Kontrollrat bis zum Sommer 1947, um allgemeine Grundsätze zur Demokratisierung des deutschen Erziehungssystems aufzustellen. Gefordert wurde ein *umfassendes Schulsystem*, bei der die Grundschule und höhere Schule zwei aufeinanderfolgende Stufen der Ausbildung darstellen sollten, aber genauere Vorstellungen wurden nicht entwickelt, denn mittlerweile waren in den Besatzungszonen unterschiedliche Reformen des Bildungs- und Schulwesens in die Wege geleitet worden, die auf keinen gemeinsamen Nenner zu bringen waren.

In der *sowjetischen Besatzungszone* hatte man im Frühjahr 1946 das *Gesetz zur Demokratisierung der Deutschen Schule* in Kraft gesetzt, das als Einheitsschule die achtklassige Grundschule mit anschließender vierstufiger Oberschule oder dreistufiger Berufsschule einführte. Etwa 40.000 Neulehrer, die allesamt Antifaschisten sein mussten und der Arbeiterklasse angehören sollten, wurden in Schnellkursen ausgebildet. Ziel der Bildungsreform in der SBZ war der Abbau bürgerlicher Privilegien im Bildungswesen, wobei als Maxime galt, vor allem die Kinder aus der Arbeiter- und Bauernschaft zu fördern.

In der *britischen* und in der *amerikanischen Besatzungszone* wurde nach der Devise verfahren, die Deutschen sollten die notwendigen Schulreformen selbst planen und durchführen. Dennoch war unverkennbar, dass die Amerikaner das Modell einer Einheitsschule favorisierten, in der alle Kinder ohne Unterschied des Geschlechts und der sozialen Herkunft die ersten sechs Jahre gemeinsam verbringen sollten, um Gemeinschaftsgefühl und demokratisches Verhalten zu entwickeln. Die höheren Schulen sollten vereinheitlicht werden, wobei den Amerikanern eine Gesamtschule für alle Schulpflichtigen vorschwebte und eine Integration von Berufsausbildung und Berufsberatung in das allgemeine Schulsystem ermöglichen sollte. Weitere Vorstellungen betrafen die Lernmittelfreiheit und die Ausbildung der Lehrer an Universitäten. Diese Ziele sollten von den Bildungsoffizieren auf Länderebene propagiert, aber nicht befohlen werden. Als man 1948 darangehen wollte, diese Vorstellungen umzusetzen, war es schon zu spät, da sich der deutsche Widerstand gegen die amerikanischen Pläne bereits formiert hatte.

In der *französischen Zone* wurde versucht, ein besonders innovatives Bildungsprogramm umzusetzen. Unter dem maßgeblichen Einfluss von *Raymond Schmittlein*, der von 1945 bis 1951 als Leiter der *Éducation Publique* für alle kulturellen Angelegenheiten in der französischen Besatzungszone zuständig war, versuchte man bis 1949, das französische Schulsystem zu etablieren, um liberalen Geist mit sozialer Auslese und Elitenbildung zu vereinen. Bereits mit der Wiedereröffnung der Schulen im Herbst 1945 wurde angeordnet, dass Französisch in allen weiterführenden Schulen als erste Fremdsprache (eine Stunde täglich) unterrichtet und in den Grundschulen fakultativ angeboten werden sollte. Mit der Lehrplanreform von 1946 wurde Französisch in der höheren Schule die alleinige erste Fremdsprache in den drei ersten Jahren und Pflichtfach für die gesamte weitere Schulzeit. Diese Maßnahme zielte nach Schmittlein „autant à l'acquisition de la langue qu'à l'initiation à la vie intellectuelle et culturelle" (zit. n. Mehdorn 2009, S. 67). Die von der französischen Militärregierung befohlene Schulreform schaffte alle Formen einer besonderen Mädchenbildung ab und regelte die Vereinigung der verschiedenen Typen höherer Schulen. Über die Schulreform hinausgehend, bestand eine weitere Maßnahme der Umerziehung in der Wiedergründung der Volkshochschulen in den Städten. Schmittlein betrachtete die Volkshochschulen und die deutsch-französischen Kulturvereine als „instrument de rééducation, d'élaboration d'une nouvelle culture démocratique, d'influence francaise [et] de brassage social et international" (zit. n. Mehdorn 2009, S. 67).

So fortschrittlich die Pläne Schmittleins sein mochten, so fehlte ihnen aber von Anfang an die Akzeptanz der deutschen Bevölkerung. Als die *Ordonnance no. 95* des französischen Oberbefehlshabers in Deutschland vom Juni 1947 den neu entstandenen Ländern der Zone die Kulturhoheit einräumte, schränkte dies die Einflussnahme auf die Umgestaltung des Schul- und Bildungssystems erheblich ein und brachte sie bald zum Stillstand. Zwar versuchte Schmittlein mit Unterstützung des Außenministers Bidault in dem neu gegründeten Land Rheinland-Pfalz ein Initiativ- und Vetorecht der Militärregierung in kulturellen Fragen und in der Schulpolitik zu behalten, aber Ministerpräsident Altmeier setzte die mittlerweile zuerkannten Rechte gegenüber der Besatzungsmacht durch (Mehdorn 2009). In der Nachbarregion, dem Saargebiet, verlief die Entwicklung nach 1945 zunächst ganz anderes, da das Saarland – zunächst zur französischen Besatzungszone gehörend – im Januar 1946 aus dem Zuständigkeitsbereich des Alliierten Kontrollrates herausgelöst wurde.

Das Saarland nach 1945

„Das Saarland ist ein autonom, demokratisch und sozial geordnetes Land und wirtschaftlich an Frankreich angeschlossen" (Art. 60 der Verfassung des Saarlandes vom 15. Dezember 1947).

Das Land an der Saar lag nach 1945 in jeder Hinsicht in Trümmern. In den industriellen Zentren waren bis zu 90 % der Gebäude zerstört. Der Verlust an Menschenleben war so groß, dass es noch zwanzig Jahre dauerte, wieder den Einwohnerstand aus der Vorkriegszeit zu erreichen. Zwar lag die moralische Erblast des NS-Regimes auf den Menschen, sie wurde aber in der saarländischen Nachkriegszeit anders akzentuiert als in anderen Teilen Deutschlands, denn die französische Besatzungsmacht unter Leitung von *Gilbert Grandval* hatte für das Saargebiet eine besondere Lösung im Sinn.

In Frankreich gab es nach drei verlustreichen Kriegen innerhalb von 80 Jahren starke Bestrebungen, das Saargebiet vollständig zu annektieren, was vom Alliierten Kontrollrat abgelehnt wurde. So zeichnete sich im Verlaufe des Jahre 1946 eine Autonomielösung ab. 1946 wurden wieder Parteien zugelassen, und es fanden die ersten freien Gemeinderatswahlen statt. Dabei erhielt die Christliche Volkspartei von Johannes Hoffmann über 50 %, die SPD etwa 25 % und die KPD 9 %. Auf dieser Basis wurde von der französischen Besatzungsmacht eine Verfassungskommission einberufen, die eine neue Verfassung ausarbeiten sollte. Bereits 1947 erhielt das *Saarprotektorat* eine eigene Verfassung – die Geburtsstunde des Saarlandes.

Die Verfassung von 1947 begründete einen *teilautonomen Saarstaat* mit eigener Staatbürgerschaft. Der Regierung des Saarstaats wurde eine weitgehende Selbstständigkeit in der Regelung innerer Angelegenheiten zugestanden, aber nicht in der Bildungs- und Schulpolitik. Diese wurde vom Hohen Kommissar nach den Vorstellungen Schmittleins gestaltet. Der Wiederaufbau des zerstörten Landes kam aufgrund der französischen Unterstützung zügig voran und nährte die Hoffnung der Menschen auf eine bessere Zukunft. Mit dem wirtschaftlichen Anschluss an Frankreich und der Übernahme der französischen Währung kamen auch Lebensmittel und Waren ins Saarland, während in großen Teilen Deutschlands Hungersnot herrschte. Dazu kamen umfangreiche Sozialleistungen (z. B. Familienzulagen und Kindergeld), die den Saarländern den Ruf als „Speckfranzosen" einbrachten. Auch in kultureller Hinsicht schritt der Saarstaat mit der Gründung der *École des Arts et Métiers* und der *Universität* voran, wobei auf ein europäisches Profil dieser Einrichtungen gezielt wurde. Die Zweisprachigkeit der akademischen Lehre, eine international zusammengesetzte Professorenschaft, grenzüberschreitend gültige Examina und ein Europa-Institut zählten zu den Besonderheiten der saarländischen Wissenschaftspolitik der damaligen Zeit.
Anfangs der 1950er Jahre schlug das politische Klima im Saarstaat um, was auf dem Wiedererwachen der deutsch-nationalen Kräfte und auf einer repressiven Politik der Regierung Hoffmann beruhte, die auf die pro-deutsche Stimmung (z. B. in der Gewerkschaftsbewegung, in kirchlichen Kreisen) mit Partei- und Gewerkschaftsverboten, mit Pressezensur und Bespitzelungs- und Überwachungsmaßnahmen antwortete und zunehmend die Züge eines autoritären Systems annahm. Zwar konnte Hoffmann bei den Landtagswahlen 1952 noch einmal eine absolute Mehrheit erringen, aber 25 % nicht ausgefüllte Stimmzettel waren ein deutliches Signal. Im Verlauf der folgenden Jahre wurden manche Pläne entworfen, das Saarland zum Sitz europäischer Institutionen zu machen, die alle daran scheiterten, dass das Saarland kein souveräner Staat, sondern ein Protektoratsstaat war. Eine Lösung schien nahe, nachdem sich der deutsche Bundeskanzler und der französische Premierminister auf ein Saarstatut verständigt hatten. Der Saarstaat sollte innenpolitisch autonom bleiben, aber außen- und sicherheitspolitisch einem Kommissar der neuen Westeuropäischen Union unterstellt werden. Wirtschaftlich sollte das Land seine enge Verbindung zu Frankreich behalten, aber zugleich ebenso starke Beziehungen zur Bundesrepublik aufbauen. Die politische Umsetzung dieses Status bedurfte der demokratischen Legitimation der Bevölkerung, und dementsprechend wurde ein Referendum für den 23. Oktober 1955 anberaumt.
Zum zweiten Mal innerhalb von zwanzig Jahren erhielten die Saarländer die Chance, über ihre staatliche Zukunft selbst entscheiden zu dürfen, und wieder entschieden sie sich gegen die Autonomie.
Die Entscheidung der Mehrheit der Saarländer gegen die Eigenstaatlichkeit, die zur Eingliederung des Saarlandes in die Bundesrepublik führte, zog auch den Anschluss an die Wirtschaft und die Währung der Bundesrepublik nach sich – und schon bald einen Katzenjammer: „Die Freude der Saarländer am neuen Geld währte nicht lange. Klagen über Preiserhöhungen, gar über Wucher, wurden ebenso laut wie Beschwerden über sinkende Reallöhne. Arbeiter, Studenten und Hausfrauen demonstrierten dagegen auf den Straßen, viele fühlten sich noch Jahre nach dem Tag X subjektiv schlechter gestellt als vorher. Objektiv hatten die saarländischen Unternehmen mit den Folgen des Tages X schwer zu kämpfen […]. Zahlreiche Firmen mit altbekannten Marken, die zuvor vom geschützten saarländischen Wirtschaftsraum profitiert hatten, mussten […] sofort oder bald kapitulieren" (Burgard 2010, S. 233 f.).
Beendet wurde durch den Ausgang des Referendums auch der Sonderweg des Saarlandes in der Bildungs- und Schulpolitik. Fortan galt das bundesrepublikanische Modell des Bildungs- und Schulwesens, von einer „rééducation des Allemands grâce à l'usage de la langue et de la civilisation francaise" war keine Rede mehr.
Im Unterschied zur Abstimmung von 1935 kam das Saarland nach dem Referendum 1955 nicht in einer Diktatur an, sondern in der demokratischen Bundesrepublik Deutschland, die ebenso wie Österreich in den 1950er Jahren ein *Wirtschaftswunder* erlebte.

Wie *Phönix aus der Asche* stiegen zwei deutsche Staaten aus den Trümmern des Dritten Reiches auf: Auf Initiative der Westalliierten wurde im Mai 1949 die *Bundesrepublik Deutschland* gegründet. Adenauer, der erste Bundeskanzler, betrieb im nachfolgenden Jahrzehnt konsequent eine *Politik der Westintegration und Aussöhnung mit Frankreich*, in deren Folge die Bundesrepublik Deutschland Mitglied westlicher Wirtschafts- und Militärbündnisse wurde.

Als Reaktion auf die Gründung der Bundesrepublik betrieb die Sowjetunion die Gründung eines sozialistischen Staates der Arbeiter und Bauern. Im Oktober 1949 ging aus der *sowjetischen Besatzungszone* (SBZ) die *Deutsche Demokratische Republik* (DDR) hervor, die sich selbst als deutscher Friedensstaat verstand, der die Wurzeln für Krieg und Faschismus ein für allemal beseitigt habe. So wie die BRD in den Westen integriert wurde, wurde die DDR Bestandteil des sowjetischen Machbereichs. Während es gelang, im Westen Deutschlands eine stabile und überdauernde Demokratie aufzubauen, mutierte die DDR rasch zu einem Staat, der weder vor der Niederschlagung eines Aufstandes im Jahre 1953 noch vor dem Bau einer Mauer und Schüssen auf Republikflüchtlinge zurückschreckte. Beide deutschen Staaten waren Fronstaaten während des Kalten Krieges. Dies endete mit dem Kollaps der DDR im Herbst 1989. In der Folge der sich dann überschlagenden Ereignisse löste sich die DDR 1990 durch den Beitritt zum Grundgesetz der Bundesrepublik Deutschland auf.

▪ Bildung in Ost- und Westdeutschland

Solange beide deutsche Staaten existierten, unterschieden sie sich im Bildungs- und Schulwesen. Bei ihrer Gründung orientierten sich die Entscheidungsträger in bildungspolitischen Fragen hüben wie drüben an Konzeptionen, die in die Zeit vor dem Dritten Reich zurückreichten.

Da Wissenschaft und Bildung in die Hoheit der Bundesländer fiel, begnügte sich das Grundgesetz mit wenigen allgemeinen Regelungen, während die Verfassung der zentralistisch regierten DDR diesbezüglich ausführlichere Regelungen enthielt. Bemerkenswert war der Anspruch,

» die Jugend [...] zu selbständig denkenden, verantwortungsbewußt handelnden Menschen [zu erziehen], die fähig und bereit sind, sich in das Leben der Gemeinschaft einzuordnen (Art. 37, Abs. 1).

Weiter hieß es:

» Als Mittlerin der Kultur hat die Schule die Aufgabe, die Jugend im Geiste des friedlichen und freundschaftlichen Zusammenlebens der Völker und einer echten Demokratie zu wahrer Humanität zu erziehen (Art. 37, Abs. 2).

Im Gegensatz zum Grundgesetz, in dem der Religionsunterricht in den öffentlichen Schulen mit Ausnahme der bekenntnisfreien Schulen als ordentliches Lehrfach anerkannt wurde und wird, regelte die DDR-Verfassung in Artikel 40, dass der Religionsunterricht eine Angelegenheit der Religionsgemeinschaften ist, wobei der Staat die Ausübung dieses Rechts gewährleistet.

Erstaunlich ist, dass die polytechnische Bildung in der Verfassung der DDR mit keinem Wort erwähnt wurde. Sie wurde erst durch das *Gesetz über das einheitliche sozialistische Bildungssystem* vom 25. Februar 1965 zum verbindlichen Prinzip:

» Die polytechnische Bildung und Erziehung [ist] Grundzug und Bestandteil des Unterrichts und der Erziehung in allen Schuljahren. Entsprechend dem Alter der Kinder ist der Unterricht mit gesellschaftlich-nützlicher Tätigkeit bzw. mit produktiver Arbeit zu verbinden. Im Mittelpunkt des polytechnischen Unterrichts steht in den unteren Klassen der Werkunterricht und von der Klasse 7 ab der Unterricht in der sozialistischen Produktion (GBL. I., S. 83).

Im Unterschied zu der einheitlich verordneten polytechnischen Bildung in der DDR zeichnete sich das Bildungs- und Schulwesen in der BRD aufgrund der föderalen Grundordnung durch große Vielfalt aus, wobei sich bereits früh der Gegensatz zwischen Anhängern der Gesamtschule und Verfechtern des mehrgliedrigen Schulsystems als Konstante der bildungspolitischen Diskussion abzeichnete.

In beiden deutschen Staaten wurde die Erziehung anfangs von den alten Methoden beherrscht, da man nach wie vor fest verankert war in den autoritären Traditionen, welche die Familie und Schule in der Nachkriegszeit kennzeichneten. Die meisten Eltern und Lehrer betrachteten die Praxis strenger Erziehung als durchaus normal. Die Prügelstrafe, insbesondere bei Jungen, war in Familie und Schule bis in die 1970er Jahre weithin akzeptiert. Die Erziehung war generell durch Kontrolle, Disziplinierung und Bestrafung charakterisiert, wobei im Hinblick auf die Disziplinierung der Kinder in den Familien die Väter eine aktivere Rolle spielten als die Mütter. In den westdeutschen Schulen waren bald nach Gründung der Bundesrepublik im Schnelldurchgang entnazifizierte Lehrer tätig, um mit dem Problem des Lehrermangels und den großen Klassen fertig zu werden. Dazu passt ein Gedicht von *Dirk, dem Texter und Songwriter aus Köln* (▶ http://www.nichtganzdichter.com):

» **1950**
Er war ein guter Lehrer, nur dass ihr es wisst!
Er war stolz auf sich, sein Land, die Flagge hat er überall gehisst.
Erzählte seinen Schülern gern vom letzten Krieg und vielen großen Taten,
er war ein Freund des Militärs und einer von den Frontsoldaten.

Die Schüler hörten zu und waren untergeben,
niemand muckte auf, denn schulisch würd man das nicht überleben.
Er war streng und galt als Mann vom alten Schlag,
er fühlte sich als Herrscher und genoss das Tag für Tag.

Die frechen Schüler hat er morgendlich verdroschen,
doch eines Tages ist sein Lebenslicht erloschen.
Auf seinen Grabstein schrieb man ganz ohne Verzagen:
Ein krankes Herz und zwei gesunde Hände haben aufgehört zu schlagen.

Die Bundesrepublik Deutschland hatte in ihren Anfangsjahren andere Sorgen als die Erneuerung des Bildungs- und Schulwesens. Zu der Behäbigkeit und Selbstzufriedenheit der zu Wohlstand gelangten Bürger gesellte sich ein eklatanter Mangel an qualifizierten und demokratisch gesinnten Lehrern ebenso wie fehlende Schulräume und veraltete Lehr- und Lernmittel. Das alles trug zu der allgemeinen Tendenz bei, den Nationalsozialismus als eine Art Betriebsunfall zu betrachten, über den man den Mantel des Schweigens und Vergessens decken wollte. Es dominierten Konservatismus und nationale Gesinnung, Forderungen nach Reformen des Bildungs- und Schulwesens wurden mit dem Hinweis auf die sozialistischen Verhältnisse in der DDR abgewiegelt. In der Bundesrepublik herrschte, was das Bildungs- und Schulwesen anbelangte, ein heilloses Durcheinander. Übereinstimmend aber hing man einem statischen Begabungsbegriff an, der den Zugang der Schüler zu den verschiedenen Schulformen bestimmte. Die Schüler hatten in Entsprechung mit praktischen, theoretischen und praktisch-theoretischen Begabungen und Eignungen die Hauptschule, das Gymnasium oder die Realschule zu besuchen.

Zu altbackenen pädagogischen Auffassungen gesellten sich veraltete Unterrichtsinhalte, die keinen Bezug zur Gegenwart aufwiesen, sondern immer noch die heile Welt in der Vergangenheit suchten. In den überwiegend konfessionellen Volksschulen, die auf dem Lande wenig gegliedert waren (es war vielerorts üblich, zwei oder mehr Jahrgangsklassen in einem Raum zu unterrichten), wurde die althergebrachte Volksbildung praktiziert, die Lesen, Schreiben, Rechnen, Religion als Hauptfach, Singen und Zeichnen in den Mittelpunkt stellte und naturwissenschaftliche, wirtschaftliche und politische Lehrinhalte nur am Rande behandelte. Die Gymnasien wurden von der humanistischen Bildungsidee ebenso beherrscht wie vom Ziel der rigiden Auslese der Schüler. Die Neigung, Schüler aufgrund ihrer Leistungen auszusortieren, charakterisierte auch die Realschulen, die sich aber wenigstens bemühten, eine größere Nähe zur Alltagswelt herzustellen. Zugespitzt formuliert kann man dem Schulwesen der frühen Bundesrepublik ein bewusstes Verharren im Jahrhundertschlaf attestieren.

Eine Konsequenz war, dass zehn Jahre nach Ende des Zweiten Weltkrieges nur knapp 15 % eines Altersjahrgangs studierten und der überwiegende Teil der Bevölkerung lediglich über eine Volksschulbildung verfügte. 1954 besuchten mehr als 70 % der deutschen Schüler im Westen die Volksschuloberstufe, 11 % eine Mittelschule, knapp 15 % ein Gymnasium, 2 % Sonderschulen und 3 % Privatschulen.

■ Der Sputnik und die Folgen für das Bildungswesen

Die Idylle des Wirtschaftswunders und des „Wir sind wieder wer"-Gefühls wurde jäh durch ein kugelförmiges Objekt mit einem Durchmesser von 58 cm, *Sputnik* genannt, gestört. Dieser Erdsatellit, der am 4. Oktober 1957 von der Sowjetunion auf die Reise geschickt worden war, machte der westlichen Welt schlagartig klar, dass die Sowjetunion in der Entwicklung der Raumfahrt eine technologische Überlegenheit gewonnen hatte. Der *Sputnikschock* führte zu einer umfassenden Reformierung des nordamerikanischen Bildungssystems und zu einer nachhaltigen Förderung bislang eher bildungsferner Bevölkerungsschichten, die als *Bildungsreserve* betrachtet wurden. Maßnahmen der Frühpädagogik (z. B. Gründung von Vorschulen) wie auch die Einrichtung eines Schulbussystems, um Schüler zu zentral gelegenen Schulen zu bringen, sollten diese Bildungsreserve erschließen. Eine weiter reichende Maßnahme bestand darin, die Lehrpläne neu zu gestalten, wobei Fächer wie Mathematik, Physik und Chemie flächendeckend solche Kurse ersetzten, die sich mit der Hauswirtschaft und der Berufsausbildung befasst hatten.

Es dauerte nicht lange, bis sich auch in der Bundesrepublik Deutschland die Erkenntnis durchsetzte, dass das Bildungs- und Schulwesen nicht den Anforderungen der Zeit entsprach und auf eine *Bildungskatastrophe* zusteuerte. Das war die Kernaussage mehrerer Artikel in der evangelisch-konservativen Wochenzeitung *Christ und Welt,* in denen der Pädagoge Georg Picht (1964) nicht nur die vergleichsweise niedrigen Bildungsausgaben in der BRD und die geringe Quote an Abiturienten beklagte, sondern auch das große Bildungsgefälle zwischen Stadt und Land. Daraus leitete Picht die Notwendigkeit einer grundlegenden Reform des dreigliedrigen Schulsystems wie auch der Erwachsenenbildung ab, um die Konkurrenzfähigkeit des Wirtschaftsstandortes Deutschland im internationalen Wettbewerb zu sichern.

In die gleiche Richtung wies Dahrendorf (1965) mit dem Buch *Bildung ist Bürgerrecht*, in dem er den niedrigen allgemeinen Bildungsstand als eine potentielle Gefährdung der Demokratie beurteilte. Mit diesen Publikationen, denen in rascher Folge weitere Beiträge anderer Autoren folgten, war der Anstoß für verschiedene Reformmaßnahmen gegeben. Picht und Dahrendorf hatten aber nur öffentlichkeitswirksam verkündet, was die *Arbeitsgemeinschaft Deutscher Lehrerverbände* 1960 mit dem *Bremer Plan* bereits gefordert hatte: eine umfassende Reform des Schul- und Hochschulwesens. Dieser Plan war jedoch auf den entschiedenen Widerstand der konservativen Kräfte und insbesondere der Katholischen Kirche gestoßen.

Die in der Arbeitsgemeinschaft Deutscher Lehrerverbände vereinigten Gewerkschaftslehrer forderten die Errichtung einer „Deutschen Schule" nach drei Grundprinzipien:

- Vereinheitlichung des Schulwesens; Einführung der zehnjährigen Volksschulpflicht in allen Bundesländern; gemeinsame Unterrichtung aller Kinder in einer Einheitsschule; Verlängerung der Grundschule um eine zweijährige Förderstufe auf sechs Jahre;
- staatliche Schulaufsicht über alle Lehrerbildungsanstalten, Schulen und Kindergärten;
- ideologische Freiheit der „Deutschen Schule", das heißt Ablehnung der durch die Bekenntnisschulen geförderten „Verweltanschaulichung", da der Staat als Schulträger weltanschaulich neutral sei.

Vor allem der letzte Punkt stieß auf den erbitterten Widerstand derer, die auf das Primat weltanschaulich-konfessioneller Unterweisung pochten.

Der *Bremer Plan* fand zum Teil einen Niederschlag in der *Bedarfsfeststellung 1961–1970* der Kultusministerkonferenz (KMK), die zu dem Ergebnis gelangte, dass die jährlichen Ausgaben für Bildung, Forschung und Kultur bis 1970 wegen der steigenden Schülerzahlen, aber auch wegen der notwendigen Reform des Schul- und Hochschulwesens mindestens verdoppelt werden müssten. Als Aufgaben, die unmittelbar gelöst werden müssten, hob die Bedarfsfeststellung besonders die allgemeine Einführung eines 9. Schuljahres an Volksschulen, den Ausbau der Mittelschulen und Gymnasien wie auch eine grundsätzliche Reform der Oberstufe der Gymnasien hervor. Weitere Forderungen bestanden im Ausbau des berufsbildenden Schulwesens und des zweiten Bildungsweges wie auch der pädagogischen Hochschulen, um den Bedarf an wissenschaftlich ausgebildeten Lehrern decken zu können. Zusätzlich zum Ausbau der bereits bestehenden Hochschulen wurde die Gründung von neuen Universitäten, technischen Hochschulen, medizinischen Akademien und Einrichtungen der Erwachsenenbildung in den Katalog der Forderungen aufgenommen.

Drei Jahre später bekundete die Kultusministerkonferenz ihren Willen zur Reform des Bildungswesens in der *Berliner Erklärung*:

> » Die Kultusminister und -senatoren stellen fest, daß die deutsche Kulturpolitik nach Abschluß der Periode des Wiederaufbaus nunmehr in einen Zeitabschnitt eingetreten ist, in welchem die zunehmende europäische Integration und die in allen Staaten gleichlaufenden Bedürfnisse der modernen Industriegesellschaft verstärkt neue Impulse zur Weiterentwicklung der Schul- und Hochschulpolitik geben.

Die meisten Bundesländer erwiesen sich als reformwillig und -fähig. So wurde bis Mitte der 1960er Jahre bundesweit das 9. Pflichtschuljahr an Volks- und Sonderschulen eingeführt. Des Weiteren wurde eine längst fällige *Reform der Landschulen* in Gang gesetzt, was zum Wegfall wenig gegliederter Dorfschulen und vielerorts auch zur Auflösung der Konfessionsschulen führte

Abb. 2.18 a © picture-alliance / dpa; b © Witthaya/Getty Images/iStockphoto

– und damit gleichzeitig zur Befreiung von kirchlicher Bevormundung und Kontrolle.

Die 68er-Bewegung und ihre Folgen

Das Jahr *1968* war durch weltweite Unruhen charakterisiert. Beispielhaft kann auf die Mai-Unruhen in Frankreich, die März-Unruhen in Polen, den „Prager Frühling", die Lotta continua in Italien, die Black-Power-Bewegung in den USA (nach der Ermordung Martin Luther Kings) und andere Protestaktionen in Mexiko, Japan und in der Schweiz verwiesen werden.[55]

Die im Jahr 1968 zu verzeichnenden Protestbewegungen unterschieden sich deutlich voneinander. In Deutschland war ein vorrangiges Thema der Vietnamkrieg und die ständige Bedrohung durch Atomwaffen (Ostermarsch- und Friedensbewegung), aber auch der Aufstand gegen den autoritären Erziehungsstil und den Traditionalismus der Universitäten, das Eintreten für die Gleichstellung von Frauen und politische Freiheit, der Kampf um mehr sexuelle Freiheiten (Frauenbewegung, sexuelle Aufklärung, Schwulenbewegung) waren Themen der Protestbewegungen, die ihren Ausdruck auch in der friedfertigen Flower-Power- und Hippie-Bewegung fanden (Gilcher-Holtey 2001; Abb. 2.18).

» 1954, als sie in Bern Fußballweltmeister wurden, habe ich in Frankfurt gehört, wie nach der Deutschlandhymne wie früher das Horst-Wessel-Lied gebrüllt wurde. Das Gebrüll des „Dritten Reichs" konnten sie in den Wochenschauen hören, und im Rundfunk wurde noch immer gebellt. Wenn einer mal Gitarre spielte, kam sofort der Polizeiknüppel. Das waren die „Schwabinger Krawalle". Sie machten sich doch damals praktisch schon strafbar, wenn Sie Geschlechtsverkehr hatten, ohne verheiratet zu sein. Wenn Hildegard Knef eine halbe Brust heraushängen ließ, wurde die Aktion „Saubere Leinwand"[56] aktiv (Wagenbach 2009).

Die Nachkriegsgesellschaft war prüde und stockkonservativ. Man hatte Krieg und Nazi-Zeit überlebt, schwieg über die eigenen Verstrickungen in das Nazi-Regime und fürchtete doch ständig, sie könnten ans Licht kommen. In Politik und Gesellschaft gaben ehemalige Nationalsozialisten den Ton an. Beispielsweise waren im Saarland, das 1957 zur BRD hinzukam, drei Ministerpräsidenten ehemalige Mitglieder der NSDAP. Die Ausnahme bildete Johannes Hoffmann, ein Katholik, Antifaschist und Europäer aus Überzeugung.

Die Protestbewegungen der 68er-Bewegung nahmen ihren Anfang in Protesten von Studenten gegen die überholten Strukturen der Hochschulen, sie wurde aber unter dem nachhaltigen Eindruck des Vietnamkrieges, dessen Bilder ab Mitte der 60er Jahre vom Fernsehen in die Wohnzimmer übertragen wurden, zunehmend politisch. Dass die Protestbewegung Ende der 60er Jahre nicht nur der Ausdruck eines Generationenkonflikts war, zeigt die Tatsache, dass die im Jahr von der Großen Koalition verabschiedeten „Notstandsgesetze" zu Massenprotesten der „außerparlamentarischen Opposition" mit einer aktiven Beteiligung von Gewerkschaften, der FDP, der evangelischen Kirche und der Studentenbewegung führte. Damit wurde der Protest über verschiedene Generationen ausgeweitet.

Ähnliches war auch in Frankreich zu beobachten, wo sich die Gewerkschaften und Arbeiter schon bald mit der Studentenbewegung gegen das autoritäre Regime des Generals de Gaulle solidarisierten und den Präsidenten schließlich zum Rücktritt zwangen (Gilcher-Holtey 2001). Zu Protestbewegungen kam es in den späten 60er Jahren auch in den USA, wo sich der Widerstand gegen den Vietnamkrieg formierte, und in der Tschechoslowakei, wo der „Prager Frühling" des Jahres 1968 mit Waffengewalt erstickt wurde.

55 Die Filmemacherin Ruth Zylberman hat in einem Dokumentarfilm „1968 – Ein Jahr der Protestbewegungen" die unterschiedlichen Lebenswege von sechs Europäern aus vier Ländern geschildert, die aktiv an der 68er-Protestbewegung teilgenommen haben.

56 Die Aktion „Saubere Leinwand" war eine Initiative zum Schutz der Jugend vor der sich ausbreitenden Sexualisierung der Massenmedien. Auslöser war Bergmanns Film „Das Schweigen" aus dem Jahr 1963.

Das Jahr 1968 ist durch all diese Ereignisse zum Mythos geworden. Es gilt als Beginn einer neuen Zeit und eines neuen Menschenbildes, nämlich des freien, selbstbestimmten und *mündigen* Menschen, der seine Persönlichkeit in einer freiheitlich demokratischen Welt entfalten will. In ihrer Wirkung kann die 68-Bewegung durchaus als eine *kleine deutsche Kulturrevolution* bezeichnet werden (Koenen 2001), die alle Bereiche des Lebens und Denkens erfasste. Aus pädagogischer Sicht war die 68er-Bewegung ein Aufstand gegen den autoritären Erziehungsstil in Familie und Schule. Die enge Verknüpfung mit dem Konzept der antiautoritären Erziehung (Neill 1969) kann als Markenzeichen der 68er-Bewegung betrachtet werden – bis heute für viele ein Stein des Anstoßes und für andere das Ideal der Erziehung (▶ Abschn. 2.4.3.8).

- **Strukturplan für das Bildungs- und Erziehungswesen**

Im Geiste der damaligen Zeit verabschiedete der *Deutsche Bildungsrat* im Jahr 1970 den *Strukturplan für das deutsche Bildungs- und Erziehungswesen*. Ziel war eine grundlegende Reform eines von sozialer Ungleichheit geprägten Bildungs- und Schulwesens. Der Strukturplan enthielt dezidierte Vorschläge zur Neugestaltung der Übergänge zwischen Elementar- und Primarbereich (Kindergarten/Vorschulklasse und Eingangsstufe des Primarbereichs) und zwischen Primar- und Sekundarbereich (z. B. die Forderung nach Einführung einer Orientierungsstufe) – und zur Einführung von Gesamtschulen.

Die Problematik der *Gesamtschulen* sollte von da an die bildungspolitische Diskussion beherrschen. Auf der einen Seite verteidigt(e) die CDU/CSU das dreigliedrige Schulsystem, auf der anderen Seite befürwortet(e) die SPD die Einführung der Gesamtschule. Anfangs fand die Empfehlung des Bildungsrates auch bei der CDU eine gewisse Akzeptanz und bundesweit wurden Gesamtschulen (als Versuchsschulen) eingeführt. Als die SPD die Gesamtschule in den 1970er Jahren zum schulreformerischen Kernstück ihrer Politik machte, expandierte die Gesamtschule, was zunehmend auf Widerstand der Befürworter des mehrgliedrigen Schulsystems stieß. Der Konflikt erreichte 1978 einen Höhepunkt, als die Landesregierung in Nordrhein-Westfalen die Gesamtschule flächendeckend einführen wollte. Die von der Opposition im Landtag, Lehrer- und Elternverbänden gegründete Initiative *Stoppt das Schulchaos* sammelte innerhalb von zwei Wochen mehr als 3,5 Millionen Unterschriften gegen die kooperative Gesamtschule und verhinderte somit das neue Schulgesetz. Als 1982 der bundesweite Schulversuch *Gesamtschule* endete, wurde er je nach parteipolitischer Ausrichtung der Regierung der einzelnen Bundesländer als äußerst erfolgreich oder völlig gescheitert erklärt.

Weniger Zündstoff für parteipolitische Querelen boten andere Beschlüsse der Kultusministerkonferenz. Dazu gehören die *Vereinbarung zur Vergabe von Studienplätzen* (1972), die *Vereinbarung zur Gestaltung der gymnasialen Oberstufe* (1972), die *Vereinbarung über die Abiturprüfung der gymnasialen Oberstufe* (1973), die *Anerkennung von Gesamtschulabschlüssen* (1982) und die *Ausarbeitung einheitlicher Prüfungsanforderungen für das Abitur* (1989). Ausführliche Informationen über die Arbeit und die zahlreichen Initiativen der Kultusministerkonferenz bietet ▶ http://www.kmk.org.

Obwohl die Reformeuphorie als Folge der wirtschaftlichen Krise 1972/73 und zunehmender Arbeitslosigkeit zunehmend ins Stocken geriet, hatte sie von 1965 bis 1975 zu einer *Bildungsexpansion in der Bundesrepublik Deutschland* geführt. Die öffentlichen Diskussionen über Reformen des Bildungs- und Schulwesens verstärkten (vor allem nach der 68er-Bewegung) die Nachfrage breiter Bevölkerungsschichten nach höherer Bildung, was dazu führte, dass der Anteil der Jugendlichen, die ein Gymnasium besuchten, sich seit den 50er Jahren bis Mitte der 80er Jahre mehr als verdoppelte und der Anteil der Realschüler sich sogar verdreifachte (Solga und Wagner 2001). Die Bewertung dieser Entwicklung mit Blick auf eine Veränderung der Bildungschancen von Kindern und Jugendlichen unterschiedlicher sozialer Herkunft geht allerdings auseinander. Einerseits wird konstatiert, dass die Bildungsexpansion als Instrument der Verminderung von Chancengleichheit schlichtweg erfolglos war (Meulemann 1992), andererseits wird eine Verringerung der herkunftsbedingten Unterschiede in den Bildungschancen behauptet (Müller und Haun 1994). Wir werden in ▶ Kap. 4 ausführlicher auf diese Problematik eingehen.

Hier genügt es festzustellen, dass insbesondere die 1970er Jahre durch zahlreiche Reformen des Schul- und Hochschulwesens gekennzeichnet waren, die nicht nur eine neue Generation gründlich ausgebildeter und demokratisch gesinnter Lehrer hervorbrachte, sondern auch eine rasante Zunahme an Pädagogikprofessuren an Universitäten und Fachhochschulen, wobei die bis dahin beherrschende geisteswissenschaftliche Pädagogik zunehmend durch die empirische Erziehungswissenschaft komplettiert wurde. Diese hatte in der von Roth proklamierten realistischen Wende ihren Ausgang und fand relativ großen Zuspruch. Wir sind auf dieses Ereignis bereits in ▶ Kap. 1 eingegangen und wollen es hier deshalb nicht weiter zu vertiefen. In den 1970er Jahren explodierte das pädagogische Schrifttum, und die Pädagogik als wissenschaftliche Disziplin erhielt den Innovationsschub, auf den sie lange hatte warten müssen. Kurz gesagt: Die Erziehungswissenschaft, wie sie heute an deutschen Hochschulen gelehrt wird, wurde in den 1960er und 1970er Jahren begründet.

In den 1980er Jahren ebbte der pädagogische Reformeifer in der Bundesrepublik deutlich ab; im Vordergrund stand nunmehr die Konsolidierung nach der expansiven Entwicklung des Bildungswesens. Der Dauerstreit um die Gesamtschule schwelte zwar weiter, wurde aber nicht mehr mit der Heftigkeit der früheren Jahre geführt. Eine besondere Dynamik der Veränderung des Bildungswesens löste dann die durch die friedliche Revolution in der DDR herbeigeführte Herstellung der *Einheit Deutschlands* im Jahre 1990 aus.

2.4.4.8 Die deutsche Wiedervereinigung und die Folgen für die Pädagogik

Nach vierzig Jahren Eigenstaatlichkeit unter sowjetischer Patenschaft löste sich die Deutsche Demokratische Republik in der raschen Folge der politischen Ereignisse durch den Beitritt zur Bundesrepublik Deutschland im Oktober 1990 selbst auf. Die neu konstituierten Länder Brandenburg, Mecklenburg-Vorpommern, Sachsen, Sachsen-Anhalt und Thüringen standen nicht nur vor gewaltigen wirtschaftlichen und gesellschaftlichen Problemen, sondern auch vor dem Problem einer *Neuordnung des*

Bildungs- und Schulwesens. Dabei schälte sich schon bald der Umgang mit der Hinterlassenschaft der Stasi (MfS) als strittiger Punkt im Einigungsprozess heraus. Der im Einigungsvertrag vorgesehene nachsichtige Umgang mit der ehemaligen Stasi und ihren Mitarbeitern stieß auf den entschiedenen Widerstand der ostdeutschen Bürgerrechtler. Eine Einigung konnte erst durch die Wahl eines *Sonderbeauftragten der Bundesregierung für die Verwaltung der Akten und Dateien des ehemaligen Ministeriums für Staatssicherheit* erreicht werden, der die Zugänglichkeit der Stasiakten unter anderem auch mit dem Ziel zu gewährleisten hatte, eine Beschäftigung von Stasi-Mitarbeiter(innen) in Schule und Hochschule zu verhindern.

Die Notwendigkeit einer grundlegenden Reform des Schul- und Hochschulwesens war zwar im Einigungsprozess erkannt worden, aber die Option, die Qualitäten der unterschiedlichen Systeme miteinander zu kombinieren und die jeweiligen Stärken zu nutzen, wurde weder für das Schulwesen noch für das Hochschulwesen der neuen Bundesländer beachtet. Vielmehr wurde das westdeutsche System praktisch eins zu eins auf das Bildungs- und Schulwesen der ehemaligen DDR übertragen.

Entsozialisierung der ostdeutschen Hochschulen

Mit dem Argument, auch die ostdeutschen Universitäten müssten sich zukünftig in Forschung und Lehre an westdeutsche Standards anpassen, um sich im internationalen Wettbewerb behaupten zu können, wurde gleich nach der Wende das westdeutsche Universitätsmodell importiert. Vordergründig sollten die ostdeutschen Hochschulen das markt- und wettbewerbsorientierte Denken der westdeutschen Hochschulen übernehmen, hintergründig ging es auch darum, die ostdeutschen Hochschulen zu „entsozialisieren" und die ehemaligen Kader der SED aus der Universität zu entfernen. Mathematik und die Natur- und Ingenieurwissenschaften kamen, da ihre Inhalte auch unter den Bedingungen der sozialistischen Bildungspolitik vergleichsweise ideologiefrei vermittelt worden waren, bei der *Entsozialisierung* nach der Wende noch glimpflich davon. Die Wucht der Erneuerung traf vor allem die Geistes- und Sozialwissenschaften. Unter Zugrundelegung der wissenschaftlichen Standards westdeutscher Hochschulen wurden die ostdeutschen Professoren einem Evaluations- und Selektionsprozess unterzogen, den sie infolge der jahrzehntelangen Abkapselung von der internationalen Forschung kaum erfolgreich bestehen konnten. Die meisten ostdeutschen Lehrstühle wurden daher im Zuge des Neuaufbaus von westdeutschen Wissenschaftlern besetzt; politisch unerwünschte Professoren wurden ungeachtet ihrer wissenschaftlichen Reputation in den Ruhestand versetzt, wenn sie SED-Mitglieder oder inoffizielle Mitarbeiter der Stasi gewesen waren.

Da der Forschung Priorität gegenüber der Lehre eingeräumt wurde, reichten die bereitgestellten finanziellen Mittel nicht aus, um die Personalkapazitäten in der Lehre zu erhalten oder sogar auszubauen. Hinzu kam, dass die ostdeutschen Hochschulen infolge eines sich abzeichnenden Massenexodus der Studierenden in den Westen unter Handlungsdruck gerieten, möglichst schnell eine wettbewerbsfähige Lehre anbieten zu können. Für hochschuldidaktische Experimente war keine Zeit und man verließ sich lieber auf die bekannten Rezepte.

Erneuerung des ostdeutschen Schulwesens

Auch für eine grundlegende *Erneuerung des Schulwesens* fehlte nach der Wende die Zeit. Dementsprechend dominierte auch in diesem Bereich der Import westdeutscher Lösungen und Modelle. Zwar war es Anfang der 1990er Jahre noch kurz zu einer Neuauflage der Gesamtschuldiskussion gekommen, da westdeutsche Befürworter der Gesamtschule gehofft hatten, die vorhandenen Einheitsschulen der ehemaligen DDR in Gesamtschulen umwandeln zu können, aber breite Teile der ostdeutschen Bevölkerung wollten den vollständigen Bruch mit der Vergangenheit und lehnten deshalb den Fortbestand der Einheitsschule ebenso ab wie den Erhalt der polytechnischen Bildung. Infolgedessen kam es nur in Brandenburg – als Folge der Landespartnerschaft mit Nordrhein-Westfalen – zu einer quantitativ bemerkenswerten Einführung der Gesamtschule.

Unter dem Druck der demografischen Entwicklung führte man in den neuen Bundesländern allenthalben ein *zweigliedriges Schulsystem* ein, in dem Haupt- und Realschulen zur *Mittelschule* zusammengelegt wurden. Bemerkenswert ist, dass das zweigliedrige Schulsystem der neuen Bundesländer zum Modell für die Reform des Sekundarschulwesens in mehreren westdeutschen Bundesländern wurde. Auch die Einführung des achtjährigen Gymnasiums in mehreren alten Bundesländern folgte dem ostdeutschen Vorbild.

Nicht nur die allgemeinbildenden Schulen wurden in den neuen Bundesländern nach dem westdeutschen Modell neu konstituiert, sondern auch die *berufsbildenden Schulen*. Daher wurde die polytechnische Bildung der DDR auch in den unterschiedlichen Gliederungen des Berufsschulwesens (Berufsschule, Berufsfachschule, Fachoberschule usw.) aufgegeben. Die Option, die Qualitäten unterschiedlicher Bildungssysteme miteinander zu verschränken, um Neues zu wagen, wurde nicht genutzt. Im Vordergrund standen *Reparaturmaßnahmen* auf der Grundlage tradierter Denk- und Gestaltungsmuster.

Schule und Hochschule der Zukunft

Um von tradierten Denkmustern wegzukommen und „eine Diskussion in Gang […] zu bringen, die über die Tagesaktualitäten hinaus weit in die Zukunft weist" (Rau 1995, S. V), beauftragte der Ministerpräsident von Nordrhein-Westfalen Johannes Rau im Jahr 1992 eine Kommission aus hochkarätigen Vertretern der Wissenschaft, Wirtschaft und Politik mit der Ausarbeitung einer Denkschrift zur Zukunft von Bildung und Schule. Die Kommission sollte Vorschläge für langfristig angelegte und gründliche Reformen erarbeiten und unter Einbezug langfristiger gesellschaftlicher Entwicklungsprozesse zukunftsweisende Perspektiven für die Entwicklung des Bildungs- und Schulwesens aufzeigen. Mit dem Buch *Zukunft der Bildung – Schule der Zukunft* legte die Bildungskommission NRW (1995) eine einmalige erziehungswissenschaftliche und bildungspolitische Vision vor. Vor dem Hintergrund einer fortschreitenden Pluralisierung von Lebensformen und sozialen Beziehungen, der Bevölkerungsentwicklung in Deutschland und den Auswirkungen der Migration, einer fortschreitenden Globalisierung und einem grundlegenden Wandel von Wertvorstellungen und Lebensorientierungen gelangte die Kommission zu einem modernen und zukunftsweisenden Grundverständnis von *Schule als Haus des Lernens*:

» Schule als Haus des Lernens
» – ist ein Ort, an dem alle willkommen sind, die Lehrenden wie die Lernenden in ihrer Individualität angenommen werden, die persönliche Eigenart in der Gestaltung von Schule ihren Platz findet,
» – ist ein Ort, an dem Zeit gegeben wird zum Wachsen, gegenseitige Rücksichtnahme und Respekt vor einander gepflegt werden,
» – ist ein Ort, dessen Räume einladen zum Verweilen, dessen Angebote und Herausforderungen zum Lernen, zur selbsttätigen Auseinandersetzung locken,
» – ist ein Ort, wo intensiv gearbeitet wird und die Freude am eigenen Lernen wachsen kann,
» – ist ein Ort, an dem Lernen ansteckend wirkt.
Im „Haus des Lernens" sind alle Lernende, in ihm wächst das Vertrauen, dass alle lernen können. Diese Schule ist ein Stück Leben, das es zu gestalten gilt (Bildungskommission NRW 1995, S. 86).

Bildung als Lern- und Entwicklungsprozess begreifend, legte die Kommission großen Wert auf den Erwerb von Schlüsselqualifikationen als erwerbbare allgemeine Fähigkeiten, Einstellungen und Strategien, die bei der Lösung von Problemen und beim Erwerb neuer Kompetenzen in möglichst vielen Inhaltsbereichen von Nutzen sind. Ausführlich gehen die Autoren der Denkschrift auch auf Möglichkeiten der Gestaltung eines modernen Unterrichts ein, wobei sie die Betonung auf die erforderliche Wandlung von *Selbstverständnis, Zielvorstellungen und Gegenständen schulischen Lernens und Lebens* ebenso legen wie die damit einhergehenden Veränderungen in der Verantwortung und Steuerung des öffentlichen Schulwesens. Nicht zuletzt fordern sie eine *veränderte Professionalität von Lehrern*, die ihre Rolle zukünftig nicht mehr so sehr als Wissensvermittler, sondern als *Lernberater* und *Lernhelfer* sehen sollten.

Insgesamt bietet die Denkschrift aus dem Jahre 1995 bis heute eine Ausgangsgrundlage für die Gestaltung einer modernen Schule. In einem bis zum Ende durchdachten Gesamtentwurf bietet die Denkschrift eine ausgezeichnete Grundlage für die Gestaltung eines auf Partizipation ausgerichteten Schulwesens in einem liberal-demokratischen Staat. Aber alles in allem erzielte die Denkschrift keine Breitenwirkung, da die öffentliche Diskussion schon bald von den Schlagzeilen über die internationalen Leistungsvergleichsstudien TIMSS und PISA beherrscht wurde, auf die wir bereits in ► Kap. 1 eingegangen sind. Aus der Sicht der pädagogischen Historiografie ist es noch nicht möglich, ihre Effekte einzuordnen.

Während im Schulwesen Deutschlands und Österreichs noch alles im Fließen ist, wurde im Hochschulwesen mit dem sogenannten *Bologna-Prozess* eine historische Entwicklung eingeleitet, die unumkehrbar scheint und das europäische Hochschulwesen verändert hat, wie es seit der Gründung der nationalstaatlichen Universitäten nicht mehr der Fall war. Die europaweite Vereinheitlichung von Studiengängen und Anerkennung der Studienabschlüsse durch die Einführung von Bachelor- und Masterstudiengänge ist weitgehend abgeschlossen. Daran ändern auch die kritischen Einwände nichts mehr, die berechtigt oder nicht gegen diese Reform erhoben wurden. Es bleibt abzuwarten, ob die vom Wissenschaftsrat im Jahre 2000 formulierten Empfehlungen zur Einführung neuer Studienstrukturen und -abschlüsse tatsächlich dazu beitragen werden, Kommunikations- und Teamfähigkeit, Präsentations- und Moderationstechniken, den Umgang mit modernen Informationstechnologien, interkulturelle Kompetenzen und Fremdsprachenkenntnisse zu steigern sowie die Fähigkeit zu erlangen, Wissen und Informationen zu verdichten und zu strukturieren sowie eigenverantwortlich weiter zu lernen. Aus historischer Sicht wird dies erst in Jahrzehnten feststellbar sein.

? Aufgaben zum Festigen des neuen Wissens

1. Reformation und Gegenreformation stützten sich auf den Humanismus und teilten – trotz mancher Unterschiede – viele pädagogische Prinzipien. Vergleichen Sie bitte die Gelehrtenschule mit den Lateinschulen der Jesuiten im Hinblick auf Übereinstimmungen und Unterschiede:

Gemeinsamkeiten zwischen

Gelehrtenschule	Jesuitenkolleg

Unterschiede zwischen

Gelehrtenschule	Jesuitenkolleg

2. Nennen Sie die wesentlichen Ideen und Ansatzpunkte von Comenius' großer Didaktik.
3. Der Humanismus hatte großen Einfluss auf die Vorstellungen über Erziehung. Welche?
4. Skizzieren Sie das Auf und Ab liberaler und demokratischer Ansätze in der Erziehung seit dem 16. Jahrhundert.
5. Welche Personen stehen innerhalb der Neuzeit für liberale Erziehungsmethoden?
6. Welche Ereignisse innerhalb des 20. Jahrhunderts bewirkten jeweils ein Umdenken im Hinblick auf Erziehung und Bildung und das Schul- und Hochschulwesen? Skizzieren Sie auch inwiefern.
7. Was war der Auslöser für die ersten Universitätsgründungen?
8. Skizzieren Sie die grundlegenden Ideen der reformpädagogischen Bewegung. Was war den Reformpädagogen gemeinsam?
9. Worauf fußte die Disskussion über die deutsche Bildungskatastrophe? Wer stieß diese Diskussion an und wozu führte sie?

? Aufgaben zum Weiterdenken

1. Recherchieren Sie, welches Bild Martin Luther vom Kinde hatte und welche Rolle er dementsprechend Kindern zuwies.
2. Meinert Meyer (2012) hat in überzeugender Weise die Aktualität der Hauptschriften Comenius' bis auf die heutige Zeit herausgearbeitet. Am Ende der Abhandlung vergleicht er die zentralen Annahmen Comenius' mit der heutigen Didaktik.

Tab. 2.10 Tabelle zu Aufgabe 2 zum Weiterdenken

Comenius	Heutige Didaktik
– Didaktik ist die Kunst des Lehrens. – Erziehung ist die Beseitigung von Unhöflichkeit – Omnes – omnia – omnino – Die Versetzung ist garantiert und religiös gerechtfertigt – Lebenslanges Lernen – Es gibt nur ein gutes didaktisches Modell – Comenius signalisiert Optimismus. Er ist davon überzeugt, dass eine Erlösung aufgrund von Erziehung möglich ist. Erziehung ist ein religiöses Muss – Bei seiner Argumentation verwendet Comenius ausgiebig Analogien – Es gibt nur eine gute Lehrmethode in Entsprechung mit dem, was in der Natur geschieht und was von Handwerkern getan wird – Es gibt nur eine Didaktik	

Bitte ordnen Sie den Kernaussagen Comenius' entsprechende Auffassungen der modernen Didaktik zu (Tab. 2.10).

3. Aus welcher Zeit, würden Sie annehmen, stammt das in Abb. 2.19 dargestellte Gemälde? Begründen Sie Ihre Annahme. Die Lösung finden Sie auf der folgenden Website: ► http://de.wikipedia.org/wiki/Die_H%C3%B-Clsenbeckschen_Kinder.
4. Anlässlich des 250. Geburtstags Pestalozzis schrieb der Berner Ordinarius für Pädagogik, Jürgen Oelkers, am 13. Januar 1996 einen Artikel für die *Frankfurter Allgemeine Zeitung* mit dem Titel „Mit Herz und Hand und ohne Kopf. Johann Heinrich Pestalozzi, die pädagogische Legende, war ein geborener Verlierer". Zu Beginn heißt es da: „Der Name Pestalozzi wird noch heute mit allem assoziiert, was der Erziehung gut und teuer ist, Menschlichkeit, Ganzheit, pädagogische Liebe, Standfestigkeit auch im Elend, Einsatz und Engagement für die höchsten Werte. Der Name steht für einen Kult, der sich, wie Schul- und Straßennamen, Kinderbücher, Jugendkalender, Ratgeber für Erwachsene – die Werbeflächen der Erziehung – zeigen, beliebig erneuern lässt. Der historische Pestalozzi, gleichermaßen leidend und berechnend, ist von der Kultfigur zu unterscheiden." Ist dieses Urteil Oelkers aus Ihrer Sicht gerechtfertigt?
5. Wer ist eher als Symbol der Pädagogik zu betrachten: Pestalozzi oder Comenius?
6. Stellen Sie den Ansatz sozialistischer Erziehung und Bildung dem in der DDR realisierten Erziehungs- und Bildungssystem gegenüber und diskutieren Sie, inwieweit hier Übereinstimmungen und Abweichungen zu finden sind.
7. Die Reformpädagogen beriefen sich gerne auf Rousseau und Pestalozzi. Stellen Sie dar, inwiefern sie das taten. Diskutieren Sie dann auch die Unterschiede von Rousseau und Pestalozzi und der reformpädagogischen Bewegung. Inwieweit wurde in der reformpädagogischen Bewegung unkritisch auf die beiden pädagogischen Klassiker Bezug genommen, inwieweit haben sie sich abgegrenzt und inwieweit hätten sie sich abgrenzen sollen?
8. Die sogenannte 68er-Generation übernahm oft falsch verstanden die Ideen der antiautoritären Erziehung, die der Reformpädagoge Neill vertrat. Stellen Sie dar, was Neill gefordert hat, wie diese Ideen von der 68er-Generation missverstanden oder aus Unkenntnis interpretiert wurden und welche Vorwürfe sich daraus von konservativen Menschen ergaben. Wären diese Vorwürfe auch gegenüber den ursprünglichen Ideen von Neill geäußert geworden?
9. Im Laufe der Geschichte kamen immer wieder Forderungen nach einer Einheitsschule oder auch Gesamtschule auf. Heute fordert man sogenannte Gemeinschaftsschulen. Recherchieren Sie über die Idee, die Gemeinschaftsschulen zugrundeliegt. Gehen Sie dann in die Geschichte zurück und notieren Sie sich die Gründe für das bisherige Scheitern von Einheits- und Gesamtschulen. Wagen Sie nun eine begründete Prognose über die Zukunft der Gemeinschaftsschulen.
10. Stellen Sie sich vor, Sie seien im 16., 17., 18., 19. Jahrhundert, zu Beginn des 20. Jahrhunderts, in den 1920er oder 1950er Jahren geboren. Welche Art von Erziehung in der Familie und Schulbildung hätten Sie vermutlich jeweils genossen?

Abb. 2.19 Die Hülsenbeck'schen Kinder von Philipp Otto Runge (© picture-alliance / akg-images)

10. Manchen Reformpädagogen wird heute vorgeworfen, nationale Ideen vertreten zu haben. Recherchieren Sie, welche das waren, und überlegen Sie, wie dies erklärbar sein könnte, wenn man die sonstigen Ideen der reformpädagogischen Bewegung berücksichtigt.

Weiterführende Literatur

- Benner, D., & Brüggen, F. (2011). *Geschichte der Pädagogik. Vom Beginn der Neuzeit bis zur Gegenwart.* Stuttgart: Reclam.
- Bulitta, E., & Bulitta, H. (2010). *Pädagogische Handreichung: Um die Kindheit betrogen – Kindersoldaten.* München: Landesverband Bayern Volksbund Deutsche Kriegsgräberfürsorge e. V.
- Horn, K.P., & Link, J.W. (2011). *Erziehungsverhältnisse im Nationalsozialismus: Totaler Anspruch und Erziehungswirklichkeit.* Bad Heilbrunn: Klinkhardt Verlag.
- Musolff, H.U., & Hellekamps, S. (2006). *Geschichte des pädagogischen Denkens.* München: Oldenbourg.
- Olbrich, J. (2001). *Geschichte der Erwachsenenbildung in Deutschland.* Opladen: Leske + Budrich.
- Tenorth, H.E. (Hrsg.) (2003). *Klassiker der Pädagogik. Band 1: Von Erasmus bis Helene Lange.* München: C.H. Beck.
- Tenorth, H.E. (2008). Unterwerfung und Beharrungskraft – Schule unter den Bedingungen deutscher Diktaturen. Befunde und Analyseperspektiven. *Revue Suisse des Sciences de l'éducation, 30* (2), 275–297.
- Tenorth, H.E. (2010). *Geschichte der Erziehung. Einführung in die Grundzüge ihrer neuzeitlichen Entwicklung* (5. Aufl.). Weinheim: Juventa.
- Weimer, H., & Jacobi, J. (1992). *Geschichte der Pädagogik* (19. Aufl.). Berlin: De Gruyter.

Literatur

Achs, O., & Krassnigg, A. (1974). *Drillschule – Lernschule – Arbeitsschule. Otto Glöckel und die österreichische Schulreform in der Ersten Republik.* Wien: Verlag Jugend und Volk.

Adorno, T. W. (1966). *Negative Dialektik.* Frankfurt a. M.: Suhrkamp.

Alt, R. (1956). *Vorlesungen über die Erziehung auf frühen Stufen der Menschheitsentwicklung.* Berlin: VEB Volk und Wissen.

Amrhein, H. (1916). *Der Weltkrieg im Unterricht. Beiträge zur Theorie und Praxis des Gegenwartsunterrichts.* Bielefeld/Leipzig: Velhagen & Klasing.

Ansberry, C. B. (2011). *Be wise, my son, and make my heart glad. An exploration of the courtly nature of the book of proverbs.* Berlin: DeGruyter.

Anton, H. H. (2006). *Fürstenspiegel des frühen und hohen Mittelalters.* Ausgewählte Quellen zur deutschen Geschichte des Mittelalters, Freiherr-vom-Stein-Gedächtnisausgabe, Bd. 45. Darmstadt: Wissenschaftliche Buchgesellschaft.

Anweiler, O. (1964). *Geschichte der Schule und Pädagogik in Russland vom Beginn des Zarenreiches bis zum Beginn der Stalin-Ära.* Heidelberg: Quelle & Meyer.

Baier, T. (1997). *Werk und Wirkung Varros im Spiegel seiner Zeitgenossen von Cicero bis Ovid.* Stuttgart: Franz Steiner.

Baltrusch, E. (2007). *Sparta. Geschichte, Gesellschaft, Kultur* (3. Aufl.). München: Beck.

Barlow, T. A. (1997). *Pestalozzi and American education.* Boulder: University of Colorado.

Beck, F. A. (1944). *Der Aufgang des germanischen Weltalters.* Bochum: Verlag Carl Feldmüller.

Behringer, W., & Clemens, G. (2009). *Geschichte des Saarlandes.* München: C.H. Beck.

Benner, D. (1990). *Wilhelm von Humboldts Bildungstheorie.* Weinheim: Juventa.

Benner, D. (1997). *Johann Friedrich Herbart: Systematische Pädagogik.* Weinheim: Deutscher Studienverlag.

Bennett, H.S. (1932/1993). *The Pastons and their England* (2. Aufl., 1932, Reprint 1993). Cambridge: Cambridge University Press.

Bentzien, H. (1996). *Friedrich II., König von Preußen.* Berlin: Volk und Wissen.

Benzing, R. (1941). *Grundlagen der körperlichen und geistigen Erziehung des Kleinkindes im nationalsozialistischen Kindergarten.* Berlin: Zentralverlag der NSDAP.

Bergdolt, K. (2011). *Der schwarze Tod in Europa* (3. Aufl.). München: C.H. Beck.

Behringer, W. (Hrsg.). (1993). *Hexen und Hexenprozesse in Deutschland* (2. Aufl., S. 203–204). München: dtv.

Bildungskommission NRW (1995). *Zukunft der Bildung – Schule der Zukunft.* Denkschrift der Kommission „Zukunft der Bildung – Schule der Zukunft" beim Ministerpräsidenten des Landes Nordrhein-Westfalen. Neuwied: Luchterhand.

Böhm, W. (2010). *Geschichte der Pädagogik. Von Platon bis zur Gegenwart* (3. Aufl.). München: C.H. Beck.

Bossong, G. (2007). *Das maurische Spanien. Geschichte und Kultur.* München: C.H. Beck.

Brämer, A. (2005). Kein Beruf für Israels Töchter? Jüdische Frauen im niederen preußischen Schulwesen (1800–1914). In M. M. Kaplan, & B. Meyer (Hrsg.), *Jüdische Welten. Juden in Deutschland vom 18. Jahrhundert bis in die Gegenwart* (S. 108–135). Göttingen: Wallstein.

Breitmaier, I. (2004). *Lehren und Lernen in der Spur des Ersten Testamentes. Exegetische Studien zum 5. Buch Mose und dem Sprüchebuch aus religionspädagogischer Perspektive.* Münster: Lit.

Brunner, H. (1991a). *Die Weisheitsbücher der Ägypter.* Zürich/München: Artemis.

Brunner, H. (1991b). *Altägyptische Erziehung* (2. Aufl.). Wiesbaden: Harrassowitz.

Burgard, P. (2010). *Kleine Geschichte des Saarlandes.* Karlsruhe: G. Braun Buchverlag.

Cardauns, B. (2001). *Marcus Terentius Varro. Einführung in sein Werk.* Heidelberg: Winter.

Christ, K. (1986). *Sparta.* Darmstadt: Wissenschaftliche Buchgesellschaft.

Christes, J., Klein, R., & Luth, C. (Hrsg.). (2006). *Handbuch der Erziehung in der Antike.* Darmstadt: Wissenschaftliche Buchgesellschaft.

Comenius, J.A. (1657/2007). *Große Didaktik. Die vollständige Kunst alle Menschen alles zu lehren.* (Übers. und Hrsg. A. Flitner) (10. Aufl.). Stuttgart: Klett-Cotta.

Condorcet, J.A.N. (1792/1883). *Rapport sur l'organisation générale de l'instruction publique.* (Hrsg. C. Hippeau). Paris: Libraire Académique Didier.

(1949). Bericht und Entwurf einer Verordnung über die allgemeine Organisation des öffentlichen Unterrichtswesens. In R. Alt (Hrsg.), *Erziehungsprogramme der Französischen Revolution: Mirabeau, Condorcet, Lepeletier* (S. 61–117). Berlin-Leipzig: Volk und Wissen.

Crenshaw, J. L. (1998). *Education in Ancient Israel. Across the deadening silence.* New York: Doubleday.

Dahrendorf, R. (1965). *Arbeiterkinder an deutschen Universitäten.* Tübingen: Mohr Siebeck.

Dannenbauer, H. (1941). Adel, Burg und Herrschaft bei den Germanen. *Historisches Jahrbuch, 61,* 1–50.

Delkurt, H. (2001). Erziehung im Alten Testament. *Glaube und Lernen, 16,* 26–39.

Demandt, A. (2007). *Die Kelten* (7. Aufl.). München: C. H. Beck.

Demel, W., & Puschner, U. (Hrsg.). (1995). *Von der Französischen Revolution bis zum Wiener Kongreß 1789–1815* (S. 349–262). Stuttgart: Reclam.

Denzel, J. (1988). *Boy of the painted cave.* New York: Philomel Books.

Diesterweg, F.A.W. (1956 ff.) *Sämtliche Werke* (Hrsg. H. Deiters et al.). Berlin: Volk und Wissen.

Dietrich, T. (1975). *Geschichte der Pädagogik in Beispielen aus Erziehung, Schule und Unterricht. 18.–20. Jahrhundert.* Bad Heilbrunn: Klinkhardt.

Dilthey, W. (1963). *Erkenntnistheorie und Philosophie der Geschichte.* Göttingen: Musterschmidt.

Doderer, K. (2002). *Erich Kästner. Lebensphasen – politisches Engagement – literarisches Wirken.* Weinheim: Juventa.

Donohue, J. W. (1968). *St. Thomas Aquinas and Education.* New York: Random House.

Duisberg, C. J. (2005). *Das deutsche Jahr – Innenansichten der Wiedervereinigung 1989/1990*. Berlin: wjs-Verlag.

Durant, W. (1917). *Philosophy and the Social Problem*. New York: Macmillan.

Durkheim, E. (1977). *Über die Teilung der sozialen Arbeit*. Frankfurt a. M.: Suhrkamp.

Dussel, E. (1998). Beyond Eurocentrism: The World System and the Limits of Modernity. In F. Jameson, & M. Miyoshi (Hrsg.), *The Cultures of Globalization* (S. 3–31). Durham, NC: Duke University Press.

Eggersdorfer, F. X. (1907). *Der heilige Augustinus als Pädagoge und seine Bedeutung für die Geschichte der Bildung*. Freiburg i. Br.: Herdersche Verlagshandlung.

Eichler, W. (Hrsg.). (2000). *Der Stein des Sisyphos. Studien zur Allgemeinen Pädagogik in der DDR*. Münster: Lit.

Engel, E., & Jacob, F. D. (2006). *Städtisches Leben im Mittelalter. Schriftquellen und Bildzeugnisse*. Köln: Böhlau.

Fichte, I. H. (Hrsg.). (1963). *Fichtes Werke. Band VII: Zur Politik und Philosophie der Geschichte. Politische Fragmente aus den Jahren 1807 und 1813*. Berlin: de Gruyter.

Figal, G. (2006). *Sokrates*. München: Beck.

Fleckenstein, J. (1980). Admonitio generalis. In *Lexikon des Mittelalters* Bd. 1, Sp. 156 Stuttgart: Metzler.

Flessau, K. I. (1977). *Schule der Diktatur. Lehrpläne und Schulbücher des Nationalsozialismus*. München: Ehrenwirth.

Freisler-Mühlemann, D. (2011). *Verdingkinder. Ein Leben auf der Suche nach Normalität*. Bern: Hep.

Fricke, F. (1931). Aufgaben und Grenzen technischer Arbeitsschulung, beurteilt vom Standpunkt des Arbeitnehmers. In Soziales Museum in Frankfurt am Main e.V. (Hrsg.), *Industrielle Arbeitsschulung als Problem. Fünf Beiträge über ihre Aufgaben und Grenzen* (S. 87–102). Berlin: Industrieverlag Spaeth & Linde.

Gardner, J. (Hrsg.) (1904/1983). *The Paston letters* (Reprint). Gloucester: Allan Sutton.

Giesecke, H. (1999). *Hitlers Pädagogen. Theorie und Praxis nationalsozialistischer Erziehung* (2. Aufl.). Weinheim: Juventa.

Gilcher-Holtey, I. (2001). *Die 68er Bewegung. Deutschland – Westeuropa – USA* (3. Aufl.). München: Beck.

Glagla, J. (1968). *Johannes Chrysostomos: Über Hoffahrt und Erziehung*. Paderborn: Schöningh.

Glöckel, O. (1928). *Drillschule – Lernschule – Arbeitsschule*. Wien: Jugend und Volk Verlagsgesellschaft.

Greinert, W. D. (2003). *Realistische Bildung in Deutschland. Ihre Geschichte und aktuelle Bedeutung*. Hohengehren: Schneider.

Grimal, N. (1992). *A history of Ancient Egypt*. Oxford: Blackwell Publishing.

Haarmann, H. (2004). *Die Geschichte der Schrift*. München: C.H. Beck.

Hartfelder, K. (1889). *Philipp Melanchthon als Praeceptor Germaniae*. Berlin: Hofmann.

von Hentig, H. (2004). *Rousseau oder Die wohlgeordnete Freiheit*. München: C. H. Beck.

Herbart, J. F. (1841). *Umriss pädagogischer Vorlesungen* (2. Aufl.). Göttingen: Dieterich.

Herre, P. (1912). *Deutsches Mittelalter in Bild und Wort*. Leipzig: Quelle & Meyer.

Heubaum, A. (1904). *Die Reformbestrebungen unter dem preußischen Minister Julius von Massow (1798-1807) auf dem Gebiete des höheren Schulwesens*. Mitteilungen der Gesellschaft für deutsche Erziehungs- und Schulgeschichte, Bd. 14, S. 186–225).

Hörner, W., Drinck, B., & Jobst, S. (2008). *Bildung, Erziehung, Sozialisation*. Opladen: Barbara Budrich.

Horn, K. P., & Link, J. W. (2011). *Erziehungsverhältnisse im Nationalsozialismus: Totaler Anspruch und Erziehungswirklichkeit*. Bad Heilbrunn: Klinkhardt Verlag.

Hornung, E. (2008). *Einführung in die Ägyptologie* (6. Aufl.). Darmstadt: Wissenschaftliche Buchgesellschaft.

Hoye, W. J. (2003). Die mittelalterliche Methode der Quaestio. In N. Herold, B. Kensmann, & S. Mischer (Hrsg.), *Philosophie: Studium, Text und Argument* (2. Aufl. S. 155–178). Münster: Lit.

Iven, K. (1929). *Die Industrie-Pädagogik des 18. Jahrhunderts. Eine Untersuchung über die Bedeutung des wirtschaftlichen Verhaltens für die Erziehung*. Langensalza: Beltz.

Jaeger, W. (1955). *Das Zeitalter der großen Bildner und Bildungssysteme*. Padeia, Bd. 3. Berlin: De Gruyter.

Jensen, U. (2005). *Gebildete Doppelgänger. Bürgerliche Juden und Protestanten im 19. Jahrhundert*. Göttingen: Vandenhoeck & Ruprecht.

Jesse, H. (2005). *Leben und Wirken des Philipp Melanchthon. Dr. Martin Luthers theologischer Weggefährte*. München: Herbert Utz.

Jüssen, G., Krieger, G., & Schneider, J. H. J. (Hrsg.). (2006). *Thomas von Aquin: Über den Lehrer/De magistro*. Hamburg: Felix Meiner.

Kästner, E (1970). *Kästner für Erwachsene* (Lizenzausgabe des Deutschen Bücherbundes, 4 Bde). Zürich: Atrium.

Kaplan, M. (Hrsg.). (2003). *Geschichte des jüdischen Alltags in Deutschland. Vom 17. Jahrhundert bis 1945*. München: C.H. Beck.

Keim, W. (1984). Die Wiener Schulreform der ersten Republik – ein vergessenes Kapitel der europäischen Reformpädagogik. *Die Deutsche Schule, 76*, 267–282.

Keim, W. (1997). *Kriegsvorbereitung, Krieg und Holocaust*. Erziehung unter der Nazi-Diktatur, Bd. II. Darmstadt: Wissenschaftliche Buchgesellschaft.

Klein, E. (1973). *Geschichte der deutschen Landwirtschaft im Industriezeitalter*. Wiesbaden: Franz Steiner.

Koenen, G. (2001). *Das rote Jahrzehnt. Unsere kleine deutsche Kulturrevolution* (S. 1967–1977). Köln: Kiepenheuer & Witsch.

Kössinger, N. (2008). *Hrabanus Maurus. Profil eines europäischen Gelehrten. Beiträge zum Hrabanus-Maurus-Jahr 2006*. St. Ottilien: Eos-Verlag.

Koneffke, G. (Hrsg.). (1982). *Zur Erforschung der Industrieschule des 17. Und 18. Jahrhunderts. Schriften von Hermann Brödel, Kurt Iven, August Ganz und Robert Alt*. Vaduz: Topos.

Koop, V. (2007). *Dem Führer ein Kind schenken – die SS-Organisation Lebensborn e. V.* Köln: Böhlau.

Kootz, A. B. (2006). *Der altägyptische Staat. Untersuchung aus politikwissenschaftlicher Sicht*. Wiesbaden: Harrassowitz.

Krämer, G. (2011). *Geschichte des Islam* (2. Aufl.). München: Deutscher Taschenbuch Verlag.

Krauss, S. (1966). *Talmudische Archäologie* (Reprografischer Nachdruck der Ausgabe Leipzig 1910–1012). Hildesheim: Georg Olms.

Krieck, E. (1931). *Völkischer Gesamtstaat und nationale Erziehung*. Heidelberg: Quelle und Meyer.

Krieck, E. (1937). *Nationalpolitische Erziehung* (20. Aufl.). Leipzig: Armanen.

Kühnl, R. (1978). *Der deutsche Faschismus in Quellen und Dokumenten* (3. Aufl.). Köln: Papy Rossa.

Lager, J. C. (1875). *Urkundliche Geschichte der Abtei Mettlach*. Trier: Lintz.

Laisney, V.P.M. (2009). *Lehre des Amenemope*. www.wibilex.de – Das wissenschaftliche Bibellexikon im Internet. http://www.bibelwissenschaft.de

Langewiesche, D. (1989). Erwachsenenbildung. In D. Langewiesche, & H. E. Tenorth (Hrsg.), *1918 – 1945. Die Weimarer Republik und die nationalsozialistische Diktatur* Handbuch der deutschen Bildungsgeschichte, (Bd. 5, S. 337–370). München: C.H. Beck.

Laqueur, W. (1978). *Die deutsche Jugendbewegung*. Köln: Verlag Wissenschaft und Politik.

Lehmann, M. (1881). *Preussen und die katholische Kirche seit 1640. Nach den Acten des Geheimen Staatsarchives. 2. Theil. 1740-1747*. Leipzig: Hirzel.

Lenin, W. I. (1977). *Werke* (6. Aufl.). Bd. 33. Berlin: Dietz.

Liberles, R. (2003). An der Schwelle der Moderne: 1618–1780. In M. Kaplan (Hrsg.), *Geschichte des jüdischen Alltags in Deutschland. Vom 17. Jahrhundert bis 1945* (S. 21–122). München: C.H. Beck.

Liebknecht, K. (2011). *Kleine politische Schriften*. Hamburg: tredition GmbH.

Lilie, R.-J. (2010). *Byzanz – Geschichte des oströmischen Reiches* (5. Aufl.). München: C.H. Beck.

Link, S. (1994). *Der Kosmos Sparta. Rechte und Sitten in klassischer Zeit*. Darmstadt: Wissenschaftliche Buchgesellschaft.

Lohmann, I. (2006). Erziehung und Bildung im antiken Israel und im frühen Judentum. In J. Christes, R. Klein, & C. Lüth (Hrsg.), *Handbuch der Erziehung und Bildung in der Antike* (S. 183–222). Darmstadt: Wissenschaftliche Buchgesellschaft.

Lombard, M. (1998). *Blütezeit des Islam. Eine Wirtschafts- und Kulturgeschichte 8.–11. Jahrhundert*. Frankfurt a. M.: Fischer.

Mannkopf, A. J. (1838). *Allgemeines Landrecht für die preußischen Staaten in Verbindung mit den ergänzenden Verordnungen*. Berlin: Verlag der Nauckschen Buchhandlung.

Marrou, H. I. (1957). *Geschichte der Erziehung im klassischen Altertum*. Freiburg i.Br: Alber.

Mathes, E. (1998). *Geisteswissenschaftliche Pädagogik nach der NS-Zeit. Politische und pädagogische Verarbeitungsversuche*. Bad Heilbrunn: Klinkhardt.

Mehdorn, M. (2009). *Voulez-vous? Französische Kultur in der Bundesrepublik Deutschland. Politische Konzepte und zivilgesellschaftliche Initiativen* (S. 1945–1970). Köln: Böhlau.

Metz, W. (1998). *Die Architektonik der Summa Theologiae des Thomas von Aquin. Zur Gesamtsicht des thomasischen Gedankens*. Hamburg: Meiner.

Meulemann, H. (1992). Expansion ohne Folgen?. In W. Glatzer (Hrsg.), *Entwicklungstendenzen der Sozialstruktur* (S. 123–157). Frankfurt am Main: Campus.

Meyer, M. (2012). The present-day relevance of the didactical works of Jan Amos Comenius (1592–1670). *Jahrbuch für Allgemeine Didaktik*, Bd. 2, S. 11–45).

Mollat, M. (1984). *Die Armen im Mittelalter*. München: C.H. Beck.

Moraux, P. (1984). *Der Aristotelismus bei den Griechen von Andronikos bis Alexander von Aphrodisias* Bd. 2. Berlin: de Gruyter.

Mühlberger, K. (2001). Schule und Unterricht. In P. Csendes, & F. Opll (Hrsg.),*Wien. Geschichte einer Stadt. Band I. Von den Anfängen bis zur Ersten Türkenbelagerung 1529 (S. 291–318)* Wien: Böhlau.

Müller, W., & Haun, D. (1994). Bildungsungleichheit im sozialen Wandel. *Kölner Zeitschrift für Soziologie und Sozialpsychologie*, *46*(1), 1–42.

Musolff, H. U. (2010). Pädagogik in Renaissance und Reformation: Piero Paolo Vergerio, Desiderius Erasmus, Philipp Melanchthon, Johannes Sturm, Juan de Maldonado, Michel de Montaigne. In H.E. Ternorth (Hrsg.), *Klassiker der Pädagogik*. 1. Band: Von Erasmus bis Helene Lange (2. Aufl., S. 21–44). München: C.H. Beck.

Nagel, M. (2005). Deutsch-jüdische Bildung vom Ausgang des 17. Jahrhunderts bis zum Beginn des 19. Jahrhunderts. In N. Hammerstein, & U. Herrmann (Hrsg.), *Handbuch der deutschen Bildungsgeschichte. Band II. 18. Jahrhundert. Vom späten 17. Jahrhundert bis zur Neuordnung Deutschlands um 1800* (S. 169–186). München: C.H. Beck.

Neill, A. S. (1969). *Theorie und Praxis der antiautoritären Erziehung. Das Beispiel Summerhill*. Reinbek: Rowohlt.

Neugebauer, W. (1985). *Absolutistischer Staat und Schulwirklichkeit in Brandenburg-Preußen*. Berlin: de Gruyter.

Neugebauer, W. (2005). Niedere Schulen und Realschulen. In N. Hammerstein & U. Herrmann (Hrsg.), *Handbuch der deutschen Bildungsgeschichte. Band II. 18. Jahrhundert. Vom späten 17. Jahrhundert bis zur Neuordnung Deutschlands um 1800* (S. 213–261). München: C.H. Beck.

Niehues-Pröbsting, H. (2004). *Die antike Philosophie. Schrift, Schule, Lebensform*. Frankfurt am Main: S. Fischer.

Niemeyer, C. (2010). *Klassiker der Sozialpädagogik. Einführung in die Theoriegeschichte einer Wissenschaft* (3. Aufl.). Weinheim: Juventa.

Nohl, H. (1933/2002). *Die pädagogische Bewegung in Deutschland und ihre Theorie* (11. Aufl.). Frankfurt am Main: Klostermann.

Nolte, E., & Weyer, R. (2011). *Musikalische Unterweisung im Altertum. Mesopotamien, China, Griechenland*. Frankfurt am Main: Lang.

Nonn, U. (2012). *Mönche, Schreiber und Gelehrte. Bildung und Wissenschaft im Mittelalter*. Darmstadt: Wissenschaftliche Buchgesellschaft.

Oestreich, G. (1969). Strukturprobleme des europäischen Absolutismus. In G. Oestreich (Hrsg.), *Geist und Gestalt des frühmodernen Staates* (S. 179–197). Berlin: Duncker und Humblot.

Oetinger, F. (Pseudonym von Theodor Wilhelm) (1951). *Wendepunkt der politischen Erziehung. Partnerschaft als pädagogische Aufgabe.*Stuttgart: Metzler.

Oexle, O. G. (1978). Die funktionale Dreiteilung der „Gesellschaft" bei Adalbero von Laon. Deutungsschema der sozialen Wirklichkeit im früheren Mittelalter. *Frühmittelalterliche Studien*, *12*, 1–54.

Olbrich, J. (2001). *Geschichte der Erwachsenenbildung in Deutschland*. Opladen: Leske + Budrich.

Pelzer, W. (2004). *Janusz Korczak* (9. Aufl.). Reinbek bei Hamburg: Rowohlt.

Pernoud, R. (2000). *Those terrible middle ages: Debunking the myths*. San Francisco: Ignatius Press.

Pfürtner, S. H. (1988). *Ethik in der europäischen Geschichte Antike und Mittelalter*. Stuttgart: Kohlhammer.

Picht, G. (1964). *Die deutsche Bildungskatastrophe*. Olten und Freiburg: Walter.

Pilch, M. (2009). *Der Rahmen der Rechtsgewohnheiten. Kritik des Normensystemdenkens entwickelt am Rechtsbegriff der mittelalterlichen Rechtsgeschichte*. Wien: Böhlau.

Popper, K.R. (1992). *Die offene Gesellschaft und ihre Feinde. Band 1: Der Zauber Platons* (Neuauflage). Tübingen: Mohr Siebeck. [Erstveröffentlichung 1945: The open society and its enemies. Vol. I: The spell of Plato. London: Routledge & Kegan Paul.]

Prange, K. (2008). *Von Plato bis Hegel*. Schlüsselwerke der Pädagogik, Bd. 1. Stuttgart: Kohlhammer.

Pust, H.-C. (2000). *Höhere Mädchenbildung in der Kaiserzeit. Zur Geschichte der Auguste-Victoria-Schule in Flensburg 1886-1918*. Flensburg: Gesellschaft für Stadtgeschichte.

Raffaelli, M. (2009). *Macht, Weisheit, Liebe: Campanella und Comenius als Vordenker einer friedvoll globalisierten Weltgemeinschaft*. Frankfurt am Main: Peter Lang.

Ratke, W., & Ratichius, W. (1619). *AllUnterweisung. Nach der Lehrart Ratichii*. Cöthen: Fürstliche Druckerei.

Rattner, J., & Danzer, G. (2008). *Meister des großen Humors. Entwürfe zu einer heiteren Lebens- und Weltanschauung*. Würzburg: Verlag Königshausen und Neumann.

Rau, J. (1995). *Geleitwort des Ministerpräsidenten des Landes Nordrhein-Westfalen. In Bildungskommission NRW Zukunft der Bildung – Schule der Zukunft*. Neuwied: Luchterhand.

Reble, A. (1965). *Geschichte der Pädagogik* (8. Aufl.). Stuttgart: Klett.

Rink, F.T. (Hrsg.) (1803). *Immanuel Kant. Über Pädagogik*. Königsberg: Fr. Nicolovius. Free download: http://archive.org/details/berpdagogik00kant

Rösener, W. (1991). *Bauern im Mittelalter* (4. Aufl.). München: C.H. Beck.

Rothe, G. (2011). *Die Gewerbeschule des Großherzogtums Baden als frühes Modell einer Teilzeitschule im dual-alternierenden System*. Karlsruhe: KIT Scientific Publishing.

Rousseau, J. J. (1971). *Émile oder über die Erziehung*. Paderborn: Schöningh.

Rüegg, W. (1993). Das Aufkommen des Humanismus. In W. Rüegg (Hrsg.), *Mittelalter* Geschichte der Universität in Europa, (Bd. I, S. 387–408). München: C.H. Beck.

Rutschky, K. (Hrsg.). (1977). *Schwarze Pädagogik. Quellen zur Naturgeschichte der bürgerlichen Erziehung*. Berlin: Ullstein.

Salzmann, C. G. (1819). *Krebsbüchlein oder Anweisung zu einer unvernünftigen Erziehung der Kinder* (5. Aufl.). Erfurt: G.A. Keyser.

Salzmann, C. G. (1806/1916). *Ameisenbüchlein; oder Anweisung zu einer vernünftigen Erziehung der Erzieher* (10. Aufl.). Paderborn: Schöningh.

Salzmann, C. G. (1845). *Conrad Kiefer oder Anweisung zu einer vernünftigen Erziehung der Kinder. Ein Buch für's Volk* (4. Aufl.). Stuttgart: Hoffman'sche Verlags-Buchhandlung.

Salzmann, C. G. (1845). *Conrad Kiefer oder Anweisung zu einer vernünftigen Erziehung der Kinder. Ein Buch für's Volk* (4. Aufl.). Stuttgart: Hoffman'sche Verlags-Buchhandlung.

Schaller, H. (1963). *Erziehungswissenschaft. Grundlagen der Erziehung*. Leipzig: Karl-Marx-Universität.

Scheidel, W., Morris, I., & Saller, R. (2007). *The Cambridge economic history of the Greco-Roman world*. Cambridge: Cambridge University Press.

Schluss, H. (2000). Martin Luther und die Pädagogik – Versuch einer Re-konstruktion. *Vierteljahresschrift für wissenschaftliche Pädagogik*, *76*(3), 321–353.

Schmid, K., & Baur, G. (1884). *Geschichte der Erziehung vom Anfang an bis auf unsere Zeit*. Vorchristliche Erziehung, Bd. 1. Stuttgart: Cotta'sche Buchhandlung.

Schmitz, B. (2009). *Von der einen Religion des alten Israel zu den drei Religionen Judentum, Christentum und Islam*. Stuttgart: Kohlhammer.

Schmitz, U. (1988). Quintilian – ein fortschrittlicher Pädagoge? *Der altsprachliche Unterricht*, *31*(1), 22–38.

Schnabel, E. J. (2002). *Urchristliche Mission*. Wuppertal: R. Brockhaus.

Schneider-Taylor, B. (2006). *Jean-Jacques Rousseaus Konzeption der „Sophie"* (2. Aufl.). Hamburg: Dr. Kovac Verlag.

Schönberger, A. (2009). *Die Ars maior des Aelius Donatus: lateinischer Text und kommentierte deutsche Übersetzung einer antiken Lateingrammatik des 4. Jahrhunderts für den fortgeschrittenen Anfängerunterricht*. Frankfurt a. M.: Valentia.

Scholz, H. (1973). *NS-Ausleseschulen. Internatsschulen als Herrschaftsmittel des Führerstaates*. Göttingen: Vandenhoeck & Ruprecht.

Scholtz, H. (1985). *Erziehung und Schule unterm Hakenkreuz*. Göttingen: Vandenhoeck & Ruprecht.

Schreckenberg, H. (2001). *Erziehung, Lebenswelt und Kriegseinsatz der deutschen Jugend unter Hitler. Anmerkungen zur Literatur*. Münster: Lit.

Schultz, U. (1998). *Erasmus von Rotterdam. Der Fürst der Humanisten*. München: Deutscher Taschenbuchverlag.

Schurr, J. (1975). *Schleiermachers Theorie der Erziehung. Interpretationen zur Pädagogikvorlesung von 1826*. Düsseldorf: Schwann.

Schurr, J. (1981). *Comenius – Eine Einführung in die Consultatio Catholica*. Passau: Passavia Universitätsverlag.

Schwenk, B. (1996). *Geschichte der Bildung und Erziehung von der Antike bis zum Mittelalter*. Weinheim: Deutscher Studien Verlag.

Schwerhoff, G. (1995). Vom Alltagsverdacht zur Massenverfolgung. Neuere deutsche Forschungen zum frühneuzeitlichen Hexenwesen. *Geschichte in Wissenschaft und Unterricht, 46*, 359–380.

Seel, O. (1977). *Quintilian oder die Kunst des Redens und Schweigens*. Stuttgart: Kohlhammer.

Seneca (2001). *Epistulae morales. (Exempla 12)*. Göttingen: Vandenhoeck & Ruprecht.

Solga, H., & Wagner, S. (2001). Paradoxie der Bildungsexpansion. Die doppelte Benachteiligung von Hauptschülern. *Zeitschrift für Erziehungswissenschaft, 4*(1), 107–127.

Spranger, E. (1963). *Die wissenschaftlichen Grundlagen der Schulverfassungslehre und Schulpolitik*. Bad Heilbrunn: Klinkhardt.

Stachel, P. (1999). Das österreichische Bildungssystem zwischen 1749 und 1918. In K. Acham (Hrsg.), *Geschichte der österreichischen Humanwissenschaften. Band 1: Historischer Kontext, wissenssoziologische Befunde und methodologische Voraussetzungen* (S. 115–146). Wien: Passangen.

Stegemann, H. (1999). *Die Essener, Qumran, Johannes der Täufer und Jesus* (9. Aufl.). Freiburg im Breisgau: Herder.

Störig, H. J. (2011). *Kleine Weltgeschichte der Philosophie* (6. Aufl.). Frankfurt am Main: Fischer Taschenbuch.

Stumpf, H. (2007). *Die wichtigsten Pädagogen*. Wiesbaden: Marix.

Tenorth, H. E. (Hrsg.) (2003). *Klassiker der Pädagogik, Band 1: Von Erasmus bis Helene Lange*. München: C.H. Beck.

Tenorth, H. E. (2010). *Geschichte der Erziehung. Einführung in die Grundzüge ihrer neuzeitlichen Entwicklung* (5. Aufl.). Weinheim: Juventa.

Theißen, G., & Merz, A. (2001). *Der historische Jesus. Ein Lehrbuch* (3. Aufl.). Göttingen: Vandenhoeck & Ruprecht.

Tloka, J. (2005). *Griechische Christen. Christliche Griechen*. Tübingen: Mohr Siebeck.

Trüper, J. (1901). *Friedrich Wilhelm Dörpfelds Sociale Erziehung in Theorie und Praxis*. Gütersloh: Bertelsmann.

Vasold, M. (2008). *Grippe, Pest und Cholera. Eine Geschichte der Seuchen in Europa*. Stuttgart: Franz Steiner.

Voltmer, R. (1998). Claudius Musiel oder die Karriere eines Hexenrichters. Auch ein Beitrag zur. In G. Franz, & F. Irsigler (Hrsg.), *Methoden und Konzepte der historischen Hexenforschung* (Trierer Hexenprozesse – Quellen und Darstellungen), (Bd. 4, S. 211–254). Trier: Universität Trier.

Wagenbach, K. (2009). „Kann ich mal bei dir pennen?" Im Gespräch: Klaus Wagenbach. Süddeutsche Zeitung, 20. Mai 2009.

Weber, M. (1980). *Wirtschaft und Gesellschaft. Grundriß der Verstehenden Soziologie* (5. Aufl., Studienausg.). Tübingen: Mohr Siebeck.

Weimer, H., & Jacobi, J. (1992). *Geschichte der Pädagogik* (19. Aufl.). Berlin: Gruyter.

Wilhelm, T. (1944). Die kulturelle Kraft Europas im Kriege. *Internationale Zeitschrift für Erziehung, 13*(1/2), 1–14.

Wolfram, H. (1996). *Salzburg, Bayern, Österreich: Die Conversio Bagoariorum et Carantanorum und die Quellen ihrer Zeit*. Wien: Oldenbourg.

Xenophon (1977). *Erinnerungen an Sokrates, Griechisch-Deutsch*. Darmstadt: Wissenschaftliche Buchgesellschaft.

Zeller, S. (2006). *Juan Luis Vives (1492–1540). (Wieder)Entdeckung eines Europäers, Humanisten und Sozialreformers jüdischer Herkunft im Schatten der spanischen Inquisition. Ein Beitrag zur Theoriegeschichte der sozialen Arbeit*. Freiburg i. Br.: Lambertus.

Zierer, K., & Saalfrank, W. T. (2012). *Pädagogik der Antike. Ein pädagogisches Lesebuch von Demokrit bis Boethius*. Paderborn: Schöningh.

Zimmer, H. (Hrsg.). (1905). *Johann Heinrich Pestalozzi. III*. Greßlers Klassiker der Pädagogik, Bd. 25. Langensalza: Schulbuchhandlung Greßler.

Erziehung und Persönlichkeit: Personalisation und Individuation

Norbert M. Seel, Ulrike Hanke

N. M. Seel, U. Hanke, *Erziehungswissenschaft*,
DOI 10.1007/978-3-642-55206-9_3,

Jakob: „Ist dir eigentlich schon mal aufgefallen, dass ganz schön viel über Persönlichkeit geredet wird? Der eine hat angeblich eine Persönlichkeit oder ist eine. Andere meinen, dass Kinder Persönlichkeiten sind oder dass die Lehrerpersönlichkeit überhaupt das wichtigste an einem Lehrer ist."

Anna: „Ja, stimmt. Stellt sich bloß die Frage, was Persönlichkeit denn eigentlich ist: was Festes, Unveränderliches? Kommt mein Kind mit einer Persönlichkeit, auf die ich gar keinen Einfluss habe, auf die Welt? Also auch nicht durch Erziehung?"

Jakob: „Na ja, das glaub ich nicht. Erziehung kann schon Einfluss nehmen, sonst wäre ja eigentlich die ganze Pädagogik hinfällig, oder?"

Anna: „Stimmt. Aber andererseits … überlege mal, was das bedeutet, wenn man durch Erziehung Einfluss auf die Persönlichkeit nehmen kann … Dann hat man als Erzieher ja eine Riesenverantwortung, oder?"

Jakob: „Ich glaube, dass so was wie Intelligenz, Motivation und Lernstile z. B. den Lernerfolg und damit die Persönlichkeit ganz schön beeinflussen und man eben nicht kompletten Einfluss hat."

Anna: „Hier geht es wohl um die Frage, was vererbt, also angeboren, ist und was man lernt, was einem anerzogen wird."

Lernziele

- Sie können erklären, welche Aspekte die Persönlichkeitsentwicklung beeinflussen.
- Sie können Menschen durch Persönlichkeitsmerkmale beschreiben.
- Sie können Entwicklungsverläufe der Persönlichkeit beschreiben.
- Sie können erklären und diagnostizieren, welchen Entwicklungsstand verschiedene Menschen im Hinblick auf verschiedene Aspekte erreicht haben.
- Sie können Maßnahmen benennen, die auf die Persönlichkeitsentwicklung Einfluss nehmen.

Einleitung

In diesem Kapitel wird der Zusammenhang zwischen Erziehung und Personalisation behandelt. Der Begriff *Personalisation* bezieht sich auf die Selbstformung der Persönlichkeit auf der Grundlage von Bildungs- und Lernprozessen, die sich in Wechselwirkung mit der Gesellschaft und Kultur entfalten (Wurzbacher 1963). Alternativ wird in der Literatur auch von *Individuation* gesprochen. In diesem Kapitel werden wir die Begriffe Personalisation und Individuation synonym verwenden. Dabei werden mehrere Theorien der ontogenetischen Entwicklung dargestellt, die sich auf allgemeine und spezifische Züge der Persönlichkeitsentfaltung konzentrieren. Charakteristisch für diese Theorien ist das *Gesetz der Entwicklung in Stufen* oder Stadien (vgl. dazu ◘ Abb. 1.31). Dabei wird davon ausgegangen, dass

- die Persönlichkeit in ihrer Entwicklung qualitative Veränderungen durchläuft, die in einer bestimmten Reihenfolge eintreten, und dass

- die Entwicklung zu einer höheren Ebene die Verwirklichung bestimmter Bedingungen auf den niedrigeren Ebenen voraussetzt.

Dabei wird durchgängig im Sinne einer *Entwicklungspädagogik* argumentiert, da die Personalisation in einem engen Zusammenhang mit Bildungs- und Lernprozessen steht. Die entwicklungspädagogische Herangehensweise an den Themenkomplex der Personalisation hat zwei Seiten:

1. Erziehung wird als Voraussetzung und Bedingung der *Entwicklung* einer individuellen und einmaligen Persönlichkeit betrachtet.
2. Persönlichkeitsmerkmale werden als Bedingung und Voraussetzung erfolgreicher Lern- und Bildungsprozesse betrachtet.

In die entwicklungspädagogische Analyse fließen Betrachtungsweisen verschiedener Disziplinen ein. Zunächst ist die *pädagogische Anthropologie* zu nennen, die sich mit der Entwicklung einer autonomen, selbstständigen und selbstbestimmten Persönlichkeit befasst (Hörner et al. 2008) und dabei den Menschen als ein auf Erziehung angewiesenes und *erziehbares Wesen* begreift. Da sich die pädagogische Anthropologie stark an der Evolutionstheorie orientiert und den Menschen auch als *biologisches Wesen* versteht, wird eine Verknüpfung der anthropologischen und biowissenschaftlichen Reflexion nahegelegt (Scheunpflug 2001). Neben der pädagogischen Anthropologie ist die *Psychoanalyse* die Bezugswissenschaft, wenn es um die Formung der Persönlichkeit oder die Entwicklung von Persönlichkeitsstörungen geht. Darüber hinaus befasst sich die *Entwicklungspsychologie* mit der lebenslangen Entfaltung der Persönlichkeit. Damit sind Inhalt und Struktur des Kapitels umrissen, wobei zu ergänzen ist, dass auch auf die Diagnose der Persönlichkeitsentwicklung eingegangen wird, was in den Bereich der *differentiellen Diagnostik* fällt.

In diesem Kapitel verwendete Grundbegriffe

Abgesehen von einzelnen theoretischen Fachbegriffen, die im Text erklärt werden, werden in diesem Kapitel durchgängig folgende Grundbegriffe verwendet:

Personalisation – Personalisation ist ein lebenslanger Prozess der Persönlichkeitsbildung, bei dem Wandlungen und Entwicklungen einer Person, aber auch der sie umgebenden Umwelt eine fortdauernde Korrektur von Wissen, Einstellungen, Haltungen und Verhaltensweisen nötig machen.

Individuation – Personalisation ist eng mit der Individuation verbunden, durch die Menschen zu dem werden, was sie wirklich sind. Der Prozess der Individuation beinhaltet die Entfaltung der spezifischen Fähigkeiten, Anlagen und Möglichkeiten eines jeden Einzelnen. C. G. Jung hat dies folgendermaßen umschrieben: „Individuation bedeutet: zum Einzelwesen werden, und, insofern wir unter Individualität unsere innerste, letzte und unvergleichbare Einzigartigkeit verstehen, zum eigenen Selbst werden. Man könnte ‚Individuation' darum auch als ‚Verselbstung' oder als ‚Selbstverwirklichung' übersetzen" (Jung 1934, S. 65).

Identität – Der Begriff Identität bezeichnet die Gesamtheit der Eigentümlichkeiten, die eine Person charakterisieren und von anderen Personen unterscheiden. Ein Mensch kann seine Identität verlieren, wenn er sich so verändert bzw. von außen beeinflusst wird, dass wesentliche Kriterien entfallen, anhand derer er identifiziert wird und er sich selbst identifiziert. Ein ungewollter Identitätsverlust stellt für die meisten Menschen psychisch ein großes Problem dar, wenn dadurch die Zugehörigkeit zu wichtigen Gruppen verloren geht.

Entwicklung – Entwicklung ist das Ergebnis einer Wechselwirkung von Lern- und Reifungsprozessen, die alterskorrelierte Veränderungen der Persönlichkeit bewirken. Entwicklung ist mit der Realisierung von Anlagen sowie der lernenden Auseinandersetzung des Individuums mit der Umwelt befasst. Unterschieden werden drei Formen der Entwicklung:

1. Die *Phylogenese* bezieht sich auf die Entwicklung von Arten bzw. Spezies im Rahmen der Evolution (über einen Zeitraum von Jahrmillionen).
2. Die *Anthropogenese* ist als Spezialfall der Phylogenese zu begreifen, wobei der Fokus auf die Entwicklung des Menschen als Spezies gerichtet ist.
3. Unter *Ontogenese* wird die Entwicklung des Menschen von der Empfängnis bis zum Tode verstanden.

Entwicklungsaufgabe – Entwicklungsaufgaben sind altersgradierte Anforderungen, die von jedem Individuum bewältigt werden müssen, um seiner Entwicklung Richtung und Auftrieb zu verleihen. Im Kindesalter sind die Entwicklungsaufgaben hauptsächlich durch die Sozialisationsinstanzen Familie und Schule gekennzeichnet.

Reifung – Reifung ist der Anteil, den das organische Wachstum zur Entwicklung beiträgt. So machen spezifische organische Veränderungen spezifische Fähigkeiten möglich, ohne dass zuvor ein Lernprozess stattgefunden hat.

Disposition – Der Begriff Disposition steht in Psychologie und Pädagogik für überdauernde Persönlichkeitseigenschaften.

Genetische Epistemologie – Genetische Epistemologie bezeichnet die von Jean Piaget (1896–1980) entwickelte Erkenntnistheorie, die darauf zielt, die menschliche Ontogenese und ihre Bedingungen in methodischer Anlehnung an die Biologie empirisch zu erklären.

Krise – Krise bezeichnet eine Entwicklungsherausforderung, bei der das Individuum eine Diskrepanz zwischen einer Anforderung und seinen Möglichkeiten zur Bewältigung der Anforderung wahrnimmt. Sie macht eine Umstellung von Lebensplänen und Handlungsroutinen notwendig.

Sensible Phase – Eine sensible Phase ist ein bestimmter Zeitraum in der Entwicklung, in dem ein Lebewesen für den Erwerb bestimmter Dispositionen besonders empfänglich ist. Im Unterschied zum Begriff der *kritischen Phase*, der besagt, dass bestimmte Dispositionen dauerhaft festgelegt werden, geht das Konzept der sensiblen Phase nur von einer nachhaltigen Beeinflussung aus.

3.1 Pädagogische Anthropologie und biologische Grundlagen der Erziehung

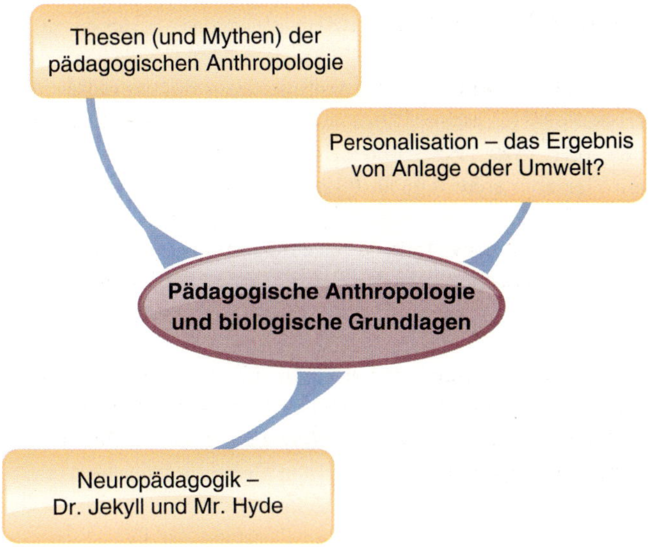

Tab. 3.1 Wahrheit oder Mythos?

	wahr	falsch
Der Mensch ist das einzige Wesen mit Vernunft, das in der Lage ist, selbst zu entscheiden und zu handeln.	O	O
Der Mensch ist ein soziales Wesen. Gestörte soziale Beziehungen, die nicht zu Bindungen an Bezugspersonen führen, bedingen unter Umständen schwerwiegende Persönlichkeitsstörungen.	O	O
Der Mensch muss erzogen werden, weil er unfertig zur Welt kommt und deshalb der Pflege und Zuwendung anderer Menschen bedarf.	O	O
Nur der Mensch durchlebt eine vergleichsweise lange Entwicklungs- und Schutzzeit und zeigt als Anfangsausstattung kaum fertige, ausgebaute Leistungsformen oder Verhaltensweisen.	O	O
Der Mensch ist ein *Mängelwesen*, weil seine Instinkte verkümmert sind und er deshalb als Kleinkind ein hilfloses Wesen ist.	O	O
Der Mensch ist eine *physiologische Frühgeburt*, d. h., er wird zu früh geboren, um sofort nach der Geburt so wie andere Tiere das Überleben sichern zu können.	O	O
Die Mängel an angeborenen Fähigkeiten werden beim Menschen durch eine unendliche Lernfähigkeit ausgeglichen.	O	O
Der Mensch ist von Anfang an ein weltoffenes, formbares Wesen, das erziehungs- und bildungsfähig ist.	O	O
Der Mensch ist ein Wesen, das zielgerichtet handelt und dessen Verhalten nicht sinn- und zwecklos ist.	O	O
Der Mensch ist das einzige Wesen, das über sich selbst und seine Umwelt nachdenken kann.	O	O
Als Mittel der bewussten Auseinandersetzung mit der Welt verfügt der Mensch als einziges Wesen über die Mittel der Sprache.	O	O
Der Mensch ist das handelnde Wesen. Er ist nicht „festgestellt", d. h., er ist sich selbst noch Aufgabe – und gerade insofern er sich selbst noch Aufgabe ist, nimmt er auch zu sich selbst Stellung und *macht sich zu etwas*.	O	O

Aufgabe als Denkanstoß

Bevor Sie dieses Kapitel lesen, sehen Sie sich bitte die Aussagen in Tab. 3.1 genauer an und überlegen Sie, welche Sie für wahr, welche für falsch halten. Es sind alles Aussagen, die Ihnen bekannt vorkommen werden, da sie sich seit Jahrzehnten in der Literatur finden. Erkennen Sie die Mythen?
Die Auflösung, welche Aussagen Mythen aus der idealistischen Pädagogik des 19. Jahrhunderts sind, finden Sie im folgenden Text.

Die pädagogische Anthropologie hängt in Bezug auf die Personalisation manchen Irrtümern an, die Huisken (1991) als *Grundlügen der Pädagogik* bezeichnet. Sie gehen auf die Tradition der philosophischen Anthropologie zurück, wie sie Kant (1798) initiiert und in ihrer pragmatischen Grundorientierung von der physiologischen Anthropologie abgegrenzt hat. Während die physiologische Anthropologie dem Wesen des Menschen mit einem naturwissenschaftlichen Interesse auf den Grund gehen will, befasst sich die pragmatische Anthropologie mit der philosophischen Frage nach dem *Wesen des Menschen*, das sich grundsätzlich von dem des Tieres unterscheide. Zwar sei der Mensch auch ein Tier, aber er verfüge über *Vernunft* und könne sich daher in der Gesellschaft kultivieren und Moralität entwickeln. Das aber setze zwingend Erziehung voraus, denn der Mensch „ist nichts, als was die Erziehung aus ihm macht" (Kant 1803, S. 7; siehe auch ▶ Abschn. 1.4.4).

Von dieser Grundposition her entwickelte die pädagogische Anthropologie des 20. Jahrhunderts ihre Argumentationslinie, die lange Zeit das Denken der Erziehungswissenschaft bestimmte. Im Unterschied zur pädagogischen Anthropologie, die philosophisch geprägt ist, betrachten die physiologische Anthropologie und die Ethologie den Menschen als *biologisches Wesen*, dessen Entwicklung genauso den Gesetzen der Evolution und biologischen Zwängen unterliegt wie die anderer Tiere. Zurzeit haben neurobiologische Theorien eine große Konjunktur in pädagogischen Kreisen, machen sie doch glauben, biowissenschaftliche Erkenntnisse pädagogisch nutzen zu können.

> Biowissenschaftliche Reflexion öffnet der Erziehungswissenschaft die Chance, ihre auf gesellschaftlichem Gebiet begonnene Aufklärung über Abhängigkeiten im Hinblick auf die Natur des Menschen fortzusetzen […]. Nach der psychologischen und soziologischen Aufklärung steht in der Erziehungswissenschaft nun eine biologische Aufklärung an (Scheunpflug 2001, S. 9 f.).

Dementsprechend wird derzeit die pädagogische Relevanz von *Genetik*, *Ethologie*, *Soziobiologie* und *evolutionärer Erkenntnistheorie* diskutiert, wobei gelegentlich auch über das Ziel hinausgeschossen wird, wie wir am Beispiel der Neuropädagogik zeigen werden.

Im Weiteren werden wir zunächst auf die philosophisch orientierte pädagogische Anthropologie eingehen, wobei wir auch die von Huiskens (1991) so genannten Grundlügen der Pädagogik, die wir eher als Mythen verstehen, genauer untersuchen werden; anschließend behandeln wir die biowissenschaftlichen Beiträge zum Komplex Personalisation und Erziehung, wobei ebenfalls einigen Mythen auf den Grund zu gehen ist.

3.1.1 Thesen (und Mythen) der pädagogischen Anthropologie

Ein Kerngedanke der pädagogischen Anthropologie lautet, dass Kenntnisse über das Wesen des Menschen eine Voraussetzung für die Erziehung sind. Es gilt zudem zu untersuchen, wie der

Mensch unter Einwirkung von Erziehung zu einer individuellen Persönlichkeit werden kann.

Die These von der Erziehungsbedürftigkeit des Menschen

Die These von der Erziehungsbedürftigkeit des Menschen besagt, dass der Mensch erzogen werden muss, weil er unfertig zur Welt kommt und nur durch Erziehung zum Menschen werden kann. Im Vergleich zum Tier stelle der Mensch infolge seiner relativen Instinktarmut ein Mängelwesen dar, das der Natur ungeschützt ausgeliefert sei und daher der Zuwendung, Pflege und des Schutzes anderer bedürfe.

Diese These vom Menschen als Mängelwesen geht auf Herder zurück und wurde im 20. Jahrhundert von Gehlen (1940/1950) mit der relativen *Instinktarmut* des Menschen begründet. Instinkte werden dabei als angeborene Bedürfnisdispositionen verstanden, die eine Spezies im Verlauf der Evolution aus dem ständigen Wechselspiel von Mutation und Selektion erworben hat (Tinbergen 1951).

Der These einer Instinktarmut des Menschen ist entgegenzuhalten, dass auch das menschliche Verhalten wesentlich von Instinkten mitbestimmt wird, wie das Saugen des Neugeborenen, Fluchtreaktionen bei Angstzuständen, der Geschlechtsakt usw. belegen.

Nach Auffassung der Ethologie entwickeln sich Instinkte auch beim Menschen gemäß einem Programm, das im genetischen Code festgelegt ist und nur in sehr engen Grenzen durch umweltbezogene Anpassung verändert werden kann: „Der Mensch ist durch seine Erbdispositionen […] weitgehend ‚programmiert'", heißt es dementsprechend bei Dietrich (1998, S. 137). Allerdings werden die Instinkte beim Menschen zu einem frühen Zeitpunkt der Entwicklung durch umweltbedingte Lernvorgänge überlagert.

Mit der These der Instinktarmut des Menschen geht die Behauptung einher, der Mensch sei eine *physiologische Frühgeburt* und müsse unter dem Schutz seiner Artgenossen erst alles lernen. Nach Portmann (1941), der den Begriff der *physiologischen Frühgeburt* geprägt hat, wird der Mensch im Vergleich zu Tieren viel zu früh geboren. Zwar komme es zu einer Reifung der Sinnesorgane im Mutterleib, aber zum Zeitpunkt seiner Geburt sei der Mensch völlig hilflos und auf eine Totalversorgung angewiesen. Das sei bei anderen höheren Säugetieren anders. Geht man dieser Behauptung auf den Grund, erweist sie sich als Irrtum.

Schimpansen und Gorillas weisen in der DNA-Sequenz eine etwa 98-prozentige Übereinstimmung mit dem Menschen auf und sind somit seine nächsten Verwandten. Schimpansen werden nach einer Tragzeit von 7 bis 8 Monaten geboren. Die Entwöhnung findet mit 3,5 bis 4,5 Jahren statt, die Jungen bleiben aber danach noch längere Zeit bei der Mutter. Bei einer Lebenserwartung von 30 bis 40 Jahren verbringt ein Schimpansenkind etwa 10 % davon in der Obhut der Mutter. Das entspricht dem Verhältnis beim Menschen. Gorillas haben wie Menschen eine Tragzeit von etwa 8 bis 9 Monaten, nach 3 bis 4 Jahren werden sie entwöhnt, leben aber noch weitere Jahre in der Gruppe.

Elefanten haben mit 20 bis 22 Monaten eine noch längere Tragzeit als Menschen oder Gorillas. Die Entwicklung eines Elefantenkalbes zieht sich bis zu 15 Jahre hin – und das bei einer Lebenserwartung von etwa 50 Jahren. Im Alter von etwa 15 Jahren hat der junge Elefant alles gelernt, was er für das Leben braucht – angefangen vom Umgang mit dem Rüssel bis hin zum Verlauf der Wanderwege, um Futter und Wasser zu finden.

Die These der physiologischen Frühgeburt des Menschen ist demnach nicht haltbar, und es gibt keinen Grund, den Menschen aus der Kategorie Säuger herauszuholen und ihm einen besonderen Status zuzuschreiben. Damit soll aber nicht gesagt werden, dass sich der Mensch nicht doch in vielen Merkmalen von seinen nächsten Verwandten, den Schimpansen und Gorillas, unterscheidet:

> Zu den auffallendsten anatomischen Unterschieden gehören der grazile Körperbau, der aufrechte Gang, die Befähigung zum Sprint ebenso wie zum ausdauernden Laufen. […] Hinzu kommen […] die gesteigerte Intelligenz, die ausgeprägten sozialen und sozial-kommunikativen Fähigkeiten und die syntaktisch-grammatische Sprache. All diese Merkmale sind eng mit der eigentümlichen Evolution des Menschen verbunden (Roth 2010, S. 367).

Will man das Wesen des Menschen verstehen, muss man ihn als Produkt der Evolution sehen. In der pädagogischen Anthropologie aber wird aus der behaupteten Instinktarmut der Schluss gezogen, dass der Mensch unbedingt erzogen werden müsse. Damit rückt das Dogma von der *Erziehungsbedürftigkeit*, aber auch der *Erziehbarkeit* des Menschen in den Mittelpunkt der anthropologischen Betrachtungsweise der Erziehung.

> Der Mensch ist […] nicht-festgelegt, d. h. nicht instinktgesichert. Er wird trotz der Tatsache, dass er auch mit biologisch verwurzelten „Programmen" ausgestattet ist, nicht mit dem Repertoire geboren, das sein Verhalten in jeder Beziehung steuert. […] Die Erziehung bildet das Äquivalent für seine wesensmäßige Unsicherheit (Dietrich 1998, S. 46 f.).

Jakob: „Daraus werde ich nicht schlau. Da werden dem Menschen biologisch festgelegte Programme zugeschrieben, die sein Verhalten steuern. Aber die reichen dann wiederum nicht aus, um das Verhalten zu steuern."

Anna: „Das kapier ich auch nicht. Ich frage mich, wie es ein solches Wesen überhaupt schaffen konnte, die Evolution zu bestehen."

Jakob: „Ja, zumal der Mensch von vielen als der erfolgreichste Säuger der jüngeren Evolution bezeichnet wird."

Anna: „Was ich gar nicht begreife, ist, warum ausgerechnet Erziehung schaffen soll, was die Biologie vermasselt hat."

Jakob: „Das ist mir auch schleierhaft. Ich glaube, da ist bei einigen der pädagogische Gaul durchgegangen."

▪ Die These von der Erziehungsfähigkeit als Alleinstellungsmerkmal des Menschen

Die These der Erziehungsfähigkeit des Menschen besagt, dass der Mensch erziehbar bzw. erziehungsfähig sei, da er über Vernunft verfüge, die es ihm ermöglicht, sich rational und kritisch mit der Welt auseinanderzusetzen, statt instinktgeleitet auf Reize der Umwelt zu reagieren. Eine einzigartige Rolle spiele dabei die Sprache, mit Hilfe derer der Mensch als Vernunftwesen seine Umwelt interpretieren und handelnd gestalten könne.

Der Erziehungs*notwendigkeit*, die im letzten Abschnitt diskutiert wurde, wird in der pädagogischen Anthropologie das Prinzip der *Erziehbarkeit* und *Erziehungsfähigkeit* als Wesensmerkmal des Menschen hinzugefügt. Dies ist im Grunde trivial: Wenn der Mensch nicht erziehbar wäre, bräuchte man auch nicht von der Notwendigkeit seiner Erziehung zu sprechen, da dann jede Erziehungsmaßnahme ergebnislos sein müsste. Des Rätsels Lösung liegt darin, dass die Erziehbarkeit als Wesensmerkmal des Menschen betrachtet wird, da das Tier nicht erziehungsfähig, sondern nur abrichtbar und dressierbar sei. Dazu hat sich Dolch wie folgt geäußert:

> » Tiere werden von Menschen abgerichtet, dressiert; gewisse instinktive Verhaltensweisen bei Tieren, besonders sog. höheren Tieren, sehen fast wie Erziehung aus […]. Aber es ist sachlich nicht begründet und auch nicht zweckmäßig, den wissenschaftlichen Begriff der Erziehung über den menschlichen Bereich hinaus zu erweitern (Dolch 1965, S. 55).

Dass in sozialen Gruppen lebende Tiere von der Gruppe erzogen werden und somit über das Merkmal der Erziehungsfähigkeit verfügen (müssen), kann kaum bestritten werden. Elefanten beispielsweise leben in Herden, die von einer Leitkuh angeführt werden, die eine Vorbildrolle innerhalb der Gruppe einnimmt und bei der Vermittlung sozialer Werte eine maßgebliche Rolle spielt. Nicht nur von der Mutter lernen die jungen Elefanten, sondern auch Schwestern und Tanten helfen bei der Erziehung mit. Elefanten sind sehr intelligente Tiere und sind auch sehr hilfsbereit und sorgsam im Umgang mit anderen Herdenmitgliedern. Da sie sehr gelehrig sind, gelingt es dem Menschen, ihre natürlichen Fähigkeiten weiter auszubilden. Die Arbeitselefanten Indiens und Sri Lankas belegen dies eindrucksvoll. Mit einem Abrichten hat dies wenig zu tun, da nicht der Mahout, der menschliche Elefantenführer, dem Elefanten das Arbeiten beibringt, sondern der sogenannte Kuunkie (der Schulmeister), das ist ein ausgebildeter Elefant, an den der Neuling mit einem Strick gebunden ist. Es ist nicht der Mensch, der den Elefanten erzieht und sich möglicherweise dessen Feindschaft zuzieht, sondern ein erfahrener Arbeitselefant, der als Schulmeister den Neuling in die Arbeitswelt einführt.

Erziehbarkeit ist kein Alleinstellungsmerkmal des Menschen, sondern kennzeichnet auch sogenannte höhere Tiere. Die These der pädagogischen Anthropologie, nur der Mensch sei erziehbar, wird durch die Ethologie widerlegt und erweist sich somit als Mythos.

▪ Die These von Vernunft und Sprache als Alleinstellungsmerkmal des Menschen

Eine weitere These der Anthropologie besagt, dass der Mensch als einziges Wesen über Vernunft und Sprache als Mittel der bewussten Auseinandersetzung mit der Welt verfügt.

Die These der Erziehbarkeit des Menschen ist verbunden mit der Auffassung, dass Tiere nicht über Vernunft verfügen und bloß instinktgeleitet auf Reize der Umwelt reagieren, während das Handeln des Menschen von kognitiven Interpretationen geleitet wird, die vermittels der Sprache repräsentiert und mitgeteilt werden. Dementsprechend schreibt die pädagogische Anthropologie nur dem Menschen die Merkmale *Vernunft* und *Sprache* zu.

Verstand und Vernunft

Mit dem Begriff *Verstand*, dessen Verwendung bis zum heutigen Tage maßgeblich von Kant geprägt ist, ist die Fähigkeit des geistigen Erfassens, Verstehens, Begreifens und Urteilens gemeint.
Demgegenüber bezeichnet der Begriff *Vernunft* die Fähigkeit des menschlichen Denkens, aus den Sachverhalten, die der Verstand durch Beobachtung und Erfahrung erfasst, durch Schlussfolgerungen allgemeingültige Zusammenhänge herzustellen, deren Bedeutung zu erkennen sowie Regeln und Prinzipien aufzustellen und danach zu handeln. Richtet sich die Vernunft auf das Erkennen, spricht man von *theoretischer Vernunft*, ist sie auf das konkrete Handeln in der Welt ausgerichtet, spricht man von *praktischer Vernunft*.

Die *Vernunft* des Menschen steht laut Hegels *Phänomenologie des Geistes* in einem engen Zusammenhang mit dem *Bewusstsein* und dem *Selbstbewusstsein* (Hegel 1807). Der Geist steigt von der einfachen Wahrnehmung über das Bewusstsein, das Selbst- bzw. Ich-Bewusstsein und die Vernunft empor bis zum absoluten Wissen des Weltgeistes. Versteht man unter dem Begriff *Bewusstsein* Funktionen der Aufmerksamkeit, Denk- und Entscheidungsfähigkeit, Merkfähigkeit, das Empfinden und Äußern von Gefühlen usw. (Dennett 1991), dann zeigt die Ethologie, dass auch Tiere über Bewusstsein, Ich-Bewusstein und die Fähigkeit des Lernens durch Einsicht verfügen.

Dass Elefanten über eine sehr gute Merkfähigkeit verfügen, ist sprichwörtlich bekannt. Gedächtnisversuche mit Elefanten, wie sie Grzimek bereits in den 1940er Jahren durchgeführt hat, zeigen eine erstaunliche Erinnerungsfähigkeit von Elefanten über lange Zeiträume. Neuere Gedächtnisexperimente mit Elefanten zeigen, dass sie bis zu 40 grafische Symbole unterscheiden und mit Bedeutungen verbinden können und dieses Wissen noch Jahre später abrufen können (Bradshaw und Schore 2007). Bradshaw und Schore führten auch eine Versuchsreihe zur Selbsterkennung im Spiegel durch und gelangten zu der Schlussfolgerung, dass Elefanten über ein *Ich-Bewusstsein* verfügen. Außerdem konnte in diesem Versuch gezeigt werden, dass Elefanten in der Lage sind, zu zählen und einfachste Additionsaufgaben zu lösen. Wahrscheinlich erlaubt ihnen diese Fähigkeit, die Vollständigkeit der Herde zu überprüfen. Darüber hinaus verfügen frei lebende Elefanten offenkundig über kognitive Landkarten, die ihnen ermöglichen, sich an großflächige Räume über lange Zeitspannen zu erinnern. Sie sind auch imstande, den momentanen Aufenthalt der Familienmitglieder im Auge zu behalten (Byrne et al. 2009).

Immer mehr Verhaltensbiologen gehen davon aus, dass Elefanten imstande sind, Emotionen und Gefühle füreinander zu äußern. Die Art und Weise, wie sie mit dem Körper eines toten Elefanten umgehen, deutet darauf hin, dass sie wissen, was der Tod bedeutet. Ein sterbender oder toter Elefant weckt die Aufmerksamkeit und das Mitleid anderer Elefanten (Douglas-Hamilton et al. 2006; Masson und McCarthy 1995).

„Sultan hockt zuerst gleichgültig auf der Kiste, die etwas rückwärts vom Gitter stehengeblieben ist; dann erhebt er sich, nimmt die beiden Rohre auf, setzt sich wieder auf die Kiste und spielt mit den Rohren achtlos herum. Dabei kommt es zufällig dazu, daß er vor sich in jeder Hand ein Rohr hält, und zwar so, daß sie in einer Linie liegen; er steckt das dünnere ein wenig in die Öffnung des dickeren, springt auch schon auf ans Gitter, dem er bisher halb den Rücken zukehrte, und beginnt eine Banane mit dem Doppelrohr heranzuziehen" (Köhler, 1963, S. 91).

Abb. 3.1 Aus Köhler (1963); © Springer

An der Fähigkeit von Schimpansen, Probleme zu lösen, besteht seit den Versuchen von Köhler (1925) kein Zweifel mehr. In mehreren Versuchen konnte Köhler zeigen, dass die Schimpansen Probleme nicht durch Versuch und Irrtum, sondern durch *Einsicht* in die Problemsituation lösten. Das plötzlich eintretende Verständnis der Situation und der darauf folgende intelligente Gebrauch verfügbarer Hilfsmittel und Werkzeuge zeigt, dass die Schimpansen ihren Verstand benutzen, um Probleme zu lösen (Abb. 3.1).

Für zukünftige Bedürfnisse zu planen, gehört zu den herausragenden geistigen Leistungen des Menschen. Aber auch Affen planen für die Zukunft, wie Mulcahy und Call (2006) in verschiedenen Experimenten zeigen konnten. In einer Studie wählten Zwergschimpansen (Bonobos) und Orang-Utans geeignete Werkzeuge aus, trugen sie weg und bewahrten sie auf, um später ein Problem zu lösen. Die Zeit zwischen Erstnutzung und späterem Gebrauch variierte von einer Stunde bis zu 14 Stunden. Mulcahy und Call folgerten daraus, dass Menschenaffen über ein Problem nachdenken, das sie erst morgen oder übermorgen lösen müssen. Sie speichern einen Handlungsplan, um ihn später umzusetzen.

Insgesamt belegt die Verhaltensbiologie etwas, was Tierfreunden und Tierkennern längst selbstverständlich ist, nämlich dass

Tiere ein Bewusstsein haben. Den Untersuchungen von Premack und Woodruff (1978) zufolge verfügen Schimpansen sogar über Metakognition und die Fähigkeit, zu verstehen, was in einem anderen Individuum vorgeht. Damit eng verbunden ist die Fähigkeit, soziale Strategien der Konfliktlösung, der Kooperation und der Anständigkeit (z. B. Teilen von Futter) zu planen und sich entsprechend zu verhalten. Zahlreiche Studien von Frans de Waal belegen eindrucksvoll, dass Primaten ihr soziales Verhalten strategisch planen (de Waal 2009) und keineswegs, wie lange angenommen wurde, nur eine begrenzte Sensibilität gegenüber den Bedürfnissen anderer zeigen (vgl. Greenberg et al. 2010; Horner et al. 2011). De Waal glaubt, dass Empathie und Mitgefühl sich nicht auf Menschen und Primaten beschränken, sondern universelle Merkmale von Säugetieren sind (de Waal 2008).

Zusammenfassend kann man aus den ethologischen Untersuchungen ableiten, dass die These, nur die Spezies Mensch verfüge über das Merkmal der Vernunft, nicht aufrechtzuerhalten ist. Aber wie steht es mit der *Sprache*?

Jahrhundertelang waren sich Philosophen darin einig, dass die menschliche Sprache das entscheidende Kriterium sei, was den Menschen vom Tier unterscheide. Nur der Mensch sei imstande, durch die Sprache seine Gedanken, Gefühle und Wünsche zu vermitteln. Dabei folge die Sprache bestimmten Regeln, die erlernt werden müssen, da sie nicht angeboren sind. Für den Philosophen Herder war klar, dass erst die Sprache den Menschen zum Menschen macht. Die Annahme, dass der Mensch das einzige Wesen sei, das über eine Denkfähigkeit verfüge, geht auf Descartes zurück, der die Sprache als das einzig sichere Indiz für die Denkfähigkeit betrachtete. Die Sprache kröne den *Homo sapiens*, Tiere seien lediglich zur unreflektierten und rein mechanischen Artikulation von Lauten imstande.

> » Dadurch lässt sich auch der Unterschied zwischen den Menschen und Tieren erkennen. Denn es ist sehr bemerkenswert, dass es keine so stumpfsinnigen und dummen Menschen gibt, sogar die sinnlosen nicht ausgenommen, die nicht fähig wären, verschiedene Worte zusammenzuordnen und daraus eine Rede zu bilden, wodurch sie ihre Gedanken verständlich machen; wogegen es kein anderes noch so vollkommenes und noch so glücklich veranlagtes Tier gibt, das etwas Ähnliches tut. Das kommt nicht von der mangelhaften Beschaffenheit ihrer Organe, denn man sieht, dass die Spechte und Papageien ebenso gut Worte hervorbringen können wie wir, und doch können sie nicht ebenso gut wie wir reden, das heißt zugleich bezeugen, dass sie denken, was sie sagen (Descartes 1637, Discours de la méthode 1966, 92/94, übersetzt von Norbert M. Seel).

Damit legte Descartes die Grundlage für die über Jahrhunderte gepflegte Annahme, dass tierische Ausdrucksweisen nicht mit menschlicher Sprache vergleichbar seien. Tiere bellen, piepen, grunzen, schnattern, krähen oder trommeln auf den Boden – als Sprache könne man das aber nicht begreifen. Auch wenn Hunde, Papageien oder Affen sprachlich formulierte Anweisungen von Menschen befolgen oder Wörter nachahmen, sei dies nichts anderes als durch sprachliche Reize konditioniertes Verhalten. Und schon gar nicht könnten Tiere sich untereinander in einer Art verständigen, die mit menschlicher Kommunikation vergleichbar wäre.

Dass diese Annahme falsch ist, weiß man seit den Untersuchungen des Verhaltensforschers *Karl von Frisch*, der als einer der ersten Wissenschaftler belegte, dass Honigbienen eine eigenständige Form der Sprache besitzen. Sie übermitteln mit ihrem Tanz anderen Bienen Informationen (Frisch 1923, 1965), in welcher Richtung und Entfernung Nektar zu finden ist.

Tiere zu verstehen ist ein alter Menschheitstraum. König Salomo konnte sich angeblich mit Tieren unterhalten. Franz von Assisi wurde nachgesagt, mit Wölfen und Vögeln sprechen zu können. Doktor Dolittle verstand die Sprache der Tiere. Und fast jeder kennt das Märchen *Der gestiefelte Kater*, das von einem sprechenden und hochintelligenten Kater handelt. Aber das ist die Welt der Märchen, für die reale Welt wird seit Jahrhunderten die menschliche Sprache als Maßstab für Intelligenz und Bewusstsein betrachtet.

Tiersprache

Als *Tiersprache* werden zusammenfassend die unterschiedlichsten komplexen Kommunikationsformen aller Tierarten bezeichnet. Die Kommunikation kann durch akustische, chemische oder visuelle und gelegentlich durch elektrische Signale erfolgen. Darüber hinaus sind Verständigungen mittels Gesten und Gebärden (z. B. bei Affen) sowie hochkomplexe und ritualisierte Kommunikationsformen wie etwa die Tanzsprache der Honigbienen bekannt.

Grundsätzlich ist davon auszugehen, dass die elementaren Formen der Kommunikation bei Tieren angeboren sind, jedoch durch Lernen wesentlich modifiziert und erweitert werden. Elefanten, Meerkatzen und viele Vogelarten lernen erst in der Kindheit, miteinander zu kommunizieren. So entdeckten Ethologen, dass Singvögel als Küken nur plappern (Goldberg und Fee 2011); den richtigen Gesang lernen sie erst in der Jugend durch Nachahmung, wobei sie ihren noch sehr variablen Gesang allmählich weiterentwickeln, um eine gute Kopie des Gesangs erwachsener Singvögel zu erzeugen (Veit et al. 2011). Als besonders kommunikativ und lernfähig gelten Papageien, Delfine und die Primaten. Videoaufnahmen von sprechenden Papageien sind im Internet häufig zu finden. Ob sie auch verstehen, was sie nachplappern, ist allerdings strittig. Die Biologin Pepperberg ist freilich fest davon überzeugt, dass Papageien verstehen, was sie von sich geben. Nachdem ihr Graupapagei Alex mehr als 100 Vokabeln gelernt hatte, soll er Pepperberg mit den Worten „Go pick up cup!" gebeten haben, die Tasse hochzuheben (Pepperberg 2009).

Solche anekdotischen Berichte über sprachliche Leistungen liegen auch für Primaten vor. So soll die Schimpansin Sarah, nachdem der Verhaltensforscher Premack (1977) ihr den Umgang mit einem Symbolsystem beigebracht hatte, Sätze wie „Mary, give chocolate to Sarah" gebildet haben. Untersuchungen zur Sprachfähigkeit von Primaten, wie sie Premack und seine Frau über Jahre durchführten (Premack und Premack 1984), hatten ab Mitte der 1960er Jahre Konjunktur. Dabei wurde den Primaten oft, da sie nicht über die anatomischen Voraussetzungen für stimmlich gebildete Sprache verfügen, die amerikanische

Gebärdensprache *Ameslan (ASL)* beigebracht. Ameslan steht dabei für American Sign Language.

Pionierarbeit auf dem Gebiet der Primatenforschung leistete das Ehepaar Gardner, das ab 1967 damit begann, der damals zweijährigen Schimpansin *Washoe*, die wie ein Kind in der Familie lebte, ASL-Zeichen beizubringen (Gardner und Gardner 1969). Roger Fouts, bis 1970 Mitarbeiter beim Washoe-Projekt, verbrachte fast seine gesamte Zeit mit der jungen Schimpansin und galt als erster Mensch, der mit einem Tier sprechen konnte. Ab 1970 bis zu ihrem Tod im Jahr 2007 lebte Washoe in Fouts' Familie. Unter seiner Anleitung lernte die Schimpansin mehrere hundert ASL-Zeichen und verschiedene Zeichenkombinationen. Bereits nach kurzer Zeit war Washoe imstande, spontan Zeichen in einer sinnvollen Weise zu kombinieren und zu kommunizieren, ohne dass ihr dies beigebracht worden war. Washoe brachte später auch ihrem Adoptivsohn Loulis einige ASL-Zeichen bei und unterhielt sich mit ihm und mit anderen Schimpansen mit Hilfe der Zeichen. Um sicherzustellen, dass Washoe tatsächlich ein Zeichen gelernt hatte, hatte sie es spontan und an 14 aufeinanderfolgenden Tagen zu verwenden. Dann wurde sie einem Doppelblindvokabeltest unterzogen (Gardner und Gardner 1984). In gleicher Weise wurde auch mit den drei anderen Schimpansen des Washoe-Projektes verfahren. Es zeigte sich, dass die Schimpansen die ASL-Zeichen in kompetenter Weise benutzten, um sich auf Kategorien der menschlichen Sprache zu beziehen (z. B. das Zeichen für „Hund" für irgendeinen Hund, „Blume" für Blumen).
Fouts lehrte auch die Schimpansin *Lucy* die amerikanische Zeichensprache, die in der Familie des Psychologen Temerlin wie ein Menschenkind großgezogen wurde (Temerlin 1976). Lucy beherrschte mehr als 70 ASL-Zeichen und war auch in der Lage, zwischen Subjekt und Objekt eines Satzes zu unterscheiden („Roger kitzeln Lucy" vs. „Lucy kitzeln Roger"). Als Lucy mit 22 Jahren in die freie Wildbahn „entlassen" wurde, gelang es ihr nur mit Unterstützung durch Menschen zu überleben, und sie konnte anfangs kaum mit den anderen Schimpansen kommunizieren.

Seitdem es die Primatenforschung der beschriebenen Art gibt, wird sie von Verhaltensbiologen und Anthropologen kritisiert und ihr wissenschaftlicher Ertrag angezweifelt. Für manche Kritiker ist das, was die Primatenforscher an Erstaunlichem berichten, nichts als Scharlatanerie – vergleichbar mit dem Araberhengst der *Kluge Hans*, der Anfang des 20. Jahrhunderts eine Jahrmarktattraktion war, da er angeblich mathematische Berechnungen durchführen konnte. Es dauerte eine Weile, bis die eigens ins Leben gerufene „Hans-Kommission" mit 13 Wissenschaftlern den Nachweis erbringen konnte, dass der Hengst zwar nicht so intelligent war, wie viele geglaubt hatten, aber über eine außergewöhnliche Fähigkeit verfügte, auf unwillkürliche und unbewusst ausgesandte Reize in seiner Umgebung zu reagieren und diese zu interpretieren (Pfungst 1911). Vergleichbares wird auch von Hunden berichtet, die wie der Kluge Hans auch auf Signale reagieren, die unwillkürlich vom Menschen ausgehen (Reid 2009).

Savage-Rumbaugh et al. (1980) versuchten, bei ihren Untersuchungen die Informationsquelle Mensch auszuschalten, indem sie mit einer besonderen Kommunikationstechnik (einem Keyboard) arbeiteten. Savage-Rumbaugh, die den Bonobo *Kanzi* seit der Geburt betreute und mit ihm zahlreiche Sprachexperimente durchführte, ist davon überzeugt, dass Kanzi über eine hoch entwickelte Sprachfähigkeit verfügte. An dieser Auffassung wird von Anthropologen und Linguisten mitunter heftige Kritik geübt.

Insbesondere Pinker (1994) kritisierte die Position der Primatenforscher und setzte mit seiner *These vom Sprachinstinkt* den Kontrapunkt zu der Annahme, dass Primaten Sprache lernen könnten. Pinker betrachtet – in der Tradition der Aufklärung – Sprache als eine Fähigkeit, die nur dem Menschen eigen ist, hervorgegangen aus der Evolution, um das spezifische Problem der Kommunikation unter Jägern und Sammlern zu lösen. Er setzt die Sprache mit spezialisierten Anpassungen anderer Tierarten gleich, wie dem Dammbau durch Biber. Er vertritt die Auffassung, dass die menschliche Sprache nichts anderes als ein Instinkt sei. Sie sei kein Zeichen für fortgeschrittene Intelligenz, sondern eher ein spezialisiertes geistiges Modul. Daher seien zahlreiche Vorstellungen über die Sprache schlichtweg falsch – z. B. dass Kindern beigebracht werden muss, Sprache zu verwenden, dass die Sprache einen großen Einfluss auf das Denken einer Person ausübt und dass man Primaten die Verwendung von Sprache beibringen kann. So wie Pinker die Argumente anderer zerpflückt, werden auch seine Argumente in Sampsons Buch *The „Language Instinct" Debate* (Sampson 2005) auseinandergenommen. Laut Sampson ist die Argumentation Pinkers in der Logik fehlerhaft, Tatsachen würden falsch wiedergegeben und inkorrekte Daten verwendet. Die empirische Evidenz zeige in genau die andere Richtung, nämlich dass Kinder gut beim Lernen von Sprachen sind, weil Menschen gut im Lernen von allem sind, was das Leben ihnen abverlangt. Einfache mimische und gestische Ausdrucksformen oder durch Emotionen ausgelöste Laute (wie Angstschreie oder ein Lächeln als Zeichen freundlicher Gesinnung) seien auch beim Menschen angeboren. Die Vielseitigkeit menschlicher Sprache sei aber so komplex, dass sie erlernt werden müsse.

Das Fazit der bisherigen Darlegungen besteht in der Schlussfolgerung, dass die drei Wesensmerkmale, die nach Auffassung der pädagogischen Anthropologie den Menschen auszeichnen – nämlich *Erziehbarkeit, Vernunft* und *Sprachfähigkeit* –, auch Tieren zuerkannt werden müssen. Davon unberührt bleibt die Auffassung, dass der menschliche Geist sich selbst noch von dem der höchstentwickelten Tiere unterscheidet. Trotz der durchaus imposanten kognitiven Leistungen von Tieren, wie wir sie beschrieben haben, ist der menschliche Verstand einzigartig: Er verfügt über Kreativität, die Fähigkeit abstrakten Denkens und die Fähigkeit zur Konstruktion mentaler Modelle, mittels derer er induktive Schlüsse ziehen und mentale Simulationen dynamischer Systeme durchführen kann (Seel 1991). Manche dieser Fähigkeiten finden sich in mehr oder weniger begrenztem Umfang auch bei Tieren. Doch mangelt es ihnen gemeinhin an dem Vermögen, neue Wege zu beschreiten und die Welt nach eigenen Vorstellungen umzugestalten und zu formen.

▪ Die These von der besonderen Lernfähigkeit des Menschen

Die These von der besonderen Lernfähigkeit des Menschen besagt, dass Menschen lernfähiger seien als andere Lebewesen.

Was die Mängel des Menschen ausmacht, „ist gleichzeitig sein Reichtum: die Kehrseite seiner Lern- und Erziehungsbedürftigkeit ist seine unendliche Lern- und Erziehungsfähigkeit" (Roth 1962, S. 149).

Wie wir bereits dargelegt haben, umfasst menschliches Lernen ein breites Spektrum, aber die Lernfähigkeit als *unendlich* zu bezeichnen, greift dann doch zu weit, da Lernen sowohl räumlich als auch zeitlich seine Grenzen hat. Huisken (1991) bezeichnet die anthropologische Argumentation Roths als Taschenspielertrick, der die Mängel an angeborenen Instinkten und Fertigkeiten durch eine den Menschen auszeichnende Gabe einer unendlichen Lernfähigkeit beheben soll – die Bedürftigkeit werde einfach zur Fähigkeit umgedeutet und schon stimme die pädagogische Welt wieder. Wie schon angedeutet, hat die Lernfähigkeit des Menschen stets ihre Grenzen, die allerdings unterschiedlich eng ausfallen können. Sehr eng werden sie z. B. im Behaviorismus gesetzt, indem Lernen auf Reiz-Reaktions-Mechanismen eingeengt wird, während die Grenzen beim erkundenden und entdeckenden Lernen weiter gesteckt sind. Wenn in der pädagogischen Anthropologie von einer unbegrenzten Lernfähigkeit des Menschen ausgegangen wird, wird die Tatsache geleugnet, dass Menschen und Tiere sich schnell und sensibel an dynamische Veränderungen ihrer Umgebung anpassen können – entweder durch *assoziatives Lernen* auf der Grundlage von *Konditionierung* oder Habituation oder durch *kognitives* Lernen (vgl. dazu die Ausführungen in ▶ Abschn. 2.2).

Der These von der unendlichen Lern- und Erziehungsfähigkeit setzen wir die *These von den biologischen und evolutionären Zwangsbedingungen des Lernens* entgegen.

Zwangsbedingungen

Biologische oder evolutionäre Zwangsbedingungen (constraints) des Lernens sind angeborene Verhaltensmuster, die unter natürlichen Bedingungen zu beobachten sind (Domjan und Galef 1983). Sie resultieren aus dem genetischen Aufbau einer Spezies und bewirken sensorische, verhaltensbezogene und kognitive Reaktionen eines Individuums, die sogar gegenüber Konditionsversuchen resistent sind (Domjan 2012).

Den biologischen und evolutionären Zwangsbedingungen ist jede Form des Lernens unterworfen – selbst das assoziative Lernen durch Konditionierung und die Habituation.

Keller und Breland (1951) versuchten, den Waschbären Rufus zu konditionieren, eine Münze in einen Geldschlitz einzuwerfen, um Futter als Belohnung zu erhalten. Mit fortschreitendem Training wurde Rufus aber zunehmend unwillig, die Münze herzugeben und sie in den Geldschlitz zu werfen. Wenn er aufgefordert wurde, zwei Münzen einzuwerfen, behielt er stattdessen die Münzen und warf sie nicht ein. Versuche, ein Schwein zu konditionieren, Münzen in eine Spardose einzuwerfen, erbrachten dasselbe Ergebnis. Der angeborene Trieb, etwas offenkundig Wertvolles zu behalten, war stärker als die Konditionierung (vgl. dazu auch die in ▶ Abschn. 3.1.1 angeführte Studie von Mulcahy und Call 2006).

Andere Belege für das Wirken biologischer Zwangsbedingungen stammen aus der Forschung zu Geschmacksaversion (Garcia et al. 1974). Bei Menschen kann man – ohne dass es konditioniert wurde – eine Vorsicht gegenüber unbekannten Speisen beobachten, die sich in einem Unwillen ausdrückt, eine unbekannte Speise zu probieren oder eine bekannte Speise in einer neuen Umgebung zu verzehren.

Biologische und evolutionäre Zwangsbedingungen überlagern also die Effekte des klassischen oder instrumentellen Konditionierens und heben sie teilweise auf. Natürlich unterliegt auch das kognitive Lernen – verstanden als Prozess der Bildung neuer Gedächtnisinhalte – biologischen Zwangsbedingungen, nämlich der *Konsolidierung* als Festigung von Gedächtnisinhalten und der *Rekonsolidierung*, d. h. dem Wiederabruf gespeicherter Information.

Gedächtniskonsolidierung umfasst zwei neuronale Prozesse:

1. eine synaptische Konsolidierung, die innerhalb der ersten paar Stunden nach dem Lernen abläuft, und
2. eine Systemkonsolidierung, die für das langfristige Behalten von Gelerntem über Wochen und Monate sorgt (vgl. Riccio und Cullen 2012).

Eine synaptische Konsolidierung wird für alle Spezies wie auch für alle Anforderungen an das Langzeitgedächtnis angenommen, wobei dem Langzeitgedächtnis eine Dauer von mindestens 24 Stunden zugesprochen wird. Die synaptische Konsolidierung wird schneller als die Systemkonsolidierung durchgeführt, und zwar innerhalb von Minuten bis zu wenigen Stunden (Dudai 2004). Zur Systemkonsolidierung haben Squire und Alvarez (1995) ausgeführt, dass, wenn neue Information encodiert und verzeichnet wird, die Erinnerung an diese neuen Reize im Hippocampus und verschiedenen Regionen des Cortex bewahrt wird.

Später werden diese Repräsentationen der Information beim expliziten und bewussten Wiederabruf oder beim impliziten und unbewussten Wiederabruf, z. B. beim Schlafen, aktiv. Tatsächlich konnte in verschiedenen Studien eine starke Reaktivität des Hippocampus während des Schlafes unmittelbar nach einer Lernaufgabe festgestellt werden, was zu einer verstärkten Lernleistung führte (Wamsley et al. 2010; Zhang 2012). Lernen im Schlaf ist also nicht so abwegig, wie es auf den ersten Blick scheint.

Der Prozess der Konsolidierung bewirkt, dass Gedächtnisinhalte im Langzeitgedächtnis gespeichert werden und als stabil gelten. Die Rückgewinnung eines Gedächtnisinhaltes aber kann eine labile Phase auslösen, die dann einen aktiven Prozess erfordert, um den Gedächtnisinhalt nach Beendigung des Wiederabrufs nochmals zu stabilisieren. Die Rekonsolidierung ist demnach ein spezieller Fall kognitiven Lernens, bei dem ein alter Gedächtnisinhalt, der infolge einer Lernsituation reaktiviert wird, für eine Merkschwäche anfällig wird. Anders ausgedrückt: Durch das Lernen von etwas Neuem kann das, was bisher gespeichert war, in Vergessenheit geraten.

Während die Gedächtniskonsolidierung auf neuronale Prozesse zurückgeht und in der entsprechenden Literatur behandelt wird, ist die Annahme einer beschränkten Verarbeitungskapazität des sogenannten Arbeitsgedächtnisses in der Psychologie beheimatet und stellt eine funktionale Betrachtungsweise der Informationsverarbeitung in den Mittelpunkt.

> » Das theoretische Konzept des Arbeitsgedächtnisses geht davon aus, dass ein System mit begrenzter Kapazität, das zeitweise Information behält und speichert, menschliche Denkprozesse unterstützt, indem es eine Schnittstelle [Interface] bereitstellt zwischen Wahrnehmung, Langzeitgedächtnis und Handlung (Baddeley 2003, S. 829).

Das Merkmal des Arbeitsgedächtnisses schlechthin ist seine Beschränktheit in Raum und Zeit. In zeitlicher Hinsicht schwanken die Angaben in der Literatur von 10 bis 50 Sekunden, gelegentlich wird eine Verfügbarkeit von bis zu 5 Minuten angegeben (Seel 2003). Was die Menge der Informationen anbelangt, die im Arbeitsgedächtnis verarbeitet werden kann, geht man seit Ebbinghaus (1885) und der Studie von Miller (1956) davon aus, dass immer nur 7 +/− 2 Informationseinheiten (= *Chunks*) gleichzeitig verarbeitet werden können. Die Gedächtnisspanne ist alleine von der Anzahl der zu verarbeitenden Informationseinheiten abhängig. Gleichgültig, ob es sich um Binärzahlen, Dezimalzahlen, Buchstaben oder Wörter handelt, stets werden 5 bis 9 Chunks gebildet.

Versuchen Sie einmal, die folgende Aneinanderreihung von Buchstaben zu lesen und sich zu merken:

AMRANDEEINESGROSSENWALDESWOHNTEEINARMER HOLZHACKERMITSEINERFRAUUNDSEINENZWEIKIND ERN.

Wenn es Ihnen gelingt, Chunks zu bilden, wird die Aufgabe leicht zu lösen sein. Wenn Sie zusätzlich in Ihrem Langzeitgedächtnis kramen und sich an den ersten Satz des Märchens *Hänsel und Gretel* erinnern, können Sie mit Leichtigkeit weit mehr als 9 Chunks auf einmal verarbeiten, da nun vielleicht der ganze Satz des bekannten Märchens als ein Chunk gilt. Ähnlich verhält es sich auch mit Zahlenfolgen (z. B. 18091949), die gruppiert werden können (in unserem Beispiel als Geburtsdatum: 18.09.1949) und dann leicht verarbeitet werden können. Tatsächlich ist die Spanne des Arbeitsgedächtnisses reizabhängig. Sie ist z. B. für Wörter größer als für Nichtwörter (vgl. Hulme et al. 1997) und für bedeutungshaltige Wörter größer als beispielsweise für sinnlose Silben.

Obwohl der als klassisch zu bezeichnende Aufsatz von Miller (1956) in der pädagogischen Psychologie (z. B. in der Cognitive Load Theory) bis heute eine herausragende Rolle spielt, ist er vor allem historisch bedeutsam (Sperling 1988), da er eine Vielzahl an Untersuchungen zur Kapazität des Arbeitsgedächtnisses nach sich gezogen hat. Die *magical number 7* wurde zur beherrschenden Metapher der Gedächtnisforschung, auch wenn mittlerweile eher von einer *magical number 4* ausgegangen wird (Cowan 2001). Wie auch immer, das Arbeitsgedächtnis ist in seiner Verarbeitungskapazität beschränkt und damit auch das kognitive Lernen.

Diese Aussage gilt auch, wenn man das Arbeitsgedächtnis als eine Instanz der *kontrollierten Aufmerksamkeit* begreift (vgl. Faw 2003; Logie 1995), womit eine Problemverlagerung von der beschränkten Kapazität des Arbeitsgedächtnisses zur biologisch bedingten selektiven Aufmerksamkeit erfolgt. Menschen (und Tiere) sind mitunter sehr selektiv bei der Beachtung von Informationen, die sie zu verarbeiten haben. Sie können einfach nicht alles aufmerksam beachten, lernen und behalten, was ihnen begegnet.

Die Aufmerksamkeitszuwendung im Sinne einer bewussten Wahrnehmung eines Reizes tritt etwa 300 Millisekunden nach dessen Darbietung ein. Die damit einhergehende Welle in der Hirnstromableitung wird daher P300-Welle genannt. Sie ist eine

Abb. 3.2 Was sehen Sie hier? (Pintos, © Bev Doolittle, licensed by The Greenwich Workshop®, Inc.)

biologische Zwangsbedingung, die Rückschlüsse auf den Aufmerksamkeits- und Bewusstseinszustand einer informationsverarbeitenden Person erlaubt: So tritt z. B. „im unbewussten und nicht von Aufmerksamkeit begleiteten Zustand die P300-Welle überhaupt nicht auf. Die Welle ist dagegen umso deutlicher ausgeprägt […] je bedeutungsvoller der wahrgenommene Reiz für die Versuchsperson ist" (Roth 1999, S. 242 f.). Neben den neurophysiologischen Aspekten spielt demnach die Bewertung des Umweltreizes hinsichtlich der subjektiven Bedeutsamkeit eine zentrale Rolle.

Sehen Sie sich Abb. 3.2 an: Was sehen Sie?

Haben Sie mittlerweile erkannt, dass auf dem Bild fünf Pferde abgebildet sind? Wenn nicht, wird Ihnen dieser Hinweis auf die Sprünge helfen – und Sie werden von nun an unmittelbar die Pferde sehen, da Sie es inzwischen gelernt haben. Auch morgen und übermorgen werden Sie sich daran erinnern, dass auf dem Bild fünf Pferde abgebildet sind.

Nicht nur die Wahrnehmung von Informationen ist selektiv, sondern auch die Erinnerung. Das kann am Beispiel von Augenzeugenberichten demonstriert werden. Hierzu haben Loftus und Palmer (1974) verschiedene Untersuchungen durchgeführt, die vor allem eines deutlich machen, nämlich dass die Aufmerksamkeit und das Erinnerungsvermögen von Personen nicht zuverlässig sind und im Nachhinein durch Zusatzinformationen (z. B. Suggestivfragen) manipuliert werden können.

Das Fazit lautet, dass jede Form des Lernens biologischen Beschränkungen unterworfen ist, so dass von einer unendlichen Lernfähigkeit des Menschen keine Rede sein kann.

Zusammenfassung

Ausgangspunkt für die Ausführungen in diesem Kapitel waren einige Kernaussagen der philosophisch-pädagogischen Anthropologie in Bezug auf die Erziehungsbedürftigkeit, die Vernunft und die Lernfähigkeit des Menschen im Unterschied zu Tieren. Ohne wie Huisken (1991) von Grundlügen der Pädagogik sprechen zu wollen, konnten wir aufgrund biologischer und ethologischer Studien zeigen, dass die Thesen der pädagogischen Anthropologie nicht haltbar sind. Die Erkenntnisse lassen sich mit Junker (2006) wie folgt zusammenfassen:

» Vererbung und Anpassung, Geschichte und Umwelt sind die elementaren Ursachen, aus denen sich Entstehung und Funktion der Merkmale aller Lebewesen erklären lassen. Wie bei jedem Tier, so müssen auch beim Menschen Fühlen, Denken und Verhalten bis ins Detail mit dem Körper abgestimmt sein. Für die Evolutionsbiologie sind Menschen eine Tierart unter vielen, mit Eigenschaften, die sich als Anpassungen an eine frühere oder die heutige Umwelt erklären lassen (Junker 2006, S. 7).

Darwin, der Vater der Evolutionstheorie, hatte eine Evolution im Sinn, die zu Verschiedenheit, aber nicht zu einer hierarchischen Ordnung führt: „Es ist sinnlos davon zu sprechen, daß ein Tier höher steht als ein anderes" (zit. n. Desmond und Moore 1991, S. 232). Daher wollte Darwin auch nicht akzeptieren, dass eine Kluft zwischen Mensch und Tier besteht und dass der Mensch einen anderen Ursprung hat.

3.1.2 Personalisation – das Ergebnis von Anlage oder Umwelt?

Die Frage nach den Einflussgrößen auf die Personalisation ist die Frage nach der relativen Bedeutung von *Anlage und Umwelt* bzw. von *Reifung und Lernen* für die Entwicklung der Persönlichkeit. Aus pädagogischer Sicht wird damit die Frage nach den Möglichkeiten und Grenzen der Erziehung aufgeworfen. Die pädagogische Anthropologie geht – wie gezeigt wurde – grundsätzlich von der Erziehungsbedürftigkeit und Erziehbarkeit des Menschen aus: Diese findet aber je nachdem, wie stark die biologische Veranlagung wirkt, ihre natürlichen Grenzen. Daher ist zu fragen, wie der einzelne Mensch mit seinen biologisch bedingten Potentialen, die er von genetisch verschiedenen Eltern erbt, mit der Umwelt zurechtkommt, in der er lebt. Unterscheidet sich eine Person von anderen, weil sie andere Gene besitzt oder weil sie in einer anderen Umgebung lebt und im Leben andere Erfahrungen macht? Sind Eigenschaften, Fähigkeiten und Verhaltensweisen einer Person auf die Effekte verschiedener Gene oder unterschiedlicher Umwelten zurückzuführen? Ist die Personwerdung das Resultat von biologischer Reifung oder von Lernen?

Anna: „Jakob, jetzt weiß ich endlich, warum ihr Jungs so gerne Fußball spielt. Das liegt am Fußballgen."

Jakob: „Quatsch, so was gibt es doch gar nicht!"

Anna: „Aber ja! Als bei der Fußball-Europameisterschaft 2000 die Begeisterung Wellen schlug, schrieb der Tagesspiegel, dass nun endlich das Fußballgen identifiziert worden sei. Bisher hätten nur die Amis das Gen gekannt, es aber mit Football verwechselt."

Jakob: „Aha, und nun haben die Engländer das Fußballgen entdeckt."

Anna: „Genau. Der DFB und Beckenbauer kennen das genetische Alphabet übrigens auch."

Jakob: „Super! Das nenne ich einen wahren Fortschritt der Wissenschaften."

Der Gedanke von einem Fußballgen mag auf Anhieb absurd erscheinen, aber in der Alltagssprache heißt es, wenn der Vater Fußballer war und der Sohn ebenfalls leidenschaftlich gerne

Fußball spielt, dies sei wohl genetisch bedingt. Genauso wird von einem Musikergen, Mathematikergen, Ingenieurgen oder Erziehergen gesprochen.

Das grundlegende Merkmal aller Lebewesen aber ist, dass ihre jeweilige Entwicklung auf individuell verschiedenartigen Wechselwirkungen zwischen den Genen (d. h. der Anlage) und den Einflüssen der Umwelt beruht. Genetiker unterscheiden in diesem Zusammenhang zwischen Genotyp und Phänotyp. Der *Genotyp* umfasst all das, was vererbt wird, also einen kompletten Satz von gentragenden DNA-Molekülen. Mit dem *Phänotyp* beschreibt man demgegenüber alle Merkmale, die ein Lebewesen zu einem bestimmten Zeitpunkt seines Lebens ausprägt. Die Phänotypen sind nicht vererbbar, sie entwickeln sich während des gesamten Lebens und hängen dabei nicht nur davon ab, welchen spezifischen Umwelten der Organismus jeweils ausgesetzt war, sondern auch von der zeitlichen Abfolge der Interaktionen mit diesen Umwelten. Eine populäre, aber falsche Annahme lautet, dass Gene (d. h. der Genotyp) die Entwicklung von Fähigkeiten (d. h. die Phänotypen) einer Person bestimmen. Entscheidend ist aber die *Reaktionsnorm*, die besagt, dass ein Genotyp in jeder spezifischen Umwelt einen ganz bestimmten Phänotyp entwickelt.

Reaktionsnorm

Die *Reaktionsnorm* ist ein Begriff aus der biologischen Vererbungslehre. Er vermittelt, wie sich die Umwelteinflüsse während der individuellen Entwicklung (Ontogenese) eines Lebewesens aufgrund seiner Gene auswirken, so dass seine Merkmale ihre konkrete Ausprägung (Phänotyp) erhalten.

Man kann sich das wie eine Tabelle vorstellen, die z. B. das Körpergewicht von Jakob für jede mögliche Kalorienzufuhr verzeichnet, also seine Reaktionsnorm für das Körpergewicht in Abhängigkeit von den zugeführten Kalorien. Eine andere Person, Anna, würde bei identischer Nahrungsaufnahme ein anderes Gewicht erreichen, da ihre Reaktionsnormen verschieden sind.

Wenn im Alltag von ererbten Begabungen gesprochen wird, ähnelt das oft den wissenschaftlich belegten Aussagen zur genetischen Bedingtheit der Neigung zu bestimmten Erkrankungen. Offenkundig gibt es bei bestimmten Erkrankungen häufig einen genetischen Faktor (Agarwal-Kozlowski und Agarwal 2000), wie auch bei Haarfarbe oder Hauttyp. Schwieriger und umstritten sind aber Aussagen über die Bedingtheit von Verhalten und Kompetenzen durch genetische Faktoren. Denn so sehr sich Menschen auch von anderen Lebewesen unterscheiden mögen, lehrt bereits die Alltagserfahrung, dass es innerhalb einer jeden Spezies eine außerordentliche Vielfalt gibt. Diese hat ihre Wurzeln letztlich in der Biologie, aber in einem doppelten Sinn. Zunächst einmal unterscheiden sich Menschen biologisch voneinander, weil sie mit verschiedenen Genen geboren werden. Das ist aber keine Einbahnstraße vom Genom (dem Erbgut) eines Menschen zur Persönlichkeit, denn in der Biologie des Menschen ist auch die *Notwendigkeit der sozialen Organisation* angelegt. Darauf werden wir in ► Kap. 4 ausführlich eingehen.

3.1.2.1 Persönlichkeit – nur eine Frage der Vererbung?

Im Jahre 1771 stellte die Berliner Akademie für Wissenschaften die Preisfrage, ob Menschen, wenn sie ihren natürlichen Fähigkeiten überlassen sind, Sprache erfinden könnten und wenn ja, mit welchen Mitteln. Diese Preisfrage, auf die Herder mit seiner berühmt gewordenen Abhandlung antwortete, erwies sich laut Neis (2003) als echtes Kind der damaligen Zeit. Durchgängig wurde versucht, durch hypothetische Tabula-rasa-*Konstruktionen* dem Ursprung der menschlichen Sprache auf die Spur zu kommen. Bestens geeignet dafür schienen Neugeborene oder auch isoliert von Menschen aufgewachsene *wilde Kinder*.

■ Wilde Kinder als Zeugen der Anlage-Umwelt-Problematik

Neugeborene und Kleinkinder starten ontogenetisch in ihrer geistigen und sprachlichen Entwicklung vom Nullpunkt aus, aber da sie eingebettet sind in die Gesellschaft, kann der Effekt der Anlage auf die Sprachentwicklung generell nicht bestimmt werden. Denn um die reine Wirksamkeit des Erbguts zu belegen, müsste die Umwelt als Einflussfaktor ausgeschlossen werden, wie umgekehrt die biologische Anlage ausgeschlossen werden müsste, wollte man den reinen Beitrag der Umwelt auf die Personalisation feststellen. Hartnäckig hält sich der Glaube, die im 18. Jahrhundert europaweit diskutierten Fälle von *Wolfskindern* seien geeignet, die Folgen einer sozialen Deprivation auf die Persönlichkeitsentwicklung zu untersuchen.

Als *Wolfskinder* oder auch *wilde Kinder* werden Findelkinder bezeichnet, die in jungen Jahren eine Zeit lang isoliert von anderen Menschen aufwuchsen und sich deshalb in ihrem erlernten Verhalten von normal sozialisierten Kindern unterscheiden. Weit verbreitet war die Annahme, Wolfskinder seien gelegentlich von Tieren adoptiert und großgezogen worden. Das ist freilich mehr als zweifelhaft und geht auf althergebrachte Mythen zurück, wie z. B. dem Mythos von Romulus und Remus, die von einer Wölfin gesäugt wurden. Moderne Varianten sind der von Wölfen aufgezogene Mogli aus dem *Dschungelbuch* von Kipling oder Tarzan, der laut seinem literarischen Erfinder Burroughs von Menschenaffen großgezogen und bei den Tieren zu einem besseren Menschen wird.

Obwohl auch später noch gelegentlich von Wolfskindern die Rede war (Blumenthal 2005), hatten sie im 18. Jahrhundert Konjunktur und waren – vergleichbar den exotischen Völkern bei Kant – geradezu prädestiniert dafür, dass man, wie Neis (2003) anmerkt, voyeuristisch und skandallüstern über sie berichtete. Neben Victor, dem *Wilden von Aveyron* (um 1799–1828), dessen Schicksal in dem Spielfilm „L'enfant sauvage" von Truffaut dargestellt wird, wird auch ein anderes Wolfskind, das den Namen *Wilder Peter von Hameln* erhielt, in der Literatur des 18. Jahrhunderts häufig thematisiert.

Anfang des 19. Jahrhunderts wurde in Deutschland *Kaspar Hauser* (1812–1833) zu einer Berühmtheit. Er tauchte 1828 in Nürnberg auf und erregte Aufsehen, da er geistig behindert schien und kaum sprechen konnte. Später behauptete er, dass er, solange er denken konnte, allein in einem dunklen Raum gefangen gehalten worden war und nur von einer Person Nahrung erhalten hatte. Über Hausers Herkunft wurde bis in die jüngste Zeit spekuliert, was für unser Thema aber irrelevant ist. Wichtiger ist, dass er gleich, nachdem er in Nürnberg aufgetaucht war, der Obhut des Gymnasiallehrers Daumer anvertraut wurde, der ihm in der Folgezeit Unterricht in verschiedenen Fächern erteilte. Nach Aussagen Daumers machte Hauser dabei erstaunliche Fortschritte und verfügte über beachtliche handwerkliche und zeichnerische Fähigkeiten. In seiner offenkundigen Neigung zum Spekulativen schrieb Daumer dem Jungen besondere Eigenschaften und eine ihm bis dahin unbekannte Sensitivität gegenüber der Umwelt zu. So rätselhaft die Herkunft Hausers war, so rätselhaft blieben auch die Hintergründe seines Todes.[1]

Insgesamt eignet sich der Fall Kaspar Hauser nicht, die Frage nach den Effekten der Anlage im Unterschied zu Umwelteinflüssen zu beantworten, da der Wahrheitsgehalt der Darlegungen Hausers umstritten ist. Bemerkenswert aber ist, dass der Fall Kaspar Hauser in Medizin und Psychologie zum Synonym für die schwerste Form von Hospitalismus wurde. Vom *Kaspar-Hauser-Syndrom* wird im Falle starker Entwicklungsstörungen als Folge eines völligen Reizentzugs in Kombination mit Misshandlung bzw. Gefangenschaft gesprochen.

Die Suche nach dem *wilden Menschen*, so mythenreich und spannend sie auch immer war (Blumenthal 2005), bleibt ohne Erkenntnisgewinn für die Anlage-Umwelt-Problematik der Erziehungswissenschaft. Aus diesem Grund wurden Familienuntersuchungen und Stammbaumanalysen durchgeführt.

Anlage-Umwelt-Problematik und Familienuntersuchungen

Im 18. Jahrhundert interessierte man sich besonders für die Wolfskinder, im 19. Jahrhundert lag die Vorstellung im Trend, dass Unterschiede in Begabungen, Moral, Sozialverhalten und Urteilskraft biologisch ererbt seien, d. h. vom Genotyp *festgelegt* werden. Diesen Eindruck kann man gewinnen, wenn man die Literatur des 19. Jahrhunderts sichtet – angefangen bei dem Roman *Oliver Twist* von Dickens bis zu Zolas *Rougon-Macquart*-Romanen. Dem damaligen Zeitgeist entsprechend ging es dabei darum, die Macht der Vererbung gegenüber sozialen Unterschieden zu zeigen.

Ein Beispiel hierfür ist die lange Zeit in amerikanischen Psychologiebüchern dargelegte, von Goddard (1912) fabrizierte Geschichte der Familie Kallikak. Aus der Beziehung des jungen Kallikak mit einem etwas schwachsinnigen Schankmädchen geht ein Sohn hervor, der alle schlechten Eigenschaften seiner Eltern, vor allem der Mutter, in sich vereint. Deren Kinder und Enkel sind konsequenterweise unter den dümmsten und niederträchtigsten Menschen zu finden. Ganz anders verläuft die Entwicklung, als Martin Kallikak eine ehrenwerte Quäkerin heiratet. Ihre sieben Kinder sind ehrbare und brave Bürger, deren Nachkommen selbstverständlich ebenfalls zu den besten und edelsten Menschen gehören.

Eher in die Kategorie der Literatur, die in der Pädagogik seit Pestalozzi gepflegt wurde, fallen psychologische Konzeptionen von der Determiniertheit menschlicher Fähigkeiten durch den Genotyp. Darin ist die Rede vom Wettlauf des Lebens, in dem es darum gehe, nicht nur vorwärtszukommen, sondern andere zu überholen, wobei die Vererbung den entscheidenden Vor- oder Nachteil bilde.

Die Vererbung eines bestimmten Merkmals lässt sich bei den meisten Lebewesen durch *Kreuzungsexperimente* erheben. Da sich solche Experimente mit Menschen aus ethischen Gründen grundsätzlich verbieten (was die Nationalsozialisten nicht gehindert hat, sie dennoch durchzuführen), greift man ersatzweise auf den Stammbaum einer Familie zurück (▣ Abb. 3.3).

Jahrzehntelang wurde in den Biologie-Schulbüchern die Familie Johann Sebastian Bachs als Beispiel für die Vererbung der Musikalität über Generationen dargestellt, was damit zusammenhängt, dass Johann Sebastian Bach einer weitverzweigten Musikerfamilie entstammte, die bis ins 16. Jahrhundert zurückverfolgbar Kantoren, Organisten, Stadtpfeifer, Mitglieder von Hofkapellen oder Instrumentenbauer hervorgebracht hatte.

Die Familie Bach stellt aber eine Ausnahme dar, denn üblicherweise sind die Stammbäume von Familien nicht umfangreich und detailliert genug, um die Vererbung eines Merkmals eindeutig ermitteln zu können. Die Familie Bach stellt auch insofern eine Ausnahme dar, dass bei ihr das Merkmal Musikalität tatsächlich über Generationen hinweg zu beobachten war. Ob Musikalität deswegen als ererbt betrachtet werden kann, bleibt zweifelhaft. Das fängt schon damit an, genau anzugeben, was Musikalität überhaupt ist. Bedeutet dies, dass jemand komponieren kann oder dass er ein Instrument zu spielen vermag? Oder genügt es, einen Ton halten und im Kirchenchor mitsingen zu können? Die These, dass eine außergewöhnliche musikalische Begabung erblich sei, wird üblicherweise mit der Bezugnahme auf sogenannte Musikerfamilien (z. B. Bach, Mozart, Scarlatti) begründet. Aber das sind keine Beweise, da mindestens ebenso viele Gegenbeweise vorliegen: Mendelssohns Vater war Bankier, Schuberts Vater Schulmeister und Haydns Vater Stellmacher, Chopins Vater Buchhalter usw. Über die Mütter weiß man gewöhnlich nur wenig. Betrachtet man die Biografien berühmter Komponisten etwas eingehender, gewinnt man den Eindruck, dass sie oft Kinder von eher unbedeutenden Musikanten oder von Vätern anderer Berufsstände waren (z. B. Beethoven und Brahms). Daher liegt es nahe, anstatt in der Vererbung einer musikalischen Begabung eine Erklärung darin zu suchen, dass der Beruf des Musikers im 18. und frühen 19. Jahrhundert stark familiär gebunden war. Musik war eine Art Handwerk, das vom Vater auf den Sohn überging. Das kann gut am Beispiel von Wolfgang Amadeus Mozart verdeutlicht werden, der von seinem Vater sehr früh auf den Weg zum überragenden Musiker gebracht wurde. Vieles deutet darauf hin, dass die Entfaltung der Musikalität bei den berühmten Musikern der Vergangenheit eher eine Frage der Sozialisation als der Vererbung war.

Insgesamt liefern Ausnahmekünstler der Vergangenheit und Gegenwart keine Antwort auf die Frage nach den Anlage- und Umwelteinflüssen. Eine Möglichkeit, diese Frage zu beantworten, hätte darin bestehen können, die Kinder Bachs gleich nach der Geburt zu trennen und in anderen Haushalten (z. B. eines Bauern oder Wagners) aufwachsen zu lassen. Und noch besser wäre es für den wissenschaftlichen Erkenntnisgewinn gewesen, wenn es sich dabei um eineiige Zwillinge gehandelt hätte. Denn, so kann man gelegentlich in der pädagogischen Literatur lesen,

1 Der Fall Kaspar Hauser wurde nicht nur zum Gegenstand zahlreicher wissenschaftlicher Abhandlungen und ärztlicher Stellungnahmen (vgl. Schreibmüller 1991), sondern auch literarisch aufgegriffen (z. B. Handke 1967). Des Weiteren wurde der Fall Hauser in fünf Spielfilmen und ebenso vielen Hörspielen künstlerisch verarbeitet, nicht zu vergessen die musikalische Auseinandersetzung im Lied *Kaspar* von Reinhard Mey.

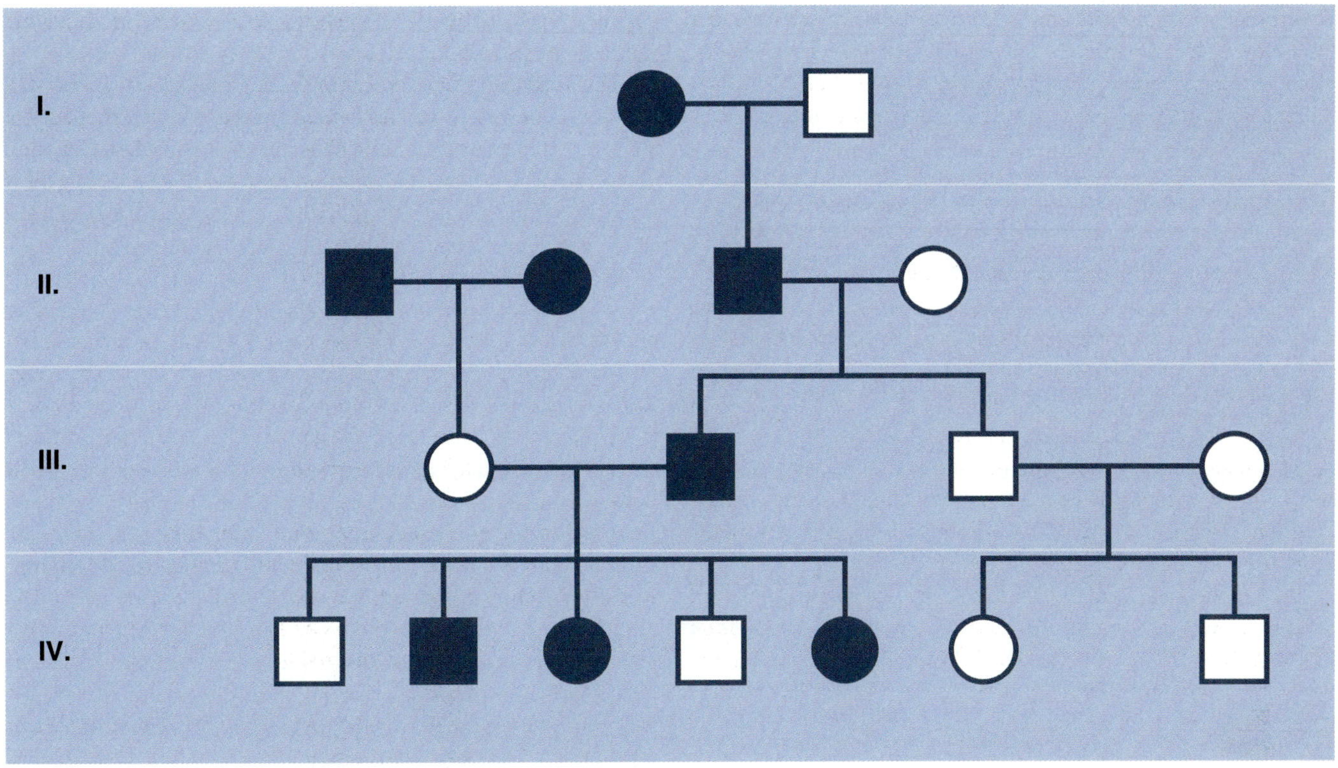

Abb. 3.3 Fiktiver Stammbaum einer Familie mit dem Erbgang zweier Merkmale

„noch eindeutigere Ergebnisse als die Familienuntersuchungen oder Stammbaumanalysen hat die Zwillingsforschung erbracht" (Dietrich 1998, S. 135).

Anlage-Umwelt-Problematik und Zwillingsforschung

In der pädagogischen Literatur (z. B. Hörner et al. 2008) wird oft darauf hingewiesen, welche enorme Bedeutung Untersuchungen an getrennt aufgewachsenen Zwillingen und Adoptivkindern haben. Der Grundgedanke dieses Untersuchungsansatzes ist folgender: Setzt man erbgleiche Lebewesen unterschiedlichen Umwelten aus, so werden sie in vielen Merkmalen verschiedenartige Erscheinungsformen entwickeln. Setzt man umgekehrt genetisch unterschiedliche Lebewesen einer ähnlichen Umwelt aus, so entwickeln sie allein aufgrund der unterschiedlichen genetischen Ausstattung verschiedene Reaktionsnormen. Um eine Reaktionsnorm für Individuen erstellen zu können, wäre es optimal, wenn man Gruppen von eineiigen Mehrlingen (Fünflinge oder Zehnlinge) gleich nach der Geburt trennen und danach in kontrollierten Umgebungen aufwachsen lassen könnte. Wenn man nur ein Individuum nacheinander verschiedenen Umwelten aussetzt, erfährt man nämlich nicht viel über die genetische Variabilität und ihre Auswirkungen auf den Phänotyp. Reihenweise genetisch gleiche Menschen zu produzieren und sie dann unterschiedlichen Umwelten auszusetzen, wäre aber nicht nur biologisch sehr schwierig, sondern natürlich auch ethisch nicht zu verantworten. Deshalb üben Zwillinge, die getrennt aufwachsen, auf Humangenetiker und Entwicklungspsychologen eine ähnlich große Faszination aus wie auf Schriftsteller – so haben z. B. Alexandre Dumas in *Die korsischen Brüder* (Dumas 1844) und Erich Kästner in *Das doppelte Lottchen* (1949) das wechselhafte Schicksal getrennt voneinander aufgewachsener Zwillinge beschrieben.

Eineiige Zwillinge, die in verschiedenen Umwelten aufwachsen, scheinen geradezu perfekt geeignet, um zu untersuchen, welchen genetischen Einfluss verschiedenartige Umweltbedingungen auf die Persönlichkeitsentwicklung haben. Eineiige Zwillinge haben identische Gene. Wenn sie in verschiedenen Umgebungen aufwachsen und dennoch vergleichbare Werte (z. B. in einem Intelligenztest) aufweisen, muss dies auf die genetische Anlage zurückgehen. Dieses Szenario ist aber bloß ein Wunschdenken, da Zwillingspaare, die nach der Geburt in völlig unterschiedlichen Umgebungen groß werden, eher in das Reich der Dichtung als der Wissenschaft gehören. In den wenigen Untersuchungen an sehr früh getrennten Zwillingspaaren standen die Zwillinge gewöhnlich in regem Kontakt miteinander und wuchsen in Familien von engen Verwandten mit einem vergleichbaren sozialen und kulturellen Umfeld auf.

Die Zwillingsforschung hatte in den 1960er Jahren Hochkonjunktur. Jedenfalls wurden damals die bis heute als klassisch betrachteten Studien von Burt (1966), Juel-Nielsen (1965) und Shields (1962) publiziert. Wie die bereits 30 Jahre zuvor veröffentlichte Studie von Newman et al. (1937) zeichnen sich die Klassiker der Zwillingsforschung aber durch eine vergleichsweise kleine Anzahl an untersuchten Zwillingspaaren aus. Die Zwillinge wuchsen mehrheitlich auch nicht wirklich getrennt voneinander in unterschiedlichen Umgebungen auf und waren daher vergleichbaren Umwelteffekten ausgesetzt, die allerdings nicht kontrolliert wurden. Der Fokus lag alleine auf dem Vergleich von *Korrelationen zwischen Persönlichkeitsmerkmalen*, wobei die Testintelligenz der untersuchten Zwillingspaare im Vordergrund stand. Ob Korrelationen zwischen Persönlichkeitsmerkmalen tatsächlich geeignet sind, um Effekte der Anlage auf die Individuation nachzuweisen, ist grundsätzlich stark zu bezweifeln.

Jensen (1970) unterzog die Klassiker der Zwillingsforschung einer erneuten Auswertung. Die Tatsache, dass die statistische Auswertung der Unterschiede zwischen den Zwillingspaaren in den vier Studien keine signifikanten Unterschiede zeigte, veranlasste Jensen zu der Schlussfolgerung, dass die Intelligenz der untersuchten Zwillingspaare alleine von ihrem Genotyp beeinflusst sein konnte. Allerdings kamen bei der erneuten Auswertung der Daten auch Zweifel auf, ob die von Burt (1966) angegebenen hohen Korrelationskoeffizienten von 0,771 für die Intelligenz eineiiger Zwillingen überhaupt korrekt sein konnten (Jensen 1974). Dazu gesellten sich schon bald auch Zweifel an den Angaben Burts zur Stichprobengewinnung. Diesen Angaben zufolge hätte es in England und Wales eine Population von 77.000 bis 88.000 eineiigen Zwillingen für den von Burt betrachteten Zeitraum gegeben. Von diesen wiederum hätten zwischen 750 bis 1750 Paare nach der Geburt getrennt in unterschiedlichen Umgebungen aufwachsen müssen.

Die Aussage Burts, aus dieser Population 53 eineiige Zwillingspaare ausgewählt zu haben, ist laut Burbridge (2006) weder plausibel noch glaubwürdig. Nimmt man noch die anderen Bedingungen hinzu, die Burt angeblich kontrolliert hat, werden die angegebenen Zahlen noch problematischer. So ist z. B. auch der Behauptung Burts, er hätte 12 Zwillingspaare von Eltern der Mittelschicht untersucht, mit größter Vorsicht zu begegnen. Es ist auch sehr unwahrscheinlich, dass Burt – wie er versicherte – die Mehrzahl der untersuchten Fälle aufgrund persönlicher Kontakte gewonnen haben konnte.

Um es kurz zu machen: Cyril Burt, der 1971 als hochgeachteter und von der Königin wegen seiner Forschung geadelter Wissenschaftlicher starb, erscheint heute wie ein großer Betrüger der neueren Wissenschaftsgeschichte. Freilich bedurfte es einer regelrechten Detektivarbeit von mehreren Jahren (Kamin 1974), bis der Nachweis erbracht wurde, dass Burts Zwillingsstudien von A bis Z gefälscht waren. Weder existierten die von Burt genannten Mitarbeiter noch die Zwillingspaare. Burt setzte diesen kriminellen Machenschaften noch die Krone auf, indem er seine Arbeiten unter einem Pseudonym lobend in Fachzeitschriften rezensierte (s. dazu Fröhlich 2001).

Obwohl Burts Machenschaften seit den 1970er Jahren bekannt sind, gelten seine Zwillingsstudien nach wie vor als Meilenstein in der Erforschung des genetischen Anteils der Persönlichkeitsentwicklung. So behauptet Rowe (1997) unverdrossen, dass Burts Studien die Grenzen der Erziehung aufzeigen.

Anna: „Das ist doch kaum zu glauben. Hätten die Fachleute nicht gleich merken müssen, dass etwas faul ist an der Zwillingsforschung von Burt?"

Jakob: „Das finde ich auch sehr merkwürdig. Vielleicht war der Verdacht bei einigen schon da, aber wer hat schon den Mut, gegen eine wissenschaftliche Größe wie Burt anzutreten und einem allseits respektierten Wissenschaftler systematischen Betrug vorzuwerfen. Außerdem hat es ja offensichtlich viel Arbeit bereitet, ihm auf die Schliche zu kommen."

Anna: „Glaubst du, dass so etwas auch heute noch möglich ist? Eigentlich werden Betrügereien in der Wissenschaft doch heute ziemlich schnell aufgedeckt. Das haben wir doch kürzlich erst erlebt."

Jakob: „Ja, das ist auch richtig so. Denn Plagiate und Veröffentlichungen von Arbeiten, die von Ghostwritern verfasst wurden, sind auch Betrug."

Anna: „Betrug und Fälschung in der Wissenschaft muss es schon lange geben. Ich habe mal gelesen, dass ein englischer Wissenschaftler schon Anfang des 19. Jahrhunderts verschiedene Varianten des wissenschaftlichen Betrugs unterschieden hat."[2]

Jakob: „Wie das? Unterschiedlich schwerer Betrug dann, oder wie?"

Anna: „Ja, es wird unterschieden zwischen X und X …"

Jakob: „Betrug hat es anscheinend in allen wissenschaftlichen Disziplinen gegeben und gibt es bis auf den heutigen Tag. Wenn man im Internet stöbert, findet man eine lange Liste von wissenschaftlichen Betrügern. Merkwürdig ist aber, dass dabei der Name Cyril Burt nicht erwähnt wird."

Die Betrügereien Burts, die bereits kurz nach seinem Tode aufgeflogen waren, haben das Vertrauen in die gesamte Zwillingsforschung untergraben. Mittlerweile wird der Effekt des Genotyps auf die Persönlichkeitsentwicklung getrennt voneinander aufwachsender Zwillingspaare grundsätzlich in Frage gestellt. Mandler (2001) beispielsweise argumentiert, dass insbesondere die Familien näher untersucht werden müssten, in denen die Zwillingspaare aufwachsen. Denn die Korrelation für jede Verhaltensvariable wird bei eineiigen Zwillingspaaren zwar durch die gemeinsame pränatale Umgebung beeinflusst, aber ebenso durch die überall vorhandene Ähnlichkeit der Adoptionsumgebungen. Laut Mandler wird der genetische Beitrag zu komplexen sozialen Phänomenen ohnehin gewöhnlich überschätzt. Unterschiedliche Effekte der Kultur, Familie und pränatalen Umgebungen beeinflussen adoptierte und nichtadoptierte Zwillinge in gleicher Weise. So gelangt auch Joseph (2001) zu der ähnlichen Schlussfolgerung, dass zusammen und getrennt voneinander aufwachsende eineiige Zwillingspaare viele Ähnlichkeiten der Umgebungen teilen, was bei den klassischen Zwillingsstudien und dem Vergleich der Persönlichkeitskorrelationen nicht genügend beachtet worden war. Insgesamt könnten die aus Zwillingsstudien gewonnenen Erkenntnisse nicht als Beleg für den Einfluss genetischer Faktoren auf die Persönlichkeit betrachtet werden.

Biologische Erkenntnisse sind aus den Zwillingsuntersuchungen kaum zu gewinnen, da eine Reaktionsnorm für den Genotyp aus ihnen nicht hergeleitet werden kann. Gänzlich unergiebig für die Bestimmung des genetischen Anteils an der Persönlichkeitsentwicklung sind zusammen aufwachsende Zwillingspaare. Eineiige Zwillinge werden oft allein aufgrund ihrer großen körperlichen Ähnlichkeit gleich behandelt und betrachten sich auch selbst als ähnlich. Ihre Ähnlichkeit wird

2 Anna meint Charles Babbage, der in den *Reflections on the Decline of Science (1830)* zwischen *Forging* (Fälschen oder Erfinden von Ergebnissen und Beobachtungen), *Trimming* (bewusste Manipulation von Messwerten) sowie *Cooking* (Schönung von Ergebnissen durch das Weglassen abweichender Ergebnisse) unterschied und damit eine Klassifikation der wissenschaftlichen Fälschungen einführte, die bis heute Gültigkeit hat (Babbage 1830).

oft dadurch unterstrichen, dass sie gleiche Frisuren und Kleider tragen, oft haben sie auch noch Vornamen mit demselben Anfangsbuchstaben. Es wird viel getan, damit die ohnehin vorhandenen Ähnlichkeiten noch verstärkt werden.

Auch *Adoptionsstudien* helfen nicht viel weiter, da die wenigen Adoptionsstudien, die es gibt, auf signifikante Effekte der Adoption selbst und der Umgebung hinweisen, in der die adoptierten Kinder aufwachsen. Dieser allgemeine Befund durchzieht die Literatur seit den zeitlich weit zurückliegenden Adoptionsstudien von Snygg (1938) und Skodak und Skeels (1949) bis in die heutige Zeit (z. B. Kaplan 2012).

Zusammenfassend kann festgehalten werden, dass es für die vielen volkstümlichen Annahmen über die Erblichkeit menschlicher Merkmale (insbesondere der Intelligenz) kaum Beweismaterial gibt. Vielmehr scheint der Zusammenhang zwischen Anlage und Umwelt vielfältig zu sein. So kann die Umwelt fördernd, behindernd oder kompensierend auf die Anlagen einwirken. Es erscheint daher sinnvoller, die Wege des Zusammenwirkens zu erkunden als nach Einflussanteilen zu fragen. Im Gegensatz zu tradierten Vorstellungen von Genetik ist davon auszugehen, dass der Genotyp nicht nur am Anfang wirksam ist, sondern dass die im Erbgut codierten Informationen während der gesamten Entwicklung kontinuierlich über die *Genexpression* (die Ausprägung des Genotyps zum Phänotyp) Einfluss auf die Entwicklung einer Person nehmen.

3.1.2.2 Vererbung oder Erblichkeit?

Anlage beruht auf Genen, die aber nicht starr nach einem unveränderlichen Muster funktionieren, sondern sich über Generationen durch Mutation und Selektion verändern können. *Nicht alles, was angeboren ist, ist genetisch.* Der Genotyp, das Gesamt der Erbanlagen, gewinnt sein Erscheinungsbild erst in Interaktion mit der Umwelt. *Vererbt* ist, was in der Genstruktur festgelegt ist. Die meisten Merkmale (Gewicht, Größe, Haarfarbe, Intelligenz, Persönlichkeitsfaktoren) werden aber nicht durch einzelne, sondern durch mehrere Gene bestimmt. Heutzutage sind mehr als 3000 verschiedene anlagebedingte Krankheiten bekannt. Anlagebedingt ist dabei aber lediglich ein erhöhtes Risiko, dass eine Krankheit zum Ausbruch kommen kann, wobei spezifische Entwicklungsumstände, die Umwelt und die Lebensführung eine wesentliche Rolle spielen. Deshalb wird der Begriff der Erbkrankheit nur noch verwendet, wenn die Krankheit klar abgrenzbar mit sehr hoher Wahrscheinlichkeit auf Gendefekte zurückzuführen ist.

Üblicherweise verwendet man in der Medizin den Begriff der Disposition zur Bezeichnung einer organischen oder psychischen, genetisch bedingten oder lebensgeschichtlich erworbenen *Anfälligkeit* für die Ausbildung von Krankheiten. Eine *genetische Disposition* bezeichnet eine aus dem Erbgut herrührende außergewöhnliche Anfälligkeit eines Individuums oder der Mitglieder ein und derselben Familie (*familiäre Disposition*), bestimmte Erkrankungen zu entwickeln. Um es deutlich zu machen: Vererbt wird nicht eine Krankheit, sondern ein erhöhtes Erkrankungsrisiko, d h., das Erbgut legt eine Erkrankung nicht mit Sicherheit fest, sondern nur eine höhere Wahrscheinlichkeit zu erkranken. Ausschlaggebend dafür zu erkranken, sind Einflüsse der Umwelt, die sehr differenziert zu sehen sind. Das Risiko, ebenso wie der Vater oder der Bruder an Lungenkrebs zu erkranken, kann deutlich vermindert (aber nicht völlig ausgeschlossen) werden, indem man selbst das Rauchen aufgibt.

Grundsätzlich muss man von einer kontinuierlichen Interaktion zwischen einem Individuum und seiner Umwelt ausgehen. Das werden wir in ► Abschn. 4.1.1 unter Bezugnahme auf Lewins (1942) Formel V = f (P, U) thematisieren. Schon hier ist festzustellen, dass man, um das Verhalten einer Person zu verstehen, die jeweilige Umgebung mit ihren Effekten auf die Person analysieren muss. Eine Person wird ihre Umwelt stets unterschiedlich wahrnehmen, bewerten und deuten. Die Umwelt wiederum wird aufgrund ihrer dynamischen Veränderungen unterschiedlich auf das Individuum einwirken. Zudem können unterschiedliche Umwelten für die Herausbildung einer Persönlichkeitseigenschaft die gleiche Wirkung haben. Dieser Argumentation entspricht ein *Entwicklungsmodell des Zusammenhanges zwischen Anlage und Umwelt*: Der Genotyp der Eltern zieht eine bestimmte Gestaltung des Lebens nach sich, die wiederum als familiäre Umgebung das Aufwachsen der Kinder beeinflusst. Wenn die Eltern z. B. aktiv musizieren, viel Musik hören und Konzerte besuchen, können sich die Kinder den Einflüssen dieser Lebensgestaltung kaum entziehen. Zeigt ein Kind Interesse, erhält es entsprechende Angebote, um das Interesse aufrechtzuerhalten oder zu stärken. Das sportliche Kind kommt in den Sportverein, das musikalische in die Musikschule, das lernbegierige Kind erhält Lernspiele und mehr Erklärungen. Wenn alles gut läuft, wählt das Kind dann selbst aus den Umweltangeboten das aus, was seinem Genotyp am meisten entspricht.

Um den genetischen Anteil von dem Anteil der Umwelt bei der Entwicklung von Persönlichkeit und Verhaltensweisen zu trennen, verwendet man das Konzept der *Erblichkeit*, das von jenem der Vererbung unterschieden wird. Der Begriff Vererbung beinhaltet eine genetische Komponente und bezieht sich auf die tatsächliche Weitergabe des genetischen Materials von den Eltern auf das Kind. *Erblichkeit* aber ist ein Begriff aus der Statistik, der die Variation eines Merkmals (z. B. das Merkmal *blond*) innerhalb einer Population angibt und schätzt, wie viel Variation auf genetische Faktoren zurückzuführen ist. Erblichkeit bezieht sich also ausschließlich auf Gruppen von Individuen, so dass nicht angegeben werden kann, wie hoch etwa der genetische Anteil an einer Eigenschaft bei einer *einzelnen* Person ist (Sternberg et al. 2005).

Nehmen wir als Beispiel die menschliche Intelligenz, so kann die Frage gestellt werden, wie hoch der genetische und wie hoch der Umweltanteil an der Intelligenz eines Individuums ist. Seitdem Galton in seinem Buch *Hereditary Genius* (Galton 1869) eine genetische Determination von Intelligenz behauptete und versuchte, dies mit wissenschaftlichen Messverfahren zu untermauern, wird laut Plomin und Spinath (2004) in keinem anderen Bereich so viel genetische Forschung betrieben wie in der Intelligenzforschung.

Zur Erblichkeit von Intelligenz und allgemeinen geistigen Leistungen wurden von Plomin und seinem Team zahlreiche humangenetische Untersuchungen durchgeführt. So wurden z. B. auf der Grundlage der DNA von etwa 8000 siebenjährigen Kindern mehr als 350.000 genetische Marker auf ihren Zusammenhang mit geistigen Leistungsfähigkeiten untersucht (Plomin et al. 2012). Mittlerweile soll es gelungen sein, neun Genregionen zu identifizieren, die statistisch messbare Zusammenhänge mit kognitiven Leistungen aufweisen, aber alle zusammen erklären nicht mehr als 1,2 % der Varianz (Davis et al. 2010). Das ist nicht annähernd das, was Plomin et al. (2001) erwartet hatten. Sie waren davon ausgegangen, dass 50 bis 55 % der kognitiven Leistungen erblich seien. Deshalb kommen Davis et al. zu dem Schluss: „Unsere Studie hat keine starken Zusammenhänge zwischen genetischen Variationen und kindlichen kognitiven Fähigkeiten feststellen können" (Davis et al. 2010, S. 764).

Zusammenfassend kann festgehalten werden, dass seriöse Studien zur Erblichkeit der Intelligenz und kognitiver Leistungsfähigkeiten kaum Anhaltspunkte für genotypische Effekte bieten. Laut Sternberg et al. (2005) wurde bisher kein einziges Gen gefunden, das beweiskräftig mit Intelligenz in Zusammenhang steht. In diesem Sinne stellt Velden (1997) lapidar fest:

» Da die molekulare genetische Grundlage von Intelligenz unbekannt ist, können wir nicht sagen, in welchem Ausmaße es unterschiedliche genetische Variabiliäten in unterschiedlichen Populationen geben mag (S. 72).

Eine angeborene Intelligenz zu unterstellen, ist etwas anderes, als Gene für Intelligenz zu postulieren. *Angeboren heißt nicht genetisch*. Zwei Lebewesen können sich niemals in exakt demselben Zustand befinden, d. h. genau dieselben individuellen Eigenschaften besitzen, weil sie sonst identisch wären. Außerdem sind immer auch zufällige Störungen bei der Ontogenese wirksam. Solche Zufallsprozesse, die einen Großteil der Variabilität der physischen und physiologischen Unterschiede verursachen, die von Geburt an zwischen Menschen bestehen, beruhen nicht auf genetischer Verschiedenheit, sondern auf dem sogenannten *Entwicklungsrauschen* (Mahner und Bunge 2000), bei dem schon geringfügige und zufällige Veränderungen im Wachstumsmuster der Nervenverbindungen erhebliche Effekte auf geistige Funktionen ausüben können. *Angeboren* ist auch nicht gleichbedeutend mit *unveränderlich*: Die Aktivität der Gene wird unmittelbar von Umweltsignalen beeinflusst und steht (vermittels Stoffwechselprozessen) in einer ständigen Wechselbeziehung mit der Außenwelt. Die Erblichkeit von Intelligenz nimmt über die gesamte Lebensspanne zu, und dieselben Geneffekte sind auch bei diversen anderen kognitiven Fähigkeiten feststellbar (Plomin und Spinath 2004).

Um diesen Beobachtungen gerecht zu werden, haben Plomin und sein Team (Plomin et al. 2003, 2006) das Konzept *Natur der Pflege* eingeführt, welches besagt, dass genetische Faktoren die Art und Weise bestimmen *können*, wie Menschen auf die sie umgebende Umwelt reagieren, mit ihr interagieren und dabei lernen. Ein entwicklungspsychologisches Modell, das dieser Argumentation entspricht und sowohl Erblichkeit als auch Lernen für die Entwicklung z. B. kognitiver Fähigkeiten annimmt, ist das *Modell der sensiblen Phasen* (Mietzel 2002): Demnach sind kognitive Kompetenzen zwar angeboren, können aber nur zur Wirkung kommen, wenn zur rechten Zeit effektive Umweltanregungen erfolgen. Ein pädagogisch weiterreichender Ansatz, der dem Konzept *Natur der Pflege* entspricht, wurde von Klauer in den 1970er Jahren mit dem *Intelligenztraining* im Kindesalter initiiert (Klauer 1975).

Daraus erwuchs eines der am ausgiebigsten untersuchten Trainingsprogramme zur systematischen Förderung des induktiven Denkens in Deutschland. Bereits 1990 kam Klauer aufgrund von mehr als dreißig Experimenten zu dem Schluss, dass die von ihm für verschiedene Altersstufen entwickelten Denktrainings bemerkenswert große Effekte auf Intelligenz und schulische Leistungen erzielten. Erstaunlich war dabei vor allem auch, dass diese Effekte lange nachwirkten und sich verallgemeinerten, d. h. auf andere kognitive Leistungen übertragen wurden (Klauer 1989). Die Denktrainings Klauers wurden auch in anderen Ländern untersucht, so dass Klauer und Leutner (2007) auf insgesamt 74 experimentelle Studien verweisen konnten, in denen erstaunlich starke Effekte auf die Intelligenz (mit einer mittleren Effektstärke von d = 0,52) und noch stärkere Effekte auf schulische Leistungen (d = 0,67) festgestellt wurden. Die Effekte auf die schulischen Leistungen steigerten sich in der Zeit nach dem Training sogar noch (d = 0,74), so dass insgesamt von einem überragenden Erfolg des Denktrainings gesprochen werden kann: Die durch die systematischen Denktrainings erzielte Verbesserung des induktiven Denkens führte nicht nur zu einer Steigerung der Intelligenz, sondern auch kurz- und langfristig zu einer Steigerung der schulischen Leistungen allgemein. Dieser Befund wird durch neuere Untersuchungen z. B. zur computergestützten Intelligenzförderung (Lenhard und Lenhard 2011)[3] ebenso gestützt wie durch die Handlungsforschung in Kindertagesstätten (Marx et al. 2011).

Je größere Fortschritte die humangenetische Forschung dabei macht, in die Strukturen des Erbgutes einzudringen, desto schwächer werden die nachweisbaren Effekte von genetischen Unterschieden auf geistige Leistungen. Als Konsequenz daraus empfehlen Davis et al. (2010), sich von der Erwartung großer Effekte nachweisbarer Gene auf geistige Fähigkeiten zu verabschieden und kleinen Effekten auf die Spur zu kommen („hunting the small effects"). Die Jahrzehnte dauernde Anlage-Umwelt-Debatte scheint endgültig überholt. Alles spricht dafür, dass Anlage- und Umweltfaktoren von Anfang an in komplexer Wechselwirkung kooperieren, weshalb eine Isolierung von genetischen Faktoren kaum möglich ist. Genauso wenig ist es die Umwelt, die alleine Begabungen hervorbringt. Dessen ungeachtet ist die Forschung in kaum einem anderen Bereich so ideologisch geprägt wie auf dem Gebiet der Intelligenz.

Die Anlage-Umwelt-Problematik ist sozialpolitisch brisant, da in unserer Gesellschaft ein Wechselspiel zwischen Gratifikationen einerseits und individuellen Fähigkeiten, Eigenschaften und Leistungen andererseits herrscht. Wären diese Fähigkeiten und Eigenschaften einer Person durch die biologische Anlage bestimmt, müsste man sich auch nicht sonderlich bemühen, der Person durch Erziehung auf die Sprünge zu helfen oder soziale Ungleichheiten und Ungerechtigkeiten zu mindern (Rowe 1997). Geht man z. B. wie die nordamerikanischen Psychologen Jensen (1969, 1972) und Herrnstein und Murray (1994) davon aus, dass die menschliche Intelligenz ererbt ist, erübrigt sich die Frage, inwieweit man durch Erziehungs- und Bildungsmaßnahmen auf Schulleistungen einwirken kann. Ganz in diesem Sinne ist auch die Behauptung Jensens, dass die in verschiedenen nordamerikanischen Studien festgestellten Rassenunterschiede in den Intelligenztestwerten biologisch erklärbar seien (vgl. Cianciolo und Sternberg 2004), absurd. Diesen Behauptungen wie auch den Aussagen eines gestrandeten deutschen Politikers „Alle Juden teilen ein bestimmtes Gen, Basken haben bestimmte Gene, die sie von anderen unterscheiden" liegt die Annahme einer genetisch bedingten Begabung zugrunde, und sie sind politisch motiviert.

3 Vgl. dazu auch: ► http://www.psychometrica.de/denkspiele.html. Hier kann man sich einen ersten Eindruck von den Denkspielen mit Elfe und Mathis verschaffen.

In der Erziehungswissenschaft ist eine vergleichbare Debatte, ob Anlage- oder Umweltfaktoren maßgeblich für die menschliche Entwicklung sind, kaum zu finden. Grundsätzlich wird von einem Zusammenwirken beider Faktorengruppen ausgegangen. In der modernen Erziehungswissenschaft ist man sich relativ einig, dass sowohl der reine Anlage- als auch der reine Umweltgedanke eine Extremposition darstellt, die kaum etwas mit den realen Bedingungen der Persönlichkeitsentwicklung zu tun hat.

3.1.3 Neuropädagogik – Dr. Jekyll und Mr. Hyde

Kennen Sie die „Zehn Gebote für gehirngerechtes Lehren und Lernen"? Nein? – Dahinter verbergen sich Empfehlungen, wie z. B. zuerst einen Überblick und erst dann Einzelinformationen zu geben, Interesse zu wecken, mehrere Sinne anzusprechen, auf Gefühle zu achten und dergleichen (vgl. Schachl 1998). Womöglich fragen Sie sich jetzt, was an diesen Geboten gehirngerecht sein soll. Oder sind diese Empfehlungen nichts als ein Griff in die pädagogische Mottenkiste?

Wie immer man diese Frage für sich beantworten mag, fest steht, dass die Biowissenschaften seit Beginn des 21. Jahrhunderts auch in der Pädagogik auf dem Vormarsch sind: „Die Biologie schickt sich an, die neue Leitwissenschaft zu werden" (Scheunpflug 2001, S. 9), wobei sich die Autorin ausdrücklich auf den pädagogischen Bereich bezieht. Auch andernorts wird auf die unmittelbare Relevanz der Biowissenschaften für die praktische Pädagogik hingewiesen (z. B. Arnold 2002; Spitzer 2003), und seit geraumer Zeit bemüht sich die *Neuropädagogik* darum, Forschungsergebnisse aus den Neurowissenschaften in pädagogische Theorien eines gehirngerechten Lernens umzumünzen (vgl. Herrmann 2006).

Neuropädagogik

Die *Neuropädagogik* befasst sich damit, was, wann, wie und warum das Gehirn lernt, und entwickelt evidenzbegründete Vorschläge für die Entwicklung von Curricula, Lehren und diagnostischen Methoden, die darauf zielen, Funktionen des Gehirns zu optimieren und auf diese Weise Lernen zu fördern.

Als Forschungsziele der Neuropädagogik werden genannt (z. B. Kim 2012):
- Identifizierung der neuronalen Netzwerke, die bei der Bewältigung von Aufgaben beteiligt sind, welche auf den Erwerb kognitiver, sozialer und emotionaler Kompetenzen zielen,
- Verständnis, wie diese *Netzwerke des Lernens* über die Zeit entwickelt werden und wie sie sich mit Erfahrungen verändern,
- Herleitung und Entwicklung von Lehrstrategien, Trainingsprogrammen oder rehabilitierenden Interventionen, um neuronale Kreisläufe zu verändern und dadurch Lernen zu verbessern.

In der Psychologie trifft man, was die Verwertbarkeit neurowissenschaftlicher Befunde angeht, auf eine skeptische Haltung:

> » Besonders nachteilige Auswirkungen auf das Verhältnis von Hirnforschung und Psychologie hat das populäre Missverständnis, die Neurowissenschaften könnten einen besser fundierten Zugang zum Verständnis psychischer Prozesse anbieten – oder könnten gar den alten Traum erfüllen, unsichtbare psychische Konstrukte (etwa emotionale oder kognitive Prozesse oder Willensakte) sichtbar machen (Fiedler et al. 2005, S. 59).

Nach Gyseler (2006) wiederholt die Neuropädagogik im Grunde den Irrtum der *Phrenologie* zu Beginn des 19. Jahrhunderts, als Franz Joseph Gall versuchte, geistige Eigenschaften und Zustände bestimmten, klar abgegrenzten Hirnarealen zuzuordnen, wobei er einen Zusammenhang mit Charakter und Geistesgaben unterstellte. Während die Protagonisten der Neuropädagogik nicht müde werden zu behaupten, dass Erzieher aus der neurowissenschaftlichen Forschung viel für die konkrete Gestaltung der pädagogischen Praxis gewinnen könnten, sehen Skeptiker (z. B. Blakemore und Frith 2006; Goswami 2004) das ganz anders und betonen, dass die Neuropädagogik nur wiederhole, was seit langem bekannt sei. Außerdem seien die pädagogischen Empfehlungen sehr allgemein gehalten und im Grunde trivial. Für Bruer (1997) ist der Schritt von der Hirnforschung zur Pädagogik einfach zu groß, da Neurowissenschaften und die Erziehungswissenschaft weder in den Fragestellungen noch in der Forschungsmethodik Gemeinsamkeiten aufweisen. Wir betrachten das Ganze als Dreisprung: von der Neurowissenschaft über die Psychologie zur Pädagogik (▫ Abb. 3.4).

Nun lässt sich aber nicht bestreiten, dass die Neurowissenschaften in den letzten Jahrzehnten enorme Fortschritte erzielt haben und infolge der Nutzung neuer Verfahren der Kernspintomografie in der Lage sind, Vorgänge der Verarbeitung von Information im Gehirn *sichtbar* zu machen, über die man bis dahin nur spekulieren konnte. Daher kann die Neuropädagogik auch nicht einfach in Bausch und Bogen abgelehnt werden. Vielmehr sind, um der Argumentation von Neuropädagogen gerecht zu werden, folgende Fragen zu beantworten:
- Wie gelangen die Neurowissenschaften zu ihren Erkenntnissen?
- Welche neurowissenschaftlichen Erkenntnisse sind für die Erziehungswissenschaft in theoretischer Hinsicht bedeutsam, um Bildungs- und Lernprozesse zu verstehen und zu erklären?
- Haben neurowissenschaftliche Forschungsergebnisse eine Bedeutung für die praktische Pädagogik?

Diesen Fragen werden wir im Folgenden nachgehen.

3.1.3.1 Wie gelangt die Neurowissenschaft zu ihren Erkenntnissen?

Bisher haben wir stillschweigend vorausgesetzt, dass dem Leser bekannt ist, was unter Neurowissenschaft(en) verstanden wird. Im deutschen Sprachraum dient der Begriff Neurowissenschaft als eine Sammelbezeichnung für die Disziplinen Neurobiologie,

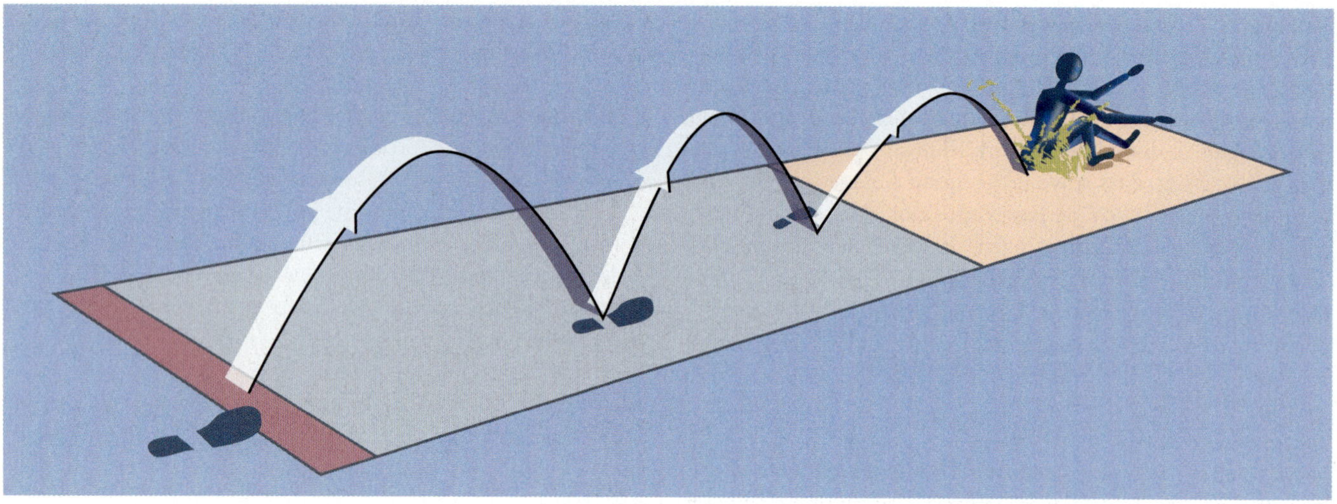

Abb. 3.4 Neurowissenschaftler interessieren sich in erster Linie für die physikalische Struktur des Gehirns als Trägerorgan von Kognition, Emotion und Handeln. Psychologen untersuchen demgegenüber die psychischen Funktionen dieser Phänomene, und Pädagogen sind daran interessiert herauszufinden, ob und wie sie die psychischen Funktionen durch geeignete Maßnahmen und Hilfestellungen optimieren können (vgl. Seel 2003)

Neurophysiologie, kognitive Neurowissenschaft und Medizin. Unter medizinischen Gesichtspunkten steht dabei die Forschung zu Ursachen und Heilungsmöglichkeiten z. B. von Nervenkrankheiten wie Parkinson oder Alzheimer im Vordergrund. In der experimentellen Grundlagenforschung anderer Disziplinen wird der Informationsverarbeitung (z. B. neuronalen Prozesse bei der Wahrnehmung), der Entstehung von Emotionen oder weiter gefasst den komplexen Phänomen von Bewusstsein und Gedächtnis nachgespürt.

Für lange Zeit war die Erkenntnisgewinnung der Neurowissenschaft auf *Läsionsstudien* beschränkt. Dabei wird versucht, durch einen Vergleich geschädigter Gehirne die Lokalisation spezifischer zerebraler Funktionen zu bestimmen (z. B. Faymonville et al. 2004). Der große Nachteil von Läsionsstudien aber ist, dass Ort und Qualität einer Schädigung des Gehirns eigentlich erst nach dem Tod des Patienten genau festgestellt werden können. Der neurowissenschaftliche Erkenntnisgewinn aus Läsionsstudien beruht deshalb naturgemäß auf einer kleinen Personenzahl und setzt einen pathologischen Befund voraus. Mittlerweile gibt es in der Neurowissenschaft hauptsächlich zwei Methoden, um Erkenntnisse über Strukturen und Funktionen des Gehirns zu gewinnen:

1. *invasive Methoden*, die eine operative Freilegung des Gehirns voraussetzen, und
2. *nichtinvasive Methoden*, zu denen die seit langem genutzte Elektroenzephalografie (EEG) sowie neuere bildgebende Verfahren wie die Positronenemissionstomografie (PET) und die funktionelle Kernspintomografie (fMRT) gehören (vgl. Roth 2007).

Die *invasive Methode* der Hirnforschung geht davon aus, dass man mittels elektrischer Stimulation die Verarbeitung von Nervenimpulsen in bestimmten Teilen des Gehirns beeinflussen oder ausschalten kann. Dazu wird der Schädel geöffnet und eine Elektrode in das Hirnareal, das von Interesse ist, eingepflanzt. Die Elektrostimulation wird z. B. in der Behandlung von Epilepsie und in der Neurochirurgie zur genauen Bestimmung von Hirnarealen angewandt. Die invasive Methode wird aber auch in Tierversuchen eingesetzt, um Prozesse der Aufmerksamkeit, des Behaltens und zielbezogenen Verhaltens im Gehirn zu untersuchen. Einer breiten Öffentlichkeit wurde die Anwendung der invasiven Methode in Tierversuchen durch den langen Rechtsstreit des Bremer Neurobiologen Kreiter bekannt, dessen Versuche an Makaken seit 1998 immer wieder heftige Proteste von Tierschützern auslösen.

Bei der invasiven Methodik, wie sie Kreiter anwendet, wird dem Rhesusaffen operativ ein Plastikrohr in den Schädel implantiert, durch das Elektroden in sein Gehirn geschoben werden, um Hirnströme zu messen und neuronale Mechanismen höherer kognitiver Hirnfunktionen festzustellen. Zusätzlich wird den Makaken mit Knochenzement und Schräubchen unter Narkose ein Bolzen auf die Schädeldecke gepflanzt, mit dem sich der Kopf an einem Versuchsstuhl fixieren lässt. Derart fixiert und verkabelt, müssen die Versuchstiere auf optische Reize reagieren und Tasten drücken. Nur wenn sie mitarbeiten, bekommen sie zu trinken. Nach fünf bis zehn Jahren werden sie eingeschläfert und ihre Gehirne pathologisch untersucht. – Im Dezember 2012 entschied ein Gericht, dass solche Experimente zulässig und nicht als Tierquälerei zu betrachten sind.

Eine Antwort auf die Frage, ob invasive Verfahren für die Grundlagenforschung im Tierexperiment zulässig sind, bleibt dem Leser überlassen. Für Untersuchungen an Menschen sind sie grundsätzlich auszuschließen, will man nicht die menschenverachtenden Experimente eines Josef Mengele wiederholen. Mengele war ein deutscher Mediziner und Anthropologe, der von 1943 bis 1945 als Lagerarzt im Konzentrationslager Auschwitz eingesetzt war.

Zu den *nichtinvasiven Methoden* der Neurowissenschaften zählen die bereits genannten vaskulären Verfahren PET und fMRT, die Funktionsbereiche des Gehirns, aber auch Tumore oder Metastasen bildlich darstellen (De Bleser 2009) (Abb. 3.5). Sie werden u. a. auch bei der Diagnostik von psychischen Störungen angewandt, um körperliche Erkrankungen des Gehirns auszuschließen bzw. bei einem entsprechenden Befund gezielt behandeln zu können.

Die bildgebenden Verfahren, deren Nutzwert in der Medizin unbestritten ist, werden in der Neurobiologie und kognitiven Neurowissenschaft verwendet, um höhere geistige Funktionen (z. B. Sprachverarbeitung und -produktion) zu identifizieren. Abgesehen von dem ungeheuren messtechnischen Aufwand, den bildgebende Verfahren voraussetzen, wirft der strenge Laborcharakter der Forschung die Frage nach der ökologischen

Validität der Ergebnisse auf. Bezugnehmend auf das alltägliche Lernen in der Schule ist festzustellen, dass sich dieses Phänomen der Untersuchung mittels bildgebender Verfahren vollständig entzieht. Auch Untersuchungen z. B. zu lexikalischen Entscheidungsaufgaben waren bislang der klinischen Linguistik mit dem Zweck der Diagnose und Behandlung von Sprach- und Sprechstörungen im Erwachsenenalter vorbehalten (vgl. Blanken und Ziegler 2009).

Was aber will die Neuropädagogik dann eigentlich leisten? Der Neuropädagogik geht es nicht um eine eigene Forschung zu pädagogischen Fragestellungen mit Hilfe nichtinvasiver Verfahren. Sie möchte lediglich neurowissenschaftliche Befunde pädagogisch verwerten.

In dem „Manifest", das elf Neurowissenschaftler 2004 in der Fachzeitschrift *Gehirn und Geist* veröffentlichten, wird darauf hingewiesen, dass bildgebende Verfahren nur geeignet sind, um Funktionen ganzer Hirnareale sichtbar zu machen.

> Nach welchen Regeln das Gehirn arbeitet; wie es die Welt so abbildet, dass unmittelbare Wahrnehmung und frühere Erfahrung miteinander verschmelzen; wie das innere Tun als „seine" Tätigkeit erlebt wird und wie es zukünftige Aktionen plant, all dies verstehen wir nach wie vor nicht mal in Ansätzen. Mehr noch: Es ist überhaupt nicht klar, wie man dies mit den heutigen Mitteln erforschen könnte. In dieser Hinsicht befinden wir uns gewissermaßen noch auf dem Stand von Jägern und Sammlern (Das Manifest 2004, S. 33).

Aber nur wenige Zeilen danach findet sich dann folgende Aussage:

> Mittlerweise können wir beurteilen, welche Lernkonzepte – etwa für die Schule – am besten an die Funktionsweise des Gehirns angepasst sind.

Anna: „Das soll jemand verstehen? Da wird zunächst festgestellt, dass man eigentlich gar nicht weiß, wie das Gehirn arbeitet, aber

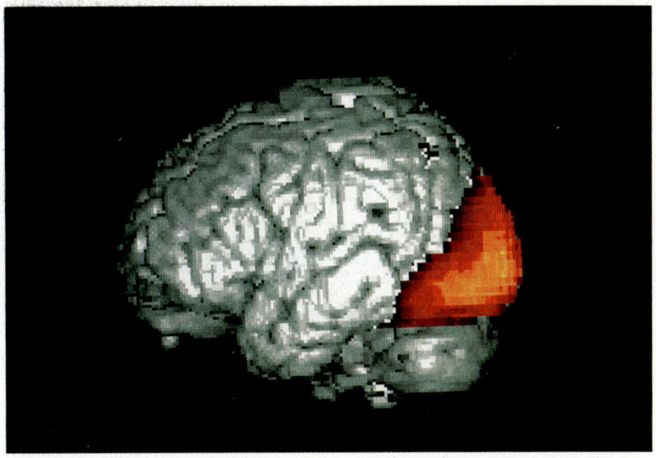

Abb. 3.5 Darstellung von Sehärealen im Gehirn mit Hilfe bildgebender Verfahren (© WELLCOME DEPT. OF COGNITIVE NEUROLOGY / SPL / Agentur Focus)

dann wird behauptet, dass man ziemlich genau weiß, wie Lernkonzepte am besten an die Funktionsweisen des Gehirns angepasst sind. Ganz schön gaga, oder?"

Jakob: „Allerdings. Für mich ist das Pseudowissenschaft, und ich frage mich spontan, ob es überhaupt irgendwelche neurowissenschaftlichen Erkenntnisse gibt, die pädagogisch relevant, aber nicht trivial sind."

Anna: „Oh, dazu passt die Aussage von so einem ganz wichtigen Neurobiologen, die ich neulich gelesen habe. Er sagt, dass nichts von dem, was von Neurowissenschaftlern in Bezug auf die Pädagogik behauptet wird, einem guten Pädagogen inhaltlich neu wäre. Er meint auch, dass es eigentlich darum gehen sollte, neurobiologisch zu zeigen, warum das funktioniert, was ein guter Pädagoge tut, und nicht das, was ein schlechter tut."[4]

Jakob: „Das ist gut, dass es ein prominenter Neurobiologe war, der das gesagt hat. Sonst würde man noch behaupten können, dass Erziehungswissenschaftler als blutige Laien nicht imstande wären, die Segnungen der Neurowissenschaften für die Pädagogik zu erkennen."

3.1.3.2 Die Bedeutung neurowissenschaftlicher Forschung für die Pädagogik

> Es gibt Grenzen der Erkenntnis – auch für die Hirnforschung! Die Individualität und Plastizität des menschlichen Gehirns macht eine genaue Vorhersage des Verhaltens einer einzelnen Person prinzipiell unmöglich (Rösler 2004, S. 32).

Trotz solcher Aussagen und Erkenntnisse haben die vorgeblichen Fortschritte der Neurowissenschaften in der Öffentlichkeit die Hoffnung geweckt, dass sie auch Möglichkeiten zur Verbesserung individueller Lernleistungen eröffnen könnten. Einige Neurowissenschaftler (z. B. Spitzer 2003) nähren den Glauben,

4 Anna bezieht sich auf eine Aussage des Bremer Neurobiologen Gerhard Roth in einem 2004 in der *Zeitschrift für Pädagogik* veröffentlichten Artikel.

Tab. 3.2 Rekonstruktion der pädagogischen Argumentation in den Neurowissenschaften

Pädagogisches Argumentationsschema nach Paschen (1992, S. 142)		Rekonstruktion der pädagogischen Argumentation von Neurowissenschaftlern im Mediendiskurs (Becker 2006, S. 93)
1. Defizitprämisse	X liegt vor und ist ein Defizit	Das Versagen deutscher Schüler bei PISA liegt vor und ist ein Defizit
2. Ursachenprämisse	X ist pädagogisch verursacht oder lässt sich pädagogisch beheben	Die schlechten Schülerleistungen sind durch methodisch schlecht ausgebildete Lehrer verursacht; die Lehrer sind methodisch schlecht ausgebildet, weil die Pädagogik als Disziplin zu wenig Wissen über gute Unterrichtsmethoden produziert
3. Alternativprämisse	Pädagogisch lässt sich X folgendermaßen vermeiden oder kompensieren	Die Leistungsdefizite deutscher Schüler lassen sich beheben, indem Lehr-Lern-Konzeptionen sich auf die Erkenntnisse der Neurowissenschaften stützen
4. Praxisprämisse	Für diese Lösung gibt es ein praktisches Modell	Entfällt, denn hierfür gibt es noch kein praktisches Modell; es werden aber Vorschläge zur Verbesserung der Praxis geäußert
5. Adäquatheitsprämisse	Diese Lösung ist im Vergleich mit den „Kosten" anderer Lösungen adäquat	Entfällt, denn dazu müssten andere Lösungen in Erwägung gezogen werden bzw. bekannt sein
6. Ausnahmeprämisse	Es sei denn: (Bedingungsprämisse) Für folgende Bedingungen gilt der Schluss nicht; der Schluss gilt nur bei folgenden, zusätzlichen Bedingungen	Entfällt, denn die Neurowissenschaftler glauben an die Vollständigkeit der vorangestellten Prämissen
7. Schluss	Alternative Pädagogik	Die alternative Pädagogik besteht im Wesentlichen aus reformpädagogischen Elementen

dass neurowissenschaftliche Erkenntnisse quasi zwangsläufig zu optimierten Lernprogrammen und zu einer verbesserten Unterrichtsmethodik führen müssten. In diesem Sinne wird die Diskussion über die pädagogische Verwertbarkeit der Neurobiologie in den Medien geführt. Dabei wird nicht selten der Eindruck erweckt, als könnte die (durch die PISA-Studien belegte) Bildungsmisere in Deutschland dadurch behoben werden, dass nun Neurowissenschaftler die Pädagogik in die Hand nehmen, weil sie im Gegensatz zu Pädagogen über die erforderliche Kompetenz verfügten, Lern- und Bildungsprozesse naturwissenschaftlich zu untersuchen und aufgrund der Ergebnisse ihrer Studien zu verbessern.

> » Wann immer in Zeitungsartikeln von „interdisziplinären" Perspektiven die Rede ist, kommt dabei den Neurowissenschaften die Rolle des Lehrers und der Pädagogik die Rolle des Schülers zu. Der Pädagogik wird, mit Verweis auf deren mangelhafte Rezeption neurowissenschaftlicher Befunde, jegliche Forschungskompetenz abgesprochen. Unterrichtsforschung und Lehr-Lern-Forschung werden konsequent ausgeblendet; stattdessen wird auf die angeblich rein geisteswissenschaftlichen Bezüge verwiesen. Nicht zuletzt die Ignoranz ganzer Forschungszweige macht die mangelhafte Diskurskompetenz von Hirnforschern in Sachen Pädagogik deutlich (Becker 2006, S. 92).

Kein Wunder, dass in der Erziehungswissenschaft eine deutliche Ablehnung gegenüber der Neuropädagogik erkennbar wird (z. B. Schuhmacher 2006). Insgesamt wird der erreichte Stand der Hirnforschung als völlig unzureichend beurteilt, um Präskriptionen für die praktische Verbesserung von Lernprogrammen und Lernumgebung zu begründen (vgl. Stern et al. 2005).

> » Erziehungswissenschaft ist ihrem Zwecke nach als praktische Wissenschaft zu verstehen. Alle (notwendigen) theoretischen, reflexiven und empirischen Anstrengungen […] können und müssen an ihren praktischen Konsequenzen orientiert und geprüft werden. […] In theoretischer Sicht besteht das praktische Problem in Entscheidungen zwischen alternativen Möglichkeiten. Wer immer derartige Entscheidungen für andere trifft, muss sie rechtfertigen, und zwar mit guten Gründen (Paschen 1992, S. 141).

Im Gegensatz zu einer *Begründung durch Selbstverständlichkeit*, wie sie laut Becker (2006) in Bezug auf die pädagogische Verwertbarkeit neurowissenschaftlicher Erkenntnisse in der öffentlichen Diskussion erkennbar wird, muss eine *erziehungswissenschaftliche Begründung* die Bedeutung einer pädagogischen Maßnahme, die Notwendigkeit des Ziels, die konkrete Durchführung in der Praxis wie auch die Kosten und Wirkungen enthalten. Für die Analyse pädagogischer Argumentationen entwickelte Paschen ein Schema des induktiven Schließens, das Becker auf die pädagogische Argumentation von Neurowissenschaftlern angewandt hat (Tab. 3.2).

Die *Neuropädagogik* verfolgt als disziplinäre Neugründung das Ziel, pädagogisch relevante Lern- und Verhaltensmerkmale auf der Grundlage neurowissenschaftlicher Erkenntnisse besser zu verstehen, damit Erziehungs- und Bildungsmaßnahmen angemessener auf biologische Lernvoraussetzungen ausgerichtet werden können. Ihre Bilanz ist allerdings, wenn man die Analysen z. B. von Becker (2006) oder Scheunpflug (2001) in Betracht zieht, ziemlich dürftig und geht, wie bereits gesagt wurde, kaum über das hinaus, was die pädagogische und psychologische Forschung mit anderen Mitteln und Methoden längst herausgefunden hat. Dies ist darauf zurückzuführen, dass die Neuropädagogik laut Gyseler (2006) drei konzeptuelle Probleme hat (vgl. auch Hennen und Coenen 2012).

Erstes konzeptuelles Problem

» Ein erstes konzeptuelles Problem der Neuropädagogik betrifft die Interpretation neuronaler Korrelate: Neuronale Korrelate geben Hinweise darauf, woraus mentale Prozesse bestehen, aber nicht, wie sie entstehen. Sie stellen zwar aus neurowissenschaftlicher Sicht einen Erkenntnisgewinn dar, nicht aber, was die psychologische Ebene und damit auch das neuropädagogische Erkenntnisinteresse betrifft. Dies führt dazu, dass die Erkenntnisse, die aus neuronalen Korrelaten gewonnen werden, häufig lediglich wiederholen, was […] schon bekannt ist (Gyseler 2006, S. 559).

Die Hirnforschung hat in den vergangenen Jahrzehnten Erkenntnisse darüber gewinnen können, welche Hirnareale allgemein an Lernprozessen und der kognitiven Entwicklung von Menschen beteiligt sind (vgl. Jozefowiez 2012; Matejko und Ansari 2012). So ist z. B. die Feststellung einer anhaltenden *Plastizität des Gehirns* und der sich daraus ergebenden Lernfähigkeit bis ins hohe Alter ein Ergebnis, das grundsätzliche Bedeutung für die Entwicklungspädagogik hat. Weitere bemerkenswerte Erkenntnisse der Hirnforschung beziehen sich auf die Erzeugung und Verarbeitung von Emotionen (Everhart 2012), die beim Lernen beteiligt sind und für die das limbische System zuständig zu sein scheint. Bereits der älteren Psychophysiologie war es auf der Grundlage von Läsionsstudien gelungen, spezifische Informationsverarbeitungsprozesse in relativ gut voneinander abgrenzbaren Bereichen des Gehirns zu lokalisieren (vgl. Rogge 1981). Mittlerweile gilt die Großhirnrinde (Cortex), die den größten Teil des Gehirns ausmacht, nicht nur als zuständig für elementare kognitive Operationen wie die Aufmerksamkeitszuwendung, die Verarbeitung auditorischer und visueller Informationen, das Erkennen von Objekten und Gesichtern, die Kontrolle der Motorik usw., sondern auch für höhere Formen des Lernens, Planens, Sprechens und schlussfolgernden Denkens (Posner und Raichle 1996). Befunde der Neurobiologie stützen die Annahme, dass der frontale Cortex sehr wahrscheinlich für die Aktivierung von gespeichertem Wissen zuständig ist – eine Funktion, die Goldman-Rakic (1987) als *repräsentationales Kurzzeitgedächtnis* bezeichnet hat. Aber auch der Hippocampus scheint an der kurzzeitigen Informationsspeicherung beteiligt zu sein. Auch in Bezug auf das Langzeitgedächtnis und seine Funktionen gibt es eine Übereinstimmung zwischen Läsionsstudien und Untersuchungen, die mit bildgebenden Verfahren arbeiten. In der Psychophysiologie geht man schon seit langem davon aus, dass semantisches Wissen bevorzugt in der linken Hälfte des Gehirns, episodisches Wissen aber bevorzugt in der rechten Hälfte gespeichert wird. Diese kortikale Spezialisierung wurde von Fink et al. (1996) unter Nutzung der Positronenemissionstomografie untersucht. Mit diesem bildgebenden Verfahren konnten sie die Verarbeitung semantischer Gedächtnisaufgaben (z. B. Faktenwissen) v. a. in der linken Hemisphäre lokalisieren, während das episodische Gedächtnis seinen Schwerpunkt offenkundig in der rechten Hemisphäre hat und auch limbische Strukturen umfasst. Ihnen wird im Allgemeinen die Funktion zugeschrieben, die zu verarbeitende Information auf ihre emotionale Bedeutung zu prüfen.

Inwieweit solche Befunde der Biowissenschaften nun für die Pädagogik unmittelbar und konkret verwertbar sein sollen, um z. B. durch die Entwicklung und Bereitstellung von Lernmaterialien zu einem gehirngerechten Lernen beizutragen, bleibt freilich ein Rätsel. Die Bedeutung für die Erziehungswissenschaft resultiert eher aus der Überlegung, die Biowissenschaften bei der Abklärung von Hypothesen zu Lernvorgängen oder von theoretischen Modellen (z. B. des Arbeitsgedächtnisses) zu Rate zu ziehen (Roth 2004).

Zweites konzeptuelles Problem

» Ein zweites konzeptuelles Problem der Neuropädagogik besteht darin, dass – wenn denn schon neurowissenschaftliche Theorien herangezogen werden – zum einen die neurobiologischen Mechanismen (interne Entstehungsfaktoren) unpräzise rezipiert und zum andern die sozialen Bedingungen (externe Entstehungsfaktoren) stark vernachlässigt werden. Dies führt dazu, dass die daraus abgeleiteten Erkenntnisse äußerst vage sind (Gyseler 2006, S. 560).

Über das Niveau von Ratgeberliteratur kommen die meisten pädagogischen Erkenntnisse und Empfehlungen von Neurowissenschaftlern (z. B. Arnold 2002; Spitzer 2003) nicht hinaus. So wird z. B. im Sinne eines *ganzheitlichen Lernens* betont, dass optimales Lernen die Berücksichtigung aller Sinne und aller Hirnregionen erfordert. Dabei wird über ungenutzte oder brachliegende Kapazitäten des Gehirns gesprochen, die im schulischen Unterricht nicht genügend aktiviert würden. In diesem Sinne plädieren z. B. Davis und Hersh (1985) dafür, im Mathematikunterricht den räumlichen, visuellen, kinästhetischen und nichtverbalen Aspekten des Denkens größeres Gewicht beizumessen, da „es besser ist für die Mathematik, wenn die beiden Gehirnhälften mit ihren Möglichkeiten zusammenwirken, sich ergänzen und gegenseitig steigern" (Davis und Hersh 1985, S. 332). Die Argumentation stützt sich auf die unterschiedliche Spezialisierung der beiden Hirnhälften, wonach in der linken Hirnhälfte die analytisch-abstrakte Informationsverarbeitung (wie Sprache, Arithmetik) und in der rechten Hirnhälfte die ganzheitliche und konkrete Verarbeitung (von Musik, Bildern) abläuft (vgl. Levy 1976; Tzourio-Mazoyer et al. 2004; Weekes et al. 1999).

Leider bleibt es jedoch nicht bei der Konzeption eines ganzheitlichen Lernens, für die ja auch Pädagogen seit Pestalozzi eintreten, sondern es gehört zur Alltagspsychologie zu behaupten, dass bei Frauen die für Gestalterfassung und Kreativität zuständige rechte Hirnhälfte dominant sei, während bei Männern die für Sprachfähigkeit und logisches Denken zuständige linke Hirnhälfte stärker entwickelt sei. Diese Unterschiede in der Spezialisierung des Gehirns führten bei Frauen und Männern zwangsläufig zu verschiedenartigen intellektuellen Fähigkeiten, Einstellungen und Wünschen. Dass so etwas neurophysiologisch überhaupt nicht belegt werden kann, haben bereits Posner und Raichle (1996) ausführlich dargelegt. Dennoch werden diese physiologischen Geschlechtsunterschiede gebetsmühlenartig wiederholt, wobei sie aber nichts anderes als der Ausdruck von Geschlechtsideologien und Stereotypen sind (vgl. Bischof-Köhler 2006; Lewontin et al. 1984).

Auch die Konzeptionen der *Suggestopädie* und des *Superlearning* stützen sich auf die hemisphärische Spezialisierung des Gehirns. Spezielle Arrangements, sogenannte Lernkonzerte, sollen eine Verschaltung beider Hälften des Gehirns bewirken und dadurch ansonsten brachliegende neuronale Reserven nutzen. Entwickelt wurde die *Suggestopädie* in den 1960er Jahren von Lozanov, einem Arzt und Psychiater in Zusammenarbeit mit der Pädagogin Gateva (vgl. Hagiwara 2012a). Lozanov war aufgrund von Hypnoseexperimenten zu einem pädagogischen Ansatz des entspannten, stressfreien Lernens und des Abbaus von Lernblockaden gelangt. *Lernkonzerte*, die durch den Einsatz von Musik unterschiedlicher Stilrichtungen, aber mit konstanten 60 Taktschlägen pro Minute einen Zustand physischer und geistiger Entspannung erzielen sollen, werden als die ideale Lernvoraussetzung betrachtet. Das eigentliche Lernmaterial besteht aus einem Text, der den Lerninhalt darbietet. Der Text soll die linke Hirnhälfte und die Musik die rechte Hirnhälfte aktivieren und bei der Bewältigung von Lernaufgaben gewinnbringend miteinander verschalten. Zugleich, so eine weitere Annahme, seien die Lernkonzerte imstande, das limbische System zu aktivieren und damit Emotionen zum Lernen beizusteuern. Dadurch könnten die Aufnahmefähigkeit und das Erinnerungsvermögen deutlich gesteigert werden. Die Suggestopädie hat eine weite Verbreitung gefunden. So wurde 1987 auch die Deutsche Gesellschaft für suggestopädisches Lehren und Lernen (DGSL) gegründet, die bis heute Kurse und Fortbildungen anbietet.
Eine Variante der Suggestopädie ist unter der Bezeichnung *Superlearning* populär geworden. Diese Lehrkonzeption zielt im Unterschied zur Suggestopädie, die von Lehrern organisiert wird, auf *selbstorganisiertes Lernen* ohne Lehrerunterstützung (vgl. Hagiwara 2012b).

Während die Suggestopädie gelegentlich als Neuorientierung der Schulpädagogik (z. B. Riedel 2000) insbesondere für das Fremdsprachenlernen (z. B. Schiffler 2002) gepriesen wird, begegnen ihr manche Psychologen mit deutlicher Aversion. Edelmann (1988, 1991) beispielsweise führt die Effekte suggestopädischer Arrangements, wenn sie überhaupt feststellbar seien, eher auf ein *Superfeeling* zurück als auf physiologische Bedingungen. Lukesch (2000) lehnt die Suggestopädie und vergleichbare Ansätze (z. B. angewandte Kinesiologie[5]) rundweg ab: Sie sind für ihn *Sirenengesang der geheimen Verführer*. Eine Gemeinsamkeit dieser Ansätze sieht er „in dem Versprechen, dass hier wirksame Methoden für schnelleres Lernen, zur Persönlichkeitsförderung und zur Behebung von Lernschwierigkeiten behauptet werden, die im Rahmen der akademischen Psychologie nicht gesehen wurden" (Lukesch 2000, S. 59). Die Ergebnisse empirischer Untersuchungen seien im Unterschied zu den Versprechungen ernüchternd, und man könne allenfalls sagen, dass auch mit ihrem Vorgehen Lernen nicht verhindert werden kann. Hinsichtlich der Bemühungen, Suggestopädie & Co. neurowissenschaftlich zu begründen, merkt Lukesch an, dass es sich dabei um reine Pseudowissenschaft handele.

Auch einige Pädagogen (z. B. Theis-Scholz und Thümmel 1995) sparen nicht mit Kritik an der Suggestopädie und verwandten Konzeptionen, während andere (z. B. Krag 1989) weniger streng urteilen, da aus verschiedenen empirischen Studien zu den Wirkungen von suggestopädischem Sprachunterricht eine gewisse Effizienzsteigerung bzw. Ökonomisierung der Lernvorgänge herleitbar sei. Allerdings stellt auch Krag fest, dass die von Lozanov behaupteten Lernfortschritte bzw. Verbesserungen der Lerngeschwindigkeit in keiner Untersuchung reproduziert werden konnten (Krag 1989).

5 Die angewandte Kinesiologie ist ein wissenschaftlich nicht anerkanntes alternativmedizinisches Diagnose- und Behandlungskonzept aus dem Bereich der Körpertherapie und der Chiropraktik. Sie geht davon aus, dass die Muskelspannung eine Rückmeldung über den funktionellen Zustand des Körpers liefert.

Es spricht viel dafür, dass Suggestopädie, Edukinesiologie, neurolinguistisches Programmieren und dergleichen reine Esoterik sind. Davon sind die Ansätze von Neurowissenschaftlern, sofern sie die Hirnforschung betreffen, natürlich weit entfernt. Allerdings ähnelt die Neurowissenschaft der oben beschriebenen Esoterik darin, wie pädagogische Prinzipien einer lerneffektiven Gestaltung von Lernprozessen hergeleitet und begründet werden. Da wird eher mit Versatzstücken aus der Reformpädagogik gearbeitet, die neurowissenschaftlich neu gedeutet werden. So finden sich üblicherweise auch nur sehr allgemeine Aussagen zur Erleichterung der Aneignung neuer Lerninhalte durch eine Bezugnahme auf bereichsspezifisches Vorwissen, zur Variation der Anwendung des Gelernten, zu Effekten von Übungen auf die Gedächtniskonsolidierung und zu emotionalen Aspekten des Lernens (z. B. Spitzer 2003).

■ Drittes konzeptuelles Problem

» Ein drittes konzeptuelles Problem der Neuropädagogik besteht darin, dass die normativen Grundlagen der Pädagogik zu wenig berücksichtigt werden, wenn auf der Grundlage neurowissenschaftlicher Erkenntnisse Empfehlungen für pädagogische Maßnahmen ausgesprochen werden. Dies führt dazu, dass die Empfehlungen häufig trivial sind (Gyseler 2006, S. 563).

Die theoretische Sinnbestimmung von Erziehung mit der Betonung pädagogischer Ziel- und Wertvorstellungen wird von Neurowissenschaftlern oft durch naive Alltagsvorstellungen ersetzt. Die mit der normativen Orientierung von Pädagogik verbundene Frage, was in der gesellschaftlichen Wirklichkeit die Erziehung von Indoktrination, Manipulation und Zwang unterscheidet oder was Erziehung anstreben soll (Mertens 2002), bleibt bei den pädagogischen Ansätzen der meisten Neurowissenschaftler unbeantwortet.

Pädagogische Empfehlungen von Neurowissenschaftlern

Wenn angesehene Neuropsychologen wie Markowitsch behaupten, dass die neurowissenschaftliche Gedächtnisforschung Erkenntnisse zusammengetragen hat, aus denen Hinweise für eine gelungene Gestaltung schulischen Lernens zur Verbesserung des Lernerfolgs und der Lernmotivation abgeleitet werden können (Brand und Markowitsch 2006), ist man als Pädagoge gespannt zu erfahren, welche Erkenntnisse dies genau sind. Etwas verdutzt muss man aber zur Kenntnis nehmen, dass Brand und Markowitsch (2006) wie selbstverständlich davon ausgehen, dass der größte Anteil schulischer Lernsituationen auf die Vermittlung von Faktenwissen abziele. Um diesbezüglich bessere Lern- und Behaltensleistungen zu erzielen, müsse man zunächst unterscheiden zwischen einer Reduktion der Anforderungen an das Gedächtnis und Strategien zur gezielten Förderung bestimmter Lern- und Gedächtnisleistungen. Beide Ansätze sollten in der Schule Einsatz finden, wobei die Lehrpersonen folgende hirngerechte pädagogische Prinzipien zu berücksichtigen hätten:

- Die Aufmerksamkeit der Schülerinnen und Schüler sollte auf die relevanten Reize fokussiert werden, was grundsätzlich durch Hervorhebung der wichtigen Informationseinheiten möglich sei.
- Lehrpersonen sollten zu Beginn einer Lerneinheit einen groben Überblick geben, um die Schülerinnen und Schüler im Sinne von *Priming* auf die Lehrinhalte vorzubereiten und ihnen zugleich eine *externale Einspeicherungshilfe* im Sinne der Organisation der Lerninhalte an die Hand zu geben.
- Bei der Darstellung neuer Lerninhalte sollten stets Bezüge zu bereits behandelten Themen (auch aus Nachbardisziplinen) hergestellt werden. Wenn nämlich neue Inhalte mit bereits vorhandenen Gedächtniseinheiten schnell und stabil verknüpft werden könnten (im Sinne einer Konsolidierung von Gedächtnisinhalten), sei eine längerfristige Abspeicherung und ein späterer Abruf leichter möglich. *Kleingruppenarbeit* könne – warum auch immer – dazu beitragen, solche Verknüpfungen mit bereits behandelten Themen herzustellen.
- Der Einsatz verschiedener Medien (Tafelbilder, Filmausschnitte, Vorführung von Experimenten) sei hilfreich, um die Möglichkeit der Bildung einer kohärenten Episode zu ermöglichen.

Um bestimmte Lern- und Gedächtnisleistungen gezielt zu fördern, verweisen Brand und Markowitsch darauf, dass Inhalte, bei denen die Schüler einen persönlichen Bezug, ein eigenes Interesse oder eine Alltagsrelevanz erkennen können, tiefer verarbeitet werden als allgemeine Inhalte ohne subjektive Bedeutung. Da nicht jedes Thema für alle Schüler persönlich relevant ist oder bei allen auf ein gesteigertes Interesse stößt, ist es nach Ansicht der Autoren wichtig, durch *alltagsnahe Beispiele* auf die Tragweite des Unterrichtsstoffes aufmerksam zu machen. Das *neuropsychologische Argument* besteht dabei darin, dass bei einer persönlichen Involviertheit limbische Strukturen und Teile des präfrontalen Cortex stärker angesprochen und aktiviert werden, was zu einer tieferen Verarbeitung der Inhalte führt, als wenn diese subjektiv keine Bedeutung haben und emotional nicht bewertet werden. Kann man als Pädagoge diesem Argument noch viel abgewinnen, so ist der Hinweis, dass das Auftreten des Lehrers für die Lernmotivation der Schüler von Bedeutung ist, ein Griff in die pädagogische Mottenkiste. Die Erkenntnis, dass mit größerer Wahrscheinlichkeit mit einem Lernerfolg zu rechnen ist, wenn ein Lehrer die Schülerinnen und Schüler für die Lerninhalte begeistern kann, wird von Brand und Markowitsch selbst als trivial klingend bezeichnet, aber sie ließe sich aus der Sicht der neurowissenschaftlichen Gedächtnisforschung gut erklären und gewinne dadurch an Bedeutung. Denn positive Emotionen während des Lernens wirkten sich auf verschiedenen (Hirn-)Ebenen vorteilhaft auf den Lernerfolg aus. Aus alledem ziehen die Autoren den Schluss: „Zusammengefasst erscheint es aus Sicht der Hirnforschung günstig, die gewonnenen Erkenntnisse zu Hirn-Gedächtnis-Zusammenhängen in den Schulunterricht zu integrieren. Dabei sollten Rahmenbedingungen geschaffen werden, in denen die relevanten Informationen gut strukturiert und eingebettet in einem spezifischen emotional gefärbten/motivierten Kontext präsentiert werden" (Brand und Markowitsch 2006, S. 85).

Jakob: „Das ist jetzt aber schon etwas sehr banal, oder? Was soll denn daran neu sein?"

Anna: „Stimmt schon. Brauchen wir die Hirnforschung in der Pädagogik dann überhaupt, wenn da nur so ein Allgemeinwissen rauskommt?"

Ohne die Verdienste der Neurowissenschaften in der Erforschung geistiger Funktionen abstreiten zu wollen, stellen ihre Erkenntnisse aus erziehungswissenschaftlicher Perspektive eher eine Konkursmasse dar als einen Fundus für die Generierung neuer pädagogischer Prinzipien. So gelangen auch Hennen und Coenen (2012) bei ihrer Technikfolgenabschätzung zu der Schlussfolgerung,

> » dass trotz erheblicher Fortschritte im Verständnis der physiologischen Grundlagen von Gedächtnisleistungen und Lernvorgängen eine wesentliche Veränderung von Methodik und Didaktik durch die Neurowissenschaften bisher nicht zu verzeichnen ist. Aus den vorliegenden Erfahrungen ziehen Experten den Schluss, dass Lernpsychologie und Pädagogik nach wie vor insbesondere auf verhaltenswissenschaftliche Methoden und Erkenntnisse in der Forschung wie auch in der Lernpraxis angewiesen sein werden (Hennen und Coenen 2012, S. 171).

Da die Neuropädagogik insgesamt den erziehungswissenschaftlichen Ansprüchen an die Theoriebildung und empirische Forschung nicht genügt (Becker 2011), könnte man die Sache auf sich beruhen lassen, wenn nicht seit geraumer Zeit auch direkte technische oder pharmakologische Interventionen diskutiert würden, die z. B. die Konzentrations- und Merkfähigkeit von Lernenden verbessern sollen.

3.1.3.3 Hirndoping: der pädagogische (Alb-)Traum vom optimierten Gehirn

Nicht selten trifft man heute in der Presse auf Berichte der folgenden Art: „Der Erstklässler Patrick fällt in der Schule immer wieder dadurch auf, dass er unruhig, zappelig, impulsiv und aufmüpfig ist. Es fällt ihm schwer, sich beim Erledigen der Schularbeiten zu konzentrieren und mit den Mitschülern angemessen umzugehen. Befragungen der Eltern ergeben, dass er dieses Verhalten auch in der Familie und in der Freizeit zeigt. Die Kinderärztin klärt die betroffenen Eltern auf: Da Patricks Verhaltensauffälligkeiten vor seinem sechsten Lebensjahr aufgetreten und bereits seit mindestens einem halben Jahr zu beobachten seien, leide er mit größter Wahrscheinlichkeit unter einer *Aufmerksamkeitsdefizit-/Hyperaktivitätsstörung* (ADHS). Typische Merkmale dafür seien mangelhafte Aufmerksamkeit und Konzentrationsfähigkeit bei Aufgaben, die längere Zeit in Anspruch nehmen, eine Neigung, Tätigkeiten

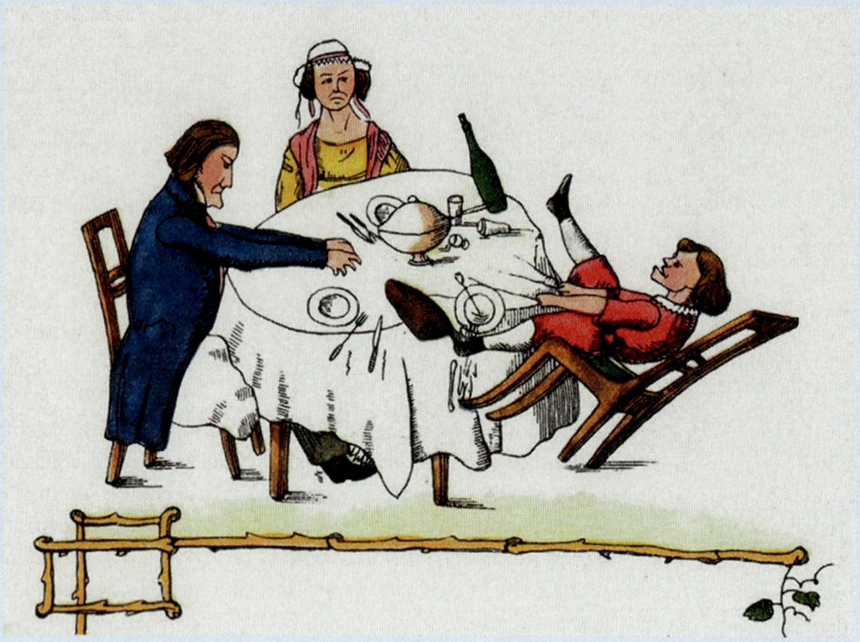

„Ob der Philipp heute still
wohl bei Tische sitzen will?"
Also sprach in ernstem Ton
der Papa zu seinem Sohn,
und die Mutter blickte stumm
auf dem ganzen Tisch herum.
Doch der Philipp hörte nicht,
was zu ihm der Vater spricht.
Er gaukelt
und schaukelt,
er rappelt
und zappelt
auf dem Stuhle hin und her.
„Philipp, das missfällt mir sehr!"

Abb. 3.6 © Heinrich Hoffmann (aus: Heinrich Hoffmann: Der Struwwelpeter oder lustige Geschichten und drollige Bilder. 2009 Diogenes Verlag AG Zürich)

zu wechseln, bevor sie zu Ende gebracht wurden; unruhiges Verhalten und die Unfähigkeit, still sitzen zu können sowie impulsives Verhalten mit abrupten motorischen oder verbalen Aktionen, die nicht in den sozialen Kontext passen. Oft seien auch Entwicklungsstörungen der Sprache, des Lesens und der Rechtschreibung zu beobachten wie auch Störungen des Sozialverhaltens usw."

Was die Kinderärztin in dem Gespräch mit den Eltern an Symptomen benennt, entspricht der Definition von ADHS, wie sie von der Bundesärztekammer festgelegt wurde (vgl. dazu: ► http://www.bundesaerztekammer.de). Laut ärztlicher Diagnose leidet Patrick wie 3 bis 10 % aller Kinder unter der *genetisch* bedingten Krankheit ADHS. Der *Zappel-Philipp* aus dem Kinderbuch *Struwwelpeter* (1845) von Heinrich Hoffmann wäre somit ein anerkannter medizinischer Fall (Hoffman 1845) (Abb. 3.6).

ADHS und die Verwendung von Psychopharmaka

Schätzungsweise gibt es zurzeit mehr als eine halbe Million Kinder in Deutschland, bei denen die Krankheit ADHS festgestellt wurde, und die Psychopharmaka, z. B. Ritalin, einnehmen, die tief in den Gehirnstoffwechsel eingreifen. Nicht nur bei Kindern wird ADHS relativ häufig diagnostiziert, sondern zunehmend auch bei Erwachsenen (Ohlmeier und Roy 2012), obwohl bisher kaum exakte epidemiologische Untersuchungen über die Prävalenz der ADHS im Erwachsenenalter vorliegen (Krause und Krause 2008). Ist ADHS womöglich nur eine Modediagnose?

Das Medikament *Ritalin* ist seit 2011 auch für Erwachsene zugelassen. Der in Ritalin enthaltene Wirkstoff Methylphenidat gleicht einen Mangel an Dopamin aus. Bei Menschen mit ADHS-Symptomatik wirkt Ritalin beruhigend, bei gesunden Menschen dagegen stimulierend. Dopamin, auch als Glückshormon bezeichnet, ist wichtig für die körperliche und geistige Aktivität. Je mehr Dopamin im Gehirn vorhanden ist, desto besser und stärker fühlt man sich. Das machen sich, wenn man den Berichten in den Medien glaubt, immer mehr gesunde Erwachsene zu Nutze, die sich von Ritalin eine höhere Konzentrationsfähigkeit und mehr Durchhaltevermögen bei geistig fordernden Aufgaben erhoffen. Die Wirkungszeit einer Tablette beträgt 4 bis 6 Stunden. Sie wird mit Wasser eingenommen oder, um eine schnellere Wirkung zu erzielen, als Pulver verstampft durch die Nase gezogen.

So berichtet die *Süddeutsche Zeitung* vom 31. Mai 2012, dass der Verbrauch des Wirkstoffs Methylphenidat, der im Medikament *Ritalin* enthalten ist, von 1993 bis 2011 um mehr als das Fünfzigfache zugenommen hat, obwohl die langfristigen Auswirkungen einer Behandlung mit Ritalin bisher nur unzureichend erforscht sind (Schlack et al. 2007). Aus Versuchen an Ratten weiß man lediglich, dass Ritalin Veränderungen des Gehirns verursacht, und zwar vor allem in Bereichen, die für die Steuerung motivationaler Prozesse und des sozialen Verhaltens in Stresssituationen, aber auch für das Gedächtnis zuständig sind. Wird das Medikament abgesetzt, treten die ADHS-Symptome unverändert auf.

Hinsichtlich der Ursachen von ADHS stehen sich zwei Lager gegenüber: auf der einen Seite die traditionellen Schulmediziner, welche die Ursache in angeborenen striatofrontalen Dysfunktionen sehen, auf der anderen Seite diejenigen (wie z. B. der Neurobiologe Hüther), die ADHS als Folge krankmachender Bedingungen in Familie, Kindergarten, Schule und der Gesellschaft insgesamt betrachten. Demnach wäre die *hyperaktive Gesellschaft* der Grund für die Verhaltensstörungen von Kindern (vgl. Hüther und Bonney 2010). Als Alternative zur medikamentösen Behandlung werden u. a. die kognitive Verhaltenstherapie und Konzentrationstrainings empfohlen. Die Gegner der Behandlung von ADHS mit Psychopharmaka können sich übrigens auch auf den Kinderpsychiater Leon Eisenberg berufen, der als wissenschaftlicher Urheber von ADHS gilt. Kurz vor seinem Tod distanzierte sich Eisenberg in einem Interview von der These, ADHS sei genetisch bedingt, und sprach von einer *konstruierten Krankheit* (▶ http://wissen.dradio.de/adhs-die-erfundene-krankheit.35.de.html). Dass das Medikament Ritalin dagegen wirke, sei kein Beweis dafür, dass ADHS genetisch bedingt sei. Grundsätzlich sollten bei der Behandlung soziale Aspekt stärker in die Behandlung einbezogen werden. Auch der Hersteller und Vertreiber von Ritalin weist darauf hin, dass das Medikament bei der Behandlung von ADHS stets im Verbund mit anderen therapeutischen Maßnahmen einzunehmen ist.

Ritalin ist Teil eines therapeutischen Behandlungsprogramms, das typischerweise psychologische, *erzieherische* und soziale Maßnahmen umfasst. Ziel der Therapie ist es, die Verhaltensauffälligkeiten wie leichte bis schwere Ablenkbarkeit, kurze Aufmerksamkeitsspanne, emotionale Unbeständigkeit und Impulsivität zu *vermindern*. Die Ursache von ADHS ist nicht vollständig bekannt. Es gibt keinen einzelnen diagnostischen Test. Für eine korrekte Diagnose werden sowohl medizinische als auch psychologische, pädagogische und soziale Untersuchungen benötigt. Leitsymptome sind z. B. beeinträchtigte Aufmerksamkeit, Ablenkbarkeit, emotionale Labilität, Impulsivität, mäßige bis starke Hyperaktivität, gering ausgeprägte neurologische Symptome und Lernschwierigkeiten.

Wie oben schon gesagt wurde, setzt sich deshalb immer mehr die Auffassung durch, dass es sich bei ADHS um ein kulturelles Konstrukt handelt und nicht um eine Krankheit (Timini und Taylor 2004).

Anna: „Das klingt aber sehr nach echten Drogen!"

Jakob: „Das ist Ritalin eigentlich ja auch. Das Medikament fällt unter das Betäubungsmittelgesetz und ist rezeptpflichtig."

Anna: „Das heißt dann aber doch auch, dass Ritalin Nebenwirkungen haben muss, mit denen nicht zu spaßen ist."

Jakob: „Wenn du die Packungsbeilage zu Ritalin durchliest, kannst du mehr als ein Dutzend Gegenanzeigen finden. Selbstverständlich darf frau Ritalin nicht während der Schwangerschaft einnehmen. Außerdem sagen die, dass Ritalin die Aufmerksamkeit verbessert. Gleichzeitig können aber auch unerwünschte Nebenwirkungen wie z. B. Schläfrigkeit und Schwindel auftreten. Das ist ja total gefährlich: Dann kann man ja auf unerwartete und plötzliche Ereignisse nicht mehr schnell und gezielt genug reagieren. Da steht außerdem, dass die Einnahme zu Selbstüberschätzung und gesteigerter Risikobereitschaft führen kann. Deshalb wird davor gewarnt, nach Einnahme von Ritalin selbst Auto zu fahren oder elektrische Werkzeuge und Maschinen zu benutzen."

Anna: „Aber als Mittel, das Gehirn zu dopen, scheint es sehr beliebt zu sein. Ich hab jetzt schon mehrfach gehört, dass man schon von einem Ritalin-Hype spricht. Ist schon krass: Im Sport ist Doping nicht erlaubt, aber wenn es um die Steigerung von Lernleistungen geht, soll es erlaubt sein?!"

Jakob: „Das nennt man dann ja auch nicht mehr Doping, sondern Neuro-Enhancement."

▪ Hirndoping und Neuro-Enhancement: Lernen mit der Pille?

Dopamin fördert Lernvorgänge. Warum also nicht eine Tablette Ritalin einnehmen, den Lernstoff pauken und am nächsten Tag die Prüfung mit Erfolg bestehen? Glaubt man den Berichten, die vermehrt in den Medien publiziert werden, so sind immer mehr Studenten dazu bereit, ihre Studienleistungen durch Hirndoping, d. h. durch Medikamente zu verbessern.

> **Hirndoping**
>
> Während *Hirndoping* auf eine temporäre Steigerung der Lern- oder Merkfähigkeit (z. B. in Prüfungssituationen) abzielt, ist der Begriff *Neuro-Enhancement* (bzw. *Cognitive Enhancement)* weiter gefasst und bezieht sich auf eine Vielzahl neuronaler Prozesse, die durch die Aufnahme bestimmter Wirkstoffe gezielt beeinflusst werden können, um z. B. Angstzustände zu reduzieren, beruhigend in Stresssituationen zu wirken oder die kognitive Leistungsfähigkeit und Aufmerksamkeit von Lernenden über Stunden zu erhalten. Im wissenschaftlichen Diskurs hat sich allgemein der Fachbegriff *Neuro-Enhancement* eingebürgert, der eine gezielte Maßnahme zur Steigerung der geistigen Leistungsfähigkeit mittels Drogen und Psychopharmaka umschreibt (Farah et al. 2004).

Zum Neuro-Enhancement werden verschiedene Konzentrationspillen, Lernpillen für leistungsschwache Schüler, Aufmerksamkeitstabletten für Piloten und Manager, Gedächtnispulver für Senioren usw. eingenommen. Auf der Liste stehen u. a. Psychopharmaka wie Modafinil, die bei chronischer Müdigkeit verschrieben werden und bei Gesunden die Aufmerksamkeit steigern sollen, sowie Amphetamine wie Ritalin, die gegen Unruhe und Nervosität eingenommen werden, und Antidepressiva wie

■ **Abb. 3.7** © Johann Mayr

Fluoxetin, die wegen ihrer antriebssteigernden Wirkung beliebte Lifestyledrogen sind.

Ob solche Medikamente auf Dauer die gewünschten Effekte bringen, d. h. eine nachhaltige Verbesserung kognitiver Leistungen erzielen, ist wissenschaftlich nicht gesichert. Unklar sind auch die Risiken eines langzeitigen Konsums, so dass mit Repantis et al. (2010) konstatiert werden kann, dass die Zunahme an Hirndoping in einem bemerkenswerten Gegensatz zu dem Mangel an Belegen für leistungssteigernde Wirkungen der meisten Psychopharmaka steht. Kurzfristig seien zwar leistungsverlängernde Effekte beobachtbar, diese ließen sich aber auch anders erzielen, wie z. B. durch einen doppelten Espresso (Maher 2008). In manchen Studien schnitten Probanden, die Ritalin eingenommen hatten, sogar schlechter ab als nicht gedopte Personen. Das in Ritalin enthaltene Methylphenidat steigert nicht nur die Aufmerksamkeit, sondern, wie oben bereits angesprochen, auch die Impulsivität, was zu Selbstüberschätzung und oberflächlichem Erledigen wichtiger Aufgaben führen kann. Langfristige Folgen des Medikamentenmissbrauchs zur Verbesserung von Stimmung und Lernleistung sind nicht bekannt. Nach Hennen und Coenen (2012) kann derzeit insgesamt nicht von einer wissenschaftlich hinreichend belegten, erfolgreichen pharmakologischen Intervention zur Steigerung kognitiver Leistungen oder gar der Verbesserung langfristiger Lernprozesse gesprochen werden. Dementsprechend wird vor Hirndoping auch gewarnt (vgl. Lieb 2010). Die mit Hirndoping und Neuro-Enhancement verbundenen Probleme dürfen nicht heruntergespielt werden. Die Pharmaindustrie hat es in der Vergangenheit stets mühelos geschafft, die eigenen Interessen durchzusetzen. Man darf ihr unterstellen, dass im Zweifelsfall wirtschaftliche Interessen stärker sind als ethische Probleme eines sich fortentwickelnden Hirndopings. Auf diese Probleme wird seit Jahren hingewiesen (vgl. Bostrom und Sandberg 2009; Farah et al. 2004).

Wir fassen unsere Position zur Neuropädagogik mit einem Cartoon (■ Abb. 3.7) und den Worten Bruners (1990, S. 20) zusammen: „Es ist die Kultur, nicht die Biologie, die das menschliche Leben und den menschlichen Geist formen."

Aufgaben zum Festigen des neuen Wissens

1. Erklären Sie, wie die Forschung versucht hat, Antworten auf die Frage zu finden, ob die Persönlichkeit von Menschen anlage- oder umweltbedingt ist. Zu welchen Ergebnissen kam sie?
2. Was ist unter dem Begriff Erziehungsbedürftigkeit zu verstehen?
3. Wie definieren Sie den Begriff Erziehbarkeit?
4. Erläutern Sie die Bedeutung der Begriffe Erziehungsbedürftigkeit und Erziehbarkeit für die pädagogische Praxis.
5. Hier nochmals die Aufgabe vom Anfang des ► Abschn. 3.1. Begründen Sie auf der Grundlage Ihres neuen Wissens, bei welchen Aussagen es sich um Mythen handelt und bei welchen um wahre Aussagen (■ Tab. 3.3).

Aufgaben zum Weiterdenken

1. Begründen Sie, warum die in der breiten Öffentlichkeit genährten Erwartungen hinsichtlich einer neurowissenschaftlichen Revolution von Erziehung und Lernen bislang reine Spekulation sind.
2. Was würden Sie erwidern, wenn Ihnen ein Lehrer sagt, dass er an Schüler X keinerlei Leistungserwartungen stellt, da er bereits dessen älteren Bruder unterrichtet habe, und dieser sei auch keine Leuchte gewesen? Nutzen Sie für Ihre Antwort Forschungsergebnisse zur Frage nach Anlage, Vererbung und Umwelt.
3. Jakob und Anna unterhalten sich in diesem Kapitel über das Fußballgen. Erklären Sie Sinn und Unsinn der Rede über ein Fußballgen.

Weiterführende Literatur

- Becker, N., & Roth, G. (2004). *Hirnforschung und Didaktik. Ein Blick auf aktuelle Rezeptionsperspektiven. Erwachsenenbildung, 50,* 106–110.
- Bolken, E., & Thies, C. (Hrsg.) (2009). *Handbuch Anthropologie. Der Mensch zwischen Natur, Kultur und Technik.* Stuttgart: Metzler.
- Bronfenbrenner, U. (Hrsg.) (2005). *Making human beings human. Bioecological perspectives on human development.* Thousand Oaks, CA: Sage.
- Dresler, M. (Hrsg.) (2011). *Kognitive Leistungen. Intelligenz und mentale Fähigkeiten im Spiegel der Neurowissenschaften.* Heidelberg: Spektrum Akademischer Verlag.
- Fouts, R., & Mills, S.T. (1998). *Unsere nächsten Verwandten. Von Schimpansen lernen, was es heißt, ein Mensch zu sein.* München: Limes.
- Lewontin, R.C., Rose, S.P.R., & Kamin, K.J. (1984). *Not in our genes: biology, ideology, and human nature.* New York: Pantheon Books.

Tab. 3.3 Wahrheit oder Mythos?

	wahr	falsch
Der Mensch ist das einzige Wesen mit Vernunft, das in der Lage ist, selbst zu entscheiden und zu handeln.	O	O
Der Mensch ist ein soziales Wesen. Gestörte soziale Beziehungen, die nicht zu Bindungen an Bezugspersonen führen, bedingen unter Umständen schwerwiegende Persönlichkeitsstörungen.	O	O
Der Mensch muss erzogen werden, weil er unfertig zur Welt kommt und deshalb der Pflege und Zuwendung anderer Menschen bedarf.	O	O
Nur der Mensch durchlebt eine vergleichsweise lange Entwicklungs- und Schutzzeit und zeigt als Anfangsausstattung kaum fertige, ausgebaute Leistungsformen oder Verhaltensweisen.	O	O
Der Mensch ist ein *Mängelwesen*, weil seine Instinkte verkümmert sind und er deshalb als Kleinkind ein hilfloses Wesen ist.	O	O
Der Mensch ist eine *physiologische Frühgeburt*, d. h., er wird zu früh geboren, um sofort nach der Geburt so wie andere Tiere das Überleben sichern zu können.	O	O
Die Mängel an angeborenen Fähigkeiten werden beim Menschen durch eine unendliche Lernfähigkeit ausgeglichen.	O	O
Der Mensch ist von Anfang an ein weltoffenes, formbares Wesen, das erziehungs- und bildungsfähig ist.	O	O
Der Mensch ist ein Wesen, das zielgerichtet handelt und dessen Verhalten nicht sinn- und zwecklos ist.	O	O
Der Mensch ist das einzige Wesen, das über sich selbst und seine Umwelt nachdenken kann.	O	O
Als Mittel der bewussten Auseinandersetzung mit der Welt verfügt der Mensch als einziges Wesen über die Mittel der Sprache.	O	O
Der Mensch ist das handelnde Wesen. Er ist nicht „festgestellt", d. h., er ist sich selbst noch Aufgabe – und gerade insofern er sich selbst noch Aufgabe ist, nimmt er auch zu sich selbst Stellung und *macht sich zu etwas*.	O	O

- Speck, O. (2009). *Hirnforschung und Erziehung. Eine pädagogische Auseinandersetzung mit neurobiologischen Erkenntnissen* (2. Aufl.). München: Reinhardt.

3.2 Entwicklung und Erziehung: Grundzüge einer Entwicklungspädagogik

Aufgabe als Denkanstoß

Welche Beobachtungen im Alltag können als Indiz dafür gelten, dass es in der menschlichen Entwicklung qualitative Entwicklungsveränderungen gibt, wie sie in Abb. 1.31 dargestellt sind?

„Über Erziehung […] kann nur gesprochen werden, wenn gleichzeitig über die Entwicklung des Menschen gesprochen wird" (Roth 1971a, S. 440). – Diese Aussage gilt aber auch umgekehrt, da es im Grunde keine Entwicklung gibt, die nicht unter dem Einfluss von Erziehung steht. Erziehung und Entwicklung stehen in einem komplexen wechselseitigen Zusammenhang: Einerseits ist die Entwicklung Voraussetzung von Erziehung, andererseits leistet Erziehung einen entscheidenden Beitrag zur Entwicklung einer Person, und *Entwicklung wird zum Ziel der Erziehung*. So lautet kurz gefasst die zentrale Annahme der Entwicklungspädagogik (vgl. Aufenanger 1992).

3.2.1 Grundzüge der Entwicklungspädagogik

Die Konzeption einer Entwicklungspädagogik geht auf Heinrich Roths Versuch zurück, das Verhältnis von Entwicklung und Erziehung auf anthropologischer Basis zu klären. Im Vordergrund steht die Idee einer Verbindung von Entwicklungs- und Erziehungstheorie, nicht nur um das Werden einer Person zu begreifen, sondern auch um die Person in der Erreichung mündiger Handlungsfähigkeit zu fördern. Eine so verstandene Entwicklungspädagogik ist mit der *Personalisation unter Erziehungseinwirkungen* befasst, wobei nicht nur das komplexe *Verhältnis von Erziehung und Entwicklung*, sondern auch die wechselseitige Beziehung von *Bildsamkeit* (als die Fähigkeit des Menschen, zu lernen und sich zu bilden) und *Bestimmung* des Menschen (im Sinne seines Lebenslaufs) zum Gegenstand der Untersuchung wird. Grundsätzlich wird dabei davon ausgegangen, dass die Entwicklung von Persönlichkeit *nicht* ausschließlich einem biologisch vorprogrammierten Prozess der Reifung unterworfen ist, sondern wesentlich von Erziehungs- und Sozialisationsprozessen beeinflusst wird. Denn es gibt nur den „unter Sozialisations- und

Erziehungseinwirkungen stehenden Menschen" (Roth 1971a, S. 43).

Ohne die Bedeutung biologischer Reifungsprozesse in Abrede zu stellen, geht die Entwicklungspädagogik der Frage nach, wie stark die Entwicklung durch Erziehung beeinflusst wird bzw. werden kann und wie viel Raum dabei für Erziehung und Unterricht, für Lehren und Lernen bleibt. In Übereinstimmung mit dem entwicklungspsychologischen *Modell der sensiblen Phasen*, demzufolge sich das genetisch bestimmte Entwicklungspotential eines Menschen nur entfalten kann, wenn zur rechten Zeit effektive Umweltanregungen erfolgen (Montessori 1973), lautet die genuin pädagogische Fragestellung der Entwicklungspädagogik: Welches sind die pädagogisch veränderbaren, beeinflussbaren (und womöglich steuerbaren) Bedingungen der Entwicklung zu einer autonom handlungsfähigen und mündigen Persönlichkeit?

Die angestrebte *autonome Handlungsfähigkeit*, die dem Konzept der *Erziehung zur Mündigkeit* von Adorno entspricht, wird von Roth als Kompetenz mit drei Komponenten verstanden:

» a) als Selbstkompetenz, d. h. als Fähigkeit für sich selbst verantwortlich handeln zu können, b) als Sachkompetenz, d. h. als Fähigkeit für Sachbereiche urteils- und handlungsfähig und damit zuständig sein zu können, und c) als Sozialkompetenz, d. h. als Fähigkeit, für sozial, gesellschaftlich und politisch relevante Sach- oder Sozialbereiche urteils- und handlungsfähig und also ebenfalls zuständig sein zu können (Roth 1971b, S. 180).

Vor dem Hintergrund dieser Zielsetzung betrachtet Roth die mit der Individuation verbundenen Entwicklungsprozesse – inklusive ihrer Zwangsbedingungen, Eigengesetzlichkeiten und Freiheitsgrade – als Ausgangsgrundlage für Erziehungsprozesse, die aber ihrerseits wieder in die Entwicklungsprozesse fördernd (oder hindernd) eingreifen und diese beschleunigen (oder verlangsamen) können.

Das theoretische und empirische Arbeitsfeld der Entwicklungspädagogik umfasst mehrere Grundfragen (Roth 1971b, S. 26 ff.):

1. Die Frage nach den *faktischen Entwicklungsverläufen*, wobei es darum geht, universelle (d. h. überall und auf alle Menschen zutreffende) Entwicklungssequenzen aufzudecken und zugleich individuelle Entwicklungsverläufe und deren Merkmale (z. B. sensible Phasen, Entwicklungskrisen) einzubeziehen.
2. Die Frage nach möglichen *Entwicklungsabweichungen* z. B. im Entwicklungstempo (Verzögerung, Beschleunigung) oder qualitativer Art (im Sinne von Störungen), wobei zu untersuchen ist, inwieweit Entwicklungsabweichungen durch Erziehungs- und Sozialisationsbedingungen verursacht werden.
3. Die Frage nach Möglichkeiten der *Entwicklungsförderung durch Erziehung* im Sinne der zielgeleiteten Unterstützung, Förderung und Steigerung individueller Entwicklungsprozesse. Der Schwerpunkt liegt auf dem „lenkbar Veränderlichen", was allerdings das Problem aufwirft, den tatsächlichen Effekt der Erziehung auf die Entwicklung festzustellen, da es ja, wie die Entwicklungspädagogik annimmt, keine Entwicklung gibt, die nicht unter dem Einfluss von Erziehung steht. Eine Lösung für das Problem liegt in der Implementierung *pädagogischer Interventionen*, deren Effekte auf die Entwicklung z. B. kognitiver Fähigkeiten im Vergleich zum sogenannten Normalverlauf systematisch kontrolliert werden können. Dafür haben Heckhausen et al. (2010) für die Motivationsentwicklung über die Lebensspanne zahlreiche Beispiele geliefert. Ein Beispiel für die Förderung der kognitiven Entwicklung bietet das *Intelligenztraining* von Klauer (1975), aus dem eines der am ausgiebigsten untersuchten Trainingsprogramme zur systematischen Förderung des induktiven Denkens erwuchs (► Abschn. 3.1.2).

Die drei angesprochenen Grundfragen setzen eine noch grundsätzlichere Frage voraus – nämlich die nach den *Entwicklungsbedingungen*. Hierfür hat Roth drei ineinandergreifende Prozesse unterschieden:

1. *Reifeprozesse* (biologisch und genetisch bestimmte Prozesse), die im Sinne des Konzepts *Natur der Pflege* von Plomin begreifbar sind,
2. *Lernprozesse*, die auf Erfahrungen gründende Veränderungen von Persönlichkeitsmerkmalen bewirken, und
3. *Kreativprozesse*, die laut Roth sowohl produktive Innovationen (objektive Neuleistungen wie z. B. Erfindungen) als auch Prozesse der Selbstbestimmung und eigenständigen Entwicklungssteuerung umfassen.

Roth geht davon aus, dass nur die Lernprozesse einer Person von außen beeinflussbar und sowohl von sozialen, ökonomischen, ökologischen und institutionellen *Rahmenbedingungen* als auch von intentionalen Erziehungs- und Lehrprozessen abhängig sind. Diese Auffassung ist allerdings zu eng und steht auch in Widerspruch zu Roths eigener Aussage, dass es nur den unter Sozialisations- und Erziehungseinwirkungen stehenden Menschen gibt. Demzufolge sind auch Reife- und Kreativprozesse den Bedingungen der Sozialisation und Einflussnahme durch die Umwelt unterworfen. Insbesondere der Einfluss von Erziehung auf die Entfaltung des kreativen Potentials ist seit langem Gegenstand der pädagogischen Forschung (vgl. Craft et al. 2001; Torrance 1963), und es gibt auch genügend anekdotische Evidenz für die Be- bzw. Verhinderung der Entfaltung des kreativen Potentials durch die Erziehung in Familie und Schule. Die von Roth entworfene Konzeption der Entwicklungspädagogik wird in ◘ Abb. 3.8 dargestellt.

Grundsätzlich orientiert sich dieser Entwurf einer Entwicklungspädagogik an dem Konzept der *sensiblen Phasen*, da stets zu prüfen ist, ob eine „Förderung in einer bestimmten Entwicklungsphase besonders günstig zu verlaufen verspricht" (Roth 1971b, S. 89). Dementsprechend besteht das Ziel einer *pädagogischen Entwicklungstheorie* in der effektiven Verschränkung einer *Entwicklungsstufentheorie* und einer *Erziehungsstufentheorie*, so dass der Erziehungsfaktor „als ein in die Entwicklung mitbewirkender und verändernder [...] auf jeder Entwicklungsstufe in Erscheinung tritt" (Roth 1971b, S. 172 f.).

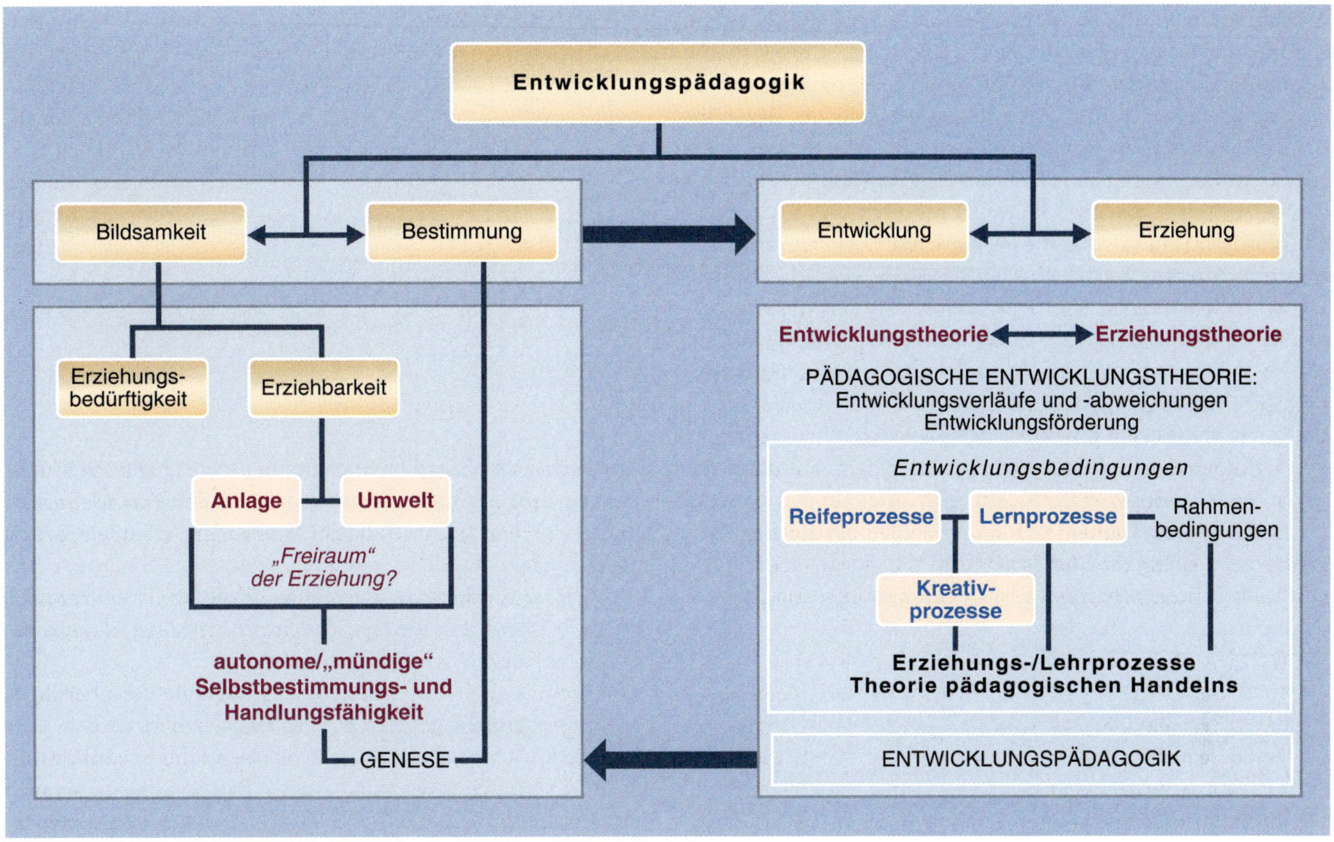

Abb. 3.8 Die Konzeption der Entwicklungspädagogik nach Roth. (Nach Bloh 2000, S. 21)

3.2.2 Entwicklungspsychologie und Entwicklungspädagogik

Eine Analyse der entwicklungspsychologischen Literatur zeigt eine Schwerpunktsetzung auf *Entwicklung im Kindes- und Jugendalter* (z. B. Berk 2010; Lohaus et al. 2010; Mietzel 2002; Tücke 2007), wobei der Schule eine besondere Bedeutung zugesprochen wird. Aus pädagogischer Sicht ist diese Schwerpunktsetzung auch plausibel, da die Bildungseinrichtung Schule im Kindes- und Jugendalter neben der Familie einen nachhaltigen Einfluss auf die Entwicklung ausübt. Eine allzu enge Verzahnung von Entwicklung und schulischer Erziehung kann allerdings auch eine falsch verstandene pädagogische Umsetzung entwicklungspsychologischer Theorien nach sich ziehen. Vier mögliche Fehler hat Kühn (2005, S. 10) benannt:

» 1. Reduzierung des Entwicklungsprozesses der Kinder und Jugendlichen auf jenen Vorgang der Entwicklung, der sich unmittelbar unter pädagogischen Bedingungen vollzieht, bis hin zur Gleichsetzung von Erziehungs- bzw. Unterrichts- und Entwicklungsprozess; metaphysischer Glaube an die Allmacht der Erziehung […],
2. Betrachtung und Behandlung der Kinder und Jugendlichen als Objekte pädagogischer Einwirkungen, aber nicht als aktive Subjekte, die sich unter der Wirksamkeit sozialer Bedingungen nach eigenen inneren Gesetzmäßigkeiten entwickeln;
3. unzureichende Berücksichtigung des realen Entwicklungsprozesses der Kinder und Jugendlichen, insbesondere auch fehlende Berücksichtigung der Altersbesonderheiten im Erziehungs- und Bildungsprozess;
4. fehlende empirische Untersuchungen des psychischen Entwicklungsprozesses der Kinder und Jugendlichen; Vernachlässigung der Entwicklungspsychologie zugunsten einer Pädagogischen Psychologie, die lediglich die Realisierbarkeit von pädagogischen Zielstellungen unter Sonderbedingungen untersuchte.

Entwicklungspsychologie und Entwicklungspädagogik teilen einige Gemeinsamkeiten, unterscheiden sich aber auch in manchen Punkten. Beide setzen altersgradierte Stadien und Phasen des Entwicklungsverlaufs voraus, die jeder Mensch zu durchschreiten hat. Die Entwicklungspsychologie interessiert sich in erster Linie für die Aspekte der Ontogenese, von denen angenommen wird, dass sie *universell*, d. h. überall zutreffend und vorkommend sind und dass jeder Mensch unabhängig vom sozialen und kulturellen Kontext die altersgradierten Stadien der Entwicklung zu durchlaufen hat. Bei der Entwicklungspädagogik liegt die Betonung hingegen auf den *spezifischen* Sozialisations- und Erziehungsbedingungen von Personen, und ihre zentrale Aufgabenstellung besteht darin, durch gezielte pädagogische Maßnahmen und Interventionen zur effektiven Bewältigung der Entwicklungsaufgaben in den verschiedenen Lebensphasen beizutragen und letztendlich zu einer autonomen Handlungsfähigkeit zu qualifizieren.

Entwicklungspsychologie ist *deskriptiv*, Entwicklungspädagogik ist *präskriptiv*.

In Anbetracht des steten Zusammenwirkens biologischer, psychischer und sozialer Prozesse bei der individuellen Entwicklung akzentuieren entwicklungspsychologische Erklärungsmodelle die Anlage-Umwelt-Problematik in unterschiedlicher Weise, indem sie entweder die *endogenen* Prozesse stärker betonen, die aus der biologischen oder psychischen Veranlagung einer Person heraus entstehen, oder die *exogenen* Faktoren und Prozesse in den Vordergrund rücken, die aus äußeren Ursachen und Einwirkungen heraus entstehen. Trautner (1991) hat die über die Jahrzehnte hinweg entstandenen Erklärungsmodelle der Ontogenese in ihren Charakteristiken beschrieben. Das Spektrum reicht von biogenetischen Theorien, wonach Entwicklung mit der Reifung als altersgradierte Realisierung des biologisch angelegten Entwicklungsplans gleichzusetzen ist, über psychoanalytische und lerntheoretische Erklärungsmodelle bis hin zu kognitiven und interaktionistischen Entwicklungstheorien. In den weiteren Ausführungen des Kapitels werden neben den psychoanalytisch orientierten Entwicklungstheorien (z. B. Erikson) vor allem kognitive und interaktionistische Entwicklungstheorien zu behandeln sein.

Kognitive und interaktionistische Entwicklungstheorien

Kognitive (bzw. organismische) Entwicklungstheorien betrachten – wie auch die psychoanalytisch orientierten Theorien – die menschliche Entwicklung als Interaktion von angeborenen Reifungsprozessen einerseits und Erfahrungen mit der Umwelt andererseits. Die menschliche Entwicklung wird als ein Konstruktionsprozess begriffen, in dem sich der Mensch aktiv und erkundend seiner jeweiligen Umwelt zuwendet und diese als *seine Welt* entdeckt und verinnerlicht. Der Mensch wirkt denkend und handelnd auf die Umwelt ein, die ihrerseits wiederum das Denken und Handeln anregt, aber nicht determiniert. Kognitive Entwicklungstheorien wurden von Jean Piaget und Lawrence Kohlberg entwickelt.

Interaktionistische Entwicklungstheorien werden als Fortschreibung und Erweiterung kognitiver Entwicklungstheorien betrachtet: „Wie die organismische Position stellt die interaktionistische die Eigenständigkeit des Individuums in seiner Fähigkeit zur spontanen, aktiven Auseinandersetzung mit der Welt heraus, grenzt sich von jener aber ab, indem sie die unausweichliche Verankerung des Entwicklungsgeschehens im gesellschaftlichen Umfeld (Familie, Gruppe, Gemeinschaft, Kultur) grundsätzlich hervorhebt" (Wieczerkowski und Oeveste 1984, S. 94). Aus interaktionistischer Sicht kann Entwicklung auch durch Aktivitäten der Umwelt eingeleitet und reguliert werden, wonach z. B. eine *gruppen- und kulturspezifische Verarbeitung* jeweils unterschiedlicher kultureller Angebote und Anforderungen Veränderungen psychischer Dispositionen bewirkt. Elternhaus, Schule, Arbeitsplatz sowie Räume der Freizeitgestaltung bilden soziale Systeme, in denen Entwicklung des Individuums vonstattengeht.

Der Gedanke von Interdependenzen sozialer Systeme liegt auch dem sozioökologischen Modell der Entwicklung von Bronfenbrenner (1977, 1979) zugrunde, das die menschliche Entwicklung als fortschreitende Anpassung an sich ändernde soziale Umwelten versteht. Dementsprechend richtet sich das Erkenntnisinteresse auf die realen Lebenssituationen und die spezifischen Sozialbeziehungen, in denen sich die Individuen während ihrer Entwicklung befinden. Pädagogisch bedeutsam ist, dass Bronfenbrenner die besondere Bedeutung der Übergänge zwischen den unterschiedlichen Systemen (wie z. B. die Einschulung) herausgestellt hat. Aus den damit verbundenen Einwirkungen auf die Entwicklung der Kinder hat Bronfenbrenner (1974) die Idee der Frühpädagogik und kompensatorischen Erziehung hergeleitet.

Entwicklungsmodelle dienen nicht nur einer theoretischen Einordnung und einem besseren Verständnis der menschlichen Ontogenese, sondern auch der Begründung und Legitimierung pädagogischen Handelns. Konkrete Anleitungen oder gar Anweisungen zum pädagogischen Handeln auf der Grundlage gesicherten Wissens über die menschliche Entwicklung herzuleiten, ist aber ein äußerst schwieriges Unterfangen. Die gängigen Entwicklungstheorien vermögen nämlich jeweils nur Teilausschnitte des komplexen pädagogischen Geschehens anzusprechen, aber nicht Effekte konkreter pädagogischer Maßnahmen auf die Entwicklung zutreffend zu erklären oder vorherzusagen. Daher geht man üblicherweise anders vor, indem man aufgrund gesicherter Erkenntnisse der Entwicklungspsychologie nach Möglichkeiten sucht, um *Erziehungsmaßnahmen als Entwicklungsangebote* an die Ontogenese anzupassen. In eklektischer Weise wird dabei auf die unterschiedlichen Erklärungsmodelle zurückgegriffen, um pädagogisches Handeln zu legitimieren. Das aber beschwört die Gefahr einer falsch verstandenen pädagogischen Umsetzung entwicklungspsychologischer Theorien herauf, wie wir sie eingangs unter Bezugnahme auf Kühn (2005) angesprochen haben.

3.2.3 Entwicklungsaufgaben und Erziehung: normative und pragmatische Orientierungen

» Ich bin nicht, was ich sein sollte,
ich bin nicht, was ich sein werde,
aber ich bin nicht mehr, was ich war
(Graffiti an der Wand einer Cowboybar,
Erikson 1974, S. 112).

Ein wichtiger Schritt bei der Erörterung der Entwicklung über die Lebensspanne besteht darin, Aufgaben und Probleme zu benennen, die Menschen in den verschiedenen Phasen ihrer Entwicklung bewältigen müssen. Hierfür hat Havighurst (1971) das theoretische Konzept der altersgradierten *Entwicklungsaufgaben* geprägt und in einen Zusammenhang zur Erziehung gestellt. Das Konzept der Entwicklungsaufgabe geht davon aus, dass entwicklungsbedingte Veränderungen als Funktion des Lebensalters eintreten, also $D=f(A)$, da sie nur in bestimmten Zeitspannen erreicht werden können. So besagt die Alltagsweisheit „Was Hänschen nicht lernt, lernt Hans nimmermehr", dass Menschen in bestimmten Lebensabschnitten besonders disponiert für Lernfortschritte sind. Dem entspricht das theoretische Konzept der sensiblen Phasen. Natürlich können Entwicklungsaufgaben auch zu späteren Zeitpunkten erfüllt werden, das erfordert aber gewöhnlich einen höheren Aufwand, wie z. B. Erwachsene zu berichten wissen, die sich einer Umschulung unterziehen.

Die jeweils in einem bestimmten Lebensabschnitt zu bewältigenden Anforderungen können aus biologischen Veränderungen des Organismus (z. B. Pubertät) erwachsen oder aus gesellschaftlichen Erwartungen und Zwängen (z. B. in Schule und Beruf). Aber auch Werte und Ziele, die sich eine Person selbst setzt, konstituieren eine Entwicklungsaufgabe, die sich sogar über mehrere Lebensabschnitte erstrecken kann. In jedem Falle müssen Entwicklungsaufgaben erfolgreich bewältigt werden, um die Zufriedenheit des sich entwickelnden Menschen zu gewährleisten. Versagen macht nicht nur unglücklich und unzufrieden, sondern kann bei der Bewältigung späterer Entwicklungsaufgaben zu Schwierigkeiten führen. Darüber hinaus stößt ein Versagen bei der Erfüllung von Entwicklungsaufgaben auch auf gesellschaftliche Ablehnung. Denn in Entwicklungsaufgaben fließen sowohl normative Vorstellungen der Gesellschaft über eine gelingende Entwicklung als auch Annahmen über die Bedingungen für die Bewältigung der Aufgaben ein. Für den Lebensabschnitt Jugend werden beispielsweise die Ablösung von den Eltern, das Finden einer eigenen Identität, der Aufbau eines moralischen Wertesystems und die Berufswahl als Entwicklungsaufgaben genannt.

Entwicklungsaufgaben haben folgende Merkmale (Niederbacher und Zimmermann 2011):

- Sie sind universell, haben eine zeitliche Dimension und werden subjektiv unterschiedlich wahrgenommen und eingeordnet. Die meisten Entwicklungsaufgaben haben einen Anfang und ein Ende, nur wenige bleiben ein ganzes Leben lang bestehen (z. B. die moralische Entwicklung).
- Entwicklungsaufgaben bilden eine Sequenz der Anforderungen an eine gelingende Entwicklung, insofern die erfolgreiche Bewältigung einer Aufgabe Selbstvertrauen und Zuversicht für die Bewältigung weiterer Aufgaben erzeugt. Entwicklungsaufgaben sind nicht hintergehbar, wenn die Lebensbewältigung eine Weiterentwicklung bestehender Kompetenzen erfordert.
- Entwicklungsaufgaben sind veränderlich. Sie haben einen historischen Bezug und unterliegen dem sozialen Wandel, denn sie beschreiben nichts anderes als die altersbezogenen Erwartungen der Gesellschaft zu einem bestimmten historischen Zeitpunkt, die auf gesellschaftlichen Normen beruhen, über die in einer Kultur Übereinstimmung besteht (Hurrelmann und Quenzel 2012).

Beim Konzept der Entwicklungsaufgaben wird der *aktive Part einer Person* darin gesehen, dass sie ihren Entwicklungsstand, ihre Entwicklungsziele und -möglichkeiten im Rahmen der gegebenen sozialen Umwelt selbst adäquat einzuschätzen vermag. Daraus resultieren Aktivitäten, die darauf gerichtet sind, die selbstgesteckten oder von außen auferlegten Entwicklungsziele zu erreichen. In die Entwicklungsaufgaben fließen auch kollektive, d. h. sozial geteilte Urteile darüber ein, was in einem bestimmten Altersabschnitt des Lebens als angemessene Entwicklung und als anzustrebende Veränderung anzusehen ist und deshalb als Ziel für individuelles Verhalten gesetzt werden soll. Entwicklungsaufgaben fungieren wie *soziale Bezugssysteme*, innerhalb derer die persönliche und soziale Identität entwickelt wird. Zugleich legt die Gesellschaft normativ fest, was eine gelingende Entwicklung ist und welche *erzieherischen Maßnahmen* geeignet scheinen, zur gelingenden Entwicklung einer Person beizutragen. Aus diesem normativen Part der Umwelt resultieren die Perspektivenabhängigkeit und die historische Deutung von Entwicklungsaufgaben. Das kann am Beispiel der gesellschaftlichen Erwartungen an eine gelingende Entwicklung im späten Erwachsenenalter verdeutlicht werden, die sich in den letzten Jahrzehnten offenkundig stark gewandelt haben. So werden die Senioren unserer Tage im *Senioren-Ratgeber* von Esser (2012) folgendermaßen charakterisiert:

> » Die neuen Alten sind keine, die tatenlos auf der Bank vor dem Austragshaus sitzen oder, die Ellbogen auf ein Kissen gestützt, von ihrem Fenstersims aus in die Welt hinausblicken. Sie beanspruchen Teilhabe an einer Gesellschaft, die ohne sie nicht halb so gut funktionieren würde. Es sind Menschen, die ihren Kopf mit Fortbildungen, Sprachreisen oder einem Seniorenstudium wach halten. Es sind aktive und begeisterte Großeltern, die ihre berufstätigen Töchter und Söhne bei der Kinderbetreuung entlasten, Männer und Frauen, die sich ehrenamtlich in Kindergärten, sozialen Einrichtungen, Sportvereinen, Kirchengemeinden und Nachbarschaftshilfen engagieren. Und häufig haben sie mehr Termine und Verabredungen als ihre eigenen Kinder. Die „trümmerhafte Leere" im Alter, von der Soziologen früher vielfach sprachen, ist heute dem Begriff der „späten Freiheit" gewichen (▶ http://www.senioren-ratgeber.de/Altern/Aktive-Senioren-Was-heisst-schon-alt-171695.html).

Die lebenszyklische Abfolge von Entwicklungsaufgaben in Wechselwirkung mit biologischen Faktoren bedingt ein universell wiederkehrendes, aber kulturspezifisch und historisch bedingtes Muster von Entwicklungsprozessen und -ergebnissen (Göppel et al. 2011). Oder anders ausgedrückt: Entwicklungsaufgaben haben eine psychobiologische und eine sozial-kulturelle Dimension. Dabei ist die Bewältigung der *psychobiologischen Dimension* die primäre Voraussetzung für die *Individuation*, d. h. die Entwicklung einer unverwechselbaren und einmaligen Persönlichkeit. Die Bewältigung der *soziokulturellen Dimension* ist Voraussetzung für die *Integration*, d. h. die Übernahme von sozial bestimmten Rollen im Gemeinwesen. Nur wenn Individuation und Integration hinreichend aufeinander abgestimmt sind, ist laut Hurrelmann und Quenzel (2012) die Voraussetzung für eine stabile und gesunde Persönlichkeitsentwicklung gegeben.

Dabei bewirken normative Vorstellungen hinsichtlich der zeitlichen Anordnung von Entwicklungsübergängen und erwünschter Erscheinungsformen einer gelingenden Entwicklung eine *Institutionalisierung* der individuellen Lebensläufe. Deren normierende Wirkung auf die Lebensgestaltung des einzelnen Menschen wird auch als *Lebenslaufregime* bezeichnet. Damit ist ein komplexes Muster von Mechanismen angesprochen, die ein Individuum in

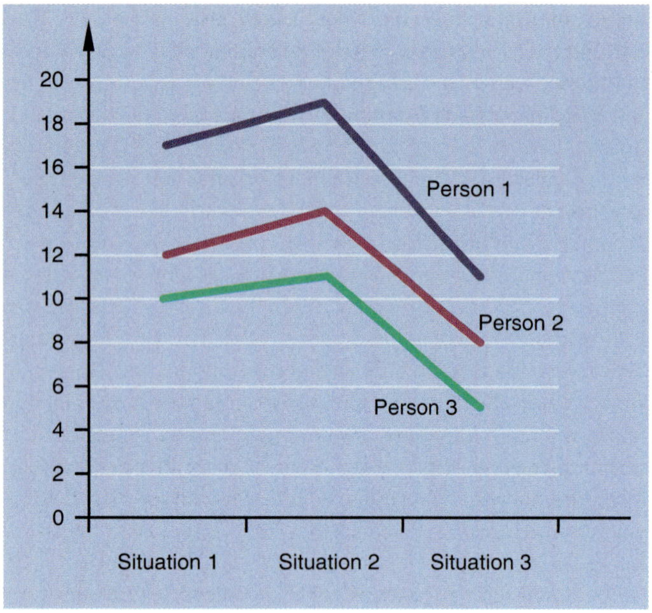

Abb. 3.9 Darstellung der differentiellen Stabilität der relativen Position von drei Personen über drei Situationen. (Nach Amelang et al. 2006, S. 67)

eine bestimmte Richtung der Entwicklung einschleust, es unterschiedlichen Risiken der Entwicklung ausliefert und dazu bringt, auf situativ gegebene Motivationsanlässe in spezifischer Weise zu reagieren (vgl. Bolder et al. 2010). Zusätzlich zielen Maßnahmen der sozialen Steuerung darauf, die Entwicklung auf verschiedenen Ebenen (z. B. Familie, Schule, Erwerbsleben) überindividuell zu koordinieren und mit ontogenetischen Entwicklungsphasen abzustimmen (Brandstädter 2007). Ein Beispiel hierfür ist die Organisation des Schulwesens in Jahrgangsklassen, die auf der Annahme einer *differentiellen Stabilität* von Entwicklungsmerkmalen fußt.

Differentielle Stabilität

Mit *differentieller Stabilität* wird ein Verharren einer Person auf derselben relativen Position innerhalb ihrer Bezugsgruppe bezeichnet. Bestimmt werden kann die differentielle Stabilität durch die Feststellung zeitlicher Stabilität eines Merkmals über mehrere Zeitpunkte mittels Berechnung der Korrelationen; damit kann die Frage beantwortet werden, ob sich alle Personen einer Altersgruppe in gleichem oder verschiedenem Maße von Zeitpunkt zu Zeitpunkt verändert haben. Dabei ist es unerheblich, ob die über die Personen einer Gruppe berechneten Mittelwerte zunehmen, abnehmen oder unverändert bleiben (Abb. 3.9).

Die sozial bestimmten Vorstellungen über normale, angemessene oder optimale Formen der Lebensführung variieren in Abhängigkeit von verschiedenen sozialen Zielgruppen wie Geschlecht, Bildungsstand oder Beruf und ihren Merkmalen (vgl. Aiken 1998; Barrett 2005). Vielfach konkurrieren in sozialen Systemen mit einer großen Änderungsdynamik auch verschiedene *Varianten* des Lebenslaufregimes, so dass die Verbindlichkeit allgemein anerkannter Skripte des Lebenslaufs stark relativiert wird. Neugarten und Neugarten (1989) sprechen von einem zunehmend *fluiden* Lebenslaufregime, das von einer starken Tendenz zur Auflösung bzw. Lockerung der hergebrachten Vorstellungen und Stereotype der Institutionalisierung des Lebensablaufs geprägt sei. Die Flexibilisierung der normativen Setzungen altersgradierter Entwicklungsaufgaben kann nach Brandstädter (2007) aber auch Belastungen mit sich bringen, da sie mit besonderen Anforderungen im Hinblick auf die eigenverantwortliche Lebensplanung und die Flexibilität persönlicher Lebensentwürfe verbunden ist. Wir werden in ▶ Abschn. 4.1 auf die Institutionalisierung des Lebenslaufs als Konstituente der Sozialisation noch einmal ausführlicher zu sprechen kommen.

Aufgaben zum Festigen des neuen Wissens

1. Mit welchen Grundfragen beschäftigt sich die Entwicklungspädagogik?
2. Wie unterscheiden sich Entwicklungspsychologie und Entwicklungspädagogik?
3. Was sind Entwicklungsaufgaben? Nenne Sie Entwicklungsaufgaben, die Menschen im Laufe ihres Lebens bewältigen müssen.

Aufgaben zum Weiterdenken

1. Roth unterscheidet Reifungsprozesse, Lernprozesse und Kreativprozesse. Diskutieren Sie, welche Aspekte der menschlichen Entwicklung durch welchen der drei Prozesse erklärbar ist.
2. Sie haben in diesem Kapitel verschiedene Entwicklungstheorien kennengelernt. Bitte erörtern Sie, wie die kognitive, die interaktionistische Entwicklungstheorie und das sozioökologische Modell der Entwicklung von Bronfenbrenner folgenden Sachverhalt erklären würden: Während Max ein offener Mensch ist, der auf alle zugeht, überall gleich Anschluss findet und Freundschaften schmiedet, ist sein jüngerer Bruder Moritz sehr schüchtern und zurückhaltend. Es fällt ihm schwer, auf Menschen zuzugehen. Er erscheint manchmal fast zu erschrecken, wenn er angesprochen wird. Beide sind im gleichen sozialen Umfeld in der gleichen Familie aufgewachsen, in der es während der Kindheit von beiden auch keine besonders außergewöhnlichen Vorkommnisse gab, d. h. keine Scheidung oder keinen Tod eines Elternteils.
3. Erklären Sie die Entwicklungsaufgaben, mit denen ein 40-jähriger Mann konfrontiert ist. Versuchen Sie auf der Grundlage dieser Entwicklungsaufgaben zu erklären, welche Schwierigkeiten ein Mann dieses Alters erleben könnte, wenn er eine 20-jährige Freundin hat, in einer WG wohnt und Samstagabends regelmäßig betrunken aus der Diskothek nach Hause kommt. Wie könnte diese Lebensweise bei diesem Mann zustande gekommen sein?

Weiterführende Literatur

- Aufenanger, S. (1992). *Entwicklungspädagogik. Die soziogenetische Perspektive*. Weinheim: Deutscher Studien Verlag.
- Göppel, R., Dörr, M., & Funder, A. (2011). *Reifungsprozesse und Entwicklungsaufgaben im Lebenszyklus* (Jahrbuch für Psychoanalytische Pädagogik 19). Gießen: Psychosozial-Verlag.

3.3 Entwicklungsstufenmodelle

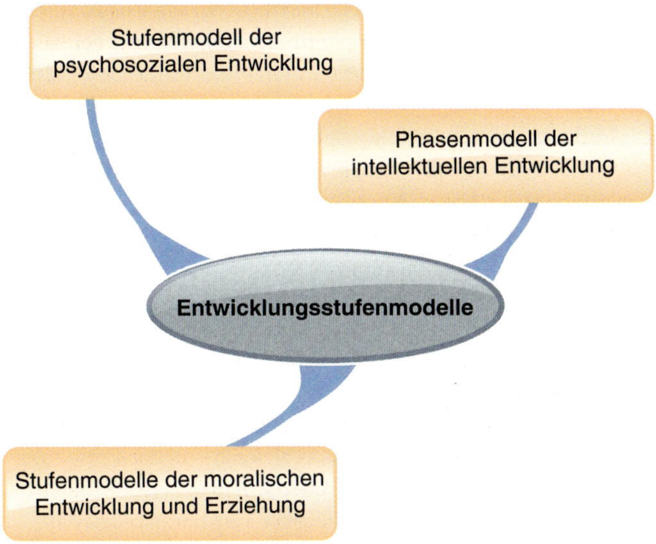

Aufgabe als Denkanstoß

Wenn Sie an Ihr bisheriges Leben denken oder an Kinder, die sie über längere Zeit kannten: Verläuft aus Ihrer Sicht die Entwicklung kontinuierlich oder stufenhaft? An welchen Beobachtungen machen Sie Ihre Antwort fest?

Wissenschaftliche Disziplinen entstehen, wenn ausreichend viele Wissenschaftler gleichzeitig ähnliche Forschungsinteressen verfolgen. Im Falle der Entwicklungspsychologie lag das gemeinsame Forschungsinteresse ausreichend vieler Wissenschaftler im Verlauf des 20. Jahrhunderts in der Untersuchung des menschlichen Lebenslaufs, um die *typische* Entwicklung in bestimmten Lebensabschnitten und dabei auftretende Probleme zu verstehen und zu erklären. Es entstanden verschiedene Stufenmodelle der menschlichen Ontogenese, die paradigmatisch die Entwicklungspsychologie wie auch die Entwicklungspädagogik bis auf den heutigen Tag charakterisieren.

» **Stufen**

Wie jede Blüte welkt und jede Jugend
Dem Alter weicht, blüht jede Lebensstufe,
Blüht jede Weisheit auch und jede Tugend
Zu ihrer Zeit und darf nicht ewig dauern.

Es muß das Herz bei jedem Lebensrufe
Bereit zum Abschied sein und Neubeginne,
Um sich in Tapferkeit und ohne Trauern
in andre, neue Bindungen zu geben.

Und jedem Anfang wohnt ein Zauber inne,
Der uns beschützt und der uns hilft zu leben.

Wir sollen heiter Raum um Raum durchschreiten,
An keinem wie an einer Heimat hängen,
Der Weltgeist will nicht fesseln uns und engen,
Er will uns Stuf' um Stufe heben, weiten.

Kaum sind wir heimisch einem Lebenskreise
Und traulich eingewohnt, so droht Erschlaffen,
Nur wer bereit zu Aufbruch ist und Reise,
Mag lähmender Gewöhnung sich entraffen.

Es wird vielleicht auch noch die Todesstunde
Uns neuen Räumen jung entgegensenden,
Des Lebens Ruf an uns wird niemals enden …
Wohlan denn, Herz, nimm Abschied und gesunde!

(Hermann Hesse)

In diesem Gedicht, das Hesse 1941 nach langer Krankheit verfasste, wird das Leben als fortwährender Prozess beschrieben, in dem auf jeden durchschrittenen Lebensabschnitt ein neuer folgt. Mit Tapferkeit und Heiterkeit soll der Mensch jeden Lebensabschnitt annehmen und einen Neubeginn wagen. Denn Stillstand auf einer Stufe führt zu Erschlaffung und Lähmung. Und selbst der Tod soll nur als Abschied von einer Lebensstufe betrachtet werden. Das Gedicht *Stufen* kann somit als die Quintessenz der Entwicklungspsychologie der Lebensspanne verstanden werden, wobei der *Mensch als Gestalter* seiner eigenen Entwicklung begriffen wird. Entwicklungspsychologen der heutigen Zeit formulieren dies so:

» Dass Menschen Einfluss auf ihre eigene Entwicklung haben und nehmen, wird vom späteren Jugendalter an von niemandem bestritten, der Willensfreiheit annimmt und Wahlmöglichkeiten sieht. Was mündige Menschen aus ihren Potenzialen machen, welche Entscheidungen sie bezüglich Lebensführung, Beruf und sozialen Beziehungen treffen, welche Regeln und Ordnungen sie anerkennen und einhalten, welche Risiken sie eingehen usw., dafür werden sie zumindest partiell als selbstverantwortlich betrachtet (Montada et al. 2012, S. 33).

Entwicklungspsychologie und -pädagogik beschäftigen sich mit dem Verhalten und Erleben von Menschen unter einem besonderen Aspekt, nämlich dem der Veränderung über die Zeit. Wie gesagt nähern sich Entwicklungspsychologie und -pädagogik der menschlichen Ontogenese mit unterschiedlichen Untersuchungsinteressen: Das Interesse der *Entwicklungspsychologie* besteht darin zu erkunden, wie und wann psychische Funktionen überhaupt entstehen und in welcher Weise sie sich über die Lebensspanne der Menschen verändern. Die *Entwicklungspädagogik* spürt den Bedingungen dieser Veränderungen unter dem Aspekt der erzieherischen Einflussnahme auf die Entwicklung nach, d. h., sie interessiert sich dafür, unter welchen spezifischen Bedingungen von Erziehung und Bildung die menschliche Ontogenese über die Lebensspanne gefördert (oder auch behindert) werden kann. Dass dabei ein Schwerpunkt auf dem Kindes- und Jugendalter liegt, hat damit zu tun, dass in diesem Entwicklungsabschnitt die schulische Ausbildung erfolgt, der gesellschaftlich eine besondere Bedeutung beigemessen wird. In den letzten Jahrzehnten ist man aber zunehmend dazu übergegangen, Bildung und Erziehung als wichtigen Beitrag für die menschliche Entwicklung über den gesamten Lebenslauf zu betrachten (Kolland und Ahmadi 2010). Aus Studien zur altersabhängigen Veränderung kognitiver Leistungen leitet man die Annahme ab, dass die berufliche Fort- und Weiterbildung einen wesentlichen Beitrag dazu leisten kann, die intellektuelle Leistungsfähigkeit der Arbeitnehmer bis zum Ausscheiden aus dem Berufsleben nicht nur zu erhalten, sondern auch im Sinne eines aktiven Alterns gezielt zu fördern.

Entwicklungstheorie ist *Heuristik*, also die Kunst, mit begrenztem Wissen und wenig Zeit z. B. normativ und historisch bedingte Vorstellungen über Veränderungen beim Menschen in bestimmten Lebensabschnitten oder über die Lebensspanne zu erklären. Lebensabschnitte, in denen im Gegensatz zu vorangehenden oder nachfolgenden Abschnitten größtmögliche Veränderungen (positiver oder negativer Art) eintreten, werden in der Entwicklungspsychologie *sensible Phasen* genannt. Sie sind Perioden erhöhter Formbarkeit der Persönlichkeit unter dem Einfluss spezifischer Bedingungsfaktoren. Werden solche Perioden mit altersgradierten Entwicklungsaufgaben verknüpft, resultieren daraus sogenannte Stufenmodelle der menschlichen Ontogenese. Anstelle von *Stufe* werden auch die Bezeichnungen *Phase*, *Stadium* oder *Periode* mit ähnlicher Bedeutung verwendet.

Dabei taucht eine Frage auf, die seit Jahrzehnten kontrovers diskutiert wird, nämlich ob die menschliche Entwicklung kontinuierlich oder diskontinuierlich verläuft. Eine *kontinuierliche Entwicklung* ist durch quantitative Veränderungen (z. B. eine graduelle Zunahme kognitiver Funktionen) über die Zeit hinweg charakterisiert, während bei einer *diskontinuierlichen Entwicklung* qualitative Veränderungen in Strukturen und Funktionen von Dispositionen auftreten. Lerntheoretisch begründete Entwicklungskonzeptionen gehen üblicherweise von einer kontinuierlichen Entwicklung aus, während die traditionellen Stufenmodelle (z. B. Eriksons oder Piagets) eine diskontinuierliche Entwicklung und eine qualitative Veränderung von Strukturen und Funktionen zugrunde legen (Kagan 2008). Nach unserer Auffassung vollzieht sich die Entwicklung einer Person kontinuierlich *und* diskontinuierlich: Während die Entwicklung über die Phasen diskontinuierlich (unter Umständen sprunghaft) erfolgt und qualitative Veränderungen von Dispositionen bewirkt, verläuft die Entwicklung innerhalb einer jeden Stufe kontinuierlich.

Mit dem Konzept der Entwicklungsstufen sind laut Montada et al. (2012) folgende Annahmen verbunden:

- Es liegt eine Sequenz von Veränderungen deutlich voneinander unterscheidbarer Entwicklungsschritte vor, die jeweils auf einen End- oder Reifezustand abzielen, der gegenüber dem Ausgangszustand als höherwertig gilt.
- Die Entwicklungsschritte sind unumkehrbar und treten stets in einer unveränderlichen Anordnung auf. Auf jeder Stufe ist ein bestimmter Entwicklungs- und Reifezustand für längere Zeit bestimmend. Während dieser Zeit sind keine wesentlichen Veränderungen feststellbar, es erfolgt lediglich ein Ausbau sowie die Festigung des Erreichten.
- Die Stufen sind qualitative strukturelle Umformungen der bisherigen Entwicklung und nicht bloß mit einer quantitativen Zunahme von Funktionen (Fähigkeiten und Fertigkeiten) gleichzusetzen. Zwischen je zwei Stufen liegt ein deutlich erkennbarer Einschnitt, der als rascher Übergang oder sprunghafte Veränderung erkennbar wird.
- Jede einzelne Stufe stellt ein spezifisches *Potential* für die Bewältigung der jeweiligen Entwicklungsaufgabe bereit, ohne die das Erreichen der nächsten Stufe nicht möglich ist.
- Die Veränderungen, die mit dem Erreichen einer neuen Stufe verbunden sind, sind altersgradiert, d. h. korrelieren mit dem Lebensalter. Anzumerken ist, dass genaue Angaben über die Dauer einer Entwicklungsphase und Altersangaben über Beginn und Ende einer Stufe *nicht* zur Kennzeichnung von Stufenmodellen gehören, sondern lediglich eine Hilfsfunktion haben (vgl. Lohaus et al. 2010).
- Die auf den verschiedenen Stufen zu bewältigenden Entwicklungsaufgaben sind universell und kulturunabhängig, d. h., sie treten überall und bei allen Menschen unter normalen Entwicklungsbedingungen auf. In diesem Zusammenhang wird laut Montada et al. auch von der Entfaltung eines inneren Bauplanes gesprochen, die eines normalen Kontextes bedarf (z. B. die Entwicklung der Motorik bis zum Laufen im ersten Lebensjahr).

Obwohl Stufen- und Phasenmodelle der Entwicklung aus der Entwicklungspsychologie nicht mehr wegzudenken sind und in jedem Lehrbuch mehr oder weniger ausführlich dargestellt werden (z. B. Berk 2010; Mietzel 2002), wird seit Jahrzehnten an ihnen Kritik geübt, da sie sich vielfach empirisch nicht als zutreffend erwiesen haben und den Entwicklungsbegriff oft auch unnötigerweise eingeengt haben. Dessen ungeachtet stellen sie für die *Entwicklungspädagogik* einen konzeptuellen Rahmen bereit, innerhalb dessen sich Möglichkeiten zur Beeinflussung des Entwicklungsverlaufs eröffnen. Als Heuristiken sind *Entwicklungsstufenmodelle* in der Erziehungswissenschaft sehr gefragt und werden in der Literatur ausführlich behandelt (z. B. Fend 2005; Hinz und Wagner 2009; Kron 2009). Was wäre die Vorschul- und Grundschulpädagogik ohne die Phasenmodelle Montessoris oder Piagets und was die Moralpädagogik ohne das Stufenmodell Kohlbergs?

3.3.1 Stufenmodell der psychosozialen Entwicklung

Wir stellen das Stufenmodell der psychosozialen Entwicklung von Erikson an den Anfang der Betrachtungen, da dieses sich auf die gesamte Lebensspanne bezieht und im Vergleich mit anderen Entwicklungsmodellen am meisten mit der Pädagogik der Lebensalter übereinstimmt. Erikson gründete sein Modell auf der Psychoanalyse, war aber auch vertraut mit den Entwicklungsmodellen von Karl und Charlotte Bühler. Außerdem muss Erikson infolge seiner Ausbildung als Montessori-Lehrer auch das Entwicklungsmodell Montessoris gekannt haben (vgl. Friedman 1999). Ausgangspunkt für Erikson war Freuds Theorie der psychosexuellen Entwicklung, die auf drei bis dahin unbekannte Sachverhalte hinwies (vgl. Trautner 1997):

1. Die sexuelle Entwicklung des Menschen beginnt mit der Geburt. Bereits bei Kindern ab dem ersten Lebensjahr können sexuelle Regungen beobachtet werden. Der Begriff der

kindlichen Sexualität ist nicht gleichzusetzen mit der Sexualität erwachsener Menschen, sondern meint alle Regungen und Aktivitäten, die sich auf den persönlichen Lustgewinn beziehen.
2. Die sexuelle Entwicklung in früher Kindheit ist von großer Wichtigkeit für die gesamte Persönlichkeitsentwicklung. Bis zum 6. Lebensjahr werden alle Grundthemen (Liebe, Vertrauen, Sicherheit usw.) des Zusammenlebens erfahren, und die frühkindlichen Erfahrungen mit ihnen bestimmen die weitere Entwicklung der Person.
3. Die Persönlichkeitsentwicklung des Menschen hängt von den Erfahrungen in seinen ersten Beziehungen, zumeist zu den Eltern, ab. Die Art und Weise, wie Eltern mit den Bedürfnissen und körperlichen Funktionen des Kindes umgehen, hat daher eine besondere Bedeutung für die weitere Entwicklung des Kindes.

Die psychoanalytische Theorie wird bis heute kontrovers diskutiert, was damit zusammenhängt, dass Freud, wie Trautner (1997) festhält, seine Vorstellungen über die Entwicklung des Menschen außerhalb der Psychologie seiner Zeit entwickelte und dabei zu Auffassungen gelangte, die sich von den vorherrschenden Lehrmeinungen radikal unterschieden. Dennoch gibt es laut Schuh-Gademann (1972) „kein anderes theoretisches Konzept, das sich in gleichem Ausmaß wie die Psychoanalyse mit den psychischen Vorgängen und dem affektiven Verhalten befasst und zugleich auch entwicklungspsychologisch relevant ist" (S. 34).

Das wird in der Fortführung Freuds durch Erikson deutlich, dessen Stufenmodell der psychosozialen Entwicklung – auch *epigenetisches Diagramm* genannt – eine Übertragung der Phasenlehre Freuds auf die Entwicklung des Menschen ist. Wie Charlotte Bühler begreift Erikson die Ontogenese als einen Prozess, der sich über die gesamte Lebensspanne erstreckt und in einen vielschichtigen sozialen Kontext eingebettet ist. Dabei setzt er die Bedeutung des Unbewussten und dessen Einfluss auf Psyche und Handlungen als ebenso gegeben voraus wie den Einfluss frühkindlicher Erfahrungen auf die spätere Persönlichkeitsentwicklung. Stärker als Freud betont Erikson die soziale Dimension der Ontogenese, die sich im Spannungsfeld zwischen den Motiven des Individuums und den sich ständig verändernden Anforderungen des sozialen Umfeldes entfaltet.

Ihren Ausgang nimmt die psychosoziale Entwicklung nach Erikson in biologischen Prozessen und körperlichen Aktivitäten (Noack 2010), auf denen der *Ich-Prozess als Entwicklung der Identität* aufbaut. Diesem Prozess legt Erikson drei Prinzipien zugrunde:

1. Die menschliche Ontogenese vollzieht sich nach dem *epigenetischen Prinzip*, d. h., sie folgt einem angeborenen Grundplan, der bei jedem Menschen gleich ist. Dieser Grundplan umfasst verschiedene Teile, die jeweils einen eigenen zeitlichen Verlauf vom Entstehen bis zu ihrem Abschluss haben, bis schließlich, wenn der Gesamtplan vollzogen ist, alle Fähigkeiten und Fertigkeiten einer Person entwickelt sind und ein funktionierendes Ganzes bilden, das mehr ist als die Summe seiner Teile. Im Rahmen des Grundplans der Entwicklung ist eine Vielzahl an Entwicklungsvarianten möglich, je nachdem, wie sich die Teile des Grundplans bei einem Individuum in Abhängigkeit von den sozialen Bedingungen, unter denen es aufwächst, progressiv ausdifferenzieren.
2. Rein biologisch betrachtet, wird das Kind mit einer Bereitschaft zur sozialen Interaktion geboren und entwickelt seine *Identität*, indem es mit immer mehr Menschen in Kontakt tritt.

» Ein Gefühl der Identität zu haben, heißt, sich mit sich selbst – so wie man wächst und sich entwickelt – eins fühlen; und es heißt ferner, mit dem Gefühl einer Gemeinschaft, die mit ihrer Zukunft wie mit ihrer Geschichte (oder Mythologie) im reinen ist, im Einklang zu sein (Erikson 1982, S. 29).

3. Bei der Ontogenese wirkt der Gesellschaftsprozess auf den Ich-Prozess ein und dieser wieder auf den Gesellschaftsprozess zurück. Die sich daraus ergebende Übereinstimmung des eigenen Handelns mit den Erwartungen der sozialen Umwelt bezeichnet Erikson als *Gegenseitigkeit*. Sie ist dann gegeben, wenn eine ausgereifte Fähigkeit bei ihrer Ausführung eine subjektive Befriedigung und soziale Anerkennung erfährt.

3.3.1.1 Entwicklungsstufen und Krisen

Eine zentrale Annahme Eriksons lautet, dass der Mensch im Verlauf seines Lebens phasenspezifische *Krisen* durchläuft, die durch ein Ungleichgewicht der Anforderungen der Umwelt und der individuellen Bedürfnisse ausgelöst werden. Die notwendige Bewältigung der Krisen bezeichnet Erikson als *Entwicklungsaufgaben*. Krisen sind dabei für Erikson völlig normale und unausweichliche, ja notwendige Entwicklungsbausteine auf dem Weg zur Persönlichkeit. Sie können sich positiv oder negativ auf die Entwicklung eines Menschen auswirken: Sie können in Form von Herausforderungen und deren erfolgreiche Bewältigung auftreten oder in Form von *Persönlichkeitsstörungen*, wenn keine angemessene Lösung oder Anpassung an die Situation erfolgt.

Erikson unterteilt den Lebenszyklus in acht Entwicklungsstufen mit einer eigenspezifischen Thematik, die in einem bestimmten Lebensabschnitt zwar dominiert, aber das ganze Leben hindurch erhalten bleibt. In jeder Entwicklungsstufe müssen bis dahin entwickelte Fähigkeiten und Fertigkeiten mit neuen Aufgaben und Anforderungen abgestimmt und neu formiert werden. Jede neue Entwicklungsaufgabe stellt die bisherige Entwicklung in Frage und verursacht – psychoanalytisch ausgedrückt – eine Verletzlichkeit (*Vulnerabilität*) des Individuums, die eine *Krise* auslöst. Die Bewältigung der Krise entscheidet darüber, ob eine Entwicklung erfolgreich verläuft oder misslingt. Das wiederum hängt davon ab, in welcher Weise es dem Individuum gelingt, ein günstiges Verhältnis zwischen den zwei spezifischen Polen zu erzielen, die eine jede Entwicklungsaufgabe kennzeichnen. Ist eine Entwicklungsaufgabe gelöst, gilt die Entwicklungsstufe als erfolgreich durchschritten. Daraus resultieren stufenspezifische *Stärken*, die bei fortgesetzten Handlungen bestimmte *Grundtugenden* konstituieren. Den Stärken gab Erikson Bezeichnungen aus der Alltagssprache wie z. B. Hoffnung, Entschlusskraft, Treue,

Tab. 3.4 Die Stufen und Krisen der Entwicklung nach Erikson (1974, 1999)

Entwicklungsstufe	Krise	Ergebnis: Grundtugenden	Erläuterung
Kleinkindalter[1] (1. Lebensjahr)	Vertrauen vs. Misstrauen	Antrieb und Hoffnung	*Ich bin, was man mir gibt.* Aus der persönlichen Zuwendung, körperlichen Wärme, Liebe, Nähe und dem Schutz der Mutter (des Vaters) bildet sich ein Urvertrauen heraus. Bei psychischer und physischer Vernachlässigung durch die Eltern entwickeln Kinder ein Misstrauen
Frühe Kindheit (ca. 1–2 Jahre)	Autonomie vs. Scham und Zweifel	Selbstbeherrschung und Willenskraft	*Ich bin, was ich will.* Mit zunehmender Kontrolle der körperlichen Funktionen gewinnt das Kind ein Gefühl von Autonomie. Strenge Kontrolle durch die Eltern (z. B. in der Sauberkeitserziehung) lassen Scham und Zweifel entstehen
Spielalter (ca. 4–5 Jahre)	Entschlusskraft vs. Schuldgefühl	Entschlusskraft, Zielgerichtetheit und Zweckhaftigkeit	*Ich bin, was ich mir vorstellen kann zu werden.* Indem das Kind größere Bewegungsfreiheit gewinnt und zunehmend über die Sprache verfügt, entwickelt es Tatendrang und Initiative. Bei Misserfolgen oder Rivalität zu den Eltern entstehen Schuldgefühle
Schulalter (ca. 6–14 Jahre)	Überlegenheit vs. Unterlegenheit	Kompetenz und Können	*Ich bin, was ich lerne.* Im Zuge der Erledigung von Arbeiten entwickelt sich ein Leistungsbewusstsein oder ein Minderwertigkeitsgefühl. Häufiges Misslingen kann zur dauerhaften Minderung des Selbstwertgefühls führen und das Schutzbedürfnis steigern
Jugendalter (ca. 12–18 Jahre)	Identität vs. Verwirrung	Hingebung und Treue	*Ich bin, was ich bin.* Mit Eintritt der sexuellen Reife beginnt die Jugendzeit. Die physischen Veränderungen wirken verunsichernd, und es erfolgt eine starke Orientierung an der Außenwahrnehmung. Identität entsteht durch die wachsende Zuversicht, dass Selbst- und Fremdwahrnehmung übereinstimmen
Frühes Erwachsenenalter	Vertrautheit vs. Isolation	Bindung und Liebe	*Ich bin, was mich liebenswert macht.* Das Individuum beginnt, intime Beziehungen aufzubauen. Wird im Jugendalter zu wenig Wert auf den Aufbau intimer Beziehungen gelegt, kann das die Neigung zur sozialen Isolation steigern
Erwachsenenalter	Generativität vs. Stagnation	Reproduktivität und Fürsorge	*Ich bin, was ich bereit bin zu geben.* Unter *Generativität* versteht man die Weitergabe von Idealen und Kulturgütern an die nächsten Generationen. Wurde in vorherigen Phasen die Fähigkeit zur Fürsorge nicht erlangt, kann es zu einer *Stagnation* kommen, die zu zwischenmenschlicher Verarmung führen kann
Reifes Erwachsenenalter	Integrität vs. Verzweiflung bzw. Lebensekel	Entsagung und Weisheit	*Ich bin, was ich mir angeeignet habe.* Der letzte Lebensabschnitt stellt den Menschen vor die Aufgabe, eine Bilanz seines Lebens zu ziehen. Hat das Individuum Integrität gewonnen, wird der eigene Lebenszyklus als sinnhaft angenommen. Wenn nicht, tritt Verzweiflung ein. Wird diese Phase erfolgreich gemeistert, erlangt der Mensch *Weisheit*

[1] Die Altersangaben sind nur allgemeine Richtwerte. Erikson hat keine genaue chronologische Reihenfolge von Altersstufen für die Lebensphasen angegeben (vgl. Waterman 1993).

Liebe, Fürsorge und Weisheit. Noch einmal zusammengefasst: Eriksons Modell umfasst acht Stufen mit themenspezifischen Entwicklungsaufgaben, die Krisen auslösen, deren Bewältigung stufenspezifische Tugenden nach sich zieht, die sodann das weitere Handeln bestimmen (Tab. 3.4).

Das Vollenden einer jeden Stufe ist eine notwenige Bedingung für die Bewältigung der nächsten krisenhaften Stufe. Beispielsweise gilt ein Gefühl von Intimität in der Jugendzeit als notwendig für die Entwicklung von Generativität (die Weitergabe von Idealen und der Kultur an die nachwachsende Generation) im mittleren Erwachsenenalter. Erfolgreiche Generativität ist wiederum notwendige Vorbedingung für Rechtschaffenheit und genuine Integrität im späten Erwachsenenalter. Zur Darstellung dieser gesetzmäßigen Abfolge der Entwicklungsstufen verwendete Erikson vorzugsweise Tabellen.

In Abb. 3.10 liegt der Schwerpunkt auf dem Jugendalter und den in diesem Lebensabschnitt ablaufenden Prozessen der *Identitätsentwicklung*. In der Diagonalen ist die Abfolge der Entwicklungsaufgaben (bzw. Krisen) angeführt; die in Spalte 5 angeordneten Zellen benennen die dem jeweiligen Lebensabschnitt entsprechenden Vorformen der Identitätsentwicklung, und die in Zeile V angeordneten Zellen benennen Tendenzen der Identitätsentwicklung und ordnen sie der jeweiligen Krise einer Entwicklungsstufe zu. Im Mittelpunkt des Diagramms steht die Phase des Jugendalters, in der sich das *Gelingen oder Misslingen der Identitätsbildung* entscheidet.

		1	2	3	4	5	6	7	8
I	Kleinkindalter	Vertrauen vs. Misstrauen				Unipolarität vs. vorzeitige Selbstdifferenzierung			
II	frühe Kindheit		Autonomie vs. Scham u. Zweifel			Bipolarität vs. Autismus			
III	Spielalter			Initiative vs. Schuldgefühl		Spielidentifikation vs. Phantasieidentitäten			
IV	Schulalter				Überlegenheit vs. Unterlegenheit	Arbeitsidentifikation vs. Identitätssperre			
V	Jugendalter	Zeitperspektive vs. Zeitdiffusion	Selbstgewissheit vs. Selbstzweifel	Experimentieren mit Rollen vs. negative Identität	Zutrauen in Leistungen vs. Arbeitslähmung	Identität vs. Verwirrung	sexuelle Identität vs. bisexuelle Diffusion	Führungspolarisierung vs. Autoritätsdiffusion	ideologische Polarisierung vs. Diffusion von Idealen
VI	frühes Erwachsenenalter					Solidarität vs. soziale Isolierung	Intimität vs. Isolation		
VII	Erwachsenenalter							Generativität vs. Stagnation	
VIII	spätes Erwachsenenalter								Integrität vs. Verzweiflung

Abb. 3.10 Die Entwicklung im Jugendalter (Erikson 1966, S. 150 f.)

> » Jene endgültige Identität also, die am Ende der Adoleszenz entsteht, ist jeder einzelnen Identifikation mit den Beziehungspersonen der Vergangenheit durchaus übergeordnet; sie schließt alle wichtigen Identifikationen ein, aber verändert sich auch, um aus ihnen ein einzigartiges und einigermaßen zusammenhängendes Ganzes zu machen (Erikson 1974, S. 139).

Erikson hat das Modell der psychosozialen Entwicklung überwiegend auf klinische Fälle, interkulturelle Beobachtungen (bei nordamerikanischen Indianern) und psychoanalytische Analysen der Biografien außergewöhnlicher Persönlichkeiten wie Luther und Gandhi gestützt (Erikson 1971, 2003). In seinem Hauptwerk *Kindheit und Gesellschaft* (1950/1999) behandelt er auch die vielschichtige Beziehung zwischen kindlicher Entwicklung und sozial-kulturellem Kontext sowie den Einfluss, den Erziehung und Bildung auf die Entwicklung haben. Ausgehend von der Praxis der Psychoanalyse befasst sich Erikson dabei mit „spezifischen Situationen, die nach Deutung und Abhilfe verlangten: Angst bei kleinen Kindern, die apathische Passivität der amerikanischen Dakota-Indianer, psychische Verwirrung von Kriegsteilnehmern, die Arroganz der jungen Nationalsozialisten" (Erikson 1999, S. 11).

3.3.1.2 Entwicklung der Identität: der Jugendliche auf dem Weg zur Selbsterkenntnis

Der Ich-Prozess der Identitätsbildung wurde von Erikson als das Charakteristische der Adoleszenz definiert. Allerdings ging er davon aus, dass der Samen für die Identitätsentwicklung in jungen Jahren gesät wird, wenn das Kind sich als einzigartiges und von den Eltern unterscheidbares Wesen zu begreifen beginnt (Erikson 1974). In diesem Lebensabschnitt beginnt das Kind mit der Entwicklung einer eigenen Identität, da die Imitation der Merkmale und Verhaltensweisen anderer keine Befriedigung mehr bereitet. Das Kind entwickelt ein wachsendes Bedürfnis, *seine* Welt in der ihm eigenen Weise zu formen. „Das bin ich und das kann ich und das macht mich aus" wird zur Ausgangsgrundlage für die Identitätsentwicklung im Kindergartenalter (Rochat 2003). Die Identitätsentwicklung im Kindesalter besteht aus einer Synthese

Abb. 3.11 © doble.d – Fotolia.com

der bis dahin entwickelten Fertigkeiten und Fähigkeiten, Überzeugungen und Identifikationen mit anderen zu einem kohärenten und einzigartigen Ganzen, das ein Fortbestehen der Vergangenheit gewährleistet und zugleich der Zukunft eine Richtung gibt (Marcia 1993). Den entscheidenden qualitativen Sprung in der Identitätsentwicklung unternimmt der Heranwachsende im Jugendalter, sofern er ein ausgeglichenes Verhältnis zwischen Identität und Verwirrung erreicht.

Der *Übergang vom Kindes- zum Jugendalter* bringt bei Mädchen und Jungen zwischen 11 und 14 Jahren sowohl in körperlicher als auch in sozial-emotionaler und kognitiver Hinsicht bedeutsame Veränderungen mit sich, die allgemein unter dem Begriff *Pubertät* subsumiert werden (Abb. 3.11).

Die Pubertät – biologisch, psychologisch und pädagogisch betrachtet

Die Pubertät gehört zweifellos zu den herausragenden Krisen, die an den Heranwachsenden und seine soziale Umwelt bis dahin nicht gekannte Anforderungen stellt und für Erzieher eine der ganz großen Herausforderungen ist. Körperlich handelt es sich um den Prozess, der zur Geschlechtsreife und Zeugungsfähigkeit führt. Physiologisch geht die Pubertät mit Veränderungen des Körpers einher (z. B. Ausprägung der sekundären Geschlechtsorgane, Menstruation). Es kommt bei Mädchen ab dem 10. Lebensjahr und bei Jungen ab dem 12. Lebensjahr zu einer deutlich erhöhten Konzentration der Geschlechtshormone Östrogen (bei Mädchen) und Testosteron (bei Jungen), die das Gefühlsleben kräftig durcheinanderwirbeln. Aber auch in sozialer Hinsicht stellt die Pubertät etwas Besonderes dar: Die pubertierende Person gehört noch nicht zu den Erwachsenen, sie gehört aber auch nicht mehr zu den Kindern. Hinzu kommt der Prozess der Befreiung aus der emotionalen Umklammerung der Eltern, wobei die einfache Daumenregel zu gelten scheint, dass dieser Prozess umso heftiger ausfällt, je stärker ein Kind gefühlsmäßig an die Eltern gebunden ist (Hülshoff 2006).

Beginn und Verlauf der Pubertät sind genetisch gesteuert, wobei nach neueren Studien dem sogenannten *Pubertätsgen* KiSS1, Produzent des Peptidhormons *Kisspeptin*, und dem KiSS1-Rezeptor besondere Bedeutung zukommen (Dungan et al. 2006; Silbereisen und Weichold 2008). Mit Beginn der Pubertät kommt es zu einer *Generalüberholung des Gehirns* (Fladung 2011), wie die Langzeitstudien von Giedd und Mitarbeitern (z. B. Giedd et al. 1999; Lenroot und Giedd 2006) zeigen. Betroffen ist von diesem Umbau vor allem der präfrontale Cortex, der Ort der Urteilsbildung, des vorausschauenden Planens, der Moral und des Denkens über das eigene Denken. In Langzeitstudien mit bildgebenden Verfahren stellte sich heraus, dass das Gehirn im Alter von 6 Jahren bereits etwa 95 % des Umfangs des Gehirns von Erwachsenen hat, aber in späteren Lebensphasen großen Umstrukturierungen unterworfen wird. Die Pubertät ist eine dieser Phasen, in denen das Gehirn einem *synaptischen Pruning* unterzogen wird, wobei mit Pruning der Abbau nicht genutzter Nervenzellen und die Verstärkung neuer gemeint ist (Förstl et al. 2006). Während der Pubertät kommt es zum verstärkten Neuaufbau von Zellensembles. Nach der Pubertät findet dann wieder ein Pruning statt (Choudhury et al. 2008), wobei das Prinzip gilt: Use it or lose it.

Für Neurologen ist der Befund klar: Die Pubertät ist eine biologisch bedingte Zeit des Umbaus des Denkens, Fühlens und der Anteilnahme am Leben anderer, die jeder Mensch durchläuft (Blakemore und Choudhury 2006). Für Eltern mag es ein Trost sein, dass das Benehmen und Verhalten des geliebten Kindes keine dauerhafte bösartige Veränderung der Psyche, sondern biogenetisch bedingt ist und vorübergeht. Die Pubertät hat den Zweck, dass sich das heranwachsende Kind emotional von den Eltern abkoppelt und zu einer eigenständigen Persönlichkeit heranreifen kann.

Die Pubertät ist eine biologische Notwendigkeit, um erwachsen zu werden und eine eigene Identität zu entwickeln.

Mit den Macken und Machtkämpfen des pubertierenden Nachwuchses umzugehen, fällt vielen Erziehern oft ausgesprochen schwer (obwohl sie selbst auch einmal in der Pubertät waren, was aber schon lange zurückliegt). Hier gilt eine einfache Daumenregel: Je mehr man als Erzieher über das Phänomen der Pubertät weiß, desto besser kann man dem Jugendlichen helfen, durch diese Phase hindurchzukommen. Ein im Hinblick auf diese Thematik lesenswertes Buch ist *Endlich in der Pubertät* von Dawirs und Moll (2011), das auf amüsante und zugleich nachdenkliche Weise von den Alltagsproblemen pubertierender Jugendlicher, ihren Sehnsüchten, Hoffnungen, Enttäuschungen und der ersten Liebe berichtet und – in die Erzählung eingebettet – auch auf neurobiologische Erklärungsansätze eingeht.

Aus entwicklungspsychologischer Sicht stellt die Pubertät eine Periode tief greifender psychischer Wandlungen dar. Es geht darum, ein Bewusstsein eigener, unverwechselbarer Identität zu entwickeln. Dieser *Prozess der Selbsterkenntnis*, der auf ein neues Selbstwertgefühl zielt, wird von dem *Prozess der Selbstgestaltung* begleitet, der darauf ausgerichtet ist, Individualität und Autonomie zu entwickeln. Dabei fühlen sich viele Jugendliche überfordert, so dass sie in eine ernst zu nehmende Krise geraten, die unter Umständen gesundheitsgefährdend werden kann. Aus der Unvereinbarkeit eigener Ansichten und denen der Umwelt kann leicht eine sogenannte Null-Bock-Haltung erwachsen.

Auf der Internetseite ► www.elternforen.com findet sich dazu eine aufschlussreiche Problembeschreibung einer ratsuchenden Mutter:

» Hallo, meine Tochter ist mit fast 17 ziemlich spät in der Pubertät. Dachte es gehe ohne ab. Sie hat den Realschulabschluss knapp geschafft und wusste erst nicht, was sie danach machen soll. Dann hat sie sich entschieden, eine Ausbildung zur GTA zu machen. Wir haben sie unterstützt bei der Bewerbung an den Schulen und sie hat dann eine Zusage erhalten. Doch jetzt nach 3 Monaten findet sie die Ausbildung doof. Es macht ihr keinen Spaß mehr und sie möchte das nicht mehr werden. Lehrer würden sie dauernd fertigmachen. Was sie stattdessen machen möchte, weiß sie allerdings auch nicht. Helfen beim Lernen will sie sich auch nicht lassen. Lust zum Lernen hat sie auch nicht. […] Sie hockt nur auf ihrem Zimmer und ist dauernd deprimiert. Die Gespräche mit ihr sind wie Achterbahn fahren. Spreche ich mit mir, nerve ich, tu ich es nicht, interessiere ich mich nicht für sie. Das Leben hat für sie keinen Sinn mehr; nur wenn sie zu ihrem Freund fährt oder er zu ihr kommt (100 km entfernt), geht es ihr besser. Ich habe wahnsinnige Angst, dass sie total abgleitet. Wäre über jeden Ratschlag dankbar.

Die Phase der Pubertät stellt in mehrfacher Hinsicht Weichen für den weiteren Lebensweg von jungen Menschen. Geraten sie hier in eine Krise, wäre es fatal, sie sich selbst zu überlassen und dem Risiko einer psychischen Erkrankung auszusetzen. Grundsätzlich aber gilt für die Pubertät, die ja biologisch unausweichlich ist, dass sie als Entwicklungschance und Zeit des Umbruchs zu betrachten ist. Denn mit zunehmender Kritikfähigkeit sucht der Jugendliche eigene Antworten auf Fragen nach dem Sinn des Lebens und der Zukunft, wobei er durchaus kritisch die Wertesysteme der Erwachsenen prüft. Gespräche mit Jugendlichen gewinnen an Qualität und Inhalt, sie werden kritischer und fordern die Erwachsenen zum Nachdenken heraus. Nach der Pubertät geht das Leben – mit verändertem Weltwissen und Wertesystem – weiter.

▪ Das Identitätsstatusmodell

Eriksons Theorie der psychosozialen Entwicklung hat auch in der Pädagogik große Beachtung gefunden, wobei das Augenmerk traditionell auf das Jugendalter gerichtet wurde. Dabei wurde vielfach auch der Schritt von der psychoanalytischen Fallanalyse zur hypothesenprüfenden Forschung vollzogen. In diesem Zusammenhang ist aus pädagogischer Sicht insbesondere die Forschung von Marcia zur *Identitätsentwicklung im Jugendalter* bemerkenswert, die auf dem *Identitätsstatusmodell* aufbaut (Marcia et al. 1993).

Diesem Modell liegen zwei Prozesse zugrunde: die *Erkundung* bzw. *Exploration* im Sinne eines Auslotens von alternativen Überzeugungen, Werten und Zielen und die *innere (Selbst-)Verpflichtung*, bestimmte Handlungsalternativen auszuwählen. Aus der Verknüpfung dieser beiden Prozesse resultieren verschiedene Ergebnisse, die den jeweiligen *Identitätsstatus* einer Person beschreiben (◘ Tab. 3.5).

Verlaufen die beiden Prozesse positiv, so erlangt das Individuum nach erfolgreicher Erkundung und Selbstverpflichtung *Identität*, was der weiteren Entwicklung die Richtung vorgibt. Verlaufen die Prozesse negativ, so tritt eine *Verwirrung* hinsichtlich der Identitätsbildung ein, und das Individuum sieht ohne weitere Erkundung keine Verpflichtung gegenüber Werten und Zielen, was entweder zu einem unbekümmerten Leben oder zu einem Gefühl der Leere führt. Diese beiden Zustände entsprechen den Erikson'schen Polen der Identitätsentwicklung im Jugendalter. Darüber hinaus unterscheidet das Identitätsstatusmodell zwei weitere Varianten: ein *Moratorium*[6] und den *Ausschluss* (*foreclosure*) von Alternativen. Das Moratorium ist eine Art Karenzzeit, in der das Individuum weiterhin verschiedene Alternativen auslotet und eine Verpflichtung gegenüber Werten und Zielen aufschiebt. Das *Ausschließen von Alternativen* (*foreclosure*) ohne vorherige Erkundung weist zwar auf eine positive Selbstverpflichtung hin und mag vordergründig zunächst zufriedenstellend erscheinen, führt aber auf Dauer zu Verbohrtheit und zur Festigung autoritärer Werte (Marcia et al. 1993).

◘ **Tab. 3.5** Das Identitätsstatusmodell von Marcia im Überblick

		Innere (Selbst-)Verpflichtung	
		Positiv	**Negativ**
Exploration	**Positiv**	Erzielte Identität *Entschiedenheit*	Moratorium *Unentschlossenheit*
	Negativ	Ausschluss (*foreclosure*) *Festgelegtheit*	Verwirrung *Orientierungslosigkeit*

Das Identitätsstatusmodell bezieht sich in erster Linie auf die *Struktur* der Identität, sagt aber wenig über den *Prozess* der Identitätsbildung aus. Mit den bei der Identitätsbildung beteiligten Prozessen haben sich verschiedene Autoren befasst. Grotevant (1987) beispielsweise versteht die Erkundung bzw. Exploration als eine Funktion von kognitiven Fähigkeiten (z. B. kritisches Denken, Problemlösen, Perspektivensetzung) und von Orientierungen (z. B. Unnachgiebigkeit, Verschleppung), die Individuen bei der Aufgabe der Identitätsbildung einbringen.

Das Identitätsstatusmodell von Marcia erwies sich nicht nur als eine erfolgreiche Erweiterung des Verständnisses der Konstrukte, die Erikson (1968) für das Jugendalter identifiziert und definiert hatte, sondern auch als eine weitreichende Initiative für die empirische Forschung. Diese geht allgemein davon aus, dass *Exploration, Verpflichtung* und *Identitätsstatus* für ideologische (z. B. religiöse, berufliche, politische Überzeugungen, Werte und Lebensstil) und zwischenmenschliche Bereiche (z. B. Kontakte, Freundschaft, Geschlechtsrollen, Familienbeziehungen, Freizeit) eine zentrale Rolle spielen. Dementsprechend groß war und ist die Resonanz des Modells in der Jugendforschung, so dass bis 2005 nach Schätzung von Sneed et al. (2006) mehr als 500 theoretische und empirische Veröffentlichungen sich explizit auf dieses Modell bezogen. Auch in der deutschsprachigen Jugendforschung spielt das Modell seit Anfang der 1990er Jahren eine wichtige Rolle (z. B. Gross 2000; Kapfhammer et al. 1993; Puffer et al. 2008). Die große Zahl an Einzeluntersuchungen zum Identitätsstatusmodell zog zahlreiche Metaanalysen nach sich, aus denen sich Entwicklungsmuster der Identitätsbildung und der Einfluss von Selbstwertgefühl, Ängstlichkeit, Kontrollüberzeugung,

6 Der von Marcia verwendete Begriff des Moratoriums entspricht allgemein dem Begriff des *psychosozialen Moratoriums* von Erikson zur Bezeichnung der Übergangsphase zwischen Kindheit und Erwachsenenidentität. Das psychosoziale Moratorium ist ein Entwicklungsspielraum, der auf den Erwachsenenstatus hinführt.

3

Tab. 3.6 Entwicklungsaufgaben im Erwachsenenalter. (Nach Havighurst 1971)

Lebensphase	Krisen (Erikson)	Entwicklungsaufgaben (Havighurst)
Jugendalter	Identität – Verwirrung	Ablösung von den Eltern, Identität in der Geschlechtsrolle, internationalisiertes moralisches Bewusstsein, Berufswahl
Frühes Erwachsenenalter (20–30)	Vertrautheit – Isolation	*Heirat, Geburt von Kindern, Arbeit/Beruf, Lebensstil finden*
Mittleres Erwachsenenalter (31–60)	Generativität – Stagnation	*Heim/Haushalt führen, Kinder aufziehen, berufliche Karriere*
Spätes Erwachsenenalter (ab 61)	Integrität – Verzweiflung	Energien auf neue Rollen lenken, Akzeptieren des eigenen Lebens, eine Haltung zum Sterben entwickeln

Autoritarismus, Ich-Entwicklung und Intimität für verschiedene Gruppen Jugendlicher und junger Erwachsener ableiten lassen (Kroger und Marcia 2011).

Marcia hat stets auf die pädagogische Relevanz des Identitätsstatusmodells verwiesen (z. B. Marcia 1986) und Implikationen für gezielte *Interventionen* in Erziehungs- und Bildungsprogrammen beschrieben. So warnte er z. B. davor, berufliche oder andere wichtige Bildungsentscheidungen in der frühen Jugendzeit zu erzwingen. Berufliche Ausbildungs- und Studiengänge sollten den Heranwachsenden reichlich *Gelegenheit für die Exploration* von Alternativen und Werten, also ein Moratorium, bieten, statt auf einen beschleunigten Abschluss zu drängen. In diesem Sinne wurde das Identitätsstatusmodell auch in der deutschsprachigen berufsbezogenen Pädagogik rezipiert, wobei neuerdings ein besonderer Schwerpunkt in förderpädagogischen Maßnahmen zur Verbesserung der Berufswahlkompetenz Jugendlicher liegt (Ahrens 2012; Bojanowski 2012). Mit dem Identitätsstatusmodell – so die Annahme der beruflichen Förderpädagogik – könnten pädagogische Fachkräfte berufsorientierte Angebote zur Verbesserung der Berufswahlkompetenz gezielter auf den einzelnen Jugendlichen abstimmen (Bojanowski 2005).

Allzu große Erwartungen in die Wirksamkeit kurzzeitiger Interventionen auf die Ausbildungsreife sollte man allerdings nicht haben, da die bisherige Forschung genügend Evidenz dafür erbracht hat, dass mit kurzzeitigen Spezialkursen selten Langzeiteffekte und -gewinne erzielt werden können (vgl. Ferrer-Wreder et al. 2002). Will man zur Verbesserung der Ausbildungsreife Jugendlicher beitragen, braucht man Geduld und längerfristige pädagogische Programme, die, wenn sie erfolgreich auf die Identitätsentwicklung von Jugendlichen einwirken sollen, auf bestimmte Identitätsausprägungen abgestimmt werden müssen (Kroger und Marcia 2011). Anzumerken ist, dass die Entwicklung nach dem Jugendalter weitergeht und Personen, selbst wenn sie am Ende der Jugendzeit eine Identität herausgebildet haben, im Erwachsenenalter oft auf den Moratoriumsstatus zurückfallen, um sich neu zu orientieren (Stephen et al. 1992).

3.3.1.3 Identititätskrisen des Erwachsenenalters

Theorien der Entwicklung über die Lebensspanne beschreiben auch Wachstum und Veränderung des Menschen im Erwachsenenalter (Robbins et al. 2003). Dies ist insofern bemerkenswert, als in unserem Kulturkreis die Vorstellung allgegenwärtig ist, dass beispielsweise die kognitiven Fähigkeiten des Menschen ihren Höchstpunkt erreichen, wenn die biologische Reifung endet, also im Alter von etwa 20 Jahren. Dementsprechend konzentrierte sich die Forschung zu altersbezogenen kognitiven Veränderungen lange Zeit auf die Entwicklung bis zum Erwachsenenalter. Mittlerweile liegt aber genügend Evidenz dafür vor, dass die Prozesse, die für die neurobiologische Reifung und Veränderung verantwortlich sind, d. h. die Zunahme an Synapsen, *Pruning* und *Myelinisierung*[7], sich über die Jugendzeit hinausgehend bis ins Erwachsenenalter fortsetzen (Sowell et al. 2003) und viel Spielraum für Identitätskrisen bieten. Das entspricht sowohl dem Stufenmodell der psychosozialen Entwicklung von Erikson als auch der pädagogischen Biografieforschung, die uns lehrt, dass sich jedes Lebensereignis im Erwachsenenalter zu einer Krise auswachsen kann, wenn es „als massive Drohung oder bereits erfolgte massive Minderung des Selbstwertgefühls empfunden wird" (Haußer 1995, S. 110).

Das Stufenmodell Eriksons unterscheidet drei *Stadien des Erwachsenseins* und weist diesen spezifische Entwicklungsaufgaben zu. Allgemein wird das Erwachsenenalter unterteilt in ein frühes (18 bis 35), mittleres (35 bis 65) und spätes (65 bis 80) Stadium, wobei die Zahlenangaben wieder nur als Richtwerte zu verstehen sind. Die Zeit nach dem 80. Lebensjahr gilt als hohes Alter. Für die verschiedenen Lebensphasen des Erwachsenenalters hat Havighurst (1971) die wesentlichen Entwicklungsaufgaben benannt (Tab. 3.6).

Die Entwicklungsaufgaben des Erwachsenenalters zeichnen sich im Vergleich zu denen der Adoleszenz durch eine Erweiterung und Ausdifferenzierung von Aufgaben, Kompetenzen und Ressourcen aus. Frühes und mittleres Erwachsenenalter, die zusammen vier Jahrzehnte umfassen, sind wesentlich durch Partnerschaft, Elternschaft und berufliches Fortkommen charakterisiert. Dabei steht anfangs die Konsolidierung der im Jugendalter gewonnenen Identität im Vordergrund, die in der Folgezeit aber immer wieder durch kritische Lebensereignisse in Frage gestellt wird. Dabei gibt es *normative*, die Mehrzahl der Erwachsenen betreffende Lebensereignisse (wie z. B. Elternschaft) und *nichtnormative Ereignisse* (z. B. der Tod eines minderjährigen Kindes).

7 *Myelinisierung* ist der Vorgang, durch den eine fetthaltige Schicht, *Myelin* genannt, um die Nervenzellen gebildet wird. Die Myelinisierung sorgt dafür, dass die Nervenzellen Informationen schneller weiterleiten, und erlaubt komplexere kortikale Verarbeitungsprozesse; Myelinisierung ist außerordentlich wichtig für ein gesundes Funktionieren des zentralen Nervensystems. Während der Kindheit läuft die Myelinisierung rasch ab und setzt sich im Jugendalter insbesondere im präfrontalen Cortex fort und beeinflusst entscheidend die kognitive Entwicklung in diesem Lebensabschnitt (Paus et al. 1999). Die Myelinisierung befähigt das Gehirn zu einem besseren Funktionieren, das sich auf Planen, Urteilen und Entscheidungsbildung bezieht. Außerdem hilft sie, Impulse effizienter zu hemmen und trägt dadurch zu größerer Selbstdisziplin bei.

▪ Krisen im frühen Erwachsenenalter

Ein der Norm entsprechendes kritisches Ereignis des mittleren Erwachsenenalters scheint für viele Menschen die mit vielen Klischees behaftete *Midlife-Crisis* zu sein, die im Lebensabschnitt zwischen 40 und 50 Jahren für Identitätsprobleme sorgt. Analog dazu wird seit geraumer Zeit auch von einer *Quarterlife-Crisis* gesprochen, die populärpsychologisch als *Sinnkrise der Mittzwanziger* begriffen wird (Robbins und Wilner 2003). Beide Begriffe gehören nicht zum feststehenden und definierten Bestand theoretischer Terme der Entwicklungspsychologie und -pädagogik, wohl aber der Therapeutik (Lachman 2004; Panchal und Jackson 2007) und der Sozialpädagogik (Arnold et al. 2006).

Nachdem die Ausbildungs- oder Studienzeit erfolgreich durchlaufen wurde, stellt das Berufs- und Privatleben bisher nicht gekannte Anforderungen an den Menschen. Neue Verantwortungen gekoppelt mit einem Praxisschock und die Erfahrung beruflicher Unsicherheit, das Erleben von Stagnation des beruflichen Fortkommens und, wenn es besonders schlimm kommt, Arbeitslosigkeit, Wechsel der Arbeitsstelle, Unglück in der Liebe rütteln an dem bisher gewonnenen Selbstbewusstsein und stürzen nicht wenige junge Erwachsene in eine Identitätskrise. Zum großen Teil ist der Stress, der mit der *Quarterlife-Crisis* zusammenhängt, finanzieller und beruflicher Natur. Berufe mit langfristigen Arbeitsverträgen sind eher selten geworden, ein Wechsel des Arbeitsplatzes oder gar des Berufs ist heutzutage öfter erforderlich als jemals zuvor. Der Konkurrenzkampf mit anderen Beschäftigten in einem Unternehmen ist ungleich größer als in den vergangenen Zeiten der Vollbeschäftigung. Dies alles kann (muss aber nicht) zum Auslöser einer Identitätskrise werden.

Aus sozialpädagogischer Sicht stellt die Quarterlife-Crisis eine *neue Zone der Verwundbarkeit* des jungen Erwachsenen dar, die „am entschiedensten durch die Entgrenzungstendenzen in der Arbeitsgesellschaft geprägt ist. Ist die Jugendphase noch weitgehend durch das Bildungswesen reguliert […] strukturieren derzeit die Entgrenzungstendenzen das junge Erwachsenenalter grundsätzlich um. Jungunternehmer stehen neben Studierenden, die weiterhin davon ausgehen, dass ihr Studium einen hohen gesellschaftlichen Status bringen wird, junge Mütter und Väter mit Halbtagsjobs, die die Sorge um ihre Kinder als gleichwertige Beschäftigung ansehen, finden sich genauso wie arbeitslose Singles, die für sich glauben, dass ihre Chancen ohnehin schon vertan sind" (Arnold et al. 2006, S. 177).

Mit dem Begriff der Quarterlife-Crisis wird die Identitätsproblematik der sogenannten Twenties auf den Punkt gebracht. Wie ihr pädagogisch wirksam zu begegnen ist, ist konkret schwer zu sagen. Allgemein werden eine kontinuierliche Kompetenzentwicklung, verbesserte Bedingungen der betrieblichen Weiterbildung und der Ausbau der Jugendberufshilfe in pädagogischen Beratungsstellen als Mittel empfohlen, der Identitätskrise der Endzwanziger zu begegnen. Es geht darum, „den Zusammenhang von Bildung, Beschäftigung und Arbeit neu zu bestimmen und gesellschaftlich neu auszurichten" (Arnold et al. 2006, S. 184).

Die im Zusammenhang mit der Quarterlife-Crisis genannten Anzeichen oder Merkmale einer Krise können über die gesamte Spanne des Erwerbslebens bis zum Übergang in den Ruhestand auftreten und Identitätskrisen heraufbeschwören. Empirisch gesichert ist eine Quarterlife-Crisis im frühen Erwachsenenalter nicht.

Im Unterschied zur populärpsychologischen Rede von der Quarterlife-Crisis stellt die Geburt des ersten Kindes und die damit verbundene Erfahrung von *Elternschaft* ein Ereignis dar, das sich tatsächlich zu einer Identitätskrise entwickeln kann, wenn die Unzufriedenheit mit den veränderten Lebensumständen auf Dauer die Glücksgefühle übertrumpft. Die Geburt des Kindes beeinflusst gewöhnlich die Entwicklungsperspektiven der Mütter stärker als die der Väter. Neben den vielen positiven Aspekten der Mutter- oder Vaterschaft gibt es zahlreiche Ursachen für eine stetig wachsende Unzufriedenheit mit der neuen Rolle und der damit verbundenen Verantwortung. Das neugeborene Kind bindet die Aufmerksamkeit der Mutter, und viele Dinge und Abläufe des Alltagslebens müssen völlig neu organisiert werden, um den Anforderungen der Betreuung des Neugeborenen zu genügen. In der partnerschaftlichen Beziehung ist weniger Zeit für Zweisamkeit und Intimität gegeben. Vor allem aber müssen finanzielle Belastungen für neue Aufwendungen bewältigt werden, und das oft bei gleichzeitigen Einbußen an Einkommen (vgl. Pinquardt und Silbereisen 2007).

Neben den Anforderungen, die durch die Geburt eines Kindes an junge Erwachsene herangetragen werden, treten oft auch *Probleme im Berufsleben*. Sich wiederholende Erfahrungen mit kritischen Ereignissen im Privat- und Erwerbsleben können sich mit der Zeit zu einer *erlernten Hilflosigkeit* auswachsen. Es erfolgt eine Übergeneralisierung von Situationen, in denen sich Personen mit Bedingungen konfrontiert sehen, denen gegenüber sie sich hilflos fühlen oder tatsächlich hilflos sind. Dazu gehört wiederholtes Versagen in Leistungssituationen, Mobbing und Behinderung der eigenen Entwicklung durch andere.

Um mit kritischen und das Selbstwertgefühl verletzenden Situationen fertig zu werden, wenden die Betroffenen unterschiedliche Strategien an. Eine besteht in der *Abwehr* im Sinne der Vermeidung einer bewussten Auseinandersetzung mit dem Gegenstand und Verschieben ins Unbewusste, eine andere Strategie ist die der *kognitiven Umstrukturierung* als Änderung, Anpassung oder Aufgabe von Zielen, Werthaltungen, Interessen und Einstellungen.

In der Pädagogik werden verschiedene *Coaching*-Ansätze zur Bewältigung von Identitätskrisen empfohlen (vgl. Stapleton 2012), deren Ziel im Herausbilden der Fähigkeit besteht, in Zukunft ähnliche krisenhafte Situationen besser bewältigen zu können. Es geht darum, auf Dauer die Kompetenz zur Bewältigung schwieriger Situationen und *Resilienz*, d. h. Widerstandsfähigkeit, zu entwickeln (Smith-Osborne 2007). Effektive Coaching-Ansätze zielen auf die Entwicklung von Selbstbewusstsein und Selbstvertrauen wie auch auf die Verbesserung der Fähigkeit, alternative Sichtweisen auf eine Situation einzunehmen und sie adäquat zu beurteilen. Zur Resilienzentwicklung gibt es eine ausgiebige Forschung, die zeigt, dass Widerstandsfähigkeit aus zweierlei erwächst: erstens aus der Fähigkeit einer Person, mit der Umgebung angemessen zu interagieren, und zweitens aus sozialen Prozessen, die entweder ein Wohlbefinden der Person begünstigen oder sie vor dem überwältigenden Einfluss von Risikofaktoren schützen (Richardson 2002). Zugleich zeigt die Forschung, dass mit der Entwicklung von Resilienz bereits im Kindes- und Jugendalter begonnen werden sollte, um den Heranwachsenden bei der Entwicklung individueller Bewältigungsstrategien in Familie und Schule zu helfen (Smith-Osborne 2007). Aber selbst im Falle, dass dies nicht geschieht, ist es für eine Förderung der Resilienzentwicklung durch geeignete pädagogische Maßnahmen auch im Erwachsenenalter nicht zu spät, denn Resilienz kann in allen Lebensphasen erworben bzw. eingeübt werden (Greene 2007). Menschen mit großer Resilienz sind die *Stehauf-Menschen*, die mit Krisen auch unter misslichen sozialen Bedingungen fertig werden, ohne psychischen Schaden zu nehmen.

> Ein Mann, der Herrn K. lange nicht gesehen hatte, begrüßte ihn mit den Worten: „Sie haben sich gar nicht verändert." „Oh!" sagte Herr K. und erbleichte (*Geschichten vom Herrn Keuner*, Brecht 2004).

3

▪ Krisen im mittleren Erwachsenenalter

Das herausragende Problem der *Persönlichkeitsentwicklung im mittleren Erwachsenenalter* scheint sich auf individuelle Konflikte zu beziehen, die aus dem Widerspruch zwischen der Erfüllung von Pflichten gegenüber der Familie (und dem Beruf) und den eigenen Bedürfnissen erwachsen (Lachman 2004).

Identitätsgewissheit, Generativität, Selbstsicherheit und Besorgnis über das Altern werden von Frauen im Alter von 40 Jahren stärker betont als im Alter von 30 Jahren (Stewart et al. 2001) – vielleicht wird Frauen deshalb ab 40 von der Kosmetikindustrie auch ein *Anti-Aging* mittels Cremes empfohlen. Das Ganze wiederholt sich dann zehn Jahre später wieder, indem die genannten Persönlichkeitsmerkmale wiederum stärker betont werden als mit 40 (Stewart et al. 2001) – und Frauen nun Kosmetikmittel für das Anti-Aging ab 50 angepriesen werden. Durchgängig, d. h. über die verschiedenen Zeitpunkte hinweg, besteht nach Stewart et al. ein deutlich positiver Zusammenhang von Identitätsgewissheit, Generativität und Selbstsicherheit mit dem Wohlbefinden der Frauen, während Besorgnis negativ mit dem Wohlbefinden zusammenhängt.

Viele Erwachsene bemerken ab einem gewissen Alter eine zunehmende Vergesslichkeit, was sie als irritierend und gelegentlich belastend empfinden. An solche Personen ist ein Werbespot im Fernsehen gerichtet, in dem ein etwas älterer Herr von einem Bekannten begrüßt wird, sich aber an dessen Namen nicht mehr erinnert. Peinlich! Wir halten das eher für normal und bemerkenswert, dass sich der Herr an das Gesicht des Bekannten erinnert. Denn nach den Ergebnissen einer sehr umfangreichen Studie von Germine et al. (2011) lässt die Fähigkeit, Gesichter zu erkennen und sich an sie zu erinnern, im mittleren Erwachsenenalter allmählich ebenso nach wie das Erinnerungsvermögen an Namen. Ob dem mittels Medikamenten wirksam begegnet werden kann, wissen wir nicht. Was wir wissen, ist, dass mit dieser *alterskorrelierten Vergesslichkeit* noch andere Faktoren (z. B. komplexe soziale Verpflichtungen, nachlassendes Tempo bei der Erledigung kognitiver Aufgaben) einhergehen, die Männer in die Krise stürzen.

> Der 40. Geburtstag markiert eine Grenze. Wir sind nicht mehr ganz jung – und noch nicht wirklich alt. Das merken wir schon, wenn wir nach dem Aufstehen das Radio einschalten. Der Beatles-Kanal mit den Oldies ist nichts für uns. Zu lahm. Aber auch die aufgekratzte Morning-Show nicht: zu schnell, zu laut, zu doof. Im Zweifelsfall hören wir die CD von „Pettersson und Findus", weil unser Kind darauf besteht. Es geht weiter beim Joggen. Vorher muss ich mich neuerdings warmmachen. Ich will ja nicht nach hundert Metern mit einer Zerrung humpelnd umkehren – vor allem nicht, wenn die Nachbarn auf dem Balkon frühstücken. Nordic Walking kommt allerdings nicht in Frage. Ist doch was für Rentner. Im Moment ziehe ich mir noch einen hellblauen Stützverband übers Knie. Sieht erbärmlich aus, soll aber gegen Gelenkschmerzen helfen. Das hat mein Orthopäde gesagt, der ein paar Jahre jünger ist als ich. Wie übrigens alle anderen auch: zum Beispiel die Grundschullehrerin meiner Tochter und die Tagesthemen-Sprecherin und der Bankberater, der mit Anfang dreißig angeblich genau weiß, was für mein Portfolio gut sein soll. Immerhin habe ich eins. Bei der Arbeit dasselbe Bild: Mein Chef ist auch jünger als ich. Sieht zum Glück aber älter aus (Marquart 2009, S. 10 f.).

Was Marquart in amüsanter Weise schildert, heißt populärpsychologisch *Midlife-Crisis* und wird eigentlich nur auf Männer bezogen. Viele Männer bekommen plötzlich Torschlusspanik. Wer mit 40 noch keine Familie gegründet hat, wird es vielleicht nicht mehr tun. Wer mit 40 nicht Chef in seinem Unternehmen ist, wird es nicht mehr werden. Ab 40 zählen viele Männer zurück und fragen sich, was wirklich wichtig ist: Familie, Karriere, Freunde, Religion, Hobby?

Dem populärpsychologischen Begriff der Midlife-Crisis liegt die Annahme zugrunde, dass die meisten Menschen ihr Dasein nach *einem* Lebensziel ausrichten. Bei aller individuellen Unterschiedlichkeit wird ab einem bestimmten Alter darüber nachgedacht, wie groß die Chancen sind, dieses Lebensziel noch zu verwirklichen, was zu Verstimmungen und Unsicherheiten hinsichtlich der eigenen Identität und Rolle in Familie, Beruf und Sozialleben führen kann. Wie viele Männer in ihrer Lebensmitte tatsächlich in eine Identitätskrise geraten, ist kaum einzuschätzen. Spezifische Ursachen sind aber weder im biologischen noch im psychosozialen Bereich exakt definierbar. Eine Midlife-Crisis im mittleren Mannesalter lässt sich weder durch empirische Forschung der Entwicklungspsychologie noch durch die pädagogische Biografieforschung belegen (vgl. auch Faltermaier et al. 1992). Mit dem Begriff der Midlife-Crisis werden eher Rollen- und Identitätswechsel des erwachsenen Mannes thematisiert als psychobiologische Entwicklungsprozesse.

Nachdem wir mit der Thematisierung von Quarterlife- und Midlife-Crisis dem Zeitgeist Tribut gezollt haben, wollen wir zu wirklich bedeutsamen Krisen des Erwachsenenalters zurückkehren. Das mittlere Erwachsenenalter ist laut Erikson durch die Entwicklungsaufgabe *Generativität vs. Stagnation* und mit dem Ergebnis *Reproduktivität und Fürsorge* charakterisiert.

Tatsächlich bringt der *Wechsel zum Erzieher* als Folge der Geburt eines Kindes relativ viel Zündstoff für Konflikte in der Partnerschaft und im Verhältnis zum Nachwuchs mit sich, dessen Pflege und Erziehung zu der herausragenden Entwicklungsaufgabe des mittleren Erwachsenenalters wird. Eltern haben meistens den Anspruch, gute Eltern zu sein, und nehmen bereitwillig die Herausforderung an, den Kindern Kompetenzen zu vermitteln, die sie in die Lage versetzen, sich im späteren Leben zu behaupten. Eltern stimmen auch darin überein, dass die Erziehung einen entscheidenden Beitrag zur Persönlichkeitsentwicklung der Kinder leistet; dennoch fühlen sich viele Erwachsene stark verunsichert, welche Erziehungsmaßnahmen und -stile anzuwenden sind, da es ihnen in Erziehungsfragen selbst an Orientierung fehlt.

Abgesehen von vereinzelten Bildungsangeboten der Volkshochschule oder anderer Einrichtungen der Erwachsenenbildung bereitet eigentlich niemand die jungen Erwachsenen auf die Aufgaben der Kindererziehung vor. Allgemein wird davon ausgegangen, dass der Mensch von Natur aus die Kunst der Erziehung beherrscht, da er ja selbst auch erzogen wurde. Dementsprechend orientieren sich die meisten Eltern an ihren eigenen Vorstellungen, welches Vorgehen sie für richtig halten in der Erziehung der Kinder. Im Allgemeinen geht das ja auch gut aus, sofern die Eltern imstande sind, sich auf die Anforderungen der Erziehungsaufgaben flexibel einzustellen. Doch gibt es Erziehungsstile, die kontraproduktiv sind und das Gegenteil dessen bewirken, was angestrebt wird. Darauf werden wir in ▶ Kap. 4 im Zusammenhang mit der Sozialisation im Elternhaus ausführlicher eingehen.

Obwohl die meisten Eltern die Aufgabe der Erziehung und Pflege ihres Nachwuchses erfolgreich zu meistern imstande sind, stellen viele von ihnen bei Vergleichen mit anderen Eltern und deren Erziehungsmethoden die eigene Erziehungskompetenz in Frage. Vor allem bei unerfahrenen Eltern können rasch Versagensängste und Unsicherheiten hinsichtlich der Kindererziehung auftreten und zu einer Identitätskrise beitragen. Auch der Anspruch, nicht nur gute, sondern perfekte Eltern zu sein, behindert Mütter und Väter bei der Erziehung.

Elternseminare mit dem Ziel, Mütter und Väter in der Bewältigung der Erziehungsaufgabe, die für sie eine Entwicklungsaufgabe darstellt, zu stärken, werden in der pädagogischen Literatur seit Jahren propagiert (z. B. Schopp und Wehner 2006) – vor allem im Hinblick auf die für Eltern und Jugendliche gleichermaßen kritische Lebensphase der Pubertät, die nicht selten zu großen und unüberwindbaren Konflikten zwischen Vätern und Müttern ausufern können. Aus unserer Sicht stellt die Elternschaft im Erwachsenenalter eine Entwicklungsaufgabe dar, zu deren Bewältigung die Erwachsenenpädagogik mit unterschiedlichen Maßnahmen und Programmen einen wesentlichen Beitrag leisten kann, um Erwachsene auf die komplexen Anforderungen der Elternschaft vorzubereiten.

▪ Spätes Erwachsenenalter

Wie der Übergang zur Elternschaft den jungen Erwachsenen oft unvorbereitet trifft, so auch die Endphase der sogenannten besten Jahre des Menschen und der Übergang zum Lebensabschnitt des späten Erwachsenenalters. Eingeleitet wird dieser Übergang bei der Frau durch die *Menopause*, die durchschnittlich im Alter von 50 Jahren eintritt und das Klimakterium zur Folge hat, das, wie die synonyme Bezeichnung *Wechseljahre* besagt, längere Zeit – manchmal mehrere Jahre – dauert und neben den mitunter lästigen körperlichen Symptomen auch zahlreiche psychosoziale Belastungen mit sich bringt. Aus biologischer Sicht stellt das Klimakterium genauso wie die Pubertät eine normale Entwicklungsphase dar und wie die Pubertät sind die Wechseljahre mit einer hormonellen Umstellung verbunden, die zu einer ausgeprägten Instabilität des Gefühlslebens (z. B. verstärkte Ängstlichkeit, depressive Gemütszustände, Reizbarkeit), seelischen Erschöpfungszuständen (Burnout) und Apathie, Interesse- und Freudlosigkeit sowie Konzentrationsstörungen und Vergesslichkeit führen (können).

Manches spricht übrigens dafür, auch beim Mann von einem *Klimakterium* als Pendant zum Klimakterium der Frau auszugehen, um damit den Lebensabschnitt zu bezeichnen, in dem der Testosteronspiegel abnimmt und häufig kritische psychosoziale Belastungen auftreten (Hansen 2006).

Für Frauen und Männer hat der Lebensabschnitt zwischen 45 und 55 einige Entwicklungsbesonderheiten. Zu den biologischen Faktoren des Klimakteriums gesellen sich in aller Regel gravierende *Veränderungen im sozialen Umfeld*, die nicht selten als einschneidende und kritische Ereignisse wahrgenommen werden.

Nach und nach verlassen die Kinder das Haus, was das *Empty-Nest-Syndrom* (Leeres-Nest-Syndrom) nach sich zieht (Papastefanou 1997) und bei stark familienorientierten Frauen aufgrund des Wegfalls einer ihrer wichtigsten identitätsstiftenden Aufgaben das Gefühl entstehen lässt, nicht mehr gebraucht zu werden. Depressivität, Trauer und eine Identitätskrise sind oft die Folge. Väter haben demgegenüber mit dem Auszug der Kinder weniger Probleme, aber bei hohem beruflichem Engagement kann sich das Gefühl einschleichen, das Aufwachsen der Kinder versäumt und die Vaterrolle nicht adäquat ausgefüllt zu haben (Pinquardt und Silbereisen 2007). Zu dem Empty-Nest-Syndrom gesellen sich im Leben der Frauen während der Wechseljahre nicht selten weitere Risiken für die Identität, wie z. B. eine zunehmende Entfremdung vom Partner (verbunden mit Trennungs- und Scheidungsgedanken), die subjektive (von anderen nicht nachvollziehbare) Meinung, körperliche Attraktivität verloren zu haben, Rückkehr zur vollen Berufstätigkeit oder zunehmende häusliche Zurückgezogenheit und Verlust sozialer Kontakte. Im Verbund mit einem Rückgang der Libido, dem Tod der Eltern und dem Nachdenken über die Endlichkeit der eigenen Existenz können sich die verschiedenen Veränderungen im psychosozialen Bereich zu einer enormen Identitätskrise aufschaukeln (Banger 2001). Vor allem Frauen mit geringerer Schulbildung und daher ohne Ausweich- und Ausgleichmöglichkeiten scheinen von einer solchen Identitätskrise während des Klimakteriums stärker betroffen zu sein (McQuaide 1998).

Neben dem Bildungsniveau und dem sozioökonomischen Status sind aus entwicklungspädagogischer Sicht vor allem zwei Aspekte hervorzuheben, die den Umgang mit den Wechseljahren beeinflussen: die *Einstellung zum Alter(n)* und das *Rollenverständnis*. Recht pauschal kann man sagen, dass es drei Varianten der Einstellung zum Älterwerden gibt:

1. die körperlichen und psychosozialen Veränderungen werden akzeptiert,
2. sie werden ignoriert, und die Frauen leben so weiter wie bisher, ohne sich allzu viele Gedanken um die Wechseljahre und ihre Folgen zu machen,
3. das Älterwerden wird als Bedrohung empfunden und eine ausgeprägte Furcht vor körperlichem Verfall und Verlust an Attraktivität nagt am Selbstwertgefühl.

Resiliente Frauen kommen mit den Anforderungen und Belastungen des Klimakteriums relativ leicht zurecht, weniger resiliente Frauen benötigen Unterstützung bis hin zu psycho- und soziotherapeutischen Maßnahmen. Obwohl die nachlassenden Sexualsteroidspiegel im Klimakterium zu altersbezogenen Veränderungen in der Resilienz führen (Känel 2011), gilt die entwicklungspädagogische Faustregel, dass Resilienz in allen Lebensphasen erworben bzw. eingeübt werden kann – also auch in der Zeit des Klimakteriums. Dabei geht es darum, ein Bewusstsein zu entwickeln, dass dieser Lebensabschnitt nicht als drohender Verlust von Jugend, Attraktivität, geistiger, körperlicher

3

Tab. 3.7 Entwicklungsaufgaben des späten Erwachsenenalters

Autor	Entwicklungsaufgaben	
Erikson (1988)	*Ich-Integrität vs. Verzweiflung*	
Havighurst (1972)	– Anpassung an abnehmende körperliche Leistungsfähigkeit und Gesundheit – Anpassung an den beruflichen Ruhestand und an ein vermindertes Einkommen – Anpassung an den Partnerverlust – Akzeptieren des Status eines älteren Menschen und Bejahung der Zugehörigkeit zu dieser Altersgruppe – flexible Veränderungen des Rollenrepertoires	
Barrett (1972)	*Regressive Entwicklungsaufgaben* – Akzeptieren und Anpassen an einen geschwächten Körper – Anpassung an eine Veränderung und Einschränkung der Sexualität – Neuorientierung der Lebensweise bezüglich der Dimension Abhängigkeit vs. Unabhängigkeit – Annahme einer neuen Rolle innerhalb der Familie – Akzeptieren, dass man zunehmend von der Rolle des Gebenden in die des Nehmenden wechselt – Rückorientierung auf die primäre soziale Gruppe	*Kompensatorische Entwicklungsaufgaben* – Entwicklung neuer Freizeitbeschäftigungen in Abstimmung auf veränderte Fähigkeiten – Entwicklung neuer beschäftigungs- und tätigkeitsbezogener Kompetenzen – Anpassung der Ernährungsgewohnheiten an veränderte Erfordernisse – Anpassung an veränderte Umweltgegebenheiten – Anpassung an veränderte soziale Gewohnheiten und Sitten – Suche nach einem neuen sozialen Status – Veränderung des Selbstkonzepts

und sexueller Leistungsfähigkeit empfunden wird und damit zu einer Minderung oder einem Zusammenbruch des Selbstwertgefühls führt.

Niemand ist gegen die Schwierigkeiten des mittleren Lebensalters gefeit, aber Frauen und Männer, die ein Gefühl von Beherrschung und Kontrolle entwickeln, sind weit besser imstande, die an sie herangetragenen Herausforderungen anzunehmen und effektive Strategien zu entwickeln, um den Stress der Wechseljahre zu reduzieren oder adäquat damit umzugehen (Lachman und Firth 2004). Mit einer gut entwickelten Identität, einem stabilen Selbstbewusstsein und ausreichender Widerstandsfähigkeit, die trainierbar ist, meistern die meisten Menschen die Entwicklungsaufgaben der mittleren Erwachsenenzeit und werden auf vielerlei Weise mit den gestellten Anforderungen fertig (Lachman 2004; McQuaide 1998). In diesem Zusammenhang ist z. B. darauf hinzuweisen, dass die in der Literatur für das mittlere Lebensalter häufig angeführte Verringerung der partnerschaftlichen Beziehungen pauschal nicht zutrifft. Wird die Ehequalität im Längsschnitt und über längere Zeitspannen untersucht, zeigt sich wie in einer Studie von Stegmann und Schmitt (2006), dass die Zufriedenheit von Frauen und Männern mit der partnerschaftlichen Beziehung in allen Bereichen deutlich höher ist als vielfach angenommen wird.

▪ Krisen im späten Erwachsenenalter

Nach Partnerschaft und Elternschaft ist die *Großelternrolle* für viele Menschen die drittwichtigste Rolle in ihrem späten Lebensabschnitt (Pinquardt und Silbereisen 2007), was man aber nicht zu eng sehen sollte, wie der Sänger Udo Jürgens in dem Song *Mit 66 Jahren fängt das Leben an* meinte. Die Senioren sind die zurzeit zahlenmäßig zweitstärkste Gruppe der Bevölkerung in Deutschland, Österreich und der Schweiz. Ihr schreibt Erikson die Entwicklungsaufgabe *Integrität vs. Verzweiflung* zu, die zur Grundtugend der *Weisheit und Entsagung* führt. Andere Entwicklungsaufgabe im späten Erwachsenenalter wurden von Havighurst (1972) und Barrett (1972) genannt (Tab. 3.7).

Der letzte Lebensabschnitt stellt den Menschen vor die Aufgabe, eine Bilanz seines Lebens zu ziehen. Hat der Mensch im Verlaufe seines Lebens Integrität gewonnen, wird er den eigenen Lebenszyklus als sinnhaft beurteilen. Wenn nicht, tritt *Verzweiflung* ein. Wird diese Endphase des Lebens erfolgreich gemeistert, erzielt der Mensch das, was Erikson *Weisheit* nennt. Anlässlich seines 80. Geburtstags am 23. Februar 1963 schrieb der Philosoph Karl Jaspers der befreundeten Hannah Arendt einen Brief, in dem es hieß:

» Auch war die Feier anders als am 70. Geburtstag. Man kann nicht wiederholen. Es gibt nur einen Altersgeburtstag und das ist der 70. Der 80. ist für die, die ihn erleben, ein stiller Nachzügler, da ist man fast schon nicht mehr da, für die Welt allenfalls eine Erinnerung. Es gilt doch das Bibelwort: Das Leben währet siebenzig Jahr. Das ist eine qualitative, nicht eine quantitative Aussage (zit. n. Kruse 2007b, S. 336).

Hannah Arendt (23 Jahre jünger als Jaspers) antwortete auf diesen Brief folgendermaßen:

» Ich will versuchen, Sie zu überzeugen, daß Sie über das Alter irren. [...] Das Bibelwort stimmt zwar, aber es hat sich rein faktisch alles um ca. 10 Jahre verschoben – denken Sie an die vielen 80-Jährigen, die heute aktiver sind als die 70-Jährigen vor 30 Jahren. Außerdem soll man in solchen Dingen keine Vorurteile haben, sondern es nehmen, wie es gegeben wird. Sie sind unverändert, nicht nur in dem, was man geistige Frische nennt, sondern auch in dem Aufnehmen, in der Wachheit, in der Weltoffenheit (zit. n. Kruse 2007b, S. 336).

Was Arendt hier in Bezug auf die geistige Frische des 80-jährigen Freundes feststellte, stimmt mit Befunden der gerontologischen Forschung überein, die zeigen, dass die natürlichen körperlichen Auswirkungen des Alterns nicht übertragbar sind auf kognitive Leistungen, strategisches Handeln und die Widerstandsfähigkeit

(Resilienz) bei emotionalen Belastungen. In zentralen Merkmalen der seelisch-geistigen Dimension sind fast keine oder nur vergleichsweise geringe Abnahmen der Leistungsfähigkeit gegenüber dem mittleren Erwachsenenalter feststellbar (Brandstädter 1999; Krampe und Baltes 2003). Das heißt nicht, dass im späteren Erwachsenenalter keine Veränderungen des Erlebens und Verhaltens mehr erkennbar sind, da die erfolgreiche Bewältigung neuer Aufgaben und Anforderungen auch im späten Lebensalter eine progressive Differenzierung der Identität erfordert. Diese geschieht aber nicht in sprunghaften Veränderungen, sondern kontinuierlich unter Bezugnahme auf Erfahrungen in früheren Lebensphasen (vgl. Kruse 2005). Das Charakteristische des späten Erwachsenenalters scheint nachgerade in *Kontinuität und Wandel* zu liegen: Einerseits bleiben grundlegende Persönlichkeitseigenschaften (z. B. Extraversion) bis ins hohe Alter vergleichsweise stabil, während andererseits die gestellten Entwicklungsaufgaben eine neue Lebensperspektive bedingen, um die besonderen Anforderungen des Alters, aber auch neue Möglichkeiten des Erlebens und Verhaltens zu erkennen und zu nutzen. Gelingt es dem alten Menschen, über die Fixierung auf berufliche Interessen, den eigenen Körper und die Beschäftigung mit sich selbst hinauszuwachsen bzw. sie zu *transzendieren* (Peck 1977), wird er in der Lage sein, die eigene Verletzlichkeit und Endlichkeit des Daseins zu akzeptieren. Das entspricht dem, was Erikson als letzte Entwicklungsaufgabe des Menschen beschrieben hat: der Kampf um Integrität und gegen die Verzweiflung. Dies schließt die Fähigkeit des alten Menschen ein, den baldigen Tod zu akzeptieren sowie sich auf das Sterben vorzubereiten und es selbstverantwortlich zu gestalten (Kruse 2007a). Hilfreich ist dabei die auch im hohen und sehr hohen Alter gegebene psychische Widerstandsfähigkeit (Resilienz). Es mag jüngere Menschen erstaunen, aber trotz der Verluste während des letzten Lebensabschnittes ist die Lebenszufriedenheit der Menschen im Durchschnitt nicht geringer, und Belastungsstörungen treten auch nicht häufiger auf als bei jüngeren Menschen (vgl. Staudinger 2008).

Aus entwicklungspädagogischer Sicht gilt für die Phase des späten Lebensalters – wie auch für die früheren Phasen – die Daumenregel, dass Prävention stets effektiver ist als Rehabilitation. In diesem Zusammenhang ist es bemerkenswert, dass der Gerontologe Andreas Kruse (2008) die Prävention nicht nur auf medizinische Aspekte beschränkt, sondern fordert, auch soziologische und psychologische Perspektiven zu berücksichtigen, womit er die Verringerung bestehender sozialer Ungleichheiten in den materiellen Ressourcen, Bildungsressourcen und der gesundheitlichen Versorgung der alten Menschen anspricht.

Eine zentrale Komponente der Prävention ist die Vermittlung von Kompetenzen, die für die selbstständige und selbstverantwortliche Lebensführung wie auch für die soziale Integration und Kommunikation im Alter bedeutsam sind. Im Hinblick auf dieses Leitbild – wie auch auf das Leitbild des lebenslangen Lernens – sind empirische Befunde von Bedeutung, die auf die neuronale Plastizität (die Anpassungsfähigkeit der Nervenzellen) und damit auf die Lern- und Veränderungskapazität des Menschen über den gesamten Lebenslauf hindeuten. Aus diesem Grunde sind generationenübergreifende Bildungsangebote wichtig, die ausdrücklich auch die Bildungsinteressen älterer Menschen ansprechen (Kruse 2008). Kruse schreibt der Pflege der kreativen Potentiale im Alter eine besondere Bedeutung für die Erhaltung der kognitiven Leistungsfähigkeit zu. Zum Thema *Lernen und Bildung im späteren Lebensalter* hat eine Projektgruppe an der Universität Graz eine lesenswerte Broschüre verfasst (Waxenegger 2011).

Abgesehen von den üblichen Einschnitten und Veränderungen, die das Leben mit sich bringt, kann man das Erwachsenenleben als einen fortlaufenden Entwicklungsprozess betrachten, dessen Anforderungen von den meisten Erwachsenen gut bewältigt werden. Herbert Grönemeyer hat es 1998 in seinem Lied *Bleibt alles anders* auf den Punkt gebracht:

» Es gibt viel zu verlieren, du kannst nur gewinnen.
Genug ist zu wenig – oder es wird so wie es war.
Stillstand ist der Tod, geh voran, bleibt alles anders.

■ Zusammenfassung

Die Vorstellung, dass das Leben als eine Aufeinanderfolge subjektiv bedeutender Stufen und Phasen zu begreifen ist, kann zurückverfolgt werden bis in die Frühgeschichte der Menschheit und taucht immer wieder als Motiv in vielen literarischen, religiösen und philosophischen Schriften auf. Entwicklungstheorien gehen grundlegend von der Annahme aus, dass sich die menschliche Ontogenese als Folge zwingend notwendiger Entwicklungsstufen vollzieht, die zwar relativ stabil sind, aber durch eine zeitweilige Krisenanfälligkeit während der Übergänge von einer Stufe zur anderen gekennzeichnet sind. Die Bewältigung der stufenspezifischen Anforderungen und Konflikte ist die Voraussetzung für den Übergang zur nächsten Stufe.

Die Entwicklungspädagogik ist wie die Entwicklungspsychologie der Lebensspanne im Grunde nichts anderes als eine heuristische Grundorientierung, die besagt, dass Entwicklung ein lebenslanger Prozess ist, der nicht auf einzelne Lebensabschnitte beschränkt ist, sondern sich erst erschließt, wenn der gesamte Lebenslauf eines Menschen in Betracht gezogen wird. Grundsätzlich ist die Entwicklung über die Lebensspanne als eine Wechselwirkung biologischer, personaler und sozialer Faktoren zu begreifen, die den Menschen in die Lage versetzen, seine persönliche Entwicklung im Rahmen sozial-kultureller Spielräume selbst zu gestalten. Die Entwicklung über die Lebensspanne ist ein dynamischer und plastischer Prozess, der kontextgebunden und umweltoffen zugleich ist; dementsprechend sind Entwicklungsveränderungen im Lebenslauf eines Menschen wesentlich von dem spezifischen Arrangement von Entwicklungsangeboten der sozial-kulturellen Umwelt abhängig. Das eröffnet auch die Möglichkeit, z. B. mit pädagogischen Maßnahmen auf Entwicklungsveränderungen einzuwirken und den Prozess der Ontogenese (bis zu einem gewissen Ausmaß) zu steuern. Spielräume und Möglichkeiten einer pädagogischen Intervention auszuloten, ist eine wesentliche Aufgabe der entwicklungspädagogischen Forschung.

Entwicklung als persönlich und sozial-kulturell regulierbarer Prozess ist ihrem Wesen nach auf die Bewältigung von Entwicklungsaufgaben eines jeden Lebensabschnittes ausgerichtet. Dabei mischen sich erwünschte und unerwünschte, kontrollierte und unkontrollierte, vorhergesehene und unvorhergesehene Ereignisse auf eine Weise, so dass zu allen Zeiten des Lebenslaufs altersgradierte *Krisen* entstehen, deren Bewältigung darauf zielt,

3

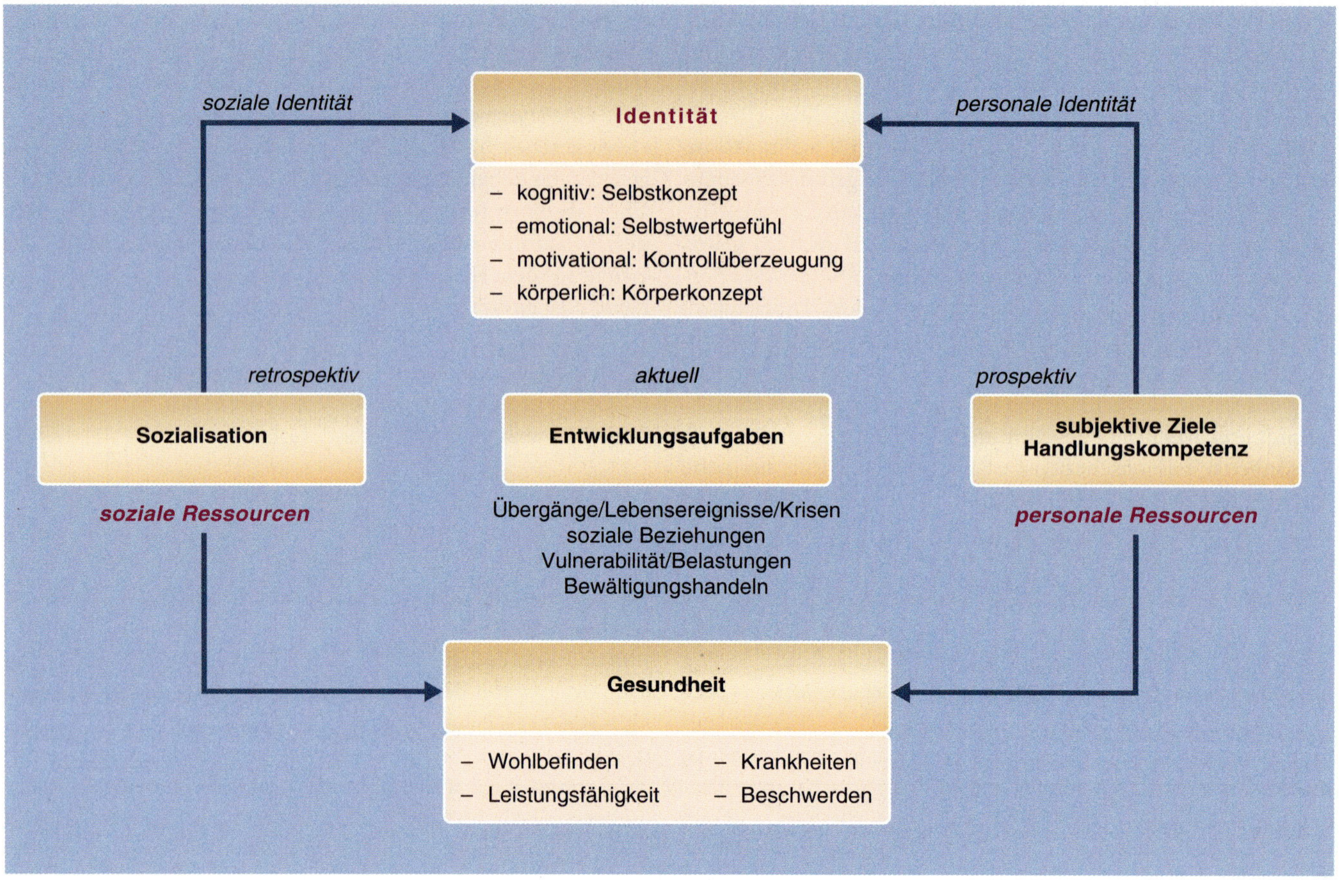

Abb. 3.12 Entwicklungsaufgaben und Krisenbewältigung

Gewinne und Verluste auszubalancieren. Als prototypischer Auslöser für Krisen gelten *kritische Lebensereignisse*, die von der betroffenen Person als Einschnitte, Übergänge oder Zäsuren im Lebenslauf betrachtet werden und erhebliche Anpassungsleistungen erfordern (Filipp 1995). Das kritische Ereignis wird als akute, aber zeitlich begrenzte Bedrohung wahrgenommen, wenn die Person nicht über geeignete Bewältigungsmöglichkeiten und eine hinreichende Widerstandsfähigkeit verfügt (Berger und Riecher-Rössler 2004). Personen mit Hilfe pädagogischer Maßnahmen zur Bewältigung von Krisen in den verschiedenen Lebensabschnitten zu qualifizieren und sie zu Resilienz zu befähigen, zieht sich wie ein roter Faden durch unsere entwicklungspädagogische Argumentation, die in Abb. 3.12 grafisch zusammengefasst ist.

Die Ausführungen in diesem Kapitel haben deutlich zu machen versucht, dass in dem Maße, wie sich die Lebensspanne vergrößert hat, auch die Grenzen zwischen den altersgradierten Phasen der Entwicklung zunehmend elastisch geworden sind. Das hat die Frage aufgeworfen, ob Theorien der Entwicklungsstufen überhaupt noch relevant und zutreffend sind. Wir vertreten die Auffassung, dass sie trotz aller Bedenken als eine grobe Richtschnur in Bezug auf die durchschnittlich zu erwartende Entwicklung eines Menschen in seinem Lebenslauf dienen.

3.3.2 Phasenmodell der intellektuellen Entwicklung

Der Schwerpunkt des von Jean Piaget entworfenen Stufenmodells liegt auf der kognitiven Entwicklung bis ins frühe Jugendalter und baut auf der genetischen Epistemologie auf, nach deren Verständnis das Wachstum menschlichen Bewusstseins in der Herausbildung und progressiven Differenzierung kognitiver Invarianten (Schemata) besteht. Sie ermöglichen dem Individuum, inmitten ständiger Veränderungen der Umwelt einen eigenen Standpunkt für die erforderlichen Anpassungen an die Umwelt und eine Identität zu finden. Piaget legt einen Begriff der Entwicklung zugrunde, der verschiedene Stufen bzw. Phasen vorsieht, die in einer unveränderlichen Anordnung auftreten. Dabei gilt,

- dass die jeweils niedrigere Stufe in die nächsthöhere(n) integriert wird,
- dass jede Stufe ein bestimmtes kognitives Potential bereitstellt, das Voraussetzung zur Erreichung der nächsten Stufe ist,
- dass jede Entwicklungsstufe eine von den anderen Stufen unterscheidbare strukturierte Ganzheit darstellt und
- eine Verbesserung eines Gleichgewichts zwischen dem kognitivem Potential einer Person und den Anforderungen der Umwelt gestattet.

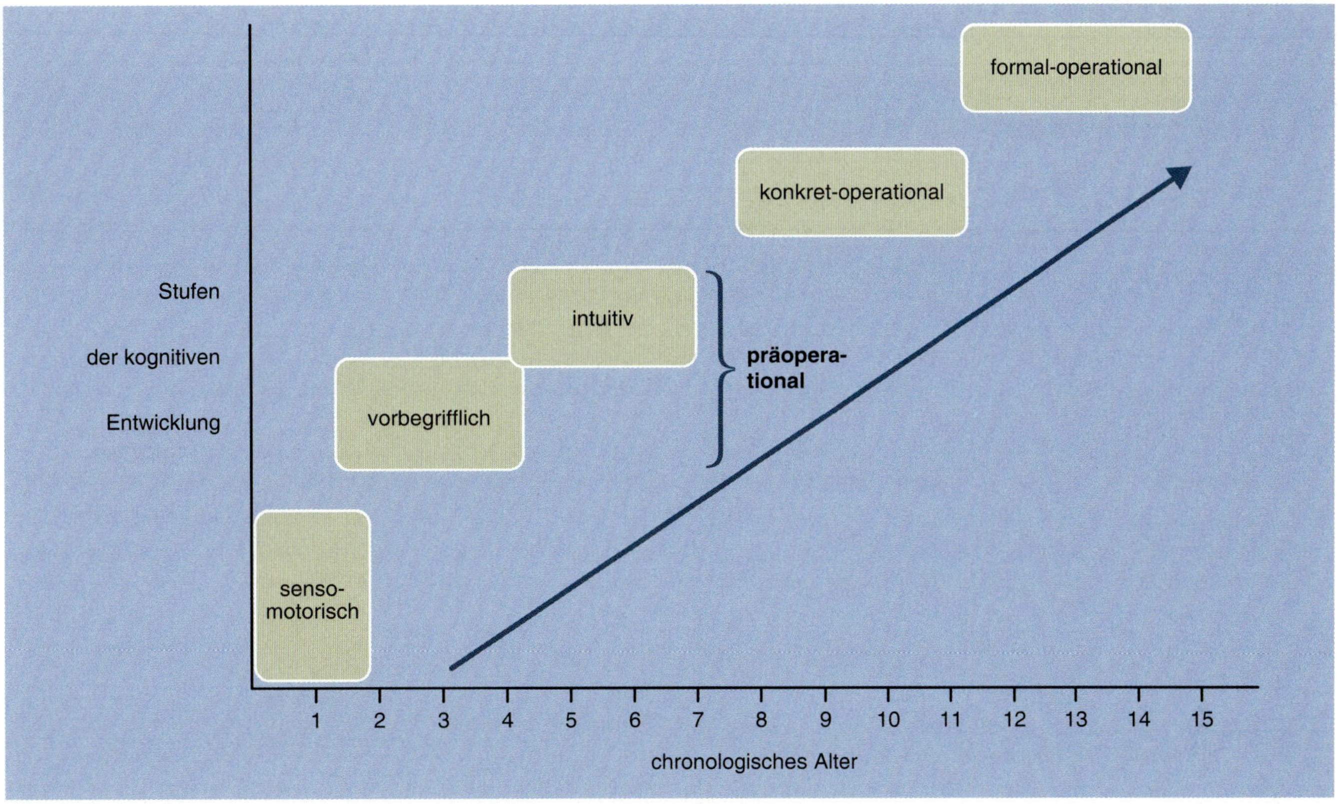

Abb. 3.13 Piagets Stufenmodell der kognitiven Entwicklung bezogen auf das chronologische Alter

3.3.2.1 Stufen der intellektuellen Entwicklung

Bis zum Erreichen der Adoleszenz durchschreitet das Kind nach Piaget vier Stufen oder Stadien der kognitiven Entwicklung, die nicht im Sinne einer vollständigen Ablösung einer Denkform durch die andere zu verstehen sind, sondern aufeinander aufbauen und in Wechselwirkung zueinander stehen. Keine höhere Stufe kann ohne das vollständige Durchschreiten der jeweils vorangehenden Stufe erreicht werden.

In Abb. 3.13 sind die Stadien der kognitiven Entwicklung wiedergegeben, wobei die Zuordnung zum chronologischen Alter nur als Annäherung zu verstehen ist. Die Übergänge zwischen den einzelnen Stufen erfolgen nicht abrupt, sondern fließend. Ein Kind kann in einem Inhaltsbereich noch auf der präoperationalen Stufe stehen und in einem anderen womöglich bereits konkret-operational denken.

Sensomotorische Entwicklungsstufe

Die *sensomotorische Entwicklungsstufe* erstreckt sich über die ersten beiden Lebensjahre und ist durch eine wachsende Fähigkeit des Kindes gekennzeichnet, motorische Tätigkeiten auszuführen. In dieser Entwicklungsphase schreitet das Kind von angeborenen Reflexen zu mentalen Repräsentationen voran, wobei es die in Tab. 3.8 dargestellten Entwicklungsschritte durchläuft.

Ein Beispiel dafür, wie sich das Verhalten im Verlauf der sensomotorischen Stufe ändert, ist der Säugling, der versucht, die Milch aus der Flasche zu saugen, auch wenn diese verkehrt herum angeboten wird. Etwa ein oder zwei Monate später dreht der Säugling die Flasche um, da er nun die Flasche als Objekt erkennt, unabhängig davon, wie sie ihm angeboten wird. Ein 5 Monate altes Kind sucht nicht nach einem Ball, wenn er unter einer Decke verborgen wird. Mit 8 Monaten jedoch wird es nach ihm suchen, da es gelernt hat, dass Objekte nicht zu existieren aufhören, wenn sie plötzlich aus dem direkten Beobachtungsbereich verschwinden. Diese wichtige kognitive Leistung wird als *Objektpermanenz* bezeichnet.

Im sensomotorischen Entwicklungsabschnitt erwirbt das Kind Wissen, das grundlegend für seine weitere kognitive Entwicklung ist. Die Vorstellungen, die das Kleinkind in Bezug auf die Welt entwickelt, sind abhängig von seinen sensorischen und motorischen Fähigkeiten. Um die Welt zu *begreifen*, was hier wörtlich zu verstehen ist, entwickelt das Kleinkind auf der Basis wiederholter Handlungen *sensomotorische Schemata*. Sie sind die Bausteine der sensomotorischen Intelligenz, auf der die gesamte weitere kognitive Entwicklung aufbaut. Was immer in einer Handlung geformt, generalisiert oder differenziert wird, alles, was den verschiedenen Wiederholungen derselben Handlung gemeinsam ist, trägt zur Herausbildung eines solchen Schemas bei.

Präoperationale Entwicklungsstufe

Auf dem im ersten Entwicklungsabschnitt vollzogenen Übergang zur Vorstellungsfähigkeit (der mentalen Repräsentation) baut die *präoperationale Stufe* des vorbegrifflichen und intuitiv-anschaulichen Denkens auf. Bis zum 4. Lebensjahr entwickeln sich die *semiotischen Funktionen* (im Sinne von Zeichenhandlungen, die das Kind befähigen, Objekte und Ereignisse mental zu repräsentieren und zwischen einem real vorhandenen Gegenstand und der darauf bezogenen Vorstellung zu unterscheiden). Die Verwendung von Zeichen und Symbolen setzt eine im Vergleich zu

Tab. 3.8 Entwicklungsstufen der intellektuellen Entwicklung im Kleinkindalter

Sensomotorische Entwicklungsschritte	Typische adaptive Verhaltensweisen
1. Reflexive Schemata (Geburt–1 Monat)	Angeborene Reflexe
2. Primäre zirkuläre Reaktionen (1–4 Monate)	Einfache motorische Gewohnheiten den eigenen Körper betreffend; begrenzte Antizipation von Ereignissen
3. Sekundäre zirkuläre Reaktionen (4–8 Monate)	Handlungen, die auf die Wiederholung interessanter Effekte in der Umgebung zielen; Imitation bekannter Verhaltensweisen
4. Koordination der primären zirkulären Reaktionen (8–12 Monate)	Intentionales oder zielgerichtetes Verhalten; Fähigkeit der Objektpermanenz; verbesserte Antizipation von Ereignissen; Imitation von Verhaltensweisen, die sich von denen unterscheiden, die das Kind sonst ausführt
5. Tertiäre zirkuläre Reaktionen (12–18 Monate)	Exploration der Eigenschaften von Objekten, indem mit ihnen auf neue Weise hantiert wird; Imitation unbekannter Verhaltensweisen; Fähigkeit, nach einem versteckten Objekt an verschiedenen Orten zu suchen
6. Mentale Repräsentation (18–24 Monate)	Internale Beschreibungen von Objekten und Ereignissen, wie sie durch die plötzliche Lösung von Problemen evident werden; Fähigkeit, ein Objekt zu finden, das außerhalb der Sichtweite gelegt wurde; hinausgeschobene Nachahmung und Phantasiespiele

den sensomotorischen Verhaltensweisen gänzlich neue Fähigkeit voraus:

> » Jene, etwas durch etwas anderes darzustellen. […] Alles in allem nimmt das Denken, indem es die Entwicklung der sensomotorischen Intelligenz fortsetzt, seinen Ursprung in der Differenzierung von Bezeichnungen und bezeichneten Gegenständen und fußt gleichzeitig auf der Bildung der Symbole und der Entdeckung der Zeichen (Piaget 1972, S. 143).

Die Herausbildung der semiotischen Funktionen folgt einer Entwicklungslinie, an deren Anfang die Nachahmung des sozialen Verhaltens und an deren Ende der Gebrauch von Sprache steht. Die Entwicklung semiotischer Funktionen setzt ein mit der *Nachahmung* und dem *symbolischen Spiel*, gefolgt von der *hinausgeschobenen Nachahmung*, wenn das Kind das Verhalten einer anderen Person nachahmt, obwohl diese nicht anwesend ist. In relativ rascher Abfolge bemüht das Kleinkind dann *Zeichnungen, Malereien und Modelle*, um sich sein Denken zu vergegenwärtigen (zu repräsentieren), danach *Vorstellungsbilder* und schließlich die *Sprache* zu entwickeln (Piaget 1945). Die Entwicklungsfolge der semiotischen Funktionen lautet also: *Nachahmung → symbolisches Spiel → hinausgeschobene Nachahmung → Zeichnungen/Malereien → Vorstellungsbilder → Sprache.*

Denken vollzieht sich auf der präoperationalen Stufe als verinnerlichtes Handeln, wobei das Kleinkind ausgesprochen selbstbezogen operiert und nicht imstande ist, den Standpunkt eines anderen Menschen einzunehmen. Wesentliche Voraussetzung für den Übergang von der sensomotorischen zur bewussten Ebene ist nach Piaget (1947/1972) die zunehmende Geschwindigkeit der Verknüpfung einzelner Erkenntnisse zu einem Ganzen, das Bewusstwerden des Vollzugs von Handlungen und ihrer angestrebten Wirkungen sowie die Fortsetzung der real vollzogenen Handlungen durch *symbolische Handlungen*, die von der eigentlichen Tätigkeit getrennt sind.

Besonders erstaunlich an der Entwicklung des Kleinkindes auf der präoperationalen Stufe sind die Leistungen, die Kinder erbringen, wenn sie sprechen lernen. Mit 3 Jahren etwa kann das Kind „richtig" sprechen und verfügt über mehr als tausend Wörter, die es in einfachen, aber funktionalen Sätzen zutreffend verwenden kann. Ab 5 Jahren wird die Sprachentwicklung vollendet. Dann setzt sich die progressive Differenzierung der Sprache fort, die zunehmend bewusster, wortreicher und zutreffender verwendet wird. Bis zum Alter von 6 Jahren lernt das Kind, die Sprache als Mittel der Kommunikation und der mentalen Repräsentation, d. h. als *Werkzeug des Denkens*, zu verwenden. Allgemein wird argumentiert, dass Gedanken durch Sprache ausgedrückt werden können und dass inneres Sprechen das Denken unterstützt. Ein Kind, das Sprache für die Wissensrepräsentation verwendet, muss in der Lage sein, die Sprachzeichen ebenso zu speichern und abzurufen wie das Wissen, auf das sie sich beziehen. Daher ist zwischen zwei Ebenen der Sprachverwendung zu unterscheiden: Auf der ersten Ebene wird Sprache quasi automatisch genutzt, um zu kommunizieren; auf der zweiten Ebene muss das Individuum wissen, wie es mit der Sprache umzugehen hat, um Wissen zu repräsentieren und um zu kommunizieren. Dann fungiert die Sprache wie ein Schlüssel zum Abruf des im Gedächtnis gespeicherten Wissens über die Welt und sich selbst.

Warum habe ich eigentlich keine Erinnerungen an meine ersten drei Lebensjahre?

Die früher gängige Antwort lautete: wegen der frühkindlichen Amnesie. Dieser Begriff geht auf Freud zurück und besagt, dass sich im Kleinkindalter ein Gedächtnisverlust vollzieht, der dafür verantwortlich ist, dass man sich als Erwachsener nicht an seine ersten zwei oder drei Lebensjahre erinnern kann. Neurobiologen (z. B. Singer 2002) argumentieren, dass das Fehlen eines Zugangs zur Erinnerung und die biologische Unreife des Gedächtnissystems die beiden Gründe für die frühkindliche Amnesie sind. Entwicklungspsychologische Untersuchungen von Rovee-Collier (1999) zeigen, dass Kleinkinder Erinnerungen an Ereignisse bis weit

nach dem Spracherwerb speichern, so dass die These der frühkindlichen Amnesie nicht aufrechterhalten werden kann (Barr und Rovee-Collier 2012). Die Unfähigkeit von Erwachsenen, sich an ihre frühkindlichen Erfahrungen zu erinnern, kann nicht auf eine Insuffizienz des Gedächtnisses bei Säuglingen und Kleinkindern zurückgeführt werden.
Die frühesten Erinnerungen von Erwachsenen sind zudem nicht einheitlich einem bestimmten Zeitpunkt zuzuordnen. Die meisten erinnern sich an nichts vor ihrem dritten oder vierten Lebensjahr, manche jedoch haben genaue und unbestreitbare Erinnerungen an Erlebnisse, die sie im Alter von eineinhalb oder zwei Jahren hatten. Erzählen ältere Kinder von solchen Erinnerungen, irritiert dies oft die Eltern, die nicht glauben wollen, dass ihr Kind sich an sehr weit zurückliegende Ereignisse erinnern kann, und sie behaupten, dass es Gespräche darüber gehört haben muss und sich an diese erinnert, aber gewiss nicht an das Ereignis der frühen Kindheit. Pädagogisch betrachtet ist ein solches Verhalten der Eltern nicht nur unklug, da es vom Kind als verletzend erlebt wird, sondern auch sachlich unbegründet, wie die Studien von Rovee-Collier und anderen gezeigt haben.

In der *intuitiven Phase* der präoperationalen Entwicklungsstufe, die sich vom 5. bis 8. Lebensjahr erstreckt, fängt das Kind an, Schlussfolgerungen zu ziehen, die eng an Wahrnehmungen gebunden sind und gewöhnlich noch nicht in Worte gefasst werden können. Diese Schlussfolgerungen sind nicht logisch begründet, sondern *prälogisch*, was der gesamten Entwicklungsstufe das Präfix eingebracht hat. Das schlussfolgernde Kindergartenkind beispielsweise denkt noch ganz im Rahmen seiner Wahrnehmung und seine Schlussfolgerungen vollziehen sich mittels Analogiebildung von einer einzelnen Tatsache zu einer anderen einzelnen Tatsache. Die intuitive Phase wird auch als *Stufe des anschaulichen Denkens* bezeichnet, da das Denken noch ganz an die Anschauung gebunden ist. Sie ist die Entwicklungsstufe, die bisher am ausgiebigsten erforscht wurde.

Pädagogisch bedeutsam ist, dass es in dieser Phase zu einer regelrechten Explosion des Wortschatzes und der konkreten und anschauungsgebundenen Begriffe kommt. Das Kind baut im Kindergartenalter zunehmend die Fähigkeit aus, *Begriffe als semantische Klassen* von Objekten zu bilden, ist sich dieser Klassen aber noch nicht bewusst. In den frühen Phasen der Begriffsbildung kann das Kind in der Regel noch nicht verschiedene Ansichten eines Gegenstandes oder die Beziehung zwischen Gegenständen erfassen, sondern bleibt an den hervorstechenden (salienten) Merkmalen des Gegenstandes haften. Diese *Zentrierung* der Aufmerksamkeit auf ein Merkmal und das Nichtbeachten anderer Merkmale ist charakteristisch für das anschauliche Denken und z. B. bei der Entwicklung des Mengenbegriffs gut zu beobachten (▫ Abb. 3.14).

Die Zentrierung ist auch bei anderen Begriffen zu beobachten. Für den Zeitbegriff können Sie folgenden Versuch mit einem vierjährigen Kind durchführen: Nehmen Sie zwei Spielzeugautos A und B; markieren Sie eine Startlinie und vereinbaren Sie mit dem Kind, dass es sowohl das Start- als auch das Stoppzeichen gibt. Auf „Los" starten Sie beide Autos gleichzeitig, auf „Stopp" halten Sie diese gleichzeitig an. Sie lassen A aber schneller fahren, so dass A also in der gleichen Zeit weiter fährt. Sie fragen nun das Kind, ob beide Autos eine gleich lange Zeit unterwegs sind oder nicht. – Nach Piagets Konzept der Zentrierung wird das Kind erwartungsgemäß antworten, dass das Auto A länger unterwegs war, weil es eine längere Strecke zurückgelegt hat. Das Kind betrachtet einen Zustand nicht als Ergebnis einer Umwandlung, sondern beurteilt nur den jeweils gegebenen Zustand. Piaget erklärt dies mit der fehlenden Beweglichkeit des kindlichen Denkens auf der präoperationalen Entwicklungsstufe. Daher führt das anschauliche Denken zu ständigen Widersprüchen, die dem Kind aber nicht bewusst werden. Das Problem der Klasseninklusion verdeutlicht die Widersprüchlichkeit des anschaulichen Denkens besonders eindrucksvoll (▫ Abb. 3.15).

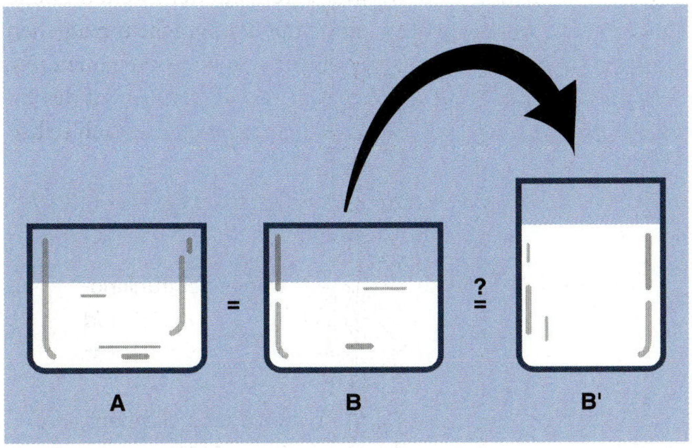

▫ **Abb. 3.14** Füllen Sie zwei gleiche Gefäße A und B mit der gleichen Menge einer farbigen Flüssigkeit. Lassen Sie 4- bis 5-jährige Kinder feststellen, dass in A und B gleich viel „Saft" ist. Sie gießen nun den Inhalt von B in ein schmaleres Gefäß B′ und fragen die Kinder, ob B′ mehr, weniger oder gleich viel Saft enthält wie A. Die meisten Kinder dieser Altersgruppe sagen, es sei mehr Saft in B′, weil das Niveau höher ist. Manche sagen, es sei weniger, weil das Gefäß schmaler ist. Die Flüssigkeitsmenge wird nicht als invariant bei Formänderung gesehen

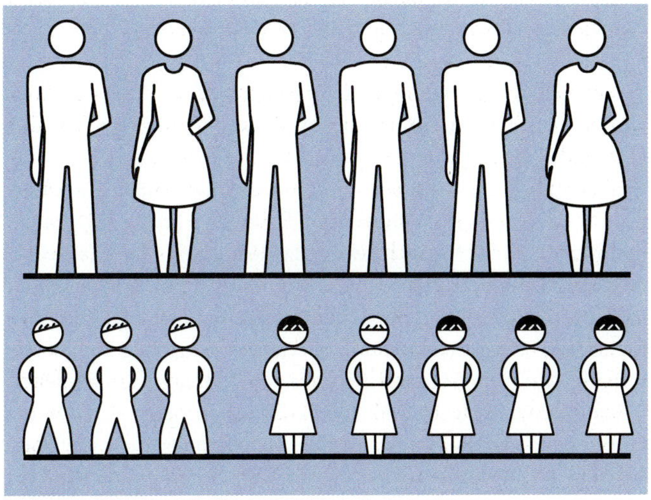

▫ **Abb. 3.15** Legen Sie einem 5-jährigen Kind dieses Bild von Erwachsenen und Kindern vor und stellen Sie dann folgende Fragen: Zeige mir die Erwachsenen! Zeige mir die Kinder! Zeige mir die Jungen! Zeige mir die Mädchen! Gibt es mehr Mädchen oder mehr Jungen?

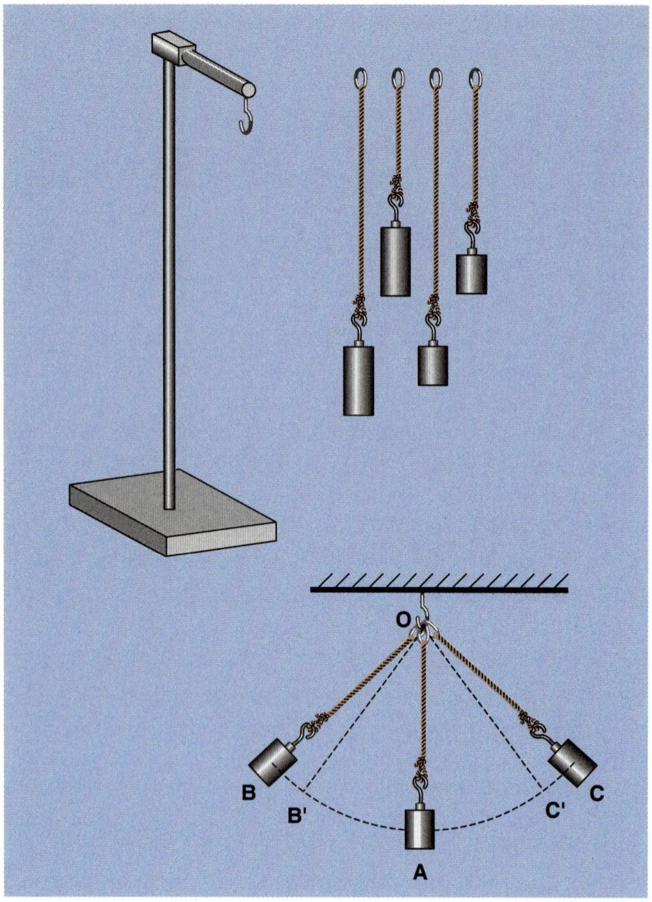

Abb. 3.16 Angenommen, wir geben Kindern im Alter von 6 und 12 Jahren folgende Aufgabe: Vier Schnüre unterschiedlicher Länge werden mit unterschiedlichen Gewichten versehen und dann nacheinander wie in der Abbildung an den Haken gehängt. Dann wird das Pendel in Bewegung gebracht, und es kann beobachtet werden, dass ein kurzes Pendel mit einem schweren Gewicht rasch schwingt, ein langes mit einem leichtem Gewicht langsamer. Um die richtige Erklärung zu finden, muss die Versuchsperson die Idee des Experimentes verstehen, nämlich nur eine Variable bei jedem Versuch zu variieren (z. B. verschieden lange Schnüre mit demselben Gewicht). Eine Versuchsperson, die unterschiedlich lange Schnüre mit unterschiedlichen Gewichten ausprobiert, wird sehr wahrscheinlich keine korrekte Erklärung finden

Welche Antworten sind zu erwarten? – Das Kind wird antworten, dass es mehr Mädchen gibt, weil weniger Jungen da sind. Und auf die Frage, ob mehr Mädchen oder mehr Kinder da sind, wird es antworten, dass es mehr Mädchen gibt, weil weniger Kinder da sind, wobei mit dem Begriff Kinder nur die Jungen gemeint sind. Die Schwierigkeit für das Kind liegt hier darin, dass es keine Klasseninklusion erfassen kann. Es ist imstande, Kinder in die Teilklassen Mädchen und Jungen einzuordnen, aber es ist nicht in der Lage, diese Operation wieder rückgängig zu machen und die Mädchen wieder der Klasse der Kinder zu subsumieren. Wird gleichzeitig nach Mädchen und Jungen gefragt, steht die Unterklasse Mädchen für die Oberklasse Kinder nicht mehr zur Verfügung. Die Differenzierung der Oberklasse gelingt zwar, ist aber nicht reversibel; die Unterklasse ist fixiert und kann nicht in die Oberklasse integriert werden.

Fehlende Reversibilität, eine *eingeschränkte geistige Beweglichkeit* und *Zentrierung* sind die Merkmale des für die Stufe des anschaulichen Denkens typischen *Egozentrismus*. Er beinhaltet auch einen *nominalen Realismus* (z. B. die Benennung „Sonne" ist integraler Teil der Sonne), den *Animismus* als Beseelung aller Dinge (z. B. Sonne, Mond, Wolken, Möbel, Fahrzeuge usw. verfügen über Erlebnisfähigkeit, Willen und Intentionen), den *Artifizialismus* (alles, was es gibt, ist von Gott oder den Menschen gemacht worden) und die *Partizipation* (bestimmte Dinge haben in mystischer und magischer Weise aneinander Anteil). Wenn Kinder der Sonne Willen zuschreiben, ist das Animismus; wenn sie glauben, sie zögen die Sonne hinter sich her, so ist das Partizipation und Magie (vgl. Piaget 1978). Der Egozentrismus wird erst durch die Entwicklung des Perspektivenwechsels und der Rollenübernahme überwunden.

Mit etwa 7 Jahren lernt das Kind, sich nicht mehr auf seine intuitive Wahrnehmung zu verlassen, was allerdings voraussetzt, dass es ausgiebige Erfahrungen mit der Welt machen kann (Gage und Berliner 1996). Daraus erwächst dem Kindergarten und der Grundschule die pädagogische Aufgabe, die Entwicklung der Begriffsbildung zu fördern, was zur vollständigen Beherrschung z. B. des Zahl- oder Zeitbegriffs aber ein paar Jahre dauern kann:

> » Kinder schreiten in ihrer Entwicklung voran in einer regulären Folge von Phasen, wobei sie von einer Abhängigkeit von konkretem Material zur Fähigkeit wechseln, die Bedeutung abstrakter Aussagen zu verstehen, die ihnen symbolisch dargeboten werden. Während das junge Kind bei seinem Lernen in manifester Weise abhängig ist von konkreten Erfahrungen, können Schüler [mit Beginn der Sekundarschule] die meisten neuen Begriffe erwerben und die meisten neuen Aussagen lernen, indem sie unmittelbar Beziehungen zwischen Abstraktionen begreifen (Ausubel und Robinson 1969, 109 f.).

Bis dahin durchläuft das Kind bzw. der Jugendliche zwei Stufen der Denkentwicklung – die des konkret-operationalen und die des formal-operationalen Denkens.

Konkret-operationale Entwicklungsstufe

Kinder auf der präoperationalen Stufe werden bei dem Pendelproblem (Abb. 3.16) nur eines der beiden Merkmale (Länge, Gewicht) beachten und sagen, dass ein kurzes Pendel schneller schwingt oder dass das schwere Pendel schneller schwingt. Die Antwort ist davon abhängig, welche der beiden Merkmale jeweils ins Auge gefasst wird. Kinder auf der *Stufe des konkret-operationalen Denkens* (etwa 8. bis 12. Lebensjahr) sind demgegenüber imstande, beide Merkmale zu kombinieren und festzustellen, dass ein kurzes und schweres Pendel schneller schwingt (was auch zu beobachten ist). Kinder auf dieser Entwicklungsstufe sind zu einer *logischen Konjunktion* beider Merkmale imstande (was im gegebenen Fall allerdings nicht zur Problemlösung führt, da das Gewicht des Pendels irrelevant ist). Die gedanklichen Operationen sind zwar weiterhin stark wahrnehmungsgebunden, zeichnen sich jedoch durch eine größere Beweglichkeit aus. Vor allem aber können, wie die Pendelaufgabe zeigt, verschiedene Aspekte eines Objekts oder Vorgangs gleichzeitig erfasst und zueinander in Beziehung gesetzt werden. Das Kind kann nun in Gedanken mit Vorstellungen konkreter Objekte operieren, es kann Reihen aufstellen, erweitern, einteilen und unterscheiden.

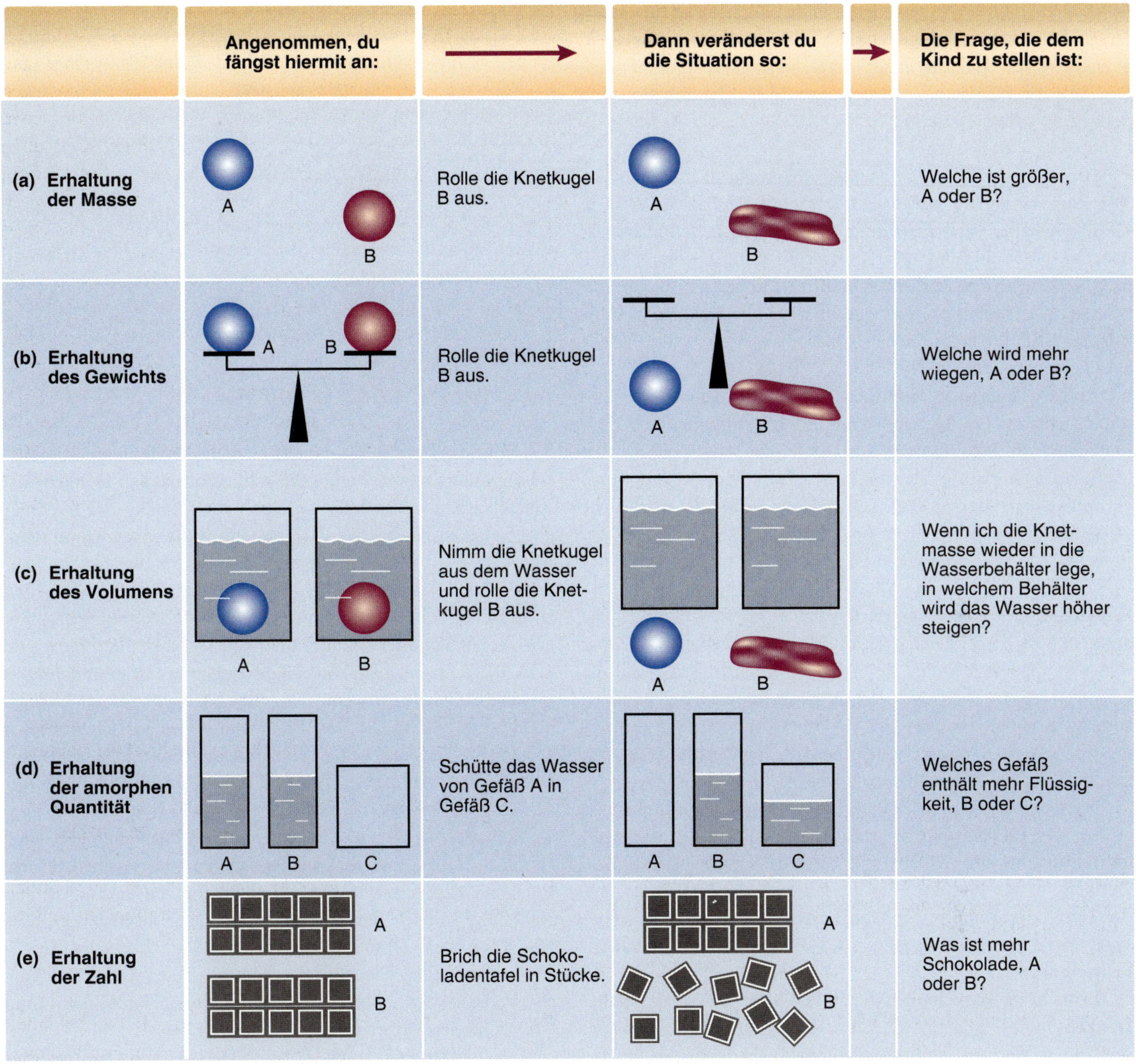

Abb. 3.17 Beispiele für Aufgabenstellungen zur Untersuchung des konkret-operationalen Denkens (Gage und Berliner 1996, S. 109)

Das Denken gewinnt die Eigenschaft der *Reversibilität* (Umkehrbarkeit) von Operationen, d. h., Operationen können gedanklich wieder rückgängig gemacht werden. Von zentraler Bedeutung ist das Erkennen von *Invarianz* (Erhaltung, Konstanz), so dass Kinder nach einer Veränderung von Form oder Anordnung von Menge, Anzahl, Gewicht, Volumen (ohne dass etwas weggenommen oder hinzugefügt wird) zu einem Urteil der Gleichheit gelangen („Es ist immer noch die gleiche Menge, Länge, Fläche"). In Abb. 3.17 sind einige Aufgabenstellungen zusammengefasst, die Piaget zur Untersuchung des konkret-operationalen Denkens verwendet hat.

Auf der Stufe der konkreten Operationen entwickelt das Kind die Fähigkeit, die Möglichkeiten verschiedener Handlungen und die Ergebnisse von Handlungen zu durchdenken; es ist – gemäß der Theorie der mentalen Modelle (Seel 1991) – zu kognitiven Simulationen und Gedankenexperimenten in der Lage, die Versuch und Irrtum überflüssig machen. Mit dem konkret-operationalen Denken verändert sich das physikalische Weltbild der Kinder, und sie verlieren zunehmend die Bindung an Mystik und Magie, auch wenn sie noch weit entfernt von den korrekten Erklärungen der Physik sein mögen (Vosniadou und Brewer 1992; Subbotsky 2004).

Insgesamt ist die Befundlage klar und eindeutig: Kinder auf der konkret-operationalen Entwicklungsstufe ersetzen die präoperationalen Denksprünge von Wahrnehmungseindrücken zu Schlussfolgerungen durch eine Reihe kleiner umkehrbarer Operationsschritte, von denen jeder einzelne als plausibel oder nicht plausibel beurteilt werden kann. Das Kind kann nicht mehr dadurch hinters Licht geführt werden, dass man beispielsweise beim Umgießen einer Flüssigkeit die Form des Behälters ändert. Es kann diese Operation in seiner Vorstellung ohne Weiteres umkehren und die Invarianz der Flüssigkeitsmenge feststellen.

Es kann auch Operationen alleine in der Vorstellung durchführen und die Ergebnisse gedanklich vorwegnehmen. Vor allem aber entwickelt das Kind in der Phase des konkret-operationalen Denkens die Fähigkeit, *Gruppierungen*, d. h. Klassifikation und Seriation[8], vorzunehmen.

Formal-operationale Entwicklungsstufe

Mit dem Übergang zur *formal-operationalen Stufe* (ab dem 12. Lebensjahr) wird das Denken hypothetisch-deduktiv. Das oben dargestellte Pendelproblem macht nun überhaupt keine Schwierigkeiten mehr. Denkoperationen können nun mit abstrakten, nicht mehr konkret vorstellbaren Inhalten durchgeführt werden, und der Jugendliche ist in der Lage, korrekte logische Schlüsse zu ziehen.

In einer Untersuchung zur Aussagenlogik zeigten Oshershon und Markman (1975) Grundschulkindern und Jugendlichen einen Stapel von Pokermarken und fragten, ob Aussagen über die Marken falsch, richtig oder ungewiss sind:

- *Entweder* ist der Chip in meiner Hand grün *oder* er ist nicht grün.
- Der Chip in meiner Hand ist grün *und* ist nicht grün.

Die Grundschulkinder zentrierten die Aufmerksamkeit auf die konkreten Eigenschaften der Chips. Wenn der Chip nicht sichtbar war, antworteten sie, dass sie unsicher waren in Bezug auf die beiden Aussagen. Demgegenüber durchschauten die Jugendlichen sofort die Logik der Aussagen. Sie verstanden, dass die „Entweder-oder-Aussage" immer wahr ist und die „Und-Aussage" immer falsch ist, und zwar unabhängig von der Farbe des Chips.

Nach dem Stufenmodell Piagets sind junge Menschen also ab etwa dem 11. Lebensjahr in der Lage, eine Folge von Aussagen logisch zu analysieren. Dabei stützt sich das formal-operationale Denken auf symbolische Handlungen und die Umkehrbarkeit der Denkoperationen. Der Wahrheitsgehalt sprachlicher Aussagen kann ohne Bezugnahme auf die konkrete Wirklichkeit beurteilt werden.

Erreicht tatsächlich jeder die Stufe des formal-operationalen Denkens? Diese Frage beschäftigt Pädagogen und Psychologen seit langem, denn viele Aufgabenstellungen in der Schule verlangen eine hinreichende Kompetenz des korrekten schlussfolgernden Denkens (Artman et al. 2006). Glaubt man dem Psychologen Keating (1979), dann sind zwischen 40 und 60 % der Studierenden an Hochschulen nicht imstande, ein Problem, wie das folgende zu lösen, das formal-operationales Denken erfordert.

Aufgabe für das formal-operationale Denken

Drei Physikstudenten erklären, wie alt sie sind.
Ralf: „Als Thorsten so alt war, wie ich war, als Thorsten so alt war, wie ich jetzt bin, war ich halb so alt wie Sascha war, als Thorsten so alt war, wie ich jetzt bin."
Sascha: „Wenn ich so alt sein werde, wie Thorsten und Ralf zusammen waren, als Thorsten so alt war, wie Ralf heute ist, wird Ralf so alt sein, wie ich jetzt bin."
Thorsten: „Wenn Sascha halb so alt sein wird, wie wir drei zusammen jetzt sind, wird Ralf vier Jahre älter sein als Sascha war, als ich so alt war, wie Ralf heute ist."
Wie alt sind die drei?

Christian zu Peter: „Wenn ich drei Jahre älter wäre, als ich bin, dann wäre ich genau dreimal so alt, wie du jetzt bist."
Peter antwortet: „Aber wenn ich nur ein halbes Jahr älter wäre, wärst du nur doppelt so alt wie ich."
Wie alt sind die beiden?

Solche und andere Aufgaben werden gerne in der kognitionswissenschaftlichen Forschung zum schlussfolgernden Denken verwendet, wobei vielfach die Funktion von Urteils- und Inferenzschemata beim deduktiven Schlussfolgern im Vordergrund steht. Alternativ dazu wird auch auf das theoretische Konstrukt der mentalen Modelle zurückgegriffen, um zu erklären, warum Menschen zu logischen Schlussfolgerungen imstande sind, ohne logische Regeln zu kennen oder anzuwenden (vgl. Seel 2003; Ifenthaler und Seel 2013). Ab welchem Alter Menschen in der Lage sind, mittels mentaler Modelle Probleme der Aussagenlogik zu lösen, ist noch nicht genau geklärt. Die dazu durchgeführten empirischen Studien zeigen aber konsistent, dass Kinder deutlich früher, als es das Stufenmodell Piagets besagt, zu deduktiven Schlussfolgerungen imstande sind. Nur wenden sie nicht Regeln der formalen Logik an, sondern sie entwerfen mentale Modelle, die ihnen auf die Sprünge helfen – was in Anbetracht der beobachtbaren Gedankensprünge wörtlich zu nehmen ist (Markovits 2000; Richards und Sanderson 1999). Die Theorie der mentalen Modelle geht davon aus, dass Menschen, wenn sie schlussfolgern, über Möglichkeiten nachdenken, um subjektive Plausibilität zu erzeugen (vgl. Seel 1991). Formal-logisches Schlussfolgern zielt demgegenüber auf die Prüfung des Wahrheitsgehaltes von Aussagen.

In einer Untersuchung jüngeren Datums von Gauffroy und Barrouillet (2011) zeigte sich bei Einbezug von Schülern und Schülerinnen der 3., 6. und 9. Klassenstufe (und von Erwachsenen) ein deutlicher Entwicklungstrend, demzufolge das auf logischen Regeln begründete Schlussfolgern durchschnittlich etwa drei Jahre später zu beobachten ist als das auf subjektive Plausibilität zielende Schlussfolgern aufgrund der Einschätzung von Möglichkeiten. Diese wie auch andere Studien legen die Annahme nahe, dass das Kapitel über das formal-konkrete Denken unter Einbezug der Theorie der mentalen Modelle teilweise neu geschrieben werden muss.

Dessen ungeachtet kann die These einer altersgradierten Entwicklung des formal-operationalen Denkens nicht in Abrede gestellt werden, wie die Ergebnisse einer Untersuchung von Artman et al. (2006) zur Fähigkeit deduktiven Schussfolgerns zeigen. Bei einer Stichprobe von mehr als 1800 Schülerinnen bzw. Schülern im Alter von 12 bis 14 Jahren zeigen sich deutliche altersgradierte Unterschiede in der Fähigkeit deduktiven Denkens. Dieser Befund ist aus pädagogischer Sicht bemerkens-

8 Mit *Seriation* ist die systematische Anordnung von Gegenständen nach einer zunehmenden Größe wie z. B. Länge, Volumen oder Gewicht gemeint. Die *Klassifikation* besteht in einer Ordnung, die angibt, welche (Unter-) Klassen jeweils in welchen (Ober-)Klassen enthalten sind, z. B. ist die Klasse der Mädchen enthalten in der Klasse der Kinder.

wert, denn die Ergebnisse der Regressionsanalysen weisen laut Artman et al. durchgängig auf einen schwach negativen Effekt außerschulischer Erfahrungen, aber auf deutlich positive Effekte der Schule hin.

Ein wesentlicher Entwicklungsaspekt, auf den Flavell (1979) unter Bezugnahme auf Piagets Argumentation hingewiesen hat, besteht in der Konsolidierung der *Metakognition*, die sich auf der Stufe des formal-operationalen Denkens vollzieht. Metakognition wurde von Flavell (1979) als die Fähigkeit begriffen, das eigene Lernen zu beobachten (*monitoring*), zu bewerten und Pläne für das eigene, auf die Lösung eines Problems gerichtete Handeln zu entwerfen.

› ***Metakognition*** **ist die Fähigkeit, über das eigene Denken nachzudenken, sich selbst bei der Bearbeitung einer Aufgabe zu beobachten und die dabei beteiligten Lern- und Denkprozesse effektiv zu organisieren (Seel 2003).**

Wenn man einem Vorschulkind sagt, es solle sich etwas merken, um dies später wiedergeben zu können, kann man beobachten, dass das Kind noch keine Strategie des Wiederholens anwendet, um etwas zu behalten. Mit etwa 7 Jahren hingegen entwickeln viele Kinder bewusst Strategien, um sich später effektiv an etwas erinnern zu können, z. B. inneres Wiederholen (*rehearsal*) oder Bezeichnung von Gegenständen mit Namen. Selbst wenn sechs- bis siebenjährige Kinder die Methode des inneren Wiederholens nicht spontan anwenden und deshalb niedrigere Behaltensleistungen zeigen, lernen sie rasch, die Methode anzuwenden, wenn man sie ihnen beibringt (Keeney et al. 1967). In der Zeitspanne des konkret-operationalen Denkens verbessert sich dann die Häufigkeit der Anwendung und die Qualität von Merkstrategien deutlich, und die Kinder entwickeln zunehmend metakognitive Kompetenzen, d. h., sie lernen, über ihr eigenes Denken und ihre Argumentation nachzudenken. Zugleich eignen sich Kinder im Verlaufe der Schulzeit auch ein breites Spektrum an Wissen darüber an, wie sie mit ihren Fähigkeiten an bestimmte Lernaufgaben und Probleme herangehen können, und sie können zunehmend besser einschätzen, was sie wissen und können und was nicht.

Bereits auf der Stufe des konkret-operationalen Denkens schreitet die Fähigkeit, die eigenen Denkprozesse kontrollieren zu können und ein Wissen darüber zu entwickeln, deutlich voran, ist aber noch nicht abgeschlossen (vgl. Pressley et al. 1998). Erst auf der Stufe des formal-operationalen Denkens entwickeln die Heranwachsenden die Kompetenz, über ihr eigenes Denken nachzudenken, wobei sie nicht nur die inhaltliche Richtigkeit von Aussagen überprüfen, sondern auch deren Wahrheitsgehalt, was eine zunehmende Kritikfähigkeit nach sich zieht. Metakognition ist aber nicht nur mit dem Denken über die eigenen Wissenszustände und kognitiven Fähigkeiten verknüpft, sondern auch mit der bewussten Feststellung der emotionalen und motivationalen Zustände bei der Bearbeitung kognitiver Aufgaben (Mayer 1998). Daher werden der Metakognition folgende Komponenten zugeschrieben (Seel 2003):

1. Selbstwirksamkeit im Sinne von Überlegungen der Art „Was weiß ich eigentlich? Wie denke ich? Wann und warum wende ich Wissen oder Strategien an?",
2. Selbstmanagement im Sinne der effektiven Organisation und Instrumentation kognitiver Prozesse und
3. Selbstbewertung im Sinne des Bewusstwerdens motivationaler und emotionaler Zustände bei der Bearbeitung einer Aufgabe.

Diese Komponenten bestimmen auch die Qualität der auf die eigene Person bezogenen Gedanken.

3.3.2.2 Die pädagogische Bedeutung Piagets

In der entwicklungsorientierten pädagogischen und psychologischen Literatur wird das Stufenmodell Piagets und die genetische Epistemologie als herausragende wissenschaftliche Leistung des 20. Jahrhunderts gewürdigt (Kesselring 1999; Kohler 2008) – vergleichbar mit dem Theoriegebäude Sigmund Freuds.

> » Piagets Theorien haben uns zu einem Verständnis dessen verholfen, in welcher Reihenfolge sich Verhaltensweisen entwickeln müssen, damit eine auf der anderen aufbauen kann, wie ein Kind seine Erfahrungen in seine zunächst egozentrische Auffassung der Welt einbaut, […] wie sich die Vorstellungskraft ausbildet und verändert, wie sich das wissenschaftlich-logische Denken entwickelt, wie die Fähigkeit zu kategorisieren, zu generalisieren und zu diskriminieren mit den Erfahrungen des Kindes zunimmt und wie das Kind Symbolsysteme erlernt (Gage und Berliner 1996, S. 102 f.).

Bei aller Anerkennung der wissenschaftlichen Leistungen Piagets wurde aber auch Kritik geübt, wobei sich die Argumente in ihrer Stoßrichtung stark voneinander unterscheiden. Wesentlicher Kritikpunkt ist, dass Piaget aufgrund seiner Untersuchungsmethodik die kognitiven Fähigkeiten seiner Kinder unterschätzt hat. Er verließ sich zu sehr auf die verbalen Aussagen als Beschreibungen von Denkprozessen. Kinder können aber durchaus etwas verstehen, ohne imstande zu sein, es auch sprachlich zu erklären. Viele der von Piaget angeregten Studien anderer Forscher lieferten Belege dafür, dass Kinder früher über einige kognitive Fähigkeiten verfügen, als Piaget es für möglich hielt (vgl. Siegler 2001). Andererseits gibt es auch genügend empirische Evidenz dafür, dass die Grundannahmen Piagets zutreffend sind (z. B. Siegler und Richards 1979). Als fragwürdig gilt weithin eigentlich nur die Zuweisung der Altersbereiche zu Entwicklungsstufen, vor allem auch weil sie lange Zeit zu unangemessenen Generalisierungen und Erwartungen in der Pädagogik führten (Kohler 2008). Auf die normativen Effekte entwicklungspsychologisch begründeter Erwartungsschemata in Bezug auf gelingende Entwicklung sind wir in ► Abschn. 3.2 ausführlich eingegangen.

Piaget gehört zu den meistzitierten Autoren in der Pädagogik, obwohl er kein Buch publiziert hat, in dem er systematisch seine pädagogischen Konzeptionen dargestellt hätte. Diese sind vielmehr in zahlreichen Einzelbeiträgen verstreut, deren Rezeption dadurch erschwert wird, dass sie mehrheitlich in französischer Sprache verfasst sind. Einige grundlegende Beiträge Piagets zum Themenkomplex Erziehung und Unterricht hat der Verlag Fritz Molden unter dem Titel *Theorien und Methoden der modernen Erziehung* (Piaget 1972) veröffentlicht; ansonsten fällt es dem deutschen Leser schwer, sich einen Überblick über das pädagogische Schrifttum Piagets zu verschaffen. Eine wertvolle Hilfestellung leistet deshalb die historiografische Analyse von Kohler (2009), deren Lektüre wir nachdrücklich jedem empfehlen, der mehr über Piaget als Klassiker der Pädagogik erfahren will.

Jahrzehntelang bestand die gängigste Rezeptionsstrategie in der Pädagogik darin, aus den Schriften Piagets unmittelbare pädagogische Konsequenzen herzuleiten. Dass dabei vor allem seine Stufentheorie in das Zentrum des pädagogischen Interesses rückte, versteht sich fast von selbst, glaubten doch viele, dass die Entwicklungsstufen eine gültige Beschreibung der menschlichen Entwicklung darstellten. Für viele Pädagogen avancierte Piagets Entwicklungstheorie zum Zielmodell wie auch zur verbindlichen Grundlage, um Abweichungen von der Norm festzustellen, die nach einer pädagogischen Förderung verlangten. Piagets Stufen der kognitiven Entwicklung wurden auch zur Norm für Unterrichtskonzepte erklärt, wobei übersehen wurde, dass ein solcher Anspruch von Piaget nicht angestrebt worden war (vgl. Kesselring 1999). Eine Eins-zu-Eins-Abbildung der Entwicklungsstufen (mit den grob zugeordneten Altersbereichen) auf den Bereich von Unterricht war nicht die Intention Piagets, auch wenn er die Entwicklung des Kindes in eine Beziehung zu pädagogischen Fragen rückte.

Sein pädagogisches Denken war umfassender und reichte weiter als der Versuch, aus der Entwicklungstheorie pädagogische Rezepte abzuleiten. Der gegen Piaget gerichtete Einwand, seine Theorie der Entwicklung des Denkens in Stufen schwöre die Gefahr herauf, dass Schüler über- oder unterfordert werden, läuft ins Leere. Wenn Kinder in einem Bereich logische Denkleistungen aufweisen, kann daraus nicht der Schluss gezogen werden, sie seien nun grundsätzlich zu konkreten bzw. formalen Operationen fähig. Der heute paradox wirkende Versuch von Pädagogen in den 1960er und 1970er Jahren, die Entwicklungspsychologie Piagets didaktisch umzusetzen, konnte nur scheitern (Kohler 2009). Konsequenterweise ist man in den Fachdidaktiken der Mathematik und Physik längst von einer engen pädagogischen Interpretation des Stufenmodells abgerückt, und man verwendet es, um dem pädagogischen Handeln eine allgemeine Grundlage zu geben.

▪ Didaktische Rezeption Piagets

Die Notwendigkeit, über Piagets Entwicklungstheorie unter Umständen weit hinausgehen zu müssen, um sie für unterrichtspraktische Anwendungen brauchbar zu machen, wurde von Hans Aebli (1923–1990), einem Schüler Piagets, am konsequentesten erkannt. Aebli war sich bewusst, dass in Piagets Argumentation ein Paradox enthalten war:

> » Wenn Piaget in seinen genetischen Untersuchungen nachweist, daß in einem bestimmten Alter eine Operation vorhanden ist, so braucht sie dem Kind nicht mehr beigebracht zu werden. Wenn die Operation aber noch nicht vorhanden ist, so kann sie ihm noch nicht beigebracht werden. Im einen Fall hat die spontane Entwicklung das Kind so weit gebracht, daß es die Operation oder den Begriff meistert und richtig verwendet, im anderen Fall ist die Entwicklung noch nicht so weit fortgeschritten, daß es den Begriff erwerben kann (Aebli 1963, S. 88).

Im Unterschied zu den (gescheiterten) Bemühungen, Piagets Entwicklungspsychologie unmittelbar auf Konzeptionen und Methoden des Unterrichts anzuwenden, begnügt man sich heutzutage damit, einige eher allgemeine Implikationen für den Unterricht zu benennen, die sich aus der Untersuchung der kognitiven Entwicklung ergeben haben. Gage und Berliner (1996) plädieren dafür, folgende Punkte bei der Planung und Gestaltung von Unterricht zu berücksichtigen:

1. verstehen, wie Kinder denken,
2. konkretes Lernmaterial verwenden,
3. Unterricht sequentiell (d. h. der Genese semiotischer Funktionen entsprechend) anordnen, also vom konkreten zum symbolischen Handeln fortschreiten,
4. neue Erfahrungen genau einpassen,
5. das Lerntempo selbst festlegen lassen,
6. soziale Aktivitäten einplanen und
7. Fehler analysieren.

Enger an die jeweiligen Entwicklungsstufen lehnen sich die Empfehlungen Woolfolks (2008, S. 47) an – z. B. für die Stufe der konkreten Operationen.

Unterricht für das konkret-operationale Kind

„Benutzen Sie auch weiterhin anschauliche Unterrichtsmaterialien und visuelle Hilfen, wann immer möglich.

Beispiele

1. Arbeiten Sie mit einer Zeitleiste in der Geschichtsstunde und mit dreidimensionalen Modellen im naturwissenschaftlichen Unterricht.
2. Zeigen Sie Diagramme, um hierarchische Beziehungen zu veranschaulichen […].

Benutzen Sie auch weiterhin Unterrichtsmaterialien zum Anfassen und Explorieren.

1. […]
2. Lassen Sie die Schüler Kerzen basteln, indem sie eine Kordel in Wachs tauchen […].

Darstellungen und Lesestoff sollten möglichst kurz und gut aufgebaut sein.

[…]

Benutzen Sie bekannte Beispiele, um komplexe Sachverhalte darzustellen.

[…]

Geben Sie Gelegenheit, auf zunehmend komplexerem Niveau Objekte und Begriffe zu gruppieren und klassifizieren.

Beispiele

1. Geben Sie Schülern Papierschnitzel mit darauf geschriebenen Sätzen und stellen Sie die Aufgabe, die Sätze zu Textabschnitten zusammenzustellen.
2. […]

Stellen Sie Aufgaben, die logisches, analytisches Denken erfordern.

Beispiele

1. Setzen Sie Gehirnakrobatik und Rätsel ein, lassen Sie ‚harte Nüsse' knacken.
2. Diskutieren Sie freie Antworten, die das Denken anregen."

In vergleichbarer Weise unterbreitet Woolfolk auch für die anderen Entwicklungsstufen allgemeine pädagogische Empfehlungen. Etwas rätselhaft bleibt dabei, wie sie von den allgemeinen entwicklungstheoretischen Überlegungen Piagets zu solch konkreten Empfehlungen gelangen konnte. Leicht ironisch könnte man aber sagen: Schaden können sie ja nicht. Ob sie auch förderlich sind, steht auf einem anderen Blatt, und dies herauszufinden ist eine Angelegenheit von empirischer Forschung.

Die pädagogische Rezeption der genetischen Epistemologie und des Phasenmodells der kognitiven Entwicklung lässt leicht vergessen, dass Piaget sich selbst bis in die 1950er Jahre hinein mit pädagogischen Fragen befasst hat. Das erklärt sich daraus, dass er einer der wichtigsten Vertreter der *école active* war und ein breites Spektrum reformpädagogischer Fragen thematisierte. Im Folgenden werden wir kurz auf einige zentrale Aussagen Piagets zur Pädagogik eingehen, weil wir meinen, dass diese in ein Lehrbuch zur Erziehungswissenschaft gehören.

Piagets Aussagen zur Pädagogik

Piaget war Reformpädagoge. So fasst Kohler (2008) in dem Buch *Jean Piaget* das Verhältnis Piagets zur Pädagogik mit folgenden Worten zusammen:

> » Piaget wollte mithilfe seiner Psychologie nicht nur die Schule, sondern über diese die Gesellschaft verändern. Deshalb engagierte er sich im Rahmen des Internationalen Erziehungsbüros und der UNESCO fast 40 Jahre lang für eine reformpädagogische Bildungspolitik. [...] Piaget ging von Jean-Jacques Rousseaus Vorstellung der grundsätzlichen Eigenheit des Kindes aus [...]. Seine Vorstellungen zur Rolle der Eltern waren geprägt durch eine ambivalente Haltung gegenüber dem Zwang, der sowohl unvermeidbar wie erwünscht sei und positive wie negative Konsequenzen habe. In Bezug auf die Schule setzte sich Piaget für den schülerzentrierten Unterricht mithilfe der neuen Methoden (Individualisierung durch Spiel, Arbeitsunterricht, experimentelles Lernen oder Planunterricht, Gruppenunterricht durch Projekt sowie Selbstverwaltung) ein. Ab 1935 thematisierte er nur noch selten allgemeine Fragen der Pädagogik, stattdessen interessierte er sich für die Konsequenzen der genetischen Psychologie im Fachunterricht, in der Bildungsreform und für die Lehrerrolle. Die Wirkung dieser Arbeit war für ihn allerdings enttäuschend, weshalb er sich zunehmend von der Pädagogik distanzierte (Kohler 2008, S. 55).

Als Anhänger der *education nouvelle* betrachtete Piaget die *Erziehung zur Autonomie* als wichtiges Entwicklungsziel (Piaget 1930/1999). Dabei stellte er die Erziehung nicht nur in den Dienst der Persönlichkeitsentwicklung, sondern im Sinne der Sozialisation auch in den Dienst der Gesellschaft:

> » Persönlichkeit ist der Gipfel der Sozialisation, Persönlichkeit ist das disziplinierte Ich, das zur mühseligen Herausbildung von Gesellschaft seinen Beitrag leistet (Piaget 1999, S. 185).

Auch hinsichtlich der geistigen Erziehung hatte er eine dezidierte Meinung:

> » Sinn der Erziehung ist es nicht, so viel wie möglich zu lernen, die Lernziele immer höher zu stecken, sondern vor allem Lernen zu lernen; zu lernen, sich zu entfalten und sich auch nach der Schulzeit weiterzuentwickeln (Piaget 1962, S. 30).

Abb. 3.18 © contrastwerkstatt – Fotolia.com

Die Hauptaufgabe der praktischen Pädagogik sah Piaget darin, das Denkvermögen auszubilden und die Kreativität der Kinder anzuregen und zur Entfaltung zu bringen. Wichtiger als das Gedächtnis der Heranwachsenden mit Wissen vollstopfen zu wollen, sei es allemal, die spontane Neugier und die Lust des Entdeckens und Erfindens wach zu halten. Ganz im Sinne Rousseaus begriff er das heranwachsende Kind als ein eigenständiges Wesen, das von den Belehrungen und Erziehungsbemühungen der Erwachsenen nur das zu akzeptieren bereit sei, was seinem Entwicklungsstand entspricht. Von der Eigenheit und Eigenständigkeit des Kindes ausgehend, gelangte Piaget wie auch Montessori zu der Schlussfolgerung, dass pädagogische Interventionen auf ein Minimum zu beschränken und die Eigenaktivität und Selbstständigkeit des Kindes maximal zu fördern seien. Mit anderen Vertretern der *education nouvelle* (z. B. Cousinet 1931) teilte Piaget die Auffassung, dass das Kind ein kleiner Wissenschaftler sei (*un être à activité scientifique*), dessen wissenschaftliche Neugier sich bereits im Kleinkindalter in motorischen Aktivitäten äußert, die sich dann auf der kognitiven Ebene fortsetzen (Abb. 3.18).

Der zentrale Begriff der Entwicklungspädagogik Piagets ist der Begriff der *Aktivität*. Nur was man aktiv lernt, kann man lange im Gedächtnis behalten,

> » was sich hingegen verflüchtigt, ist all das, was lediglich von außen übernommen wurde, was ohne echte Motivation mitgeschrieben oder memoriert wurde (Piaget 1935/1999, S. 195).

Die Entwicklung des kindlichen Handelns und Denkens wird als *intrinsisch motiviert* betrachtet. Das Kind muss seine Erkenntnisse selbst gewinnen, weil sonst deren Qualität ungenügend bleibt und die Motivation verloren geht. Gelingt es dem Erzieher, die Aktivitäten des Kindes in Beziehung zur Umwelt zu setzen, kann die Motivation aufrechterhalten werden. Neben der Aktivität ist die *Spontaneität* des Kindes eine wesentliche Voraussetzung für die Erkenntnisgewinnung:

> » Zu viele Einflüsse aus der Welt der Erwachsenen bringen die spontanen Vorstellungen des Kindes durcheinander (Piaget 1926, S. 239).

Abb. 3.19 Jean Piaget, Klassiker der Pädagogik und Sonderfall der pädagogischen Historiografie (© picture alliance / Everett Collection)

Die frühkindliche Bildung sollte daher in erster Linie als Selbstbildung verstanden werden. Die Kinder entwickeln aus ihren Erfahrungen heraus die kognitiven Strukturen, mit denen sie die Objekt- und Ereigniswelt erfassen. Diese kognitiven Ausgangsstrukturen werden aufgrund der Erfahrungen, die Kinder aus der Begegnung mit anderen Menschen schöpfen, erweitert und progressiv differenziert. Von hier leitet Piaget über zu einem weiteren zentralen Begriff seiner Entwicklungspädagogik, nämlich dem der *Kooperation*. Gleichheit und wechselseitiger Respekt sind die wesentlichen Kennzeichen gelingender Kooperation. Mit Verve streitet Piaget gegen die Erziehungsfehler in der Familie und lobt Comenius dafür, dass dieser bereits im 17. Jahrhundert die körperliche Züchtigung abgelehnt und den Wert positiver Sanktionen (Ermutigung, Wettbewerb usw.) betont hatte.

» Der wechselseitige Respekt ist eine Art schwer erreichbarer Balance im Umgang unter Menschen, und Eltern und Lehrer müssen unserer Überzeugung nach alles tun, um sich so früh wie möglich zu gleichgestellten Mitarbeitern des Kindes zu machen (Piaget 1930/1999, S. 48).

Der Erzieher muss sich entscheiden, ob sich das Kind zu einem gehorsamen oder zu einem autonomen Menschen entwickeln soll.

In Anbetracht des bisher Gesagten dürfte es den Leser nicht verwundern, wenn er erfährt, dass Piaget sein Leben lang ein entschiedener Gegner des traditionellen Schul- und Unterrichtswesens war. Das in der traditionellen Schule vorherrschende Einwirken des Lehrers auf den Schüler gleiche im Grunde der Erziehungspraxis von Stammesältesten in sogenannten primitiven Kulturen, die mit der

» Initiation der Heranwachsenden betraut sind, auch wenn ihre heutige „Maske" nicht mehr denselben Schrecken einflößt, sondern eher ein Symptom der Berufskrankheit unserer Pädagogen darstellt, und die heiligen Mysterien, die [der Lehrer] übermittelt, keine magischen Prozeduren mehr sind, sondern nur noch vorgefertigte Wahrheiten (Piaget 1947/1999, S. 214).

Was ihn neben den sozialen Umgangsformen am meisten störte, war der Mangel an Bereitstellung von konkreten Handlungserfahrungen. Als besonders übel und dem Entwicklungsziel der Autonomie widersprechend beurteilte Piaget das stupide Auswendiglernen.

» Education means making creators – you have to make inventors, innovators, not conformists (Piaget 1977, S. 195; zit. n. Kohler 2009, S. 233).

Was Piaget als Reformpädagogen par excellence vorschwebte, war eine *Orientierung am Forschungsprozess im Rahmen eines offenen Unterrichts*. Der traditionellen Pädagogik setzte Piaget die „neuen Methoden" entgegen, die der Eigenaktivität des Schülers gerecht werden wollen und die Gruppenarbeit zum Ausgangspunkt didaktischer Überlegungen machen. Neben dem spielerischen und dem experimentellen Unterricht zählt Piaget die individualisierenden Formen von Montessori und Decroly, die Planarbeit, das Projekt und die kooperativen Verfahren (Gruppenarbeit und Selbstverwaltung) zu den „neuen Methoden". Der Grundsatz lautet, dass man die Kinder nichts lehren soll, was sie selbst entdecken können, wobei das Lernen stets in Abhängigkeit von der Entwicklung zu sehen ist. Sein Faible für die Reformbewegung der *école nouvelle* unterstreicht Piaget durch einen Vergleich mit Herbart, den er als Vertreter des traditionellen Unterrichtswesens betrachtet:

» Hat Herbart nun das Schulwesen verändert? Nein, keine mit den Klassen der Montessori, den Schulen Decrolys usw. vergleichbare Institution geht auf ihn zurück. Warum? Weil seine Psychologie im wesentlichen eine Lehre von der Aufnahmefähigkeit und den Elementen des Behaltens ist, die dem Verstand innewohnen. Herbart hat es nicht verstanden, eine Theorie der Aktivität auszuarbeiten, die den biologischen Entwicklungsgesichtspunkt mit der Analyse jenes stetigen Aufbaus, den die Intelligenz darstellt, vereint (Piaget 1939/1972, S. 147).

Am Ende seiner lesenswerten Abhandlung zum Thema *Piaget und die Erziehung* gelangt Kohler (2009) zu dem Fazit, dass Piaget ein Sonderfall der pädagogischen Historiografie sei, denn er zähle zu den Klassikern der Pädagogik, obwohl seine psychologischen Erkenntnisse kaum pädagogisch umsetzbar seien, er den wissenschaftlichen Charakter der Pädagogik in Frage gestellt und sich zunehmend von der Pädagogik distanziert habe (◘ Abb. 3.19). Ungeachtet der Tatsache, dass Piagets Versuche, zum Theoretiker der *école nouvelle* zu avancieren und die pädagogische Praxis nachhaltig zu beeinflussen, scheiterten, haben seine pädagogischen Forderungen bis heute nicht an Brisanz verloren und im Grunde hat Piaget vieles von dem vorweggenommen, was dann später andere (z. B. Bruner) mit größerem Erfolg in der Pädagogik verankern konnten. Das gilt auch für den Bereich der moralischen Entwicklung und Erziehung.

3.3.2.3 Erweiterung und Fortschreibung der genetischen Epistemologie

Die Wirkung, die Piagets Schaffen hatte, war und ist international und interdisziplinär. Seine genetische Epistemologie und das Stufenmodell der intellektuellen Entwicklung avancierte zum einflussreichsten entwicklungspsychologischen Ansatz des 20. Jahrhunderts. Piaget war fest davon überzeugt, dass die von ihm aufgestellten Grundprinzipien der kognitiven Entwicklung universelle Gültigkeit haben, d. h. weitgehend unabhängig vom sozialen oder kulturellen Kontext sind. Diese Annahme wurde jedoch bereits in den 1920er Jahren von der Ethnologin Margaret Mead (1928) in Frage gestellt. Dabei stützte sie ihre Kritik auf ihre Beobachtungen in Samoa und glaubte, beträchtliche Unterschiede in den Erfahrungen und dem Denken von Kindern und Jugendlichen in Abhängigkeit mit Faktoren der Umwelt gefunden zu haben, die z. B. der Annahme Piagets, die animistische Phase sei universell, zuwiderliefen. Das Problem mit den Beobachtungen und Schlussfolgerungen Meads ist, dass ihnen, wie Hallpike (1990) ausführlich dargelegt hat, gravierende Fehler in der Untersuchungsmethodik zugrunde liegen und sie daher kaum geeignet sind, die Grundannahmen Piagets zu widerlegen. Dessen ungeachtet kommt Mead der Verdienst zu, auf die Bedeutung des sozialen Umfeldes für die Entwicklung hingewiesen zu haben. In der Folge wurde durch zahlreiche empirische Studien festgestellt, dass die Entwicklungsgeschwindigkeit auch wesentlich von dem sozialen Milieu abhängt, in dem die Kinder aufwachsen. In diesem Zusammenhang ist auf die Theorie der kognitiven Entwicklung des im selben Jahr wie Piaget geborenen russischen Psychologen *Lew Wygotski* (andere Schreibweisen sind Vygotsky oder Vygotskij) zu verweisen, der sich parallel zu Piaget und in Kenntnis dessen frühen Schaffens mit der Entwicklung von Begriffen und höheren Stufen der Erkenntnis befasste (Wygotski 1992).

▪ Wygotski und die Zone proximaler Entwicklung

Laut Wygotski hat die kognitive Entwicklung ihren Ursprung in kulturspezifischen sozialen Interaktionen, die dem Heranwachsenden alle seine Konzepte, Ideen, Tatsachen, Fertigkeiten und Einstellungen *vermitteln*. Eine zentrale Bedeutung kommt dabei der Erziehung zu, indem Eltern und Lehrer dem Heranwachsenden helfen müssen, von der sozialen Ebene der Nachahmung zur eigenständigen kognitiven Bewältigung komplexer Anforderungen und Problemstellungen zu gelangen. Der erziehende Erwachsene muss sich dabei über den aktuellen *Entwicklungsstand* des Heranwachsenden Klarheit verschaffen, aber auch über das *Entwicklungspotential*, d. h. darüber, was der Heranwachsende unter optimalen Umweltbedingungen überhaupt lernen kann. Den Unterschied zwischen Entwicklungsstand und -potential hat Wygotski als *Zone der proximalen Entwicklung* bezeichnet.

> » Die Zone der proximalen Entwicklung ist die Diskrepanz zwischen dem, was eine Person bereits weiß oder kann (das bislang erreichte Niveau der Entwicklung), und dem, was sie erreichen kann, wenn sie pädagogisch unterstützt oder gefördert wird (Entwicklungspotential). Die Zone der proximalen Entwicklung ist der Abstand zwischen dem tatsächlichen Entwicklungsniveau, wie er durch unabhängiges Problemlösen bestimmt wird, und dem Niveau der potentiellen Entwicklung, wie sie durch Problemlösen unter Anleitung von Erwachsenen oder in Zusammenarbeit mit befähigteren Bezugspersonen bestimmt wird (Wygotski 1978, S. 86).

In der proximalen Entwicklungszone wird das Wissen und Können, das sich der Heranwachsende durch soziale Interaktion angeeignet hat, zu individuellem Wissen und Können. Letztendlich führt diese kognitive Entwicklung zu einem erfolgreich handelnden Erwachsenen in einer sozial bestimmten kulturellen Gemeinschaft (Wertsch 1985).

▪ Bruners Rezeption der genetischen Epistemologie

Während Wygotski sich in seiner Theorie der kognitiven Entwicklung auf die Rolle sozialer Prozesse konzentriert hatte, griff *Jerome Bruner* die Problematik der mentalen Repräsentationen auf. Bruner stimmt mit dem meisten überein, was Piaget über kognitive Entwicklung und semiotische Funktionen gesagt hat, vor allem in Bezug auf die zentrale Bedeutung der Sprache und der Begriffsbildung. Im Unterschied zu Piaget, der zwischen sieben semiotischen Funktionen unterschieden hatte, unterscheidet Bruner (1966) nur noch zwischen drei Formaten der mentalen Repräsentation, die er als *enaktive*, *ikonische* und *symbolische* Repräsentation bezeichnet.

> » Auffällige Akzentverschiebungen ereignen sich im Verlaufe der Entwicklung der Darstellungsfunktion (representation). Zuerst kennt das Kind seine Umwelt hauptsächlich durch die gewohnheitsmäßigen Handlungen, die es braucht, um sich mit ihr auseinanderzusetzen. Mit der Zeit kommt dazu eine Methode der Darstellung in Bildern, die relativ unabhängig vom Handeln ist. Allmählich kommt dann eine neue und wirksame Methode hinzu, die sowohl Handlung wie Bild in die Sprache übersetzt, woraus sich ein drittes Darstellungssystem ergibt. Jede dieser drei Darstellungsmethoden, die handlungsmäßige, die bildhafte und die symbolische, hat ihre eigene Art, Vorgänge zu repräsentieren (Bruner et al. 1971, S. 21).

Später hat Bruner diesen Repräsentationsformen eine vierte, die *soziokulturelle Repräsentation* hinzugefügt (Bruner und Weinreich-Haste 1987), was auf den Einfluss Wygotskis, dessen Theorien Bruner in Nordamerika bekannt gemacht hat, hinweist. Diese vierte Repräsentationsform betont die Bedeutung des sozialen Aspekts bei der geistigen Entwicklung. Mit Wygotski teilt Bruner nicht nur die Betonung der sozialen Prozesse bei der kognitiven Entwicklung, sondern auch das starke Interesse an Erziehung und Unterricht (z. B. Bruner 1966).

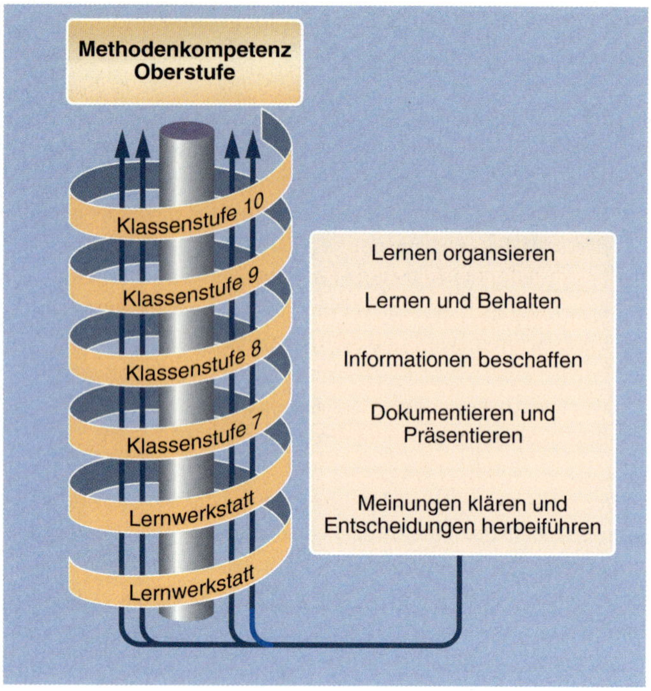

Abb. 3.20 Beispiel eines Spiralcurriculums (Max-Planck-Gymnasium Saarlouis: ▶ http://www.mpg-saarlouis.de)

Zwei pädagogische Prinzipien Bruners verdienen eine besondere Erwähnung: die *Bereitschaft zum Lernen* und das *Spiralcurriculum*. Mit dem ersten Prinzip verweist Bruner auf die zentrale Bedeutung der Motivation, während das zweite Prinzip ein didaktisches Konzept der Anordnung des Lernstoffs in Form einer Spirale meint, demzufolge Themen im Laufe der Schuljahre mehrmals, auf jeweils höherem Anspruchsniveau, wiederkehren, bis ein vollständiges Verständnis erreicht ist (Abb. 3.20). Dabei gilt der Grundsatz, dass jeder Gegenstand auf jeder Entwicklungsstufe auf eine solche Art gelehrt werden kann, dass ein Kind ihn mit seinen kognitiven Fähigkeiten begreifen kann.

Bruner wurde nicht müde zu fordern, dass schulischer Unterricht und die Lehrpläne so gestaltet werden sollten, dass sie zu intuitivem und analytischem Denken ermutigen und auf Gedankensprünge beim Lösen von Problemen zielen. Damit wurde er zum Vorreiter des Konzepts des entdeckenden Lernens, das bis auf den heutigen Tag die pädagogische Diskussion prägt.

Zusammenfassend kann man den besonderen Beitrag Wygotskis und Bruners zur Piaget'schen Theorie der kognitiven Entwicklung in der Betonung der sozialen Interaktionsprozesse und der gezielten Unterstützung der Heranwachsenden durch Erzieher (Eltern und Lehrer) sehen. Daraus leitet sich die grundsätzliche Frage ab, welche Bedeutung die Arbeiten von Piaget, Bruner und Wygotski für Erziehung und Unterricht haben. Die Rezeption in der pädagogischen Psychologie ist diesbezüglich uneinheitlich. Während manche Autoren (z. B. Gage und Berliner 1996; Hinz und Wagner 2009; Preiser 2009; Woolfolk 2008) Piagets Stufenmodell der Entwicklung ausführlich – auch hinsichtlich der pädagogischen Konsequenzen – beschreiben, sparen es andere aus (z. B. Hasselhorn et al. 2009; Wild und Möller 2009). Im Bereich der verschiedenen Fachdidaktiken (v. a. Mathematik und Physik) ist der Einfluss der entwicklungspsychologischen Überlegungen Piagets bis auf den heutigen Tag enorm (z. B. Kircher et al. 2009; Reiss und Hammer 2013; Willer 2003). Für die Erziehungswissenschaft ist *Piaget ein Klassiker der Pädagogik* (Dollinger 2006; Palmer 2001; Tenorth 2012).

3.3.3 Stufenmodelle der moralischen Entwicklung und Erziehung

Im vorangegangenen Abschnitt haben wir uns auf die kognitive Entwicklung konzentriert und dabei einen Problemkomplex ausgespart, dem Piaget größte Aufmerksamkeit gewidmet hatte: der Frage, wie sich die moralischen Werte des Kindes entwickeln. Piaget formulierte in der philosophischen Tradition von Kant eine Theorie der moralischen Entwicklung, die von Lawrence Kohlberg aufgegriffen und zu der einflussreichsten Theorie des moralischen Urteils ausgebaut wurde. Was bei der Rezeption (z. B. Keller 2005) beider Theorien in den Hintergrund gerät, ist die Tatsache, dass sie stark von Montessori beeinflusst wurden. In diesem Abschnitt werden wir zunächst die Stufenmodelle der moralischen Entwicklung von Piaget und Kohlberg behandeln und dann beleuchten, in welcher Weise sie von Montessori beeinflusst wurden.

3.3.3.1 Stufenmodell der moralischen Entwicklung von Piaget

Wenn Piaget in seinen pädagogischen Beiträgen die Autonomie als Entwicklungsziel propagiert, ordnet er dies üblicherweise in den Zusammenhang einer moralischen Erziehung ein. Das *pädagogische* Handeln zielt bei ihm nicht nur auf Wissens-, sondern auch auf *Gewissensbildung*. Im Zentrum steht dabei das *moralische Urteil als Ausdruck moralischen Denkens*, das laut Piaget weder angeboren ist noch von anderen erlernt wird, sondern sich in der aktiven Auseinandersetzung mit Gleichaltrigen entwickelt. Das Spielen von Kindern beurteilte Piaget als repräsentativ für die *natürliche Entwicklung* des moralischen Urteils. Dementsprechend beobachtete er Kinder beim Spielen und ließ sich die Regeln des Spiels erklären. Anzumerken ist, dass er hierbei nicht mehr auf seine eigenen Kinder als Versuchspersonen zurückgegriffen hatte, sondern mit größeren Stichproben spielender Kinder arbeitete. Darüber hinausgehend verwendete er auch kurze Geschichten, in denen es darum ging, dass ein Kind etwas beschädigt, etwas stiehlt, lügt, ein Verbot übertritt oder von ihm Gehorsam gegenüber einer Autorität verlangt wird. Die Geschichten bildeten den Ausgangspunkt für Gespräche mit den Kindern.

» Ein kleiner Junge namens Hans ist in seinem Zimmer. Man ruft ihn zum Essen. Er geht ins Speisezimmer, aber hinter der Tür stand ein Stuhl. Auf dem Stuhl war ein Tablett und auf dem Tablett standen fünfzehn Tassen. Hans konnte nicht wissen, dass all dies hinter der Tür war. Er tritt ein, die Tür stößt an das Tablett und bums! Die fünfzehn Tassen sind zerbrochen (Piaget 1990, S. 150).

» Es war einmal ein kleiner Junge, der hieß Heinz. Eines Tages war seine Mama nicht da und er wollte Marmelade aus dem Schrank nehmen. Er stieg auf einen Stuhl und streckte den Arm aus. Aber die Marmelade war zu hoch und er konnte nicht daran kommen. Als er doch versuchte, daran zu kommen, stieß er an eine Tasse. Die Tasse ist heruntergefallen und zerbrochen (Piaget 1990, S. 150).

Nach Vergewisserung, dass die Kinder den Inhalt der Geschichten tatsächlich verstanden hatten, wurden sie in ein Gespräch verwickelt, um moralischen Begründungen auf die Spur zu kommen. Geo, ein Junge im Alter von 6 Jahren, äußerte sich folgendermaßen:

I: „Hast du diese Geschichte verstanden?"

Geo: „Ja."

I: „Was hat der erste Junge getan?"

Geo: „Er hat elf Tassen zerbrochen."

I: „Und der zweite?"

Geo: „Er hat eine Tasse durch eine plötzliche Bewegung zerbrochen."

I: „Warum hat der erste die Tassen zerbrochen?"

Geo: „Weil die Tür daran gestoßen ist."

I: „Und der zweite?"

Geo: „Er hat eine falsche Bewegung gemacht. Als er die Marmelade suchte, fiel die Tasse herunter."

I: „Ist einer schlimmer als der andere?"

Geo: „Der erste, weil er zwölf Tassen fallen gelassen hat."

I: „Wenn du der Papa wärest, wen würdest du mehr bestrafen?"

Geo: „Den, der zwölf Tassen zerbrochen hat."

I: „Warum hat er sie zerbrochen?"

Geo: „Die Tür ist zu stark zugeschlagen, sie hat daran gestoßen. Er hat es nicht absichtlich gemacht."

I: „Und der zweite? Warum hat er eine Tasse zerbrochen?"

Geo: „Er wollte Marmelade nehmen, er hat eine zu heftige Bewegung gemacht. Die Tasse ist zerbrochen."

I: „Warum wollte er die Marmelade nehmen?"

Geo: „Weil er alleine war. Er hat ausgenutzt, dass seine Mama nicht da war." [...]

I: „Na, wenn du die zwölf Tassen zerbrochen hättest, als du in das Zimmer kamst, und deine kleine Schwester eine, als sie die Marmelade suchte, wer würde mehr bestraft werden?"

Abb. 3.21 Kinder beim Spielen (© Robert Kneschke – Fotolia.com)

Geo: „Ich, weil ich mehr als eine Tasse zerbrochen habe."

Obwohl Geo verstanden hat, dass Hans die Tassen nicht absichtlich zerbrochen hat, ist er der Auffassung, dass Hans stärker bestraft werden müsste als Heinz, weil er *mehr* Tassen zerbrochen hatte als Heinz. Der siebenjährige Mol sieht die Sache anders (Piaget 1990, S. 159):

I: „Welcher ist der Schlimmere?"

Mol: „Der zweite, der den Topf mit Marmelade nahm, weil er etwas ohne Erlaubnis hat nehmen wollen."

I: „Hat er es genommen?"

Mol: „Nein."

I: „Und doch ist er der Schlimmere?"

Mol: „Ja."

I: „Und der erste?"

Mol: „Das ist nicht seine Schuld. Er hat es nicht absichtlich getan."

Mol berücksichtigt bei der Klärung der Schuldfrage die Absicht. Er hält Heinz für „schlimmer", weil bei ihm die zerbrochene Tasse das Ergebnis einer unerlaubten Handlung war. In dieser Weise wurden auch die anderen Geschichten verwendet.

Eine weit größere Bedeutung für die Analyse der moralischen Entwicklung maß Piaget aber dem Spielen der Kinder zu, was mit seiner Erziehungsphilosophie übereinstimmte, wonach die Beziehungen des Kindes zu Gleichaltrigen die idealen Bedingungen für die Entwicklung wechselseitigen Respekts und einer gelingenden Kooperation darstellen. Indem er (und seine Mitarbeiter) 20 Kinder im Alter von 4 bis 13 Jahren beim Murmelspiel, einem der ältesten Kinderspiele überhaupt, beobachtete und sie nach den Regeln des Spiels befragte, gelang es ihm, vier Phasen der Entwicklung der praktische Anwendung von Regeln (*Regelpraxis*) und drei Stufen des Verständnisses der Regeln (*Regelbewusstsein*) zu unterscheiden (Abb. 3.21).

Die vier Stadien der *Regelpraxis* lauten:

1. *individuelles Stadium* (bis 2 Jahre): Das Spielen entspricht individuellen motorischen Gewohnheiten, ohne Bewusstsein von Regeln.
2. *egozentrisches Stadium* (3–6 Jahre): Die Art des Spiels wird durch Nachahmung anderer (älterer Kinder) bestimmt, es gelten die Regeln der Älteren.
3. *Phase der beginnenden Zusammenarbeit* (7–10 Jahre): Das Spielen wird zunehmend sozial, und es wird ein Bestreben erkennbar, nach gemeinsamen Regeln miteinander in Wettstreit zu treten.
4. *Phase der Kodifizierung der Regeln* (ab dem 11. Lebensjahr): Die Vereinbarung und Festlegung von Regeln gewinnt einen Wert an sich.

Auf der ersten Stufe fehlt jegliches Bewusstsein und Empfinden einer sozialen Verpflichtung zur Einhaltung von Regeln.

> » Merkwürdigerweise neigen die Kleinen bis zum Alter von etwa 10 oder 11 Jahren fast einmütig dazu, die Regeln für heilig und unantastbar zu halten, obwohl sie sie in Wirklichkeit schlecht anwenden. Die Regeln, so hat man uns gesagt, sind dem Kind von allem Anbeginn, seit Adam und Eva, vom lieben Gott, von den ersten Schweizern, von den „Herren der Stadt" und so weiter vorgegeben worden. Man könnte sie sicherlich ändern, aber „das wäre nicht recht" (Piaget 1928/1986, S. 109 f.).

Ab 11 Jahren etwa beurteilen Kinder die Regeln als Resultat eines sozialen Vertrags und des gegenseitigen Respekts. Die moralischen Urteile weisen nun das Merkmal der Reziprozität und des kooperativen Ausgleichs auf, wobei die Inhalte der Regeln relativiert und autonom ausgearbeitet werden.

Für das *Regelbewusstsein*, die moralischen Urteile der Kinder, unterschied Piaget drei Stadien. Sie sind „als aufeinanderfolgende Phasen regelmäßiger Prozesse aufzufassen, die sich als Rhythmen auf den übereinanderliegenden Gebieten des Verhaltens und des Bewusstseins wiederholen" (Piaget 1990, S. 91). Die drei Stufen sind:

1. die *vormoralische Stufe* oder moralischer Realismus (bis zum 5. Lebensjahr);
2. die *Stufe der heteronomen Moral* (ab etwa dem 5. Lebensjahr) und
3. die *Stufe der autonomen Moral* oder des moralischen Relativismus (ab etwa dem 10. Lebensjahr).

Heteronom

Heteronom bedeutet fremdgesetzlich, von Gesetzen anderer abhängig und bestimmt. Im Gegensatz dazu bedeutet *autonom* so viel wie selbstständig, unabhängig, nach eigenen Gesetzen lebend.

Bemerkenswert ist dabei, dass Piaget für das moralische Urteil nicht das Stufenmodell der kognitiven Entwicklung übernahm, sondern ein eigenständiges Phasenmodell konzipierte.

Bei den Beobachtungen und Befragungen spielender Kinder konnte eine zeitliche Diskrepanz zwischen der Spielpraxis und dem Regelbewusstsein festgestellt werden, die Piaget darauf zurückführt, dass das Handeln immer dem Denken vorausgeht und die Bewusstwerdung nichts anderes als die Rekonstruktion der Handlung ist. Insbesondere wenn ein moralisches Problem nicht erlebt, sondern in Form einer Geschichte dargeboten wird, bleibt der moralische Realismus nach Auffassung Piagets länger erhalten als beim Handeln. Daraus lässt sich auch erklären, warum dem Regelbewusstsein im Vergleich zur Regelpraxis die Wende im Alter von 7 oder 8 Jahren fehlt.

Piaget hat die Entwicklung des moralischen Urteils stets in einem Zusammenhang mit der erzieherischen Praxis und dem Entwicklungsziel der Autonomie gesehen und die praktische Pädagogik danach unterschieden, ob sie Passivität oder Aktivität der Heranwachsenden in den Mittelpunkt stellt.

> » Im ersten Fall werden dem Kind von außen her die fix und fertigen Produkte des Wissens und der Moralität der Erwachsenen beigebracht; die erzieherische Relation besteht einerseits aus Zwang, andererseits aus Hinnahme. […] die innerlichste Moral des Schülers beruht mehr auf Gehorsam als auf Selbständigkeit […]. Das Kind möchte das Erwachsensein nicht erreichen, indem es die Vernunft und die Regeln des Benehmens fertig übernimmt, sondern indem es sie durch seine Bemühungen und seine persönliche Erfahrung erwirbt (Piaget 1972, S. 140 f.).

Schon in den frühen Schriften kritisiert Piaget den Verbalismus des schulischen Unterrichts seiner Zeit, der nichts anderes als unwesentliches Geschwätz sei und das aktive Denken behindere.

> » Überall dort, wo die bloße Unterrichtsrede das faktische Handeln ersetzt, wird der Fortschritt der Bewusstseins- und Gewissensbildung gehemmt (Piaget 1947/1999, S. 216).

Konsequent wandte sich Piaget auch gegen autoritäre Erziehungsstile, da diese die Entwicklung des moralischen Urteils sowohl hinsichtlich der anzustrebenden Autonomie der Heranwachsenden als auch hinsichtlich ihres notwendigen Realitätsbezuges behindern. Um die moralische Entwicklung zu fördern, bedarf es reichhaltigen Materials, das den Schüler auf moralische Probleme stoßen lässt. Aber moralisches Denken und Urteilen kann nicht gelehrt werden, denn der Wandel der Denkstrukturen, die dem moralischen Urteil zugrunde liegen, erfolgt entwicklungsabhängig und ist eine eigenständige Leistung des Heranwachsenden.

In Anbetracht der strukturellen Ungleichheit, die zwischen dem Erzieher und dem Heranwachsenden besteht, plädierte Piaget wiederholt dafür, die Erziehung zu einem Großteil an Gleichaltrige oder Gleichgestellte (Peers) zu delegieren, weil nur hierbei Gleichheit der Beziehungen und gegenseitiger Respekt entstehen könne. Als besonders förderlich für die Entwicklung des moralischen Bewusstseins betrachtete Piaget aufgrund seiner eigenen Erfahrungen in der Jugendzeit die Organisation der Pfadfinder (Zittoun et al. 2008), die Anfang des 20. Jahrhunderts von Robert Baden-Powell (1857–1941) gegründet worden war (◘ Abb. 3.22).

Piaget war von den Ideen Baden-Powells begeistert und betonte wiederholt den hohen Stellenwert der Pfadfinderbewegung nicht nur für die moralische Erziehung, sondern auch für die Friedenserziehung und die Sexual- und Geschlechtserziehung. „Der Appell an die persönliche Ehre und an den wechselseitigen Respekt bei den Pfadindern, das Gelöbnis der guten Tat bei den ‚*Ligues de Bonté*' und vor allem die gezielte Mobilisierung der Spontaninteressen und die Möglichkeiten zur Zusammenarbeit" (Piaget 1930/1999, S. 66 f.) war, was er an den Pfadfindern schätzte.

Abb. 3.22 © jgroup/iStockphoto

3.3.3.2 Stufenmodell der moralischen Entwicklung von Kohlberg

Die populärste Theorie der moralischen Entwicklung ist fraglos das Stufenmodell Kohlbergs (1927–1987), das auf den *Prinzipien der Gerechtigkeit* und der *Empathie* begründet ist. Die Stufen der moralischen Entwicklung sind für Kohlberg universell:

> Jede Kultur und Subkultur der Welt beruht auf denselben moralischen Grundwerten und der gleichen schrittweisen Entwicklung moralischer Reife (Kohlberg und Turiel 1971, S. 37).

In seinen theoretischen Konzeptionen wurde Kohlberg wesentlich von John Dewey und Jean Piaget beeinflusst. Von Piaget übernahm er nicht nur das Konzept der vier moralischen Stufen, sondern auch die Methodik der Geschichten, die er zu *moralischen Dilemmas* ausbaute. Das wohl bekannteste moralische Dilemma ist das *Heinz-Dilemma.*

Das Heinz-Dilemma

Eine Frau, die an einer besonderen Krebsart erkrankt war, lag im Sterben. Es gab eine Medizin, von der die Ärzte glaubten, sie könne die Frau retten. Es handelte sich um eine besondere Form von Radium, die ein Apotheker in der gleichen Stadt erst kürzlich entdeckt hatte. Die Herstellung war teuer, doch der Apotheker verlangte zehnmal mehr dafür, als ihn die Produktion gekostet hatte. Er hatte 2000 Dollar für das Radium bezahlt und verlangte 20.000 Dollar für eine kleine Dosis des Medikaments. Heinz, der Ehemann der kranken Frau, suchte alle seine Bekannten auf, um sich das Geld auszuleihen, und er bemühte sich auch um eine Unterstützung durch die Behörden. Doch er bekam nur 10.000 Dollar zusammen, also die Hälfte des verlangten Preises. Er erzählte dem Apotheker, dass seine Frau im Sterben lag, und bat, ihm die Medizin billiger zu verkaufen bzw. ihn den Rest später bezahlen zu lassen. Doch der Apotheker sagte: „Nein, ich habe das Mittel entdeckt, und ich will damit viel Geld verdienen." Heinz hat nun alle legalen Möglichkeiten erschöpft; er ist ganz verzweifelt und überlegt, ob er in die Apotheke einbrechen und das Medikament für seine Frau stehlen soll.
Sollte Heinz das Medikament stehlen oder nicht?

Nachdem Kohlberg (1972) einer Stichprobe von 75 Jugendlichen verschiedene moralische Dilemmas dargeboten hatte, konstruierte er auf der Grundlage der Antworten vier Ebenen der Moralentwicklung, die er als *vormoralisch*, *präkonventionell*, *konventionell* und *postkonventionell* bezeichnete. Darüber hinaus unterschied er aufgrund der in den Antworten verwendeten Urteilsprozesse sechs verschiedene Stufen, woraus das in Tab. 3.9 dargestellte Stufenmodell resultierte (Kohlberg 1976). Anzumerken ist, dass Kohlberg auf die Zuweisung von Altersbereichen verzichtet hat.

Tab. 3.9 Entwicklungsstufen des moralischen Urteils nach Kohlberg

Stufen des Kohlberg-Modells	Kommentar
Präkonventionelle Ebene	
Stufe 1: Orientierung an Strafe und Gehorsam	Blinder Gehorsam gegenüber Vorschriften und Autoritäten, um Strafen zu vermeiden.
Stufe 2: instrumentell-relativistische Orientierung	Gut ist, was im Sinne eines fairen Austauschs den eigenen Bedürfnissen oder den Bedürfnissen anderer dient
Konventionelle Ebene	
Stufe 3: zwischenmenschliche Konkordanz – Orientierung am Modell *guter Junge/gutes Mädchen*	Gut ist es, eine nette Person zu sein, sich um andere zu kümmern, sich loyal zu verhalten und Regeln einzuhalten.
Stufe 4: Orientierung an Gesetz und Ordnung	Es gilt, den sozialen Verpflichtungen in der Gesellschaft nachzukommen und die soziale Ordnung aufrechtzuerhalten.
Postkonventionelle Ebene	
Stufe 5: legalistische Orientierung am Sozialvertrag	Die Grundrechte sind zu respektieren und die grundsätzlichen Werte und Verträge der Gesellschaft einzuhalten.
Stufe 6: Orientierung an universellen ethischen Prinzipien	Es gelten ethische Prinzipien, die für die ganze Menschheit gelten – überall und immer.

Moralisches Urteilen hängt wesentlich von logischem Denken ab (Colby und Kohlberg 1986), so dass mit dem Beginn des moralischen Urteils nicht vor der Stufe des präoperationalen Denkens zu rechnen ist. Grundsätzlich aber gilt, dass ein fortgeschrittenes Denken kein Garant für ein fortgeschrittenes Stadium des moralischen Urteils ist, denn das Modell des moralischen Urteils von Kohlberg beruht auch auf der *Empathie* als Fähigkeit, die eigene Perspektive wie auch die Perspektiven anderer zu verstehen und miteinander zu verknüpfen. Die Entwicklungsstufen ergeben sich somit aus dem zunehmend komplexeren Verständnis der an einem moralischen Dilemma beteiligten Personen (Keller 2001). Für die Abfolge der Stufen gelten folgende Merkmale (Kohlberg und Hersh 1977):

- *Die Stufen sind strukturierte Ganzheiten* bzw. organisierte Gedankensysteme. Daher sind die Individuen in ihrem Niveau des moralischen Urteils konsistent.
- *Die Stufen bilden eine invariante Sequenz,* und die Übergänge sind halbstetig, d. h. immer nach vorne gerichtet und nie zurück. Personen können nie eine Stufe auslassen oder überspringen, sondern der Übergang erfolgt immer von einer Stufe zur nächst höheren.
- *Die Stufen sind hierarchisch geordnet*, so dass ein Denken auf einer höheren Stufe stets das Denken auf der niedrigeren Stufe miteinschließt. Allerdings besteht eine Tendenz, die jeweils erreichbare höchste Stufe zu wählen und dann konsistent beizubehalten.

Das ursprüngliche Stufenmodell wurde wiederholt modifiziert. So führte Kohlberg zeitweise eine Stufe 4 ½ für die Übergangszeit vom Jugend- zum Erwachsenalter ein, die von Eckensberger und Reinshagen (1980) als *Ablehnung einer Gesellschaftsperspektive bei individualistischer Perspektive* charakterisiert wurde. Später hat Kohlberg auch von einer Stufe 7 gesprochen, da er mutmaßte, dass moralische Urteile letztendlich (wenn auch nur von wenigen Menschen) transzendental begründet werden könnten. Eine verwirrende Publikationspraxis mit vielen Inkonsistenzen zwischen Theorie und empirisch gewonnenen Daten sowie die ständige Bereitschaft Kohlbergs, sein Phasenmodell oder auch die Auswertungsmethoden zu verändern, waren die Hauptgründe dafür, dass Kohlbergs Theorie neben vielen Anhängern auch ebenso viele Kritiker gefunden hat (Becker 2011).

Kritisch gesehen wurde unter anderem, dass Kohlberg nicht berücksichtigt hätte, dass Frauen eine andere Moralauffassung haben als Männer. Dem maskulinen Prinzip der Gerechtigkeit bzw. Orientierung an Fairness steht nach Auffassung von Gilligan (1977, 1985) das *weibliche Prinzip der Fürsorge und Verantwortung* beim moralischen Urteil gegenüber. Diese geschlechtsspezifische Zuordnung unterschiedlicher Prinzipien moralischen Bewusstseins ist aber strittig (vgl. Nunner-Winkler und Nikele 2001), da sie einer empirischen Prüfung nicht standhält, wie verschiedene Metaanalysen gezeigt haben (z. B. Jaffe und Hyde 2000; Walker 2006). Ganz anders das Bild, das empirische Untersuchungen und Metaanalysen im Hinblick auf die altersgradierten Veränderungen im prosozialen Verhalten während der frühen Jugendzeit (genauer: in der Pubertät) zeichnen (z. B. Fabes et al. 1999). Tendenziell nimmt die *prosoziale Orientierung* in diesem Lebensabschnitt zu, allerdings sind dabei auch geschlechtsspezifische Unterschiede (ein stärker ausgeprägtes prosoziales Verhalten bei den Mädchen) zu beobachten.

Bemerkenswert ist, dass sich in den vergangenen zehn Jahren über die traditionellen Untersuchungen zum moralischen Urteil hinausgehend ein Forschungsstrang etabliert hat, der den *neuralen Korrelaten des moralischen Urteils* nachspürt (vgl. Decety et al. 2012; Greene et al. 2004; Killen et al. 2011; Moll et al. 2005). Die wesentliche Erkenntnis einer äußerst umfangreichen Metaanalyse von 247 Experimenten mit bildgebenden Verfahren (Bzdok et al. 2012) besteht darin, dass moralische Urteilsprozesse sehr wahrscheinlich bereichsumfassend sind und die Aktivierung von Hirnbereichen bewirken, die sowohl die kognitive als auch die emotionale Verarbeitung betreffen. Insgesamt stützt die neurobiologische Forschung (für manche vielleicht überraschend) die Auffassung von Piaget und Kohlberg, dass Moral überwiegend eine Angelegenheit der Kognition ist. Darauf baut auch Kohlbergs Erziehungskonzeption auf, wonach sich der Heranwachsende mit Hilfe kognitiver Anregungen durch die Erwachsenen moralisch weiterentwickeln kann.

■ Kohlbergs Erziehungskonzeption

Insgesamt folgt die *entwicklungspädagogische* Argumentation Kohlbergs einer engen Auslegung seines Stufenmodells, wonach die Entwicklung des moralischen Urteils pädagogisch durch moralische Diskussionen zwar angeregt werden kann, es aber immer nur möglich sei, von einer erreichten Stufe zur nächsten zu wechseln (Kohlberg und Turiel 1971). Daraus leitet sich die *+1-Konvention* der moralischen Erziehung ab, die besagt, dass ein Wechsel zu der nächsthöheren Stufe nur möglich ist, wenn es gelingt, einen Konflikt dadurch auszulösen, dass die *+1-Argumentation* strukturell und inhaltlich dem bisherigen moralischen Urteil widerspricht. Um dies zu bewerkstelligen, muss der Erzieher das bisher erreichte Niveau der moralischen Argumentation des Heranwachsenden kennen, um sodann durch Vorgabe eines moralischen Dilemmas das Denken über einen moralischen Konflikt auszulösen, zu dessen Lösung eine +1-Argumentation eingeführt wird. Ein Verfahren, das zur Feststellung des Niveaus moralischer Urteile im Sinne des Kohlberg-Modells geeignet ist, ist der *Moralisches-Urteil-Test* von Lind (1976), der im Verlauf der Jahrzehnte zu einem Standardverfahren geworden ist.

Die Idee der pädagogischen Intervention mittels einer +1-Argumentation löste unzählige empirische Untersuchungen aus, die schon Anfang der 1980er Jahre Metaanalysen unterzogen wurden (Enright et al. 1983; Leming 1981). Bis Mitte der 80er Jahre hatte sich die Zahl an Interventionsstudien bereits mehr als verdreifacht. Die von Schlaefli et al. (1985) durchgeführte Metaanalyse von 55 Interventionsstudien verdeutlichte, dass Veränderungen des moralischen Urteils nicht innerhalb kurzer Zeitspannen zu erzielen sind. Bemerkenswert war auch die Feststellung, dass Effekte von Interventionsprogrammen am stärksten bei Erwachsenen (älter als 24 Jahre) und deutlich weniger stark bei Jugendlichen feststellbar waren. Seit den 80er Jahren ist das Interesse an Untersuchungen zur +1-Argumentation deutlich abgeflacht, was wohl damit zusammenhängt, dass die mit ihr erzielbaren Effekte allgemein nicht den Erwartungen entsprachen. Im Grunde ist vom ursprünglichen Ansatz nur die

Dilemmadiskussion übrig geblieben, wie sie beispielsweise von Patry et al. (2007) im Projekt *Values and Knowledge Education* und vor allem von Lind (2002) als *Konstanzer Methode der Dilemma-Diskussion* (KMDD)* zur Förderung der moralischen Urteils- und Handlungsfähigkeit angewandt wird, freilich ohne sich der +1-Argumentation zu bedienen. Die KMDD wurde in zahlreichen Untersuchungen inner- und außerhalb der Schule (auch international) mit großem Erfolg angewendet (z. B. Claypool et al. 2000; Gross 2013; Zierer 2008).

Über die +1-Argumentation hinausgehend vertritt Kohlberg im Rahmen seines *entwicklungsorientierten* (bzw. progressiven) *Ansatzes* der Moralerziehung die weiter reichende Auffassung, dass Heranwachsende sich durch die aktive Auseinandersetzung mit der Umwelt entwickeln und dass die Aufgabe von Erziehung darin bestehe, Bedingungen zu schaffen, die sich positiv auf die Moralentwicklung auswirken. Auf dieser Idee baute Kohlbergs Initiative der *Gerechten Gemeinschaft* (*Just Community*) auf, mit deren Realisierung er im Jahre 1974 mit der Gründung eines Clusters von Schulen (Highschools) begann, in denen die Prinzipien von Gerechtigkeit und Fürsorge zum Prinzip des Handelns erhoben wurden (Power et al. 1989). Die Idee war, dass die moralische Entwicklung der Schülerinnen und Schüler gefördert werden kann, indem ihnen Gelegenheiten zur Teilhabe an demokratischen Treffen der Gemeinschaft (Lehrer und Schüler) geboten werden. Bei allen dabei zu treffenden Entscheidungen sollte das Konsensverfahren zur Anwendung gelangen, um kollektive Normen im Sinne eines Sozialvertrags zu etablieren, der auf Fairness für alle Mitglieder der Gemeinschaft zielt. Nach Aussage von Power et al. war der Ansatz der *Just Community* überaus erfolgreich bei den Jugendlichen, und zwar nicht nur, was die Entwicklung des moralischen Urteilens anbelangte, sondern auch im Hinblick auf ihre sozialen Handlungsweisen: Die Schüler praktizierten, was sie predigten, indem sie den Regeln folgten, denen sie bei den demokratischen Gemeinschaftstreffen zugestimmt hatten (Power et al. 1989). Da es dabei auch immer darum ging, die Schüler von der erreichten Stufe des moralischen Urteils zur nächsthöheren zu bringen, geht die Kritik Flitners (1980), Kohlberg habe keinen Zusammenhang zwischen der Fähigkeit zum moralischen Argumentieren und dem wirklichen Verhalten in Konfliktsituationen gestiftet, ins Leere. Der Erfolg der Erziehungskonzeption der *Just Community* bewog Kohlberg, diese auch im Strafvollzug einzusetzen, um jugendliche Straftäter einer moralischen Erziehung zu unterziehen (vgl. Kohlberg et al. 1975). Damit begründete er eine sozialpädagogische Tradition, die bis auf den heutigen Tag spürbar ist (z. B. Weyers 2004).

Der Kohlberg'sche Ansatz der *Gerechten Gemeinschaft* entspricht dabei weitgehend der Argumentation Roths (1971b), dass die Schule sich um die *Erzeugung einer moralischen Gesamtatmosphäre* bemühen müsse, um moralische Mündigkeit als Ziel der Persönlichkeitsentwicklung zu erreichen. Die Schule habe die einmalige Chance, die Entwicklung der moralischen Urteilsfähigkeit zu fördern, Moral im gemeinschaftlichen Zusammenleben und Zusammenarbeiten zu praktizieren sowie moralische Handlungsfähigkeit zu schulen. Moralische Erziehung wird damit zum generellen curricularen Prinzip, und eine moralische Orientierung wird zu einem Grundbaustein der Unterrichtsgestaltung (Lind 2011).

In einem eher funktionalen Sinne wird die moralische Orientierung im Unterricht von Wissenschaftlern betrachtet, die weniger an der Wirksamkeit pädagogischer Interventionen als vielmehr an der Gesamtwirkung des Unterrichts auf die moralische Entwicklung interessiert sind. Beispielhaft hierfür sind die Untersuchungen von Beck et al. (1996, 1998) zur Entwicklung moralischer Urteilskompetenz in der kaufmännischen Erstausbildung. Bemerkenswerterweise zeichnet sich in den Befunden eine deutliche Segmentation des moralischen Urteils der Jugendlichen ab, die in einem deutlichen Widerspruch zu der Kohlberg'schen Annahme einer generalisierenden Urteilshomogenität stehen. Diese besagt, dass eine Person, sobald sie erst einmal auf einer bestimmten Stufe der moralischen Entwicklung angelangt ist, *alle* moralischen Urteile in Übereinstimmung mit dieser Stufe fällt. Im Unterschied dazu stellten Beck et al. eine deutliche Segmentierung des moralischen Urteils fest, da dieses für den privaten Bereich konsistent auf einer höheren Stufe als für den betrieblichen Bereich gefällt wurde.

3.3.3.3 Die moralische Entwicklung bei Montessori

In der entwicklungspsychologischen Literatur wird der Name Montessori im Zusammenhang mit der moralischen Entwicklung selten genannt (vgl. Berk 2005; Mietzel 2002), was vermutlich damit zu tun hat, dass sie allgemein als Reformpädagogin wahrgenommen wird und ihre unbestreitbaren Einflüsse auf Erikson und Piaget übersehen werden. In einem Lehrbuch zur Erziehungswissenschaft darf Montessori, wenn es um Entwicklung und Erziehung geht, jedoch nicht fehlen. Maria Montessori (1870–1952) war eine Generation älter als Erikson und Piaget und zwei Generationen älter als Kohlberg. Erikson war ausgebildeter Montessori-Pädagoge und daher mit Montessoris Wirken vertraut. Dass Piaget Montessoris Pädagogik gut kannte und schätzte, geht aus seinen Schriften hervor (vgl. Kohler 2009), und auch Kohlberg kannte Montessoris Ansatz – zumindest was die Vorschul- und Elementarerziehung betraf (Kohlberg 1968; Kohlberg und Mayer 1972). Dies äußert sich darin, dass Kohlbergs Phasenmodell der moralischen Entwicklung Parallelen zu Montessoris Modell der moralischen Entwicklung aufweist (Ludwig 2005) und sein Ansatz der *Gerechten Gemeinschaft* Übereinstimmungen mit Montessoris Konzept der Vorschulen zeigt (vgl. Krogh 1981).

Montessori hat in ihrer Pädagogik großen Wert auf die moralische (sittliche) Erziehung der Heranwachsenden gelegt. Die Pädagogik habe die Möglichkeiten zu schaffen, dass sich Kinder zu mündigen, selbstständig denkenden und verantwortungsvoll handelnden Menschen entwickeln können (◘ Abb. 3.23). Dabei wird die moralische Erziehung stets im Zusammenhang mit der sozialen Erziehung gesehen:

> » Es ist evident, daß Sittlichkeit aus einer sozialen Beziehung mit anderen Menschen kommt. So ist es absurd, sich Erziehung und moralische Erziehung ohne Gesellschaft vorzustellen (Montessori 1941, S. 97 ff.).

Zugleich muss Erziehung immer *entwicklungsgemäß* sein, d. h., sie muss den Fähigkeiten und Bedürfnissen des Heranwachsen-

Abb. 3.23 © picture alliance / JOKER

den auf seiner jeweiligen Entwicklungsstufe entsprechen und diesen weder überfordern noch unterfordern:

» Die Erziehung muß die Entwicklung der Individualität anstreben und bewirken, daß diese ihre Unabhängigkeit bewahren kann, nicht nur während der ersten Kindheit, sondern auch durch alle Stufen, die es (sc. das Kind) während seiner Entwicklung durchläuft (Montessori 1973, S. 96).

Montessoris entwicklungspädagogische Konzeptionen gründen auf einer speziellen Weltanschauung, der sogenannten *kosmischen Theorie*. In dieser bündelt Montessori ihre naturwissenschaftlichen und religiösen Grundanschauungen und leitet aus ihr dann die Idee einer *kosmischen Erziehung* her.

Die *kosmische Theorie* betont die einzigartige Stellung des Menschen in der Welt und im Kosmos, aber auch die Notwendigkeit der Einsicht des Menschen in die Wechselwirkungen der Naturerscheinungen und der Notwendigkeit der Übernahme sittlicher Verantwortung für die Welt (Montessori 1979). Bei der *kosmischen Erziehung* geht es darum zu klären, welchen Beitrag die Erziehung leisten kann, um dem Heranwachsenden zu helfen, seinen Platz in der Welt und in der Evolution verantwortungsbewusst auszufüllen. Dabei legt Montessori der gesamten Schöpfung einen einheitlichen Plan zugrunde und betrachtet den Kosmos als eine Ganzheit, in der alles einem immanenten Plan untergeordnet und alles naturgemäß wechselseitig miteinander verknüpft ist.

Der Erziehungsbegriff Montessoris beruht auf der Vorstellung eines *normalisierten* Heranwachsenden, der an seine eigene Natur und den kosmischen Plan Anschluss gefunden hat. *Normalisierung* – der Grundbegriff der Montessori-Pädagogik – konstituiert nach den Maßgaben des Bauplans, der in jedem Menschen steckt, die Entwicklungsaufgabe des Kindes, bei deren Bewältigung die Erziehung helfen kann und soll. Normalisierung meint nicht eine Normierung oder Uniformierung bis hin zur Unterwürfigkeit (vgl. Raapcke 2010), sondern die Reorganisation bzw. Rekonstruktion von inneren Prozessen, die dem Heranwachsenden zur inneren Ruhe, Geduld, Disziplin, Konzentration, Arbeitsfreude, Verantwortung und Selbstständigkeit verhelfen. Montessoris Konzept der Normalisierung entspricht etwa dem, was in der heutigen Behindertenpädagogik als normal gilt,

» nämlich Behinderte möglichst nicht unter sich zu lassen, sondern ihnen in einer freilich dafür vorbereiteten gesellschaftlichen Umgebung eine „Normalisierung" ihrer Lebensverhältnisse zu ermöglichen (Raapcke 2003, S. 242 f.).

Eine Normalisierung wird nach Montessori erforderlich, wenn es bei einem Heranwachsenden zu Fehlentwicklungen wie Schüchternheit, Aggressivität usw. gekommen ist.

Eine andere Grundannahme Montessoris lautet, dass die Entwicklung des Menschen zwar individuell verläuft, jedoch nach einem für alle Menschen einheitlichen Plan, der gekennzeichnet ist durch verschiedene aufeinanderfolgende und zeitlich abgrenzbare *sensible Phasen*. In diesen Perioden ist der Heranwachsende für die Ausbildung bestimmter körperlicher, geistiger und moralischer Fähigkeiten in besonderer Weise disponiert. Versäumnisse können zu Fehlentwicklungen (Deviationen) als signifikante Abweichungen von der *Normalisierung* führen, deren Folgen später nur mit Mühe und im Extremfall gar nicht mehr ausgeglichen werden können. Die verschiedenen sensiblen Perioden begründen die Stufen des Entwicklungsmodells Montessoris, für das der Grundsatz gilt, dass in jeder vorangegangenen Phase das Fundament für die darauffolgende gelegt wird. Eine gute Übersicht über die sensiblen Phasen bzw. Perioden und die korrespondierenden Entwicklungsstufen hat Holtstiege (1977) ausgearbeitet, auf die wir hier zurückgreifen (Tab. 3.10).

Die sensiblen Phasen sind von vorübergehender Dauer und dienen nur dazu, dem Heranwachsenden den Erwerb einer bestimmten Fähigkeit zu ermöglichen. Sobald dies geschehen ist, klingt die betreffende Empfänglichkeit wieder ab. Aus dieser Annahme können wichtige erziehungsrelevante Konsequenzen abgeleitet werden:

- In sensiblen Phasen können wegen der erhöhten Lernbereitschaft der Heranwachsenden bestimmte Fähigkeiten leichter erworben werden, sofern die Umwelt spezifische Erfahrungsangebote bereitstellt.
- Versagt die Umwelt dem Heranwachsenden die Möglichkeit, in einer sensiblen Phase die möglichen Erfahrungen zu machen, sind diese Versäumnisse später nur mehr schwer nachzuholen.

» Das Heranwachsen des Individuums darf nicht dem Zufall überlassen werden. Es muß vielmehr wissenschaftlich mit größerer Sorgfalt überdacht werden, um dem Individuum eine bessere Entwicklung zu ermöglichen. Alle sind sich darüber einig, daß das Individuum, dem mehr Pflege und Sorge zuteil wurde, stärker, geistig ausgeglichener und mit energischerem Charakter heranwächst. Mit anderen Worten: Das Kind bedarf außer einer physischen Hygiene auch einer geistigen Hygiene. […] Das Kind ist nicht ein leeres Gefäß, das wir mit unserem Wissen angefüllt haben und das so alles uns verdankt. Nein, das Kind ist der Baumeister des Menschen, und es gibt niemanden, der nicht von dem Kind, das er selbst einmal war, gebildet wurde (Montessori 1984, S. 13 ff.).

Vor dem Hintergrund dieses pädagogischen Credos sind die Eckpunkte zu verstehen, die Montessori für die moralische Ent-

Tab. 3.10 Stufen der moralischen Entwicklung nach Montessori

Stufe	Sensible Phasen
1. Phase: Bildung der Grundlagen der Persönlichkeit und Intelligenz; Ausbildung motorischer Fähigkeiten, eines Sinnes für Ordnung, Entwicklung von Sprache und Bewusstsein und soziale Integration	0–3 Jahre: – Sensibilität für Ordnung – Sensibilität für Bewegung – Sensibilität für Sprache 3–6 Jahre: – Sensibilität für Bewusstseinsentwicklung – Sensibilität für soziales Zusammenleben – Sensibilität für gemachte Leistungen
2. Phase: *Dominanz moralischer Sensibilität;* Entstehung eines moralischen und sozialen Bewusstseins und eines zunehmenden Bedürfnisses nach Erweiterung des Wissens und nach neuen Sozialbeziehungen; Übergang des kindlichen Denkens zur Abstraktion	6–12 Jahre: – Sensibilität für neue soziale Beziehungen – *Sensibilität für die Entwicklung eines moralischen Bewusstseins* – Sensibilität für wissenschaftliche Erkenntnisse – Sensibilität für Abstraktionen
3. Phase: physiologisch bedingte Labilität; Entwicklung sozialer Sensibilität verbunden mit dem Bedürfnis, Selbstständigkeit im sozialen Beziehungsnetz zu entwickeln; der Jugendliche entwickelt eine Sensibilität für den Selbstwert und persönliche Würde	12–18 Jahre: – Sensibilität für Gerechtigkeit und Menschenwürde – Sensibilität für soziale und gesellschaftliche Prozesse – Sensibilität für wissenschaftliche Erkenntnisse – Sensibilität für politische Verantwortung

wicklung und Erziehung als ausschlaggebend beurteilt hat (vgl. Ludwig 2005):

- *Moralische Autonomie* – als sittliche Freiheit verstanden – ist dem Menschen nur als Option gegeben, sie muss innerhalb eines gestuften Erziehungs- und Bildungsprozesses von jeder Person erst aufgebaut werden. Dabei zielt eine moralische Erziehung auf die Selbstverpflichtung des heranwachsenden Menschen gegenüber den Werten und sittlichen Maximen seines sozialen Umfeldes wie auch auf die Bereitschaft zu einem sozial verträglichen Handeln.
- *Moralisches Bewusstsein* erwächst nicht aus der Belehrung durch Erwachsene, sondern aus dem praktischen Handeln in der Gemeinschaft. Daher bedarf die moralische Erziehung besonderer pädagogisch gestalteter Situationen, die junge Menschen zu moralischen Urteilen herausfordern und Gelegenheiten zu einem entsprechenden Handeln bieten. Nur auf der Grundlage praktisch erfahrener Moralität kann sich ein Bewusstsein für die Werte einer Gemeinschaft und eine soziale Bindungsfähigkeit des Individuums entfalten.
- Die moralische Erziehung ist auf soziale Beziehungen angewiesen, denn ohne die Ermöglichung von Beziehungen zu anderen Personen kann keine gegenseitige Achtung erwachsen. Daher spielt die Entwicklung einer sozial-emotionalen *Bindungsfähigkeit* im Sinne längerdauernder emotionaler Wechselbeziehungen mit anderen Personen eine wesentliche Rolle. Es kommt (nach Roth 1971b) darauf an, eine moralische Gesamtatmosphäre zu erzeugen.
- Die moralische und soziale Erziehung innerhalb von Familie, Kindergarten und Schule ist Bestandteil einer ganzheitlichen Persönlichkeitsbildung und eine erzieherische Gesamtaufgabe aller an der Erziehung Beteiligten. Dabei gilt grundsätzlich, dass eine pädagogische Förderung der *moralischen Urteilsfähigkeit* zwar eine wichtige Voraussetzung, aber keine hinreichende Bedingung für *moralisches Handeln* ist. Umgekehrt garantiert sittliches Handeln alleine auch keine angemessene Entwicklung von Moralität, da es dazu auch des moralischen Bewusstseins bedarf.
- Die pädagogische Förderung moralischer Handlungsfähigkeit des Heranwachsenden muss Rücksicht nehmen auf den jeweiligen *Entwicklungsstand*. Sie sollte weder überfordern noch unterfordern.

Um die Erziehungsphilosophie Montessoris auf den Punkt zu bringen, eignet sich ein Zitat aus dem Buch *Am Anfang war Erziehung* von Alice Miller:

> » Wenn man einem Kind Moral predigt, lernt es Moral predigen, wenn man es warnt, lernt es warnen, wenn man mit ihm schimpft, lernt es schimpfen, wenn man es auslacht, lernt es auslachen, wenn man es demütigt, lernt es demütigen, wenn man seine Seele tötet, lernt es töten. Es hat dann nur die Wahl, ob sich selbst, oder die anderen oder beides (Miller 1983, S. 119).

Vor dem Hintergrund dieses Zitates wird leicht nachvollziehbar, warum die *Friedenserziehung* zu den Grundbestandteilen der Montessori-Pädagogik zählt. Im Sinne der kosmischen Theorie kommt es darauf an, im Alltag den Frieden konkret zu leben (Montessori 1932).

3.3.3.4 Pädagogische Implikationen und Schlussfolgerungen

Unter dem Begriff der Moralentwicklung werden unterschiedliche Phänomen subsumiert, die drei Aspekte von Moralität herausstellen:

1. die Internalisierung sozialer Normen und gesellschaftlich auferlegter sittlicher Verpflichtungen,
2. das sogenannte natürliche Empfinden von Menschen für Gerechtigkeit und Fürsorge und
3. die Zurückstellung eigener Interessen und Bedürfnisse zugunsten der Gemeinschaft.

Zugleich werden der Moralität drei Ausdrucksformen zugesprochen, nämlich kognitiv-moralische Urteile, emotionale Regungen und sittliches Verhalten bzw. Handeln.

Vor dem Hintergrund dieser Merkmale der moralischen Entwicklung werden in der Literatur unterschiedliche moralpädagogische Konzeptionen diskutiert (Oser und Althof 1997). Eine geht davon aus, dass sich moralische Grundorientierungen und Handlungen von alleine entwickeln, man brauche das Kind nur sich selbst zu überlassen. Die Aufgabe der Erzieher (Eltern, Lehrer) bestehe nur in der Bereitstellung von Bedingungen, welche die Entwicklung begünstigen. Pädagogische Interventionen werden abgelehnt. Gelegentlich wird dieser Ansatz, da er auf Rousseau zurückgeführt wird, auch als *romantisch* bezeichnet. Oser und Althoff spielen aber in diesem Zusammenhang eher auf die psychoanalytische Entwicklungstheorie Freuds an, in der das *Über-Ich* jene psychische Struktur bezeichnet (Freud, 1923/1975), in der die sozialen Normen und Werte, die Moralität und das Gewissen organisiert sind. Zunächst sind diese durch Erziehung bestimmt, aber durch die Herausbildung des Über-Ichs erwirbt der Heranwachsende die Fähigkeit, seine Triebregungen eigenständig zu kontrollieren und sich angemessen zu verhalten. Schuldgefühle tauchen nun nicht mehr auf, weil sie von außen aufgezwungen werden, sondern wenn die Gebote und Verbote des Über-Ichs als innere Autorität nicht befolgt werden. Eine knappe und prägnante Beschreibung der Freud'schen Entwicklungstheorie mit Berücksichtigung der Moralität findet man bei Hauser (2007). Für diese Konzeption sprechen Ergebnisse einer isländischen Längsschnittstudie, über die Keller et al. (2007) berichten. In dieser Studie, die primär mit der Untersuchung von Bindungen befasst war, wurde auch die moralische Entwicklung von 121 Kindern im Alter von 7 bis 15 Jahre über vier Messzeitpunkte (7, 9, 12, 15 Jahre) untersucht. Bei der Beantwortung eines Freundschaftsdilemmas zeigten sich keine Unterschiede bei den sieben- und fünfzehnjährigen, allerdings blieben interindividuelle Entwicklungsunterschiede der siebenjährigen über die vier Messzeitpunkte (7, 9, 12, 15 Jahre) erhalten. Bei der Beurteilung eines Freundschaftsdilemmas zeigte sich eine deutliche *differentielle Stabilität* im Sinne eines Verharrens der Personen auf denselben relativen Positionen innerhalb ihrer Bezugsgruppe über die vier Messzeitpunkte. Die Rangpositionen der Kinder bzw. Jugendlichen blieben über die Zeit weitgehend stabil, was auf eine hohe sich selbst tragende Persistenz des moralischen Urteils hinweist.

Als zweite Konzeption der Moralpädagogik nennen Oser und Althof den *Wertübermittlungsansatz*, der auf der Auffassung beruht, dass gesellschaftlich akzeptierte Wertorientierungen des Handelns auf der Grundlage einer gültigen Werteordnung gelehrt und im Heranwachsenden verankert werden müssen. Die Aufgabe der Erziehung liegt in der Vermittlung von Tugenden, die allgemein als verbindlich betrachtet werden. Werte sind Präferenzregeln, d. h., Handlungen werden aus der Perspektive der Bevorzugung beurteilt (Wright 1994): Eine Alternative A oder B in einer bestimmten Situation wird von einer Person um deren Wertes willen gewählt. Wenn die Person von dem Werturteil überzeugt ist, d. h. an seine Richtigkeit oder Begründetheit glaubt, dann wird sie gemäß diesem Wert handeln. Im Zusammenhang mit der Konzeption der Werteerziehung wird öffentlichkeitswirksam auch wiederkehrend auf die Bedeutung des Tugendkonzepts hingewiesen, um den Verunsicherungen, die aus der Veränderung der Gesellschaft resultieren, wirksam zu begegnen (z. B. Grunder 1996). Nicht überraschend ist, wenn dabei auf Kant Bezug genommen wird, dem zufolge „das oberste Prinzip der Tugendlehre ist: handle nach einer Maxime der Zwecke, die zu haben für jedermann ein allgemeines Gesetz sein kann" (Kant 1803, S. 405). Abgesehen davon, dass eine solcherart verstandene Werteerziehung nichts anderes als Sozialdisziplinierung ist, weist sie in der konkreten Umsetzung z. B. im Unterricht eine deutliche Nähe zur Methode der Dilemmadiskussionen auf. Das wird bei einer Betrachtung des *Verfahrens der Wertklärung*, wie es von Raths et al. (1976) entworfen wurde, rasch deutlich. Die Lehrpersonen haben einen Entscheidungsprozess in Bezug auf Werte zu ermöglichen, ohne irgendein Ergebnis vorwegzunehmen. Ihre Aufgabe ist es, zum Argumentieren und Nachdenken über Folgen von Entscheidungen anzuregen, aber keineswegs in irgendeiner Weise zu indoktrinieren. Im Zentrum steht ein ethisches Lernen (Adam 2006).

Die praktische Urteilskraft im Sinne Kants spielt die tragende Rolle in der moralpädagogischen Konzeption, die den Heranwachsenden als Konstrukteur und Gestalter der eigenen Umgebung und der moralischen Orientierungen betrachtet. Bei Montessori, Piaget und Kohlberg wird der heranwachsende Mensch zum Gestalter der eigenen Entwicklung in Auseinandersetzung mit einer zur moralischen Reflexion einladenden Umgebung. Die zugrunde liegende kognitive Perspektive besagt, dass das moralische Handeln von der sittlichen Urteilskraft abhängig ist. Besonders deutlich tritt uns diese Auffassung bei Kohlberg entgegen, der den Menschen als Gestalter seiner Entwicklung betrachtet, die er in Wechselwirkung mit der Umwelt vollzieht. Das moralische Urteilsvermögen kann durch die bewusste Auseinandersetzung mit Problemen stimuliert werden, die sowohl die moralische Kognition als auch das moralische Gefühl der Heranwachsenden herausfordern. Ziel ist der Aufbau von Strukturen der moralischen Urteilsfähigkeit, wobei dies nicht inhaltsleer erfolgen kann, so dass auch hier auf Tugenden und Werte rekurriert werden muss. Grundsätzlich aber – darin sind sich die Vertreter dieser moralpädagogischen Konzeption (Montessori, Piaget, Kohlberg und auch Roth) einig – muss eine moralische Gesamtatmosphäre in den pädagogischen Institutionen geschaffen werden, um den Heranwachsenden konkrete Möglichkeiten des sittlichen Handelns zu eröffnen. Dabei gilt nach Montessori das Motto: *Kinder sind anders!*

? Aufgaben zum Festigen neuen Wissens

1. Beschreiben Sie die verschiedenen Stufen des Entwicklungsmodells von Erikson. Wodurch zeichnen sich diese aus und wie unterscheiden sie sich?
2. Welche Entwicklungsaufgaben sind in den Lebensabschnitten
   - Vorschulalter
   - Schulalter
   - frühes Erwachsenenalter
   - spätes Erwachsenenalter

   zu bewältigen?
3. Nennen Sie die Entwicklungskrisen, die Erikson im Leben eines Menschen unterscheidet.
4. Nennen Sie empirische Evidenzen für und gegen die Annahmen von Eriksons Entwicklungsmodell.

5. Beschreiben Sie die verschiedenen Stufen der intellektuellen Entwicklung nach Piaget. Wodurch zeichnen sich diese aus und wie unterscheiden sie sich?
6. Welche Weiterentwicklungen hat das Stufenmodell der intellektuellen Entwicklung von Piaget erfahren?
7. Nennen Sie empirische Evidenzen für und gegen die Annahmen von Piaget.
8. Unter ▶ http://highered.mcgraw-hill.com/sites/0072322357/student_view0/chapter3/multiple_choice_quiz.html können Sie einen Test durchführen, um Ihr Wissen über Piagets Stufenmodell zu prüfen.
9. Beschreiben Sie die verschiedenen Stufen des Entwicklungsmodells von Kohlberg. Wodurch zeichnen sich diese aus und wie unterscheiden sie sich?
10. Nennen Sie empirische Evidenzen für und gegen die Annahmen von Kohlbergs Entwicklungsmodell.
11. Wenn Sie möchten, können Sie Ihr Wissen zu Kohlbergs Entwicklungstheorie hier testen: ▶ http://wps.prenhall.com/chet_mcdevitt_childdevel_3/47/12219/3128263.cw/content/index.html

? Aufgaben zum Weiterdenken

1. Lesen Sie nochmals den Hilferuf der Mutter in ▶ Abschn. 3.3.1. Welchen Ratschlag würden Sie der Mutter geben? Wie argumentieren Sie dabei?
2. Lesen Sie nochmals den Ausschnitt aus dem Brief, den Karl Jaspers anlässlich seines 80. Geburtstages am 23. Februar 1963 an Hannah Arendt geschickt hatte (▶ Abschn. 3.3.1). Wie beurteilen Sie seine Aussage? Ist sie Ausdruck von Integrität oder Verzweiflung?
3. Im Internet werden Erwachsenen zahlreich Tests angeboten, um zu prüfen, ob sie in einer Midlife-Crisis stecken (z. B. ▶ http://www.palverlag.de/midlife-crisis-test.html; ▶ http://www.gotoquiz.com/midlife_crisis_quiz; ▶ http://www.mirror.co.uk/). Wie beurteilen Sie solche Testangebote? Würden Sie jemandem empfehlen, sich einem solchen Test zu unterziehen?
4. Wie beurteilen Sie die Orientierungsseminare für Eltern, wie sie von Einrichtungen der Erwachsenenbildung (oft kostenlos) angeboten werden? Im Internet finden Sie genug Hinweise auf solche Seminare, um sich ein Bild von den Angeboten zu machen – z. B. ▶ http://www.planz-studienberatung.de/elternseminare.
5. Die Aufnahme des Studiums wird manchmal als ein *normativ kritisches Ereignis* betrachtet, das mit dem Schuleintritt oder der Heirat vergleichbar ist. – Die Devise lautet nun: Man muss mit sich selbst klarkommen und probiert aus. Welche Entwicklungsaufgabe(n) haben Studierende im frühen Erwachsenenalter (18 bis 29 Jahre) zu bewältigen? Gibt es dabei geschlechtsspezifische Unterschiede und wenn ja welche?
6. (zum Spaß) Und nun der Quarterlife-Crisis-Test für junge Erwachsene nach Hudspeth (2012) – ein Muss für alle Endzwanziger! Für jede Aussage, die auf Sie zutrifft, gibt es einen Punkt.
   a. Wenigstens einmal pro Monat schauen Sie Bilder oder Filme aus Ihrer Kindheit an. Oder Sie holen die alten Videokassetten mit Disneyfilmen hervor, bis Sie genug nostalgische Gefühle entwickelt haben, um in Tränen auszubrechen.
   b. Jeden Abend, bevor Sie schlafen gehen, und jeden Morgen vor der Arbeit, denken Sie darüber nach, ihren Job aufzugeben und ihren Träumen zu folgen.
   c. Nachdem Sie nun 20 Jahre plus x alt geworden sind, fangen Sie an, Zigaretten oder Haschisch zu rauchen oder zum ersten Mal andere Drogen auszuprobieren.
   d. Sie geraten in Panik, wenn Sie herumsitzen und darüber nachdenken, wie schnell Sie bald 30 sein werden und dann rasend schnell auch 40.
   e. Sie bleiben am Samstagabend lieber zu Hause mit einem guten Glas Wein oder Bier und schauen sich einen Videofilm an, anstatt auszugehen und sich dann alt zu fühlen.
   f. Sie nehmen sich oft lange Zeit, ihren Gedanken nachzugehen, um sich selbst zu finden, aber dann fangen Sie zu heulen an, wenn Paul McCartney *Yesterday* singt oder Sie einen wohlbekannten Song aus der Jugendzeit im Radio hören.
   g. Sie wollen jetzt endlich ein neues Tattoo, eine neue Frisur oder ein Piercing aus einem einzigen Grund: neu muss es sein.
   h. Als Sie jung waren, haben Sie alkoholische Getränke konsumiert, um sich sorgenfrei und mit anderen verbunden zu fühlen; nun machen sie diese Getränke traurig und mürrisch.
   i. Sie empfinden den nächsten Geburtstag genauso wie als Kind den Gang zum Zahnarzt.
   j. Sie sind ziemlich angewidert, wenn Sie sehr populäre Berühmtheiten sehen, die 18 oder jünger sind. Nicht dass Sie gegen diese Menschen was persönlich hätten, es reicht, dass sie so jung, wohlhabend und erfolgreich sind.
   k. Immer stärker wird bei Ihnen der Wunsch, einen Haushalt zu gründen und eine(n) Ehefrau/Ehemann und Kind(er) zu haben.
   l. Sie haben die Schule oder Hochschule nicht zu Ende gebracht und denken nun immer öfter, wie Ihr Leben wäre, wenn Sie einen Abschluss gemacht hätten. *Oder* Sie haben das Studium oder Ihre Ausbildung beendet, finden aber nur schwer einen Job, so dass Sie sich fragen, ob sich das Studium oder die Ausbildung gelohnt hat.
   m. Sie haben schon mehrmals daran gedacht, die jetzige Situation zu beenden und durch die Welt zu reisen (wie Julia Roberts in *Eat, Pray, Love*), obwohl Sie gar nicht die finanziellen Mittel dafür haben.
   n. Immer wenn Sie um sich blicken, haben Sie das Gefühl, das wirklich jeder besser in jedem Aspekt des Lebens ist als Sie selbst.
   o. Manches, was mit Ihrer jetzigen finanziellen Situation zu tun hat, raubt Ihnen weniger die Nerven, als dass es sie verblüfft.

3

Tab. 3.11 Tabelle zu Aufgabe 10 zum Weiterdenken

Aussagen	Zuordnung
Heinz sollte das Medikament stehlen, da seine Frau vielleicht eine bedeutende Person ist. Heinz sollte das Medikament stehlen, weil Menschen zum Nutzen der Gesellschaft Verantwortung für andere übernehmen müssen. Heinz sollte es nicht stehlen, um einen guten Eindruck in der Gemeinschaft zu hinterlassen. Heinz sollte das Medikament stehlen, da das Recht auf Leben höher steht als das Recht auf Eigentum. Heinz sollte das Medikament nicht stehlen, da er dafür ins Gefängnis kommen kann. Heinz sollte das Medikament stehlen, weil seine Frau ihm eines Tages auch einen Gefallen tun könnte. Man sollte stets das Gesetz achten, denn der allgemeine Respekt vor dem Gesetz wird zerstört, wenn jeder meint, er könne Gesetze brechen, wenn er nicht mit ihnen übereinstimmt.	

Eine Interpretation Ihres Ergebnisses und was zu tun ist, finden Sie unter dieser Internetadresse: ▶ http://thoughtcatalog.com/2012/the-quarter-life-crisis-test-and-guide/.

7. Lesen Sie den folgenden Text und beantworten Sie dann die Fragen:
   Die Freundinnen Amira und Lena, beide 5 Jahre alt, spielen gemeinsam in einem Sandkasten. Jedes Kind nimmt ein Eimerchen, füllt es mit Sand und leert den Inhalt in ein anderes Eimerchen. Das wiederholen sie mehrmals, wobei sie miteinander sprechen. Amira sagt: „Nun schütte ich den Sand in diesen." Lena antwortet: „Der Sand geht vom blauen Eimer zum roten." Dann beginnt jedes Kind, verschiedene Spielzeugautos in eine Linie zu stellen. Amira sagt: „Das blaue Auto geht zurück." Lena sagt: „Ich stelle die roten Autos hier und die grünen hier entlang."
   a. Erklären Sie, was bei diesem Spielen der Kinder nach Piagets Stufenmodell zu beobachten ist.
   b. Welche kognitiven Operationen entwickeln sich womöglich beim Umschütten von einem Eimerchen zum anderen?
   c. Was geht hierbei aus der Sichtweise Wygotskis vor?
8. Wie kann ein Lehrer die kognitive Entwicklung von Schülern fördern, um deren Entwicklungspotential voll auszuschöpfen?
9. Folgen Sie dem Beispiel Woolfolks, das Sie in ▶ Abschn. 3.3.2 gelesen haben, und benennen Sie pädagogische Prinzipien und Maßnahmen, die geeignet sind, die Entwicklung von Kindern auf der präoperationalen Stufe zu fördern.
10. In Tab. 3.11 finden Sie einige Äußerungen, die sich auf das Heinz-Dilemma beziehen. Versuchen Sie, diese Äußerungen im Sinne Kohlbergs zu interpretieren, d. h. einer der Stufen zuzuordnen.
11. Wie kann man die moralische Entwicklung fördern?

Weiterführende Literatur

- Armbrust, J. (2011). *Jugendliche begleiten. Was Pädagogen wissen sollten*. Göttingen: Vandenhoeck & Ruprecht.
- Becker, G. (2011). *Kohlberg und seine Kritiker. Die Aktualität von Kohlbergs Moralpsychologie*. Wiesbaden: VS Verlag für Sozialwissenschaften.
- Böhm, W., & Fuchs, B. (2004). *Erziehung nach Montessori*. Bad Heilbrunn: Klinkhardt.
- Furth, H.G. (1981). *Intelligenz und Erkennen. Die Grundlagen der genetischen Erkenntnistheorie Piagets*. Frankfurt am Main: Suhrkamp.
- Gage, N.L., & Berliner, D.C. (1996). *Pädagogische Psychologie* (5. Aufl.). Weinheim: Beltz/Psychologie Verlags Union.
- Oser, F., & Althof, W. (1997). *Moralische Selbstbestimmung. Modelle der Entwicklung und Erziehung im Wertebereich* (3. Aufl.). Stuttgart: Klett-Cotta.
- Scharlau, I. (1996). *Jean Piaget zur Einführung*. Hamburg: Junius.
- Tücke, M. (2007). *Entwicklungspsychologie des Kindes- und Jugendalters für (zukünftige) Lehrer* (3. Aufl.). Münster: LIT.
- Waxenegger, A. (Hrsg.) (2011). *Lernen und Bildung im späteren Lebensalter. Leitlinien und Prioritäten 2020*. Graz: Karl-Franzens-Universität.

3.4 Temperament und Persönlichkeit: Stabilität und Veränderung

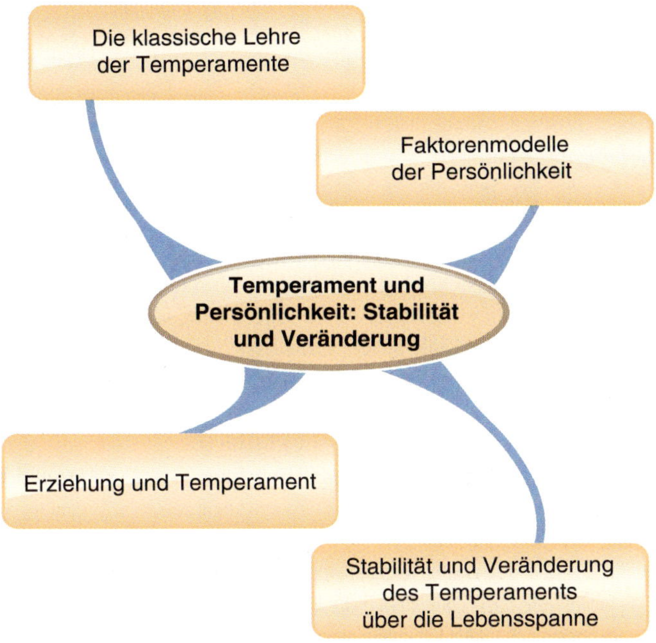

Aufgabe als Denkanstoß
Denken Sie an Freunde und Verwandte und an sich selbst: Würden Sie sagen, dass sich das Temperament von Personen über die Zeit verändert?

Anna: „Jakob, wie ist ein Choleriker? Ich bring das immer durcheinander."

Jakob: „Klar doch: Der Choleriker ist ein Machtmensch. Er sieht die Welt um sich herum immer nur aus seiner Sicht. Alles, was ihn behindert, macht ihn wütend. Das muss gleich weg. Sein Ziel ist es, die Welt so hinzubiegen, wie er sie gerne hätte. Da er sich für das Maß aller Dinge hält, schafft er es nicht, andere wirklich wahrzunehmen und auf deren Bedürfnisse einzugehen."

Anna: „Einen solchen Typen habe ich vor kurzem an der Uni kennengelernt. Dieser Prof war so richtig unsympathisch und so ein richtiges Rumpelstilzchen – laut und immer mit einem falschen Lachen. Wenn ich an den denke, bekomme ich 'ne Gänsehaut."

Jakob: „Ja, wenn du mal so einen zum Vorgesetzten bekommst, kannst du dich freuen. Da wäre mir ein Phlegmatiker eigentlich lieber."

Anna: „Du meinst, so eine Schlafmütze, die keinen Pepp hat und alles treiben lässt?"

Jakob: „Ja, das ist die negative Seite von solchen Typen. Aber der Phlegmatiker hat auch seine guten Seiten. Dazu zählen seine Zufriedenheit, Verträglichkeit, Ausgeglichenheit, Ruhe, Beherrschtheit und seine Anhänglichkeit. Wenn du gerade den Choleriker als Rumpelstilzchen bezeichnet hast, dann kann man den Phlegmatiker als unerschütterlichen Fels in der Brandung sehen."

Anna: „Und was hältst du von einem Sanguiniker?"

Jakob: „Der ist mir zu unausgeglichen und fällt stimmungsmäßig von einem Extrem zum anderen. Außerdem ist er mir zu oberflächlich. Andererseits kann er sich schnell auf neue Situationen einstellen und kommt auch noch mit Niederlagen gut klar."

Anna: „Dann bleibt nun noch der Melancholiker, der Schwarzmaler und Trauerkloß."

Jakob: „Das ist vielleicht ein bisschen krass ausgedrückt. Es stimmt schon, dass der Melancholiker oft traurig und trübsinnig wirkt, aber er gilt als fleißig und zuverlässig, gründlich und gewissenhaft."

Anna: „Das klingt alles so wie die Charakterisierungen der Tierkreiszeichen. Ich bin ein Widder und deshalb, wie jeder weiß (lacht), unternehmungslustig, mutig, leidenschaftlich, ausdauernd, abenteuerlustig, unermüdlich, belastbar, offen, direkt und zielstrebig. Außerdem bin ich aber laut Horoskop aggressiv, streitsüchtig, egozentrisch, aufbrausend, rücksichtslos, ungeduldig. Bin ich als Widder nun ein Choleriker oder Sanguiniker?"

Jakob: „Weder noch. Außerdem bist du auch nicht aggressiv und streitsüchtig. Etwas ungeduldig bis du manchmal. Das bin ich aber auch, obwohl ich Zwilling bin. Für mich bist du einfach Anna!"

Im Gespräch zwischen Anna und Jakob wurden verschiedene Charakterisierungen von Menschen in Entsprechung mit ihrem Temperament angesprochen. Die Unterscheidung zwischen dem *Choleriker, Sanguiniker, Melancholiker* und *Phlegmatiker* ist fast jedem im Alltag geläufig, und nicht selten greift man auch in der praktischen Pädagogik auf sie zurück, um Schülerinnen oder Schüler zu charakterisieren, wobei oft ein Zusammenhang mit Verhaltensauffälligkeiten und Erziehungskonflikten hergestellt wird (Petermann 2002). Das Temperament gilt hierbei als Risikofaktor für die Entwicklung des Heranwachsenden. Demgegenüber werden in der anthroposophischen Pädagogik nach Rudolf Steiner vor allem die positiven Aspekte der vier Grundtemperamente nachgezeichnet (z. B. Eller 2007). Aber nicht nur in der Waldorfpädagogik ist die klassische Lehre der vier Temperamente fest verankert, sondern auch im Bereich der Personal- und Organisationsentwicklung. Und selbstverständlich findet man im Internet ein großes Angebot an Persönlichkeitstests zur Feststellung des individuellen Temperamentstyps. Die vier Temperamentstypen und ihre Merkmale gehören zum Allgemeinwissen.

3.4.1 Die klassische Lehre der Temperamente

Die Temperamentenlehre wird in ihrem Ursprung dem griechischen Arzt *Hippokrates* (ca. 460–370 v. Chr.) zugeschrieben. Er war der Auffassung, dass der menschliche Körper vier wesentliche Säfte (Blut, Schleim, schwarze und gelbe Galle) enthält, die mit einem bestimmten Temperament in Verbindung stehen, so dass sich die Wesensart eines Menschen daraus ableiten lässt. Sechs Jahrhunderte später griff ein anderer Arzt mit dem Namen *Galen(os)* die Viersäftelehre wieder auf, um Krankheiten zu erklären. Galen ging davon aus, dass eine Person, wenn die Körpersäfte harmonisch gemischt sind, ein ausgeglichenes Wesen hat, wohingegen sie einen ziemlich ausgeprägten Charakter zeigt, wenn ein Körpersaft die Vorherrschaft hat:

- Blut: *sanguinisches Temperament* (heiter und aktiv);
- Schleim: *phlegmatisches Temperament* (apathisch und träge);
- schwarze Galle: *melancholisches Temperament* (traurig und grüblerisch);
- gelbe Galle: *cholerisches Temperament* (aufbrausend und leicht erregbar).

» **Das Temperament**
Das Temperament hat man im Blut;
doch manchmal tut es gar nicht gut.
Vor allem auch nicht ander'n,
die auf ruhigen Pfaden wandern!
Zügeln sollte man dies' lieber;
doch kehrt es leider immer wieder
auf selbem Weg zurück.
Ruhe wär' das größ're Glück.
So bin ich unverwechselbar;
es dauert schon so viele Jahr'.
Der eine liebt's, der and're spricht:
Man ändert einen Menschen nicht!
(Ilse Reese 2008)[9]

Mit der Zuordnung von Charaktereigenschaften zu verschiedenen Temperamenten erfolgte eine Psychologisierung, die viele Jahrhunderte lang akzeptiert wurde und sogar die moderne Persönlichkeitspsychologie inspirierte. Auch in der Pädagogik wurde und wird sie gerne verwendet, wie das Beispiel der Waldorfpädagogik zeigt. Zur „Ehrenrettung" der Pädagogik muss man allerdings festhalten, dass sie der Temperamentenlehre seit langem kritisch gegenübersteht.

Das zeigt beispielsweise der Beitrag von Wigge (1899) im *Enzyklopädischen Handbuch der Pädagogik*, in dem er sich vor allem auf die eigentümliche Charakterisierung der vier klassischen Temperamente durch Kant (1798) bezieht. Beispielsweise beschreibt Kant den *Sanguiniker* als sorglos und von guter Hoffnung. Er messe jedem Ding für den Augenblick eine große Wichtigkeit bei und schon bald denke er nicht weiter daran. So verspreche er viel, halte aber nicht Wort, weil er vorher nicht tief genug nachgedacht habe, ob er es auch halten könne. Er sei gutmütig genug, anderen Hilfe zu leisten und sei ein guter Gesellschafter, scherzhaft, aufgeräumt usw. usf. In der Nachfolge Kants knüpften auch andere Philosophen (z. B. Herbart und Schleiermacher) an der klassischen Temperamentenlehre an, und über die Philosophie hielt sie dann Einzug in die Pädagogik des 19. Jahrhunderts. Dabei wurden laut Wigge (1899) schon bald zwei entgegengesetzte Auffassungen erkennbar:

» Die einen halten die Temperamente für Naturfehler und wollen sie als solche durch die Erziehung verwischen und austilgen. [...] Als Erziehungsregel gilt ihnen, jedes Temperament gegensätzlich zu behandeln, ernüchternd auf den Sanguiniker, erhaltend auf den Choleriker, erwärmend auf den Melancholiker, begeisternd auf den Phlegmatiker einzuwirken (Wigge 1899, S. 67).

Die Gegenseite, so fährt Wigge fort, hielte die Temperamente für begründete und berechtigte Naturanlagen und nicht für krankhafte oder fehlerhafte Zustände. Die Aufgabe der Erziehung sei nach dieser pädagogischen Auffassung, die Temperamente geschickt zu gebrauchen und zu verhüten, dass sie zu einer schädlichen Einseitigkeit führen. Abschließend gelangt Wigge zu dem vernichtenden Urteil:

» Die ganze Temperamentslehre erweist sich bei genauer Prüfung als eine philosophische Spielerei. Man gefällt sich darin, oberflächliche Beobachtungen an individuellen Erscheinungen in geistreich klingende Phrasen zu pressen. Begriffliche Charaktertypen gibt es nicht. Jeder Mensch ist ein Charaktertypus für sich, eine Individualität; als solche will er studiert, erhalten, entwickelt und erzogen werden (Wigge 1899, S. 69).

Wer nun glaubt, damit wäre das Kapitel der klassischen Temperamentenlehre abgeschlossen gewesen, irrt sich. Denn im 20. Jahrhundert sollte sie sich als Weissagung für die neuen Temperamentstheorien in der Persönlichkeitsforschung erweisen (Kagan 1998). Ein Beispiel bietet die *Typologie der Temperamente* von Keirsey.

Diese Typologie (z. B. Keirsey und Bates 1984) kreist um das Gegensatzpaar *Empfindung* (bzw. Sensorik) und *Intuition*. Aus der unterschiedlichen Kombination aus beiden ergeben sich vier Grundtypen der kognitiven Verarbeitung, die als *sensorisches Wahrnehmen*, *sensorisches Urteilen*, *intuitives Fühlen* und *intuitives Denken* bezeichnet werden. Ihnen ordnet Keirsey

9 Das Gedicht ist aus dem Buch *Auf den Schwingen der Poesie* der im Jahr 2012 verstorbenen Malerin und Dichterin Ilse Reese entnommen.

Tab. 3.12 Laut Jung (z. B. 1934) ist die Triebkraft (Libido) beim introvertierten Menschen nach innen, d. h. auf sich selbst gerichtet; äußere Objekte haben nur einen nachrangigen Wert. Genau umgekehrt verhält es sich beim extravertierten Menschen. Er denkt, fühlt, handelt in Bezug auf die Umwelt. Jung hat diese Grundtypen mit den psychologischen Grundfunktionen des Denkens und Fühlens kombiniert, so dass sich die dargestellten Typen mit spezifischen Eigenschaften ergeben

Funktionstyp	Extraversion	Introversion
Denken	objektiv, produktiv	kreativ, kritisch, idealistisch
Fühlen	gesellig, angepasst, konventionell	still, unzugänglich, grüblerisch
Empfinden	realistisch, kritiklos, genussorientiert	verschlossen, passiv
Intuition	spekulativ, inspirierend	visionär, künstlerisch

die Temperamentsbezeichnungen *Künstler*, *Beschützer/Wächter*, *Idealist* und *Rationalist* zu, die wiederum Subtemperamente umfassen. Der Idealist z. B. kann *Heiler, Berater, Champion, Lehrer* sein. Insgesamt gelangt Keirsey zu 16 Temperamentstypen, denen er griffige Namen gegeben hat (Keirsey 1998). Passend dazu hat er einen Persönlichkeitstest, den *Keirsey Temperament Sorter* entwickelt, der sich im Bereich der Personalentwicklung großer Beliebtheit erfreut (▶ http://www.keirsey.com/sorter/register.aspx).

Die Weissagung Galens spiegelt sich darin, dass dem Künstler der Sanguiniker, dem Beschützer/Wächter der Melancholiker, dem Idealisten der Choleriker und dem Rationalisten der Phlegmatiker zugeteilt wird. Zu erwähnen ist, dass Keirsey den Myers-Briggs-Typenindikator weiterentwickelt hat, der sich wiederum auf die Bewusstseinsfunktionen von C. G. Jung stützt.

Von anderer Qualität ist das, was Kagan (z. B. 2003) zur Thematik beigetragen hat. Sein Forschungsinteresse gilt der Ängstlichkeit und Besorgnis. Er definiert zwei Temperamentstypen, die er als *gehemmt* und *ungehemmt* (d. h. frei von Hemmungen) bezeichnet. Mit dem ersten Typ bezieht er sich auf ein scheues, schüchternes und ängstliches Kind, mit dem zweiten Typ auf ein keckes, geselliges und aufgeschlossenes Kind. Obwohl Kagan der Veranlagung eine zentrale Bedeutung für den Temperamentstyp zuschreibt, will er keine Garantie für ein stabiles Profil eines Menschen auf unbestimmte Zeit geben, da er davon ausgeht, dass sich auch ständig verändernde Umweltfaktoren auf das Temperamentsprofil auswirken (Kagan 2008). Kagans Theorie über gehemmte und ungehemmte Temperamente ist auf Verhaltensbeobachtungen und -analysen begründet. Der überwiegende Teil der Persönlichkeits- und Temperamentsforschung des 20. Jahrhunderts ist aber durch die faktorenanalytische Methodik gekennzeichnet, die darauf zielt, aus empirischen Beobachtungen vieler Variablen auf wenige latente Variablen (*Faktoren*) zu schließen.

3.4.2 Faktorenmodelle der Persönlichkeit

Wir gehen auf zwei Faktorenmodelle ein, die bis heute die Temperamentsforschung beherrschen: das PEN-Modell und das Fünf-Faktoren-Modell.

3.4.2.1 PEN-Modell

Hans Jürgen *Eysenck* (1916–1997) ging bei seinen Forschungen zur Persönlichkeitsentwicklung grundsätzlich von genetisch bedingten Unterschieden der Menschen aus. Paradoxerweise musste sich Eysenck, obwohl er aus dem nationalsozialistischen Deutschland emigriert war, zumindest was seine Intelligenztheorie anbelangte, den Vorwurf des Rassismus gefallen lassen. Aber das soll nur als eine Notiz am Rande verstanden werden. Aufgrund theoretischer Überlegungen, die teilweise mit der klassischen Temperamentenlehre und Jungs Persönlichkeitstypologie korrespondieren, entwarf Eysenck (1947, 1970) das sogenannte PEN-Modell, das drei Dimensionen der Persönlichkeit unterscheidet: *Psychotizismus* (P), *Extraversion* (E) und *Neurotizismus* (N).

Die erste Dimension *Psychotizismus* bezieht sich auf abgeschwächte Merkmale der Schizophrenie und anderer psychotischer Störungen bei gesunden Menschen wie z. B. Aggressivität, Gefühlskälte, Impulsivität, Egozentrik, Kreativität und Ungeselligkeit. Die zweite Dimension hat zwei entgegengesetzte Pole: *Extraversion* und *Introversion*, wobei Introversion eine nach innen, Extraversion eine nach außen gerichtete Disposition bezeichnet. Die dritte Dimension des PEN-Modells bezieht sich unter der Bezeichnung *Neurotizismus* auf eine Gesamtverfassung des Menschen, die durch emotionale Labilität, Gehemmtheit, Reizbarkeit und Nervosität gekennzeichnet ist. Während Eysenck die Dimension Psychotizismus von Kretschmer (1921) übernahm, geht die Dimension Extraversion auf Jungs Persönlichkeitstypologie zurück (Tab. 3.12).

Den drei Persönlichkeitsdimensionen schrieb Eysenck Wesensmerkmale zu, die er aus der klassischen Temperamentenlehre übernahm. Mit der Extraversion verknüpfte er die Temperamente *cholerisch und sanguinisch*, während er der Introversion den *melancholischen und phlegmatischen* Temperamentstyp zuordnete. Wie die Extraversion erstreckt sich auch der Neurotizismus auf einer kontinuierlichen Skala mit den Polen *emotionale Labilität vs. Stabilität*. Personen mit einem hohen Neurotizismuswert sind emotional labil, neigen zu Nervosität, beklagen sich oft über körperliche Schmerzen, Ärger und Ängste, reagieren schnell auf Stress und bauen Stress langsamer ab, fühlen sich schnell unsicher und verlegen, neigen situationsbedingt eher zu Traurigkeit. Emotional stabile Menschen sind demgegenüber ruhig, angepasst, nicht launisch und selbstsicher. Aus der Verknüpfung der Dimensionen E und N resultiert Eysencks Persönlichkeitszirkel (Abb. 3.24), in dem sich auch Galens Weissagung spiegelt.

Zur Messung der Persönlichkeitsdimensionen entwickelte Eysenck ein Persönlichkeitsinventar, auf das wir in ▶ Abschn. 3.7 ausführlicher eingehen werden. Das *Eysenck-Persönlichkeits-Inventar* (EPI) dürfte bis heute eines der am meisten angewandten

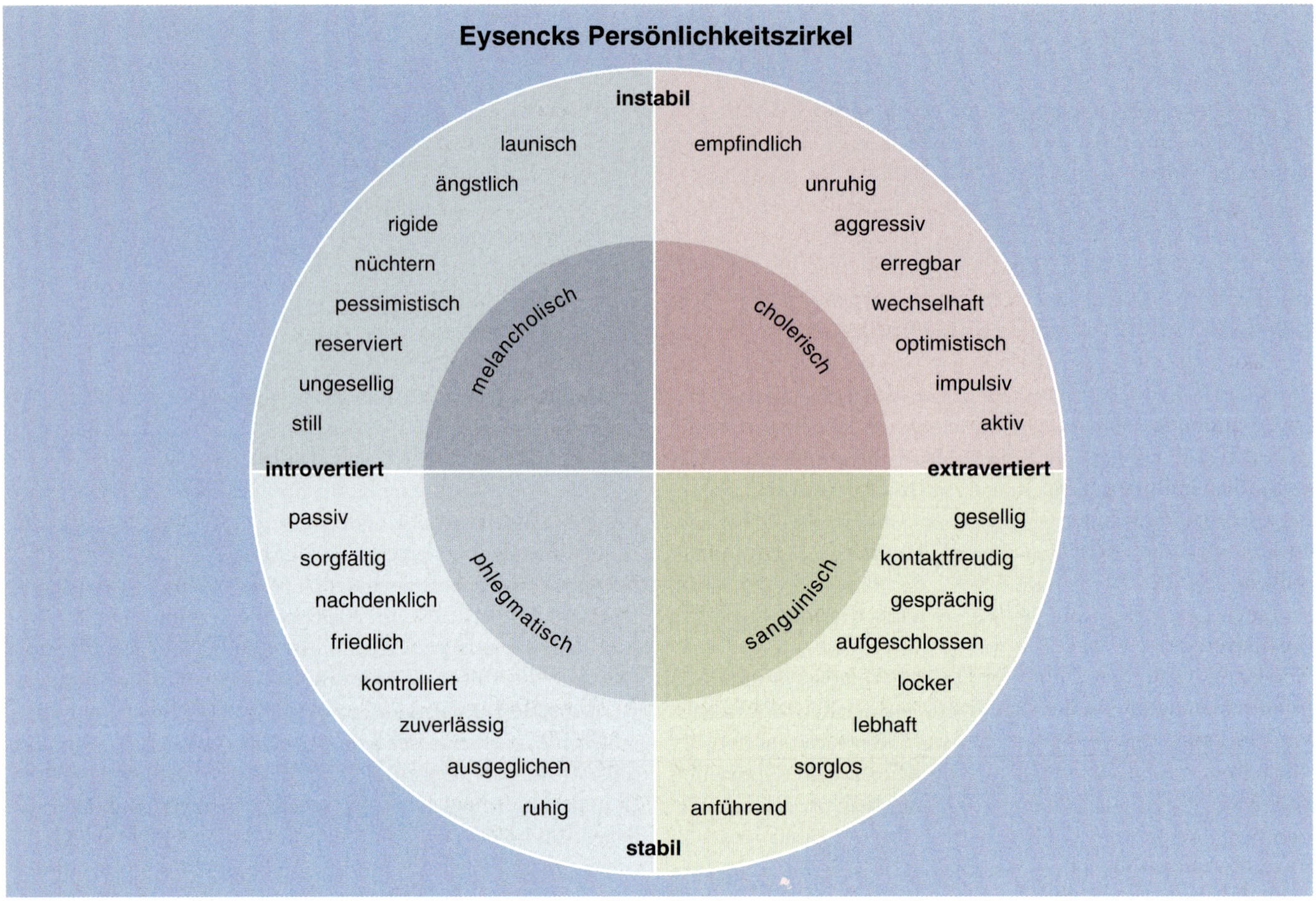

Abb. 3.24 Eysencks Persönlichkeitkeitszirkel (vgl. Ewen 1998, S. 139)

Messverfahren der Persönlichkeitsforschung sein; es wurde auch zum Vorbild anderer Persönlichkeitstests wie z. B. dem *Freiburger Persönlichkeitsinventar* von Fahrenberg et al. (2010). Seit etwa zwei Jahrzehnten steht es aber in Konkurrenz mit einem anderen Modell, das fünf Faktoren der Persönlichkeit postuliert.

3.4.2.2 Fünf-Faktoren-Modell (Big Five)

Das Fünf-Faktoren-Modell (FFM) ist auf dem *lexikalischen Ansatz* begründet, der von drei Annahmen ausgeht (vgl. Goldberg 1981):

1. Persönlichkeitseigenschaften lassen sich in der Sprache finden.
2. Durch eine Analyse der Sprache wird eine Analyse der Persönlichkeitseigenschaften ermöglicht.
3. Je wichtiger eine Eigenschaft ist, desto größer ist die Wahrscheinlichkeit dafür, dass die Menschen darüber sprechen.

Die Geschichte der Big Five

Am Anfang der Geschichte steht der Versuch von Allport und Odbert (1936), aus *Webster's New International Dictionary* persönlichkeitsbeschreibende Begriffe herauszusuchen und zu kategorisieren. Auf dieser Grundlage entwickelte Cattell in den 1940er Jahren einen Satz von 35 bipolaren Variablen, die er als repräsentativ für die Gesamtpersönlichkeit betrachtete. Die bei verschiedenen Untersuchungen durchgeführten Faktorenanalysen führten wiederholt zu 5 Faktoren, denen die Bezeichnungen *Extraversion* (Lebhaftigkeit, soziale Kompetenz), Ängstlichkeit bzw. *Neurotizismus* (emotionale Labilität, Besorgtheit), *Unabhängigkeit* (Dominanz, Offenheit), *Gefühlsbetontheit* bzw. Empfindsamkeit und *Gewissenhaftigkeit* bzw. charakterliche Stärke (Regelbewusstsein, Perfektionismus) gegeben wurden. Diese Faktoren wurden in der Folgezeit von anderen Forschern (z. B. Fiske, Norman, Ostendorf) bestätigt (vgl. John und Srivastava 1999), so dass man sie schließlich als *Big Five* bezeichnete (Goldberg 1981).

Das *Fünf-Faktoren-Modell*, wie es zurzeit in der Literatur behandelt wird (vgl. McCrae und Costa 2008), umfasst die Faktoren

1. *openness* (Offenheit für Erfahrungen) mit den Eigenschaften kunstverständig, intellektuell, kultiviert, phantasievoll;
2. *conscientiousness* (Gewissenhaftigkeit) mit den Eigenschaften sorgfältig, zuverlässig, genau, beharrlich;
3. *extraversion* (Extraversion) mit den Eigenschaften gesprächig, freimütig, unternehmungslustig, gesellig;
4. *agreeableness* (soziale Verträglichkeit) mit den Eigenschaften gutmütig, wohlwollend, freundlich, kooperativ;
5. *neuroticism* (Neurotizismus) mit den Eigenschaften ausgeglichen, entspannt, gelassen, körperlich stabil.

Als Eselsbrücke kann man sich merken: O-C-E-A-N.

Über die Persönlichkeitspsychologie hat das FFM auch den Weg in die Pädagogik gefunden (z. B. Matthews et al. 2006, Pervin und John 2001).

Eine Frage, die bei einem populären Forschungsansatz wie dem FFM auftaucht, ist die nach der Reichweite und Generalisierbarkeit. Oder anders ausgedrückt: Sind die Big Five universell? Denn schließlich gehen sie ja auf sprachliche Ausdrücke zurück, die kulturabhängig sind. Seit den 1980er Jahren wurden weltweit Versuche unternommen, persönlichkeitsbeschreibende Begriffe zu bestimmen, großen Personengruppen zur Selbst- wie auch zur Fremdbeurteilung vorzulegen und aus den Daten mittels Faktorenanalyse die Big Five zu extrahieren. De Raad et al. (1998) haben die Ergebnisse der kulturabhängigen Untersuchungen zusammengefasst und betrachten die Big Five interkulturell als bestätigt. Eine Ausnahme bildet der Faktor *Offenheit,* der sich als deutlich kulturspezifisch erwies. In deutschen Untersuchungen z. B. entsprach dieser Faktor eher einem reinen Intellekt, in niederländischen und italienischen Untersuchungen einer Unkonventionalität und Aufsässigkeit.

Eine weitere Frage, die sich aufdrängt, ist die nach der Übereinstimmung des FFM mit dem PEN-Modell, denn in beiden Modellen kommt den Dimensionen *Extraversion* und *Neurotizismus* eine exponierte Bedeutung zu. In Anbetracht desselben kann es kaum verwundern, dass sich in zahlreichen Studien eine teilweise hohe Übereinstimmung zwischen dem FFM und PEN-Modell herausstellte (z. B. Goldberg und Rosolack 1994; Larstone et al. 2002). Dies veranlasste Eysenck (1994) zur der Frage, ob man anstatt von den Big Five nicht doch besser von den *Giant Three* sprechen sollte. Tatsächlich gingen bei den meisten Untersuchungen zum FFM die Faktoren *Extraversion* und *Neurotizismus* als die herausragenden hervor, während die anderen drei eher eine nachgeordnete Rolle spielten.

Mit dem Zusammenhang von Temperament und Persönlichkeit haben sich viele Untersuchungen auf der Grundlage des FFM befasst (z. B. Halverson et al. 1994; Mervielde et al. 2005; Wachs und Kohnstamm 2001). Eine besondere Stellung nimmt dabei die Forschung von Rothbart (1981, 1986) ein. Sie hat in zahlreichen Einzelstudien eine signifikante Übereinstimmung der Faktoren des FFM (mit Ausnahme von *Verträglichkeit*) mit den Temperamentsdimensionen *orientierende Sensibilität, angestrengte Aufmerksamkeit, Extraversion* und *negative Affekte* ihres eigenen Temperamentsinventars festgestellt. Aus der Vielzahl an Einzeluntersuchungen zur Thematik kann eine starke Verbindung zwischen den *Temperamentsdimensionen und den Persönlichkeitsfaktoren* des FFM hergeleitet werden. Verschiedene Schlüsseldimensionen von Temperament entsprechen den Faktoren Extraversion, Neurotizismus und Gewissenhaftigkeit des FFM (Shiner und Caspi 2003); Temperamentseigenschaften, die mit Neurotizismus (z. B. emotionale Labilität, Besorgtheit) zusammenhängen, umfassen negative Affekte wie Furcht und Traurigkeit, Reizbarkeit und Verhaltenshemmungen. Mit der Extraversion (z. B. Geselligkeit, Lebhaftigkeit) korrespondieren Temperamentsaspekte wie Gefühlsstärke von Freude, Aktivität und ein Fehlen sozialer Hemmungen. Auf die Gewissenhaftigkeit (z. B. Leistungsstreben, Sorgfalt und Pflichtbewusstsein) sind Temperamentsdimensionen wie hemmende Kontrolle, Aufmerksamkeitszuwendung und Leistungsmotivation bezogen.

3.4.2.3 Temperament, Charakter und Entwicklung

» **Charakter**
Dein Charakter, das bist du! –
Deine Gaben und dein Geist,
Was du hast und kannst und weißt
Legt gar nichts dazu,
Mag auch alles jederzeit
Dir entfallen wie ein Kleid.
Statt nach Geist und Macht zu prüfen
Miß nach Charakteren,
Und es werden Höhn und Tiefen
Seltsam sich verkehren! –
(Elisabeth Josephson, *Perlen aus bitterer Flut* 1905)

Die Persönlichkeitsforschung teilt mit der Alltagspsychologie die Annahme, dass das Temperament angeboren ist. Insofern wäre davon auszugehen, dass eine Person über ihre Lebensspanne hinweg nur geringfügige Schwankungen in ihrem Temperament zeigt. Da aber in vielen empirischen Studien deutliche Einflüsse von Umweltfaktoren und Erziehung auf das Temperament festgestellt wurden (vgl. Henderson et al. 2006; Rothbart und Gartstein 2009), wird hier wieder die Frage nach dem Verhältnis von Anlage und Umwelt virulent. Möglicherweise handelt es sich bei den vermeintlichen Schwankungen des Temperaments aber um solche des Charakters. Dies wird durch die psychobiologische Theorie der Persönlichkeit von Cloninger nahegelegt.

Cloninger (2006, 2008) geht davon aus, dass sich die Persönlichkeit aus *Temperament und Charakter* zusammensetzt, die bei der Regulierung psychischer Funktionen miteinander interagieren. Temperamentszüge werden bereits früh im Leben offenbar und spiegeln angeborene Neigungen wider, auf emotionale Reize unwillkürlich zu reagieren. Demgegenüber spiegeln Charakterzüge Unterschiede in höheren kognitiven Funktionen wider, die den Zielen und Werten einer Person zugrunde liegen.

Dem Temperament entsprechen unwillkürliche emotionale Prozesse und dem Charakter willkürliche rationale Prozesse.

Cloninger (1994) unterscheidet vier Dimensionen des Temperamentes und drei Dimensionen des Charakters, die mit dem von ihm entwickelten *Temperament- und Charakter-Inventar* (TCI) gemessen werden können (Tab. 3.13); vgl. dazu ► Abschn. 3.7).

Nach der psychobiologischen Theorie sind die Temperamentszüge, weil sie als angeboren angenommen werden, über die Zeit stabil (Cloninger 2004), können sich aber in Abhängigkeit vom jeweiligen Umweltkontext als vorteilhaft oder als nachteilig für das Verhalten erweisen. Die Charakterzüge einer Person sind das Ergebnis von Begriffslernen und resultieren aus konkreten Handlungen. Sie sind daher in hohem Maße veränderlich.

3

Tab. 3.13 Temperaments- und Charakterdimensionen des TCI

Temperamentsdimensionen	Charakterdimensionen
1. *Neugier* explorative Erregbarkeit Impulsivität Extravaganz Regellosigkeit 2. *Schadensvermeidung* Zukunftssorgen Angst vor Ungewissem Schüchternheit Ermüdbarkeit 3. *Belohnungsabhängigkeit* Empfindsamkeit emotionale Offenheit Bindung Abhängigkeit 4. *Beharrungsvermögen* Arbeitseifer Ausdauer Ehrgeiz Perfektionismus	1. *Selbstlenkungsfähigkeit* Verantwortlichkeit Zielbewusstheit Einfallsreichtum Selbstakzeptanz/-kongruenz 2. *Kooperativität* soziale Akzeptanz Einfühlungsvermögen Hilfsbereitschaft Mitleid Gewissen 3. *Selbsttranszendenz* Selbstvergessenheit transpersonale Identifikation spirituelle Akzeptanz

3.4.3 Stabilität und Veränderung des Temperaments über die Lebensspanne

In Anbetracht der weit verbreiteten Annahme, das Temperament sei angeboren, ist grundsätzlich von einer geringen Veränderlichkeit über die Lebensspanne einer Person auszugehen. Nun findet sich aber in der Literatur immer wieder auch die Annahme, dass das Temperament im Kindesalter größeren Veränderungen ausgesetzt sei als im Erwachsenenalter (Mathiesen et al. 2009; Rothbart und Bates 2006).

3.4.3.1 Temperamentsentwicklung im Kindesalter

Mit der Untersuchung des Temperaments von Kindern ist es so eine Sache, da hierfür gewöhnlich auf Befragungen und Beobachtungen der Bindungspersonen (meist Mütter) zurückgegriffen werden muss (Rothbart 1981). Auf diese Weise wird eigentlich nicht das Temperament der Kinder, sondern die Wahrnehmung der Bindungspersonen untersucht. Um eine Vergleichbarkeit interindividueller Unterschiede wie auch eine Stabilität der Temperamentsmerkmale im Leben einer Person zu erfassen, sind standardisierte Erhebungsverfahren erforderlich, denen dieselben Temperamentskonstrukte zugrunde liegen. Um dies zu illustrieren, eignet sich das *Australische Temperamentsprojekt* (ATP), das als Langzeitstudie von 1983 bis 2000 durchgeführt wurde (Prior et al. 2000, 2008). In Tab. 3.14 sind die Temperamentsfaktoren und Erhebungsverfahren für die verschiedenen Altersstufen aufgeführt.

Die in der Tabelle genannten Erhebungsverfahren erfüllen durchgängig die Kriterien der Reliabilität und Validität (vgl. Graham et al. 2003; Rothbart 1981). Im Rahmen des ATP und in diversen Folgeuntersuchungen wurden zahlreiche Einzelanalysen zur Stabilität verschiedener Temperamentsausprägungen (z. B. Schüchternheit) durchgeführt (z. B. Prior et al. 2008; Sanson et al. 1996), die durchgängig eine nur mäßige Stabilität über verschiedene Messzeitpunkte hinweg vom Kleinkindalter bis zur frühen Kindheit zeigten. Bemerkenswert ist dabei auch die Beobachtung, dass Kleinkinder, die von ihren Müttern als scheu beurteilt wurden, vier Jahre später eine signifikant größere Ängstlichkeit und Furchtsamkeit in der Schule und im Elternhaus zeigten als Kinder, die als nicht scheu beurteilt worden waren.

Um die Annahme einer vergleichsweise hohen Veränderlichkeit von Temperamentsausprägungen in der Kindheit zu prüfen, wurden zahlreiche Studien insbesondere unter Verwendung des *Infant Behavior Questionnaire* (IBQ) von Rothbart (1981) durchgeführt. So befragten z. B. Carranza Carnicero et al. (2000) mit dem IBQ 60 Eltern, als deren Kinder 3, 6 und 9 Monaten alt waren. Im Alter von 12 Monaten füllten die Eltern zusätzlich den *Toddler Behavior Assessment Questionnaire* (TBAQ) von Goldsmith (1996) aus. Es zeigte sich eine relativ hohe Stabilität der Beurteilungen für Zeiträume von 3 Monaten, z. B. von 3 bis 6 Monaten, 6 bis 9 Monaten etc., aber nicht für längere Zeiträume. Auch für den Zeitraum von 9 bis 12 Monaten zeigten die Skalen des IBQ nur mäßige Stabilitäten, was als eine Veränderung der kindlichen Temperamentsausprägungen interpretiert wurde. Ganz ähnliche Ergebnisse erbrachte auch eine Langzeitstudie von Mathiesen et al. (2009), die sich auf Erhebungen bei 400 Müttern und 921 Kindern im Alter von 18 Monaten und dann wieder im Alter von 8 Jahren stützte und über die verschiedenen Messzeitpunkte hinweg eine nur mäßige Stabilität für Temperamentsdimensionen des *Temperament Survey for Children: Parental Ratings* von Buss und Plomin (1986) feststellte.

Eine sehr interessante Langzeitstudie wurde in den Niederlanden von Jaffari-Bimmel et al. (2006) mit 160 adoptierten Kindern aus unterschiedlichen Herkunftsländern durchgeführt. Eine solche Stichprobe erlaubt es, den Einfluss der frühen und gleichzeitigen Erziehungserfahrungen wie auch des Temperaments auf die Entwicklung zu analysieren, unabhängig von gemeinsamen genetischen Faktoren zwischen Kindern und Eltern. Das von den Adoptivmüttern wahrgenommene Temperament der Kinder wurde im Alter von 12, 18 und 30 Monaten und dann wieder im Alter von 7 und 12 Jahren mit der niederländischen Version des IBQ (Bates et al. 1979) erfasst, der auf die Messung eines sogenannten *schwierigen Temperaments* zielt.

Bezug nehmend auf verschiedene Temperamentsdimensionen der Kinder (Stimmung und Resistenz im frühen Kindesalter, Aggression, Reaktivität und Ruhelosigkeit im mittleren Kindes- und Jugendalter) wurde das *mütterliche Verhalten* in Bezug auf die Sensibilität in bestimmten Situationen, die emotionale Unterstützung, die Achtung der Autonomie des Kindes, Grenzsetzungen, Feindschaft und Instruktionsqualität systematisch erfasst. Die *soziale Entwicklung* der Kinder wurde mit Hilfe von sechs Indikatoren gemessen, die aus verschiedenen Verfahren hergeleitet wurden. Zusätzlich wurden die *kritischen Lebensereignisse* der Familie (z. B. Gesundheitsprobleme, Trauerfälle, Arbeitslosigkeit, Scheidung, finanzielle Probleme, Eheprobleme usw.) der letzten zwei Jahre registriert. Zudem wurde auch der *sozioökonomische Status* als Kombination des Bildungs- und Berufshintergrundes beider Elternteile erfasst.

Um uns nicht in den Details der zahlreichen Befunde zu verlieren, beschränken wir uns auf die Ergebnisdarstellung durch

Tab. 3.14 Überblick über die Temperamentsfaktoren auf verschiedenen Alterstufen und Erhebungsverfahren im Australischen Temperamentsprojekt

Säuglingsalter 4–8 Monate	Kleinkindalter 18–36 Monte	Frühe Kindheit 3–8 Jahre	Mittlere Kindheit 9–10 Jahre	Jugendalter 11–16 Jahre
Annäherung*	Annäherung	Annäherung	Geselligkeit Scheuheit	Annäherung
Erregbarkeit	Erregbarkeit	Unbeugsamkeit	Emotionalität	Negative Reaktivität
Kooperationshandha-bung	Kooperationshandhabung			
Aktivität – Reaktivität	Aktivität – Reaktivität		Aktivität	Aktivität
Rhythmik	Rhythmik Ausdauer Ablenkbarkeit	Rhythmik Ausdauer		Ausdauer

STSI: Short Temperament Scale for Infants, STST: Short Temperament Scale for Toddlers,
STSC: Short Temperament Scale for Children, EAS: Emotionality, Activity, Sociability (EAS) Scale,
SATI: School-Aged Temperament Inventory
**Annäherung* entspricht etwa dem Faktor *openness* des FFM (Fünf-Faktoren-Modell)

ein Strukturgleichungsmodell für die multivariaten Langzeiteffekte, das in Abb. 3.25 wiedergegeben ist.

Das Strukturgleichungsmodell bestätigt sowohl für die *Bindung* als auch für das wahrgenommene Temperament eine nur geringe Stabilität vom frühen bis zum mittleren Kindesalter, aber eine erstaunlich hohe Stabilität des Temperaments ab dem mittleren Kindesalter bis zum Jugendalter. Bemerkenswert sind auch die starken Beziehungen zur mütterlichen Sensibilität, was nahelegt, dass das Temperament des Kindes das Interaktions- und Erziehungsverhalten der Bindungsperson(en) beeinflusst (vgl. Pauli-Pott und Bade 2002).

In verschiedenen auf die Temperamentsentwicklung im Jugendalter ausgerichteten Studien wurde das *Erziehungsverhalten der Eltern als Reaktion auf spezifische Temperamentsausprägungen* ihrer Kinder in den Blick genommen. Die Ergebnisse einer Untersuchung von Davenport et al. (2011) weisen darauf hin, dass Jugendliche mit einer negativen Emotionalität und einer geringeren Handlungskontrolle im Allgemeinen häufigeren aggressiven Verhaltensweisen der Mütter ausgesetzt waren.

Für die in der Literatur vertretene These, Verhaltensauffälligkeiten und -probleme (wie z. B. Aggressivität und Regelverletzungen) im späteren Kindesalter ließen sich auf ihren Ursprung

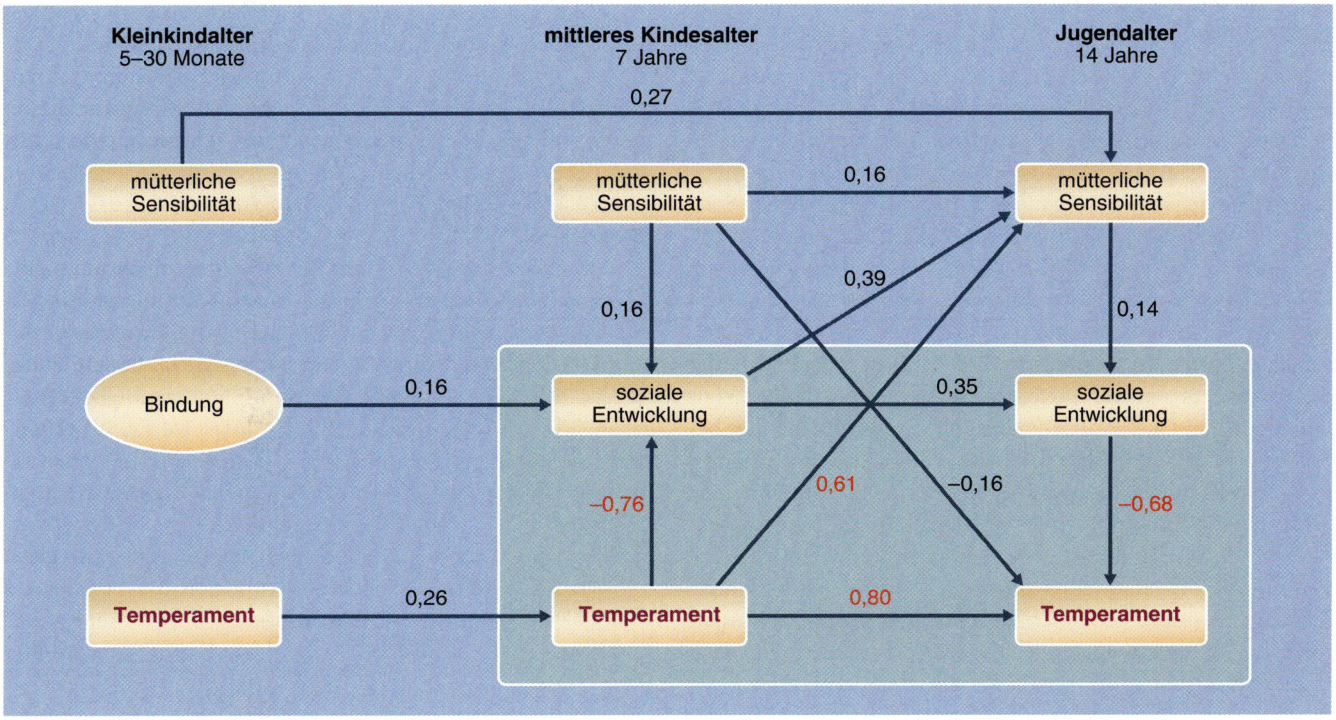

Abb. 3.25 Strukturgleichungsmodell der Langzeiteffekte der Studie von Jaffari-Bimmel et al. (2006, S. 1149)

in der frühen Kindheit zurückführen, liefert das Strukturgleichungsmodell keinen Anhaltspunkt. Ein schwieriges Temperament wirkt sich erst ab dem mittleren Kindesalter auf die soziale Entwicklung und längerfristig auch auf das Verhältnis zur Beziehungsperson aus. Die mütterliche Sensibilität in der Zeit des mittleren Kindes- und Jugendalters puffert die negativen Auswirkungen eines schwierigen Temperaments auf die soziale Entwicklung im Jugendalter zwar ab, aber grundsätzlich kann das Verhältnis von Temperament und sozialer Entwicklung auch in einem Teufeskreis enden.

Die Studie von Jaffari-Bimmel et al. scheint uns in mancherlei Hinsicht typisch für die Temperamentsforschung im Kindesalter zu sein. Studien, für die dies ebenfalls gilt, sind die von Briggs-Gowan et al. (2006), Mathiesen und Prior (2006), Neppl et al. (2010), auf die hier aber aus Platzgründen nur verwiesen werden kann. Typisch sind diese Studien zunächst in methodischer Hinsicht, da sie zeigen, wie schwierig es ist, das Temperament von Personen zuverlässig und valide über längere Zeiträume zu erfassen. Die exzessive Verwendung von Beurteilungsskalen für Erzieher wirft die Frage auf, was denn eigentlich mehr oder weniger stabil ist: das Temperament der Kinder oder das Urteil der befragten Erzieher? Typisch für die genannten Studien ist auch die Anwendung anspruchsvoller statistischer Verfahren, die durchgängig höhere Stabilitätsschätzungen erbringen als einfache Korrelationsstudien, wie sie lange Zeit in der Intelligenzforschung durchgeführt wurden. Typisch ist schließlich auch, dass von schwierigem Temperament gesprochen wird, was vor allem aus pädagogischer Sicht bemerkenswert ist, da sich dahinter das alte Schema zu verbergen scheint, auf das bereits Wigge (1898) hingewiesen hatte (▶ Abschn. 3.4.1), nämlich Temperamente als Naturfehler anzusehen, die durch Erziehung zu „verwischen" seien.

Zur Temperamentsentwicklung im Kindesalter wurden hunderte von Untersuchungen durchgeführt (vgl. Rothbart 2011; Zentner und Bates 2008). Sie in Metaanalysen zusammenfassend zu untersuchen, liegt daher nahe. Eine Metaanalyse von 59 Einzeluntersuchungen zur Stabilität von Temperamentsmerkmalen von der Geburt bis zum 12. Lebensjahr wurde von Roberts und Del Vecchio (2000) durchgeführt. Die Ergebnisse zeigen eine *differentielle Stabilität* (d. h. ein wachsendes Verharren von Individuen auf denselben relativen Positionen innerhalb ihrer Gruppe über die Zeit) vom frühesten Altersintervall (0 bis 3 Jahre) zum nächsten Intervall (3 bis 6 Jahre) und dann wieder für das Altersintervall von 6 bis 12 Jahren. Innerhalb der verschiedenen Altersintervalle ist die Stabilität relativ hoch und die Veränderungen von einem Altersintervall zum nächsten fallen relativ klein aus. Aufgrund der differentiellen Stabilität bereits im frühen Kindesalter ziehen die Autoren den Schluss, dass das Temperament als biologisch determiniert zu betrachten sei. Eine solche Schlussfolgerung wird auch aus Zwillingsstudien (z. B. Goldsmith et al. 1999, 2006; Ganiban et al. 2008) gezogen, auf die wir nicht näher eingehen können. Die Ergebnisse der Langzeitstudie von Jaffari-Bimmel et al. (2006), des Australischen Temperamentsprojektes (Prior et al. 2008) wie auch anderer Untersuchungen mahnen allerdings im Hinblick auf die Annahme einer biologischen Determiniertheit des Temperaments zur Vorsicht. Außerdem ist noch einmal darauf hinzuweisen, dass die Beurteilung des kindlichen Temperaments durch Außenstehende die grundsätzliche Frage aufwirft, was denn eigentlich erfasst wird: das Temperament oder wie Kinder hinsichtlich ihres Temperamentes von anderen beurteilt werden. Die Befundlage der empirischen Temperamentsforschung ist insgesamt so uneinheitlich, dass die biologische Determiniertheit des Temperaments eher als eine dogmatische Setzung zu verstehen ist.

Dessen ungeachtet wirft die beispielsweise von Jaffari-Bimmel et al. (2006) festgestellte Stabilität des Temperamentes vom Kindes- zum Jugendalter ebenso wie die verbreitete Annahme, dass sich das Temperament einer Person in der Kindheit stabilisiere, die Frage auf, ob es überhaupt sinnvoll ist, von einer Entwicklung des Temperaments im Jugend- und Erwachsenenalter auszugehen.

3.4.3.2 Temperamentsentwicklung im Jugend- und Erwachsenenalter

Eine erste Antwort auf die Frage gibt vielleicht die niederländische Langzeitstudie *Tracking Adolescents' Individual Lives Survey* (TRAILS)[10], die bei etwa 1200 Jugendlichen im Alter von 11 bis 16 Jahren der Frage nachging, inwiefern kritische Lebensereignisse Abweichungen von der normalen Temperamentsentwicklung nach sich ziehen (Laceulle et al. 2012). Jugendliche, die kritischen Ereignissen ausgesetzt waren, zeigten im Vergleich zu anderen Jugendlichen, eine geringere Reifung ihres Temperaments, was sich z. B. in größerer Furcht und Schüchternheit sowie auch höherer Frustration ausdrückte. In Deutschland stellt das Abitur für Schülerinnen und Schüler nicht nur ein kritisches Lebensereignis dar, sondern markiert auch den Übergang zum Erwachsenenalter. Nun könnte man erwarten, dass das Abitur womöglich derartige negative Folgen für die Temperamentsentwicklung wie in der gerade angesprochenen niederländischen Studie nach sich zieht. Diese Frage wurde von Bleidorn (2012) an einer Stichprobe von 910 deutschen Abiturienten untersucht. Unter Zugrundelegung des *NEO-Fünf-Faktoren-Inventars* (Borkenau und Ostendorf 1993) zeigten sich über drei Messzeitpunkte signifikante Veränderungen in mehreren Faktoren des FFM, und zwar überwiegend in einer positiven Richtung, wobei sich die stärkste Veränderung für den Faktor *Gewissenhaftigkeit* ergab (◘ Abb. 3.26).

Das stärkste Argument für die Veränderung des Temperaments im Jugend- und Erwachsenenalter liefert eine von Roberts et al. (2006) an 92 Einzelstudien durchgeführte Metaanalyse der Veränderungen der Big Five. Die Ergebnisse waren eindeutig (◘ Abb. 3.27): Für alle fünf Faktoren konnten deutliche Veränderungen vom späten Kindesalter bis ins späte Erwachsenenalter festgestellt werden. Die soziale Dominanz (eine Facette von *Extraversion*) nahm von 12 bis Mitte 30 kontinuierlich zu

10 Die Langzeitstudie *Tracking Adolescents' Individual Lives Survey* (TRAILS) wurde in zwei Wellen (2001 bis 2002 und 2003 bis 2004) durchgeführt und hatte zum Ziel, ein besseres Verständnis der psychischen Verfassung und sozialen Entwicklung Jugendlicher zu erzielen. Ein besonderes Anliegen war die Untersuchung des Wechselspiels zwischen individuellen Merkmalen (z. B. Temperament) und Umweltfaktoren (Huisman et al. 2007). Zusätzlich wurden die Determinanten somatischer Erkrankungen untersucht (z. B. Marsman et al. 2012).

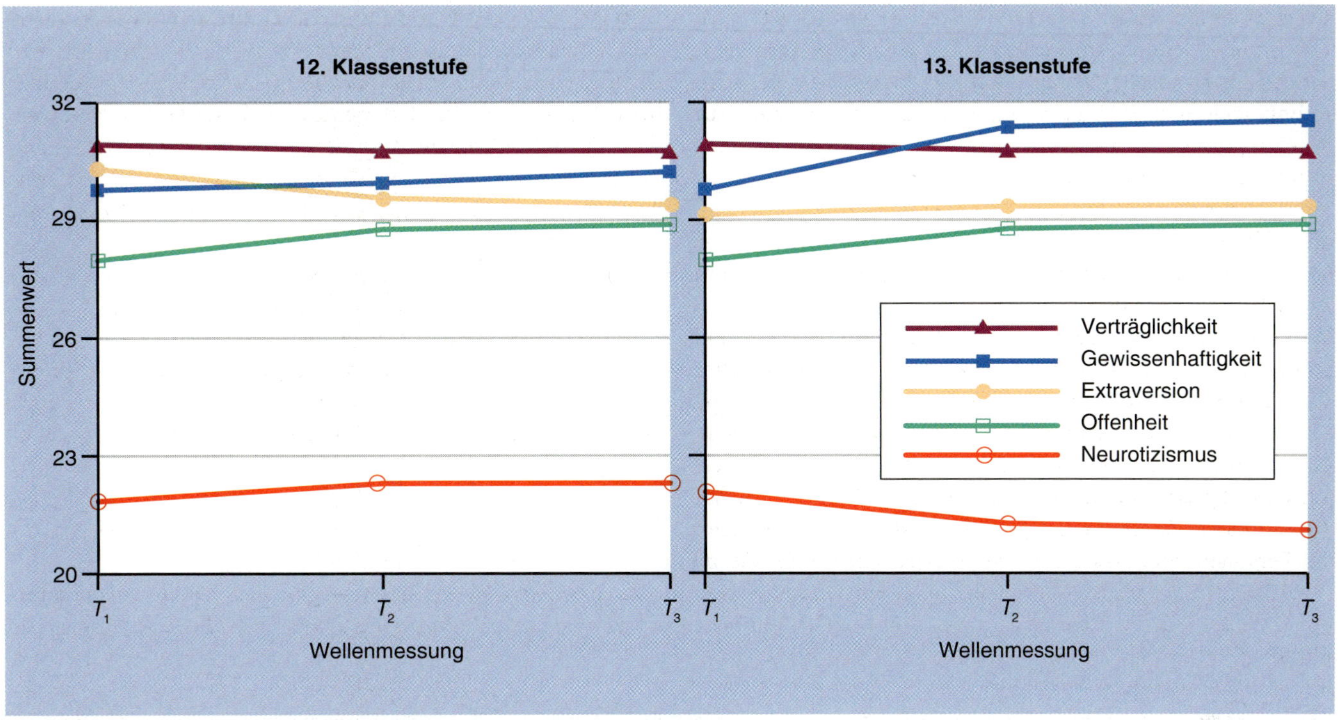

Abb. 3.26 Veränderungen der Big Five bei deutschen Gymnasiasten der Klassenstufe 12 und 13 (Bleidorn 2012, S. 1602)

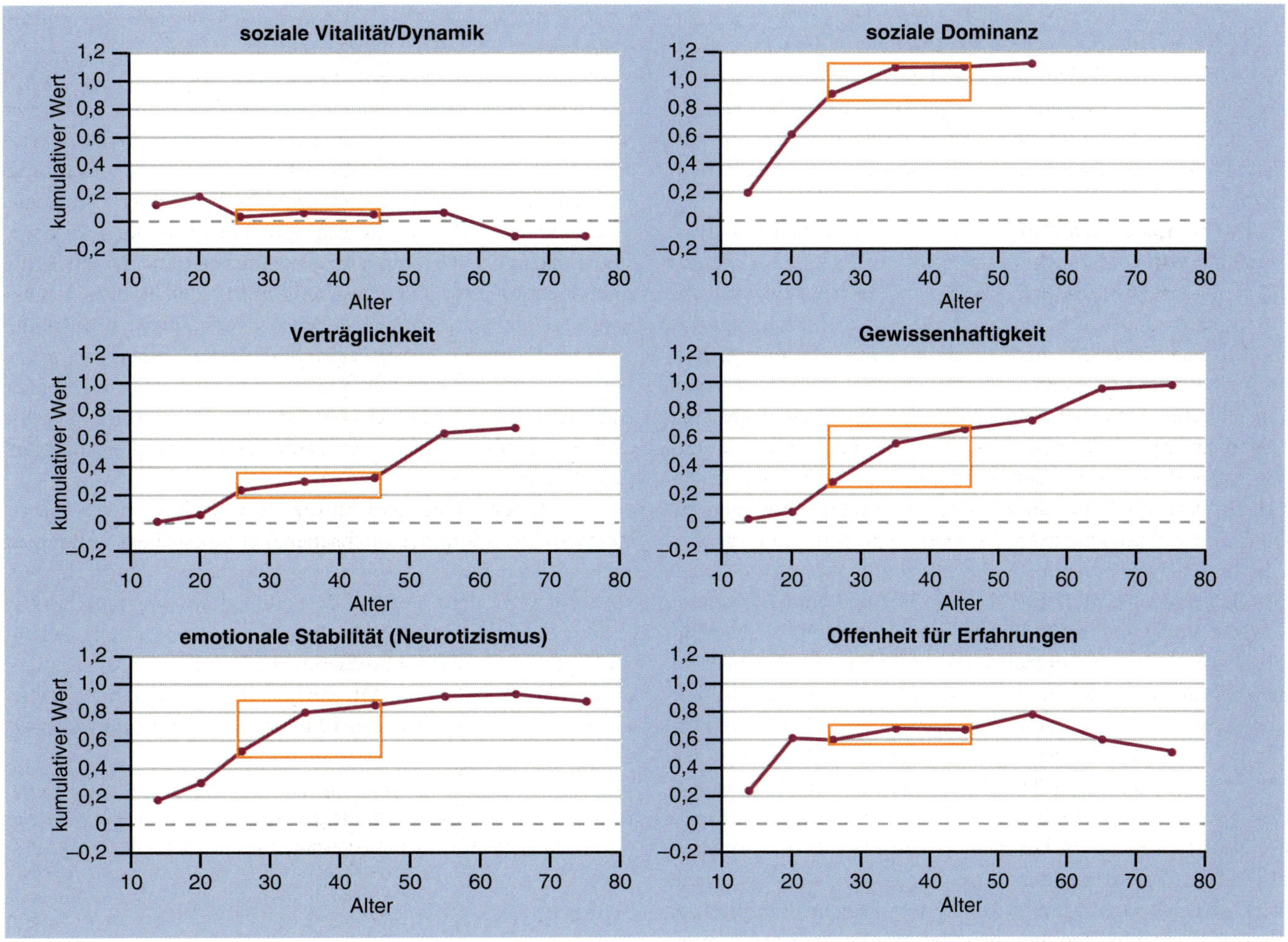

Abb. 3.27 Ergebnisse der Metaanalyse von Roberts et al. (2006) zur Veränderung der Big Five über die Lebensspanne

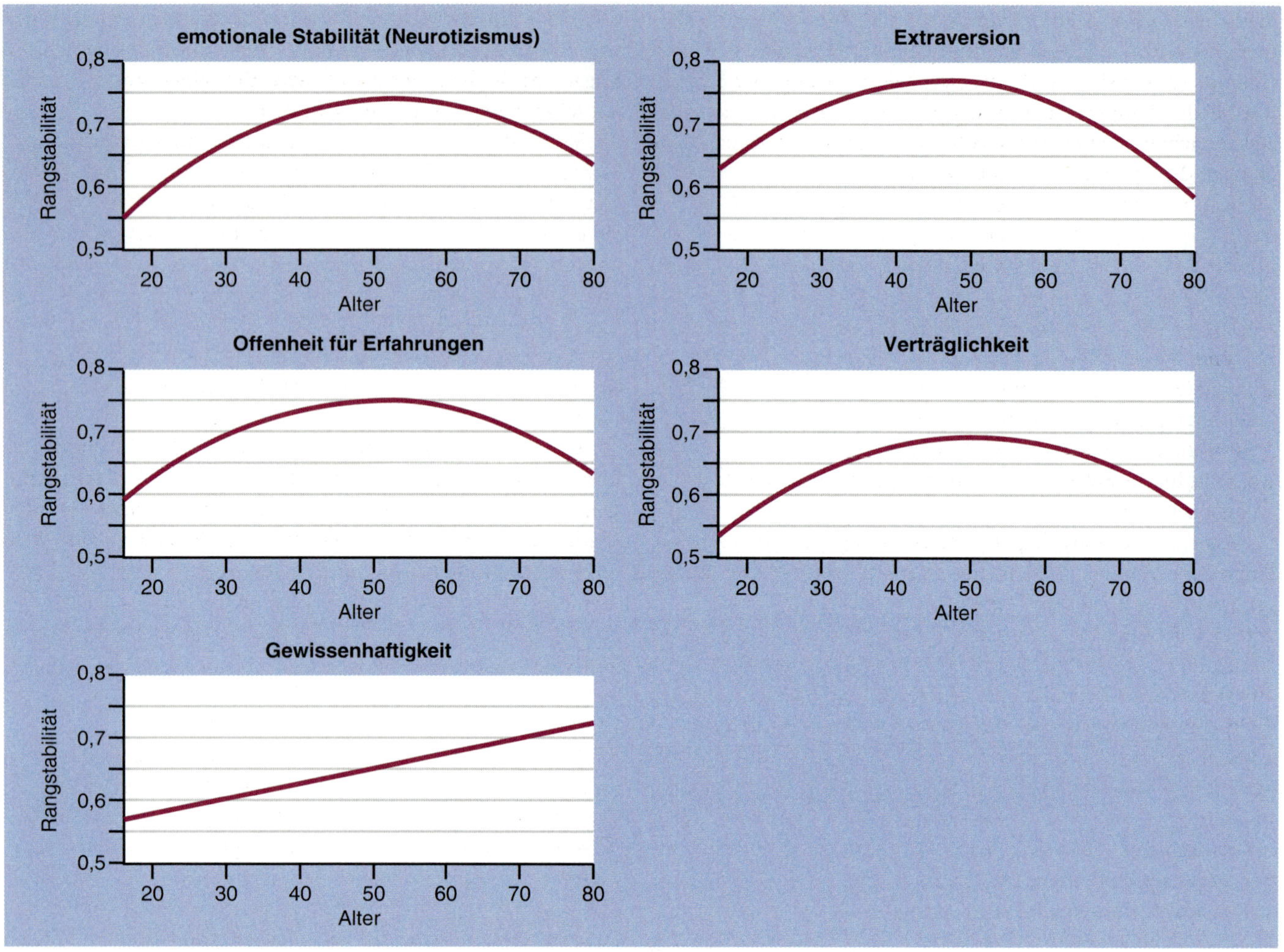

Abb. 3.28 Rangstabilität der Big Five über die Lebensspanne (Specht et al. 2011, S. 877)

und blieb dann auf dem erreichten Niveau bis zum 60. Lebensjahr unverändert. Ein nicht ganz so starker Anstieg ergab sich für die *Gewissenhaftigkeit* – sie blieb bis zum 20. Lebensjahr auf niedrigem Niveau stabil und nahm dann kontinuierlich bis ins hohe Alter zu. In ähnlicher Weise entwickelten sich auch die Faktoren *soziale Verträglichkeit*, *emotionale Stabilität* und *Offenheit* für Erfahrungen. In allen Fällen war ein überdeutlicher Anstieg ab dem Jugendalter bis ins späte Erwachsenenalter erkennbar – und das als Resultat der Reanalyse von mehr als 90 Einzelstudien!

Bemerkenswert ist in diesem Zusammenhang eine neuere Studie von Haltigan et al. (2013), in der von einer signifikanten Abnahme der *Impulsivität* vom 15. bis zum 21. Lebensjahr berichtet wird. Ebenso bemerkenswert ist eine Längsschnittuntersuchung, die Specht et al. (2011) an mehr als 14.000 Erwachsenen hinsichtlich der Veränderungen der *Big Five* vom frühen bis späten Erwachsenenalter durchgeführt haben.

Die Veränderungen für Neurotizismus, Extraversion, Offenheit und soziale Verträglichkeit folgten dem Verlauf einer umgekehrten U-Kurve mit einem Höhepunkt im Alter von 40 bis 60 Jahren und einer nachfolgenden Abnahme, während Gewissenhaftigkeit sich durch eine kontinuierliche Stabilisierung im Erwachsenenalter auszeichnete (Abb. 3.28). Überdies zeigte sich deutlich der Einfluss wichtiger Lebensereignisse auf die Persönlichkeitsentwicklung im Erwachsenenalter. Offenkundig werden Veränderungen in Persönlichkeits- und Temperamentseigenschaften auch durch andere Faktoren als die immanente Reifung erzielt. Insgesamt lassen die Befunde dieser groß angelegten Untersuchung keinen Zweifel daran, dass sich die Persönlichkeit über die gesamte Lebensspanne verändert, allerdings mit ausgeprägteren Veränderungen im jungen und hohen Alter, und dass sich diese Veränderungen teilweise auf soziale Anforderungen und Erfahrungen zurückführen lassen.

Wenn es um die Temperamentsentwicklung im Erwachsenenalter geht, darf der Hinweis auf die Langzeitsudie von Josefsson et al. (2013) im Rahmen der *Young Finns Study,* einem der größten sozialmedizinischen Projekte in Europa, nicht fehlen. Die Zufallsstichprobe dieser epidemiologischen Studie bestand aus mehr als 3500 Personen, die über die Dauer von 27 Jahren zwischen 1980 und 2007 in acht aufeinanderfolgenden Untersuchungsphasen in ihrer physischen und psychischen Entwicklung beobachtet wurden (Raitakara et al. 2008). In diesem Rahmen untersuchten Josefsson et al. die altersgradierte Entwicklung der Temperaments- und Charakterdimensionen, die Cloninger unterschieden hat (▶ Abschn. 3.4.2), an mehr als 2000 Personen beiderlei Geschlechts im Alter von 20 bis 45 Jahren über drei Messzeitpunkte (1993, 2001 und 2007). Im Gegensatz zu der in der Literatur behaupteten Stabilität des Temperaments über die Lebensspanne zeigt die Studie von Josefsson et al. einige bemerkenswerte Veränderungen in den Temperaments- wie auch Charakterdimensionen. Die stärkste Veränderung über die Zeit war bei der Temperamentsausprägung *Neugier* (*novelty seeking*) zu beobachten. Zwischen den Altersgruppen 20 bis 24 und 25 bis 29 blieb dieser Temperamentszug relativ stabil, fiel aber danach stetig ab und erreichte schließlich im Alter zwischen 40 und 44 einen relativen Tiefststand. Die *Schadensvermeidung* blieb stabil und zeigte keine wie auch immer geartete Veränderung. Die *Belohnungsabhängigkeit* wies mit dem Alter einen sinkenden Trend auf, das *Beharrungsvermögen* hingegen einen genau umgekehrt steigenden Trend. Auch in Bezug auf die drei von Cloninger unterschiedenen Charakterdimensionen zeigten sich relativ deutliche altersgradierte Veränderungen: Die *Selbstlenkungs- und Kooperationsfähigkeit* nimmt ab dem 30. Lebensjahr stetig zu, während für die *Selbstranszendenz* der genau umgekehrte Trend zu beobachten ist.

Als Fazit der dargelegten Untersuchungsbefunde kann die lange Zeit geltende Auffassung, dass sich Temperamentszüge im Erwachsenenalter nicht mehr ändern und daher z. B. Extravertierte ab dem 30. Lebensjahr unverändert extravertiert und Neurotiker unverändert neurotisch bleiben (Costa und McCrae 1990), als eindeutig widerlegt beurteilt werden. Wesenszüge des Temperaments (und des Charakters) verändern sich bis ins hohe Alter hinein, und diese Veränderungen sind substantiell und folgerichtig (vgl. Roberts und Mroczek 2008). Die Veränderungen im mittleren und späten Erwachsenenalter mögen zwar nicht dramatisch sein, aber sie zeigen in Entsprechung mit der Entwicklungspsychologie der Lebensspanne (Baltes und Nesselroade 1973), dass Menschen zu allen Zeiten ihres Lebens die Fähigkeit haben, sich zu verändern. Die Frage, ob die für die Entwicklung im Kindesalter festgestellte differentielle Stabilität von Temperamentszügen biologisch oder durch die Umwelt bedingt wird, ist dabei eher unwesentlich. In diesem Sinne stellt Kandler (2012) bilanzierend fest, dass genetische Faktoren, aber auch Umweltfaktoren wesentlich zur Kontinuität und Veränderung von Persönlichkeitseigenschaften beitragen, wobei die *genetischen Faktoren in früheren Lebensabschnitten* zum Tragen kommen, die *Umweltfaktoren aber über die gesamte Lebensspanne* eine Ursache für Veränderungen der Persönlichkeit darstellen. Einschränkend ist aber festzuhalten, dass nicht jede Veränderung im Erwachsenenalter Ausdruck der Persönlichkeitsentwicklung ist. Dies sind Veränderungen nur, wenn sie überdauernd, systematisch (d. h. nicht zufällig) und auf der Grundlage der jeweiligen Entwicklungsstufe vorhersagbar sind. Diesbezüglich wird in der entwicklungspsychologischen Literatur allgemein davon ausgegangen, dass die im Kindesalter sich konsolidierenden Temperaments- und Charakterzüge auf die spätere Entwicklung einen starken Effekt ausüben (Rothbart 2011), dies aber im Sinne einer mehr oder weniger großen Wahrscheinlichkeit.

> » Ein gering reaktives Kind *kann* vielleicht ein Strafverteidiger, ein Investmentbanker, ein Marinepilot oder ein Krimineller werden, aber es ist *unwahrscheinlich*, dass es ein verängstigter Einsiedler wird (Kagan und Snidman 2004, S. 3).

Sollte dies zutreffen, dann würde das Temperament des Kindes, wie es der Titel *The long shadow of temperament* des Buches von Kagan und Snidman ausdrückt, tatsächlich einen langen Schatten auf seine spätere Entwicklung werfen.

Viel deutet darauf hin, dass die Entwicklung der Persönlichkeit darauf abzielt, das *Bestmögliche* zu erreichen. Dieser Auffassung entspricht das theoretische *Konzept der aktiven Kovarianz* (Plomin et al. 1977; Strelau 1984). Demzufolge trachten Personen danach, die Nischen in ihrer jeweiligen Umwelt zu finden, die am besten zu ihrem spezifischen Temperament passen. Keirsey und Bates (1984) nehmen an, dass jemand Lehrer wird, wenn er – gemessen am *Keirsey Temperament Sorter* – eine Neigung dazu hat, praktisch und gewissenhaft oder innovativ und umgänglich zu sein.

Bei Zugrundelegung des *Fünf-Faktoren-Modells* fanden Decker und Rimm-Kaufman (2008) heraus, dass sich angehende Lehrer in allen fünf Persönlichkeitsfaktoren von anderen Studierenden unterschieden. Die untersuchten 397 Pädagogikstudenten zeichneten sich durch vergleichsweise hohe Werte in *Extraversion*, *Offenheit*, *Gewissenhaftigkeit* und *sozialer Verträglichkeit* aus. Alles Merkmale, die laut Decker und Rimm-Kaufman als vorteilhaft betrachtet werden können für Leute, die in einen Beruf einsteigen wollen, der Flexibilität, Umgänglichkeit und die Fähigkeit zu sozialen Interaktionen voraussetzt.

Bemerkenswert ist, dass sich die von Decker et al. untersuchten Pädagogikstudenten untereinander in verschiedenen Persönlichkeitsfaktoren unterschieden: Angehende Grundschullehrerinnen und Grundschullehrer zeigten sich sozial verträglicher und gewissenhafter als Studierende für das Lehramt an Mittelschulen und Highschools, die sich ihrerseits als offener für neue Erfahrungen zeigten. Vergleichbar damit konnten Watson und Hillison (1991) in ihrer Untersuchung zur Berufszufriedenheit von Lehrern an Landwirtschaftsschulen zeigen, dass dieser Beruf genau der richtige zu sein scheint für Personen, die praktisch, handlungsorientiert und realistisch sind.

Ob Personen mit dem Studium und der Berufswahl tatsächlich das *Bestmögliche* für sich erreichen, hängt wesentlich auch vom Kontext der Umgebung ab. Mit anderen Worten: Zu jedem Zeitpunkt und an jedem Ort mag ein optimaler Wert für einen Wesenszug aus der Sicht der Anpassung an die Umgebung existieren, aber dieser Wert verändert sich zeitlich und örtlich rasch. Wenn Pädagogikstudenten bei ihren ersten unterrichtspraktischen Versuchen in der Schule das Gefühl entwickeln, doch nicht das Bestmögliche gefunden zu haben, so mag dies auch an den widrigen Umständen des sozialen Kontextes und der jeweiligen Schulsituation liegen.

3.4.4 Erziehung und Temperament

Die Literatur zur Persönlichkeitsentwicklung beinhaltet, wenn es um das Temperament von Heranwachsenden geht, eine starke entwicklungspädagogische Komponente. Das wird z. B. in der New Yorker Längsschnittstudie zur Temperamentsentwicklung (Thomas und Chess 1977, 1980) deutlich, die davon ausgegangen war, dass Kinder mit spezifischen Temperamenten auch spezifische Muster der elterlichen Reaktivität auslösen. Im Zusammenhang mit dem Konstrukt *frühkindliches Temperament* kennzeichnen seitdem zwei Hypothesen das erkenntnisleitende Interesse der Entwicklungspädagogik:

1. Das frühkindliche Temperament ist ein wichtiger Prädiktor für die sozial-emotionale Entwicklung und die Emergenz von Verhaltensstörungen.
2. Das Temperament des Kindes beeinflusst das Interaktions- und Erziehungsverhalten der Eltern (vgl. Pauli-Pott und Bade 2002).

Wenn das kindliche Verhalten sich durch ein hohes Aktivitätsniveau auszeichnet und das Temperament dementsprechend als *schwierig* klassifiziert wird, reagieren Erzieher oft mit dem Versuch, das Niveau oder die Intensität des kindlichen Verhaltens zu senken. Umgekehrt versuchen sie, das Niveau oder die Intensität anzuheben, wenn sie ein zu passives Verhalten (als Ausdruck eines gehemmten Temperaments) beobachten.

Die erwachsenen Bezugspersonen in der Umgebung eines Kindes handeln unterschiedlich je nach Temperament des Kindes, mit dem sie interagieren. Üblicherweise neigen sie dazu, einem fröhlichen und geselligen Kind mit größerer emotionaler Wärme zu begegnen, während sie bei sogenannten schwierigen Kindern emotional eher zurückhalten und mit Strenge reagieren. Auf diese Weise beeinflusst die Wahrnehmung des kindlichen Temperamentes, wie andere Personen ihre Beziehungen und Interaktionen mit ihm gestalten. Da die Erziehungsmaßnahmen (von Eltern und Lehrern) wesentlich vom wahrgenommenen Temperament der Kinder abhängen (Kochanska 1995), liegt aus entwicklungspädagogischer Sicht die Forderung nahe, dass Erzieher die besonderen Charakteristiken des Temperaments des Kindes in Betracht zu ziehen haben, wenn sie bei der Gestaltung der Erziehungsumgebung geeignete Strategien und Maßnahmen suchen und auswählen, um ein Kind zu beruhigen, zu kontrollieren oder zu stimulieren. Die pädagogische Idee einer notwendigen Anpassung des Erzieherverhaltens an die Eigentümlichkeiten des Temperaments der Heranwachsenden wurde mit dem *Konzept der Anpassungsgüte* theoretisch gefasst (Thomas und Chess 1977); es schließt auch umgekehrt die erforderlichen Anpassungen des Heranwachsenden an die Erfordernisse der Umgebung ein.

3.4.4.1 Das pädagogische Konzept der Anpassungsgüte

Das *Konzept der Anpassungsgüte* gilt mittlerweile sowohl als Grundlage für die Analyse der Ontogenese von Verhaltensstörungen als auch als Rahmen für die pädagogische Behandlung und Intervention. Von einer erfolgreichen Anpassung kann gesprochen werden, „wenn die Aufnahmefähigkeit, Motivation und das Temperament [des zu Erziehenden] adäquat sind, um den Anforderungen, Erwartungen und Gelegenheiten der Umgebung zu genügen" (Chess und Thomas 1989, S. 380). In Erweiterung des ursprünglichen Konzepts haben Lerner und Lerner (1983) die Anpassungsgüte als minimale Diskrepanz zwischen dem Temperament eines Heranwachsenden und den Auffassungen anderer (üblicherweise Eltern und Lehrpersonen) hinsichtlich eines *idealen* Temperaments definiert. Dabei kann ein Temperamentsmerkmal in Abhängigkeit von den Werten und Erwartungen einmal mit positiven und ein andermal mit negativen Interaktionen zwischen Erzieher und Kind verknüpft sein. Das Problem mit diesem Begriff der Anpassungsgüte ist, dass die Auffassungen darüber, was ein *ideales* Temperament ist, weit auseinandergehen. Außerdem besteht die Gefahr, dass nur die Erwartungen und Ideale der Erzieher beachtet werden und die der Heranwachsenden außer Acht gelassen werden.

Das Konzept der Anpassungsgüte hat eine Vielzahl an Untersuchungen nach sich gezogen, die erwartungsgemäß gezeigt haben, dass z. B. ein Training von Müttern im Umgang mit leicht erregbaren Kindern zu einer Verbesserung der kognitiven, sozialen und emotionalen Verhaltensweisen der Kindern führte (van den Boom 1994; Forehand et al. 2013). Vergleichbar hat Wachs (1987) herausgearbeitet, wie Umgebungen in sozialer Hinsicht in verschiedenartiger Weise gestaltet werden können, um Kindern mit unterschiedlichen Temperamentsprofilen zu entsprechen. Anpassungsfähigere, gesellige und ausdauernde Kinder sind demnach eher in der Lage, aufreibende Stressereignisse zu bewältigen, da sie vermutlich mehr Unterstützung von Seiten der Erwachsenen erhalten.

Ein pädagogisches Problem mit gelegentlich weitreichenden Auswirkungen liegt in der traditionellen Unterscheidung zwischen Heranwachsenden mit einem schwierigen und einem einfachen Temperament. Denn nicht nur die Beziehungen zwischen Eltern und Kindern sind davon betroffen, sondern auch die Beziehungen zwischen Lehrern und ihren Schülerinnen und Schüler im Unterricht (Pullis und Cadwell 1982). Schüler mit einem einfachen Temperament werden als anpassungsfähig, gesellig, freundlich und gut gestimmt wahrgenommen und von den Lehrern und Gleichaltrigen gemocht, weil der Umgang mit ihnen ganz offensichtlich recht problemlos ist. Schüler mit einem schwierigen Temperament sind oftmals schlecht gestimmt, überreagieren leicht und sind im Verhalten schwer einschätzbar; sie stellen für Lehrpersonen eine echte Herausforderung dar, da sie oft nicht das tun, was ihnen aufgetragen wird. Gewöhnlich haben sie auch Schwierigkeiten im sozial-emotionalen Umgang mit Gleichaltrigen (vgl. Griggs et al. 2009).

Eltern und Lehrer haben gewöhnlich feste Vorstellungen von einem *idealen* Kind bzw. Schüler. Damit ist nicht einfach nur das pflegeleichte Kind gemeint, sondern das Kind, das mit seinem Temperament am ehesten dem Temperament des Erziehers ähnelt (Meisgeier und Kellow 2007).

> » Der Grad an Ähnlichkeit zwischen den Persönlichkeiten von Schüler und Lehrer ist ein signifikanter Faktor für die Festlegung erfolgreicher Interaktionen im Klassenzimmer, Lernen und Leistung (Feshbach und Beigel 1968, S. 923).

Interessant ist in diesem Zusammenhang eine Langzeitstudie, die Rudasill et al. (2010) mit etwa 1100 Kindern vom Vorschulalter bis zur 6. Schulklasse durchführten. Untersuchungsgegenstand war die Qualität von Schüler-Lehrer-Beziehungen (Konflikt und Annäherung) auf der Grundlage von Schülertemperament und verschiedenen Merkmalen des sozialen Hintergrunds im Hinblick auf risikobehaftetes Verhalten der Kinder. Die Ergebnisse dieser Studie zeigen eine deutliche Konfundierung des sogenannten schwierigen Temperamentes mit sozialen Merkmalen. Diese Konfundierung beeinflusste auch erkennbar die Qualität der Schüler-Lehrer-Beziehung: Jungen aus Familien mit niedrigem Einkommen und Sonderförderung und solche mit einem schwierigen Temperament hatten über drei Klassenstufen hinweg deutlich mehr Konflikte mit den Lehrern als Jungen und Mädchen aus Familien mit höherem sozioökonomischen Status und einem sogenannten einfachen Temperament.

Anna: „Ich finde das mit der Anpassungsgüte echt schwierig. Irgendwie habe ich das Gefühl, dass dabei die Individualität der Kinder und Jugendlichen nicht richtig gewürdigt wird."

Jakob: „Ja, das find ich auch. Ich denke, dass manche Kinder für Eltern und Lehrer anstrengend sind. Aber das auf die Temperamentsveranlagung des Kindes zu schieben, find ich etwas zu einfach. Das ist so einfach, wie einem schwierigen Kind einfach ADHS anzudichten. Dann hat man 'ne Erklärung und braucht nicht das eigene Tun als Erzieher in Frage zu stellen."

Anna: „Genau. Außerdem ist es natürlich auch schwierig, Temperamentsmerkmale als problematisch zu definieren. Ich glaube nicht, dass es etwas gibt, was Kinder von Natur aus minderwertig macht."

Jakob: „Ja, das find ich auch. Was ich allerdings ganz gut finde an dem Ansatz, ist, dass die so erziehen, wie es dem Temperament von Kindern angemessen erscheint. Dadurch kann das Kind Hilfestellungen erhalten, damit es lernt, sich an die Umwelt anzupassen. Das ist schließlich schon wichtig."

Anna: „Mir schießt da gerade noch ein ganz anderer Gedanke durch den Kopf. Wenn ich an meine Schulzeit denke, fallen mir auch wieder ganz unterschiedliche Temperamentstypen unter den Lehrern ein. Bei manchen Lehrern war es total schwer, uns auf deren Macken einzustellen."

Wenn Lehrer es vorziehen, solche Schülerinnen und Schüler zu unterrichten, die dem eigenen Persönlichkeits- und Temperamentstyp entsprechen und auch noch ihre eigenen Vorstellungen haben, was ein ideales oder problematisches Kind ist, dann haben Schüler, die den Vorstellungen nicht oder wenig entsprechen, mitunter ihre Probleme. Übersehen wird in der Diskussion zur Anpassungsgüte des kindlichen Temperaments an die Umgebung, dass sich auch Lehrpersonen mit den ihnen eigenen Temperamentseigenschaften an die Erfordernisse der schulischen Umwelt anpassen müssen.

Dazu schweigt sich die Temperamentsforschung aber aus. Traditionell werden allein die Persönlichkeits- und Temperamentseigenschaften des zu Erziehenden in den Blick genommen, auf die der Erzieher mit angemessenen Maßnahmen und Interventionen reagiert, um den zu Erziehenden bestmöglich zu sozialisieren. Zur Problematik, wie die zu Erziehenden auf Persönlichkeits- und Temperamentseigenschaften ihrer Erzieher reagieren, findet man im Vergleich zu der überbordenden Menge an Untersuchungen zur Reaktivität der Erzieher auf das Temperament der Kinder und Jugendlichen in der entwicklungspsychologischen und -pädagogischen Literatur so gut wie nichts. Nur vereinzelt finden sich Hinweise auf das Wechselspiel der Temperamente von Erzieher und zu Erziehenden. Als Beispiel kann die bereits erwähnte Studie von Davenport et al. (2011) genannt werden, deren Ergebnisse darauf hinweisen, dass Jugendliche mit einer negativen Emotionalität und geringeren Handlungskontrolle im Allgemeinen häufiger aggressiven Verhaltensweisen der Mütter ausgesetzt waren. Wie die Jugendlichen wiederum mit der Aggression der Mütter umgehen, wurde nicht untersucht.

Dass aber sogar Kleinkinder auf Persönlichkeits- und Temperamentseigenschaften der Eltern reagieren, zeigt eine Studie von Hanington et al. (2012), die unter Zugrundelegung einer enorm großen Stichprobe (von nahezu 15.000 Kleinkindern) der Frage nachging, ob depressive Symptome von Eltern einen Einfluss auf die Temperamentsentwicklung der Kinder im Alter von 6 bis 24 Monaten ausübten. Es zeigten sich signifikante Effekte: Depressive Symptome der Mütter und Väter beim ersten Messzeitpunkt zogen ein schwierigeres Temperament der Kinder beim zweiten Messzeitpunkt nach sich. Für den schulischen Bereich findet man vergleichbare Untersuchungen nicht.

3.4.4.2 Temperament und Lehrerberuf

Wenn das *Temperament der Lehrer* in den Blick genommen wird, dann gewöhnlich nicht in Bezug auf die entsprechenden Reaktionen der Schüler, sondern hinsichtlich der *Anpassungsfähigkeit des Lehrertemperaments* an die Anforderungen der Berufsausübung. Dementsprechend wurden auch Untersuchungen zum Zusammenhang von Temperament und Zufriedenheit mit dem Beruf oder zum sogenannten *Burnout-Syndrom* durchgeführt.

In der bereits erwähnten Studie von Watson und Hillison (1991) konnte ein deutlicher Zusammenhang zwischen Temperamentstyp und Berufszufriedenheit gefunden werden, und Klosowska (2011) fand bei mehr als 100 Lehrern zwischen 24 und 65 Jahren signifikante Zusammenhänge zwischen Stresserleben und Temperamentseigenschaften. *Emotionale Reaktivität* als Wesenszug, auf stresserzeugende Situationen mit starken Emotionen und einer Tendenz der Absenkung des Aufgabenniveaus zu antworten, war mit fast allen Dimensionen von Stress am Arbeitsplatz und beruflichem Burnout verbunden. Des Weiteren konnte auch beobachtet werden, dass die Intensität des Stresserlebens mit einem höheren Grad an *Beharrlichkeit* bei der Ausführung der Tätigkeit verbunden war, was zu einer unheilvollen Verquickung mit der emotionalen Reakivität führte.

Ein zweiter Schwerpunkt zur Untersuchung der Anpassungsfähigkeit des Lehrertemperamentes an die Erfordernisse der Erziehungsumgebungen liegt auf der *Effektivität des Lehrens*. Viele Untersuchungen gibt es aber auch hierzu nicht, obwohl die Frage, wie man effektiv lehrt oder unterrichtet, eigentlich ein Dauerbrenner der pädagogischen Forschung ist. Grundsätzlich scheint es so zu sein, dass angehende Lehrer, wenn sie des eigenen Lernstils und Temperamentstyps gewahr werden, sich mehr bemühen, stärker auf kognitive und motivationale Unterschiede zwischen den Schülern einzugehen und dadurch den Unterricht zu verbessern (Tripp und Moore 2007). Unter der Annahme, dass das Temperament von Schülern und Lehrern miteinander interagieren (Oren und Jones 2009), untersuchten Noltemeyer et al. (2012b) die Unterschiede im Unterrichtsverhalten von Junglehrern und erfahrenen Lehrern und fanden heraus, dass unerfahrene Berufsanfänger eine größere *Reaktivität* an den Tag legen als erfahrene Lehrer, die deutlich weniger reaktiv und viel geduldiger agierten und weniger Energie bei Disziplinproblemen aufwendeten. Offenkundig erfolgt im Laufe der langjährigen Berufsausübung eine zunehmend bessere Anpassung an die Anforderungen des Unterrichtens und Lehrens. Dem Zusammenhang zwischen Effektivität und Temperament von Lehrern ging Katoch (2012) auf den Grund und stellte anhand von 427 Sekundarschullehrern fest, dass effektive Lehrpersonen höhere Werte in drei Temperamentseigenschaften (dominierend, akzeptierend und tolerierend) aufweisen als weniger effektive Lehrpersonen. Darüber hinaus erkannte Katoch geschlechtsspezifische Unterschiede zwischen den Temperamentseigenschaften Zusammenarbeit und emotionale Wärme. Leider hat Katoch mit einem eigenen Instrument zur Erfassung der Temperamentszüge gearbeitet, so dass ein Vergleich mit der sonstigen Forschung nicht möglich ist. Eine solidere Grundlage für die Beurteilung des Wechselspiels von Lehrertemperament und Schülerwahrnehmung bietet die Dissertation von Valencic (2001). Ein Untersuchungsziel bestand darin zu bestimmen, in welchem Ausmaß die Eysenck'schen Temperamentsdimensionen *Extraversion, Neurotizismus* und *Psychotizismus* als Prädiktoren für die Schülerwahrnehmungen von Aufgabenattraktivität, Unmittelbarkeit der Kontakte, Durchsetzungsfähigkeit, Reaktionsfreudigkeit und Glaubwürdigkeit der Lehrer wirken. Die Ergebnisse von 52 Lehrenden und 1242 Studierenden weisen auf eine signifikante Beziehung zwischen Extraversion der Lehrenden und Studentenwahrnehmung hinsichtlich Durchsetzungsfähigkeit, Mitgefühl, Unmittelbarkeit und kognitivem Lernen hin. Lehrer, die sich selbst als eher extravertiert beurteilten, wurden von ihren Studenten als durchsetzungsfähiger, anteilnehmender und effektiver im Hinblick auf die eigenen kognitiven Lernerfolge eingeschätzt. Darüber hinaus konnte auch eine signifikante Beziehung zwischen dem Psychotizismus der Lehrenden und dem Vertrauen der Studierenden in die Lehrer festgestellt werden. Lehrende, die sich als eher psychotisch beurteilten, wurden von den Studierenden als weniger vertrauenswürdig beurteilt als Lehrende mit einem niedrigen Psychotizismusniveau. An diese Studie anknüpfend untersuchten McCroskey et al. (2004) die Zusammenhänge zwischen den Temperamentsdimensionen des PEN-Modells und Kommunikationsstilen von Collegelehrern in ihrer Wirkung auf die Wahrnehmung ihrer Studenten bezüglich der bereits von Valencic untersuchten abhängigen Variablen. Kurz zusammengefasst zeigte sich Ähnliches wie bei Valencic: Extravertierte und sich im Kommunikationsverhalten als direkter und reaktionsfreudiger zeigende Dozenten wurden von ihren Studenten als kompetenter, wohlwollender, vertrauenswürdiger und attraktiver hinsichtlich der Aufgabenstellungen beurteilt.

Eine Übertragung der von Valencic und McCroskey et al. beschriebenen Beziehungen zwischen dem Temperament von Lehrern und der Wahrnehmung durch ihre Schüler auf den schulischen Bereich ist kaum möglich. Dennoch zeichnen diese Studien den Weg vor, wie man den Beziehungen zwischen Lehrertemperament und der Wahrnehmung durch Schüler auf die Spur kommen könnte. Aber an diesem Punkt ist die Entwicklungsforschung noch nicht angekommen.

▪ Zusammenfassung

Das theoretische Konstrukt Temperament betrifft den Stil von Verhalten, aber nicht seinen Inhalt, d. h., das Temperament beeinflusst, wie Personen sich in einer Situation verhalten, aber nicht, was sie tun. Es bezieht sich beispielsweise eher auf die Art und Weise, wie Kinder ihre Vorlieben und Abneigungen ausdrücken (das eine Kind ist bestimmt und intensiv, ein anderes ruhig und sacht), als auf das, was sie gerne tun oder nicht gerne tun. Jeder Mensch hat seinen eigenen Temperamentsstil, der im Laufe des Lebens relativ ähnlich bleibt, aber nicht auf alle Zeiten festgelegt, sondern veränderbar ist, was der Pädagogik den Zugang zur Einflussnahme bietet.

? Aufgaben zum Festigen des neuen Wissens

1. Fassen Sie noch einmal die wichtigsten Aussagen über Sanguiniker, Melancholiker und Pflegmatiker aus dem Gespräch zwischen Anna und Jakob zusammen. Dieses Wissen gehört zum Allgemeinwissen.
2. Stellen Sie die Big Five dar.
3. Skizzieren Sie die Entwicklung des Temperaments über die Lebensspanne.

? Aufgaben zum Weiterdenken

1. Stellen Sie sich vor, Sie wären Rektorin oder Rektor einer Schule und müssten gerade eine Lehrerin oder einen Lehrer für das Fach Englisch einstellen. Die von Ihnen ausgewählten drei Bewerber(innen) haben alle die

nötige Kompetenz in Englisch, Erfahrung als Lehrer(in) und die nötigen Qualifikationen. Sie wissen jedoch auch, dass das Temperament von Lehrer(innen) eine Rolle für deren Erfolg spielt. Entwickeln Sie einen Leitfaden für ein Bewerbungsgespräch mit Fragen und Aufgaben, welches Ihnen Aufschluss über die Eignung der verschiedenen Bewerber(innen) gibt. Berücksichtigen Sie dabei die Erkenntnisse der Forschung über die Lehrerpersönlichkeit.

2. Was würden Sie Eltern raten, die sich Sorgen über eine angeblich starke Impulsivität ihres fünfjährigen Sohnes machen? Stellen Sie dar, was Impulsivität eigentlich ist, und welche Erkenntnisse man in der Forschung über die Entwicklung von Persönlichkeitseigenschaften hat. Ziehen Sie daraus Schlüsse über die Entwicklung des Kindes. Sprechen Sie außerdem Empfehlungen aus, wie die Eltern mit ihrem Kind umgehen sollen, wobei Sie Erkenntnisse über den Zusammenhang von Temperament und Erziehung berücksichtigen.

Weiterführende Literatur

- Kagan, J.S., & Snidman, N.C. (2004). *The long shadow of temperament*. Cambridge, MA: Harvard University Press.
- Keogg, B.K. (2003). *Temperament in the classroom. Understanding individual differences*. Baltimore, MD: Paul H. Brooks.
- Thomas, A., & Chess, S. (1980). *Temperament und Entwicklung. Über die Entstehung des Individuellen*. Stuttgart: Enke.

3.5 Die emotionale Persönlichkeit

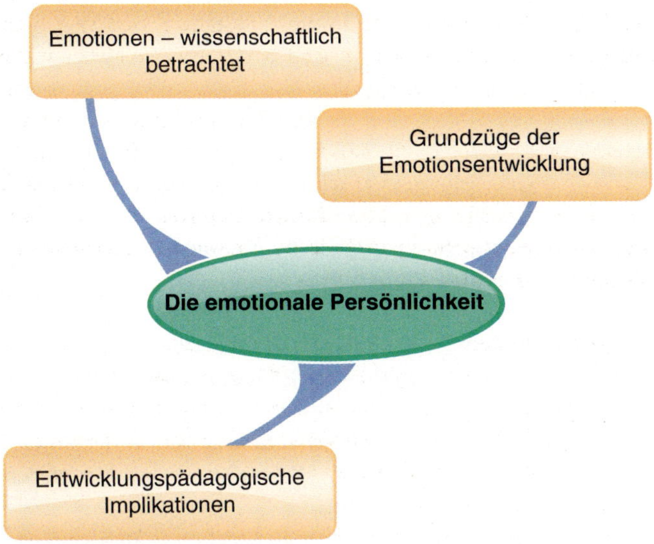

Aufgabe als Denkanstoß

Eine Person, die sich selbst als sehr emotional bezeichnet, stellt Ihnen die Frage, was Sie empfehlen, um aufkommende Emotionen zu unterdrücken. Was würden Sie ihr für den Fall empfehlen, dass sie sehr gereizt ist, dass sie ärgerlich und wütend, traurig oder euphorisch ist?

Anna: „Hey, jetzt mal ernsthaft Jakob: Bist du eher ein rationaler oder eher ein emotionaler Mensch? Und sind deine Gefühle eine Hilfe oder Last für dich, wenn du eine Prüfung hast?"

Jakob: „Ooch, ich glaube, dass ich in Prüfungssituationen meine Gefühle gut unter Kontrolle habe und imstande bin, kühl und überlegt zu handeln. Natürlich gibt es aber auch Situationen, in denen mir das nicht so gut gelingt. Wenn ich mich sehr über jemanden ärgere, kann ich ausgesprochen wütend werden, und in mir tobt es dann total. Da würde ich manchmal am liebsten …"

Anna: „… Bäume ausreißen, wo keine sind?! Das kenne ich auch. Aber ich hab vor Prüfungen oft eine Riesenangst. Das ist nicht sehr angenehm. Eigentlich will ich ja einen kühlen Kopf bewahren – und dann Stress und regelrechte Panik. Feuchte Hände, mein Herz rast, die Gedanken kreisen und ich habe das Gefühl, dass der Kopf plötzlich leer ist. Dabei war kurz vorher noch alles klar und da."

Jakob: „Und was machst du dann?"

Anna: „Tief ein- und ausatmen, um mich zu beruhigen. Und dann sage ich zu mir: Anna, sei vernünftig, du kannst das doch im Schlaf und der Prüfer will dir auch nicht schaden."

Jakob: „Hilft das?"

Anna: „Bisher hat es immer geholfen, und ich habe auch gut abgeschnitten. Aber es ist echt anstrengend, ein emotionaler Mensch zu sein!"

Jakob: „Langsam, langsam! Dass du einen Bammel vor Prüfungen hast, macht dich doch noch nicht zu einem emotionalen Menschen. Oder schlagen bei dir die Emotionen auch in anderen Situationen durch – auch positive?"

Anna: „Das ist ja 'ne Frage! Natürlich lösen meine Emotionen manchmal auch Glücksgefühle aus, und ich schwebe dann auf

3

Abb. 3.29 Ausdrucksformen von Emotionen (© ozgurdonmaz/iStockphoto)

Wolke 7. Dann fällt es mir manchmal auch wieder schwer, auf den Boden zurückzukommen. Aber schön ist das schon."

Jakob: „Du bist so was von normal, dass es mir immer eine Freude ist, dich zu treffen und mit dir zu sprechen. Du tust mir emotional richtig gut!"

Anna: „Oh, danke für das Kompliment."

Bevor sich die beiden in weiteren Komplimenten verlieren, verlassen wir sie und wenden uns dem Thema dieses Kapitels zu, das durch das Gespräch zwischen Anna und Jakob angerissen wurde: die Emotionen des Menschen – und ihre Bedeutung für die Pädagogik.

3.5.1 Emotionen – wissenschaftlich betrachtet

Lächeln wir, weil wir glücklich sind, oder sind wir glücklich, weil wir lächeln?

Dem Leser mag diese Frage womöglich seltsam vorkommen, aber sie bringt die Problematik gut auf den Punkt, denn je nach theoretischem Grundverständnis fällt die Antwort auf diese einfache Frage unterschiedlich aus. Zunächst einmal ist völlig klar, dass der Gesichtsausdruck viel über Emotionen verrät. Aber es gibt auch Menschen, die imstande sind, ihren Gesichtsausdruck zu beherrschen, um ihre Emotionen nicht zu verraten. Womöglich sind diese Menschen aber nicht nur in der Lage, ihre Gestik und Mimik zu kontrollieren, sondern auch ihre Emotionen. Im Zusammenhang mit dem Temperament wird das als *Selbstregulierung* bezeichnet. Darauf werden wir später noch ausführlicher eingehen. Doch nun zurück zu der eingangs gestellten Frage: Wenn Menschen instruiert werden, mit dem Gesicht Emotionen wie Freude, Ärger, Furcht, Ekel und Trauer auszudrücken, glauben sie oft, diese Emotionen auch zu erleben. Oder sind es doch eher Stimmungen, Gefühle oder Affekte, die erlebt werden? Was unterscheidet Emotionen eigentlich von Stimmungen, Gefühlen und Affekten – oder ist immer dasselbe gemeint?

3.5.1.1 Was sind Emotionen?

Der Emotionsbegriff wird tatsächlich oft mit *Stimmung*, Affekt, Gefühl und psychischer Erregung gleichgesetzt, da er sich auf die Empfindungen eines Individuums bezieht (Damasio 2000), die in einer nur dem Individuum eigentümlichen Weise erlebt und mit Wörtern wie Freude, Angst, Kummer, Überraschung umschrieben werden.

Emotion – Emotionen werden auch Gefühle genannt und oft mit der Intuition in Zusammenhang gebracht, wofür dann das Wort Bauchgefühl steht. In der Alltagssprache sind Redewendungen wie „Sie hatte ein unglaubliches Gefühl der Euphorie" oder „Er empfand ein bedrückendes Gefühl von Schuld" gang und gäbe. Mit der Verwendung der Begriffe Schuld oder Euphorie erfahren Gefühle eine kognitive Interpretation.

Affekt – Der Begriff Affekt ist vom lateinischen Wort *afficere* hergeleitet, das so viel bedeutet wie „in eine Stimmung versetzen". Gemeint ist eine besondere Gemütserregung, die durch eine Abweichung von der Grundstimmung einer Person charakterisiert wird. Häufig wird mit Affekt eine heftige Gemütsbewegung bezeichnet, die als eine besonders große Abweichung von der Grundstimmung zu verstehen ist. In dieser Bedeutung wird der Begriff Affekt in der Psychiatrie zur Kennzeichnung spontaner und besonders intensiver Emotionen verwendet, die oft mit einem Verlust der Handlungskontrolle einhergehen.

Stimmung – Stimmungen sind von Emotionen dadurch zu unterscheiden, dass ihnen eine geringere Intensität und eine längere Dauer zugeschrieben werden.

Der wissenschaftliche Emotionsbegriff bezeichnet ein komplexes System aus unterschiedlichen Komponenten, die miteinander interagieren: Eine Person, bei der ein konkretes Ereignis (oder auch die Erinnerung daran) eine Emotion auslöst, bemerkt *körperliche Veränderungen* (z. B. Steigerung des Blutdrucks, Schweißausbruch), die mit mehr oder weniger starken *Gefühlen* (z. B. Wut, Freude) verknüpft sind und sich in der unwillkürlichen Mimik (z. B. Lächeln, Weinen) und Gestik mitteilen (Abb. 3.29).

Aus dem bisher Gesagten kann (in Anlehnung an Kleinginna und Kleinginna 1981) folgende *Arbeitsdefinition* abgeleitet werden:

Emotion

Emotion ist eine komplexe, physiologisch vermittelte Wechselwirkung von personalen und umweltbezogenen Faktoren, die Affekte bewirken und kognitive Prozesse hervorrufen, um eine Bewertung und Interpretation der Situation herbeizuführen. Affekte und ihre Interpretation setzen ausgedehnte physiologische Anpassungen an die erregungsauslösenden Bedingungen in Gang und führen zu Verhalten, das expressiv, zielgerichtet und adaptiv ist.

In diese Definition ist die Konzeption eines Mehrkomponentenmodells eingeflossen (Mees 2006), das jeder Emotion folgende Komponenten zuschreibt:

- eine *psychophysiologische Komponente* als erfahrbare körperliche Reaktionen des zentralen Nervensystems;
- eine *kognitive Komponente*, die auf eine persönliche Bewertung des emotionsauslösenden Ereignisses zielt, wobei dieses auch in der Wiederherstellung einer in der Vergangenheit erlebten Emotion bestehen kann;
- eine *expressive Komponente* als mimisch-gestische Ausdrucksweise einer Emotion;
- eine *Komponente des bewussten Erlebens* als Gewahrwerden von Gefühlen und ihrer Interpretation;
- eine *volitionale Komponente*, die auf eine Entscheidung hinsichtlich der zu ergreifenden Verhaltensweisen und Handlungen zielt.

Emotionalität und Emotivität

Der Emotionsbegriff ist sowohl von der Emotionalität als auch von der Emotivität abzugrenzen: Der Begriff der *Emotionalität* bezeichnet die Gesamtheit der Gefühle und Gemütsbewegungen (z. B. Freude, Trauer, Ärger, Zorn, Wut, Mitleid, Scham, Schuld, Ekel) eines Menschen und charakterisiert das ihm eigentümliche Gefühlsleben sowie die Steuerung und Verarbeitung von Affekten. Der Begriff der *Emotivität* dient der Bezeichnung einer übersteigerten emotionalen Erregbarkeit (vgl. Arnold et al. 1971).

Emotionen können eigentlich nur durch ihren Bezug zu der Situation, in der sie auftreten, und zum individuellen Bewertungssystem verstanden werden, das lernabhängig entwickelt wird. Genau das aber erschwert vielen Menschen den Umgang mit ihren Emotionen, da sie sich vielfach des situativen Auslösers einer Emotion nicht bewusst sind oder werden. Des Weiteren kann eine Prüfung der Situationsbedingungen mehrere mögliche Gründe als plausibel erscheinen lassen, und der eine oder andere Grund mag plausibler sein als ein anderer, aber sicher kann man sich nicht immer sein. Wenn wir das Gespräch zwischen Jakob und Anna in Erinnerung rufen, erfahren wir einiges über körperliche Symptome von Prüfungsangst. Die Situation, die Anna schildert, lässt eigentlich auch nur die Annahme zu, dass es sich dabei um Angst vor Prüfungen handelt. In einer anderen Situation (z. B. in der Disco) können dieselben Symptome aber auch als Ausdruck einer Liebe auf den ersten Blick (also eines starken Affekts) verstanden werden (vgl. dazu: Mees und Wulf 2011). Ungeachtet der kognitiven Interpretation von Gefühlen, die in einer bestimmten Situation aufkommen, können drei Grundqualitäten von Emotionen unterschieden werden:

1. die *Lust-Unlust-Qualität*,
2. *Erregungs-Hemmungs-Qualität* als Ausdruck der Intensität und
3. *die Spannungs-Entspannungs-Qualität* als zeitliche Dimension.

Damit ist ein Schwerpunkt der Emotionsforschung genannt. Diese befasst sich aber auch mit den sozialen Dimensionen *Annäherung-Meidung* und *Aktivität-Passivität, Dominanz-Unterwerfung* und *Feindlichkeit-Freundlichkeit.*

Diese Emotionsdimensionen sind nicht nur als menschliche Grunddisposition zu begreifen, sondern werden auch höheren Tieren (z. B. Elefanten) zugestanden (► Abschn. 3.1). Diese Auffassung geht auf Darwin zurück, der mit seinem 1872 veröffentlichten Buch *The Expression of the Emotions in Man and Animals* die Grundlage für die Emotionsforschung (z. B. von Izard oder Ekman) bis auf den heutigen Tage gelegt hat (Darwin 1872). Der Emotionsforscher Plutchik (1980) hat die auf Darwin zurückgehende evolutionstheoretische Konzeption der Emotionen in seinem Buch *Emotion – A psychoevolutionary synthesis* in zehn Thesen zusammengefasst, von denen wir die herausgreifen, die für die spätere Diskussion wichtig sind:

Evolutionstheoretische Konzeption von Emotionen

Das Evolutionsprinzip der natürlichen Auslese bewirkt verschiedene Mechanismen, die das Überleben sichern helfen:

- *Vertrauen* führt zum Aufteilen des Stammesgebietes und zur Zusammenarbeit.
- *Furcht* verursacht eine Flucht vor einer Gefahr.
- *Überraschung* verschafft Verschnaufpausen, um etwas abzuschätzen und zu lernen.
- *Traurigkeit* befähigt dazu, Bindungen aufzugeben.
- *Ekel* verursacht ein Erbrechen giftiger Dinge.
- *Ärger* führt dazu, mit Rivalen oder Feinden zu kämpfen.
- *Erwartung* bewirkt Vorbereitung.
- *Freude* führt dazu, weiterhin oder noch einmal nach angenehmen Dingen zu suchen.

Es gibt demnach nur eine kleine Menge an prototypischen *Grundemotionen,* nämlich Vertrauen, Furcht, Überraschung, Traurigkeit, Ekel, Ärger, Erwartung und Freude.

Alle Emotionen, die keine Grundemotionen sind, kommen durch verschiedenartige Kombinationen und Zusammensetzungen der Grundemotionen zustande. Dabei kann zwischen primären, sekundären und tertiären Paaren unterschieden werden, z. B.:

- primär: Freude + Vertrauen = Liebe;
- sekundär: Freude + Furcht = Schuldgefühl;
- tertiär: Freude + Überraschung = Entzückung.

Emotionen sind theoretische Konstrukte, die entwickelt wurden, um Erfahrungen zu beschreiben. Auch die primären Emotionen sind idealisierte Zustände, die wiederum durch spezifische Eigenschaften und Charakteristiken beschrieben werden können.

Tab. 3.15 Basisemotionen. (Nach Ortony und Turner 1990, S. 316)

Autor	Basisemotionen
Plutchik	Vertrauen, Ärger, Erwartung, Ekel, Freude, Furcht, Traurigkeit, Überraschung
Arnold	Ärger, Abneigung, Mut, Niedergeschlagenheit, Begehren, Verzweiflung, Furcht, Hass, Hoffnung, Liebe, Traurigkeit
Ekman, Friesen & Ellsworth	Ärger, Ekel, Furcht, Freude, Traurigkeit, Überraschung
Damasio	Freude, Trauer, Furcht, Ärger, Überraschung, Ekel
Izard	Ärger, Geringschätzung, Ekel, Leid, Furcht, Schuld, Interesse, Freude, Scham, Überraschung
James	Furcht, Gram, Liebe, Wut
McDougall	Ärger, Ekel, Begeisterung, Furcht, Abhängigkeit, Anbiederung, Verwunderung
Tomkins	Ärger, Interesse, Geringschätzung, Ekel, Leid, Furcht, Freude, Scham, Überraschung

Emotionen sind durch Gegensätze charakterisiert:
- Traurigkeit ist das Gegenteil von Freude.
- Vertrauen ist das Gegenteil von Ekel/Abscheu.
- Furcht ist das Gegenteil von Ärger.
- Überraschung ist das Gegenteil von Erwartung.

Emotionen variieren im Ausmaß der Ähnlichkeit untereinander. Manche sind sich sehr ähnlich, andere sehr unähnlich. Ähnliche Emotionen bilden Familien oder Gruppen wie z. B. Geringschätzung, Widerwille, Abneigung und Abscheu.
Emotionen haben unterschiedliche Grade an Intensität, die von schwach bis sehr stark reichen:
- *Vertrauen*: von Akzeptanz bis Bewunderung;
- *Furcht*: von Schüchternheit bis Grauen;
- *Überraschung*: von Ungewissheit bis Verblüffung;
- *Traurigkeit*: von Düsterkeit bis Kummer;
- *Ärger*: von Störung bis Raserei;
- *Erwartung*: von Interesse bis Wachsamkeit;
- *Freude*: von Heiterkeit bis Verzückung.

Seit Darwin durchzieht die Idee von einigen wenigen Basisemotionen (Tab. 3.15) die wissenschaftliche Diskussion wie ein roter Faden und findet sich dementsprechend bei vielen Autoren (vgl. Damasio 2002; Tracy und Randles 2011).

Darüber hinaus gibt es sozial konstruierte und selbstbezogene Emotionen wie Verlegenheit, Schüchternheit, Eifersucht, Schuld, Scham und Stolz. Diese Emotionen werden als sekundäre Emotionen begriffen und funktionieren als Mechanismen der sozialen Kontrolle.

Primäre Emotionen sind spontane Reaktionen des Organismus auf ein Reizereignis, d. h., sie treten in unmittelbarer Nähe (d. h. in proximaler Distanz) mit dem auslösenden Ereignis auf. Primäre Emotionen versetzen die Person in die Lage, sich direkt, d. h. ohne zeitliche Verzögerung, auf die Anforderungen der Situation einzurichten und den Willen zu stärken oder gegebenenfalls zu schwächen, in der einen oder anderen Weise zu handeln. Nehmen wir noch einmal die Prüfungsangst von Anna in den Blick: Die primäre Emotion ist dabei die Furcht, die durch die besondere Situation einer Prüfung ausgelöst wird und Anna dazu bringt, sich auf die Situation einzustellen und Maßnahmen zu ergreifen, um die Anforderungen zu bewältigen. Fehlt ihr aber dazu der Wille, wird die Prüfungsangst verstärkt und in Zukunft womöglich noch intensiver erlebt werden. Primäre Emotionen können als extrem angenehm, aber auch als extrem unangenehm erlebt werden. Wie eine Person damit umgeht, hängt von der Fähigkeit ab, sich der primären Emotionen bewusst zu werden und sie unter Bezugnahme auf die Situation zu interpretieren. Evolutionstheoretisch betrachtet sind primäre Emotionen wichtige Komponenten der Entwicklung der Menschheit und der einzelnen Person im gesellschaftlichen Kontext. Wenn Menschen ihren primären Emotionen keinen Ausdruck verleihen, verschwinden diese Emotionen deswegen noch lange nicht. Muss jemand auf Dauer seine primären Emotionen unterdrücken, kann dies langfristig zu starken Beeinträchtigungen des Gefühlslebens führen. Eine Lebenspartnerschaft beispielsweise, die dadurch geprägt ist, dass ein Partner seine Emotionen permanent unterdrücken muss, wird ein rasches Ende finden.

Sekundäre Emotionen kommen zustande, wenn Personen ihre primären Emotionen nicht wertschätzen oder nicht adäquat mit ihnen umzugehen wissen. Sekundäre Emotionen werden oft auch durch die Überzeugungen verursacht, die Menschen in Bezug auf die Erfahrung bestimmter Primäremotionen gemacht haben. Manche Personen glauben, dass ängstlich oder traurig zu sein, eine Schwäche ist, oder sie reden negativ über diese Emotionen. Wann immer solche Gedanken hochkommen, lösen sie sekundäre Emotionen aus, die auch deshalb problematisch werden können, da sie jemanden daran hindern, Informationen aus den Reaktionen auf primäre Emotionen zu gewinnen und in angemessener Weise damit umzugehen. Daraus entsteht oft die Neigung, Emotionen zu vermeiden, was schädlich für das Selbst und die Beziehungen zur Umwelt sein kann (Tangney und Fischer 1995).

Als Beispiel für eine sekundäre Emotion kann die Eifersucht dienen – nicht nur, weil sie für den Leser unmittelbar relevant sein mag, sondern auch wegen ihrer allgemeinen pädagogischen Bedeutung. Erstens empfinden auch Kinder und Jugendliche diese Sekundäremotion und reagieren sie im Kindergarten oder in der Schule ab, zweitens können Heranwachsende durch die Eifersucht der Eltern in Mitleidenschaft gezogen werden. Vergleichbar mit der Eifersucht und ihren potentiellen Folgen wirken auch andere sekundäre Emotionen wie z. B. die *Scham* (Bradshaw 1993). Sie gilt als ein Gefühl der Verlegenheit, das durch Verletzung der Intimsphäre ausgelöst werden kann oder durch das Bewusstwerden, mit unehrenhaften oder unanständigen Handlungsweisen nicht den sozialen Erwartungen und Normen entsprochen zu haben. Vergleichbar mit den Auswirkungen der sekundären Emotionen sind auch die Wirkungsweisen von *Hintergrundemotionen* (wie Wohlbehagen, Unbehagen, Ruhe, Anspannung u. a.).

Lange Zeit konzentrierte sich die Emotionsforschung auf die Gefühle, die aus den Basisemotionen resultieren oder sozial konstruiert werden. Damasio (2004) hat den Blick auf die oft im Hintergrund mitschwingenden Gefühle und Emotionen gerichtet, die je nach Situation das Gefühlsleben einmal schwächer, einmal heftiger beeinflussen. Häufig beobachtbare Hintergrundgefühle, deren pädagogische Relevanz nicht unterschätzt werden darf, sind z. B. Ermüdung, Aufregung, Unwohlsein, Krankheit, Anspannung, Elan, Lethargie und Harmonie.

3.5.1.2 Emotionstheorien

Emotionstheorien versuchen zu erklären, was Emotionen sind, wodurch sie verursacht werden und wie sie sich auf das Erleben und Verhalten auswirken. Im Folgenden werden wir mit der gebotenen Kürze nur auf Emotionstheorien eingehen, die ein Pädagoge kennen sollte, da eine Gesamtdarstellung den in diesem Lehrbuch verfügbaren Rahmen sprengen würde.

Nach unseren Ausführungen zum Temperament wird es den Leser nicht überraschen zu erfahren, dass die in der Vergangenheit zahlreich entworfenen Emotionstheorien um die Frage kreisen, ob und in welchem Maße die Emotionen des Menschen biologisch und/oder durch die soziokulturelle Umwelt bestimmt sind. Wieder stehen sich zwei Grundpositionen gegenüber: Die eine besagt, dass Emotionen biologisch determiniert sind, die andere geht von einer sozialen und kulturellen Determiniertheit menschlicher Emotionen aus.

Biologisch orientierte Emotionstheorien gehen auf Darwin zurück und betrachten Emotionen als genetisch determinierte Reaktionen des Organismus auf Umweltreize. Emotionen sind biologisch gesehen ein Produkt der Phylogenese und haben vor allem eine adaptive Funktion, um das Überleben zu sichern. Auf die Thesen von Plutchik (1980), die sich eng an Darwin orientieren, sind wir bereits eingegangen.

Eine biologische Konzeption liegt auch der *James-Lange-Theorie* zugrunde, deren Wurzeln bis zu Aristoteles, Descartes und Spinoza zurückreicht (Damasio 2003). Sie entspricht auch dem Alltagsverständnis von Emotionen und besagt, dass Emotionen nichts anderes als spezifische Gefühle sind, die durch Veränderungen physiologischer Bedingungen verursacht werden und autonome körperliche Reaktionen hervorrufen. Konkreter gefasst: Wenn jemand gewahr wird, in Gefahr zu sein, setzt diese Wahrnehmung unwillkürlich körperliche Reaktionen in Gang, und das Bewusstwerden dieser Reaktionen führt dann zu Angst. William James (1884/2007) behauptete:

> » we feel sorry because we cry, angry because we strike, afraid because we tremble, and [it is] not that we cry, strike, or tremble, because we are sorry, angry, or fearful, as the case may be (James 1884, S. 1–190).

In dieser Tradition hat Damasio (1999) eine Gefühlstheorie entwickelt, die dem zentralen Nervensystem die Fähigkeit zuerkennt, den Emotionen Reaktionen des Körpers zuzuschreiben, die in der Vergangenheit liegen oder hypothetischer Natur sind.

Im Gegensatz zu biologisch orientierten Erklärungsansätzen betonen *kulturrelativistische Theorien*, dass Emotionen in ihren Erscheinungsformen eine solche individuelle wie kulturelle Vielfalt aufweisen, dass sich diese nicht in ein Korsett stammesgeschichtlich determinierter Basisemotionen pressen lasse, sondern durch kulturelle Vermittlungsprozesse entstanden sein müsse. Dessen ungeachtet gehen auch diese Theorien davon aus, dass Menschen und Tiere über einen Grundstock an Basisemotionen verfügen, die nicht auf andere Emotionen zurückgeführt werden können. Aus diesen Basisemotionen setzen sich andere komplexere Emotionen zusammen. Fragen, die sich aus kulturrelativistischer Sicht stellen lassen, lauten:

- Was bringt Menschen dazu, Emotionen zu erleben?
- Wodurch entsteht die unterschiedliche Intensität von Emotionen?
- Wie sind verschiedene Emotionen aufeinander und auf die Sprache bezogen, mittels derer über sie gesprochen wird?
- Welche Mechanismen und Strukturen der Informationsverarbeitung liegen der Entstehung und Intensivierung von Emotionen zugrunde?

Antworten auf diese Fragen haben in der Vergangenheit verschiedene theoretische Modelle zu geben versucht.

Schachters Zwei-Faktoren-Theorie (1964) besagt, dass für die Wahrnehmung einer physiologischen Erregung eine angemessene Erklärung im Sinne einer *Kausalattribution* gesucht wird, wobei situationsbedingte Informationen berücksichtigt werden (Schachter 1964). Dabei kann ein und dieselbe Erregung je nach Situation unterschiedlich interpretiert und als eine verschiedenartige Emotion erlebt werden. Eine Differenzierung von Emotionen auf der Basis physiologischer Erregung ist laut Zwei-Faktoren-Modell nicht möglich, vielmehr bestimmen kognitive Faktoren die Qualität des erlebten Gefühls. Hieraus leitet sich die bekannte Formel der Emotion ab:

Emotion = physiologische Erregung + Kognition.

Eine physiologische Erregung wird mittels Kognition spezifiziert, d. h. interpretiert, indem das Gefühl auf den Situationskontext zurückgeführt und damit kausal attribuiert wird. Dabei kann auch beobachtet werden, dass ein und dieselbe Situation unterschiedliche Emotionen auslösen kann (Siemer et al. 2007). Ein eigentlich unspezifischer Erregungszustand wird je nach Situation einmal als Ärger, ein andermal als Freude, Angst oder Traurigkeit interpretiert. Dabei können auch *Fehlattribuierungen* auftreten, wie Valins (1966) festgestellt hat und nach ihm auch viele andere (z. B. Gerdes 1979; Woll und McFall 1979). Interessant sind in diesem Zusammenhang Beobachtungen von Marshall und Zimbardo (1979) sowie Maslach (1979), dass eine physiologische Erregung auch in einer lustigen Situation unangenehme Gefühle auslösen kann. Daraus leiteten diese Autoren die Annahme ab, dass plötzliche Erregungszustände allgemein als unangenehm empfunden und daher mit Angst assoziiert werden. Ähnliches hatte auch schon Piaget konstatiert.

Von einer kausalen Attribuierung von Gefühlen auf Kontextbedingungen der emotionsauslösenden Situation gehen auch die *kognitiven Bewertungstheorien* aus, die infolge der sogenannten kognitiven Wende zahlreich entwickelt wurden. Die Bewertungstheorien gehen davon aus, dass Emotionen von spezifischen Situationsbewertungen hervorgerufen werden und dass die emotionale Reaktion auf ein Ereignis davon abhängt, ob ihm eine positive oder negative Wirkung zugeschrieben werden kann. Entscheidend ist bei diesem Vorgang, dass Denken

Tab. 3.16 Emotionen und ihre Kernthemen und Bewertungen (Lazarus 1991)

Emotion	Kernthema (*relational meaning*)	Primäre Bewertung	Sekundäre Bewertung
Freude/Glück	Gutes Vorankommen bei der Realisierung eigener Ziele	1. relevant 2. kongruent 3. –	4. – 5. – 6. positive Zukunftserwartung
Stolz	Erhöhung der Ich-Identität durch Anrechnung von wertgeschätzten Eigen- oder Gruppenleistungen	1. relevant 2. kongruent 3. Erhöhung der Selbstachtung oder sozialen Achtung	4. eigener Verdienst 5. – 6. –
Eifersucht	Einer dritten Person verübeln, dass man die Zuneigung einer Person verloren hat oder zu verlieren droht	1. relevant 2. inkongruent 3. andere haben einen Mangel in Bezug auf ein Ich-Ideal	4. Fremdverschulden 5. – 6. –
Ärger	Beleidigung gegen mich und andere	1. relevant 2. inkongruent 3. Bewahrung der Selbstachtung und sozialen Achtung	4. Fremdverschulden 5. – 6. –

und Fühlen derart eng miteinander verbunden sind, dass die subjektiven Einschätzungen einer Situation die Emotionen beeinflussen (Siemer et al. 2007). Besonders deutlich tritt uns diese Argumentation in der Emotionstheorie von Lazarus entgegen, die sich in der pädagogischen Stress- und Angstforschung einer großen Beliebtheit erfreut (z. B. Pollich 2007; Strittmatter 1997).

Lazarus entwickelte seine Emotionstheorie in den 1960er Jahren speziell im Hinblick auf das Thema Stress und seine Bewältigung. Trotz dieser Besonderheit unterscheidet Lazarus (1966) ebenfalls vier Komponenten der Emotion, nämlich eine physiologische Komponente (z. B. Veränderungen des Herzschlags), eine Verhaltenskomponente (z. B. Aufgeben in einer Aufgabensituation, Erhöhung der Anstrengung), eine Erlebenskomponente (z. B. Gefühle der Angst, Anspannung und des Unbehagens) und eine kognitive Komponente (z. B. der Bewertung). Jede Emotion weist ein spezifisches Muster als Ergebnis verschiedener primärer und sekundärer Bewertungen auf (Tab. 3.16).

Die Emotionstheorie von Lazarus stand Pate für zahlreiche andere Erklärungsansätze wie z. B. das *Systemmodell der Emotionsgenese* von Kuhl (1983) oder die *Theorie der emotionalen Subsysteme* von Scherer (1984, 1987), die allesamt die kognitiven Prozesse bei der Emotionsregulierung in den Vordergrund stellen.

Die starke Betonung kognitiver Prozesse führte zu einer kontroversen Diskussion, die von Zajonc (1980) ausgelöst wurde. Er lehnte die Auffassung, dass Emotionen notwendigerweise immer kognitive Prozesse voraussetzen oder beinhalten, radikal ab und behauptete, dass die affektive Beurteilung eines Reizes völlig unabhängig von den kognitiven Prozessen erfolge, die einen wissen lassen, um welchen Reiz es sich handelt. Zajoncs Hauptargument war:

» affective judgments may be fairly independent of, and precede in time, the sorts of perceptual and cognitive operations commonly assumed to be the basis of these affective judgments. Affective reactions to stimuli are often the very first reactions of the organism (Zajonc 1980, S. 151).

Daraus leitet sich Zajoncs *Primat des Affekts* ab (Zajonc 1984), wonach emotionale Präferenzen keine kognitiven Schlussfolgerungen erfordern: „Preferences need no inferences." Zajoncs Argumentation beruht auf der Annahme zweier unabhängiger Verarbeitungssysteme: dem affektiven System, das für Präferenzen verantwortlich ist, und dem kognitiven System, das vom affektiven System getrennt und für Inferenzen (Schlussfolgerungen) zuständig ist. Frühe affektive Prozesse laufen automatisch ab und werden nicht als Gefühle bewusst, sie sind auch höher geordneten Interventionen nicht zugänglich und widersetzen sich ihnen sogar (Winkielman et al. 1997). Die von Zajonc angestoßene Debatte verliert an Bedeutung, wenn auf schematheoretische Erklärungsansätze zum Zusammenspiel von Emotion und Kognition zurückgegriffen wird (vgl. Leventhal und Scherer 1987; Russell und Woudzia 1986).

Die *Schematheorie*, wie sie in ► Kap. 1 skizziert wurde, bezieht sich nicht nur auf Kognitionen, sondern auch auf Emotionen (Eckblad 1981). Piaget, der den Schemabegriff maßgeblich geprägt hat, sprach von *affektiven* (bzw. emotionalen) *Schemata* im Sinne einer Gesamtheit der Gefühle und der affektiv bestimmten Reaktionen auf die Umgebung. Ausgangspunkt für dieses Verständnis ist die Annahme, dass eine Emotion erstens als ein besonderer psychischer Zustand erfahren wird und zweitens mit einem Schema verknüpft ist (Fehr und Russell 1984).

Emotionales Schema

Ein *emotionales Schema* ist eine Struktur mit fest integrierten Variablen (*defaults*), die auf spezifische Kontextbedingungen von Situationen „anspringen" und subjektive Gefühle erzeugen, die mit physiologischer Erregung verbunden sind und sich mehr oder weniger deutlich im körperlichen Ausdruck niederschlagen.
Grundsätzlich kann zwischen angeborenen emotionalen Schemata, kulturspezifischen und individuellen emotionalen Schemata unterschieden werden, die sich hinsichtlich der Verbindlichkeit ihrer Effekte unterscheiden.

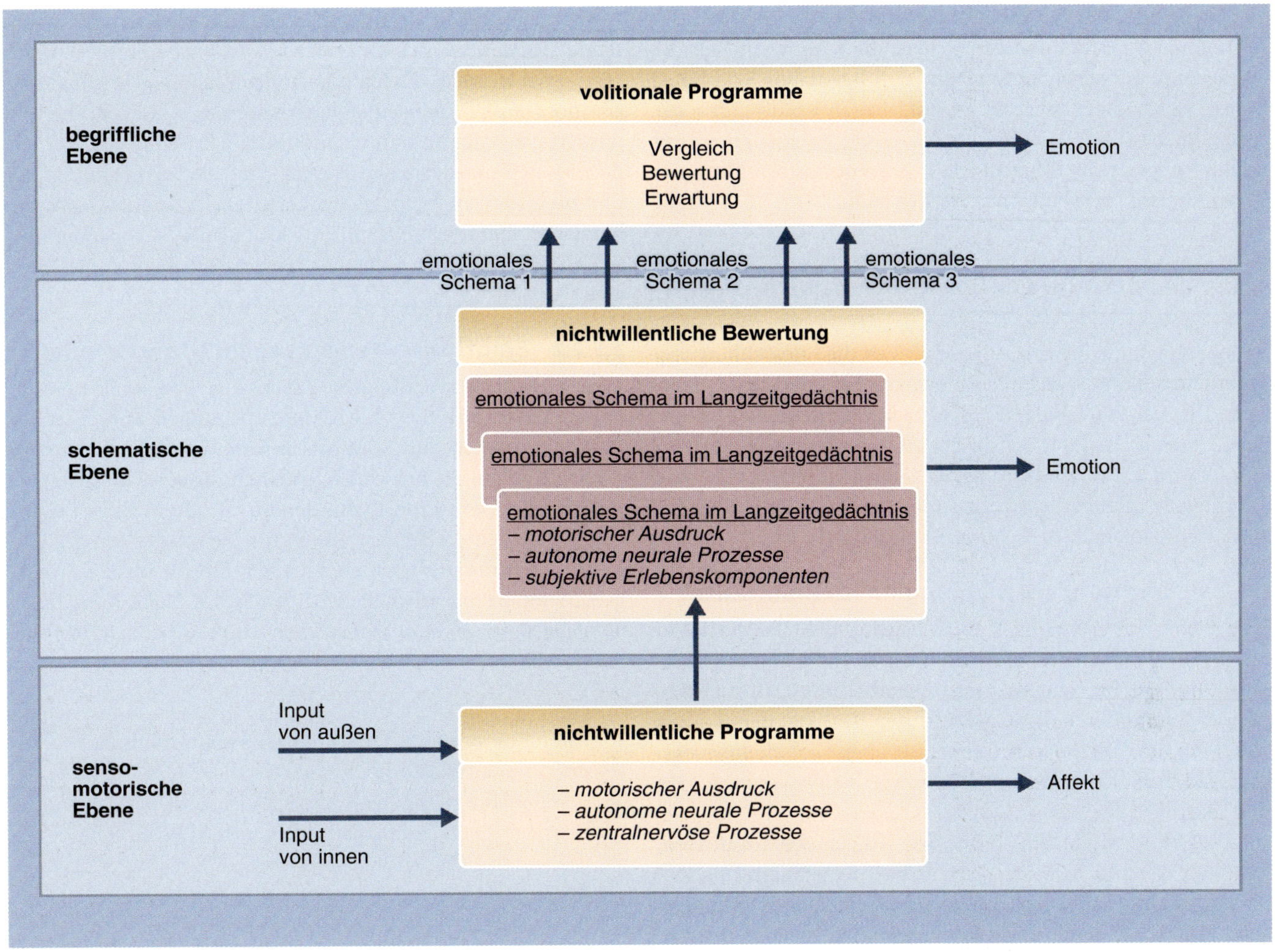

Abb. 3.30 Das schematheoretische Emotionsmodell Leventhals (1979)

Laut Piaget (1952) sind verschiedene affektive und aufmerksamkeitsbezogene Zustände in der Struktur eines Schemas verankert. Im Verlauf der Assimilation werden neue Informationen aus der Umwelt kontinuierlich in diese Struktur eingespeist, und wiederholte Begegnungen mit ihnen führen zu Ausdifferenzierung, Wiedererkennen und Freude bzw. Vergnügen. Fortgesetzte Beschäftigung mit ähnlicher Information führt zur Herausbildung von Können im Sinne müheloser und eingeübter Vertrautheit. Das kann man z. B. beobachten, wenn kleine Kinder sich mit Buchstaben des Alphabets beschäftigen. Anfangs sind sie unaufmerksam, aber dann nimmt allmählich ihr Interesse an den Buchstaben zu, was von einer wachsenden Ausdifferenzierung begleitet ist. Bei jedem neuen Buchstaben, den das Kind zu erkennen imstande ist, kommt Freude auf. Wenn schließlich alle Buchstaben bekannt sind und wiedererkannt werden können, nimmt das Interesse an ihnen ab. Treten Unstimmigkeiten auf, wird eine spontane Wiederholung angeregt, bis wieder der Zustand des Könnens erreicht ist. In späteren Phasen werden größere Unstimmigkeiten toleriert und unter Umständen als amüsant erlebt, da neuartige und komplexere Information Interesse auslöst.

In Übereinstimmung mit dieser schematheoretischen Konzeption hat Leventhal (1979) ein Emotionsmodell entworfen, das multiple Komponenten enthält, die sich auf Operationen auf verschiedenen, hierarchisch geordneten Ebenen der Informationsverarbeitung beziehen. An der Spitze der Hierarchie steht die volitionale (willensmäßige) Verarbeitung in Form von Vergleich, Bewertung und Erwartung. Zwischen diesen beiden Ebenen liegt die spontane und nichtvolitionale Bewertung der autonomen Verarbeitung, bei der ein emotionales Schema aktiviert wird, das die psychophysiologische Erregung auf eine spezifische Emotion bezieht und die passenden verhaltensbezogenen und autonomen Reaktionen (z. B. Gesichtsausdruck) auslöst. Die schematische Ebene wiederum baut auf der sensomotorischen Ebene der Informationsverarbeitung auf, auf der neuronale Prozesse und willentlich nicht kontrollierbare Reiz-Reaktions-Prozesse ablaufen (Abb. 3.30).

Die *schematische Ebene*, die für die Generierung von Emotionen verantwortlich ist, beinhaltet zwei unterschiedliche emotionale Gedächtnissysteme. Eines davon ist eine *Aufzeichnung der Reaktionen, Gefühle, physikalischen Empfindungen und Reize in emotionalen Schemata*, die automatisch encodiert und aktiviert werden. Anders ausgedrückt: Die emotionalen Schemata sind zuständig für die Konsolidierung und Rekonsolidierung erlebter Emotionen. Das andere Gedächtnissystem nimmt demgegenüber eine begrifflich-propositionale und metakognitive Aufzeichnung emotionaler Situationen und entsprechender Reaktionen vor. In diesem (expliziten) Gedächtnissystem werden die Kriterien für die Kategorisierung von Emotionen (und ihre sprachlichen Bezeichnungen) erzeugt und gespeichert, die wichtig sind für die vorsätzliche und gewollte Kontrolle und Regulation von Emotionen. Zusammenfassend kann festgehalten werden, dass die schematheoretische Konzeption der Emotionserzeugung und -regulierung als die Quintessenz der Emotionsforschung der letzten fünfzig Jahre betrachtet werden kann.

3.5.2 Grundzüge der Emotionsentwicklung

Allgemein gilt die Lehrmeinung, dass sich die Entwicklung von Emotionen überwiegend in den ersten sechs Lebensjahren vollzieht. Ihr Ziel ist letztlich das Erreichen von emotionaler Kompetenz, wofür auch der Begriff der *emotionalen Intelligenz* verwendet wird. Damit ist die Fähigkeit gemeint, eigene und fremde Emotionen zutreffend wahrzunehmen, zu bewerten und zu beeinflussen (Goleman 2011; Mayer et al. 2004).

3.5.2.1 Emotionsentwicklung im Kleinkindalter

Zahlreiche Untersuchungen (z. B. Izard und Malatesta 1987; Sroufe 1996) belegen, dass bereits *Neugeborene* fähig sind, konsistent und mit klar abgrenzbaren Ausdrucksmustern auf emotionsauslösende Ereignisse zu antworten. Das legt den Schluss nahe, dass sie bereits von Geburt an über Grundemotionen verfügen, nämlich *Unbehagen, Interesse, Wohlbehagen, Furcht* und *Ekel*.

Die Grundemotionen, die bei allen Neugeborenen auftreten, haben im Wesentlichen eine interpersonale Regulationsfunktion: Sie sind Appelle an die Bezugspersonen, diejenigen Handlungen auszuführen, die für die Befriedigung der kindlichen Bedürfnisse notwendig sind. Sroufe (1996) spricht in diesem Zusammenhang von *Vorläuferemotionen,* die mehr mit Reflexen gemeinsam hätten als mit funktionstüchtigen Emotionen. Emotionen dagegen entstehen in den beiden ersten Lebensjahren auf der Grundlage von kontinuierlichen Interaktionen mit den Bezugspersonen und der Umwelt, wenn das Kleinkind in der Lage ist, eine kognitive Interpretation und Bewertung der Emotionsanlässe vorzunehmen (Holodynski 1999).

Die Emotionsentwicklung des Kleinkindes nimmt im Zusammenhang mit der Sprachentwicklung sozusagen Fahrt auf, womit auch die Entwicklung von *Emotionswissen* als einem Verständnis für Gefühle und deren sprachlichen Bezeichnungen verbunden ist (Farina und Albanese 2007). Außerdem lernt das Kleinkind, den Gesichtsausdrücken anderer Personen bestimmte Emotionen zuzuordnen, womit die Entwicklung der *affektiven Perspektivenübernahme* verbunden ist. Drei- und vierjährige Kinder können bereits recht gut erkennen, wie sich jemand anderes fühlt. Fällt die emotionale Reaktion des anderen jedoch anders aus als die, die das Kind in derselben Situation zeigen würde, ist das Verständnis nicht mehr gegeben. So kann das Kind z. B. nicht verstehen, dass sich die Mutter über ein Kleid, aber nicht über einen Fußball als Geburtstagsgeschenk freut, weshalb es sein Befremden entsprechend zum Ausdruck bringen wird. Die Fähigkeit, Annahmen über Emotionen und Bewusstseinsvorgänge in anderen Personen zu bilden und diese auch in der eigenen Person zu erkennen, setzt sowohl den Aufbau eines Ich-Bewusstseins als auch eine wachsende *Mentalisierung* (auch als *Theory of Mind* bezeichnet) voraus (Fonagy et al. 2004). Dreijährige können schon recht gut auf die emotionale Verfassung einer anderen Person schließen, aber erst wenn sie die kognitiven und emotionalen Zustände anderer von den eigenen unterscheiden können, sind sie zur *Mentalisierung* und zur affektiven Perspektivenübernahme imstande. Damit verbunden ist die fortschreitende Entwicklung der *Emotionskontrolle*, so dass die Emotionen nicht mehr ausschließlich impulsgesteuert sind.

3.5.2.2 Emotionsentwicklung im Grundschulalter

Die Emotionsentwicklung im Kindesalter übt, wenn man die Menge an empirischen Einzeluntersuchungen in den letzten fünf Jahrzehnten zur Kenntnis nimmt, offensichtlich einen großen Reiz auf die Entwicklungsforschung aus. Um sich nicht im Gestrüpp von Einzelbefunden zu verlieren, ist es ratsam, einen allgemeinen Bezugsrahmen für die Integration der Forschungsergebnisse zugrunde zu legen. Ein für unsere Zwecke geeigneter Bezugsrahmen wird durch das *Neun-Komponenten-Modell der Emotionsentwicklung* von Pons et al. (2004) bereitgestellt.

Neun Komponenten des Emotionsverständnisses und ihre Entwicklung

Komponente I (Erkennen). Etwa im Alter von 3 bis 4 Jahren beginnen Kinder, Emotionen aufgrund von Gesichtsausdrücken zu erkennen und zu benennen. Die meisten Kinder dieses Alters können die Grundemotionen (Freude, Trauer, Furcht, Ärger) erkennen und benennen, wenn sie entsprechende Bilder sehen.

Komponente II (äußere Verursachung). Im Alter von 3 bis 4 Jahren fangen Kinder an zu verstehen, wie äußere Anlässe die Emotionen anderer Personen beeinflussen. Sie können z. B. die Traurigkeit eines anderen Kindes beim Verlust des Lieblingsspielzeugs antizipieren oder die Freude bei Erhalt eines Geschenks.

Komponente III (Wunsch/Verlangen). Im Alter von etwa 3 bis 5 Jahren beginnen Kinder abzuschätzen, dass emotionale Reaktionen von Personen von deren Wünschen abhängen. Daher können sie auch verstehen, dass zwei Personen in derselben Situation unterschiedliche Emotionen haben, weil sie verschiedene Wünsche haben.

Komponente IV (Überzeugung/Meinung). Zwischen 4 und 6 Jahren beginnen Kinder zu verstehen, dass Überzeugungen und Meinungen einer Person die emotionale Reaktion auf eine Situation bestimmen.

Komponente V (Erinnerung). Im Alter von 3 bis 5 Jahren entwickeln Kinder ein Verständnis der Beziehung zwischen Gedächtnis und Emotion. Sie verstehen nun zunehmend, dass die Intensität einer Emotion mit der Zeit abnimmt und dass einige Elemente der gegenwärtigen Situation als Erinnerungen an vergangene Emotionen dienen, die reaktiviert werden.

Komponente VI (Regulation). Im Grundschulalter entwickeln Kinder die Fähigkeit, ihre Emotionen zu kontrollieren und zu regulieren. Kinder im Alter von 6 bis 7 Jahren verwenden dabei meistens verhaltensbezogene Strategien (z. B. in den Worten Lewins „aus dem Felde gehen", d. h. z. B. eine Tätigkeit abzubrechen und eine neue zu beginnen oder eine Situation zu verlassen und in eine neue einzutreten), während Kinder ab 8 zu erkennen beginnen, dass psychologische Strategien (Ablehnung, Ablenkung) effektiver sein können.
Komponente VII (Verbergen). Im Vorschulalter (zwischen 4 und 6 Jahren) beginnen Kinder, emotionale Ausdrucksreaktionen nach innen zu richten, d. h. zu *internalisieren*. Damit verbunden ist die Fähigkeit, die eigenen Emotionen zu verbergen, was mit einem wachsenden Verständnis möglicher Diskrepanzen zwischen dem nach außen gerichteten Emotionsausdruck und der tatsächlich gefühlten Emotion verbunden ist.
Komponente VIII (gemischte Gefühle). Etwa im Alter von 8 entwickeln Kinder ein Verständnis dafür, dass eine Person mehrere und sogar widersprüchliche (ambivalente) Gefühle in einer Situation erlebt.
Komponente IX (Moralität). Mit 8 Jahren fangen Kinder an zu verstehen, dass negative Gefühle aus einer moralisch verwerflichen Handlung folgen können (z. B. Lügen, Stehlen, Verbergen eines Fehlverhaltens), ebenso wie positive Gefühle aus einer moralisch lobenswerten Handlung folgen (z. B. etwas opfern, einer Versuchung widerstehen, ein Fehlverhalten eingestehen).

Auf der Grundlage einer weitergehenden Analyse gliederten Pons et al. (2004) die neun Komponenten des Emotionsverständnisses in drei Entwicklungsabschnitte:

1. Der *erste Entwicklungsabschnitt* bezieht sich auf das Kleinkindalter (bis 6 Jahre) und ist charakterisiert durch das Verstehen wichtiger allgemein zugänglicher Aspekte von Emotionen, ihrer situationsbedingten Entstehung, der nach außen gerichteten Ausdrucksweisen und der Tatsache, dass Ereignisse oder Objekte als Erinnerungen dienen können, Emotionen zu reaktivieren.
2. Die *zweite Entwicklungsphase* (beginnend etwa mit 7 Jahren) kann als Periode der *Mentalisierung* bezeichnet werden, da sie charakterisiert ist durch das Verständnis der geistigen Natur von Emotionen, d. h. der Verbindung von Emotionen mit Wünschen und Überzeugungen sowie der Unterscheidung zwischen ausgedrückter und gefühlter Emotion.
3. Die *dritte Phase* (ab etwa 9 Jahre) ist dadurch charakterisiert, dass Kinder eine gegebene Situation aus verschiedenen Blickwinkeln betrachten und dabei ambivalente Gefühle empfinden. In diese Phase fällt auch die Entwicklung der Fähigkeit, angemessen mit widerstreitenden Emotionen umzugehen und sie angemessen zu regulieren, da die Kinder nun emotionale Schemata differenzierter anwenden als früher.

Legt man die pädagogische relevante Unterteilung in ein Vor- und Grundschulalter zugrunde, umfassen die *Entwicklungsaufgaben für das Vorschulalter* nach Holodynski (2004) drei Anforderungen:

1. das selbstständige Ausführen motivdienlicher Handlungen, was die Fähigkeit der emotionalen Handlungsregulation voraussetzt;
2. die Entstehung der an sozialen Normen orientierten Emotionen (wie z. B. Scham und Stolz) und
3. die Aneignung wirksamer Strategien der Emotionsregulierung.

Im Vorschulalter entwickeln sich selbstbezogene und soziale Emotionen, die kognitive Prozesse der Bewertung von Emotionen voraussetzen. Kinder im Alter von 4 bis 5 Jahren wissen z. B., dass *Stolz* eine angenehme Emotion darstellt, und sie verwenden den Begriff daher gleichbedeutend mit Freude, Glück oder Begeisterung. Im Vorschulalter differenziert sich das Emotionsverständnis zunehmend aus. Im Alter von 7 Jahren beginnen Kinder, einen Vergleichsmaßstab für das eigene Handeln zu entwickeln, der sie in die Lage versetzt, die eigenen Leistungen unabhängig von anderen einzuschätzen (vgl. Wertfein 2006).

Das zeigt, wie rasch die Entwicklung komplexer Emotionen im Kindesalter abläuft. Sobald Kinder imstande sind zu erkennen, in welchen Situationen welche Gefühle bei ihnen selbst ausgelöst werden, entwickeln sie auch ein Verständnis für die Emotionen anderer. Mit der Entwicklung des Zeitbegriffs in diesem Lebensabschnitt geht einher, dass eigene Wünsche und künftige Bedürfnisse erkannt werden, was die Grundlage für die Entwicklung zukunftsbezogener Emotionen (z. B. Hoffnung) ist. Außerdem lernen Kinder, eigene Bedürfnisse aufzuschieben, und die wachsende Fähigkeit zur affektiven Perspektivenübernahme im Vorschulalter bewirkt die Entwicklung einer *emotionalen Empathie*. Aus ihr erwächst mit der Zeit eine *kontextbezogene Empathie*, sobald das Kind imstande ist, unterschiedliche Lebensgeschichten, Identitäten und Kontexte bei der Emotionsbewertung zu berücksichtigen. Die Entwicklung kontextbezogener Empathie wie auch anderer komplexer Emotionen setzt ein Wissen darüber voraus, dass der beobachtbare Emotionsausdruck und das tatsächliche Emotionserleben in sozialen Kontexten nicht immer übereinstimmen müssen und dass man in bestimmten Situationen seine tatsächlichen Gefühle verbergen kann bzw. sollte. Das ist normalerweise ab dem 6. Lebensjahr verbunden mit der *Mentalisierung* beobachtbar.

Stellen Sie sich vor, Jakob erhält von Anna ein liebevoll verpacktes Geburtstagsgeschenk – von der Größe und Dicke her müsste es ein Buch sein. Voller Vorfreude und gespannt packt er es unter den erwartungsvollen Blicken Annas aus. Doch welche Enttäuschung! Insgeheim hatte er sich als Sammler von japanischen Comics darauf gefreut, einen neuen Manga-Band zu bekommen, aber was er in den Händen hält, ist ein kleines Buch über Statistik.

Selbstverständlich bedankt sich Jakob freudig und lässt sich seine Enttäuschung nicht anmerken. Warum eigentlich?

Fragt man Kinder im Schulalter, warum sie ihre Gefühle manchmal vortäuschen oder verbergen, dann nennen sie u. a. folgende Gründe (Salisch 2000): Sie wollen negative Konsequenzen vermeiden, sich nicht blamieren, den anderen nicht verletzen, höflich sein und die gute Absicht anderer würdigen. Sie haben gelernt, die passenden Schemata (Scripts) für soziale Emotionen zu aktivieren und anzuwenden (vgl. Widen und Russell 2010).

3.5.2.3 Emotionsentwicklung im Jugendalter

Wie jeder weiß, werden Teenager von ihren Emotionen und tobenden Hormonen durcheinandergebracht. Tatsächlich ist die Pubertät in erster Linie biologisch bedingt, aber mit starken Effekten im sozial-emotionalen Bereich verbunden. Die Pubertät ist eine Phase, in der das Gehirn (v. a. der präfrontale Cortex) einem *synaptischen Pruning* unterzogen wird; zugleich werden neue Zellensembles aufgebaut (▶ Abschn. 3.3.1).

Lange Zeit galt die Fähigkeit, Gesichtsausdruck und Mimik zu erkennen, als am Ende der Kindheit abgeschlossen (Ellis 1990), so dass es älteren Kindern keinerlei Mühe machen sollte, sich noch lange an Gesichter zu erinnern sowie die Ausdrucksformen des menschlichen Gesichts (Freude, Trauer, Überraschung, Aufmerksamkeit, Furcht, Wut, Ekel) spontan zu erfassen.

In den 1970er Jahren machten Carey und Diamond (1977) die Beobachtung, dass Kinder im Alter von etwa 12 Jahren sich plötzlich schlechter an Gesichter erinnern und Gesichtsausdrücke weniger gut deuten konnten. Seitdem haben sich viele Studien mit diesem Phänomen befasst und übereinstimmend festgestellt, dass die Fähigkeit, Gesichtsausdrücke richtig zu deuten, in der Pubertät verloren geht und erst wieder aufgebaut werden muss (vgl. McGivern et al. 2002; McKone et al. 2010; Moore et al. 2012; Scherf et al. 2012). Die mit dem Phänomen befassten Forscher sind sich einig, dass dies mit dem Pruning und dem Neuaufbau von Zellensembles während der Pubertät zu tun hat (McGivern et al. 2002; Moore et al. 2012).

Physiologisch sind das Pruning und die noch nicht abgeschlossene Entwicklung des Gehirns verantwortlich für die emotionale Unreife der Jugendlichen in der Pubertät. Sie haben deutlich größere Schwierigkeiten als Erwachsene, ihre Emotionen zu regulieren und emotionsauslösende Ereignisse angemessen zu bewerten und kognitiv zu interpretieren. Die Emotionsregulierung aber ist eine wichtige Fähigkeit, da sie Menschen erlaubt, bewusst zu kontrollieren, wie intensiv sie Emotionen wie Ärger, Freude oder Furcht erleben. Eine solche Kontrolle hilft, die emotionalen Höhen und Tiefen zu beschränken, die allgemein als *Stimmungsschwankungen* bezeichnet werden. Die relative kognitive Unreife der Jugendlichen bewirkt auch einen Mangel an Urteilsvermögen. Dies wiederum führt dazu, dass Jugendliche in der Pubertät Schwierigkeiten haben, Probleme zu durchdenken, Folgen ihrer Handlungen zu antizipieren und adäquate Entscheidungen zu treffen. Dementsprechend erscheinen sie dem Beobachter als impulsiv, flüchtig und egoistisch. Ein anderer Grund dafür, dass das Gefühlsleben Jugendlicher leicht aus den Fugen gerät, hat laut Riedinger et al. (2009) möglicherweise auch damit zu tun, dass sie öfter danach streben, ihre Emotionen auszuleben, selbst wenn es sich um unangenehme Zustände handelt.

Mit Beginn der Pubertät erfolgt eine durchgreifende Psychologisierung des Fremd- und Selbstverständnisses, wobei auch geschlechtsspezifische Unterschiede zu beobachten sind (Baron und Joly 1988). Geschlechtsspezifische Unterschiede im Erleben von Emotionen sind aber nicht auf die Pubertät beschränkt, sondern charakteristisch für das gesamte Jugendalter, wie eine Untersuchung von Stapley und Haviland (1989) mit 262 Jugendlichen im Alter von 11 bis 17 Jahren zeigte. Demnach erleben Mädchen Emotionen wie Ärger, Traurigkeit, Ekel, Schuldgefühl und Überraschung überwiegend in Interaktionen mit anderen, Jungen dagegen nur in Situationen, in denen sie alleine waren. Männliche Jugendliche beurteilten Sportaktivitäten und Leistungssituationen als emotional salient, während weibliche Jugendliche den sozialen Anschluss konsistent wichtiger für ihr Emotionserleben einschätzten. Nach Stapley und Haviland sind geschlechtsspezifische Unterschiede für fast alle Emotionen feststellbar und nicht nur für depressive Stimmungen, wie vielfach angenommen wird. Und was vielleicht noch wichtiger ist: Sie sind während des gesamten Jugendalters beobachtbar.

Pubertät und die emotionale Entwicklung weiblicher Jugendlicher
Weichold und ihre Forschungsgruppe (Weichold et al. 2003, 2008) untersuchten ab 1998/99 zehn Jahre lang 33 Mädchen und ihre besten Freundinnen im Alter zwischen 9 und 13 Jahren hinsichtlich ihrer emotionalen Entwicklung.

Untersuchungsmethodisch verwendete die Forschungsgruppe verschiedenartige Verfahren: Sie führte EEG-Messungen und Kontrollen des Hormonspiegels durch; sie filmte die Mädchen bei ihren Interaktionen mit ihren Müttern; sie sammelte per GPS Daten über die räumliche Mobilität der Versuchspersonen. Im Mittelpunkt aber standen regelmäßige und ausführliche Befragungen per Fragebogen, um Daten über die pubertäre Entwicklung, soziale Netzwerke und insbesondere die *emotionale Entwicklung* zu gewinnen. Ein Untersuchungsinteresse galt dabei der Entwicklung sogenannter frühreifer Mädchen. Auf der Grundlage von Korrelationsmessungen zeigte sich in der ersten Untersuchungswelle, dass *frühreife* Mädchen keine Zeichen depressiver Stimmung zeigten, aber stärkeren emotionale Schwankungen (Traurigkeit, Nervosität, Anspannung) ausgesetzt waren als die anderen Mädchen.
In einer ersten Folgestudie im Jahre 2004, an der 50 Mädchen im Alter von 15 bis 20 Jahren teilnahmen, wurden deren Lebensumstände und psychosoziale Anpassung untersucht. Zusammengenommen zeigten die Befunde, dass die Reifung während der Pubertät *keine* Auswirkung auf die Verinnerlichung von Problemen und die depressive Stimmung oder Angstsymptome hatte. Dieselben 50 Mädchen nahmen 2005/2006 an einer zweiten Folgestudie teil. Nun zeigte sich, dass Mädchen, die als *spät reifend* klassifiziert wurden, depressiver und ängstlicher im frühen Erwachsenenalter waren als normal reifende Mädchen. Die Spätreifen berichteten von geringerer Lebenszufriedenheit und insgesamt von einer schlechteren psychosozialen Anpassung. Die als *frühreif* eingestuften Mädchen strebten im frühen Erwachsenenalter mehr nach Selbstständigkeit (z. B. reagierten sie mit stärkeren Emotionen auf väterliche Bevormundung und zeigten ein geringeres Bedürfnis für Hilfe, Verschwiegenheit und Unterstützung seitens der Mütter). Diese Ergebnisse sind deshalb bemerkenswert, weil sie zeigen, dass je nachdem, ob die körperliche Reifung in der Pubertät bei weiblichen Jugendlichen früh oder spät eintritt, dies zwar unmittelbar keine Unterschiede in Bezug auf Emotionen wie Angst und Depression erkennen lässt, aber langfristig deutliche Spuren hinterlässt.

Abgesehen von den körperlichen Veränderungen, die in der Pubertät signifikante Veränderungen im emotionalen und sozialen Bereich bewirken, ist dieser Lebensabschnitt durch ein Streben nach Autonomie gekennzeichnet (Allen 2008). Einschränkungen dieses Strebens nach Autonomie durch Eltern, Lehrer oder andere Erwachsene sind oft Auslöser starker Emotionen (z. B. Ärger) und sich daraus ergebender Konflikte (▣ Abb. 3.31). Bemerkenswert ist, dass die starken Schwankungen von Emotionen und Stimmungen in der Pubertät nicht notwendigerweise zu einer Verschlechterung der Eltern-Kind-Beziehungen führen (Smetana et al. 2006), sondern zu einer qualitativ anderen, eher partnerschaftlichen Beziehung.

Einem möglichen Verlust an Bindung zu den Eltern steht die Autonomie des Jugendlichen gegenüber.

Zusammenfassend lässt sich für die Emotionsentwicklung im Jugendalter feststellen, dass die fortschreitende kognitive Entwicklung Jugendliche in die Lage versetzt, verschiedene Perspektiven bei der Interpretation emotionsauslösender Ereignisse zu berücksichtigen, was eine differenziertere und realistischere Einschätzung und Bewertung der Situation erlaubt. Jugendliche berichten und zeigen deutlich weniger Ängste als Kinder und können auch Ärger und Aggression in zunehmendem Maße „aufschieben" und sprachlich ausdrücken. Die Fähigkeit zur *Emotionsregulierung* macht im Jugendalter rasante Fortschritte, was auf die Entwicklung von mehr und qualitativ besseren Bewältigungsstrategien zurückzuführen ist. Darüber hinaus erfährt das *Emotionswissen* und das Emotionsverständnis einen enormen Aufschwung, und zwar in Bezug auf die eigenen Gefühle wie auch die anderer Personen. Bei alledem bezieht sich die Entwicklungsaufgabe Jugendlicher besonders auf die Auseinandersetzung mit der eigenen Identität, schulischen Herausforderungen und der Zukunftsperspektive.

▣ **Abb. 3.31** © hurricane – Fotolia.com

Es kann begründet davon ausgegangen werden, dass nicht alle Jugendlichen aufgrund ihrer emotionalen Entwicklung eine hohe emotionale Kompetenz erreichen (Friedlmeier und Holodynski 1999). Dann wird die Emotionsentwicklung zu einem pädagogischen oder sogar therapeutischen Problem.

3.5.2.4 Emotionsentwicklung im Erwachsenenalter

Nach der Jugendzeit, die von widerstreitenden Gefühlen, von emotionalen Höhen und Tiefen geprägt ist, folgt mit dem Eintritt ins Erwachsenenalter normalerweise eine Zeit, in der sich die Emotionalität verringert und Erfahrung und Verantwortung im Berufs- und Privatleben eine zunehmend größere Rolle spielen. Zwar muss man sich im Berufsleben an neue Spielregeln und soziale Regeln, an Machtspielchen und Hackordnungen gewöhnen, aber man lernt rasch, dabei mitzumischen und sich zu behaupten. Vor allem aber ist man nun sehr geschickt darin, seine Emotionen zu verbergen und nach innen zu richten.

Die *Ausdrucksminiaturisierung von Emotionen*, die im Kindesalter einsetzt, erreicht im Erwachsenenalter ihre Vollendung und der *Prozess der Desomatisierung*[11] setzt sich fort, so dass Emotionen bei Erwachsenen unter Umständen vor anderen verborgen werden können und nur noch subjektiv wahrnehmbar sind (Holodynski und Friedlmeier 2006). Damit geht aber keineswegs eine Abschwächung des Emotionserlebens einher. Die Emotionen sind nach innen gerichtet und Bestandteil einer privaten Gefühlswelt, das heißt aber nicht, dass sie sich in bestimmten Situationen mit derselben Intensität und Heftigkeit nach außen richten können wie im Kindes- und Jugendalter. Dies findet üblicherweise eher im Privat- als im Berufsleben statt, da für beide Bereiche unterschiedliche sozial bestimmte Emotionsschemata „anspringen". Dass Probleme in partnerschaftlichen Beziehungen oder mit den Kindern das

11 Mit dem Begriff der Desomatisierung werden Entwicklungs- und Reifungsprozesse bezeichnet, die mit einer zunehmenden Entflechtung physischer Reaktionsweisen und dem Übergang zu einem bewussten, einfühlsamen und sprachlich mitteilbaren Verhalten verbunden sind.

Gefühlsleben von Erwachsenen kräftig durcheinanderwirbeln können, ist allgemein bekannt und bedarf keiner ausführlichen Beschreibung. Abgesehen davon verläuft das Emotionserleben im Erwachsenenalter eher gleichmäßig. So jedenfalls besagt es die Alltagspsychologie.

Eine 2010 veröffentlichte Studie von Stone et al. an insgesamt 340.000 Erwachsenen im Alter zwischen 18 und 85 Jahren zeigt eine deutliche altersgradierte Entwicklung der emotionalen Befindlichkeit. Mit zunehmendem Lebensalter nehmen Sorge, Wut und Enttäuschung deutlich ab. Alltagsnöte mit den mit ihnen verbundenen sekundären Emotionen plagen vor allem Menschen im mittleren Erwachsenenalter bis etwa Anfang 50, nehmen dann aber deutlich ab, allerdings auch die von Fröhlichkeit und Glück geprägten Tage. Diese erreichen einen Tiefpunkt in der Mitte des Lebens, dann steigt die Stimmungskurve wieder an. Als einzige Emotion erweist sich die Traurigkeit als relativ konstant über die Spanne des Erwachsenenalters (Stone et al. 2010). Ähnliche Ergebnisse sind auch aus anderen Studien bekannt. Besonders erwähnenswert ist die Langzeitstudie von Charles et al. (2001), die 1971 begann und über 23 Jahre hinweg die emotionale Entwicklung von vier Familiengenerationen (insgesamt 2800 Personen im Alter zwischen 15 und 90 Jahren) unter Einbeziehung von Umweltfaktoren und Persönlichkeitseigenschaften verfolgte. Mit zunehmendem Alter nahmen Unruhe, Angst und Wut insgesamt ab, positive Stimmungen hielten sich demgegenüber über die gesamte Lebensspanne hinweg auf einem relativ gleichmäßigen Niveau. In nachfolgenden Querschnittsstudien konnten Charles und Carstensen (2010) zeigen, dass Menschen im hohen Alter allgemein zufrieden sind und relativ hohe Werte bei Messungen des Wohlbefindens erzielen.

Aufgrund einer auf pädagogische Folgerungen zugeschnittenen Literaturanalyse gelangen Kessler et al. (2009) zu der Schlussfolgerung, dass *negative Emotionen* sich mit zunehmendem Alter abschwächen und im sogenannten dritten Lebensalter stabil bleiben. Des Weiteren scheinen Gefühle der Entspannung und Zufriedenheit bei älteren Menschen stärker ausgeprägt zu sein als bei jüngeren, was sich erst im sehr hohen Alter ändert. Enthusiasmus und freudige Erregung sind laut Kessler et al. die einzige Facette des Emotionserlebens, die sich altersgradiert verschlechtert. Die Autoren stellen fest, dass noch nicht geklärt ist, inwiefern die Stabilität der Emotionalität im Erwachsenenalter auf Effekte der Veränderungen von Emotionsregulation zurückzuführen ist. Einerseits wird vermutet, dass ältere Menschen besser imstande sind, mit emotionalen Situationen und Stimmungen umzugehen, weil sie durch wiederholte Konfrontation mit Lebensereignissen eine größere Resilienz entwickelt haben. Andererseits wird argumentiert, dass nicht die durch Erfahrung optimierte Kompetenz der Emotionsregulation, sondern die begrenzte Zukunftsperspektive für das *In-sich-Ruhen* der älteren Menschen verantwortlich sei (Labouvie-Vief 2009).

Eine Grundneigung zu positiven Einstellungen (*positivity bias*) gilt als wichtiger Regulationsmechanismus, der einer hohen emotionalen Resilienz im Alter zugrunde liegt. Diese Grundneigung äußert sich z. B. darin, dass ältere Menschen negativen Informationen bei der Verarbeitung weniger Aufmerksamkeit schenken, außer wenn die Informationen sehr bedrohlich oder aversiv sind (Mather und Carstensen 2005).

3.5.3 Entwicklungspädagogische Implikationen

Anna: „Bist du eigentlich gern in die Schule gegangen?“

Jakob: „An die Grundschulzeit erinnere ich mich sehr gerne. Da hat mir Schule noch Spaß gemacht. Die Lehrer waren ziemlich nett und hilfsbereit, wenn man mal Probleme hatte. Später war das dann aber anders. Da hatte ich zwar nicht dauernd Bauchweh vor Angst, aber irgendwie war die Stimmung kälter und vor Klassenarbeiten hatte ich schon auch manchmal Angst.“

Anna: „So ähnlich war das bei mir auch. Am Anfang war es noch angenehm. Aber das ist bald weniger geworden. Wenn ich an später denke, erinnere ich mich vor allem daran, dass ich es oft sehr langweilig fand. Und mein Geschichtslehrer war ein Albtraum. Den hatte ich zwei Jahre. Das war vielleicht ein Typ. Den haben wir alle nicht gemocht.“

Jakob: „Bei mir war das ein Chemielehrer. Der hat uns jede Lernfreude genommen. Ganz anders war das mit dem Mathelehrer, den wir gleichzeitig hatten. Der war total sympathisch und witzig. Bei dem hatten wir das Gefühl, dass er uns immer ernst nimmt. Wenn man mal 'ne Klassenarbeit verhauen hat, hat er einen sogar getröstet und fürs nächste Mal Mut zugesprochen. Wenn ich mal Lehrer werden sollte, dann möchte ich so sein wie er.“

Der Dialog zwischen Anna und Jakob lehnt sich an die Ausführungen Haschers (2005) an. In ihrem Beitrag beschreibt sie die Funktionen und Wirkungen von Emotionen in der Schule und wie mit ihnen umgegangen werden kann. Auch in den nachfolgenden Ausführungen wird die Rolle der Emotionen im Schulalltag thematisiert, aber wir setzen im Lebenslauf früher an, da wir die emotionale Entwicklung im Kleinkind- und Vorschulalter als grundlegend für das Emotionserleben in der Schulzeit betrachten (■ Abb. 3.32).

Die emotionale Entwicklung im Kindesalter spielt sich überwiegend in der Familie und in Interaktion mit den Eltern als

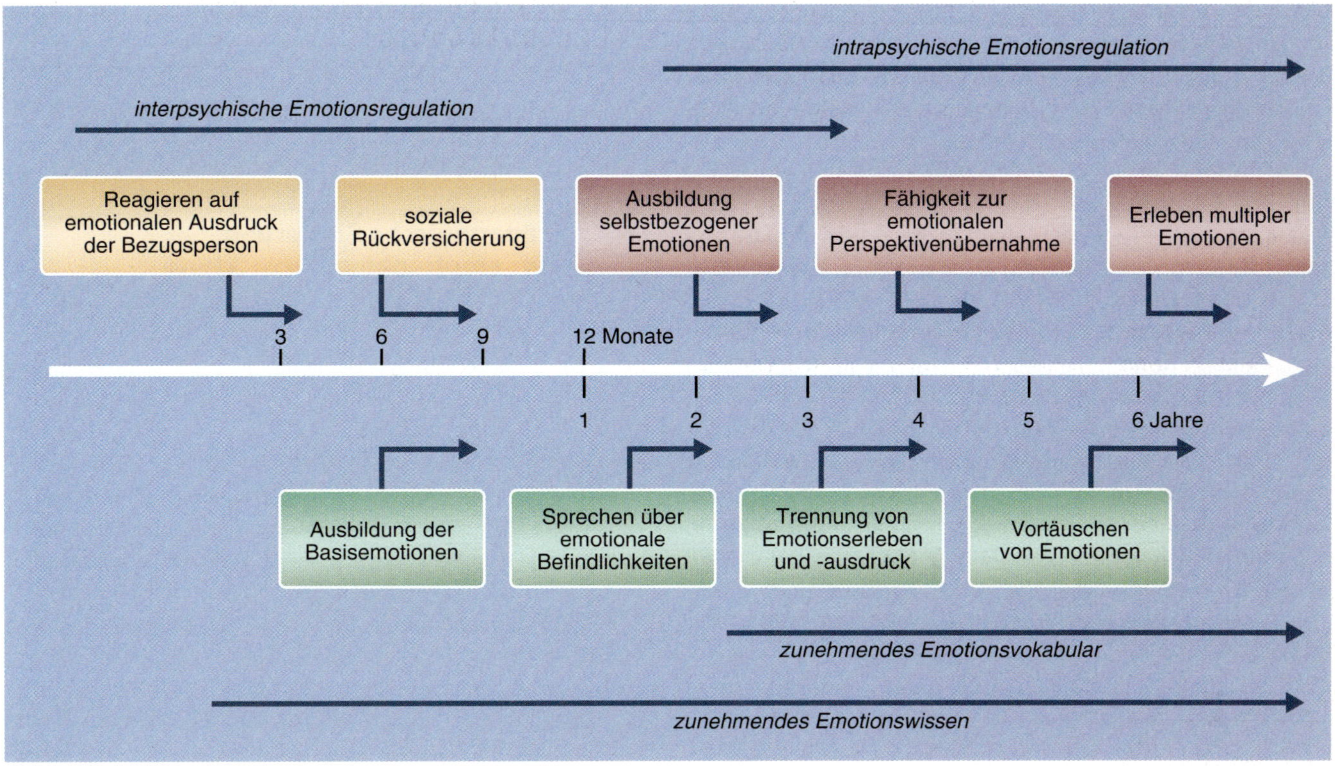

Abb. 3.32 Emotionale Entwicklung in den ersten sechs Lebensjahren (Petermann und Wiedebusch 2008, S. 28)

Bezugspersonen ab. Von ihnen wird eine *intuitive emotionale Resonanzfähigkeit* (Arnold 2011) erwartet, um das Kind emotional zu führen. In dem Maße, in dem Kinder eine solche emotionale Resonanzfähigkeit in der Familie erleben, agieren sie auf gleiche Weise mit ihren Peers (Petermann und Wiedebusch 2008). Das Konzept der emotionalen Resonanzfähigkeit, die auch als *Feinfühligkeit* bezeichnet werden kann (Ainsworth et al. 1978) schließt jeden Anspruch auf Perfektion in der Kindererziehung aus. Eltern fördern die Entwicklung emotionaler Kompetenzen ihres Kindes, wenn sie

- ihre eigenen Emotionen erkennbar ausdrücken,
- ein emotionales Familienklima schaffen, das einen offenen und toleranten Umgang mit positiven wie negativen Emotionen aller Familienmitglieder fördert,
- feinfühlig auf emotionale Bedürfnisse ihres Kindes eingehen,
- häufig mit ihrem Kind über Gefühle reden und dadurch sein Emotionsverständnis verbessern,
- dem Kind helfen, seine Gefühle den Bedürfnissen entsprechend zu regulieren und es bei der Bewältigung negativer Emotionen unterstützen,
- die zunehmende Eigenständigkeit ihres Kindes bei der Regulation von Emotionen fördern (Petermann und Wiedebusch 2008).

Bereits ein erfolgreicher Schulstart setzt grundlegende soziale und emotionale Kompetenzen (z. B. Selbstständigkeit, Selbstvertrauen, Empathie, Kooperationsbereitschaft) voraus, die im Vorschulter zu entwickeln sind. Gelingt dies nicht, wird die Bewältigung der in der Schulzeit anstehenden Anforderungen und Entwicklungsaufgaben problematisch und kann negative Konsequenzen bis weit ins Erwachsenenalter nach sich ziehen. Einer Studie von Raver und Knitzer (2002) zufolge nehmen Kinder, die nicht die erforderlichen sozial-emotionalen Kompetenzen im Vorschulalter entwickeln, weniger am Klassen- und Gruppengeschehen teil und werden von Erziehern und Peers emotional weniger akzeptiert. Dies wiederum bewirkt, dass die Kinder die Vorschule emotional ablehnen. Das setzt sich dann in der Grundschule fort. Kinder, die sich hier aggressiv oder unsozial verhalten, werden von den anderen Kindern und auch von den Lehrern abgelehnt und zeigen häufig schlechte Schulleistungen (Joseph und Strain 2003a). Schülerinnen und Schüler, die im Verlauf der Schulzeit keine zureichende sozial-emotionale Kompetenz entwickeln, neigen nicht selten dazu, die Schule abzubrechen.

Nach diesen einleitenden Ausführungen dürfte die pädagogische Relevanz von Emotionen außer Frage stehen. Kein Wunder, dass sich Erziehungswissenschaft und pädagogische Psychologie seit Jahrzehnten mit dem Problem der Emotionen befassen, wobei lange Zeit ein Schwerpunkt auf der Untersuchung von Angst und Stress lag. Seit geraumer Zeit stehen zunehmend auch *Lernemotionen* und *Hintergrundemotionen* wie *Wohlbefinden*, *Lernerleben* und *Lernfreude* im Mittelpunkt des erziehungswissenschaftlichen Forschungsinteresses (Hagenauer 2011; Hascher 2004; Pekrun 1998; Seel 1980). Reformpädagogik und die geisteswissenschaftliche Pädagogik haben die Emotionalität stets als festen Bestandteil pädagogischen Handelns betrachtet, was u. a. mit dem Konzept des pädagogischen Bezugs von Nohl (1963) illustriert werden kann. Mit dem *pädagogischen Bezug* ist nämlich ein sehr intensives persönliches Verhältnis zwischen einem Erwachsenen und einem Heranwachsenden gemeint, das durch den gemeinsamen Bildungswillen und durch *emotionale Anteilnahme* geprägt ist. Bereits früh haben sich auch die empirische Erziehungswissenschaft und pädagogische Psychologie dem Thema Emotionen zugewandt. Ohne in Details abzuschweifen, können ab den 1950er Jahren die Untersuchungen der Brüder Sarason, die unabhängig voneinander forschten (Mandler und Sarason 1952; Sarason 1978; Sarason et al. 1971), und vieler anderer (z. B. Atkinson und Litwin 1960; Gaudry und Bradshaw 1970; Littig 1970; Sagar 1970; Veness 1960; Phillips et al. 1960; Bittmann 1980; Krohne 1980; Hill und Wigfield 1984; Mayr et al. 1984) als Beispiele für eine prosperierende pädagogische Emotionsforschung genannt werden. Von einem *blinden Fleck* der pädagogischen Forschung kann mit Gewissheit nicht gesprochen werden; was man vielleicht kritisieren kann, ist die starke Gewichtung von Angst und Stress. Andererseits hat diese Schwerpunktsetzung ja auch gute Gründe, denn Kinder mit unzureichenden Fähigkeiten der Emotionsregulation (und damit verbundenen sozialen Problemen mit Gleichaltrigen und Erziehern) zeigen deutlich häufiger als andere Kinder schulische Probleme (Petermann und Wiedebusch 2008), sind stärker gesundheitlichen Risiken ausgesetzt (Hair et al. 2006) und erzielen vergleichsweise schlechte Lernleistungen und Schulerfolge (McClelland et al. 2000).

Anna: „Du, das schreit ja grad so nach pädagogischer Prävention und Intervention."

Jakob: „Stimmt. Und das haben genügend andere auch schon herausgefunden und deshalb Programme entwickelt, die zum Beispiel Ängste bei Schülern abbauen sollen."

Anna: „Ich glaube, das ist eine gute Sache und hilft bestimmt das ganze Leben, wenn man mal gelernt hat, mit der eigenen Angst und mit Stress umzugehen."

Jakob: „Ja und das gilt auch für andere Emotionen. Wenn ich z. B. an die Wutausbrüche von Kleinkindern im Geschäft denke …, die müssen das ja auch lernen, dass das so nicht geht."

Anna: „Ja, aber braucht es dazu gleich Präventionsprogramme?"

Jakob: „Bei manchen wäre das sicherlich gut. Man könnte ja im Kindergarten damit anfangen, oder? Oder ist das zu früh?"

Anna: „Ich denke, wenn überhaupt, dann ist das nur dann sinnvoll, denn in dem Alter machen die Kleinen die größten Fortschritte."

3.5.3.1 Pädagogische Förderung der emotionalen Entwicklung durch Prävention

Das Ziel pädagogischer Prävention ist, die Wahrscheinlichkeit für negative Entwicklungsverläufe durch eine Minimierung von Risikofaktoren und eine Stärkung der Resilienz zu verringern.

> » Prävention ist der theoretisch und empirisch begründete Versuch, mit pädagogischen Mitteln Kompetenzen von Personen zu stärken, Entwicklungsrisiken abzuschwächen oder sich anbahnende negative Entwicklungen zu unterbrechen, um das Auftreten dauerhafter psychischer Probleme und Störungen zu verhindern und zu einer gesunden Entwicklung der Heranwachsenden beizutragen (Beelmann und Raabe 2007, S. 131).

Aus pädagogischer Sicht ist die Annahme grundlegend und handlungsleitend, dass vorbeugende Maßnahmen zur Vermeidung emotionaler Störungen insbesondere im Vorschulalter ihre Wirksamkeit entfalten und die Entwicklung sozial-emotionaler Kompetenz nachhaltig fördern können.

> » Generell kann davon ausgegangen werden, dass die emotionale Kompetenz die soziale Kompetenz beeinflusst, umgekehrt aber auch durch diese beeinflusst wird. Aufgrund des engen und wechselseitigen Zusammenhangs wird deshalb häufig zusammenfassend von sozial-emotionaler Kompetenz gesprochen (Petermann et al. 2012, S. 21).

Dementsprechend zielen pädagogische Präventionsmaßnahmen in erster Linie auf eine Verbesserung der sozial-kognitiven und *emotionalen* Kompetenz der Heranwachsenden, beziehen aber häufig auch Maßnahmen zur Verbesserung der elterlichen Erziehungskompetenz ein (Webster-Stratton et al. 2011).

Aus der Literatur zur Resilienzforschung können verschiedene Aspekte hergeleitet werden, die bei einer *Prävention im Vorschulalter* zu beachten sind (Denham und Burton 2003): Neben der expliziten Förderung der sozial-kognitiven Informationsverarbeitung und der Vermittlung von Problemlösefertigkeiten steht die *Förderung der Emotionsregulation* (insbesondere im Umgang mit negativen Gefühlen) wie auch die *Förderung von Emotionsverständnis und Emotionsausdruck*, insbesondere das Erkennen und Unterscheiden von Angst, Trauer und Wut, im Vordergrund. Darüber hinaus besteht in der Fachliteratur weitgehende Übereinstimmung in der Annahme, dass es in der Förderung der Emotionsentwicklung wichtig ist, die Kinder in die Lage zu versetzen, die eigenen Emotionen und die anderer zu erkennen und ihre Emotionen in angemessener Weise mitzuteilen (Joseph und Strain 2003b). In der englischsprachigen Literatur hat sich hierfür die Bezeichnung *emotional literacy* eingebürgert – und einen regelrechten Trend ausgelöst.

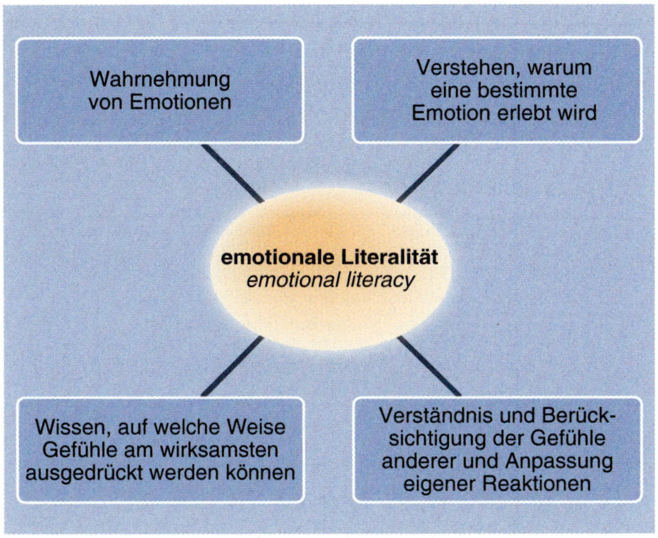

Abb. 3.33 Die Leitidee emotionaler Literalität

Emotional literacy – ein neuer Trend der Pädagogik?

Der Begriff *emotionale Literalität* meint so viel wie eine emotionale Alphabetisierung und wird oft mit emotionaler Intelligenz gleichgesetzt. Wir definieren emotionale Literalität als die Fähigkeit, Emotionen zu erkennen, zu verstehen und sprachlich adäquat auszudrücken. Das Verständnis von Wörtern wie frustriert, stolz, besorgt, begeistert hilft Kindern, das Verhalten anderer (v.a. in Bezug auf Ursache und Absicht) treffender zu interpretieren und die affektiven Signale zu verstehen. Die Leitidee emotionaler Literalität wird in Abb. 3.33 illustriert.

Emotionale Literalität soll als Präventionsmaßnahme zur Lösung sozialer Probleme (wie Gewalttätigkeit, Krankheit, Drogenmissbrauch, gestörte Beziehungen und globale Gesellschaftskonflikte) beitragen.

Zurzeit wendet sich eine fast unüberschaubare Zahl an Präventionsprogrammen, die unter dem Label *emotional literacy* angeboten werden, an die unterschiedlichsten Adressaten – angefangen bei Vorschulkindern bis zu Erwachsenen in Führungspositionen. Ein Beispiel für den schulischen Bereich ist RULER (**R**ecognizing, **U**nderstanding, **L**abeling, **E**xpressing, **R**egulating). Das Programm RULER unterstützt Erzieher, Schülerinnen und Schüler und Familien darin, Emotionen zu erkennen, zu verstehen, zu benennen, auszudrücken und zu regulieren. Dadurch sollen fundierte Entscheidungen und Verhaltensweisen begründet werden, von denen die Trainierten selbst, aber auch die Schule, die Familie, Freunde und die Gemeinschaft einen Nutzen haben. Um sich einen Eindruck zu verschaffen, kann der Leser auf den Internetseiten ► http://eqi.org/elit.htm oder ► http://eqi.org/elit.htm nachsehen.

Unter den zahlreichen Trainingsangeboten, die sich an Schulkinder und Jugendliche wenden, nehmen die Präventionsprogramme von Joseph et al. (2009) und Steiner (2003) aufgrund ihrer Popularität eine Sonderstellung ein. Steiners Trainingsansatz wird mittlerweile von der Deutschen Gesellschaft für Emotionale Kompetenz e.V. der Zertifikation von Trainern zugrunde gelegt (► http://www.dgek.org).

Abb. 3.34 Erkenne, dass du Ärger fühlst, stopp und geh in deinen „Panzer", atme tief und zähl bis drei, beruhige dich, bedenke Lösungen für das Problem, komm aus dem „Panzer" mit einer neuen Lösung heraus und fühle dich entspannt

Präventions- und Interventionsprogramme zum Abbau von Ärger und impulsivem Verhalten erfreuen sich zurzeit einer großen Beliebtheit und Nachfrage. Sie wurden aufgrund der Annahme entwickelt, dass Kinder, die lernen, ihre negativen Emotionen angemessen zu bewältigen, es leichter haben, mit Enttäuschungen und Ärger umzugehen. Die *Schildkrötentechnik* (Webster-Stratton 1990), deren Ursprung in den 1960er Jahren liegt, ist ein Beispiel für eine Strategie, die empfohlen wird, um Kindern wirksame Fertigkeiten zum Umgang mit Ärger beizubringen (Abb. 3.34).

Präventionsprogramme zur Förderung positiver und zum Abbau negativer Emotionen wurden nicht nur in Nordamerika und Australien entwickelt und auf den Markt gebracht, sondern auch in Deutschland und den Nachbarländern. Einen Überblick über Präventionsprogramme und Untersuchungen zu ihrer Wirksamkeit bieten Petermann und Wiedebusch (2008) wie auch Schell (2011). Grob kann man die Präventionsprogramme in drei Gruppen gliedern:

1. Elternprogramme zur Förderung eines resonanten Erziehungsverhaltens,
2. Trainingsprogramme zur Förderung sozial-emotionaler Kompetenz und

Tab. 3.17 Präventionsprogramme zur Förderung sozial-emotionaler Kompetenz

Präventionsprogramm	Zielgruppe	Dauer	Förderschwerpunkte
PATHS Curriculum (Greenberg et al. 1995)	Grundschulkinder	60 Trainingssitzungen	Emotionsvokabular, Emotionsverständnis, Emotionsregulation sowie Empathie
Social-Emotional Intervention (Denham und Burton 2003)	Kindergartenkinder	128 Trainingstage	Emotionsverständnis und Emotionsregulation
Emotion Course (Izard et al. 2004)	Kindergartenkinder	22 Trainingseinheiten	Emotionsverständnis und Emotionsregulation
Curriculum „*Fit und stark fürs Leben*" (Burow et al. 1998)	Grundschulkinder (1. und 2. Klasse)	20 Trainingssitzungen	Emotionsverständnis und Emotionsregulation
„*Faustlos*" (Cierpka et al. 2002)	Kindergartenkinder und Grundschulkinder (1.–3. Klasse)	Kindergarten: 28 Trainingssitzungen Grundschule: 51 Trainingssitzungen	Emotionsvokabular, Emotionsverständnis und Emotionsregulation
Mich und Dich verstehen (Bieg und Behr 2005)	Grundschulkinder (8 –12. Lebensjahr)	9 vierstündige Trainingstage	Emotionsverständnis und Emotionsregulation sowie Empathie
Verhaltenstraining im Kindergarten (Koglin und Petermann 2006)	Kindergartenkinder	25 Trainingseinheiten	Emotionsvokabular, Emotionsverständnis und Emotionsregulation
Verhaltenstraining für Schulanfänger (Petermann et al. 2006)	Grundschulkinder (1. und 2. Klasse)	26 Trainingssitzungen	Emotionsverständnis und Emotionsregulation sowie Empathie
Verhaltenstraining in der Grundschule (Petermann et al. 2007)	Grundschulkinder (3. und 4. Klasse)	26 Trainingssitzungen	Emotionsverständnis und Emotionsregulation
Lubo aus dem All! – Vorschulalter (Hillenbrand et al. 2009)	Kindergartenkinder	34 Trainingseinheiten	Emotionsverständnis und Emotionsregulation
Lubo aus dem All! – Vorschulalter (Hillenbrand et al. 2010)	Grundschulkinder (1. und 2. Klasse)	30 Trainingseinheiten	Emotionsverständnis und Emotionsregulation

3. Interventionsprogramme zur Förderung von Kindern mit besonderen Risiken.

In Tab. 3.17 haben wir eine Auswahl an Präventionsprogrammen für die Vor- und Grundschule zusammengestellt. Die genannten Programme zielen auf eine *Förderung von Emotionsverständnis und Emotionsregulation*, einige auch auf eine Erweiterung des Emotionsvokabulars. Des Weiteren steht auch die Förderung sozialer Kompetenzen auf dem Programm, um Verhaltensproblemen vorzubeugen und aggressives Verhalten abzubauen.

Ein hervorstechendes Merkmal der meisten Präventionsprogramme für Vor- und Grundschüler ist der Einsatz *erlebnisorientierter* Spiele in der Gruppe und einer abwechslungsreichen Gestaltung der Trainingseinheiten, was insbesondere Kinder mit Verhaltens-, Lern- oder Aufmerksamkeitsproblemen motivieren soll, erfolgreich am Training teilzunehmen.

Elternerfahrung

Im vergangenen Schuljahr sagte mir meine Tochter Flora einmal, als ich sie aus der Vorschulklasse […] abholte, dass sie mit mir jetzt über Gefühle reden wolle. Ich halte „über Gefühle zu reden" zwischen Eltern und Kindern natürlich für alles andere als verkehrt, aber dieser so explizit formulierte Vorsatz einer Sechsjährigen überraschte mich etwas. Flora erzählte dann von „Gefühlswetterberichten", „Muschelsuchen" und einer Stoffpuppe Lubo und dass sie in der letzten Woche nur „gute Pausen" gehabt habe und sich deshalb „fröhlich" fühle. Da das alles irgendwie nach etwas Schulischem/Vorschulischem klang, sprach ich bei nächster Gelegenheit Frau T. und Frau J., Floras Lehrerinnen, darauf an. Frau J. erzählte mir von dem in diesem Jahr […] eingeführten Programm *Lubo aus dem All* zur Förderung sozialer und emotionaler Fähigkeiten von Schulkindern, das bereits in der Vorschule eingesetzt werde: Ein- bis zweimal in der Woche gebe es eine *Lubo-Stunde*, in der die Kinder zusammen mit ihren Lehrer(inne)n Situationen mit einem kleinen Besucher aus dem Weltall, der grünen Stoffpuppe Lubo nämlich, erlebten. Lubo kenne sich auf der Erde noch nicht aus und müsse noch einiges lernen über Kontaktaufnahme zu anderen Personen, das Erkennen und Zeigen eigener Gefühle, das Lösen von Konflikten und den Umgang mit Regeln, Lob und Kritik und vieles mehr.
All das seien natürlich auch Lernfelder und „Baustellen" für Schul- und Vorschulkinder und gemeinsam mit Lubo sollten die Kinder eben diese Baustellen angehen.
Das Programm […] sieht auch die Einbeziehung der Eltern in die Lubo-Erlebnisse der Kinder vor. Auf Nachfrage konnte ich zweimal zu Lubo-Episoden in die Vorschulklasse kommen

> [...] und es war schon sehr eindrucksvoll, wie die Kinder sich auf diese Entdeckungsreise zu ihren eigenen Gefühlen und Konflikten über die Figur Lubo einließen: Recht raubeinig wirkende Jungs legten auf einmal ihre harte Schale ab und umarmten Lubo zärtlich beim Begrüßungsritual und eher verschlossen wirkende Kinder erzählten beim „Gefühlswetterbericht", dass sie zurzeit etwas traurig seien, weil der Opa im Krankenhaus läge (Quelle: ► http://schule-eschenweg.hamburg.de/index.php/article/detail/2533).

Lubo aus dem All! hat sich in mehreren Evaluationsstudien zur Förderung der Emotions- und Verhaltensregulation im Vorschul- und Grundschulalter als erfolgreich erwiesen (vgl. Hennemann et al. 2011; Hense 2009; Schell 2011). Auch andere Untersuchungen (z. B. Lösel und Beelmann 2003) stützen die Annahme, dass das Vorschulalter ein optimales Zeitfenster für pädagogische Präventionsmaßnahmen zur Förderung sozial und emotionaler Kompetenz ist (Petermann und Kullik 2011).

Eine erfolgreiche Förderung der Emotionsentwicklung ist aber auch im Grundschulalter möglich. Demgegenüber konzentrieren sich pädagogische Präventionsmaßnahmen im Jugendalter auf die soziale Kompetenz, wie am Beispiel des *Kompetenztrainings für Jugendliche* von Petermann und Petermann (2007) gezeigt werden kann, das darauf abzielt, Jugendliche im Alter von 13 bis 20 in der Entwicklung von Copingstrategien zu unterstützen. Da sich Aspekte der sozial-emotionalen Kompetenz mit der Fähigkeit zur Emotionsregulation überschneiden, zielen Sozialtrainings im Jugendalter selbstverständlich auch auf die Emotionsregulation (Petermann et al. 2012). Es gilt auch hier die Regel, dass der kompetente Umgang mit eigenen Gefühlen und denen anderer die Voraussetzung dafür ist, ein prosoziales Verhalten zu entwickeln.

Pädagogische Präventionsmaßnahmen können kompetenz- oder entwicklungsorientiert sein. *Kompetenz- bzw. ergebnisorientierte Konzeptionen* konzentrieren sich auf den Gesundheitsaspekt und die Förderung angemessenen Sozialverhaltens durch eine systematische Verbesserung von sozial-emotionalen Kompetenzen, während *entwicklungsorientierte Präventionen* den Schwerpunkt auf die Entwicklungsaufgaben in einem bestimmten Lebensabschnitt legen und dementsprechend den kognitiven, emotionalen, sozialen, sprachlichen und körperlichen Entwicklungsstand des Heranwachsenden ebenso einbeziehen wie den möglichen Verlauf von Entwicklungsstörungen. Die Orientierung am Entwicklungsstand schließt auch die These ein, dass Präventionsmaßnahmen genau dann einsetzen sollten, wenn das sozial-emotionale Verhalten am wirksamsten gefördert werden kann (in der *sensiblen Phase*), um die angestrebten Effekte zu erreichen (Humphries und Keenan 2006). Setzt eine Prävention zu früh ein, ist das Kind womöglich kognitiv noch nicht imstande, auf sie anzusprechen, setzt sie zu spät ein, ist das *optimale Entwicklungsfenster* verpasst und das problematische Verhalten hat sich bereits verfestigt. Da die Entwicklung emotionaler Kompetenzen besonders im Vorschulalter eine herausragende Rolle spielt und zu den vordringlichen Entwicklungsaufgaben dieses Lebensabschnitts zählt, scheint dieses Alter auch das optimale Zeitfenster für pädagogische Präventionsmaßnahmen zur Förderung sozial-emotionaler Kompetenzen zu sein, wobei die Betonung auf der Entwicklung der emotionalen Perspektivenübernahme und dem Erleben multipler Emotionen liegen sollte (Humphries und Keenan 2006). Dabei spielen die Interaktionen mit Gleichaltrigen und die Entwicklung von Freundschaftsbeziehungen eine große Rolle.

3.5.3.2 Stresserleben und Angst als Schwerpunktthema der Pädagogik

Nach einer Untersuchung des Kinderhilfswerks UNICEF aus dem Jahr 2012 verbringen Kinder und Jugendliche im Durchschnitt 38,5 Stunden pro Woche in und mit der Schule, wobei es bei älteren Schülern in einer Woche auch 45 Stunden und mehr sein können. Dabei muss innerhalb kurzer Zeitabstände relativ viel gelernt werden. Daher empfinden viele Schülerinnen und Schüler die Anforderungen, die in der Schule an sie herangetragen werden, als belastend, was allgemein als *Stress* bezeichnet wird (Schwarzer 1993). Dieser Stress scheint sich nach PISA noch verstärkt zu haben, was Seiffge-Krenke dazu bewogen hat, ihrem 2006 veröffentlichten Buch den Titel *Nach PISA: Stress in der Schule und mit den Eltern* zu geben. Vor allem der Übergang von der Primar- zur Sekundarstufe stellt sich immer mehr als wesentlicher Stressfaktor heraus (Seiffge-Krenke 2008).

Stress

Unter *Stress* versteht man die Beanspruchung durch Belastungen, die physikalischer Natur (z. B. Lärm) sein können. Aber auch psychische Belastungen sowie subjektive Erwartungshaltungen und Befürchtungen können auf emotionaler Ebene Stressoren sein. Stress ist die Reaktion (Anpassung oder Übersensibilisierung) des Körpers auf diese Stressoren. Die damit verbundenen Gefühle werden kognitiv bewertet und als eine Emotion interpretiert.

Neben körperlichen Symptomen, die bei Erwachsenen von Schwitzen, Übelkeit, Atemlosigkeit, Verspannung von Muskeln bis hin zu Herzstechen, Hörsturz und einem erhöhten Risiko für Bluthochdruck, Schlaganfall und Herzinfarkt reichen, schlägt Stress vor allem auf das Gemüt. Stresserleben ist u. a. mit Gefühlen von Traurigkeit, Ärger, Angst, Hilflosigkeit, innerer Leere und Hoffnungslosigkeit verbunden (Vester 2008). Dies ist aber nicht auf Erwachsene beschränkt, sondern auch Kinder im Grundschulalter können bereits Stress erleben. In der Schule kann großer Leistungsdruck oder ein angespanntes Klima herrschen. Neben der Schule noch Sport betreiben, ein Musikinstrument lernen sowie mit Freunden spielen gehört bei vielen Kindern zum Alltag und kollidiert oft mit den schulischen Anforderungen. Dazu kommen nicht selten Spannungen in der Familie, wie sie etwa bei einer Trennung der Eltern auftreten. Manchmal bestehen innerhalb der Familie – aus unterschiedlichen Gründen – auch hohe Erwartungen aneinander wie z. B. der Anspruch, in der Schule besonders gute Noten zu bekommen. Der dadurch ausgelöste Stress zeigt sich in vielfältigen Symptomen wie z. B. Schlafstörungen, Aggressivität, Konzentrationsmangel und vor allem in Schulangst. Damit irgendwie fertig zu werden, ist eine wichtige Ressource für das psychische und physische Wohlbefinden (Lohaus et al. 1996; Seiffge-Krenke 2008).

Angst – Angst bezieht sich auf das bewusste Erleben eines als unangenehm empfundenen Erregungszustandes in einer bestimmten Situation. Angst ist stets situationsspezifisch. Bei der Entstehung von Angst (z. B. in Bezug auf die Schule) spielen verschiedene Faktoren, (z. B. die Trennungsangst, die Aufgeregtheit und vor allem die Besorgtheit) eine ausschlaggebende Rolle.

Prüfungsangst – Prüfungsangst ist eine situationsspezifische Zustandsangst, die in selbstwertrelevanten Situationen angeregt wird; darüber hinaus gibt es grundsätzlich so viele Zustandsängste wie es Situationen gibt (z. B. Infektionsangst, Mathematikangst, Computerangst).

Ängstlichkeit – Ängstlichkeit ist die allen Menschen eigene psychische Disposition, mit Furcht auf Situationen zu reagieren, die als bedrohlich beurteilt werden. Ängstlichkeit ist situationsübergreifend und zeitlich relativ stabil.

Besorgtheit – Besorgtheit ist die bei der Ängstlichkeit beteiligte kognitive Komponente, die sich mit der physiologischen Erregung (Aufgeregtheit) verknüpft. Besorgtheit erstreckt sich über ein Kontinuum, das von einem normalen Ausmaß an Sorge, die nur von Fall zu Fall auftritt, bis zu einer pathologischen Besorgtheit reicht, die eine extrem gesteigerte Angst und pessimistische Einschätzung der eigenen Fähigkeiten nach sich zieht.

„Ich mag nicht in die Schule gehen." Dieser Satz könnte von einem Kind mit Schulangst stammen. Natürlich ist es möglich, dass dahinter auch andere Gründe wie etwa ein Streit mit der besten Schulfreundin stecken. Nicht immer sagen schulängstliche Kinder direkt, dass sie nicht in den Unterricht gehen möchten, sondern sie „maskieren" ihre Angst. Aber es gibt mehr oder weniger deutliche Symptome für Schulangst. Wenn Schülerinnen oder Schüler sich dem Thema Schule entziehen und sich beim Gedanken an die Schule unwohl fühlen, ist dies womöglich ein erstes Anzeichen. Treten am Wochenbeginn oder vor Klassenarbeiten vermehrt Symptome wie etwa Übelkeit oder Schlafstörungen auf, sollte dies bei den Eltern Alarm auslösen.
Möglicherweise liegt die Ursache für die Schulangst in der sozial-emotionalen Atmosphäre der Schule oder der „dicken Luft" im Klassenzimmer, die das Wohlbefinden der Schülerin oder des Schülers nachhaltig stört. Dabei spielen die zwischenmenschlichen Beziehungen innerhalb einer Klasse eine wesentliche Rolle. Wird ein Kind bzw. Jugendlicher zum Beispiel beschämt oder bloßgestellt, kann sich nachhaltig Schulangst entwickeln. Angst vor der Schule kann auch entstehen, wenn man sich dort alleine fühlt, d. h. keine Freunde bzw. Freundinnen hat, oder angefeindet wird.
Aber nicht immer verursacht die Schule selbst Schulangst, auch das Elternhaus und das Verhalten der Familienmitglieder untereinander können Versagensängste heraufbeschwören. Ist der Erziehungsstil der Eltern durch ein hohes Ausmaß an Kontrolle und wenig Feinfühligkeit geprägt, kann dies zur Entwicklung angstrelevanter Kognitionen beitragen (Schneider 2004.) Sind Eltern überängstlich und kontrollierend, wird damit ein Modell für angstbezogene Interpretationen in mehrdeutigen Situationen und vermeidende Bewältigungsstrategien konstituiert. Das gilt auch für den Erziehungsstil von Lehrpersonen.

Die meisten Schülerinnen und Schüler kommen sozial-emotional mit den Anforderungen, die ihnen in der Schule gestellt werden, ganz gut zurecht, da sie die Schule und den Unterricht als Bestandteil ihres Alltagslebens betrachten und aufkommende Ängste gut bewältigen können. Aber es gibt auch Schüler, die nicht so gut mit der Schule zurechtkommen, was weniger an der Schule liegt als an ihrer größeren *Besorgtheit* und ihren unzureichenden Bewältigungsstrategien.

Eine geeignete Erklärung für die interindividuellen Unterschiede im Erleben von Schulangst und in ihrer angemessenen Bewältigung liegt in der Annahme einer Persönlichkeitsdimension, die als *Verdrängung vs. Sensibilisierung* (*repression vs. sensitization*) bezeichnet werden kann (Byrne 1964) und zudem auch konsistente emotionale Reaktionen (z. B. Angst) sowie zeitlich stabile Verhaltensweisen einer Person in gleichartigen Leistungssituationen begründet. Angstsensible Menschen (*Sensitizer*) reagieren aufgrund ihrer größeren Besorgtheit ausgesprochen feinfühlig auf Leistungsanforderungen und aktivieren spontan Bedrohungsschemata, die ihre Aufmerksamkeit auf die in Lern- und Prüfungsaufgaben steckenden Gefahren für das Selbstwertgefühl lenken. Dementsprechend zeigen sie viel Angst. Verdränger (*Represser*) neigen demgegenüber dazu, ihre Aufmerksamkeit von stressauslösenden Informationen abzuziehen und aufkommende negative Gefühle zu verleugnen oder aufzuschieben und sich anderen Aktivitäten zuzuwenden (Krohne 1980). Nach Auffassung von Krohne (1996) sind weder Angstsensible noch Verdränger aufgrund ihrer Unsicherheit in Leistungssituationen zu einer angemessenen Bewältigung ihrer Versagensängste imstande; Personen, die sowohl Unsicherheit als auch physiologische Erregung gut ertragen können, zeigen ein flexibles Bewältigungsverhalten. Diese Personen bezeichnet Krohne als *nichtdefensiv*.

Einem weit verbreiteten Stereotyp zufolge sind Mädchen und Frauen wesentlich emotionaler als Jungen und Männer. Die meisten empirischen Untersuchungen weisen jedoch darauf hin, dass Geschlechtsunterschiede im Ausdruck von Emotionen zuallererst auf die Sozialisation durch die Umwelt zurückgehen. Diese beginnt bereits im Kleinkindalter. So ist zu beobachten, dass Eltern im Allgemeinen eine größere Akzeptanz gegenüber dem Ausdruck von Ärger bei Söhnen und dem Ausdruck von Ängstlichkeit und Traurigkeit bei Töchtern zeigen, während sie den Ausdruck von Ärger bei Töchtern und den von Ängstlichkeit bei Söhnen weniger tolerieren (Eisenberg et al. 1996).
Als Folge zeichnet sich bereits im Grundschulalter ein relativ deutliches geschlechtsspezifisches Muster emotionaler Ausdrucksweisen ab, wonach Jungen häufiger ihrem Ärger bei Misserfolgen Ausdruck verleihen als Mädchen, die ihrerseits häufiger Besorgtheit, Aufgeregtheit und Traurigkeit mitteilen als Jungen. Nach Zahn-Waxler et al. (1984) haben Mädchen, wenn sie in die Grundschule eintreten, bereits gelernt, besser mit negativen Emotionen umzugehen als Jungen. Kann es da verwundern, dass Mädchen in Angsterhebungen im Durchschnitt durchgängig höhere Werte erhielten als Jungen (vgl. Schwarzer 2000)?
Abgesehen davon, dass sich in diesem allgemeinen Befund eigentlich nur die größere Bereitschaft von Mädchen bzw. Frauen mitteilt, Ängstlichkeit einzugestehen, ist darauf hinzuweisen, dass die Geschlechtsunterschiede im Hinblick auf die praktische Signifikanz – ausgedrückt als Anteil an der aufgeklärten Varianz – eher bescheiden ausfallen. In neun von Jacobs und Strittmatter (1979) analysierten Untersuchungen wurden Korrelationen zwischen 0,02 bis 0,25 errechnet, d. h., der Anteil der Varianzaufklärung durch das Geschlecht betrug zwischen 0 und 6 %.

Hinsichtlich der Ängstlichkeit kann zwischen hochängstlichen Personen mit einem Befund pathologischer Besorgtheit und niedrigängstlichen Personen mit normaler Besorgtheit unterschieden werden. In vielen Untersuchungen zeigte sich, dass hochängstliche Menschen sich gegenüber Leistungssituationen (z. B. im Schulunterricht) als hilflos beurteilen und mit deutlichen Stresssymptomen reagieren. Jerusalem (1990) spricht in diesem Zusammenhang von einer besonderen Verletzbarkeit (*Vulnerabilität*) Hochängstlicher in Leistungssituationen, da sie immer besorgt seien, und zwar unabhängig davon, ob sie Misserfolg oder Erfolg haben (Wine 1980). Hochängstliche reagieren auch besonders sensitiv auf soziale Bewertungen seitens ihrer Umwelt und interpretieren diese stärker auf die eigene Person bezogen. Pathologisch Besorgte sind daher nicht besonders erfolgreich bei der Bewältigung von Problemen, dafür aber umso besser im Finden von Problemen. Diesbezüglich finden sich in der Literatur deutliche Hinweise auf geschlechtsspezifische Unterschiede, wonach Frauen wesentlich häufiger zu pathologischer Besorgtheit und zu Depressionen neigen als Männer (Eisenberg et al. 1996).

Statistisch gesehen dürfte es in den meisten Schulklassen nur wenige pathologisch besorgte Schülerinnen bzw. Schüler geben, bei denen es wirklich so ist, dass der Grad an Besorgtheit und damit verbundene Angstgefühle mit der Zeit zu Hilflosigkeit und Hoffnungslosigkeit führen, was wiederum ein häufigeres Auftreten von Depressionen verursacht. Für den schulischen Bereich wird die Beziehung zwischen hoher Ängstlichkeit und Lernleistungen allgemein als ausgesprochen problematisch beurteilt, da hochängstliche Schülerinnen bzw. Schüler bei Leistungsmessungen gewöhnlich schlechter abschneiden als niedrigängstliche. Was nun aber die Beziehung zwischen situationsbedingter Angst (z. B. Prüfungsangst) und Schulleistungen anbelangt, geht die Meinung in der pädagogischen Literatur auseinander. Tatsächlich wurden in zahlreichen Untersuchungen nur niedrige Korrelationen zwischen Angstwerten und Leistungstests gefunden, sehr oft konnte sogar keine Leistungsunterlegenheit hochängstlicher Schülerinnen bzw. Schüler gegenüber niedrigängstlichen beobachtet werden. Dies wurde von verschiedenen Autoren (z. B. Jacobs 1981) mit einer Kompensation der Angst durch vermehrte Anstrengung und Vorbereitung auf die Leistungssituation erklärt.

Aus pädagogischer Sicht eröffnen sich unterschiedliche Ansatzmöglichkeiten, Kindern und Jugendlichen zu helfen, mit Stress, Angst und anderen negativen Emotionen angemessen umzugehen und Beeinträchtigungen der sozial-emotionalen Entwicklung zu begegnen. Eine Möglichkeit besteht darin, den Heranwachsenden in seinen Fähigkeiten, mit negativen Emotionen fertig zu werden, zu unterstützen. Eine andere Möglichkeit kann darin bestehen, die Situation, in der sich ein Kind bzw. Jugendlicher befindet, so zu verändern, dass der Stress reduziert wird (Lohaus et al. 2007). Darüber hinaus haben seit den 1980er Jahren Programme zur Prävention von Schulstress und -angst Konjunktur.

Häufig eingesetzt und evaluiert wurden u. a. das Anti-Stress-Training von Hampel und Petermann (1998), das FREUNDE-Programm[12] von Barrett et al. (2003) und das Trainingsprogramm *Gesundheit und Optimismus GO* von Junge et al. (2002), das nicht nur bei Jugendlichen (Balmer et al. 2007; Manz et al. 2001), sondern auch bei Erwachsenen (Müller und Neumer 2007) mit Erfolg eingesetzt wurde. Ein Merkmal einiger Präventionsprogramme ist die systematische Einbeziehung der Erzieher (Eltern und Lehrer), wie u. a. die Beispiele von Eimecke et al. (2010), Hilti (2012) und das *Saarbrücker Schulangstprojekt* (Strittmatter 1997) zeigen. Die Ergebnisse von Evaluationen sind eher ernüchternd oder gehen, wenn sie positiv ausfallen, eher auf Beobachtungen der Trainer und beteiligten Eltern zurück als auf sogenannte harte Daten.

12 Das Programm umfasst folgende Schritte: F = Fühlst du dich besorgt?, R= Relax und lass es dir gut gehen!, E = Eigene Gedanken, U = Untersuche, was du tun kannst, N = Nach dieser guten Arbeit kannst du dich belohnen, D = Das Üben nicht vergessen, E = Entspannt und ruhig bleiben!

3.5.3.3 Die Emotionen von Lehrpersonen

Nicht nur die Emotionen von Schülerinnen und Schülern im Unterricht, sondern auch die Emotionen der Lehrpersonen wurden zum Gegenstand empirischer Studien, nachdem Weidenmann (1978) als einer der Ersten die Angst von Lehrern thematisiert hatte (vgl. auch Nuding 1984; Raether 1982). Dabei stand und steht vor allem die Lehrerbelastung und -gesundheit (Stichwort: *Burnout*) im Mittelpunkt des Untersuchungsinteresses (z. B. Barth 1992; Hagemann 2009; Rudow 1994).

Lehrpersonen werden mit diesem Problem nicht alleine gelassen, wobei die Regel gilt: „Es gibt drei zentrale Möglichkeiten, sich vor Burnout zu schützen: Prävention, Prävention und nochmals Prävention" (Bergner 2010, S. 1). Ob das von Bergner entwickelte Selbsthilfeprogramm tatsächlich hilft, wissen wir nicht. Uhlendorff et al. (2008) betrachten das Autonomieerleben als eine wirksame Burnoutprävention bei Lehrern und belegen dies durch eine Literaturanalyse. Zunehmend werden auch Meditationsübungen als Stressprävention im Klassenzimmer empfohlen und untersucht, nicht nur für die Schüler (z. B. Hart 2004; Davidson et al. 2012), sondern auch für Lehrer. Kemeny et al. (2012) evaluierten die Effektivität eines 42 Trainingsstunden umfassenden Meditationstrainings, das 82 gesunde Lehrerinnen absolvierten. Die Befunde zeigen, dass ein Bewusstmachen mentaler Prozesse das emotionale Verhalten beeinflussen und sich positiv auf die Emotionsregulation auswirken kann. Insgesamt kann aus den Untersuchungen zu Lehreremotionen die Erkenntnis abgeleitet werden, dass eine Inklusion von Emotionen in den Unterricht nicht nur Vorteile für die Schüler, sondern auch für die Lehrer bringt.

3.5.3.4 Integration und Inklusion von Emotionen in der Schule

Die Forschung zum Komplex *Emotion und Lernen* wurde durch Untersuchungen zur Prüfungsangst bereits in den 1930er Jahren ausgelöst (Brown 1938) und erhielt einen enormen Auftrieb, nachdem Mandler und Sarason (1952) ihren Artikel über Angst und Lernen veröffentlicht hatten. Seit etwa drei Jahrzehnten hat sich eine weitere Forschungstradition herausgebildet, die sich mit den Effekten positiver und negativer *Stimmungen* auf kognitive Verarbeitungsprozesse befasst (vgl. Abele 1996). Während sich die Forschung zur Prüfungsangst auf Effekte einer spezifischen Zustandsemotion konzentrierte, analysierte die Stimmungsforschung die Effekte auf eine ganze Bandbreite positiver und negativer Emotionen. Beiden Forschungstraditionen liegt der gleiche theoretische Bezugsrahmen zugrunde, in dem Emotionen (und Stimmungen) als ein psychisches Phänomen betrachtet werden, das kognitive, physiologische und motivationale Verarbeitungsprozesse ebenso einschließt wie Affekte und Ausdrucksformen von Gefühlen. Diese Prozesse regulieren einander über die Zeitachse und innerhalb eines bestimmten Kontextes, der zur kognitiven Bewertung und Interpretation der aufkommenden Gefühle genutzt wird. Bezug nehmend auf den schulischen Unterricht haben Op't Ende und Turner (2006) den in ◘ Abb. 3.35 wiedergegebenen Bezugsrahmen vorgeschlagen, der als repräsentativ für die pädagogische Stimmungsforschung betrachtet werden kann.

Dieses Modell legt einen *Wechsel der Forschungsperspektive* nahe, indem eine stärkere *Hinwendung zu inklusiven pädagogischen Konzeptionen* betont wird, die darauf zielen, die Emoti-

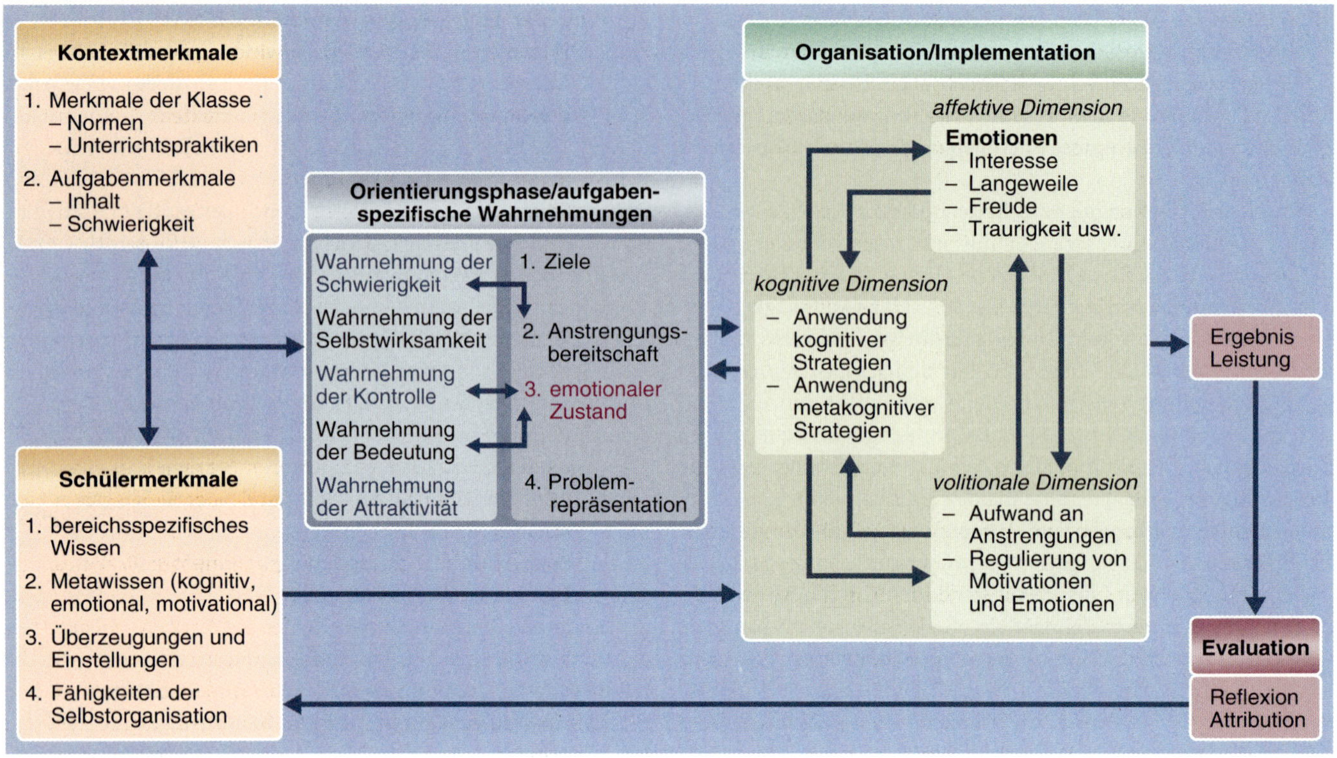

Abb. 3.35 Ein mehrdimensionales Modell des schulischen Lernens (Op't Ende und Turner 2006, S. 371)

onskontrolle und -regulation in das alltägliche Erziehungs- und Unterrichtsgeschehen zu integrieren.

Das Staatsinstitut für Schulqualität und Bildungsforschung München bringt die pädagogische Problematik der Inklusion von Emotionen in den schulischen Unterricht auf seiner Internetseite ► http://www.isb.bayern.de/foerderschulen/foerderschwerpunkte/emotionale-und-soziale-entwicklung/ auf den Punkt:

» Kinder und Jugendliche mit Problemen in der emotionalen und sozialen Entwicklung werden an unterschiedlichen Lernorten unterrichtet und gefördert. Die *Umsetzung des Inklusionsauftrags* macht es notwendig, Lehrkräfte aller Schularten zu unterstützen, konstruktiv mit den belastenden Verhaltensweisen dieser […] Schülerinnen und Schüler umzugehen.

Vergleichbar damit ist der *Bundesländerübergreifende Bildungs-RahmenPlan für elementare Bildungseinrichtungen in Österreich* (2009). In den bayerischen Lehrplänen für die Grund- und Hauptschulen (2001, 2006) wird nachdrücklich auf den Förderschwerpunkt der emotionalen und sozialen Entwicklung hingewiesen. Das liest sich dann an verschiedenen Stellen wie folgt:

» Kinder mit dem Förderschwerpunkt emotionale und soziale Entwicklung wachsen bisweilen in einem Lebensfeld auf, in dem wesentliche Entwicklungsbedingungen fehlen und häufig individuelle Lernbedürfnisse vernachlässigt werden. Ihre Lebenswirklichkeit ist oft von Erziehungsverunsicherung der Erwachsenenwelt geprägt, die das persönliche Handeln der jungen Menschen nachhaltig beeinflusst. […] Die Kinder leiden unter vermindertem Selbstwertgefühl sowie unter Existenz- und Versagensängsten, die in Misserfolgserfahrungen, enttäuschten Erwartungen und in deprivativen Entwicklungen begründet sind.
Diese Schüler können Aggressionen oder Fluchtverhalten zeigen; auch antworten sie nicht selten mit Rückzug, mit übermäßig angepasstem oder unangemessenem Verhalten, mit Depression und mit Leistungsverweigerung. Sie vermögen bisweilen Folgeerscheinungen aus ihren scheinbar unmotivierten Handlungen ohne erkennbaren Realitätsbezug nicht oder nur schwer vorherzusehen. Sie legen auch verminderte Anpassungsfähigkeit bei der Orientierung in ihrer Lebenswelt an den Tag. Die personale Entwicklung dieser Schüler ist deshalb nicht selten ebenso gefährdet wie die Bindung an andere Personen in ihrer Mitwelt. Auch müssen diese Kinder immer wieder Abbrüche von tragenden Beziehungen, Ablehnung und Einsamkeit erleben.
Schüler mit dem Förderschwerpunkt emotionale und soziale Entwicklung sind darüber hinaus oft misserfolgsorientiert. Ihr Lernprozess ist oft von großen Schwankungen geprägt. Sie benötigen individuell abgestimmte Fördermaßnahmen, um erfolgreiche Lernprozesse anzubahnen. […]
Vor allem eine kontinuierliche emotional-stützende Hilfestellung zielt darauf ab, die Schüler in ihrer Identitätsfindung und in ihrer sozialen Integration zu fördern. Zur Bewältigung dieser Anforderungen ist es unerlässlich, eine enge, vertrauensbildende Zusammenarbeit mit den Eltern und Erziehungsberechtigten anzubahnen und fortwährend aufrecht zu erhalten. Flexibilität bei der Unterrichtsplanung und -durchführung, vielfältige Formen von äußerer und innerer Differenzierung sowie Individualisierung müssen den in den verschiedenen Erfahrungs- und Entwicklungsbe-

reichen unterschiedlichen Förderbedürfnissen der Schüler entsprechen. Der Förderplan ist in konkrete, umsetzbare Schritte zu gliedern. Auf einen Wechsel von Anspannung und Entspannung ist ebenso zu achten wie auf das Angebot von klaren übersichtlichen Regeln und den Folgen bei Nichtbeachtung.
Kindern mit Teilleistungsstörungen und mit Misserfolgserfahrungen werden individuelle Lernstrategien vermittelt, um ihnen regelmäßige Erfolgserlebnisse zu ermöglichen, so dass sich Vertrauen in die eigenen Fähigkeiten entwickeln kann. Über Freude am selbsttätigen Lernen kann insbesondere angemessene Lernmotivation geweckt und erhalten werden.

Positiv aktivierende Emotionen wie z. B. Lern*freude* sind eine Voraussetzung, um

- kognitive Ressourcen und Aufmerksamkeit für die Aufgabe zu erhalten,
- die Entwicklung von Interesse und intrinsischer Motivation zu fördern (s. auch die Ausführungen in ► Abschn. 3.6) und
- die Anwendung flexibler kognitiver Verarbeitungsstrategien (z. B. Elaboration) und Selbstregulation zu erleichtern.

Positiv aktivierende Emotionen üben positive Effekte auf das Lernen unter allen möglichen Aufgabenbedingungen aus. Demgegenüber beeinträchtigen negativ deaktivierende Emotionen wie Langeweile oder Hoffnungslosigkeit die Lernleistungen, da sie kognitive Ressourcen verringern, die intrinsische und extrinsische Motivation unterminieren und eine oberflächliche Informationsverarbeitung begünstigen. Im Falle positiv deaktivierender Emotionen wie Erleichterung und Entspannung und auch für negativ aktivierende Emotionen wie Angst, Scham und Ärger sind die Effekte wesentlich komplexer. Es kann davon ausgegangen werden, dass Angst und Scham ein aufgabenirrelevantes Grübeln über ein mögliches Versagen nach sich ziehen und so die verfügbaren kognitiven Ressourcen verringern, was der Motivation abträglich ist. Andererseits können Angst und Scham auch motivierend wirken, um Versagen zu vermeiden, und zum intensiveren Lernen führen.

Zur Rolle von Emotionen beim schulischen Lernen liegt mittlerweile eine kaum mehr überschaubare Zahl an Einzeluntersuchungen vor, die laut Gläser-Zikuda (2010) in drei Hauptgruppen zu gliedern sind:

1. Studien zur *Angstreduktion* (darauf sind wir ausführlich eingegangen),
2. Studien zur Förderung von *Lernfreude und Wohlbefinden*, wie sie beispielsweise von Chalk und Bizo (2004), Hagenauer (2011) und Hascher (2004) durchgeführt wurden, und
3. Studien zur Beeinflussung von *Lernemotionen* durch Unterricht und Lehrmaßnahmen, wobei auch die Bereiche des Studiums und der Erwachsenenbildung eingeschlossen sind (z. B. Astleitner 2000; Beard et al. 2007; Gläser-Zikuda et al. 2005; Titz 2001).

Es würde den Rahmen dieses Kapitels sprengen, auf diese Untersuchungen eingehen (vgl. daher Hascher und Hagenauer 2011; Schutz und Pekrun 2007).

Aufgaben zum Festigen des neuen Wissens

1. Skizzieren Sie die Emotionsentwicklung über die Lebensspanne.
2. Was unterscheidet Emotionen von Affekten?

Aufgaben zum Weiterdenken

1. Stellen Sie sich folgende Situation vor:
   Nach dem Kinobesuch gehen Sie spät in der Nacht eine dunkle Straße entlang zu Ihrer Wohnung, die nicht gerade im besten Viertel der Stadt liegt. Plötzlich hören Sie Schritte hinter sich und Sie merken, dass Ihr Herz unwillkürlich anfängt, schneller zu schlagen. Sie beginnen, schwerer zu atmen, und immer wieder drehen Sie sich um, ohne zu erkennen, wer Ihnen da mit welcher Absicht (oder hat er überhaupt eine?) folgt. Sie empfinden das, was man allgemein als Angst bezeichnet. Sie sitzt förmlich in Ihrem Nacken!
   Bringen Sie bitte die Emotionskomponenten für dieses Ereignis in eine Reihenfolge.
2. In der Literatur werden verschiedene *sekundäre Emotionen* genannt (z. B. Missfallen, Geringschätzung, Hass, Kälte, Feindseligkeit, Verfolgungswahn, komplexe Paranoia, Misstrauen, Eifersucht, Sorge, Angst, Unsicherheit, niedriges Selbstbewusstsein, Selbsthass, Depression, Ärger, Wut). Erklären Sie, was *Eifersucht* ist und wie sie entsteht.
3. Suchen Sie im Internet fünf Beispiele für Präventionsprogramme zum Abbau von Ärger, die auf der Schildkrötentechnik aufbauen. Eine Starthilfe: Gehen Sie auf die Internetseite des *Center on the Social and Emotional Foundations for Early Learning* der Vanderbilt University:
   ► http://csefel.vanderbilt.edu/module/
4. In einem Internetforum fragt sich eine Frau, warum sie sich ständig Sorgen macht:
   „Mir geht es gut, sogar sehr gut. Ich habe eine Familie, auf die ich immer bauen kann, bin gesund, habe liebe Freunde, eine interessante Arbeit, es gibt für mich also wirklich keinen Grund zu klagen.
   Aber ich mache mir ständig Sorgen, und das geht mir selbst auf die Nerven. Ich mache mir Gedanken um die Gesundheit meiner Familienmitglieder (eigentlich kein Grund vorhanden). Bin ich da etwas beruhigt, dann mache ich mir Sorgen, ob ich irgendwann berufsunfähig werde (auch kein akuter Grund vorhanden). Schon eine Woche vor einem Zahnarzttermin bin ich fix und fertig, auch wenn da noch nie etwas wirklich Schlimmes passiert ist. In den wenigstens Fällen bestand wirklich Grund zur Sorge, aber ich mache mir ständig Gedanken, was wäre, wenn …! Und ich kann das nicht abschalten, ich verderbe mir so viele schöne Tage damit."
   Wie beurteilen Sie diese Besorgtheit? Ist das eine Form normaler oder pathologischer Besorgtheit? Und welchen Rat würden Sie der Frau geben, um die Sorgen zu überwinden?
   (Wir haben den Text im Internet gefunden unter:
   ► http://forum.gofeminin.de/forum/carriere1/__f1908_carriere1-Warum-mache-ich-mir-standig-Sorgen.html

– hier finden Sie auch Kommentare und Ratschläge anderer.)

5. Monika leidet nach eigenen Angaben in der Schule häufig unter starken Angstgefühlen. Sie fürchtet ständig, etwas falsch zu machen, schlechte Leistungen zu erzielen und die Lehrerin zu enttäuschen. Sie macht sich Sorgen, dass alle ihre Probleme und Misserfolge von der Lehrerin unverzüglich den Eltern mitgeteilt werden, was bei anderen Schülern schon mehrfach geschehen ist. Am liebsten ist Monika mit ihrer Freundin Karin zusammen, inner- und außerhalb der Schule. Gelegentlich treffen sie sich auch mit anderen Mädchen der Klasse, um CDs zu hören. In der Familie hat Monika ein besonders enges Verhältnis zur Mutter und zu jüngeren Schwester. Vor ihrem Vater hat sie große Angst. Dieser schreit sie nach ihrem Eindruck bei jeder Kleinigkeit an. – Ist Monika ein *Sensitizer*? Erläutern Sie am Fall Monika die bisher dargelegten möglichen Ursachen für Schulangst und Besorgtheit.
6. Nachdem Sie die Ausschnitte aus dem bayerischen Lehrplan gelesen haben, sind Sie gewiss imstande, die Passagen zu finden, die sich auf die Förderung emotionaler Literalität und die Regulation von Emotionen beziehen. Unterstreichen Sie diese Stellen im Text.
   Versuchen Sie herauszufinden, ob vergleichbare Förderprogramme auch in Lehrplänen anderer Bundesländer enthalten sind und wo die Schwerpunkte der Förderung liegen. (Wir gehen davon aus, dass Sie mindestens drei solche Programme in verschiedenen Bundesländern finden können.)

Weiterführende Literatur

- Holodynski, M., & Friedlmeier (2006). *Emotionen – Entwicklung und Regulation*. Heidelberg: Springer.
- Hülshoff, T. (2006). *Emotionen* (3. Aufl.). München: Reinhardt.
- Petermann, F., & Wiedebusch, S. (2008). *Emotionale Kompetenz bei Kindern* (2. Aufl.). Göttingen: Hogrefe.

3.6 Motivation und Individuation

Aufgabe als Denkanstoß

Beantworten Sie als Einstieg in diesen Abschnitt folgende Fragen:

- Was, glauben Sie, sind die Faktoren, die Schüler am meisten motivieren zu lernen?
- Haben Sie Lehrpersonen erlebt, die Sie zum Lernen motiviert haben? Was genau haben diese Lehrer gemacht, um Sie zu motivieren?
- Was hat Sie in der Motivation zu lernen gehindert?
- Wie beurteilen Sie Ihre heutige Lernmotivation im Vergleich zu früher?

Anna: „Was ist für dich echte Motivation?"

Jakob: „Mir fällt da als Beispiel ein bulgarischer Künstler ein, der 16 Jahre damit zubrachte, aus 6 Millionen Streichhölzern ein Miniaturmodell des weltberühmten Klosters Rila anzufertigen. Das ist für mich echte Motivation!"

Anna: „Ich denke, dass Leistungs- und Extremsportler auch eine solche Motivation aufbringen müssen."

Jakob: „Oder Schachspieler. Ich habe kürzlich einen Bericht über eine Studie gelesen, in der zwei Psychologen mehr als 80 Erwachsene unterschiedlichen Alters beobachteten,[13] die in ihrer Freizeit passioniert Schach spielten. Über mehrere Wochen traten diese Personen im Internet gegen andere an. Jeder hatte 16 Partien zu spielen und nach jeder Partie waren einige kurze Fragen zu beantworten: wie interessant und anregend das Spiel empfunden wurde, ob das Spiel Spaß gemacht hatte und ob es eine Herausforderung gewesen war. Was denkst du, wie diese Personen antworteten?"

Anna: „Das ist schwer zu sagen, aber ich glaube, dass die Freude am Spiel abhängig von Sieg oder Niederlage war."

Jakob: „Ja schon, aber viel entscheidender war, wie gut der Gegner gewesen war. Hatten die Versuchspersonen eine Partie als herausfordernd empfunden, dann machte sie ihnen auch Spaß. Am meisten Freude bereiteten ihnen Spiele mit besseren Gegnern – obwohl sie die mit höherer Wahrscheinlichkeit verloren. Niederlagen gegen bessere Gegner machten mehr Spaß als Siege gegen schlechtere Gegner!"

Anna: „Das würde bedeuten: Je größer die Herausforderung, desto größer die Motivation."

Jakob: „Bis zu einem gewissen Punkt zumindest. Dazu kam noch, dass die Versuchspersonen freiwillig die Herausforderungen annahmen. Und ganz entscheidend war, dass sie ein konkretes Ziel vor Augen hatten. Andere Aktivitäten, denen die Personen zwar freiwillig, aber ohne konkretes Ziel nachgingen (Fernsehgucken, Musikhören und solche Sachen), machten ihnen deutlich weniger Spaß als das Schachspielen."

Im Alltag kann man häufig kleine Kinder beobachten, die ausgesprochen neugierig sind und ein ausdauerndes Interesse zeigen, ihre Umwelt zu erforschen. Sie sind lernbegierig und widmen sich mit Ausdauer dem Erkunden der Welt. Auch in der Schule kann man Kinder und Jugendliche beobachten, die aufgeweckt und interessiert dem Unterrichtsgeschehen folgen, gute Noten nach Hause bringen und der Stolz der Eltern und Lehrer sind. Nicht wenige Kinder und Jugendliche sind im Unterricht aber geistig abwesend und zeigen keinerlei Interesse an den Inhalten bestimmter Schulfächer. Die Schule insgesamt wird abgelehnt, sie gilt als langweilig und Zeitverschwendung. Nicht nur Lehrer haben damit ihre Mühen, sondern vor allem auch die Eltern, was folgender Forumsbeitrag einer Mutter zeigt:

> » Ich habe schon mehrfach von meinem Sohn berichtet. Er ist 9 Jahre alt, geht in die 3. Klasse (Schweiz), hat ADHS und einen „leichten" Aspergerautismus, dazu kommt eine hohe Intelligenz. Aber und das ist ein großes ABER, er ist unendlich faul. Ich sehe, was er leisten könnte, ich weiß, er ist clever, er ist wissbegierig, er hat eine sehr schnelle Auffassungsgabe, er saugt Wissen, das ihn interessiert, förmlich auf. Aber er leistet in der Schule nix, nur das Minimum, Fächer wie Mathe interessieren ihn nicht, also tut er nix. Er versucht Hausaufgaben zu vermeiden, wo er nur kann. Er betreibt Schule auf der Minimalschiene […]. Ich komme mir abwechselnd vor wie ein Bauer, der seine Kuh an den Trog trägt oder aber wie eine Eislaufmutter, die ständig ihr Kind zu neuen „Hochleistungen" anstacheln muss, was ja definitiv nicht der Fall ist. […] Langer Text und Frage: Was kann ich machen? Kann es sein, dass Kinder ihr Potenzial einfach nicht ausschöpfen, kann er damit zufrieden sein? Und last but not least wie gehe ich damit um? Ich ertrage es fast nicht, dieses intelligente, eigentlich neugierige, wissbegierige Kind so rumdümpeln zu sehen. Ideen für mich? (Quelle: ► http://www.eltern.de/foren/hochbegabung/1061014-faul-hochbegabt.html).

Nach den Ausführungen dieser Mutter ist ihr Sohn intelligent, neugierig und wissbegierig, aber unendlich faul oder anders ausgedrückt überhaupt nicht motiviert zum Lernen. Das führt uns zu der Frage, worin eigentlich die Motivation von Schülern besteht und was sie beeinflusst.

Mit Fragen der menschlichen Motivation befassen sich verschiedene Wissenschaftsdisziplinen schon seit Jahrzehnten, und es gibt kaum ein Feld, das so ausgiebig erforscht wurde wie die menschliche Motivation in und außerhalb der Schule. Dabei richtet sich das Forschungsinteresse auch auf die Entstehung von Motivation(en) und ihren Beitrag zur Persönlichkeitsentwicklung. Mitunter wurde festgestellt, dass Motivation, die bereits in der Kindheit zu Tage tritt, sich oftmals in den späteren Jahren konsolidiert und die erwachsene Person charakterisiert. Demnach wäre der oben beschriebene neunjährige Junge prädestiniert, auch als Erwachsener unmotiviert durchs Leben zu gehen.

Zahlreiche Beobachtungen widersprechen einer solchen Prognose. Kornadt (1975) führt als Beispiel den damaligen Rektor der Universität des Saarlandes an, einen Medizinprofessor von hohem Rang, der laut eigener Aussage in der Schule nicht die Leistungen erbracht hatte, um bei dem in den 1970er Jahren geltenden Numerus clausus ein Medizinstudium anzutreten hätte können. Dieser Fall ist beileibe keine Ausnahme, und es ist gelegentlich erstaunlich, dass sich viele in Beruf und Wissenschaft sehr erfolgreiche Personen selbst als ehemals schlechte Schüler bezeichnen (was bei Klassentreffen auch von anderen bestätigt wird). Wenn es um mangelnde Motivation zum Lernen in der Schule und späteren Erfolg geht, wird gerne auf Albert Einstein verwiesen. Das Gerücht, er sei ein allgemein schlechter Schüler gewesen, hält sich hartnäckig, obwohl es völlig aus der Luft gegriffen ist und auf den ersten Biografen Einsteins zurückgeht,

13 Es handelt sich um die Studie von Abuhamdeh und Csikszentmihalyi (2012).

der das Benotungssystem der Schweiz mit dem deutschen verwechselt hatte. Die Probleme, die Einstein *mit* der Schule hatte, waren weniger leistungsbedingt als motivationaler Natur, da er gegen das von Zucht und Ordnung geprägte Schulsystem des Kaiserreichs opponierte und lieber seinen eigenen naturwissenschaftlichen Interessen folgte. Das heißt, dass er durchaus motiviert zum Lernen war, aber nicht unter den Bedingungen des damaligen Schulsystems. Ähnliches ist auch heutzutage vielfach zu beobachten. Da verbringen Schüler, die von ihren Lehrern als unmotiviert und desinteressiert bezeichnet werden, einen Großteil ihrer Freizeit mit Aktivitäten, die in der Schule keine Wertschätzung genießen, aber für die persönliche Bildung bedeutsam sind.

In diesem Abschnitt geht es um den Zusammenhang von Motivation und Persönlichkeitsentwicklung, wobei wieder eine ausgesprochen *entwicklungspädagogische* Betrachtungsweise zugrunde gelegt wird. Sie fußt auf der Annahme, dass Motive und Motivationen sich entwicklungs- wie auch lernabhängig verändern, was die Möglichkeit eröffnet, sie durch pädagogische Maßnahmen zu beeinflussen.

3.6.1 Motive und Motivation(en)

» **Siebente Stufe Erkenntnis**

Sechs Wörtchen nehmen mich in Anspruch jeden Tag:
Ich soll, ich muß, ich kann, ich will, ich darf, ich mag.
Ich soll, ist das Gesetz, von Gott ins Herz geschrieben,
Das Ziel, nach welchem ich bin von mir selbst getrieben.
Ich muß, das ist die Schrank', in welcher mich die Welt
Von einer, die Natur von andrer Seite hält.
Ich kann, das ist das Maß der mir verlieh'nen Kraft,
Der That, der Fertigkeit, der Kunst und Wissenschaft.
Ich will, die höchste Kron' ist dieses, die mich schmückt,
Der Freiheit Siegel, das mein Geist sich aufgedrückt.
Ich darf, das ist zugleich die Inschrift bei dem Siegel,
Beim aufgethanen Thor der Freiheit auch ein Riegel.
Ich mag, das endlich ist, was zwischen allen schwimmt,
Ein Unbestimmtes, das der Augenblick bestimmt.
Ich soll, ich muß, ich kann, ich will, ich darf, ich mag,
Die sechse nehmen mich in Anspruch jeden Tag.
Nur wenn du stets mich lehrst, weiß ich, was jeden Tag
Ich soll, ich muß, ich kann, ich will, ich darf, ich mag.
(Friedrich Rückert 1897)

Dieses Gedicht ist nur so gespickt mit Aussagen, die man der Thematik der menschlichen Motivationen zuschreiben kann. Wie aber nähert sich die Wissenschaft der Frage, was Menschen motiviert? Sie tut es in zweierlei Weise: Zum einen werden allgemeine Theorien entwickelt, die erklären sollen, was die menschlichen Motivationen gemeinsam haben. Zum anderen stehen spezifische Motive wie Hunger, Sex, soziale Eingebundenheit, Leistungsbereitschaft usw. im Mittelpunkt, und es wird untersucht, warum und wie diese Motive das menschliche Handeln antreiben. Über diese Forschungsansätze berichten einige Lehrbücher (z. B. Heckhausen und Heckhausen 2010; Kuhl 2010; Rothermund und Eder 2011). Vor dem Hintergrund dieser Abhandlungen werden wir uns in dem folgenden Abschnitt mit den entwicklungspädagogischen Aspekten der Ontogenese menschlicher Motivation(en) beschäftigen, wobei wir uns auf die sogenannte *Bedürfnishierarchie* von Maslow als Bezugsrahmen stützen. Zunächst aber soll eine Klärung der wichtigen Begriffe erfolgen.

3.6.1.1 Was Menschen motiviert

Der Begriff *Motivation* ist ein Sammelbegriff für unterschiedliche psychische Prozesse, die Verhalten auslösen, ihm eine Richtung geben und es für eine bestimmte Zeit aufrechterhalten (vgl. Woolfolk 2008). Dementsprechend wird untersucht, wie und warum Menschen Handlungen einleiten, die sich auf die Erreichung spezifischer Ziele richten, wie stark sie in diese Handlungen involviert sind, wie ausdauernd sie in ihren Versuchen sind, die gesteckten Ziele zu erreichen, und was sie bei den Handlungen denken und fühlen. Bei alledem wird davon ausgegangen, dass *Motivation* aus der Wechselwirkung zwischen *Motiven als psychischen Dispositionen* und den konkreten *Anforderungen der Situation* resultiert, in der eine Person handelt. So ergibt sich die Motivation eines Schülers, in einer Prüfung gut abzuschneiden, aus der Wechselwirkung des Motivs, selbstwertdienliche Informationen über die eigene Leistungsfähigkeit zu erhalten, mit einer Situation, die diese selbstwertdienlichen Informationen bieten kann.

Begrifflich wird also zwischen *Motiv* und *Motivation* unterschieden; darüber hinaus wird im Alltag auch häufig von der *Motivierung* einer Person gesprochen, was aber unter Umständen den Zirkelschluss heraufbeschwört, Motivation mit der Motivierung einer Person aufgrund der Anregung eines Motivs oder Motivsystems gleichzusetzen. Um solche Zirkelschlüsse zu vermeiden, legen wir folgende *Definitionen* zugrunde:

Motive – Motive sind psychische Dispositionen, die sich im Verlauf der individuellen Entwicklung als persistente und charakteristische Dispositionen einer Person herausbilden. Alltagspsychologisch werden auch die Bezeichnungen *Bedürfnisse, Beweggründe, Triebe, Neigungen* und *Streben* verwendet. Motive müssen durch Anreize der Situation angeregt werden, damit es zu Verhalten kommt oder unerwünschtes Verhalten unterlassen wird. Beobachtbare Verhaltensweisen sind aber nicht Gegenstand, sondern die Folge von Motivanregungen. Denn die Anregung ein und desselben Motivs kann verschiedenartige Verhaltensweisen nach sich ziehen (z. B. Wahrnehmen, Denken, Reproduktion von Wissen, Sprechen oder motorische Tätigkeiten wie Laubsägearbeiten oder Sport).

Motivation – Aus der Wechselwirkung eines Motivs (Disposition einer Person) und den Anreizen einer Situation ergibt sich die Motivation als momentane Gerichtetheit auf ein Handlungsziel. Diese Gerichtetheit auf etwas Erstrebenswertes ist das charakteristische Merkmal der Anregung von Motiven wie dem Leistungsmotiv, Machtmotiv oder Anschlussmotiv, wobei stets eine Auswahl zwischen verschiedenen Handlungsmöglichkeiten angeregt wird.
Motivationen lassen sich hinsichtlich der Intensität und Ausdauer der Zielverfolgung wie auch hinsichtlich der Ergebnisse der Handlungen unterscheiden. Manche Personen verfolgen beharrlich und mit großem Energieaufwand das Erreichen eines Ziels, das anderen völlig gleichgültig ist. Solche Personen, die eine Befriedigung von Motiven um ihrer selbst anstreben, werden in der Literatur als *intrinsisch motiviert* bezeichnet. Personen, für die äußere Anreize (z. B. Lob der Eltern) die Verfolgung eines Handlungsziels bewirken, werden als *extrinsisch motiviert* bezeichnet. Zeitlich überdauernde Zielorientierungen in einem Gegenstandsbereich (z. B. einem Schulfach) werden auch als *Interessen* bezeichnet (Schiefele 1991).

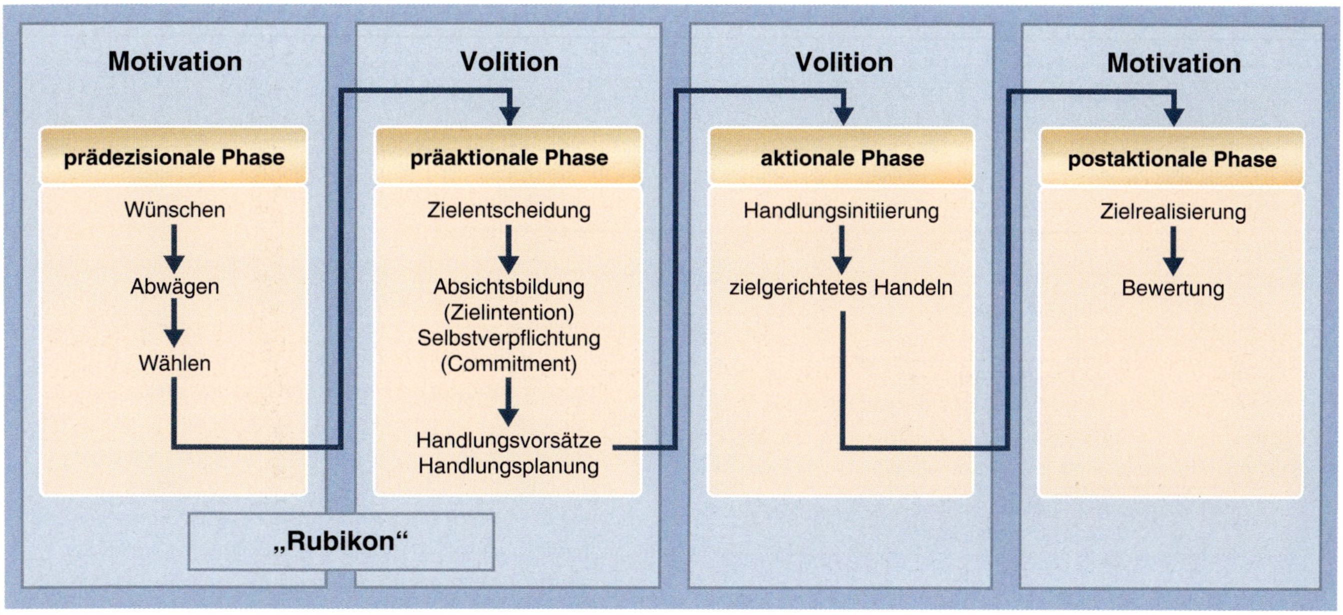

Abb. 3.36 Das Rubikonmodell der Handlungsphasen. (Nach Schuhmacher 2001, S. 70)

Volition – Die Frage, wie die Umsetzung von Zielen durch Handlungen vonstattengeht, hat zu einer Unterscheidung zwischen Motivation und Volition geführt. Während die Motivation entscheidet, welches Ziel von einer Person gewählt wird, gilt die Volition (bzw. der Wille) als treibende Kraft auf dem Weg zur Zielerreichung. Im *Rubikonmodell* der Handlungsphasen von Heckhausen und Gollwitzer (1987) werden vier Phasen des Planens und Handelns unterschieden, die vom Abwägen von Handlungsoptionen und der Auswahl einer Option über das Planen bis hin zu der Umsetzung in konkretes Handeln und der Bewertung der Handlungsergebnisse reichen (Abb. 3.36).
Während motivationale Prozesse in diesem Modell in den Phasen vor und nach der Entscheidung zum Handeln dominieren, haben die volitionalen Prozesse mit der konkreten Realisierung von Zielen durch Handeln zu tun und sind daher in den Handlungsphasen vorherrschend. Die praktischen Anwendungsmöglichkeiten des Modells werden vor allem in der Pädagogik diskutiert (Kiper und Mischke 2008; Laux 2004). Die Förderung der Volition gilt als Mittel der Motivierung und als Weg zur Verbesserung des Lernens in der Schule.

Motivierung – Während die Motivanregung durch Anreize einer Situation funktional und unbeabsichtigt erfolgt, wird mit dem Begriff der Motivierung eine pädagogische Dimension angesprochen. Motivierung bedeutet nämlich, Personen mit Absicht auf bestimmte Handlungsziele auszurichten und die Situationen, in denen die Personen handeln, derart mit Anreizen auszustatten, dass bestimmte Motive (z. B. das Leistungsmotiv) angeregt werden. Dabei sind die äußeren Bedingungen so zu gestalten, dass die handelnden Personen auch die Chance bekommen, die gesteckten Ziele zu erreichen.
Nicht nur in der Schule, sondern auch in der Wirtschaft werden Leistung und Zufriedenheit als wichtige Ziele der Motivierung von Schülern und Mitarbeitern betrachtet. Dabei wird das individuelle Anspruchsniveau in Bezug auf die Leistung als ein wichtiges Unterscheidungsmerkmalen zwischen Personen betrachtet.

In pädagogischen Kontexten wird der Motivation, zu lernen und Leistungen zu erbringen, eine überragende Bedeutung beigemessen, weshalb dem Thema Lernmotivation ein großes Gewicht zukommt. Die Lernmotivation wird dabei dafür verantwortlich gemacht, ob ein Schüler das lernt, was er lernen soll. In diesem Kontext gilt für viele Pädagogen die Daumenregel: (Intrinsisch) motivierte Schüler *wollen* Wissen und Fertigkeiten erwerben, sind begeistert bei der Sache, haben Freude daran, auch schwierige Lernaufgaben zu lösen, und sind stolz, wenn sie Erfolg haben. Nicht motivierte Schüler sind hingegen passiv, meiden Anstrengungen und geben leicht auf. Wenn sie sich anstrengen, wollen sie Bestrafung vermeiden; sie mögen die Schule nicht und meiden sie, wann immer sie können. Dabei wird leicht übersehen, dass die Motivation der Schüler auch von dem Motivierungspotential der jeweiligen Lernumgebung abhängig ist.

Menschen verfügen über verschiedenartige Motiv- und Bedürfnisstrukturen, die in bestimmten Situationen angeregt werden und Handlungen auslösen, die im Hinblick auf die Befriedigung der jeweils angeregten Motive und Bedürfnisse als effektiv betrachtet werden. So werden in pädagogischen Handlungsfeldern ja nicht nur die Lern- und Leistungsmotivation angeregt, sondern z. B. auch die Motivsysteme Neugier und Aggression (vgl. Berlyne 1978; Slusarek 1995; Kornadt 2011). Daraus kann hergeleitet werden,

- dass es so viele verschiedene Motive gibt, wie es inhaltlich unterscheidbare Person-Umwelt-Bezüge gibt, und
- dass diese nicht alle auf einmal wirksam werden, sondern in einer Sequenz ihrer jeweiligen Bedeutsamkeit.

So jedenfalls behauptet es Abraham Maslow (z. B. 1943, 1970).

3.6.1.2 Maslows Theorie der Motivstrukturen

Mit dem Namen *Maslow* (1908–1970) wird vor allem die *Hierarchie menschlicher Motivationen* bzw. *Bedürfnisse* assoziiert, die eine geordnete Aufeinanderfolge der Motivbefriedigung zugrunde legt – mit biologischen Grundmotiven an der Basis und der Selbstverwirklichung an der Spitze (Abb. 3.37). Diese Maslow zugeschriebene *Bedürfnishierarchie* dürfte die populärste Darstellung menschlicher Motivstrukturen sein, die im Laufe des 20. Jahrhunderts entwickelt wurde. Sie fehlt in keinem Lehrbuch, das sich mit der Motivation befasst. Für eine entwicklungspädagogische Betrachtungsweise ist die Theorie Maslows bedeutsam, weil sie davon ausgeht, dass Menschen ihr ganzes

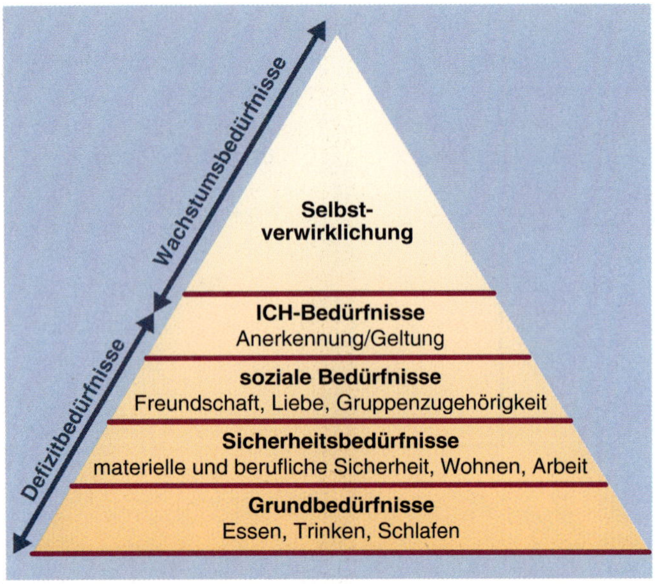

Abb. 3.37 Die Bedürfnispyramide Maslows

Leben lang nach Erfüllung und Selbstverwirklichung streben. Diese Grundannahme der von Maslow mitbegründeten *humanistischen Psychologie* besagt, dass der Mensch in seiner Ganzheit durch angeborenes Entwicklungspotential angetrieben wird, um letztendlich das höchste Ziel der Selbstverwirklichung zu erreichen. Um die Argumentation Maslows besser zu verstehen, soll kurz auf verschiedene Motivationstheorien eingegangen werden, die mit der humanistischen Psychologie konkurrieren.

Triebtheorie der Motivation

Physiologische Bedürfnisse erzeugen einen als unangenehm empfunden Spannungszustand, der den Organismus motiviert, sich so zu verhalten, dass die Spannung vermindert wird und der Körper zu einem ausgewogenen Zustand zurückkehrt (Hull 1943). In der ursprünglichen Form wurde die Triebtheorie benutzt, um biologische Grundfunktionen wie Essen, Trinken, Schlafen und Sex zu erklären. Für Hunger z. B. wurde folgende Sequenz zugrunde gelegt: Lebensmittelentzug → Hunger → Suche nach Nahrungsmitteln und Essen → Triebreduktion. Mit der Triebtheorie lassen sich bestimmte biologisch bedingte Verhaltensweisen erklären, nicht aber z. B. Essstörungen Jugendlicher oder die Motivation eines Arbeitssüchtigen oder eines geldgierigen Managers (vgl. Weiten 2011). Vor allem kann die Triebtheorie nicht erklären, warum sich manche Menschen in Handlungen ergehen, die Spannung eher steigern als mindern – z. B. wenn sie neue Gebiete erkunden wollen oder gefährlichen Sportarten (wie Gletscherwandern, Höhlentauchen) nachgehen. Hierfür wird die Erregungstheorie verwendet.

Erregungstheorie

Nach dieser Theorie sind alle Menschen bestrebt, ein *Optimum* an körperlicher Erregung, d. h. nicht zu viel und nicht zu wenig, zu erreichen und aufrechtzuerhalten. Selbstverständlich unterscheiden sich Individuen in dem Ausmaß an Stimulation, das sie als optimal für sich betrachten. Allgemein scheint es jedoch so zu sein, dass Menschen motivierter sind, wenn sie sich in Aktivitäten engagieren können, die sie herausfordern – nicht zu einfach, weil dies langweilig ist, aber auch nicht zu schwierig, weil dies dann Angst auslösen kann (Csikszentmihalyi 1997).

Anreiztheorie

Im Gegensatz zu der Auffassung, dass Menschen durch innere Bedürfnisse zu Handlungen gedrängt werden, steht die Auffassung, dass Menschen durch äußere Ziele oder Anreize angezogen werden. Dabei kann jedes Reizobjekt, das Menschen mit einem positiven oder negativen Ergebnis assoziieren, als Anreiz dienen – Schulnoten, Geld, Eiscreme, ein romantischer Abend oder auch die Befreiung von Schmerzen. Menschen sind motiviert, sich anzustrengen, wenn sie erwarten können, dadurch die durch einen Anreiz ausgelöste Gewinnerwartung befriedigen zu können und sich wohlzufühlen. Gemäß der Anreiztheorie setzen sich Menschen Ziele, machen Pläne und denken über die Ergebnisse ihrer Handlungen nach. Neben verschiedenen Emotionen ist stets auch die Kognition beteiligt (McClelland 1987; Heckhausen 1989).

Ungeachtet dessen, ob Menschen von ihren biologischen Trieben, dem Streben nach Erregung oder dem Wunsch nach Belohnungen zum Handeln motiviert werden, stellt sich die Frage, ob alle Menschen dieselben grundlegenden Motive befriedigen wollen. Und wenn das so ist: Welche Motive sind es dann, die Menschen unter Spannung setzen und zum Handeln treiben? Und was, so die Frage Maslows, wünschen sich Menschen am meisten im Leben? Er gibt auch die Antwort (z. B. Maslow 1943): Menschen sind bestrebt, eine Sequenz an Motivationen (Bedürfnissen) zu befriedigen – angefangen bei den basalen, die das Überleben sichern, bis hin zu denen, die auf die Selbstverwirklichung zielen.

Das Erreichen von Selbstverwirklichung baut auf den ichbezogenen Motiven der Wertschätzung und des sozialen Anschlusses auf; diese wiederum setzen eine hinreichende Befriedigung von Sicherheitsbedürfnissen voraus, die wiederum die Befriedigung physiologischer Grundbedürfnisse voraussetzen (Abb. 3.37). Dabei gelten zwei Prinzipien:

1. Motive auf den unteren Ebenen der Hierarchie haben den Vorrang gegenüber denen an der Spitze. Anders ausgedrückt: höhere Motive werden erst bedeutsam für eine Person, nachdem die grundlegenderen befriedigt sind. Bleibt zum Beispiel die Befriedigung biologischer Bedürfnisse aus, ist kein Übergang zu sozialen Motiven möglich. Und erst wenn diese befriedigt sind, können ichbezogene Motive angeregt werden.
2. Die biologischen, sozialen und selbstbezogenen Motive sind *Defizitmotive* und folgen dem homöostatischen Prinzip: Je größer ein Defizit in einem Bedürfnis erlebt wird und je grundlegender es ist, desto stärker wird die Person zum Handeln motiviert, um es zu befriedigen. Ähnlich argumentierte auch Piaget, insofern er die erlebte Dissonanz kognitiver Schemata als den einzigen motivationalen Zustand anerkannte, der Handlungen auslöst, um Schemata wieder in ihr Gleichgewicht zu bringen. Demgegenüber ist

das Motiv der Selbstverwirklichung aus der Sicht Maslows ein *Wachstumsmotiv*. Ihm liegt das Streben nach persönlicher Entwicklung zugrunde, welches das gesamte Leben einer Person durchzieht (Maslow 1955), denn eine Person ist immer *in Entwicklung* und bleibt nie an einem Punkt stehen. In der Selbstverwirklichung findet der Mensch eine Bedeutung für das Leben.

Abweichend von den in ▶ Abschn. 3.3 beschriebenen Stufenmodellen geht Maslow nicht davon aus, dass eine Stufe vollständig durchlaufen sein muss, ehe der Übergang zur nächsthöheren erfolgen kann:

» our theoretical discussion may have given the impression that these five sets of needs are somehow in a step-wise, all-or-none relationship to each other. We have spoken in such terms as the following: „If one need is satisfied, then another emerges." This statement might give the false impression that a need must be satisfied 100 per cent before the next need emerges (Maslow 1943, S. 376).

Um die von Maslow angesprochene Fehlannahme zu vermeiden, dass vor der Anregung eines höheren Motivs zunächst die niedrigeren Motive *vollständig* befriedigt sein müssen, wurden alternative Darstellungen der Motivebenen vorgeschlagen (z. B. ▫ Abb. 3.38), die der Dynamik der Persönlichkeitsentwicklung und Intensität der Motivanregung besser entsprechen.

Unabhängig von der Art der Darstellung gilt der Grundsatz, dass *Defizitmotive* (wie z. B. das Bedürfnis nach Nahrung oder das Zugehörigkeitsgefühl) angeregt werden, wenn sie unerfüllt sind. Im Unterschied zu Defizitmotiven entwickeln sich *Wachstumsmotive* kontinuierlich weiter, auch wenn sie zeitweilig befriedigt sind. Ursprünglich begriff Maslow alleine die Selbstverwirklichung als Wachstumsmotiv (▫ Abb. 3.37). Später gelangte er zur Unterscheidung von acht Motivsystemen.

Die Motivsysteme Maslows (1970):
- *Transparenzmotiv* (anderen bei der Selbstverwirklichung helfen),
- *Selbstverwirklichungsmotive* (persönliches Wachstum, Erfüllung usw.),
- *ästhetische Motive* (Schönheit, Balance, Form usw.),
- *kognitive Motive* (Wissen, Bedeutung, Selbstwahrnehmung usw.),
- *Wertschätzungsmotive* (Leistung, Status, Verantwortung, Ansehen usw.),
- *Anschlussmotive* (Zugehörigkeit, Liebesbedürfnisse, soziale Beziehungen),
- *Sicherheitsmotive* (Schutz, Sicherheit, Regel, Gesetze usw.),
- biologische und physiologische Motive (Luft, Essen, Trinken, Sex usw.).

Gerrig und Zimbardo (2008) betrachten ästhetische Motive, Selbstverwirklichungsmotive und das Transparenzmotiv als Wachstumsmotive, andere Autoren (z. B. Noltemeyer et al.

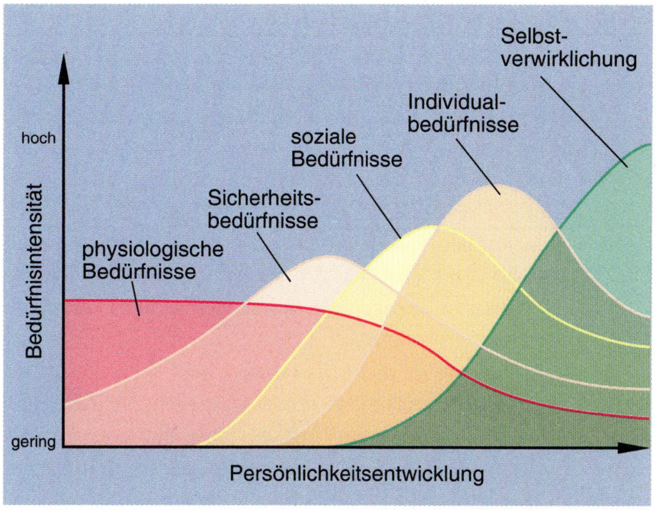

▫ **Abb. 3.38** Dynamische Darstellung der Maslow'schen Motivebenen von Philipp Guttmann. (Quelle: ▶ http://de.wikipedia.org/wiki/Datei:Dynamische_Darstellung_der_Bedürfnishierarchie_nach_Maslow.png)

2012a) zählen auch schon die Wertschätzungsmotive (wie z. B. das Leistungsmotiv) zu den Wachstumsmotiven.

» Ein Musiker muß Musik machen, ein Maler muss malen, ein Schriftsteller muß schreiben, um letztendlich in Frieden mit sich selber zu sein. Was ein Mensch sein kann, muß er sein (Maslow 1968, S. 46).

Zu dieser Aussage, die sich auf die Selbstverwirklichung des Menschen als Wachstumsmotiv bezieht, passt das Beispiel von John Walker Lindh, einem jungen Amerikaner, der nach dem 9. September 2001 in Afghanistan als Kämpfer der Taliban gefangen genommen und zu einer langen Gefängnisstrafe verurteilt wurde. Sein Schicksal wird in den Vereinigten Staaten seit Jahren kontrovers diskutiert und hat mittlerweile auch Eingang in psychologische Lehrbücher (z. B. Weiten 2011) gefunden. Dabei werden u. a. folgende Fragen aufgeworfen:

» Was hat diesen jungen Mann, Sohn eines katholischen Rechtsanwalts und einer Angestellten im Gesundheitswesen, dazu gebracht, bei seiner Suche nach einer neuen Religion und Kultur alles aufzugeben, was ihm vertraut gewesen war? Was hat ihn dazu bewegt, Familie, Wohnort und Land zu verlassen, um sein Leben dem Islam zu weihen, während seine Altersgenossen sich in sportlichen Aktivitäten, Musik, Schule und Romanzen ergingen?

Der *Fall John* ist, wie man weiß, nicht auf die USA beschränkt, sondern zahlreiche Fälle dieser Art finden sich auch in Europa. Die Frage, warum z. B. Gudrun Ensslin von der hochbegabten und strebsamen Tochter eines Pfarrers zu einem führenden Mitglied der *Rote Armee Fraktion*, einer Terrororganisation der 1970er Jahre, mutierte, bewegt die Gemüter von Schriftstellern, Komponisten und Filmemachern bis in die jüngste Zeit, ohne dass eine endgültige Antwort gefunden wurde. Maslows Antwort lautet, dass jeder Mensch seinen ihm eigenen Weg zur Selbstverwirklichung sucht und findet – auch wenn es der Weg in das Verbrechen ist. Bei einer Person besteht das Ziel darin, die ideale Mutter zu verkörpern, bei einer anderen, sportlichen Erfolg zu haben, und eine weitere findet ihre Erfüllung im Malen oder Erfinden.

Variantenreich ist auch die Befriedigung von Motiven und Bedürfnissen, die in der angenommenen Hierarchie weit unterhalb des Motivs der Selbstverwirklichung liegen. Selbst im Hinblick auf die basalen Bedürfnisse wie Hunger gibt es signifikante Abweichungen von dem, was man als *normal* betrachtet. Die Bereitschaft von Menschen, sich aufgrund politischer Motive zu Tode zu hungern, belegen die Stärke des Willens selbst bei basalen Motiven.

Maslows Theorie ist nicht unkritisiert geblieben. Deci und Ryan (2000) beispielsweise monieren, dass sie nicht die menschlichen Motive enthalte, sich beim Tätigsein fähig, autonom und sozial abgesichert zu fühlen. Freilich beziehen sich Deci und Ryan dabei auf die ursprüngliche fünfstufige Bedürfnishierarchie. Das gilt auch für die Studie von Sheldon et al. (2001), die bei 322 erwachsenen Versuchspersonen der einfachen Frage nachging, welche Erfahrungen Menschen glücklich machen und sich daher als psychologische Bedürfnisse qualifizieren. Die Autoren fanden per Fragebogen heraus, dass das Streben nach Eigenständigkeit, Kompetenz und sozialer Eingebundenheit konsistent unter den vier Bedürfnissen an der Spitze rangierte. Auch die Selbstachtung erwies sich als wichtig, während die Selbstverwirklichung (bei Maslow an der Spitze der Hierarchie), das physische Befinden und das Streben nach Beliebtheit als weniger wichtig beurteilt wurde; das Bedürfnis nach Geld und Luxus wurde als am unwichtigsten eingestuft. Aus diesen Ergebnissen leiteten Sheldon et al. die Feststellung ab, dass eigentlich nur Eigenständigkeit, Kompetenz, soziale Eingebundenheit und Selbstachtung als psychische Bedürfnisse zu betrachten sind, ebenso auch das Bedürfnis nach Sicherheit, dieses aber nur in Zeiten der Entbehrung. Abgesehen von untersuchungsmethodischen Schwächen eignet sich die Studie von Sheldon et al. nicht, Maslows theoretische Grundannahmen zu entkräften. Allerdings weist sie nachdrücklich auf die bislang fehlende empirische Validierung der Bedürfnishierarchie hin. Dessen ungeachtet bietet sie einen allgemeinen Bezugsrahmen für die Behandlung des Themas Motivation über die gesamte Lebensspanne.

3.6.1.3 Pädagogisch relevante Motivsysteme

Eine Literaturanalyse zeigt, dass bislang die drei Motive *Anschluss, Leistung* und *Macht* das größte Interesse von Pädagogen und Psychologen auf sich gezogen haben (Schneider und Schmalt 2000):

> » Anschluss (Kontakt, Geselligkeit) ist eine Inhaltsklasse von sozialen Interaktionen […], die alltäglich und zugleich fundamental ist mit dem Ziel, mit bisher fremden oder noch wenig bekannten Menschen Kontakt aufzunehmen und sich in einer Weise zu unterhalten, die beide Seiten als befriedigend, anregend und bereichernd erleben. Die Anregung des Motivs findet in Situationen statt, in denen mit fremden oder wenig bekannten Personen Kontakt aufgenommen und interagiert werden kann (Sokolowski und Heckhausen 2006, S. 194).

In der Maslow'schen Hierarchie steht das *Anschlussmotiv* ziemlich weit unten. Laut McAdams (1989, 2000) umfasst es zwei unterschiedliche Bedürfnisse: Das *Bedürfnis nach Zugehörigkeit*, das definiert werden kann als das Streben nach sozialen Kontakten, und das *Bedürfnis nach Intimität*, das definiert werden kann als Wunsch nach engen Beziehungen, die sich durch Offenheit der Kommunikation auszeichnen.

Das *Leistungsmotiv* wird bei einer Auseinandersetzung mit Gütemaßstäben angeregt. Dabei sind zwei Ausprägungen zu unterscheiden. Zum einen ist die *Hoffnung auf Erfolg* zu nennen, die Personen danach streben lässt, selbst gesetzten Gütemaßstäben zu entsprechen und stolz auf die eigene Leistungsfähigkeit zu sein. Zum anderen veranlasst *Furcht vor Misserfolg* Personen dazu, einer Auseinandersetzung mit Gütemaßstäben aus dem Weg zu gehen, weil sie fürchten, ein Scheitern könnte als eindeutiger Hinweis auf mangelnde Fähigkeit betrachtet werden. Dem Leistungsmotiv wird in pädagogischen Zusammenhängen eine große Bedeutung beigemessen – es gilt allgemein als entscheidender Faktor für den schulischen Erfolg. Neben der schulisch relevanten Leistungsmotivation ist auch die *Arbeitsmotivation* zu nennen, die auf die Anregung des Leistungsmotivs zurückgeht und der Erklärung der inhaltlichen Ausrichtung, der Intensität sowie der Zeitdauer des Arbeitsverhaltens dient.

Das *Machtmotiv* äußert sich in dem Bedürfnis, sich stark und einflussreich zu fühlen. Auch dabei sind zwei Varianten zu unterscheiden: Zum einen verleitet *Hoffnung auf Kontrolle* dazu, bei allen möglichen Gelegenheiten Überlegenheit zu demonstrieren und zu versuchen, den eigenen Machtbereich auszuweiten. Zum anderen äußert sich die *Furcht vor Kontrollverlust* in dem Bestreben einer Person, die Macht sichern zu wollen. Personen mit einer starken Furcht vor Kontrollverlust denken ständig, andere wollten ihre Macht einschränken oder sie ausbooten.

Darüber hinausgehend ist auch das Motivsystem der *Selbstbestimmung* im Sinne der Selbstbestimmungstheorie der Motivation von Deci und Ryan als pädagogisch bedeutsam zu beurteilen (Deci und Ryan 1993; Ryan und Deci 2000). Unter anderem in der Tradition der humanistischen Psychologie stehend, betont diese Theorie den Stellenwert des Strebens nach Selbstbestimmtheit für die Persönlichkeitsentwicklung. Der Begriff der Selbstbestimmtheit bezieht sich dabei auf das Ausmaß, in dem Personen über ihre Handlungen frei entscheiden können. Grundlegend ist die Annahme von drei Motiven (*Autonomie, Kompetenz* und *soziale Eingebundenheit*) und einem angeborenen Bestreben, diese zu befriedigen, um persönliches Wachstum und psychisches Wohlbefinden zu erreichen. In der Terminologie Maslows ist das Motiv der Selbstbestimmung ein Wachstumsmotiv.

3.6.2 Grundzüge der Motivationsentwicklung

Obwohl hilflos geboren, sind Neugeborene mit Reflexen ausgestattet, sich Personen zuzuwenden. Sie sprechen auf Gesichter an, wenden ihre Köpfe zu Klängen hin und sie sind darauf vorbereitet, bestimmte Gesichtsausdrücke nachzunahmen. Sehr zur Freude der Eltern scheint das neugeborene Kind von Natur aus so etwas wie ein „soziales Tier" zu sein. Wenn Sie einmal bedenken, wie viel Zeit Sie damit verbringen, mit anderen zusammen zu sein, sich mit anderen zu unterhalten, wie stark Sie sich sehnen,

■ **Tab. 3.18** Merkmale anschlussmotivierter Personen. (Nach Sokolowski und Heckhausen 2006)

Hoch anschlussmotivierte Personen …	Personen mit Furcht vor Zurückweisung …
– sehen andere sich selbst ähnlicher – sehen andere positiver – mögen andere mehr – werden von anderen mehr gemocht – wirken auf andere ansteckend – sind zuversichtlicher im Umgang mit anderen – treffen Entscheidungen im sozialen Kontext zielangemessen – reagieren auf soziale Zurückweisung sehr spezifisch	– fühlen sich in sozialen Situationen überfordert – sind weniger zuversichtlich – verhalten sich verspannter und ängstlicher – sehen sich selbst als unbeliebter – haben wenig soziales Geschick – haben eher pessimistische Erwartungen – reagieren irritiert (und irritierend) auf Unterbrechungen in der Interaktion

bestimmte Personen zu treffen, und wie viele Sorgen Sie sich über andere machen, werden Sie bemerken, dass wir alle „soziale Tiere" sind. *Menschen brauchen Menschen.* Daher ist das Anschlussmotiv dem Menschen in die Wiege gelegt (Dornes 1993).

3.6.2.1 Entwicklung der Anschluss- und Bindungsmotivation

In Entsprechung mit den bisherigen Ausführungen zum Anschlussmotiv unterscheiden wir zwischen dem *Bedürfnis nach Zugehörigkeit* bzw. *sozialer Eingebundenheit* und dem *Bedürfnis nach Intimität.* Das Motiv der sozialen Eingebundenheit umfasst wiederum die Komponenten *Hoffnung auf Anschluss* und *Furcht vor Zurückweisung* (Mehrabian und Kszionzky 1974). Beide werden auf der Grundlage früher Erfahrungen in wichtigen Sozialkontakten entwickelt. In ■ Tab. 3.18 sind die Merkmale beider Komponenten aufgeführt.

Akzeptanz, emotionale Zuwendung und Fürsorge einer Bezugsperson (Mutter, Vater), auf deren Zuneigung und Pflege das Kleinkind angewiesen ist, ziehen eine Befriedigung des Anschlussmotivs nach sich und stärken die Komponente Hoffnung auf Anschluss. Sie stärkt die Zuversicht, auch in Zukunft sozial eingebunden zu werden, und bildet die Grundlage für den Aufbau stabiler sozialer Beziehungen.
Umgekehrt führt die fortgesetzte Zurückweisung durch die Bezugsperson zu der Erwartung, auch zukünftig und von anderen abgelehnt zu werden. Die daraus resultierende Furcht vor Zurückweisung beeinflusst die Qualität der zwischenmenschlichen Kontakte ebenso dauerhaft wie die positive Anschlussmotivation.
Die Hospitalismusforschung (z. B. Youngleson 1973) zeigt, dass Kleinkinder, die von ihrer ersten Bezugsperson zurückgewiesen werden, aus Furcht vor erneuter Zurückweisung ein stark ausgeprägtes Anschlussmotiv entwickeln und sich oft unangemessen eng an andere Personen binden. Ähnliches wurde auch für das Bedürfnis nach Intimität festgestellt (vgl. McClelland und Pilon 1983).

Andere Untersuchungen im Rahmen der *Bindungstheorie* belegen, dass die Qualität der sozialen und emotionalen Beziehungen zwischen Bezugsperson und Kleinkind dessen Anschlussmotivation prägt und die Fähigkeit zur Gestaltung stabiler intimer Beziehungen bis ins Erwachsenenalter bestimmt (vgl. Meyers und Landsberger 2002). Die *Bindungstheorie* beruht auf der Annahme, dass Menschen ein angeborenes Anschlussmotiv haben, aufgrund dessen sie enge und von intensiven Gefühlen geprägte Beziehungen zu Mitmenschen aufbauen. Die Bindungstheorie geht auf Bowlby und Ainsworth zurück und hat wesentliche Beiträge zu den Grundlagen der Pädagogik geleistet.

Mit dem Begriff *Bindung* (*attachment*) wird eine enge emotionale Beziehung zwischen Menschen bezeichnet, die sich aus der Anregung des Anschlussmotivs in frühester Kindheit entwickelt, um Fürsorge, Beruhigung und Schutz bei einer Bezugsperson zu suchen und zu erhalten.

Üblicherweise ist die Mutter die Bindungsperson, mit der das Kind während der ersten Lebensmonate den intensivsten Kontakt hat. Allerdings kann die Bindungsperson bis zur 6. Lebenswoche noch nahezu beliebig wechseln, danach erst entsteht eine enge Bindung zu einer Person, wobei das Kind rasch lernt, zwischen Personen zu unterscheiden. Das setzt sich im ersten Lebensjahr fort, und das Kind lernt während einer Phase, die durch *Separation und Individuation* gekennzeichnet ist, die Unterschiede und Gemeinsamkeiten zwischen sich und anderen zu erkennen. In der sich anschließenden *Explorationsphase* entwickelt das Kind oft ein Übermaß an Initiativen, die Welt zu erkunden, und die Eltern haben alle Hände voll zu tun, die Umgebung sicher zu gestalten und auf diese Weise zu vermeiden, dem Kind ständig etwas zu verbieten. Dieser Entwicklungsabschnitt ist wesentlich durch *Annäherung zu und Entfernung von den Bezugspersonen* charakterisiert. Zugleich ist er durch die wachsende *Objektpermanenz* charakterisiert, die dem Kind die innere Vorstellung von nicht anwesenden Objekten ermöglicht.

Auf dieser Grundlage entwickeln sich die ersten *inneren Arbeitsmodelle* (Bowlby 1969), welche die Bindungserfahrungen und die daraus ableitbaren Erwartungen repräsentieren, die das Kind im Hinblick auf seine Beziehungen zu anderen Menschen entwickelt. Die inneren Arbeitsmodelle sind als *mentale Modelle* zu verstehen, mittels derer das Verhalten der Bezugspersonen interpretiert und vorhergesagt werden kann (Bretherton 2011). Nach dem ersten Lebensjahr werden die inneren Arbeitsmodelle zunehmend stabiler und im Verlauf der weiteren Entwicklung zu *Bindungsschemata* ausgeformt. Ab etwa dem 3. Lebensjahr beginnt das Kind, das Verhalten anderer Personen je nach Gegebenheiten einer Situation zu beeinflussen, da es nun in der Lage ist, auf der Grundlage innerer Arbeitsmodelle die Folgen von Handlungsweisen gedanklich durchzuspielen und

> » Ereignisse der realen Welt zu simulieren bzw. vorweg zu nehmen, um so […] sein Verhalten mit Einsicht vorausschauend zu planen. Je besser und genauer die Simulation der Wirklichkeit entspricht, desto besser ist das darauf basierende Verhalten angepasst (Fremmer-Bombik 1995, S. 109).

Diesem Verlauf der Entwicklung entspricht das Vierphasenmodell von Bowlby (1969).

Das Vierphasenmodell der Bindungsentwicklung

1. In der *Vorphase* der Bindung (0–2 Monate) versucht das Neugeborene durch angeborene Verhaltensweisen den Kontakt zu einer Bindungsperson herzustellen.
2. In der Phase der *beginnenden Bindung* (2–8 Monate) stellt das Kind zu der Person, zu der es den intensivsten Kontakt hat, eine Bindung her. Das Kleinkind beginnt, auf bekannte Personen anders zu reagieren als auf fremde (*Personenunterscheidung*). Es wirkt auf seine Umgebung ein und entwickelt auf der Grundlage der erfahrenen Selbstwirksamkeit allmählich ein Ich-Bewusstsein. Unbekannten Personen gegenüber beginnt das Kind zu „fremdeln".
3. Das „Fremdeln" verstärkt sich in der *Phase der eigentlichen Bindung*, für die der Zeitraum vom 7./8. Monat bis zum 24. Monat angesetzt wird. In diese Phase fällt auch die *Selbsterkennung*, d. h., das Kleinkind erkennt die eigene Person als körperlich eigenständiges Wesen. Das Kind versucht unentwegt, die Nähe zu den Bindungspersonen durch Fortbewegung, Signale und Kommunikation aufrechtzuerhalten, um das Gefühl von Sicherheit zu bewahren oder wieder herzustellen. Auf der Seite der Bezugsperson(en) löst das Bindungsstreben des Kleinkindes das aus, was man salopp als „Brutpflegeverhalten" bezeichnet. Die Kehrseite der Bindung ist die *Trauer*, denn das Kleinkind zeigt zunehmend Trennungsangst. Wenn es längere Zeit von der Bindungsperson getrennt ist, kann das tiefgreifende Trauerreaktionen mit ganzkörperlichen Symptomen auslösen. Zeigt das Kleinkind gar keine Reaktionen auf eine Trennung von der Bezugsperson, muss man annehmen, dass keine Bindung besteht oder dass es zu den *still leidenden Kindern* gehört.
4. Bis zum Beginn des Kindergartenalters entwickelt sich zwischen der Bindungsperson und dem Kind eine sogenannte *zielkorrigierte Partnerschaft*: Die *zielkorrigierte Partnerschaft* versetzt das Kind in die Lage, die Handlungen der Bezugspersonen zu begreifen und bei Nichtübereinstimmung mit den eigenen Zielen und Pläne diese entweder zu korrigieren oder durch Verhandlungen einen Kompromiss mit der Bindungsperson zu erreichen. Voraussetzung für diese Phase der Bindungsentwicklung ist eine wachsende soziale und sprachliche Reife des Kleinkindes. Zugleich ist die zielkorrigierte Partnerschaft durch Prozesse der Differenzierung und Integration der erworbenen Bindungen charakterisiert, die zunehmend wechselseitige Beziehungen zu mehreren Bindungspersonen entstehen lassen. Im Vollzug dessen, was *Separations-Individuations-Phase* genannt wird (Mahler 1972), will das Kind alles selbst machen, es entdeckt seinen eigenen Willen und verteidigt sein Selbst eindrucksvoll. Mit der Separation-Individuation geht die *Entwicklung von Autonomie* einher. Am Ende dieses Entwicklungsabschnitts ist das Kind nicht nur imstande, sich in andere Personen hineinzuversetzen, es hat auch ein *Selbstwertgefühl* und *Selbstkonzept* entwickelt. Das Selbstkonzept besteht aus der Selbstzuschreibung von Eigenschaften, Fähigkeiten, Einstellungen und Wertvorstellungen, das Selbstwertgefühl beinhaltet die Urteile über den eigenen Wert und die damit verbundenen Gefühle. Damit wird ein Prozess eingeleitet, der bis zum Tode andauert, da ja auch Erwachsene ihr Selbstkonzept und Selbstwertgefühl weiterentwickeln.

Bowlby (1995) unterscheidet neben dem Motivsystem *Anschluss und Bindung* ein weiteres angeborenes Motivsystem des Menschen, das für das Überleben notwendig ist: die *Neugier*, die sich im Explorationsverhalten manifestiert.

» Die psychische Disposition der Neugier gilt auch als Ausgangsbasis für die Entwicklung intrinsischer Lernmotivation. Allgemein wird angenommen, daß die Neugier und das damit verbundene Explorationsverhalten ihren Ausgangspunkt darin haben, daß neuen Reizen in der Umwelt Aufmerksamkeit zugewendet wird. Mit Neugier werden alle Handlungen bezeichnet, die ein aktives Einwirken des Subjekts auf Objekte der Umwelt beinhalten und die darauf abzielen, neue Erkenntnisstrukturen zu bilden (Voss 1981, S. 187).

Die Exploration der Umwelt setzt voraus, dass sich das Kind von seiner Bindungsperson entfernt. Insofern steht die Exploration im Gegensatz zum Bindungsbestreben, und das Kleinkind hat zwischen beiden die optimale Balance zu finden.

Das kann mit Hilfe des *Fremde-Situation-Tests (FST)*[14] untersucht werden, der von Ainsworth und Bell (1970) entwickelt wurde, um die von Bowlby genannten Kriterien für eine sichere Bindung zwischen Kind und Mutter nachzuweisen.

▪ Bindungstypen

Die Untersuchungen von Ainsworth et al. (z. B. 1978) zum Bindungsverhalten mit Hilfe des FST führten zur einer Klassifikation in *Bindungstypen*, die ab Mitte der 1980er Jahre auf das Erwachsenenalter übertragen wurde.[15] Während Ainsworth zwischen drei Bindungstypen (sicher, ängstlich-ambivalent und vermeidend) unterschieden hatte, werden mittlerweile vier Bindungstypen unterschieden, (z. B. Aronson et al. 2008; Resch et al. 1999):

1. Bei einer *sicheren Bindung* (B-Typ) regulieren die Kinder Nähe und Distanz zur Bindungsperson angemessen.

---

14 Der Fremde-Situation-Test läuft folgendermaßen ab: Das Kind wird in einen unbekannten Raum mit viel Spielzeug gebracht. In Anwesenheit der Mutter wird das Kind ermutigt, den Raum zu erkunden und zu spielen. Nach wenigen Minuten kommt eine fremde Person in den Raum, spricht mit der Mutter und nähert sich dem Kind. Dann verlässt die Mutter den Raum und kommt kurz danach wieder zurück. Es gibt ein Wiedersehen mit dem Kind, und die fremde Person verlässt den Raum. Der gesamte Vorgang wird per Video aufgezeichnet und ausgewertet, wobei vor allem die kindliche Reaktion in den Trennungs- und Wiedervereinigungsmomenten interessiert. Im Internet ist ein illustratives Beispiel des FST zu finden unter: ▸ http://www.youtube.com/watch?v=QTsewNrHUHU&feature=related.

15 Zur Erfassung der Bindungstypen im Erwachsenenalter wurde vor allem das *Adult Attachment Interview* (AAI) verwendet (Hesse 1999), das mit mehr als 10.000 Anwendungen zum meist verwendeten Verfahren in der Bindungsforschung avancierte (Bakermans-Kranenburg und van Ijzendoorn 2009).

2. Bei einer *unsicher vermeidenden Bindung* (A-Typ) bleiben die Kinder scheinbar unbeeindruckt davon, wenn sie von der Bindungsperson zeitweise getrennt werden (*Pseudounabhängigkeit*). Die Kinder vermeiden aber den Kontakt mit der wiederkehrenden Bindungsperson und suchen eher die Nähe einer anderen Person. Kinder, die häufig Zurückweisung erfahren haben, reagieren mit einer solchen *Beziehungsvermeidung*.
3. Bei einer *unsicher ambivalenten Bindung* (C-Typ) reagieren die Kinder auf eine Trennung von der Bindungsperson mit Stress. Die Kinder des C-Typs bewerten das Verhalten der Bindungsperson als nicht zuverlässig und vorhersagbar; daher sind sie bestrebt, sich der Treue der Bindungsperson durch übergroße Anhänglichkeit zu versichern. Das Explorationsverhalten wird eingeschränkt, da sich die Energie des Kindes auf die Stressbewältigung konzentriert.
4. Bei einer *desorganisierten Bindung* (D-Typ) können die Kinder weder eine Nähe zur Bindungsperson herstellen noch sich durch Spielen ablenken. Bei Trennungen verfügen die Kinder über keine Bewältigungsstrategie, bei Wiedervereinigung äußeren sie widersprüchliche Verhaltensweisen wie z. B. ein Einfrieren der Bewegungen (*freezing*) und Angst vor der Bindungsperson.

Ainsworth und Bell (1970) schätzen, dass etwa 70 % der Kleinkinder zum sicheren Bindungstyp gehören und jeweils 15 % zum A- und C-Typ. Allerdings finden sich in der Literatur auch andere Zahlenangaben. Dessen ungeachtet erwiesen sich die vier Bindungstypen als gute Prädiktoren für die weitere kognitive und soziale Entwicklung, insofern Kinder, die im Alter von 7 Jahren eine sichere Bindung hatten, bis ins Jugendalter hinein bessere Leistungen im konkreten und formal-operativen Denken zeigten (Stievenart et al. 2011) und auch über eine größere soziale Kompetenz verfügten (Jacobson und Hofmann 1997; Jacobson et al. 1994). Bowlby geht noch weiter, indem er die These vertritt, dass die Art der Bindung, die ein Kleinkind zu seiner ersten Bezugsperson aufbaut, über das ganze Leben hinweg relativ stabil bleibt und die Gesamtentwicklung und den Werdegang der Persönlichkeit beeinflusst.

Zahlreiche Untersuchungsergebnisse zur *intraindividuellen Stabilität* des Bindungstyps bestätigen diese These für verschiedene Abschnitte des Lebenslaufs (vgl. Hopf und Nunner-Winkler 2007; Seiffge-Krenke 2009) und lassen erkennen, dass die im Kindesalter entwickelten inneren Arbeitsmodelle die kognitive, soziale und emotionale Entwicklung bis ins Erwachsenenalter hinein beeinflussen. Anzumerken ist allerdings, dass positive Langzeiteffekte der frühkindlichen Bindung nur für den sicheren Bindungstyp B festgestellt werden konnten (z. B. Bar-Haim et al. 2000; Grossmann und Grossmann 1991; Weinfield et al. 1999; Zimmermann 1995). Sicher gebundene Kinder zeichnen sich bis ins Schulalter hinein durch eine positive soziale Wahrnehmung, hohe soziale Kompetenz, beziehungsorientiertes Verhalten, bessere Freundschaftsbeziehungen, ein vergleichsweise hohes Selbstwertgefühl und Selbstvertrauen aus (Granot und Mayseless 2001).

Während die Forschungslage zur Stabilität einer sicheren Bindung bis ins Schulalter hinein relativ gut gesichert ist, spricht Seiffge-Krenke (2009) von dem *Bindungsloch in der Adoleszenz* und führt dieses darauf zurück, dass es erstens nur wenige Studien zum Bindungsverhalten im Jugendalter gibt und dass diese zweitens auch noch irritierende Ergebnisse produzierten. Dies lässt sich laut Seiffge-Krenke darauf zurückführen, dass es bis jetzt kein angemessenes Verfahren zur Erfassung der Bindung im Jugendalter gibt. Bisher wurde in der Regel mit dem für Erwachsenen entwickelten AAI gearbeitet (z. B. Waters et al. 2000), was deutlich macht, dass nicht das tatsächliche Bindungsverhalten, sondern *Bindungsrepräsentationen* erfasst wurden (Werner-Wilson und Davenport 2003).

▪ Bindungsrepräsentationen im Jugend- und Erwachsenenalter

Einige Effekte der *Bindungsrepräsentationen* im Jugendalter sind allerdings durch empirische Studien recht gut gesichert. So zeigen *Jugendliche mit unsicherer Bindungsrepräsentation* weniger Ich-Flexibilität und ein negatives Selbstkonzept (Zimmermann und Becker-Stoll 2002) gekoppelt mit größerer Ängstlichkeit und Aggressionsbereitschaft. Demgegenüber sind *Jugendliche mit sicherer Bindungsrepräsentation* erfolgreich im Umgang mit Problemen oder belastenden Situationen (Zimmermann 1999). Solche Jugendliche verfügen auch über eine gute Balance von Autonomie und Verbundenheit mit den Eltern (Grossmann und Becker-Stoll 2003). Bei sicher gebundenen Jugendlichen geht die zunehmende Ablösung von den Eltern mit deren Wertschätzung einher (Allen und Hauser 1996), wohingegen für die unsicher gebundenen Jugendlichen die spannungsreiche Beziehung zu den Eltern ein Thema bleibt. Insgesamt zeichnet die Bindungsforschung für das Jugendalter ein Bild, wonach sichere Bindungsrepräsentation mit psychischer Stabilität gekoppelt ist (Allen et al. 2003; Waters et al. 2000), wohingegen unsichere Bindungsrepräsentationen signifikant mit psychopathologischen Störungen (z. B. Angst- und Impulskontrollstörungen, Borderlinesymptomen und Abhängigkeitserkrankungen) korrelieren (Resch et al. 2008; Seiffge-Krenke 2009).

Die Bindungstheorie besagt, dass der im Kindesalter entwickelte Bindungstyp sogar bis ins hohe *Erwachsenenalter* wirksam ist, was in erster Linie auf die Beständigkeit der inneren Arbeitsmodelle zurückgeführt wird (Shaver et al. 1996). Es wird angenommen, dass diese Arbeitsmodelle als Bindungsrepräsentationen die Erwartungen, Emotionen, Einlassungen und sozialen Verhaltensweisen aller engen Beziehungen zu anderen Personen beeinflussen. Obwohl die Bindungstheorie nicht annimmt oder fordert, dass interne Arbeitsmodelle über die gesamte Lebensspanne ohne Veränderungen andauern, stützen die Ergebnisse verschiedener Langzeitstudien die These, dass die Effekte der frühkindlichen Bindung bis ins Erwachsenenalter reichen und die Kindererziehung und Partnerschaftsbeziehungen beeinflussen (Hazan und Shaver 1987; Weiss 1991).

Aus entwicklungspädagogischer Sicht ist die Frage bedeutsam, ob die Bindungsrepräsentationen Erwachsener ihr Erziehungsverhalten beeinflussen (Main et al. 1985). Zur retrospektiven Erfassung von Bindungserfahrungen und aktuellen Einstellungen zur Bindung wurde ein halbstandardisiertes Erwachsenen-Bindungs-Interview (*Adult Attachment Interview, AAI*) angewandt. Das AAI fokussiert auf die inneren Arbeitsmo-

Tab. 3.19 Vier-Kategorien-Modell der Bindungsstile Erwachsener (Bartholomew und Horowitz 1991)

		Modell des Selbst	
		positiv	negativ
Modell der anderen	positiv	sicher (*secure*)	ängstlich-ambivalent (*preoccupied*)
	negativ	gleichgültig-vermeidend (*dismissing*)	ängstlich-vermeidend (*fearful*)

delle bezüglich vergangener und gegenwärtiger Bindungserfahrungen und gibt Einblick in die emotionale und kognitive Verarbeitung der erlebten Bindungserfahrungen von Erwachsenen. Es gilt als eines der wichtigsten Diagnoseverfahren von Bindungsverfahren in klinischen Anwendungen (Steele und Steele 2008).

AAI-Leitfaden – Kurzfassung

„Können Sie mir einen Überblick über Ihre Kindheit geben?
- Wo sind Sie aufgewachsen? Haben Sie Geschwister? Was haben Ihre Eltern beruflich gemacht?
- Haben Ihre Großeltern mit im Haus gelebt?

Wie würden Sie die Beziehung, die Sie als Kind zu ihrer Mutter hatten, beschreiben? Was sind die frühesten Erinnerungen, die Sie mit ihr verbinden?
- Vielleicht können Sie einige Begriffe oder Worte finden, die die Beziehung zu Ihrer Mutter beschreiben? Wie haben Sie sie erlebt?
- Welche Erinnerungen verbinden Sie mit der Beschreibung?

[…]
Wann waren Sie zum ersten Mal von Ihren Eltern getrennt?
Wie kam es dazu und wie erging es Ihnen dabei?
Haben Sie sich als Kind jemals abgelehnt gefühlt?
[…]
In welcher Weise haben die Erfahrungen, die Sie mit Ihren Eltern gemacht haben, Ihre Persönlichkeit beeinflusst?
[…]
Wie hat sich die Beziehung zu Ihren Eltern verändert seit Ihrer Jugendzeit?
Wie ist die Beziehung zu Ihren Eltern heute?
Was haben Sie aus Ihren Kindheitserfahrungen gelernt?
Was möchten Sie Ihren Kindern weitergeben und was wünschen Sie sich für diese?"

Die zahlreichen Anwendungen des AAI bestätigen ein relativ einheitliches Bild der vier Bindungstypen im Erwachsenenalter (vgl. Main 2000), die als
1. sicher-autonome Bindung (F: *free autonomous*),
2. unsicher-distanzierte Bindung (Ds: *dismissing*),
3. unsicher-verstrickte Bindung (E: *entangled–preoccupied*) und
4. unverarbeiteter Verlust und Trauer (U: *unresolved loss*)

bezeichnet werden.

Der sicher-autonome Bindungstyp (F-Typ) zeichnet sich durch gutes Reflexionsvermögen und eine konsistente wie auch offene Darlegung der Kindheitsgeschichte aus; er urteilt ausgewogen über positive und negative Erlebnisse. Erwachsene mit einer unsicher-distanzierten Bindung (Ds-Typ) neigen dazu, Bindungsthemen zu vermeiden oder abzublocken, sie haben Erinnerungslücken und reduzieren die Bedeutung von Bindung auf ein Minimum. Obwohl sie die Bindungspersonen der Kindheit meistens positiv darstellen, bestehen sie auf der Unabhängigkeit von anderen. Erwachsene mit einer unsicher-verstrickten Bindung (E-Typ) lenken die Aufmerksamkeit extrem auf Bindungsthemen und neigen zu ausufernden Darstellung konfliktreicher Ereignisse; sie schwanken stark zwischen positiven und negativen Bewertungen der Bindungspersonen, deren Verhalten stark verallgemeinert und psychologisiert wird. Was sie erzählen erweckt den Eindruck, als sei es erst kürzlich passiert, auch wenn es schon viele Jahre zurückliegt. Erwachsenen, die sich durch unverarbeitete Trauer über einen Verlust auszeichnen (U-Typ) neigen zu irrationalen Schilderungen von Erfahrungen, beim Tod einer nahestehenden Person glauben sie an ein eigenes Verschulden. Ihre Darlegungen zeichnen sich durch langes Schweigen und durch sprachliche Auffälligkeiten aus.

Eine völlig andere Forschungslinie befasst sich mit der Untersuchung der *Einsamkeit von Jugendlichen und Erwachsenen* in Übereinstimmung mit der These von Weiss (1982), dass chronische Einsamkeit mit einer unsicheren Bindung zusammenhängt. Unter der Annahme, dass chronisch einsame Erwachsene erfolglos in der Suche nach einer sicheren Liebesbeziehung waren und dass ihre aktuelle Ausrichtung darauf eine Nebenerscheinung früherer Beziehungserfahrungen ist, entwickelten Hazan und Shaver (1987) einen einfachen Fragebogen zur Selbstbeschreibung, der auf den drei von Ainsworth (1989) eingeführten Bindungstypen aufbaut. Die Testpersonen werden gebeten, über ihre bedeutendsten Liebesbeziehungen der Vergangenheit nachzudenken und zu entscheiden, welcher der drei Bindungstypen *sicher, unsicher-vermeidend, unsicher-ambivalent* am ehesten zur Beschreibung der eigenen Person zutrifft.

Hazan und Shaver veröffentlichten ihr Messinstrument als *love quiz* in einer Tageszeitung und konnten über 600 Personen für die Teilnahme gewinnen. Dabei stellte sich heraus, dass die Verteilung der Bindungstypen in dieser Stichprobe von Erwachsenen durchaus vergleichbar war mit den Verteilungen aus Untersuchungen mit Kindern: 56 % der befragten Erwachsenen ordneten sich dem sicheren Bindungstyp zu, 19 % dem unsicher-ambivalenten und 25 % dem vermeidenden Typ.

Zu der Frage, ob und wie weit der Bindungsstil von Erwachsenen die Qualität der Partnerschaftsbeziehungen beeinflusst, gibt es zahlreiche Untersuchungen (z. B. Holmes und Johnson 2009; Schindler et al. 2010), die mit den von Hazan und Shaver formulierten Annahmen übereinstimmen.

Vergleicht man die Untersuchungen, die entweder mit dem AAI oder mit Selbstberichten arbeiten, so stellt man rasch fest, dass es weder inhaltlich noch methodisch Übereinstimmungen gibt (Roisman et al. 2007). Sie konstituieren zwei unterschiedliche Forschungslinien, die aber übereinstimmend von zwei Arten innerer Arbeitsmodelle als Bindungsrepräsentationen ausgehen: einem *inneren Modell des Selbst* und einem *inneren Modell der anderen* (Shaver et al. 1996). Nach Bartholomew und Horowitz (1991) kann jedes der beiden Modelle positiv oder negativ gewichtet werden, so dass daraus vier Bindungstypen resultieren (Tab. 3.19).

Das Vier-Kategorien-Modell der Bindungsstile Erwachsener ist nicht nur bedeutsam im Hinblick auf die intraindividuelle Stabilität von Bindungsstilen, sondern auch hinsichtlich der *intergenerationalen Stabilität* als Weitergabe eines Bindungstyps von einer Generation an die nächste. Benoit und Parker (1994) beispielsweise behaupten, dass man auf der Grundlage des AAI schon vor der Geburt eines Kindes vorhersagen kann, in welche Kategorie die kindliche Bindung fallen wird, denn es sei drei- oder viermal wahrscheinlicher, dass sicher gebundene Erwachsene dafür sorgen, dass ihre Kinder eine sichere Bindung zu ihnen entwickeln (vgl. auch van Ijzendoorn 1995). Hinsichtlich der Weitergabe von Bindungsstilen von einer Generation zur nächsten zeichnen sich nach Dornes (1999) die in ◘ Tab. 3.20 dargestellten Zusammenhänge ab.

Während der Zusammenhang zwischen dem autonomen Bindungsstil der Eltern und der sicheren Gebundenheit der Kinder sehr hoch ist (manche Autoren gehen von einer Übereinstimmung von bis zu 82 % aus), ist der Zusammenhang zwischen den anderen Bindungsstilen erfreulicherweise deutlich geringer (Seiffge-Krenke 2009). Von zentraler Bedeutung für die Entwicklung einer sicheren Bindung von Kindern ist die *Feinfühligkeit* der Bindungspersonen, die als *intuitive emotionale Resonanzfähigkeit* (Arnold 2011) betrachtet werden kann. Sie ist laut DeWolff und van Ijendoorn (1997) zwar wichtig, aber nicht Voraussetzung für den kindlichen Bindungsstil.

3.6.2.2 Entwicklung der Lern- und Leistungsmotivation

Haben Sie schon einmal eine Person beobachten können, die durch nichts davon abzubringen war, ein Ziel zu erreichen, das Ihnen nie in den Sinn gekommen wäre? Was treibt Menschen an, Erfolg zu haben, andere zu übertreffen und im Studium oder Beruf voranzukommen? Die Antwort lautet: Es ist das *Leistungsmotiv*, das Menschen dazu antreibt, schwierige Aufgaben zu meistern, Erfolg zu haben und besser zu sein als andere. Ursprünglich in der Entwicklungsforschung beheimatet, hat sich das Konstrukt der *Leistungsmotivation* zu einem der bedeutendsten Konzepte in der Pädagogik entwickelt.

> » Leistungsmotiviert […] ist ein Verhalten nur dann, wenn es auf die Selbstbewertung eigener Tüchtigkeit zielt, und zwar in Auseinandersetzung mit einem Gütemaßstab, den es zu erreichen oder zu übertreffen gilt. Man will wissen, was einem in einem Aufgabenfeld gerade noch gelingt und was nicht mehr, und strengt sich deshalb besonders an (Rheinberg 2008, S. 60)

Allgemein wird davon ausgegangen, dass leistungsmotiviertes Handeln hauptsächlich aufgrund intrinsischer Motivation entsteht und im günstigsten Fall ein *Flow-Erlebnis* nach sich zieht. Dabei meint *Flow* das völlige Vertiefen und Aufgehen in einer Tätigkeit (Csikszentmihalyi 2010), was voraussetzt, dass die Anforderung gerade so hoch ist, um die volle Konzentration zu erzielen, aber nicht so hoch, dass eine Überforderung daraus resultiert. Im Zustand des Flow treffen Aufmerksamkeitszuwendung und die Anregung des Leistungsmotivs durch günstige Bedingungen der Umgebung harmonisch zusammen, weshalb Csikszentmihalyi Flow auch als eine Form von Glück begreift.

◘ **Tab. 3.20** Weitergabe von Bindungsstilen nach Dornes (1999)

Elterlicher Bindungsstil	Kindlicher Bindungsstil
Sicher-autonom (F-Typ)	Sicher-gebunden (B-Typ)
Unsicher-distanziert (Ds-Typ)	Unsicher-vermeidend (A-Typ)
Unsicher-verstrickt (E-Typ)	Unsicher-ambivalent (C-Typ)
Unverarbeiteter Verlust (U-Typ)	Desorganisiert (D-Typ)

Eine länger dauernde Bereitschaft, etwas zu leisten, setzt nicht zwingend eine intrinsische Motivation voraus. Dazu hat Kornadt (1975) ein anschauliches Beispiel gegeben: Ein Schüler kann aus unterschiedlichen Beweggründen motiviert sein, im Gymnasium auf Dauer mitzuarbeiten und gute Leistungen zu erbringen. Es kann der Wunsch nach beruflicher Reputation sein (z. B. Chefarzt einer Klinik), der den Schüler motiviert, im Abitur den für ein Medizinstudium erforderlichen Notendurchschnitt zu erreichen. Genauso motivierend kann aber auch das Streben nach sozialer Anerkennung durch die Eltern oder die Freude über erbrachte Leistungen sein. Es können also durchaus extrinsische Gründe für die Anregung des Leistungsmotivs ausschlaggebend sein. Wie auch immer, wir wenden uns nun dem entwicklungspädagogisch bedeutsamen Thema der Entwicklung der Leistungsmotivation (über die Lebensspanne) zu. Die im Verlauf von Jahrzehnten entworfenen unterschiedlichen Theorien der Leistungsmotivation – angefangen bei McClelland und Atkinson über Heckhausen und Weiner bis zu den heutigen Konzeptionen – werden wir eher am Rande thematisieren. Der interessierte Leser sei auf die ausgezeichneten Gesamtdarstellungen von Rheinberg (2008), Schlag (2013), Schneider und Schmalt (2000) verwiesen.

Im Allgemeinen wird die Entstehung der Leistungsmotivation in der Übergangsphase vom Kleinkind- zum Vorschulalter (also im Alter von 3 bis 4 Jahren) angesetzt. Das entspricht auch der Bindungstheorie, die davon ausgeht, dass bei Kindern in der Phase der *zielkorrigierten Partnerschaft* zunehmend das Bedürfnis wächst, die eigene Kompetenz unter Beweis zu stellen und ein Selbstkonzept und Selbstwertgefühl zu entwickeln. Zur Entwicklung der Leistungsmotivation gibt es verschiedene Theorien, die nicht nur mit Annahmen der Bindungstheorie übereinstimmen, sondern auch untereinander weitgehende Übereinstimmung aufweisen. Zu den bekannten Theorien, die sich auf die Entwicklung der Leistungsmotivation beziehen, zählen die Phasenmodelle von Dweck und Legett (1988), Heckhausen und Roelofsen (1962), Holodynski (1992) und Stipek et al. (1992). In Zusammenfassung dieser Phasenmodelle werden für die Entwicklung der Leistungsmotivation drei Entwicklungsabschnitte unterschieden.

Die Entwicklung der Leistungsmotivation

Entwicklungsabschnitt I: von der Geburt bis Ende des 3. Lebensjahres

Diesen Entwicklungsabschnitt kann man als *Anbahnung der Leistungsmotivation* und des Selbstkonzepts begreifen (vgl.

im Detail Jennings et al. 1984). Ab dem 18. Lebensmonat entstehen die ersten *Kompetenzüberzeugungen*, die mit einer Selbstbewertung als kompetent oder inkompetent verbunden sind. In diesem Entwicklungsabschnitt tauchen auch die selbstbezogenen Emotionen von Stolz, Scham und Verlegenheit auf.

Entwicklungsabschnitt II: Entstehung der Leistungsmotivation im Vorschulalter

Im Alter von 3 Jahren beginnen Kinder zwar, zwischen eigenen Handlungen und der Kontrollierbarkeit der Umgebung zu unterscheiden, mit etwa 5 Jahren lernen sie, zwischen *persönlicher Kompetenz* und *Aufgabenschwierigkeit* zu unterscheiden (Heckhausen 1982), das Verständnis der eigenen Kompetenz bleibt aber bis zum Übergang zur Grundschule noch eingeschränkt. Ab dem 5. bis 6. Lebensjahr können Kinder die eigene Anstrengung als Erklärung für eine Leistung sehen und eigene Erfahrungen als Maßstab für eine Leistung erkennen.

Entwicklungsabschnitt III: Konsolidierung der Leistungsmotivation im Schulalter

Schulanfänger haben eine sehr hohe Meinung von ihren Kompetenzen in allen Bereichen. Das sechsjährige Kind ist imstande, ein eigenes Anspruchsniveau zu setzen, aber der *soziale Vergleich* bei der Beurteilung der Leistungsfähigkeit tritt erst ab dem Alter von 7 Jahren in den Vordergrund (vgl. auch Ruble et al. 1980). Damit verbunden sind Veränderungen der subjektiven Kompetenzüberzeugungen und Anpassungen der Selbsteinschätzung an die Einschätzungen anderer Personen. Helmke (1998) spricht in diesem Zusammenhang von einer Entwicklung „vom Optimismus zum Realismus", die bei Mädchen, wie Hasselhorn (2011) ausführt, früher als bei Jungen stattfindet. Dazu als Beispiel die Selbsteinschätzung einer Achtjährigen:

„In der Schule bin ich in bestimmten Fächern wie Sprachen und Sozialkunde recht gut. [...] Aber ich schätze mich in Mathe und Naturwissenschaften als ziemlich schlecht ein, besonders wenn ich sehe, wie gut viele der anderen Kinder sind. Auch wenn ich in diesen Fächern nicht gut bin, mag ich mich als Person, weil Mathe und Naturwissenschaften nicht so wichtig für mich sind" (Siegler et al. 2005, S. 606).

Das Beispiel zeigt, dass Kinder ab 8 Jahren zwischen der eigenen Bezugsnorm und der sozialen Bezugsnorm vergleichen und dabei ein Fähigkeitskonzept herausbilden, was nach Nicholls (1984) eine zwingende Voraussetzung für die Entwicklung der subjektiven Kompetenzüberzeugungen und des leistungsorientierten Handelns ist.

Ab dem 10. bis 12. Lebensjahr verfestigen sich die Kompetenzüberzeugungen, und es werden zwei Typen der fähigkeitsbezogenen Niveausetzung des Anspruchs an eigene Leistungen herausgebildet: *Hoffnung auf Erfolg (HE)* und *Furcht vor Misserfolg (FM)*. Erfolgsmotivierte Personen des Typs HE neigen dazu, sich in Leistungssituationen ein Anspruchsniveau zu setzen, das die bisherigen Leistungen nur mäßig übersteigt und daher mit großer Wahrscheinlichkeit erreichbar ist. Personen, die Misserfolge meiden wollen, wählen entweder besonders hohe oder niedrige Anspruchsniveaus. Bei zu hohen Ansprüchen wird ein Versagen selbstwertdienlich auf die Schwierigkeit einer Aufgabe zurückgeführt, ein Erfolg bei niedriger Anspruchssetzung führt aufgrund des sozialen Vergleichs zu einer weiteren Minderung der Kompetenzüberzeugungen (vgl. Seel 2003). Mit etwa 12 Jahren können Kinder beurteilen, ob die eigene Anstrengung für die Lösung einer Aufgabe entscheidend ist oder nicht (Nicholls und Miller 1985). Es gilt nun die Formel: *Fähigkeit * Anstrengung = Leistung*. Diese Phase der Entwicklung der Leistungsmotivation kann als *Vervollständigung der Kausalattribution* verstanden werden.

Die *Kausalattribution* ist ein zentraler Bestandteil der sich ab dem 12. Lebensjahr zunehmend ausdifferenzierenden Selbstwirksamkeitserwartungen, die bei Hoffnung auf Erfolg zur Steigerung des Selbstwertes, bei Furcht vor Misserfolg zu einer erlernten Hilflosigkeit führen. Die Selbstwirksamkeitseinschätzung setzt kognitive und metakognitive Kompetenzen voraus, die nicht vor dem 12. Lebensjahr entwickelt sind. Die Beobachtung, dass Selbstwirksamkeit aus Leistungserfahrungen resultiert, in denen Ziele durch Ausdauer und Überwindung von Hindernissen durch fortgesetzte Anstrengung erreicht wurden, deutet darauf hin, dass im Schulalter auch die *Volition*, der Wille zu handeln, entwickelt wird.

Als *sensible Phase* für die Entwicklung der Leistungsmotivation wird allgemein das *mittlere Kindesalter* (5–8 Jahre) betrachtet (Eccles et al. 2006; Sameroff und Haith 2004). Das wird darauf zurückgeführt, dass die in diesem Alter ablaufende kognitive Entwicklung die Voraussetzungen für die Herausbildung und graduelle Konsolidierung von Kompetenzüberzeugungen und Selbstwirksamkeitseinschätzungen schafft (Siegler und Alibali 2004). Ähnlich wird auch in Eriksons Stufenmodell auf die Bedeutung der mittleren Kindheit für die Entstehung der Kompetenzüberzeugungen und Selbstwirksamkeitseinschätzungen hingewiesen, zugleich aber spannt Erikson den Zeitraum für die Entwicklung von Kompetenz und Können bis zum Alter von 14 Jahren (vgl. ► Abschn. 3.3.2). Das heißt, dass auch die im späten Kindesalter und beim Übergang zur Adoleszenz beobachtbare Konsolidierung der Kompetenzüberzeugungen und Selbstwirksamkeit als sensible Phase der Motivationsentwicklung zu betrachten wäre. Dies entspricht weitgehend der oben dargestellten Entwicklungslinie, wonach Kinder im Alter zwischen 7 und 9 die Anstrengung als primären Faktor für die Leistung betrachten, während sie im Alter von 9 bis 12 – wenn auch nicht konsistent – zwischen Kompetenz und Anstrengung als Verursacher von Ergebnissen zu unterscheiden lernen. Dies kommt dann im Jugendalter zur Vollendung, indem nun konsistent zwischen Kompetenz und Anstrengung unterschieden wird. Während zu Beginn des mittleren Kindesalters die Überzeugung dominiert, dass gute Leistungen auf vermehrte Anstrengung und schlechte Leistungen auf mangelnde Anstrengung zurückzuführen sind, betrachten Jugendliche ihre *Kompetenz als Persönlichkeitsdisposition*, die auch bei noch so viel Anstrengung die Leistungsfähigkeit beschränken kann.

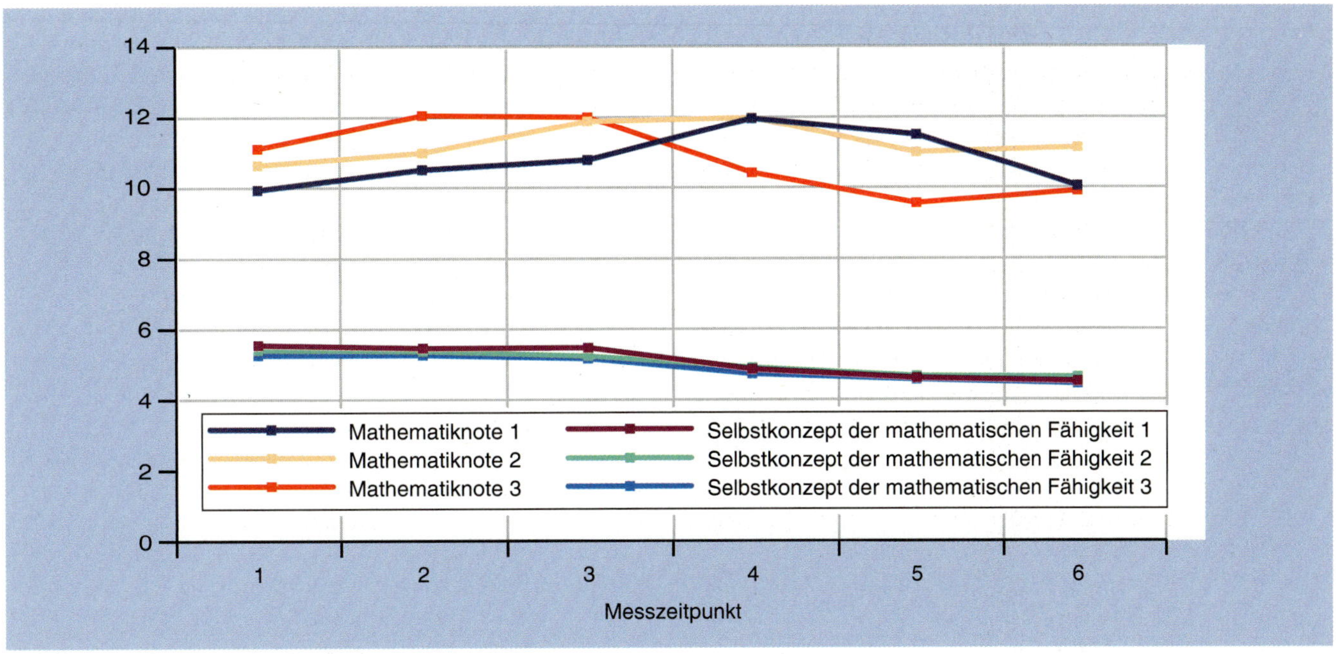

Abb. 3.39 Ergebnisse der CAB-Studie über sechs Messzeitpunkte (1. bis 12. Klasse). Das Selbstkonzept der mathematischen Fähigkeit wurde mit 5 Items auf einer 7-stufigen Skala von 1 (durchgefallen) bis 16 (1+) erhoben

Dass auch der Übergang zur Adoleszenz als sensible Phase der Motivationsentwicklung gesehen werden kann, zeigt die Problematik der Berufswahl. Wie leicht oder schwer dem Jugendlichen die Berufswahl fällt, hängt wesentlich von der vorher aufgebauten Selbstwirksamkeit ab (Bandura et al. 2001). Hat der Jugendliche positive Kontrollüberzeugungen entwickelt, steigert dies die Selbstwirksamkeitserwartungen; findet der Jugendliche jedoch keine Selbstbestätigung oder erlebt er sich sogar als machtlos, verhindert das eine positive Selbstwirksamkeitseinschätzung.

Zur Entwicklung der Lern- und Leistungsmotivation sind so viele Einzelstudien durchgeführt worden, dass es ein aussichtloses Unterfangen wäre, deren Charakteristika und Ergebnisse beschreiben zu wollen. Wir beschränken uns deshalb auf einige ausgewählte Langzeitstudien, die geeignet sind, den Verlauf der Motivationsentwicklung über längere Zeitspannen nachzuverfolgen. Der Weg der Motivationsentwicklung durch die mittlere und späte Kindheit bis zum Eintritt in das Jugendalter kann durch die Projekte *Childhood and Beyond (CAB)* und der *Fullerton Longitudinal Study (FLS)* dokumentiert werden. In beiden Langzeitstudien wurde die altersgradierte Entwicklung von Kompetenz- und Kontrollüberzeugungen wie auch der Veränderung von Selbstwirksamkeitserwartungen untersucht; außerdem wurde der Effekt der *Wertschätzung* von Aufgaben (*subjective task value*) im Kontext von Schulfächern wie z. B. Mathematik oder Englisch (Eccles und Wigfield 2002) ermittelt. Diese *Wertkomponente* der Lern- und Leistungsmotivation umfasst eine subjektive Bewertung der Wichtigkeit (*attainment value*) eines Unterrichtsfaches und der Schule insgesamt, die Wertschätzung der Aufgaben (*intrinsic value*) sowie eine Einschätzung des Nutzens (*utility value*) und der Kosten, um Ziele zu erreichen.

Die Längsschnittstudie Childhood and Beyond (CAB)[16], mit der 1987 begonnen wurde, baut auf der Expectancy-Value-Theorie auf, die Eccles und Wigfield in modifizierter Form in den pädagogischen Bereich übertragen haben (Eccles et al. 1993a). In dieser Theorie wird die Lern- und Leistungsmotivation von Schülern, ihr Durchhaltevermögen bei der Bearbeitung von Lernaufgaben und die Art, mit der sie an die Aufgaben herangehen, mit den Erfolgserwartungen und dem subjektiven Wert verbunden, den die Schüler der Aufgabe beimessen (vgl. Wigfield 1994).

Bis 1999 wurden neun Befragungen und Interviews mit etwa 850 Kindern durchgeführt. Zu Beginn wurden drei Kohorten aus 28 Schulen (in Michigan) hinsichtlich ihrer Kompetenzüberzeugungen im Fach Mathematik und der Lernleistungen untersucht. Diese Kohorten (317 Erstklässler, 330 Zweitklässler und 424 Viertklässler) wurden in den drei folgenden Jahren erneut getestet. Und schließlich wurden sie in einer Folgestudie noch einmal in drei aufeinander folgenden Jahren getestet. Auf diese Weise konnten in insgesamt sechs Messungen Daten für die Klassenstufen 1 bis 9 (Kohorte 1) bzw. 2 bis 10 (Kohorte 2) und 4 bis 12 (Kohorte 3) erhoben werden. Das heißt, dass Längsschnittdaten für Heranwachsende der Altersspanne von 6 bis 18 Jahren vorlagen. Wenn man die mittleren Werte für die Kompetenzüberzeugungen (*self-concept of math ability:* SCMA) und die Noten im Fach Mathematik in Betracht zieht, zeichnet sich über alle Messzeitpunkte eine erstaunliche Stabilität ab. Die Entwicklung für beide Variablen bei Zugrundelegung der von Davis-Kean et al. (2008, Tabelle 2) festgestellten Mittelwerte wird in Abb. 3.39 dargestellt.

Im Rahmen des Projektes CAB wurden zahlreiche Einzelstudien durchgeführt, die sich spezifischen Fragen der Motivationsentwicklung widmeten. Beispielsweise fanden Wigfield und Eccles (2002) in Bezug auf die Selbstwertschätzung, dass sich diese während der Grundschulzeit kaum veränderte. Die Kompetenzüberzeugungen und die Wertschätzung der Lernaufgaben nahmen demgegenüber nach dem Wechsel zur Highschool deutlich ab.

Eccles et al. (1993b) untersuchten die Entwicklung der Selbst- und Aufgabenwahrnehmung während der Grundschulzeit an 865 Erst-, Zweit- und Viertklässlern (also Kinder der Altersgruppe 7 bis 10 Jahre) in Bezug auf Lernaktivitäten in verschiedenen Bereichen (Mathematik, Englisch, Sport und Instrumentalmusik), wobei sie auf die Feststellung von Alters- und Geschlechtsunterschieden

16 Idee, Zielsetzungen, Verlauf und Ergebnisse dieser Studie werden von der Projektgruppe im Internet beschrieben: ► http://www.rcgd.isr.umich.edu/garp/.

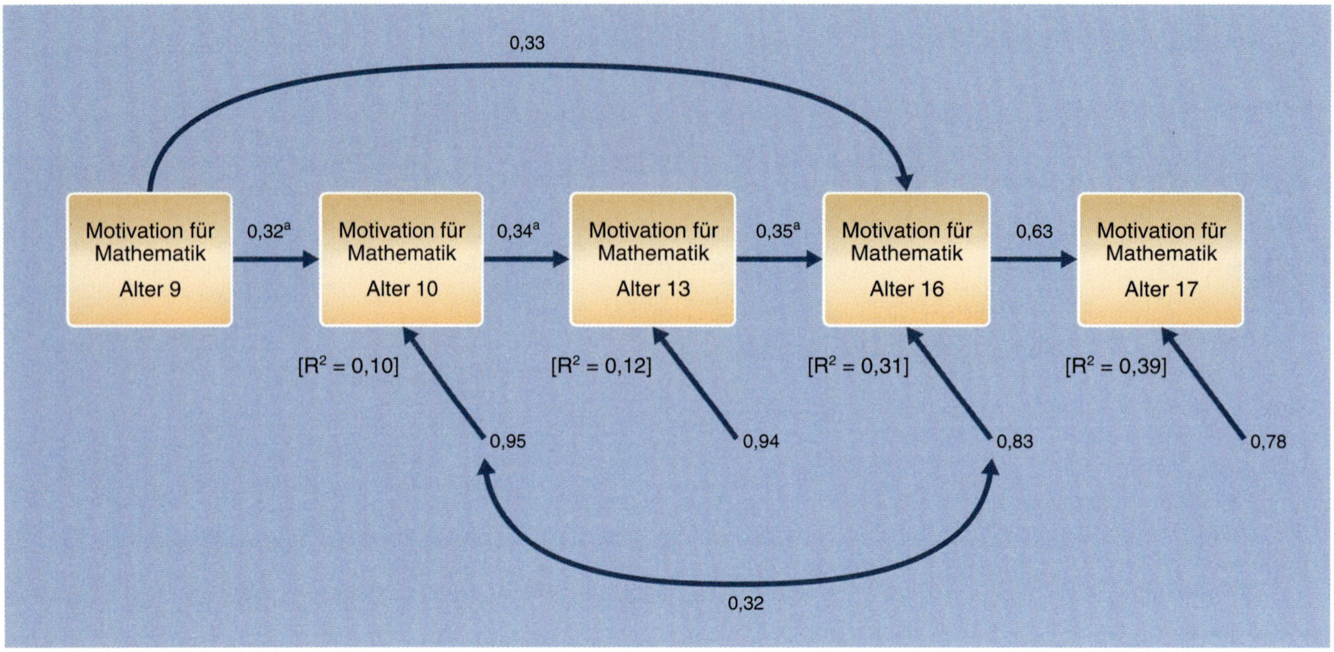

Abb. 3.40 Pfadmodell der Entwicklung der Lernmotivation im Fach Mathematik (Gottfried et al. 2001, S. 8)

abzielten. Es zeigte sich, dass für alle Lernaktivitäten – außer in Sport – die jüngeren Kinder (v. a. die Erstklässler) eine positivere Wahrnehmung ihrer Kompetenz und eine größere Wertschätzung der Lernaufgaben zeigten als die älteren Kinder. Bemerkenswerterweise hatten die Jungen positivere Kompetenzüberzeugungen als die Mädchen in den Bereichen Sport und Mathematik, während die Mädchen positivere Kompetenzüberzeugungen und Wertschätzungen in Bezug auf Lesen (Englisch) und Musik unter Beweis stellten.
Diese geschlechtsspezifischen Unterschiede stellen allerdings eine Ausnahme dar, da sie im CAB-Projekt sonst nicht festgestellt werden konnten (vgl. auch die Studie von Anderman et al. 2001).

Vergleichbar mit dem Projekt CAB ist die *Fullerton-Längsschnittstudie*, die seit einem Vierteljahrhundert den Verlauf der intellektuellen und motivationalen Entwicklung begabter Kinder untersucht (Gottfried und Gottfried 1996; Gottfried et al. 1994, 2001, 2008). Durchgehend wurde mit dem *Children's Academic Intrinsic Motivation Inventory* (CAIMI bzw. *CAIMI-HS*, Version für Highschool) gearbeitet, das verschiedene Dimensionen der Lernmotivation misst wie z. B. Lernfreude, Orientierung an Leistung, Neugier, Ausdauer, Aufgabenwahrnehmung und die Bereitschaft, sich mit herausfordernden und schwierigen Aufgaben in verschiedenen Schulfächern zu beschäftigen. Im Rahmen des Fullerton-Projektes untersuchten Gottfried et al. (2001) die altersgradierte Entwicklung der intrinsischen Lernmotivation von mehr als 100 Heranwachsenden im Alter von 9 bis 17 Jahren bei Zugrundelegung von fünf Messzeitpunkten (im Alter von 9, 10, 13, 16 und 17 Jahren) und in verschiedenen Schulfächern (Mathematik, Englisch, Gesellschaftslehre, Naturwissenschaften). Sowohl für den sprachlichen als auch für den mathematischen Bereich verfügten die Kinder im Alter von 9 Jahren bereits über ein substantielles Maß an Lernmotivation, das sich dann von Jahr zu Jahr fortpflanzte: Das Niveau an Motivation in einem früheren Jahr erwies sich durchgängig als signifikanter Prädikator für die jeweils nachfolgende Messung. Für das Fach Mathematik beispielsweise resultierte daraus das in Abb. 3.40 wiedergegebene Pfadmodell. Zusammenfassend gelangten die Forscher zu der Schlussfolgerung:

» Academic intrinsic motivation appears to undergo cumulative development inasmuch as each previous age not only predicts the next age but also impacts motivation throughout the entire age range (Gottfried et al. 2001, S. 9).

So ist auch zu erklären, dass Kinder, die im Alter von 9 Jahren motiviert waren, in Mathematik gute Leistungen zu erzielen, diese Motivation bis in die Adoleszenz beibehielten. Erwähnenswert ist, das Gottfried et al. keine geschlechtsspezifischen Effekte berichten.

Die Übereinstimmungen der Fullerton-Studie mit dem CAB-Projekt sind bemerkenswert, wie auch Gottfried et al. herausstellen. Auch hinsichtlich der Stabilität der Lernmotivation über die Jahre ist diese Übereinstimmung gegeben. Demnach scheint sich die Lernmotivation im Verlauf der Grundschuljahre allgemein etwas abzuschwächen. Das wird augenscheinlich bei einem Vergleich der Mittelwerte in der schulfachspezifischen Lernmotivation (Abb. 3.41).

Während die auf die Schule insgesamt bezogene Lernmotivation sich so gut wie nicht änderte, zeigten die Werte im CAIMI für die vier Schulfächer eine Verschlechterung vom 10. bis zum 13. Lebensjahr; danach stabilisierte sich die fächerbezogene Lernmotivation wieder, allerdings auf einem niedrigeren Niveau als zuvor.

Vergleichbare Ergebnisse im Hinblick auf die Entwicklung der Lernmotivation während der Adoleszenz erzielten auch Untersuchungen im deutschen Sprachraum. Beispielsweise berichtet Fend (1997) von einer mittleren Stabilität (r = 0,47) der schulischen Lern- und Leistungsmotivation zwischen der 7. und 10. Klassenstufe (Altersspanne zwischen 12 und 16 Jahren). Das ist genauso in Abb. 3.41 wiedergegeben. In das Bild passen auch die von Chouinard und Roy (2008) berichteten Ergebnisse einer Längsschnittstudie mit einer Dauer von drei Jahren und einer Stichprobe von mehr als 1100 Schülerinnen bzw. Schülern im Hinblick auf die Lernmotivation im Fach Mathematik. Besonders

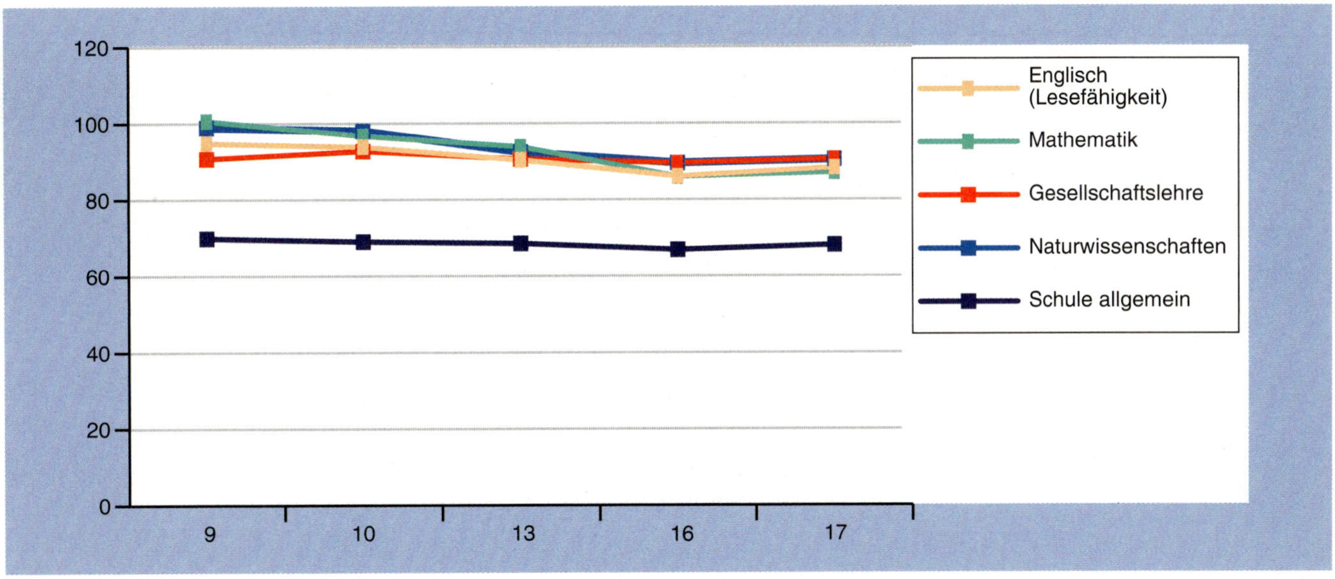

Abb. 3.41 Alterskorrelierte Veränderungen der schulfachspezifischen Lernmotivation *x-Achse* Jahre, *y-Achse* Lernmotivation (Gottfried et al. 2001, Tabelle 2)

zwischen der 9. und 11. Klassenstufe (also im Alter zwischen 14 und 16 Jahren) war eine stetige Abnahme der Lern- und Leistungsmotivation zu beobachten, von der die Jungen stärker betroffen waren als die Mädchen. Dessen ungeachtet war im Verlauf des Untersuchungszeitraums eine zunehmende Konvergenz der geschlechtsspezifischen Motivation erkennbar.

Die in zahlreichen Studien festgestellte generelle *Abnahme der Leistungsbereitschaft* geht mit einer *Abnahme der Selbstwirksamkeitsschätzungen im Kindes- und Jugendalter* einher, wobei nach Fend (2005) in Deutschland vor allem der Übergang von der Grund- zur Sekundarschule als kritische Phase beurteilt werden kann. Auch dies spiegelt sich in Abb. 3.41, die zeigt, dass (spezifisch für die USA) sowohl der Wechsel von der Grundschule zur Mittelschule als auch der von der Mittelschule zur Highschool eine Abnahme der Lern- und Leistungsmotivation bewirkte. Anderman et al. (1999) konstatieren für solche Übergänge einen deutlichen Trend zur extrinsischen Motivation; Veränderungen der intrinsischen und extrinsischen Motivation (im Sinne der Selbstbestimmungstheorie) werden von der 8. bis zur 9. Klassenstufe ebenso berichtet (z. B. Otis et al. 2005) wie auch eine signifikante Abnahme positiver Kompetenzüberzeugungen und Selbstwirksamkeitseinschätzungen (z. B. Bouffard et al. 2001, 2003; Wigfield und Eccles 1994).

Neuere Untersuchungen weisen auf Zusammenhänge der genannten Motivationsveränderungen mit dem Gefühl der Zugehörigkeit (im Sinne der sozialen Eingebundenheit) zu einer Schule hin. Neel und Fuligni (2013) untersuchten an einer Stichprobe von 572 Schülerinnen bzw. Schülern (im Alter von 14 bis 19 Jahren), wie sich deren Zugehörigkeitsgefühl über die Jahre des Besuchs der Schule veränderte und wie dies mit Leistungen und der Lernmotivation zusammenhing. In der 9. Klasse war das Zugehörigkeitsgefühl der Mädchen stärker als das der Jungen ausgeprägt, aber es nahm dann kontinuierlich ab, während es bei den Jungen stabil blieb. Unabhängig von den tatsächlich erzielten Leistungen empfanden die Schülerinnen und Schüler mit einem stärker ausgeprägten Zugehörigkeitsgefühl eine größere Lernfreude und waren auch leistungsmotivierter. Die Ergebnisse dieser Studie weisen auf die zentrale Bedeutung der Anschlussmotivation (im Sinne sozialer Eingebundenheit) für die Lern- und Leistungsmotivation im Teenageralter hin. Das gilt in besonderer Weise für Kinder aus einem sozioökonomisch schwachen Milieu, wie die Untersuchung von Niehaus et al. (2012) deutlich macht.

Versteht man ein Persönlichkeitsmerkmal als stabil, wenn die individuellen Positionen von Personen über eine längere Zeit bezüglich des Merkmals weitgehend unverändert bleiben, dann ist die Lern- und Leistungsmotivation ab dem mittleren Kindesalter bis zum Ende der Adoleszenz für die verschiedenen Entwicklungsabschnitte als stabil zu bezeichnen. Die bereits erwähnten alterskorrelierten Abnahmen im Niveau der Lern- und Leistungsmotivation kennzeichnen jeweils einen ganzen Entwicklungsabschnitt, d. h., das jeweils niedrigere Niveau bleibt für die Zeitspanne des Entwicklungsabschnitts stabil, so dass von einer differentiellen Stabilität der Motivationsentwicklung ausgegangen werden kann. Die dargestellten Befunde legen die Frage nahe, ob eine differentielle Stabilität auch nach dem Wechsel von der Schule an eine Hochschule oder in den Beruf feststellbar ist.

Der Wechsel zur Universität markiert eine Zäsur im Leben der meisten jungen Erwachsenen. Für viele ist er mit dem Verlust der Behütetheit im Elternhaus und der Geordnetheit der Schule verbunden und ein zu Beginn des Studiums erlebter Mangel an sozialer Eingebundenheit kann sich laut Grabau (2011) nachteilig auf die Selbstwirksamkeitseinschätzung und Zielorientierung auswirken. Auf die allgemeine Problematik dieses Entwicklungsabschnitts haben wir bereits im Zusammenhang mit Eriksons Stufenmodell der psychosozialen Entwicklung hingewiesen. Im Hinblick auf die Thematik der Motivationsentwicklung während des Studiums ist nach allgemeiner Befundlage von einem dramatischen Rückgang der Lern- und Studienmotivation gleich zu Beginn des Studiums auszugehen. Zur Illustration kann auf die bereits erwähnte *Wabash National Study of Liberal Arts Education* zurückgegriffen werden, die für 2000 Studierende die Entwicklung der Studienmotivation über vier Jahre untersucht hat (Abb. 3.42).

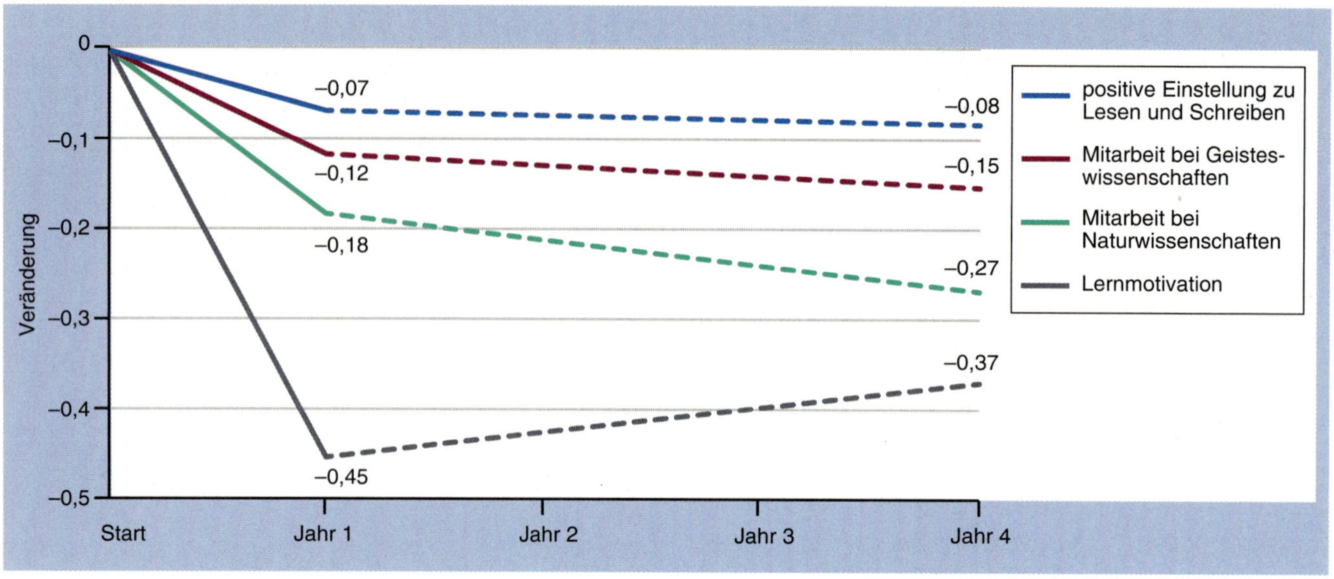

Abb. 3.42 Verlauf der Motivationsentwicklung in der Wabash National Study. (Quelle: ► http://www.liberalarts.wabash.edu/)

Eine signifikante Abnahme der Studienmotivation im Verlauf des ersten Studienjahres wird auch in anderen Studien berichtet, nicht nur für Nordamerika, sondern im Grunde erdumspannend (vgl. Goodman et al. 2011; Köseoğlu 2013; Levy und Campbell 2008). Wir verweisen in diesem Zusammenhang auf die spannende Längsschnittstudie von Fabry und Giesler (2007) zur Studienmotivation deutscher Medizinstudenten, in der sich das gleiche Bild wie in Abb. 3.42 für das erste Studienjahr zeigte: Die anfänglich sehr hohe Studienmotivation nahm signifikant während des ersten Semesters ab und blieb für die Mehrheit der Studierenden bis zum Ende des zweiten Semesters stabil. Eine kleine Gruppe fühlte sich am Ende des ersten Studienjahres stark demotiviert, was sich in einer schlechten Beurteilung all dessen niederschlug, was mit dem Studium zusammenhing. Eine Erklärung hierfür liegt womöglich darin, dass Studienanfänger die Anforderungen des Studiums oft unterschätzen (Grabau 2011).

In den Vereinigten Staaten haben die überwiegend negativen Ergebnisse von Untersuchungen zur Studienmotivation in Verbindung mit ebenso enttäuschenden Ergebnissen im Hinblick auf Studienleistungen zu einer Grundsatzdiskussion im Hinblick auf die Qualität des Universitätsstudiums geführt. Angeregt wurde sie von Arum und Roksa (2011), die dem nordamerikanischen Hochschulwesen ein weitgehendes Versagen in fast jeder Hinsicht, insbesondere aber, was die Förderung des Lernens anbelangt, attestierten. Dies blieb selbstverständlich nicht unbeantwortet (Heiland 2013; Popovic und Green 2012), wobei auch auf positive Effekte des Studiums hingewiesen wurde. Eine Lösung für die aktuellen Probleme wird von Bradley et al. (2012) in der Einrichtung integrierter kompetenzbasierter Bachelorstudienprogramme gesehen. Ob das die beobachteten Motivationsprobleme der Studierenden lösen kann, ist in Anbetracht der von Brahm und Gebhardt (2011) berichteten Ergebnisse – zumindest für deutschsprachige Universitäten – zu bezweifeln. Ihre Untersuchung der Motivlagen an den Universitäten Jena, Wien und St. Gallen zeigt für insgesamt 3974 befragte Studierende, dass sowohl die intrinsische Studienmotivation als auch die intrinsische Lernmotivation von der Studieneingangsphase bis zum Bachelorabschluss zunächst deutlich zurückgingen, dann zum Masterstudium hin wieder anstiegen, während sich bei der extrinsischen Lernmotivation genau das umgekehrte Bild zeigte, d. h., die extrinsischen Lernmotive waren in der Studieneingangsphase eher niedrig ausgeprägt, stiegen dann während des Bachelorstudiums an und nahmen im Masterstudium wieder ab.

Über dieses Ergebnis hinausgehend sind andere Befunde der Untersuchung von Brahm und Gebhardt (2011) im Grunde noch bemerkenswerter, da sie ein umfassenderes Bild von der Motivlage der Studierenden vermitteln. Bemerkenswert ist zunächst, dass sich die Studierenden durch eine relativ hohe intrinsische *Lernmotivation* auszeichneten, wohingegen die extrinsische Lernmotivation deutlich niedriger war. Demgegenüber waren bei der *Studienmotivation* extrinsische Motive (z. B. hohe Verdienstchance, gesicherte Berufsposition, Aussicht auf eine Führungsposition) deutlich stärker ausgeprägt. Daraus kann die Lehre gezogen werden, dass man in Bezug auf die Motivation von Studierenden stärker differenzieren muss, da Lernmotivation und Studienmotivation offenkundig unterschiedliche Motivsysteme sind.

Hilfreich ist diesbezüglich eine Differenzierung von Linnenbrink und Pintrich (2002), die, obwohl für den schulischen Bereich entwickelt, auch für den Hochschulbereich eine konzeptuelle Klärung mit sich bringt. Demnach umfasst die Motivation von Studierenden vier Komponenten:

1. Selbstwirksamkeit,
2. Kausalattributionen,
3. intrinsische Motivation (definiert als ein persönliches Interesse an einem Thema) und
4. Zielorientierungen (in Bezug auf Können und Leistung).

Die Relevanz dieser Unterscheidung für den Hochschulbereich wird unmittelbar evident, wenn man z. B. die Untersuchung von Harackiewicz et al. (2000) zu den kurz- und langfristigen Konsequenzen von Leistungszielen für das Interesse und die Leistungen in Betracht zieht. Auf das Können gerichtete Ziel-

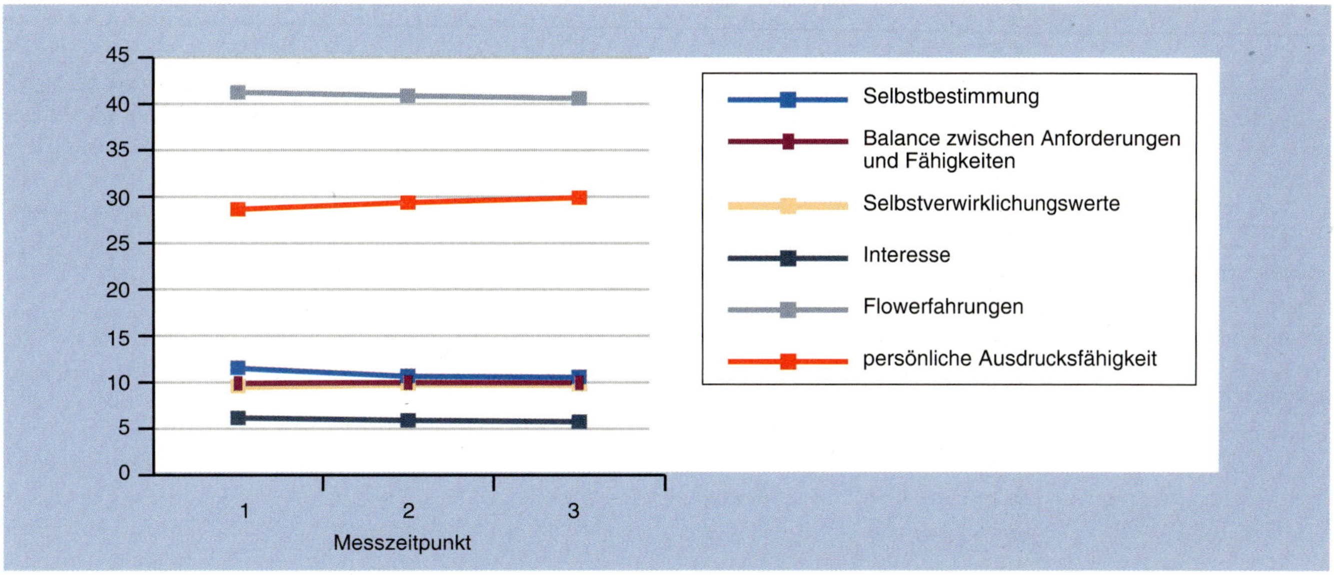

Abb. 3.43 Ergebnisse der Längsschnittstudie von Schwarz und Waterman (2006) zur Veränderung studentischer Motivlagen. (Eigene Darstellung auf der Grundlage der Tabelle 2 aus Schwarz und Watermann, S. 1128)

setzungen (*mastery goals*) erwiesen sich als positive Prädiktoren für das Interesse an einer Lehrveranstaltung, aber nicht für die Noten, während Leistungsziele sich genau darauf, aber nicht auf das längerfristige Interesse richteten. Dieses Muster erwies sich über drei Semester hinweg als stabil (vgl. dazu auch Haase und Lautenschläger 2011).

Bezugnehmend auf die intrinsische Motivation von Studierenden unterschieden Schwartz und Waterman (2006) in ihrer Längsschnittstudie drei verschiedene Maße, nämlich für Interesse, Flow-Erfahrungen und Gefühle der persönlichen Ausdruckskraft, für die wiederum drei Prädiktoren zugrunde gelegt wurden, nämlich Selbstbestimmung, die Balance von Anforderungen und Fertigkeiten sowie Selbstverwirklichungsziele. Strukturgleichungsmodelle zeigten durchgängig, dass eine Zu- oder Abnahme in den Prädiktorvariablen über drei Messzeitpunkte hinweg mit einer entsprechenden Zu- oder Abnahme in den subjektiven Erfahrungswerten verbunden war. Insgesamt zeigte sich eine bemerkenswerte Stabilität der verschiedenen Motivlagen über die Zeit, wie aus Abb. 3.43 deutlich wird.

Aus dem, was wir in Bezug auf die Lern- und Studienmotivation von Studenten zusammengetragen haben, lässt sich die Schlussfolgerung herleiten, dass sich hierfür im Grunde dasselbe Bild wie für die Entwicklungsabschnitte davor zeigt: Beim Übergang zum neuen Lebensabschnitt nimmt die Lern- und Leistungsmotivation signifikant ab, um sich dann wieder zu stabilisieren. Dementsprechend kann auch in Bezug auf den Lebensabschnitt des Studiums von einer differentiellen Stabilität der Lern- und Leistungsmotivation ausgegangen werden. Nach dem Studium wird – einige Jahre später als im Falle einer beruflichen Ausbildung – der Übergang ins Berufsleben vollzogen und die Lern- und Leistungsmotivation heißt dann *Arbeitsmotivation*.

Arbeitsmotivation und Leistung

Wir legen dem Konstrukt der Arbeitsmotivation folgende Definition zugrunde (vgl. auch Kleinbeck und Kleinbeck 2009; Offe und Stadler 1980):

Arbeitsmotivation

Arbeitsmotivation beschreibt die Bereitschaft zur Arbeit, wobei verschiedene Motive, vor allem Anschlussmotiv, Leistungsmotiv und Machtmotiv zusammenwirken, wenn sie auf die Motivierungspotentiale der Arbeit treffen.

Eine Frage, die sich geradezu aufdrängt, ist, ob die in der Schulzeit erworbene Lern- und Leistungsmotivation eine Auswirkung auf die Leistungsmotivation und berufliche Weiterbildungsbereitschaft im Erwachsenenalter (beides als Komponenten der Arbeitsmotivation begriffen) hat. Stuhlmann (2005) ging dieser Frage nach, wobei sie auf der Längsschnittstudie Lebensverläufe von der späten Kindheit ins frühe Erwachsenenalter (LifE) aufbaute, die von 1979 bis 2002 im Großraum Frankfurt mit 2000 Jugendlichen durchgeführt worden war, um die psychischen und sozialen Entwicklungsverläufe in der Adoleszenz als Voraussetzung einer erfolgreichen Bewältigung altersspezifischer Entwicklungsaufgaben zu untersuchen. Im Jahr 2002 wurden in der Untersuchung von Stuhlmann 1527 ca. fünfunddreißigjährige Erwachsene befragt, die rund 20 Jahre zuvor am Konstanzer Jugendlängsschnitt (1979–1983) im Rahmen von LifE teilgenommen hatten. Die Lern- und Leistungsmotivation im Jugendalter erwies sich als sehr stabil, und es zeigten sich signifikante Langzeiteffekte auf die berufsbezogene Leistungs- und Weiterbildungsmotivation im Erwachsenenalter, die aber miteinander nur schwach korrelierten. Bemerkenswert ist, dass bei Bezugnahme auf das Bildungsniveau für das Jugendalter keine Motivationsunterschiede zwischen Absolventen der Hauptschule und des Gymnasiums zu verzeichnen waren, im Erwachsenenalter aber deutliche Unterschiede in der Weiterbildungsmotivation auftraten. Personen mit Abitur oder Fachschulreife zeigten eine deutlich höhere Motivation zur Weiterbildung als Personen mit einem mittleren Bildungsabschluss, die sich wiederum als motivierter herausstellen als Personen mit Hauptschulabschluss. Ähnliches zeichnet sich hinsichtlich der Geschlechtsunterschiede ab: Im Jugendalter waren keine geschlechtsspezifischen Unterschiede feststellbar gewesen, im Erwachsenenalter erwiesen sich Männer als leistungsbereiter und auch hinsichtlich einer beruflichen Weiterbildung stärker motiviert als Frauen. Die Ursachen hierfür sind mannigfaltig, weisen aber laut Stuhlmann eindeutig auf Sozialisationseffekte hin.

Was wir aus dieser Studie nicht erfahren, ist, ob der Übergang in das Berufsleben mit einer ähnlich krisenhaften *Demotivierung* verbunden ist wie die Übergänge zuvor. Bezogen auf den Übergang junger Lehrerinnen und Lehrer beim Berufseinstieg ist dies jedoch anzunehmen. Man spricht hier vom sogenannten Praxisschock beim Eintritt in den Schulalltag. Dieser ist seit der Studie von Müller-Fohrbrodt et al. (1978) zum Gegenstand zahlreicher Abhandlungen geworden, die sich mit der Professionalisierung als Entwicklungsaufgabe und der Kompetenzentwicklung im Verlauf der beruflichen Sozialisation befassen (vgl. Bromme 1992; Hericks 2006; Keller-Schneider 2010). Was die Vorbereitung der Lehrerinnen und Lehrer auf die Schulpraxis anbelangt, kommt die Professionalisierungsforschung zu folgendem Ergebnis:

» Die gedankliche Formel von „Studium + Praktika + Referendariat = fertiger Lehrer" muss aufgegeben werden. Es gibt keine „fertigen Lehrer" (Herrmann und Hertramph 2000, S. 187).

Dementsprechend wird die Anfangsphase der Berufstätigkeit in der Schule als kritische Phase für die weitere berufliche Entwicklung beurteilt (Messner und Reusser 2000).

Auf der Basis der Biografien von 160 Lehrerinnen bzw. Lehrern der Sekundarstufe hat Huberman (1991) ein viel beachtetes Modell der beruflichen Entwicklung von Lehrpersonen entwickelt, das fünf Phasen umfasst: Die erste Phase ist die des Berufseinstiegs (1. bis 3. Berufsjahr) und ist durch die zentralen Motive „Überleben" und „Entdecken" charakterisiert. Darauf folgt eine Phase der Stabilisierung (4.–6. Berufsjahr), in der die Anfängerprobleme überwunden werden. In der dritten Phase, die bis zum 18. Berufsjahr reicht, verzweigt sich die Entwicklung: Eine Gruppe von Lehrpersonen zeichnet sich in dieser Phase durch das Ausdifferenzieren beruflicher Interessen aus. Diese erreicht in der vierten Phase (bis zum 30. Berufsjahr) den Zustand von Gelassenheit. Die andere Gruppe ist dagegen in der dritten Phase durch Selbstzweifel geplagt und bewertet ihre berufliche Tätigkeit neu, was in der vierten Phase zu einem Konservatismus führt. Die letzte Phase der Berufstätigkeit ist durch ein starkes Nachlassen des beruflichen Engagements gekennzeichnet, wobei in Entsprechung mit den vorausgegangenen Erfahrungen Gefühle der Befriedigung oder der Verbitterung überwiegen. Der heuristische Wert dieses Phasenmodells zur Beschreibung von Entwicklungsverläufen ist weitgehend unbestritten, aber diese sind anhand von Prädiktoren nicht vorhersagbar. In der Untersuchung von Huberman war eine einigermaßen verlässliche Prognose erst nach 12 bis 15 Berufsjahren möglich. So gelangen Messner und Reusser (2000) auch zu der allgemein gehaltenen Aussage, dass eine erfolgreiche Entwicklung (d. h. Professionalisierung) mit dem Aufbau eines Gefühls von Selbstwirksamkeit und Selbstvertrauen, der Fähigkeit des Selbstmanagements und der Entwicklung von Strategien des Problemlösens einhergeht. In diesem Sinne konstituieren kognitive Kompetenzen im COACTIV-Modell von Kunter et al. (2009) die professionelle Kompetenz von Lehrerinnen und Lehrern im Sinne von Expertentum. Zugleich wird auf die Bedeutung nichtkognitiver Kompetenzen (z. B. motivationale Orientierungen und Selbstregulation von Emotionen) verwiesen, die aber bislang nicht Gegenstand systematischer Forschung waren. Infolgedessen ist auch kaum etwas Konkretes über die Motivlage von Lehrpersonen in den verschiedenen Abschnitten des Berufslebens bekannt.

Die mittlerweile übliche Rede vom „Überleben" in der Berufseinstiegsphase deutet aber auf eine problematische Gesamtkonstellation der Arbeitsmotivation hin, wobei diese – sybillinisch formuliert – von der wahrgenommenen Passung situativer Kontexte mit den eigenen Motiven, Erwartungen und Orientierungen abhängt. Obwohl seit den 1990er Jahren zahlreiche Studien zu vorberuflichen Orientierungen und Berufswahlmotiven von Lehrerinnen und Lehrern im Vergleich zu anderen akademischen Berufsgruppen durchgeführt wurden (s. dazu im Überblick Treptow 2006), sind die motivationalen Veränderungen, die offenkundig mit dem sogenannten Praxisschock verbunden sind, bislang nicht umfassend untersucht worden. Empirisch relativ gut gesichert ist die Entstehung von Versagensängsten in der Berufseinstiegsphase (Holling und Bammé 1976) sowie die Tatsache, dass die Kompetenz- und Motivationsentwicklung vor allem das Resultat der beruflichen Sozialisation in der praktischen Arbeit ist (Brouwer und ten Brinke 1995). Seit der Studie von Hirsch (1990) über den Zusammenhang von Berufserfahrungen und beruflichem Selbstverständnis von jungen Lehrpersonen und der von Lipowsky (2003) durchgeführten Analyse des beruflichen Erfolgs von Lehrpersonen in der Berufseinstiegsphase gibt es kaum noch Zweifel, dass die Kompetenzüberzeugungen und Selbstwirksamkeitseinschätzungen von Lehrpersonen die bedeutendsten Prädiktoren für die berufliche Zufriedenheit darstellen. Dabei scheint zu gelten: „Wer sich selbstwirksamer fühlt, ist auch mit der Kompetenzentwicklung zufriedener" (Lipowsky 2003, S. 372).

Diese Aussage gilt nicht nur für Lehrpersonen (Amman 2004), sondern auch für andere Berufsgruppen. Die Entwicklung von Arbeitsmotivation und Leistungsfähigkeit als Funktion der Arbeitsaufgabengestaltung wurde von Bergmann et al. (2009) an 383 Erwerbstätigen aus Industrie und Dienstleistung untersucht. Das Durchschnittsalter betrug 43,9 Jahre. Gemäß der Fragestellung wurden nach Warr (1996) vier Typen beruflicher Tätigkeiten unterschieden, die altersabhängig Leistungsverbesserungen oder -verschlechterungen bewirken. Typ 1 bezog sich auf Tätigkeiten, die altersgradiert Leistungsverbesserungen ermöglichen, Typ 2 auf leistungsverschlechternde Tätigkeiten, Typ 3 auf eine altersgradierte Kompensation von Leistungsbeeinträchtigungen und Typ 4 auf altersneutrale Tätigkeiten. Hinsichtlich der Selbstwirksamkeitserwartungen und Kompetenzüberzeugungen resultierten daraus die in ◘ Abb. 3.44 dargestellten Ergebnisse für drei Typen.

Vergleichbare Ergebnisse resultierten auch für andere Indikatoren der Arbeitsmotivation (Eigenaktivität beim Lernen, Interesse an der Arbeit, Arbeit als zentrale Lebensaufgabe, erlebte Arbeitsfähigkeit). Die Ausprägungsgrade aller Indikatoren für

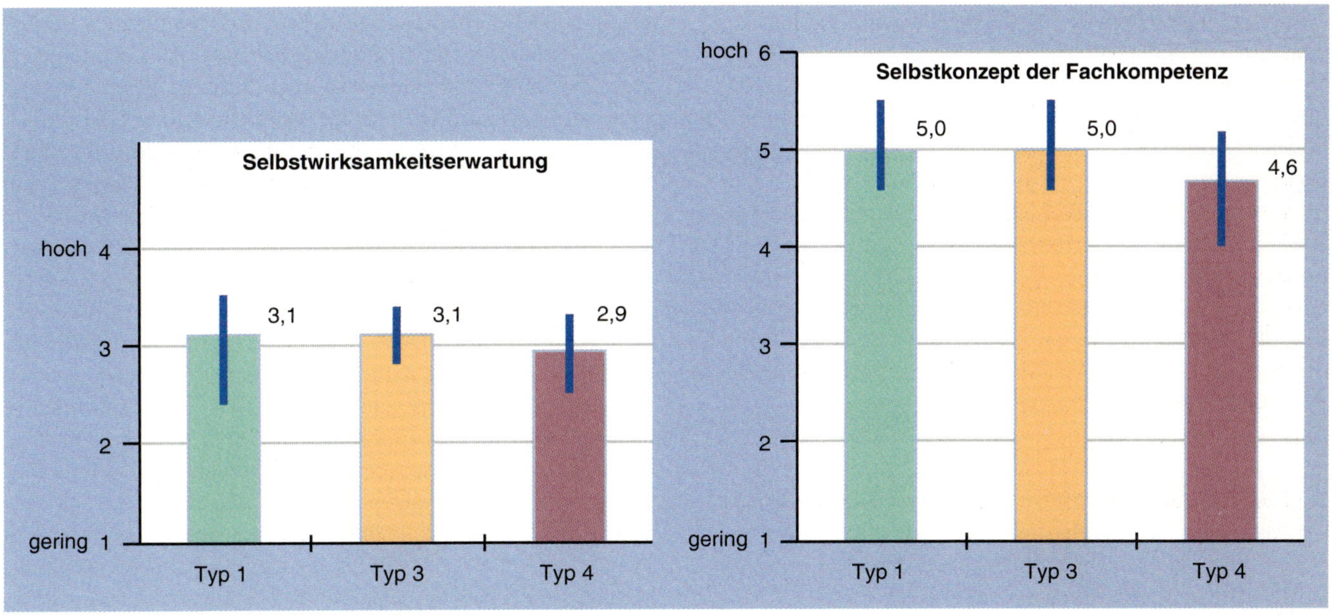

Abb. 3.44 Ausprägungsgrade von Indikatoren für arbeitsorientierte Motivation (Bergmann et al. 2009, S. 18 f.)

arbeitsorientierte Motivation, das Selbstkonzept der Fach- und Methodenkompetenz und der erlebten Arbeitsfähigkeit erwiesen sich bei den Erwerbstätigen, die Typ 1 und Typ 3 zugeordnet wurden, als vergleichbar hoch. Auch das Ausmaß an seelischen Beschwerden war in diesen Gruppen vergleichbar und nach Aussage von Bergmann et al. im unkritischen Bereich. Für die Personen, deren Arbeitsaufgaben zum Typ 4 gehörten, existierten für die Motivationsindikatoren, das Selbstkonzept und die erlebte Arbeitsfähigkeit durchgängig geringere und für das Ausmaß an seelischen Beschwerden höhere Ausprägungen. Bei alledem war eine differentielle Stabilität gegeben, denn die Berechnung von Alterskorrelationen ergab Nullkorrelationen.

Der These, dass Personen, die mit den Arbeitsaufgaben und ihren Leistungen zufrieden sind, länger im Beruf verweilen wollen, gingen Büsch et al. (2010) in ihrer Studie zur Arbeitsmotivation älterer Menschen nach. Die Stichprobe umfasste 1500 abhängig Beschäftigte der Altersgruppe 55 bis 64 Jahre. Die statistische Analyse zeigt einen deutlichen Geschlechtsunterschied hinsichtlich des Wunsches nach Weiterbeschäftigung. Bei Männern war eine hohe Arbeitsmotivation mit dem Wunsch nach einer Weiterbeschäftigung im Rentenalter verbunden, während für die Frauen die Leistungsfähigkeit das entscheidende Kriterium war. Eine sinnvolle Tätigkeit erhöht bei Männern die Motivation, bei Frauen ist es die Eigenbeurteilung der Leistungsfähigkeit. Generell erhöhte eine positive Einschätzung der subjektiven Einflussfaktoren die Arbeitsmotivation.

Aus entwicklungspädagogischer Sicht ist festzuhalten, dass die Ergebnisse aus verschiedenen Studien darauf hindeuten, dass die Arbeitsmotivation bei älteren Mitarbeitern aufgabenspezifischer wird. Bei einigen Aufgaben sinkt die Motivation, während sie für andere Aufgaben gleich bleibt oder sich sogar erhöht. Während bei jüngeren Beschäftigten eher langfristige Ziele im Vordergrund stehen, haben bei älteren Menschen unmittelbare Aspekte der Tätigkeit einen deutlich größeren Effekt auf die Arbeitsmotivation (Stamov Roßnagel 2009). Ziele mit zukunftsorientierten Aspekten nehmen eher ab; Spaß an der Arbeit, Arbeitsklima und Autonomie sind Aspekte, die im Alter an Bedeutung gewinnen (Grube und Hertel 2008). Die Arbeitsaufgabe bzw. die Einschätzung der Sinnhaftigkeit der eigenen Tätigkeit hat für die älteren Mitarbeiter eine entscheidende Bedeutung, wobei sie auch größeren Wert auf Teamarbeit legen. Alles in allem sind Anerkennung und Wertschätzung als motivierende Faktoren für eine Tätigkeit im Alter bedeutsam (Deller und Maxin 2010). Daher sind es eher Faktoren wie Arbeitsklima, Gemeinschaft und Autonomie bzw. Anerkennung, Spaß an der Arbeit, die Einschätzung der Selbstbestimmung und die Wahrnehmung einer sinnvollen Tätigkeit, die im Alter an Bedeutung gewinnen (vgl. dazu Keddi 2008; Dittrich 2012).

Führungskräfte in Wirtschaft und Industrie gelten im Allgemeinen als besonders leistungsmotiviert und nicht selten haben sie früher Leistungssport betrieben, wofür nach alltagpsychologischer Auffassung ebenfalls eine überdurchschnittliche Leistungsmotivation vorausgesetzt wird. Daher gilt als ausgemacht, dass Führungskräfte und Mitarbeiter viel vom Spitzensport lernen können (Porten 2006). Die Bedeutung der Leistungsmotivation für Erfolge im Sport ist zahlreich beschrieben und auch empirisch belegt worden (z. B. Gabler 1986). Dies ist – zumindest für den Bereich des Spitzensports – nicht überraschend, da Sportler sich Ziele setzen und ihre Leistungen optimieren und steigern wollen. Analysiert man die Motivlage von Spitzensportlern etwas eingehender, drängt sich der begründete Verdacht auf, dass neben dem Leistungsmotiv auch das Machtmotiv eine entscheidende Rolle spielt (vgl. Kuhl und Krug 2006). Beide Autoren haben über viele Jahre Motivationstrainings mit Führungskräften durchgeführt und evaluiert; sie stellten fest, dass weniger das Leistungsmotiv als das Machtmotiv die Karriere von Führungskräften in großen Unternehmen und Organisationen vorhersagt (Krug und Kuhl 2005). Damit bestätigt sich für Führungskräfte in Unternehmen, was McClelland und Burnham (1976) festgestellt haben: „Power is the great motivator."

3.6.2.3 Entwicklung der Machtmotivation

Macht macht erfolgreich – oder doch die Leistung?

Bei Spitzensportlern und Führungskräften in Wirtschaft und Politik wird meist vermutet, dass sie vor allem von einer hohen Leistungsmotivation zum Handeln angetrieben werden. Das mag zutreffen, wahr ist aber auch, dass es das *Machtmotiv* ist, das durch geeignete Bedingungen in Wirtschaft, Politik und Sport angeregt wird. Besitzen Personen ein ausgeprägtes Leistungsmotiv, dann bewerten sie Situationen eher im Hinblick auf deren Potential, Leistungen erbringen zu können. Demgegenüber interpretieren und bewerten Personen mit einem ausgeprägten Machtmotiv dieselben Situationen eher im Hinblick auf Macht und Machtpotentiale.

Dabei bedeutet *Macht* nach Max Weber (1921/1980),

> » jede Chance, innerhalb einer sozialen Beziehung den eigenen Willen auch gegen Widerstreben durchzusetzen, gleichviel, worauf diese Chance beruht (Weber 1980, S. 28).

Im Hinblick auf das, worauf diese Chance beruht, liegt es nahe, zwischen einer *extrinsischen* und *intrinsischen Machtmotivation* zu unterscheiden. Wenn durch Ausübung von Macht bestimmte Ziele erreicht werden sollen, die auf substantiellen Bedürfnissen und Interessen beruhen, kann von einer extrinsischen Anregung des Machtmotivs gesprochen werden, bei der Macht und Bedürfnisse in einem Mittel-Ziel-Verhältnis stehen. Die Ausübung von Macht kann aber auch der Befriedigung des Strebens nach Macht um ihrer selbst dienen und von dem Handlungsträger als in sich belohnend betrachtet werden. In diesem Falle kann man von einer intrinsischen Machtmotivation sprechen. Sie gibt seit Menschengedenken Rätsel auf, da sie oft auf eine Machtausweitung ohne Sättigung zielt. Das Motiv oder Motivsystem, das hinter diesem Streben steht, kann als *Nötigungs- oder Zwangsmacht* verstanden werden (Berghold und Fuchs 2004), auf dem Diktaturen begründet sind – im gesellschaftlichen wie im privaten Bereich. Die Frage, wie es dazu kommen kann und was Menschen dazu treibt, eine Machtausübung ohne Sättigung auszuüben, hat Wirth (1984) mit einer Analyse des Zukunftsromans *1984* von Orwell (1964) zu geben versucht.

Nach der Analyse Wirths (1984) bietet Orwell einen sehr genauen und einfühlsamen Einblick in die Psychodynamik des Strebens nach Macht. Danach ist es vor allem die Unfähigkeit, Gefühle von eigener Schwäche und Ohnmacht ertragen zu wollen, die dazu führt, dass man andere aktiv und systematisch dem eigenen Willen unterwirft. Je schrankenloser und allmächtiger man andere ihre Hilflosigkeit und Abhängigkeit erfahren lassen kann, desto besser kann man die eigene Hilflosigkeit, Abhängigkeit und Gebrechlichkeit verleugnen. Orwell bietet auch eine Erklärung für die unheimliche Anziehungskraft einer schrankenlosen Macht auf Seiten der Unterworfenen: Je bedingungsloser man sich einem Machthaber unterwirft und je mehr man sich mit ihm identifiziert, desto effektiver kann man wiederum die eigenen Gefühle der Hilflosigkeit verdrängen.

Wer in diesem Zusammenhang an Hitler und seine Entourage oder auch an den Eifer von Millionen denkt, sich den Phantasmen seelisch gestörter Machtpolitiker willig zu unterwerfen, hat die Botschaft Orwells verstanden. Zum Verhältnis von Narzissmus und politischer Macht hat Wirth (2011) ein bemerkens- und lesenswertes Buch geschrieben.

Die Analyse Wirths stimmt weitgehend mit Adlers (1974) Auffassung überein, dass alles Machtstreben auf ein allgemeines *Minderwertigkeitsgefühl* zurückgeführt werden kann. In dem *Zürcher Modell der sozialen Motivation* von Bischof (2001) konstituiert das Machtmotiv zusammen mit dem Geltungs- und Leistungsmotiv das Autonomiesystem der Motivation und ist vermutlich bei allen in Gruppen lebenden Tieren vorhanden (Eibl-Eibesfeldt 1978). Ein populäres Beispiel ist die *Hackordnung* auf dem Hühnerhof. Das ist eine Hierarchie, in der ranghöhere Tiere den Rangniedrigeren ungestraft Schnabelhiebe austeilen können, was umgekehrt (von unten nach oben) nicht möglich ist. Bischofs theoretischer Ansatz ist deutlich von Lewin geprägt (Bischof 1993), der Macht als den Quotienten der maximalen Kraft definiert hat, die B über A hat und des maximalen Widerstands, den A aufbieten kann (Lewin 1951). Macht entsteht in sozialen Beziehungen, sie kann von einer Person, einer Gruppe oder Organisation ausgehen; sie kann soziale Beziehungen verändern oder Veränderungen behindern. Jeder Mensch dürfte den Wunsch haben, Kontrolle über seine Umgebung, einschließlich des Verhaltens anderer, auszuüben. Das Gegenteil von Macht ist *Machtlosigkeit*, die von Seligman (1979) unter dem Begriff der *erlernten Hilflosigkeit* diskutiert wird.

Wenn von Macht gesprochen wird, ist zwischen der individuellen und *selbstbezogenen Macht* und der interindividuellen *sozialen Macht* zu unterscheiden. Im ersten Fall ist Macht als *motivationales Konstrukt* im Sinne eines Strebens nach Macht zu verstehen, im zweiten Fall als *soziales Konstrukt*. Ist das Machtmotiv einer Person auf die Ausübung sozialer Macht ausgerichtet, wird sie auch als *machiavellistisch* bezeichnet (Witte 1993). In den folgenden Ausführungen konzentrieren wir uns auf die Macht als motivationales Konstrukt, auf die Macht als soziales Konstrukt gehen wir in ► Kap. 4 ein.

Das individuelle Streben nach Macht hat etwas Janusköpfiges: Die eine Seite wurde oben unter Hinweis auf Adler bereits angesprochen. Danach drückt sich im Streben nach Macht nichts anderes als der Minderwertigkeitskomplex einer Person aus:

> » Das Streben nach Macht ist ein verhängnisvolles Blendwerk und vergiftet das Zusammenleben der Menschen. Wer die menschliche Gemeinschaft will, muss dem Streben nach Gewalt über andere entsagen (Adler 1928, S. 42 f.).

Die andere Seite betont das Positive, indem ein gesundes Streben nach Macht als Ausdruck innerer Stärke zu begreifen ist (Horney 1945). Personen sind bestrebt, Macht über sich selbst zu gewinnen, und lehnen Einschränkungen, Hilflosigkeit und unkontrollierbare Situationen ab. Dieser Aspekt des Machtmotivs ist auch in den leistungsthematischen Konzepten der Kompetenz und der persönlichen Verursachung (deCharms 1977) enthalten. McClelland (1978) unterscheidet vier Modalitäten der subjektiven Machterfahrung, die sich aus der Kombination zweier Dimensionen ergeben. Die erste Dimension bezieht sich auf die *Quelle der Macht*: Liegt sie im Selbst oder außerhalb der eigenen Person bei anderen? Die zweite Dimension bezieht sich auf das *Zielobjekt der Macht*: Ist das Streben nach Macht auf die eigene Person oder auf andere gerichtet? Unter Bezugnahme auf Freuds Stadien der Ich-Entwicklung hat McClelland vier Stadien der Entwicklung der Machtmotivation unterschieden (◻ Tab. 3.21).

Im Einzelnen hat McClelland die vier Stadien folgendermaßen charakterisiert:

Stadium 1: in sich Aufnehmen der Macht (*intake*). In diesem Stadium dominiert das *anlehnende Machtmotiv*, das durch Orientierung an *einflussreichen* und *mächtigen* Personen und Organisationen angeregt und befriedigt wird. Die Person zeigt eine deutliche Neigung, sich an Vorbildern zu orientieren und sich in die Nähe der Macht (d. h. einer vermeintlich mächtigen Person) zu begeben, um eine ausreichende Befriedigung der eigenen Gestaltungsmöglichkeiten zu finden. Indem man sich an eine mächtige Person anlehnt oder sich ihr unterordnet, hat man Anteil an ihrer Macht und ihrem Ansehen.

Stadium 2: Autonomie. Es dominiert ein *selbstbezogenes Machtmotiv*, das Personen antreibt, um die eigenen Grenzen zu erfahren und persönliche Schwächen zu überwinden. Bei einer starken Ausprägung des selbstbezogenen Machtmotivs strebt die Person in hohem Maße Macht und Extremleistungen an und verfolgt ungehemmt die eigenen Ziele. Äußere Anzeichen sind das Anhäufen von Prestigeobjekten und Statussymbolen. Personen, die Führungspositionen innehaben, sind eifrig bemüht, ihre persönlichen Herrschaftsstrukturen aufzubauen und zu stärken.

Stadium 3: sich Durchsetzen (*assertion*). Ein stark ausgeprägtes *eigennütziges Machtmotiv* treibt dazu an, Macht über andere zu bekommen und sich im Wettbewerb mit ihnen durchzusetzen. Herausragende Leistungen werden angestrebt, um die eigene Überlegenheit zu demonstrieren, anderen Niederlagen beizubringen oder sie im Wettkampf zu besiegen. Personen mit einer stark eigennützigen Machtposition fühlen sich stark und mächtig, wenn sie anderen deren Unterlegenheit spüren lassen können. Je nachdem, ob damit *Hoffnung auf Erfolg* oder *Furcht vor Kontrollverlust* verbunden sind, wird versucht, bei allen sich bietenden Gelegenheiten Überlegenheit zur Schau zu stellen und den eigenen Machtbereich auszuweiten, oder es wird ein Bestreben deutlich, die Macht zu sichern und sich gegen Angriffe anderer machtlüsterner Personen mit allen Mitteln zu wehren.

Stadium 4: Generativität im Sinne des Weitergebens von Idealen. Es dominiert ein *gemeinschaftsdienliches Machtmotiv*, das sich in dem Bemühen manifestiert, andere groß und stark zu machen. Personen mit dieser Motivationslage besitzen Macht, aber sie setzen die damit gegebenen Mittel nicht ein, um eigennützige Ziele zu erreichen, sondern dienen höheren Werten, denen sie zum Durchbruch verhelfen wollen. Hierfür sind sie auch bereit, maximale Leistungen zu erbringen. Das Machtverhalten wird bei ihnen vom Prinzip der Pflichterfüllung geleitet.

Diese Stadien sind nicht an das Lebensalter gebunden, sondern legen der Entwicklung der Machtmotivation unterschiedliche Qualitäten der Zielorientierung zugrunde. Grundsätzlich ist davon auszugehen, dass die Entwicklung der Machtmotivation einsetzt, wenn das Kind zwischen eigenen Handlungen und der Kontrollierbarkeit der Umgebung zu unterscheiden lernt. Im Großen und Ganzen dürfte die Entwicklung der Machtmotivation parallel zu der von Anschluss- und Leistungsmotivation verlaufen; McClelland geht davon aus, dass starke Emotionen und damit einhergehende Erfahrungen im Kindesalter einen starken Einfluss darauf ausüben, wie sich die individuelle Gewichtung der sozialen Motive Leistung, Anschluss, Vermeidung und Macht ausprägt. Allerdings darf man vermuten, dass junge Menschen wohl eher selten das vierte Stadium erreichen, da hierfür die Entwicklung persönlicher und sozialer Identität weitgehend abgeschlossen sein muss. Generativität, wie sie für das Stadium 4 als Merkmal genannt wird, ist in Eriksons Stufenmodell das Charakteristikum des Erwachsenenalters. Dementsprechend dürften sich Jugendliche und junge Erwachsene überwiegend in den Stadien 1 bis 3 befinden, was mit den Lebenslaufregimes der meisten Menschen korrespondiert. Karriere macht man im frühen Erwachsenenalter, und Chef wird man, wenn überhaupt, eher erst gegen Ende des mittleren Erwachsenenalters.

Tab. 3.21 Die vier Machtstadien nach McClelland (1978) im Überblick

Zielobjekt der Macht	Quelle der Macht	
	Andere	*Selbst*
Selbst	*Stadium 1* „Etwas (Gott, Eltern, Lehrer) macht mich stark"	*Stadium 2* „Ich stärke, kontrolliere mich selbst"
Andere	*Stadium 3* „Etwas (Religion, Gesetz, Gruppe) bringt mich dazu, andere zu beeinflussen"	*Stadium 4* „Ich habe Einfluss auf andere"

Anna: „Mir fällt bei der Charakterisierung des Stadiums 1 der Machtmotivation unwillkürlich der Schleimer ein, der sich durch Einschmeicheln bei seinen Vorgesetzten lieb Kind machen will."

Jakob: „Ja, und wenn es um Führungskräfte geht, werden auch Begriffe wie Despot, Konquistador, Elder Statesman, Kontrollfreak, Bewunderer, Kamerad, Patriarch, Steuermann, Lotse u. a. verwendet."

Anna: „Ich denke, dass man Elder Statesman wie z. B. den ehemaligen Bundeskanzler Schmidt zur Kategorie 4 zählen kann,

Lotse vielleicht auch. Konquistadoren sind die Typen des Stadiums 2, während Despoten und Kontrollfreaks in Kategorie 3 gehören. Bei den anderen bin ich mir nicht so sicher."

Jakob: „So geht es mir auch. Mir ist zum Beispiel nicht ganz klar, in welche Kategorie der Patriarch gehört. Ich meine, der kann es ja auch gut mit seinen Leuten meinen und alles tun, damit es ihnen besser geht."

Das Machtmotiv lässt sich als das Bedürfnis beschreiben, alles dafür zu tun, um sich stark, kompetent, eigenständig und unschlagbar zu fühlen. Sich selbst und andere zu beeinflussen und zu steuern, ist für viele Menschen – junge wie erwachsene – ein ausgesprochen wichtiges Ziel, wobei sie bei der Wahl der Mittel, Macht über andere zu erlangen, häufig nicht gerade zimperlich sind. Dementsprechend wird das Streben nach Macht nicht nur mit Durchsetzungsfähigkeit, sondern auch mit aggressiven und verwerflichen Handlungsweisen assoziiert (Winter 2000).

In Theorien zu Aggression und Gewalt – privater wie auch staatlicher Natur – spielt das Machtmotiv eine zentrale Rolle.

> » Unter Aggression versteht man jede Form von Verhalten, die darauf gerichtet ist, einem anderen Lebewesen zu schaden oder es zu verletzen, wobei das andere Lebewesen motiviert ist, eine solche Behandlung zu vermeiden (vgl. Baron und Richardson 1994).

Tedeschi und Felson (1994) gehen in ihrer Theorie von drei Motiven für die Entscheidung zu aggressivem Verhalten aus, wobei das Streben nach Macht und sozialer Kontrolle als Erstes genannt wird. Ob Zwang und Gewalt als sozial akzeptierte Handlungsweisen angewendet werden, um zu Macht und Kontrolle über andere zu gelangen, hängt wesentlich davon ab, ob die handelnde Person in ihrem bisherigen Leben aggressive oder nichtaggressive Verhaltensweisen als wirksam erfahren hat. Wer in seiner Schulzeit als Jugendlicher bereits durch „Bullying" aufgefallen ist, ist auch im späteren Berufsleben in der Wahl der Mittel, Macht zu gewinnen und Kontrolle auszuüben, nicht zimperlich.

Dem englischen Wort *Bullying* entspricht im Deutschen ein schikanierendes und tyrannisierendes Verhalten im Sinne einer drangsalierenden Schurigelei, die betrieben wird, um Macht über andere Personen zu gewinnen. Das schließt auch wiederholte aggressive Handlungsweisen ein, die eine andere Person physisch oder psychisch verletzen sollen. Der bevorzugte Ort für Bullying scheint die Schule zu sein (Besag 1989), und dies nicht nur in den USA, sondern auch in deutschen Grundschulen, wie aus einer Expertise von Niebank und Scheithauer (2010) hervorgeht. Auf präventive Maßnahmen und pädagogische Interventionen im Schulalter, die auch im Falle von Bullying eingesetzt werden können, sind wir ausführlich in ▶ Abschn. 3.5.3 eingegangen (vgl. aber auch Thompson et al. 2002). Wir werden das Thema der sozialen Macht in ▶ Kap. 4 unter dem Aspekt der Sozialisation wieder aufgreifen.

3.6.3 Pädagogische Förderung der Lern- und Leistungsmotivation

In einer offenen Gesellschaft, die laut Popper (1945/1992) zum Ziel hat, die „kritischen Fähigkeiten des Menschen" freizusetzen, erfolgt die soziale und berufliche Positionierung idealerweise nach individuellen Leistungen. Mit der *Leistung* als Faktor der sozialen Differenzierung sind nicht nur Leistungsprinzipien und -kriterien, Leistungsnormierungen und die Legitimation von Leistungsansprüchen verknüpft, sondern insbesondere auch die Leistungsmotivation. Die Heranwachsenden zu Leistungen zu motivieren, sehen daher viele Pädagogen, Eltern und Lehrer als Schlüssel zum Erfolg. Eine hohe Leistungsbereitschaft und Arbeitsmotivation gilt auch als wichtiger Faktor für den Erfolg von Unternehmen, weshalb der Motivierung von Beschäftigten ein hoher Stellenwert beigemessen wird (Krug und Kuhl 2006). Wie am Anfang des ▶ Abschn. 3.6 dargelegt wurde, bedeutet *Motivierung*, die Umwelt, in der Personen handeln, derart mit Anreizen auszustatten, dass bestimmte Motive wie das Leistungsmotiv angeregt werden.

Abgesehen davon, dass Veränderungen der Lern- und Leistungsmotivation über die gesamte Lebensspanne zu beobachten sind, gilt das mittlere Kindesalter (5–8 Jahre) als die sensible Phase für die motivationale Entwicklung. Darauf stützt sich die entwicklungspädagogische Annahme, dass dieser Entwicklungsabschnitt auch für eine gezielte Förderung der Lern- und Leistungsmotivation geradezu prädestiniert zu sein scheint. Unter dieser Prämisse kommt besonders dem Elternhaus und der Schule die Aufgabe zu, die Lern- und Leistungsmotivation der Kinder zu fördern.

3.6.3.1 Motivationsförderung im Elternhaus

Dass zwischen einer Selbstständigkeitserziehung in der Familie und der Lern- und Leistungsmotivation der Kinder ein Zusammenhang besteht, ist seit den Untersuchungen von Winterbottom (1958) und Heckhausen (1974) bekannt und wird in der Forschungsliteratur immer wieder betont (z. B. Ghazi et al. 2010; Grolnick und Ryan 1989; Katz et al. 2011). Dabei spiegelt sich in der Motivationslage der Kinder sehr häufig die der Eltern. Die Leistungsmotivation ist bei solchen Kindern höher ausgeprägt, deren Eltern sich selbst ein hohes Anspruchsniveau setzen und den Kindern größere Autonomie einräumen, während Kinder mit einer niedrigen Leistungsmotivation häufig Eltern mit einem niedrigen Anspruchsniveau und einer Tendenz zu starker Kontrolle haben. Wenn Eltern einen zu hohen Anspruch hinsichtlich der Leistungen ihres Kindes haben und einen starken Leistungsdruck ausüben, besteht die Gefahr, dass das Kind den Anforderungen zunehmend mit ängstlichen Erwartungen begegnet, woraus auf Dauer eine Stabilisierung der Furcht vor Misserfolg resultiert, die sich zu einer pathologischen Besorgtheit in den verschiedensten Settings (z. B. auch in der Schule) entwickeln kann. Als förderlich für die Entwicklung einer intrinsischen Lernmotivation im Sinne der Selbstwirksamkeitstheorie haben Farkas und Grolnick (2010) sechs Komponenten der elterlichen Erziehungsstruktur herausgestellt:

1. klare und konsistente Regeln, Leitlinien und Erwartungen;
2. Berechenbarkeit im Sinne deutlich wahrnehmbarer und beständiger Handlungskonsequenzen;

3. aufgabenbezogene Rückmeldung in Bezug auf die Erwartungen des Kindes;
4. Schaffen von Gelegenheiten (Zeit, Ressourcen, Hilfestellungen), den gesetzten Erwartungen genügen zu können;
5. Bereitstellung von Begründungen für Regeln und Erwartungen;
6. Autorität im Sinne sozial-emotionaler Kompetenz.

Die von Farkas und Grolnick berichteten Ergebnisse einer Studie mit 100 Kindern und ihren Eltern bestätigen generell die Wirksamkeit der sechs Strukturkomponenten, was nicht erstaunlich ist, da die Komponenten dem entsprechen, was die Literatur seit langem sagt und was viele Pädagogen auf Anhieb als motivationsförderlich benennen.

Bereits 1975 benannte Trudewind verschiedene Faktoren der häuslichen Umwelt, die sich auf die Entwicklung der Lern- und Leistungsmotivation der Kinder auswirken. Dazu zählte er als ersten Faktor den intellektuellen und *leistungsthematischen Anregungsgehalt* der häuslichen Umgebung, der wesentlich von der Qualität und Intensität der Eltern-Kind-Interaktionen, sozialen Kontakten mit Personen außerhalb der Familie, Hilfestellungen bei Schularbeiten und der Verfügbarbarkeit von Ressourcen (z. B. Spielzeug) beeinflusst wird. Als zweiten Faktor der Einflussnahme auf die Lern- und Leistungsmotivation nannte Trudewind die elterlichen *Leistungsanforderungen*, die sich in Anspruchsniveausetzungen in Bezug auf Schulleistungen, Kontrolle der Lernanstrengungen und im Bekräftigungsverhalten bei Erfolg und Misserfolg manifestieren. Als dritten Faktor stellte er das Ausmaß der *kumulierten Erfolgs- und Misserfolgserwartungen* im Lebenslauf des Kindes heraus (Trudewind 1975). Darüber hinaus betonte Trudewind allgemein den Einfluss des sozialen Milieus auf die Ontogenese motivationaler Dispositionen (dazu mehr in ▶ Kap. 4).

Unter der Annahme, dass die häusliche Umwelt, die Eltern ihren Kindern bereitstellen, einen starken Einfluss auf die Lernmotivation hat, untersuchten Garn et al. (2011), welche Einstellungen Eltern in Bezug auf die Lernmotivation ihrer Kinder hatten und was sie zu Hause konkret unternahmen, um die Lernmotivation zu fördern. Die Ergebnisse stützen die Annahme, dass Eltern trotz guter Absichten, die Lernmotivation ihrer Kinder zu fördern, relativ inkonsistent darin sind, motivationsfördernde Bedingungen in der häuslichen Umgebung zu schaffen. Dennoch kann allgemein festgehalten werden, dass die elterliche Unterstützung von Autonomie und eine gering ausgeprägte Leistungskontrolle die Lern- und Leistungsmotivation der Kinder nachhaltig fördern (vgl. Müller-Kalthoff et al. 2008).

In diesem Zusammenhang ist auf ein *Elterntraining zum motivationsförderlichen Erziehungsverhalten* von Lund et al. (2001) hinzuweisen, das Eltern dabei hilft, in Leistungskontexten positiv auf die Motivation ihrer Kinder einzuwirken. Das Training umfasst 6 Sitzungen, in denen die Eltern lernen, wie sie bei ihrem Kind eine realistische Zielsetzung, eine günstige Kausalattribution und eine Selbstbewertung nach individuellen Bezugsnormen stärken können. In der Studie, über die Lund et al. berichten, zeigten sich deutliche Effekte des Trainings, da sich bei den Kindern der trainierten Eltern im Vergleich zu einer Kontrollgruppe untrainierter Eltern die Furcht vor Misserfolg deutlich verringerte und die Selbsteinschätzung realistischer wurde. Diese Effekte waren laut Lund et al. noch nach 8 Monaten nachweisbar.

Was bisher zu den Faktoren und Komponenten gesagt wurde, die hinsichtlich einer Förderung der Lern- und Leistungsmotivation von Seiten der Eltern bedeutsam sind, findet sich auch in der Ratgeberliteratur wieder, wie sie zahlreich (vor allem im Internet) existiert. In die Kategorie *anspruchsvoll und fachkundig* gehört der Ratgeber von Keller (2011), der nicht nur über mögliche Ursachen einer mangelnden Lern- und Leistungsmotivation informiert, sondern auch probate Anregungen und Hilfen zur Motivationsförderung in Elternhaus und Schule gibt. Die von Keller genannten Fördermaßnahmen zielen auf eine systematische Verselbstständigung des Handelns, Selbstmotivierung und Sinnfindung, konstruktive Kritik und vor allem auf ein altersgemäßes Fordern, Loben und Ermutigen. Nicht unterschätzt werden darf die Wirkung von Lob bei Erfolgen:

> » Sei großzügig mit deinem Lob. Finde so viele Möglichkeiten, wie du nur kannst, um deine Kinder ernstgemeint zu loben (McKay 1992, S. 243).

Vorausgesetzt, dass das Lob als ernstgemeint wahrgenommen wird, ist es laut Henderlong und Lepper (2002) besonders vorteilhaft für die Motivation, wenn es Attributionen zu kontrollierbaren Ursachen anregt, Eigenständigkeit fördert und Kompetenzüberzeugungen stärkt, die sich nicht auf ein blindes Vertrauen in soziale Vergleiche stützen, sondern auf individuell erreichbare Ziele. Zum Lob von Seiten der Eltern hatte Ginott schon 1965 angemerkt:

> » Praise, like penicillin, must not be administered haphazardly. There are rules and cautions that govern the handling of potent medicines – rules about timing and dosage, cautions about possible allergic reactions. There are similar regulations about the administration of emotional medicine (Ginott 1965, S. 39).

Da ist man fast versucht zu sagen, dass eine Überdosis an Lob im Elternhaus wohl eher selten zu erwarten ist.

3.6.3.2 Motivationsförderung in der Schule

Mehrere Motivationsforscher haben Empfehlungen für Lehrpersonen hergeleitet, die daran interessiert sind, die Motivation ihrer Schüler zu unterstützen und aufrechtzuerhalten. Zu diesen Empfehlungen zählen der eingeschränkte Einsatz von Belohnungen, die Informationen über die Kompetenz vermitteln sollen, die Stärkung der Eigenständigkeit, die Anwendung kooperativer Lernmethoden und insgesamt das Schaffen einer schulischen Umwelt, die im Hinblick auf Zielsetzungen, Kausalattributionen und Bewertung durch andere unterstützend ist (Black und Deci 2000; Guthrie et al. 2000; Pintrich 2003). Doch gehen wir der Reihe nach vor.

Laut Ginott stützen Untersuchungen die Auffassung, dass Lehrpersonen mit Lob und extrinsischen Belohnungen sparsam und sorgsam umgehen sollten (Deci et al. 1999). Demgegenüber ist der positive Effekt, den die Eigenständigkeit der Schülerinnen und Schüler auf die Lernmotivation hat, unbestritten (vgl. Guthrie 2000; Pintrich 2003). Schülerinnen und Schülern mehr Kontrolle über das eigene Lernen zu gewähren, kann nach Hidi und Harackiewicz (2000) ein Weg sein, situative Interessen zu verstärken, die sich mit der Zeit in stabilere Interessen wandeln können. Ähnlich argumentiert Turner (1995), dass Schülerinnen und Schüler mehr an der schulischen Arbeit interessiert sind, wenn sie selbst die hierfür erforderlichen Entscheidungen treffen können. Schüler, die unter verschiedenen Optionen wählen können, zeigen gewöhnlich mehr Ausdauer bei der Verfolgung der Ziele. Turner hat verschiedene Bereiche genannt, in denen Schüler ihre Eigenständigkeit einüben können, z. B. Sequenzierung der zu bearbeitenden Aufgaben, Auswahl von Partnern bei der Gruppenarbeit, Auswahl der Themen und Feststellen der persönlichen Interessen beim Lernen. Eine andere wirksame Strategie zur Förderung der Motivation wird in kooperativen Lernformen gesehen (Hidi und Harackiewicz 2000). Eng damit verbunden ist die Idee, dass die Schüler zur Schaffung ihrer eigenen Lernumwelten angeregt werden, in denen sie ihre Lernziele aufstellen und verfolgen können (Ames 1992). Im Grunde wird damit auf eine Form des *offenen Unterrichts* abgehoben, d. h. auf *Freiarbeit* im Sinne von Montessori oder Freinet, bei der die Schülerinnen und Schüler ihre Themen und Ziele nach eigenen Interessen wählen und in der von ihnen bestimmten Sozialstruktur bearbeiten.

Wenn es um die Effekte der Lernumwelt geht, ist ein Bezugsgruppeneffekt zu erwähnen, der in den letzten Jahren als *Fischteicheffekt* (*big fish in a little pond*) bekannt geworden ist. Nach Marsh (1987, 2005) besagt der Fischteicheffekt, dass Schüler eine stärkere Lernmotivation entwickeln, wenn sie mit leistungsschwächeren Schülern in einer Klasse sind. Ihre Leistungen fallen im Vergleich mit den leistungsschwächeren Schülern öfter auf und werden durch Lob hervorgehoben. Das stärkt das Bestreben, den Vorsprung vor den anderen zu halten und wirkt sich auf Dauer motivationsfördernd aus. Das gilt besonders für Schüler, deren Kompetenzüberzeugungen und Selbstwirksamkeitserwartungen nicht besonders stark ausgeprägt sind. Im deutschen Sprachraum stehen Bemühungen wie in Ländern, die vom nordamerikanischen Bildungssystem stark beeinflusst sind und dementsprechend ein selektives Schulkonzept vertreten (im Sinne von *das Beste für die Besten*), (noch) nicht auf der bildungspolitischen Agenda, aber als Folge von PISA wird gelegentlich auch schon einmal die Idee von *Eliteschulen* aufgegriffen (Maaz et al. 2009). Die Befundlage für selektive Schulen ist, was das Selbstkonzept der Schüler betrifft, jedoch ziemlich eindeutig: In einigen transnationalen Studien mit mehr als 100.000 bzw. sogar mehr als 250.000 Schülerinnen und Schülern in 26 Ländern erwies sich der *Fischteicheffekt* als ausgesprochen robust, insofern die Annahme, Eliteschulen bewirkten ein positives Selbstkonzept bezüglich der Lernleistungen, sich als grandiose Fehlannahme entpuppte. Denn genau das Gegenteil war zu beobachten: Der Besuch von Schulen für Hochbegabte hatte durchgängig einen *negativen* Effekt auf das Selbstkonzept der Schüler (Marsh und Hau 2003; Seaton et al. 2010). Andererseits haben hochbegabte Schüler oft erhebliche Motivations- und Leistungsprobleme im regulären Schulsystem, wie aus folgendem Beitrag der zwanzigjährigen Johanna deutlich wird.

> » Seit meiner Kindheit werde ich als intelligent eingestuft. Das begann im Kindergarten, als meinen Eltern empfohlen wurde, mir mehr Herausforderungen zu bieten, da ich wohl mit meinem Spielzeug unterfordert war.
> In der Grundschule war ich stets Klassenbeste, mir fiel alles zu, lernen musste ich dafür nie. Ich sollte von der 1. in die 3. Klasse springen, aber meine Eltern entschieden sich dagegen, da sie Sorgen hatten, meine Leistung würde dann abrutschen. Damals wurde auch auf Bitten meiner Lehrerin mein IQ getestet: 152. Ungefähr ab der Pubertät ließen meine Leistungen nach. Nur in den Fächern, in denen ich Ehrgeiz entwickeln konnte, engagierte ich mich, ansonsten brachte ich gerade die Leistung, die mir die Versetzung brachte.
> Mein Zeugnis sah entsprechend auffällig aus: Englisch und Politik sehr gut, alles andere ausreichend. In der 9. Klasse funktionierte das leider nicht und ich musste eine Extrarunde drehen. […]
> So erreichte ich die Oberstufe und kam bis zum Abitur, durch eine neue Lehrerin wurde mein Interesse an Mathematik geweckt, so dass ich dort plötzlich fehlerlose Klausuren schrieb, in anderen Fächern jedoch nicht. […]
> Das Problem ist also: ich kann alles, wenn ich will. Aber so wie es aussieht, will ich einfach nicht. […] Jetzt stehe ich also vor dem Studium und habe Angst, dass es genauso laufen wird: Interesse im ersten Semester und dann geht alles den Bach runter. […] Gibt es Möglichkeiten, sich in so einer Lage auf Dauer zu motivieren? (Quelle: ► http://de.org.mensa.narkive.com/iIZ60dLr/hochbegabung-und-motivationsprobleme).

Die Frage, die Johanna am Ende ihrer Schilderung aufwirft, spiegelt sich in der entwicklungspädagogischen Konzeption, Schüler in ihrer Lern- und Leistungsmotivation durch spezielle Trainingsprogramme gezielt zu fördern.

3.6.3.3 Motivationstrainings

Die Idee eines systematischen Trainings der Lern- und Leistungsmotivation kam in den 1970er Jahren auf und führte in der Folgezeit zu einer Vielzahl an Trainingsprogrammen, die übereinstimmend darauf zielten, über die Anregung des Leistungsmotivs eine allgemeine Verbesserung der Lernmotivation und in deren Folge eine Steigerung der Lernleistungen, des Engagements im Unterricht und der Interessen an Lehrinhalten und an der Schule insgesamt zu erreichen. Üblicherweise waren und sind die meisten Motivationstrainings darauf abgestimmt, die Eigenständigkeit und Eigeninitiative der Lernenden in den Vordergrund zu stellen, um auf Zielsetzungen und Wirksamkeitserwartungen Einfluss zu nehmen. Ein weiteres charakteristisches Merkmal der meisten Motivationstrainings ist, dass sie auf längerfristige Effekte pädagogischer Interventionen zielen.

„Quick and dirty" geht es nur im Internet zu, wo sogenannte Motivationsexperten nach dem Motto „vom Sieger lernen" Lebenshilfe und Lebensweisheiten offerieren wie z. B. „Der Wille entscheidet über Sieg oder Niederlage" oder „Durchhalten und am Ball bleiben". Einen sehr guten Eindruck davon, wie Motivationsexperten vorgehen, kann man auf der Internetseite ► http://www.ted.com gewinnen, wo z. B. Dan Pink über die überraschende Wissenschaft der Motivation oder Tony Robbins darüber spricht, warum wir tun, was wir tun. Der Unterhaltungswert der Veranstaltungen ist groß, wie man aus den Reaktionen des Publikums ablesen kann.

Wenn wir die Showbühne verlassen und uns der Frage zuwenden, welche Motivationstrainings sich an Schüler wenden, finden wir neben sogenannten Origin-Trainings verschiedene Motivtrainings z. B. zur Verbesserung der Bezugsnormorientierung und der Kausalattribution (Rheinberg und Fries 1998):

Den Anfang machte das *schulische Trainingsprogramm zum Erleben eigener Verursachung* von deCharms (1973, 1979), das der gesamten Bewegung den Stempel aufdrückte. DeCharms vertrat die These, dass die aktuelle Motivation einer Person davon abhängt, ob sie sich als Ursprung (*origin*) des eigenen Handelns sieht und Eigenständigkeit erlebt. Er ging davon aus, dass Entstehung und Entwicklung von Lern- und Leistungsmotivation das Erleben persönlicher Verursachung voraussetzt. Sofern ein Individuum sich demnach als Verursacher eines Ereignisses sieht, wird es als *Origin* bezeichnet; wird es von äußeren Kräften zu Handlungen getrieben, ist also nicht „Herr der eigenen Entscheidungen und Handlungen" und fühlt sich von der Umwelt herumgestoßen, wird es *Pawn* (der Bauer im Schachspiel) genannt (deCharms et al. 1965). Die Origin-Pawn-Variable, von deCharms als kontinuierlich konzipiert, kann mühelos auf den schulischen Unterricht übertragen werden (deCharms 1977). In manchen Situationen wird den Schülern der Zwang auferlegt, sich nach fest vorgegebenen Regeln zu verhalten, während sie in anderen Situationen mehr Freiheiten erhalten, die eigenen Handlungen selbst zu bestimmen. Auf der Grundlage dieser Überlegungen entwickelte deCharms (1976, 1979) ein Motivationstraining, das umfassende pädagogische Interventionen in das Handlungsfeld des schulischen Unterrichts integrierte und zum Vorbild für andere Trainingsprogramme wurde (vgl. Ryan und Grolnick 1986). Die Grundidee des Trainings besteht darin, den Schülern im Unterricht das Gefühl zu vermitteln, *Origin* zu sein. Dies kann erreicht werden, indem man sie darin unterstützt,

1. sich selbst realistische Ziele zu setzen,
2. die eigenen Stärken und Schwächen zu erkennen,
3. konkrete Handlungsweisen zu bestimmen, um ein gesetztes Ziel zu erreichen, und
4. Rückmeldungen einzuholen, ob Handlungen den erwünschten Effekt erzielt haben.

An diesen vier Merkmalen orientierte sich das Trainingsprogramm zum Erleben persönlicher Verursachung, das von Anfang bis Ende hinsichtlich seiner Effektivität überprüft wurde. Bemerkenswert ist, dass die Begleitstudie zum Motivationstraining als Längsschnittuntersuchung konzipiert war und über eine Zeitspanne von drei Jahren bei den beteiligten Schülerinnen und Schülern von der 5. bis zur 7. Klasse Messwerte für die Lernmotivation und die Schulleistungen erhob. Das alleine schon macht das Motivationstraining von deCharms einmalig.

Das Motivationstraining von deCharms

Das *schulische Trainingsprogramm zum Erleben eigener Verursachung* baute darauf auf, dass eine Gruppe von Lehrern einem Motivationstraining unterzogen wurde, die dann anschließend ein entsprechendes Motivationstraining mit ihren Klassen durchführten. Die Schüler, die von vorher trainierten Lehrpersonen unterrichtet wurden und im Verlauf des Schuljahres außer dem normalen Unterricht ein besonderes Motivationstraining durchliefen, bildeten die sogenannte *Experimentalgruppe*. Demgegenüber erhielten die Schüler der *Kontrollgruppe* regulären Unterricht von untrainierten Lehrern und durchliefen auch nicht das Trainingsprogramm.

Für die *Lehrer* beinhaltete das Motivationstraining zum Erleben eigener Verursachung Anleitungen, über sich selbst nachzudenken und die eigenen Motive einschätzen zu lernen, sich mit Gedanken und Motiven anderer Personen bekannt zu machen, die Nützlichkeit sorgfältigen Planens und realistischer Zielsetzungen zu erkennen sowie Verhaltensweisen zu fördern, die charakteristisch für Origins sind. Nach diesem Training entwickelten die Lehrer in Zusammenarbeit mit der Forschungsgruppe Trainingsmodule zum Erleben eigener Verursachung, die sie dann während eines ganzen Schuljahres mit ihren Klassen umsetzten. Die von den Lehrpersonen entwickelten Trainingsmodule kreisten um vier motivationsrelevante Konzepte: das Selbstkonzept, die Leistungsmotivation, das Konzept realistischer Zielsetzungen und das Origin-Pawn-Konzept. Die einzelnen Module umfassten verschiedene Übungen u. a. zur Wahrnehmung der eigenen Person, Leistungsthematik und zum Origin-Pawn-Konzept.

- In der *Übung „Wie ich wirklich bin"* legten die Schüler ein kleines Notizbuch an, in dem sie Beobachtungen über die eigene Person und Beziehungen zu anderen Personen festhielten.
- Beim *Training der Personwahrnehmung* im 7. Schuljahr, das auf eine Förderung des Ich-Bewusstseins zielte, lag der Schwerpunkt auf der Sensibilität im zwischenmenschlichen Bereich und der Steigerung kognitiver Komplexität.
- Verschiedene *Übungen zur Leistungsthematik* umfassten die Abfassung kleiner Phantasiegeschichten anhand vorgegebener Handlungsskizzen, die Anspruchsniveausetzungen und leistungsbezogene Kognitionen thematisierten (z. B. „Schreibe eine Geschichte über einen Helden, der versucht, etwas besser zu machen als vorher").
- Beim *Buchstabierspiel* konnten die Versuchspersonen entsprechend ihrer individuellen Fähigkeiten leichte, mittelschwere oder schwere Wörter zum Buchstabieren wählen.
- Schließlich hatten die Schüler sogenannte *Origin-Bücher* zu verfassen, in denen sie die Bedeutung realistischer Zielsetzungen, des Planens, der persönlichen Verantwortung für Handlungen, des Selbstvertrauens, des Erlebens eigener Verursachung, aber auch des Erlebens, von anderen dirigiert zu werden, thematisierten.

Nach Darstellung von deCharms und der Sekundärliteratur war das vierjährige Interventionsprojekt zur Förderung des Erlebens eigener Verursachung vergleichsweise erfolgreich. Das Motivationstraining für Lehrer beeinflusste erkennbar deren Verhalten im Klassenzimmer. Sie behandelten ihre Schüler deutlich mehr als Origins. Sie räumten den Schülern deutlich mehr Möglichkeiten ein, Handlungen zur Zielerreichung selbst zu bestimmen und eigene Verantwortung dafür zu übernehmen. Dadurch wurden nicht nur das Selbstvertrauen der Schüler und das Erleben eigener Verursachung gestärkt, sie erzielten im Vergleich zu den nicht trainierten Schülern auch deutlich bessere Schulleistungen. Bemerkenswerterweise traten dabei geschlechtsspezifische Unterschiede derart auf, dass die Jungen von dem Training mehr profitierten als die Mädchen.

Wenn wir weiter oben das Motivationstraining von deCharms als einmalig bezeichnet haben, ist dies in einem engeren Sinne des Wortes zu verstehen, denn es wurde wegen seines hohen Aufwandes nie wieder vollständig repliziert. Teile davon flossen aber in andere Trainings (vgl. Rheinberg und Krug 2005) und Untersuchungen ein, so auch in eine Untersuchung von Krug et al. (1993), an der 16 Klassen des dritten Schuljahres (mit insgesamt 262 Schülerinnen bzw. Schülern) und die Lehrerinnen teilnahmen.

Das Training wurde nach dem Origin-Konzept von deCharms gestaltet und von sechs (später fünf) Lehrerinnen durchgeführt, die zuvor ihrerseits einem Training unterzogen worden waren. Dem Trainingsprogramm der Origin-Gruppe wurden zwei alternative Trainings gegenübergestellt: ein kognitives Training, in dem die Konzepte der Leistungsmotivation und der Bezugsnormorientierung rein theoretisch vermittelt wurden, und ein Verhaltenstraining, in dem konkrete Möglichkeiten zur unterrichtlichen Realisierung der Bezugsnormorientierung aufgezeigt wurden. Auf der Grundlage von Unterrichtsbeobachtungen konnten deutliche Effekte des Trainings auf das Verhalten der Lehrerinnen festgestellt werden. Diese handelten im Unterricht verstärkt im Sinne des Origin-Konzepts. In der ersten Phase der Untersuchung zeigten aber auch nicht trainierte Lehrerinnen im Wissen, an einer Untersuchung teilzunehmen, motivational günstige Verhaltensweisen, die dann allerdings im weiteren Verlauf zunehmend verschwanden. Die Ergebnisse für die Schüler waren laut Krug et al. weniger klar, belegten aber dennoch erkennbar einen besonderen Effekt des Origin-Trainings, der sich z. B. in einer deutlich verminderten Prüfungsangst und Schulunlust ausdrückte.

> Auffallend waren bei allen teilnahmebereiten Lehrerinnen, dass in ihren Klassen extrem positive Werte sowohl in der Schülerbeurteilung des Unterrichts als auch in der Ausprägung schulbezogener Schülermerkmale vorlagen. Prüfungsangst und Schulunlust kamen so gut wie nicht vor (Krug et al. 1993, S. 153).

Besonders bemerkenswert war, dass die Grundschullehrerinnen, die an den Trainings teilgenommen hatten, vieles, wenn nicht sogar das meiste von dem, was die Trainings an Maßnahmen anzubieten hatte, bereits kannten. Sie kannten zwar nicht immer die entsprechenden Begriffe, aber sie verhielten sich genau so, wie es das Trainingskonzept nahelegte.

Parallel zu deCharms begann die „Bochumer Schule" in den 1970er Jahren unter Zugrundelegung des Selbstbewertungsmodells der Leistungsmotivation von Heckhausen mit der Entwicklung von Trainingsprogrammen zur Förderung der Lern- und Leistungsmotivation, die Bestandteil des regulären Unterrichts sein sollten. Dabei wurden drei erfolgs- und misserfolgsmotivierte Prozessvariablen in den Mittelpunkt gestellt:

1. Zielsetzung bzw. Anspruchsniveausetzung mit einer Betonung hoher, aber realistischer Ziele,
2. Attributionsmuster mit der Betonung motivational günstiger Ursachenzuschreibungen, so dass Erfolg auf Anstrengung und Tüchtigkeit, Misserfolg dagegen auf mangelnde Anstrengung oder Pech zurückgeführt werden soll, und
3. Selbstbewertung mit der Betonung emotional günstiger Selbstbewertungen, so dass mehr Freude bei Erfolg als Ärger bei Misserfolg empfunden werden soll.

Ein gutes Beispiel, um Verlauf und Ergebnisse eines solchen Motivtrainings zu verdeutlichen, bietet die Untersuchung von Rheinberg und Günther (1993) zur Effektivität eines auf den Lehrplan abgestimmten Einsatzes individueller Bezugsnormen. In ihrer Zusammenfassung der Ergebnisse gelangten die Autoren zu der Feststellung, dass das durchgeführte Motivationstraining insofern erfolgreich war, als Misserfolgsfurcht und Prüfungsangst der trainierten Schüler im Vergleich zu denen der Kontrollgruppe deutlich abnahmen und ihre Zielsetzungen deutlich realistischer wurden. Zugleich stellten sie fest, dass diese Effekte stark vom Engagement der Lehrer abhängig waren.

Weniger erfolgreich war ein von Bossong (1978) durchgeführtes Motivationstraining bei Schülern der 6. Klasse (Hauptschule, Gymnasium und gemeinsame Orientierungsstufe von Haupt- und Realschule), die als *Underachiever* eingestuft worden waren. Nachdem die Kausalattributionen der Schüler in Bezug auf erzielte Lernleistungen in Einzelgesprächen festgestellt worden waren, wurden sie einem Training (13 bis 15 Einzelsitzungen) unterzogen, das in Form von Kleingruppensitzungen durchgeführt wurde und dessen zentraler Bestandteil ein Anreiztraining oder Training der Selbstverantwortung war. In diesem Training war das Ziel das Erlernen und Einüben einer sogenannten Selbstverantwortungsregel („In Leistungssituationen bin ich für meine Leistungen weitgehend selbst verantwortlich"), um erfolgszuversichtliche Motivausprägungen und korrespondierende Emotionen (z. B. Stolz, Freude, Angstfreiheit) anzuregen. Trotz erkennbarer Effekte des Trainings auf die Kompetenzüberzeugungen und Selbstwirksamkeitseinschätzungen wie auch auf die Kausalattribution stellte Bossong zusammenfassend fest, dass das Programm seine Ziele nur zum Teil erreicht hatte.

Die Zeit der Motivationstrainings im großen Stil scheint vorbei zu sein, was auch mit der Relation von Aufwand und Wirksamkeit zu tun hat, denn bei den meisten Trainingsprogrammen stand im Ergebnis der Effekt auf die Veränderung der Motivation in keinem vertretbaren Verhältnis zum Aufwand. Die Idee, eine systematische Motivationsförderung im schulischen Kontext zu betreiben, wurde aber nicht aufgegeben, wie verschiedene Beispiele im deutschen Sprachraum (Dressel 2004; Winter 2006) zeigen. Die Motivationsförderung im Unterricht ist nicht mehr

Tab. 3.22 Aussagen und Motivationsbegriffe

1. Die Auffassung, dass wir motiviert sind, uns in bestimmter Weise zu verhalten	a. Bedürfnis nach Vertrautheit
2. Der Wunsch nach engen Beziehungen	b. Anschlussmotiv
3. Der Wunsch, schwierige Aufgaben zu meistern und hervorragend zu sein	c. Motivation
4. Der Wunsch, soziale Kontakte aufzubauen und zu erhalten	d. Leistungsmotivation
5. Die Auffassung, dass wir motiviert sind, ein optimales Niveau an körperlicher Erregung zu erzielen und aufrechtzuerhalten	e. Instinkt
6. Ein festgelegtes Muster von Verhaltensweisen, die durch bestimmte Reize ausgelöst werden	f. Anreiztheorie
7. Ein innerer Zustand, der uns unter Spannung setzt, ein Ziel zu erreichen	g. Triebtheorie
8. Die Auffassung, dass physiologische Bedürfnisse eine Spannung erzeugen, die uns dazu treibt, sie zu befriedigen	h. Erregungstheorie

breit angelegt, sondern bezieht sich punktuell auf Motivationsdefizite von Schülerinnen und Schülern wie z. B. ungünstige Selbsteinschätzungen, mangelndes Interesse und Symptome erlernter Hilflosigkeit. Die Entwicklung von effektiven pädagogischen Interventionen zur Förderung der Motivation ist und bleibt eine wichtige Aufgabe der Pädagogik, wobei ein Schwerpunkt auf der Ursachenerklärung für Lernleistungen und der Förderung der Selbstwirksamkeit liegt (Ryan und Deci 2009).

Aufgaben zum Festigen des neuen Wissens

1. Ordnen Sie den Aussagen in Tab. 3.22 die passenden Motivationsbegriffe zu.
2. Ordnen Sie dem eingangs wiedergegebenen Gedicht von Rückert die angesprochenen Motivationsbegriffe zu.
3. Kreuzen Sie in Tab. 3.23 das Zutreffende an.

Tab. 3.23 Was ist zutreffend?

Menschen, die Macht anstreben,	Selbstbezogene Macht	Soziale Macht
lieben Wettkampf und Diskussionen		
sind emotional eher unkontrolliert		
lieben es, andere zu beeinflussen, ihnen zu helfen, sie vom besseren Weg zu überzeugen		
haben großes Einfühlungsvermögen		
treten bevorzugt größeren Organisationen bei		
stellen Eigeninteressen zugunsten der Interessen der Organisation zurück		
zeigen anderen gern, wie machtlos sie sind		
haben kaum oder keine persönlichen Machtziele		
schwören Mitarbeiter auf die Organisation und die gemeinsamen Ziele ein		
sammeln Informationen über andere		
haben viele Feinde, aber auch viele Freunde		
haben Achtung vor Institutionen, Organisationen		
übernehmen gern Führungsrollen		
achten auf die Einhaltung von Regeln bei sich und anderen		
belohnen ihre Mitarbeiter für ihre Loyalität, nicht für Leistung		
haben bei Machtverlust einen starken Alkohol- und Tabakverbrauch		

Aufgaben zum Weiterdenken

1. Wie beurteilen Sie Maslows Hierarchie der Bedürfnisse? Gibt sie uns, wie gelegentlich behauptet wird, den Schlüssel zur Menschenkenntnis in die Hand und macht unsere Mitmenschen leichter durchschaubar?
   Wir haben dazu im Internet ein Beispiel gefunden, in dem genau das bewiesen werden soll: ▶ http://www.mitarbeiter-fuehren.de/menschenkenntnis/282-menschenkenntnis-maslow.html. In dem Beispiel geht es darum, dass ein Verkäufer in einem Elektromarkt einen Kunden dazu bringen kann, ein teures Fernsehgerät zu kaufen. Der Vorschlag einer zielgenauen und schlagkräftigen Argumentation lautet:
   „Der Trend geht zu einer immer höheren Bildqualität. Hier haben wir das neueste Modell, das gerade vor wenigen Tagen auf den Markt gekommen ist und das eine riesige Bildschirmdiagonale von 120 bei höchster Bildqualität bietet. Dazu ist der Preis dank Einsatz neuester Technologie nicht gestiegen, sondern nochmals gesunken."
   Welche Motive des Kunden werden bei dieser Argumentation angeregt?
2. Auf der Internetseite ▶ Stern.de (▶ http://www.stern.de/wissen/mensch/der-grosse-liebestest-teil-1-welcher-bindungstyp-sind-sie-1655499.html) können Sie einen Liebestest finden, mit dem Sie herausfinden können, welcher Bindungstyp Sie sind. Bitte nehmen Sie das aber nicht zu ernst!
   Wie beurteilen Sie diesen Test? Welche Bindungstypen erhebt er?
3. Eine Frage an den Leser: Sie studieren bereits seit einem oder mehreren Semestern? Großartig, dann gestatten Sie uns eine weitere Frage: Warum genau tun Sie das? – Vielleicht haben Sie mittlerweile das Gefühl entwickelt, nicht das richtige Fach gewählt zu haben. Testen Sie doch einfach einmal, ob die Wahl des Studienfaches überhaupt Ihren Interessen und Neigungen entspricht. Einen ausgezeichneten (und vor allem kostenfreien) Test finden Sie auf dieser Internetseite: ▶ http://www.was-studiere-ich.de.

Tab. 3.24 Was trifft für Sie zu, was eher nicht?

	Trifft nicht zu						Trifft zu
Ich mag solche Rätsel und Knobeleien	1	2	3	4	5	6	7
Ich glaube, der Schwierigkeit dieser Aufgabe gewachsen zu sein	1	2	3	4	5	6	7
Wahrscheinlich werde ich die Aufgabe nicht schaffen	1	2	3	4	5	6	7
Bei der Aufgabe mag ich die Rolle des Wissenschaftlers, der Zusammenhänge entdeckt	1	2	3	4	5	6	7
Ich fühle mich unter Druck, bei der Aufgabe gut abschneiden zu müssen	1	2	3	4	5	6	7
Die Aufgabe ist eine richtige Herausforderung für mich	1	2	3	4	5	6	7
Nach dem Lesen der Instruktion erscheint mir die Aufgabe sehr interessant	1	2	3	4	5	6	7
Ich bin sehr gespannt darauf, wie gut ich hier abschneiden werde	1	2	3	4	5	6	7
Ich fürchte mich ein wenig davor, dass ich mich hier blamieren könnte	1	2	3	4	5	6	7
Ich bin fest entschlossen, mich bei dieser Aufgabe voll anzustrengen	1	2	3	4	5	6	7
Bei Aufgaben wie dieser brauche ich keine Belohnung, sie machen mir auch so viel Spaß	1	2	3	4	5	6	7
Es ist mir etwas peinlich, hier zu versagen	1	2	3	4	5	6	7
Ich glaube, das kann jeder schaffen	1	2	3	4	5	6	7
Ich glaube, ich schaffe diese Aufgabe nicht	1	2	3	4	5	6	7
Wenn ich die Aufgabe schaffe, werde ich schon ein wenig stolz auf meine Tüchtigkeit sein	1	2	3	4	5	6	7
Wenn ich an die Aufgabe denke, bin ich etwas beunruhigt	1	2	3	4	5	6	7
Eine solche Aufgabe würde ich auch in meiner Freizeit bearbeiten	1	2	3	4	5	6	7
Die konkreten Leistungsanforderungen hier lähmen mich	1	2	3	4	5	6	7

Wie beurteilen Sie diesen Test? Warum würden Sie ihn als Studienberaterin oder Studienberater weiterempfehlen und warum nicht?

4. Ohne die richtige Motivation ist es für keinen Studenten möglich, das gewünschte Ziel zu erreichen. Entwerfen Sie ein Motivationstraining für Studenten, von dessen Erfolg Sie überzeugt sind.
   Damit Sie dabei noch einen Fragebogen über Motivation kennenlernen, bitten wir Sie, bevor Sie starten, hinsichtlich dieser Aufgabe die Items in Tab. 3.24 zu beantworten. Dieser Fragebogen zur Erfassung aktueller Motivation (FAM) wurde von Rheinberg et al. (2001) entwickelt. Wir werden in ► Kap. 4 ausführlicher auf ihn eingehen.

Weiterführende Literatur

- Rheinberg, F., & Krug, S. (2005). *Motivationsförderung im Schulalltag. Konzeption, Realisation und Evaluation* (3. Aufl.). Göttingen: Hogrefe.
- Schlag, B. (2013). *Lern- und Leistungsmotivation* (4. Aufl.). Wiesbaden: VS Verlag für Sozialwissenschaften.

3.7 Differentielle Persönlichkeitsdiagnostik

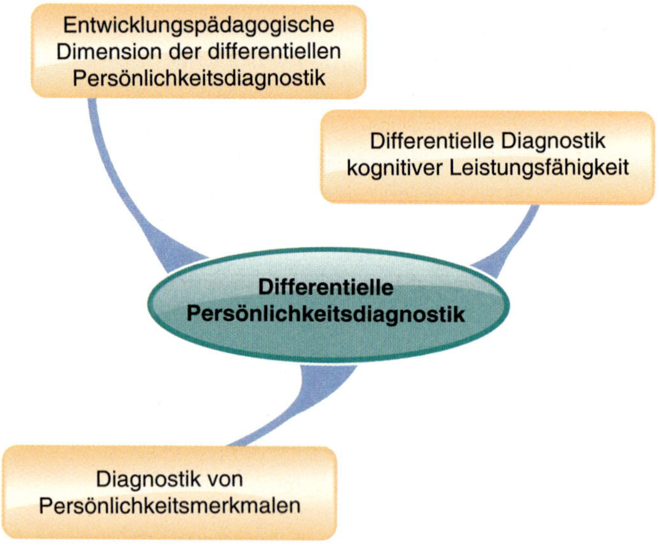

Aufgabe als Denkanstoß

In welchen Situationen im Schulalltag würden Sie normierte und standardisierte Tests einsetzen? Warum? Was versprechen Sie sich davon oder warum lehnen Sie das grundsätzlich ab?

Weltweit ist der Schulunterricht überwiegend in Jahrgangsklassen organisiert, bei dem nur gleichaltrige Schülerinnen und Schüler gemeinsam unterrichtet werden. Den Gegensatz dazu bildet Unterricht in jahrgangsübergreifenden Klassen. Historisch gesehen kann der Gedanke der Jahrgangsklasse bis zu Comenius zurückverfolgt werden, der sich von der Zusammenfassung Gleichaltriger eine Steigerung des Unterrichtserfolgs versprach. Pädagogisch liegt dem Prinzip der Jahrgangsklasse die Annahme zugrunde, das gleichaltrige Schüler aufgrund des vergleichbaren Entwicklungsstandes in kognitiver, emotionaler und sozialer Hinsicht homogene Lerngruppen bilden. Eine Orientierung am Lebensalter ist allerdings nur so lange sinnvoll, wie bei einem Entwicklungsmerkmal der Unterschied zwischen Altersgruppen größer ist als die Streuung (Varianz) der Merkmalsausprägung innerhalb der Altersgruppen. Tatsächlich sind aber mitunter enorme Streuungen der Schüler einer Jahrgangsklasse in kognitiven Lernvoraussetzungen, Fähigkeiten, Interessen und Einstellungen zu beobachten.

Infolgedessen kann die *Bestimmung des Entwicklungsstandes* eines einzelnen Schülers aussagekräftiger sein als sein Lebensalter. Schließlich gibt es dreijährige Kinder, die den Entwicklungsstand eines durchschnittlichen fünfjährigen Kindes aufweisen und auch das Umgekehrte ist denkbar. Die Orientierung am Lebensalter mag daher irreführend sein, da der Entwicklungsstand trotz gleichen Alters sehr unterschiedlich sein kann. Dass der Entwicklungsstand aussagekräftiger sein kann als das Alter, zeigt sich laut Lohaus et al. (2010) auch beim Vergleich von Schulklassen, wobei der Besuch einer bestimmten Jahrgangsklasse allerdings häufig einen Homogenisierungseffekt z. B. hinsichtlich der intellektuellen Leistungsfähigkeit bewirkt. Praktische Maßnahmen, mit dem Problem der Heterogenität von Jahrgangsklassen fertig zu werden, sind

- die Möglichkeit, eine Klasse zu überspringen oder zu wiederholen,
- die Auflösung der Jahrgangsklasse wie im Falle von Montessori-Schulen, der Laborschule in Bielefeld oder des Jenaplans oder
- eine innere Differenzierung des Unterrichts (z. B. in Form von Gruppenunterricht).

Den Entwicklungsstand einer Person und ihre individuellen Eigenarten (auch im Vergleich mit anderen oder derselben Altersgruppe) festzustellen, ist Gegenstand der *differentiellen Persönlichkeitsdiagnostik*, die darüber hinaus auch mit der Erfassung intraindividueller Veränderungen von Persönlichkeitseigenschaften befasst ist.

Diagnose

Vom griechischen Wort diágnosis (dia = durch, hindurch, auseinander und gnósis = Erkenntnis) stammend, ist mit dem Begriff *Diagnose* ein Durchforschen und gründliches Kennenlernen, die Feststellung der Natur und Ursache von etwas (z. B. einer Krankheit oder einer Persönlichkeitseigenschaft) gemeint (Fisseni 1990). Der Begriff *Diagnostik* bezeichnet eine Methodenlehre, die das Ziel hat, Personen richtig zu beurteilen und voneinander zu unterscheiden. Dementsprechend zielt sie auf eine Klassifikation von Gegenständen und Personen, die bestimmte gemeinsame Merkmale haben. Im Rahmen des diagnostischen Prozesses werden Personen in Entsprechung mit bestimmten Merkmalen in Klassen (wie z. B. in altersgradierte Entwicklungsabschnitte) eingeordnet, um daraus Schlussfolgerungen für effektives Handeln herzuleiten.

Differentielle Diagnostik hat das Ziel, interindividuelle Unterschiede in Persönlichkeitseigenschaften sowie intraindividuelle Veränderungen

> » einschließlich ihrer jeweiligen Bedingungen so zu erfassen, dass hinlänglich präzise Vorhersagen künftigen Verhaltens und Erlebens sowie deren eventuelle Veränderung in definierten Situationen möglich werden (Pawlik 2006, S. 563).

Eine so verstandene differentielle Diagnostik hat eine *erklärende, prognostische und handlungsleitende Funktion*. Zunächst dient sie im Sinne einer *Statusdiagnostik* der *Feststellung des Entwicklungsstatus* einer Person und darauf gründend der *Vorhersage* des unter normalen Bedingungen zu erwartenden Entwicklungsverlaufs; des Weiteren dient sie aber auch zur Feststellung sogenannter *Persönlichkeitsstörungen* im Sinne signifikanter Abweichungen vom Normalverlauf der Entwicklung, woraus sich womöglich die Notwendigkeit eines pädagogischen oder therapeutischen Handelns ergibt, da Persönlichkeitsstörungen die individuelle und soziale Funktionsfähigkeit beeinträchtigen können.

Persönlichkeitsstörungen

Als Persönlichkeitsstörungen werden signifikante Abweichungen vom Normalverlauf der Persönlichkeitsentwicklung bezeichnet, die dazu führen, dass bestimmte Eigenschaften extrem ausgeprägt, rigide und unangepasst sind. Es gibt keine einheitliche Vorstellung über die Entstehung von Persönlichkeitsstörungen und ebenso besteht kein Konsens, ab wann Persönlichkeitseigenschaften als Störung zu bezeichnen sind. Als eine Art Daumenregel gilt, dass Persönlichkeitsstörungen sich durch Verhaltensmuster ausdrücken, die in charakteristischer Weise von den sozial bestimmten Normen eines situationsangemessenen Erlebens und Handelns abweichen.

Entwicklungsprognosen sind üblicherweise auf Entwicklungsergebnisse ausgerichtet, die eintreten, wenn keine Interventionen erfolgen, die den Verlauf der Entwicklung beeinflussen oder verändern. Bei ungünstigen Entwicklungsprognosen kann es aber sinnvoll sein, frühzeitig nach möglichen Interventionen zu suchen, um das andernfalls zu erwartende Ergebnis zu vermeiden. Daher gehört es zu den zentralen Aufgaben der Entwicklungspädagogik, Möglichkeiten der Intervention und Prävention zu identifizieren, um Entwicklungsbedingungen zu verbessern und optimierte Entwicklungsergebnisse zu erzielen.

3.7.1 Entwicklungspädagogische Dimension der differentiellen Persönlichkeitsdiagnostik

Entwicklungs(stufen)modelle dienen nicht nur einer theoretischen Einordnung und einem besseren Verständnis der menschlichen Ontogenese, sondern auch der Begründung und Legitimierung pädagogischen Handelns. Im Zusammenhang mit der Darstellung einiger Stufenmodelle der menschlichen Entwicklung

(▶ Abschn. 3.3) haben wir bereits auf verschiedene Missverständnisse hingewiesen, die eine unkritische Übernahme von Entwicklungsmodellen seitens der Pädagogik mit sich bringen kann (vgl. Kühn 2005). Grundsätzlich kann man festhalten, dass es ein äußerst schwieriges Unterfangen ist, aus Entwicklungsstufenmodellen konkrete Anleitungen oder gar Anweisungen zu einem effektiven pädagogischen Handeln herzuleiten. Was die gängigen Stufenmodelle aber bieten, ist eine Gesamtschau der menschlichen Ontogenese über die Lebensspanne bzw. zumindest über kritische Perioden der Entwicklung von Persönlichkeitseigenschaften.

Sowohl in staatlichen Lehrplänen als auch in praktischen Anleitungen zur Unterrichtsplanung wird auf die zentrale Bedeutung des Entwicklungsstandes der Schülerinnen und Schüler hingewiesen (z. B. ▶ http://www.isb.bayern.de; ▶ http://nibis.ni.schule.de). Dabei werden Entwicklungsstufenmodelle zwar selten explizit erwähnt, aber im Hintergrund schwingen sie erkennbar mit und konstituieren den allgemeinen Erwartungshorizont in Bezug auf eine gelingende Entwicklung.

3.7.1.1 Die normative Kraft gesellschaftlicher Erwartungen

Wie immer man in der praktischen Pädagogik mit dem Problem von Gleichheit und Ungleichheit von Persönlichkeitsmerkmalen der Schüler umgeht, zugrunde liegen stets normative Vorstellungen der Gesellschaft in Bezug auf den zeitlichen Verlauf einer gelingenden Entwicklung. Aus *schematheoretischer* Sicht konstituieren die sozialen Normen einer gelingenden Entwicklung *Erwartungsschemata*. Abweichungen von einem Erwartungsschema erzeugen nicht nur einen Erklärungs- und Rechtfertigungsbedarf, sondern ziehen auch spezifische Merkmalszuschreibungen nach sich. Wer in Schule oder Beruf bestimmte Entwicklungsübergänge nicht dem Erwartungsschema entsprechend absolviert, wird – je nachdem, ob Zeitlinien des Schemas unter- oder überschritten werden – als mehr oder weniger kompetent, verantwortungsvoll oder verantwortungslos, leistungsmotiviert oder nicht motiviert, hoch- oder minderbegabt beurteilt. Anschaulich wird dies am folgenden Entwicklungsbericht eines Lehrers über eine Schülerin seiner Klasse:

> » Obwohl R. die Jüngste in ihrer Klasse war, zeigte sich ihre Lern- und Leistungsentwicklung anfänglich durchaus zufriedenstellend. Sie hat sich aber nicht begabungsgemäß weiterentwickelt, weil sie zu wenig Bereitschaft zeigt, selbständig, fleißig, regelmäßig und gewissenhaft zu üben. [...] R. arbeitet flüchtig, zu wenig ausdauernd, ist oft unkonzentriert und leicht ablenkbar. Ihre Mitarbeit ist zu sehr abhängig von Neigung und Interesse, und sie ermüdet zu schnell. Obwohl sie logisch denken, geschickt kombinieren und kritisch vergleichen kann, scheitert die Leistung sehr häufig an ihrer oberflächlichen Art, Pflichten zu erledigen. R. verfügt über einen altersgemäßen Wortschatz, kann flüssig und zusammenhängend erzählen [...]. Der Schülerin wird eine Schullaufbahn empfohlen, die zum Hauptschulabschluss führt (Seel 2003, S. 68).

Gemessen am Erwartungsschema des Lehrers, der diesen Entwicklungsbericht verfasst hat, nutzt die zehnjährige Schülerin R. ihr Entwicklungspotential nicht adäquat, d. h. erwartungsgemäß aus. Deshalb wird sie mit einer Schullaufbahnempfehlung bestraft, die den ihr zugesprochenen intellektuellen Fähigkeiten nicht entspricht. Fatalerweise fließen solche Fremdattributionen auch in die Selbstwahrnehmungen und -bewertungen von Heranwachsenden ein. Glücklicherweise wurde die Schülerin R. durch einen Schulwechsel davor bewahrt, sich die Beurteilung des Lehrers anzueignen und zum Bestandteil der Selbstwahrnehmung zu machen. In vielen Fällen aber erhöhen solche Attributionen in Verbindung mit sozialen Sanktionen (wie der Schullaufbahnempfehlung) die Bereitschaft einer Person, das eigene *Lebenslaufregime* dem normativen Schema anzugleichen und auf die gesellschaftliche Ebene zu projizieren (Kohli 2007).

Einen nicht zu unterschätzenden Beitrag zur Erzeugung normativer Erwartungsschemata in Bezug auf eine gelingende Entwicklung leisten entwicklungspsychologische Abhandlungen, die bei Pädagogen Vorstellungen und Meinungen über „normale“ und „typische“ Entwicklungsverläufe wie auch über Entwicklungsstörungen als Abweichungen vom Normalen nähren (Brandstädter 2007). Entwicklungspsychologische Stufenmodelle bilden oft den Erwartungshorizont für individuelle Lebenslaufregimes, denn wie man sich entwickelt, wird auch dadurch mitbestimmt, welche praktischen Schlüsse man selbst daraus zieht, dass man einer bestimmten Altersgruppe angehört, die ihre spezifische Entwicklungsaufgabe zu bewältigen hat (vgl. Staudinger 2012).

3.7.1.2 Statusdiagnose und Prognosen

Entwicklungsberichte gelten als wesentliche Bausteine zur Bedarfsfeststellung einer sonderpädagogischen Förderung und von Schullaufbahnempfehlungen am Ende der Grundschulzeit. Darüber hinaus sind sie auch zentraler Bestandteil sozialpädagogischer Maßnahmen. Als zentraler Bestandteil der Schullaufbahnempfehlung soll über die Lern- und Leistungsentwicklung, die Arbeitshaltung, die Art des Arbeitens und Lernens, das Sozialverhalten, das Denkvermögen und die sprachliche Ausdrucksfähigkeit informiert werden. Es geht dabei um die Bestimmung des augenblicklichen Entwicklungsstandes eines Kindes oder Jugendlichen, um auf der Grundlage seiner bisherigen Entwicklung zu einer Prognose im Hinblick auf die zu erwartende Weiterentwicklung zu gelangen. Dabei wird auch (oft nur implizit) ein sozialer Vergleich mit anderen Kindern oder Jugendlichen derselben Altersgruppe zugrunde gelegt und geprüft, ob die zu beurteilende Person genauso, weniger oder weiter entwickelt ist. Darüber hinaus aber wird die zu beurteilende Person an einem Standard der Normalentwicklung gemessen, der durch gesellschaftlichen Erwartungen entsprechend festgelegt wird und eine Begründung in alltagspsychologischen Argumenten findet. Die staatlichen Anforderungen an Entwicklungsberichte zielen auf eine Feststellung des Status der Gesamtentwicklung wie auch einzelner Entwicklungsbereiche. Üblicherweise soll ein Entwicklungsbericht Auskunft erteilen über den aktuellen schulischen Entwicklungsstand, den Entwicklungs- und Leistungsstand in den verschiedenen Lernbereichen, das Lern- und Leistungsverhalten, die emotionale und soziale Entwicklung, den Sprachentwicklungsstand, die Grob- und Feinmotorik usw.

Die *Fragwürdigkeit der Zensurengebung* ist seit Ingenkamp (1971) zu einem wichtigen Thema in der Pädagogik geworden. Ähnlich fragwürdig wie Schulnoten erscheinen aber auch qualitative Lehrerurteilte, die eine Prognose zukünftiger Erfolge im Bildungswesen beinhalten. Das scheint auch für die Entwicklungsberichte am Ende der Grundschule zuzutreffen, was als problematisch beurteilt wird, da der Übergang von der Grundschule in die weiterführende Schule eine besonders bedeutsame Weichenstellung im Lebenslauf einer Person ist. Eine Statusfeststellung, wie sie mit der Schullaufbahnempfehlung verbunden ist, ist zugleich eine Statuszuweisung, die nachhaltige Effekte auf die Bildungsungleichheit haben kann (Ditton et al. 2005). Verschiedene Studien zur diagnostischen Kompetenz von Lehrpersonen (z. B. Schrader und Helmke 1987; Spinath 2005) deuten auf eine relativ hohe Fehleranfälligkeit der Lehrerdiagnosen sowie teils sehr große Unterschiede zwischen Lehrerurteil und dem Selbsturteil der Schülerinnen und Schüler hin (vgl. Friede 2006). Des Weiteren sind die Beurteilungen, die Lehrpersonen über ihre Schüler abgeben, durch Urteilstendenzen (z. B. eine Tendenz zur Mitte oder zu extremen Urteilen), Referenzfehler (z. B. Betonung der sozialen Bezugsnorm innerhalb einer Klasse), ein unberechtigtes Schließen von wenigen hervorspringenden Merkmalen des Verhaltens auf Persönlichkeitseigenschaften und fehleranfälligen Verallgemeinerungen gekennzeichnet (van Buer und Zlatkin-Troitschanskaia 2009). Schaut man sich einige Studien zur diagnostischen Kompetenz von Lehrpersonen etwas näher an, kann man allerdings konstatieren, dass es mit deren diagnostischer Kompetenz doch gar nicht so schlecht bestellt ist, wie oft behauptet wird.

Aufgrund seiner Untersuchung zur Übereinstimmung der Lehrereinschätzungen von Mathematikleistungen und standardisierten Tests an einer Stichprobe von 449 Schülerinnen bzw. Schülern der 7. und 8. Klassenstufe der Sekundarstufe I gelangte Eder (2003) zu dem Schluss, dass Lehrpersonen durchaus in der Lage sind, ihre Schüler nach dem allgemeinen Leistungsniveau einzustufen, nicht aber nach spezifischen Kompetenzen. Obwohl einige Unstimmigkeiten auftraten, korrelierte das Lehrerurteil in Form verbaler Schülerbeschreibungen nach vorgegebenen Kategorien relativ hoch mit der tatsächlichen Leistung und bildete Leistungsunterschiede deutlicher besser ab als die Schulnoten. Insgesamt aber bildeten standardisierte Tests begründete Vermutungen der Lehrer über Leistungsunterschiede sehr viel genauer ab als die Lehrerurteile oder Noten.
Die Vermutung, das von Eder berichtete Ergebnis sei schulfachspezifisch, wird durch eine Studie von Lorenz und Artelt (2009) entkräftet. Diese Studie zeigte hinsichtlich der diagnostischen Kompetenz von Grundschullehrerinnen und -lehrern sehr ähnliche Zusammenhänge zwischen Lehrerurteilen und Schülerleistungen über unterschiedliche Fächer hinweg. Den Lehrpersonen gelang es in drei Bereichen (Arithmetik, Wortschatz und Textverstehen) recht gut, die leistungsbezogene Rangreihe ihrer Schüler einzuschätzen (die Korrelationskoeffizienten lagen im Bereich von 0,55 bis 0,60). Auch im Hinblick auf das Fähigkeitsselbstkonzept der Schüler zeigte sich eine vergleichbare, relativ hohe Übereinstimmung mit dem Lehrerurteil. Zu einem ähnlichen Ergebnis gelangten auch Praetorius et al. (2010), wobei freilich die Lehrerurteile über das mathematische Selbstkonzept der Schüler stärker durch die Leistungen als durch die Fähigkeitsselbstkonzepte beeinflusst wurden.

Obwohl man in Anbetracht der dargestellten Befunde den Lehrpersonen eine durchaus zufriedenstellende diagnostische Kompetenz in der Statusfeststellung von Schülerleistungen attestieren kann, erweisen sich standardisierte Tests in der Regel als deutlich solidere Grundlage.

Die Kenntnis des aktuellen Entwicklungsstandes bietet auch die Möglichkeit zu Prognosen über die zukünftige Entwicklung, da viele Entwicklungsmerkmale eine gewisse Stabilität über die Zeit aufweisen. Diesbezüglich aber gilt die Lebensweisheit, die wahlweise Karl Valentin, Mark Twain, Winston Churchill oder Kurt Tucholsky zugeschrieben wird: „Prognosen sind schwierig, besonders wenn sie die Zukunft betreffen." Gelegentlich veröffentlichte Selbstdarstellungen von überaus erfolgreichen Unternehmern, die als Schulversager galten (z. B. Wall 2009), nähren das Stereotyp, dass Lehrpersonen, sofern es um die prognostische Validität ihrer Schülerbeurteilungen geht, nicht ernst zu nehmen seien. Im Gegensatz zu diesem Alltagsstereotyp belegen zahlreiche empirische Einzelstudien und Metaanalysen die relativ gute prognostische Validität der Schulnoten für einen späteren Studienerfolg (z. B. Baron-Boldt et al. 1988), so dass Trapmann et al. (2007) – auch aufgrund einer Metaanalyse – zu der Schlussfolgerung gelangen, dass die Schulabschlussnoten zumindest in Deutschland an der Spitze der Prädiktoren zur Vorhersage des Studienerfolgs stehen. Auch im Hinblick auf die berufliche Ausbildung haben sich z. B. Realschulzeugnisse als einigermaßen brauchbare Prädiktoren erwiesen (Baron-Boldt et al. 1998), während Prognosen des beruflichen Erfolgs in weit geringerem Maße möglich zu sein scheinen (vgl. Samson et al. 1984).

Sehr aufschlussreich ist, was die Prognosen des beruflichen Erfolgs anbelangt, eine von Birkelbach (2011) beschriebene Längsschnittstudie, die als Folgestudie aus dem *Kölner Gymnasiasten Panel* resultierte, zu dessen Beginn im Jahr 1969 insgesamt 3240 Gymnasiasten des 10. Schuljahres u. a. auch den *Intelligenz-Struktur-Test* (I-S-T) von Amthauer bearbeiteten und die Lehrpersonen Einschätzungen ihrer Schüler im Hinblick auf deren Studierfähigkeit abgaben. Konkret hatten die Lehrpersonen die Schüler ihrer Klasse zu benennen, die sie „unabhängig vom derzeitigen Leistungsstand für besonders geeignet halten, ein Studium zu ergreifen" bzw. die zu benennen, von denen sie glaubten, „dass sie auf keinen Fall zum Studium geeignet" seien. Die Schüler wurden zweimal wiederbefragt: 15 Jahre nach der Erstbefragung und 12 Jahre nach der Zweitbefragung (mit 1596 Personen), so dass Daten bis ca. zum 43. Lebensjahr vorlagen. Die durch den I-S-T erhobene Leistungsfähigkeit, über deren Ergebnisse weder die Schüler noch die Lehrer noch die Eltern informiert wurden, diente als Außenkriterium, an dem die Validität der Lehrerprognosen gemessen wurde. Knapp zusammengefasst zeigte sich, dass die Lehrer bei einer knappen Mehrheit der Schüler mit ihren Prognosen richtig lagen. Sie sagten bei über- und unterdurchschnittlich intelligenten Schülern die Eignung für ein Studium zutreffend vorher; allerdings fiel es den Lehrern sehr schwer, die große Gruppe der durchschnittlich Leistungsfähigen adäquat zu beurteilen. Demgegenüber erwies sich der I-S-T durchgängig als geeigneter Prädiktor für den Studienerfolg.

In Anbetracht der dargelegten Befundlage kann man schließen, dass das Lehrerurteil, sofern es einen prognostischen Anspruch erhebt, relativ valide ist, wenn die Rangpositionen der beurteilten Personen innerhalb ihrer Bezugsgruppe bei einem Persönlichkeitsmerkmal über die Zeit hinweg relativ stabil sind. Wenn man über zuverlässige Informationen in Bezug auf die Stabilität eines Merkmals verfügt, kann man diese nutzen, um

Tab. 3.25 Stabilität der Intelligenz, Persönlichkeit (Extraversion und Neurotizismus) und selbstbezogenen Meinungen im Lebenslauf (Conley 1984, aus Amelang et al. 2006, S. 67)

	Zeitraum der Prognose in Jahren					
Bereich	1	5	10	20	30	40
Intelligenz	0,99	0,95	0,9	0,82	0,74	0,67
Persönlichkeit	0,98	0,9	0,82	0,67	0,55	0,45
Selbstmeinungen	0,94	0,73	0,54	0,29	0,16	0,08

die weitere Entwicklung mit einer gewissen Wahrscheinlichkeit zu prognostizieren. Solche Informationen kann die entwicklungsbezogene Forschung liefern, indem sie angibt, bei welchen Merkmalen relativ stabile Rangpositionen über die Zeit hinweg bestehen und bei welchen Merkmalen mit größeren Fluktuationen zu rechnen ist. So ist beispielsweise bekannt, dass bei Merkmalen wie der Intelligenz in der Regel eine höhere Merkmalsstabilität vorliegt als bei manchen Merkmalen des Sozialverhaltens. Anknüpfend an eine Langzeitstudie von Kelly (1955) untersuchte Conley (1984) die zeitliche Konsistenz der Intelligenz, Persönlichkeit (Extraversion und Neurotizismus) und selbstbezogenen Meinungen von je 300 Frauen und Männer, indem er die Korrelationen für Testwiederholungen in einem Zeitraum von einem Jahr bis 40 Jahren berechnete. Wie aus Tab. 3.25 ersichtlich wird, erweisen sich die verschiedenen Messungen für Intelligenz und Persönlichkeit als äußerst konsistent, während die Korrelationen für die selbstbezogenen Meinungen nach einer Zeitspanne von 5 Jahren signifikant abnahmen und sich im weiteren Lebensverlauf zu Nullkorrelationen auswuchsen.

Betrachtet man die Entwicklung der Intelligenz über die Lebensspanne, zeichnet sich das in Abb. 3.45 dargestellte Bild ab.

Anzumerken ist, dass die üblichen Intelligenztests die *fluide Intelligenz*, d. h. die tempoabhängige Lösung neuartiger und ungewohnter Aufgaben messen. Dafür steigen die Messwerte im Kindes- und Jugendalter steil an, erreichen mit etwa 15 Jahren einen Höhepunkt und bleiben dann bis zum Erwachsenenalter stabil. Mit zunehmendem Alter ändert sich das Bild: Die fluide Intelligenz nimmt ab, während die *kristallisierte Intelligenz* (d. h. der Bestand an kulturell relevantem Wissen) stabil bleibt bzw. sogar ansteigt (Kray und Lindenberg 2007). Ähnliches wie für die Intelligenzentwicklung gilt nach Light (1992) auch für Sprachfertigkeiten und Sprachproduktion.

Warum gelangen Persönlichkeitstests in pädagogischen Handlungsfeldern vergleichsweise selten zum Einsatz, obwohl sie im Unterschied zum Lehrerurteil über eine erheblich größere prognostische Validität verfügen? Die Antwort auf die Frage liegt teilweise im unzureichenden Wissen von Pädagogen, welche Tests für eine differentielle Persönlichkeitsdiagnostik verfügbar sind, und teilweise in einer emotionalen Ablehnung des Testgedankens überhaupt.

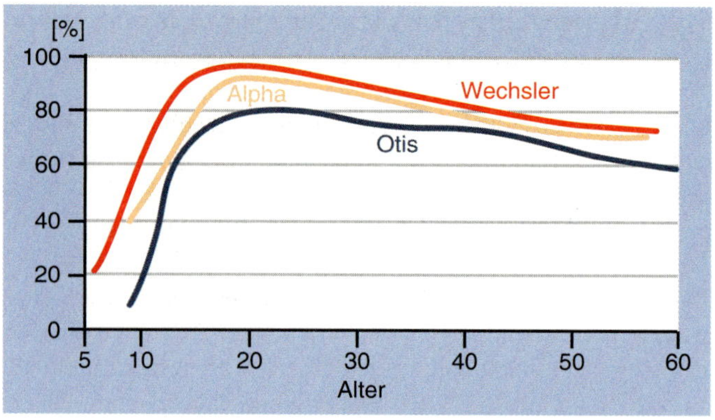

Abb. 3.45 Entwicklung der intellektuellen Leistungsfähigkeit bei Verwendung von drei verschiedenen Intelligenztests. Der Otis-Lennon School Ability Test ist ein in den USA populärer Test zur Messung der Fähigkeiten des abstrakten Denkens und Schlussfolgerns vom Vorschulalter bis 18 Jahre; unter dem Akronym Alpha verbirgt sich der Army Alpha Intelligence Test (Oerter 1975, S. 413)

Anna: „Ich muss ehrlich gestehen, dass ich Tests, vor allem Intelligenztests, überhaupt nicht mag. Wenn ich mir vorstelle, dass ich einen solchen Test machen müsste, um einen Job in einem Unternehmen zu bekommen, würde ich eher darauf verzichten."

Jakob: „Ich glaube, dass es auch vielen anderen so geht und dass die Ankündigung eines Intelligenztests manche Jobsuchende verprellen wird. Bei vielen sind psychologische Tests insgesamt unbeliebt. Andererseits können solche Tests ein Auswahlverfahren auch fairer machen. Man kann sich blöd anstellen, aber nicht intelligenter machen."

Anna: „Ja, vielleicht hat meine Angst vor Tests auch damit zu tun, dass ich eigentlich gar nicht so richtig weiß, was da auf einen zukommt. Ich habe bisher noch an keinem Intelligenztest teilgenommen."

Jakob: „Das geht wohl den meisten so. Mir auch! Ich kenne zwar so ein paar Persönlichkeitstests vom Internet, aber die sind eher blöd. Wenn ich mir aber vorstelle, ich sollte als Lehrer ein Urteil über eine Schülerin abgeben und vorhersagen, welche Entwicklung sie nehmen wird, fühle ich mich überfordert. Da würde es, glaube ich, vielleicht helfen, wenn man sein Urteil durch einen Persönlichkeits- oder Intelligenztest absichern könnte."

Anna: „Aber du solltest dein Urteil auch nicht abhängig machen von einem Testergebnis."

3.7.1.3 Messproblematik der pädagogischen Diagnostik

Kein Mensch kann unmittelbar beobachten, wie ein anderer Mensch lernt, wie laut dieser einen Ton wahrnimmt, wie sehr er jemanden liebt usw. Gewöhnlich erfährt man darüber in Form verbaler Äußerungen (das ist mir zu laut!) oder beobachtbarer Verhaltensweisen (jemand hält sich die Ohren zu), die als Indikatoren für das Nichtbeobachtbare (die subjektiv empfundene Lautstärke) betrachtet werden. Aus der Mimik und Gestik einer Person schließen wir auf deren Gefühle, wobei wir davon ausgehen, dass sie nicht schauspielert. Gerne glauben wir auch an den Wahrheitsgehalt des Satzes „Ich liebe dich" aus dem Munde der Person, die wir lieben. Können Menschen Knobelaufgaben und verzwickte Probleme lösen, sprechen wir ihnen die Fähigkeit des logischen Denkens zu, während wir anderen aufgrund von deren Verhaltensweisen eine mangelnde Intelligenz attestieren. Aufgrund des Verhaltens in spezifischen Situationen beurteilen wir andere als leistungs- oder machtmotiviert, einfühlsam und temperamentvoll. Meist geht das auch gut und unser Urteil wird von anderen geteilt. Das ändert aber nichts daran, dass die gefällten Urteile subjektiv und von mehr oder minder starken Vorurteilen und Erwartungsschemata geprägt sind, so dass es auch einmal vorkommen kann, dass man mit der Meinung in Bezug auf andere alleine dasteht.

Schullaufbahnempfehlungen, die auf Fehlurteilen begründet sind, haben unter Umständen nachhaltige Effekte auf das Lebenslaufregime von Heranwachsenden. Daraus leitet sich der Anspruch der differentiellen Diagnostik in der Pädagogik ab, die Statusfeststellung und Prognose über den zukünftigen Bildungsverlauf auf Verfahren zu begründen, die den Kriterien der Objektivität, Zuverlässigkeit und Gültigkeit genügen. Solche Verfahren werden als *Tests* bezeichnet, aber nicht im Sinne des in der Schule verwendeten Begriffs als kürzere, meist unangekündigte schriftliche Arbeit zur Überprüfung des Lernfortschritts, sondern mit der folgenden Bedeutung:

> » Ein Test ist ein wissenschaftliches Routineverfahren zur Untersuchung eines oder mehrerer, empirisch abgrenzbarer Persönlichkeitsmerkmale mit dem Ziel einer möglichst quantitativen Aussage über den relativen Grad der individuellen Merkmalsausprägung (Lienert und Raatz 1998, S. 1).

Gelegentlich wird zwischen Persönlichkeits- und Leistungstests unterschieden mit der Festlegung, dass Leistungstests die kognitive Leistungsfähigkeit und Persönlichkeitstests emotionale und motivationale Aspekte des Verhaltens messen, um z. B. die Eignung der getesteten Person für einen Bildungsgang oder einen Beruf festzustellen. Die Gegenüberstellung von Leistungs- und Persönlichkeitstests ist problematisch, weil die kognitive Leistungsfähigkeit auch zu den Persönlichkeitsmerkmalen gehört, die die Eigenart einer Person ausmachen. Grundsätzlich ist daher festzuhalten, dass mit einem Test aktuelle Zustände oder überdauernde Dispositionen wie intellektuelle Leistungsfähigkeit, Interessen, Emotionen, Neigungen und Einstellungen von Personen möglichst *quantitativ* erfasst, d. h. gemessen werden sollen, um zu Daten zu gelangen, auf denen pädagogisches Handeln als Beitrag zur Persönlichkeitsentwicklung begründet werden kann. Im Kontext der *pädagogischen Diagnostik*, die darauf zielt zu ermitteln, was eine Person zu einem unverwechselbaren Individuum mit einer einzigartigen Identität macht, stellt die differentielle Persönlichkeitsdiagnostik neben dem Verfahren der objektiven Hermeneutik die zweite tragende Säule dar.

Eine grundsätzliche Frage, die sich viele stellen, lautet, ob man die Persönlichkeit einer Person überhaupt messen kann. Die Antwort darauf ist ein klares *Nein*, aber das trifft auf alles andere auch zu, denn messbar sind nicht die Objekte an sich, sondern nur die Merkmale, die ihnen zugeschrieben werden können. In den Humanwissenschaften sollte man sich bei seiner Vorstellung von Messen nicht zu sehr von den Geräten und Instrumenten leiten lassen, die in der Physik das Messen begleiten, da jede wissenschaftliche Disziplin die ihr eigenen Messverfahren entwickeln muss, um zu quantitativen Aussagen über Merkmalsausprägungen zu gelangen. Für die differentielle Persönlichkeitsdiagnostik stellt sich das Problem, Verfahren zu entwickeln, die auf die Beobachtung und Messung spezifischer Verhaltensweisen fokussieren, die als Indikatoren für nicht beobachtbare Persönlichkeitseigenschaften dienen können, von denen man annimmt, dass sie dem Verhalten ursächlich vorausgehen. Die Persönlichkeitseigenschaften sind Konstrukte theoretischer Natur, was aber nicht bedeutet, dass sie nicht existieren, sondern nur, dass sie aus anderen, messbaren Sachverhalten (sogenannten Indikatoren) erschlossen werden müssen. Der Prozess des „Erschließens" wird, da er sich auf beobachtbares Verhalten bezieht, auch als *Operationalisierung* bezeichnet.

Angenommen wir wollen die *mathematische Intelligenz* von Personen messen, dann müssen wir zunächst definieren, was mathematische Intelligenz überhaupt ist. Als theoretisches Konstrukt bezeichnet *mathematische Intelligenz* eine spezifische Leistungsfunktion, die in der Bewältigung mathematischer Aufgaben besteht. Diese können Bestandteile einer Klassenarbeit oder eines Leistungstests sein. Die Grundannahme lautet, dass mathematische Intelligenz existiert, sich aber der unmittelbaren Beobachtung entzieht – sie existiert nur *latent* –, aber sie äußert sich in der beobachtbaren und messbaren Leistung, spezifische Aufgaben zu lösen. Da sich Personen in dieser Leistung unter gleichen Umweltbedingungen unterscheiden, liegt ein Problem für die differentielle Diagnostik vor: Es geht darum, geeignete Indikatoren für die mathematische Intelligenz zu finden, die uns erlauben, zwischen den Personen zu differenzieren. Als mögliche Indikatoren betrachten wir

- die Anzahl der Aufgaben, die von einer Person in einem Leistungstest richtig gelöst werden, und
- die Mathematiknote.

Diese Indikatoren können durch die Aufgabenstellungen operationalisiert werden. In beiden Fällen liegen numerische Werte mit allerdings unterschiedlicher Qualität vor, nämlich einmal auf dem Niveau von Nominalskalen, und zum anderen auf Intervallskalenniveau.

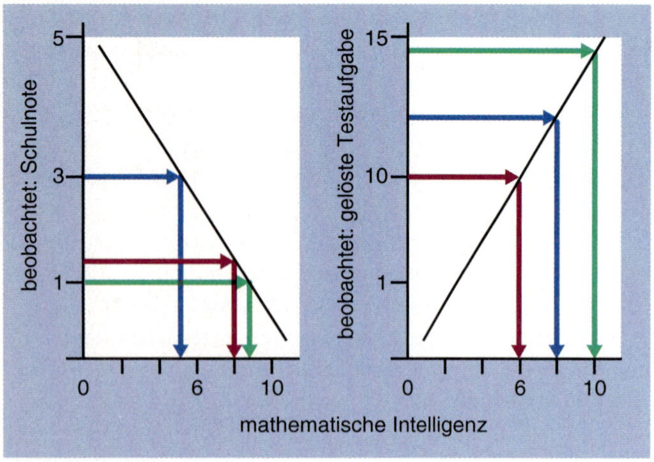

Abb. 3.46 Metrik von Schulnoten und gelösten Testaufgaben

Beide Indikatoren liefern Zahlenwerte, die wir für die Schätzung des latenten Wertes verwenden können, indem wir zwei einfache Diagramme zeichnen (Abb. 3.46).

Wir haben in beiden Diagrammen eine *Metrik* der latenten Variable festgelegt, um die Unterschiede in den individuellen Ausprägungen zu erfassen. Wir haben zwei Indikatoren für die latente Variable identifiziert und die Beziehung zwischen Indikatoren und latenter Variable abgebildet. Wir können nun die beiden Schätzungen der latenten Werte für die Person A mitteln und erhalten den Wert 7. In dieser Weise kann man auch für die anderen Personen einer Gruppe verfahren, so dass man schlussendlich die Intelligenzwerte miteinander vergleichen und die Personen voneinander unterscheiden kann. In unserem Beispiel haben die beiden Indikatoren eine unterschiedliche Metrik. Der Vorgang der Schätzung der latenten Werte wird wesentlich einfacher, wenn man den Indikatoren dieselbe Metrik zugrunde legen kann.

Das Zugrundelegen einer Metrik ist durchaus axiomatisch zu verstehen, da es schwer vorstellbar ist, dass es irgendeine Persönlichkeitseigenschaft geben sollte, die nur zwei Ausprägungen kennt – und wenn es sie gäbe, wäre sie bestenfalls dazu geeignet, mögliche Gemeinsamkeiten über den Unterschieden vergessen zu lassen – oder nicht zu erkennen. Auf der Ebene der Indikatoren sind *dichotome Variablen* zwar selten, aber erzeugbar (z. B. alt – jung, männlich – weiblich, Raucher – Nichtraucher). Für unsere Thematik ist die Frage der Dichotomie eher nebensächlich, da selbst im Falle der Verwendung von dichotomen Antwortkategorien in Persönlichkeitstests stets mehrere Items auf ein und dasselbe Merkmal abzielen, so dass auch hier numerische Werte (als Häufigkeitsangabe) gebildet werden. Weitaus wichtiger als die philosophische Frage nach einer möglichen Dichotomie von Persönlichkeitsvariablen ist die Problematik, wie gut sich die Indikatoren für die Erschließung der latenten Persönlichkeitsvariablen eignen. Damit sind die Gütekriterien von Tests angesprochen.

3.7.1.4 Gütekriterien von Persönlichkeitstests

> Jeder sieht am andern nur soviel, als er selbst auch ist; denn er kann ihn nur nach Maßgabe seiner eigenen Intelligenz fassen und verstehen. Ist nun diese von der niedrigsten Art, so werden alle Geistesgaben, auch die größten, ihre Wirkung auf ihn verfehlen, und er an dem Besitzer derselben nicht wahrnehmen als bloß das Niedrigste in dessen Individualität, also nur dessen sämtliche Schwächen, Temperaments- und Charakterfehler (Schopenhauer 2010, *Aphorismen zur Lebensweisheit* V, 23).

Auch wenn man Schopenhauer positiv auslegt und unterstellt, dass Menschen in ihrem Urteil über andere auch zu einer Überschätzung neigen können, sollen sich Persönlichkeitstests von solchen Beurteilungen, die Menschen über andere abgeben, in drei Kriterien unterscheiden: in der Objektivität, der Reliabilität und der Validität.

Objektivität bezeichnet die intersubjektive Nachprüfbarkeit der Datengewinnung. Eine Messung entspricht dem Kriterium der Objektivität, wenn zwei Anwender mit dem gleichen Messverfahren übereinstimmende Resultate erzielen. Als Maß für die Objektivität kann die Übereinstimmung zwischen den Anwendern herangezogen werden. Genaue Anweisungen zu einem Test sollen die Objektivität der Durchführung, Auswertung und Interpretation der Ergebnisse sichern. Die Objektivität der Durchführung wird beeinträchtigt, wenn zwei Anwender bei demselben Test ein unterschiedliches Antwortverhalten bei den Testpersonen auslösen (z. B. wenn der eine Anwender bei einem Schnelligkeitstest den Testpersonen so viel Zeit lässt, wie sie brauchen, um die Aufgaben zu bearbeiten). Die Auswertungsobjektivität ist beeinträchtigt, wenn zwei Anwender bei gleichem Antwortverhalten der Testpersonen zu unterschiedlichen Ergebnissen kommen. Die Interpretationsobjektivität ist beeinträchtigt, wenn zwei Anwender aus den gleichen Ergebnissen unterschiedliche Schlüsse ziehen.

Die *Reliabilität* bzw. Zuverlässigkeit einer Messung bezeichnet das Ausmaß, mit dem wiederholte Messungen mit dem gleichen Verfahren die gleichen Werte liefern, wobei das Ziel darin besteht, dass der Messwert mit dem *wahren* Wert des gemessenen Merkmals übereinstimmt.

Nehmen wir einmal an, dass Sie einen Schrank kaufen wollen, der genau in eine Lücke in Ihrer Wohnung passen soll. Es dürfte klar sein, dass Sie das Maß nicht mit Schrittlängen oder Handspannen erheben, sondern mit einem Metermaß, da dieses standardisiert und objektiv ist. Nun ist das mit dem Messen so eine Sache, da Sie stets einen Messfehler begehen. Das ist unausweichlich der Fall, denn jeder gemessene Wert setzt sich aus dem *wahren Wert* und einem *Messfehler* zusammen: $X = T + e$. Ist der Messfehler groß, wird die Angelegenheit mit dem Schrank zum Ärgernis. Ist Ihr Maß zu kurz, ärgern Sie sich über die Lücke zwischen Wand und Schrank, ist es zu lang, haben Sie ein noch größeres Problem am Hals. Also sind Sie gut beraten, den Messvorgang zu wiederholen, um ein zuverlässiges Maß zu erhalten. Genauso verfährt man auch im Falle von Persönlichkeitstests, um deren Messgenauigkeit zu verbessern, d. h. den Messfehler zu minimieren.

In diesem Sinne umfasst die Einschätzung der Reliabilität drei wesentliche Aspekte: die *Stabilität* (Gleichheit oder Ähnlichkeit der Messergebnisse bei Anwendung desselben Tests zu unterschiedlichen Zeitpunkten), *Konsistenz* (Ausmaß dafür, dass alle Items, die auf ein und dasselbe Merkmal zielen, eng zusammenhängen) und *Äquivalenz* (Gleichwertigkeit von Messungen). Konkret werden verschiedene Verfahren verwendet, um diese Aspekte der Reliabilität zu prüfen: Zu nennen sind die *Testwiederholung*, die *Paralleltestmethode*, bei der die Messung eines Merkmals mit zwei äquivalenten Instrumenten A und B erfolgt, und die *Testhalbierung*, bei der ein Test per Zufall in zwei Hälften aufgeteilt und die Korrelation zwischen beiden berechnet wird. Bei lernabhängigen Tests (z. B. Wissenstests) ist es schwierig, einen Test mit den gleichen Fragen zu wiederholen, da sich die Testpersonen womöglich an die richtigen Antworten erinnern. In solchen Fällen wird die Reliabilität üblicherweise über die interne Konsistenz geschätzt, indem die Ergebnisse der einzelnen Items auf ihren Zusammenhang geprüft werden. Die bekannteste Maßzahl für die interne Konsistenz eines Tests dürfte *Cronbachs* α sein, das Werte zwischen $-\infty$ und $+1$ annehmen kann. Ansonsten werden Korrelationsmaße für die Schätzung der Reliabilität verwendet, die sich zwischen den Werten -1 und $+1$ bewegen. Ein perfekt zuverlässiges Messverfahren führt zu verschiedenen Zeitpunkten zu identischen Messwerten für ein und dasselbe Merkmal, und die Korrelation beträgt $+1$. Ein solches Ergebnis ist in der Realität aber kaum anzutreffen. Insofern stellen die in ▫ Tab. 3.25 dargestellten Ergebnisse eine Ausnahme dar. Allgemein geht man davon aus, dass eine gute Reliabilität ab einem Wert von 0,80 gegeben ist (Bortz und Döring 2005). Für Cronbachs α gilt als Faustregel, dass ab 0,70 aufwärts ein akzeptabler Wert für die interne Konsistenz vorliegt (Cortina 1993). Mit Blick auf Persönlichkeitstests empfehlen wir, folgende Kriterien anzuwenden:

- Ein Persönlichkeitstest sollte in jedem Falle eine höhere Reliabilität aufweisen als Beurteilungen, die Personen über andere abgeben. Weiter oben haben wir für Lehrerbeurteilungen von Korrelationsmaßen zwischen 0,50 und 0,60 berichtet; solche Maße müssen von Persönlichkeitstests übertroffen werden.
- Stehen mehrere Persönlichkeitstests zur Auswahl, sollte die *Reliabilität als Auswahlkriterium* verwendet werden. Es sollte stets der Test mit einer möglichst hohen Reliabilität bevorzugt werden.
- Veröffentlichungen über empirische Untersuchungen, die keine Angaben zur Reliabilität der verwendeten Mess- und Beobachtungsverfahren enthalten, sind wissenschaftlich im Grunde wertlos und haben bestenfalls einen heuristischen Wert. Da jede Statistiksoftware die Möglichkeit der Reliabilitätsschätzung (z. B. George und Mallery 2002) bietet, ist nicht nachvollziehbar, dass in vergleichsweise vielen Untersuchungen im Bereich der Bildungsforschung auf die Reliabilitätsschätzung verzichtet wurde.

Das dritte Hauptkriterium der Güte eines Persönlichkeitstests ist die *Validität* bzw. Gültigkeit. Sie bezeichnet das Ausmaß, in dem ein Test tatsächlich das misst (in unserem Falle ein Persönlichkeitsmerkmal), das er zu messen vorgibt. Allgemein unterscheidet man zwischen Inhaltsvalidität, Konstruktvalidität und Kriteriumsvalidität.

Inhaltsvalidität ist gewährleistet, wenn die Items eines Tests die zu messende Eigenschaft inhaltlich repräsentieren.

Die *Kriteriumsvalidität* wird durch Korrelation der Messwerte mit einem Außenkriterium berechnet. Dabei unterscheidet man zwischen der *Übereinstimmungsvalidität* (z. B. zwischen dem Eysenck-Persönlichkeits-Inventar und dem Freiburger Persönlichkeitsinventar) und der *Vorhersagevalidität* wie in dem oben angeführten Beispiel der Untersuchung von Birkelbach (2011), in der der I-S-T als Außenkriterium für die prognostische Validität von Lehrerurteilen verwendet wurde.

Konstruktvalidität liegt vor, wenn das von einem Test erfasste Konstrukt mit anderen Variablen in theoretisch begründbaren Zusammenhängen steht. Üblicherweise werden für die Prüfung der Konstruktvalidität *Faktoren* als hypothetische Größen postuliert, die einer empirischen Prüfung (z. B. mittels konfirmatorischer Faktorenanalyse) standhalten halten müssen.

Die Gütekriterien stehen in einem hierarchischen Verhältnis zueinander:

- Objektivität ist eine notwendige, aber nicht hinreichende Bedingung der Reliabilität.
- Reliabilität ist eine notwendige, aber nicht hinreichende Bedingung der Validität.

Eine effektive differentielle Persönlichkeitsdiagnostik ist an die Entwicklung valider Tests und Messverfahren gebunden. Dabei kann der jeweilige Entwicklungsstand einer Person im Sinne der Statusfeststellung sowohl für die Gesamtentwicklung als auch für die Entwicklung in einzelnen Bereichen (z. B. Sprache, Motorik) bestimmt werden. Dann erteilt die Persönlichkeitsdiagnostik Auskunft darüber, ob die Entwicklung einer Person im Normalbereich liegt oder ob und welche Entwicklungsdefizite oder Entwicklungsvorteile bei einer Person bestehen. In den heutigen Theorien der menschlichen Ontogenese wird übereinstimmend davon ausgegangen, dass Entwicklung kein einheitliches Phänomen ist, sondern sich verschiedene Entwicklungsbereiche durch unterschiedliche Entwicklungsverläufe auszeichnen. Dementsprechend wird oft eine Unterscheidung zwischen Leistungs- und Persönlichkeitstests vorgenommen.

Wir werden im folgenden Kapitel einen Überblick über Persönlichkeitstests geben, die im Handel zu erwerben sind und in hohem Maße den Gütekriterien des Messens entsprechen. Aus Platzgründen (aber mit Blick auf Copyrightbeschränkungen) werden wir exemplarisch vorgehen und zur Illustration des jeweils Gesagten ausgewählte Einzelbeispiele beschreiben. Dabei werden wir uns auch auf deutschsprachige Testverfahren beschränken. Einen Gesamtüberblick über die zurzeit verfügbaren psychologischen und pädagogischen Tests gibt das *Brickenkamp Handbuch* (Brähler et al. 2002; vgl. auch ► http://www.testzentrale.de/).

3.7.2 Differentielle Diagnostik kognitiver Leistungsfähigkeit

Allgemein verknüpft man mit Leistungstests in erster Linie Intelligenztests, was aber unzutreffend ist, da Leistungstests ein deutlich breiteres Spektrum umfassen. Je nachdem, welche kognitive Fähigkeit gemessen wird, kann man folgende Kategorien unterscheiden:

- *Tests der allgemeinen kognitiven Leistungsfähigkeit*, die auf die Messung der fluiden oder kristallisierten Intelligenz,

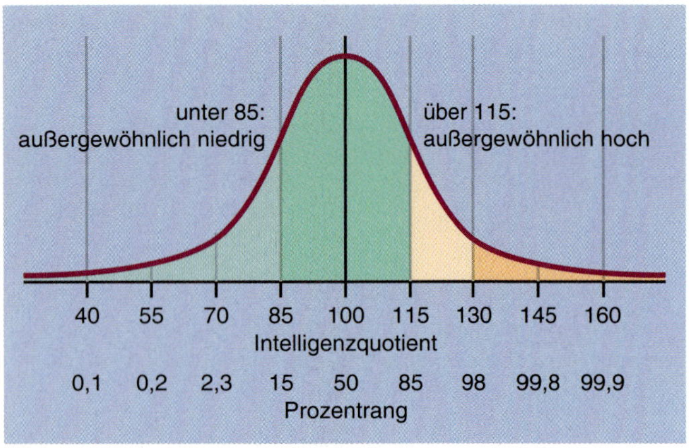

Abb. 3.47 Normalverteilung des Intelligenzquotienten. Von einer normalen, durchschnittlichen Intelligenz spricht man, wenn ein IQ-Wert von 100 bzw. ein Prozentrang von 50 erreicht wird. Von einer überdurchschnittlichen Intelligenz spricht man ab einem Wert von 115 oder einem Prozentrang von 85. Als hochbegabt wird eine Person bezeichnet, wenn sie einen IQ-Wert von 130 und mehr erreicht, beziehungsweise ab einem Prozentrang von 98

der Informationsverarbeitungsgeschwindigkeit und der Verarbeitungskapazität des Arbeitsgedächtnisses zielen,
- *Lerntests*, die Veränderungen der Leistungsfähigkeit als Folge von Lern- und Übungseffekten erfassen (Seyfried 1990; Strathmann und Klauer 2012), und *Gedächtnistests* (z. B. Bäumler 1974; Schellig und Schächtele 2009),
- *Aufmerksamkeits- und Konzentrationstests* (z. B. Bretz et al. 2010; Brickenkamp 2002; Düker und Lienert 2001),
- *Sprachverständnistests* (z. B. Elben und Lohaus 2000) und
- Tests zur *Prüfung motorischer Funktionen* (z. B. Eggert et al. 2008)

Das gemeinsame Merkmal von Leistungstests besteht darin, dass Problem- und Aufgabenstellungen vorgegeben werden, die entweder unter zeitlicher Begrenzung (*Schnelligkeitstests*) oder unter gradueller Zunahme der Aufgabenschwierigkeit (*Niveautests*) zu bearbeiten sind. Da es aus Platzgründen nicht möglich ist, die verschiedenen Leistungstests ausführlicher darzustellen, gehen wir exemplarisch auf die Intelligenztests ein, da diese in der Vergangenheit oft kontrovers diskutiert wurden und ihnen infolgedessen bis heute ein Imageproblem anhaftet.

Wenn Schülerinnen und Schüler bei geforderten Leistungen „von der Norm abweichen", d. h. entweder durch außergewöhnlich gute oder schlechte Leistungen auffallen, wird dies häufig unter Bezugnahme auf ihre *Begabung und Intelligenz* zu erklären versucht. „Die mangelnde Begabung der Schüler ist eine der häufigsten Schutzbehauptungen im Bereich der Schule, wenn es darum geht, vorliegendes Schulversagen vor sich selbst oder vor Dritten zu rechtfertigen" (Kleber et al. 1977, 72).
Im Allgemeinen wird von *Begabung* in einem positiven Sinne gesprochen, wenn die Leistungen einer Person über die einer Bezugsgruppe (z. B. Schulklasse, Altersgruppe) hinausragen (Heller und Hany 1996). Dabei wird gewöhnlich zwischen einer Allgemeinbegabung und speziellen Arten der Begabung (z. B. sprachliche, technische, praktische, musische Begabung) unterschieden. Vergleichbar damit hat Gardner (1983/2011) in seinem Beststeller zwischen acht bzw. neun Begabungen unterschieden, die er als *sprach-linguistische, logisch-mathematische, bildlich-räumliche, musikalisch-rhythmische, körperlich-kinästhetische, naturalistische, interpersonale* und *intrapersonale Intelligenz* bezeichnet. Gardners Theorie konnte zwar bislang nicht einmal ansatzweise bestätigt werden (Visser et al. 2006), und es gibt auch keine Tests dazu, aber vielen Pädagogen gilt sie geradezu als Heilslösung zur Förderung von Intelligenz und Begabung im Unterricht (vgl. Campbell 2008).
Obwohl im Alltag und in der Fachliteratur nicht zwischen Begabung und Intelligenz unterschieden wird, scheint sich der Begabungsbegriff eher auf die Gesamtheit menschlicher Leistungsformen und der Intelligenzbegriff eher auf spezifische Leistungen zu beziehen. Wir legen in den weiteren Ausführungen die Definition Wechslers (1939) zugrunde, wonach Intelligenz als zusammengesetzte und umfassende Fähigkeit zu begreifen ist, zweckmäßig zu handeln, rational zu denken und sich wirkungsvoll mit der jeweiligen Umgebung auseinanderzusetzen (vgl. dazu auch Sternberg 1985).

3.7.2.1 Intelligenztests

Intelligenztests liefern unterschiedliche Werte für das *Konstrukt* Intelligenz. Die bekanntesten sind der IQ-Wert (Intelligenzquotient) und der Prozentrang. Der IQ einer Person wird ermittelt, indem das Ergebnis eines Intelligenztests mit dem Ergebnis der Personen einer Bezugsgruppe verglichen wird, die nach dem Lebensalter, Bildungsgrad oder auch beruflicher Tätigkeit gebildet wird. Die Grundannahme lautet, dass die Intelligenz (wie auch andere Merkmale) bei hinreichend großen Personenstichproben annähernd normalverteilt ist. Dementsprechend werden IQ-Tests so kalibriert, dass eine Normalverteilung mit Mittelwert $\mu = 100$ und einer Standardabweichung $\sigma = 15$ resultiert. Der Eigenart der Normalverteilung entspricht es, dass 68 % der Messergebnisse in dem Bereich μ+/− 1σ liegen, 95 % im Bereich μ+/− 2σ und 99 % im Bereich μ+/− 2σ (Abb. 3.47).

Ursprünglich war der IQ als Quotient von Intelligenz- und Lebensalter multipliziert mit 100 errechnet worden, mittlerweile wird bei der Berechnung des IQ eines Individuums die einfache z-Standardisierung mit $z = (x - M)/s$ einbezogen, so dass eine *Normwertskala* für die Einstufung der individuellen Messwerte resultiert. In diesem Zusammenhang ist auf einen interessanten Effekt hinzuweisen, auf den Flynn (1987) gestoßen war, als er bei einem Vergleich der Ergebnisse von Intelligenztests in Industrieländern einen Trend der kontinuierlichen Steigerung des IQ fand. Dieser Trend wird als *Flynn-Effekt* bezeichnet, der wiederholte Neunormierungen zahlreicher Intelligenztests nach sich gezogen hat.

An den IQ-Tests scheiden sich seit langem die Geister: Für die einen sind sie ein unverzichtbares Instrument der Feststellung der kognitiven Leistungsfähigkeit, die eine entscheidende Rolle im Leben spielt. Zahllose Studien hätten deutliche Zusammenhänge zwischen den Ergebnissen in einem IQ-Test mit Erfolgsfaktoren wie guten Schulleistungen, dem beruflichen Erfolg und Einkommen und sogar der Lebensdauer gezeigt (vgl. Gottfredson 1997, 2003, 2011). Für die anderen, die Skeptiker, ist es mehr als fraglich, dass mit einem guten Abschneiden in einem IQ-Test tatsächlich die Begabung und Intelligenz eines Menschen gleichzusetzen ist. Schon Boring (1923) hat dem Mythos der Intelligenztests entgegengehalten, dass ein Intelligenztest bloß die Fähigkeit bestimmen könnte, in einem Intelligenztest mehr oder weniger gut abzuschneiden: „Intelligence is what the tests test" (Boring 1923, S. 35). Die gesamte Diskussion um IQ-Tests betrifft in ihrem Kern die Frage nach der Validität: Misst ein IQ-Test tatsächlich das, was er vorgibt zu messen? Die Frage wird in jüngster Zeit unter Bezugnahme auf eine Studie von Duckworth et al. (2011) mit 46 voneinander unabhängigen Stichproben (mit insgesamt 2000 Testpersonen) neu diskutiert, wobei die Ergebnisse gelegentlich stark verkürzt auf die Behauptung zurechtgestutzt werden, dass IQ-Tests eher die Motivation, den Test zu bearbeiten und etwas zu leisten, als die Intelligenz messen. Das aber entspricht nicht der Schlussfolgerung, die Duckworth et al. aus den Befunden der Studie hergeleitet haben. Danach bedarf ein gutes Abschneiden in einem IQ-Test sowohl hoher Intelligenz als auch hoher Motivation, und ein schlechtes Abschneiden kann darauf zurückgeführt werden, dass die Testperson entweder unterdurchschnittlich intelligent oder unmotiviert war.[17] Laut Duckworth et al. ist das bereits seit langem bekannt und wird auch von anderen Autoren bestätigt (z. B. Bernstein 2013; ter Weel et al. 2013). Das Problem der Konfundierung im Sinne der Überlagerung von Testintelligenz und -motivation ist weniger wissenschaftlich als praktisch bedeutsam und liegt in der Interpretation von IQ-Werten durch Testanwender, die nichts von dieser Konfundierung wissen und irrtümlicherweise annehmen, dass ein niedriger IQ-Wert tatsächlich eine unterdurchschnittliche Intelligenz repräsentiert. „As pioneers in intelligence testing pointed out long ago, this is not necessarily true“ (Duckworth et al. 2011, S. 7719). An dem unbestreitbaren, weil hinlänglich bekannten prognostischen Wert von IQ-Tests ändert die ganze Diskussion nichts; was aber grundsätzlich bei der Interpretation der Testwerte mit zu bedenken ist, ist die Kovariation von Testintelligenz und Motivation.

Aus entwicklungspädagogischer Sicht ist es ratsam, die kognitive Leistungsfähigkeit zu verschiedenen Zeitpunkten des Lebens zu testen, um die Entwicklung des Heranwachsenden zu beobachten und, wenn erforderlich, durch angemessene Fördermaßnahmen zu unterstützen und zu optimieren. Außer den Vorurteilen von Lehrpersonen und Eltern spricht nichts dagegen, die kognitive Leistungsfähigkeit vor der Einschulung, beim Übergang zur weiterführenden Schule und später zum Beruf oder Studium zu testen, um die Entwicklungsberichte *zusätzlich* zu den Beobachtungen der Lehrpersonen auf objektive, zuverlässige und gültige Daten stützen zu können. Anders formuliert: IQ-Tests sollen und können das Lehrerurteil nicht ersetzen oder abschaffen, sondern stützen und korrigieren es gegebenenfalls auch. Intelligenz- und Begabungstests, die für eine Statusbestimmung geeignet sind, gibt es zahlreich. Hier eine kleine Auswahl (vgl. auch Kipman et al. 2012):

Übersicht über Intelligenztests

Der *Intelligenztest BIVA* von Schaarschmidt et al. (2004) ist ein bildbasiertes Verfahren und zielt auf die Diagnose der intellektuellen Leistungsfähigkeit von dreieinhalb- bis siebeneinhalbjährigen Kindern. Er umfasst acht Untertests, die sich in der Komplexität der Anforderungen an die kognitiven Operationen unterscheiden und sowohl quantitative als auch qualitative Aussagen zum Stand der kognitiven Entwicklung gewinnen. Es werden Aufgaben gestellt, die aufgrund des vorliegenden Alltagswissens zu lösen sind, aber auch solche, bei denen der Rückgriff auf die unmittelbare Erfahrungswelt des Kindes nicht möglich ist und die Lösung aus dem Material heraus erfolgen muss.

Der BIVA wurde an mehr als 2000 Kindern aus dem gesamten deutschsprachigen Raum, d. h. aus Deutschland, Österreich und der Schweiz, normiert. Die Reliabilität wurde über die innere Konsistenz α bestimmt und liegt für die einzelnen Untertests zwischen $\alpha = 0{,}65$ und $\alpha = 0{,}8$. Die Validität wurde auf der Basis der Korrelation mit anderen Tests geprüft, woraus Werte zwischen $r = 0{,}16$ bis $r = 0{,}61$ resultierten.

Laut Kipman et al. (2012) eignet sich der BIVA nicht für die Diagnose über den Durchschnittsbereich, da sogenannte Deckeneffekte schon bei mehr als einer Standardabweichung über dem Mittelwert auftreten.

HAWIVA-III ist das Kürzel für den *Hannover-Wechsler-Intelligenztest für das Vorschulalter* von Ricken et al. (2007). Der HAWIVA-III ist ein individuell durchzuführender Intelligenztest für Kinder im Alter von 3 bis 7 Jahren. Er erfasst neben den allgemeinen intellektuellen Fähigkeiten und der Verarbeitungsgeschwindigkeit auch die Leistungsfähigkeit im verbal-sprachlichen und praktischen Bereich.

Die Normierung des HAWIVA-III in den Jahren 2004/05 erfolgte anhand einer Stichprobe von insgesamt 1322 Kindern im Alter von 2,5 bis 6 Jahren. Normdaten liegen für Vierteljahresstufen vor. Die Berechnung der IQ-Werte erfolgt auf Basis der Wertpunkte der Untertests. Die Reliabilität für den Gesamttest wurde aufgrund der internen Konsistenz über die verschiedenen Altersgruppen mit Werten zwischen $\alpha = 0{,}89$ und $\alpha = 0{,}95$ geschätzt. Für die Untertests liegen die Werte der internen Konsistenz zwischen 0,74 und 0,90. Eine Testwiederholung nach 2,5 Monaten erbrachte für die Untertests und den gesamten Altersbereich Werte zwischen $r = 0{,}66$ und $r = 0{,}2$. Die Validität wurde faktorenanalytisch und aufgrund der Korrelation mit anderen Tests wie auch mit den Beurteilungen der Erzieher und Erzieherinnen geprüft und erbrachte zufriedenstellende Werte.

Kipman et al. (2012) gelangen zu dem Urteil, dass es dem HAWIVA-III in überzeugender Weise gelingt, sprachliche Intelligenz und allgemeines Wissen von der Welt zu erfassen.

Der *HAWIK-IV* (Petermann und Petermann 2007) erfasst die kognitive Leistungsfähigkeit bei Kindern und Jugendlichen im Alter von 6 bis 17 Jahren und beruht auf dem WISC-IV von Wechsler (2003), der weltweit das meist verbreitete Verfahren zur Intelligenzdiagnostik von Kindern und Jugendlichen im Schulalter sein dürfte. Im Einzeltestverfahren werden grundlegende kognitive Fähigkeiten wie Sprachverständnis, abstraktes logisches Denken, die Leistung des Arbeitsgedächtnisses bzw. die Geschwindigkeit der Verarbeitung von Informationen erfasst. Die Ergebnisse der Teiltests werden in einem übersichtlichen Leistungsprofil dargestellt. Als explizite Voraussetzung des HAWIK-IV gilt, dass die Testnutzer in der Anwendung des Verfahrens geübt sein müssen.

Die Normierung erfolgte anhand einer Stichprobe von 1650 Kindern aus Deutschland, Österreich und der deutschsprachigen Schweiz in den Jahren 2005 bis 2006. Die *Reliabilität* wurde mittels Testhalbierungsmethode auf der Basis der Untertests geschätzt und variiert zwischen $r = 0{,}79$ und $r = 0{,}91$; für den Gesamttest ergab sich eine Split-Half-Reliabi-

17 Duckworth et al. (2011) verweisen auf eine unveröffentlichte Reanalyse der TIMSS, die darauf hinweist, dass ein signifikanter Anteil der Leistungsunterschiede zwischen den beteiligten Ländern auf die unterschiedliche Testmotivation zurückzuführen ist.

lität von r = 0,97. Die *Validität* wurde über Faktorenanalysen geprüft; zusätzlich wurde die Konstruktvalidität auf der Basis der Korrelation des HAWIK-IV mit dem Vorgänger HAWIK-III und den Noten in sieben Schulfächern geprüft. Die Korrelationen zwischen den beiden Testversionen variierten zwischen 0,34 bis 0,97, die mit den Schulnoten zwischen 0,30 und 0,73. Kipman et al. (2012) weisen in ihrer Beurteilung darauf hin, dass im Bereich hoher Begabung extreme Leistungsunterschiede zwischen den vier Bereichen (Sprachverständnis, logisches Denken, Arbeitsgedächtnis, Verarbeitungsgeschwindigkeit) vorkommen können, was die Interpretierbarkeit des Gesamt-IQ erschwert. Außerdem hätten Validierungsstudien zur Hochbegabung gezeigt, dass Kinder, die in anderen Verfahren einen IQ > 130 erreichten, im HAWIK-IV einen niedrigeren IQ erreichten. Bei den Aufgaben zum Arbeitsgedächtnis konnten verschiedentlich Deckeneffekte nachgewiesen werden, wonach die Aufgaben für ältere hochbegabte Kinder und Jugendliche nicht schwer genug waren.

Mit dem *HAWIE-R* (Tewes 1991) bleiben wir in der Familie der Hamburg-Wechsler-Intelligenztests. Dieser Test dient zur Erfassung der Intelligenz von Jugendlichen und Erwachsenen im Alter von 16 bis 74 Jahren. Wie der Vorgänger HAWIE umfasst der HAWIE-R sechs Verbaltests und fünf Handlungstests mit Zeitbegrenzung. Im Mittelpunkt stehen die sprachliche Intelligenz und die praktische Intelligenz (z.B. Bilder ordnen, Figuren legen, Zahlen-Symbol-Test). Die Normierung erfolgte anhand von 2000 Personen. Die Schätzung der Reliabilität erfolgte auf der Grundlage der inneren Konsistenz und erbrachte für die Teiltests Werte zwischen 0,71 und 0,96, für den Handlungsteil lag der Wert bei α = 0,90, für den Verbal- und den Gesamtteil bei α = 0,96.

Kipman et al. (2012) beurteilen den HAWIE-R zwar als gut normiert, meinen aber, dass ihm andere Verfahren (z.B. der I-S-T) vorzuziehen seien.

Der *I-S-T 2000 R* von Amthauer et al. (2001) ist ein Verfahren zur Intelligenzdiagnostik für die Altersspanne 15 bis 60 Jahre, das auf die Erfassung verschiedener Intelligenzbereiche sowie der Generalfaktoren Wissen und schlussfolgerndes Denken zielt. Mit dem I-S-T 2000 R sollen elf kognitive Fähigkeiten erfasst werden: verbale Intelligenz, figural-räumliche Intelligenz, rechnerische Intelligenz, figurale Merkfähigkeit, schlussfolgerndes Denken, verbales Wissen, figural-bildhaftes Wissen, numerisches Wissen und Wissen (Gesamt) sowie die fluide und kristallisierte Intelligenz.

Die Normierung erfolgte anhand einer Stichprobe von mehr als 5800 Personen im Alter zwischen 15 und 60 Jahren (wobei zwischen Gymnasiasten und Nichtgymnasiasten differenziert wurde). Die innere Konsistenz des Grundmoduls beträgt α = 0,96, für den Wissensteil α = 0,93, für die einzelnen Skalen variiert sie zwischen 0,87 und 0,97. Die Split-Half-Reliabilität der Skalen variiert zwischen r = 0,88 und r = 0,96. Die Validität wurde faktorenanalytisch (drei Faktoren) und auf der Basis von Korrelationen mit anderen Tests (z.B. HAWIE-R) geprüft. Nach dem Urteil von Kipman et al. (2012) ist der I-S-T 2000 R zwar zeitaufwendig, erlaubt aber eine verlässliche, umfassende und objektive Aussage über die intellektuellen Fähigkeiten der getesteten Personen und ist zur Diagnostik auch im oberen Begabungsbereich zu empfehlen.

Mit dieser kleinen Auswahl an IQ-Tests sollte dem Leser ein Eindruck im Hinblick auf die Qualitätskontrolle vermittelt werden. Einen Gesamtüberblick über die im Handel verfügbaren Leistungstests bieten das bereits genannte *Brickenkamp Handbuch* (Brähler et al. 2002) und die Internetseite der Testzentrale (▶ http://www.testzentrale.de/). Mit IQ-Tests kann der altersgradierte Status der kognitiven Leistungsfähigkeit gemäß den Gütekriterien der Objektivität, Zuverlässigkeit und Gültigkeit gemessen werden. Stärker am Entwicklungsgedanken orientiert sind Entwicklungstests, die, da sie über die Messung intellektueller Leistungen hinausgehend auch die Bereiche Psychomotorik, sozial-emotionale Kompetenz und Leistungsmotivation einbeziehen, in ihrem Anspruch differentieller Diagnostik umfassender sind.

3.7.2.2 Entwicklungstests

Als diagnostische Routineverfahren finden Entwicklungstests in der Pädagogik eine Anwendung, um quantitative und/oder qualitative Aussagen über den Entwicklungsstand von Kindern und Jugendlichen zu ermitteln und z.B. die Einschulungsreife oder die Eignung für einen Beruf zu bestimmen. Im Folgenden skizzieren wir exemplarisch einige ausgewählte Entwicklungstests, wobei wir den Bogen wieder vom Kindes- bis zum Erwachsenenalter spannen.

Übersicht über Entwicklungstests

Der *ET 6-6 R* von Petermann und Macha (2013) ist ein Entwicklungstest für Kinder von 6 Monaten bis 6 Jahren. Das Verfahren bildet sechs Entwicklungsbereiche ab: Körper- und Handmotorik, kognitive Entwicklung und Sprachentwicklung sowie über die Elternauskunft Sozialentwicklung und emotionale Entwicklung. Die Normierung erfolgte anhand einer Stichprobe von mehr als 1000 Kindern im Alter von 6 Monaten bis 6 Jahren. Die Zuverlässigkeit wurde über die interne Konsistenz geschätzt: Cronbachs α liegt für die verschiedenen Teiltests zwischen 0,66 und 0,77; zur Validität merken die Autoren an, dass sowohl inhaltliche Validität als auch Konstruktvalidität gewährleistet sei.

Die Intelligenz- und Entwicklungsskalen für Kinder im Vorschul- und Grundschulalter von Grob et al. (2009) zielen auf eine Statusfeststellung des kognitiven und allgemeinen Entwicklungsstandes. Die Skalen *IDS-P* für das Vorschulalter erfassen die Funktionsbereiche Kognition, Psychomotorik, sozial-emotionale Kompetenz, logisch-mathematisches Denken und Sprache. Die Normierung erfolgte anhand von 700 Kindern im Altersbereich von 3 bis 5 Jahre in Deutschland, Österreich und der deutschsprachigen Schweiz. Die interne Konsistenz liegt für die Funktionsbereiche zwischen α = 0,85 und α = 0,92; die Validität wurde faktorenanalytisch sowie über die Kriteriumsvalidität geprüft.

Die Skalen *IDS* erfassen den Entwicklungsstand von Kindern im Alter zwischen 5 und 10 Jahren für die kognitive und allgemeine Entwicklung (Psychomotorik, sozial-emotionale Kompetenz, Mathematik, Sprache und Leistungsmotivation) mit insgesamt 19 Untertests. Die Normierung erfolgte anhand von 1330 Kindern in Deutschland, Österreich und der deutschsprachigen Schweiz, die in 12 Altersgruppen eingeteilt wurden. Die interne Konsistenz der Untertests variiert in der kognitiven Entwicklung zwischen $\alpha = 0{,}68$ und 0,96 sowie in der allgemeinen Entwicklung zwischen 0,57 und 0,88. Für den IQ-Wert ist Cronbachs $\alpha = 0{,}92$. Für den Bereich der allgemeinen Entwicklung gehen die Testautoren von einer grundsätzlichen Veränderung über die Zeit aus, was als Erklärung für die Korrelationen im niedrigen oder mittleren Bereich angeführt wird. Eine Testwiederholung nach 15 Monaten erbrachte für die kognitiven Werte zwischen $r = 0{,}45$ und $r = 0{,}81$, für die allgemeine Entwicklung zwischen $r = 0{,}34$ und $r = 0{,}88$. Für den Intelligenzwert ergab sich eine Retestreliabilität von $r = 0{,}83$. Die insgesamt zufriedenstellende Prüfung der Kriteriumsvalidität erfolgte durch Vergleiche mit dem HAWIK-IV sowie mit verschiedenen Fremdeinschätzungsverfahren.

Vergleicht man die Zahl an Entwicklungstests, die für Kinder im Vorschul- und Grundschulalter im Verlauf der letzten Jahrzehnte entwickelt wurden, kommt man nicht umhin festzustellen, dass dieser Entwicklungsabschnitt offensichtlich eine große Anziehungskraft auf Testkonstrukteure ausgeübt hat. Dabei lag und liegt der Fokus auf der Entwicklung mathematischer und sprachlicher Fähigkeiten. Beispielhaft können der *Heidelberger Sprachentwicklungstest* (Grimm und Schöler 1991), die *Lernverlaufsdiagnostik für zweite bis vierte Klassen* (Strathmann und Klauer 2012), *FIPS Fähigkeitsindikatoren Primarstufe* (Bäuerlein et al. 2012) und ab der 5. Klasse der *Deutsche Mathematiktest* (Götz et al. 2012) sowie die *Lesetestbatterie für die Klassenstufen 6–7* (Bäuerlein et al. 2010) genannt werden. Für den Bereich der Sprachentwicklung hat Brandl (2010) die wichtigsten Tests beschrieben und einer Beurteilung unterzogen.

Entwicklungstests dienen in pädagogischen Kontexten insbesondere auch der *Eignungsdiagnostik*, um Kompetenzen und relevante Persönlichkeitsmerkmale mit Bezug auf Bildungswege oder berufliche Tätigkeiten zu messen. Angestrebt wird dabei eine Vorhersage über die Erfolgswahrscheinlichkeit bestimmter Bildungs- oder Berufsziele und über das subjektive Wohlbefinden der einzelnen Personen in den jeweiligen Situationskontexten. Beim Übergang in das Berufsleben soll durch eine Analyse von Merkmalen der bisherigen Laufbahn eine Prognose über die zu erwartende weitere Entwicklung getroffen werden. Dabei wird davon ausgegangen, dass, wer schon in der Vergangenheit bewiesen hat, komplexe Probleme lösen zu können, dies auch in Zukunft kann. Bei einem solch *biografischen Ansatz* wird direkt von (vergangenem) Verhalten auf (zukünftiges) Verhalten geschlossen, ohne den Umweg über die Diagnose von Persönlichkeits*eigenschaften* (wie Intelligenz oder Motivation) zu nehmen. Bewerbungsunterlagen, biografische Fragebögen und besonders das Bewerbungsgespräch sollen Aufschluss über die Eignung einer Person für einen Bildungsweg oder Beruf geben. Dass dem biografischen Ansatz nicht immer das zugetraut wird, was man sich von ihm verspricht, zeigt sich in dem Riesenangebot von Online-Tests, mit denen Jugendliche selbst die Eignung für einen Beruf testen sollen. Die Feststellung der Berufseignung sollte aber nicht einem dubiosen Online-Test überlassen bleiben, sondern auf soliden Gütekriterien beruhen.

Übersicht über Eignungstests

Der *Berufseignungstest BET Version 2000* von Schmale und Schmidtke (2001) ist ein Leistungstest für Personen im Alter von 14 bis 38 Jahren und dient der eignungsdiagnostischen Berufsberatung und der innerbetrieblichen Personalentwicklung. Der Test zielt auf die Erstellung eines individuellen Begabungsprofils, das mit bekannten berufsspezifischen Anforderungen verglichen wird, um Aufschluss über die Eignung für einen bestimmten Beruf zu geben. Der BET umfasst 12 Einzeltests, die u. a. Wahrnehmungsgenauigkeit, räumliches Vorstellungsvermögen, praktisch-technisches Verständnis, rechnerische und sprachliche Fähigkeiten, optomotorische Koordination, feinmotorische Geschicklichkeit prüfen.
Die Normierung erfolgte mit einer Stichprobe von mehr als 11.000 Personen; die Normwerte wurden altersspezifisch standardisiert. Zurzeit umfasst der BET gültige Anforderungsnormen für 64 Berufe. Die Retestreliabilität liegt bei einem Intervall zwischen $r = 0{,}89$ und $r = 0{,}93$. Die Prüfung der Gültigkeit wurde berufsgruppenspezifisch vorgenommen, wobei als Außenkriterium eine innerbetriebliche Bewertung des Ausbildungserfolgs oder das Ergebnis der IHK-Abschlussprüfung diente.
Während der BET ein relativ breites Spektrum an beruflichen Eignungen testet, fokussiert die Testbatterie *Start-K* von Bretz et al. (2010) auf die kognitive Dimension Konzentration. Eine vergleichsweise enge Ausrichtung haben auch der *Revidierte Allgemeine Büroarbeitstest ABAT-R* von Lienert und Schuler (1994), der mittlerweile aber in die Jahre gekommen ist, und der Test *AZUBI-BK* von Görlich und Schuler (2010), der sich auf Büro- und kaufmännische Tätigkeiten bezieht, sowie der *AZUBI-TK* (Görlich und Schuler 2007). Beide AZUBI-Tests weisen ausgezeichnete Kennwerte für die Gütekriterien der Reliabilität und Validität auf.
Die Bundesagentur für Arbeit in Deutschland verwendet verschiedene Berufseignungstests wie z. B. *EXPLORIX*, den *Eignungstest Berufswahl* oder den *Berufswahltest BWT*. Eine Beschreibung und Beurteilung von EXPLORIX findet man z. B. bei Behr (2008).

Eignungsdiagnostik ist eine zu ernste und folgenreiche Angelegenheit, als dass man sie ungeprüft Anbietern im Internet überlassen darf. Wir empfehlen grundsätzlich, die Finger von allen Tests zu lassen, die keine Angaben zur Reliabilität und Validität haben (was bei Angeboten im Internet gewöhnlich der Fall ist). Grundsätzlich gilt das auch für Bereiche, für die bislang keine standardisierten Testverfahren vorliegen, wie z. B. zur Erfassung metakognitiver Kompetenzen. Die gelegentlich in Dissertationsveröffentlichungen beschriebenen Verfahren zur Diagnose von Metakognition und Lernstrategien (z. B. McElvany 2008; Neuenhaus 2011) machen zwar (lobenswerterweise) Angaben über Reliabilität und Validität, befinden sich aber im Hinblick auf eine altersgradierte Normierung noch in den Startlöchern.

Hier wie auch andernorts bestehen die Erhebungsinstrumente in der Regel in Fragebögen. Für den Hochschulbereich ist beispielsweise das *Inventar zur Erfassung von Lernstrategien im Studium (LIST)* von Wild und Schiefele (1994) zu nennen, das mittlerweile in verschiedenen Untersuchungen erfolgreich angewandt wurde (z. B. Boerner et al. 2005; Wild 2000). Vergleichbar damit wird auch im schulischen Bereich vorzugsweise mit Fragebögen gearbeitet, um das *Lernstrategiewissen* von Schülern zu erfassen (vgl. Artelt et al. 2009; Lingel et al. 2010). Immerhin werden dabei die Gütekriterien des Testens eingehalten, was in anderen Fällen, in denen Selbstbeobachtungstagebücher verwendet werden, nicht der Fall ist (vgl. Schmidt et al. 2011). Eine bemerkenswerte Ausnahme im Bereich der Diagnostik des Lernstrategiewissens stellt der *Würzburger Lesestrategie-Wissenstest – WLST* von Schlagmüller und Schneider (2007) dar.

Der WLST erfasst das Lesestrategiewissen von Schülerinnen und Schülern der 7. bis 12. Klassenstufe, das sich auf Techniken bezieht, die beim Lesen, Verstehen und Wiedergeben von Texten wichtig sind. Den Testpersonen werden sechs verschiedene Lernszenarien dargeboten, für die jeweils die Qualität und Nützlichkeit verschiedener Vorgehensweisen zur Erreichung eines Lernziels zu bewerten sind. Dazu erhalten die Testpersonen Antwortvorschläge, die sie hinsichtlich ihrer Qualität benoten.
Die Stichprobe für die Normierung bestand aus 4490 Schülern aus allen deutschen Bundesländern, für die nach Geschlecht, Schultyp und Klassenstufe differenzierte Prozentrangnormen vorliegen. Die Reliabilität wurde über die interne Konsistenz mit einem Ergebnis von $\alpha = 0{,}88$ festgestellt, die Split-Half-Reliabilität betrug $r = 0{,}88$ und die Testwiederholung (nach sechs Wochen) erbrachte einen Wert von $r = 0{,}81$. Die Validität wurde mittels Korrelation mit anderen Testverfahren (z. B. Lesegeschwindigkeits- und -verständnistest LGVT 6-12 und dem Intelligenztest KFT mit zufriedenstellendem Ergebnis geprüft.

Der WLST stellt wie gesagt eine Ausnahme dar, da ansonsten mit Fragebogentechniken gearbeitet wird, um Metakognition im Sinne von Lernstrategiewissen zu testen. Fragebögen werden aber üblicherweise nicht zu Leistungstests gezählt, sondern sind Persönlichkeitstests im engeren Sinne.

3.7.3 Diagnostik von Persönlichkeitsmerkmalen

Persönlichkeitstests im weiteren Sinne sind Testverfahren zur Erfassung von Persönlichkeitseigenschaften, inklusive kognitiver und metakognitiver Leistungsfähigkeit. Im engeren Sinne zielen Persönlichkeitstests auf die Statusfeststellung und Prognose von individuellen Temperamentsausprägungen wie auch emotionaler und motivationaler Aspekte des Verhaltens. Grundsätzlich wird dabei zwischen metrischen Tests und projektiven Tests unterschieden. Metrische Tests sind meistens Fragebögen, deren Ergebnisse für ein Individuum mit den Werten einer Normstichprobe verglichen werden. Bei *projektiven Tests*, zu denen verschiedene Zeichentests wie der *Wartegg-Zeichentest* oder *Familie in Tieren* (Brem-Gräser 2006) gehören, soll die Testperson schwach strukturiertes Reizmaterial deuten wie z. B. beim *Rosenzweig Picture Frustration Test* (Rosenzweig 1960). Aus der Deutung werden auf der Grundlage einer qualitativen Interpretation Schlüsse auf Persönlichkeitseigenschaften gezogen. Die Tauglichkeit projektiver Tests zur Ermittlung des Entwicklungsstandes einer Person wird wegen unzureichender Reliabilität stark angezweifelt (vgl. Amelang und Schmidt-Atzert 2006).

Wir werden in den folgenden Abschnitten in weitgehender Entsprechung mit der Gliederung des ▶ Abschn. 3.4 auf einige ausgewählte Persönlichkeitstests zur Messung von Temperaments- und Charaktereigenschaften sowie auf Verfahren zur Motivations- und Emotionsdiagnose eingehen. Zunächst aber sollen einige Persönlichkeitsinventare angesprochen werden, die darauf zielen, ein umfassendes und zugleich differenziertes Bild von der Persönlichkeit zu zeichnen.

3.7.3.1 Persönlichkeitsinventare

Persönlichkeitsinventare sind mehrdimensionale Verfahren der Selbstbeurteilung mit Hilfe von Fragebögen, in denen die Fragen so konzipiert sind, dass sie inhaltlich einen weiten Bereich von Temperaments- und Charaktereigenschaften abdecken. Das bekannteste Persönlichkeitsinventar dürfte das von Eysenck sein (E-P-I; dt. Fassung: Eggert und Ratschinksi 1983), das auf die Messung von Exraversion und Neurotizismus ab einem Alter von 14 Jahren zielt. Das E-P-I ist allerdings hoffnungslos veraltet (die Normierung fand in den 1970er Jahren statt) und hat eher eine historische Bedeutung. Deshalb wenden wir uns drei Inventaren zu, deren Normierung jüngeren Datums ist.

Übersicht über Persönlichkeitsinventare

Der Persönlichkeitsfragebogen *PFK 9-14* von Seitz und Rausche (2003) dient der Früherkennung von potentiell verhaltensauffälligen Kindern und wird vorzugsweise in der erziehungs- und schulpsychologischen Beratung eingesetzt. Zielgruppe sind Kinder im Alter von 9 bis 14 Jahren. Es werden drei Eigenschaftsbereiche der Persönlichkeit unterschieden: Verhaltensstile (VS), Motive (MO) und Selbstbildaspekte (SB), die über insgesamt 15 Skalen erfragt werden. Als Primärdimensionen der VS werden die emotionale Erregbarkeit, fehlende Willenskontrolle, Extraversion und Scheu unterschieden. Der Bereich Motive umfasst die Faktoren Ich-Durchsetzung und Aggressionsbereitschaft, Bedürfnis nach Alleinsein und Selbstgenügsamkeit, schulischer Ehrgeiz, Bereitschaft zu sozialem Engagement, Neigung zu Gehorsam gegenüber Erwachsenen und Maskulinität der Einstellung.
Der Bereich Selbstbild schließt die Faktoren Selbsterleben von allgemeiner Angst, Selbstüberzeugungen, Selbsterleben von Impulsivität, egozentrische Selbstgefälligkeit und Selbsterleben von Unterlegenheit ein. Auf der Grundlage der 15 Primärdimensionen/-faktoren wurden vier Sekundärdimensionen – Ich-Durchsetzung, Emotionalität, soziale Isolierung und soziales Engagement – bestimmt.
Die Normierung erfolgte anhand einer Stichprobe von 3750 Kindern; Normwerte und Prozentränge wurden für die

Primär- und Sekundärfaktoren getrennt nach Alter, Geschlecht und Schulart berechnet. Die interne Konsistenz der Skalen für die einzelnen Primärdimensionen liegt zwischen α=0,63 und α=0,79, für die Sekundärfaktoren zwischen α=0,80 und α=0,92. Es liegen empirische Ergebnisse zur Übereinstimmungsvalidität gegenüber Außenkriterien (z. B. Subskalen anderer Persönlichkeitsfragebogen, Schul- und Intelligenztestleistungen, Verhaltensbeurteilungen durch den Lehrer usw.) vor.

Das Freiburger Persönlichkeitsinventar *FPI-R* von Fahrenberg et al. (2010) richtet sich an Jugendliche ab 16 Jahren und Erwachsene; insgesamt 138 Items bilden 11 Skalen, die inhaltlich die Lebenszufriedenheit, soziale Orientierung, Leistungsorientierung, Gehemmtheit, Erregbarkeit, Aggressivität, Beanspruchung, körperliche Beschwerden und Gesundheitssorgen, Offenheit, Extraversion und Emotionalität (im Sinne Eysencks) thematisieren.

Die Neunormierung des FPI erfolgte 1999 mit einer bevölkerungsrepräsentativen Stichprobe von 3740 Personen statt, für die nach Geschlecht und sieben Altersgruppen differenzierte Normen berechnet wurden. Die interne Konsistenz der Skalen liegt zwischen α=0,73 und α=0,83. Die Validität wurde faktorenanalytisch und durch Korrelationen mit Außenkriterien (z. B. anderen Persönlichkeitsfragebogen) geprüft.

Im Unterschied zum Freiburger Persönlichkeitsinventar, das relativ breit angelegt ist, stellt das *NEO-Fünf-Faktoren-Inventar* von Borkenau und Ostendorf (2008), wie der Name bereits sagt, die sogenannten Big Five in den Mittelpunkt. Das NEO-FFI nach Costa und McCrae (1985) ist ein multidimensionales Persönlichkeitsinventar, das die Dimensionen Neurotizismus, Extraversion, Offenheit für Erfahrung, Verträglichkeit und Gewissenhaftigkeit erfasst. Adressaten sind Jugendliche und Erwachsene.

Die Normierung erfolgt an einer bevölkerungsrepräsentativen Stichprobe von fast 12.000 Personen. Es liegen differenzierte Normwerte für Geschlecht und 12 Altersgruppen vor. Die internen Konsistenzen der fünf Skalen liegen zwischen α=0,72 und α=0,87, die Retestreliabilitäten (mit einem Zeitintervall von fünf Jahren) zwischen r=0,71 und r=0,82. Die Konstruktvalidität wurde faktorenanalytisch geprüft; darüber hinaus wurden Korrelationen mit Außenkriterien (z. B. Selbsteinschätzungen auf Eigenschaftslisten) berechnet.

Verfahren, die auf die Messung der Big Five zielen, haben zurzeit Hochkonjunktur und werden zahlreich im Internet angeboten. Zu den seriösen Angeboten eines Online-Tests zur Erfassung der Big Five gehört der von Satow entwickelte *B5T-Persönlichkeitstest*, der einer Normierung anhand einer Stichprobe von mehr als 3000 Personen im Alter zwischen 20 und 30 Jahren unterzogen wurde und für die fünf Faktoren interne Konsistenzen zwischen α=0,70 und α=0,88 erbrachte sowie eine hinreichende faktorielle Validität erzielte (vgl. Satow 2011, ▶ http://www.psychomeda.de/online-tests/persoenlichkeitstest.html).

Während die bisher skizzierten Inventare relativ breit und bereichsübergreifend angelegt sind, was die Erfassung von Persönlichkeitseigenschaften anbelangt, fokussieren andere auf die Bereiche Arbeit und Gesundheit. Ein Beispiel, das wir Lehramtsstudierenden zur Selbsterprobung empfehlen, ist der Fragebogen *FIT-L* (▶ http://www.vbe.de/abc-l/start_fit.php) des Verbandes Bildung und Erziehung, der erlaubt, sich ein Bild von den Anforderungen des Lehrerberufs zu verschaffen und zu einem differenzierten Urteil über die persönliche Eignung und bestehenden Entwicklungsbedarf zu gelangen. Die Selbsteinschätzungen beziehen sich auf die Persönlichkeitsdimensionen psychische Stabilität, Aktivität, Motivation und Motivierungsfähigkeit, soziale Kompetenz und pädagogische Grundfähigkeiten. Ein Verfahren, das ebenfalls eine Berufstätigkeit im pädagogischen, aber auch im sozialen und medizinischen Bereich zum Gegenstand der Eignungsdiagnostik macht, ist das *Inventar zur Persönlichkeitsdiagnostik in Situationen (IPS)* von Schaarschmidt und Fischer (1999). Es stellt die Dimensionen des sozial-kommunikativen Verhaltens und des Leistungsverhaltens in den Mittelpunkt der Selbsteinschätzung von Testpersonen. Im Unterschied zum FIT-L liegen für das IPS Angaben zur Reliabilitäts- und Validitätsprüfung vor. Das trifft auch auf ein anderes Persönlichkeitsinventar zu, das Schaarschmidt und Fischer (2003) zum arbeitsbezogenen Verhalten und Erleben entwickelt haben. Das *Arbeitsbezogene Verhaltens- und Erlebensmuster (AVEM)* zielt auf Selbsteinschätzungen in Bezug auf die subjektive Bedeutsamkeit der Arbeit, den beruflichen Ehrgeiz, die Bereitschaft, sich zu verausgaben, das Streben nach Perfektion, Resignationstendenzen bei Misserfolgen, innere Ruhe und Ausgeglichenheit, Erfolgserleben usw.

Mit breiter angelegten Persönlichkeitsinventaren gehen zahlreiche Testverfahren einher, die sich auf spezifischere Aspekte der Persönlichkeit wie z. B. Temperamentsausprägungen, motivationale und emotionale Aspekte des Verhaltens konzentrieren.

3.7.3.2 Verfahren der Temperamentsdiagnostik

Unter den Verfahren zur Erfassung von Temperamentsausprägungen bei Kindern und Jugendlichen ragt das *Junior Temperament und Charakter Inventar (JTCI)* von Goth und Schmeck (2009) deshalb heraus, weil es als einziges die Altersspanne von 3 bis 18 Jahren abdeckt.

Das *JTCI 3–6 R* und das *JTCI 7–11 R* sind für die Beantwortung durch die Eltern von Kindern zwischen 3 und 6 Jahren bzw. 7 und 11 Jahren konzipiert. Das *JTCI 12-18 R* für Jugendliche zwischen 12 und 18 Jahren gründet demgegenüber auf der Selbsteinschätzung. Die Altersgrenzen zwischen den Testversionen sind überlappend konstruiert und normiert, so dass +/–2 Jahre Abweichungen als akzeptabel gelten.

Die gesamte JTCI-Familie orientiert sich an Cloningers biopsychosozialem Persönlichkeitskonzept (vgl. dazu die Ausführungen in ▶ Abschn. 3.4.2); jede Testversion erfasst dementsprechend die vier *Temperamentsdimensionen* Neugierverhalten, Schadensvermeidung, Belohnungsabhängigkeit und Beharrungsvermögen sowie die drei *Charakterdimensionen* Selbstlenkungsfähigkeit, Kooperativität und Selbsttranszendenz.

Für die Normierung wurden bisher Daten an 332 Kindergarten-, 277 Grundschulschulkindern und 432 jugendlichen Schulkindern erhoben. Die interne Konsistenz liegt für das JTCI 3–6 R zwischen α=0,71 und α =0,86, für das JTCI 7–11 R zwischen α =0,72 und α =0,88 und für das JTCI 12–18 R zwischen α =0,79 und α =0,85. Die Retestreliabilitäten (bei einem zweimonatigen Intervall) liegen insgesamt zwischen r_{tt}=0,65 und r_{tt}=0,87. Die Validität wurde faktorenanalytisch mehrfach bestätigt; darüber hinaus wurde die Kriteriumsvalidität auf der Grundlage von Beurteilerübereinstimmungen mit guten Ergebnissen bestätigt.

Testverfahren zur Erfassung des Temperamentes im Kindesalter beruhen üblicherweise auf der Fremdeinschätzung der Kinder durch die Eltern oder andere Bezugspersonen. So auch das *Inventar zur integrativen Erfassung des Kind-Temperaments (IKT)* von Zentner und Ihrig (2010), das bei zwei- bis achtjährigen Kindern fünf Eigenschaften des Temperamentes erfasst, nämlich Frustrationsanfälligkeit, Gehemmtheit, Aktivität, Ausdauer/Aufmerksamkeit und sensorische Empfindlichkeit. Das IKT ist kurz (30 Items) und wurde anhand einer Stichprobe von mehr als 4400 Kindern normiert. Die durchschnittliche Retestreliabilität beträgt $r = 0{,}82$, die interne Konsistenz im Durchschnitt $\alpha = 0{,}79$. Die Übereinstimmungsvalidität wurde mit anderen Instrumenten der Temperamentsmessung mit Korrelationskoeffizienten zwischen $r = 0{,}60$ bis $r = 0{,}82$ bestätigt. Das IKT eignet sich nach Angaben der Autoren besonders gut für die pädagogische Statusdiagnostik und enthält Hinweise auf angemessene Formen der Beratung, Prävention und Intervention. Zum IKT liegt eine Besprechung von Petermann (2012) vor, in der die wesentlichen Merkmale und Vorzüge zusammengefasst werden.

3.7.3.3 Verfahren der Emotionsdiagnostik

Emotionale Kompetenz ist die Fähigkeit zum Erkennen und Ausdrücken von Emotionen sowie zu einem angemessenen Umgang mit Gefühlen. Obwohl die Emotionalität auch zu den maßgeblichen Dimensionen von Persönlichkeitsinventaren zählt, hat sich seit den Anfängen der Stress- und Angstforschung in den 1950er Jahren ein Bereich der differentiellen Diagnostik etabliert, der sich auf die Diagnose von Emotionen konzentriert. Einen großen Aufschwung nahm die Emotionsdiagnostik im Zusammenhang mit dem Konzept der emotionalen Intelligenz (► Abschn. 3.5.2).

Mayer, Salovey und Caruso haben einen Test, den *MSCEIT*, zur Messung der emotionalen Intelligenz entwickelt, der dem Konzept herkömmlicher Leistungstests folgt (Mayer et al. 2003). Dieser Test liegt neuerdings auch in einer deutschen Version vor (Steinmayer et al. 2011) und kann bei Erwachsenen zwischen 17 und 80 Jahren angewandt werden. Der MSCEIT misst vier Dimensionen der emotionalen Intelligenz mit je zwei Untertests: *Wahrnehmung von Emotionen* (z. B. mimischer Emotionsausdruck), *Nutzung von Emotionen beim Denken*, *Verstehen von Emotionen* und *Umgang mit Emotionen*. Die Normierung erfolgte anhand von mehr als 3500 Personen, für die altersspezifische Normwerte berechnet wurden. Die Kennwerte für Reliabilität und Validität liegen im oberen Bereich. Der MSCEIT weist kaum Überschneidungen mit anderen Intelligenztests auf und auch die Zusammenhänge mit den Big Five sind dermaßen gering, dass eine *diskriminante Validität*[18] gewährleistet ist.

Auf die Messung emotionaler Intelligenz und Kompetenzen zielt auch der *Emotionale Kompetenz-Fragebogen (EKF)* von Rindermann (2009). Auch der EKZ zielt bei Erwachsenen auf vier Bereiche emotionaler Intelligenz: *Erkennen und Verstehen eigener Emotionen*, *Erkennen von Emotionen anderer Personen*, *Regulation und Kontrolle eigener Emotionen*, *emotionale Expressivität*. Zusätzlich enthält er zwei Teiltests, die sich auf die Fähigkeit beziehen, mit Gefühlen anderer umzugehen, sowie auf die Einstellungen zu Gefühlen. Der EKF kann sowohl für die Selbsteinschätzung als auch für die Fremdeinschätzung verwendet werden. Die Normierung erfolgte mit einer Stichprobe von 638 Personen (Selbsteinschätzungsversion) und 421 Personen (Fremdeinschätzungsversion); es liegen nach dem Alter (jünger und älter als 20 Jahre) und dem Geschlecht differenzierte Normwerte vor. Für die Selbsteinschätzungsversion variieren die internen Konsistenzen zwischen $\alpha = 0{,}86$ und $\alpha = 0{,}92$. Für die Fremdeinschätzungsversion liegen die Werte zwischen $\alpha = 0{,}86$ und $\alpha = 0{,}93$. Die Validität wurde faktorenanalytisch und per Urteilerübereinstimmungen geprüft.

Um einen Eindruck von einem EQ-Test zu gewinnen, kann der Leser im Internet zahlreiche Online-Tests an sich selbst ausprobieren – z. B. den EQ-Test der Süddeutschen Zeitung (mit 100 Fragen): ► http://spiele.sueddeutsche.de/eqtest/.

EQ-Tests werden im Internet auch in großer Zahl für Kinder angeboten. Sie sollten aber ebenso wie die Tests für Erwachsene nicht allzu ernst genommen werden, da die Testgütekriterien nicht bekannt sind.

Die Emotionen von Kindern sollten Erziehern und Pädagogen wichtig genug sein, um sie nicht mit dubiosen Online-Tests zu erfassen. Grundsätzlich sind wir dagegen, Kinder und Jugendliche „ohne Not" irgendwelchen Tests zu unterziehen. Dafür muss es gute Gründe geben wie z. B. Verhaltensauffälligkeiten bei der Emotionsregulation eines Kindes. An solchen setzt u. a. der *Fragebogen zur Erhebung der Emotionsregulation bei Kindern und Jugendlichen (FEEL-KJ)* von Grob und Smolenski (2005) an. Der Fragebogen ist für die Zielgruppe 10- bis 19-Jähriger normiert worden und erfasst mehrdimensional und emotionsspezifisch Strategien der Regulation von Angst, Trauer und Wut. Dabei werden sowohl adaptive Strategien (z. B. problemorientiertes Handeln, Zerstreuung, Stimmung anheben, Akzeptieren, Umbewerten) als auch maladaptive Strategien (Aufgeben, aggressives Verhalten, Rückzug, Selbstabwertung) reliabel und valide erfasst. Auch der Verdacht auf Vorliegen einer Depression bei einem Kind oder Jugendlichen erfordert zur Klärung und Absicherung der Diagnose die Anwendung eines geeigneten Tests wie z. B. das *Depressionsinventar für Kinder und Jugendliche* (Stiensmeier-Pelster et al. 2000).

Für den schulischen Bereich eignet sich der *Fragebogen zur Erfassung emotionaler und sozialer Schulerfahrungen von Grundschulkindern dritter und vierter Klassen (FEESS 3–4)* von Rauer und Schuck (2003a), der durchaus routinemäßig eingesetzt werden kann, um den Fortgang der sozial-emotionalen Förderung in der Grundschule in Entsprechung mit den Zielsetzungen der Lehrpläne zu überprüfen. Der FEESS zielt auf die Erfassung eines breiten Spektrums sozial-emotionaler Befindlichkeiten in der Schule. Er umfasst zwei Teile: Im ersten Teil (SIKS) werden das Selbstkonzept über die eigene Leistungsfähigkeit, die erlebte soziale Integration in der Klasse und das Klassenklima erfasst. Der zweite Teilfragebogen (SALGA) zielt auf die Erfassung verschiedener Aspekte des Schul- und Lernklimas: Wohlbefinden in der Schule, die Lernfreude, die Anstrengungsbereitschaft und das Gefühl des Angenommenseins durch die Lehrpersonen. Mit dem FEESS liegt ein Test vor, der alle Anforderungen erfüllt: Die

18 Das Konzept der *diskriminanten Validität* stützt sich darauf, dass Messdaten von Testverfahren, die verschiedene Konstrukte abbilden, nur gering miteinander korrelieren. Demgegenüber müssen Messdaten von Tests, die dasselbe Konstrukt repräsentieren, hoch miteinander korrelieren. Das wird als Konvergenzvalidität bezeichnet.

internen Konsistenzen liegen zwischen α = 0,74 und α = 0,95. Die Retestreliabilitäten variieren nach vier Wochen zwischen 0,62 und 0,80, nach einem Schuljahr immer noch zwischen 0,46 und 0,68. Auch hinsichtlich der Validität genügt der FEESS allen Anforderungen. Die Normierung erfolgte jeweils anhand von weit mehr als 1000 Schülern der 3. und 4. Klasse, und es liegen sowohl Individualnormen als auch Normen für ganze Klassen vor. Da die Skalen besonders gut im unteren Messbereich differenzieren, sind sie bestens zur Feststellung von Fördernotwendigkeiten geeignet. Wenn die Autoren im Zusammenhang mit dem FEESS von einem mit pädagogischen Nutzen operationalisierbaren diagnostischen Gegenstand sprechen (Rauer und Schuck 2003b), kann ihnen unseres Erachtens nicht widersprochen werden. Anzumerken ist, dass die Autoren auch einen ähnlichen Fragebogen (allerdings zum Vorlesen durch die Lehrpersonen) für die beiden ersten Grundschuljahre entwickelt haben, den FEESS 1–2, der wie der FEESS 3–4 der Erfassung der Perspektive der Kinder auf grundlegende emotionale und soziale Erfahrungen im Handlungsfeld Schule dient (Rauer und Schuck 2004). Mit beiden Tests wird der gesamte Entwicklungsabschnitt Grundschule zuverlässig und valide abgedeckt.

Während die Skalen des FEESS nicht nur sozial-emotionale, sondern auch motivationale Variablen (z. B. Selbstkonzept der Fähigkeit, Anstrengungsbereitschaft) berücksichtigen, sind Emotionsfragebögen für Kinder und Jugendliche traditionell stärker auf die Messung von Angst und Stresserleben ausgerichtet. Aus der Vielzahl an Tests wählen wir zwei neuere als Beispiele aus, das *Bochumer Angstverfahren für Kinder im Vorschul- und Grundschulalter* und den *Fragebogen zur Erhebung von Stress und Stressbewältigung im Kindes- und Jugendalter*.

Das *Bochumer Angstverfahren für Kinder im Vorschul- und Grundschulalter BAV 3-11* von Mackowiak und Lengning (2010) erfasst über Selbst- und Fremdauskünfte Ängste, Sorgen und Befürchtungen, Ängste vor Verletzungen und körperlichen Beeinträchtigungen, Phobien, körperliche Angstsymptome und Angstbewältigungsstrategien von Kindern im Vor- und Grundschulalter. Den Kindern werden auf Bildern potentiell angstauslösende Situationen präsentiert (◘ Abb. 3.48), und ihre Ängste sowie Regulationsstrategien werden vom Testleiter erfragt.

Zusätzlich erhalten die Eltern einen Fragebogen zu den Ängsten ihrer Kinder, der die gleichen Items und Fragen zum Befinden und Verhalten der Kinder in angstauslösenden Situationen beinhaltet.

Die Normierung des BAV erfolgte anhand einer Stichprobe von mehr als 1000 Kindern und ihren Eltern. Es liegen geschlechts- und altersgruppierte Normwerte vor. Die α-Koeffizienten für die interne Konsistenz liegen zwischen 0,64 und 0,86, was für Interviewverfahren ein sehr gutes Ergebnis bedeutet. Die Konstruktvalidität wurde faktorenanalytisch überprüft, die kriterienbezogene Validität durch Korrelationen mit anderen Fragebogenverfahren sowie durch Vergleiche mit Elternurteilen.

Der *Fragebogen zur Erhebung von Stress und Stressbewältigung im Kindes- und Jugendalter (SSJK 3–8)* von Lohaus et al. (2006) wendet sich an Schülerinnen und Schüler der Klassenstufen 3 bis 8. Der Fragebogen umfasst drei Komplexe des Stresserlebens: Im ersten Teil wird die Vulnerabilität für Stressoren erfasst, im zweiten Teil steht das vorhandene Potential zur Stressbewältigung im Vordergrund (Suche nach sozialer Unterstützung, problemorientierte vs. vermeidende Bewältigung sowie die Emotionsregulation) und im dritten Teil die mit Stress verbundene physisch-psychische Symptomatik.

Die Normierung basiert auf einer Stichprobe von etwa 2000 Kindern und Jugendlichen; es liegen geschlechtsspezifische Normwerte vor. Die Retestreliabilität variiert zwischen r = 0,56 und r = 0,82, die internen Konsistenzen zwischen α = 0,66 und 0,87. Verschiedene Untersuchungen zur Konstrukt- und Kriteriumsvalidität belegen nach Aussage der Testautoren, dass das Instrumentarium geeignet ist, um einen differenzierten Eindruck über das Stressgeschehen von Kindern und Jugendlichen zu gewinnen.

◘ **Abb. 3.48** Copyright © 2010 by Verlag Hans Huber, Hogrefe AG, Bern. Alle Rechte vorbehalten. (Quelle: www.testzentrale.de. Mit freundlicher Genehmigung des Verlags Hans Huber)

Im Zusammenhang mit der Emotionsentwicklung von Kindern und Jugendlichen haben wir auf die zentrale Bedeutung der emotionalen Resonanzfähigkeit der Eltern im Sinne von *Feinfühligkeit* hingewiesen (▶ Abschn. 3.5.3). Dementsprechend wurden in der pädagogischen Diagnostik verschiedene Tests zur Einschätzung des elterlichen Stresserlebens und der Erziehungsstile entwickelt und normiert.

Eine hohe emotionale Belastung von Eltern gilt als Risikofaktor für dysfunktionales Erziehungsverhalten und als potentieller Stressor für ihre Kinder. Das *Eltern-Belastungs-Inventar (EBI)* von Tröster (2010) erfasst die Belastungsquellen, die vom Verhalten des Kindes ausgehen und mit hohen Anforderungen für die Eltern verbunden sind (z. B. Hyperaktivität des Kindes, Anpassungsfähigkeit und Stimmung), und Beeinträchtigungen elterlicher Funktionsbereiche wie z. B. Bindung, Zweifel an der elterlichen Kompetenz, Depression und Partnerbeziehung. Das EBI liefert Hinweise darauf, ob die Eltern aufgrund einer erhöhten Belastung in Bezug auf ihre Aufgaben in der Erziehung und Versorgung ihres Kindes beeinträchtigt sind, so dass Unterstützungs- oder sogar Interventionsmaßnahmen für die Familie erforderlich sind. Dem Belastungsprofil des EBI kann entnommen werden, in welchen Bereichen Unterstützung nötig ist. Das EBI erfüllt in hohem Maße alle Testgütekriterien.

Für den Einsatz in der Beratung, pädagogischen Prävention und Therapie wurde auch der *Elternstressfragebogen (ESF)* entwickelt und normiert (Domsch und Lohaus 2010). Der ESF erfasst mit großer Zuverlässigkeit und Gültigkeit die wahrgenommene Erziehungskompetenz der Eltern, Stress in der Interaktion mit dem Kind und alltägliche Probleme. Darüber hinaus wird gefragt, inwiefern die Eltern sich durch die Erziehung des Kindes eingeschränkt fühlen und welche soziale Unterstützung sie durch Verwandte, Freunde und das Umfeld erhalten. Mit einem Teiltest wird die Unterstützung durch den Partner, die Übereinstimmung in Erziehungsfragen sowie die Zufriedenheit innerhalb der Partnerschaft erfasst. Es liegt eine Version für Kindergarten- und Vorschulkinder sowie eine Version für Schulkinder (Klasse 1–6) vor. Die im Rahmen der Validitätsprüfung berechneten Korrelationen weisen bei einer Stichprobengröße von mehr als 1300 Personen auf konvergente Zusammenhänge mit Messverfahren zu Elternstress sowie zu allgemeinem Stresserleben und zur Stressverarbeitung hin.

Etwas älter ist das *Erziehungsstil-Inventar (ESI)* von Krohne und Pulsack (1995), auf das wir abschließend hinweisen wollen. Mit dem ESI können Hinweise auf problematisches Erziehungsverhalten der Mutter, des Vaters oder beider Eltern gewonnen werden. Nach Aussage der Autoren dient das Inventar der Suche nach den Ursachen von (insbesondere angstbedingten) Verhaltensproblemen von Kindern und der Unterstützung bei Planung und Erfolgskontrolle von Präventionen oder Interventionen (z. B. Elterntraining und -beratung). Es liegen alters- und geschlechtsspezifische Normen für Kinder und Jugendliche von 8 bis 16 Jahren vor.

Im Zusammenhang mit der Messung der Big Five haben wir auf einen Online-Test von Satow verwiesen, der den Anforderungen an die Testgüte entspricht. Derselbe Autor hat weitere Testverfahren entwickelt und normiert, auf die abschließend verwiesen werden kann (nähere Informationen sind zu finden unter ► http://www.drsatow.de/tests/):

Das *Stress- und Coping-Inventar (SCI)* dient der Erfassung von Stressbelastung, körperlichen Stresssymptomen und Stressbewältigung (Coping).
Das *Emotional Intelligence Inventar* (EI4) zielt auf emotionale Kompetenzen wie Empathie, Menschenkenntnis, Überzeugungskraft und emotionale Selbstkontrolle.
Das *Eltern-Erziehungsstil-Inventar (EEI)* erfasst die vier grundsätzlichen Erziehungsstildimensionen Liebe, Strenge, Selbstständigkeit und Religiosität. Das Inventar wird laut Satow häufig in Erziehungsberatungsstellen eingesetzt.
Diese Verfahren sind zur Erprobung und Anwendung freigeschaltet; wir empfehlen dem Leser, sie zu erproben, um einen Eindruck von der Methodik der Persönlichkeitsdiagnostik im emotionalen Bereich zu gewinnen.

3.7.3.4 Verfahren der Motivationsdiagnostik

Am Anfang der Motivationsdiagnostik stand der *Thematische Auffassungstest (TAT)*, ein von Murray (1943) entwickelter projektiver Test zur Messung von Motiven, der bis in die 1960er Jahre das Verfahren der Wahl zur Messung der Leistungsmotivation war (z. B. Heckhausen 1963). Beim TAT werden der Testperson Bilder gezeigt, die Menschen in alltäglichen Situationen zeigen. Die Testperson soll zu jedem Bild eine Geschichte so dramatisch wie möglich erzählen, wobei sie sich an vier Fragen orientieren soll: Was führte zu der gezeigten Situation? Was geschieht gerade? Was fühlen und denken die Personen? Wie ist der Ausgang der Geschichte?

Die Validität des TAT wird vielfach angezweifelt, da keines der Kriterien der Reliabilität erfüllt wird. Dessen ungeachtet wurde der TAT zum Ausgangspunkt einiger Neuentwicklungen der Motivationsdiagnostik wie z. B. dem *Operanten Motivtest (OMT)* von Kuhl et al. (2003) und dem *Multi-Motiv-Gitter (MMG)* von Schmalt et al. (2000, 2010), in denen sowohl andere Bilder als auch jeweils spezielle Auswertungsverfahren verwendet werden. Anders als beim TAT müssen beim OMT keine ganzen Geschichten erzählt, sondern nur noch Stichpunkte schriftlich festgehalten werden. Beim Multi-Motiv-Gitter werden Antworten zum Ankreuzen vorgegeben. Dazu gleich mehr.

Abb. 3.49 Beispielaufgabe aus dem Rosenzweig PFT. Aus: Hüttner, M., Grundzüge der Marktforschung, 4. Aufl., Wiesbaden: De Gruyter, 1989, S. 52. © De Gruyter

Ein zweiter Klassiker der projektiven Erfassung von Motivsystemen ist der *Rosenzweig Picture Frustration Test*, der von Hörmann und Moog (1979) für den deutschen Sprachraum herausgegeben wurde. Der *PFT* wird in zwei Varianten, einer Kinder- und einer Erwachsenenversion, vertrieben. Die Kinderversion richtet sich an die Altersgruppe von 7 bis 14 (Duhm und Hansen 1957), die Erwachsenenversion wird ab einem Alter von 14 Jahren eingesetzt (Rauchfleisch 1993). Wie beim TAT werden der Testperson cartoonartige Bilder vorgegeben, die enttäuschende und „frustrierende" Situationen darstellen, welche von der Testperson zu kommentieren sind, indem sie eine Antwort in die leere Sprechblase einträgt (Abb. 3.49).

Aus den Antworten der Testperson werden Rückschlüsse auf ihre Persönlichkeit und ihr Verhalten (z. B. aktiv-passiv, aggressiv-defensiv) gezogen. Anders als beim TAT, dessen Validität aufgrund fehlender Reliabilität angezweifelt wird, ist dies beim Rosenzweig PFT nicht der Fall, da Rosenzweig (1960, 1978) Retestreliabiliäten zwischen r = 0,60 und r = 0,82 ermittelt hat, allerdings bei kleinen Stichproben. Der inhaltlichen Validität wurde in vergleichsweise vielen Studien mit Erfolg nachgegangen (vgl. Ehlers 1977).

Von den projektiven Verfahren TAT und PFT führt ein direkter Weg zu den *semiprojektiven Verfahren* der Motivationsdiagnostik wie z. B. dem *Multi-Motiv-Gitter (MMG)* von Schmalt et al. (2000, 2010). Wir stellen dieses Instrument an den Anfang der weiteren Erörterungen, weil es in einzigartiger Weise mit einem Test die drei zentralen Motivsysteme Anschluss, Leistung und Macht diagnostiziert und dies jeweils getrennt für die Hoffnungs- und die Furchtkomponente jedes Motivs. Das MMG ist aus der Kombination von drei zuvor entwickelten Gitterverfahren zur Einzelmessung des Anschluss-, Leistungs- und Machtmotivs entstanden (Schmalt 1976, 1987; Sokolowski 1992).

Das MMG richtet sich an Personen ab dem Alter von 16 Jahren und stellt 14 Alltagssituationen bildlich dar (Abb. 3.50). Zu jeder Situation wird ein Satz von Aussagen angeboten, in dem sich die in Tab. 3.26 genannten Komponenten des Anschluss-, Leistungs- und Machtmotivs widerspiegeln.

Anders als beim TAT oder PFT haben die Testpersonen nicht frei zu antworten, sondern jeweils ihre Zustimmung oder Ableh-

Abb. 3.50 Beispielbilder aus dem MMG (Schmalt et al. 2000, 2010) Mit freundlicher Genehmigung der Pearson Assessment & Information GmbH, www.pearsonassessment.de. Alle Rechte vorbehalten

nung zu vorgegebenen Antworten auszudrücken. Beispielsweise sind die in Tab. 3.27 genannten Antworten vorgegeben.

Die Normierungsstichprobe bestand aus 1919 erwachsenen Personen, für die nach dem Geschlecht differenzierte Normwerte berechnet wurden. In zwei Validierungsstudien wurde die interne Konsistenz mit Werten zwischen $\alpha = 0{,}61$ und 0,76 sowie für die Retestreliabilität mit Werten zwischen $r = 0{,}75$ und $r = 0{,}92$ (allerdings bei einem sehr knappen Zeitintervall von 40 Minuten) errechnet; das MMG weist eine faktorielle Validität und Konvergenzvalidität auf. Nach Auffassung der Autoren kann das Gitter im schulischen Bereich, in Arbeitssituationen, in Sport und Freizeit, aber auch im klinischen Bereich eingesetzt werden, um individuelle Beratungen zu unterstützen.

Dem MMG gingen verschiedene Gitterverfahren zur Messung von Motiven voraus, u. a. auch das *LM-Gitter* zur Messung verschiedener Komponenten des Leistungsmotivs (Schmalt 1976). Das LM-Gitter richtet sich an Kinder und Jugendliche im Alter von 9 bis 16 Jahren und umfasst 18 bildhaft dargestellte Alltagssituationen mit unterschiedlichen Themen. Wie beim MMG werden den Testpersonen Antworten vorgegeben, die eine Zustimmung oder Ablehnung erfordern.
Das LM-Gitter wurde seit seiner Veröffentlichung zwar in zahlreichen Untersuchungen verwendet (z. B. Fries et al. 1999), aber es wurde bis heute nicht einer notwendigen Neunormierung unterzogen und hat daher eher eine historische Bedeutung.
Das gilt auch für das *Aggressions-Motiv-Gitter* von Burkhardt et al. (1986), dessen Entwicklung nach den ersten Erprobungen ein rasches Ende fand.
Auf die Messung der Motivsysteme Anschluss, Leistung und Macht zielt auch das *IMC-Gitter* (Individual Motive Constellations) von Weller und Matiaske (2003). Dieses Gitter unterscheidet sich vom MMG darin, dass es beim Leistungsmotiv zusätzlich zu den Komponenten Hoffnung auf Erfolg und Furcht vor Misserfolg eine dritte Komponente, nämlich Furcht vor sozialen Folgen des Misserfolgs unterscheidet. Beim Anschlussmotiv wird nur die aufsuchende Ausprägung erfasst, beim Machtmotiv wird zwischen personalisierter und sozialisierter Macht unterschieden. Das IMC-Gitter wurde bisher aber keiner Normierung durch eine hinreichend große Stichprobe unterzogen. Die bisher vorliegenden Kennwerte für Reliabilität und Validität können zwar als zufriedenstellend beurteilt werden, aber das IMC-Gitter ist nach Angaben der Autoren kaum zur Individualdiagnostik geeignet.

In der Anwendung enger ist das *DISK-Gitter mit SKSLF-8* von Rost et al. (2007), das der Erfassung des allgemeinen schulischen Selbstkonzepts und des Selbstkonzepts schulischer Leistungen und Fähigkeiten bei Schülerinnen und Schülern der 7. bis 10. Klassenstufe (Gymnasium, Realschule) dient. Anzumerken ist, dass das DISK-Gitter nicht semiprojektiv ist und somit auch kein Bildmaterial enthält; es umfasst sechs Untertests in Form von Fragebögen. Dieses Testverfahren erfasst differenzierte Selbstkonzeptfacetten für verschiedene Schulfächer (Mathematik, Deutsch, Englisch, Physik, Geschichte und Biologie) und weist daher eine besondere Relevanz für fachdidaktische Fragestellungen auf. Die Normierung erfolgte nach Schulform und Geschlecht differenziert anhand sehr großer Stichproben mit mehr als 6500 Personen (allgemeines schulisches Selbstkonzept) bzw. fast 6000 Personen (fachspezifische Selbstkonzepte). Sowohl die Kennwerte für die Reliabilität als auch für die Validität sind außergewöhnlich hoch: Cronbachs α variiert zwischen 0,81 und 0,91, die Retestreliabilität zwischen 0,70 und 0,90. Die Befunde für die faktorielle Validität und Konvergenzvalidität weisen auf eine sehr gute Gesamtvalidität des DISK-Gitters hin. Aus schulpädagogischer Sicht ist besonders die außergewöhnliche Tatsache hervorzuheben, dass mit diesem Gitter inhaltsspezifische Leistungsmotive zuverlässig und gültig gemessen werden können (Sparfeldt und Rost 2011). Das unterscheidet das DISK-Gitter beispielsweise von den *Skalen zur Erfassung des schulischen Selbstkonzepts (SESSKO)* für die Klassenstufen 4 bis 10 von Schöne et al. (2002), die das schulische Selbstkonzept ohne Vergleich, sozial, individuell und kriteriumsbezogen erfassen. Abgesehen davon entsprechen die Testgütekriterien der SESSKO bei ebenfalls großer Normierungsstichprobe durchaus den Kennwerten des DISK-Gitters.

Parallel zu SESSKO haben dieselben Autoren (Spinath et al. 2002 bzw. 2012) auch *Skalen zur Erfassung der Lern- und Leistungsmotivation (SELLMO)* entwickelt, die bei Schülern der Klas-

Tab. 3.26 Hoffnung- und Furchtkomponenten von Anschluss, Leistung und Macht (Schmalt et al. 2000, 2010, S. 5)

	Anschlussmotiv	Leistungsmotiv	Machtmotiv
Hoffnung	Hoffnung auf Anschluss HA	Hoffnung auf Erfolg HE	Hoffnung auf Kontrolle HK
Furcht	Furcht vor Zurückweisung FZ	Furcht vor Misserfolg FM	Furcht vor Kontrollverlust FK

3

Tab. 3.27 Beispiel für die im MMG vorgegebenen Antworten

	Ja	Nein
Man ist froh, den anderen getroffen zu haben		
Sich hierbei den Erfolg zuzutrauen		
Bei diesen Aufgaben an mangelnde spezielle Fähigkeiten denken		
Hierbei Stolz empfinden, weil man etwas kann		
Selber Einfluss haben wollen		
Man hofft, dem anderen näher zu kommen, wenn man selbst die Initiative ergreift		
Hier kann man das eigene Ansehen erhöhen		

senstufen 3 bis 10 aller Schulformen einsetzbar sind und sich auf vier unterschiedliche Zielarten beziehen: Lernziele, Annäherungsleistungsziele, Vermeidungsleistungsziele und die Tendenz zur Arbeitsvermeidung. Die Normierung fand mit einer Stichprobe von mehr als 3300 Schülern statt; die Kennwerte für Reliabilität und Validität sind mehr als zufriedenstellend. Laut Aussage der Autoren haben sich die Skalen zur Individualdiagnose seit 2002 im Rahmen von Laufbahn- und Einzelfallberatung bewährt.

Während DISK-Gitter, SESSKO und SELLMO sich auf den schulischen Bereich beziehen und dabei durchaus unterschiedliche Akzente in der Leistungsmotivationsdiagnostik setzen, bezieht sich das *Leistungsmotivationsinventar (LMI)* von Schuler und Prochaska (2000a) auf den beruflichen Bereich für Personen ab 16 Jahren und wird vornehmlich in der Berufseignungsdiagnostik, Personalauswahl und -entwicklung eingesetzt. Das LMI ist in mehrerer Hinsicht einzigartig: Es integriert nicht nur die wichtigsten Dimensionen, die in verschiedenen Leistungsmotivationstheorien thematisiert werden, sondern versucht auch, viele berufserfolgsrelevante Aspekte zu berücksichtigen. Dementsprechend umfasst das LMI eine Reihe berufserfolgsrelevanter Dimensionen, die üblicherweise nicht dem Themenkomplex der Leistungsmotivation zugerechnet werden.

Das LMI unterscheidet 17 Dimensionen bzw. „Leistungsorientierungen", die mit jeweils 10 Items gemessen werden (darüber hinaus gibt es auch eine Kurzfassung mit 30 Items zur raschen Ermittlung eines Gesamtwertes). Im Einzelnen erfasst der Test die Dimensionen *Beharrlichkeit* (Ausdauer und Kräfteeinsatz zur Bewältigung selbst- oder fremdgestellter Aufgaben), *Dominanz* (Tendenz, Macht und Einfluss auf andere auszuüben und anzuleiten), *Engagement* (persönliche Anstrengungsbereitschaft, Anstrengungshöhe und Arbeitsmenge), *Erfolgszuversicht* (Vorwegnahme von Handlungsergebnissen), *Flexibilität* (Art und Weise der Auseinandersetzung mit neuartigen Situationen und Aufgabenstellungen), *Flow* (Selbstvergessenheit bei Aufgabenbearbeitung), *Furchtlosigkeit* (erfolgreiche Bewältigung von Misserfolg), *Internalität* (Selbstverursachung im Sinne von Origin), *kompensatorische Anstrengung* (persönliche Anstrengung, die aus Misserfolgsfurcht und Versagensangst resultiert), *Leistungsstolz* (Selbstwertgefühl), *Lernbereitschaft*, *Schwierigkeitspräferenz* (Anspruchsniveausetzung), *Selbstständigkeit* (Neigung zu selbstständigem Handeln), *Selbstkontrolle*, *Statusorientierung* (im Sinne sozialer Ranghierarchien), *Wettbewerbsorientierung* (Konkurrenz als Ansporn und Motivation für Leistung) und Zielsetzung (Zukunftsorientierung).

Die Normierung erfolgte mit einer Stichprobe von 1671 Testpersonen; es wurden geschlechtsspezifische Normwerte für verschiedene Gruppen (kaufmännische Berufsschüler, Wirtschaftsgymnasiasten, Studierende, Berufstätige im Finanzdienstleistungsbereich und Hochleistungssportler) errechnet. Die interne Konsistenz liegt bei $\alpha=0{,}68$ bis $\alpha=0{,}86$ für die einzelnen Dimensionen, die Retestreliabilitäten variieren hierfür zwischen $r=0{,}66$ und $r=0{,}82$, für den Gesamttest beträgt sie $r=0{,}86$ (vgl. Schuler und Prochaska 2000b).

Damit wollen wir die Darstellung der Motivationsdiagnostik beenden. Wir überlassen es dem Leser, sich selbst einen Überblick über Verfahren zur Diagnose des Anschluss- und Machtmotivs zu verschaffen. Die Internetseite der Testzentrale, aber auch das *Brickenkamp Handbuch* können hierfür zu Rate gezogen werden.

Aufgaben zum Festigen des neuen Wissens

1. Nennen Sie die drei Gütekriterien, die Tests erfüllen sollten und erklären Sie sie. Legen Sie außerdem dar, wie man die Einhaltung dieser Kriterien sicherstellen kann. Nennen Sie in diesem Kontext auch die entsprechenden statistischen Kennwerte.
2. Nennen Sie zwei Intelligenztests und beschreiben Sie kurz, wann Sie welchen wählen würden.
3. Warum ist es nicht zu empfehlen, dass Lehrerinnen und Lehrer eigene Tests und Fragebogen zur Erhebung von Intelligenz oder dem Entwicklungsstand von Kindern erstellen und einsetzen?
4. Ordnen Sie die folgenden Beispielitems in die passende unten stehende Skala ein:
   Mein Beruf befriedigt mich: ____
   Ich würde nicht zögern, alte und kranke Menschen zu pflegen: ____
   Ich glaube, dass ich mir oft mehr Mühe gebe als die meisten anderen Menschen: ____
   Ich bin ungern mit noch unbekannten Menschen zusammen: ____
   Mein Blut kocht, wenn man mich nicht ernst nimmt: ____
   Wenn mich jemand angreift, schlage ich zurück: ____
   Auch in der Freizeit bin ich stark eingespannt: ____
   Ich habe häufiger Magenprobleme: ____
   (Aggressivität, Leistungsorientierung, Gesundheitssorgen, Lebenszufriedenheit, Gehemmtheit, soziale Orientierung, Beanspruchung, Erregbarkeit)
5. In ► Abschn. 3.6 hatten wir Ihnen den FAM von Rheinberg et al. (2001) zur Bearbeitung angeboten. Nun möchten wir Sie um die Beurteilung einzelner Items bitten (Tab. 3.28). Vermögen diese Items die angegebenen Merkmale zu messen oder nicht?

Aufgabe zum Weiterdenken

1. Sie arbeiten in einer Erziehungsberatungsstelle: Verzweifelte Eltern wenden sich an Sie, weil sie den Eindruck haben, dass ihre fünfjährige Tochter sehr viel weniger kann als deren Freundinnen im gleichen Alter. Was tun Sie? Welchen Test könnten Sie einsetzen? Welche Konsequenzen könnten jeweils aus den Testergebnissen gezogen werden?

Tab. 3.28 Wie beurteilen Sie folgende Items?

Item	Merkmal		
Ich mag solche Rätsel und Knobeleien	Interesse	*ja*	*nein*
Wahrscheinlich werde ich die Aufgabe nicht schaffen	Hoffnung auf Erfolg	*ja*	*nein*
Ich glaube, das kann jeder schaffen	Hoffnung auf Erfolg	*ja*	*nein*
Ich fühle mich unter Druck, bei der Aufgabe gut abschneiden zu müssen	Furcht vor Misserfolg	*ja*	*nein*
Ich glaube, ich schaffe diese Aufgabe nicht	Hoffnung auf Erfolg	*ja*	*nein*

2. Finden Sie mindestens zwei Testverfahren (a) zur Messung von Aggressivität und (b) zur Messung von Machiavellismus.

Weiterführende Literatur

- Hornke, L., Amelang, M., & Kersting, M. (Hrsg.) (2011). *Persönlichkeitsdiagnostik*. Göttingen: Hogrefe.
- Ingenkamp, K. (2008). *Lehrbuch der Pädagogischen Diagnostik*. Weinheim: Beltz.
- Jürgens, E., & Sacher, W. (2008). *Leistungserziehung und Pädagogische Diagnostik in der Schule*. Stuttgart: Kohlhammer.
- Kanning, U.P. & Holling, H. (Hrsg.). (2002). *Handbuch personaldiagnostischer Instrumente*. Göttingen: Hogrefe.

Literatur

Abele, A. (1996). Zum Einfluss positiver und negativer Stimmungen auf die kognitive Leistung. In J. Möller, & O. Köller (Hrsg.), *Emotionen, Kognition und Schulleistung* (S. 91–111). Weinheim: Beltz/Psychologie Verlags Union.

Abuhamdeh, S., & Csikszentmihalyi, M. (2012). The importance of challenge for the enjoyment of intrinsically motivated, goal-directed activities. *Personality and Social Psychology Bulletin, 38*(3), 317–330.

Adam, G. (2006). Ethisches Lernen: Methoden und Formen. In R. Lachmann, G. Adam, & M. Rothgangel (Hrsg.), *Ethische Schlüsselprobleme. Lebensweltlich – theologisch – didaktisch* (S. 23–37). Göttingen: Vandenhoeck & Ruprecht.

Adler, A. (1928). Psychologie die Macht. In F. Kobler (Hrsg.), *Gewalt und Gewaltlosigkeit* (S. 41–46). Zürich: Rotapfel.

Adler, A. (1974). *Individualpsychologie und dialektische Charakterkunde*. Frankfurt am Main: Fischer.

Aebli, H. (1963/1976). *Psychologische Didaktik. Didaktische Auswertung der Psychologie von Jean Piaget* (6. Aufl.). Stuttgart: Klett.

Agarwal-Kozlowski, K., & Agarwal, D. P. (2000). Genetische Prädisposition zur Alkoholkrankheit. *Therapeutische Umschau, 57*(4), 179–184.

Ahrens, F. (2012). Ausbildungsreife oder Berufswahlkompetenz – ein förderpädagogischer Strukturierungsversuch mit dem Identitätsstatus-Modelle. In G. Ratschinski, & A. Steuber (Hrsg.), *Ausbildungsreife. Kontroversen, Alternativen und Förderansätze* (S. 157–172). Wiesbaden: VS Verlag für Sozialwissenschaften.

Aiken, L. R. (1998). *Human development in adulthood*. New York: Plenum Press.

Ainsworth, M. D. S. (1989). Attachments beyond infancy. *American Psychologist, 44*, 709–716.

Ainsworth, M. D. S., & Bell, S. M. (1970). Attachment, exploration, and separation: Illustrated by the behavior of one-year-olds in a strange situation. *Child Development, 41*, 49–67.

Ainsworth, M. D. S., Blehar, M. C., Waters, E., & Wall, S. (1978). *Patterns of Attachment: A Psychological Study of the Strange Situation*. Hillsdale, NJ: Erlbaum.

Allen, J. A., et al. (2003). A secure base in adolescence: Markers of attachment security in the mother-adolescent relationship. *Child Development, 74*(1), 292–307.

Allen, J. P. (2008). The attachment system in adolescence. In J. Cassidy, & P. Shaver (Hrsg.), *Handbook of attachment theory, research, and clinical applications* (S. 419–435). New York: The Guilford Press.

Allen, J. P., & Hauser, S. T. (1996). Autonomy and relatedness in adolescent-family interactions as predictors of young adults' states of mind regarding attachment. *Development and Psychopathology, 8*, 793–809.

Allport, G. W., & Odbert, H. S. (1936). Trait-names: A psycho-lexical study. *Psychological Monographs, 47*(1), i–171.

Ames, C. (1992). Classrooms: Goals, structures, and student motivation. *Journal of Educational Psychology, 84*(3), 261–271.

Amman, T. (2004). *Zur Berufszufriedenheit von Lehrerinnen. Erfahrungsbilanzen in der mittleren Berufsphase*. Bad Heilbrunn: Klinkhardt.

Amelang, M., & Schmidt-Atzert, L. (2006). *Psychologische Diagnostik und Intervention*. Heidelberg: Springer.

Amelang, M., Bartussek, D., Stemmler, G., & Hagemann, D. (2006). *Differentielle Psychologie und Persönlichkeitsforschung* (6. Aufl.). Stuttgart: Kohlhammer.

Amthauer, R., Brocke, B., Liepmann, D., & Beauducel, A. (2001). *I-S-T 2000 R. Intelligenz-Struktur-Test 2000 R*. Göttingen: Hogrefe.

Anderman, E. M., Maehr, M. L., & Midgley, C. (1999). Declining motivation after the transition to middle school: School can make a difference. *Journal of Research and Development in Education, 32*, 131–147.

Anderman, E. M., Eccles, J. S., Yoon, K. S., Roeser, R., Wigfield, A., & Blumenfeld, P. (2001). Learning to value mathematics and reading: Relations to mastery and performance-oriented instructional practices. *Contemporary Educational Psychology, 26*, 76–95.

Arnold, H., Böhnisch, L., & Schröer, W. (2006). Übergang und Kompetenzentwicklung – Junge Menschen an der zweiten Schwelle. In Arbeitsgemeinschaft Betriebliche Weiterbildungsforschung e.V. (Hrsg.), *Kompetenzentwicklung 2005. Kompetente Menschen – Voraussetzung für Innovationen* (S. 163–192). Münster: Waxmann.

Arnold, M. (2002). *Aspekte einer modernen Neurodidaktik. Emotionen und Kognitionen im Lernprozess*. München: Ernst Vögel.

Arnold, R. (2011). Emotionale Führung. In M. Göhlich, S. M. Weber, C. Schiersmann, & A. Schröer (Hrsg.), *Organisation und Führung. Beiträge der Kommission Organisationspädagogik* (S. 299–310). Wiesbaden: VS Verlag für Sozialwissenschaften.

Arnold, W., Eysenck, H. J., & Meili, R. (Hrsg.). (1971). *Lexikon der Psychologie*. Freiburg: Herder. 3 Bände

Aronson, E., Wilson, T. D., & Akert, R. M. (2008). *Sozialpsychologie* (6. Aufl.). München: Pearson.

Artelt, C., Beinicke, A., Schlagmüller, M., & Schneider, W. (2009). Diagnose von Strategiewissen beim Textverstehen. *Zeitschrift fur Entwicklungspsychologie und Padagogische Psychologie, 41*, 96–103.

Artman, L., Cahan, S., & Avni-Babad, D. (2006). Age, schooling and conditional reasoning. *Cognitive Development, 21*, 131–145.

Arum, R., & Roksa, J. (2011). *Academically adrift: Limited learning on college campuses*. Chicago: Chicago University Press.

Astleitner, H. (2000). Designing emotionally sound instruction. An empirical validation of the FEASP-Approach. *Journal of Instructional Psychology, 28*(4), 209–219.

Atkinson, J. W., & Litwin, G. H. (1960). Achievement motive and test anxiety conceived as motive to approach success and motive to avoid failure. *The Journal of Abnormal and Social Psychology, 60*(1), 52–63.

Aufenanger, S. (1992). *Entwicklungspädagogik. Die soziogenetische Perspektive*. Weinheim: Deutscher Studien Verlag.

Ausubel, D. P., & Robinson, F. G. (1969). *School learning. An introduction to educational psychology*. New York: Holt.

Babbage, C. (1830). *Reflections on the decline of science in England*. London: B. Fellowes. Online bei: http://www.gutenberg.org/ebooks/1216

Baddeley, A. (2003). Working memory: Looking back and looking forward. *Nature Reviews/Neuroscience, 4*, 829–839.

Bakermans-Kranenburg, M. J., & van Ijzendoorn, M. H. (2009). The first 10,000 Adult Attachment Interviews: distributions of adult attachment representations in clinical and non-clinical groups. *Attachment and Human Development, 11*(3), 223–263.

Balmer, K., Michael, T., Munsch, S., & Margraf, J. (2007). Prävention von Angst und Depression im Jugendalter. Evaluation des schulbasierten Programms GO! *Zeitschrift für Gesundheitspsychologie, 15*(2), 57–66.

Baltes, P. B., & Nesselroade, J. R. (1973). The developmental analysis of individual differences on multiple measures. In J. R. Nesselroade, & H. W. Reese (Hrsg.), *Life-span developmental psychology: Methodological issues* (S. 219–251). New York: Academic Press.

Bandura, A., Barbaranelli, C., Caprara, G. V., & Pastorelli, C. (2001). Self-efficacy beliefs as shapers of children's aspirations and career trajectories. *Child Develoment, 72*(1), 187–206.

Banger, M. (2001). Affektive Störungen im Klimakterium. In A. Riecher-Rössler, & A. Rohde (Hrsg.), *Psychische Erkrankungen bei Frauen* (S. 34–46). Basel: Karger.

Bar-Haim, Y., Sutton, D. B., & Fox, N. A. (2000). Stability and change of attachment at 14, 24, and 58 months of age: Behavior, representation, and life events. *Journal of Child Psychology and Psychiatry, 41*(3), 381–388.

Baron, P., & Joly, E. (1988). Sex differences in the expression of depression in adolescents. *Sex Roles, 18*, 1–7.

Baron, R. A., & Richardson, D. R. (1994). *Human aggression* (2. Aufl.). New York: Plenum Press.

Baron-Boldt, J., Schuler, H., & Funke, U. (1988). Prädiktive Validität von Schulabschlussnoten: Eine Metaanalyse. *Zeitschrift für Pädagogische Psychologie, 2*, 79–90.

Barr, R., & Rovee-Collier, C. (2012). Infant learning and memory. In N. M. Seel (Hrsg.), *Encyclopedia of the Sciences of Learning* (Bd. 3, S. 1546–1550). New York: Springer.

Barrett, A. E. (2005). Gendered experiences in midlife: Implications for age identity. *Journal of Aging Studies, 19*, 163–183.

Barrett, J. H. (1972). *Gerontological psychology*. Springfield, IL: Charles C. Thomas.

Barrett, P., Webster, H., & Turner, C. (2003). *Freunde für Kinder. Trainingsprogramm zur Prävention von Angst und Depression*. München: Reinhardt.

Barth, A. R. (1992). *Burnout bei Lehrern. Theoretische Aspekte und Ergebnisse einer Untersuchung*. Göttingen: Hogrefe.

Bartholomew, K., & Horowitz, L. M. (1991). Attachment styles among young adults: A test of four-category model. *Journal of Personality and Social Psychology, 61*(2), 226–244.

Bates, J. E., Freeland, C. A., & Lounsbury, M. L. (1979). Measurement of infant difficultness. *Child Development, 50*(3), 794–803.

Bäuerlein, K., Lenhard, W., & Schneider, W. (2010). *Lesetestbatterie für die Klassenstufen 6–7*. Göttingen: Hogrefe.

Bäuerlein, K. et al. (2012). *FIPS Fähigkeitsindikatoren Primarschule*. Göttingen: Hogrefe.

Bäumler, G. (1974). *Der Lern- und Gedächtnistest LGT-3*. Göttingen: Hogrefe.

Beard, C., Clegg, S., & Smith, K. (2007). Acknowledging the affectice in higher education. *British Educational Research Journal, 33*(2), 235–252.

Beck, K., et al. (1996). Zur Entwicklung moralischer Urteilskompetenz in der kaufmännischen Erstausbildung – Empirische Befunde und praktische Probleme. *Zeitschrift für Berufs- und Wirtschaftspädagogik*, (Beiheft 13), 187–206.

Beck, K., et al. (1998). Die moralische Urteils- und Handlungskompetenz von kaufmännischen Lehrlingen – Entwicklungsbedingungen und ihre pädagogische Gestaltung. *Zeitschrift für Berufs- und Wirtschaftspädagogik*, (Beiheft 14), 188–210.

Becker, G. (2011). *Kohlberg und seine Kritiker. Die Aktualität von Kohlbergs Moralpsychologie*. Wiesbaden: VS Verlag für Sozialwissenschaften.

Becker, N. (2006). *Die neurowissenschaftliche Herausforderung der Pädagogik*. Bad Heilbrunn: Klinkhardt.

Beelmann, A., & Raabe, T. (2007). *Dissoziales Verhalten von Kindern und Jugendlichen. Erscheinungsformen, Entwicklung, Prävention und Behandlung*. Göttingen: Hogrefe.

Behr, R. (2008). *Funktion und Bedeutung von Berufseignungstests*. Hamburg: IGEL.

Benoit, D., & Parker, K. C. H. (1994). Stability and transmission of attachment across three generations. *Child Development, 65*(5), 1444–1456.

Berger, P., & Riecher-Rössler, A. (2004). Definition von Krise und Krisenassessment. In A. Riecher-Rössler, P. Berger, A. T. Yilmaz, & R. D. Stieglitz (Hrsg.), *Psychiatrisch-psychotherapeutische Krisenintervention* (S. 19–30). Göttingen: Hogrefe.

Berghold, J., & Fuchs, A. (2004). Macht und Interessen. In G. Sommer, & A. Fuchs (Hrsg.), *Krieg und Frieden: Handbuch der Konflikt- und Friedenspsychologie* (S. 277–289). Weinheim: Beltz.

Bergmann, B., Pietrzyk, U., & Richter, F. (2009). Seelische Gesundheit und Entwicklung von Motivation und Leistungsfähigkeit als Funktion der Arbeitsaufgabengestaltung. *Journal Psychologie des Alltagshandelns, 2*(2), 12–21.

Bergner, T. M. H. (2010). *Burnout-Prävention. Sich selbst helfen – das 12-Stufen-Programm* (2. Aufl.). Stuttgart: Schattauer.

Berk, L. E. (2005). *Child development* (7. Aufl.). Boston: Allyn & Bacon.

Berk, L. E. (2010). *Entwicklungspsychologie* (3. Aufl.). München: Pearson.

Berlyne, D. E. (1978). Curiosity and learning. *Motivation and Emotion, 2*, 97–175.

Bernstein, D. A. (2013). *Essentials of psychology* (6. Aufl.). Independence, KY: Cengage Learning.

Besag, V. E. (1989). *Bullies and Victims in Schools*. Milton Keynes, England: Open University Press.

Bieg, S., & Behr, M. (2005). *Mich und Dich verstehen. Ein Trainingsprogramm zur emotionalen Sensitivität bei Schulklassen und Kindergruppen im Grundschul- und Orientierungsstufenalter*. Göttingen: Hogrefe.

Birkelbach, K. (2011). Lehrerurteile im Lebensverlauf: Valide Prognose oder Self-Fulfilling Prophecy? *Soziale Welt, 26*, 227–249.

Bischof, N. (1993). Untersuchungen zur Systemanalyse der sozialen Motivation I: Die Regulation der sozialen Distanz. Von der Feldtheorie zur Systemtheorie. *Zeitschrift für Psychologie, 201*(1), 5–43.

Bischof, N. (2001). *Das Rätsel Ödipus. Die biologischen Wurzeln des Urkonflikts von Intimität und Autonomie*. München: Piper.

Bischof-Köhler, D. (2006). *Von Natur aus anders. Die Psychologie der Geschlechtsunterschiede* (3. Aufl.). Stuttgart: Kohlhammer.

Bittmann, F. (1980). Zusammenhänge zwischen Angst und schulischer Leistung. *Zeitschrift für Empirische Pädagogik, 4*(3), 161–190.

Black, A. E., & Deci, E. L. (2000). The effects of instructors' autonomy support and students' autonomous motivation on learning organic chemistry: A self-determination theory perspective. *Science Education, 84*, 740–756.

Blakemore, S. J., & Choudhury, S. (2006). Development of the adolescent brain: implications for executive function and social cognition. *Journal of Child Psychology and Psychiatry, 47*(3), 296–312.

Blakemore, S. J., & Frith, U. (2006). *Wie wir lernen. Was die Hirnforschung darüber weiß*. München: Deutsche Verlags-Anstalt.

Blanken, G., & Ziegler, W. (Hrsg.). (2009). *Klinische Linguistik und Phonetik. Ein Lehrbuch für die Diagnose und Behandlung von erworbenen Sprach- und Sprechstörungen im Erwachsenenalter*. Mainz/Aachen: Hoschulverlag.

Bleidorn, W. (2012). Hitting the road to adulthood: Short-term personality development. *Personality and Social Psychology Bulletin, 38*(12), 1594–1608.

Bloh, E. (2000). *Entwicklungspädagogik der Kooperation. Zur ontogenetischen und pädagogischen Dimension einer sozialen Kompetenz- und Interaktionsform*. Münster: Waxmann.

Blumenthal, P. J. (2005). *Kaspar Hausers Geschwister. Auf der Suche nach dem wilden Menschen*. München: Piper.

Boerner, S., Seeber, G., Keller, H., & Beinborn (2005). Lernstrategien und Lernerfolg im Studium. Zur Validierung des LIST bei berufstätigen Studierenden. *Zeitschrift für Entwicklungspsychologie und Pädagogische Psychologie, 37*(1), 17–26.

Bojanowski, A. (2005). Umriss einer beruflichen Förderpädagogik – Systematisierungsvorschlag zu einer Pädagogik für benachteiligte Jugendliche. In A. Bojanowski, G. Ratschinski, & P. Straßer (Hrsg.), *Diesseits vom Abseits - Studien zur beruflichen Benachteiligtenförderung* (S. 330–362). Bielefeld: Bertelsmann.

Bojanowski, A. (2012). „Moratorium 2.0". Oder: Wie das Übergangssystem in Sozialisations- und Individuationsprozesse eingreift. In G. Ratschinski, & A. Steuber (Hrsg.), *Ausbildungsreife. Kontroversen, Alternativen und Förderansätze* (S. 115–134). Wiesbaden: VS Verlag für Sozialwissenschaften.

Bolder, A. et al. (Hrsg.). (2010). *Neue Lebenslaufregimes – neue Konzepte der Bildung Erwachsener?* Wiesbaden: VS Verlag für Sozialwissenschaften.

Boring, E. G. (1923). Intelligence as the tests test it. *New Republic, 36*, 35–37.

Borkenau, P., & Ostendorf, F. (1993). *NEO-Fünf-Faktoren-Inventar (NEO-FFI) nach Costa und McCrae*. Göttingen: Hogrefe.

Borkenau, P., & Ostendorf, F. (2008). *NEO-Fünf-Faktoren Inventar nach Costa und McCrae (NEO-FFI). Manual* (2. Aufl.). Göttingen: Hogrefe.

Bortz, J., & Döring, N. (2005). *Forschungsmethoden und Evaluation* (4. Aufl.). Heidelberg: Springer.

Bossong, B. (1978). *Motivationsförderung in der Schule*. Weinheim: Beltz.

Bostrom, N., & Sandberg, A. (2009). Cognitive enhancement: Methods, ethics, regulatory challenges. *Science and Engineering Ethics, 15*, 311–341.

Bouffard, T., Boileau, L., & Vezeau, C. (2001). Students' transition from elementary to high school and changes of the relationship between motivation and academic performance. *European Journal of Psychology of Education, 16*, 589–604.

Bouffard, T., Marcoux, M.-F., Vezeau, C., & Bordeleau, L. (2003). Changes in self-perceptions of competence and intrinsic motivation among elementary school children. *British Journal of Educational Psychology, 73*(2), 171–186.

Bowlby, J. (1969). *Attachment*. Attachment and loss, Bd. 1. New York: Basic Books.

Bowlby, J. (1995). *Maternal Care and Mental Health. The master work series* (2. Aufl.). Northvale, NJ; London: Jason Aronson.

Bradley, M. J., Seidman, R. H., & Painchaud, S. R. (2012). *Saving Higher Education. The integrated, competeny-based three-year bachelor's degree program*. San Francisco, CA: Wiley.

Bradshaw, G. A., & Schore, A. N. (2007). How Elephants are opening doors: Neuroethology, attachment and social context. *Ethology, 113*, 426–436.

Bradshaw, J. (1993). *Wenn Scham krank macht*. München: Knaur.

Brähler, E. et al. (Hrsg.). (2002). *Brickenkamp Handbuch psychologischer und pädagogischer Tests* (3. Aufl.). Göttingen: Hogrefe. 2 Bände

Brahm, T., & Gebhardt, A. (2011). Motivation deutschsprachiger Studenten in der „Bologna-Ära". *Zeitschrift für Hochschulentwicklung, 6*(2), 15–29.

Brand, M., & Markowitsch, H. J. (2006). Was weiß die Hirnforschung über Lernen? *Zeitschrift für Erziehungswissenschaft, 9*(BH 5-06), 21–42.

Brandl, M. (2010). *Die kindliche Sprachentwicklung*. Bozen: Autonome Provinz Bozen-Südtirol. www.provincia.bz.it/sozialwesen/

Brandtstädter, J. (1999). Sources of resilience in the aging self: Toward integrating perspectives. In T. M. Hess, & F. Blanchard-Fields (Hrsg.), *Social cognition and aging* (S. 123–141). San Diego: Academic Press.

Brandstädter, J. (2007). Entwicklungspsychologie der Lebensspanne: Leitvorstellungen und paradigmatische Orientierungen. In J. Brandstädter, & U. Lindenberger (Hrsg.), *Entwicklungspsychologie der Lebensspanne. Ein Lehrbuch* (S. 34–65). Stuttgart: Kohlhammer.

Brecht, B. (2004). *Geschichten vom Herrn Keuner – Zürcher Fassung*. Frankfurt am Main: Suhrkamp.

Brem-Gräser, L. (2006). *Familie in Tieren – die Familiensituation im Spiegel der Kinderzeichnung* (9. Aufl.). München: Reinhardt.

Bretherton, I. (2011). Zur Konzeption innerer Arbeitsmodelle in der Bindungstheorie. In G. Gloger-Tippelt (Hrsg.), *Bindung im Erwachsenenalter: Ein Handbuch für Forschung und Praxis* (2. Aufl. S. 65–92). Stuttgart: Klett-Cotta.

Bretz, J., Nell, V., & Sniehotta, F. F. (2010). *START-K. Testbatterie für Berufseinsteiger – Konzentration*. Göttingen: Hogrefe.

Brickenkamp, R. (2002). *Test d2 Aufmerksamkeits-Belastungs-Test* (9. Aufl.). Göttingen: Hogrefe.

Briggs-Gowan, M. J., Carter, A. S., Bosson-Heenan, J., Guyer, A. E., & Horwitz, S. M. (2006). Are infant-toddler social-emotional and behavioral problems transient? *Journal of the American Academy of Child and Adolescent Psychiatry, 45*(7), 849–858.

Bromme, R. (1992). *Der Lehrer als Experte*. Bern: Huber.

Bronfenbrenner, U. (1974). *Wie wirksam ist kompensatorische Erziehung?* Stuttgart: Klett.

Bronfenbrenner, U. (1977). Toward an experimental ecology of human development. *American Psychologist, 32*, 513–531.

Bronfenbrenner, U. (1979). *The ecology of human development. Experiments by nature and design*. Cambridge, MA: Harvard University Press.

Brouwer, N. V., & ten Brinke, S. (1995). Der Einfluss integrativer Lehrerausbildung auf die Unterrichtskompetenz (I). *Empirische Pädagogik, 9*(1), 3–31.

Brown, C. H. (1938). Emotional reactions before examinations. *Journal of Psychology, 5*, 11–31.

Bruer, J. (1997). Education and the brain: a bridge too far. *Educational Researcher, 26*(8), 4–16.

Bruner, J. S. (1966). *Toward a theory of instruction*. Cambridge Mass: Harvard University Press.

Bruner, J. (1990). *Acts of meaning*. Cambridge, MA: Harvard University Press.

Bruner, J. S., Olver, R. R., & Greenfield, P. (1971). *Studien zur kognitiven Entwicklung*. Stuttgart: Klett.

Bruner, J. S., & Weinreich-Haste, H. (1987). *Making sense: The child's construction of the world*. York: Methuen.

Büsch, V., Dittrich, D., & Lieberum, U. (2010). Determinanten der Arbeitsmotivation und Leistungsfähigkeit älterer Arbeitnehmer und Auswirkungen auf den Weiterbeschäftigungswunsch. *Comparative Population Studies – Zeitschrift für Bevölkerungswissenschaft, 35*(4), 903–930.

Burbridge, D. (2006). Burt's twins: A question of numbers. *Journal of the History of the Behavioral Sciences, 42*(4), 335–352.

Burkhardt, K., Zumkley, H., & Kornadt, H.-J. (1986). Das Aggressions-Motiv-Gitter: Konstruktion und erste Ergebnisse. *Diagnostica, 33*(4), 339–353.

Burt, C. (1966). The genetic determination of differences in intelligence: A study of monozygotic twins reared together or apart. *British Journal of Psychology, 57*, 137–153.

Buss, A. H., & Plomin, R. (1984). *Temperament: Early developing personality traits*. Hillsdale, NJ: Erlbaum.

Buss, A. H., & Plomin, R. (1986). The EAS approach to temperament. In R. Plomin, & J. Dunn (Hrsg.), *The study of temperament: Changes, continuities and challenges* (S. 67–79). Hillsdale, NJ: Lawrence Erlbaum.

Byrne, D. (1964). Repression-sensitization as a dimension of personality. In B. A. Maher (Hrsg.), *Progress in experimental personality research* (Bd. 1, S. 170–220). New York: Academic Press.

Byrne, R. W., Bates, L., & Moss, C. J. (2009). Elephant cognition in primate perspective. *Comparative Cognition & Behavior Review, 4*, 65–79.

Bzdok, D., Schilbach, L., Vogeley, K., Schneider, K., Laird, A. R., Langner, R., & Eickhoff, S. B. (2012). Parsing the neural correlates of moral cognition: ALE meta-analysis on morality, theory of mind, and empathy. *Brain Structure and Function, 217*(4), 783–796.

Campbell, B. (2008). *Handbook of differentiated instruction using the multiple intelligences. Lessen plans and more*. Boston, MA.: Pearson Education.

Carey, S., & Diamond, R. (1977). From piecemeal to configurational representations of faces. *Science, 195*, 312–514.

Chalk, K., & Bizo, L. (2004). Specific praise improves on-task behavior and numeracy enjoyment: A study of year four pupils engaged in the numeracy hour. *Educational Psychology in Practice, 20*(4), 335–351.

Charles, S. T., & Carstensen, L. K. (2010). Social and emotional aging. *Annual Review of Psychology, 61*, 383–409.

Charles, S. T., Reynolds, C. A., & Gatz, M. (2001). Age-related differences and change in positive and negative affect over 23 years. *Journal of Personality and Social Psychology, 80*(1), 136–151.

Chess, S., & Thomas, A. (1989). Issues in the clinical application of temperament. In G. A. Kohnstamm, J. E. Bates, & M. K. Rothbart (Hrsg.), *Temperament in childhood* (S. 378–386). Chichester: Wiley.

Choudhury, S., Charman, T., & Blakemore, S. J. (2008). Development of the teenage brain. *Mind, Brain and Education, 2*(3), 142–147.

Chouinard, R., & Roy, N. (2008). Changes in high-school students' competence beliefs, utility value and achievement goals in mathematics. *British Journal of Educational Psychology, 78*(1), 31–50.

Cianciolo, A. T., & Sternberg, R. J. (2004). *Intelligence: A brief history*. Malden, MA: Blackwell Publ..

Cierpka, M., Schick, A., Ott, I., & Egloff, G. (2002). *FAUSTLOS. Ein Curriculum zur Förderung sozial-emotionaler Kompetenzen und zur Gewaltprävention für den Kindergarten*. Heidelberg: Heidelberger Präventionszentrum.

Claypool, S. D., Moody, E. E., & Peace, S. (2000). Moral Dilemma Discussions: An effective group intervention for juvenile offenders. *Journal for Specialists in Group Work, 25*(4), 394–411.

Cloninger, C. R. (1994). *The temperament and character inventory (TCI): A guide to its development and use*. St. Louis, MO: Center for Psychobiology of Personality, Washington University.

Cloninger, C. R. (2004). *Feeling good. The science of well-being*. New York: Oxford University Press.

Cloninger, C. R. (2006). Personality as a dynamic psychobiological system. In T. A. Widiger, E. Simonsen, P. J. Sirovatka, & D. A. Regier (Hrsg.), *Dimensional models of personality disorders: Refining the research agenda for DSM-V* (S. 73–76). Washington D.C: American Psychiatric Press.

Cloninger, C. R. (2008). The psychobiological theory of temperament and character: Comment on Farmer and Goldberg. *Psychological Assessment, 20*, 292–304.

Colby, A., & Kohlberg, L. (1986). Das moralische Urteil: Der kognitionszentrierte entwicklungspsychologische Ansatz. In H. Bertram (Hrsg.), *Gesellschaftlicher Zwang und moralische Autonomie* (S. 130–162). Frankfurt am Main: Suhrkamp.

Conley, J. J. (1984). The hierarchy of consistency: A review and model of longitudinal findings on adult individual differences in intelligence personality and self-opinion. *Personality and Individual Differences, 5*(1), 11–25.

Cortina, J. (1993). What is coefficient alpha? Examination of theory and applications. *Journal of Applied Psychology, 78*(1), 98–104.

Costa, P. T. Jr., & McCrae, R. R. (1985). *The NEO Personality Inventory manual*. Odessa, FL: Psychological Assessment Resources.

Costa Jr., P. T., & McCrae, R. R. (1990). Personality disorders and the five-factor model of personality. *Journal of Personality Disorders, 4*, 362–371.

Cousinet, R. (1931). Le jeux et le travail. *La nouvelle éducation, 97*, 113–116.

Cowan, N. (2001). The magical number 4 in short-term memory: A reconsideration of mental storage capacity. *Behavioral and Brain Sciences, 24*(1), 87–185.

Craft, A., Jeffrey, B., & Leibling, M. (Hrsg.). (2001). *Creativity in education*. London: Continuum.

Csikszentmihalyi, M. (1997). *Finding flow: The psychology of engagement with everyday life*. New York: Basic Books.

Csikszentmihalyi, M. (2010). *Das Flow-Erlebnis. Jenseits von Angst und Langeweile: im Tun aufgehen* (10. Aufl.). Stuttgart: Klett-Cotta.

Damasio, A. R. (1999). Time-locked multiregional retroactivation: A systems level proposal for the neural substrates of recall and recognition. *Cognition, 33*, 25–62.

Damasio, A. R. (2000). A second chance for emotion. In R. D. Lane, & L. Nadel (Hrsg.), *Cognitive neuroscience of emotion* (S. 12–23). Oxford: Oxford University Press.

Damasio, A. R. (2002). *Ich fühle, also bin ich. Die Entschlüsselung des Bewusstseins*. München: Ullstein Taschenbuchverlag (List).

Damasio, A. R. (2003). *Looking for Spinoza. Joy, Sorrow and the Feeling Brain*. London: William Heinemann.

Damasio, A. R. (2004). William James and the modern neurobiology of emotion. In D. Evans, & P. Cruse (Hrsg.), *Emotion, evolution and rationality* (S. 3–14). Oxford: Oxford University Press.

Darwin, C. (1872). *The expression of the emotions in man and animals*. London: John Murray.

Davenport, E., Yap, M. B. H., Simmons, J. G., Sheeber, L. B., & Allen, N. B. (2011). Maternal and adolescent temperament as predictors of maternal affective behavior during mother-adolescent interactions. *Journal of Adolescence, 34*(5), 829–839.

Davidson, R. J., et al. (2012). Contemplative practices and mental training: Prospects for American education. *Child Development Perspectives, 6*(2), 1–8.

Davis, O., Butcher, L., Docherty, S., Meaburn, E., Curtis, C., Simpson, M., Schalkwyk, L., & Plomin, R. (2010). A three-stage genome-wide association study of general cognitive ability: Hunting the small effects. *Behavior Genetics, 40*, 759–767.

Davis, P. J., & Hersh, R. (1985). *Erfahrung Mathematik*. Basel: Birkhäuser.

Davis-Kean, P. E., et al. (2008). Changes in the relation of self-efficacy beliefs and behaviors across development. *Child Development, 79*(5), 1257–1269.

Dawirs, R., & Moll, G. (2011). *Die 10 größten Erziehungsirrtümer und wie wir es besser machen können*. Weinheim: Beltz.

De Bleser, R. (2009). Theoretische Grundlagen der Kognitiven Neurolinguistik. In G. Blanken, & W. Ziegler (Hrsg.), *Klinische Linguistik und Phonetik. Ein Lehrbuch für die Diagnose und Behandlung von erworbenen Sprach- und Sprechstörungen im Erwachsenenalter* (S. 11–34). Mainz/Aachen: HochschulVerlag.

Decety, J., Michalska, K. J., & Kinzler, K. D. (2012). The contribution of emotion and cognition to moral sensitivity: a neurodevelopmental study. *Cerebral Cortex, 22*(1), 209–220. doi:10.1093/cercor/bhr111.

deCharms, R. (1973). Ein schulisches Trainingsprogramm zum Erleben eigener Verursachung. In W. Edelstein, & D. Hopf (Hrsg.), *Bedingungen des Bildungsprozesses. Psychologische und pädagogische Forschungen zum Lehren und Lernen in der Schule* (S. 60–78). Stuttgart: Klett.

deCharms, R. (1976). *Enhancing motivation. Change in the classroom*. New York: Irvington Publishing.

deCharms, R. (1977). Students need not be pawns. *Theory Into Practice, 16*(4), 296–301.

deCharms, R. (1979). *Motivation in der Klasse*. München: Moderne Verlags-GmbH. Reprint: Hrsg. D.Rost (2011). Münster: Waxmann

deCharms, R., Carpenter, V., & Kuperman, A. (1965). The „origin-pawn" variable in person perception. *Sociometry, 28*(3), 241–258.

Deci, E., & Ryan, R. (1993). Die Selbstbestimmungstheorie der Motivation und ihre Bedeutung für die Pädagogik. *Zeitschrift für Pädagogik, 39*, 223–238.

Deci, E. L., & Ryan, R. M. (2000). The „what" and „why" of goal pursuits: Human needs and the self-determination of behavior. *Psychological Inquiry, 11*(4), 227–268.

Deci, E. L., Koestner, R., & Ryan, R. M. (1999). A meta-analytical review of experiments examining the effects of extrinsic rewards on intrinsic motivation. *Psychological Bulletin, 125*, 628–668.

Decker, L. E., & Rimm-Kaufman, S. E. (2008). Personality characteristics and teacher beliefs among pre-service teachers. *Teacher Education Quarterly, 35*(2), 45–64.

Deller, J., & Maxin, L. (2010). Silver Work: Zum Stand beruflicher Aktivitäten im Ruhestand in Deutschland. *Informationsdienst Altersfragen, 37*(2), 3–8.

Denham, S. A., & Burton, R. (2003). *Social and emotional prevention and intervention programming for preschoolers*. New York: Kluwer Academic/Plenum Publishers.

Dennett, D. (1991). *Consciousness Explained*. Boston, MA: Little & Comp..

De Raad, B., Perugini, M., Hrebickova, M., & Szarota, P. (1998). Lingua franca of personality: taxonomies and structures based on the psycholexical approach. *Journal of Cross-Cultural Psychology, 29*, 212–232.

Descartes, R. (1637/1966). *Discours de la Méthode*. Paris: Foucher. Hrsg. L. Meynard

Desmond, A., & Moore, J. (1991). *Darwin. The life of a tormented evolutionist*. New York: W.W. Norton.

de Waal, F. (2008). Putting the altruism back into altruism: The evolution of empathy. *Annual Review of Psychology, 59*, 279–300.

de Waal, F. (2009). *The age of empathy. Nature's lessons for a kinder society*. New York: Random House.

DeWolff, M., & van Ijzendoorn, M. H. (1997). A meta-analysis on parental antecedents of infant attachment. *Child Development, 68*, 571–591.

Dietrich, T. (1998). *Zeit- und Grundfragen der Pädagogik* (8. Aufl.). Bad Heilbrunn: Klinkhardt.

Ditton, H., Krüsken, J., & Schauenberg, M. (2005). Bildungsungleichheit – der Beitrag von Familie und Schule. *Zeitschrift für Erziehungswissenschaft, 8*(2), 285–304.

Dittrich, T. (2012). *Arbeitsmotivation älterer Mitarbeiter. Eine empirische Untersuchung zur Bedeutung von Arbeitsbedingungen und Motiven*. Hamburg: disserta Verlag.

Dolch, J. (1965). *Grundbegriffe der pädagogischen Fachsprache* (6. Aufl.). München: Ehrenwirth.

Dollinger, B. (Hrsg.). (2006). *Klassiker der Pädagogik: die Bildung der modernen Gesellschaft* (3. Aufl.). Wiesbaden: VS Verlag für Sozialwissenschaften.

Domjan, M. (2012). Biological or evolutionary constraints on learning. In N. M. Seel (Hrsg.), *Encyclopedia of the Sciences of Learning* (Bd. 1, S. 461–463). New York: Springer.

Domjan, M., & Galef, B. G. (1983). Biological constraints on instrumental and classical conditioning: Retrospect and prospect. *Animal Learning and Behavior, 11*(2), 151–161.

Domsch, H., & Lohaus, A. (2010). *Elternstressfragebogen (ESF)*. Göttingen: Hogrefe.

Dornes, M. (1993). *Der kompetente Säugling. Die präverbale Entwicklung des Menschen*. Frankfurt am Main: Fischer.

Dornes, M. (1999). *Die frühe Kindheit. Entwicklungspsychologie der ersten Lebensjahre* (4. Aufl.). Frankfurt am Main: Fischer.

Douglas-Hamilton, I., Bhallaa, S., Wittemyera, G., & Vollratha, F. (2006). Behavioural reactions of elephants towards a dying and deceased matriarch. *Applied Animal Behaviour Science, 100*(1), 87–102.

Dressel, M. (2004). *Motivationsförderung im schulischen Kontext*. Göttingen: Hogrefe.

Duckworth, A. L., et al. (2011). Role of test motivation on intelligence testing. *Proceedings of the National Academy of Science USA, 108*(19), 7716–7720.

Dudai, Y. (2004). The neurobiology of consolidations, or, how stable is the engram? *Annual Review of Psychology, 55*, 51–86.
Düker, H., & Lienert, G. A. (2001). *Konzentrations-Leistungs-Test – Revidierte Fassung – (KLT-R)*. Göttingen: Hogrefe. Neubearbeitung von H. Lukesch & S. Mayrhofer
Duhm, E., & Hansen, I. (1957). *Der Rosenzweig P-F Test (PFT) Form für Kinder*. Göttingen: Hogrefe.
Dumas, A. (1844/2000). *Die korsischen Brüder*. Schönau: Hethke.
Dungan, H. M., Clifton, D. K., & Steiner, R. A. (2006). Minireview: kisspeptin neurons as central processors in the regulation of gonadotropin-releasing hormone secretion. *Endocrinology, 147*(3), 1154–1158.
Dweck, C. S., & Leggett, E. L. (1988). A social-cognitive approach to motivation and personality. *Psychological Review, 95*(2), 256–273.
Ebbinghaus, H. (1885). *Über das Gedächtnis. Untersuchungen zur experimentellen Psychologie*. Leipzig: Duncker & Humblot.
Eccles, J. S., & Wigfield, A. (2002). Motivational beliefs, values, and goals. *Annual Review of Psychology, 53*, 109–132.
Eccles (Parsons), J. (1993a). Expectancies, values, and academic behaviors. In J. T. Spence et al. (Hrsg.), *Achievement and achievement motivation* (S. 75–146). San Francisco: W.H. Freeman.
Eccles, J., Wigfield, A., Harold, R. D., & Blumenfeld, P. (1993b). Age and gender differences in children's self- and task perceptions during elementary school. *Child Development, 64*(3), 830–847.
Eccles, J. S., Roeser, R., Vida, M., Fredricks, J., & Wigfield, A. (2006). Motivational and achievement pathways through middle childhood. In L. Balter, & C. S. Tamis-LeMonda (Hrsg.), *Child psychology. A handbook of contemporary issues* (2. Aufl. S. 325–355). New York: Psychology Press.
Eckblad, G. (1981). *Scheme theory. A conceptual framework for cognitive-motivational processes*. London: Academic Press.
Eckensberger, L. H., & Reinshagen, H. (1980). Kohlbergs Stufentheorie der Entwicklung des Moralischen Urteils: Ein Versuch ihrer Reinterpretation im Bezugsrahmen handlungstheoretischer Konzepte. In L. H. Eckensberger, & R. K. Silbereisen (Hrsg.), *Entwicklung sozialer Kognitionen. Modelle, Theorien, Methoden, Anwendung* (S. 65–131). Stuttgart: Klett-Cotta.
Edelmann, W. (1988). *Suggestopädie/Superlearning. Ganzheitliches Lernen – das Lernen der Zukunft?* Heidelberg: Asanger.
Edelmann, W. (1991). Suggestopädie - ganzheitliches Lernen? *Unterrichtswissenschaft, 19*, 6–22.
Eder, F. (2003). Tests und Lehrerurteil. Wie gut stimmen externe Leistungstests mit Lehrereinstufungen überein?. In E. J. Brunner et al. (Hrsg.), *Diagnose und Intervention in schulischen Handlungsfeldern* (S. 125–140). Münster: Waxmann.
Eggert, D., & Ratschinksi, G. (Hrsg.). (1983). *EPI. Eysenck-Persönlichkeis-Inventar* (2. Aufl.). Göttingen: Hogrefe.
Eggert, D., Ratschinski, G., & Reichenbach, C. (2008). *DMB – Diagnostisches Inventar motorischer Basiskompetenzen zur Diagnostik von Kindern im Grundschulalter* (4. Aufl.). Dortmund: Borgmann.
Ehlers, T. (1977). Zur Gültigkeit der Rosenzweig Picture-Frustration Study, Form für Kinder. *Heilpädagogische Forschung, 7*(2), 158–185.
Eibl-Eibesfeldt, I. (1978). *Grundriss der vergleichenden Verhaltensforschung* (5. Aufl.). München: Piper.
Eimecke, S., Pauschardt, J., & Mattejat, F. (2010). Wie wirksam ist ein begleitendes Elterntraining in der Prävention von Angst und Depression bei Kindern? *Verhaltenstherapie, 20*(3), 193–200.
Eisenberg, N., Martin, C. L., & Fabes, R. A. (1996). Gender development and gender effects. In D. C. Berliner, & R. C. Calfee (Hrsg.), *Handbook of Educational Psychology* (S. 358–396). New York: Macmillan Simon & Schuster.
Elben, C. E., & Lohaus, A. (2000). *Marburger Sprachverständnistest für Kinder MSVK*. Göttingen: Hogrefe.
Eller, H. (2007). *Die vier Temperamente: Anregungen für die Pädagogik*. Stuttgart: Verlag Freies Geistesleben.
Ellis, H. D. (1990). Developmental trends in face recognition. *The Psychologist: Bulletin of the British Psychological Society, 3*, 114–119.
Enright, R., Lapsley, M., & Levy, M. (1983). Moral education strategies. In M. I. L. Pressley (Hrsg.), *Cognitive strategy research: Educational applications* (S. 43–83). New York: Springer.
Erikson, E. H. (1966). *Identität und Lebenszyklus*. Frankfurt am Main: Suhrkamp.
Erikson, E. H. (1968). *Identity: Youth and crisis*. New York: W.W. Norton.
Erikson, E. H. (1971). *Gandhis Wahrheit – Über die Ursprünge der militanten Gewaltlosigkeit*. Frankfurt: Insel.
Erikson, E. H. (1974). *Identität und Lebenszyklus: Drei Aufsätze*. Frankfurt am Main: Suhrkamp.
Erikson, E. H. (1982). *Lebensgeschichte und historischer Augenblick*. Frankfurt am Main: Suhrkamp.
Erikson, E. H. (1988). *Jugend und Krise: Die Psychodynamik im sozialen Wandel*. Stuttgart: Klett.
Erikson, E. H. (1999). *Kindheit und Gesellschaft* (13. Aufl.). Stuttgart: Klett.
Erikson, E. H. (2003). *Der junge Mann Luther. Eine psychoanalytische und historische Studie* (5. Aufl.). Eschborn: Verlag-Dietmar-Klotz.
Esser, H. (2012). Ehekrisen: Das (Re-)Framing der Ehe und der Anstieg der Scheidungsraten. *Zeitschrift für Soziologie, 13*, 472–496.
Everhart, D. E. (2012). Neuropsychology of emotion. In N. M. Seel (Hrsg.), *Encylopedia of the Sciences of Learning* (Bd. 5, S. 2457–2459). New York: Springer.
Ewen, R. B. (1998). *An introduction to theories of personality*. New York: Taylor & Francis.
Eysenck, H. J. (1947). *Dimensions of personality*. London: Routledge and Kegan Paul.
Eysenck, H. J. (1970). *The structure of human personality*. London: Methuen.
Eysenck, H. J. (1994). The Big Five or Giant Three: Criteria for a paradigm. In C. F. Halverson, G. A. Kohnstamm, & R. P. Martin (Hrsg.), *The developing structure of temperament and personality from infancy to adulthood* (S. 37–52). Hillsdale, NJ: Lawrence Erlbaum.
Fabes, R. A., Carlo, G., Kupanoff, K., & Laible, D. (1999). Early adolescence and prosocial/moral behavior. I: The role of individual processes. *Journal of Early Adolescence, 19*(1), 5–16.
Fabry, G., & Giesler, M. (2007). Hochmotiviert am Start: Zur Studienmotivation von Medizinstudenten während des ersten Studienjahres. *Zeitschrift für Medizinische Psychologie, 16*(3), 115–125.
Fahrenberg, J., Hampel, R., & Selg, H. (2010). *FPI-R Freiburger Persönlichkeitsinventar* (8. Aufl.). Göttingen: Hogrefe.
Faltermaier, T., Mayring, P., Saup, W., & Strehmel, P. (1992). *Entwicklungspsychologie des Erwachsenenalters*. Stuttgart: Kohlhammer.
Farah, M. J., et al. (2004). Neurocognitive enhancement: What can we do and what should we do? *Nature Reviews Neuroscience, 5*(5), 421–425.
Farina, E., & Albanese, O. (2007). Making inferences and individual differences in emotion understanding. *Psychology of Language and Communication, 11*(2), 3–19.
Farkas, M. S., & Grolnick, W. S. (2010). Examining the components and concomitants of parental structure in the academic domain. *Motivation and Emotion, 34*, 266–279.
Faw, B. (2003). Pre-frontal executive committee for perception, working memory, attention, long-term memory, motor control, and thinking: A tutorial review. *Consciousness & Cognition, 12*, 83–139.
Faymonville, M. E., et al. (2004). Zerebrale Funktionen bei hirngeschädigten Patienten. *Anaesthesist, 53*, 1195–1202.
Fehr, B., & Russell, J. A. (1984). Concept of emotion viewed from a prototype perspective. *Journal of Experimental Psychology: General, 113*, 464–486.
Fend, H. (1997). *Der Umgang mit Schule in der Adoleszenz. Aufbau und Verlust von Lernmotivation, Selbstachtung und Empathie*. Bern: Huber.
Fend, H. (2005). *Entwicklungspsychologie des Jugendalters* (3. Aufl.). Wiesbaden: VS Verlag für Sozialwissenschaften.
Ferrer-Wreder, L., Lorente, C. C., Kurtines, W., Briones, E., Bussell, J., Berman, S., et al. (2002). Promoting identity in marginalized youth. *Journal of Adolescent Research, 17*, 168–187.
Feshbach, D., & Beigel, A. (1968). A note on the use of the Semantic Differential in measuring teacher personality and values. *Educational und Psychological Measurement, 29*, 923–929.
Fiedler, K., Kliegl, R., Lindenberger, U., Mausfeld, R., Mummendey, A., & Prinz, W. (2005). Psychologie im 21. Jahrhundert – eine Standortbestimmung. *Gehirn und Geist. Das Magazin für Psychologie und Hirnforschung, 7–8*, 56–60.
Filipp, S.-H. (1995). *Kritische Lebensereignisse* (3. Aufl.). Weinheim: Beltz/Psychologie Verlags Union.
Fink, G. R., Markowitsch, H. J., Reinkemeier, M., Bruckbauer, T., Kessler, J., & Heiss, W. D. (1996). Cerebral representation of one's own past: Neural networks involved in autobiographical memory. *Journal of Neuroscience, 16*, 4275–4282.
Fisseni, H. (1990). *Lehrbuch der psychologischen Diagnostik*. Göttingen: Hogrefe.

Fladung, A.-K. (2011). Die Achterbahn der Gefühle. Eine Generalüberholung in der Gehirnentwicklung Jugendlicher. In Y. Niekrenz, & M. D. Witte (Hrsg.), *Jugend und Körper. Leibliche Erfahrungswelten* (S. 41–62). Weinheim: Juventa.

Flavell, J. H. (1979). *Kognitive Entwicklung*. Stuttgart: Klett.

Flitner, E. (1980). Zur Entwicklung des moralischen Urteis: Gegensätze zwischen den Theorien Kohlbergs und Piagets. *Sozialpädagogische Blätter, 5*, 129–136.

Flynn, J. R. (1987). Massive IQ gains in 14 nations: What IQ tests really measure. *Psychological Bulletin, 101*(2), 171–191.

Fonagy, P., Gergely, G., Jurist, E. L., & Target, M. (2004). *Affektregulierung, Mentalisierung und die Entwicklung des Selbst*. Stuttgart: Klett-Cotta.

Forehand, R., Jones, D. J., & Parent, J. (2013). Behavioral parenting interventions for child disruptive behaviors and anxiety: What's different and what's the same. *Clinicial Psychology Review, 33*, 133–145.

Förstl, H., Hautzinger, M., & Roth, G. (2006). *Neurobiologie psychischer Störungen*. Heidelberg: Springer.

Fremmer-Bombik, E. (1995). Innere Arbeitsmodelle von Bindung. In G. Spangler, & P. Zimmermann (Hrsg.), *Die Bindungstheorie — Grundlagen, Forschung und Anwendung* (S. 109–119). Stuttgart: Klett–Cotta.

Freud, S. (1923/1975). *Das Ich und das Es. Studienausgabe*. Psychologie des Unbewussten, Bd. III. Frankfurt am Main: Fischer.

Friede, C. K. (2006). Fallbezogene Aufgaben nach der AEVO zwischen Validität und Ökonomie. In G. Minnameier, & E. Wuttke (Hrsg.), *Berufs- und wirtschaftspädagogische Grundlagenforschung. Lehr-Lern-Prozesse und Kompetenzdiagnostik. Festschrift für Klaus Beck* (S. 438–451). Frankfurt am Main: Peter Lang.

Friedlmeier, W., & Holodynski, M. (Hrsg.). (1999). *Emotionale Entwicklung*. Heidelberg: Spektrum der Wissenschaft.

Friedman, L. J. (1999). *Identity's architect. A biography of Erik H. Erikson*. Cambridge: Harvard University Press.

Fries, S., Lund, B., & Rheinberg, F. (1999). Lässt sich durch gleichzeitige Motivförderung das Training des induktiven Denkens optimieren? *Zeitschrift für Pädagogische Psychologie, 13*(1-2), 37–49.

von Frisch, K. (1923). *Über die „Sprache" der Bienen. Eine tierpsychologische Untersuchung*. Jena: Gustav Fischer.

von Frisch, K. (1965). *Tanzsprache und Orientierung der Bienen*. Berlin: Springer.

Fröhlich, G. (2001). Betrug und Täuschung in den Sozial- und Kulturwissenschaften. In T. Hug (Hrsg.), *Einführung in die Wissenschaftstheorie und Wissenschaftsforschung der Sozial- und Kulturwissenschaften* <i>Wie kommt die Wissenschaft zu ihrem Wissen?</i>, (Bd. 4, S. 261–273). Hohengehren/ Baltmannsweiler: Schneider.

Gabler, H. (1986). Motivationale Aspekte sportlicher Handlungen. In H. Gabler, J. R. Nitsch, & R. Singer (Hrsg.), *Einführung in die Sportpsychologie (Teil 1)* (S. 64–106). Schorndorf: Hofmann.

Gage, N. L., & Berliner, D. C. (1996). *Pädagogische Psychologie* (5. Aufl.). Weinheim: Beltz/Psychologie Verlags Union.

Galton, F. (1869). *Hereditary genius. An inquiry into its laws and consequences*. London: Macmillan. Online: http://www.mugu.com/galton/books/hereditary-genius/text/pdf/galton-1869-genius-v3.pdf

Ganiban, J. M., Saudino, K. J., Ulbricht, J., Neiderhiser, J. M., & Reiss, D. (2008). Stability and change in temperament during adolescence. *Journal of Personality and Social Psychology, 95*(1), 222–236.

Garcia, J., Hankins, W. G., & Rusiniak, K. W. (1974). Behavioral regulation of the milieu interne in man and rat. *Science, 185*, 824–831.

Gardner, H. (1983/2011). *Frames of Mind: The theory of multiple intelligences* (10. Aufl.). New York: Basic Books.

Gardner, R. A., & Gardner, B. T. (1969). Teaching sign language to a chimpanzee. *Science, New Series, 165*(3894), 664–672.

Garn, A. C., Matthews, M. S., & Jolly, J. L. (2011). Parental influences on the academic motivation of gifted students: A self-determination theory perspective. *Gifted Child Quarterly, 54*(4), 263–272.

Gaudry, E., & Bradshaw, G. D. (1970). The differential effect of anxiety on performance in progressive and terminal school examinations. *Australian Journal of Psychology, 22*(1), 1–4.

Gauffroy, C., & Barrouillet, P. (2011). The primacy of thinking about possibilities in the development of reasoning. *Developmental Psychology, 47*(4), 1000–1011.

Gehlen, A. (1940/1950). *Der Mensch, seine Natur und seine Stellung in der Welt* (4. Aufl.). Bonn: Athenäum. Erstauflage: Junker und Dünnhaupt, Berlin

George, G., & Mallery, P. (2002). *SPSS for Windows Step by Step: A Simple Guide and Reference, 11.0 Update* (4. Aufl.). Boston, MA: Allyn & Bacon.

Gerdes, E. P. (1979). Autonomic arousal as a cognitive cue in stressful situations. *Journal of Personality, 47*, 677–711.

Germine, L. T., Duchaine, B., & Nakayama, K. (2011). Where development and aging meet: Face learning peaks after age. *Cognition, 30*(118), 201–210.

Gerrig, R. J., & Zimbardo, P. G. (2008). *Psychologie* (18. Aufl.). München: Pearson.

Ghazi, S. R., et al. (2010). Parental involvement in children academic motivation. *Asian Social Science, 6*(4), 93–99.

Giedd, J. N., Blumenthal, J., Jeffries, N. O., Castellanos, F. X., Liu, H., Zijdenbos, A., Paus, T., Evans, A. C., & Rapoport, J. L. (1999). Brain development during childhood and adolescence: a longitudinal MRI study. *Nature Neuroscience, 2*(10), 861–863.

Gilligan, C. (1977). In a different voice: Women's conceptions of self and of morality. *Harvard Educational Review, 47*, 481–517.

Gilligan, C. (1985). *Die andere Stimme: Lebenskonflikte und Moral der Frau* (2. Aufl.). München: Piper.

Ginott, H. G. (1965). *Between parent and child*. New York: Macmillan.

Gläser-Zikuda, M. (2010). Emotionen. In T. Hascher, & B. Schmitz (Hrsg.), *Pädagogische Interventionsforschung. Theoretische Grundlagen und empirisches Handlungswissen* (S. 111–132). Weinheim: Juventa.

Gläser-Zikuda, M., Fuß, S., Laukenmann, M., Metz, K., & Randler, C. (2005). Promoting students' emotions and achievement – Instructional design and evaluation oft he ECOLE-approach. *Learning and Instruction, 15*, 481–495.

Goddard, H. H. (1912). *The Kallikak Family: A Study in the Heredity of Feeble-Mindedness*. New York: Macmillan.

Goldberg, J. H., & Fee, M. S. (2011). Vocal babbling in songbirds requires the basal ganglia-recipient motor thalamus but not the basal ganglia. *Journal of Neurophysiology, 105*(6), 2729–2739.

Goldberg, L. (1981). Language and individual differences: The search for universals in personality lexicons. In L. Wheeler (Hrsg.), *Review of Personality ond Social Psychology* (Bd. 2, S. 141–165). Beverly Hills: Sage.

Goldberg, L. R., & Rosolack, T. K. (1994). The Big Five Factor structure as an integrative framework: An empirical comparison with Eysenck's P-E-N model. In C. F. Halverson, G. A. Kohnstamm, & R. P. Martin (Hrsg.), *The developing structure of temperament and personality from infance to adulthood* (S. 7–36). Hillsdale, NJ: Lawrence Erlbaum.

Goldman-Rakic, P. S. (1987). Curcuitry of primate prefrontal cortex and regulation of behavior by representational knowledge. In F. Blum, & V. Mountcastle (Hrsg.), *Higher cortical function: Handbook of physiology* (S. 373–417). Washington, DC: American Physiological Society.

Goldsmith, H. J. (1996). Studying temperament via construction of the Toddler Behavior-Assessment Questionnaire. *Child Development, 67*, 218–235.

Goldsmith, H. H., Lemery, K. S., Buss, K. A., & Campos, J. J. (1999). Genetic analyses of focal aspects of infant temperament. *Developmental Psychology, 35*(4), 972–985.

Goldsmith, H. H., Van Hulle, C. A., Arneson, C. L., Schreiber, J. E., & Gernsbacher, M. A. (2006). A population-based twin study of parentally reported tactile and auditory defensiveness in young children. *Journal of Abnormal Child Psychology, 34*, 378–392.

Goleman, D. (2011). *Emotionale Intelligenz*. München: dtv.

Goodman, S., et al. (2011). An Investigation of the Relationship between Students' Motivation and Academic Performance as Mediated by Effort. *South African Journal of Psychology, 41*(3), 373–385.

Göppel, R., Dörr, M., & Funder, A. (2011). *Reifungsprozesse und Entwicklungsaufgaben im Lebenszyklus*. Jahrbuch für Psychoanalytische Pädagogik, Bd. 19. Gießen: Psychosozial-Verlag.

Görlich, Y., & Schuler, H. (2007). *AZUBI-TH – Arbeitsprobe zur berufsbezogenen Intelligenz – Technische und handwerkliche Tätigkeiten*. Göttingen: Hogrefe.

Görlich, Y., & Schuler, H. (2010). *AZUBI-BK – Arbeitsprobe zur berufsbezogenen Intelligenz für büro- und kaufmännische Tätigkeiten* (2. Aufl.). Göttingen: Hogrefe.

Goswami, U. (2004). Neuroscience and education. *British Journal of Educational Psychology, 74*(1), 1–14.

Goth, K., & Schmeck, K. (2009). *Das Junior Temperament und Charakter Inventar (JTCI)*. Göttingen: Hogrefe.

Gottfredson, L. S. (1997). Why g matters: The complexity of everyday life. *Intelligence, 24*, 79–132.
Gottfredson, L. S. (2003). *g*, jobs, and life. In H. Nyborg (Hrsg.), *The scientific study of general intelligence: Tribute to Arthur R. Jensen* (S. 293–342). New York: Pergamon.
Gottfredson, L. S. (2011). Intelligence and social inequality: Why the biological link?. In T. Chamorro-Premuzic et al. (Hrsg.), *Handbook of Individual Differences* (S. 538–575). Hoboken, NJ: Wiley-Blackwell.
Gottfried, A. E., & Gottfried, A. W. (1996). A longitudinal study of academic intrinsic motivation in intellectually gifted children: childhood through aarly adolescence. *Gifted Child Quarterly, 40*(4), 179–183.
Gottfried, A. W., Gottfried, A. E., Bathurst, K., & Guerin, D. W. (1994). *Gifted IQ. Early developmental aspects. The Fullerton longitudinal study*. New York: Plenum Press.
Gottfried, A. E., Fleming, J. S., & Gottfried, A. W. (2001). Continuity of academic intrinsic motivation from childhood through late adolescence: A longitudinal study. *Journal of Educational Psychology, 93*(1), 3–13.
Gottfried, A. E., Gottfried, A. W., Morris, P. E., & Cook, C. R. (2008). Low academic intrinsic motivation as a risk factor for adverse educational outcomes: A longitudinal study from early childhood through early adulthood. In C. Hudley, & A. E. Gottfried (Hrsg.), *Academic motivation and the culture of school in childhood and adolescence* (S. 36–69). Oxford: Oxford University Press.
Götz, L., Lingel, K., & Schneider, W. (2012). *Deutscher Mathematiktest für fünfte Klassen (DEMAT 5+)*. Göttingen: Hogrefe.
Grabau, L. (2011). Academic motivation and student development during the transition to college. *Kentucky Journal of Excellence in College Teaching and Learning, 7*, Artikel 1.. http://encompass.eku.edu/kjectl/vol7/iss1/1
Graham, S., Halverson, C. F., & Sanson, A. (2003). A re-examination of the validity and reliability of the School-Age Temperament Inventory. *Nursing Research, 52*(3), 176–182.
Granot, D., & Mayseless, O. (2001). Attachment security and adjustment to school in middle childhood. *International Journal of Behavioral Development, 25*(6), 530–541.
Greenberg, M. T., Kusche, C. A., Cook, E. T., & Quamma, J. P. (1995). Promoting emotional competence in school-aged children: The effects of the PATHS curriculum. *Development and Psychopathology, 7*(1), 117–136.
Greenberg, J. R., Hamann, K., Warneken, F., & Tomasello, M. (2010). Chimpanzee helping in collaborative and noncollaborative contexts. *Animal Behaviour, 80*, 873–880.
Greene, J. D., Nystrom, L. E., Engell, A. D., Darley, J. M., & Cohen, J. D. (2004). The neural bases of cognitive conflict and control in moral judgment. *Neuron, 44*(2), 389–400.
Greene, R. R. (2007). *Social work practice: A risk and resilience perspective*. Belmont, CA: Thomson Brooks/Cole.
Griggs, M. S., Gagnon, S. G., Huelsman, T. J., Kidder-Ashley, P., & Ballard, M. (2009). Student–teacher relationships matter: Moderating influences between temperament and preschool social competence. *Psychology in the Schools, 46*(6), 553–567.
Grimm, H., & Schöler, H. (1991). *Heidelberger Sprachentwicklungstest (HSET)*. Göttingen: Hogrefe.
Grob, A., & Smolenski, C. (2005). *Fragebogen zur Erhebung der Emotionsregulation bei Kindern und Jugendlichen (FEEL-KJ)*. Bern: Huber.
Grob, A., Meyer, C. S., & Hagmann-von Arx, P. (2009). *Intelligence and Development Scales (IDS). Intelligenz- und Entwicklungsskalen für Kinder von 5–10 Jahren*. Bern: Huber.
Grolnick, W. S., & Ryan, R. M. (1989). Parent styles associated with children's self-regulation and competence in school. *Journal of Educational Psychology, 81*, 143–154.
Gross, M. (2000). *Junge Frauen, Identität und Elternhaus*. Münster: Waxmann.
Gross, N. (2013). Application of the Konstanz Method of Dilemma Discussion in French class and its impact on pupil well-being. In E. Nowak, D. Schrader, & B. Zizek (Hrsg.), *Educating competencies for democracy* (S. 173–184). Frankfurt am Main: Peter Lang.
Grossmann, K. E., & Becker-Stoll, F. (2003). Bindung und psychologische Anpassung. In G. Nissen (Hrsg.), *Affekt und Interaktion. Genese und Therapie psychischer Störungen* (S. 50–64). Stuttgart: Kohlhammer.
Grossmann, K. E., & Grossmann, K. (1991). Attachment quality as an organizer of emotional and behavioral responses in a longitudinal perspective. In C. M. Parkes, J. Stevenson-Hinde, & P. Marris (Hrsg.), *Attachment across the life cycle* (S. 93–114). London/New York: Tavistock/Routledge.
Grotevant, H. D. (1987). Toward a process model of identity formation. *Journal of Adolescent Research, 2*, 203–222.
Grube, A., & Hertel, G. (2008). Altersbedingte Unterschiede in Arbeitsmotivation, Arbeitszufriedenheit und emotionalem Erleben während der Arbeit. *Wirtschaftspsychologie, 10*(3), 18–29.
Grunder, H. U. (1996). Ein Musterbeispiel für Ordnung und Reinlichkeit. Der Tugendkatalog in der Erziehung der Kinder und der Kasper-Hauser-Effekt. *Welt des Kindes, 2*, 41–45.
Guthrie, J. T., Wigfield, A., & VonSecker, C. (2000). Effects of integrated instruction on motivation and strategy use in reading. *Journal of Educational Psychology, 92*, 331–341.
Gyseler, D. (2006). Problemfall Neuropädagogik. *Zeitschrift für Pädagogik, 52*(4), 555–570.
Haase, H., & Lautenschläger, A. (2011). Career choice motivation of university students. *International Journal of Business and Management, 2*(1), 2–13.
Hagemann, W. (2009). *Burnout bei Lehrern. Ursachen, Hilfen, Therapien*. München: C.H. Beck.
Hagenauer, G. (2011). *Lernfreude in der Schule*. Münster: Waxmann.
Hagiwara, K. (2012a). Desuggestopedia. In N. M. Seel (Hrsg.), *Encyclopedia of the sciences of learning* (Bd. 2, S. 934–939). New York: Springer.
Hagiwara, K. (2012b). Superlearning. In N. M. Seel (Hrsg.), *Encyclopedia of the sciences of learning* (Bd. 7, S. 3240–3243). New York: Springer.
Hair, E., Halle, T., Terry-Humen, E., Lavelle, B., & Calkins, J. (2006). Children's readiness in the ECLS-K: Predictions to academic, health, and social outcomes in first grade. *Early Childhood Research Quarterly, 21*, 431–454.
Hallpike, C. R. (1990). *Die Grundlagen primitiven Denkens*. Stuttgart: Klett-Cotta.
Haltigan, J. D., Roisman, G. I., & Fraley, R. C. (2013). The predictive significance of early caregiving experiences for symptoms of psychopathology through midadolescence: Enduring or transient effects? *Development and Psychopathology, 25*(1), 209–221.
Halverson, C. F. Jr., Kohnstamm, G. A., & Martin, R. P. (Hrsg.). (1994). *The developing structure of temperament and personality from infance to adulthood*. Hillsdale, NJ: Lawrence Erlbaum.
Hampel, P., & Petermann, F. (1998). *Anti-Stress-Training für Kinder*. Weinheim: Beltz.
Handke, P. (1967). *Kaspar*. Frankfurt am Main: Suhrkamp.
Hanington, L., et al. (2012). Parental depression and child outcomes – is marital conflict the missing link? *Child Care Health and Development, 38*, 520–529.
Hansen, W. (2006). *Medizin des Alterns und des alten Menschen*. Stuttgart: Schattauer.
Harackiewicz, J. M., et al. (2000). Short-term and long-term consequences of achievement goals: Predicting interest and performance over time. *Journal of Educational Psychology, 92*(2), 316–330.
Hart, S., et al. (2004). When infants lose exclusive maternal attention: Is it jealousy? *Infancy, 6*(1), 57–78.
Hascher, T. (2004). *Wohlbefinden in der Schule*. Münster: Waxmann.
Hascher, T. (2005). Emotionen im Schulalltag: Wirkungen und Regulationsformen. *Zeitschrift für Pädagogik, 51*(5), 610–625.
Hascher, T., & Hagenauer, G. (2011). Schulisches Wohlbefinden im Jugendalter – Verläufe und Einflussfaktoren. In A. Ittel, H. Merkens, & L. Stecher (Hrsg.), *Jahrbuch Jugendforschung* (S. 15–45). Wiesbaden: VS Verlag für Sozialwissenschaften.
Hasselhorn, M. (2011). Lernen im Vorschul- und frühen Schulalter. In F. Vogt et al. (Hrsg.), *Entwicklung und Lernen junger Kinder* (S. 11–22). Münster: Waxmann.
Hasselhorn, M., Heuer, M., & Rösler, F. (Hrsg.). (2009). *Pädagogische Psychologie. Erfolgreiches Lernen und Lehren* (2. Aufl.). Stuttgart: Kohlhammer.
Hauser, S. (2007). Gewissensbildung in neueren psychoanalytischen Beiträgen. In C. Hopf, & G. Nunner-Winkler (Hrsg.), *Frühe Bindungen und moralische Entwicklung. Aktuelle Befunde zu psychischen und sozialen Bedingungen moralischer Eigenständigkeit* (S. 43–68). Weinheim: Juventa.
Haußer, K. (1995). *Identitätspsychologie*. Berlin: Springer.
Havighurst, R. (1971). *Developmental tasks and education* (3. Aufl.). New York: Longman.

Hazan, C., & Shaver, P. (1987). Romantic love conceptualized as an attachment process. *Journal of Personality and Social Psychology, 52*, 511–524.

Heckhausen, H. (1963). *Hoffnung und Furcht in der Leistungsmotivation*. Meisenheim am Glan: Verlag Anton Hain.

Heckhausen, H. (1974). *Leistung und Chancengleichheit*. Göttingen: Verlag für Psychologie Hogrefe.

Heckhausen, H. (1982). The development of achievement motivation. In W. W. Hartrup (Hrsg.), *Review of child development research* (Bd. 6, S. 600–668). Chicago: University of Chicago Press.

Heckhausen, H. (1989). *Motivation und Handeln* (2. Aufl.). Berlin: Springer.

Heckhausen, H., & Roelofsen, I. (1962). Anfänge und Entwicklung der Leistungsmotivation. I. Im Wetteifer des Kleinkindes. *Psychologische Forschung, 26*, 313–397.

Heckhausen, H., & Gollwitzer, P. M. (1987). Thought contents and cognitive functioning in motivational versus volitional states of mind. *Motivation and Emotion, 11*(2), 101–120.

Heckhausen, J., & Heckhausen, H. (Hrsg.). (2010). *Motivation und Handeln* (4. Aufl.). Heidelberg: Springer.

Heckhausen, J., Wrosch, C., & Schulz, R. (2010). A motivational theory of lif-span development. *Psychological Review, 117*(1), 32–60.

Hegel, G. W. F. (1807). *System der Wissenschaft. Erster Teil, die Phänomenologie des Geistes*. Bamberg, Würzburg: J. A. Goebhardt. Online: http://www.deutschestextarchiv.de/book/view/hegel_phaenomenologie_1807?p=8

Heiland, D. (2013). More than limited learning: The case for focusing on disciplines. *Arts und Humanities in Higher Education, 12*(1), 7–19.

Heller, K. A., & Hany, E. A. (1996). Psychologische Modelle der Hochbegabtenförderung. In F. E. Weinert (Hrsg.), *Psychologie des Lernens und der Instruktion* Enzyklopädie der Psychologie, (Bd. 2, S. 477–513). Göttingen: Hogrefe.

Helmke, A. (1998). Vom Optimisten zum Realisten? Zur Entwicklung des Fähigkeitsselbstkonzeptes vom Kindergarten bis zur 6. Klassenstufe. In F. E. Weinert (Hrsg.), *Entwicklung im Kindesalter* (S. 117–132). Weinheim: Beltz/Psychologie Verlags Union.

Henderlong, J., & Lepper, M. R. (2002). The effects of praise on children's intrinsic motivation: A review and synthesis. *Psychological Bulletin, 128*(5), 744–795.

Henderson, S., Holland, J., & Thomson, R. (2006). Making the long-view: Perspectives on context from a qualitative longitudinal (QL) study. *Methodological Innovations Online, 1*(2), 47–63.

Hennemann, T., Hillenbrand, C., & Hense, S. (2011). Kompetenzförderung zur universellen Prävention von Verhaltensstörungen in der schulischen Eingangsstufe. Evaluation des kindorientierten Präventionsprogramms „Lubo aus dem All". *Zeitschrift für Grundschulforschung, 4*(1), 113–125.

Hennen, L., & Coenen, C. (2012). ITA-Monitoring „Nichtmedizinische Anwendungen der Neurowissenschaften". In M. Decker, T. Fleischer, J. Schippl, & N. Weinberger (Hrsg.), *Zukünftige Themen der Innovations- und Technikanalyse. Methodik und ausgewählte Ergebnisse* KIT Scientific Reports, (Bd. 7605, S. 171–221). Karlsruhe: KIT Scientific Publ..

Hense, S. (2009). *Prävention von Verhaltensstörungen. Entwicklung, Durchführung und Evaluation eines universellen Trainingsprogramms zur Förderung der sozial-emotionalen Kompetenzen in der Eingangsstufe*. Köln: Universität. Diss.

Hericks, U. (2006). *Professionalisierung als Entwicklungsaufgabe. Rekonstruktionen zur Berufseingangsphase von Lehrerinnen und Lehrer*. Wiesbaden: VS Verlag für Sozialwissenschaften.

Herrmann, U. (Hrsg.). (2006). *Neurodidaktik – Grundlagen und Vorschläge für gehirngerechtes Lehren und Lernen*. Weinheim: Beltz.

Herrmann, U., & Hertramph, H. (2000). Zufallsroutinen oder reflektierte Praxis? Herkömmliche Wege in den Berufseinstieg von Lehrern und notwendige Alternativen. *Beiträge zur Lehrerbildung, 18*(2), 172–191.

Herrnstein, R., & Murray, C. (1994). *The Bell Curve. Intelligence and class structure in American life*. New York: Free Press.

Hesse, E. (1999). The adult attachment interview: Historical and current perspectives. In J. Cassidy, & P. R. Shaver (Hrsg.), *Handbook of attachment: Theory, research, and clinical applications* (S. 395–433). New York: Guilford Press.

Hidi, S., & Harackiewicz, J. M. (2000). Motivating the academically unmotivated: A critical issue for the 21st century. *Review of Educational Research, 70*, 151–179.

Hill, K. T., & Wigfield, A. (1984). Test anxiety: A major educational problem and what can be done about it. *The Elementary School Journal, 85*(1), 105–126. Special Issue: Motivation

Hillenbrand, C., Hennemann, T., & Heckler-Schell, A. (2009). *Lubo aus dem All! – Vorschulalter. Programm zur Förderung sozial-emotionaler Kompetenzen*. München: Reinhardt.

Hillenbrand, C., Hennemann, T., & Hens, S. (2010). *„Lubo aus dem All!" – 1. und 2. Klasse. Programm zur Förderung sozial-emotionaler Kompetenzen*. München: Reinhardt.

Hilti, N. (2012). *Prävention von Angststörungen bei Kindern und deren Müttern*. Berlin: epubli-Verlag.

Hinz, A., & Wagner, R. F. (2009). Modul 3: Entwicklung. In F. Wagner et al. (Hrsg.), *Modul Pädagogische Psychologie* (S. 57–90). Bad Heilbrunn: Klinkhardt.

Hirsch, G. (1990). *Biographie und Identität des Lehrers. Eine typologische Studie über den Zusammenhang von Berufserfahrungen und beruflichem Selbstverständnis*. Weinheim: Juventa.

Hörner, W., Drinck, B., & Jobst, S. (2008). *Bildung, Erziehung, Sozialisation*. Opladen: Barbara Budrich.

Hoffmann, H. (1845/2009). *Der Struwwelpeter oder lustige Geschichten und drollige Bilder* (2. Aufl.). Zürich: Diogenes.

Holling, E., & Bammé, A. (1976). *Lehrer zwischen Anspruch und Wirklichkeit*. Frankfurt am Main: Päd.-extra Buchverlag.

Holmes, J. (2002). *John Bowlby und die Bindungstheorie*. München: Reinhardt.

Holmes, B. M., & Johnson, K. R. (2009). Adult attachment and romantic partner preference: A review. *Journal of Social and Personal Relationships, 26*(6), 833–852.

Holodynski, M. (1992). *Leistungstätigkeit und soziale Interaktion. Ein tätigkeitstheoretisches Modell zur Entstehung der Leistungsmotivation*. Heidelberg: Asanger.

Holodynski, M. (1999). Handlungsregulation und Emotionsdifferenzierung. In W. Friedlmeier, & M. Holodynski (Hrsg.), *Emotionale Entwicklung* (S. 1–28). Heidelberg: Spektrum.

Holodynski, M. (2004). Die Entwicklung von Emotion und Ausdruck. Vom biologischen zum kulturellen Erbe. *ZiF: Mitteilungen, 3*(6), 10–27.

Holodynski, M., & Friedlmeier (2006). *Emotionen – Entwicklung und Regulation*. Heidelberg: Springer.

Holtstiege, H. (1977). *Modell Montessori. Grundsätze und aktuelle Geltung der Montessori-Pädagogik*. Freiburg: Herder.

Hopf, C., & Nunner-Winkler, G. (Hrsg.). (2007). *Frühe Bindungen und moralische Entwicklung. Aktuelle Befunde zu psychischen und sozialen Bedingungen moralischer Eigenständigkeit*. Weinheim: Juventa.

Hörmann, H., & Moog, W. (1979). *Der Rosenzweig Picture Frustration Test. Form für Kinder. Deutsche Bearbeitung*. Göttingen: Hogrefe.

Horner, V., Carter, J. D., & de Waal, F. B. M. (2011). Spontaneous prosocial choice by chimpanzees. *Proceedings oft he National Academy of Sciences, 108*(33), 13847–13851.

Hörner, W., Drinck, B., & Jobst, S. (2008). *Bildung, Erziehung, Sozialisation*. Opladen: Barbara Budrich.

Horney, K. (1945). *Our inner conflicts: A constructive theory of neurosis*. New York: Norton.

Hornke, L., Amelang, M., & Kersting, M. (Hrsg.). (2011). *Persönlichkeitsdiagnostik*. Göttingen: Hogrefe.

Huberman, M. (1991). Der berufliche Lebenszyklus von Lehrern: Ergebnisse einer empirischen Untersuchung. In E. Terhart (Hrsg.), *Unterrichten als Beruf. Neuere amerikanische und englische Arbeiten zur Berufskultur und Berufsbiografie von Lehrerinnen und Lehrern* (S. 249–267). Köln: Böhlau.

Hudspeth, C. (2012). *The Qarter-Life Crisis Test and Guide*. http://thoughtcatalog.com/christopher-hudspeth/2012/05/the-quarter-life-crisis-test-and-guide/. Zugegriffen: 04. Juni 2014

Hülshoff, T. (2006). *Emotionen* (3. Aufl.). München: Reinhardt.

Hüther, G., & Bonney, H. (2010). *Neues vom Zappelphilipp. ADS/ADHS verstehen, vorbeugen und behandeln* (11. Aufl.). Mannheim: Walter.

Huisken, F. (1991). *Die Wissenschaft von der Erziehung. Einführung in die Grundlügen der Pädagogik*. Hamburg: VSA-Verlag.

Huisman, M., et al. (2007). Cohort profile: The Dutch „Tracking Adolescents' Individual Lives Survey". TRAILS. *International Journal of Epidemiology, 37*(6), 1227–1235.

Hull, C. L. (1943). *Principles of behavior: An introduction to behavior theory*. New York: Appleton-Century-Crofts.

Hulme, C., Roodenrys, S., Schweickert, R., Brown, G. D. A., Martin, S., & Stuart, G. (1997). Word-frequency effects on short-term memory tasks: Evidence for a re-integration process in immediate serial recall. *Journal of Experimental Psychology: Learning, Memory, and Cognition*, *23*, 1217–1232.

Humphries, M., & Keenan, K. (2006). Theoretical, developmental, cultural orientations of school-based prevention programs for preschoolers. *Clinical Child and Family Psychology Review*, *9*, 135–148.

Hurrelmann, K., & Quenzel, G. (2012). *Lebensphase Jugend* (11. Aufl.). Weinheim: Juventa.

Ifenthaler, D., & Seel, N. M. (2013). Model-based reasoning. *Computers and Education*, *64*, 131–142.

van Ijzendoorn, M. H. (1995). Adult attachment representations, parental responsiveness, and infant attachment: A meta-analysis on the predictive validity of the Adult Attachment Interview. *Psychological Bulletin*, *117*, 387–403.

Ingenkamp, K. (Hrsg.). (1971). *Die Fragwürdigkeit der Zensurengebung. Texte und Untersuchungsberichte*. Weinheim: Beltz.

Izard, C. E., & Malatesta, C. Z. (1987). Perspectives on emotional development I: Differential emotions theory of early emotional development. In J. D. Osofsky (Hrsg.), *Handbook of infant development* (S. 494–554). New York: Wiley.

Izard, C. E., Trentacosta, C. J., King, K. A., & Mostow, A. J. (2004). An emotion-based prevention program for Head Start children. *Early Education and Development*, *15*, 407–422.

Jacobs, B. (1981). *Angst in der Prüfung. Beiträge zu einer kognitiven Theorie der Angstentstehung in Prüfungssituationen*. Frankfurt am Main: R. Fischer.

Jabocs, B., & Strittmatter, P. (1979). *Der schulängstliche Schüler. Eine empirische Untersuchung über mögliche Ursachen und Konsequenzen der Schulangst*. München: Urban & Schwarzenberg.

Jacobson, T., & Hofmann, V. (1997). Children's attachment representations: Longitudinal relations to school behavior and academic competency in middle childhood and adolescence. *Developmental Pschology*, *33*, 703–710.

Jacobson, T., Edelstein, W., & Hofmann, V. (1994). A longitudinal study of the relations between representations of attachment in childhood and cognitive functioning in childhood and adolescence. *Developmental Psychology*, *30*, 112–124.

Jaffari-Bimmel, N., et al. (2006). Social development from infancy to adolescence: Longitudinal and concurrent factors in an adoption sample. *Developmental Psychology*, *42*(6), 1143–1153.

Jaffe, S., & Hyde, J. S. (2000). Gender differences in moral orientation: A meta-analysis. *Psychological Bulletin*, *126*, 703–726.

James, W. (1884/2007). *What is an emotion?* Radford, VA: Wilder Publ..

Jennings, K. D., Yarrow, L. J., & Martin, P. P. (1984). Mastery motivation and cognitive development: a longitudinal study from infancy to 3 1/2 years of age. *International Journal of Behavioral Development*, *7*, 441–461.

Jensen, A. R. (1969). How much can we boost I.Q. and scholastic achievement? *Harvard Educational Review*, *33*, 1–123.

Jensen, A. R. (1970). IQ's of identical twins reared apart. *Behavior Genetics*, *1*(2), 133–148.

Jensen, A. R. (1972). *Genetics and education*. New York: Harper and Row.

Jensen, A. R. (1974). Kinship correlations reported by Sir Cyril Burt. *Behavior Genetics*, *4*(1), 1–28.

Jerusalem, M. (1990). *Persönliche Ressourcen, Vulnerabilität und Streßerleben*. Göttingen: Hogrefe.

John, O. P., & Srivastava, S. (1999). The Big Five trait taxonomy: History, measurement and theoretical perspectives. In L. A. O. P. J. Pervin (Hrsg.), *Handbook of Personality: Theory and Research* (S. 102–138). New York: The Guilford Press.

Josefsson, K., Jokela, M., Cloninger, C. R., Hintsanen, M., Salo, J., Pulkki-Råback, L., & Kletikangas-Järvinen, L. (2013). Maturity and Change in Personality: Developmental Trends of Temperament and Character in Adulthood. *Development and Psychopathology*, *25*(3), 713–727.

Joseph, J. (2001). Separated twins and the genetics of personality differences: A critique. *The American Journal of Psychology*, *114*(1), 1–30.

Joseph, G. E., & Strain, P. S. (2003a). Comprehensive evidence-based social emotional curricula for young children: An analysis of efficacious adoption potential. *Topics in Early Childhood Special Education*, *23*(2), 65–76.

Joseph, G. E., & Strain, P. S. (2003b). Enhancing emotional vocabulary in young children. *Young Exceptional Children*, *6*(4), 18–26.

Joseph, G., Strain, P., & Ostrosky, M. M. (2009). *Fostering emotional literacy in young children: Labeling emotions*. Nashville, TN: Vanderbilt University. Center on the Social and Emotional Foundations for Early Learning.

Josephson, E. (1905). *Perlen aus bittrer Flut: Gedichte und Sprüche*. Gütersloh: Tigges.

Jozefowiez, J. (2012). Neuropsychology of learning. In N. M. Seel (Hrsg.), *Encylopedia of the Sciences of Learning* (Bd. 2, S. 2459–2468). New York: Springer.

Juel-Nielsen, N. (1965). Individual and environment: a psychiatric-psychological investigation of monozygous twins reared apart. *Acta psychiatrica et neurologica Scandinavia, Monogr. Suppl.*, *182*, 1.

Jung, C. G. (1934). *Zur Empirie des Individuationsprozesses. (Eranos-Jahrbuch 1933)*. Zürich: Rhein.

Junge, J., Neumer, S., Manz, R., & Margraf, J. (2002). *Gesundheit und Optimismus. GO. Trainingsprogramm für Jugendliche*. Weinheim: Beltz.

Junker, T. (2006). *Die Evolution des Menschen*. München: C.H. Beck.

Kagan, J. (1998). *Galen's prophecy: Temperament in human Nature*. Boulder, CO: Westview Press.

Kagan, J. (2003). Biology, context, and developmental inquiry. *Annual Reviews of Psychology*, *54*, 1–23.

Kagan, J. (2008). defense of qualitative changes in development. *Child Development*, *79*, 1606–1624.

Kagan, J. S., & Snidman, N. C. (2004). *The long shadow of temperament*. Cambridge, MA: Harvard University Press.

Kamin, L. J. (1974). *The science and the politics of I.Q.* Erlbaum: Potomac: MD.

Kandler, C. (2012). Nature and nurture in personality development: The case of neuroticism and extraversion. *Current Directions in Psychological Science*, *21*(5), 290–296.

Känel, & v, E. (2011). *Psychoendokrinologie und Psychoimmunologie*. Berlin: Springer.

Kant, I. (1798/1983). *Anthropologie in pragmatischer Hinsicht*. Stuttgart: Reclam. Herausgegeben und eingeleitet von W. Becker, Nachwort von H. Ebeling

Kant, I. (1803). *Über Pädagogik*. Königsberg: Fr. Nicolovius. Hrsg. F.T. Rink. Free download: http://archive.org/details/berpdagogik00kant

Kapfhammer, H. P., Neumeier, R., & Scherer, J. (1993). Identitätsstatus im Übergang von Jugend und jungem Erwachsenenalter: Eine empirische Vergleichsstudie bei psychiatrischen und gesunden Kontrollprobanden. *Praxis der Kinderpsychologie und Kinderpsychiatrie*, *42*(3), 68–77.

Kaplan, J. D. (2012). The effects of shared environment on adult intelligence: A critical review of adoption, twin, and MZA studies. *Developmental Psychology*, *48*(5), 1292–1298.

Kästner, E. (1949/2006). *Das doppelte Lottchen*. Hamburg: Dressler.

Katoch, K. (2012). Teacher effectivenss and temperament. *MIER Journal of Educational Studies, Trends and Practices*, *1*(2), 204–212.

Katz, I., Kaplan, A., & Buzukashvily, T. (2011). The role of parents' motivation in students' autonomous motivation for doing homework. *Learning and Individual Differences*, *21*(4), 376–386.

Keating, D. (1979). Adolescent thinking. In J. Abselson (Hrsg.), *Handbook of adolescent psychology* (S. 211–246). New York: Wiley.

Keddi, M. (2008). *Auf der Suche nach der optimalen Mitarbeitermotivation*. Münster: Waxmann.

Keeney, F. J., Cannizzo, S. R., & Flavell, J. H. (1967). Spontaneous and induced verbal rehearsal in a recall task. *Child Development*, *38*, 953–966.

Keirsey, D. (1998). *Portraits of temperament*. Del Mar, CA: Prometheus Nemesis Book Comp..

Keirsey, D., & Bates, M. (1984). *Please Understand Me: Character and temperament types*. Del Mar, CA: Prometheus Nemesis Book Comp..

Keller, G. (2011). *Ich will nicht lernen! Motivationsförderung in Elternhaus und Schule* (4. Aufl.). Bern: Huber.

Keller, M. (2001). Moral in Beziehungen: Die Entwicklung des frühen moralischen Denkens in Kindheit und Jugend. In W. Edelstein, F. Oser, & P. Schuster (Hrsg.), *Moralische Erziehung in der Schule: Entwicklungspsychologische und pädagogische Praxis* (S. 111–140). Weinheim: Beltz.

Keller, M. (2005). Moralentwicklung und moralische Sozialisation. In D. Horster, & J. Oelkers (Hrsg.), *Pädagogik und Ethik* (S. 149–172). Wiesbaden: Verlag für Sozialwissenschaften.

Keller, M., Malti, T., & Dravenau, D. (2007). Bindung, Sozialisation und die Entwicklung sozio-moralischen Denkens von der Kindheit bis zum Jugendalter: Befunde einer Längsschnittuntersuchung. In C. Hopf, & G. Nunner-Winkler (Hrsg.), *Frühe Bindungen und moralische Entwicklung: Aktuelle*

Befunde zu psychischen und sozialen Bedingungen moralischer Eigenständigkeit (S. 125–150). Weinheim: Juventa.

Keller, K., & Breland, M. (1951). A field of applied animal psychology. *American Psychologist, 6*, 202–204.

Keller-Schneider, M. (2010). *Entwicklungsaufgaben im Berufseinstieg von Lehrpersonen*. Münster: Waxmann.

Kelly, E. L. (1955). Consistency of adult personality. *American Psychologist, 10*, 659–681.

Kemeny, M. E., et al. (2012). Contemplative/emotion training reduces negative emotional behavior and promotes prosocial responses. *Emotion, 12*(2), 338–350.

Kesselring, T. (1999). *Jean Piaget* (2. Aufl.). München: C.H. Beck.

Kessler, E. M., Lindenberger, U., & Staudinger, U. (2009). Stichwort: Entwicklung im Erwachsenenalter. Konsequenzen für Lernen und Bildung. *Zeitschrift für Erziehungswissenschaft, 12*, 361–381.

Killen, M., Mulvey, K. L., Richardson, C., Jampol, N., & Woodward, A. (2011). The accidental transgressor: morally-relevant theory of mind. *Cognition, 119*, 197–215.

Kim, S. I. (2012). Neuroeducational approaches on learning. In N. M. Seel (Hrsg.), *Encyclopedia of the Sciences of Learning* (Bd. 6, S. 2448–2451). New York: Springer.

Kiper, H., & Mischke, W. (2008). *Selbstreguliertes Lernen – Kooperation – soziale Kompetenz. Fächerübergreifendes Lernen in der Schule*. Stuttgart: Kohlhammer.

Kipman, U., Kohlböck, G., & Weilguny, W. (2012). *Psychologische Testverfahren zur Messung intellektueller Begabung*. Salzburg: Österreichisches Zentrum für Begabtenforschung und Begabungsforschung (ÖZBF).

Kircher, E., Girwidz, R., & Häußler, P. (Hrsg.). (2009). *Physikdidaktik. Theorie und Praxis* (2. Aufl.). Heidelberg: Springer.

Klauer, K. J. (1975). *Intelligenztraining im Kindesalter*. Weinheim: Beltz.

Klauer, K. J. (1989). Allgemeine oder bereichsspezifische Transfereffekte eines Denktrainings. *Zeitschrift für Entwicklungspsvchologie und Pädagogische Psychologie, 21*, 185–200.

Klauer, K. J. (1990). Denktraining für Schulanfänger: Ein neuer Ansatz zur kognitiven Förderung. *Praxis der Kinderpsychologie und Kinderpsychiatrie, 39*(5), 150–156.

Klauer, K. J., & Leutner, D. (2007). *Lehren und Lernen. Einführung in die Instruktionspsychologie*. Weinheim: Beltz/Psychologie Verlags Union.

Kleber, E. W., Fischer, R., Hildeschmidt, A., & Lohrig, K. (1977). *Lernvoraussetzungen und Unterricht. Zur Begründung und Praxis adaptiven Unterrichts*. Weinheim: Beltz.

Kleinbeck, U., & Kleinbeck, T. (2009). *Arbeitsmotivation. Konzepte und Fördermaßnahmen*. Lengerich: Pabst.

Klein-Heßling, J. (1997). *Stressbewältigungstrainings für Kinder. Eine Evaluation*. Tübingen: dgvt.

Kleinginna, P. R., & Kleinginna, A. M. (1981). A categorized list of emotion definitions, with suggestions for a consensual definition. *Motivation and Emotion, 5*, 345–379.

Klosowska, J. (2011). Temperament structures as risk factors for teachers' stress and burnout. *Ad Alta: Journal of Interdisciplinary Research, 1*(1), 47–49.

Kochanska, G. (1995). Children's temperament, mothers' discipline, and security of attachment: Multiple pathways to emerging internalizations. *Child Development, 66*, 597–615.

Koglin, U., & Petermann, F. (2006). *Verhaltenstraining im Kindergarten. Ein Programm zur Förderung sozial-emotionaler Kompetenz*. Göttingen: Hogrefe.

Kohlberg, L. (1968). Early education: A cognitive-developmental view. *Child Development, 39*(4), 1013–1062.

Kohlberg, L. (1972). A cognitive-developmental approach to moral education. In *Collected Papers on Moral Development and Moral Education* (S. 13–16). Cambridge, MA: Harvard University, Center for Moral Education.

Kohlberg, L. (1974). *Zur kognitiven Entwicklung des Kindes*. Frankfurt am Main: Suhrkamp.

Kohlberg, L. (1976). Moral stages and moralization: The cognitive developmental approach. In Th. Lickona (Hrsg.), *Moral development and behavior. Theory, research, and social issues* (S. 31–53). New York: Holt, Rinehart & Winston.

Kohlberg, L., & Hersh, R. H. (1977). Moral development: A review of the theory. *Theory into Practice, 16*(2), 53–59.

Kohlberg, L., & Mayer, R. (1972). Development as the aim of education. *Harvard Educational Review, 42*(4), 449–496.

Kohlberg, L., & Turiel, E. (1971). Moral development and moral education. In Lawrence Kohlberg (Hrsg.), *Collected Papers on Moral Development and Moral Education (1973)* (S. 410–465).

Kohlberg, L., Kauffman, K., Scharf, P., & Hickey, J. (1975). The Just Community approach to corrections: A theory. *Journal of Moral Education, 4*(3), 243–260.

Köhler, L. (Hrsg.). (1993). *Briefwechsel Arendt/Jaspers 1926–1969* (3. Aufl.). München: Piper.

Kohler, R. (2008). *Jean Piaget*. Bern: Haupt.

Kohler, R. (2009). *Piaget und die Pädagogik. Eine historiographische Analyse*. Bad Heilbrunn: Klinkhardt.

Köhler, W. (1917/1925). *The mentality of apes*. London: Routledge & Kegan Paul.

Köhler, W. (1963). *Intelligenzprüfungen an Menschenaffen*. Heidelberg: Springer.

Kohli, M. (2007). The institutionalization of the life course: Looking back to look ahead. *Research in Human Development, 4*(3–4), 253–271.

Kolland, F., & Ahmadi, P. (2010). *Bildung und aktives Altern*. Bielefeld: Bertelsmann.

Kornadt, H. J. (1975). *Lehrziele, Schulleistung und Leistungsbeurteilung*. Düsseldorf: Schwann.

Kornadt, H. J. (2011). *Aggression. Die Rolle der Erziehung in Europa und Ostasien*. Wiesbaden: VS Verlag für Sozialwissenschaften.

Köseoğlu, Y. (2013). Achievement motivation of the first-year university students and the self-determination theory. *Educational Research and Reviews, 8*(8), 418–424.

Krag, W. (1989). *Zur Wirkung der suggestopädischen Lehrmethode: allgemeine theoretische Begründung und empirische Überprüfung*. Frankfurt am Main: Lang.

Krampe, R. T., & Baltes, P. B. (2003). Intelligence as adaptive resource development and resource allocation : a new look through the lenses of SOC and expertise. In R. J. Sternberg, & E. L. Grigorenko (Hrsg.), *Perspectives on the psychology of abilities, competencies, and expertise* (S. 31–69). New York: Cambridge Univ. Press..

Krause, J., & Krause, K. H. (2008). *ADHS im Erwachsenenalter. Die Aufmerksamkeitdefizit-/Hyperaktivitätsstörung bei Erwachsenen* (2. Aufl.). Stuttgart: Schattauer.

Kray, J., & Lindenberger, U. (2007). Fluide Intelligenz. In J. Brandtstädter, & U. Lindenberger (Hrsg.), *Entwicklungspsychologie der Lebensspanne. Ein Lehrbuch* (S. 194–219). Stuttgart: Kohlhammer.

Kretschmer, E. (1921). *Körperbau und Charakter*. Berlin: Springer.

Kroger, J., & Marcia, J. E. (2011). The identity statuses: Origins, meanings and interpretations. In S. J. Schwartz, K. Luyckx, & V. L. Vignoles (Hrsg.), *Handbook of identity theory and research* (S. 31–53). New York: Springer.

Krogh, S. L. (1981). Moral beginnings: the Just Community in Montessori preschools. *Journal of Moral Education, 11*(1), 41–46.

Krohne, H. W. (1980). Prüfungsangst: Defensive Motivation in selbstwertrelevanten Situationen. *Unterrichtswissenschaft, 8*(3), 226–242.

Krohne, H. W. (1996). Individual differences in coping. In M. Zeidner, & N. S. Endler (Hrsg.), *Handbook of coping: Theory, research, applications* (S. 381–409). New York: Wiley.

Krohne, H. W., & Pulsack, A. (1995). *Das Erziehungsstil-Inventar* (2. Aufl.). Göttingen: Beltz Test.

Kron, F. W. (2009). *Grundwissen Pädagogik* (7. Aufl.). München: Reinhardt.

Krug, S., & Kuhl, U. (2005). Die Entwicklung von Motivförderungsprogrammen. In R. Vollmeyer, & J. Brunstein (Hrsg.), *Motivationspsychologie und ihre Anwendung* (S. 167–186). Stuttgart: Kohlhammer.

Krug, S., & Kuhl, U. (2006). *Macht, Leistung, Freundschaft: Motive als Erfolgsfaktoren in Wirtschaft, Politik und Spitzensport*. Stuttgart: Kohlhammer.

Krug, S., Herberts, K., & Strauch, T. (1993). Drei Trainingsmethoden zur motivationalen Optimierung von Unterricht: Effekte bei Lehrern und Schülern. In F. Rheinberg, & S. Krug (Hrsg.), *Motivationsförderung im Schulalltag. Konzeption, Realisation und Evaluation* (S. 125–153). Göttingen: Hogrefe.

Kruse, A. (2005). Biografische Aspekte des Alter(n)s: Lebensgeschichte und Diachronizität. In S.-H. Filipp, & U. Staudinger (Hrsg.), *Enzyklopädie der Psychologie – Entwicklungspsychologie des mittleren und höheren Erwachsenenalters* (S. 1–38). Göttingen: Hogrefe.

Kruse, A. (2007b). Chancen und Grenzen der Selbstverantwortung im Alter. In W. Härle, & B. Vogel (Hrsg.), *"Vom Rechte, das mit uns geboren ist." Aktuelle Probleme des Naturrechts* (S. 335–377). Freiburg: Herder.

Kruse, A. (2007a). *Das letzte Lebensjahr. Die körperliche, seelische und soziale Situation des alten Menschen am Ende seines Lebens*. Stuttgart: Kohlhammer.

Kruse, A. (2008). Alterungsprozesse im Wandel – Kreativität und Grenzerfahrungen im Alter aus individueller, gesellschaftlicher und ethischer Perspektive. *Sucht Aktuell, 2*, 20–26.

Kuhl, J. (1983). Emotion, Kognition und Motivation. I: Auf dem Wege zu einer systemtheoretischen Betrachtung der Emotionsgenese. *Sprache & Kognition, 2*, 1–27.

Kuhl, J. (2010). *Lehrbuch der Persönlichkeitspsychologie: Motivation, Emotion und Selbststeuerung*. Göttingen: Hogrefe.

Kuhl, U., & Krug, S. (2006). Macht Macht erfolgreich? Macht macht erfolgreich! Die Rolle des Machtmotivs im Spitzensport. *Leistungssport, 5*, 5–10.

Kuhl, J., Scheffer, D., & Eichstaedt, J. (2003). Der Operante Motiv-Test (OMT): Ein neuer Ansatz zur Messung impliziter Motive. In F. Rheinberg, & J. Stiensmeier-Pelster (Hrsg.), *Diagnostik von Motivation und Selbstkonzept* (S. 129–149). Göttingen: Hogrefe.

Kühn, H. (2005). Entwicklungspsychologie in der DDR – Bleibendes und Vergängliches. *Geschichte der Psychologie, 44*, 6–31.

Kunter, M., Klusmann, U., & Baumert, J. (2009). Professionelle Kompetenz von Mathematiklehrkräften: Das COACTIV-Modell. In K. Beck et al. (Hrsg.), *Lehrerprofessionalität: Bedingungen, Genese, Wirkungen und ihre Messung* (S. 153–179). Weinheim: Beltz.

Labouvie-Vief, G. (2009). Dynamic integration theory: Emotion, cognition, and equilibrium in later life. In V. L. Bengtson, D. Gans, N. M. Putney, & M. Silverstein (Hrsg.), *Handbook of theories of aging* (2. Aufl. S. 277–294). New York: Springer.

Laceulle, O. M., Nederhof, E., Karreman, A., Ormel, J., & van Aken, M. A. G. (2012). Stressful events and temperament change during early and middle adolescence: The TRAILS study. *European Journal of Personality, 26*(3), 276–184.

Lachman, M. E. (2004). Development in midlife. *The Annual Review of Psychology, 55*, 305–331.

Lachman, M. E., & Firth, K. (2004). The adaptive value of feeling in control during midlife. In O. G. Brim, C. D. Ryff, & R. Kessler (Hrsg.), *How healthy are we: A national study of well-being in midlife* (S. 320). Chicago: University of Chicago Press.

Larstone, R. M., Jang, K. L., Livesley, W. J., Vernon, P. A., & Wolf, H. (2002). The relationship between Eysenck's P-E-N model of personality, the five-factor model of personality, and traits delineating personality dysfunction. *Personality and Individual Differences, 33*(1), 25–37.

Laux, H. (2004). Nachhaltiges Lernen in der Grundschule. Volitionsförderung als Weg zur Verbesserung des Lernens. *Pädagogische Rundschau, 58*, 171–188.

Lazarus, R. S. (1966). *Psychological stress and the coping process*. New York: McGraw-Hill.

Lazarus, R. S. (1991). *Emotion and adaptation*. New York: Oxford University Press.

Leming, J. S. (1981). Curricular effectiveness in moral/values education: A review of research. *Journal of Moral Education, 10*(3), 147–164.

Lenhard, A., & Lenhard, W. (2011). Computerbasierte Intelligenzförderung mit den „Denkspielen mit Elfe und Mathis" – Vorstellung und Evaluation eines Computerprogramms für Vor- und Grundschüler. *Empirische Sonderpädagogik, 2*, 105–120.

Lenroot, R. K., & Giedd, J. N. (2006). Brain development in children and adolescents: Insights from anatomical magnetic resonance imaging. *Neuroscience and Biobehavioral Reviews, 30*, 718–729.

Lerner, J. V., & Lerner, R. M. (1983). Temperament and adaptation across life: Theoretical and empirical issues. In P. B. Baltes, & O. G. Brim Jr. (Hrsg.), *Life-span development and behavior* (Bd. 5, S. 197–231). New York: Academic Press.

Leventhal, H. (1979). A perceptual-motor processing model of emotion. In P. Pliner, K. Blankstein, & I. M. Spigel (Hrsg.), *Perception of emotion in self and others* (Bd. 5, S. 1–46). New York: Plenum Press.

Leventhal, H., & Scherer, K. (1987). The relationship of emotion to cognition: A functional approach to a semantic controversy. *Cognition and Emotion, 1*(1), 3–28.

Levy, J. (1976). Lateral dominance and aesthetic preference. *Neuropsychologia, 14*, 431–445.

Levy, S., & Campbell, H. (2008). Student Motivation: Premise, Effective Practice and Policy. *Australian Journal of Teacher Education, 33*, 5.. http://dx.doi.org/10.14221/ajte.2008v33n5.2

Lewin, K. (1942). Field theory of learning. In deutscher Sprache unter dem Titel "Feldtheorie des Lernens" erschienen in C.F. Graumann (Hrsg.), *Kurt-Lewin-Werkausgabe. Band 4: Feldtheorie* (S. 157–185). Bern: Huber.

Lewin, K. (1951). *Field theory in social science; selected theoretical papers*. New York: Harper & Row. Hrsg. By D. Cartwright

Lewontin, R. C., Rose, S. P. R., & Kamin, K. J. (1984). *Not in our genes: biology, ideology, and human nature*. New York: Pantheon Books.

Lieb, K. (2010). *„Hirndoping". Warum wir nicht alles schlucken sollten*. Düsseldorf: Artemis & Winkler.

Lienert, G. A., & Raatz, U. (1998). *Testaufbau und Testanalyse*. Weinheim: Beltz/Psychologie Verlags Union.

Lienert, G. A., & Schuler, H. (1994). *Revidierter Allgemeiner Büroarbeitstest ABAT-R* (3. Aufl.). Göttingen: Hogrefe.

Light, L. L. (1992). The organization of memory in old age. In F. I. M. Craik, & T. Salthouse (Hrsg.), *The handbook of aging and cognition* (S. 111–165). Hillsdale, NJ: Lawrence Erlbaum Associates.

Lind, G. (1976). Der „Moralisches-Urteil-Test": Anleitung zur Anwendung und Weiterentwicklung des Tests. In L. Eckensberger (Hrsg.), *Entwicklung des moralischen Urteilens* (S. 337–358). Saarbrücken: Universität des Saarlandes.

Lind, G. (2002). *Ist Moral lehrbar? Ergebnisse der modernen moralpsychologischen Forschung* (2. Aufl.). Berlin: Logos.

Lind, G. (2011). Moralerziehung. In E. Kiel, & K. Zierer (Hrsg.), *Basiswissen Unterrichtsgestaltung* (S. 39–50). Baltmannsweiler: Schneider Verlag Hohengehren.

Lingel, K., Neuenhaus, N., Artelt, C., & Schneider, W. (2010). Metakognitives Wissen in der Sekundarstufe: Konstruktion und Evaluation domänenspezifischer Messverfahren. *Zeitschrift für Pädagogik*, (Beiheft 56), 228–238.

Linnenbrink, E. A., & Pintrich, P. R. (2002). Motivation as an enabler for school success. *School Psychology Review, 31*, 313–327.

Lipowsky, F. (2003). *Wege von der Hochschule in den Beruf. Eine empirische Studie zum beruflichen Erfolg von Lehramtsabsolventen in der Berufseinstiegsphase*. Bad Heilbrunn: Klinkhardt.

Littig, L. W. (1970). Anxiety and Achievement of Grammar School Boys. *Nature, 226*, 411–412.

Loftus, E. F., & Palmer, J. C. (1974). Reconstruction of auto-mobile destruction: An example of the interaction between language and memory. *Journal of Verbal Learning and Verbal Behaviour, 13*, 585–589.

Lösel, F., & Beelmann, A. (2003). Effects of child skills training in preventing antisocial behavior: A systematic review of randomized evaluations. *Annals of the American Academy of Political and Social Science, 587*, 84–109.

Logie, R. H. (1995). *Visuo spatial working memory*. Hove, East Sussex: Erlbaum.

Lohaus, A., Fleer, B., Freytag, P., & Klein-Heßling, J. (1996). *Fragebogen zur Erhebung von Stresserleben und Stressbewältigung im Kindesalter (SSK)*. Göttingen: Hogrefe.

Lohaus, A., Eschenbeck, H., Kohlmann, C.-W., & Klein-Heßling, J. (2006). *SSKJ 3–8. Fragebogen zur Erhebung von Stress und Stressbewältigung im Kindes- und Jugendalter*. Göttingen: Hogrefe.

Lohaus, A., Domsch, H., & Friderici, M. (2007). *Stressbewältigung für Kinder und Jugendliche*. Heidelberg: Springer.

Lohaus, A., Vierhaus, M., & Maass, A. (2010). *Entwicklungspsychologie des Kindes- und Jugendalters*. Berlin: Springer.

Lorenz, C., & Artelt, C. (2009). Fachspezifität und Stabilität diagnostischer Kompetenz von Grundschullehrkräften in den Fächern Deutsch und Mathematik. *Zeitschrift für Pädagogische Psychologie, 23*, 211–222.

Ludwig, H. (2005). Lauter kleine Egoisten? - Individual- und Sozialerziehung in der Montessori-Pädagogik. In H. Ludwig et al. (Hrsg.), *Sozialerziehung in der Montessori-Pädagogik* (S. 90–108). Münster: LIT.

Lukesch, H. (2000). Lernen ohne Anstrengung? Der Sirenengesang der geheimen Verführer. *Zeitschrift für Pädagogische Psychologie, 14*(2/3), 59–62.

Lund, B., Rheinberg, F., & Gladasch, U. (2001). Ein Elterntraining zum motivationsförderlichen Erziehungsverhalten in Leistungskontexten. *Zeitschrift für Pädagogische Psychologie, 15*(3-4), 130–143.

Maaz, K., Nagy, G., Jonkmann, K., & Baumert, J. (2009). Eliteschulen in Deutschland. Eine Analyse zur Existenz von Exzellenz und Elite in der gymnasialen Bildungslandschaft aus einer institutionellen Perspektive. *Zeitschrift für Pädagogik, 55*, 211–227.

Mackowiak, K., & Lengning, A. (2010). *Das Bochumer Angstverfahren für Kinder im Vorschul- und Grundschulalter (BAV 3-11)*. Bern: Huber.

Maher, B. (2008). Poll results: look who's doping. *Nature News*, *452*(7188), 674–675.

Mahner, M., & Bunge, M. (2000). *Philosophische Grundlagen der Biologie*. Berlin: Springer.

Main, M. (2000). The organized categories of infant, child, and adult attachment: Flexible vs. inflexible attention under attachment-related stress. *Journal of the American Psychoanalytic Association*, *48*, 1055–1096.

Main, M., Kaplan, N., & Cassidy, J. (1985). Security in infancy, childhood, and adulthood: A move to the level of representation. *Growing points in attachment theory and research. Monographs oft he Society for Research in Child Development*, *50*(209), 66–104.

Mandler, G. (2001). Apart from genetics: What makes monozygotic twins similar? *Journal of Mind and Behavior*, *22*(2), 147–160.

Mandler, G., & Sarason, S. B. (1952). A study of anxiety and learning. *Journal of Abnormal and Social Psychology*, *47*, 166–173.

Manz, R., Junge, J., & Margraf, J. (2001). Prävention von Angst und Depression bei Jugendlichen. Ergebnisse einer Follow-up-Untersuchung nach sechs Monaten. *Zeitschrift für Gesundheitspsychologie*, *9*, 168–179.

Marcia, J. E. (1986). Clinical implications of the identity status approach within psychosocial developmental theory. *Cadernos de Consulta Psicólogica*, *2*, 23–34.

Marcia, J. E. (1993). The status of the statuses: Research review. In J. E. Marcia et al. (Hrsg.), *Ego identity: A handbook for psychosocial research* (S. 22). New York: Springer.

Marcia, J. E., Waterman, A. S., Matteson, D. R., Archer, S. L., & Orlofsky, J. L. (1993). *Ego identity: A handbook for psychosocial research*. New York: Springer.

Markovits, H. (2000). A mental model analysis of young children's conditional reasoning with meaningful premises. *Thinking & Reasoning*, *6*, 335–347.

Marquart, V. (2009). *Halb so wild. Was mit 40 wirklich zählt*. Berlin: Rowohlt.

Marsh, H. W. (1987). The big-fish-little-pond effect on academic self-concept. *Journal of Educational Psychology*, *79*(3), 280–295.

Marsh, H. W. (2005). Big-fish-little-pond effect on academic self-concept. *Zeitschrift für Pädagogische Psychologie*, *19*, 119–127.

Marsh, H. W., & Hau, K.-T. (2003). Big-Fish--Little-Pond effect on academic self-concept: A cross-cultural (26-country) test of the negative effects of academically selective schools. *American Psychologist*, *58*(5), 364–376.

Marshall, G. D., & Zimbardo, P. G. (1979). Affective consequences of inadequately explained physiological arousal. *Journal of Personality and Social Psychology*, *37*, 970–988.

Marsman, R., Nederhof, E., Rosmalen, J. G. M., & Oldehinkel, A. L. (2012). Family environment is associated with HPA-axis activity in adolescents. The TRAILS study. *Biological Psychology*, *89*, 460–466.

Marx, E., Keller, K., & Beuing, R. (2011). Die Erzieherin als Trainerin. Effekte kombinierter Denk- und Sprachförderung in Kindertagesstätten. *Psychologie in Erziehung und Unterricht*, *58*, 41–51.

Maslach, C. (1979). Negative emotional biasing of unexplained arousal. *Journal of Personality and Social Psychology*, *37*, 953–969.

Maslow, A. H. (1943). A theory of human motivation. *Psychological Review*, *50*(4), 370–396.

Maslow, A. (1955). Deficiency motivation and growth motivation. In M. R. Jones (Hrsg.), *Nebraska symposium on motivation* (S. 1–30). Lincoln, NE: University of Nebraska Press.

Maslow, A. H. (1968). *Toward a psychology of being*. New York: Van Nostrand.

Maslow, A. H. (1970). *Motivation and Personality*. New York: Harper & Row.

Masson, J. M., & McCarthy, S. (1995). *When elephants weep: The emotional lives of animals*. New York: Wheeler Publishing.

Matejko, A., & Ansari, D. (2012). Developmental cognitive neuroscience and learning. In N. M. Seel (Hrsg.), *Encylopedia of the Sciences of Learning* (Bd. 2, S. 961–966). New York: Springer.

Mather, M., & Carstensen, L. L. (2005). Aging and motivated cognition: The positivity effect in attention and memory. *Trends in Cognitive Sciences*, *9*, 496–502.

Mathiesen, K. S., & Prior, M. (2006). The impact of temperament factors and family functioning on resilience processes from infancy to school age. *European Journal of Developmental Psychology*, *3*(4), 357–387.

Mathiesen, K. S., Sanson, A., Stoolmiller, M., & Karevold, E. (2009). The nature and predictors of undercontrolled and internalizing problem trajectories across early childhood. *Journal of Abnormal Child Psychology*, *37*, 209–222.

Matthews, G., Zeidner, M., & Roberts, R. D. (2006). Models of personality and affect for education: A review and synthesis. In P. A. Alexander, & P. H. Winne (Hrsg.), *Handbook of educational psychology* (S. 163–186). Mahwah , NJ: Lawrence Erlbaum.

Mayer, R. E. (1998). Cognitive, metacognitive, and motivational aspects of problem solving. *Instructional Science*, *26*, 49–63.

Mayer, J. D., et al. (2003). Measuring emotional intelligence with the MSCEIT V2.0. *Emotion*, *3*(1), 97–105.

Mayer, J. D., Salovey, P., & Caruso, D. R. E. (2004). Emotional intelligence: Theory, findings and implications. *Psychological Inquiry*, *15*, 197–215.

Mayr, J., Prinz, M., & Rathwallner, G. (1984). Ein Versuch zur Verminderung von Prüfungsangst und Schulunlust durch positive Verstärkung und Reform der Leistungsbeurteilung. *Zeitschrift für Empirische Pädagogik und Pädagogische Psychologie*, *8*(1), 23–34.

McAdams, D. P. (1989). *Intimacy: The need to be close*. New York: Doubleday.

McAdams, D. P. (2000). Attachment, intimacy, and generativity. *Psychological Inquiry*, *11*(2), 117–120.

McClelland, D. (1978). *Macht als Motiv*. Stuttgart: Klett-Cotta.

McClelland, D. C. (1987). *Human motivation*. Cambridge: Cambridge University Press.

McClelland, D., & Burnham, D. (1976). Power is the great motivator. *Harvard Business Review*, *54*(2), 100–110.

McClelland, D. C., & Pilon, D. A. (1983). Sources of adult motives in patterns of parent behavior in early childhood. *Journal of Personality and Social Psychology*, *44*, 564–574.

McClelland, M. M., Morrison, F. J., & Holmes, D. L. (2000). Children at risk for early academic problems: The role of learning-related social skills. *Early Childhood Research Quarterly*, *15*(3), 307–329.

McCrae, R. R., & Costa, P. T. Jr. (2008). The five factor theory of personality. In O. P. John, R. W. Robins, & L. A. Pervin (Hrsg.), *Handbook of personality: Theory and research* (S. 159–181). New York: Guilford Press.

McCroskey, J. C., Valencic, K. M., & Richmond, V. P. (2004). Toward a general model of instructional communication. *Communication Quarterly*, *52*(3), 197–210.

McElvany, N. (2008). *Förderung von Lesekompetenz im Kontext der Familie*. Münster: Waxmann.

McGivern, R. F., Andersen, J., Byrd, D., Mutter, K. L., & Reilly, J. (2002). Cognitive efficiency on a match to sample task decreases at the onset of puberty in children. *Brain and Cognition*, *50*, 73–89.

McKay, J. (1992). Building self-esteem in children. In M. McKay, & P. Fanning (Hrsg.), *Self-esteem* (2. Aufl. S. 239–271). Oakland, CA: New Harbinger.

McKone, E., Crookes, K., & Kanwisher, N. (2010). The cognitive and neural development of face recognition in humans. In M. S. Gazzaniga (Hrsg.), *The Cognitive Neuroscience* (4. Aufl. S. 467–482). Cambridge: MIT Press.

McQuaide, S. (1998). Women at midlife. *Social Work*, *43*(1), 21–30.

Mead, G. (1934). *Geist, Identität und Gesellschaft*. Frankfurt am Main: Suhrkamp.

Mead, M. (1928). *Coming of age in Samoa: A Psychological study of primitive youth for Western civilisation*. New York: Blue Ribbon Books.

Mees, U. (2006). Zum Forschungsstand der Emotionspsychologie – eine Skizze. In R. Schützeichel (Hrsg.), *Emotionen und Sozialtheorie. Disziplinäre Ansätze* (S. 104–123). Frankfurt am Main: Campus.

Mees, U., & Wulf, C. (2011). Typical intensity indicators for romantic love and being in love. *Emotion Researcher*, *26*(2), 7–9.

Mehrabian, A., & Kszionzky, S. (1974). *A theory of affiliation*. Lexington, MA: D.C. Heath.

Meisgeier, C., & Kellow, J. T. (2007). Type, temperament, and teacher perceptions of ideal and problem students. *Journal of Psychological Type*, *67*(5), 39–49.

Mertens, G. (2002). Normative Orientierung in der Pädagogik? *Vierteljahresschrift für wissenschaftliche Pädagogik*, *78*, 24–37.

Mervielde, I., et al. (2005). Temperament, personality, and developmental psychopathology as childhood antecedents of personality disorders. *Journal of Personality Disorders*, *19*(2), 171–201.

Messner, H., & Reusser, K. (2000). Die berufliche Entwicklung von Lehrpersonen als lebenslanger Prozess. *Beiträge zur Lehrerbildung*, *18*(2), 157–171.

Meyers, S. A., & Landsberger, S. A. (2002). Direct and indirect pathways between adult attachment style and marital satisfaction. *Personal Relationships, 9*, 159–172.

Mietzel, G. (2002). *Wege in die Entwicklungspsychologie. Kindheit und Jugend* (4. Aufl.). Weinheim: Beltz/Psychologie Verlags Union.

Miller, A. (1983). *Am Anfang war Erziehung*. Frankfurt am Main: Suhrkamp.

Miller, G. A. (1956). The magical number seven, plus or minus two: Some limits on our capacity for processing information. *Psychological Review, 63*, 81–97.

Moll, J., Zahn, R., Oliveira-Souza, R., Krueger, F., & Grafman, J. (2005). Opinion: the neural basis of human moral cognition. *Nature Reviews: Neuroscience, 6*(10), 799–809.

Montada, L., Lindenberger, U., & Schneider, W. (2012). Fragen, Konzepte, Perspektiven. In W. Schneider, & U. Lindenberger (Hrsg.), *Entwicklungspsychologie* (7. Aufl. S. 27–48). Weinheim: Beltz.

Montessori, M. (1932). Der Frieden und die Erziehung. *Blätter der internationalen Montessori-Gesellschaft, 2*(2), 2–22.

Montessori, M. (1941/2003). Soziale und moralische Erziehung. *Montessori, 41*(3), 98–110.

Montessori, M. (1973). *Von der Kindheit zur Jugend* (2. Aufl.). Freiburg: Herder.

Montessori, M. (1979). *Spannungsfeld Kind – Gesellschaft – Welt. Auf dem Wege zu einer „Kosmischen Erziehung"*. Freiburg: Herder.

Montessori, M. (1984). *Das kreative Kind. Der absorbierende Geist* (4. Aufl.). Freiburg: Herder.

Moore, W. E. I. I. I., Pfeifer, J. H., Masten, C. L., Mazziotta, J. C., Iacobani, M., & Daprettp, M. (2012). Facing puberty: associations between pubertal development and neural responses to affective facial displays. *SCAN, 7*, 35–43.

Mulcahy, N. J., & Call, J. (2006). Apes save tools for future use. *Science, 312*(5776), 1038–1040.. 19 (May)

Müller, J., & Neumer, S. (2007). *Prävention von Angst und Depression: Evaluation des GO!-Programms für Erwachsene: Eine praxisorientierte Einführung*. Saarbrücken: VDM Verlag Dr. Müller.

Müller-Fohrbrodt, G., Cloetta, B., & Dann, H. D. (1978). *Der Praxisschock bei jungen Lehrern*. Stuttgart: Klett.

Muller-Kalthoff, T., Wild, E., Rammert, M., Siegmund, A., & Gerber, G. (2008). *Parental support of student learning and the development of learning motivation in mathematics* (S. 1–8). Bielefeld: Universität Bielefeld: Bielefelder Server für Online-Publikationen.

Murray, H. A. (1943). *Thematic Apperception Test*. Cambridge: Harvard University Press.

Neel, C. G., & Fuligni, A. (2013). A longitudinal study of school belonging and academic motivation across high school. *Child Development, 84*(2), 678–692.

Neis, C. (2003). *Anthropologie im Sprachdenken des 18. Jahrhunderts. Die Berliner Preisfrage nach dem Usprung der Sprache (1771)*. Berlin: de Gruyter.

Neppl, T. K., Donnellan, M. B., Scaramella, L. V., Widaman, K. F., Spilman, S. K., Ontai, L. L., & Conger, R. D. (2010). Differential stability of temperament and personality from toddlerhood to middle childhood. *Journal of Research in Personality, 44*(3), 386–396.

Neuenhaus, N. (2011). *Metakognition und Leistung. Eine Längsschnittuntersuchung in den Bereichen Lesen und Englisch bei Schülerinnen und Schülern der fünften und sechsten Jahrgangsstufe*. Bamberg: Universität. Diss.

Neugarten, B. L., & Neugarten, D. A. (1989). Policy issues in an aging society. In M. Storandt, & G. R. VandenBos (Hrsg.), *The adult years: Continuity and change* (S. 147–167). Washington, DC: American Psychological Association.

Newman, H. H., Freeman, F. N., & Holzinger, K. J. (1937). *Twins: A study of heredity and evironment*. Chicago: Chicago University Press.

Nicholls, J. G. (1984). Achievement motivation: Conceptions of ability, subjective experience, task choice, and performance. *Psychological Review, 91*(3), 328–346.

Nicholls, J. G., & Miller, A. T. (1985). Differentiation of the concepts of luck and skill. *Developmental Psychology, 21*(1), 76–82.

Niebank, K., & Scheithauer, H. (2010). *Entwicklung evidenzbasierter Grundlagen und Indikatoren für die Evaluation des Modellprojektes „buddY in der Grundschule"*. Expertise im Auftrag von buddY e. V.. Düsseldorf. Berlin: Freie Universität.

Niederbacher, A., & Zimmermann, P. (2011). *Grundwissen Sozialisation. Einführung zur Sozialisation im Kindes- und Jugendalter* (4. Aufl.). Wiesbaden: VS Verlag für Sozialwissenschaften.

Niehaus, K., Rudasill, K. M., & Rakes, C. R. (2012). A longitudinal study of school connectedness and academic outcomes across sixth grade. *Journal of School Psychology, 50*(4), 443–460.

Noack, J. (2010). Erik H. Erikson: Identität und Lebenszyklus. In B. Jörissen, & J. Zirfas (Hrsg.), *Schlüsselwerke der Identitätsforschung* (S. 37–54). Wiesbaden: VS Verlag für Sozialwissenschaften.

Nohl, H. (1963). Der pädagogische Bezug und die Bildungsgemeinschaft. In H. Nohl: *Die pädagogische Bewegung in Deutschland und ihre Theorie* (6. Aufl.). S. 130–140). Frankfurt am Main: Klostermann.

Noltemeyer, A., Bush, K., Patton, J., & Bergen, D. (2012aa). The relationship among deficiency needs and growth needs: An empirical investigation of Maslow's theory. *Children and Youth Services Review, 34*(9), 1862–1867.

Noltemeyer, A., Kunesh, C., Hostutler, C., Frato, P., & Sarr-Kerman, B. J. (2012bb). The effects of student and teacher characteristics on teacher impressions of – and responses to – student behaviors. *International Education Studies, 5*(4), 96–111.

Nuding, A. (1984). Lehrerangst im Schulalltag; Informelle Erhebung mit Berücksichtigung der kognitiven und emotionalen Dimension. *Psychologie und Erziehung und Unterricht, 31*, 292–297.

Nunner-Winkler, G., & Nikele, M. (2001). Moralische Differenz oder geteilte Werte? Empirische Befunde zur Gleichheits-/Differenz-Debatte. In B. Heintz (Hrsg.), *Geschlechtersoziologie* Sonderband 41 der Kölner Zeitschrift für Soziologie und Sozialpsychologie. (S. 108–135). Opladen: Westdeutscher Verlag.

Oerter, R. (1975). *Moderne Entwicklungspsychologie* (15. Aufl.). Donauwörth: Auer.

Offe, H., & Stadler, M. (1980). *Arbeitsmotivation: Entwicklung der Motivation zu produktiver Tätigkeit*. Darmstadt: Steinkopf.

Ohlmeier, M. D., & Roy, M. (Hrsg.). (2012). *ADHS bei Erwachsenen – ein Leben in Extremen. Ein Praxisbuch für Therapeuten und Betroffene*. Stuttgart: Kohlhammer.

Op't Ende, P., & Turner, J. E. (2006). Focusing on the complexity of emotion isues in academic learning: A dynamic component systems approach. *Educational Psychology Review, 18*, 361–376.

Oren, M., & Jones, I. (2009). The Relationships between Child Temperament, Teacher-Child Relationships, and Teacher-Child Interactions. *International Education Studies, 2*, 122–133.

Ortony, A., & Turner, T. J. (1990). What's basic about basic emotions? *Psychological Review, 97*(3), 315–331.

Orwell, G. (1964/2008). *Nineteen Eighty-Four*. London: Penguin.

Oser, F., & Althof, W. (1997). *Moralische Selbstbestimmung. Modelle der Entwicklung und Erziehung im Wertebereich* (3. Aufl.). Stuttgart: Klett-Cotta.

Oshershon, D. N., & Markman, E. M. (1975). Language and the ability to evaluate contradictions and tautologies. *Cognition, 2*, 213–226.

Otis, N., Grouzet, F. M. E., & Pelletier, L. G. (2005). Latent motivational change in an academic setting: A 3-year longitudinal study. *Journal of Educational Psychology, 97*(2), 170–183.

Palmer, J. (2001). *Fifty modern thinkers on education: From Piaget to the present*. London: Routledge.

Panchal, S., & Jackson, E. (2007). Turning 30' transitions: Generation Y hits quarter-life. *The Coaching Psychologist, 3*(2), 46–51.

Papastefanou, C. (1997). *Auszug aus dem Elternhaus. Aufbruch und Ablösung im Erleben von Eltern und Kinder*. Weinheim: Juventa.

Paschen, H. (1992). Aufgaben und Instrumente einer argumentativ disziplinierten Erziehungswissenschaft. In H. Paschen, & L. Wigger (Hrsg.), *Pädagogisches Argumentieren* (S. 141–153). Weinheim: Deutscher Studien Verlag.

Patry, J.-L., Weyringer, S., & Weinberger, A. (2007). Combining values and knowledge education. In D. Aspin, & J. Chapman (Hrsg.), *Values education and lifelong learning* (S. 60–179). New York: Springer.

Pauli-Pott, U., & Bade, U. (2002). Bindung und Temperament. In B. Strauß, A. Nuchheim, & H. Kächele (Hrsg.), *Klinische Bindungsforschung. Theorien, Methoden, Ergebnisse* (S. 129–143). Stuttgart: Schattauer.

Paus, T., Zijdenbos, A., Worlsey, K., Collins, D. L., Blumenthal, J., Giedd, J. N., Rapoport, J. L., & Evans, A. C. (1999). Structural maturation of neural Pathways in children and adolescents: In Vivo Study. *Science, 283*(5409), 1908–1911.

Pawlik, K. (2006). *Handbuch Psychologie, Wissenschaft, Anwendung, Berufsfelder*. Heidelberg: Springer.

Peck, R. (1977). Psychologische Entwicklung in der zweiten Lebenshälfte. In H. Thomae, & U. Lehr (Hrsg.), *Altern – Probleme und Tatsachen* (S. 530–544). Frankfurt am Main: Akademische Verlagsanstalt.

Pekrun, R. (1998). Schüleremotionen und ihre Förderung: Ein blinder Fleck der Unterrichtsforschung. *Psychologie in Erziehung und Unterricht, 44*, 230–248.

Pepperberg, I. M. (2009). *Alex und ich: Die einzigartige Freundschaft zwischen einer Harvard-Forscherin und dem schlausten Vogel der Welt*. München: mvg Verlag.

Pervin, L. A., & John, O. P. (2001). *Personality: Theory and research* (8. Aufl.). New York: Wiley.

Petermann, F. (2002). *Lehrbuch der Klinischen Kinderpsychologie*. Göttingen: Hogrefe.

Petermann, F. (2012). Testbesprechung: Inventar zur integrativen Erfassung des Kind-Temperaments (IKT). *Zeitschrift für Psychiatrie, Psychologie und Psychotherapie, 60*(2), 152–154.

Petermann, F., & Kullik, A. (2011). Frühe Emotionsdysregulation: Ein Indikator für psychische Störungen im Kindesalter? *Kindheit und Entwicklung, 20*(3), 186–196.

Petermann, F., & Macha, T. (2013). *Entwicklungstest sechs Monate bis sechs Jahre (ET 6-6-R)*. Frankfurt/M.: Pearson Assessment.

Petermann, F., & Petermann, U. (2007). *HAWIK-IV. Hamburg-Wechsler-Intelligenztest für Kinder – IV*. Bern: Huber. Übersetzung und Adaptation der WISC-IV von David Wechsler

Petermann, F., & Wiedebusch, S. (2008). *Emotionale Kompetenz bei Kindern* (2. Aufl.). Göttingen: Hogrefe.

Petermann, F. et al. (2006). *Verhaltenstraining für Schulanfänger*. Göttingen: Hogrefe.

Petermann, F. et al. (2007). *Verhaltenstraining in der Grundschule*. Göttingen: Hogrefe.

Petermann, F., Jugert, G., Tänzer, U., & Verbeek, D. (2012). *Sozialtraining in der Schule* (3. Aufl.). Weinheim: Beltz.

Pfungst, O. (1911). *Clever Hans: The horse of Mr. von Osten*. London: Routledge.

Phillips, B. N., Hindsman, E., & McGuire, C. (1960). Factors associated with anxiety and their relation to the school achievement of adolescents. *Psychological Reports, 7*, 365–372.

Piaget, J. (1926). La naissance de l'intelligence chez l'enfant. *Pour l'ère nouvelle, 5*, 51–55.

Piaget, J. (1928). La règle morale chez l'enfant. Dt. Die moralische Regel beim Kind. In H. Bertram (Hrsg.), *Gesellschaftlicher Zang und moralische Autonomie* (S. 106–177). Frankfurt am Main: Suhrkamp.

Piaget, J. (1930). *Les procédés de l'éducation morale. Dt. Das Verfahren der Moralerziehung* (S. 30–77). Weinheim: Beltz.

Piaget, J. (1935). Remarques psychologiques sur le travail par équipes. Dt. Psychologische Anmerkungen zur Gruppenarbeit. In *Über Pädagogik* (S. 179–198). Weinheim: Beltz.

Piaget, J. (1939). Les méthodes nouvelles, leurs bases psychologiques. Dt. Die neuen Methoden und ihre psychologischen Grundlagen. In *Theorien und Methoden der modernen Erziehung* (S. 139–183). Wien: Molden.

Piaget, J. (1945). *La formation du symbole chez l'enfant. Imitation, jeu et rêve, image et représen-tation*. Neuchatel: Delachaux et Niestlé S.A..

Piaget, J. (1947/1999). *Psychologie der Intelligenz*. Zürich: Rascher.

Piaget, J. (1947). Die moralische Entwicklung des Jugendlichen in zwei verschiedenen Gesellschaftstypen: der ‚primitiven' Gesellschaft und der ‚modernen' Gesellschaft. In *Über Pädagogik* (S. 208–216). Weinheim: Beltz.

Piaget, J. (1952). *The Origins of Intelligence in Children*. New York: International Universities Press.

Piaget, J. (1962). Le temps et le développement intellectuel de l'enfant. In P. Chauchard, J. Piaget et al. (Hrsg.), La vie et le temps: les générations dans le monde actuel: textes des conférences et des entretiens organisés par les Rencontres internationales de Genève 1962. Dt. Der Zeitfaktor in der kindlichen Entwicklung. In J. Piaget (1993), *Probleme der Entwicklungspsychologie. Kleine Schriften* (S. 7–30). Hamburg: EVA.

Piaget, J. (1972). *Theorien und Methoden der modernen Erziehung*. Wien: Molden.

Piaget, J. (1978). *Das Weltbild des Kindes*. Stuttgart: Klett-Cotta.

Piaget, J. (1990). *Das moralische Urteil beim Kinde*. München: dtv.

Piaget, J. (1999). *Über Pädagogik*. Weinheim: Beltz.

Pinker, S. (1994). *The language instinct*. New York: Harper.

Pinquardt, M., & Silbereisen, R. K. (2007). Familienentwicklung. In J. Brandtstädter, & U. Lindenberger (Hrsg.), *Entwicklungspsychologie der Lebensspanne. Ein Lehrbuch* (S. 483–509). Stuttgart: Kohlhammer.

Pintrich, P. R. (2003). A motivational science perspective on the role of student motivation in learning and teaching contexts. *Journal of Educational Pschology, 95*(4), 667–686.

Plomin, R., & Spinath, F. M. (2004). Intelligence: genetics, genes, and genomics. *Journal of Personality and Social Psychology, 86*(1), 112–129.

Plomin, R., DeFries, J. C., & Loehlin, J. C. (1977). Genotype-environment interaction and correlation in the analysis of human behavior. *Psychological Bulletin, 84*, 309–322.

Plomin, R., DeFries, J. C., Petrill, S. A., & Hewitt, J. K. (2003). *Nature and nurture: An introduction to human behavioral genetics*. Oxford: Oxford University Press.

Plomin, R., DeFries, J. C., & Fulker, D. (2006). *Nature and nurture during infancy and early childhood*. Cambridge: Cambridge University Press.

Plomin, R., DeFries, J. C., & McClearn, G. E. (2012). *Behavioral genetics: A primer* (5. Aufl.). New York: W.H. Freeman.

Plutchik, R. (1980). *Emotion – A Psychoevolutionary Synthesis*. New York: Harper & Row.

Pollich, D. (2007). Die kognitive Emotionstheorie von Richard S. Lazarus und ihre Anwendung auf jugendliches Gewalthandeln. In K. Boers, & J. Reinecke (Hrsg.), *Delinquenz im Jugendalter* (S. 175–200). Münster: Waxmann.

Pons, F., Harris, P. L., & de Rosnay, M. (2004). Emotion comprehension between 3 and 11 years: Developmental periods and hierarchical organization. *European Journal of Developmental Psychology, 1*, 127–152.

Popovic, C., & Green, D. A. (2012). *Understanding undergraduates. Challenging our preconceptions of student success*. New York: Routledge.

Popper, K. R. (1992). *Der Zauber Platons (Neuauflage)*. Die offene Gesellschaft und ihre Feinde, Bd. 1. Tübingen: Mohr Siebeck. Erstveröffentlichung 1945: The open society and its enemies. Vol. I: The spell of Plato. London: Routledge & Kegan Paul

Porten, M. (Hrsg.). (2006). *Was Führungskräfte und Mitarbeiter vom Spitzensport lernen können. Impulse für persönliche und unternehmerische Bestleistungen*. Offenbach: Gabal.

Portmann, A. (1941). Die biologische Bedeutung des ersten Lebensjahres beim Menschen. *Schweizerische Medizinische Wochenzeitschrift, 71*, 921–1001.

Posner, M. I., & Raichle, M. E. (1996). *Bilder des Geistes. Hirnforscher auf den Spuren des Denkens*. Heidelberg: Spektrum Akademischer Verlag.

Power, F. C., Higgins, A., & Kohlberg, L. (1989). *Lawrence Kohlberg's Approach to Moral Education*. New York, NY: Columbia University Press.

Praetorius, A. K., Greb, K., Lipowsky, F., & Gollwitzer, M. (2010). Lehrkräfte als Diagnostiker – Welche Rolle spielt die Schülerleistung bei der Einschätzung von mathematischen Selbstkonzepten? *Journal für Bildungsforschung Online, 2*(1), 121–144.

Preiser, S. (2009). *Pädagogische Psychologie. Psychologische Grundlagen von Erziehung und Unterricht* (2. Aufl.). Weinheim: Juventa.

Premack, D. (1977). *Intelligence in Ape and Man*. Hillsdale, NJ: Lawrence Erlbaum.

Premack, D., & Premack, A. (1984). *The Mind of an Ape*. New York: W. W. Norton.

Premack, D., & Woodruff, G. (1978). Does the chipmanzee have a theory of mind? *Behavioral & Brain Sciences, 1*, 515–526.

Pressley, M., Van Etten, S., Yokoi, L., Freebern, G., & Van Meter, P. (1998). The metacognition of college studentship: A grounded theory approach. In D. Hacker, J. Dunloksy, & A. C. Graesser (Hrsg.), *Metacognition in educational theory and practice* (S. 347–366). Mahwah, NJ: Erlbaum.

Prior, M., et al. (2008). Influences on communicative development at 24 months of age: Child temperament, behaviour problems, and maternal factors. *Infant Behavior and Development, 31*, 270–279.

Prior, M., Sanson, A., Smart, D., & Oberklaid, F. (2000). *Pathways from infance to adolescence. Australian Temperament Project 1983-2000*. Melbourne: Australian Institute of Family Studies.

Puffer, K. A., Pence, K. G., Graverson, T. M., Wolff, M., Pate, E., & Clegg, S. (2008). Religious doubt and identity formation: Salient predictors of adolescent religious doubt. *Journal of Psychology and Theology, 36*(4), 270–284.

Pullis, M., & Cadwell, J. (1982). The influence of children's temperament characteristics on teachers' decision strategies. *American Educational Research Journal, 19*(2), 165–181.

Raapcke, H. D. (2003). Montessori an den Pranger?. In H. Ludwig, C. Fischer, & R. Fischer (Hrsg.), *Verstehendes Lernen in der Montessori-Pädagogik* (S. 232–246). Münster: Lit.

Raapke, H. D. (2010). Anmerkungen zum Begriff der „Normalisierung" in der Montessori-Pädagogik. In E. Eckert, & I. Waldschmidt (Hrsg.), *Inklusion: Menschen mit besonderen Bedürfnissen und Montessori-Pädagogik* (S. 150–153). Münster: LIT.

Raether, W. (1982). *Das unbekannte Phänomen Lehrerangst*. Freiburg: Herder.

Raitakara, O. T., et al. (2008). Cofort profile: The cardiovascular risk in Young Finns Study. *International Journal of Epidemiology, 37*(6), 1220–1226.

Raths, L. E., Harmin, M., & Simon, S. B. (1976). *Werte und Ziele. Methoden zur Sinnfindung im Unterricht*. München: Pfeiffer.

Rauchfleisch, U. (1993). *Handbuch zum Rosenzweig Picture-Frustration Test PFT* (2. Aufl.). Bern: Huber.

Rauer, W., & Schuck, K. D. (2003a). *Fragebogen zur Erfassung emotionaler und sozialer Schulerfahrungen (FEESS 3-4)*. Göttingen: Beltz Test.

Rauer, W., & Schuck, K. D. (2003b). Emotionale und soziale Schulerfahrungen: Ein mit pädagogischem Nutzen operationalisierbarer diagnostischer Gegenstand. In G. Ricken, A. Fritz, & Ch. Hofmann (Hrsg.), *Diagnose: Sonderpädagogischer Förderbedarf* (S. 292–306). Lengerich: Papst.

Rauer, W., & Schuck, K. D. (2004). *Fragebogen zur Erfassung emotionaler und sozialer Schulerfahrungen von Grundschulkindern erster und zweiter Klassen (FEESS 1-2)*. Göttingen: Beltz.

Raven, C., & Knitzer, J. (2002). *Ready to enter: What research tells policymakers about strategies to promote social and emotional school readiness among three- and four-year-old children*. New York, NY: National Center for Children in Poverty.

Reid, P. J. (2009). Adapting to the human world: dogs' responsiveness to our social cues. *Behavioral Processes, 80*, 325–333.

Reiss, C., & Hammer, C. (2013). *Grundlagen der Mathematikdidaktik. Eine Einführung für den Unterricht in der Sekundarstufe*. Basel: Birkhäuser.

Repantis, D., Schlattmann, P., Lasney, O., & Heuser, I. (2010). Modafinil and methylphenidate for neuroenhancement in healthy individuals: A systematic review. *Pharmacological Research, 62*(3), 187–206.

Resch, F. et al. (1999). *Entwicklungspsychopathologie des Kindes- und Jugendalters – Ein Lehrbuch* (2. Aufl.). Weinheim: Beltz Psychologie Verlags Union.

Resch, F., Parzer, P., & Brunner, R. (2008). Entwicklungspsychopathologie der Persönlichkeitsstörungen. *Zeitschrift für Psychiatrie, Psychologie und Psychotherapie, 56*(4), 275–284.

Rheinberg, F. (2008). *Motivation* (7. Aufl.). Stuttgart: Kohlhammer.

Rheinberg, F., & Fries, S. (1998). Förderung der Lernmotivation: Ansatzpunkte, Strategien und Effekte. *Psychologie in Erziehung und Unterricht, 44*, 168–184.

Rheinberg, F., & Günther, A. (1993). Ein Unterrichtsbeispiel zum lehrplanabgestimmten Einsatz individueller Bezugsnormen. In F. Rheinberg, & S. Krug (Hrsg.), *Motivationsförderung im Schulalltag. Konzeption, Realisation und Evaluation* (S. 43–56). Göttingen: Hogrefe.

Rheinberg, F., & Krug, S. (2005). *Motivationsförderung im Schulalltag. Konzeption, Realisation und Evaluation* (3. Aufl.). Göttingen: Hogrefe.

Rheinberg, F., Vollmeyer, R., & Burns, B. D. (2001). FAM: Ein Fragebogen zur Erfassung aktueller Motivation in Lern- und Leistungssituationen. *Diagnostika, 2*, 57–66.

Riccio, D. C., & Cullen, P. K. (2012). Memory consolidation and reconsolidation. In N. M. Seel (Hrsg.), *Encyclopledia of the Sciences of Learning* (Bd. 5, S. 2163–2166). New York: Springer.

Richards, C. A., & Sanderson, J. A. (1999). The role of imagination in facilitating deductive reasoning in 2-, 3-, and 4-year-olds. *Cognition, 72*, 81–89.

Richardson, G. E. (2002). The metatheory of resilience and resiliency. *Journal of Clinical Psychology, 58*(3), 307–321.

Ricken, G., Fritz, A., Schuck, K. D., & Preuss, U. (2007). *HAWIVA-III. Hannover-Wechsler-Intelligenztest für das Vorschulalter – III*. Bern: Huber.

Riedel, K. (2000). *Persönlichkeitsentfaltung durch Suggestopädie. Grundlagen der Schulpädagogik*. Schneider: Baltmannweiler-Hohengehren.

Riediger, M., Schmiedek, F., Wagner, G. G., & Lindenberger, U. (2009). Seeking pleasure and seeking pain: Differences in prohedonic and contra-hedonic motivation from adolescence to old age. *Psychological Science, 20*, 1529–1535. doi:10.1111/j.1467-9280.2009.02473.

Rindermann, H. (2009). *Emotionale-Kompetenz-Fragebogen (EKF)*. Göttingen: Hogrefe.

Roberts, B. W., & DelVecchio, W. F. (2000). The rank-order consistency of personality traits from childhood to old age: A quantitative review of longitudinal studies. *Psychological Bulletin, 126*, 3–25.

Roberts, B. W., & Mroczek, D. (2008). Personality trait change in adulthood. *Current Directions in Psychological Science, 17*(1), 31–35.

Roberts, B. W., Walton, J. E., & Viechtbauer, W. (2006). Patterns of mean-level personality traits across the life course: A meta-analysis of longitudinal studies. *Psychological Bulletin, 132*(1), 1–25.

Robbins, A., & Wilner, A. (2003). *Quarterlife Crisis. Die Sinnkrise der Mittzwanziger*. Berlin: Ullstein.

Rochat, P. (2003). Five levels of self-awareness as they unfold early in life. *Consciousness and Cognition, 12*, 717–731.

Rösler, F. (2004). Es gibt Grenzen der Erkenntnis – auch für die Hirnforschung. *Gehirn und Geist, 6*, 32.

Rogge, K. E. (1981). *Physiologische Psychologie*. München: Urban & Schwarzenberg.

Roisman, G. I., Holland, A., Fortuna, K., Fraley, R. C., Clausell, E., & Clarke, A. (2007). The Adult Attachment Interview and Self-Reports of Attachment Style: An Empirical Rapprochement. *Journal of Personality and Social Psychology, 92*(4), 678–697.

Rosenzweig, S. (1960). The Rosenzweig Picture-Frustration Study, Children's Form. In A. Rabin, & M. Haworth (Hrsg.), *Projective techniques with children* (S. 149–176). New York: Grune and Stratton.

Rosenzweig, S. (1978). An investigation of the reliability of the Rosenzweig Picture-Frustration (P-F) study, Children's Form. *Journal of Personality Assessment, 42*(5), 483–488.

Rost, D. H., Sparfeldt, J. R., & Schilling, S. R. (2007). *DISK-GITTER mit SKSLF-8 Differentielles schulisches Selbstkonzept-Gitter mit Skala zur Erfassung des Selbstkonzepts schulischer Leistungen und Fähigkeiten*. Göttingen: Hogrefe.

Roth, G. (1999). *Das Gehirn und seine Wirklichkeit. Kognitive Neurobiologie und ihre philosophischen Konsequenzen* (3. Aufl.). Frankfurt am Main: Suhrkamp.

Roth, G. (2004). Warum sind Lehren und Lernen so schwierig? *Zeitschrift für Pädagogik, 50*(4), 496–506.

Roth, G. (2007). *Persönlichkeit, Entscheidung und Verhalten. Warum es so schwierig ist, sich und andere zu ändern*. Stuttgart: Klett-Cotta.

Roth, G. (2010). *Wie einzigartig ist der Mensch? Die lange Evolution der Gehirne und des Geistes*. Heidelberg: Spektrum Akademischer Verlag.

Roth, H. (1962). Die realistische Wendung in der pädagogischen Forschung. *Neue Sammlung, 2*, 481–490.

Roth, H. (1971a). *Bildsamkeit und Erziehung (3. Auf.)*. Pädagogische Anthropologie, Bd. I. Hannover: Schroedel.

Roth, H. (1971b). *Entwicklung und Erziehung. Grundlagen einer Entwicklungspädagogik*. Pädagogische Anthropologie, Bd. II. Hannover: Schroedel.

Rothbart, M. K. (1981). Measurement of temperament in infancy. *Child Development, 52*, 569–578.

Rothbart, M. K. (1986). Longitudinal observation of infant temperament. *Developmental Psychology, 22*, 356–365.

Rothbart, M. K. (2011). *Becoming who we are. Temperament and personality in development*. New York: Guilford Press.

Rothbart, M. K., & Bates, J. E. (2006). Temperament. In N. Eisenberg (Hrsg.), *Social, emotional, and personality development* 6. Aufl. Handbook of child psychology, (Bd. 3, S. 99–166). New York: Wiley.

Rothbart, M. K., & Gartstein, M. A. (2009). Temperament. In J. B. Benson, & M. M. Haith (Hrsg.), *Social and emotional development in infancy and early childhood* (S. 480–495). Oxford, UK: Academic Press.

Rothermund, K., & Eder, A. (2011). *Motivation und Emotion*. Wiesbaden: VS Verlag für Sozialwissenschaften.

Rovee-Collier, C. (1999). The development of infant memory. *Current Directions in Psychological Science, 8*(3), 80–85.

Rowe, D. C. (1997). *Genetik und Sozialisation. Die Grenzen der Erziehung*. Weinheim: Beltz.

Ruble, D. N., Boggiano, A., Feldman, N., & Loebl, J. (1980). A developmental analysis of the role of social comparison in self-evaluation. *Developmental Psychology, 12*, 192–197.

Rudasill, K. M., Reio Jr., T. G., Stipanovic, N., & Taylor, J. E. (2010). A longitudinal study of student-teacher relationship quality, difficult temperament, and risky behavior from childhood to early adolescence. *Journal of School Psychology, 48*(5), 389–412.

Rudow, B. (1994). *Die Arbeit des Lehrers. Zur Psychologie der Lehrertätigkeit, Lehrerbelastung und Lehrergesundheit*. Bern: Huber.

Rückert, F. (1897). *Werke* Bd. 2. Leipzig und Wien: Reclam.

Russell, J. A., & Woudzia, L. (1986). Affective judgments, common sense, and Zajonc's thesis of independence. *Motivation and Emotion, 10*(2), 169–183.

Ryan, R. M., & Deci, E. L. (2000). Self-determination theory and the facilitation of intrinsic motivation, social development, and well-being. *American Psychologist, 55*(1), 68–78.

Ryan, R. M., & Deci, E. L. (2009). Promoting self-determined school engagement: Motivation, learning, and well-being. In K. R. Wentzel, & A. Wigfield (Hrsg.), *Handbook on motivation at school* (S. 171–196). New York: Routledge.

Ryan, R. M., & Grolnick, W. S. (1986). Origins and pawns in the classroom: Self-report and projective assessments of children's perceptions. *Journal of Personality and Social Psychology, 50*, 550–558.

Sagar, S. (1970). Manifest anxiety and school achievement of adolescents. *Journal of Consulting and Clinical Psychology, 34*(3), 403–407.

von Salisch, M. (2000). *Wenn Kinder sich ärgern: Emotionsregulierung in der Entwicklung*. Göttingen: Hogrefe.

Sameroff, A. J., & Haith, M. M. (2004). *Handbook of developmental psychopathology*. Guilford: New York.

Sampson, G. (2005). *The „Language instinct" debate*. London: Continuum International.

Samson, G. E., Graue, E. M., Weinstein, T., & Walberg, H. J. (1984). Academic and occupational performance: A quantitative Synthesis. *American Educational Research Journal, 21*, 311–321.

Sanson, A., Pedlow, R., Cann, W., Prior, M., & Oberklaid, F. (1996). Shyness ratings: Stability and correlates in early childhood. *International Journal of Behavioral Development, 19*, 705–724.

Sarason, I. G. (1978). The test anxiety scale: Concept and research. In C. D. Spielberger, & I. G. Sarason (Hrsg.), *Stress and anxiety* (Bd. 5, S. 194–216). Washington, DC: Hemisphere Publ..

Sarason, S. B., Davidson, K. S., Lighthall, F. F., Waite, R. R., & Ruebush, B. K. (1971). *Angst bei Schulkindern. Ein Forschungsbericht*. Stuttgart: Klett.

Satow, L. (2011). Improvements in Recruitment Processes: Selection of Employees with Online Tests and the Big Five Personality Model. International Business and Economics Discussion Papers (online), Vol. 6.: http://www.drsatow.de/tests/persoenlichkeitstest.html

Savage-Rumbaugh, E. S., Rumbaugh, D. M., & Boysen, S. T. (1980). Do apes use language? *American Scientist, 68*, 49–61.

Schaarschmidt, U., & Fischer, A. W. (1999). *Inventar zur Persönlichkeitsdiagnostik in Situationen (IPS)*. Swets & Zeitlinger: Frankfurt am Main.

Schaarschmidt, U., & Fischer, A. (2003). *AVEM - Arbeitsbezogenes Verhaltens- und Erlebensmuster. Handanweisung* (2. Aufl.). Frankfurt am Main: Swets & Zeitlinger.

Schaarschmidt, U., Ricken, G., Kieschke, U., & Preuß, U. (2004). *Bildbasierter Intelligenztest für das Vorschulalter (BIVA)*. Göttingen: Hogrefe.

Schachl, H. (1998). *Was haben wir im Kopf. Die Grundlagen für gehirngerechtes Lernen* (2. Aufl.). Linz: Veritas.

Schachter, S. (1964). The interaction of cognitive and physiological determinants of emotional states. In L. Berkowitz (Hrsg.), *Advances in experimental social psychology* (Bd. 1, S. 49–80). New York: Academic Press.

Schell, A. (2011). *Die Förderung emotionaler und sozialer Kompetenzen bei Kindern im Vorschulalter. „Lubo aus dem All!" Entwicklung, Implementierung und Evaluation eines Trainingsprogramms zur Prävention von Gefühls- und Verhaltensstörungen*. Bad Heilbrunn: Klinkhardt.

Schellig, D., & Schächtele, B. (2009). *Visueller und verbaler Merkfähigkeitstest VVM* (2. Aufl.). Frankfurt am Main: Pearson Assessment.

Scherer, K. R. (1984). On the nature and function of emotion: A component process approach. In K. R. Scherer, & P. Ekman (Hrsg.), *Approaches to emotion* (S. 293–317). Hillsdale, NJ: Lawrence Erlbaum.

Scherer, K. R. (1987). Toward a dynamic theory of emotion: The component process model of affective states. *Geneva Studies in Emotion and Communication, 1*, 1–98.. Online verfügbar unter: http://www.unige.ch/fapse/emotion/genstudies/genstudies.html

Scherf, K. S., Behrmann, M., & Dahl, R. E. (2012). Facing changes and changing faces in adolescence: A new model for investigating adolescent-specific interactions between pubertal, brain and behavioral development. *Developmental Cognitive Neuroscience, 2*(2), 199–219. doi:10.1016/j.dcn.2011.07.016.

Scheunpflug, A. (2001). *Biologische Grundlagen des Lernens*. Berlin: Cornelsen Scriptor.

Schiefele, U. (1991). Interest, learning, and motivation. *Educational Psychologist, 26*(2/3), 299–323.

Schiffler, L. (2002). *Fremdsprachen effektiver lehren und lernen – Beide Gehirnhälften aktivieren*. Donauwörth: Auer.

Schindler, I., Fagundes, C. P., & Murdock, K. W. (2010). Pedictors of romantic relationship formation: Attachment style, prior relationships, and dating goals. *Personal Relationships, 17*(1), 97–105.

Schlack, R., et al. (2007). Die Prävalenz der Aufmerksamkeitsdefizit-/Hyperaktiv-itätsstörung (ADHS) bei Kindern und Jugendlichen in Deutschland. *Bundesgesundheitsblatt – Gesundheitsforschung – Gesundheitsschutz, 50*(5/6), 827–835.

Schlaefli, A., Rest, J. R., & Thoma, S. J. (1985). Does moral education improve judgment? A meta-analysis of intervention studies using the defining issues test. *Review of Educational Research, 55*(3), 319–352.

Schlag, B. (2013). *Lern- und Leistungsmotivation* (4. Aufl.). Wiesbaden: VS Verlag für Sozialwissenschaften.

Schlagmüller, M., & Schneider, W. (2007). *WLST 7–12: Würzburger Lesestrategie-Wissenstest für die Klassen 7-12* (S. 7–12). Göttingen: Hogrefe.

Schmale, H., & Schmidtke, H. (2001). *BET - Berufseignungstest* (5. Aufl.). Bern: Huber.

Schmalt, H. D. (1976). *Das LM-GITTER. Ein objektives Verfahren zur Messung des Leistungsmotivs bei Kindern. Handanweisung*. Göttingen: Hogrefe.

Schmalt, H. D. (1987). Power motivation and the perception of control. In F. Halisch, & J. Kuhl (Hrsg.), *Motivation, intention, and volition* (S. 101–113). Berlin: Springer.

Schmalt, H. D., Sokolowski, K., & Langens, T. (2000). *Das Multi-Motiv-Gitter für Anschluss, Leistung und Macht*. Frankfurt am Main: Swets & Zeitlinger.

Schmalt, H. D., Sokolowski, K., & Langens, T. (2010). *Das Multi-Motiv-Gitter für Anschluss, Leistung und Macht (MMG)* (2. Aufl.). Frankfurt am Main: Pearson Assessment & Information GmbH.

Schmidt, K., et al. (2011). Diagnostik und Förderung selbstregulierten Lernens durch Self-Monitoring-Tagebücher. *Zeitschrift für Hochschulentwicklung, 6*(3), 246–269.

Schneider, K., & Schmalt, H. D. (2000). *Motivation* (3. Aufl.). Suttgart: Kohlhammer.

Schneider, S. (2004). *Angststörungen bei Kindern und Jugendlichen. Grundlagen und Behandlung*. Berlin/Heidelberg: Springer.

Schöne, C., Dickhäuser, O., Spinath, B., & Stiensmeier-Pelster, J. (2002). *Skalen zur Erfassung des schulischen Selbstkonzepts (SESSKO)*. Göttingen: Hogrefe.

Schopenhauer, A. (2010). *Aphorismen zur Lebensweisheit*. Wiesbaden: marixverlag.

Schopp, J., & Wehner, J. (2006). Eltern stärken – Dialogische Elternseminare. In S. Tschöpe-Scheffler (Hrsg.), *Konzepte der Elternbildung – eine kritische Übersicht* (2. Aufl. S. 161–174). Opladen: Verlag Barbara Budrich.

Schrader, F.-W., & Helmke, A. (1987). Diagnostische Kompetenz von Lehrern: Komponenten und Wirkungen. *Empirische Pädagogik, 1*, 27–52.

Schreibmüller, W. (1991). Bilanz einer 150jährigen Kaspar Hauser-Forschung. *Genealogisches Jahrbuch, 31*, 43–84.

Schuh-Gademann, L. (1972). *Erziehung zur Liebesfähigkeit*. Heidelberg: Quelle & Meyer.

Schuhmacher, J. (2001). Das Überschreiten des Rubikon: Willensprozesse und deren Bedeutung für Therapie und Rehabilitation. In H. Schröder, & W. Hackhausen (Hrsg.), *Persönlichkeit und Individualität in der Rehabilitation* (S. 66–86). Frankfurt am Main: Verlag für Akademische Schriften.

Schuhmacher, R. (2006). Die prinzipielle Unterbestimmtheit der Hirnforschung im Hinblick auf die Gestaltung schulischen Lernens. In D. Sturma (Hrsg.), *Philosophie und Neurowissenschaften* (S. 167–186). Frankfurt am Main: Suhrkamp.

Schuler, H., & Prochaska, M. (2000a). *Das Leistungsmotivationsinventar (LMI)*. Göttingen: Hogrefe.

Schuler, H., & Prochaska, M. (2000b). Entwicklung und Validierung eines berufsbezogenen Leistungsmotivationstests. *Diagnostica, 46*(2), 61–72.

Schutz, P. A., & Pekrun, R. (Hrsg.). (2007). *Emotion in education*. Burlington, MA: Academic Press.

Schwartz, S. J., & Waterman, A. S. (2006). Changing interests: A longitudinal study of intrinsic motivation for personally salient activities. *Journal of Research in Personality, 40*, 1119–1136.

Schwarzer, R. (1993). *Streß, Angst und Handlungsregulation* (3. Aufl.). Stuttgart: Kohlhammer.

Schwarzer, R. (2000). *Stress, Angst und Handlungsregulation*. Stuttgart: Kohlhammer.

Seaton, M., Marsh, H. W., & Craven, R. G. (2010). Big-Fish-Little-Pond Effect. Generalizability and moderation – Two sides of the same coin. *American Educational Research Journal, 47*(2), 390–433.

Seel, N. M. (1980). *Lernerleben im Geschichtsunterricht der Sekundarstufe I. Eine experimentelle Analyse*. München: Minerva.

Seel, N. M. (1991). *Weltwissen und mentale Modelle*. Göttingen: Hogrefe.

Seel, N. M. (2003). *Psychologie des Lernens* (2. Aufl.). München: Reinhardt.

Seiffge-Krenke, I. (2008). Schulstress in Deutschland: Ursachen, Häufigkeiten und internationale Verortung. *Praxis der Kinderpsychologie und Kinderpsychiatrie, 57*, 3–19.

Seiffge-Krenke, I. (2009). *Psychotherapie und Entwicklungspsychologie* (2. Aufl.). Heidelberg: Springer.

Seitz, W., & Rausche, A. (2003). *Persönlichkeitsfragebogen für Kinder zwischen 9 und 14 Jahren PFK* (4. Aufl.). S. 9–14). Göttingen: Hogrefe.

Seligman, M. E. P. (1979). *Erlernte Hilflosigkeit*. München: Urban und Schwarzenberg.

Seyfried, H. (1990). *LMT – Lern- und Merkfähigkeitstest*. Göttingen: Hogrefe.

Shaver, P. R., Collins, N., & Clark, C. L. (1996). Attachment styles and internal workings models of self and relationship partners. In G. J. O. Fletcher, & J. Fitness (Hrsg.), *Knowledge structures in close relationships* (S. 25–61). Mahwah, NJ: Lawrence Erlbaum.

Sheldon, K. M., Elliot, A. J., Kim, Y., & Kasser, T. (2001). What is satisfying about satisfying events? Testing ten candidate psychological needs. *Journal of Personality and Social Psychology, 80*(2), 325–339.

Shields, J. (1962). *Monozygotic twins brought up apart and brought up together*. London: Oxford Press.

Shiner, R. L., & Caspi, A. (2003). Personality differences in childhood and adolescence: Measurement, development, and consequences. *Journal of Child Psychology and Psychiatry, 44*, 2–32.

Siegler, R. S. (2001). *Das Denken von Kindern* (3. Aufl.). München: Oldenbourg.

Siegler, R. S., & Alibali, M. W. (2004). *Children's thinking* (4. Aufl.). Upper Saddle River, NJ: Prentice Hall.

Siegler, R. S., & Richards, D. (1979). Development of time, speed and distance concepts. *Developmental Psychology, 15*, 288–298.

Siegler, R., DeLoache, J., & Eisenberg, N. (2005). *Entwicklungspsychologie im Kindes- und Jugendalter*. Heidelberg: Spektrum Akademischer Verlag.

Siemer, M., Mauss, I., & Gross, J. L. (2007). Same situation – different emotions: How appraisals shape our emotions. *Emotion, 7*(3), 592–600.

Silbereisen, R. K., & Weichold, K. (2008). Pubertät und psychosoziale Anpassung. In R. K. Silbereisen, & M. Hasselhorn (Hrsg.), *Entwicklungspsychologie des Jugendalters. Enzyklopädie für Psychologie, Themenbereich C: Theorie und Forschung, Serie V: Entwicklungspsychologie* (Bd. 5, S. 3–54). Göttingen: Hogrefe.

Singer, W. (2002). *Der Beobachter im Gehirn. Essays zur Hirnforschung*. Frankfurt am Main: Suhrkamp.

Slusarek, M. (1995). *Neugier und Problemlösen: Zum Einfluss motivationaler Faktoren auf kognitive Fertigkeiten bei Vorschulkindern*. Münster: Waxmann.

Smetana, J. G., Campione-Barr, N., & Metzger, A. (2006). Adolescent development in interpersonal and social contexts. *Annual Review of Psychology, 57*, 255–284.

Smith-Osborne, A. (2007). Life span and resiliency theory: A critical review. *Advances in Social Work, 8*, 162–178.

Sneed, J. R., Schwartz, S. J., & Cross Jr., W. E. (2006). A multicultural critique of identity status theory and research: A call for integration. *Identity: An International Journal of Theory and Research, 6*(1), 61–84.

Snygg, D. (1938). The relation between the intelligence of mothers and their children living in foster homas. *Journal of Genetic Psychology, 52*, 401–406.

Skodak, M., & Skeels, H. M. (1949). A final follow-uo of one hundred adopted children. *Journal of Genetic Psychology, 75*, 85–125.

Sokolowski, K. (1992). Entwicklung eines Verfahrens zur Messung des Anschlussmotivs. *Diagnostica, 38*, 1–17.

Sokolowski, K., & Heckhausen, J. (2006). Soziale Bindung: Anschlussmotivation und Intimitätsmotivation. In J. Heckhausen, & H. Heckhausen (Hrsg.), *Motivation und Handeln* (3. Aufl. S. 193–210). Heidelberg: Springer.

Sowell, E. R., Peterson, B. S., Thompson, P. M., Welcome, S. E., Henkenius, A. L., & Toga, A. W. (2003). Mapping cortical change across the human life span. *Nature Neuroscience, 6*(3), 309–315.

Sparfeldt, J. R., & Rost, D. H. (2011). Content-specific achievement motives. *Personality and Individual Differences, 50*(4), 496–501.

Specht, J., Egloff, B., & Schmukle, S. C. (2011). Stability and change of personality across the life course: The impact of age and major life events on mean-level and rank-order stability of the Big Five. *Journal of Personality and Social Psychology, 101*(4), 862–882.

Sperling, G. (1988). The magical number seven: Information processing then and now. In W. Hirst (Hrsg.), *The making of cognitive science. Essays in honor of George A. Miller* (S. 71–80). Cambridge: Cambridge University Press.

Spinath, B. et al. (2002/2012). *Skalen zur Erfassung der Lern- und Leistungsmotivation (SELLMO)* (2. Aufl.). Göttingen: Hogrefe.

Spinath, B. (2005). Akkuratheit der Einschätzung von Schülermerkmalen durch Lehrer und das Konstrukt der diagnostischen Kompetenz. *Zeitschrift für Pädagogische Psychologie, 19*, 85–95.

Spitzer, M. (2003). *Lernen. Gehirnforschung und die Schule des Lebens*. Heidelberg, Berlin: Spektrum Akademischer Verlag. Nachdr.

Squire, L. R., & Alvarez, P. (1995). Retrograde amnesia and memory consolidation: a neurobiological perspective. *Current Opinion in Neurobiology, 5*, 169–177.

Sroufe, L. A. (1996). *Emotional development: The organization of emotional life in the early years*. New York: Cambridge University Press.

Stamov Roßnagel, Ch. (2009). Die Arbeitsmotivation älterer Beschäftigter: Aktive Regulation statt passiven Abbaus. In J. Kocka, M. Kohli, & W. Streeck (Hrsg.), *Altern in Deutschland: Familie, Zivilgesellschaft, Politik* Nova Acta Leopoldina N.F., (Bd. 106, S. 59–75). Stuttgart: Wissenschaftliche Verlagsgesellschaft mbH.

Stapleton, A. (2012). Coaching clients through the quarter-life crisis: What works? *International Journal of Evidence Based Coaching and Mentoring, Special Issue, 6*, 130–145.

Stapley, J. C., & Haviland, J. M. (1989). Beyond depression: Gender differences in normal adolescents' emotional experiences. *Sex roles, 20*(5–6), 295–308.

Staudinger, U. M. (2008). Produktives Leben im Alter. In F. Petermann, & W. Schneider (Hrsg.), *Enzyklopädie der Psychologie* (Bd. 7, S. 885–915). Göttingen: Hogrefe.

Staudinger, U. M. (2012). Fremd- und Selbstbild im Alter. Innen- und Außensicht und einige der Konsequenzen. In P. Graf Kielmansegg, & H. Häfner (Hrsg.), *Alter und Altern. Wirklichkeiten und Deutungen* (S. 187–200). Berlin: Springer.

Steele, H., & Steele, M. (Hrsg.). (2008). *Clinical applications of the adult attachment interview*. New York: Guilford Press.

Stegmann, K., & Schmitt, M. (2006). Veränderungen in langjährigen Partnerschaften des mittleren Erwachsenenalters. *Zeitschrift für Familienforschung, 18*(1), 46–65.

Steiner, C. (2003). *Emotional literacy. Intelligence with a heart*. Fawnskin, CA: Personhood Press.

Steinmayer, R., Schütz, A., Hertel, J., & Schröder-Abé, M. (2011). *Mayer-Salovey-Caruso Test zur Emotionalen Intelligenz. Deutschsprachige Adaptation des Mayer-Salovey-Caruso Emotional Intelligence Test (MSCEIT™)*. Göttingen: Hogrefe.

Stephen, J., Fraser, E., & Marcia, J. E. (1992). Moratorium-achievement (MAMA) cycles in lifespan identity development: Value orientations and reasoning system correlates. *Journal of Adolescence, 15*, 283–300.

Stern, E., Grabner, R., & Schumacher, R. (2005). *Lehr-Lern-Forschung und Neurowissenschaften: Erwartungen, Befunde und Forschungsperspektiven*. Reihe Bildungsreform, Bd. 13. Bonn/Berlin: Bundesministerium für Bildung und Forschung.

Sternberg, R. J. (1985). *Beyond IQ: A triarchic theory of human intelligence*. New York: Cambridge University Press.

Sternberg, R. J., Grigorenko, E. L., & Kidd, K. K. (2005). Intelligence, race, and genetics. *The American Psychologist, 60*(1), 46–59.

Stewart, A. J., Ostrove, J. M., & Helson, R. (2001). Middle aging in women: Pattern of personality change from the 30 s tot he 50 s. *Journal of Adult Development, 8*(1), 23–37.

Stiensmeier-Pelster, J., Schürmann, M., & Duda, K. (2000). *Depressions-Inventar für Kinder und Jugendliche (DIKJ). Handanweisung* (2. Aufl.). Göttingen: Hogrefe.

Stievenart, M., Roskam, I., Meunier, J. C., & van de Moortele, G. (2011). The recicprocal relation between children's attachment representations and their cognitive ability. *International Journal of Behavioral Development, 35*(1), 58–66.

Stipek, D., Recchia, S., & McClintic, S. (1992). Self-evaluation in young childen. *Monographs of the Society for Research in Child Development, 57*(1), 1–98.

Stone, A. A., Schwartz, J. E., Broderick, J. E., & Deaton, A. (2010). A snapshot of the age distribution of psychological well-being in the United States. *Proceedings oft he National Academy of the United States of America, 107*(22), 9985–9990.

Strathmann, A. M., & Klauer, K. J. (2012). *Lernverlaufsdiagnostik für zweite bis vierte Klassen (LVD-M 2-4)*. Göttingen: Hogrefe.

Strelau, J. (1984). *Das Temperament in der psychischen Entwicklung*. Berlin: Volk und Wissen.

Strittmatter, P. (1997). *Schulangstreduktion. Abbau von Angst in schulischen Leistungssituationen* (2. Aufl.). Neuwied: Luchterhand.

Stuhlmann, K. (2005). Entwicklung der Lern- und Leistungsmotivation im Übergang von der Adoleszenz ins frühe Erwachsenenalter. *Zeitschrift für Soziologie der Erziehung und Sozialisation, 25*(1), 67–81.

Subbotsky, E. (2004). Magical thinking in judgments of causation: Can anomalous phenomena affect ontological causal beliefs in children and adults? *British Journal of Developmental Psychology, 22*, 123–152.

Tangney, J. P., & Fischer, K. W. (1995). *Self-conscious emotions: The psychology of shame, guilt, embarrassment, and pride*. New York: Guilford Press.

Tedeschi, J., & Felson, R. (1994). *Violence, aggression & coercive actions*. Washington, DC: American Psychological Association.

Temerlin, M. (1976). *Lucy: Growing Up Human. A Chimpanzee Daughter in a Psychotherapist's Family*. Science and Behavior Books: Palo Alto, CA.

Tenorth, H. E. (Hrsg.). (2012). *Von John Dewey bis Paulo Freire* (2. Aufl.). Klassiker der Pädagogik, Bd. 2. München: C.H. Beck.

ter Weel, B., Borghans, L., & Meijers, H. (2013). *The importance of intrinsic and exrinsic motivation for measuring IQ*. CFB Discussion Paper, Bd. 231. The Hague: CFB Netherlands Bureau of Economic Policy Analysis.

Tewes, U. (1991). *HAWIE-R. Hamburg-Wechsler-Intelligenztest für Erwachsene*. Bern: Huber.

Theis-Scholz, M., & Thümmel, I. (1995). Wundertüte oder Mogelpackung? Das Neurolinguistische Programmieren in der Sonderschule. *Zeitschrift für Heilpädagogik, 46*(10), 485–489.

Thomas, A., & Chess, S. (1977). *Temperament and Development*. New York: Brunner/Mazel.

Thomas, A., & Chess, S. (1980). *Temperament und Entwicklung. Über die Entstehung des Individuellen*. Stuttgart: Enke.

Timini, S., & Taylor, E. (2004). ADHD is best understood as a cultural construct. *The British Journal of Psychiatry, 184*, 8–9.

Tinbergen, N. (1951). *The Study of Instinct*. Oxford: Clarendon Press.

Titz, W. (2001). *Emotionen von Studierenden in Lernsituationen: Explorative Analysen und Entwicklung von Selbstberichtsskalen*. Münster: Waxmann.

Torrance, E. P. (1963). *Education and the creative potential*. Minneapolis: University of Minnesota Press.

Tracy, J. L., & Randles, D. (2011). Four models of emotions: A review of Ekman and Cordaro, Izard, Levenson, and Panksepp and Watt. *Emotion Review, 3*(4), 397–405.

Trapmann, S., Hell, B., Weigand, S., & Schuler, H. (2007). Die Validität von Schulnoten zur Vorhersage des Studienerfolgs – eine Metaanalyse. *Zeitschrift für Pädagogische Psychologie, 21*(1), 11–27.

Trautner, H. M. (1991). *Theorien und Befunde*. Lehrbuch der Entwicklungspsychologie, Bd. 2. Göttingen: Hogrefe.

Trautner, H. M. (1997). *Theorien und Befunde* (2. Aufl.). Lehrbuch der Entwicklungspsychologie, Bd. 2. Göttingen: Hogrefe.

Trautner, H. M. (1995). *Allgemeine Entwicklungspsychologie*. Stuttgart: Kohlhammer.

Treptow, E. (2006). *Bildungsbiografien von Lehrerinnen und Lehrern. Eine empirische Untersuchung unter Berücksichtigung geschlechtsspezifischer Unterschiede*. Münster: Waxmann.

Tripp, L. O., & Moore, S. D. (2007). Examination of pre-service teachers' learning styles and temperament styles within an elementary science methods course. *Institute for Learning Styles Journal, 1*, 23–33.

Tröster, H. (2010). *Eltern-Belastungs-Inventar (EBI). Deutsche Version des Parenting Stress Index (PSI) von R.R. Abidin. Manual*. Göttingen: Hogrefe.

Trudewind, C. (1975). *Häusliche Umgebung und Motiventwicklung*. Göttingen: Hogrefe.

Tücke, M. (2007). *Entwicklungspsychologie des Kindes- und Jugendalters für (zukünftige) Lehrer* (3. Aufl.). Münster: LIT Verlag.

Turner, J. C. (1995). The influence of classroom contexts on young children's motivation for literacy. *Reading Research Quarterly, 30*(3), 410–441.

Tzourio-Mazoyer, N., Josse, G., Crivello, F., & Mazoyer, B. (2004). Interindividual variability in the hemispheric organization for speech. *Neuroimage, 21*(1), 422–435.

Uhlendorff, U., Cinkl, S., & Marthaler, T. (2008). *Sozialpädagogische Familiendiagnosen. Deutungsmuster familiärer Belastungssituationen und erzieherischer Notlagen in der Jugendhilfe*. Weinheim: Juventa.

Valencic, K. M. (2001). *An investigation of teachers' temperament and students' perceptions of teachers' communication behavior and students' attitudes toward teachers*. Morgantown, WV: West Virginia University. Doctoral dissertation

Valins, S. (1966). Cognitive effects of false heart-rate feedback. *Journal of Personality and Social Psychology, 4*, 400–408.

van Buer, J., & Zlatkin-Troitschanskaia, O. (2009). Diagnostische Lehrerexpertise und adaptive Steuerung unterrichtlicher Entwicklungsangebote. In J.van Buer, & C. Wagner (Hrsg.), *Qualität von Unterricht. Ein kritisches Handbuch* (2. Aufl. S. 381–400). Frankfurt am Main: Peter Lang.

van den Boom, D. C. (1994). The influence of temperament and mothering on attachment and exploration: An experimental manipulation of sensitive responsiveness among lower-class mothers with irritable infants. *Child Development, 65*(5), 1457–1477.

Veit, L., Aronov, D., & Fee, M. S. (2011). Learning to breathe and sing: development of respiratory-vocal coordination in young songbirds. *Journal of Neurophysiology, 106*(4), 1747–1765.

Velden, M. (1997). The heritability of intelligence: neither known nor unknown. *American Psychologist, 52*, 72–73.

Veness, T. (1960). Goal-setting behaviour, anxiety, and school streaming. *British Journal of Educational Psychology, 30*(1), 22–29.

Vester, F. (2008). *Phänomen Stress* (19. Aufl.). München: Deutscher Taschenbuch Verlag.

Visser, B. A., Ashton, M. C., & Vernon, P. A. (2006). Beyond g: Putting multiple intelligences theory to the test. *Intelligence, 34*, 487–502.

Vosniadou, S., & Brewer, W. F. (1992). Mental models of the earth: A study of conceptual change in childhood. *Cognitive Psychology, 24*, 535–585.

Voss, H. G. (1981). Kognition und exploratives Handeln. In H. G. Voss, & H. Keller (Hrsg.), *Neugierforschung. Grundlagen, Theorien, Anwendungen* (S. 175–196). Weinheim: Beltz.

Wachs, T. D. (1987). Specificity of environmental action as manifest in environmental correlates of infants' mastery motivation. *Developmental Psychology, 23*, 782–790.

Wachs, T. D., & Kohnstamm, G. A. (Hrsg.). (2001). *Temperament in context*. Mahwah, NJ: Lawrence Erlbaum.

Wade, N. (1976). IQ and heredity: Suspicion of fraud beclouds classic experiment. *Science, 194*, 916–919.

Walker, L. J. (2006). Gender and morality. In M. Killen, & J. G. Smetana (Hrsg.), *Handbook of moral development* (S. 93–115). Mahwah, NJ: Lawrence Erlbaum.

Wall, H. (2009). *Aus dem Jungen wird nie was ... : Vom Mechaniker zum Millionär: Warum in Deutschland jeder eine Chance braucht*. München: Heyne Verlag.

Wamsley, E. J., Tucker, M., Payne, J. D., Benavides, J. A., & Stickgold, R. (2010). Dreaming of a learning task is associated with enhanced sleep-dependent memory consolidation. *Current Biology, 20*(9), 850–855.

Warr, P. (1996). Younger and olders workers. In P. Warr (Hrsg.), *Psychology at work* (4. Aufl. S. 308–332). Harmondsworth: Penguin Books.

Waterman, A. S. (1993). Developmental perspectives on identity formation. In J. E. Marcia, A. S. Waterman, D. R. Matteson, S. L. Archer, & J. L. Orlofsky (Hrsg.), *Ego identity: A handbook for psychosocial research* (S. 42–68). New York: Springer.

Waters, E., Merrick, S., Treboux, D., Crowell, J., & Albersheim, L. (2000). Attachment security in infancy and early adulthodd: A twenty-year longitudinal study. *Child Development, 71*(3), 684–689.

Watson, L. W., & Hillison, J. (1991). Temperament type and job satisfaction among selected West Virginia agricultural education teachers. *Journal of Agricultural Education, 32*(4), 25–30.

Waxenegger, A. (Hrsg.). (2011). *Lernen und Bildung im späteren Lebensalter. Leitlinien und Prioritäten 2020*. Graz: Karl-Franzens-Universität.

Weber, M. (1921/1980). *Gesammelte Politische Schriften* (4. Aufl.). Tübingen: Mohr.

Webster-Stratton, C. (1990). Long-term follow-up of families with young conduct problem children: From preschool to grade school. *Journal of Clinical Child Psychology, 19*(2), 144–149.

Webster-Stratton, C. H., Reid, M. J., & Beauchaine, T. (2011). Combining parent and child training for young children with ADHD. *Journal of Clinical Child & Adolescent Psychology, 40*(2), 191–203.

Wechsler, D. (1939). *The measurement of adult intelligence*. Baltimore, MD: Williams & Witkins.

Wechsler, D. (2003). *Wechsler Intelligence Scale for Children. Administration and scoring manual* (4. Aufl.). San Antonio, TX: Harcourt Assessment Inc..

Weekes, N. Y., et al. (1999). Individual differences in the hemispheric specialization of dual route variables. *Brain and Language, 67*, 110–133.

Weichold, K., Silbereisen, R. K., & Schmitt-Rodermund, E. (2003). Short- and long-term consequences of early versus late physical maturation in adolescents. In C. Hayward (Hrsg.), *Puberty and psychopathology* (S. 241–276). Cambridge, MA: Cambridge University Press.

Weichold, K., Büttig, S., & Silbereisen, R. K. (2008). Effects of pubertal timing on communication behaviors and stress reactivity in young women during conflict discussions with their mothers. *Journal of Youth and Adolescence, 37*(9), 1123–1133.

Weidenmann, B. (1978). *Lehrerangst, ein Versuch, Emotionen aus der Tätigkeit zu begreifen*. München: Ehrenwirth.

Weinfield, N. S., Sroufe, L. A., Egeland, B., & Carlson, E. A. (1999). The nature of individual differences in infant-caregiver attachment. In J. Cassidy, & P. R. Shaver (Hrsg.), *Handbook of attachment: Theory, research, and clinical applications* (S. 68–88). New York: Guilford Press.

Weiss, R. S. (1982). Issues in the study of loneliness. In L. Peplau, & D. Perlman (Hrsg.), *Loneliness: A source book of current theory, research and therapy* (S. 71–80). New York: Wiley.

Weiss, R. (1991). The attachment bond in childhood and adulthood. In C. Parkes, J. Stevenson-Hinde, & P. Marris (Hrsg.), *Attachment across the life cycle* (S. 66–76). London: Routledge.

Weiten, W. (2011). *Psychology: Themes and variations* (8. Aufl.). Belmont, CA: Wadsworth.

Weller, I., & Matiaske, W. (2003). *Gütekriterien und faktorielle Struktur des IMC-Gitters zur Messung von Leistungs-, Macht- und Anschlussmotiven*. Berlin: Werkstatt für Organisations- und Personalforschung.

Werner-Wilson, R. J., & Davenport, B. R. (2003). Distinguishing between conceptualizations of attachment: Clinical implications in marriage and family therapy. *Contemporary Family Therapy, 25*(2), 179–193.

Wertfein, M. (2006). *Emotionale Entwicklung im Vor- und Grundschulalter im Spiegel der Eltern-Kind-Interaktion*. München: LMU. eDissertation: http://edoc.ub.uni-muenchen.de

Wertsch, J. V. (1985). *Vygotsky and the social formation of mind*. Cambridge, MA: Harvard University Press.

Weyers, S. (2004). *Moral und Delinquenz. Moralische Entwicklung und Sozialisation straffälliger Jugendlicher*. Weinheim: Juventa.

Widen, S., & Russell, J. A. (2010). Children's scripts for social emotions: Causes and consequenes are more central than are facial expressions. *British Journal of Developmental Psychology, 28*, 565–581.

Wieczerkowski, W., & zur Oeveste, H. (1984). Theoretische Grundzüge der Entwicklungspsychologie. In G. Kleinen (Hrsg.), *Musik und Kind* (S. 86–105). Laaber: Laaber.

Wigfield, A. (1994). Expectancy-value theory of achievement motivation: A developmental perspective. *Educational Psychology Review, 6*(1), 49–78.

Wigfield, A., & Eccles, J. (1994). Children's competence beliefs, achievement values, and general self-esteem change across elementary and middle school. *Journal of Early Adolescence, 14*(2), 197–138.

Wigfield, A., & Eccles, J. S. (2002). The development of competence beliefs, expectancies for succes, and achievement values from childhood through adolescence. In A. Wigfield, & J. S. Eccles (Hrsg.), *Development of achievement motivation* (S. 91–120). San Diego, CA: Academic Press.

Wigge, H. (1899). Temperament. In W. Rein (Hrsg.), *Enzyklopädisches Handbuch der Pädagogik* (Bd. 7, S. 69). Langensalza: Verlag Hermann Beyer.

Wild, E., & Möller, J. (2009). *Pädagogische Psychologie*. Heidelberg: Springer Medizin.

Wild, K.-P. (2000). *Lernstrategien im Studium*. Münster: Waxman.

Wild, K.-P., & Schiefele, U. (1994). Lernstrategien im Studium: Ergebnisse zur Faktorenstruktur und Reliabilität eines neuen Fragebogens. *Zeitschrift für Differentielle und Diagnostische Psychologie, 15*, 185–200.

Willer, J. (2003). *Didaktik des Physikunterrichts*. Frankfurt am Main: Verlag Harri Deutsch.

Wine, J. D. (1980). Cognitive-attentional theory of test anxiety. In I. G. Sarason (Hrsg.), *Test anxiety: Theory, research, and applications* (S. 349–385). Hillsdale, NJ: Erlbaum.

Winkielman, P., Zajonc, R. B., & Schwarz, N. (1997). Subliminal affective priming resists attributional interventions. *Cognition and Emotion, 11*(4), 433–465.

Winter, D. G. (2000). Power, sex, and violence: A psychological reconstruction of the 20th century and an intellectual agenda for political psychology. *Political Psychology, 21*, 383–404.

Winter, E. (2006). *Motivation in Lernprozessen. Konzepte in der Unterrichtspraxis von Wirtschaftsgymnasien*. Wiesbaden: Deutscher Universitäts-Verlag.

Winterbottom, M. R. (1958). The relation of need for achievement to learning experiences in independence and mastery. In J. W. Atkinson (Hrsg.), *Motives in fantasy, action and society* (S. 453–478). Princeton, NJ: Van Nostrand.

Wirth, H.-J. (1984). Der "Große Bruder" in uns selbst -- Gedanken zur psychischen Realität von Orwells "1984". *Psychosozial, 22*, 12–30.

Wirth, H.-J. (2011). *Narzissmus und Macht. Zur Psychoanalyse seelischer Störungen in der Politik* (4. Aufl.). Gießen: Psychosozial-Verlag.

Witte, E. (1993). Theorien zur sozialen Macht. In D. Frey, & M. Irle (Hrsg.), *Theorien der Sozialpsychologie* (Bd. 2, S. 123–156). Bern: Huber.

Woolfolk, A. (2008). *Pädagogische Psychologie* (10. Aufl.). München: Pearson Studium.

Woll, S. B., & McFall, M. E. (1979). The effects of false feedback on attributed arousal and rated attractiveness in female subjects. *Journal of Personality, 47*(2), 214–229.

von Wright, G. H. (1994). *Normen, Werte und Handlungen*. Frankfurt am Main: Suhrkamp.

Wurzbacher, G. (1963). Sozialisation – Enkulturation – Personalisation. In G. Wurzbacher (Hrsg.), *Sozialisation und Personalisation. Beiträge zu Begriff und Theorie der Sozialisation* (S. 1–36). Stuttgart: Enke.

Wygotski, L. S. (1978). Interaction between learning and development. In M. Cole et al. (Hrsg.), *Mind in society: The development of higher psychological processes* (S. 79–91). Cambridge, MA: Harvard University Press.

Wygotski, L. S. (1992). *Geschichte der höheren psychischen Funktionen*. Münster: LIT.

Youngleson, M. L. (1973). The need to affiliate and self-esteem in institutionalized children. *Journal of Personality and Social Psychology, 26*(2), 280–286.

Zahn-Waxler, C., Cummings, E. M., & Cooperman, G. (1984). Emotional development in childhood. In G. J. Whitehurst (Hrsg.), *Annals of child development* (Bd. 1, S. 45–106). Greenwich, CN: JAI Press.

Zajonc, R. B. (1980). Feeling and thinking. Preferences need no inferences. *American Psychologist, 15*(2), 151–175.

Zajonc, R. B. (1984). On the primacy of affect. *American Psychologist, 39*, 117–123.

Zentner, M., & Bates, J. E. (2008). Child temperament: An integrative review of concepts, research programs, and measures. *European Journal of Developmental Science, 2*(1/2), 7–37.

Zentner, M., & Ihrig, L. (2010). *IKT Inventar zur integrativen Erfassung des Kind-Temperaments*. Bern: Huber.

Zhang, Q. (2012). Dreaming: Memory consolidation and learning. In N. M. Seel (Hrsg.), *Encyclopedia oft he Sciences of Learning* (Bd. 2, S. 1037–1040). New York: Springer.

Zierer, K. (2008). Und die Moral von der Geschicht - Moralerziehung durch Dilemma-Diskussionen in der Grundschule. *Erziehung und Unterricht, 3/4*, 285–293.

Zimmermann, P. (1995). Bindungsentwicklung von der frühen Kindheit bis zum Jugendalter und ihre Bedeutung für den Aufbau von Freundschaftsbeziehungen. In G. Spangler, & P. Zimmermann (Hrsg.), *Die Bindungstheorie. Grundlagen, Forschung und Anwendung* (S. 203–231). Stuttgart: Klett-Cotta.

Zimmermann, P. (1999). Structure and functioning of internal working models of attachment and their role during emotion regulation. *Attachment and Human Development, 1*, 291–307.

Zimmermann, P., & Becker-Stoll, F. (2002). Stability of attachment representations in adolescence – the influence of ego-identity status. *Journal of Adolescence, 25*, 107–124.

Zittoun, T., Perret-Clermont, A. N., & Barrelet, J. M. (2008). The socio-intellectual genealogy of Jean Piaget. In A. N. Perret-Clermont, & J. M. Barrelet (Hrsg.), *Jean Piaget and Neuchâtel. The learner and the scholar* (S. 109–188). Hove, East Sussex: Psychological Press.

Erziehung und Gesellschaft: Sozialwerdung und Sozialmachung des Menschen

Norbert M. Seel, Ulrike Hanke

N. M. Seel, U. Hanke, *Erziehungswissenschaft*,
DOI 10.1007/978-3-642-55206-9_4,

Lernziele

- Sie können erklären, wie die Gesellschaft die (Persönlichkeits-) Entwicklung von Menschen beeinflusst.
- Sie können den Einfluss verschiedener Sozialisationsinstanzen erläutern und bewerten.
- Sie können verschiedene Phasen der Sozialisation voneinander unterscheiden.
- Sie können erklären, worauf die Sozialisation Einfluss nimmt.
- Sie können die Gesellschaft mittels Schicht- und Milieumodellen beschreiben und die unterschiedlichen Schichten bzw. Milieus voneinander unterscheiden.
- Sie können den Zusammenhang zwischen Schichten bzw. Milieus im Hinblick auf Bildungskarrieren, Bildungsaspiration und Bildungschancen unterscheiden.
- Sie können erklären, wie soziale Erziehung und Werteerziehung erfolgt.
- Sie können verschiedene Erziehungsstile benennen, unterscheiden und auf der Grundlage empirischer Befunde bewerten.
- Sie können die Grundlagen für eine gelingende Sozialerziehung in der Schule erklären.
- Sie können Maßnahmen, Methoden und Trainingsmöglichkeiten für die Sozialerziehung in Schulen benennen.
- Sie können verschiedene Diagnoseverfahren zur Messung und Diagnose von sozialen Kompetenzen benennen.

Einleitung

> Der eminent gesellschaftliche Charakter der Erziehung steht über allem Zweifel. Gesellschaft ist ohne Erziehung nicht denkbar, wie andererseits Erziehung nur in der sozialen Sphäre möglich ist. Weshalb denn auch das Erziehungsdenken immer dem Gesellschaftsdenken entspricht (Geiger 1930, S. 405).

In diesem Kapitel steht das Verhältnis von *Erziehung und Sozialisation* im Mittelpunkt. Im Vergleich zum Erziehungsbegriff ist der Begriff der Sozialisation noch relativ jung (▶ Abschn. 1.2). Er wurde erst in die wissenschaftliche Diskussion eingeführt, als es darum ging, den Paradigmenwechsel von einer geisteswissenschaftlich geprägten Pädagogik zu einer empirisch-analytischen Erziehungswissenschaft zu begründen (Brezinka 1972). Zum Ausdruck gelangt dies z. B. im *Zweiten Familienbericht der Bundesregierung* von 1975, der den Untertitel „Familie und Sozialisation – Leistungen und Leistungsgrenzen der Familie hinsichtlich des Erziehungs- und Bildungsprozesses der jungen Generation" trägt. Die Kommission der Sachverständigen, der mehrheitlich Nichterziehungswissenschaftler angehörten, empfahl, anstelle des Erziehungsbegriffs den Begriff Sozialisation zu verwenden. Denn der Begriff Erziehung bezeichne nach dem herkömmlichen Sprachgebrauch die gezielte Einwirkung auf das Kind. Demgegenüber habe der Sozialisationsbegriff den Vorteil,

> den spezifisch sozialen Charakter von Lernerfahrungen zu betonen und dabei die […] gesellschaftlichen Bedingungen der Lernerfahrungen gezielt zu erfassen […]. Sozialisation ist in diesem Sinne das durch die soziale Umwelt vermittelte Lernen von Verhaltensweisen, von Denkstilen, Gefühlen, Kenntnissen, Motivationen und Werthaltungen (Bundesminister für Jugend, Familie und Gesundheit 1975, S. 13).

Der Erziehung wird Intentionalität als charakteristisches Merkmal zugeschrieben, der Sozialisation nicht, sie kann Wirkungen auch ohne Absicht erzielen. Bis zum Aufkommen des Sozialisationsbegriffs wurde dies als *funktionale Erziehung* bezeichnet. In den Begriff der Sozialisation fließe, so die damalige Argumentation (z. B. Wilhelm 1974), der Umstand ein, dass bewusste und absichtliche Erziehung auf dem Untergrund eines breiten Stroms ungeplanter Formungs- und Prägungswirkungen der sozialen Umwelt erfolge.

Eine nachhaltige Wirkung auf das Verständnis des Zusammenhangs zwischen Erziehung und Sozialisation übte das Buch *Sozialisierung und Erziehung* von Fend (1969) aus, das zu einem Standardwerk der sozialwissenschaftlich geprägten Pädagogik wurde. Analog zur Unterscheidung zwischen *Erzogenwerden* und *Erziehen* unterscheidet Fend zwischen Sozialmachung und Sozialwerdung:

» Sozialisierung als „Sozialmachung" *(making social)* bezeichnet […] eine Klasse von Tätigkeiten (Verhaltensweisen der Eltern, Lehrer usw.), die in Subjekten Veränderungen hervorrufen sollen. Mit Sozialisierung als „Sozialwerdung" *(becoming social)* ist ein Prozeß gemeint, in dem der Ort der Veränderung das Subjekt selbst ist (z. B. Änderung der moralischen Einstellung des Kindes (Fend 1976, S. 34 f.).

In der Folgezeit entwickelte sich *„Sozialisation"* zu einem Begriff, der einen lebenslangen *Prozess der Persönlichkeitsentwicklung in Auseinandersetzung mit der Gesellschaft* bezeichnet (Sommerkorn 1993). Er wird umfassender als der Begriff der Erziehung oder Bildung verwendet, da er sowohl unbeabsichtigte als auch beabsichtigte Erziehungs- und Bildungsprozesse einschließt. Sozialisation setzt strukturell die Erziehung voraus, „wenn der gesellschaftliche Konsens gilt, dass die Individuen auch die Gesellschaft verantwortungsbewusst mitgestalten sollen" (Kron 2009, S. 43), und schließt den Vorgang der *Erziehung als geplante und intentionale Sozialmachung* ein. Allerdings greift er auch darüber hinaus, da er Effekte der Gesellschaft auf die Persönlichkeitsentwicklung eines Individuums einbezieht, die über die Erziehung hinausgehen. Um begrifflicher Verwirrung vorzubeugen, legen wir den weiteren Ausführungen folgende Begrifflichkeit zugrunde:

Sozialmachung und Sozialwerdung

Sozialmachung wird als Prozess der intentionalen Erziehung mit dem Ziel der Vergesellschaftung von Individuen verstanden. Sozialmachung bezeichnet demnach die Summe aller Tätigkeiten von sozialen Gruppen und Institutionen mit dem genannten Ziel und der Reproduktion der herrschenden Verhältnisse. Die erzieherischen Absichten sind systemimmanent.
Sozialwerdung entspricht weitgehend der funktionalen Erziehung und ist das Resultat der fortgesetzten Interaktion des Individuums mit seiner sozialen Umwelt. Sozialwerdung geht vom Individuum aus und untersucht die Effekte der Gesellschaft und ihrer Institutionen auf die Persönlichkeitsentwicklung, wobei das Verhältnis von Individuum und Gesellschaft als interdependent (d. h. sich wechselseitig beeinflussend) betrachtet wird.

► Kapitel 4 wird sich dem Themenkomplex der Sozialisation mit einer genuin erziehungswissenschaftlichen Betrachtungsweise nähern und dem Vergesellschaftungsprozess des Individuums unter den Bedingungen von Erziehung auf den Grund gehen.

Da das Erziehungs- und Bildungssystem übereinstimmend als eine der zentral bedeutsamen gesellschaftlichen Institutionen betrachtet wird, steht es im Mittelpunkt verschiedener Wissenschaften wie Erziehungswissenschaft, Bildungsökonomie, Sozialpsychologie, Politikwissenschaft u. a. In diesem Kapitel werden wissenschaftsdisziplinär vor allem die Bildungs- bzw. *Erziehungssoziologie* als spezielle Soziologie und die *pädagogische Soziologie* als erziehungswissenschaftliche Teildisziplin angesprochen (Röhrs 1971).

Die *Erziehungssoziologie* befasst sich mit den gesellschaftlichen (und politischen) Grundlagen und Randbedingungen von Erziehung und ihrer gesellschaftlichen Funktion. Dabei wird kollektiven Erscheinungsformen auf den Grund gegangen, die im Bildungsgeschehen sichtbar werden oder sich auf Erziehungs- und Bildungsprozesse zurückführen lassen (Grimm 1987; Löw 2006).

Die *pädagogische Soziologie* betont die „pädagogische Relation" im Sinne einer bewusst gestalteten sozialen Interaktion (Böhnisch 2003). Sie setzt zwischenmenschliche Beziehungen voraus, über die der Einzelne zum sozialen Handeln befähigt wird, um gemeinschaftlich die soziale Umwelt zu gestalten. Sozialisation betrifft hierbei alle Prozesse, durch die der Einzelne in Wechselwirkung mit der sozialen Um- und Mitwelt Qualifikationen und Kompetenzen erwirbt, die ihn befähigen, am sozialen Leben teilzuhaben und an dessen Entwicklung mitzuwirken. Insgesamt drückt sich Sozialisation als Prozess der Vergesellschaftung im beabsichtigten und unbeabsichtigten Zusammenwirken von Individuen, sozialen Gruppen und Institutionen aus, die zur sozialen Einbindung des Einzelnen und zugleich zur Stabilisierung gesellschaftlicher Verhältnisse beitragen.

■ In diesem Kapitel verwendete Grundbegriffe

Abgesehen von theoretischen Fachbegriffen, die im Text zu klären sind, werden in diesem Kapitel folgende Grundbegriffe verwendet:

Gesellschaft – Gesellschaft ist gemäß der etymologischen Herleitung der Inbegriff vereint lebender oder vorübergehend auf einem Raum vereinter Personen, also eine größere Gruppe zusammenlebender Menschen, die als lose Zweckgemeinschaft individuelle Ziele verfolgen.

Gemeinschaft – Demgegenüber ist eine Gemeinschaft laut Tönnies (1887/2005) durch gegenseitiges Vertrauen, eine stärkere emotionale Bindung und Homogenität ausgezeichnet.

Sozialstruktur – Sozialstruktur ist laut Tönnies (1887/2005) definiert als eine auf Ähnlichkeiten und Verschiedenheiten beruhende Gruppierung des sozialen Beziehungsgefüges einer Gesamtgesellschaft. Gruppierungen können vertikal (Stand, Klasse, Kaste) oder horizontal (z. B. nach Alter, Milieu, Lebensstil) vorgenommen werden.

Sozialer Wandel – Sozialer Wandel bezeichnet Veränderungen (Veränderungsprozesse), die eine Gesellschaft in ihrer sozialen und kulturellen Struktur über einen längeren Zeitraum erfährt.

Soziale Schicht – Die soziale Schicht ist eine Kategorie der Gliederung einer Gesellschaft in Standesgruppen, die durch Einkommen, die Position innerhalb einer beruflichen oder öffentlichen Funktion und in modernen Zeiten zunehmend durch den Bildungsgrad bestimmt wird. Soziale Schichten oder „Klassen" sind theoretische Konstrukte, um Sachverhalte zu beschreiben, die nicht direkt beobachtbar sind.

Soziale Reproduktion – Soziale Reproduktion bezeichnet die Aufrechterhaltung und Weiterführung sozialer Strukturen und Systeme auf der Grundlage gesellschaftlicher Voraussetzungen in Demografie, Bildung und materiellem Besitz. Der soziale Strukturwandel wird dabei außer Acht gelassen.

Sozialer Status – Sozialer Status bezeichnet eine Position innerhalb einer sozialen Struktur oder die Zuordnung der Position zu einem System sozialer Rangordnung. Kriterien für die Zuordnung sind Macht, Einfluss, Einkommen, Vermögen, Ansehen u. Ä.

Sozioökonomischer Status – Der sozioökonomische Status bezeichnet ein Bündel von Merkmalen menschlicher Lebensumstände. Dazu gehören beispielsweise die formale Bildung und der Schulabschluss, Beruf und Einkommen, Eigentumsverhältnisse und Besitz von Kulturgütern.

Soziale Rolle – Unter sozialer Rolle versteht man die Gesamtheit der Verhaltenserwartungen, die an das Individuum einer bestimmten Bezugsgruppe gerichtet werden, und die daraus resultierende Reaktion.

Rollenerwartung – Gesellschaftliche Erwartungen an das Verhalten von Menschen in der sozialen Interaktion werden als Rollenerwartungen bezeichnet.

Soziale Interaktion – Soziale Interaktion bezeichnet das wechselseitige aufeinander bezogene Handeln von Personen, um einander zu beeinflussen und zu steuern.

Lebenslage – Der Begriff Lebenslage bezeichnet die allgemeinen Umstände und Randbedingungen, unter denen einzelne Personen in einer Gesellschaft leben, einschließlich der dabei eingenommenen sozialen Position. Aspekte der Lebenslage sind z. B. die Familiensituation, die Arbeitssituation, die Einkommens- und Vermögenssituation, der Gesundheitszustand, die Wohnverhältnisse oder die Bildung.

Milieu – Milieu bezeichnet die sozialen Bedingungen, denen ein Einzelner oder eine Gruppe ausgesetzt sind.

Soziales Milieu – Als soziales Milieu bezeichnet man dementsprechend die sozialen Bedingungen wie Normen, Gesetze, wirtschaftliche und politische Faktoren, denen ein Einzelner bzw. eine Gruppe ausgesetzt ist.

4.1 Vergesellschaftung des Individuums

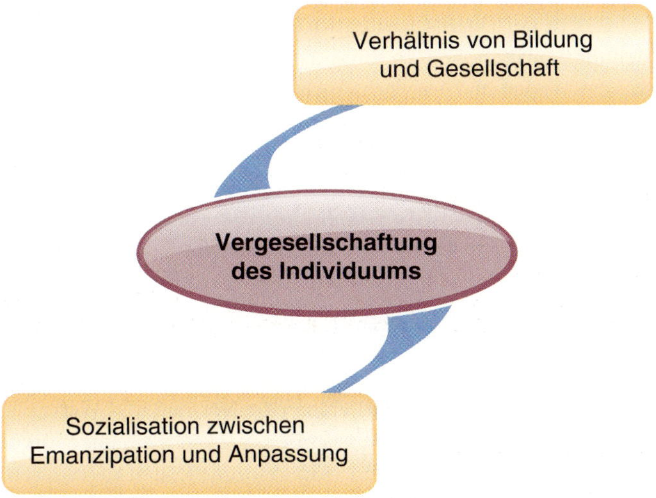

Aufgabe als Denkanstoß
Lassen Sie einmal kurz Ihr Leben Revue passieren: Was hat Sie zu dem gemacht, was Sie heute sind? Welche wesentlichen Einflüsse können Sie erkennen? Welche Erfahrungen in Ihrem Leben hätten Sie zu einem „anderen" Menschen gemacht?

In den folgenden Abschnitten wird das Verhältnis von Erziehung bzw. Bildung und Gesellschaft aus der Perspektive der *Erziehungssoziologie* (= Soziologie der Erziehung und Bildung) thematisiert. Die Soziologie richtet den Blick auf den Prozess der Sozialisation des Menschen im Kontext der geltenden gesellschaftlichen Verhältnisse. Es geht um das Hineinwachsen des Menschen in eine Gemeinschaft und um das Werden als soziales Wesen.

Nach Kurtz (2007) ist die Soziologie anders als die Pädagogik nicht darauf angewiesen, ihre Beobachtungen und Feststellungen im Erziehungs- und Bildungssystem verankern zu müssen. Die Soziologie kann in einer radikal distanzierten Beobachterperspektive an die Beschreibung des Erziehungs- und Bildungssystems herangehen. Sie untersucht somit, inwieweit das Erziehungs- und Bildungssystem einer Gesellschaft zur *Reproduktion* sozialer Strukturen beiträgt, um bestehende Verhältnisse aufrechtzuerhalten und fortzuführen.

4.1.1 Verhältnis von Bildung und Gesellschaft

Um das Verhältnis von Bildung und Gesellschaft näher zu bestimmen, sind aus der Perspektive der Erziehungssoziologie die gesellschaftlichen Funktionen des Bildungssystems zu hinterfragen.

Funktionen des Bildungssystems aus Sicht der Soziologie

Eine zentrale Aufgabe des Bildungssystems besteht in der Anpassung der Heranwachsenden an die Strukturen und Funktionen des gesellschaftlichen Systems. Die damit angesprochene *Integrationsfunktion* der Erziehung bezieht sich auf den Prozess der verträglichen Einpassung der Individuen in die soziale Umwelt, um diese zur Teilhabe am politischen und kulturellen Geschehen zu befähigen.

Eine andere Funktion des Bildungssystems zielt auf die Weitergabe von Wissen und die Entwicklung von Kompetenzen. Damit wird die *Qualifikationsfunktion* von Erziehung angesprochen, die vor allem das Verhältnis von Bildungs- und Beschäftigungssystem betrifft: Bildungsmaßnahmen sollen zum Erwerb spezifischer Qualifikationen (Fähigkeiten und Fertigkeiten) beitragen, die im Berufsleben verwertet werden können. Vermittelt das Bildungssystem Qualifikationen, die an den Bedürfnissen des Arbeitsmarktes vorbeigehen, sind Probleme quasi vorprogrammiert. Mit der Qualifikationsproblematik verbunden ist der Anspruch, dass das Bildungssystem imstande sein sollte, mindestens den gegenwärtigen Bildungszustand der Gesellschaft zu reproduzieren.

Mit der damit angesprochenen *Reproduktionsfunktion* ist die Frage verbunden, inwieweit das Erziehungs- und Bildungssystem einer Gesellschaft auch zur *Reproduktion* sozialer Strukturen beiträgt, um bestehende Verhältnisse aufrechtzuerhalten und fortzuführen. Das wiederum ist eng verbunden mit der *Legitimationsfunktion* des Bildungswesens, das nicht nur dazu beitragen soll, die bestehenden sozialen Zustände zu erhalten, sondern sie auch zu legitimieren. Im Sinne einer Systemstabilisierung soll Bildung nicht an den Säulen des Gesellschaftssystems rütteln, selbst dann nicht, wenn es um soziale Ungleichheiten geht, die durch Unterschiede in Bezug auf Besitz, Einkommen, Macht usw. bedingt werden.

Um die bestehenden Verhältnisse abzusichern, besteht eine wichtige – aus der Sicht der Soziologie die wichtigste – Aufgabe des Bildungssystems in seiner *Allokationsfunktion* (d. h. Statuszuweisungs- oder Platzierungsfunktion). Dem Heranwachsenden misst das Bildungssystem je nach Leistung und Leistungsbereitschaft einen Platz in der Gesellschaftsordnung zu. Zeugnisnoten und Bildungszertifikate bestimmen letztendlich die Berufschancen eines Individuums und damit seine Position in einer hierarchisch gefügten Gesellschaft. Daher geht mit der Allokation die Auslese- oder *Selektionsfunktion* einher, indem Individuen ihrer

Leistung entsprechend sortiert bzw. aussortiert werden, wenn sie den Anforderungen der Leistungsgesellschaft nicht gewachsen sind. In diesem Kontext wird Bildung zum kostbaren und knappen Gut erklärt, in dessen Besitz nur die Leistungsfähigen gelangen. Politisch ist die Selektionsfunktion des Bildungswesens zwar höchst umstritten, soziologisch ist sie aber ein empirischer Tatbestand (Bauer 2012; Groß 2000).

Das Zusammenwirken der vier Grundfunktionen *Integration, Qualifikation, Allokation* und *Selektion* wird in der Erziehungswissenschaft – auf Bernfeld (1925) zurückgehend – auch als *heimlicher Lehrplan* bezeichnet (Zinnecker 1975). Auf die Institution Schule bezogen geht es dabei „um die *lautlosen Mechanismen* der Einübung in die Regeln und Rituale der Institution; es geht darum, sich an Oben und Unten, an Gutsein und Schlechtsein, an Auffälligwerden und Durchwursteln zu gewöhnen. Um es in den gängigen Fremdwörtern zu formulieren: es geht um die Einübung in hierarchisches Denken, in Leistungskonkurrenz und Normkonformität“ (Meyer 1987a, S. 65) – alles im Dienste der Reproduktion gesellschaftlicher Verhältnisse.

▪ Ebenen der soziologischen Analyse

Die Erziehungssoziologie befasst sich mit den Grundfunktionen des Bildungssystems auf unterschiedlichen Ebenen der Analyse und Untersuchung. Allgemein können drei Ebenen unterschieden werden:

1. Auf der *Makroebene* der gesamtgesellschaftlichen Analyse steht die Frage im Vordergrund, ob und wie gut das Bildungssystem seine gesellschaftlichen Funktionen erfüllt und welche Maßnahmen geeignet sind, es optimal zu organisieren.
2. Auf *institutioneller Ebene* der Bildungsorganisation (*Mesoebene*) werden die Auswirkungen von Bildungseinrichtungen auf Individuen und die Gesellschaft untersucht, wobei üblicherweise der Fokus auf der Institution Schule liegt, die als die größte Sozialisationsagentur der modernen Industrie- und Leistungsgesellschaft gilt.
3. Die dritte, die *individuelle Ebene* (*Mikroebene*) der erziehungssoziologischen Untersuchung bezieht sich auf die Individuen, die mittels Erziehung in das Sozialgefüge integriert werden. Auf dieser Ebene steht die Frage im Vordergrund, wie man Zugang zur Bildung erlangt und welchen Nutzen sie für die einzelne Person hat. Dabei geht es auch darum zu klären, inwieweit Erziehung und Bildung die Einstellungen, Überzeugungen und Werte prägen und unterschiedliche Formen des sozialen Handelns bedingen. Erziehungswissenschaftlich steht hierbei das Individuum im Mittelpunkt des Interesses oder, wie Geulen (1977) es formuliert hat, das vergesellschaftete Subjekt.

4.1.1.1 Sozialisation und Persönlichkeitsentwicklung

Persönlichkeitsentwicklung und Sozialisation sind eng miteinander verbunden, was Lewin (1942) mit der Formel $V = f(P, U)$ (in Worten: Das Verhalten ist eine Funktion aus dem Zusammenspiel von Person und Umwelt) auf den Punkt gebracht hat. Die Formel verweist auf den *Vermittlungsprozess*, durch den *Einflüsse der Umwelt in eine Beziehung mit der sich ausbildenden Persönlichkeit* treten. Dieses Grundverständnis liegt auch dem Sozialisationskonzept zugrunde, das den wechselseitigen Interaktionsprozess zwischen dem handelnden Subjekt und der sozialen Umwelt hervorhebt: Die durch die Umwelt ausgelösten Prozesse der Personwerdung wirken ihrerseits wieder auf die Umwelt ein und verändern sie. Lewins Formel kann umgestellt werden, um unterschiedliche Akzentuierungen vorzunehmen: $P = f(V, U)$ besagt, dass Persönlichkeit als Funktion ihres Handelns in der sozialen Umwelt zu verstehen ist, und bei $U = f(V, P)$ wird die Umwelt vom Handeln der Person bestimmt.

▪ Theoretische Grundpositionen zur Sozialisation

> **Sozialisation ist „der Prozeß der Entstehung und Entwicklung der Persönlichkeit in wechselseitiger Abhängigkeit von der gesellschaftlich vermittelten sozialen und materiellen Umwelt. Vorrangig thematisch ist dabei die Frage, wie der Mensch sich zu einem gesellschaftlich handlungsfähigen Subjekt bildet“ (Geulen und Hurrelmann 1980, S. 51).**

Sozialisation kann nach Geulen (2005) als *Epigenese* im Sinne einer auf einfachen Ausgangsstrukturen aufbauenden Entwicklung verstanden werden. Demnach vollzieht sich die Entwicklung der Persönlichkeit in Form zeitlich aufeinander folgender „Neubildungen“ der individuellen Merkmalscharakteristik in Interaktion mit den in der Gesellschaft entwickelten Entwicklungs- und Erziehungskonzeptionen. In ihrem Ergebnis bewirkt die Epigenese soziales Wissen und gesellschaftlich relevante Leistungen und Fertigkeiten. Durch die Einbindung der Epigenese in die historische Entwicklung wird nicht nur der individuelle Lebenslauf einer Person bestimmt, sondern auch der Zusammenhalt der Generationen gestiftet. Dadurch wird die Sozialisation zum generationsübergreifenden Medium. In ◘ Abb. 4.1 wird das Gesagte zusammengefasst.

Bei der soziologischen Beschäftigung mit der Sozialisation im dargelegten Sinn stehen sich auf theoretischer Ebene zwei Konzeptionen gegenüber (Hurrelmann 2001):

1. Nach *Auffassung der strukturell-funktionalen Soziologie* (z. B. Parsons 1977) lernen Individuen die Normen und Werte der sozialen Gruppen und Institutionen, denen sie angehören. Demnach werden den Individuen soziale Rollen zugewiesen, die mehr oder weniger spezifische Erwartungen an Verhaltensdispositionen bedingen und für das Funktionieren des sozialen Systems grundlegend sind.
   Sozialisation wird in diesem Sinne als *Sozialmachung des Individuums* verstanden und dient der Reproduktion der jeweils herrschenden sozialen Verhältnisse. Dabei fällt dem Bildungssystem eine Schlüsselstellung zu. Es geht um die gezielte Einflussnahme auf die Entstehung von Persönlichkeitsmerkmalen, die an die gesellschaftlichen Gegebenheiten angepasst werden und so zu deren Reproduktion beitragen. Vor diesem Hintergrund begründet die Institution Schule ein typisches *Sozialisationsarrangement*, das die Heranwachsenden durch die Vermittlung von Qualifikationen auf das Leben als Erwachsene vorbereitet, sie zugleich aber auf unterschiedliche Berufssparten verteilt, was letztendlich der Reproduktion der sozialen Verhältnisse dient. Daraus resultiert die erziehungssoziologische Grundfrage nach dem Verlauf

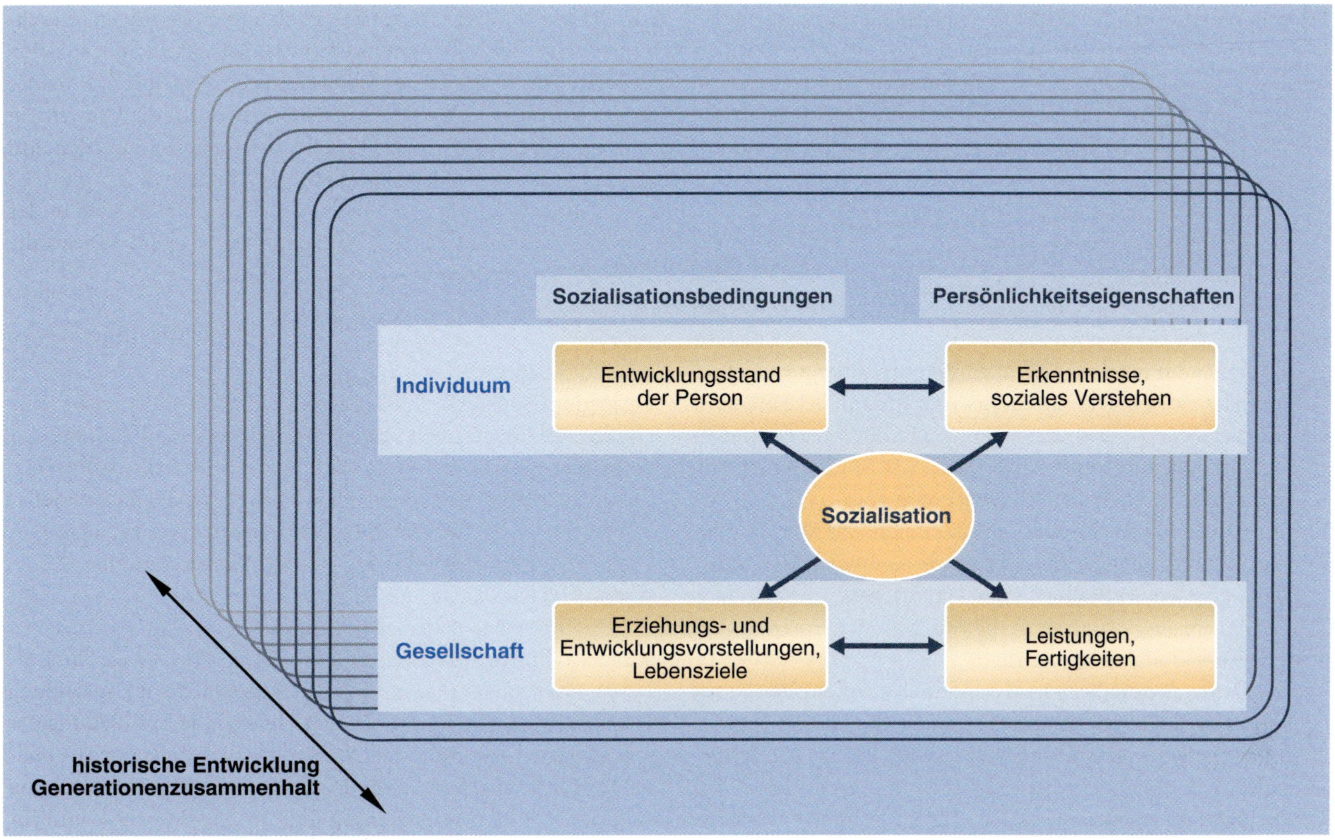

Abb. 4.1 Sozialisation als generationsübergreifendes Medium zwischen Umwelt und Person (Grundmann et al. 2000, S. 67)

von Sozialisationsprozessen unter ungleichen sozialen Ausgangs- und Randbedingungen.

Die *interaktionistische Position* betrachtet Sozialisation dagegen unter einer personalen *und* einer gesellschaftlichen Perspektive: Das Individuum erwirbt Qualifikationen, um an gesellschaftlichen Prozessen teilhaben zu können. Dabei steuert die Gesellschaft den Sozialisationsprozess, um das Individuum in eine gewünschte Richtung zu lenken. Für Individuum und Gesellschaft sind spezifische Bedingungen, Prozesse und Ergebnisse der Sozialisation unterscheidbar, die wir in Tab. 4.1 zusammengestellt haben.

2. Nach dieser theoretischen Konzeption bezieht sich der Begriff der Sozialisation auf alle Prozesse, vermittels derer eine Person in *Interaktion* mit seiner sozialen Umwelt relativ dauerhafte Verhaltensweisen erwirbt, die sie befähigen, am sozialen Leben teilzuhaben und, sofern sich die Person dieser Prozesse und der eigenen Betroffenheit bewusst wird, an der Entwicklung der Gesellschaft mitzuwirken. Das theoretische Konzept der Interaktion bezeichnet das wechselseitige Handeln zweier oder mehrerer Personen und ist eng verknüpft mit dem Begriff der Kommunikation.

Funktion von Interaktion und Kommunikation

Indem der Mensch in sozialen Situationen handelt und mit anderen kommuniziert, entwickelt er soziale *Handlungskompetenz*, eine eigene *Identität* im Sinne von Selbsterkenntnis und Selbstgestaltung, *Einfühlungsvermögen* sowie *Ambiguitätstoleranz* und *Rollendistanz*.

Ambiguitätstoleranz und Rollendistanz

Ambiguitätstoleranz bezeichnet die Fähigkeit, Widersprüchlichkeiten, kulturell bedingte Unterschiede oder mehrdeutige Informationen, die schwer verständlich oder inakzeptabel erscheinen, wahrzunehmen und vorbehaltlos zu bewerten. Ambiguitätstoleranz gilt als eine Voraussetzung für die interkulturelle Kompetenz eines Menschen; sie ist nicht vom Bildungsniveau abhängig (Furnham und Ribchester 1995).

Rollendistanz bezeichnet die Fähigkeit, gesellschaftliche Rollenerwartungen wahrzunehmen, sie zu interpretieren und mit ihnen so umzugehen, dass die eigenen Bedürfnisse zur Geltung kommen. Das Konzept schließt ein kritisches Verhältnis gegenüber der eigenen eingenommenen Rolle ein (Goffman 1961).

Über konkrete Interaktionen und Kommunikation werden auch Anschauungen, Werte und soziale Verhaltensweisen von einer Generation zur nächsten übermittelt. Dabei sind drei Aspekte bedeutsam:

1. Der erste Aspekt beinhaltet die *soziale Rolle*, die ein Individuum je nach Alter, Entwicklungsstand und Tätigkeit einnimmt und die durch gesellschaftliche Vorstellungen und Erwartungen bestimmt wird. Die soziale Rolle fließt dabei auch in die Erziehung und Bildung ein. Wichtig ist zu betonen, dass ein Mensch im Verlaufe des Lebens neben- und

Tab. 4.1 Sozialisation auf Person und Gesellschaft bezogen. (Nach Ulich 1976, S. 18)

	Person	Gesellschaft
Sozialisations*bedingungen*	Entwicklungsstand *Lebenslauf*	Historisch-kulturelle und ökonomisch-politische Randbedingungen
Sozialisations*prozess*	Auseinandersetzung mit der sozialen Wirklichkeit durch *Interaktionen* mit anderen	Einflussnahme durch *Sozialisationsinstanzen* auf Personen
Sozialisations*ergebnisse*	Aufbau von Orientierungen und *Qualifikationen*	*Reproduktion* und Innovation gesellschaftlicher Merkmale

nacheinander mehrere Rollen einnimmt, wobei auch Rollenkonflikte entstehen können. Dies ist z. B. dann der Fall, wenn eine Person die an sie herangetragenen Rollenerwartungen nicht miteinander vereinbaren kann (z. B. Mutter- und Hausfrauenrolle vs. Rolle der erwerbstätigen Frau).

2. Der zweite Aspekt von sozialer Interaktion und Kommunikation besteht in der *Herausbildung von Autonomie und Selbstständigkeit* im Verhältnis zur Gemeinschaft. Dabei geht es darum, ein ausgewogenes Verhältnis zwischen Emanzipation und Anpassung zu erreichen.
3. Der dritte Aspekt bezieht sich auf *Erwartungen der Gesellschaft* an den sogenannten mündigen Bürger, der für sich und andere verantwortungsvoll handelt und so an der Gestaltung der Gemeinschaft mitwirkt. In diesem Sinne wird Sozialisation zur *Sozialwerdung* auf der Grundlage zwischenmenschlicher Beziehungen, die den Einzelnen zum sozial verantwortlichen Handeln befähigen und ein gemeinschaftliches Gestalten der sozialen und natürlichen Umwelt ermöglichen.

Die Fokussierung auf die *Interaktion als Kern des Vergesellschaftungsvorgangs* erlaubt eine konzeptuelle Offenheit, die keine Entscheidung beinhaltet, ob Sozialisation nun Reproduktion oder Dynamik des sozialen Wandels bedeutet (Silbereisen und Pinquart 2008). Die soziale Interaktion im dargelegten Sinn steht im Mittelpunkt der ökologischen Sozialisationsforschung Bronfenbrenners (1976), auf die wir nun eingehen werden.

4.1.1.2 Sozioökologisches Modell der Sozialisation

> » Menschliche Entwicklung ist der Prozeß, durch den die sich entwickelnde Person erweiterte, differenziertere und verläßlichere Vorstellungen über ihre Umwelt erwirbt. Dabei wird sie zu Aktivitäten und Tätigkeiten motiviert und befähigt, die es ihr ermöglichen, die Eigenschaften ihrer Umwelt zu erkennen und zu erhalten oder auf nach Form und Inhalt ähnlich komplexen oder komplexerem Niveau umzubilden (Bronfenbrenner 1981, S. 44).

Bronfenbrenner geht grundsätzlich von der zweiseitigen Natur von Interaktionen zwischen einer Person und ihrer jeweiligen Umgebung aus, in der sie sich entwickelt. Dispositionen und Kompetenzen der Person sowie Anforderungen an die Umgebung beeinflussen den Verlauf der Entwicklung. Dabei können der Person Veränderungen durch Lebensereignisse auferlegt werden, oder sie werden von ihr selbst erzeugt, indem sie die eigenen Erfahrungen auswählt, kreiert und modifiziert. Für die menschliche Entwicklung werden fünf Umgebungssysteme als maßgeblich betrachtet. Sie reichen von Kontexten der unmittelbaren Interaktion mit anderen Personen bis zu breit angelegten soziokulturellen Kontexten, die sich über lange Zeitspannen erstrecken können. Die fünf Systeme sind das sogenannte Mikrosystem, das Mesosystem, das Exosystem, das Makrosystem und das Chronosystem.

Das *Mikrosystem* bezieht jede Beziehung zwischen einer Person und ihrer unmittelbaren Umgebung ein (Bronfenbrenner 1979). Das schließt die Familie, Gleichaltrige (Peers), Schule und Nachbarschaft ein. Das *Mesosystem* bezieht sich auf Beziehungen zwischen zwei oder mehr Mikrosystemen, denen das Individuum aktiv angehört, wie z. B. die Beziehung zwischen Familie und der Schule. Das soziale Milieu, in dem eine Person groß wird und das ihr Werden beeinflusst, wird als *Exosystem* bezeichnet. Exosysteme umfassen den Arbeitsplatz der Eltern, soziale Netzwerke, die staatliche Verwaltung und die Sozialpolitik. Das *Makrosystem* bezieht sich auf die Einstellungen, Überzeugungen und Ideologien der Kultur eines sozialen Milieus. Das *Chronosystem* schließlich bezieht sich auf die Muster der Umgebungsereignisse und Übergänge über die Zeit (Bronfenbrenner und Morris 2006); es stellt somit die Zeitachse der Sozialisation dar (vgl. auch Abb. 4.2).

Im Wesentlichen besagt das Modell, dass sich die Entwicklung einer Person aus ihren Interaktionen mit der Familie, Schule, Gemeinschaft und der Gesellschaft über die Zeitachse vollzieht. Zeit und Ort von Lebensereignissen, der Verlauf von Übergängen und Ereignissen, die während der Lebensspanne eintreten, wie auch historische Ereignisse bestimmen den Lebenslauf einer Person. Sozialisation ist dabei ein latenter Prozess der Hervorbringung dispositioneller Eigenschaften von Personen in der Interaktion mit verschiedenen sozialen Systemen. Sie manifestiert sich in

- den Eigenschaften und Handlungsweisen von Individuen, die in konkrete soziale und historische Kontexte eingebunden sind, und
- in sozialen Organisationsformen, Institutionen und Handlungsstrukturen, die das soziale Miteinander regeln und prägen.

Dabei hat der durch Lernen in Gang gesetzte Vergesellschaftungsprozess eine lebensgeschichtliche Komponente.

Miteinander konkurrierende Persönlichkeitsdispositionen, die auf soziale Anpassung oder auf individuelle Eigenständigkeit zielen, müssen in ein ausgeglichenes Verhältnis gebracht werden,

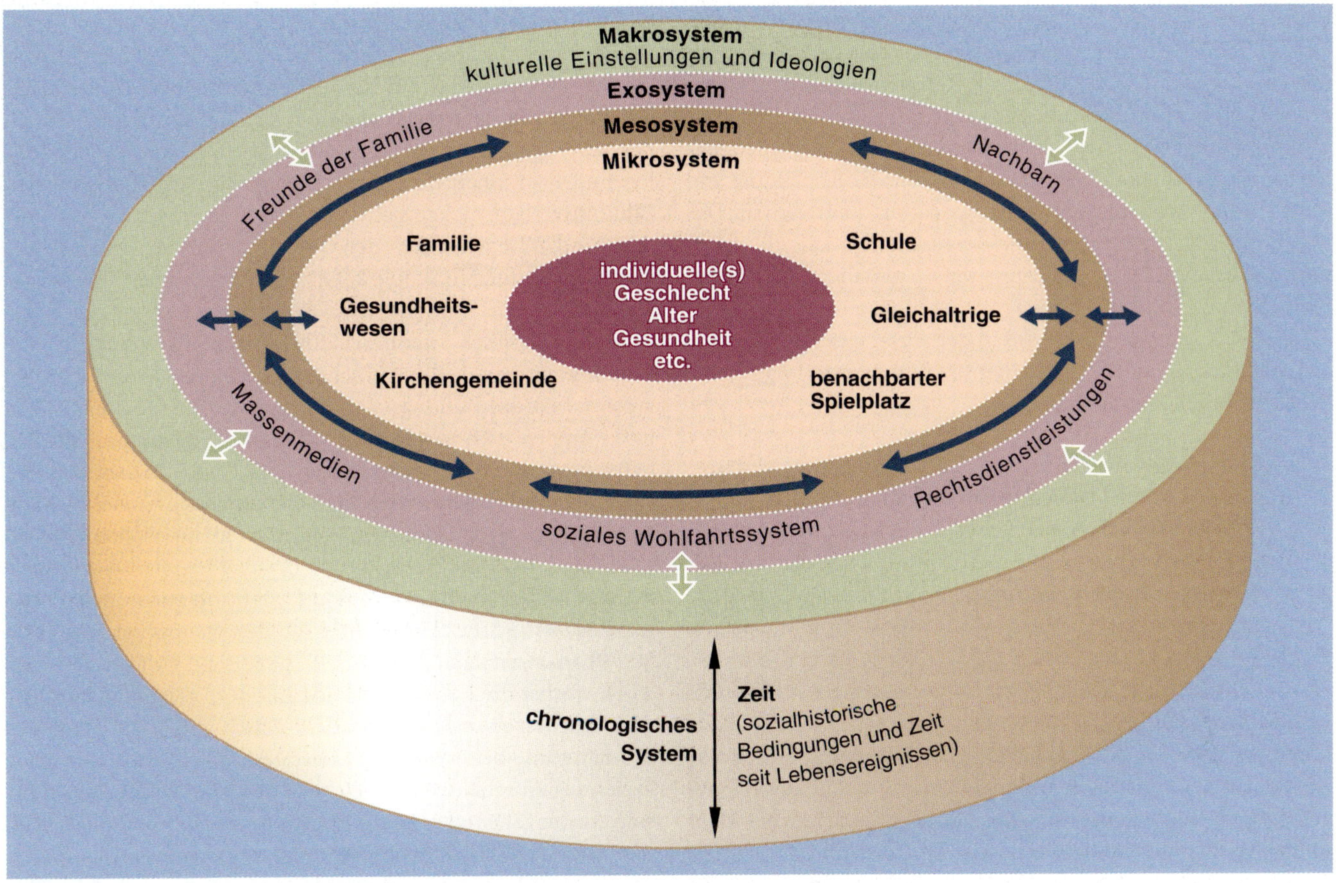

Abb. 4.2 Die Systeme des sozioökologischen Modells von Bronfenbrenner (1979)

damit eine Person ein sozialverträgliches Wesen wird, ohne seine Identität aufgeben zu müssen. Dabei geht es nicht um eine soziale Anpassung um jeden Preis, sondern vielmehr um eine graduelle Steigerung von *Autonomie* und *Emanzipation* des Individuums. Das Ziel jeglicher Erziehung besteht darin, „Kinder verschiedener sozialer Herkunft und mit unterschiedlicher Lerngeschichte zu befähigen, in Situationen ihres gegenwärtigen und zukünftigen Lebens möglichst autonom und kompetent denken und handeln zu können" (Gerstacker und Zimmer 1978, S. 189). Damit wird auch deutlich, dass die Emanzipation des Heranwachsenden z. B. vom Elternhaus, von den elterlichen Normen und Zielvorstellungen zur Entwicklung gehört.

4.1.2 Sozialisation zwischen Emanzipation und Anpassung

Wie bereits dargelegt wurde, hat Erziehung aus der Sicht der Erziehungssoziologie die Aufgabe, zur Vergesellschaftung der Heranwachsenden beizutragen. Im Sinne der *Sozialmachung* zielt Erziehung auf die *Anpassung* von Persönlichkeitseigenschaften an gesellschaftliche Bedingungen, um eine Reproduktion der gesellschaftlichen Verhältnisse zu erreichen. Laut Rath (2007) wird die derzeitige Bildungsdebatte von einem technokratischen Denken charakterisiert, das z. B. der Schule die Aufgabe zuschreibt, Persönlichkeiten auszubilden, die der Erfüllung von Erwachsenenrollen im Berufsleben motivationsmäßig und technisch gewachsen sind: „Bildung wird mit Output gleichgesetzt" (Rath 2007, S. 23).

Da es in jeder Gesellschaft immer weniger attraktive gesellschaftliche Positionen als individuelle Erwartungen gibt, hat das Bildungssystem, und dabei insbesondere die Schule, die Funktion der *Allokation* im Sinne der Zuteilung von beschränkten Ressourcen zu Personen. Damit eng verbunden ist eine *Selektion* im Sinne einer Zuweisung von Bildungschancen (Grundmann und Hoffmeister 2007). Ausgewählt wird gemäß den Erfordernissen der Leistungsgesellschaft, indem Heranwachsende nach dem Kriterium ihrer Leistung oder ihrer Angepasstheit an die Erfordernisse der Wirtschaft bestimmten Positionen zugewiesen werden.

Bei einer sehr starken Betonung der Anpassung von Personen an gesellschaftliche Rahmenbedingungen und Erfordernisse kann Erziehung leicht zu einem manipulativen Prozess der Sozialisation mutieren, der in einem krassen Gegensatz zum Konzept der *Erziehung zur Mündigkeit* steht. Dieses Konzept ist jedoch das Markenzeichen der modernen Erziehungswissenschaft: Nicht der an bestehende Gesellschafts- und Herrschaftsverhältnisse angepasste Mensch, sondern die *autonome und emanzipierte Persönlichkeit* ist das Leitziel pädagogischer Bemühungen. Nach dem kritisch-emanzipatorischen Verständnis (Adorno 1969) betont Erziehung die Entwicklung solcher Persönlichkeitseigenschaften, die zur *Mündigkeit* im Sinne individueller Selbstbestimmung qualifizieren. Das schließt die Aneignung von Kenntnissen und Fähigkeiten ein, die dem Verständnis der sozialen Welt und der Lebensbewältigung dienen, wozu die Entwicklung von Verantwortungsbewusstsein für sich selbst und die soziale Umwelt ebenso gehört wie der Wille zur Teilhabe an der Gestaltung der Gesellschaft. Gelingt dies alles, kann von einer *geglückten Emanzipation* eines Individuums gesprochen werden. Die Entwicklungsaufgabe besteht demnach darin, ein ausgeglichenes Verhältnis zwischen der Notwendigkeit sozialer Anpassung und individueller Autonomie und Emanzipation zu erreichen. Das wiederum setzt die Fähigkeit und Bereitschaft voraus, die eigene gesellschaftliche Position zu definieren, zu gestalten und gegebenenfalls zu verändern.

Dieser Zusammenhang wird in der soziologischen Literatur als *Lebenslaufregime* im Sinne einer Institutionalisierung des Lebenslaufs bezeichnet.

4.1.2.1 Sozialisation und die Institutionalisierung des Lebenslaufs

> » Jeder Mensch, der lebend zur Welt kommt, hat einen Lebenslauf (Loch 1979, S. 14).

Der Lebenslauf einer jeden Person wird durch eigenverantwortliche Entscheidungen und Handlungen gestaltet. Diese allerdings unterliegen den von der Geschichte, Gesellschaft und Kultur diktierten Bedingungen, die dem Handeln Einschränkungen auferlegen. Jede Gesellschaft hat ein System sozialer Erwartungen, wann und in welcher Reihenfolge bestimmte Ereignisse und Übergänge im (Normal-)Lebenslauf von Menschen eintreten sollen.

Während sich die *Pädagogik der Lebensalter* mit der Strukturiertheit und Prozesshaftigkeit individualisierter Lebensverläufe und Lebensentwürfe befasst (Eckert et al. 2011), liegt der Schwerpunkt der soziologischen Lebenslaufforschung auf der Betrachtung der sozialen Strukturierung, Normierung und Institutionalisierung des Lebenslaufs als eine Sequenz altersbezogener Übergänge von einem Lebensabschnitt zum nächsten. Das Einschulungsalter, der Zeitpunkt des Übergangs zum Beruf oder Studium, die sogenannte Volljährigkeit mit dem Anspruch auf politische Rechte, der Übergang in das Rentenalter und dergleichen sind Konventionen, die von der Gesellschaft normativ festgelegt werden. Jedes Individuum durchschreitet von der Geburt bis zum Tod eine durch soziale Konventionen regulierte Sequenz von Lebensabschnitten, die jeweils mit bestimmten Rechten, Aufgaben und Verpflichtungen verbunden sind. Indem Menschen die sozialen Konventionen in Bezug auf ihren Lebenslauf mehr oder weniger anerkennen, erfolgt eine Institutionalisierung des Lebenslaufs: Es bildet sich ein soziales Skript, *ein „Drehbuch" des Lebens* heraus, das regelt, wie der Einzelne sein Leben in Übereinstimmung mit den sozialen Konventionen gestalten soll. Der Lebenslauf wird an die gesellschaftlichen Regulative angepasst (Neugarten 1970, 1980), was als *Lebenslaufregime* bezeichnet wird:

> » Die soziale Organisation des Lebenslaufs in der modernen Gesellschaft beruht auf der Institutionalisierung individueller Rechte und Pflichten in der ökonomischen, politischen und sozialen Sphäre, die den Verlauf des individuellen Lebens durch die soziale Zeit und den sozialen Raum regulieren (Buchmann 1989a, S. 90).

Dementsprechend konzentriert sich die Erziehungssoziologie weniger auf die Frage, welche Bedeutung bestimmte Persönlichkeitseigenschaften für den Lebenslauf haben, sondern das erkenntnisleitende Interesse richtet sich auf die äußere Gestalt des Lebensverlaufs als einer zeitlichen Abfolge von sozialen Rollen und Positionen im Gesellschaftsgefüge. In Bezug auf den Bildungsverlauf rücken dabei u. a. folgende Fragen in den Vordergrund: Wie wirkt sich der Übergang von der Grundschule zur weiterführenden Schule auf die Bildungskarriere von Heranwachsenden aus? Unter welchen Bedingungen erfolgt der Übergang vom Bildungs- zum Beschäftigungssystem? Wie verläuft die Einkommensentwicklung unter den Bedingungen des Bildungssystems? Ist das Bildungssystem imstande, die Qualifikationen und Kompetenzen zu vermitteln, die für die Bestreitung des Lebensunterhaltes durch Arbeit erforderlich sind? In diesem Sinne stellt sich die übergeordnete Frage, wie Lebenslauf und Erziehung zusammenhängen, die wir im Folgenden klären wollen.

▪ Wie hängen Lebenslauf und Erziehung zusammen?

Lebenslauf und Erziehung sind für den Menschen laut Loch (1979) in zweifacher Weise eine spezifische Erfahrung. Zum einen wächst die Lebenserfahrung mit der Erziehung, zum anderen entwickelt und verfestigt der Mensch im Verlauf seines Lebens aufgrund der erfahrenen Erziehung seine Individualität. Die Erziehung entscheidet mit, welche Bedeutung der Lebenslauf für eine Person gewinnt, denn die Erziehung und das Bildungsniveau gehören zu den wichtigsten Faktoren, die den Lebenslauf einer Person beeinflussen. Die enge Verknüpfung zwischen Bildungsgrad und individuellem Lebensweg wird seit langem als eines der wesentlichen Kennzeichen *lernender Gesellschaften* betrachtet (Husén 1974), denn es zeigt sich, dass individuelle Lebensläufe wesentlich von der Qualität des Bildungs- und Beschäftigungssystems sowie deren Abstimmung aufeinander abhängen (vgl. Konietzka 2007).

Eng verbunden mit dem Bildungsniveau ist die Erziehung. Da sie mitverantwortlich ist für das Bildungsniveau, welches eine Person erreicht, übt sie einen nachhaltigen Einfluss darauf aus, wie eine Person ihre jeweilige Umwelt sieht, wie sie sich den gestellten Problemen widmet und welche Ziele und Erwartungen sie dabei für sich entwickelt. Sowohl das Erziehungs- als auch das Beschäftigungssystem moderner Industrie- und Leistungsgesellschaften setzen Verantwortlichkeit und Verantwortungsbewusstsein des Einzelnen sich selbst und der Gesellschaft gegenüber voraus, wobei von einer Regelhaftigkeit von altersgradierten Lebensabschnitten ausgegangen wird. So entwickelt die Gesellschaft beispielsweise kollektive Vorstellungen darüber, was Kinder im Vorschulalter wissen und können sollten. Diese kollektiven Vorstellungen schlagen sich auch in pädagogischen Konzepten (z. B. der Vorschulerziehung) nieder, an denen sich Eltern und Erzieher orientieren. Unsere gesamte Sichtweise auf Kinder wird durch kollektive Vorstellungen einer geglückten Entwicklung geprägt, und es fällt schwer, darüber hinauszugehen und noch etwas anderes zu sehen. Vergleichbar damit regulieren kollektive Vorstellungen auch, wie der Übergang ins Erwachsenenalter zu gestalten ist (Buchmann 1989b). Die Übergänge von einem Lebensabschnitt zum anderen sind alsogesellschaftlich konstruiert und normiert. Daher bewirken soziale Konventio-

Tab. 4.2 Merkmale des Lebenslaufregimes aus struktureller und kultureller Sicht

	Gesellschaft	Person
Strukturell	Institutionalisierung des Lebenslaufs: Sozialisationsarrangements organisieren die individuellen Lebensläufe	Anpassung an Rollenerwartungen und -ansprüche der Gesellschaft und entsprechende Ausgestaltung des Lebenslaufregimes
Kulturell	Kollektiv, d. h. sozial geteilte Repräsentationen von Lebensläufen: normative Bestimmung des Normallebenslaufs	Biografische Perspektiven und Strategien (individuenspezifische Erwartungen, Aspirationen und Handlungsstrategien in Bezug auf die Gestaltung des Lebenslaufs)

nen, an denen sich die Erziehung orientiert, eine weitreichende Standardisierung des individuellen Lebenslaufs (z. B. in Bezug auf das Heiratsalter, die Geburt des ersten Kindes, den Eintritt in den Ruhestand usw.).

Institutionalisierung des Lebenslaufs

Ein ganzes Bündel an Normen und Regeln sorgt unter Bezugnahme auf Tradition und Geschichte für die soziale Orientierung des Einzelnen und dadurch auch für den Erhalt und Fortbestand der jeweiligen sozialen Ordnung. Das Individuum wird zum Objekt gesellschaftlicher Regulierung. Abweichungen von den Regeln werden nicht hingenommen, sondern sanktioniert. So werden die individuellen Lebensläufe unter Anlegung historisch bedingter und gesellschaftlicher Normen einer *Institutionalisierung* unterworfen (Mayer 2004). Es entsteht ein *Lebenslaufregime* als normatives Muster, das durch ein Spannungsverhältnis zwischen eingeforderter Autonomie und den Anforderungen der Gesellschaft gekennzeichnet ist. Während der Lebenslauf für den einzelnen Menschen etwas Einzigartiges und nur ihm Eigentümliches ist, ist er soziologisch betrachtet institutionalisiert und hochstrukturiert. Der *Lebenslauf* konstituiert ein Vergesellschaftungsprogramm, das Individuen als soziale Einheiten betrachtet. Gelingt es einer Person, unter den waltenden sozialen Bedingungen ein eigenes Lebenslaufregime zu begründen, ist sie in ihrem Handeln autonom und emanzipiert. Gelingt ihr dies nicht, wird sie zum Spielball gesellschaftlicher Kräfte, die sie nicht kontrollieren und beeinflussen kann. Für die Erziehungssoziologie stellen die Begriffe des Lebenslaufs und der Biografie deshalb wichtige Kategorien der Analyse von Sozialisationsprozessen auf unterschiedlichen Ebenen dar, da sie erlauben, Sozialisationsprozesse in ihrer zeitlichen Dimension strukturell und kulturell zu verorten (Tab. 4.2).

Die Institutionalisierung des Lebenslaufs bildet so etwas wie die Leitplanken für die Herausbildung von biografischen Perspektiven und Strategien, die sich im Rahmen spezifischer Sozialisationsbedingungen (z. B. Zugehörigkeit zu einer sozialen Schicht) und in Abhängigkeit von individuellen Erfahrungen im Verlauf des Lebens und dem jeweils gegebenen Status (z. B. Mutter, Vorgesetzter) entfalten können. Der Lebenslauf einer Person entwickelt sich in enger Wechselwirkung mit den Lebensläufen anderer Personen, zu denen soziale Beziehungen bestehen. So beeinflussen z. B. die Lebensverläufe von Ehepartnern einander ebenso wie die Lebensläufe von Eltern und Kindern. Das wird als *verknüpftes Leben* bezeichnet (Greenfield und Marks 2006).

Das soziologische Konzept des Lebenslaufregimes beinhaltet die Annahme einer gesellschaftlichen Struktur, die durch substantielle Ungleichheit gekennzeichnet ist. Beispielsweise impliziert alleine schon die Vorstellung sozialer Klassen oder Schichten eine hohe Persistenz der Zugehörigkeit zu einer Klasse über den Lebensverlauf hinweg.

Funktion kultureller Modelle

Die von der Gemeinschaft an Individuen herangetragenen Erwartungen konstituieren *kulturelle Modelle*, die sozial geteilte Übereinkünfte in Bezug auf Werte, Einstellungen, Handlungsmuster und Verhaltensweisen repräsentieren und die Anforderungen an den Einzelnen legitimieren. Diesen Anforderungen muss sich das Individuum als sozial handelndes Wesen entsprechend seiner Position im Gesellschaftsgefüge stellen.

Kulturelle Modelle

Kulturelle Modelle sind kognitive Schemata, die von den Mitgliedern einer sozialen Gruppe intersubjektiv geteilt werden (D'Andrade 1990). Sie werden informell gelernt und begründen kollektive Bedeutungs- und Sinnsysteme, die als Orientierungsrahmen für das Verständnis spezifischer Bereiche der sozialen Wirklichkeit dienen.

Kulturelle Modelle sind in unterschiedlichem Maße institutionalisiert und daher nur mehr oder weniger verbindlich (Meyer 1987a). Dennoch helfen sie der einzelnen Person, sich in der sozialen Wirklichkeit zurechtzufinden.

> Es scheint charakteristisch für informell gelernte Modelle zu sein, dass Personen sie besser benutzen als beschreiben können (D'Andrade 1995, S. 167).

Die handelnden Personen wissen implizit um die weitere Verbreitung kultureller Modelle als Leitbilder sozialen Handelns und sie wissen ebenso implizit, dass ihr eigenes Handeln von anderen Personen auf der Basis der Leitbilder beurteilt wird.

Nach Swidler (2001) benutzen Individuen kulturelle Modelle als Werkzeug oder Repertoire, um nützliche Strategien auszuwählen, die es ermöglichen, bei gegebenen Ressourcen, Dispositionen, Qualifikationen und Kompetenzen bestimmte Lebensziele zu erreichen. Zugleich bestimmen kulturelle Modelle das *Kollektivbewusstsein* der zu einer Gruppe gehörenden Personen durch deren Selbstbindung an übergeordnete Regeln und Verhaltensnormen, die das Wohlergehen des Einzelnen und der Gruppe sichern und ein wechselseitiges Verständnis sowie Glaubhaftigkeit ermöglichen.

▪ **Deregulierung des Lebenslaufs?**

Die Konzeption des standardisierten Lebenslaufs wird von Kohli (2003) als Produkt der 1960er Jahre betrachtet, das auf dem damaligen schnellen und anscheinend stabilen Wirtschaftswachstum, einer Vollbeschäftigung und Ausweitung des Wohlfahrtsstaates beruhte. Sozialstruktur und individueller Lebenslauf gingen eine Synthese ein, die als *Fordismus*[1] bezeichnet wird. Dementsprechend wurde die typische Lebensführung des Normalbürgers mit den Stichworten *Kleinfamilie mit männlichem Alleinverdiener*, hohe Arbeits- und *Betriebstreue*, *bescheidene Aufstiegsmöglichkeiten* und standardisierter *Massenkonsum* charakterisiert.

Seit den 1960er Jahren sind weitreichende Veränderungen im Produktionsbereich, eine permanente Innovation von Produkten und Dienstleistungen, der Abbau sozialstaatlicher Leistungen und eine wachsende Individualisierung der Lebensführung eingetreten, die als charakteristische Merkmale des *Postfordismus* bzw. der *Postmoderne* gelten (Seifert 2004). Unter der Annahme, dass der Lebenslauf in der Postmoderne nicht mehr gut kalkulierbar in institutionell gesicherten Bahnen verläuft, wird der soziologische Diskurs seit geraumer Zeit von dem Thema der Destandardisierung des Lebenslaufs beherrscht (z. B. Scherger 2007).

4.1.2.2 Destandardisierung des Lebenslaufs oder Entgrenzung?

Veränderungen gesellschaftlicher Strukturen vollziehen sich manchmal schneller, manchmal langsamer. Erstreckt sich der soziale Wandel über viele Jahre und betrifft er nur Teilbereiche der Gesellschaft, wird er von vielen nicht bemerkt. Anders verhält es sich mit plötzlichen Veränderungen der gesamten Gesellschaft wie im Falle des Niedergangs der sozialistischen Gesellschaften Mittel- und Osteuropas nach 1990. Dieses historische Ereignis hatte nachhaltige Effekte auf das Lebenslaufregime von Millionen Menschen, die noch heute nachwirken (Mayer und Solga 2010). Der Lebenslauf als ein ganzheitliches Muster wurde einer weitreichenden *Deinstitutionalisierung* unterzogen, wie das Beispiel der *Kinder von Golzow* (vgl. ▶ Kap. 1) zeigt. Alles in allem aber trugen die Anerkennung der beruflichen Abschlüsse im Einigungsvertrag Deutschlands, der Aufbau beruflicher Qualifikation durch Fortbildungsmaßnahmen, der hohe Anteil älterer Arbeitnehmer, die in den Vorruhestand wechselten, zu einer erstaunlichen Kontinuität und Stabilität des Beschäftigungssystems bei, die sich trotz des Systemwandels einstellten (Geißler 2011).

Abgesehen von den Effekten dieses historischen Ereignisses wird seit Jahrzehnten von einer weitreichenden *Destandardisierung* des Lebenslaufs in Bezug auf die westlichen Industriestaaten gesprochen, dessen Ursachen im Niedergang des sogenannten Fordismus zu suchen seien. Kohli (2003) konstatiert:

> » Die Anzeichen einer Krise des institutionalisierten Lebenslaufs scheinen sich heute zuzuspitzen. Auf den verschiedensten Ebenen zeichnen sich Prozesse der Destandardisierung und Deregulierung ab. Vor zwanzig Jahren war bei der Beurteilung dieser Prozesse noch Vorsicht geboten. Heute scheint sich diese Vorsicht erledigt zu haben: Es gibt deutliche Destandardisierungstendenzen, und zwar in beiden wesentlichen Strukturgebern des Lebenslaufs, der Erwerbs- ebenso wie der Familienbiographie (Kohli 2003, S. 532).

Insgesamt zeichne sich eine Individualisierung des Lebenslaufs im Sinne einer Pluralisierung der Lebensformen und Ausdifferenzierung unterschiedlichster Lebenspfade ab (vgl. Beck und Beck-Gernsheim 2002).

▪ **Wandel von Familienbiografien**

Betrachtet man die gesellschaftliche Entwicklung in Deutschland, Österreich und in der Schweiz, zeigen sich Veränderungen in Familien- und Partnerschaftsbiografien, die in einer abnehmenden Dominanz der Ehe, häufigerer Kinderlosigkeit und einer verringerten Bedeutung der traditionellen Kernfamilie bestehen. Für das Jahr 2012 stellt das Statistische Bundesamt zur Elternschaft in Deutschland fest, dass die erste Elternschaft deutlich später als vor 20 Jahren eintritt, dass sich unverheiratete Frauen früher für ein Kind entscheiden als Frauen in einer Ehe und dass in den neuen Bundesländern drei Viertel aller Erstgeborenen außerhalb einer Ehe zur Welt kommen, während der Anteil in den alten Bundesländern ein Drittel beträgt. Nicht nur der seit 1970 zu beobachtende Trend, später Mutter oder Vater zu werden, habe sich bis 2011 fortgesetzt, sondern auch der Trend zur Kinderlosigkeit. Beispielsweise zeichne sich für die Stadtstaaten ab, dass jede dritte Frau im gebärfähigen Alter kinderlos sei.

> » Für die Gesellschaft bedeutet dies ein Nebeneinander von zwei verschiedenen Lebensentwürfen: Familien mit mehreren Kindern einerseits und einer kinderlosen Partnerschaft beziehungsweise dem Single-Dasein andererseits (Pötzsch 2012, S. 43).

Neben diesen Trends belegen die statistischen Angaben, dass die Mehrheit der Kinder mit verheirateten Eltern zusammen lebt. Gewiss birgt die größere Instabilität der modernen Ehe und Kleinfamilie auch Risiken für die Sozialisation der betroffenen Kinder, aber dieses Phänomen ist nicht neu, sondern kennzeichnet bereits seit Jahrzehnten den sozialen Wandel der westlichen Industriegesellschaften. Das gilt auch für die Ein-Eltern-Familien (Alleinerziehende), die sich mittlerweile fast als „normale" Familienform mit spezifischen Sozialisationsbedingungen etabliert haben. Eine sehr gründliche und aufschlussreiche Gesamtdarstellung der *Familienformen im sozialen Wandel* hat Peuckert (2012) verfasst. An dieser Stelle soll genügen festzuhalten, dass die Lebensläufe von Kindern, die in Familien aufwachsen, bislang keineswegs einer Destandardisierung unterliegen und dass für sie unverändert die These der Institutionalisierung des Lebenslaufs beibehalten werden kann. Allerdings muss sie um Aspekte erweitert werden, die sich über Jahrzehnte entwickelt und die Gesellschaft graduell verändert haben.

1 Der Begriff *Fordismus* geht auf den Automobilproduzenten Henry Ford zurück und kennzeichnet die Industriegesellschaft mit den Merkmalen der standardisierten Massenproduktion, der Steigerung der Massenkaufkraft, des Ausbaus des Sozialstaates und der steigenden Ansprüche an die individuelle Lebensführung (vgl. Seifert 2004).

Wandel des Schulsystems und seine Auswirkungen auf den Lebenslauf

Seit Beginn des 21. Jahrhunderts wurden in Deutschland, Österreich und der Schweiz mehrere Reformen des Schulwesens durchgeführt, die möglicherweise zu einer Deregulierung der Lebensläufe beigetragen haben und beitragen werden. In Österreich gilt seit 2010 eine *Kindergartenpflicht* für Fünfjährige bis zum Schuleintritt, in Deutschland und in der Schweiz sind ähnliche Bestrebungen erkennbar, den Rechtsanspruch auf einen Kindergartenplatz durch eine Kindergartenpflicht zu ersetzen. In einigen Bundesländern Deutschlands wurden im Verlauf des letzten Jahrzehnts als Folge des demografischen Wandels viele Grundschulen geschlossen und zu Mittelpunktschulen zusammengelegt; die Hauptschule wurde in mehreren Bundesländern zwar nicht abgeschafft, aber in die Mittelschule, erweiterte Realschule, integrierte Sekundarschule usw. integriert. Sie droht innerhalb des gegliederten Schulsystems zu einer unterschichtspezifischen Schule zu werden, in der Bildungsnachteile aufgrund der sozialen Herkunft institutionell verstärkt werden. In fast allen Ländern der Bundesrepublik Deutschland wurde die Schulpflicht auf insgesamt 12 Jahre reduziert, so dass das Abitur ein Jahr früher erlangt wird. In Deutschland wurde überdies die Wehrpflicht abgeschafft, der Ersatzdienst wurde zum freiwilligen Sozialdienst deklariert.

Betrachtet man all diese Veränderungen genauer, wird jedoch deutlich, dass letztlich nur die Abschaffung des Wehrdienstes wirkliche Auswirkungen auf Lebensläufe hat: Junge Männer können nun mit dem Studium ein Jahr früher beginnen als zuvor und/oder brauchen ihre Berufstätigkeit nicht zu unterbrechen. An der Standardisierung des Lebenslaufs ändert sich jedoch trotz der vielen angesprochenen Veränderungen nichts.

Der Bereich der beruflichen Bildung ist von den Reformen weitgehend verschont geblieben, so dass für die Mehrheit der Jugendlichen bis zum Abschluss der Ausbildung keine signifikanten Veränderungen im Lebenslaufregime zu verzeichnen sind. Gleiches gilt auch für die institutionelle Rahmung des Studiums an Hochschulen, denn die weitgehend abgeschlossene Einführung von Bachelor- und Masterstudiengängen standardisiert den Lebenslauf für die Zeit des Studiums genauso wie die früheren Studiengänge.

Deregulierung der Beschäftigungsbiografie

Nach dem bisher Gesagten dürfte klar geworden sein, dass sich die Frage der Destandardisierung des Lebenslaufs auf das Erwerbs- und Beschäftigungssystem beschränkt. Dementsprechend wird in der soziologischen Literatur seit mehr als zwanzig Jahren diskutiert, ob sich das *Normalarbeitsverhältnis* als Folge einer zunehmenden Flexibilisierung des Arbeitsmarktes auflöst (Mückenberger 1985) und durch neuere Beschäftigungsformen abgelöst wird.

Um es kurz zu machen: Die Deregulierung des Beschäftigungs- und Erwerbssystems verlief bis heute eher moderat und zog keine grundlegende Destandardisierung der Erwerbsbiografien nach sich. Die Gründe dafür sind zahlreich: Kündigungsschutz, betriebliche Mitbestimmung, Tarifautonomie, das duale Ausbildungssystem wie auch ein stark reguliertes und relativ geschlossenes Beschäftigungssystem haben in Deutschland, Österreich und der Schweiz zu einer außergewöhnlichen Stabilität des Beschäftigungssystems geführt. Eine Flexibilisierung ist lediglich an den „Rändern" des Systems, also beim Berufseinstieg, beim Wiedereinstieg von Frauen und vor allem beim Erwerbsausstieg feststellbar (Giesecke 2006). Übereinstimmend berichten mehrere Untersuchungen (z. B. Erlinghagen 2002; Grunow et al. 2005), keine außergewöhnliche Zunahme an beruflicher Mobilität von Männern feststellen zu können, so dass, abgesehen von einer allgemeinen Zunahme des Risikos von Arbeitslosigkeit, von einer Desintegration am Arbeitsmarkt keine Rede sein kann.

„Meine eigene Forschung zu diesem Thema ist vom immer wieder aufbrechenden Erstaunen darüber geleitet worden, wie wenig sich verändert hat, mit anderen Worten, wie paradox die Entwicklung verläuft", schreibt Kohli (2003, S. 535), wobei er das Paradoxe an der Veränderung der Altersgrenzen, insbesondere des Übergangs vom Erwerbsleben zum Ruhestand festmacht. Als paradox beurteilt er die gesetzliche Regelung des Übergangs zum Ruhestand deshalb, weil feste Altersgrenzen einerseits den Grundsätzen der Wahlfreiheit des Individuums widersprechen und andererseits die Erfordernisse des Beschäftigungssystems ignorieren. Während vor nicht allzu langer Zeit die Beschäftigungsprobleme durch eine Frühverrentung gelöst werden sollten, geht die Entwicklung nun genau in die andere Richtung, da man neuerdings das Humankapital der älteren Menschen entdeckt hat (Staudinger 2011) und dementsprechend eine Verlängerung der Lebensarbeitszeit propagiert. Die von Kohli (2003) und anderen konstatierte unerwartete Beharrlichkeit des institutionalisierten Lebenslaufs wirft die Frage auf, ob es nicht angemessener ist, den Begriff der *Entgrenzung* zur Kennzeichnung des Strukturwandels innerhalb der Lebensphasen zu verwenden.

Entgrenzung der Arbeit und die Folgen

In der Soziologie wird der Begriff der Entgrenzung seit Anfang der 1990er Jahre verwendet, um damit die Aufhebung soziokulturell bestimmter Abgrenzungen zu kennzeichnen. Dazu gehören laut Gottschall und Voß (2003) u. a. die Abgrenzungen zwischen Geschlechts- und Rollenidentitäten, zwischen sozialen Schichten, Klassen, Milieus und Lebensstilen und vor allem der starren beruflichen Arbeitsteilung und Berufsordnung. Kritisch merken diese Autoren an, dass es noch eine offene Forschungsfrage sei, ob und inwieweit es sich bei den festgestellten und diskutierten Entgrenzungen tatsächlich um grundlegende Veränderungen vorheriger sozialer Zustände handelt oder um einen *Beobachtereffekt* und ein willkommenes öffentlichkeitswirksames Thema. Die Tatsache, dass der Entgrenzungsbegriff vorzugsweise im Zusammenhang mit dem Arbeits- und Beschäftigungssystem verwendet wird, lässt den Verdacht aufkommen, dass es sich bei der Entgrenzung von Arbeit um ein *Agenda-Setting* der Industrie und Wirtschaft handelt – vergleichbar mit der These der Lohnnebenkosten als Dreh- und Angelpunkt für Wachstum und Arbeitsmarkt, die Bäcker (2008) schlichtweg als Mythos bezeichnet.

› ***Entgrenzung von Arbeit*** **bezieht sich auf die allgemeine Beobachtung, dass sich bisherige Abgrenzungen und Gliederungen des Beschäftigungs- und Erwerbssystems auflösen oder zumindest an Bedeutung verlieren. Betroffen von der Entgrenzung sind die Arbeitszeit, der Betrieb als räumliche und soziale Einheit oder die**

Internationalisierung von Unternehmen. Im engeren Sinne ist mit der Entgrenzung von Arbeit die Auflösung der Grenzen zwischen Erwerbsarbeit und Privatleben gemeint.

Aus der Sicht von Unternehmen und Betrieben ist die Entgrenzung der Arbeit ein profitabler Rationalisierungsprozess, der mit einer Auslagerung von Unternehmensstrukturen und -aufgaben sowie mit einer Ausdehnung der zeitlichen Verfügbarkeit der Beschäftigten verbunden ist. Dass eine Entgrenzung von Arbeit für Unternehmen viele Vorteile mit sich bringt, ist klar, ob dies für die betroffenen Personen auch so ist, ist eine andere Frage.

Für die betroffenen Personen erweist sich Entgrenzung der Arbeit als Verflüchtigung beruflicher Identität und die Aufgabe der sozialen Bindung an Betrieb und Kollegen. Vor allem erfordern entgrenzte Arbeitsverhältnisse immer mehr und in neuer Qualität, dass Erwerbstätige ihre ganze Person unter Nutzung aller Potentiale und Ressourcen für die Erwerbsarbeit einsetzen müssen. – „Arbeit ohne Ende", steigende Risiken des individuellen Scheiterns, wachsense Selbstausbeutung, forcierte Konkurrenz, eine Zunahme an Angst und Depression sind oft berichtete Folgen entgrenzter Arbeit (vgl. Moosbrugger 2008; Pickhaus et al. 2001).

Entgrenzung, Arbeit und Widersprüche, die nicht auflösbar sind

„Es gab mal eine Zeit, in der ich Vollzeit festangestellt arbeitete. Diese Zeit endete vor fast genau vier Jahren aufgrund wirtschaftlicher Fehlplanung des Unternehmens, in dem ich angestellt war. [...] Seither arbeite ich mit Unterbrechungen freiberuflich. [...]

In der Anfangszeit empfand ich dieses Arbeiten als ziemlich angenehm. Ich konnte mir meine Arbeitstage relativ frei einteilen, ich wurde nicht mehr so sehr in den Schichtdienst einbezogen wie meine KollegInnen, auch Wochenendarbeit hatte sich bis auf wenige Ausnahmen erledigt. Ich hatte das Gefühl, mehr ‚Freizeit' zu haben. Seitdem [...] lebe und arbeite ich unterhalb der Armutsgrenze. [...]

Durch diese Entgrenzung von Arbeit und ‚Nicht-Arbeit' [...] mute ich mir Belastungen zu, die eine 40 h festangestellte Tätigkeit bei weitem übersteigen. Ich bin, ohne es zu merken, in einen klassischen ‚Burn-Out'-Zyklus hineingerutscht. [...]

Meine derzeitige mentale Verfassung, die mir eine Arbeitsunfähigkeit bescheinigt, ist – so viel weiß ich – nicht ausschließlich auf das zurückzuführen, was sich viele unter Burn Out vorstellen können, jedoch sind die Symptome von Depersonalisierung, Stress und Depression auch damit zusammenhängend. [...]

Ab und zu winkt mir die Altersarmut von weit her zu, ich winke manchmal nett lächelnd zurück, weil ich weiß: egal, wie viel ich bis zum Renteneintrittsalter in die Rentenkasse einzahle – es bleibt sowieso nicht annähernd so viel übrig, dass sich ein sorgenfreier Lebensabend damit verbringen ließe."

Quelle: ► http://medienelite.de vom 20. März 2012

Dieses Beispiel zeigt:

> Der Zugewinn an individueller Autonomie im Arbeitsprozess scheint sich offenkundig nur dann als Vorteil zu erweisen, wenn die mit dem Beschäftigungsverhältnis bislang verbundenen Absicherungen erhalten bleiben (Jürgens 2006, S. 68).

In Bezug auf die Erwerbstätigkeit von Frauen sind die meisten Merkmale der entgrenzten Arbeit seit langem bekannt. Nun betreffen aber viele Merkmale vormals typisch weiblicher Erwerbsarbeit auch erwerbstätige Männer (Böhnisch 2004). Vielfach sehen sich Männer und Frauen genötigt, den Anforderungen der Erwerbstätigkeit Vorrang vor anderen Lebensbereichen (z. B. Familie und soziales Engagement) zu geben. Eine räumlich und zeitlich entgrenzte Erwerbstätigkeit lässt sich oft nur schwer mit dem Familienleben vereinbaren, so dass sich ein hohes Belastungspotential für Familien ergibt (Jürgens 2011; Jurczyk et al. 2009).

Biografisch trägt die Entgrenzung von Arbeit zu einer Erosion des institutionalisierten Lebenslaufs bei. Unsichere Berufsausbildung, verlangsamte berufliche Eingliederung in das Erwerbsleben, prekäre berufliche Perspektiven, berufliche Umorientierungen nach erfolgreichen Berufsabschnitten, ungeschützte oder marginalisierte Betätigungen, ein höheres Risiko von Arbeitslosigkeit, zeitlich hinausgeschobener Übergang in den Ruhestand oder Notwendigkeit, etwas dazuzuverdienen, das alles wird für große Gruppen der Gesellschaft immer „normaler" (Blossfeld et al. 2007). Vor allem für Berufsanfänger beginnt das „normal" zu werden, was nicht dem *Normal*arbeitsverhältnis entspricht (Buchholz 2008).

■ Entgrenzungstendenzen des jungen Erwachsenenalters

Aus der Sicht von Erziehungssoziologen und Sozialpädagogen hat der Strukturwandel der Arbeitsgesellschaft längst die *Jugend* erreicht mit der Folge, das sich Jugendliche mit sozialen Problemen beschäftigen müssen, mit denen sie nach der Vorstellung von einem *Moratorium der Jugendzeit* eigentlich nicht konfrontiert sein dürften (Böhnisch und Schröer 2002). Das Jugendalter scheint seit den 1990er Jahren, was den Übergang zum Berufsleben anbelangt, in den Sog der Entgrenzung geraten zu sein.

Genauer betrachtet ist weniger das Jugendalter von der Entgrenzung betroffen, da dieser Lebensabschnitt nach wie vor durch das Bildungswesen organisiert und reguliert wird, sondern der Lebensabschnitt des jungen Erwachsenenalters, der durch das Beschäftigungssystem reguliert wird. Nach Roberts et al. (1994) repräsentieren junge Erwachsene geradezu „prototypical cases of broader trends towards structured individualization and the fragmentation of formerly more homogeneous social groups" (S. 31).

Ab dem Ende des Zweiten Weltkrieges bis zu den 1980er Jahren konnten Eltern davon ausgehen, dass ihre Kinder es einmal besser haben werden. Doch diese Vorstellung stimmt längst nicht mehr. Die Ansprüche auf verbesserte Lebensverhältnisse und die Selbstverwirklichung der Jugend sind geblieben, weggefallen ist aber die ökonomische Absicherung für das weitere Leben. Das gilt für den Übergang von der beruflichen Ausbildung zum Arbeitsmarkt seit den 1980er Jahren, als

Probleme zunehmender Arbeitslosigkeit und verschlechterter Ausbildungsbedingungen überhandnahmen, wobei regionale Ungleichheiten (insbesondere bei einem Ost-West-Vergleich) sowie geschlechtsspezifische und migrationsbedingte Ungleichheiten zu verzeichnen waren und sind (vgl. Diehl et al. 2009; Konietzka 2007). Wenn es um Entgrenzungen im jungen Erwachsenenalter geht, wird seit Jahren auf die Probleme hingewiesen, die sich Hochschulabsolventen beim Eintritt in das Berufsleben stellen.

So stellten Burkhardt et al. (2000) als Ergebnis der Auswertung mehrerer Studien fest, dass Hochschulabsolventen damit rechnen müssten, nur in Teilzeitbeschäftigungen übernommen zu werden, zeitlich befristete Arbeitsverträge zu erhalten, den Lebensunterhalt überwiegend auf der Basis von Werkverträgen o. Ä. zu sichern oder als Scheinselbstständige mit allen damit verbundenen Unsicherheiten und Risiken arbeiten zu müssen.

» Eine Phase von einem Jahr der Suche und eine Phase von zwei Jahren, während der die Einarbeitung in die berufliche Tätigkeit erfolgt […], sind nichts Ungewöhnliches. So sind Hochschulabsolventen in Deutschland im Durchschnitt schon gut 30 Jahre alt, wenn sie reguläre, produktive Erwerbstätige werden (Burkhardt et al. 2000, S. 16).

Tatsächlich mussten Hochschulabsolventen in den 1990er Jahren potentielle Lücken in ihrem Lebenslauf überbrücken, indem sie eine Praktikantenstelle nach der anderen übernahmen (Bebnowski 2012). In dieser Zeit wurde viel von einer *Generation Praktikum* oder *Generation Prekär* gesprochen. Mittlerweile ist nur noch eine Minderheit einer Generation davon betroffen. Betrachtet man die Ergebnisse der internationalen Absolventenstudie *Careers of higher education: A European research study* (Schomburg und Teichler 2006; Teichler 2007), so zeichnet sich z. B. bereits für das Absolventenjahr 1995 ein anderes Bild ab als bei der *Generation Prekär*.

Im Jahr 1995 erfolgte in Europa der Studienabschluss im Durchschnitt im Alter von 26 Jahren, wobei die Unterschiede zwischen den Ländern aber recht groß waren. Vergleichsweise *alt* waren die Hochschulabsolventen in Italien, Österreich, Deutschland, Finnland, Norwegen und Schweden (jeweils über 27 Jahre). Dabei ist darauf hinzuweisen, dass der Studienbeginn in Deutschland bei 22 Jahren lag, während z. B. in Österreich drei Viertel der Studierenden mit 20 Jahren mit dem Studium begannen. In Bezug auf den Übergang in das Berufsleben stellt Schomburg (2007) als Hauptergebnis der Absolventenstudien fest: „In den meisten europäischen Ländern ist der Übergang von der Hochschule in eine erste Beschäftigung sanfter verlaufen, als angesichts der öffentlichen Diskussion über die Folgen der Expansion der Hochschulausbildung und die in vielen Ländern als prekär empfundene Arbeitsmarktsituation zu erwarten war […]. So dauert die Suche in den meisten Ländern im Durchschnitt drei bis fünf Monate" (Schomburg 2007, S. 139).
Prekäre Beschäftigungsverhältnisse waren vier Jahre nach dem Abschluss insgesamt selten anzutreffen. Überwiegend befanden sich die erwerbstätigen Hochschulabsolventen in Vollzeitbeschäftigung (zwischen 81 und 96 %) mit überwiegend unbefristeten Arbeitsverträgen (zwischen 50 und 91 %). Gering war insgesamt auch der Anteil der Selbstständigen (6 %).
Die Einführung konsekutiver Studiengänge hat zwar in Deutschland und in Österreich zu einer Verkürzung der Studiendauer geführt, aber hinsichtlich der Steigerung der Beschäftigungsfähigkeit halten sich die Veränderungen in Grenzen: Zwar nimmt der Arbeitsmarkt mittlerweile vermehrt Bachelorabsolventen an, die Suche nach dem ersten Arbeitsplatz dauert aber ähnlich lang wie bei den früheren Absolventen mit Magister- oder Diplomabschluss. Bei der österreichischen Absolventenstudie berichteten Bachelorabsolventen der Universität von einer durchschnittlich 4,9 Monate dauernden Jobsuche, die Fachhochschulabsolventen brauchten im Durchschnitt knapp 3 Monate, um eine erste Anstellung zu erhalten (Guggenberger et al. 2011).
Wie bei konsekutiven Studiengängen nicht anders zu erwarten ist, studiert der größte Teil der Bachelorstudenten (78 % in Deutschland und 74 % in Österreich) weiter, und zwar überwiegend in Masterstudiengängen. Ohne Erwerbs- bzw. Studiertätigkeit sind in Deutschland 4 % Bachelorabsolventen der Universität und 6 % der Fachhochschulen geblieben, in Österreich sind die Zahlen mit 4 % und 1 % noch positiver (Schomburg 2011b). In Deutschland waren zum Zeitpunkt der Studie 57 %, in Österreich 65 % der Bachelorabsolventen von Universitäten vollzeitig beschäftigt (im Vergleich zu 67 % der Absolventen der alten universitären Langstudiengänge).
Längere Arbeitslosigkeit und die Ausübung mehrerer Jobs und Tätigkeiten sind in Deutschland und Österreich vergleichsweise selten; größere Übergangsprobleme hatten in der Vergangenheit Hochschulabsolventen in Italien und Spanien. Für Italien zeichnet sich mittlerweile als Folge des Bologna-Prozesses eine insgesamt positive Entwicklung ab (vgl. Potestio 2011).

Als Hauptergebnis der Absolventenstudien kann man festhalten, dass sich die seit den 1980er Jahren in der öffentlichen Diskussion sehr verbreitete Vorstellung eines „akademischen Proletariats", d. h. einer hohe Quote von arbeitslosen Akademikern bzw. von Hochschulabsolventen, die beruflich weit unter ihrem Qualifikationsstand arbeiten, nicht bewahrheitet hat.

Anna: „Die Ergebnisse dieser Untersuchungen beruhigen mich etwas, denn ich hatte nach all dem, was man so lesen konnte über die Arbeitslosigkeit von Akademikern, schon etwas Bammel davor, dass es mich auch erwischen könnte. Ich würde ja schon gerne mit meinem Studium was anfangen können."

Jakob: „Ja, ich auch. Aber sicher kann man da ja nicht sein. Wenn die Finanzgaukler wieder so was anrichten, wie vor ein paar Jahren, kann es gerade für Akademiker eng werden. Ein Leben, wie es viele Künstler haben, möchte ich nicht."

Anna: „Obwohl du ja durchaus künstlerische Talente hast (lacht)."

Jakob: „Schon, ich hatte auch mal daran gedacht, Malerei zu studieren. Das hätte mir schon gefallen, aber dann habe ich an meinen Kunstlehrer gedacht. Der war wirklich ein Ass, aber von seiner Kunst hat er nicht leben können. Zwanzig Jahre hat er versucht, irgendwie durchs Leben zu kommen. Der hatte sogar ein Stipendium für Paris. Am Ende war er dann froh, eine Stelle als Kunsterzieher an unserer Schule zu bekommen."

Anna: „War der dann nicht verbittert?"

Jakob: „In der Schule hat man davon nichts gemerkt. Da war er richtig gut drauf. Außerdem hat er ja nicht aufgehört mit der Malerei, aber der große Durchbruch, von dem er wahrscheinlich geträumt hat, kam nie. Doch was nutzt einem das Talent, wenn man nicht davon leben kann."

Anna: „War das wirklich so schlimm? Also konnte er nicht davon leben?"

Jakob: „Nee. Der hat als freischaffender Maler im Jahr nicht mal 10.000 Euro verdient. Das liegt unter der Armutsgrenze. Von dem Geld musste er ja schließlich auch noch die Miete für Wohnung und Atelier in Berlin bezahlen. Der war ein richtig armer Schlucker! Und wie er uns manchmal erzählt hat, ging es anderen noch schlechter. Da ist es nicht verkehrt, von einem künstlerischen Proletariat zu sprechen."

Fazit

Die dargestellten Tendenzen zur Entgrenzung bestimmter Lebensabschnitte können als Ausdruck der Dynamik des sozialen Wandels über die Zeit aufgefasst werden, aber die These einer Deinstitutionalisierung des Lebenslaufs stützen sie nicht. Auch im Hinblick auf die behauptete Destandardisierung des Lebenslaufs ist eine gewisse Skepsis angezeigt, denn wenn von einer *Destandardisierung* gesprochen wird, ist notwendigerweise zu klären, worin eigentlich der Standard besteht. Dieser kann in einem mehr oder weniger formalisierten Regelwerk bestehen oder sich auch ungeplant als normative Kraft des Faktischen ergeben. Letzteres ist wohl der Fall, wenn es um die Lebenslaufregimes im *Postfordismus* geht. Der Standard für den Lebenslauf in westlichen Industrie- und Leistungsgesellschaften wird durch die jetzt und heute vorfindbaren Lebensbedingungen der Menschen gesetzt, aber nicht, wie aus der sozialwissenschaftlichen Argumentation hervorzugehen scheint, durch die 1960er Jahre mit Vollbeschäftigung und das nahezu ungebremste Wirtschaftswachstum. „Der kurze Traum immerwährender Prosperität", der in den 1950er Jahren begonnen hatte, fand laut Lutz (1989) bereits in den 1980er Jahren ein Ende.

Daher mutet es etwas merkwürdig an, wenn die heutigen Vergleiche sich auf eine recht kurze Phase der Nachkriegszeit beziehen, die eher die Ausnahme im historischen Verlauf darstellt. Ebenso fraglich ist, ob die Vergleiche, die in Bezug auf die Entwicklung der neuen Bundesländer auf die Verhältnisse in der DDR bezogen werden, nach fast einem Vierteljahrhundert tatsächlich tragfähig sind. Für heute dreißigjährige Bürger und Bürgerinnen der neuen Bundesländer ist die DDR nur noch Geschichte, die sie lediglich aus den Berichten der älteren Generation(en) kennen. Diese wiederum können die Vergangenheit entweder nostalgisch verklären oder als notwendige historische Wende interpretieren. Wir vertreten daher bei Anerkennung geschichtlicher Transformationsprozesse die Auffassung, dass Vergleiche der heutigen sozialen Verhältnisse mit früheren Zeiten nicht über einen Zeitraum von 25 Jahren zurückreichen sollten. Daraus leiten wir die These ab, dass der soziologische Diskurs der Destandardisierung und Entgrenzung des Normallebenslaufs einem *Agenda-Setting* im Sinne Cohens (Cohen 1963) gleichkommt, wonach der öffentliche Diskurs zwar nicht besonders erfolgreich sein muss, um den Menschen zu sagen, was sie genau bedenken sollen, aber erstaunlich erfolgreich darin ist, den Leuten zu sagen, *worüber* sie allgemein nachdenken sollen.

Aufgaben zum Festigen des neuen Wissens

1. Sozialisation vollzieht sich durch soziale Interaktion.
   - Beschreiben Sie die Begriffe Sozialisation und soziale Interaktion.
   - Begründen Sie die Richtigkeit folgender Aussage: Soziale Interaktion ist für den einzelnen Menschen lebensnotwendig und bestimmt das Verhalten eines Individuums wesentlich.
2. Der Mensch nimmt im Verlaufe seines Lebens verschiedene Rollen war.
   - Welche soziale Rolle kennzeichnet Ihre jetzige Lebensphase?
   - Welche Vorstellungen und Erwartungen sind mit den einzelnen sozialen Rollen in Ihrem familiären Umfeld verknüpft?
3. Worin wird Destandardisierung und Entgrenzung gesehen? Warum sind diese Konzepte schwierig?

Aufgaben zum Weiterdenken

1. Analysieren Sie Ihre jetzige Tätigkeit und stellen Sie fest, wie diese sich in den letzten Jahren (wählen Sie einen sinnvollen Zeitraum von wenigen Jahren) hinsichtlich der an Sie herangetragenen Anforderungen und Inhalte verändert hat. Worauf führen Sie diese Veränderungen zurück?
2. Tragen Sie Argumente dafür und dagegen zusammen, dass die im Kapitel beschriebenen Entgrenzungstendenzen zu einer Destandardisierung individueller Lebensläufe beitragen.
3. Ordnen sie in der ▪ Tab. 4.3 den Merkmalen des Normalarbeitsverhältnisses die Merkmale einer entgrenzten Arbeit zu.
4. Vergleichen Sie Ihren Lebenslauf mit dem Ihrer Eltern und Großeltern. Wo gibt es Gemeinsamkeiten, wo Unterschiede? Inwieweit würden Sie hierfür Standardisierung, Destandardisierung und/oder Entgrenzung verantwortlich machen?
5. Wenn Sie auf die letzten zwanzig Jahre zurückblicken, deren Entwicklung in diesem Kapitel dargestellt wurde, wie, erwarten Sie, geht es mit der Standardisierung, Destandardisierung und Entgrenzung weiter? In welchen Lebensbereichen werden diese Phänomene wohl greifen?

Tab. 4.3 Tabelle zu Aufgabe 3

Merkmale des Normalarbeitsverhältnisses (nach Mückenberger 1985)	Merkmale einer entgrenzten Arbeit
– unbefristete Anstellung in einer Vollzeiterwerbsstelle – ein existenzsicherndes Einkommen mit kontinuierlichen tariflich vereinbarten Zuwächsen – kontinuierliche berufliche Aufstiegschancen und lange Verweildauern bei einem Arbeitgeber sowie im erlernten Beruf – Normalarbeitszeiten, d. h. regelmäßige Arbeitszeiten, wenig Überstunden, keine Wochenend- und Nachtarbeit – weitgehender sozialpolitischer und kollektiver tariflicher Schutz – betriebliche und überbetriebliche Interessenvertretung	

Weiterführende Literatur

- Abels, H. (2009). *Einführung in die Soziologie. Band 2: Die Individuen in ihrer Gesellschaft* (4. Aufl.). Wiesbaden: VS Verlag für Sozialwissenschaften.
- Abels, H., & König, A. (2010). *Sozialisation. Lehrbuch.* Wiesbaden: VS Verlag für Sozialwissenschaften.
- Hurrelmann, K. (2001). *Einführung in die Sozialisationstheorie: Über den Zusammenhang von Sozialstruktur und Persönlichkeit* (7. Aufl.). Weinheim: Beltz.
- Lenz, K., Schefold, W., & Schröer, W. (Hrsg.) (2004). *Entgrenzte Lebensbewältigung. Jugend, Geschlecht und Jugendhilfe.* Weinheim: Juventa.
- Schwarte, J. (2002). *Der werdende Mensch. Persönlichkeitsentwicklung und Gesellschaft heute.* Wiesbaden: Westdeutscher Verlag.

4.2 Phasen, Instanzen und Dimensionen der Sozialisation

Aufgabe als Denkanstoß
Überlegen Sie kurz, wann, wo und wie Sozialisation stattfindet.

Wann wird sozialisiert? *Wo* wird sozialisiert? *Was* wird sozialisiert? *Wie* wird sozialisiert?

Mit diesen vier Fragen beschäftigt sich das folgende Kapitel.

4.2.1 Phasen der Sozialisation

Sozialisation ist ein lebenslanger Prozess – von der Wiege bis zur Bahre. In irgendeiner Form werden Menschen während ihres gesamten Lebens vergesellschaftet, was sich in der *Entwicklung von Persönlichkeitseigenschaften* und in den *Prozessen des Zusammenlebens* mit anderen Menschen äußert. Entsprechend der Persönlichkeitsentwicklung verläuft auch die Sozialisation in altersgradierten Phasen. Allgemein werden drei bzw. vier Phasen der Sozialisation unterschieden (vgl. Abb. 4.3):

1. primäre Sozialisation in der Familie,
2. sekundäre Sozialisation (Schule, Gleichaltrige, berufliche Ausbildung),
3. tertiäre Sozialisation (Arbeitswelt) und
4. quartäre Sozialisation (als Anpassung an das Leben nach dem Beruf).

Im Zentrum der lebenslangen Sozialisation stehen *das Bildungs- und das Beschäftigungssystem*: Die primäre Sozialisation bereitet auf den Eintritt in das Bildungssystem vor und die quartäre Sozialisation ist im Grunde nichts anderes als die *Zeit des Abschiednehmens* vom Arbeits- und Erwerbsleben. Diese starke Fokussierung auf das Bildungs- und Beschäftigungssystem erklärt auch, warum die Lebensabschnitte, die den verschiedenen Phasen der Sozialisation zugeordnet werden, anders festgelegt werden als z. B. im Stufenmodell von Erikson, das sich auf die Entwicklung von Persönlichkeitseigenschaften konzentriert.

Im Verlauf der Sozialisation durchschreitet ein Mensch verschiedene Phasen sozialer Sequenzen, in denen er durch die Zuweisung einer sozialen Rolle und eines gesellschaftlichen Status positioniert wird. Dementsprechend wird zwischen dem sozialen Status von Kindern, Jugendlichen, Schülern, Auszubildenden, Junggesellen, Erwachsenen, Verheirateten, Verwitweten, Geschiedenen, Eltern, Berufstätigen, Erwerbslosen, Rentnern, Großeltern, Pflegebedürftigen usw. unterschieden.

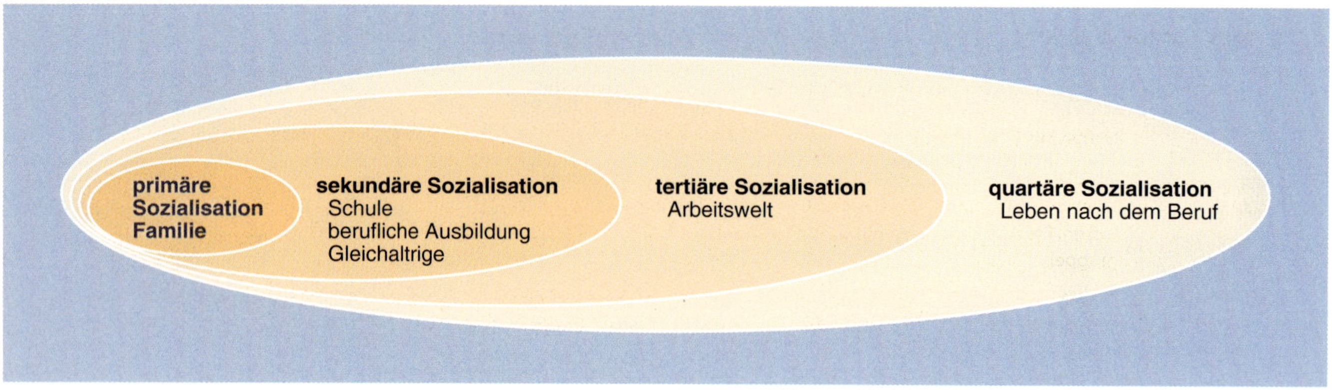

Abb. 4.3 Die Phasen der Sozialisation über die Lebensspanne

Ähnlich wie die kognitive Entwicklung verläuft auch die soziale Entwicklung in einem mehrstufigen Prozess, der zunächst durch die Lockerung der engen Bindungen des Kleinkindes zu seinen primären Bezugspersonen gekennzeichnet ist und sich dann im erweiterten Kontext unterschiedlicher sozialer Beziehungssysteme allmählich an normativ verbindlichen Rollen ausrichtet. Schlussendlich erwirbt das Individuum im Verlauf der Sozialisation die Fähigkeit, sich selbst und sein Handeln vor dem Hintergrund gesellschaftlich verbindlicher und verbindender Werte und Prinzipien zu erkennen und zu beurteilen. Diese Selbstreflexivität, d. h. die Fähigkeit, sich selbst kritisch zu hinterfragen, kann als Vollendung der Moralentwicklung wie auch der *Ich-Entwicklung* verstanden werden (Habermas 1974). Sie setzt kognitive Reversibilität (Umkehrbarkeit von Operationen) und *soziale Reziprozität* voraus.

Soziale Reziprozität

Soziale Reziprozität meint Gegenseitigkeit und wird als Grundprinzip menschlichen Handelns betrachtet. Durch Gegenseitigkeit entstehen soziale Beziehungen und gegenseitiges Vertrauen. Einfachste Regel ist das „Tit for tat" oder „Quid pro quo", was so viel heißt wie: Schädigungen wie Wohltaten sollten mit gleichem Maße vergolten werden.

Phase der primären Sozialisation

Die *primäre* bzw. frühkindliche *Sozialisation* findet überwiegend in der Familie statt und endet mit dem Übergang zum Kindergarten. Sie ist wesentlich von der Bindung zu Bezugspersonen gekennzeichnet. Wie wir dargelegt haben (▶ Kap. 3), entwickelt das Kleinkind in diesem Lebensabschnitt grundlegende Fähigkeiten des planvollen Handelns, der sprachlichen Kommunikation, des bewussten Erfassens der Umwelt und der bewussten und zielgerichteten Kooperation mit anderen.

Diese Fähigkeiten erwirbt das Kleinkind durch soziale Kontakte – zunächst mit der Bindungsperson, dann auch mit anderen Mitgliedern der Familie. Da die Lebenssicherung des Säuglings von den Handlungen seiner Bindungsperson(en) abhängt, muss er diese dazu bringen, so zu handeln, dass sein Überleben gesichert wird. Das gelingt ihm, indem er sozialen Einfluss (z. B. durch Weinen) auf die Handlungen der Bezugspersonen ausübt. Für die frühkindliche Entwicklung ist der Erwerb der Sprache von zentraler Bedeutung, der wesentlich auf zwischenmenschlichen Interaktionen begründet ist. Die sich im Verlauf der primären Sozialisation entwickelnde Sprachfähigkeit ist jedoch nicht nur mit der Herausbildung und zunehmenden Festigung und Erweiterung sprachlicher Kommunikationsweisen verbunden, sondern auch mit der Fähigkeit, Dinge und Erfahrungen zu benennen. Das ist wiederum die Grundlage für die Entwicklung menschlicher Bewusstseinsfähigkeit. Die Entwicklung der sprachlichen Fähigkeit als Teilhabe an sozialen Kommunikationsprozessen verläuft in weitgehender Übereinstimmung mit der kognitiven und emotionalen Entwicklung. Für die Entwicklung als soziales Wesen ist die sprachliche Kommunikation insofern von zentraler Bedeutung, als das Kind erfährt, dass es nicht nur mit einer, sondern mit mehreren Personen kommunizieren kann. Durch diese Erfahrung entwickelt sich ein Gefühl und Bewusstsein heraus, Mitglied einer Gruppe zu sein. Zunehmend wird sich das Kleinkind auch seiner produktiven Wirkungsmöglichkeiten in der Gruppe (Familie) bewusst.

Phase der sekundären Sozialisation

Die Phase der sekundären Sozialisation umfasst den Lebensabschnitt, der sich auf die schulische und berufliche Ausbildung bezieht. Die Sozialisation ist nicht mehr auf die Familie bzw. das Elternhaus beschränkt, sondern vollzieht sich zunehmend auch außerhalb der Familie in den gesellschaftlichen Institutionen Kindergarten, Schule, Betrieb und Unternehmen. Die allgemeinbildende und berufliche Schule wird für zwölf Jahre (plus x) zum Dreh- und Angelpunkt der Sozialisation, und schulische Lernprozesse unterstützen die Integration des Individuums in die Gesellschaft als Kultursystem. In diesem Sinne wird die Sozialisation zur Enkulturation! Darüber hinaus schließt die sekundäre Sozialisation auch berufliche Bildungsprozesse ein, die den Übergang in die Berufs- und Erwerbstätigkeit im Rahmen der Gesellschaft als Wirtschaftssystem vorbereiten.

Die Phase der sekundären Sozialisation umfasst zahlreiche kognitive und emotionale Entwicklungsprozesse, die für die Integration in vielfältige soziale Systeme und letztendlich in die Gesamtgesellschaft grundlegend sind. Dazu gehören die Entwicklung gesellschaftsbezogener Kooperations- und Arbeitsfähigkeit als Ausgangsgrundlage für den Beginn eigenständiger Berufs- und Erwerbstätigkeit wie auch die Entwicklung von

Tab. 4.4 Merkmale der ersten drei Spezialisationsphasen sowie die beteiligten Sozialisationsinstanzen und Inhalte

	Primäre Sozialisation	Sekundäre Sozialisation	Tertiäre Sozialisation
Lebensphase	Geburt bis 3./4. Lebensjahr	4. bis 20. Lebensjahr	Ab dem 20. Lebensjahr
Sozialisationsinstanzen	Soziale Teilsysteme, die eine intensive emotionale Betreuung und Fürsorge bieten: Familien und vertraute Lebensgruppen	Institutionen der Erziehung und Ausbildung; außerfamiliäre Bezugsgruppen wie z. B. Spielgruppe, Schulklasse, Peers, Nachbarschaft, Vereine	Berufliche Ausbildungsstätten; Hochschule, Fort- und Weiterbildungseinrichtungen, Organisationen, Parteien, Vereine usw.
Inhalt	Erwerb grundlegender Handlungsfähigkeit → Erwerb und Ausbau von *Basiskompetenzen*	Ausbau und Erweiterung der Basiskompetenzen; Vermittlung von Qualifikationen; Differenzierung von Werthaltungen und Einstellungen	Fortwährendes Neulernen und Weiterentwicklung von Denk- und Handlungsmustern und kontinuierliche Anpassung an neue Gegebenheiten und Anforderungen

persönlicher Selbstständigkeit und Identität. Vor allem die in der Pubertät vollzogenen biologischen und psychosozialen Entwicklungsprozesse eröffnen neue gesellschaftliche Möglichkeiten geschlechtsspezifischer Identitäten des Frau- und Mannseins. Das damit verbundene *Rollenverständnis für die Geschlechter* zieht sich dann durch die folgenden Sozialisationsphasen hindurch und bestimmt den gesellschaftlichen Konsens in Bezug auf die geschlechtsspezifische Rollenverteilung von Frau und Mann (Böhnisch 2004).

Kinder und Jugendliche entfalten in den sozialen Systemen ihre individuellen Fähigkeiten so weit, dass sie den Übergang zum Erwerbs- und Arbeitsleben vollziehen können. Gelingt die sekundäre Sozialisation, steht die Notwendigkeit, sich sozialer Unterstützung zu versichern, in einem ausgewogenen Verhältnis zu den individuellen Möglichkeiten, sozial produktiv zu sein und selbst für den Lebensunterhalt zu sorgen.

Phase der tertiären Sozialisation

Die Phase der tertiären Sozialisation ist der Lebensabschnitt der Berufs- und Erwerbstätigkeit. Sie umfasst den größten Teil des Lebenslaufs und wird maßgeblich durch die Merkmale und Anforderungen der Berufs- und Arbeitswelt geprägt, die jedoch für Frauen und Männer unterschiedlich ausfallen. In den meisten westlichen Industrie- und Leistungsgesellschaften kommt den Erwachsenen die Rolle des mündigen Bürgers zu, der im Rahmen der gegebenen sozialen Systeme über viele Jahre aktiv bei der Ausgestaltung und Fortentwicklung der Gesellschaft mitwirken kann: durch eine verantwortungsbewusste Berufstätigkeit, durch die Gründung einer Familie, durch soziale Aktivitäten in Organisationen und Gemeinden. Nach dem Erwerb grundlegender Fähigkeiten für ein gemeinschaftliches Leben und gesellschaftliche Kooperation in der primären und sekundären Phase werden in der tertiären Phase der Sozialisation eher individuelle Veränderungen im sozialen Erlebens- und Handlungsbereich wirksam, die mit beruflichen Veränderungen, Änderungen der familiären Situation und Veränderungen der eigenen Körperlichkeit (z. B. Wechseljahre, Alterungsprozesse) verbunden sind.

Um die Phasen der Sozialisation voneinander abzugrenzen, liegt es nahe, die primäre Sozialisation mit Familiensozialisation, die sekundäre Phase mit schulischer Sozialisation und die dritte Phase mit beruflicher Sozialisation zu verknüpfen. In Tab. 4.4 sind die Merkmale dieser drei Phasen zusammengefasst.

Quartäre Sozialisation

Lange Zeit wurde die Sozialisation nur in diese drei Phasen gegliedert, bis die demografische Entwicklung auf die enorme Bedeutung einer vierten Phase hinwies, die als *Alterssozialisation* bezeichnet wird und sich auf den Lebensabschnitt nach der Berufsaufgabe bezieht. In den Sozialwissenschaften wird von der *quartären Sozialisation* gesprochen, die mit dem Austritt aus dem Erwerbsleben eingeleitet wird und wesentlich durch einen nichtkompensierten Abbau der bis dahin eingenommenen sozialen Rolle verbunden ist. Das charakteristische Merkmal der quartären Sozialisation ist die *Desozialisation* (Schäuble 1995).

Desozialisation

Mit *Desozialisation* wird die Umkehrung des Sozialisationsprozesses bezeichnet. Sie findet immer dann statt, wenn die Ziele oder Inhalte einer sozialen Sequenz ihre Gültigkeit verlieren und eine Neuorientierung erfolgen muss. Bei der Desozialisation handelt es sich um einen Anpassungsprozess, in dem sich Individuen von bisherigen Handlungsmustern und gesellschaftlichen Funktionen trennen und einen veränderten sozialen Status einnehmen.

Da Sozialisation die Eingliederung in soziale Gruppen und die Übernahme der damit zusammenhängenden Rollen, Normen, Werten, Fähigkeiten und Fertigkeiten betrifft, ist jeder Wechsel in eine neue Gruppe auch immer mit einer *Desozialisation* verbunden, denn mit dem Verlassen einer sozialen Gruppe oder Sequenz ist stets ein Aufgeben der alten Werte, Normen, Fähigkeiten und Fertigkeiten zugunsten der neuen verbunden. Beim Austritt aus dem Berufs- und Erwerbsleben erhält die Desozialisation eine besondere Relevanz, da das Ausscheiden aus dem Beschäftigungssystem für viele Menschen einen Verlust der Beziehungsfähigkeit zur Gesellschaft bedeutet. Eine mögliche Folge ist eine soziale Vereinsamung, die durch die Isolierung von den bisherigen gesellschaftlichen Aufgaben beschleunigt wird.

Im Allgemeinen ist die quartäre Sozialisation in westlichen Industriegesellschaften mit einem negativen Vorzeichen versehen und wird mit einem Abbau der sozialen Integration assoziiert. Da das Ziel der Desozialisation in der Anpassung des Einzelnen an die Erfordernisse sozialer Bestandserhaltung besteht, ist sie erfolgreich, wenn nicht mehr berufstätige Menschen lernen, auf bestimmte gesellschaftliche Einflusszunahmen zu verzichten und sich in ihrem Lebensbereich zufriedenstellend einzurichten vermögen (Schroeter und Prahl 1999).

Drei Form der Anpassung an das Alter können laut Schäuble (1998) unterschieden werden:

1. Eudämonismus[2] als die Aktivierung von Kontemplation, Weisheit und Milde als Ersatz für die Arbeitsleistungsorientierung,
2. Aktivismus als Intensivierung vorhandener Kontakte und Kompensation verlorener Beziehungen und
3. eine Eingliederung in lokale altershomogene Subkulturen.

■ Fazit

Im Unterschied zu der lange Zeit vorherrschenden Lehrmeinung, dass sich der einzelne Mensch passiv den gesellschaftlichen Anforderungen anpasst und im Verlauf seines Lebens verschiedene sozial vorgegebene Rollen spielt, wird in modernen Sozialisationstheorien die aktive Komponente des Sozialisationsprozesses betont. Ohne dass die strukturellen Bedingungen und Anforderungen der Vergesellschaftung außer Acht gelassen werden, wird das Individuum als Konstrukteur seiner eigenen Wirklichkeit gesehen. Im Vordergrund steht die Herausbildung der Individualität des Menschen. Dementsprechend werden starre altersgradierte soziale Sequenzen (z. B. Kindheit – Jugend – Erwachsensein – Alter) abgelehnt und das Konzept des Lebensverlaufs als sozial geregelte Veränderung der Lebensverhältnisse betont. Damit rücken neue Schwerpunkte in den Vordergrund der soziologischen Analyse: Phasen und Sequenzen, Übergänge und Statusveränderungen, kritische Lebensereignisse und ihre Bewältigung, subjektive Lebensentwürfe und eine eigenverantwortliche Lebensplanung. Mit dieser veränderten Sichtweise ist auch eine Neubestimmung des Beitrags von Erziehung und Bildung zur Vergesellschaftung verbunden. Damit befasst sich ▶ Abschn. 4.4.

4.2.2 Sozialisationsinstanzen und ihre Funktionen

Gruppen oder soziale Kontexte, innerhalb derer Prozesse der Vergesellschaftung ablaufen, werden als *Sozialisationsinstanzen* bzw. *Sozialisationsagenturen* bezeichnet. In den verschiedenen Phasen der Persönlichkeitsentwicklung leisten diese Sozialisationsinstanzen unterschiedliche Beiträge zur Vergesellschaftung des Einzelnen. Zu den wichtigsten Sozialisationsinstanzen gehören die Familien, die von der Gesellschaft eingerichtete Bildungsinstitutionen (Kindergärten, Schulen, Hochschulen, Weiterbildungseinrichtungen), die Berufs- und Arbeitswelt, Kirchen und Vereine, Pflege- und Hilfseinrichtungen sowie die sogenannten Massenmedien.

In der Sozialpädagogik hat es sich eingebürgert, zwischen *primärer Sozialisationsagentur* (Familie, Verwandtschaft), *sekundärer Sozialisationsagentur* (Kindergarten, Schule, Hochschule, Beruf) und *tertiärer Sozialisationsagentur* (Jugendhilfe, Jugendsozialarbeit) zu unterscheiden (Schilling und Zeller 2007). Darüber hinausgehend werden die Medien als *quartäre Sozialisationsagentur* genannt (Lange und Theunert 2008; Süss 2004). Auf diese Sozialisationsinstanzen oder -agenturen werden wir im Folgenden genauer eingehen.

4.2.2.1 Die Familie als Sozialisationsinstanz

In allen Kulturen ist die *Familie* die erste und hautsächliche Sozialisationsinstanz des heranwachsenden Kindes. Generell wird die Familie als eine gesellschaftliche Einrichtung verstanden, die bestimmte Aufgaben bzw. Funktionen zu erfüllen hat.

Familie

Familie (lat. *familia* = Hausgemeinschaft) bezeichnet soziologisch eine durch Heirat, Partnerschaft, Adoption oder Abstammung begründete Lebensgemeinschaft. Im europäischen Kulturraum besteht eine Familie meistens aus Eltern oder Erziehungsberechtigten sowie ein oder mehreren Kindern. Zur Familie gehören auch weitere, gelegentlich im gleichen Haushalt lebende Verwandte. Im engeren Sinne kann die Familie als eine engere Verwandtschaftsgruppe begriffen werden.

Die „klassische Aufgabe" der Familie ist es, Kinder zu bekommen, sie zu *erziehen* und die Gesellschaft über die Generationen hinweg zu festigen. Neben dieser physischen Reproduktion erfüllt die Familie auch die Funktion einer sozialen Reproduktion, insofern die Kinder zum überwiegenden Teil derselben sozialen Schicht angehören wie ihre Eltern. Dadurch werden bestimmte Voraussetzungen für die Statusentwicklung festgelegt, womit wiederum die Allokationsfunktion angesprochen ist, das Kind auf die soziale Platzierung in der Gesellschaft vorzubereiten. Über diese nach außen gerichteten Funktionen erfüllt die Familie insbesondere auch eine nach innen gerichtete *emotionale Funktion*, indem sie *Bindungen* an Bezugspersonen ermöglicht. Darauf sind wir ausführlich in ▶ Abschn. 3.6.2 eingegangen.

Als „Basiszelle" der Gesellschaft kommt der Familie die Doppelfunktion zu, den Einzelnen und die Gesellschaft zu sichern. Obwohl jede Familie einen singulären Charakter hat und davon auch ihre Sozialisations- und Erziehungswirkung ausgeht, ist sie auf vielfältige Weise kollektiven Einflüssen ausgesetzt, die von außen auf sie eindringen. Der Austausch mit der Umgebung erfolgt auf verschiedenen Ebenen, wobei primär das Milieu, zu dem eine Familie gehört, in unterschiedlichem Ausmaß eine soziale Kontrolle ausübt und Erziehungsziele und Wertorientierungen mitbestimmt. Bis heute findet sich daher die Auffassung, dass die Familie als Sozialisationsagentur der Gesellschaft genau das an ihre Mitglieder weitervermittelt, was sie an normativen Impulsen „von außen" erhält. Dieser Einfluss von außen kann aber nur adäquat eingeschätzt werden, wenn die Beziehungen der Familie zu anderen gesellschaftlichen Einrichtungen geklärt sind und wenn die innere Organisation der Familie, d. h. die Rollen- und Machtverteilung, bekannt ist (vgl. Giesecke 2006).

Familien sind mit der Gesellschaft auf mannigfaltige und unterschiedliche Weise vernetzt. Materielle und psychosoziale Bedingungen der Familien (z. B. das Einkommen, die Qualität

2 *Eudämonismus* ist nach der Nikomachischen Ethik des Aristoteles (IV 13, 1127 b 18) eine ethische Anschauung, nach welcher Motiv und Zweck des sittlichen Handelns die Förderung eigenen oder fremden Glückes (d. h. andauernder, wahrer Glückseligkeit) ist.

der Wohnverhältnisse usw.) wirken sich nachhaltig auf die Sozialisation der Kinder aus. Die unterschiedlichen sozialen, kulturellen und ökonomischen Bedingungen prägen den spezifischen *Lebensstil* von Familien. Der sozioökonomische Status, der von der Berufstätigkeit der Eltern abhängig ist, die Kommunikationsfähigkeit der Eltern und ein kulturell und sozial gut ausgestattetes Umfeld sind die Gründe dafür, dass Kinder aus sozial besser gestellten Schichten gewöhnlich bessere schulische Leistungen erbringen und in beruflich aussichtsreichere Positionen gelangen können (Hopf 2010). Üblicherweise operieren sozial privilegierte Familien im Hinblick auf die Planung und Gestaltung des Lebens bewusster und längerfristig vorausschauend, während Menschen in weniger privilegierten Lebenslagen sich stärker dadurch auszeichnen, dass sie kurzfristigere und auf die Befriedigung unmittelbarer Bedürfnisse ausgerichtete Lebensentwürfe entwickeln (vgl. Bertram und Bertram 2009). Soziale Extremsituationen in der Familie (z. B. Armut, Arbeitslosigkeit, Auflösung der Partnerschaft) können die Sozialisation von Kindern maßgeblich beeinträchtigen und Lebenschancen verbauen.

Bis zur Mitte des 20. Jahrhunderts bildete die Vorstellung der bürgerlichen Kleinfamilie die gesellschaftliche Norm. Die „ideale Familie" war auf einer monogamen, heterosexuellen Ehe begründet und bestand aus einer Haushaltsgemeinschaft mit einem lebenslang verheirateten Paar und dessen leiblichen Kindern. Innerhalb der Gemeinschaft waren die Rollen klar verteilt: Der Vater war der Hauptternährer und „Familienvorstand" mit der höchsten Autorität, die Mutter war für die Organisation des Haushalts und die Erziehung der Kinder zuständig. Die demografischen Daten Deutschlands und Österreichs belegen einen deutlichen strukturellen Wandel der Familie, zugleich aber auch, dass Partnerschaft, Ehe und Familie unverändert eine hohe Wertigkeit aufweisen. Die Familie als Lebensgemeinschaft genießt unverändert eine hohe gesellschaftliche Wertschätzung und die Gründung einer Familie gehört zum Lebensplan vieler junger Menschen. Aber die Formen der Familie entsprechen immer seltener dem Ideal der kleinbürgerlichen Familie. Die wesentlichen Veränderungen der Institution Familie in den letzten Jahrzehnten werden in der soziologischen Literatur an mehreren Beobachtungen festgemacht (vgl. Hettlage 1998; Maihofer et al. 2001; Marx 2011):

- eine kontinuierliche Abnahme der durchschnittlichen Familiengröße aufgrund des generellen Rückgangs der Geburtenraten und des Trends zu weniger Kindern pro Familie;
- eine kontinuierliche Abnahme von Eheschließungen bei gleichzeitiger Zunahme von Scheidungen;
- eine kontinuierliche Veränderung des Rollenverständnisses der einzelnen Familienmitglieder (z. B. Zunahme der Frauenerwerbstätigkeit) und
- eine verkürzte Dauer partnerschaftlicher und familiärer Bindung, die nicht selten in eine serielle Monogamie einmündet.

Mit dem strukturellen Wandel der Sozialisationsinstanz Familie ging eine Veränderung der Erziehungsvorstellungen und -ziele einher, die heutzutage ein völlig anderes Bild der Erziehung in der Familie zeigt, als es traditionell mit der bürgerlichen Kleinfamilie verknüpft war. Dazu mehr in ► Abschn. 4.4.2.

4.2.2.2 Die Peergroup als Sozialisationsinstanz

Eine wichtige Sozialisationsinstanz für Kinder und Jugendliche ist die *Peergroup* (*Gleichaltrigengruppe*), die auf Freundschaftsbeziehungen beruht. Peergroups sind *Bezugsgruppen*, die soziale Einstellungen und Werte vermitteln, die von ihren Mitgliedern als mehr oder weniger verbindlich betrachtet werden. In manchen Kulturen (besonders in traditionellen Gesellschaften) werden Peergroups als Altersstufen formalisiert, wobei sich Rechte und Pflichten gegenüber der Gruppe mit dem Alter verändern. Häufig gibt es Zeremonien oder Riten, die den Übergang von einer Altersgruppe zur nächsten markieren (z. B. Konfirmation, Bar Mizwa), ohne dass sich die Peergroups an sich ändern – sie wachsen einfach mit.

Das charakteristische Merkmal von Peergroups sind enge und freundschaftliche Beziehungen, die manchmal ein Leben lang bestehen bleiben. Besonders in Gebieten mit geringer Mobilität können Menschen den Großteil ihres Lebens Mitglieder derselben informellen Clique sein oder demselben Freundeskreis angehören. Aber auch dort, wo das nicht der Fall ist, haben Peer-Beziehungen nachhaltige Auswirkungen auf die Sozialisation weit über die Kindheit und Adoleszenz hinaus. Da Peergroups auf Respekt und wechselseitiger Abstimmung von Interessen und Zielen beruhen und nicht wie in der Familie auf Abhängigkeit, orientieren sich ihre Mitglieder daran, was von der Gruppe akzeptiert wird und was nicht, und lernen dadurch, Kompromisse zu schließen. Informelle Gruppen von Personen ähnlichen Alters oder Gruppen, die sich auch in späteren Lebensphasen (z. B. während des Studiums oder in der Arbeitswelt) bilden können, sind von dauerhafter Bedeutung für die Formung persönlicher Einstellungen und Verhaltensweisen (Harring et al. 2010). Obwohl Cliquen und Freundschaftskreise schon ab dem Kindergartenalter gebildet werden, spielen Peergroups vor allem in der Adoleszenz eine wichtige Rolle, um die bisherigen Sozialisationserfahrungen zu erweitern (Naudascher 2003).

Weil Menschen durch Einstellungen und Verhalten zeigen, *wer sie sind – oder sein wollen*, haben Bezugsgruppen für sie Vorbildcharakter, um die eigene Identität zu entwickeln. Wenn eine Person zwei Gruppen zur Wahl hat, so wählt sie gewöhnlich diejenige, die Einstellungen und Werte vertritt, die den eigenen ähnlich sind. Da Peergroups aber oft andere Werte, Normen und Regeln betonen und befolgen als die Eltern, wird die Entscheidung für oder gegen die Eltern bzw. die Bezugsgruppe dadurch beeinflusst, von welcher Seite der Jugendliche das meiste Verständnis für seine spezifischen Probleme erwarten kann und welche Konsequenzen es hat, wenn er sich für die eine oder andere Alternative entscheidet.

Welcher Bezugsgruppe sich ein Jugendlicher zuwendet, wird von ihm in erster Linie daran gemessen, ob er einer Bezugsgruppe die Fähigkeit und Bereitschaft zuspricht, ihm Hilfe und Unterstützung bei der Bewältigung persönlicher und sozialer Probleme zu bieten und aufrechtzuerhalten. Daher setzt die Entscheidung, Mitglied einer bestimmten Peergroup zu werden, einen Selbstbewertungsprozess voraus, der die eigenen Eigenschaften, Wünsche und Bedürfnisse prüft und in Beziehung zu den Bezugsgruppen setzt, von denen eine maximale Bedürfnisbefriedigung zu erwarten ist (▫ Abb. 4.4).

Familie und Peergroup stellen demnach potentiell Sozialisationskontexte zwischen Rivalität und Komplementarität dar (Brake 2010). Probleme, mit denen Jugendliche aufgrund von Reifungsprozessen konfrontiert werden, ergeben sich oft aus Extrempositionen der Bezugspersonen oder -gruppen, zwischen denen sie hin und her schwanken und die Identitätskrisen heraufbeschwören können (s. dazu ▶ Abschn. 3.3).

In kritischen Phasen der Persönlichkeitsentwicklung kann die Peergroup einen positiven oder negativen Einfluss ausüben. Im positiven Falle erweitert der Heranwachsende innerhalb der Bezugsgruppe sein Repertoire an Werten und sozialen Normen und wächst mit Hilfe der Gruppe zu einer sozial verantwortlichen Persönlichkeit heran. Übernimmt die Peergroup die Sozialisierungsfunktion vollständig, scheint das Risiko für sozial abweichendes Verhalten der Jugendlichen zuzunehmen. Nach Schätzungen von Dryfoos war im Jahr 1990 in den USA jeder vierte Jugendliche im Alter von 10 bis 17 Jahren hinsichtlich seiner Integration in die Gesellschaft gefährdet und ernsthaften Problemen im Elternhaus, in der Schule und in der Gemeinschaft ausgesetzt. Dabei wurden vier Problembereiche unterschieden, die auch heute noch virulent sind: Jugendkriminalität und Neigung zu Gewalttätigkeit, Drogenmissbrauch, frühzeitige Schwangerschaft und Schulversagen (vgl. National Research Council 2011; Leen et al. 2013). Nicht selten führt die Mitgliedschaft in einer gewalttätigen und sozial geächteten Peergroup (z. B. eine Neonazigruppe) zum Bruch mit der bürgerlichen Rechtsordnung und auch mit dem Elternhaus. Welche Folgen das für die Sozialisation der Jugendlichen haben kann, werden wir in ▶ Abschn. 4.4 ausführlicher behandeln ebenso wie die Frage, was aus pädagogischer Sicht unternommen werden kann, um den Ausschluss Jugendlicher aus der Gesellschaft zu vermeiden.

Hier kann festgehalten werden, dass es, um das Risiko negativer Einflüsse von Peergroups auf die Sozialisation Jugendlicher zu mindern, einer „fördernden Umwelt" bedarf (Klosinski 2003), die auf allen Entwicklungsstufen der Kinder und Jugendlichen für ein sozial angemessenes Verhalten gepaart mit Verantwortungs- und Selbstbewusstsein Sorge trägt. Eine solche „fördernde Umwelt" kann die Schule sein. Die individuelle Verbundenheit eines Jugendlichen mit der Familie und der Schule sowie den hier handelnden Personen (Lehrer und Mitschüler) schwächt nach Bonny et al. (2000) die Risiken ab, Anschluss an Peergroups zu suchen, die einen negativen Einfluss auf die Sozialisation ausüben können.

4.2.2.3 Die Schule als Sozialisationsinstanz

» Wir sind Schüler von heute, die in Schulen von gestern von Lehrern von vorgestern auf die Probleme von übermorgen vorbereitet werden (Verfasser unbekannt).

Die Schule ist in allen Industriestaaten die größte der sozialen Institutionen. Schon dadurch wird ihre gesellschaftliche Bedeutung deutlich. Der Erziehungs- und Bildungsauftrag der Schule ist gesetzlich geregelt. Das kann am Beispiel des Schulgesetzes von Baden-Württemberg erläutert werden:

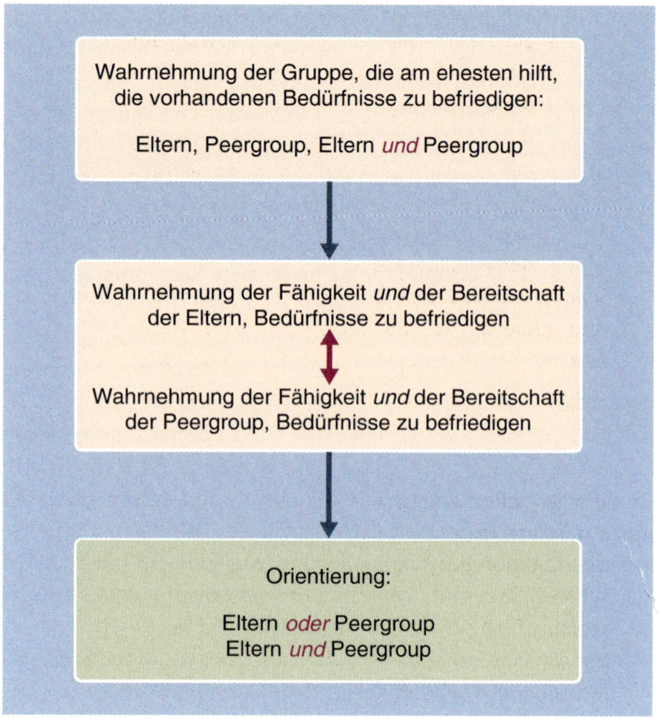

Abb. 4.4 Die Bedürfnisbefriedigung des Jugendlichen durch Eltern und/oder die Peergroup (Naudascher 2003, S. 160).

§ 1 Erziehungs- und Bildungsauftrag der Schule

1. Der Auftrag der Schule bestimmt sich aus der durch das Grundgesetz der Bundesrepublik Deutschland und die Verfassung des Landes Baden-Württemberg gesetzten Ordnung, insbesondere daraus, dass jeder junge Mensch ohne Rücksicht auf Herkunft oder wirtschaftliche Lage das Recht auf eine seiner Begabung entsprechende Erziehung und Ausbildung hat und dass er zur *Wahrnehmung von Verantwortung, Rechten und Pflichten in Staat und Gesellschaft sowie in der ihn umgebenden Gemeinschaft* vorbereitet werden muss.
2. Die Schule hat den in der Landesverfassung verankerten Erziehungs- und Bildungsauftrag zu verwirklichen. Über die Vermittlung von Wissen, Fähigkeiten und Fertigkeiten hinaus ist die Schule insbesondere gehalten, die Schüler
   - in Verantwortung vor Gott, im Geiste christlicher Nächstenliebe, zur Menschlichkeit und Friedensliebe, in der Liebe zu Volk und Heimat, zur Achtung der Würde und der Überzeugung anderer, zu Leistungswillen und Eigenverantwortung sowie zu sozialer Bewährung zu erziehen und in der Entfaltung ihrer Persönlichkeit und Begabung zu fördern,
   - zur Anerkennung der Wert- und Ordnungsvorstellungen der freiheitlich-demokratischen Grundordnung zu erziehen, die im Einzelnen eine Auseinandersetzung mit ihnen nicht ausschließt; wobei jedoch die freiheitlich-demokratische Grundordnung, wie in Grundgesetz und Landesverfassung verankert, nicht infrage gestellt werden darf,

- auf die Wahrnehmung ihrer verfassungsmäßigen staatsbürgerlichen Rechte und Pflichten vorzubereiten und die dazu notwendige Urteils- und Entscheidungsfähigkeit zu vermitteln,
- auf die Mannigfaltigkeit der Lebensaufgaben und auf die Anforderungen der Berufs- und Arbeitswelt mit ihren unterschiedlichen Aufgaben und Entwicklungen vorzubereiten.

Schulgesetz für Baden-Württemberg (SchG) in der Fassung vom 1. August 1983 (GBl. S. 397; K. u. U. S. 584), zuletzt geändert durch Gesetz vom 18. Dezember 2006 (GBl. S. 378; K. u. U. 2007, S. 38).

In dem gesetzlich definierten Rahmen erfüllt die Sozialisationsinstanz Schule also

- die Funktion der Wissensvermittlung und der systematischen Einflussnahme auf die *Entwicklung intellektueller und sozialer Kompetenzen* der heranwachsenden Generation;
- die Aufgabe der *sozialen Integration*, indem sie die Schülerinnen und Schüler auf die Werte, Normen und sozialen Regeln der Gesellschaft einstimmt und die Anpassung an die gesellschaftlichen Lebens- und Arbeitsbedingungen einfordert und „erzwingt";
- die Funktion der *Auslese und Allokation*, indem sie mittels der Bewertung und Zertifizierung von Leistungen den Zugang zum Beschäftigungs- und Erwerbssystem reguliert. In der modernen Wettbewerbsgesellschaft entscheidet die individuelle Leistung über die Platzierung im gesellschaftlichen Gesamtgefüge. Daher gehört die Schule zu den Sozialisationsinstanzen, in denen das Leistungsprinzip die Grundlage für die Auslese und die Vergabe von Privilegien bildet.

Um diesen Aufgaben gerecht zu werden, muss die Schule nach Meinung der Bildungskommission NRW (1995) die Lernumgebungen und die an die Schüler herangetragenen Lernsituationen in besonderer Weise gestalten, um ihnen Zeit zur kognitiven, emotionalen und sozialen Entwicklung zu gewähren. Die Wirklichkeit sieht aber anders aus, wenn Schulen den Charakter der Leistungsgesellschaft widerspiegeln mit der Folge, dass die Kommunikation zwischen Schülern und Lehrern sich fast ausschließlich auf das Thema fachspezifischer Leistungen konzentriert. Eine Auseinandersetzung mit den sozialen Normen und Werten der Gesellschaft erfolgt dann weitgehend funktional unter dem Einfluss der Systemzwänge der Institution Schule. Schülerinnen und Schüler, die den Sozial- und Leistungsanforderungen der Schule nicht entsprechen (können oder wollen), geraten in Gefahr, von den Systemzwängen der Sozialisationsinstanz Schule an den Rand der Gesellschaft gedrängt zu werden.

Wie oben dargestellt, sind Qualifikation, Selektion und Allokation zentrale Funktionen des Schulwesens für die Erhaltung und Weiterentwicklung der Gesellschaft (Rolff 1997). Darüber hinausgreifend ist die Sozialisation in der Schule aber auch eng mit der *Enkulturation* verbunden, da sie auf *kulturelle Reproduktion* und Innovation zielt (Fend 2008).

Enkulturation

Die *Enkulturation* dient dem Erwerb von Kultur im weitesten Sinne, d. h. dem Erwerb aller kultureller Erfahrungen, Inhalte, Maßstäbe und Einstellungen und auch des Lebensstils einer Kulturgemeinschaft. Enkulturation ist nicht nur ein Garant für die Tradierung und Fortführung der Kultur einer Gemeinschaft, sondern schließt auch die Bereitschaft und Fähigkeit zur Erweiterung der Kultur unter den sich verändernden Bedingungen von Globalisierung und Multikulturalität ein (Wiater 2012).

Den Zusammenhang der vier dargestellten Grundfunktionen der Sozialisation – Qualifikation, Integration, Allokation und Enkulturation – wird in ◘ Abb. 4.5 dargestellt.

Manche Autoren (z. B. Biller 1995; Wolf 2009) führen als weitere Funktion der Schule die *Emanzipationsfunktion* an, die die Entwicklung der Individualität *und* der Gemeinschaftsfähigkeit anstrebt und Mündigkeit, Selbstständigkeit, Mitbestimmung und Gemeinsinn als Ziele der schulischen Sozialisation herausstellt.

Als Sozialisationsinstanz erfüllt die Schule zwischen Erziehungsauftrag und Wissensvermittlung also vielfältige Funktionen (vgl. Fend 2008; Hofmann 2000; Tillmann 2000), die den Schülern ein hohes Maß an sozialer Anpassung und eine starke Sozialdisziplinierung mit Zurückstellung eigener Bedürfnisse und Neigungen abverlangt. Im Hinblick auf Bildungs- und Lernprozesse stellt die Schule *einzigartige Erfahrungen* bereit, die im Alltag kaum zu sammeln und doch für den Alltag bestimmt sind. Daher konstituiert die Institution Schule einen spezifischen Lebensraum mit einzigartigen Lern- und Handlungsmöglichkeiten und ihr eigentümlichen Effekten auf die Sozialisation der Heranwachsenden. Wie das angeführte Beispiel des Schulgesetzes von Baden-Württemberg zeigt, soll die Schule mittels *intentionaler Erziehung* auf die Sozialisation der Heranwachsenden einwirken und eine weitreichende Anpassung an die soziale Umwelt erzielen, der sich niemand entziehen kann. Darauf werden wir in ► Abschn. 4.4.3 ausführlicher eingehen.

4.2.2.4 Die Hochschule als Sozialisationsinstanz

» Nach der Lektüre eines Buches über die Geschichte der Philosophie äußerte sich Herr K. abfällig über die Versuche der Philosophen, die Dinge als grundsätzlich unerkennbar hinzustellen. „Als die Sophisten vieles zu wissen behaupteten, ohne etwas studiert zu haben", sagte er, trat der Sophist Sokrates hervor mit der arroganten Behauptung, er wisse, dass er nichts wisse. Man hätte erwartet, dass er seinem Satz anfügen würde: denn auch ich habe nichts studiert. (*Um etwas zu wissen, müssen wir studieren.*) Aber er scheint nicht weitergesprochen zu haben, und vielleicht hätte auch der unermessliche Beifall, der nach seinem ersten Satz losbrach und der zweitausend Jahre dauerte, jeden weiteren Satz verschluckt (Brecht 2004, *Geschichten vom Herrn Keuner*).

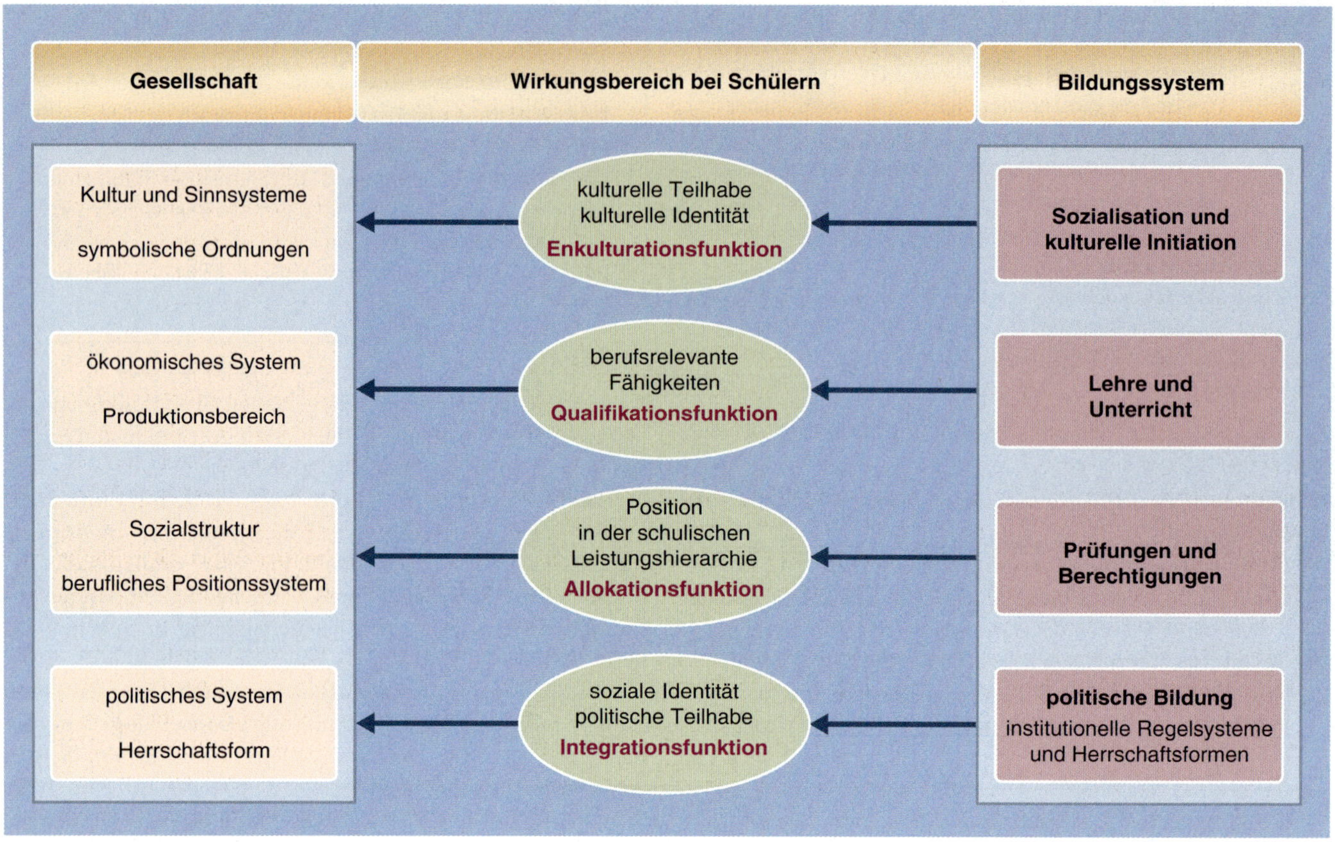

Abb. 4.5 Funktionsschema des Zusammenhangs von Schule und Gesellschaft (Fend 2008, S. 51)

Im Jahr 2012 erreichte der Anteil junger Menschen eines Altersjahrgangs, die ein Studium aufnahmen, in Deutschland mit fast 55 % einen historischen Höchststand. Mit rund 2,5 Millionen derzeit an deutschen Hochschulen immatrikulierten Studenten gehört die Hochschule damit unzweifelhaft zu den großen Sozialisationsinstanzen. Das gilt auch für Österreich, wo der Anteil der Studierenden in Relation zur Bevölkerung höher als in Deutschland ist. Als Teil des Bildungssystems setzt die Institution Hochschule „die pädagogische Arbeit (Qualifikation, Sozialisation, Selektion) vorangehender Bildungseinrichtungen bzw. -phasen an den Studierenden fort" (Huber 2001, S. 1044). Grundsätzlich können die in Abb. 4.5 nach Fend (2008) unterschiedenen Sozialisationsfunktionen der Schule auch auf die Hochschule übertragen werden (Ecarius et al. 2011).

Im Unterschied zum Schulsystem verlangt das ungleich komplexere System Hochschule von den Studierenden aber einen enormen Orientierungsaufwand und stellt hohe Anforderungen an die Selbstorganisation der Lernprozesse, was zu psychosozialen Belastungen, Verunsicherungen und gelegentlich zu Lebenskrisen führen kann (Stock und Krämer 2000). Daran hat auch die Umstellung zu Bachelor- und Masterstudiengängen nicht viel geändert. Doch fühlen sich die Studierenden dadurch auch nicht generell belasteter, wie gelegentlich gemutmaßt wird (Klug et al. 2013).

Hochschulen vermitteln nicht nur explizit und systematisch fachbezogene Qualifikationen, sondern tragen durch die Weitergabe von sozialen Orientierungen, Werten und Verhaltensweisen teils offen, teils verdeckt zur Sozialisation der Studierenden bei (Bargel 2008; Müller et al. 2009). Dementsprechend richtet sich das Interesse der Sozialisationsforschung auch auf die Frage, welche Dispositionen der Studierenden unter den Bedingungen des Hochschulstudiums verändert oder verstärkt werden. Dabei schwingt die Annahme mit, dass die verschiedenen Studiengänge von vornherein unterschiedliche „Persönlichkeitstypen" aufgrund der familiären und schulischen Sozialisation ansprechen, in ihren Grundorientierungen, Werten und Zielsetzungen verstärken und die Verhaltensmuster hervorbringen, die einem Ingenieur, Lehrer, Arzt, Juristen usw. gesellschaftlich zugesprochen werden.

Im *10. Studierendensurvey*[3] wurde zwischen

- dem Typus des fachlichen Idealisten (vornehmlich in den Geisteswissenschaften zu finden),
- dem utilitaristisch-ökonomischen Typus (v. a. Wirtschaftswissenschaften) und
- dem pragmatisch-professionellen Typus (v. a. in Medizin, Jura, Ingenieurwissenschaften vertreten)

unterschieden (Multrus et al. 2008).

Den unterschiedlichen Studienfächern sind fachkulturelle Besonderheiten immanent, die nicht nur auf den Erwerb und die

3 Der *Studentensurvey* wird seit 1983 im Auftrag der Bundesregierung alle zwei bis drei Jahre durchgeführt, um die Studiensituation und soziale Orientierungen, Werte und Grundhaltungen zu erfassen.

Verwertung des Fachwissens abzielen, sondern auch die Aneignung gemeinsamer Weltbilder und Sichtweisen auf soziale Probleme bewirken.

In solche Typisierungen fließen verschiedene „Kulturen“ ein, die Ecarius et al. (2011) als Herkunftskultur der Studierenden, studentische Kultur (gemeint ist der Lebensstil), akademische Fachkultur und die antizipierte Berufskultur bezeichnet haben. Die Mischung dieser verschiedenen Kulturen lässt deutliche Unterschiede in Einstellungen, Werthandlungen und Verhaltensweisen zwischen den Studierenden der verschiedenen Studienfächer erkennen.

4.2.2.5 Sozialisation am Arbeitsplatz

In Industriegesellschaften stellt der *Arbeitsplatz* eine bedeutende Sozialisationsinstanzen dar, da die berufliche und betriebliche Sozialisation den größten Teil des Normallebenslaufs von Berufstätigen abdeckt und auf deren Anpassung an die Bedingungen des jeweiligen Arbeitsplatzes zielt (Heinz 1995). Die jeweilige Qualität der Arbeitsbedingungen spielt zunächst keine Rolle, denn Menschen werden in jedem Beruf, d. h. auch in wenig attraktiven Berufen (z. B. als ungelernte Arbeitskraft) sozialisiert und laut Arnold (1986) auch bei Arbeitslosigkeit.

Bei einem idealen Verlauf ist die berufliche Sozialisation ein fortwährender Prozess, in dessen Verlauf ein Individuum zu einer im Berufsleben integrierten Persönlichkeit heranreift, die in einem bestimmten Maße handlungs- und entscheidungsfähig ist und bleibt und die stets die Balance zwischen Anforderungen des Berufs und ihren eigenen Bedürfnissen und Ansprüchen an die Lebensgestaltung findet. Das Ideal ist – wie in der neueren betriebswirtschaftlichen Literatur manchmal zu lesen – der „empowerte“ Mensch, der kompetent, eigenverantwortlich und kreativ zum Unternehmenserfolg beiträgt (Franken 2010).

■ Sozialisation durch den Beruf

Wenn von beruflicher oder betrieblicher Sozialisation die Rede ist, ist grundsätzlich zu unterscheiden zwischen der Sozialisation *für* den Beruf und der Sozialisation *durch* den Beruf. Unter *Sozialisation für den Beruf* wird die Vorbereitung eines Individuums in Familie und Schule auf den späteren Beruf verstanden (Heinz 1991); das haben wir weiter oben als Allokationsfunktion der schulischen Sozialisation thematisiert. *Sozialisation durch den Beruf* ist die Auseinandersetzung des Individuums mit der betrieblichen Umwelt, es ist die Sozialisation des Erwerbstätigen an seinem Arbeitsplatz. Hierbei geht es um den „Aneignungs- und Veränderungsprozess von Fähigkeiten, Kenntnissen, Motiven, Orientierungen und Deutungsmustern, die in der Arbeitstätigkeit eingesetzt werden können“ (Heinz 1991, S. 398). Vermittelt über den Aufbau von Fachkompetenz entspricht die berufliche Sozialisation dem, was der Beruf aus einem Menschen macht (Lempert 1998). Mit anderen Worten: Die Identität von erwachsenen Menschen wird maßgeblich von dem ausgeübten Beruf und der damit verbundenen Position in der Gesellschaft bestimmt.

■ Berufliche Identität

Eine berufliche Identität ist nach der berufsbezogenen Persönlichkeitstheorie von Holland (1997) gegeben, wenn eine Person ein klares und stabiles Bild der eigenen berufsbezogenen Ziele, Interessen und Fähigkeiten hat.

> » Ein Arbeiter wurde vor Gericht gefragt, ob er die weltliche oder die kirchliche Form des Eides benutzen wolle. Er antwortete: „Ich bin arbeitslos.“ – „Dies war nicht nur Zerstreutheit“, sagte Herr K. „Durch diese Antwort gab er zu erkennen, dass er sich in einer Lage befand, wo solche Fragen, ja vielleicht das ganze Gerichtsverfahren als solches, keinen Sinn mehr haben“ (Brecht 2004, *Geschichten vom Herrn Keuner*).

Die berufliche Tätigkeit stellt einen der wesentlichen *Definitionsräume* von personaler und sozialer Identität dar, da der Beruf „eine sehr häufige und primäre Quelle des Selbstgefühls“ ist (Beck et al. 1980, S. 160), das von der sozialen Positionierung beeinflusst wird, die ihrerseits wieder von dem ausgeübten Beruf abhängt (vgl. Achtenhagen und Bendorf 2006).

Berufliche Identität ist eng mit der Entwicklung beruflicher Kompetenz verbunden. Man kann es auch so formulieren, dass die Entwicklung beruflicher Identität eine Dimension der beruflichen Kompetenzentwicklung ist. Darüber hinaus tragen aber auch der individuelle Handlungsspielraum, der Grad an Selbstbestimmung im Arbeitsprozess, die Art und Intensität der Arbeitsbelastung zu den Selbstwirksamkeits- und Kontrollüberzeugungen der Berufstätigen bei. Bemerkenswert ist dabei, dass auch bei niedrig qualifizierten Arbeitnehmern berufliche Identität, Arbeitsinhalte, soziales Klima am Arbeitsplatz und die Möglichkeit der Selbstverwirklichung in der Arbeit als wichtiger beurteilt werden als das Einkommen und die Arbeitszeit (Baethge et al. 1988; Weiß 2002).

In dem Maße, in dem traditionelle Sozialisationsinstanzen (z. B. die Kirche und Vereine) im Zuge der Modernisierungsprozesse an Bedeutung für die Identitätsbildung verloren haben, hat die Bedeutung des Berufs für die Identitätsbildung und die Regelung der sozialen Beziehungen zugenommen. „Die Folge davon ist auch ein gewisses Ausgeliefertsein der Menschen an die Berufswelt“ (Hutter 1992, S. 64). Allzu oft begeben sich Berufstätige aufgrund ihrer starken Identifizierung mit dem Beruf in eine Situation, die von der ökonomischen Entwicklung fremdbestimmt wird (Beck et al. 1980). Eine andere Folge der Modernisierung der industrialisierten Dienstleistungsgesellschaft ist die Verlagerung des Gravitationspunktes

> » beruflicher Sozialisationsprozesse von der Vergesellschaftung (im Sinne des Erlernens konventioneller sozialer Rollen) auf die Individualisierung. Dies bedeutet für die berufliche Sozialisation, dass die Verinnerlichung von Arbeitsnormen allmählich der Formulierung subjektiver Ansprüche an die Arbeitsinhalte und der aktiven Gestaltung von Berufsbiographien weicht (Heinz 1995, S. 105).

Jakob: „Anna, was glaubst du, wie viel Prozent der Deutschen mit ihrer Arbeit zufrieden, ja sogar sehr zufrieden sind?"

Anna: „Das ist schwer zu sagen. Ich denke, so jeder Zweite, wenn ich so das allgemeine Gemaule über den Job um mich herum betrachte."

Jakob: „Falsch, nach einer Studie des Instituts der deutschen Wirtschaft sind es 88 %. Und da scheint es jede Menge Jobs zu geben, die so richtig happy machen. Da ich gerade so ein paar Zahlen vor mir liegen habe, machen wir mal ein kleines Quiz, o.k.? Aber ich muss dazu sagen, dass sich die Zahlen auf England beziehen."

Anna: „Okey-dokey."

Jakob: „Dann mal los. Welcher Beruf macht Engländer am glücklichsten?"

Anna: „Das ist leicht zu beantworten, wenn man wie ich seinen Asterix gut kennt. Briten lieben ihren Rasen und Garten über alles – also Gärtner steht auf Platz 1."

Jakob: „Das ist ja irre! Was einem das Lesen von Asterix alles bringen kann. Tatsächlich sind fast 90 % der Gärtner und Floristen ausgesprochen glücklich mit ihrem Beruf. Dann nehmen wir mal Rang 2. Das wirst du nicht raten können."

Anna: „Also die Lehrer sind es nicht. Ich tippe auf Ärzte."

Jakob: „Ich wusste, dass du da nicht drauf kommst. Ich war nämlich auch überrascht. Bei den Ärzten ist es wie bei den Bauarbeitern – da sind nur zwei von drei mit dem Beruf zufrieden. Lehrer sind mit 60 % dabei. Dagegen sind etwa 80 % der Friseure und Schönheitspflegerinnen nach eigenen Angaben glücklich mit ihrem Job."

Anna: „Das tut sicher auch ihren Kunden gut. Was mich etwas wundert, ist die Tatsache, dass auf den ersten Rangplätzen der Jobzufriedenheit keine Akademiker oder Wirtschaftstypen gelandet sind. Ich vermute, dass auch Klempner und Installateure zufriedener mit dem Job sind als Akademiker."

Jakob: „Genau! Drei Viertel von denen gaben an, mit ihrem Beruf mehr als zufrieden zu sein. Auf einem mittleren Platz kommen dann Wissenschaftler."

Anna: „Haben die nicht ihren Traumberuf gefunden?"[4]

4.2.2.6 Sozialisiert wird überall

Wo auch immer sich Menschen in Gruppen organisieren, wird sozialisiert. Dabei reicht das Spektrum von den Großorganisationen wie Kirchen und Gewerkschaften bis zum örtlichen Sportverein. Im sozioökologischen Modell Bronfenbrenners (▣ Abb. 4.2) werden kirchliche Gruppen als Sozialisationsinstanzen ausdrücklich erwähnt, aber in der soziologischen Fachliteratur werden üblicherweise weder die Kirchen noch die Gewerkschaften als Sozialisationsagentur genannt (vgl. Hurrelmann et al. 2008; Löw 2006; Niederbacher und Zimmermann 2011).

Zwar wird die Bedeutung der Volkswirtschaft für die Sozialisation ausführlich thematisiert, aber unter Ausklammerung der Gewerkschaften. Ebenso wird die moralische Sozialisation ausführlich behandelt (z. B. Bertram 1980; Keller 2005), allerdings unter Ausklammerung der religiösen Erziehung. Breiten Raum nimmt demgegenüber seit den 1970er Jahren die Analyse der Effekte von *Massenmedien* auf die Sozialisation ein (Ronneberger 1971), wobei häufig – unter dem Stichwort Medienkonsum – eine Verknüpfung zur wirtschaftlichen Sozialisation hergestellt wird (Aufenanger 2005).

▪ Gewerkschaft und Sozialisation

In Deutschland sind mehr als 6 Millionen Arbeitnehmerinnen bzw. Arbeitnehmer Mitglied einer Gewerkschaft. *Gewerkschaften* haben nicht nur zum Ziel, für mehr Mitbestimmung der Arbeitnehmer, Verkürzung der Arbeitszeiten, bessere Bedingungen am Arbeitsplatz und höhere Löhne einzutreten, sondern tragen einem selbstgesteckten Ziel entsprechend auch zur Sozialisation und Bildung ihrer Mitglieder bei. Auftrag z. B. des *DGB Bildungswerkes* ist es, Gewerkschaftsmitgliedern Kenntnisse und Kompetenzen zu vermitteln, die sie befähigen, die wirtschaftlichen, rechtlichen, sozialen und politischen Veränderungsprozesse in der Arbeit und Produktion handlungsorientiert mitzugestalten. Die Bildungsangebote dienen aber auch der Selbstreflexion und Motivation, sich als Bürger politisch zu engagieren. Damit leistet der Deutsche Gewerkschaftsbund (DGB) einen wesentlichen Beitrag zur politischen Sozialisation seiner Mitglieder. Gewerkschaftsnah ist auch die *Arbeiterwohlfahrt*, die zusammen mit kirchlichen Wohlfahrtsverbänden einen Beitrag zur Sozialisierung junger und alter Menschen in Kindergärten, Jugendheimen, Altenheimen und Tagesstätten leistet.

▪ Sozialisation und Wohlfahrt

Während sich die *Arbeiterwohlfahrt* gemäß ihren sozialdemokratischen Wurzeln an den Grundwerten der Solidarität, Toleranz, Freiheit, Gleichheit und Gerechtigkeit ausrichtet, orientiert sich die kirchliche Sozialarbeit an christlichen Leitideen. Besonders im Bereich der sozialen Arbeit sind der *Caritasverband* und das *Diakonische Werk* stark engagiert.

Mit rund 507.000 Mitarbeitern und etwa ebenso vielen ehrenamtlichen bzw. freiwilligen Helfern ist der katholische *Ca-*

4 Das Gespräch zwischen Anna und Jakob beruht auf den Angaben eines Zeitungsberichts der *Wirtschaftswoche* vom 01.07.2013.

ritasverband der größte private Arbeitgeber in Deutschland. Derzeit unterhält er mehr als 25.000 soziale Einrichtungen, darunter mehr als 1400 Altenheime und 1200 Jugendheime. Beim *Diakonischen Werk* sind etwas mehr als 450.000 hauptamtliche Mitarbeiterinnen bzw. Mitarbeiter in 27.000 Einrichtungen mit der Betreuung von etwa einer Million junger und alter Menschen befasst. Die *Arbeiterwohlfahrt* (AWO) baut auf persönlichen Mitgliedschaften in Ortsvereinen auf und ist mit 145.000 Mitarbeitern ebenfalls einer der großen Arbeitgeber in Deutschland.

Als Folge der demografischen Entwicklung bilden die Altensozialarbeit und *Sozialisation alter Menschen* mittlerweile den Kernbereich der kirchlichen und freien Wohlfahrtsverbände. Im Vordergrund stehen die Beratung in sozialen Fragen, die Gestaltung des sozialen Milieus älterer Menschen, die Kulturarbeit, die Bereitstellung von Hilfen und Maßnahmen bei sozialen Kontakten und die soziale Integration älterer Menschen mit einer Lebensweltorientierung (vgl. Aner und Karl 2010; Otto und Bauer 2004). Bemerkenswert ist, dass sich die Altensozialarbeit vor allem auf sozial schlechter gestellte Menschen konzentriert. Die katholische Kirche im Kanton Zürich, die sich stark in der Sozialarbeit engagiert, stellt dazu fest:

» Kirchliche Soziale Arbeit orientiert sich am Evangelium. Die Sozialarbeiterinnen und Sozialarbeiter der Pfarreien stellen auf der Grundlage der Option für Arme, Benachteiligte und Ausgegrenzte die Menschen mit ihren Sorgen in den Mittelpunkt und setzen sich ein für die Gleichheit und Würde aller Menschen (Quelle: ► http://www.zh.kath.ch/seelsorge-soziales/angebote/kirchliche-soziale-arbeit).

Die Wohlfahrtsverbände unterhalten zahllose Altenheime und Begegnungsstätten, wo alte Menschen lebenspraktische Hilfen und eine individuelle Beratung und Vermittlung von Hilfediensten finden können. Die Schaffung von Interessengruppen und die Möglichkeit, sich auch im hohen Alter zu informieren und zu bilden, tragen dazu bei, die Aktivität und soziale Eingebundenheit alter Menschen zu erhalten. Eine besondere Bedeutung wird dabei der kulturellen Bildung und Kulturarbeit beigemessen, aber auch die historische und politische Bildung und der Umgang mit Medien stehen auf der Agenda der Altensozialarbeit und *Geragogik* (vgl. Klingenberger 1992).

Religion als Sozialisationsagentur

In Deutschland gehören mehr als 60 %, in Österreich und in der Schweiz zwei Drittel der Menschen einer der großen christlichen Kirchen an. Sowohl die katholische als auch evangelische Kirche betrachtet die *religiöse Sozialisation mittels Bildung* als eine Hauptaufgabe ihres Wirkens (Marx und Zierer 2013). Im Gegensatz zu der gesamtgesellschaftlichen Bedeutung der Kirchen zählt die *Religion als Sozialisationsinstanz* zu den vernachlässigten Gebieten der sozialwissenschaftlichen Forschung. Die wenigen soziologischen Studien, die sich mit der religiösen Sozialisation befasst haben, weisen aber darauf hin, dass die Akzeptanz religiöser Werte im Jugendalter einen großen Einfluss auf die Entwicklung anderer Werte wie auch auf die spätere Lebensführung und den Zusammenhalt der Gesellschaft ausübt (Hermann 2012; Köbel 2009).

Traditionell betonen die Kirchen die zentrale Bedeutung der Jugendarbeit für die Sozialwerdung ihrer Mitglieder. Kirchliche Jugendarbeit, wie sie u. a. vom Bund der Deutschen Katholischen Jugend[5] oder von Pfadfinderorganisationen[6] betrieben wird, soll den jungen Menschen den Raum zur Selbstgestaltung und Selbstentfaltung sowie für soziale Lernerfahrungen bieten (vgl. Conze und Witte 2012; EKD 2010). Weitergehend wird der Kirchenraum auch schon mal zum außerschulischen Lernort deklariert (Riegel und Kindermann 2012). Fasst man die von den Kirchen und ihren Unterorganisationen propagierten Zielsetzungen zusammen, können verschiedene *Funktionen der religiösen Sozialisation* unterschieden werden.

Zunächst ist eine *psychische Funktion* zu nennen, insofern Religion helfen kann, Ängste zu bewältigen und Krisensituationen zu bestehen. Darüber hinaus nennt Flammer (1994) den Glauben an eine gerechte Welt, Bindung und Verbindlichkeit, Sinnfindung und Sinnkonstruktion als wesentliche Konstituenten der Religiosität (vgl. auch Zwingmann und Moosbrugger 2004). Neben dem Beitrag zu (seelischer) Gesundheit und zur Lebensbewältigung dient Religion auch einer *weltanschaulichen Funktion*, da sie erlaubt, Lebenserfahrungen und die eigene Biografie zu deuten (vgl. Löffler 2006). Die weltanschauliche Funktion von Religiosität wird oft kritisch beurteilt, da manche religiöse Gemeinschaften zur massiven Manipulation der Weltanschauungen ihrer Mitglieder neigen (Baumgartner 1993). In diesem Kontext wird auch die *gesellschaftliche Funktion* von Religion diskutiert, wobei sich die soziologische Betrachtung auf die Frage der Säkularisierung konzentriert (vgl. Luhmann 1982). Dazu gehört auch die Diskussion, ob in öffentlichen Schulen Religion oder Ethik unterrichtet werden solle (Gräb und Thieme 2011). Relativ unkritisch scheint demgegenüber die *ethische Funktion* der religiösen Sozialisation zu sein, sofern sie auf die Entwicklung moralischer Maßstäbe und Normen für die Beurteilung eigener und fremder Denk- und Verhaltensweisen zielt und dazu anregt, das soziale Handeln zu überprüfen und Lebensziele zu suchen und zu überdenken (Aufenanger 2000).

Als letzte Funktion der religiösen Sozialisation ist ihre *Emanzipationsfunktion* zu nennen. Religion ermöglicht durch das Transzendieren über den Augenblick hinaus das Einnehmen einer kritisch-distanzierten Position und die Entwicklung von gesellschaftlichen Visionen und alternativen Modellen des Zusammenlebens. Dass dies durchaus politisch zu verstehen ist, zeigt die Rolle der katholischen Kirche in Polen, die als eine Stütze der verbotenen Gewerkschaft Solidarność maßgeblich am Niedergang des kommunistischen Regimes beteiligt war (Mechtenberg 2011). In diesem Zusammenhang ist auch die Befreiungskirche Lateinamerikas in ihrem Kampf gegen soziale Missstände und

5 Der *Bund der Deutschen Katholischen Jugend* (BDKJ) ist der Dachverband katholischer Kinder- und Jugendverbände in der Bundesrepublik Deutschland und vertritt rund 660.000 Mitglieder in politischen, sozialen und kirchlichen Interessen.

6 Im Zusammenhang mit der Darstellung der Stufenmodelle der moralischen Entwicklung haben wir darauf hingewiesen, dass Jean Piaget (1930/1999) ein begeisterter Anhänger der Pfadfinderbewegung gewesen war und deren Bedeutung auch für die Friedenserziehung unterstrichen hatte (► Abschn. 3.3.3). Derzeit sind in Deutschland mehr als 170.000 junge Menschen Pfadfinder (Strunk 2010).

staatliche Gewalt zu nennen (vgl. Dingel und Tietz 2011). Diese Beispiele zeigen, dass die Emanzipationsfunktion der religiösen Sozialisation mit einer *politischen Sozialisation* verknüpft sein kann, da sie gläubigen Menschen Orientierungsmuster im Hinblick auf gesellschaftspolitische Fragestellungen und Probleme vermittelt.

■ Die Politik als Sozialisationsagentur

Allgemein wird die politische Sozialisation in einem engen Zusammenhang mit der Entwicklung eines politischen Bewusstseins und spezifischer Vorstellungen, Deutungsmuster, Meinungen, Einstellungen und Werte gesehen. Die Gewerkschaften haben sich die politische Sozialisation geradezu auf ihre Fahnen geschrieben; ebenso auch die Kirchen, wenn sie z. B. Auswüchse des Kapitalismus kritisieren, die darauf gerichtet sind, unentwegt soziale Ungleichheit zu reproduzieren.[7]

Die Heranwachsenden politisch zu sozialisieren, d. h. sie in einem dem Gemeinwohl verpflichtenden Sinne auszubilden, ist eine zentrale Aufgabe der schulischen Erziehung. Dementsprechend stellt die Schule aus staatlicher Sicht die zentrale Instanz für die politische Sozialisation dar (Giesecke 2000; Karlicek 2006) und zielt auf den Erwerb von Weltwissen, Teilhabekompetenz und Lebenshilfe (Jung 2005). Aber nicht nur die Schulen dienen einer politischen Sozialisation, sondern auch andere staatliche Einrichtungen wie z. B. die *Zentralen für politische Bildung*. Vor allem aber sind auch die politischen *Parteien* als Instanzen der politischen Sozialisation zu nennen. In Deutschland, Österreich und der Schweiz besagen die Verfassungen übereinstimmend, dass die Parteien bei der politischen Willensbildung des Volkes mitwirken.

■ Militär und Ersatzdienst als Sozialisationsagentur

Wir haben dieses Teilkapitel mit den Worten eingeleitet, dass überall sozialisiert wird, wo Menschen sich in Gruppen organisieren oder organisiert werden. Dementsprechend sind auch das *Militär* und der Zivil- bzw. *Ersatzdienst* als Sozialisationsinstanzen zu nennen. Während in Deutschland die Wehrpflicht und der Ersatzdienst per Beschluss des Bundeskabinetts ab Juli 2011 ausgesetzt wurde,[8] gilt die allgemeine Wehrpflicht bzw. der Wehrersatzdienst in Österreich und in der Schweiz unverändert.

Angehörige der Streitkräfte eines Landes werden einer *militärischen Sozialisation* unterzogen, die der Ausbildung von Kenntnissen und Fähigkeiten, Emotions-, Denk- und Verhaltensmustern dient, um auf die Aufgaben der Kriegsführung vorzubereiten. Diese Form der Sozialisation spielt in vielerlei Hinsicht eine Sonderrolle bei der Vergesellschaftung erwachsener Menschen und kann als eine Extremform der Sozialmachung betrachtet werden. Vermutlich rührt daher auch das schlechte Image des Militärs bei Sozialwissenschaftlern (vgl. Gareis und Klein 2006), was wiederum bewirkt hat, dass die militärische Sozialisation in der Sozialisationsforschung laut Apelt (2005) zu keiner Zeit ein viel beachteter Gegenstand war. Für den Zivildienst lassen sich – ebenso wie für das freiwillige soziale Jahr – deutlich mehr Abhandlungen mit einer insgesamt positiven Bewertung finden (z. B. Bartjes 1996; Becker-Lenz 2004; BFSFJ 2011; Tremel und Cornelißen 2008).

Militärische Sozialisation kann einerseits als Sozialisation *im* Militär und andererseits als Sozialisation *zur* Wehrhaftigkeit bzw. Kriegsfähigkeit definiert werden (vgl. Apelt 2005). Das Leitbild der deutschen Bundeswehr ist seit ihrer Gründung der Staatsbürger in Uniform, d. h. nicht der zu Gehorsam verpflichtete Befehlsempfänger, sondern der aus Einsicht und Überzeugung handelnde Bürger, dessen Grundrechte nur auf das militärisch unbedingt notwendige Minimum reduziert werden dürfen (vgl. Habenicht 2012). Die militärische Sozialisation ist aufs Engste mit der politischen Sozialisation verknüpft (Lippert und Vogt 1996) – zumindest im Konzept der inneren Führung. Die wenigen Untersuchungen, die es zu dieser Problematik gibt, zeichnen laut Apelt (2005) aber ein Bild weitgehender Wirkungslosigkeit des Wehrdienstes in Bezug auf die Politisierung der jungen Menschen.

> » Da gab es vier Jahre lang ganze Quadratmeilen Landes, auf denen war der Mord obligatorisch, während er eine halbe Stunde davon entfernt ebenso streng verboten war. Sagte ich: Mord? Natürlich Mord. Soldaten sind Mörder (Kurt Tucholsky 1931).

Wenn es um die militärische Sozialisation geht, wird nicht selten auf dieses Zitat verwiesen, um auf die *Sondermoral des Militärs* zu verweisen (Kliche 2004), die von Wehrpflichtigen als moralische Segmentation wahrgenommen und nicht selten als Kulturschock empfunden wird (Kümmel 2000).

Anna: „Sag mal, Jakob, warst du eigentlich beim Bund oder warst du Zivi?"

Jakob: „Mein Vater hatte auch aus Gewissensgründen den Wehrdienst verweigert. Für mich war daher immer klar, dass ich Zivi werde."

Anna: „Und was genau hast du gemacht?"

7 Als Papst Franziskus in seinem Apostolischen Schreiben Evangelii Gaudium im Dezember 2013 erklärte, dass der Kapitalismus soziale Ungleichheit bewirke, weil das gesellschaftliche und wirtschaftliche System an der Wurzel ungerecht sei, wurde ihm natürlich sofort und heftig von Repräsentanten des Kapitalismus (nicht nur in den USA) widersprochen.

8 In der Bundeswehr Deutschlands sind zurzeit fast 187.000 Soldatinnen und Soldaten aktiv, davon sind etwas mehr als 177.000 Berufs- und Zeitsoldaten und etwas mehr als 9500 freiwillig Wehrdienstleistende.

Jakob: „Ich habe in einem Altersheim der Diakonie gearbeitet. Und ich hatte das Glück, dass die Leiterin ungeheuer einfallsreich war, um die älteren Leute auf Trab zu bringen. Da wurde Theater gespielt und musiziert. Besonders toll war ein Medienprojekt, das mir die Leiterin aufs Auge gedrückt hat. Ich hab dann mit einer Gruppe von acht Omas und Opas eine Seniorenzeitung gemacht. Die waren wirklich super!"

Anna: „Das klingt ja wie im Fernsehen. Mein Bruder hat da ganz andere Erfahrungen gemacht. Er hat auch im Altersheim gearbeitet, aber als Depp vom Hausmeister. Glühbirnen auswechseln, Decke streichen und so spannende Sachen hat er machen dürfen."

Jakob: „Klar, das ist öde. Ich hatte da wirklich Glück. Aber auch dein Bruder kann sich nicht beschweren, wenn ich das mal mit dem vergleiche, was mit einem meiner Cousins passiert ist."

Anna: „Was denn?"

Jakob: „Der ist ein sehr guter Trompeter, hat aber das Gymnasium komplett vermasselt. Da er immer schon begeistert war von den Musikern bei der Bundeswehr, wollte er im Musikkorps spielen. Er wurde auch akzeptiert, da er ein wirklich guter Musiker ist, und jetzt ist er gerade zum zweiten Mal in Afghanistan eingesetzt, um unsere Freiheit am Hindukusch zu verteidigen, wie ein Politiker mal gefaselt hat."

Anna: „Langsam! Das verstehe ich nicht. Der ist als Musiker in Afghanistan? Spielt er dort zum Marschieren oder gar zum Tanzen auf?"

Jakob: „Nee, der ist als Sanitätsfeldwebel dort. Ich hatte auch nicht gewusst, dass jeder Musiksoldat eine Ausbildung als Sanitäter machen muss. Und da die Bundeswehr feststellt, wo Bedarf besteht, darf er nun Sanitätsdienst am Hindukusch machen. Vielleicht darf er nach dem Abzug der Bundeswehr aus Afghanistan in einem Musikkorps spielen."

Trotz der festzustellenden Veränderungen, die das Berufsbild und die Identität des Soldaten in den letzten Jahrzehnten erfahren haben (Maringer 2008), ist die militärische Sozialisation allgemein durch folgende Merkmale charakterisierbar (vgl. Kliche 2004):

- die *Isolation* von dem Herkunftsmilieu und der zivilen Gesellschaft;
- eine *entgrenzte Disziplinierung* durch ein System von Vorschriften für Zeit (Dienstplan), Verhalten (z. B. Strammstehen, Grußvorschrift), soziale Ränge und die Gestaltung des Alltags; weitreichende Verhaltenskontrollen und Sanktionen;
- *Tribalisierung* im Sinne der Schaffung eines künstlichen Stammes durch Erzeugung eines Wir-Gefühls als Folge der Abgrenzung von der Zivilgesellschaft, spezielle Rituale (z. B. Gelöbnis), Erzeugung von Solidarität durch sozialen Gruppendruck und Ausgrenzung von Fremden;
- *Einfrieren moralischer, sozialer und kognitiver Autonomie* als Folge der Entwicklung einer Grundhaltung der Strafvermeidung und Autoritätshörigkeit. Die moralische Orientierung erfolgt auf der Grundlage von Zweckmäßigkeit (präkonventionell) oder Gehorsam (konventionell): „Hierarchie, Gehorsam, subkulturelle Werte und Peergroup treten an die Stelle des autonomen Urteils" (Kliche 2004, S. 348).

Des Weiteren ist das Militär, obwohl in den meisten Armeen seit geraumer Zeit auch Frauen zugelassen sind, eine „Schule der Männlichkeit" (Apelt 2004). Summa summarum ist das Militär soziologisch als *totale Institution* zu verstehen, die darauf ausgerichtet ist, „erwachsene Individuen neu zu sozialisieren, d. h. sie zunächst zu verunsichern, um ihre Identität nachhaltig zu verändern" (Apelt 2005, S. 31).

▪ Sozialisation in Vereinen

„Treffen sich drei Deutsche, gründen sie einen Verein." Abgesehen davon, dass es hierfür sieben sein müssen, trifft das Bonmot ziemlich genau die Wahrheit, denn in Deutschland sind derzeit 580.000 Vereine registriert. Dabei reicht das Spektrum vom Sport- über den Förderverein für die Grundschule bis zur freiwilligen Feuerwehr.

Die gesellschaftliche Dienstleistungsfunktion der freiwilligen Feuerwehren, der Ortsgruppen des Roten Kreuzes, des Technischen Hilfswerks u. a. wird von kaum einem Menschen mit gesundem Menschenverstand bezweifelt. Und auch volkswirtschaftlich betrachtet wird der allgemeine Nutzen solcher Organisationen und Vereine nicht in Zweifel gezogen (vgl. Wolter 2011).

Demgegenüber gehen die Meinungen und Urteile im Hinblick auf die zahlreichen Sportvereine auseinander. Aus unserer Sicht sind aber gerade Sportvereine gut geeignet, die *Sozialisationsfunktion von Vereinen* zu illustrieren. Der Sportverein ist nicht zu verwechseln mit dem Fanclub, dessen Mitglieder sich an den Erfolgen z. B. „ihrer Fußballmannschaft" erfreuen und unter den Niederlagen emotional leiden, ohne selbst aktiv am Sportgeschehen teilzuhaben (vgl. Roose et al. 2010).

Die Hauptfunktion von Sportvereinen ist selbstverständlich das *aktive Betreiben von Sport*, um die Gesundheit zu verbessern und das Wohlbefinden zu fördern. Über diese primäre Funktion hinausgehend dienen Sportvereine auch verschiedenen sozialen Funktionen (vgl. Rittner und Breuer 2004). So leisten sie z. B. einen bedeutsamen Beitrag zur *sozialen Integration*, da eine Vereinsmitgliedschaft grundsätzlich offen für alle Gesellschaftsmitglieder ist – unabhängig von Alters-, Geschlechts-, Schicht-, Staatszugehörigkeit oder Herkunft.

Dementsprechend übernehmen Vereine generell eine wichtige Sozialisationsfunktion, indem sie ihren Mitgliedern ein vielfältiges Angebot im Bereich der *Geselligkeit und Unterhaltung* unterbreiten und dadurch eine spezifische Vereinsatmosphäre erzeugen, die den Zusammenhalt der Mitglieder untereinander und die emotionale Verbundenheit zum Verein stärken soll. In diesem Zusammenhang von einer *Tribalisierung* im Sinne einer Stammesbildung zu sprechen, ist nicht ganz verkehrt.

Darüber hinaus kommt Vereinen eine weitere Sozialisationsfunktion zu, indem sie zur Vermittlung von bestehenden gesellschaftlichen Werten und Normen beitragen (z. B. Fairness, Verantwortung, Toleranz) sowie eine präventive Funktion erfüllen (z. B. Prävention vor Drogen, Gewalt). In diesen Kontext ist auch die *pädagogische* Funktion zu nennen. So leisten beispielsweise Sportvereine einen wertvollen Beitrag zur Erziehung und Bildung von Kindern und Jugendlichen. Vom organisierten Sport gehen pädagogisch wertvolle Unterstützungsleistungen für die Entwicklung von Heranwachsenden aus (Ritter und Breuer 2004). Dazu gehört auch das ehrenamtliche Engagement (Flatau 2009), das dem öffentlichen Gemeinwohl dient. Tendenziell ist davon auszugehen, dass in den Bundesländern mit einer hohen Vereinsdichte auch eine hohe Quote des ehrenamtlichen Engagements vorzufinden ist (vgl. Alscher et al. 2009).

Jakob: „Ich wusste ja, dass die Vereinsmeierei typisch deutsch zu sein scheint, aber dass es so viele Vereine gibt, überrascht mich."

Anna: „Wenn du von Vereinsmeierei sprichst, klingt das aber ziemlich abfällig. In meinem Sportverein hat es zwar auch so ein paar Typen gegeben, die großen Wert auf eine hierarchische Struktur gelegt haben, aber auf die hat sowieso niemand gehört. Das waren Wichtigtuer. Aber ich hatte oft das Gefühl, dass das Engagement im Verein für manchen einfach nur gut war, um den ganzen Mist des Berufslebens zu vergessen und abzuschalten."

Jakob: „Mit dem Begriff Vereinsmeier habe ich wohl danebengegriffen. Ich glaube auch, dass manchem der Verein emotional gut tut, vor allem wenn er im Beruf nicht so erfolgreich ist oder nicht so eine gute Position hat. Beim Sport kann er was erreichen, was er im Beruf nicht schaffen kann."

Anna: „Genau! Und sportlicher Erfolg oder das Ansehen in einem Verein hat ja auch Auswirkungen auf die Rangposition in anderen Gruppen. Sonst wären unsere Politiker ja auch nicht so scharf drauf, im Schützenverein oder im Jagdverein mitzumischen."

Jakob: „Jetzt bist du aber etwas böse! Aber es scheint zu stimmen, dass die Mitarbeit in einem Verein auch wichtig für den sozialen Status ist. Da kann so mancher seinen beruflichen Frust abarbeiten und wird von anderen anerkannt."

4.2.3 Dimensionen und Schwerpunkte der Sozialisation

Sozialisation umfasst laut Scherr (2008) drei Dimensionen, die in einem engen Zusammenhang zueinander stehen:

1. die *Personalität*, die durch Rollen, Werte, Normen, Erwartungen und Gewohnheiten bestimmt wird, die von der Gesellschaft an eine Person herangetragen werden;
2. die *Individualität* als Besonderheit und Einzigartigkeit einer Person im Sinne von Eigenschaften und Fähigkeiten, die sie von anderen unterscheidet;
3. die *Subjektivität* als die allen Individuen zukommende Fähigkeit der Sprach-, Handlungs- und Selbstbestimmung.

Die Dimensionen 2 und 3 entsprechen der Personalisation, die wir in ▶ Kap. 3 ausführlich beschrieben haben, wobei wir stets die soziokulturelle Dimension der Personwerdung mitbedacht und in die Erörterungen einbezogen haben. Die folgenden Ausführungen kreisen um die Frage: Was befähigt eine Person zur Sozialisation?

Eine erste Antwort darauf lautet: Menschen verfügen über die Fähigkeit, soziale Beziehungen aufzunehmen und zu unterhalten. Das wird als *Soziabilität* bezeichnet. Sich in eine Gemeinschaft einzufügen und mit anderen zu kooperieren, wird als *Soziabilisierung* bezeichnet (Claessens 1979) und in eine enge Beziehung zur *Enkulturation* gesetzt. Thematische Schwerpunkte des Zusammenwirkens von Soziabilität und Enkulturation sind

- die sprachliche Sozialisation,
- die kognitive Sozialisation,
- die emotionale und motivationale Sozialisation,
- die moralische Sozialisation und
- die Entwicklung der sozialen Identität.

Auf diese Sozialisationsformen gehen wir im Folgenden genauer ein.

4.2.3.1 Sprachliche Sozialisation

> Die Grenzen meiner Sprache bedeuten die Grenzen meiner Welt (Wittgenstein 1984, *Tractatus logico-philosophicus*, 5.6).

Menschliche Erfahrungen werden durch Sprache objektiviert und als gesellschaftlich geteiltes Wissen von Generation zu Generation weitergegeben. Sprache ist das wichtigste Zeichensystem der menschlichen Gesellschaft und verbindet die Mitglieder einer Kulturgemeinschaft miteinander. Sprache ist nach Mead (2005) ein gesellschaftliches Ordnungsprinzip, das menschliche Gesellschaft erst ermöglicht hat.

Die Sprache dient zum einen der symbolischen Repräsentation von Weltbezügen und erlaubt, kulturelle Artefakte[9] aufbewahren, weiterentwickeln und an nachfolgende Generationen weitergeben zu können (Berger und Luckmann 1969/2004). Zum anderen dient sie der zwischenmenschlichen Verständigung, die als wesentliche Voraussetzung für eine gelingende Sozialisation zu betrachten ist. Denn erst die Sprache befähigt Individuen zu Interaktion und Kooperation, um soziales Handeln auf der Grundlage gemeinschaftlicher Sprachsymbole zu organisieren. Mit Hilfe der Sprache können Menschen nicht nur das Verhalten anderer beeinflussen, sondern auch deren Verhaltensweisen antizipieren, so dass sie in der Lage sind, die eigenen Haltungen und Absichten im Hinblick auf mögliche Konsequenzen zu überdenken.

Auf die anthropologische und entwicklungspsychologische Sicht der Sprachentwicklung sind wir in ▶ Kap. 3 ausführlich eingegangen, in diesem Kapitel konzentrieren wir uns auf die soziologischen Aspekte. Ausgangspunkt ist dabei die Grundannahme, wie sie uns bei Mead und anderen begegnet, dass Sozialisation wesentlich den Erwerb einer Sprache in der Kindheit umfasst. Dabei kann zwischen der primären sprachlichen Sozialisation als Erstspracherwerb in der frühen Kindheit und der sekundären

9 Als *kulturelles Artefakt* wird alles bezeichnet, was durch Menschen hergestellt wurde und Informationen über die Kultur seiner Schöpfer und Nutzer enthält. Im engeren Sinne wird mit Kulturartefakt ein vom Menschen kreiertes Kunstwerk, Werkzeug oder sonstiges Erzeugnis bezeichnet.

sprachlichen Sozialisation als Erwerb einer Zweitsprache unterschieden werden. Bei der primären sprachlichen Sozialisation führt die Sprache aus der nächsten Umgebung des Kindes, die ihm über soziale und verbale Interaktionen vermittelt wird, zur Ausbildung sprachlicher Identität. Diese entwickelt sich im Laufe des Kindes- und Jugendalters kontinuierlich weiter und kommt erst im Erwachsenenalter zu einem vorläufigen Abschluss.

Sprachliche Identität

Sprachliche Identität kann Verschiedenes bezeichnen (vgl. Thim-Mabrey 2003). Wir verwenden den Begriff zur Bezeichnung der *Identifikation einer Person mit einer Sprache und Sprachgemeinschaft*, was auch Soziolekte einschließt.

Soziolekt

Als *Soziolekt* oder *Gruppensprache* werden spezifische Ausprägungen einer Sprache bezeichnet, die durch eine bestimmte Gruppe (z. B. Altersgruppe) verwendet werden, um sich von anderen Gruppen zu unterscheiden. Fachsprachen sind ebenso Soziolekte wie Jargons und Sondersprachen (z. B. Seemannssprache, Rotwelsch, Jägersprache, Jugendsprache, Studentensprache).

Sprachliche Identität wird als Verortung der eigenen Sprache in einem komplexen sozialen System begriffen. So ist *Identifikation durch Sprache* als ein Prozess zu verstehen, in dem die individuelle Sprachverwendung mit den sprachlichen Normen und Erwartungen der Sprachgemeinschaft in Übereinstimmung gebracht wird. Eine weiterreichende Annahme besagt, dass die Art und Weise, wie ein Mensch denkt, wesentlich durch den Wortschatz und die semantische Struktur seiner Muttersprache beeinflusst oder bestimmt wird (Whorf 2008).

Jakob: „Wie viele Wörter kennst du für Schnee, Anna?"

Anna: „Nicht sehr viele. Außer ‚Neuschnee' fällt mir noch ‚Firn' und ‚Graupel' ein. Aber ich weiß, worauf du hinaus willst. Jedes Jahr im Winter, wenn es schneit, packt irgendwer irgendwo die Legende wieder aus, dass die Eskimos hunderte von Wörtern für Schnee haben sollen. Das ist doch inzwischen abgefrühstückt. Das glaubt doch heute kein Mensch mehr."

Jakob: „Das sagst du so! Ich bin auf die Frage gekommen, weil ich gerade im Internet einen Blog gefunden habe, wo die unterschiedlichen Meinungen zu den Schneewörtern der Eskimos aufeinanderprallen. Da geht es ganz schön deftig zu."

Anna: „Also, ich habe mal gelesen, dass die Eskimos nicht mehr Wörter für Schnee haben als wir, aber dass in der Eskimosprache Zusammensetzungen wie ‚fallender Schnee' oder ‚Schnee am Boden' als ein Wort erscheinen. Vielleicht rührt da die Annahme her, die Eskimos hätten so viele Wörter für Schnee."

Jakob: „Das ist eine plausible Erklärung. Aber mal noch eine andere Frage: Kennst du den Film *Fräulein Smillas Gespür für Schnee*?"

Anna: „Den Film nicht, aber den Roman.[10] Da geht es doch um eine junge Frau, die die Tochter einer Inuit und eines dänischen Mannes ist. Sie ist aufgrund ihrer Abstammung als einzige Person in der Lage zu erkennen, dass der Sturz eines Eskimojungen vom Dach eines Hauses kein Unglück, sondern ein Verbrechen war. Und das erkennt sie an den Spuren im Schnee. Aber mit den vielen Wörtern für Schnee, die Eskimos angeblich haben, hat das nichts zu tun."

Jakob: „Stimmt. Eher damit, dass der Schnee in Grönland das Leben bestimmt."

Die bis auf den heutigen Tag diskutierte Frage nach der Anzahl der Wörter für Schnee in der Sprache der Inuit geht auf Boas (1911) zurück, der behauptete, die Eskimosprache kenne 22 Wörter für Schnee. Später wurde die vermeintliche Anzahl der Wörter sogar auf 100 erweitert (vgl. Ernst et al. 2011). Nun könnte man diese Diskussion ja den Linguisten überlassen, hätten sich nicht Sapir und Whorf auf das Beispiel der Eskimosprache gestützt, um die These zu begründen, dass alles, was der Mensch wahrnehmen und kraft seines Denkens verstehen kann, durch die Eigenarten seiner Muttersprache determiniert wird. Nach der *Sapir-Whorf-Hypothese* gibt die Muttersprache vor, was wir von der Welt erkennen. Sie bestimmt somit die sprachliche Identität.

Die Sapir-Whorf-Hypothese

Unter Bezugnahme auf das Beispiel der Eskimosprache glaubte Whorf entdeckt zu haben, dass Hopi-Indianer kein Zeitgefühl besitzen, weil es in der Grammatik ihrer Sprache keine Zeitformen gibt (Whorf 1940). Diese These, die sich ausschließlich auf Angaben eines Hopi-Kenners aus New York, aber nicht auf einer empirischen Überprüfung bei den Hopi-Indianern vor Ort stützte, gehört in die Kategorie *populäre Irrtümer über die Sprache* (Ernst et al. 2011), denn der Linguist Malotki (1983) konnte zeigen, dass die Hopi selbstverständlich Zeitformen auszudrücken vermögen.
Indigene Völker haben auch Konzepte von Zahl und Menge, wie Frank et al. (2008) am Beispiel des Pirahã, einer Indianersprache aus dem Amazonasgebiet Brasiliens, gezeigt haben. Pirahã gilt als einzig bekannte natürliche Sprache, die keine Zahlwörter besitzt. Stattdessen verwenden die Pirahã-Indianer relative Begriffe wie z. B. *hói* für „weniger/kleiner" und *báagiso* für „genug". Liegt vor ihnen eine bestimmte Anzahl von Gegenständen, so sind sie in der Lage, andere Gegenstände in derselben Anzahl auszuwählen. Offenkundig existiert ein Konzept von Zahl und Menge auch unabhängig von der Sprache, aber die Sprache unterstützt oder ermöglicht erst das Speichern und die Verarbeitung von Zahlen. Dass indigene Völker auch über ein differenziertes sprachliches Bezeichnungssystem für Farben und Farbnuancen verfügen, wird durch Studien von Davidoff belegt (z. B. Davidoff et al. 1999).

10 Høeg (2004). *Fräulein Smillas Gespür für Schnee*. Reinbek: Rowohlt.

Gegen die Auffassung eines linguistischen Determinismus der Sapir-Whorf-Hypothese, wonach die durch die umgebende Kultur geformte Sprache das Denken eines Individuums bestimme, wendet sich der *linguistische Nativismus*, der eine radikale Gegenposition einnimmt. Danach ist Sprache angeboren, und ihre Strukturen werden während des Spracherwerbs aktiviert; kulturelle Bedingungen können die Sprache und ihre Strukturen nicht beeinflussen und deshalb auch nicht das Denken eines Individuums prägen (Chomsky 1999, 2012).

Nun ist aber auch der linguistische Nativismus nicht unumstritten, und in den letzten zwanzig Jahren wurden erhebliche Einwände gegen ihn erhoben (vgl. Casasanto 2008; Sampson 2005), so dass die Attraktivität der Sapir-Whorf-Hypothese bis heute ungebrochen scheint (Dürbeck 2009). Für unsere Betrachtungen ist die linguistische Debatte weniger relevant als die aus der Sapir-Whorf-Hypothese abgeleitete soziolinguistische Annahme, dass es für verschiedene soziale Schichten unterschiedliche Ausformungen des Gebrauchs der Muttersprache gibt, die nachhaltige Effekte auf die Sozialisation der Heranwachsenden ausüben. Diese Annahme wird in der Literatur auch als *soziolinguistische Defizithypothese* bezeichnet und steht mit den Untersuchungen von Basil Bernstein (z. B. Bernstein 1958, 1960) in Zusammenhang (vgl. Schlieben-Lange 1991).

Die Defizithypothese der sprachlichen Sozialisation

Bernsteins (z. B. 1973) Grundannahme lautet, dass die Angehörigen der sozialen Mittel- und Oberschicht als Sprachgemeinschaft eine Sprachvariante benutzen, die sich deutlich von der Sprache der sozialen Unterschicht unterscheidet. Angehörige der Mittel- und Oberschicht bedienten sich eines elaborierten Codes,[11] also einer gehobenen Sprache, wohingegen die Unterschicht einen eingeengten Code verwende, der deutlich weniger leistungsfähig sei und zu einer systematischen Benachteiligung der Kinder der Unterschicht führe, da für formale Bildungsprozesse der elaborierte Sprachcode Voraussetzung sei (Bock 1972).

Der eingeengte Code der Sprachverwendung zeichnet sich durch kurze, grammatikalisch einfache und oft unvollständige Sätze aus. Er ist durchaus nützlich, wenn es darum geht, Informationen möglichst weit und allgemein verständlich zu verbreiten. Er findet sich z. B. in Boulevardzeitungen und wird dem Sprachgebrauch bildungsferner sozialer Schichten und Gruppen zugeordnet. Da die sprachliche Kommunikation im Bereich der formalen Schulbildung sich an den Standards der elaborierten Sprachverwendung orientiert, werden Kinder der Unterschicht wie gesagt systematisch benachteiligt (Bernstein 1982), denn Kinder der Mittel- und Oberschicht verfügen als Folge der familialen Sozialisation bereits über den elaborierten Code der Sprachverwendung, wenn sie in die Schule eintreten. Daher befinden sich Angehörige der Mittel- und Oberschicht im Hinblick auf die schulische Sozialisation deutlich im Vorteil, und dies nicht nur im Hinblick auf eine gelingende Kommunikation, sondern – gemäß Sapir-Whorf-Hypothese – auch hinsichtlich ihrer Wahrnehmung und ihres Denkens.

Obwohl Bernsteins Konzeption zweier schichtspezifischer Sprachcodes kritisch diskutiert und auch empirisch widerlegt wurde (vgl. Cazden 1994; Steinkamp 1991), bilden seine Einsichten in die schicht- bzw. milieuabhängige Spezifik des Sprachstils und Sprachgebrauchs bis heute die Diskussionsgrundlage in der Soziolinguistik (vgl. Lareau 2011). Heute wird z. B. argumentiert, dass, wenn Schülerinnen oder Schüler aus bildungsfernen Elternhäusern oder Migrantenfamilien kommen, sie beim Erwerb schriftlicher Sprachkompetenz benachteiligt sind (vgl. Steinig et al. 2009).

Laut Moore (2013) war Bernstein nicht sehr glücklich darüber, dass sein theoretischer Ansatz als *Defizithypothese* bezeichnet wurde. Er verstand den eingeengten Sprachcode nicht als defizitär, sondern nur als *anders*. „Eingeengte Codes sind nicht unbedingt an soziale Schichten gebunden, sondern werden zu irgendeiner Zeit von allen Mitgliedern der Gesellschaft gebraucht" (Bernstein 1971, S. 289). Nicht eine Unverrückbarkeit schichtspezifischer Sprachcodes war Bernsteins Thema, sondern das *Passungsverhältnis* zwischen dem individuellen Sprachgebrauch, der stets eine schichtspezifische Färbung hat, und den gesellschaftlichen Erwartungen an den Sprachgebrauch des Einzelnen. Da die jeweils herrschende Gesellschaftsschicht bestimmt, welcher Code der Sprachverwendung Standard sein soll, kann es immer nur einen zeitweise überlegenen Code geben. Das kann am Beispiel der Verwendung von Dialekten in der Schule verdeutlicht werden. Während der Gebrauch der Mundart in Schule und Unterricht jahrzehntelang verpönt war (z. B. Ammon 1975; Löffler 1972), wird heutzutage die identitätsstiftende Funktion der Dialekte hervorgehoben, und es gilt manchem Pädagogen geradezu als Bereicherung, wenn die Kinder ihre Heimatmundart in die Schule mitbringen und dann ihre Sprachkompetenzen durch den Erwerb der Schriftsprache erweitern (Bildungsdirektion des Kantons Zürich 2003).

Von dieser Fähigkeit, die Sprachcodes zu erweitern und zu wechseln, ging auch Bernstein aus. Die Sprachverwendung wird durch soziale Beziehungen ausgelöst und gesteuert. Es ist die Fähigkeit, die Sprachcodes zu wechseln, die den Unterschied zwischen schichtspezifischer Sprachverwendung ausmacht. Eine Benachteiligung unterer sozialer Schichten resultiert aus einer mangelnden Fähigkeit, zum elaborierten Sprachcode zu wechseln, während diejenigen, die den elaborierten Sprachcode benutzen, weniger Schwierigkeiten haben, zum eingeengten Code zu wechseln. Die situationsadäquate Abstimmung der Sprachverwendung mit den Normen und Erwartungen der Sprachgemeinschaft und die Fähigkeit zum Rollenwechsel bewirken ein unterschiedliches Passungsverhältnis des individuellen Sprachgebrauchs und den gegebenen Standards. Bereits im Kindergartenalter unterscheiden sich Kinder in Abhängigkeit von ihrer sozialen Herkunft in der Fähigkeit, sich an die impliziten Erwartungen einer sozialen Situation anpassen zu können. Kinder aus der Mittelklasse sind bereits im Kindergartenalter zu einem Rollenwechsel imstande und verwenden jeweils eine der Situation angepasste Sprache. Kinder teilen sich Kindern anders mit als Erwachsenen (Cazden 1994). Die von der sozialen Schicht abhängige Fähigkeit, sich im Sprachgebrauch an unterschiedliche Situationen anzupassen, kann auch im späteren Lebensalter

11 Ein Code ist eine Vereinbarung über den Gebrauch von Zeichen. Ein Beispiel ist der ASCII-Code, der bei den meisten Computern verwendet wird, um Buchstaben zu repräsentieren (vgl. dazu: ▶ http://www.asciitable.com/).

beobachtet werden, was den größeren schulischen Erfolg von Mittelschichtkindern u. a. erklären kann (Lareau 2011).

Abschließend kann festgehalten werden, dass soziale Ungleichheit durch Sprache von einer Generation zur nächsten weitergegeben wird. Sie drückt sich *in* und *durch* Sprache aus und findet vor allem auch in (schrift-)sprachlichen Äußerungen ihren Niederschlag. Soziale Ungleichheit und Zugehörigkeit zu einem bestimmten Milieu oder einer sozialen Schicht prägt sowohl die Gestalt des Sprachgebrauchs als auch seine Inhalte – sie wirken wie *geistige Verfassungen* im Sinne von Schemata (Aksu-Koc 1996).

4.2.3.2 Kognitive Sozialisation

Ausgehend von der Annahme, dass sich die menschliche Erkenntnisfähigkeit in der Auseinandersetzung mit der Umwelt entwickelt und konsolidiert, hat die Forschung zur *kognitiven Sozialisation* lange Zeit vor dem Hintergrund der genetischen Epistemologie Piagets operiert. Sozialisationstheoretisch bedeutsam sind dabei nicht nur die Bedingungen der intellektuellen Entwicklung, sondern auch die Analysen des Zustandekommens der kindlichen Weltauffassungen, die in der Theorie zu mentalen Modellen eine kognitionswissenschaftliche Fortschreibung gefunden haben (vgl. Seel 1991). Insgesamt zeigt die von Piaget ausgehende Forschung, dass soziale Einflüsse die kognitive Entwicklung nicht nur beschleunigen oder verzögern können, sondern wesentlich zur Differenzierung und Stabilisierung von kohärenten kindlichen Wissenssystemen beitragen (Halford 1993; Nobes et al. 2003).

Die soziale Entwicklung des Verstandes nach Wygotski

Während Piaget den „Geist" nach Kesselring (1999) in der sich entwickelnden Person sah, sah Wygotski ihn in der umgebenden Gesellschaft (▶ Abschn. 3.2.3). Für Wygotski liegt der Ursprung der kognitiven Entwicklung in sozialen Interaktionen mit der Umwelt. Eine jede kognitive Funktion ensteht als ein Produkt sozialer Interaktionen:

> Every function in the child's cultural development appears twice, on two levels, first, on the social, and later on the psychological level […]. The actual relations between human individuals underlie all the higher functions (Wygotski 1978, S. 128).

Will man demnach die kulturelle Entwicklung von Menschen verstehen, muss man aufdecken, wie sie kooperieren, um gemeinsam die Wirklichkeit zu konstruieren und Bedeutungen zu erzeugen. Laut Wygotski ist die Institution Schule der perfekte Ort, um die sozialen Interaktionen und das Lernen der Heranwachsenden zu kultivieren und gesellschaftlich zu steuern. Hierbei sind laut Wygotski (1978) drei Prinzipien handlungsleitend:

1. Da die *soziale Interaktion* eine grundlegende Rolle bei der Entwicklung von Kognition spielt, sollten Kooperation und Zusammenarbeit beim Lernen in der Schule im Vordergrund stehen.
2. Kognitive Sozialisation wird durch den „kenntnisreicheren anderen" (*more knowledgeable other*) angeleitet und erleichtert. Der *kenntnisreichere Andere* ist jemand, der in Bezug auf eine Aufgabe über ein besseres Verständnis oder eine größere Fähigkeit verfügt als der Lernende. Das kann der Lehrer, der Trainer oder eine erwachsene Person, aber auch eine gleichaltrige oder jüngere Person sein.
3. Das dritte Prinzip beruht auf Überlegungen über die *Zone der proximalen Entwicklung*. Demnach entwickelt sich ein Schüler dann besonders gut, wenn die Distanz zwischen seiner Fähigkeit, eine Aufgabe unter Anleitung eines kenntnisreicheren, Anderen zu lösen, und der Fähigkeit, die Aufgabe unabhängig von anderen zu lösen, zwar besteht, aber nicht zu groß ist.

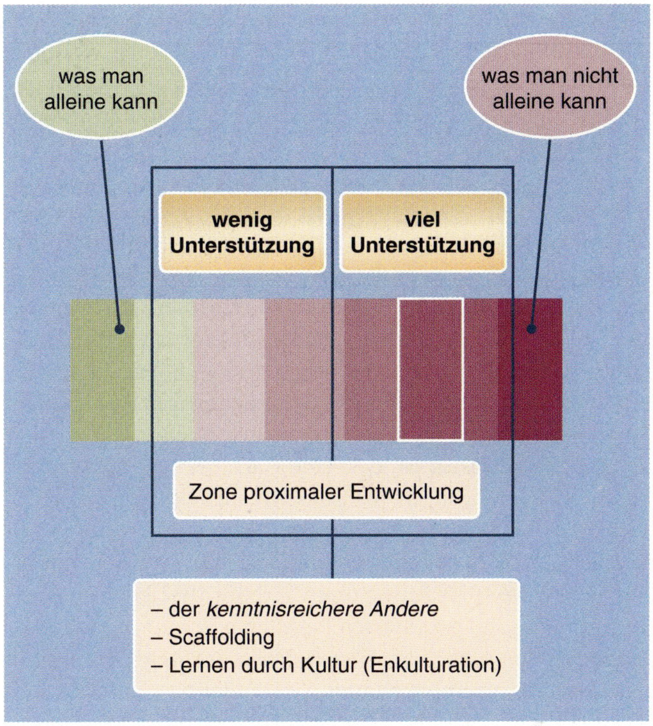

■ **Abb. 4.6** Die Prinzipien der kognitiven Sozialisation nach Wygotski

In ■ Abb. 4.6 werden diese Prinzipien der kognitiven Sozialisation in ihrem Zusammenhang dargestellt:

Wygotskis Theorien gewannen großen Einfluss auf die nordamerikanische Pädagogik (z. B. Bredekamp und Copple 1997), aber noch mehr auf die sich entfaltende Bewegung des *Soziokonstruktivismus*, für die Wygotski zu einem wichtigen Ideengeber avancierte.

Lernen als soziales Handeln in Brauchtumsgemeinschaften

Protagonisten des Soziokonstruktivismus (z. B. Lave und Wenger 1991) betrachten Lernen als Bestandteil sozialen Handelns in einer Brauchtumsgemeinschaft (*community of practice*) als Zusammenschluss von Personen, die mit ähnlichen Aufgaben befasst sind. Lernprozesse von Einzelpersonen werden mit der Entwicklung der sozialen Gemeinschaft verknüpft, denen sie angehören. Das entspricht weitgehend dem Ansatz Wygotskis.

Darüber hinausgehend zeichnet sich die Argumentation von Soziokonstruktivisten vor allem durch die Bezugnahme auf *ethnologische Studien* aus, die auf der Annahme gründen, dass sowohl das mit Lernen verbundene Handeln in konkreten Situationen als auch die Rationalität dieses Handelns ein Erzeugnis soziokultureller Sinnzuschreibungen ist. Jede Sinnzuschreibung als Bedeutungserzeugung wird durch das Handeln in einer sozialen Bezugsgruppe erzeugt und verfestigt.

Diese Annahme wurde in mehreren ethnografischen Studien am Beispiel mathematischen Alltagshandelns untersucht. In der bereits (in ► Abschn. 1.2.1.3) erwähnten Studie von Carraher et al. (1985) wurde die Fähigkeit brasilianischer Straßenverkäufer untersucht, die Preise von Lotterielosen zu berechnen. In anderen Studien wurden einfache arithmetische Aufgabenstellungen des Alltags, geometrisches Verständnis und Prozeduren untersucht, die mit Messen zusammenhängen (vgl. dazu im Überblick Carraher und Schliemann 2002). Aus pädagogischer Sicht bemerkenswert ist, dass sich Carraher und Schliemann bei ihren Ausführungen ausdrücklich auf Rousseau beziehen. Insgesamt bestätigen die ethnografischen Studien, wie sie in Brasilien, Afrika oder anderswo durchgeführt wurden (Carraher 1991; Lave 1977; Petitto und Ginsburg 1982), den auch aus anderen Forschungskontexten bekannten Befund, dass bedeutende Segmente mathematischen Wissens ihren Ursprung in Alltagserfahrungen haben und stark situationsgebunden sind (Schwarz et al. 1993/94). Seit den Untersuchungen von Wagenschein (1977) und der Forschung zu mentalen Modellen (Seel 1991, 2003) ist bekannt, dass der soziokulturelle Kontext und situative Bedingungen das Lernen und Denken von Personen auch in anderen Bereichen wie Physik oder Ökonomie prägen (Crawford 2009).

Wegen der starken Situationsgebundenheit des Lernens und Denkens hat sich in der Literatur auch die Bezeichnung *situiertes Lernen* eingebürgert (Lave und Wenger 1991), womit zum Ausdruck gebracht werden soll, dass jede kognitive Aktivität aus den Interaktionen des Individuums mit der konkreten Situation innerhalb einer sozialen Umgebung erwächst. So wird auch die Fähigkeit von Straßenverkäufern, ohne Kenntnisse von Schulmathematik zu korrekten Lösungen mathematischer Probleme zu gelangen, damit erklärt, dass das Denken in hohem Maße kontextgebunden und an einer bestmöglichen Nutzung der Informationsressourcen in der gegebenen Situation orientiert ist (Lave 1988).

Das Problem der ethnografischen Studien liegt in deren methodischen Qualität, die durch extrem kleine Stichproben (in manchen Fällen wurde nur eine Versuchsperson beobachtet) und das Phänomen der sich selbsterfüllenden Prophezeiung (Snyder et al. 1977) gekennzeichnet ist. Zur Problematik der Methodik ethnografischer Studien hat Hallpike (1990) das Wesentliche gesagt. Ungeachtet ihrer offensichtlichen methodischen Schwächen lösten die ethnografischen Studien zur Alltagsmathematik Ende der 1980er Jahre eine Grundsatzdiskussion über das schulische Lernen und seine Bedeutung für den menschlichen Alltag aus (Packer und Goicoechea 2000), die Gage (1989) als „Krieg der Paradigmen" bezeichnet hat.

In Anbetracht der ethnografischen Befunde verstiegen sich einige Autoren (z. B. Lave und Wenger 1991; Resnick 1987) zu der Behauptung, dass bestimmte Schulfächer, allen voran Mathematik, überhaupt nicht legitimiert seien, da sie nach den Konzepten und Prinzipien akademischer Disziplinen organisiert seien und auf Situationen des Alltagslebens, für deren Bewältigung die Schule doch letztlich qualifizieren müsse, nicht eingingen. Es fiel anderen Autoren (z. B. Anderson et al. 1996) nicht schwer, diese Argumentation ad absurdum zu führen.

Bemerkenswert ist, dass Carraher und Schliemann, auf deren Studien sich Resnick und andere bezogen, bei ihrer Diskussion des Lernens in und außerhalb der Schule großen Wert auf die Feststellung legten, dass die in der Schule gelehrte Mathematik durchaus einen praktischen Nutzen z. B. am Arbeitsplatz hat:

> » Individuals solve problems in the workplace using mathematics as a tool to achieve goals that are kept present throughout the solution processes with continuous reference to the situation and the physical quantities involved (Carraher und Schliemann 2002, S. 245).

▪ Der Standpunkt der Wissenssoziologie

Im Rahmen der Soziologie befasst sich die *Wissenssoziologie* mit der kognitiven Sozialisation (Knoblauch 2005; Maasen 2009). Ausgehend von dem Begriff der Wissensgesellschaft ist die Wissenssoziologie mit allem befasst, was in der Gesellschaft als Wissen gilt und wie das Alltagswissen beschaffen und strukturiert ist. Gegenstand des Untersuchungsinteresses ist die Entstehung, Verbreitung, Anwendung und Bewahrung von *geteiltem Wissen* und Denkinhalten in sozialen Gruppen.

Unter Zugrundelegung der Annahme, dass Erkenntnis und Wissen des Menschen durch den sozialen Kontext geprägt und in ihm verwurzelt ist, interessiert sich die Wissenssoziologie weniger für die mit dem Wissenserwerb verbundenen Prozesse, sondern stellt das *soziale Wissen* in den Mittelpunkt der Betrachtungen. Nach Knoblauch (2005) stellt das soziale Wissen die grundlegende Orientierung für das Handeln des Einzelnen bereit und liegt demnach auch den sozialen Prozessen zugrunde, die Berger und Luckmann (1969) als *gesellschaftliche Konstruktion der Wirklichkeit* bezeichnet haben. Die gesellschaftliche Konstruktion der Wirklichkeit auf der Grundlage sozialen Wissens erfolgt im Rahmen gesellschaftlicher Institutionen, die den Eindruck der *Objektivität von Wissen* erzeugen. Im Grunde handelt es sich dabei um das *geteilte Wissen* der Mitglieder sozialer Gruppen (z. B. der Scientific Community). Das Zusammenspiel der verschiedenen Wissensinstanzen wird in ◘ Abb. 4.7 dargestellt (vgl. Seel 2003).

In ◘ Abb. 4.7 wird eine Unterscheidung zwischen mentalen Modellen und konzeptuellen Modellen zugrunde gelegt. *Mentale Modelle* entstehen durch Lernen und Erfahrung; sie repräsentieren das subjektive und verteilte Wissen von Einzelpersonen und bilden die Grundlage für Annahmen, mit deren Hilfe sich eine Person die Welt erklärt (Seel 1991). Demgegenüber repräsentieren *konzeptuelle Modelle* das objektive und geteilte Wissen einer Wissensgemeinschaft; sie werden als wissenschaftlich begründete Denkmodelle konstruiert (Norman 1983). Ihren Ursprung haben konzeptuelle Modelle in den mentalen Modellen einzelner Wissenschaftler, sie erhalten dann im Verlauf des wissenschaftlichen Diskurses objektive Formulierungen, die sie von ihren Schöpfern unabhängig machen.

Dabei sind zwei Modellierungsspiele beteiligt (Hestenes 1992): Theoretische Spiele zielen auf den Entwurf konzeptueller

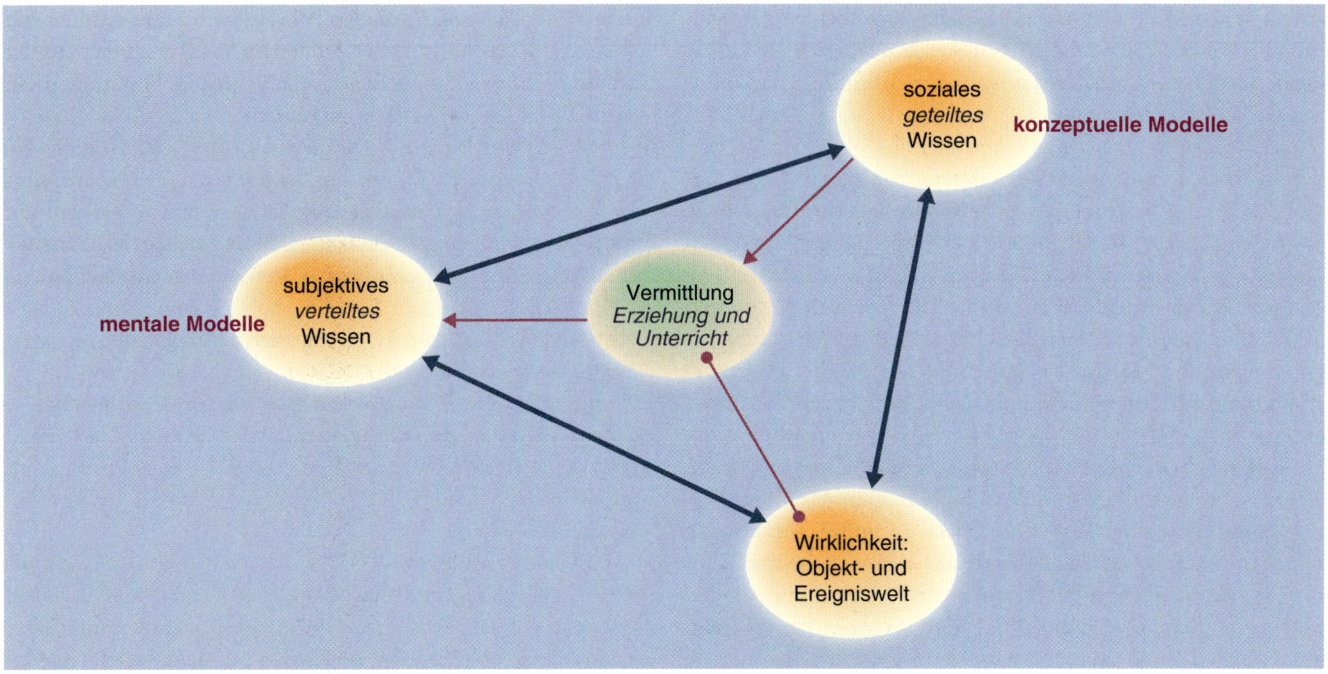

Abb. 4.7 Das Zusammenspiel der Wissensinstanzen vermittelt durch Erziehung und Unterricht (Seel 2003)

Modelle, während experimentelle Spiele auf deren empirische Prüfung ausgerichtet sind. Theorie und Experiment sind komplementäre Bausteine eines Prozesses der Erzeugung gültigen Wissens über die Objekt- und Ereigniswelt.

Die Wissensgesellschaft macht ihr geteiltes Wissen auch zum Gegenstand von Erziehung, denn eine zentrale Aufgabe schulischen Unterrichts besteht darin, den Lernenden die relevanten konzeptuellen Modelle einer Disziplin zu vermitteln.

4.2.3.3 Emotionale Sozialisation

Bei der Skizzierung von Emotionstheorien in ► Abschn. 3.5.1 haben wir zwei Grundpositionen gegenübergestellt, von denen die eine besagt, dass Emotionen biologisch determiniert sind, während die andere eine *soziale und kulturelle Determiniertheit menschlicher Emotionen* behauptet. Dementsprechend sollte man davon ausgehen können, dass Emotionen für die Sozialisationsforschung ein wichtiges Forschungsgebiet darstellen müssten, was aber laut Aussage verschiedener Autoren (z. B. Trommsdorff 1999a; Ulich 1994) nicht der Fall zu sein scheint. Tatsächlich geht die Standardliteratur zur Sozialisationstheorie (z. B. Geulen 2005; Hurrelmann 2001; Hurrelmann et al. 2008; Mühler 2008), wenn überhaupt, dann nur am Rande auf die Sozialisation von Emotionen ein. Auch in der Sozial- und Kulturanthropologie wurde die Forschung zur Sozialisation von Emotionen laut Funk et al. (2012) bisher vernachlässigt.

Theorie und Forschung zur Personalisation gehen grundsätzlich davon aus, dass es neben den Basisemotionen zahlreiche Emotionen gibt, die sozial konstruiert werden und als Mechanismen der sozialen Kontrolle fungieren (► Abschn. 3.5). Sekundäre Emotionen wie Verlegenheit, Schüchternheit, Eifersucht, Schuld, Scham und Stolz werden sowohl durch gesellschaftliche Bedingungen, Regeln und Rahmenbedingungen als auch durch habitualisierte soziale und kulturelle Muster geformt (Harée 1986). Dementsprechend sind Emotionen als adaptive Reaktionen auf wiederkehrende Bedingungen und Herausforderungen der sozialen Umwelt zu begreifen.

Das Verhältnis von Emotion und Sozialisation ist dabei jedoch wechselseitig, denn Emotionen gehen einerseits in Sozialisationsprozesse ein, werden aber andererseits durch Sozialisationsprozesse vermittelt. Soziale Erfahrungen bewirken, dass bestimmte Situationen mit eher positiven oder mit eher negativen Emotionen verbunden werden und entsprechende Handlungen auslösen. So kann man in Leistungssituationen z. B. Stolz oder Scham erleben, und die Hilfsbedürftigkeit eines Menschen kann Mitleid oder Scham auslösen.

Die soziale Funktion von Emotionen

Die soziale Funktion von Emotionen kann gut am Beispiel des Lächelns als Ausdruck von Freude, Fröhlichkeit, des guten Willens, manchmal aber auch von Ängstlichkeit verdeutlicht werden. Allgemein dient Lächeln der Kommunikation und Gestaltung zwischenmenschlicher Beziehungen (Fridlund und Russell 2006), ganz im Sinne eines indischen Sprichworts „Das Lächeln, das du aussendest, kehrt zu dir zurück". Lächeln ist nicht alleine Ausdruck einer positiven Befindlichkeit, es dient auch sozialen Zwecken wie der Kontaktaufnahme, der Beschwichtigung und einer Auflockerung zwischenmenschlicher Beziehungen, wie Kraut und Johnston (1979) bei ihren Beobachtungen von Freizeitsportlern und Fußgängern feststellten. Demnach gibt es eine starke und robuste Verknüpfung von Lächeln mit einer sozialen Motivation. Lächelnde Kellnerinnen erhalten mehr Trinkgeld (Tidd und Lockard 1978), und Kleinkinder lächeln, wenn sie sich Fremden annähern, und reagieren weniger zurückhaltend, wenn sie angelächelt werden (Connolly und Smith 1972). Laut einer Metaanalyse von LaFrance et al. (2003) lächeln Frauen mehr als Männer, wobei auch die soziale Stellung eine Rolle zu spielen scheint, insofern Frauen insbesondere dann häufiger lächeln, wenn sie eine untergeordnete soziale Position einnehmen. Menschen lächeln aber nicht nur aus sozialer Motivation oder wenn sie ihrer Freude oder Fröhlichkeit Ausdruck verleihen wollen, sondern auch aus Verlegenheit, wenn ihnen eine Situation peinlich ist (Keltner 1995).

Der Zusammenhang von Emotionen und Sozialisation wird des Weiteren vor dem Hintergrund der Bindungsforschung (vgl. Hopf 2005) diskutiert. Hier wird insbesondere der Frage nachgegangen, wie emotionale Präferenzen und Schemata entstehen. Dabei wird argumentiert, dass Emotionen sozial vermittelte, kulturell geprägte und gesellschaftlich interpretierte Reaktionen sind, die schematisch organisiert sind und auf spezifische Bedingungen sozialer Situationen „anspringen" (Ulich et al. 1999a). Dabei wird in Übereinstimmung mit Bowlby (2006) davon ausgegangen, dass die emotionale Sozialisation auf Wechselwirkungen zwischen sozialen Bedingungen (z. B. Erwartungen der Eltern) und affektiven Reaktionsbereitschaften der Kinder beruht und über *internale Arbeitsmodelle* vermittelt wird. Solche Arbeitsmodelle sind sozial geprägte mentale Modelle, auf denen die Interaktionen zwischen Personen (z. B. Eltern und Kinder) beruhen und die in kulturspezifische Differenzierungen einfließen (Ulich et al. 1999b).

- **Emotionale Kompetenz**

Ziel der emotionalen Sozialisation ist die Erlangung *emotionaler Kompetenz*, die gewährleisten soll, dass die emotionalen Fertigkeiten einer Person vor allem im Hinblick auf soziale Interaktionen von Nutzen sind (Saarni 2001). Das ist der Fall, wenn eine Person sich dessen bewusst ist, dass ihr emotionales Ausdrucksverhalten die Reaktionen anderer Personen beeinflusst, und wenn sie ihr Handeln so steuern kann, dass bei anderen gewünschte Verhaltensweisen ausgelöst werden. Soziale Kompetenz meint die Fähigkeit, Emotionen anderer wahrzunehmen und zu verstehen, wie auch die Fähigkeit, sich der emotionalen Kommunikation in sozialen Situationen bewusst zu werden. Ähnlich betrachten Halberstadt et al. (2001) die erfolgreiche Interpretation der emotionalen Ausdrucksformen anderer Personen sowie die Bewusstheit, Akzeptanz und Regulation eigener Emotionen als wichtige Komponenten der emotionalen Sozialisation im Kindesalter. Hierbei geht es vordringlich um die Abstimmung der eigenen Emotionen mit der sozialen Umwelt, wofür die Kompetenz erforderlich ist, die Emotionen mit den eigenen Bedürfnissen wie auch denen anderer Personen abzustimmen.

Allgemein wird der Emotionsregulation eine besondere Bedeutung für die Sozialisation beigemessen. Die Häufigkeit von Sozialkontakten, die Fähigkeit zur Emotionsregulation und das Auftreten von Verhaltensauffälligkeiten Vier- bis Fünfjähriger hingen in einer Untersuchung von Rubin et al. (1995) zusammen: Kinder, die häufig Sozialkontakte hatten, aber ihre Emotionen schlecht regulieren konnten, wiesen mehr nach außen getragene Verhaltensstörungen auf als Kinder, die wenig Sozialkontakte hatten und ihre Emotionen schlecht regulieren konnten. Letztere zeigten eine stärker ausgeprägte Ängstlichkeit und stärker internalisierte Verhaltensstörungen. Im Vergleich dazu verhielten sich Kinder, die wenig Sozialkontakte hatten, aber ihre Emotionen gut regulieren konnten, weitgehend unauffällig.

Die emotionale Sozialisation hat aber auch Auswirkungen auf den Schulerfolg. So sind z. B. Kinder, die überwiegend positive Emotionen zum Ausdruck bringen, besser in den Klassenverband integriert. Eine gute soziale Integration gepaart mit Kooperationsfähigkeit und der Fähigkeit, Emotionen bei anderen zu erkennen, gehen mit besseren Schulleistungen einher (Collins und Nowicki 2001). Demgegenüber fallen Kinder, die nicht über effektive Lern- und Arbeitsfertigkeiten verfügen, durch soziale und emotionale Defizite auf und erzielen schlechtere Schulleistungen (McClelland et al. 2000). Allgemein bergen unzureichende sozial-emotionale Kompetenzen verschiedene Entwicklungsrisiken wie z. B. eine höhere Wahrscheinlichkeit emotionaler Störungen wie Ängstlichkeit oder Aggressivität (Briggs-Gowan et al. 2001).

Anna: „Ich denke, dass die Schule für Kinder mit einem schwierigen familiären Hintergrund zu einem sozialen Schutzraum werden kann, wo die Entwicklung sozial-emotionaler Kompetenz gefördert werden kann."

Jakob: „Das glaub ich auch. Aber das ist wahrscheinlich davon abhängig, wie ein Kind die Unterstützung wahrnimmt, die es in den sozialen Beziehungen zu seinen Schulkameraden erlebt."

Anna: „Wenn ein Kind zum Beispiel aus einer armen Familie stammt, will es kein Mitleid erfahren, sondern das Gefühl haben, von den anderen akzeptiert zu werden, auch wenn es nicht so viel Geld hat."

Jakob: „Dazu fällt mir *Das fliegende Klassenzimmer* von Erich Kästner ein. Da gab es doch auch einen armen Jungen, der von seinen Klassenkameraden voll und ganz akzeptiert wurde."

Anna: „Oh, ich liebe vor allem den Film. Für mich ist das ehrliche und unaufdringliche Pädagogik."

4.2.3.4 Motivationale Sozialisation

Die Weichenstellungen für die Entwicklung der Lern- und Leistungsmotivation finden bereits in der Kindheit statt. Darin besteht in der Sozialisationsforschung Übereinstimmung, und es wird allgemein davon ausgegangen, dass Entwicklungsmöglichkeiten und eine Förderung der Lernmotivation in hohem Maße von den Sozialisationsbedingungen abhängig sind, unter denen das Kind in der Familie aufwächst. Insbesondere die Erziehung zur Selbstständigkeit, die Anspruchsniveausetzung und das Ausmaß an Unterstützung werden als Faktoren genannt, die zur motivationalen Sozialisation beitragen (vgl. Trudewind 1982; Wild 2001). Dabei ist begründet davon auszugehen, dass der soziale Status und der Bildungshintergrund der Eltern eine zentrale Rolle bei der motivationalen Sozialisation der Kinder spielen (vgl. Melhuish et al. 2008a).

Dafür finden sich in zahlreichen Studien Evidenzen. Beispielsweise gelangen Neuenschwander und Malti (2009) aufgrund einer Längsschnittstudie an fast 500 Schülerinnen und Schüler zu der Schlussfolgerung, dass Eltern mit einem höheren sozioökonomischen Status ein tendenziell stärker leistungsförderndes Verhalten gegenüber ihren Kindern zeigen als Eltern mit einem niedrigen sozioökonomischen Status. Sie trauen ihren Kindern auch eher zu, dass sie die schulischen Anforderungen erfüllen, und erwarten von ihnen ein gewisses Verhalten sowie entsprechende Leistungen. Bemerkenswert ist, dass die Elternerwartungen recht präzise Vorhersagen von Bildungsverläufen über zwei Schulübergänge (d. h. von der Grundschule zur weiterführenden Schule und von der Schule zum Beruf oder Studium) hinweg erlaubten. Auch in der Untersuchung, die Ehmke et al. (2006) im Rahmen von PISA 2003 durchführten, zeigte sich ein signifikanter Zusammenhang zwischen sozioökonomischem Status und Bildungsabschluss der Eltern mit den Schulleistungen der Kinder. Vergleichbar mit dem Konzept der häuslichen Lernumgebung (Home Learning Environment) von Melhuish et al. (2008b) erwiesen sich bestimmte Merkmale der Eltern (z. B. kulturelle Aktivitäten, schulbezogene Unterstützung und schulbezogene Einstellungen) als signifikante Moderatorvariablen, die zwischen sozialer Herkunft und der Lernleistung der Kinder vermittelten (vgl. auch Tillak und Mösko 2013). Auf der Basis von Metaanalysen gelangte auch Hattie (2013) zu der Vermutung, dass die Effekte des sozioökonomischen Status in der Zeit der Vorschule und der ersten drei Schuljahre einen deutlichen Einfluss auf die Lernmotivation und Lernleistungen haben. Hatties Metaanalysen deuten kaum auf direkte Haupteffekte der *Sozialschicht* bzw. des *sozioökonomischen Status* hin, sondern vielmehr auf komplexe Zusammenhänge mit familiären Prozessmerkmalen. Zu denen zählen der kognitive Anregungsgehalt und die Qualität der sprachlichen Kommunikation, die elterlichen Standards und Erwartungen an die Lernleistungen ihrer Kinder, leistungsbezogene Erklärungen und Sanktionen sowie das Engagement der Eltern für die Schulleistung des Kindes. Dies alles zusammen wirkt sich in Interaktion mit dem sozialen Status auf die Lern- bzw. Leistungsmotivation und die Lernleistungen aus (vgl. auch Herwartz-Emden und Schneider 2009).

Auch *familiäre Strukturmerkmale* wie die Berufstätigkeit der Mutter und die Rolle des Vaters haben einen nachweislichen Einfluss auf die motivationale Sozialisation der Kinder (Hattie 2013; Röhr-Sendlmeier und Kröger 2011; Röhr-Sendlmeier und Bergold 2012). Kinder berufstätiger Mütter entwickeln größere Selbstständigkeit und ein motivationsgünstiges Sozialverhalten, was eine erhöhte Lern- und Leistungsmotivation sowie positive Selbstwirksamkeitserwartungen nach sich zieht (vgl. auch Hoffman und Youngblade 1999). Nach den Ergebnissen einer Metaaalyse von Goldberg et al. (2008) trifft dies vor allem auf Arbeiterfamilien als Repräsentanten der sozialen Unterschicht zu. Aber auch für diese Studien gilt, dass der soziale Status durch familiäre Prozessmerkmale moderiert wurde.

Die geschilderten Beobachtungen sind seit den 1960er Jahren bekannt, als Rosen (1961) die Zusammenhänge zwischen Variablen der Sozialstruktur (sozialer Status, Familiengröße, Alter der Mutter, Geschwisterposition) und der Leistungsmotivation untersuchte und aufgrund der vielfach verschachtelten Interaktionseffekte zu der Schlussfolgerung gelangte:

> » Perhaps the most important generalization to be drawn […] is, that it is exceedingly unwise to single out anyone demographic factor as an explanation of achievement motivation […] the effects of social class and family size, as well as the impact of birth order and mother's age, can only be properly understood in a large context in which all these variables (and others, undoubtedly) interact (Rosen 1961, S. 584 f.).

4.2.3.5 Entwicklung der sozialen Identität

Eine Entwicklungsaufgabe für Heranwachsende besteht darin, eine Identität aufzubauen und Orientierungen für das Handeln zu finden. Da dies auf der Grundlage von Interaktionen mit der sozialen Umwelt erfolgt, kann konstatiert werden, dass Sozialisationsprozesse einen entscheidenden Beitrag zur Entwicklung der *Ich-Identität* leisten. Zugleich bewirken sie, dass dabei soziale Bindungen im Sinne einer *sozialen Identität* entstehen, auf die sich Individuen in ihrem Handeln beziehen.

Soziale Identität

Soziale Identität umfasst die Identifikation mit Menschen einer bestimmten sozialen Gruppe oder Gesellschaft, mit Menschen, die einen Beruf oder sozialen Status (z. B. Alter, Geschlecht, Reichtum, Armut) oder eine Religion gemeinsam haben. Darüber hinaus umfasst soziale Identität auch eine kulturelle, nationale oder ethnische Identität als Identifikation des Selbst mit anderen Menschen der gleichen Kultur, Nation oder Ethnie.

Werthaltungen und soziale Normen sind die Grundlage für Handlungsorientierungen. Sie regulieren aufgrund ihrer emotionalen und motivationalen Qualität Wahrnehmungs-, Urteils- und Entscheidungsprozesse. Durch Internalisierungen werden soziale Werte und Normen in das subjektive Erleben des Individuums integriert und Teil der Ich-Identität (Trommsdorff 1999b).

▪ Der Aufbau der Ich-Identität

Der Aufbau der Ich-Identität als ein Grundverständnis der eigenen Individualität erfolgt in Abgrenzung zu anderen Personen. Die Frage „Wie stehe ich zu anderen Menschen?" betrifft das Verhältnis zu Eltern, Geschwistern, Freunden, Mitbürgern, Ausländern usw. und die Frage „Welche Werte und sozialen Normen vertrete ich?" betrifft das Verhältnis zu Gesellschaft, Religion, Volksgruppe. Dabei

> » kann keine scharfe Trennungslinie zwischen unserer eigenen Identität und der Identität anderer Menschen gezogen werden, da unsere eigene Identität nur soweit existiert und als solche in unsere Erfahrung eintritt, wie die Identitäten anderer Menschen existieren und als solche ebenfalls in unsere Erfahrung eintreten. Der Einzelne hat eine Identität nur im Bezug zu den Identitäten anderer Mitglieder seiner gesellschaftlichen Gruppe. Die Struktur seiner Identität drückt die allgemeinen Verhaltensmuster seiner gesellschaftlichen Gruppe aus, genauso wie sie die Identität jedes anderen Mitglieds dieser gesellschaftlichen Gruppe ausdrückt (Mead 1934/2005, S. 206).

Die Entwicklung einer Ich-Identität ist gekennzeichnet durch Individuation und Vergesellschaftung, wobei es nicht nur darum geht, den Anforderungen der Gesellschaft zu genügen, sondern auch eine kritische Distanz zu den von der Gesellschaft definierten Rollenerwartungen zu entwickeln. *Ich-Identität* kann nach Habermas (1974) als die Fähigkeit zu einer prinzipiengeleiteten Balance zwischen dem Selbst-Verständnis und den unterschiedlichen Rollenerwartungen der Gesellschaft verstanden werden. Eine „erfolgreiche" Sozialisation besteht in der Vermittlung solcher Werte und Normen, die eine optimale Passung von Individuum und Gesellschaft bewirken. Im Sozialisationsprozess lernen die Individuen nicht nur die Normen und Werte der sozialen Gruppen und Institutionen, denen sie angehören (Jörissen 2000), Sozialisation dient aus der Sicht der Gesellschaft auch der Aufgabe, die jeweils geltende soziale Ordnung zu tradieren und zu stabilisieren. Das geschieht auf dem Wege der Entwicklung einer kollektiven Identität.

▪ Kollektive und kulturelle Identität

Die *kollektive Identität* sichert laut Habermas (1974) Kontinuität und Wiedererkennbarkeit einer Gruppe oder Gesellschaft, da sie im Unterschied zur individuellen Identität die „generations- und manchmal epochenübergreifende geschichtliche Existenz einer Gesellschaft" betrifft und dabei festlegt, wie sich eine Gruppe gegenüber ihrer natürlichen und sozialen Umgebung abgrenzt. Zur kollektiven Identität gehört im Prinzip nur der normative Kern der Grundwerte und sozialen Regeln, über deren Gültigkeit das jeweilige Kollektiv im Konsensverfahren Einigkeit erzielt hat und deren Gefährdung oder Ablehnung die Mitglieder des Kollektivs als Bedrohung der eigenen Identität empfinden würden.

Nach Tajfel und Turner (1986) ist die Entstehung kollektiver Identität durch drei Merkmale gekennzeichnet:

1. Individuen streben danach, von der sozialen Umgebung eine positive Selbsteinschätzung zu erhalten.
2. Ein Teil dieser Selbsteinschätzung ist die soziale Identität, die sich aus der Mitgliedschaft in verschiedenen sozialen Gruppen und der Bewertung dieser Mitgliedschaft ergibt.
3. Die Bewertung der Mitgliedschaft in einer Gruppe resultiert aus dem Vergleich mit anderen relevanten Gruppen. Je nachdem wie dieser Vergleich ausfällt, sinkt oder steigt das eigene Prestige.

Das Zugehörigkeitsgefühl einer Person oder einer sozialen Gruppe zu einem bestimmten kulturellen Milieu oder Kollektiv wird als *kulturelle Identität* bezeichnet. Identitätsstiftend ist dabei das Bestreben, sich von anderen Personen oder Gruppen kulturell (d. h. in Werten, Sitten und Gebräuchen oder sonstigen Aspekten der Lebenswelt) zu unterscheiden. Als Norm für die Handlungsorientierung kann z. B. das Frausein, das Katholischsein oder das Bayernsein[12] dienen.

4.2.3.6 Werthaltungen, Einstellungen und soziales Handeln

Welche Definition von Sozialisation man auch wählt, immer findet man den Hinweis darauf, dass ein Ergebnis der Sozialisation in Werthaltungen besteht, die „der Deutung und Bewertung der sozialen Umwelt und der eigenen Person" dienen und „Handlungsziele und darauf bezogenes Verhalten" strukturieren (Trommsdorff 1989, S. 97). Als Werthaltungen werden Werte

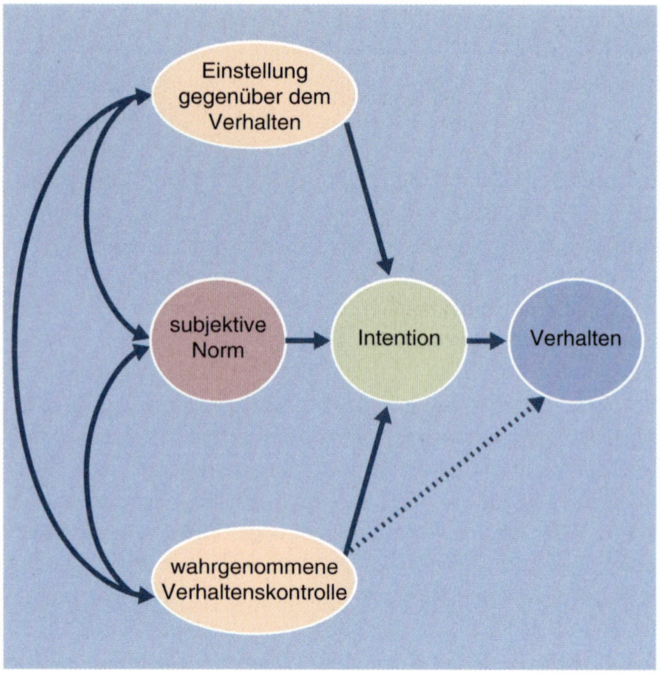

Abb. 4.8 Handlungsregulierende Funktion von Einstellungen. (Nach Ajzen 2001)

bezeichnet, die das soziale Handeln von Personen dauerhaft bestimmen und einen Maßstab für das eigene Handeln wie auch das Handeln anderer festlegen. Werthaltungen regulieren das Handeln in sozialen Interaktionen und stehen in einem Zusammenhang mit den Werten der Kultur einer Gesellschaft.

Gemäß den als verbindlich anerkannten Werten einer Bezugsgruppe entwickelt das Individuum Werthaltungen und Einstellungen, an denen sich Erwartungen an das eigene Sozialverhalten wie auch an das anderer Personen orientieren. „Personen brauchen Standards oder Bezugsrahmen, um ihre Welt zu verstehen, und *Einstellungen* helfen, solche Standards zu unterstützen" (Katz 1960, S. 464).

▪ Soziale Einstellungen

Einstellungen bezeichnen die erfahrungsbegründete Bereitschaft einer Person, auf eine andere Person, eine soziale Gruppe oder eine Situation *wertend* zu reagieren. Dies kann *kognitiv* durch Annahmen, Meinungen und Überzeugungen, *affektiv* durch gefühlsmäßige Reaktionen und/oder durch konkrete *Verhaltens*weisen erfolgen (vgl. Seel 2003). Gegenstand einer Einstellung kann jedes Objekt, jede Situation und jede Person sein, zu der ein Individuum eine Beziehung eingeht.

Beispiele für *soziale Einstellungen* sind Vorurteile, Sympathie und Antipathie. Einstellungen haben die Funktion, Objekte und Situationen einzuschätzen und eine soziale Anpassung oder Distanzierung zu erreichen. Darüber hinaus fungieren soziale Einstellungen auch handlungsregulierend, denn eine Person führt eine Handlung aus, wenn sie sie unter Bezugnahme auf subjektive Normen positiv bewertet und zugleich annimmt, dass andere wichtige Personen die Handlung ebenfalls positiv bewerten würden (Ajzen 2001; Abb. 4.8).

Einstellungen organisieren sich also zu konsistenten und zusammenhängenden Strukturen, die mehr oder weniger inte-

12 „Bayerns Identität speist sich aus selbstgewisser Sturheit, einer genüsslichen Nabelschau, aus katholischer Obrigkeitsgläubigkeit und einer unerschütterbaren Mir-san-mir-Gewissheit", urteilte Zerback (2002) in einem Beitrag in der *Zeit Online*.

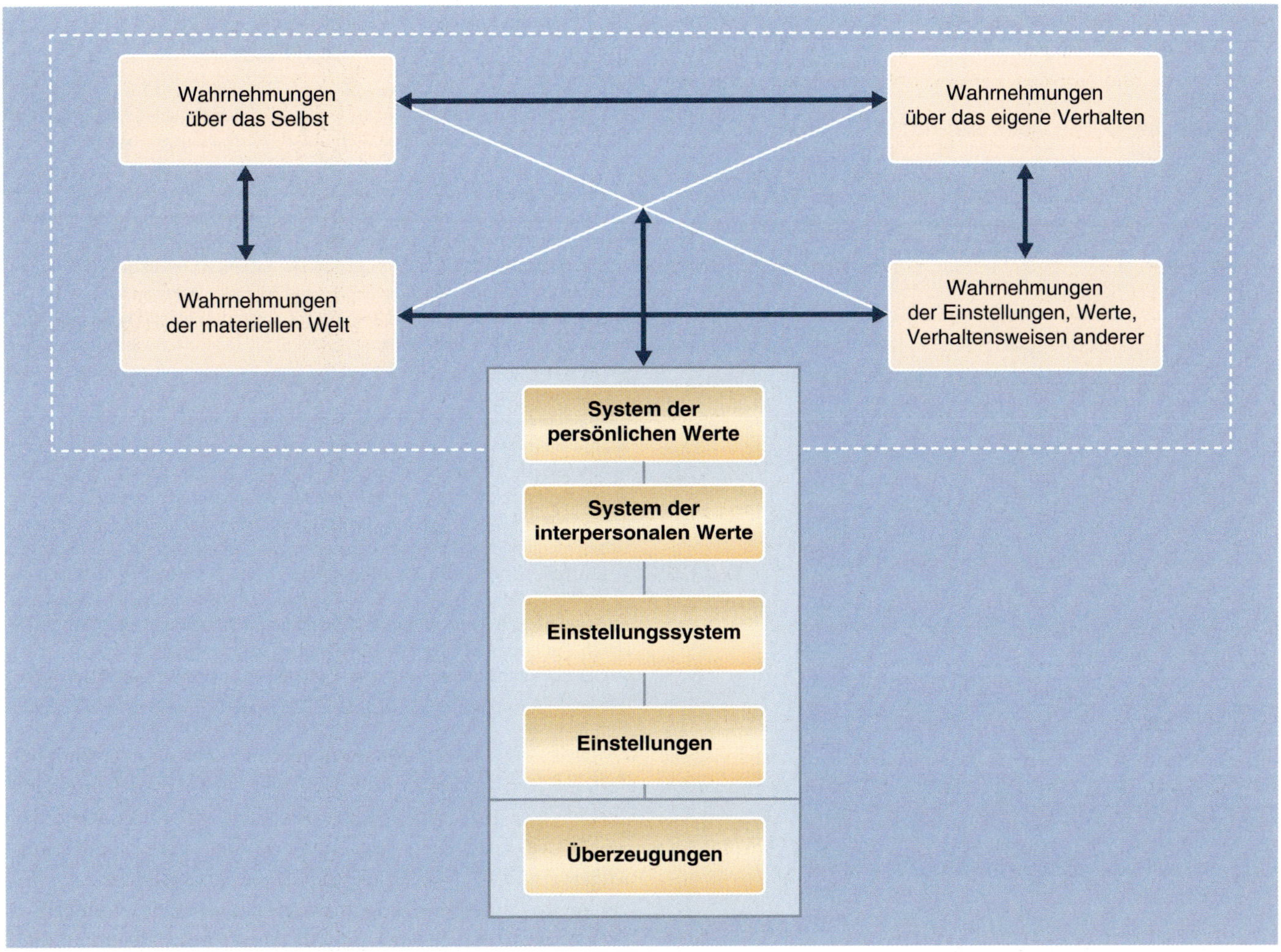

Abb. 4.9 Das System der Einstellungen und Werte nach Rokeach (1973)

grierte Wertsysteme konstituieren (Rokeach 1973). Sofern diese als Menge von Überzeugungen, Meinungen und Ansichten die Handlungen einer sozialen Gruppe oder Institution legitimieren sollen, können sie auch als *Ideologien* bezeichnet werden.

Einstellungen und Wertesystem

Einstellungen drücken ein inneres Verhältnis einer Person zu ihrer Umwelt aus und erfüllen eine bewusstseinsstrukturierende Funktion, insofern als sie den Einstellungsobjekten (Personen, Sachen) einen Wert und eine Präferenz zuschreiben. Subjektiv bezieht sich ein Wert auf etwas Gutes und Wünschenswertes, und all das, was die Umwelt als wertvoll erachtet, hat auch für ein Individuum einen Wert: Autos, Fernsehen, Reisen, Sport, Kleider, gutes Aussehen, aber auch Leistung, Sozialprestige, Schönheit. Diese Dinge haben einen subjektiven Wert in einem ökonomischen Sinne, und je seltener sie sind, desto begehrter sind sie. Einen objektiven Wert erhalten Dinge auf der Grundlage einer soziokulturellen Wertzuschreibung, wodurch auch ein Maßstab für das Handeln des Einzelnen definiert wird.

Solche Werte dienen der Erzeugung einer normativen Ordnung in sozialen Gruppen. Beispiele für *soziale Werte* sind „Ehrlichkeit", „Freundschaft", aber auch „Selbstachtung", „Leistung", „Pflichterfüllung". Sie werden von der Gesellschaft bzw. ihren Institutionen auf der Grundlage sozialer Konventionen und Normen mehr oder weniger verbindlich für alle Mitglieder der Gruppe festgelegt. Werte können als Handlungsschemata verstanden werden, die durch abstrakte Begriffe (z. B. *Gerechtigkeit*, *Wohlfahrt*) repräsentiert werden und das Handeln im sozialen Feld, zumindest aber die Einstellungen einer Person maßgeblich beeinflussen. Als elementare, nicht weiter zerlegbare kognitive Einheiten von Einstellungen betrachtet Rokeach (1973) die Überzeugungen (*beliefs*) einer Person. Sie enthalten nicht nur eine Bewertung des Einstellungsobjektes als korrekt oder falsch, gut oder schlecht, wünschenswert oder unerwünscht, sondern weisen auch unterschiedliche Grade der subjektiven Bedeutsamkeit (Zentralität) auf. Im Allgemeinen gilt: Je zentraler eine Überzeugung ist, desto änderungsresistenter ist sie. Werden Änderungen erzielt (z. B. kraft besserer Argumente), wirken sich diese auf das gesamte System von Einstellungen und Werthaltungen aus. Dieser Auffassung liegt die Annahme einer starken Verbundenheit der Überzeugungen mit dem Gesamtsystem der Einstellungen und Werthaltungen einer Person zugrunde (vgl. Abb. 4.9).

Rokeach (1969) entwarf ein Einstellungs-Werte-System, das insgesamt 36 endständige (*terminale*) *und instrumentelle Werte* umfasst. Diese bauen auf Überzeugungen auf, die entweder die eigene Identität betreffen oder instrumenteller Natur, also Mittel zum Zweck sind. Werte können typisch für eine Einzelperson sein oder von der Bezugsgruppe geteilt werden, sie können auf eigene Erfahrungen zurückgehen oder von anderen Personen übernommen werden.

Welche Werte sind Ihnen wichtig?

Im Folgenden wird eine Liste mit Werten wiedergegeben. Jedem Wert ist eine kurze Beschreibung beigefügt. Ihre Aufgabe besteht nun darin, die Werte entsprechend der Bedeutung, die sie für Sie persönlich haben, in eine Rangreihe zu bringen. Fangen Sie damit an, dass Sie die Liste zunächst sorgfältig studieren, und wählen Sie dann den Wert, der für Sie die größte Bedeutung hat. Markieren Sie ihn mit der Zahl 1. Dann suchen Sie den Wert aus, der für Sie an zweiter Stelle kommt usw. Lassen Sie sich Zeit und denken Sie gründlich nach.

ein komfortables Leben
… ein erfolgreiches, glückliches Leben ___

Gleichheit
… Brüderlichkeit und Chancengleichheit für alle ___

ein aufregendes Leben
… ein stimulierendes und aktives Leben ___

Familiensicherheit
… Sorgfaltspflicht gegenüber denjenigen, die man liebt ___

Freiheit
… Unabhängigkeit und freie Wahl ___

Gesundheit
… physisches und geistiges Wohlbefinden ___

innere Harmonie
… frei sein von inneren Konflikten ___

reife Liebe
… körperliche und geistige Intimität ___

nationale Sicherheit
… Schutz vor Angriffen ___

Vergnügen
… ein angenehmes und gemächliches Leben ___

Erlösung
… ein gesichertes ewiges Leben ___

Selbstachtung
… Selbstwertgefühl ___

ein Sinn für Leistung
… einen dauerhaften Beitrag leisten ___

soziale Anerkennung
… Respekt und Bewunderung ___

wahre Freundschaft
… enge Kameradschaft ___

Weisheit
… ein ausgereiftes Verständnis des Lebens ___

eine Welt in Frieden
… eine Welt frei von Krieg und Konflikt ___

eine Welt der Schönheit
… Schönheit von Natur und Künsten ___

Dieser von Rokeach (1969) entwickelte Fragebogen zur Erfassung der Wertvorstellungen (Rokeach Value Survey: RVS) wurde und wird trotz messmethodischer Schwächen (Ovadia 2004) ebenso für kulturvergleichende Studien (z. B. Feather 1986) wie für personenspezifische Fragestellungen eingesetzt (z. B. Giacomino et al. 2011; Seel und Born 1984).

Er fand auch Anwendung, um Auswirkungen des Anschlags auf das World Trade Center am 11. September 2001 auf die Werthaltungen Jugendlicher und Erwachsener festzustellen.
So verglichen z. B. Murphy et al. (2006) die Ergebnisse von 1000 Jugendlichen mit dem RVS vor und nach dem 11. September und stellten fest, dass die Werte „eine Welt in Frieden", „Freiheit", „nationale Sicherheit" und „Erlösung" an subjektiver Bedeutung hinzugewonnen hatten, während die in die Rubrik „Selbstachtung" und „Selbstverwirklichung" fallenden Werte an Bedeutung verloren hatten. Effekte der Terrorangriffe auf politische Einstellungen und Werthaltungen konnten auch Cohrs et al. (2005) für Jugendliche und Erwachsene feststellen – vor allem bei Personen mit einer Orientierung an Autoritarismus und sozialer Dominanz.
Ganz anders fielen die Ergebnisse in einer Studie von Piirto (2005) aus, in der ebenfalls ein Vergleich der Werte vor und nach dem 11. September durchgeführt wurde. Die in dieser Studie befragten, als hochbegabt eingestuften Jugendlichen zeigten keine nennenswerten Veränderungen; die einzige Veränderung bestand darin, dass männliche Jugendliche im Jahr 2002 der nationalen Sicherheit einen etwas höheren Rang als im Jahr 2000 verliehen. Die weiblichen Versuchspersonen änderten ihre Angaben nicht. In Interviews äußerten die Jugendlichen, dass sie keinen Einfluss auf die nationale Sicherheit hätten. Das Attentat sei weit weg von ihnen geschehen und daher ohne Einfluss auf ihr Leben. Zudem sei eine friedvolle Welt ohnehin nicht verwirklichbar.
Dass die unmittelbaren Reaktionen auf den 11. September unterschiedlich ausfielen, wird auch von Morgan et al. (2011) herausgestellt. Zugleich betonen sie aber, dass der 11. September bei vielen US-Amerikanern die Wertschätzung von Familie und sozialen Beziehungen begünstigte. „My family means so much more to me. Life is so valuable and you realize this when someone you love could have been in that building when it fell" (Ai et al. 2005, S. 537).

Allgemein wird in der Literatur davon ausgegangen, dass eine Person im Laufe ihrer Biografie nur relativ wenige Werte entwickelt. Rokeach (1969) geht von 36 Werten aus, Schwartz (1994) hingegen unterscheidet 10 *personenbezogene Grundwerte* und 7 *kulturelle Werte*. Schwartz stimmt mit Rokeach in der Annahme überein, dass die Determinanten der Wertentwicklung in der Kultur, in der Gesellschaft und in deren Institutionen liegen; für Einzelpersonen sind sie das Ergebnis der Sozialisation. Die von Schwartz unterschiedenen Grundwerte sind (vgl. Schmidt et al. 2007): *Macht* (sozialer Status und Prestige), *Leistung* (persönlicher Erfolg), *Hedonismus* (Freude am Leben), *Stimulation* (Aufregung, Nervenkitzel), *Selbstbestimmung*, *Universalismus* (Toleranz und Verständnis), *Benevolenz* (Bewahrung des Wohlergehens), *Tradition* (Respekt vor Brauchtum und Sitten), *Konformität* und *Sicherheit*. Die Struktur der Beziehungen zwischen diesen Grundwerten haben Ros et al. (1999, S. 53) grafisch dargestellt (▪ Abb. 4.10).

Kulturelle Werte repräsentieren laut Schwartz die implizit oder explizit geteilten Vorstellungen sozialer Gruppen, was gut, richtig und wünschenswert in einer Gesellschaft ist. Sie sind die Ausgangsgrundlage für spezifische Normen, die den Menschen „vorgeben", wie sie sich in verschiedenen Situationen zu verhalten haben. Die Art und Weise, in der soziale Institutionen operieren, und die Ziele, die sie befürworten, spiegeln die kulturellen Wertprioritäten als Aggregation der Wertprioritäten der Individuen. Kulturelle Wertdimensionen geben die Grundprobleme wieder, denen sich Gesellschaften stellen müssen, um menschliches Handeln sozialverträglich zu regulieren. Die von Schwartz (1994, 2012) unterschiedenen 7 kulturellen Werte sind: *affektive*

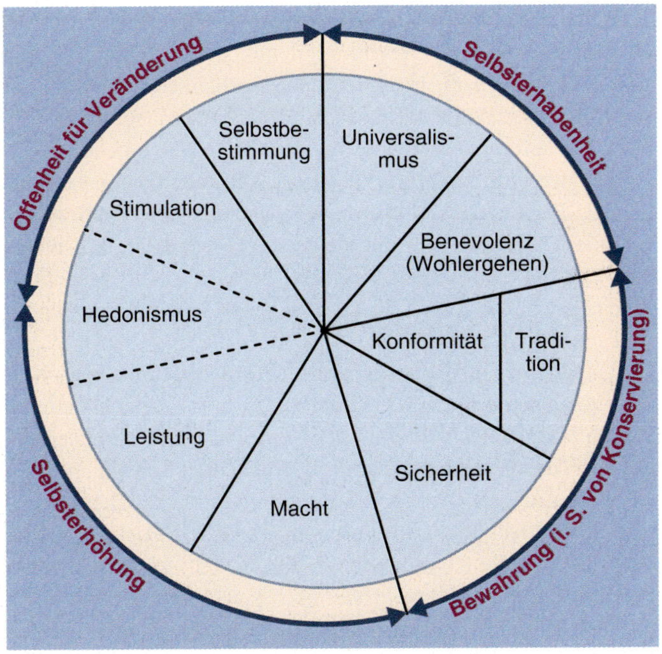

Abb. 4.10 Die Beziehungen zwischen den Grundtypen von Überzeugungen. (Nach Schwartz 1994)

Autonomie, intellektuelle Autonomie, Beherrschung, Hierarchie, Konservatismus, Harmonie und *Egalitarismus*. Obwohl diese Werte kulturspezifisch sind, bilden sie Universalia, was jedoch nicht ausschließt, dass zwischen Individuen und Gruppen ein und desselben Kulturkreises mehr oder weniger große Unterschiede in den Werten bestehen können. Auf den von Schwartz entwickelten Fragebogen (Schwartz Value Survey: SVS) zur Messung der kulturellen Werte gehen wir in ► Abschn. 4.5 ein.

Laut Rokeach organisieren Individuen ihre Überzeugungen, Werte und Verhaltensweisen derart, dass ihr Selbstkonzept als moralisches und kompetentes Wesen gestützt und gestärkt wird. In dem Grade, in dem sie eine Inkonsistenz innerhalb des Wertsystems oder eine Dissonanz der eigenen Überzeugungen mit Gegebenheiten einer spezifischen Situation erleben, neigen sie dazu, möglichst rasch wieder Konsonanz herzustellen. Daraus resultiert die Dynamik der Wertentwicklung über die Lebensspanne.

Werthaltungen bewirken, dass Menschen hinsichtlich sozialer Probleme bestimmte (moralische) Positionen einnehmen und Erwartungen bzw. Überzeugungen in Bezug auf die Angemessenheit von Verhaltensweisen artikulieren. Werthaltungen werden als soziokulturell bestimmte Handlungsschemata verstanden, die eine wichtige Aufgabe bei der Wahrnehmung der sozialen Umwelt und bei der Lösung von Konflikten erfüllen. Zugleich erzeugen sie eine dispositionale Grundlage für die Auseinandersetzung mit politischen Ideologien, aber auch für die Übernahme von Ideologien, sofern diese zu den eigenen Werthaltungen passen. Werthaltungen liegen der Bewertung (z. B. Lob oder Tadel) der eigenen Person wie auch der anderer Personen zugrunde. Sie bilden die Grundlage für Vergleiche mit anderen Personen bezüglich Moral und Kompetenz und dienen auch als Standards für die Selbstdarstellung vor anderen Personen.

Zusammenfassend kann festgehalten werden, dass Werthaltungen sich lernabhängig im Verlauf der lebenslangen Sozialisation herausbilden und die Ausgangsgrundlage individueller wie auch gesellschaftlich-institutioneller Normen und Konventionen des Zusammenlebens bilden. Für die Sozialisationsforschung stellt sich dabei vor allem die Frage nach der Funktion und den Sozialisationsbedingungen für die *Vermittlung von Werten*. In Gesellschaften, die sich durch eine Pluralisierung von Lebensstilen und Werthaltungen auszeichnen, stellt die Sozialisation von Werten besondere Anforderungen an die Erziehung. Die Vielfalt an sozialen Bezügen, an gesellschaftlich erwünschten, aber sich wandelnden Lebensstilen und die damit verbundene Infragestellung von bisher als verbindlich geltenden Werten schafft ein soziales Umfeld, in dem es für Heranwachsende nicht einfach ist, eine Orientierung für die Entwicklung eigener Werthaltungen zu finden.

4.2.4 Methoden und Techniken der Sozialisation

Unter den Maßnahmen, die Sozialisation gezielt zu beeinflussen, ragt natürlich die Erziehung heraus. Darauf gehen wir in ► Abschn. 4.4 ausführlich ein. In den folgenden Ausführungen stellen wir funktionale Aspekte der Sozialmachung in den Vordergrund.

4.2.4.1 Sozialisation als Habitualisierung

Die Konzeption der Sozialisation als Habitualisierung geht auf Pierre Bourdieu (1930–2002) zurück, der den Begriff des *Habitus* in den Mittelpunkt seiner soziologischen Betrachtungen gestellt hat (vgl. auch ► Abschn. 4.3.1). Bildungssprachlich meint Habitus laut Duden so viel wie das auf einer bestimmten Grundhaltung aufgebaute Auftreten, Benehmen und Gebaren einer Person wie auch Angewohnheit, Brauch, Gepflogenheit, Lebensgewohnheit, Naturell usw. In Übereinstimmung mit dieser Erläuterung wie auch mit Bourdieu (1995) verwenden wir folgende Definition:

Habitus

Der *Habitus* ist die im Verlaufe der Sozialisation erworbene Grundhaltung des Individuums zur sozialen Welt und zu sich selbst; er umfasst die Dispositionen, Gewohnheiten, Einstellungen und Wertvorstellungen eines Individuums, die sich in Lebensweise und Lebensstil mitteilen. Der Habitus stellt ein System von Dispositionen zum Denken und praktischen Handeln bereit und konstituiert die Regelmäßigkeit von Handlungsweisen. Er ist ein generatives Prinzip der Lebensführung wie auch ein Prinzip der Bewertung von Handlungen.

Der Habitus einer Person zeigt sich im Gesamterscheinungsbild in Aussehen und Verhalten (z. B. sich zu kleiden, sich zu bewegen), aber auch in der Lebensführung, im Selbstverständnis und Selbstbewusstsein, in der Weltsicht und in den Lebenszielen.

Im Sinne der Schematheorie (► Abschn. 1.3.2) begreift Fröhlich (1994) den Habitus als eine abstrahierende Generalisierung im Sinne einer „Kondensation von früheren Erfahrungen […], die sich als Wahrnehmungs-, Denk und Handlungsschemata" (S. 39) manifestieren. Demzufolge besteht der Habitus aus Schemata, welche die Möglichkeiten und Grenzen des Denkens und Handelns eines Menschen routinemäßig bestimmen. Der Habitus legt fest, was sich eine Person zutraut, wie sie die Welt wahrnimmt, was denkbar ist und welches konkrete Verhalten so selbstverständlich ist, dass darüber nicht mehr nachgedacht zu werden muss. Als Denkschema bestimmt der Habitus auch, was schwer vorstellbar und durchführbar ist oder als völlig unmöglich beurteilt wird. Während der Begriff Habitus die strukturellen Aspekte menschlichen Handelns in den Vordergrund stellt, bezieht sich der Begriff *Habitualisierung* auf die Ontogenese des Habitus.

Habitualisierung bezeichnet dementsprechend das Zusammenspiel von Bewusstseinsvorgängen und sozialen Interaktionen mit dem Zweck der Erzeugung und Verinnerlichung eines Habitus (Knoblauch 2003). Die Habitualisierung beinhaltet die Entwicklung von Denk- und Handlungsschemata, so dass die Entscheidung für eine Handlung als auch deren Durchführung „automatisiert" wird. Pädagogisch bedeutsam ist, dass der Habitus überwiegend im Rahmen von

> Sozialisationserfahrungen erworben [wird], die von Erziehungs- und Bildungsinstanzen vermittelt werden; nicht die eigenen Erfahrungen sind dabei prägend, sondern [...] Denk- und Lebensweisen der Erziehungsautoritäten (Janning 1991, S. 39).

Über die ausdrückliche Überlieferung kraft Anordnung und Vorschrift hinausgehend, legt aber auch ein unmerkliches Vertrautwerden mit Denk- und Handlungsgewohnheiten anderer die Grundlage für die Einprägung eines Habitus (Fröhlich 1994). Der Beginn der Habitualisierung liegt in der Nachahmung des Denkens und Handelns anderer Personen.

4.2.4.2 Soziales Lernen am Modell

> Wir brauchen unsere Kinder nicht erziehen, sie machen uns sowieso alles nach (Karl Valentin).

Bereits im frühen Alter eignet sich das Kind Gesellschaftsstile und soziale Verhaltensformen durch ein *Lernen am Modell* an. So besagen es die Lerntheorien von Bandura und Rotter, auf die in der Literatur im Zusammenhang mit sozialem Lernen üblicherweise verwiesen wird.

> Soziales Lernen erfolgt durch die Beobachtung anderer, durch die Imitation ihres Verhaltens und durch die Identifikation mit anderen, durch Übernahme ihrer Werte (Kiper 2011, S. 33).

Ein *Lernen am Modell* findet statt, wenn jemand durch Beobachtung anderer lernt, wie man sich in bestimmten Situationen verhält (Bandura 1976). Als Modelle dienen dem Kind die Eltern, ältere Geschwister oder andere Kinder. Ein Beispiel für eine Situation, in der offensichtlich ein Lernen am Modell stattgefunden hat, ist ein Kind, das in einem Automodell auf einem Karussell sitzt und dabei das Verhalten des Vaters nachahmt: Ganz lässig stützt es den linken Arm auf das linke heruntergelassene Fenster, der rechte Arm ist aufs Lenkrad gestützt.

Aber nicht nur Kinder, sondern auch Jugendliche und Erwachsene suchen sich Vorbilder, denen sie nacheifern. Häufig sind das Personen, die in der Medienöffentlichkeit stehen und auf verschiedenste Weisen attraktiv sind, sei es vom Aussehen, von ihrem Bekanntheitsgrad oder auch von ihrer Machtposition her.

Das wesentliche Merkmal dieser Art des sozialen Lernens ist, dass Personen sich bestimmte Verhaltens- und Denkweisen aneignen, indem sie eine andere Person als Modell nehmen und ihr Verhalten beobachten, kognitiv verarbeiten, im Gedächtnis speichern, um es dann selbst in ähnlicher Weise bei passender Gelegenheit zu zeigen.

Laut Bandura führt aber nicht jedes Beobachten eines Modells zur Nachahmung. Der Beobachter muss zunächst einmal auf ein bestimmtes Verhalten des Modells aufmerksam werden, um dann das Verhalten genauer zu beobachten. Im Allgemeinen wird die Aufmerksamkeit des Beobachters durch Charakteristika der Modellperson und/oder eine positive Beziehung zu ihr ausgelöst. Solche Charakteristika des Modells können soziales Prestige, Kompetenz, Erfolg oder auch Macht sein. Sympathische und attraktive Menschen mit sozialem Ansehen oder sozialer Macht sowie solche, die dem Beobachter ähneln, werden gerne als Modelle gewählt. Eine Person, die für den Beobachter uninteressant oder von der sozialen Umwelt negativ beurteilt wird, ist üblicherweise nicht nachahmenswert und taugt nicht als Modell. So wird ein Jugendlicher selten dazu neigen, das Verhalten von jemandem nachzunahmen, den er selbst nicht bewundert oder der vom sozialen Umfeld des Jugendlichen abgelehnt wird.

Vorbilder, die nachgeahmt werden, hat jeder. Aber oft wird Personen mit wenig Selbstvertrauen und einem geringen Selbstwertgefühl unterstellt, der Nachahmung von Vorbildern gegenüber besonders aufgeschlossen zu sein (Lück 2005). Dabei spielen bei der Wahl der Modelle auch Gefühle und Stimmungen, Interessen und Werte eine Rolle. Vor allem begünstigt eine emotionale Beziehung des Beobachters zu seinem Vorbild die Nachahmungsbereitschaft. Gemäß dem *Sozialitätskorollarium* von Kelly (1963) kann eine Person eine andere nur in dem Maße nachahmen, wie sie die Denk- und Handlungsweisen der anderen Person verstehen und nachvollziehen kann („*Sichtweise der anderen*").

In Anlehnung an Tausch und Tausch (1998) legen wir den weiteren Ausführungen folgende Definition zugrunde:

Lernen am Modell

Lernen am Modell (Lernen durch Beobachtung und Nachahmung) bezeichnet den Sachverhalt, dass sich das Verhalten einer Person aufgrund der Wahrnehmung von Verhaltensweisen anderer Personen (Modelle) oder aufgrund der symbolischen Vermittlung des Modellverhaltens (z. B. durch Sprache oder einen Film) deutlich ändert, und zwar in Richtung größerer Ähnlichkeit mit dem beobachteten oder vermittelten Verhalten des Modells.

Bandura schreibt dem Lernen am Modell verschiedene Effekte zu:

- Das Verhalten eines gewählten Modells kann, sofern es weder neu noch in besonderer Weise folgenreich ist, eine unmittelbare Nachahmung auslösen.

- Aber auch neue Verhaltensweisen, Einstellungen und Werte können erworben werden, wobei allerdings davon auszugehen ist, dass diese nicht einfach kopiert werden, sondern den Ausgangspunkt für die Umorganisation bisheriger Denk- und Handlungsweisen bilden. In diesem Falle kann auch von der inspirativen Wirkung des Vorbildes gesprochen werden.
- Darüber hinaus kann die Orientierung an einem Modell einen hemmenden oder enthemmenden Effekt auslösen. Zieht z. B. ein unsoziales Verhalten anderer keine negativen Folgen oder sogar Belohnungen nach sich, so kann dies die Hemmschwelle senken, ein ähnliches Verhalten zu zeigen. Umgekehrt sinkt die Bereitschaft, ein Modell nachzuahmen, wenn dessen Verhalten bestraft wird.

Soziales Lernen und Selbstwirksamkeit

Das Lernen am Modell ist nicht von der Selbstwirksamkeit zu trennen. Jede Handlung einer Person bewirkt eine spezifische Erfahrung, die zu einer Vorstellung der Selbstwirksamkeit führt (Bandura 1977, 1997). Entscheidend dafür, ob das Verhalten eines Modells nachgeahmt wird, sind die *Erwartungen* des Beobachters. Bei aller Bereitschaft zur Nachahmung liegt die Kontrolle des menschlichen Verhaltens bei einem selbst: Menschen setzen sich Ziele und bewerten ihr Verhalten nach dem Erreichen oder Verfehlen von selbstgesetzten Standards. Eine Handlung wird nur ausgeführt, wenn die handelnde Person der Überzeugung ist, dadurch ein Ziel zu erreichen und eine positive Verstärkung zu erhalten. Dabei können die Erwartungen das Ergebnis einer Handlungsweise betreffen wie auch die Hoffnung, durch Ausführung der Handlung die eigene Kompetenz zu stärken oder selbstwertdienliche Rückmeldungen zu erhalten (Maltby et al. 2011). Das Verhalten wird durch Kognitionen über Verhaltens-Ergebnis-Zusammenhänge (*Ergebniserwartungen*) und über den Zusammenhang des Verhaltens mit Fähigkeiten (*Selbstwirksamkeitserwartungen*) ausgelöst (◘ Abb. 4.11).

Nach diesem Erklärungsansatz entscheiden Selbstwirksamkeitserwartungen darüber, ob ein Verhalten überhaupt ausgeführt wird. Das gilt auch für das Lernen am Modell, das nicht „reflexartig“ im Sinne des Reiz-Reaktions-Lernens ausgeführt wird, sondern auf der Grundlage der Einschätzung der eigenen Wirksamkeit erfolgt, um durch die Nachahmung eines Modells die Wahrscheinlichkeit der Zielerreichung zu erhöhen.

Subjektive Erwartungen, wie es auch Selbstwirksamkeitserwartungen sind, spielen in der *Theorie des sozialen Lernens von Rotter* (1972) eine zentrale Rolle. Rotter geht davon aus, dass das von einer Person geäußerte Verhalten auf die Befriedigung spezifischer Bedürfnisse gerichtet ist. Dabei sind drei Komponenten beteiligt:

1. die Verhaltensweisen, die ein Bedürfnis befriedigen können,
2. die Erwartungen, dass bestimmte Verhaltensweisen zur Befriedigung des Bedürfnisses führen, und
3. die subjektive Bedeutung, die der Befriedigung des Bedürfnisses beigemessen wird (Seel und Hanke 2010).

Unterschieden werden sechs Bedürfnisklassen, auf deren Befriedigung soziales Lernen ausgerichtet ist (vgl. Rotter und Hochreich 1979). Dazu gehören *Anerkennung und Status* als das Bedürfnis, eine hohe Stellung auf einer gesellschaftlich geschätzten Wettbewerbsskala zu erreichen, als kompetent, gut und besser als andere zu gelten. Ein anderes Bedürfnis ist das *Streben nach Dominanz,* das darauf zielt, die Handlungen anderer Menschen zu kontrollieren, eine Machtstellung einzunehmen, andere dazu zu bringen, sich nach den eigenen Gedanken und Wünschen zu verhalten. Das Bedürfnis nach *Unabhängigkeit* ist hingegen darauf ausgerichtet, für sich selbst zu entscheiden und die Fähigkeit zu erlangen, ohne die Hilfe anderer seine Ziele erreichen zu können. Die übrigen Bedürfnisse sind *Schutz und Abhängigkeit, Zuneigung und Liebe* und *physisches Wohlbefinden.* Die Wahrscheinlichkeit, mit der bestimmte Verhaltensweisen auftreten, um ein Bedürfnis zu befriedigen, konstituiert dabei nach Rotter das Bedürfnispotential einer Person.

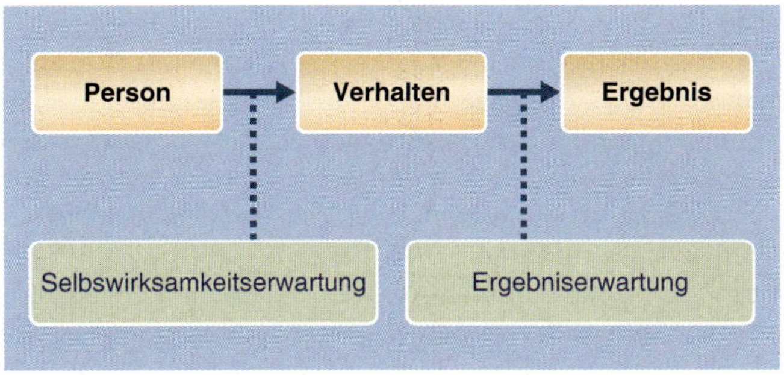

◘ **Abb. 4.11** Der Einfluss von Wirksamkeits- und Ergebniserwartungen auf das Handeln. (Bandura 1977 S. 193)

Lernen am Modell und Habitualisierung

Erfolgreiches Verhalten wird zum typischen Verhalten und als Muster weiteren Handelns verinnerlicht. Das Muster wird zum Habitus, denn menschliches Handeln ist der Gewöhnung unterworfen. Bestimmte, häufig wiederholte Handlungen verfestigen sich zu Handlungsschemata, die immer dann aktiviert werden, wenn die Situation es erfordert. Habitualisierung heißt demnach, dass eine gelernte Denk- und Handlungsweise zukünftig auf die gleiche Weise routinemäßig ausgeführt werden kann.

Habitualisierung kommt durch Handeln zustande, ist aber nicht mit Aktionismus zu verwechseln, denn selbst beim Beobachtungslernen wird das Handeln eines Vorbildes ja nicht einfach kopiert, sondern kognitiv verarbeitet und zur Grundlage sozialen Handelns. Lernen am Modell ist kein Nachäffen im Sinne des Zulu-Sprichwortes „Monkey see, monkey do“, was so viel besagt, wie jemanden so lange nachäffen, bis es schiefgeht. Lernen am Modell ist als *Prozess der Selbstregulation durch Rückkopplung* zu verstehen, was laut Hurrelmann (2001) das Kernstück der Sozialisation darstellt. Hurrelmann betont die Intentionalität der Nachahmungshandlungen, während bei Bandura vor allem die Effekte des (zumindest teilweise) unbewussten und ungeplanten Nachahmens von Denk- und Handlungsweisen anderer im Vordergrund stehen.

Für die Entwicklung und Veränderung sozialer Verhaltensweisen und Einstellungen sind drei Prozesse entscheidend:

1. Identifikation mit den sozialen Normen und Werten der sozialen Umgebung,
2. Nachahmung des Verhaltens relevanter Vorbilder und
3. Internalisierung der Einstellungen und Werthaltungen der Vorbilder in das eigene Wertsystem.

Vorbilder können aber nicht nur, wie oben dargestellt, einzelne Personen, sondern auch Bezugsgruppen sein, zu denen die Heranwachsenden eine psychologische Beziehung haben. In einer komplexen Gesellschaft werden viele Bezugsgruppen für den Heranwachsenden relevant, und je mehr Bezugsgruppen eine Rolle spielen, desto komplexer wird mit der Zeit auch das soziale Verhalten. Wenn ein Individuum zwei Vorbilder hat, die einen gleich starken Einfluss auf sein Verhalten ausüben können, so wählt es das Vorbild, das klarer umrissen ist und den Trend der Bezugsgruppe, in der das Individuum Mitglied ist oder gerne wäre, besser repräsentiert und das zugleich Einstellungen und Werte vertritt, die seinen eigenen nicht unähnlich sind.

Schwerpunktmäßig wurde soziales Lernen bisher durch Beobachtung und Nachahmung bei Kindern und Jugendlichen untersucht, was aber nicht heißt, dass es nicht auch bei der Sozialisation von Erwachsenen eine Rolle spielt. Obwohl dies bislang noch nicht hinreichend erforscht wurde (Hurley 2004), kann man davon ausgehen, dass Modelllernen eine effektive Methode der lebenslangen Aneignung von Denk- und Handlungsweisen ist.

▪ Modelllernen und Aggressivität

Als ein Schwerpunkt der Forschung zum Lernen am Modell hat sich im Verlauf der letzten fünfzig Jahre der nachahmende Aufbau von aggressiven Verhaltensweisen etabliert. Diese Schwerpunktsetzung wie auch die Fokussierung auf die Rolle, die *Massenmedien* dabei spielen, geht auf das Experiment von Bandura et al. (1963) zurück, in dem sowohl aggressives Verhalten als auch die Darstellung von aggressivem Verhalten in einem Film untersucht wurden. Die Thematik der Effekte von Medien auf das (un) soziale Verhalten wurde aber nicht nur von Bandura konsequent weiterverfolgt (vgl. Bandura 1973, 2001, 2002), sondern auch zum Hauptgegenstand der Medienwirkungsforschung (vgl. z. B. Anderson et al. 2007; Huesmann et al. 1983; Ostrov et al. 2006; Saleem und Anderson 2012).

Zentraler Befund dieser Untersuchungen ist, dass Beobachtungen des Verhaltens realer oder durch Medien (z. B. Fernsehen, Videospiele) vermittelter Modelle ein Nachahmungslernen bewirken. Obwohl man in der Medienwirkungsforschung auch Effekten auf prosoziale Einstellungen und Verhaltensweisen nachgespürt hat (z. B. Anderson et al. 2001; Ostrov et al. 2006), steht das Thema *Medien und Gewalt* im Mittelpunkt der Betrachtungen, wobei sich das Interesse auf die Habitualisierung als Gewöhnung an mediale Gewaltdarstellungen konzentriert.

In zwei lesenswerten Gutachten für das Bundesministerium für Familie, Senioren, Frauen und Jugend haben Kunczik und Zipfel (2004, 2010) den Forschungsstand zum Thema Medien und Gewalt für einen Zeitraum von zehn Jahren aufgearbeitet. In beiden Stellungnahmen bezeichnen die Autoren den Forschungsstand zu Habitualisierungs- und Desensibilisierungseffekten des Konsums von Mediengewalt als heterogen und widersprüchlich. Daher „kann die Habitualisierungsthese – trotz häufiger gegenteiliger Behauptungen – noch nicht als überzeugend nachgewiesen betrachtet werden“ (Kunczik und Zipfel 2004, S. 88).

Anna: „Da frage ich mich, warum in den Medien immer die Computerspiele auftauchen, wenn irgendein Irrer Amok läuft und Menschen umbringt.“

Jakob: „Ja, das ist merkwürdig. Schließlich kann es da doch keine einfache Kausalität geben. Millionen Menschen spielen gewalttätige Computerspiele, ohne zu töten.“

Anna: „Andersherum stimmt es aber doch: Wer irgendwann tötet, hat in der Regel vorher gespielt.“

Jakob: „Selbst wenn es so wäre, kann doch daraus keine Gesetzmäßigkeit abgeleitet werden. Denn dann müsste ja jeder, der einen anderen umbringt, vorher Gewaltvideos konsumiert oder Warcraft gespielt haben. Das ist doch Unsinn.“

Anna: „Ich glaube, dass bei den Schuldzuweisungen ein Denkfehler gemacht wird, indem ein sehr verbreitetes Verhalten herangezogen wird, um ein sehr seltenes Verhalten zu erklären.“

Jakob: „Da die meisten Amokschützen Sportschuhe getragen haben, könnte ja auch gefolgert werden, dass die Sportschuhe verantwortlich für die Gewalt sind.“[13]

Die Theorien des sozialen Lernens sind, da laut Hurrelmann (2001) die individuelle Persönlichkeitsentwicklung im Zentrum der Sozialisation steht, auch als Persönlichkeitstheorien zu begreifen (Schneewind 1992). Sie zeichnen sich dadurch aus, dass Persönlichkeitsmerkmale nicht ohne Bezug zu Umweltmerkmalen gesehen werden. Umgekehrt sind Umweltmerkmale keine von den Menschen abgelösten Gegebenheiten, sondern konstituieren das Umfeld, „wie es für das Individuum zu der gegebenen Zeit existiert“ (Lewin 1942, S. 159) und von ihm „kogniziert“ wird. Obwohl bei der Sozialisation die individuelle Persönlichkeitsentwicklung im Vordergrund steht, kann man leicht mehr oder weniger starke Übereinstimmungen un-

13 Dieses Argument stammt aus einem Artikel von Ferguson (2007). Video games: The latest scapegoat for violence. *Chronicle of Higher Education: Chronicle Review, 53* (42), B20.

ter Angehörigen sozialer Gruppen beobachten, die sich in der Kleidung, im sprachlichen Ausdruck und in Verhaltensweisen äußern und auch Einstellungen, Meinungen und Werthaltungen betreffen. Zu einem wesentlichen Teil sind derartige Übereinstimmungen die Folge von *Anpassungs- und Konformitätsprozessen.*

4.2.4.3 Konformität und persuasive Kommunikation

Seit den Experimenten von Sherif (1936) zur Urteilsbildung in mehrdeutigen Situationen ist bekannt, dass die Meinungen anderer Normen für ein Individuum setzen. Selbst in Situationen, in denen falsche Normen gesetzt werden, üben die Meinungen anderer einen Einfluss auf die Meinungsbildung einer Person aus. Das verdeutlichen auch die Experimente von Asch (1955) zum Nachgeben bei sozialem Druck. Sozialer Druck bewirkt *Konformität,* womit die Anpassung eigener Meinungen, Einstellungen und Verhaltensweisen an Gruppennormen gemeint ist.

Die Neigung, sich sozialen Normen anzupassen, kommt in kleinen Gruppen, aber auch in der Gesellschaft als Ganzes vor, wobei die Normen oft implizite, nicht ausdrücklich formulierte Regeln sind. Moden bestimmen, ob Frauen Mini-, Midi- oder Maxiröcke tragen sollen. Nachrichten in den Medien, aber auch Diskussionen mit Freunden beeinflussen Ansichten und Überzeugungen. Die Werbung in den Massenmedien legt nahe, bestimmte Waschmittel, Deodorants oder Autos zu kaufen. Das sind nur einige Beispiele für die Vielfalt sozialer Einflüsse, denen das Individuum im täglichen Leben ausgesetzt ist und die sein Verhalten mitbestimmen. Tatsächlich fällt es schwer, eine Situation zu finden, in der Verhalten unbeeinflusst von sozialen Kräften bleibt.

Konformismus und Nonkonformismus

Der Begriff *Konformität* oder *Konformismus* bezeichnet die Übereinstimmung einer Person mit den Normen und Regeln eines soziokulturellen Kontextes. Diese Übereinstimmung kann aufgrund subtiler unbewusster Einflüsse oder eines unmittelbaren und offen zu Tage tretenden sozialen Drucks zustande kommen (Cialdini und Goldstein 2004).
Der Gegensatz dazu ist *Nonkonformismus*. Ein Nonkonformist ist jemand, der sich einer herrschenden Meinung nicht anschließt.

» **Bevor ich mit den Wölfen heule**

Bevor ich mit den Wölfen heule,
Werd' ich lieber harzig, warzig grau,
[...]
Ich laufe nicht mit dem Rudel,
Ich schwimme nicht mit im Strudel,
Ich hab' noch nie auf Befehl gebellt.
Ich lasse mich nicht verhunzen,
Ich will nach Belieben grunzen,
Im Alleingang, wie es mir gefällt!
[...]
Rechnet nicht mit mir beim Fahnenschwenken,
Ganz gleich, welcher Farbe sie auch sei'n.
Ich bin noch imstand', allein zu denken,
Und verkneif' mir das Parolenschrei'n.
[...]
Ich will in keinem Haufen raufen,
Lass mich mit keinem Verein ein!
(Reinhard Mey 1972)

Konformismus und Nonkonformismus

Konformität mit sozialen Normen kann in Gegenwart anderer auftreten, aber auch wenn eine Person alleine ist. Beispielsweise neigen manche Menschen dazu, selbst wenn sie alleine sind, beim Essen oder Fernsehen sozialen Konventionen zu folgen. Die Herstellung von Konformität hilft Gesellschaften, ihr Funktionieren reibungslos und vorhersagbar zu machen. In diesem Sinne kann Konformität als eine positive Kraft verstanden werden, die vor Handlungen Einzelner schützt, die sonst Verwirrung und Unruhe stiften könnten. Auf einem anderen Blatt steht, dass Verhaltensweisen von Personen auch unterdrückt werden, wenn sie den Regeln zuwiderlaufen. Der herrschende Konsens bestimmt, was allgemein als „normal" gilt. Folgen auf der anderen Seite alle Mitglieder einer Gruppe immer und ausschließlich dem Diktat der Mehrheit, behindert dies soziale Veränderungen.

Konformismus und Nonkonformismus stehen deshalb in einem dialektischen Verhältnis zueinander, da der Einfluss der Mehrheit auf die Meinungsbildung durch ein Bedürfnis nach Einzigartigkeit unterminiert wird (Imhoff und Erb 2009). Der Wunsch, sich von anderen zu unterscheiden, löst Handlungen aus, sich gegenüber der sozialen Mehrheit eine Individualität zu erhalten. Die Fähigkeit, Neuerungen zu bewirken, kommt laut Moscovici (1976) vor allem sozialen Minderheiten zu. Beispielhaft kann auf die Frauenbewegung und die 68er-Bewegung verwiesen werden. Diese Bewegungen zeigen aber auch, dass allzu starke Abweichungen von den geltenden sozialen Normen und Regeln nur ungern toleriert werden. Weichen Einzelpersonen oder Minderheiten zu stark vom soziokulturellen Mainstream ab, werden sie als *Exzentriker, Häretiker* oder *Dissidenten* betrachtet und sozial geächtet.

Konformität ist ein Gruppenphänomen (■ Abb. 4.12). Faktoren wie die Größe einer Gruppe, Einmütigkeit, Zusammenhalt, Status, Verpflichtung und öffentliche Meinung üben einen Einfluss darauf aus, wie stark die Angepasstheit eines Individuums ausfällt (Wiswede 1976). Das kann bis zur *Deindividuation* als einem völligen Untertauchen in einer Gruppe gehen. Die dabei erzielte Anonymität verstärkt die Bereitschaft zu gruppenkonformem Verhalten (Johnson und Downing 1979), schwächt aber auch das individuelle Verantwortungsgefühl, was die Wahrscheinlichkeit unsozialen Handelns steigern kann (Postmes und Spears 1998). Verhaltensweisen, wie sie bei Hooligans oder Protestaktionen des Schwarzen Blocks zu beobachten sind, gehen auf eine Deindividuation der Gruppenmitglieder zurück.

Im allgemeinen Sprachgebrauch ist Konformität oft mit einer negativen Konnotation verknüpft, weshalb es angebracht erscheint, auch die positiven Aspekte von Konformität zu erwähnen. Von der Einzelperson aus betrachtet trägt Konformität

Abb. 4.12 © skvoor – Fotolia.com

Tab. 4.5 Positive und negative Aspekte von Konformität und Nonkonformität

	Konformismus	Nonkonformismus
Positive Aspekte	Vertrauen Verlässlichkeit Voraussagbarkeit Ordnung und Zwang „Funktionieren"	Selbstständigkeit Entfaltung Variabilität Eigengestaltung Freiheit
Negative Aspekte	Nachahmung Anpassung Uniformierung Fremdsteuerung Abhängigkeit	Misstrauen Unsicherheit Ungewissheit Störung Chaos

dazu bei, Unsicherheiten in Bezug auf soziale Einstellungen und Handlungsweisen zu vermindern. Von der Gruppe aus gesehen erzeugt Konformität also ein bestimmtes Maß an Übereinstimmung im Verhalten und in den Ansichten der Gruppenmitglieder und trägt zur Verminderung des Konfliktpotentials innerhalb der Gruppe und zum Funktionieren zielgerichteter Gruppenaktivitäten bei. Zusätzlich konstituieren die Gemeinsamkeiten in Einstellungen, Werthaltungen und Verhalten aber auch die Identität einer Gruppe in Abgrenzung gegenüber anderen Gruppen.

Konformität kann demnach positiv und negativ gesehen werden; für Nonkonformismus gilt dasselbe. In Tab. 4.5 werden die positiven und negativen Aspekte von Konformität bzw. Nonkonformität in Anlehnung an Wiswede (1976) zusammengestellt.

Personen fühlen sich oft unwohl oder unsicher, wenn sie andere Meinungen als die der Gruppenmehrheit vertreten. Sie verhalten sich konform, um bei anderen einen erwünschten Eindruck zu hinterlassen und als vollwertiges Mitglied der Gruppe akzeptiert zu werden. Abweichung vom herrschenden Konsens wird insbesondere in kleinen Gruppen negativ bewertet (z. B. Levine 1989).

Dabei ist zwischen einer *Anpassungskonformität* und einer *Einstellungskonformität* zu unterscheiden (Peuckert 1975). Die Anpassungskonformität bezieht sich auf das Verhalten, das der Gruppe angepasst wird, die Einstellungskonformität betrifft die inneren Überzeugungen und Werthaltungen, die in Einklang mit der Gruppe gebracht werden. Das Ausmaß an Anpassungs- und Einstellungskonformität einer Person hängt von der Einschätzung eines subjektiv zu erwartenden Gewinns des konformen Verhaltens ab. Dabei gilt die Faustregel:

» Wenn der bei konformem […] Verhalten erwartete Gesamtgewinn größer ist als der bei nicht-konformem […] Verhalten erwartete Gesamtgewinn, dann verhält sich die Person konform (Peuckert 1975, S. 45).

Soziale Mechanismen der Erzeugung von Konformität

Um „nützliche" Mitglieder zu formen oder Abweichler zu integrieren, üben soziale Gruppen wie auch die Gesellschaft normative und informative Einflüsse auf die Entwicklung von Anpassungs- und Einstellungskonformität aus.

Das klassische Beispiel für den *normativen sozialen Einfluss* von Gruppen ist das Experiment von Asch (1955), bei dem die Versuchspersonen unter dem Konformitätsdruck der Gruppe sogar falsche Urteile abgaben. Nach Latané (1981) ist die Stärke des normativen sozialen Einflusses abhängig davon,

1. wie groß die Gruppe ist (maximaler Einfluss ist bei 4 bis 7 Mitgliedern gegeben),
2. wie wichtig es jemandem ist, Mitglied in einer Gruppe zu sein, und
3. wie eng die Kontakte mit den Gruppenmitgliedern sind (d. h. räumliche und zeitliche Nähe).

Interessant sind in diesem Zusammenhang zwei Ergebnisse einer Metaanalyse von Bond und Smith (1996): Erstens nimmt die Konformität in Gruppen zu, wenn der Anteil an Frauen größer ist; zweitens ist der Einfluss kultureller Grundwerte, wie sie beispielsweise Schwartz unterschieden hat (▶ Abschn. 4.2.3), auf die Konformität stärker als der Effekt der Gruppengröße. Generell weisen die Ergebnisse der Metaanalyse, die auf einen Vergleich unterschiedlicher Kulturen zielte, darauf hin, dass sich die Konformität seit den 1950er Jahren vermindert hat. Zugleich bestätigen sie die Feststellung von Triandis et al. (1988), dass

» people in collectivist cultures do *not* necessarily conform more, feel more similar to others, and/or uniformly subordinate their goals to the goals of others. Such responses are more selective […]. One may be a collectivist in relation to one in-group but not in relation to other groups (Triandis et al. 1988, S. 333).

Unter *Kollektivismus* wird allgemein ein System von Werten und Normen verstanden, in dem das Wohlergehen des Kollektivs Vorrang vor den Interessen des Individuums hat. Kollektivismus zielt auf Solidarität und ein Gemeinschaftsgefühl. Der Gegensatz dazu ist der Individualismus. Dieser gilt als europäisches Phänomen, während der Kollektivismus asiatischen Nationen zugeschrieben wird. Bond und Smith (1996) zeigen, dass eine solch simple Zuordnung zumindest problematisch, wenn nicht sogar falsch ist.[14]

Der *informative soziale Einfluss* wird in dem Experiment von Sherif (1936) evident, in dem die Gruppenübereinkunft zu einer stabilen Überzeugung der Versuchspersonen wurde. Ein starker informativ-sozialer Einfluss wird den Massenmedien zugesprochen, wie wir im Weiteren noch sehen werden.

Private Akzeptanz und öffentliche Fügsamkeit

Personen können ihre Einstellungen, Meinungen und Verhaltensweisen den tatsächlichen oder bloß vermuteten Vorstellungen und Normen anpassen, was als *private Akzeptanz* bezeichnet wird. Wenn sich Personen die Vorstellungen, Meinungen und sozialen Regeln der Gruppe zu eigen machen, spricht man von *public compliance*, was so viel bedeutet wie *öffentliche Fügsamkeit*, Gehorsam und Ordnungsmäßigkeit (Kurt und McGlynn 2001).

Die *private Akzeptanz* ist eine persönliche Einstellung, die aus dem informativen sozialen Einfluss resultiert und darin besteht, in einer ungewissen oder kritischen Situation Informationen von anderen als Beweismittel für die Richtigkeit einer eigenen Vorstellung zu nehmen. Eine mögliche Ursache für private Akzeptanz kann auch in der Einschätzung liegen, dass eine Vorstellung oder Norm von Experten entwickelt wurde (Hogg und Vaughan 2011). *Öffentliche Fügsamkeit* ist die nach außen getragene und oft vorübergehende Änderung in Verhaltensweisen und Einstellungen als Reaktion auf den Wunsch, Zwang oder Druck einer Gruppe. Öffentliche Fügsamkeit heißt, mit den positiven Erwartungen anderer konform zu gehen, um soziale Anerkennung zu erlangen oder Missbilligung zu vermeiden (Kurt und McGlynn 2001). Öffentliche Fügsamkeit als Merkmal von Konformität kann gut beim Verhalten von neuen Mitgliedern einer bereits bestehenden Gruppe beobachtet werden. Sie verhalten sich konformer, sind weniger innovativ, vermeiden Meinungsverschiedenheit und versuchen, wann immer möglich, die Gruppenperspektive einzunehmen.

Eine breite öffentliche Fügsamkeit kann derzeit im Iran beobachtet werden, wo Frauen dazu gezwungen werden, in der Öffentlichkeit verhüllende Kleidung zu tragen, diese soziale Norm aber im Privatbereich weit weniger streng befolgen (Molavi 2002). Menschen können sich öffentlich konform verhalten, um Spott, Ablehnung, Freiheitsentzug oder Schlimmeres zu vermeiden, in den eigenen vier Wänden aber die private Akzeptanz bevorzugen und kultivieren (Smith et al. 2007). Konformität ist eher mit öffentlicher Fügsamkeit als mit privater Akzeptanz verbunden, denn die öffentliche Fügsamkeit kann im Widerspruch zur privaten Akzeptanz stehen. Öffentliche Fügsamkeit und private Akzeptanz schließen einander jedoch nicht aus, sondern können auch eng miteinander verknüpft sein. Es ist daher ein Irrtum anzunehmen, dass Konformität durch eine der beiden Anpassungen charakterisiert wird.

Konformität kann demnach durch öffentliche Fügsamkeit, private Akzeptanz oder durch beide gemeinsam charakterisiert sein. Ob private Akzeptanz mit öffentlicher Fügsamkeit übereinstimmt oder nicht, dürfte wesentlich von der jeweiligen Situation abhängig sein. Wer unsicher ist, was zu tun ist, schaut sich danach um, was die anderen tun. Wenn die auch nicht wissen, was zu tun ist, tut niemand etwas. Diese *Verantwortungsdiffusion* ist ein häufiger Grund für unterlassene Hilfeleistung in Gruppen. Vergleichende Untersuchungen zwischen Personen, die falschen sozialen Normen nachgeben, und denen, die ihnen widerstehen, zeigen, dass die Nachgebenden autoritär, konform, einwilligend, übermäßig kontrolliert, schwankend, verwirrt, beeindruckbar waren und wenig Einsicht in die eigenen Motive hatten.

Von hier aus leitet sich die Charakteristik eines Individuums ab, das sich bereitwillig dem Gruppendruck unterordnet und sich an die Mehrheitsmeinung anpasst. Die Unfähigkeit, eine eigene Position zu beziehen und von anderen unabhängige Entscheidungen zu treffen, paart sich mit einem sozialen Verhalten, das geprägt ist von unkritischer Akzeptanz einer gegebenen Ordnung mit ihren Einstellungen, Werten und Normen. Das öffnet gesellschaftlichen Gruppierungen, die nach Konformität ihrer Mitglieder streben, den Weg für die gezielte Manipulation von Einstellungen und Meinungen.

In der Tradition der Experimente von Asch (1955) und Sherif (1936) hat sich die Forschung zum Konformismus überwiegend mit Konformitätseffekten kleinerer Gruppen befasst. Konformitätseffekte erzielen aber auch große gesellschaftliche Gruppierungen und Organisationen, die sich häufig der Massenkommunikation bedienen, um die öffentliche Mehrheitsmeinung so zu beeinflussen, dass sich ihr Einzelpersonen kaum mehr entziehen können. Es geht darum, mittels Überredung und Propaganda eine Vereinheitlichung von Meinungen, Einstellungen und sozialen Normen zu erreichen. Dies wird auch *als persuasive Kommunikation* bezeichnet, deren Wurzeln bis in die antike Rhetorik zurückreicht (Kopperschmidt 1973).

Persuasion als Mittel der Sozialisation

Persuasive Kommunikation und Propaganda

Persuasive Kommunikation (vom lateinischen Wort *persuadere*, d. h. überreden) ist eine Form der Kommunikation, deren Ziel eine Vereinheitlichung von Einstellungen, Überzeugungen und sozialen Verhaltensweisen der Kommunikationspartner ist. Im Vordergrund steht nicht die Verständigung oder der Informationsaustausch, sondern die zielgeleitete Einflussnahme auf die Meinungsbildung mit den Mitteln des Überredens und Überzeugens. *Propaganda* bezeichnet den absichtlichen und systematischen Versuch, Sichtweisen, Meinungen und Einstellungen zu formen und so zu manipulieren, dass ein konformes Verhalten von Personen daraus resultiert (Bussemer 2005). Der Begriff Propaganda wird vor allem in politischen Zusammenhängen verwendet, während im ökonomischen Kontext von *Werbung* und im religiösen Kontext auch von *Missionierung* gesprochen wird.

Persuasive Kommunikation ist allgegenwärtig, auch wenn sie häufig in erster Linie mit Massenmedien, Werbung und po-

14 Dass sich hinter solchen Attributionen erzreaktionäre und rassistische Ziele verbergen können, zeigt die Internetseite ► http://www.theoccidentalobserver.net/mission/.

litischer Propaganda verknüpft wird (Abb. 4.13). Das Verkaufsgespräch, die psychotherapeutische Behandlung wie auch das alltägliche pädagogische Gespräch können Merkmale der persuasiven Kommunikation aufweisen und oft ist diese, wenn auch meist unbewusst, Bestandteil der privaten Kommunikation.

- Wer versucht wen mit welchen Interessen zu überreden?
- Welchen Realitätsbezug weist die Kommunikation auf?
- Welche Überzeugungen und Verhaltensweisen sollen verändert werden?

Abb. 4.13 © ioannis kounadeas – Fotolia.com

Mit diesen Fragen befasst sich die Forschung zur persuasiven Kommunikation seit Jahrzehnten. Als Meilenstein dieser Forschung gelten die Studien, die Hovland in den 1950er Jahren an der Yale University unter der Systematik „*Wer* sagt *was* zu *wem*" durchgeführt hat (Hovland 1951; Hovland et al. 1953). Hovland war bei seinen Untersuchungen von einer allgemeinen menschlichen Disposition ausgegangen, grundsätzlich überredbar zu sein und soziale Einflüsse zu akzeptieren, ohne die besonderen Umstände des Überredungsversuchs zu beachten. Diese als Nullhypothese zu verstehende Annahme bestätigte sich nicht.

Vielmehr erwies sich eine erfolgreiche Überredung (Persuasion) als abhängig von der Glaubwürdigkeit des Kommunikators als Informationsquelle und den Eigenschaften der Rezipienten, zu denen intellektuelle Fähigkeiten und motivationale Faktoren zählen. Das individuelle Ausmaß an Lernfähigkeit, kritischer Reflexion und die Fähigkeit, Schlussfolgerungen zu ziehen, bestimmt die Verarbeitung persuasiver Botschaften, wobei die Beeinflussbarkeit des Rezipienten u. a. von einem niedrigen Selbstwertgefühl und einer Furcht vor sozialer Missbilligung abhängig ist. Auch die Voreinstellungen des Rezipienten spielen bei der Verarbeitung persuasiver Botschaften eine Rolle, wobei zwei Effekte zu beobachten sind (Bohner et al. 2002): Informationen, die sich von der eigenen Meinung unterscheiden, werden als stärker abweichend beurteilt, als sie es in Wirklichkeit sind (*Kontrasteffekt*), während Inhalte, die sich wenig von einer vorgefassten Meinung unterscheiden, als ähnlicher beurteilt werden, also sie in Wirklichkeit sind (*Assimilationseffekt*).

Die Wirksamkeit einer persuasiven Botschaft ist stark abhängig von der *Glaubwürdigkeit* des Überbringers. Gilt er als unglaubwürdig, wird auch die überbrachte Botschaft als unglaubwürdig beurteilt und umgekehrt (Schenk 2007). Eine Einstellungsänderung in die angestrebte Richtung tritt allerdings gewöhnlich erst im Laufe der Zeit ein. So zeigt z. B. die Studie von Hovland und Weiss (1951) die eigentlich paradoxe Beobachtung, dass bei einer glaubwürdigen Informationsquelle die Anzahl der Personen, die ihre Meinung änderten, mit der Zeit abnahm (Vergessenseffekt), wohingegen bei einer unglaubwürdigen Quelle die Anzahl der Personen, die ihre Meinung änderten, zunahm. Das wird als Schläfereffekt (*sleeper effect*) bezeichnet. Neuere Untersuchungen zur Selbstbewertungshypothese deuten darauf hin, dass die Glaubwürdigkeit einer Informationsquelle das Vertrauen in die eigenen Gedanken in Bezug auf die persuasive Botschaft beeinflussen kann (Briñol et al. 2004). Wenn Personen überwiegend positive Gedanken erzeugen, weil die Botschaft starke Argumente enthält, und dann mehr über die Informationsquelle erfahren, führt eine hohe Glaubwürdigkeit zu gefälligeren Einstellungen als bei einer geringen Glaubwürdigkeit der Informationsquelle. Entwickeln Personen negative Gedanken als Reaktion auf eine persuasive Botschaft, kehrt sich der Effekt dagegen um: In diesem Fall führt eine hohe Glaubwürdigkeit der Informationsquelle zu ablehnenden Einstellungen (Tormala et al. 2006).

Aus dem Gesagten wird deutlich, dass die Wirkung eines Persuasionsversuchs von der Tiefe der kognitiven Verarbeitung auf Seiten des Rezipienten abhängig ist, die wiederum eine Funktion der Motivation und der Fähigkeit ist, die aufgenommene Information genau(er) zu prüfen (Kruglanski et al. 2002). Die *Motivation* zu tiefergehender Verarbeitung wird durch das Interesse an der Thematik, die angestrebte Absicherung des Urteils und das wahrgenommene Risiko einer Fehlentscheidung bestimmt (Chaiken et al. 1989). Die *Fähigkeit* zu einer systematischen Überprüfung ist abhängig vom Vorwissen des Rezipienten, von der Verständlichkeit der persuasiven Information und der kognitiven Auseinandersetzung mit den Inhalten. Sind die Adressaten einer persuasiven Botschaft nur wenig motiviert oder besitzen sie nicht die Fähigkeit für eine kognitive Analyse der Argumente, so erfolgt die Einstellungsbildung auf der Grundlage von einfachen Heuristiken, die sich auf leicht zu verarbeitende und oberflächliche Merkmale stützen (Chaiken et al. 1996). So kann entweder dem Urteil eines Experten vertraut werden, die Zustimmung zu einer Botschaft beruht auf Sympathie mit dem Kommunikator, oder aber es wird auf den allgemeinen Konsens zurückgegriffen. Allerdings sind auf Heuristiken begründete Meinungen und Einstellungen nicht besonders stabil und beeinflussen das Verhalten nur wenig. Eine dauerhafte Einstellungsbildung kann nur aufgrund der Überzeugungskraft der Argumente zustande kommen (vgl. Cialdini 2008).

Gilt das auch für die Massenmedien, denen allgemein eine besonders starke persuasive Wirkung auf das Denken und Handeln der Adressaten zugesprochen wird?

Die Überzeugungskraft der Massenmedien

Manche Autoren (z. B. Müller 2009) werfen den Massenmedien vor, zur Desinformation und Verdummung der Gesellschaft beizutragen. In Anbetracht der Tatsache, dass deutsche Unternehmen jährlich etwa 30 Milliarden Euro für die Werbung ausgeben, um das Konsumverhalten gezielt zu beeinflussen, ist man geneigt, Müllers These der „Meinungsmache" zuzustimmen. Ebenso geneigt ist man zu glauben, dass Nachrichtensendungen im Fernsehen sowie Berichte und Kommentare in Zeitungen einen starken Einfluss auf die öffentliche Meinungsbildung haben, denn die Massenmedien dienen, wie es das Bundesverfassungsgericht 1961 bereits festgestellt hat, nicht nur als Transportmittel von Nachrichten, sondern sind aktive Gestalter der öffentlichen Meinung, da sie eigene politische Positionen und handfeste wirtschaftliche Interessen vertreten. Selbst Fernsehserien wie die „Lindenstraße", die seit 1985 bis Ende 2013 fast 1500 Folgen umfasste und immer wieder gesellschaftskritische Themen (z. B. HIV, Homosexualität, Arbeitslosigkeit, Steuerpolitik) angesprochen hat, wie auch Spielfilme wirken an der Bildung oder Veränderung der öffentlichen Meinung mit. Das allgemeine (Vor-) Urteil lautet daher: Die Massenmedien beeinflussen uns nachhaltig in Ansichten, Meinungen, Überzeugungen und Verhalten. Dieses Urteil entspricht der soziologischen *Kultivierungsthese*, die den Massenmedien einen *kultivierenden* Einfluss auf die gesamte Wahrnehmung der Welt zugesteht.

> » Alles, was wir über unsere Gesellschaft, ja über die Welt, in der wir leben, wissen, wissen wir durch die Massenmedien (Luhmann 1996, S. 9).

Mit dieser Aussage wird die These der „mächtigen Medien" nicht nur auf den Umfang des übermittelten Weltwissens und den Konformitätseffekt bezogen, sondern allgemein auf den autoritativen Anspruch des übermittelten Wissens. Die Weitergabe des Wissens durch die Massenmedien verleiht diesem eine Verbindlichkeit und Glaubwürdigkeit, die kaum zu übertreffen sind. Verzerrende Darstellungen der Wirklichkeit können zu einer folgenreichen Verschiebung der Realität führen: Schaut jemand sehr viele Krimis, überschätzt er leicht die Zahl der Verbrechen in der Gesellschaft. Extrem schlanke Models, die im Fernsehen auftreten oder in Magazinen abgebildet sind, können eine Neigung zu Essstörungen bei Heranwachsenden verstärken. Andererseits kann eine medial vermittelte „heile Welt", in denen die Handlungsträger ausgesprochen sozial verträglich miteinander interagieren, bei den Rezipienten prosoziales Verhalten verstärken (vgl. Hearold 1986).

Bei aller Kritik an den heutigen Massenmedien – berechtigt oder nicht – sollte nicht vergessen werden, dass ohne sie die öffentliche Meinung auf einen eng begrenzten Raum persönlicher Kontakte und Kommunikation begrenzt wäre. Eine der wichtigsten Funktionen der Medien ist schließlich die Herstellung von Öffentlichkeit, die laut Habermas (1990) als Netzwerk für die Kommunikation von Inhalten und Stellungnahmen verstanden wird. Durch die Bereitstellung, Analyse und Verknüpfung von Themen und Stellungnahmen dazu kann sich aus einer Vielzahl einzelner Ansichten und Positionen eine öffentliche Meinung herausbilden. Überregionale Tageszeitungen, Wochenzeitungen, Illustrierte und die sogenannte Regenbogenpresse bewirken eine andere Öffentlichkeit als eine Fachzeitschrift. Das Fernsehen sorgt als Leitmedium für die rasante Verbreitung von Nachrichten. Die Massenmedien legen die konkreten Themenschwerpunkte für die öffentliche Meinung und Diskussion fest, wobei die Fernsehberichterstattung eher einen kurzzeitigen Scheinwerfereffekt hat, während die Berichterstattung in den Printmedien ein langfristiges Agenda-Setting bewirken kann.

Ein gutes Beispiel hierfür bietet die Berichterstattung über PISA: Gleich nach Publikwerden der ersten Daten und Befunde fallen die Fernsehanstalten über das Thema her und erzeugen einen Scheinwerfereffekt; sodann werden die Hauptergebnisse als Schlagzeilen in der Boulevardpresse und in Wochenzeitungen aufbereitet und so lange aufgewärmt, bis der Verweis auf tatsächliche oder vorgebliche Ergebnisse der PISA-Studien zur Routine wird. Die Aussage „Wie die PISA-Studie gezeigt hat" verkommt zur Redewendung, die dann auch die pädagogische Literatur durchzieht. Das ist Agenda-Setting in Vollendung und vergleichbar mit dem Thema der Lohnnebenkosten, das lange ein „Dauerbrenner" der sozialpolitischen Debatte war (Bäcker 2008).

Nach Beobachtungen von Lazarsfeld et al. (1944/1968) üben Massenmedien aber *keinen* unmittelbaren Einfluss auf die Rezipienten aus, vielmehr scheint ein Einfluss indirekt zu erfolgen, vermittelt über die sogenannte Meinungsführer in sozialen Gruppen. *Meinungsführer* zeichnen sich durch die besondere Disposition aus, neue Informationen als Erste aufzunehmen und diese an weniger aktive Rezipienten weiterzugeben. Die Verbreitung einer aus Massenmedien stammenden Information erfolgt nach dieser Auffassung durch die Rezeption durch Meinungsführer und deren Kommunikation mit weniger aktiven Rezipienten. Auf den ersten Blick erscheint dies plausibel, ist aber empirisch nicht belegbar. Der tatsächliche Einfluss von Meinungsführern ist oft deutlich geringer, als weithin angenommen wird (Gawronski und Erb 2001; Schenk 2007).

Alternativ zu dieser Konzeption kann der Nutzen-Wirkungs-Ansatz (*uses and gratifications*) als Erklärung herangezogen werden. Dieser Ansatz besagt laut Blumler und Katz (1974), dass die Nutzung von Medien auf individuelle Bedürfnisse zurückgeht, die subjektive Erwartungen im Hinblick auf den Gebrauch eines Mediums erzeugen. Dabei führen unterschiedliche Muster der Auseinandersetzung mit einem Medium zu einer Befriedigung (Gratifikation) der Bedürfnisse oder zu anderen (vielleicht auch unerwünschten) Folgen. Grundlegend für die Mediennutzung und -wirkung sind nach diesem Ansatz

- die Erwartungen oder Überzeugungen, dass ein Medium ein bestimmtes Merkmal besitzt und bestimmte Folgen nach sich zieht, und
- eine Bewertung als Maß der Zufriedenheit mit dem erzielten Ergebnis der Mediennutzung (vgl. Seel und Casey 2003).

Medien können bestehende Einstellungen oder Neigungen demnach also verstärken, als alleiniger Auslöser kommen sie aber nicht in Frage. Ungleich wichtiger sind individuelle Eigenschaften einer Person und das soziale Umfeld. Das wird durch viele Untersuchungen belegt, wie z. B. durch eine österreichische Panelstudie von Paus-Hasebrink und Bichler (2009) zur Sozialisation von Kindern aus sozial benachteiligten Milieus. Knapp gesagt, besteht deren Erkenntnis darin, dass Medien erst im Kontext der sozialen Nahumgebung (z. B. der Familie) ihre Wirkung entfalten. Medien, allen voran das Fernsehen, nehmen im Kindesalter eine wichtige Rolle ein; sie werden neben Kindergarten und Schule als Orientierungsgeber und wichtige Informations- und Wissensquelle nachgefragt, woraus sich laut Paus-Hasebrink und Bichler ein gesellschaftlicher und pädagogischer Handlungsbedarf ergibt.

Zusammenfassend können wir mit Ronnebergers (1971) Feststellung schließen, dass man zwar die Wirkung von Massenmedien systematisieren und allgemeine Wirkungen voneinander unterscheiden kann, es aber ungewiss bleibt, ob man dabei tatsächlich die spezifischen Bedingungen der Massenkommunikation, die soziokulturellen Bedingungen und die bedeutsamen Eigenschaften der Rezipienten kontrollieren kann. Von der Vorstellung, am Ende kausal nachweisbare Effekte belegen zu können, sollte man sich aber definitiv verabschieden.

» To be persuasive, we must be believable. To be believable, we must be credible. To be credible, we must be truthful. It is as simple as that (Edward R. Murrow 1963).

Aufgaben zum Festigen des neuen Wissens

1. Worin besteht der wesentliche Unterschied zwischen Lernen durch Beobachtung und den lenkenden bzw. (ent-)hemmenden Auswirkungen des bei anderen beobachteten Verhaltens?
2. Was sind die beiden hauptsächlichen Motive, aus denen heraus Menschen in Gruppen konformes Verhalten zeigen?
3. Welche Sozialisationsinstanzen bzw. -agenturen lassen sich unterscheiden?
4. Welche Rolle spielen Emotionen in der Sozialisation?
5. Listen Sie auf, welche Funktionen die einzelnen Sozialisationsinstanzen erfüllen.
6. Nennen Sie die Phasen der Sozialisation.
7. In welchen Bereichen oder Dimensionen findet Sozialisation statt?
8. Stellen Sie dar, welchen Einfluss und welche Funktion die Massenmedien im Kontext der Sozialisation von Menschen spielen.
9. Erläutern Sie den Zusammenhang zwischen Überzeugung, Einstellung, Habitus und Sozialisation.
10. Welche Eigenschaften benötigt eine Person, um zu einem „Modell" für eine andere zu werden?

Aufgaben zum Weiterdenken

1. Versuchen Sie grafisch darzustellen, wie die verschiedenen Sozialisationsinstanzen zusammenwirken.
2. Welche Sozialisationsinstanzen scheinen die größte Wirkung auf die Sozialisation von Kindern und Jugendlichen auszuüben? Begründen Sie Ihre Entscheidung.
3. Was würden Sie entgegnen, wenn Ihnen jemand sagt, dass konformes Verhalten allemal besser sei als nonkonformes?
4. Wie wichtig ist Persuation in der kindlichen Sozialisation? Diskutieren Sie dies.
5. Wie wirkt sprachliche Sozialisation und wie beeinflusst sie die Sozialisation insgesamt? Stellen Sie dies grafisch dar.
6. Welche Aspekte beeinflussen die motivationale Sozialisation?
7. Warum ist es unzureichend, die Ursache von Amokläufen ausschließlich Gewaltspielen zuzuschreiben? Erklären Sie, welche anderen Ursachen gleichermaßen herangezogen werden könnten.

Weiterführende Literatur

- Aronson, E., Wilson, T.D., & Akert, R.M. (2008). *Sozialpsychologie* (6. Aufl.). München: Pearson.
- Jowett, G.S., & O'Donnell, V. (2006). *Propaganda and persuasion* (4th ed.). Thousand Oaks, CA: Sage.
- Schenk, M. (2007). *Medienwirkungsforschung* (3. Aufl.). Tübingen: Mohr Siebeck.

4.3 Die „gebildete" Gesellschaft und der „vergesellschaftete" Mensch – Grundfragen und Erkenntnisse der Erziehungssoziologie

Aufgabe als Denkanstoß

Es wird heute viel über die verschiedenen Bevölkerungsschichten gesprochen. Nach welchen Gesichtspunkten lässt sich die Bevölkerung gliedern oder unterteilen? Welche Faktoren werden für die Aufteilung hinzugezogen?

Die Soziologie ist mit der Untersuchung und Erklärung der erfahrbaren sozialen Wirklichkeit befasst, die „sich im Zusammenleben der Menschen ausdrückt oder durch dieses Zusammenleben und Zusammenhandeln hervorgebracht wird" (Gukenbiehl 2008, S. 12). Die soziale Wirklichkeit ist permanenten Veränderungen unterworfen, die auf *biografische Wandlungen* der Personen und *geschichtliche Wandlungen* der Gesamtgesellschaft zurückgehen.

Zentrale Fragen der Soziologie sind:

- wie die gesellschaftliche Ordnung aufrechterhalten wird und dennoch ein Wandel stattfinden kann,
- wie die Mitglieder der Gesellschaft die Ressourcen für das Überleben erwirtschaften,
- wie sie die innere und äußere Sicherheit des herrschenden Systems durch politische Herrschaft und Machtausübung gestalten und
- wie sie die Sozialisation der nachwachsenden Generationen organisieren (Zapf 2008).

Historisch bedingt stehen sich bei der Beantwortung dieser Fragen zwei Thesen gegenüber. Die erste besagt, dass Gesellschaften das Zusammenleben der Menschen durch soziale Ordnungen von oben nach unten regulieren und mittels *Erziehung* dafür sorgen, dass aus Einzelpersonen handlungsfähige Mitglieder der Gesellschaft werden. Dabei wird die soziale Ordnung durch gesellschaftspolitische Maßnahmen aufrechterhalten, die von den Individuen durch freiwillige Selbstbindung anerkannt werden. Die zweite These besagt das genaue Gegenteil, nämlich dass die Gesellschaft sich von unten nach oben durch die Konsolidierung sozialer Beziehungen als *Contrat social* (im Sinne Rousseaus) konstituiert und auf dem natürlichen Bedürfnis der Menschen nach sozialer Bindung beruht. Reziproke Sozialbeziehungen und Kommunikation garantieren ein Mindestmaß an individueller Freiheit bei gleichzeitiger Anerkennung gesamtgesellschaftlicher Interessen.

Aus diesen beiden Ausgangsthesen leiten sich zwei Ansätze der soziologischen Analyse her. Der erste Ansatz konzentriert sich auf eine *Analyse der sozialen Struktur(en)* und geht von der Annahme aus, dass Gesellschaften als sozialhistorisch gewachsene Organe spezifische Strukturen gemeinsamen Handelns aufweisen, die das Zusammenleben individueller Handlungsträger regeln. Der zweite Ansatz, als *Funktionsanalyse* bezeichnet, befasst sich mit der Kontextgebundenheit sozialen Handelns (z. B. in Milieus). Unter der Annahme, dass Sozialisation der gesellschaftlichen Eingliederung von Individuen dient, wird die integrierende Funktion von Sozialisationsinstanzen (Familie, Schule, Beruf, Gleichaltrige) in den Vordergrund gestellt.

In beiden Ansätzen kommt der Erziehung eine Schlüsselstellung zu. Durkheim (1923), einer der Begründer der Soziologie, hat die Erziehung als wesentlichen Bestandteil der Sozialisationsvorgänge konzipiert, die den Menschen zum sozialen Wesen machen und zugleich der Bestandssicherung des sozialen Systems dienen. Die Gesellschaft ist Gestaltungsraum für die Erziehung, die ihrerseits zum Erhalt der gesellschaftlichen Ordnung beiträgt.

- **Wie bringt man Menschen bei, sich so zu verhalten, wie die Gesellschaft es haben will?**

Die Antwort auf diese Frage liegt in der sogenannten *Sozialität* als Angewiesenheit des Individuums auf eine soziale Steuerung seines Verhaltens durch die sozial vermittelte Auswahl und Steuerung von Handlungsweisen, die den sozialen Konventionen entsprechen. Sozialität ist als Komplement zur *Soziabilität* als der Fähigkeit einer Person zu verstehen, soziale Beziehungen aufzunehmen und zu unterhalten. Sozialität „wird nur durch *soziale* Kontrolle, nur durch soziale Normierungen und nur durch soziale Verhaltensbestätigung möglich" (Esser 1999, S. 162).

Die Beobachtung, dass Individuen in ihren Handlungen kollektiven Gesetzmäßigkeiten folgen, die ihnen unbekannt und von ihnen auch nicht „gewollt" sind, kann dadurch erklärt werden, dass der Grund sozialer Strukturen und sozialen Handelns in Vereinbarungen und Übereinkünften liegt, die darauf zielen, Sozialität und Soziabilität in ein ausgewogenes Verhältnis zueinander zu bringen. Dazu einen Beitrag zu leisten, ist nach übereinstimmender Auffassung vieler Soziologen eine zentrale Aufgabe von Erziehung und Bildung.

4.3.1 Theorien der (Erziehungs-)Soziologie

Unter der Grundannahme, dass Handeln als Ursache und als Produkt der Gesellschaft zu betrachten ist, stehen sich in der Soziologie zwei Traditionen gegenüber, die als *methodologischer Kollektivismus* und *methodologischer Individualismus* bezeichnet werden.

> Der *methodologische Kollektivismus* betrachtet die Gesellschaft als Regulativ für individuelles Handeln und besagt, dass kollektive Phänomene wie das Verhalten sozialer Gruppen nicht durch das Verhalten der Einzelpersonen erklärt werden können. Aggregate wie soziale Klassen und soziale Organisationen zeichnen sich durch Eigenschaften und Verhaltensweisen aus, die nicht alleine auf Eigenschaften und Handlungen der Individuen zurückgeführt werden können, sondern Merkmale der Aggregate sind.
> Die Gegenposition ist der *methodologische Individualismus*, der die Gesellschaft als das Resultat des individuellen Handelns betrachtet und bei der Beschreibung und Erklärung sozialer Vorgänge vom Handeln der beteiligten Personen ausgeht. „Alle kollektiven Phänomene [sind] als auf Aktionen, Interaktionen, Zielsetzungen, Hoffnungen und Gedanken von Individuen zurückführbar zu verstehen und als Resultat von Traditionen, die von Individuen geschaffen und bewahrt werden" (Popper 2003, S. 123).

Ein Hauptvertreter des methodologischen Kollektivismus ist Émile Durkheim (1858–1917), während Max Weber (1864–1920) den methodologischen Individualismus repräsentiert (vgl. Udehn 2002). Beide sind vor dem Hintergrund der historischen Epoche zu beurteilen, in der sie lebten. Die Zeit um 1900 wird von Historikern mit der *sozialen Frage* verknüpft, die sich auf die sozialen Missstände wie z. B. Pauperismus und Existenzunsicherheit der Arbeiter bezieht (vgl. Hahn 2005) – das große Thema der marxistischen Gesellschaftstheorie und der sozialistischen Parteien. Die gesellschaftliche Integration der Industriearbeiterschaft beschäftigte aber auch die Bourgeoisie, und die Soziologie war ihre Antwort auf die marxistische Gesellschaftstheorie.

Während der Marxismus die Gesetzmäßigkeiten der Ausbeutung des Individuums im herrschenden Kapitalismus und die der Klassengesellschaft unter dem Gesichtspunkt der anzustrebenden Emanzipation des Menschen thematisierte und auf eine Revolution der gesellschaftlichen Verhältnisse zielte, war die bürgerliche Soziologie bemüht, zur Stabilisierung der Herrschaftsverhältnisse beizutragen. Durkheim bemühte hierfür das *Kollektivbewusstsein* als fundamentale soziale Tatsache, die Solidarität und Integration in der Gesellschaft verbürgt und durch Erziehung vermittelt wird. Auch Max Weber verstand die Erziehung als tragendes Element der Integration von Sozialsystemen und stellte sie in den Dienst der Vermittlung von Kultur und Herrschaft (Flitner 2001).

Obwohl die frühe Soziologie heute eigentlich nur noch eine wissenschaftshistorische Bedeutung hat, fällt es schwer, sie zu ignorieren. Denn in der pädagogischen Literatur wird, wenn es um den Zusammenhang von Sozialisation und Erziehung geht, bis heute auf Durkheim verwiesen (z. B. Gudjons 2008; Raithel et al. 2009). Wir werden in den folgenden Abschnitten deshalb auf die „Klassiker" der Soziologie des 20. Jahrhunderts eingehen. Zu ihnen zählen neben Durkheim auch Parsons und Bourdieu.

4.3.1.1 Erziehung als *socialisation méthodique*

Durkheims soziologische Argumentation kreist um das Zusammenspiel von *Gewohnheiten, Regeln und sittlichem Bewusstsein.* Ausgangspunkt ist die Annahme, dass der Mensch von Natur aus egoistisch ist, so dass die Art und Weise bestimmt werden muss, wie Einzelpersonen „zusammenwirken müssen […] für die am häufigsten anzutreffenden Umstände" (Durkheim 1893/1977, S. 434). In jeder Gesellschaft gibt es kollektive Vorstellungen darüber, wie das Zusammenleben sinnvoll zu ordnen ist und wie man sich verhalten soll. Diese kollektiven Vorstellungen sind *soziale Tatsachen*, die schon bestehen, bevor ein Mensch in eine Gemeinschaft hineingeboren wird, und sie bestehen auch über den Tod des Einzelnen hinaus. Werte, Normen und Regeln des Handelns werden im *Kollektivbewusstsein* bewahrt, das „die Gesamtheit der gemeinsamen religiösen Überzeugungen und Gefühle im Durchschnitt der Mitglieder einer bestimmten Gesellschaft" umfasst (S. 128). Das Kollektivbewusstsein konstituiert das Verbindende und Verbindliche einer Gesellschaft. Eine Gesellschaft ist „gesund", wenn die im kollektiven Bewusstsein verankerten Werte, Normen und Regeln des sozialen Handelns ausgewogen sind und sich die Individuen als Bestandteil des Kollektivs begreifen.

Das zu erreichen, ist Aufgabe der Erziehung, die planmäßig zu erfolgen hat, um dem gesellschaftlichen Nutzen zu genügen. Eine solche Erziehung nennt Durkheim „methodische Sozialisation" (*socialisation méthodique*).

> » Statt daß die Erziehung das Individuum und sein Interesse als einziges und hauptsächliches Ziel hat, ist sie vor allem das Mittel, mit dem die Gesellschaft immer wieder die Beziehungen ihrer eigenen Existenz erneuert. Die Gesellschaft kann nur leben, wenn unter ihren Mitgliedern ein genügender Zusammenhalt besteht. Die Erziehung erhält und verstärkt diesen Zusammenhang, indem sie von vornherein in der Seele des Kindes die wesentlichen Ähnlichkeiten fixiert, die das gesellschaftliche Leben voraussetzt. Aber ohne eine gewisse Vielfalt wäre andererseits jede Zusammenarbeit unmöglich. Die Erziehung sichert die Fortdauer dieser notwendigen Vielfalt, indem sie sich selbst vervielfältigt und spezialisiert. Sie besteht also unter der einen wie der anderen Ansicht aus einer methodischen Sozialisierung der jungen Generation (Durkheim 1903/1984, S. 45 f.).

Durch die methodische Sozialisation wirkt die Gesellschaft also so auf das Individuum ein, dass es den Zwang der sozialen Tatsachen akzeptiert bzw. gar nicht als Zwang empfindet und sich freiwillig dem fügt, was von ihm erwartet wird. Diesen Vorgang nennt Durkheim *Internalisierung*. Das Individuum hat sich in sein Schicksal zu fügen und an die sozialen Tatsachen anzupassen.

Tab. 4.6 Das AGIL-Schema von Parsons. (Nach Morel et al. 2007, S. 158)

	Instrumentell (Mittel)	Konsumatorisch (Ziele, Zwecke)
Aktiv	A – Adaptation	G – goal attainment (Zielverfolgung)
Passiv	L – Strukturerhaltung	I – Integration

4.3.1.2 Strukturell-funktionale Systemtheorie

Talcott Parsons (1902–1979) teilte mit Durkheim die Auffassung, dass soziale Systeme die Aufgabe haben, die Stabilität und Erhaltung der Gesamtgesellschaft zu sichern. Auch Parsons betrachtete Werte und Normen als die entscheidenden Faktoren zum Erhalt der sozialen Systeme einer Gesellschaft. Die von Parsons entwickelte *strukturell-funktionale Systemtheorie* besagt, dass soziale Systeme eine Struktur haben, aus der sich die Funktionen für das soziale Handeln herleiten lassen. Dabei bezieht sich der Begriff *Struktur* auf die stabilen Komponenten des Systems, die von kurzfristigen Schwankungen im Verhältnis zur Umwelt unabhängig sind; die *Funktionen* betreffen den dynamischen Aspekt eines sozialen Systems, nämlich die Prozesse, die auf die Erhaltung der Stabilität des Systems in einer sich ändernden Umwelt hinwirken. Ist die Struktur eines sozialen Systems bekannt, kann bestimmt werden, welche Handlungen für die Stabilisierung dieses Systems funktional sind oder nicht.

▪ Das AGIL-Schema

Zur Analyse sozialer Systeme entwickelte Parsons das *AGIL-Schema*, das vier Funktionen unterscheidet (Tab. 4.6):

1. Adaptation als Fähigkeit, sich an verändernde Bedingungen anzupassen,
2. Goal attainment als Fähigkeit, Ziele festzulegen und zu verfolgen,
3. Integration als Fähigkeit, Zusammenschluss und Einschluss herzustellen,
4. Latency als Fähigkeit, grundlegende Strukturen zu erhalten.

Die Funktionen Adaptation und Strukturerhaltung (*latency*) werden *instrumental* genannt, da sie wie zweckgebundene Hilfsmittel fungieren. Die beiden anderen Funktionen, Zielverfolgung (*goal attainment*) und Integration, werden *konsumatorisch* genannt, da sie einen unmittelbaren Nutzen haben. Zusätzlich werden die vier Funktionen danach unterschieden, ob sie eine aktive und systemverändernde oder eine passive und systemerhaltende Rolle spielen. A und G sind aktiv, I und L passiv. Daraus resultiert die in Tab. 4.6 wiedergegebene Kombination der Funktionen.

Dem Handlungssystem werden verschiedene Teilsysteme zugeordnet:

- das *Verhaltenssystem*, das die Adaptation des Individuums an die Umwelt reguliert,
- das *persönliche System*, das auf den subjektiven Motivationen (Zielverfolgung) einer Person begründet ist und seine Handlungsorientierungen bestimmt,

- das *soziale System* im engeren Sinne, das auf Integration abgestimmt ist und dem Handlungsträger eine soziale Rolle zuschreibt,
- das *kulturelle System*, das dem Erhalt sozialer Strukturen dient.

Eine zentrale Fragestellung für Parsons war, wie das soziale System mit dem persönlichen System verknüpft werden kann, damit das Werte- und Normensystem der Gesellschaft in die Persönlichkeit integriert wird und fortan das Handeln leitet. Die Antwort ist eine pädagogische und lautet:

» Das wichtigste funktionale Problem hinsichtlich des Verhältnisses des sozialen Systems zum Persönlichkeitssystem involviert lebenslanges Lernen, Entwickeln und Aufrechterhalten einer adäquaten Motivation zur Partizipation an sozial bewerteten und kontrollierten Formen des Handelns. Umgekehrt muß eine Gesellschaft auch ihre Mitglieder durch solche Formen des Handelns adäquat befriedigen oder belohnen, wenn sie langfristig auf deren Leistungen angewiesen ist, um als System zu funktionieren. Diese Beziehung konstituiert „Sozialisation" – den gesamten Komplex von Prozessen, durch welche Personen zu Mitgliedern der gesellschaftlichen Gemeinschaft werden und diesen Status beibehalten (Parsons 1975, S. 24).

Eine Sonderstellung nimmt dabei das *Bildungswesen* ein, insbesondere die Schule. Die Schule erfüllt ihre Sozialisationsfunktion nicht nur, indem sie den Heranwachsenden allgemein verbindliche Werte und soziale Normen vermittelt, sie dient auch der Selektion und Allokation (als Verteilung der Menschen auf verschiedene Berufssparten), was nach Parsons zur Erzeugung sozialer Schichten beiträgt. Bemerkenswert ist, dass er für die Verteilung auf Berufssparten die intellektuelle Leistungsfähigkeit als ausschlaggebend betrachtet. Zwar erkennt er an, dass der Schulerfolg von Kindern auch mit dem sozialen Status des Vaters zusammenhängt, aber er betrachtet dies – dem damaligen Zeitgeist entsprechend – eher vor dem Hintergrund der biologischen Veranlagung. Für Parsons (1968) ist die Schule die erste Sozialisationsinstanz, die eine Differenzierung des sozialen Status auf nichtbiologischer Basis institutionalisiert. Dementsprechend übt die Schule einen enormen Einfluss auf die Sozialisation der Heranwachsenden aus (vgl. Löw 2006).

Obwohl Parsons als ein Klassiker der Soziologie betrachtet wird (Morel et al. 2007; Trevino 2001), wurde sein Ansatz nicht nur von Vertretern der kritischen Theorie (Habermas 1981), sondern auch von liberaler Seite (Dahrendorf 1955) kritisiert.

■ **Kann die Schule ihrer Sozialisationsfunktion gerecht werden?**

Helmut Schelsky (1912–1984) vertrat eine ähnliche Position wie Parsons. Schelsky bezeichnete die Nachkriegsgesellschaft in Deutschland als „nivellierte Mittelstandsgesellschaft", die durch den Aufstieg von Industriearbeitern und den Abstieg der vormaligen Oberschicht charakterisiert sei. Schelskys zentrale Annahme lautete, dass in einer nivellierten mittelständig-kleinbürgerlichen Gesellschaft die Schule zur entscheidenden sozialen Selektions- und Regulierungsinstanz wird:

» Die Schule steht [...] einer Gesellschaft gegenüber, die weitgehend schichtunspezifisch, dagegen hochmobil geworden ist, der soziale Status ist zu einem bloßen Einkommensunterschied degradiert [...]. In einer solchen Gesellschaft wird die Schule sehr leicht zur ersten und damit entscheidenden zentralen sozialen Dirigierungsstelle für die künftige soziale Sicherheit, für den künftigen sozialen Rang und für das Ausmaß künftiger Konsummöglichkeiten (Schelsky 1956, S. 17).

Anders als Parsons beurteilt Schelsky die Schule im Hinblick auf diese Funktion aber als völlig überfordert, denn sie fördere weder Begabungen noch wähle sie nach tatsächlich vorhandenen Fähigkeiten aus. Vielmehr verweigere sie den Schülern mit ihren Leistungsurteilen die Zugangschancen zu sozialen Positionen, die ihnen ihrer Begabung nach zukommen sollten. Da die Schule auf diese Weise eher zum gesellschaftlichen Mittel für den sozialen Abstieg werde, plädiert Schelsky für den radikalen Abbau der Allokations- und Regulationsfunktion der Schule zugunsten der eigentlichen Erziehungsaufgabe.

Eine deutliche Kritik an der Schule als Sozialisationsinstanz übte auch der französische Philosoph und Soziologe *Michel Foucault* (1926–1984), der die Schule im Verbund mit Armee, Gefängnis und Krankenhaus als eine der seit dem 19. Jahrhundert expandierenden Institutionen begriff, die mit neuen Mitteln der *Abrichtung und Bestrafung* die Normierung der Heranwachsenden betreibt. Alles, was von der Norm abweiche, werde bestraft und zum Fehler werde schon, das vorgeschriebene Niveau nicht zu erreichen. „Das Normale etabliert sich als Zwangsprinzip im Unterricht zusammen mit der Einführung einer standardisierten Erziehung und der Errichtung der Normalschulen" (Foucault 1977, S. 237).

In den Kontext eher kritischer Positionierungen gehört auch Adornos Beitrag zur pädagogischen Diskussion in der Nachkriegszeit. Kurz zusammengefasst betont die von *Adorno* propagierte *Erziehung zur Mündigkeit* eine psychoanalytisch orientierte, die Autonomie fördernde Kleinkinderziehung und eine Schulerziehung, die ohne Angst vor Autoritäten sein muss und dem Diskurs und der kritischen Analyse großen Spielraum gewährt. Grundlage einer solchen Erziehung ist die Analyse der gesellschaftlichen Verhältnisse, um die sich hinter der Oberfläche verbergenden sozialen Kräfteverhältnisse aufzudecken und öffentlich zu machen (vgl. Adorno 1971).

Weitere Soziologen, die sich umfassend mit der Theorie der Bildung und Erziehung beschäftigen, sind laut Löw (2006) seit den 1970er Jahren selten geworden. Zu den wenigen, die sich systematisch mit Bildungs- und Erziehungsfragen beschäftigten, gehören der französische Soziologe Pierre Bourdieu und der deutsche Soziologe Niklas Luhmann.

4.3.1.3 Sozialstruktur und Habitus

Pierre Bourdieu (1930–2002) geht davon aus, dass die moderne Gesellschaft von *sozialen Strukturen* geprägt ist, die sich fortlaufend selbst reproduzieren. Soziale Strukturen bestimmen nicht nur den Zugriff zu materiellen Ressourcen, sondern werden von den Individuen *internalisiert* und manifestieren sich im Verhalten, Denken und Urteilen der Handelnden.

Das Vereinsleben, das in Deutschland und Österreich eine lange Tradition hat (Hardtwig 2009), zeugt sehr anschaulich vom unterschiedlichen Habitus der Gesangvereine, Kegelbrüderschaften, Musikvereine, Sportvereine, Literaturzirkel usw. Die Unterscheidung der Gruppen im sozialen Raum entsteht durch die bewusste Abgrenzung voneinander, was dann oft durch ein uniformes Erscheinungsbild nach außen getragen wird.

Der gruppen- und klassenspezifische Habitus bewirkt eine permanente Rekonstruktion der sozialen Strukturen (Bourdieu 1973). So mag es für die Tochter eines Juristen näher liegen, Jura zu studieren als Medizin. Eher selten wird ein Angehöriger der Oberschicht Grundschulpädagogik oder Sozialpädagogik studieren. Die Gesellschaft ist für Bourdieu insgesamt ein sozialer Raum, der primär aus der Allokation von Berufsgruppen resultiert, die sich permanent reproduzieren. Menschen verinnerlichen äußere Strukturen und sie tragen nach außen, was sie zuvor internalisiert haben.

Anna: „Jakob, kennst du den? Es kommen eine schwangere Frau und ihr Mann in den Buchladen und fragen nach einem Buch mit Vornamen."

Jakob: „Ja und?"

Anna: „Die Antwort der Verkäuferin war: Für welche Laufbahn? Hauptschule oder Gymnasium?"

Jakob: „Das ist aber böse, aber irgendwie auch treffend!"

Dem Konzept des subjektiven Habitus entspricht als objektives Gegenstück das Konzept *Feld*, das die Positionen von Individuen und den Gruppierungen repräsentiert, denen sie angehören. Die soziale Welt umfasst eine Vielzahl teilautonomer Felder wie z. B. die Kunst, Religion oder Hochschulbildung. Für Bourdieu ist jedes dieser Felder eine Art Marktplatz, auf dem ökonomische, kulturelle und symbolische Kräfte gegeneinander ausgespielt werden. Dabei operieren die miteinander konkurrierenden Handlungsträger in Übereinstimmung in strategischer Weise, um ihr wirtschaftliches oder kulturelles Kapital zu vermehren. Das hervorstechende Feld ist für Bourdieu das Feld der Politik, das die Struktur aller anderen Felder bestimmt. Um ein bestimmtes Feld – z. B. das der Erziehung und Bildung – zu vermessen, muss man zuerst seine Beziehung zum Feld der Politik verstehen.

Die soziale Praxis des Handelns wird durch die Interaktion von Habitus und Kapital in einem Feld erzeugt, was Bourdieu (1982) mit der Formel

$$(\text{Habitus} \times \text{Kapital}) + \text{Feld} = \text{soziale Praxis}$$

umschrieben hat. Demnach lässt sich soziales Handeln nicht allein aus dem Habitus eines Handlungsträgers erklären, denn der Habitus ist lediglich eine offene Disposition, die ein gewisses Spektrum unterschiedlicher Handlungsweisen ermöglicht. Ob es zum Handeln kommt oder beim bloßen Wollen bleibt, hängt von dem in der Vergangenheit erworbenen Kapital ab, wobei nicht nur ökonomisches Kapital, sondern auch Bildungskapital und soziales Kapital angehäuft werden kann.

Die Chancen, die verschiedenen Kapitalsorten zu erwerben, sind für die unterprivilegierten Schichten der Gesellschaft durch die Mechanismen der ungleichen Verteilung von Macht deutlich eingeschränkt. Das gilt insbesondere auch für die Akkumulierung von kulturellem Kapital, die dem Zusammenwirken zwischen Bildung und sozialer Reproduktion unterworfen ist. Die Schlüsselfrage war für Bourdieu, ob und wie weitreichend das Bildungssystem in der Lage ist, die soziale Position des Einzelnen zu festigen oder zu verändern.

▪ Bildungszertifikate und Lebenschancen

Eine Antwort sieht er darin, dass Bildungszertifikate (Abschlusszeugnisse und Diplome) den Zugang zu sozialen Positionen und Lebenschancen bieten. In diesem Kontext weist er aber auf ein zentrales Problem der modernen Gesellschaft hin: Werden Bildungszertifikate an breite soziale Schichten vergeben, verlieren sie automatisch an Wert. In dem Maße, wie z. B. immer mehr junge Menschen das Gymnasium absolvieren, verlieren Abitur und Matura an Exklusivität und werden abgewertet. Zugleich wird der Hauptschulabschluss *ent*wertet, da genügend Abiturienten zur Verfügung stehen, um berufliche Positionen einzunehmen, die zuvor von Hauptschülern besetzt wurden. Das Schulsystem wird zum Konkurrenzobjekt zwischen den Klassen.

Die partielle Umstellung vom ökonomischen Kapital auf das *Bildungskapital* führt dazu, dass die Besitzenden bestrebt sind, ihren Besitzstand zu wahren und an die nächste Generation weiterzugeben. Daher investieren sie in eine bessere Bildung, die zu den lukrativen beruflichen Positionen qualifiziert und Einkommensvorteile sichert. Daher beurteilt Bourdieu die politisch motivierte Forderung nach Chancengleichheit der Bildung skeptisch, denn das Bildungssystem könne soziale Unterschiede nicht dadurch wirksam vermindern, indem es immer größeren Gesellschaftsgruppen den Zugang zu höherer Bildung ermögliche (Bourdieu 2001). Indem das Bildungssystem neue Unterscheidungsmerkale herausbilde (z. B. Eliteschule vs. Volksschule, Exzellenzuniversität vs. Massenuniversität), verfestige es seine

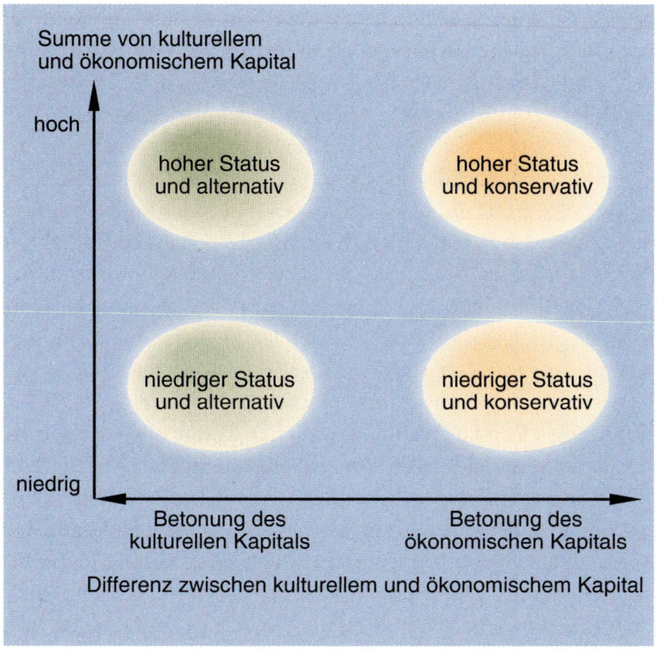

Abb. 4.14 Soziale Statusgruppen und die Akkumulierung von Kapitalsorten

selektive Funktion. Überdies hänge die berufliche Nutzung der Bildungszertifikate, sofern sie breiten Bevölkerungsschichten ausgestellt werden, dann letztendlich doch vom Sozialkapital der Herkunftsfamilien ab. Die Privilegierten gehen aufgrund ihres Habitus immer als Sieger aus dem Wettstreit um die höherwertigen sozialen Positionen hervor (Bourdieu 1982). Je nach Herkunft und Einstellung steht entweder die Vermehrung des kulturellen oder des wirtschaftlichen Kapitals im Vordergrund, was in Verbindung mit der Zielsetzung, das soziale System zu konservieren oder zu alterieren, vier soziale Statusgruppen erzeugt (Abb. 4.14).

Bemerkenswert ist, dass Bourdieu die Anhäufung des ökonomischen Kapitals als Ausdruck einer konservativen Grundhaltung betrachtet, die auf die Reproduktion der ökonomischen Verhältnisse zielt, während er der Anhäufung des kulturellen Kapitals die Absicht einer Veränderung der gesellschaftlichen Verhältnisse zuschreibt. Allerdings findet die Akkumulation kulturellen Kapitals von frühester Kindheit an gewöhnlich nur in Familien statt, die bereits über ein so stark entwickeltes kulturelles Kapital verfügen, „daß die gesamte Zeit der Sozialisation zugleich eine Zeit der Akkumulation ist" (Bourdieu 1982, S. 188). Bereits kleine Anfangsvorteile können sich im Verlauf der Zeit zu Strukturen entwickeln, bei denen eine kleine Anzahl an Personen den Hauptteil der Erfolge auf sich vereint, während die Mehrheit erfolglos bleibt. Das wird in der Soziologie auch als „Matthäus-Effekt" bezeichnet: „Wer hat, dem wird gegeben" (Zuckerman 2010).

» The winner takes it all
The loser's standing small
Beside the victory
That's her destiny.
(ABBA 1980).

Das in der Familie erworbene kulturelle Kapital bildet die Grundlage, auf der neues kulturelles Kapital erworben werden kann. Welche Ressourcen mit dem kulturellen Kapital der privilegierten sozialen Klasse verknüpft sind, wird von Bourdieu nicht genau dargelegt. Ebenso bleibt offen, wie diese Ressourcen in Bildungszertifikate umgewandelt werden, die über die Allokation für das Beschäftigungssystem entscheiden. Gleichwohl gilt für Bourdieu und Passeron (1971) die Feststellung: Chancengleichheit ist eine Illusion.

Wenn Kinder in die Schule eintreten, bringen sie völlig unterschiedliche und dem Habitus der Familie entsprechende Voraussetzungen mit, die sich in der Schule eher verfestigen als vermindern. Kinder von Eltern mit einem höheren Bildungsniveau sind nicht nur mit der herrschenden Kultur und ihren Riten und Symbolen vertrauter, sondern auch im Vorteil, weil ihre Eltern besser Bescheid wissen, wann bestimmte Entscheidungen für das Fortkommen zu treffen sind. Trifft ein Kind in der Schule auf das, was es von Hause aus schon kennt, und weist es einen Vorschuss an kulturellem Kapital auf, findet es mehr Anknüpfungspunkte und erreicht eher und leichter schulische Erfolge.

Anna: „Ich hab noch einen Witz auf Lager."

Jakob: „Lass hören."

Anna: „Der kleine Max hat seinen Eltern gerade sein miserables Zeugnis in die Hand gedrückt und stellt die Frage: ‚Also bitte, welche Entschuldigung habt ihr für derart eklatante Lücken in meinem Wissen?'"

Die Schule übernimmt nach Bourdieu die Funktion, den familiär erzeugten Habitus zu systematisieren und weiterzuentwickeln, allerdings nur unter der Voraussetzung, dass eine strukturelle Übereinstimmung zwischen familiärem Habitus und dem in der Schule gefragten Habitus besteht. Die von der bürgerlichen Gesellschaft gepflegte Vorstellung, der Schulerfolg sei das Ergebnis der Begabung des einzelnen Schülers, wird ad absurdum geführt. Da das Schulsystem moderner demokratischer Gesellschaften die ungleichen Ausgangsbedingungen der Heranwachsenden bewusst ignoriert, entsteht nach Bourdieu die paradoxe Situation, dass gerade dadurch die gegebenen sozialen Unterschiede bestätigt und gefestigt werden (Bourdieu 2001). Das Erziehungssystem der Schule hilft, bei den Nichtprivilegierten eine Akzeptanz der kulturellen Entmachtung zu erzeugen, denn die Pflichtschule bringt den nichtprivilegierten Kindern systematisch bei, die bestehenden Verhältnisse anzuerkennen und sich ihnen zu unterwerfen. Die Schule vertritt und festigt insgesamt die Qualitäten der Mittelklasse, denen die Lehrpersonen von ihrem Status her auch angehören, und wer nicht mit diesen Qualitäten ausgestattet ist, gerät in eine Spirale von sozialen Benachteiligungen.

Perspektivisch zeigt Bourdieu eine Lösung des Problems, indem er für eine *emanzipatorische Erziehung und Bildung* plädiert, die darauf zielt, dass die kulturell enteigneten sozialen Klassen sich wieder die Kultur aneignen, was Chancen für die bislang Chancenlosen eröffnet. Bourdieu wendet sich entschieden gegen die kapitalistische Sichtweise des Menschen als „Humankapital", das ökonomisch optimal verwertet werden kann und soll, und tritt für eine wachsende Autonomie der Einzelpersonen mittels Bildung und Erziehung ein. Beides rückt ihn in die Nähe zur *kritischen Theorie* der Frankfurter Schule (Bauer et al. 2010) und der kritisch-emanzipatorischen Erziehungswissenschaft. Programmatisch schreibt er der Pädagogik die zentrale Aufgabe zu, die Emanzipation von politischer Herrschaft und Unterdrückung, von autoritären Verhältnissen und ideologischer Verschleierung anzustreben. Die Emanzipation der unterdrückten gesellschaftlichen Gruppen sowie die Kritik an allem, was Emanzipation verhindert, werden als Ziele des pädagogischen Handelns propagiert.

4.3.1.4 Funktional-strukturelle Theorie

Erziehung nimmt nach *Niklas Lehmann* (1927–1998) eine wichtige Funktion in der modernen Gesellschaft wahr. Sie ziele auf die „Selektion" und „Trivialisierung" der Schüler, auf deren Einpassung in gesellschaftliche Chancen und auf günstige Ausgangslagen für eine spätere Karriere (Luhmann 2002). Luhmann argumentiert ähnlich wie Bourdieu, wenn er postuliert, dass durch eine Bildung breiter Bevölkerungsschichten zwar die Zahl der Absolventen mit einem höheren Bildungsabschluss ansteige, aber nicht für eine adäquate Beschäftigung gesorgt werde. Demnach finde die Selektion nicht mehr durch das Bildungssystem statt, sondern beim Übergang in den Beruf, was das Selektionsproblem erheblich verschärfe.

Insgesamt finden sich in Luhmanns theoretischen Erörterungen relativ wenige Entsprechungen mit Bourdieu, dafür umso mehr mit Parsons. Im Unterschied zu Bourdieu ging es Luhmann nämlich nicht um die Lösung pädagogischer Probleme, die durch die Sozialisation verursacht werden, sondern um die Reflexion auf der Grundlage der Systemtheorie, später auf der des Konstruktivismus – „der Mensch interessiert mich nicht, wenn ich das so hart sagen darf" (Luhmann 1990, S. 132).

Luhmanns systemtheoretischer Ansatz ging aus der kritischen Auseinandersetzung mit der strukturell-funktionalen Systemtheorie von Parsons hervor, aber im Unterschied zu Parsons reflektiert Luhmann in der sogenannten *funktional-strukturellen Theorie*, wie Systeme funktionieren und wie sich Funktionen historisch verändern. Ein weiterer Unterschied zu Parsons besteht darin, dass Luhmann nicht länger davon ausgeht, dass die vom Kollektiv geteilten Werte, Normen und Regeln die Grundlage von sozialen Systemen bilden. Stattdessen erhebt er den *Sinnzusammenhang* zum konstituierenden Element, der darin besteht, dass Systeme die Funktion haben, die Komplexität zu vermindern (Löw 2006). Parsons hatte der sozialen Ungleichheit noch eine wichtige Funktion eingeräumt und sie aus der sogenannten *funktionalen Wichtigkeit* unterschiedlicher Positionen abgeleitet, woraus eine durchgehende Ordnung sozialer Schichten resultiert.

▪ Das Prinzip der funktionalen Differenzierung

Für Luhmann hat das Konzept der sozialen Ungleichheit und der Schichtung keine Bedeutung mehr in Bezug auf den Lebenslauf der Einzelperson. Er ersetzt die funktionale Schichtung durch *funktionale Differenzierung*. So vertritt Luhmann die Ansicht, dass im Gegensatz zu früher die Geburt kein Merkmal der Statusbestimmung mehr sei, denn

> » der Legitimitätsverlust von Herkunft (und damit: von Sozialisation in den guten Familien oder in der guten Gesellschaft) ist durch die Umstellung des Gesellschaftssystems auf einen Primat funktionaler Differenzierung bedingt, der alle festen, durch Geburt bestimmten Positionszuweisungen auflöst und die Qualität der Inklusion der Individuen in die Gesellschaft, also Glanz und Elend ihres Lebensschicksals, den Kriterien der einzelnen Funktionssysteme überlässt (Luhmann 2002, S. 70 f.).

Das Prinzip funktionaler Differenzierung besagt nicht, dass Privilegien gleich verteilt sind, sondern kleine Anfangsvorteile oder -nachteile summieren sich für den Einzelnen im Konzert der Teilsysteme zu positiven oder negativen Karrieren. Wer schon finanzielles Kapital hat, bekommt eher Kredit und hat größere Chancen, reich zu werden. Wer bereits öffentliches Ansehen genießt, hat es leichter, in einer politischen Partei zu Einfluss zu gelangen, und wer in einem von Bildung geprägten Elternhaus sozialisiert wird, wird im Prozess der weiteren Erziehung bevorzugt (Luhmann und Schorr 1988).

Luhmann geht davon aus, dass sich im Zuge der funktionalen Differenzierung der sozialen Systeme das Erziehungssystem als autonomes Teilsystem etabliert hat. „Funktionale Differenzierung bedeutet in Hinsicht auf ‚Erziehungswissenschaft', dass für wissenschaftliche Forschung und für Erziehung *verschiedene* Sozialsysteme ausdifferenziert worden sind" (Luhmann und Schorr 1988, S. 8). Dabei ist die Zuordnung klar: Die Erziehungswissenschaft ist im Hochschulsystem verankert, die (praktische) Pädagogik ist Teil des Erziehungs- bzw. Schulsystems. Da alle Systeme stets einen Bezug zur Gesamtgesellschaft aufweisen, indem sie eine bestimmte Funktion erfüllen, ist auch das Erziehungssystem, wie immer es ausgestaltet sein mag, funktional in Bezug auf die Gesamtgesellschaft. Es erbringt spezifische Leistungen für die Gesellschaft, die andere Systeme nicht oder weniger effektiv erbringen können. Ganz allgemein gesprochen hat das Schulsystem dabei die zentrale Aufgabe, die junge Generation zwecks sozialer und kultureller Integration in die Gesellschaft bei gleichzeitiger Stärkung der Persönlichkeit zu erziehen. Die Schule wird dabei

> » zur zentralen Dirigierungsstelle für Chancen im späteren Leben, obwohl sie natürlich nicht determinieren kann, wie spätere Karrieren laufen, und vor allem Großorganisationen […] sich ein eigenes Karrieremanagement vorbehalten (Luhmann 2002, S. 70).

▪ Leistung und Karriere

Der Bezug des Erziehungssystems zur Gesellschaft wird über den Begriff der *Leistung* hergestellt, wobei es laut Luhmann zur Paradoxie des Erziehungssystems gehöre, dass Ungleiches gleich behandelt werde, „um die Auflösung dieser Paradoxie, die Erzeugung schulleistungsbedingter Ungleichheiten, sich selbst zurechnen zu können" (Luhmann 1996, S. 25). D. h. eigentlich ungleiche Kinder werden gleich eingestuft, um dann scheinbare Leistungsdifferenzierungen hervorbringen und messen zu können. Das laufe in der Selbstreflexion auf eine „gerechte", d. h. „im System kontrollierte Herstellung von Ungleichheit" (S. 26) hinaus. Von zentraler Bedeutung für die Weitergabe und Kumulation von Startvorteilen von Generation zu Generation ist die Familie. In

Abb. 4.15 © Rudie – Fotolia.com

ihr werden wirtschaftliche, bildungsmäßige, berufliche Privilegien zu einem schichtspezifischen Lebensstil verknüpft und über entsprechende Sozialisationsprozesse von Generation zu Generation weitergegeben. Bestehende Vorteile über verschiedene Funktionsbereiche hinweg eröffnen den sogenannten höheren Schichten von vornherein bessere Möglichkeiten der Teilhabe am gesamtgesellschaftlichen Geschehen und der Nutzung sich bietender Chancen in ganz unterschiedlichen Feldern. Paradoxerweise schließt das Prinzip funktionaler Differenzierung eigentlich die kumulative Verkettung funktionsspezifischer Ressourcen wie Macht, Geld, Bildung usw. aus und doch ist die Anhäufung der sozialen Ressourcen zu stabilen Soziallagen feststellbar (vgl. zu den Luhmann'schen Paradoxien: Bühl 2000).

Um mitbedenken zu können, dass die Kinder aufgrund der Sozialisation in der Familie bereits mit unterschiedlichen Fertigkeiten und Fähigkeiten in das Erziehungssystem eintreten, verwendet Luhmann den Begriff *Karriere* bei der soziologischen Reflexion. „Der einzig reale (= widerstandsgetestete) Integrationsmodus in einem mit Organisationen durchsetzten Zeitalter ist […] die Karriere" (Luhmann 2000, S. 101). Dementsprechend ist der selbstverständliche Sinn und Zweck von Erziehung die *Karriere* (Abb. 4.15).

Das Erziehungssystem hat in erster Linie die Aufgabe, Lebensläufe und Karrieren zu ermöglichen. In der modernen Gesellschaft erfüllt es diese Aufgabe in bewusster Abgrenzung von der familiären Herkunft. Es neutralisiert Herkunftsdifferenzen und verpflichtet sich auf die vermeintliche Herstellung von „Chancengleichheit", um dann erzieherisch neu zu selektieren. Gemeint ist damit ein notwendiger „Umbau des Modus der sozialen Integration von Herkunft auf Karrieren, also auf Zukunft" (Luhmann 2002, S. 70).

» Erfolge erzeugen Erfolge, Misserfolge erzeugen Misserfolge. Anfänglich geringe Differenzen werden durch die Karriere verstärkt. So geht die Karriere ihrerseits in die Selbstselektion ein. Man traut sich mit einer karrieregünstigen Biographie mehr, mit einer entmutigenden Biographie weniger zu. Wenn es keine anderen Gründe für die laufende Regenerierung von Ungleichheiten gäbe: durch Karrieren allein würden sie zustandekommen (Luhmann 1998, S. 235)

Neben der Ausrichtung auf die Karriere beurteilt Luhmann die Wissensbasiertheit der Erziehung als zweite Säule einer potentiellen Chancengleichheit:

» Die Wissenschaft ist die vielleicht wichtigste Ressource der Erziehung, denn die gute Absicht, richtig zu erziehen, kann sich am besten auf wahres Wissen stützen, und für Wahrheit ist in der modernen Welt die Wissenschaft zuständig (Luhmann 2002, S. 132).

Die gesellschaftliche Funktion von Erziehung

Die gesellschaftliche Funktion von Erziehung besteht darin, zum Erhalt der Gesamtgesellschaft beizutragen – und zwar durch die Erziehung der Menschen zu Personen. Erziehung soll persönliche Eigenschaften produzieren, die für die Übernahme von gesellschaftlichen Pflichten und Aufgaben ebenso wie für statusgerechte Positionierungen erforderlich sind. *Personen* (bzw. Persönlichkeiten) sind die in diesem Sinne durch Erziehung und Sozialisation entstandenen Menschen. Bildungsinstitutionen, allen voran die Schule, bieten den Ort und Raum, wo Personen in von der Gesellschaft festgelegten Bahnen herangebildet werden. Sie stellen sicher, dass Erziehung jeden Heranwachsenden erreicht.

Abschließend kann festgestellt werden, dass die soziologische Analyse Luhmanns (wie die Bourdieus) die Gesellschaft und ihre Teilsysteme nicht als gegebenes, sondern als herzustellendes Phänomen, nicht als Zustand, sondern als Prozess betrachtet. Ausdrücklich als Kritik an Luhmanns soziologischer Position gemeint stellt Bourdieu die Notwendigkeit heraus, den Menschen als die Vermittlungsinstanz in die Analyse einzubeziehen, die Ziel und Anlaufstelle der Verteilungskämpfe in der Gesellschaft ist.

Anna: „Es rufen die Parteien, die Wirtschaft, die Kultusminister und wer weiß noch wer: ‚Bildung! Wir brauchen mehr Bildung in Deutschland!' Nur wer klug ist, kommt nach oben!"

Jakob: „Das sind die bekannten Sonntags- und Wahlsprüche. Wenn es den Politikern wirklich ernst wäre, dann müssten sie sich mal fragen, was ihnen die Schulen und Universitäten wirklich wert sind. Dann müssten sie nämlich aufhören, den Bildungsbereich weiter auszuquetschen. Schulgebäude, Universitäten zerfallen. Ich habe mal gelesen, dass in den letzten zehn Jahren fast 1500 Professorenstellen eingespart wurden."

Anna: „Ja, das macht wütend. Ich habe auch den Eindruck, dass die Politik genau das Gegenteil davon macht, was sie lautstark verkündet. Auch die SPD hat sich ja in ihrem Grundsatzprogramm von der Verteilungsgerechtigkeit und damit auch von der Chancengleichheit verabschiedet."

Jakob: „Was zur Folge hat, dass Kinder aus Familien, die Hartz IV bekommen, so gut wie keine Chance auf eine Karriere im Sinne Luhmanns haben. Das sind die geborenen Verlierer."

4.3.2 Sozialstruktur und Bildung – Gleichheit in der Vielfalt?

In der österreichischen Verfassung werden Vorrechte der Geburt, des Geschlechtes, des Standes, der Klasse und des Bekenntnisses ebenso ausgeschlossen (Art. 8, Abs.) wie im Grundgesetz der Bundesrepublik Deutschland, das in Artikel 3 ausdrücklich auch darauf hinweist, dass niemand wegen seiner Herkunft benachteiligt oder bevorzugt werden darf. Herkunft meint dabei nicht die geografische oder ethnische Herkunft (sie wird als Heimat bezeichnet), sondern laut Urteil des Bundesverfassungsgerichts (1959) die *soziale Herkunft*.

Die Wirklichkeit sieht, was die Erziehung und Bildung anbelangt, anders aus, denn die Ungleichheit der Bildungschancen ist – historisch gewachsen – bis heute ein Hauptmerkmal des Bildungssystems. Zwar hatten bereits vor 50 Jahren Picht (1964) und Dahrendorf (1965a) auf gravierende Unterschiede der Bildung aufgrund der sozialen Herkunft hingewiesen und die *Bildung als Bürgerrecht* bezeichnet (Dahrendorf 1966), geändert hat sich daran substantiell aber kaum etwas, wenn man den Ergebnissen der verschiedenen PISA-Studien Glauben schenkt, die auf eklatante sozioökonomisch bedingte Unterschiede des deutschen Bildungswesens hinweisen. Die im Zusammenhang mit den PISA-Studien verwendete Schlagzeile „Soziale Herkunft prägt den Schulerfolg" war vor hundert Jahren richtig, und sie wird es auch in hundert Jahren sein! Denn bislang ist das Zaubermittel noch nicht gefunden worden, den Einfluss der sozialen Herkunft auf den Bildungs- und Berufserfolg auszuschalten.

Derzeit zeichnet sich für die Gesellschaft Deutschlands laut Borchard et al. (2008) eine klare Trennung in drei „Lebenswelten" ab, die den traditionellen Bezeichnungen *Unterschicht, Mittelschicht und Oberschicht* entsprechen. Die Autoren berichten über deutliche Abgrenzungstendenzen: Eltern der Mittelschicht versuchten nicht nur, ihre Kinder von Kindern der Unterschicht fernzuhalten, sondern es sei auch offensichtlich, dass sich die Eltern in der unteren Schicht kaum um die schulischen Belange ihrer Kinder kümmern oder kümmern könnten. Noch schärfer als die Trennung zwischen Mittelschicht und Unterschicht ist laut Borchard et al. die Trennung zwischen Mittelschicht und Oberschicht. Sie wird als weitgehend unüberwindbar beurteilt: Kinder, die in die Oberschicht hineingeboren werden, erfahren eine von materiellen Beschränkungen weitgehend losgelöste Förderung durch ihre Eltern, werden von zahlreichen Helfern betreut und gehen häufig auf private Schulen. Wer kann da noch behaupten, Eliten würden nicht mehr geboren, wenn die Geburt in einem Kontext verankert ist, der für spätere gesellschaftliche Funktionen geradezu prädestiniert?

Anna: „Aha, dann bestimmt also die Gnade der Geburt, ob ich Chefin eines Unternehmens werde, oder?"

Jakob: „Genau. Zum Manager wird man geboren. Vier von fünf Managern der größten Unternehmen stammen aus den oberen 3 % der Bevölkerung, dem Großbürgertum. Bei den meisten Vorstandschefs waren die Eltern Unternehmer, Manager, hohe Beamte oder stammten aus dem Adel. Man kennt sich. Das ist eine wirklich geschlossene Gesellschaft."

Anna: „Dazu passt ja, was einer aus der Familie Bismarck gesagt haben soll. Er meint, wenn seine Name auf 'ner Liste von Bewerbern steht, bekäme er trotz schlechter Abschlussnoten eine Stelle. Also werde ich doch nie Chancen haben, ein Unternehmen zu führen, auch falls ich gute Abschlussnoten bekommen sollte."

Jakob: „Als Frau sowieso nicht! Aber es gibt ja nicht nur arm und reich. Es gibt ja auch noch ein breites Mittelfeld. Und da macht es schon einen Unterschied, ob man es als Arbeiterkind zum Studienrat schafft oder ob man als Sohn eines Rechtanwaltes zum Gerichtspräsidenten aufsteigt. Der Kampf um gut bezahlte Arbeitsplätze ist hart. Da passt das Gequatsche von Elite und Elite-Universitäten gut dazu."

Anna: „War es nicht der sozialdemokratische Kanzler Schröder, Kind einer Putzfrau und eines Hilfsarbeiters, der nach Elite-Universitäten rief?"

Jakob: „Ja, das ist eine Ironie der Geschichte. Ohne die Bildungsoffensive der 60er und 70er Jahre hätte Schröder seinen Aufstieg nie geschafft. Aber es gibt immer wieder Aufsteiger, die vergessen, woher sie kommen und sich nach unten abschotten. Deshalb wird ja auch das dreigliedrige Schulsystem zäh verteidigt."

Anna: „Ist das nicht doch etwas zu einfach gedacht?"

Jakob: „Überhaupt nicht. Das Schulsystem sorgt dafür, dass fast 60 % der Jugendlichen aus dem Kampf um ein Studium und gut bezahlte Arbeitsplätze herausfällt. Da wird ganz, ganz früh sortiert."[15]

Soziologische Theorie und Forschung gehen allgemein von der *Ungleichheit als Strukturmerkmal* moderner Gesellschaften aus. Soziale Ungleichheit bezeichnet dabei ein Verhältnis der Über- und Unterordnung, der Begünstigung oder Benachteiligung von

15 Teile dieses fiktiven Gesprächs sind aus dem Interview mit dem Soziologen Michael Hartmann entnommen, das der *Stern* im Oktober 2007 publiziert hat. Der interessierte Leser sei auf das Buch *Eliten und Macht in Europa* von Hartmann (2007) verwiesen.

sozialen Gruppen. Wir legen den weiteren Darlegungen folgende Definition zugrunde:

soziale Ungleichheit

Der Begriff *soziale Ungleichheit* bezeichnet zweierlei:
1. die strukturell ungleiche (und nicht nur zufällige) Verteilung gesellschaftlicher Ressourcen wie Einkommen, Besitz, Macht und Bildung und daraus entstehende Klassen-, Schichten- und Milieubildungen;
2. Prozesse der Zuweisung (Allokation) von Individuen auf sozial ungleichwertige Positionen, aus denen „gesellschaftlich verankerte Formen der Begünstigung und Bevorrechtigung einiger, der Benachteiligung und Diskriminierung anderer" (Kreckel 2004, S. 15) resultieren.

Mit sozialer Ungleichheit kann auf verschiedene Weise umgegangen werden: konstruktiv, indem nach Maßnahmen gesucht wird, sie abzuschwächen, oder passiv-fatalistisch, indem sie als naturgegeben hingenommen wird. Die *Bildungspolitik* geht mit dem Phänomen der sozialen Ungleichheit in konstruktiver Weise um, wie die Kinder- und Jugendberichte des Bundesministeriums für Familie, Senioren, Frauen und Jugend (2009, 2011) und auch der *Nationale Bildungsbericht Österreich* (Specht 2009) belegen. Erkenntnisleitend ist dabei die Annahme, dass in Anbetracht der Dynamik moderner Gesellschaften von vielschichtigen Prozessen der Erzeugung von Ungleichheit auszugehen ist, die auf strukturelle Merkmale wie *Klassen* oder *Schichten* zurückgehen.

Aus soziologischer Sicht ist die Bildung ein bedeutender Faktor, der zur sozialen Ungleichheit beisteuert. Dabei stehen sich zwei Meinungen gegenüber. Vertreter der *Klassentheorie* (z. B. Bourdieu 1982) betrachten *Bildungstitel als soziale Ausschlusskriterien*, um Konkurrenten vom Wettbewerb um begehrte und einflussreiche Positionen fernhalten zu können. Demgegenüber betrachten Vertreter der funktionalen *Schichtungstheorie* (z. B. Treiman und Yip 1989) *Bildungstitel als Mittel zum Erreichen eines sozialen Status*, der mit der Besetzung einer beruflichen Position verbunden ist. Dabei dienen Bildungstitel der Einschätzung, ob jemand über die Qualifikationen verfügt, die für die Ausführung einer beruflichen Tätigkeit erforderlich sind. Die Frage, welche dieser beiden Funktionen zum Zuge kommt, hat nach Groß (2000) erhebliche Konsequenzen dafür, wie Bildung als Faktor sozialer Ungleichheit eingeschätzt wird: Fungieren Bildungstitel als Ausschließungskriterium, bilden sie die Grundlage für soziale Privilegien; fungieren sie als Qualifikationsnachweise, werden sie zur Ausgangsgrundlage für das Erreichen sozialer Positionen aufgrund der individuellen Leistung.

4.3.2.1 Die soziale Herkunft als soziokulturelles Erbe

Versteht man unter *Soziokultur* die Summe aus allen kulturellen und sozialen Motiven verschiedener/aller gesellschaftlicher Gruppen (Knoblich 2001), so wird die soziale Herkunft zur Grundlage einer generationsübergreifenden Weitergabe von Ressourcen und Wertsystemen. Anders formuliert: Die soziale Herkunft wird zum soziokulturellen Erbe, das nach Auffassung der Soziologie wesentlich von dem Milieu bestimmt wird, in das ein Mensch hineingeboren wird. Die Prägung durch ein Milieu entspricht dem Habituskonzept Bourdieus (1995). Demnach verdichten sich im Habitus die Wertesysteme und soziokulturellen Charakteristika gesellschaftlicher Gruppen und werden von Generation zu Generation weitergegeben.

- **Stratifikation der Gesellschaft**

» Es sind die Bürger des Mittelstandes in allen Staaten diejenigen, welche das gesichertste Dasein haben und sich am längsten erhalten. – Es ist derjenige Staat am besten verwaltet und regiert, in welchem der Mittelstand der zahlreichste ist (Aristoteles).

Seit Menschengedenken werden Gesellschaften in Schichten oder Stufen eingeteilt, was als *Stratifikation* bezeichnet wird. Die längste Zeit wurde nach dem vertikalen Prinzip *oben und unten* verfahren, wobei die Bezeichnungen *Stände, Kasten, Klassen* und *Schichten* gewählt wurden, um die hierarchische Sozialstruktur einer Gesellschaft zu kennzeichnen. Ausgangsgrundlage für die Stratifikation ist die Ähnlichkeit der Mitglieder einer sozialen Gruppierung in bestimmten Merkmalen. Die Übereinstimmung in Werthaltungen und in der Verfügbarkeit von Ressourcen (Kapitalsorten) bewirkt dauerhafte soziale Wechselwirkungen innerhalb einer Gruppe und eine Abgrenzung gegenüber anderen Gruppen.

» Unter Sozialstruktur verstehen wir die demographische Grundgliederung der Bevölkerung, die Verteilung zentraler Ressourcen wie Bildung, Einkommen und Beruf, die Gliederung nach Klassen und Schichten, Sozialmilieus und Lebensstilen, aber auch die soziale Prägung des Lebenslaufs in der Abfolge der Generationen (Zapf 1989, S. 101).

Die Stratifizierung ist durch eine Subsumtionslogik gekennzeichnet (Emmerich und Hormel 2013), die Personen zu einer Gruppe zusammenschließt, deren Kennzeichen die Gleichheit in ökonomischen, sozialen und kulturellen Merkmalen ist (vgl. auch Schwinn 2008). Erst die Gleichheit einer Gruppe lässt die Ungleichheit zwischen Gruppen erkennen. Wird die Gesellschaft als Zusammenschluss sozialer Gruppen betrachtet, ist die interne Homogenität bzw. Merkmalsgleichheit der jeweiligen Gruppen eine notwendige Voraussetzung für deren Unterscheidbarkeit.

4.3.2.2 Sozialstruktur: Klasse, Schicht oder Milieu?

Um die Stratifikation einer Gesellschaft wiederzugeben, verwendet die Soziologie unterschiedliche Begriffe, die sich auch in der Alltagssprache festgesetzt haben: Es wird von *Klasse, Schicht, Milieu* oder *Lebensstil* gesprochen, um damit das hierarchische Verhältnis sozialer Gruppen zum Ausdruck zu bringen. Hinter diesen Begriffen liegen unterschiedliche gesellschaftstheoretische Auffassungen, die miteinander konkurrieren.

- **Soziale Klassen**

Die Einteilung von Gesellschaften in (Standes-)*Klassen* reicht in die Antike zurück, was am Beispiel der römischen Zensoren gezeigt werden kann, die das Wort *classis* zur Einteilung der Bevölkerung in Steuergruppen benutzten. Diese ökonomische

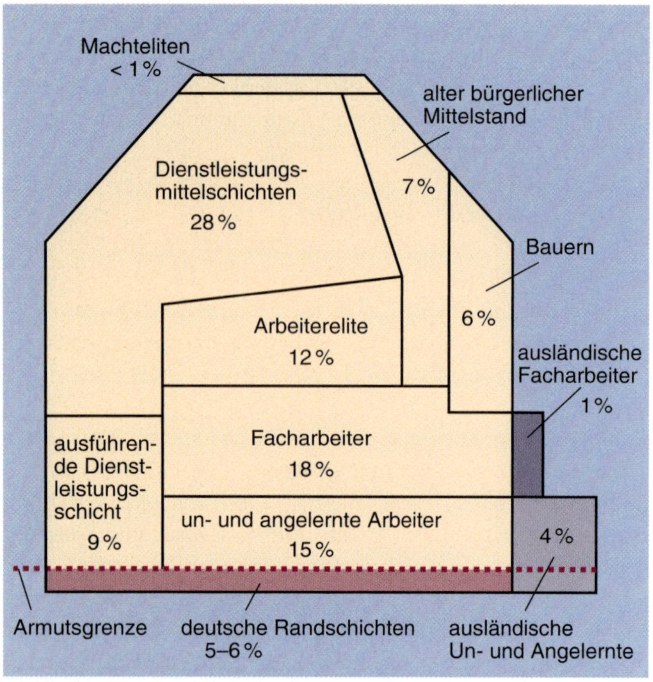

Abb. 4.16 Die soziale Schichtung der deutschen Bevölkerung in den 1980er Jahren (Geißler 1992, S. 86)

Sinngebung liegt auch dem modernen soziologischen Klassenbegriff zugrunde, der durch die marxistische Gesellschaftstheorie und die Herrschaftssoziologe Max Webers geprägt wurde. Karl Marx ging von einem alles bestimmenden ökonomischen Herrschaftsprinzip aus, aus dem heraus soziale Klassen entstehen, die hierarchisch geordnet und antagonistisch, d. h. einander entgegenwirkend sind. Nach Marx ist es also die ungleiche Verteilung der Produktionsmittel, die eine ungleiche Verteilung der Lebenschancen bedingt. Sie gilt es aus marxistischer Sicht zu überwinden, indem sich die lohnabhängigen Proletarier mittels einer sozialen Revolution nicht nur die politische, sondern auch die ökonomische Macht aneignen sollen. In diesem Zusammenhang sprach Engels (1881) von notwendigen und überflüssigen Gesellschaftsklassen, wobei ziemlich klar sein dürfte, welche soziale Gruppen er als überflüssig betrachtete.

> » Dem Kapitalisten, den die Ausdehnung der betreffenden großen Unternehmen gezwungen hat, sich von ihrer Leitung „zurückzuziehen", ist aber doch noch eine Funktion geblieben. Und diese Funktion besteht darin, mit seinen Aktien an der Börse zu spekulieren. Weil sie nichts Besseres zu tun haben, spekulieren unsere Kapitalisten, die sich „zurückgezogen" haben, in Wirklichkeit aber überflüssig geworden sind, nach Herzenslust in diesem Mammonstempel. Sie gehen mit der wohlüberlegten Absicht hin, Geld einzusacken, das sie angeblich verdient haben; trotzdem sagen sie, die Quelle jeglichen Eigentums sei Arbeit und Sparsamkeit – die Quelle vielleicht, aber sicherlich nicht das Ende. Welche Heuchelei, kleine Spielhöllen zwangsweise zu schließen, wenn unsere kapitalistische Gesellschaft nicht ohne eine riesige Spielhölle auskommen kann, in der Millionen und aber Millionen verloren und gewonnen werden und die ihr wichtigster Lebensnerv ist! Hier allerdings wird die Existenz des „zurückgezogenen", aktienbesitzenden Kapitalisten nicht nur überflüssig, sondern eine ausgesprochene Plage (Engels 1881, S. 289).

Auch Max Weber betrachtete die ungleiche Verteilung wirtschaftlicher Macht als Grundbedingung für die Klassenbildung in einer Gesellschaft, beurteilte aber das Wirken des Kapitalismus ganz anders als Marx und Engels. Weber legitimiert das Zusammenspiel von *Wirtschaft und Gesellschaft* (Weber 1922/2005), das der Bildung ungleicher Klassen zugrunde liegt, herrschaftssoziologisch und begründet die Ungleichheit mit der protestantischen Ethik. Demnach sei der Charakter des Kapitalbesitzes und Unternehmertums vorwiegend protestantisch, und Protestanten hätten eine eher technische, Katholiken eher eine humanistische Schulbildung. Das ist laut Steinert (2010) eine unwiderlegbare Fehlkonstruktion. Als *soziale Klasse* begreift Weber die Gesamtheit der Lebensbedingungen, wobei er davon ausgeht, dass ein Wechsel einer Person oder ihrer Nachkommen von einer Klasse zu einer anderen relativ leicht möglich sei. Für seine Zeit unterschied er zwischen drei Gesellschaftsklassen:

1. die Klasse der Besitzenden und Bildungsprivilegierten,
2. die Klasse des Kleinbürgertums sowie der besitzlosen Intelligenz und Fachgeschultheit (Techniker, Angestellte, Beamte) und
3. die besitzlose Arbeiterschaft als Ganzes (Industrie- und Landarbeiter).

Sowohl aus marxistischer als auch aus herrschaftssoziologischer Sicht bezeichnen soziale Klassen die Position von Individuen innerhalb des ökonomischen Systems, ihre Teilhabe an den Produktivkräften und daraus abgeleitet den Zugang zu Reichtum und gesellschaftlichem Einfluss (Kleining 1991). Die gemeinsame Erfahrung von Privilegierung oder Benachteiligung führt zu ähnlichen ökonomischen Interessen innerhalb einer Klasse: Mitglieder privilegierter Klassen wollen ihre Standesvorteile wahren, während die Mitglieder benachteiligter Klassen eine Änderung der Verhältnisse anstreben. Aus diesen unterschiedlichen strukturellen Interessen heraus ergeben sich kollektive Handlungsmuster der Mitglieder einer Klasse.

Der Klassenbegriff war in der Soziologie bis in die 1950er Jahre hinein gang und gäbe (z. B. Dahrendorf 1957), wurde dann aber zunehmend durch den Begriff „soziale Schichten" ersetzt.

Soziale Schichten

Wie der Klassenbegriff geht auch der Begriff der sozialen Schichtung von einer vertikalen Gliederung der Gesellschaft aus, in der sich sozioökonomische Ungleichheiten und dadurch legitimierte soziale Privilegien spiegeln (Kleining 1991). Soziale Schichten kommen als Gruppierungen von Individuen mit einem gleichen sozialen Status zustande, der auf der Grundlage von Einkommen, Besitz, Beruf, Bildung, Prestige usw. definiert wird. Dementsprechend bezeichnet der Begriff *soziale Schicht* eine Gruppe innerhalb einer Gesellschaft, deren Angehörige sich in der *gleichen sozialen Lage* befinden. In der Soziologie wurden verschiedene Schichtmodelle entwickelt, die ein Bild der Sozialstruktur einer Gesellschaft zeichnen sollen. Bekannte Schichtmodelle für Deutschland sind das „Dahrendorf-Häuschen" (Dahrendorf

Tab. 4.7 Schichteinstufung in ALLBUS 2002 bis 2012 und im SOEP 2002 und 2007. Die Unterschiede zwischen ALLBUS und SOEP fallen stellenweise ziemlich groß aus. Vergleicht man z. B. für das Jahr 2002 den Anteil der Unterschicht, beträgt der Unterschied fast 8 %, für das Jahr 2007/08 sogar 13 %. Auffällig ist auch die Differenz bei der Oberschicht: Bei ALLBUS stufen sich im Schnitt nur 0,5 % der Befragten als zur Oberschicht zugehörig ein, während das SOEP zu höheren Werten gelangt

	ALLBUS						SOEP*	
	2002	2004	2006	2008	2010	2012	2002	2007
Unterschicht/Arme	**1,5**	2,3	3,4	**3,7**	3,1	1.9	**7,2**	**7,9**
Arbeiterschicht	**26,6**	35,8	33,6	**31,2**	25,2	25,8	**13,2**	**13,9**
Mittelschicht	**58,1**	47,6	**53,2**	**52,4**	58,4	60,2	**61,2**	**59,3**
Obere Mittelschicht	**11,9**	7,3	8,8	**9,1**	10,6	9,9	11,0	10,7
Oberschicht	**0,5**	0,5	0,5	**0,4**	0,5	0,6	**6,5**	**8,2**
Keine Angabe	0,4	1,4	0,8	1,1	0,8	0,5	–	–

* Die SOEP-Daten sind von Geißler (2010) übernommen.

1965b) und die „Bolte-Zwiebel" (Bolte 1967), die aber infolge des Strukturwandels der letzten 50 Jahre nur noch historischen Wert haben. Geißler (1992) hat das „Dahrendorf-Häuschen" abgewandelt, um die Sozialstruktur Westdeutschlands in den 1980er Jahren zu illustrieren (Abb. 4.16).

Seit 1980 wird in der Bundesrepublik Deutschland die Allgemeine Bevölkerungsumfrage der Sozialwissenschaften (ALLBUS) durchgeführt, um Daten über Einstellungen, Verhaltensweisen und die Sozialstruktur der Bevölkerung zu erhalten. Dafür wird einer repräsentative Stichprobe aus der Bevölkerung auch die Frage nach der subjektiven Schichtidentifikation gestellt:

» Es wird heute viel über die verschiedenen Bevölkerungsschichten gesprochen. Welcher Schicht rechnen Sie sich selbst eher zu, der Unterschicht, der Arbeiterschicht, der Mittelschicht, der oberen Mittelschicht oder der Oberschicht?

Die Befragungen von 2002 bis 2012 ergaben die in Tab. 4.7 aufgeführten Werte (vgl. Terwey und Baltzer 2011a,b, 2013). In der Tabelle werden zusätzlich die Ergebnisse des *Sozio-ökonomischen Panels* (SOEP) des DIW Berlin aufgeführt.

Zusätzlich zu der subjektiven Einschätzung der Schichtzugehörigkeit werden objektive Indikatoren für die Sozialstrukturanalyse verwendet, allen voran der *sozioökonomische Status* auf der Basis der Erwerbstätigkeit (Nold 2010). Zur Feststellung des sozioökonomischen Status werden derzeit folgende Kategoriensysteme verwendet:

- Die *Internationale Berufsklassifizierung ISCO-68/ISCO-88* des International Labor Office (1990) unterscheidet zehn Hauptberufsgruppen:
  1. Angehörige gesetzgebender Körperschaften, leitende Verwaltungsbedienstete und Führungskräfte in der Privatwirtschaft,
  2. Wissenschaftler bzw. Akademiker,
  3. Techniker und gleichrangige nichttechnische Berufe,
  4. Bürokräfte,
  5. Dienstleistungsberufe,
  6. Fachkräfte in der Landwirtschaft und Fischerei,
  7. Handwerks- und verwandte Berufe,
  8. Anlagen- und Maschinenbediener sowie Montierer,
  9. Hilfsarbeitskräfte,
  10. Soldaten.
- Treiman (1977) ergänzte den ISCO-68 mit dem *Standard Index of Occupational Prestige Scala* (SIOPS), der das Prestige der Berufsgruppen erfasst. Dieser Index wird u. a. in den ALLBUS-Befragungen erhoben.
- Der *International Socio-Economic Index of Occupational Status* (ISEI) von Ganzeboom et al. (1992), baut auf dem ISCO-68 auf und ordnet die Berufe auf der Grundlage von Einkommen und Bildung hierarchisch. Dabei wird davon ausgegangen, dass eine berufliche Tätigkeit ein bestimmtes Bildungsniveau erfordert und ein bestimmtes Einkommen nach sich zieht. Niedrige ISEI-Werte stellen einen niedrigen sozioökonomischen Status dar, höhere Werte einen höheren sozioökonomischen Status. Um den sozioökonomischen Status einer Familie abbilden zu können, werden die Berufe von Mutter und Vater verglichen und jeweils der höchste der beiden Werte verwendet, was als *Highest ISEI (HISEI)* bezeichnet wird. Dieser Index wird seit 2000 in den PISA-Studien verwendet (vgl. Ehmke und Jude 2010).
- Auch die *Erikson-Goldthorpe-Portocarero-Klassen* (EGP-Klassen) bauen auf der Klassifikation der Berufe auf, bilden aber qualitative Unterschiede zwischen den sozialen Schichten ab (Erikson et al. 1979; Erikson und Goldthorpe 2002). Die EGP-Klassen ordnen Berufe nach der Art der Tätigkeit (manuell, nichtmanuell, landwirtschaftlich), der Stellung im Beruf (selbstständig, abhängig beschäftigt), der Weisungsbefugnis (keine, geringe, große) und den erforderlichen Qualifikationen (keine, niedrige, hohe) ein.
- Schließlich ist noch der Index of *Economic, Social and Cultural Status* (ESCS) zu nennen, der von der OECD explizit für PISA entwickelt wurde (Ehmke und Jude 2010). Der ESCS setzt sich aus verschiedenen Indikatoren der sozialen Herkunft zusammen, die sich an der von Bourdieu (1983) vorgenommenen Unterscheidung zwischen drei Kapi-

talsorten orientieren: dem ökonomischen, sozialen und kulturellen Kapital. Das *ökonomische Kapital* wird mit Hilfe des sozioökonomischen Index ISCO-88 erfasst (*HISEI*), als Indikatoren für das *kulturelle Kapital* werden neben der Schulbildung und Berufsausbildung der Eltern das jeweilige Niveau der Sprache im Familienalltag, die Qualität der sozialen Interaktionen innerhalb der Familie, der Besitz von Kulturgütern (z. B. Bücher, Lexika) und die kulturelle Praxis der Familie (z. B. Theater- oder Museumsbesuche) erfasst. Dabei wird auch die nationale Herkunft berücksichtigt, da diese in Anbetracht des Anteils an Migranten an der Bevölkerung als bedeutende Kovariate des kulturellen Kapitals betrachtet wird (vgl. Nold 2010).

- Mit dem Begriff *soziales Kapital* bezeichnet Bourdieu (1983) den Zugang eines Individuums zu den Ressourcen des gesellschaftlichen Lebens (z. B. Unterstützung, Hilfeleistung, Anerkennung, Wissen, soziale Beziehungen) und zu Arbeitsplätzen. Dementsprechend werden beim ESCS Struktur und Größe der Familie sowie verschiedene Aspekte der Eltern-Kind-Beziehung (z. B. der Erziehungsstil oder Hilfeleistung der Eltern bei schulischen Problemen) erfasst. Da das soziale Kapital von Heranwachsenden von dem Netzwerk sozialer Beziehungen auch außerhalb der Familie bestimmt wird, werden beim ESCS Beziehungen zur Verwandtschaft, Nachbarschaft, zu religiösen und ethnischen Gruppen, Vereinen, Parteien und Betrieben erfasst.

Die Schichtzugehörigkeit wird in der derzeitigen Sozial- und Bildungsforschung primär unter Verwendung des sozioökonomischen Status bestimmt, der ein ganzes Bündel an Faktoren und Variablen umfasst, die zusammengenommen die Position im Gesellschaftsgefüge bestimmen.

Neben dem Einkommen spielt vor allem der *Bildungsabschluss* eine wesentliche Rolle, wenn Personen einschätzen sollen, zu welcher Schicht sie sich zugehörig fühlen. Betrachtet man die ALLBUS Befragungen, so scheint die subjektive Schichteinschätzung durch eine einfache Faustregel bestimmt zu werden: Je höher der Bildungsabschluss und der berufliche Status und das Einkommen ist, desto höher ist die soziale Schicht, der man sich zugehörig fühlt. Das kann am Beispiel der ALLBUS-Umfrage 2008 verdeutlicht werden (Tab. 4.8).

Tab. 4.8 Subjektive Schichteinstufung nach Bildungsabschluss und Einkommen (in Prozent) Deutschland 2008. (Quelle: ALLBUS 2008)

	Unterschicht (Arbeiter)	Mittelschicht	Oberschicht/ Obere Mittelschicht
Bildungsabschluss			
– kein/Hauptschule	51	**47**	2
– Realschule	37	**57**	6
– Abitur/FH-Reife	15	**61**	24
– sonst./noch Schüler	29	**60**	11
Einkommen			
– < 70 % vom mittleren Einkommen	61	37	2
– bis 150 % vom mittleren Einkommen	39	56	4
– > 150 % vom mittleren Einkommen	8	63	29
– Unterhalb der Armutsgrenze	**65**	33	2

Die Verknüpfung von Bildungsabschluss der Eltern und sozialer Schichtung wird auch durch Daten des Deutschen Studentenwerks gestützt (Middendorff et al. 2013), die zeigen, dass 77 % der Studierenden aus Akademikerfamilien stammen. Dieser seit langem bekannte Befund wird als „Bildungstrichter" bezeichnet. Er steht nicht nur in einem scharfen Kontrast zu Erwartungen, die in der Vergangenheit an die Bildungsexpansion gerichtet waren, sondern auch zu Schichtungstheorien, die von der *sozialen Mobilität* ausgehen.

Während *horizontale Mobilität* die Veränderung innerhalb einer sozialen Schicht wie z. B. die Veränderung des Berufs bezeichnet, bezieht sich der Begriff der *vertikalen Mobilität* auf die Veränderung der Schichtzugehörigkeit durch Auf- oder Abstieg in der sozialen Hierarchie. Dementsprechend bezieht sich das Konzept der sozialen Mobilität auf die Offenheit und Durchlässigkeit einer Gesellschaft (z. B. Zugang zu Elitepositionen). In erster Linie hat soziale Mobilität eine personenspezifische Relevanz, insofern sie individuelle Aufstiegschancen betrifft, sie spiegelt sich aber auch in Veränderungen der Sozialstruktur der Gesellschaft insgesamt. So waren z. B. in Deutschland nach Angaben des Deutschen Bauernverbandes (2007) im Jahre 1960 etwa 13,5 % der Erwerbstätigen in der Landwirtschaft tätig, im Jahre 2005 nur noch 2,3 %. Diese Veränderung dürfte in erster Linie auf einer horizontalen Mobilität begründet sein, während die statistische Zunahme an Reichen von 6,5 % im Jahr 1997 auf 8,2 % im Jahr 2007 genauso wie die für denselben Zeitraum festgestellte Zunahme an Armen von 6,2 auf 7,9 % auf eine vertikale Mobilität zurückzuführen ist. Sozialforscher (z. B. Geißler 2010) und die Medien sprechen von einer schrumpfenden Mittelschicht und einer wachsenden Unterschicht wie auch von der Entstehung eines neuen „Prekariats" im Sinne einer inhomogenen sozialen Gruppierung, die durch Unsicherheiten der Erwerbstätigkeiten gekennzeichnet ist. Denn mit der Zunahme an Reichen war ein Schrumpfen der oberen Mittelschicht von 11,4 auf 10,7 % für einen Zeitraum von fünf Jahren (2002–2007) verbunden und mit der Zunahme an Armen wie auch mit dem Wachsen der unteren Unterschicht (von 12 auf 13,9 %) eine Verminderung der Mittelschicht um 5 %.

Mit der Schichtzugehörigkeit wurden also spezifische Wertorientierungen, Einstellungen und Erziehungspraktiken verknüpft (z. B. Grimm 1987), es wurden Unterschiede in der Sprachverwendung hinsichtlich ihrer Wirkungen auf den schulischen Erfolg herausgestellt (Bernstein 1973) und Bildungsentscheidungen im Arbeitermilieu wurden mit denen anderer Sozialschichten verglichen (z. B. Bolder 1978). Allgemein ging die schichtorientierte Sozialisationsforschung davon aus, dass untere Schichten aufgrund ihrer kognitiven, sprachlichen, motivationalen und soziokulturellen Kompetenzen von der Schule als Institution der Mittelschicht (Lütkens 1971) benachteiligt werde.

Kristen (1999) stellt dazu jedoch fest, dass zentrale Thesen der schichtspezifischen Sozialisationsforschung, die auch Gegenstand der öffentlichen Reformdiskussion waren, empirisch nicht hinreichend bestätigt werden konnten. Vor allem zeigte sich, dass Gleichheit der Chancen und Zugang zu sozialen Positionen in der Realität selten zusammenpassen.

Nachdem Mitte der 1970er Jahre die schichtspezifische Sozialisationsforschung deshalb als gescheitert beurteilt worden war (z. B. Krappmann et al. 1976), schwand das Forschungsinteresse an der Thematik, was sich auch in einem wachsenden bildungspolitischen Pessimismus hinsichtlich der Förderung von Chancengleichheit niederschlug (Krais 1996). Dabei war die Bilanz der Bildungsexpansion gar nicht so schlecht, wie oft behauptet wurde (Müller 1998).

Soziale Milieus

Die Akzentuierung des Verhältnisses von sozialer Schicht und Bildung wurde in den 1980er Jahren von der *Individualisierungsthese* abgelöst, die von einer Auflösung der industriegesellschaftlichen Lebensformen im Rahmen der herkömmlichen Klassen und Schichten ausging und eine Strukturierung der Gesellschaft nach Milieus, Lebenslagen und Lebensstilen postulierte, die nur noch horizontale Unterschiede kennt (vgl. Beck 1983, 1986; Hradil 1987). Soziale Wahrnehmungen, Einstellungen und Handlungsweisen seien immer weniger durch sozioökonomische Bedingungen geprägt und kollektive Handlungsmuster hätten sich im Zuge des institutionellen Wandels weitgehend aufgelöst.

Soziale Milieus

Soziale Milieus beschreiben Individuen mit charakteristischen Grundeinstellungen und Lebensorientierungen. Sie fassen Personen zu sozialen Gruppen zusammen, deren Wertorientierungen, Lebensziele, Lebensweisen ähnlich sind und die oft in verwandten Berufsfeldern mit ähnlichen Ausbildungen arbeiten. Das soziale Milieu ist als Aggregation sozialen Handelns von Individuen zu verstehen, die sich durch gemeinsame Grundmuster des Lebensstils zusammenfinden und sich dadurch von anderen Milieus abgrenzen.

Der Milieubegriff war im Zusammenhang mit der Forschung zum Wahlverhalten von Lepsius (1973) eingeführt worden und hielt in den 1980er Jahren mit den in der Markt- und Konsumforschung entwickelten Sinus-Milieus® Einzug in die Sozialstrukturanalyse. Etwas später entstanden die Sigma-Milieus® der Gesellschaft für internationale Marktforschung und Beratung. Die Milieuanalyse hat manche Gemeinsamkeiten mit der Meinungsforschung: Beide zielen auf die Ermittlung von Weltsichten, Einstellungen, Stimmungen oder Wünschen der Bevölkerung und beide operieren mit Befragungen auf der Basis eines repräsentativen Querschnitts der Bevölkerung. Während die Meinungsforschung auf die Wiedergabe der Meinungen bestimmter Bevölkerungsgruppen zielt, ist die Milieuanalyse in der *Lebensstilforschung* verortet. Die Forschungsinstitute Sigma und Sinus unterscheiden derzeit zehn Milieus. Sie sind in Tab. 4.9 aufgeführt.

Tab. 4.9 Kurzcharakterisierung der Sinus- und Sigma-Milieus (Quelle: ► www.sinus-institut.de, ► www.sigma-online.com/de)

Sinus-Milieus®		Sigma-Milieus®	
Bezeichnung	*Grundorientierung*	*Bezeichnung*	*Grundorientierung*
Konservativ-etabliertes Milieu (10 %)	Das klassische Establishment: Verantwortungs- und Erfolgsethik; Exklusivitäts- und Führungsansprüche; Standesbewusstsein, soziale Abgrenzung	Etabliertes Milieu (9,1 %)	Konservatives Elitemilieu mit traditioneller Lebensführung; Selbstverständnis als Führungsschicht und Leistungsträgerbewusstsein
Liberal-intellektuelles Milieu (7 %)	Die aufgeklärte *Bildungselite*: liberale Grundhaltung und postmaterielle Wurzeln; Wunsch nach selbstbestimmtem Leben, vielfältige intellektuelle Interessen	Liberal-Intellektuelles Milieu (8,2 %)	Liberales *Bildungsbürgertum* und *Funktionseliten* mit postmaterialistischer Orientierung; hoher Stellenwert von Selbstverwirklichung und Ich-Identität in Beruf und Freizeit; Ablehnung von Äußerlichkeitswerten
Milieu der Performer (7 %)	Die effizienzorientierte Leistungselite: global-ökonomisches Denken; Konsum- und Stilavantgarde; hohe IT- und Multimediakompetenz	Postmodernes Milieu (6,9 %)	Junges, formal zumeist *hochgebildetes Avantgardemilieu* […] Lebensstiltrendsetter mit radikal subjektivistischer Lebensphilosophie […]
Bürgerliche Mitte (14 %)	Der leistungs- und anpassungsbereite Mainstream: Bejahung der sozialen Ordnung; Wunsch nach beruflicher und sozialer Etablierung, nach harmonischen und gesicherten Verhältnissen	Traditionelles bürgerliches Milieu (12,3 %)	Milieu, das an traditionellen Werten, Moralvorstellungen, sozialen Regeln und Konventionen festhält
Sozialökologisches Milieu (7 %)	Konsumkritisches Milieu: ausgeprägtes ökologisches und soziales Gewissen; Globalisierungsskeptiker […]	**Aufstiegsorientiertes Milieu** (17,1 %)	*New Money*: Erreichen des Lebensstandards „gehobener Schichten" als Maßstab für Erfolg; das Erreichte stellt man gerne zur Schau

Tab. 4.9 (*Fortsetzung*) Kurzcharakterisierung der Sinus- und Sigma-Milieus (Quelle: ► www.sinus-institut.de, ► www.sigma-online.com/de)

Sinus-Milieus®		Sigma-Milieus®	
Bezeichnung	*Grundorientierung*	*Bezeichnung*	*Grundorientierung*
Adaptiv-pragmatisches Milieu (9 %)	Die moderne junge Mitte mit ausgeprägtem Lebenspragmatismus und Nutzenkalkül: zielstrebig und kompromissbereit, […] Bedürfnis nach Verankerung und Zugehörigkeit	Modernes bürgerliches Milieu (11,9 %)	Harmonieorientiertes Milieu; man strebt ein ausgeglichenes, angenehmes und behütetes Leben an, ohne Risiken und Extreme, hoher Stellenwert von sozialen Beziehungen
Expeditives Milieu (6 %)	Die ambitionierte Avantgarde: mental und geografisch mobil […] auf der Suche nach neuen Grenzen und neuen Lösungen	Modernes Arbeitnehmermilieu (9,2 %)	Vielfach jüngere Facharbeiter in „neuen" Branchen. Aufgeschlossen für Neues (Erfahrungen, Erlebnisse, Lebensweisen, Konsum)
Traditionelles Milieu (15 %)	Die Sicherheit und Ordnung liebende Generation: verhaftet in der kleinbürgerlichen Welt bzw. in der traditionellen Arbeiterkultur; Sparsamkeit, Konformismus und Anpassung an die Notwendigkeiten	**Traditionelles Arbeitermilieu** (4,9 %)	Industriegesellschaftlich geprägtes Arbeitermilieu, teilweise noch mit starker gewerkschaftlicher Bindung; häufig sozial und politisch autoritär eingestellt (Verteidigung des Erreichten)
Prekäres Milieu (9 %)	Die um Orientierung und Teilhabe bemühte Unterschicht mit Zukunftsängsten und Ressentiments: Häufung sozialer Benachteiligungen, geringe Aufstiegsperspektiven, reaktive Grundhaltung	Konsum-materialistisches Milieu (10,5 %)	Milieu der wirtschaftlich und sozial Randständigen mit geringen Chancen am Arbeitsmarkt nachindustrieller Gesellschaften: alte wie auch neue Armut
Hedonistisches Milieu (15 %)	Die spaß- und erlebnisorientierte moderne Unterschicht/untere Mittelschicht: Leben im Hier und Jetzt, Verweigerung von Konventionen und Verhaltenserwartungen der Leistungsgesellschaft	Hedonistisches Milieu (9,9 %)	Jugendkulturelles, ausgesprochen konsum-hedonistisch eingestelltes Milieu mit unkonventionellen Lebensformen; Eskapismus und Stilprotest als Wege zur Identität; Nährboden neuer Moden und Trends

Die Klassifikationen beider Institute stimmen weitgehend überein; lediglich in zwei Kategorien, die in der Tabelle hervorgehoben sind, liegt keine Übereinstimmung vor. Im Gegensatz zur Individualisierungsthese, die von der Aufhebung der sozialen Schichten und Klassen ausgeht, gehen die Sinus- und Sigma-Milieus von einer stratifizierten Struktur der modernen Gesellschaft mit sozialen Schichten aus. In einem orthogonalen Design werden auf einer vertikalen „*Schichtachse*" die sozialen Schichten abgebildet und auf einer horizontalen „*Werteachse*" die Grundorientierung bzw. der Lebensstil von Personengruppen. Die unterschiedlichen Milieus erwachsen als Schnittmenge beider Dimensionen. Grafisch werden sie durch die sogenannte „*Kartoffelgrafik*" illustriert (◘ Abb. 4.17).

Die Grenzen zwischen den Milieus sind fließend, da es zwischen ihnen Berührungspunkte und Übergänge gibt. Das Sinus-Institut nennt dies die *Unschärferelation der Alltagswirklichkeit.* Kartoffelgrafiken wie in ◘ Abb. 4.17 wurden in der Vergangenheit auch mehrmals für Österreich und die Schweiz erstellt.

Die Milieuanalyse wird seit den 1990er Jahren vermehrt für die Analyse der Sozialstruktur verwendet, wobei üblicherweise eine Verknüpfung mit der Habitustheorie von Bourdieu erfolgt. Ökonomischer Besitz und Bildungskapital sind wichtige Voraussetzungen für die Entwicklung des Habitus. Dessen konkrete Ausprägung erfolgt aber erst unter dem Eindruck spezifischer Erfahrungen in einem Milieu, in dem Werte verhandelt und vermittelt werden. Das Milieu, in dem Personen aufwachsen und miteinander interagieren, setzt die Maßstäbe und Prioritäten dafür, welche Lebenspläne angemessen sind und was außerhalb der Reichweite einer Person liegt. Die Erfahrungen und Handlungsvoraussetzungen werden von den Handlungsschemata des Habitus geleitet, der zu einem bestimmten Milieu gehört und sich vom Habitus anderer Milieus unterscheidet (vgl. Lange-Vester und Redlich 2010).

4.3.2.3 Milieu und Bildung

Als Synthese der wissenschaftlichen Diskussion der 1980er Jahre entwickelten Vester et al. (1993) ein Milieumodell, das empirisch an den Sinus-Milieus und theoretisch an das Modell des sozialen Raumes von Bourdieu anknüpft. Gemäß Bourdieu (1983) wird eine Differenzierung der Sozialstruktur in Schichten entsprechend der Verfügbarkeit der Kapitalsorten (ökonomisches, soziales und kulturelles Kapital) vorgenommen und in Beziehung zu unterschiedlichen Lebensstilen gesetzt. Dazu gesellt sich noch das symbolische Kapital, das soziale Anerkennung und Prestige verleiht. In Übereinstimmung mit Bourdieu wird davon ausgegangen, dass die spezifische Verknüpfung des ökonomischen mit dem soziokulturellen Kapital zur *Inkorporation eines milieuspezifischen Habitus* führt, der kohärente Muster der Lebensführung bzw. Lebensweise der einzelnen Personen und ihrer gesellschaftlichen Bezugsgruppen nach sich zieht. Der gemeinsame Habitus ist Teil des sozialen „Erbes", das im Herkunftsmilieu erworben und von Generation zu Generation weitergegeben wird, so dass Traditionslinien sozialer Milieus entstehen.

Das Vester-Modell bezieht die Habitustheorie von Bourdieu auf die sozioökonomische Positionierung, die primär durch die

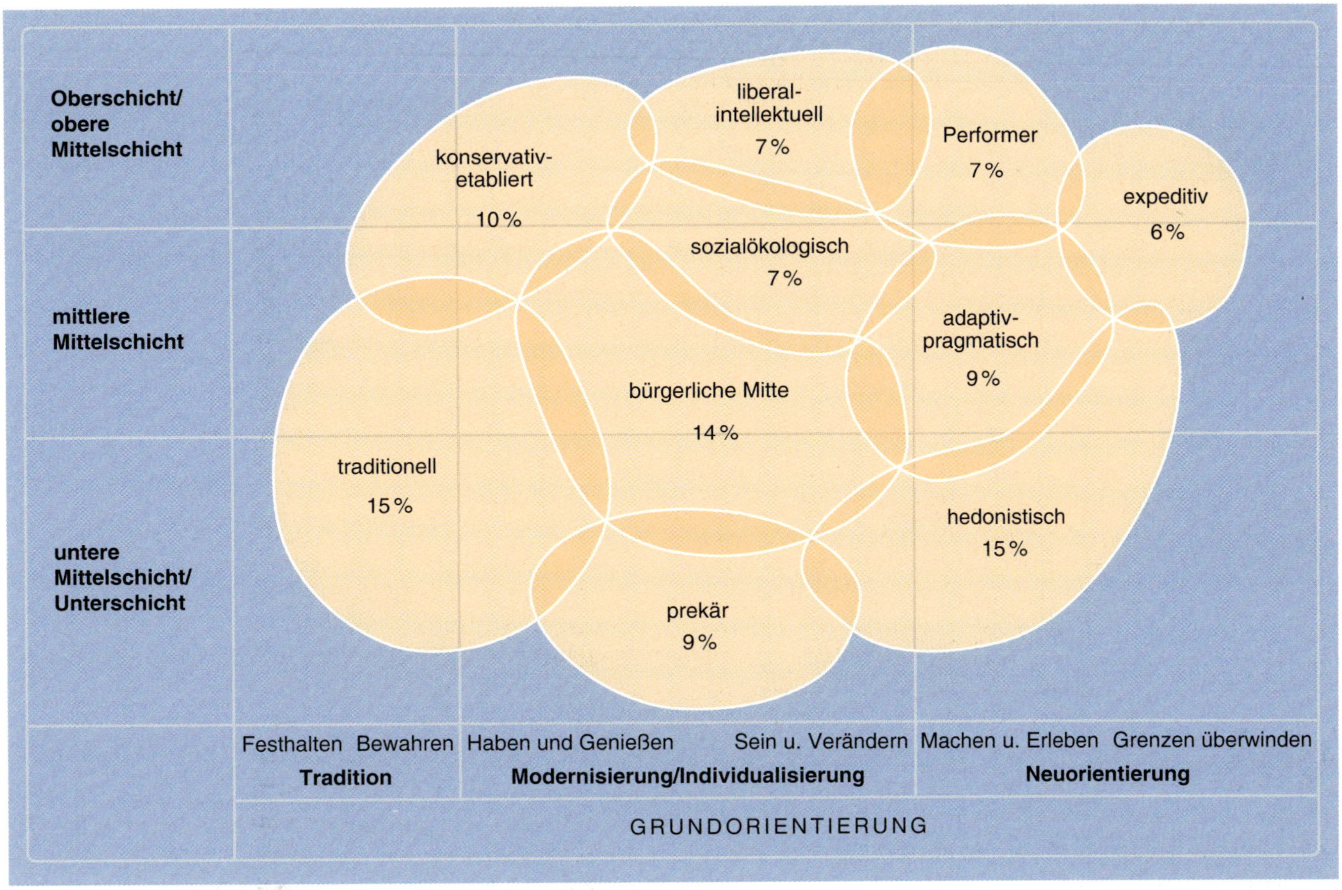

Abb. 4.17 Die Sinus-Milieus® in Deutschland 2010. (Quelle: ► www.sinus-institut.de)

Berufs- und Erwerbstätigkeit bestimmt wird. Die verschiedenen Milieus lassen sich zwar nicht eins zu eins bestimmten Berufsgruppen zuordnen, aber sie haben eindeutige Schwerpunkte in beruflichen Positionen, denn die individuellen Biografien führen in der Regel zu einer Konzentration in ähnlichen Berufen, die ähnliche (Aus-)Bildungen voraussetzen und daher auf einem ähnlichen *Bildungskapital* beruhen. Unterschiede zwischen sozialen Milieus können daher auch auf die unterschiedliche Akquisition und Verwertung von Bildungskapital zurückgeführt werden.

» I. Bei Milieus von Macht und Besitz ist Bildung mit dem Ziel der exklusiven Statussicherung und -vererbung verbunden […]. Der Bildungselite geht es nicht nur um Leistung, sondern auch um Abgrenzung von den „gewöhnlichen" Milieus durch distinktive, hochkulturelle Selbstverwirklichung.
II. In der linken Mitte soll eine asketische Leistungs- und Bildungsethik Autonomiegewinn bringen […]. In der kleinbürgerlichen Mitte dient Bildung der Einordnung in ständische Hierarchien. […]
III. Für die Milieus der Unterprivilegierten symbolisiert Bildung das Mithalten mit der „respektablen" übrigen Gesellschaft (Vester 2004, S. 27).

In Abb. 4.18 werden soziale Milieus und Handlungspositionen (Habitus) des Vester-Modells in einer Gesamtschau dargestellt.

Dort sind zwei Trennlinien eingetragen, die eine vertikale Mobilität stark beeinträchtigen. Auf der empirischen Basis von Sinus-Studien gelangt Vester (2004) zu der Annahme einer mehr oder weniger bewussten Abgrenzung (Distinktion) von Angehörigen der zur Oberschicht gehörenden konservativ-etablierten und intellektuellen Milieus, die auf eine Kontinuität höherer Bildung über mindestens drei Generationen zurückblicken können und einen distinktiven Habitus der hochkulturellen Bildung pflegen. Neuaufsteiger sind in diesen Milieus sehr selten. Demgegenüber sind die Angehörigen der modernen Dienstleistungselite überwiegend aus den Milieus der praktischen Intelligenz aufgestiegen. Diesem Aufstieg entspricht laut Vester ein technokratisch-rationales Leistungsethos; die Bildungs- und Berufsziele sind weniger distinktiv. Das Gros der gesellschaftlichen Mitte mit mehr als 60 % der Bevölkerung wird als „respektable" Volks- und Arbeitnehmermilieus bezeichnet, weil sie sich von den unteren, weniger geachteten Milieus durch stabile Lebensverhältnisse unterscheiden.

Die großen Milieus der Gesellschaft zeichnen sich durch die Vermeidung übermäßiger Aufstiegsrisiken aus: In der *Traditionslinie der Facharbeit* geht es um die persönliche Autonomie, die nach dem Grundsatz Leistung gegen Leistung durch gute Facharbeit, Bildungserwerb und einer milieuspezifische Lebensführung erreicht werden soll. „Das Bildungsstreben ist ein tief verinnerlichter und eher verselbstständigter Wert, nach dem Motto ‚Was Du im Kopf hast, kann Dir niemand wegnehmen'" (Vester 2004, S. 30).

In der ständisch-kleinbürgerlichen Traditionslinie steht die Sicherung der sozialen Rangposition durch Einordnung in Autoritätshierarchien, Pflichterfüllung und Konformität mit den

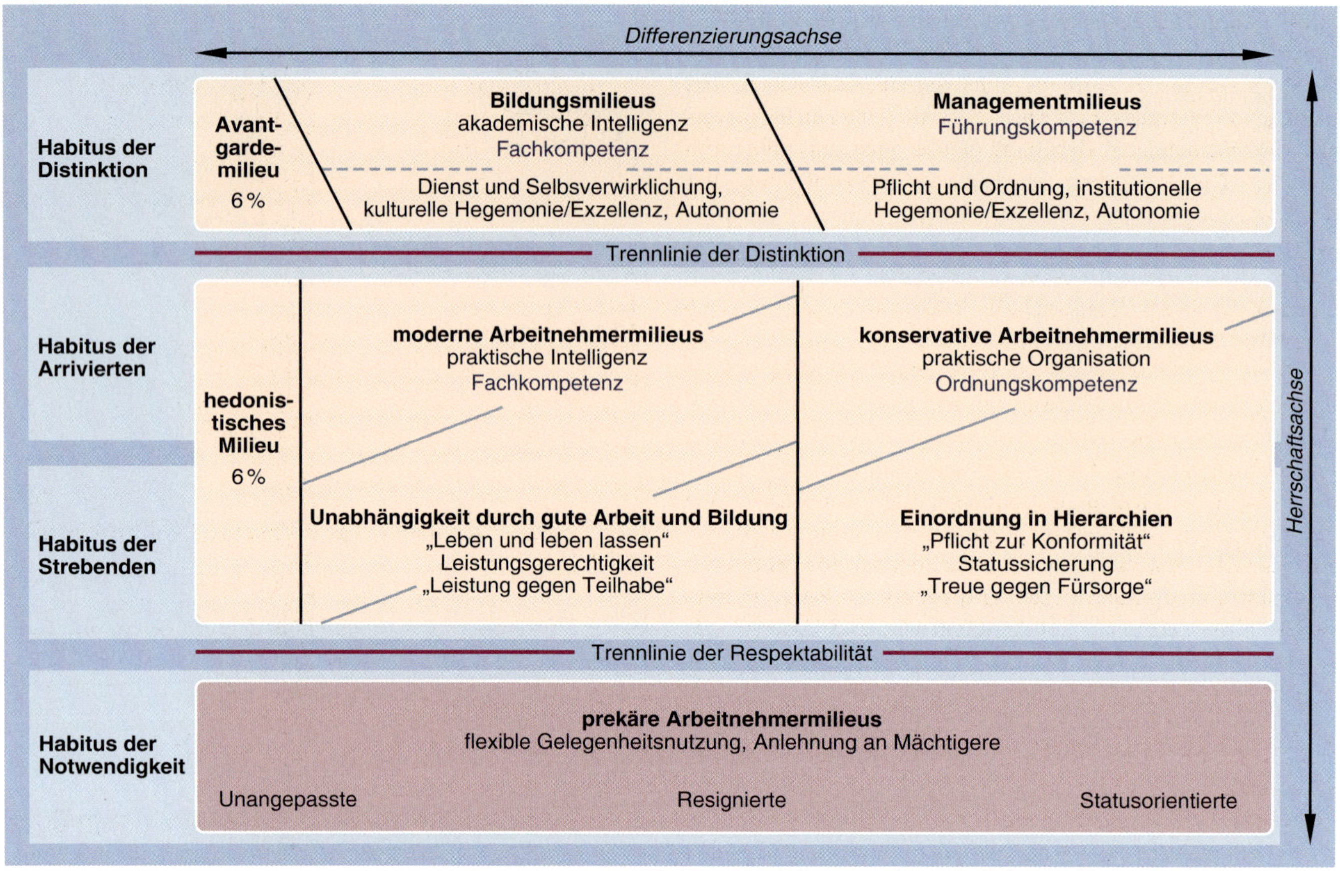

Abb. 4.18 Die sogenannte Milieulandkarte nach Vester (2009, S. 43)

sozialen Normen ganz oben auf der Tagesordnung. Der Bildungserwerb ist ein eher abgeleiteter Wert mit der Funktion, den Zugang zu einem „ordentlichen" Beruf und äußerem Ansehen zu erreichen.

Die prekären Arbeitermilieus, deren Angehörige in unsicheren und kaum berechenbaren Verhältnissen leben, messen langen Bildungswegen wenig Bedeutung bei, „wichtiger sind die Fähigkeiten der flexiblen Nutzung gebotener Gelegenheiten, des raschen Dazulernens und der Anlehnung an Stärkere" (Vester 2004, S. 32 f.).

Schwerpunkte der Milieuforschung

Charakteristisch für die meisten Milieuanalysen – auch in Bezug auf Bildungsaspirationen – ist die explizite Adressatenorientierung. Ähnlich wie in der Markt- und Konsumforschung geht es darum, Wertorientierungen, Lebensziele und Lebensweisen bestimmter sozialer Milieus zu erkunden, um aufgrund der Datenlage allgemeine und spezielle Strategien zur Einflussnahme auf eine bestimmte Adressatengruppe zu entwickeln. Beispielhaft kann die im Auftrag des Bundes der Katholischen Jugend (und anderer Organisationen) durchgeführte *Sinus-Milieustudie u27* genannt werden, die die Wertorientierungen, aber auch die Lebensauffassung und Lebensweisen von Jugendlichen im Alter von 14 bis 27 Jahren systematisch erfasste und aus den Informationen Entscheidungshilfen für die Jugendarbeit herleitete (Calmbach et al. 2012; Wippermann und Calmbach 2008).

Die *Sinus-Milieustudie u27* ist eine von vielen Studien zu den Sinus-Milieus®, die für die Erziehungs- und Bildungsarbeit von Interesse sind. Unmittelbar an die Milieustudie u27 haben sich Milieuanalysen angekoppelt, um Hinweise für die gewerkschaftliche Jugendarbeit (Sojka 2009) oder die politische Bildung Jugendlicher (Matuschek et al. 2009) zu gewinnen. Ein weiterer Schwerpunkt war die Untersuchung der Lebenswelten Jugendlicher mit Migrationshintergrund (Arnold und Maier 2010), wobei insbesondere auf die *Bildung als Integrationsmerkmal* fokussiert wurde. Aber auch im Medien- und Bildungsmanagement dienen die Sinus-Milieus als Grundlage, um milieuspezifische Muster der Mediennutzung zu identifizieren und Möglichkeiten einer pädagogischen Einflussnahme auszuloten (vgl. Bachmair 2005).

Erziehungswissenschaftliche Milieuforschung

Wenn man die Schwerpunkte der erziehungswissenschaftlich orientierten Milieuforschung betrachtet, fällt auf, dass vergleichsweise wenige Anwendungen der Sinus-Milieus für den Bereich Schule vorliegen. Zwar ist in der schulbezogenen Ungleichheitsforschung von *Schulmilieu, Lernmilieu und Entwicklungsmilieu* die Rede (z. B. Solga und Dombrowski 2009), dabei wird aber auf die PISA-Studien Bezug genommen. Diese haben aber bislang keine Milieuanalysen durchgeführt, sondern die soziale Schichtung auf der Basis des oben beschriebenen Index ESCS der OECS bestimmt (Ehmke und Jude 2010).

Eine der seltenen schulbezogenen Milieuanalysen ist die von Lange-Vester und Redlich (2010) durchgeführte Fallstudie zu habitus- und milieuspezifischen Grundhaltungen und Bildungsstrategien von Schülerinnen und Schülern der Hauptschule und des Gymnasiums. Es kann vermutet werden, dass die Zurückhaltung von Bildungsforschern, sich bei der Untersuchung sozialer Ungleichheit auch eingehend den habitus- und milieuspezifischen Grundorientierungen von Schülern zu widmen, mit der vergleichsweise aufwendigen Methodik der Milieuanalyse zu tun hat.

Die Erhebungsmethode der Sinus-Milieus folgt konsequent einem qualitativen Untersuchungsansatz unter Verwendung narrativer Tiefeninterviews und offener Gespräche, in denen die Adressaten in ihrer natürlichen Sprache ihre ganz persönlichen Einstellungen, Erfahrungen und Sichtweisen mitteilen. Damit soll ein Freiraum für individuelle Schwerpunktsetzung und Selbstdarstellung der Teilnehmer unter Einbeziehung der biografischen Dimension geschaffen werden. Die Auswertung der qualitativen Daten erfolgt durch ein mehrstufiges, iteratives Analyseverfahren, das für jeden einzelnen Fall die Lebenswelt bestimmt. Daran schließen sich gruppenübergreifend systematische Fallvergleiche an, um Ähnlichkeiten und Unterschiede zu identifizieren. Es wird ein erstes hypothetisches Lebensweltmodell entworfen, das sukzessive überprüft und validiert wird. Wenn notwendig werden weitere Interviews durchgeführt, um unsichere Stellen des Modells näher zu prüfen. Das Modell gilt als qualitativ validiert, wenn zusätzliche Explorationen keinen Erkenntniszuwachs mehr bringen.

Während die Milieuanalyse in der schulbezogenen Bildungsforschung aus methodischen Gründen kaum eine Rolle spielt, ist sie geradezu zum Markenzeichen für die Forschung im Bereich der *Erwachsenen- und Weiterbildung* geworden (Bremer 2007), was nicht zuletzt auf die langjährigen Studien von Barz und Tippelt (z. B. Barz und Tippelt 1997, 2004, 2009) zurückgeführt werden kann (vgl. auch Barz 2000; Reich-Claassen et al. 2011).

Hier soll abschließend noch kurz auf die Studie *Eltern unter Druck* eingegangen werden, die im Auftrag der Konrad-Adenauer-Stiftung durchgeführt wurde (Henry-Huthmacher und Borchard 2008), um den Wandel der Elternrollen und des Umgangs mit dem zunehmenden Bildungs- und Erziehungsdruck in den Sinus-Milieus zu untersuchen. Als auffälliges Ergebnis dieser Studie ist ein zunehmendes *Auseinanderdriften der Sinn- und Wertehorizonte* zwischen den Sinus-Milieus zu vermerken. In den verschiedenen Lebenswelten der Eltern und ihren kultur- und milieuspezifischen Prägungen herrscht ein ganz unterschiedliches Verständnis von Bildung sowie von Erziehungsstilen und -zielen. Als gravierend für die Solidargemeinschaft beurteilen die Autoren insbesondere die „Zunahme und Massivität der Abgrenzung zu den jeweils unteren Milieus" (Henry-Huthmacher und Borchard 2008, S. 8). Sowohl Akademikerfamilien als auch Familien der breiten Mittelschicht grenzen sich nach unten immer massiver ab, und eine Abgrenzung findet auch zwischen der unteren Mittelschicht und denen statt, die noch tiefer stehen.

Anna: „Soziale Herkunft, Religion, Sprache, Geld, Lebensstil? – Was fällt dir dazu ein?"

Jakob: „Ups, was versteckt sich hinter deiner Frage? Meinst du, dass es viele Grenzen zwischen den sozialen Schichten und Milieus gibt, die überwunden werden müssen?"

Anna: „Ja, auf dem Golfplatz."

Jakob: „Ich wusste, dass hinter deiner Frage was steckt. Golf ist ja wohl das Letzte, was Dagobert Duck mit einem Hartz-IV-Empfänger spielen würde."

Anna: „Das dachte ich auch, bis ich zufällig einen Beitrag aus dem Magazin *Golf spielen* in die Hand bekam. Da beschreibt die Verfasserin auf rührende Weise, dass ein Herr K. trotz nachgewiesener alpenländlicher Herkunft mit dem Gedanken spielte, Berliner zu werden und auch dort Golf zu spielen. Der sehr wohlhabende Herr K. hatte im Fragebogen von *Focus* auf ‚Was war Ihr schönster Lustkauf?' in aller Bescheidenheit geantwortet: ‚Der Golfplatz von Pollença im Norden Mallorcas.' So machte er einen Trip nach Berlin, um sich unter den mehr als zwanzig Golfplätzen den passenden auszusuchen."

Jakob: „Ich vermute mal, dass er einen gefunden und gekauft hat?"

Anna: „Sei nicht so ungeduldig, die Geschichte geht weiter. Nach einer unterhaltsamen sportlichen Runde mit einem Partner bat er diesen um die Handynummer, damit man sich verabreden und bald wieder zusammen spielen könne. Der sagte aber, es täte ihm leid, aber er habe kein Handy, nicht einmal einen Festnetzanschluss. Er lebe von Hartz IV und stecke alles Geld in sein Hobby: Golf."

Jakob: „Das Gesicht des Herrn K. hätte ich da gerne gesehen. Dem ist doch das Kinn auf den Boden geklappt."

Anna: „Nein. Stell dir vor, Herr K. soll dem Hartz-IV-Kumpel einen größeren Geldschein in die Hand gedrückt haben, damit der sich ein Prepaidhandy anschaffen könnte. Dann könnte man sich bald für nächste Runden auf dem Golfplatz verabreden."

Abb. 4.19 © Kurhan – Fotolia.com

Jakob: „Das klingt eher wie eine Satire. Und da die ganze Zeit von Herrn K. die Rede ist, vermute ich, die Story stammt von Brecht."

Anna: „Nein. Die Verfasserin des Beitrags hat das alles sehr ernst gemeint. Sie schreibt, dass man anderswo in Deutschland noch diskutiere, ob Golf nun ein Elitesport oder ein Breitensport ist, aber in Berlin sei es schon wie in England oder Schweden: Golf sei nicht mehr eines der Unterscheidungsmerkmale der Oberschicht, sondern eine Freizeitbeschäftigung für jeden, der Spaß daran hat. Was sagst du nun?"

Jakob: „Das ist der absolute Niedergang der deutschen Oberschicht (lacht). – Aber warte mal, da du England erwähnt hast, spielt die englische Oberschicht überhaupt noch Golf? Die spielt doch Bridge und Polo!"

Anna: „Ich habe mal in Internet nachgeschaut, wer in Deutschland zu den Polospielern gehört. Da kann man die Namen eines Freiherrn von Dingsbums, eines Hamburger Großkaufmanns, eines Fernseh- und Kinostars und anderer Leute finden, von denen man annehmen darf, dass sie nicht Hartz IV bekommen."

4.3.2.4 Soziale Schließung und Askription

» Ich habe gehört, ihr wollt nichts lernen
Daraus entnehme ich: ihr seid Millionäre.
Eure Zukunft ist gesichert – sie liegt
Vor euch im Licht. Eure Eltern
Haben dafür gesorgt, daß eure Füße
An keinen Stein stoßen. Da mußt du
Nichts lernen. So wie du bist
Kannst du bleiben.
Sollte es dann noch Schwierigkeiten geben,
Da doch die Zeiten
Wie ich gehört habe, unsicher sind
Hast du deine Führer, die dir genau sagen
Was du zu machen hast, damit es euch gut geht.
Sie haben nachgelesen bei denen
Welche die Wahrheiten wissen
Die für alle Zeiten Gültigkeit haben
Und die Rezepte, die immer helfen.
Wo so viele für dich sind
Brauchst du keinen Finger zu rühren.
Freilich, wenn es anders wäre
Müßtest du lernen.
(Bertolt Brecht 1932)

Bis vor wenigen Jahren wurde in der Soziologie eine ebenso intensive wie kontroverse Debatte über eine Gesellschaft „jenseits von Klasse und Schicht" geführt (Beck 1983; Hradil 1987). Ausgelöst worden war die Debatte durch die These, Klassen und Schichten hätten sich im Verlauf eines umfassenden Individualisierungsprozesses weitgehend aufgelöst, und es sei angemessener, von sozialen Milieus als entstrukturierten Formen der sozialen Ungleichheit auszugehen. Mittlerweile ist es um die Individualisierungsthese stiller geworden, wie Geißler (2010) feststellt. Dies sei nicht zuletzt deshalb der Fall, weil sie mit der unverändert bestehenden Stratifikation der Gesellschaft nicht in Einklang zu bringen sei. Die Zugehörigkeit zu einer sozialen Schicht, die wesentlich durch sozioökonomische Faktoren bestimmt wird, übe unverändert einen starken Einfluss auf Einstellungen, Handlungen und vor allem den Bildungserfolg gesellschaftlicher Gruppen aus. So liege sie auch der *Askription* zugrunde, d. h. der gesellschaftlichen Zuschreibung von Gruppenmerkmalen auf das Individuum (Emmerich und Hormel 2013).

So einträchtig wie in Abb. 4.19 stehen die unterschiedlichen Gruppierungen in der modernen Gesellschaft nicht nebeneinander. Vielmehr ist eine deutliche Abgrenzung der unterschiedlichen Milieus voneinander zu verzeichnen, die sich entlang der oben angesprochenen vertikalen Schichtachse erstreckt (Henry-Huthmacher und Borchard 2008).

Im Einklang damit verweist auch die jüngere empirische Bildungsforschung auf einen eigentümlichen Widerspruch zwischen zwei gleichzeitigen Tendenzen: auf der einen Seite ist eine hohe und sich ausdifferenzierende Dynamik von Qualifikationen zu beobachten, auf der anderen Seite eine große Stabilität der gesellschaftlichen Stratifikation nach sozialem Status oder Rang (Vester 2004). Qualifikation durch Bildung und sozialer Status sind demnach zwei grundverschiedene kategoriale Merkmale, und die These eines bildungsabhängigen sozialen Aufstiegs, der sich alleine auf die Leistungen der Individuen stützt, wird ad absurdum geführt – zumindest so lange, wie sich die oberen Schichten erfolgreich gegen die unteren Schichten abschließen und die gesellschaftliche Ungleichheit kontinuierlich reproduziert wird.

Die Theorie der sozialen Schließung

Prozesse und Mechanismen der Reproduktion gesellschaftlicher Ungleichheit werden unter handlungstheoretischen Prämissen in der Theorie der sozialen Schließung thematisiert. Diese Theorie geht auf Weber (1922/2005) zurück, wurde aber von Parkin (1979a) um eine marxistische Perspektive ergänzt.

Soziale Schließung beruht auf einem *Mechanismus der Absicherung von Privilegien*, der das Leistungsprinzip beim Wettbewerb um soziale Positionen außer Kraft setzt. Grundsätzlich kann jede beliebige Persönlichkeitseigenschaft dazu genutzt werden, um eine Konkurrenz beim Leistungswettbewerb auszuschließen.

> » Die Form, in der dies zu geschehen pflegt, ist die: daß irgendein äußerlich feststellbares Merkmal […] der (aktuell oder potentiell) Mitkonkurrierenden – Rasse, Sprache, Konfession, örtliche oder soziale Herkunft, Abstammung, Wohnsitz usw. – von den anderen zum Anlaß genommen wird, ihren Ausschluß vom Mitbewerb zu erstreben. Welches im Einzelfall dies Merkmal ist, bleibt gleichgültig: es wird jeweils an das nächste sich darbietende angeknüpft. Das so entstandene Gemeinschaftshandeln der einen kann dann ein entsprechendes der anderen, gegen die es sich wendet, hervorrufen (Weber 1922, S. 233).

Wie aktuell Webers Beschreibung der Mechanismen der sozialen Schließung heute noch ist, zeigt die Diskussion, die Sarrazin 2010 mit dem Buch *Deutschland schafft sich ab* ausgelöst hat. Hier wird die These vertreten, dass die niedrigeren Bildungsabschlüsse von Angehörigen der Unterschicht und insbesondere solcher mit einem (muslimischen) Migrationshintergrund auf unzureichende intellektuelle Fähigkeiten zurückzuführen seien. Geißler (2012) hat dargelegt, dass Sarrazins eugenische Thesen mit der nordamerikanischen Diskussion einer intelligenzbestimmten Klassengesellschaft übereinstimmen, die Chancengleichheit in der Bildung als reine Utopie darzustellen versucht (z. B. Herrnstein 1974).

Ausgangspunkt der Argumentation ist die Behauptung, dass die moderne Gesellschaft (der Vereinigten Staaten) eine *Meritokratie* sei, also eine Gesellschaftsordnung, in der alleine die individuelle Leistungsfähigkeit über die Position in der Gesellschaft entscheide. Eine Privilegierung aufgrund der Herkunft wie Klasse und sozialer Schicht soll ebenso vermieden werden wie eine Benachteiligung aufgrund der Zugehörigkeit zu einer Religion, einer Ethnie oder einem Geschlecht. Die „ideale Meritokratie" impliziert völlige Gleichheit der Chancen und die Unabhängigkeit der Leistung von Beziehungen, Herkunft usw. und die gesellschaftliche Anerkennung faktischer Leistungsunterschiede (vgl. Young 1961).

Meritokratie

Eine *Meritokratie* (vom lateinischen Wort *meritum*, d. h. „das Verdienst", hergeleitet) bezeichnet ursprünglich eine Regierungsform, bei der die Amtsträger aufgrund ihrer Leistung ausgewählt werden. Im Idealfall nimmt jedes Mitglied der Gesellschaft die verdiente Position ein. Im Unterschied zur Aristokratie, bei der die gesellschaftliche Position vererbt wird, soll der soziale Status eines Menschen in der Meritokratie ausschließlich durch den individuell messbaren Verdienst legitimiert sein.
Die Meritokratie steht nicht nur im Gegensatz zur Aristokratie, sondern auch zum *Egalitarismus*, der dem Einzelnen unabhängig von Leistung und Einsatz gleichen Einfluss und gleichen Zugang zu materiellen Gütern und Bildung zuspricht.

Die Leistungsfähigkeit, so das Argument von Herrnstein (1974), Gottfredson (2006, 2011) und anderen, sei durch die überwiegend vererbte Intelligenz festgelegt. Eine größere soziale Durchlässigkeit führe deshalb keineswegs zur Gleichheit der Gesellschaft, sondern verschärfe die soziale Schichtung noch. Die genetisch bedingte Unterscheidung zwischen oben und unten werde durch den Abbau sozialer Schranken zunehmen und das Ergebnis sei eine „IQ-bestimmte Gesellschaft". Grundsätzlich biete die Gesellschaft jedem gleiche Chancen. Jeder beginne den Wettlauf des Lebens unter gleichen gesellschaftlichen Bedingungen, einige laufen halt schneller als andere, weil sie eine Begabung für schnelles Laufen haben. Und dass jemand sehr reich sei und der andere arm bleibe, habe mit der besonderen Begabung des einen und der Minderbegabung des anderen zu tun. Gesellschaftliche Unterschiede seien genetisch determiniert.

Im Detail ist die Argumentation scheinbar auch wissenschaftlich begründet. Laut Gottfredson ist die Intelligenz in einer Gesellschaft nämlich normalverteilt, verschiedene Großrassen seien aber verschieden intelligent. Dies führe dazu, dass in der US-Gesellschaft deutliche Gruppenunterschiede zwischen Weißen und Schwarzen in Bezug auf Lernfähigkeit und berufliche Möglichkeiten bestehen.

Um dies zu „beweisen", werden die Ergebnisse zahlloser empirischer Studien und Metaanalysen herangezogen (Gottfredson 2011). Zusätzlich werden gelegentlich auch historische Gründe angeführt: In einem Kapitel mit der Überschrift *Cognitive Class and Education 1900–1990* schwadronieren Herrnstein und Murray (1994) von einer *kognitiven Elite* als einer Schicht von Personen mit großem Reichtum und hoher Intelligenz, die eigentlich nur aus der weißen Rasse erwachsen konnte und sich vom Rest der (nordamerikanischen) Gesellschaft abschottete. Die Autoren behaupten in diesem Zusammenhang, dass Amerikaner afrikanischer Herkunft niedrigere IQ-Werte als Weiße hätten und versuchen dies durch die unterschiedlichen Normalverteilungen der schwarzen und weißen Bevölkerung der Vereinigten Staaten zu belegen (◘ Abb. 4.20).

Gottfredson gesteht zwar ein, dass es wegen der Überlappung der Kurven nicht möglich sei, den IQ-Wert einer bestimmten Person aus der Rasse herzuleiten, aber es sei möglich, das Verhältnis der „Rassen" für verschiedene IQ-Wertebereiche anzugeben (◘ Tab. 4.10).

Dumm gelaufen, kann man da nur sagen, da die Asiaten ab einem IQ von 100 und mehr noch besser abschneiden als die weiße Herrenrasse, aber deren intellektuelle „Überlegenheit" wird zumindest gegenüber den Amerikanern afrikanischer und lateinamerikanischer Herkunft „belegt".

Was Gottfredson, Herrnstein u. a. von sich geben, ist unzählige Male widerlegt worden (vgl. Haller und Niggeschmidt 2012; Lewontin et al. 1984). Es ist wissenschaftlich verbrämter Rassismus – nicht mehr, aber auch nicht weniger! Aber es eignet sich gut, Webers Argumentation zu illustrieren, wonach für die soziale Schließung jede beliebige Persönlichkeitseigenschaft zugrunde gelegt werden kann. Es geht schlicht und einfach darum, die Privilegien einer sozialen Gruppierung gegen Außenstehende abzusichern. Das *meritokratische Prinzip* des Wettbewerbs um soziale Chancen und Positionen wird dabei ebenso ausgehebelt wie die Ideale der (Chancen-)Gleichheit und Freiheit (Becker und Hadjar 2009).

Da eine soziale Schließung unter Bezugnahme auf jedes beliebige Merkmal von Personen und Gruppenzugehörigkeit erfolgen kann, unterscheidet Parkin (2004) zwischen einer individualistischen und einer kollektivistischen Ausschließungsregelung. Die *individualistische Ausschließung* folgt einer kredentialistischen Logik und wird durch formale Bildungstitel reguliert. Kredentialismus bezeichnet nämlich das Vertrauen auf Prüfungszeugnisse, wenn es darum geht, den Zugang zu wichtigen Positionen zu regulieren. Da der Erwerb formaler Bildungstitel jedoch mit der Gefahr des individuellen Scheiterns verbunden ist, erfolgt die Absicherung der Privilegien einer gesellschaftlichen Gruppe auf der Grundlage einer *kollektivistischen Ausschließung*, die mittels wechselnder und austauschbarer Kriterien darauf abzielt, die kredentialistische Logik auszuhebeln. Der effektivste Weg, Privilegien an die eigenen Leute weiterzugeben, ist laut Parkin die Betonung der Besonderheit der *Gruppe*, so dass individuelle Merkmale ihre Bedeutung im Wettbewerb um soziale Positionen verlieren. Nicht mehr die Leistung des Einzelnen zählt, sondern seine Zugehörigkeit zu einer Gruppe, die bestrebt ist, ihre Privilegien gegen Außenstehende zu verteidigen.

Parkin weitet das Weber'sche Schließungskonzept aus, indem er alle Beziehungen zwischen sozialen Klassen und Gruppen unter den marxistischen Ausbeutungsbegriff subsumiert (Parkin 1979a). Das Spiel der kollektiven Ausschließung verläuft so, dass immer wieder eine soziale Gruppe andere Gruppen von irgendeiner beliebigen gesellschaftlichen Ressource und dem Zugang zu den unterschiedlichen Kapitalsorten (im Sinne Bourdieus) ausschließt. Ausschließung mittels einer Ausgrenzung von Ressourcen zielt auf die Unterordnung einer gesellschaftlichen Gruppe unter eine andere:

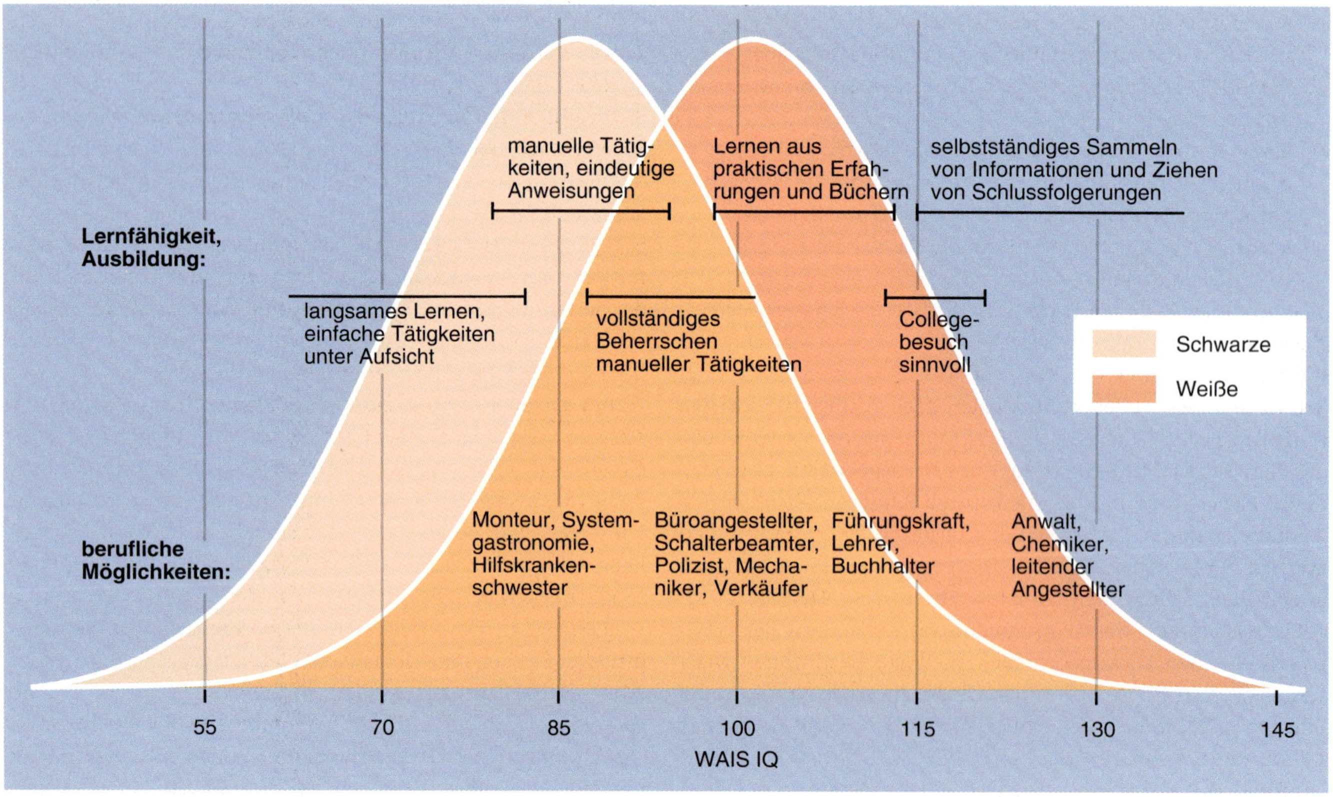

◘ **Abb. 4.20** Darstellung der Intelligenzverteilung nach Rassen. (Nach Gottfredson 2006, Figure 3; ► http://en.wikipedia.org/wiki/Image:Two_Curve_Bell_with_Jobs.jpg)

» The distinguishing feature of exclusionary closure is the attempt by one group to secure for itself a privileged position at the expense of some other group through processes of subordination (Parkin 1979b, S. 45).

Dieser von oben nach unten verlaufenden Strategie der Abschließung setzt er eine *usurpatorische Abschließung* als kollektive Reaktion der Ausgeschlossenen entgegen:

» Usurpationary closure, however, is the use of power upwards, by the groups of subordinates created by the exclusionary closure, aimed at winning a greater share of resources, threatening „to bite into the privileges of legally defined superiors" (Parkin 1979b, S. 45).

Aus dem Wechselspiel zwischen ausschließender und usurpatorischer Abschließung resultieren dann gesellschaftliche Konflikte – und letztlich auch die Dynamik gesellschaftlicher Veränderung.

Soziale Schließung und Bildung

Welche Folgen die soziale Schließung auf den Bildungssektor hat, soll im Folgenden am Beispiel der Oberschicht illustriert werden. Die Oberschicht – laut Dahrendorf (1962, S. 25) „die unbekannteste Führungsgruppe der deutschen Gesellschaft" – spielt in der Diskussion um die Veränderung sozialer Strukturen praktisch keine Rolle; sie schottet sich weitgehend vom Rest der Welt ab und verteidigt ihre Privilegien, die sich auf die Umverteilung des ökonomischen Kapitals von unten nach oben stützen. Wenn eine Familie als Betreiberin von Lebensmitteldiscountern zur reichsten Familie Deutschlands aufsteigen konnte, ging das zu Lasten unzähliger kleiner Lebensmittelgeschäfte und tausender von Beschäftigten. – Von einer Gewinnbeteiligung der Beschäftigten im Lebensmitteldiscount ist bislang nichts bekannt geworden.

» Ein Bettler träumte von einem Millionär. Als er aufwachte, traf er einen Psychoanalytiker. Der erklärte ihm, der Millionär sei ein Symbol für seinen Vater. „Merkwürdig", antwortete der Bettler (Horkheimer 1934, S. 381).

Überall auf der Erde gibt es reiche Menschen und sehr arme. Manche haben sogar die Macht, über das Leben anderer zu bestimmen, während die meisten Menschen eher ohnmächtig sind und zusehen müssen, wie sie über die Runden kommen. Dabei vertreten die heute reichen und mächtigen Menschen nicht die Meinung, dass sie reich und mächtig seien, weil sie wie der Adel in früheren Zeiten Geld und Macht geerbt haben (und zuvor anderen entwendet hatten), sondern weil sie ihrer Auffassung nach die Fähigkeit geerbt hätten, Geld und Macht zu erwerben. Es läge ihnen quasi in den Genen, ihren angestammten Reichtum zu vermehren. Ein gutes Beispiel dafür ist der Multimillionär, der sich im Jahre 2012 um das Amt des Präsidenten der USA beworben hat. Er gibt zu bedenken, dass er seine Fähigkeit, durch (zweifelhafte) Börsengeschäfte reich zu werden, nicht vom Vater *ererbt*, sondern von ihm gelernt habe. Dabei übersieht er, dass in den Slums von Manila aus ihm etwas anderes geworden wäre. Darauf kann man wetten. Was aber auffällt, ist, dass bei ihm wie auch bei anderen Status, Wohlstand und Macht scheinbar *in der Familie liegen*.

Tab. 4.10 IQ-Wertbereich und „Rassen"

	IQ < 75	IQ < 90	IQ > 100	IQ > 110	IQ > 125
Schwarz/Weiß	4:1	3:1	1:3	1:7	1:30
Hispanic/Weiß	3:1	2:1	1:2	1:3	1:5
Asiatisch/Weiß	1:2	2:3	6:5	4:3	2:1

Was die Oberschicht wirklich ist, darauf bietet die soziologische Literatur bislang nur in Ansätzen eine Antwort, da die Oberschicht wie auch die wirtschaftliche Elite bei der soziologischen Analyse praktisch keine Rolle spielt, wie Hartmann (2001) kritisch festgestellt hat. Dies sei in Frankreich dank der ausführlichen Analysen Bourdieus anders. Abgesehen von der Analyse Hartmanns (2002, 2007) zur sozialen Herkunft der wirtschaftlichen Leistungseliten, ist die Oberschicht Deutschlands in erster Linie eine Angelegenheit von Journalisten (z. B. Rickens 2011; Wüllenweber 2012).

Wer gehört denn nun zur Oberschicht? Die Bildungselite oder die Topmanager von Großkonzernen? Adlige, Multimillionäre oder auch die besser verdienenden Ärzte, Rechtsanwälte, Architekten?

Rickens (2011) beantwortet diese Fragen mit einem Verweis auf eine Studie des Sinus-Instituts, die, wie weiter vorne dargestellt, sechs Oberschichtmilieus annimmt:

1. die konservativen Vermögenden mit Verantwortungssinn für ihr Unternehmen und die Gesellschaft,
2. die etablierten Vermögenden (Topmanager, Investmentbanker, Unternehmensberater),
3. die liberal-intellektuellen (auch postmateriell genannten) Vermögenden,
4. die statusorientierten Vermögenden, die als soziale Aufsteiger (auch „Neureiche" genannt) gelten,
5. die konventionellen Vermögenden (z. B. erfolgreiche mittelständische Unternehmer oder Erben reicher Familien) und
6. der neue vermögende Nachwuchs (der Generation „Work hard, play hard").

So unterschiedlich diese Oberschichtmilieus (und deren Repräsentanten) auch sein mögen, so weisen sie laut Rickens (2011) einige Gemeinsamkeiten auf. Demnach zeichnen sich die reichen Deutschen durch eine starke Familienorientierung aus. Die Oberschicht denke dynastisch und verfolge das Ziel, das Unternehmen und die Besitztümer ungeschmälert an die nächste Generation zu übergeben. Eine Besonderheit sei auch, dass die Angehörigen der Oberschicht am liebsten in Netzwerken mit ihresgleichen verkehrt. Auf diese Weise wolle man sich davor schützen, von anderen ausgenutzt zu werden. Dies bezeichnet Rickens als Urangst der Reichen, die bekanntlich schon Dagobert Duck zu schaffen machte. Mit der starken Familienorientierung hängt laut Borchard et al. (2008) auch das Bestreben der Oberschicht zusammen, ihren Kindern eine bessere Erziehung und Schulbildung angedeihen zu lassen.

Jakob: „Apropos Erziehung der Oberschichtkinder. Da habe ich eine interessante Webseite[16] gefunden. Da heißt es: ‚Zwei Dinge sind in Adels- und Millionärskreisen immens wichtig, wenn es um den eigenen Nachwuchs geht: Bildung und der Aufbau eines Netzwerkes zu Gleichgesinnten. Wir stellen Ihnen fünf besonders exklusive Internate in der Schweiz, Großbritannien und den USA vor, an denen beides auf einmal gelingt und das Fundament für eine Top-Karriere gelegt wird.'"

Anna: „Solche Internate müssen doch sündhaft teuer sein. Ich schätze, dass man da mindestens einen Tausender pro Monat berappen muss."

Jakob: „Für den Preis kannst du zwar auch schon an einem deutschen Spitzeninternat wie dem Kloster Wald unterkommen, aber das Lyceum Alpinum Zuoz in Schweiz kostet im Jahr schlappe 68.000 Euro und beim Collège Alpin International Beau Solei kostet der Spaß mehr als 70.000 Euro. Im Vergleich dazu sind das berühmte Eton College oder die Harrow School mit 38.000 Euro pro Jahr noch preiswert."

Anna: „Unglaublich! Das ist ja mehr als die meisten Menschen in Deutschland im Jahr verdienen. Und was bezahlt man in Deutschland so im Schnitt für die Bildung der kleinen Reichen?"

Jakob: „Moment mal, wenn ich das richtig sehe, so zwischen 30.000 und 35.000 Euro. Dafür wird aber ein ganzheitliches Bildungskonzept für die Ausbildung der ‚echten Eliten' angeboten, und für die Manager von morgen gibt es an manchen Internaten auch einen strikten Dresscode."

Bemerkenswert ist, dass namhafte Internatsschulen Gründungen von Reformpädagogen sind oder zumindest stark von reformpädagogischen Konzepten geprägt sind. Beispielsweise wurde die Schule Schloss Salem ebenso wie das Internat Birklehof im Schwarzwald von dem Reform- und Erlebnispädagogen Kurt Hahn gegründet (Pielorz 1991), die Schule Schloss Bieberstein in der Nähe von Fulda ist dem Konzept der ganzheitlichen Erziehung nach Hermann Lietz verpflichtet.

Wir wissen nicht, wie viele Kinder der Oberschicht in Deutschland oder Österreich Eliteinternate besuchen, aber man sollte davon ausgehen, dass die Mehrheit die regulären, aber besseren Schulen besucht. Darauf deuten die Angaben hin, die man z. B. in der Wikipedia zu einigen prominenten Reichen finden kann. Sie studieren, wie die Recherchen Hartmanns (2002) zeigen, auch nur zu einem geringen Teil an privaten, sondern überwiegend an den staatlichen Universitäten. Das unterscheidet übrigens Deutschland und Österreich auch von Frankreich und Großbritannien, wo die Oberschicht in der Regel an den Eliteuniversitäten studiert (Hartmann 2007).

Jakob: „Nur mal so als Überlegung. Welche Möglichkeiten habe ich, in die Oberschicht aufzusteigen?"

Anna: „Ganz einfach! Du musst die Erbin einer reichen Familie heiraten – so wie Herr K., der sich, ohne es anfangs zu wissen, in eine Milliardärin verguckt und dann geheiratet hat."

Jakob: „Keine schlechte Idee, aber doch etwas märchenhaft."

Anna: „Nun ja, du könntest auch eine riesige Summe Geld z. B. beim Lotto gewinnen, aber ob du dann von der Oberschicht anerkannt würdest, wage ich zu bezweifeln, da du als Neureicher gelten würdest."

Jakob: „Ich hab's. Ich mache Karriere in der Politik oder im Sport und erobere mir so meinen Platz in der Liga der Reichen."

Anna: „Nicht schlecht, bei manchen Politikern wie zwei Altbundeskanzlern oder Sportlern wie Boris Becker hat das geklappt. Aber am sichersten ist es immer noch, in die Oberschicht hineingeboren zu werden."

Jakob: „Der Punkt geht an dich!"

Theoretisch ist es für jedermann möglich, in die Oberschicht aufzusteigen – oder aus ihr abzusteigen, was aber kaum zu erwarten ist. Eine vertikale Mobilität ist bis jetzt eigentlich nur in Bezug auf die Unter- und Mittelschicht überliefert (vgl. Vester, 2004). Soziale Mobilität zeichnet sich in erster Linie auf der horizontalen Ebene ab, und wenn sie vertikal verläuft, bleibt sie größtenteils auf die Mittelschicht beschränkt.

▪ Askription als Stereotypisierung

Das Problem mit der Oberschicht ist, dass nur sehr wenig über ihre Lebensweisen und Gewohnheiten bekannt ist, was viel Raum für Stereotypenbildung bietet. So wurde z. B., als vor wenigen Jahren der Industriellenerbe Gunter Sachs verstarb, in erster Linie das seit den 1960er Jahren von der Boulevardpresse gepflegte Image des schwerreichen hauptberuflichen Playboys aufgewärmt, das ihm aufgrund seines extravertierten Lebensstils verliehen worden war und das er zeitlebens nicht loswurde.

In die Kategorie *Stereotypisierung* gehört auch, was sich der Journalist Wüllenweber (2012) unter Zugrundelegung des Wortpaares *Arm und Reich* für die beiden Randgruppen der Gesellschaft ausgedacht hat, die aus seiner Sicht Deutschland ruinieren: die Ober- und die Unterschicht. Kurz gefasst lauten seine

16 ▶ http://luxus.welt.de/business/beiträge/internate

Vorwürfe an die Asozialen der Oberschicht, dass sie sich nicht mehr durch Leistung, sondern durch Gewinn legitimieren. Sie seien Anleger, die nur noch ihr Geld für sich arbeiten lassen. Auf ihren breiten Schultern ruhe nur eine geringe Steuerlast, während die arbeitende Mittelschicht mehr zur Kasse gebeten werde. Auf diese Weise seien in den vergangenen Jahrzehnten Billionen aus der Mitte nach ganz oben umverteilt worden. Dass dies nicht ins Bewusstsein der Bevölkerung vorgedrungen sei, hängt mit einem erstaunlichen kulturellen Wandel in der Oberschicht zusammen, die so tut, als gäbe es sie nicht, anstatt ihren Reichtum wie früher zur Schau zu stellen. 80 % Prozent der Topmanager stammten aus Familien, die zu den reichsten 5 % der Gesellschaft gehören. Die Schlüsselpositionen in Deutschland würden nicht nach Fähigkeit und Qualifikation vergeben, Auswahlkriterium sei die Herkunft: 80.000 Superreiche, die fast ein Viertel des gesamten Volksvermögens ihr Eigen nennen. Davon könne sich die Mehrheit der Gesellschaft, die vom Verdienen lebt, kaum eine Vorstellung machen.

Die anderen Asozialen verortet Wüllenweber in der Unterschicht, der er eine weitgehende geistige, soziale und sexuelle (!) Verwahrlosung attestiert. Er konstatiert die grundsätzliche Unmöglichkeit des Aus- und Aufstiegs. Die Bildungsoffensive und die daraus folgende soziale Durchmischung seien unwiederbringliche Vergangenheit. Dabei mangle es der Unterschicht nicht an materieller Zuwendung. Der Unterschicht fehle es einfach nur an Bildung, und die müsse rechtzeitig, nämlich im Kleinkindalter, einsetzen und obligat sein.

Anna: „Da wird aber kein Stereotyp ausgelassen. Die Reichen leisten nichts und bringen den Mittelstand ums Geld, mit dem sie an der Börse spekulieren.“

Jakob: „Ja, und die Unterschicht ist geistig, sozial und sexuell verwahrlost. Und ungebildet ist sie auch noch.“

Anna: „Das schreit nach Veränderung, ja sogar nach Revolution! Oder?“

Jakob: „Eigentlich ja. Aber das will der Wüllenweber nicht. Dem geht es eigentlich nur um die soziale Schließung der Mittelschicht, der er sich zugehörig fühlt und die ihre Privilegien verteidigen bzw. zurückerobern muss.“

Anna: „Also doch nur das alte Spiel der sozialen Schließung?!“

Menschen sind gleich und doch verschieden. Wenn jemand sagt „Ach, die Menschen sind doch alle gleich“ widerspricht dies jeder landläufigen Beobachtung, sonst hätte man ja auch nicht genau die Partnerin oder den Partner herausgesucht, mit der oder dem man das Leben teilen will. Das Faszinierende an Menschen ist die Vielfalt ihrer Erscheinungsformen. Bereits Plinius der Ältere schreibt in seiner Naturgeschichte, dass „unter vielen tausenden von Menschen“, deren Gesichtszüge doch nur von „zehn Teilen oder wenig mehr“ bestimmt würden, keine zwei zu finden seien, die sich nicht unterscheiden ließen. Dem kann man ungeteilt zustimmen, problematisch wird es aber, wenn die Verschiedenartigkeit von Menschen als Argument gegen die soziale Gleichheit eingesetzt wird.

■ Gleichheit und Ungleichheit in der Gegenwartsgesellschaft

Natürlich unterscheiden sich Menschen und auch die Gruppen, denen sie angehören, in vielerlei Weise. *Heterogenität ist der Normalfall* und meint nichts anderes als Verschiedenheit, aber nicht per se soziale Ungleichheit (Diewald und Faist 2011). Daher ist nach den sozialen Mechanismen zu suchen, die aus bloßer Verschiedenheit eine dauerhafte soziale Ungleichheit entstehen lässt. In den bisherigen Ausführungen haben wir Macht-, Einkommens- und Vermögensunterschiede als Ursachen sozialer Ungleichheit thematisiert. Wir haben dabei auf die ungleichen Startbedingungen von Kindern je nach sozialer Herkunft hingewiesen. Erstaunlich resistent sind auch Vorstellungen über ungleiche Fähigkeiten der Geschlechter, die zu einer Ungleichbehandlung im Alltag führen und Unterschiede bezüglich der Erwerbstätigkeit maßgeblich beeinflussen. Und neuerdings rücken zunehmend soziale Ungleichheiten in den Mittelpunkt des Interesses, die auf die *Ethnie* zurückzuführen sind.

Nicht jeder in der Gesellschaft beobachtbare Unterschied ist eine soziale Ungleichheit. Damit Unterschiede zu Ungleichheiten werden, müssen zwei Bedingungen erfüllt sein: Erstens müssen die Unterschiede von einer Mehrheit als relevant wahrgenommen werden. Zweitens müssen sich die bewerteten Unterschiede auch auf die Lebensbedingungen und Handlungsmöglichkeiten auswirken. Beide Bedingungen treffen auf die Bewertung der Verteilung der klassischen Ressourcen Macht, Prestige und Geld zu, aber ebenso auf die Integration in soziale Beziehungen sowie auf die soziale und politische Partizipation des Einzelnen am gesellschaftlichen Geschehen. In stratifizierten Gesellschaften führt die Erfahrung von Privilegierung oder Benachteiligung nicht nur zu ähnlichen ökonomischen Interessen sozialer Gruppen, sondern auch zu ähnlichen Erwartungen in Bezug auf Erziehung und Bildung.

Angehörige sozial bevorteilter Schichten oder Klassen wollen ihre Privilegien wahren und verteidigen, während die Angehörigen der benachteiligten Bevölkerungsgruppen eine Änderung der Ungleichheitsstruktur mittels kollektiver Handlungen anstreben (Parkin 1979b). In ◻ Abb. 4.21 wird die Entstehung sozialer Ungleichheiten aus Verschiedenheit zusammenfassend dargestellt (vgl. auch die Darstellung von Diewald und Faist 2011, in der die Argumentationen Bourdieus und Parkins zusammenfließen).

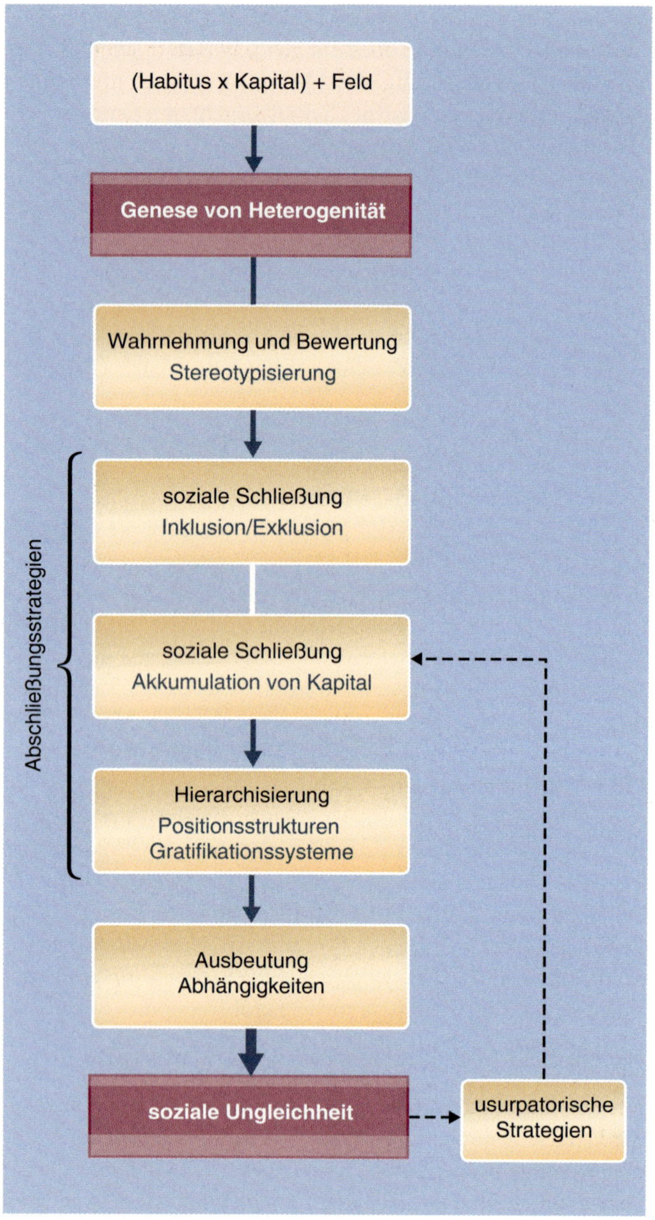

■ **Abb. 4.21** Soziale Schließung und die Entstehung sozialer Ungleichheiten

In der soziologischen Literatur werden verschiedene Faktoren der Verschiedenheit von Personen genannt, die nach dem Urteil der Bevölkerungsmehrheit soziale Ungleichheit bewirken. Bezug nehmend auf die von Bourdieu (1983) vorgenommene Unterscheidung zwischen Kapitalsorten umschreiben Beruf, Einkommen, Vermögen, soziale Herkunft und Bildung die „klassischen Merkmale" der Ungleichheitsforschung, wie sie seit der Mitte des 19. Jahrhunderts gepflegt wird. Darüber hinaus können auch Unterschiede in Alter, Geschlecht und ethnischer Herkunft soziale Ungleichheit begründen.

Die Lebensphasen, die ein Mensch von der Kindheit bis ins hohe Alter durchläuft, gehen mit unterschiedlichen Rechten und Pflichten einher. Auch mit dem Geschlecht sind spezifische Zuschreibungen, Rollenvorstellungen und Entfaltungsmöglichkeiten verbunden, die sich, wie die Genderforschung zeigt, in Deutschland, Österreich und der Schweiz auch nach der Gleichstellungsgesetzgebung als erstaunlich resistent erweisen. Soziale Ungleichheiten sind in den drei Ländern jedoch auch Folge der ausländischen Wurzeln eines Teils der Bevölkerung. Insbesondere scheint der Migrationshintergrund erheblichen Einfluss auf die Lebensgestaltung und die Chancenverteilung auszuüben.

Zusammenfassend wird der Zusammenhang von Ungleichheit, sozialer Schichtung, Habitus und Lebensstil in Anlehnung an Stamm und Lamprecht (2009) in ■ Abb. 4.22 dargestellt.

Bildung ist in der Gegenwartsgesellschaft ein hoch geschätztes und allgemein positiv bewertetes Gut. Eine höhere Schulbildung in Verbindung mit der Erreichung eines Bildungstitels gilt als erstrebenswert und kann dem Inhaber neben Prestige auch Privilegien im Sinne von Einkommen und guten sozialen Beziehungen verschaffen. Das erklärt, warum die Bildung einer der Schlüsselfaktoren der sozialen Schließung geworden ist.

■ Stratifikation der Bildung und soziale Schließung

Soziale Schließung bewirkt nicht nur eine Hierarchisierung der sozialen Positionen, sondern auch eine Hierarchisierung der Bildung, wenn *Bildungstitel als Schließungskriterien* fungieren. Diesbezüglich wird in der soziologischen Literatur (z. B. Groß 2000) argumentiert, dass Bildungstitel als kredentialistische Schließungsvarianten mit einer berufsspezifischen Aufteilung des Arbeitsmarktes einhergehen und eine Homogenisierung und Stabilisierung von Berufsgruppen und des sozioökonomischen Status nach sich ziehen. Bildungstitel eröffnen den Zugang zu beruflichen Positionen, die die Zugehörigkeit zu einer sozialen Gruppierung bedingen, die ihrerseits spezifische Anforderungen an die Bildungstitel stellen, um den Zugang zu den beruflichen Positionen zu regeln, die wiederum die Zugehörigkeit zu einer sozialen Klasse bedingen usw. usf.

> » Die Sozialisation durch den Beruf prägt in der Regel bei Mitgliedern der sozialen Unterschicht andere Züge des Sozialcharakters als bei Mitgliedern der Mittel- und Oberschicht; während der Sozialisation durch die Familie werden normalerweise die jeweils typischen Charakterzüge der Eltern an die Kinder weitervermittelt […]. Da die Sozialisation durch die Schule auf die Ausprägungen des Sozialcharakters der Mittel- und Oberschicht besser eingestellt ist als auf die der Unterschicht, haben es die Kinder aus der Unterschicht besonders schwer, einen guten Schulerfolg zu erreichen. Sie erlangen häufig nur Qualifikationen für die gleichen niederen Berufspositionen, die ihre Eltern bereits ausüben. Wenn sie in diese Berufspositionen eintreten, dann ist der Zirkel geschlossen (Rolff 1997, S. 34).

Die schichtspezifische Sozialisation bezieht sich nicht nur auf den Erwerb von Bildungstiteln, sondern, wie eine Studie von Engels und Thielebein (2011) belegt, auch auf die Teilhabe an Kultur-, Freizeit- und außerschulischen Bildungsangeboten: Kinder und Jugendliche aus den verschiedenen sozialen Schichten verbringen ihre Freizeit in unterschiedlichen Bereichen, teilweise strikt voneinander getrennt. Darüber hinaus beeinflussen auch das Geschlecht und der Migrationshintergrund die Teilnahme an organisierten Freizeitaktivitäten.

Kinder und Jugendliche, die aus der sozialen Mittelschicht stammen, sind häufiger Mitglied in einem Verein als Kinder aus

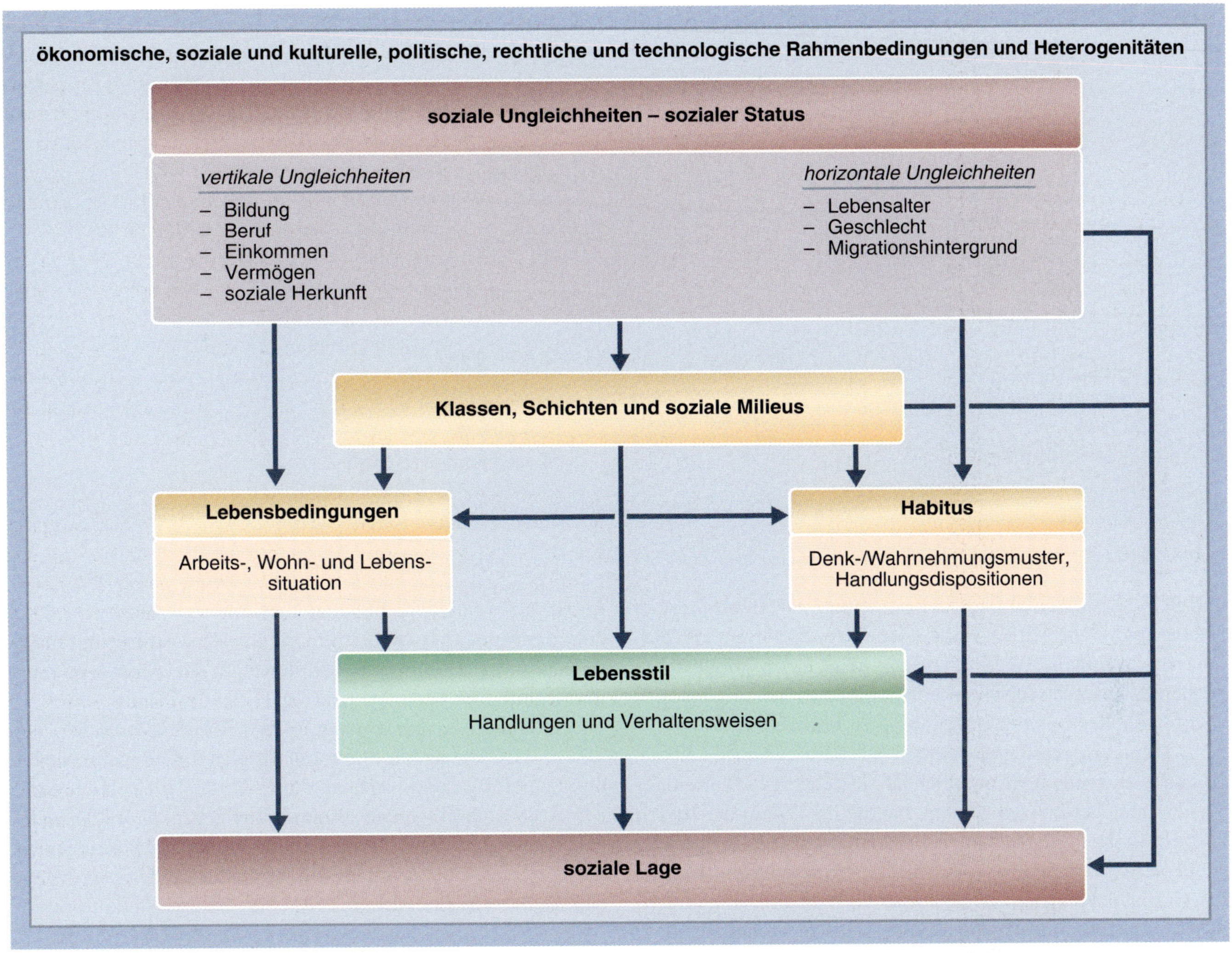

Abb. 4.22 Ein Modell des Zusammenhangs von Ungleichheit, sozialer Schichtung, Habitus und Lebenstil. (Nach Stamm und Lamprecht 2009, S. 7)

der sozialen Unterschicht. Auch Kinder und Jugendliche mit Migrationshintergrund sind seltener in einem Verein aktiv als diejenigen ohne Migrationshintergrund. Im kulturell-musischen Bereich sind noch deutlichere Unterschiede zu erkennen. Hier sind vor allem Mädchen und die Kinder aus den oberen sozialen Schichten aktiv. Jungen und Kinder aus sozial schwachen Familien sind hier deutlich unterrepräsentiert. So sammeln die Angehörigen verschiedener sozialer Schichten unterschiedliche kulturelle Erfahrungen und bilden auch unterschiedliche Fähigkeiten aus. Diese Unterschiede sind laut Engels und Thielebein bereits im Kleinkindalter zu beobachten und setzen sich im höheren Alter fort.

In Anbetracht der weitgehenden Stabilität der sozialen Schichtung gelangen Engels und Thielebein zu der Schlussfolgerung, dass am ehesten schulische Angebote geeignet seien, kompensatorisch zu wirken und die Benachteiligungen der sozialen Herkunft zumindest teilweise auszugleichen.

In vielen Beiträgen der Sozialisationsforschung wird die Schichtzugehörigkeit als ein dominanter Faktor für den Lebenslauf und die Eröffnung von Lebenschancen der Heranwachsenden betrachtet. Unterschiede in der Bildung und im Erreichen von Bildungstiteln werden als *Explanandum* betrachtet, für deren Zustandekommen die Zugehörigkeit zu einer sozialen Schicht oder einem bestimmten Milieu als *Explanans* herangezogen wird. Man kann aber auch anders herum argumentieren und die Bildung bzw. Bildungstitel zur Erklärung (Explanans) für die Reproduktion sozialer Ungleichheiten (Explanandum) heranziehen. Dieser Ansatz wird in Abb. 4.23 dargestellt. Die Bildung wird nach diesem Modell wesentlich von der sozialen Herkunft bestimmt, bestimmt aber ihrerseits wiederum den Zugang zum Berufs- und Erwerbsleben, das die Grundlage für Einkommen, Macht und Privilegien bildet.

Das Modell besagt, dass die soziale Herkunft nicht direkt auf die Berufswahl durchschlägt, sondern dass die Bildung als Moderator fungiert. Demnach leistet die Bildung den wesentlichen Beitrag zur Reproduktion sozialer Ungleichheit, und *Bildungstitel* werden zum Instrument der sozialen Schließung.

In der bildungssoziologischen Literatur (z. B. Becker und Müller 2011) gilt als unbestritten, dass der *Bildungsstand* die individuellen Erwerbs- und Berufsmöglichkeiten und dadurch den sozialen Status einer Person nachhaltig beeinflusst. Als Daumenregel gilt allgemein: Je besser Individuen ausgebildet sind, desto höher ist ihr Einkommen und das soziale Prestige. Tatsächlich ist relativ gut belegbar, dass mit einem höheren Bildungsstand auch höhere Bildungserträge verbunden sind. Hochschulabsolventen verdienen üblicherweise mehr als Nichtakademiker,

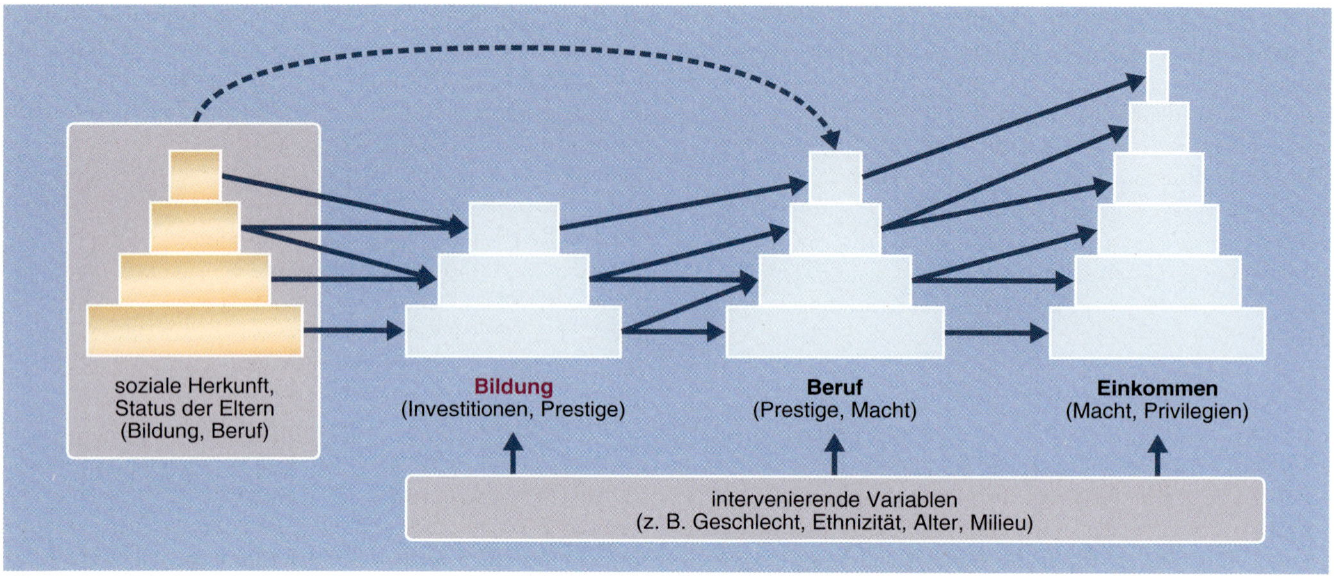

Abb. 4.23 Modell des Zusammenhangs zwischen Bildung, Beruf und Einkommen. (Nach Lamprecht et al. 2006, S. 27).

und *Bildung* ist offenkundig der beste *Schutz vor Arbeitslosigkeit* (Weber und Weber 2013). Hat ein Hochschulabsolvent erst einmal eine berufliche Position erreicht, wird er im Vergleich zu Nichtakademikern seltener arbeitslos und auch bei ungünstigen wirtschaftlichen Entwicklungen ist er im Vorteil.

Während Hochschulabsolventen bei relativ geringen Risiken, arbeitslos zu werden, ein beruflich relativ sicheres wie vorteilhaftes Erwerbsleben führen können, hat die im Verlauf der letzten Jahrzehnte abnehmende Zahl an Berufen, die nach *Anlernen* ausgeübt werden können, zu verschärften Arbeitsmarktproblemen von Geringqualifizierten geführt. Auch hier gilt als Daumenregel, dass „Bildungsarmut" das Risiko, arbeitslos zu werden, deutlich verschärft (Solga 2009): „Bildungsarme" werden durch die Verdrängung vom Ausbildungs- und Arbeitsmarkt stigmatisiert und vom Wohlstand ausgeschlossen. Während 2008 bei einer mittleren Arbeitslosigkeit von 10 % die Arbeitslosenquote für Hochschulabsolventen bei 4 bis 5 % und für Erwerbspersonen mit einem mittleren Abschluss bei 10 % lag, betrug sie für Individuen ohne Bildungszertifikat 22 %. Die Bedeutung der Bildungszertifikate für die Berufs- und Erwerbstätigkeit ist entgegen den Unkenrufen einer Bildungsinflation im Sinne einer Überproduktion von Akademikern nicht gesunken, sondern gestiegen (Hadjar und Becker 2006). Die Verknüpfung von Bildung, Beruf und Einkommen lässt soziale Ungleichheit trotz einer Bildungsexpansion andauern, denn höhere Bildung bedeutet in der Regel höheres Einkommen und Sozialprestige, bessere Arbeitsbedingungen und ein geringeres Arbeitslosigkeitsrisiko wie auch verbesserte Teilhabe- und Gestaltungsmöglichkeiten in vielen Lebensbereichen.

Bildung als wirtschaftliche Ressource

Aus der Sicht der *Humankapitaltheorie*, die Bildung als eine wirtschaftliche Ressource betrachtet (Becker 1964), ist Bildung eine Investition in die Zukunft, und die Bereitschaft zu einer höheren Bildung nimmt in dem Maße zu, wie eine hohe Rendite zu erwarten ist. Bildungsausgaben werden über den Vergleich von Kosten und Nutzen legitimiert. Die Nachfrage nach höherer Bildung nimmt ab, wenn keine höheren Gewinne (z. B. Einkommen) zu erwarten sind. Voraussetzungen für eine Ausweitung und Intensivierung von Bildungsmaßnahmen sind Wirtschaftswachstum und technischer Fortschritt.

Nach dem *Labour Queue Model* (Vordränglermodell) von Thurow (1975) steigt die Bildungsnachfrage in dem Maße, wie Bildungsabschlüsse und -zertifikate zum Mittel der Selektion durch den Arbeitsmarkt werden. Bildungstitel gelten als Indikator für Fähigkeiten und Kompetenzen, die für gut dotierte Positionen vorausgesetzt werden. Aus dem Labour Queue Model folgt die Annahme, dass die Konkurrenz um höhere Bildung stetig zunimmt.

> Wenn in meritokratischen Gesellschaften der Bildungsabschluß zu einer wichtigen Voraussetzung für sozialen Aufstieg und Berufskarriere wird, verhalten sich die Individuen entsprechend der Logik des Wettrüstens: „Je mehr, desto besser" (Windolf 1990, S. 6).

Über Bildungszertifikate erhalten Individuen Zugang zu gesellschaftlich bestimmenden Statusgruppen und damit zu knappen Ressourcen wie Reichtum, Macht und Prestige (Bourdieu und Passeron 1971). Die Humankapitaltheorie wie auch das Labour Queue Model operieren im Grunde mit einem Push-Pull-Modell der Bildungsstratifikation. Individuen werden aus einem ursprünglichen Bildungsmilieu „weggedrückt" (*push*), während sie von einem anderen „angezogen" (*pull*) werden.

Ganz im Sinne der Humankapitaltheorie hatte Picht 1964 den Bildungsnotstand in Deutschland ausgerufen:

> Der bisherige wirtschaftliche Aufschwung wird ein rasches Ende nehmen, wenn uns die qualifizierten Nachwuchskräfte fehlen, ohne die im technischen Zeitalter kein Produktionssystem etwas leisten kann (Picht 1964, S. 17).

Die Kurzformel *Bildungsnotstand = Wirtschaftsnotstand* wurde damals von vielen verstanden und löste schon bald eine *Bildungsexpansion* aus.

Die Bildungsexpansion und ihre Folgen

Allgemein zeichnete sich ab 1970 der Trend ab, dass die Generation der Kinder und Jugendlichen höhere Schulabschlüsse erzielen konnte als die Elterngeneration. Für diese Beobachtung hat sich der Begriff der *Bildungsexpansion* eingebürgert. Aufgrund der Auswertung von Mikrozensuserhebungen zwischen 1950 und 1998 gelangt Schimpl-Neimanns (2000) zu der Schlussfolgerung, dass die gesamtwirtschaftliche Entwicklung für einige Bevölkerungsgruppen eine *deutliche Aufwertung von Bildung und Bildungszertifikaten* mit sich brachte. Den statistischen Angaben zufolge gilt dies z. B. für die Gruppe der Landwirte, die, um im europäischen Wettbewerb zu bestehen, genötigt waren, sich neuartige Bildungsqualifikationen anzueignen und alternative Beschäftigungsmöglichkeiten auf dem Arbeitsmarkt zu suchen, die höhere Bildungsabschlüsse als bisher erforderten (Müller und Haun 1994). Gleiches wurde zunehmend auch für Angehörige des Arbeitermilieus notwendig, für die lange Zeit die an die Volksschule anschließende Berufsausbildung der typische Bildungsweg war.

Für eine ganze Reihe von Ausbildungsberufen wurden allerdings die Eingangsvoraussetzungen angehoben, so dass sich die Chancen von Hauptschülern im Wettbewerb um Ausbildungsstellen deutlich verschlechterten. Diese Entwicklung hat wesentlich zur oben skizzierten bildungsbezogenen Schließung des Arbeitsmarktes beigetragen. Als Konsequenz darauf ist auch in den unteren sozialen Schichten eine deutliche Aufwertung von Bildung und Bildungszertifikaten sowie eine stärkere Orientierung zu höherwertigen Bildungsabschlüssen zu verzeichnen. Dies ist zumindest als Trend festzustellen, wenn man die Erhebungen des Mikrozensus für den Zeitraum 1950 bis 1989 zu Rate zieht (Schimpl-Neumanns 2000). Für diesen Zeitraum ist generell eine stetige Verbesserung der Bildungschancen für Angehörige unterer Sozialschichten und eine allgemeine Anhebung des Bildungsniveaus zu verzeichnen. Dessen ungeachtet waren die Kinder der qualifizierten Angestellten und Beamten und der Selbstständigen die Hauptnutznießer der Bildungsexpansion.

Abgesehen davon, dass die stärkere Hinwendung breiter Bevölkerungsgruppen zur höheren Bildung auch dazu geführt hat, dass immer mehr Menschen eine oder mehrere Fremdsprachen beherrschen, leistete die Bildungsexpansion einen Beitrag zu einem kontinuierlichen Wertewandel mit einer stärkeren Betonung von Frieden, Freiheit, Demokratie, Umweltschutz, Selbstverwirklichung usw. (Spellerberg 2006) und zum Abbau von Fremdenfeindlichkeit (Rippl 2006). Dabei zeichnet sich nach Hadjar (2006) ab, dass nicht die jeweils jüngeren Generationen die Träger des Wertewandels waren, sondern vielmehr die höher Gebildeten unter ihnen.

Selbst auf das Fertilitäts- und Heiratsverhalten hat sich die Bildungsexpansion laut einer Längsschnittstudie von Timm (2006) ausgewirkt.

» Stellen wir uns eine gutaussehende Frau Mitte zwanzig mit gehobener Schulbildung vor, die unter der Obhut ihrer Eltern sehnsüchtig darauf wartet, geheiratet zu werden. Sie wäre in der sozialen Szenerie der Gegenwart so exotisch, dass ihre Altersgenossinnen sie geradezu als psychisch krank ansehen würden (Schulze 2005, S. 48).

Lebenspartnerschaften sind seit den 1970er Jahren zunehmend mit dem Bildungsniveau verknüpft, wobei vor allem niedrig gebildete Männer deutlich geringere Chancen haben, eine Partnerin mit höherem Bildungsniveau zu finden. Der Heiratsmarkt hat demnach eine bildungsbezogene Schließung erfahren und die Bildungshomogenität der Lebenspartnerschaften hat in den letzten Jahrzehnten deutlich zugenommen. Die Familienbildung erfolgt wegen der längeren Dauer der Ausbildung und infolge der Höherqualifikation später als früher und das Heiratsalter und das Alter bei Geburt des ersten Kindes sind als Folge der Höherqualifikation und zunehmender Frauenerwerbstätigkeit angestiegen. Bei höher gebildeten Frauen ist auch die Wahrscheinlichkeit gestiegen, kinderlos zu bleiben.

Die Bildungsbenachteiligung von Mädchen wurde seit 1970 kontinuierlich abgebaut und kann heute als beseitigt angesehen werden (Becker und Müller 2011). Aufgrund einer Analyse von Henz und Maas (1995) kann angenommen werden, dass die deutliche Abnahme der geschlechtsspezifischen Unterschiede bei der Nutzung von Bildungsangeboten über alle Schichten hinweg in gleichem Maße stattgefunden hat. Die Bildungsexpansion hat auch entscheidend zur Erwerbsbeteiligung und zu Einkommenschancen von besser qualifizierten Frauen beigetragen, obwohl viele Frauen bei gleicher Ausbildung, bei gleicher Tätigkeit und gleicher Leistung immer noch geringere Einkommen als Männer erzielen (vgl. Hecken 2006).

Insgesamt zeichnet sich im Hinblick auf den Abbau von Bildungsungleichheiten ein ambivalentes Bild ab. Nach Hadjar und Becker (2006) spricht die empirische Evidenz klar für einen allgemeinen Anstieg des Bildungsniveaus der Bevölkerung, aber auch für die Verdrängung der niedrig Gebildeten. Das führt dazu, dass Bevölkerungsgruppen mit vergleichsweise niedrigen Bildungsabschlüssen auf Dauer vom gesellschaftlichen Wohlstand ausgeschlossen werden. Als faktisch widerlegt kann die These Bourdieus (2001) betrachtet werden, wonach Bildungsabschlüsse einerseits für den Zugang zu gut dotierten beruflichen Positionen immer wichtiger werden, andererseits aber automatisch an Wert verlieren, wenn sie an breite soziale Schichten vergeben werden. Die Bedeutung der Bildungszertifikate ist de facto nicht abgewertet worden, sondern im Gegenteil sogar gestiegen. Wer heutzutage im Beruf und in anderen Lebensbereichen erfolgreich sein will, braucht einen entsprechenden Bildungsabschluss. Selbstverständlich ist ein Bildungstitel alleine kein Garant dafür, im Beruf- und Erwerbsleben erfolgreich zu sein.

Welche Faktoren diese Veränderungen bewirkt haben, ist nicht unumstritten. Auf der einen Seite wird argumentiert, dass die Bildungsexpansion die unausweichliche Folge grundlegender Reformen des Bildungs- und Schulwesens war. Auf der anderen Seite betrachten Modernisierungstheoretiker die Bildungsexpansion im Kontext einer gesamtgesellschaftlichen Entwicklung, die eine Mobilisierung von sozialen Gruppen (im Sinne sozialer Aufstiegsmöglichkeiten) und eine bessere Ausschöpfung der wirtschaftlichen Ressourcen voraussetzt (vgl. Berger 1996). Technische, organisatorische und kulturelle Innovationen führen zu einer stetigen Steigerung des allgemeinen Wohlstandes und nicht zuletzt auch zu einer nachhaltigen Verbesserung der Bildung.

Für unsere Überlegungen ist es eher zweitrangig, ob die Bildungsexpansion durch einen Modernisierungsschub oder durch

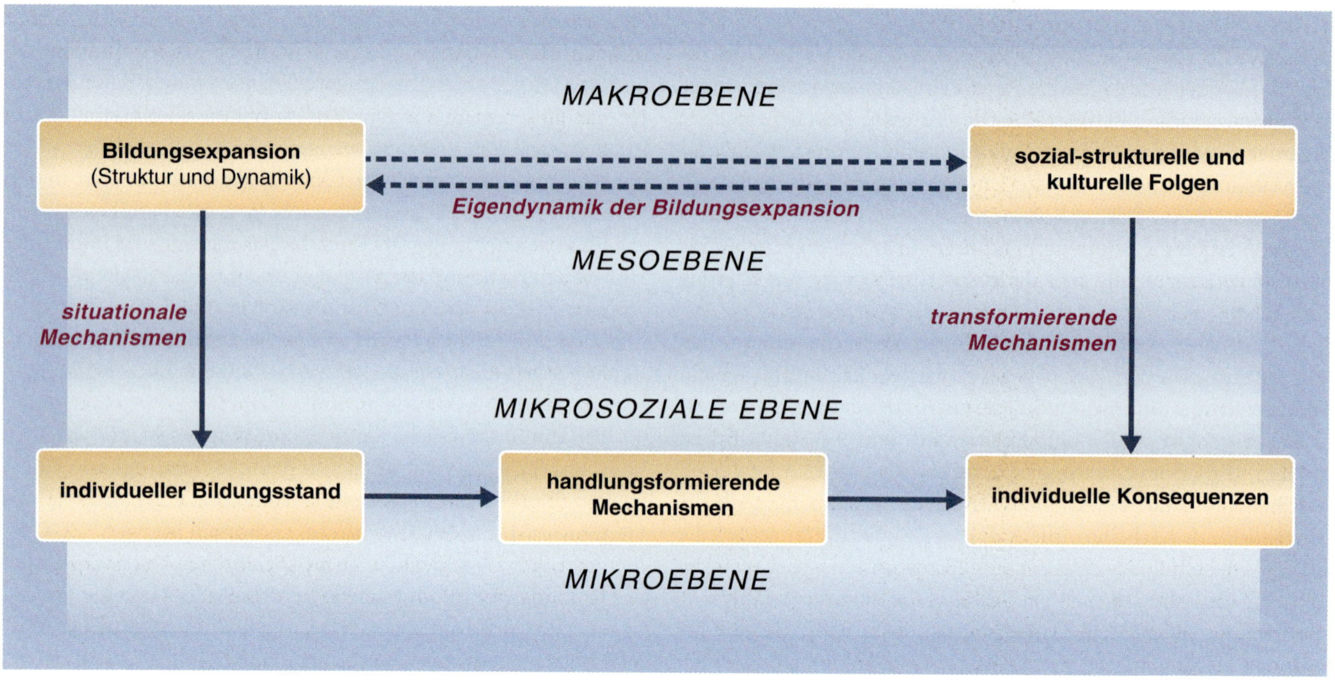

Abb. 4.24 Erklärungsmodell der Folgen der Bildungsexpansion (Hadjar und Becker 2006, S. 17)

Bildungsreformen eingeleitet wurde. Insgesamt erreichte sie eine gewisse Angleichung der Bildungsniveaus, ohne das Ziel der Chancengleichheit erreichen zu können (Geißler 2006). Um die Folgen der Bildungsexpansion theoretisch einordnen zu können, haben Hadjar und Becker (2006) ein Erklärungsmodell entworfen, das verschiedene Handlungsebenen aufeinander bezieht (Abb. 4.24).

Nach diesem Modell bestehen die Folgen der Bildungsexpansion in mehr oder weniger beabsichtigten Resultaten zielorientierten Handelns sozialer Akteure. Politische Entscheidungen und Maßnahmen sowie die Eigendynamik einer in Gang gesetzten Bildungsexpansion veranlassen Bildungsinstitutionen, Familien wie auch andere soziale Netzwerke, im Sinne einer Pushstrategie auf die Individuen einzuwirken und den hohen gesellschaftlichen Stellenwert von Bildung zu signalisieren. Im Vordergrund stehen dabei situationsgebundene Mechanismen der Einflussnahme. Auf der Mikroebene bildet der individuelle Bildungsstand einer Person den Ausgangspunkt für die Planung und Gestaltung von Handlungen, die Konsequenzen für das Individuum in sozialstruktureller (z. B. Berufswahl, Einkommen, Heiratschancen, sozialer Status) oder kultureller Hinsicht (Weltanschauungen, Werthaltungen, Lebensstile usw.) nach sich ziehen.

Im Hinblick auf die sozialstrukturellen und -kulturellen Folgen der Bildungsexpansion auf der Makroebene gehen die Bewertungen in der Literatur auseinander. Nach Auffassung von Beck (1986) handelt es sich bei den Folgen um einen *Fahrstuhleffekt*, der mit der Anhebung des allgemeinen Lebensstandards und der sozialstaatlichen Absicherung verbunden war. Um Missverständnisse zu vermeiden, ist festzuhalten, dass die Annahme eines Fahrstuhleffektes weder die Unveränderbarkeit sozialer Ungleichheiten noch eine Abschwächung oder gar ein Verschwinden sozialer Ungleichheiten impliziert. Dementsprechend argumentiert Vester (2004), dass die Vorstellung, die Bildungsexpansion hätte allen gleiche Bildungschancen ermöglicht, auf einer Täuschung beruht. Tatsächlich sei die Expansion der höheren Bildung darauf zurückzuführen, dass vor allem die Gymnasial- und Hochschulbildung der Söhne und Töchter der oberen Bildungs- und Besitzmilieus (nicht zuletzt aufgrund ökonomischer Notwendigkeiten) drastisch zunahm. Angehörige der mittleren und unteren Sozialmilieus sind in den höheren Bildungsniveaus nach wie vor stark unterproportional repräsentiert. Bis in die heutige Zeit hinein gibt es auch einen Stadt-Land-Unterschied, und Jugendliche mit Migrationshintergrund sind die am stärksten benachteiligte Gruppe im Bildungssystem (Solga und Wagner 2001).

Die Bildungsprivilegien der in der sozialen Hierarchie höher stehenden Schichten bzw. Milieus wurden nicht nur nicht angetastet, sondern im Gegenteil noch ausgebaut. Dementsprechend hat sich an der bildungsbezogenen Schließung des Arbeitsmarktes für die unteren Sozialschichten nur wenig geändert. Nach wie vor entscheidet in Deutschland vor allem die soziale Herkunft über den Bildungserfolg eines Heranwachsenden (Valtin 2008). Die Bildungsungleichheiten sind gravierend und werden von Politikern (z. B. Burchardt 2008) als „beschämend" bezeichnet.

4.3.2.5 Bildungsungleichheit – Ursachen und Folgen

Die Bildungssoziologie erlebte in den 1970er Jahren als Folge der zuvor proklamierten Bildungskatastrophe eine Blütezeit und fand einen erneuten Aufschwung, als in Anbetracht der Resultate der ersten PISA-Studie eine „zweite deutsche Bildungskatastrophe" ausgerufen wurde (Kahlert 2010).

Ausgangspunkt bildungssoziologischer Ungleichheitsforschung war und ist die Frage nach dem Beitrag des Bildungssystems zur Reproduktion sozialer Ungleichheit. Die ersten empirischen Nachweise des Zusammenhangs zwischen Schicht-, Geschlechts- sowie Regionalzugehörigkeit und dem Bildungserfolg wurden für die Bundesrepublik Deutschland in den 1960er

Jahren erbracht (z.B. Dahrendorf 1965a; Grimm 1966).[17] Das wissenschaftliche Erkenntnisinteresse an sozialen Barrieren, die eine Gleichheit von Bildungs- und Lebenschancen verhindern, hatte eine politische Dimension, da die bildungssoziologischen Analysen zur Begründung politisch motivierter Reformmaßnahmen genutzt wurden. Bereits Mitte der 1970er Jahre nahm das Forschungsinteresse am Thema *Bildung und soziale Ungleichheit* deutlich ab, was auch damit zu tun hatte, dass sich ein bildungspolitischer Pessimismus ausbreitete, der Bemühungen um Chancengleichheit als vergeblich beurteilte. Das vormals gesteckte Ziel der Verringerung sozialer Ungleichheiten im Bildungswesen galt als verfehlt. Das Untersuchungsinteresse an Bildungsungleichheiten nahm rapide ab. Als die Resultate der ersten PISA-Studie die Öffentlichkeit in Deutschland und Österreich schockierten, erlebte das Thema der schichtspezifischen Bildungsungleichheit ein *Revival* im Sinne eines Wiederaufflammens einer Modewelle der Vergangenheit (Schwinn 2008).

Was bei der Diskussion der PISA-Ergebnisse leicht übersehen wird, ist die Tatsache, dass die Bildungssoziologie sich bereits ab Beginn der 1990er Jahre wieder intensiv mit der Problematik der sozialen Herkunft und ihrer Effekte auf den Bildungsverlauf befasst hatte. Dabei standen laut Kristen (1999) drei Generallinien der Forschung im Vordergrund:

Ein Schwerpunkt befasste sich mit Ausmaß, Stabilität und Wandel von Bildungsungleichheiten. Dieser Schwerpunkt erfreute sich einer zunehmenden Beliebtheit, da ab 1990 Informationen über die Schülergeneration vorlagen, die unter den Bedingungen der Bildungsexpansion ihre Schullaufbahn beendet und den Übergang in den Arbeitsmarkt vollzogen hatte. Das ermöglichte Analysen zu Veränderungen der Chancenunterschiede als Folge der Bildungsexpansion (Müller und Haun 1993). Das Hauptergebnis einer Vielzahl an Untersuchungen bestand im Nachweis des Fortbestehens herkunftsspezifischer Ungleichheitsmuster, wobei sich aber eine leichte Abnahme der Chancenunterschiede für die jüngeren Geburtsjahrgänge abzeichnete.

Ein zweiter Schwerpunkt lag in der Untersuchung der Effekte von Bildungsabschlüssen auf die berufliche Positionierung. Ausgelöst wurde diese Forschungslinie durch ein expandierendes Bildungssystem bei gleichzeitig schrumpfendem Arbeitsmarkt.

Die dritte Forschungslinie der 1990er Jahre richtete den Fokus auf das Bildungsverhalten von Personen ausländischer Herkunft, wobei der Schwerpunkt auf Personen mit Migrationshintergrund gelegt wurde (z.B. Alba et al. 1994; Büchel und Wagner 1996). Bei den zahlreichen Analysen zeigte sich, dass Kinder und Jugendliche mit Migrationshintergrund eher nachteilige Bildungswege einschlagen und weniger an der höheren Bildung teilhaben. Bis Ende der 1990er Jahre wies eine Studie nach der anderen darauf hin, dass die soziale Herkunft einen starken Einfluss auf den Bildungserfolg ausübt und dass Jugendliche mit Migrationshintergrund zu den Verlierern der Bildungsexpansion zu gehören scheinen. Bis zur Veröffentlichung der Ergebnisse der ersten PISA-Studie wurden die Befunde der Bildungssoziologie so gut wie nicht wahrgenommen und einfach hingenommen. Als Deutschland und Österreich bei der „Bildungsolympiade" jedoch schlecht abschnitten, waren die Schuldigen rasch gefunden:

> » Für das schlechte Abschneiden […] im internationalen Vergleich wurde anfangs *trotz unzureichender Datengrundlage* sehr schnell der Ausländeranteil in den Klassen und die Anwesenheit ausländischer Schüler und Schülerinnen verantwortlich gemacht. Es wird suggeriert, dass die Daten – wie auch die auf dem Mikrozensus beruhende Analyse des deutschen Bildungsberichtes – erlauben, die Ursachen bei den Schülern und Schülerinnen mit Migrationshintergrund und ihren Familien zu verlegen. Die Migrationsfamilien selbst – insbesondere Familien mit türkischem Hintergrund und deren Lebenssituation (Abschottung, besonders niedriges soziales und kulturelles Kapital) – sowie mangelnde Fertigkeiten der jungen Menschen mit Migrationshintergrund selbst (abweichende Sozialisation, Wertorientierungen, fehlende sprachliche Fertigkeiten) seien ursächlich für den geringen Bildungserfolg (Boos-Nünning 2009, S. 61).

Verlauf und Ergebnis der bildungssoziologischen Forschung zum Thema Bildungsungleichheit von den 1960er Jahren bis heute zeichnen ein Bild der ständigen Wiederkehr des Gleichen. Bevor wir dieses Bild skizzieren, noch eine Klärung dessen, was unter dem Begriff *Menschen mit Migrationshintergrund* zu verstehen ist.

Migrationshintergrund: Begrifflichkeit und statistische Daten

Migrationshintergrund ist in Deutschland, Österreich und der Schweiz ein Ordnungskriterium der amtlichen Statistik zur Beschreibung einer Bevölkerungsgruppe, die aus eingewanderten Personen und deren Nachkommen besteht. Weltweit waren im Jahr 2010 mehr als 210 Millionen Menschen Migranten – sie lebten in einem anderen Land als sie geboren wurden.

Laut Mikrozensus 2011 des Statistischen Bundesamtes hatten 19,5 % der in *Deutschland* lebenden Menschen einen Migrationshintergrund. Die meisten stammten aus der Türkei (18,5 %), gefolgt von Polen (9,2 %), Russland (7,7 %), Italien (4,9 %) und Kasachstan (5,8 %).

Im Jahr 2011 verbuchte *Österreich* einen Anteil von 18,9 % an Einwohnern mit Migrationshintergrund. Bemerkenswert ist, dass dabei Personen deutscher Herkunft die größte Gruppe stellen, gefolgt von Migranten aus dem ehemaligen Jugoslawien. Menschen türkischer Abstammung stellen den drittgrößten Anteil.

In der *Schweiz* stellt sich die Lage traditionell ganz anders dar. Im Jahr 2012 lag hier der Anteil der Einwohner mit Migrationshintergrund bei mehr als 34 %. An der Spitze liegen Zuwanderer aus Italien, dicht gefolgt von deutschstämmigen. Dann folgen die Zuwanderer aus Portugal, dem Kosovo, Frankreich, Spanien und der Türkei. In ihrem *Internationalen Migrationsausblick 2013* stellt die OECD fest, dass die Schweiz zusammen mit Luxemburg das Land Europas ist, das finanziell am meisten von den Zuwanderern profitiert. Das hängt damit

17 Dass Bildungsungleichheit nicht nur in der Bundesrepublik Deutschland, sondern auch in regionaler und sozialer Hinsicht in der DDR gang und gäbe war, zeigt die Analyse von Miethe (2007).

zusammen, dass beide Länder Menschen aus Berufsgruppen aus dem höheren Einkommenssegment und mit höherer Bildung anziehen.
In *Luxemburg* betrug 2011 der Anteil der Menschen mit Migrationshintergrund sogar 43 %. Aus historischen Gründen liegt dabei Portugal als Herkunftsland an der Spitze, gefolgt von Frankreich, Belgien und Deutschland (▶ www.statistiques.public.lu).

Tab. 4.11 Formen der sozialen Integration von Migranten (Esser 2001, S. 19)

		Sozialintegration in Aufnahmegesellschaft	
		Ja	**Nein**
Sozialintegration in Herkunftsgesellschaft/ethnische Gemeinde	**Ja**	Mehrfachintegration	Segmentation
	Nein	Assimilation	Marginalisierung

Bildungsstand von Migranten

» Mein Opa kam in dieses Land, grüner Opel Commodore,
sieh was nach Lemgo, sieben Kinder ohne Kohle.
Mit meiner Oma sechs Mädchen und einen Jungen,
er war streng, zum Arbeiten hat er jeden hier gezwungen.
Er wollt dass sie's einmal besser haben,
weil die Gründe für den Umzug bestimmt nicht am Wetter lagen,
nix mit Schule.
Wo war der Staat, als meine Mama 15 war,
Arbeit in Papierfabrik, wahrscheinlich die Jüngste da.
Es war die Zeit, als sie verliebt in einen Künstler war,
mein Vater sang für Frieden, als er sie von der Bühne sah,
Liebe in einer fremden Kultur und Land,
mein Opa wollt' es nicht, deswegen sind sie durchgebrannt,
irgendwann kamen sie zurück und küssten Opas Hand,
es war kurz danach, als ihr kleiner Sohn entstand,
Wisst ihr wer? Ekrem, bir işçinin oğlu,
früher Rap-Fan, heute Business-Ikone.
Wir sind ein gewisser Schlag von Mensch,
haben unser ganzes Leben immer hart gekämpft,
wenig Kohle, doch mach mal weiter,
ich wiederhole, Gastarbeiter,
wir lieben Deutschland von Herzen wie verrückt,
doch leider liebt es uns nicht jedes Mal zurück,
wer sieht schon gerne seine Nachbarn scheitern,
außer es handelt sich um Gastarbeiter.
Glaub mir, dass dieser Freezy hier die Wahrheit spricht,
was für Sprachkurs? Damals wurd' gearbeitet.
Ich erinner' mich, so sah unsre Freizeit aus,
wir Gastarbeitersöhne warn nur allein zu Haus.
[…]
Mein Opa starb dieses Jahr, er war krank,
Gott bewahre, hat sein Leben lang gearbeitet
und konnt nicht mal die Sprache.
Eine Generation, die sich aufgeopfert hat,
damit einer wie ich heute auch was davon hat.
Denn wäre er damals nicht nach Deutschland gekommen,
hätt ich heute diesen Track nicht für euch aufgenommen,
der Gastarbeiter!
Eko Fresh (deutscher Rapper türkischer Abstammung)

Die erste Generation der Zuwanderer kam als Gastarbeiter, Flüchtlinge, Rückkehrer (Spätaussiedler). Die meisten von ihnen haben sich in die Mehrheitsgesellschaft integriert. Viele haben durch Geburt oder Einbürgerung – unter Verzicht auf ihre bisherige Staatsbürgerschaft – die Staatsbürgerschaft des Aufnahmelandes erworben. Aber viele sind bis heute nicht in der neuen Heimat angekommen und lehnen die Werte und Lebensweisen der Mehrheitsgesellschaft ab; sie kapseln sich ethnisch, sozial und räumlich ab, und es fällt ihnen auch nach jahrzehntelangem Aufenthalt schwer, sich in der Sprache der Aufnahmegesellschaft zu verständigen. Vielmehr klammern sie sich an die Traditionen und Verhaltensweisen ihrer Herkunftsländer. Grundsätzlich können vier Varianten der sozialen Integration von „Migranten" unterschieden werden (Tab. 4.11).

Auf der Grundlage dieser Unterscheidung verfasste Esser (2001) ein Gutachten zur Problematik der sozialen Integration und ethnischen Schichtung in Deutschland, wobei er sich ausführlich mit der Positionierung verschiedener Bevölkerungsgruppen mit Migrationshintergrund im Bildungswesen und auf dem Arbeitsmarkt befasste. Grundlage des Gutachtens waren Daten aus den Mikrozensuserhebungen der Jahre 1970, 1989 und 1996. Für diesen Zeitraum konnte Esser bemerkenswerte Assimilationen für die Variablen *Bildung* und *beruflicher Status* feststellen:

Für die autochthonen Deutschen zeigte sich als Folge der Bildungsexpansion ein stetiges Ansteigen des Bildungsniveaus, bei den „Migranten" gab es demgegenüber nur ein mäßiges Anwachsen im Bereich der höheren Bildung.
Im Jahre 1996 besuchten fast 70 % der Kinder und Jugendlichen mit Migrationshintergrund eine Hauptschule und etwa 30 % erreichte keinen Hauptschulabschluss. Auch auf dem Arbeitsmarkt zeigen sich Tendenzen zum beruflichen Aufstieg: Der Anteil der Arbeiter sank zwar von 92,9 % im Jahr 1970 auf 69,9 % im Jahr 1996, aber von einer Angleichung in den Verteilungen der Arbeitsmarktpositionen kann keine Rede sein. Generell nahmen die Menschen mit Migrationshintergrund im Berufs- und Erwerbsleben im Vergleich zu den autochthonen Deutschen die niedrigeren Positionen ein; dies traf besonders für den Personenkreis aus den Herkunftsländern Türkei und Italien zu.
Was ins Auge springt, ist der hohe Anteil von Schulabgängern ohne Abschluss der Hauptschule bzw. einer beruflichen Ausbildung bei den aus der *Türkei* und aus *Italien* stammenden Personen. Auch die geringen Anteile dieser beiden Gruppen an höheren Bildungsabschlüssen sind bemerkenswert (insbesondere im Vergleich mit der Quote, die spanische „Migranten" erzielen).

Weit verbreitet ist (zumindest in Deutschland) die Meinung, die zweite Generation der zugewanderten Menschen habe im Vergleich zur ersten Generation deutlich größere Probleme bei der strukturellen Assimilation im Bildungsbereich. So lautete beispielsweise eine Schlagzeile des *Spiegel online* vom 15. Mai 2006: „Schulleistungen von Ausländern: Die zweite Generation wird abgehängt." Bezug genommen wurde auf die PISA-Studie 2003, und abschließend zitiert wird die deutsche Staatsministerin für Integration, Maria Böhmer, mit den Worten:

» Alarmierend dabei ist vor allem, dass hier geborene Kinder ausländischer Eltern, die von Anfang an das deutsche Schulsystem durchlaufen haben, in ihren Leistungen schlechter sind als Kinder, die später aus dem Ausland zugewandert sind.

- Ist das wirklich so?

Mit dieser Frage hatte sich bereits Esser (2001) befasst, wobei er davon ausging, dass die verschiedenen Migrantengruppen unterschiedlich zusammengesetzt sind und sich die festgestellten statistischen Verteilungen der strukturellen Assimilation alleine schon aus „Kompositionen" der untersuchten Merkmale ergeben können. Eine niedrige Position im Beruf kann die Folge eines niedrigeren Bildungsabschlusses sein, und dieser kann wiederum davon abhängen, dass die untersuchte Kohorte überwiegend aus Migranten der ersten Generation mit einem niedrigeren Bildungsstatus besteht. Aus dieser Überlegung folgt, dass *Kompositionseffekte* statistisch kontrolliert werden müssen. Dabei ist grundsätzlich zu klären,

- ob sich eine *Segregation* von Einwohnern mit Migrationshintergrund statistisch zeigen lässt,
- ob möglicherweise einzelne Herkunftsgruppen stärker als andere segregiert sind und
- ob jüngere Jahrgänge stärker als andere Jahrgänge segregiert sind.

Segregation und Dissimilarität

Duncan und Duncan (1955) entwickelten Anfang der 1950er Jahre den *Dissimilaritäts- bzw. Unähnlichkeitsindex* als nützliche Maßzahl für die residentielle Segregation der nicht weißen Bevölkerung einer Stadt. Eine Minorität ist segregiert, wenn sie – im Vergleich zu einer anderen Gruppe – ungleich über die Raumeinheiten verteilt ist. Der Dissimilaritätsindex bezieht sich auf eine spezielle Referenzgruppe, während der *Segregationsindex* sich auf die gesamte Population bezieht (Abb. 4.25).
Der Wertebereich reicht von 0 bis 1 bzw. 0 % bis 100 %. Ein Index von 0 steht für eine ausgeglichene Durchmischung und 100 für eine vollständige Segregation. Als Daumenregel gilt: Je kleiner der Zahlenwert des Segregationsindex ist, desto höher ist der Grad der Assimilation der verglichenen Gruppen.

$$IS = \frac{\sum_{i=1}^{Agg} \left| \frac{x_i}{X} - \frac{n_i - x_i}{N - X} \right|}{2}$$

$$ID = \frac{\sum_{i=1}^{Agg} \left| \frac{x_i}{X} - \frac{y_i}{Y} \right|}{2}$$

Segregationsindex:
- i Aggregatindex von 1 bis Agg
- x_i Teilpopulation x im Aggregat i
- X Summe der Teilpopulation
- N Gesamtpopulation
- n_i Population im Aggregat i

Dissimilaritätsindex:
- i Aggregatindex von 1 bis Agg
- x_i Teilpopulation x im Aggregat i
- X Summe der Teilpopulation X
- y_i Teilpopulation y im Aggregat i
- Y Summe der Teilpopulation Y

Abb. 4.25 Segregations- und Dissimilaritätsindex

Unter Verwendung des Segregationsindex von Duncan und Duncan untersuchte Esser die strukturelle Assimilation von Migrantengruppen an die deutsche Referenzgruppe, wobei er unter ausdrücklicher Kontrolle von Kompositionseffekten den Unterschieden zwischen der ersten und zweiten Generation türkischer Zuwanderer auf den Grund ging. Die erste Generation der aus der Türkei zugewanderten Personen hatte – zumindest formal – eine Schulbildung in ihrem Herkunftsland, während das für die zweite Genration alleine schon aus Altersgründen nicht zutreffen konnte. Kontrolliert man diese Alterskomposition (auch nach Geschlecht), verändert sich das Bild für den Vergleich der Generationen, denn nun hat die zweite Generation gegenüber der ersten Generation eine deutlich verbesserte Position im Bildungsbereich erreicht. Auffällig bleibt aber die Abweichung der zweiten Generation der Türkischstämmigen von der deutschen Referenzgruppe, wobei sich laut Esser von 1989 bis 1996 eine Zunahme der Ungleichheiten abzeichnet. Diese setzen sich ab der Jahrtausendwende fort.

Für das Jahr 2008 weist der deutsche Zensus für etwas mehr als 3 Millionen der Schülerinnen bzw. Schüler allgemeinbildender und berufsbildender Schulen einen Migrationshintergrund aus. Von ihnen sind 2,2 Millionen in Deutschland geboren; sie haben keine eigene Migrationserfahrung und gehören zur zweiten und dritten Generation der Menschen mit Migrationshintergrund. Aus den Angaben des Statistischen Bundesamtes kann für die Jahre 2008 bis 2012 die in Tab. 4.12 wiedergegebene Verteilung der Schülerinnen bzw. Schüler mit Migrationshintergrund über die verschiedenen Schulformen hergeleitet werden.

In seiner Analyse gelangt das Bundesamt für Migration und Flüchtlinge deshalb zu der Feststellung, dass *ausländische*[18] Schüler insgesamt an Hauptschulen, integrierten Gesamtschulen und Förderschulen sowie an Abendschulen überrepräsentiert, an Schularten mit mehreren Bildungsgängen, Realschulen sowie vor allem an Gymnasien und freien Waldorfschulen aber unterrepräsentiert seien.

Während die Verteilungen in der oberen Hälfte der Tabelle die aus der Vergangenheit bekannten Disparitäten im Schulbesuch widerspiegeln, weist der überdurchschnittliche Besuch von Abendschulen darauf hin, dass Menschen mit Migrationshintergrund ein sehr großes Interesse haben, schulische Abschlüsse nachzuholen (Siegert 2008). Weniger positiv ist demgegenüber zu beurteilen, dass Migranten unverändert selten ein Gymna-

18 Tatsächlich verwendet das *Bundesamt für Migration und Flüchtlinge* ebenso wie die Beauftragte der Bundesregierung für Migration, Flüchtlinge und Integration auch für Menschen mit Migrationshintergrund konsistent die Bezeichnung *Ausländer*. Diese Begriffsverwendung ignoriert die Tatsache, dass viele ehemalige Ausländer sich haben einbürgern lassen, also deutsche Staatsangehörige sind, aber einen Migrationshintergrund haben.

▫ **Tab. 4.12** Anteil von Schülerinnen bzw. Schülern mit Migrationshintergrund nach Schularten für die Schuljahre 2008/09 und 2010/11 (Quelle: Statistisches Bundesamt, Fachserie 11, Reihe 1, 2009, 2012, 2013)

Schulart	Anteil der Schülerinnen bzw. Schüler mit Migrationshintergrund (in %)		
	2008/09	2010/11	2011/12
Vorschulen	13,4	12,7	11,8
Grundschulen	8,9	7,5	6,6
– Integrierte Gesamtschulen	**14,4**	**11,2**	**10,0**
– Freie Waldorfschulen	1,6	1,6	1,5
Hauptschulen	**19,5**	**19,4**	**18,7**
Schulartunabhängige Orientierungsstufe	12,9	10,9	8,9
Schularten mit mehreren Bildungsgängen	4,7	5,2	4,9
Realschulen	**8,1**	**8,3**	**8,0**
Gymnasien	**4,2**	**4,3**	**4,1**
Integrierte Gesamtschulen (IGS)	**10,9**	**13,1**	**12,2**
Freie Waldorfschulen	2,3	1,9	1,8
Förderschulen	**14,4**	**13,0**	**12,1**
Abendhauptschulen	**41,2**	**35,4**	**36,7**
Abendrealschulen	**21,6**	**22,2**	**22,8**
Abendgymnasium	**12,8**	**14,1**	**13,9**
Kollegs	**6,1**	**6,6**	**7,3**

sium besuchen. Seit 1996 ist der Anteil von Migranten auf Gymnasium sogar rückläufig, während der Anteil an Migranten auf der Realschule sich von 6,8 % bis zum Jahre 2008 auf etwa 8 % erhöhte und seitdem relativ stabil ist. Eine kontinuierliche Zunahme ist für die integrierte Gesamtschule zu verzeichnen, was allerdings auch mit dem allgemeinen Niedergang der Hauptschule in Deutschland zu tun hat. Was sich bei Betrachtung der statistischen Werte in ▫ Tab. 4.12 auf den ersten Blick als Tendenz zu einer Bildungsexpansion abzeichnet, stellt sich deshalb auf den zweiten Blick als das Ergebnis bildungsorganisatorischer Veränderungen heraus. Unter diesem Vorbehalt sind auch die Zahlenwerte in ▫ Tab. 4.13 zu sehen, die einen Überblick über die Bildungsbeteiligung verschiedener Migrantengruppen im Jahr 2008 bietet.

Ins Auge springt hier der hohe Anteil, den Schülerinnen bzw. Schülern mit vietnamesischem Migrationshintergrund auf dem Gymnasium ausmachen; sie liegen mit fast 40 % noch vor den autochthonen Deutschen und mit weitem Abstand vor allen anderen Bevölkerungsgruppen mit Migrationshintergrund. Türkei- und Italienstämmige sind nach wie vor die Schlusslichter bei der Teilhabe an einer höheren Bildung. Betrachtet man für die verschiedenen Herkunftsländer die Verteilung nach Geschlecht, so zeichnet sich ab, dass die Mädchen häufiger Gymnasien und seltener Hauptschulen besuchen als Jungen (vgl. Boos-Nünning und Karakasoğlu 2006; Siegert 2008).

Zu einem solch differenzierten Ergebnis gelangt der *Bildungsbericht 2008* (Klieme et al. 2008) nicht, was damit erklärt werden kann, dass in ihm fast ausschließlich auf die Ergebnisse der PISA-Studien zurückgegriffen wurde. Dementsprechend wird die Konzentration von Schülern mit Migrationshintergrund in bestimmten Schulformen, der Einfluss des hohen Migrantenanteils auf die Leistungsfähigkeit von Schulen wie die nicht adäquate Leistungsbewertung und die fehlende Förderung der Schüler mit Migrationshintergrund herausgestellt. Hervorgehoben wird ohne Kontrolle von Kompositionseffekten, dass in Deutschland die zweite Generation schlechter abschneidet als die erste Generation der Schüler mit Migrationshintergrund, und grundsätzlich wird die unzureichende Beherrschung der deutschen Sprache moniert. Vier Jahre später konstatiert der *Bildungsbericht* (Weishaupt et al. 2012), dass die Bildungsbeteiligung von Jugendlichen und jungen Erwachsenen mit Migrationshintergrund deutlich angestiegen war und insgesamt der Bildungsbeteiligung der autochthonen Deutschen entsprach und sie sogar teilweise übertraf. Unverändert wiesen allerdings türkischstämmige Migranten in allen betrachteten Altersgruppen die geringsten Beteiligungsquoten auf. In das insgesamt positive Bild, das der Bildungsbericht 2012 von der Bildungsbeteiligung von Schülern mit Migrationshintergrund zeichnet, fügen sich die Ergebnisse von PISA 2012 ein, wonach der Leistungsstand von Schülern mit Migrationshintergrund im Vergleich zu Schülern ohne Migrationshintergrund, aber mit ähnlichem sozioökonomischen Status seit 2003 um 10 Punkte in der OECD-Skala gesunken ist (OECD 2013).

Tab. 4.13 Verteilung von Schülerinnen bzw. Schülern mit Migrationshintergrund über die Schulformen laut Mikrozensus 2008. (Quelle: Statistisches Bundesamt, 2009)

Herkunftsland	*Hauptschule*	*Realschule*	*IGS*	*Gymnasium*	*Förderschule*
Türkei	23,4	**14,5**	**10,4**	**9,3**	6,9
Italien	23,7	**13,8**	6,9	**9,9**	8,6
Griechenland	21,8	14,7	6,1	**15,6**	6,1
Polen	17,2	11,5	8,0	**16,6**	3,3
Russische Föderation	11,7	10,2	5,6	**24,5**	3,1
Vietnam	5,9	11,2	5,0	**39,9**	1,7

Anna: „Statistische Daten nerven mich. Wenn es um Menschen geht, will ich was über Menschen erfahren und nicht mit Zahlen bombardiert werden."

Jakob: „Statistiken sind wie Bikinis, sie enthüllen eine ganze Menge, verbergen aber das Wichtigste."

Anna: „Diese sexistische Bemerkung will ich mal durchgehen lassen, da ich dem Inhalt zustimme. Der Philosoph Schopenhauer soll mal gesagt haben: Wenn einer nur Zahlen und Zeichen im Kopf hat, kann er nicht dem Kausalzusammenhang auf die Spur kommen."

Jakob: „Genau so was hatte ich mit meiner Bemerkung gemeint. Sorry für den Sexismus. Aber ich bin der Meinung, dass statistische Zahlenspielereien null Erklärungswert haben. Statistiken sind wie ein Basar, da findet jeder das, was er sucht."

Anna: „Ja, und der Spruch ‚Mit Statistik kann man alles beweisen' gilt nur für die Bequemen, die keine Lust haben, genauer hinzusehen."

Genauer hingesehen haben Stanat und Christensen (2006) in der Sonderstudie der OECD *Where Immigrant Students Succeed*. Auf der Grundlage des Vergleichs von 17 Ländern im Rahmen von PISA 2003 sollte ermittelt werden, ob Migrantenkinder im Schulsystem ebenso erfolgreich sind wie autochthone Schüler. Der Migrationshintergrund wurde aus den Antworten der untersuchten Schülerinnen und Schüler auf die Frage hergeleitet, ob Mutter oder Vater außerhalb des Landes geboren waren. Zusätzlich wurde danach gefragt, welche Sprache im Elternhaus gesprochen wird. Erhoben wurden außerdem der sozioökonomische Status und der Bildungsstand der Eltern mittels ESCS und ISEI (► Abschn. 4.3.2). Der lesenswerte Bericht beschreibt ausführlich die Zusammenhänge von Migrationshintergrund und Schulleistungen. Für unser Thema bedeutsam ist das Gesamtergebnis, dass

- kein Zusammenhang zwischen der Größe der Population der Schüler mit Migrationshintergrund und den Durchschnittsergebnissen auf Länderebene und auch
- kein Zusammenhang zwischen dem Anteil der Schüler mit Migrationshintergrund und den Leistungsunterschieden in Bezug auf die autochthone Referenzgruppe feststellbar war.

Deutliche Unterschiede in den Mathematikleistungen wurden allerdings für Schülerinnen und Schülern mit türkischem Migrationshintergrund festgestellt. An einer fehlenden Motivation zu lernen, lag das jedoch offenbar nicht, denn der OECD-Bericht zeigt, dass Jugendliche aus zugewanderten Familien in fast allen in den Vergleich einbezogenen Ländern in Bezug auf schulisches Lernen motivierter waren als Jugendliche ohne Migrationshintergrund (Stanat und Christensen 2006).

Diese Beobachtung wird auch durch PISA 2009 bestätigt. Demnach sind Schüler mit Migrationshintergrund allgemein ausgesprochen leistungsmotiviert, und Schüler mit türkischer Herkunft weisen fast durchgängig eine höhere Lern- und Leistungsmotivation auf als Jugendliche ohne Migrationshintergrund (Stanat et al. 2010).

▪ Effekte der Segmentation auf Bildung und Erziehung

Wenn in Deutschland die Rede auf Einwohner mit Migrationshintergrund kommt, wird meistens ein Bezug zu Berlin hergestellt, denn Berlin hat u. a. den Ruf, die drittgrößte Stadt der Türkei zu sein. Nach den absoluten Zahlen leben in Berlin tatsächlich mehr Menschen mit einem Migrationshintergrund als in jeder anderen deutschen Stadt, prozentual betrachtet aber liegt Berlin mit 24 bis 25 % eher im unteren Bereich. Frankfurt am Main hat einen Anteil von mehr als 40 % und auch die wirtschaftsstarken süddeutschen Städte wie Stuttgart oder Nürnberg haben einen 10 % höheren Anteil an Migranten als Berlin (Bömermann 2011).

Dabei ist die Zusammensetzung der Bevölkerung mit Migrationshintergrund deutlich vielfältiger als das Wahrnehmungsbild in der Öffentlichkeit. So leben in Berlin derzeit Menschen

Tab. 4.14 Segregation ausgewählter Einwohnergruppen mit Migrationshintergrund in Berlin (Stand 31.12.2009, Bömermann 2011, S. 66) Der Interaktionsindex bezieht sich auf Zwischengruppenkontakte. Der Index gibt hierfür die Wahrscheinlichkeit an. Der Dissimilaritätsindex wurde nach folgender Formel (Kalter 2000) berechnet: **D** = ½ □ | Pr (*k* | A, x) – Pr (*k* | B, x) |, wobei Pr(k | A,x) und Pr(k | B,x) die konditionalen Wahrscheinlichkeiten für Migranten und Einheimische sind, in einem bestimmten Stadtviertel k zu wohnen

	Segregationsindex IS			
Deutsche mit Migrationshintergrund	0,26			
Einwohner mit Migrationshintergrund	**0,36**			
Ethnischer Hintergrund:	**Segregationsindex IS**	**Interaktionsindex xP*y**	**Dissimilaritätsindex D**	
			insgesamt	*unter 25 Jahre*
Türkei	**0,52**	**0,56**	**0,57**	**0,59**
Polen	0,30	0,04	0,36	0,37
Ehem. Jugoslawien	0,35	0,03	0,42	0,42
Russische Föderation	0,35	0,08	0,37	**0,72**
Italien	0,33	0,01	0,40	0,41
Vietnam	0,46	0,02	0,46	**0,77**
Griechenland	0,37	0,01	0,44	0,47
Österreich	0,31	0,01	0,36	0,41

mit Migrationshintergrund aus etwa 190 Ländern. Dabei bilden Personen mit türkischer Zuwanderungsgeschichte mit 177.000 Individuen die mit Abstand größte Gruppe. Von ihnen haben 69.000 die deutsche Staatsbürgerschaft. Etwas mehr als 5 % der Berliner haben also einen türkischen Migrationshintergrund oder anders ausgedrückt: Unter den Migranten Berlins ist jede fünfte Person türkischstämmig. Dann folgen Einwohner mit polnischer Zuwanderungsgeschichte, die etwa 10 % der Migranten Berlins ausmachen.

Die Migrationsforschung zeigt, dass Wanderungsprozesse häufig in Ketten verlaufen (Haug und Pointner 2007). Diese Form der Migration trägt fast automatisch zu einer siedlungsräumlichen Konzentration von Angehörigen ethnischer Gruppen bei, da neue Zuwanderer auf bestehende soziale Kontakte mit bereits migrierten Familienangehörigen oder Bekannten zurückgreifen. Durch die Zuwanderung großer Gruppen entstanden vielerorts (z. B. in nordamerikanischen Großstädten) als Folge einer ethnischen Segregation Viertel wie „Little Italy" oder „China Town". Für manche gehört in Berlin die Gegend um das Kottbusser Tor im Bezirk Friedrichshain-Kreuzberg zu den ethnisch geprägten Vierteln. Bömermann (2011) hat anhand des anonymisierten Statistikabzugs aus dem Einwohnerregister Berlins die Prägung zusammenhängender Wohngebiete durch eine Bevölkerungsgruppe untersucht und u. a. die Indizes für Segregation, Dissimilarität und Interaktionen berechnet. Ein Ausschnitt ist in ◘ Tab. 4.14 wiedergegeben.

Betrachtet man die Werte, so ist für türkischstämmige Einwohner Berlins festzustellen, dass sie – ähnlich wie die Zuwanderer aus Vietnam oder Kasachstan – eine deutliche Segregation von anderen Bevölkerungsgruppen aufweisen, aber anders als alle anderen Ethnien rege Zwischengruppenkontakte unterhalten. Bemerkenswert sind die Werte der Dissimilarität bei den Jugendlichen unter 25 Jahre, deren Wurzeln in Vietnam, der Russischen Föderation, aber auch der Türkei liegen, da sie eine alarmierende Absonderung von der Gesamtgesellschaft signalisieren. Da scheint einiges schiefzulaufen bei der Integration der jungen Menschen in die deutsche Mehrheitsgesellschaft.

Die sprichwörtliche Neigung, sich zu seinesgleichen zu gesellen, kann von einer Bevölkerungsgruppe durchaus positiv beurteilt werden, sie kann aber auch zu Ausgrenzungen z. B. auf dem Arbeitsmarkt führen, so dass sie Segregation zur Entstehung sozialer Probleme beiträgt.

In jüngerer Zeit haben sich zahlreiche Studien mit der Frage beschäftigt, ob ethnisch geprägte Wohnquartiere die Eingliederung von Migranten in die Gesellschaft behindern (Drever 2004; Farwick 2008; Janßen und Schroedter 2007). Zusammenfassend kann gesagt werden, dass die ethnische Konzentration in einem Wohnviertel die, soziale und kulturelle Assimilation von Migranten *nicht* signifikant beeinflusst. Dessen ungeachtet wird in der öffentlichen Diskussion immer wieder die mögliche Entstehung von „Parallelgesellschaften" heraufbeschworen, die eine dauerhafte Barriere für die Integration darstellen (Tibi 2002). Die Rede von „Parallelgesellschaften" ist politisch motiviert und bringt diese in Stellung gegenüber der „Leitkultur" der Mehrheitsgesellschaft, aber die Annahme, dass v. a. türkische Migranten dazu neigten, regelrechte Clans aufzubauen und sich von der Gesellschaft abzuschotten, konnte bislang empirisch nicht bestätigt werden (vgl. Nowak 2006). Eine Erklärung für den Zusammenschluss ethnischer Gruppen kann im Konzept der sozialen Homophilie gefunden werden (Farwick 2008).

soziale Homophilie

Mit dem Begriff *soziale Homophilie* wird die Tendenz von Individuen bezeichnet, bevorzugt soziale Beziehungen und Bindungen mit anderen einzugehen, die ähnlich sind. Die Ähnlichkeit kann sich dabei auf Merkmale wie das Geschlecht, die ethnische Herkunft, den sozioökonomischen Status oder auch den Bildungsgrad beziehen. Einfach ausgedrückt: „Gleich und gleich gesellt sich gern."

Demnach neigen Menschen dazu, sich in verschiedenen sozialen Kontexten (z. B. Nachbarschaften) mit Menschen zu umgeben und soziale Netzwerke zu knüpfen, die ihnen hinsichtlich be-

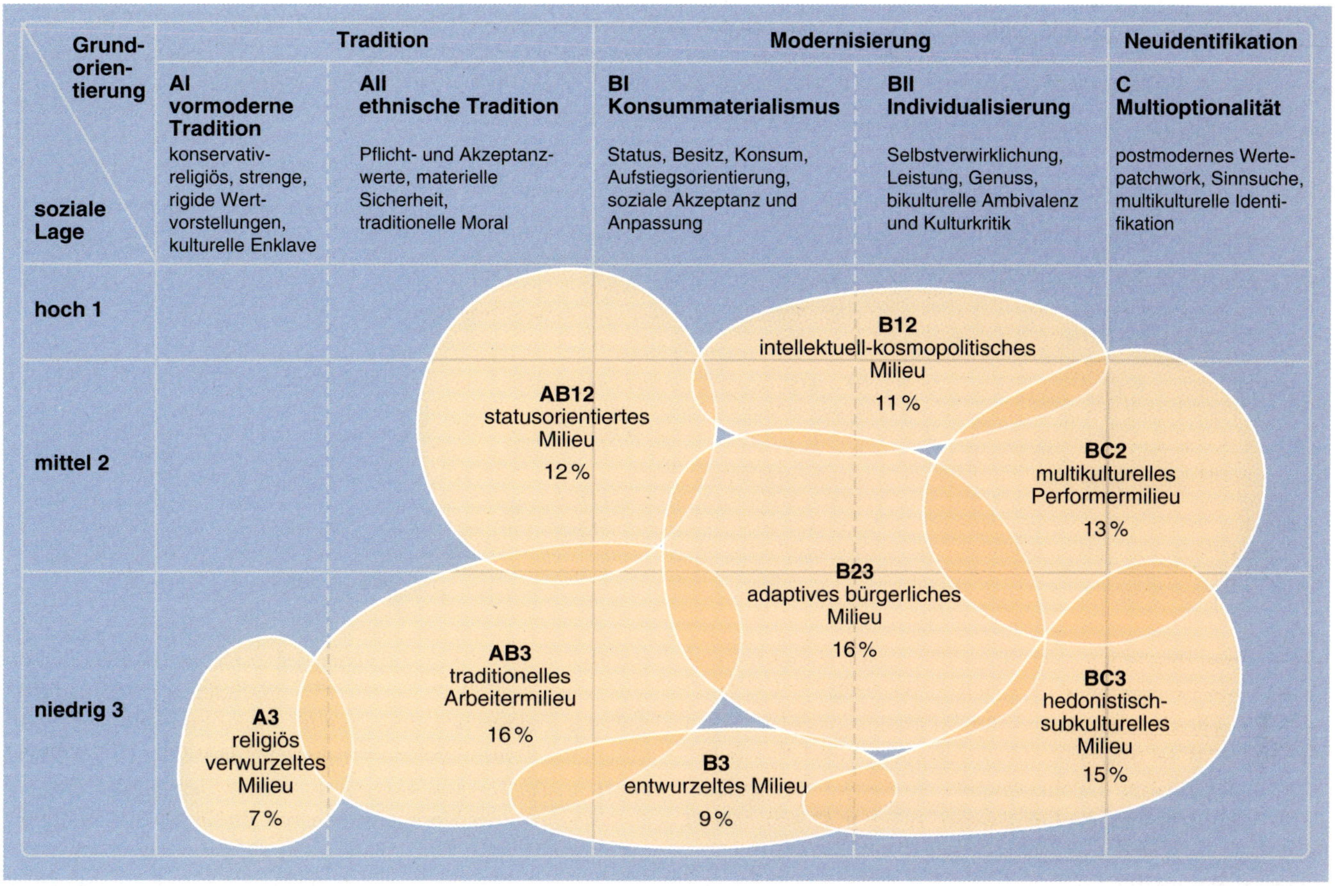

Abb. 4.26 Darstellung der Sinus-Migrantenmilieus

stimmter Merkmale (insbesondere Ethnizität, Alter, Bildung, Beruf) ähnlich sind. Der Vorteil liegt darin, dass dadurch Konflikte in Bezug auf soziale Normen und Lebensweisen vermieden werden können (Friedrichs 2008) und soziale Anerkennung leichter erreichbar wird. Bisher liegen allerdings nur wenige Studien vor, in denen Effekte räumlicher Nähe auf soziale Netzwerkbildung – und damit die soziale Integration von Migranten – untersucht wurden. Aus einer von Kanas et al. (2011) durchgeführten Analyse des deutschen sozioökonomischen Panels für den Zeitraum von 1984 bis 2004 geht hervor, dass in Deutschland anders als in den Vereinigten Staaten, wo die Vernetzung innerhalb ethnischer Gruppen förderlich für den Zugang zum Arbeitsmarkt ist (Aguilera und Massey 2003), häufige Kontakte mit Verwandten, Freunden und Nachbarn in Deutschland keinen nachweisbaren Effekt auf Beschäftigungschancen ethnischer Gruppen haben. Hierfür sind die sozialen Kontakte mit autochthonen Deutschen von größerem Einfluss.

Schon die Bezeichnung „Mensch bzw. Einwohner mit Migrationshintergrund" vermittelt die Vorstellung einer eingrenzbaren Gruppe, der homogene Eigenschaften zugeschrieben werden können. Aber bei einer Differenzierung nach Herkunftsländen zerfällt diese Gruppe in eine Vielzahl von Ethnien mit höchst unterschiedlichen soziokulturellen Merkmalen. Man kann daher davon ausgehen, dass sich bei einer Analyse von Lebensweisen und -auffassungen verschiedener ethnischen Gruppierungen gemeinsame lebensweltliche Muster finden lassen. Dem entspricht die Annahme der Sinus-Forscher, dass Menschen des gleichen Milieu aber mit unterschiedlichem Migrationshintergrund mehr miteinander gemeinsam haben als mit dem Rest ihrer Landsleute aus anderen Milieus. Auf dieser Annahme gründete die Studie von *Sinus Sociovision* im Jahr 2008, bei der es darum ging, Migrantenmilieus in Deutschland mit ihren charakteristischen Merkmalen zu identifizieren.[19] Folgende Fragen standen dabei im Vordergrund:

- Wie leben und erleben Menschen mit Migrationshintergrund ihren Alltag?
- Welche Lebensziele verfolgen sie und welchen Wertvorstellungen hängen sie an?
- Sind Migranten eine homogene Gruppe oder lassen sich spezifische Milieus unterscheiden?
- Wie unterscheiden sich diese Milieus?

Migrantenmilieus in Deutschland

Ziel der Sinus-Studie „war ein unverfälschtes Kennenlernen und Verstehen der Alltagswelt von Migranten, ihrer Wertorientierungen, Lebensziele, Wünsche und Zukunftserwartungen" (Sinus Sociovision 2008, S. 1). Um Informationen über Lebenswelten und Lebensstile zu erhalten, wurden über 100 Tiefeninterviews mit Migranten unterschiedlicher ethnischer Herkunft, unterschiedlichen Alters, Geschlechts und unterschiedlicher Bildung durchgeführt. Darauf aufbauend wurden 2072 Personen im Alter

19 ► http://www.sinus-institut.de/uploads/tx_mpdownloadcenter/MigrantenMilieus_Zentrale_Ergebnisse_09122008.pdf

Tab. 4.15 Kennzeichnung der Migrantenmilieus

Bürgerliche Migrantenmilieus (28 %)	**Adaptives bürgerliches Milieu** Die pragmatische moderne Mitte, die nach sozialer Integration und einem harmonischen Leben in gesicherten Verhältnissen strebt	**Statusorientiertes Milieu** Klassisches Aufsteigermilieu, das durch Leistung und Zielstrebigkeit, materiellen Wohlstand und soziale Anerkennung geprägt ist
Ambitionierte Migrantenmilieus (24 %)	**Multikulturelles Performermilieu** Junges, leistungsorientiertes Milieu mit bikulturellem Selbstverständnis, das sich mit dem westlichen Lebensstil identifiziert und nach beruflichem Erfolg und intensivem Leben strebt	**Intellektuell-kosmopolitisches Milieu** Aufgeklärtes, global denkendes Bildungsmilieu mit einer weltoffenen, multikulturellen Grundhaltung und vielfältigen intellektuellen Interessen
Traditionsverwurzelte Migrantenmilieus (23 %)	**Religiös-verwurzeltes Milieu** Vormodernes, sozial und kulturell isoliertes Milieu, verhaftet in den patriarchalischen und religiösen Traditionen der Herkunftsregion	**Traditionelles Arbeitermilieu** Traditionelles Blue-Collar-Milieu der Arbeitsmigranten und Spätaussiedler, die nach materieller Sicherheit für sich und ihre Kinder streben
Prekäre Migrantenmilieus (24 %)	**Entwurzeltes Milieu** Sozial und kulturell entwurzeltes Milieu, das Problemfreiheit und Heimat/Identität sucht und nach Geld, Ansehen und Konsum strebt	**Hedonistisch-subkulturelles Milieu** Unangepasstes Jugendmilieu mit defizitärer Identität und Perspektive, deren Mitglieder Spaß haben wollen und sich den Erwartungen der Mehrheitsgesellschaft verweigern

ab 14 Jahren (bis 29 Jahre) mit dem Ziel einer Validierung und Strukturbeschreibung der aus den Tiefeninterviews hergeleiteten Milieus befragt. Die fünf größten Migrantengruppen decken mehr als 70 % der Stichprobe ab (Ex-Sowjetunion: 21 %, Türkei: 19 %, Südeuropa mit Italien, Spanien, Portugal, Griechenland: 12 %, Polen: 11 % und Ex-Jugoslawien: 10 %). In Abb. 4.26 ist das Ergebnis der Milieustudie in Form der Sinus-typischen „Kartoffelgrafik" dargestellt.

Wie sich zeigt, definieren sich Migranten nicht nur nach ihren Herkunftsländern, ihr Selbstempfinden und auch die Einordnung durch andere sind wesentlich differenzierter, als oft angenommen wird. Migrantenmilieus sind durch spezifische Lebensauffassungen und Lebensweisen gekennzeichnet, die weitgehend unabhängig von der ethnischen Herkunft sind. Was bei Abb. 4.26 unmittelbar ins Auge springt, ist die Tatsache, dass mehr als die Hälfte der Milieus der Unterschicht zuzurechnen sind und dass nur ein kleiner Anteil in der Oberschicht zu finden ist (Tab. 4.15).

In allen Milieus finden sich spezifische Hindernisse für die Integration in die Gesamtgesellschaft, vor allem aber in den Milieus der Unterschicht, was aber auch für die autochthone deutsche Bevölkerung zutrifft. Die größten Barrieren für eine kulturelle Anpassung finden sich im religiös verwurzelten Milieu, das allerdings mit 7 % die wenigsten Menschen mit Migrationshintergrund umfasst. Die meisten der befragten Jugendlichen verstehen sich als Angehörige einer multiethnischen deutschen Gesellschaft und sind auch integrationswillig, allerdings ohne ihre kulturellen Wurzeln aufzugeben. Mehr als die Hälfte der Jugendlichen mit Migrationshintergrund gehört dem bürgerlichen oder ambitionierten Milieu an, aber ein Viertel ist dem prekären Milieu zuzurechnen, wo nach Ansicht der Sinus-Forscher auch die meisten Probleme zu finden sind. Als geradezu dramatisch wird die Situation der Jugendlichen im Milieu der Entwurzelten betrachtet: Jeder zehnte junge Mensch mit Migrationshintergrund empfindet ein Gefühl fehlender Geborgenheit und der Heimatlosigkeit. Dies trifft vor allem für die Spätaussiedler aus der Russischen Föderation zu. Die Jugendlichen dieses Milieus fühlen sich in Deutschland als ausgegrenzte Fremde und Außenseiter der Gesellschaft. Verschärft wird dieses Ergebnis dadurch, dass das *hedonistisch-subkulturelle Milieu* mit 26 % das größte Milieu ist. Kennzeichnend für diese Jugendlichen ist der Rückzug in eine provokante Gegenwelt, was von den Sinus-Forschern als eine Form der Kompensation von Bildungsbenachteiligung interpretiert wird. Die subkulturelle Gegenwelt vermittelt den Hedonisten ein Selbstwertgefühl, das die Überzeugung nährt, dass man auch ohne Schulbildung etwas sein kann.

Während üblicherweise mit zunehmendem Alter der Anteil am hedonistischen Milieu zurückgeht, weisen die Befunde der Sinus-Migrantenstudie darauf hin, dass das hedonistisch-subkulturelle Milieu im Falle der jugendlichen Migranten keine Übergangsphase darstellt, sondern sich als dauerhaftes Lebenskonzept abzeichnet. Dies gelte vor allem für türkischstämmige Jugendliche, denen für einen sozialen Aufstieg der notwendige Bildungshintergrund und -abschluss fehle und die keinen Sinn in weiteren Bildungsbemühungen sähen. In dieses Bild fügt sich auch das fehlende Interesse der Angehörigen dieses Milieus an Kontakten und Freundschaften mit Angehörigen anderer Migrantengruppen oder autochthonen Deutschen ein.

Abgesehen von der skizzierten Problemlage gibt es in Deutschland viele junge Menschen mit Migrationshintergrund, die gut integriert sind, am gesellschaftlichen Leben teilhaben und in Schule und Beruf erfolgreich sind. Gut integrierte und erfolgreiche junge Menschen mit Migrationshintergrund lassen sich meist den sozial gehobenen Milieus zurechnen, d. h. dem statusorientierten Milieu, dem intellektuell-kosmopolitischen Milieu und dem multikulturellen Performermilieu. Diese Jugendlichen arbeiten zielorientiert und erfolgreich an der eigenen Bildungs- und Berufsbiografie. Sie schätzen das Bildungssystem in Deutschland, während sie Schule, Universität und berufliche Ausbildung in ihren Herkunftsländern eher schlecht bewerten. Insgesamt äußern sie eine hohe Zufriedenheit mit ihrer Situation. Dazu gehören auch türkischstämmige Jugendliche und junge Spätaussiedler. Die meisten Jugendlichen blicken optimistisch in die Zukunft, und sie messen der beruflichen Laufbahn und der dafür erforderlichen Bildung eine hohe Priorität bei. Tendenziell bewerten junge Spätaussiedler ihre beruflichen Perspektiven dabei realistischer als türkischstämmige Jugendliche.

Die Sinus-Studie zeigt, dass die Biografien junger Menschen mit Migrationshintergrund vielfach ähnliche Merkmale mit den autochthon deutschen Altersgenossen aufweisen, dass sie aber auch eine ungleich größere Spannung zwischen dem Leben im Elternhaus, dem familiären Umfeld und dem Alltagsleben in der Mehrheitsgesellschaft aushalten müssen. Bei den befragten jungen Menschen verschiebt sich die Milieugewichtung eindeutig zu Gunsten moderner, westlicher Lebensauffassungen. Das ist nach Auffassung der Sinus-Forscher nicht ungewöhnlich und entspricht dem Verhalten der jungen Deutschen ohne Zuwanderungsgeschichte. Auch bei ihnen führt der Prozess der Ablösung vom Elternhaus und der Suche nach einer eigenen Identität zu einer stärkeren Orientierung an modernen Werten als an denen der Eltern und der Herkunftskultur.

Die von Sinus Sociovision herausgearbeiteten Migrantenmilieus fassen jeweils höchst unterschiedliche Lebensauffassungen und Lebensweisen zusammen, die sich weniger nach ethnischer Herkunft und sozialer Lage als vielmehr durch die Gemeinsamkeit in Wertvorstellungen und Lebensstilen auszeichnen. Die Ausgangshypothese der Sinus-Forscher wird klar bestätigt: Menschen des gleichen Milieus mit unterschiedlichem Migrationshintergrund verbindet mehr miteinander als mit dem Rest ihrer Landsleute aus anderen Milieus. Man kann, sieht man von dem religiös-verwurzelten Milieu ab, nicht von der Herkunftskultur auf das Milieu schließen. Und man kann auch nicht vom Milieu auf die Herkunftskultur schließen. Die Menschen mit Migrationshintergrund in Deutschland sind alles andere als eine soziokulturell homogene Gruppe, und bei einer Verengung auf die Defizite mancher Milieus können das kulturelle Kapital der Migrantenmilieus, die Integrationsbereitschaft und die vielfältigen Anpassungsleistungen nicht hoch genug veranschlagt werden. Viele Jugendliche mit Migrationshintergrund, insbesondere die Angehörigen der soziokulturell modernen Milieus, haben ein multikulturelles Selbstbewusstsein und sind längst in der deutschen Gesellschaft angekommen, Integration ist kein Thema mehr. Migrationshintergrund und Mehrsprachigkeit sind eine Bereicherung der Gesellschaft. Die Sinus-Studie zeigt auch deutlich, dass der Einfluss religiöser Traditionen in der öffentlichen Diskussion maßlos überschätzt wird. Drei Viertel der Befragten zeigen eine ausgesprochene Aversion gegenüber fundamentalistischen Einstellungen und noch mehr sind der Meinung, dass Religion eine reine Privatsache ist. Nur in einem der acht Milieus spielt die Religion eine alltagsbestimmende Rolle und tradiert ein an autoritärem Familismus geprägtes Wertesystem. In dieser Lebenswelt, dem religiös-verwurzelten Milieu, sind Muslime überrepräsentiert. In allen anderen Milieus findet sich ein breites konfessionelles Spektrum.

In pädagogischer Hinsicht bestätigt die Sinus-Studie die auch aus der Erziehungssoziologie bekannte Tatsache, dass eine erfolgreiche Integration in einer Aufnahmegesellschaft im Wesentlichen bildungsabhängig ist. Grundsätzlich gilt dabei die Faustregel: Je höher das Bildungsniveau und je urbaner die Herkunftsregion, desto leichter und besser gelingt die Integration in die Aufnahmegesellschaft. Den meisten Jugendlichen mit Migrationshintergrund ist dieser Zusammenhang bewusst, und sie haben dementsprechend eine ausgeprägte Bildungsbereitschaft, die allerdings wegen struktureller Hürden, Informationsdefiziten und Fehleinschätzungen nicht immer in adäquate Abschlüsse und Berufspositionen mündet (vgl. Kalter et al. 2011).

Eine Analyse von Schwarz und Weishaupt (2012) liefert deutliche Hinweise darauf, dass der bildungsbezogene Hintergrund und die sozioökonomischen Ressourcen in den Migrantenfamilien insgesamt bedeutender für die Entwicklung des Bildungsniveaus der jungen Menschen sind als die ethnische Herkunft. Die Sinus-Studie belegt, dass die Bereitschaft zur Leistung und der Wille zum gesellschaftlichen Aufstieg bei Jugendlichen mit Migrationshintergrund viel stärker ausgeprägt sind als bei jungen Deutschen. Für die meisten gilt die Devise, dass sich jeder, der sich anstrengt, hocharbeiten kann. Im Ergebnis sind dann die Unterschiede hinsichtlich Einkommens- und Bildungsniveau zwischen Menschen mit und ohne Migrationshintergrund nicht mehr sehr groß. Lediglich das Segment der gehobenen Mitte ist in der Migrantenpopulation etwas weniger ausgeprägt als in der Gesamtbevölkerung.

4.3.3 Funktionale Bildungsdifferenzierung

Die soziologische Mobilitätsforschung weist darauf hin, dass sozialstrukturelle Faktoren einen starken Effekt auf die Bildungsbeteiligung der sozialen Schichten und Milieus ausüben. Dabei spielen historische Bedingungen und administrative Regelungen des Bildungssystems eine wichtige Rolle, aber den größten Effekt haben, zumindest in den ersten Phasen des Bildungsverlaufs des Kindes, die Bildungsaspirationen und Entscheidungen der Eltern. In späteren Jahren treffen die Jugendlichen und jungen Erwachsenen die Entscheidungen dann zwar selbst, was aber eine Einflussnahme der Eltern natürlich nicht ausschließt.

4.3.3.1 Gleiche Bildungschancen für alle? – Zur Problematik schichtspezifischer Bildungsaspirationen

Bildungsentscheidungen sind ein zentraler Bestandteil der Lebensplanung und werden von ökonomischen Faktoren und sozialen Randbedingungen beeinflusst, zu denen insbesondere die *Bildungsaspirationen* der Heranwachsenden und ihrer Herkunftsfamilie zählen.

Aspiration und Bildungsaspiration

Das Konzept der *Aspiration* bezeichnet allgemein eine zielgerichtete Hoffnung oder eine Bestrebung. *Bildungsaspiration* bedeutet dementsprechend ein Streben nach Bildung bzw. einem Bildungsabschluss.

Das Konzept der Bildungsaspiration wurde in den 1950er Jahren von Vertretern der sogenannten Wisconsin-Schule in die Bildungssoziologie eingeführt (Sewell et al. 1957) und avancierte in den 1970er Jahren zu einem allgemein akzeptierten Modell für die kausale Erklärung des Zusammenhangs zwischen sozialer Struktur und individueller Lebensplanung (Duncan et al. 1972;

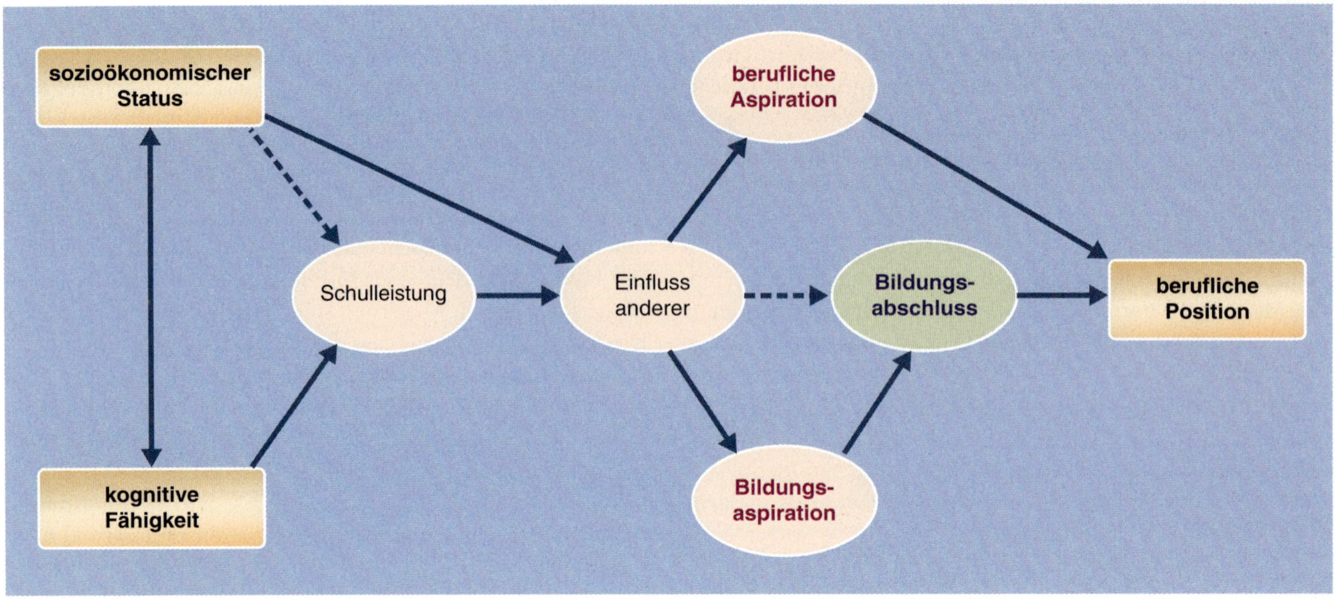

■ **Abb. 4.27** Das Wisconsin-Modell der Bildungsaspirationen. (Nach Sewell et al. 1969, S. 85)

Sewell et al. 1970). Das *Wisconsin Model of Status Attainment* geht davon aus, dass der Effekt der sozialen Herkunft auf den Bildungs- und Berufserfolg großteils über Einflüsse von Bezugsgruppen (Eltern und Peers) und Bildungsaspirationen bzw. beruflichen Aspirationen vermittelt wird (■ Abb. 4.27). Sewell et al. (1969) verdeutlichen das Modell am Beispiel der Pläne für einen Collegebesuch unter Highschoolabsolventen und erklären diese Pläne durch Unterschiede im sozioökonomischen Status und den intellektuellen Fähigkeiten. Die Collegepläne werden dann als Bildungsaspirationen aufgefasst und erklären wiederum einen Teil der Variationen im Bildungserfolg bzw. bei Einbeziehen der beruflichen Aspirationen auch der beruflichen Positionierung.

Dieses Grundmodell wurde im Laufe der Zeit vielfach modifiziert und empirisch überprüft (vgl. Campbell 1983). Insgesamt weisen die verschiedenen Studien darauf hin, dass zahlreiche individuelle, familiale und nachbarschaftsbezogene Variablen als „Einfluss anderer" eine Rolle bei der Erreichung eines Bildungsabschlusses bzw. einer beruflichen Position spielen, wobei die familialen Faktoren üblicherweise den größten Beitrag zur Varianzaufklärung leisten (■ Abb. 4.28). Zugleich weist das Pfaddiagramm aber auch auf starke Effekte von exogenen Faktoren hin, die in dem Modell nicht näher spezifiziert werden.

Die von dem Wisconsin-Modell ausgelöste Forschung zur sozialen Stratifizierung führte zu der relativ gut gesicherten Erkenntnis, dass die Bildungsaspirationen von Heranwachsenden einen der stärksten Prädiktoren ihrer Bildungs- und Berufslaufbahn darstellen. Neuere Vergleichsanalysen, über die B. Becker (2010) zusammenfassend berichtet, zeigen, dass die Bildungsaspirationen der Heranwachsenden nicht nur von ihren Fähigkeiten und dem sozioökonomischem Status der Familie abhängen, sondern auch von der Qualität der Bildungseinrichtungen. Demnach setzt die Gesamtstruktur des Bildungssystems den Rahmen für die *realistischen Bildungserwartungen* der Heranwachsenden (vgl. Matějů et al. 2007). Den realistischen Bildungserwartungen (*expectations*) stehen im Wisconsin-Modell die idealistischen Aspirationen (*aspirations*) gegenüber (vgl. Haller 1968). Sie betreffen die Hoffnungen und Wünsche im Hinblick auf das Erreichen eines Bildungsziels ungeachtet der sozioökonomischen Randbedingungen und der schulischen Leistungen eines Heranwachsenden. Sie sind das Ideal, an dem sich das Handeln orientiert, das aber selten erreicht wird. Demgegenüber werden bei den realistischen Erwartungen solche Bildungsabschlüsse angestrebt, die unter den gegebenen Umständen, d. h. der sozioökonomischen Position der Familie und den Schulleistungen der Kinder, als erreichbar beurteilt werden. Es liegt in der Natur der Sache, dass die Bildungsaspirationen gewöhnlich höher sind und weiter reichen als das, was realistisch erwartet werden kann. Erkenntnisleitend für die bildungssoziologische Forschung zu Bildungsaspirationen ist die Annahme, dass diese grundsätzlich der sozialen Stratifikation unterliegen und schichtspezifisch geprägt sind.

■ Modell schichtspezifischer Bildungsaspirationen

Das Modell Gambettas (1996) geht davon aus, dass Bildungsentscheidungen auch auf *unbewusste* schicht- und klassenspezifische Aspirationen der Eltern und Heranwachsenden zurückgehen:

> » Broadly speaking, it assumes that a given piece of behavior follows from causes, either social or psychological, that are opaque to the individual consciousness and, by acting behind their backs, push the agents towards a given course of action (Gambetta 1996, S. 11).

Daraus leitet Gambetta die Annahme ab, dass vor allem die unteren sozialen Schichten sich der Vorteile, die mit höheren Bildungsabschlüssen verbunden sind, nicht bewusst werden und deshalb irrational, d. h. gegen die eigenen Interessen entscheiden.

> » **Der kleine Student**
> Hans, mein Sohn, was machst du da?
> Vater, ich studiere.

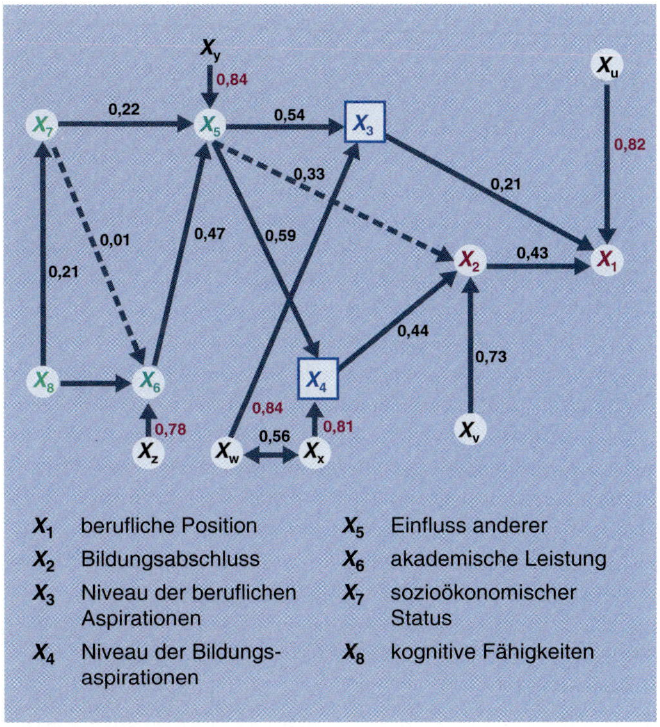

Abb. 4.28 Pfaddiagramm des Wisconsin-Modells nach Sewell et al. (1969, S. 85)

Hans, mein Sohn, das kannst du nicht!
Vater, ich probiere.
(Unbekannter Verfasser)

Gambetta geht dabei davon aus, dass sich Bildungsaspirationen in einer Population „normal" verteilen, wobei ganz links in der Normalverteilung die Personen angesiedelt sind, die Lebenspläne verfolgen, die mit Bildung wenig zu tun haben, während auf der rechten Seite die Personen zu verorten sind, die Lebenspläne verfolgen, die einen höheren Bildungsabschluss anstreben. Die weitergehende Annahme lautet, dass die verschiedenen sozialen Schichten unterschiedliche Verteilungen der Bildungsaspirationen aufweisen (Abb. 4.29): Je höher die soziale Klasse, desto mehr ist die Verteilung der Bildungsaspirationen nach rechts verschoben.

Schichtspezifische Unterschiede in Bildungsaspirationen resultieren nach diesem Erklärungsansatz nicht nur aus den Kosten von Bildungsinvestitionen und der Erfolgswahrscheinlichkeit, die sich auf schulische Leistungen stützt, sondern überwiegend auf der Basis individueller *Bildungsaspirationen*, die im Habitus des Handlungsträgers verwurzelt sind und als *Pull-Faktoren* auf Bildungsentscheidungen einwirken. Zusätzlich wirken auch institutionelle, kulturelle und ökonomische Randbedingungen, die Gambetta als *Push-Faktoren* betrachtet und die Entscheidungen in eine bestimmte Richtung lenken.

Die Bildungsaspiration einer Person ergibt sich nach Gambettas Modell aus der Abschätzung der zu erwartenden Kosten, des erhofften bzw. erwarteten Nutzens eines Bildungsabschlusses und der Wahrscheinlichkeit, einen Bildungsgang erfolgreich zu durchlaufen und abzuschließen. Dabei kann es leicht zu Fehleinschätzungen kommen, und zwar in zweifacher

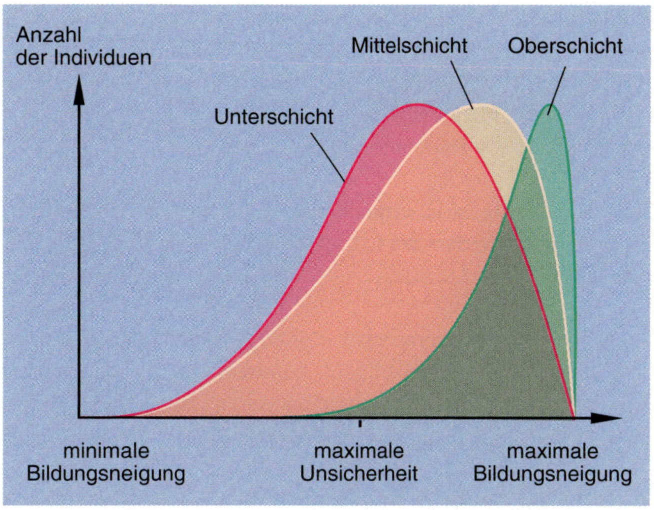

Abb. 4.29 Hypothetische Verteilung schichtspezifischer Bildungsaspirationen (Gambetta 1996, S. 18)

Hinsicht: Die Bildungsaspirationen können gemessen an den sozioökonomischen Randbedingungen und dem tatsächlichen Leistungsvermögen zu hoch oder zu niedrig angesetzt werden. Dies ist deshalb der Fall, da die Verfügbarkeit kultureller und ökonomischer Ressourcen je nach sozialer Herkunft variiert und die Wahlfreiheiten einschränkt, so dass Bildungsaspirationen auf ihre Erreichbarkeit geprüft und zu realistischen Erwartungen umgewandelt werden.

Anna: „Wenn ich das richtig verstanden habe, wird also ein Kind eine längere Schullaufbahn einschlagen, wenn es ein Vertrauen in seine Fähigkeiten hat. Und das ist unabhängig von seiner Herkunft."

Jakob: „Ja schon, aber andererseits weist Gambetta darauf hin, dass bei den Bildungsaspirationen unbewusste Prozesse ablaufen, die im Habitus einer Person ihren Ursprung haben. Dann wären die Bildungsaspirationen doch abhängig von der sozialen Schicht."

Anna: „Hm! Stimmt ja. Das erklärt auch, warum die Aussichten auf dem Arbeitsmarkt auf Bildungsentscheidungen so starken Einfluss haben. Angehörige der Unterschicht können sich alleine schon wirtschaftlich nicht leisten, in eine Ausbildung zu investieren und dann am Ende mit nichts dazustehen."

Jakob: „Bildung ist ja wirklich eine Investition in die Zukunft. Und ich will halt, dass der Ertrag am Ende höher ausfällt als der, den ich reingesteckt habe."

Anna: „Und da wir beide aus Familien kommen, denen es wirtschaftlich ja nicht schlecht geht, könnten wir uns sogar erlauben, ein ganzes Jahr ins Ausland zu gehen und dann länger zu studieren."

Jakob: „Und solch einen Luxus kann sich eine Arbeiterfamilie nicht leisten. Wenn da der Sohn studiert, geht es darum, möglichst schnell fertig zu werden und Geld zu verdienen."

Die Neigung von Eltern der Mittelschicht, ihre Kinder eine höhere Schule selbst bei einem hohen Risiko des Scheiterns besuchen zu lassen, wurde bereits von Hyman (1966) thematisiert, wohingegen er Arbeiterfamilien diesbezüglich eine größere Vorsicht attestierte. Subkulturelle Normen und Wertorientierungen der Arbeiterklasse bewirken laut Hyman weniger ambitionierte Bildungserwartungen für die Kinder, die durch den *Habitus der Arbeiterfamilie*, die geringe Relevanz der höheren Bildung für die Arbeitswelt, den Konformitätsdruck des sozialen Milieus und die größere soziokulturelle Distanz zur höheren Bildung verursacht werden. Hinzu kommt, dass man gelernt hat, die eigenen Wünsche und Hoffnungen der Realität anzupassen.

- **Schichtspezifische Bildungsaspirationen – empirisch betrachtet**

Die Problematik eines Zusammenhangs zwischen sozialer Schichtung, Bildungsaspirationen und -entscheidungen bei Übergängen im Bildungssystem hat eine rege Forschungstätigkeit ausgelöst (vgl. B. Becker 2010; Ross-Strajhar 2009). Zur Illustration der bisherigen Argumentation gehen wir im Folgenden auf drei ausgewählte Studien ein.

Als erstes Beispiel greifen wir die Untersuchung von Ditton und Krüsken (2006) auf, die zeigt, dass für Schullaufbahnentscheidungen von Eltern die Einschätzung der Erfolgswahrscheinlichkeit neben der Attraktivität der zur Wahl stehenden Schulen eine entscheidende Rolle spielt. Allerdings stellen sich den elterlichen Bildungsaspirationen institutionelle Barrieren in Form der (in Bayern verbindlichen) Übergangsempfehlung der Grundschule entgegen. Der Anteil an Übereinstimmung zwischen den Aspirationen der Eltern und den erteilten Empfehlungen lag bei knapp 53 %, in 40 % der Fälle lagen die Aspirationen höher und wurden nicht von der Grundschulempfehlung geteilt. Voll erfüllt wurden nur die Hauptschulaspirationen, während Eltern mit Realschulaspiration nur zu 37 % eine entsprechende Empfehlung erhielten. Eltern mit Gymnasialaspiration sahen ihre Erwartungen zu 62 % erfüllt. Bemerkenswert ist der Befund, dass die Entsprechungen mit dem sozialen Status variieren: Über die Schulformen hinweg werden die Erwartungen der oberen Schicht zu zwei Drittel erfüllt, die der mittleren Schicht zu 51 % und die der Arbeiter zu 44 %. Bei gleichen schulischen Leistungen gelingt es also Angehörigen der oberen Schicht besser, ihre Realschul- und Gymnasialaspirationen in Schulanmeldungen umzusetzen als Familien der Arbeiterschicht. Bezüglich der Realschulaspirationen trifft dies auch für Familien der mittleren Schicht im Vergleich mit der Arbeiterschicht zu. Die Grundschulempfehlung stellt sich demnach als signifikante institutionelle Barriere für die Realisierung der Bildungsaspirationen dar.

Deutliche Unterschiede zwischen idealistischen Aspirationen und realistischen Erwartungen von Eltern in Bezug auf die Bildungslaufbahn ihrer Kinder haben auch Paulus und Blossfeld (2007) gefunden, wobei das Ausmaß der Unterschiede vom Bildungsstand der Eltern abhing. Aufgrund des Vergleichs der Bildungsaspirationen gemäß dem Bildungsstand und dem sozialen Status stellen Paulus und Blossfeld fest, dass weniger die sozioökonomischen Bedingungen als vielmehr die kulturellen Ressourcen der Familie (z. B. der Bildungsabschluss der Eltern) die Bildungspräferenzen bestimmen (vgl. dazu auch Schneider 2004). Dafür spricht die große Differenz (44 Prozentpunkte) zwischen den realistischen Erwartungen der Eltern mit Abitur im Vergleich zu denen mit Hauptschulabschluss. Eltern, die das Schulsystem aus eigener Erfahrung kennen und die ihre Kinder bei schulischen Aufgaben unterstützen können, sind offensichtlich eher bereit, ihre Kinder einer höheren Bildung zuzuführen. Im Hinblick auf den Einfluss des sozialen Status der Familie und der Schulleistung des Kindes auf die Bildungsaspirationen der Eltern zeigt die Studie, dass bei einer hohen schulischen Leistung das Gymnasium über alle soziale Klassen hinweg die am häufigsten präferierte Schulform ist. Im Falle überdurchschnittlich guter Schulleistungen sind die Bildungsaspirationen also über alle sozialen Schichten vergleichbar. Im Falle schlechter Schulleistungen ist das Ergebnis auch konsistent, insofern sich hier keine signifikanten Unterschiede zwischen der mittleren und der oberen sozialen Klasse zeigen. Starke Differenzen bestehen allerdings im Vergleich dieser beiden sozialen Klassen zur unteren Schicht, die generell deutlich niedrigere Präferenzen für das Gymnasium zeigt. Abgesehen von den besonders leistungsfähigen Kindern der Oberschicht sind die realistischen Bildungserwartungen deutlich niedriger als die idealistischen Aspirationen. Besonders im mittleren und niedrigen Bereich der Schulleistungen sind die Unterschiede zwischen Erwartungen und Aspirationen im Hinblick auf das Gymnasium und die Hauptschule groß. Es zeichnet sich der Trend ab, dass Mittelschicht- und Oberschichteltern auch bei einem vergleichsweise hohen Risiko des Scheiterns bereit sind, ihre Kinder auf eine höhere Schule zu schicken. Eltern der unteren sozialen Schicht zeigen diesbezüglich bei einem ungewissen Schulerfolg eine größere Vorsicht. Insgesamt weisen diese Ergebnisse darauf hin, dass die Eltern eine Anpassung der Bildungspräferenzen an die schulischen Leistungen der Kinder und den zu erwartenden Schulerfolg vornehmen, wobei die idealistischen Aspirationen aber durchgängig hoch bleiben. Vor allem Eltern der Ober- und Mittelschicht halten an ihren Aspirationen fest, während bei den Eltern der Unterschicht die Realisierungschancen einer höheren Bildung als gering eingeschätzt werden.

Als drittes Beispiel wollen wir kurz auf die Studie von Schlögl und Lachmayr (2004) eingehen, die für Österreich ähnliche Ergebnisse zeigt wie die soeben dargestellten. Hinsichtlich der Bildungsaspirationen zeigt die Befragung von 2850 Elternhaushalten einen deutlichen Effekt der Schichtzugehörigkeit: Je niedriger die soziale Schicht der Herkunftsfamilie ist, desto stärker wird die Bedeutung formaler Bildungsabschlüsse in Frage gestellt. Umgekehrt besteht die Tendenz, dass mit dem Niveau des Bildungsabschlusses der Eltern auch eine deutliche Präferenz einer höheren Schulbildung der Kinder einhergeht. Schlögl und Lachmayr bestätigen damit den von Paulus und Blossfeld berichteten Tatbestand, dass der Bildungshintergrund der Eltern das größte Gewicht bei der Schullaufbahnentscheidung hat: Je höher das Bildungsniveau der Eltern ist und je kürzer die soziale Distanz zur höheren Bildung ist, desto eher wechseln Kinder auf das Gymnasium. Weiterhin zeigt sich, dass Bildungsaspirationen unabhängig von der Schulleistung und Bildungsempfehlung aufrechterhalten werden, je höher die Bildung der Eltern ist. Die tatsächlich eingeschlagenen Bildungswege der Kinder zeigen dann ein ganz anderes Bild als die Aspirationen der Eltern: Rund zwei Drittel aller österreichischen Schülerinnen bzw. Schüler besuchten im Jahr 2000 nach der Volksschule eine Hauptschule, die übrigen entschieden sich für die Unterstufe der allgemeinbildenden höheren Schulen (AHS). Von den Hauptschülerinnen und -schüler entschieden sich nach der Pflichtschulzeit mehr als 90 % für eine berufliche Ausbildung, nur 6 % wechselten in die AHS-Oberstufe und erreichten die Matura.

Empirisch zeigt sich, dass die Bildungsaspirationen von Eltern höher ausfallen als sie realistischerweise erwarten dürften. Das gilt auch für die Schüler, wie eine Schulabgangsbefragung von Rahn et al. (2013) zeigt. Der zufolge äußerten fast die Hälfte aller befragten Schülerinnen und Schüler höhere Bildungsaspirationen als der voraussichtliche Abschluss eigentlich nahelegte. Nur bei 30 % erwiesen sich Bildungsaspiration und voraussichtlicher Abschluss als identisch.

▪ Das Aspirations-Leistungs-Paradox

In den Vereinigten Staaten von Amerika haben sich laut Zensus die Bildungsaspirationen in Bezug auf Schulabschlüsse an Colleges und Graduate Schools zwischen 1980 und 2002 verdoppelt (Fox et al. 2005). Den hohen Aspirationen steht der Befund gegenüber, dass im Jahr 2004 weniger als ein Drittel der jungen Erwachsenen im Alter zwischen 25 und 29 Jahren einen Bachelorabschluss oder einen höheren Abschluss erzielt hatte. Das deutet darauf hin, dass Bildungsaspirationen unrealistisch hoch sein können. Dieser Trend – hohe Aspirationen bei einer minimalen faktischen Zunahme der Bildungsabschlüsse – wird als *Aspirations-Leistungs-Paradox* bezeichnet (Hill und Torres 2010; Schneider und Stevenson 1999).

Schwerpunkt der derzeitigen Forschung zum Aspirations-Leistungs-Paradox bilden die Bildungsaspirationen von Personen mit Migrationshintergrund. In den USA steht dabei die Gruppe der Hispanics „unter besonderer Beobachtung", in Deutschland, Österreich und der Schweiz sind es (unter dem Einfluss der PISA-Studien) insbesondere die türkischstämmigen Einwohner (Behnke et al. 2004; Hill und Torres 2010; Stanat et al. 2010). Tatsächlich zeigen zahlreiche Studien, dass Personen mit Migrationshintergrund mitunter deutlich höhere Bildungsaspirationen haben als Einheimische. Dieser Befund ist laut B. Becker (2010) bemerkenswert, da er auch auf Migranten zutrifft, die eine eher niedrige sozioökonomische Position innehaben und deren Kinder unterdurchschnittliche schulische Leistungen aufweisen. Das wirft zwei Fragen auf:

1. Warum haben Migranten höhere Bildungsaspirationen als Einheimische?
2. Warum können Migranten die hohen Aspirationen nicht in einen entsprechenden Bildungserfolg umsetzen?

Als Ursache für das bei Migranten beobachtbare Auseinanderklaffen von Bildungsaspirationen und Bildungserfolgen wird in der Literatur u. a. auf den besonderen Bildungsoptimismus (*immigrant optimism*), einen mangelnden Informationsstand über das Bildungssystem des Aufnahmelandes, die prekäre Integration in den Arbeitsmarkt sowie die Einbindung in spezifische soziokulturelle und ethnische Netzwerke verwiesen (z. B. Filsinger 2008; Kao und Tienda 1995; Kristen 2003). Allerdings fehlt bisher der empirisch gesicherte Nachweis, dass diese Faktoren tatsächlich für das Aspirations-Leistungs-Paradox verantwortlich sind. Nach B. Becker (2010) ist eher davon auszugehen, dass dieses Paradox aus der Summe verschiedenartiger Nachteile des Bildungssystems resultiert. Zur Erklärung des Zustandekommens unterschiedlicher Bildungsaspirationen und ihrer Umsetzung hat B. Becker (2010) ein Modell entworfen, das die wesentlichen Konzepte und Zusammenhänge beschreibt, die zur Erklärung ethnischer Unterschiede herangezogen werden können (▪ Abb. 4.30).

Becker bezieht sich bei ihren theoretischen Ausführungen explizit auf Bourdieu und betont dementsprechend das soziale und kulturelle Kapital der Herkunftsfamilie als Determinanten von Bildungsaspirationen. Als eine wichtige Komponente des kulturellen Kapitals werden die *Wertorientierungen und Einstellungen* der Handlungsträger beurteilt, die durch die soziale und ethnische Herkunft geprägt sind und einen starken Einfluss auf die Bildungsaspirationen ausüben, nicht aber auf die realistischen Bildungserwartungen. Der zweite Aspekt des kulturellen Kapitals betrifft das *Wissen der Handlungsträger über das Bildungssystem*. Darunter subsumiert Becker neben der Kenntnis über formale Strukturen auch ein taktisches Wissen über effektive Abläufe im Bildungssystem. Das deklarative und taktische Wissen beeinflusst die realistischen Bildungserwartungen.

Auch beim sozialen Kapital sind zwei Aspekte zu unterscheiden: Der erste Aspekt betrifft den normativen Einfluss, den soziale Netzwerke vermittels Normen und ihrer Kontrolle auf die idealistischen Bildungsaspirationen ausüben. Der zweite Aspekt betrifft die Bereitstellung von Ressourcen. Becker geht davon aus, dass der Zugang zu Ressourcen in erster Linie die realistischen Bildungsaspirationen beeinflusst, nicht jedoch die idealistischen.

Eine zentrale Rolle für das Zustandekommen von Bildungsaspirationen spielen die schulischen Leistungen, die als abhängig vom Hintergrund der Herkunftsfamilie gelten und über deren Ausstattung mit kulturellem und sozialem Kapital vermittelt wird. Diese schulischen Leistungen des Kindes sind es, die in hohem Maße die Einschätzung der Erfolgswahrscheinlich-

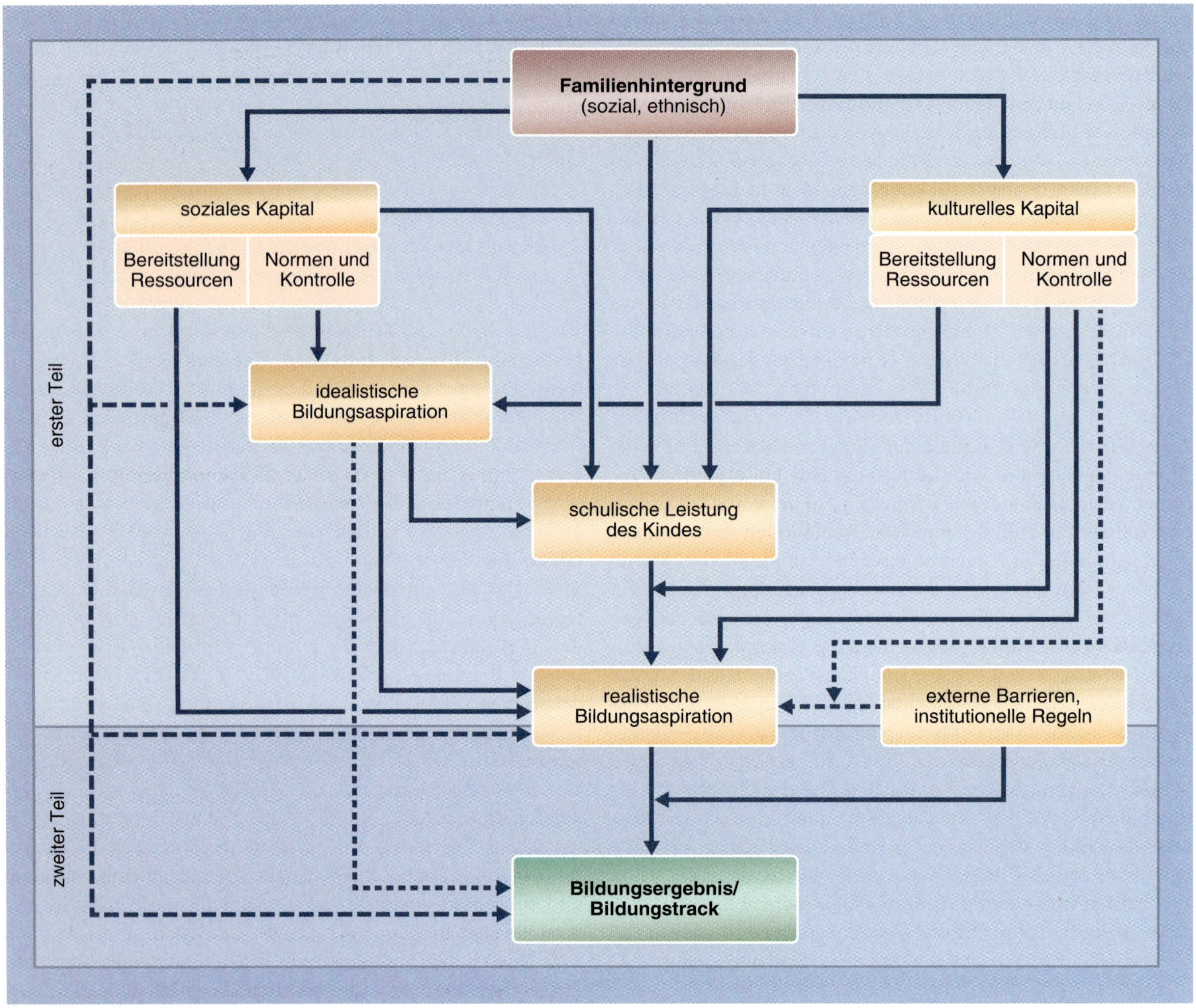

Abb. 4.30 Modell zu Determinanten und der Umsetzung von Bildungsaspirationen (B. Becker 2010, S. 16)

keiten für verschiedene Bildungsalternativen bestimmen und damit in einem engen Zusammenhang mit den realistischen Bildungsaspirationen stehen (vgl. auch Kurz und Paulus 2008). Dabei ist davon auszugehen, dass die idealistischen Aspirationen von den schulischen Leistungen nicht beeinflusst werden, sondern dass sie vielmehr umgekehrt das Anspruchsniveau der Leistungen beeinflussen. Becker attestiert damit hohen idealistischen Aspirationen einen positiven Einfluss auf die schulischen Leistungen, da sie davon ausgeht, dass die idealistischen Aspirationen motivierend wirken. So werden z. B. Eltern mit hohen Bildungsansprüchen wahrscheinlich mehr in die schulische Leistung ihres Kindes investieren (z. B. mehr gemeinsames Üben, Hausaufgabenkontrolle) als Eltern mit niedrigen Aspirationen.

Der zweite Schritt des Modells betrifft die Umsetzung der realistischen Bildungsaspirationen in Bildungsergebnisse. Dabei geht Becker davon aus, dass die Handlungsträger ihre Pläne meistens auch in die Tat umsetzen, so dass der Handlungsplan „im Normalfall" mit der tatsächlichen Bildungsentscheidung übereinstimmt. Auf der Grundlage des Modells kann den beiden Fragen nachgegangen werden, warum Migranten höhere Bildungsaspirationen als Einheimische haben und warum sie diese Aspirationen häufig nicht in einen entsprechenden Bildungserfolg umsetzen können.

Bildungsaspirationen und Bildungschancen von Migranten

In Anbetracht der vielen möglichen negativen Einflüsse auf Bildungsaspirationen ist es erstaunlich, dass seit 1990 Jugendliche aus allen ethnischen und sozioökonomischen Milieus wie auch ihre Eltern mitunter extrem hohe Erwartungen an Bildung und Beruf haben (Schneider und Stevenson 1999). In PISA 2003 zeigte sich, dass in fast allen Teilnehmerstaaten Jugendliche mit Migrationshintergrund eine größere Lernmotivation aufwiesen als Jugendliche ohne Migrationshintergrund (Stanat und Christensen 2006). Auch PISA 2009 bestätigt, dass Schüler aus zugewanderten Familien sich im Vergleich mit Jugendlichen ohne Migrationshintergrund als ausgesprochen lern- und leistungsmotiviert erwiesen (Stanat et al. 2010). Diese Beobachtung wird von Röhr-Sendlmeier et al. (2012) auch für den Grundschulbereich bestätigt.

Eine hohe Lern- und Leistungsmotivation reicht aber offensichtlich nicht aus, um bessere Schulleistungen zu erzielen (Helmke et al. 2002). Für die österreichische PISA-Studie 2009 resümieren Schwantner und Schreiner (2010, S. 42): Schülerinnen und Schüler mit Migrationshintergrund erreichen

» deutlich niedrigere Kompetenzen als ihre einheimischen Alterskolleginnen und -kollegen. Zum Teil sind diese Unterschiede auf den im Schnitt niedrigeren sozioökonomischen Status der Familien mit Migrationshintergrund zurückzuführen.

Tatsächlich nehmen Familien mit Migrationshintergrund in der Aufnahmegesellschaft oft niedrigere soziale Positionen ein, beurteilen dies aber als „Preis für die Migration". Von den Kindern erwarten sie eine Aufwärtsmobilität, wobei sie eine hohe Bildung – ganz im Sinne des meritokratischen Prinzips – als wichtigstes Instrument betrachten, den sozialen Aufstieg zu erreichen. Wenn das Argument des besonderen Optimismus von Migranten zutrifft (vgl. z. B. Goldenberg et al. 2001; Heath und Brinbaum 2007), stellt sich die Frage, warum sie die hohen Aspirationen nicht umsetzen.

In den USA haben mehrere qualitative Studien gezeigt, dass mexikanische Migranten sehr hohe Bildungsziele für ihre Kinder haben, es ihnen jedoch in der Regel an spezifischem Wissen mangelt, wie diese Ziele zu erreichen sind (Behnke et al. 2004; Delgado-Gaitan 1992; Goldenberg et al. 2001).

» They had high hopes for their children's eventual educational attainment but had little knowledge about what they could or should do to act on those aspirations (Goldenberg et al. 2001, S. 577).

Das weist auf *mangelndes Wissen* über das Bildungssystem des Aufnahmelandes hin, was zu einer Fehleinschätzung der Realisierungswahrscheinlichkeiten der Bildungsaspirationen führt. Ob dies auch für in Deutschland, Österreich und der Schweiz lebende Migranten der zweiten und dritten Generation zutrifft, kann bezweifelt werden, da diese mit dem Schul- und Bildungssystem hinreichend vertraut sein sollten. Nicht auszuschließen ist hingegen ein Mangel an Informiertheit der bildungsfernen Teilgruppen in Bezug auf die vielfältigen Optionen des Bildungswesens, was aber vermutlich nichts mit dem Migrantenstatus zu tun hat. Was bildungsfernen Teilgruppen der Gesellschaft unabhängig von jedem ethnischen Hintergrund oft fehlt, ist das taktische Wissen, die Bildungsaspirationen erfolgreich in Handlungen umzusetzen.

Anna: „An welche Gruppe denkst du spontan, wenn von Migranten in Deutschland die Rede ist?"

Jakob: „An Türken."

Anna: „Da geht es dir so wie den meisten. Was mich zu der Frage bringt, was du eigentlich über ‚die Türken' weißt."

Jakob: „Nicht viel. Was ich zu wissen glaube, weiß ich fast ausschließlich aus den Darstellungen in den Medien. Und das ist ziemlich klischeehaft."

Anna: „Okay, gehen wir den Klischees mal auf den Grund. Bist du auch der Meinung, dass ein Türke nur gebrochen Deutsch spricht, viel Knoblauch isst, eine starke Körperbehaarung hat und zur unteren sozialen Schicht gehört? Er ist ein Pascha und regiert seine Familie autoritär? Die türkischen Frauen können kein Deutsch und sind ohne die Hilfe eines anderen Familienmitglieds nicht in der Lage, das Haus zu verlassen?"

Jakob: „Stopp! Mit solch dummen Klischees habe ich nix am Hut! Mein Klischee ist eher, dass viele Türkinnen Kopftücher tragen müssen. Das ist doch lang und breit in der Presse diskutiert worden, als eine türkische Lehrerin den Job verlor, weil sie ein Kopftuch anhatte. Und ein anderes Klischee ist, dass türkische Männer Machos sind, was aber wahrscheinlich auch nicht stimmt."

Anna: „Dass türkische Frauen und Mädchen von der Familie gezwungen werden, ein Kopftuch zu tragen, ist tatsächlich ein erfundenes Klischee. Das Kopftuch wird häufig freiwillig getragen als Ausdruck der Hinwendung zum Islam, ist also ein Zeichen des Glaubens, so wie der Anhänger mit dem Kruzifix bei deutschen Mädchen. Davon abgesehen ist das Tüchlein über dem Kopf längst nicht so verbreitet, wie viele annehmen. Die jungen Türkinnen in Berlin sind modern und gehen mit den neuesten Trends."

Jakob: „Okay, Du bist offensichtlich viel besser informiert als ich. Daher erlaube ich mir mal, dir einige Klischees zu nennen, die mir in Bezug auf Türken in Deutschland einfallen. Eines lautet:

Türken liegen den Deutschen auf der Tasche und nehmen ihnen die Arbeitsplätze weg!"

Anna: „Stimmt nicht! Es gibt rund 60.000 türkische Selbstständige in Deutschland, die insgesamt 300.000 Arbeitsplätze anbieten. Der Jahresumsatz aller türkischen Unternehmen wird auf rund 30 Milliarden Euro geschätzt, von dem ein Teil als Steuern in die deutschen Staatskassen fließt."

Jakob: „Türken sind faul!"

Anna: „Denkste! Ohne die türkischen Migranten wäre der wirtschaftliche Aufbau der Bundesrepublik so nicht möglich gewesen. Insbesondere arbeiteten viele Gastarbeiter in Fabriken, weil es dort nicht genügend Arbeitskräfte gab. Auch heute noch sind viele Türken in Branchen tätig, für die sich die meisten Deutschen zu schade sind."

Jakob: „Türken kaufen nur billig!"

Anna: „Quatsch! Da unterscheiden sich die türkischen Familien kaum von den einheimischen. Natürlich kaufen auch sie im Discounter ein. Aber wenn sie ein Auto kaufen, entscheiden sich doppelt so viele Türken wie Deutsche für den Kauf eines Mercedes."

Jakob: „Ein Argument habe ich noch, das du nicht widerlegen kannst: Türken essen nur Döner Kebab! Ja, jetzt hab ich dich, jetzt musst du dich geschlagen geben!"

Anna: „Von wegen! Der Döner ist in der Türkei weit weniger verbreitet als in deutschen Landen. Der Dönerkonsum erreicht hier pro Jahr einen höheren Umsatz als McDonald's, Burger King und Wienerwald zusammen. Die allermeisten Döneresser sind Deutsche!"

Jakob: „Da hat der drehende Fleischspieß ja mehr zur Integration der Türken beigetragen als jedes politische Programm. Völkerverständigung geht halt auch durch den Magen."

Zur Klischeebildung in Bezug auf Bildungsaspirationen und Bildungserfolge von gesellschaftlichen Gruppen mit Migrationshintergrund tragen ungewollt auch die in der Öffentlichkeit diskutierten Ergebnisse der PISA-Studien bei. Problematisch ist dabei, dass bei PISA jedoch keine Differenzierung nach Milieus erfolgte (▶ Abschn. 4.3.2), sondern relativ pauschal Bezug genommen wird auf Bildungserfolge von Schülern mit Migrationshintergrund. Dadurch werden die sehr unterschiedlich geprägten Lebenswelten z. B. der Religiös-Verwurzelten oder der Kosmopolitisch-Intellektuellen mit ihren typischen Bildungsaspirationen und Bildungserfahrungen ignoriert. Das gilt auch für die große Gruppe der Adaptiv-Bürgerlichen, die bestrebt ist, zur Mitte der deutschen Gesellschaft dazuzugehören, und spezifische Bildungsaspirationen aufweist. Wenn heute Migrationsfamilien und deren Bildungsaspirationen und Bildungserfolge in den Blick der Öffentlichkeit und der Fachdiskussion geraten, so werden, wie Boos-Nünning (2011) konstatiert, häufig die Milieus der sozial Benachteiligten angesprochen. Das betrifft, wenn man die Sinus-Migrantenmilieus zugrunde legt (vgl. ◘ Abb. 4.26), fast 25 % der in Deutschland lebenden Migranten.

■ Effekte des sozialen Kapitals

Die Beobachtung, dass viele Migrantenfamilien schlechtere sozioökonomische Positionen innehaben als Einheimische, zeigt *Effekte des sozialen Kapitals* auf den Bildungserfolg (vgl. Kalter et al. 2007). Migrationsfamilien, insbesondere türkischstämmige, vertreten häufig als traditionell bezeichnete Werte wie Familialismus, Religiosität, Respekt und eine traditionelle Sexualmoral. Allerdings unterliegen diese Werte in der jetzigen Elterngeneration einem Wandel. Dies bedeutet aber nicht die Anpassung an die Vorstellungen der autochthonen Bevölkerungsmehrheit, sondern schafft spezifische Werthaltungen (auch in Bezug auf Bildung und Zwei- bzw. Mehrsprachigkeit der Kinder) und soziale Normen (Boos-Nünning 2011). Die Verwurzelung von Migranten im Religiösen und in der Tradition ihrer Ethnie wird zusammen mit einer mangelnden Sprachkompetenz von der Mehrheitsgesellschaft oft als größtes Hindernis für den Bildungserfolgt beurteilt. Das klingt alles plausibel, aber ist es auch valide? Eine Antwort darauf kann man in der Forschung zur Bildungssituation der nordamerikanischen Indianer finden.

Seit langem ist bei vielen der in Städten wohnenden Indianer ein Verlust kultureller Verbundenheit, ein wachsendes Selbsttötungsrisiko und eine Zunahme an Hoffnungslosigkeit zu erkennen (Freedenthal und Stiffman 2004; LaFromboise et al. 2006). Darüber hinausgehend betont die Literatur zur Erziehung der amerikanischen Indianer übereinstimmend eine verblüffende Schwierigkeit dieser ethnischen Minderheit, Zertifikate der höheren Bildung zu erzielen, obwohl seit mehr als zwanzig Jahren enorme Anstrengungen unternommen wurden, die Bildungsmisere der indigenen Amerikaner zu mindern (Benham und Stein 2003).

Indianer und indigene Einwohner Alaskas (die wir im Folgenden als Gruppe zusammenfassen) machen derzeit etwa 1,7 % der Gesamtbevölkerung aus (U.S. Census Bureau, 2010).[20] 91 % besuchen die staatlichen Schulen, aber nur 1 % Einrichtungen der höheren Bildung. Die Bildungsbenachteiligung der indigenen Amerikaner wird noch deutlicher, wenn ein Vergleich mit anderen ethnischen Gruppen vorgenommen wird. Im Jahr 2009 erlangten knapp 30 % der jugendlichen Amerikaner einen Bachelorabschluss, wobei die asiatischen Jugendlichen mit 58 % weit an der Spitze lagen, gefolgt von weißen Amerikanern (36 %), Amerikanern afrikanischer Herkunft (18 %), Hispanics (12 %) und dann erst den Indianern mit 10 % (Kim 2011).

Lange Zeit wurde die Ursache für die miserable Bildungsbeteiligung der indigenen Bevölkerung auf deren Verwurzelung in überkommenen Traditionen bzw. der Entwurzelung gesehen. Dem stehen aber immer mehr empirische Studien gegenüber, die zeigen, dass Studenten, die bereitwillig Traditionen der indianischen Kultur annehmen, besonders gut im Feld der höheren Bildung wetteifern und dabei auch erfolgreich sind (z. B. Huff-

20 Beim U.S. Zensus von 2000 gaben etwa 2,5 Millionen Menschen an, Indianer oder Indigene Alaskas zu sein. 1990 waren es 26 % weniger. Weitere 1,6 Millionen gaben an, indianische Wurzeln zu haben (Ogunwole 2002).

man und Ferguson 2007; Harrington und Harrington 2011). Offenkundig nutzen indigene Collegestudenten ihren ausgeprägten Sinn für die Stammeszugehörigkeit als einen starken sozialpsychologischen Anker.

Rindone (1988) untersuchte den Hintergrund von 400 Collegeabsolventen aus der ethnischen Gruppe der Navajo, um die Faktoren herauszufinden, die zu deren Bildungsabschluss beigetragen hatten. Ganz offensichtlich waren die Eltern dieser Studenten imstande gewesen, ihre Kinder zu motivieren und in der Verfolgung der Bildungsziele zu stärken. Die verbreitete Annahme, dass ein niedriges Einkommen und ein niedriger Bildungsstand der Eltern niedrige Bildungsansprüche der Kinder bewirken und fortschreiben, erweist sich als falsch. Jedenfalls besagt das Rindones Studie, bei der die Mehrheit der Graduierten aus Familien mit sehr niedrigem Einkommen stammte. Die Familien waren auch größtenteils den kulturellen Stammestraditionen verpflichtet, sprachen in erster Linie Navajo, und die Väter waren Arbeiter. Mehr als die Hälfte der Eltern hatten weniger als sechs Jahre eine Schule besucht, obwohl sie an mehr Bildung für sich selbst interessiert waren, sie aber nicht erhielten. Obwohl alles, was man üblicherweise als erforderlich für eine höhere Bildung betrachtet, fehlte, schlossen die untersuchten Personen ihr Studium erfolgreich ab. Nach Rindone haben Angehörige indigener Gruppen eine sehr hohe Leistungsmotivation und ebenso hohe Erwartungen in Bezug auf einen akademischen Abschluss. Erst in neuerer Zeit aber hätten diese Gruppen auch die Gelegenheit, ihre Motive durch Teilhabe an einer höheren Bildung zu erfüllen und so die Vorurteile der Mehrheitsgesellschaft zu widerlegen.

Die Antwort auf die Frage, was jugendliche Navajos motiviert, Leistungen zu erbringen, hängt unmittelbar mit der Familie und den dort zugrunde gelegten Bildungserwartungen zusammen. Dabei zeichnen sich allem Anschein nach solche Familien besonders aus, die in der traditionellen Kultur ihres Stammes fest eingebunden sind (vgl. Guillory und Wolverton 2008; Whitbeck et al. 2001). Positive Effekte einer Verwurzelung in der indianischen Tradition wurden auch auf die Resilienz als Fähigkeit, auf widrige Situationen angemessen zu reagieren, für Kinder der 5. bis 8. Schulklasse aus dem Stamm der Kiowa gefunden (Stumblingbear-Riddle und Romans 2012).

Neben dem Ergebnis, dass sich eine Verwurzelung in der ethnischen Tradition ausgesprochen positiv auf Bildungsaspirationen und Bildungserfolge auswirkt, weist die Forschung zur indianischen Erziehung vor allem auf den durchschlagenden Effekt der Bereitstellung soziokultureller Ressourcen in den Herkunftsfamilien hin. In dieser Hinsicht erweist sich durchgängig die *Armut* als bedeutendster Hinderungsgrund für die Realisierung von Bildungsaspirationen.

Vergleichbar mit den indigenen Amerikanern sind Migrationsfamilien in Deutschland überproportional von Armut betroffen. Im vierten Armutsbericht der Bundesregierung (Bundesministerium für Arbeit und Soziales 2013, S. 125) heißt es dazu:

» Familien mit Migrationshintergrund sind insgesamt etwa doppelt so häufig armutsgefährdet wie Familien ohne Migrationshintergrund […]. Familien mit Migrationshintergrund machen damit nach Sonderauswertungen des Mikrozensus 2009 45 % aller Familien mit Kindern unter 18 Jahren aus, die als armutsgefährdet gelten. Besonders hoch ist die Armutsgefährdungsquote, wenn die Familien zusätzlich noch alleinerziehend sind oder drei und mehr Kinder haben. Bei Alleinerziehenden ohne Migrationshintergrund haben 37 % ein Einkommen von weniger als 60 % des Median-Einkommens, während dies bei den Alleinerziehenden mit Migrationshintergrund auf die Hälfte zutrifft (51 %). Während 21 % der Mehrkindfamilien ohne Migrationshintergrund nur über ein Einkommen unterhalb der Armutsrisikoschwelle verfügen, sind es mit 43 % doppelt so häufig die Mehrkindfamilien mit Migrationshintergrund.

Dabei ist die relative Wahrscheinlichkeit für Kinder in Familien mit Einkommen unterhalb der Armutsrisikoschwelle um ca. 65 % höher, die Hauptschule statt eines Gymnasiums zu besuchen. Eine Hauptursache für Armut ist Arbeitslosigkeit. Von ihr sind Personen mit Migrationshintergrund laut Boos-Nünning (2011) auch unter Kontrolle der Variablen Alter, Geschlecht, Schul- und Berufsabschluss sowie Familienstand häufiger betroffen als einheimisch Deutsche. Allerdings lässt sich die Arbeitslosigkeit von Migranten nur teilweise mit fehlenden Schul- und berufsqualifizierenden Abschlüssen erklären, vielmehr schlägt hier eine soziale Diskriminierung zu Buche. Das zeigt sich beispielsweise darin, dass hochqualifizierte Arbeitnehmer mit Migrationshintergrund häufiger arbeitslos sind als Einheimische (15 % vs. 3 %) und dass ein Fünftel in einem Beruf tätig sind, für den sie überqualifiziert sind (Nohl et al. 2010).

Ob bei Schulempfehlungen eine ethnische Diskriminierung vorliegt, ist bisher nicht ganz klar. Kristen (2006) jedenfalls findet keine Hinweise auf ethnisch verzerrte Empfehlungen für die Schullaufbahn, vielmehr konnten für Schüler türkischer Herkunft sogar Vorteile gefunden werden, da sie selbst bei gleichen Leistungen und gleicher sozialer Herkunft etwas häufiger eine Gymnasialempfehlung als deutsche Grundschüler erhalten (vgl. auch Lehmann et al. 1999; Schuchart 2009). Demgegenüber konnten Schneider (2011) und Wagner et al. (2009) weder positive noch negative ethnische Effekte bei den Schullaufbahnempfehlungen von Lehren finden, was auch nicht auf eine ethnische Diskriminierung schließen lässt.

Wie war das noch bei den Indianern? Jahrzehntelang hatten sie ihre vermeintlichen Defizite in den Vordergrund gestellt und ihren ethnischen Hintergrund als soziale Barriere beurteilt. Ähnliches war auch in Deutschland und Österreich bei den Schülern mit Migrationshintergrund zu beobachten mit der Folge, dass ihre Potentiale oft über den gesamten Bildungsverlauf unterschätzt wurden. Neuere Studien zeigen jedoch, dass der Migrationshintergrund bei expliziter Kontrolle des sozioökonomischen Hintergrunds der Familie und der schulischen Leistungen eines Kindes positive Effekte auf die Wahl von anspruchsvollen Bildungsgängen ausübt (z. B. Dollmann 2010; Kristen et al. 2008). Das kann zumindest teilweise auf die höheren Bildungsaspirationen von Migranten zurückgeführt werden (vgl. Kristen und Dollmann 2012). Diese hohen Aspirationen der Migranten bei den Bildungsentscheidungen verschaffen ihnen gelegentlich sogar einen Vorteil gegenüber Einheimischen, aber nur bei vergleichbarem sozioökonomischem Status und bei gleichen schulischen Leistungen. Da diese Merkmale aber zwischen Personen mit und ohne Migrationshintergrund ungleich verteilt sind, resultiert laut Relikowski et al. (2012) ein „Brutto-Nachteil" für Migranten bei der Bildungslaufbahn: Sie können ihre Vorstellungen von einer höheren Bildung ihrer Kinder in vielen Fällen nicht in Bildungserfolge umsetzen.

4.3.3.2 Modelle rationaler Bildungsentscheidungen

Bildungssoziologen gehen davon aus, dass Eltern Kosten und Nutzen einer höheren Bildung abwägen, was dazu führt, dass bildungsferne Milieus auf bescheidenere, aber schneller erreichbare Bildungsabschlüsse und einen frühen Übergang ins Erwerbsleben zielen. In der Regel fehlen denen,

> » die nicht über Bildungskapital in nennenswertem Umfang verfügen, die „richtigen" Informationen für eine in die höchsten Positionen führende Bildungsinvestition, es fehlt ihnen die Vertrautheit mit den Strukturen und Werten der Schule (Krais und Gebauer 2013, S. 41).

Wo Bildungskapital und eine Vertrautheit mit dem Bildungssystem zwar vorhanden sind, aber die materielle Absicherung fehlt, werden mehrheitlich Bildungswege eingeschlagen, die dem Statuserhalt dienen. Vermittelt über die ökonomischen und soziokulturellen Ressourcen des Elternhauses und die Allokationsfunktion des Schulsystems entsteht so ein komplexes System der sozialen „Sortierung", das zu einer dauerhaften sozialen Ungleichheit in der Nutzung von Bildungschancen führt.

Die individuelle Bildungslaufbahn ist durch eine Sequenz wiederkehrender Entscheidungspunkte charakterisierbar, da Entscheidungen an den verschiedenen Übergängen im Bildungssystem erforderlich sind. So stellt sich am Ende der Grundschulzeit die Frage, welcher Bildungsweg (Hauptschule, Realschule oder Gymnasium) eingeschlagen werden soll. Diese Entscheidung sortiert zehnjährige Schülerinnen und Schüler in verschiedene Laufbahnen und hat lebenslange Auswirkungen. Bei späteren Entscheidungen geht es darum, ob die schulische Ausbildung fortgesetzt oder ins Berufsleben gewechselt wird. Beim Wechsel ins Berufsleben ist zwischen einer un- bzw. angelernten Tätigkeit zu entscheiden. Nach dem Abitur bzw. der Matura ist zu entscheiden, welcher Studiengang gewählt wird, usw.

Um herkunftsspezifische Bildungsentscheidungen zu erklären, wurden in der Bildungssoziologie theoretische Ansätze entwickelt, die auf dem *Modell der rationalen Wahlentscheidungen* von Boudon (1974) aufbauen. Die Grundannahme Boudons lautet, dass bei Bildungsentscheidungen rational abgewogen werde, welcher Gewinn sich aus der Wahl eines bestimmten Bildungsgangs ergibt und welche Kosten damit verbunden sind. Diese nutzenmaximierende und zielgerichtete Abwägung von Vor- und Nachteilen unterschiedlicher Bildungsgänge gilt als fester Bestandteil der Lebensplanung (vgl. Becker 2011).

▪ Allgemeine Merkmale von Bildungsentscheidungen

Das auffälligste Merkmal von Bildungsentscheidungen ist ihre grundsätzliche Unsicherheit, die allen Alltagsentscheidungen eigen ist und drei Ursachen hat:

1. ein unangemessenes oder unzureichendes Verständnis der Reichweite der Entscheidung,

Abb. 4.31 © Limbachs Style – Fotolia.com

2. unvollständige Informationen und
3. wenige Handlungsalternativen (vgl. Lipshitz und Strauss 1997).

Bildungsentscheidungen sind *Entscheidungen unter Unsicherheit*, wobei das Ausmaß der Unsicherheit in dem Maße zunimmt, in dem ein Mangel an Informationen hinsichtlich der möglichen Folgen einer Entscheidung vorliegt (Abb. 4.31). Die Entscheidungsträger befinden sich in einer denkbar ungünstigen Lage, da sie eine wichtige Entscheidung zu treffen haben und dabei eine Vielzahl unbekannter oder nur grob einschätzbarer Faktoren einbeziehen müssen (Kristen 1999). Zusätzlich erschwert wird die Entscheidung dadurch, dass sich die Folgen nicht unmittelbar einstellen, sondern erst im Laufe der Zeit erkennbar werden. Diese langfristige Perspektive steigert die Unsicherheit, mit dem eingeschlagenen Weg den Bildungserfolg zu erzielen, der ein Höchstmaß an individuellem Nutzen bei einem aufzubringenden Aufwand mit sich bringt. Je größer die Unsicherheit in Bezug auf einen Erfolg und das Risiko des Scheiterns ist, desto schwieriger gestaltet sich der Entscheidungsprozess, da zu viele Unbekannte mitspielen.

Bildungsentscheidungen sind laut Kristen (1999) *außergewöhnlich wichtige, zukunftsorientierte Entscheidungen*, die zum Glück relativ selten im Lebensverlauf zu treffen sind. Wenig vorteilhaft aber ist, dass die Wahl eines Bildungsgangs nicht zu beliebigen Zeitpunkten getroffen und revidiert werden kann, da die Übergänge institutionell festgelegt sind. Wieder steigert die Langfristigkeit der Folgen die Bedeutung einer Fehlentscheidung: Wird ein zu niedriger Bildungsweg eingeschlagen, versperrt dies den Zugang zu höheren und besser bezahlten Positionen. Eine spätere Korrektur der Entscheidung beim Übergang zur weiterführenden Schule verlängert den Bildungsweg und ist mit zusätzlichen Investitionen verbunden (Breen und Goldthorpe 1997). Allgemein formuliert ist der Umweg zum Erfolg immer kosten-

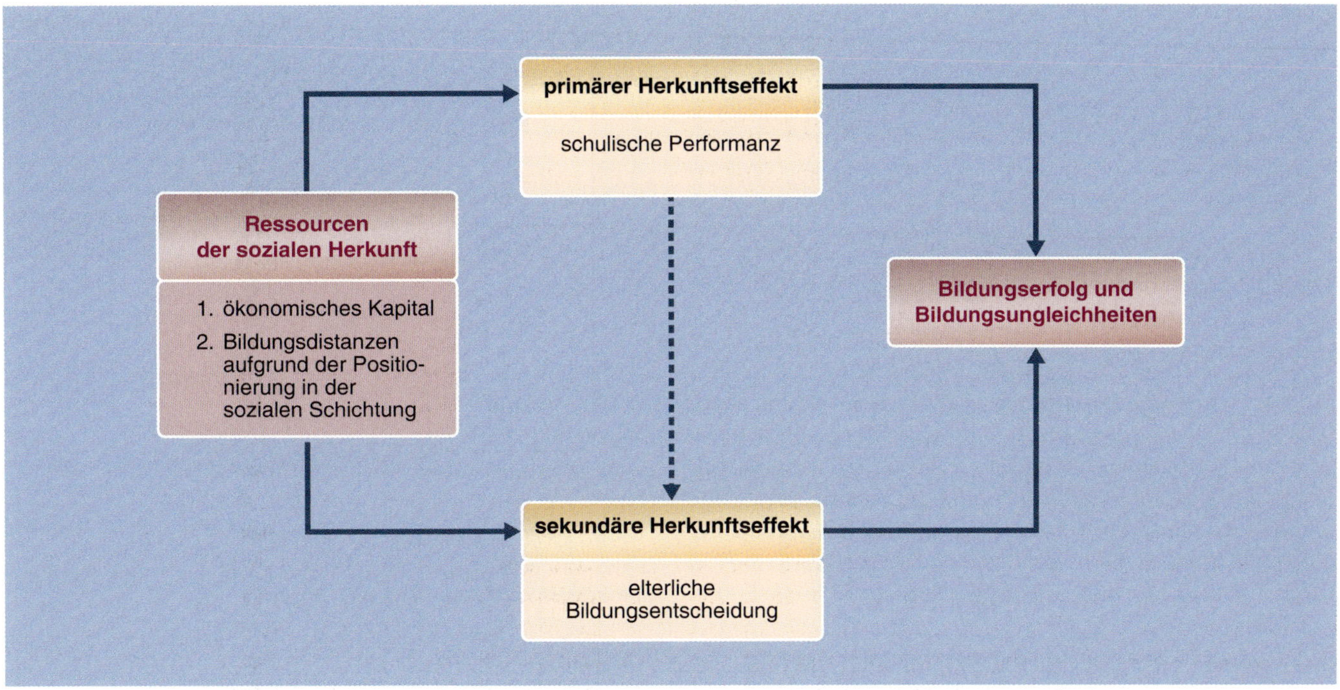

Abb. 4.32 Primäre und sekundäre Effekte der sozialen Herkunft auf den Bildungserfolg nach Boudon. (Quelle: Becker und Lauterbach 2007, S. 13)

aufwendiger als der direkte Weg. Eine Fehlinvestition ist auch die Wahl eines zu hohen Bildungswegs, wenn bei einem Misserfolg eine Abstufung in eine niedrigere Schulform erfolgt. Die hierbei anfallenden Kosten setzen sich zusammen aus den bisherigen Bildungsinvestitionen und aus dem entgangenen Lohn, der während dieser Zeit hätte erzielt werden können.

Eine weitere Besonderheit von Bildungsentscheidungen ist, dass sie maßgeblich *von außen bestimmt* werden. Neben der Familie nimmt vor allem die Schule aufgrund von Leistungsbeurteilungen und Übergangsempfehlungen einen maßgeblichen Einfluss auf die Bildungsentscheidungen. Bildungstitel bzw. -zertifikate dienen auch beim Übergang ins Studium oder ins Berufsleben oft als entscheidendes Kriterium.

Die herausragende Bedeutung, die Bildungswege und Bildungstitel für die Biografie von Einzelpersonen haben, weist darauf hin, wie enorm wichtig es ist, an den jeweiligen Knotenpunkten des Bildungswegs trotz aller Unwägbarkeiten und Ungewissheiten die „richtige" Entscheidung zu treffen. Auf das *Wie* dieser Entscheidungen beziehen sich verschiedene entscheidungstheoretische Modelle der Bildungssoziologie.

Modelle der rationalen Bildungsentscheidung

Nach der *Humankapitaltheorie* stützen sich Bildungsentscheidungen auf eine ökonomische Kalkulation im Hinblick auf künftige Erträge. Ähnlich argumentiert auch die *Theorie der primären und sekundären Effekte der sozialen Herkunft* von Boudon (1974), auf die sich fast alle neueren Modelle zu Bildungsentscheidungen beziehen.

Für Boudon ist *Bildungsungleichheit* als die *aggregierte Folge von Bildungsentscheidungen* zu begreifen, die auf einer rationalen Abwägung von Kosten und Nutzen unterschiedlicher Bildungsalternativen beruhen und von der sozialen Herkunft und der Position in der sozialen Schichtung bestimmt werden. Der soziale Status der Herkunftsfamilie bestimmt den kulturellen Hintergrund und den Erfolg eines Individuums im Bildungswesen. Je höher der soziale Status einer Familie ist, desto besser ist sie mit ökonomischem und soziokulturellem Kapital ausgestattet. Da der soziale Status von der Schichtzugehörigkeit bestimmt wird, übt diese zweierlei Effekte auf die Bildungsbeteiligung aus:

1. *Primäre Effekte* beziehen sich auf Leistungsunterschiede und betreffen die gehäuften Auswirkungen der sozialen Herkunft auf den Erwerb von Kompetenzen, die für schulische Lernerfolge bedeutsam sind. Eine weit verbreitete Annahme lautet, dass Kinder aus niedrigeren Sozialschichten aufgrund der eher dürftigen materiellen und kulturellen Ressourcen im Elternhaus schlechtere Schulleistungen und -noten erzielen und daher eher an den Hürden des Bildungssystems scheitern. Demgegenüber profitieren Kinder aus statushohen Familien schon in der vorschulischen Erziehung von den reichlich vorhandenen Ressourcen der Familie und erzielen so von Anfang an einen Vorsprung, den Kinder aus statusniedrigen Familien kaum aufholen können (Jacob und Tieben 2010).
2. *Sekundäre Effekte* der sozialen Herkunft beziehen sich auf Unterschiede zwischen den sozialen Schichten in Bezug auf Bildungsaspirationen und Risikobewertungen bei Bildungsentscheidungen. Die schichtspezifischen Unterschiede im Bildungsverhalten gehen auf eine unterschiedliche Bewertung von Bildungszertifikaten zurück. Ungleiche Bildungsabschlüsse haben für Angehörige der verschiedenen sozialen Schichten einen vergleichbaren Stellenwert: Für eine Handwerkerfamilie ist der Meisterbrief so viel wert wie der B. A. oder M. A. in einer Lehrerfamilie.

Das Zusammenspiel der primären und sekundären Effekte der sozialen Herkunft auf Bildungsentscheidungen wird in Abb. 4.32 zusammengefasst.

Tab. 4.16 Wahrscheinlichkeiten, sich für eine nächsthöhere Bildungsstufe zu entscheiden nach Boudon (1974, S. 80)

	Entscheidungspunkte			
	1	2	3	4
Oberschicht	0,85	0,72	0,61	0,52
Mittelschicht	0,70	0,49	0,34	0,24
Unterschicht	0,60	0,36	0,22	0,13

Die primären Effekte legen den Startpunkt einer Bildungslaufbahn gemäß dem sozialen Status der Familie fest und damit auch die relative Distanz zu bestimmten Bildungsabschlüssen. Laut Boudon nehmen die primären Effekte im weiteren Bildungsverlauf ab, während gleichzeitig die sekundären Effekte multiplikativ anwachsen. Das entspricht der Annahme einer relativen Distanz zum Erreichen von Bildungstiteln, wie sie von Keller und Zavalloni umschrieben wurde:

> » Any given success goal has both an absolute and a relative value, the first reflecting its cultural desirability, the second, its social-class assessibility. The „relative distance" of a social class from a given goal thus determines the saliency of that goal for its members, and this saliency in turn constitutes an intervening variable between individual ambition and social achievement (Keller und Zavalloni 1964, S. 58).

Das Konzept der *relativen Distanz* besagt, dass Bildungsaspirationen in einem direkten Zusammenhang mit dem sozialen Status stehen. In Bourdieus Sprache meint dies, dass der Habitus der Familie „festlegt", welcher Bildungsabschluss bei den vorhandenen Ressourcen maximal erreichbar ist. Aus der relativen Distanz einer sozialen Schicht zu Bildungstiteln erwächst eine *relative Aspiration* in Bezug auf die Erreichung von Bildungsabschlüssen. Daher kann man Unterschiede in den Bildungs- und Berufserwartungen *zwischen* den sozialen Schichten antizipieren, ohne zugleich *innerhalb* einer Schicht Unterschiede im Ausmaß der individuellen Ambitionen annehmen zu müssen.

Menschen verhalten sich bei ihren Entscheidungen ökonomisch rational, aber die Grenzen der Entscheidungen werden auf der Basis des sozialen Hintergrunds gezogen. Dabei spielt es zunächst keine Rolle, ob die Folgekosten einer Entscheidung monetär oder sozial sind, sie variieren in jedem Falle schichtspezifisch. Für einen Jugendlichen aus einer unteren Schicht zieht eine längere Schullaufbahn vergleichsweise hohe monetäre Kosten durch entgangenes Einkommen nach sich, aber auch soziale Kosten, wenn seine Freunde die Schule eher verlassen, so dass der soziale Abstand zu ihnen größer wird.

Gleiche Bildungskosten belasten Familien je nach Schichtzugehörigkeit unterschiedlich stark, und da grundsätzlich das Risiko des Scheiterns gegeben ist, orientieren sich Bildungsentscheidungen am *Prinzip der Risikovermeidung* mit dem Ziel, den sozialen Status zu erhalten. Dementsprechend wird z. B. die Entscheidung, die Schule zu verlassen oder fortzuführen, um einen höherwertigen Bildungsabschluss zu erzielen, je nach sozialem Hintergrund verschieden ausfallen. Für Angehörige der oberen

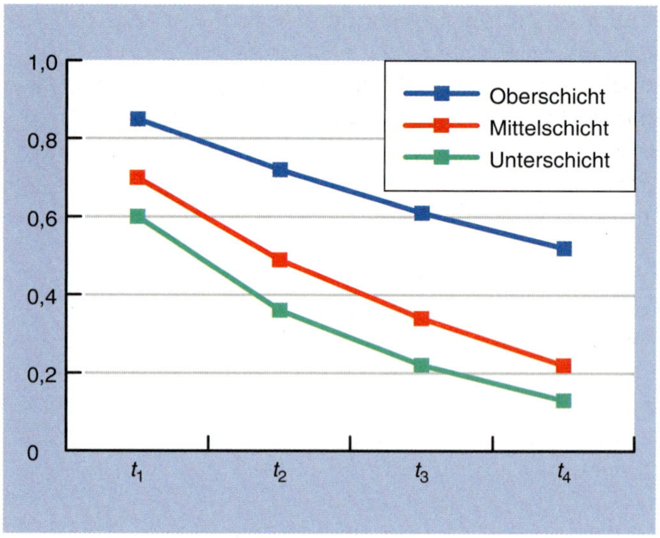

Abb. 4.33 Wahrscheinlichkeiten, sich für die nächsthöhere Bildungsstufe zu entscheiden – bildliche Darstellung

Schichten bedeutet das frühzeitige Verlassen einer weiterführenden Schule einen sozialen Abstieg und Einkommensverlust, da nur mehr schlechter bezahlte Arbeitsstellen zugänglich sind. Für einen Jugendlichen aus der Unterschicht schließt ein Verlassen der Schule vor dem Abitur keinen Statusverlust ein. Es könnte sogar ein sozialer Aufstieg eintreten, wenn der erreichte mittlere Abschluss über den Schulabschluss der Eltern hinausreicht. Daraus kann gefolgert werden, dass bei den Übergängen im Bildungsverlauf die sekundären Effekte der sozialen Herkunft eine zentrale Rolle spielen, da sie die *relativen Ambitionen* determinieren, ein Bildungsziel anzustreben, das dem sozialen Status der Familie entspricht und diesen aufrechterhält.

Die Entstehung von Bildungsungleichheit verdeutlicht Boudon mit der Simulation eines sequentiellen Entscheidungsprozesses mit *n* Entscheidungspunkten, für die bestimmte Übergangswahrscheinlichkeiten definiert sind. An jedem Punkt ist eine Entscheidung über den Verbleib im Bildungssystem zu treffen. Nach Auffassung Boudons wachsen die sekundären Herkunftseffekte exponentiell an, und ein geringer Einfluss sekundärer Effekte reicht aus, um erhebliche Bildungsungleichheiten zu bewirken. Selbst wenn die Schulleistungen von Kindern zu einem Zeitpunkt identisch sind, variieren die Wahrscheinlichkeiten, die nächsthöhere Bildungsstufe zu „überleben" in Abhängigkeit von der Schichtzugehörigkeit.

Dies verdeutlicht Boudon an einem Beispiel mit fiktiven Zahlen: Hinsichtlich einer anspruchsvollen Schullaufbahn beträgt die Wahrscheinlichkeit der Entscheidung für eine nächsthöhere Bildungsstufe für ein Kind aus der Oberschicht 0,85 für ein Kind aus der Mittelschicht 0,70 und für ein Kind aus den Unterschicht 0,60. Bei konstant gleichen Schulleistungen ergibt sich für einen Schüler aus der Oberschicht am zweiten Übergang eine Wahrscheinlichkeit von 0,72, am dritten Entscheidungspunkt von 0,61 usw. (Tab. 4.16).

Aus Abb. 4.33 lässt sich ablesen, wie auch bei identischen Schulleistungen die Chancen, dasselbe Bildungsniveau zu erreichen, von einem Entscheidungspunkt zum nächsten schichtspezifisch auseinanderdriften.

Boudons Ansatz wurde richtungsweisend für die sozialwissenschaftliche Forschung zur Bildungsungleichheit als Folge der sozialen Schichtung. Zahlreiche Autoren (z. B. Breen und Goldthorpe 1997; Erikson und Johnsson 1996; Gambetta 1996) beziehen sich mehr oder weniger explizit auf Boudon (vgl. Kristen 1999). Für die statistische Analyse wird darüber hinausgehend auf ein Modell zurückgegriffen, das Mare (1980, 1981) entwickelt hat.

Die Bildungslaufbahn wird als progressive Entwicklung über eine Menge aufeinander folgender Bildungsabschlüsse definiert. Nach Erreichung eines Abschlusses, der über die obligatorische Schulzeit hinausreicht, haben die Schülerinnen und Schüler zu entscheiden, entweder den nächsthöheren Bildungsabschluss anzustreben oder die Schule zu verlassen. Jeder dieser Übergänge wird als statistisch unabhängig betrachtet, so dass eine logistische Regression berechnet werden kann. Diese gibt den Logarithmus der *Odds*[21] an, d. h. der Wahrscheinlichkeit des Übergangs von der Ebene k des Bildungssystems zur Ebene k + 1 in Abhängigkeit vom Erreichen der Ebene k.

Die logistische Regression geht von einer linearen Funktion *exogener* Zufallsvariablen X_j aus. Das erlaubt theoretisch fundierte Hypothesen in Bezug auf Effekte der exogenen Variablen bei den verschiedenen Entscheidungspunkten wie z. B. die Annahme, dass der Einfluss der Familie bei Bildungsentscheidungen mit zunehmendem Alter der Entscheidungsträger abnimmt.

Das Mare-Modell ist das Standardmodell der Analyse von Bildungsungleichheit, weist aber laut Breen und Jonsson (2000) einige Schwächen auf. Eine betrifft die Annahme, dass Schüler in einer linearen Folge durch das Bildungssystem voranschreiten, was aber nicht zutrifft, wenn ein Schulsystem parallel verlaufende Bildungsgänge aufweist. Entscheidungen beziehen sich dann nicht mehr darauf, im Schulsystem zu bleiben oder es zu verlassen, sondern darauf, verschiedene Bildungsgänge, die jeweils akademisch oder beruflich sein können, zu wählen.

Unter Bezugnahme auf Boudon und Mare haben Breen und Goldthorpe (1997) ein Entscheidungsmodell entwickelt, das von einer *relativen Risikoscheu* der Entscheidungsträger ausgeht. Danach wird ein Bildungsabschluss angestrebt, um eine soziale Position zu erlangen, die der Herkunftsfamilie entspricht. Die Hauptsorge ist, einen sozialen Abstieg zu vermeiden. Grundsätzlich gehen Breen und Goldthorpe von einem sequentiellen Entscheidungsprozess mit verschiedenen Übergängen im Bildungssystem aus, wobei sie zwischen den Optionen *Verbleib versus Verlassen* des Bildungssystems unterscheiden. Von hier ausgehend erklären sie schichtspezifische Bildungsentscheidungen, die auf primäre und sekundäre Effekte der Herkunft zurückgehen. Das Modell umfasst drei Komponenten:

1. Die *Struktur des Entscheidungsproblems*, die sich dadurch auszeichnet, dass es in allen Bildungssystemen Zeitpunkte gibt, die junge Leute vor die Wahl stellen, einen mehr oder weniger riskanten Weg einzuschlagen. Ein Beispiel hierfür ist die Wahl zwischen einer akademischen (und riskanten) Laufbahn und einer beruflichen (und weniger riskanten) Laufbahn. Das Risiko ergibt sich aus dem erwarteten Nutzen der verschiedenen Optionen und der Möglichkeit des Scheiterns.
2. Es existiert eine *Schwelle* T_i, die das von einer Person i als Minimum angestrebte Niveau eines Bildungsabschlusses festlegt. Grundsätzlich wird die Strategie verfolgt, die Wahrscheinlichkeit des Scheiterns in der Erreichung von T_i zu minimieren. Unter Maßgabe der relativen Risikoscheu von Entscheidungsträgern kann T_i als der soziale Status definiert werden, der mindestens dem der Herkunftsfamilie entsprechen soll.
3. Eine *Menge subjektiver Überzeugungen* p_i in Bezug auf die Wahrscheinlichkeit, mit einer Entscheidung erfolgreich zu sein, reguliert die individuelle Risikobereitschaft.

Das Modell von Breen und Goldthorpe ist ein Spezialfall der Prospekttheorie von Kahneman und Tversky (1979) und betrachtet dementsprechend Ergebnisse von Entscheidungen als Gewinn oder Verlust.

Das Bildungssystem umfasst eine Sequenz von Bildungsebenen $k = 1 \ldots M \ldots K$, von denen die ersten M obligatorisch sind. Bei jeder Ebene, die der Pflichtschulzeit folgt, gibt es zwei *abschließende* Bildungsergebnisse: entweder Versagen bzw. Scheitern F_k oder Verlassen nach Erfolg und keine Fortsetzung des Bildungsweges L_k.

Diese abschließenden Ergebnisse können gemäß dem erwarteten Nutzen in eine Rangreihe gebracht werden, die von allen Entscheidungsträgern akzeptiert wird: $U(L_k) > U(L_{k-1})$ für alle k, was heißt, dass erfolgreich erreichte höhere Bildungsabschlüsse einen größeren Nutzwert haben. $U(F_k) \leq U(L_{k-1})$ besagt, dass eine Fortsetzung bis Ebene k und ein Risiko des Scheiterns vermieden wird und der Bildungsweg bei k – 1 beendet wird.

Personen, die auf einer gegebenen Bildungsebene scheitern, müssen das Bildungssystem verlassen. Diejenigen, die das Ziel einer Bildungsebene erreichen, müssen entscheiden, ob sie das System zu diesem Zeitpunkt verlassen und oder ob sie bis zum nächsthöheren Abschluss weitermachen. Der Nutzen, auf Ebene k weiterzumachen, kann durch die Formel $U(S_k) = \max[U(L_k), V(k+1)]$ ausgedrückt werden, wobei $U(S_k)$ den erwarteten Nutzen des Erfolgs auf Ebene k und $V(k+1)$ den erwarteten Nutzen des Fortsetzens des Bildungswegs auf der Ebene k + 1 bezeichnet. Die Wahrscheinlichkeit des Erfolgs bei Fortsetzung des Bildungsweges kann durch die Formel $V(k) = p_k U(S_k) + (1 - p_k) U(F_k)$ ausgedrückt werden, wobei p_k die subjektive Wahrscheinlichkeit der Person i angibt, auf Ebene k erfolgreich zu sein. In Zusammenfassung ihrer Überlegungen gelangen Breen und Goldthorpe zu folgender Definition:

$(r_1, \ldots, r_M)$ sei eine Menge an Ergebnissen, die eine Wahrscheinlichkeitsfunktion von Bildungsabschlüssen L_k und F_k, $k = 1, \ldots, K$ sind; T_i sei das Ergebnis, das als Schwellenwert für den i-ten Entscheidungsträger fungiert. Dann ist für alle Ergebnisse mit $U(r_m) \leq U(T)$ die Veränderung des Nutzens nicht absteigend, wenn ein Entscheidungsträger zu bevorzugteren Ergebnissen voranschreitet. Für alle $U(r_m) > U(T)$ nimmt der Grenzwert an Nützlichkeit ab, wenn ein Entscheidungsträger zu höheren Bildungsabschlüssen gelangen will.

Auf der Grundlage des formalen Modells spielen Breen und Goldthorpe verschiedene Varianten sequentieller Entscheidungsprozesse durch und zeigen, dass die angenommenen Mechanismen der Entscheidungsbildung selbst bei identischen Erfolgserwartungen und kostenloser Bildung schichtspezifisch ungleiche Bildungsentscheidungen hervorrufen.

Ein anderes formales Modell wurde von Esser (1999) für den Übergang vom Gymnasium in den Beruf (B) oder in ein Hochschulstudium (S) entwickelt. Die Konsequenzen der jeweiligen Entscheidung ergeben die Bildungsrendite (U). Wie Boudon

21 *Odds* werden in der Wahrscheinlichkeitstheorie und Statistik zur Angabe von Wahrscheinlichkeiten verwendet. Berechnet werden sie als Quotient aus der Wahrscheinlichkeit, dass ein Ereignis eintritt, und der Wahrscheinlichkeit, dass es nicht eintritt.

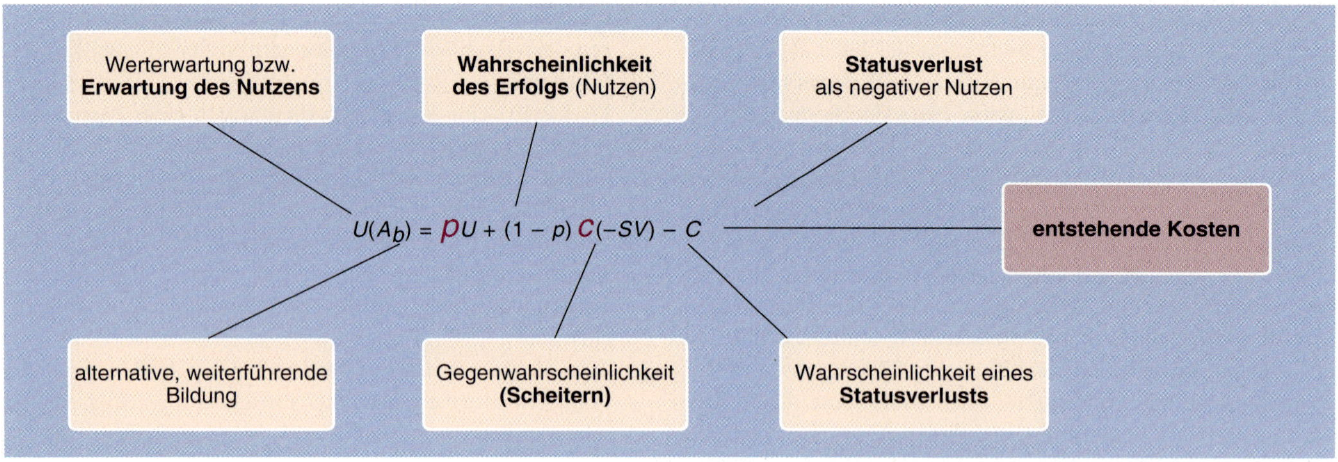

Abb. 4.34 Berechnung der Werterwartung für die Alternative weiterführende Bildung nach Esser (Schauenberg 2007, S. 16)

(1974) geht auch Esser davon aus, dass Bildungsentscheidungen darauf zielen, den sozialen Status zu erhalten oder zu verbessern. Um zu einer rationalen Entscheidung zu gelangen, führen die Handlungsträger eine Kosten-Nutzen-Analyse durch, in die sowohl die indirekten und direkten Kosten (−C), die bei der Wahl der Alternative S entstehen, als auch ein drohender Statusverlust (SV) einfließen. Die Erwartungswerte p und c geben die Wahrscheinlichkeit für den Bildungserfolg und die Erwartung eines Statusverlustes bei einem Verzicht auf ein Hochschulstudium an. Der erwartete Wert des Nutzens der Entscheidung für die Berufsausbildung ist $U(B)=c(-SV)$ und der für ein Hochschulstudium ist $U(S)=pU+(1-p)c(-SV)-C$. Eine Entscheidung zugunsten des Studiums wird getroffen, wenn der zu erwartende Nutzen dafür größer ist als für die Alternative Berufsausbildung: $U(S)>U(B)$. Aus einer komplexen Transformation dieser Gleichungen leitet Esser die Ungleichung $U+cSV>C/p$ her. Den Term $U+cSV$ bezeichnet Esser (1999) als *Bildungsmotivation*, die aus der additiven Verknüpfung des Nutzens und der Wahrscheinlichkeit eines Statusverlusts resultiert, und den Term C/p bezeichnet er als Investitionsrisiko als Quotient der Kosten und der Wahrscheinlichkeit des Bildungserfolgs. Die Entscheidung für ein Hochschulstudium wird nur dann getroffen, wenn im Vergleich zu anderen Alternativen die Bildungsmotivation höher als das Investitionsrisiko ist. Schauenberg (2007) hat die zentralen Aspekte des Modells von Esser zusammengefasst (Abb. 4.34).

Die Modelle der rationalen Bildungsentscheidung, zu denen auch die von Erikson und Jonsson (1996) und Gambetta (1996) zählen, gehen übereinstimmend von der Kombination des Motivs des Statuserhalts und der zu erwartenden Kosten eines Bildungswegs aus.

4.3.3.3 Effekte der sozialen Herkunft auf Bildungsentscheidungen: Stand der Forschung

Die im vorigen Abschnitt skizzierten Modelle rationaler Bildungsentscheidungen haben zahlreiche empirische Studien ausgelöst, um zu einer Einschätzung primärer und sekundärer Effekte der sozialen Herkunft auf Entscheidungen bei Übergängen im Bildungsweg zu gelangen. Untersuchungsmethodisch kommt neben Regressions- und Pfadanalysen – vor allem in internationalen Studien – eine neuartige *Methode der Effektzerlegung* zur Anwendung (Contini et al. 2008; Jackson et al. 2007). Damit will man feststellen, ob über den Übergang zu einer weiterführenden Schule oder zum Hochschulstudium auf der Grundlage von Fähigkeiten und Schulleistungen (primäre Effekte) oder auf der Grundlage des sozialen Status und den damit zusammenhängenden Bildungsaspirationen der Herkunftsfamilie (sekundäre Effekte) entschieden wird.

Abb. 4.35 © bluedesign – Fotolia.com

Wegen der zentralen Bedeutung für den Lebenslauf richtet sich das Augenmerk vieler empirischer Studien auf den *Übergang von der Grundschule auf eine weiterführende Schule* (Abb. 4.35). Die in dieser sensiblen Phase des Bildungsverlaufs zu treffende Entscheidung hat weitreichende Konsequenzen, denn beispielsweise wird mit dem Übergang auf eine Hauptschule festgelegt, dass nach der Schulzeit eine berufliche Ausbildung erfolgt und vermutlich keine höhere Bildung an einer Fachschule mit der Option eines anschließenden Studiums realisiert wird (vgl. Lauterbach et al. 1999; Schauenberg 2007).

▪ Entscheidungspunkt: Übergang zur weiterführenden Schule

Vorab eine Bemerkung zu der gesetzlichen Regelung des Übergangs zur weiterführenden Schule:

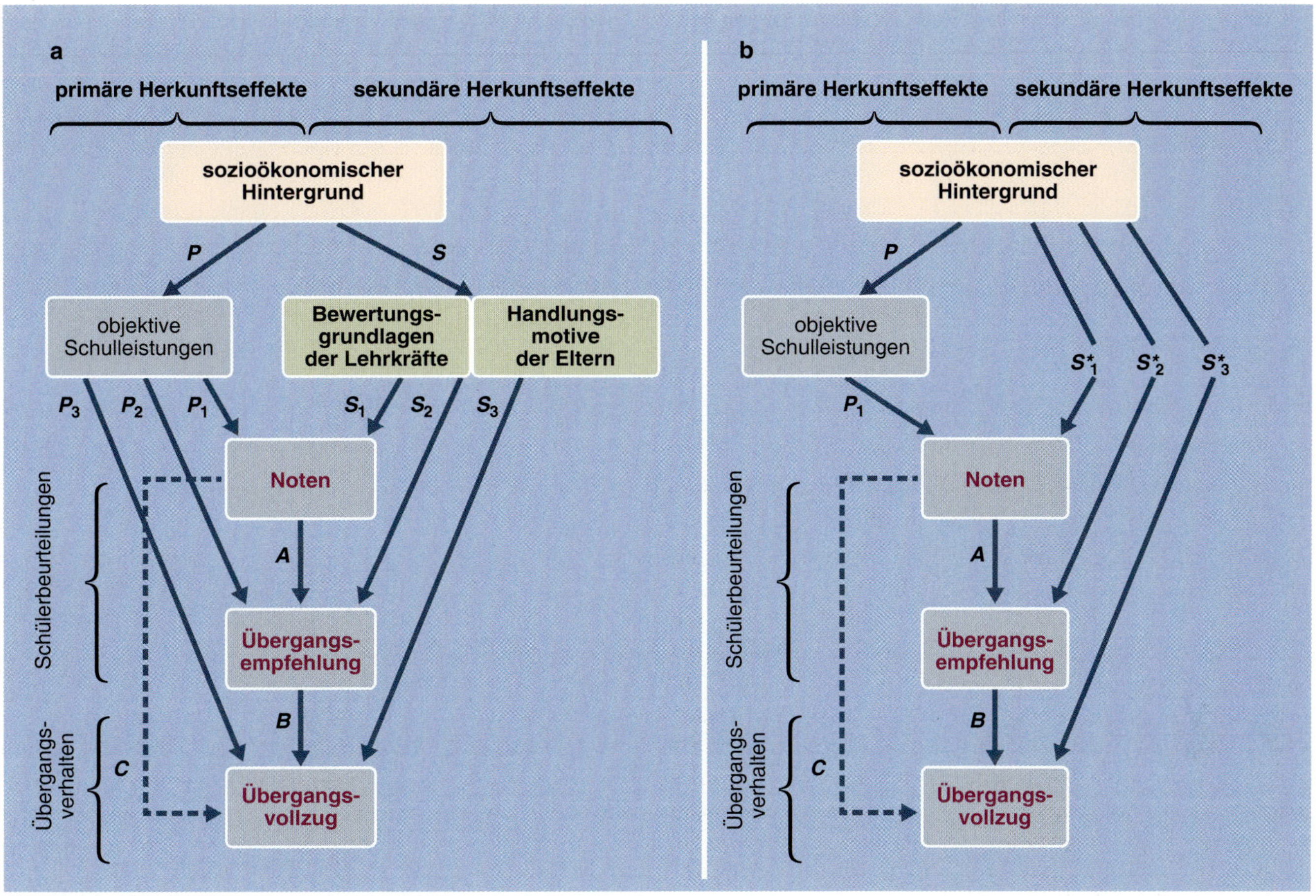

Abb. 4.36 Schematische Darstellung des Strukturmodells der Herkunftseffekte – **a** das vollständige Modell, **b** das reduzierte Modell der Studie von Maaz und Nagy (2010, S. 158)

In *Deutschland* ist der Übergang von der Grundschule in eine der weiterführenden Schularten länderspezifisch geregelt. In neun Ländern entscheiden die Eltern – nach eingehender Beratung durch die Grundschule – über den Besuch einer der weiterführenden Schulen; in mehreren Ländern (z. B. Bayern, Bremen, Sachsen) erteilt die Grundschule eine verbindliche Empfehlung.

In *Österreich* ist für den Übergang von der Volksschule auf eine Allgemeinbildende oder Berufsbildende höhere Schule ein gewisser Notendurchschnitt oder eine Aufnahmeprüfung erforderlich.

Die Problematik des Übergangs von der Grundschule zu einer weiterführenden Schule beschäftigt die Erziehungswissenschaft und Bildungssoziologie schon seit langem (Wiese 1982; Schneider 1994; Zelazny 1996), wobei allerdings die Auswirkungen der primären und sekundären Herkunftseffekte eher am Rande untersucht wurden. Mittlerweile hat die deutsche Bildungsforschung Anschluss an den internationalen Mainstream gefunden, der sich mit den primären und sekundären Effekten der sozialen Herkunft auf Bildungsentscheidungen befasst (z. B. Relikowski 2012; Schauenberg 2007; Stubbe 2009). Als ein Auslöser für das zunehmende Forschungsinteresse an primären und sekundären Effekten der sozialen Herkunft können die internationalen Schulleistungsstudien PISA und TIMSS betrachtet werden.

Im Kontext der TIMSS-Studie 2007 (Bos et al. 2008) führte das Max-Planck-Institut für Bildungsforschung das Projekt *Übergang von der Grundschule in die weiterführende Schule* durch, in dessen Rahmen Maaz und Nagy (2010) die primären und sekundären Herkunftseffekte bei einer repräsentativen Stichprobe von mehr als 4500 Eltern und deren Kindern untersuchten. Untersuchungsmethodisch wurde mit Pfadanalysen operiert. Als Prädiktor- und Kriteriumsvariablen für die Pfadanalysen wurden der sozioökonomische Status (HISEI), die Schülerleistungen in Mathematik, Naturwissenschaften und Deutsch, die Schullaufbahnempfehlung der Grundschule (ohne Differenzierung der Verbindlichkeit) und der vollzogene Übergang zum Gymnasium (auf der Grundlage einer entsprechenden Frage des Eltern- bzw. Schülerfragebogens) erfasst. Die theoretische Grundlage bot das Entscheidungsmodell Boudons (1974), aus dem Maaz und Nagy eine modifizierte Konzeption herleiteten, um die primären und sekundären Herkunftseffekte auf die Bildungsentscheidung zu identifizieren und zugleich die unterschiedlichen Teileffekte unter Berücksichtigung einer chronologischen Perspektive zu quantifizieren (Abb. 4.36).

Die Studie von Maaz und Nagy zeigt, dass soziale Ungleichheit bereits bei der Schülerbewertung durch Noten entsteht. Der Gesamteffekt der sozialen Herkunft auf den Übergangsvollzug betrug 0,48 und spaltete sich zu gleichen Teilen in primäre (49 %) und sekundäre Effekte (51 %) auf. Diese sich nur geringfügig unterscheidenden Werte für primäre und sekundäre Effekte führen Maaz und Nagy auf den inkrementellen Einfluss der sozialen Herkunft auf die Gymnasialempfehlung zurück. Er beträgt 44 % des sekundären Herkunftseffekts der Übergangsempfehlung

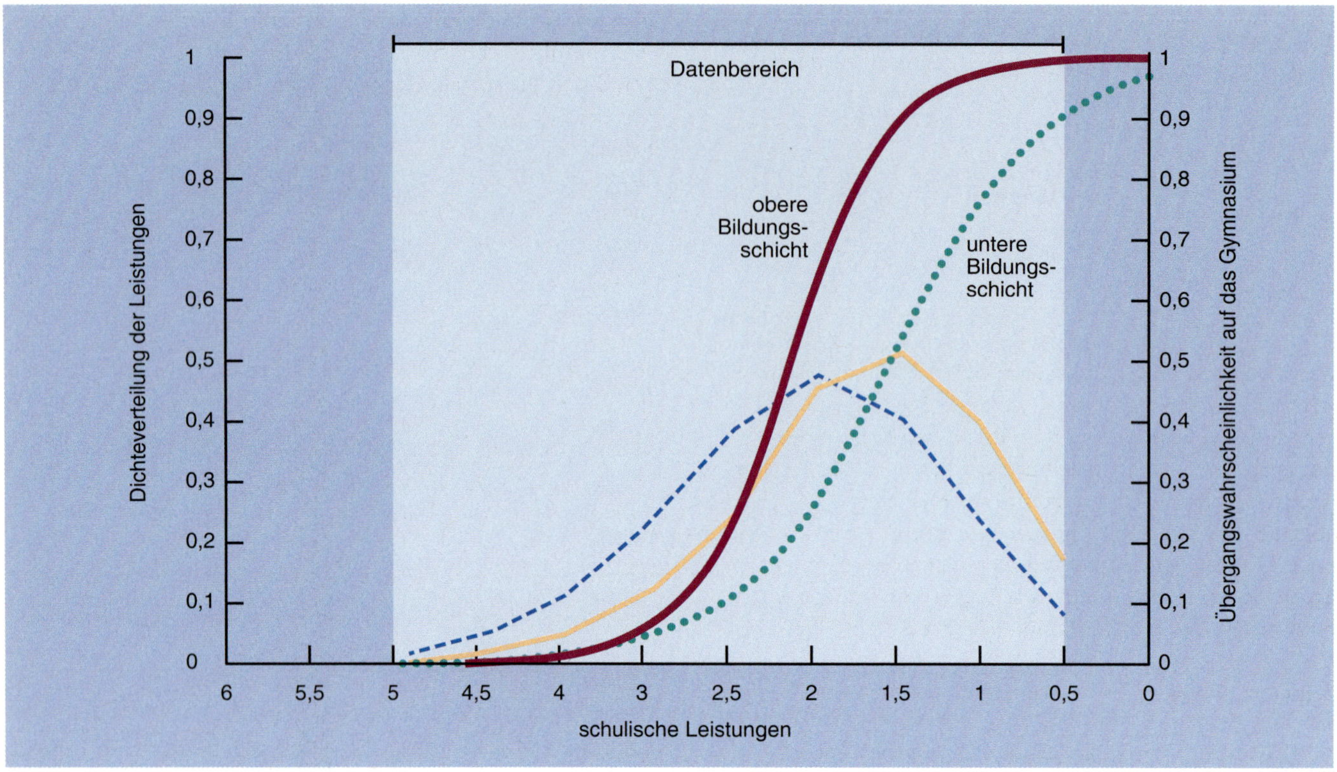

■ **Abb. 4.37** Wahrscheinlichkeit für den Wechsel auf das Gymnasium in Abhängigkeit von der schulischen Leistung und dem Bildungsniveau der Eltern (Neugebauer 2010, S. 206)

und setzt sich beim Übergangsverhalten fort. Hierbei betrug der Anteil sekundärer Effekte 59 %. Die Ursachen der ansteigenden Bedeutung des sekundären Effekts auf das Übergangsverhalten verorten Maaz und Nagy in den vorgeschalteten Einflüssen, denn 54 % des sekundären Effekts auf das Übergangsverhalten gehen auf eine Fortführung vorangegangener Effekte zurück. Die feststellbare Bildungsungleichheit beim Übergang von der Grundschule zu einer weiterführenden Schule geht zur Hälfte auf Herkunftseffekte der Notenvergabe und der Laufbahnempfehlung zurück.

Den Jargon von Pfadanalysen verlassend, kann aus dieser Studie das Fazit gezogen werden, dass ein Kind, das aus einer niedrigen sozialen Schicht kommt, mit einer gewissen Wahrscheinlichkeit nicht die gleiche Bildungsempfehlung für eine weiterführende Schule erhalten wird wie ein Kind aus einer höheren sozialen Schicht, sondern für eine Schule, die zu einem niedrigeren Bildungsabschluss führt, selbst wenn die beiden Kinder in der Grundschule die gleichen Noten erreichen. Grundschullehrer entscheiden anscheinend nicht nur aufgrund von Schulleistungen über die Empfehlung, die sie für die weiterführende Schule nach der 4. Klasse abgeben, sondern auch aufgrund der sozialen Herkunft der Kinder (vgl. Kristen 2006).

Zu ähnlichen Ergebnissen gelangt auch die Studie von Neugebauer (2010), die sich auf eine Auswertung der Längsschnittdaten des DJI-Kinderpanels der Jahre 2002 bis 2005 (Alt und Quellenberg 2005) stützt und auf der Grundlage einer Stichprobe von 538 Fällen operiert, um primäre und sekundäre Herkunftseffekte auf den Übergang zu einer weiterführenden Schule zu identifizieren. Die Verwendung der DJI-Daten erlaubt die Analyse der Bildungsverläufe aus allen Bundesländern Deutschlands im Längsschnitt unter Berücksichtigung der länderspezifischen Variationen im Hinblick auf die Verbindlichkeit der Schullaufbahnempfehlung. Als abhängige Variable wurde die *Bildungsentscheidung* für das Gymnasium festgesetzt, als Prädiktor wurde die soziale Herkunft des Kindes erfasst, die über den höchsten allgemeinen *Bildungsabschluss der Eltern* operationalisiert wurde, wobei als Kriterium die (Fach-)Hochschulreife festgelegt wurde. Neugebauer weist darauf hin, dass die daraus resultierende Dichotomierung zwar eine starke Vereinfachung der Realität darstelle, sich aber im Hinblick auf die Bildungschancen der Kinder als guter Prädiktor erwiesen habe, der mehr Varianz erklärt als eine Operationalisierung nach Herkunftsklassen. Für die Messung des Schulerfolgs (als Operationalisierung der primären Effekte) wurde der Durchschnitt aus den Noten der Hauptfächer Deutsch und Mathematik aus dem Halbjahreszeugnis der 4. Klassenstufe berechnet.

Bei Zugrundelegung der dichotomen Variable Bildungsabschluss der Eltern und der Schulleistungen ihrer Kinder ergaben die in ■ Abb. 4.37 wiedergegebenen Wahrscheinlichkeiten für den Übergang an ein Gymnasium. Aus der Abbildung werden nach Neugebauer zwei Phänomene erkennbar: Die Leistungsverteilungen der zwei Bildungsschichten unterscheiden sich derart, dass Kinder aus bildungsnahen Elternhäusern bessere Schulnoten als Kinder aus bildungsferneren Familien haben. Diese unterschiedlichen Leistungsverteilungen spiegeln die primären Effekte wider, die auf die Entscheidung beim Übergang von der Primarstufe auf das Gymnasium einwirken.

Aus den Wahrscheinlichkeitsverteilungen kann plausibel hergeleitet werden, dass ein Kind mit einer Durchschnittsnote

Tab. 4.17 Relative Anteile primärer und sekundärer Effekte auf den Übergang zur weiterführenden Schule (Neugebauer 2010, S. 208)

		Anteil primärer Effekte	Anteil sekundärer Effekte
Odds Ratio	Elternentscheidung	39 %	61 %
	Grundschulempfehlung	46 %	54 %

von 1,0 mit größter Wahrscheinlichkeit auf ein Gymnasium wechselt, unabhängig davon, welcher „Bildungsschicht" es angehört. Umgekehrt wird ein Kind, das versetzungsgefährdet ist, mit einer hohen Wahrscheinlichkeit nicht auf das Gymnasium wechseln, selbst wenn die Eltern aus der oberen Bildungsschicht kommen. Während die Bildungsentscheidung bei sehr guten oder sehr schlechten Schülern relativ unabhängig von ihrer sozialen Herkunft getroffen wird, schlagen direkte Herkunftseffekte im mittleren Notenbereich laut Neugebauer voll durch, da hier die Unsicherheiten im Hinblick auf den Erfolg im Gymnasium deutlich größer sind und sich dementsprechend die Erfolgswahrscheinlichkeiten im mittleren Bereich bewegen.

Wie Abb. 4.37 zeigt, ist auch hier der Wirkungsspielraum für die sekundären Herkunftseffekte am größten: Während die Differenzen der Übergangswahrscheinlichkeiten im unteren und oberen Leistungsbereich gering sind, werden die Abstände zur Mitte der Leistungsverteilung hin deutlich größer. Die Unterschiede im Entscheidungsverhalten sind an den beiden Rändern der Notenverteilung gering, aber im mittleren Bereich der Schulleistungen fällen bildungsnahe und bildungsferne Familien divergierende Entscheidungen. Dabei rücken sekundäre Effekte in den Vordergrund der Entscheidung. Wenn nämlich selbst bei gleichen Schulleistungen die Bildungsentscheidungen je nach Bildungsniveau der Eltern unterschiedlich ausfallen, deutet dies auf das Wirken sekundärer Herkunftseffekte hin.

Geben nun primäre oder sekundäre Effekte der sozialen Herkunft den Ausschlag bei der Entscheidung, wenn es um den Übergang von der Grundschule auf das Gymnasium geht? Zur Beantwortung dieser Frage zerlegte Neugebauer den Gesamteffekt der Bildungsungleichheit zwischen den Schichten nach der Methode von Erikson et al. (2005) in einen primären und einen sekundären Anteil. Sekundäre Herkunftseffekte verantworten 59 % der Bildungsungleichheit beim Übergang auf das Gymnasium, primäre Effekte 41 %. Das ist punktgenau dasselbe Ergebnis, das Maaz und Nagy (2010) veröffentlicht haben. Bei Differenzierung der Stichprobe nach Verbindlichkeit der Grundschulempfehlung ergaben sich allerdings andere Anteile der primären und sekundären Effekte (Tab. 4.17).

Dieses Ergebnis deutet laut Neugebauer auf ein interessantes Phänomen hin: Die elterliche Entscheidungsfreiheit führt anscheinend zu sozial selektiveren Bildungsentscheidungen, während die Grundschulempfehlung stärker dem meritokratischen Prinzip verpflichtet ist.

Eine verbindliche Grundschulempfehlung ist natürlich kein Garant dafür, dass die guten Schulleistungen an der weiterführenden Schule eine Fortsetzung finden. In der Literatur wird gleichwohl der Standpunkt vertreten (z. B. Ditton et al. 2005), dass in Anbetracht der Prägung elterlicher Bildungsentscheidungen durch die soziale Herkunft doch eher auf die Empfehlungen der Grundschule oder auf Aufnahmeprüfungen wie in der Schweiz zu setzen sei, da sich diese stärker an den Leistungen der Schüler orientierten. Aufschlussreich ist in diesem Zusammenhang ein Interview, das die *Neue Zürcher Zeitung* mit Stefan Wolter, dem Leiter der Forschungsstelle für Bildungsökonomie an der Universität Bern, am 19. August 2013 geführt hat. Hier ein Auszug:

Aufnahmeprüfungen sind gerechter

„Herr Wolter, Aufnahmeprüfungen fürs Gymnasium sind immer wieder Gegenstand heisser Debatten. Die Forderung nach der Abschaffung der Prüfungen ist jüngst wieder lauter erhoben worden. Sind diese tatsächlich so unpopulär, wie die Debatte vermuten ließe?

Nein, ganz im Gegenteil. Die Ergebnisse unserer repräsentativen Befragung von 2800 Personen sprechen […] eine ganz andere Sprache. Zwei Drittel der Befragten sind der Meinung, dass die Aufnahme an das Gymnasium generell auf der Basis einer Prüfung zu erfolgen habe.

[…]

Es sind gerade Personen mit tiefem Bildungsstand, die auf eine Aufnahmeprüfung pochen. 80 Prozent der Schweizer, die nur die obligatorische Schule besucht haben, befürworten sie. Sie vertrauen einer externen und messbaren Leistungsbeurteilung stärker als dem immer auch subjektiven Lehrerurteil. Dies zeigt sich in unserer Untersuchung weiter auch darin, dass Schweizer mit einem tiefen Bildungsstand eher externe Schultests wünschen als Akademiker.

[…]

Warum sind Menschen mit hohem Bildungsstand umgekehrt eher gegen die Aufnahmeprüfungen?

Denkbar ist ein generelles Misstrauen gegenüber der Aussagekraft einer einzigen Prüfung. Unsere Daten zeigen, dass Personen, die ihre Kinder so oder so am Gymnasium sehen wollen, in einer Aufnahmeprüfung nur einen unnötigen zusätzlichen Stolperstein sehen, den sie wegräumen möchten. Aus Forschungsarbeiten wissen wir, dass gut gebildete Eltern eher darauf vertrauen können, Lehrerurteile in ihre Richtung beeinflussen zu können. Da sind externe Tests ein Hindernis, denn diese können die Eltern schlechter beeinflussen.

Aufnahmeprüfungen verstärken die Selektion. Wirken sie der Chancengerechtigkeit nicht entgegen?

Unsere Ergebnisse zeigen klar, dass die Betroffenen die Prüfungen eben gerade als Beitrag zur Chancengerechtigkeit sehen. Unabhängig von der Meinung der Betroffenen kann man aus Sicht der Forschung sagen, dass Erfahrungsnoten wie auch Lehrer- und Elternurteile einem größeren soziodemografischen Einfluss ausgesetzt sind als externe Prüfungen. Prüfungen sind gerechter, sind ein Beitrag zur Chancengerechtigkeit.

Kinder aus begüterten Elternhäusern sind wesentlich häufiger am Gymnasium anzutreffen. Was sind denn die Gründe hierfür?

Es sind vielfältige Gründe. Neben den unterschiedlichen Bildungspräferenzen werden Kinder in Elternhäusern mit guter Bildung außerhalb des Schulunterrichts mehr gefördert und erreichen somit die Leistungsziele für das Gymnasium eher und leichter. Unabhängig davon zeigt unsere jüngste Untersuchung, dass der Drang ans Gymnasium unter Akademikern vor allem ein Entscheid gegen die Berufsbildung ist, die sie aus ihrer eigenen Bildungslaufbahn nicht kennen. Zeigen können wir aber auch, dass der Berufsbildung ein sehr tiefer sozialer Status zugeordnet wird. Davor wollen Schweizer Akademiker ihre Kinder bewahren."

Jakob: „Wenn ich mir die Untersuchungen zu den Herkunftseffekten angucke, geht es mir wie Goethes Faust: ‚Da steh ich nun, ich armer Tor! Und bin so klug als wie zuvor.' Für mich macht es keinen Unterschied, ob die primären Effekte bei der Bildungsentscheidung einen Anteil von 39 oder 41 oder 60 % haben, da die genauso wie die sekundären Effekte von der Herkunftsfamilie und ihren sozialen Bedingungen bestimmt werden. Am Ende kommt dasselbe raus!"

Anna: „Ja, stimmt. Irgendwie ist die Argumentation nicht ganz rund. Einerseits wird das ökonomische, soziale und kulturelle Kapital der Familie als besonders wichtig für die sprachliche und kognitive Entfaltung der Kinder und für die Schulleistungen betrachtet. Und das wird für gut befunden, da es die primären Effekte bewirkt. Andererseits aber wird derselben Familie negativ angekreidet, wenn sie in Anbetracht ihrer Ressourcen und ihres Bildungskapitals eine Bildungsentscheidung treffen."

Jakob: „Genau das nervt. Vor allem bieten diese beschreibenden Statistiken keine Erklärung dafür, wie die soziale Herkunft die Schulleistungen bewirkt. Irgendwie fehlt mir da der Bezug zur pädagogischen Wirklichkeit."

Anna: „So sehe ich das nicht ganz. Für mich ist es schon irgendwie bedeutsam, ob die Eltern alleine darüber entscheiden, auf welche weiterführende Schule ihr Kind geht oder ob darüber die Grundschullehrerin mit ihrer Empfehlung entscheidet. Ich könnte mir vorstellen, dass die Lehrerin etwas unvoreingenommener an die Sache rangeht und auch dann eine Empfehlung für das Gymnasium ausspricht, wenn die Eltern vielleicht anderes entscheiden würden."

Jakob: „Das würde aber voraussetzen, dass sie eine ausgesprochen gute diagnostische Kompetenz in der Beurteilung der Kinder hat. Genau das aber wird doch oft von den Bildungsforschern bestritten."

Anna: „Was sie aber nicht hindert, Schulnoten und Grundschulempfehlungen als Kriterium für primäre Herkunftseffekte zu verwenden."

Der Übergang von der Grundschule auf eine weiterführende Schule ist eine besonders bedeutsame Weichenstellung im Lebenslauf, aber weitere folgen. Laut Bourdieu findet die soziale Diskriminierung von Schülern auch nach dem Übergang auf eine weiterführende Schule eine Fortsetzung, da sich das Schulsystem insgesamt an den Normen der Mittelschicht orientiere. Diese These ist zwar in der Bildungssoziologie ziemlich populär, findet aber laut Maaz et al. (2008) in empirischen Studien keine Bestätigung.

Vielmehr zeigten verschiedene Längsschnittuntersuchungen (z. B. Alexander et al. 2001), dass die Schule dazu beiträgt, soziale Disparitäten zu mindern. Merkmale der sozialen Herkunft üben praktisch keinen Einfluss auf die Leistungsentwicklung von Schülern in der Sekundarschule aus. Dennoch schlagen dann bei der Entscheidung, nach dem Abitur ein Studium aufzunehmen oder eine berufliche Ausbildung zu wählen, wieder Effekte der sozialen Herkunft durch. Denn selbst bei vergleichbaren schulischen Leistungen weisen Kinder aus Familien mit hoher formaler Bildung eine deutlich stärkere Studienintention auf als Kinder aus schulbildungsfernen Milieus (vgl. Heine und Quast 2009; Maaz et al. 2013), und sie nehmen auch dann eher ein Studium auf, wenn sie niedrige Erfolgserwartungen haben (vgl. R. Becker 2010).

▪ Soziale Herkunftseffekte beim Übergang zum Hochschulstudium

Wenn es darum geht zu zeigen, dass primäre und sekundäre Effekte der sozialen Herkunft die Entscheidung bestimmen, ob nach Abschluss der Sekundarstufe II eine berufliche Ausbildung oder ein Hochschulstudium aufgenommen wird, werden in der bildungssoziologischen Literatur gerne die „Arbeiterkinder" und deren Zugang zum Studium herangezogen (z. B. Becker und Hecken 2008).

Ausgangspunkt ist die Annahme, dass institutionelle Strukturen und Regelungen des Bildungssystems die Bildungsentscheidungen kanalisieren und Angehörige der unteren sozialen Schicht auf verschiedene Weise von einem Hochschulstudium abhalten. Für sie stellt das System der dualen Berufsausbildung vielfach attraktivere und kostengünstigere Alternativen zum

Hochschulstudium bereit. Vor allem Abiturienten mit einer mittleren Erfolgserwartung sehen nur einen begrenzten zeitlichen Rahmen für die Kompensation von Ausbildungskosten und werden deshalb von einem Studium abgehalten (Müller und Pollak 2007).

Nach der rationalen Entscheidungstheorie wägen Individuen auch vor einem Übergang ins Studium unter Bezugnahme auf das persönliche Anspruchsniveau die Kosten und den Nutzen von Alternativen gegeneinander ab. Bildungssoziologisch stellt sich die Frage nach den Effekten der sozialen Herkunft auf die Entscheidung, ein Hochschulstudium zu wagen oder einen Beruf zu lernen. Es geht darum festzustellen, inwieweit die Entscheidung auf kumulative Leistungseffekte der vorgängigen Schullaufbahn (primäre Effekte) oder auf bildungs- und schichtabhängige Bildungsaspirationen (sekundäre Effekte) zurückzuführen ist.

Empirische Untersuchungen, die auf eine Quantifizierung des relativen Anteils primärer und sekundärer Effekte bei diesem Übergang zielen, liegen in vergleichsweise geringer Zahl vor. In der auf Italien bezogenen Studie von Contini et al. (2008) wird der Anteil primärer Effekte beim Übergang von der Sekundarstufe II zum Studium mit 23 % für Schüler und etwa 29 % für Schülerinnen angegeben. In einer auf Daten des Hochschulinformationssystems (HIS) aus vier Panelstudien zwischen 1983 und 1999 gestützten Analyse gelangen Schindler und Reimer (2010) zu der Feststellung, dass sekundäre Effekte die Hauptursachen für soziale Ungleichheiten beim Hochschulzugang bewirken, und zwar mit einem relativen Anteil von mehr als 80 %. Damit läge in Deutschland der Anteil primärer Effekte noch unter dem von Contini et al. für Italien festgestellten Anteil. Da Combet (2013) für die Schweiz ebenfalls einen primären Herkunftseffekt von 20 % angibt, kann man mit einer gewissen Berechtigung davon ausgehen, dass die Entscheidung, nach Erlangung der Hochschulreife ein Studium zu beginnen, zum größten Teil von sekundären Herkunftseffekten beeinflusst wird.

Die Entscheidung einer studienberechtigten Person für eine nichtakademische Berufsausbildung oder für ein Hochschulstudium hängt damit von mehreren Faktoren ab: vom institutionellen Bildungsangebot, von der Nachfrage des Arbeitsmarktes nach Akademikern, den persönlichen Präferenzen, der eigenen Leistungsfähigkeit und den vorhandenen Möglichkeiten, ein Studium zu finanzieren (Hillmert und Jacob 2003b). Da diese Faktoren in ihrer Aggregation wesentlich von der sozialen Herkunft bestimmt werden, ziehen sie zum Zeitpunkt der Entscheidung eine grundlegende soziale Ungleichheit beim Hochschulzugang nach sich.

Angehörige des traditionellen Arbeitermilieus dürften in der Regel eine kürzere Zeitspanne für die tertiäre Bildung bevorzugen, weil für sie die sofort anfallenden Kosten schwerer wiegen, aber die späteren Renditen vergleichsweise unsicher erscheinen. Die Entscheidung, ein Hochschulstudium zu beginnen, wird nicht nur von dem Ergebnis der Kosten-Nutzen-Analyse beeinflusst, sondern auch von der Erwartung, das Ziel erreichen zu können: Je besser die Erfolgschancen eingeschätzt werden, desto geringer fallen die Kosten bei der Entscheidung ins Gewicht. Bei dieser Einschätzung der Erfolgschancen dürften sich viele Jugendliche, die in der Entscheidung unsicher sind, an der Beurteilung ihrer Lehrer orientieren (vgl. Birkelbach 2011). Diese Beurteilung muss nicht explizit vorliegen, sie wird im Schulalltag auf vielerlei Weise verbreitet und mit der Zeit zum Bestandteil des Selbstkonzepts der Schülerinnen und Schüler (Dalbert und Stöber 2008), das dann maßgeblich die Erfolgserwartungen in Bezug auf ein Hochschulstudium beeinflusst.

In einer häufig zitierten Studie analysierten Becker und Hecken (2007) die Bildungsentscheidungen von Abiturientinnen und Abiturienten. Grundlage der Analyse waren Umfragedaten, die in den Jahren 2000, 2002 und 2004 an einer repräsentativen Stichprobe allgemeinbildender Gymnasien, beruflicher Gymnasien und Fachoberschulen in Sachsen gewonnen wurden (vgl. Wolter et al. 2004). An den Befragungswellen beteiligten sich jeweils etwa 2000 Schülerinnen bzw. Schüler. Erfasst wurde die Entscheidung, im Anschluss an den Schulabschluss an einer Universität oder an einer Fachhochschule zu studieren oder eine Berufsausbildung zu beginnen. Die Befunde der Analyse stützen die theoretische Modellierung von Bildungsentscheidungen von Esser (1999). Demnach bestimmen *sekundäre Herkunftseffekte* hochgradig den Zugang zu den Hochschulen (▫ Tab. 4.18).

Zwischen Sozialschichten variierende Bildungsentscheidungen tragen zur Erklärung von Genese und Reproduktion von Bildungsungleichheiten beim Übergang zur Berufsausbildung oder zum Hochschulstudium bei. Allerdings sind nicht, wie theoretisch erwartet, Motive des Statuserhalts oder erwartete Bildungserträge ausschlaggebend für die Entscheidung; vielmehr sind neben sozialen Disparitäten des erwarteten Studienerfolgs vor allem subjektive Einschätzungen der mit einem Studium verbundenen Kosten entscheidend. Bei geringen sozialen Disparitäten in der Bildungsmotivation und in der Einschätzung der Erfolgschancen halten in erster Linie die erwarteten Kosten eines Hochschulstudiums eher Personen aus dem Arbeitermilieu und aus einkommensschwachen Familien der Mittelschicht vom Studium ab.

Das wird auch in den Befragungen studienberechtigter Schülerinnen und Schüler ein halbes Jahr vor und nach Schulabgang deutlich, die das Hochschul-Informations-System (HIS) in regelmäßigen Abständen an großen repräsentativen Stichproben durchgeführt hat (z. B. Heine und Quast 2009; Lörz et al. 2012). Ein entscheidender Hindernisgrund für die Aufnahme eines Studiums liegt in der Unsicherheit hinsichtlich der Finanzierung. So bestätigen die HIS-Befragungen auch das bekannte Bild, dass die Studienneigung von Akademikerkindern erheblich höher ist als die der Studienberechtigten ohne akademischen Bildungshintergrund der Eltern. Während für Akademikerkinder die Entscheidung für ein Studium auf kumulativen Effekten der vorherigen Schullaufbahn begründet ist, schlagen bei Kindern von Nichtakademikern die ökonomischen und kulturellen Ressourcen der Herkunftsfamilie durch. Selbst wenn sie überdurchschnittliche Leistungen in der Schule erzielt haben, wagen Kinder aus nichtakademischen Elternhäusern den Schritt an die Hochschule seltener und zeigen eine deutlich größere Affinität zur Aufnahme einer beruflichen Ausbildung.

Dreh- und Angelpunkt für die Entscheidungsfindung sind dabei weniger die Bildungsaspirationen als die finanziellen Möglichkeiten der Herkunftsfamilie (Heine und Quast 2011). Im Unterschied zu den Belastungen eines Studiums bestehen in der Einschätzung der Belastungen durch eine Berufsausbildung

Tab. 4.18 Der Zusammenhang von Bildungsmotivation und Investitionsrisiko mit sozialer Herkunft – logistische Regression: Odds Ratios (Becker und Hecken 2007, S. 112). Vergleiche zu der verwendeten Formel die Ausführungen in ► Abschn. 4.3.3.2.

	Bildungsmotivation	Investitionsrisiko	U + (c · SV) > C/p
Un-/angelernte Arbeiter	1,00	1,00	1,00
Facharbeiter, Vorarbeiter und Meister	1,14	0,73	1,38
Angestellte mit einfacher Tätigkeit	0,77	0,78	1,14
Angestellte mit qualifizierter Tätigkeit	0,79	0,50**	1,55
Angestellte mit hochqualifizierter Tätigkeit	1,02	0,37***	2,10**
Angestellte mit Leitungsaufgaben	0,93	0,38***	1,78**
Beamte im einfachen und mittleren Dienst	0,86	0,82	1,17
Beamte im gehobenen und höheren Dienst	1,24	0,32***	2,86** +
Akademische Berufe und Professionen	1,33	0,15***	3,73***
Selbstständige	0,95	0,38***	1,98**
Pseudo-R2 (McFadden) N	0,004 2621	0,025 2583	0,013 2563

Anm: Mit den Sternchen werden unterschiedliche Signifikanzniveaus der statistischen Prüfung angegeben (vgl. dazu die Ausführungen in ► Abschn. 6.3.2)

keine nennenswerten herkunftsspezifischen Unterschiede (Lörz et al. 2012).

Mit dem Übergang an eine Hochschule ist die Sequenz erforderlicher Entscheidungen nicht abgeschlossen, denn als Folge des Bologna-Prozesses ist nach dem Bachelorstudium eine Entscheidung zu treffen, ob ein Wechsel in ein Masterstudium oder in einen Beruf erfolgt. Während eine Studie von Jungbauer (2011) keine Anhaltspunkte für einen signifikanten Einfluss sozioökonomischer Faktoren auf die Entscheidung zeigte, nach dem Bachelorstudium in einen Masterstudiengang oder einen Beruf zu wechseln, weist eine HIS-Befragung von Heinze (2012) auf einen deutlichen Herkunftseffekt hin: Drei Viertel der Bachelorabsolventen mit einem akademischen Familienhintergrund wechselten in ein Masterstudium (oder planten dies), während der Anteil bei denen, die diese Bildungsherkunft nicht hatten, nur zwei Drittel betrug. Heine führt dies darauf zurück, dass Kinder aus nichtakademischen Familien häufiger ein Fachhochschulstudium absolvieren und dementsprechend früher ins Berufsleben drängen, während für die Kinder aus Akademikerfamilien das Bachelorstudium nur eine Phase des Studiums darstellt.

▪ Der Übergang ins Berufsleben

Hinsichtlich der Effekte der sozialen Herkunft auf die Platzierung im Berufs- und Erwerbssystem nach dem Studium gehen die Meinungen in der Literatur auseinander. Hillmert (2011) geht davon aus, dass ein Einfluss des sozialen Status der Herkunftsfamilie auf die berufliche Position eines Hochschulabsolventen auch noch zu Beginn des Erwerbslebens besteht und sich mit zunehmendem Alter noch vergrößert. Dem steht die Beobachtung gegenüber, dass der Einfluss der sozialen Herkunft bei Hochschulabsolventen schwächer ist als bei Personen mit geringerem Bildungsniveau (Breen und Luijkx 2007), was auf den Signalwert eines Hochschulabschlusses und den Arbeitsmarkt für Hochqualifizierte zurückgeführt wird.

Dieser Problematik gingen Jacob und Klein (2013) in einer Analyse der Daten der HIS-Absolventenbefragungen 1997 und 2001 auf den Grund. Es zeigten sich sowohl beim Einkommen als auch beim Erreichen einer Führungsposition soziale Unterschiede, die sich vollständig auf Prozesse vor dem Studienabschluss zurückführen lassen. Primär verantwortlich für die Unterschiede in beruflichen Positionen sind die Wahl des Studienfachs und der Studienerfolg. Weder die Ressourcen der Eltern noch die Rekrutierungspraxis durch die Arbeitgeber spiegeln sich in den Ergebnissen wider. Abschließend gelangen Jacob und Klein deshalb zu der Schlussfolgerung:

> » Wer hohe Bildungszertifikate in einem prestigeträchtigen Studienfach erwerben kann, eine vorteilhafte Studiensituation erlebt, zum Beispiel mit fachnaher statt fachfremder Nebentätigkeit, zügig und mit guten Noten abschließt, hat bis zum Universitätsabschluss in vielerlei Hinsicht Unterstützungen der Eltern erhalten, um danach auch ohne Elterneinfluss den Weg an die Spitze zu meistern (Jacob und Klein 2013, S. 31).

Die Weichen dafür werden früh gestellt und setzen wohlüberlegte Entscheidungen voraus, die sich auch auf Beurteilungen und Empfehlungen von Lehrpersonen stützen. Schulnoten und Abschlusszeugnisse dienen Arbeitgebern als Kriterium bei der Auswahl von Stellenbewerbern, das Abitur- bzw. Maturazeugnis bescheinigt die Hochschulreife und der Notendurchschnitt wird oft zum Kriterium für die Zulassung zu einem Studienfach.

▪ Sind Schulnoten und Lehrerurteile valide Prädiktoren?

Am prognostischen Wert von Grundschulempfehlungen wird schon seit langem gezweifelt (vgl. Bos et al. 2004; Kramer et al. 2009; Stubbe 2009).

Auf der Basis von Längsschnittdaten eines kompletten Übertrittsjahrgangs von mehr als 81.000 Schülerinnen bzw. Schülern aus Niedersachsen untersuchten Tiedemann und Billmann-Mahecha (2010) den Zusammenhang zwischen Schullaufbahnempfehlungen am Ende der 4. Klasse, den Schullaufbahnentscheidungen der Eltern und dem Schulerfolg in der weiterführenden Schule. Immerhin 15 % der Eltern wählten eine leistungsstärkere Schulform als von der Grundschule empfohlen, und es zeigte sich, dass ihre Kinder beim empfehlungswidrigen Besuch leistungsstärkerer Schulformen mehrheitlich erfolgreich waren. Tiedemann und Billmann-Mahecha gelangen deshalb zu der Schlussfolgerung, dass Grundschulempfehlungen die in den Familien gegebenen Bildungsressourcen auch deutlich unterschätzen können.

Das Bild, das empirische Studien insgesamt zeichnen, ist jedoch uneinheitlich. Nach einer Studie von Schuler (2010) variieren die Korrelationen zwischen Abitur- und Studiennoten ebenso stark wie die Zusammenhänge zwischen Schulnoten und beruflichem Ausbildungserfolg. Ähnlich heterogene Ergebnisse zeigen auch die Metaanalysen, die Baron-Boldt et al. (1988, 1989) zum Zusammenhang sowohl zwischen Schulzeugnissen und beruflichem Ausbildungserfolg als auch zwischen Abiturnoten und Studienerfolg durchgeführt hat. Grundsätzlich gilt die Feststellung:

> Insgesamt birgt […] jede Empfehlung oder Prognose ein nicht unerhebliches und letztlich nicht vermeidbares Fehlerrisiko, das selbst durch die anspruchsvollste Diagnostik nicht aufgehoben werden könnte (Van Ophuysen 2006, S. 76).

In der bereits (in ▶ Abschn. 3.7.1) erwähnten Auswertung des Kölner Gymnasiastenpanels ging Birkelbach (2011) der Frage nach, ob Lehrerurteile hinsichtlich der Leistungsfähigkeit von Gymnasialschülern eine prognostische Validität in Bezug auf die Fortsetzung des Bildungswegs haben oder lediglich eine Selffulfilling Prophecy derart darstellen, dass das erwartete Verhalten einer anderen Person durch eigenes Verhalten herbeigeführt wird. Erfasst wurden zum Zeitpunkt der ersten Erhebung (im Jahr 1969) u. a. die kognitive Leistungsfähigkeit mit dem I-S-T, die schulischen Interessen, Leistungen und Lebenspläne, die soziale Herkunft und die Einstellungen zu Elternhaus und Schule. Die Klassenlehrer wurden gebeten, die Schüler ihrer Klasse zu benennen, die sie „für besonders geeignet halten, ein Studium zu ergreifen“ bzw. die, von denen sie glaubten, „dass sie auf keinen Fall zum Studium geeignet“ seien. Die Lehrerurteile waren nicht unmittelbar mit einer Übergangsempfehlung verknüpft, sondern es handelte sich um eine Prognose hinsichtlich der Eignung der Schüler für ein Studium. Damit wurde sozusagen die Einstellung der Lehrpersonen gegenüber der Leistungsfähigkeit der einzelnen Schüler erhoben.

In zwei Wiederbefragungen der ehemaligen Schüler wurde der berufliche und private Werdegang seit der Primärbefragung festgestellt. Die Ergebnisse der Auswertung zeigen, dass die Mehrheit der Panelteilnehmer, denen der Besuch eines Gymnasiums und ein Studium zugetraut wurden, den mit dem Besuch des Gymnasiums eingeschlagenen Bildungsweg über das Abitur hinausgehend auch tatsächlich weiterverfolgt hatten: Knapp drei Viertel schafften das Abitur und von diesen nahmen wiederum mehr als drei Viertel ein Studium auf, das 85 % erfolgreich abschlossen. Mit 43 Jahren übten die meisten der Kölner Panelteilnehmer einen prestigeträchtigen Beruf aus.

Alles in allem gelangt Birkelbach deshalb zu einem abschließenden Urteil:

> Betrachtet man die kognitive Leistungsfähigkeit von Schülern als ein Kriterium für die Validität von Lehrerurteilen mit prognostischem Anspruch, dann wird deutlich, dass bei einer knappen Mehrheit beides übereinstimmt und das Lehrerurteil durch die kognitive Leistungsfähigkeit validiert wird. Die vergleichsweise große Minderheit, bei der beides auseinanderfällt, aber zeigt zugleich, dass solche Prognosen teilweise auf unsicheren Füßen stehen: Auf der einen Seite werden überdurchschnittlich leistungsfähige Schülerinnen und Schüler von ihren Lehrern unterschätzt und andererseits unterdurchschnittlich leistungsfähige Schülerinnen und Schüler von ihren Lehrern überschätzt. Im weiteren Verlauf aber tritt unabhängig von der kognitiven Leistungsfähigkeit auch für diese Gruppen häufig das ein, was das Lehrerurteil vorhergesagt hat. Eine solche Entwicklung entspricht genau Mertons (1948) Definition einer Self-Fulfilling-Prophecy, nach der eine ursprünglich falsche Definition der Situation das Handeln derart beeinflusst, dass die auf der falschen Situationsanalyse beruhenden Erwartungen tatsächlich eintreffen (Birkelbach 2011, S. 244).

■ **Zusammenfassung und kritische Anmerkungen**

Die bildungssoziologische Diskussion primärer und sekundärer Herkunftseffekte ist von einer ebenso grundsätzlichen wie typischen Verzerrung ihrer Bewertung geprägt: Primäre soziale Disparitäten werden als kumulative Effekte der bisherigen Schullaufbahn für akzeptabel befunden, da sie dem meritokratischen Prinzip entsprechen und das Gerechtigkeitsempfinden weniger verletzen, während die sekundären Effekte negativ beurteilt werden, da sie gegen das Leistungsprinzip verstoßen – so Maaz und Nagy (2010). Problematisch ist, dass in den meisten Studien die Schulnoten als valide und zuverlässige, oder zumindest brauchbare Indikatoren für die Leistungsfähigkeit betrachtet werden, was in Anbetracht der notorischen „Fragwürdigkeit der Notengebung“ (Ingenkamp 1971) mehr als zweifelhaft ist. Abgesehen davon ist auch die Annahme, dass Kinder aus unteren sozialen Schichten infolge der schlechteren materiellen und kulturellen Ressourcen im Elternhaus fast zwangsläufig schlechtere Schulleistungen erzielen, empirisch nicht gesichert. Dass sich in der Beurteilung der Schulleistungen durch Lehrpersonen herkunftsspezifische Effekte niederschlagen, wird durch eine Untersuchung von Kristen (2006) wie auch durch Alltagsbeobachtungen bestätigt. Und auch die Grundschulempfehlungen werden in Abhängigkeit von der Sozialschicht ausgesprochen (vgl. Arnold et al. 2007; Bos et al. 2004), so dass sich die in der Empfehlung enthaltenen sozialen Disparitäten auf den tatsächlichen Übergang auswirken können.

Maaz und Nagy (2010) konstatieren damit zu Recht, dass es sich hierbei um Effekte der sozialen Herkunft handelt, die nicht auf das aktive Entscheidungsverhalten der Eltern zurückzuführen sind und somit streng genommen nicht als sekundäre Effekte bezeichnet werden können. Nach Auffassung dieser Autoren bietet die von Boudon gegebene Unterscheidung zwischen primären und sekundären Herkunftseffekten zwar einen sinnvollen Ausgangspunkt für die Abschätzung sozialer Ungleichheiten, ermöglicht aber keine umfassende und detaillierte Rekonstruktion der Entstehung sozialer Ungleichheit.

Ausgesprochen problematisch wird es, wenn mit den primären Effekten quasi durch die Hintertür die These genetisch bedingter Unterschiedlichkeiten von Begabungs- und Fähigkeitspotentialen eingeschmuggelt und mit der sozialen Schichtung verknüpft wird:

> Elaborating on Boudon, primary effects may be defined as all those, whether of a genetic or socio-cultural kind, that are expressed via the association between children's class backgrounds and their actual levels of academic performance[1] (Jackson et al. 2007, S. 212).

In der Fußnote findet sich die Ergänzung:

> Boudon himself tends to concentrate on cultural factors, although it seems clear that he would include the effects of genetic factors also insofar as these are operative, plus of course interaction effects (S. 225).

Obwohl Boudon genetischen Fakoren nachweislich keine Bedeutung beigemessen hatte, was auch Jackson et al. zugeben, haben sie Eingang in die bildungssoziologische Argumentation gefunden, wie folgende Textstelle zeigt:

> Primäre Effekte ergeben sich, weil Kinder aus niedrigeren Sozialschichten infolge geringerer Anregungen, niedrigerer kultureller und materieller Ausstattung im Elternhaus und möglicherweise auch *aufgrund genetischer Voraussetzungen* schlechtere schulische Leistungen erzielen (Neugebauer 2010, S. 202 f.).

Empirisch geprüft wurde dies bislang kein einziges Mal! Selbst wenn es jemals gelingen würde, Unterschiede in schulischen Leitungen auf genetische Bedingungen zurückzuführen, wäre damit längst nicht geklärt, wie genetisch bedingte Begabungs- und Fähigkeitspotentiale exakt und unbestreitbar auf die soziale Schicht zurückzuführen und welche Bedingungen dafür verantwortlich sind.

Ein letzter Punkt: Verschiedene Autoren (z. B. Contini et al. 2008; Jackson et al. 2007) beschreiben sehr detailliert die mathematischen Grundlagen der Zerlegung in primäre und sekundäre Effekte. Abgesehen davon, dass eine deutliche Diskrepanz zwischen dem hohen methodologischen Anspruch und den oft simplen Versuchsdurchführungen erkennbar wird, löst die formal-mathematische Zerlegung von Effekten nicht das theoretische Kernproblem, wonach die primären und sekundären Effekte der sozialen Herkunft nicht unabhängig voneinander operieren. Denn es ist ja stets ein und dieselbe Herkunftsfamilie mit ihren spezifischen Kapitalsorten, die beide Effekte verursacht. So werden für das Zustandekommen primärer Effekte Unterschiede im kognitiven und motivationalen Anregungsgehalt, in der Sprachförderung sowie in der kulturellen und materiellen Ausstattung des Elternhauses als Ursache benannt (Neugebauer 2010). Sie wiederum beeinflussen aber als vorgelagerte soziale Bedingungen die schulischen Leistungen der Kinder ebenso wie das Entscheidungsverhalten der Eltern beim Übergang in eine weiterführende Schule. Das Bemühen, die beiden Effektsorten in ihren jeweiligen Anteilen quantitativ zu bestimmen, ist daher eher von theoretischem Interesse als von einem praktischen Nutzen, denn stets wirken beide Effekte gemeinsam auf die Bildungsentscheidungen ein. Becker (2007) bezeichnet soziale Ungleichheiten von Bildungschancen daher zu Recht als „ein unbeabsichtigtes Ergebnis des Zusammenwirkens primärer und sekundärer Herkunftseffekte" (S. 171). ▪ Abb. 4.38 fasst die theoretische Diskussion und den Forschungsstand zusammen.

Die in diesem Kapitel beschriebenen Modelle gehen davon aus, dass Bildungsentscheidungen rational und unter Abwägung von Kosten und Nutzen durchgeführt werden. Die Gegenposition, die sich mit Entscheidungsprozessen im Alltag befasst, geht davon aus, dass Entscheidungen unter Ungewissheit nicht auf der Grundlage rationaler Abwägungsprozesse getroffen werden, sondern pragmatisch und intuitiv (Marshall und Seel 2012). Das führt uns zu der Frage: Werden Bildungsentscheidungen überhaupt rational getroffen?

4.3.3.4 Bildungsentscheidungen zwischen Rationalität und Pragmatik

Das *Modell der rationalen Wahlentscheidungen* von Boudon (1974) geht ebenso wie die darauf aufbauenden Modellvarianten davon aus, dass Bildungsentscheidungen auf der Grundlage einer Einschätzung und Bewertung der eigenen Leistungen sowie einer Kalkulation der Erfolgswahrscheinlichkeit und des zu tragenden Risikos vorgenommen werden und je nach sozialer Herkunft unterschiedlich ausfallen. Die Rationalität der Bildungsentscheidung resultiert aus der „Beachtung von Möglichkeiten und Zwängen der Entscheidungs- und Handlungsmöglichkeiten, die wiederum mit der sozialen Position der Familie und ihren Ressourcen gegeben sind" (Becker 2007, S. 165).

Nach dieser theoretischen Auffassung gründen Bildungsentscheidungen auf komplexen Informationsverarbeitungs- und Abwägungsprozessen. Das heißt aber nicht, dass der Handlungsträger eine Entscheidung auch bewusst als rationale Wahl vornimmt, da ein bewusst kalkulierendes Handeln eher einen Sonderfall darstellt (Bittlingmayer 2006), denn die „einträglichsten Strategien sind meist die, welche außerhalb jeder Berechnung […] erzeugt werden" (Bourdieu 1987, S. 116). Mit anderen Worten: Entscheidungen in realen Handlungssituationen kommen selten unter Anwendung analytischer Methoden zustande, vielmehr gelangen pragmatische und intuitive Prozeduren zur Anwendung (Lipshitz 1993; Lipshitz und Strauss 1997), denn Entscheidungen wie die Wahl eines Bildungsgangs oder Berufs sind komplex, da mehrere Alternativen im Hinblick auf unterschiedliche Ziele und Erfolgsaussichten beurteilt werden müssen. Hinzu kommt, dass die Konsequenzen einer Entscheidung schwer abschätzbar sind und Ereignisse hineinspielen, die vom Entscheidungsträger nicht beeinflusst werden können. Entscheidungsmodelle, die ein vollständig rationales Vorgehen postulieren, sind daher nicht gut geeignet, den individuellen Entscheidungsprozess deskriptiv abzubilden. Dimbath (2008) spricht daher von *Entscheidungen „im Schatten des Rationalitätsimperativs"*.

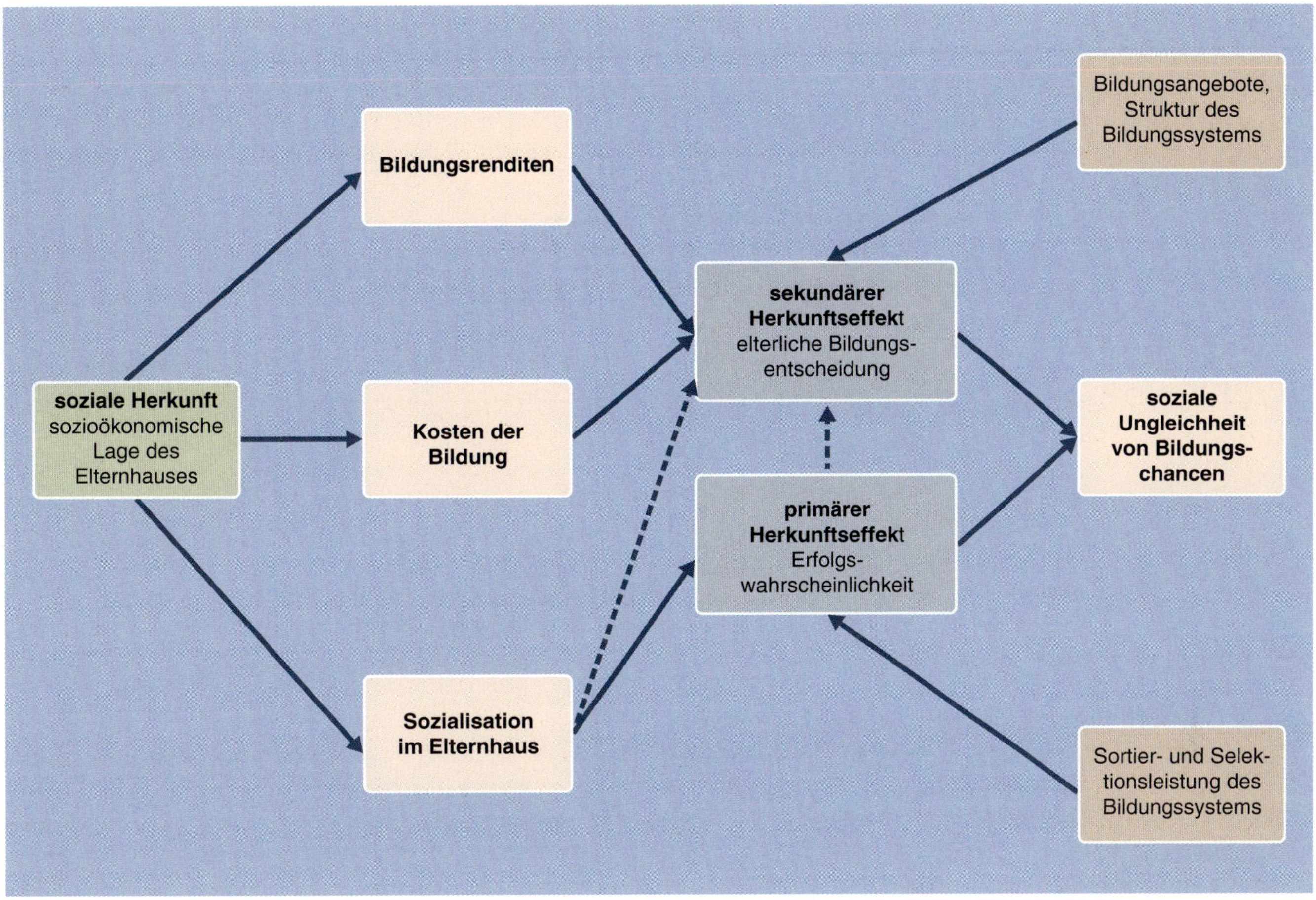

Abb. 4.38 Mögliche Ursachen der sozialen Ungleichheit von Bildungschancen (vgl. B. Becker 2010)

Der kritische Leser mag einwenden, dass die im vorherigen Abschnitt beschriebenen Untersuchungen doch die Validität der rationalen Entscheidungsmodelle bei Bildungsübergängen belegen. Dem ist entgegenzuhalten, dass in diesen Studien nicht die tatsächlich ablaufenden Entscheidungsprozesse von Handlungsträgern untersucht wurden, sondern dass auf der Basis von Zweitanalysen vorliegender Daten ein Zusammenhang zwischen der sozialen Herkunft und Wahrscheinlichkeiten eines Übergangs im Bildungssystem rekonstruiert wurden. Hierfür wurden subjektive Entscheidungen als Ursachen angenommen und als endogene Variable in Regressionsanalysen einbezogen.

Die Studie von Maaz und Nagy (2010) kann als Beispiel für die Methodik dieser Forschung herangezogen werden. Theoretisch baut sie auf Boudons Unterscheidung der sozialen Herkunftseffekte auf. Ausgewertet wurden Daten von 4768 Eltern und ihren Kindern, die im Verlauf des 4. Schuljahres dreimal vor der Grundschulempfehlung befragt wurden. Die *soziale Herkunft* wurde auf der Grundlage des Internationalen Sozioökonomischen Index des beruflichen Satus (ISEI), also der beruflichen Stellung der Eltern, erfasst. Die individuelle *Leistungsfähigkeit* der Schülerinnen und Schüler wurde durch Tests in Mathematik, Deutsch und Naturwissenschaften festgestellt. Zusätzlich wurden die *Noten* in Mathematik, Deutsch und Sachkunde erfasst. Des Weiteren wurde die Grundschulempfehlung in die Analyse einbezogen. Auf welche Schulform der Sekundarstufe der Übergang von der Grundschule erfolgen sollte, zielte *eine* Frage im Elternfragebogen mit dem Wortlaut: „Welche Schulform wird Ihr Kind im nächsten Schuljahr besuchen?" Ersatzweise, d. h. wenn die Eltern keine Antwort auf die Frage gaben, wurden die Kinder gefragt: „Auf welche Schulform wirst du nach den Sommerferien gehen?" Weitere Daten wurden nicht erhoben und auch andere als die genannten Variablen wurden nicht kontrolliert. In Abb. 4.39 ist das Ergebnis der Studie als Pfaddiagramm wiedergegeben.

Die Übergangsempfehlung der abgebenden Grundschule und der Übergang zur weiterführenden Schule (Gymnasium) wird hier mit hoher Präzision vorhergesagt. Mit Ausnahme der Regression des Übergangs zum Gymnasium auf die Note in Sachkunde sind alle Effekte statistisch signifikant, was allerdings der Stichprobengröße zu verdanken ist, denn insgesamt fallen die Effekte der Prädiktoren nicht besonders stark aus. Da Maaz und Nagy keine Effektstärken berechnet haben, kann keine Aussage über die praktische Signifikanz der Resultate getroffen werden.

Wir haben die Studie von Maaz und Nagy als Beispiel gewählt, weil diese trotz der Schlichtheit der Versuchsanordnung (vgl. auch Abb. 4.32) untersuchungsmethodisch zu den vergleichsweise anspruchsvolleren zählt. Wie die Eltern zu ihrer Entscheidung gelangt sind und ob sie zuvor tatsächlich eine Kosten-Nutzen-Analyse durchgeführt haben, kann aus dieser wie auch anderen Studien nicht hergeleitet werden. Man sollte daher nicht den Fehler begehen, die angegebenen Wahrscheinlichkei-

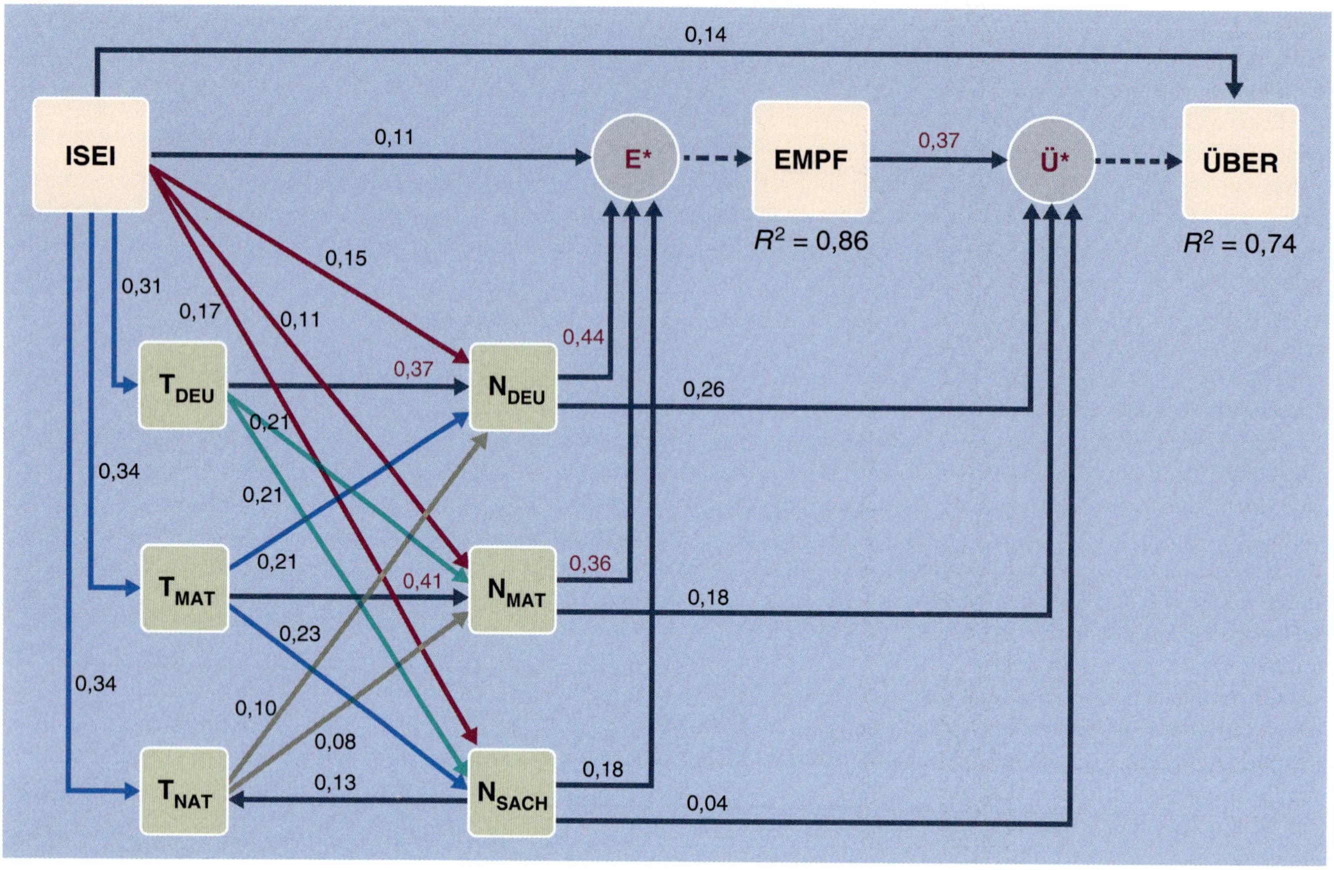

Abb. 4.39 Pfaddiagramm der Studie von Maaz und Nagy (2010, S. 169)

ten des Übergangs im Bildungssystem als das Resultat rationaler Strategien des Entscheidens zu interpretieren. Dies würde zu der retrospektiven Illusion führen, dass die vom Habitus getragene Entscheidung einer Person als das

> Ergebnis einer bewussten und kalkulierten […] Strategie aufgefasst wird und nicht als eine […] Strategie, die ihren Erfolg vielfach nur ihrer Unbewusstheit […] verdankt (Bourdieu 2011, S. 25).

„Logiken" des Entscheidens

Bildungsentscheidungen sind komplexe Lebensentscheidungen und sogenannte *Big Decisions* (Burkart 1995), die eine ganze Kette von Teilentscheidungen umfassen. Hinzu kommt, dass das Abwägen und Realisieren von Entscheidungen permanent durch neu hinzutretende Erfahrungen irritiert wird. Um die Komplexität des Entscheidungsproblems zu reduzieren, werden oft einfache Entscheidungsregeln angewandt, die keine aufwendigen Kosten-Nutzen-Analysen auf rationaler Basis intendieren. Luhmann (1988) weist darauf hin, dass ein Handlungsträger gewöhnlich die Entscheidung trifft, die er im Augenblick eines subjektiven Entscheidungsdrucks intuitiv präferiert. Ein langwieriges und bedächtiges Abwägen unterschiedlicher Alternativen betrachtet Luhmann als einen Sonderfall, und selbst die Gründe, die zu einer Entscheidung führen, entziehen sich nach seiner Auffassung der einsichtnehmenden Reflexion. Dementsprechend stellt sich die Frage, ob bei Übergängen im Bildungssystem nicht einfach „aus dem Bauch heraus" entschieden wird (Kuhl 1987).

Generell stehen sich in Bezug auf Alltagsentscheidungen zwei theoretische Positionen gegenüber: Auf der einen Seite wird die *Rationalität* der Entscheidungsbildung betont, auf der anderen wird die *Intuition* hervorgehoben. Als dritte Variante kann die *unselbstständige Entscheidung* genannt werden (vgl. Harren 1979), wobei die Verantwortung für eine Entscheidung auf andere übertragen wird. Dies dürfte bei Bildungsentscheidungen wegen ihrer Wichtigkeit aber eher die Ausnahme sein, obwohl man vermuten könnte, dass Eltern vielleicht ganz froh sind, wenn die Grundschule eine Empfehlung für eine weiterführende Schule ausspricht und ihnen so die Entscheidung abgenommen wird.

Einer solchen Vermutung steht jedoch das Ergebnis einer Untersuchung von Clausen (2006) gegenüber, wonach von 1400 befragten Eltern 90 % angaben, die Entscheidung für die weiterführende Schule unabhängig von der Grundschulempfehlung mit den Kindern gemeinsam getroffen zu haben. 6 % der Eltern trafen die Entscheidung alleine und nur 4 % hatten die Entscheidung den Kindern überlassen. Unselbstständige Entscheidungen sind auch nicht bei der Berufswahl Jugendlicher zu beobachten, dafür aber eine Neigung zu intuitiven Entscheidungen, wie Dimbath (2008) zu berichten weiß.

Zweifelsohne gibt es Menschen, die einen rationalen Entscheidungsstil anwenden, wenn es um wichtige Entscheidungen geht. Dabei wird auf frühere Erfahrungen zurückgegriffen, und es wird zu antizipieren versucht, welche Konsequenzen eine Entscheidung mit sich bringt. Es wird nach Information über sich selbst und die Umwelt gesucht, diese wird dann systematisch verarbeitet, um zu einer effizienten Entscheidung zu gelangen. Wir wissen nicht, wie groß der Anteil der Eltern und Jugendlichen ist, die diesen rationalen Entscheidungsstil an wichtigen Übergängen im Bildungssystem anwenden.

Ebenso wenig kennen wir den Anteil derer, die auf der Basis von Intuition und einer emotionalen Gewichtung von Alternativen zu Bildungsentscheidungen gelangen. In Übereinstimmung mit Jung (1993) gehen wir davon aus, dass Intuition als eine psychologische Grundfunktion immer dann zum Einsatz gelangt, wenn der Entscheidungsdruck wächst, der Entscheidungsträger in Zeitnot gerät und keinen Spielraum für ein analytisches Durchkalkulieren von Alternativen hat. Die Intuition wird aber auch zur Grundlage von Entscheidungen, wenn der Entscheidungsträger nicht über die Informationen verfügt, die für eine kritische Abwägung von Entscheidungsalternativen und ihre langfristigen Konsequenzen erforderlich sind. Dann stützen sich Eltern und Heranwachsende bei Bildungsentscheidungen womöglich auf ihre Intuition und vertrauen auf die Regularien des Bildungssystems, das den Spielraum der Entscheidungen durch institutionelle Rahmenbedingungen (Schulnoten, Empfehlungen der Lehrpersonen und Beschränkungen des Zugangs zu Bildungsgängen) einschränkt.

Ob rational oder intuitiv-pragmatisch entschieden wird, ist im Grunde unerheblich, wenn die Lenkungsmechanismen des Bildungssystems die Entscheidungen der Akteure auf wenige Alternativen einengen und die inkorporierten Schemata des Habitus das Handeln lenken und bestimmen. Ob die Wahl einer weiterführenden Schule oder eines Studiums „eher rational kalkulierend oder eher ohne spezifische Kalkulation erfolgt, lässt sich deshalb oft gar nicht unterscheiden, weil beide Logiken des Handelns zu übereinstimmenden Ergebnissen führen" (Lange-Vester und Teiwes-Kügler 2006, S. 60) und vom Habitus der Entscheidungsträger getragen werden. Über das Argument hinausgehend, dass Entscheidungen im Alltag eher intuitiv und nach pragmatischen Gesichtspunkten getroffen werden, ist in der Bildungssoziologie die Annahme verbreitet, dass Bildungsentscheidungen als Habitushandlungen zu begreifen sind (vgl. Grundmann 2006; Lange-Vester und Teiwes-Kügler 2006).

■ Bildungsentscheidungen als Habitushandlungen

Insofern ein Individuum die objektiven Gegebenheiten der soziokulturellen Umwelt wie auch die Möglichkeiten, in ihr effektiv zu handeln, verinnerlicht hat, wird der Habitus zur Grundlage einer dem Individuum eigenen, von der Herkunft diktierten Rationalität. Nach Bourdieu werden über den Habitus „die unwahrscheinlichsten Praktiken […] durch eine Sofortunterwerfung unter die Ordnung, die aus der Not gern eine Tugend macht, also Abgelehntes verwirft und Unvermeidliches will, als *undenkbare* ausgeschieden" (Bourdieu 1987, S. 100), bevor überhaupt eine bewusst-kalkulierende Abwägung von Alternativen stattfinden kann. Das Individuum wählt unter den objektiv gegebenen Entscheidungs- und Handlungsalternativen jene aus, die am ehesten seinem Habitus wie auch den gesellschaftlichen Randbedingungen (*constraints*) gerecht werden. Der vom Habitus geprägte praktische Sinn wandelt subjektive Erwartungen in gesellschaftliche Notwendigkeiten um und bewertet die Perspektiven, Chancen und Wahrscheinlichkeiten erfolgreichen Handelns innerhalb der institutionellen Zwänge der Gesellschaft. Vermeintlich rationale Entscheidungen fallen dann mit den funktional inkorporierten Schemata des Habitus zusammen (vgl. Lange-Vester und Teiwes-Kügler 2006), welche Entscheidungsstrategien aktivieren, die sich in der Vergangenheit bewährt haben (vgl. auch Marshall und Seel 2012).

Der Entscheidungsträger operiert so auf der Grundlage einer *impliziten Rationalität*, die aus dem Habitus der Herkunftsfamilie und deren sozialen Position in der Gesellschaft erwächst und sich den gesellschaftlichen Umständen anpasst. Laut Brake und Büchner (2009) variiert die implizite Rationalität gemäß den milieuspezifischen Alltagspraktiken, dem Zusammenwirken mit dem Handlungsfeld Schule, der unterschiedlichen Schulnähe und der Wertschätzung der Schule sowie der von der Schule erfahrenen Wertschätzung. Die These einer vom Habitus bestimmten impliziten Rationalität lässt vermeintlich irrationale Bildungsentscheidungen wie die Wahl der Realschule statt des Gymnasiums oder den Abbruch eines Studiums in einem anderen Licht erscheinen: Vor dem Hintergrund der jeweiligen herkunftsspezifischen Rationalität sind sie nicht als irrational im engeren Sinne zu begreifen, sondern als funktional in dem jeweils gegebenen sozialen Kontext. Sie sind Ausdruck einer unterschiedlichen Anschlussfähigkeit an die Anforderungen des institutionalisierten Bildungswesens (Hillmert 2007). Einerseits schränkt die Festlegung von Bildungsentscheidungen durch den Habitus die Wahlmöglichkeiten ein – der Habitus wird gleichsam zum Gefängnis der Entscheidungen. Andererseits kann die Bezugnahme auf den Habitus auch als Selbstschutz betrachtet werden, der die Wahl einer riskanten Bildungslaufbahn verhindert und so das Risiko des Scheiterns und Statusverlusts vermindert (Grundmann et al. 2003).

Es liegt nahe anzunehmen, dass z. B. Angehörige eines prekären Milieus, die über ein geringes finanzielles und soziokulturelles Kapital verfügen, sich stärker an den ökonomischen Bedürfnissen des Augenblicks orientieren müssen und daher bei ihren Bildungsentscheidungen eher Erwartungen mit einer geringeren Reichweite haben. Auch der Zeitraum, auf den sich die Lebensplanung bezieht, wird infolge ökonomischer Zwänge stark eingeschränkt. All dies ist nicht so sehr das Ergebnis bewusster Verarbeitungs- und Entscheidungsprozesse als vielmehr der habituellen Anpassung an die Bedingungen und Erfordernisse der Lebenswelt des Milieus. Langfristige und womöglich riskante Bildungsgänge können sich nur diejenigen leisten, die über ausreichende ökonomische Grundlagen und soziokulturelles Kapital verfügen, während sich Angehörige des prekären und hedonistischen Milieus wegen der unberechenbaren Lebensverhältnisse den „Luxus" einer planmäßigen Lebensplanung nicht leisten können und wollen (Vester 2004). Ihre Bildungsentscheidungen sind nach Bourdieu einem *Habitus der Not* unterworfen und weichen unter Umständen deutlich von den Bildungsstandards ab, wie sie von der Mittelschicht definiert und gefordert werden. Eine auf Nutzenmaximierung und eine rationale Abwägung von Bildungslaufbahnen gerichtete Entscheidungsbildung ist demnach den sozialen Schichten vorbehalten, die über ausreichende Ressourcen der verschiedenen Kapitalsorten verfügen.

Das Konzept der Bildungsentscheidungen als Habitushandlungen entspricht nicht nur dem schematheoretischen Ansatz der Entscheidungsbildung (Lipshitz und Ben Shaul 1997; Marshall und Seel 2012), sondern auch dem Konzept der *ökologischen Rationalität* (Todd und Gigerenzer 2001). Dieses Konzept besagt, dass Handlungsoptionen entsprechend ihrer Anpassungsfähigkeit an zeitliche Grenzen, an das abrufbare bereichsspezifische Wissen und der Fähigkeit schlussfolgernden Denkens bewertet werden und zu unterschiedlichen Entscheidungen führen. Adaptive Handlungsweisen, um z. B. die soziale Reproduktion zu fördern, können in dem Maße als rational betrachtet werden, wie die Informationsprozesse einer Person ihr Handeln unterstützen. Bei Alltagsentscheidungen, die im Zentrum des Forschungsinteresses von Todd und Gigerenzer stehen, ist es unerheblich, ob die Handlungen mit den normativen Regeln der Umgebung übereinstimmen oder nicht. Das ist bei Bildungsentscheidungen ganz anders, da hier eine Passung mit den sozialen Normen der Entscheidungen von zentraler Bedeutung ist. Ein weiterer Unterschied besteht darin, dass Alltagsentscheidungen rasch und einfach (*fast and frugal*) getroffen werden (Todd und Gigerenzer 2001), während Bildungsentscheidungen sich Schritt für Schritt in einem Lern- und Entwicklungsprozess entfalten. Das gilt grundsätzlich auch dann, wenn Bildungsentscheidungen das Ergebnis von Habitushandlungen sind, denn der vom Habitus nahe gelegte Sinn für das Praktische betrifft nicht den Prozess der Entscheidungsbildung, sondern das Ergebnis, das in einer Passung an die Bedingungen der gesellschaftlichen Ordnung besteht. Dem kann ein mehr oder weniger lange dauernder Prozess des Abwägens von Entscheidungs- und Handlungsalternativen vorausgehen, auch wenn im Ergebnis letztlich die Entscheidung getroffen wird, die dem Habitus entspricht und in der sozialen Reproduktion mündet.

Jakob: „Kennst du den, Anna? Ein Professor und Experte im Feld der Entscheidungstheorien, überlegte hin und her, ob er den Ruf einer anderen Universität annehmen sollte oder nicht. Da nahm ihn ein Kollege beiseite und empfahl: ‚Maximiere doch einfach deinen erwarteten Nutzen – du schreibst doch ständig darüber.' Darauf entgegnete der Professor entnervt: ‚Hör mir bloß auf damit – das ist jetzt ernst!'"[22]

Anna: „Ja, so ist das mit der Theorie und der Praxis (lacht)."

▪ Bildungsentscheidungen als Prozess

Im Unterschied zu den mittlerweile zahlreichen Studien, die sich mit der Feststellung objektiver Wahrscheinlichkeiten von Übergängen im Bildungssystem befassen, liegen kaum Untersuchungen dazu vor, *wie* Handlungsträger (Eltern und ihre Kinder) Bildungsentscheidungen treffen und aufgrund welcher Kriterien. Eine Entscheidung umfasst ja nicht alleine den Moment des Entschlusses, sondern auch das Entwerfen einer Handlung, deren Konsequenzen vorweggenommen und gedanklich durchgespielt werden. Das wiederum entspricht dem theoretischen Konzept der mentalen Modelle (Seel 1991) und dem daraus hergeleiteten Ansatz modellbegründeter Entscheidungsbildung (Seel 2014). Dieser Ansatz besagt, dass eine Person ihre Handlungsentwürfe auf der Basis eines Erfahrungshintergrundes anfertigt, den sie nur lückenhaft überblickt. Handlungsleitend wird das Wissen einer Person, das in verschiedene Handlungsentwürfe einfließt, die im Kopf durchgespielt werden, um mögliche Folgen einer Entscheidung zu antizipieren. Dabei gilt eine einfache Faustregel: Was ein Entscheidungsträger nicht weiß, kann er auch nicht mental simulieren. Von den gedanklich angefertigten Entscheidungsentwürfen wird deshalb der ausgewählt, der am meisten mit dem Wissen (und dem Habitus) einer Person übereinstimmt und in der gegebenen sozialen Umgebung am ehesten Erfolg verspricht. Dabei fließen zwei unterschiedliche Motivsorten in die Entscheidungen ein: sogenannte Weil-Motive und Zweck-Motive (Dimbath 2008).

Das Motiv des Statuserhalts ist z. B. ein *Weil-Motiv*, das auf den bisherigen Erfahrungen des Handlungsträgers aufbaut. Darüber hinaus werden auch zukunftsorientierte *Zweck-Motive* wirksam, die sich auf Ziele des Handelns richten. Beide Motivgruppen gehen über das autobiografisch Beschreibbare insofern hinaus, als sie dem Entscheidungsträger oft nur begrenzt bewusst werden. Aber sie fließen in modellbegründete Bildungsentscheidungen ein, wie mit Beispielen der empirischen Untersuchung des Entscheidungsverhaltens von Eltern und Jugendlichen illustriert werden kann (z. B. Clausen 2006; Dimbath 2003; Ditton und Krüsken 2006; Lörz und Quast 2011). Auf den Effekt von *Zweck-Motiven* weist z. B. der empirische Befund hin, dass die Arbeitsmarktaussichten und Berufschancen ein herausragendes Kriterium bei der Studien- und Berufswahl sind (vgl. Heine und Quast 2009; Hentrich 2011).

Bei Bildungsentscheidungen ist grundsätzlich zu unterscheiden, ob sie sich auf die *Wahl zwischen* verschiedenen *Bildungsgängen* oder auf die *Wahl* zwischen Alternativen *innerhalb eines Bildungsgangs* beziehen. Dass Unterschiede zwischen einzelnen Schulen innerhalb eines Bildungsgangs für Eltern von großer Bedeutung sind, die eine bestmögliche schulische Ausbildung ihrer Kinder wünschen, ist naheliegend.

Obwohl sich relativ viele Studien mit den Gründen für die Wahl zwischen Bildungsgängen befasst haben, sind die *Entscheidungsprozesse*, die zur Wahl eines bestimmten Bildungsgangs geführt haben, bislang weitgehend unerforscht geblieben. Es wird in der Regel im Nachhinein durch Befragungen der Entscheidungsträger zu ergründen versucht, welche Motive und Erwartungen zu der Entscheidung geführt haben. Der Prozess der Entscheidungsfindung selbst wird dabei aber nicht erschlossen, er liegt im Dunkeln. Das hat wesentlich damit zu tun, dass die meisten Untersuchungen zur Wahl zwischen Bildungsgängen auf dem Modell rationaler Entscheidungen operieren, das den Prozesscharakter des Zustandekommens von Bildungsentscheidungen nicht abbildet, sondern lediglich die Situation zum Zeitpunkt der Entscheidung.

Eine der wenigen Untersuchungen zur Entscheidungsfindung von Eltern beim Übergang von der Grundschule zu einer weiterführenden Schule wurde von Ditton und Krüsken (2006) an einer Stichprobe von 582 Kindern bzw. deren Eltern durchgeführt, wobei auch den Veränderungen der elterlichen Bildungsaspirationen von der 3. bis zur 4. Klasse nachgegangen wurde. Abgesehen davon, dass mehrheitlich eine Anpassung der elterlichen Aspirationen an das Lehrerurteil in der Schullaufbahnempfehlung zu beobachten war, legten die Eltern bei ihrer Entscheidung neben der abschätzbaren Erfolgswahrscheinlichkeit des Kindes auf der weiterführenden Schule auch deren Attraktivität zugrunde. Die wichtigsten Aspekte bei der Schulformwahl sind aus Elternsicht die beruflichen Chancen, die der Schulbesuch eröffnet, gefolgt

22 Nach Gigerenzer und Gaissmaier (2006).

Tab. 4.19 Inhaltliche Kategorien der Schulwahlentscheidung in der Studie von Clausen (2006)

Oberkategorie	Unterkategorie
I Konkrete Schulqualität	☐ Schulleitung ☐ Lehrkörper ☐ Leistungsanforderungen ☐ Disziplinanforderungen ☐ Klima ☐ Außenbeziehung Schule Eltern
II Schulprofil	☐ Pädagogisches Konzept ☐ Fächerangebot (Wahlpflichtfachangebot unspezifisch, humanistisches Gymnasium, Informatik, Naturwissenschaften, Kunst, Musik, Sport, Sprachen) ☐ Zusatzangebote (Hausaufgabenbetreuung, Mittagstisch, AGs, Sonderförderung) ☐ Wertevermittlung (soziale Werte, christliche Werte) ☐ Passung Kind Schule (Passung unspezifisch, psychosoziale Passung, leistungsmäßige Passung)
III Schulische Rahmenbedingungen	☐ Umfeld (Schullage, soziales Umfeld) ☐ Schulform (Realschule, Gymnasium, Gesamtschule) ☐ Organisation (staatliche Schule, Privatschule, Ganztagsschule, Halbtagsschule, Mädchenschule, G8-Gymnasium) ☐ Physikalische Eigenschaften der Schule (Schulgröße, Klassengröße, materielle und ästhetische Ausstattung)
IV Schulqualität aus Außensicht	☐ Ruf der Schule ☐ Orientierung an eigenen Idealvorstellungen ☐ Empfehlung durch Bekannte ☐ Positiver Eindruck nach Infoabend
V Persönliche Erfahrung	☐ Eigener Schulbesuch ☐ Schulbesuch von älteren Geschwisterkindern
VI Wunsch des Kindes	
VII Schulbesuch anderer Kinder	
VIII Schulweg	
Sonstige	

von der Reputation der jeweiligen Schule. Deutlich weniger wichtig für die Entscheidung erwies sich die Erreichbarkeit der Schule aufgrund der räumlichen Nähe zum Wohnsitz der Familie und die Schulwahl der Freunde des Kindes oder der Schulbesuch älterer Geschwister. Da in Bayern, wo die Untersuchung durchgeführt wurde, die Grundschulempfehlung verbindlich ist, erfolgte offensichtlich eine Problemverlagerung von der Entscheidung für einen bestimmten Bildungsgang auf die Entscheidung für eine bestimmte Schule innerhalb eines Bildungsgangs.

Etwas anders sah die Rangfolge der Bildungswahlmotive in einer auf Österreich bezogenen repräsentativen Querschnittuntersuchung mit mehr als 2850 Elternhaushalten aus, über die Schlögl und Lachmayr (2004) berichten. Die hier untersuchten Eltern legten bei der Schulwahl folgende Prioritäten zugrunde: Schulinhalte/-schwerpunkte, eine breitgefächerte Allgemeinbildung, der gute Ruf der Schule, das Interesse der Kinder, künftige Arbeitsplatzchancen, bisherige Schulleistung sowie die Möglichkeit des Hochschulzugangs. Als weitere Motive wurden (in fallender Reihenfolge) eine einschlägige Berufsausbildung, der eigene Wunsch des Kindes, die Ausstattung und Erreichbarkeit der Schule, die Möglichkeit einer Berufsausbildung mit Matura, der Rat von anderen, die Dauer der Ausbildung, der erwartete Verdienst, der Wunsch, mit Freunden die gleiche Schule zu besuchen, und die Kosten des Schulbesuchs genannt.

In einer inhaltsanalytischen Studie, die Clausen (2006) in Mannheim und Heidelberg[23] mit einer Stichprobe von ca. 1400 Eltern durchführte, wurden die Entscheidungskriterien zum Zeitpunkt der Schulwahlentscheidung (Realschule vs. Gymnasium) mit zwei offenen Fragen erfasst:

1. „Für welche Schule haben Sie sich entschieden? Wenn Sie sich noch nicht entschieden haben, nennen Sie bitte die Schule, die Sie im Moment bevorzugen" und
2. „Warum wählen Sie genau diese Schule? Nennen Sie bitte zuerst den für Sie wichtigsten Grund".

Beantwortet wurden die Fragen von etwa 400 Eltern von Kindern mit Realschulempfehlung (RE) und 995 Eltern von Kindern mit Gymnasialempfehlung (GE) zum Zeitpunkt der Entscheidung. Die von den Eltern genannten Kriterien der Schulwahl wurden einer quantitativen Inhaltsanalyse unterzogen, die auf einem induktiv entwickelten Kategoriensystem operierte (Tab. 4.19).

23 In Mannheim gab es zum Zeitpunkt der Befragung drei private und neun öffentliche Gymnasien, eine private und neun öffentliche Realschulen und eine Gesamtschule. In Heidelberg waren es vier öffentliche Gymnasien, vier private Gymnasien, drei öffentliche und zwei private Realschulen, die zur Wahl standen.

Die Auswertung der Elternantworten führte zur Unterscheidung von fünf Entscheidungsclustern. Die Eltern in *Cluster 1* betrieben einen hohen Suchaufwand und waren sehr gut informiert. Bei der Schulwahl orientierten sie sich an der konkreten Schulqualität oder den schulischen Rahmenbedingungen. Im Vergleich zu den anderen Gruppen entschieden sich diese Eltern deutlich häufiger gegen die klassischen Schulformen und für Gesamt- oder Privatschulen. Kriterium für die Wahl der Schule waren Qualitäts- und Ressourcenunterschiede, die danach beurteilt wurden, welche Schule für das Kind das beste Bildungsangebot unter den günstigsten Rahmenbedingungen bieten könnte.

Für die Eltern des *Clusters 2* stand die Passung des schulischen Bildungsangebotes an die Begabungen und Interessen des Kindes im Vordergrund. Dementsprechend lag für diese Eltern der Fokus auf der Beurteilung des Schulprofils, wobei sich insbesondere die klassischen Fächerprofile als entscheidungsrelevant erwiesen. Die Eltern des *Clusters 3* orientierten sich bei der Entscheidung eher an dem Ruf einer Schule und an Empfehlungen von Bekannten. In *Cluster 4* wurde die Entscheidung für die Schule aufgrund persönlicher Erfahrungen und der Zufriedenheit mit einer bereits bekannten Schule getroffen. Das *Cluster 5* schließt die Eltern ein, die ihre Entscheidung am Wohnort und der räumlichen Nähe zur Schule oder auch an den Entscheidungen anderer Eltern orientierten.

Aus der knappen Skizzierung der fünf Cluster wird deutlich, dass die Eltern hinsichtlich ihrer Entscheidungskriterien wie auch hinsichtlich ihrer Angaben zum Entscheidungsprozess charakteristische Unterschiede aufweisen. Für die beiden untersuchten Bildungsempfehlungen (RE und GE) unterscheiden sich die Verteilungen der fünf Entscheidungscluster allerdings nicht. Und auch der statistisch signifikante Haupteffekt der Entscheidungsform erklärt aufgrund der hohen Variation innerhalb der einzelnen Cluster nur 2,5 % der Gesamtvarianz. Insgesamt gelangt Clausen aufgrund der Inhaltsanalyse deshalb zu der Schlussfolgerung, dass die Annahme eines einheitlichen, gut informierten Entscheiders bzw. eines rationalen Entscheidungsprozesses nicht bestätigt werden konnte. Die Entscheidungsformen stellen sich vielmehr als ein *Komplex miteinander verschränkter rationaler, intuitiver und pragmatischer Entscheidungsregeln* dar. Erwartungsgemäß spielt für die meisten Eltern der Schulweg im praktischen Sinne der Erreichbarkeit eine wichtige Rolle bei der Schulwahl; für die Mehrzahl der Eltern von Kindern mit GE hat jedoch das jeweilige Schulprofil die höhere subjektive Wichtigkeit, wobei das pädagogische Konzept der Schulen, Zusatzangebote oder die Betonung von Wertevermittlung im christlichen bzw. sozialen Bereich aber nur von wenigen Eltern berücksichtigt werden. Im Mittelpunkt steht vielmehr das jeweilige Fächerangebot einer Schule der Wahl.

Aus bildungssoziologischer Sicht stellt sich des Weiteren die Frage, ob hierbei qualitativ unterschiedliche Entscheidungskriterien und Entscheidungsformen bildungsnaher und bildungsfernerer Schichten feststellbar sind. Diese Frage kann dahingehend beantwortet werden, dass die fünf Entscheidungscluster systematisch mit dem sozioökonomischen Status und dem Bildungsstatus der Eltern zusammenhängen. Eltern, die in Cluster 1 vereint sind, gehören sowohl bei der Realschul- als auch bei der Gymnasialempfehlung mehrheitlich zu den ökonomisch besser gestellten Sozialschichten, was auch für Eltern im Cluster 4 für Kinder mit der Gymnasialempfehlung zutrifft. Darüber hinaus zeichnet sich laut Clausen ab, dass Eltern aus bildungsnäheren Milieus sich eher flexibel und auch gegen die nächstgelegene Schule entscheiden, wenn diese nicht ihren Vorstellungen entspricht, wohingegen Eltern aus unteren Schichten eher unflexibel auf die Erreichbarkeit der Schule in räumlicher Nähe setzen und Aspekte des Schulprofils und fachlichen Angebotes hintanstellen.

Während, wie bis hierher ausführlich diskutiert, bei der Schulwahl die Eltern in der Pflicht der Entscheidung stehen, liegt bei der Wahl des Berufs oder eines Studiengangs die Entscheidung bei den Kindern, und die Eltern spielen eher eine beratende Rolle. Die Entscheidung Jugendlicher beim Übergang von der allgemeinbildenden Schule in die berufliche Bildung stellt ein Forschungsfeld dar, in dem neben psychologischen und gesellschaftlichen Aspekten auch entscheidungstheoretische Problemstellungen thematisiert werden (Wood und Lauterbach 2013).

Dabei stehen sich wieder die beiden theoretischen Grundpositionen gegenüber: Auf der einen Seite stehen präskriptive Entscheidungsmodelle, die davon ausgehen, dass Individuen sich rational verhalten und nach sorgfältiger Abwägung der Folgen ihrer Entscheidung eine Berufswahl treffen. Auf der anderen Seite stehen deskriptive Entscheidungsmodelle, die von nicht rational handelnden Individuen ausgehen, die nur unvollkommene Informationen besitzen und für die Entscheidungsfindung ein subjektiv vereinfachtes mentales Modell nutzen (vgl. Hoppe 1980). In beiden Fällen müssen die Entscheidungsträger das Gelingen wie auch das eventuelle Misslingen ihrer Handlungsentwürfe gedanklich antizipieren und die passenden Antworten bereithalten.

Allgemein wird in der bildungssoziologischen Literatur davon ausgegangen, dass die Berufswahl als soziale Entscheidung sowohl einem Begründungs- als auch einem Rationalitätsimperativ ausgesetzt ist (Dimbath 2006), denn die zu treffende Lebensentscheidung über die berufliche Zukunft ist zwar Privatsache, muss jedoch auch möglichst rational getroffen werden. Das führt uns zu der Frage: Gehen Jugendliche bei der Berufswahlentscheidung rational vor oder legen sie eher pragmatische Kriterien zugrunde?

Was soll aus mir werden? Welcher Beruf passt zu mir? Mit diesen Fragen befassen sich bereits Kinder im Grundschulalter, und die Antworten fallen durchaus geschlechtsspezifisch aus: Mädchen wollen soziale Berufe ausüben, um Mensch und Tier zu helfen, oder aber ein bejubelter Star werden. Buben betrachten Sportberufe und Berufe mit hohem gesellschaftlichen Ansehen als besonders erstrebenswert. Ihre klassischen Traumberufe sind Fußballer, Polizist und Pilot (Hentrich 2011).

Stehen sie dann als Jugendliche vor der Berufswahl, haben sich die Traumberufe in *Wunschberufe* verwandelt, die mit den Interessen und Vorlieben der Jugendlichen übereinstimmen sollen und als erreichbar beurteilt werden.[24] Die Berufswahl wird zu einem Vorgang, bei dem der Jugendliche nach einer beruflichen Zukunft sucht, die seiner Persönlichkeit entspricht (Holland

24 Nach einer Studie von Friedrich (2009) konnten im Jahr 2006 mehr als zwei Drittel der Jugendlichen eine Ausbildung in ihrem Wunschberuf realisieren. Bei den Abiturienten lag der Anteil deutlich höher, nämlich bei 83 %.

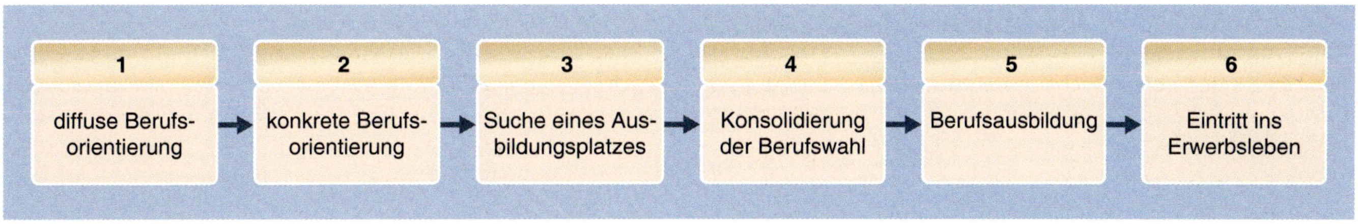

Abb. 4.40 Phasenmodell der Berufswahl. (Nach Herzog et al. 2006, S. 15)

1997). Im Bundesdurchschnitt schränken Jugendliche ihre Wahl auf etwa zwanzig geläufige Berufe ein (Hentrich 2011), wobei oft sogenannte Modeberufe in den Vordergrund treten.

Allgemein stellen Jugendliche an einen Beruf die Anforderung, dass er Spaß machen soll, krisensicher ist und ein ausreichendes Einkommen sichert. Bei der Berufswahl lassen sich die Jugendlichen durch berufliche Interessen und Wertorientierungen leiten, die Stegmann (1980) als relativ dauerhafte Einstellungen begreift, die von den bisherigen Erfahrungen in dem sozialen Umfeld geprägt sind. Die Wahlmöglichkeiten werden durch verschiedenartige Zugangsvoraussetzungen (z. B. Bildungsanforderungen) und den Arbeitsmarkt und seine Struktur eingegrenzt. Alles in allem ist die Berufswahl auch keine punktuelle Entscheidung, sondern ein länger dauernder Prozess, der verschiedene Phasen durchläuft. Herzog et al. (2006) verstehen die Berufswahl (ebenso wie die Studienwahl) als Bewältigung einer Entwicklungsaufgabe, die in der Kindheit vorbereitet wird, im Jugendalter in ihre kritische Phase tritt und anschließend eine Konsolidierung erfährt. Diese Autoren unterscheiden sechs idealtypische Phasen der Berufswahl, die durch besondere Entscheidungen voneinander abgegrenzt sind (Abb. 4.40).

Herzog et al. (2004) begleiteten Jugendliche und junge Erwachsene, die unterschiedliche Schulformen besucht hatten, bei ihrer Berufswahl und untersuchten den Entscheidungsverlauf, indem sie zu drei Messzeitpunkten den Stand des Berufswahlprozesses erfassten. Der Berufswahlprozess spielt sich in einem dialektischen Spannungsfeld von persönlichen Voraussetzungen und institutionellen Vorgaben ab. Um zu einer Entscheidung zu gelangen, nutzen die Jugendlichen sowohl personale als auch soziale Ressourcen. Unter *personalen Ressourcen* verstehen Herzog et al. Wissen, Einstellungen, Werthaltungen, Merkmale der Persönlichkeit und Strategien der Informationssuche. Zu den *sozialen Ressourcen* zählen die Unterstützung von den Eltern, Angehörigen, Freunden und Lehrpersonen sowie das „soziale Kapital“, über das die Jugendlichen verfügen. Gemeint ist damit in erster Linie das soziale Netz, welches die Jugendlichen für ihre Berufswahl zu nutzen wissen.

Die Analyse der Berufswahl zeigt einige charakteristische Merkmale: Gesucht wird vor allem das Bekannte. Die meisten Jugendlichen suchen primär Informationen zu Berufen, Schulen oder Studiengängen, für die sie sich seit langem interessieren. Die Informationssuche verändert sich je nachdem, wie stark die Person davon überzeugt ist, dass sich der Berufswunsch erfüllen wird. Jugendliche mit Grundansprüchen an den Beruf operieren überwiegend nach dem Motto „Hauptsache, ich kann eine berufliche Ausbildung machen“ und sind auch bereit, von einem Berufswunsch abzuweichen. Jugendliche mit erweiterten Ansprüchen nehmen demgegenüber auch Umwege und mehrfache Bewerbungen in Kauf, um ihren Berufswunsch zu erfüllen.

Neben der Nutzung von Informationsquellen bemühen sich Jugendliche durchweg um beratende Unterstützung bei der Berufswahl, wobei die Eltern die wichtigsten Bezugspersonen darstellen, gefolgt von Freunden und gleichaltrigen Schulkameraden (Peers). Mit Lehrpersonen sprechen Jugendliche dagegen eher selten. Dass die Peers nach den Eltern die wichtigste Bezugsgruppe sind, um sich über berufliche Themen auszutauschen, wird durch zahlreiche Studien belegt (vgl. Beierle 2013; Neuenschwander 2006). Allerdings ist der Einfluss der Gleichaltrigen auf berufliche Orientierungsprozesse eher diffus.

Bezug nehmend auf das Phasenmodell der Berufswahl von Herzog et al. (2006) analysierte Oberste (2013) den Einfluss soziodemografischer Merkmale, intergenerationaler Effekte und individueller Kompetenzen auf das Berufswahlverhalten bei Schülerinnen und Schülern am Ende der Sekundarstufe I. Befragt wurden 1286 Schülerinnen bzw. Schüler der Hauptschule, Realschule und des Gymnasiums zu den Wunschberufen und Berufsfeldern (Tab. 4.20).

Der Bereich *Medizin/Technik* wurde von den Schülerinnen und Schülern am häufigsten (39,3 %) als Wunschgebiet angegeben, aber nicht einmal jeder oder jede Zehnte möchte nach der Schulzeit in einem Verwaltungsberuf arbeiten. Erwartungsgemäß wird die Berufsgruppe Handwerk/Service von Männern dominiert, Frauen neigen zu Berufen in den Bereichen Bildung/Kultur und Medizin/Pflege. Für alle fünf Tätigkeitsgebiete konnte ein intergenerationaler Effekt der Eltern bestätigt werden, der interessanterweise aber für manche Berufsgruppen signifikant negativ ausfiel (z. B. Verwaltung) und z. T. gegenläufig (z. B. Medizin/Technik). Welche Pläne Jugendliche in Bezug auf den Beruf haben und welche beruflichen Wege sie einschlagen, wird regelmäßig in den vom Bundesinstitut für Berufsbildung (BIBB) durchgeführten Schulabgängerbefragungen untersucht (z. B. Friedrich 2009, 2011). Ebenso berichtet das BIBB regelmäßig über Unterstützungsmaßnahmen bei der Berufswahl und ihre Effektivität (z. B. Eberhard et al. 2013).

Generell zeichnet sich das Bild ab, dass sich die Berufswahl als Prozess über verschiedene Phasen erstreckt: Er beginnt mit recht diffusen Vorstellungen über das, was man einmal werden will, die sich danach allmählich konkretisieren und die Berufsorientierung eingrenzen. Dann beginnt die konkrete Suche nach einem Ausbildungsplatz und der Beginn der beruflichen Ausbildung beendet den Prozess. Handlungsleitend ist dabei in erster Linie das Interesse der Jugendlichen und jungen Erwachsenen für einen Beruf. Das ist auch das Hauptergebnis einer Untersuchung von Hentrich (2011) an 464 Schülern be-

4

Tab. 4.20 Berufsgruppen und Berufsfelder nach Oberste (2013)

Berufsgruppe	Berufsfeld
Handwerk/Service	***Verkaufs- und Servicetätigkeiten*** (z. B. Verkäufer/in, Kassierer/in, Kellner/in) ***Handwerk*** (z. B. Frisör/in, Kfz-Mechatroniker, Baugewerbe, Elektriker, Sanität, Koch)
Kaufmann	***Kaufmännischer Bereich*** (z. B. Sekretär/in, Sachbearbeiter/in, Verwaltungsangestellte/r, Filialleiter/in, Unternehmer/in)
Medizin/Technik	***Technischer Bereich*** (z. B. Ingenieur/in, Entwickler/in, Designer/in, Architekt/in) ***Medizin, Pflege, Soziales*** (z. B. Arzt, Altenpfleger/in, Kindergärtner/in)
Verwaltung/Recht	***Öffentliche Verwaltung*** (z. B. Politiker/in, Behörden, Polizei, Feuerwehr, Müllentsorgung) ***Rechtsberufe*** (z. B. Rechtsfachangestellte/r, Anwalt/Anwältin)
Bildung/Kultur	***Bildung und Wissenschaft*** (z. B. Lehrer/in, Dozent/in) ***Kultur, freie Künste und Sport*** (z. B. Journalist/in, Musiker/in, Schauspieler/in)

rufsbildender Schulen. Nach dem Interesse für den Beruf, das von zwei Drittel der Befragten als wichtigstes Kriterium für die Berufswahl genannt wurde, folgen auf einer Rangliste der Wunsch nach Kontakt mit anderen Menschen (42 %) und die guten Ausbildungschancen (39 %). Einen sicheren Arbeitsplatz zu haben und anderen Menschen zu helfen, spielten demgegenüber eine wesentlich geringere Rolle. Die retrospektive Befragung der Schülerinnen und Schüler lässt deutlich erkennen, dass das Berufswahlverhalten von Jugendlichen entscheidend davon bestimmt wird, in welchem Lebensabschnitt die Auseinandersetzung mit diesem Thema stattfindet, wobei mit zunehmendem Alter eine stärkere Anpassung an die faktischen Gegebenheiten des Arbeitsmarktes zu erkennen ist, ohne dass der Wunschberuf aufgegeben wird. Vor allem die soziale Herkunft und das soziokulturelle Umfeld wirken sich auf die Entscheidung aus. So hat das direkte Umfeld eines Heranwachsenden großen Anteil an der Berufswahl, da die in der eigenen Familie und im Freundeskreis vorkommenden Berufe dazu führen, dass bestimmte Berufsfelder bevorzugt werden, und damit eine erste Orientierung für die Berufswahl erfolgt. Sodann beeinflussen das Image eines Berufes und die Verdienstmöglichkeiten maßgeblich die Berufswahlentscheidung von Jugendlichen. Auch Hentrich berichtet von dem Einfluss der Eltern auf die Berufswahl der Jugendlichen, der aber mit zunehmendem Alter der Jugendlichen geringer wird. Insgesamt lassen die Ergebnisse darauf schließen, dass bei der Berufswahlentscheidung der Jugendlichen ansatzweise rationale Abwägungsprozesse einfließen, die Berufswahl letztlich aber pragmatisch-intuitiv erfolgt.

Das entspricht den Beobachtungen Dimbaths (2003), der in 27 Interviews mit Schülerinnen und Schülern aus Hauptschulen, Realschulen und Gymnasien deutliche Hinweise auf intuitive Entscheidungen gefunden hat. Dimbath hat die Interviews zu sieben Zeitpunkten durchgeführt und dabei subjektive Reflexionen der vorangegangen Planungsentwürfe gefunden, die darauf hinweisen, dass sich der Berufswahlprozess schrittweise entwickelt und neu hinzugetretene Ereignisse in die Entscheidung miteinbezogen werden.

Als Fazit der Forschung zur Berufswahl Jugendlicher und junger Erwachsender kann somit festgehalten werden, dass dabei rationale Kriterien einfließen, insgesamt aber pragmatisch-intuitive Kriterien dominieren. Das entspricht dem Modell der „gebundenen (begrenzten) Rationalität", wonach Entscheidungsstrategien gewählt werden, die nicht streng rational, sondern lediglich ökologisch valide sind. Mit anderen Worten: Die Strategien des Entscheidens werden an die Bedingungen der Situation angepasst und zielen auf eine Nutzung der verfügbaren sozialen Ressourcen (z. B. Empfehlungen von glaubwürdigen Bezugspersonen). Dadurch können persönliche Schwierigkeiten, die beim Übergang von der Schule in eine weitere Qualifikation geradezu zwangsläufig eintreten, abgeschwächt werden.

Im Vergleich zum Übergang von der Sekundarschule I in die berufliche Ausbildung scheint die Entscheidungsfindung nach Abschluss des Gymnasiums deutlich schwieriger zu verlaufen. Ein halbes Jahr vor dem Schulabschluss gaben in einer HIS-Studie nur 7 % der angehenden Studienberechtigten an, bei der Wahl ihres nachschulischen Werdegangs keine besonderen Probleme gehabt zu haben (Heine und Quast 2009). Mit dem Erwerb der Hochschulreife steht den jungen Menschen zwar eine Vielzahl an Qualifikationsoptionen offen, aber diese Optionsvielfalt bringt auch viele Entscheidungsunsicherheiten mit sich. In der HIS-Studie beurteilten fast 40 % der Befragten die schwer überschaubare Zahl der Möglichkeiten als problematisch für eine Entscheidungsfindung, wobei sich auch der Mangel an ausreichenden und zuverlässigen Informationen erschwerend auswirkt.

Das Hauptproblem bei der Entscheidung für ein Hochschulstudium oder eine berufliche Ausbildung liegt aber für viele Abiturienten in der schwer absehbaren Entwicklung auf dem Arbeitsmarkt. Dabei fällt es vielen auch schwer abzuschätzen, welche Qualifikationen und Kompetenzen in Zukunft wichtig sein werden.

Auf der individuellen Ebene der Studienberechtigten kristallisieren sich auch die Unklarheit über die individuellen Fähigkeiten und die persönliche Eignung sowie die Unklarheit über die eigenen Interessen als schwierige Aspekte der weiteren Bildungs- und Lebensplanung heraus.

Leichter fällt dann die später zu treffende Entscheidung, nach dem Bachelorabschluss ein Masterstudium anzuschließen oder in einen Beruf zu wechseln. Laut Heine (2012) entscheiden sich derzeit etwa drei Viertel der Bachelorabsolventen für ein Masterstudium. Tendenziell lassen sie sich dabei von Motiven der persönlichen Weiterbildung und der Verbesserung der Berufschancen leiten. Bei der Entscheidung gegen ein Masterstudium werden der Wunsch, möglichst bald selbst Geld zu verdienen, aber auch die guten Berufsaussichten mit dem Bachelorabschluss als bedeutsame Motive genannt.

Als Fazit der weit gestreuten Untersuchungen zum Entscheidungsverhalten bei Übergängen im Bildungssystem kann eine Mischung von Strategien der Entscheidungsfindung konstatiert werden: Neben Hinweisen auf eine rationale Vorgehensweise (z. B. Ditton und Krüsken 2006; Lörz und Quast 2011) bei der Vorbereitung einer Bildungsentscheidung liegen auch deutliche Hinweise auf intuitive und pragmatische Vorgehensweisen vor (Clausen 2006; Dimbath 2003). Insgesamt aber ist die Prozesscharakteristik von Bildungsentscheidungen als weitgehend unerforschtes Terrain zu betrachten.

Aufgaben zum Festigen des neuen Wissens

1. Erläutern Sie den Begriff Habitus und erklären Sie, in welchem Zusammenhang er zu Bildungskarrieren steht.
2. Manche Modelle teilen die Menschen einer Gesellschaft nach Schichten, andere nach Milieus ein. Nennen Sie Ansätze für beides und erklären Sie, wonach Schichtmodelle und wonach Milieumodelle die Bevölkerung klassifizieren.
3. Erklären Sie die sogenannte „Kartoffelgrafik". Wie entsteht sie und was besagt sie?
4. Welche Vorteile hat eine Beschreibung der Bevölkerung mittels Milieus gegenüber einer Beschreibung mittels Schichten?
5. Bildungsverläufe werden mittels primärer und sekundärer Faktoren zu erklären versucht. Was sind die primären, was die sekundären Faktoren?
6. Unterscheiden Sie die Begriffe der realistischen und der idealistischen Bildungsaspiration.
7. Welche Faktoren spielen beim Treffen von Entscheidungen an den Übergängen im Bildungssystem eine Rolle?
8. Welche Ansätze des Entscheidens lassen sich unterscheiden?

Aufgaben zum Weiterdenken

1. Wie entsteht Chancenungleichheit im Bildungswesen?
2. Erklären Sie, warum höhere Bildungsaspirationen bei Menschen mit Migrationshintergrund oft nicht in tatsächlich erreichten Bildungstiteln resultieren.
3. Warum ist es zu kritisieren, dass in der PISA-Studie keine Unterscheidung zwischen Milieus vorgenommen wird?
4. Erstellen Sie eine grafische Darstellung des Zusammenhangs zwischen folgenden Begriffen: Bildungsaspiration, soziale Herkunft, Milieu, Bildungslaufbahnentscheidungen, erreichte Bildungsabschlüsse.
5. „Wer hat, dem wird gegeben." Dies ist das sogenannte Matthäus-Prinzip. Welche Aspekte sprechen dafür, dass dieses Prinzip in der Sozialisation und vor allem bezogen auf Bildungskarrieren auch gilt?
6. Diskutieren Sie, welche Aspekte dazu führen, dass Kinder aus Mittelschichtsfamilien im Vergleich zu Kindern aus Unterschichtsfamilien sich in der Schule leichter tun.
7. Entwerfen und diskutieren Sie ein politisches Programm für „gleiche Bildungschancen für alle". Was wäre zu tun, um dies zu erreichen? Beschreiben Sie auch die Grenzen des Programms und begründen Sie sie.
8. Welche gesellschaftlichen Veränderungen im Hinblick auf Bildung würden Sie bei einer Einführung von Studiengebühren erwarten?
9. Die UNESCO hat das Programm „Bildung für alle" aufgelegt. Infos finden Sie unter: ▶ http://www.unesco.de/bildung_fuer_alle.html.
   Sehen Sie sich die Forderungen an. Sind diese aus Ihrer Sicht realisierbar? Wenn ja, wie? Wenn nein, warum nicht? Welche Hindernisse und Schwierigkeiten sehen Sie?

Weiterführende Literatur

- Bauer, U. (2012). *Sozialisation und Ungleichheit. Eine Hinführung* (2. Aufl.). Wiesbaden: VS Verlag für Sozialwissenschaften.
- Becker, R. (Hrsg.) (2011). *Lehrbuch der Bildungssoziologie* (2. Aufl.). Wiesbaden: VS Verlag für Sozialwissenschaften.
- Becker, R., & Lauterbach, W. (Hrsg.) (2007). *Bildung als Privileg* (2. Aufl.). Wiesbaden: VS Verlag für Sozialwissenschaften.
- Burzan, N. (2007). *Soziale Ungleichheit. Eine Einführung in die zentralen Theorien* (3. Aufl.). Wiesbaden: VS Verlag für Sozialwissenschaften.
- Emmerich, M., & Hormel, U. (2013). *Heterogenität – Diversity – Intersektionalität*. Wiesbaden: VS Verlag für Sozialwissenschaften.
- Mackert, J. (Hrsg.) (2004). *Die Theorie sozialer Schließung. Tradition, Analysen, Perspektiven*. Wiesbaden: VS Verlag für Sozialwissenschaften.
- Rössel, J. (2009). *Sozialstrukturanalyse. Eine kompakte Einführung*. Wiesbaden: VS Verlag für Sozialwissenschaften.

4

4.4 Sozialerziehung – pädagogische Soziologie und soziales Lernen

Aufgabe als Denkanstoß

Überlegen Sie, was sie als Eltern und/oder Lehrer/Erzieher tun könnten, um das Sozialverhalten ihrer Zöglinge positiv zu beeinflussen. Was müssen oder können Sie konkret tun? Unter welchen Bedingungen lernen Ihre Zöglinge Werte und soziales Verhalten?

Die *Sozialerziehung* gehört bei Lehrpersonen, wie eine repräsentative Umfrage von Weishaupt et al. (2004) zeigt, zu den „sehr wichtigen" Erziehungsfeldern, gefolgt von Friedenserziehung und Umwelterziehung. In diesem Befund spiegelt sich die zentrale Bedeutung wider, die der Sozialerziehung auch in den Schulgesetzen der deutschen und österreichischen Bundesländer beigemessen wird, wobei durchaus auch länderspezifische Eigentümlichkeiten aufscheinen.

So werden z. B. im *Bayerischen Gesetz über das Erziehungs- und Unterrichtswesen* (Freistaat Bayern 2000/2012) „Ehrfurcht vor Gott, Achtung vor religiöser Überzeugung, vor der Würde des Menschen und vor der Gleichberechtigung von Männern und Frauen, Selbstbeherrschung, Verantwortungsgefühl und Verantwortungsfreudigkeit, Hilfsbereitschaft, Aufgeschlossenheit für alles Wahre, Gute und Schöne und Verantwortungsbewusstsein für Natur und Umwelt" als oberste Bildungsziele proklamiert.
Im *Brandenburgischen Schulgesetz* (Ministerium für Bildung, Jugend und Sport 2007) heißt es: „Bei der Vermittlung von Kenntnissen, Fähigkeiten und Werthaltungen fördert die Schule insbesondere die Fähigkeit und Bereitschaft der Schülerinnen und Schüler, […] 5. Beziehungen zu anderen Menschen auf der Grundlage von Achtung, Gerechtigkeit und Solidarität zu gestalten, Konflikte zu erkennen und zu ertragen sowie an vernunftgemäßen und friedlichen Lösungen zu arbeiten, […] 7. eigene Rechte zu wahren und die Rechte anderer auch gegen sich selbst gelten zu lassen, […] 9. soziale und politische Mitverantwortung durch individuelles Handeln und durch die Wahrnehmung gemeinsamer Interessen zu übernehmen und zur demokratischen Gestaltung einer gerechten und freien Gesellschaft beizutragen, 10. Ursachen und Gefahren der Ideologie des Nationalsozialismus sowie anderer zur Gewaltherrschaft strebender politischer Lehren zu erkennen und ihnen entgegenzuwirken, 11. die eigene Kultur sowie andere Kulturen, auch innerhalb des eigenen Landes und des eigenen Umfeldes zu verstehen und zum friedlichen Zusammenleben der Kulturen und Völker beizutragen, sowie für die Würde und die Gleichheit aller Menschen einzutreten."

Die Sozialerziehung steht also weit oben auf der Agenda der freiheitlichen demokratischen Grundordnung. Dabei besteht weitgehend Übereinstimmung darin, dass die Sozialerziehung nicht nur dem Elternhaus obliegt, sondern vor allem der Schule. Schulgesetze stimmen dabei in der Zielsetzung überein, dass eine zentrale Aufgabe der Schule darin besteht, soziale Lernprozesse zu initiieren und anzuleiten, die Schüler letztlich befähigen, verantwortlich am sozialen, gesellschaftlichen, wirtschaftlichen, beruflichen, kulturellen und politischen Leben teilzunehmen und ihr eigenes Leben zu gestalten. Es geht also darum, sozialverträgliches Handeln in Einklang mit der Entfaltung einer eigenständigen Persönlichkeit zu bringen.

Sozialerziehung in Familie und Schule, aber auch in anderen Sozialisationsinstanzen zielt damit auf den Erwerb von Fähigkeiten und Kompetenzen, die den Kindern und späteren Erwachsenen erlauben, in ihrer sozialen Umwelt kompetent zu leben und diese aktiv mitzugestalten. Bei der Sozialerziehung geht es um „die Aneignung sozialer Verhaltensweisen und Fertigkeiten, die Bildung sozialer Einstellungen und Werthaltungen und die Übernahme sozialer Rollen" (Keller und Hafner 2003, S. 9). Als unsozial gilt ein Verhalten, wenn es sich nicht an der sozialen Umwelt orientiert, z. B. wenn eine Person absichtlich gegen die sozialen Regeln der Umgebung verstößt.

Sozialerziehung

„*Sozialerziehung* ist die pädagogisch intendierte Beeinflussung von Wahrnehmung, Denken, Motivation und Verhalten in sozialen Kontexten mit dem Anspruch einer nachhaltigen Wirkung auf die Entwicklung der Persönlichkeit" (Preiser 2011, S. 131).

Grundsätzlich gehen wir davon aus, dass Sozialerziehung in den verschiedenen pädagogisch relevanten Handlungsfeldern mit einer bewussten und zielgeleiteten Intervention in soziale Lernprozesse von Heranwachsenden verbunden ist. Die Ausgangsgrundlage ist die „pädagogische Relation" im Sinne einer bewusst gestalteten sozialen Interaktion (Böhnisch 2003). Mit dem Themenkomplex der Sozialerziehung wird die *pädagogische Soziologie* als erziehungswissenschaftliche Teildisziplin angesprochen. Eines ihrer Hauptziele besteht drin, die Bedingungen sozialen Lernens zu untersuchen, wobei zwei thematische Schwerpunkte gesetzt werden: Erstens werden die Bedingungen des sozialen Lernens im Hinblick auf den Erwerb und die Festigung von Einstellungen, Werten und Werthaltungen spezifiziert, zweitens werden sozialisierende Bedingungen und Effekte pädagogischer Handlungsfelder (z. B. Familie, Schule) erforscht.

In diesem Kapitel steht die Sozialerziehung im Mittelpunkt, wobei insbesondere der Frage nachgegangen wird, in welcher Weise Familie und Schule einen spezifischen Beitrag zu einer Sozialerziehung leisten, die mit der freiheitlich demokratischen Grundordnung in Einklang steht. Diese Schwerpunktsetzung entspricht einer jahrzehntelangen Tradition, Sozialerziehung als „Reflektieren über Werte und Normen, als Auseinandersetzung mit Formen des Zusammenlebens und seiner Ausgestaltung als Problemlösen, als Argumentieren im Diskurs und beim Aushandeln und als Erwerb der Fähigkeit zum sozialen Handeln" zu begreifen (Kiper 2011, S. 32). Als eine Form der Werteerziehung verläuft Sozialerziehung auch zu einem erheblichen Teil außerhalb pädagogischer Handlungsfelder ab (z. B. in Peergroups oder am Arbeitsplatz), so dass auch diese in unserer Darstellung eine Rolle spielen werden.

4.4.1 Sozialisation und Erziehung

> » Das Problem der Erziehung in der modernen Welt liegt darin, daß sie der Natur der Sache nach weder auf Autorität noch auf Tradition verzichten kann, obwohl sie in einer Welt vonstatten geht, die weder durch Autorität strukturiert noch durch Tradition gehalten ist (Arendt 1958, S. 275).

Warum werden immer wieder Bücher zum Verkaufsschlager, die von der „Pflicht zu führen“ (Bueb 2008), vom „Erziehungsnotstand“ aufgrund des Verlusts von Werten (Gerster und Nürnberger 2003) und von der „Erziehungskatastrophe“ (Gaschke 2001) handeln und ziemlich unverblümt die Schuld an den vermeintlich beobachteten Erziehungsmissständen den 68ern und der antiautoritären Erziehung zuschreiben? Auch was die „Tigermutter“ Chua (2011) in Bezug auf die Erziehung ihrer Kinder von sich gab, wurde in Deutschland zum Bestseller. Diese Publikationen, die auch ausführlich in der pädagogischen Fachliteratur rezensiert wurden (z. B. Brumlik 2007), orientieren sich ganz offensichtlich an der Faustregel: je vielschichtiger ein soziales Problem, desto schlichter die Rezepte zu seiner Lösung. Da wird von Eltern und Lehrern ziemlich vorbehaltlos *Führung* eingefordert und die Anerkennung von Autorität und Disziplin als pädagogisches Leitmotiv propagiert, wobei auch der Hinweis auf die sogenannten Sekundärtugenden nicht fehlen darf: Fleiß, Treue, Gehorsam, Disziplin, Pflichtbewusstsein, Pünktlichkeit, Zuverlässigkeit, Ordnungsliebe, Höflichkeit und Sauberkeit.

Die Frage, ob eine Rückkehr zu traditionellen Werten für die Sozialisation der Heranwachsenden erforderlich oder überhaupt sinnvoll ist, wird zwar von Bildungssoziologen und Erziehungswissenschaftlern eindeutig verneint (z. B. Klages 2001a), was aber die Vertreter des Wertkonservatismus nicht davon abhält, *Gehorsam* wieder zu einer der ersten Kinderpflichten zu erheben. Dabei sollen die Kinder mit dem Gehorchen aber gute Erfahrungen machen, und das Einüben von Gehorsam sollte die Kinder nicht in ihrer Spontaneität und Ich-Entwicklung einschränken. Aber ohne Gehorsam gehe es nicht, denn nur so könnten sich Kinder in der Welt zurechtfinden.

So sieht es derzeit auch die Gemeinde der russischen Kirche in Herford:

> » Wir alle sind für die Erziehung der Generation des 21. Jahrhunderts verantwortlich […] Unser Ziel ist es, dass die Kinder gehorsam zu ihren Eltern, Lehrern und Pastoren werden (▶ http://de.russische-kirche-herford.de).

Dieses Erziehungsziel läuft der pädagogischen Wirklichkeit genauso zuwider wie die Versatzstücke des pädagogischen Wertkonservatismus, denn für die vergangenen fünfzig Jahre stellte Klages (2001b) einen deutlichen Trend der Erziehung weg von Gehorsam und Unterordnung hin zum Ziel der Selbstständigkeit und Autonomie im Handeln fest. In diesem Spannungsfeld ist die soziale Erziehung angesiedelt.

4.4.1.1 Macht, Autorität und Gehorsam

Autorität

Der Begriff *Autorität* leitet sich vom lat. *auctoritas* ab und bedeutet: Geltung, Ansehen, Würde, Macht, Einfluss usw. von Personen oder Institutionen aufgrund äußerer Befugnisse, aber auch aufgrund innerer Überlegenheit, größeren Ansehens oder eines besseren Sachverstandes (vgl. Sennett 1985).

Die pädagogische Tradition hat *Autorität* nie ernsthaft in Frage gestellt (Brüggen 2007). Allerdings wird der Ruf nach Autorität anscheinend immer dann laut, wenn eine Gesellschaft Veränderungen unterworfen ist und sich im Zustand fehlender oder schwacher sozialer Normen, Regeln und Ordnung befindet, was Durkheim (1897) als *Anomie* bezeichnet hat. Eine Anomie liegt nach Merton (1949) vor, wenn z. B. kulturelle Werte wie Bildung, Wohlstand, gesellschaftliches Ansehen und soziale Normen wie Leistung, Lernfreude, Disziplin durch Pluralisierung und Individualisierung in Frage gestellt werden und sich daraus Orientierungslosigkeit, Verhaltensunsicherheit und die Auflösung des sozialen Zusammenhalts ergeben.

Aus der Sicht der Erziehungssoziologie ist Autorität aber kein Merkmal der Persönlichkeit oder des Verhaltens, sondern ein „Merkmal einer Beziehung zwischen Einzelpersonen oder zwischen Personen und kulturellen Entitäten“ (Reichenbach 2011, S. 16), wobei diese Beziehung asymmetrisch, d. h. durch eine Über- und Unterordnung gekennzeichnet ist. Autorität ist einer Person oder Institution nicht eo ipso gegeben, sondern wird ihr sozial zugeschrieben. Charakteristisch ist, dass es jemanden gibt wie z. B. eine Person A, die Autorität hat oder als Autorität gilt, und dass es jemand anderen gibt, der die Autorität von A anerkennt. Person A hat dann etwas zu sagen, weil sie entweder Vertrauen genießt oder über die Macht verfügt, ihren Willen durchzusetzen. Die Macht einer Person A gründet also auf dem Vertrauen einer anderen Person B, die sich von A etwas sagen lässt, weil sie A vertraut. Dasselbe Spiel trifft zu, wenn *Macht als Recht* von A in Erscheinung tritt und *Gehorsam als Pflicht* von B einfordert. *Autorität als Ansehensmacht* ist von der *Macht durch Zwang* ebenso weit entfernt wie von der Ohnmacht (vgl. Reichenbach 2011). Entscheidend ist, *wer* Inhaber der Macht ist. Dabei sind drei Fälle zu unterscheiden:

1. Die *individuelle Macht* ist in einem subjektiven Machtbedürfnis begründet und kann von einem Individuum A gegenüber einem anderen Individuum B ausgeübt werden, das sich A unterwirft, weil es A vertraut oder Angst vor ihm hat. Nach French und Raven (1960) sind der individuellen Macht die Kategorien *Macht durch Identifikation* und *Macht durch Zwang* zuzuordnen.
2. Bei der *institutionellen Macht* liegt die Autorität bei einer Institution, der gesellschaftlich (z. B. durch das Gesetz) Macht

zugesprochen wird. Die institutionelle Macht kann auch von einer Person ausgeübt werden, sofern die Institution ihr die Machtausübung übertragen hat. Ein Vorgesetzter erteilt einem Untergebenen einen Befehl, ein Lehrer gibt einem Schüler einen Auftrag. Institutionelle Macht ist durch die Kategorien *legitime Macht, Macht durch Belohnung* sowie *Macht durch Wissen und Informationsvorsprung* (French und Raven 1960) charakterisierbar.

3. *Strukturelle Macht* geht von Gegebenheiten und Strukturen der Gesellschaft aus und wirkt unkontrolliert und diffus. Sofern sich die Autorität eines Individuums auf dessen Machtmotivation und der ihm von der Gesellschaft zugewiesenen Machtbefugnis stützt, verfügt es über eine *personale Macht*, die als Option verstanden werden kann, das Verhalten oder das Schicksal eines anderen Menschen dem eigenen Willen oder dem Willen einer Institution zu unterwerfen.

Was konnte Angehörige der SS dazu bringen, in systematischer Weise Millionen unschuldiger Menschen zu ermorden? Was brachte japanische Offiziere im Zweiten Weltkrieg dazu, tausende wehrloser Chinesen zu enthaupten? Wie konnte es von 1975 bis 1979 zu den Massentötungen auf den Killing Fields in Kambodscha kommen und 1985 zu dem Massaker in Srebrenica?

Eine Antwort auf diese Fragen liefert ein sozialpsychologisches Experiment, das Milgram Anfang der 1960er Jahre durchführte und das die Welt schockierte (Blass 2004).

Das Milgram-Experiment: Verhaltensstudie zum Gehorsam

Milgram rekrutierte 1962 per Zeitungsinserat 40 männliche Versuchspersonen im Alter von 20 bis 50 Jahren, um an einem Experiment teilzunehmen, in dem angeblich die *Effekte von Bestrafung auf das Lernen* untersucht werden sollte. Um die Bedeutung des Experimentes zu unterstreichen, wurde das Experiment an der berühmten Yale University durchgeführt.

In jedem einzelnen Durchgang des Versuchs wurde einer Versuchsperson die Rolle des Lehrers zugeschrieben, während eine andere Person, ein Mitarbeiter Milgrams, die Rolle des Schülers zu spielen hatte, wobei „spielen" wörtlich zu verstehen ist. Die dritte Rolle als Experimentator übernahm ein Biologieprofessor.

Die Teilnehmer trafen sich in einem Raum und zogen das Los, wer Lehrer und wer Schüler sein sollte, wobei der Mitarbeiter selbstverständlich immer die Rolle des Schülers erhielt. Dann gingen beide in einen anderen Raum, wo der „Lehrer" beobachten konnte, wie der „Schüler" an einen Stuhl angeschnallt wurde, der mit einem elektrischen Generator im Nebenraum verbunden war, wo der „Lehrer" die Lernaufgabe durchzuführen hatte.

Der Generator hatte 30 Schalter, die Beschriftungen mit Voltangaben von 15 bis 450 V trugen. Zusätzlich wurde die Intensität des Elektroschocks mit „schwach", „mittel", „Gefahr" und „XXX" angegeben.

Jedem „Lehrer" wurde ein Schock von 45 V verabreicht, um ihn von der Echtheit des Generators zu überzeugen.

Die „Lernaufgabe" bestand darin, dass der „Schüler" verschiedene Wortpaare lernen und behalten sollte. Der „Lehrer" las eine Liste von Paaren vor und der „Schüler" sollte diese lernen und dann wiedergeben. Wie von dem Experimentator angewiesen, hatte der „Lehrer" für jede falsche Antwort einen Elektroschock zu verabreichen, wobei bei jedem weiteren Fehler die Intensität des Schocks gesteigert wurde. Bevor der „Lehrer" den entsprechenden Schalter betätigte, musste er sich der jeweils angegebenen Stärke des Schocks vergewissern. Tatsächlich wurde kein einziger Elektroschock verabreicht, aber die Situation erschien realistisch. Mitten im Versuch musste der „Schüler", der nur zu hören, aber nicht zu sehen war, laut schreien und um Beendigung des Experimentes bitten. Wenn die Versuchsperson sich daraufhin weigerte, weitere Schocks zu verabreichen, wurde sie von dem Experimentator mit den Worten „Es ist unbedingt notwendig, dass Sie weitermachen" oder „Sie haben keine Wahl, Sie müssen weitermachen" zur Fortsetzung gedrängt.

Wie viele psychisch normale männliche Erwachsene würden bis zu 450 V gehen und damit einen Herzstillstand einer anderen Person riskieren?

Milgram stellte diese Frage 14 fortgeschrittenen Psychologiestudenten vor dem Experiment, das den Befragten ausführlich beschrieben wurde, ohne dass sie über die Täuschung informiert wurden. Die Befragten schätzten übereinstimmend, dass nicht mehr als einer von hundert bis zu 450 V gehen würde, und eine Gruppe von Psychiatern ging sogar nur von einem unter tausend aus. Die meisten der Befragten gaben auch an, dass sie selbst bei 135 V abbrechen würden, bevor es für den „Schüler" zu gefährlich werden könnte, und keiner sagte, dass er gegebenenfalls bis 450 V gehen würde.

Weit gefehlt, denn tatsächlich brach keine einzige Versuchsperson das Experiment ab, und 27 von 40 verabreichten Strafen bis zu 450 V – und hätten somit den „Schüler" getötet.

Womöglich war Milgram selbst über dieses Ergebnis erstaunt, denn im Laufe eines Jahres führte er mehr als zwanzig Variationen des ursprünglichen Experimentes durch, bei denen die überwiegende Mehrheit der Versuchspersonen den Anweisungen folgte und bereit war, ihr Opfer zu töten (vgl. Milgram 1974). Die Milgram-Experimente spielten in den nachfolgenden Debatten, wie das Verhalten der nationalsozialistischen Straftäter zu erklären sei, eine wichtige Rolle. Milgram selbst gelangte 1979 in einem Fernsehinterview zu der Schlussfolgerung, dass, wenn man in den Vereinigten Staaten Konzentrations- und Vernichtungslager wie im Nazideutschland einrichten würde, man stets imstande sei, genügend Personal zu rekrutieren, um diese Lager zu betreiben.

Vier Tage nach Beendigung des letzten Versuchsdurchgangs wurde in Israel Adolf Eichmann als einer der Verantwortlichen für die Ermordung von 6 Millionen Menschen jüdischen Glaubens hingerichtet. Für Hannah Arendt (1964), die als Beobachterin am Eichmann-Prozess teilgenommen hatte, war der Fall Eichmann ein Beispiel der *Banalität des Bösen*. Eichmann war kein pathologischer Mörder, sondern fühlte sich als Glied in einer Befehlskette und gehorchte dem Befehl.

Ähnliche Ergebnisse wie das Milgram-Experiment zeigt auch ein Experiment, das Zimbardo und Kollegen Anfang der 1970er Jahre an der Stanford University durchführten (Haney et al. 1973). An diesem Experiment nahmen normale Collegestudenten teil, die für zwei Wochen entweder die Rolle eines Wächters oder eines Gefangenen in einem simulierten Gefängnis spielen sollten. Die „Wächter" erhielten keine Instruktionen, wie mit den Gefangenen umzugehen sei. Ihre Aufgabe bestand lediglich darin, die Ordnung innerhalb des Gefängnisses aufrechtzuerhalten, die für dessen effektives Funktionieren erforderlich sei. Ausdrücklich wurden ihnen physische Strafen oder offene Aggression gegenüber den Gefangenen untersagt. Die Versuchspersonen schlüpften rasch in ihre jeweilige Rolle. Um respektlose und ungehorsame Gefangene „hinzubiegen", benutzten die „Wächter" verbale Beschimpfungen, sie dehnten das reihenweise Abzählen aus, prüften das Wissen der Gefängnisregeln und Kennnummern, reduzierten Privilegien (z. B. Duschen, Leeren von Klosetteimern) usw. Die „Gefangenen" ihrerseits übernahmen eine generell passive Reaktionshaltung, wenn sie mit den „Wächtern" interagierten. Um es kurz zu machen: Das Experiment musste nach nur sechs Tagen abgebrochen werden, da die „Wächter" sehr schnell immer brutaler wurden und die Gefangenen systematisch zu misshandeln begannen. Fünf Gefangene mussten bereits vorzeitig entlassen werden, da sie Symptome starker Depressionen zeigten. – Um es noch einmal zu betonen: Das war ein simuliertes Gefängnis und die Beteiligten waren reguläre Collegestudenten!

Für Zimbardo (1974) ist das Stanford-Gefängnisexperiment ein gutes Beispiel für das Phänomen des Gehorsams gegenüber Autoritäten. Wie die Macht der Umstände aus normalen Menschen böse macht, wird als *Luzifer-Effekt* bezeichnet (Zimbardo 2008). Dieser Effekt erklärt auch die Handlungsweisen amerikanischer Soldaten im irakischen Gefängnis Abu Ghraib.

Anna: „Diese Experimente sind tatsächlich schockierend."

Jakob: „Die Experimente oder ihre Ergebnisse?"

Anna: „Beides. Erstens finde ich es nicht gut, wenn Wissenschaftler solche Versuche mit Menschen anstellen, und zweitens bin ich entsetzt, wenn ich die Ergebnisse sehe. Beim Gefängnisexperiment waren das Studenten, also Leute wie du und ich. Unglaublich, wie die sich verhalten haben."

Jakob: „Da geht es mir wie dir. Ich finde es auch unglaublich, was bei den Experimenten von Milgram und Zimbardo herausgefunden wurde. Aber stell dir vor, die hätten diese Experimente nicht gemacht, dann wüsste man eigentlich immer noch nicht so richtig, was Menschen dazu bringt, sich so erbärmlich gegenüber anderen zu verhalten."

Anna: „Ja, da stimmt schon. Trotzdem sollte man solche Experimente nicht durchführen. Da wird aus meiner Sicht die Würde der Versuchspersonen verletzt."

Jakob: „Das haben sich damals auch die Herausgeber einer wissenschaftlichen Zeitschrift gedacht, als sie von Milgram einen Artikel über sein Experiment zur Veröffentlichung erhielten. Die haben aus ethischen Gründen abgelehnt, und es hat eine lebhafte Diskussion über die ethischen Standards gegeben."

Tatsächlich setzte das Milgram-Experiment seinerzeit eine lebhafte Debatte über die ethischen Standards wissenschaftlicher Experimente in Gang, die bis heute andauert (Baumrind 1964; Cassell 2005), und auch das Stanford-Gefängnisexperiment von Zimbardo gilt vielen als Beispiel für unethische Forschung. Nach dem Ethikkodex der American Psychological Association dürften beide Experimente heutzutage nicht wiederholt werden, was Burger (2009) nicht davon abgehalten hat, das Milgram-Experiment teilweise zu replizieren.

Burger führte eine Replikationsstudie mit 70 Erwachsenen beiderlei Geschlechts durch, wobei der Versuch nach dem ersten verbalen Protest des „Schülers" (bei 150 V) abgebrochen wurde. Die Ergebnisse unterscheiden sich nur wenig von denen, die Milgram 45 Jahre zuvor berichtet hatte. Gehorcht wurde auch, wenn die Versuchspersonen beobachten konnten, dass jemand sich den Anweisungen des „Experimentators" widersetzte. Es konnten auch keine geschlechtsspezifischen Unterschiede festgestellt werden. Allerdings gab es in der Studie Burgers im Vergleich zum Milgram-Experiment bei den männlichen Versuchspersonen doppelt so viele Fälle von *Ungehorsam*. Laut Twenge (2009) stimmt das mit den gut dokumentierten Veränderungen in Persönlichkeitsmerkmalen überein, die über mehrere Generationen hinweg eine Zunahme an *Nonkonformismus* verbunden mit verstärkter Selbstbehauptung und Selbstachtung gezeigt haben.

Wie immer man zu den Experimenten Milgrams und Zimbardos steht, zeigen sie, dass *Gehorsam* in unserer Kultur und Gesellschaft eine viel größere Rolle spielt, als wir vielleicht wahrhaben möchten. Die meisten halten sich in der Regel für wenig gehorsam, und die pädagogische Literatur stimmt darin überein, dass Erziehung keinesfalls gleichzusetzen ist mit Zwang zu Gehorsam. Dennoch scheint Gehorsam den meisten in Fleisch und Blut übergegangen zu sein.

▪ Effekte der Erziehung zum Gehorsam

Wie sich Erziehungsmethoden, die auf Macht und Gehorsam gründen, auf die Persönlichkeitsstruktur von Menschen auswirken können, hat der Psychiater Gruen (2000) an mehreren Beispielen gezeigt. In dem Buch *Familie und Aggression* schildert Mantell (1972) eine Studie, die er zur Einübung von Gewalt durchgeführt hatte. Er untersuchte 25 Soldaten der Green Berets, die sich freiwillig für den Kriegseinsatz in Vietnam gemeldet und sich dort durch besondere Rücksichtlosigkeit und Härte ausgezeichnet hatten. Im Vergleich zu 25 Kriegsdienstverweigerern, die ebenfalls untersucht wurden, waren die Biografien der Green Berets von einer ausgesprochen autoritären, dem Gehorsam gewidmeten Erziehung geprägt. Dazu kam, dass sich die Soldaten stark mit dem Erziehungsstil ihrer Eltern identifizierten. Auch wenn sie im zivilen Leben unauffällige und sozial angepasste junge Männer waren, steigerte sich ihr auffallender Gehorsam im Dschungelkrieg zu einer blinden Befehlsunterwerfung. Bemerkenswert war, dass die Soldaten berichteten, dass es vor allem ihre Mütter gewesen waren, die von ihnen Disziplin, Gehorsam, Konformität und unterwürfiges Verhalten gegenüber Erwachsenen verlangt hatten.

In seiner *Pathologie des Gehorsams* führt Brückner (1976) aus, dass Gehorsam Unlust erspare und eine von der Gunst der Mächtigen abhängige Sicherheit verleihe, weshalb Erziehung lehren sollte, wie man Unsicherheit erträgt. Diese allgemein geteilte Auffassung von Erziehung weicht von der herrschaftssoziologischen Sicht Webers ab, wonach Macht die Chance bedeute, „innerhalb einer sozialen Beziehung den eigenen Willen auch gegen Widerstreben durchzusetzen" (Weber 1922/2005, S. 28). Dabei hatte Weber, wie Brüggen (2007) herausstellt, ausdrücklich die Durchsetzungsmacht der Eltern und der Lehrpersonen im Sinn, die auf Seiten der Heranwachsenden eine „schlechthinnige Gehorsamspflicht" verlangt. Diesem Machtverständnis setzt Brüggen das Verständnis Hannah Arendts entgegen, das dem pädagogischen Denken stärker entgegenkomme: Für Arendt entsteht Macht aus „der menschlichen Fähigkeit, nicht nur zu handeln oder etwas zu tun, sondern sich mit anderen zusammenzuschließen und im Einvernehmen mit ihnen zu handeln" (Arendt 1975, S. 45). Macht wird einer Person im Konsensverfahren zugesprochen, weil sich alle davon Vorteile versprechen und Verantwortlichkeit delegieren können. Wendet sich die Macht gegen die Bezugsgruppe, ist der Fall von Machtmissbrauch gegeben und provoziert Gegenwehr.

4.4.1.2 Soziales Lernen durch Einsicht

Sozialisation dient der *Selbstbindung* des Individuums an die Gemeinschaft *durch Einsicht*. Dabei meint Einsicht, einen Objektbereich aufgrund der Kombination von Wahrnehmung und Nachdenken hinreichend zu erkennen und geistig zu erfassen. In diesem Zusammenhang spielt die Erziehung eine besondere Rolle, da sie unter Bezugnahme auf die alltägliche Lebensführung spezifische Einsichten in die soziale Welt vermittelt. Ausgangsgrundlage ist die aktive Auseinandersetzung in Form von Kommunikation und Kooperation vor allem in der Kind-Erwachsenen-Beziehung, denn das Aufwachsen ist in den Alltagshandlungen zunächst in den familiären Zusammenhang und dann in den anderer Sozialisationsinstanzen eingebettet. Nicht nur die alltäglichen Routinen bewirken Einsichten in die gesellschaftlichen Normen und Selbstverständlichkeiten, die sich das Kind anzueignen hat, sondern auch der gesellschaftliche *Diskurs*, den Habermas (1992) als *Schauplatz kommunikativer Rationalität* bezeichnet hat.

Ein Diskurs ist ein Komplex aus überwiegend sprachlich kommunizierten Einstellungen, Werthaltungen, Denkstrukturen, moralischen Urteilen und Handlungen, denen jeweils dieselbe Logik zugrunde liegt. In diesem Sinn ist der *Diskurs ein argumentativer Dialog*, in dem über die Legitimität von sozialen Normen „verhandelt" wird. Als legitim oder normal gilt dabei, was von den Mitgliedern einer Gemeinschaft als „Wahrheit" anerkannt und festgelegt wird. Gleichzeitig wird dadurch auch bestimmt, was in welcher Form nicht akzeptiert oder ausgeblendet wird. Je nach Gegenstand des Dialogs kann zwischen den verschiedensten Diskursen unterschieden werden, z. B. Herrschaftsdiskurs, wissenschaftlicher Diskurs, politischer Diskurs, Geschlechterdiskurs usw.

Selbstverständlich gibt es auch einen *pädagogischen Diskurs*. Laut Kiper geht es bei ihm nicht nur darum,

> » die Mechanismen zu klären, wie Menschen in Prozessen beiläufigen Lernens (Sozialisation) und intentionalen Lernens (Erziehung und Bildung) in die Gesellschaft integriert werden und sie gestalten, sondern es geht auch um die Frage, welche Werte sie ausbilden, wie sie über ihr Zusammenleben denken und die Fähigkeit zum förderlichen Zusammenleben erwerben (Kiper 2011, S. 32).

In diesem Kontext geht es nach Giesecke (2005) darum, zwei pädagogische Aufgaben in einen Zusammenhang zu bringen, die oft als verschieden betrachtet werden, nämlich *Sozialerziehung* (im Sinne sozialen Lernens) und *Werteerziehung*. Während die pädagogische Dimension der Werteerziehung in der Literatur uneinheitlich beurteilt wird, besteht weitgehende Übereinstimmung in der Notwendigkeit der Sozialerziehung, wobei der gesellschaftliche Diskurs eine besondere Rolle spielt. Kinder werden in ihrer Sozialisation bereits früh durch gesellschaftliche Diskurse beeinflusst, denn sie sind in soziale Umgebungen eingebettet, in denen bestimmte Einstellungen und Werthaltungen bereits seit langem bestehen. Durch Teilhabe an Diskursen eignen sich die Heranwachsenden diese Einstellungen und Werte an oder lehnen sie ab. Dazu ein Beispiel, das Mehmet Ata im April 2013 in der *Frankfurter Allgemeinen Zeitung* beschrieben hat:

> » **Jesus kommt zu den Deutschen**
> Baris ist fünf Jahre alt und Muslim. Aber seit er in den Kindergarten geht, schwärmt er von den „Heiligen drei Geistlein" und Sankt Martin. Seine Eltern sind ratlos.
> Seine Eltern hatten sich bewusst für einen katholischen Kindergarten entschieden. Er ist der beste im Viertel, fand die Mutter. Bald soll Baris auf eine katholische Grundschule gehen, und wenn er tatsächlich so klug ist, wie seine Mutter behauptet, schafft er es vier Jahre später auf ein katholisches Gymnasium. Seine Eltern finden es in Ordnung, dass er mit dem Christentum in Berührung kommt: Die Grundwerte der Religionen seien gleich. Doch inzwischen begeistert sich Baris so sehr für das Christentum, dass es den Eltern manchmal schon unheimlich wird. […] Über Gott redet er mit ihnen nicht so gern, seit sie sich vor einigen Monaten gestritten haben: Die Familie saß damals am Abendbrottisch und unterhielt sich friedlich. Aber die Mutter hatte am Tag zuvor beim Elternabend im Kindergarten erfahren, dass die Kleinen jeden

Tag vor dem Essen beten. Sie dürfen sich aussuchen, ob sie dabei ihre Hände wie Christen oder wie Muslime halten. […] Schon oft haben die Eltern versucht, Baris für den Islam zu gewinnen. Immer ganz vorsichtig. Sein Vater hat ihm ausführlich erklärt, dass sie Muslime sind, dass sie zwar an den Propheten Jesus glauben, aber Mohammed ihr letzter und wichtigster Prophet ist. Doch das hat Baris überhaupt nicht interessiert. So leicht lässt er sich nicht bekehren.
So leicht geben die Eltern aber auch nicht auf. Baris' Vater nahm den Kleinen mit in die Moschee, eine hässliche Hinterhofmoschee, wie es viele in Deutschland gibt. Es war ein islamischer Feiertag, der winzige Raum war überfüllt, Dutzende Männer drängten sich. Baris verstand die türkische Predigt nicht, und das arabische Gebet schon gar nicht. Der Junge fand die Feier blöd. Als sein Vater ihn mal wieder in die Moschee mitnehmen wollte, entschied Baris sich für eine Zeichentrickserie im Fernsehen. Und zwingen wollte ihn der Vater dann auch nicht.
Ein einziges Mal kam es zu Hause noch zum Streit über Religion. Schuld war ausgerechnet ein Atheist – Baris' Onkel. Der sagte: „Das mit Gott weiß man nicht so genau. Die einen sagen so, die anderen so." Baris war sauer: „Wie ist es denn? Jetzt sag schon!" Er wisse es ja selbst nicht, antwortete der Onkel. „Aber Ilse hat gesagt, Jesus ist Gottes Sohn", wehrte sich Baris. Ilse ist seine Kindergärtnerin. Das wiederum wollte der Vater nicht durchgehen lassen. „Baris, wir sind Muslime, wir glauben nicht daran, dass Jesus Gottes Sohn ist." Das war zu viel für den Kleinen. „Ist mir egal. Ich frage morgen Ilse." Diskussion beendet.
Die Eltern wissen nicht, wie sie mit dem Durcheinander zwischen Christentum und Islam umgehen sollen. Sie hoffen, dass aus dem Fünfjährigen noch ein richtiger Muslim wird. Wenn er etwas älter ist, soll er regelmäßig die Moschee besuchen. […] Inzwischen weiß Baris immerhin, dass Christentum und Islam nicht dasselbe sind. „Jesus kommt zu den Deutschen", sagt er. Und woran glauben die Muslime? „An Gott." Und was ist mit Jesus? „An ihn glauben sie auch." Was ist dann der Unterschied? „Es gibt keinen." (Ata 2013).

Das Beispiel zeigt, dass (religiöse) Einstellungen und Werte von Kindheit an nicht abstrakt wahrgenommen werden, sondern sich durch soziales Handeln und im Diskurs erschließen. Die mit diesem Handeln verbundene Auseinandersetzung mit sozialen Normen und Einstellungen anderer führt zu teils unbewussten, teils auf Einsicht beruhenden Wertvorstellungen, wobei in unserem Beispiel sowohl die Erziehung im Kindergarten als auch die in der Familie von dem Kind bewusst wahrgenommen und verarbeitet wird, was zu der geschilderten konflikthaften Situation geführt hat. Das Beispiel zeigt aber auch, dass erfolgreiches soziales Handeln schon früh einer Wertorientierung bedarf, auf deren Verbindlichkeit sich Handlungsträger, die miteinander interagieren, verlassen können. Baris vertraut hinsichtlich seiner religiösen Orientierung offenkundig mehr der Autorität der Erzieherin im Kindergarten als der seiner Eltern.

Kognitiver Konflikt und Einsicht

Allgemein kann davon ausgegangen werden, dass Werte vor allem dadurch gelernt werden, dass persönliche (Vor-)Einstellungen auf Grenzen, nämlich soziale Normen und Wertvorstellungen stoßen und sich daran abarbeiten müssen (Giesecke 2005). Anders ausgedrückt: Erst der kognitive Konflikt, der durch widerstreitende Normen und Werte ausgelöst wird, führt zur *Einsicht* im Sinne eines geistigen Erfassens. Und das gilt für beide Seiten des Interaktionsgeschehens: auf Seiten des Heranwachsenden zur reflektierten Auseinandersetzung mit gesellschaftlichen Normen und Werten und auf Seiten der Erziehenden als reflektierte Intervention in die Sozialisationsprozesse mit dem Ziel, dem Heranwachsenden zur Einsicht zu verhelfen. Die Frage, *wie* Heranwachsende die als verbindlich anerkannten Werte einer sozialen Gemeinschaft lernen können, beantwortet Giesecke (2005) mit dem Hinweis auf die Prozesse der Wertebildung und der Werteerziehung.

Soziales Lernen durch Einsicht umfasst also das Herstellen von Sinnbezügen, das gedankliche Durchspielen von Bedingungen und möglichen Ergebnissen sozialer Handlungen, das Suchen nach und Finden von effektiven Lösungen für soziale Probleme und die Teilhabe am gesellschaftlichen Diskurs. Vor allem zielt ein soziales Lernen durch Einsicht auf die Kompetenz, die Angemessenheit des eigenen Verhaltens kritisch reflektieren zu können (Limbourg und Steins 2011).

Dabei durchläuft der Lernprozess verschiedene Phasen:

- die *Phase der Erzeugung eines Problembewusstseins*, indem z. B. eine bisher effektive Handlungsweise scheitert, als fragwürdig erscheint und dadurch als Selbstverständlichkeit erschüttert wird;
- die *Phase des Suchens* nach einer bewährten Lösung, die aber nicht erfolgreich auszuführen ist, weshalb
- die *Phase der Umstrukturierung* durch gedankliches Durchspielen von Handlungsalternativen erforderlich wird;
- die *Phase der Einsicht und Lösung* durch Erzeugung einer neuen geistigen Konfiguration;
- die *Phase der Anwendung* und Ergebnissicherung.

Ein solches einsichtiges Lernen setzt Wissen voraus, das einer Umstrukturierung unterzogen wird (Dörner 1976) – frei nach Goethe: Man sieht nur, was man weiß.

Der Erwerb komplexer Verhaltensmuster im Rahmen des sozialen Lernens ist demnach nur durch die Wirkung kognitiver Fähigkeiten und Wissensprozesse möglich. Das, was in der sozialen Umwelt erfahren wird, wird nicht mechanisch übernommen, sondern muss vor dem Hintergrund bestehenden Wissens erkannt, gedeutet, verglichen und integriert werden. Erst das Gewinnen von Einsicht in die komplexen Zusammenhänge der sozialen Wirklichkeit erlaubt dem Individuum, sich verschiedene Folgen seiner Handlungsweisen vorzustellen und zu überdenken.

Für das soziale Lernen durch Einsicht sind verschiedene Grundmodelle des Lernens relevant (◘ Tab. 4.21).

Soziales Lernen durch Einsicht ist damit zwar abhängig von Kognitionen, aber dennoch kein rein intellektueller Vorgang, sondern ein ganzheitliches Erfassen des sozialen Lebensraums mit dem Ziel, die komplexen Zusammenhänge geistig zu durchdringen und Orientierungen für das langfristige Handeln zu gewinnen.

Das soziale Lernen kann deshalb als die höchste Form des Lernens betrachtet werden, die den Menschen in die Lage versetzt, sein soziales Handeln eigenständig reflektierend an den Ansprüchen der Gemeinschaft zu messen und am gesellschaft-

Tab. 4.21 Soziales Lernen und relevante Basismodelle des Lernens. (Kiper 2011, S. 35)

Soziales Lernen	Basismodelle des sozialen Lernens
	Wissen erwerben (z. B. über soziale Phänomene, Regeln, Rollen, Institutionen, Werte, Handlungsmöglichkeiten) Reflexion über Inhalte Reflexion über Werte Argumentieren im Diskurs Argumentieren beim Aushandeln Handeln in der äußeren Welt Problemlösen und Entdecken ...

lichen Diskurs teilzuhaben. Aus pädagogischer Sicht stellt das soziale Lernen durch Einsicht, will man es gezielt beeinflussen, hohe Anforderungen an die Gestaltung der sozialen Nahumwelt.

Darauf wird in den folgenden Abschnitten eingegangen, wobei der Schwerpunkt auf der Sozialerziehung in der Familie und Schule liegen wird, ohne damit die außerhalb dieser Sozialisationsinstanzen ablaufende Sozialerziehung zu ignorieren. Bei der weiteren Behandlung der Thematik gehen wir von der *These* aus, dass die soziale Erziehung in den verschiedenen Sozialisationsinstanzen auf einem Kontinuum zwischen den extremen Positionen der Erziehung im Sinne einer Abrichtung zum Gehorsam und der Erlangung von Autonomie durch einsichtiges soziales Lernen im Diskurs erfolgt.

4.4.2 (Sozial-)Erziehung in der Familie

Werthaltungen, Überzeugungen, Einstellungen und Verhaltensweisen werden über die Beziehungen des Kindes zu anderen Personen und Gruppen aufgebaut. Die zugrunde liegenden Interaktionen werden wesentlich durch die Dimension von *Macht* gekennzeichnet, da zwischen Sozialisationsinstanz und dem zu sozialisierenden Individuum ein „Herrschaftsgefälle“ existiert, das sich z. B. in einer hierarchischen Verteilung von Anordnungsbefugnissen mitteilt und auf Konformität zielt. Das kann, so eine gängige Annahme, „autoritäre Grunddispositionen“ erzeugen und „Innovationspotentiale in der Gesellschaft verhindern, womöglich gar eine Anfälligkeit für totalitäre Systeme begünstigen“ (Reuband 1997, S. 129).

In diesem Kontext ist die Bedeutung der Familie als Sozialisationsinstanz unbestritten, denn hier wirken eine Vielzahl gesellschaftlicher Faktoren zusammen, um eine Normierung des Verhaltens der heranwachsenden Generation zu erzielen. Aus diesem Grund stellen wir in diesem Abschnitt den Beitrag der familiären Erziehung zur Entwicklung von Werthaltungen und sozialem Handeln in den Vordergrund der Betrachtung. Ausgangsgrundlage ist die Annahme, dass Kinder in der Herkunftsfamilie soziale Einstellungen, Verhaltensweisen und Kompetenzen lernen, die für das Leben in der sozialen Gemeinschaft von maßgeblicher Bedeutung sind. Die Sozialisation wird in diesem Kontext als ein *Lernen durch soziale Interaktion* verstanden, das drei Teilprozesse umfasst:

1. Die Identifikation mit den sozialen Normen und Werthaltungen der Nahumgebung,
2. die Imitation des Verhaltens der Bezugsperson(en) und
3. die Internalisierung der Werthaltungen und Einstellungen der Bezugsperson(en) in das eigene Wertsystem.

4.4.2.1 Wandel familiärer Werte und Erziehungsziele

» „Was tun Sie“, wurde Herr K. gefragt, „wenn Sie einen Menschen lieben?“ „Ich mache einen Entwurf von ihm“, sagte Herr K., „und sorge, dass er ihm ähnlich wird.“ „Wer? Der Entwurf?“ „Nein“, sagte Herr K., „der Mensch“ (Brecht 2004, *Geschichten vom Herrn Keuner*).

Die Familie ist eine eigentümliche *Lebensgemeinschaft*, in der Kinder mit Erwachsenen rund um die Uhr und auf Dauer zusammenleben. Als Sozialform kann sie mit keiner anderen gleichgesetzt werden, die wir sonst im gesellschaftlichen Leben finden. Ihr Sinn liegt darin, die Folge der Generationen nicht abreißen zu lassen; ihr vorrangiger Zweck ist jedoch, ein befriedigendes Leben ihrer Mitglieder zu organisieren, nicht, die einen durch die anderen zu erziehen [...]. Insofern ist sie in erster Linie Ort vielfältiger personaler Einwirkungen (Giesecke 2006, S. 109).

Als Folge ihrer Einbettung in die Familie erwerben Kinder Wertvorstellungen und soziale Verhaltensweisen, die charakteristisch für die Familie und das umgebende soziale Milieu sind. Der Soziologe Bourdieu hat dies als familienspezifischer *Habitus* bezeichnet (► Abschn. 4.2.4).

Eine Sozialerziehung in der Familie beruht auf den Werthaltungen und sozialen Normen dieser speziellen Lebensgemeinschaft, auf die aber andere gesellschaftliche Einrichtungen einen mehr oder weniger starken Einfluss ausüben können, denn die einzelne Familie ist von den gesamtgesellschaftlichen Bedingungen abhängig, von der Organisation der Arbeitsprozesse der Eltern, der Länge des Arbeits- oder Schultages, vom Standort des Betriebes oder der Schule(n), vom Einkommen und dem Bildungsniveau. All dies wirkt sich auf die soziale Stellung, die äußere Lebensgestaltung und die innere Struktur der Familie aus.

Betrachtet man die Sozialisationsinstanz Familie historisch, deuten zahlreiche Faktoren auf einen starken Wandel traditioneller Familienbindungen und eine Auflösung der lange Zeit als „natürlich“ geltenden sozialen Netzwerke hin (Maihofer et al. 2001). Der Strukturwandel der Familie übte dabei einen nachhaltigen Einfluss auf die Werthaltungen und sozialen Normen dieser Lebensgemeinschaft, womit auch ein grundlegender Wandel der familiären Erziehungsziele einherging. Im Unterschied zu der machtgeprägten Konzeption der Interaktion zwischen Kind und Eltern in der Vergangenheit plädiert der moderne pädagogische Zeitgeist laut Giesecke (2005) für eine hohe Autonomie des Kindes, die eine stabile Wertorientierung voraussetzt. Diese kann aber nicht einfach vorausgesetzt werden, sie muss erlernt werden und bedarf einer Anleitung durch die Erwachsenen. Handlungsleitend sind dabei die Erziehungsziele der Eltern, die sich im Verlauf der letzten Jahrzehnte signifikant geändert haben (vgl. Maihofer et al. 2001; Nave-Herz 2002; Peuckert 2012).

▪ Wandel der familiären Erziehungsziele

Der Frage, ob und wie sich die Vorstellungen von Eltern über Erziehungsziele und Werte gewandelt haben, wurde in zahlreichen

Arbeiten nachgegangen (z. B. Höhn 2003; Reuband 1997). Die Ergebnisse der meisten (quantitativen) Untersuchungen weisen in die gleiche Richtung: Während der letzten 30 Jahre ist ein kontinuierlicher Wandel von traditionellen Zielen (Ehrlichkeit, Sauberkeit, Gehorsam) zu einer stärkeren Betonung von Selbstständigkeit und Persönlichkeitsentwicklung erfolgt (Peuckert 2012).

Die längste und in der Literatur auch bedeutendste Zeitreihe, die Aussagen über Konstanz und Wandel von Erziehungsvorstellungen in der deutschen Bevölkerung ermöglicht, stammt vom EMNID-Institut (1998). Danach ist seit den 1950er Jahren eine signifikante Zunahme der Betonung des Erziehungsziels „Selbstständigkeit und freier Wille" bei gleichzeitiger Abnahme der Wertigkeit von „Gehorsam und Unterordnung" zu verzeichnen. 1951 nannten nur 28 % der Befragten das Ziel Selbstständigkeit, 1995 waren es 60 %. Der Anteil derer, die „Gehorsam und Unterordnung" als besonders wichtig erachten, ging im selben Zeitraum von 25 auf 7 % zurück. Der Wert für „Ordnungsliebe und Fleiß" blieb demgegenüber annähernd gleich (40 %).

Generell werden der heutigen Kindererziehung in der Familie liberalere Umgangsmuster attestiert als noch vor 50 Jahren (vgl. Marx 2011). Bemerkenswert ist vor allem, dass die körperliche Züchtigung als Erziehungsmittel aus dem pädagogischen Denken verbannt wurde. So konstatierte Reuband (1997), dass es in der Bundesrepublik Deutschland einen Konsens gibt, dass Eltern mit ihren Kindern über Konflikte sprechen und sie nicht schlagen sollten.

Aber auch hier gilt, dass Einstellungen (bzw. Meinungen) und Verhalten voneinander abweichen können. In der Sozialpsychologie wird dies als *Einstellungs-Verhaltens-Konsistenz* thematisiert (Eckes und Six 1994), wobei die Beziehung zwischen Überzeugungen und dem konkretem Handeln in den Mittelpunkt gestellt wird. Idealerweise ist die Beziehung zwischen den verschiedenen Komponenten einer Einstellung (affektiv, kognitiv, verhaltensbezogen) stimmig und die affektiv gewichteten Überzeugungen spiegeln sich konsistent in sozialen Verhaltensweisen wider. Tatsächlich zu beobachten ist aber oft eine Inkonsistenz derart, dass Verhaltensweisen im Widerspruch zu dem stehen, was als Überzeugung oder Meinung kundgetan wird.

Jakob: „Einen solchen Widerspruch habe ich mal in dem Film *21 Grams* gesehen. Da beendet ein strenggläubiger Vater einen handfesten Streit zwischen seinen Kindern mit den Worten ‚in unserer Familie wird nicht geschlagen' und verabreicht kurz danach dem Sohn eine Ohrfeige."

Anna: „Die Szene kenne ich. Ich hab auch mal ein Cartoon gesehen, auf dem der Vater seinen Sohn verprügelt und dabei den Spruch von sich gibt: ‚Ich werde dich lehren, andere nicht zu schlagen.'"

Was bei der festgestellten Liberalisierung des *pädagogischen Bezugs* aufscheint, ist die Angst vieler Eltern, den Anforderungen einer auf Autonomie der Kinder zielenden Erziehung nicht gewachsen zu sein. In der Familienforschung ist in diesem Kontext oft die Rede von einer Überforderung der Eltern (z. B. Horstkemper 2011; Merkle und Wippermann 2008), da diese wüssten, dass mögliche „Fehlentwicklungen" der Kinder ihnen und ihrer Erziehung angelastet würden. Dadurch entstehe eine Angst, keine „gute" Mutter oder kein „guter" Vater zu sein, ohne zu wissen, was das eigentlich bedeutet. Die weite Verbreitung von pädagogischem Wissen durch die Medien hat dazu beigetragen, dass breite Bevölkerungsteile wissen, dass Kinder in ihrer kognitiven und sozial-emotionalen Entwicklung gefördert werden, wenn die Qualität der Eltern-Kind-Beziehung und der Kommunikation stimmt. Was viele aber nicht wissen, ist, dass die Erziehung in der Familie ihre Grenzen hat, die laut Giesecke (2006) in der Sozialform und der Organisation der Familie verankert sind.

■ Grenzen der Erziehung in der Familie

Der Erziehungsprozess in der Familie ist durch Bedingungen gekennzeichnet, bei denen schwer auszumachen ist, welches Verhalten der Beteiligten und welche personalen Aspekte in der Erziehung eigentlich wirksam werden. Daraus ergeben sich aber grundsätzlich strukturelle Grenzen der Erziehungsfähigkeit der Familie.

In der Familiensoziologie und Pädagogik besteht nahezu ein universaler Konsens, dass zwischen den Erziehungsstilen und -praktiken der Eltern einerseits und der Entwicklung ihrer Kinder ein enger Zusammenhang besteht. Das heißt aber nicht, dass zwischen dem elterlichen Erziehungsverhalten und den sozialen Verhaltensweisen der Kinder eine eindeutige und unmittelbare Beziehung besteht. So besagt es ein Modell des elterlichen Erziehungsverhaltens von Darling und Steinberg (1993), das die verschiedenen Wirkfaktoren in einen Zusammenhang stellt (■ Abb. 4.41).

Grundsätzlich unterscheiden Darling und Steinberg zwischen Erziehungsstil und Erziehungsmethode/-praxis. Unter *Erziehungsstil* verstehen sie eine Konstellation von Einstellungen, die dem Kind durch die Eltern vermittelt werden und zusammen genommen ein emotionales Klima erzeugen, in dem sich die Verhaltensweisen der Eltern in spezifischer Weise mitteilen. Als *Erziehungsmethode/-praxis* werden die Verhaltensweisen verstanden, die spezifisch und zielgerichtet auf das Verhalten des Kindes einwirken; eingeschlossen sind aber auch nichtbeabsichtigte Verhaltensweisen wie Gesten, Veränderungen des Tons beim Sprechen und der spontane Ausdruck von Emotionen. Bemerkenswert an dem Modell ist der explizite Einbezug der Bereitschaft bzw. Bereitwilligkeit des Kindes, sich sozialisieren (erziehen) zu lassen.

Die Kernaussage des Modells ist, dass allgemeine Ziele und Wertvorstellungen der Eltern zwar deren Erziehungsstile und -methoden beeinflussen, nicht aber unmittelbar das Verhalten des Kindes. Dieses ergibt sich aus der Wechselwirkung der elterlichen Erziehungspraxis und der Bereitwilligkeit des Kindes, sozialisiert zu werden.

> » Erziehung ist somit ein interaktiver Prozess, in dem der Zu-Erziehende in gewissem Maße den Erfolg der Erziehungshandlung mitbestimmt. Sein Temperament, seine […] Interaktionserfahrungen, Kompetenzen und seine Persönlichkeit machen Erziehung letztlich zu einem wechselseitigen Lehr-Lernprozess (Marx 2011, S. 124).

Das erklärt, warum einzelne erzieherische Maßnahmen nicht notwendigerweise die gewünschte unmittelbare Wirkung beim

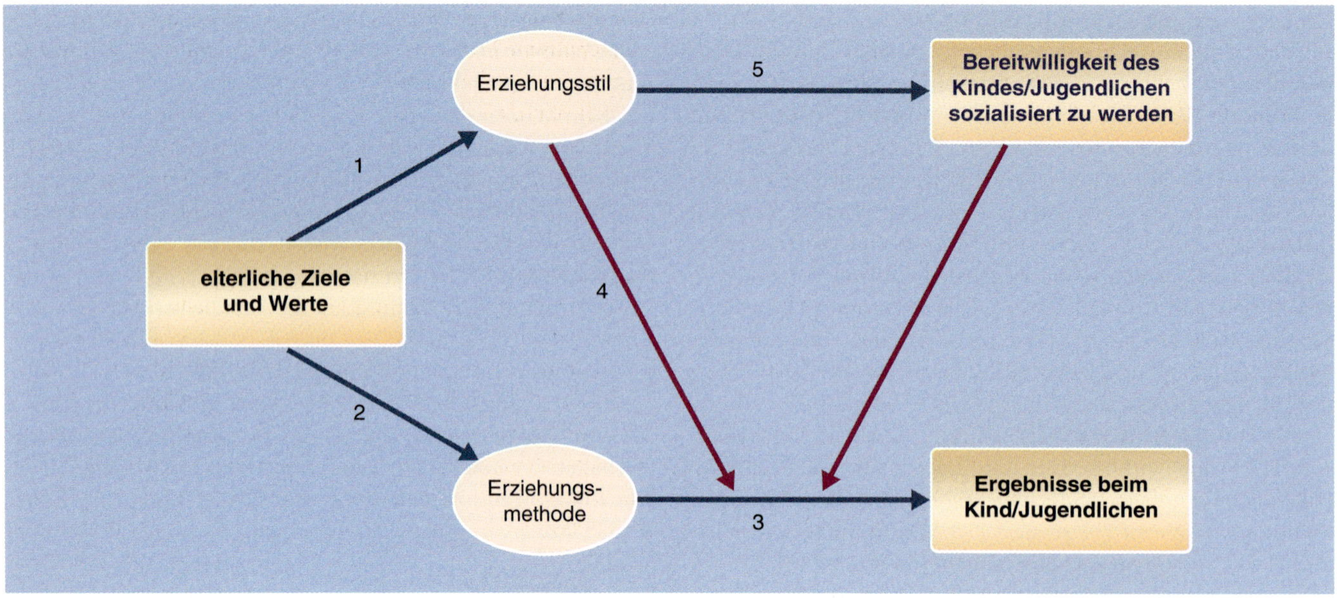

Abb. 4.41 Kontextuelles Modell des Erziehungsverhaltens (Darling und Steinberg 1993, S. 493)

zu Erziehenden erzielen und warum ein und dieselbe pädagogische Maßnahme nicht zu denselben Konsequenzen führt, wenn sie von verschiedenen Erwachsenen angewandt wird.

Das dargestellte kontextuelle Modell der Wirksamkeit der elterlichen Erziehungsstile und -praktiken stützt auch die Annahme Gieseckes (2006), dass die Familie nur Erziehungsziele anstreben kann, die in ihrer Sozialform selbst angelegt sind. Anders ausgedrückt: Sie kann unmittelbar nur für sich selbst erziehen, nicht auch für außerfamiliäre Ziele und Zwecke. Ob eine nach außen gerichtete Wirkung dann doch möglich ist, hängt von der Übertragbarkeit der Werthaltungen der Familie auf die umgebende Gemeinschaft ab. Besonders enge Grenzen sind der sozialen Erziehung in pathogenen Familien[25] gesetzt, die oft daran gehindert werden, sich an die Entwicklung ihrer Mitglieder oder an neue Umweltbedingungen anzupassen. Dadurch wird die Individuation der Familienmitglieder behindert, alte Probleme bleiben ungelöst und neue entstehen. Pathogene Familien haben meistens einen gestörten hierarchischen Aufbau, die Rangordnung ist entweder unklar oder rigide, die Regeln der Interaktion sind nicht eindeutig definiert und einzelne Mitglieder (z. B. die Kinder) besitzen zu viel Macht (Textor 1985).

Solange die Vorstellung der kleinbürgerlichen Familie das Denken der Familiensoziologie beherrschte, wurde der Autoritarismus als zentrales Merkmal pathogener Familien herausgestellt. Seit den 1990er Jahren hat sich die Argumentation jedoch gewandelt, da nun der Rückzug der Eltern aus der Autoritätsfunktion als pathogenes Moment begriffen wird (vgl. Gerhardt 1995). Angenommen wird, dass sich eine familiäre Atmosphäre des Gewährenlassens und der Bindungslosigkeit im Kindesalter negativ auf das spätere Verhalten der Jugendlichen auswirkt (vgl. auch Eisenberg 2000). Demnach kann man zusammenfassen, dass die Grenzen in pathogenen Familien entweder zu starr oder zu schwach ausgeprägt sind. Im ersten Fall haben die Familienmitglieder nur wenig Kontakt miteinander und besitzen nur schwach ausgeprägte Loyalitäts- und Zusammengehörigkeitsgefühle. Die Eltern fühlen sich kaum für ihre Kinder verantwortlich, die oft durch störende Verhaltensweisen ihre Aufmerksamkeit zu gewinnen versuchen. Im zweiten Fall mangelt es an Möglichkeiten für autonome und selbstständige Handlungen. Die einzelnen Mitglieder der Familie haben keine Privatsphäre und haben Schwierigkeiten, zwischen den eigenen Interessen und denen der anderen zu unterscheiden. Im beiden Fällen sind pathogene Familien durch stereotype und mangelhaft erfüllte Rollen gekennzeichnet. Deshalb kommt es häufig zu andauernden Machtkämpfen zwischen Eltern und Kindern, bei denen Drohungen, Versprechungen oder physische Gewalt zum Erreichen der Machtposition eingesetzt werden. Ein anderes Kennzeichen ist, dass in pathogenen Familien die familiäre Erziehung von einer permissiven Grundhaltung oder sogar Erziehungsverweigerung geprägt ist. Die Kinder wirken dann so, „als hätte man sie zu einem Zeitpunkt allein gelassen, da sie des Halts und der Fürsorge durch die Eltern noch bedurften" (Eisenberg 2000, S. 50). Die fehlenden Einflüsse der Eltern hinterlassen die Heranwachsenden dann mit einem Defizit an verinnerlichten Normen und Werthaltungen, was zu Gewaltbereitschaft und Aggression führen kann.

Unter Wahrung der Grenzen der Erziehungsfähigkeit kann die Familie aber natürlich einen Beitrag zur Persönlichkeitsentwicklung und Sozialwerdung der Kinder leisten. Dies kann sie auf drei Ebenen:

1. auf der Ebene der funktionalen Sozialisierung,
2. durch die Vermittlung familiärer Werte und sozialen Normen und
3. durch die persönliche Einwirkung durch spezifische Erziehungsmaßnahmen (Giesecke 2006).

Voraussetzung für das Gelingen aber ist die grundsätzliche Bereitwilligkeit der Kinder/Jugendlichen, sozialisiert bzw. erzogen zu werden.

25 Als pathogene Familien werden Problemfamilien bezeichnet, die sich durch Strukturen und Prozesse auszeichnen, die Risiken für die Gesundheit (z. B. Stress), das Beziehungsgeflecht und das soziale Verhalten der Familienmitglieder mit sich bringen (vgl. Textor 1992).

4.4.2.2 Erziehungsstile von Eltern

In Übereinstimmung mit dem oben dargestellten kontextuellen Modell des Erziehungsverhaltens von Darling und Steinberg (1993) umfasst das Erzieherverhalten neben Erziehungszielen und Wertvorstellungen auch Erziehungseinstellungen und Erziehungspraktiken. Dabei sind nur die Erziehungspraktiken direkt beobachtbar, während die anderen Aspekte mit Hilfe indirekter Verfahren (z. B. Fragebögen, Interviews, projektive Verfahren) lediglich näherungsweise erfasst werden können. Im realen Erziehungsgeschehen wirken die verschiedenen Komponenten des Erzieherverhaltens aber stets als ganzheitlicher Komplex und konstituieren das Konstrukt der *Erziehungsstile* (vgl. Schneewind und Herrmann 1980).

Während Lewin, auf den sich die Forschung zu Erziehungsstilen im Wesentlichen stützt, den autoritären bzw. autokratischen, sozialintegrativen bzw. demokratischen und Laissez-faire Stil als gedankliche Setzungen aus der Erfahrung abstrahierte und empirisch zu bestätigen versuchte (Lewin et al. 1939), wurden seit den 1960er Jahren zunehmend statistische Gruppierungsverfahren (z. B. Faktoren- und Clusteranalyse) zur analytischen Unterscheidung von Erziehungsstilen eingesetzt. Dementsprechend werden Erziehungsstile als Gruppen (Cluster) korrelierender Merkmale beschrieben, die wiederum mit Merkmalen der zu Erziehenden in einem statistisch signifikanten Zusammenhang stehen. Vor diesem Hintergrund folgt die Forschung zu elterlichen Erziehungsstilen traditionell einem von zwei Ansätzen: dem dimensionalen oder dem konfiguralen Ansatz.

Der *dimensionale Ansatz* versucht, kritische Dimensionen der Erziehung zu identifizieren, die voneinander getrennte Aspekte des Erziehungsverhaltens umfassen, entlang derer sich die Erziehungspraktiken von Eltern (und Lehrern) unterscheiden. Demgegenüber zielt der *konfigurationale Ansatz* darauf ab, generalisierte Grundformen der Erziehung zu identifizieren, die durch spezifische Konstellationen charakteristischer Merkmale definiert werden.

Im Zusammenhang der Prozesscharakteristik von Unterricht (► Abschn. 1.2.2, ◘ Abb. 1.26) haben wir unter Bezugnahme auf Tausch und Tausch (1998) die Dimensionen der emotionalen Zuwendung und der Lenkung herausgestellt und ihnen die von Lewin unterschiedenen Konfigurationen des Erzieherverhaltens zugeordnet. Unter Zugrundelegung dieser Ordnungsgesichtspunkte lässt sich beispielsweise eine Gruppe von Eltern, die sich durch starke emotionale Zuwendung, wenig Verhaltenskontrolle und geringe psychische Kontrolle auszeichnet, von einer Gruppe von Eltern unterscheiden, die starke emotionale Zuwendung, große Verhaltenskontrolle und geringe psychische Kontrolle zeigt.

▪ Dimensionen der Erziehung

Die am häufigsten untersuchten Dimensionen der Erziehung sind *emotionale Wärme* (auch als Zuwendung, Akzeptanz oder Ansprechbarkeit bezeichnet), *Beständigkeit* und Verlässlichkeit (im Sinne einer Verhaltenskontrolle) und *Einengung* (im Sinne einer psychischen Kontrolle). In Bezug auf jede dieser Dimensionen wurden verschiedene Formen der kindlichen Anpassung untersucht: die *psychosoziale Entwicklung* (soziale Kompetenz, Selbstkonzeption und Selbstvertrauen), *Leistungen* (Lernleistungen, Leistungsmotivation), die internalisierte Bedrängnis im Sinne von *Verzweiflung* (Depression, Ängstlichkeit und psychosomatische Probleme) und *Verhaltensprobleme* (Delinquenz, Aggression, Drogen- und Alkoholkonsum).

Allgemein zeigt die Forschung, dass es Kindern und Jugendlichen besser geht, wenn ihre Eltern emotional warm, beständig und verlässlich sowie nicht einengend sind. Tendenziell hängt eine geringere Beständigkeit der elterlichen Erziehung stärker mit Verhaltensproblemen der Kinder zusammen, während eine starke Einengung mit psychischen Problemen einhergeht. Von daher ist eine Unterscheidung zwischen Verhaltenskontrolle und psychologischer Kontrolle wichtig, nicht nur weil diese mit unterschiedlichen Effekten auf die zu Erziehenden zusammenhängen, sondern auch weil eine optimale Entwicklung des Kindes mit einer hohen Kontrolle des Verhaltens, aber mit einer niedrigen psychologischen Kontrolle einherzugehen scheint (Dishion und MacMahon 1999; Maccoby und Martin 1983; Uhlendorff et al. 2008).

▪ Welche Erziehungsstile sind zu unterscheiden?

» Ich erziehe meine Tochter antiautoritär, aber sie macht trotzdem nicht, was ich will (Nina Hagen, Sängerin).

Unter Bezugnahme auf Lewin wurden in der sozialpsychologischen Literatur verschiedene Klassifikationen von Erziehungsstilen entwickelt. Beispielsweise erweiterte Elder (1962) die von Lewin genannten drei Stile um vier weitere Konfigurationen des Erzieherverhaltens.

Die sieben Erziehungsstile von Elder (1962)

1. Der autokratische Erziehungsstil
   Die Eigeninitiative von Kindern wird unterdrückt und die kindliche Meinung nicht beachtet. Die Erzieher gehen davon aus, dass es wichtig und richtig ist, Autorität gegenüber den Kindern und Jugendlichen auszuüben.
2. Der autoritäre Erziehungsstil
   Hierbei wird die Meinung der Kinder und Jugendlichen zwar akzeptiert, dennoch werden ihnen nur geringe Möglichkeiten eingeräumt, sich frei zu entwickeln. Letztendlich zählt auch hier nur die Meinung der Eltern, die eine starke Kontrolle ausüben.
3. Der demokratische Erziehungsstil
   Die Eltern sind bestrebt, die Selbstständigkeit und Eigenverantwortlichkeit der Kinder zu fördern. Die Eltern fungieren als kompetente Ansprechpartner und Stütze für ihre Kinder. Es wird Wert auf gegenseitigen Respekt und Sicherheit innerhalb der Familie gelegt.
4. Der egalitäre Erziehungsstil
   Eltern und Kinder haben gleiche Rechte und Pflichten. Es gibt keine hierarchische Ordnung der Meinungen und Entscheidungen.
5. Der permissive Erziehungsstil
   Die Eltern sind zurückhaltend in ihren Einflussnahmen auf das Kind und erwarten bei allen Entscheidungen die Eigeninitiative der Kinder und Jugendlichen.

6. Der Laissez-faire-Erziehungsstil
   Hierbei gibt es keine festen Regeln und daher auch keine Verbindlichkeit. Jeder macht, was er will. Bei Entscheidungen zeigen die Kinder und Jugendlichen oft mehr Aktivität als die Eltern. Die Meinungen der Eltern werden beachtet oder auch nicht.
7. Der negierende Erziehungsstil
   Bei diesem Erziehungsstil zeigen die Eltern eigentlich gar kein Interesse an der Entwicklung des Kindes. Das kindliche Verhalten wird kaum oder gar nicht beeinflusst, was einer Vernachlässigung der Kinder gleichkommt.

Im Unterschied zu Elder differenziert Baumrind (1971) nur vier elterliche Erziehungsstile, die typische Familienbeziehungen widerspiegeln. Ihnen liegen zwei Dimensionen zugrunde:

1. *Herausforderung* als Disposition der Eltern, von ihrem Kind reifes und verantwortungsvolles Verhalten zu erwarten und zu fordern;
2. *Zuwendung* als Bereitschaft der Eltern, auf die Bedürfnisse ihrer Kinder einzugehen, diese zu akzeptieren und aktiv zu unterstützen.

Aus der Kombination hoher und niedriger Ausprägungen von Herausforderung und Zuwendung resultieren vier Erziehungsstile, die als *autoritativ, autoritär, permissiv* und *indifferent* bezeichnet werden (◘ Tab. 4.22).

Mit *autoritativer Erziehung* ist ein Erziehungsstil gemeint, der durch emotionale Wärme und Beständigkeit ebenso gekennzeichnet ist wie durch eine Kontrolle des kindlichen Verhaltens. Autoritative Eltern setzen Standards für das kindliche Betragen, aber stets gemäß dem Entwicklungsstand des Kindes. Sie legen großen Wert auf die Entwicklung von Eigenständigkeit und Selbstlenkung, übernehmen aber letztendlich die Verantwortung für das kindliche Verhalten. Autoritative Eltern setzen sich mit ihrem Kind in einer rationalen und problemorientierten Art auseinander und beteiligen sich an Diskussionen mit den Kindern über anstehende Probleme.

Autoritäre Eltern legen großen Wert auf Gehorsam und Konformismus, bevorzugen strafende, bedingungslose und zwingende Disziplinierungsmaßnahmen. Das Kind hat die Regeln und Vorschriften der Eltern zu befolgen, ohne sie in Frage zu stellen. Autoritäre Eltern neigen nicht dazu, unabhängiges Verhalten des Kindes zu bestärken, sondern schränken die Eigenständigkeit ein.

Nachgiebige Eltern pflegen einen permissiven Erziehungsstil, der relativ wenig Anforderungen an das kindliche Verhalten stellt, dem Kind ein hohes Maß an Freiheit einräumt, so zu handeln, wie es will. Sie betrachten eine Verhaltenskontrolle als Übergriff auf die Freiheit des Kindes und glauben, dies könnte der Gesundheitsentwicklung des Kindes zuwiderlaufen. Anstatt das Verhalten des Kindes aktiv zu lenken, betrachten sich nachgiebige Eltern eher als Ressourcen, die das Kind nutzen kann oder auch nicht.

Gleichgültige Eltern sind bemüht, alles zu tun, um die Zeit und den Aufwand an Interaktionen mit ihrem Kind zu minimieren. Im Extremfall sind indifferente Eltern ausgesprochen pflichtvergessen. Sie wissen nichts über die Aktivitäten und den Verbleib des Kindes, zeigen nur wenig Interesse an den Erfahrungen des Kindes mit der Schule oder Freunden, unterhalten sich selten mit dem Kind und beachten dessen Meinung bei Entscheidungen nicht. Anstatt ihr Kind in Übereinstimmung mit ihren Überzeugen aufzuziehen, was gut für die Entwicklung des Kindes ist, sind gleichgültige Eltern auf sich bezogen und strukturieren das Familienleben in erster Linie nach ihren Bedürfnissen und Interessen.

◘ **Tab. 4.22** Die Erziehungsstile nach Baumrind (1971)

Herausforderung	**Zuwendung**	
	hoch	***niedrig***
hoch	autoritativ	autoritär
niedrig	permissiv	gleichgültig

Baumrinds vier Erziehungsstile bildeten die Grundlage für unzählige Untersuchungen zur Wirksamkeit des Erziehungsverhaltens auf unterschiedliche Verhaltensdispositionen der zu Erziehenden (z. B. Collins et al. 2000; Heath 2005; Herbert 2004; Steinberg 2001; Steinberg et al. 1994). Insgesamt belegt die Erziehungsstilforschung, dass die soziale Einfügung des Kindes in die Familie als eine Funktion des elterlichen Erziehungsstils variiert. Kinder aus autoritativen Familien zeigen eine zuträglichere Anpassung als Kinder aus vernachlässigten Haushalten, die in fast allen Indikatoren der Sozialisierung schwächer abschneiden. Namentlich erreichen Kinder und Jugendliche aus autoritativen Elternhäusern höhere Werte bei der Erhebung ihrer psychosozialen Entwicklung und Schulleistungen und niedrigere Werte bei der Erhebung von Stress und Verhaltensproblemen, während Gleichaltrige mit indifferenten Eltern in den vier Indikatoren ausgesprochen schlecht abschneiden. Obwohl gelegentlich auch Ausnahmen von diesem allgemeinen Muster beobachtet wurden, deutet die Erziehungsstilforschung im Gesamtergebnis überzeugend darauf hin, dass es einen sehr deutlichen Zudsammenhang gibt zwischen autoritativem Erziehungsstil und einer gesunden psychosozialen Entwicklung der Kinder. Dies wurde unabhängig von Ethnien, Kulturen, geografischen Regionen, sozialen Schichten und Familienstrukturen belegt (z. B. Chao 1994; Gonzales et al. 1996; Halpenny et al. 2010; Harris 1998).

Das andere Extrem bildet der indifferente Erziehungsstil, da dieser die psychosoziale Entwicklung des Kindes hemmt, häufig zu Depressionen und einer Vielzahl von Verhaltensproblemen (z. B. Aggressivität gegen andere) führt (vgl. Ihle et al. 2012; Schmidt-Traub und Lex 2005; Wahl 2009).

Kinder, die in autoritären oder permissiven Haushalten aufwachsen, befinden sich zwischen den beiden Extremen.

Der autoritäre Erziehungsstil ist oft mit speziellen Problemen der Kinder im Bereich der sozialen Kompetenz und mit Stress verbunden, der permissive Stil mit niedrigeren Schulleistungen und mit einer Tendenz zu auffälligem Sozialverhalten.

Jakob: „Mich verwirren die verschiedenen Bezeichnungen von Erziehungsstilen. Die Unterscheidung zwischen autoritärem, sozialintegrativen und dem Laissez-faire-Stil finde ich eigentlich ausreichend."

Anna: „Diese drei finden sich ja auch bei den anderen, obwohl sie bei Baumrind anders heißen. Was mich aber irritiert, ist, dass Baumrind den sozialintegrativen Erziehungsstil als autoritativ bezeichnet. Da steckt das Wort Autorität ja immer noch drin."

Jakob: „Ja schon, aber in einem positiven Sinn. Ich verstehe autoritativ als Autorität haben und Respekt einfordern."

Anna: „Klar, so wird das auch gemeint. Aber dafür würde ich doch eher die Bezeichnung sozialintegrativ wählen."

Jakob: „Das haben sich wohl auch die deutschen Psychologen Tausch und Tausch gedacht. Die sprechen nämlich von einem partnerschaftlich sozialintegrativen Erziehungsstil und grenzen den vom autokratischen und Laissez-faire-Stil ab."

Ob der fragliche Erziehungsstil in der Literatur als autoritativ, demokratisch oder sozialintegrativ bezeichnet wird, ist gemessen an dem hohen Stellenwert, der ihm pädagogisch beigemessen wird, eine eher nebensächliche Frage. Zweifelsohne ist dieser Erziehungsstil das pädagogische Ideal der modernen demokratischen Gesellschaft. Die wesentlichen Merkmale dieses Erziehungsstils können folgendermaßen zusammengefasst werden:

Eltern mit einem autoritativen (demokratischen, sozialintegrativen) Erziehungsstil bemühen sich um eine angemessene Balance zwischen Einengung und Autonomie, d. h., sie bieten dem Kind Gelegenheiten, Selbstvertrauen zu entwickeln, aber in einem vorgegebenen Rahmen von Standards und Anleitungen, die sich entwickelnde Individuen benötigen. Dementsprechend erhalten die Kinder mit zunehmendem Alter mehr Freiheiten für ihre Handlungsweisen, was sich günstig auf die Entwicklung der Resilienz der Heranwachsenden auswirkt, von außen bewirkte Krisen durch Rückgriff auf persönliche Ressourcen zu meistern. Außerdem zeichnen sich Eltern, die diesen Erziehungsstil pflegen, durch Kompromissfähigkeit aus, die sich günstig auf die intellektuelle Entwicklung auswirkt, welche die Grundlage psychosozialer Kompetenz darstellt. Diskussionen, in denen Entscheidungen, Verhaltensregeln und Erwartungen erklärt werden, helfen dem Kind, soziale Beziehungen zu verstehen. Dieses Verständnis spielt eine wichtige Rolle bei der Entwicklung von Urteilskraft, Einfühlungsvermögen, Rollenübernahme und moralischen Urteilen. Ein partnerschaftlicher, sozialintegrativer Erziehungsstil baut auf einer emotional warmen Beziehung zwischen Eltern und Kind auf, was die Wahrscheinlichkeit erhöht, ähnliche Einstellungen und Werthaltungen zu entwickeln.

4.4.2.3 Sozialer Status und Erziehung

In der Bildungssoziologie war lange die Auffassung vorherrschend, dass die Familie mit einem abnehmenden sozialen Status vielfältigen wirtschaftlichen, sozialen und kulturellen Benachteiligungen ausgesetzt ist, die den Heranwachsenden den Aufbau einer adäquaten personalen und sozialen Identität erschwert (▶ Abschn. 4.2.3). Dementsprechend wird seit langem von schichtspezifischen Erziehungsstilen und -praktiken ausgegangen, wobei die Mittelschichtfamilie als Maßstab für die Sozialisierung der Heranwachsenden betrachtet wird. Sie sei durch eine Egalisierung der Geschlechtsrollen und eine Demokratisierung der Eltern-Kind-Beziehungen gekennzeichnet, während die „typische" Unterschichtfamilie durch ein Festhalten an tradierten Geschlechtsrollen und durch einen autoritären Erziehungsstil charakterisierbar sei. Dementsprechend schrieb z. B. Caesar (1972) Angehörigen der Unterschicht einen autoritär-restriktiven Erziehungsstil, ein stärkeres Ausmaß an unkontrollierter Aggressivität sowie im Hinblick auf die Leistungsmotivation ein eher passiv-unselbstständiges Verhalten zu, wohingegen sich Angehörige der Mittelschicht seiner Meinung nach durch emotionale Wärme, deutlich weniger Aggressivität und die Betonung von Eigeninitiative und Autonomie der Kinder auszeichneten. Diese Gegenüberstellung von schichtspezifischen Erziehungsstilen war charakteristisch für den Großteil der Untersuchungen in den 1960er und 70er Jahren. In der Folgezeit flaute das Forschungsinteresse an schichtspezifischen Unterschieden in der Genese und den Auswirkungen von Erziehungsstilen jedoch ab (vgl. Liebenwein 2008). Das hing damit zusammen, dass die unzähligen Studien zu schichttypischem Erziehungsverhalten in ihren Ergebnissen sehr heterogen waren, so dass sich die zentralen Thesen schichtspezifischer Erziehungsstile empirisch nicht erhärten ließen (vgl. Kristen 1999).

Diese Feststellung trifft bis heute zu, wie einige neuere Studien zum elterlichen Erziehungsverhalten belegen. Beispielsweise untersuchten Barquero und Geier (2008) im Rahmen des DJI-Kinderpanels auch schichtspezifische Unterschiede des Erziehungsverhaltens. Erfasst wurden Daten für die ältere Kohorte des Kinderpanels in drei Erhebungswellen. Das Durchschnittsalter der Kinder war bei der ersten Welle 8 Jahre und 7 Monate (◘ Abb. 4.42).

Die untersuchten Familien gehörten zu 29,2 % der Unterschicht, zu 36,6 % der Mittelschicht und zu 34,2 % der oberen Schicht an. Zugrunde gelegt wurde dabei der ISEI-Index (Einkommen und Bildungsniveau der Eltern). Bemerkenswert ist beim Kinderpanel, dass nicht nur die Meinungen der Eltern, sondern auch die der Kinder erfasst werden. In der Studie von Baquero und Geier wurde das Erziehungsverhalten der Mütter mit den beiden Skalen „kindzentrierte Kommunikation" (im Sinne mütterlicher Zuwendung und Unterstützung) und „strenge Kontrolle" aus Sicht der Kinder erfasst. Allgemein schätzten die Kinder das Erziehungsverhalten ihrer Mütter positiv ein. Im Urteil der Kinder schienen die Mütter häufig eine an den kindlichen Interessen und Bedürfnissen orientierte Kommunikation anzuwenden (◘ Tab. 4.23).

Das Ergebnis zeigt, dass es keinerlei Hinweise auf schichtspezifische Effekte des elterlichen Erziehungsverhaltens auf das Selbstbild, die Aufgeschlossenheit und Selbstwirksamkeit der Kinder gibt.

Das gleiche Bild zeigt eine irische Studie von Halpenny et al. (2010), an der mehr als 1300 Eltern im Alter von 21 bis 69 Jahren teilgenommen hatten. Fast 80 % davon waren verheiratet. Halpenny et al. konstatieren, dass die Ergebnisse ihrer Studie im Gegensatz zur früheren Forschung keine klaren Trends für Erziehungsstile zeigen, die aufgrund des sozioökonomischen Status oder des Bildungsniveaus der Eltern erklärbar sind. Bereits zuvor hatten Hoff et al. (2002) darauf hingewiesen, dass die Beziehung zwischen sozioökonomischem Status und Erziehungsstilen komplex sei und dass einige Aspekte der Erziehung mehr vom sozioökonomischen Status beeinflussbar sein könnten als andere. Ein niedriger sozialer Status kann durchaus zu einem Risikofaktor

Alter des Kindes	1. Welle Herbst 2002	2. Welle Frühjahr 2004	3. Welle Herbst 2005
11–13			Mutter N = 620 Vater N = 351 Kind N = 620
9–11		Mutter N = 722 Vater N = 484 Kind N = 722	
8–9	Mutter N = 1042 Vater N = 658 Kind N = 1042		Mutter N = 673 Vater N = 379 Kind N = 673
6–8		Mutter N = 771 Vater N = 504 Kind (Proxy*)	
5–6	Mutter N = 1148 Vater N = 678 Kind (Proxy*)		
	N = 2190	N = 1493	N = 1293

*Proxy bedeutet: Die Aussagen über die Kinder (im Alter von 5 bis 7 Jahren) erfolgen über die Mütter und stammen nicht von den Kindern selbst.

Abb. 4.42 Design des DJI-Kinderpanels (Alt und Lange 2009, S. 490)

für suboptimales Erziehungsverhalten werden, aber er ist weder notwendig noch hinreichend, um schlechtes Erziehungsverhalten der Eltern zu verursachen. Allgemein gelten ein „(1) geringes Alter der Mutter bei der Geburt des ersten Kindes; (2) niedriges Bildungsniveau; (3) geringes Selbstwertgefühl, (4) niedrige Intelligenz; (5) niedriges Einkommen, (6) nicht vorhandener Partner; (7) große Kinderzahl; (8) schwieriges Temperament des Kindes“ (Schneewind 1998, S. 159) als Risikovariablen für die Entwicklung eines problematischen Erziehungsstils (autoritär oder indifferent). Eine schwierige ökonomische Situation (z. B. Armut) und belastende Arbeitsbedingungen behindern ebenfalls einen entwicklungsförderlichen Erziehungsstil (vgl. Graf 2002). Der *soziale Status* als Zugehörigkeit zu einer Gesellschaftsschicht scheint demgegenüber nur noch eine untergeordnete Rolle für das Erziehungsverhalten von Eltern zu spielen.

Während Erziehungsstile lange Zeit schichtspezifisch unterschieden wurden, wird gegenwärtig also von einer Verallgemeinerung der Erziehungsstile ausgegangen, die früher für die mittleren und oberen Schichten typisch waren. Über alle Sozialschichten hinweg wird den Eltern wie selbstverständlich eine große Verantwortung für die Entwicklung ihrer Kinder zugeschrieben (Merkle und Wippermann 2008). Eltern aller Schichten müssen mit dem gesellschaftlichen Anspruch umgehen, ihre Kinder optimal zu fördern, und sie sind sich dessen bewusst. Diesem gesellschaftlichen Anspruch begegnen die meisten Eltern mit einem ambitionierten Engagement; zugleich gibt es laut Wippermann et al. (2013) aber eine Minderheit von Eltern (etwa 10 %, meist im Milieu der „Benachteiligten“), die sich um die Bildung ihrer Kinder nicht kümmern können und wollen. So kommt die soziale Schicht vermittelt

Tab. 4.23 Wirkungen des elterlichen Erziehungsverhaltens im DJI-Kinderpanel (Barquero und Geier 2008, S. 136 f.)

		Kindzentrierte Kommunikation			Sozialschicht		
		niedrig	mittel	hoch	untere	mittlere	obere
Positives Selbstbild	2. Welle	2,76	2,81	2,83	2,79	2,80	2,81
	3. Welle	2,68	2,76	2,75	2,73	2,74	2,73
Sozial-kognitive Aufgeschlossenheit	2. Welle	2,23	2,40	2,53	2,33	2,38	2,45
	3. Welle	2,23	2,42	2.47	2,39	2,4	2,42
Selbstwirksamkeit	2. Welle	1,86	1,92	1,98	1,90	1,91	1,96
	3. Welle	1,91	1,83	1,92	1,94	1,83	1,90

durch die Milieus, in denen Kinder heranwachsen, dann doch wieder ins Spiel.

Erziehung und soziale Milieus

Zu den milieuspezifischen Erziehungsstilen und -praktiken von Eltern gibt es infolge der aufwendigen qualitativen Analyseverfahren bislang nur sehr wenige Studien. Die folgenden Darlegungen beziehen sich auf zwei Pilotstudien des Sinus-Instituts (Sinus Sociovision 2003, 2004), auf zwei umfangreichere Studien im Auftrag der Konrad-Adenauer-Stiftung (Merkle und Wippermann 2008; Wippermann et al. 2013) sowie auf eine Untersuchung von Liebenwein (2008). Im Unterschied zu dem oben erwähnten DJI-Kinderpanel, in dem die Kinder zum Erziehungsverhalten der Eltern befragt wurden, werden in den Milieustudien die Eltern in Einzelinterviews befragt.

Die umfangreichste Untersuchung zum milieuspezifischen Erziehungsverhalten von Eltern ist die Studie *Eltern unter Druck*, in der 100 narrative Einzelinterviews mit Eltern (je zu Hälfte Mütter und Väter) von Kindern im Alter bis 6 Jahre durchgeführt wurde (Merkle und Wippermann 2008). Die große Mehrheit der Eltern betont als Erziehungsziel die ganzheitliche Entfaltung der Potentiale und die nachhaltige Stärkung der Persönlichkeit ihrer Kinder. Bemerkenswert ist, dass die Eltern dieses Erziehungsziel in einen Gegensatz zu den Zielen des Schulsystems stellen, das nur noch isoliertes Wissen vermittle und auf intellektuelle Fähigkeiten setze. Aus der Sicht der meisten Eltern kollidiert ihr Anspruch, die Potentiale ihres Kindes zu fördern, mit den leistungsorientierten Anforderungen der Schule. Die Eltern betonen unabhängig vom Milieu, dass eine zentrale Aufgabe der Schule in der Vermittlung von Werten liegen sollte. Ohne genauer anzugeben, um welche Werte es sich dabei handeln sollte, wird der Schule dabei jedoch insgesamt ein Versagen attestiert.

Besonders kritisieren die Eltern, dass sie als tragende Komponenten für den Schulerfolg ihrer Kinder von Seiten der Lehrer fest eingeplant seien. Die Schule habe wichtige Leistungen in die Familien ausgelagert, und Eltern, die nicht imstande seien, die Unterstützungsleistungen zu erbringen, werde eine erhebliche Mitschuld für ein „Scheitern" ihres Kindes in der Schule gegeben. Um den von der Schule an die Eltern herangetragenen Verpflichtungen nachzukommen, werden in Abhängigkeit vom materiellen und soziokulturellen Kapital der Familie unterschiedliche Handlungsoptionen gewählt (Wippermann et al. 2013, S. 63).

Milieuspezifische Erziehungsziele und Unterstützung der Kinder bei der Erledigung von Schulaufgaben

Etablierte: Eltern als Schulmanager; Ziele setzen, geeignete Strategien wählen; bei den Kindern Stärkung der Eigenverantwortung; klare Nutzenausrichtung; dem Kind die Vorzüge guter Bildung vermitteln.

Postmaterielle: Kinder (innerlich) stark machen; ihre Autonomie und Eigenverantwortung stärken; die Bedürfnisse, Talente, Entwicklungspfade und -tempi des Kindes im Blick haben und berücksichtigen.

Performer: Wege zur Kompetenzentwicklung für die Zukunftsfähigkeit ihres Kindes; dieses muss sich hohe Ziele setzen und lernt so, sich zu motivieren und anzustrengen; wer will, schafft es auch; Eltern haben dabei Vorbildfunktion.

Expeditive: Schule als familiäres Projekt; Eigenorganisation des Kindes stärken; Wunsch für das Kind, seinen eigenen Weg zu finden; Vertrauen, auf dem richtigen Weg zu sein. Die notwendigen Ressourcen liegen im Kind (Potential) und müssen durch richtige Motivation und Form aktiviert werden.

Bürgerliche Mitte: Mütter als tägliche, dauerhafte Assistentinnen und Coachs für Schulbelange (unter Verzicht auf eigene Erwerbstätigkeit); Engagement in der Schule für Vorteile ihres Kindes; finanzielle und zeitliche „Aufopferung" für den Schulerfolg der Kinder; Fokussierung auf Nahziele: die nächste Arbeit, das nächste Abfragen; hohe Angst vor „Scheitern".

Benachteiligte: Sehnsucht nach Teilhabe ihrer Kinder durch Bildungserfolge wie die Mitte; teilweise Vernachlässigung und Resignation, geringe Motivation und wenig Ressourcen zur Unterstützung ihrer Kinder (inhaltlich, organisatorisch, finanziell); Unsicherheit im Kontakt mit Schule als einer für sie „fremden Welt".

Hedonisten: Forderung einerseits nach Selbstständigkeit und Bedürfnisorientierung des Kindes in der Schule, andererseits nach Struktur, Ordnung und Erledigung aller Schulbelange in der Schule. Zur eigenen Entlastung: keinen Lern- und Leistungsdruck aufbauen; Schulabschlüsse kann man immer noch „später" machen.

In Anbetracht der vielfältigen Aufgaben, die von der Schule an die Familie übertragen werden, sprechen Wippermann et al. (2013) von einer regelrechten *Kolonialisierung der Familie* durch die Schule und einer Wiederbelebung der geschlechtsspezifischen Rollenverteilung, insofern die Hauptlast der Betreuung und Unterstützung der Kinder bei Schulaufgaben den Müttern überantwortet werde. In dem Spektrum der milieuspezifischen Reaktionen auf die Anforderungen, die vom Schulsystem an die Eltern herangetragen werden, lassen sich drei Trends erkennen (vgl. Merkle und Wippermann 2008): Eltern, die den Milieus der oberen Gesellschaftsschicht (Etablierte, Postmaterielle, moderne Performer) angehören, betrachten Leistung und Leistungsbereitschaft als Voraussetzungen für persönlichen und beruflichen Erfolg und unterstützen ihre Kinder mehrheitlich durch Delegation an professionelle Dienstleister. Diese Eltern zeichnen sich durch eine ausgesprochene Leistungsorientierung aus und betrachten Leistungen als eine komplexe Kombination von Zielsetzungen, Motivation und intellektuellem Potential.

Die Mehrheit der Eltern, die den Milieus der Mittelschicht angehören, delegiert die Hilfe und Förderung der Kinder nicht, sondern übernimmt selbst die volle Verantwortung. Dabei haben sie ein durchaus ambivalentes Verständnis in Bezug auf die Förderung des Kindes, insofern sie zwischen dem eigenen Ziel der freien Entfaltung der Potentiale ihres Kindes und der Leistungsorientierung des Schulsystems schwanken. Im Grunde lehnen sie das Leistungsparadigma der Schule ab, sind aber in hohem Maße bereit, die Kinder in allen schulischen Belangen zu unterstützen und aktiv zu fördern, so dass letztendlich die Leistungen

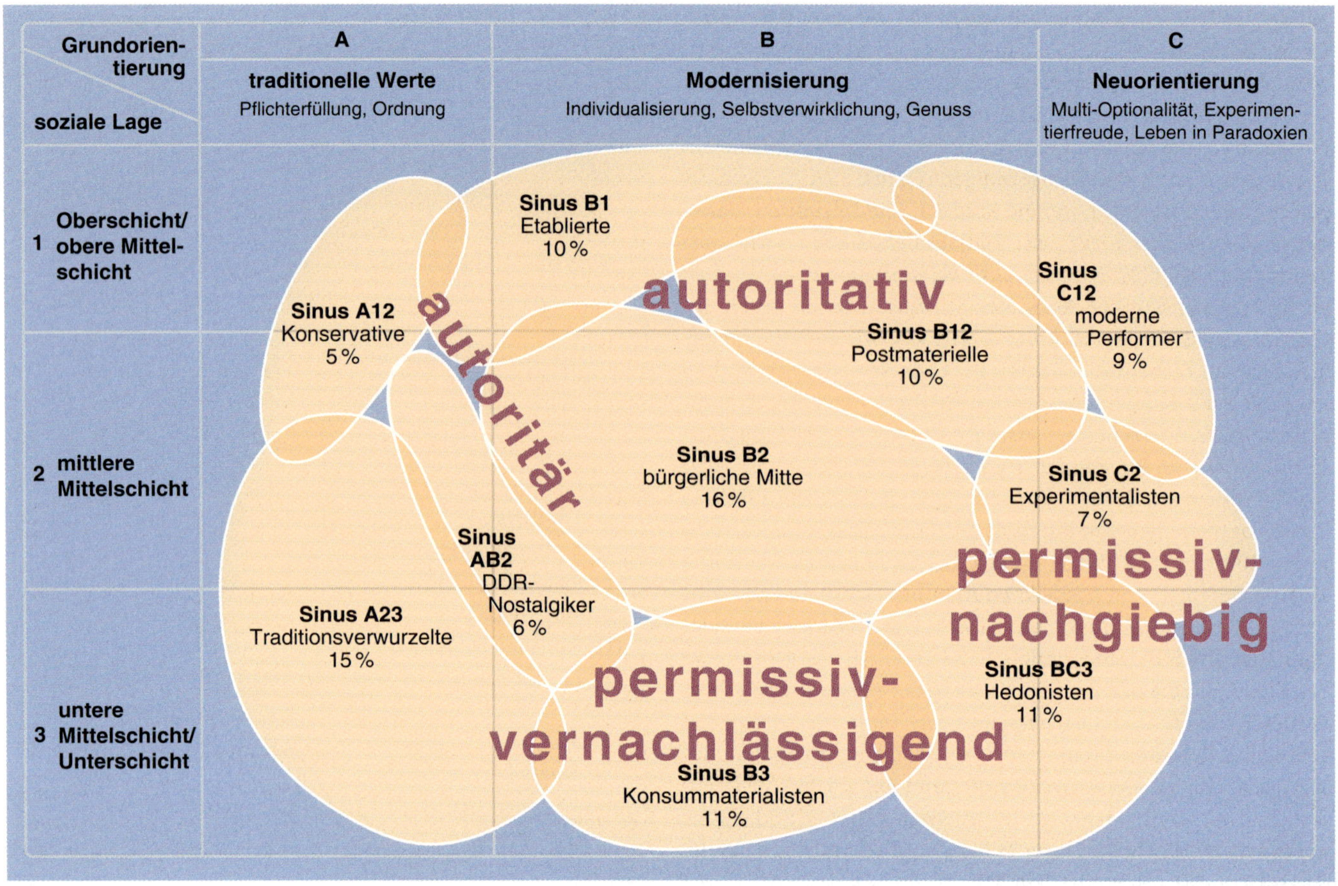

Abb. 4.43 (Hypothetische) Zuordnung milieuspezifischer Erziehungsstile

erbracht werden, die für das weitere Fortkommen des Kindes Voraussetzung sind.

Eltern, die den Milieus der unteren Sozialschicht angehören, entwickeln laut Merkle und Wippermann eine ausgesprochene Vermeidungskultur gegenüber allem, was mit Schule zusammenhängt, und schotten sich von der Schule weitgehend ab. Schule ist eine Angelegenheit der Kinder, und diese haben die Verantwortung für den schulischen Erfolg zu übernehmen. Die Eltern erwarten von der Schule die notwendige Unterstützung für ihr Kind, da sie sich selbst dazu nicht in der Lage sehen. Damit verbunden ist auch die Neigung, für die Kinder einen Bildungsweg zu wählen, der mit dem geringsten Aufwand und Widerstand zu bewältigen ist. Da Eltern der unteren Milieus zu einem Laissez-faire-Erziehungsstil neigen (Wippermann et al. 2013), wird keine Leistungsbereitschaft der Kinder eingefordert und viele Kinder bleiben infolge der fehlenden Unterstützung durch das Elternhaus hinter ihren Möglichkeiten zurück.

Legt man die Unterscheidung zwischen autoritativer, autoritärer und permissiver Erziehung zugrunde, so zeichnen die Milieustudien von Sinus Sociovision ein Bild, das vereinfacht gesagt den autoritativen Erziehungsstil den Milieus der oberen Schichten und den permissiven Erziehungsstil den Milieus der unteren Schichten zuordnet (Abb. 4.43).

Die Zuordnung der Erziehungsstile zu den Milieus ist aber eher hypothetisch als empirisch zu verstehen, da die Daten von nur knapp 150 Eltern, die in den verschiedenen Milieustudien befragt wurden, keine Generalisierung gestatten. Aber sie weisen auf einen Trend hin, den Merkle und Wippermann (2008) als ein zunehmendes *Auseinanderklaffen der Sinn- und Wertehorizonte* zwischen den Sinus-Milieus bezeichnen. In den verschiedenen Lebenswelten der Familien und ihren kultur- und milieuspezifischen Prägungen herrschen unterschiedliche Verständnisse von Bildung und Erziehung. Je nach Milieu unterscheiden sich die Eltern auch deutlich in ihrer Erwartungshaltung an die Schule.

Die Bereitschaft und das Vermögen, die Kinder in schulischen Belangen zu unterstützen, hängen von dem verfügbaren materiellen, sozialen und kulturellen Kapital der Familie ab. Daher konstatieren Merkle und Wippermann das Entstehen eines subproletarischen Milieus, das nicht mit dem alten Arbeitermilieu gleichgesetzt werden kann. In dem neuen subproletarischen Milieu verdichtet sich eine Vielzahl von Problemlagen (Arbeitslosigkeit, Alkoholismus, Wohnungsnot etc.), mit entsprechenden Auswirkungen auf das Erziehungsverhalten von Eltern. Darauf werden wir im nächsten Abschnitt ausführlicher eingehen. Hier wollen wir noch kurz der Frage nachgehen, welche Auswirkungen die häusliche Umgebung auf die Entwicklung der Kinder nimmt.

▪ Effekte des sozialen Milieus auf die kindliche Entwicklung

Der Einfluss des sozialen Milieus auf sprachliche Fähigkeiten, schulische Leistungen, Interessen, Lern- und Leistungsmotivation und Karriereorientierungen ist seit langem Gegenstand der pädagogischen Diskussion (vgl. Paris und Cunningham 1996). Grundsätzlich wird davon ausgegangen, dass der Familie eine zentrale Bedeutung zukommt, das Selbstvertrauen der Kinder zu stärken und in ihnen das Gefühl wachsen zu lassen, als Mitglied der sozialen Bezugsgruppe akzeptiert und geschätzt zu werden (vgl. Malti und Perren 2008). Dies kann entscheidend dadurch gefördert werden, dass *Lernumgebungen* bereitgestellt werden, in denen Kinder sich Wissen aneignen und an ihre Vorerfahrungen anknüpfen können. Wenn Kinder keine Lernumgebungen vorfinden, die ihnen Gelegenheiten zum Nachdenken und zur Identitätsentwicklung anbieten, bleiben sie hinter ihren Möglichkeiten zurück (vgl. Griebel und Niesel 2009). Eine englische Langzeitstudie von Melhuish et al. (2008a) gelangt zu dem Ergebnis, dass die häusliche Lernumgebung sich positiv auf die Lernmotivation der Kinder, ihre Lernleistungen und soziale Anpassung auswirke.

Unter dem Konzept der *häuslichen Lernumgebung* werden in der Studie von Melhuish et al. insgesamt 14 Handlungen zusammengefasst: 7 *soziale Aktivitäten* bzw. Routineaktivitäten (mit Freunden zu Hause oder woanders spielen, Verwandte oder Freunde besuchen, einkaufen, fernsehen, zusammen mit der Familie essen, regelmäßige Bettzeiten) und *7 Aktivitäten, die Lernmöglichkeiten bieten* (vorgelesen bekommen, zur Bücherei gehen, mit Zahlen spielen, malen und zeichnen, Buchstaben erklärt bekommen, Zahlen erklärt bekommen, Lieder, Gedichte oder Reime).

Was Melhuish et al. berichten, ist nicht neu. Bereits Trudewind (1975) hatte verschiedene Faktoren der häuslichen Umwelt identifiziert, die zur Entwicklung der Lern- und Leistungsmotivation der Kinder beitragen. Dazu zählen u. a. der intellektuelle und leistungsthematische Anregungsgehalt der häuslichen Umgebung, der maßgeblich beeinflusst wird durch Wohnungsgröße und Anzahl der Familienmitglieder, Spielmöglichkeiten im Garten und in der näheren Umgebung, Tierhaltung, die Verfügbarkeit von Spielzeug, Mal- und Bastelutensilien, Hilfe und Förderung bei Schularbeiten, die Qualität und Intensität der Eltern-Kind-Interaktionen, soziale Kontakte mit Personen außerhalb der Familie, Reisen, Ausflüge sowie die Qualität der Spracherziehung. Insbesondere die Erziehung zur Selbstständigkeit, die Anspruchsniveausetzung und das Ausmaß an Unterstützung durch die Eltern werden allgemein als Faktoren genannt, die zur motivationalen Sozialisation der Kinder beitragen (vgl. Trudewind 1975, 1982; Wild 2001; Wild und Krapp 1995).

Auch in der Untersuchung, die Ehmke et al. (2006) im Rahmen von PISA 2003 durchführten, erwiesen sich kulturelle Aktivitäten, schulbezogene Unterstützung und schulbezogene Einstellungen der Eltern als Moderatorvariablen, die zwischen sozialer Herkunft und der Lernleistung der Kinder (in Mathematik) vermittelten (vgl. auch Tillack und Mösko 2013).

Die primäre Sozialisation in der Familie beeinflusst aber nicht nur die motivationale Entwicklung, sondern auch die Genese von Emotionen und legt die Basis für die sozial-emotionale Entwicklung der Persönlichkeit. Von besonderer Bedeutung ist hierbei die biografische Entwicklung der elementaren Gefühle von Sicherheit, Vertrauen und Mitgefühl. Setzen Eltern hohe Gütestandards und üben einen hohen Leistungsdruck aus, so besteht die Gefahr, dass das Kind den Anforderungen der physischen und sozialen Umwelt zunehmend mit misserfolgsängstlichen Erwartungen begegnet, woraus auf Dauer eine generalisierte Furcht vor Misserfolg resultiert, die sich in einer pathologischen Besorgtheit in den verschiedensten Situationen (z. B. auch in der Schule) mitteilt.

Dementsprechend hat sich die pädagogische Lernforschung in der Vergangenheit ausführlich mit Einflüssen der familialen Sozialisation auf die Entwicklung von Schulangst befasst (z. B. Jacobs und Strittmatter 1979), wobei neben verschiedenen sozioökonomischen Variablen vor allem der Erziehungsstil der Eltern in den Mittelpunkt gestellt wurde, und zwar sowohl als möglicher Auslöser von Schulangst als auch als Entstehungsfaktor kindlicher Angstbewältigungsdispositionen. Dabei zeigt sich allgemein, dass die von Eltern praktizierten Erziehungsstile abhängig sind von dem Geschlecht des Elternteils, dem Geschlecht des Kindes, aber auch vom Alter des Kindes, dem kulturellen Kontext und der ökonomischen Situation der Familie (vgl. Krohne et al. 1988). Alles in allem zeigt die pädagogische Forschung, dass Haltungen, Einstellungen und Erziehungsverhalten der Eltern Prozessmerkmale sind, die für den schulischen Erfolg der Kinder eine entscheidende Rolle spielen (Heller 2000; Helmke et al. 1991). Dabei setzte sich in den beiden letzten Jahrzehnten des 20. Jahrhunderts zunehmend die Auffassung durch, das Erziehungsverhalten als einen wechselseitigen Prozess zu betrachten, in dem Eltern ihr Kind beeinflussen und von diesem beeinflusst werden. Erziehung wird als transaktionale Beziehung verstanden.

▪ Erziehungsstile als Austauschprozess – ein Prozessmodell

Das Verständnis von Erziehungsverhalten als transaktionale Beziehung entspricht einer systemisch und ökopsychologischen Betrachtungsweise, die nicht mehr auf die einzelnen Personen – Erzieher und zu Erziehende – fokussiert, sondern auf das Ökosystem, dem die Handlungsträger angehören und in dessen Rahmen sie sich ständig gegenseitig beeinflussen und verändern (Petzold 1999). Nach diesem Verständnis gehen Erziehungseinflüsse nicht nur von den Eltern aus, sondern auch von den zu erziehenden Kindern.

Dementsprechend befasste sich die Forschung zu Erziehungsstilen zunehmend mit Fragen, ob und wie Persönlichkeitseigenschaften des Kindes (z. B. das Temperament) die Erziehungspraktiken der Eltern moderieren, ob und wie der Effekt des Erziehungsverhaltens durch das Milieu beeinflusst wird, ob und in welcher Weise die Prozesse der elterlichen Einflussnahme auf die Kinder durch andere Sozialisationsinstanzen wie Peergroups, Kindertagesstätten oder die Schule moderiert werden. Erziehung wird dabei aus ökopsychologischer Sicht als eine *Erziehungspartnerschaft* verstanden, bei der Erzieher und der zu Erziehende sich stets gegenseitig beeinflussen und sich dabei verändern. Nach dieser Konzeption bildet der elterliche Erziehungsstil keinen singulären und isolierbaren Faktor, sondern wird von zahlreichen Aspekten des ökologischen Systems moderiert. Wir haben bereits darauf hingewiesen, dass sich Persönlichkeitseigenschaften des Kindes auf das elterliche Erziehungsverhalten auswirken. Darüber hinaus wirken auch biogra-

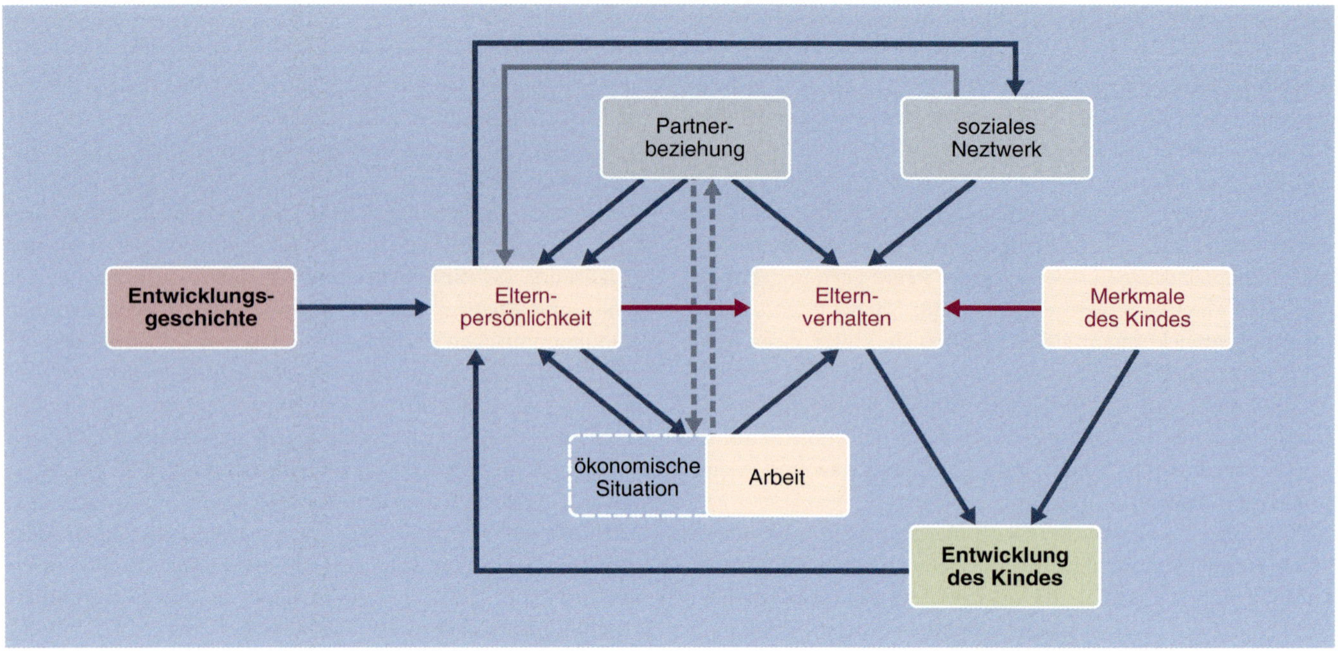

Abb. 4.44 Ökologisches Prozessmodell des Erziehungsverhaltens von Eltern (Belsky 1984)

fische Erfahrungen, das soziale Netzwerk, die vorherrschenden gesellschaftlichen Erwartungen und Wertorientierungen auf das Erziehungsverhalten von Eltern ein. Grundsätzlich beeinflussen drei Erfahrungskomplexe die Interaktionen der Erziehungspartner: die Erfahrungen der individuellen Lernvergangenheit, die gleichzeitigen Erfahrungen aus Interaktionen mit anderen Menschen und die Erfahrungen aus dritter Hand (z. B. Literatur, Medien). Eine besondere Rolle bei der Erziehungspartnerschaft spielt die gegenseitige *Personenwahrnehmung*. Sie wird entscheidend beeinflusst durch unterschiedliche Motivationen, Einstellungen und Erwartungshaltungen in Bezug auf das Handeln des Interaktionspartners. Diese sind wiederum das Ergebnis früherer und gegenwärtiger Interaktionserfahrungen in einem gegebenen sozialkulturellen Kontext.

Belsky (1984) hat diese Überlegungen in einem Prozessmodell zusammengeführt, in dem das elterliche Erziehungsverhalten vor allem von drei Einflussgrößen bestimmt wird: den Merkmalen des Kindes, den Persönlichkeitsmerkmalen der Eltern, die zum Teil aus der eigenen Entwicklungsgeschichte resultieren, und den Kontextfaktoren, zu denen neben dem sozialen Netz und der Arbeitssituation vor allem die partnerschaftliche Beziehung der Eltern zählen. Das in Abb. 4.44 dargestellte ökologische Modell der Determinanten der elterlichen Erziehung hat eine breite Anwendung als theoretische Rahmenkonzeption für die Forschung zu Erziehungsstilen und zur kindlichen Entwicklung erfahren (z. B. Bakel und Riksen-Walraven 2002; Graf 2002; Kruse 2001; Liebenwein 2008).

Das Modell besagt, dass sich die von den Eltern selbst erfahrene Erziehung auf ihren eigenen Erziehungsstil und auf die Entwicklung von Persönlichkeitseigenschaften auswirkt und durch sie vermittelt auch ihren eigenen Erziehungsstil beeinflusst (Schneewind und Ruppert 1995). So üben z. B. ein geringes Selbstvertrauen, wenig Wissen über Erziehung, die Neigung zu Kontrollorientierungen und eine negative Einschätzung der eigenen Erziehungskompetenz einen ungünstigen Einfluss auf das Erziehungsverhalten und den Umgang mit den Kindern aus. Die Entwicklung von Erziehungskompetenz wird aber auch durch Konflikte mit dem Ehepartner behindert, die sich auf die kindliche Entwicklung auswirken. Des Weiteren stehen Elternpersönlichkeit und -verhalten unter dem Einfluss der ökonomischen Situation der Familie und sozialer Netzwerke. Das entscheidende Merkmal des Modells aber ist die Einflussnahme kindlicher Persönlichkeitsmerkmale (z. B. Temperament) auf das Erziehungsverhalten der Eltern. Das setzt eine *Responsivität* der Eltern als Bereitschaft voraus, auf Interaktions- und Kommunikationsversuche des Kindes einzugehen.

Bezugnehmend auf Belskys Prozessmodell untersuchten Bakel und Riksen-Walraven (2002) eine Stichprobe von 129 Eltern von 15 Monate alten Kindern hinsichtlich ihres Erziehungsverhaltens. Erfasst wurden die Effekte der elterlichen Ego-Resilienz und des Bildungsstands, die partnerschaftliche Unterstützung und auf Seiten der Kinder die soziale Furcht. Das Ergebnis der Untersuchung ist in Abb. 4.45 wiedergegeben.

Das ökologische Prozessmodell Belskys legte den theoretischen Grundstock für unzählige empirische Studien, über die detailliert zu berichten, den Rahmen dieses Kapitels sprengen würde. Daher wollen wir nur auf einige ausgewählte Beispiele eingehen.

Ein Schwerpunkt der Forschung lag in der Untersuchung des Einflusses des von Eltern erfahrenen Erziehungsverhaltens auf den eigenen Erziehungsstil. Dabei zeichneten sich die von einer Generation zur anderen übertragenen Erziehungspraktiken und -einstellungen als ein relativ stabiler und signifikanter Einflussfaktor in Bezug auf das elterliche Erziehungsverhalten ab (Liebenwein 2008). Die empirischen Daten weisen ziemlich konsistent darauf hin, dass Eltern, die selbst als Kinder oder Jugendliche physisch bestraft wurden, eine größere Bereitschaft zeigen, die eigenen Kinder physisch zu bestrafen (z. B. Ghate et al. 2003; Nixon und Halpenny 2010).

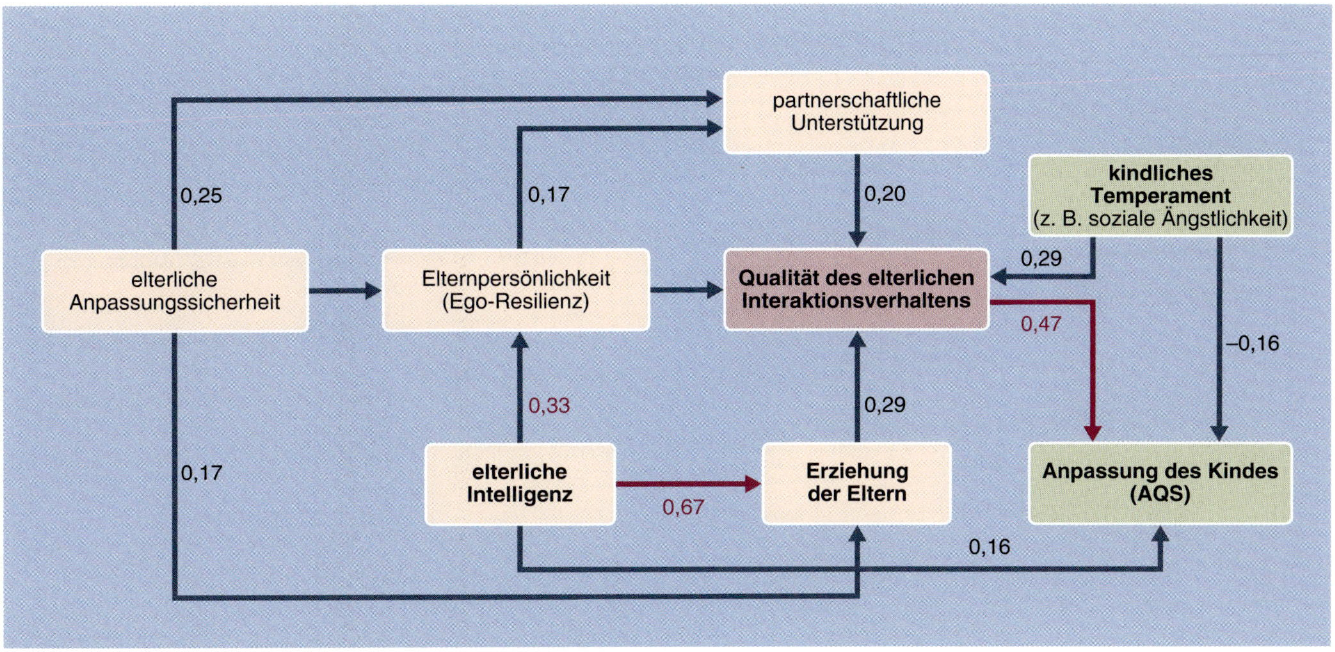

Abb. 4.45 Pfadergebnisse der Studie von Bakel und Riksen-Walraven (2002, S. 266)

In einer Langzeitstudie zur Entwicklung von Einstellungen zu körperlicher Bestrafung zeigte sich auch eine zeitliche Verknüpfung zwischen den kindlichen Erfahrungen, einen Klaps als Disziplinierungsmaßnahme zu erhalten, und der späteren Befürwortung, Schlagen als eine Disziplinierungsmaßnahme anzuwenden (Deater-Deckard et al. 2003).

Ein anderer Schwerpunkt der Forschung auf der Basis des Belsky-Modells befasste sich mit den Auswirkungen elterlicher Persönlichkeitsmerkmale auf das Erziehungsverhalten, wobei das Augenmerk auf Strafmaßnahmen lag. Allgemein zeichnet sich ab, dass Eltern, die depressiv sind, Drogen- oder Alkoholprobleme haben oder asoziale Persönlichkeitseigenschaften aufweisen, eher dazu neigen, körperliche Strafen als Erziehungsmittel zu verwenden (vgl. dazu den Forschungsüberblick von Halpenny et al. 2010). Je mehr Frustration, Reizung und Ärger ein Elternteil bei einem Konflikt mit dem Kind spürt, desto stärker ist die Neigung, gewaltandrohende Disziplinierungsmaßnahmen zu ergreifen (z. B. Ateah und Durrant 2005) und dabei auch über das Ziel hinauszuschießen.

In Bezug auf Strafe als elterliches Erziehungsmittel ist auch festzuhalten, dass Kontextfaktoren wie die Familienstruktur (z. B. Alleinerziehende) zwar eine Rolle spielen, elterliche Depression und Armut jedoch den größeren Effekt haben (Eamon und Zuehl 2001). Eine verstärkte Anwendung körperlicher Strafen ist außerdem auch mit gestörten Partnerbeziehungen (z. B. Konflikte und Gewaltanwendung unter den Eltern) verbunden (Coyl et al. 2002). Tatsächlich scheint psychosozialer und ökonomischer Stress der Eltern demnach einen größeren Einfluss auf Erziehungsmaßnahmen auszuüben als die Familienstruktur (Nobes und Smith 2002).

Zu den Kontextfaktoren, die das Familienleben insgesamt und das elterliche Erziehungsverhalten beeinflussen, zählen auch die Unterstützung durch soziale Netzwerke und die ökonomische Situation der Familie, die wesentlich von der Arbeit der Eltern bestimmt wird (vgl. Schneewind et al. 2000). Dabei wirken sich ökonomische Benachteiligung und finanzielle Verknappung zwar nicht direkt auf die Kinder aus, aber vermittelt über das Elternverhalten sehr wohl. Bemerkenswert ist in diesem Zusammenhang die Beobachtung, dass ein hohes Maß an gegenseitiger Unterstützung der (Ehe-)Partner die mit der ökonomischen Benachteiligung verbundenen emotionalen Belastungen abzumildern vermag (Conger et al. 1999; Graf 2002). Als allgemeine Faustregel gilt offensichtlich, dass ein hohes Einkommen und ein hoher Bildungsstand der Eltern eher förderlich für den Erziehungsstil ist (Kruse 2001), wobei das soziale Netzwerk der Familie (z. B. mit Verwandten und Freunden) je nach Einflussnahme sich unterstützend oder hemmend auf die Entwicklung der elterlichen Erziehungskompetenz auswirken kann.

Als eine Art Zusammenfassung soll kurz auf eine Studie von Mistry et al. (2002) eingegangen werden, in der an einer Stichprobe von 419 Kindern im Alter von 5 bis 12 Jahren und deren Eltern die Wirksamkeit ökonomischer Bedingungen und des Erziehungsverhaltens der Eltern auf das Sozialverhalten der Kinder erforscht wurde. Es wurde dabei überwiegend das Erziehungsverhalten von Müttern (95 %), die alleinerziehend (83 %) waren, untersucht. Die Mehrheit hatte zumindest einen Highschoolabschluss (61 %), war im Verlauf der vergangenen zwei Jahre bis zu einem bestimmten Zeitpunkt vollzeitbeschäftigt (87 %) und bezog dann Sozialhilfe (84 %). In Abb. 4.46 ist das Ergebnis der Zusammenhänge dieser Variablen mit dem prosozialen Verhalten der Kinder wiedergegeben.

Bemerkenswert ist, dass die unmittelbaren Effekte der *Responsivität* der Eltern (Eingehen auf Persönlichkeitseigenschaften des Kindes und Disziplinarmaßnahmen als Erziehungsmittel) vergleichsweise schwach ausfallen, ihrerseits aber deutlich von dem psychischen Stress der Eltern abhängen.

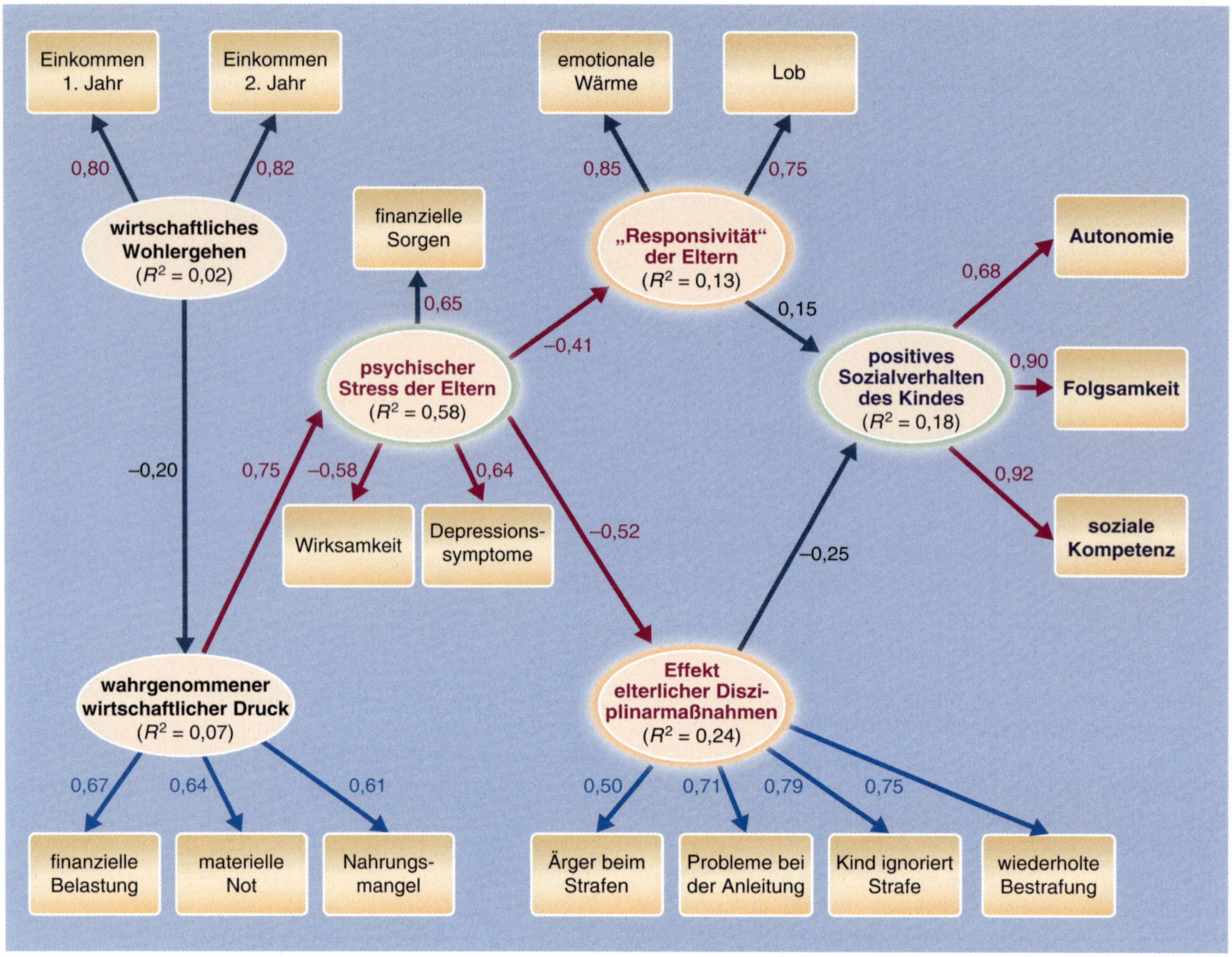

Abb. 4.46 Maximale Wahrscheinlichkeiten (Maximum-Likelihood-Methode) des Modells für positives Sozialverhalten der Kinder (Mistry et al. 2002, S. 944)

4.4.2.4 Werteerziehung in der Familie

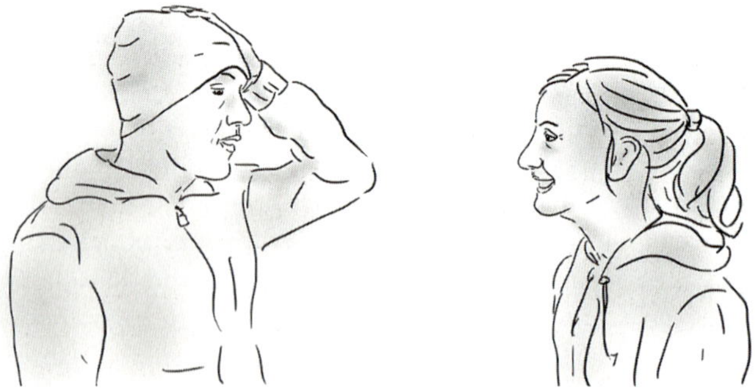

Anna: „Es ist mal wieder Zeit für ein Quiz. Dieses Mal geht es um die Werteerziehung. Ich stelle dir mal ein paar Fragen und bin auf deine Antworten gespannt."

Jakob: „Okay, lass mal hören."

Anna: „Hast du das Gefühl, dass immer mehr erzieherische Aufgaben auf die Schule abgewälzt werden?"

Jakob: „Pauschal kann ich das nicht beantworten. Ich denke, es stimmt, dass viele Eltern mehr Unterstützung in der Erziehung von der Schule erwarten. Sie sind aber enttäuscht, dass vor allem das Gymnasium immer mehr zu einer bloßen Wissensvermittlungsagentur verkommt. Außerdem kann die Schule nicht wettmachen, was in der Familie versäumt wird."

Anna: „Stimmst du zu, dass Schülerinnen und Schüler sich immer unsozialer und unsensibler verhalten."

Jakob: „Nope! Das ist doch Unsinn. Die Shell-Studien zeigen doch was ganz anderes. Das Wertesystem von Jugendlichen ist stabil und positiv ausgerichtet."

Anna: „Und was hältst du von dem Vorwurf, dass die Schulfächer keinen wesentlichen Beitrag zur Werteorientierung leisten können?"

Jakob: „Da sehe ich tatsächlich eine gewisse Gefahr, nachdem PISA & Co. das Leistungsdenken so massiv in den Vordergrund gerückt haben. Das hat ja schon in unserer Schulzeit angefangen,

Tab. 4.24 Drei Erziehungsarten und ihre Implikationen für die Werteerziehung (Stein, 2013, S. 16)

	Intentionale Erziehung	Funktionale Erziehung	Extensionale Erziehung
Synonyme	*Direkte Erziehung, bewusste Erziehung*	*Indirekte Erziehung, implizite Erziehung*	*Settinggestaltung*
Definition in Bezug auf die Wertevermittlung	Absichtlich von den Eltern gebrachte Erklärungen oder Handlungen, um dem Kind bestimmte Werte zu vermitteln	Erzieherische Effekte, die auf die Werte des Kindes wirken, aber als Produkt einer anderen Tätigkeit erreicht werden	Bewusst gesetzte Impulse zum indirekten Lernen von Werten, zum Beispiel durch Settinggestaltung
Beispiel für den Wertebereich: Wert Altruismus	Die Eltern loben die Kinder, wenn diese einen Teil ihrer Schokolade an einen Spielkameraden abgeben, und erklären, warum es gut ist, anderen gegenüber hilfsbereit zu sein	Die Kinder beobachten, dass die Eltern einen Teil ihres Geldes für wohltätige Zwecke spenden und eine kürzlich verwitwete Nachbarin zu einem Spieleabend einladen	Die Eltern schicken die Kinder in einen Verein, etwa in den Jugendverband des DRK, und schaffen Bücher an, in denen Hilfsbereitschaft positiv dargestellt wird

dass die Lehrer beklagt haben, kaum mehr Zeit zu haben, einer Erziehungsaufgabe gerecht zu werden."

Anna: „Was hältst du von der Aussage, dass es zur Werteerziehung eine Menge theoretischer, aber nur wenige praxistaugliche Ansätze gibt?"

Jakob: „Ich hoffe, dazu mehr in dem folgenden Abschnitten zu erfahren. Aber grundsätzlich beurteile ich es als ausgesprochen schwierig, die Werteerziehung in der Familie von außen zu beeinflussen und in den Griff zu bekommen."

Werteerziehung ist der Prozess, durch den Personen Werte an andere übermitteln. Stattfinden kann sie in der Familie ebenso wie in Schulen, Hochschulen, Jugendorganisationen und eigentlich in jeder Organisation. Allgemein wird mit der Werteerziehung eine Aktivität verknüpft, während derer Personen (v. a. Kinder, Jugendliche) von anderen (gewöhnlich älteren) Personen unterstützt werden, die Werte offen zu legen, die dem Handeln zugrunde liegen, und die Wirksamkeit dieser Werte für das eigene Verhalten und das anderer festzustellen und zu beurteilen. Damit verbunden ist auch die Übernahme von Werten und Verhaltensweisen anderer, die als effektiver für das Wohlbefinden beurteilt werden.

Grundsätzlich gibt es zwei Ansätze der Werteerziehung. Ein Ansatz sieht *Indoktrination* als Mittel zur Übermittlung von Werten. Die Indoktrination wird dabei oft aus gesellschaftlichen und religiösen Regeln oder einer kulturellen Ethik abgeleitet. Der andere Ansatz geht davon aus, dass Werteerziehung auf einem *Lernen durch Einsicht* begründet sein soll, vermittels dessen Personen graduell realisieren, was gut und wertvoll für sie selbst und die Gemeinschaft ist. Dieser Ansatz wurde bereits weiter oben beschrieben.

In unserer Gesellschaft besteht weitgehende Übereinstimmung darin, dass die Familie die primäre Sozialisationsinstanz für die Werteerziehung ist und die Grundlage für die soziale Kompetenz schafft, mit anderen Menschen angemessen umgehen zu können. Dabei wird angenommen, dass die Grundlagen für soziale Auffassungen, Einstellungen, Wertorientierungen, Denk- und Verhaltensweisen in erster Linie durch die Einbindung des Kindes in das Leben im Elternhaus geschaffen werden. In einer normalen Familie konstituieren die gesellschaftlich akzeptierten Werte und Normen den Rahmen für die Entwicklung sozialer Einstellungen und Wertorientierungen, wobei dem sozial-emotionalen Klima in der Familie eine besondere Bedeutung zukommt. Nun ist es aber so, dass die Eltern bereits früh ihr Erziehungsmonopol verlieren und andere Sozialisationsinstanzen wie Kindergarten und Vorschule ihren Einfluss auf die Wertebildung geltend machen. Das wird besonders beim Übergang von der Kindheits- in die Jugendphase deutlich, wenn Erziehungsprozesse in der Familie zunehmend durch die Autonomieansprüche der Jugendlichen und die Infragestellung des Machtgefälles bei der Erziehung in Frage gestellt werden (Gerris und Grundmann 2002). Mit dem Jugendalter werden Orientierungsmuster und Wertorientierungen wichtiger, die in Peergroups Gültigkeit haben.

Im Unterschied zu anderen Sozialisationsinstanzen weist die Familie eine geringe funktionale Spezialisierung auf, weshalb die Erziehungsprozesse nicht klar umrissen sind. Einerseits schafft die Erziehung in der Familie die Grundlage für die Persönlichkeitsentwicklung und Sozialisation der Kinder, andererseits aber sind der Funktionalisierung der Familie als Erziehungsinstanz klare Grenzen gesetzt, da sich die Familie dem Einfluss äußerer Instanzen mehr oder weniger stark verschließen kann. Grundsätzlich sind im Rahmen der Familie laut Stein (2013) drei Erziehungsarten für die Werteerziehung relevant: intentionale, funktionale und extentionale Erziehung (Tab. 4.24).

Ein Großteil der Werteerziehung in der Familie vollzieht sich entsprechend Steins Ansatz funktional und implizit in der Einbettung in Alltagshandlungen, wobei eine große Rolle spielt, welche Vorbilder die Kinder haben und in welcher Weise außerfamiliäre Instanzen wie Kindergarten oder Kindertagesstätte die Wertorientierungen beeinflussen. Die Werteerziehung in der Familie erfolgt mittels alltäglicher Handlungen, gemeinsamer Aktivitäten, der Gestaltung familiärer Ereignisse (z. B. Geburtstage), der Bewältigung von Krisen und der permanenten Interaktion mit den Familienangehörigen. Es ist damit der Familienalltag, der die Grundlagen für die Ausbildung lebenspraktischer Kenntnisse und Fähigkeiten, Leistungsorientierungen und Bildungsaspirationen sowie für die Entwicklung von Werthaltungen und sozialen Einstellungen bildet. Eine maßgebliche Rolle spielt bei

Tab. 4.25 Erziehungswerte/-ziele der verschiedenen Sozialmilieus. (Nach Sinus Sociovision 2003, 2004)

Milieu	Erziehungswerte/-ziele
Etablierte	Gute Manieren, Respekt sind wichtig, Fleiß, Disziplin und Verantwortung und ein guter Umgang
Postmaterielle	Selbstständigkeit, innere Stärke, Mut, Offenheit, Toleranz, Ausgeglichenheit, Konfliktfähigkeit sowie traditionelle Werte wie Rücksichtnahme, Höflichkeit und Pflichtgefühl
Moderne Performer	Disziplin, Ordnung, Höflichkeit und ebenso Offenheit und Mut
Bürgerliche Mitte	Ordnung, Einhaltung von Regeln, Pflichterfüllung, Höflichkeit
Experimentalisten	Selbstständigkeit
Hedonisten	Selbstständigkeit, um „die Kinder auf das Leben vorzubereiten", Ablehnung von Pflicht und Ordnung
Konsummaterialisten	Selbstständigkeit, gute Noten, kein Ärger, Höflichkeit

alledem das elterliche Erziehungsverhalten. Hierfür kann als Daumenregel festgestellt werden:

» Je wärmer und freundschaftlicher das Klima in den Familien ist, je offener und adaptiver die Kommunikations- und Interaktionsstrukturen angelegt sind, desto eher sind die Kinder bereit, Moralerwartungen und Wertvorstellungen der Eltern zu reflektieren und sich mit ihnen auseinanderzusetzen (Stein 2013, S. 19).

Was Stein hier für eine gelingende Werteerziehung aufzeigt, haben wir weiter oben als Merkmal des autoritativ-demokratischen Erziehungsstils herausgestellt. Dabei wird dieser Erziehungsstil üblicherweise den Milieus der oberen Sozialschicht zugeordnet (vgl. Abb. 4.34), während den Milieus der unteren Schicht eher ein permissiver Erziehungsstil zugeschrieben wird. Daraus ergibt sich also auch eine schichtspezifische Werteerziehung (Tillack und Mösko 2013). Tillack und Mösko befragten 469 Eltern, deren sozioökonomischer Status nach dem HISEI klassifiziert wurde, u. a. nach der Wichtigkeit der Vermittlung traditioneller Erziehungswerte, die als „Grundtugenden"[26] bezeichnet werden. Es zeigte sich, dass je niedriger der HISEI war, die Eltern umso stärker die Vermittlung von Grundtugenden anstreben, allen voran die Konformität. Bemerkenswert ist, dass dieses Erziehungsziel auch mit der Präferenz eines autoritären Erziehungsstils einhergeht. Dieser Befund entspricht den Beobachtungen von Pinderhughes et al. (2000), wonach Eltern, die den Wert *Disziplin* als Erziehungsziel in den Vordergrund stellen, eher zu Strafmaßnahmen als Erziehungsmittel neigen.

Die Milieustudien von Sinus Sociovision (2003, 2004) legen die Annahme nahe, dass die seit einigen Jahren beobachtbare Betonung von Regeln und Grenzen bei der elterlichen Erziehung der Ausdruck einer soziokulturellen Strömung ist, die auf ein organisationales *Commitment* als soziale Einstandspflicht der Heranwachsenden im Rahmen der Familie setzt. Allgemein ist unter Eltern das Bewusstsein verbreitet, dass die Komplexität des Alltagslebens nach Regeln und Vereinbarungen verlangt und eine Bindung an klare Standpunkte und Haltungen voraussetzt. Allerdings unterscheiden sich die verschiedenen Milieus in den Erziehungswerten und -zielen, wie aus der Zusammenstellung in Tab. 4.25 deutlich wird.

Vordergründig deutet die hohe Übereinstimmung in der Ausprägung bestimmter Werte in bestimmten Milieus auf die Bedeutung des sozioökonomischen Status und die spezifischen kulturellen Bedingungen der Lebensgemeinschaften hin. Stein (2013) weist jedoch darauf hin, dass die wesentliche Determinante in der Erziehung liegt, die den Grad der Weitergabe elterlicher Werte an die Kinder bestimmt. Zur Begründung führt sie die Ergebnisse der LifE-Studie an (Fend et al. 2009), die über einen Zeitraum von 23 Jahren (1979–2002) durchgeführt wurde und immer wieder dieselben Personen zu wichtigen Lebensbereichen befragte. Um die Weitergabe von Werthaltungen und Einstellungen in der Familie zu erfassen, wurde exemplarisch der Einfluss des elterlichen Erziehungsverhaltens auf die Parteipräferenz, die politischen Interessen und die kirchliche Bildung von jungen Menschen im Längsschnitt (von 15–35 Jahren) untersucht. Für die drei Bereiche erwies sich der Einfluss der Eltern als ausgesprochen stark, und es zeichneten sich deutliche Effekte des Erziehungsstils ab: Begegneten die Eltern den Kindern freundschaftlich und emotional warm und begründeten sie in Gesprächen ihre Überzeugungen und Werte, übernahmen die Kinder im politischen Bereich weitgehend die Werthaltungen der Eltern, und zwar weitgehend unabhängig vom Inhalt (Fend et al. 2009).

Aus soziologischer Sicht zeichnet sich damit ab, dass Klarheit, Verlässlichkeit, Solidarität und Gegenseitigkeit der zwischen Eltern und Kindern bestehenden Erziehungspartnerschaft zentrale Voraussetzungen für das Gelingen von Erziehung im allgemeinen und von Werteerziehung im besonderen sind (Grundmann et al. 2003). Im alltäglichen Interaktions- und Handlungskontext der Familie entwickeln sich nämlich soziokulturelle Grundorientierungen und Bewertungsmuster, die in der Herausbildung eines milieuspezifischen *Habitus* der Familien kulminieren. Dabei geben die Werthaltungen und Einstellungen der Eltern den Kinder Halt und Orientierung. Konsequenterweise wird von Seiten der Gesellschaft und Politik die Forderung erhoben, dass die Familie die Initiative ergreifen müsse, um die Heranwachsenden so zu erziehen, dass sie in die Gesellschaft integrierbar werden und sich die sozial erwünschten Werte aneignen (Daly 2007).

26 Als traditionelle bürgerliche Tugenden gelten *Ordentlichkeit, Sparsamkeit, Fleiß, Reinlichkeit* und *Pünktlichkeit*. Diese Tugenden sind auf die praktische Bewältigung des Alltags gerichtet und ihre Funktion besteht in der Sicherung einer wirtschaftlichen Existenz.

Möglichkeiten und Grenzen der Werteerziehung in der Familie

» Hilfe
braucht jeder
sicher irgendwann einmal
hilf, wenn du kannst
Hilfsbereitschaft[27]

Anlässlich eines Wertekongresses an der Hochschule München im Februar 2008 führte der Bayerische Kultusminister Folgendes aus:

» Natürlich stehen bei der Werteerziehung die Eltern nach wie vor an erster Stelle. Sie tragen die größte Verantwortung bei der Vermittlung von Werteorientierung. Deshalb sind die Schulen auch auf sie angewiesen. Werteerziehung ohne den Konsens von Schule und Eltern kann nicht nachhaltig erfolgreich sein. Die Eltern sind die wichtigsten Erziehungspartner der Schulen! (Bayerisches Staatsministerium für Unterricht und Kultus 2008, S. 10).

Damit wird das Credo der Allgemeinheit sozusagen auf den Punkt gebracht: Die Familie gilt als der primäre Bereich, in dem Kinder ihre sozialen Fähigkeiten entwickeln, Werthaltungen erwerben und die ethische Unterstützung erhalten, die sie für das Leben und Lernen außerhalb der Familie brauchen (Illies 2008). Dieser universalen Forderung steht ein gewisses Ausmaß an Unbehagen von Seiten der Eltern entegegen, da sie sich „Vorwürfen" der Lehrer gegenüber sehen. Nicht selten sind Eltern nämlich Klagen von Lehrern ausgesetzt, wonach sie ihre Kinder nicht richtig großziehen, die Kontrolle über die Kinder verloren hätten und nicht wüssten, wie sie ihre Zuneigung in einer ausgewogenen Weise zum Ausdruck bringen können. Dies zeigt die Milieustudie *Eltern unter Druck* (Merkle und Wippermann 2008). Sie offenbart auch, dass sich die Eltern in der Werteerziehung oft alleine gelassen fühlen und den Mangel an Ressourcen spüren, um ihre Kinder in Bezug auf die Werte zu erziehen, die von der Gesellschaft eingefordert werden. Daher reklamieren die Eltern eine Unterstützung von der Schule und anderen Sozialisationsinstanzen (vgl. Wihstutz 2013; Zierer und Otterspeer 2013).

Betrachtet man den Gegenstandsbereich der familiären Werteerziehung aus erziehungswissenschaftlicher Sicht, gelangt man zur ernüchternden Feststellung eines substantiellen Mankos an empirischer Forschung. Insbesondere die deutschsprachige Literatur wird überwiegend durch theoretische Beiträge und Hinweise zur praktischen Durchführung einer Werteerziehung geprägt (z. B. Bayerisches Staatsministerium für Unterricht und Kultus 2008; Erbes et al. 2013). Eine Analyse der internationalen Literatur zeigt demgegenüber zumindest gewisse Ansätze zur empirischen Forschung.

In vielen Studien wurde dem Problem der Autorität und des Respekts in der Familienerziehung nachgegangen (Meidl 2009) und relativ oft wurde auch untersucht, wie Beziehungen innerhalb der Familie die soziale Anpassung der Kinder an unterschiedliche kulturelle Kontexte beeinflussen (Calzada et al. 2010; Leung et al. 2010). So sind z. B. Untersuchungen zur möglichen Rolle der Familie bei unsozialem Verhalten und Gesundheitsproblemen häufig zu finden (Cullen und Ownbey 2010); zugleich gibt es eine wachsende Anzahl an Untersuchungen zur Fragestellung, wie die Familie das Sozialverhalten der Kinder, den Erwerb von Werten und die Entwicklung seelischer Stärke in verschiedenen Situationen fördern kann (Hardy 2010). Bemerkenswert ist, dass ein Großteil der Studien zur Sozialisation und zum Erwerb von Werten in der Familie sich auf Jugendliche konzentriert (Padilla und Walker 2007; Roest und Semon 2009), während es für die Kindheit wesentlich weniger Publikationen gibt.

Als problematisch wird in den meisten Studien an Jugendlichen die Eltern-Kind-Beziehung im Bereich von Zuneigung, Anspruchssetzung, Disziplin und Kontrolle herausgestellt. Alles in allem weisen die empirischen Befunde darauf hin, dass es wichtig ist, im Familienleben die Balance zwischen Zuneigung und Disziplin zu gewinnen und damit einen autoritativen Erziehungsstil zu realisieren (Garcia und Gracia 2010). Pädagogisch bemerkenswert ist, dass eine effektive Werteerziehung der Heranwachsenden aus der engen Zusammenarbeit von Familie und Schule zu erwachsen scheint (Hillaker et al. 2008), woraus herzuleiten ist, dass die Sozialisationsinstanzen, wenn es um die Werteerziehung geht, an einem Strang ziehen sollten.

Werteerziehung in Kooperation von Familie und Schule

Wenn es um die Kooperation zwischen Schule und Familie geht, wird üblicherweise der Bereich der Lernleistungen angesprochen. Dabei stehen verschiedene Fragen im Vordergrund: Zum Beispiel die, wie eine lernwirksame Kooperation erreicht werden kann, welche Methode im Hinblick auf Schulleistungen effektiv ist und wie bestimmte Schwierigkeiten (z. B. in Bezug auf Risikofamilien, kulturelle Vielfalt) überwunden werden können. Das Hauptziel der gegenseitigen Zusammenarbeit zwischen Schule und Familie wird dabei ganz klar in der Absicherung guter Lernleistungen gesehen (Akshoomoff et al. 2010). Dazu gehört dann eben auch, die Eltern zu beraten, wenn sie Hilfe brauchen, um ihre Kinder bei den schulischen Aufgaben zu unterstützen oder ein größeres Interesse an bestimmten Unterrichtsfächern zu entwickeln (Frenzel et al. 2010; Simpkins et al. 2010).

Im Bereich der Sozialerziehung liegt ein Ziel der Kooperation zwischen Familie und Schule auch in der Ergreifung von Maßnahmen, um von der Norm abweichendes Sozialverhalten zu vermindern oder abzustellen (z. B. Bullying, Alkohol- und Drogenkonsum), die Schulleistungen und Beziehungen zu Gleichaltrigen beeinflussen.

Im Vergleich zu den leistungsorientierten Untersuchungsansätzen gibt es jedoch nur wenige empirische Studien, in denen der Frage nachgegangen wird, wie eine Kooperation zwischen Familie und Schule erreicht werden kann, um die Kinder im Erwerb sozialer Werte anzuleiten und zu unterstützen. Allgemein und grundsätzlich wird in der öffentlichen Diskussion betont, dass es Eltern heutzutage aus unterschiedlichen Gründen schwerfalle, in kompetenter Weise erzieherisch zu handeln, und sie daher unterstützungsbedürftig seien. Zu dieser Schlussfolgerung gelangte

27 Dieses Kindergedicht ist ein *Elfchen*, da es aus elf Wörtern besteht. Elfchen sind im Unterricht der Grundschule sehr beliebt. Quelle: ▶ http://www.grundschulmaterial.de/medien/k/Werteerziehung/p/1/

u. a. auch der Wissenschaftliche Beirat für Familienfragen und erhob die Forderung nach einer Stärkung der Beziehungs- und Erziehungskompetenzen von Eltern (Bundesministerium für Familie, Senioren, Frauen und Jugend 2005). Dafür sprechen nach Ansicht des Beirats verschiedene Gründe: Bezug nehmend auf die PISA-Studien werden Bildungsdefizite konstatiert, zu deren Überwindung die Familie einen grundlegenden Beitrag leisten könne, um Lernen und Bildung zu fördern. Nach Auffassung des Beirates ist es die Familie, die entscheidende Voraussetzungen für den Erfolg von Lern- und Bildungsprozessen der nachwachsenden Generation schafft. Wiederum unter Bezugnahme auf PISA wird festgestellt, dass zwei Drittel der teilnehmenden Schülerinnen und Schüler angegeben hätten, dass sich ihre Eltern nicht oder nur wenig für schulische Belangen interessierten. Des Weiteren verweist der Beirat in seiner Begründung auf verschiedene epidemiologische Untersuchungen, die gezeigt hätten, dass bei 10 bis maximal 20 % der Kinder und Jugendlichen Verhaltensauffälligkeiten zu beobachten und dass nach Schätzungen von Warnke und Lehmkuhl (2003) etwa 5 % der Kinder in Deutschland behandlungsbedürftig seien. Neben zahlreichen anderen Gründen werden vor allem Beziehungs- und Erziehungsdefizite im Elternhaus als Verursacher für die Entstehung und Aufrechterhaltung der Verhaltensstörungen herausgestellt. Daraus leite sich ein grundsätzlicher Bedarf an Beratung und Behandlung ab. Aus der Sicht des Beirats mehrten sich auch die Hinweise auf eine Verunsicherung vieler Eltern in Bezug auf die Frage, welche Entwicklungsziele bei der Erziehung im Vordergrund stehen sollten. Was als „Wertepluralismus" umschrieben werde, könne manche Eltern in ihrem Erziehungsverhalten verunsichern, anstatt als willkommene Möglichkeiten individueller Entscheidungsfreiheiten begriffen zu werden.

Zwar erkennt der Beirat ausdrücklich an, dass die Mehrzahl der Eltern fraglos bereit und auch in der Lage ist, ihren Kindern eine positive und sozial unauffällige Erziehung angedeihen zu lassen und eine positive Entwicklung der Persönlichkeit zu gewährleisten, gelangt aber dann doch zu dem Fazit:

» Unterstützung für Eltern ist erforderlich, damit Kinder sich in kognitiver, sozialer und emotionaler Hinsicht so entwickeln können, wie es für ein auf Kooperation und Innovation ausgerichtetes und nach sozialer Gerechtigkeit strebendes Gemeinwesen erforderlich ist. Nicht zuletzt deshalb hält der Beirat die Stärkung der elterlichen Erziehungs- und Beziehungskompetenzen für eine vordringliche Aufgabe (Bundesministerium für Familie, Senioren, Frauen und Jugend 2005, S. 7).

Es gelte, in Zusammenarbeit mit anderen Sozialisationsinstanzen (Kirchen, Wohlfahrtsverbänden) einen „Erziehungskontrakt" zu erstellen, in dem Werte und Normen für eine zukunftsorientierte Erziehung zugrunde gelegt werden.

Jakob: „Dazu kann ich spontan nur sagen: ‚Die Super Nanny' lässt grüßen."

Anna: „Ach, damit meinst du wohl diese Sendereihe von RTL, in der eine Diplom-Pädagogin Familien in Erziehungsfragen beraten hat."

Jakob: „Genau. Die Super Nanny besucht dabei die Beteiligten in ihrem familiären Umfeld und beobachtet die Situation, bevor sie aktiv eingreift. Auf Einsicht oder Anteilnahme aller Beteiligten wird allerdings kein Wert gelegt. Die Super Nanny weiß, was zu tun ist, und bringt die Kinder zur Räson."

Anna: „Also ich habe bei solchen Fernsehsendungen immer so das Gefühl, dass es dabei darum geht, den Voyeurismus der Zuschauer zu befriedigen. Erziehungshilfe kann ich da kaum entdecken."

Jakob: „Ja. Und außerdem wird damit auch der Besserwisserei gedient. Und es wird ein Machbarkeitswahn in der Pädagogik gefördert, was dazu führt, dass ein Versagen in der Erziehung als besonders schlimm empfunden wird. Die Super Nanny zeigt doch, dass es anders geht, wenn man nur will."

Anna: „Die Sendung ist ja mittlerweile abgesetzt, aber ich erinnere mich noch gut daran, dass sie nicht unumstritten war.[28] Und einmal musste RTL auch ein hohes Bußgeld bezahlen, da in einer Sendung ein Mädchen mehrfach von der Mutter vor laufender Kamera geschlagen worden war. Eine klare Verletzung der Menschenwürde."

Trotz der dargestellten Einschätzung des Wissenschaftlichen Beirats für Familien entbehrt die Rede von einem „Erziehungsnotstand" (Gerster und Nürnberger 2003) oder einer „Erziehungskatastrophe" jedoch jeder empirischen Grundlage. So zeigt z. B. die Shell-Jugendstudie des Jahres 2000, dass die meisten Jugendlichen ein durchaus partnerschaftliches Verhältnis zu ihren Eltern unterhalten und dass die Erziehung zur Selbstständigkeit in den meisten Familien weitgehend konfliktfrei und einvernehmlich abläuft; allerdings berichten zahlreiche Jugendliche auch, dass ihre Eltern eher desinteressiert und wenig unterstützend seien (Deutsche Shell 2000). Bei einer näheren Analyse zeigt sich, dass diese Eltern zahlreichen Belastungen (materieller und sozialer Art) ausgesetzt sind, die sich negativ auf die Qualität des Erziehungsverhaltens und die sozial-emotionalen Beziehungen innerhalb der Familie auswirken.

Prävention und Intervention in der Werteerziehung

Irgendwie leuchtet es ein, dass es zweckmäßiger ist, präventiv auf die Familienerziehung im Bereich sozialer Werte einzuwirken als später Verhaltensauffälligkeiten zu therapieren. Es leuchtet auch ein, dass präventive Maßnahmen sich am Entwicklungsstand der Heranwachsenden orientieren sollten. Setzt eine Prävention nämlich zu früh ein, ist das Kind womöglich kognitiv gar nicht imstande, auf sie anzusprechen, setzt sie zu spät ein, ist womöglich das *optimale Entwicklungsfenster* verpasst und das problematische Verhalten hat sich bereits verfestigt.

Da die Entwicklung sozial-emotionaler Kompetenzen besonders im Vorschulalter eine herausragende Rolle spielt und zu den vordringlichen Entwicklungsaufgaben dieses Lebensabschnitts zählt, scheint dieses Alter auf den ersten Blick auch das optimale Zeitfenster für pädagogische Präventions-

28 Vgl. dazu Prokop (2008) und Rogge (2005).

maßnahmen zur Förderung sozial-emotionaler Kompetenz zu sein (Humphries und Keenan 2006). Andererseits kann auch argumentiert werden, dass präventive Maßnahmen vor dem Eintritt ins Jugendalter, also im Alter von 8 bis 10 Jahren, besonders wirksam sind, da in diesem Lebensabschnitt die Eltern-Kind-Beziehungen üblicherweise noch harmonisch sind, und die Kinder einen kognitiven Entwicklungsstand erreicht haben, in dem sie soziale Werte und Einstellungen lernen können. Allgemein gilt die Daumenregel, dass Kinder vor Eintritt ins Jugendalter sensitiver gegenüber Erziehungsmaßnahmen der Eltern sind. Allerdings spielen bei der Entwicklung von Wertorientierungen und sozialen Einstellungen auch die Interaktionen mit Gleichaltrigen eine große Rolle, ganz zu schweigen von den Sozialisationseinflüssen der Vorschule und Schule. Die Crux ist dabei allerdings, dass es nur wenig Forschung zur Familienerziehung gibt, die sich auf die Werteerziehung von Kindern konzentriert.

In ► Abschn. 3.5.3.1 haben wir eine Auswahl an Präventionsprogrammen für die Vor- und Grundschule zusammengestellt. Die dort aufgeführten Programme zielen zwar mehrheitlich auf eine *Förderung von Emotionsverständnis und Emotionsregulation*, aber damit geht oft auch die Förderung sozialer Kompetenzen einher, um Verhaltensproblemen vorzubeugen und z. B. aggressives Verhalten abzubauen. Allgemein kann man drei Gruppen von Präventionsprogrammen unterscheiden:

1. Elternprogramme zur Förderung eines responsiven Erziehungsverhaltens im Sinne des ökologischen Prozessmodells von Belsky (1984),
2. Trainingsprogramme zur Förderung der sozial-emotionalen Kompetenz der Kinder und
3. Interventionsprogramme zur Förderung von Kindern mit besonderen Risiken.

Die Präventions- und Interventionsprogramme werden üblicherweise von professionellen Therapeuten entwickelt (und implementiert), um das soziale Klima und Wohlergehen der Familie zu verbessern, die Eltern mehr an den Aktivitäten der Kinder zu beteiligen und auf Seiten der Eltern das Gefühl erzieherischer Kompetenz zu fördern, so dass eine Erziehungspartnerschaft mit den Kindern erwächst (vgl. beispielsweise Hartung und Hahlweg 2010; Sanders 2008; Dekovic et al., 2010).

Beispielhaft wollen wir auf zwei Beispiele von Präventionsprogrammen eingehen. Das erste ist das *Family Values Scheme* von Ellis et al. (2013), das eine weite Verbreitung gefunden hat; das zweite Beispiel ist das Programm EFFEKT® (Jaursch et al. 2008), mit dem im deutschen Sprachraum gute Erfahrungen gemacht wurden. Bezug nehmend auf die Klassifikation von Stein (2013) sind diese Programme als Verfahren einer extensionalen Werteerziehung zu betrachten.

■ Extensionale Werteerziehung

Gemäß dem Ansatz einer extensionalen Erziehung werden im Programm Family Values Scheme bewusst spezifische Impulse zur Aneignung von Werten gesetzt. Dabei werden 22 Werte thematisiert (z. B. Freiheit, Kooperation, Toleranz, Respekt, Mitgefühl). Das Setting der Werteerziehung wird so gestaltet, dass Familien angeregt werden sollen, sich nacheinander mit unterhaltsamen Aufgaben und Problemstellungen zu befassen, die sie gemeinsam planen und daheim oder in schulischen Einrichtungen bearbeiten. Das Family Values Scheme ist so angelegt, dass die entscheidenden Beziehungen zwischen den Familienmitgliedern gefördert werden. Auf diese Weise soll erfahrbar gemacht werden, dass gute und liebevolle Beziehungen ein zentraler Bestandteil von Erziehungspartnerschaften in der Familie sind und solche sozialen Fertigkeiten umfassen wie einander zuzuhören, miteinander zu kommunizieren, die Bedürfnisse und Gefühle anderer zu erkennen und darauf adäquat zu reagieren und das Verhalten der anderen zu verstehen.

Das Family Values Scheme wird als praktisches Werkzeug als außerordentlich erfolgreich beurteilt. Das kann schon daraus abgeleitet werden, dass im Internet Dutzende von Bildungseinrichtungen zu finden sind, die eine Werteerziehung auf der Grundlage dieses Schemas realisieren. Vor allem die Werteerziehung in Schulen wird von den Autoren des Schemas in den Vordergrund gestellt (vgl. Reid und Morgan 2012). Im Gegensatz zu der unbestreitbaren Popularität des *Family Values Scheme* steht der Mangel an Evaluationsuntersuchungen zu seiner pädagogischen Wirksamkeit. Wir haben bislang jedenfalls keine erziehungswissenschaftliche Evaluation finden können.

Das stellt sich für das deutschsprachige Programm EFFEKT® insofern anders dar, als die Pilotphase des Projekts mit Erfolg evaluiert wurde (Lösel und Runkel 2013). Die Evaluation zeigt, dass bei Kindern, die an dem Training teilnahmen, Verhaltensprobleme deutlich verringert werden konnten. Damit ist das Ziel des Programms EFFEKT® erreicht, die frühkindliche Entwicklung zu fördern, um der Entstehung und Verfestigung von sozialen Auffälligkeiten entgegenzuwirken (Lösel 2008). EFFEKT® besteht aus einem Elternkurs und einem spielerischen Kinderkurs, die sowohl einzeln als auch in Kombination angewendet werden können. Die besten Effekte werden laut Evaluation in der Kombination von Eltern- und Kinderkurs erzielt. Im Elterntraining lernen die Eltern Grundregeln positiver Erziehung und wie sie mit schwierigen Erziehungssituationen umgehen können. Das Kindertraining zielt auf die Förderung der sozialen Kompetenz. Eine Werteerziehung im eigentlichen Sinne ist jedoch nicht Gegenstand des Programms von EFFEKT®.

Wie aber können Eltern ihre Kinder ohne die Teilnahme an einem solchen Programm dabei unterstützen, gemeinschaftsfähige und selbstständige Menschen zu werden und ihre Persönlichkeit zu entfalten? Wie kann sich Familienbildung explizit auf Wertesensibilisierung ausrichten? Antworten auf diese (und andere) Fragen zu finden, war das Anliegen des Projekts *Wertebildung in Familien* (vgl. Rollik 2013), das den Fokus auf die Sensibilisierung von Eltern für die Bedeutung von Werten in der Erziehung und im familiären Zusammenleben richtete. Im Einzelnen ging es darum, auf Seiten der Eltern die Reflexion von Werten anzuregen und die Erziehungskompetenz und das Wissen zu mehren, wie prosoziale Werte in der Familie vermittelt werden können. Zum Einsatz gelangten neben dem beschriebenen Präventionsprogramm EFFEKT®, auch SAFE® (Sichere Ausbildung für Eltern) und der Eltern-Baby-Kurs MALIBU® (*M*iteinander den *A*nfang *L*iebevoll und *I*ndividuell *B*egleiten und *U*nterstützen). Die Pilotphase des Projekts wurde einer

Evaluation unterzogen (Lösel und Ott-Röhn 2013). Die Ergebnisse waren insgesamt positiv. So erbrachte eine Prozessevaluation, dass die überwältigende Mehrheit der Teilnehmer mit dem Kursangebot zufrieden war, deren Alltagsbezug aber weniger positiv beurteilte.

Eine Wirkungsevaluation stützte sich auf Befragungen der Teilnehmer zu Beginn und zum Ende des Kurses auf der Basis von drei Fragebögen zu Wertvorstellungen, Erziehungszielen und zum Erziehungsverhalten. Verwendet wurden die Werteskala von Hermann (2003), ein Untertest aus dem Familiendiagnostischen Testsystem (Schneewind et al. 1985) und einer Kurzversion der deutschsprachigen Adaptation des Alabama Parenting Questionnaire (Shelton et al. 1996). Die Wirkungsevaluation zeigte einige wesentliche Veränderungen: Beispielsweise wurden die Werte *soziale Hilfsbereitschaft* und *Kreativität* nach Abschluss des Kurses signifikant stärker betont als zu Beginn. Neben „traditionellen" Werten wie *Freundschaft* gewannen im Verlauf der Kurse auch Werte wie *Toleranz* und *Umweltbewusstsein* an Bedeutung. Dessen ungeachtet nahmen die Werte *Familie, Partnerschaft* und *Freundschaft* vor und nach den Kursen die obersten Ränge ein. Auch zeigten sich deutliche Auswirkungen auf das Erziehungsverhalten, indem als Folge einer zunehmenden prosozialen Orientierung das Erziehungsziel der Kameradschaftlichkeit an Bedeutung gewann ebenso wie die Selbstständigkeit, während sich die Bereitschaft zu ungünstigen Erziehungspraktiken abschwächte. Eine positive Einstellung der Eltern und Engagement waren schon vor Kursbeginn stark ausgeprägt, was sich auch nicht änderte. Insgesamt wiesen die Befunde der Evaluation also darauf hin, dass die Kurse sich günstig auf einen autoritativ-demokratischen Erziehungsstil auswirken.

Allerdings deuteten sich Unterschiede zwischen den Kursangeboten an: Während EFFEKT® und SAFE® vor allem das Erziehungsverhalten beeinflussten, bewirkte MALIBU® Veränderungen der Erziehungsziele.

In Zusammenfassung der Ergebnisse des Projekts *Wertebildung in Familien* gelangt Erbes (2013) zu folgenden Erkenntnissen: Die erste lautet, dass Kinder die Werte reflektieren, die sie in der Familie erleben.

> » Kinder selbst sind aktive Konstrukteure ihrer Wertestrukturen. Sie setzen sich mit elterlichen Werten auseinander, gleichen diese mit eigenen Erfahrungen und gesellschaftlichen Gegenentwürfen ab, verwerfen oder akzeptieren verschiedene Werteoptionen und transformieren sie, bevor sie in die eigene Motivationsstruktur überführt werden (Stein 2008, S. 38).

Die zweite Erkenntnis ist, dass die Wertetransmission in der Familie ein zweiseitiger Prozess ist. Nicht nur die Eltern beeinflussen die Wertorientierungen der Kinder, sondern diese nehmen auch Einfluss auf die Werthaltungen der Eltern.

Daraus ergibt sich, dass es in der Wertebildung innerhalb der Familie wesentlich darum geht,

- Werte zu reflektieren,
- wertesensibilisierende Angebote zu konzipieren und umzusetzen und
- Werte zu leben (Erbes 2013).

Da hierfür das soziale Klima in der Familie eine entscheidende Bedeutung hat, kann abschließend auf die „fünf Säulen einer guten Erziehung" von Tschöpe-Scheffler (2003) verwiesen werden, die auch den Rahmen einer effektiven Werteerziehung konstituieren:

- *Emotionale Wärme*: Anteilnahme und Zuwendung zum Kind, Schaffung einer unterstützenden Atmosphäre.
- *Achtung und Respekt*: Anerkennung aller, auch der einem fremden Anteile im Kind, Zutrauen, dass das Kind eigene Wege gehen kann.
- *Kooperation*: Gespräche, Erklärungen, Gemeinsamkeiten, Bemühen um wechselseitiges Verstehen; Teilnahme am Kind und Teilnehmenlassen des Kindes an Vorstellungen und Tun des Erwachsenen.
- *Struktur und Verbindlichkeit*: Regeln klären und deren Einhaltung beachten, Konsequenzen deutlich machen und durchsetzen.
- *Allseitige Förderung*: Anregungen geben, Erfahrungen ermöglichen.

4.4.3 (Sozial-)Erziehung in der Schule

Klagen von Erwachsenen über mangelhafte soziale Einstellungen, Werte oder konkrete Verhaltensweisen von Kindern und Jugendlichen haben eine lange Tradition. Die Beweise, dass die beklagten Entwicklungen von einer Generation zur nächsten wirklich stattgefunden haben, konnten zwar selten erbracht werden, aber die Klagen über ein negatives Sozialverhalten von Schülerinnen und Schülern reißen nicht ab.

Jakob: „Ha, solche Klagen kenne ich von meinem Onkel Johann, der sich manchmal bitter über seine Schüler beschwert. Ein Vorwurf lautet, dass die Jugendlichen auf dem Egotrip seien und ihre eigenen Bedürfnisse rücksichtslos und egoistisch durchsetzen."

Anna: „Nicht zu vergessen ist die Ellbogenmentalität der Jungen, die nur noch in den Kategorien von Konkurrenz und Wettbewerb denken."

Jakob: „Ja, und die haben auch komplett die Fähigkeit verlernt, ein Gemeinschaftsgefühl herzustellen. Die sind doch sozial blind und haben keinen Blick mehr für die Sorgen und Nöte anderer …"

Anna: „… und schikanieren und terrorisieren ihre Mitschüler, manchmal auch die Lehrer."

Jakob: „… was dann Mobbing oder Bullying heißt."

Anna: „Und zuhören können und wollen sie auch nicht, da sie ja alles besser wissen."

Jakob: „Einen Vorwurf habe ich noch: Die Jungen bilden oft Cliquen, um andere auszugrenzen und zu beleidigen."

Anna: „Und sie fallen durch eine wachsende Zahl krimineller Delikte in der Schule auf, wie zum Beispiel Erpressungen von Mitschülern und Vandalismus."

Jakob: „(lachend) Macht Spaß, dieses Jugendbashing, weil wir ja schon soooo viel älter sind ;-)! Aber sag mal, sprechen wir überhaupt über Jugendliche oder über Politiker?"

Anna: „Genau, das Politikerbashing geht ungefähr genauso vor sich."

Auf der einen Seite lässt man am pädagogischen Stammtisch oft kein gutes Haar an den heutigen Jugendlichen, auf der anderen Seite werden Lehrer, Ausbilder und Personalleiter nicht müde, die Bedeutung sozialer Schlüsselqualifikationen – Teamfähigkeit, Kooperationswille, soziale Kompetenz – herauszustellen, die als Grundvoraussetzung für die zukünftige Karriere des jungen Menschen in einer Zeit des verschärften Wettbewerbs um Ausbildungs- und Arbeitsplätze gelten (Lambrecht 1995; Robertson-von Trotha 2009). Folgt man dieser Argumentation, kommt der Schule als Institution nicht nur die Aufgabe zu, Wissen und Fertigkeiten zu vermitteln, sondern auch die, einen Beitrag zur sozialen Integration der heranwachsenden Kinder und Jugendlichen zu leisten. Das Urteil fällt aber oft nicht positiv aus, wenn es um die Sozialerziehung in der Schule geht: Korte, Rektor einer Förderschule, gelangte 1996 zu der Bewertung: „Sozialverhalten in der Schule: Mangelhaft" (Korte 1996, S. 13).

Auf der anderen Seite bemängeln Eltern mitunter, dass sich die Institution Schule nur noch als Wissensvermittlungsagentur verstehe (vgl. Merkle und Wippermann 2008) und ihrer Verpflichtung einer sozialen Erziehung nicht mehr nachkomme. Dagegen wenden Lehrpersonen nicht selten ein, dass die Schule zwar ein Ort vielfältiger sozialer Lernerfahrungen sei, aber keine sozialpädagogische Einrichtung. Dieses Argument geht aber an der Realität vorbei, da die Schule längst zu einem Arbeitsplatz für Sozialpädagogen geworden ist, die *Schoolworker* genannt werden. *Schoolworker* sehen sich als Berater für Schüler, deren Eltern und Lehrer. Sie wollen Anstöße zur Verbesserung und Unterstützung der individuellen Lebenssituation im schulischen und im sozialen Umfeld des Schülers geben (Schäffler und Schnabel-Bitterlich 2009).

Das Projekt Schoolworker

„Wir engagieren uns für Schüler, Lehrer, Eltern und alle, die etwas mit Schule zu tun haben …", lautet die Devise des Projekts *Schoolworker*, welches das Saarland seit dem Schuljahr 2003/04 initiiert hat und das mittlerweile verstetigt wurde. Hintergrund des Programms war die Erkenntnis, dass sich aufgrund des Wandels der familiären Situationen deutliche Defizite im Sozialverhalten von Kindern und Jugendlichen ergeben haben, die eine Zusammenarbeit von Bildungseinrichtungen und Jugendhilfe nahelegt, um die entstandenen Problemlagen im sozialen Bereich konstruktiv anzugehen. Erkenntnisleitend war dabei u. a. die Annahme, dass Schulen ohne sozialpädagogische Hilfeleistung den neu entstanden Anforderungen einer Sozialerziehung nicht mehr gerecht werden können. Daher sollte ihnen entsprechender Beistand von der Jugendhilfe zukommen.

Flächendeckend wurden im Saarland entsprechende Einrichtungen und Angebote geschaffen, um Schüler, Lehrer und Eltern zu beraten: *Schülerinnen und Schüler* bei Problemen in der Schule und bei familiären und/oder persönlichen Sorgen, *Eltern* bei Erziehungsproblemen, bei Fragen zu Angeboten der Jugendhilfe und zu schulischen Angelegenheiten, *Lehrpersonen* bei Fragen zur Jugendhilfe, bei fallspezifischen Problemen und bei der Planung von präventiven Angeboten. Dabei sehen sich die *Schoolworker* nicht in Konkurrenz zu bereits bestehenden Angeboten an den Schulen, sondern betonen ihre unterstützende, ergänzende und koordinierende Funktion bei der Sozialerziehung. Eine besondere Bedeutung wurde und wird dabei der Durchführung von Projekten zu Themen der Gewalt- und Suchtprävention, Sexualerziehung, Schullaufbahn, Berufsorientierung und des sozialen Lernens allgemein beigemessen.

Mehr Informationen findet man auf den Internetseiten der Schoolworker (z. B. ▶ http://www.cjd-schoolworker.de/beraten.html).

Die Schule ist eine Institution, die gesellschaftliche Aufgaben zu erfüllen hat, die auf der Basis politischer Entscheidungen gesetzlich geregelt sind. Eine zentrale Aufgabe besteht laut Gesetz darin, den jungen Menschen gesellschaftliche Ziele, Normen und Werte zu vermitteln, die in ihre Lebensentscheidungen eingehen und ihr soziales Verhalten beeinflussen.

> » Zum Bildungsauftrag der Schule gehört die Erziehung des jungen Menschen zur freien Selbstbestimmung in Achtung Andersdenkender, zum politischen und sozialen Handeln und zur Gestaltung der Arbeitswelt und der Gesellschaft im Sinne der freiheitlichen demokratischen Grundordnung,

heißt es im Schulgesetz von Schleswig-Holstein (vom 24. Januar 2007) und ähnlich in den Schulgesetzen der anderen Länder der Bundesrepublik Deutschland. Unmissverständlich, wenn auch sehr allgemein, werden Lehrer dazu aufgefordert, ein positives Sozialverhalten der Schüler zu fördern. Diese Erziehungsaufgabe wird dann in den Bildungsplänen der einzelnen Schularten über die pädagogischen Leitgedanken der einzelnen Klassenstufen bis hinein in fächerverbindende Themen und einzelne Lehrplaneinheiten konkretisiert.

4.4.3.1 Der soziale Erziehungsauftrag der Schule

Die Schule erfüllt als Bildungseinrichtung mannigfache Funktionen im Sozialisationsprozess (Fend 1988; Tillmann 2000), auf die wir bereits in ▶ Abschn. 4.2.2 eingegangen sind. Dazu gehören Wissensvermittlung, soziale Integration, Allokation und Auslese. Tatsächlich ist die Schule eine jener gesellschaftlichen Instanzen, in denen das Leistungsprinzip als Grundlage der Selektion und Allokation besonders stark betont wird. Die Schule soll den Kindern und Jugendlichen frühzeitig die gesellschaftlichen Konzepte der sozialen Rangfolge sowie Erfahrungen von Erfolg und Misserfolg vermitteln, die auf die Lebensrealität im Arbeitsleben vorbereiten. Dass die Schule auch als Instanz zur Vermittlung und Förderung sozialer und moralischer Kompetenz fungieren kann (vgl. Roth 1971), gerät bei einer starken Betonung des Leistungsprinzips allzu leicht in Vergessenheit. Grund genug für die Autoren des 13. und 14. Kinder- und Jugendberichts des Bundesministeriums für Familie, Senioren, Frauen und Jugend (2009, 2013) eindringlich darauf hinzuweisen, dass soziales Lernen in der Schule auch die Förderung moralischer Kompetenz einschließen müsse.

Aufgaben und Funktionen der Schule
- Entwicklung von Sachkompetenz
- Entwicklung von Sozialkompetenz
- Entwicklung von moralischer Kompetenz
- Entwicklung von Kultiviertheit und Emanzipation

Nach einer Phase der pädagogischen „Gleich-Gültigkeit" gegenüber gesellschaftlichen Wertorientierungen, die sich in Forderungen nach einer umfassenden Selbstbestimmung der Schülerinnen und Schüler und nach weltanschaulicher wie auch moralischer Neutralität artikulierte, wird die Sozialerziehung wieder vermehrt als klassischer Bildungsauftrag der Schule hervorgehoben, wofür nach Preiser (2011) auch gewichtige sozialwissenschaftliche und -psychologische Argumente sprechen:

Als erstes Argument führt Preiser an, dass soziale Kompetenz und ein angemessenes Sozialverhalten notwendige Voraussetzungen für gelingenden Unterricht sind und die Schulklasse als Sozialgemeinschaft charakterisieren, und zwar sowohl in den Interaktionen zwischen Lehrern und Schülern als auch in den sozialen Umgangsweisen der Schüler miteinander.

Das zweite Argument lautet, dass schulische Sozialerziehung eine defizitäre familiäre Erziehung kompensieren kann und muss. Soziale Lernziele, die früher eindeutig der Familie und ihren sozialen Netzwerken zugewiesen waren, müssten nun immer häufiger außerhalb der Familie vermittelt werden. Die Gründe für die Notwendigkeit der Kompensation familiärer Erziehungsmängel liegen laut Preiser u. a. in der Familienstruktur (Stichwort unvollständige Familie), in einer verminderten elterlichen Präsenz und einer unzureichenden Erziehungskompetenz der Eltern.

Ein drittes Argument bezieht sich auf die zunehmende Ausweitung und Entstandardisierung von Erziehung, die sich in einer Differenzierung und Flexibilisierung der familiären Erziehung, in Individualisierungstendenzen und der Konkurrenz verschiedenster gesellschaftlicher und weltanschaulicher Akteure bemerkbar machen und zu inkonsistenten und zum Teil widersprüchlichen Erziehungskonzeptionen und -empfehlungen geführt haben. Dabei bieten auch Fortbildungskurse für Lehrer und Eltern und die umfangreiche Ratgeberliteratur laut Preiser keinen wissenschaftlich begründeten Standard für die soziale Erziehung.

Ungeachtet dessen, ob man der Argumentation Preisers folgt oder nicht, stellt sich die grundsätzliche Frage, was genau durch eine Sozialerziehung in der Schule angestrebt und gefördert werden soll. Ist es das soziale Lernen oder die soziale Kompetenz im Allgemeinen oder das konkrete soziale Verhalten im Besonderen, das im Mittelpunkt der schulischen Sozialerziehung stehen sollte?

Sozialverhalten – soziales Lernen – soziale Kompetenz

Laut einer Definition von Limbourg und Steins umfasst Sozialverhalten

> » das Repertoire einer Person, sich in verschiedenen sozialen Kontexten angemessen zu verhalten und die Angemessenheit des eigenen Verhaltens kritisch zu reflektieren (Limbourg und Steins 2011, S. 14).

Es geht also um das Verhalten einer Person im Umgang mit anderen Menschen, einzeln oder in Gruppen. Dabei hat der Begriff Sozialverhalten zunächst eine wertfreie Bedeutung, erfährt im Alltagsgebrauch aber oft eine positive Konnotation. Wenn über jemanden gesagt wird, er zeige ein ausgeprägtes Sozialverhalten, so sind damit kaum Beleidigungen, das Schikanieren und Ausgrenzen anderer gemeint, sondern eher Empathie, Hilfsbereitschaft, soziales Engagement und dergleichen. Gemäß dem Alltagsgebrauch des Begriffs werden auch dem Sozialverhalten, das im schulischen Kontext angestrebt wird und dessen Entwicklung durch Erziehungsmaßnahmen angeleitet und unterstützt werden soll, soziale Basisprozesse wie Perspektivenübernahme, Empathie, Personenwahrnehmung und Selbstwahrnehmung zugeschrieben. Dem liegt die Annahme zugrunde, dass sich eine Person ohne diese Basisprozesse nicht in einem sozialen Kontext zurechtfinden kann.

Im Vergleich zum Begriff des Sozialverhaltens ist der Begriff *soziales Lernen* noch mehrdeutiger. Damit kann das Nachahmen von positivem oder negativem Verhalten anderer ebenso gemeint sein wie das intentionale Lernen in sozialen Gruppen wie z. B. der Schulklasse oder kleineren Gruppen. Ursprünglich als Begriff der Sozial- und Lernpsychologie konzipiert (vgl. Seel und Hanke 2010), wird er mittlerweile allgemein zur Kennzeichnung handlungsorientierten und problemlösenden Lernens in sozialen Settings verwendet und mit dem Erwerb sozial-emotionaler Kompetenz in Beziehung gesetzt. Im Vordergrund steht die Entwicklung von Kontakt- und Kommunikationsfähigkeit, Einfühlungsvermögen, Kooperations- und Konfliktfähigkeit einer Person. Als Ziel sozialen Lernens gilt allgemein die Fähigkeit zur Selbst- und Fremdwahrnehmung und zur Antizipation sozialer Verhaltensweisen anderer Menschen. Obwohl soziales Lernen als

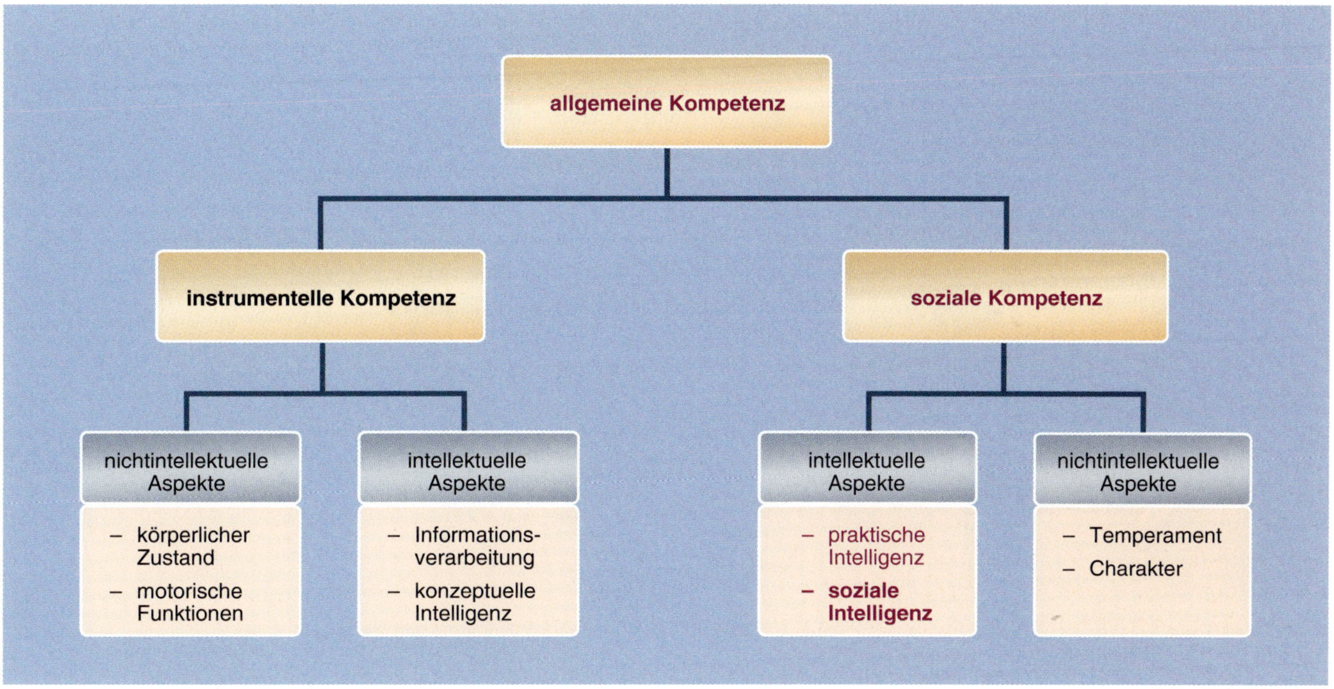

Abb. 4.47 Konzeptuelle Einordnung der sozialen Kompetenz (Greenspan und Gransfield 1992, S. 447)

lebenslanger Prozess der Anpassung an die Gesellschaft begriffen wird, wird ihm im Kontext schulischen Lernens eine exponierte Bedeutung beigemessen. Sozialkompetenz als Ergebnis sozialen Lernens ist eine der vier Grunddimensionen von Handlungskompetenz (vgl. Abb. 1.8). Darauf sind wir ausführlich in ► Abschn. 1.2.1 eingegangen.

Um sozial kompetent agieren zu können, müssen die Heranwachsenden lernen, was gesellschaftlich akzeptiert ist und wie das konkrete Verhalten aus der Sicht der geltenden sozialen Normen, der Werthaltungen und der ethischen Grundsätzen bewertet wird. Mit anderen Worten: Das Konzept der *sozialen Kompetenz* führt unmittelbar und unweigerlich zu ethischen und moralischen Fragen der Sozialerziehung. *Soziale Kompetenz* ist dabei zu unterscheiden von der instrumentellen Kompetenz (Fach- und Methodenkompetenz), die sich in erster Linie auf kognitive Fähigkeiten und Fertigkeiten bezieht, um Probleme zu lösen.

Soziale Kompetenz umfasst eine Vielzahl sozialer Praktiken (Reckwitz 2003), die als notwendig bzw. nützlich für die Interaktion mit anderen gelten und die Grundlage dafür bilden, mit anderen Menschen verträglich auszukommen. Zur Einordnung des Begriffs der sozialen Kompetenz und seines Umfangs kann auf eine Klassifikation von Greenspan und Gransfield (1992) zurückgegriffen werden (Abb. 4.47), die unsere Ausführungen in ► Abschn. 1.2.1 um einige bisher nicht genannte Aspekte ergänzt. Dazu gehört beispielsweise das *Konzept der sozialen Intelligenz*, von dem im Alltag viel die Rede ist.

In der Abbildung wird die *soziale Intelligenz* als Teilaspekt der *sozialen Kompetenz* dargestellt. Unter sozialer Intelligenz wird in diesem Kontext die Fähigkeit verstanden, Verhaltensweisen anderer zu verstehen und sich gegenüber anderen Menschen in situationsangemessener Weise sozialverträglich zu verhalten (Sowarka 1995). Aus der Sicht von Süß et al. (2005) bezieht sich die soziale Intelligenz auf den Grad, mit dem eine Person mittels ihres sozialen Handelns ein Ziel erreicht, während die soziale Kompetenz sich in der Akzeptanz des Handelns durch andere Personen spiegelt. Das kann an einem Beispiel veranschaulicht werden:

Ein junger ehrgeiziger Professor kann seinen Erfolg erhöhen, indem er sich sozial intelligent verhält und seine Mitarbeiter die wissenschaftlichen Artikel schreiben lässt, die dann unter seinem Namen in einer renommierten Fachzeitschrift publiziert werden. Aber verhält er sich damit auch sozial kompetent? Wohl kaum, denn dazu gehört grundsätzlich die Orientierung an den normativen Erwartungen und Wertorientierungen der Mitarbeiter, aber gewiss nicht deren Missbrauch für eigene Zwecke.

Limbourg und Steins (2011) unterscheiden zwischen Basiskompetenzen und spezifischen Kompetenzen, deren Zusammenspiel erst das Sozialverhalten bedingt. Zu den Basiskompetenzen zählen die Autorinnen die Differenzierung zwischen dem Selbst und dem Anderen und die soziale Motivation als Grundorientierung an dem Zusammenleben mit anderen. Zu den spezifischen Kompetenzen zählen sie Empathie, Perspektivenübernahme, soziale Kompetenzen (wir bevorzugen den Term *soziale Praktiken* im Sinne von Reckwitz 2003) und emotionale Kompetenzen. Basiskompetenzen und spezifische Kompetenzen stehen nach Limbourg und Steins dabei in einer Wechselbeziehung zueinander. Sie verdeutlichen dies mit dem Beispiel einer Person, die keine soziale Motivation aufweist (z. B. als Folge von Autismus) und deshalb kaum in der Lage sein dürfte, die Perspektive einer anderen Person einzunehmen und sich sozial kompetent zu verhalten. In der Gesamtschau gelangen die Autorinnen zu dem in Abb. 4.48 dargestellten Modell des Sozialverhaltens, das als grundlegend für die schulische Sozialerziehung betrachtet wird.

Die pädagogische Dimension des Modells veranschaulichen Limbourg und Steins mit einem Beispiel von Mobbing unter Schülern.

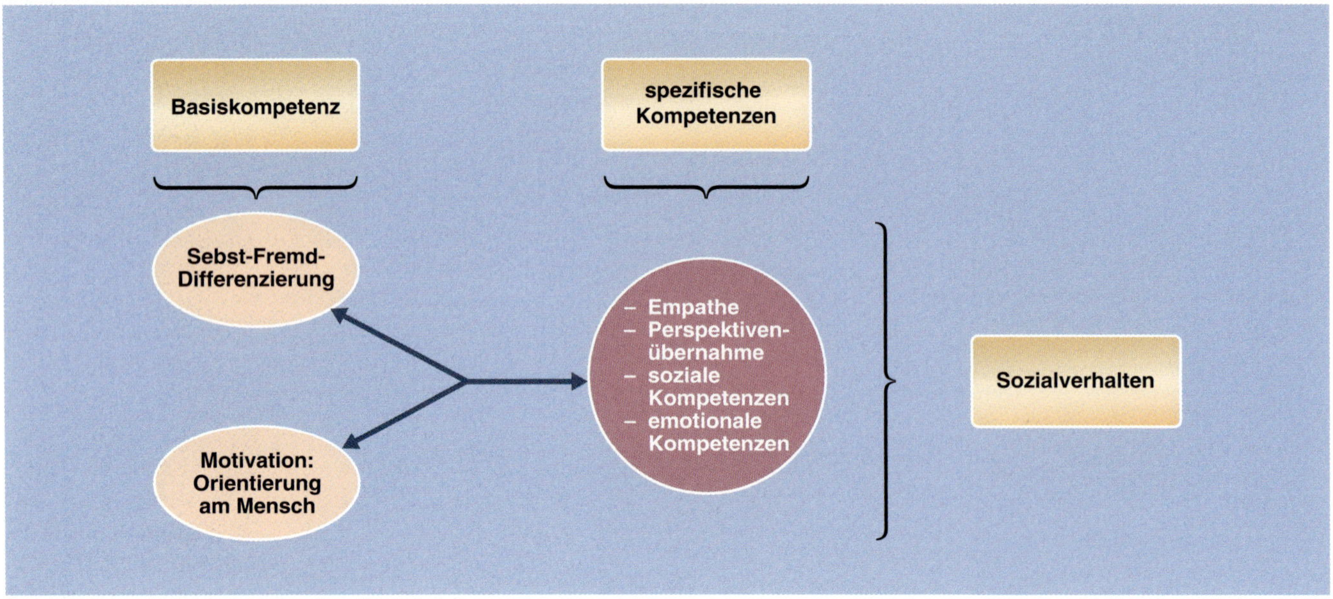

Abb. 4.48 Sozialverhalten als Produkt von Basiskompetenzen und spezifischen Kompetenzen (Limbourg und Steins 2011, S. 14)

Mobbing

Der Begriff *Mobbing* (auch als *Bullying* bezeichnet) bezieht sich auf ein Verhaltensmuster, d. h. auf systematische Handlungsweisen, die darauf zielen, andere Menschen zu schikanieren, zu quälen und seelisch zu verletzen. Mobbing ist auf einem ungleichen Machtverhältnis begründet, wobei die Ungleichheit schon durch die bloße Anzahl von Personen – viele Personen gegen eine Person – bedingt sein kann. Mobbing ist durch ein klares Rollenmuster gekennzeichnet: Es gibt Täter und ein Opfer, das sich aufgrund der Machtverhältnisse nicht angemessen zur Wehr setzen kann (Olweus 2006).

Eine Gruppe von drei Schülern hat in einem sozial isolierten Schüler jemanden gefunden, den sie regelmäßig hänseln, ärgern und leiden lassen können. Der Schüler weiß sich nicht zu wehren, so dass sich das Mobbingverhalten der drei zunehmend verstärkt. Dem Mobbingopfer kann laut Limbourg und Steins geholfen werden, wenn andere Schülerinnen oder Schüler sich hinter das Opfer stellen und den Angreifern Einhalt gebieten: Eine Schülerin bekommt das Mobbingverhalten mit und fühlt sich für den Mitschüler verantwortlich, auch wenn sie nicht mit ihm befreundet ist. Sie hat mit dem Mobbing direkt nichts zu tun, nimmt es aber wahr, kann sich in die Lage des Opfers hineinversetzen und fühlt sich sozial verantwortlich. Das Verhalten der Gruppe beurteilt sie als unmoralisch und nicht akzeptabel. Sie fühlt sich veranlasst, sich einzumischen und dafür zu sorgen, dass das Mobbing öffentlich wird und als Folge sozialer Sanktionen abgebaut wird. Diese Schülerin zeigt Sozialverhalten.

Das Beispiel zeigt, dass ein situationsangemessenes Sozialverhalten Empathie und Sensibilität ebenso voraussetzt wie Selbst- und Sozialkompetenz. Diese zu erwerben, ist das Ziel sozialen Lernens, das überall stattfinden kann, wo Menschen miteinander interagieren. Finden diese Interaktionen im pädagogischen Handlungsfeld Schule statt, ist es die Aufgabe der Lehrerinnen oder Lehrer, Lernumgebungen zu gestalten, die Gelegenheiten zum Erwerb sozialer Kompetenz bieten. Das gehört laut Gesetz zu den Erziehungsaufgaben der Institution Schule.

Zielsetzungen der schulischen Sozialerziehung

Nicht selten wird, wenn es um Zielsetzungen einer Sozialerziehung in der Schule geht, auf gesetzliche Verordnungen verwiesen (z. B. Limbourg und Steins 2011). In Entsprechung mit dem in diesen Verordnungen festgeschriebenen Bildungsauftrag haben verschiedene Autoren allgemeine Zielkataloge für die Sozialerziehung insbesondere für die Grundschule, aber nicht nur für diese erarbeitet (z. B. Knoll-Jokisch 1981; Lerchenmüller 1987; Petillon 1993). Petillon unterscheidet folgende Ziele:

- *Kommunikation*: Fähigkeit und Bereitschaft, sich verständlich zu machen und andere zu verstehen,
- *Kontakt*: Fähigkeit und Bereitschaft mit anderen Kontakt aufzunehmen,
- *Solidarität*: Fähigkeit und Bereitschaft zu gemeinsamen Handlungen in kleineren und größeren Gruppen; Bewusstsein der Zusammengehörigkeit und Erkenntnis der gemeinsamen Lage,
- *Konflikt*: Fähigkeit und Bereitschaft, konstruktives Konfliktlöseverhalten zu praktizieren,
- *Ich-Identität*: Fähigkeit und Bereitschaft, Fremderwartungen und eigene Bedürfnisse so zu verarbeiten, dass ein eigenes selbstbestimmtes Rollenverhalten entwickelt und praktiziert werden kann,
- *Soziale Sensibilität*: Fähigkeit und Bereitschaft, sich in die Rolle eines anderen zu versetzen, sich in seine Lage einzufühlen und das Ergebnis dieser Bemühungen in das eigene Verhalten einzubeziehen,
- *Toleranz*: Fähigkeit und Bereitschaft, die Andersartigkeit, Eigentümlichkeit, Hilfsbedürftigkeit usw. anderer zu erkennen und zu respektieren, Vorurteile zu hinterfragen,
- *Kritik*: Fähigkeit und Bereitschaft, Informationen, Normen, Handlungen, feststehende Urteile bei sich und anderen

Tab. 4.26 Drei Zielkataloge zur Sozialerziehung im Vergleich

Lerchenmüller (1987)	Knoll-Jokisch (1981)	Petillon (1993)
Urteilsfähigkeit	*Selbstkompetenz* – Wahrnehmung und Akzeptanz eigener Bedürfnisse und Gefühle – Vertrauen auf eigene Fähigkeiten – Selbstkritische Beurteilung – Ich-Identität	Kommunikationsfähigkeit
Beziehungs- und Rollenübernahme		Kontaktfähigkeit
Empathie		Kooperationsfähigkeit
Kommunikative Kompetenz		Solidarität
Rollendistanz		Konfliktfähigkeit
Ambiguitätstolerenz (Ungewissheitstoleranz)	*Sozialkompetenz* – Kontaktfähigkeit – Kommunikationsfähigkeit – Kooperationsfähigkeit – Konfliktfähigkeit – Toleranz	Ich-Identität
		Soziale Sensibilität
		Empathie
		Toleranz
		Akzeptanz von Kritik
		Umgang mit Regeln
		Gruppenkenntnisse

kritisch zu hinterfragen und gegebenenfalls Alternativen zu entwickeln,

- *Umgang mit Regeln*: Fähigkeit und Bereitschaft, wichtige Regeln des Zusammenlebens zu erarbeiten, zu beachten und gegebenenfalls zu revidieren,

Zum Vergleich sind in Tab. 4.26 die Ziele von Lerchenmüller und Knoll-Jokisch aufgeführt (vgl. auch Roth 2006).

Bei den genannten Zielen werden zwei Grundorientierungen der Sozialerziehung erkennbar (vgl. Trommsdorff 1999b):

1. eine *Individualorientierung* mit dem Fokus auf Autonomie und individueller Selbsterfüllung und
2. eine *Gruppen- oder Sozialorientierung* mit dem Fokus auf die Einbindung des Einzelnen in die soziale Gruppe und auf kollektives Wohlergehen.

Bei Knoll-Jokisch wird diese Unterscheidung besonders gut sichtbar. Die beiden Grundorientierungen unterscheiden sich sowohl hinsichtlich der Erziehungsziele als auch hinsichtlich der Erziehungsmethoden (Tab. 4.27).

Vor dem Hintergrund der verschiedenen Zielkataloge und weiterer Beiträge in der Literatur haben Pfau et al. (2006) eine tragfähige Konkretisierung und Operationalisierung der Zielkategorien der Sozialerziehung vorgenommen, die in Tab. 4.28 wiedergegeben ist. Dabei richtet sich der Fokus auf die Individual- und Gruppenorientierung sowie auf das gemeinsame Handeln in Lernsituationen. Die Zielkategorien sind nach dem Grad zunehmender Komplexität angeordnet.

Zusammenfassend kann festgehalten werden, dass zur sozialen Kompetenz als Zielbereich der schulischen Sozialerziehung neben der emotionalen Intelligenz verschiedene Kenntnisse und Fähigkeiten zu zählen sind: Im Umgang mit sich selbst (Selbstwertgefühl, Selbstvertrauen, Selbstwirksamkeit, Selbstbeobachtung), im Umgang mit anderen (Achtung, Anerkennung, Empathie, Menschenkenntnis, Kritikfähigkeit, Toleranz, Respekt usw.) und in Bezug auf die Kooperation (Teamfähigkeit, Kooperation, Motivation, Konfliktfähigkeit, Kommunikationsfähigkeit). Darüber hinausgehend betonen Pfau et al. verschiedene Führungsqualitäten (z. B. Verantwortungsbereitschaft, Flexibilität) als Merkmale sozialer Kompetenz.

Tab. 4.27 Soziale Werte und Erziehungsmethoden bei Individual- und Gruppenorientierung (Trommsdorff 1999b, S. 173)

	Individualorientierung	Gruppen-/Sozialorientierung
Werte und Erziehungsziele	**Unabhängigkeit** Autonomie Individuelle Selbsterfüllung	**Abhängigkeit** Einbindung in Gruppe Kollektives Wohlergehn
Erziehungsmethoden	Aushandeln von Rollen Partnerschaftlicher Diskurs Wahlfreiheit Konflikt	Akzeptanz und Autorität Übernahme von Pflichten und Rollen Kooperation, Nachgiebigkeit

Jakob: „Da wir uns gerade mit dem Thema Sozialerziehung in der Schule befassen, möchte ich dir mal ein paar Fragen stellen, die ich in einem Artikel gefunden habe.“[29]

29 Die Fragen und Antworten sind aus Preiser (2011) entnommen.

Tab. 4.28 Konkrete Zielsetzung der Sozialerziehung (Pfau et al. 2006, S. 9)

Fokus Komplexität	Selbst	Andere	Miteinander
Wahrnehmung	– Auf eigene Stimmungen und Gefühle in sozialen Situationen achten – Auf Signale des Körpers achten	– Andere genau beobachten – Gut zuhören – Stimmungen und Gefühle anderer wahrnehmen	– Abläufe zwischen Personen genauer wahrnehmen – Stimmungen und Klima in Gruppen erspüren
Austausch	– Kontakt aufnehmen – Eigene Gefühle und Stimmungen ausdrücken – Eigene Befindlichkeit, Einstellungen und Meinungen artikulieren	– Sich in andere einfühlen – Bei anderen nachfragen – Perspektivenwechsel vornehmen	– Rückmeldungen geben und nehmen – Unterschiede und Gemeinsamkeite herausarbeiten
Akzeptanz	– Sich selbst mit Stärken und Schwächen annehmen	– Andere Erlebnis- und Verhaltensweisen akzeptieren und tolerieren – Rücksicht nehmen	– Verschiedenheit akzeptieren
Soziales Handeln	– Schwächen zugeben – Nachgeben, sich zurückhalten – Regeln einhalten – Rechte einfordern – Zivilcourage entwickeln – Sinnvolle Anweisungen geben – Mit Gruppendruck umgehen	– Rechte anerkennen – Konstruktiv kritisieren – Überzeugen	– Etwas aushandeln – Abmachungen und Regeln erarbeiten – Kompromisse schließen – Kooperieren – Teilen können
Umgang mit Schwierigkeiten	– Umgang mit Stress, Ärger und Frustration – Schwierigkeiten als Lernchancen erkennen	– Andere unterstützen, anderen helfen, andere schützen – Mit dem Ärger anderer umgehen	– Konstruktiver Umgang mit Konflikten – Vermitteln – Streit schlichten
Entwicklung von Einstellungen und Werthaltungen	– Vorteile und Notwendigkeit positiven Zusammenlebens erkennen – Freude an sozialem Engagement entwickeln – Orientierung an allgemein akzeptierten Normen	– Sich für andere einsetzen – Solidarität entwickeln	– Schulleben bewusst als Sozialgemeinschaft verwirklichen – gemeinschaftliches Ethos entwickeln – Öffnung und Einbindung des Schullebens in die Gesellschaft

Anna: „Dann schieß mal los."

Jakob: „Gehört Sozialerziehung in den Religions-, Ethik- und Sozialunterricht?"

Anna: „Auf jeden Fall! Da kann man doch besonders gut moralische Diskussionen führen und gemeinsam überlegen, wie man gesellschaftliche und politische Konflikte bewältigen kann."

Jakob: „Sollte man die Sozialerziehung nicht zum Gegenstand und Thema regelmäßiger ‚Sozialstunden' machen?"

Anna: „Wenn unter ‚Sozialstunden' nicht wie üblich eine Strafe gemeint ist, um durch soziale Arbeit etwas abzuleisten, sondern so was wie ein Forum, um konkrete Konflikte auf konstruktive Weise zu bearbeiten, Wünsche an die Klassengemeinschaft und an die Lehrkräfte artikulieren zu können, damit ein fairer Interessenausgleich erzielt werden kann, dann schon."

Jakob: „Und wie beurteilst du die Möglichkeit, im Fachunterricht wie in Deutsch oder Erdkunde systematisch Sozialerziehung zu betreiben?"

Anna: „Ups, das ist nicht leicht zu beantworten. Grundsätzlich wird es in solchen Fächern auch immer Gelegenheiten geben, soziale Konflikte und Wertekonflikte zu bearbeiten. Ich denke, dass der Literaturunterricht da unzählig viele Möglichkeiten bieten kann."

Jakob: „Okay, find ich auch. Auch der Geschichtsunterricht bietet da viele Ansätze für eine Wertediskussion. Aber wie sieht es im Mathe- oder Physikunterricht mit der Sozialerziehung aus?"

Anna: „Das ist mir auch gerade durch den Kopf gegangen. Ich glaube, dass in diesen Fächern die soziale Erziehung eher durch die Hintertür erfolgt, indem kooperative Lernformen die Möglichkeit für Teamarbeit bieten."

Jakob: „Dann müsste ja der Sportunterricht geradezu prädestiniert sein, da er doch immer wieder Gelegenheiten bietet zum Einüben von Kooperation und Teamfähigkeit."

Anna: „Ja und zum sozial akzeptablen Umgang mit Konkurrenz und Aggression."

Jakob: „Da haben wir aber schon eine ganz schöne Liste zusammen, wie die Schule zur Sozialerziehung beitragen kann."

Anna: „Vergessen sollten wir dabei auf keinen Fall die Funktion von Wandertagen, Klassenfahrten, Schulfesten und Klassenfeiern. Da bieten sich doch viele Gelegenheiten, sich auch mal außerhalb des Unterrichts persönlich näher zu kommen."

Wir haben im Zusammenhang mit der Sozialisation darauf hingewiesen (▶ Abschn. 4.2.2), dass Sozialisation als soziales Lernen *überall* stattfindet, wo Menschen miteinander interagieren. Im Falle der Sozialisationsinstanz Schule ist es die Aufgabe der Lehrerinnen und Lehrer, die Interaktionen zwischen den Beteiligten anzuregen und zielorientiert zu gestalten. Obwohl die meisten Lehrpersonen dies auch so sehen dürften, machen die Bedingungen des Schulalltags nicht immer Mut, das fachbezogene und das soziale Lernen gleichberechtigt unter einen Hut zu bringen. Klagen von Lehrern, dass ihnen kaum die Zeit bleibt, den Lehrstoff zu behandeln, so dass eine für notwendig erachtete Sozialerziehung nicht mehr stattfinden kann, weisen darauf hin, dass die Leistungsorientierung kaum noch einen Spielraum für den Bereich sozialer Kompetenzen und der Werteorientierung zulässt.

Womöglich wird bei dem Problem der schulischen Sozialerziehung aber zu hoch angesetzt oder die Lösung in einer falschen Richtung gesucht. Wir sind der Meinung, dass eine kontinuierliche und intensive Betreuung *einzelner Schülerinnen und Schüler* im Sinne einer systematischen Sozialerziehung zwar nur begrenzt möglich ist, der Unterricht im Allgemeinen aber verschiedene Möglichkeiten hierfür bietet. Ob es der Gemeinschaft von Lehrpersonen und Schülern gelingt, einen umfassenden Konsens in Werthaltungen und Erziehungszielen zu erzeugen, der als verpflichtender Orientierungsrahmen fungieren kann, bleibt allerdings eine offene Frage. Zum Teil liegt dieses Unvermögen, zu einer gemeinsamen Basis an Wertorientierungen zu gelangen, darin begründet, dass Lehrer oft in einer ganz anderen Welt leben als die Schüler. Wer kennt schon die vielen Jugendszenen mit ihren vielfältigen Orientierungen? Was bedeutet es, wenn sich ein Schüler als *Raver* oder *Skater* oder *Hip-Hopper*, ein anderer als *Houser* bezeichnet? Was ist *Gangsta-Rap* und was gefällt Jugendlichen an *Rammstein*? Aber selbstverständlich kann sich jede Lehrperson kundig machen, indem sie z. B. den *Jugendkultur-Guide* von Großegger und Heinzlmaier (2004) liest. Die Lehrperson könnte aber auch die Experten in der Klasse fragen, um mit den Schülern ins Gespräch zu kommen und ihre Wertorientierungen und Einstellungen in Erfahrung zu bringen. Das geht auch im Mathematik- oder Physikunterricht.

Eines ist sicher: Den Königsweg, der Schülerinnen und Schüler zu Sozialverträglichkeit, Verantwortungsbewusstsein, Empathie und Selbstständigkeit erzieht, gibt es nicht. Die erzieherische Absicht, Schüler, die sich durch sozial abweichendes Verhalten auszeichnen, durch Belehrung oder Bekehrung klarzumachen, „wo es langgeht", bleibt gewöhnlich unerfüllt. Was bleibt, ist entweder Resignation der Lehrpersonen oder der Versuch, praktikable Lösungen des Problems zu entwickeln.

Diesbezüglich unterscheidet Preiser (2011) zwei pädagogische Konzeptionen der Sozialerziehung in der Schule:

1. eine *implizite Sozialerziehung* auf der Basis eines Modelllernens im Schulalltag, was in Abwandlung von Leschinsky (1996) als „Vor-Leben und Nach-Denken" bezeichnet werden kann;
2. eine explizite Sozialerziehung durch Unterrichtsgestaltung und pädagogische Sondermaßnahmen.

An dieser Unterscheidung orientieren sich die folgenden Ausführungen. Zunächst wenden wir uns der impliziten Sozialerziehung zu, wobei wir vom Allgemeinen, dem Schul- und Unterrichtsklima, zum Besondern, den Erziehungs- und Lehrstilen, fortschreiten werden. Dann wird die explizite Sozialerziehung nach demselben Prinzip behandelt, indem von allgemeinen Formen des kooperativen Unterrichts zu besonderen Trainingsmaßnahmen fortgeschritten wird.

4.4.3.2 Implizite Sozialerziehung in der Schule

In der Schule werden die Prinzipien der Toleranz, Solidarität und Rücksichtnahme gelehrt, über den Wert demokratischer Selbstbestimmung wird ausführlich diskutiert und doch bleibt dies oft folgen- und wirkungslos für das Sozialverhalten der Schülerinnen und Schüler (vgl. Becker 2008; Gugel 2007). Eine größere Wirkung wird oft dem *heimlichen Lehrplan* zugeschrieben, der soziale Kräfte entwickelt, die weit über den Unterricht hinausreichen (Bernfeld 1925/2006).

Mit dem heimlichen Lehrplan sind Mechanismen gemeint, die in den alltäglichen Interaktions- und Kommunikationsstrukturen der Schule auf die Schüler einwirken und ihre Wertorientierungen und sozialen Verhaltensweisen beeinflussen (Zinnecker 1975). Im Falle, dass der heimliche Lehrplan durch eine hierarchische Machtordnung, durch ein hohes Maß an Konformismus und leistungsbezogene Konkurrenz geprägt ist, kann er Autoritätshörigkeit, „Kadavergehorsam", Gleichgültigkeit gegenüber anderen, Akzeptanz von Ungerechtigkeit, politisches Desinteresse und soziale Vorurteile nach sich ziehen. Daher fordert die Bildungskommission NRW (1995), den heimlichen Lehrplan kritisch dahingehend zu prüfen, ob und wo er zur Vereinzelung, Entsolidarisierung, Konkurrenz und Desorientierung beiträgt.

▪ Der heimliche Lehrplan als Community of Practice

Eine besondere Variante des heimlichen Lehrplans wurde von Lave und Wenger (1991) mit dem Konzept der *Community of Practice* eingeführt. Obwohl es naheliegt, den Begriff der Community of Practice mit Arbeits- oder Praxisgemeinschaft zu übersetzen, ist doch eher eine *Wissensgemeinschaft* gemeint, die aber auch nicht mit Wissensmanagement gleichgesetzt werden sollte (vgl. Wenger 2004). Das Lernen eines Individuums wird im Rahmen dieser Wissensgemeinschaft in den Kontext sozialer Beziehungen gestellt, was für den Erwerb von Wissen und die Konstruktion mentaler Modelle als grundlegend betrachtet wird. Die Community of Practice ist ein theoretischer Ansatz, der zu erklären versucht, wie Individuen in sozialen Handlungsgemeinschaften lernen und wie diese sich dabei verändern. Sie wird realisiert, indem sich Gruppen von Personen zusammenfinden, die ein gemeinsames Interesse an etwas oder eine gemeinsame Leidenschaft für das haben, was sie tun.

Im Rahmen der Community of Practice lernen sie, ihren eigenen Erfolg zu steigern, indem sie planmäßig miteinander interagieren. Die intensive Kommunikation und das gemeinsame Interesse bei der Zusammenarbeit fördern die Entstehung eines Beziehungsgeflechts sozialer Identität. Eine Community of Practice wird deshalb durch drei Merkmale charakterisiert: den Handlungsbereich, die Gemeinschaft und die Ausführung von Tätigkeiten.

Eine Community of Practice ist nicht bloß ein Verein von Freunden oder ein Netzwerk von Beziehungen zu anderen Menschen. Sie hat eine Identität, die durch einen *Handlungsbereich als Domäne* gestiftet wird, die von einem gemeinsamen Interesse einer bestimmten Gruppe von Personen getragen wird. Mitglied einer Community of Practice zu sein, bedeutet, eine Verpflichtung gegenüber dem gemeinsamen Interesse einzugehen und Kompetenzen einzubringen. Dabei ist es nicht notwendig, dass die Handlungsdomäne als charakteristische Expertise der Gruppe von der Umwelt anerkannt wird, denn durch sie grenzt sich die Gruppe gegenüber anderen ab.

Eine Jugendbande, als ein Beispiel für eine Community of Practice kann in diesem Sinne alle Arten, mit ihrer Umgebung fertig zu werden, und eine eigene Identität entwickelt haben, ohne dass dies außerhalb der Gruppe geschätzt oder anerkannt wird. Indem die Gruppenmitglieder ihre Interessen im Handlungsbereich verfolgen, beteiligen sie sich an gemeinsamen Aktivitäten und Diskussionen, helfen einander und teilen Einstellungen und Wissen. Sie bauen soziale Beziehungen auf, die sie als *Gemeinschaft* in die Lage versetzen, voneinander zu lernen.

Ein Beispiel für eine produktive Community of Practice waren die Impressionisten. Sie trafen sich in Cafés und Studios, um sich über den Stil des Malens auszutauschen, den sie gemeinsam erfanden. Diese gelegentlichen Interaktionen waren wesentlich, um eine Handlungsgemeinschaft zu formen, obwohl jeder Maler dann für sich alleine arbeitete.

Eine Community of Practice ist aber nicht bloß eine Gemeinschaft von Menschen, die ein Interesse oder eine Passion teilen, sie ist stets eine Gemeinschaft von Ausübenden einer spezifischen *Tätigkeit*. Dabei entwickeln sie ein gemeinsames Repertoire an Erfahrungen, Geschichten, Werkzeuge und Strategien des Problemlösens, die als Ressource für die Tätigkeit genutzt werden. Das braucht Zeit und fortgesetzte Interaktionen, wobei man sich jedoch keineswegs jeden Tag treffen muss. So kann eine gute Unterhaltung im Zugabteil einem zwar viele interessante Einsichten bringen, aber da es sich um ein einmaliges Treffen handelt, ist hier noch keine Community of Practice entstanden. Im Unterschied dazu bilden die Pausengespräche von Lehrern im Lehrerzimmer eine wichtige Quelle für die Genese des pädagogischen Expertenwissens und die Lehrer, die sich dort austauschen, können deshalb als Community of Practice gesehen werden.

Eine Community of Practice, die einen Handlungsbereich hat, der eine Gemeinschaft zugrundeliegt und deren Mitglieder gemeinsame Tätigkeiten ausführen, versetzt laut Wenger (1998) ihre Handlungsträger in die Lage, kollektive Verantwortung für die Organisation und das Management von Wissen zu übernehmen, das sie für das Erreichen gemeinsamer Ziele benötigen.

Obwohl die Community of Practice ursprünglich für die Organisationsentwicklung allgemein entwickelt wurde, ist der Ansatz rasch auf den Bereich der Schule übertragen worden, wobei in erster Linie auf die Lehrpersonen abgezielt wurde, die eine Community of Practice entwickeln sollen, um die Effektivität des Lehrens und Lernens im Klassenraum zu verbessern (Hoadley 2012; McLaughlin und Talbert 2006).

Darüber hinausgehend kann auch die Zusammenarbeit von Lehrpersonen und Schülern als eine Community of Practice organisiert werden, um soziales Lernen im Klassenraum anzuregen und zu fördern. In diesem Falle umfasst der Handlungsbereich den Erwerb und Aufbau sozialer Kompetenz. Die Gemeinschaft besteht in diesem Falle aus dem Verbund miteinander interagierender Schüler und Lehrer, die auszuführende Tätigkeit realisiert sich in Gesprächen und Diskussionen über Wertorientierungen oder moralische Probleme. Dabei unterliegt das Interaktionsgefüge zwischen Lehrern und Schülern sozialen Einflüssen auf unterschiedlichen Ebenen. Zu unterscheiden sind

1. die unmittelbare *interaktionale Ebene* im Vollzug des Unterrichts, auf der alle Handlungen von Lehrern und Schülern in einen gemeinsamen Bewertungsrahmen einzuordnen sind, der für vergleichbare Lehr-Lern-Situationen Gültigkeit hat;
2. die *schulische Ebene*, da sich Bildungs- und Lernprozesse in der Schule arbeitsteilig organisieren, da mehrere Lehrpersonen in einer Klasse unterrichten, die bei aller Verschiedenartigkeit der fachspezifischen Ausrichtung eine gemeinsame Grundorientierung des pädagogischen Handelns teilen sollten, um als eine Community of Practice agieren zu können;
3. die *institutionelle Ebene* des Schulwesens, das die personalen Voraussetzungen wie auch die zeitlichen und räumlichen Bedingungen für die Verfolgung bildungspolitischer Ziele bereitstellt, die von der Gesellschaft als wesentlich für den Aufbau verschiedener Schlüsselkompetenzen beurteilt werden.

Im Zentrum eines als Community of Practice verstandenen Interaktionsgefüges zwischen Lehrpersonen und Schülern stehen die Persönlichkeitsentwicklung, die Sozialisation im Sinne der Sozialmachung und die Enkulturation im Sinne des Aufbaus grundlegender kultureller Werte. Wesentliche Voraussetzung für das Gelingen einer Community of Practice ist die Qualität des sozial-emotionalen Klimas der jeweiligen Schule und Schulklasse.

Der Begriff *sozial-emotionales Klima* bezeichnet dabei ein Phänomen, das sich auf die subjektiv erlebte, längerfristige Qualität des Zusammenwirkens von Personen in einer Gruppe bezieht und die mehr oder weniger diffuse Wahrnehmung der sozial-emotionalen Beziehungen durch die Gruppenmitglieder repräsentiert. In der Schule ist mit dem sozial-emotionalen Klima meistens das Beziehungsgefüge der Lehrkräfte untereinander gemeint. Die Verwendung des Begriffs des emotionalen Klimas reicht aber weiter, insofern in der Literatur nicht nur das Klima der Schule thematisiert wird, sondern auch das sozial-emotionale Klima der Schulklasse und des Unterrichts.

■ Schul-, Klassen- und Unterrichtsklima

Der Begriff Klima entspricht dem, was man in der englischsprachigen Literatur als *umbrella term* bezeichnet, womit ein weit gespannter Oberbegriff gemeint ist. In der erziehungswissenschaftlichen Literatur wird der Begriff des Klimas üblicherweise in einem jeweils konkreten Sinnzusammenhang verwendet. Dementsprechend wird zwischen dem *Bildungsklima* als dem

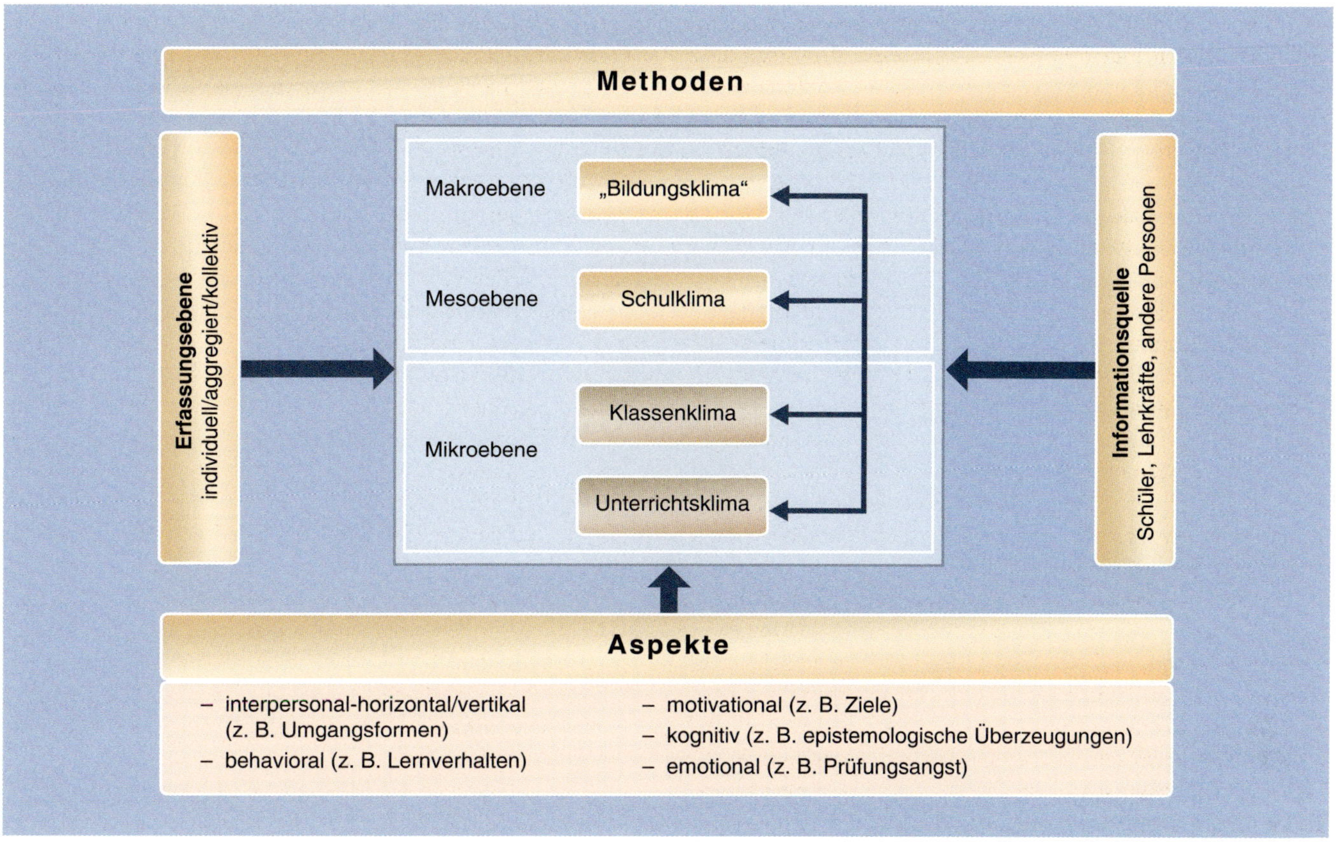

Abb. 4.49 Aspekte, Ebenen und Erfassungsmethoden von Sozialklimata im Erziehungskontext (Götz et al. 2008 S. 504)

allgemein wahrgenommenen Stellenwert von Bildung in der Gesellschaft (Götz et al. 2008), dem *Schulklima* der Institution Schule (z. B. Dreesmann et al. 1992; Fend 1977), dem *Klassenklima* (z. B. Meister 1978) und dem *Unterrichtsklima* (z. B. Dreesmann 1982a) unterschieden. Gemeinsam ist den unterschiedlichen Begriffsverwendungen die Annahme, dass das sozial-emotionale Klima eine günstige Ausgangsbedingung für sozial-erzieherische Maßnahmen schafft. Götz et al. (2008) haben die verschiedenen pädagogisch bedeutsamen Sozialklimata unter Angabe der sie tragenden Aspekte in einem Gesamtzusammenhang integriert (Abb. 4.49).

Wir werden uns in den folgenden Ausführungen auf die schulbezogenen Klimabegriffe, d. h. die Meso- und Mikroebene konzentrieren, den Bereich des Bildungsklimas thematisieren wir in ▶ Kap. 5.

Das *Schulklima* ist als Betriebsklima konzipiert und bezieht sich auf den Handlungsbereich der Organisationsentwicklung; angesprochen sind daher in erster Linie die Schulleiter und Lehrkräfte (Homfeldt und Barkholz 1994). In Abb. 4.50 wird das Schulklima entsprechend im Kontext der Organisationsstruktur verortet (vgl. Campbell et al. 1970).

Die Handlungsträger, die in der Abbildung angesprochen werden, sind die Lehrpersonen, die sich in ihren beruflichen Erfahrungen, ihrem Arbeitsverhalten und den daraus resultierenden Leistungen und Ergebnissen unterscheiden. Als bedeutsame Merkmale eines positiven Schulklimas gelten die Arbeitszufriedenheit der Lehrpersonen, der Zusammenhalt und die Diskursfähigkeit des Kollegiums, gemeinsame Zielperspektiven, Anpassungsvermögen, Engagement und die Bereitschaft zu kooperativen Problemlösungen (Beer und Marques-Ribeiro 2006; Sydow und Conrad 1982). Das Organisationsklima wird darüber hinaus wesentlich von einer effektiven Nutzung der Ressourcen und einer weitgehenden Autonomie und Eigenständigkeit der Institution im Verhältnis zur sozialen Umgebung bestimmt (Hoy et al. 1991; Tillmann 1989). In welcher Weise die Führungskompetenz von Schulleitern das Organisationsklima einer Schule beeinflusst, werden wir in ▶ Kap. 5 behandeln.

Die Schulklimaforschung stützt sich auf die Annahme, dass Wertorientierungen und soziale Normen das Handeln der Lehrpersonen innerhalb der Organisation prägen, woraus sich ein spezifischer Habitus ergibt, der die soziokulturell geprägte Umsetzung gesetzlicher Vorgaben und Regelungen determiniert. Diese können je nach Schulklima strenger oder weniger streng umgesetzt werden, denn letztlich sind es die Einstellungen der Lehrpersonen zu dem gesetzlichen Regelwerk und seiner Umsetzung, die das Schulklima wesentlich beeinflussen. Eine progressive Lehrereinstellung führt beispielsweise zu einem geringeren Leistungsdruck und größerer Bereitschaft, die Mitbestimmungsmöglichkeiten der Schülerinnen und Schüler anzuerkennen und zu nutzen, als dies bei einer konservativen Einstellung der Fall ist (Fend 1977).

Daneben manifestiert sich das Schulklima auch im Ausmaß des Stresserlebens und der alltäglichen Arbeitsbelastung der Lehrpersonen, die sich in den Sozialbeziehungen der Lehrer untereinander wie auch mit den Schülern widerspiegeln. Dabei resultiert das Schulklima nicht nur aus der Wahrnehmung der einzelnen Lehrperson, sondern auch aus kollektiv geteilten und vermittelten Wahrnehmungen des Schulalltags (Eder 1996).

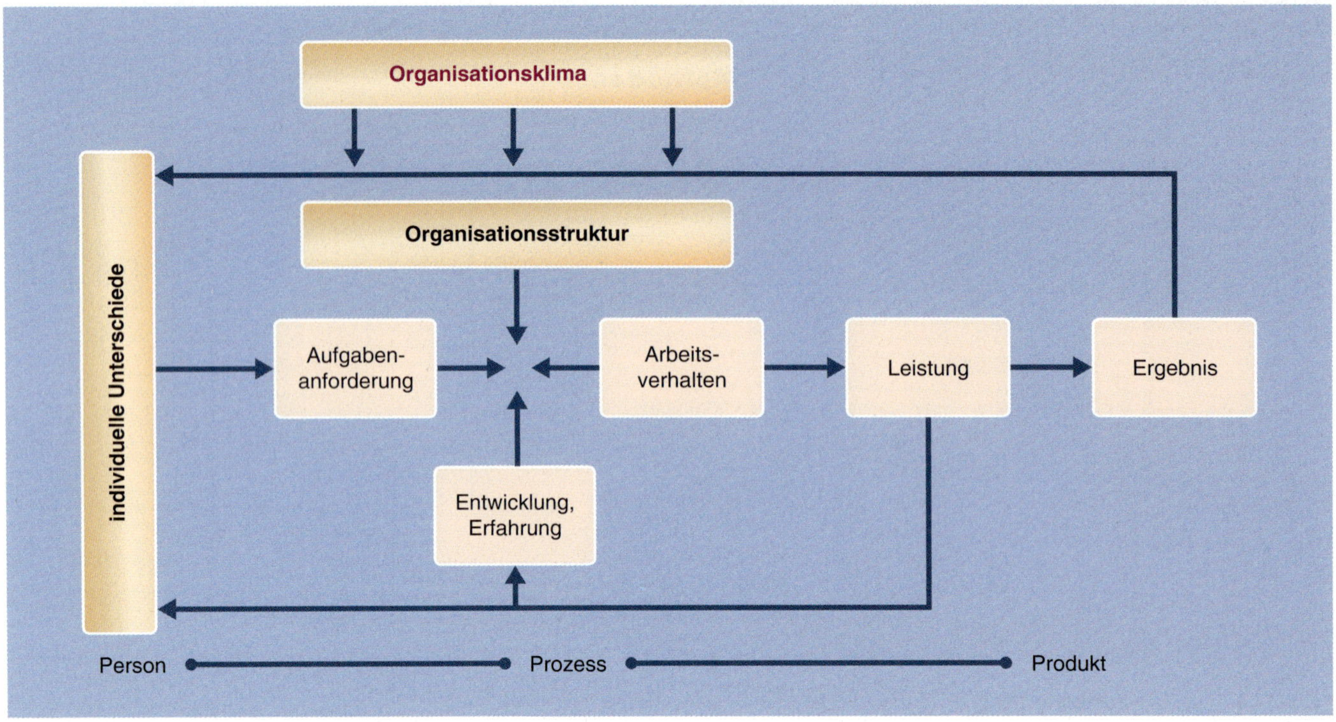

■ **Abb. 4.50** Das Organisationsklima im Kontext der Organisationsentwicklung (Campbell et al. 1970, S. 475)

Im Unterschied zum Schulklima, das sich auf die Organisation der Schule auf der Mesoebene bezieht (■ Abb. 4.49), betrifft das *sozial-emotionale Klima von Schulklassen* die Mikroebene der subjektiven Wahrnehmung und kognitiven Verarbeitung der situationsgebundenen Strukturen und Verhaltensweisen in jeweils *einer* bestimmten Schulklasse. Das Klassenklima wird gelegentlich auch als Klassengeist bezeichnet (Specht und Fend 1979). Auf dieser Ebene sind die individuellen Bewertungskomponenten und ihre Ergebnisse allerdings nicht genau zu identifizieren. Deshalb werden die individuellen Wahrnehmungen des Klassenklimas zu einer Art *Überschrift* zusammengefasst, die kurz und knapp die Bedeutung der Beziehung zwischen Einzelperson und Gruppe beschreibt. Im *Linzer Fragebogen zum Schul- und Klassenklima* von Eder und Mayr (2000) werden vier Dimensionen als Kernthemen des Klassenklimas unterschieden (■ Tab. 4.29).

Das Sozialklima von Schulklassen wird als hypothetisches Konstrukt auf die Handlungsgemeinschaft einer Klasse bezogen und ist als relativ überdauerndes, molares und mehrdimensionales Aggregat der sozialen Verhaltensweisen von Schülern und Lehrpersonen in der Schulklasse konzipiert. Als *aggregiertes Klima* ist das Klassenklima so etwas wie der Durchschnitt der individuellen Wahrnehmungen und Verarbeitungen der in einer Klasse ablaufenden psychodynamischen Prozesse (Grewe 2003).

Auf der Mikroebene des pädagogischen Geschehens ist auch das *Unterrichtsklima* angesiedelt. Mit diesem Konzept wird zum einen das subjektive Erleben des Unterrichts durch die beteiligten Schüler und Lehrpersonen in den Blick genommen; zum anderen liegt die Betonung auf der *Psychodynamik* des Unterrichts, und es werden die Prozesse in den Vordergrund gestellt, die dem Schutz und Erlangen psychischer Gesundheit der Schüler und der Lehrpersonen dienen.

Psychodynamik

Psychodynamik wird als Lehre vom Wirken innerseelischer Kräfte begriffen, die die Einflüsse der Umwelt auf die emotionale Befindlichkeit und das (soziale) Verhalten des Menschen gemäß den physikalischen Gesetzen der Dynamik beschreibt. Dem äußeren physikalischen Raum (äußere Psychophysik) wird ein innerer Raum für den Ablauf seelischer Prozesse gegenübergestellt (innere Psychophysik). Die Psychodynamik geht wesentlich auf die Persönlichkeitslehre der Psychoanalyse zurück und befasst ich mit dem Zusammenwirken unterschiedlicher psychischer Kräfte (z. B. Motive, Emotionen und Kognitionen) bei der Bewältigung von Problemen, die von der Außenwelt an das Individuum herangetragen werden. Unter Beachtung des Zeitverhaltens im äußeren Raum beschreibt die Psychodynamik das Zusammenspiel von sozialen Beziehungsmustern, inneren Konfliktkonstellationen und strukturellen Bedingungen der Situation. Die Psychodynamik will damit über die Auslösung seelischer Vorgänge als Reaktionen auf bestimmte äußere und innere Ereignisse und Einflüsse Aufschluss geben (vgl. Mentos 2011).

Entsprechend der Feldtheorie Lewins ist die Lernumgebung, welche sich im Unterricht manifestiert, die von einer Person erlebte und kognitiv verarbeitete Umwelt. Folglich werden psychodynamische Prozesse im Unterricht stets unter Bezugnahme auf die eigene Person ausgelöst. Subjektiv verarbeitete Umweltmerkmale in der Schule betreffen die erlebte Gruppenzusammengehörigkeit, die emotionale Zuwendung, aber auch die Wahrnehmung von Anonymität, Regellosigkeit, Leistungs- und Konkurrenzdruck (vgl. Ulich und Jerusalem 1996).

Tab. 4.29 Dimensionen des Sozialklimas von Schulklassen (Eder und Mayr 2000, S. 7)

Sozial- und Leistungsdruck	Zusammenfassung der Klimaelemente (fehlende) Gerechtigkeit, Restriktivität, Komparation, Leistungsdruck, Unterrichtsdruck *Die Dimension erfasst das Ausmaß, in dem sich Schüler in der Schule als eingeschränkt und unter Druck und Leistungsstress erleben*
Schülerzentriertheit	Zusammenfassung der Klimaelemente pädagogisches Engagement, Mitsprache, Vermittlungsqualität, Schülerbeteiligung und Kontrolle der Schülerarbeit *Die Dimension erfasst das Ausmaß, in dem sich die Schüler in der Schule akzeptiert, unterstützt und aktiv einbezogen erleben*
Lerngemeinschaft	Zusammenfassung der Klimaelemente Gemeinschaft und Lernbereitschaft *Die Dimension erfasst das Ausmaß, in dem sich die Schüler als eine gute und lernorientierte Gemeinschaft in der Klasse erleben*
Rivalität und Störung	Zusammenfassung der Klimaelemente Rivalität und Störneigung *Die Dimension erfasst das Ausmaß, in dem sich die Schüler als eine rivalisierende und zu lernfremden Tätigkeiten neigende Gruppe erleben*
Klima gesamt	Zusammenfassung aller Klimakomponenten *Der Gesamtwert erfasst das Ausmaß, in dem das Klima in der Klasse insgesamt betrachtet als positiv, unterstützend und förderlich vs. einschränkend, belastend und negativ erlebt wird*

In diesem Sinne ist Unterrichtsklima als der *gemeinsame Anteil* einer Gruppe von Schülern am Erleben des Unterrichts zu begreifen. In Anlehnung an Dreesmann (1982b) können drei Faktoren als bestimmend für das Unterrichtsklima genannt werden:

1. die jeweilige Lernumwelt des Unterrichts, wie sie maßgeblich vom Lehrer organisatorisch und methodisch gestaltet wird;
2. das subjektive Erleben dieser Lernumwelt durch den einzelnen Schüler und
3. das kollektive Erleben des Lernens durch die Schüler einer Klassengemeinschaft.

Sozialpsychologische Ansätze stellen dabei die sozial-emotionalen Beziehungen der Schülerinnen und Schüler in Bezugsgruppen (z. B. Cliquen) und die Beziehungen zwischen Schülern und Lehrern in den Mittelpunkt. Beide Beziehungsebenen werden unter den Aspekten der Macht(-Ausübung), Wahrnehmung und Kommunikation näher untersucht. In Bezug auf die sozialen Interaktionen zwischen den Schülern stellt Ulich fest:

> » Die soziale Interaktion innerhalb der Schülergruppe ist meist nicht aufgabenorientiert, sondern findet im „subinstitutionellen" (sozial-emotionalen) Bereich statt […]. Typische Interaktionsmuster in der Schulklasse sind a) im Leistungsbereich Wettbewerb mit gelegentlichen Tendenzen zur Zusammenarbeit bzw. zum Konflikt und b) im sozialen Bereich Kompromiss und Anpassung mit einer ständigen Neigung zum Konflikt (Ulich 1976, S. 63).

In einer Feldstudie von Saldern und Littig (1985) mit einer Stichprobe von 1200 Hauptschülern erwiesen sich die „Aggression gegen den Klassenlehrer" sowie die wahrgenommene „Bevorzugung und Benachteiligung von Schülern durch den Klassenlehrer" als Faktoren mit der höchsten Varianzaufklärung. Bei den Schüler-Schüler-Beziehungen waren die „Aggression gegen Mitschüler", die „Diskriminierung von Mitschülern" und das „Ausmaß der Cliquenbildung" die Faktoren, die das Sozialklima am meisten prägten. Bei den Merkmalen des Unterrichts trugen die „Fähigkeit des Klassenlehrers zur Vermittlung von Lerninhalten" sowie „Disziplin und Ordnung" am meisten zur Varianzaufklärung bei. Vergleichbare Ergebnisse wurden auch in anderen Untersuchungen gefunden (z. B. Webb und Palincsar 1996).

Das Konstrukt *Unterrichtsklima* umfasst aber nicht nur den gemeinsamen Anteil der Schülerinnen und Schüler am Erleben des Unterrichts, sondern auch den Anteil der Lehrpersonen. Wenn im Alltag von einem „guten Unterricht" die Rede ist, bezieht sich dies zumeist auf die Lernleistungen der Schüler, deren soziale Kompetenz und Lernerleben. Die Frage, ob der Unterricht auch „gut" für die Lehrperson, für deren Gesundheit und Berufszufriedenheit ist, steht demgegenüber selten im Vordergrund, spielt jedoch im Hinblick auf das Unterrichtsklima die gleiche Rolle, denn die Psychodynamik des Unterrichts bestimmt in hohem Maße auch den Erlebensanteil der Lehrperson und ist somit zentraler Bestandteil des Unterrichtsklimas. Ein gestresster Lehrer wird nur schwerlich in der Lage sein, mit Geduld und Einfühlungsvermögen auf die Belange der Schüler einzugehen. Und dass der Berufsalltag bei vielen Lehrern Stress auslöst, ist mittlerweile unbestritten (Krause und Dorsemagen 2007). Nicht nur Berufsanfänger, sondern auch berufserfahrene Lehrer klagen oft über die psychischen Belastungen, die ihnen Schüler durch ihr Sozialverhalten zumuten (vgl. De Lorent 1992, 1993; Freitag 1998; Spanel und Hübner 1995). Tatsächlich rangiert die Belastung, die Lehrer im Umgang mit sogenannten schwierigen Schülern erfahren, an vorderster Stelle der Stressfaktoren des Lehrerberufs. Wenn eine Lehrperson, wie von Krause (2004) berichtet, pro Unterrichtsstunde mehr als 20 Störungen durch Schüler zu bewältigen hat, trägt dies mit Sicherheit nicht zu einem positiven Sozialklima in der Klasse bei. Die hohe Belastung von Lehrkräften durch Stresssituationen im Unterricht kann dabei auch als eine wichtige Ursache für Gesundheitsprobleme und Burnout angesehen werden (Hagemann 2009).

Von (Lehrer-)Gesundheit kann laut Heyse (2004) gesprochen werden, wenn die Fähigkeiten und Ressourcen einer Person mit den eigenen Ansprüchen an sich selbst und den Anforderungen und Belastungen, die von außen herangetragen werden, in Einklang stehen. Sind die Belastungen und Anforderungen der Umwelt und/oder der Ansprüche an sich selbst zu hoch und übersteigen die persönlichen Ressourcen, droht Krankheit. Zur

Gesunderhaltung von Lehrpersonen und Schülern müssen die Belastungen und Ansprüche mit den persönlichen Ressourcen in Einklang gebracht werden. Anders formuliert: Können, Wollen und Sollen der am Unterricht Beteiligten müssen ausbalanciert sein, damit ein gesundes Sozialklima entstehen kann.

Das kann wesentlich durch ein effektives *Klassenmanagement* gefördert werden, das auf ein adäquates Management der verfügbaren Ressourcen und Kompetenzen zielt.

Klassenmanagement

Effektives „*Klassenmanagement* wird verstanden als Haltung und situativ angepasstes Handeln der Lehrperson, welche auf die Schaffung von gegenseitig anerkennenden Beziehungen aller im Unterricht Beteiligten, auf die Errichtung und Aufrechterhaltung von Ordnungs- und Kommunikationsstrukturen sowie auf die aktive Partizipation der Schülerinnen und Schüler am Unterricht zielt und somit Rahmenbedingungen schafft, welche das Lernen der Schülerinnen und Schüler begünstigt" (Schönbächler 2008, S. 210).

In diesem Sinne hat die Bildungskommission NRW bereits 1995 argumentiert und die *Schule zum Haus des Lernens* erklärt: Sie soll ein Ort sein,

» an dem alle willkommen sind, die Lehrenden wie die Lernenden in ihrer Individualität angenommen werden, die persönliche Eigenart in der Gestaltung von Schule ihren Platz findet, […] an dem Zeit gegeben wird zum Wachsen, gegenseitige Rücksichtnahme und Respekt vor einander gepflegt werden, […] dessen Räume einladen zum Verweilen, dessen Angebote und Herausforderungen zum Lernen, zur selbsttätigen Auseinandersetzung locken, […] wo intensiv gearbeitet wird und die Freude am eigenen Lernen wachsen kann, […] ein Ort, an dem Lernen ansteckend wirkt (S. 86).

Jakob: „Kennst du den: Eine Frau trifft nach längerer Zeit eine frühere Schulfreundin und stellt als erstes die Frage, Geht es dir gut? Oder hast du noch Kinder in der Schule?'"

Anna: „Nee, habe ich noch nicht gehört, aber cool. Ich denke, dass trifft für viele Eltern den Nagel auf den Kopf. Aber was steckt hinter deiner Frage?"

Jakob: „Na ja, ich finde es irgendwie merkwürdig, dass man sich allgemein gerne und ausführlich über unmotivierte, verhaltensauffällige, gestörte, ausrastende, unverschämte, mobbende Schüler beklagt, die das Unterrichts- und Klassenklima kaputt machen, und dabei übersieht, dass Lehrer nicht nur Opfer von ‚bösen Buben', sondern selbst oft die bösen Buben sind."

Anna: „Das bedeutet im Umkehrschluss, dass es auch unmotivierte, verhaltensauffällige, gestörte, ausrastende, unverschämte und mobbende Lehrer gibt, deren Opfer die Schüler sind?"

Jakob: „Genau! Und diese Tatsache wird so selten öffentlich diskutiert und von Erziehungswissenschaftlern untersucht, dass der Salzburger Pädagogikprofessor Krumm von einem regelrechten Tabu spricht. Er hat in verschiedenen Studien untersucht, wie kränkend und verletzend Lehrpersonen sein können und wie das von Schülern und Eltern wahrgenommen wird.[30] In den verschiedenen Interviews sprechen Eltern ganz offen von Hass und Zorn ihrer Kinder auf die Lehrer; sie berichten über Abneigung und Widerwillen gegen den Lehrer und sein Fach, über lautes Schimpfen über den Lehrer daheim, über Enttäuschung, Schlafstörungen, Verlust der Selbstsicherheit, Wut und Verzweiflung. Sie berichten, wie unglücklich ihr Kind in der Schule war. Manche Kinder mussten auch die Klasse oder Schule wechseln, um dem Terror der Lehrer zu entkommen."

Anna: „Da stellt sich mir die einfache Frage, wie solche Typen überhaupt Lehrer werden können?!!!"

Beispiele für aggressives Lehrerverhalten (aus Krumm und Weiß 2001)

„Mein Psychologieprofessor fragt mich, ob ich geistig abgeseilt wäre.
Die Lehrerin hat die anderen Schüler gefragt, ob ich auch ein Gehirn habe.
Du hast ein Hirn wie ein Nudelsieb.
Du bist ein blödes Gebilde.
Dein Intelligenzquotient lässt zu wünschen übrig.
‚It's not a matter of language, it's all a matter of logic with you.' – Sie hat mich in den folgenden Jahren immer wieder für dumm und unfähig abgestempelt.
Jetzt alle herschauen, auch die Dummen (kurze Pause) – laut schimpfend – auch der … (mein Familienname).
Denken überlassen wir den Kühen, die haben den größeren Kopf.
Sportler haben sowieso kein Hirn.
So blöd kannst selbst du nicht sein.
Er […] stellt mich als Dummchen dar, vor den anderen.
Du bist so dumm wie Saubohnenstroh.
Sie sind ja dümmer als der hinterletzte Neger aus dem Busch."

Wir müssen solche Aussagen von Lehrpersonen, von denen bei Krumm und Weiß noch viele andere und drastischere zu finden sind, nicht kommentieren, da sie für sich sprechen. Wir wollen

30 Vgl. dazu: Krumm (1999, 2003), Krumm et al. (1997), Krumm und Weiß (2001).

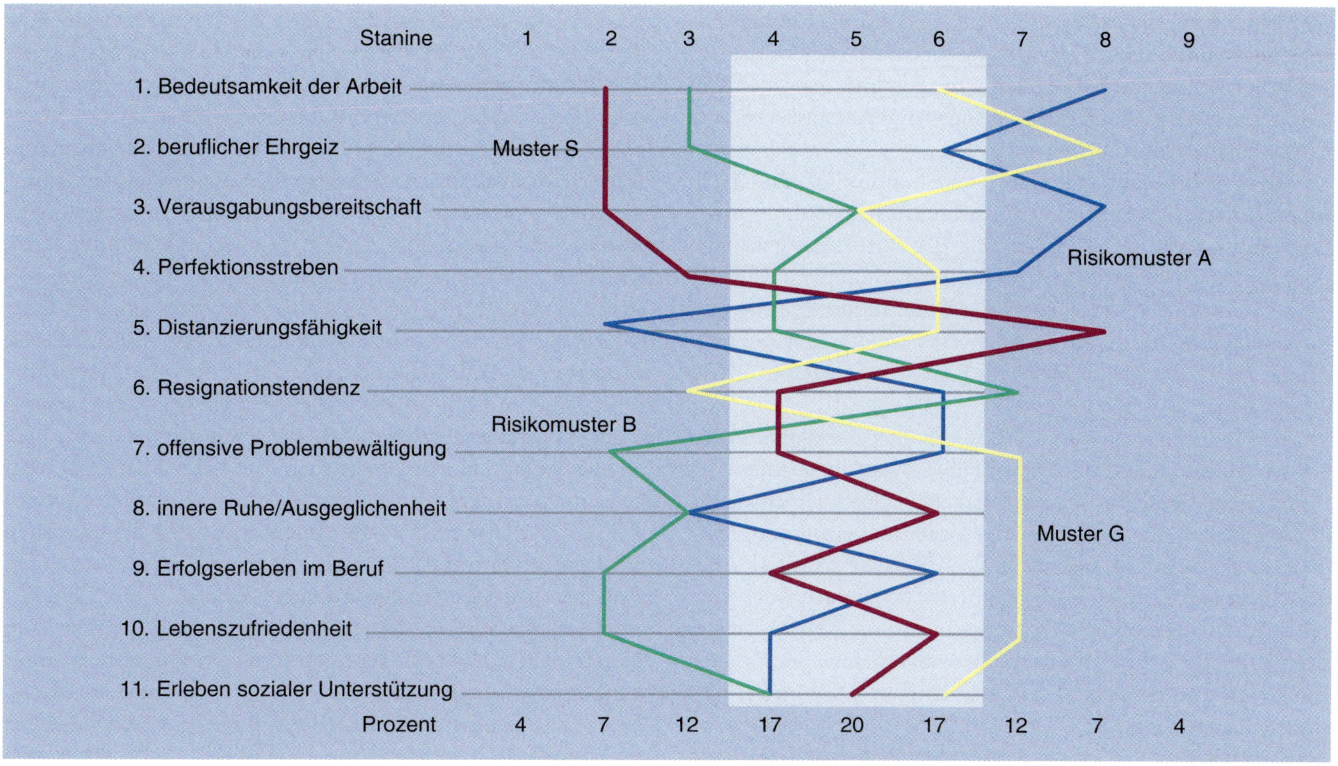

Abb. 4.51 Die Muster des Bewältigungsverhaltens im Lehrerberuf (Schaarschmidt und Fischer 2001)

auf keinen Fall den Eindruck erwecken, als seien diese Lehrer repräsentativ für die Lehrerschaft, aber es gibt sie. Und sie verderben das Unterrichts- und Klassenklima mindestens ebenso wie die „bösen" Schülerinnen und Schüler, die auch nicht die Mehrheit der Schüler bilden. In welcher Weise Lehrpersonen das Klassen- und Unterrichtsklima beeinflussen, hängt wesentlich von ihren Persönlichkeitseigenschaften, Erziehungshaltungen und Erziehungsstilen ab (vgl. Meister 1978).

Lehrerpersönlichkeit, Erziehungshaltungen und Erziehungsstile

» Menschen suchen sich Berufe – und Berufe suchen sich Menschen. Insofern sollte der Lehrerberuf selbst so gestaltet werden, dass er geeignete Personen anzieht (Terhart 2009).

Wenn die Rede auf die berufliche Qualifikation von Lehrpersonen kommt, verweisen Gymnasiallehrer laut Herrmann (1999) auf ihre fachwissenschaftliche universitäre Ausbildung, während Berufsschullehrer auf ihre Berufsausbildung und -erfahrung vor Eintritt ins Lehramt hinweisen und berufszufriedene und erfolgreiche Lehrer den Faktor der *Lehrerpersönlichkeit* geltend machen. Daraus leiten Bromme und Haag (2008) die Feststellung ab, dass Lehrpersonen ihre Berufsbefähigung nicht auf den Unterricht und ihre Expertise im Unterrichten beziehen, sondern auf fachliche und/oder personale Kompetenzen. Hinsichtlich der Verwendung des Begriffs Lehrerpersönlichkeit stellt Schelten (2009) fest, dass dieser – obwohl im pädagogischen Alltag gang und gäbe – aus wissenschaftlicher Sicht eigentlich ohne empirische Substanz und deshalb schwer fassbar sei. Als wissenschaftlich brauchbare Lösung betrachtet er eine Fokussierung auf Lehrerkompetenzen, wobei er zwischen Fachkompetenz, didaktischer Kompetenz, Sozialkompetenz und (mit besonderem Blick auf die beruflichen Schulen) Innovationskompetenz unterscheidet. Zur Feststellung dessen, was die Lehrerpersönlichkeit im engeren Sinne ausmacht, plädiert er dafür, das Big-Five-Modell zu verwenden. Das kann dahingehend verstanden werden, dass Lehrpersonen einer Eignungsprüfung unterzogen werden bzw. sich selbst einer solchen unterziehen sollten – ganz im Sinne des Sprichworts „Drum prüfe, wer sich ewig bindet" (Weyand 2012).

Das Problem der Passung von Person und Lehrerberuf wird derzeit auch aus gesundheitspolitischer und ökonomischer Sicht diskutiert und auf die Frage zugespitzt, wie es zukünftig besser gelingen kann als bisher, geeignete Personen für den Lehrerberuf zu finden. Zur Begründung verweisen Weyand et al. (2012) auf Längsschnittstudien, die darauf hinweisen, dass sich bereits in der Lehrerausbildung Personen befinden, die Burnout-ähnliche Symptome sowie eine geringe Kommunikationsbereitschaft zeigen und sich durch Neurotizismus und eine kaum tragfähige Berufswahlmotivation auszeichnen (vgl. Rauin und Maier 2007; Schaarschmidt und Kieschke 2007). Um die Eignungsmerkmale für den Lehrerberuf zu erfassen, führten Schaarschmidt und Mitarbeiter die *Potsdamer Lehrerstudie* mit einer Stichprobe von etwa 16.000 Lehrerinnen und Lehrern aus der gesamten Bundesrepublik Deutschland und ca. 2.500 Lehramtsstudierenden und Referendaren durch (vgl. ▶ www.dbb.de Lehrerbelastungsstudie). Als diagnostisches Instrument wurde das Verfahren *AVEM* (Arbeitsbezogenes Verhaltens- und Erlebensmuster) von Schaarschmidt und Fischer (2003) eingesetzt, das auf der Grundlage von 11 Dimensionen 4 Muster beruflichen Bewältigungsverhaltens unterscheidet (Abb. 4.51).

Muster G ist Ausdruck von *Gesundheit* und ist gekennzeichnet durch ein hohes, aber nicht überhöhtes Engagement, Belastbarkeit (Resilienz) bei Beanspruchungen und Zufriedenheit. Bemerkenswert ist die Distanzierungsfähigkeit trotz stärkeren Engagements.

Muster S ist Ausdruck von *Schonung* und ist geprägt durch ein reduziertes Engagement, Ruhe und Gelassenheit sowie eine relativ große Zufriedenheit mit dem Beruf. Das geringere Engagement ist nicht Ausdruck einer resignativen Einstellung, sondern deutet auf den Wunsch nach innerer Ruhe und Ausgeglichenheit hin. Bemerkenswert ist die Widerstandsfähigkeit gegenüber Belastungen und das Überwiegen positiver Emotionen.

Risikomuster A ist durch ein überhöhtes Engagement bei einer verminderten Resilienz gegenüber Belastungen charakterisiert. Daraus resultiert eine permanente Selbstüberforderung, die sich in einer übersteigerten Verausgabung, verminderten Erholungsfähigkeit und einer deutlichen Einschränkung der Belastbarkeit und Zufriedenheit manifestiert. Das entspricht weitgehend dem Konzept der Gratifikationskrise von Siegrist, bei der ein übergroßer Arbeitseinsatz mit einem ausbleibenden Erleben von Anerkennung verbunden ist, was erhebliche Gesundheitsrisiken mit sich bringt (Siegrist 1991).

Risikomuster B ist durch *Resignation* gekennzeichnet und drückt sich durch wenig Engagement und eine geringe Erholungs- und Widerstandsfähigkeit aus. Es überwiegen negative Emotionen wie Unzufriedenheit und Niedergeschlagenheit. Das Risikomuster A weist Merkmale auf, die auf das Burnoutsyndrom hinweisen.

Die „Halbtagsjobber", wie Lehrerinnen und Lehrer gelegentlich genannt werden, sind bei der Potsdamer Lehrerstudie zu einem hohen Anteil den beiden Risikomustern zuzuordnen. Laut Schaarschmidt (2005) waren beide Risikomuster bei keiner anderen zum Vergleich herangezogenen Berufssparte so hoch vertreten wie bei Lehrern. Während für die Schulformen keine nennenswerten Unterschiede feststellbar waren, traten sowohl signifikante Geschlechtsunterschiede (zum Nachteil der Frauen) als auch eine alterskorrelierte Verschlechterung der Belastbarkeit und Resilienz in den Vordergrund. Als belastend wurden durchgängig das Verhalten schwieriger Schüler, große Klassen und hohe Stundenzahlen angegeben (Schaarschmidt 2005).

Im Ergebnis der Potsdamer Lehrerstudie unterscheidet Schaarschmidt (2012) 21 Persönlichkeitsmerkmale, die 4 übergreifende Kompetenzbereiche des Lehrerberufs konstituieren: *psychische Stabilität*, *Aktivität* und *Motivation*, *soziale Kompetenz* sowie verschiedene *Grundfähigkeiten und -fertigkeiten*.

Zur *psychischen Stabilität*, von Schaarschmidt als eine der wichtigsten Voraussetzungen für den Lehrerberuf bezeichnet, gehören u. a. Stressresistenz und Frustrationstoleranz, die Fähigkeit zur offensiven Verarbeitung von Misserfolgen, Belastbarkeit und Erholungs- und Entspannungsfähigkeit. Als eine weitere unverzichtbare Eignungsvoraussetzung für den Lehrerberuf nennt Schaarschmidt *Aktivität, Motivation* und *Motivierungsfähigkeit*. Wie soll eine Lehrperson, die selbst nicht motiviert ist und erkennbar wenig Anstrengungsbereitschaft zeigt, Schüler motivieren? Neben der Anstrengungsbereitschaft gehören zum Erfolg des Pädagogen auch beruflicher Idealismus und eine grundsätzliche Offenheit für Neues sowie die Bereitschaft, Verantwortung für andere zu übernehmen und andere für etwas begeistern zu können. Vor allem muss jemand Freude am Umgang mit Kindern und Jugendlichen haben, und Humor kann auch nicht schaden. Wer nicht über ausgesprochene Stärken im kommunikativen Bereich verfügt, sollte den Lehrerberuf besser nicht ausüben. Zur *sozial-kommunikativen Kompetenz* zählen prosoziale Einstellungen, soziale Sensibilität und Rücksichtnahme, aber auch Durchsetzungsfähigkeit und die Bereitschaft zur Selbstbehauptung. Freundlichkeit und emotionale Wärme sollten in einem ausgewogenen Verhältnis zu Lenkung und Kontrolle stehen – kurz gesagt: Lehrer sollten einen autoritativen Erziehungsstil kultivieren (▶ Abschn. 4.4.2). Einerseits darf sich ein Lehrer nicht die Butter vom Brot nehmen lassen, andererseits zeichnet sich seine soziale Kompetenz dadurch aus, dass er im Umgang mit den Schülerinnen und Schülern ein empathisches und unterstützendes Verhalten zeigt. Dies, also die richtige Balance zwischen Freundlichkeit und Disziplin herzustellen, ist für Anfänger im Lehrberuf oft ein großes Problem (vgl. Veenman 1984). Gelingt der entsprechende Erziehungsstil nicht, stellen sich schon bald berufliche Misserfolge ein, die sich nachteilig auf die Gesundheit auswirken können. Als vierten Kompetenzbereich des Lehrerberufs stellt Schaarschmidt spezifische *Grundfähigkeiten und -fertigkeiten* heraus. Dazu zählen neben physiologischen Voraussetzungen (z. B. eine kräftige und ausdauernde Stimme) eine gute Ausdrucksfähigkeit, d. h. sich klar, verständlich und adäquat sprachlich mitteilen zu können, und didaktisches Geschick. Des Weiteren zählen flexibles Verhalten und die Fähigkeit zu rationellem Arbeiten zu den Voraussetzungen gelingenden Unterrichts.

Aus dem Gesagten wird deutlich, dass die Eignung zum Lehrerberuf spezifische *Erziehungshaltungen* voraussetzt, die zu einem lehr- und lernwirksamen Unterrichts- und Klassenklima beitragen. Für Preiser (2011) gehören ein grundlegendes Interesse an jungen Menschen sowie die positive emotionale Zuwendung zu Kindern und Jugendlichen zur Sozialkompetenz von Lehrern, da dadurch Vertrauen geschaffen wird. Das entspricht der Argumentation Schaarschmidts ebenso wie die Forderung nach einer angemessenen Balance zwischen emotionaler Nähe und Distanz zu den zu Erziehenden. Als bedeutsame Grundhaltungen betrachtet Preiser auch, dass Lehrerinnen und Lehrer optimistische Erwartungen an die eigene erzieherische Wirksamkeit haben und den Schülern Handlungs- und Entscheidungsfreiräume gewähren, aber auch hilfreiche Unterstützung anbieten. Begeisterung der Lehrenden für Sachthemen bewirkt vielfach auch Begeisterung bei den Schülern. Andererseits überträgt sich eine erkennbare mangelnde Motivation einer Lehrperson rasch auf die Lernmotivation der Schüler. Zum erfolgreichen Unterrichten gehört auch Verlässlichkeit und Authentizität der Lehrperson, um den Schülern Vertrauen und Geborgenheit zu vermitteln.

„Ein Lehrer muss mit ganzem Herzen dabei sein" (Hohenloher Tagblatt, 05.10.2013)

„Herr Koch, Sie unterrichten seit fast 40 Jahren, seit 1981 leiten Sie die Eichendorffschule in Crailsheim. Aus welchen Gründen haben Sie sich einst für den Beruf des Lehrers entschieden?

Manfred Koch:

Die Entscheidung, Lehrer zu werden, fiel bei mir schon sehr früh. Meine damalige Grundschullehrerin war eine prägende Figur, die es geschafft hat, uns Schüler anzusprechen, uns für das Lesen, fürs Theater und die Musik zu interessieren. Sie hat uns über den Unterrichtsstoff hinaus eine große Breite des Lebens aufgezeigt. Das wollte ich auch – und ich will es noch heute.

Welche Bedingungen haben Sie als Junglehrer in den 1970er-Jahren in der Schule vorgefunden?

Koch:

Ich übernahm damals als Klassenlehrer eine Klasse mit 44 Schülern. Und es war kein Problem, diese 44 Schüler zu unterrichten! Natürlich war es zeitaufwendiger, eine Klassenarbeit zu korrigieren. Aber die Atmosphäre im Klassenzimmer war angenehm: Die meisten Schüler brachten Werte wie Rücksichtnahme und Respekt als Erziehungsgrundsätze von zu Hause mit. Es bestand ein großer Konsens zwischen dem Elternhaus und dem Lehrer.

Ist das heute nicht mehr so?

Koch:

Natürlich gibt es diesen Konsens heute noch. Allerdings hat sich die Gesellschaft verändert und mit ihr die Familien. Es gibt heute nicht mehr die Großfamilie, in der die Großeltern ihre Lebenserfahrungen an die Enkel weitergeben. Dafür haben wir viele Alleinerziehende, Patchworkfamilien und viele Erziehungsberechtigte, die durch die Notwendigkeit, einer Arbeit nachzugehen, nicht mehr so viel Zeit haben, sich um ihre Kinder zu kümmern. Das alles hinterlässt bei den Kindern Spuren.

Man kann also sagen, dass die Schüler mit anderen Voraussetzungen in die Schule kommen als noch eine Generation zuvor. Wie können Lehrer darauf reagieren?

Koch:

Bei allen Einflüssen, denen die Kinder ausgesetzt sind, ist es für uns Lehrer wichtiger denn je, dass Beziehungsarbeit gelingt. Wir müssen Empathie zeigen und den Schüler als Person wahrnehmen. Der Schlüssel zum Erziehungserfolg ist die Beziehung zwischen Lehrer und Schüler. Das Schlagwort ‚Lehrer aus Berufung' klingt vielleicht etwas überhöht, aber es trifft zu: Ein Lehrer muss mit ganzem Herzen dabei sein. Wer nur Dienst nach Vorschrift macht, wird seinem Auftrag nicht gerecht.

Wie würden Sie die Rolle des Lehrers heute beschreiben?

Koch:

Ein Lehrer ist nicht mehr nur Wissensvermittler und Erzieher im klassischen Sinne, sondern auch Psychologe und oft auch Psychotherapeut. Diese Funktionen nehmen immer mehr unserer Arbeitszeit in Anspruch. Das gehört meiner Ansicht nach aber auch zu unserem Auftrag, die Jugendlichen gesellschaftsfähig zu machen. In den Haupt- und Werkrealschulen sind wir uns dieser Aufgabe besonders bewusst. Trotzdem brauchen wir dabei die Unterstützung durch Schulsozialarbeit – und zwar an allen Schularten.

Wird die Lehrerausbildung diesen Anforderungen gerecht?

Koch:

Ich denke, die Ausbildung müsste neu überdacht und neu strukturiert werden. Lehrkräfte müssen sich immer mehr als Erzieher begreifen und den Schüler als Individuum erkennen. An den Grundschulen sowie den Haupt- und Werkrealschulen steht der Erziehungsauftrag schon immer besonders im Mittelpunkt. Das muss sich auch an den Realschulen und Gymnasien noch mehr durchsetzen. Je mehr die Heterogenität in den Klassenzimmern zunimmt – was durch das Schulwahlrecht der Eltern gerade passiert – umso mehr müssen die Schulen mit neuen Unterrichtsformen, individueller Begleitung, reagieren.

Einige Veränderungen an den Schulen geschehen dadurch, dass das Kultusministerium die Rahmenbedingungen ändert. Täuscht der Eindruck, oder gab es in den letzten Jahren besonders viele Änderungen?

Koch:

Der Eindruck täuscht keineswegs. Die Halbwertszeit der Bildungspläne hat sich halbiert: In den 1970er-Jahren besaßen die Bildungskonzepte noch etwa 15 Jahre Gültigkeit. Zum Vergleich: In den letzten 20 bis 25 Jahren haben wir drei Bildungspläne bekommen, die zum Teil mehrfach überarbeitet wurden. Das sorgt natürlich für viel Unruhe an den Schulen. Es fehlt die Kontinuität und Verlässlichkeit.

Viele Lehrer treten ihren Ruhestand aus gesundheitlichen Gründen vorzeitig an. Wird Lehrern zu viel abverlangt?

Koch:

Wir erleben, dass Lehrer immer früher erschöpft sind. Das liegt einerseits an den hohen Anforderungen und dem Anspruch, diesen gerecht zu werden. Das kann zum klassischen Burn-out führen. Aber auch Lehrer, die in ihrem beruflichen Wirken nicht glücklich sind und Misserfolge erleben, weil zum Beispiel eine Distanz zu den Schülern da ist, halten auf Dauer nicht durch. Wir werden ja künftig bis zu einem Alter von 67 Jahren arbeiten. Ich weiß nicht, ob das viele von uns schaffen werden.

Dennoch hält sich landläufig hartnäckig das Vorurteil, der Lehrerberuf wäre ein lauer Job, da er freie Nachmittage und viele Ferienzeiten garantiere. Was entgegnen Sie darauf?

Koch:

Die Zeiten, in denen Lehrer häufig auch nachmittags auf dem Tennisplatz anzutreffen waren, sind lange vorbei. Auch durch die Ganztagesbetreuung sind wir fast jeden Nachmittag in der Schule, erarbeiten Konzepte, haben Besprechungen, bereiten vor. Zu den 27 Unterrichtsstunden kommen noch einmal 20 Stunden Arbeit außerhalb des Unterrichtens hinzu. Da bleibt nicht mehr viel Zeit zum Tennisspielen.

Welche Zukunft wünschen Sie sich für den Lehrerberuf?

Koch:
Ich wünsche mir, dass das Zeitbudget gründlich reflektiert wird, denn Bildung und Erziehung brauchen Zeit. Ein Lehrer muss die Zeit haben, sich diesen Herausforderungen zu stellen. Im Klartext heißt das: Es muss mehr Stunden geben für all die Aufgaben, die neben der reinen Unterrichtstätigkeit anfallen – und die immer mehr werden. Auch das muss berücksichtigt werden, wenn wir die Bildungslandschaft umgestalten.
Eine letzte Frage, Herr Koch: Würden Sie den Beruf des Lehrers noch einmal ergreifen, wenn Sie die Zeit zurückdrehen könnten?
Koch:
Die Arbeit an der Schule ist unglaublich abwechslungsreich. Es gibt immer wieder neue Herausforderungen. Wenn es gelingt, gemeinsam mit Schülern, Kollegen und Eltern etwas Gutes auf die Beine zu stellen, ist das einfach toll. Ja, mein Beruf bereitet mir immer noch große Freude."

Anna: „Ich weiß nicht, wie es dir geht, aber mir geht so ein Interview runter wie Öl."

Jakob: „Mir auch. Wie Herr Koch argumentiert – und zwar auf verschiedenen Ebenen – ist einfach toll. Das gefällt mir total gut und macht mir auch Mut für die Zukunft."

Anna: „Ja, er hat den totalen Durchblick in das Geschehen. Er drückt mit anderen Worten doch genau das aus, was wir gerade aus wissenschaftlicher Sicht geschildert bekamen."

Jakob: „Was mir besonders imponiert, ist, dass der überhaupt nicht nach Resignation klingt – und das nach 40 Jahren in der Tretmühle Schule. Hoffentlich können wir beide in 40 Jahren dasselbe über unsere Berufserfahrungen sagen."

Die Erziehungshaltungen von Lehrpersonen spiegeln sich in den *Erziehungsstilen* wider. Sie betreffen vor allem unterschiedliche Formen der Autorität und Machtausübung sowie die sozialen und emotionalen Beziehungen zu den Schülern. Die Unterschiedlichkeit von Erziehungsstilen äußert sich in den Erziehungseinstellungen und Erziehungspraktiken in pädagogischen Situationen. Das gilt für Eltern ebenso wie für Lehrpersonen. Zu den Erziehungspraktiken zählen bewusst geplante Maßnahmen und Ausdruckserscheinungen, aber auch Verhaltensweisen mit einer unbeabsichtigten Erziehungswirkung. *Erziehungseinstellungen* sind Überzeugungen und Meinungen, die pädagogische Maßnahmen und deren Wirkungen sowie die sozialen und emotionalen Beziehungen im pädagogischen Kontext betreffen.

Wie wir bereits in ► Abschn. 1.2.2 bei der Darstellung der Unterrichtsstile herausgearbeitet haben, wird das Erziehungs- bzw. Unterrichtsverhalten von Lehrpersonen wesentlich durch zwei Dimensionen bestimmt:

1. das Ausmaß an Wertschätzung, emotionaler Wärme und Zuneigung gegenüber den Schülern und
2. das Ausmaß der Kontrolle, des Dirigierens und Lenkens des Schülerverhaltens.

Diese beiden Dimensionen bilden auch die Grundlage des Erziehungsverhaltens von Eltern. Diesbezüglich kann auf die Ausführungen in ► Abschn. 4.4.2 verwiesen werden. Zu ergänzen ist in Bezug auf die Erziehungsstile von Lehrpersonen, dass diese nicht nur von unterschiedlichen Graden der emotionalen Zuwendung und Lenkung geprägt sind, sondern auch von Handlungen, welche die Schüler zu Aktivitäten anregen, ohne direkt lenkend einzugreifen (Tausch und Tausch 1998). Dazu gehört auch die Bereitstellung umfassender Lernumgebungen, die Gelegenheiten zum Nachdenken und sozialem Handeln bieten. Dies ist dann aber nicht mehr implizite Sozialerziehung, sondern Gegenstand des didaktischen Designs von Lernumgebungen als Teil einer expliziten Sozialerziehung.

4.4.3.3 Explizite Sozialerziehung in der Schule

Beim sozialen Lernen, das der Schule als Erziehungsziel aufgetragen ist, steht der Erwerb umfassender sozialer Kompetenzen (z. B. die Fähigkeit, Konflikte zu lösen) im Mittelpunkt der Diskussion. Zugleich geht es aber auch um das konkrete Sozialverhalten im Klassenraum. Soziales Lernen in der Schule findet überwiegend in der aktiven Auseinandersetzung mit Gleichaltrigen statt. Um miteinander sozialverträglich auszukommen, müssen sich Schüler auf die ganze Klasse einstellen und in den mannigfachen Interaktionen mit anderen Schülern eigene Positionen entwickeln und vertreten können, ohne die Positionen der anderen zu ignorieren. Das kann erleichtert werden, wenn in der Schulklasse ein Regelsystem zugrunde gelegt wird, das den Umgang miteinander sozialverträglich gestaltet. Dessen ungeachtet erfordert der Erwerb sozial-emotionaler Kompetenzen in der Schule strukturierte Konzepte der sozialen Erziehung, genügend Handlungsmöglichkeiten und Zeit sowie motivierte und entsprechend ausgebildete Lehrer. Genau hierin scheint die Crux zu liegen.

Obwohl Lehrpersonen über einen relativ großen Handlungsspielraum in Bezug auf Sozial- und Aktionsformen des Unterrichts verfügen, fällt es vielen von ihnen schwer, vom lehrerzentrierten Unterricht abzurücken und kooperative Sozialformen wie Gruppen- oder Projektarbeit zu realisieren, die den Schülerinnen und Schülern ausreichend Gelegenheiten zum sozialen Handeln bieten.

Tab. 4.30 Zeitlicher Anteil der Unterrichtsmethoden/Sozialformen am Gesamtunterricht in Prozent (Götz et al. 2005, S. 350)

	Unterrichtsmethoden				
Schularten	**Frontalunterricht**	**Gruppenarbeit**	**Partnerarbeit**	**Einzelarbeit**	**Projektunterricht**
Grundschule (N = 213)	39,35	13,75	17,39	22,47	7,03
Hauptschule (N = 126)	40,98	12,60	17,97	21,49	6,99
Realschule (N = 133)	55,70	13,92	14,55	12,00	5,44
Gymnasium (N = 137)	57,22	12,86	12,96	13,06	5,44
Berufsschule (N = 59)	42,00	15,44	14,70	19,13	9,33
Sonstige (N = 99)	50,84	11,54	13,84	20,03	5,88
Gesamt	47,11	13,42	15,64	18,15	6,77

Anna: „Sag mal, kennst du das Gesetz der zwei Drittel?"

Jakob: „Meinst du damit die Zweidrittelmehrheit im Bundestag, die für Änderungen des Grundgesetzes nötig ist?"

Anna: „Nee, das Gesetz der zwei Drittel im Unterricht."

Jakob: „Jetzt dämmert es. Du meinst damit den Sprechanteil am Unterricht. Ich hab mal gehört, dass Lehrer zwei Drittel der Unterrichtszeit reden."

Anna: „Ja, das hab ich auch gelesen. Da wurde z. B. festgestellt, dass eine Lehrerin in einer durchschnittlichen Unterrichtsstunde 50 Anordnungen erteilt, bis zu 75 Fragen an die Klasse stellt, von denen ein Großteil langweilige und niveaulose Wissensfragen sind, dass sie laufend Sätze unvollendet in den Raum stellt und dass sie insgesamt zwei Drittel der Sprechanteile bestreitet."

Jakob: „Das entspricht weitgehend meinen Erfahrungen. Unsere Lehrer haben auch die meiste Zeit gesprochen, und Gruppenarbeit haben wir sehr selten praktiziert, selbst dann nicht, wenn es naheliegend war."

Das „Gesetz der zwei Drittel", von dem gerade die Rede war, geht u. a. auf Grell (1975) zurück, wonach die sprachlichen Äußerungen im Unterricht zu 68 % Lehreräußerungen, 20 % Schüleräußerungen und 12 % Schweigen und Durcheinander umfassen. Wer nun glaubt, diese Zeiten seien längst vorbei, irrt, da neuere Videostudien ein ähnliches Bild zeichnen. In der DESI-Videostudie von Helmke et al. (2008) entfielen im Englischunterricht 51 % Sprechanteile auf die Lehrperson, 23 % auf Schüler, 26 % war Schweigen und Durcheinander – immerhin bessere Werte, als Grell berichtet hatte. Dieser im Vergleich zu Grell günstigere Eindruck wird durch die TIMSS-Videostudie von Klieme et al. (2001) wieder aufgehoben, da sich hier für das Fach Mathematik in der 8. Jahrgangsklasse die Lehrerdominanz sogar in 75 % des Sprechanteils niederschlug.

Den objektiven Beobachtungen der Videostudien entsprechen auch die subjektiven Lehrer- und Schülerwahrnehmungen des Unterrichtsgeschehens. So gaben in einer Studie von Kanders et al. (1996a) fast 40 % der 1454 befragten Lehrerinnen bzw. Lehrer der Primar- und Sekundarstufe 1 an, niemals oder nur ganz selten einen Unterricht zu gestalten, der den Schülern Gelegenheit gibt, selbstständig an selbst gewählten Aufgaben zu arbeiten. Eine Befragung von etwa 2000 Schülern der Sekundarstufe 1 bestätigt das Bild der Lehrerdominanz im Unterricht: 14 % gaben an, dass in ihren Klassen Gruppenarbeit üblich ist, aber nur 8 % gaben an, dass sie im Unterricht mitbestimmen dürfen (vgl. Kanders et al. 1996b). Um sich ein Bild von der Häufigkeit der unterschiedlichen Sozialformen des Unterrichts zu machen (Mattes 2002), kann auf eine umfassende Studie von Götz et al. (2005) an einer Stichprobe bayerischer Lehrpersonen zurückgegriffen werden. In Tab. 4.30 sind die wesentlichen Ergebnisse zusammengefasst.

Die Beobachtungen stützen die Annahme, dass der Erwerb von Sozialkompetenz als Erziehungsziel in der Praxis deutscher Schulen eine nachgeordnete Rolle zu spielen scheint, was in einem Kontrast zu den gesetzlichen Vorgaben und zu erziehungswissenschaftlich begründeten Postulaten steht, wie sie seit Jahrzehnten in der Literatur vertreten werden (z. B. Einsiedler 1981; Meyer 1956/1983).

Wir werden die weiteren Ausführungen zur expliziten Sozialerziehung in der Schule auf zwei Fragenkomplexe konzentrieren:

1. die gezielte Förderung sozialer Kompetenz durch kooperative Lernformen und
2. Präventions- bzw. Interventionsprogramme, die auf den Aufbau und die Unterstützung prosozialer Verhaltensweisen zielen.

Für beide Komplexe werden wiederum zwei pädagogische Maximen unterschieden: soziales Lernen durch konkretes Tun und soziales Lernen durch Einsicht. Das Konzept *soziales Lernen durch Tun* geht davon aus, dass das, was ein Mensch sich selbst erarbeitet, nachhaltiger gelernt wird. Das Tun setzt eigene Entscheidungen voraus und eröffnet soziale Handlungsmöglichkeiten auch in Konfliktsituationen. Das Konzept *soziales Lernen durch Einsicht* setzt Reflexion und Bewertung voraus und zielt auf das Bewusstwerden bzw. -machen der Notwendigkeit und Vorteile, etwas gemeinsam zu tun.

Förderung der sozialen Kompetenz durch kooperative Lernformen

Wenn die Rede auf kooperative Formen des Lernens und Lehrens kommt, verknüpfen die meisten Pädagogen damit den sogenannten *Gruppenunterricht*. Kooperatives Lernen ist aber nicht einfach mit Gruppenarbeit im Unterricht gleichzusetzen, sondern ist eine besondere Form des gemeinsamen Lernens, bei der es darum geht, dass die Schülerinnen und Schüler neben fachlichen auch persönliche, soziale und methodische Kompetenzen erwerben. Lernen wird zur sozialen Praxis, bei der selbstverständlich auch kognitive Ziele (z. B. Wissensaneignung, Problemlösen) verfolgt werden, bei der aber vor allem der Erwerb sozialer Kompetenzen im Vordergrund steht. Die Übertragung von Eigenverantwortlichkeit an die Schüler verändert die Rolle der Lehrperson: Sie hat den Unterricht sorgfältig zu planen und die erforderlichen Lernmaterialien zusammenzustellen, sich bei der Kooperation der Schüler aber zurückzuhalten und primär als Beobachter und Berater zu fungieren. Das alles setzt ein hohes Maß an Selbstdisziplinierung aller am Unterricht Beteiligten voraus – der Schüler ebenso wie der Lehrer.

Kooperatives Lernen wird, wie am Beispiel von *Gruppenarbeit* gezeigt werden kann, oft mit einer umfangreichen Liste an Zielsetzungen in Verbindung gebracht. In seinem Praxisband der Unterrichtsmethoden weist z. B. Meyer (1987b) der Gruppenarbeit die Aufgaben zu,

1. ein freies und selbst bestimmtes Lernen der Schüler zu ermöglichen,
2. die Aktivität und die Selbsttätigkeit der Schüler zu garantieren,
3. die Selbstständigkeit und die Solidarität der Schüler fördern,
4. das selbstständige Denken, Handeln und „Fühlen“ zu fördern,
5. das Klassenklima zu verbessern,
6. die Freiräume der Schüler zu erweitern und Lernumwege zu ermöglichen,
7. den Bedürfnissen und Interessen der Schüler Rechnung zu tragen,
8. die Fantasie und die Kreativität der Schüler zu fördern,
9. die Rolle der Schüler und der Lehrer zu verändern,
10. den Lernprozess zu verlangsamen,
11. die Arbeits- und Selbstdisziplin der Schüler zu fördern,
12. konkrete Handlungsprodukte hervorzubringen,
13. die Methoden- und die Sozialkompetenz der Schüler zu entfalten und
14. gruppendynamische Prozesse in Gang zu bringen (vgl. auch Mattes 2002).

Grundsätzlich gelten diese Ziele für alle Organisationsformen des kooperativen Lernens.

Organisationsformen des kooperativen Lernens

Die *Partnerarbeit* ist eine Sozialform, bei der zwei Schülerinnen bzw. Schüler eine Aufgabenstellung innerhalb eines Lernprozesses selbstständig und kooperativ bewältigen. Dabei stehen besonders das soziale Lernen und die Förderung des Entwickelns gemeinsamer Lösungen im Vordergrund. Von allen Sozialformen ist die Partnerarbeit eigentlich diejenige, die mit dem geringsten Aufwand durchgeführt werden kann. Als besondere Formen der Partnerarbeit werden in der Literatur u. a. das Partnerpuzzle (also je zwei Mitglieder einer Vierergruppe, die sich mit der gleichen Aufgabe befassen), das Lerntempoduett und das Partnerinterview genannt.

Die *Gruppenarbeit* ist vermutlich die bekannteste Organisationsform kooperativen Lernens. Dabei bearbeiten Schülerinnen und Schüler in Gruppengrößen zwischen 3 und 6 Mitgliedern eigenverantwortlich und kooperativ eine Aufgabenstellung. Die Arbeitsergebnisse werden aufbereitet und nach Beendigung der Gruppenarbeit der gesamten Klasse präsentiert. Die Gruppenarbeit wird in der Regel vom Lehrer geplant, lässt den Schülern aber genügend Gestaltungsräume. Während der Gruppenarbeit tritt die Lehrperson zurück und beschränkt sich auf das Beobachten, Beraten und Bewerten der Qualität des Arbeitsprozesses. Zu den beliebten Formen der Gruppenarbeit gehören das Gruppenpuzzle, das Gruppenturnier und die strukturierte Kontroverse.

Zu den *komplexen Methoden des kooperativen Lernens* werden Rollenspiele, Kleinprojekte in Gruppen, Brainstorming in Gruppen und die Freiarbeit gezählt:

Durch *Rollenspiele* kann laut Perels et al. (2007) soziales Verhalten geformt, gefestigt und die Meinungsbildung von Schülern unterstützt werden. „Darüber hinaus können Rollenspiele die Schüler auch mit Einstellungen konfrontieren, soziales Verhalten erfassen und kooperatives Handeln unterstützen“ (Perels et al. 2007, S. 58). Das Rollenspiel ist eine Übungsform der sanktionsfreien Rollenübernahme, um gesellschaftliche Rollen kennenzulernen und einzuüben (Kiper und Mischke 2008).

Die *Projektarbeit*, die von vielen Autoren auf Dewey und Kilpatrick (1935) zurückgeführt wird, stellt das selbstständige Bearbeiten einer komplexen Aufgabe oder eines Problems durch eine Gruppe in den Mittelpunkt. Planung, Durchführung, Ergebnissicherung und -präsentation sind von der Gruppe zu übernehmen. Projektarbeit gilt allgemein als die Methode des demokratischen und handlungsorientierten Lernens in größtmöglicher Eigenverantwortung (Frey 2002).

Brainstorming soll die Gruppe kreativer machen. Der Grundgedanke besteht darin, möglichst ungehemmt in freien Assoziationen eine große Anzahl von Ideen, Anregungen und Denkanstößen zu produzieren. Die soziale Aktivierung in Gruppen soll die Ideenproduktivität steigern und gruppendynamische Prozesse verstärken (Thomas 1992).
Die komplexeste Form kooperativen Lernens ist die *Freiarbeit*, die ein Höchstmaß an Selbstständigkeit und Eigenverantwortlichkeit der Schüler ermöglicht und zugleich voraussetzt. Die Schüler bringen eigene Ideen und Vorhaben ein, wählen die zu bearbeitenden Aufgaben aus und bestimmen die Sozialform (Einzel-, Partner- oder Gruppenarbeit), in der sie die Aufgaben erledigen wollen. Darüber hinaus legen sie die Reihenfolge der Aufgabenbearbeitung fest, teilen sich die Zeit selbst ein und organisieren die erforderlichen Materialien (vgl. Krieger 1998; Lähnemann 2009).

Den verschiedenen Formen des kooperativen Lernens werden gleichermaßen verschiedene kennzeichnende Merkmale zugeschrieben (vgl. Konrad und Traub 2008): *individuelle Verantwortlichkeit* für die Bearbeitung von Teilaufgaben, *wechselseitige Abhängigkeit* bei der Gruppenarbeit, *soziale Kompetenz* im Sinne sozialer Verträglichkeit, *partnerbezogene Kommunikation* und die *Selbstbeurteilung* der Gruppenleistung. Huber erwartet „besondere Vorzüge kooperativen Lernens für fachlich-inhaltliche Lernleistungen, soziale Beziehungen in Lerngruppen, aber auch Auswirkungen auf die Selbsteinschätzung der Lerner und ihre Empathie für andere Gruppenmitglieder" (Huber 1987, S. 354 f.).

Kooperative Lernformen können nicht voraussetzungslos realisiert werden. Sie setzen auf Seiten der Schülerinnen und Schüler ausreichende soziale Kompetenzen und Einstellungen voraus und auf Seiten der Lehrpersonen die Bereitschaft, einen großen Aufwand in die materielle und organisatorische Vorbereitung kooperativen Unterrichts zu investieren. Unter diesen Voraussetzungen trägt kooperativer Unterricht in besonderer Weise zur Sozialerziehung bei: durch die vielfältigen sozialen Interaktionen und die gruppendynamischen Prozesse innerhalb der Gruppe. Gleichwohl gelangt Preiser (2011) zu dem Ergebnis, das soziales Lernen beim kooperativen Unterricht eher ein positives Nebenprodukt sei, da der Schwerpunkt auf einer kognitiven Effektivitätssteigerung läge.

Daraus resultieren womöglich auch die Vorbehalte vieler Lehrpersonen gegenüber kooperativen Lernformen im Unterricht. Nicht selten wird die Gruppenarbeit als eine Option für „Trittbrettfahrer" beurteilt, ohne eigene Leistung von der Gruppenarbeit zu profitieren. Gegen Gruppenarbeit in der Schulklasse spricht nach Ansicht vieler Lehrer auch die Beobachtung, dass die Lernleistung des einzelnen Schülers nachlässt, wenn mehrere Personen gemeinsam an der Lösung von Aufgaben arbeiten. Genährt werden solche Vorbehalte durch populärwissenschaftliche Behauptungen, die ideologisch, aber nicht empirisch begründet werden (z. B. Franzke 2002).

Jakob: „Von Professor Franzke habe ich einige bemerkenswerte Äußerungen zum kooperativen Lernen gefunden.[31] Der outet sich da als entschiedener Gegner des kooperativen Lernens. Nach seiner Meinung sollen die Schüler da alles machen, nur nicht lernen."

Anna: „Aha, und wie begründet er seine Meinungen?"

Jakob: „Zum einen stellt er fest, dass die Schüler mehrfach überfordert und frustriert sind: durch die selbstständige Aneignung von Wissen, durch die selbstständige Präsentation von Wissen sowie durch das Anhören mehrerer Schülervorträge. Nicht jeder Schüler sei zum Vortragen, zum Lehrer oder kleinen Wissenschaftler berufen."

Anna: „Das sollen die doch überhaupt nicht sein beim kooperativen Lernen."

Jakob: „Das kümmert ihn nicht. Weiterhin stellt Franzke fest, dass auch die Lehrer unnötig belastet werden: Statt auf fertige Texte aus guten Lehr- und Schulbüchern zurückgreifen und sich auf die eigentliche Kernaufgabe des Lehrerdaseins, nämlich die professionelle Wissensvermittlung, konzentrieren zu können, müssten die Lehrer bei der Gruppenarbeit die Texte selbst schreiben und vervielfältigen. Der ganze Vorbereitungs-, Planungs- und Organisationsaufwand trage rein gar nichts zum Lernen bei."

Anna: „Nun ja, wenn man nur die Wissensvermittlung als Aufgabe des Lehrers begreift, kann man an der Idee des sozialen Lernens keinen Gefallen finden. Aber wer sagt denn, dass die Lehrer bei der Gruppenarbeit nicht auf die guten Lehr- und Schulbücher zurückgreifen können. Gruppenarbeit der Schüler zu organisieren, besteht doch nicht im Schreiben von Texten."

Jakob: „Stimmt! Aufgrund seiner Analyse gelangt Franzke aber auch zu dem Urteil, dass das Gruppenpuzzle das Qualitäts- und Lernniveau auf ein unverantwortliches Minimum senkt."

Anna: „Aber das stimmt doch gar nicht. Da gibt es doch genügend empirische Untersuchungen, die zeigen dass Gruppenarbeit zu guten Lernergebnissen führt und auch noch das Selbstvertrauen und die Wertschätzung der Schüler untereinander stärkt."

Jakob: „Das bezeichnet Franzke als Unfug, auch wenn sich die Autoren auf empirische Studien beziehen würden."

Anna: „Aber woher bezieht er denn sein Wissen über die Wirksamkeit kooperativer Lernformen?"

Jakob: „Anscheinend aus Glaubenssätzen, denn Professor Franzke ist zwar Erziehungswissenschaftler, aber auch christlicher Fundamentalist, der sich aus christlicher Perspektive kritisch mit den sogenannten Neuerungen der Pädagogik befasst,

31 Jakob bezieht sich auf einen von Franzke im Internet veröffentlichten Text „Kleines Lexikon der Irrtümer und Irrlehren der modernen Pädagogik und Didaktik": ► http://www.didaktikreport.de/Irrlehren_der_Padagogik.pdf

zu denen er auch die Gruppenarbeit zählt. So wird er im Internet von anderen beurteilt."

Aufgrund einer Analyse des Forschungsstandes der 1970er und 80er Jahre gelangten Ames und Ames (1984) zu der Erkenntnis, dass die Effektivität kooperativen Lernens nicht nur nach dem Kriterium kognitiver Leistungen definiert werden kann, sondern primär als Beitrag zur Förderung einer allgemeinen „Lernmoral" zu begreifen sei, denn kooperatives Lernen in Kleingruppen ziele gar nicht so sehr auf die Förderung kognitiver Fertigkeiten, sondern darauf, anderen zu helfen, Informationsressourcen zu organisieren und Verantwortung für die Gruppe zu unternehmen. Ähnlich argumentiert auch Huber (1987), der sich auf zahlreiche empirische Untersuchungen bezieht und betont, dass kooperatives Lernen nicht nur überwiegend positive Effekte auf kognitive Leistungen hat, sondern auch eine positive Veränderung der sozialen Beziehungen in der Gruppe, eine positive subjektive Beurteilung des Unterrichtsklimas bei der Gruppenarbeit, den Abbau aggressiver Verhaltenstendenzen und eine positive Selbsteinschätzung der Gruppenprozesse durch die Lernenden bewirkt.

In einer Langzeitstudie über die Dauer von zwei Jahren untersuchten Stevens und Slavin (1995) die Wirksamkeit kooperativer Lernformen auf Lernleistungen, schulbezogene Einstellungen der Schüler und die sozialen Beziehungen untereinander. Ihr Modell der Organisation schulischen Lernens umfasste mehrere Komponenten, die als Merkmale eines positiven Unterrichtsklimas betrachtet werden: Fächerübergreifendes kooperatives Lernen, Differenzierung der Gruppen nach Lernleistungen, Hilfestellungen durch Gleichaltrige, kooperative Lehrplanung und Beteiligung der Eltern an Entscheidungen. Nach einem Jahr erzielten die Schüler in kooperativen Grundschulen signifikant bessere Lernleistungen beim Lesen, nach dem zweiten Jahr schnitten sie in verschiedenen kognitiven Lernkriterien (z. B. sinnerschließendes Lesen, sprachliches Ausdrucksvermögen, Rechenleistungen) signifikant besser ab als gleichaltrige Schüler, die in traditioneller Weise unterrichtet worden waren. Besonders deutlich traten die positiven Effekte kooperativer Lernformen bei den sozialen Beziehungen in Erscheinung, insoweit z. B. lernbehinderte Kinder in kooperativen Grundschulen besser akzeptiert wurden als in den Vergleichsschulen mit konventioneller Organisationsform.

Wie das bei einem so großen Forschungsfeld nicht anders zu erwarten ist, stellt sich die Forschungslage zur Effektivität kooperativer Lernformen im Unterricht insgesamt aber als uneinheitlich dar (vgl. Seel 2003), da die hohen Erwartungen an das kooperative Lernen nicht immer erfüllt werden. Insgesamt aber belegen hunderte von Einzeluntersuchungen und dutzende von Metaanalysen, dass kooperative Lernformen sich im Unterricht als nützlich erwiesen haben, um die Lernleistungen zu steigern, eine sozial-emotionale Einbindung der Schüler in das Unterrichtsgeschehen zu erreichen sowie Lernmotivation, Selbstvertrauen und Selbstwirksamkeit zu erhöhen.

Verschiedene Metaanalysen (z. B. Bowen 2000; Johnson und Johnson 2002; Johnson et al. 1981; Qin et al. 1995), über die auch Hattie (2013) zusammenfassend berichtet, belegen die Effektivität kooperativer Lernformen in Bezug auf die kognitiven Lernleistungen der Schüler. So sind Schüler, die sich an kooperativem Lernen beteiligen, in verschiedenen Arten des Problemlösens solchen Schülern überlegen, die einzeln und konkurrenzbetont lernen (vgl. auch Cortright et al. 2005). In dieses Bild passen auch die Ergebnisse von Studien, die deutliche Effekte des kooperativen Lernens auf die Verbesserung kritischen Denkens und das intellektuelle Niveau von Schülerfragen zeigen (z. B. Gokhale 1995; Marbach-Ad und Sokolove 2000; McCreary et al. 2006). Gut belegt durch empirische Untersuchungen sind auch die positiven Effekte sozialer Lernformen auf die Lernmotivation der Schüler und ihrer Wahrnehmung der Selbstwirksamkeit (z. B. Poellhuber et al. 2008; Wang und Lin 2007). In dieses Bild passen auch die Ergebnisse der Metaanalyse von Springer et al. (1999), die für fast 40 ausgewertete Einzelstudien positive Einstellungen zum Lernen und eine wesentlich verbesserte Ausdauer bei kooperativem Lernen im Vergleich zum Einzellernen nachweist.

Ein besonderer Effekt der unterschiedlichen Formen kooperativen Lernens liegt unzweideutig in der nachhaltigen *Verbesserung der sozialen Beziehungen* zwischen den Schülerinnen bzw. Schülern (Poellhuber et al. 2008). So zeigen beispielsweise die Ergebnisse einer Untersuchung von Pescosolido (2003) den nützlichen Effekt erfolgreicher Gruppenarbeit auf günstige gruppendynamische Prozesse und den Gesamterfolg der Gruppe. Mitglieder erfolgreicher Gruppen schätzten die Lernmöglichkeiten und das Entwicklungspotential für die Gruppe und sich selbst hoch ein ebenso wie die Gelegenheit, individuelle Autonomie zu erlangen. Verschiedene neuere Untersuchungen (z. B. Rendell et al. 2010; Wisdom et al. 2013) weisen auf den Effekt der sozialen Imitation auf das kognitive Problemlösen innerhalb der Gruppen hin. Offensichtlich spielt die Beliebtheit von Lösungselementen unter den Gruppenmitgliedern, die Ähnlichkeit der Problemlösungen anderer mit den eigenen Lösungsversuchen und der relative Ertrag der individuellen Exploration eine besondere Rolle für die sozialen Beziehungen der Gruppenmitglieder untereinander. Wisdom et al. schließen aus ihren Beobachtungen Folgendes: Wenn die Problemlösungen der Gruppenmitglieder effektvoll miteinander verglichen werden können, besteht das Imitationsverhalten nicht einfach in einem Übernehmen der Ideen anderer, sondern erleichtert die Fortpflanzung guter Lösungen und regt weitergehende Explorationen an.

Über die kognitiven Effekte auf das Problemlösen hinausgehend verweist die Literatur auch auf die Effekte kooperativer Lernformen auf sozial-emotionale Variablen (vgl. Sharan 1980). Nach vorliegenden Untersuchungen stützt kooperatives Lernen in Gruppen den gegenseitigen Respekt voreinander, was vor allem wichtig ist, wenn Schülerinnen und Schüler mit unterschiedlichen Begabungen und Fähigkeiten oder mit unterschiedlichem ethnischen und sprachlichen Hintergrund zusammenarbeiten (vgl. Marr 1997; Stevens und Slavin 1995). Gruppenarbeit stärkt die Entwicklung der individuellen Identität und das Zugehörigkeitsgefühl zu einer Gruppe. Diesbezüglich verweist Hughes (2010) auf das Wirken der sozialen, operationalen und wissensbezogenen Kongruenz der individuellen Identitätsentwicklung innerhalb von Gruppen. Kooperatives Lernen wirkt sich im Allgemeinen ausgesprochen günstig auf den Abbau von Vorurteilen und sozialen Diskriminierungen aus. Daher ist es auch nicht verwunderlich, dass kooperative Lernformen vor allem bei Risikoschülern erfolgreich sind, wobei es keine Rolle spielt, ob das Risiko sozialer

Natur ist oder in mangelnden Lernleistungen liegt (vgl. Polloway et al. 2008). Kooperative Lernformen sind bei gefährdeten Schülern, was das Erreichen kognitiver und sozial-emotionaler Ziele anbelangt, nichtkooperativen Lernformen deutlich überlegen (Drakeford 2012; Jenkins et al. 2003). Vor allem das sogenannte *Peer-Tutoring* hat sich dabei als außerordentlich effektiv erwiesen.

Peer-Tutoring

Peer-Tutoring ist eine Lern- bzw. Beratungssituation zwischen Gleichgestellten. Im Gegensatz zu einer klassischen Beratungssituation, beispielsweise zwischen Lehrperson und Schülern, gibt es kein Autoritätsverhältnis, sondern eine symmetrische Machtbeziehung zwischen dem Tutor und seinem Kommunikationspartner. Der Begriff Peer-Tutoring wurde von Bruffee (z. B. Bruffee 1984) geprägt.

Kooperatives Lernen hat, wie die bisherigen Ausführungen verdeutlichen, viele pädagogische Vorzüge. Wenn aber kooperative Lerngruppen ineffektiv werden, gehen diese Vorzüge verloren. Die Ursachen für ein Scheitern können in der Gruppe liegen, sie können aber auch in einer unzureichenden Planung und Organisation der Gruppenarbeit von Seiten der Lehrer liegen. Inkonsistente Gruppenleistungen können z. B. durch das Fehlen eines klar definierten Gruppenziels und die unzureichende Verantwortung der Gruppenmitglieder für das Erreichen eines Lernziels zustande kommen (Mattingly und VanSickle 1991; Roseth et al. 2008). Um dem Entstehen dysfunktionaler Gruppenarbeit auf die Spur zu kommen, prüften Hsiung et al. (2014) das Funktionieren kooperativer Arbeitsgruppen im Verlauf einer komplexen Gruppenarbeit, wobei sie zu sieben Zeitpunkten die Leistungen erfassten. Es stellte sich heraus, dass einige Arbeitsgruppen ständig scheiterten und einer pädagogischen Intervention bedurften, um die Gruppendynamik wieder in Ordnung zu bringen. Die Beobachtungen zeigten aber auch, dass Arbeitsgruppen zu jedem Zeitpunkt des kooperativen Lernprozesses erfolglos werden können. Daraus leiten Hsiung et al. ab, dass für eine erfolgreiche Gruppenarbeit eine kontinuierliche Beobachtung seitens der Lehrperson erforderlich ist, um abzusichern, dass gegebenenfalls rechtzeitig pädagogische Maßnahmen ergriffen werden können, um den Gruppenprozess wieder in geordnete Bahnen zurückzuführen.

Aber nicht nur eine permanente Beobachtung des Gruppengeschehens seitens des Lehrers ist für den Erfolg kooperativer Lernformen im Unterricht zwingende Voraussetzung, sondern auch eine sorgfältige Planung im Sinne des didaktischen Designs der Lernaufgaben und der Lernarrangements. Eine bloße Anregung interpersonaler, gegenstandsbezogener Diskussionen und Kontroversen in Lerngruppen alleine reicht bei weitem nicht aus, um eine erfolgreiche und zielgerichtete Kooperation in Gruppen in Gang zu setzen. Kooperatives Lernen bedarf der Strukturierung und Organisation wie auch eines didaktisch effektiven Arrangements der spezifischen Lernbedingungen und Lernaufgaben. Dies in Rechnung stellend, haben sich zahlreiche Autoren mit dem Problem der didaktischen Planung und Gestaltung kooperativer Lernformen befasst (z. B. Cohen et al. 2004; Felder und Brent 2001; Oakley et al. 2004). Damit befassen wir uns im nächsten Abschnitt, wobei wir uns auf die deutschsprachige Literatur konzentrieren.

▪ Sozialzielekataloge und Methodenkoffer für Lehrer

Die Sozial- und Werteerziehung ist den Schulen gesetzlich vorgeschrieben, stellt aber Lehrpersonen im Fachunterricht – unter dem Druck der Lehrpläne – oft vor das Problem der konkreten Umsetzung (vgl. Korte 1996). Von den theoretischen Anleitungen bis zur Umsetzung kooperativer Lernformen (z. B. Roth 2006) in die Praxis des Unterrichtsalltags ist es mitunter ein langer und hindernisreicher Weg, den einzuschlagen vielen Lehrpersonen am Gymnasium aufgrund einer unzureichenden schulpädagogischen Ausbildung verwehrt bleibt. Um Lehrpersonen bei der Aufgabe der Sozial- und Werteerziehung zu unterstützen und ihnen hierfür auch die erforderlichen Materialien an die Hand zu geben, wurden zahlreiche Praxisleitfäden und Trainingsmodule entwickelt, die Übungen, Aktivitäten und Spiele beschreiben, die sich an dem Ziel der Selbst- und Sozialkompetenz orientieren (z. B. Hiebl und Seitz 2013; Korte 1996, 1997; Sonnenberg und Windsor 2000; Tigges 2000; Weidner 2003). Bemerkenswert sind in diesem Zusammenhang die zahlreichen Beiträge staatlicher Einrichtungen zur konkreten Anleitung und Unterstützung der Sozial- und Werteerziehung im Unterricht (z. B. Bayerisches Staatsministerium für Unterricht und Kultus 2012; Behr et al. 2002; Pfau et al. 2006).

Einer besonderen Beliebtheit und Verbreitung in zahlreichen Schulen erfreut sich seit geraumer Zeit der von Weidner (2007) entwickelte *Sozialzielekatalog* (SoZiKa). Dabei geht es nach Aussage der Autorin um die Erarbeitung von Sozialfertigkeiten in systematischer und kleinschrittiger Weise. Angebahnt und ausgebaut werden sollen bei den Schülern folgende Kompetenzen: bessere Selbstwahrnehmung und besseres Selbstmanagement, Anerkennung und Respektieren der Bedürfnisse und Gefühle anderer, Verbesserung von Toleranz, Friedfertigkeit und Empathie, Steigerung von Konfliktkompetenz und Kultivierung sozialverträglicher Kommunikationsweisen. Als Handlungsbereiche stehen Disziplin, Kommunikationskompetenz, Konfliktverhalten, Gemeinschafts- und Teamfähigkeit sowie emotionale Kompetenz auf dem Trainingsplan. Einen ähnlichen Katalog von Sozialzielen haben Pfau et al. (2006) entworfen. (◘ Tab. 4.31).

Bemerkenswerterweise haben Pfau et al. für die Entwicklung von Werthaltungen keine spezifischen Übungen genannt. Im Praxishandbuch *Werte machen stark* des Bayerischen Staatsministeriums für Unterricht und Kultus (2008) wird hinsichtlich der Entwicklung von Werthaltungen im Unterricht u. a. explizit auf das Wertklärungsverfahren nach Raths et al. (1976) und die Konstanzer Methode der Dilemmadiskussionen von Lind (z. B. Lind 2009) hingewiesen. Dementsprechend werden für die Sozialziele Erklärung von Werten, Reflexion über Werte und die Förderung der moralischen Argumentation und Urteilsfähigkeit hervorgehoben. Sie gehören nach unserer Auffassung auf jeden Fall auch in einen Sozialzielekatalog.

Die Sozialzielekataloge, die derzeit in Umlauf sind, gehen davon aus, dass soziales Lernen ein eigenständiges Lernfeld der Schule sein sollte. Das soziale Lernen sollte, wie es Weidner (2007) formuliert hat, zum Gegenstand einer systematischen Vermittlung sozialer Fertigkeiten auf der Grundlage eines Sozialerziehungslehrgangs werden. Es liegt nahe, einen solchen Lehrgang eher in solchen Unterrichtsfächern zu verorten, in denen gesellschaftliche und ethische Probleme im Vordergrund stehen. Unberührt davon

4

Tab. 4.31 Der Sozialzielekatalog von Pfau et al. (2006, S. 21)

Stufen	Bereich	Übungen	Zielgruppe
Wahrnehmung	Selbstwahrnehmung	Ich bin du – und du bist ich Gefühlsrätsel Herz-Schmerz-Übung	Klasse 1–6 – Klasse 1–2
	Wahrnehmung anderer	Überraschungsgespräch Wie ich dich sehe	10–14 Jahre Klasse 4–6
	Wahrnehmung miteinander	Wer führt? Ironischer Hänsel	Sekundarstufe I Sekundarstufe II
Austausch	Selbstmitteilung Gefühle ausdrücken	Der Ton macht die Musik Gefühlsdetektivspiel	GS/Sek I Orientierungsstufe
	Einfühlen Fragen	Perspektivenwechsel	GS/Sek I
	Rückmeldung Unterscheiden	Mitschüler/innen aus dem Hut Bekanntschaftsanzeige	GS/Sek I Sekundarstufe I
Akzeptanz	Selbstakzeptanz	Persönlicher Erfolgsbaum Positive Depots	Alle Altersstufen
	Toleranz	Einführungsübung „Anerkennung" Wer ist wer?	GS/Sek I
	Verschiedenheit akzeptieren	In den Fußstapfen anderer	GS/Sek I
Soziales Handeln	Kritik annehmen	Umgang mit Kritik	Sekundarstufe I
	Rechte einfordern	Mit dem Kopf durch die Wand	Sekundarstufe I
	Regeln erarbeiten	Regeln für die Insel Ein eigenes Spiel herstellen	Sekundarstufe I Ab Ende GS
Umgang mit Schwierigkeiten	Umgang mit Stress	Mein Ärger-Bild Wut-Maus Entspannung	8–12 Jahre 9–13 Jahre Alle Altersstufen
	Unterstützen Helfen	Das Beruhigungsgespräch Igel öffne dich	Ab 8 Jahre
	Umgang mit Konflikten	Mars-Erklärung Echo-Übung Streit-Schlichter-Programme	Ab 12 Jahre Alle Altersstufen
Entwicklung von Werthaltungen	Moralische Urteilsbildung	Keine Übungen	
	Solidarität		
	Verpflichtung auf die Gemeinschaft		

bleibt die Forderung, auch in anderen Unterrichtsfächern kooperative Lernformen zu realisieren, da diese, wie das von Schümer (1998) beschriebene Beispiel des Mathematikunterrichts in japanischen Schulen zeigt, nicht nur leistungssteigernd sind, sondern auch den Erwerb sozialer Kompetenzen begünstigen.

Jakob: „Also, ich finde die Idee eines regulären Lehrgangs zur Förderung der sozialen Kompetenz ausgesprochen gut."

Anna: „Ich auch, aber ich gebe zu bedenken, dass das für viele Lehrer auch eine gute Ausrede sein kann, im eigenen Unterricht auf kooperative Lernformen verzichten zu können: ‚Das machen die ja im Lehrgang XYZ, da ist es auch gut aufgehoben, und ich kann mich auf die Steigerung der kognitiven Lernleistungen konzentrieren.'"

Jakob: „Das kann gut sein. Aber ich gebe zu bedenken, dass man derzeit im Internet jede Menge Schulen finden kann, die einen Sozialzielekatalog verwenden, um bei den Schülern klassenübergreifend sozial-emotionales Lernen anzuregen und zu verbessern."

Anna: „Das heißt also, dass diese Schulen einen veröffentlichten Sozialzielekatalog wie den von Weidner übernehmen."

Jakob: „Oder sie entwickeln im Rahmen einer Arbeitsgemeinschaft einen eigenen schulinternen Katalog. Das Kollegium entscheidet sich im Rahmen eines Schulentwicklungsprozesses für Sozialziele, die in einem bestimmten Zeitraum in der gesamten Schule in den Mittelpunkt gestellt werden."

Anna: „Aha, so schafft man dann ein Schulklima als Gesamtatmosphäre für das soziale Lernen. Und alle Klassen arbeiten an den gleichen Sozialzielen?"

Jakob: „Ja und erweitern damit ihre sozialen Kompetenzen. Das ist natürlich nur dann richtig erfolgreich, wenn alle Lehrer und Schüler sich aktiv um das Erreichen der Ziele bemühen."

Die veröffentlichten Sozialzielekataloge umfassen nicht nur die Beschreibung und Begründung der sozial-emotionalen Zielsetzungen, sondern sind mit konkreten methodischen Handlungsanleitungen und Übungsmaterialien (bis hin zu Kopiervorlagen) ausgestattet. Solche Sammlungen von Methoden und Materialien werden auch als *Methodenkoffer* bezeichnet. Sie beinhalten üblicherweise inhaltliche Strukturierungen von kooperativen Unterrichtsmethoden, zahlreiche Übungen und Spiele sowie Beschreibungen komplexer Methoden, die als ganzheitliches Konzept des sozialen Lernens in der Schule eingesetzt werden können. Als Beispiele können der Methodenkoffer der Bundeszentrale für politische Bildung, das Methodenkompendium des Sächsischen Staatsinstituts für Bildung und Schulentwicklung (Comenius-Institut), die Methodensammlung des Ministeriums für Schule und Weiterbildung des Landes Nordrhein-Westfalen oder auch Methodenkoffer von Firmen (z. B. IQES online) genannt werden.[32]

VorBild – Politische Bildung für Förderschulen

VorBild ist ein Methodenkoffer der Bundeszentrale für politische Bildung (bpb; Schilling et al. 2013), der Lehrkräften in mehreren Modulen Vorschläge für den Unterrichtsablauf und Arbeitsmaterialien zur Verfügung stellt. Ergänzt wird das Angebot durch Filme: Einige zeigen den Lehrkräften zur Vorbereitung Beispiele von der Anwendung der Module in Förderschulen. Andere Filme sind direkt für den Einsatz im Unterricht konzipiert. Eine Übersicht über die Filme gibt es in der ► Mediathek der bpb.

Das übergreifende Ziel liegt in der Stärkung der grundlegenden Kompetenzen für demokratische Handlungsbefähigung: Selbstvertrauen, Selbstbewusstsein, Selbstwertgefühl und soziale Kompetenzen. Daran schließen sich spezifische Angebote einer lebensweltlich orientierten politischen Bildung an, etwa zu Demokratie und Partizipation oder zur Vermittlung von Grund- und Menschenrechten.

VorBild beinhaltet zum einen Materialien für Lehrkräfte, die noch wenig Erfahrungen in der didaktischen Behandlung des sozialen Lernens haben. Zum anderen richtet sich VorBild aber auch an Lehrpersonen, die bereits andere Programme zum sozialen Lernen im Unterricht eingesetzt haben und darauf aufbauend einen Beitrag zur politische Bildung anbieten möchten.

Nach Aussage der Bildungszentrale eignen sich die Module besonders für den Einsatz im Unterricht der Jahrgangsstufen 5 bis 7 und sind auch auf DVD erhältlich.

Methodische Anleitungen, Trainingsmodule und Übungsmaterialien zur Förderung der Selbst- und Sozialkompetenz in allen Schulformen gibt es reichlich (z. B. Großmann 2002; Hiebl und Seitz 2013; Keller und Hitzler 2001) – sozusagen aus der Praxis für die Praxis! Was fehlt, sind empirische Evaluationen im Hinblick auf den Gesamterfolg von Trainings und ihrer gruppendynamischen Effekte. Welche Lernprozesse die Schüler im Erfahrungsfeld der Trainings durchlaufen, welche Erfahrungen wichtig und notwendig sind zum Erwerb sozialer Kompetenzen und wie diese problematisch zu werden beginnen, ist bislang ebenso wenig systematisch untersucht worden wie die konkreten Aufgaben der Lehrpersonen bei der Supervision. Kurz gesagt: Wir wissen bislang nur wenig über die gruppendynamischen Prozesse, die Schüler während der Sozialtrainings durchlaufen. Erziehungswissenschaftlich ergiebiger sind diesbezüglich die nach therapeutischen Gesichtspunkten gestalteten Präventions- und Interventionsprogramme zum Abbau unsozialen Schülerverhaltens.

Präventions- und Interventionsprogramme

Unter der Annahme, dass der Bedarf an einer frühzeitigen und systematischen Förderung von sozial-emotionalen Kompetenzen der Kinder und Jugendlichen deutlich gestiegen ist, wurden in den vergangenen zwanzig Jahren verschiedene Präventions- und Interventionsprogramme für unterschiedliche Alterszielgruppen entwickelt und hinsichtlich ihrer Effektivität evaluiert. Allgemein geht man in der Literatur davon aus, dass Programme zur Förderung von Sozialkompetenzen einen nachhaltigen Effekt erzielen, wenn sie in der Schule und im Klassenverband durchgeführt werden (Becker 2008; Roth 2006). Dieses Urteil wird durch eine Metaanalyse von Wilson et al. (2001) bestätigt, insofern sie darauf hinweist, dass Programme, die sich auf die gesamte Schule und ihre Umwelt beziehen, als sehr effektiv einzuschätzen sind, vor allem wenn es um den Kampf gegen Drogen und Delinquenz geht. Externe Fördermaßnahmen, die sich an einzelne Kinder oder Jugendliche richten, werden demgegenüber eher kritisch gesehen (vgl. Wejchenig-Glinka 2013).

Die derzeit im deutschen Sprachraum verfügbaren Förderprogramme decken ein breites Spektrum ab, das von der Vermittlung breit angelegter Sozialkompetenzen bis zu speziellen Trainings zur Förderung von Selbstsicherheit, Selbstverteidigung und Immunisierung gegen Verführung zu Drogenmissbrauch reicht (vgl. Preiser 2011). Ein wichtiger Schwerpunkt liegt dabei unverkennbar im Abbau von Aggression und Gewaltbereitschaft. Programme zur Förderung sozialer Kompetenzen gibt es für die verschiedenen Altersgruppen angefangen bei Vor- und Grundschülern über Schüler weiterführender Schulen bis hin zu jungen Erwachsenen. Bei den jüngeren Adressaten liegt der Fokus der meisten Sozialkompetenztrainings auf der Selbst- und Fremdwahrnehmung und der Stärkung des gemeinsamen Handelns und der Hilfsbereitschaft. Bei älteren

32 ► http://www.bpb.de/methodik/5JRHMH,0,0,Methodensuche.html
► http://www.sn.schule.de/~sud/methodenkompendium/index.htm
► http://www.standardsicherung.schulministerium.nrw.de/methodensammlung/
► https://www.iqesonline.net – Instrumente für die Qualitätsentwicklung und Evaluation in Schulen

Adressaten an weiterführenden Schulen wird darüber hinaus auf eine Stärkung von Einfühlungsvermögen, Selbstwirksamkeit und Eigenverantwortung gezielt, aber auch Konfliktlösen und eine Verbesserung der Zusammenarbeit in Gruppen und des Arbeitsverhaltens (als Vorbereitung auf die Anforderungen der Berufswelt) werden angesprochen. Zudem gibt es Programme, die sich an Jugendliche richten und die Stärkung von Zivilcourage und demokratischen Handlungsweisen anstreben. In diesem Zusammenhang kann wieder auf die Metaanalyse von Wilson et al. (2001) verwiesen werden, insofern sich die Trainingsansätze als erfolgreich erwiesen haben, die auf den Aufbau und die Unterstützung von Selbstkontrolle und sozialer Kompetenz zielen.

Präventionskonzepte in der Schule haben den Vorteil, dass sie alle schulpflichtigen Kinder und Jugendliche erreichen können (Klein und Thimm 2004). Diesen Umstand machen sich vor allem Trainingsprogramme zu Nutze, die der Gewaltprävention dienen und seit etwa zwei Jahrzehnten Konjunktur haben (z. B. Gugel 2007; Zwenger-Balink 2004). Eine umfassende und gründliche Bestandsaufnahme von Präventionsprogrammen im deutschsprachigen Raum haben Kliegel et al. (2011) ausgearbeitet. In die Bestandsaufnahme aufgenommen wurden nur solche Programme, die eine klar definierte Struktur aufweisen, als eigenständiges Projekt angeboten werden und sich schwerpunktmäßig auf die Gewaltprävention bei Schülern konzentrieren. Berücksichtigt wurden auch sogenannte Zivilcourageprogramme, während Projekte ohne spezifische Struktur (z. B. Kampagnen gegen Gewalt) oder mit einem Fokus auf spezifische Arten von Gewalt (z. B. sexuelle Gewalt) nicht in die Analyse einbezogen wurden. Im Vordergrund der Bestandsaufnahme standen primär- und sekundärpräventive Maßnahmen.

Primärprävention hat zum Ziel, sozial unverträgliches Verhalten erst gar nicht auftreten zu lassen, und richtet sich daher an alle potentiell gefährdete Personen (z. B. an alle Schülerinnen und Schüler einer Schule). Primärpräventive Maßnahmen wollen dem Auftreten unsozialer Handlungsweisen vorbeugen und prosoziales Verhalten fördern und verstärken.
Die *Sekundärprävention* setzt an, wenn es bereits zu auffälligem Verhalten gekommen ist, und richtet sich an Gruppen, die z. B. bereits durch gewalttätiges Verhalten aufgefallen sind bzw. bei denen bestimmte Risikofaktoren vorliegen. Sekundärpräventive Maßnahmen zielen auf den Abbau problematischer Verhaltensweisen ab.
Die *Tertiärprävention* wendet sich an Personen, bei denen bereits ein verfestigtes problematisches Verhalten gegeben ist (z. B. jugendliche Strafgefangene). Es geht darum, die Wahrscheinlichkeit der Wiederholung von Gewaltverhalten oder Straftaten zu vermindern. Tertiärprävention richtet sich in erster Linie an auffällig gewordene Einzelpersonen und bezieht sich eher selten auf den allgemeinen schulischen Kontext (vgl. Gollwitzer et al. 2007b).

Die Bestandsaufnahme von Kliegel et al. (2011) spezifiziert für jedes Präventionsprogramm Inhalt und Methodik sowie die Zielgruppe und den jeweiligen Anbieter. Zusätzlich wird untersucht, ob ein Programm einer formativen oder summativen Evalation unterzogen worden ist und welche Ergebnisse gegebenenfalls vorliegen. Ausgewertet wurden insgesamt 101 Präventionsprogramme (73 Programme aus Deutschland, 13 aus Österreich und 15 aus der deutschsprachigen Schweiz). Kliegel et al. weisen darauf hin, dass die meisten Programme aktuell angeboten werden. Zentrale Inhalte der Programme sind Trainings der Deeskalation von Gewalt und der Zivilcourage, erlebnis- und sportpädagogische Verfahren, Verfahren zur Förderung von Respekt und Toleranz, Verfahren zur Förderung allgemeiner sozial-emotionaler Kompetenzen und Konfliktlösekompetenzen, Mediation und Streitschlichtung, Verfahren zur Sensibilisierung für Gewalt und Netzwerkarbeit sowie theaterpädagogische Verfahren. Die meisten Programme sind für eine Durchführung in der Schule konzipiert: entweder als integraler Bestandteil des Unterrichts bzw. des Schulalltag oder als eigenständige Projekte innerhalb der Schule. Nur ein kleiner Teil der angebotenen Präventionsprogramme zielt auf den außerschulischen Bereich.

Bemerkenswert ist, dass etwa zwei Drittel der Programme einer Evaluation unterzogen worden sind, wobei allerdings in erster Linie Erfahrungsberichte ohne methodisch angemessenen Versuchsplan im Vordergrund stehen. Nur ein Fünftel der Programme wurde bisher einer methodisch angemessenen Evaluation unterzogen. Dazu zählen u. a. die Programme *Be-Prox* gegen Mobbing (Alsaker 2012), das *Buddy-Projekt* (► www.buddy-ev.de), *Eigenständig werden* (Wiborg und Hanewinkel 2001), *Faustlos* (Schick und Cierpka 2003), *fairplayer.manual* (Bull et al. 2009), *Fit for Differences* (Jugert et al. 2010), *Fit for Life* (Jugert und Chamakalayil 2006), *Friedensstifter-Training* (Gasteiger-Klicpera und Klein 2005), *Konstanzer Trainingsmodell KMT* (Brosig 2007), *Lions Quest – Erwachsen werden* (Bauer 2004), *PFADE* (Eisner et al. 2007), *Soziales Lernen* (Lerchenmüller 1982), *Sozialtraining in der Schule* (Petermann et al. 2012; Riffert 2000) und *WiSK – Das Wiener Soziale Kompetenztraining* (Gollwitzer et al. 2007a). Die Evaluationsergebnisse erlauben insgesamt eine positive Einschätzung der Programmwirksamkeit. Allerdings steht bei den meisten evaluierten Programmen noch eine Überprüfung der Stabilität der gefundenen Effekte aus.

Ein Beispiel für ein Präventionsprogramm: das Sozialtraining in der Schule

Das primärpräventive Trainingsprogramm *Sozialtraining in der Schule* wurde von Petermann et al. (2013) für die Grundschule entwickelt und evaluiert. Es zielt in altersgerechter Weise auf die Förderung der emotionalen und sozialen Kompetenz sowie der moralischen Entwicklung von Grundschulkindern der 3. und 4. Klassenstufe. Es umfasst 26 Übungseinheiten und kann mit Gruppen in der Schule oder anderen pädagogischen Einrichtungen auch von Lehrkräften durchgeführt werden.
Um Problemen wie Aggression und Gewalt, Angst und Drogenkonsum vorzubeugen, verfolgt das Trainingsprogramm das Ziel, Selbst- und Fremdwahrnehmung, die Verarbeitung von Gefühlen, flexibles Problemlösen, Teamarbeit, Kooperation, Kommunikation, Empathie und die Antizipation von Konsequenzen von Handlungen einzuüben und zu verbessern. Die Kinder lernen in der ersten Trainingsstufe, ihre eigenen Gefühle und die Gefühle anderer besser wahrzunehmen und zu verstehen. Des Weiteren lernen sie, wie unangenehme Gefühle (z. B. Wut) angemessen bewältigt werden können.
In der nächsten Stufe steht die Konfliktbewältigung auf dem

Plan. In der abschließenden Trainingsphase geht es um den Aufbau von Wertmaßstäben im Hinblick auf Fairness, Selbstverantwortung und Zivilcourage. Das übergreifende Ziel besteht im Aufbau prosozialen Verhaltens, das im Training systematisch gefördert wird.
Rollenspiele, Verhaltensübungen und die Einhaltung von Verhaltensregeln sowie ein regelmäßiges Feedback bilden die wichtigsten Methoden des Sozialtrainings. Das umfangreiche Trainingsmaterial ist ausgesprochen anregend gestaltet. Bewährt hat sich eine Trainingsdauer von 3 bis 6 Monaten mit einer wöchentlichen Sitzung von etwa 90 Minuten.
Das Sozialtraining in der Schule gehört zu den Präventionsprogrammen, die in methodisch angemessener Weise evaluiert wurden. Die Evaluationsergebnisse zeichnen dieses Programm als erfolgreich im Hinblick auf seine Zielsetzungen aus.

Die überwiegende Mehrzahl von Trainingsprogrammen zur Förderung der sozialen Kompetenz von Schülerninnen und Schülern zielen auf den Abbau sozial unverträglicher Verhaltensweisen und sind ihrem Fokus entsprechend eng. Die Förderung prosozialen Verhaltens gelangt gleichsam durch die Hintertür der Prävention von Aggression und Gewalt in den pädagogischen Blickpunkt (vgl. Frey et al. 2007). Einen ganz anderen Zugang zur Förderung prosozialen Verhaltens suchen *Service-Learning-Projekte* im Sinne einer bürgerschaftlichen Erziehung.

▪ Service-Learning-Projekte: Lernen durch Engagement

Das Konzept *Lernen durch Engagement* ist in Nordamerika vor allem von liberalen Philosophen wie John Rawls (1999) beeinflusst worden und geht wesentlich auf John Deweys (1938, 1916/1966) Ideen der Demokratisierung aller Lebensbereiche – auch mittels der Erziehung – zurück (Mason und Delandshere 2010). Des Weiteren ist das Lernen durch Engagement auch stark von der Idee der *Community of Practice* beeinflusst. Das pädagogische Modell, das dem Lernen durch Engagement zugrunde liegt, orientiert sich an einer bürgerschaftlichen Erziehung (*Civic Education*) und setzt sich zum Ziel, durch lebenslanges soziales Lernen das Handeln und Denken in der demokratischen Zivilgesellschaft einzuüben. Bürgerschaftliche Erziehung soll nicht nur dazu beitragen, dass zu Erziehende die demokratischen Prinzipien und Regeln verstehen, sondern soll auch zum gesellschaftlichen Engagement beitragen und die sozialen Kompetenzen fördern. In Deutschland wird der Ansatz des Lernens durch Engagement vor allem von Seifert (Seifert 2009; Seifert et al. 2012) und Sliwka (2001) propagiert. Gemeint ist eine Unterrichtsmethode, die gesellschaftliches Engagement von Schülern mit fachlichem Lernen verbinden will. Dabei werden vier Komponenten in den Vordergrund gestellt:

1. *kooperatives Lernen*, das dem Aufbau von Kommunikations- und Kooperationsfähigkeit dient und zugleich ein effektives fachliches Lernen fördert;
2. *Kommunikation* mit dem Ziel der Einübung des Debattierens und der abwägenden Argumentation, für die es klare Regeln gibt;
3. *Verantwortung lernen* (Service Learning) als ein Lernen durch konkretes Handeln in Projekten zur Verbesserung der Lebensqualität sozialer Gruppen in einer Gemeinde. Schüler lernen, für die Gemeinschaft nutzbringendes Wissen in konkreten Zusammenhängen zu erarbeiten und anzuwenden, wobei kognitives und soziales Lernen gleichberechtigt nebeneinander stehen;
4. *Übernahme von Verantwortung* und Ergreifen von Initiativen im gesellschaftlichen Umfeld.

Hierfür hat Sliwka (2004) verschiedene Beispiele angeführt: Schüler einer 9. Klasse einer Gesamtschule entwerfen ein Mentorenprogramm für Migrantenkinder, Gymnasiasten entwickeln eine Marketingstrategie für die Produkte einer Behindertenwerkstätte der Lebenshilfe, Realschüler konzipieren ein Bewerbungstraining und eine Hausaufgabenhilfe für jüngere Mitschüler, Oberstufenschüler unterbreiten Vorschläge zur Lösung eines ökologischen Problems usw.

Lernen durch Engagement ist eng mit Projektarbeit verbunden, die zum integralen Bestandteil des Unterrichts wird. Es handelt sich um authentisches Lernen, da die Schüler in den Projekten tatsächlich vorhandene Probleme und Aufgaben bearbeiten. Gegenstand des Lernens durch Engagement sind bewusst geplante Projekte in und für die Gemeinschaft bzw. Gemeinde. Im Hinblick auf die Förderung sozialer Kompetenzen gilt offenkundig die Devise Kästners: „Es gibt nichts Gutes, außer man tut es." In ihrem Überblick über bisherige Untersuchungen zur Effektivität von Service-Learning-Projekten gelangt Sliwka (2004) zu der Feststellung, dass deren Effekte auf schulische Leistungen bisher nicht überzeugend unter Beweis gestellt werden konnten. Die positiven Wirkungen seien eher im sozialen Bereich zu verorten. Dabei bezieht sie sich auf verschiedene empirische Studien, die belegen, dass sich Schülerinnen und Schüler nach Teilnahme an Service-Learning-Projekten als sensibler für Probleme der Gemeinde zeigten, ein ausgeprägtes soziales Verantwortungsbewusstsein äußerten, häufiger an gesellschaftspolitischen Aktivitäten teilnahmen und eine ausgeprägte soziale Identität hatten.

? Aufgaben zum Festigen des neuen Wissens

1. Skizzieren Sie, wie soziale Erziehung durch Einsicht erfolgen kann.
2. Welchen Wandel haben Erziehungsziele im letzten halben Jahrhundert erlebt?
3. Nennen Sie die bekanntesten Erziehungsstile und erläutern Sie, wodurch sich diese jeweils auszeichnen.
4. Welcher Erziehungsstil ist auf der Grundlage von Erkenntnissen der empirischen Forschung der beste und warum? Führen Sie empirische Befunde zur Begründung auf.
5. Skizzieren Sie, welche Rolle die Schicht oder das Milieu von Familien im Hinblick auf die Sozial- und Werteerziehung hat.
6. Skizzieren Sie den Auftrag der Schule.
7. Stellen Sie die Grundlagen einer gelingenden schulischen Sozialerziehung dar.
8. Inwieweit gibt es einen Zusammenhang zwischen Moral und Sozialkompetenz? Diskutieren Sie, wie Schule und

Unterricht sich verändern müssten, um diese Kompetenzen vermitteln zu können.

Aufgaben zum Weiterdenken

1. Es wird oft behauptet, dass viele Eltern überfordert seien, die Entwicklung der Selbstständigkeit ihrer Kinder zu ermöglichen und zu fördern, denn Erziehung sei allgemein nicht nur aufwendiger, sondern auch schwieriger geworden. – Wie beurteilen Sie diese Behauptung? Was spricht dafür und was dagegen?
2. Oft hört man die Aussage: „So ein Klaps auf den Po hat noch niemandem geschadet." Oder: „Ich bin auch geschlagen worden. Mir hat es auch nicht geschadet." Wie lassen sich solche Aussagen erklären? Und welche Haltung nehmen Sie gegenüber solchen Aussagen ein? Begründen Sie Ihre Haltung.
3. Muss ein Kind wirklich die Erfahrung machen, auf eine heiße Herdplatte zu fassen, oder gibt es andere Möglichkeiten zu lernen?
4. Stellen Sie dar, welche Haltung Eltern mit den verschiedenen, dargestellten Erziehungszielen gegenüber der Idee des Gehorsams haben.
5. Stellen Sie sich vor, Sie seien die Mutter eines dreijährigen Kindes. Gerade haben Sie Ihrem Kind mitgeteilt, dass Sie nun leider nicht, wie es sich gewünscht hat, auf den Spielplatz gehen können, weil Sie noch einen Kuchen backen müssen, bevor die Oma kommt. Daraufhin hat Ihr Kind zu schreien und toben begonnen und Sie schließlich angespuckt. Was tun Sie als aufgeklärte Mutter in dieser Situation und warum? Begründen Sie Ihr Vorgehen mit Hilfe theoretischer Erkenntnisse und empirischer Befunde.
6. Schule und Familien schieben sich heute gegenseitig gerne den Schwarzen Peter im Hinblick auf Sozial- und Werteerziehung zu. Entwickeln Sie ein Programm für eine Grundschule, welches die Integration von Sozial- und Werteerziehung in den Schulalltag integriert, ohne große Ressourcen (zusätzliche Lehrkräfte, Zeit und Geld) zu benötigen. Begründen Sie Ihre Ideen.
7. Ein sehr bekanntes Elterntraining ist STEP. Informationen finden Sie unter: ► http://www.instep-online.de/. Sehen Sie sich dieses Training genauer an. Wie bewerten Sie es vor dem Hintergrund der in ► Abschn. 4.4 dargestellten theoretischen Aspekte und empirischen Befunde. Was ist gut und warum? Was ist fragwürdig und warum?
8. Entwickeln Sie ein Leitbild für eine Schule, indem Sie darstellen, wie in dieser Schule Sozialerziehung betrieben wird und gelingt.

Weiterführende Literatur

- Brohm, M. (2009). *Sozialkompetenz und Schule. Theoretische Grundlagen und empirische Befunde zu Gelingensbedingungen sozialbezogener Interventionen*. Weinheim: Juventa.
- Erbes, A., Giese, C., & Rollik, H. (Hrsg.) (2013). *Werte und Wertebildung in Familien, Bildungsinstitutionen, Kooperationen. Beiträge aus Theorie und Praxis*. Berlin: Deutsches Rotes Kreuz e. V.
- Giesecke, H. (2005). *Wie lernt man Werte? Grundlagen der Sozialerziehung*. Weinheim: Juventa.
- Keller, G., & Hafner, K. (2003). *Soziales Lernen will gelernt sein*. Donauwörth: Auer.
- Marx, R. (2011). *Familien und Familienleben. Grundlagenwissen für Soziale Arbeit*. Weinheim: Beltz Juventa.
- Stein, M. (2008). *Wie können wir Kindern Werte vermitteln? Werteerziehung in Familie und Schule*. München: Reinhardt.

4.5 Diagnose sozialer Kompetenzen

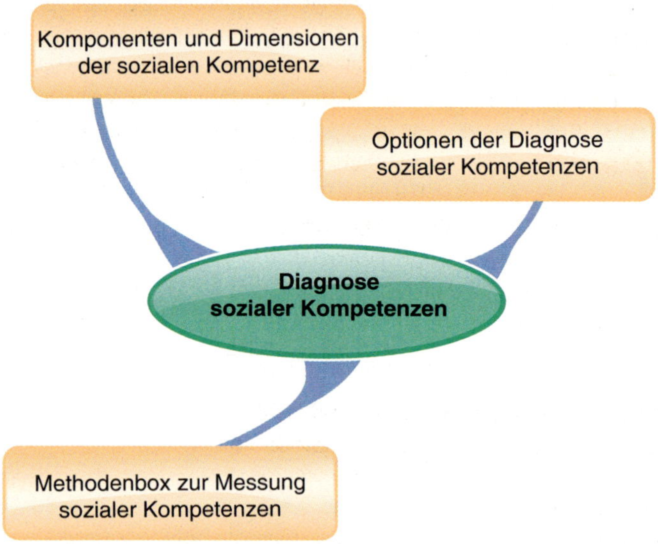

Aufgabe als Denkanstoß

Wie würden Sie versuchen, soziale Kompetenzen zu messen? Welche Methoden fallen Ihnen hierfür ein? Was wären Aspekte, die Sie messen würden?

In der Sozialpädagogik/Sozialarbeit bezieht sich der Begriff der sozialen Diagnostik auf die Diagnose des gesamten Lebensbereichs eines Menschen, um seine Lebensumstände, Entwicklungspotentiale und Möglichkeiten seiner Gefährdung zu identifizieren und besser zu verstehen. Die sozialpädagogische Diagnostik arbeitet dabei in erster Linie, aber nicht ausschließlich auf der Grundlage des Fallverstehens (Ader und Schrapper 2004). Dabei wird üblicherweise der Dreischritt *Anamnese* → *soziale Diagnose* → *Behandlung* zugrunde gelegt (Galuske 2013): Die *Anamnese* bezieht sich auf die Sammlung objektiver Daten (z. B. soziale und materielle Situation, Ressourcen, kritische Lebensereignisse), die *Diagnose* dient der sozial-pädagogischen Einschätzung der Erfahrungen, Sichtweisen und Selbstdeutungen der Schlüsselpersonen aus dem Milieu des Klienten, die anschließende *Behandlung* umfasst spezifische Präventions- und Interventionsmaßnahmen.

Im Grunde geht die soziale Diagnostik der Sozialpädagogik/Sozialarbeit stets von einem Behandlungsbedarf aus und setzt damit ein von den sozialen Normen abweichendes Verhalten voraus, wofür die Ursachen in der Person wie auch im sozialen

Umfeld gesucht werden. Auf den ersten Blick liegt daher die Vermutung nahe, dass die soziale Diagnostik ihren Schwerpunkt auf die Familie und das soziale Milieu von hilfsbedürftigen Kindern und Jugendlichen legt. Da aber derzeit immer mehr Sozialarbeiter als *Schoolworker* ihre Dienstleistungen in der Beratung und Unterstützung im Rahmen der Institution Schule erbringen (▶ Abschn. 4.4.3), hat die soziale Diagnostik im eben dargelegten Sinne längst Einzug in die Schule gehalten. Dessen ungeachtet liegt der Fokus dieses Abschnitts auf der *Diagnose und Messung der sozialen Kompetenzen* der Handlungsträger in Familie und Schule als *Communities of Practice*.

Ein Bedarf und Interesse an Messinstrumenten zur Diagnose sozialer Kompetenzen wie auch zur fundierten Evaluation von Schulungs- und Trainingsmaßnahmen wird nicht nur für den schulischen Bereich angemeldet (vgl. verschiedene Beiträge in Jude et al. 2008), sondern auch im Bereich der beruflichen Aus- und Weiterbildung und der Organisationsentwicklung (Kanning 2005). Ein Verhalten gilt als sozial kompetent, wenn es dazu beiträgt, in einer spezifischen Lebenssituation die eigenen Ziele zu verwirklichen, und dabei die soziale Akzeptanz der Verhaltensweisen gewahrt bleibt. In die soziale Kompetenz einer Person fließt die Gesamtheit des Wissens, der Fähigkeiten und Fertigkeiten ein, die zur Bewältigung der Anforderungen der Umwelt erforderlich sind (vgl. Bye und Jussim 1993; Reinders 2008b).

4.5.1 Komponenten und Dimensionen der sozialen Kompetenz

Soziale Kompetenzen werden durch mehr oder weniger konsistente Dispositionen von Personen im Umgang mit situativen Bedingungen bestimmt, wobei sich die Konsistenz auf Situationen bezieht, die ähnliche Anforderungen an das Sozialverhalten stellen. *Soziale Kompetenz* ist ein Sammelbegriff für Kompetenzen, die ein erfolgreiches Handeln in sozialen Situationen ermöglichen und mittels erfolgreicher Kommunikation andere Menschen im eigenen Sinne beeinflussen. Dementsprechend kreist das Konzept der sozialen Kompetenz um die Kardinalfragen:

- Wer handelt?
- Welcher Art ist das Begehren?
- Welcher Inhalt steht beim Handeln im Vordergrund?
- Gegen oder mit wem wird gehandelt?
- Auf welcher Grundlage findet das Handeln statt?

Die Antworten auf diese Fragen liegt in den kognitiven und emotionalen Dispositionen des jeweiligen Handlungsträgers begründet, die im allgemeinen Sprachgebrauch als *soziale* und *emotionale Intelligenz* bezeichnet werden (▶ Abschn. 4.4.3). Kanning (2005) hat die Beziehung der sozialen Kompetenz zu diesen Begriffen grafisch dargestellt (◘ Abb. 4.52). Diese Konzeption bietet eine geeignete Ausgangsgrundlage für die Diagnose sozialer Kompetenz.

Komponenten der sozialen Kompetenz

Aus ◘ Abb. 4.52 wird deutlich, dass Kanning (2005) drei Komponenten der sozialen Intelligenz unterscheidet:

1. soziale Intelligenz,

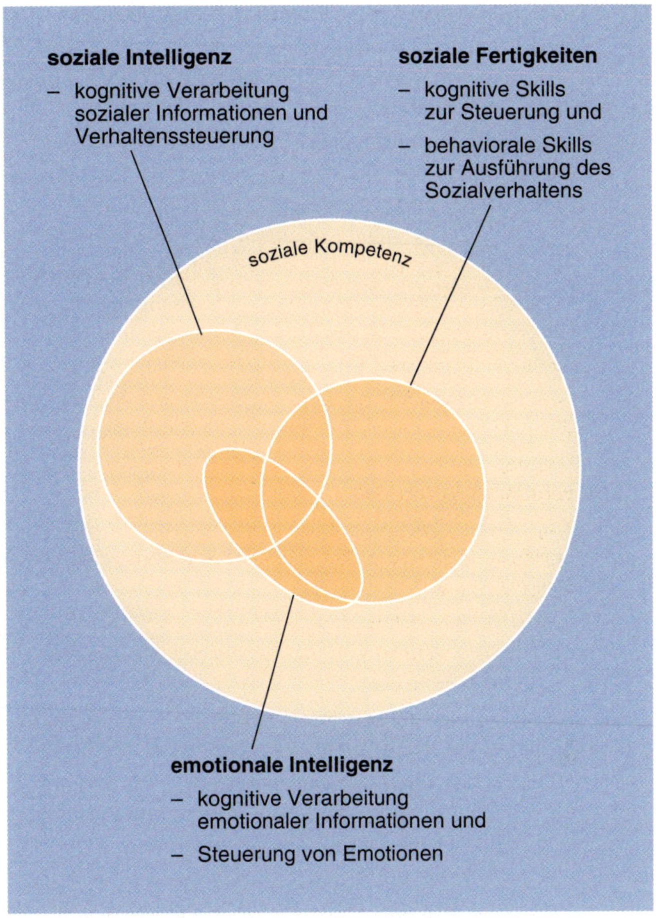

◘ **Abb. 4.52** Beziehung zwischen sozialer Kompetenz und den verwandten Konzepten soziale und emotionale Intelligenz (Vgl. Kanning 2005)

2. emotionale Intelligenz und
3. soziale Fertigkeiten (Skills).

Von drei Komponenten der sozialen Kompetenz geht auch Cavell (1990) aus. In seinem Modell werden *soziale Anpassung, soziale Performanz* und *soziale Fertigkeiten* unterschieden. Cavell argumentiert, dass die Performanz untersucht werden muss, um die Komponenten und Ergebnisse sozial kompetenten Verhaltens aufzudecken, und dass zudem sozial kompetentes Verhalten durch die Angemessenheit einer Performanz in einem sozialen Kontext determiniert wird. *Soziale Anpassung* wird als das Erreichen von Zielen definiert, die dem Entwicklungsstand einer Person entsprechen und von den Werten der Gesellschaft beeinflusst werden. *Soziale Performanz* ist definiert als das Ausmaß, in dem die Reaktionen einer Person den Anforderungen einer sozialen Aufgabe entsprechen. Während sich die Performanz auf das Ergebnis sozialen Handelns bezieht, betreffen die *sozialen Fertigkeiten* die Prozesse, die der Fähigkeit zugrunde liegen, in einem sozialen Kontext in sozial kompetenter Weise zu agieren.

Im Unterschied zu Cavell und Kanning unterscheiden Bye und Jussim (1993) fünf Komponenten der sozialen Kompetenz, die sie „Filter“ nennen: Umgebungsfaktoren, physiologische Faktoren, Informationsverarbeitung, soziales Wissen und Motivation. Übereinstimmend wird in diesen theoretischen Ansätzen

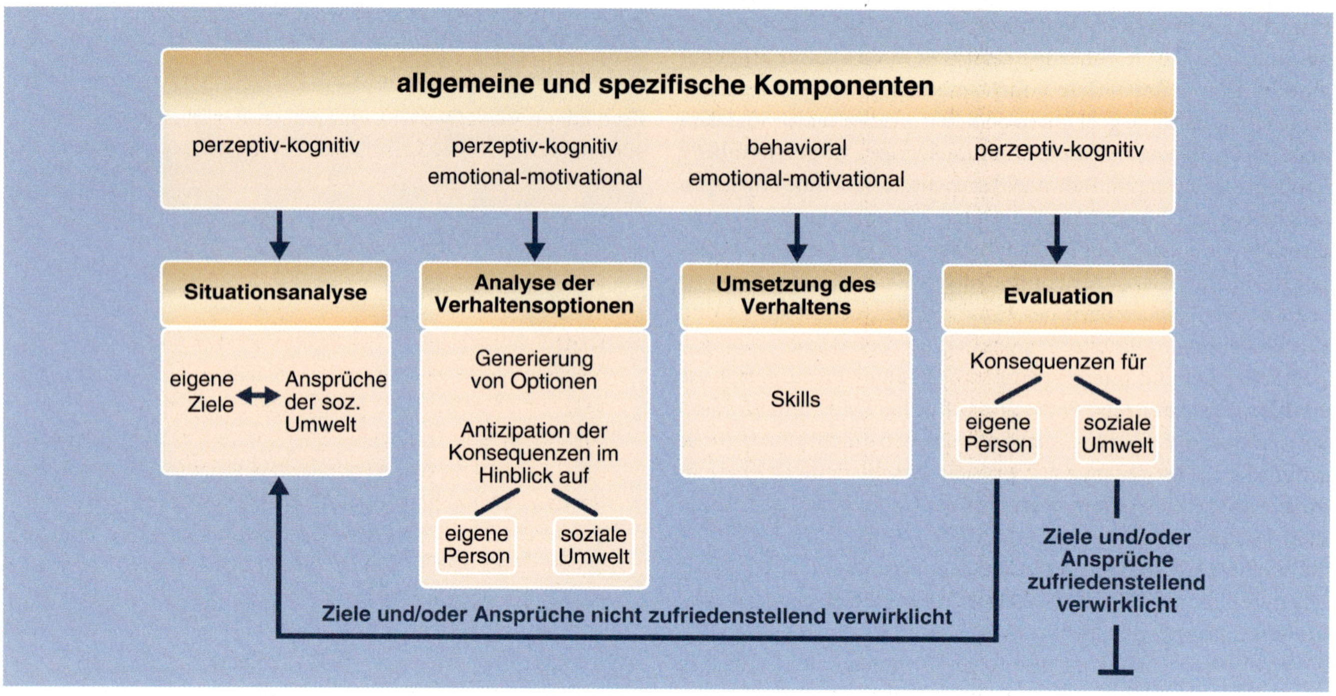

Abb. 4.53 Modell der elaborierten Genese sozial kompetenten Verhaltens (Kanning 2002, S. 160)

davon ausgegangen, dass die soziale Kompetenz als Wesenszug einer Person zu begreifen ist, der stabil über die Zeit und über Situationen ist.

Dies wird von weiteren Autoren anders beurteilt. Beispielsweise ist für Rose-Krasnor (1997) die soziale Kompetenz keine Persönlichkeitseigenschaft, sondern das Ergebnis von Interaktionen zwischen Individuen. Das Ergebnis des Handelns im sozialen Kontext kann demzufolge nur danach beurteilt werden, wie das soziale Verhalten einer Person durch andere bewertet wird. Eine solche Auffassung hat Konsequenzen für die Diagnose sozialer Kompetenz.

Hier kann zunächst festhalten werden, dass in der Literatur überwiegend die Auffassung vertreten wird, soziale Kompetenz sei ein mehrdimensionales Konstrukt, das neben soziokognitiven Fähigkeiten vor allem anderen das konkrete Verhalten in einem sozialen Kontext beinhaltet.

Diese Auffassung spiegelt sich in dem Modell der elaborierten Genese sozial kompetenten Verhaltens von Kanning (2002), das auf einer Abfolge verschiedener Verarbeitungsschritte beruht (Abb. 4.53).

Bei der anfänglichen Situationsanalyse, die auf einen Vergleich eigener Ziele mit den Ansprüchen des sozialen Kontexts abzielt, stehen perzeptiv-kognitive Prozesse im Vordergrund, die in einem nächsten Schritt eine Bewertung erfahren, indem Konsequenzen möglichen Handelns vor dem Hintergrund der eigenen Beweggründe und der sozialen Erwartungen emotional-motivational gewichtet werden. Auch bei der Umsetzung von Handlungsweisen schwingt diese emotional-motivationale Gewichtung mit, indem z. B. die bei den Interaktionen mit anderen Personen in Erscheinung tretenden Emotionen verarbeitet werden. Abschließend werden die Konsequenzen der Handlungen für die eigene Person und die soziale Umwelt einer Bewertung unterzogen.

Das Modell der Genese sozialer Kompetenz gilt sowohl für allgemeine als auch bereichsspezifische Kompetenzen. Den Unterschied zwischen beiden illustriert Kanning (2005) am Beispiel der Durchsetzungsfähigkeit, indem er die bereichsspezifische Kompetenz der Durchsetzungsfähigkeit einer Kindergärtnerin mit der eines Managers vergleicht. Beide müssen in ihrem Beruf über ein gewisses Maß an Durchsetzungsfähigkeit verfügen, die berufsspezifische Ausformung aber ist sehr unterschiedlich, da beide Arbeitsplätze sehr unterschiedliche Ansprüche stellen. Gleiches lässt sich auch für andere Komponenten der sozialen Kompetenz feststellen, so dass es sinnvoll ist, zwischen allgemeinen und spezifischen sozialen Kompetenzen zu unterscheiden.

Dimensionen der sozialen Kompetenz

In der Vergangenheit wurden verschiedene Versuche unternommen, zu einer Differenzierung der Dimensionen der sozialen Kompetenz zu gelangen. Beispielsweise ließ Perren (2000) bei Zugrundelegung der hypothetischen Unterscheidung zwischen selbst- und fremdbezogener sozialer Kompetenz das soziale Verhalten von Kindern in Kindergartengruppen von den Erzieherinnen einschätzen. Das Instrument umfasste 9 Subskalen mit insgesamt 33 Items, die durch 5 Items der SDQ-Skala[33] zum prosozialen Verhalten ergänzt wurden. Eine Faktorenanalyse führte zu vier Kompetenzbereichen: *prosoziales Verhalten, kooperatives Verhalten, soziale Initiative, Grenzen-setzen-Können* sowie die Problembereiche *Rückzugsverhalten* und *aggressives Verhalten.* Eine Faktorenanalyse zweiter Ordnung fasste diese Kompetenzbereiche zu zwei Hauptdimensionen zusammen, die

33 Die SDQ-Skala (Strength and Difficulties Questionnaire) ist ein Fragebogen zur Erfassung von Verhaltensauffälligkeiten und -stärken bei Kindern und Jugendlichen im Alter von 4 bis 16 Jahren (Wörner et al. 2004).

erwartungsgemäß als selbstbezogene vs. fremdbezogene soziale Kompetenz bezeichnet wurden. Eine auf der Grundlage der extrahierten sechs Faktoren durchgeführte hierarchische Clusteranalyse erbrachte drei unterscheidbare Verhaltensprofile. Das erste Verhaltensprofil ist durch hohe Kompetenzen und wenig Probleme gekennzeichnet und kann als *sozial kompetent* umschrieben werden. Die beiden anderen Verhaltensprofile sind durch Defizite entweder in selbstbezogenen oder in fremdbezogenen sozialen Kompetenzen gekennzeichnet. In Zusatzanalysen wurde dem Zusammenhang zwischen sozialer Kompetenz und dem emotionalen Befinden nachgespürt. Dabei zeigte sich ein deutlicher Zusammenhang zwischen den defizitären Verhaltensprofilen sowie einer negativen Stimmungslage der Kinder und sowohl der Selbst- als auch der Fremdwahrnehmung. Ungünstig wirkten sich die defizitären Verhaltensprofile auch auf die Beziehungen zu den anderen Kindern der Gruppe aus (vgl. Perren et al. 2008).

Auf der Grundlage von Faktorenanalysen zweiter Ordnung gelangte Kanning (2002) deshalb zur Unterscheidung von fünf Dimensionen der sozialen Kompetenz:

1. *Soziale Wahrnehmung:* Auseinandersetzung mit dem eigenen Verhalten und dem Verhalten anderer sowie die Fähigkeit der *Perspektivenübernahme*,
2. *Verhaltenskontrolle* im Sinne emotionaler Stabilität mit einer hohen inneren und geringen äußeren Kontrolle,
3. *Durchsetzungsfähigkeit* mit den Merkmalen der Konfliktfähigkeit und dem Vermögen, eigene Ziele erfolgreich verwirklichen können,
4. *Soziale Orientierung:* sich für die Interessen anderer einsetzen, Werte anderer tolerieren,
5. *Kommunikationsfähigkeit:* anderen zuhören und zugleich auf sie verbal Einfluss nehmen können.

Diese Klassifikation hat sich in verschiedenen Untersuchungen bewährt (z. B. Frey 2013; Neubert 2009; Szczesny und Watermann 2011). Sie dient den weiteren Ausführungen als Orientierungsrahmen. Ein solcher ist in Anbetracht der Uneinheitlichkeit der theoretischen Argumentation erforderlich, um den Fragen nachzugehen,

- wie man soziale Kompetenz überhaupt messen kann und
- wie insbesondere die Wirksamkeit einer pädagogischen Vermittlung sozialer Kompetenz mittels geeigneter (d. h. reliabler und valider) Instrumente festgestellt werden kann.

Die Beantwortung dieser Fragen setzt voraus, dass man sich darüber im Klaren ist, welche Facetten der sozialen Kompetenz im konkreten Fall einer Untersuchung relevant sind und nach welchen Gesichtspunkten ein „maßgeschneidertes" Instrument zur Messung sozialer Kompetenz zu entwickeln bzw. im günstigsten (wenn auch nicht immer besten) Fall aus dem Angebot vorhandener Messverfahren auszuwählen ist.

4.5.2 Optionen der Diagnose sozialer Kompetenzen

Eine Diagnose sozialer Kompetenzen der Handlungsträger in pädagogischen Handlungsfeldern kann auf verschiedene Arten erfolgen:

- Da soziale Kompetenz notwendigerweise Wissen und Fertigkeiten voraussetzt, kann durch geeignete Verfahren erhoben werden, ob Personen über Kenntnisse und Fertigkeiten verfügen, die als Voraussetzung für kompetentes Sozialverhalten gelten. Dazu werden *standardisierte Tests und Fragebögen* eingesetzt, die soziale Einstellungen, Überzeugungen und Meinungen erheben. Den Testpersonen werden Aufgaben dargeboten, bei denen aus vorgegebenen Alternativen die zutreffende auszuwählen ist. Beispielsweise werden den Testpersonen Bilder mit Gesichtern gezeigt, die unterschiedliche Emotionen ausdrücken. Die Aufgabe besteht dann darin, die emotionale Befindlichkeit richtig einzuschätzen. Die „richtige" Lösung wird üblicherweise durch Expertenbefragung festgelegt.
  Schlussfolgerungen auf das tatsächliche Verhalten in sozialen Situationen können aus den Daten jedoch nicht gezogen werden, da stets die Möglichkeit einer Inkonsistenz von Einstellungen und Verhalten gegeben ist (vgl. die Ausführungen in ▶ Abschn. 4.4.2 und Eckes und Six 1994).
- Sozial kompetentes oder auch inkompetentes Verhalten in sozialen Kontexten kann systematisch beobachtet und beurteilt werden. *Beobachtungsverfahren* treffen, wenn sie dem Kriterium ausreichender Reliabilität genügen, ökologisch valide Aussagen, vor allem wenn sie über mehrere Situationen an denselben Personen hinweg angewandt werden und es sich bei der Beobachtung nicht bloß um eine Momentaufnahme handelt. Das Verhalten von konkret handelnden Personen (z. B. von Lehrpersonen) wird an möglichst realen Schauplätzen (z. B. im Unterricht) oder in möglichst realen sozialen Situationen wie z. B. in Rollenspielen beobachtet. Die Einschätzung der sozialen Kompetenzen über ein Sozialverhalten wird in der diagnostischen Situation beobachtet, und das beobachtete Verhalten wird dann nach definierten Kriterien von unabhängigen Beobachtern eingestuft. Die Beurteilung der sozialen Kompetenz der Handlungsträger erfolgt dabei entweder unmittelbar in der Situation oder mittelbar auf der Grundlage von Videoaufzeichnungen. Zur Anwendung gelangen dabei häufig Ratingskalen (vgl. Juntilla et al. 2012), um die Auswertung zu systematisieren.
- Die soziale Kompetenz von Personen wird von den Interaktionspartnern (Angehörige, Bekannte oder Mitglieder der jeweiligen Bezugsgruppe) beschrieben (*Verhaltensbeschreibung*). Dabei liegen keine beobachtbaren Verhaltensdaten in der diagnostischen Situation vor, sondern – vergleichbar mit einem Persönlichkeitsfragebogen – wird im Nachhinein eine Einschätzung des Sozialverhaltens vorgenommen.
- Schließlich kann die soziale Kompetenz auch durch den Handlungsträger selbst beurteilt werden. Diese *Selbsteinschätzung* und -beurteilung erfolgt entweder in Gesprächen (Interviews) oder unter Verwendung von Fragebögen (z. B.

4

Fragebogen SGA_{fs} zur Selbsteinschätzung der Fertigkeit, in schulischen Gruppen zu kooperieren: Walzik et al. 2006).

Zum Einsatz gelangen bei den verschiedenen Optionen der Diagnose sowohl quantitative als auch qualitative Verfahren. *Quantitative Verfahren* beruhen auf der wissenschaftstheoretischen Position der grundsätzlichen Messbarkeit und Skalierbarkeit sozialer Kompetenzen. Zur Datenerhebung werden (Einstellungs-) Tests, Fragebögen, Schätzskalen, systematische Beobachtungsverfahren, aber auch indirekte Messverfahren herangezogen.

Eine naturgemäß andere Grundorientierung liegt der *qualitativen Methodik* zugrunde: Dabei steht die Art und Qualität der Kompetenz im Vordergrund, um die Sinn- und Bedeutungszusammenhänge des Handlungsträgers zu erschließen. Zur Anwendung gelangen Befragungen, Interviews, biografische Methoden (z. B. Tagebuch, biografische Fragebögen) und unstrukturierte Beobachtungen. Ergänzt wird die qualitative Methodik der Erfassung sozialer Kompetenzen durch kognitive und phänomenologische Verfahren sowie durch Methoden der Handlungsforschung. Anders als quantitative Methoden, die primär der differentiellen Diagnostik dienen, sind qualitative Methoden ganzheitlich orientiert und stellen die subjektive Sicht, d. h. die Eigenwahrnehmung und -bewertung des sozialen Handelns in den Vordergrund.

Welche Methode zur Erfassung sozialer Kompetenzen auch immer zur Anwendung gelangt, die Kompetenz wird stets mittels der Performanz des Handlungsträgers in einer diagnostischen Situation erschlossen. Das heißt, auf der Grundlage beobachtbarer bzw. messbarer Indikatoren, die mehr oder weniger komplex sein können (z. B. soziale Integration eines Schülers in den Klassenverband), wird auf das Vorhandensein sozialer Kompetenzen (z. B. Anpassungsfähigkeit des Schülers) geschlossen. Bei der Selbsteinschätzung der sozialen Integration dienen z. B. die Antworten in einem Fragebogen als Indikator für die soziale Integration im Klassenverband, bei der Fremdeinschätzung wird sie z. B. durch ein Soziogramm erfasst. Bei jeder Fremdbeobachtung ist es dem Beobachter überlassen, der beobachteten Person soziale Kompetenz zu attestieren oder nicht. Im Prozess des Beurteilens ist die Subjektivität des Beurteilers fest verankert. Und das ist nicht nur bei der Selbsteinschätzung, sondern auch bei der Fremdeinschätzung der Fall. Die Subjektivität des Urteils kann durch die Anwendung von Fragebögen und Schätzskalen zwar gemindert, aber nicht vollständig ausgeschlossen werden.

Jakob: „Schön und gut. Ich habe verstanden, dass da immer ein gewisses Maß an Subjektivität mitschwingt, wenn eine Person einer anderen soziale Kompetenz zuschreibt. Aber das ist doch nicht auf die soziale Kompetenz beschränkt, sondern gilt auch für die Leistungsbeurteilung, wie sie Lehrer vornehmen."

Anna: „Genau! Und da hilft man sich halt dadurch, dass man objektive und standardisierte Tests entwickelt, um das subjektive Urteil auszuschalten."

Jakob: „Und warum macht man nicht dasselbe, wenn es um die Messung der sozialen Kompetenz von Schülern oder Lehrern geht?"

Anna: „Gute Frage! Das würde aber voraussetzen, dass auch die sozialen Situationen in der Schule und im Klassenraum standardisiert sind und sich durch ein hohes Maß an Ähnlichkeit auszeichnen."

Jakob: „Ist das nicht der Fall? Wenn ich mich an den Unterricht meiner Schulzeit erinnere, habe ich den Eindruck, dass Gleichförmigkeit und Monotonie das Hauptmerkmal war. Im Grunde entsprach der Unterricht oft dem Abspielen des immer gleichen Films, und wir alle verstanden es, unsere Rolle zu spielen. Schüler wie Lehrer!"

Anna: „Mensch, jetzt verstehe ich auch, warum du etwas gegen Eintönigkeit hast und immer die Abwechslung suchst."

Jakob: „Du wirst unsachlich, obwohl du recht hast. Worauf ich hinaus wollte, war festzustellen, dass die Standardisierung des Unterrichtsalltags auch eine Standardisierung der Erfassung des Sozialverhaltens im Unterricht zum Beispiel in einem Fragebogen erlaubt."

Anna: „Der Punkt geht wieder mal an dich! Was du aber auch für ein schlaues Kerlchen bist!"

Jakob: „Klar, wird aber auch Zeit, dass du das merkst." (Beide lachen.)

Auf den Inhalt des Gesprächs zwischen Anna und Jakob passt die Bemerkung von Wolf (2004), dass trotz des großen Interesses an dem Konstrukt der sozialen Kompetenz und einer langen Forschungstradition bislang kein standardisiertes Messverfahren vorliegt, das bezüglich seiner psychometrischen Güte mit anderen Messverfahren aus den Bereichen Intelligenz oder Persönlichkeit auch nur annähernd vergleichbar wäre. Tatsächlich liegt der Schlüssel zur Erschließung sozialer Kompetenzen in der anforderungsspezifischen Konstruktion bzw. Auswahl von Mess- und Beobachtungsverfahren, die den Kriterien der Objektivität, Reliabilität und Validität bestmöglich entsprechen. Aber auch hier ist das Verhältnis von Allgemeinheit und Spezifizität zu beachten, denn ein Mess- bzw. Beobachtungsverfahren, das auf die Erfassung *allgemeiner* sozialer Kompetenzen zielt, dürfte ungeeignet sein, *bereichsspezifische* Kompetenzen zu erfassen.

Ungeachtet ihrer psychometrischen Qualität gibt es derzeit eine stattliche Anzahl diagnostischer Verfahren zur Messung sozialer Kompetenz. Einige davon zielen auf die Erfassung allgemeiner sozialer Kompetenzen ab, die meisten aber auf die Erfassung bereichsspezifischer sozialer Kompetenzen. Wer aus welchen Gründen auch immer die soziale Kompetenz von Handlungsträgern in pädagogischen Situationen messen will, dem bleibt nicht erspart, zunächst die vorliegenden Verfahren zu sichten und hinsichtlich ihrer Qualität zu prüfen, bevor gegebenenfalls die Entwicklung eines Messverfahrens zum Zwecke einer wissenschaftlichen Untersuchung oder der Evaluation eines Trainings zur sozialen Kompetenz in Angriff genommen wird.

4.5.3 Methodenbox zur Messung sozialer Kompetenzen

Bevor wir uns im folgenden Teilkapitel mit marktgängigen Messinstrumenten zur Erfassung sozialer Kompetenzen befassen, ist die Bemerkung vorauszuschicken, dass wir in ▶ Abschn. 3.7.1 bereits ausführlich auf die grundlegenden Aspekte der differentiellen Persönlichkeitsdiagnostik und die Ansprüche an die psychometrische Qualität von Messverfahren, d. h. die Gütekriterien der Reliabilität und Validität, eingegangen sind. Was dort gesagt wurde, gilt genauso auch für die Diagnose sozialer Kompetenzen. Des Weiteren ist vorauszuschicken, dass mehrere der in ▶ Abschn. 3.7 dargestellten Persönlichkeitsinventare und Verfahren der Emotionsdiagnostik Subskalen enthalten, die auf die Erfassung allgemeiner sozialer Kompetenzen zielen. Dies in Rechnung stellend, werden wir uns zunächst mit der Diagnose allgemeiner sozialer Kompetenzen und in einem zweiten Schritt mit der Diagnose bereichsspezifischer sozialer Kompetenzen in den pädagogischen Handlungsfeldern Familie und Schule befassen.

4.5.3.1 Pädagogische Diagnose allgemeiner sozialer Kompetenzen

Das Freiburger Persönlichkeitsinventar (FPI-R) enthält ebenso wie der Persönlichkeitsfragebogen PFK 9-14 (Seitz und Rausche 2003) Subskalen zur Erfassung allgemeiner sozialer Kompetenzen (z. B. soziale Orientierung, soziales Engagement, soziale Isolierung). Darüber hinaus wurden in zahlreichen Einzelstudien Instrumente zur Messung allgemeiner sozialer Kompetenzen entwickelt, die allerdings keiner Normierung unterzogen wurden. Ein Beispiel hierfür bietet das *Inventar zur Erfassung von Persönlichkeits-Fähigkeiten* von Riemann (1996), das u. a. die Skalen *Unterstützung* (Fähigkeit, andere zu unterstützen und ihnen bei Problemen zu helfen), *Durchsetzung* (Fähigkeit, legitime Interessen in direkter Interaktion durchzusetzen), *Kontakte* (Fähigkeit, Kontakte zu initiieren und die eigene Person positiv darzustellen) und *Selbstbeherrschung* (Fähigkeit, eigene Emotionen zu kontrollieren und Auseinandersetzungen sachlich zu führen) umfasst.

Einige Jahre zuvor hatten Riemann und Allgöwer (1993) den *Interpersonal Competence Questionnaire* (ICQ) von Buhrmester et al. (1988) ins Deutsche übersetzt und an einer Stichprobe von 76 Studierenden evaluiert. Der ICQ umfasst die Dimensionen *Initiierung von Kontakten, Selbstauskunft, Missmut* (in Bezug auf Handlungen anderer), *emotionale Unterstützung und Bewältigung von Konflikten*. Leider sind diese wie auch andere Inventare nicht zu Standardverfahren weiterentwickelt worden.

In den 1980er und 90er Jahren wurden in Nordamerika zahlreiche Verfahren zur Erfassung allgemeiner sozialer Kompetenzen von Kindern und Jugendlichen entwickelt wie z. B. die *Adolescent Assertion Expression Scale* (Connor et al. 1982), der *Questionnaire about Social Difficulty for Adolescents* (Lindsay und Lindsay 1982), die *Matson Evaluation of Social Skills for Youngsters* MESSY (Matson et al. 1983), das *Teenage Inventory of Social Skills* (Inderbitzen und Foster 1992). Leider wurden diese Verfahren nicht ins Deutsche übersetzt, was insbesondere im Hinblick auf die MESSY bedauerlich ist, da dieses Instrument bei Kindern und Jugendlichen *angemessene soziale Fertigkeiten, unangemessene Durchsetzungsfähigkeit, Impulsivität/Aufmüpfigkeit, zu große Selbstsicherheit* und *Eifersucht/Absonderung* mit einer überzeugenden psychometrischen Qualität (Reliabilität und Validität) misst (Matson et al. 2010). Dasselbe gilt für die Adaptionen des MESSY ins Spanische (z. B. Méndez et al. 2002).

Für den deutschen Sprachraum sieht die Lage, was die Messung allgemeiner sozialer Kompetenzen von Kindern und Jugendlichen anbelangt, insgesamt nicht gut aus (vgl. Tuschen-Caffier et al. 2009). Sieht man einmal von dem oben bereits genannten PFK 9-14 ab, der sich an Kinder und Jugendliche im Alter von 9 bis 14 Jahren richtet, zielt die überwiegende Mehrheit der derzeit existierenden Messinstrumente im deutschen Sprachraum auf die Erfassung allgemeiner sozialer Kompetenzen in der Personalentwicklung. Exemplarisch werden drei Instrumente beschrieben, die der Selbst- und/oder Fremdbeurteilung sozialer Kompetenzen dienen: das *Inventar sozialer Kompetenzen*, die *smk-Reihe* und das *Kasseler Kompetenzraster*.

Das *Inventar sozialer Kompetenzen ISK* von Kanning (2009) richtet sich an Personen ab dem Alter von 16 Jahren und ist für den Einsatz in der Personalauswahl, Personalentwicklung, Berufsberatung, der allgemeinen Persönlichkeitsdiagnostik und Forschung zugeschnitten. Die Durchführung kann einzeln oder in Gruppen erfolgen.

Das ISK ist ein mehrdimensionales Selbstbeurteilungsinstrument, mit dem „situationsübergreifende" (allgemeine) soziale Kompetenzen erfasst werden, die in einer Vielzahl sozialer Situationen wirken und als Bestandteil der Persönlichkeit eines Menschen zu betrachten sind.

In einer Langform umfasst das Verfahren 108 Items (ISK), die Kurzform ISK-K nur 33 Items. Das ISK erfasst vier Hauptdimensionen allgemeiner sozialer Kompetenzen:

- *Soziale Orientierung* (Prosozialität, Perspektivenübernahme, Wertepluralismus, Kompromissbereitschaft, Zuhören),
- *Offensivität* (Durchsetzungsfähigkeit, Konfliktbereitschaft, Extraversion, Entscheidungsfreudigkeit),
- *Selbststeuerung* (Selbstkontrolle, emotionale Stabilität, Handlungsflexibilität, Internalität) und
- *Reflexibilität* (Selbstdarstellung, direkte Selbstaufmerksamkeit, indirekte Selbstaufmerksamkeit, Personenwahrnehmung).

Das Verfahren wurde an 4208 Personen normiert. Es liegen die Standardwerte, Prozentränge und Stanine-Werte für Studierende, Schüler, Auszubildende, Berufstätige und die Gesamtstichprobe (jeweils getrennt für Männer und Frauen) vor.

Die Konsistenzkoeffizienten variieren für die Dimensionen zwischen 0,69 und 0,90 (Langform) sowie 0,69 und 0,75 (Kurzform). Die Retestwerte (bei einem Abstand von etwa vier Monaten) variieren zwischen 0,80 bzw. 0,87 für die Langform und 0,80 und 0,86 für die Kurzform. Die Überprüfung der Validität mittels konfirmatorischer Faktorenanalyse ergab eine Struktur mit vier Faktoren. Kanning hat 19 Validierungsstudien durchgeführt, die signifikante Zusammenhänge des ISK mit Persönlichkeitsskalen wie den „Big Five", aber auch mit Selbstwirksamkeit, Selbstsicherheit, sozialer Integration, Netzwerkbildung u. a. zeigen.

Die *smk-Reihe* (smk^{Ist}, smk^{Fremd}, $smkS^{oll}$) wurde von Frey und Balzer (z. B. Frey und Balzer 2003) zur Diagnose von sozialen und methodischen Kompetenzen für den Aus- und Weiterbildungssektor sowie für die Personalentwicklung entwickelt. Der einfach zu handhabende Diagnosebogen bietet Lehrkräften, Ausbildern, Dozenten, Führungskräften und Personalentwicklern ein Instrument für die *Selbst- und Fremdbeurteilung* von Personen, um Aus- und Weiterbildungsmaßnahmen zu evaluieren sowie Kompetenzmuster über potentielle Mitarbeiter im Rahmen von Personalauswahlverfahren zu kreieren.

Die Sozialkompetenz wird durch 7 Dimensionen strukturiert: Selbstständigkeit, Kooperations-/Teamfähigkeit, soziale Verantwortung, Konfliktfähigkeit, Kommunikationsfähigkeit, situationsgerechtes Auftreten und Führungsfähigkeit.

Die smk-Reihe wurde bisher an einer Stichprobe von 8590 Personen (davon 6341 Lernende aus der kaufmännischen Grundbildung und 2249 Lernende aus der technischen Grundbildung) getestet. Die interne Konsistenz für die Skalen

Selbstständigkeit, Kooperations-/Teamfähigkeit und Konfliktfähigkeit variiert zwischen 0,74 bis 0,84. Die Validität wurde über Expertenurteile geprüft, die hohe Übereinstimmungen aufwiesen.

Das *Kasseler Kompetenzraster* (KKR; Kauffeld 2000) zur Messung der beruflichen Handlungskompetenz ist ein Beobachtungsverfahren, das auf die Fremdbeurteilung von Fach-, Methoden-, Sozial- und Selbstkompetenz von Mitarbeitern bei der Bewältigung von Optimierungsaufgaben in Gruppen zielt. Bei der Sozialkompetenz liegt der Fokus des KKR auf den Interaktionen. Die Verfasser des KKR weisen nachdrücklich darauf hin, dass das Verfahren nicht für die Personalauswahl geeignet ist. Vielmehr geht es darum, Schwächen und Stärken der Mitarbeiter zu erkennen, um gegebenenfalls gezielte Kompetenzentwicklungsmaßnahmen ergreifen zu können (Kauffeld et al. 2000).

Das KKR wird für die Analyse von Gruppenarbeit eingesetzt. Eine Gruppe (bis zu 7 Personen) hat eine reale Optimierungsaufgabe zu bearbeiten und wird dabei vom Untersucher begleitend beobachtet. Zusätzlich wird die Gruppenarbeit per Video aufgezeichnet. Die Analyse der Interaktionen innerhalb der Gruppe erfolgt auf der Basis von 45 Beobachtungskriterien. Dabei werden die Anzahl der Kriterien im Verlauf einer ca. 60-minütigen Gruppendiskussion ausgezählt. Das KKR wurde an einer Stichprobe von über 100 Gruppen aus 20 verschiedenen Unternehmen normiert. Die Reliabilität wurde unter Verwendung der Interraterreliabilität geprüft: Cohens Kappa liegt für geübte Anwender bei 0,90. Die Validität des Verfahrens wurde u. a. über Kontrastgruppenvergleiche geprüft. Aufgrund dieser psychometrischen Qualität kann das KKR als ein geeignetes Instrument für die Analyse des Interaktionsgeschehens bei Gruppenarbeit beurteilt werden.

Da soziale Kompetenzen stets in konkreten Handlungsbereichen zum Ausdruck gelangen, ist es nicht einfach, von der Bereichsspezifizität zu abstrahieren und tatsächlich situations- und kontextübergreifende Kompetenzen zu finden. Auch die soeben skizzierten Verfahren werden in einem spezifischen Bereich, dem der Personalentwicklung, angewandt, aber in diesem Rahmen zielen sie auf die Erfassung allgemeiner sozialer Kompetenzen.

Ein sehr gutes Beispiel für die Erfassung allgemeiner sozialer Kompetenzen bietet die Diagnose sozialer Phobien, auch wenn hierbei die psychotherapeutische Relevanz im Vordergrund steht (Ambühl et al. 2001; Tuschen-Caffier et al. 2009). Sollte es aber stimmen, dass, wie z. B. die *WAZ* am 15.10.2012 meldete, jeder zehnte Jugendliche unter einer sozialen Phobie leidet, wird daraus ein entwicklungspädagogisches Problem.

Soziale Phobien

Soziale Phobien sind soziale Angststörungen, d. h. ausgeprägte Ängste, in sozialen Situationen im Zentrum der Aufmerksamkeit zu stehen und sich dabei peinlich zu verhalten. Umfassendere soziale Phobien sind üblicherweise mit niedrigem Selbstwertgefühl und Furcht vor Kritik verbunden. Die Gesundheitsberichterstattung des Bundes (Wittchen und Jacobi 2004) geht davon aus, dass 14 % der Bundesbürger zwischen 18 und 65 Jahren die internationalen Diagnosekriterien für eine Angststörung erfüllen (darunter deutlich mehr Frauen als Männer). Soziale Phobien können sich in ihrer Ausprägung sehr stark unterscheiden, gelten aber grundsätzlich als therapiebedürftig.

Die pädagogische Relevanz der sozialen Phobie wird unmittelbar deutlich, wenn soziale Angststörungen bewirken, dass gesellschaftliche Zusammenkünfte gemieden werden, weil befürchtet wird, die Erwartungen anderer nicht erfüllen oder auf Ablehnung stoßen zu können. Soziale Angst ist nicht mit sozialen Defiziten gleichzusetzen, obwohl sie aus solchen entstanden sein kann oder sie auch bewirken kann (Tuschen-Caffier et al. 2009). Da im Allgemeinen der Übergang von Schüchternheit zur sozialen Phobie schwer zu bestimmen ist, bedarf es geeigneter Messverfahren, soziale Angststörungen zweifelsfrei zu diagnostizieren.

Während es in Nordamerika zahlreiche Ergebungsinstrumente zur Selbstbeurteilung sozialer Phobie gibt (z. B. Social Phopia Scale, Social Phopia Inventory SPIN, Social Performance Rating Scale), existieren für den deutschen Sprachraum nur wenige Messinstrumente. Eines dieser Instrumente ist der *Fragebogen zu sozialer Angst und sozialen Kompetenzdefiziten SASKO* von Kolbeck und Maß (2009), der sich an Erwachsene ab 18 Jahren richtet und soziale Ängste und soziale Defizite unabhängig voneinander als zwei verschiedene Störungskomponenten erfasst. SASKO weist sehr gute psychometrische Kennwerte auf und kann als ausgesprochen reliables und valides Instrument betrachtet werden.

Im Hinblick auf die Erfassung sozialer Ängste bei Kindern und Jugendlichen können wir auf zwei Verfahren verweisen, die sich ebenfalls durch ihre psychometrische Qualität auszeichnen. Das erste Verfahren ist das ins Deutsche übersetzte *Sozialphobie- und -angstinventar für Kinder SPAIK* (Melfsen et al. 2001), das sich speziell am Störungsbild der sozialen Phobie orientiert und bei Kindern ab 8 Jahren einsetzbar ist.

Das zweite Verfahren, auf das wir explizit hinweisen wollen, ist der *Phobiefragebogen für Kinder und Jugendliche PHOKI* von Döpfner et al. (2006), der ein reliables und valides Verfahren zur Untersuchung sozialer Angststörungen bei Kindern und Jugendlichen im Alter von 8 bis 18 Jahren darstellt.

Beispielaufgabe zur Messung sozialer Angst

Manche Menschen haben eine solche unbegründet starke Angst davor, etwas in Gegenwart anderer Menschen zu tun, dass sie solche Situationen meiden oder sie nur unter großer Angst durchstehen.
Hatten Sie jemals solch starke Ängste,

	Ja	Nein
vor anderen Ihnen bekannten Personen zu sprechen?	☐	☐
auf die Toilette gehen zu müssen (Restaurant, Kino)?	☐	☐
in der Öffentlichkeit zu essen oder zu trinken?	☐	☐
mit anderen zu sprechen, weil Sie möglicherweise nichts zu sagen hätten oder „Unsinn" von sich geben könnten?	☐	☐
zu schreiben, wenn Ihnen jemand zuschaut?	☐	☐
vor einer kleinen Gruppe Menschen zu sprechen?	☐	☐

Das geradezu klassische Gegenteil zur sozialen Phobie ist die *Durchsetzungsfähigkeit* von Personen in sozialen Kontexten. Durchsetzungsfreudige und -fähige Personen scheuen sich nicht, laut zu sprechen, ihre Gefühle zu zeigen oder in Gruppen Initiativen zu ergreifen (Gass und Seiter 2003). Durchsetzungsfähigkeit ist dabei jedoch nicht mit *richtungsweisender Dominanz* gleichzusetzen, die darauf zielt, eine Einzelperson oder eine ganze Gruppe (z. B. die Familie) in einer solchen Weise zu beeinflussen, dass sie motiviert wird, Verhaltensänderungen vorzunehmen, um ein Ziel zu erreichen. Wenn beispielsweise ein Therapeut oder Beratungslehrer in einer Beratungssituation die Initiative ergreift, Grenzen setzt, die Sitzung strukturiert, die eigenen Empfehlungen verteidigt und die Position des Experten hervorkehrt, um Fortschritte zu erzielen, kann dies je nachdem, wie stark der Einfluss auf andere geltend gemacht wird, Ausdruck einer richtungsweisenden Dominanz oder bloß der Durchsetzungsfähigkeit sein (vgl. Kottler und Brown 2000). Nach Lorr und More (1980) ist die richtungsweisende Dominanz nur eine von vier Dimensionen der Durchsetzungsfähigkeit; die anderen sind *soziale Durchsetzungsfähigkeit* (im Sinne von Teamkompetenz), *Verteidigung eigener Interessen* und *Unabhängigkeit*. Diese vier Dimensionen der Durchsetzungsfähigkeit sind weitgehend unabhängig von Aggressivität (Feindseligkeit) und sozialer Erwünschtheit (vgl. dazu auch Bakker et al. 1978), korrelieren aber positiv mit dem Selbstwertgefühl.

Im dargestellten Inventar sozialer Kompetenzen (ISK) von Kanning (2009) ist die Durchsetzungsfähigkeit eine zentrale Komponente der *Offensivität,* die eine der vier Hauptdimensionen der allgemeinen sozialen Kompetenz konstituiert. Von der Annahme, dass Durchsetzungsfähigkeit ein allgemeines, d. h. bereichs- und situationsübergreifendes Merkmal der sozialen Kompetenz ist, sind in der Vergangenheit zahlreiche Untersuchungen ausgegangen. Exemplarisch können Untersuchungen zur Bedeutung von Durchsetzungsfähigkeit als Komponente von Führung (Ames 2009), als Komponente der Kommunikation (Singhal und Nagao 1993) oder auch als Gegenmittel zu Suchtmittelmissbrauch (Wills et al. 1989) genannt werden.

In der Organisationspsychologie wird die Durchsetzungsfähigkeit im Zusammenhang mit Teamarbeit untersucht. Dazu stellen Jentsch und Smith-Jentsch (2009) fest, dass Durchsetzungsfähigkeit eine starke Einstellungskomponente aufweist. Üblicherweise stellen Personen mehr Durchsetzungsfähigkeit unter Beweis, wenn sie sich in Situationen befinden, die Rollenspiele erfordern, als wenn sie sich in „natürlichen" und ungekünstelten Situationen befinden. Laut Jentsch und Smith-Jentsch weisen zahlreiche Studien darauf hin, dass Personen ihre Durchsetzungsfähigkeit gleichsam von einer Situation zur anderen „ausschalten". Daraus folgern sie, dass die Durchsetzungsfähigkeit in hohem Maße situationsspezifisch ist. Diesem Argument sind wir weiter oben auch schon bei Kanning (2005) begegnet. Gestützt wird das Argument auch dadurch, dass soziale Durchsetzungsfähigkeit, sieht man einmal vom ISK ab, überwiegend bereichsspezifisch gemessen wird.

4.5.3.2 Pädagogische Diagnose bereichsspezifischer sozialer Kompetenzen

In diesem Kapitel werden wir uns mit der pädagogischen Diagnose sozialer Kompetenzen in den Handlungsfeldern Elternhaus (Familie) und Schule befassen. Zuvor wollen wir aber kurz auf ein Instrument eingehen, das ursprünglich für den Hochschulbereich entwickelt wurde, aber in der Folgezeit auch in anderen Bereichen angewendet wurde: die Skala *Rathus Assertiveness Schedule* RAS (Rathus 1973), die vermutlich das meistangewandte Verfahren zur Messung von Durchsetzungsfähigkeit in sozialen Kontexten ist.

Dieses Verfahren bietet erwachsenen Testpersonen (Studenten) 30 Items, die soziale Situationen ansprechen, die von der Testperson dahingehend zu beurteilen sind, in welchem Ausmaß die Aussagen für die eigene Person zutreffen. Rathus (1973) prüfte die psychometrischen Kriterien an einer Stichprobe von 68 Studierenden im Alter von 17 bis 27 Jahren und berichtete eine Testhalbierungsreliabilität von 0,77 und eine Retestreliabilität (nach acht Wochen) von 0,78. Hinsichtlich der Validität stellt Rathus fest, dass der RAS nicht durch soziale Erwünschtheit beeinflusst wird. Die kleine Stichprobe der Originaluntersuchung veranlasste andere Forscher, zusätzliche Untersuchungen zur Standardisierung des RAS durchzuführen (z. B. Kearney et al. 1984; McCormick et al. 1984; Nesbit 1979; Quillin et al. 1977). Insgesamt bestätigen diese Validierungsstudien die psychometrische Qualität des RAS.

Der RAS – ursprünglich für den Bereich der Hochschule entwickelt – ist im klinischen Bereich zu einem der beliebtesten Verfahren zur Messung der Durchsetzungsfähigkeit (z. B. von Krankenpflegern, Therapeuten und auch Patienten) avanciert (vgl. z. B. Arslan et al. 2013; Jenerette und Dixon 2010; Powell und Newgent 2011). Außerdem wurde er auch mit Erfolg an die Zielgruppe junger Erwachsener (Del Greco et al. 1981, 1986) und Schulkinder (Jacennik 2005) angepasst, aber nicht ins Deutsche übersetzt, was auch für die *Assertiveness Scale for Adolescents* von Lee et al. (1985) gilt.

▪ Diagnose sozialer Kompetenzen von Kindern und Eltern

Um es vorwegzuschicken: Die Diagnose sozialer Kompetenzen von Kindern und Jugendlichen ist nicht nur in pädagogischer Hinsicht relevant, sondern insbesondere auch in klinisch-therapeutischer Hinsicht, wobei hier der Fokus auf sozial abweichendem Verhalten und Verhaltensstörungen liegt. Zwei Verfahren sind zu nennen: Das SASB-Modell und das Mannheimer Elterninterview.

Die *Strukturale Analyse Sozialen Verhaltens* (SASB) von Benjamin (1974) ist ein Modell, das zur Erfassung sozialer Interaktionen entwickelt wurde. Das SASB-Modell und die beiden Fragebogenversionen INTREX (Tscheulin und Glossner 2002) finden Anwendung in der Therapieprozessforschung, in Einzel- und Gruppensupervisionen, in der Evaluation der Prozess- und Erfolgsqualität, in der systematischen Beschreibung von Persönlichkeitsstörungen sowie in der psychotherapeutischen Weiterbildung.

Das Mannheimer Elterninterview (MEI; Esser et al. 1989) ist ein strukturiertes, standardisiertes Interview, das von Kinder- und Jugendtherapeuten, Kinderärzten und Psychologen sowie Beratungslehrern, Schulpsychologen und Sozialarbeitern verwendet werden kann, um bei Kindern und Jugendlichen im Alter von 6 bis 16 Jahren behandlungsbedürftige psychische Störungen zu ermitteln. Unter anderem fokussiert das MEI auf die Erhebung soziofamiliärer Bedingungen. Beide Verfahren, SASB und MEI, setzen geschulte Diagnostiker voraus. Das ist bei den im Folgenden beschriebenen Standardverfahren nicht erforderlich.

Der *Elternfragebogen über das Verhalten von Kindern und Jugendlichen* (CBCL/4-18) ist die deutsche Adaption der Child Behavior Checklist in der Version für Kinder und Jugendliche im Alter von 4 bis 18 Jahren und erfasst die Einschätzungen von Eltern hinsichtlich der Kompetenzen und Probleme ihrer Kinder (Arbeitsgruppe Kinder-, Jugend- und Familiendiagnostik 1998). Der Fragebogen umfasst 3 Kompetenzskalen (Aktivität, soziale Kompetenz und Schule) und 8 übergreifende Syndrome (sozialer Rückzug, körperliche Beschwerden, Angst/Depressivität, soziale Probleme, schizoid/zwanghaft, Aufmerksamkeitsstörung, dissoziales Verhalten, aggressives Verhalten).

Die Normierung für den deutschen Sprachraum erfolgte anhand einer repräsentativen Stichprobe von annähernd 2900 Kindern und Jugendlichen. Die Reliabilität wurde weitgehend bestätigt; die Werte für die internen Konsistenzen sind durchgängig größer als 0,85; die Validität wurde mittels einer konfirmatorischen Faktorenanalyse bestätigt.

Besonders hervorzuheben ist, dass die Arbeitsgruppe parallel zu dem Elternfragenbogen auch einen gleichartig aufgebauten Lehrerfragebogen über das Verhalten von Kindern und Jugendlichen sowie einen Fragebogen für Jugendliche entwickelt hat, was eine Erfassung von sozialen Kompetenzen und Verhaltensauffälligkeiten aus mehreren Perspektiven ermöglicht (Arbeitsgruppe Kinder-, Jugend- und Familiendiagnostik 1994). Der Lehrerfragebogen (TRF) bezieht sich auf 93 Probleme, die auch im Elternfragebogen (CBCL) erfragt werden, enthält jedoch zusätzlich weitere 27 Fragen, die direkt auf die Schulsituation und das Lehrer-Schüler-Verhältnis bezogen sind. Der TRF erfüllt in überzeugender Weise die Kriterien der Reliabilität und Validität. Das trifft auch für den YSR-Fragebogen für Jugendliche zu.

Der *Fragebogen zur Erfassung praktischer und sozialer Selbstständigkeit* (FPSS) von Duhm und Huss (1979) zielt im Rahmen der allgemeinen Entwicklungsdiagnostik auf die Erhebung des praktischen und sozialen Entwicklungsstandes von Vorschulkindern. Das Inventar enthält einen Elternfragebogen und einen Fragebogen für Erzieher im Kindergarten. Erfragt werden Fähigkeiten im Bereich der praktischen Selbstständigkeit und im Bereich der sozialen Selbstständigkeit (z. B. Kontakte zu anderen Menschen, Bewältigen schwieriger Situationen, Spiel mit anderen Kindern, Verhalten außer Haus). Fakorenanalytisch konnten 7 unabhängige Faktoren ermittelt werden, die sich jeweiligs der Kategorie der praktischen oder der sozialen Selbstständigkeit zuordnen ließen. Da die Fragebogen nicht mehr erhältlich sind, erübrigt es sich, auf die psychometrische Qualität näher einzugehen.

Der *Familien- und Kindergarten-Interaktions-Test* (FIT-KIT) von Sturzbrecher und Freytag (2000) ist ein spielbasierter interaktionsdiagnostischer Test für Einzelfalluntersuchungen. Zielgruppe sind Kinder im Alter von 4 bis 8 Jahren. Der Test umfasst Subskalen zum Sozialverhalten der Kinder in Problem-, Kooperations- und Konfliktsituationen. Darüber hinaus erfasst er auch typische Verhaltensdimensionen der Erziehungspersonen (Eltern und pädagogisches Personal in Kindergärten) und ermöglicht deshalb die Darstellung von Interaktionsprofilen. Der FIT-KIT erfüllt dabei für alle auf die Verhaltensdimensionen bezogenen Subskalen das Kriterium der Reliabilität, da die Werte für die interne Konsistenz zwischen 0,54 und 0,83 variieren und die Stabilitätskoeffizienten zwischen 0,32 bis 0,69.

Der *Fragebogen zu Stärken und Schwächen* (SDQ-Deu) ist die deutsche Version eines von Goodman (1997) entwickelten Fragebogens (Strengths and Difficulties Questionnaire) zur Erfassung von Verhaltensauffälligkeiten und -stärken bei Kindern und Jugendlichen im Alter von 4 bis 16 Jahren (Klasen et al. 2003). Neben einer Elternversion (SDQ-Deu-E) existieren Parallelversionen für die Selbstbeurteilung von Jugendlichen (SDQ-Deu-J) und die Fremdbeurteilung durch Lehrer (SDQ-Deu-L). Der SDQ fokussiert auf emotionale Probleme, Hyperaktivität/Aufmerksamkeitsprobleme, Probleme im Umgang mit Gleichaltrigen, Verhaltensauffälligkeiten und prosoziales Verhalten. Erste Validierungs- und Normierungsbefunde weisen für die deutsche Version auf zufriedenstellende interne Konsistenzen für die verschiedenen Subskalen hin (zwischen 0,58 und 0,82).

Für die deutsche Version des SDQ (Klasen et al. 2003) lagen die internen Konsistenzen (Cronbachs α) für die einzelnen Subskalen bei 0,66 (emotionale Probleme), 0,60 (Verhaltensauffälligkeiten), 0,76 (Hyperaktivität), 0,58 (Probleme mit Gleichaltrigen), 0,68 (prosoziales Verhalten) sowie 0,82 für den Gesamtproblemwert. Die Konstruktvalidität wurde mittels Faktorenanalyse geprüft, deren Ergebnisse in verschiedenen Studien repliziert werden konnten (vgl. Wörner et al. 2004), und kann als gesichert gelten.

Kinder bezeichnet man als sozial kompetent, wenn sie auf andere Personen eingehen, deren Standpunkte nachvollziehen und mit ihnen kooperieren können.

Eltern sind als sozial kompetent zu bezeichnen, wenn sie auf ihre Kinder eingehen, deren Standpunkte nachvollziehen und mit ihnen kooperieren können. Dementsprechend zielt der *Alabama Parenting Questionnaire*, der eine Eltern- und eine Kind-Version umfasst, auf die Messung von fünf elterlichen Verhaltensweisen:

1. Anteilnahme an den Kindern,
2. Aufsicht und Beobachtung,
3. Anwendung positiver Disziplinierungsmaßnahmen,
4. Konsistenz in deren Anwendung und
5. Einsatz körperlicher Strafen.

Eine deutsche erweiterte Version dieses Fragebogens wurde von Reichle und Franiek (2009) für Eltern von Grundschulkindern entwickelt. Eine erste Normierung erfolgte an einer Stichprobe von mehr als 300 Eltern mit einem mehr als zufriedenstellenden Ergebnis. Hinsichtlich der Reliabilität liegen die Stabilitätskoeffizienten (bei einem Abstand von sechs Monaten zwischen den Messungen) zwischen 0,57 und 0,77. Hinsichtlich der Validierung zeigten sich die erwarteten Zusammenhänge, insofern inkonsistentes Erziehungsverhalten, geringe Kontrolle, körperliche Strafen und Machtdurchsetzung mit oppositionell-aggressivem Verhalten, Hyperaktivität und negativen Emotionen der Kinder korrelierte, während ein positives Elternverhalten mit positiven Verhaltensweisen korrelierte. Bei extrem negativen oder extrem positiven Verhaltensweisen der Eltern wird eine Tendenz sozialer Erwünschtheit erkennbar.

Wir haben in ► Abschn. 4.4.2 herausgestellt, dass Eltern bei der Erziehung ihrer Kinder oft so verfahren, wie ihre eigenen Eltern es getan haben. Diesem Erziehungsverhalten geht der von Schumacher et al. (2000) entwickelte Fragebogen nach. Der *Fragebogen zum erinnerten elterlichen Erziehungsverhalten* (FEE) umfasst drei, jeweils für Mütter und Väter getrennte Skalen: *Ablehnung und Strafe, Emotionale Wärme sowie Kontrolle und Überbehütung* (jeweils acht Items). Die Normierung erfolgte an einer Gesamtstichprobe von 2871 Einwohnern der alten und neuen Bundesländer, wobei die Altersspanne von 18 bis 92 Jahre reichte. Die interne Konsistenz der Skalen liegt zwischen $\alpha = 0{,}72$ und $\alpha = 0{,}89$ und die Testhalbierungsreliabilität zwischen $r = 0{,}70$ und $r = 0{,}88$. Die Validität des FEE wurde durch Faktorenanalysen und Korrelationen mit Persönlichkeitsskalen bestätigt.

Anna: „Erinnerst du dich noch an Caro?"

Jakob: „Klar doch. Die ist doch jetzt Deutschlehrerin an der Goethe-Schule."

Anna: „Ja, und gestern hatte sie Elternabend, der ihr durch ein paar schwierige Eltern gründlich verdorben wurde."

Jakob: „So? Ich dachte, dass es nur schwierige Kinder gibt. Jetzt sind auch schon die Eltern schwierig. Na so was aber auch (lacht)."

Anna: „Im Ernst, die Caro war ziemlich sauer und hat sich bitter über ein paar Besserwisser und Nörgler aufgeregt, die selbst gute Ideen anderer Eltern einfach abgekanzelt haben. Da war die Atmosphäre schon bald im Eimer, und Caro hat auch nicht gewusst, wie sie das in den Griff bekommen konnte."

Jakob: „Oje, arme Caro."

Manche Eltern erweisen sich nicht nur aus der Sicht von Lehrpersonen als schwierig, sondern auch aus der Sicht ihrer Kinder, die das Erziehungsverhalten der Eltern als problematisch erleben. Um Hinweise auf problematisches Erziehungsverhalten der Mutter, des Vaters oder beider Eltern zu erhalten, haben Krohne und Pulsack (1995) ein *Erziehungsstil-Inventar* für Eltern entwickelt. Es dient primär der Feststellung von Ursachen angstbedingter Verhaltensprobleme von Kindern und wird als Grundlage für Elterntraining und -beratung genutzt. Das ESI richtet sich an Eltern von Kindern im Alter von 8 bis 16 Jahre und umfasst eine Mutter- (M) und einer Vaterversion (V). Der erste Teil dient der Erfassung der Erziehungsstile *Unterstützung, Einschränkung, Lob, Tadel und Inkonsistenz.* Der zweite Teil erfasst die *elterliche Strafintensität.* Für die genannten Jahrgänge der Kinder liegen alters- und geschlechtsspezifische Normen vor. Die interne Konsistenz der Strafintensitätsskala liegt zwischen $\alpha = 0{,}65$ und $\alpha = 0{,}71$, die der übrigen fünf Skalen zwischen $\alpha = 0{,}77$ und $\alpha = 0{,}92$. Die Werte für die Retestreliabilität (bei einem Zeitabstand von drei Wochen) liegen zwischen $r_{tt} = 0{,}51$ und $r_{tt} = 0{,}72$. Krohne und Pulsack haben die Validität des ESI auf unterschiedliche Weise geprüft, vor allem durch die Beziehungen des ESI zu äußeren Kriterien wie der Schulleistung, sozialen Kompetenz, Aggression und Extraversion.

■ Diagnose sozialer Kompetenzen von Schülern und Lehrpersonen

Für die schulbezogene Diagnose der sozialen Kompetenz der Handlungsträger liegen relativ viele Erhebungs- bzw. Messinstrumente vor, von denen aber ein Teil im Rahmen von Forschungsprojekten entwickelt und bislang keiner Normierung unterzogen worden ist. Ein Beispiel hierfür bietet das Projekt *Training Soziale Kompetenz* für die Grundschule, in dem u. a. ein Fragebogen zu sozialen Konflikten für Lehrer (TSK-G 28) und ein Fragebogen zu sozialen Konflikten für Schüler (SK) entwickelt wurde, die beide in zufriedenstellender Weise den Kriterien der Reliabilität und Validität entsprechen (Buchwald 2004).

Gleiches lässt sich auch für einen Fragebogen zur Erfassung sozialer Kompetenzen bei Kindern und Jugendlichen feststellen, der von Jurkowski und Hänze (2010) im Kontext von Untersuchungen zu unterschiedlich gestalteten Bedingungen von Gruppenunterricht entwickelt wurde. In einem kürzlich veröffentlichten Beitrag in der Zeitschrift *Diagnostica* berichten Jurkowski und Hänze (2014) detailliert über Ergebnisse einer Validierung des Fragebogens. An der Untersuchung nahmen 684 Schüler im Alter von 12 bis 17 Jahren teil. Eine Kreuzvalidierung der Faktorenstruktur führte zur Unterscheidung von sechs Skalen sozialer Kompetenzen, die gute bis zufriedenstellende Reliabilitätsindizes zeigten: *soziale Orientierung, soziale Initiative, Selbstkontrolle, Emotionsregulation, Personenwahrnehmung* und *Selbstaufmerksamkeit.* Der Fragebogen wurde anhand der Einschätzungen sozialer Kompetenzen durch die Lehrpersonen, die Selbsteinschätzung des sozialen Status durch die Schülerinnen und Schüler sowie durch Zusammenhänge mit Persönlichkeitseigenschaften, sozialer Erwünschtheit und kognitiven Fähigkeiten validiert. Im Ergebnis konnten Korrelationen der verschiedenen Skalen sozialer Kompetenzen mit Extraversion, Schüchternheit, sozialem Engagement und Aggressionsbereitschaft festgestellt werden, während kein Zusammenhang mit kognitiven Fähigkeiten zu beobachten war. *Soziale Orientierung* und *Selbstkontrolle* unterlagen tendenziell dem Einfluss der sozialen Erwünschtheit.

Während der Fragebogen von Jurkowski und Hänze ein relativ weites Spektrum sozialer Kompetenzen abdeckt, konzentriert sich die Skalenentwicklung des Instituts für Wirtschaftspädagogik der Universität St. Gallen auf die Situationstypen *Konfliktklärungsgespräche führen* und *im Rahmen von schulischen Gruppenarbeiten erfolgreich kooperieren* (Bauer-Klebl und Gomez 2005). Für beide Situationstypen wurden Selbsteinschätzungsverfahren entwickelt: der Fragebogen *KOGEF_fs* für den ersten Situationstyp und der Fragebogen *SGA_fs* für den zweiten Situationstyp. Der erste Fragebogen enthält 36 Items, die sich auf das Handeln in Konfliktgesprächen beziehen und 5 Komponenten thematisieren: Schwieriges Artikulieren, einen kooperativen Konfliktstil zeigen, mit Lösungslosigkeit umgehen, ein Gespräch strukturieren und sequenzieren, ein Gespräch vorbereiten und nachbereiten. Der Fragebogen *SGA_fs* beinhaltet 34 Aussagen zum Handeln in Gruppenarbeit, die auf dem Ansatz der Themenzentrierten Interaktion beruhen. Inhaltlich werden Zuverlässigkeit, Arbeits- und Zeitplanung, respektvoller Umgang, gezielter Leistungsbeitrag des Einzelnen, Potentialabschätzung und Metakommunikation thematisiert. Ausführliche Beschreibungen der verschiedenen Skalen von *KOGEF* sind bei Keller et al. (2006) zu finden, zu SGA bei Walzik et al. (2006). Bisherige Untersuchungen belegen ein durchschnittlich hohes Maß an innerer Konsistenz der Fragebögen: Für den KOGEF werden α-Koeffizienten zwischen 0,79 und 0,88 angegeben, für SGA zwischen 0,68 und 0,88.

Wenn es um soziale Kompetenzen von Schülerinnen und Schülern geht, die sich bei Gruppenarbeit im Unterricht positiv oder negativ auswirken können, ist der *Fragebogen Kooperation und Wettbewerb für 4. bis 8. Klassen* (FKW 4-8) von Littig und Saldern (1989) zu erwähnen. Die beiden Dimensionen Kooperation und Wettbewerb unterteilen sich in die Subskalen *kollektivistische Orientierung und altruistische Orientierung* für die Dimension Kooperation und in die Subskalen *individualistische, rivalisierende Orientierung, feindliche und defensive Orientierung* für den Wettbewerb. Damit liefert der FKW ein hinsichtlich der Reliabilität und Validität geprüftes Instrument für die Feststellung von Kooperations- und Wettbewerbsbereitschaft bei Schülern als Voraussetzungen gelingender Gruppenarbeit im Unterricht.

Prosoziales Handeln und Empathie, aber auch Aggressionsbereitschaft und aggressives Verhalten sind die inhaltlichen Schwerpunkte des Fragebogens *FEPAA* von Lukesch (2000), der sich an Schülerinnen und Schüler der 6. bis 10. Klassenstufe, also zwölf- bis sechzehnjährige Jugendliche richtet. Die Skalen des FEPAA enthalten Items, die Situationen mit Handlungsalternativen beschreiben, unter denen die Testperson auszuwählen hat (Fragebogenform A). Diese Items erfassen Empathie und Aggressionsbereitschaft, während andere Items der Selbstbeschreibung von prosozialem vs. aggressivem Verhalten dienen (Fragebogenform B). Die Normierung erfolgte an einer Stichprobe von mehr als 3000 Schülerinnen bzw. Schülern aus 112 bayerischen Schulklassen verschiedener Schularten und -stufen. Für beide Fragebogenformen variierten die α-Koeffizienten zwischen 0,61 (Empathie) und 0,79 (Aggressionsbereitschaft) bzw. zwischen 0,57 (Prosozialität) und 0,77 (Aggression). Laut Lukesch ist die inhaltliche und Konstruktvalidität des FEPAA gewährleistet, und auch deutliche Geschlechtsunterschiede belegen nach seiner Ansicht die empirische Validität des Verfahrens.

Wer ausschließlich an der Messung aggressiven Verhaltens von Schülerinnen und Schülern im Alter von 9 bis 12 Jahren interessiert ist, kann auch auf *BASYS*, das Beobachtungssystem zur Analyse aggressiven Verhaltens in schulischen Settings, von Wettstein (2008) zurückgreifen. BASYS enthält eine Version für Lehrkräfte und eine erweiterte Version für Fremdbeobachter; die Lehrerversion BASYS-L wird in teilnehmender Beobachtung während des Unterrichts von der Lehrperson selbst verwendet und erfasst fünf Formen aggressiven Schülerverhaltens sowie eine Form von oppositionellem Verhalten. Laut Wettstein zeichnet sich BASYS durch eine hohe ökologische Validität aus und zeigt eine hohe Übereinstimmung mit dem Erfassungsbogen für aggressives Verhalten in konkreten Situationen (EAS; Petermann und Petermann 2000), auf den wir in ▶ Abschn. 3.7.3 hingewiesen haben.

Eine spezielle Form der teilnehmenden Beobachtung, wie sie bei BASYS-L zugrunde gelegt wird, ist das *diagnostische Soziogramm* als Verfahren der Soziometrie. Es wurde von Moreno in den 1930er Jahren als Methode der empirischen Sozialforschung eingeführt (Moreno 1996), um Beziehungen zwischen Mitgliedern einer Gruppe in einer sogenannten *Soziomatrix* zu erfassen und grafisch darzustellen.

Erstellen eines Soziogramms

Im Vorfeld des Erstellens eines Soziogramms werden im Hinblick auf das interessierende Kriterium Fragen an die Mitglieder einer Gruppe gestellt, um die Einstellungen eines jeden gegenüber jedem anderen zu erheben. In einer Schulklasse kann z. B. gefragt werden: Neben wem möchtest du gerne sitzen? Benannt werden dürfen drei oder vier Schülerinnen oder Schüler. Genauso gut kann gefragt werden: Mit wem möchtest du in einer Gruppe arbeiten? Oder auch: Mit wem möchtest du nicht zusammenarbeiten?

Die Beziehungen zwischen den Mitgliedern einer Gruppe werden in einer sogenannten Soziomatrix eingetragen, auf deren Grundlage ein Soziogramm als grafische Abbildung der Sozialbeziehungen erzeugt wird (vgl. ◘ Abb. 4.54). Das Soziogramm stellt die Beziehungen der Gruppenmitglieder grafisch als Netzwerk dar. Mittels verschiedener Formeln können dann Kennzahlen (z. B. Status eines Einzelnen in der Gruppe, soziales Integrationsmaß) ermittelt werden. Für die Erstellung und Analyse von Soziogrammen gibt es verschiedene Angebote im Internet, z. B. ▶ http://soziogramm-editor.pro.de/ oder ▶ www.freeware.de/download/soziogramm-editor_9826.html.

Soziometrische Befragungen werden in der Regel schriftlich durchgeführt, d. h. unter Aufsicht und Anleitung. Bei der Auswertung lassen sich die sozialen Beziehungen innerhalb von Gruppen untersuchen. So kann geprüft werden, über welche Eigenschaften Personen verfügen, die eine Gruppe bilden. Leicht ist auch feststellbar, ob jemand wie z. B. Person 3 in ◘ Abb. 4.54 isoliert ist.

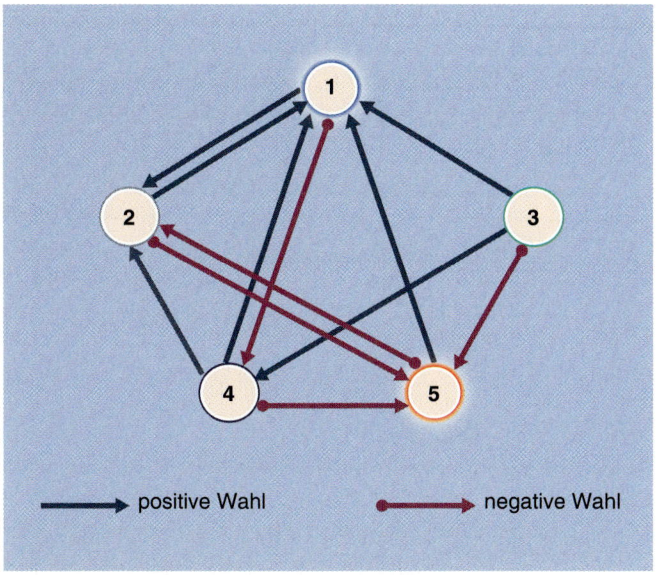

Abb. 4.54 Beispiel eines Soziogramms einer Gruppe

Betrachtet man die abgebildeten Beziehungen, lässt sich leicht feststellen, dass Person 1 die meisten positiven Wahlen der anderen Gruppenmitglieder auf sich zieht. Sie scheint die beliebteste Person in der Gruppe zu sein. Person 5 erhält drei von vier möglichen negativen Wahlen und keine positive Wahl. Sie scheint ein *Außenseiter* zu sein, der von den meisten Gruppenmitgliedern abgelehnt wird. Auch Person 3 scheint ein Außenseiter zu sein, aber im Gegensatz zu 5 erhält sie überhaupt keine Wahl, weder positiv noch negativ. Daraus kann man schließen, dass sie eher ein unbeachteter *Mitläufer* ist. Bei den Personen 2 und 1 dagegen scheint es sich um ein Freundespaar zu handeln. In einem weiteren Analyseschritt können Soziogramme auch verwendet werden, um zu prüfen, über welche Eigenschaften Personen verfügen, die z. B. eine Clique bilden.

Darüber hinaus erlauben Soziogramme auch, die soziale Selbstwahrnehmung einzelner Personen zu ermitteln. Dazu wird in einer Gruppe nach den vermuteten (positiven und negativen) Wahlen gefragt. Daraus lässt sich dann der angenommene und der tatsächliche Status einer Person in der Gruppe ermitteln.

Eine andere Möglichkeit, Gruppenstrukturen zu untersuchen, besteht darin, die Mitglieder der Gruppe zu fragen, wen sie sich aus der Gruppe am ehesten als Leiter, Kollegen oder Mitarbeiter vorstellen können. Dies verdeutlicht, dass Soziogramme ein breites Anwendungsspektrum haben.

In der Pädagogik werden soziometrische Verfahren genutzt, um die Strukturen von Schulklassen oder kleineren Gruppen zu untersuchen. Zu erwarten sind stets unregelmäßige Verteilungen der soziometrischen Wahlen, d. h., in allen sozialen Gruppen existieren gewisse Hierarchien. Ein wesentliches Anliegen von Soziogrammanalysen ist die Konfliktprävention. Die Grenzen der Soziometrie liegen in der Größe der analysierbaren Gruppe und in der objektiven Aussagekraft ihrer Resultate, denn ein Problem liegt darin, dass die Interpretation eines Soziogramms immer eine subjektive Betrachtungsweise des Auswerters ist. Deshalb muss die Soziogrammanalyse in jedem Fall durch weitere Befragungen und Beobachtungen der Gruppen überprüft werden.

Als besonders geeignetes Verfahren bietet sich die *Lehrereinschätzliste für Sozial- und Lernverhalten* (LSL) von Petermann und Petermann (2013) an. Die LSL stellt ein Screening[34] für Lehrkräfte dar, das für einzelne Schüler oder auf Klassenebene eingesetzt werden kann. Es ist für alle Schulformen und Schüler von 6 bis 19 Jahren geeignet. Während im Bereich Lernverhalten Anstrengungsbereitschaft und Ausdauer, Konzentration, Selbstständigkeit und Sorgfalt erfasst wird, geht es im Bereich Sozialverhalten um Kooperation, Selbstwahrnehmung, Selbstkontrolle, Einfühlungsvermögen und Hilfsbereitschaft, angemessene Selbstbehauptung sowie Sozialkontakt. Für diese Bereiche liegt die Reliabilität zwischen $\alpha = 0{,}82$ und $\alpha = 0{,}95$, die Validität wurde faktorenanalytisch belegt. Bemerkenswert ist, dass eine Evaluation der LSL durch Sparfeldt et al. (2012) die von den Autoren der LSL berichteten Gütekriterien überzeugend bestätigt.

Während die LSL neben der Erfassung des Sozialverhaltens den Fokus auf das Lernverhalten richtet, stellt der (bereits in ► Abschn. 3.7.3 skizzierte) *Fragebogen zur Erfassung emotionaler und sozialer Schulerfahrungen von Grundschulkindern dritter und vierter Klassen (FEESS 3–4)* von Rauer und Schuck (2003a) die sozial-emotionale Befindlichkeit von Schülern in den Mittelpunkt der Diagnose. Schwerpunkt ist die Erfassung des fähigkeitsbezogenen Selbstkonzepts und der sozialen Integration in der Klasse, darüber hinaus werden zentrale Aspekte des Schul- und Lernklimas in der Klasse erfasst: das *Wohlbefinden* in der Schule, die Lernfreude, die *Anstrengungsbereitschaft* und das Gefühl des *Angenommenseins* durch die Lehrpersonen.

Das soziale Klima in Schulklassen und im Unterricht war vor ca. 30 bis 40 Jahren ein beliebtes Thema der Erziehungswissenschaft mit der Folge, dass zahlreiche Instrumente zur Erfassung des Klassen- und Unterrichtsklimas entwickelt wurden (z. B. Bessoth 1992; Fraser et al. 1982; Kahl et al. 1977; Saldern und Littig 1987). Zum heute gebräuchlichen Verfahren zur Erfassung des Schul- und Klassenklimas ist der Linzer Fragebogen LFSK 4–8 von Eder und Mayr (2000) avanciert. Der LFSK 4–8 ist ein relativ kurzes Verfahren zur Erfassung der von Schülern subjektiv wahrgenommenen Lernumwelt. Auf Klassenebene erfasst er 14 Elemente des Klimas (u. a. pädagogisches Engagement der Lehrer, Restriktion, Mitsprache, Gerechtigkeit, Vermittlungsqualität, Schülerbeteiligung, Kontrolle der Schülerarbeit), die vier trennbare Dimensionen konstituieren: Sozial- und Leistungsdruck, Schülerzentriertheit, Kohäsion und Disziplin. Auf Schulebene werden zwei Klimabereiche, Wärme und Strenge erfasst, und das individuelle Wohlbefinden in der Schule wird erfragt. Der LFSK gestattet, für einzelne Schüler ein „Klimaprofil" zu kreieren.

34 Unter *Screening* wird ein systematisches Testverfahren verstanden, das eingesetzt wird, um innerhalb eines Prüfbereichs Elemente herauszufiltern, die bestimmte Eigenschaften aufweisen. Die Herausforderung von Screeningverfahren kann damit umschrieben werden, „die Stecknadel im Heuhaufen zu finden".

Tab. 4.32 Die Kategorien der Interaktionsanalyse nach Flanders (1970)

1. Akzeptiert Gefühle Akzeptiert und klärt eine Haltung oder den Gefühlston eines Schülers in nichtbedrohlicher Weise. Gefühle können positiv oder negativ sein. Vorhersagen und Erinnerungen an Gefühle sind in dieser Kategorie enthalten	**4. Stellt Fragen** Das Stellen einer Frage bezüglich Inhalt oder Vorgehen, basierend auf Lehrerideen, mit der Absicht, dass ein Schüler antwortet	**5. Doziert** Gibt Fakten oder Meinungen über Inhalt oder Vorgehen; drückt seine eigenen Ideen aus, gibt seine eigene Erklärung oder beruft sich auf eine andere Autorität als einen Schüler
2. Lobt oder ermutigt Lobt oder ermutigt eine Schüleraktivität oder -verhalten. Witze, die Spannung abbauen, jedoch nicht auf Kosten eines anderen Individuums; Kopfnicken oder Aussagen wie „Hm?" oder „Mach weiter" sind in dieser Kategorie enthalten		**6. Gibt Anweisungen** Anweisungen oder Befehle, von denen erwartet wird, dass sich ein Schüler an sie hält
3. Akzeptiert oder verwendet Schülerideen Klärung, Aufbau oder Weiterentwicklung von Ideen, die von einem Schüler vorgeschlagen wurden. Lehrerseitiges Ausbauen von Schülerideen ist in dieser Kategorie enthalten, aber wenn mehr eigene Lehrerideen eingebracht werden, wechsle zu Kategorie 5		**7. Kritisiert oder rechtfertigt Autorität** Aussagen, deren Ziel es ist, Schülerverhaltensmuster von nichtakzeptabel zu akzeptabel zu ändern; jemandem ernste Vorwürfe machen; sagen, warum der Lehrer das tut, was er tut; extreme Selbstreferenz

8. Schülerrede: Antwort Schülerrede in Antwort auf den Lehrer. Der Lehrer initiiert den Kontakt, erbittet eine Aussage vom Schüler oder strukturiert die Situation. Die Freiheit, eigene Ideen auszudrücken, ist eingeschränkt	**9. Schülerrede: Initiierung** Schülerrede, die von ihnen initiiert wird. Ausdruck eigener Ideen; Anregung eines neuen Themas; Freiheit, Meinungen und einen Argumentationsgang zu entwickeln, z. B. durch das Stellen durchdachter Fragen; die über die existierende Struktur hinausgehen

10. Stille oder Verwirrung Pausen, kurze Zeiträume der Stille und Zeiträume der Verwirrung, in denen die Kommunikation vom Beobachter nicht verstanden wird

Bei entsprechender Aggregierung ergibt sich ein „Klimaprofil" einer Klasse oder der Schule, schließlich ist auch die Bildung eines Klimagesamtwertes möglich. Normiert wurde der LFSK an einer Stichprobe von 3851 Schülerinnen bzw. Schülern der 4. bis 8. Klassenstufe und 181 Schulklassen. Es liegen Normen für die Grundschule und Sekundarstufe I vor. Auf Individualebene variiert die interne Konsistenz der Einzelskalen von $\alpha = 0{,}48$ bis $\alpha = 0{,}72$; für die zusammengefassten Dimensionen von $\alpha = 0{,}64$ bis $\alpha = 0{,}88$. Konsistenzanalysen auf Klassen- bzw. Schulebene erbrachten Werte von $\alpha = 0{,}70$ bis $\alpha = 0{,}99$ für die Einzelskalen bzw. $\alpha = 0{,}81$ bis $\alpha = 0{,}96$ für die zusammengefassten Dimensionen. Das alles lässt auf eine hohe interne Konsistenz des LSFK schließen. Die von Eder und Mayr durchgeführten Prüfungen belegen außerdem auch eine kriterienbezogene und differentielle Validität.

Der LFSK ist eines der wenigen Instrumente zur Erfassung des sozialen Klimas im pädagogischen Handlungsfeld Schule, das die Lehrperson als Handlungsträger miteinbezieht und den Fokus nicht ausschließlich auf die Schüler richtet. Im Allgemeinen steht die Lehrperson nicht im Mittelpunkt der Diagnose sozialer Kompetenzen der Handlungsträger im Unterricht. Das „klassische" Verfahren zur Diagnose des Lehrerverhaltens und der Lehrer-Schüler-Interaktionen ist seit mehr als 40 Jahren die Interaktionsanalyse nach Flanders (1970), das sich auf die sprachlichen Interaktionen im Unterricht konzentriert. *Flanders' Interaction Analysis Categories* (FIAC) wurde für die Analyse von Unterrichtssituationen in der Lehrerausbildung entwickelt. Es geht darum, die sprachlichen Interaktionen minutiös zu erfassen, weshalb sich die Beobachtung im Klassenraum oder die nachträgliche Analyse von Ton- oder Videoaufzeichnungen auf die verbalen Äußerungen der Lehrperson konzentriert: Lob und Tadel, Informationen, Fragen, Aufforderungen, Kritik. Insgesamt werden zehn Kategorien unterschieden; sie sind in Tab. 4.32 aufgeführt. Alle 3 bis 5 Sekunden soll eine Verhaltensweise kategorisiert werden. Bei der Auswertung werden die gesammelten Daten in eine Matrix (mit den Kategorien als Zeilen und den Zeiteinheiten als Spalten) eingetragen, so dass der zeitliche Verlauf des Unterrichtsgeschehens rekonstruiert werden kann. Hat ein Lehrer einen Schüler gelobt, wird dies in der Rubrik „2. lobt oder ermutigt" eingetragen, ergreift der Schüler dann die Initiative, wird dies in der nächsten Zeiteinheit unter „9" notiert; stellt der Lehrer daraufhin eine Frage, wird das unter „4" vermerkt, so dass sich für diesen kleinen Unterrichtsabschnitt die Sequenz 2 – 9 – 4 ergibt.

Bei der Interaktionsanalyse nach Flanders steht die sprachliche Kommunikation im Vordergrund, die soziale Kompetenz der Lehrperson erschließt sich dagegen nur indirekt, indem z. B. Aussagen darüber gemacht werden können, inwieweit der Lehrer mit seinen sprachlichen Äußerungen positiv reagiert und dabei Zuwendung und emotionale Wärme zeigt. Auf diese Weise lässt sich der Erziehungsstil einer Lehrperson näherungsweise erfassen. Die soziale Kompetenz bzw. ihre wesentlichen Komponenten können dagegen nicht erfasst werden. Darüber hinaus weist das Analyseinstrument die typischen diagnostischen Schwächen der teilnehmenden Beobachtung und einer geringen Übereinstimmung zwischen unabhängigen Beobachtern auf.

Ein im englischsprachigen Raum populäres Verfahren für die Analyse der Lehrerinteraktionen ist der von Wubbels et al. (1991) entwickelte *Questionnaire on Teacher Interaction* (QTI), der das Lehrerverhalten auf zwei bipolaren Dimensionen *Dominanz* –

Unterordnung und *Kooperation – Opposition* abbildet und dabei 8 verschiedene Konfigurationen einbezieht. Da dieser Fragebogen bislang nicht ins Deutsche übersetzt und entsprechend normiert wurde, gehen wir nicht näher auf ihn ein.

Zu erwähnen bleiben noch die *LIFO®-Lehrstile-Fragebogen*[35], ein Instrument zur Feststellung der Lehrstile von Personaltrainern, sowie der *Unterrichtsbeobachtungsbogen von IQES online*, einem Schweizerischen Unternehmen, das sich auf die Entwicklung von Instrumenten für die Qualitätsentwicklung und Evaluation in Schulen spezialisiert hat. Der Unterrichtsbeobachtungsbogen enthält einige Items zum Unterrichtsklima, lässt aber ebenfalls den Bereich der sozialen Kompetenzen von Lehrpersonen unbeachtet. Das gilt auch für den Entwurf zur Unterrichtsdiagnostik, den Helmke et al. (2010) als Projekt der Kultusministerkonferenz verfasst haben.

Abschließend kann festgestellt werden, dass die Diagnostik der sozialen Kompetenzen von Lehrpersonen ein weitgehend unbeschriebenes Blatt ist.

Aufgaben zum Festigen neuen Wissens

1. Wenn Sie möchten, können Sie hier die einfache Version des Rathus Assertiveness Schedule von McCormick (1984) ausfüllen, um Ihre Durchsetzungsfähigkeit zu testen.
   Was ist zu tun: Lesen Sie jeden Satz sorgfältig. Schreiben Sie dann auf jede Linie die Zahl, die auf Sie zutrifft:
   6 – mir sehr ähnlich
   5 – eher wie ich
   4 – ein wenig wie ich
   3 – eher nicht so wie ich
   1 – mir sehr unähnlich
   1. Die meisten Leute haben mehr Zivilcourage als ich.*
   2. Wegen meiner Schüchternheit halte ich manchmal Verabredungen nicht ein.*
   3. Wenn ich auswärts esse und das Essen, das mir serviert wird, nicht so gekocht ist, wie ich es mag, beschwere ich mich bei der Bedienung.
   4. Ich passe auf, nicht die Gefühle anderer Menschen zu verletzen, auch wenn ich mich verletzt fühle.*
   5. Wenn eine Bedienung in einem Geschäft große Schwierigkeiten hat, mir das zu zeigen, was ich wirklich mag, fällt es mir schwer, nein zu sagen.*
   6. Wenn ich gefragt werde, etwas zu tun, frage ich immer warum.
   7. Es gibt Zeiten, in denen ich nach einem guten und starken Argument suche.
   8. Ich versuche so gut es geht, in meinem Leben voranzukommen, so wie Leute wie ich es halt tun.
   9. Um ehrlich zu sein, andere Leute hauen mich oft übers Ohr.*
   10. Ich mag es, Leute zum ersten Mal zu treffen und mit ihnen zu plaudern.
   11. Ich weiß oft nicht, was ich zu gut aussehenden Menschen des anderen Geschlechts sagen kann.*
   12. Ich telefoniere nicht gerne mit Geschäften oder Betrieben.*
   13. Ich bewerbe mich lieber schriftlich um einen Job, als irgendwo hinzugehen, um mit den Leuten zu sprechen.*
   14. Ich fühle mich blöd, wenn ich Dinge zu einem Geschäft zurückbringe, die ich dort gekauft habe, die mir aber nicht gefallen.*
   15. Wenn ein naher Verwandter, den ich mag, mich zusammenstaucht, verberge ich meine Gefühle eher als zu sagen, dass ich zusammengestaucht wurde.*
   16. Ich habe manchmal keine Fragen gestellt aus Furcht, dass sie dumm klingen.*
   17. Während eines Streits befürchte ich manchmal, mich so aufzuregen, dass ich den Tatterich bekomme.*
   18. Wenn eine bekannte Persönlichkeit in einer Menge etwas sagt und ich denke, dass es falsch ist, würde ich aufstehen und sagen, was ich denke.*
   19. Ich verhandele nicht über Preise mit Verkäufern.*
   20. Wenn ich etwas Wichtiges oder Gutes tue, versuche ich, andere das wissen zu lassen.
   21. Ich bin offen und ehrlich, wenn es um meine Gefühle geht.
   22. Wenn jemand bei anderen falsch oder schlecht über mich redet, stelle ich ihn oder sie so schnell wie möglich zur Rede.
   23. Es fällt mir oft schwer, Nein zu sagen.*
   24. Ich neige nicht dazu, meine Gefühle zu zeigen, um andere nicht aufzuregen.*
   25. Ich beschwere mich über eine schlechte Bedienung, wenn ich auswärts esse.
   26. Wenn jemand sagt, ich hätte etwas sehr gut gemacht, weiß ich manchmal nicht, was ich sagen soll.*
   27. Wenn ein Paar im Theater in meiner Nähe ziemlich laut miteinander redet, bitte ich es, still zu sein oder irgendwo anders hinzugehen, um zu reden.
   28. Jeder, der versucht, mich zu übertrumpfen, hat mich zum Gegner.
   29. Ich bin schnell dabei zu sagen, was ich denke.
   30. Es gibt Zeiten, in denen ich gerade nichts sagen kann.

   Bemerkung: Die Zahlenwerte für die Aussagen mit * sind umzukehren!
   Zählen Sie am Ende alle Werte zusammen.
2. Welche grundsätzlichen Methoden zur Diagnose sozialer Kompetenzen stehen zur Verfügung? Benennen Sie auch deren jeweilige Vor- und Nachteile.
3. Welche Komponenten umfasst das Konstrukt der sozialen Kompetenz?
4. Erstellen Sie eine Systematik über die Verfahren zur Messung sozialer Kompetenzen. Sie können dafür die ◘ Tab. 4.33 nutzen.

Aufgaben zum Weiterdenken

1. Diskutieren Sie Gründe dafür, dass die Diagnose der sozialen Kompetenzen von Lehrpersonen bislang keine Beachtung in der pädagogischen Diagnostik gefunden hat.

35 LIFO steht für *Life Orientations* und ist ein eingetragenes Warenzeichen der Business Consultants Network Inc.

Tab. 4.33 Verfahren zur Messung sozialer Kompetenzen

Name des Verfahrens	Autoren und Jahreszahl	Zielgruppe	Gemessene Variablen	Verfahren/ Methodik	Vor- und Nachteile	Güte/Qualität

2. Angenommen Sie wollten als Schoolworker ein neunjähriges Kind diagnostizieren, welches Ihnen von einer Lehrerin als „schwierig" vorgestellt wurde. Welches Verfahren, Inventar oder welchen Fragebogen würden Sie wählen und warum?
3. Angenommen Sie sind Sozialpädagoge oder Sozialpädagogin. Eine Mutter wendet sich an Sie, weil sie mit ihrem Kind „einfach nicht mehr klarkommt". Welche Diagnoseverfahren würden Sie einsetzen, um der Mutter weiterzuhelfen und warum?
4. Angenommen Sie wären verantwortlich für die Einstellung einer Erzieherin eines viergruppigen Kindergartens als Gruppenleiterin. Welches Diagnoseverfahren würden Sie einsetzen und warum?
5. Diskutieren Sie, inwieweit Diagnoseverfahren zur Messung sozialer Kompetenzen mit Diagnoseverfahren zur Persönlichkeit übereinstimmen bzw. Ähnliches messen.

Weiterführende Literatur

- Kanning, U.P. (2009). *Diagnostik sozialer Kompetenzen* (2. Aufl.). Göttingen: Hogrefe.

Literatur

Achtenhagen, F., & Bendorf, M. (2006). Persönlichkeitsentwicklung und berufliche Qualifizierung. In D. Euler (Hrsg.), *Facetten des beruflichen Lernens* (S. 85–149). Bern: h.e.p.

Ader, S., & Schrapper, C. (2004). Sozialpädagogische Diagnostik als fallverstehende Analyse und Beurteilung – Entwicklungslinien, Konzepte und Anforderungen. In J. M. Fegert, & C. Schrapper (Hrsg.), *Handbuch Jugendhilfe – Jugendpsychiatrie – interdisziplinäre Kooperation* (S. 85–99). Weinheim: Juventa.

Adorno, T. W. (1969). *Stichworte. Kritische Modelle 2*. Frankfurt am Main: Suhrkamp.

Adorno, T. W. (1971). Erziehung nach Auschwitz. In T. W. Adorno (Hrsg.), *Erziehung zur Mündigkeit. Vorträge und Gespräche mit Hellmut Becker 1959–1969* (S. 88–104). Frankfurt am Main: Suhrkamp.

Aguilera, M. B., & Massey, D. S. (2003). Social capital and the wages of Mexican migrants: New hypotheses and tests. *Social Forces*, *82*(2), 671–701.

Ai, A. L., Cascio, T., Santangelo, L. K., & Evans-Campbell, T. (2005). Hope, meaning, and growth following the September 11, 2001, terrorist attacks. *Journal of Interpersonal Violence*, *20*, 523–548.

Ajzen, I. (2001). Nature and operation of attitudes. *Annual Review of Psychology*, *52*, 27–58.

Akshoomoff, N., Stahmer, A. C., Corsello, C., & Mahrer, N. E. (2010). What happens next? Follow-up from the children's toddler school program. *Journal of Positive Behavior Interventions*, *12*(4), 245–253.

Aksu-Koc, A. (1996). Frames of mind through narrative discourse. In S. I. Slobin (Hrsg.), *Social interaction, social context, and language. Essays in honor of Susan Ervin-Tripp* (S. 309–328). Hillsdale, NJ: Erlbaum.

Alba, R. D., Handl, J., & Müller, W. (1994). Ethnische Ungleichheiten im deutschen Bildungssystem. *Kölner Zeitschrift für Soziologie und Sozialpsychologie*, *46*(2), 209–237.

Alexander, K. L., Entwisle, D. R., & Olson, L. S. (2001). Schools, achievement, and inequality: A seasonal perspective. *Educational Evaluation and Policy Analysis*, *23*(2), 171–191.

Alsaker, F. (2012). *Mutig gegen Mobbing in Kindergarten und Schule*. Bern: Huber.

Alscher, M. et al. (2009). *Bericht zur Lage und zu den Perspektiven des bürgerschaftlichen Engagements in Deutschland*. Berlin: Wissenschaftszentrum Berlin für Sozialforschung.

Alt, C., & Lange, A. (2009). Dauer von Armut und kindliche Entwicklung – explorative Analysen mit dem DJI-Kinderpanel. *Diskurs Kindheits- und Jugendforschung*, *4*(4), 487–498.

Alt, C., & Quellenberg, H. (2005). Daten, Design und Konstrukte. Grundlagen des DJI-Kinderpanels. In C. Alt (Hrsg.), *Kinderleben – Aufwachsen zwischen Familie, Freunden und Institutionen* (S. 277–303). Wiesbaden: VS Verlag für Sozialwissenschaften.

Ambühl, H., Meier, B., & Willutzki, U. (2001). *Soziale Angst verstehen und behandeln. Ein kognitiv-verhaltenstherapeutischer Zugang*. Stuttgart: Klett-Cotta.

Ames, D. (2009). Pushing up to a point: Assertiveness and effectiveness in leadership and interpersonal dynamics. *Research in Organizational Behavior*, *29*, 111–133.

Ames, C., & Ames, R. (1984). Systems of student and teacher motivation: Toward a qualitative definition. *Journal of Educational Psychology*, *76*, 535–556.

Ammon, G. (1975). Die Schwierigkeiten der Dialektsprecher in der Schule und das Bewußtsein davon bei den Lehrern. In H. Halbfas et al. (Hrsg.), *Sprache, Umgang und Erziehung* (S. 87–115). Stuttgart: Klett-Cotta.

Anderson, C. A., Gentile, D. A., & Buckley, K. E. (2007). *Violent video game effects on children and adolescents: Theory, research and public policy*. New York: Oxford University Press.

Anderson, D. R., et al. (2001). Early childhood television viewing and adolescent behavior. *Monographs of the Society for Research in Child Development*, *66*(1, 264), 1–147.

Anderson, J. R., Reder, L. M., & Simon, H. A. (1996). Situated learning and education. *Educational Researcher*, *25*(4), 5–11.

Aner, K., & Karl, U. (Hrsg.). (2010). *Handbuch Soziale Arbeit und Alter*. Wiesbaden: VS Verlag für Sozialwissenschaften.

Apelt, M. (2004). Männliches Militär und die Subjektkonstruktion weiblicher Soldaten. In J. Delitz, H. von Gyldenfeld, & J. Rimek (Hrsg.), *Institutionen im sozialen Wandel* (S. 63–88). Hamburg: Verlag Krämer.

Apelt, M. (2005). Geschlecht und Militär – Grundzüge der neueren Diskussion. In J.-R. Ahrens, M. Apelt, & C. Bender (Hrsg.), *Frauen im Militär. Erste empirische Befunde und Perspektiven zur Integration von Frauen in die Streitkräfte* (S. 13–30). Wiesbaden: VS Verlag für Sozialwissenschaften.

Arbeitsgruppe Kinder-, Jugend- und Familiendiagnostik (Hrsg.). (1994). *TRF. Lehrerfragebogen über das Verhalten von Kindern und Jugendlichen* (2. Aufl.). Göttingen: Hogrefe.

Arbeitsgruppe Kinder-, Jugend- und Familiendiagnostik (Hrsg.). (1998). *CBCL/4-18. Elternfragebogen über das Verhalten von Kindern und Jugendlichen* (2. Aufl.). Göttingen: Hogrefe.

Arendt, H. (1958). Die Krise der Erziehung. In E. Ludz (Hrsg.), *H. Arendt, Zwischen Vergangenheit und Zukunft. Übungen im politischen Denken* (S. 255–276). München: Piper.

Arendt, H. (1964/2011). *Eichmann in Jerusalem. Ein Bericht von der Banalität des Bösen*. München: Piper.

Arendt, H. (1975). *Macht und Gewalt* (3. Aufl.). München: Piper.

Arnold, N., & Maier, W. (Hrsg.). (2010). *Lebenswelten Jugendlicher mit Migrationshintergrund. Herausforderungen und Perspektiven*. Berlin: Konrad-Adenauer-Stiftung.

Arnold, K.-H. (2007). Schullaufbahnpräferenzen am Ende der vierten Klassenstufe. In W. Bos et al. et al. (Hrsg.), *IGLU 2006: Lesekompetenzen von Grundschulkindern in Deutschland im internationalen Vergleich* (S. 271–297). Münster: Waxmann.

Arnold, R. (1986). Identität und Arbeit Erwachsener. Zu einer Sozialpsychologie von Arbeit und Arbeitslosigkeit. In R. Arnold, & J. Kaltschmid (Hrsg.), *Erwachsenensozialisation und Erwachsenenbildung. Aspekte einer sozialisationstheoretischen Begründung vom Erwachsenenbildung* (S. 115–142). Frankfurt am Main: Diesterweg.

Arslan, E., et al. (2013). Levels of assertiveness and peer pressure of nursing students. *International Journal of Caring Sciences, 6*(1), 78–86.

Ata, M. (2013). *Jesus kommt zu den Deutschen. Frankfurter Allgemeine Zeitung (April)*. http://www.faz.net/aktuell/politik/inland/

Ateah, C., & Durrant, J. (2005). Maternal use of physical punishment in response to child misbehaviour: Implications for child abuse prevention. *Child Abuse and Neglect, 29*, 169–85.

Aufenanger, M. (2000). *Religion und/oder Ethik in der Schule?* Münster: LIT Verlag.

Aufenanger, S. (2005). Medienpädagogische Überlegungen zur ökonomischen Sozialisation von Kindern. *medien + erziehung, 49*(1), 11–16.

Asch, S. E. (1955). Opinions and social pressure. *Scientific American, 193*(5), 31–35.

Bachmair, B. (2005). Qualität des Kinderfernsehens in einer von Alltagsästhetik bestimmten Kultur. *Televizion, 18*(2), 78–83.

Bäcker, G. (2008). Lohnnebenkosten als Dreh- und Angelpunkt für den Arbeitsmarkt? Ein sozialpolitisches Dogma auf dem Prüfstand. *Soziale Sicherheit. Zeitschrift für Arbeit und Soziales, 57*(10), 338–343.

Baethge, M., Hantsche, B., Pelull, W., & Voskamp, U. (1988). *Jugend, Arbeit und Identität – Lebensperspektiven und Interessensorientierungen bei Jugendlichen*. Opladen: Leske + Budrich.

van Bakel, H. J. A., & Riksen-Walraven, J. M. (2002). Parenting and development of one-year-olds: Links with parental, contextual, and child charactersistics. *Child Development, 73*(1), 256–273.

Bakker, C. B., Bakker-Rabdau, M. K., & Breit, S. (1978). The measurement of assertiveness and aggressiveness. *Journal of Personality Assessment, 42*(3), 277–284.

Bandura, A. (1973). *Aggression: A social learning analysis*. Englewood Cliffs, NJ: Prentice Hall.

Bandura, A. (1976). *Lernen am Modell. Ansätze zu einer sozial-kognitiven Lerntheorie*. Stuttgart: Klett-Cotta.

Bandura, A. (1977). Self-efficacy: Toward a unifying theory of behavioral change. *Psychological Review, 84*(2), 191–215.

Bandura, A. (1997). *Self-efficacy: the exercise of control*. New York: W.H. Freeman.

Bandura, A. (2001). Social cognitive theory of mass communication. *Media Psychology, 3*(265), 298.

Bandura, A. (2002). Social cognitive theory of mass communication. In J. Bryant, & D. Zillmann (Hrsg.), *Media effects* (S. 121–153). Mahwah, NJ: Lawrence Erlbaum Associates.

Bandura, A., Ross, D., & Ross, S. A. (1963). Imitation of film-mediated aggressive models. *Journal of Abnormal and Social Psychology, 66*(1), 3–11.

Bargel, T. (2008). *Wandel politischer Orientierungen und gesellschaftlicher Werte der Studierenden. Studierendensurvey: Wandel zwischen 1983 und 2007*. Bonn/Berlin: Bundesministerium für Bildung und Forschung.

Barquero, B., & Geier, B. (2008). Elterliches Erziehungsverhalten. Wie werden kindliche Verhaltensauffälligkeiten und Persönlichkeitsmerkmale beeinflusst?. In C. Alt (Hrsg.), *Persönlichkeitsstrukturen und ihre Folgen*. Kinderleben – Individuelle Entwicklungen in sozialen Kontexten, (Bd. 5, S. 125–147). Wiesbaden: VS Verlag für Sozialwissenschaften.

Baron-Boldt, J., Schuler, H., & Funke, U. (1988). Prädiktive Validität von Schulabschlussnoten: Eine Metaanalyse. *Zeitschrift für Pädagogische Psychologie, 2*, 79–90.

Baron-Boldt, J., Schuler, H., & Funke, U. (1989). Prognostische Validität von Schulnoten. Eine Metaanalyse der Prognose des Studien- und Ausbildungserfolgs. In R. S. Jäger, R. Horn, & K. Ingenkamp (Hrsg.), *Tests und Trends. 7. Jahrbuch der Pädagogischen Diagnostik* (S. 11–39). Weinheim: Beltz.

Bartjes, H. (1996). *Der Zivildienst als Sozialisationsinstanz. Theoretische und empirische Annäherungen*. Weinheim: Juventa.

Barz, H. (2000). *Weiterbildung und soziale Milieus*. Neuwied: Luchterhand.

Barz, H., & Tippelt, R. (1997). Zum Wandel von Nachfragestrukturen – „Bildung" und „Volkshochschule" aus Sicht sozialer Milieus. *Hessische Blätter für Volksbildung, 47*(1), 16–27.

Barz, H., & Tippelt, R. (Hrsg.). (2004). *Adressaten- und Milieuforschung zu Weiterbildungsverhalten und -interessen*. Weiterbildung und soziale Milieus in Deutschland, Bd. 2. Bielefeld: Bertelsmann.

Barz, H., & Tippelt, R. (2009). Lebenswelt, Lebenslage, Lebensstil und Erwachsenenbildung. In R. Tippelt & A. von Hippel (Hrsg.), *Handbuch Erwachsenenbildung/Weiterbildung* (3. Aufl. S. 119–138). Wiesbaden: VS Verlag für Sozialwissenschaften.

Bauer, U. (2004). Evaluationsergebnisse zu Lions-Quest „Erwachsen werden". In W. Melzer, & H.-D. Schwind (Hrsg.), *Gewaltprävention in der Schule* (S. 113–138). Baden-Baden: Nomos.

Bauer, U. (2012). *Sozialisation und Ungleichheit. Eine Hinführung* (2. Aufl.). Wiesbaden: VS Verlag für Sozialwissenschaften.

Bauer, U., Bittlingmayer, U. H., & Scherr, A. (Hrsg.). (2010). *Handbuch Bildungs- und Erziehungssoziologie*. Wiesbaden: VS Verlag für Sozialwissenschaften.

Bauer-Klebl, A., & Gomez, J. (2005). *Die Messung von Sozialkompetenzen. Kurzbericht*. St. Gallen: Universität, Institut für Wirtschaftspädagogik.

Baumgartner, H. M. (1993). *Verführung statt Erleuchtung: Sekten-Scientology-Esoterik*. Düsseldorf: Patmos.

Baumrind, D. (1964). Some thoughts on ethics of research: after reading milgram's behavioral study of obedience. *The American Psychologist, 19*, 421–423.

Baumrind, D. (1971). Current patterns of parental authority. *Developmental Psychology, 4*(1, Pt. 2), 1–103.

Bayerisches Staatsministerium für Unterricht und Kultus (Hrsg.). (2008). *Werte machen stark. Praxishandbuch für Werteerziehung*. Augsburg: Brigg Pädagogik.

Bayerisches Staatsministerium für Unterricht und Kultus (Hrsg.). (2012). *Soziales Lernen in der Mittelschule. Leitfaden, Modelle, Ideen. Eine Handreichung für den Aufbau eines schulinternen Konzepts zur Stärkung sozialer Kompetenzen*. München: Bayerisches Staatsministerium für Unterricht und Kultus.

Bebnowski, D. (2012). *Generation und Geltung. Von den „45ern" zur „Generation Praktikum" – übersehene und etablierte Generationen im Vergleich*. Bielefeld: transcript Verlag.

Beck, U. (1983). Jenseits von Stand und Klasse? Soziale Ungleichheiten, gesellschaftliche Individualisierungsprozesse und die Entstehung neuer sozialer Formationen und Identitäten. In R. Kreckel (Hrsg.), *Soziale Ungleichheiten, Soziale Welt (Sonderband 2)* (S. 35–74). Göttingen: Verlag Otto Schwarz.

Beck, U. (1986). *Risikogesellschaft. Auf dem Weg in eine andere Moderne*. Frankfurt am Main: Suhrkamp.

Beck, U., & Beck-Gernsheim, E. (2002). *Individualization: Institutionalized individualism and its social and political consequences*. London: Sage.

Beck, U., Brater, M., & Daheim, H. (1980). *Soziologie der Arbeit und der Berufe. Grundlagen, Problemfelder, Forschungsergebnisse*. Reinbek b. Hamburg: Rowohlt.

Becker, B. (2010). *Bildungsaspirationen von Migranten. Determinanten und Umsetzung in Bildungsergebnisse*. Arbeitspapiere, Bd. 137. Mannheim: Mannheimer Zentrum für Europäische Sozialforschung.

Becker, G. (2008). *Soziale, moralische und demokratische Kompetenzen fördern. Ein Überblick über schulische Förderkonzepte*. Weinheim: Beltz.

Becker, G. S. (1964). *Human capital. A theoretical and empirical analysis, with special reference to education*. New York: Columbia University Press.

Becker, R. (2007). Soziale Ungleichheit von Bildungschancen und Chancengerechtigkeit. In R. Becker, & W. Lauterbach (Hrsg.), *Bildung als Privileg* (2. Aufl. S. 157–185). Wiesbaden: VS Verlag für Sozialwissenschaften.

Becker, R. (2010). Warum bildungsferne Gruppen von der Universität fernbleiben und wie man sie für das Studium an der Universität gewinnen könnte. In H.-H. Krüger et al. (Hrsg.), *Bildungsungleichheit revisited* (S. 223–234). Wiesbaden: VS Verlag für Sozialwissenschaften.

Becker, R. (Hrsg.). (2011). *Lehrbuch der Bildungssoziologie* (2. Aufl.). Wiesbaden: VS Verlag für Sozialwissenschaften.

Becker, R. (2012). Klassenlage und Bildungsentscheidungen. *Kölner Zeitschrift für Soziologie und Sozialpsychologie, 52*(3), 450–474.

Becker, R., & Hadjar, A. (2009). Meritokratie – Zur gesellschaftlichen Legitimation ungleicher Bildungs-, Erwerbs- und Einkommenschancen in modernen Gesellschaften. In R. Becker (Hrsg.), *Lehrbuch der Bildungssoziologie* (S. 35). Wiesbaden: VS Verlag für Sozialwissenschaften.

Becker, R., & Hecken, A. E. (2007). Studium oder Berufsbildung? Eine empirische Überprüfung der Modelle zur Erklärung von Bildungsentscheidungen von Esser sowie von Breen und Goldthorpe. *Zeitschrift für Soziologie, 36*(2), 100–117.

Becker, R., & Hecken, A. E. (2008). Warum werden Arbeiterkinder vom Studium an Universitäten abgelenkt? Eine empirische Überprüfung der „Ablenkungsthese" von Müller und Pollak (2007) und ihrer Erweiterung durch Hillmert und Jacob (2003). *Kölner Zeitschrift für Soziologie und Sozialpsychologie, 60*(1), 3–29.

Becker, R., & Lauterbach, W. (Hrsg.). (2007). *Bildung als Privileg* (2. Aufl.). Wiesbaden: VS Verlag für Sozialwissenschaften.

Becker, R., & Müller, W. (2011). Bildungsungleichheiten nach Geschlecht und Herkunft im Wandel. In A. Hadjar (Hrsg.), *Geschlechtsspezifische Bildungsungleichheiten* (S. 55–75). Wiesbaden: VS Verlag für Sozialwissenschaften.

Becker-Lenz, R. (2004). *Eigeninteresse und Gemeinwohlbindung im Freiwilligen Sozialen Jahr*. Bern: Peter Lang.

Beer, S., & Marques-Ribeiro, A. (2006). *Prima Klima: Miteinander die gute gesunde Schule gestalten. Eine Handreichung für Eltern, Lehrkräfte und Schulleiter*. Gütersloh: Verlag Bertelsmann Stiftung.

Behnke, A. O., Piercy, K. W., & Diversi, M. (2004). Educational and occupational aspirations of Latino youth and their parents. *Hispanic Journal of Behavioral Sciences, 26*(1), 16–35.

Behr, U. et al. (2002). *Entwicklung von Sozial- und Selbstkompetenz durch kooperatives Lernen. Konzeption eines Schwerpunkts der Lehrplanimplementation in Thüringen*. Bad Berka: Thüringer Institut für Lehrerfortbildung, Lehrplanentwicklung und Medien.

Beierle, S. (2013). *Die Rolle von Peers, Neuen Medien und Online-Communitys bei der Berufsorientierung (DJI-Expertise Mai 2013)*. München: Deutsches Jugend Institut.

Belsky, J. (1984). The determinants of parenting: A process model. *Child Development, 55*, 83–96.

Benham, M. K. P., & Stein, W. J. (Hrsg.). (2003). *The renaissance of American Indian higher education. Capturing the dream*. Mahwah, NJ: Erlbaum.

Benjamin, L. S. (1974). Structural analysis of social behavior. *Psychological Review, 81*, 392–425.

Berger, P. A. (1996). *Individualisierung. Statusunsicherheit und Erfahrungsvielfalt*. Opladen: Leske + Budrich.

Berger, P. L., & Luckmann, T. (1969). *Die gesellschaftliche Konstruktion der Wirklichkeit. Eine Theorie der Wissenssoziologie*. Frankfurt am Main: Fischer Taschenbuch.

Berger, P. L., & Luckmann, T. (2004). *Die gesellschaftliche Konstruktion der Wirklichkeit. Eine Theorie der Wissenssoziologie* (20. Aufl.). Frankfurt am Main: Fischer Taschenbuch.

Bernfeld, S. (1925/2006). *Sisyphus oder die Grenzen der Erziehung* (10. Aufl.). Frankfurt am Main: Suhrkamp.

Bernstein, B. (1958). Some sociological determinants of perception: An enquiry into sub-cultural differences. *British Journal of Sociology, 9*, 159–174.

Bernstein, B. (1960). Language and social class. *British Journal of Sociology, 11*, 271–276.

Bernstein, B. (1971). Soziologie die Sprache und soziales Lernen. In H. Röhrs (Hrsg.), *Der Aufgabenkreis der Pädagogischen Soziologie* (S. 277–300). Frankfurt/M: Akademische Verlagsgesellschaft.

Bernstein, B. (1973). Soziale Schicht, Sprache und Sozialisation. In D. C. Kochan (Hrsg.), *Sprache und kommunikative Kompetenz: theoretische und empirische Beiträge zur sprachlichen Sozialisation und Primärsprachdidaktik* (S. 43–65). Stuttgart: Klett.

Bernstein, B. (1982). *Beiträge zu einer Theorie des pädagogischen Prozesses*. Frankfurt am Main: Suhrkamp.

Bertram, H. (1980). Moralische Sozialisation. In. In K. Hurrelmann, & D. Ulich (Hrsg.), *Handbuch der Sozialisationsforschung* (S. 717–744). Weinheim: Beltz.

Bertram, H., & Bertram, B. (2009). *Familie, Sozialisation und die Zukunft der Kinder*. Opladen: Barbara Budrich.

Bessoth, R. (1992). Das Unterrichts-Klima-Instrument (UKI). Ein Werkzeug für die pädagogische Führung. *Pädagogische Führung, 4*(4), 231–235.

Bildungsdirektion des Kantons Zürich (Hrsg.). (2003). *Hochdeutsch als Unterrichtssprache. Befunde und Perspektiven*. Zürich: Volksschulamt & Pädagogische Hochschule Zürich.

Bildungskommission NRW (1995). *Zukunft der Bildung – Schule der Zukunft*. Neuwied: Luchterhand. Denkschrift der Kommission „Zukunft der Bildung – Schule der Zukunft" beim Ministerpräsidenten des Landes Nordrhein-Westfalen.

Biller, K. (1995). Die Sinnproblematik im Zusammenhang der Bildungssysteme. Zur Erfahrung der Sinnlosigkeit in der Schule. In W. Kurz, & F. Sedlak (Hrsg.), *Kompendium der Logotherapie und Existenzanalyse. Bewährte Grundlagen und neue Perspektiven* (S. 486–497). Tübingen: Verlag Lebenskunst.

Birkelbach, K. (2011). Lehrerurteile im Lebensverlauf: Valide Prognose oder Self-Fulfilling Prophecy? *Soziale Welt, 26*, 227–249.

Bittlingmayer, U. H. (2006). Grundzüge einer mehrdimensionalen sozialstrukturellen Sozialisationsforschung. In M. Grundmann et al. (Hrsg.), *Handlungsbefähigung und Milieu. Zur Analyse milieuspezifischer Alltagspraktiken und ihrer Ungleichheitsrelevanz* (S. 37–55). Berlin: LIT.

Blass, T. (2004). *The man who shocked the world: The life and legacy of Stanley Milgram*. New York: Basic Books.

Blossfeld, H.-P., et al. (2007). Globalisierung und die Veränderung sozialer Ungleichheiten in modernen Gesellschaften. *Kölner Zeitschrift für Soziologie und Sozialpsychologie, 59*, 667–691.

Blumler, J. G., & Katz, E. (1974). *The uses of mass communications: Current perspectives on gratifications research*. Beverly Hills, CA: Sage.

Boas, F. (1911). *The mind of primitive man*. New York: Macmillan.

Bock, I. (1972). *Das Phänomen der schichtspezifischen Sprache als pädagogisches Problem*. Darmstadt: Wissenschaftliche Buchgesellschaft.

Böhnisch, L. (2003). *Pädagogische Soziologie. Eine Einführung* (2. Aufl.). Weinheim: Juventa.

Böhnisch, L. (2004). *Männliche Sozialisation. Eine Einführung*. Weinheim: Juventa.

Böhnisch, L., & Schröer, W. (2002). *Soziale Bürgergesellschaft*. Weinheim: Juventa.

Bömermann, H. (2011). Leben Berliner mit Migrationshintergrund segregiert? *Zeitschrift für amtliche Statistik Berlin-Brandenburg, 5*(3), 54–73.

Bohner, G., Ruder, M., & Erb, H.-P. (2002). When expertise backfires: Contrast and assimilation effects of persuasion. *British Journal of Social Psychology, 41*, 495–519.

Bolder, A. (1978). *Bildungsentscheidungen im Arbeitermilieu*. Frankfurt am Main: Campus.

Bolte, K. M. (1967). *Deutsche Gesellschaft im Wandel* (2. Aufl.). Opladen: Westdeutscher Verlag.

Bond, R., & Smith, P. B. (1996). Culture and conformity: A meta-analysis of studies using Asch's (1952b, 1956) line judgment task. *Psychological Bulletin, 119*(1), 111–137.

Bonny, A. E., et al. (2000). School disconnectedness: Identifying adolescents at risk. *Pediatrics, 106*(1), 1017–1021.

Boos-Nünning, U. (2009). Bildung und Qualifizierung: Chancengleichheit in der Migrationsgesellschaft?. In G. Schultze et al. (Hrsg.), *Einwanderungsgesellschaft Deutschland. Wege zu einer sozialen und gerechten Zukunft* (S. 60–69). Bonn: Friedrich-Ebert-Stiftung.

Boos-Nünning, U. (2011). *Migrationsfamilien als Partner von Erziehung und Bildung* (Expertise im Auftrag der Abteilung Wirtschafts- und Sozialpolitik der Friedrich-Ebert-Stiftung). Bonn: Friedrich-Ebert-Stiftung.

Boos-Nünning, U., & Karakasoğlu, Y. (2006). *Viele Welten leben. Lebenslagen von Mädchen und jungen Frauen mit Migrationshintergrund* (2. Aufl.). Münster: Waxmann.

Borchard, M., Henry-Huthmacher, C., Merkle, T., & Wippermann, C. (2008). *Eltern unter Druck – Selbstverständnisse, Befindlichkeiten und Bedürfnisse von Eltern in verschiedenen Lebenswelten*. Berlin: Konrad-Adenauer-Stiftung.

Boudon, R. (1974). *Education, opportunity, and social inequality. Changings in Western society*. New York: Wiley.

Bourdieu, P. (1973). Kulturelle Reproduktion und soziale Reproduktion. In P. Bourdieu, & J.-C. Passeron (Hrsg.), *Grundlagen einer Theorie der symbolischen Gewalt* (S. 89–137). Frankfurt am Main: Suhrkamp.

Bourdieu, P. (1982). *Die feinen Unterschiede. Kritik der gesellschaftlichen Urteilskraft*. Frankfurt am Main: Suhrkamp.

Bourdieu, P. (1983). Ökonomisches Kapital – Kulturelles Kapital – Soziales Kapital. In R. Kreckel (Hrsg.), *Soziale Ungleichheiten, Soziale Welt (Sonderband 2)* (S. 183–198). Göttingen: Verlag Otto Schwarz.

Bourdieu, P. (1987). Strukturen, Habitusformen, Praktiken. In P. Bourdieu (Hrsg.), *Sozialer Sinn* (S. 97–121). Frankfurt am Main: Suhrkamp.

Bourdieu, P. (1995). Habitus, Kode und Kodifizierung. In J. Hofbauer, G. Prabitz, & J. Wallmannsberger (Hrsg.), *Bilder-Symbole-Metaphern* (S. 223–235). Wien: Passagen Verlag.

Bourdieu, P. (2001). *Wie die Kultur zum Bauern kommt. Über Bildung, Klassen und Erziehung*. Hamburg: VSA Verlag.

Bourdieu, P. (2011). Der Tote packt den Lebenden. In P. Bourdieu (Hrsg.), *Der Tote packt den Lebenden* (S. 17–54). Hamburg: VSA-Verlag.. Neuauflage

Bourdieu, P., & Passeron, J.-C. (1971). *Die Illusion der Chancengleichheit*. Stuttgart: Klett.

Bos, W. (2004). Schullaufbahnempfehlungen von Lehrkräften für Kinder am Ende der vierten Jahrgangsstufe. In W. Bos et al. et al. (Hrsg.), *IGLU. Einige Länder der Bundesrepublik Deutschland im nationalen und internationalen Vergleich* (S. 191–228). Münster: Waxmann.

Bos, W. et al. (Hrsg.). (2008). *TIMSS 2007. Mathematische und naturwissenschaftliche Kompetenzen von Grundschulkindern in Deutschland im internationalen Vergleich*. Münster: Waxmann.

Bowen, C. W. (2000). A quantitative literature review of cooperative learning effects on high school and college chemistry achievement. *Journal of Chemical Education*, *77*(1), 116.

Bowlby, J. (2006). *Bindung*. München: Reinhardt.

Brake, A. (2010). Familie und Peers: zwei zentrale Sozialisationskontexte zwischen Rivalität und Komplementarität. In M. Harring et al. (Hrsg.), *Freundschaften, Cliquen und Jugendkulturen. Peers als Bildungs- und Sozialisationsinstanzen* (S. 385–406). Wiesbaden: VS Verlag für Sozialwissenschaften.

Brake, A., & Büchner, P. (2009). Dem familialen Habitus auf der Spur. Bildungsstrategien in Mehrgenerationenfamilien. In B. Friebertshäuser, M. Rieger-Ladich, & L. Wigger (Hrsg.), *Reflexive Erziehungswissenschaft* (2. Aufl. S. 59–80). Wiesbaden: VS Verlag für Sozialwissenschaften.

Bredekamp, V. S., & Copple, C. (1997). *Developmentally appropriate practice in early childhood program*. Washington, DC: National Association for the Education of Young Children.

Brecht, B. (2004). *Geschichten vom Herrn Keuner – Zürcher Fassung*. Frankfurt am Main: Suhrkamp.

Breen, R., & Goldthorpe, J. H. (1997). Explaining educational differentials. Towards a formal rational action theory. *Rationality and Society*, *9*(3), 275–305.

Breen, R., & Jonsson, J. O. (2000). A multinomial transition model for analyzing educational careers. *American Sociological Review*, *65*(5), 754–772.

Breen, R., & Luijkx, R. (2007). Social mobility and education: A comparative analysis of period and cohort trends in Britain and Germany. In S. Scherer et al. (Hrsg.), *From origin to destination. Trends and mechanisms in social stratification research* (S. 106–129). Frankfurtfurt am Main: Campus.

Bremer, H. (2007). *Soziale Milieus, Habitus und Lernen. Zur sozialen Selektivität des Bildungswesens am Beispiel der Weiterbildung*. Weinheim: Juventa.

Brezinka, W. (1972). *Von der Pädagogik zur Erziehungswissenschaft*. Weinheim: Beltz.

Briggs-Gowan, M. J., Carter, A. S., Moye Skuban, E., & McCue Horwitz, S. (2001). Prevalence of social-emotional and behavioral problems in a community sample of 1- and 2-year-old children. *Journal of the American Academy of Child & Adolescent Psychiatry*, *40*(7), 811–819.

Briñol, P., Petty, R. E., & Tormala, Z. L. (2004). Self-validation of cognitive responses to advertisements. *Journal of Consumer Research*, *30*, 559–573.

Bromme, R., & Haag, L. (2008). Forschung zur Lehrerpersönlichkeit. In W. Helsper, & J. Böhme (Hrsg.), *Handbuch der Schulforschung* (2. Aufl. S. 803–820). Wiesbaden: VS Verlag für Sozialwissenschaften.

Bronfenbrenner, U. (1976). *Ökologische Sozialisationsforschung*. Stuttgart: Klett.

Bronfenbrenner, U. (1979). *The ecology of human development. Experiments by nature and design*. Cambridge, MA: Harvard University Press.

Bronfenbrenner, U. (1981). *Die Ökologie der menschlichen Entwicklung*. Stuttgart: Klett-Cotta.

Bronfenbrenner, U., & Morris, P. (2006). The bioecological model of human development. In R. M. Lerner, & W. Damon (Hrsg.), *Theoretical models of human development* 5. Aufl. *Handbook of child psychology*, Bd. 1 New York: Wiley.

Brückner, P. (1976). Zur Pathologie des Gehorsams. In A. Flitner, & H. Scheuerl (Hrsg.), *Einführung in pädagogisches Sehen und Denken* (S. 98–112). München: Piper.

Brüggen, F. (2007). Autorität, pädagogisch. *Zeitschrift für Pädagogik*, *53*(5), 602–614.

Bruffee, K. A. (1984). Peer tutoring and the „conversation of mankind". *College English*, *46*(7), 635–652.

Brumlik, M. (Hrsg.). (2007). *Vom Missbrauch der Disziplin. Antworten der Wissenschaft auf Bernhard Bueb*. Weinheim: Beltz.

Buchholz, S. (2008). *Die Flexibilisierung des Erwerbsverlaufs. Eine Analyse von Einstiegs- und Ausstiegsprozessen in Ost- und Westdeutschland*. Wiesbaden: VS Verlag für Sozialwissenschaften.

Buchmann, M. (1989a). Die Dynamik von Standardisierung und Individualisierung im Lebenslauf. In A. Weymann (Hrsg.), *Handlungsspielräume. Untersuchungen zur Individualisierung und Institutionalisierung von Lebensläufen in der Moderne* (S. 90–104). Stuttgart: Enke.

Buchmann, M. (1989b). *Script of life in modern society: Entry into adulthood in a changing world*. Chicago: University of Chicago Press.

Buchwald, P. (2004). *Das „Training Soziale Kompetenz" für die Grundschule – Erste empirische Befunde einer Evaluation*. http://www.petra-buchwald.de/Evaluation_TSK3.pdf

Bueb, B. (2008). *Von der Pflicht zu führen. Neun Gebote der Bildung*. Berlin: Ullstein.

Büchel, F., & Wagner, G. (1996). Soziale Differenzen der Bildungschancen in Westdeutschland – Unter besonderer Berücksichtigung von Zuwandererkindern. In W. Zapf et al. (Hrsg.), *Lebenslagen im Wandel. Sozialberichterstattung im Längsschnitt, Sozio-ökonomische Daten und Analysen für die Bundesrepublik Deutschland* (Bd. 7, S. 80–96). Frankfurt am Main: Campus.

Bühl, W. (2000). Luhmanns Flucht in die Paradoxie. In P.-U. Merz-Benz, & G. Wagner (Hrsg.), *Die Logik der Systeme: Zur Kritik der systemtheoretischen Systemtheorie von Niklas Luhmann* (S. 225–256). Konstanz: Universitätsverlag Konstanz.

Buhrmester, D., Furman, W., Wittenberg, M. T., & Reis, H. T. (1988). Five domains of interpersonal competentence in peer relationships. *Journal of Personality and Social psychology*, *55*(6), 991–1008.

Bull, H. D., Schultze, M., & Scheithauer, H. (2009). School-based prevention of bullying and relational aggression: The fairplayer.manual. *European Journal of Developmental Science*, *3*(3), 312–317.

Bundesministerium für Arbeit und Soziales (2013). *Lebenslagen in Deutschland. Der Vierte Armuts- und Reichtumsbericht der Bundesregierung*. Berlin: Bundesministerium für Arbeit und Soziales.

Bundesministerium für Familie, Senioren, Frauen und Jugend (Hrsg.). (2005). *Stärkung familialer Beziehungs- und Erziehungskompetenzen. Kurzfassung eines Gutachten des Wissenschaftlichen Beirats für Familienfragen beim BMFSFJ*. Berlin: Bundesministerium für Familie, Senioren, Frauen und Jugend.

Bundesministerium für Familie, Senioren, Frauen und Jugend (Hrsg.). (2009). *13. Kinder- und Jugendbericht. Bericht über die Lebenssituation junger Menschen und die Leistungen der Kinder- und Jugendhilfe in Deutschland*. Berlin: BFSFJ. www.bfshf.de

Bundesministerium für Familie, Senioren, Frauen und Jugend (Hrsg.). (2011). *Zivildienst als Sozialisationsinstanz für junge Männer*. Berlin: BFSFJ.

Burchardt, U. (2008). Wider alle Vernunft – Die Bildungspolitik der Privilegienverteidiger. In R. Wernstedt, & M. John-Ohnesorg (Hrsg.), *Soziale Herkunft entscheidet über Bildungserfolg. Konsequenzen aus IGLU 2006 und PISA III* (S. 18). Berlin: Friedrich-Ebert-Stiftung.

Burger, J. M. (2009). Replicating Milgram: Would people still obey today? *American Psychologist*, *64*(1), 1–11.

Burkhardt, A., Schomburg, H., & Teichler, U. (2000). *Hochschulstudium und Beruf – Ergebnisse von Absolventenstudien*. Bonn: bmb+f.

Burkart, G. (1995). Biographische Übergänge und rationale Entscheidungen. *BIOS*, *22*(3), 159–177.

Bussemer, T. (2005). *Propaganda. Konzepte und Theorien*. Wiesbaden: VS Verlag für Sozialwissenschaften.

Bye, L., & Jussim, L. (1993). A proposed model for the acquisition of social knowledge and social competence. *Psychology in the Schools*, *30*, 143–161.

Caesar, B. (1972). *Autorität in der Familie. Ein Beitrag zum Problem schichtenspezifischer Sozialisation*. Reinbek: Rowohlt.

Calmbach, M. et al. (2012). *Wie ticken Jugendliche? Lebenswelten von Jugendlichen im Alter von 14 bis 17 Jahren in Deutschland*. Düsseldorf: Verlag Haus Altenberg.

Calzada, E. J., Fernández, Y., & Cortes, D. E. (2010). Incorporating the cultural values of respect into a framework of Latino parenting. *Cultural diversity & ethnic minority psychology*, *16*(1), 77–86.

Campbell, J. P. et al. (1970). *Managerial behavior, performance, and effectiveness.* New York: McGraw Hill.

Campbell, R. T. (1983). Status attainment research: End of the beginning or beginning of the end? *Sociology of Education, 56*(1), 47–62.

Carraher, D. W. (1991). Mathematics in and out of school: A selective review of studies from Brazil. In M. Harris (Hrsg.), *Schools, mathematics and work* (S. 169–201). London: Falmer Press.

Carraher, D. W., & Schliemann, A. D. (2002). Is everyday mathematics truly relevant to mathematics education?. In J. Moshkovich, & M. Brenner (Hrsg.), *Everyday and Academic Mathematics in the Classroom* Monographs of the Journal for Research in Mathematics Education, (Bd. 11, S. 238–282).

Carraher, T. N., Carraher, D. W., & Schliemann, A. D. (1985). Mathematics in the streets and in the schools. *British Journal of Developmental Psychology, 3*(1), 21–29.

Casasanto, D. (2008). Who's afraid of the Big Bad Whorf? Crosslinguistic differences in temporal language and thought. *Language Learning, 58*(Suppl. 1), 63–79.

Cassell, E. J. (2005). Consent or obedience? Power and authority in medicine. *The New England Journal of Medicine, 352*, 328–339.

Cazden, C. (1994). Situational variation in children's language revisited. In D. Biber, & E. Finegan (Hrsg.), *Sociolinguistic perspectives on register* (S. 277–293). New York: Oxford University Press.

Chaiken, S., Liberman, A., & Eagly, A. H. (1989). Heuristic and systematic processing within and beyond the persuasion context. In J. S. Uleman, & J. A. Bargh (Hrsg.), *Unintended thought* (S. 212–252). New York: Guilford.

Chaiken, S., Wood, W., & Eagly, A. H. (1996). Principles of persuasion. In E. T. Higgins, & A. W. Kruglanski (Hrsg.), *Social psychology: Handbook of basic principles* (S. 702–742). New York: Guilford.

Cavell, T. A. (1990). Social adjustment, social performance, and social skills: A tri-component model of social competence. *Journal of Clinical Child Psychology, 19*(2), 111–122.

Chao, R. (1994). Beyond parental control and authoritarian parenting style: Understanding Chinese parenting through the cultural notion of training. *Child Development, 65*, 1111–1119.

Chomsky, N. (1999). *Sprache und Geist.* Frankfurt am Main: Suhrkamp.

Chomsky, N. (2012). *The science of language. Interviews with James McGilvray.* New York: Cambridge University Press.

Chua, A. (2011). *Die Mutter des Erfolgs: Wie ich meinen Kindern das Siegen beibrachte.* München: Nagel & Kimche.

Cialdini, R. B. (2008). *Die Psychologie des Überzeugens* (5. Aufl.). Bern: Huber.

Cialdini, R. B., & Goldstein, N. J. (2004). Social influence: Compliance and conformity. *Annual Review of Psychology, 55*, 591–621.

Claessens, D. (1979). *Familie und Wertsystem. Eine Studie zur „zweiten sozio-kulturellen Geburt" des Menschen und der Belastbarkeit der „Kernfamilie"* (4. Aufl.). Berlin: Duncker & Humblot.

Clausen, M. (2006). Warum wählen Sie genau diese Schule? Eine inhaltsanalytische Untersuchung elterlicher Begründungen der Wahl der Einzelschule innerhalb eines Bildungsgangs. *Zeitschrift für Pädagogik, 52*(1), 69–90.

Cohen, B. C. (1963). *The press and foreign policy.* Princeton: Princeton University Press.

Cohen, E. G., Brody, C. M., & Sapon-Shevin, M. (Hrsg.). (2004). *Teaching cooperative learning. The challenge for teacher education.* Albany, NY: State University of New York Press.

Cohrs, J. C., Moschner, B., Maes, J., & Kielmann, S. (2005). The motivational bases of right-wing authoritarianism and social dominance orientation: Relations to values and attitudes in the aftermath of September 11, 2001. *Personality and Social Psychology Bulletin, 31*, 1425–1434.

Collins, A., et al. (2000). Contemporary research on parenting. *American Psychologist, 55*(2), 218–232.

Collins, M., & Nowicki, S. (2001). African American children's ability to identify emotion in facial expressions and tones of voice of European Americans. *Journal of Genetic Psychology, 162*, 334–346.

Combet, B. (2013). *Zum Einfluss von primären und sekundären Effekten der sozialen Herkunft beim zweiten schulischen Übergang in der Schweiz. Ein Vergleich unterschiedlicher Dekompositions- und Operationalisierungsmethoden.* Bern: Universität, Institut für Soziologie.

Conger, R. D., Rueter, M. A., & Elder Jr, G. H. (1999). Couple resilience to economic pressure. *Journal of Personality and Social Psychology, 76*, 54–71.

Connor, J. M., Dann, L. N., & Twentyman, C. T. (1982). A self-report measure of assertiveness in young adolescents. *Journal of Clinical Psychology, 38*, 101–106.

Connolly, K. J., & Smith, P. K. (1972). Reactions of pre-school-children to a strange observer. In N. B. Jones (Hrsg.), *Ethological studies of child behaviour* (S. 157–174). Cambridge: Cambridge University Press.

Contini, D., Scagni, A., & Riehl, A. (2008). Primary and secondary effects in educational attainment in Italy. *Equalsoc Working Paper 2008/4.*

Conze, E., & Witte, M. D. (Hrsg.). (2012). *Pfadfinden. Eine globale Erziehungs- und Bildungsidee aus interdisziplinärer Sicht.* Wiesbaden: VS Verlag für Sozialwissenschaften.

Cortright, R. N., Collins, H. L., & DiCarlo, S. E. (2005). Peer instruction enhanced meaningful learning: ability to solve novel problems. *Advances in Physiology Education, 29*(2), 107–11.

Coyl, D. D., Roggman, L. A., & Newland, L. A. (2002). Stress, maternal depression, and negative mother–infant interactions in relation to infant attachment. *Infant Mental Health Journal, 23*, 145–163.

Crawford, K. (2009). Cultural processes and learning: Expectations, actions, and outcomes. In L. P. Steffe et al. (Hrsg.), *Theories of mathematical learning* (S. 1934–1948). New York: Routledge.

Cullen, J., & Ownbey, J. (2010). The effects of the healthy families America home visitation program on parenting attitudes and practices and child social and emotional competence. *Child and Adolescent Social Work Journal, 27*(5), 335–354.

Dahrendorf, R. (1955). Struktur und Funktion. T. P. und die Entwicklung der soziologischen Theorie. *Kölner Zeitschrift für Soziologie und Sozialpsychologie, 7*, 491–519.

Dahrendorf, R. (1957). *Soziale Klassen und Klassenkonflikt in der industriellen Gesellschaft.* Stuttgart: Enke.

Dahrendorf, R. (1962). Eine neue deutsche Oberschicht? *Die neue Gesellschaft, 9*(1), 18–31.

Dahrendorf, R. (1965a). *Arbeiterkinder an deutschen Universitäten.* Tübingen: Mohr Siebeck.

Dahrendorf, R. (1965b). *Gesellschaft und Demokratie in Deutschland.* München: Piper.

Dahrendorf, R. (1966). *Bildung ist Bürgerrecht. Plädoyer für eine aktive Bildungspolitik.* Hamburg: Nannen-Verlag.

Dalbert, C., & Stöber, J. (2008). Forschung zur Schülerpersönlichkeit. In W. Helsper, & J. Böhme (Hrsg.), *Handbuch der Schulforschung* (2. Aufl. S. 905–925). Wiesbaden: VS Verlag für Sozialwissenschaften.

Daly, M. (Hrsg.). (2007). *Parenting in contemporary Europe: a positive approach.* Strasbourg: Council of Europe Publications.

D'Andrade, R. G. (1990). Some propositions about the relations between culture and human cognition. In J. W. Stigler, R. A. Shweder, & G. Herdt (Hrsg.), *Cultural psychology: Essays on comparative human development* (S. 65–129). New York: Cambridge University Press.

D'Andrade, R. G. (1995). *The development of cognitive anthropology.* New York. New York: Cambridge University Press.

Darling, N., & Steinberg, L. (1993). Parenting style as context: An integrative model. *Psychological Bulletin, 113*(3), 487–496.

Davidoff, J., Davies, I., & Roberson, D. (1999). Color categories in a ston-age tribe. *Nature, 398*, 203–204.

Deater-Deckard, K., et al. (2003). The development of attitudes about physical punishment: An 8-year longitudinal study. *Journal of Family Psychology, 17*(3), 351–360.

Dekovic, M., et al. (2010). Tracing changes in families who participated in the home-start parenting program: Parental sense of competence as mechanism of change. *Prevention Science, 11*(3), 263–274.

Del Greco, L., Breitbach, L., & McCarthy, R. H. (1981). The Rathus Assertiveness Schedule modified for early adolescents. *Journal of Behavioral Assessment, 3*(4), 321–328.

Del Greco, L., Breitbach, L., Rumer, S., McCarthy, R. H., & Suissa, S. (1986). Further examination of the reliability of the Rathus Assertiveness Schedule. *Adolescence, 21*, 483–485.

De Lorent, H. P. (1992). Praxisschock und Supervision. Auswertung einer Umfrage bei neu eingestellten Lehren. *Pädagogik, 44*(9), 22–25.

De Lorent, H. P. (1993). 7650 Jahre im Schuldienst- und ein bisschen ausgebrannt. *Pädagogik, 45*(9), 62–63.

Delgado-Gaitan, C. (1992). School matters in the Mexican-American home: Socializing children to education. *American Educational Research Journal, 29*(3), 495–513.

Deutscher Bauernverband (Hrsg.). (2007). *Situationsbericht 2007. Trends und Fakten zur Landwirtschaft*. Berlin: Deutscher Bauernverband.

Dickinson, R. (2002). *The Milgram Re-enactment*. http://www.roddickinson.net/pages/milgram/project-synopsis.php

Dewey, J. (1938). *Experience and education*. New York: Macmillan.

Dewey, J. (1966). *Democracy and education*. New York: The Free Press. Original 1916

Dewey, J., & Kilpatrick, W. H. (1935). *Der Projektplan – Grundlegung und Praxis*. Weimar: Böhlau Nachf.. Hrsg. Peter Petersen

Diehl, C., Friedrich, M., & Hall, A. (2009). Jugendliche ausländischer Herkunft beim Übergang in die Berufsausbildung: Vom Wollen, Können und Dürfen. *Zeitschrift für Soziologie, 38*(1), 48–67.

Diewald, M., & Faist, T. (2011). Von Heterogenitäten zu Ungleichheiten: Soziale Mechanismen als Erklärungsansatz der Genese sozialer Ungleichheiten. *Berliner Journal für Soziologie, 21*, 91–114.

Dimbath, O. (2003). *Entscheidungen in der individualisierten Gesellschaft. Eine empirische Untersuchung zur Berufswahl in der fortgeschrittenen Moderne*. Wiesbaden: Westdeutscher Verlag.

Dimbath, O. (2006). Die Deutung des Misslingens – subjektive Sinnbeimessungen bei Unwägbarkeiten im Berufswahlprozess. In K.-S. Rehberg (Hrsg.), *Soziale Ungleichheit, Kulturelle Unterschiede. Verhandlungen des 32. Kongresses der DGS in München 2004* (S. 4339–4350). Frankfurt am Main: Campus.

Dimbath, O. (2008). Intuition in der Berufswahl. In K.-S. Rehberg (Hrsg.), *Die Natur der Gesellschaft. Verhandlungen des 33. Kongresses der Deutschen Gesellschaft für Soziologie in Kassel 2006* (S. 4986–4996). Frankfurt am Main: Campus.

Dingel, I., & Tietz, C. (Hrsg.). (2011). *Die politische Aufgabe von Religion. Perspektiven der drei monotheistischen Religionen*. Göttingen: Vandenhoeck & Ruprecht.

Dishion, T. J., & McMahon, R. J. (1999). Parental monitoring and the prevention of problem behavior: A conceptual and empirical reformulation. In R. S. Ashery (Hrsg.), *Research meeting on drug abuse prevention through family interventions* (S. 229–259). Washington, DC: U.S. Government Printing Office.

Ditton, H., & Krüsken, J. (2006). Der Übergang von der Grundschule in die Sekundarstufe I. *Zeitschrift für Erziehungswissenschaft, 9*(3), 348–372.

Ditton, H., Krüsken, J., & Schauenberg, M. (2005). Bildungsungleichheit – der Beitrag von Familie und Schule. *Zeitschrift für Erziehungswissenschaft, 8*(2), 285–304.

Döpfner, M. et al. (2006). *PHOKI. Phobiefragebogen für Kinder und Jugendliche*. Göttingen: Hogrefe.

Dörner, D. (1976). *Problemlösen als Informationsverarbeitung*. Stuttgart: Kohlhammer.

Dollmann, J. (2010). *Türkischstämmige Kinder am ersten Bildungsübergang: Primäre und sekundäre Herkunftseffekte*. Wiesbaden: VS Verlag für Sozialwissenschaften.

Drakeford, W. (2012). The effects of cooperative learning on the classroom participation of students placed at risk for societal failure. *Psychology Research, 2*(4), 239–246.

Dreesmann, H. (1982a). *Unterrichtsklima: Wie Schüler den Unterricht wahrnehmen*. Weinheim: Beltz.

Dreesmann, H. (1982b). Neuere Entwicklungen zur Erforschung des Unterrichtsklimas. In B. Treiber, & F. E. Weinert (Hrsg.), *Lehr-Lern-Forschung. Ein Überblick in Einzeldarstellungen* (S. 177–199). München: Urban & Schwarzenberg.

Dreesmann, H. (1992). Schulklima. In K. Ingenkamp et al. et al. (Hrsg.), *Empirische Pädagogik* (S. 655–682). Weinheim: Deutscher Studien Verlag.

Drever, A. I. (2004). Seperate spaces seperate outcomes? Neighbourhood impacts on minorities in Germany. *Urban Studies, 41*(8), 1423–1439.

Dürbeck, H. (2009). Neuere Untersuchungen zur Sapir-Whorf-Hypothese. *Linguistics, 13*(145), 5–46.

Duhm, E., & Huss, K. (1979). *FPSS Fragebogen zur Erfassung praktischer und sozialer Selbständigkeit 4- bis 6jähriger Kinder*. Göttingen: Hogrefe.

Duncan, O. D., & Duncan, B. (1955). A methodological analysis of segregation indexes. *American Sociological Review, 41*(2), 210–217.

Duncan, O., Featherman, D., & Duncan, B. (1972). *Socioeconomic background and achievement*. New York: Seminar Press.

Durkheim, E. (1897). *Le suicide: Étude de sociologie*. Paris: Félix Alcan.

Durkheim, E. (1923). *Le Conflit de la morale et de la sociologie* (3. Aufl.). Paris: Alcan.

Durkheim, E. (1893). *De la division du travail social: Étude sur l'organisation des sociétés supérieures*. Paris: Alcan. (Dt.: Über die Teilung der sozialen Arbeit (1977). Frankfurt am Main: Suhrkamp.) éli

Durkheim, E. (1984). *Erziehung, Moral und Gesellschaft. Vorlesung an der Sorbonne 1902/1903*. Frankfurt am Main: Suhrkamp.

Eamon, M. K., & Zuehl, R. M. (2001). Maternal depression and physical punishment as mediators of the effect of poverty on socioemotional problems of children in single-mother families. *American Journal of Othopsychiatry, 71*(2), 218–226.

Eberhard, V. et al. (2013). *Perspektiven beim Übergang Schule – Berufsausbildung. Methodik und erste Ergebnisse aus der BIBB-Übergangsstudie 2011*. Bonn: BIBB.

Ecarius, J., Eulenbach, M., Fuchs, T., & Walgenbach, K. (2011). *Jugend und Sozialisation*. Wiesbaden: VS Verlag für Sozialwissenschaften.

Eckert, T., von Hippel, A., Pietraß, M., & Schmidt-Hertha, B. (Hrsg.). (2011). *Bildung der Generationen*. Wiesbaden: VS Verlag für Sozialwissenschaften.

Eckes, T., & Six, B. (1994). Fakten und Fiktionen in der Einstellungs-Verhaltens-Forschung: Eine Meta-Analyse. *Zeitschrift für Sozialpsychologie, 25*, 253–271.

Eder, F. (1996). *Schul- und Klassenklima. Ausprägung, Determinanten und Wirkungen des Klimas an höheren Schulen*. Innsbruck, Wien: Studien-Verlag.

Eder, F., & Mayr, J. (2000). *Linzer Fragebogen zum Schul- und Klassenklima für die 4.–8. Klassenstufe (LFSK 4-8)*. Göttingen: Hogrefe.

Ehmke, T., & Jude, N. (2010). Soziale Herkunft und Kompetenzerwerb. In E. Klieme et al. (Hrsg.), *PISA 2009. Bilanz nach einem Jahrzehnt* (S. 231–253). Münster: Waxmann.

Ehmke, T. (2006). Wie verändert sich die mathematische Kompetenz von der neunten zur zehnten Klassenstufe?. In M. M. Prenzel et al. (Hrsg.), *PISA 2003. Untersuchungen zur Kompetenzentwicklung im Verlauf eines Schuljahres* (S. 63–85). Münster: Waxmann.

Einsiedler, W. (1981). *Lehrmethoden*. München: Urban & Schwarzenberg.

Eisenberg, G. (2000). *Amok – Kinder der Kälte: Über die Wurzeln von Wut und Hass*. Reinbek bei Hamburg: Rowohlt.

Eisner, M., Ribeaud, D., Jünger, R., & Meidert, U. (2007). *Frühprävention von Gewalt und Aggression. Ergebnisse des Zürcher Präventions- und Interventionsprojektes an Schulen*. Zürich: Rüegger Verlag.

EKD - Evangelische Kirche in Deutschland (Hrsg.). (2010). *Kirche und Jugend. Lebenslagen, Begegnungsfelder, Perspektiven*. München: Gütersloher Verlagshaus.

Elder Jr, G. H. (1962). Structural variations in the child rearing relationship. *Sociometry, 25*(3), 241–262.

Ellis, G., Morgan, N. S., & Reid, K. (2013). *Better behaviour through home-school relations. Using values-based education to promote positive learning*. Oxon: Routledge.

Emmerich, M., & Hormel, U. (2013). *Heterogenität – Diversity – Intersektionalität*. Wiesbaden: VS Verlag für Sozialwissenschaften.

EMNID-Institut (1998). *Der Wandel der Erziehungsziele in der Bundesrepublik Deutschland, 1951-1998. Umfrage und Analyse* Bd. 11/12. Bielefeld: EMNID. http://1000dok.digitale-samlungen.de/dok_0017_erz.pdf

Engels, D., & Thielebein, C. (2011). *Zusammenhang von sozialer Schicht und Teilnahme an Kultur-, Bildungs- und Freizeitangeboten für Kinder und Jugendliche. Schlussbericht*. Köln: Otto-Blume-Institut für Sozialforschung und Gesellschaftspolitik.

Engels, F. (1881). Notwendige und überflüssige Gesellschaftsklassen. In Karl Marx und Friedrich Engels – Werke. Band 19 (4. Aufl. 1973 (S. 287–290). Berlin/DDR: Karl) Dietz Verlag.

Erbes, A. (2013). „Ich bin meine Didaktik" – Handlungstheoretische Ansätze einer wertsensibilisierenden pädagogischen Praxis in der Familienbildung. In A. Erbes, C. Giese, & H. Rollik (Hrsg.), *Werte und Wertebildung in Familien, Bildungsinstitutionen, Kooperationen. Beiträge aus Theorie und Praxis* (S. 78–103). Berlin: Deutsches Rotes Kreuz e. V.

Erbes, A., Giese, C., & Rollik, H. (Hrsg.). (2013). *Werte und Wertebildung in Familien, Bildungsinstitutionen, Kooperationen. Beiträge aus Theorie und Praxis*. Berlin: Deutsches Rotes Kreuz e. V..

Erikson, R., Goldthorpe, J. H., & Portocarero, L. (1979). Intergenerational class mobility in three Western European societies: England, France and Sweden. *British Journal of Sociology*, *30*(4), 415–441.

Erikson, R., & Goldthorpe, J. H. (2002). Intergenerational Inequality: A Sociological Perspective. *Journal of Economic Perspectives*, *16*(3), 31–44.

Erikson, R., & Jonsson, J. O. (1996). Explaining class inequality in education: The Swedish test case. In R. Erikson et al. (Hrsg.), *Can education be equalized? The Swedish case in comparative perspective* (S. 1–63). Stockholm: Westview Press.

Erikson, R., et al. (2005). On class differentials in educational attainment. *Proceedings of the National Academy of Sciences*, *102*(27), 9730–9733.

Erlinghagen, M. (2002). Die Entwicklung von Arbeitsmarktmobilität und Beschäftigungsstabilität im Übergang von der Industrie- zur Dienstleistungsgesellschaft. Eine deskriptive Analyse des westdeutschen Arbeitsmarktes zwischen 1976 und 1995 auf Basis der IAB-Beschäftigtenstich-probe. *Mitteilungen aus der Arbeitsmarkt- und Berufsforschung*, *35*, 74–89.

Ernst, O., Freienstein, J. C., & Schaipp, L. (2011). *Populäre Irrtümer über Sprache*. Stuttgart: Philipp Reclam.

Esser, G., Blanz, B., Geisel, B., & Laucht, M. (1989). *Mannheimer Elterninterview MEI*. Göttingen: Hogrefe.

Esser, H. (1999). *Situationslogik und Handeln*. Soziologie. Allgemeine Grundlagen, Bd. 1. Frankfurt am Main: Campus.

Esser, H. (2001). *Integration und ethnische Schichtung*. Arbeitspapiere – Mannheimer Zentrum für Europäische Sozialforschung, Bd. 40. Mannheim: MZES.

Farwick, A. (2008). Behindern ethnisch geprägte Wohnquartiere die Eingliederung von Migranten?. In O. Schnur (Hrsg.), *Quartiersforschung. Zwischen Theorie und Praxis* (S. 209–239). Wiesbaden: VS Verlag für Sozialwissenschaften.

Feather, N. T. (1986). Cross-cultural studies withe the Rokeach value survey: The flinders program of research on values. *Australian Journal of Psychology*, *38*(3), 269–283.

Felder, R. M., & Brent, R. (2001). Strategies for cooperative learning. *Journal for Cooperation and Collaboration in College Teaching*, *10*(2), 69–75.

Fend, H. (1969/1976). *Sozialisierung und Erziehung* (8. Aufl.). Weinheim: Beltz.

Fend, H. (1977). *Schulklima: Soziale Einflussprozesse in der Schule*. Weinheim: Beltz.

Fend, H. (1988). Sozialer Wandel in Erziehungsbedingungen und Mentalitäten der Lehrerschaft von den 60er zu den 80er Jahren. In J. Bastian (Hrsg.), *1968–1988. Eine Pädagogen-Generation zieht Bilanz*. Hamburg: Bergmann + Helbig.

Fend, H. (2008). *Neue Theorie der Schule. Einführung in das Verstehen von Bildungssystemen* (2. Aufl.). Wiesbaden: VS Verlag für Sozialwissenschaften.

Fend, H., Berger, F., & Grob, U. (Hrsg.). (2009). *Lebensverläufe, Lebensbewältigung, Lebensglück. Ergebnisse der LifE-Studie*. Wiesbaden: VS Verlag für Sozialwissenschaften.

Ferguson, C. J. (2007). Video games: The latest scapegoat for violence. *Chronicle of Higher Education: Chronicle Review*, *53*(42), B20.

Filsinger, D. (2008). *Bedingungen erfolgreicher Integration – Integrationsmonitoring und Evaluation*. Bonn: Friedrich-Ebert-Stiftung.

Flammer, A. (1994). Mit Risiko und Ungewissheit leben. Zur Religiosität in der Entwicklung. In G. Klosinksi (Hrsg.), *Religion als Chance und Risiko* (S. 20–33). Bern: Huber.

Flanders, N. A. (1970). *Analyzing teaching behavior*. Reading, MA: Addison-Wesley.

Flatau, J. (2009). Zum Zusammenhang von Sozialisation und ehrenamtlicher Mitarbeit in Sportvereinen – Erste Überlegungen unter Anwendung der Rational-Choice-Theorie. *Sport und Gesellschaft*, *6*(3), 259–282.

Flitner, E. (2001). Grundmuster und Varianten von Erziehung in modernen Gesellschaften. Eine erziehungswissenschaftliche Lektüre der herrschafts- und religionssoziologischen Schriften Max Webers. In E. Hanke, & W. Mommsen (Hrsg.), *Max Webers Herrschaftssoziologie: Studien zu Entstehung und Wirkung* (S. 265–284). Tübingen: Mohr Siebeck.

Foucault, M. (1977). *Überwachen und Strafen*. Frankfurt am Main: Suhrkamp.

Fox, M. A., Connolly, B. A., & Snyder, T. D. (2005). *Youth indicators 2005: Trends in the well-being of American youth*. Washington, D.C.: U.S. Department of Education. National Center for Education Statistics. http://nces.ed.gov/pubs2005/2005050.pdf

Frank, M. C., Everett, D. L., Fedorenko, E., & Gibson, E. (2008). Number as a cognitive technology: Evidence from Pirahã language and cognition. *Cognition*, *108*(3), 819–824.

Franken, S. (2010). *Verhaltensorientierte Führung. Handeln, Lernen und Diversity in Unternehmen* (3. Aufl.). Wiesbaden: Gabler.

Franzke, R. (2002). *New Age Pädagogik*. Hannover: alpha Press.

Fraser, B. J., et al. (1982). Individualized classroom environment questionnaire. *American Journal of Evaluation*, *3*(2), 72–73.

Freedenthal, S., & Stiffman, A. R. (2004). Suicidal behavior in urban American Indian adolescents: A comparison with reservation youth in a Southwestern state. *Suicide & Life-Threatening Behavior*, *34*(2), 160–172.

Freistaat Bayern (2012). *Bayerisches Gesetz über das Erziehungs- und Unterrichtswesen (BayEUG) in der Fassung der Bekanntmachung vom 31. Mai 2000. Zuletzt geändert durch § 1 ÄndG vom 23. 5. 2014 (GVBl)* (S. 186). München: Bayerisches Gesetz- und Verordnungsblatt.

Freitag, M. (1998). *Was ist eine gesunde Schule? Einflüsse des Schulklimas auf Schüler- und Lehrergesundheit*. Weinheim: Juventa.

French, J. P. R. Jr, & Raven, B. (1960). The bases of social power. In D. Cartwright, & A. Zander (Hrsg.), *Group dynamics* (S. 607–623). New York: Harper and Row.

Frenzel, A. C., Goetz, T., Pekrun, R., & Watt, H. M. G. (2010). Development of mathematics interest in adolescence: Influences of gender, family, and school context. *Journal of Research on Adolescence*, *20*(2), 507–537.

Frey, A., & Balzer, L. (2003). Beurteilungsbogen zu sozialen und methodischen Kompetenzen – smk99. In J. Erpenbeck, & L.V Rosenstiel (Hrsg.), *Handbuch Kompetenzmessung. Erkennen, verstehen und bewerten von Kompetenzen in der betrieblichen, pädagogischen und psychologischen Praxis* (S. 323–335). Stuttgart: Schäffer Poeschel.

Frey, A., Roth, I., & Reichle, B. (2007). Beziehungsorientierte Intervention am Beispiel des „Ich bleibe cool"-Trainings zur Förderung prosozialer Verhaltensweisen und konstruktiver Konfliktlösestrategien bei Kindern im Grundschulalter. *Praxis der Kinderpsychologie und Kinderpsychiatrie*, *56*(5), 463–482.

Frey, K. (2002). *Die Projektmethode. Der Weg zum bildenden Tun* (9. Aufl.). Weinheim: Beltz.

Frey, K. A. (2013). *Soziale Kompetenz. Eine Fragebogenerfassung in der Grundschule*. Münster: Waxmann.

Fridlund, A. J., & Russell, J. A. (2006). The functions of facial expressions: What's in a face?. In V. Manusov, & M. L. Patterson (Hrsg.), *Handbook of Nonverbal Communication* (S. 299–320). Newbury Park, CA: Sage.

Friedrich, M. (2009). *Berufliche Pläne und realisierte Bildungs- und Berufswege nach Verlassen der Schule. Ergebnisse der BIBB – Schulabgängerbefragungen 2004 bis 2006*. Bielefeld: Bertelsmann.

*Friedrich, M. (2011).*Berufliche Wünsche und beruflicher Verbleib von Schulabgängern und Schulabgängerinnen. In Bundesinstitut für Berufsbildung (Hrsg.), *Datenreport zum Berufsbildungsbericht 2011. Informationen und Analysen zur Entwicklung der beruflichen Bildung* (Kapitel A3.1.) (S. 82–93). Bonn: BIBB.

Friedrichs, J. (2008). Ethnische Segregation. In F. Kalter (Hrsg.), *Migration und Integration* (S. 380–411). Wiesbaden: VS Verlag für Sozialwissenschaften.

Fröhlich, G. (1994). Kapital, Habitus, Feld, Symbol. Grundbegriffe der Kulturtheorie bei Pierre Bourdieu. In I. Mörth, & G. Fröhlich (Hrsg.), *Das symbolische Kapital der Lebensstile. Zur Kultursoziologie der Moderne nach Pierre Bourdieu* (S. 31–54). Frankfurt am Main: Campus.

Funk, L., Röttger-Rössler, B., & Scheidecker, G. (2012). Fühlen(d) Lernen: Zur Sozialisation und Entwicklung von Emotionen im Kulturvergleich. *Zeitschrift für Erziehungswissenschaft*, *15*(1 Supplement), 217–238.

Furnham, A., & Ribchester, T. (1995). Tolerance of ambiguity: A review of the concept, its measurement and applications. *Current Psychology*, *14*(3), 179–199.

Gage, N. L. (1989). The paradigm wars and their aftermath: A "historical" sketch of research on teaching since 1989. *Educational Researcher*, *18*(7), 4–10.

Galuske, M. (2013). *Methoden der Sozialen Arbeit. Eine Einführung* (10. Aufl.). Weinheim: Beltz Juventa.

Gambetta, D. (1996). *Were they pushed or did they jump? Individual decision mechanisms in education* (2. Aufl.). Boulder, CO: Westview Press.

Ganzeboom, H. B. G., De Graaf, P. M., & Treiman, D. J. (1992). A standard international socio-economic index of occupational statu. *Social Science Research, 21*(1), 1–56.

García, F., & Gracia, E. (2010). What is the optimum parental socialisation style in Spain? A study with children and adolescentes aged 10-14 years. *Infancia y Aprendizaje, 33*(39), 365–384.

Gareis, S., & Klein, P. (Hrsg.). (2006). *Handbuch Militär und Sozialwissenschaft* (2. Aufl.). Wiesbaden: VS Verlag für Sozialwissenschaften.

Gaschke, S. (2001). *Die Erziehungskatastrophe. Kinder brauchen starke Eltern.* Stuttgart/München: Deutsche Verlags-Anstalt.

Gass, R. H., & Seiter, J. S. (2003). *Persuasion, social influence, and compliance gaining* (2. Aufl.). Needham Heights, MA: Allyn & Bacon.

Gasteiger-Klicpera, B., & Klein, M. (2005). Aggressionsprävention in der Grundschule: Evaluation eines Trainings zur Konfliktlösung in dritten Volksschulklassen. In A. Ittel, & M.von Salisch (Hrsg.), *Lästern, lügen, leiden lassen. Aggressives Verhalten von Kindern und Jugendlichen* (S. 135–156). Stuttgart: Kohlhammer.

Gawronski, B., & Erb, H.-P. (2001). Meinungsführerschaft und Persuasion. *Marketing ZFP. Journal of Research and Management, 23*(3), 199–208.

Geiger, T. (1930). Erziehung als Gegenstand der Soziologie. *Die Erziehung. Monatsschrift für den Zusammenhang von Kultur und Erziehung in Wissenschaft und Leben, 5*(7), 405–427.

Geißler, R. (1992). *Die Sozialstruktur Deutschlands. Ein Studienbuch zur gesellschaftlichen Entwicklung im geteilten und vereinten Deutschland.* Opladen: Westdeutscher Verlag.

Geißler, R. (2006). Bildungsexpansion und Bildungschancen.Veränderungen im Zusammenhang von Bildungssystem und Sozialstruktur. In R. Geißler (Hrsg.), *Die Sozialstruktur Deutschlands* (4. Aufl. S. 273–299). Wiesbaden: VS Verlag für Sozialwissenschaften.

Geißler, R. (2010). *Die Sozialstruktur Deutschlands. Aktuelle Entwicklungen und theoretische Erklärungsmodelle. Gutachten im Auftrag der Friedrich-Ebert-Stiftung.* Berlin: Friedich-Ebert-Stiftung.

Geißler, R. (2011). *Die Sozialstruktur Deutschlands. Zur gesellschaftlichen Entwicklung mit einer Bilanz zur Vereinigung* (6. Aufl.). Wiesbaden: VS Verlag für Sozialwissenschaften.

Geißler, R. (2012). Die meritokratische Illusion – oder warum Reformen beim Bildungssystem ansetzen müssen. In M. Haller, & M. Niggeschmidt (Hrsg.), *Der Mythos vom Niedergang der Intelligenz. Von Galton zu Sarrazin: Denkmuster und Denkfehler der Eugenik* (S. 193–210). Wiesbaden: VS Verlag für Sozialwissenschaften.

Gerhardt, U. (1995). Die Familie und die soziale Pathologie der Gewalt. Denkmodelle für die Theorie der modernen Gesellschaft. In U. Gerhardt et al. (Hrsg.), *Familie der Zukunft. Lebensbedingungen und Lebensformen* (S. 113–127). Opladen: Leske + Budrich.

Gerris, J. R. M., & Grundmann, M. (2002). Reziprozität, Qualität von Familienbeziehungen und die intergenerationale Transmission generativen Verhaltens. *Zeitschrift für Erziehungssoziologie und Sozialisation, 22*, 3–24.

Gerstacker, R., & Zimmer, J. (1978). Der Situationsansatz in der Vorschulerziehung. In R. Dollase (Hrsg.), *Handbuch der Früh- und Vorschulpädagogik* (Bd. 2, S. 189–205). Düsseldorf: Schwann.

Gerster, P., & Nürnberger, C. (2003). *Der Erziehungsnotstand. Wie wir die Zukunft unserer Kinder retten* (3. Aufl.). Berlin: Rowohlt.

Geulen, D. (1977). *Das vergesellschaftete Subjekt. Zur Grundlegung der Sozialisationstheorie.* Frankfurt am Main: Suhrkamp.

Geulen, D. (2005). *Subjektorientierte Sozialisationstheorie. Sozialisation als Epigenese des Subjekts in Interaktion mit der gesellschaftlichen Umwelt.* Weinheim: Juventa.

Geulen, D., & Hurrelmann, K. (1980). Zur Programmatik einer umfassenden Sozialisationstheorie. In K. Hurrelmann, & D. Ulich (Hrsg.), *Handbuch der Sozialisationsforschung* (S. 51–68). Weinheim: Beltz.

Ghate, D. et al. (2003). *The National study of parents, children and discipline in Britain.* London: Policy Research Bureau.

Giacomino, D. E., Brown, J., & Akers, M. D. (2011). Generational differences of personal values of business students. *American Journal of Business Education, 4*(9), 19–30.

Giesecke, H. (2000). *Politische Bildung. Didaktik und Methodik für Schule und Jugendarbeit.* Weinheim: Juventa.

Giesecke, H. (2005). *Wie lernt man Werte? Grundlagen der Sozialerziehung.* Weinheim: Juventa.

Giesecke, J. (2006). *Arbeitsmarkt-Flexibilisierung und Soziale Ungleichheit.* Wiesbaden: VS Verlag für Sozialwissenschaften.

Gigerenzer, G., & Gaissmaier, W. (2006). Denken und Urteilen unter Unsicherheit: Kognitive Heuristiken. In J. Funke (Hrsg.), *Denken und Problemlösen Enzyklopädie der Psychologie*, (Bd. C, II, 8, S. 329). Göttingen: Hogrefe.

Götz, T., et al. (2005). Einsatz von Unterrichtsmethoden – Konstanz oder Wandel? *Empirische Pädagogik, 19*(4), 342–360.

Götz, T., Frenzel, A. C., & Pekrun, R. (2008). Sozialklima in der Schule. In W. Schneider, & M. Hasselhorn (Hrsg.), *Handbuch der Psychologie: Pädagogische Psychologie* (S. 503–514). Göttingen: Hogrefe.

Goffman, E. (1961). Role distance. In E. Goffman (Hrsg.), *Encounters. Two Essays on the Sociology of Interaction* (S. 75–135). Indianapolis: Bobbs-Merrill.

Gokhale, A. A. (1995). Collaborative learning enhances critical thinking. *Journal of Technology Education, 7*(1), 22–30.

Goldberg, W. A., Prause, J. A., Lucas-Thompson, R., & Himsel, A. J. (2008). Maternal employment and children's achievement in context: A meta-analysis of four decades of research. *Psychological Bulletin, 134*, 77–108.

Goldenberg, C., et al. (2001). Cause or effect? A longitudinal study of immigrant Latino parents' aspirations and expectations, and their children's school performance. *American Educational Research Journal, 38*(3), 547–582.

Gollwitzer, M., Banse, R., Eisenach, K., & Naumann, A. (2007a). Effectiveness of the Vienna Social Competence Training on Explicit and Implicit Aggression. Evidence from an Aggressivness-IAT. *European Journal of Psychological Assessment, 23*(3), 150–15.

Gollwitzer, M., Pfetsch, J., Schneider, V., Schulz, A., Steffke, T., & Ulrich, C. (2007b). *Gewaltprävention bei Kindern und Jugendlichen. Aktuelle Erkenntnisse aus der Forschung und Praxis.* Göttingen: Hogrefe.

Gonzales, N., Cause, A. M., & Mason, C. (1996). Interobserver agreement in the assessment of parental behavior and parent-adolescent conflict: African American mothers, daughters, and independent observers. *Child Development, 67*, 1483–1498.

Goodman, R. (1997). The Strengths and Difficulties Questionnaire: A research note. *Journal of Child Psychology and Psychiatry, 38*, 581–586.

Gottfredson, L. S. (2006). Social consequences of group differences in cognitive ability. In C. E. Flores-Mendoza, & R. Colom (Hrsg.), *Introducau a psicologia das diferencas individuais* (S. 433–456). Porto Allegre, Brazil: ArtMed Publishers.

Gottfredson, L. S. (2011). Intelligence and social inequality: Why the biological link?. In T. Chamorro-Premuzic et al. (Hrsg.), *Handbook of Individual Differences* (S. 538–575). Hoboken, NJ: Wiley-Blackwell.

Gottschall, K., & Voß, G. G. (2003). Entgrenzung von Arbeit und Leben – Zur Einleitung. In K. Gottschall, & G. G. Voß (Hrsg.), *Entgrenzung von Arbeit und Leben: zum Wandel der Beziehung von Erwerbstätigkeit und Privatsphäre im Alltag* (S. 11–33). Mering: Hampp.

Gräb, W., & Thieme, T. (2011). *Religion oder Ethik? Die Auseinandersetzung um den Ethik- und Religionsunterricht in Berlin.* Göttingen: Vandenhoeck & Ruprecht.

Graf, J. (2002). *Wenn Paare Eltern werden.* Weinheim: Beltz.

Greenfield, E. A., & Marks, N. F. (2006). Linked Lives: Adult children's problems and their parents' psychological and relational well-being. *Journal of Marriage and Family, 68*(2), 442–454.

Greenspan, S. I., & Gransfield, J. M. (1992). Reconsidering the construct of mental retardation: Implications of a model of social competence. *American Journal on Mental Retardation, 96*, 442–553.

Grell, J. (1975). *Techniken des Lehrerverhaltens* (3. Aufl.). Weinheim: Beltz.

Grewe, N. (2003). *Aktive Gestaltung des Klassenklimas. Eine empirische Interventionsstudie.* Münster: LIT.

Griebel, W., & Niesel, R. (2009). A developmental psychology perspective in Germany: co-construction of transitions between family and education system by child, parents and pedagogues. *Early Years, 29*(1), 1–10.

Grimm, S. (1966). *Die Bildungsabstinenz der Arbeiter. Eine soziologische Untersuchung.* München: Barth.

Grimm, S. (1987). *Soziologie der Bildung und Erziehung. Eine Einführung und kritische Bilanz.* München: Ehrenwirth.

Groß, M. (2000). Bildungssysteme, soziale Ungleichheit und subjektive Schichteinstufung. *Zeitschrift für Soziologie, 29*(5), 375–396.

Großegger, B., & Heinzlmaier, B. (2004). *Jugendkultur Guide* (2. Aufl.). Wien: öbv & hpt Verlag.

Großmann, C. (2002). *Soziales Lernen und Gruppenentwicklung. Ein Praxishandbuch zur Förderung von sozialen Kompetenzen in Schule und Unterricht*. Göttingen: Institut für berufliche Bildung und Weiterbildung.

Gruen, A. (2000). *Der Fremde in uns*. Stuttgart: Klett-Cotta.

Grundmann, M. (2006). *Sozialisation. Skizze einer allgemeinen Theorie*. Konstanz: UVK.

Grundmann, G., Fuss, D., & Suckow, J. (2000). Sozialökologische Sozialisationsforschung: Entwicklung, Gegenstand und Anwendungsbereiche. In M. Grundmann, & K. Lüscher (Hrsg.), *Sozialökologische Sozialisationsforschung. Ein anwendungsorientiertes Lehr- und Studienbuch* (S. 17–76). Konstanz: Universitätsverlag Konstanz.

Grundmann, M., & Hoffmeister, D. (2007). Die Verwobenheit von Sozialisation und Selektion: Eine kritische Bestandsaufnahme des Verhältnisses von Sozialisation und Erziehung. *Zeitschrift für Soziologie der Erziehung und Sozialisation, 27*(2), 128–142.

Grundmann, M., Groh-Samberg, O., Bittlingmayer, U. H., & Bauer, U. (2003). Milieuspezifische Bildungsstrategien in Familie und Gleichaltrigengruppe. *Zeitschrift für Erziehungswissenschaft, 6*(1), 25–45.

Grunow, D., Kurz, K., & Hillmert, S. (2005). Desintegration am Arbeitsmarkt? Eine empirische Analyse zur Stabilität von Erwerbsverläufen. In J. Berger (Hrsg.), *Zerreißt das soziale Band? Beiträge zu einer aktuellen gesellschaftspolitischen Debatte* (S. 143–170). Frankfurt am Main: Campus.

Gudjons, H. (2008). *Pädagogisches Grundwissen. Überblick, Kompendium, Studienbuch* (10. Aufl.). Bad Heilbrunn: Klinkhardt.

Gugel, G. (2007). *Handbuch Gewaltprävention in der Grundschule. Grundlagen – Lernfelder – Handlungsmöglichkeiten*. Tübingen: Institut für Friedenspädagogik.

Guggenberger, H., Keplinger, M., & Unger, M. (2011). Moving the Bologna structure: Facing challenges in the Austrian Higher Education system. In H. Schomburg, & U. Teichler (Hrsg.), *Employability and mobility of Bachelor graduates in Europe* (S. 43–67). Rotterdam, NL: Sense Publishing.

Guillory, R. M., & Wolverton, M. (2008). It's about family: Native American student persistence in higher education. *The Journal of Higher Education, 79*(1), 58–87.

Gukenbiehl, H. L. (2008). Soziologie als Wissenschaft. In H. Korte, & B. Schäfers (Hrsg.), *Einführung in Hauptbegriffe der Soziologie* (7. Aufl. S. 11–22). Wiesbaden: VS Verlag für Sozialwissenschaften.

Habenicht, M. (2012). *Die Führungsphilosophie der Bundeswehr (Innere Führung) – Eine Idee zur Menschenführung auch für andere Organisationen?* Hamburg: Dr. Kovac.

Habermas, J. (1974). Moralentwicklung und Ich-Identität. In J. Habermas (1976), *Zur Rekonstruktion des Historischen Materialismus* (S. 63–91). Frankfurt am Main: Suhrkamp.

Habermas, J. (1981). *Zur Kritik der funktionalistischen Vernunft*. Theorie des kommunikativen Handelns, Bd. 2. Frankfurt am Main: Suhrkamp.

Habermas, J. (1990). *Strukturwandel der Öffentlichkeit*. Frankfurt am Main: Suhrkamp. Neuaufl.

Habermas, J. (1992). *Faktizität und Geltung*. Frankfurt am Main: Suhrkamp.

Hadjar, A. (2006). Bildungsexpansion und Wandel von sozialen Werten. In A. Hadjar, & R. Becker (Hrsg.), *Die Bildungsexpansion. Erwartete und unerwartete Folgen* (S. 205–230). Wiesbaden: VS Verlag für Sozialwissenschaften.

Hadjar, A., & Becker, R. (Hrsg.). (2006). *Die Bildungsexpansion: erwartete und unerwartete Folgen*. Wiesbaden: VS Verlag für Sozialwissenschaften.

Hagemann, W. (2009). *Burnout bei Lehrern. Ursachen, Hilfen, Therapien*. München: C.H. Beck.

Hahn, H.-W. (2005). *Die Industrielle Revolution in Deutschland. Enzyklopädie Deutscher Geschichte* Bd. 49. München: Oldenbourg.

Halberstadt, A. G., Denham, S. A., & Dunsmore, J. C. (2001). Affective social competence. *Social Development, 10*, 79–119.

Halford, G. S. (1993). *Children´s understanding. The development of mental models*. Hillsdale, NJ: Lawrence Erlbaum.

Haller, A. O. (1968). On the concept of aspiration. *Rural Sociology, 33*(4), 484–487.

Haller, M., & Niggeschmidt, M. (Hrsg.). (2012). *Der Mythos vom Niedergang der Intelligenz. Von Galton zu Sarrazin: Denkmuster und Denkfehler der Eugenik*. Wiesbaden: VS Verlag für Sozialwissenschaften.

Halpenny, A. M., Nixon, E., & Watson, D. (2010). *Parents' perspectives on parenting styles and disciplining children*. Dublin: Minister for Health and Children.

Hallpike, C. R. (1990). *Die Grundlagen primitiven Denkens*. Stuttgart: Klett-Cotta.

Haney, C., Banks, W. C., & Zimbardo, P. G. (1973). A study of prisoners and guards in a simulated prison. *Naval Research Review, 30*, 4–17.

Hardtwig, W. (2009). *Macht, Emotion und Geselligkeit*. Stuttgart: Steiner.

Hardy, S. (2010). Links between adolescents' expected parental reactions and prosocial behavioral tendencies: The mediating role of prosocial values. *Journal of Youth and Adolescence, 39*(1), 84–95.

Harée, R. (1986). *The social construction of emotion*. Oxford: Blackwell.

Harring, M., Böhm-Kasper, O., Rohlfs, C., & Palentien, C. (2010). Peers als Bildungs- und Sozialisationsinstanzen – eine Einführung in die Thematik. In M. Harring et al. (Hrsg.), *Freundschaften, Cliquen und Jugendkulturen Peers als Bildungs- und Sozialisationsinstanzen* (S. 9–20). Wiesbaden: VS Verlag für Sozialwissenschaften.

Harrington, C. F., & Harrington, B. G. (2011). Fighting a different battle: Challenges facing American Indians in higher education. *Journal of Indigenous Research, 1*(1), 4

Harris, J. R. (1998). *The nurture assumption: Why children turn out the way they do*. New York: Free Press.

Harren, V. A. (1979). A model of career decision-making for college students. *Journal of Vocational Behavior, 14*, 119–133.

Hartmann, M. (2001). Klassenspezifischer Habitus und/oder exklusive Bildungstitel als soziales Selektionskriterium? – Die Besetzung von Spitzenpositionen in der Wirtschaft. In B. Krais (Hrsg.), *An der Spitze* (S. 158–215). Konstanz: UVK.

Hartmann, M. (2002). *Der Mythos von den Leistungseliten. Spitzenkarrieren und soziale Herkunft in Wirtschaft, Politik, Justiz und Wissenschaft*. Frankfurt am Main: Campus.

Hartmann, M. (2007). *Eliten und Macht in Europa*. Frankfurt am Main: Campus.

Hartung, D., & Hahlweg, K. (2010). Strengthening parent well-being at the work-family interface: A German trial on workplace triple P. *Journal of Community & Applied Social Psychology, 20*(5), 404–418.

Hattie, J. (2013). *Lernen sichtbar machen*. Baltsmannsweiler: Schneider Verlag Hohengehren. Überarbeitete deutschsprachige Ausgabe von „Visible Learning" besorgt von W. Beywl und K. Zierer

Haug, S., & Pointner, S. (2007). Soziale Netzwerke, Migration und Integration. In A. Franzen, & M. Freitag (Hrsg.), *Sozialkapital. Grundlagen und Anwendungen* (S. 367–396). Wiesbaden: VS Verlag für Sozialwissenschaften.

Hearold, S. (1986). A synthesis of 1,043 effects of television on social behavior. In G. Comstock (Hrsg.), *Public communication and behavior* (Bd. 1, S. 66–135). Orlando, FL: Academic Press.

Heath, A., & Brinbaum, Y. (2007). Explaining ethnic inequalities in educational attainment. *Ethnicities, 7*(3), 291–305.

Heath, P. (2005). *Parent-child relations: History, theory, research, and context*. Upper Saddle River, NJ: Pearson Merrill Prentice Hall.

Hecken, A. E. (2006). Bildungsexpansion und Frauenerwerbstätigkeit. In A. Hadjar, & R. Becker (Hrsg.), *Die Bildungsexpansion. Erwartete und unerwartete Folgen* (S. 123–156). Wiesbaden: VS Verlag für Sozialwissenschaften.

Heine, C. (2012). *Übergang vom Bachelor- zum Masterstudium*. Hannover: HIS. Forum Hochschule 7/2012

Heine, C., & Quast, H. (2009). *Studierneigung und Berufsausbildungspläne. Studienberechtigte 2008 ein halbes Jahr vor Schulabgang*. Hannover: HIS. Forum Hochschule 4|2009

Heine, C., & Quast, H. (2011). *Studienentscheidung im Kontext der Studienfinanzierung*. Hannover: HIS. Forum Hochschule 5/2011

Heinz, W. R. (1991). Berufliche und betriebliche Sozialisation. In K. Hurrelmann, & D. Ulich (Hrsg.), *Neues Handbuch der Sozialisationsforschung* (S. 397–415). Weinheim: Beltz.

Heinz, W. R. (1995). *Arbeit, Beruf und Lebenslauf. Eine Einführung in die berufliche Sozialisation*. Weinheim: Juventa.

Heinze, R. G. (2012). *Die erschöpfte Mitte*. Weinheim: Beltz Juventa.

Heller, K. A. (2000). Schulleistungsdiagnose und Schulerfolgsprognose. In K. A. Heller (Hrsg.), *Begabungsdiagnostik in der Schul- und Erziehungsberatung* (S. 217–258). Bern: Huber.

Helmke, A., Schrader, F.-W., & Lehneis-Klepper, G. (1991). Zur Rolle des Elternverhaltens für die Schulleistungsentwicklung ihrer Kinder. *Zeitschrift für Entwicklungspsychologie und Pädagogische Psychologie, 23*(1), 1–22.

Helmke, A. (2002). Sozialer und sprachlicher Hintergrund. In A. Helmke, & R. S. Jäger et al. (Hrsg.), *Das Projekt MARKUS. Mathematik-Gesamterhebung Rheinland-Pfalz: Kompetenzen, Unterrichtsmerkmale, Schulkontext* (S. 71–154). Landau: Empirische Pädagogik.

Helmke, T. (2008). Die Videostudie des Englischunterrichts. In DESI Konsortium et al. (Hrsg.), *Unterricht und Kompetenzerwerb in Deutsch und Englisch. Ergebnisse der DESI-Studie* (S. 345–363). Weinheim: Beltz.

Helmke, A. et al. (2010). *Studienbrief Unterrichtsdiagnostik. Evidenzbasierte Methoden der Unterrichtsdiagnostik.* Universität Koblenz-Landau: Campus Landau. Projekt UdiKom der Kultusministerkonferenz

Henry-Huthmacher, C., & Borchard, M. (Hrsg.). (2008). *Eltern unter Druck. Selbstverständnisse, Befindlichkeiten und Bedürfnisse von Eltern in verschiedenen Lebenswelten.* Stuttgart: Lucius & Lucius. Studie der Konrad-Adenauer-Stiftung

Hentrich, K. (2011). *Einflussfaktoren auf die Berufwahlentscheidung Jugendlicher an der ersten Schwelle. Eine theoretische und empirische Untersuchung.* Magdeburger Schriften zur Berufs- und Wirtschaftspädagogik.

Henz, U., & Maas, I. (1995). Chancengleichheit durch die Bildungsexpansion. In H. Sahner et al. (Hrsg.), *27. Kongress der Deutschen Gesellschaft für Soziologie – Gesellschaften im Umbruch* (S. 389–393). Opladen: Westdeutscher Verlag. URN:http://nbn-resolving.de/urn:nbn:de:0168-ssoar-190541

Herbert, M. (2004). Parenting across the lifespan. In M. Hoghughi, & N. Long (Hrsg.), *Handbook of Parenting: Theory and research for practice* (S. 55–71). Thousand Oaks, CA: Sage.

Hermann, D. (2003). *Werte und Kriminalität. Konzeptionen einer allgemeinen Kriminalitätstheorie.* Wiesbaden: Westdeutscher Verlag.

Hermann, D. (2012). Normative Integration durch christlich religiöse Werte. In A. Biesinger et al. (Hrsg.), *Integration durch religiöse Bildung. Perspektiven zwischen beruflicher Bildung und Religionspädagogik* (S. 103–118). Münster: Waxmann.

Herrmann, U. (1999). „Lehrer" – Experte oder Autodidakt?. In U. Carle, & S. Buchen (Hrsg.), *Jahrbuch für Lehrerforschung* (Bd. 2, S. 33–48). Weinheim: Juventa.

Herrnstein, R. J. (1974). *Chancengleichheit eine Utopie? Die IQ-bestimmte Klassengesellschaft.* Stuttgart: Deutsche Verlags-Anstalt.

Herrnstein, R., & Murray, C. (1994). *The Bell Curve. Intelligence and class structure in American life.* New York: Free Press.

Herwartz-Emden, L., & Schneider, S. (2009). Soziale, kulturelle und sprachliche Herkunft. In K.-H. Arnold, U. Sandfuchs, & J. Wiechmann (Hrsg.), *Handbuch Unterricht* (2. Aufl. S. 439–445). Bad Heilbrunn: Klinkhardt.

Herzog, W., Neuenschwander, M. P., & Wannack, E. (2004). *In engen Bahnen: Berufswahlprozess bei Jugendlichen.* Bern: Schweizerische Koordinationsstelle für Bildungsforschung.

Herzog, W., Neuenschwander, M. P., & Wannack, E. (2006). *Berufswahlprozess. Wie sich Jugendliche auf ihren Beruf vorbereiten.* Bern: Haupt.

Hessisches Kultusministerium (2005). *Förderung von Lernkompetenzen und Schlüsselqualifikationen. Methodenbausteine für den Unterricht.* Fuldatal: Amt für Lehrerbildung.

Hestenes, D. (1992). Modeling games in the Newtonian world. *American Journal of Physics, 60*(8), 732–748.

Hettlage, R. (1998). *Familienreport – Eine Lebensform im Umbruch.* München: C.H. Beck.

Heyse, H. (2004). Lehrergesundheit – eine Herausforderung für Schulen und Schuladministration. In A. Hillert, & E. Schmitz (Hrsg.), *Psychosomatische Erkrankungen von Lehrerinnen und Lehrern* (S. 223–239). Stuttgart: Schattauer.

Hiebl, P., & Seitz, S. (2013). *Soft Skills – Diagnose und Trainingsmodule. Ein Praxisleitfaden zur Förderung der Selbst- und Sozialkompetenz am Gymnasium.* Buxtehude: Persen.

Hill, N. E., & Torres, K. (2010). Negotiating the American dream: The paradox of aspirations and achievement among Latino students and engagement between their families and schools. *Journal of Social Issues, 66*(1), 95–112.

Hillaker, B. H., et al. (2008). The contribution of parenting to social competences and positive values in middle school youth: Positive family communication, maintaining standards, and supportive family relationships. *Family Relations, 57*, 591–601.

Hillmert, S. (2007). Soziale Ungleichheit im Bildungsverlauf: zum Verhältnis von Bildungsinstitutionen und Entscheidungen. In R. Becker, & W. Lauterbach (Hrsg.), *Bildung als Privileg* (2. Aufl. S. 71–98). Wiesbaden: VS Verlag für Sozialwissenschaften.

Hillmert, S. (2011). Occupational mobility and developments of inequality along the life course. *European Societies, 13*, 401–423.

Hillmert, S., & Jacob, M. (2003b). Social inequality in higher education: Is vocational training a pathway leading to or away from university? *European Sociological Review, 19*, 319–334.

Hoadley, C. (2012). What is a community of practice and how can we support it?. In D. H. Jonassen, & S. M. Land (Hrsg.), *Theoretical foundations of learning environments* (2. Aufl. S. 287–300). New York: Routledge.

Høeg, P. (2004). *Fräulein Smillas Gespür für Schnee.* Reinbek b. Hamburg: Rowohlt.

Hoff, E., Laursen, B., & Tardif, T. (2002). Socioeconomicstatus and parenting. In M. H. Bornstein (Hrsg.), *Handbook of parenting* (2. Aufl. S. 231–252). Mahwah, NJ: Erlbaum.

Hofmann, H. (2000). Sozialisationsinstanz Schule: zwischen Erziehungsauftrag und Wissensvermittlung. In K. W. Schweer (Hrsg.), *Psychologie der Lehrer-Schüler-Interaktion* (S. 9–36). Opladen: Leske + Budrich.

Hoffman, L. W., & Youngblade, L. M. (1999). *Mothers at work: Effects on children's well-being.* New York: Cambridge University Press.

Hogg, M., & Vaughan, G. (2011). *Social psychology* (6. Aufl.). Essex, UK: Pearson Education.

Höhn, E. (2003). *Wandel der Werte und Erziehungsziele in Deutschland.* Frankfurt am Main: Hänsel-Hohenhausen.

Holland, J. L. (1997). *Making vocational choices: A theory of vocational personalities and work environments* (3. Aufl.). Odessa, FL: Psychological Assessment Resources.

Hopf, C. (2005). *Frühe Bindungen und Sozialisation. Eine Einführung.* Weinheim: Juventa.

Hopf, W. (2010). *Freiheit – Leistung – Ungleichheit. Bildung und soziale Herkunft in Deutschland.* Weinheim: Juventa.

Hoppe, M. (1980). *Berufsorientierung: Studien zur Praxis der Arbeitslehre.* Weinheim: Beltz.

Homfeldt, H. G., & Barkholz, U. (1994). Schulklima und Arbeitszufriedenheit in der Einschätzung von Schulleitungen und Lehrkräften. *Pädagogische Führung, 5*(3), 123–128.

Horkheimer, M. (1934). *Dämmerung. Notizen in Deutschland (unter dem Pseudonym Heinrich Regius).* Zürich: Oprecht und Helbling.

Horstkemper, M. (2011). Eltern – gefordert und überfordert?. In D. Killus, & H. J. Tillmann (Hrsg.), *Der Blick der Eltern auf das Schulsystem* (S. 123–143). Münster: Waxmann.

Hovland, C. I. (1951). Changes in attitude through communication. *Journal of Abnormal and Social Psychology, 46*, 424–437.

Hovland, C. I., & Weiss, W. (1951). The influence of source credibility on communication effectiveness. *Public Opinion Quarterly, 15*, 635–650.

Hovland, C. I., Janis, I. L., & Kelley, H. H. (1953). *Communications and persuasion: Psychological studies in opinion change.* New Haven, CT: Yale University Press.

Hoy, W. K., Tarter, C. J., & Kottkamp, R. B. (1991). *Open schools/healthy schools. Measuring organizational climate.* Newbury Park: Sage.

Hradil, S. (1987). *Sozialstrukturanalyse in einer fortgeschrittenen Gesellschaft. Von Klassen und Schichten zu Lagen und Milieus.* Opladen: Leske + Budrich.

Hsiung, C. M., Luo, L. F., & Chung, H. C. (2014). Early identification of ineffective cooperative learning teams. *Journal of Computer Assisted Learning.* doi:10.1111/jcal.12062.

Huber, G. L. (1987). Kooperatives Lernen: Theoretische und praktische Herausforderung für die Pädagogische Psychologie. *Zeitschrift für Entwicklungspsychologie und Pädagogische Psychologie, 19*(4), 340–362.

Huber, L. (2001). Lehren und Lernen an der Hochschule. In L. Roth (Hrsg.), *Pädagogik. Handbuch für Studium und Praxis* (2. Aufl. S. 1042–1057). München: Oldenbourg.

Huesmann, L. R., Eron, L. D., Klein, R., Brice, P., & Fischer, P. (1983). Mitigating the imitation of aggressive behaviors by changing children's attitudes about media violence. *Journal of Personality and Social Psychology, 44*, 899–910.

Huffman, T. E., & Ferguson, R. (2007). Evaluation of the college experience among American Indian upperclassmen. *Great Plains Research, 17*, 61–71.

Hughes, G. (2010). Identity and belonging in social learning groups: The importance of distinguishing social, operational and knowledge-related identity congruence. *British Educational Research Journal, 36*(1), 47–63.

Humphries, M., & Keenan, K. (2006). Theoretical, developmental, cultural orientations of school-based prevention programs for preschoolers. *Clinical Child and Family Psychology Review, 9*, 135–148.

Hurley, S. (2004). Imitation, media violence, and freedom of speech. *Philosophical Studies, 117*(1/2), 165–218.

Hurrelmann, K. (2001). *Einführung in die Sozialisationstheorie: Über den Zusammenhang von Sozialstruktur und Persönlichkeit* (7. Aufl.). Weinheim: Beltz.

Hurrelmann, K., Grundmann, M., & Walper, S. (Hrsg.). (2008). *Handbuch Sozialisationsforschung* (7. Aufl.). Weinheim: Beltz-Juventa.

Husén, T. (1974). *Talent, equality and meritocracy*. London: Springer.

Hutter, T. (1992). *Berufliche Identität zwischen Ideal und Entwertung. Die subjektive Verarbeitung von Identitätsbedrohungen in der Sozialarbeit*. Bamberg: DIFO-Druck.

Hyman, H. H. (1966). The value system of different classes. In S. M. Lipset, & R. Bendix (Hrsg.), *Class, status and power* (S. 488–499). London: Routledge & Kegan Paul.

Ihle, W. et al. (2012). *Depression*. Göttingen: Hogrefe.

Illies, V. (2008). Perspectives on parenting responsibility: Contextualizing values and practices. *Journal of Law and Society, 35*(1), 95–112.

Imhoff, R., & Erb, H.-P. (2009). What motivates nonconformity? Uniqueness seeking blocks majority influence. *Personality and Social Psychology Bulletin, 35*, 309–320.

Inderbitzen, H. M., & Foster, S. L. (1992). The Teenage Inventory of Social Skills: Development, reliability, and validity. *Psychological Assessment, 4*, 451–459.

Ingenkamp, K. (Hrsg.). (1971). *Die Fragwürdigkeit der Zensurengebung. Texte und Untersuchungsberichte*. Weinheim: Beltz.

Jackson, M., Erikson, R., Goldthorpe, J. H., & Yaish, M. (2007). Primary and secondary effects in class differentials in educational attainment: The Transition to A-level courses in England and Wales. *Acta Sociologica, 50*(3), 211–229.

Jacennik, B. (2005). Measuring children`s assertiveness from conversational samples. *Psychology of Language and Communication, 9*(2), 43–52.

Jacob, M., & Klein, M. (2013). Der Einfluss der Bildungsherkunft auf den Berufseinstieg und die ersten Erwerbsjahre von Universitätsabsolventen. *Beiträge zur Hochschulforschung, 35*(1), 8–7.

Jacob, M., & Tieben, N. (2010). Wer nutzt die Durchlässigkeit zwischen verschiedenen Schulformen? Soziale Selektivität bei Schulformwechslern und nachgeholten Schulabschlüssen. In B. Becker, & D. Reimer (Hrsg.), *Vom Kindergarten bis zur Hochschule* (S. 145–178). Wiesbaden: VS Verlag für Sozialwissenschaften.

Jabobs, B., & Strittmatter, P. (1979). *Der schulängstliche Schüler. Eine empirische Untersuchung über mögliche Ursachen und Konsequenzen der Schulangst*. München: Urban & Schwarzenberg.

Janning, F. (1991). *Pierre Bourdieus Theorie der Praxis*. Opladen: Westdeutscher Verlag.

Janßen, A., & Schroedter, J. H. (2007). Kleinräumliche Segregation der ausländischen Bevölkerung in Deutschland: Eine Analyse auf der Basis des Mikrozensus. *Zeitschrift für Soziologie, 36*(6), 453–472.

Jaursch, S., Stemmler, M., Lösel, F., & Beelmann, A. (2008). Entwicklungsförderung in Familien: Eltern- und Kindertraining EFFEKT. In Bündnis für Familie (Hrsg.), *Erziehung – (k)ein einfaches Geschäft* (S. 117–123). Nürnberg: Emwe.

Jenkins, J. R., Antil, L. R., Wayne, S. K., & Vadasy, P. F. (2003). How cooperative learning works for special education and remedial students. *Exceptional Children, 69*(3), 279–292.

Jenerette, C., & Dixon, J. (2010). Developing a short form of the simple Rathus Assertiveness Schedule using a sample of adults with sickle cell disease. *Journal of Transcultural Nursing, 21*(4), 314–324.

Jentsch, F., & Smith-Jentsch, K. A. (2009). Assertiveness and team performance: More than „just say no". In E. Salas, C. A. Bowers, & E. Edens (Hrsg.), *Improving teamwork in organisations. Applications of resource management training* (S. 73–94). Mahwah, NJ: Erlbaum.

Johnson, D. W., & Johnson, R. T. (2002). Learning together and alone: Overview and meta-analysis. *Asia Pacific Journal of Education, 22*(1), 95–105.

Johnson, D. W., Maruyama, G., Johnson, R., Nelson, D., & Skon, L. (1981). Effects of cooperative, competitive, and individualistic goal structures on achievement: A meta-analysis. *Psychological Bulletin, 89*(1), 47–62.

Johnson, R. D., & Downing, L. L. (1979). Deindividuation and valence of cues: Effects of prosocial and antisocial behavior. *Journal of Personality and Social Psychology, 37*(9), 1532–1538.

Jörg, H. (1970). *Unterrichtspraxis. Grundbegriffe und Grundfragen der Schulpädagogik und Allgemeinen Didaktik*. Oberursel: Finken.

Jörissen, B. (2000). *Identität und Selbst. Systematische, begriffsgeschichtliche und kritische Aspekte*. Berlin: Logos Verlag.

Jude, N., Hartig, J., & Klieme, E. (2008). *Kompetenzerfassung in pädagogischen Handlungsfeldern. Theorie, Konzepte und Methoden*. Bildungsforschung, Bd. 26. Berlin: Bundesministerium für Bildung und Forschung.

Jürgens, K. (2006). *Arbeits- und Lebenskraft. Reproduktion als eigensinnige Grenzziehung*. Wiesbaden: VS Verlag für Sozialwissenschaften.

Jürgens, K. (2011). Prekäres Leben. *WSI-Mitteilungen, 64*(8), 379–385.

Jugert, G., & Chamakalayil, L. (2006). *Evaluation des Trainings „Fit for Life" in dem gleichnamigen LOS-Projekt in Bremen-Hemelingen*. http://www.hemelingen-bremen.de/files/EvaluationLOS.pdf

Jugert, G., Rehder, A., Notz, P., & Petermann, F. (2008). *Fit for Life: Module und Arbeitsblätter zum Training sozialer Kompetenz für Jugendliche* (6. Aufl.). Weinheim: Juventa.

Jugert, G., Kabak, S., & Notz, P. (2010). *Fit for Differences – Training interkultureller und sozialer Kompetenz für Jugendliche* (2. Aufl.). Weinheim: Juventa.

Jung, C.G. (1940/1993). *Psychologische Typen*. Zürich: Rascher.

Jung, E. (Hrsg.). (2005). *Standards für die Politische Bildung. Zwischen Weltwissen, Teilhabekompetenz und Lebenshilfe*. Wiesbaden: VS Verlag für Sozialwissenschaften.

Jungbauer, G. (2011). „Wer will in die Masterklasse?" – die neue Bildungsentscheidung nach Bachelorabschluss. *Zeitschrift für Hochschulentwicklung, 6*(2), 172–185.

Juntilla, N., Vauras, M., Niemi, P. M., & Laakkonen, E. (2012). Multisource assessed social competence as a predictor for children's and adolescents' later loneliness, social anxiety, and social phobia. *Journal for Educational Research Online, 4*(1), 73–98.

Jurczyk, K., Schier, M., Szymenderski, P., Lange, A., & Voß, G. G. (2009). *Entgrenzte Arbeit – entgrenzte Familie: Grenzmanagement im Alltag als neue Herausforderung*. Berlin: edition sigma.

Jurkowski, S., & Hänze, M. (2010). Soziale Kompetenzen, transaktives Interaktionsverhalten und Lernerfolg – experimenteller Vergleich zweier unterschiedlich gestalteter Gruppenunterrichtsbedingungen und Evaluation eines transaktivitätsbezogenen Kooperationsskriptes. *Zeitschrift für Pädagogische Psychologie, 24*, 241–257.

Jurkowski, S., & Hänze, M. (2014). Diagnostik sozialer Kompetenzen bei Kindern und Jugendlichen. Entwicklung und erste Validierung eines Fragebogens. *Diagnostica, 60*(4), 167–180. doi:10.1026/0012-1924/a000104.

Kahl, T. N., Buchmann, M., & Witte, E. H. (1977). Ein Fragebogen zur Schülerwahrnehmung unterrichtlicher Lernsituationen. *Zeitschrift für Entwicklungspsychologie und Pädagogische Psychologie, 9*(4), 277–285.

Kahlert, H. (2010). Bildungs- und Erziehungssoziologie. In G. Kneer, & M. Schroer (Hrsg.), *Handbuch spezielle Soziologien* (S. 67–84). Wiesbaden: VS Verlag für Sozialwissenschaften.

Kahneman, D., & Tversky, A. (1979). Prospect theory: An analysis of decision under risk. *Econometrica, 47*(2), 263–291.

Kalter, F., Granato, N., & Kristen, C. (2007). Disentangling recent trends of the second generation's structural assimilation in Germany. In S. Scherer et al. (Hrsg.), *From origin to destination. Trends and mechanisms in social stratification research* (S. 214–245). Frankfurt am Main: Campus.

Kalter, F., Granato, N., & Kristen, C. (2011). Die strukturelle Assimilation der zweiten Migrantengeneration. In R. Becker (Hrsg.), *Integration durch Bildung. Bildungserwerb von jungen Migranten in Deutschland* (S. 214–245). Wiesbaden: VS Verlag für Sozialwissenschaften.

Kanas, A., van Tubergen, F., & Van der Lippe, T. (2011). The role of social contacts in the employment status of immigrants. A panel study of immigrants in Germany. *International Sociology, 26*(1), 95–122.

Kanders, M., Rolff, H.-G., & Rösner, E. (1996a). Mehr Lust als Frust. In H.von Kuenheim (Hrsg.), *Welche Schule brauchen wir?* (S. 40–43). Hamburg: Zeitverlag Bucerius.

Kanders, M., Rolff, H.-G., & Rösner, E. (1996b). Schülerschelte für die Lehrer. In H.von Kuenheim (Hrsg.), *Welche Schule brauchen wir?* (S. 34–37). Hamburg: Zeitverlag Bucerius.

Kanning, U. P. (2002). Soziale Kompetenz – Definition, Strukturen und Prozesse. *Zeitschrift für Psychologie, 210*(4), 154–163.

Kanning, U. P. (2005). *Soziale Kompetenzen*. Göttingen: Hogrefe.

Kanning, U. P. (2009). *Inventar sozialer Kompetenzen (ISK)*. Göttingen: Hogrefe.

Kao, G., & Tienda, M. (1995). Optimism and achievement: The educational performance of immigrant youth. *Social Science Quarterly, 76*, 1–19.

Karlicek, K. (2006). Die Berufsschule als Instanz der politischen Sozialisation aufgezeigt an der Politischen Bildung. *Erziehung und Unterricht, 156*(9-10), 988–1000.

Katz, D. (1960). The functional approach to the study of attitudes. *Public Opinion Quarterly, 24*, 163–204.

Kauffeld, S. (2000). Das Kasseler-Kompetenz-Raster (KKR) zur Messung der beruflichen Handlungskompetenz. In Arbeitsgemeinschaft Qualifikations-Entwicklungs-Management (Hrsg.), *Flexibilität und Kompetenz: Schaffen flexible Unternehmen kompetente und flexible Mitarbeiter?* (S. 33–48). Münster: Waxmann.

Kauffeld, S., Grote, S., & Frieling, E. (2000). Diagnose der beruflichen Handlungskompetenz bei der Bewältigung von Optimierungsaufgaben in Gruppen. *Zeitschrift für Arbeitswissenschaft, 54*, 211–219.

Kearney, P., et al. (1984). Factor analysis of the Rathus Assertiveness Schedule and the personal report of communication apprehension-24: Replication and extension. *Psychological Reports, 53*, 851–854.

Keller, G., & Hitzler, W. (2001). *Schlüssel-Qualifikations-Training. Übungen zur Förderung der methoden- und Sozialkompetenz*. Donauwörth: Auer.

Keller, G., & Hafner, K. (2003). *Soziales Lernen will gelernt sein*. Donauwörth: Auer.

Keller, M. (2005). Moralentwicklung und moralische Sozialisation. In D. Horster, & J. Oelkers (Hrsg.), *Pädagogik und Ethik* (S. 149–172). Wiesbaden: Verlag für Sozialwissenschaften.

Keller, M. et al. (2006). *Testmanual KOGEF*. St. Gallen: Universität St. Gallen, Leadinghouse Sozialkompetenzen.

Keller, S., & Zavalloni, M. (1964). Ambition and social: A respecification. *Social Forces, 43*(1), 58–70.

Kelly, G. A. (1963). *A theory of personality*. New York: Norton.

Keltner, D. (1995). The signs of appeasement: Evidence for the distinct displays of embarrassment, amusement, and shame. *Journal of Personality and Social Psychology, 68*, 441–454.

Kesselring, T. (1999). *Jean Piaget* (2. Aufl.). München: C.H. Beck.

Kim, Y. M. (2011). *Minorities in higher education. Twenty-fourth status report*. Washington, DC: American Council on Education.

Kiper, H. (2011). Soziales Lernen, soziale Kompetenz, Sozialerziehung – Versuch einer begrifflichen Klärung. In M. Limbourg, & G. Steins (Hrsg.), *Sozialerziehung in der Schule* (S. 30–54). Wiesbaden: VS Verlag für Sozialwissenschaften.

Kiper, H., & Mischke, W. (2008). *Selbstreguliertes Lernen – Kooperation – soziale Kompetenz. Fächerübergreifendes Lernen in der Schule*. Stuttgart: Kohlhammer.

Klages, H. (2001a). Brauchen wir eine Rückkehr zu traditionellen Werten? *Aus Politik und Zeitgeschichte, B29*, 7–14.

Klages, H. (2001b). Werte und Wertewandel. In B. Schäfers, & W. Zapf (Hrsg.), *Handwörterbuch zur Gesellschaft Deutschlands* (2. Aufl. S. 726–738). Opladen: Leske + Budrich.

Klasen, H., Wörner, W., Rothenberger, A., & Goodman, R. (2003). Die deutsche Fassung des Strengths and Difficulties Questionnaire (SDQ-deu) – Übersicht und Bewertung erster Validierungs- und Normierungsbefunde. *Praxis der Kinderpsychologie und Kinderpsychiatrie, 52*(7), 491–502.

Klein, E., & Thimm, K. (2004). *Soziales Lernen in der Schule – Schule als sozialer Erfahrungsraum*. Potsdam: Landeskooperationsstelle Schule – Jugendhilfe.

Kleining, G. (1991). Soziale Klassen, soziale Schichten, soziale Mobilität. In L. Roth (Hrsg.), *Pädagogik: Handbuch für Studium und Praxis* (S. 204–209). München: Ehrenwirth.

Kliche, T. (2004). Militärische Sozialisation. In G. Sommer, & A. Fuchs (Hrsg.), *Krieg und Frieden. Handbuch der Konflikt- und Friedensforschung* (S. 344–356). Weinheim: Beltz.

Kliegel, M., Zeintl, M., & Windemuth, D. (2011). *Maßnahmen zur Prävention von Gewalt an Schulen: Bestandsaufahme von Programmen im deutschsprachigen Raum – Literaturstudie* (2. Aufl.). Berlin: Deutsche Gesetzliche Unfallversicherung (DGUV).

Klieme, E., Schümer, G., & Knoll, S. (2001). Mathematikunterricht in der Sekundarstufe I: „Aufgabenkultur" und Unterrichtsgestaltung. In Bundesministerium für Bildung und Forschung (Hrsg.), *TIMSS – Impulse für Schule und Unterricht. Forschungsbefunde, Reforminitiativen, Praxisberichte und Video-Dokumente* (S. 43–58). Bonn: Bundesministerium für Bildung und Forschung (BMBF).

Klieme, E. et al. (2008). *Bildung in Deutschland 2008. Ein indikatorengestützter Bericht mit einer Analyse zu Übergängen im Anschluss an den Sekundarbereich I*. Bielefeld: Bertelsmann.

Klingenberger, H. (1992). *Ganzheitliche Geragogik. Ansatz und Thematik einer Disziplin zwischen Sozialpädagogik und Erwachsenenbildung*. Bad Heilbrunn: Klinkhardt.

Klosinski, G. (2003). Zur Bedeutung der Gleichaltrigen-Gruppe im Jugendalter – Chancen und Risiken aus jugendpsychiatrischer Sicht. In M. Nörber (Hrsg.), *Peer Education. Bildung und Erziehung von Gleichaltrigen durch Gleichaltrige* (S. 64–78). Weinheim: Beltz.

Klug, C., Strack, M., & Reich, G. (2013). Belastungen von Bachelor- und Diplom-Studierenden. *Psychotherapeut, 2*, 159–164.

Knoblauch, H. (2003). Habitus und Habitualisierung – Zur Komplementarität von Bourdieu mit dem Sozialkonstruktivismus. In B. Rehbein, G. Saalmann, & H. Schwengel (Hrsg.), *Pierre Bourdieus Theorie des Sozialen. Probleme und Perspektiven* (S. 187–201). Konstanz: Universitätsverlag Konstanz.

Knoblauch, H. (2005). *Wissenssoziologie*. Konstanz: Universitätsverlag Konstanz.

Knoblich, T. J. (2001). Das Prinzip Soziokultur – Geschichte und Perspektiven. *Aus Politik und Zeitgeschichte, 51*(11), 7–14.

Knoll-Jokisch, H. (1981). *Sozialerziehung und soziales Lernen in der Grundschule*. Bad Heilbrunn: Klinkhardt.

Köbel, N. (2009). *Jugend – Identität – Kirche. Eine erziehungswissenschaftliche Rekonstruktion kirchlicher Orientierungen im Jugendalter*. Frankfurt am Main: FB Erziehungswissenschaften der Universität.

Kohli, M. (2003). Die Institutionalisierung des Lebenslaufs: ein blick zurück und nach vorn. In J. Allmendinger (Hrsg.), *Entstaatlichung und soziale Sicherheit. Verhandlungen des 31. Kongresses der Deutschen Gesellschaft für Soziologie in Leipzig 2002 (Teil 1)* (S. 525–545). Opladen: Leske + Budrich.

Kolbeck, S., & Maß, R. (2009).SASKO. *Fragebogen zu sozialer Angst und sozialen Kompetenzdefiziten*. Göttingen: Hogrefe.

Konietzka, D. (2007). Berufliche Ausbildung und der Übergang in den Arbeitsmarkt. In R. Becker, & W. Lauterbach (Hrsg.), *Bildung als Privileg? Erklärungen und Befunde zu den Ursachen der Bildungsungleichheit* (S. 273–302). Wiesbaden: VS Verlag für Sozialwissenschaften.

Konrad, K., & Traub, S. (2008). *Kooperatives Lernen. Theorie und Praxis in Schule, Hochschule und Erwachsenenbildung* (3. Aufl.). Baltmannsweiler: Schneider Verlag Hohengehren.

Kopperschmidt, J. (1973). *Allgemeine Rhetorik, Einführung in die Theorie der Persuasiven Kommunikation*. Stuttgart: Kohlhammer.

Korte, J. (1996). *Sozialverhalten ändern! Aber wie? Ideen und Vorschläge zur Förderung sozialen Verhaltens an Schulen*. Weinheim: Beltz.

Korte, J. (1997). *Stundenentwürfe zur sozialen Unterweisung*. Weinheim: Beltz.

Kottler, J. A., & Brown, R. W. (2000). *Introduction to therapeutic counseling: Voices from the field* (4. Aufl.). Belmont, CA: Brooks/Cole.

Krais, B. (1996). Bildungsexpansion und soziale Ungleichheit in der Bundesrepublik Deutschland. In A. Bolder et al. (Hrsg.), *Die Wiederentdeckung der Ungleichheit. Aktuelle Tendenzen in Bildung für Arbeit (Jahrbuch '96 Bildung und Arbeit)* (S. 118–146). Opladen: Leske & Budrich.

Krais, B., & Gebauer, G. (2013). *Habitus* (5. Aufl.). Bielefeld: transcript Verlag..

Kramer, R. T. et al. (2009). *Selektion und Schulkarriere. Kindliche Orientierungsrahmen beim Übergang in die Sekundarstufe I*. Wiesbaden: VS Verlag für Sozialwissenschaften.

Krappmann, L., Oevermann, U., & Kreppner, U. (1976). Was kommt nach der schichtspezifischen Sozialisationsforschung?. In M. R. Lepsius (Hrsg.), *Zwischenbilanz der Soziologie. Verhandlungen des 17. Deutschen Soziologentages* (S. 258–261). Stuttgart: Enke.

Krause, A. (2004). Erhebung aufgabenbezogener psychischer Belastungen im Unterricht – ein Untersuchungskonzept. *Zeitschrift für Arbeits- und Organisationspsychologie, 48*, 139–147.

Krause, A., & Dorsemagen, C. (2007). Psychische Belastungen im Unterricht. In M. Rothland (Hrsg.), *Belastung und Beanspruchung im Lehrerberuf. Modelle, Befunde, Interventionen* (S. 99–117). Wiesbaden: VS Verlag für Sozialwissenschaften.

Kraut, R. E., & Johnston, R. E. (1979). Social and emotional messages of smiling: An ethological approach. *Journal of Personality and Social Psychology, 37*, 1539–1553.

Kreckel, R. (2004). *Politische Soziologie der sozialen Ungleichheit*. Frankfurt am Main: Campus.

Krieger, C. G. (1998). *Mut zur Freiarbeit*. Baltmannsweiler: Schneider Verlag Hohengehren.

Kristen, C. (1999). *Bildungsentscheidungen und Bildungsungleichheit – ein Überblick über den Forschungsstand*. Arbeitspapiere, Bd. 5. Mannheim: Mannheimer Zentrum für Europäische Sozialforschung.

Kristen, C. (2003). Ethnische Unterschiede im deutschen Schulsystem. *Aus Politik und Zeitgeschichte, B21–B22*, 26–32.

Kristen, C. (2006). Ethnische Diskriminierung in der Grundschule? Die Vergabe von Noten und Bildungsempfehlungen. *Kölner Zeitschrift für Soziologie und Sozialpsychologie, 58*, 79–97.

Kristen, C., & Dollmann, J. (2012). Migration und Schulerfolg: Zur Erklärung ungleicher Bildungsmuster. In M. Matzner (Hrsg.), *Handbuch Migration und Bildung* (S. 102–117). Weinheim: Beltz.

Kristen, C., Reimer, D., & Kogan, I. (2008). Higher education entry of Turkish immigrant youth in German. *International Journal of Comparative Sociology, 49*(2/3), 127–151.

Krohne, H. W., Kohlmann, C. W., & Schumacher, A. (1988). Beziehungen zwischen elterlichen Erziehungsstilen und Angstbewältigungsdispositionen des Kindes. *Zeitschrift für Entwicklungspsychologie und Pädagogische Psychologie, 20*, 167–183.

Krohne, H. W., & Pulsack, A. (1995). *ESI – Erziehungsstil-Inventar* (2. Aufl.). Göttingen: Hogrefe.

Kron, F. W. (2009). *Grundwissen Pädagogik* (7. Aufl.). München: Reinhardt.

Kruglanski, A. W. (2002). A theory of goal systems. In M. P. Zanna et al. (Hrsg.), *Advances in experimental social psychology* (Bd. 34, S. 331–378). San Diego, CA: Academic Press.

Krumm, V. (1999). Machtmissbrauch von Lehrern – Ein Tabu im Diskurs über Gewalt in der Schule. *Journal für Schulentwicklung, 3*, 38–52.

Krumm, V. (2003). Wie Lehrer Schüler disziplinieren. Ein Beitrag zur „Schwarzen Pädagogik". *Pädagogik, 55*(12), 30–34.

Krumm, V., & Weiß, S. (2001). „Du wirst das Abitur nie bestehen". Befunde aus einer Untersuchung über verletzendes Lehrerverhalten. *Lernchancen, 3*(20), 14–18.

Krumm, V., Lamberger-Baumann, B., & Haider, G. (1997). Gewalt in der Schule – auch von Lehrern. *Empirische Pädagogik, 2*, 257–275.

Kruse, J. (2001). Erziehungsstil und kindliche Entwicklung. Wechselwirkungsprozesse. In S. Walper, & R. Pekrun (Hrsg.), *Familie und Entwicklung. Aktuelle Perspektiven der Familienpsychologie* (S. 63–83). Göttingen: Hogrefe.

Kuhl, J. (1987). Die Bedeutung materieller Leistungsanreize für die Arbeitsmotivation. Teil 1. *Management heute, 8*, 5–7.

Kümmel, G. (2000). Studying morale in the armed forces. In G. Kümmel, & A. D. Prufert (Hrsg.), *Military sociology* (S. 379–406). Baden-Baden: Nomos.

Kunczik, M., & Zipfel, A. (2004). *Medien und Gewalt. Befunde der Forschung seit 1998. Projektbericht für das Bundesministerium für Familie, Senioren, Frauen und Jugend*. Mainz: Institut für Publizistik, Universität Mainz.

Kunczik, M., & Zipfel, A. (2010). *Medien und Gewalt. Befunde der Forschung 2004–2009*. Berlin: Bundesministerium für Familie, Senioren, Frauen und Jugend.

Kurt, G., & McGlynn, R. (2001). Beyond compliance and acceptance: Influence outcomes as a function of norm plausibility and processing mode. *Group Dynamics: Theory, Research and Practice, 5*(2), 136–149.

Kurtz, T. (2007). Bildung und Erziehung in der soziologischen Theorie. *Zeitschrift für Erziehungswissenschaft, 10*(2), 231–249.

Kurz, K., & Paulus, W. (2008). Übergänge im Grundschulalter: Die Formation elterlicher Bildungsaspirationen. In K.-S. Rehberg (Hrsg.), *Die Natur der Gesellschaft: Verhandlungen des 33. Kongresses der Deutschen Gesellschaft für Soziologie in Kassel 2006* (S. 5489–5503). Frankfurt am Main: Campus.

Lähnemann, C. (2009). *Freiarbeit aus SchülerInnen-Perspektive*. Wiesbaden: VS Verlag für Sozialwissenschaften.

LaFrance, M., Hecht, M. A., & Palluck, E. L. (2003). The contingent smile: A meta-analysis of sex differences in smiling. *Psychological Bulletin, 129*(2), 305–334.

LaFromboise, T. D., Hoyt, D. R., Oliver, L., & Whitbeck, L. B. (2006). Family, community, and school influences on resilience among American Indian adolescents in the upper Midwest. *Journal of Community Psychology, 34*(2), 193–209.

Lambrecht, R. (1995). Anforderungen der Wirtschaft an zukünftige Abiturienten. In Arbeitskreis Gymnasium und Wirtschaft (Hrsg.), *Herausforderungen an das moderne Gymnasium* (S. 11–20). München: Stiftung Gymnasium, Studium und Beruf.

Lamprecht, M., König, C., & Stamm, H. (2006). *Gesundheitsbezogene Chancengleichheit mit Blick auf „psychische Gesundheit – Stress" und „gesundes Körpergewicht"*. Bern: Gesundheitsförderung Schweiz.

Lange, A., & Theunert, H. (2008). Popularkultur und Medien als Sozialisationsagenturen. Jugendliche zwischen souverän-eigensinniger und instrumentalisierender Subjektivierung. *Zeitschrift für Soziologie der Erziehung und Sozialisation, 28*(3), 231–242.

Lange-Vester, A., & Redlich, M. (2010). Soziale Milieus und Schule. Milieuspezifische Bildungsstrategien und Lebensperspektiven bei SchülerInnen der Hauptschule und des Gymnasiums. In A. Brake, & H. Bremer (Hrsg.), *Alltagswelt Schule. Die soziale Herstellung schulischer Wirklichkeiten* (S. 185–210). Weinheim: Juventa.

Lange-Vester, A., & Teiwes-Kügler, C. (2006). Soziale Ungleichheiten und Konfliktlinien im studentischen Feld. In S. Engler, & B. Krais (Hrsg.), *Das kulturelle Kapital und die Macht der Klassenstrukturen* (S. 159–187). Weinheim: Juventa.

Lareau, A. (2011). *Unequal childhoods, Class, race, and family life* (2. Aufl.). Berkeley, CA: University of California Press.

Latané, B. (1981). The psychology of social impact. *American Psychologist, 36*(4), 343–356.

Lauterbach, W., Lange, A., & Wüest-Rudin, D. (1999). Familien in prekären Einkommenslagen. Konsequenzen für die Bildungschancen von Kindern in den 80er und 90er Jahren. *Zeitschrift für Erziehungswissenschaft, 3*, 361–383.

Lave, J. (1977). Cognitive consequences of traditional apprenticeship training in Africa. *Anthropology and Educational Quarterly, 8*(3), 177–180.

Lave, J. (1988). *Cognition in practice: Mind, mathematics and culture in everyday life*. New York: Cambridge University Press.

Lave, J., & Wenger, E. (1991). *Situated learning: Legitimate peripheral participation*. Cambridge: Cambridge University Press.

Lazarsfeld, P., Berelson, B., & Gaudet, H. (1944/1968). *The people's choice. How the voter makes up his mind in a presidential campaign* (3. Aufl.). New York: Columbia University Press.

Lee, D. Y., Hallberg, E. T., Slemon, A. G., & Haase, R. F. (1985). An Assertiveness Scale for Adolescents. *Journal of Clinical Psychology, 41*, 51–57.

Leen, E., et al. (2013). Prevalence, dynamic risk factors and the efficacy of primary interventions for adolescent dating violence: An international review. *Aggression and Violent Behavior, 18*(1), 159–174.

Lehmann, R. H., Gänsfuß, R., & Peck, R. (1999). *Aspekte der Lernausgangslage und der Lernentwicklung von Schülerinnen und Schülern an Hamburger Schulen – Klassenstufe 7*. Hamburg: Freie Hansestadt, Behörde für Bildung und Sport.

Lempert, W. (1998). *Berufliche Sozialisation oder was Berufe aus Menschen machen*. Baltmannsweiler: Schneider.

Lepsius, M. R. (1973). Parteiensystem und Sozialstruktur. Zum Problem der Demokratisierung der Deutschen Gesellschaft. In G. A. Ritter (Hrsg.), *Die deutschen Parteien vor 1918* (S. 56–80). Köln: Kiepenheuer & Witsch.

Lenz, K., Schefold, W., & Schröer, W. (Hrsg.). (2004). *Entgrenzte Lebensbewältigung. Jugend, Geschlecht und Jugendhilfe*. Weinheim: Juventa.

Lerchenmüller, H. (1982). Soziales Lernen in der Schule unter kriminalpräventiver Zielsetzung. In H. Kury (Hrsg.), *Prävention abweichenden Verhaltens – Maßnahmen der Vor- und Nachbetreuung* (S. 92–166). Köln: Carl Heymann.

Lerchenmüller, H. (1987). *Soziales Lernen in der Schule: zur Prävention sozialauffälligen Verhaltens. Ein Unterrichtsprogramm für die Sekundarstufe I*. Bochum: Studienverlag Brockmeyer.

Leschinsky, A. (1996). *Vormachen oder Nachdenken?* Frankfurt am Main: Diesterweg.

Leung, A. N. M., et al. (2010). Filial piety and psychosocial adjustment in Hong Kong Chinese early adolescents. *Journal of Early Adolescence, 30*(5), 651–667.

Levine, J. M. (1989). Reaction to opinion deviance in small groups. In P. B. Paulus (Hrsg.), *Psychology of group influence* (S. 187–231). Hillsdale: Erlbaum.

Lewin, K. (1942). Field theory of learning. In deutscher Sprache unter dem Titel "Feldtheorie des Lernens" erschienen. In C. F. Graumann (Hrsg.), *Feldtheorie* Kurt-Lewin-Werkausgabe, (Bd. 4, S. 157–185). Bern: Huber.

Lewin, K., Lippitt, R., & White, R. K. (1939). Patterns of aggressive behavior in experimentally created „social climates". *Journal of Social Psychology, 10,* 271–299.

Lewontin, R. C., Rose, S. P. R., & Kamin, K. J. (1984). *Not in our genes: biology, ideology, and human nature.* New York: Pantheon Books.

Liebenwein, S. (2008). *Erziehung und soziale Milieus. Elterliche Erziehungsstile in milieuspezifischer Differenzierung.* Wiesbaden: VS Verlag für Sozialwissenschaften.

Limbourg, M., & Steins, G. (2011). Sozialerziehung in der Schule. In M. Limbourg, & G. Steins (Hrsg.), *Sozialerziehung in der Schule* (S. 11–28). Wiesbaden: VS Verlag für Sozialwissenschaften.

Lind, G. (2009). *Moral ist lehrbar. Handbuch zur Theorie und Praxis moralische und demokratischer Bildung.* München: Oldenbourg.

Lindsay, W., & Lindsay, I. (1982). A self-report questionnaire about social difficulty for adolescents. *Journal of Adolescence, 5,* 63–69.

Lippert, E., & Vogt, W. R. (1996). Die Bundeswehr als Instanz der politischen Sozialisation. In B. Claußen, & R. Geißler (Hrsg.), *Die Politisierung des Menschen* (S. 189–203). Opladen: Leske + Budrich.

Lipshitz, R. (1993). Converging themes in the study of decision-making in realistic settings. In G. A. Klein, J. Orasanu, R. Calderwood, & C. Zsambok (Hrsg.), *Decision-making in action: Models and methods* (S. 103–137). Norwood, CT: Ablex.

Lipshitz, R., & Ben Shaul, O. (1997). Schemata and mental models in recognition-primed decision-making. In C. Zsambok, & G. A. Klein (Hrsg.), *Naturalistic decision-making* (S. 292–303). Hillsdalen NJ: Erlbaum.

Lipshitz, R., & Strauss, O. (1997). Coping with uncertainty: A naturalistic decision-making analysis. *Organizational Behavior and Human Decision Processes, 69*(2), 149–163.

Littig, K.-E., & von Saldern, M. (1989). *Fragebogen Kooperation und Wettbewerb für 4. bis 8. Klassen – FKW 4-8.* Weinheim: Beltz Test.

Loch, W. (1979). *Lebenslauf und Erziehung.* Essen: Neue Deutsche Schule.

Löffler, H. (1972). Mundart als Sprachbarriere. *Wirkendes Wort, 22,* 23–39.

Löffler, W. (2006). *Einführung in die Religionsphilosophie.* Darmstadt: Wissenschaftliche Buchgesellschaft.

Lorr, M., & More, W. (1980). Four dimensions of assertiveness. *Multivariate Behavioral Research, 2,* 127–138.

Lörz, M., & Quast, H. (2011). Soziale Ungleichheit bei der Wahl der Hochschule? *HIS: Magazin, 11*(4), 2–4.

Lörz, M., Quast, H., & Woisch, A. (2012). *Erwartungen, Entscheidungen und Bildungswege. Studienberechtigte 2010 ein halbes Jahr nach Schulabgang.* Hannover: HIS. Forum Hochschule 4|2009

Lösel, F. (2008). Prävention von Aggression und Delinquenz in der Entwicklung junger Menschen. In E. Marks, & W. Steffen (Hrsg.), *Starke Jugend – starke Zukunft. Ausgewählte Beiträge des 12. Deutschen Präventionstages 2007* (S. 129–151). Mönchengladbach: Forum Verlag Godesberg.

Lösel, F., & Ott-Röhn, C. (2013). Evaluation des Projekts „Wertebildung in Familien": Ergebnisse der Pilotphase. In A. Erbes, C. Giese, & H. Rollik (Hrsg.), *Werte und Wertebildung in Familien, Bildungsinstitutionen, Kooperationen. Beiträge aus Theorie und Praxis* (S. 62–77). Berlin: Deutsches Rotes Kreuz e. V..

Lösel, F., & Runkel, D. (2013). Prävention von kindlichen Verhaltensproblemen in Familien: Ergebnisse und Schwierigkeiten der Evaluation. In J. Lepperhoff, & L. Correll (Hrsg.), *Frühe Bildung in der Familie. Perspektiven der Familienbildung* (S. 224–238). Weinheim: Beltz.

Löw, M. (2006). *Einführung in die Soziologie der Bildung und Erziehung* (2. Aufl.). Opladen: Verlag Barbara Budrich.

Lück, M. (2005). *Psychobiologische Grundlagen aggressiven und gewalttätigen Verhaltens.* BIS: Oldenburg.

Lütkens, C. (1971). Die Schule als Mittelklasseninstitution: non scholae sed vitae. *Kölner Zeitschrift für Soziologie und Sozialpsychologie,* (Sonderheft 4), 22–39.

Luhmann, N. (1982). *Funktion der Religion.* Frankfurt am Main: Suhrkamp.

Luhmann, N. (1996). *Protest. Systemtheorie und soziale Bewegungen.* Frankfurt am Main: Suhrkamp.

Luhmann, N. (1988). Warum AGIL? *Kölner Zeitschrift für Soziologie und Sozialpsychologie, 40*(1), 127–139.

Luhmann, N. (1990). Hans Dieter Huber: Interview mit Niklas Luhmann am 13.12.90 in Bielefeld. *Texte zur Kunst, 1*(4), 121–133.

Luhmann, N. (1998). *Die Gesellschaft der Gesellschaft.* Frankfurt am Main: Suhrkamp. 2 Bände

Luhmann, N. (2000). *Organisation und Entscheidung.* Opladen: Westdeutscher Verlag.

Luhmann, N. (2002). *Das Erziehungssystem der Gesellschaft.* Frankfurt am Main: Suhrkamp. Hrsg. Dieter Lenzen

Luhmann, N., & Schorr, K. E. (1988). *Reflexionsprobleme im Erziehungssystem.* Frankfurt am Main: Suhrkamp.

Lukesch, H. (2000). *FEPAA. Fragebogen zur Erfassung von Empathie, Prosozialität, Aggressionsbereitschaft und aggressivem Verhalten.* Göttingen: Hogrefe.

Lutz, B. (1989). *Der kurze Traum immerwährender Prosperität* (2. Aufl.). Frankfurt am Main: Campus.

Maasen, S. (2009). *Wissenssoziologie.* Bielefeld: transcript.

Maaz, K., & Nagy, G. (2010). Der Übergang von der Grundschule in die weiterführenden Schulen des Sekundarschulsystems: Definition, Spezifikation und Quantifizierung primärer und sekundärer Herkunftseffekte. In K. Maaz et al. (Hrsg.), *Der Übergang von der Grundschule in die weiterführende Schule. Leistungsgerechtigkeit und regionale, soziale und ethnisch-kulturelle Disparitäten* (S. 151–180). Berlin: Bundesministerium für Bildung und Forschung.

Maaz, K., Baumert, J., & Cortina, K. S. (2008). Soziale und regionale Ungleichheit im deutschen Bildungssystem. In K. S. Cortina et al. (Hrsg.), *Das Bildungswesen in der Bundesrepublik Deutschland. Strukturen und Entwicklungen im Überblick* (S. 205–242). Reinbek bei Hamburg: Rohwohlt.

Maaz, K., Watermann, R., & Daniel, A. (2013). Effekte sozialer Herkunft auf den Übergang zur Hochschule. In J. Asdonk, S. U. Kuhnen, & P. Bornkessel (Hrsg.), *Von der Schule zur Hochschule. Analysen, Konzeptionen und Gestaltungsperspektiven des Übergangs* (S. 50–76). Münster: Waxmann.

Maccoby, E., & Martin, J. (1983). Socialization in the context of the family: Parent-child interaction. In E. M. Hetherington (Hrsg.), *Handbook of child psychology: Socialization, personality, and social development* (Bd. 4, S. 1–101). New York: Wiley.

Mackert, J. (Hrsg.). (2004). *Die Theorie sozialer Schließung. Tradition, Analysen, Perspektiven.* Wiesbaden: VS Verlag für Sozialwissenschaften.

Maihofer, A., Böhnisch, T., & Wolf, A. (2001). *Wandel der Familie.* Arbeitspapier, Bd. 48. Düsseldorf: Hans-Böckler-Stiftung.

Malotki, E. (1983). *Hopi Time.* Berlin: Mouton.

Maltby, J., Day, L., & Macaskill, A. (2011). *Differentielle Psychologie, Persönlichkeit und Intelligenz* (2. Aufl.). München: Pearson.

Malti, T., & Perren, S. (Hrsg.). (2008). *Soziale Kompetenz bei Kindern und Jugendlichen. Entwicklungsprozesse und Förderungsmöglichkeiten.* Stuttgart: Kohlhammer.

Mantell, D. M. (1972). *Familie und Aggression.* Frankfurt am Main: Fischer.

Marbach-Ad, G., & Sokolove, P. G. (2000). Can undergraduate biology students learn to ask higher level questions? *Journal of Research in Science Teaching, 37*(8), 854–870.

Mare, R. D. (1980). Social background and school continuation decisions. *Journal of the American Statistical Association, 75*(1), 295–305.

Mare, R. D. (1981). Change and stability in educational stratification. *American Sociological Review, 46*(1), 72–87.

Maringer, W. (2008). *Berufsbild und Identität des Soldaten im sozialen Wandel.* Frankfurt am Main: Peter Lang.

Marr, M. B. (1997). Cooperative learning: A brief review. *Reading & Writing Quarterly: Overcoming Learning Difficulties, 13*(1), 7–20.

Marshall, S. P., & Seel, N. M. (2012). Schemas and decision making. In N. M. Seel (Hrsg.), *The Encyclopedia of the Sciences of Learning* (S. 2956–2959). New York: Springer.

Marx, R. (2011). *Familien und Familienleben. Grundlagenwissen für Soziale Arbeit.* Weinheim: Beltz Juventa.

Marx, R., & Zierer, K. (2013). *Glaube und Bildung. Ein Dialog zwischen Theologie und Erziehungswissenschaft.* Paderborn: Schöningh.

Mason, T. C., & Delandshere, G. (2010). Citizens not research subjects: Toward a more democratic civic education inquiry methodology. *Interamerican Journal of Education for Democracy, 3*(1), 6–26.

Matějů, P., Soukup, P., & Basl, J. (2007). *Educational aspirations in a comparative perspective. The role of individual, contextual and structural factors in the formation of educational aspirations in OECD countries.* Prague: Institute of Sociology of the Academy of Sciences of the Czech Republic.

Matson, J. L., Esveldt-Dawson, K., & Kazdin, A. (1983). Validation of methods for assessing social skills in children. *Journal of Clinical Child Psychology, 12*, 174–180.

Matson, J. L., et al. (2010). Reliability and validity of the Matson Evaluation of Social Skills with Youngsters. *Behavior Modification, 34*(6), 539–558.

Mattes, W. (Hrsg.). (2002). *Methoden für den Unterricht. 75 kompakte Übersichten für Lehrende und Lernende*. Paderborn: Schöningh.

Mattingly, T. M., & VanSickle, D. L. (1991). Cooperative learning and achievement in social studies: Jigsaw II. *Social Education, 66*(6), 392–295.

Matuschek, I., Krähnke, U., Kleemann, F., & Ernst, F. (2009). *Politische Praxen und Orientierungen in linksaffinen Alltagsmilieus*. Berlin: Rosa-Luxemburg-Stiftung.

Mayer, K.-U. (2004). Whose lives? How history, societies and institutions define and shape life courses. *Research in Human Development, 1*(3), 161–187.

Mayer, K. U., & Solga, H. (2010). Lebensverläufe im deutsch-deutschen Vereinigungsprozess. In P. Krause, & I. Ostner (Hrsg.), *Leben in Ost- und Westdeutschland. Eine sozialwissenschaftliche Bilanz der deutschen Einheit 1990-2010* (S. 39–56). Frankfurt am Main: Campus.

McClelland, M. M., Morrison, F. J., & Holmes, D. L. (2000). Children at risk for early academic problems: The role of learning-related social skills. *Early Childhood Research Quarterly, 15*(3), 307–329.

McCormick, I. A. (1984). A Simple version of the Rathus Assertiveness Schedule, *Behavior Assessment, 7*, 95–99.

McCormick, I. A., Hahn, M., & Walkey, F. H. (1984). Reliability and normative date for the simple Rathus Assertiveness Schedule. *New Zealand Journal of Psychology, 13*, 69–70.

McCreary, C. L., Golde, M. F., & Koeske, R. (2006). Peer instruction in the general chemistry laboratory: assessment of student learning. *Journal of Chemical Education, 83*(5), 804–810.

McLaughlin, M. W., & Talbert, J. E. (2006). *Building school-based teacher learning communities: Professional strategies to improve student achievement*. New York: Teachers College Press.

Mead, G. (1934/2005). *Geist, Identität und Gesellschaft*. Frankfurt am Main: Suhrkamp.

Mechtenberg, T. (2011). *Polens katholische Kirche zwischen Tradition und Moderne*. Dresden: Neisse.

Meidl, C. (2009). Did „the beaver" question my authority? Helping children learn about respect. *Childhood Education, 85*(4), 242–245.

Meister, H. (1978). Schulklima, Klassenklima und Lehrstil. In K. J. Klauer (Hrsg.), *Handbuch der pädagogischen Diagnostik* (S. 549–559). Düsseldorf: Schwann.

Melfsen, S., Florin, I., & Warnke, A. (2001). *SPAIK. Sozialphobie und -angstinventar für Kinder*. Göttingen: Hogrefe.

Melhuish, E. C., et al. (2008a). The early years. Preschool influences on mathematics achievement. *Science, 321*(5893), 1161–1162.

Melhuish, E., et al. (2008b). Effects of the Home Learning Environment and preschool center experience upon literacy and numeracy development in early primary school. *Journal of Social Issues, 64*, 157–188.

Méndez, F. X., Hidalgo, M. D., & Inglés, C. J. (2002). The Matson evaluation of social skills with youngsters. *European Journal of Psychological Assessment, 18*(1), 30–42.

Mentzos, S. (2011). *Lehrbuch der Psychodynamik* (5. Aufl.). Göttingen: Vandenhoeck & Ruprecht.

Merkle, T., & Wippermann, C. (2008). *Eltern unter Druck. Selbstverständnisse, Befindlichkeiten und Bedürfnisse von Eltern in verschiedenen Lebenswelten. Eine sozialwissenschaftliche Untersuchung von Sinus Sociovision im Auftrag der Konrad-Adenauer-Stiftung e. V.* Stuttgart: Lucius & Lucius.

Merton, R. K. (1948). The self-fulfilling prophecy. *Antioch Review, 8*, 193–210.

Merton, R. K. (1949). *Social theory and social structure. Toward the codification of theory and research*. Glencoe, IL: Free Press.

Meyer, E. (1956/1983). *Gruppenunterricht* (8. Aufl.). Oberursel: Finken.

*Meyer, H. (1987a/2011). UnterrichtsMethoden I. Theorieband (15. Aufl.).*Berlin: Cornelsen Scriptor.

Meyer, H. (1987b). *UnterrichtsMethoden II. Praxisband*. Berlin: Cornelsen Scriptor.

Middendorff, E., Apolinarski, B., Poskowsky, J., Kandulla, M., & Netz, N. (2013). *Die wirtschaftliche und soziale Lage der Studierenden in Deutschland 2012. 20. Sozialerhebung des Deutschen Studentenwerks durchgeführt durch das HIS-Institut für Hochschulforschung*. Berlin: Bundesministerium für Bildung und Forschung.

Miethe, I. (2007). *Bildung und soziale Ungleichheit in der DDR. Möglichkeiten und Grenzen einer gegenprivilegierenden Bildungspolitik*. Opladen: Barbara Budrich.

Milgram, S. (1963). Behavioral study of obedience. *Journal of Abnormal and Social Psychology, 67*(4), 371–378.

Milgram, S. (1974). *Obedience to authority. An experimental view*. New York: Harper and Row.

Ministerium für Bildung, Jugend und Sport (Hrsg.). (2007). *Gesetz über die Schulen im Land Brandenburg (Brandenburgisches Schulgesetz- BbgSchulG) in der Fassung der Bekanntmachung vom 02. August 2002 (GVBl.I/02, [Nr. 08], S. 7 8), zuletzt geändert durch Artikel 6 des Gesetzes vom 11. Februar 2014 (GVBl.I/14, [Nr. 07]* (4. Aufl.). Potsdam: Ministerium für Bildung, Jugend und Sport.

Mistry, R. S., et al. (2002). Economic well-being and children's social adjustment: The role of family process in an ethnically diverse low-income sample. *Child Development, 73*(3), 935–951.

Molavi, A. (2002). *Persian pilgrimages: Journeys across Iran*. New York: W.W. Norton.

Moore, R. (2013). *Basil Bernstein. The thinker and the field*. New York: Routledge.

Moosbrugger, J. (2008). *Subjektivierung von Arbeit: Freiwillige Selbstausbeutung. Ein Erklärungsmodell für die Verausgabungsbereitschaft von Hochqualifizierten*. Wiesbaden: VS Verlag für Sozialwissenschaften.

Morel, J. et al. (2007). *Soziologische Theorie. Abriss der Ansätze ihrer Hauptvertreter* (8. Aufl.). München: Oldenbourg. books.google.com/books?isbn=3486584766

Moreno, J. L. (1996). *Die Grundlagen der Soziometrie. Wege zu Neuordnung der Gesellschaft*. Opladen: Leske + Budrich. Nachdruck der 3. Aufl., 1974

Morgan, G. S., Wisneski, D. C., & Skitka, L. J. (2011). The expulsion from Disneyland. The social psychological impact of 9/11. *American Psychologist, 66*(6), 447–454.

Moscovici, S. (1976). *Social influence and social change*. London: Academic Press.

Mückenberger, U. (1985). Die Krise des Normalarbeitsverhältnisses – Hat das Arbeitsrecht noch Zukunft? *Zeitschrift für Sozialreform, 31*(7), 415–434 und 31(8), 457-475

Müller, A. (2009). *Meinungsmache. Wie Wirtschaft, Politik und Medien uns das Denken abgewöhnen wollen*. München: Droemer Knaur.

Mühler, K. (2008). *Sozialisation: Eine soziologische Einführung*. Stuttgart: Fink UTB.

Müller, W. (1998). Erwartete und unerwartete Folgen der Bildungsexpansion. In J. Friedrichs et al. (Hrsg.), *Die Diagnosefähigkeit der Soziologie* (S. 81–112). Wiesbaden: Westdeutscher Verlag.

Müller, W., & Haun, D. (1993). Bildungsexpansion und Bildungsungleichheit. In W. Glatzer (Hrsg.), *Einstellungen und Lebensbedingungen in Europa. Soziale Indikatoren* (Bd. XVII, S. 225–268). Frankfurt am Main: Campus.

Müller, W., & Haun, D. (1994). Bildungsungleichheit im sozialen Wandel. *Kölner Zeitschrift für Soziologie und Sozialpsychologie, 46*(1), 1–42.

Müller, W., & Pollak, R. (2007). Weshalb gibt es so wenige Arbeiterkinder in Deutschlands Universitäten?. In R. Becker, & W. Lauterbach (Hrsg.), *Bildung als Privileg* (2. Aufl. S. 303–342). Wiesbaden: VS Verlag für Sozialwissenschaften.

Müller, W., Pollak, R., Reimer, D., & Schindler, S. (2009). Hochschulbildung und soziale Ungleichheit. In R. Becker (Hrsg.), *Lehrbuch der Bildungssoziologie* (S. 281–319). Wiesbaden: Verlag für Sozialwissenschaften.

Multrus, F., Bargel, T., & Ramm, M. (2008). *Studiensituation und studentische Orientierungen. 10. Studierendensurvey an Universitäten und Fachhochschulen*. Bonn/Berlin: Bundesministerium für Bildung und Forschung.

Murphy, E. F., et al. (2006). 9/11 impact of teenage values. *Journal of Business Ethics, 69*, 399–421.

National Research Council (2011). *The science of adolescent risk-taking. Workshop report*. Washington, DC: The National Academic Press.

Naudascher, B. (2003). Jugend und Peer Group. Die pädagogische Bedeutung der Gleichaltrigen im Alter von zwölf bis sechzehn Jahren. In M. Nörber (Hrsg.), *Peer Education. Bildung und Erziehung von Gleichaltrigen durch Gleichaltrige* (S. 140–164). Weinheim: Beltz.

Nave-Herz, R. (Hrsg.). (2002). *Kontinuität und Wandel der Familie in Deutschland. Eine zeitgeschichtliche Analyse*. Stuttgart: Lucius & Lucius.

Nesbit, E. B. (1979). Rathus assertiveness schedule and college self-expression scale scores as predictors of assertive behavior. *Psychological Reports, 45*, 855–861.

Neubert, A. (2009). *Leitkategorie: Soziale Kompetenz*. Frankfurt am Main: Peter Lang.

Neuenschwander, M. P. (2006). Elternunterstützung im Berufswahlprozess. In D. Läge, & A. Hirschi (Hrsg.), *Berufliche Übergänge: Psychologische Grundlagen der Berufs-, Studien- und Laufbahnberatung* (S. 135–154). Zürich: LIT.

Neuenschwander, M. P., & Malti, T. (2009). Selektionsprozesse beim Übergang in die Sekundarstufe I und II. *Zeitschrift für Erziehungswissenschaft, 12*, 216–232.

Neugarten, B. L. (1970). Adaptation and the life cycle. *Journal of Geriatric Psychology, 4*, 71–87.

Neugarten, B. L. (1980). Acting on one's age: New rules for the old. *Psychology Today, 13*, 66–80.

Neugebauer, M. (2010). Bildungsungleichheit und Grundschulempfehlung beim Übergang auf das Gymnasium: Eine Dekomposition primärer und sekundärer Herkunftseffekte. *Zeitschrift für Soziologie, 39*(3), 202–214.

Niederbacher, A., & Zimmermann, P. (2011). *Grundwissen Sozialisation. Einführung zur Sozialisation im Kindes- und Jugendalter* (4. Aufl.). Wiesbaden: VS Verlag für Sozialwissenschaften.

Nixon, E., & Halpenny, A. M. (2010). *Children's perspectives on parenting styles and discipline: A developmental approach*. Dublin: Office of the Minister for Children und Youth Affair.

Nobes, G., & Smith, M. (2002). Family structure and the physical punishment of children. *Journal of Family Issues, 23*(3), 349–373.

Nobes, G., et al. (2003). Children's understanding of the earth in a multicultural community: Mental models or fragments of knowledge? *Developmental Science, 6*(1), 72–85.

Nohl, A.-M., Ofner, U. S., & Thomsen, S. (2010). Hochqualifizierte BildungsausländerInnen in Deutschland: Arbeitsmarkterfahrungen unter den Bedingungen formaler Gleichberechtigung. In A.-M. Nohl et al. (Hrsg.), *Kulturelles Kapital in der Migration. Hochqualifizierte Einwanderer und Einwanderinnen auf dem Arbeitsmarkt* (S. 67–82). Wiesbaden: VS Verlag für Sozialwissenschaften.

Nold, D. (2010). *Sozioökonomischer Status von Schülerinnen und Schülern 2008. Ergebnisse des Mikrozensus*. Statistisches Bundesamt. Wirtschaft und Statistik, Bd. 2, S. 138–149). Wiesbaden: Statistisches Bundesamt.

Norman, D. A. (1983). Some observations on mental models. In D. Gentner, & A. L. Stevens (Hrsg.), *Mental models* (S. 7–14). Hillsdale, NJ: Erlbaum.

Nowak, J. (2006). *Leitkultur und Parallelgesellschaft. Argumente wider einen deutschen Mythos*. Frankfurt am Main: Brandes & Apsel.

Oakley, B., et al. (2004). Turning students groups into effective teams. *Journal of Student-centered Learning, 2*(1), 9–34.

Oberste, M. (2013). Einflussfaktoren bei der Berufswahl. Eine Analyse der Berufswünsche von Schülern am Ende der Sekundarstufe I. *Zeitschrift für ökonomische Bildung, 1*, 117–136.

OECD (2013). *PISA 2012. Ergebnisse im Fokus. Was 15-Jährige wissen und wie sie dieses Wissen einsetzen können*. Paris: OECD Publ.

Ogunwole, S. U. (2002). *American Indian and Alaska native population: Census 2000*. Washington, DC: U.S. Department of Commerce.

Olweus, D. (2006). *Gewalt in der Schule. Was Lehrer und Eltern wissen sollten – und tun können* (4. Aufl.). Bern: Huber.

Ostrov, J. M., Gentile, D. A., & Crick, N. R. (2006). Media exposure, aggression and prosocial behavior during early childhood. *Social Development, 15*(4), 612–627.

Otto, U., & Bauer, P. (2004). Lebensweltorientierte Soziale Arbeit mit älteren Menschen. In H. Thiersch, & K. Grunald (Hrsg.), *Praxis Lebensweltorientierter Sozialer Arbeit. Handlungszugänge und Methoden in unterschiedlichen Arbeitsfeldern* (S. 195–212). Weinheim: Juventa.

Ovadia, S. (2004). Ratings and rankings: reconsiderung the structure of values and their measurement. *International Journal of Social Research Methodology, 7*(5), 403–414.

Packer, M. J., & Goicoechea, J. (2000). Sociocultural and constructivist theories of learning: Ontology, not just epistemology. *Educational Psychologist, 35*(4), 227–241.

Padilla, L. M., & Walker, H. (2007). Characteristics of mother child interactions related to adolescents´ positive values and behaviors. *Journal of Family and Relations, 69*(3), 675–686.

Paris, S. G., & Cunningham, A. E. (1996). Children becoming students. In D. Berliner, & R. Calfee (Hrsg.), *Handbook of Educational Psychology* (S. 117–147). New York: Macmillan.

Parkin, F. (1979a). *Marxism and class theory: A Bourgeois critique*. New York: Columbia University Press.

Parkin, F. (1979b). Social stratification. In T. B. Bottomore, & R. A. Nisbet (Hrsg.), *A history of sociological analysis* (S. 599–632). London: Heinemann.

Parkin, F. (2004). Strategien sozialer Schließung und Klassenbildung. In J. Mackert (Hrsg.), *Die Theorie sozialer Schließung. Tradition, Analysen, Perspektiven* (S. 27–44). Wiesbaden: VS Verlag für Sozialwissenschaften.

Parsons, T. (1966/1975). *Gesellschaften. Evolutionäre und komparative Perspektiven*. Frankfurt am Main: Campus.

Parsons, T. (1968). Die Schulklasse als soziales System. In T. Parsons (Hrsg.), *Sozialstruktur und Persönlichkeit* (S. 161–193). Frankfurt am Main: Suhrkamp.

Parsons, T. (1977). *Sozialstruktur und Persönlichkeit* (2. Aufl.). Frankfurt am Main: Fachbuchhandlung für Psychologie.

Paulus, W., & Blossfeld, H.-P. (2007). Schichtspezifische Präferenzen oder sozioökonomisches Entscheidungskalkül? Zur Rolle elterlicher Bildungsaspirationen im Entscheidungsprozess beim Übergang von der Grundschule in die Sekundarstufe. *Zeitschrift für Pädagogik, 53*(4), 491–508.

Paus-Hasebrink, I., & Bichler, M. (2009). *Mediensozialisationsforschung. Theoretische Fundierung und Fallbeispiel sozial benachteiligter Kinder*. Innsbruck/Wien: StudienVerlag.

Perels, F., Schmitz, B., & van de Loo, K. (2007). *Training für Unterricht – Training im Unterricht. Moderne Methoden machen Schule*. Göttingen: Vandenhoeck & Ruprecht.

Perren, S. (2000). *Kindergarten children involved in bullying: Social behavior, peer relationships, and social status.* Bern: Universität (Diss.) http://www.stub.unibe.ch/download/eldiss/00perren_s.pdf

Perren, S., Groeben, M., Stadelmann, S., & von Klitzing, K. (2008). Selbst- und fremdbezogene soziale Kompetenzen: Auswirkungen auf das emotionale Befinden. In T. Malti, & S. Perren (Hrsg.), *Soziale Kompetenz bei Kindern und Jugendlichen* (S. 89–107). Stuttgart: Kohlhammer.

Petermann, F., & Petermann, U. (2000). *Erfassungsbogen für aggressives Verhalten in konkreten Situationen EAS* (4. Aufl.). Göttingen: Hogrefe.

Petermann, F., Jugert, G., Tänzer, U., & Verbeek, D. (2012). *Sozialtraining in der Schule* (3. Aufl.). Weinheim: Beltz.

Petermann, U., & Petermann, F. (2013). *LSL – Lehrereinschätzliste für Sozial- und Lernverhalten* (2. Aufl.). Göttingen: Hogrefe.

Petillon, H. (1993). *Soziales Lernen in der Grundschule*. Frankfurt am Main: Diesterweg.

Petitto, A., & Ginsburg, H. (1982). Mental arithmetic in Africa and America: Strategies, principles and explanations. *International Journal of Psychology, 17*, 81–102.

Petzold, M. (1999). *Entwicklung und Erziehung in der Familie*. Baltmannsweiler: Schneider-Hohengehren.

Peuckert, R. (1975). *Konformität. Erscheinungsformen – Ursachen – Wirkungen*. Stuttgart: Enke.

Peuckert, R. (2012). *Familienformen im sozialen Wandel* (8. Aufl.). Wiesbaden: VS Verlag für Sozialwissenschaften.

Pfau, D. et al. (2006). *Sozialverhalten lernen. Eine praktische Hilfe für die erzieherische Arbeit in Schulen und Jugendarbeit*. Stuttgart: Ministerium für Kultus, Jugend und Sport.

Picht, G. (1964). *Die deutsche Bildungskatastrophe, Analyse und Dokumentation*. Freiburg im Breisgau: Walter.

Pickshaus, K., Schmitthenner, H., & Urban, H.-J. (Hrsg.). (2001). *Arbeiten ohne Ende. Neue Arbeitsverhältnisse und gewerkschaftliche Arbeitspolitik*. Hamburg: VSA-Verlag.

Pielorz, A. (1991). *Werte und Wege der Erlebnispädagogik Schule Schloss Salem*. Neuwied: Luchterhand.

Piirto, J. (2005). „I live in my own bubble": The values of talented U.S./Ohio adolescents before and after September 11, 2001. *Journal of Secondary Gifted Education, 16*(1–2), 106–118.

Pinderhughes, E., Dodge, K., Bates, J., Pettit, G., & Zelli, A. (2000). Discipline responses: Influences of parents' socio-economic status, ethnicity, beliefs about parenting, stress and cognitive-emotional processes. *Journal of Family Psychology, 14*(3), 380–400.

Poellhuber, B., Chomienne, M., & Karsenti, T. (2008). The effect of peer collaboration and collaborative learning on self-efficacy and persistence in a learner-paced continuous intake model. *Journal of Distance Education/Revue de l'éducation à distance, 22*(3), 41–62.

Pötzsch, O. (2012). *Geburten in Deutschland*. Wiesbaden: Statistisches Bundesamt.

Polloway, E. A., Patton, J. R., & Serna, L. (2008). *Strategies for teaching learners with special need* (9. Aufl.). Upper Saddle River, NJ: Pearson Merrill Prentice Hall.

Popper, K. R. (2003). *Das Elend des Historizismus* (7. Aufl.). Tübingen: Mohr Siebeck.

Postmes, T., & Spears, R. (1998). Deindividuation and antinormative behavior: A meta-analysis. *Psychological Bulletin*, *123*, 238–259.

Potestio, P. (2011). The employment of young graduates in the period 2000-2010: A comparison between six European countries. *Modern Economy*, *2*(5), 880–892.

Powell, M. L., & Newgent, R. A. (2011). Assertiveness and mental health professionals: Differences between insight-oriented and action-oriented clinicians. *The Professional Counselor: Research and Practice*, *1*(2), 92–98.

Preiser, S. (2011). Sozialkompetenz-, Gewaltfreiheits- und Kreativitätserziehung – Psychologische Beiträge. In M. Limbourg, & G. Steins (Hrsg.), *Sozialerziehung in der Schule* (S. 131–156). Wiesbaden: VS Verlag für Sozialwissenschaften.

Prokop, U. (Hrsg.). (2008). *Erziehung als Unterhaltung in den populären TV-Ratgebern „Super Nanny" und „S.O.S. Schule"*. Marburg: Tectum.

Qin, Z., Johnson, D. W., & Johnson, R. T. (1995). Cooperative versus competitive efforts and problem solving. *Review of Educational Research*, *65*(2), 129–143.

Quillin, J., Besing, S., & Dinning, D. (1977). Standardization of the Rathus Assertiveness Schedule. *Journal of Clinical Psychology*, *33*(2), 418–422.

Rahn, S., Brüggemann, T., & Hartkopf, E. (2013). *Erster Zwischenbericht – Schulabgangsbefragung 2012*. Göppingen: Landratsamt.

Raithel, J., Dollinger, B., & Hörmann, G. (2009). *Einführung Pädagogik. Begriffe, Strömungen, Klassiker, Fachrichtungen* (3. Aufl.). Wiesbaden: VS Verlag für Sozialwissenschaften.

Rath, M. (2007). „Bildung machen!" – Möglichkeiten und Grenzen in einer Wissensgesellschaft. In G. Schweizer, U. Iberer, & H. Keller (Hrsg.), *Lernen am Unterschied. Bildungsprozesse gestalten – Innovationen vorantreiben* (S. 19–35). Bielefeld: Bertelsmann.

Rathus, S. A. (1973). A 30-Items schedule for assessing assertive behavior. *Behavior Therapy*, *4*, 398–406.

Raths, L. E., Harmin, M., & Simon, S. B. (1976). *Werte und Ziele. Methoden zur Sinnfindung im Unterricht*. München: Pfeiffer.

Rauer, W., & Schuck, K. D. (2003a). *Fragebogen zur Erfassung emotionaler und sozialer Schulerfahrungen (FEESS 3-4)*. Göttingen: Beltz Test.

Rauer, W., & Schuck, K. D. (2003b). Emotionale und soziale Schulerfahrungen: Ein mit pädagogischem Nutzen operationalisierbarer diagnostischer Gegenstand. In G. Ricken, A. Fritz, & C. Hofmann (Hrsg.), *Diagnose: Sonderpädagogischer Förderbedarf* (S. 292–306). Lengerich: Papst.

Rauer, W., & Schuck, K. D. (2004). *Fragebogen zur Erfassung emotionaler und sozialer Schulerfahrungen von Grundschulkindern erster und zweiter Klassen (FEESS 1-2)*. Göttingen: Beltz.

Rauin, U., & Maier, U. (2007). Subjektive Einschätzungen des Kompetenzerwerbs in der Lehramtsausbildung. In M. Luders, & J. Wissinger (Hrsg.), *Forschung zur Lehrerbildung* (S. 103–135). Münster: Waxmann.

Rawls, J. (1999). *The law of peoples*. Cambridge, MA: Harvard University Press.

Reckwitz, A. (2003). Grundelemente einer Theorie sozialer Praktiken. *Zeitschrift für Soziologie*, *32*(4), 282–301.

Reich-Claassen, J., von Hippel, A., & Tippelt, R. (2011). Zielgruppenkonstruktion(en)auf Basis des Milieumodells? Ein kritischer Blick auf Milieuforschung und milieuorientierte Bildungsarbeit. In H. Herzberg, & E. Kammler (Hrsg.), *Biographie und Gesellschaft -Überlegungen zu einer Theorie des modernen Selbst* (S. 101–118). Frankfurt am Main: Campus.

Reichenbach, R. (2011). *Pädagogische Autorität*. Stuttgart: Kohlhammer.

Reichle, B., & Franiek, S. (2009). Erziehungsstil aus Elternsicht. *Zeitschrift für Entwicklungspsychologie und Pädagogische Psychologie*, *41*(1), 12–25.

Reid, K., & Morgan, N. S. (2012). *Tackling behaviour in your Primary school. A practical handbook for teachers*. Oxon: Routledge.

Reinders, H. (2008a). *Messung sozialer und selbstregulatorischer Kompetenz in Kindheit und Jugend*. München: Deutsches Jugend Institut.

Reinders, H. (2008b). Erfassung sozialer und selbstregulatorischer Kompetenzen bei Kindern und Jugendlichen. In N. Jude, H. Hartig, & E. Klieme (Hrsg.), *Kompetenzerfassung in pädagogischen Handlungsfeldern. Theorien, Konzepte und Methoden* (S. 27–45). Berlin: Bundesministerium für Bildung und Forschung.

Relikowski, I., Ylmaz, E., & Blossfeld, H. P. (2012). Wie lassen sich die hohen Bildungsaspirationen von Migranten erklären? Eine Mixed-Methods-Studie zur Rolle von strukturellen Aufstiegsprozessen und individueller Bildungserfahrung. *Kölner Zeitschrift für Soziologie und Sozialpsychologie, Sonderhefte*, *52*, 111–136.

Rendell, L., et al. (2010). Why copy others? Insights from the social learning strategies tournament. *Science*, *328*(5975), 208–213.

Resnick, L. B. (1987). Learning in school and out. *Educational Researcher*, *16*(9), 13–20.

Reuband, K.-H. (1997). Aushandeln statt Gehorsam. Erziehungsziele und Erziehungspraktiken. In *Familien. Eine interdisziplinäre Einführung* (S. 129–153). Weinheim: Juventa.

Rickens, C. (2011). *Ganz oben. Wie Deutschlands Millionäre wirklich leben*. Köln: Kiepenheuer & Witsch.

Riegel, U., & Kindermann, K. (2012). Der Kirchenraum als außerschulischer Lernort. In H. Schröteler von Brandt et al. (Hrsg.), *Raum für Bildung. Ästhetik und Architektur von Lern- und Lebensorten* (S. 123–131). Stuttgart: Kohlhammer.

Riemann, R. (1996). Konstruktion und Validierung eines Inventars zur Erfassung von Persönlichkeits-Fähigkeiten. *Zeitschrift für Differentielle und Diagnostische Psychologie*, *17*, 222–235.

Riemann, R., & Allgöwer, A. (1993). Eine deutschsprachige Fassung des „Interpersonal Competence Questionnaire" (ICQ). *Zeitschrift für differentielle und diagnostische Psychologie*, *14*(3), 153–163.

Riffert, F. (2000). Sozialtraining in der Schule – Evaluation eines verhaltenstherapeutisch orientierten Präventionsprogramms. *Verhaltenstherapie und Verhaltensmedizin*, *20*(1), 51–64.

Rindone, P. (1988). Achievement motivation and academic achievement of native American students. *Journal of American Indian Education*, *28*(1), 1–7.

Rippl, S. (2006). Die Abnahme der Fremdenfeindlichkeit – ein Effekt der Bildungsexpansion?. In A. Hadjar, & R. Becker (Hrsg.), *Die Bildungsexpansion. Erwartete und unerwartete Folgen* (S. 231–250). Wiesbaden: VS Verlag für Sozialwissenschaften.

Rittner, V., & Breuer, C. (2004). *Gemeinwohlorientierung und soziale Bedeutung des Sports*. Köln: Sport und Buch Strauß.

Roberts, K., Clark, S. C., & Wallace, C. (1994). Flexibility and Individualisation: A Comparison of Transitions into Employment in England and Germany. *Sociology*, *28*(1), 31–54.

Robertson-von Trotha, C. Y. (Hrsg.). (2009). *Schlüsselqualifikationen für Studium, Beruf und Gesellschaft*. Karlsruhe: Universitätsverlag Karlsruhe.

Röhrs, H. (Hrsg.). (1971). *Der Aufgabenkreis der Pädagogischen Soziologie*. Frankfurt am Main: Akademische Verlagsgesellschaft.

Röhr-Sendlmeier, U. M., & Bergold, S. (2012). Die Rolle des Vaters bei berufstätiger Mutter – Aufgabenbeteiligung, Lebenszufriedenheit und Schulleistung der Kinder. *Zeitschrift für Familienforschung – Journal of Family Research*, *24*(1), 3–26.

Röhr-Sendlmeier, U. M., & Kröger, M. (2011). Die Bedeutung der mütterlichen Berufstätigkeit für Leistungsmotivation und Berufswahlreife von Jugendlichen. *Bildung und Erziehung*, *64*(2), 213–238.

Röhr-Sendlmeier, U. M., Jöris, A., & Pache, M. (2012). Lern-/Leistungsmotivation und sozio-kulturelle Herkunft. *Bildung und Erziehung*, *65*(4), 459–476.

Roest, A. M. C., & Semon, D. (2009). Value transmissions between fathers, mothers, and adolescent and emerging adult children: The role of the family climate. *Journal of Family Psychology*, *23*(2), 146–155.

Rogge, J.-U. (2005). Pädagogische Erniedrigung oder niederschwelliges Beratungsangebot. Kritische Anmerkungen zur Super Nanny und Konsorten. *Kind Jugend Gesellschaft*, *50*, 115–118.

Rokeach, M. (1969). *Beliefs, attitudes, and values. A theory of organization and change*. San Francisco: Jossey-Bass.

Rokeach, M. (1973). *The nature of human values*. New York: Free Press.

Rolff, H.-G. (1997). *Sozialisation und Auslese durch die Schule*. Weinheim: Juventa.

Rollik, H. (2013). Das Projekt „Wertebildung in Familien" (2008 – 2013). In A. Erbes, C. Giese, & H. Rollik (Hrsg.), *Werte und Wertebildung in Familien, Bildungsinstitutionen, Kooperationen* (S. 53–61). Berlin: Deutsches Rotes Kreuz.

Ronneberger, F. (1971). *Sozialisation durch Massenkommunikation*. Stuttgart: Enke.

Roose, J., Schäfer, M. S., & Schmidt-Lux, T. (Hrsg.). (2010). *Fans. Soziologische Perspektiven*. Wiesbaden: VS Verlag für Sozialwissenschaften.

Ros, M., Schwartz, S. H., & Surkiss, S. (1999). Basic individual values, work values, and the meaning of work. *Applied Psychology: An International Review, 48*(1), 49–71.

Rose-Krasnor, L. (1997). The nature of social competence: A theoretical review. *Social Development, 6*(1), 111–135.

Rosen, B. C. (1961). Family structure and achievement motivation. *American Sociological Review, 26*, 574–585.

Roseth, C. J., Johnson, D. W., & Johnson, R. T. (2008). Promoting early adolescents' achievement and peer relationships: The effects of cooperative, competitive, and individualistic goal structures. *Psychological Bulletin, 134*(2), 223–246.

Ross-Strajhar, G. (2009). *Bildungsforschung* Bd. 2009/1. Leipzig: GESIS – Leibniz-Institut für Sozialwissenschaften.

Roth, H. (1971). *Bildsamkeit und Erziehung* (3. Aufl.). Pädagogische Anthropologie, Bd. I. Hannover: Schroedel.

Roth, W. (2006). *Sozialkompetenzen fördern – In Grund- und Sekundarschulen, auf humanistisch-psychologischer Basis*. Bad Heilbrunn: Klinkhardt.

Rotter, J. B. (1972). An introduction to social learning theory. In J. B. Rotter, J. E. Chance, & E. J. Phares (Hrsg.), *Application of a social learning theory of personality* (S. 1–43). New York: Holt, Rinehart & Winston.

Rotter, J. B., & Hochreich, D. J. (1979). *Persönlichkeit. Theorien, Messung, Forschung*. Berlin: Springer.

Rubin, K. H., Coplan, R. J., Fox, N. A., & Calkins, S. D. (1995). Emotionality, emotion regulation, and preschoolers' social adaptation. *Development and Psychopathology, 7*, 49–62.

Saarni, C. (2001). Cognition, context, and goals: Significant components in social-emotional effectiveness. *Social Development, 10*(1), 125–129.

von Saldern, M., & Littig, K. E. (1985). Die Konstruktion der Landauer Skalen zum Sozialklima. *Zeitschrift für Entwicklungspsychologie und Pädagogische Psychologie, 17*(2), 138–149.

von Saldern, M., & Littig, K. (1987). *Landauer Skalen zum Sozialklima: LASSO 4-13*. Weinheim: Beltz.

Saleem, M., & Anderson, C. A. (2012). The good, the bad, and the ugly of electronic media. In J. Dvoskin et al. (Hrsg.), *Applying social science to reduce violent offending* (S. 83–101). New York: Oxford University Press.

Sampson, G. (2005). *The „Language instinct" debate*. London: Continuum International.

Sanders, M. R. (2008). Triple P-positive parenting program as a public health approach to strengthening parenting. *Journal of Family Psychology, 22*(3), 506–517.

Schaarschmidt, U. (Hrsg.). (2005). *Halbtagsjobber? Psychische Gesundheit im Lehrerberuf – Analyse eines veränderungsbedürftigen Zustandes* (2. Aufl.). Weinheim: Beltz.

Schaarschmidt, U. (2012). Eignung für den Lehrerberuf frühzeitig erkennen und kontinuierlich fördern. Implikationen aus den Potsdamer Lehrerstudien. In B. Weyand, M. Justus, & M. Schratz (Hrsg.), *Auf unsere Lehrerinnen und Lehrer kommt es an. Geeignete Lehrer/-innen gewinnen, (aus)bilden und fördern* (S. 58–77). Essen: Stifterverband für die Deutsche Wissenschaft.

Schaarschmidt, U., & Fischer, A. W. (2001). *Bewältigungsmuster im Beruf*. Göttingen: Vandenhoeck & Ruprecht.

Schaarschmidt, U., & Fischer, A. (2003). *AVEM – Arbeitsbezogenes Verhaltens- und Erlebensmuster. Handanweisung* (2. Aufl.). Frankfurt am Main: Swets & Zeitlinger.

Schaarschmidt, U., & Kieschke, U. (Hrsg.). (2007). *Gerüstet für den Schulalltag. Psychologische Untestützungsangebote für Lehrerinnen und Lehrer*. Weinheim: Beltz.

Schäffler, E., & Schnabel-Bitterlich, M. (2009). *Modellvorhaben zur Förderung der Kooperation von Jugendhilfe und Schule „Schoolworker". Jahresbericht 2007/2008 der Wissenschaftlichen Begleitung*. Saarbrücken: Institut für Sozialforschung, Praxisberatung und Organisationsentwicklung.

Schäuble, G. (1995). *Sozialisation und Bildung der jungen Alten vor und nach der Berufsaufgabe*. Stuttgart: Enke.

Schauenberg, M. (2007). *Übertrittsentscheidungen nach der Grundschule: Empirische Analysen zu familialen Lebensbedingungen und Rational-Choice*. München: Herbert Utz Verlag.

Schelsky, H. (1956). *Schule und Erziehung in der industriellen Gesellschaft*. Würzburg: Werkbund-Verlag.

Schelten, A. (2009). Lehrerpersönlichkeit – ein schwer fassbarer Begriff. *Die berufsbildende Schule, 61*(2), 39–40.

Schenk, M. (2007). *Medienwirkungsforschung* (3. Aufl.). Tübingen: Mohr Siebeck.

Scherger, S. (2007). *Destandardisierung, Differenzierung, Individualisierung. Westdeutsche Lebensläufe im Wandel*. Wiesbaden: VS Verlag für Sozialwissenschaften.

Scherr, A. (2008). Sozialisation, Person, Individuum. In H. Korte, & B. Schäfers (Hrsg.), *Einführung in Hauptbegriffe der Soziologie* (7. Aufl. S. 46–68). Wiesbaden: VS Verlag für Sozialwissenschaften.

Schick, A., & Cierpka, M. (2003). Faustlos: Evaluation eines Curriculums zur Förderung sozial-emotionaler Kompetenzen und zur Gewaltprävention in der Grundschule. *Kindheit und Entwicklung, 12*, 100–110.

Schilling, J., & Zeller, S. (2007). *Soziale Arbeit. Geschichte, Theorie, Profession* (3. Aufl.). München: Reinhardt.

Schilling, T. (Hrsg.). (2013). *VorBild – Politische Bildung für Förderschulen*. Bonn: Bundeszentrale für Politische Bildung. http://www.bpb.de/lernen/unterrichten/151980/

Schimpl-Neimanns, B. (2000). *Hat die Bildungsexpansion zum Abbau der sozialen Ungleichheit in der Bildungsbeteiligung geführt? Methodische Überlegungen zum Analyseverfahren und Ergebnisse multinomialer Logit-Modelle für den Zeitraum 1950-1989*. ZUMA-Arbeitsbericht, Bd. 2000/02. Mannheim: gesis Leibniz-Institut für Sozialwissenschaften.

Schindler, S., & Reimer, D. (2010). Primäre und sekundäre Effekte der sozialen Herkunft beim Übergang in die Hochschulbildung. *Kölner Zeitschrift für Soziologie und Sozialpsychologie, 62*, 623–653.

Schleswig-Holstein (2007). *Schleswig-Holsteinisches Schulgesetz (Schulgesetz – SchulG). Vom 24. Januar 2007*. Gesetz- und Verordnungsblatt 2007, Bd. 3, S. 39–90). Kiel: Landesregierung Schleswig-Holstein.

Schlieben-Lange, B. (1991). *Soziolinguistik. Eine Einführung* (3. Aufl.). Stuttgart: Kohlhammer.

Schlögl, P., & Lachmayer, N. (2004). *Motive und Hintergründe von Bildungswegentscheidungen in Österreich. Eine repräsentative Querschnittserhebung im Herbst 2003*. Wien: Österreichisches Institut für Berufsbildungsforschung.

Schmidt, P., et al. (2007). Die Messung von Werten mit dem „Portraits Value Questionnaire". *Zeitschrift für Sozialpsychologie, 38*(4), 261–275.

Schmidt-Traub, S., & Lex, T.-P. (2005). *Angst und Depression*. Göttingen: Hogrefe.

Schneewind, K. (1998). Familienentwicklung. In R. Oerter, & L. Montada (Hrsg.), *Entwicklungspsychologie* (S. 129–170). Weinheim: Beltz.

Schneewind, K. A. (1992). *Persönlichkeitstheorien II. Organismische und dialektische Ansätze* (2. Aufl.). Darmstadt: Wissenschaftliche Buchgesellschaft.

Schneewind, K. A., & Herrmann, T. (Hrsg.). (1980). *Erziehungsstilforschung. Theorien, Methoden und Anwendung der Psychologie elterlichen Erziehungsverhaltens*. Bern: Huber.

Schneewind, K. A., & Ruppert, S. (1995). *Familien gestern und heute. Ein Generationenvergleich über 16 Jahre*. München: Quintessenz.

Schneewind, K. A., Beckmann, M., & Hecht-Jackl, A. (1985). *Das Familiendiagnostische Testsystem (FDTS)*. München: Institut für Psychologie der Universität.

Schneewind, K. A., Walper, S., & Graf, J. (2000). Sozialisation in der Familie als Quelle individueller Unterschiede. In M. Amelang (Hrsg.), *Determinanten individueller Unterschiede (Enzyklopädie der Psychologie, Themenbereich C: Theorie und Forschung, Serie VIII: Differentielle Psychologie und Persönlichkeitsforschung* (Bd. 4, S. 240–343). Göttingen: Hogrefe.

Schneider, B., & Stevenson, D. (1999). *The ambitious generation. America's teenagers, motivated but directionless*. New Haven, CT: Yale University Press.

Schneider, S. (2004). *Angststörungen bei Kindern und Jugendlichen. Grundlagen und Behandlung*. Berlin/Heidelberg: Springer.

Schneider, T. (2011). Die Bedeutung der sozialen Herkunft und des Migrationshintergrundes für Lehrerurteile am Beispiel der Grundschulempfehlung. *Zeitschrift für Erziehungswissenschaft, 14*(3), 371–396.

Schneider, W. (1994). Der Übergang in die weiterführende Schule nach dem 4. oder 6. Grundschuljahr? Theoretische Analysen und empirische Beiträge zur Prognose des Schulerfolgs. *Bayerische Schule, 47*(5), 15–20.

Schönbächler, M. T. (2008). *Klassenmanagement. Situative Gegebenheiten und personale Faktoren in Lehrpersonen- und Schülerperspektive*. Bern: Haupt.

Schomburg, H. (2007). Kein schwerer Start: Die ersten Berufsjahre von Hochschulabsolventen in Europa. *Beiträge zur Hochschulforschung, 29*(1), 130–155.

Schomburg, H. (2011a). Bachelor graduates in Germany: Internationally mobile, smooth transition and professional success. In H. Schomburg, & U. Teichler (Hrsg.), *Employability and mobility of Bachelor graduates in Europe* (S. 89–110). Rotterdam: Sense Publishing.

Schomburg, H. (2011b). Employability and mobility of Bachelor graduates: The findings of graduate surveys in ten European countries on the assessment of the impact of the Bologna reform. In H. Schomburg, & U. Teichler (Hrsg.), *Employability and mobility of Bachelor graduates in Europe* (S. 253–273). Rotterdam, NL: Sense Publishing.

Schomburg, H., & Teichler, U. (2006). *Higher Education and graduate employment in Europe. Results of graduate surveys from twelve countries*. Dordrecht, NL: Springer.

Schrapper, C. (Hrsg.). (2010). *Sozialpädagogische Diagnostik und Fallverstehen in der Jugendhilfe* (2. Aufl.). Weinheim: Beltz Juventa.

Schroeter, K. R., & Prahl, H.-W. (1999). *Soziologisches Grundwissen für Altenhilfeberufe. Ein Lehrbuch für die Fach(hoch)schule*. Weinheim: Beltz.

Schuchart, C. (2009). Warum interessieren sich Hauptschülerinnen und Hauptschüler für einen Realschulabschluss? Eine Analyse individueller Überzeugungen unter besonderer Beachtung geschlechtsspezifischer Differenzen. *Zeitschrift für Erziehungswissenschaft*, (Sonderheft 10), 373–397.

Schümer, G. (1998). Mathematikunterricht in Japan – Ein Überblick über den Unterricht in öffentlichen Grund- und Mittelschulen und privaten Ergänzungsschulen. *Unterrichtswissenschaft, 26*(3), 195–228.

Schuler, H. (2010). Noten als Prädiktoren von Studien- und Berufserfolg. In D. H. Rost (Hrsg.), *Handwörterbuch Pädagogische Psychologie* (4. Aufl. S. 599–606). Weinheim: Beltz.

Schulze, G. (2005). *Die Erlebnisgesellschaft. Kultursoziologie der Gegenwart* (2. Aufl.). Frankfurt am Main: Campus.

Schumacher, J., Eisemann, M., & Brähler, E. (2000). *FEE – Fragebogen zum erinnerten elterlichen Erziehungsverhalten*. Göttingen: Hogrefe.

Schwantner, U., & Schreiner, C. (Hrsg.). (2010). *PISA 2009. Internationaler Vergleich von Schülerleistungen*. Graz: Leykam.

Schwartz, S. H. (1994). Are there universal aspects in the structure and contents of human values? *Journal of Social Issues, 50*, 19–45.

Schwartz, S. H. (2012). An overview of the Schwartz theory of basic values. *Online Readings in Psychology and Culture, 2*, 1. doi:10.9707/2307-0919.1116.

Schwarz, A., & Weishaupt, H. (2012). *Bildung als Mittel sozialen Aufstiegs? Zum Zusammenhang von Bevölkerungsentwicklung und Bildungsbeteiligung von Migranten*. Schumpeter Discussion Papers, Bd. 2012-009. Wuppertal: Bergische Universität. http://elpub.bib.uni-wuppertal.de/servlets/DerivateServlet/Derivate-2674/sdp12009.pdf

Schwarz, B. B., Kohn, A. S., & Resnick, L. B. (1993/1994). Positives about negatives: A case study of an intermediate model for signed numbers. *Journal of the Learning Sciences, 3*(1), 37–92.

Schwinn, T. (2008). Soziale Ungleichheit und funktionale Differenzierung. Wiederaufnahme einer Diskussion. *Zeitschrift für Soziologie, 27*(1), 3–17.

Seel, N. M. (1991). *Weltwissen und mentale Modelle*. Göttingen: Hogrefe.

Seel, N. M. (2003). *Psychologie des Lernens* (2. Aufl.). München: Reinhardt.

Seel, N. M. (2014). Model-based learning and performance. In J. M. Spector et al. (Hrsg.), *Handbook of research in educational communication and technology* (4. Aufl. S. 465–484). New York: Springer.

Seel, N. M., & Born, M. (1984). Effekte von Fernsehen auf die Wertvorstellungen von Zuschauern. *Communications, 10*(1-3), 91–110.

Seel, N. M., & Casey, N. C. (2003). Changing Conceptions of Technological Literacy. In P. Attewell, & N. M. Seel (Hrsg.), *Disadvantaged Teens and Computer Technologies* (S. 35–55). Münster: Waxmann.

Seel, N. M., & Hanke, U. (2010). *Lernen und Behalten*. Weinheim: Beltz.

Seifert, M. (2004). Wie postmodern ist das postfordistische Arbeitsmodell? Arbeit und Identität in historischen und gegenwärtigen Kontexten. In G. Hirschfelder, & B. Huber (Hrsg.), *Die Virtualisierung der Arbeit. Zur Ethnographie neuer Arbeits- und Organisationsformen* (S. 333–356). Frankfurt am Main: Campus.

Seitz, W., & Rausche, A. (2003). *Persönlichkeitsfragebogen für Kinder zwischen 9 und 14 Jahren PFK 9-14* (4. Aufl.). Göttingen: Hogrefe.

Sennett, R. (1985). *Autorität*. Frankfurt am Main: S. Fischer.

Sewell, W. H., Haller, A. O., & Straus, M. A. (1957). Social status and educational and occupational aspiration. *American Sociological Review, 22*(1), 67–73.

Sewell, W. H., Haller, A. O., & Portes, A. (1969). The educational and early occupational attainment process. *American Sociological Review, 34*(1), 82–92.

Sewell, W. H., Haller, A. O., & Ohlendorf, G. W. (1970). The educational and early occupational status attainment process: Replication and revision. *American Sociological Review, 35*, 1014–1027.

Sharan, S. (1980). Cooperative learning in small groups: Recent methods and effects on achievement, attitudes, and ethnic relations. *Review of Educational Research, 50*(2), 241–271.

Shelton, K. K., Frick, P. J., & Wootton, J. (1996). Assessment of parenting practices in families of elementary school-age children. *Journal of Clinical Child Psychology, 25*, 317–329.

Sherif, M. (1936). *The psychology of social norms*. New York: Harper.

Siegert, M. (2008). *Integrationsreport Schulische Bildung von Migranten*. Working Paper, Bd. 13. Nürnberg: Bundesamt für Migration und Flüchtlinge.

Siegrist, J. (1991). Contributions of sociology to the prediction of heart disease and their implications for public health. *European Journal of Public Health, 1*, 10–21.

Silbereisen, R., & Pinquart, M. (2008). Sozialer Wandel und individuelle Entwicklung. In R. K. Silbereisen, & M. Pinquart (Hrsg.), *Individuum und sozialer Wandel. Eine Studie zu Anforderungen, psychosozialen Ressourcen und individueller Bewältigung* (S. 7–36). Weinheim: Juventa.

Simpkins, S. D., Vest, A. E., Dawes, N. P., & Neuman, K. I. (2010). Dynamic Relations between Parents' Behaviors and Children's Motivational Beliefs in Sports and Music. *Parenting Science and Practice, 10*(2), 97–118.

Singhal, A., & Nagao, M. (1993). Assertiveness as communication competence. *Asian Journal of Communication, 3*(1), 1–18.

Sinus Sociovision (2003). *Wie erreichen wir die Eltern? Lebenswelten und Erziehungsstile von Konsum-Materialisten und Hedonisten. Pilotstudie des Instituts Sinus Sociovision*. Heidelberg: Sinus Sociovision.

Sinus Sociovision (2004). *Erziehungsziele und –stile von Müttern mit kleinen Kindern. Pilotprojekt in den Sinus-Milieus*. Heidelberg: Sinus Sociovision.

Sinus Sociovision (2008). *Eltern unter Druck. Selbstverständnisse, Befindlichkeiten und Bedürdnisse von Eltern in verschiedenen Lebenswelten*. Heidelberg: Sinus Sociovision.

Sliwka, A. (2001). *Civic Education: Das anglo-amerikanische Beispiel*. Demokratie Lernen und Leben, Bd. II. Weinheim: Freudenberg Stiftung.

Sliwka, A. (2004). *Service Learning: Verantwortung lernen in Schule und Gemeinde*. Berlin: BLK Programm Demokratie lernen & leben.

Sliwka, A., & Frank, S. (Hrsg.). (2004). *Service Learning: Verantwortung lernen in Schule und Gemeinde*. Weinheim: Beltz.

Smith, E. R., Seger, C. R., & Mackie, D. M. (2007). Can emotions be truly group level? Evidence regarding four conceptual criteria. *Journal of Personality and Social Psychology, 93*(3), 431–446.

Snyder, M., Tanke, E. D., & Berscheid, E. (1977). Social perception and interpersonal behavior. On the self-fulfilling nature of social stereotypes. *Journal of Personality and Social Psychology, 36*, 656–666.

Sojka, E. (2009). *Jugendmilieus in Deutschland – Schlussfolgerungen für die gewerkschaftliche Jugendarbeit*. Stadtbergen: Internationales Institut für Empirische Sozialökonomie.

Solga, H. (2009). Bildungsarmut und Ausbildungslosigkeit in der Bildungs- und Wissensgesellschaft. In R. Becker (Hrsg.), *Lehrbuch der Bildungssoziologie*. (S. 395–432). Wiesbaden: VS Verlag für Sozialwissenschaften.

Solga, H., & Dombrowski, R. (2009). *Soziale Ungleichheiten in schulischer und außerschulischer Bildung. Stand der Forschung und Forschungsbedarf*. Arbeitspapier, Bd. 171. Düsseldorf: Hans-Böckler-Stiftung.

Solga, H., & Wagner, S. (2001). Paradoxie der Bildungsexpansion. Die doppelte Benachteiligung von Hauptschülern. *Zeitschrift für Erziehungswissenschaft, 4*(1), 107–127.

Sommerkorn, I. N. (1993). Soziologie der Bildung und Erziehung. In H. Korte, & B. Schäfers (Hrsg.), *Einführung in Spezielle Soziologien*. Opladen: Leske + Budrich.

Sonnenberg, J., & Windsor, A. (2000). *Teamarbeit trainieren in der Grundschule. Übungen, Aktivitäten und Spiele*. Mühlheim: Verlag an der Ruhr.

Sowarka, B. (1995). Soziale Intelligenz und soziale Kompetenz. In W. Sarges (Hrsg.), *Management-Diagnostik* (S. 365–382). Göttingen: Hogrefe.

Spanel, D., & Hübner, H.-G. (1995). *Lehrersein heute – Berufliche Belastungen und Wege zu deren Bewältigung*. Bad Heilbrunn: Klinkhardt.

Sparfeldt, J. R., et al. (2012). Lehrerbeurteiltes Schülerverhalten. Eine Evaluation der „Lehrereinschätzliste für Sozial- und Lernverhalten" (LSL). *Psychologie in Erziehung und Unterricht, 59*, 146–158.

Specht, W. (Hrsg.). (2009). *Nationaler Bildungsbericht Österreich*. Graz: Leykam. 2 Bde

Specht, W., & Fend, H. (1979). Der „Klassengeist" als Sozialisationsfaktor. *Unterrichtswissenschaft, 7*(2), 128–141.

Spellerberg, A. (2006). Bildung und Lebensstile – ein Fließgleichgewicht auf Modernisierungskurs. In A. Hadjar, & R. Becker (Hrsg.), *Die Bildungsexpansion. Erwartete und unerwartete Folgen* (S. 251). Wiesbaden: VS Verlag für Sozialwissenschaften.

Springer, L., Stanne, M. E., & Donovan, S. S. (1999). Effects of small-group learning on undergraduates in science, mathematics, engineering, and technology: A meta-analysis. *Review of Educational Research, 69*(1), 21–51.

Stamm, H., & Lamprecht, M. (2009). *Ungleichheit und Gesundheit. Grundlagendokument zum Zusammenhang von sozialer Ungleichheit und Gesundheit*. Zürich: Lamprecht und Stamm Sozialforschung und Beratung.

Stanat, P., & Christensen, G. (2006). *Where immigrant students succeed – A comparative review of performance and engagement in PISA 2003*. Paris: OECD.

Stanat, P., Rauch, D., & Segeritz, M. (2010). Schülerinnen und Schüler mit Migrationshintergrund. In E. Klieme et al. (Hrsg.), *PISA 2009. Bilanz nach einem Jahrzehnt* (S. 200–230). Münster: Waxmann.

Statistisches Bundesamt (2009). *Bildung und Kultur. Allgemeinbildende Schulen. Schuljahr 2008/2009*. Fachserie 11, Reihe 1. Wiesbaden: Statistisches Bundesamt.

Statistisches Bundesamt (2012). *Bildung und Kultur. Allgemeinbildende Schulen. Schuljahr 2011/2012*. Fachserie 11, Reihe 1. Wiesbaden: Statistisches Bundesamt.

Statistisches Bundesamt (2013). *Bildung und Kultur. Allgemeinbildende Schulen. Schuljahr 2012/2013*. Fachserie 11, Reihe 1. Wiesbaden: Statistisches Bundesamt.

Staudinger, U. M. (2011). Ältere Arbeitnehmer. „Wir haben eine neue Energiequelle entdeckt". *Psychologie Heute, 38*(12), 64–69.

Stegmann, H. (1980). Realschüler und berufliche Wertorientierungen. *Die Realschule, 90*(6), 347–357.

Stein, M. (2008). *Wie können wir Kindern Werte vermitteln? Werteerziehung in Familie und Schule*. München: Reinhardt.

Stein, M. (2013). Wertetransmission als Aufgabe der Familie. In A. Erbes et al. (Hrsg.), *Werte und Wertebildung in Familien, Bildungsinstitutionen, Kooperationen. Beiträge aus Theorie und Praxis* (S. 11–21). Berlin: Deutsches Rotes Kreuz e. V..

Steinberg, L. (2001). We know some things: Adolescent-parent relationships in retrospect and prospect. *Journal of Research on Adolescence, 11*, 1–20.

Steinberg, L., et al. (1994). Over-time changes in adjustment and competence among adolescents from authoritative, authoritarian, indulgent, and neglectful families. *Child Development, 65*(3), 754–770.

Steinert, H. (2010). *Max Webers unwiderlegbare Fehlkonstruktionen: Die protestantische Ethik und der Geist des Kapitalismus*. Frankfurt am Main: Campus.

Steinig, W., Betzel, D., Geider, F. J., & Herbold, A. (2009). *Schreiben von Kindern im diachronen Vergleich*. Münster: Waxmann.

Steinkamp, G. (1991). Sozialstruktur und Sozialisation. In K. Hurrelmann & D. Ulich (Hrsg.), *Neues Handbuch der Sozialisationsforschung* (S. 251–277). Weinheim: Beltz.

Stevens, R. J., & Slavin, R. E. (1995). The cooperative elementary school: Effects on students' achievement, attitudes, and social relations. *American Educational Research Journal, 32*(2), 321–351.

Stock, C., & Krämer, A. (2000). Psychosoziale Belastung und psychosomatische Beschwerden von Studierenden: Ergebnisse einer Längsschnittstudie. In U. Sonntag et al. (Hrsg.), *Gesundheitsfördernde Hochschulen* (S. 127–138). Weinheim: Juventa.

Strunk, P. (2010). *Die Pfadfinder in Deutschland 1909 – 2009*. Berlin: Novum Pro Verlag.

Stubbe, T. (2009). *Bildungsentscheidungen und sekundäre Herkunftseffekte. Soziale Disparitäten bei Hamburger Schülerinnen und Schülern der Sekundarstufe I*. Münster: Waxmann.

Stumblingbear-Riddle, G., & Romans, J. S. C. (2012). Resilience among American Indian adolescents: Explorations into the role of culture, self-esteem, subjective well-being, and social support. *American Indian and Alaska Native Mental Health Research, 19*(2), 1–19.

Sturzbrecher, D., & Freytag, R. (2000). *Familien- und Kindergarten-Interaktionstest (FIT-KIT)*. Göttingen: Hogrefe.

Süss, D. (2004). *Mediensozialisation von Heranwachsenden*. Wiesbaden: VS Verlag für Sozialwissenschaften.

Süß, H. M., Weis, S., & Seidel, K. (2005). Soziale Kompetenzen. In H. Weber, & T. Rammsayer (Hrsg.), *Handbuch der Persönlichkeitspsychologie und Differentiellen Psychologie* (S. 350–362). Göttingen: Hogrefe.

Suhrkamp Verlag, & Hauptmann, E. (Hrsg.). (1984). *Die Gedichte von Bertolt Brecht in einem Band* (3. Aufl.). Frankfurt am Main: Suhrkamp.

Swidler, A. (2001). *Talk of love: How culture matters*. Chicago: University of Chicago Press.

Sydow, J., & Conrad, P. (1982). Organisationsklima und Arbeitszufriedenheit. *Die Unternehmung, 36*, 203–228.

Szczesny, M., & Watermann, R. (2011). Differenzielle Einflüsse von Familie und Schulform auf Leseleistung und soziale Kompetenzen. *Journal für Bildungsforschung Online, 2*(1), 168–193.

Tajfel, H., & Turner, J. C. (1986). The social identity theory of intergroup behavior. In S. Worchel, & W. G. Austin (Hrsg.), *Psychology of intergroup relations* (S. 7–24). Chicago, IL: Nelson-Hall.

Tausch, R., & Tausch, A.-M. (1998). *Erziehungspsychologie. Begegnung von Person zu Person* (11. Aufl.). Göttingen: Hogrefe.

Teichler, U. (2007). Does Higher Education matter? Lessons from a comparative graduate survey. *European Journal of Education, 42*(1), 11–34.

Terhart, E. (2009). Besserung in Sicht. Eine Bilanz nach zehn Jahren Reform der Lehrerbildung. *DIE ZEIT N° 50/2009*(7. Dezember 2009). Hamburg: Die ZEIT.

Terwey, M., & Baltzer, S. (2011a). *ALLBUS 2008 – Variable Report*. Studien-Nr. 4600. Köln: GESIS – Leibniz-Institut für Sozialwissenschaften.

Terwey, M., & Baltzer, S. (2011b). *ALLBUS 2010 – Variable Report*. Studien-Nr. 4610. Köln: GESIS – Leibniz-Institut für Sozialwissenschaften.

Terwey, M., & Baltzer, S. (2013). *ALLBUS 2012 – Variable Report*. Studien-Nr. 4614. Köln: GESIS – Leibniz-Institut für Sozialwissenschaften.

Textor, M. R. (1985). Familienpathologie: Rollen und Familienfunktionen. In M. R. Textor (Hrsg.), *Integrative Familientherapie* (S. 117–128). Berlin/Heidelberg: Springer.

Textor, M. R. (Hrsg.). (1992). *Hilfen für Familien. Ein Handbuch für psychosoziale Berufe* (2. Aufl.). Frankfurt am Main: Fischer Taschenbuch Verlag.

Thim-Mabrey, C. (2003). Sprachidentität – Identität durch Sprache. Ein Problemaufriss aus sprachwissenschaftlicher Sicht. In N. Janich, & C. Thim-Mabrey (Hrsg.), *Sprachidentität – Identität durch Sprache* (S. 1–18). Tübingen: Narr.

Thomas, A. (1992). *Grundriss der Sozialpsychologie. Band 2: Individuum – Gruppe – Gesellschaft*. Göttingen: Hogrefe.

Thurow, L. C. (1975). *Generating inequality*. London: Macmillan.

Tibi, B. (2002). *Islamische Zuwanderung. Die gescheiterte Integration*. München: Deutsche Verlags-Anstalt.

Tidd, K. L., & Lockard, J. S. (1978). Monetary significance of the affiliative smile: A case for reciprocal altruism. *Bulletin of the Psychonomic Society, 11*(6), 344–346.

Tiedemann, J., & Billmann-Mahecha, E. (2010). Wie erfolgreich sind Gymnasiasten ohne Gymnasialempfehlung? Die Kluft zwischen Schullaufbahnempfehlung und Schulformwahl der Eltern. *Zeitschrift für Erziehungswissenschaft, 13*(4), 649–660.

Tigges, U. (2000). *Selbstvertrauen und soziale Kompetenz: Übungen, Aktivitäten und Spiele für Kids ab 10*. Mühlheim: Verlag an der Ruhr.

Tillack, C., & Mösko, E. (2013). Der Einfluss familiärer Prozessmerkmale auf die Entwicklung der Mathematikleistung der Kinder. In *Persönlichkeits- und Lernentwicklung an staatlichen und privaten Grundschulen* (S. 129–150). Münster: Waxmann.

Tillmann, K.-J. (1989). *Was ist eine gute Schule?* Hamburg: Bergmann & Helbig.

Tillmann, K. J. (2000). Sozialisation – soziales Lernen – Erziehung oder: Schule ist mehr als Fachunterricht. In B. Frommelt et al. (Hrsg.), *Schule am Ausgang des 20. Jahrhunderts* (S. 133–146). Weinheim: Juventa.

Timm, A. (2006). Die Veränderung des Heirats- und Fertilitätsverhaltens im Zuge der Bildungsexpansion – eine Längsschnittanalyse für West- und Ostdeutschland. In A. Hadjar, & R. Becker (Hrsg.), *Die Bildungsexpansion. Erwartete und unerwartete Folgen* (S. 277–310). Wiesbaden: VS Verlag für Sozialwissenschaften.

Todd, P. M., & Gigerenzer, G. (2001). Putting natural decision making into the adaptive toolbox. *Journal of Behavioral Decision Making, 14*, 381–383.

Tönnies, F. (1887/2005). *Gemeinschaft und Gesellschaft*. Darmstadt: Wissenschaftliche Buchgesellschaft.

Tormala, Z. L., Briñol, P., & Petty, R. E. (2006). When credibility attacks: The reverse impact of source credibility on persuasion. *Journal of Experimental Social Psychology, 42*, 684–691.

Treiman, D. J. (1977). *Occupational prestige in comparative perspective*. New York: Academic Press.

Treiman, D. J., & Yip, K.-B. (1989). Educational and occupational attainment in 21 countries. In M. L. Kohn (Hrsg.), *Cross-national research in sociology* (S. 373–394). Newbury Park: Sage.

Tremel, I., & Cornelißen, W. (2008). Mann werden im Zivildienst – ein vernachlässigter Aspekt in der Debatte um den Zivildienst. *Zeitschrift für Frauenforschung und Geschlechterstudien, 26*(1), 30–43.

Trevino, A. J. (Hrsg.). (2001). *Talcott Parsons today. His theory and legacy in contemporary sociology*. Lanham, ML: Rowman & Littlefield.

Triandis, H. C., et al. (1988). Individualism-collectivism: Cross-cultural perspectives on self-in-group relationships. *Journal of Personality and Social Psychology, 54*, 323–338.

Trommsdorff, G. (1989). Sozialisation und Werthaltungen im Kulturvergleich. In G. Trommsdorff (Hrsg.), *Sozialisation im Kulturvergleich* (S. 97–121). Stuttgart: Enke.

Trommsdorff, G. (1999a). Sozialisation von Emotionen: Einführung in den Themenschwerpunkt. *Zeitschrift für Soziologie der Erziehung und Sozialisation, 19*(1), 3–6.

Trommsdorff, G. (1999b). Sozialisation und Werte. In G. Berger et al. (Hrsg.), *Soziologie in konstruktiver Absicht. Festschrift für Günter Endruweit* (S. 167–190). Hamburg: Reim.

Trudewind, C. (1975). *Häusliche Umgebung und Motiventwicklung*. Göttingen: Hogrefe.

Trudewind, C. (1982). Der ökologische Ansatz in der Erforschung der Leistungsmotivgenese. In L. A. Vaskovics (Hrsg.), *Umweltbedingungen familialer Sozialisation. Beiträge zur sozialökologischen Sozialisationsforschung* (S. 168–203). Stuttgart: Enke.

Tscheulin, D., & Glossner, A. (2002). Die deutsche Übertragung der INTREX „Longform Questionnaires": Validität und Auswertungsgrundlagen der SASB-Fragebogenmethode. In W. Tress (Hrsg.), *SASB. Die Strukturale Analyse Sozialen Verhaltens* (S. 123–155). München: CIP-Medien Verlag.

Tschöpe-Scheffler, S. (2003). *Fünf Säulen der Erziehung. Wege zu einem entwicklungsfördernden Miteinander von Erwachsenen und Kindern*. Mainz: Grünewald.

Tucholsky, K. (1931). Der bewachte Kriegsschauplatz. *Die Weltbühne* (8. August 1931). http://www.textlog.de/tucholsky-kriegsschauplatz.html

Tuschen-Caffier, B., Kühl, S., & Bender, C. (2009). *Soziale Ängste und soziale Angststörungen im Kindes- und Jugendalter. Ein Therapiemanual*. Göttingen: Hogrefe.

Twenge, J. M. (2009). Change over time in obedience: The jury's still out, but it might be decreasing. *American Psychologist, 64*(1), 28–31.

Udehn, L. (2002). The changing face of methodological individualism. *Annual Review of Sociology, 28*, 479–507.

Uhlendorff, U., Cinkl, S., & Marthaler, T. (2008). *Sozialpädagogische Familiendiagnosen. Deutungsmuster familiärer Belastungssituationen und erzieherischer Notlagen in der Jugendhilfe* (2. Aufl.). Weinheim: Juventa.

Ulich, D. (1994). Sozialisations- und Erziehungseinflüsse in der emotionalen Entwicklung. In K. A. Schneewind (Hrsg.), *Psychologie der Erziehung und Sozialisation* (S. 229–257). Göttingen: Hogrefe.

Ulich, D., & Jerusalem, M. (1996). Interpersonale Einflüsse auf die Lernleistung. In F. E. Weinert (Hrsg.), *Psychologie des Lernens und der Instruktion. Enzyklopädie der Psychologie* Pädagogische Psychologie, (Bd. 2, S. 181–208). Göttingen: Hogrefe.

Ulich, D., Kienbaum, J., & Volland, C. (1999a). Emotionale Schemata und Emotionsdifferenzierung. In W. Friedlmeier, & M. Holodynski (Hrsg.), *Emotionale Entwicklung. Funktion, Regulation und soziokultureller Kontext von Emotionen* (S. 52–69). Heidelberg: Spektrum.

Ulich, D., Volland, C., & Kienbaum, J. (1999b). Sozialisation von Emotionen: Erklärungskonzepte. *Zeitschrift für Sozialisationsforschung und Erziehungssoziologie, 19*(1), 7–19.

Ulich, K. (1976). *Sozialisation in der Schule. Elemente einer sozialpsychologischen Theorie*. München: Ehrenwirth.

Valtin, R. (2008). Soziale Ungleichheit in Deutschland – Zentrale Ergebnisse aus IGLU 2006 und PISA 2006. In R. Wernstedt, & M. John-Ohnesorg (Hrsg.), *Soziale Herkunft entscheidet über Bildungserfolg. Konsequenzen aus IGLU 2006 und PISA III* (S. 12–14). Berlin: Friedrich-Ebert-Stiftung.

Van Ophuysen, S. (2006). Zur Problematik der Schulformempfehlungen nach der Grundschulzeit und ihre prognostische Qualität. In W. Bos et al. (Hrsg.), *Jahrbuch der Schulentwicklung* (Bd. 14, S. 49–81). Weinheim: Juventa.

Veenman, S. (1984). Perceived problems of beginning teachers. *Review of Educational Research, 54*, 143–178.

Vester, M. (2004). Die sozialen Milieus und die gebremste Bildungsexpansion. *Report: Zeitschrift für Weiterbildungsforschung, 27*(1), 15–34.

Vester, M. (2009). Milieuspezifische Lebensführung und Gesundheit. In K. Stegmüller (Hrsg.), *Jahrbuch für Kritische Medizin und Gesundheitswissenschaften* (Bd. 45, S. 36–56). Hamburg: Argument.

Vester, M., von Oertzen, P., Geiling, H., Muller, D., & Hermann, T. (1993, 2001). *Soziale Milieus im gesellschaftlichen Strukturwandel. Zwischen Integration und Ausgrenzung* (2. Aufl.). Frankfurt am Main: Suhrkamp.

Wagenschein, M. (1977). *Verstehen lehren. Genetisch – Sokratisch – Exemplarisch*. Weinheim: Beltz.

Wagner, W., Helmke, A., & Schrader, F.-W. (2009). Die Rekonstruktion der Übergangsempfehlung für die Sekundarstufe I und der Wahl des Bildungsgangs auf der Basis des Migrationsstatus, der sozialen Herkunft, der Schulleistung und schulklassenspezifischer Merkmale. *Zeitschrift für Erziehungswissenschaft*, (Sonderheft 12), 183–204.

Wahl, K. (2009). *Aggression und Gewalt. Ein biologischer, psychologischer und sozialwissenschaftlicher Überblick*. Heidelberg: Spektrum.

Walzik, S. et al. (2006). *Testmanual SGA*$_{fs}$*. In schulischen Gruppen arbeiten. Fragebogen zur Selbsteinschätzung*. St. Gallen: IWP-HSG, Leadinghouse Sozialkompetenzen.

Wang, S.-L., & Lin, S. S. (2007). The effects of group composition of self-efficacy and collective efficacy on computer supported collaborative learning. *Computers in Human Behavior, 23*(5), 2256–2268.

Warnke, A., & Lehmkuhl, G. (Hrsg.). (2003). *Kinder- und Jugendpsychiatrie und Psychotherapie in Deutschland* (3. Aufl.). Stuttgart: Schattauer.

Webb, N. M., & Palincsar, A. S. (1996). Group processes in the classroom. In D. C. Berliner, & R. C. Calfee (Hrsg.), *Handbook of educational psychology* (S. 841–873). New York: Macmillan.

Weber, M. (1922/2005). *Wirtschaft und Gesellschaft: Grundriss der verstehenden Soziologie* (3. Aufl.). Leipzig: Zweitausendeins.

Weber, B., & Weber, E. (2013). *Bildung ist der beste Schutz vor Arbeitslosigkeit*. IAB-Kurzbericht, Bd. 4. Nürnberg: Institut für Arbeitsmarkt- und Berufsforschung (IAB) der Bundesagentur für Arbeit.

Weidner, M. (2007). *Sozialziele-Katalog. Ein Lehrgang zur Steigerung der Sozialkompetenz. Grundkurs Teil I – III*. Kallmeyer: Seelze-Velber.

Weishaupt, H. (2004). Ergebnisse der Studie „Verkehrserziehung in der Sekundarstufe". In Bundesanstalt für Straßenwesen et al. (Hrsg.), *Kolloquium „Mobilitäts-/Verkehrserziehung in der Sekundarstufe* Heft M, (Bd. 173, S. 12–25). Bergisch Gladbach: Bundesanstalt für Straßenwesen.

Weishaupt, H. et al. (2012). *Bildung in Deutschland 2012. Ein indikatorengestützter Bericht mit einer Analyse zur kulturellen Bildung im Lebenslauf*. Bielefeld: Bertelsmann.

Weiß, C. (2002). *Zur Frage arbeitsweltorientierter Identitätsbildung bei Jugendlichen*. Münster: LIT.

Wejchenig-Glinka, S. (2013). *MethodenBox Sozialkompetenztrainings*. Viersen: Schulpsychologischer Dienst.

Wenger, E. (1998). *Communities of practice: learning, meaning, and identity*. Cambridge: Cambridge University Press.

Wenger, E. (2004). Knowledge management as a doughnut: Shaping your knowledge strategy through communities of practice. *Ivey Business Journal, 68*(3), 1–8.

Wettstein, A. (2008). *BASYS – Beobachtungssystem zur Analyse aggressiven Verhaltens in schulischen Settings*. Göttingen: Hogrefe.

Weyand, B. (2012). „Drum prüfe, wer sich ewig bindet". Gelingende Passung zwischen Person und Beruf. In B. Weyand, M. Justus, & M. Schratz (Hrsg.), *Auf unsere Lehrerinnen und Lehrer kommt es an. Geeignete Lehrer/-innen gewinnen, (aus)bilden und fördern* (S. 86–109). Essen: Stifterverband für die Deutsche Wissenschaft.

Weyand, B., Justus, M., & Schratz, M. (2012). Prolog. In B. Weyand, M. Justus, & M. Schratz (Hrsg.), *Auf unsere Lehrerinnen und Lehrer kommt es an. Geeignete Lehrer/-innen gewinnen, (aus)bilden und fördern* (S. 6–10). Essen: Stifterverband für die Deutsche Wissenschaft.

Whitbeck, L. B., Hoyt, D. R., Stubben, J. D., & LaFromboise, T. (2001). Traditional culture and academic success among American Indian children in the upper midwest. *Journal of American Indian Education*, *40*(2), 48–60.

Whorf, B. L. (1940). Science and linguistics. *Technology Review*, *42*(22), 229–231.. 247–248

Whorf, B. L. (2008). *Sprache, Denken, Wirklichkeit. Beiträge zur Metalinguistik und Sprachphilosophie* (25. Aufl.). Reinbek bei Hamburg: Rowohlt.

Wiater, W. (2012). Gesellschaftliche Funktionen. In U. Sandfuchs et al. (Hrsg.), *Handbuch Erziehung* (S. 146–153). Bad Heilbrunn: Klinkhardt.

Wiborg, G., & Hanewinkel, R. (2001). „Eigenständig werden" – Ein Unterrichtsprogramm zur Gesundheitsförderung und Suchtprävention in der Schule. *Prävention*, *24*, 56–59.

Wiese, W. (1982). Elternstatus, Lehrerempfehlung und Schullaufbahn: Eine empirische Analyse des Einflusses des Grundschullehrers auf die Bildungslaufbahn des Schülers. *Zeitschrift für Soziologie*, *11*, 49–63.

Wihstutz, A. (2013). Wertebildung als gemeinsame Aufgabe von Eltern und Kindertagesstätten. Die Perspektive der Ausbildung. In A. Erbes et al. (Hrsg.), *Werte und Wertebildung in Familien, Bildungsinstitutionen, Kooperationen. Beiträge aus Theorie und Praxis* (S. 188–206). Berlin: Deutsches Rotes Kreuz e. V.

Wild, E. (2001). Familiale und schulische Bedingungen der Lernmotivation von Schülern. *Zeitschrift für Pädagogik*, *47*(4), 481–499.

Wild, K.-P., & Krapp, A. (1995). Elternhaus und intrinsische Lernmotivation. *Zeitschrift für Pädagogik*, *41*(4), 579–595.

Wilhelm, T. (1974). Über das Verhältnis von Sozialisation und Erziehung. In G. Wurzbacher (Hrsg.), *Sozialisation und Personalisation* (S. 133–162). Stuttgart: Enke.

Wills, T. A., Baker, E., & Botvin, G. J. (1989). Dimensions of assertiveness: Differential relationships to substance use in early adolescence. *Journal of Consulting and Clinical Psychology*, *57*(4), 473–478.

Wilson, D., Gottfredson, D., & Najaka, S. (2001). School–based prevention of problem behaviors: a meta –analysis. *Journal of Quantitative Criminology*, *17*(3), 247–272.

Windolf, P. (1990). *Die Expansion der Universitäten 1870–1985. Ein internationaler Vergleich*. Stuttgart: Enke.

Wippermann, C., & Calmbach, M. (2008). *Wie ticken Jugendliche 2008? Sinus-Milieustudie u27*. Düsseldorf: Verlag Haus Altenberg.

Wippermann, K., Wippermann, C., & Kirchner, A. (2013). *Eltern – Lehrer – Schulerfolg. Wahrnehmungen und Erfahrungen im Schulalltag von Eltern und Lehrern*. Stuttgart: Lucius & Lucius.

Wisdom, T. N., Song, X., & Goldstone, R. L. (2013). Social learning strategies in networked groups. *Cognitive Science*, *37*, 1383–1425.

Wiswede, G. (1976). *Soziologie konformen Verhaltens*. Stuttgart: Kohlhammer.

Wittchen, H.-U., & Jacobi, F. (2004). *Angststörungen*. Gesundheitsberichterstattung des Bundes, Bd. 21. Berlin: Robert-Koch-Institut.

Wittgenstein, L. (1984). *Tractatus logico-philosophicus. Tagebücher 1914-1916. Philosophische Untersuchungen*. Werkausgabe, Bd. 1. Frankfurt am Main: Suhrkamp.

Wörner, W., Becker, A., & Rothenberger, A. (2004). Normative data and scale properties of the German parent SDQ. European Journal of Child and. *Adolescent Psychiatry*, *13*(2), 11–16.

Wolf, E. (2009). *Persönlichkeitsförderung benachteiligter Jugendlicher im Berufsvorbereitungsjahr*. Wiesbaden: VS Verlag für Sozialwissenschaften.

Wolf, H. (2004). *Soziale Kompetenz: Psychologische Bedeutung und Beziehungen zu Intelligenz und Persönlichkeitsmerkmalen*. Lengerich: Pabst.

Wolter, A., Lenz, K., & Laskowski, R. (2004). *Trend hoher Studierbereitschaft hält an! Die Studien- und Berufswahl von Studienberechtigten des Abschlussjahrgangs 2004 in Sachsen*. Dresden: Staatsministerium für Kultus.

Wolter, F. (2011). *Die Freiwilligen Feuerwehren in Österreich und Deutschland. Eine volkswirtschaftlich-soziologosche Bestandsaufnahme*. Wiesbaden: VS Verlag für Sozialwissenschaften.

Wood, A., & Lauterbach, W. (2013). *Wohin nach der 10. Klasse? Zur Wirkung schulischer Angebote im Berufsfindungsprozess*. Potsdam: Universitätsverlag Potsdam.

Wubbels, T., Brekelmans, M., & Hooymayers, H. (1991). Interpersonal teacher behavior in the classroom. In B. J. Fraser, & H. J. Walberg (Hrsg.), *Educational environments: Evaluation, antecedents and consequences* (S. 141–160). Oxford, UK: Pergamon.

Wüllenweber, W. (2012). *Die Asozialen. Wie Ober- und Unterschicht unser Land ruinieren – und wer davon profitiert*. München: Deutsche Verlags Anstalt.

Wygotski, L. S. (1978). *Mind in society*. Cambridge, MA: MIT Press.

Young, M. (1961). *Es lebe die Ungleichheit. Auf dem Wege zur Meritokratie*. Düsseldorf: Econ.

Zapf, W. (1989). Sozialstruktur und gesellschaftlicher Wandel in der Bundesrepublik Deutschland. In W. Weidenfeld, & H. Zimmermann (Hrsg.), *Deutschland-Handbuch. Eine doppelte Bilanz 1949-1989* (S. 99–124). Bonn: Bundeszentrale für politische Bildung.

Zapf, W. (2008). Entwicklung und Sozialstruktur moderner Gesellschaften. In H. Korte, & B. Schäfers (Hrsg.), *Einführung in die Hauptbegriffe der Soziologie* (7. Aufl. S. 181–193). Wiesbaden: VS Verlag für Sozialwissenschaften.

Zelazny, C. (1996). Elternwille und Schulerfolg. Eine Untersuchung zu den Übergängen auf weiterführende Schulen. *Die Deutsche Schule*, *88*(3), 298–312.

Zerback, R. (2002). Das Mir-san-mir-Land, das nichts erobern will. *Zeit Online, Ausgabe 5*, 24. Januar 2002.

Zierer, K., & Otterspeer, L. (2013). Werteerziehung: Eine Aufgabe für Schule und Familie. In A. Erbes et al. (Hrsg.), *Werte und Wertebildung in Familien, Bildungsinstitutionen, Kooperationen. Beiträge aus Theorie und Praxis* (S. 151–169). Berlin: Deutsches Rotes Kreuz e. V.

Zimbardo, P. G. (1974). On „obedience to authority". *American Psychologist*, *29*(7), 566–567.

Zimbardo, P. P. (2008). *Der Luzifer-Effekt. Die Macht der Umstände und die Psychologie des Bösen*. Heidelberg: Spektrum Akademischer Verlag.

Zinnecker, J. (1975). *Der heimliche Lehrplan*. Weinheim: Beltz.

Zuckerman, H. (2010). Dynamik und Verbreitung des Matthäus-Effekts. Eine kleine soziologische Bedeutungslehre. *Berliner Journal für Soziologie, 20*, 309-340.

Zwenger-Balink, B. (2004). *Komm, wir finden eine Lösung. Training zur Gewaltprävention mit Grundschulkindern*. München: Reinhardt.

Zwingmann, C., & Moosbrugger, H. (Hrsg.). (2004). *Religiosität: Messverfahren und Studien zu Gesundheit und Lebensbewältigung*. Münster: Waxmann.

Bildungspolitik, Bildungsorganisation und Bildungsmanagement

Norbert M. Seel, Ulrike Hanke

N. M. Seel, U. Hanke, *Erziehungswissenschaft*,
DOI 10.1007/978-3-642-55206-9_5, © Springer-Verlag Berlin Heidelberg 2015

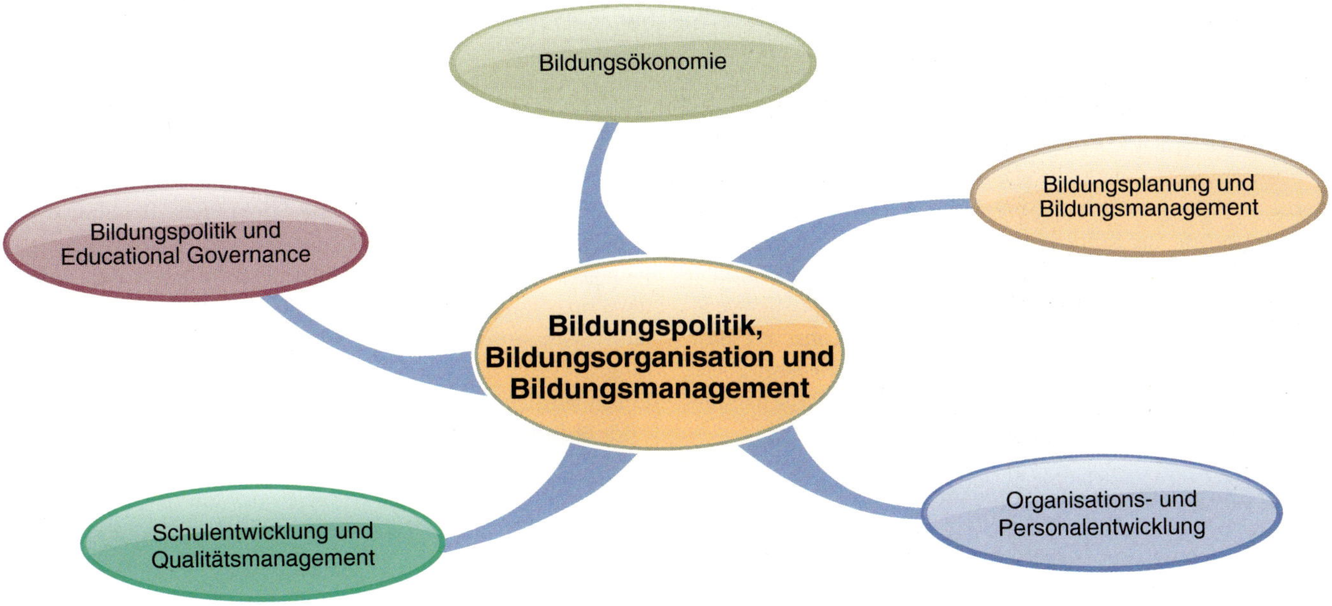

Lernziele

- In diesem Kapitel lernen Sie die Struktur und Steuerungsmodelle des Bildungswesens kennen.
- Sie lernen, wie Bildungsinvestitionen und Bildungserträge zusammenhängen und wie sie deshalb gesamtwirtschaftlich gesehen bewertet werden müssen.
- Sie lernen die Grundlagen der Bildungsplanung und des Bildungsmanagements kennen, um Bildungsprozesse planen zu können und als Akteur in Bildungseinrichtungen wirtschaftliche Entscheidungen treffen zu können.
- Sie lernen außerdem, welche Grundlagen guter Personal- und Organisationsentwicklung zugrundeliegen und wie Führung funktioniert.
- Außerdem erfahren Sie, wie auch in Schulen Personal- und Organisationsentwicklung betrieben wird und wie Schulen dadurch zu lernenden Organisationen werden.

Einleitung

» Oberstudienrat Vogel seufzt schon am Freitagabend, wenn er an den Montagmorgen denkt. Bernd Bonitz behauptet steif und fest, seine 3400 netto im Monat seien schwer verdientes Geld, die Hauptschule, sagt er, sei der reinste Gulag, und lange mache er das nicht mehr. Fräulein Zimmerle hat sich krankschreiben lassen, die Kollegin Wildgruber schafft es nur noch mit Hilfe von Tabletten, Dr. Wartmann ist enttäuscht, Dr. Gross verbittert, die Frau von Koegler will sich scheiden lassen, und Fritzi Bauriedl hat neulich in der Konferenz gesagt: „Wenn ich noch einmal das Wort Rückstellerquote höre, dann schreie ich." Woran mag das alles nur liegen? Das weiß anscheinend kein Mensch. Alle bisherigen Nachforschungen, so gründlich sie auch angestellt wurden, alle Pilotversuche, alle Innovationsausschüsse, alle Wahlpflichtdifferenzierungsmodelle, alle Didaktik-Designs, alle Evaluationsuntersuchungen, alle Bildungsgesamtpläne und Rahmenrichtlinien haben den langen, langen Jammer der Schulen nur noch verlängert (Hans Magnus Enzensberger 1982).

Anna: „Das klingt wie ein Seufzer aus dem heutigen Alltag. Dabei hat Enzensberger das vor mehr als 30 Jahren geschrieben. Eigentlich müsste man doch heute lachen, wenn man so was liest."

Jakob: „Zum Lachen ist das schon, weil der Text doch verblüffend aktuell zu sein scheint. Irgendwie kommen einem die beschriebenen Lehrertypen bekannt vor. Und die Probleme auch. Auf sie hat doch auch Schulleiter Koch in dem Interview hingewiesen, das in ► Kap. 4 wiedergegeben ist."

Anna: „Stimmt, der hat zum Beispiel erwähnt, dass vielen Lehrern die Kontinuität und Verlässlichkeit der Bildungspolitik fehlt."

Jakob: „Wenn man Lehrer befragt, reden sie oft von einem hohen Leidensdruck. Die wichtigste Lektüre ist für manchen der Survivalratgeber. Viele Lehrer sind immer mehr mit sich selbst beschäftigt, mit Überforderung, Hilflosigkeit, Resignation."

Anna: „Das lässt darauf schließen, dass mit der Organisation der Schule und dem Schulklima was nicht stimmt. In einem Seminar habe ich kürzlich erfahren, dass solche Symptome dafür sprechen, dass Changemanagement nötig ist, um positiv auf die Organisations- und Personalentwicklung Einfluss zu nehmen."

In diesem Kapitel werden wir uns mit der Problematik der Bildungspolitik und Bildungsorganisation befassen, die den institutionellen Rahmen des Erziehungs- und Schulwesens schafft und eine wesentliche Komponente für die Bildungswirksamkeit konstituiert. Schlagwörter wie „Bildungspolitik im Zeitalter der Globalisierung", „multikulturelle Bildungspolitik in der Postmoderne", „Bildungspolitik als Sozialpolitik", „Erfolgreiche Schulpolitik beginnt im Kindergarten" usw. weisen ebenso auf die Relevanz des Themas hin wie die erziehungswissenschaftliche Diskussion über eine *evidenzbasierte Bildungspolitik*, die wiederum in einen engen Zusammenhang mit dem Konzept *Educational Governance* gestellt wird (Halbheer und Reusser 2008). Die ehemalige Kultusministerin der Niederlande hat die dahinter liegende Problematik mit folgenden Worten umrissen:

» the high social importance of education, in combination with limited resources, demands that policy and practice are based on the best possible insights into „what works" (van der Hoeven 2007, S. 151).

Bildungspolitik umfasst alle politischen Aktivitäten und gesetzgeberischen Maßnahmen, die das Bildungswesen *finanziell, organisatorisch und inhaltlich* betreffen. Politische Bildungsentscheidungen sollen einen Beitrag zum wirtschaftlichen Wachstum leisten und sind mit den Erwartungen und Wertvorstellungen der Bürgerinnen und Bürger sowie mit den verschiedenen Gruppierungen und Organisationen aus Gesellschaft, Wirtschaft und Kultur abzustimmen. Daraus resultiert die Notwendigkeit, vielfältige und divergierende Interessen von gesellschaftlichen Gruppen wie auch Widersprüche bei den bildungspolitischen Entscheidungen und Maßnahmen zu berücksichtigen.

Bildungspolitik gestaltet die gesellschaftlichen und institutionellen Rahmenbedingungen von Bildung, z. B. durch die Verabschiedung von Gesetzen und Verordnungen.

Hier agiert die Bildungspolitik in Zusammenarbeit mit staatlichen Behörden – gelegentlich frei nach Johann Peter Hebel (1808): Wie wir es auch gemacht haben, so ist es niemand recht. Es ist eben unmöglich, es jedem recht zu machen. Darum tu du immer nur das, was du für recht hältst – und lass die Leute reden.

Die Bildungspolitik erzeugt die gesetzliche Grundlage für die Organisation des Bildungs- und Schulwesens eines Landes; in einem engeren Sinne erzeugt sie sogar die Organisation der unterschiedlichen Bildungseinrichtungen (z. B. Schulen, Hochschulen) und deren Abstimmung mit dem gesellschaftlichen und politischen Umfeld. Bildungseinrichtungen sind den *Regulativen der Bildungspolitik* unterworfen, zu deren zentralen Aufgaben die Formulierung von verbindlichen Erziehungszielen und Bildungsansprüchen gehört. Zugleich erzeugt die Bildungspolitik auch die Bedingungen für die Verteilung von Bildungschancen. Hieraus wie auch aus dem Umfang und der Qualität der staatlichen Steuerung und Regelung des Bildungs- und Schulwesens ergeben sich zahlreiche Fragen nach der Zuständigkeit, der Verantwortlichkeit und der Rechenschaftslegung gegenüber der Gesellschaft ebenso wie nach Spielräumen bei der Realisierung der von der Politik aufgetragenen Aufgaben.

Die Organisation und Steuerung des Erziehungs- und Bildungswesens kann sich unterschiedlicher Strategien und Taktiken bedienen, um die Effizienz und Effektivität zu steigern bzw. Mindeststandards zu erreichen. Der Obrigkeitsstaat der Vergangenheit hat sich, wie die Stiehlschen Regulative aus dem Jahr 1854 zeigen, wenig um die Zielsetzungen liberaler Pädagogen gekümmert, sondern vielmehr verordnet und in der Praxis durchgesetzt, was die staatliche Behörde für gut befand. Symptome obrigkeitsstaatlicher Regulative sind bis in die jüngste Gegenwart zu beobachten. Weder die Lehrer noch die Eltern wurden nach ihrer Meinung gefragt, als verantwortliche Bildungspolitiker in zahlreichen westdeutschen Ländern die Einführung des achtjährigen Gymnasiums, kurz G8 oder Gy8 genannt, entschieden. Die Mehrheit der Eltern lehnte das sogenannte Turboabitur aus unterschiedlichen Gründen ab. Da Eltern aus der Sicht von Politikern in erster Linie Wähler sind, hat der Unwille der Eltern dazu geführt, dass das G8-Gymnasium in verschiedenen Bundesländern wieder rückabgewickelt wird. Hätten die politischen Entscheidungsträger vor Jahren Eltern, Lehrer und Schüler befragt, wäre es überhaupt nicht zur Einführung des G8-Gymnasiums gekommen. Darauf kann man ebenso wetten wie darauf, dass eine vorherige Befragung deutscher Hochschullehrerinnen und Lehrer auch nicht zur Einführung von Bachelor- und Masterstudiengängen geführt hätte. Die Beispiele lehren, dass bildungspolitische Entscheidungen, sofern sie nicht hinreichend begründet werden, zu Spannungen mit den Betroffenen führen können.

Einen Ausweg bieten aus der Sicht mancher Erziehungswissenschaftler neuere Modelle von Educational Governance, die das Ziel verfolgen, weitreichende Entscheidungen hinsichtlich der Fortentwicklung und Verbesserung des Schul- und Bildungswesens nicht länger normativ und von subjektiven Erfahrungen geleitet herbeizuführen, sondern evidenzbegründet und unter Einbezug der Handlungsträger an der Basis der Bildungseinrichtungen. Ihnen soll eine gewisse Autonomie zugestanden werden (vgl. Ackeren et al. 2011; Altrichter et al. 2007; Langer 2008).

Bildungsplanung wird nach diesen Modellen zum Gegenstand des strategischen Managements unter Beteiligung der pädagogischen Basis, wobei sich dieser Ansatz über alle Ebenen des Bildungssystems bis hin zum erfolgreichen Klassenmanagement erstreckt.

Gemäß den bisherigen Ausführungen wird das folgende Kapitel zunächst die Bildungspolitik und die Steuerung des Bildungswesens im Sinne von Educational Governance thematisieren. Ein weiterer Schwerpunkt wird der Zusammenhang von Bildungspolitik und Ökonomie einerseits und von Bildungsökonomie und Bildungsplanung andererseits sein. Dem liegt die Annahme zugrunde, dass ökonomische Randbedingungen einschränkend auf alle Entscheidungen und Maßnahmen im Bildungsbereich einwirken, so dass der Bildungsökonomie eine hohe Politik- und Praxisrelevanz zu attestieren ist (vgl. Recum und Weiß 2000). Ein dritter Schwerpunkt des Themas wird der Komplex Bildungsmanagement und Organisationsentwicklung sein, wobei zwischen Bildungsprozess- und Bildungsbetriebsmanagement zu unterscheiden sein wird. Den Abschluss werden

Überlegungen zur Qualitätsentwicklung und zum sogenannten Bildungscontrolling bilden.

In diesem Kapitel verwendete Grundbegriffe

Abgesehen von einzelnen theoretischen Fachbegriffen, die im Text zu klären sind, werden in diesem Kapitel folgende Grundbegriffe verwendet:

Gesellschaft – Gesellschaft bezeichnet gemäß der etymologischen Herleitung räumlich vereint lebende oder vorübergehend auf einem Raum vereinte Personen, also eine größere Gruppe zusammenlebender Menschen, die als lose Zweckgemeinschaft individuelle Ziele verfolgen.

Gemeinschaft – Demgegenüber ist eine Gemeinschaft laut Tönnies (1887/2005) durch gegenseitiges Vertrauen, eine stärkere emotionale Bindung und Homogenität ausgezeichnet.

Sozialsystem bzw. soziales System – Sozialsystem bzw. soziales System ist ein zentraler Begriff der soziologischen Systemtheorie und wird in Abgrenzung gegenüber dem Begriff Umwelt verwendet. Luhmann präzisiert den Systembegriff im Hinblick auf soziale Systeme mit deren konstitutiven Merkmalen der Selbstreferentialität, der operativen Geschlossenheit und der Prozessualität. Soziale Systeme werden durch Kommunikation als gemeinschaftliches Handeln erzeugt und aufrechterhalten (Luhmann 2010).

Organisationssysteme – Organisationssysteme sind besondere Sozialsysteme mit generalisierten Handlungs- und Erwartungsstrukturen. Sie besitzen eine eigene Rationalität und Handlungsimperative, wobei oft eine Trennung zwischen dem Handlungsträger als Person und seiner Rolle vorgenommen wird (Abels 2009).

Organisation – Mit dem Begriff Organisation sind soziale Gebilde (wie z. B. Schulen, Universitäten, Betriebe, Behörden) gemeint, „die dauerhaft ein Ziel verfolgen und eine formale Struktur aufweisen, mit deren Hilfe Aktivitäten der Mitglieder auf das verfolgte Ziel ausgerichtet werden sollen" (Kieser und Kubicek 1993, S. 4). Unter strukturellem Aspekt ist eine Organisation „ein Gebilde interdependenter Handlungen", die in „arbeitsteiliger Kooperation und […] Koordination […] zielgerichtet miteinander verknüpft sind" (Müller-Jentsch 2003, S. 19).

Management – Management bezeichnet Leitungsfunktionen in Organisationen ebenso wie summarisch die Personen, die diese Funktionen ausüben und entsprechende Kompetenzen benötigen. Zu den typischen Funktionen oder Aufgaben des Managements in Organisationen gehört die Planung, Organisation, Führung und Kontrolle (im Sinne von Erfolgskontrolle).

Politik – Es gibt eine Vielzahl von Politikbegriffen, die jeweils unterschiedliche Aspekte hervorheben. Politik umfasst die Formen, in denen Politik gemacht wird (z. B. Institutionen, Verfassung, Rechtsordnung), die Inhalte, die durch Politik verwirklicht werden sollen, und die Prozesse, die zwischen den am politischen Geschehen Beteiligten ablaufen.

Öffentliche Verwaltung – Öffentliche Verwaltung ist laut Hesse und Ellwein (2004) „die Summe aller Einrichtungen und organisierten Wirkungszusammenhänge, die vom Staat, den Gemeinden und den von ihnen geschaffenen öffentlich-rechtlichen Körperschaften zur Erledigung öffentlicher Aufgaben unterhalten werden" (S. 465). Öffentliche Verwaltung lässt sich funktional unterscheiden in Ordnungsverwaltung, Dienstleistungsverwaltung, wirtschaftende Verwaltung, Organisationsverwaltung und politische Verwaltung.

Effektivität – Effektivität beschreibt den Grad der Zielerreichung (Wirksamkeit, Qualität der Zielerreichung) von Handlungen.

Effizienz – Effizienz ist ein Maß für die Wirtschaftlichkeit: Das zu erzielende Ergebnis und die eingesetzten Mittel sollen in einem optimalen Kosten-Nutzen-Verhältnis stehen, und der Nutzen soll dabei stets größer sein als die Kosten (ökonomisches Prinzip).

Performanz und Kompetenz – Die Verwendung des Begriffs der Performanz im Unterschied zur Kompetenz geht auf Chomsky (1972) zurück, der mit Performanz die Sprachverwendung und mit Kompetenz die der Sprachverwendung zugrunde liegenden Fähigkeiten bezeichnete. Im heutigen Sprachgebrauch wird Performanz als begriffliches Komplement zu Kompetenz gebraucht und meint die Ausführung und den Vollzug einer Handlung bzw. eine Leistung. Dementsprechend bezeichnet Performanz den Vollzug einer Handlung und Kompetenz die Befähigung dazu.

5.1 Bildungspolitik und Educational Governance

Aufgabe als Denkanstoß
Wie wird das Bildungswesen in Deutschland gesteuert? Wer ist wofür verantwortlich und hat welche Rechte und Pflichten? Welche Gründe sprechen für eine starke, welche für eine eher schwächere Regulierung?

Seit der Proklamation des Bildungsnotstands in den 1960er Jahren werden die politischen Parteien nicht müde, die Bildungsexpansion voranzutreiben und eine Öffnung der höheren Bildungseinrichtungen für breite Bevölkerungsgruppen zu ermöglichen. Die politische Argumentation und Diskussion wurde und wird dabei von der Idee getragen, ein bestmögliches Bildungs- und Schulsystem zu etablieren bzw. zu erhalten, damit die Gesellschaft den Herausforderungen der Zukunft begegnen kann und Humanressourcen gesichert werden. Mit dem demografischen Wandel trat zunehmend als weiteres Argument die Generationengerechtigkeit hinzu, das in Bezug auf das Bildungssystem schlagwortartig mit der Frage „Wie viel Bildung brauchen unsere Kinder in Zukunft?" umrissen werden kann. Ähnlich werden auch Fragen nach der Zukunft des Gesundheitswesens und der öffentlichen Sicherheit in einen Zusammenhang mit der Generationengerechtigkeit gestellt.

Anna: „Preisfrage: Was hat der Klimawandel mit dem Bildungswesen zu tun?"

Jakob: „Um Himmels willen? Was ist denn das für eine Frage? Da sehe ich überhaupt keinen Zusammenhang!"

Einen Zusammenhang zwischen Klimawandel, Gesundheitswesen, öffentlicher Sicherheit und dem Bildungswesen stellen Burns und Schuller (2007) her, indem sie darauf verweisen, dass Politiker in diesen Bereichen vor dem Problem stehen, rasche und frühzeitige Entscheidungen auf der Grundlage von Informationen treffen zu müssen, die wissenschaftlich nicht „perfekt" bzw. nicht hinreichend begründet sind. Doch es sei äußerst wichtig, dass politische Entscheidungen auf der Grundlage der besten verfügbaren Evidenz getroffen werden, da sie weitreichende Auswirkungen auf alle Mitglieder der Gesellschaft hätten. Analysen der OECD hätten gezeigt, dass viele Mitgliedsstaaten sich durch niedrige Investitionen in die erziehungswissenschaftliche Forschung, geringe Forschungskapazitäten, vor allem im Bereich der quantitativen Forschung, und durch schwache Verbindungen von Forschung, Politik und Innovationen im Bildungsbereich auszeichnen. Veränderungen im Bildungswesen sollten aber auf dem Wissen begründet sein, das aus der relevanten Forschung resultiert.

Das Zusammenwirken verschiedener Kräfte im Bildungswesen wird heute, wie gesagt, unter dem Begriff *Educational Governance* thematisiert, wobei der Fokus auf den Transformationen im Schulwesen liegt, die seitens der Politik nach dem sogenannten PISA-Schock initiiert wurden. Wie weiter oben schon dargestellt wurde, liegt das Ziel neuerer Modelle von Educational Governance darin,

> » Entscheide betreffend die Steuerung und Weiterentwicklung des Bildungswesens nicht mehr ausschließlich normativ und von subjektiven Erfahrungen geleitet, sondern vermehrt evidenzbasiert zu treffen, dies unter Einbezug der Akteure an der Basis teilautonom gedachter Bildungssysteme (Halbheer und Reusser 2008, S. 257).

Der Erfolg von Educational Governance wird dabei als abhängig von dem Vorliegen von (Bildungs-)Standards, Informationen in Bezug auf Leistungen, Anreizen für die Erbringung guter Leistungen und einer Rechenschaftspflicht beurteilt.

Da in der Literatur der Begriff Educational Governance durchgängig verwendet wird (z. B. Altrichter et al. 2007; Kussau und Brüsemeister 2007), stellt sich die Frage, warum konsistent ein englischsprachiger Begriff verwendet wird und welche Bedeutung er hat.

Zu der ersten Frage kann festgestellt werden, dass auch andere Disziplinen den Begriff Governance verwenden und ihn nicht ins Deutsche übersetzen, wie am Beispiel des Studiengangs Environmental Governance an der Universität Freiburg oder auch des Begriffs Corporate Governance gezeigt werden kann. Es ließe sich nun trefflich gegen die Verwendung des englischsprachigen Terms polemisieren, was aber nicht weiterführt. Wissenschaftstheoretisch bedenklicher scheint uns, dass sich das Konzept Governance einer knappen und präzisen Definition zu entziehen scheint (z. B. Kruip 2011). So viel steht fest, Governance ist kein pädagogischer, sondern ein aus der Politik- und Verwaltungswissenschaft entlehnter Begriff, der im Unterschied zum Begriff Government (Regierung) ausdrücken soll, dass innerhalb politisch-gesellschaftlicher Einheiten die Steuerung und Regelung nicht nur vom Staat von oben nach unten, sondern auch von den Handlungsträgern der „unteren" Ebenen wahrgenommen wird. Der Begriff Educational Governance wird fast sinngleich mit kooperativer Bildungsverantwortung verwendet. Im Kern betrifft der Begriff Governance laut Benz (2004) mehrere Aspekte:

1. Governance bedeutet „Steuern und Koordinieren (oder auch Regieren) mit dem Ziel des Managements von Interdependenzen zwischen (in der Regel kollektiven) Akteuren.
2. Steuerung und Koordination beruhen auf institutionalisierten Regelsystemen, welche das Handeln der Akteure lenken sollen [...].
3. Governance umfasst auch Interaktionsmuster und Modi kollektiven Handelns, welche sich im Rahmen von Institutionen ergeben [...].
4. Prozesse des Steuerns bzw. Koordinierens sowie Interaktionsmuster, die der Governance-Begriff erfassen will, überschreiten in aller Regel Organisationsgrenzen, insbesondere aber auch die Grenzen von Staat und Gesellschaft, die in der politischen Praxis fließend geworden sind. „Politik in diesem Sinne findet normalerweise im Zusammenwirken staatlicher und nicht-staatlicher Akteure (oder von Akteuren innerhalb und außerhalb von Organisationen) statt" (Benz 2004, S. 25).

Aus diesen Ausführungen wird deutlich, dass sich das Governancekonzept auf Maßnahmen der *Steuerung und Koordination* (von oben nach unten) sowie der *Interaktion* und des *kollektiven Handelns* der Akteure (von unten nach oben) bezieht. Für unsere weiteren Ausführungen legen wir folgende Arbeitsdefinition zugrunde.

Educational Governance

Educational Governance ist die Gesamtheit der Grundsätze und Maßnahmen zur Steuerung und Koordinierung des Bildungswesens bzw. seiner Einrichtungen, um unter Wahrung der Entscheidungsfähigkeit aller Beteiligten und der Effizienz auf allen Ebenen größtmögliche Transparenz der Prozesse und ein ausgewogenes Verhältnis von Lenkung und Qualitätskontrolle zu erzielen.

Gemäß dieser Arbeitsdefinition werden wir uns im Folgenden mit der Frage befassen: Was wird von wem wie und mit welchen Zielen gesteuert und koordiniert? Die Frage nach dem Was zielt auf das Bildungswesen und seine Struktur.

5.1.1 Struktur des Bildungswesens

In der *Bundesrepublik Deutschland* unterliegt die Bildungs- und Schulpolitik laut Grundgesetz der *Kulturhoheit der Bundesländer*. Dementsprechend unterscheiden sich die Schulsysteme innerhalb Deutschlands mitunter stark – z. B. bei den Lehrplänen, dem Fächerangebot, den Abschlussprüfungen, der Anzahl von Schuljahren (12 oder 13 Jahre), dem Übergang zur weiterführenden Schule und dem Angebot an Schultypen. Ähnlich sieht es bei den Hochschulen aus.

Dieses sogenannte föderalistische Prinzip wird seit langem immer wieder kontrovers diskutiert. Bestrebungen der Bundesregierung, sich Entscheidungskompetenzen z. B. im Bereich der Hochschulbildung anzueignen, wurden bislang vom Bundesverfassungsgericht unterbunden. Juristisch strittig ist auch, welchen Einfluss die Europäische Union auf die Bildungspolitik der Einzelstaaten ausüben darf.

Für Angelegenheiten der Bereiche *Bildung, Wissenschaft* und *Kultur* sind die Kultusministerien als oberste Landesbehörden zuständig. Ihr Geschäftsbereich umfasst insbesondere die Bereiche Schule, Hochschule und Erwachsenenbildung, allgemeine Kunst- und Kulturpflege sowie die Beziehungen zwischen Staat und Religionsgemeinschaften (Kultusangelegenheiten). Um zu einheitlichen Regelungen in der Kultur- und Bildungspolitik zu gelangen, tagt regelmäßig die Ständige Konferenz der Kultusminister der Länder in der Bundesrepublik Deutschland (KMK), um bei zentralen Problemen von überregionaler Bedeutung einen Konsens zu erzielen. Verschiedene ständige Kommissionen der KMK befassen sich z. B. mit der Qualitätssicherung in Schule und Hochschulen.

Bei Entscheidungen mit finanziellen Auswirkungen und mit dem Ziel der Herstellung von Einheitlichkeit im Bildungswesen gilt das Prinzip der Einstimmigkeit, d. h., nur wenn alle zustimmen, kann eine Entscheidung herbeigeführt werden. In der jüngsten Vergangenheit befasste sich die KMK u. a. mit der Rechtschreibereform und Bildungsreformen als Konsequenz aus den PISA-Studien. Zur Sicherung von Qualität und Innovation der schulischen Bildung hat die KMK nationale Bildungsstandards beschlossen. Darauf werden wir später (in ▶ Abschn. 5.1.3.2) noch ausführlicher eingehen.

Der KMK in der Aufgabenstellung vergleichbar ist die Gemeinsame Wissenschaftskonferenz, die sich mit Grundsatzfragen einer gemeinsamen Wissenschaftspolitik befasst. Auf Bundesebene ist das Bundesministerium für Bildung und Forschung für die Förderung von Bildung, Wissenschaft und Forschung in Deutschland zuständig. Zu seinen zentralen Aufgaben gehört u. a. die Planung und Koordinierung der beruflichen Aus- und Weiterbildung, die Förderung der Forschung und in Zusammenarbeit mit den Ländern die gesetzliche Regelung und Koordination der finanziellen Ausbildungsförderung (z. B. das BAföG).

Entsprechend der Komplexität der Aufgabenstellungen ist das deutsche Bildungssystem weit verzweigt und sehr differenziert (■ Abb. 5.1). Es umfasst unter anderem Schulen, Hochschulen und Aus- und Weiterbildungseinrichtungen. Darüber hinaus hat sich in Deutschland eine ganze Reihe von Bildungsinstitutionen gebildet, die diese einzelnen Teilbereiche des Bildungssystems erforschen, weiterentwickeln und unterstützen (Cortina et al. 2003).

Ähnlich wie das deutsche Bildungssystem ist auch das Bildungssystem in der *Schweiz* nach dem Grundsatz des Föderalismus organisiert. Der Bund und die Kantone teilen sich zwar die Verantwortung für das Bildungswesen, aber die Kantone haben eine weitgehende Autonomie. Der Bund hat sicherzustellen, dass die schulische Ausbildung den Qualitätsanforderungen genügt. Dessen ungeachtet variieren die Bestimmungen zur Schulpflicht, die Dauer der Primarschule sowie die Anzahl der Leistungsniveaus in der Sekundarstufe I von Kanton zu Kanton. Zwar hat der Bund im Bereich der Sekundarstufe II etwas größere Entscheidungs- und Handlungskompetenzen, aber letztendlich sind die Kantone zuständig und verantwortlich für die Ausgestaltung der Sekundarstufe II. Dementsprechend werden die Abschlussprüfungen kantonal geregelt. Auch in der Tertiärstufe sind die Kompetenzen verteilt. Dem Bund obliegt die Regelung der höheren Berufsbildung, das heißt, er ist neben der Berufsbildung auch für die Fachhochschulen und die beiden eidgenössischen technischen Hochschulen verantwortlich. Für die Universitäten sind wiederum die Kantone zuständig, werden aber vom Bund finanziell unterstützt. Fazit: In der Schweiz gibt es 26 verschiedene Schulsysteme, die aber aufgrund interkantonaler Vereinbarungen und Absprachen untereinander große Übereinstimmungen aufweisen.

In der *Bundesrepublik Österreich* unterliegt das gesamte Bildungs- und Schulsystem der Verantwortung der Bundesregierung. Sowohl Schultypen als auch Lehrpläne sind bundesweit vereinheitlicht. Das Bundesministerium für Unterricht, Kunst und Kultur ist zuständig für die Ausbildung der Lehrer und Erhaltung der Schulen, das Bundesministerium für Wissenschaft und Forschung ist verantwortlich für das Universitäts- und Hochschulsystem. Auf der Ebene der Bundesländer sind Landesräte für die politischen Belange in der Schulbildung auf Landesebene maßgebend; die Landesregierungen unterhalten Schulabteilungen mit Zuständigkeit für die Verwaltung der Pflichtschulen (Volks- und Hauptschulen, polytechnische Schulen und Berufsschulen) und die Kindergartenaufsicht. Die Schulaufsicht (mit Ausnahme des Religionsunterrichts) ist Angelegenheit des Bundes und wird auf Landesebene von Landesschulinspektoren ausgeführt, denen Bezirks- und Fachinspektoren unterstellt sind. Neben der Schulaufsicht haben die Landesinspektoren die Aufgabe, ein Gleichgewicht der Interessen zwischen Schülern, Lehrern und Eltern herzustellen. Die Landesinspektoren sind auch für die Einstellung von Lehrkräften auf Bundes- und Landesebene zuständig.

So unterschiedlich die Bildungssysteme der drei Länder auch sein mögen, so werden sie in der öffentlichen Diskussion z. B. der PISA-Ergebnisse doch miteinander hinsichtlich ihrer Effektivität verglichen, was vielfach einem Vergleich von Äpfeln und Birnen gleichkommt. Je nach Zielsetzung und ideologischem Hinter-

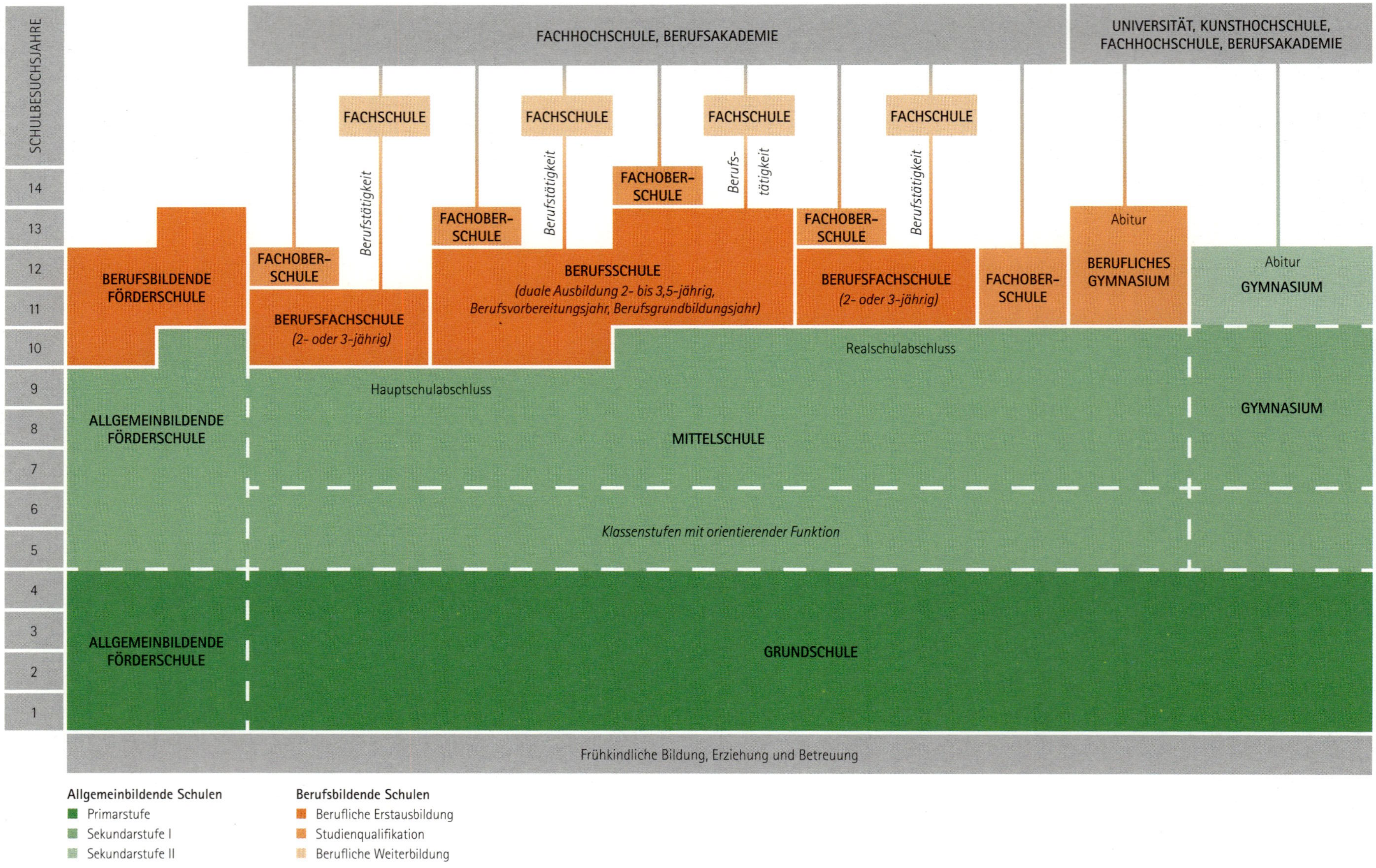

Abb. 5.1 Das Bildungssystem der Bundesrepublik Deutschland. (Mit freundlicher Genehmigung des Sächsischen Bildungsinstituts, ▶ http://www.schule.sachsen.de/2708.htm)

grund wird das föderalistische Prinzip einmal grundsätzlich in Frage gestellt (in Bezug auf Deutschland) und ein anderes Mal (im Falle der Schweiz) für außerordentlich gut befunden. In dem in ► Abschn. 1.4.3 zitierten Interview der *Salzburger Nachrichten* mit dem Philosophen Liessmann spitzt dieser die politische Situation in Österreich auf die Bemerkung zu:

» Das Problem ist ja nicht, dass keine Entscheidung getroffen wird, sondern dass ständig davon geredet wird, dass eine Entscheidung getroffen werden muss.

Das führt uns zu der Frage, wer überhaupt maßgeblich mit der Steuerung und Koordination des Bildungsbereichs im Sinne von Educational Government befasst ist.

5.1.2 Bildungspolitik und die öffentliche Wahrnehmung

Die Rahmenbedingungen für das Bildungswesen und seine Qualität werden maßgeblich von der Bildungspolitik und ihren Handlungsträgern bestimmt. Denn

» der Staat und die Parteien entscheiden, welcher Teil des Volkseinkommens für das Bildungssystem zur Verfügung steht und welche Zugangsbedingungen erfüllt sein müssen, damit jemand am Bildungswettlauf überhaupt teilnehmen kann (Windolf 1990, S. 8).

Als Folge sinkender Wachstumsraten der Wirtschaft und einer alternden Gesellschaft haben die verschiedenen Bundesregierungen in Deutschland und Österreich seit den 1990er Jahren mehrfach tiefe Einschnitte bei den Sozialleistungen und auch bei den Investitionen in die Bildung und ihre Infrastruktur vorgenommen. Vor allem die Einschnitte bei den Investitionen in die Bildung sollten in ihrer langfristigen Wirkung auf das Wirtschaftswachstum nicht unterschätzt werden (vgl. Patscha et al. 2013). Grundsätzlich widersprechen die vorgenommenen Einschnitte auch den lautstarken Verkündigungen der „Politik" hinsichtlich der zentralen Bedeutung der Bildung für den Erhalt des gesellschaftlichen und wirtschaftlichen Status quo. Daher steht es mit dem Ansehen der Bildungspolitik bei einem Großteil der Bevölkerung nicht zum Besten, wozu auch die bildungspolitischen Auseinandersetzungen zwischen den Parteien und ihren Repräsentanten beitragen. Dabei geht es mitunter ganz schön heftig zu und rasch macht die Rede vom „Schulkrieg" die Runde in den Medien.

In der Ausgabe vom 30. Januar 1981 sprach die Wochenzeitung *Die Zeit* von einem „Schulkrieg" in Nordrhein-Westfalen, ausgelöst durch Pläne der SPD-geführten Landesregierung, Gesamtschulen zu gleichberechtigten weiterführenden Schulen zu machen. Obwohl das zur Debatte stehende neue Schulgesetz eine ausdrückliche Bestandsgarantie für das mehrgliedrige Schulsystem enthielt, drohte der Oppositionsführer von der CDU mit einem „neuen Schulkrieg", sollte die Landesregierung nicht gänzlich auf die Einführung der Gesamtschule verzichten.
Im Jahr 2010 war es dann wieder so weit, dass ein „Schulkrieg" in Nordrhein-Westfalen auszubrechen drohte, weil in einer kleinen münsterländischen Gemeinde das Modell Gemeinschaftsschule gestartet und deswegen in der Nachbargemeinde ein Schülerschwund befürchtet wurde. Die CDU sprach in diesem Zusammenhang von „Kannibalisierung".
Wenige Tage später erfolgte die Entwarnung durch die *Süddeutsche Zeitung*: „Der Schulkrieg fällt aus." Unter anderem heißt es in dem Beitrag der Zeitung: „Eine Minderheitsregierung wie in Nordrhein-Westfalen kann kaum am Schulgesetz herumdoktern. Daher geht Rot-Grün bei den Gemeinschaftsschulen den sanften Weg – mit lokalen Schulversuchen. Das ist genau die richtige Strategie für dieses sensible Metier. Noch wach sind die Erinnerungen an Hamburg, wo die Bürger im Volksentscheid gegen längeres gemeinsames Lernen stimmten. Es ist richtig, keine Reform von Düsseldorf aus zu verordnen, sondern sie im regionalen Konsens wachsen zu lassen."
Im April 2013 stand dann zur Abwechslung Niedersachsen vor dem Beginn eines „Schulkriegs", wie die *Hannoversche Allgemeine* titelte. Anlass war die geplante Schulgesetznovelle, mit der die SPD und Die Grünen das verkürzte Abitur an Gesamtschulen verhindern und die Neugründung kleinerer Gesamtschulen erlauben wollten. Vor allem Letzteres stieß auf Gegenwehr bei der Opposition, die um den Bestand der kleinen Gymnasien auf dem Land fürchtete. Im Kontext dieser Diskussion sicherte der SPD-Kandidat für das Oberbürgermeisteramt in Hannover auch den Haupt- und Realschulen ihren Fortbestand zu: „Wir wollen für die Schulentwicklungsplanung mit Eltern und Lehrern in den Dialog gehen. Der Elternwille steht aus meiner Sicht an erster Stelle."
Wenn 12 % der Eltern für ihr Kind die Realschule und gut 3 % die Hauptschule wählen, sei das ernst zu nehmen.

Jakob: „Also ich finde es überhaupt nicht gut, wenn in einem Land, das die Schuld an zwei Weltkriegen trägt, von ‚Schul*krieg*' geredet wird."

Anna: „Stimmt. Als Journalist sollte man seine Worte schon sorgfältiger auswählen. Aber diese Redewendung weist auf die emotionale Bedeutung der Schul- und Bildungspolitik hin."

Jakob: „Ja, da fliegen gelegentlich nur so die Fetzen."

Die Beispiele für die bildungspolitischen Grundsatzdebatten, die seit Jahrzehnten um die Problematik der Gesamt- bzw. Einheitsschulen kreisen und mit großer Heftigkeit geführt werden, ließen sich noch beliebig fortsetzen. Auch ließen sich viele Beispiele für die am „pädagogischen Stammtisch" geführten Diskussionen anführen, was aber genauso wie die „Küchenpsychologie" nicht hilft, das komplexe und schwierige Geschäft der staatlichen Bildungsplanung und -organisation zu verstehen und politische motivierte Reformmaßnahmen in den gesellschaftlichen Gesamtkontext einzuordnen. An der Sinnhaftigkeit der Bildungspolitik wird gerne und lautstark Kritik geübt. Da geht es manchem Bildungs- oder Kultusminister wie dem Trainer der

Fußnationalmannschaft, der sich bei jedem verlorenen Spiel seiner Mannschaft der Kritik tausender besserwissender Trainer am Fernsehbildschirm und Stammtisch ausgesetzt sieht.

Um vom pädagogischen Stammtisch wegzukommen und anschaulich zu zeigen, wie komplex die Problematik bildungspolitischer Entscheidungen ist, eignet sich das Simulationsspiel EPICS (*Educational Policy Simulation*) von Brown et al. (1997). Dabei interagieren sechs Mitspieler bei der Planung von Bildungsentscheidungen, wobei sie verschiedene Rollen mit ganz bestimmten Aufgaben zu spielen haben. Die modellbegründete Simulation berechnet die Ergebnisse der Entscheidungen, die in der Spielgruppe gemeinsam getroffen wurden.

Simulation der Bildungspolitik: EPICS

EPICS modelliert und simuliert die Dynamik der Bildungsplanung in einem Entwicklungsland mit einem niedrigen Volkseinkommen. Es bietet eine fiktive, aber realistische Umgebung, in der die Teilnehmer mit ökonomischen Konzepten und komplexen Problemen bei der Planung und Umsetzung einer Bildungsexpansion auf unterschiedlichen Ebenen befasst werden. EPICS zielt auf die Förderung strategischen Planens in einer komplexen Lernumgebung und erfordert von den Teilnehmern die Anwendung von Fertigkeiten in der Durchführung einer politischen Analyse, des Planens und Kommunizierens. EPICS simuliert die Beziehungen zwischen Variablen des Bildungssystems, die den Zugang zu einer Grunderziehung fördern oder behindern können. Ein besonderer Schwerpunkt liegt auf der Dezentralisierung und Diversifizierung des Bildungssystems, um Schülerrinnen und Schüler mit unterschiedlichen sozioökonomischen Bedingungen bessere schulische Rahmenbedingungen zu geben.

EPICS illustriert die Notwendigkeit, bei Bildungsentscheidungen die Effekte multipler Faktoren zu berücksichtigen und entsprechende Strategien der Problemlösung (z. B. die Allokation von Bildungsressourcen unter prekären monetären Bedingungen) anzuwenden. Als Zielgruppe von EPICS benennen die Autoren professionelle Bildungsplaner und pädagogische Führungskräfte.

EPICS wird in mehreren Runden (max. 5) gespielt, die jeweils mindestens 3 Stunden Zeit in Anspruch nehmen. Im Zentrum steht das kooperative Problemlösen in Kleingruppen. Pro Spielgruppe sind 6 Teilnehmer vorgesehen, die unterschiedliche Rollen einnehmen. Es spielen mit: der Bildungsminister und die Abteilungsleiter für Finanzen und Verwaltung, Planung, Forschung, Informationsmanagement sowie der Präsident der Lehrergewerkschaft. Jeder Spieler erhält eine Anweisung, wie die jeweilige Rolle zu spielen ist.

Der Spieler in der Rolle des Bildungsministers erhält folgende Informationen als Handlungsanleitung:

> » Sie sind gerade als langjähriges Mitglied des Parlaments zum Minister für Bildung von Farziland ernannt worden. Ihre Fähigkeiten als Jurist sollen Sie anwenden, um Bildungs- und Budgetentscheidungen in Ihrem Ministerium zu treffen.
> Sie unterstehen unmittelbar dem Premierminister von Farziland, der ebenfalls neu gewählt worden ist. Sie können Vorschläge und Hinweise von Ihren Untergebenen annehmen, aber haben letztendlich die Verantwortung für politische und monetäre Optionen. Aufgrund der ernsten Finanzlage des Landes stehen Ihnen 900 Khazanas aus einem internationalen Fonds für Bildungsinvestitionen zur Verfügung, die sich auf einen Planungszeitraum von 25 Jahren beziehen. [...] Der Premierminister hat seine großen Sorgen in Bezug auf die unzureichenden Fortschritte in der Alphabetisierung im ganzen Land zum Ausdruck gebracht und setzt das niedrige Bildungsniveau in eine Beziehung zur niedrigen Lebensqualität im Land. Er hat den Ehrgeiz, ökonomische Verbesserungen zu erreichen und schreibt der Bildung eine wichtige Rolle zu, um die Bevölkerung auf die Veränderungen vorzubereiten. [...]
> Sie sind verantwortlich für die Einberufung der Treffen, um mit der Simulation anzufangen. Sie bitten die anderen Mitglieder aus dem Bildungsministerium, sich selber einzuführen und ihre Rollen zu beschreiben, die ihnen ausgehändigt wurden. Sie empfehlen Investitionen, um das Grundschulsystem in Farziland zu verbessern.

In mehreren Spielrunden diskutieren die Spieler gemäß ihren Rollen, wie sie das begrenzte Budget für Investitionen verwenden wollen, um das Bildungssystem von Farziland nachhaltig zu verbessern. Investitionen sind in 17 Bereichen möglich, die in einem Spielfeld wiedergegeben sind.

Nachdem die Entscheidungen getroffen sind, werden sie in ein Formular eingetragen und dann in das Simulationsprogramm eingegeben, das die Ergebnisse auf der Grundlage eines Pfadmodells berechnet, das auf empirischen Daten der Weltbank beruht. Die Rückmeldung erfolgt mit Hilfe von Säulendiagrammen, die leicht verständlich sind und spezifizieren, inwieweit die Gruppe die zuvor gesetzten Ziele erreicht hat. Aufgrund der Rückmeldung versuchen die Teilnehmer, das der Simulation zugrunde liegende Modell zu verstehen, um ihr Entscheidungsverhalten in weiteren Spielrunden zu modifizieren. Nach maximal 5 Spielrunden (in der Praxis haben wir verschiedentlich auch Gruppen beobachten können, die bereits nach 2 oder 3 Runden kein Geld für weitere Investitionen mehr hatten und das Spiel vorzeitig beenden mussten) erfolgt eine Gesamtdiskussion der Resultate und eine Einordnung in den Gesamtkomplex bildungspolitischer Planung.

Erfahrungen mit EPICS liegen mehrheitlich in der praktischen Anwendung vor (vgl. Rawley und Rambaud 1996). Wir haben EPICS in der Vergangenheit regelmäßig mit Erfolg bei Hauptfachstudenten der Erziehungswissenschaft angewandt, wobei wir eine hohe Akzeptanz und Effektivität auf Seiten der Teilnehmer beobachten konnten (Seel 2009; Seel und Blumschein 2009). Empirische Untersuchungen sind demgegenüber nicht einmal an einer Hand abzuzählen, zeigen aber positive Effekte auf das Lern- und Problemlöseverhalten der Teilnehmer (z. B. Wieland 2011).

Das stimmt mit anderen Untersuchungen überein, die hinsichtlich der Wirksamkeit strategischer Simulationsspiele auf das Problemlösen der Teilnehmer durchgeführt wurden (z. B. Akinsolu und Abdulkareem 2012; Maroulis et al. 2010; Stainton et al. 2010). Sie stützen die Annahme, dass bildungspolitische Probleme, die oft zur Entscheidung anstehen, die Merkmale der *Komplexität, Unbestimmtheit* und *Wirklichkeitsnähe* aufweisen (vgl. Funke 1992). Die Komplexität bildungspolitischer Entscheidungen und Problemlösungen resultiert aus der großen Zahl relevanter Variablen und deren Verknüpftheit, der Intransparenz der Zusammenhänge zwischen den Komponenten des Bildungssystems, der Verfolgung multipler Ziele, der Dynamik der Entwicklungen des Bildungssystems und den zeitversetzten Effekten von Entscheidungen. Bildungspolitiker zu kritisieren, ist in jedem Falle leichter, als Erfolg bei EPICS zu haben. Und EPICS ist nur ein Spiel. Die Schwierigkeit politischen Handelns und Entscheidens im Bildungssektor wird durch die Struktur des Bildungs- und Schulwesens noch erhöht.

„Politik geht, Verwaltung besteht"

Mit diesen Worten beantwortete Bellers (2001) die Frage, ob es tatsächlich Bildungspolitiker sind, die das Wesen des Bildungssystems maßgeblich bestimmen und gestalten, oder ob es vielmehr die öffentliche Verwaltung ist, deren behördliche Tätigkeit im Rahmen der Gewaltenteilung weder Gesetzgebung noch Rechtsprechung ist (vgl. Hesse und Ellwein 2004). Es liegt in diesem Zusammenhang nahe, auf das Beispiel des preußischen Spitzenbeamten Stiehl zu verweisen, der sieben Unterrichtsminister überdauert hat.

Auf Max Weber geht die Unterscheidung zwischen dem Politiker als Gesinnungsethiker und dem Beamten als Verantwortungsethiker zurück. Der Beamte erhält Zielangaben und Anweisungen von der politischen Führung und ist gehalten, sie umzusetzen. Das Metier des Politikers ist der Kampf um Wählerstimmen und der taktische Kampf um Führung. Für den Beamten ist das logische Argument mit seinen sachlichen Begründungen und Abwägungen entscheidend; seine Legitimation stützt sich auf Fachwissen, über das der charismatische Politiker nicht verfügen muss.

Die Bildungspolitik ist wie andere Bereiche der Politik auch in der Entscheidungsvorbereitung auf die fachliche Unterstützung ihrer Verwaltung angewiesen. Wer aber

> » die Entscheidungsalternativen auswählt und die Informationsgrundlagen zusammenstellt, kann die politische Entscheidung durchaus lenken. Der hohe Sachverstand der kontinuierlich und spezialisiert in bestimmten Aufgabenbereichen arbeitenden Verwaltung kann hier den Ausschlag zugunsten einzelner Politiken geben (Machura 2005, S. 20).

Das gilt nicht nur für politische Beamte, die an der Nahtstelle von Verwaltung und Politik tätig sind und des persönlichen Vertrauens der politischen Führung bedürfen, sondern auch für Berufsbeamte in Spitzenpositionen. Die Konstanzer Elitestudien Politisch-Administrative Elite 2005 und 2009 von Bogumil et al. (2012) zeigen, dass sich Spitzenbeamte über die Jahre unverändert vorrangig als Experten mit Fachwissen, Umsetzer politischer Vorgaben, Repräsentanten des Staates, aber auch als Initiatoren neuer Projekte und Problemlösungen sehen. Fast zwei Drittel der befragten Spitzenbeamten sehen eine partielle Überlappung der traditionellen Rollen von Politikern und Berufsbeamten. Die politische Verantwortung (auch für Fehlentscheidungen, die auf die Initiativen von Spitzenbeamten zurückgehen) übernimmt der Politiker.

EPICS stellt in diesem Kontext die zentrale Funktion von Spitzenbeamten bei bildungspolitischen Entscheidungen in Rechnung, der „pädagogische Stammtisch" tut dies im Gegensatz zu EPICS nicht.

5.1.3 Steuerung und Lenkung des Bildungswesens

Ein Wesensmerkmal des Nationalstaates und seiner historischen Entwicklung war die Homogenisierung von Sprache, Bildung und Lebensformen. Dementsprechend wurden in der Vergangenheit Bildungs- und Schulreformen von oben verordnet (z. B. Stiehlsche Regulative) und oft gegen den Willen großer Bevölkerungsteile nach unten durchgesetzt. Obwohl staatliche Organe wie Kultusministerien immer noch eine gewisse Tendenz zu Verordnungen und Erlassen unter Beweis stellen, hat sich die Situation im 21. Jahrhundert geändert, wie der Volksentscheid gegen die Hamburger Schulreform vom Juli 2010 zeigt. Bildungspolitisch setzt sich zunehmend eine Demokratisierung der Entscheidungen durch, die im Konsensverfahren erzielt werden. Sieht man von dem Gezänk der politischen Parteien um die Einheits- oder Gesamtschule ab, so ist das bildungspolitische Handeln der Entscheidungsträger von großem Verantwortungsbewusstsein für das Gemeinwohl geprägt. Davon zeugen nicht zuletzt die Bildungsberichte der deutschen und österreichischen Bundesregierung (z. B. Autorengruppe Berichterstattung 2012; Bruneforth und Lassnigg 2012; Specht 2009).

5.1.3.1 Bildungspolitik als Ordnungsinstrument

Die Organisationsbildung ist laut Parsons der wichtigste Mechanismus für eine hoch differenzierte Gesellschaft, um das System „in Gang zu halten und Ziele verwirklichen zu können, die die Möglichkeiten des Einzelnen übersteigen" (Parsons 1966, S. 41). Dementsprechend begreift Luhmann Organisationen als zielorientierte soziale Systeme, „wenn die Handlungen mehrerer Personen sinnhaft aufeinander bezogen werden" (Luhmann 1975, S. 9).

Bildungspolitische Steuerung beschäftigt sich mit der Frage, wie in der allgemeinen und beruflichen Bildung die Finanzierung, das Angebot, die Verantwortlichkeiten und Organisation koordiniert werden und auf welcher Ebene: lokal, regional oder auf Landesebene.

Nachdem die längste Zeit die Landesregierungen die größte Rolle bei der Planung und Koordination bildungspolitischer Maßnahmen gespielt hatten, setzte in den 1970er Jahren eine Diskussion über eine stärkere Beteiligung der pädagogischen Basis an der Lenkung und Organisation des Bildungswesens ein. Umschrieben wurde dieser Ansatz, der wegführen sollte von der zentralistisch-hierarchischen Lenkung, durch Begriffe wie *Deregulierung*, *Dezentralisierung* und *kontextuelle Steuerung*. Diese Umorientierung der Steuerungsstrategien im Bildungsbereich war auch eine längst fällige Reaktion auf die nachlassende staatliche Steuerungsfähigkeit (vgl. Weizsäcker 1998). Vielerorts wurde die institutionelle Finanzierung von Schulen und Hochschulen auf budgetorientierte Verfahren umgestellt, was aufgrund einer wirtschaftlichen und zielgenauen Mittelverwendung wesentlich zur Effizienzverbesserung beitrug (Weizsäcker 1998).

Vor diesem Hintergrund operiert das Simulationsspiel SEsim (*S*chool *E*fficiency *Sim*ulation) von Ifenthaler (z. B. 2009), das sich an Studierende des Lehramtes richtet.

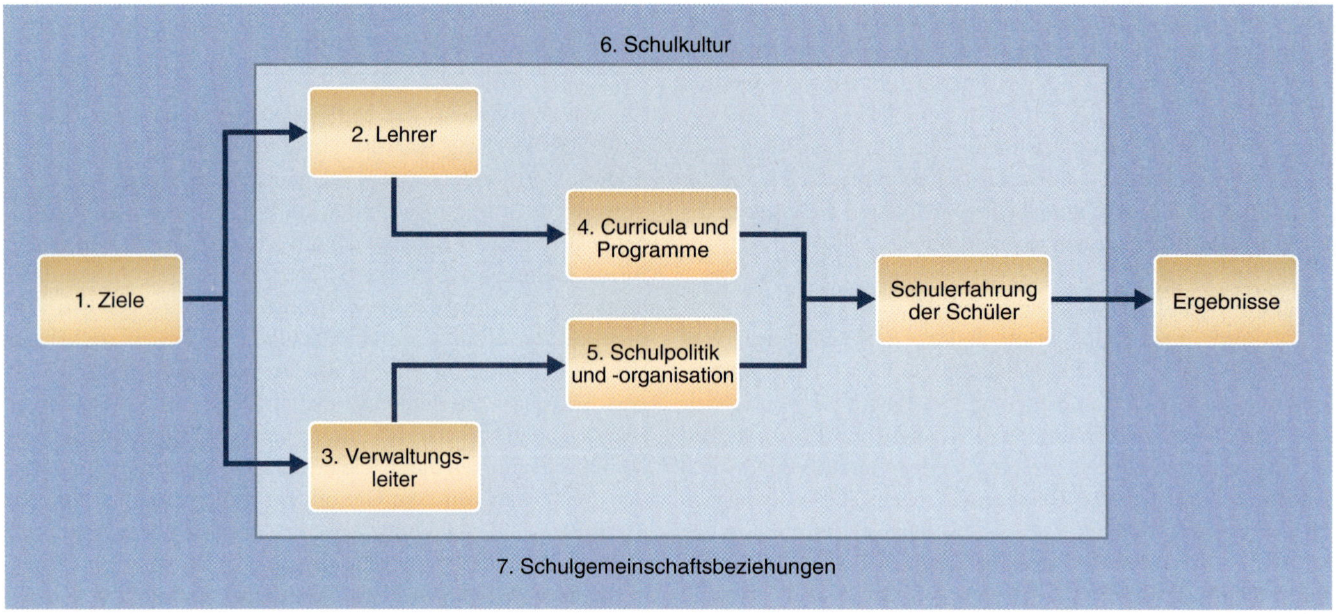

Abb. 5.2 Die Rahmenkonzeption von SEsim. (Nach Leithwood et al. 1989, S. 101)

Das Simulationsspiel SEsim

SEsim ist in Analogie zu EPICS entwickelt worden, das sich auf die staatliche Gesamtorganisation des Bildungswesens und seine Steuerung bezieht. Demgegenüber rückt SEsim die Steuerung und Verwaltung von Schulen auf lokaler Ebene in den Mittelpunkt. Theoretische Grundlage ist ein von Leithwood et al. (1989) entwickeltes Pfadmodell, das sieben Komponenten umfasst:

1. Ziele,
2. Lehrer,
3. Verwaltungsleiter,
4. Curricula und Unterrichtsprogramme,
5. Schulpolitik und -organisation,
6. Schulkultur und
7. Schulgemeinschaftsbeziehungen (Abb. 5.2).

Das Ziel von SEsim besteht darin, die Effizienz einer Schule durch Investitionen in verschiedenen Bereichen zu verbessern und die Schulabbruchquote zu reduzieren. Das Simulationsszenarium ist in einer kleinen Industriestadt mit einer mittleren Arbeitslosenquote verortet. Hier gibt es vier weiterführende Schulen mit spezifischen Merkmalen. Die Teilnehmer erhalten alle erforderlichen Informationen sowie ein Budget. Es werden Spielgruppen mit je fünf Teilnehmern gebildet, von denen jeder eine bestimmte Rolle zu spielen hat. Wie bei EPICS sind die Investitionsentscheidungen auch bei SEsim in kooperativer Gruppenarbeit herbeizuführen. In der Online-Version können auch virtuelle Teilnehmer bereitgestellt werden. Ansonsten folgt SEsim im Spielverlauf, in der Art der Rückmeldung der Entscheidungskonsequenzen und ihrer Diskussion dem Vorbild EPICS (Ifenthaler 2009).

SEsim folgt dem Ansatz einer *input- und prozessorientierten Steuerung* im Bildungsbereich und repräsentiert somit den Stand der 1990er Jahre.

Mittlerweile hat infolge der durch PISA ausgelösten Diskussion über die Qualität des Bildungswesens ein radikales Umdenken im Hinblick auf die Steuerungsstrategie stattgefunden, was von manchen Autoren (z. B. Dedering 2008) auch als Paradigmenwechsel begriffen wird. Gemeint ist der Wechsel von der Input- und Prozesssteuerung zur *Outputsteuerung*, womit der Rückzug des Staates „auf das budgetierte Bereitstellen von Ressourcen, die Vorgabe zu erreichender Ziele sowie die Kontrolle der Zielerreichung" umschrieben wird (Bellenberg et al. 2001, S. 5).

▪ Das Bildungswesen im Wechselspiel von Regulierung und Deregulierung

Um die verschiedenen Konzepte der Steuerung in ihrem Bedeutungsumfang zu erfassen, ist es erforderlich, kurz auf die beiden Hauptsysteme der öffentlichen Verwaltung und Rechnungslegung einzugehen, die als *Kameralistik* und *Doppik* bezeichnet werden.

Kameralistik – Das Wort Kameralistik leitet sich vom Konzept der fürstlichen Schatzkammer ab und findet sich heute noch im Begriff „Kämmerer" als Bezeichnung für einen kommunalen Finanzdezernenten. Die traditionelle oder einfache Kameralistik betrachtet lediglich Einnahmen und Ausgaben, d. h., sie erfasst den Verbrauch von Finanzen, nicht aber den von Ressourcen. Dementsprechend fokussiert die traditionelle Kameralistik auf Finanzziele und schließt Sachziele aus. Die erweiterte Kameralistik ergänzt die traditionelle Kameralistik um Sachziele und Wirkungen; Merkmale der erweiterten Kameralistik sind u. a. Kosten-Leistungs-Rechnung, Controlling, wirkungsorientierte Ziele, Zielvereinbarungen und Leistungsaufträge, dezentrale Budgets und Benchmarking (vgl. Brede 2005).

Doppik – Doppik ist ein Kunstwort, in dem das Wort der doppelten Buchführung steckt. Im Kontext der öffentlichen Verwaltung zielt die Doppik auf eine Modernisierung von Haushaltsplanung, Steuerung und Buchführung. Der Haushaltsplan untergliedert sich in einen Finanz- und Ergebnishaushalt, der

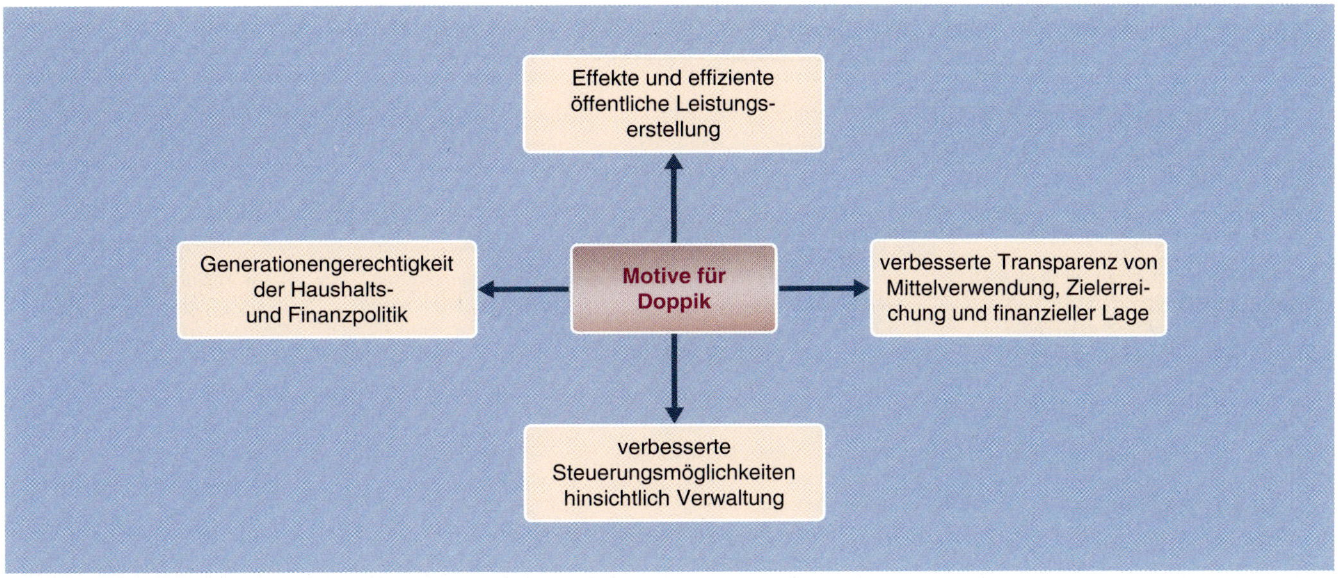

Abb. 5.3 Motive für die Einführung von Doppik. (Quelle: Lexikon zur öffentlichen Haushalts- und Finanzwirtschaft: ► http://www.haushaltssteuerung.de/lexikon-doppik.html, mit freundlicher Genehmigung von Andreas Burth, Marc Gnädinger)

Jahresabschluss beruht auf dem Drei-Komponenten-Modell, das eine Finanz-, Ergebnis- und Vermögensrechnung umfasst. Ergänzt wird der Jahresabschluss durch den Lagebericht.

Ziel der Doppik in öffentlichen Körperschaften sind die Gewährleistung der Generationengerechtigkeit (z. B. durch Bilanzierung des Ressourcenverbrauchs), eine erhöhte Transparenz für den Bürger, eine effizientere und effektivere Leistungserstellung sowie eine verbesserte Steuerung (z. B. eine Budgetierung in Verbindung mit wirkungsorientierten Zielen und Kennzahlen) (vgl. Brede 2005). Die Motive für die Einführung der Doppik zeigt Abb. 5.3.

Die Doppik ist die derzeit dominierende Steuerungsstrategie für öffentliche Haushalte (z. B. der Kommunen und des Gesundheitswesens), wird aber gelegentlich von Kritikern (z. B. Bogumil und Holtkamp 2012) als intransparent und ineffizient beurteilt (vgl. auch Magin 2007).

Inputorientierte Steuerung. Die *inputorientierte Steuerung* ist das in der traditionellen Kameralistik dominierende Steuerungskonzept. Das zentrale Instrument ist der *Haushaltsplan*, über den z. B. Schulen und Hochschulen finanzielle Mittel zugewiesen werden, mit denen die Personalausgaben sowie Sach- und Materialaufwendungen zu bestreiten sind.

Das Statistische Bundesamt berechnet seit 1995 jährlich die Kennzahl „Ausgaben öffentlicher Schulen je Schülerin und Schüler" (AjS). Mit diesem Indikator können in den einzelnen Ländern Aussagen zur Finanzausstattung der öffentlichen Schulen gemacht werden. Nach Angaben des Deutschen Statistischen Bundesamts gaben die öffentlichen Haushalte 2011 durchschnittlich 6000 Euro für die Ausbildung einer Schülerin oder eines Schülers an öffentlichen Schulen aus. Hierunter fallen Ausgaben für Personal, laufenden Sachaufwand und Investitionen.

Bei allgemeinbildenden Schulen waren dies 6500 Euro je Schülerin oder Schüler, bei beruflichen Schulen 4100 Euro. Die vergleichsweise niedrigen Aufwendungen je Schülerin und Schüler bei den Berufsschulen im dualen System sind vor allem durch den Teilzeitunterricht bedingt. Größter Ausgabenblock sind die Personalausgaben. Zu bestreiten sind aber immer auch die Unterhaltung der Schulgebäude und Lehrmittel sowie Baumaßnahmen und Sachinvestitionen.

Diese finanziellen Mittel werden als *Inputfaktoren* im Haushaltsplan der Länder abgebildet. Eine Ausrichtung am angestrebten Ergebnis oder der beabsichtigten Wirkung findet nicht statt. Ebenso enthält der Haushaltsplan in der traditionellen Kameralistik auch keine definierten Verantwortlichkeiten bezüglich zu erzielender Ergebnisse.

Outputorientierte Steuerung. Das ist in der erweiterten Kameralistik und insbesondere in der Doppik ganz anders. Dort bezeichnet der Begriff *outputorientierte Steuerung* eine Vorgehensweise, die primär auf Zielsetzungen, den Ergebnissen des Handelns (Output) und den angestrebten Wirkungen gründet. Eine outputorientierte Steuerung zielt auf eine stärkere Orientierung an den „Kunden", eine Erhöhung der Wirtschaftlichkeit sowie ein effektiveres Management. Die outputorientierte Steuerung ist charakteristisch für die Doppik. Sie umfasst u. a. ein Kontraktmanagement (im Sinne von Zielvereinbarungen) und ein Controlling.

Im Haushaltsplan wird den Verwaltungseinheiten (z. B. Schulen) ein Budget zur Verfügung gestellt, das relativ frei bewirtschaftet werden kann. Mit der Zuteilung des Budgets werden jedoch Wirkungsziele verknüpft, die mit den zugeteilten Mitteln erreicht werden sollen. Der Zielerreichungsgrad wird mittels geeigneter Verfahren festgestellt. Verantwortlich für die Zielerreichung ist üblicherweise die Führungskraft der jeweiligen Institution. Die Führungskraft kann bzw. sollte die gesetzten Ziele im Rahmen von Zielvereinbarungen auf die Ebene der Mitarbeiter transformieren und mit ihnen Ziele vereinbaren, die zum Gesamtergebnis der Einrichtung beitragen. Die mit den Mitarbeitern vereinbarten Ziele werden ebenfalls im Zielerreichungsgrad, d. h. durch eine Kennzahl kontrolliert.

Prozessorientierte Steuerung. Neben der input- und outputorientierten Steuerung findet sich in der Literatur auch der Begriff der *prozessorientierten Steuerung*. Die Prozessorientierung legt,auf der Ebene der gesamten Organisation das Augenmerk auf die Organisationsmitglieder und die optimale Erfüllung der an sie gestellten Anforderungen. Das kann nur gelingen, wenn nicht Einzelinteressen im Vordergrund stehen, sondern alle kooperieren, um die gesteckten Ziele zu erreichen. Bei der Prozess-

Tab. 5.1 Veränderungen des Haushalts- und Rechnungswesens staatlicher Hochschulen in Verbindung mit der allgemeinen Reformentwicklung (Hilgers 2008, S. 183)

Zeitraum	Allgemeines Funktionsverständnis von Hochschulen	Allgemeine Entwicklung/organisatorische Maßnahmen	Merkmale und Änderungen des Haushalts- und Rechnungswesens	Entwicklung des Haushalts- und Rechnungswesens der Gebietskörperschaften
Bis 60er Jahre	Humboldt'sches Bildungsideal	Elitebildung Soziale Selbstkontrolle	Traditionelle Kameralistik („Titelwirtschaft")	Traditionelle Kameralistik (inputorientierte Steuerung)
70er Jahre	Instrument zur Demokratisierung von Gesellschaft Neue Hochschulgesetze	Politische Orientierung Mitbestimmung Gleichheitsprinzip Sinken des fachlichen Niveaus Massenuniversität Bildungsreform	Traditionelle Kameralistik Erste Diskussion um Kostenrechnung Ressourcenknappheit Forderung nach mehr Autonomie	Traditionelle Kameralistik Flexibilisierung der Haushaltsführung Effiziente Haushalts- und Mittelbewirtschaftung
80er Jahre	Mitbestimmung aller Gruppen „Selbstbedienung" der Gruppen	Gruppen-/Gremienhochschule Abkopplung von Staatszugriff und mehr Autonomie Ausgliederung von Forschung auf Sondereinrichtungen	Flexibilisierung Deckungskrise Wachsend starke Ressourcenknappheit	Erste Ansätze globaler Budgetierung als Sparstrategie Einheit von Fach- und Ressourcenverantwortung KLR (Kosten-Leistungs-Rechnung)
90er Jahre	Beginn der „Reparatur" der 70er/80er Jahre Staatliche Hochschule als Gegenpart zu privaten Hochschulen	Einzelwirtschaftliche Analysen Managementorientierung Bologna-Prozess Genderorientierung Einheit von Fach- und Ressourcenverantwortung	KLR Globale Budgets Erste Kontrakte Ansätze zur Steuerung über Zielvereinbarungen Budgetierung	Public Management Ressourcenverbrauchskonzept und erste Ansätze der Doppik/erweiterten Kameralistik Flächendeckende KLR Benchmarking Drei-Komponenten-Rechnung
Ab 2005	Exzellenzbewegung Leistungsorientierung Qualität von Forschung und Lehre Zunehmende Auftragsforschung durch Wirtschaft Ausbildung nach Vorgaben des Arbeitsmarkts	Neustrukturierung Hochschulfreiheitsgesetze Autonomie Leistungssteuerung Leistungsorientierte Besoldung Zielvereinbarung Hochschulrat zur strategischen Steuerung Neue Abschlüsse und Internationalisierung Studiengebühren, Fundraising und verstärkt Drittmittel als neue Finanzierungsquelle	Globale Budgets auf Basis der KLR Outputorientierung Eigenständiges Rechnungswesen Rechenschaftslegung und Berichtswesen Eigene Grundsätze ordnungsmäßiger Buchführung in Hochschulen	Integrierte Verbundrechung (IVR) Outputorientierte Budgetierung (produktorientierte Haushalte) Grundsätze ordnungsgemäßer öffentlicher Buchführung (GooB)

orientierung geht es darum, durch eine klare Abgrenzung und Abstimmung der Zuständigkeiten und ablaufenden Prozesse Reibungsverluste zwischen den Handlungsträgern zu überwinden. Der klare Fokus auf die Anforderungen verhindert, dass unnötige Tätigkeiten durchgeführt werden.

▪ Wandel der Steuerungsstrategien im Bildungsbereich

Bis in die 1970er Jahre galten in der Bundesrepublik Deutschland für das öffentliche Haushaltswesen die Grundsätze der traditionellen Kameralistik mit ihrer inputorientierten Steuerung. Dementsprechend galt auch für das Schul- und Hochschulwesen der Grundsatz der zentralistisch-hierarchischen Inputsteuerung (Dedering 2008). Mit der allgemeinen Demokratisierungsbewegung der 70er Jahre wurden die ersten Ansätze einer Flexibilisierung der Inputsteuerung im Sinne der erweiterten Kameralistik erkennbar, die in den 80er Jahren zur globalen Budgetierung und Kosten-Leistungs-Rechnung führten. Ab Mitte der 90er Jahre zeigten sich die ersten Ansätze der Doppik und der outputorientierten Steuerung, die in der Folgezeit zunehmend an Bedeutung gewannen. Hilgers (2008) hat diese allgemeine Entwicklung am Beispiel der deutschen Hochschule nachgezeichnet (Tab. 5.1), wobei er auch die verschiedenen Reformen des Hochschulwesens einbezogen hat.

Weniger detailliert, aber im Kern mit Hilgers Analyse übereinstimmend, haben verschiedene Autoren (Altrichter und Heinrich 2005; Halbheer und Reusser 2008) den Wandel der Steuerungsstrategien für das Schulwesen beschrieben. Demnach sind für das Schulwesen drei Phasen des Abrückens von der inputorientierten Kameralistik zu verzeichnen:

In der ersten Phase zielte der Staat mittels Anreizen auf Innovationen unter der Leitidee einer Teilautonomie, wobei den Schulen freigestellt blieb, die Optionen zu nutzen.

Ab Mitte der 90er Jahre, in der zweiten Phase, wurden zunehmend Prozesse der Systemsteuerung auf der Grundlage von Verbindlichkeiten und Vereinbarungen in Bezug auf Selbst- und Fremdevaluation diskutiert. Dedering (2008) bezeichnet diese

Phase mit dem Begriff „konzeptuelle Steuerung". Die konzeptuelle Steuerung war dadurch charakterisiert, dass das politische System seine Ziele im Bildungsbereich zu erreichen suchte, indem es einerseits (weitmaschige) Rahmenbedingungen formulierte und andererseits Vereinbarungen sowie Kooperationsbeziehungen mit den Schulen einging.

In der dritten Phase, ausgelöst durch PISA 2000, wurden testbasierte und schulübergreifende Steuerungselemente diskutiert; neben der Betonung der Gestaltungsfreiheit rückte zunehmend die Idee der outputorientierten Steuerung des gesamten Bildungssystems in den Mittelpunkt der bildungspolitischen Diskussion. Diese dritte Phase, in der wir uns derzeit befinden, wird von Dedering (2008) mit dem Governancekonzept und der damit verbundenen outputorientierten Steuerung des Schulwesens in Beziehung gesetzt.

Zur Konkretisierung greifen wir auf einen Bericht der Bildungskommission der Länder Berlin und Brandenburg aus dem Jahr 2003 zurück, in dem ausführlich auf die Problematik der Steuerung des Bildungssystems bei einer erweiterten Verantwortung der Schule eingegangen wird. Ausgangspunkt der Argumentation ist die feste Überzeugung, dass die in der Vergangenheit dominierende input- und prozessorientierte Regulierung des Schulwesens zu einer ergebnisorientierten Steuerung umgewandelt werden muss, um durch eine systematischere Erfassung und Bewertung der Ergebnisse die Unterrichtsarbeit zu verstärken. Es sollte insgesamt ein Paradigmenwechsel im Rollenverständnis der Schulaufsicht eingeleitet werden, der zu einem Regelkreismodell führt, „das darauf abzielt, die Ressourcenverteilung und normative Programme abhängig von der Erfassung der Ergebnisse unterrichtlicher Arbeit zu gestalten" (Bildungskommission der Länder Berlin und Brandenburg 2003, S. 236). Damit lässt die Bildungskommission, wie man in der Umgangssprache sagt, „die Katze aus dem Sack": Die Schule verfügt aus Sicht der Bildungskommission über einen erheblichen Gestaltungsspielraum und könne daher in besonderem Maße zur Ergebnisqualität des pädagogischen und organisatorischen Handelns beitragen.

Damit die Schule diesem Anspruch jedoch gerecht wird, bedarf es der Festlegung verbindlicher Standards und Rahmenvorgaben durch die Bildungsverwaltung, der Kontrolle der Einhaltung der Standards und der systematischen Erfassung und Auswertung der Leistungsdaten der Schule und des Unterrichts, um daraus Schlussfolgerungen für die Steuerungspolitik herzuleiten. Als geeignetes Instrument einer schulbezogenen, ergebnisorientierten Steuerung gilt das sogenannte Schulprogramm. Dieses wird entwickelt, um „eine klare, auch empirisch fundierte Vorstellung vom eigenen Entwicklungsstand zu gewinnen, eine transparente Zielstruktur zu entwickeln, die Arbeit an den vereinbarten Zielen auszurichten und die Entwicklungsschritte überprüfbar zu planen" (S. 240).

5.1.3.2 Evidenzbasierte Steuerung des Bildungswesens – zwischen Eigenverantwortung und Regulierung

» Der Zauberlehrling

Hat der alte Hexenmeister
Sich doch einmal wegbegeben!
Und nun sollen seine Geister
Auch nach meinem Willen leben.
Seine Wort' und Werke
Merkt' ich und den Brauch
Und mit Geistesstärke
Tu' ich Wunder auch!
[...]
Ach, das Wort, worauf am Ende
er das wird, was er gewesen!
Ach, er läuft und bringt behende!
[...]
Herr, die Not ist groß!
Die ich rief, die Geister,
werd' ich nun nicht los!
(Johann Wolfgang von Goethe, 1827).

Die bildungspolitische Reformsemantik betont seit Jahrzehnten das Modell einer Schule (und Hochschule) in erweiterter Eigenverantwortung und schreibt Bildungseinrichtungen generell die Kompetenz zu, eigene Ziele zu entwickeln, die Zielerreichung zu überprüfen und die Organisation an sich verändernde Ziele und Kontextbedingungen flexibel anzupassen und zu optimieren. Die oben genannte Bildungskommission der Länder Berlin und Brandenburg (2003) sieht die erweiterte Verantwortung der Schule dadurch gewährleistet, dass die Einzelschule als pädagogisch und administrativ verantwortliche Handlungseinheit in die Lage versetzt wird, transparente Ziel- und Organisationsstrukturen zu entwickeln und auch die Verantwortung für Budget- und Personalmanagement zu tragen. Andererseits ist der Staat laut Verfassung verpflichtet, für ein leistungsfähiges und sozial gerechtes Bildungs- und Schulwesen zu sorgen, und die Verwaltung der Kultusministerien ist unter Wahrung des „Parlaments- und Gesetzesvorbehalts" mit der verantwortlichen Steuerung des gesamten Bildungsbereichs beauftragt.

Der Staat versucht diesem scheinbaren Widerspruch zunehmend durch die Einführung der Doppik und einer outputorientierten Steuerungsstrategie gerecht zu werden, die einerseits eine Teilautonomie des Bildungswesens ermöglicht, welche der Staat jedoch andererseits durch geeignete Lenkungsmaßnahmen so einschränkt, dass ein ausgewogenes Verhältnis zwischen weitgehender Eigenverantwortlichkeit und notwendiger staatlicher Regulierung zustande kommt. Dabei können unterschiedliche Varianten verfolgt werden: Zum einen kann ordoliberal die Stärkung der Eigenverantwortung der Bildungseinrichtungen bei gleichzeitiger Verminderung der staatlichen Regulierung auf ein Mindestmaß angezielt werden, zum anderen kann in restaurativer Denkweise die Deregulierung eng begrenzt und die staatliche Regulierung erweitert werden, wie es beispielsweise im Jahresgutachten 2010 der Vereinigung der Bayerischen Wirtschaft zum Ausdruckt gelangt:

> Ziel des Gutachtens kann nicht sein, einer wilden Deregulierung das Wort zu reden und das Bildungswesen gewissermaßen sich selbst zu überlassen [...]. Vielmehr müssen spezifische Formen der Regulation für jede einzelne Bildungsphase getroffen werden (vbw – Vereinigung der Bayerischen Wirtschaft e. V. 2010, S. 10).

Nach eingehender Lektüre des Gutachtens kommt man nicht umhin, den Autoren zuzugestehen, dass es ihnen in der Tat gelungen ist, einer „wilden Deregulierung" *nicht* das Wort zu reden. Gelungen ist ihnen dafür umso mehr, einer wilden Regulierung das Wort zu reden, da sie einen Regulierungs- bzw. Nachregulierungsbedarf für praktisch jeden Bildungssektor feststellen – angefangen bei der vorschulischen Erziehung bis zur Erwachsenen- und Weiterbildung. Insgesamt ist das Gutachten von der Vorstellung einer zentralistischen und weitreichenden Steuerung des gesamten Bildungswesens geprägt, die dem bundesdeutschen Modell des Föderalismus diametral gegenübersteht und mit den Motiven der Doppik auch kaum mehr etwas zu tun hat.

Wie auch immer das Verhältnis zwischen Deregulierung und Regulierung im konkreten Fall aussehen mag, stellt das *Konzept einer evidenzbasierten Steuerung* im Sinne der Doppik eine umfassende Innovation im derzeitigen Bildungssystem in Deutschland, Österreich und der Schweiz dar. Eine effektive Koordination des pädagogischen Handelns in Bildungseinrichtungen zu erreichen, die in Einklang mit einer sinnvollen staatlichen Regulierung steht, ist eine der zentralen Aufgaben der pädagogischen Teildisziplin, die sich Educational Governance nennt. Da eine evidenzbasierte Steuerung teilautonomer Bildungseinrichtungen im Sinne der Doppik an *Kennzahlen* gebunden ist, die zum Teil auf bereits vorliegenden Erkenntnissen beruhen und zum Teil neu zu entwickeln sind, bedarf es verschiedener Evaluationsinstrumente, die der Politik und der pädagogischen Praxis das erforderliche Steuerungswissen liefern.

An dieser Stelle kommen die internationalen Vergleichsstudien PISA und TIMSS ins Spiel, die der Politik die erforderlichen Kennzahlen hinsichtlich der Leistungsfähigkeit des Schulwesens im internationalen Vergleich liefern sollen. Die vergleichende Analyse der Ergebnisse mit dem von der OECD festgelegten Bezugswert kann als *Benchmarking*[1] bezeichnet werden. Dem IST-Zustand können Sollwerte gegenübergestellt werden, die innerhalb eines bestimmten Zeitrahmens erreicht werden sollen. Beispielsweise kann ein Sollwert in der Zielsetzung bestehen, bei der nächsten PISA-Studie eine signifikante Verbesserung zu erzielen und eine Kennzahl zu erreichen, die weit oberhalb des OECD-Bezugswerts liegt.

Um es jedoch klar zu machen: Das ist Bildungs*politik*, aber keine Bildungs*wissenschaft*, denn die Kennzahlen haben keinen Erklärungswert, da die PISA-Studien ja nicht aufklären, *wie* und aufgrund welcher Maßnahmen die jeweiligen Ergebnisse in der pädagogischen Praxis zustande gekommen sind. Das heißt: Weder Input noch Prozess fließen in die Kennzahlen ein, sondern nur der Output. Ebenso wenig erfolgt eine Auswertung der Daten auf der Individualebene, weil die verwendeten Testverfahren keine verlässlichen Aussagen über individuelle Leistungen zulassen. Um individuelle Leistungen zu messen, wurden deshalb Kompetenzmodelle entwickelt, die mit „Bildungsstandards" operieren. Dabei ist jedoch die Verwendung dieses Begriffs ein Euphemismus, da „Bildungsstandards" nicht der Einflussnahme auf den Bildungsprozess von Individuen dienen, sondern im Interesse der Qualitätssicherung des Bildungssystems stehen (Herzog 2005).

Der Begriff der Bildungsstandards gehört zum Vokabular der Bildungspolitik und ist ein Instrument der von der Kulturministerkonferenz im Jahr 2006 beschlossenen Gesamtkonzeption zum *Bildungsmonitoring* und der schulbezogenen Evaluation (Abs und Klieme 2005), wozu auch Vergleichsarbeiten zur landesweiten Überprüfung der Leistungsfähigkeit einzelner Schulen wie VERA und eine gemeinsame Bildungsberichterstattung von Bund und Ländern zählen. Die „Bildungsstandards" dienen auch als Ausgangsgrundlage für Zielvereinbarungen (Kontrakte) auf der Ebene von Einzelschulen und deren Rechenschaftslegung (vgl. Halbheer und Reusser 2008).

▪ Bildungsstandards und die Standardisierung des Bildungswesens

Am Begriff der Bildungsstandards scheiden sich die Geister: Für die Bildungspolitik und die mit ihr assoziierten „Bildungswissenschaftler" sind sie ein notwendiges Instrument für die Steuerung und Regulierung des Bildungswesens, für manche Erziehungswissenschaftler (z. B. Herzog 2008) markieren sie den Weg zur 08/15-Schule. Auf die pädagogische Dimension der Bildungsstandards und das ihnen zugrunde liegende Kompetenzmodell sind wir in ► Abschn. 1.2 bereits eingegangen. In den folgenden Ausführungen beschränken wir uns auf den bildungspolitischen Gehalt, wobei wir von folgender Definition ausgehen:

Standards

Standards sind transparente und öffentlich bekannte Kriterien (oder Benchmarks), die verwendet werden, um Effekte der Bildungspolitik, pädagogischer Maßnahmen und Leistungen zu erfassen und zugleich zu beeinflussen.

Selbstverständlich ist die Idee, die den Bildungsstandards zugrunde liegt, nicht neu, da auch bei einer input- und prozessorientierten Steuerung des Bildungsbereichs durch Vorgaben geregelt wurde, was wann wo von wem und mit welchem Ziel gelehrt werden sollte. Lehrpläne und Curricula, Studien- und Prüfungsordnungen regel(te)n, welche Lehrinhalte mit welchen Zielen zu vermitteln sind. Der Gebrauch der Lehrmittel (z. B. der Schulbücher) wurde und wird geregelt ebenso wie die Organisation der Lehr- und Lernprozesse und die Bedingungen (z. B. Klassengröße), unter denen Unterricht stattfindet (Oelkers 2004). Neu an der Idee der Bildungsstandards ist, das räumen auch Halbheer und Reusser (2008) ein, eigentlich nicht viel. Neu ist lediglich die bildungspolitisch motivierte Nutzung von Stan-

1 Das Wort *benchmark* ist eine Zusammensetzung aus den beiden englischen Begriffen *bench* (Schulbank) und *mark* (Zeichen). Ursprünglich bezeichnet Benchmark einen trigonometrischen Punkt bzw. die Markierung an diesem oder ein Nivellierungszeichen im Vermessungswesen.

dards als Mittel der evidenz- bzw. outputbasierten Steuerung. Standards dienen nach dem neuen Sprachgebrauch der Qualitätssicherung und Qualitätsentwicklung im Bildungswesen.

Bildungsstandards sind dabei normative Vorgaben im Hinblick auf Lehrinhalte, zu erwerbende Kompetenzen und Leistungsniveaus, d. h. welches Mindestniveau die Schüler in unterschiedlichen Kompetenzbereichen erreichen sollen.

Ein konkretes Bild vom Komplex der Bildungsstandards kann man sich verschaffen, wenn man beispielsweise den Lehrplannavigator von Nordrhein-Westfalen (► http://www.standardsicherung.schulministerium.nrw.de/) betrachtet, welcher der Standardsicherung dienen soll. Dort wird einleitend ausgeführt:

» Mit zunehmender Eigenverantwortlichkeit haben Schulen in NRW größere Freiräume erhalten, um Unterricht und Schule zu gestalten. Dabei sind sie verpflichtet, die bundesweit vorgegebenen Bildungsstandards sowie die (darauf basierenden) landesspezifischen kompetenzorientierten Kernlehrpläne umzusetzen und Rechenschaft darüber abzulegen, ob und in welchem Umfang es ihnen gelingt, diese Standards zu erfüllen. Unter anderem geschieht dies im Rahmen von Lernstandserhebungen bzw. Vergleichsarbeiten sowie von zentralen Prüfungen zur Vergabe von Abschlüssen und Berechtigungen.

Der Lehrplannavigator bündelt in übersichtlicher Weise die relevanten Informationen zur Standardisierung des Bildungswesens in NRW und umfasst neben den Kernlehrplänen auch ein umfassendes Angebot von Beispielen für schulinterne Lehrpläne (zum Gebrauch in Einzelschulen) und vielfältige Materialien zur Unterstützung der Schulen bei der Implementation der curricularen Vorgaben. Damit erweist sich der Lehrplannavigator als nicht streng outputorientiert, da auch in Bezug auf die Inhalte und die Bedingungen der praktischen Umsetzung Standards eingefordert werden. Diese Vorgehensweise entspricht zum Teil dem, was Ravitch bereits in den 1990er Jahren in Bezug auf Standards für das Bildungswesen festgestellt hat:

Demnach gibt es die *Inhaltsstandards* (bzw. Curriculumstandards), die festlegen, was Lehrpersonen lehren und was Schüler lernen sollen.

» They provide clear, specific descriptions of the skills and knowledge that should be taught to students (Ravitch 1995, S. 12).

Es geht kurz gesagt um die Festlegung der Lehrinhalte und die Bestimmung der Lernziele im engeren Sinne – so wie es u. a. bereits Klauer (1974) und Schott (1975) beschrieben haben.

Eng damit verbunden war und ist die Festlegung von *Leistungs-* bzw. *Performanzstandards*, die das angestrebte Leistungsniveau bestimmen. Laut Ravitch (1995) ist dabei die Beantwortung der Frage von Bedeutung:

» "How good is good enough?" Performance standards describe what kind of performance represents inadequate, acceptable, or outstanding accomplishment (Ravitch 1995, S. 12 f.).

Bezug nehmend auf unsere Ausführungen zur Zielproblematik von Bildungsstandards in ► Abschn. 1.2 kann noch einmal festgehalten werden, dass die Festsetzung von Leistungsniveaus der Definition eines Satisfizierungsziels entspricht. Grundlage ist die Vorstellung eines wünschenswerten Niveaus der Erfüllung einer Zielvorgabe. Für eine evidenzbasierte Steuerung sind die Leistungsstandards maßgebend, da sie die Kennzahlen liefern, die für die outputorientierte Regulierung des Bildungssystems erforderlich sind. Daran entzündet sich vielfach die Kritik an den Bildungsstandards, indem der Einwand erhoben wird, dass eine wirkungsbegründete Steuerung pädagogisch völlig unzureichend sei, da eine alleinige Kontrolle von Wirkungen es den Schulen und Lehrkräften überließe, die Ergebnisse wie auch immer zu erreichen (vgl. Herzog 2005). Die Implementation von Standards ist in der Tat primär ein bildungspolitisches Anliegen, um ein Instrument für die evidenzbasierte Steuerung des Bildungswesens zu erreichen (Halbheer und Reusser 2008), was aber nicht ausschließt, dass in den konkreten Vorgaben durchaus auch Komponenten der Input- und Prozesssteuerung einfließen, gerade so wie es im oben genannten Lehrplannavigators zu erkennen ist.

Die Inklusion von Input und Prozess kennzeichnet nach Ravitch (1995) die dritte Kategorie von Standards, die er als „Opportunity-to-Learn Standards" bezeichnet. Sie beziehen sich auf die Verfügbarkeit von Lehrpersonal, Programmen, Materialien und anderen Ressourcen, die es überhaupt erst möglich machen, dass Schüler in die Lage versetzt werden, die vorgegebenen Inhalts- und Leistungsstandards erfüllen zu können. Dementsprechend rücken Inputgrößen wie das Verfügen über finanzielle und materielle Ressourcen, sozioökonomische Faktoren sowie Umgebungs- und Prozessmerkmale (z. B. Schul- und Klassenklima, Qualität des Unterrichts) in den Vordergrund.

Vieles von dem, was angesprochen wird, wird seit langem unter dem Stichwort „gute Schulen" thematisiert (vgl. Aurin 1991; Fend 2000), was uns zu der Frage führt, wie eine outputorientierte Regulierung auf die entscheidende Handlungsebene, nämlich die der Einzelschule und des Unterrichts, heruntergebrochen werden kann. Um diese Problematik in den Kontext der Funktionsweise von Bildungssystemen einzuordnen, kann auf ein Modell zurückgegriffen werden, das Halbheer und Reusser (2008) beschrieben haben (◘ Abb. 5.4).

Das Modell verdeutlicht, dass eine outputorientierte Steuerung alleine nicht ausreicht, um ein Bildungssystem erfolgreich zu regulieren. Die Effektivität und Effizienz des Schulwesens hängt wesentlich von Inputfaktoren und einer angemessenen Prozesssteuerung ab. Lässt man dies unbeachtet, kann eine evidenzbasierte Steuerung auf der Ebene von Einzelschulen leicht in Konflikt mit historisch gewachsenen Entscheidungsbefugnissen geraten (vgl. Brüsemeister 2004). Dementsprechend weisen auch Halbheer und Reusser (2008) darauf hin, dass eine administrative Einführung von Standards nicht automatisch zu den angestrebten Wirkungen führt, da die davon betroffenen Personen an der pädagogischen Basis auf sehr unterschiedliche Weise auf

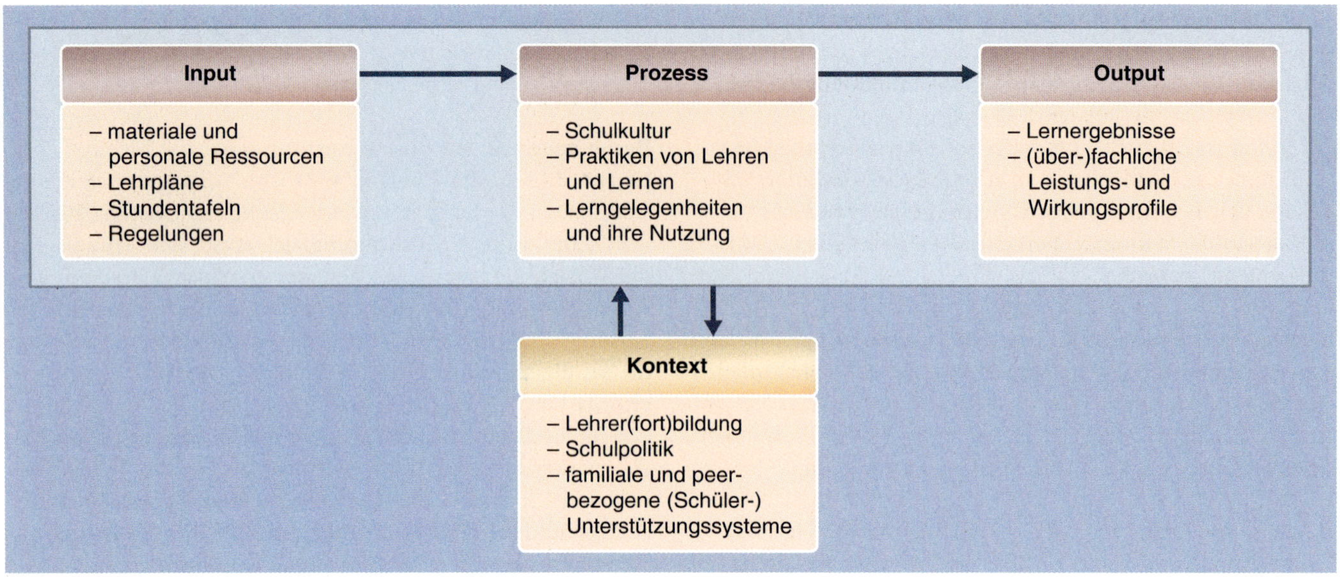

Abb. 5.4 Ein einfaches Modell der Funktionsweise von Bildungssystemen (Halbheer und Reusser 2008, S. 255)

„Innovationen" reagieren können. Da kann das Spektrum von vorbehaltloser Unterstützung über die passive Hinnahme bis zur aktiven Ablehnung reichen.

Bei ihrer Einschätzung beziehen sich Halbheer und Reusser u. a. auch auf Tyack und Tobin, die zur Durchsetzbarkeit von Neuerungen lakonisch feststellen:

» Reformers believe that their innovations will change schools, but it is important to recognize that schools change reforms (Tyack und Tobin 1994, S. 478).

Anders ausgedrückt: Jede von oben verordnete Innovation kann sich höchst unwirksam erweisen, wenn ihre Konkretisierung in der Praxis nicht kontrolliert wird.

▪ Standards für die Schul- und Unterrichtsentwicklung

Um zu sichern, dass die von der Kultusministerkonferenz beschlossenen Bildungsstandards als Mittel der evidenzbasierten Steuerung auf der Ebene der Einzelschulen umgesetzt werden, verpflichten bzw. motivieren mittlerweile fast alle Bundesländer die Schulen dazu, ein eigenes Schul- und Unterrichtsprofil zu entwickeln und in einem *Schulprogramm* als Zielvereinbarung festzuschreiben. Schulprogramme werden nicht nur als ein zweckmäßiges Instrument der evidenzbasierten Steuerung auf der Ebene der Einzelschule betrachtet, sondern auch als eine Informationsquelle, um z. B. Eltern bei der Schulwahl über das besondere Profil und die Leistungsfähigkeit einer Schule im Vergleich zu anderen in Kenntnis zu setzen (vgl. vbw 2010).

Ein Schulprogramm ist ein Dokument, in dem eine Schule ihr pädagogisches Leitbild und Profil konkretisiert und ihre mittelfristigen Ziele und Schwerpunkte ihrer Entwicklung skizziert. Das Schulprogramm soll damit als Orientierungshilfe für die Schul- und Unterrichtsentwicklung dienen. Auf seiner Grundlage erfolgt aber auch die Rechenschaftslegung nach innen und nach außen. Somit erfüllt das Schulprogramm eine doppelte Funktion: Zum einen ist es ein Instrument für die Schulentwicklung, zum anderen ist es ein evidenzbasiertes Instrument der Steuerung. Als Instrument der Schulentwicklung soll das Schulprogramm der einzelnen Schule einen empirisch fundierten Einblick in den eigenen Entwicklungsstand gewährleisten, indem Stärken und Schwächen dokumentiert werden; zugleich wird dadurch eine Grundlage für die Entwicklung einer transparenten Zielstruktur wie auch für Zielvereinbarungen geschaffen (Holtappels 2004; Philip und Rolff 2006). Als Instrument der evidenzbasierten Steuerung dienen Schulprogramme der Rechenschaftslegung und somit der kontinuierlichen Überwachung und Kontrolle.

Wie wichtig der Staat das Schulprogramm als Instrument der evidenzbasierten Steuerung nimmt, kann am Beispiel der Ausführungsvorschriften verdeutlicht werden, die der *Berliner Senat* zur Erstellung von Schulprogrammen und zur internen Evaluation erlassen hat. In der Fassung vom 9. August 2011 wird im Hinblick auf die Grundsätze und Ziele von Schulprogrammen Folgendes ausgeführt (▶ http://www.berlin.de/imperia/md/content/sen-bildung/rechtsvorschriften/):

» 1. Das Schulprogramm ist das zentrale Konzept jeder Schule zur Qualitätsentwicklung. Im Schulprogramm werden die schulspezifischen Grundsätze festgelegt und die Entwicklungsziele einschließlich der entsprechenden Planungsschritte beschrieben.
2. Das Schulprogramm soll in Konkretisierung von § 8 Abs. 2 des Schulgesetzes insbesondere Aussagen zu folgenden Punkten enthalten:
   a. schulspezifische Rahmenbedingungen,
   b. Bestandsanalyse der Qualität der schulischen, insbesondere der unterrichtlichen Prozesse,
   c. pädagogische Leitideen der Schule/Leitbild,
   d. Ziele der Entwicklungsvorhaben in den Bereichen Unterrichtsentwicklung, Organisationsentwicklung, Personalentwicklung, Erziehung und Schulleben,
   e. Zeit- und Maßnahmeplanung für die Realisierung der Entwicklungsvorhaben,

f. pädagogische und organisatorische Schwerpunktsetzungen,
g. Gegenstände, Ziele, Kriterien, Qualitätsindikatoren und Verfahren der internen Evaluation.

Im Anhang der Ausführungsvorschriften wird detailliert dargelegt, wie die genannten Grundsätze und Ziele umzusetzen sind. So wird beispielsweise zur Bestandsanalyse der Qualität darauf hingewiesen, dass u. a. eine Erhebung und Analyse der vorhandenen schulischen Daten zu den erzielten Ergebnissen der Schülerinnen und Schüler (z. B. Lernausgangslage, Ergebnisse von Klassenarbeiten, Vergleichsarbeiten und schulübergreifende Leistungsvergleiche, Prüfungsergebnisse, erreichte Abschlüsse in den letzten Jahren, Wiederholerquoten, Verbleib der Absolventen und Abgänger) zu erfolgen hat. Dies wird dann bei den Anforderungen an die interne Evaluation wieder aufgegriffen, indem auf die Erfordernis der Darstellung und Auswertung der Ergebnisse von Prüfungen, schul- und schulartübergreifenden Leistungsvergleichen, Schulleistungstests, Orientierungs- und Parallelarbeiten, Lernausgangslagenuntersuchungen u. Ä. hingewiesen wird.

Mit Blick auf die nationalen Bildungsstandards wird damit allgemein die Bedeutung von schul- und schulartübergreifenden Leistungsvergleichen hingewiesen. Um auch hier eine Standardisierung zu erreichen, wurde im Jahre 2004 das Projekt VERA (VERgleichsArbeiten) gestartet. Seit 2007/08 beteiligen sich alle Bundesländer an diesen Lernstandserhebungen, in denen für die Jahrgangsstufen 3 und 6 bundesweit der Leistungsstand in den Fächern Deutsch und Mathematik bzw. Englisch und Französisch (in der Jahrgangsstufe 8) festgestellt werden soll. Ziel von VERA ist die Schul- und Unterrichtsentwicklung mit einem ausdrücklichen Bezug zu den von der KMK verabschiedeten Bildungsstandards, in denen die Erwartungen an die Leistungen der Schülerinnen und Schüler zum Übergang in die Sekundarschule bzw. zum Schulabschluss festgelegt sind. Mit den VERA-Tests können die Bildungsstandards bis auf den Unterricht heruntergebrochen werden, so dass ein engmaschiges Instrumentarium für die evidenzbasierte Steuerung resultiert.

Der offenkundigen Begeisterung der Bildungsverwaltung für Vergleichsarbeiten steht jedoch die Skepsis der pädagogischen Fachkräfte in der Praxis entgegen. Verschiedene Untersuchungen zur Nutzung von Vergleichsarbeiten zeigen, dass Lehrpersonen deren diagnostischen Wert als sehr gering beurteilen (Diemer und Kuper 2011; Maier 2009). Auch die Wirkung auf eine Verbesserung der Unterrichtsqualität oder für die Förderung einzelner Schüler wird als gering eingeschätzt.

Mit diesen Aspekten der Unterrichts- und Schulentwicklung beschäftigen wir uns später noch ausführlich. Hier können wir mit Blick auf das Thema der evidenzbasierten Steuerung des Bildungswesens zusammenfassend festhalten, dass die staatliche Bildungsverwaltung im Auftrag der Politik mittlerweile ein engmaschiges Netz der outputorientierten Regulierung der schulischen Bildung gesponnen hat, das von der Festlegung nationaler Bildungsstandards bis zur Qualitätskontrolle des Unterrichts an Einzelschulen reicht.

Anna: „Mein Onkel meinte kürzlich bei einer Diskussion mit mir, die Bildungspolitik sei die ständige Wiederkehr derselben Probleme und derselben Politiker. Die labern doch noch immer an den gleichen Problemen rum wie in der frühen Neuzeit der Bildungsdebatten."[2]

Jakob: „Klar, das sieht man daran, dass immer wieder mal ein Bildungsnotstand ausgerufen wird, was begleitet wird von einem Lamento über veraltete Lehrpläne, pädagogische Konzepte aus der Mottenkiste und nicht zu vergessen die armen überforderten Lehrer."

Anna: „Prompt schreit Ministerin A nach mehr Steuerung des Bildungswesens, neuen Lehrinhalten, offenem Unterricht und wer weiß was noch."

Jakob: „Und sie wird sofort überboten von der Opposition, die strukturelle Veränderungen fordert, um aus der Bildungsmisere herauszukommen."

Anna: „Politiker, Psychologen, Lernforscher, Kulturtheoretiker, manche Philosophen und neuerdings auch Hirnforscher überschlagen sich geradezu mit immer neuen Vorschlägen. Kaum ist die eine Reform losgetreten, folgt schon die nächste."

Jakob: „Ja, da wird zum Beispiel mit viel Brimborium das G8 eingeführt und jetzt sind die meisten Bundesländer dabei, wieder zu G9 zurückzukehren."

2 Der folgende Dialog lehnt sich an einen Beitrag „Deutschlands Lehrer sind am Limit" von Christine Eichel in *Cicero – Magazin für politische Kultur* vom 3. April 2014 an (Eichel 2014).

Anna: „Da kannst du dich als Lehrer halt nur wundern. Gefragt wirst du ohnehin nicht, sondern als reformunwillig und lethargisch dargestellt."

Jakob: „Na ja, manchmal kann man ja schon den Eindruck gewinnen, dass es den Lehrern etwas an Tatkraft und Energie mangelt und dass man sie von außen antreiben muss, um etwas zu verändern."

Anna: „Ist das nicht ein allgemeines Vorurteil? Worauf stützt man sich denn dabei?"

Jakob: „Wo du recht hast, hast du recht. Ich gebe mich geschlagen."

Aufgaben zum Festigen des neuen Wissens

1. Was unterscheidet die Kameralistik von der Doppik?
2. Wie stehen Kameralistik und Doppik in Beziehung zu Input- und Outputsteuerung?
3. Worin besteht der Paradigmenwechsel in der Steuerung des Bildungssystems, der in den letzten Jahren stattgefunden hat?
4. Was sind Bildungsstandards? Welche Funktion sollen sie erfüllen und welche erfüllen sie? Was ist „neu" an den Bildungsstandards? Vergleichen Sie sie mit den früheren Lehrplänen.
5. Was ist eine evidenzbasierte Steuerung?
6. Was ist bedeutet Education Governance?

Aufgaben zum Weiterdenken

1. Welche Vor- und Nachteile hat die Outputsteuerung des Bildungswesens?
2. Welche Konsequenzen hat der Paradigmenwechsel im Bildungswesen für die einzelnen Schulen? Wie können sie damit konkret umgehen?

Weiterführende Literatur

- Altrichter, H., & Maag Merki, K. (Hrsg.) (2010). *Handbuch Neue Steuerung im Schulsystem.* Wiesbaden: VS Verlag für Sozialwissenschaften.
- Bellers, J. (2001). *Bildungspolitik. Strategien, Verwaltung, Recht und Ökonomie.* Münster: LIT.
- Friedeburg, L. von (1989). *Bildungsreform in Deutschland. Geschichte und gesellschaftlicher Widerspruch.* Frankfurt am Main: Suhrkamp.

5.2 Bildungsökonomie

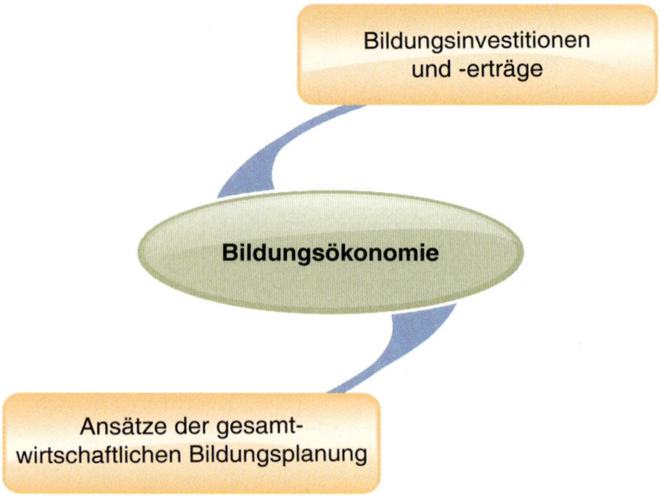

Aufgabe als Denkanstoß

Überlegen Sie kurz, welche Rolle zur Verfügung stehende finanzielle Mittel für den Erfolg von Bildungsinstitutionen, individuelle Lernerfolge und die Gesamtgesellschaft spielen. Heißt mehr Geld für alles auch gleich mehr Qualität?

Die Bildungsökonomie ist eine Teildisziplin der Wirtschaftswissenschaft, die Mitte der 1950er Jahre entstand und sich seitdem mit makro- und mikroökonomischen Aspekten des Bildungswesens befasst (vgl. Bartling und Luzius 2004). Dabei kreist das Denken um Kosten und Erträge von Bildung: Man untersucht das Verhältnis von Investitionen in die Bildung und ihren Erträgen (Woodhall 1987). Bildungsökonomische Fragen werden seit Jahrzehnten auch von der Erziehungswissenschaft untersucht (Recum und Weiß 2000), wobei sich in den letzten Jahren das Augenmerk zunehmend auf internationale Vergleiche gerichtet hat (z. B. Schümer und Weiß 2008).

Unabhängig davon, ob die Bildungsökonomie nun der Wirtschafts- oder der Erziehungswissenschaft zugeordnet wird, befasst sie sich in erster Linie mit den Zusammenhängen zwischen Bildungsinvestitionen und -renditen, wobei von komplexen Wechselwirkungen zwischen einer Erweiterung des Humankapitals durch Bildung und dem Wirtschaftswachstum ausgegangen wird.

Untersuchungsgegenstand sind ferner die Wechselwirkungen zwischen Bildungs- und Beschäftigungssystem und die Effizienzsteigerung der investierten Mittel. Bei alledem sollen die Untersuchungsergebnisse der Bildungsökonomie wichtige Orientierungen für die staatliche Bildungsplanung liefern. Dementsprechend wird der Bildungsökonomie eine hohe Politikrelevanz zugeschrieben.

» Bund und Länder betrachten die Schaffung bzw. den Ausbau eines leistungsfähigen Bildungssystems als Schlüsselaufgabe für die Sicherung der Zukunft unseres Landes. Bildung beeinflusst nicht nur in einem wesentlichen Maße die Chancen des Individuums im Arbeits- und Privatbereich, sondern auch die Entwicklungschancen und die Wettbewerbsfähigkeit der nationalen Volkswirtschaften in einer globalisierten und wissensbasierten Weltwirtschaft. Für das Wachstum der Volkswirtschaften sind die Humanressourcen und die durch Forschung und Entwicklung gewonnenen Erkenntnisse zunehmend wichtiger als Sachressourcen (Statistisches Bundesamt 2012, S. 16).

5.2.1 Bildungsinvestitionen und -erträge

Investitionen in die Bildung werden heutzutage nicht mehr wie früher als ein notwendiges Übel betrachtet, sondern als eine Grundvoraussetzung für den Erhalt und die Weiterentwicklung des erreichten Wohlstandes einer Gesellschaft. Das Bildungswesen ist nicht länger in der „Rolle eines ressourcenverbrauchenden Kostgängers des Staates" gefangen, sondern kann auf seine Rolle als humankapitalschaffende Institution verweisen (Recum und Weiß 2000). Mit dem Begriff der Bildungsinvestitionen ist die *Bereitstellung personeller und finanzieller Ressourcen* gemeint, deren Höhe, Verteilung und Verwendung im Einflussbereich der Handlungsträger des Bildungssystems liegen (Bruneforth und Lassnigg 2012).

5.2.1.1 Bildungsinvestitionen laut amtlicher Statistik

Über die Höhe der monetären Bildungsinvestitionen unterrichten in Deutschland, Österreich und der Schweiz die zuständigen Bundesämter für Statistik. In Deutschland ist der *Bildungsfinanzbericht* Teil der Bildungsberichterstattung, die kontinuierlich datengestützte Informationen über Rahmenbedingungen, Inputfaktoren, Verläufe, Ergebnisse und Wirkungen von Bildungsprozessen bereitstellt. Der Bildungsfinanzbericht 2012 des Statistischen Bundesamtes beispielsweise verlautbart, dass in Deutschland im Jahr 2009 insgesamt 224,8 Milliarden Euro für Bildung, Forschung und Wissenschaft aufgewandt wurden. 2010 war das Bildungsbudget um 4,7 % im Vergleich zum Vorjahr gestiegen. Von den Aufwendungen entfielen mehr als drei Viertel auf formale Bildungseinrichtungen (Kindergärten, Schulen, Berufsbildung, Hochschulen); für nonformale Angebote wie die betriebliche Weiterbildung, die Lehrerfortbildung und die sonstige Weiterbildung sowie für Horte, Krippen, Jugendarbeit und dergleichen wurden 19,7 Milliarden Euro ausgegeben. Mehr als die Hälfte der Bildungsausgaben von Bund, Ländern und Gemeinden entfiel auf die staatlichen Schulen.

Der gesamte Schul- und Hochschulbereich ist in Deutschland durch ein öffentlich finanziertes Bildungsangebot geprägt: Rund vier Fünftel des Bildungsbudgets werden durch den Staat finanziert. Pro Einwohner beliefen sich die öffentlichen Bildungsausgaben im Jahr 2009 auf 1221 Euro. Davon entfielen lediglich 6,2 % auf den Bund, aber 72 % auf die Länder und 21,8 % auf die Gemeinden. Im Vergleich zu 1995 gaben Bund, Länder und Gemeinden für die Bildung 2010 rund 30 % mehr je Einwohner aus (vgl. auch Statistisches Bundesamt 2013).

Die Ausgaben, die in Österreich für Bildungseinrichtungen aufgewendet werden, gehören zu den höchsten in Europa (Statistik Austria 2013). Laut Nationalem Bildungsbericht 2012 werden in Österreich jährlich über alle Bildungsbereiche hinweg durchschnittlich 9000 Euro pro Schüler bzw. Studierenden ausgegeben. Nur in Dänemark ist der Gesamtschnitt aufgrund der hohen Ausgaben im tertiären Bereich noch höher. Die staatliche Finanzierung des Bildungswesens macht nach der nationalen Berechnung der Bildungsausgaben 5,7 % des Bruttoinlandprodukts und fast 11 % der Staatsausgaben aus.

Laut Angaben des Statistischen Bundesamts (2012) investierte die öffentliche Hand in der *Schweiz* fast 30 Milliarden Franken für Bildungszwecke, was 5,2 % des Bruttoinlandprodukts (BIP) darstellt. Im internationalen Vergleich liegen die Bildungsausgaben der Schweiz 2009 im Verhältnis zum BIP leicht unter dem OECD-Durchschnitt. Deutlich über dem Durchschnitt schneidet die Schweiz ab, wenn man die Ausgaben pro lernende Person betrachtet, was wie in Österreich darauf zurückzuführen ist, dass für vergleichsweise weniger Schüler vergleichsweise mehr Bildungsausgaben getätigt werden.

Um sich ein Bild von den monetären Bildungsinvestitionen in verschiedenen Ländern zu machen, liegt es nahe, den jeweiligen Anteil am Bruttoinlandsprodukt ins Auge zu fassen. Für das Jahr 2008 hat die OECD die öffentlichen Ausgaben für Bildung in ausgewählten europäischen Staaten verglichen (◘ Abb. 5.5).

Betrachtet man die von den einzelnen Staaten erbrachten Ausgaben für die Bildung und Wissenschaft in Relation zum Bruttoinlandsprodukt (BIP), so fällt auf, dass Deutschland mit 4,55 % deutlich unter dem EU-Durchschnitt liegt, während Österreich und die Schweiz ebenso deutlich über dem Durchschnitt liegen. Bemerkenswert ist bei der Statistik, dass Luxemburg als das europäische Land mit dem höchsten BIP und einer überdurchschnittlich hohen Kaufkraft hinsichtlich der Aufwendungen für Bildungsausgaben gemeinsam mit Liechtenstein das Schlusslicht bildet.

Im Kontext der öffentlichen Diskussionen über die PISA-Ergebnisse wurde das schlechte Abschneiden der deutschen Schülerinnen und Schüler auch auf den geringen Anteil der Bildungsausgaben am BIP zurückgeführt, was aber unsinnig ist, da Österreich bei einem wesentlich höheren Aufwand an Bildungsausgaben bei PISA ja auch nicht gerade große Erfolge erzielte. Die Diskussion über das Verhältnis von Bildungsausgaben und Bildungserfolg führt also insgesamt nicht sehr weit, da die Höhe der aufgewendeten Mittel keinerlei Auskunft über die Qualität der erbrachten Leistungen gibt.

> » Es ist jedenfalls nicht davon auszugehen, dass eine Steigerung der Bildungsausgaben automatisch zu besseren Ergebnissen führt. Die Bewertung der Effektivität und Effizienz des Bildungswesens kann nur durch einen Vergleich der eingesetzten Ressourcen mit den erbrachten Leistungen unter Bezugnahme auf festgelegte Ziele erfolgen (Vogtenhuber et al. 2012, S. 26).

Dies wirft die Frage nach den Bildungsrenditen auf.

5.2.1.2 Bildungserträge

Komplementär zu der Untersuchung von Bildungsinvestitionen befasst sich eine Hauptrichtung der Bildungsökonomie mit den Effekten von Bildung auf individuelle und gesamtwirtschaftliche

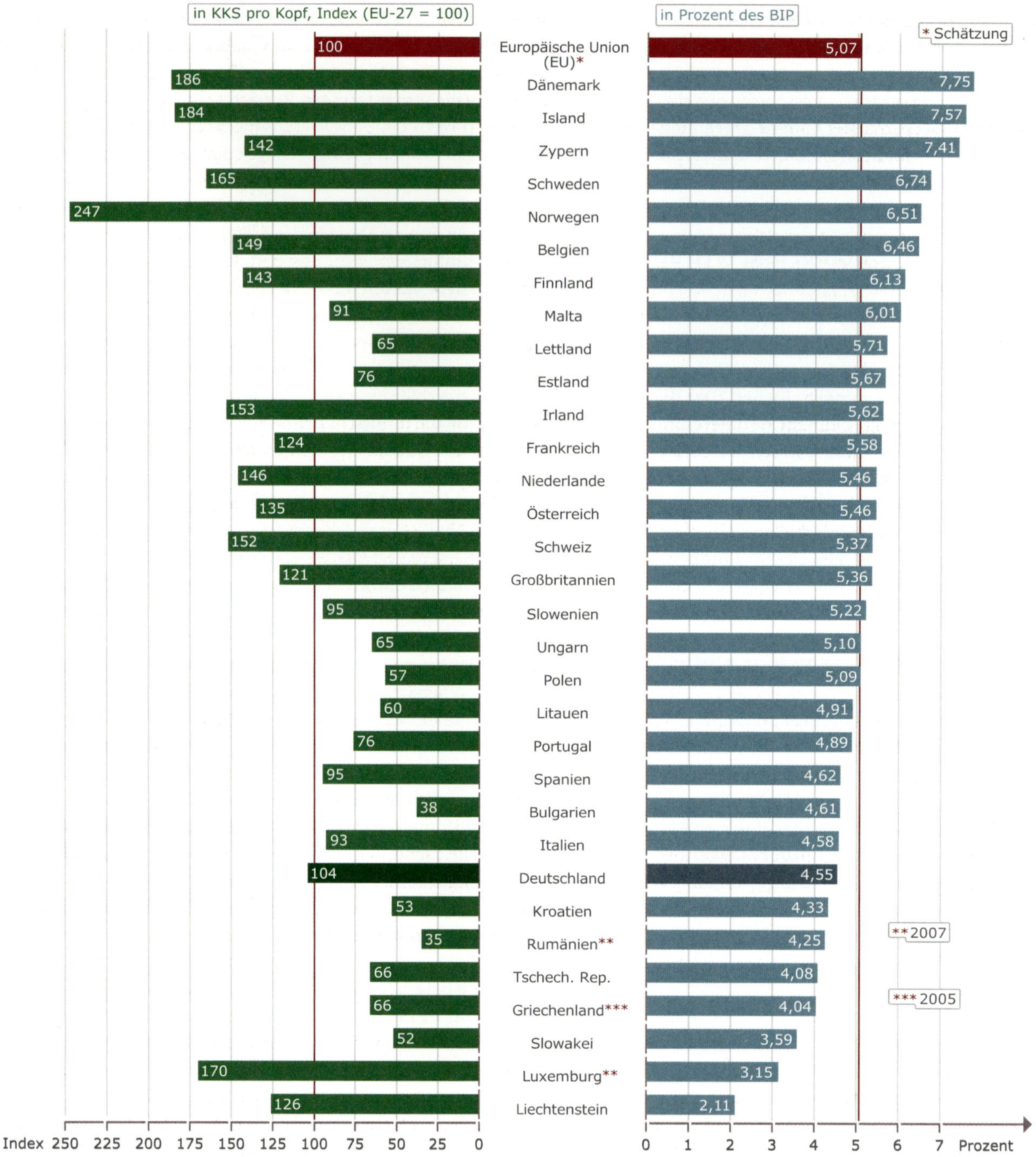

Abb. 5.5 Bildungsausgaben in ausgewählten europäischen Staaten (OECD) (© Bundeszentrale für politische Bildung, www.bpb.de, Creative Commons by-nc-nd/3.0)

Erträge. Dabei werden sogenannte *Bildungsrenditen* geschätzt, indem z. B. Kosten und Erträge einer Universitätsausbildung in Relation zueinander gesetzt werden (vgl. Spraul 2006). Gelegentlich wird der Untersuchungsansatz auch erweitert, um Erträge der Bildung auch in anderen Bereichen (z. B. Gesundheit, Lebenszufriedenheit) festzustellen.

Grundsätzlich ist bei den Bildungserträgen zwischen kurzfristigen und langfristigen Wirkungen des Bildungs- und Schulsystems zu unterscheiden, was Bruneforth und Lassnigg (2012) mit den Konzepten Output und Outcome erfassen. Während der *Output*, wie im vorherigen Abschnitt dargelegt, alle unmittelbaren Leistungen und Ergebnisse des Bildungswesens umfasst, werden mit dem Begriff *Outcome* längerfristige Effekte der Leistungen des Bildungssystems für die Schulabgänger und die Gesellschaft als Ganzes angesprochen.

In der Blütezeit der Bildungsökonomie, also in den 1950er und 60er Jahren (vgl. Recum und Weiß 2000), stand der *Humankapitalansatz* im Zentrum der wirtschaftlichen Analysen des Bildungswesens. Dabei wurden Aufwendungen für Bildung als Investition sowohl für die Individuen als auch für die Gesellschaft verstanden (Weiß und Timmermann 2004). Danach wurde es um diesen Ansatz merklich stiller und im Jahre 2004 wurde der

Begriff *Humankapital* von der Deutschen Gesellschaft für Sprache sogar zum Unwort des Jahres gekürt.

Bildung als „Humankapital"

Der Humankapitalansatz betrachtet Bildungsinvestitionen in Entsprechung zu Sachinvestitionen, die auf eine Ertragssteigerung zielen. Man geht davon aus, dass auch Investitionen in Bildung letztlich zu höheren Unternehmenserträgen führen, was sich dann wiederum auf die Einkommen der Arbeitnehmer auswirkt. Demnach „verzinst" sich sowohl das Sachkapital als auch das Bildungskapital gewinnbringend. Aus dieser Sicht wird die Quote der Menschen mit akademischer Bildung zu einem Indikator für die Wahrscheinlichkeit, technische Innovationen erzeugen zu können, die ihrerseits Produktivitätserweiterungen und Unternehmensgewinne mit sich bringen. Das ist aber nicht alleine vom Bildungskapital abhängig, vielmehr resultiert ein Produktivitätsfortschritt durch das Zusammenwirken von Sachkapital und Bildung. Ob eine Steigerung und Erweiterung der Produktivität nun auf das Sach- oder das Bildungskapital zurückzuführen ist, lässt sich meistens nicht auseinanderhalten. Was aber häufig zu beobachten ist, ist die Tatsache, dass eine Erhöhung der Sachinvestitionen zu Lasten der Lohnkosten erfolgt, was dann wiederum dazu führt, dass nur noch geringer qualifizierte Mitarbeiter eingestellt werden können. Über die Lohnsenkungen erfolgt somit mittelbar auch eine Senkung der Bildungsausgaben.

Der Humankapitalansatz bezieht sich also auf die volkswirtschaftliche Funktion von Bildung und betrachtet das gesamte Bildungswesen als Faktor des wirtschaftlichen Wachstums. Dabei sind aber auch Konsequenzen enthalten, die sich auf die Ebene der einzelnen Bildungseinrichtungen (z. B. Schule oder Hochschule) beziehen und unter einer stärker betriebswirtschaftlichen Sichtweise auf eine ökonomische Effizienzsteigerung abzielen. Dementsprechend werden *Schülerleistungen* als besonders wichtiges Merkmal des Humankapitals deklariert und als regelrechter Wachstumstreiber proklamiert (z. B. Hanushek und Kimko 2000). Von hier zum Bildungsproduktionsmodell ist es dann nur noch ein kleiner Schritt.

Das Modell der Bildungsproduktion

Die Produktion von Bildung wird als Voraussetzung für den individuellen Erfolg auf dem Arbeitsmarkt und in anderen gesellschaftlichen Feldern betrachtet und über die Schätzung von Bildungsrenditen operationalisiert. Derzeitige bildungsökonomische Untersuchungen beziehen sich u. a. auf (internationale) Ländervergleiche von Bildungsinstitutionen und deren Erfolg in der Bildungsproduktion. Dabei wird üblicherweise ein *Modell der Bildungsproduktion* zugrunde gelegt, das auf der Basis von Regressionsanalysen zu einer Schätzung der Bildungsrenditen gelangen will. Ausgegangen wird dabei von einer Regressionsgleichung mit mehreren Prädiktoren (vgl. Schümer und Weiß 2008):

$$Q = \beta_1 F' + \beta_2 R' + \beta_3 I' + \varepsilon,$$

mit Q als *Qualitäts-* oder *Qualifikationsindikator* (z. B. Schulleistungen), F' als Vektor von Merkmalen des familiären Hintergrunds, R' als Vektor von Merkmalen der schulischen Ressourcen, I' als Vektor von institutionellen Merkmalen der Bildungssysteme und ε als Fehlerterm. Die Parametervektoren β_1 bis β_3, die die Stärke des Zusammenhangs zwischen dem Qualitätsindikator (Kriterium) und den jeweiligen Einflussfaktoren (Prädiktoren) widerspiegeln, werden in einer multivariaten Regressionsanalyse geschätzt.

Das Modell der Bildungsproduktion setzt einen direkten Wirkungszusammenhang zwischen den Einflussfaktoren und dem Kriterium, also der Qualifikation, voraus, d. h., Ressourcen und institutionelle Kontextbedingungen beeinflussen in diesem Sinne unmittelbar die Schulleistungen als Qualifikationsindikator.

Das Modell der Bildungsproduktionsfunktion wird dabei nicht nur verwendet, um die Leistungswirksamkeit von Institutionen und ihren Ressourcen zu untersuchen, sondern ist auch Ausgangspunkt der Bearbeitung von bildungspolitisch brisanten Themen wie der Frage nach der Verwirklichung von Chancengleichheit im Bildungswesen (Böttcher 2007). Breite Anwendung fand das Modell in Anschlussuntersuchungen an PISA, wobei der Fokus auf die Qualität der Schulbildung gelegt wurde (vgl. Schümer und Weiß 2008). Dabei geht es vornehmlich um die Prüfung der internen Effizienz des Bildungssystems. Eine wichtige Frage ist, ob die Bereitstellung zusätzlicher finanzieller Ressourcen mit besseren Schülerleistungen einhergeht. Laut Dohmen (2003) deuten die Ergebnisse empirischer Studien darauf hin, dass diesbezüglich eher ein schwacher Zusammenhang vorliegt. Deutlich stärkere Effekte erzielten demgegenüber strukturelle Rahmenbedingungen und die Übernahme von Prozess- und Personalverantwortung auf schulischer Ebene.

Als Ergebnis ihres Forschungsüberblicks über Beiträge internationaler Vergleichsstudien zum Bildungsproduktionsmodell konstatieren Schümer und Weiß (2008) erstens, dass diese Studien von falschen Voraussetzungen ausgehen und ihre Ergebnisse zu Unrecht verallgemeinern, und zweitens, dass die Befunde zur Wirksamkeit schulischer Ressourcen wenig ergiebig sind. Diese Feststellung stimmt mit den Beobachtungen aus anderen Studien überein, die allesamt die Gültigkeit der Bildungsproduktionsfunktion bezweifeln lassen.

Die aus diesen Studien resultierenden kritischen Punkte hat Weiß (1995) zusammengefasst, wobei er sich vor allem auf eine von Hanushek (1997) durchgeführte Metaanalyse von nahezu 400 Einzelstudien bezieht. Dabei zeigte sich weder eine starke noch konsistente Beziehung zwischen schulischen Leistungen und der Bereitstellung schulischer Ressourcen, zumindest nicht, wenn der familiäre Hintergrund mitberücksichtigt wurde. Insgesamt gelangt Hanushek deshalb zu der ernüchternden Feststellung:

> » With over three decades of analysis, new studies have reinforced earlier conclusions: Today's schools exhibit continuing inefficiency in their operations as there is no strong or consistent relationship between variations in school resources and student performance (Hanushek 1997, S. 141).

Generell zeichnet sich die Forschung zur Bildungsproduktion durch einen hohen Anteil nichtsignifikanter Zusammenhänge und inkonsistenter Effekte aus. Verlässliche Aussagen über die Wirksamkeit von Ressourcen sind daher nicht möglich, was Gundlach und Wößmann (2001) zu der Feststellung verleitete, dass die Bereitstellung von mehr Ressourcen nicht notwendigerweise eine Steigerung der Qualität des Bildungssystems bewirkt.

Betrachtet man den Stand der Forschung zum Modell der Bildungsproduktion, ist man geneigt, seine Validität anzuzweifeln. Andererseits liegen vereinzelt auch Studien vor, die seine Brauchbarkeit bestätigen. So hat z. B. Seyda (2009) auf der Basis des Sozioökonomischen Panels (SOEP) eine Bildungsproduktionsfunktion für den späteren Bildungserfolg eines längeren Kindergartenbesuchs geschätzt und gezeigt, dass eine längere Besuchsdauer die Wahrscheinlichkeit erhöht, eine höher qualifizierende weiterführende Schule zu besuchen. Dieser Studie ähnlich stellt eine bildungsökonomische Analyse des *Instituts der deutschen Wirtschaft* die Bildungserträge einer frühkindlichen Förderung in den Mittelpunkt (Anger et al. 2007). Auf diese Analyse wollen wir etwas ausführlicher eingehen, weil sie gut geeignet ist, die bildungsökonomische Betrachtungs- und Argumentationsweise zu illustrieren.

Anger et al. (2007) gehen von einer Modellrechnung mit folgendem Wirkungszusammenhang aus: Durch die frühkindliche Förderung können die Kompetenzen junger Menschen in Mathematik, Naturwissenschaften und Textverständnis verbessert werden. Dadurch können künftige Jahrgänge höhere Bildungsabschlüsse erreichen. Der Hintergrund des Modells wird durch eine PISA-Studie gestiftet, derzufolge etwa 17 % der Jugendlichen nur ein Jahr oder weniger den Kindergarten besuchen. Eine Auswertung der PISA-Daten durch das Institut der deutschen Wirtschafte habe gezeigt, dass ein längerer Kindergartenbesuch zu einer Verbesserung der Mathematikergebnisse beim PISA-Test um 30 Punkte führt. Von hier aus wird geschlussfolgert, dass die höheren Kompetenzen langfristig bewirken, dass durch einen längeren Kindergartenbesuch der Anteil der Schüler ohne Lehrabschluss von 16 auf 14 % sinken und der Anteil der Höherqualifizierten von 31 auf 33 % steigen könnte.
Ganz im Sinne des Humankapitalansatzes gehen Anger et al. davon aus, dass durch die Höherqualifizierung die Ausstattung des Humankapitals steigt, die strukturelle Arbeitslosigkeit abnimmt und dadurch die demografisch bedingte Steigerung der Abgabenlast verringert werden kann.
Zugrunde gelegt wird ein neoklassisches Wachstumsmodell des Sachverständigenrates zur Begutachtung der gesamtwirtschaftlichen Entwicklung (2002), das sieben Wachstumstreiber zur Berechnung des BIP pro Person im erwerbsfähigen Alter unterscheidet und die Möglichkeit bietet, unterschiedliche Szenarien des Wirtschaftswachstums zu berechnen und daraus Politikempfehlungen abzuleiten.
Ein Wachstumstreiber in diesem Modell ist das Humankapital, gemessen als Zahl der durchschnittlichen formalen Bildungsjahre der Bevölkerung.
Hinsichtlich der Kosten einer frühkindlichen Kompetenzförderung ist zu unterscheiden, ob einfach zusätzliches Geld in das bereits bestehende System zu investieren ist oder ob auch zusätzliche qualitative Reformen durchzuführen sind. Dabei gilt die Faustregel, dass Investitionen in den Ausbau einer bestehenden Struktur höher ausfallen als Investitionen in die qualitative Verbesserung der Struktur. Für einen Ausbau der Kindergartenplätze ist laut Anger et al. von Kosten von etwa 1 Milliarde Euro auszugehen, für die Nutzung der Plätze sind weitere 2,6 Milliarden zu veranschlagen. Zwar kann der Staat dabei auch 0,3 Milliarden Euro einsparen, da weniger Kosten für Nachqualifizierungen in Schulen und Berufsschulen anfallen, aber kurzfristig müsste der Staat für den Ausbau der Struktur 3,6 Milliarden aufbringen. Auf der Seite der langfristigen Renditen stehen ohne qualitative Verbesserungen der frühkindlichen Bildung etwa 3 % Zusatzeinnahmen des Staates. Die volkwirtschaftliche Rendite aber läge wesentlich höher, nämlich bei 11 %. Wirtschaftlich betrachtet wäre es also nicht sinnvoll, alleine in den Ausbau der Kindergartenplätze zu investieren, sondern es sollten auch qualitative Reformen durchgeführt werden, damit die zusätzlichen Ausgaben für die frühkindliche Kompetenzförderung eine möglichst hohe Rendite erzielen. Zu solchen Reformen gehören z. B. eine bessere individuelle Förderung und eine Höherqualifizierung der Erzieherinnen und Erzieher, was nach dem Wachstumsmodell bis 2050 mit jährlich 1 Milliarde Euro zu Buche schlägt.
Zu den Reformmaßnahmen im Bereich der Grundschule gehören u. a. die Einführung von Ganztagsschulen, ein Ausbau der Förderinfrastruktur und eine bessere individuelle Förderung. Für die Ganztagsgrundschulen sind Ausgaben in Höhe von 3,3 Milliarden Euro zu veranschlagen. Für Unterstützungssysteme sind weitere 0,5 Milliarden Euro zu investieren. Dazu kommen noch Kosten für die Schulspeisung.
Langfristig kann der Staat mit Einsparungen im Kindergartenbereich in Höhe von 2,9 Milliarden Euro rechnen, wenn die Kinder aufgrund der besseren Förderung ein Jahr eher vom Kindergarten in die Grundschule wechseln. Darüber hinaus bringen die Auflösung bisheriger Schulhorte und die geringeren Kosten für Wiederholer und Schulabbrecher Einsparungen in Höhe von zunächst 0,8 Milliarden Euro und später 2,6 Milliarden Euro. Ausdrücklich wird bei der Kostenkalkulation darauf verwiesen, dass das Konzept der frühkindlichen Förderung auch Kindern mit Migrationshintergrund oder aus bildungsfernem Elternhaus zugutekomme. Überträgt man die dadurch möglichen Kompetenzzuwächse dieser Jugendlichen auf die Bildungsabschlüsse eines Jahrgangs, so könnte der Anteil der Personen ohne abgeschlossene Berufsausbildung um 6 Prozentpunkte auf 10 % gesenkt und der Anteil der Hochqualifizierten um gut 6 Prozentpunkte auf 37 bis 38 % erhöht werden. Diese Höherqualifizierung kann die Wachstumsrate langfristig um 0,1 Prozentpunkte steigern, und die Einnahmen des Staates steigen deutlich an.
Werden diese Investitionen von Seiten des Staates vorgenommen, so steht den Gesamtkosten von mehr als 8 Milliarden Euro eine Rendite in Höhe von rund 8 % für den Staat und aus Sicht der Volkswirtschaft sogar eine Rendite von rund 13 % gegenüber. Die notwendigen Finanzmittel für diese Investitionen könnten aus der demografischen Rendite des Bildungssystems aufgebracht werden, was laut Anger et al. sinnvoll wäre, da die fiskalische Rendite des Staates in Höhe von 8 % größer als die reale Rendite von Staatsanleihen ist. Eingebettet in eine Gesamtstrategie der frühkindlichen Förderung erzeugen Investitionen auch für den Staat die notwendige Renditekraft.

Wir haben die Argumentation des Instituts der deutschen Wirtschaft aus Platzgründen zwar stark gekürzt, aber hoffen, dem Leser verdeutlichen zu können, wie die Ökonomie an die Problematik von Bildungsinvestitionen und -erträgen herangeht. Das wirtschaftliche Hauptargument für den Ausbau der frühkindlichen Bildung und von Ganztagsschulen ist, dass sich dadurch das Humankapital der Bevölkerung im erwerbsfähigen Alter kontinuierlich steigern lässt: Die höhere Qualifikation soll bei gegebenen qualifikationsspezifischen Arbeitslosenquoten die Arbeitslosigkeit senken, so dass die Erwerbslosenquote deutlich sinkt.

Während bei Anger et al. eine volkswirtschaftliche Kalkulation von Bildungserträgen im Vordergrund steht, ermittelt der Nationale Bildungsbericht Österreichs 2012 den *individuellen Ertrag* von Bildung, indem die Erwerbstätigkeit und Arbeitslosigkeit im Alter zwischen 25 und 64 Jahren nach Bildungsebenen in Beziehung zu den Bildungsausgaben des Staates gesetzt wird (Vogtenhuber et al. 2012). Bei der Schätzung der reinen Bildungserträge sind Unterschiede im Einkommen einzubeziehen, die von den Qualifikationen (bzw. Bildungsabschlüssen) abhängen, aber auch von Alter, Berufserfahrung und Beschäftigungsquote. Vogtenhuber et al. weisen darauf hin, dass die geschätzten Bildungserträge aufgrund individueller Merkmale wie Motivation, Fähigkeiten und der Situation des Arbeitsmarktes nicht kausal interpretierbar sind.

Seit Mitte der 1990er Jahre hat sich die Bildungsrendite in Österreich relativ konstant entwickelt. Ein zusätzliches Jahr in formaler Bildung ist im Durchschnitt mit rund 7 % höheren Einnahmen im Beruf verbunden, wobei sich ein deutlicher Unterschied zwischen Personen mit und ohne Lehrausbildung abzeichnet. Personen mit Lehrausbildung verdienen im Durchschnitt 15 % mehr. Bei Männern beträgt der durchschnittliche Einkommensvorsprung bei Abschluss einer berufsbildenden mittleren Schule 26 %, einer allgemeinbildenden höheren Schule 30 %, einer berufsbildenden höheren Schule 48 % und einer Hochschule sogar

67 % – alles im Vergleich zum Abschluss einer Pflichtschule. Die Unterschiede zwischen den Berufen innerhalb der Bildungsebenen sind zum Teil erheblich. Überdurchschnittliche Bildungserträge erzielen Personen mit einer Lehrausbildung in Wirtschaft sowie Elektrotechnik, bei Frauen auch in Sekretariat und Büro sowie im Baugewerbe, bei Männern in Maschinenbau und Metallverarbeitung. Unterdurchschnittliche Erträge sind demgegenüber in den Bereichen Ernährung, Textil und Bekleidung, in Land- und Forstwirtschaft, im Gastgewerbe sowie in Friseur- und Schönheitspflege vertreten. Über die verschiedenen Bildungsebenen hinweg kann als Daumenregel abgeleitet werden, dass die Bildungserträge umso höher ausfallen, je höher der erreichte Bildungsabschluss ist, der wiederum mit höheren Bildungsinvestitionen verbunden ist. So versprechen z. B. Hochschulabschlüsse im Allgemeinen einen erheblichen Einkommenszugewinn, wobei aber wieder nach Fächern differenziert werden muss, insofern Wirtschafts-, Rechts-, Natur- und Ingenieurwissenschaften sowie Humanmedizin im Durchschnitt die höchsten Erträge abwerfen. Eine höhere Bildung wirkt sich nicht nur vorteilhaft auf die individuellen Beschäftigungschancen aus, sondern auch auf die Höhe des Erwerbseinkommens, das auf dem Arbeitsmarkt erzielt werden kann.

Die Autoren des Nationalen Bildungsberichts sind sich bewusst, dass eine Bildungsexpansion die Gefahr der (relativen) Entwertung von Bildungsabschlüssen beinhaltet. Hält die Nachfragestruktur mit der Entwicklung der Angebotsstruktur nicht Schritt (beispielsweise durch wirtschaftliche Stagnation), haben auch formal qualifizierte Personen zunehmend Schwierigkeiten, adäquate berufliche Positionen zu besetzen. Da Chancen und Risiken aber in der Gesellschaft ungleich verteilt sind, kann ein Prozess der Verdrängung Geringqualifizierter beobachtet werden, und es gilt die Regel, dass sich die Chancen auf Beschäftigung und ein höheres Einkommen bei einer höheren Bildungsqualifikation deutlich verbessern.

Jakob: „Als angehender Pädagoge habe ich Schwierigkeiten mit dem ganzen ökonomischen Gerede. Ich verstehe ja, dass sich Ausgaben für die Bildung irgendwie rentieren müssen, aber man kann doch die Pädagogik nicht auf Wirtschaftlichkeit und Profit reduzieren." [3]

Anna: „Das find ich auch, aber was mich noch mehr nervt, ist die ebenso simple wie verquaste Argumentation des obersten Bildungsökonomen der OECD, Andreas Schleicher, wonach Menschen mit Studienabschluss mehr verdienen und kaum arbeitslos sind. Der Staat soll wie ein Investor beim Kauf von Aktien denken: Nur wenn er von jedem Hochschulabsolventen mehr Steuern erwarten kann als er an Steuergeldern in das Studium investiert, lohnt es sich, in eine bessere Bildung zu investieren."

Jakob: „Alles klar! Deshalb braucht das Land immer mehr Menschen mit Abi und Hochschulabschluss!"

Anna: „Wenn alle jungen Menschen in Deutschland Abitur machten, wäre nach dieser absurden Logik die absolute Gerechtigkeit erreicht. Tatsächlich kommen wir diesem Ziel ja mit großen Schritten näher: Der Anteil der Studienanfänger ist ja in knapp 15 Jahren von 28 auf fast 55 % gestiegen. Wenn das so weitergeht, studieren in 15 Jahren 3 von 4 und in 30 Jahren alle."

Jakob: „Mensch! Dann könnten die Arbeitsagenturen ja dicht machen, und vor allem würden die Finanzämter von einem gewaltigen Steuersegen erfasst, der alle Finanzsorgen beseitigt. Da behaupte noch mal jemand, Ökonomen seien nüchterne Analysten! Das sind ja richtige Romantiker!"

Anna: „Was die OECD und andere Brutstätten der Bildungsökonomie verbreiten, ist eine Heilslehre, die umso absurder wird, je stärker sich die praktische Bildungspolitik an ihr orientiert. Die Aufforderung von Ökonomen, die Zahl der höheren Abschlüsse zu erhöhen, ist in etwa so wie die Aufforderung an Zentralbanken, mehr Geld beizuschaffen. Dafür ist leicht gesorgt, aber dann geht der Wert des Geldes in den Keller."

Jakob: „Und der Wert von Bildungsabschlüssen, die alle haben, auch! Das hat doch schon Bourdieu gelehrt."

Anna: „Ich denke, dass Bildungsökonomen im Kopf noch in den 60er Jahren des vergangenen Jahrhunderts leben, als den Arbeiterkindern der Zugang zur höheren Bildung erschwert war. Heute klagen in Deutschland Handwerksbetriebe über einen Mangel an Bewerbern, während gleichzeitig für kaufmännische Berufe, die noch vor ein oder zwei Generationen jedem Realschulabsolventen offenstanden, ein BWL-Studium erwartet wird."

Jakob: „Bedeutet das, dass die nichtstudierten Kaufleute weniger fähig waren? Das kann ja kaum sein. Vermutlich wussten und konnten sie mit einem guten Realschulabschluss oder Abitur und kaufmännischer Lehre genauso viel, wie heute ein BWL-Uni-Absolvent. Und einen Maschinenbauingenieur brauche ich auch nicht, wenn mein Auto kaputt ist. Da vertraue ich eher dem ausgebildeten KFZ-Mechaniker."

3 Dieser Dialog stützt sich auf den Beitrag „Vergesst die OECD" von Ferdinand Knauß in der *Wirtschaftswoche* vom 5. Juli 2013.

Anna: „Ich glaube, dass der Anteil der Menschen mit akademischem Abschluss gar nichts über die ökonomische Leistungsfähigkeit eines Landes aussagt. Um das festzustellen, genügt doch die einfache Betrachtung der guten wirtschaftlichen Position Deutschlands und der katastrophalen Lage in den Südländern der Europäischen Union, die laut OECD viel höhere Akademikerquoten aufweisen als Deutschland."

Jakob: „Für mich liegt auf der Hand, dass das deutsche Bildungssystem vor dem PISA-Schock und dem Bologna-Reformwahn nicht so katastrophal schlecht gewesen sein kann. Schließlich manövrieren diejenigen, die es durchlaufen haben, derzeit erfolgreich deutsche Unternehmen."

Anna: „Ich wünsche mir, dass die Bildungspolitik weniger Vertrauen in die Zahlenwüsten der OECD setzt und sich mehr um die Verbesserung der Erziehung und Bildung kümmert. Außerdem sollten sie sich einfach mal taub stellen, wenn irgendwelche Bildungsforscher auf weitere Reformen drängen."

Jakob: „Wünschen kann frau sich viel. Aber ob da was draus wird? Aber du hast ja dann immer noch zwei Wünsche frei."

Anna: „Die äußere ich aber aus reiner Höflichkeit nicht!"

5.2.2 Ansätze der gesamtwirtschaftlichen Bildungsplanung

Die Bildungsökonomie ist als Folge der PISA-Studien wieder *en vogue*, und die Forderung, die schulische und akademische Bildung mehr auf unmittelbare Verwertbarkeit auszurichten, entspricht dem Ziel der OECD. Die Verwendung von Begriffen wie Kompetenzorientierung, Handlungsorientierung, Zielvereinbarungen und outputorientierte Steuerung steht für diese Tendenz. Auf der *Ebene der gesamtwirtschaftlichen Bildungsplanung* konkurrieren drei alternative Ansätze, die sich an unterschiedlichen Zielsetzungen orientieren: der Arbeitskräfte- bzw. Personalbedarfsansatz, der Nachfrageansatz und der Ertragsratenansatz.

▪ Arbeitskräfte- bzw. Personalbedarfsansatz

Dieser Ansatz (auch Manpower Approach genannt) ist stark nachfrageorientiert und setzt an der ökonomischen Funktion des Bildungswesens an, indem die Qualifizierung des künftigen Bedarfs an Arbeitskräften in den Mittelpunkt gestellt wird (Kim 1994). Aus Prognosen in Bezug auf die Arbeitsmarktentwicklung und den Qualifikationsanforderungen an die Arbeitskräfte werden die Entwicklungslinien für den Ausbildungssektor in den verschiedenen Sektoren des Beschäftigungssystems abgeleitet. Für Beschäftigungsbereiche in der Verwaltung, private Dienstleistungen und das Bildungswesen geht man von Dichtezahlen der Grundversorgung aus wie z. B. Schüler-Lehrer-Relationen oder Ärzte je 1000 Einwohner. In der Wirtschaft erfolgt die Prognose des Arbeitskräftebedarfs üblicherweise auf der Grundlage von Input-Output-Modellen, wobei mit konstanten oder flexiblen Inputkoeffizienten operiert wird, um Bedarfsschätzungen vorzunehmen. In der Bildungsökonomie hat der Arbeitskräfte-/Personalbedarfsansatz derzeit wieder eine Konjunktur, was sich z. B. in der Diskussion um die Kompetenzorientierung der Ausbildung niederschlägt. Im Vordergrund steht die Frage, welche Berufs- bzw. Tätigkeitsprofile den Arbeitsmarkt zukünftig bestimmen werden und wie sich das Bildungssystem darauf einzustellen hat.

▪ Nachfrageansatz

Dieser Ansatz (auch Individual Demand Approach, Cultural Approach genannt) stellt die personenbezogene Bildungsnachfrage in den Mittelpunkt und zielt auf die Bereitstellung eines Bildungsangebots ab, das nach Umfang und Struktur der privaten Bildungsnachfrage entspricht. Der Nationale Bildungsbericht 2012 für Österreich legt die Betonung auf individuelle Bildungsrenditen und folgt somit dem Nachfrageansatz, der von dem Grundrecht der freien Bildungs- und Berufswahl sowie dem bildungspolitischen Ziel der Chancengleichheit ausgeht, um

> » allen bildungs- und ausbildungswilligen Menschen ohne Rücksicht auf etwaig konkurrierende gesellschaftliche Zielsetzungen die formalen und materiellen Voraussetzungen für Bildung und Ausbildung zu garantieren (Schmidt 1971, S. 9).

Ziel der Bildungspolitik ist es, Ungleichgewichte am Bildungsmarkt und dadurch notwendig werdende staatliche Eingriffe zu vermeiden.

Grundlage für die Berechnungen ist eine Prognose der privaten Bildungsnachfrage, die sich verschiedener Schätzverfahren bedient (Ammermüller und Dohmen 2004; Buschle und Haider 2013). Eine häufig angewandte Methode zur Berechnung der privaten Bildungsrenditen beruht auf der Berechnung einer *Diskontrate* der Kosten und Erträge von Bildung für jedes Lebensjahr einer Personengruppe, was eine sehr genaue Berechnung der Bildungsrendite erlaubt. Die Gleichung zur Berechnung der Diskontrate lautet (Ammermüller und Dohmen 2004, S. 23):

$$\sum \frac{(b_t - c_t)}{(1 + r_s)^t} = 0.$$

Hierbei sind b_t alle Erträge und c_t alle Kosten von Bildung im Jahr t, welche bis zum Jahr T laufen. r_S ist die zu errechnende Rendite in Form des internen Zinsfußes, welcher die diskontierten Erträge und Kosten gleichsetzt. Die Rendite berücksichtigt somit alle Kosten und Erträge von Bildung vom Jahr „Null" aus gesehen, d. h. dem Jahr, in dem die Entscheidung für eine Ausbildung getroffen wird.

Die Diskontrate bringt die Gegenwartspräferenz der Gesellschaft zum Ausdruck. Ihre Wahl ist ein entscheidender Wertaspekt der sozialen Wohlfahrtsfunktion. Wird eine niedrige Diskontrate gewählt, bedeutet dies eine starke Gewichtung des Interesses zukünftiger Generationen, während eine hohe Diskontrate ein größeres Gewicht auf die Wohlfahrt der gegenwärtigen Generation legt.

Die Kalkulation der privaten Bildungsrenditen erfolgt in diesem Sinne häufig für einzelne Ausbildungsgänge, wobei sich die

Qualität der Berechnungen stark unterscheidet, da das durchschnittliche Einkommen auf unterschiedliche Weise berechnet werden kann (z. B. mit oder ohne Berücksichtigung der Arbeitslosen- und Ausbildungsabbrecherquote). Außerdem werden oft die direkten Kosten der Ausbildung ignoriert. Die in verschiedenen Studien errechneten Renditen können sich folglich stark unterscheiden.

Eine alternative Methode zur Berechnung der privaten Bildungsrendite ist die *Short-Cut Methode*, die z. B. von Spraul (2006) verwendet wird, um die Bildungsrendite eines Hochschulstudiums zu berechnen. Diese Methode wird auch von der OECD genutzt, um die privaten Bildungsrenditen von Bildungsinvestitionen verschiedener Länder zu vergleichen (Buschle und Haider 2013). Laut Kim (1994) entspricht der Nachfrageansatz eher der Situation und den Bedürfnissen der weiterentwickelten industrialisierten OECD-Ländern, während der Arbeitskräftebzw. Personalbedarfsansatz sich eher als nützlich für die weniger entwickelten Ländern erweist.

▪ Ertragsratenansatz

Abgerundet wird die gesamtwirtschaftliche Analyse von Bildungserträgen durch den *Ertragsratenansatz*, der in der Logik der Humankapitaltheorie steht und von sozialen Kosten und Erträgen der verschiedenen Ausbildungsgänge ausgeht (Weiß und Preuschoff 2004). Das Ziel der Planung von Bildung besteht darin, die Bildungserträge verschiedener Ausbildungsgänge miteinander und mit anderen Investitionen in die Infrastruktur einer Volkswirtschaft abzugleichen. Aus konzeptionellen und praktischen Gründen ist der Ertragsratenansatz für die praktische Bildungsplanung bislang von geringer Bedeutung geblieben (Ammermüller und Dohmen 2004; Hagemeister 2001). Auch die Kombination von Arbeitskräftebedarfsansatz und Nachfrageansatz zur prognostischen Schätzung von Angebot und Nachfrage am Arbeitsmarkt hat sich bislang nicht bewährt, um eine wirksame Strategie der Anpassung des Bildungsangebots an die steigende Bildungsnachfrage zu entwickeln.

Abschließend kann festgehalten werden, dass Zusammenhänge zwischen der Entwicklung von Wirtschaft und Bildung in einer Vielzahl von Studien untersucht worden sind. Alles in allem aber ergeben sie kein konsistentes Bild. So kommen Rubinson und Browne (1995) auf der Grundlage einer umfassenden Auswertung empirischer Untersuchungen zu dem Ergebnis, dass ein universeller Zusammenhang zwischen Bildungs- und Wirtschaftsentwicklung nicht nachweisbar ist. Und an diesem allgemeinen Befund hat sich bis heute wenig geändert.

❓ Aufgaben zum Festigen des neuen Wissens

1. Erklären Sie, was ein Bildungsertrag ist.
2. Welche Aspekte sind bei der gesamtgesellschaftlichen Bildungsplanung zu berücksichtigen?
3. Stellen Sie dar, für was im Bildungswesen welche Summen ausgegeben werden.
4. Erklären Sie die Grundlage des Modells der Bildungsproduktion und benennen Sie die Problematik dieses Modells.
5. Benennen Sie die grundlegenden Annahmen des Nachfrageansatzes.

❓ Aufgaben zum Weiterdenken

1. Erklären Sie die Problematik, die sich mit dem Konzept der Bildungserträge ergibt.
2. Welche Möglichkeiten der Steigerung von Bildungserträgen gibt es? Diskutieren und begründen Sie Ihre Vorschläge.
3. Wenn Sie in Ihrem Land zuständig für Bildung wären, welche Maßnahmen würden Sie ergreifen, wenn Geld keine Rolle spielen würde. Begründen Sie Ihre Maßnahmen.
4. Wenn Sie in Ihrem Land zuständig für Bildung wären und Sie könnten aufgrund der Finanzlage nur genau eine Maßnahme ergreifen: Welche wäre das? Warum diese? Nutzen Sie für Ihre Begründung auch empirische Befunde, die in diesem Kapitel thematisiert wurden.
5. Diskutieren Sie, warum es gesamtgesellschaftlich nicht sinnvoll ist, unendlich viel Geld in die Höherqualifizierung der Bevölkerung zu stecken. Stellen Sie aber auch dar, welche Vorteile davon zu erwarten wären.

▪ Weiterführende Literatur

- Böttcher, W. et al. (Hrsg.) (1997). *Wege zu einer neuen Bildungsökonomie. Pädagogik und Ökonomie auf der Suche nach Ressourcen und Finanzierungskonzepten.* Weinheim: Juventa.
- Brewer, D.J., & Patrick J. McEwan, P.J. (Hrsg.) (2010). *Economics of education.* Amsterdam: Elsevier.
- Pechar, H. (2006). *Bildungsökonomie und Bildungspolitik.* Münster: Waxmann.

5.3 Bildungsplanung und Bildungsmanagement

❓ Aufgabe als Denkanstoß

Was unterscheidet Bildungsunternehmen von anderen Unternehmen? Welchen Einfluss haben diese Unterschiede vermutlich auf das Handeln im Management?

■ Wie weit reicht Bildungsplanung?

Eine nachhaltige Bildungsplanung zielt auf die Sicherung und Fortentwicklung des Bildungssystems, um allen Mitgliedern der Gesellschaft eine gerechte Chance für den Besuch von Bildungseinrichtungen und den Erwerb von Bildungszertifikaten zu sichern, die den Anforderungen des Arbeitsmarktes genügen und ein ausreichendes Einkommen gewährleisten. Deshalb soll die Bildungsplanung auch zielgenau zur Qualitätsverbesserung im Bildungsbereich beitragen und der Bildungspolitik Entscheidungshilfen auf der Grundlage wissenschaftlich fundierter Kenntnisse und Prognosen liefern. Ein Beispiel hierfür bieten u.a. die *Szenarien 2012–2021 für das Bildungssystem* des Schweizer Bundesamtes für Statistik (Babel et al. 2012). Ein anderes Beispiel ist die *Kommunale Schulentwicklungsplanung*, die als wichtiges Instrument der Bildungsplanung viele Bereiche berührt: von der Jugendhilfe über Kultur, Soziales, Integration, Gesundheit, Sport, Stadtentwicklung bis hin zu Wirtschaft und dem Arbeitsmarkt. In Verbindung mit dem *Kommunalen Bildungsbericht* liefert der Schulentwicklungsplan das auf empirischen Daten begründete Steuerungswissen, das eine nachhaltige Bildungsplanung auf kommunaler Ebene ermöglicht, um den Anforderungen der Frühförderung, der Integration von Personen mit Migrationshintergrund und der Einführung von Bildungsstandards gerecht zu werden. Der Hinweis auf den Kommunalen Bildungsbericht soll verdeutlichen, dass sich Bildungsplanung nicht nur auf der „hohen" Landesebene oder im Falle der beruflichen Bildung auf der Bundesebene der Politik abspielt, sondern auch bereits auf der kommunalen Ebene.

Bildungsplanung ist ein zentrales Element der Qualitätssicherung des Erziehungs- und Bildungswesens auf allen Ebenen, so dass dem Konzept einer *abgestimmten Bildungsplanung* eine zentrale Bedeutung zukommt. Das heißt: Die Konzeptionen und Leitideen von Bildung, Erziehung und pädagogischer Betreuung sind auf Landes- und Kommunalebene aufeinander abzustimmen. Den auf eine zentrale Steuerung der Bildung ausgerichteten Gutachten und Empfehlungen (z.B. vbw 2010) stehen Konzeptionen wie der Kommunale Bildungsbericht gegenüber, in denen es um ortsspezifische Lösungen durch eine effektive Zusammenarbeit zwischen Schulbehörden, Schulen und Kommunen zur Entwicklung erweiterter Lern-, Betreuungs- und Förderangebote geht. Eine abgestimmte Bildungsplanung entspricht einer *konzertierten Aktion* als Abstimmungsprozess der Interessen der verschiedenen Akteure, die ihre womöglich divergierenden Zielsetzungen hintanstellen, um mittel- oder langfristig ein besseres Gesamtergebnis zu erreichen. Derzeit scheint die bildungspolitische Diskussion allerdings etwas zwiespältig zu sein, da sich diese weniger um die Bereitstellung erweiterter Lern-, Betreuungs- und Förderangebote kümmert als um ein staatliches Steuerungsmodell, das einerseits zwar auf operativ eigenständige Einzelschulen hinausläuft, andererseits aber ein engmaschiges Netz an evidenzbasierten Maßnahmen der Evaluation und Qualitätskontrolle anstrebt.

5.3.1 Bedingungen und Strategien der Bildungsplanung

Bildungsplanung kann in Anlehnung an Müller (2007) als ein „Navigieren im permanenten Wildwasser" verstanden werden, da Bildungseinrichtungen es schaffen müssen, die Effektivität pädagogischen Handelns mit wirtschaftlicher Effizienz zu vereinbaren. Bei stets knappen Haushaltsmitteln sind die vorhandenen Ressourcen so einzusetzen, dass daraus der größtmögliche Lerneffekt auf Seiten der Schülerinnen und Schüler resultiert. Und das ist bei einer evidenzbasierten Steuerung des Bildungswesens kontinuierlich unter Beweis zu stellen. Eine zentrale Aufgabe der Bildungsplanung besteht demnach darin, eine auch betriebswirtschaftlich vernünftige Balance zwischen Effektivität und Effizienz von Bildungsmaßnahmen jedweder Art und auf allen Ebenen des Bildungssystems zu erzielen (vgl. Church und Brand 2011; Cooper und Costa 2012; Higgins et al. 2010).

Faktisch wird der Begriff *Planung* zur Kennzeichnung recht verschiedener Tatbestände benutzt, wobei vielfach eine vorausschauende Koordination konkurrierender Alternativen gemeint ist, um zu einem abgestimmten Planungsergebnis zu gelangen. Des Weiteren wird je nach der Länge des Zeitraums bzw. nach der Entfernung des Zeitpunktes, auf den sich die Planung bezieht, zwischen kurz-, mittel- und langfristiger Planung unterschieden. Dementsprechend kann sich die Bildungsplanung auf sehr umfassende Entwicklungen (z.B. des staatlichen Schulwesens oder der gesamten Weiterbildung in einem Unternehmen) beziehen (*Globalplanung*), sie kann aber auch stärker disaggregiert sein und sich auf spezifische Einzelaspekte von Bildungsbedingungen und -prozessen beziehen (*Detailplanung*). Zwar liegt in beiden Fällen der Ausgangspunkt der Planung in der Feststellung von Differenzen zwischen Zielsetzungen (Soll-Zustand) und den vorliegenden Gegebenheiten (Ist-Zustand), aber je langfristiger eine Planung angelegt ist, desto umfassender und allgemeiner wird sie notwendigerweise sein, um die Abweichungen zwischen Soll- und Ist-Zuständen in vertretbaren Grenzen zu halten. In Abhängigkeit davon wird auch das vor allem in praktischer Hinsicht bedeutsame Ausmaß der *Verbindlichkeit* einer Planung bestimmt.

5.3.1.1 Zeithorizont und Verbindlichkeit der Bildungsplanung

Da fast jede Planung unter der Bedingung unvollständiger Informationen stattfinden muss, gilt die einfache Daumenregel, dass je größer die zeitliche Reichweite eines Plans ist, die Verlässlichkeit der Informationen umso geringer wird. Deshalb liegt es nahe, bei einer langfristigen Perspektive eher mit einem groben und aggregierten Plan zu operieren und bei kurzfristiger Perspektive einen genaueren Einzelplan zu erstellen. Üblicherweise bezieht sich eine langfristige Planung auf einen Zeitraum von 2 bis 10 Jahren, eine mittelfristige Planung auf einige Monate bis 2 Jahre und eine kurzfristige Planung auf Tage, Wochen oder wenige Monate.

Hinsichtlich der sachlich-inhaltlichen Reichweite von Entscheidungen und somit der Tragweite für das Bildungssystem kann zwischen *strategischer, taktischer* und *operativer Planung* unterschieden werden. Dabei gilt im Allgemeinen, dass die strategische Planung eher langfristig, die taktische Planung mittelfristig und die operative Planung kurzfristig angelegt ist (◘ Abb. 5.6).

Allgemein sollte man davon ausgehen, dass eine langfristige Bildungsplanung kein sehr detaillierter Plan ist, in dem genau angegeben werden kann, welche Maßnahmen in 8 bis 10 Jahren wirksam sein werden und wie das Verhältnis von Bildungsinvestitionen und -erträgen berechnet wird. Eine naive Planungsgläubigkeit im Bereich der Bildungsplanung ist ebenso fehl am Platz wie der Schluss, dass eine abgestimmte Bildungsplanung für die pädagogische Praxis im Grunde genommen irrelevant sei. Viele praktische Probleme der Bildungsplanung resultieren daraus, dass jede Planung auf „Zukunftswissen" abstellt, das mit erheblichen Unsicherheiten behaftet ist. Diese sind umso größer, je langfristiger geplant werden muss oder je detaillierter der Tatbestand ist, auf den sich die mit Planung verknüpfte Prognose bezieht.

■ Grundsätze der flexiblen Planung

Da jede Planung unvermeidbar auf unvollständigem und unsicherem Wissen aufbaut, resultiert daraus stets das gleiche Dilemma: Je konkreter und langfristiger geplant wird, desto größer ist die Wahrscheinlichkeit einer Fehlplanung; wird aber auf Planung verzichtet, so besteht die Gefahr, dass Spielräume für künftige Entscheidungen eingebüßt werden und stattdessen nach dem Motto „Wie es gefällt" verfahren wird. Dieses Dilemma legt als Konsequenz eine Planung nahe, die *differenziert und strategisch* vorgeht: Danach sind einerseits langfristige Entwicklungen zu antizipieren, um zu verhindern, dass augenblickliche Entscheidungen zu kurz greifen und dadurch künftige Optionen verstellt werden. Andererseits sind streng verbindliche Festlegungen künftigen Handelns auf ein Minimum zu beschränken und durch Offenhaltung alternativer Konkretisierungs- und Handlungsmöglichkeiten anpassungsflexibel zu gestalten. Das entspricht dem *Ansatz einer flexiblen Planung,* dessen Nutzungspotential zweierlei voraussetzt:

1. die ständige Überprüfung der Korrekturbedürftigkeit der Planung im Lichte relevanter Entscheidungen sowie
2. die Bereitschaft und Fähigkeit des Planungsträgers, die als erforderlich anerkannten Modifikationen der Planung fortlaufend durchzuführen.

Unabhängig von der variierenden Reichweite der Bildungsplanung gehen wir davon aus, dass sich eine flexible Planung in sieben aufeinanderfolgenden Schritten vollzieht (◘ Abb. 5.7).

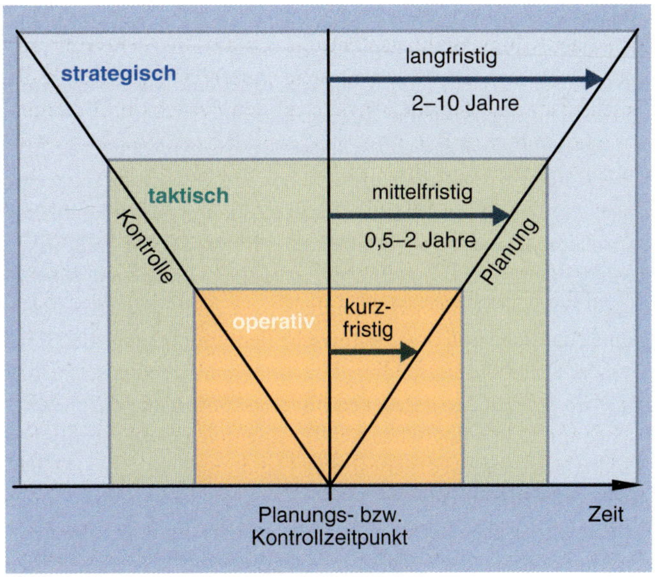

◘ **Abb. 5.6** Zeitliche und sachliche Reichweiten der Planung (Klein und Scholl 2012, S. 19)

Bildungsplanung kann unterschiedlichen Funktionen und Zielsetzungen dienen. Die Hauptfunktion aber ist die nachhaltige Verbesserung oder Veränderung des Bildungssystems im Ganzen und seiner verschiedenen Sektoren. Dabei können sich Bildungspläne im Grad der Konkretisierung der pädagogischen Empfehlungen und ihrer Verbindlichkeit ebenso unterscheiden wie in dem zugrunde gelegten Bildungsverständnis. Vor diesem Hintergrund sind mehrere Aufgabenbereiche einer systematischen und abgestimmten Bildungsplanung zu unterscheiden.

■ Aufgabenbereiche der Planung

Zunächst gilt es, das *Planungsobjekt* zu bestimmen, wobei zwischen Planungsebene und Planungsbereich zu unterscheiden ist. Die Planungsebene umfasst neben der globalen Zielbestimmung insbesondere die Festlegung der Planungsstrategien, -taktiken

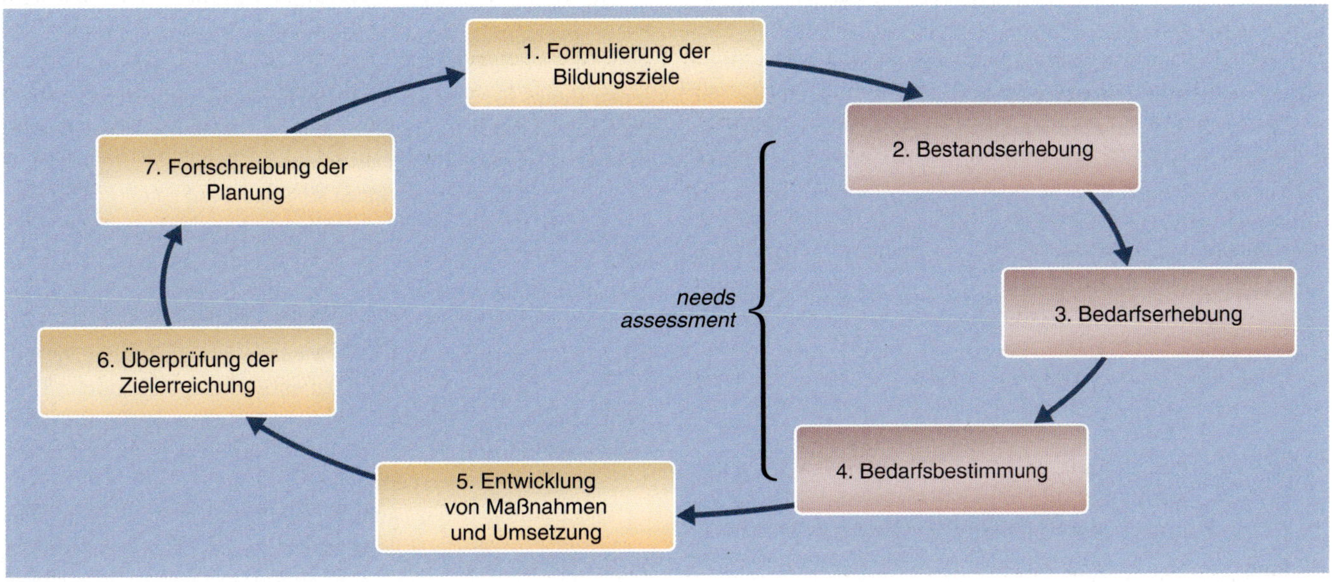

◘ **Abb. 5.7** Schritte der Bildungsplanung als Regelkreislauf dargestellt

und die im Einzelnen auszuführenden Operationen. Demgegenüber umfasst der Planungsbereich die verschiedenen Komponenten und Phasen der Planung wie z. B. die didaktische Gestaltung einer Lernumgebung oder ihre Evaluation.

Bei der *Planungsorganisation* stehen die erforderlichen Entscheidungen im Vordergrund, wobei die Regel gilt, dass eine Entscheidung, die in einer bestimmten Planungsphase getroffen wurde, Entscheidungen in anderen Phasen stark beeinflussen kann. Jede Entscheidung hat unterschiedliche Prämissen: *Normative und evaluative Prämissen* beinhalten die Bildungsziele wie auch gesellschaftliche und organisatorische Bedingungen, die den Rahmen der Entscheidungsbildung konstituieren. *Faktische Prämissen* beziehen sich auf den gegebenen Bildungskontext, auf die physikalischen und psychologischen Randbedingungen eines spezifischen Bildungssettings und die erwarteten Handlungsergebnisse. *Methodische Prämissen* beinhalten geeignete Methoden zur Lösung von Entscheidungsproblemen, wobei die Qualität der jeweils gewählten Methode von der Qualität ihres Ergebnisses bestimmt wird.

Damit hängt die *Bestimmung des Planungsinstrumentariums* zusammen, d. h. der systematischen Verfahren zur Gewinnung und Verarbeitung von Informationen zur Unterstützung von Planungsprozessen. In der Bildungsplanung werden u. a. analytische Instrumente des Projektmanagements (z. B. Systemanalyse, Phasen- oder Meilensteinplan für Eckdaten, Projektstrukturplan für die Aufgaben, Projektablaufplan für die Darstellung des Verlaufs), heuristische Verfahren, die der Ermittlung von Alternativen durch Einsatz kreativer Techniken dienen, und prognostische Verfahren wie die Delphi-Methode[4] verwendet.

Im Hinblick auf den *Planungsprozess* ist grundsätzlich festzustellen, dass dieser in der Regel in mehreren Stufen als Abfolge von Phasen verläuft – so wie es in ◘ Abb. 5.7. dargestellt wird. Demnach besteht der Planungsprozess wesentlich aus dem Analysieren, Bewerten, Vergleichen und Entscheiden, wobei sich diese Tätigkeiten auf das Erstellen von Planungsentwürfen und deren wiederholte Prüfung beziehen. Dementsprechend ist der Prozess der Bildungsplanung als ein viele Elemente umfassender, zyklischer und diskursiver Vorgang zu verstehen. Da jedoch erst die Ausführung eines gefassten Planes (z. B. bezüglich der Realisierung einer speziellen Bildungsmaßnahme) Auskunft über seinen Erfolg geben kann, gehört die *Implementation* notwendigerweise zu den zentralen Aufgabenbereichen der Bildungsplanung.

Generell wird an die Bildungsplanung die Anforderung gestellt, dass sie SMART sein sollte, d. h. *s*pezifisch, in den Ergebnissen *m*essbar, von allen Beteiligten *a*kzeptiert, *r*ealistisch und zeitlich *t*erminiert (Doran 1981). Eine Grundlage für SMART ist, dass Bildungsplanung als strategische Planung erfolgt, deren Ausgangspunkt in der Feststellung eines nachweisbaren Bedarfs an Aus-, Fort- und Weiterbildung liegt.

4 Die *Delphi-Methode* ist ein mehrstufiges Befragungsverfahren mit Rückkopplung und wird angewandt, um zukünftige Ereignisse, Trends und Entwicklungen möglichst gut einschätzen zu können. Bei der *Standard-Delphi-Methode* werden mehrere Experten zur Einschätzung eines Projektes und zur Prognose von Effekten herangezogen, die sich nicht untereinander abstimmen dürfen.

5.3.1.2 Bedarfsanalyse als erster Schritt des Planungsprozesses

Unter einer (Bildungs-)Bedarfsanalyse (*needs assessment*) wird eine Aktivität verstanden, die dazu dient, effektiv zu planen, Prioritäten pädagogischen Handelns festzulegen, angemessene Bildungsentscheidungen zu treffen und konkrete Bildungsprobleme zu lösen (Rossett 1987). Eine Bedarfsanalyse (*needs analysis*) ist folglich ein Prozess des Feststellens und Bewertens von Bedarfen, Anforderungen, Erfordernissen sowie Nachfragen einer Gemeinschaft oder Population. Das Feststellen von Bedarfen ist ein Prozess des Beschreibens von „Problemen" einer Zielgruppe und benennt mögliche Lösungen für die Probleme.

Ein Bedarf wird operationalisiert als eine Diskrepanz zwischen dem Ist- und einem Soll-Zustand (Kaufman et al. 1993) oder eine Diskrepanz zwischen Realität und Ideal.

Entscheidend ist, dass beide Zustände von der Handlungsgemeinschaft anerkannt und Veränderungen als notwendig beurteilt werden (Reviere et al. 1996). Bedarfe unterscheiden sich von verwandten Begriffen wie z. B. Mangel oder Nachfrage. Die Bedarfsanalyse liefert die Datenbasis, von der aus eine Vision der Zukunft entwickelt werden kann. Tatsächlich stellt die Ausformulierung einer Vision wie auch der Mission das Herzstück der Feststellung der Bedarfe dar. Mit der *Mission* werden der Zweck einer Organisation und ihre primären Ziele spezifiziert. Sie dient organisationsintern dazu, den Schlüssel zum Erfolg zu definieren; die Adressaten sind das Leitungsteam und die Anteilseigner. Aussagen zur *Vision* der Organisation beziehen sich ebenfalls auf deren Zweckbestimmung, aber in Begriffen der Werte und Grundüberzeugungen der Organisation. Die Vision vermittelt den Zweck und die Werte der Organisation. Für das Personal gibt sie die Richtung vor, alles zu tun, um das Beste zu erreichen. Für Außenstehende soll sie das Argument liefern, warum mit der Organisation zusammengearbeitet werden kann und soll.

Die *Mission* eines Schulbezirks kann z. B. lauten: Wir möchten die heutigen Lernenden für die Welt von morgen erziehen. Die *Vision* kann lauten: Wir müssen dem zu erwartenden Wachstum der nächsten fünf Jahre gerecht werden und einen angemessenen Raum für Schüler und Lehrpersonal bereitstellen, damit die Lernziele erreicht werden, die im strategischen Plan (bzw. im Lehrplan) festgeschrieben sind.

Mission und Vision stützen sich dabei auf geteilte Überzeugungen der verantwortlich Handelnden. Dafür bieten die Leipziger Thesen „Bildung ist mehr als Schule" (Mielenz 2003) ein gutes Beispiel. Dort findet sich u. a. die These, dass Bildung als umfassender Prozess der Entwicklung und Entfaltung derjenigen Fähigkeiten zu verstehen sei, die Menschen in die Lage versetzen, zu lernen, Leistungspotentiale zu entwickeln, zu handeln, Probleme zu lösen und Beziehungen zu gestalten. Weiterhin wird festgestellt: Bildung muss Zukunftsfähigkeit sichern und erfordert neue Formen der Vernetzung.

Die Bildungsbedarfsanalyse (*needs assessment*) ist in den gesamten Prozess der Bildungsplanung bzw. des *instructional design* eingebunden und gilt gemeinhin als dessen erste Phase (◘ Abb. 5.8) und als eine wichtige Komponente des „strategi-

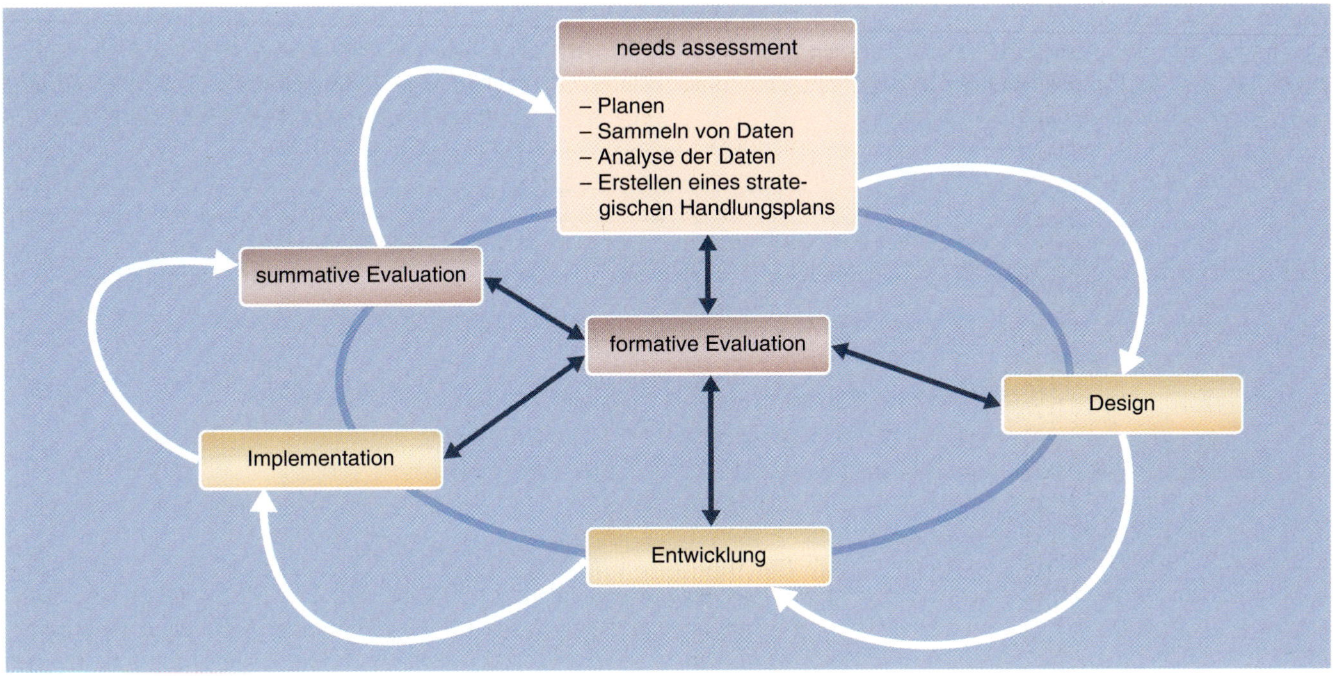

Abb. 5.8 *Needs assessment* als Komponente didaktischen Planens. (Nach Witkin und Altschuld 1995)

schen Planens" (z. B. Kaufman und Herman 1991). Dabei wird eine enge Verknüpfung mit der *Organisationsgestaltung* und *Personalentwicklung* vorgenommen.

Es wird argumentiert, dass der Erfolg eines Unternehmens abhängig ist von der Qualifikation des Personals, so dass der kontinuierlichen *Weiterbildung* eine unternehmensstrategische Bedeutung erwächst. Dementsprechend betrachten manche Autoren (z. B. Rothwell und Kazanas 2008) die Weiterbildung als „Schlüssel" zum strategischen Management, was Kaufman und Herman (1991) zu der kritischen Bemerkung veranlasste: „Strategic planning is in danger of becoming just an educational fad" (S. XIII).

Es ist unmittelbar einleuchtend, dass eine Bildungsbedarfserhebung sich auf verschiedenen Ebenen des Bildungssystems mit spezifischen Zielsetzungen ansiedeln lässt. Auf der ersten, bildungspolitischen Ebene steht die Planung und Organisation des gesamten Bildungssystems entsprechend den gesellschaftlichen Leitzielen im Zentrum. Auf der zweiten Ebene der Bildungsinstitutionen geht es um die Planung und Gestaltung einzelner Organisationen oder Institutionen (z. B. eine Einzelschule, eine Erwachsenenbildungseinrichtung oder die Weiterbildungseinrichtung eines Unternehmens). Auf der dritten Ebene, der Ebene der didaktischen Planung, stehen die Entwicklung von Curricula und die Planung von Lernumgebungen im Zentrum des Planungsgeschehens. Auf der vierten Ebene geht es um die Unterrichtsplanung, d. h. die Planung und Organisation des Lehrens und Lernens vor Ort.

Auf diesen verschiedenen Ebenen agieren unterschiedliche Handlungsträger: Auf der ersten, d. h. der politischen Ebene sind es Bildungspolitiker, Verbandsfunktionäre und die Vertreter gesellschaftlicher Interessengruppen, die den Rahmen des Bildungswesens bestimmen und die pädagogischen Leitziele definieren. Auf der institutionellen, d. h. auf der zweiten Ebene, sind pädagogische Führungskräfte wie Schulleiter oder Leiter der Personalentwicklung in Betrieben verantwortlich Handelnde, auf der didaktisch-curricularen und damit der dritten Ebene sind Fachbereichsleiter in der Erwachsenenbildung, Fachgruppensprecher in der Schule, Teamleiter in der betrieblichen Bildung für die Planung zuständig und auf der unterrichtlichen, d. h. der vierten Ebene Lehrer, Dozenten, Trainer und Moderatoren.

Modell der Bedarfsanalyse

Unter den verschiedenen Modellen, die in der Literatur zur Durchführung einer Bedarfsanalyse empfohlen werden, nimmt das von Kaufman entwickelte Modell in mancherlei Hinsicht eine besondere Position ein. Dieses Modell umfasst vier Hauptkomponenten:

1. Reichweite der Planung,
2. Sammeln von Daten,
3. Planen im eigentlichen Sinne und
4. Implementation und Evaluation.

In Abb. 5.9 ist ein Ausschnitt des Modells wiedergegeben.

Zwei Aspekte zeichnen Kaufmans Modell gegenüber anderen aus: Erstens, dass es hinsichtlich der Reichweite der Bedarfsanalyse und des strategischen Planens nicht nur zwischen einer *Mikro-* und *Makroebene* unterscheidet, sondern auch eine *Megaebene* einbezieht; zweitens, dass die SWOTs bei der Bildungsplanung betont werden, die auf die systematische Kontrolle von Stärken und Schwächen der Planung ebenso hinweisen wie auf die Beachtung von sich bietenden Gelegenheiten und Gefahren für die Realisierung von Bildungsentscheidungen. Auch wenn der zweite Aspekt wichtig ist, so ist das Markenzeichen der Argumentation von Kaufman aber zweifelsohne das *Konzept der Megaplanung*. Kaufman kritisiert, dass viele Planungsmodelle an der Organisation und ihren Zielorientierungen ansetzen, die Planer dabei nicht über den Tellerrand hinwegsehen und so die Auswirkungen auf die Gemeinschaft außerhalb der Organisation ignorieren. Traditionelle Planung

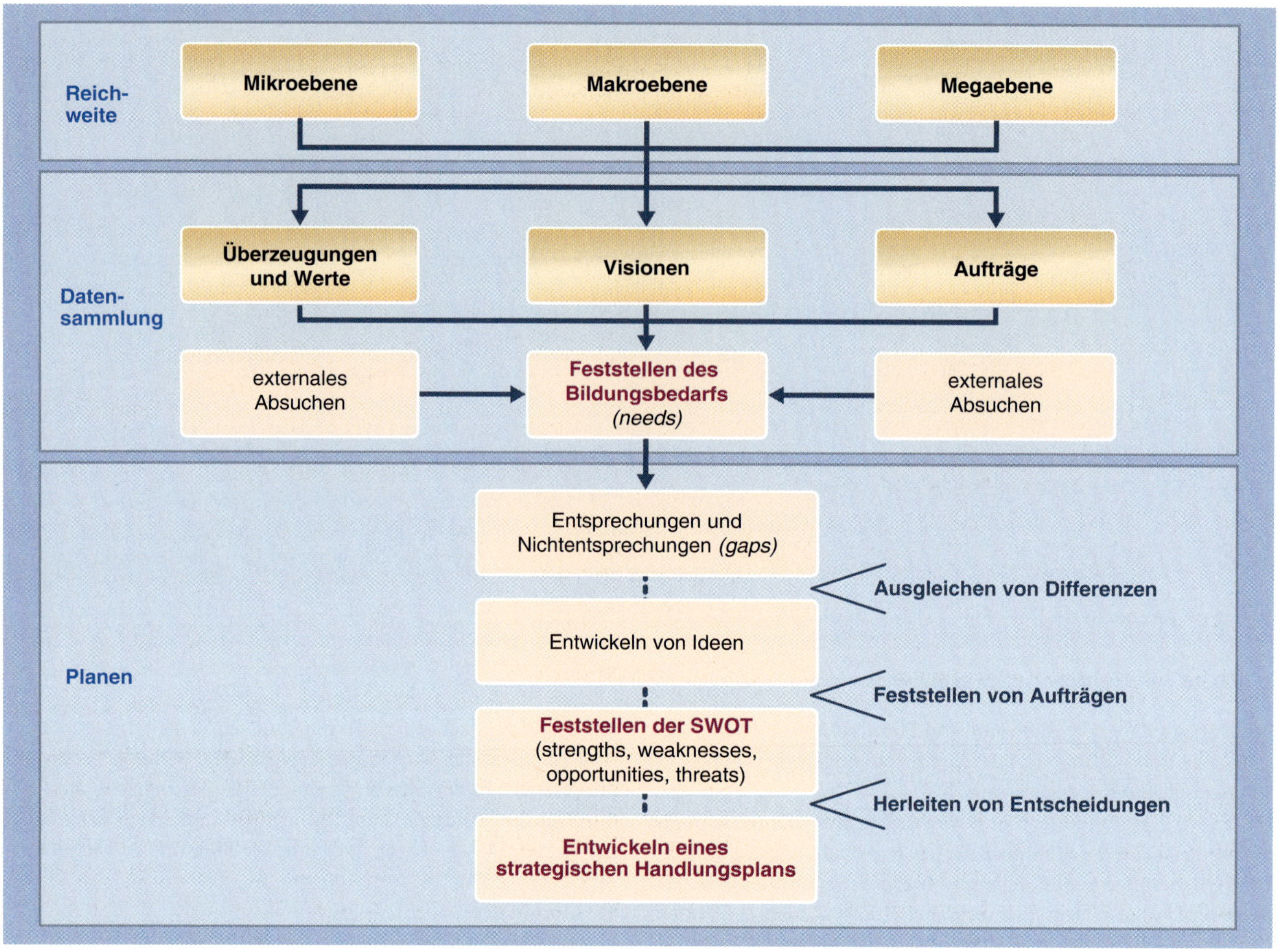

Abb. 5.9 Ausschnitt aus dem Modell der strategischen Bildungsplanung nach Kaufman und Herman (1991)

endet gewöhnlich mit Ergebnissen auf der Makroebene wie Profit, Graduierungsquoten, Rankings und Leistungsbilanzen. Megaplanung im Sinne Kaufmans startet demgegenüber mit der Frage „Wie soll die Welt beschaffen sein, die Sie sich für Ihre Kinder und Enkelkinder wünschen?" (Muir et al. 1998). Die Vision einer idealen Welt bestimmt deshalb die messbaren Variablen der Megaplanung und betont die terminalen Werte Überleben, Selbstgenügsamkeit und *Lebensqualität*. Kaufman bezeichnet die Megaplanung als „Mother's Rule": Fragt man irgendeine Mutter, welche Welt sie sich für ihr Kind wünscht, wird sie nicht über Schulzeugnisse oder Sozialprogramme sprechen, sondern über das Überleben, die Gesundheit und das Glück ihres Kindes. Gegenstand und Ziel von Megaplanung ist dementsprechend die allgemeine Wohlfahrt, zu der Bildung beitragen soll.

Im Unterschied zu dem sehr weit gespannten Verständnis der Megaplanung bezieht sich die Bildungsbedarfsanalyse auf der Makroebene auf eine konkrete Organisation oder Institution und die für sie relevanten Effekte von Bildungs- und Trainingsmaßnahmen. Auf der Mikroebene rücken die Adressaten als Endabnehmer in den Vordergrund der Bedarfsanalyse und Planung. Dementsprechend unterscheidet Kaufman drei Arten von Klientel, deren Zielsetzungen und Erwartungen an eine Bildungsmaßnahme auszubalancieren sind:

1. Einzelpersonen als Adressaten von Bildungsmaßnahmen (*individuals as client*),
2. die Organisation, innerhalb derer ein Aus- oder Weiterbildungsprogramm angesiedelt ist (*organization as client*), und
3. die Gesellschaft bzw. ihre Teilgruppen (*society as client*).

Verfahren der Bedarfserhebung

Für die Erhebung der Bedarfe werden in der Literatur die üblichen Verfahren – Fragebögen, Interviews und eine partizipatorische Bedarfserhebung in Arbeitsgruppen (z. B. Wang und Burris 1997) – empfohlen. Ausführliche Anregungen und Hinweise, wie Bedarfsanalysen praktisch durchzuführen sind, werden in zahlreichen Handreichungen geboten (z. B. Kaufman et al. 1993; McCawley 2009). Auch im Internet sind viele Handreichungen und Leitfäden für die Durchführung von Bildungsbedarfsanalysen zu finden:

- ▶ http://www.cpms.osd.mil/pmo/%20wgtrain2.htm
- ▶ http://www.hec.ohio-state.edu/famlife/bulletin/volume.2/bull22e.htm
- ▶ http://etc.usf.edu/broward/mod1/module1.html
- ▶ http://www.fhwa.dot.gov/cadiv/segb/views/document/sections/section3/3_3_1.cfm
- ▶ http://linguistics.byu.edu/resources/volunteers/TESOLBYU_NeedsAnalysis.htm

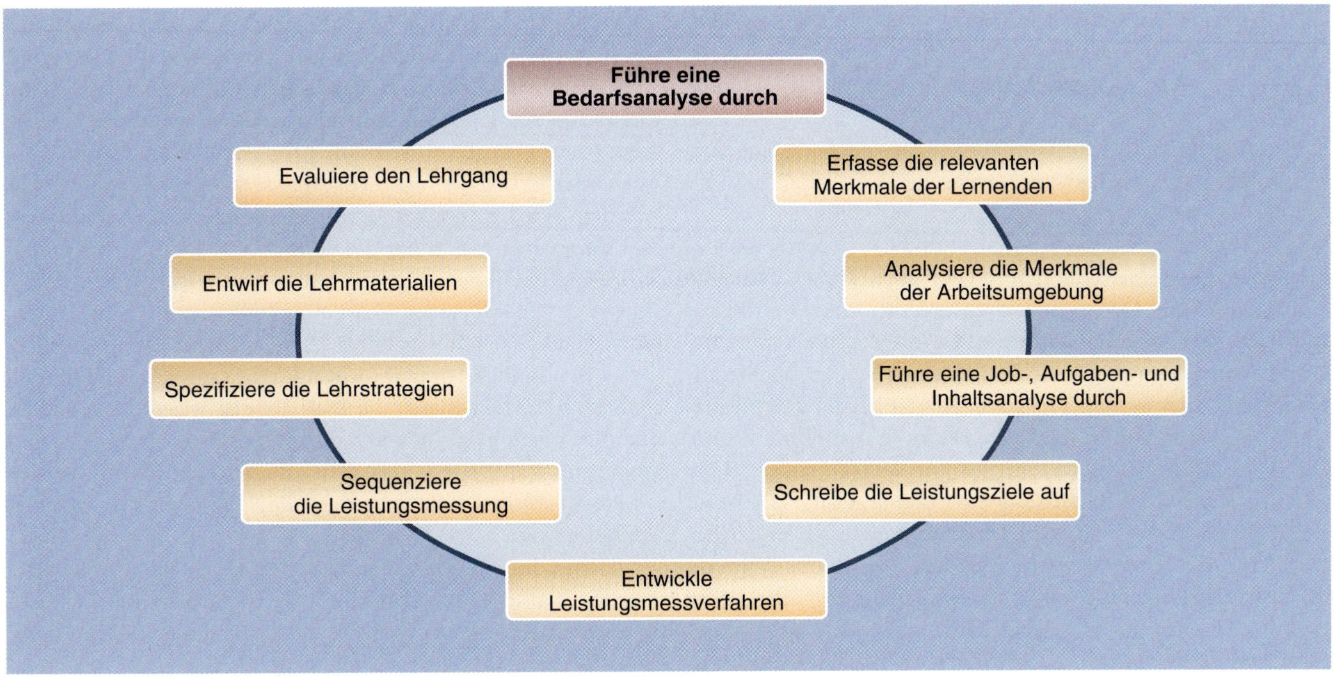

Abb. 5.10 *Needs assessment* im Kontext von *instructional design* (Rothwell und Kazanas 2008)

5.3.1.3 Anwendungsbereiche der Bedarfserhebung

Generell wird in der einschlägigen Literatur seit Jahrzehnten darauf hingewiesen, dass eine systematische Bedarfsanalyse ein äußerst wichtiger erster Schritt im Entwerfen (Design) und Entwickeln von Bildungs- und Trainingsprogrammen ist und deren Gesamtwirksamkeit beeinflussen kann (vgl. Goldstein und Ford 2002; Zemke 1994). Eine Bedarfsanalyse gilt daher als eine Grundlage für das Design, die Entwicklung, Implementation und Evaluation eines jeden Bildungsprogramms und als unumgänglicher Bestandteil des komplexen Prozesses der Lehrplanung. Dementsprechend ist die Bedarfsanalyse einer der wichtigsten Bausteine des *didaktischen Designs* (*instructional design*).

Die Bildungsbedarfsanalyse im Kontext von *instructional design*

Nahezu alle Modelle im Bereich *instructional design* stimmen darin überein, dass die Bedarfs- und Zielanalyse den Anfang der Planung von Lehr-Lern-Prozessen markiert. Beispielhaft kann dies mit dem Modell von Rothwell und Kazanas (2008) verdeutlicht werden (Abb. 5.10), aber auch im Modell von Witkin und Altschuld (1995), welches in Abb. 5.8 dargestellt wurde, ist dies der Fall.

Bei der Bedarfsanalyse werden in diesem Kontext vier Hauptfragen untersucht:

1. Welche Erziehungsvorhaben oder Bildungsziele sollen erreicht werden?
2. Welche Lernerfahrungen können bereitgestellt werden, damit die Ziele erreicht werden?
3. Wie können diese Lernerfahrungen organisiert werden, damit dem Lernenden bei der Integration singulärer Erfahrungen geholfen wird?
4. Wie kann die Effektivität der Lernerfahrungen beurteilt werden?

Nach Jonassen et al. (1999) liegt der Zweck der Bedarfsanalyse im Bereich des *instructional design* darin, zu bestimmen, wann Bildungs- und Lernprozesse eine Lösung für einen festgestellten Bedarf sein können und wie ernstzunehmend ein Bildungs- oder Lernbedarf tatsächlich ist. Das Ergebnis der Analyse besteht dann in einem *Inventar priorisierter Zielsetzungen*.

Diese Argumentation entspricht dem von Robinsohn (1969) initiierten Ansatz der Curriculumentwicklung, der sich um die Ermittlung jener *Qualifikationen* bemühte, deren Besitz die „Bewältigung" von Lebenssituationen ermöglicht, die wiederum relevant für das lernende Individuum sind.

Bedarfsanalyse und Curriculumentwicklung

Ausgangspunkt der Curriculumentwicklung im Sinne Robinsohns war die Annahme, dass die Qualifikation Q_1, (Q_2,, …, Q_x) erworben werden muss, wenn die Bewältigung der Lebenssituation L_x ermöglicht werden soll. Nach Robinsohns Verfahren der Hypothesenbildung und -überprüfung gilt: Um alle alternativ zu lehrenden Inhalte [I_1, I_2, …, I_n] benennen zu können, deren Vermittlung den Erwerb einer spezifischen Qualifikation [Q_x] ermöglicht, ist es notwendig, alle Inhalte in einer Hypothese der Form „Wenn die Qualifikation Q_x erworben werden soll, muss der Inhalt I_1, (I_2, …, I_n) vermittelt werden" zu falsifizieren. Das gilt zugleich auch für die Identifikation der Qualifikationen.

Die im Anschluss daran von Lenzen (1971) vorgeschlagene *eduktive Strategie der Curriculumentwicklung* umfasst folgende Schritte:

1. Festlegung von Inhaltseinheiten I_1, I_2, …, I_n,
2. additive Identifikation von Lehrmethoden, die als geeignet für die Vermittlung der Inhalte beurteilt werden: $I_1 + M_1$, M_2, …, M_k; $I_2 + M_1$, M_2, …, M_k; $I_n + M_1$, M_2, …, M_k,
3. Prüfung, ob diese Lehrmethoden den Erwerb von Qualifikationen Q_{e1}, Q_{e2}, …, Q_{el} fördert oder behindert,

4. Analyse, welche Qualifikationen Q_{me1}, Q_{me2}, …, Q_{mel} darüber hinaus erworben werden,
5. Prüfung, welche Lebenssituationen aus 3. und 4. zu gestalten sind,
6. Prüfung, ob diese Lebenssituationen (aus der Sicht einer kritischen Gesellschaftstheorie) wünschenswert sind.

Wie sich zeigt, weisen Bedarfsanalyse und Curriculumentwicklung manche Gemeinsamkeiten, aber auch einige markante Unterschiede auf. Der wohl wichtigste Unterschied betrifft die Inhaltsebene. Während Lehrinhalte den Ausgangspunkt der Curriculumentwicklung bilden und mit zu erwerbenden Qualifikationen kombiniert werden, rücken die Inhalte bei der Bedarfsanalyse im Rahmen von *instructional design* in den Hintergrund. Das hat vor allem damit zu tun, dass *instructional design* relativ selten im schulischen Bereich zur Anwendung gelangt (Dick und Reiser 1989) und seinen Hauptanwendungsbereich in der betrieblichen Fort- und Weiterbildung hat (Seel 1999). Während in der Curriculumentwicklung die Feststellung der Lehrinhalte und ihre Umformung in Lernaufgaben im Vordergrund stehen (Seel 1981), betonen manche Autoren im Bereich des *instructional design* die Bedeutung von Schul- und Lehrbüchern, an denen sich die inhaltlichen Entscheidungen orientieren: „Fachbücher treiben das Curriculum" (Dick und Reiser 1989). Wenn demgegenüber in der Literatur zum didaktischen Design von *task analysis* die Rede ist, dann üblicherweise nicht im Sinne einer (Lern-)Aufgabenanalyse, die Lehrinhalte und Lernhandlungen miteinander verknüft (vgl. Schott 1975), sondern im Sinne einer Tätigkeits- oder Jobanalyse (vgl. Jonassen et al. 1999).

Bedarfsanalyse und die Planung komplexer Bildungsprogramme

Bedarfsanalysen im Rahmen von *instructional design* und Curriculumentwicklung sind mit der Planung und Entwicklung komplexer Bildungsprogramme befasst, die sich über Monate, manchmal sogar Jahre erstrecken können. Beispiele für dieses *Großformat der Bedarfserhebung* sind die weitreichenden Bildungsreformen in Entwicklungsländern (vgl. Fretwell et al. 2001; Morgan 1988, 1989), die nach den Prinzipien der strategischen Bildungsplanung im oben dargelegten Sinne durchgeführt wurden.

Ein anderes Beispiel für eine großformatige Bedarfsanalyse bieten Menzel und Messina (2011) für den Hochschulbereich: *Training needs analysis* (TNA) wurde durchgeführt, um den Trainingsbedarf von Beschäftigten des Royal Australian and New Zealand College of Radiologists zu erheben, damit die künftige Richtung der Aus- und Weiterbildung der Hochschule festgelegt werden kann. Die aus der Bedarfsanalyse hergeleitete Rahmenkonzeption für Lernen und Entwicklung sollte einen breiten Bereich an Aktivitäten abdecken, um die Einsatzmöglichkeiten und die Leistungsfähigkeit des Personals zu verbessern. Ausdrücklich wird darauf verwiesen, dass damit nicht nur klinisches Wissen und technische Fertigkeiten gemeint sind, sondern auch Einstellungen und Verhaltensweisen des Personals.

Wichtig ist es zu beachten, dass Bedarfsanalysen stets für bestimmte Personengruppen, eine Organisation oder ein Unternehmen mit dem Ziel durchgeführt werden, die Effektivität oder Produktivität zu steigern. So sucht z. B. ein Unternehmen nach Wegen, den Kundenservice zu verbessern; die Zielgruppe sind dann Angestellte und Kunden des Unternehmens. Ein anderes Beispiel kann eine Hilfsorganisation wie die freiwillige Feuerwehr eines Ortes sein, die prüft, welche Finanzmittel für die Verbesserung der Infrastruktur in absehbarer Zeit notwendig werden. Wiederum ein anderes Beispiel bietet ein Schulbezirk, der daran interessiert ist, die verfügbaren Lehrkräfte effizient einzusetzen. Die Zielgruppen sind in diesem Fall die Lehrer und Eltern des Schulbezirks. Wird eine Bedarfsanalyse im Auftrag der Öffentlichkeit durchgeführt (z. B. im Bereich Umweltschutz), um vielen Individuen und nicht nur einer speziellen Gruppe zu nützen, dann fokussieren die Ziele auf das, was erforderlich ist, um die Situation der Individuen zu verbessern – mittels der Veränderung von Wissen, Verhalten und der Lebensbedingungen. In einem solchen Falle entspricht die Bedarfsanalyse fast einer Marktanalyse.

Damit die Ergebnisse von Bedarfsanalysen nutzbar gemacht werden können, folgen auf die Bedarfsanalysen üblicherweise *Zielvereinbarungen*. Für den schulischen Bereich könnte eine solche Zielvereinbarung wie folgt lauten:

Wir sind bestrebt,

- die akademischen Leistungen aller Schülerinnen und Schüler so zu verbessern, dass sie den hohen Ansprüchen in verantwortlicher Weise entsprechen;
- die Schülerinnen und Schüler auf eine sich technologisch rasch verändernde Welt vorzubereiten;
- bildende Künste und curriculare Aktivitäten zu fördern, um die Entwicklung der gesamten Persönlichkeit zu unterstützen;
- eine bessere Kommunikation mit den Eltern und eine Stärkung der elterlichen Beteiligung zu erreichen;
- hervorragende Lehrkräfte einzustellen und beizubehalten;
- exzellente technische Einrichtungen zu planen, auszubauen und auszustatten, die Lehren und Lernen unterstützen;
- das physische und emotionale Wohlbefinden aller Schülerinnen und Schüler zu fördern;
- die Schülerinnen und Schüler auf die Anforderungen des zukünftigen Arbeitsplatzes und Kompetenzen des Erwachsenenlebens vorzubereiten

(Quelle: ▶ www.dpi.state.nd.us/title1/schlwide/.../sample2.pdf).

Vergleichbar damit sind die Leipziger Thesen und die Zielformulierungen der Bildungskommission NRW (1995) und ähnliche Zielvereinbarungen. Sie sollen aus der Sicht der Bildungspolitik Schulprogramme spezifizieren, die das besondere Profil einer Einzelschule anhand von Zielsetzungen definieren.

Bedarfsanalysen, die den empirischen Hintergrund für Zielvereinbarungen und strategisches Planen im Bereich von Bildung und Erziehung konstituieren, sind selbstverständlich nicht auf den schulischen Bereich beschränkt, sondern betreffen insbesondere auch Aus-, Fort- und Weiterbildung in Unternehmen, die dort als zentraler Bestandteil des strategischen Managements betrachtet werden. In diesem Kontext werden Bildungsmaßnahmen als Mittel verstanden, die eine Verbesserung der Unternehmensleistung durch Mehrung des sozialen Kapitals bewirken sollen. Den Ausgangspunkt für ein strategisches Management unter Einbezug von Aus-, Fort- und Weiterbildung sehen Experten wie Kaufman et al. (2003) oder Aguinis und Kraiger (2009) in einer Bedarfsanalyse, wie sie bis hierher vorgestellt wurde. Das strategische Management von Bildungsmaßnahmen umfasst aber mehr als eine Bedarfsanalyse.

5.3.2 Bildungsmanagement: Gegenstand und Aufgabenbereiche

Jakob: „Ich habe gerade im Internet gestöbert und jede Menge an Studienangeboten für Bildungsmanagement an deutschen Hochschulen gefunden. Das scheint ja ein richtiger Boom zu sein."

Anna: „Und was macht man als Bildungsmanager?"

Jakob: „Oh, da wird behauptet, dass so ein Studiengang für Führungsaufgaben in den unterschiedlichsten Bildungseinrichtungen qualifiziert und dass die Absolventen gute Berufsaussichten in Trainings- und Beratungseinrichtungen, vor allem in der Leitungsebene von Bildungseinrichtungen hätten. Das wird Educational Leadership genannt."

Anna: „Ich denke, dass das eine ziemlich dreiste Behauptung ist. So viele Bildungseinrichtungen, die von einem Bildungsmanager erfolgreich geführt werden sollen, gibt es doch gar nicht, um über Jahre alle Absolventen all dieser Studiengänge unterzubringen."

Jakob: „Na ja, so ganz kann ich da nicht zustimmen. Das Statistische Bundesamt hat nämlich festgestellt, dass die Zahl der Bildungseinrichtungen in freier Trägerschaft sich seit 1988 um 26 % erhöht hat. Und die brauchen doch eine qualifizierte Leitung und ein gutes Management."

Anna: „Ja, aber zugleich ist die Zahl der Einrichtungen in öffentlicher Trägerschaft um 18 % gesunken. Und außerdem: Was heißt denn eigentlich Bildungseinrichtung? Damit ist doch auch jede Schule und jeder Kindergarten gemeint. Und die sollen einen Bildungsmanager als Leiter brauchen? Da gackern doch die Hühner!"

Jakob: „Ich auch! Ich glaube, dass manche Hochschule da einfach einem Trend nachläuft, aber so etwas wie eine Bedarfsanalyse nie durchgeführt hat."

5.3.2.1 Bildungsmanagement: Modetrend oder pädagogische Notwendigkeit?

Mit *Bildungsmanagement* werden Fragen der Personalführung, Programmplanung, Qualitätsentwicklung und -kontrolle, des Innovations- und Changemanagements und des Bildungscontrollings verknüpft. Auch *Bildungsmarketing* gehört zur Wortfamilie. Das sind mehrheitlich Begriffe, die aus der Ökonomie stammen und darauf hindeuten, dass Bildung primär unter wirtschaftlichen Aspekten betrachtet wird. Letztlich geht es darum, Bildung für die Entwicklung von Organisationen gewinnbringend zu *vermarkten*. Das ist die negative Sicht auf das gegenwärtige Geschehen. Sehr pointiert hat Hensel (2009) kritisiert, dass alles und jedes überall und immer profitabel verwertet werden soll und Bildung nur noch der Mehrung des ökonomischen Kapitals diene: Kapitalismus als Sozialisationsinstanz! Andererseits weist die Betonung von Bildungsmanagement auf den zentralen Stellenwert von Bildung für die Entwicklung von Personen, Organisationen und letztlich der Gesellschaft hin. Unbestreitbar ist, dass Bildungseinrichtungen eines Managements bedürfen, um den überantworteten Aufgaben gerecht zu werden.

Management und Bildungsmanagement

Management wird in diesem Lehrbuch verstanden als „ein System von Aufgaben, die sich […] als Gestalten, Lenken (Steuern) und Weiterentwickeln zweckorientierter soziotechnischer Organisationen zusammenfassen lassen" (Dubs et al. 2004, S. 70). Dabei betont das Konzept der soziotechnischen Organisation die Notwendigkeit, Menschen und Technologien zu organisieren und ihren Zusammenschluss so zu strukturieren, dass ein spezifisches Ergebnis produziert wird (vgl. Sydow 1985).

Bildungsmanagement bezeichnet die Gestaltung, Steuerung und Entwicklung von soziotechnischen Systemen, die dem Zweck der (Aus-, Fort- und Weiter-)Bildung von Menschen mit dem Ziel der Urteils- und Handlungsfähigkeit dienen (vgl. Müller 2007).

Wenn von *Management* die Rede ist, muss unterschieden werden zwischen seiner Funktion und den Personen, die diese Funktion ausüben. Nimmt man z. B. die Bildungseinrichtung Schule, so obliegt das Management der Schulleitung, die die Verantwortung für den ordnungsgemäßen Dienstbetrieb trägt. Bildungspolitische Reformmaßnahmen und die Erweiterung der Eigenverantwortung von Schulen erhöhen die Ansprüche an die Schulleitung ebenso wie die Forderung nach einer stärkeren Erfolgs- und Qualitätskontrolle (Wissinger 2000). Zunehmend werden an Schulleiter Anforderungen gestellt, die unter den Begriff des *pädagogischen Managements* fallen (Dörfler 2007).

Zu den typischen *Funktionen* oder Aufgaben eines *pädagogischen Managements* gehören dabei die Planung und die administrative Organisation der Bildungseinrichtung, die Führung des Personals und die Erfolgskontrolle. Es geht darum, günstige Rahmenbedingungen für das Kerngeschäft der Pädagogik zu schaffen, das darin besteht, zielorientiert Lehr-Lern-Prozesse zu organisieren. Ob das, was dabei herauskommt, als „gut" befunden wird, hängt dann u. a. von Qualitätsstandards, Kosten-Nut-

Tab. 5.2 Volkshochschulstatistik für Deutschland im Jahr 2012 (Huntemann und Reichart 2013, S. 2)

Grundgesamtheit	924 Volkshochschulen sind im Berichtsjahr Mitglieder in den 16 VHS-Landesverbänden. In die Volkshochschulstatistik eingegangen sind Daten von 911 Volkshochschulen mit insgesamt 3118 Außenstellen
Personalstruktur	691 Volkshochschulen (75,9 %) werden hauptberuflich geleitet. Für pädagogisches Personal stehen ähnlich wie im Vorjahr 3247 Stellen zur Verfügung; davon sind 74,8 % unbefristet. Verwaltungsstellen gehen etwas zurück auf 3782 Stellen; sie sind in der Mehrzahl unbefristet (91,1 %). 187.000 freie Mitarbeitende sind überwiegend als Leitende von Veranstaltungen eingesetzt
Finanzen	Das Finanzvolumen [...] beträgt aktuell 994 Millionen Euro. Der Anteil der Teilnahmegebühren steigt auf 39,6 %; „andere Einnahmen" (SGB-, EU- und Bundesmittel sowie sonstige Einnahmen) sinken auf 19,3 %. Der Anteil der öffentlichen Zuschüsse am Finanzvolumen von Volkshochschulen erhöht sich auf 41,1 %. Dabei wenden Kommunen und Länder insgesamt weniger Mittel für Volkshochschulen auf
Veranstaltungen	Kurse und Lehrgänge entwickeln sich rückläufig (2,0 % weniger Unterrichtsstunden; 1,7 % weniger Belegungen): In 572.599 Kursen werden 14.733.738 Unterrichtsstunden durchgeführt, mit 6.279.535 Belegungen. 40,0 % aller Kursstunden finden im Sprachenbereich statt, gefolgt von Gesundheit mit 20,0 %. Es folgen Arbeit und Beruf mit 12,5 %, Kultur und Gestalten mit 11,0 %, Grundbildung und Schulabschlüsse mit 9,6 % sowie Politik, Gesellschaft und Umwelt mit einem Anteil der Unterrichtsstunden von 4,5 % [...]

zen-Erwägungen und den gesellschaftlichen Erwartungen ab. Um die Dimensionen und Aufgaben von Bildungsmanagement zu verdeutlichen, gehen wir im Folgenden zunächst auf das Beispiel der Volkshochschulen ein.

Beispiel Volkshochschule

In Deutschland, Österreich und der Schweiz ist die Volkshochschule (VHS) eine gemeinnützige Einrichtung zur Erwachsenen- und Weiterbildung. Volkshochschulen sind dem quartären Bildungsbereich der Weiterbildung zugeordnet. Einen Eindruck von der Größenordnung dieser Bildungseinrichtung in Deutschland geben die in Tab. 5.2 wiedergegebenen Daten der Volkshochschulstatistik für das Jahr 2012.

Dass eine Bildungseinrichtung dieser Größenordnung ein effektives Betriebs- und Prozessmanagement braucht, bedarf keiner weiteren Begründung. Ihrem gesellschaftlichen Auftrag entsprechend stehen im Mittelpunkt ihrer Arbeit die Entwicklung, Planung und Durchführung von Weiterbildungsprogrammen, verbunden mit entsprechenden Dienstleistungen. Obwohl die Formulierungen im Einzelnen variieren, wird der gesellschaftliche und politische Auftrag an eine VHS dahingehend spezifiziert, durch ein anspruchsvolles und flächendeckendes Angebot Bildungsdefizite abzubauen, die Vertiefung und Ergänzung vorhandener oder den Erwerb neuer Kenntnisse, Fähigkeiten und Qualifikationen zu ermöglichen und zu selbstständigem, eigenverantwortlichem Handeln im persönlichen, beruflichen und öffentlichen Leben zu befähigen.

Für die Erfüllung des Bildungsauftrags ist die Leitung einer VHS verantwortlich. Neben mannigfaltigen operativen Aufgaben des Betriebsmanagements (Steuerung des Dienstbetriebs, Abstimmung und Koordination der Arbeits- und Funktionsbereiche, Ressourcenbewirtschaftung, Infrastrukturmanagement, Dienst- und Fachaufsicht) sind Personalentwicklung, Personalführung und Personaleinsatz die genuinen Aufgaben im Bereich des *pädagogischen Managements* einer VHS-Leitung. Um diesen Aufgaben gerecht zu werden, wird erwartet, dass sich die VHS-Leitung kontinuierlich über theoretische Entwicklungen der Erwachsenenpädagogik, aktuelle erwachsenenpädagogische Entwicklungen sowie über gesellschaftliche Entwicklungen und deren Implikationen für die Bildungsarbeit an Volkshochschulen informiert und sich sowohl am pädagogischen Fachdiskurs als auch an der bildungspolitischen Diskussion beteiligt und darauf Einfluss nimmt. Die Leitung einer VHS repräsentiert die Volkshochschule nach außen und vermittelt die Bildungsaufgabe in Gesellschaft und Politik, sie nimmt am lokalen öffentlichen Leben teil und sorgt für geeignete Kooperations- und Beteiligungsmöglichkeiten.

Qualitätsmanagement und Infrastrukturmanagement einer VHS sind dabei nach innen gerichtet. Neben Wirtschaftsplanung und Haushaltskontrolle, Investitionsplanung, Mittelbeschaffung und Gewährleistung der Wirtschaftlichkeit gehört die Ressourcenbewirtschaftung zu den wichtigen operativen Aufgaben der VHS-Leitung. Damit ist das *Infrastrukturmanagement* der VHS angesprochen, das insbesondere auch die Bewirtschaftung der Immobilien, Räume, Ausbildungs- und Werkstätten, technischen Ausstattungen usw. umfasst. Ein weiterer Schwerpunkt liegt im *Qualitätsmanagement*, insofern die VHS-Leitung unter Mitwirkung des Personals die zentralen Prozesse und Abläufe zum Erreichen der Ziele strukturiert und organisiert, die Effektivität und Effizienz der Rahmenbedingungen und der Leistungsprozesse überprüft, die unterschiedlichen Funktions- und Arbeitsbereiche koordiniert und den Informationsaustausch sowie die Kommunikation zwischen den Beschäftigten fördert.

Darüber hinaus schreibt der Landesverband Niedersachsen den Leitern der Volkshochschulen auch die Aufgabe des *Bildungsmarketings* zu:

> Bedarfsanalyse, Marktbeobachtung, Programmentwicklung, offensive Erschließung neuer Aufgabenfelder und Dienstleistungen sind [...] unternehmerische Leitungsaufgaben zur Positionierung der VHS auf dem Weiterbildungsmarkt (Landesverband der Volkshochschulen Niedersachsens 2001, S. 14).

Bildungsmanagement als Gegenstand der Pädagogik

Beim Bildungsmanagement sind Funktion und Institution stets aufeinander bezogen. Das gilt nicht nur für die VHS, sondern auch für andere Bildungseinrichtungen und -sektoren wie Schulen, Unternehmen und Betriebe, aber auch bereichsübergreifend für das Management neuer Medien in Bildungseinrichtungen (z. B. Henninger und *Mandl* 2009). Publikationen zum Manage-

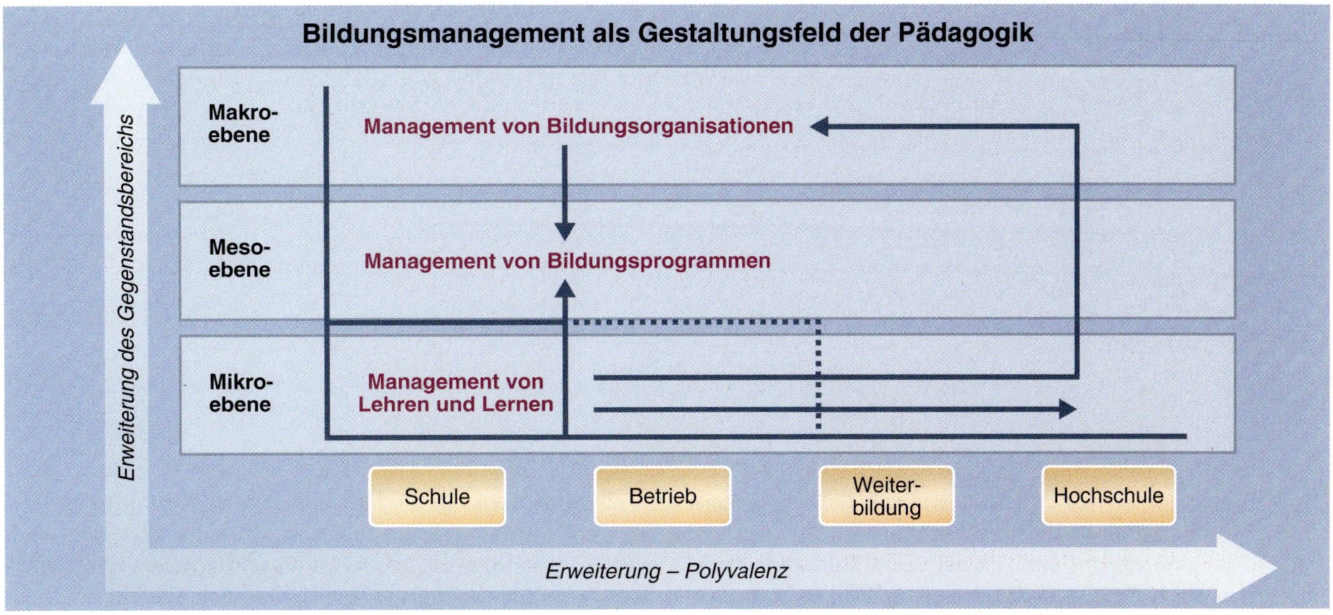

Abb. 5.11 Bildungsmanagement als Arbeitsgebiet der (Wirtschafts-)Pädagogik. (Nach Seufert 2013)

ment in verschiedenen Bildungssektoren gibt es mittlerweile in großer Zahl – z. B. für den Bereich *Schule* (Dörfler 2007; Dubs 2005; Röbken 2008), *Unternehmen* (Diesner 2008) und die *betriebliche Weiterbildung* (Falk 2000; Gonschorrek 2003) wie auch für den tertiären Bildungsbereich (Seufert 2008; Stamm 1999). Man kann daher festhalten:

Bildungsmanagement ist ein Gestaltungs- und Handlungsfeld der Pädagogik, das sich auf unterschiedliche institutionelle Bildungssektoren und -kontexte (z. B. Schulen, Hochschulen, betriebliche Aus- und Weiterbildung, Erwachsenenbildung) bezieht und auf unterschiedlichen Ebenen der Planung angelegt ist (Abb. 5.11).

Im Unterschied zu Studienprogrammen, die Bildungsmanagement als eine eigenständige Disziplin mit einem abgrenzbaren beruflichen Handlungsfeld begreifen (z. B. Gonschorrek 2003; Griese und Marburger 2011), betrachtet Seufert (2013) Bildungsmanagement als *Gestaltungsfeld der Wirtschaftspädagogik* (vgl. auch Bader und Sloane 2002). Das ist unseres Erachtens konsequent, da in der Wirtschaftspädagogik pädagogischer und ökonomischer Sachverstand zusammenwirken, was allgemein als Voraussetzung für ein gelingendes Bildungsmanagement verstanden wird (vgl. Behrmann 2006; Müller 2007). Schließlich verbindet Bildungsmanagement die fachlichen Perspektiven der Erziehungswissenschaft und Betriebswirtschaftslehre im Hinblick auf die Personal- und Organisationsentwicklung.

5.3.2.2 Handlungsfelder des Bildungsmanagements: ein Strukturmodell

Bildungsmanagement als eine *Domäne* pädagogischen Handelns begreifend, die eine innere und äußere Struktur aufweist, unterscheidet Gessler (2009) verschiedene Handlungsfelder von Bildungsmanagement, die in einen umfassenderen Sinn- und Handlungszusammenhang der Organisationsentwicklung eingebettet sind. Die innere Struktur von Bildungsmanagement wird auf der Grundlage zentraler Handlungsfelder bestimmt, der äußere Kontext durch den gesellschaftlichen Strukturwandel und veränderte Anforderungen an die Aus-, Fort- und Weiterbildung.

Hörmann (2009) hat mittels einer Delphi-Studie drei Handlungsprofile als Kombinationen verschiedener Handlungsfelder identifiziert:

1. Entwicklung, Gestaltung und Produktion von bildungsbezogenen Dienstleistungen,
2. deren Implementation, Management und Durchführung und
3. Bewertung bzw. Evaluation der bildungsbezogenen Dienstleistungen.

Gessler (2009) legt dieser Unterscheidung von Handlungsfeldern zwei Perspektiven zugrunde:

1. (Ziel-)*Objekte* und
2. *Prozesse* des Bildungsmanagements.

Objekte. Bei den Objekten unterscheidet er zwischen Bildungsprodukt, Bildungspersonal und Bildungsorganisation im Sinne einer Handlungseinheit. *Bildungsprodukt* bezeichnet das gesamte Bildungsangebot als Leistungsspektrum einer Bildungseinrichtung (z. B. die Sprachkurse der VHS oder Lehrgänge der betrieblichen Fort- und Weiterbildung), mit *Bildungspersonal* sind die pädagogischen Mitarbeiterinnen und Mitarbeiter angesprochen, und *Bildungsorganisation* umfasst die institutionellen Bedingungen einer Bildungseinrichtung. Damit ist die Ressourcenbewirtschaftung ebenso angesprochen wie die Ablauforganisation der internen Arbeitsvorgänge.

Prozesse. Bei den Prozessen unterscheidet Gessler zwischen Basis-, Steuerungs- und Innovationsprozessen. *Basisprozesse* sind die auf Dauer angelegten grundlegenden operativen Verfahren einer Bildungseinrichtung. Demgegenüber werden als *Steuerungsprozesse* alle auf Dauer angelegten Verfahren der Quali-

Tab. 5.3 Objektbezogene Handlungsfelder des Bildungsmanagements (Gessler 2009, S. 21)

		Objektkategorien		
		Bildungsprodukt	**Bildungspersonal**	**Bildungsorganisation**
Prozesskategorien	**Basisprozesse**	*Lernen und Lehren*	*Wissensmanagement*	*Bildungsmarketing*
	Steuerungsprozesse	Transfermanagement und Evaluation	*Personalmanagement und Personalführung*	*Bildungscontrolling*
	Innovationsprozesse	Programmentwicklung und Revision	Entrepreneurship*	*Changemanagement*

* *Entrepreneurship* bezeichnet eine unternehmerische Initiative und ist als Prozess des Identifizierens und als Beginn eines geschäftlichen Unternehmens, des Organisierens der erforderlichen Ressourcen und der Übernahme von Risiken und Gewinnen zu begreifen.

tätssicherung und -verbesserung bezeichnet. *Innovationsprozesse* wiederum sind zeitlich befristete Verfahren, die auf wesentliche Änderungen der Struktur und Funktion einer Bildungseinrichtung zielen. Für Gessler sind Steuerungs- und Innovationsprozesse wertschöpfende Verfahren und zielen u. a. auf Wirtschaftlichkeit und Effizienz, aber auch auf Selbstbestimmung und die soziale Eingebundenheit der Mitarbeiter.

Aus der Kombination der jeweils drei Objekt- und Prozesskategorien resultieren neun objektbezogene Handlungsfelder des Bildungsmanagements. Mit den kursiv gedruckten Feldern in Tab. 5.3 befassen sich die folgenden Ausführungen.

Über die objektbezogenen Handlungsfelder hinausgehend umfasst Bildungsmanagement auch übergreifende Handlungsfelder wie lebenslanges Lernen, Qualitätsmanagement und Projektmanagement. In dem Modellansatz von Gessler richten sich die Basisprozesse auf das lebenslange Lernen, während sich Steuerungsprozesse auf das Qualitätsmanagement und Innovationsprozesse auf das Projektmanagement beziehen (vgl. Gessler 2009).

Basis-, Steuerungs- und Innovationsprozesse sind in *kontextbezogene Handlungsfelder* eingebettet, die den Prozessen Sinn und Orientierung verleihen. Die kontextbezogenen Handlungsfelder konstituieren den äußeren Rahmen von Bildungsmanagement, und als Außenstruktur weisen sie den objektbezogenen Handlungsfeldern eine unternehmensstrategische Bedeutung zu. Zugleich weist Bildungsmanagement als Komposition von Bildung und Management eine *Binnenstruktur* auf (Gessler 2009). Dementsprechend ist zwischen den gesellschaftlichen und institutionellen Rahmenbedingungen und der Binnenstruktur der speziellen Bildungseinrichtung (z. B. Schule, VHS, Betrieb) zu unterscheiden. In der Zusammenfassung der unterscheidbaren Handlungsfelder ergibt sich das in Abb. 5.12 dargestellte komplexe Strukturmodell der Handlungsfelder.

Gessler (2009) hat diese Handlungsfelder mehr als 100 Bildungsexperten aus Unternehmen zur Bewertung vorgelegt; das Ergebnis der Befragung bestätigt laut Gessler die getroffene Auswahl mit einer Zustimmungsquote von über 90 %.

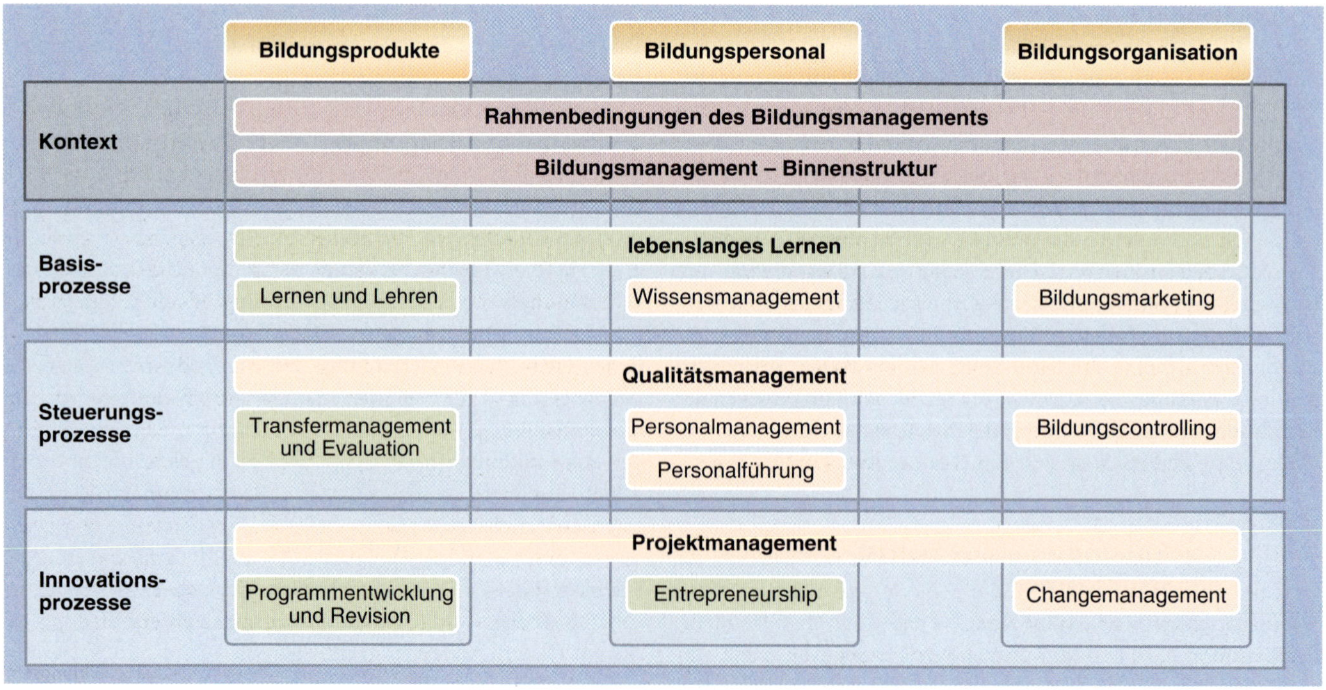

Abb. 5.12 Strukturmodell der Handlungsfelder von Bildungsmanagement. (Gessler 2009, S. 23)

Wir legen das Strukturmodell den folgenden Ausführungen zugrunde, wobei wir uns auf die in Abb. 5.12 hervorgehobenen Komponenten konzentrieren werden. Eine ausführliche Beschreibung aller Handlungsfelder findet der Leser in dem von Gessler (2009) herausgegebenen Buch *Handlungsfelder des Bildungsmanagements* (vgl. auch Griese und Marburger 2011; Seufert 2013).

Aufgaben zum Festigen des neuen Wissens

1. Benennen Sie die wesentlichen Schritte der Bildungsplanung und erläutern Sie diese Schritte.
2. Welche Fragen sind bei einer Bildungsbedarfsanalyse zu klären?
3. Benennen Sie Instrumente zur Bedarfsanalyse und diskutieren Sie deren Vor- und Nachteile.
4. Erklären Sie, wozu ein *needs assessment* dient und wie es praktisch durchgeführt werden kann.
5. Welche Aufgaben erfüllt das Bildungsmanagement?
6. Mit welchen Herausforderungen hat die Bildungsplanung zu kämpfen?

Aufgaben zum Weiterdenken

1. Diskutieren Sie, warum eine Volkshochschule Bildungsmanagement braucht.
2. Erarbeiten Sie einen Plan für ein systematisches *needs assessment* für die Volkshochschule Ihrer Stadt. Verordnen Sie Ihre Maßnahmen auf den verschiedenen Ebenen, auf denen Bedarfsanalysen möglich sind, und begründen Sie Ihr Vorgehen. Beschreiben Sie außerdem, welche Instrumente Sie zur Durchführung nutzen würden.
3. Stellen Sie sich vor, Sie möchten ein Bildungsunternehmen in der freien Wirtschaft gründen. Welche Schritte im Hinblick auf das *needs assessment* würden Sie durchführen und wie? Begründen Sie Ihr Vorgehen.
4. Das Unternehmen OptiFit entwickelt und produziert innovative Sensoren.
   Für einen Großauftrag für einen Kunden aus den Vereinigten Arabischen Emiraten muss die bestehende Entwicklung und Produktion von 120 auf 230 Beschäftigte ausgebaut werden. Für die Montage vor Ort werden 35 Fachkräfte in die Vereinigten Arabischen Emirate geschickt und weitere 20 vor Ort rekrutiert.
   Sie sind Unternehmensberater/in und haben die Aufgabe, OptiFit ein Konzept vorzuschlagen, ob und wie sowohl neu eingestellte als auch bestehende Mitarbeiter qualifiziert werden müssen, um diese Aufgabe zu bewältigen.
   Bitte erstellen Sie hierfür einen Plan, wie Weiterbildungsbedarf festgestellt werden kann und welche individuellen Besonderheiten während der Weiterbildungsphase berücksichtigt werden müssen. Begründen Sie Ihr Vorgehen.

Weiterführende Literatur

- Diesner, I. (2008). *Bildungsmanagement in Unternehmen. Konzeptualisierung einer Theorie auf der normativen und strategischen Ebene.* Wiesbaden: Gabler.
- Kaufman, R. et al. (2003). *Strategic planning for success: Aligning people, performance, and payoffs.* New York: Wiley.
- Marburger, H., & Griese, Chr. (Hrsg.) (2011). *Bildungsmanagement: Ein Lehrbuch.* München: Oldenbourg.
- Rothwell, W.J., & Kazanas, H.C. (2008). *Mastering the Instructional Design Process. A systematic Approach* (4. Aufl.). San Francisco: Wiley.

5.4 Organisations- und Personalentwicklung

Aufgabe als Denkanstoß

Inwieweit, würden Sie sagen, unterscheidet sich die Organisations- und Personalentwicklung in Bildungseinrichtungen wie z. B. privaten Bildungsunternehmen oder Privatschulen von Entwicklungsprozessen in Wirtschaftsunternehmen? Gibt es Unterschiede?

„Bildung braucht Management"

Unter diesem Slogan versammeln sich derzeit zahlreiche Initiativen, die dem Ziel dienen, die Qualität des Bildungssystems zu fördern und nachhaltig zu sichern. Eine dieser Initiativen ist in Deutschland der vom Bundesministerium für Forschung und Bildung geförderte Forschungsschwerpunkt *Steuerung im Bildungssystem*. Gefördert wurden bisher die Schwerpunkte Innovationen der Organisationssteuerung, Folgen der Umstrukturierung von Bildungsverwaltungen und Steuerungseffekte auf Unterricht und Bildungseinrichtungen in schwieriger Lage. In Bezug auf das Schulsystem werden solche Initiativen vom politischen Willen der Entscheidungsträger getragen, die Regulierung des Schulsystems zu intensivieren und zugleich eine erweiterte Selbstständigkeit und Eigenverantwortung von Schulen zu erzielen.

Bildungsmanagement wird in diesem Zusammenhang, wie oben beschrieben, mit der Festsetzung von Zielen, der inneren Gestaltung von Bildungseinrichtungen (z. B. Schulen) und der Steuerung der Zielerreichung verknüpft. Dabei wird zwischen Objekt-, Prozess- und Betriebsmanagement unterschieden.

Objektmanagement – Objektmanagement dient der Aufgabe, Bildungseinrichtungen so zu organisieren und zu gestalten, dass optimale Bedingungen gegeben sind, die ein reibungsloses und effektives Handeln der verantwort-

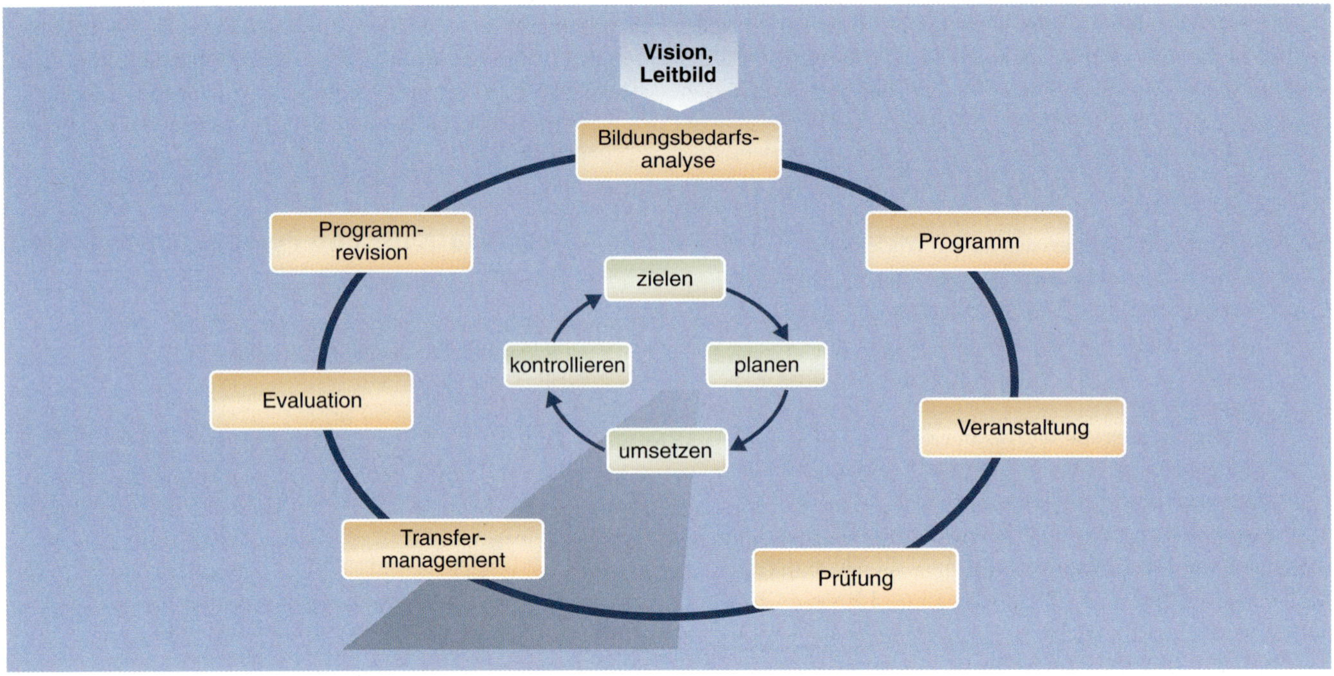

Abb. 5.13 Phasen des Bildungsprozessmanagements (Müller 2007, S. 114)

lichen Personen ermöglichen. Die Funktion von Objektmanagement ist es, alle infrastrukturellen, technischen und betriebswirtschaftlichen Vorgänge zu organisieren, die die Unterhaltung von Bildungseinrichtungen betreffen. Beispielsweise ist dafür zu sorgen, dass Schulen optimal ausgestattetet werden, um ihren Aufgaben entsprechen zu können.

Betriebsmanagement – Mit dem Objektmanagement eng verbunden ist das Betriebsmanagement, das die Steuerung und Organisation der betrieblichen, personalen und finanziellen Rahmenbedingungen einer Bildungseinrichtung umfasst. Betriebsmanagement betrifft dabei u.a. die innere Organisation einer Bildungseinrichtung, Planung, Steuerung und Kontrolle der ablaufenden Prozesse und insbesondere die Stärkung der Leistungsfähigkeit und sozialen Kompetenz der verantwortlich Handelnden.

Prozessmanagement – Prozessmanagement beschäftigt sich mit der Planung, Steuerung und Optimierung von Handlungsabläufen in Bildungseinrichtungen. Es richtet sich also in erster Linie auf die Organisation von Lernumgebungen und die Steuerung von Lehr-Lern-Prozessen im Rahmen einer Bildungseinrichtung.

In diesem Abschnitt werden wir uns mit dem Prozess- und Betriebsmanagement im Bildungswesen befassen, dem unter Maßgabe bildungspolitischer Optionen der Regulierung und Deregulierung eine besondere Bedeutung für die Bildungsplanung und -organisation zukommt.

5.4.1 Prozessmanagement im Bildungsbereich

Die zentrale Aufgabe von Prozessmanagement im Bildungsbereich besteht darin, Bildungs- und Lernprozesse innerhalb eines spezifischen Organisationsrahmens zu initiieren, zu gestalten und zu steuern. Die wesentlichen Bestandteile des Prozessmanagements sind daher die Bedarfsanalyse, die Implementation eines Bildungsprogramms, die Veranstaltung des Programms, die Prüfung der Wirksamkeit und Zielerreichung, eine Transfersicherung sowie die abschließende Evaluation und eventuell eine Revision des Programms.

5.4.1.1 Modell des Prozessmanagements

Dem Verhaltensforscher Konrad Lorenz (1903–1989) wird folgendes Bonmot zugeschrieben:

> » Gedacht ist noch nicht gesagt.
> Gesagt ist noch nicht gehört.
> Gehört ist noch nicht verstanden.
> Verstanden ist noch nicht einverstanden.
> Einverstanden ist noch nicht angewendet.
> Angewendet ist noch nicht beibehalten!

Auf dieses Bonmot beziehen sich Müller et al. (2007) bei der Darlegung eines Modells des Prozessmanagements für den Bildungsbereich, in dem die oben genannten Bestandteile als Kreislauf dargestellt werden (Abb. 5.13).

Bildungsmanagement ist in diesem Ansatz als *didaktisches Handeln* im weiteren Sinne konzipiert und umfasst alle Aktionen, die auf die Gestaltung und Steuerung von Bildungsprozessen bezogen sind. Der innere Kreis in der Abbildung stellt ein allgemeines Handlungsmodell mit den Komponenten *Ziele – planen – umsetzen – kontrollieren* dar, das dem Prozessmanagement zugrunde liegt. Der äußere Kreis stellt die einzelnen Handlungsschritte des Prozessmanagements dar. Die dargestellte Prozesskette ist als logisches Modell zur Strukturierung des Bildungsprozessmanagements zu verstehen.

Startpunkt im Modell von Müller ist eine *Bedarfsanalyse*. Auf deren Funktion und Methodik sind wir bereits (▶ Abschn. 5.3.1) ausführlich eingegangen. Unter Bezugnahme auf Kaufman (z.B. 2006) ist festzuhalten, dass Bildungsprozessmanagement nicht nur auf die Initiierung und Gestaltung von Bildungsprozessen innerhalb einer Bildungseinrichtung zielt, sondern auch auf einen weiter gespannten Bildungsmarkt, der sich durch spezifische Interessens- und Bedarfslagen von Angebot und Nachfrage in der

Gesellschaft konstituiert und strukturiert. Ein gutes Beispiel hierfür bilden die Volkshochschulen, die ihr Angebot an der Nachfrage ausrichten (müssen) und auf Bedarfsanalysen angewiesen sind, um langfristig „überleben" zu können (vgl. Stock 2007).

Der nächste Schritt ist die *Programmplanung und -entwicklung* (vgl. Müller und Iberer 2007), die sich auf das Gesamt der Produkte und Dienstleistungen einer Bildungseinrichtung bezieht. Der Programmplanung kann eine angebots- und/oder nachfrageorientierte Strategie zugrunde gelegt werden. Das „Programm" kann das Gesamtangebot einer Bildungseinrichtung sein (z. B. das Angebot einer VHS oder einer Weiterbildungsakademie), aber auch die Entwicklung eines schulinternen Curriculums; es kann sich auch auf einzelne Projekte (z. B. eine Seniorenakademie der VHS, eine Qualifizierungsmaßnahme innerhalb eines Unternehmens, eine hochschuldidaktische Qualifizierung) und auf pädagogische Dienstleistungen (z. B. Lernberatung, Coaching, Moderation von Workshops, Materialien für das Fernstudium) beziehen. Programmplanung zu betreiben, bedeutet deshalb laut Müller et al. (2008), ein vielfältiges Portfolio, d. h. eine Sammlung von Lern- und Unterstützungsmöglichkeiten zu entwickeln.

Im Grunde gilt dies auch für Schulprogramme, in denen Ziele und konkrete Maßnahmen zu ihrer Umsetzung formuliert werden. Ein Schulprogramm ist so etwas wie das Arbeitsprogramm einer Einzelschule. In ihm organisiert eine Schule den Prozess der Realisierung von Entwicklungsvorhaben und Veranstaltungen.

Im Rahmen des Programms einer Bildungseinrichtung sind *Veranstaltungen* als konkrete Bildungsmaßnahmen verortet. Von einer Volkshochschule werden im Rahmen ihrer Aufgaben Bildungsveranstaltungen z. B. als Kurse, Workshops, Vorträge, Podiumsdiskussionen, Seminare und Studienreisen geplant, organisiert und durchgeführt. In Betrieben spielen darüber hinaus Einweisungen in technische Abläufe (z. B. in die Medizintechnik) und Zukunftswerkstätten zu den wichtigen Bildungsveranstaltungen. Auch im schulischen Bereich gibt es über den üblichen Unterricht hinausgehend ein breites Spektrum an Veranstaltungen wie Schulfahrten, Ausflüge und Projektwerkstätten.

Prozessmanagement bezieht sich neben der Planung auch auf die Angebotsqualität von Bildungsveranstaltungen und ist eng mit einem Projektmanagement verbunden. Zum Zwecke der Qualitätssicherung von Bildungsveranstaltungen wird eine „lernerorientierte Qualitätsentwicklung" bzw. Qualitätstestierung empfohlen (vgl. Zech 2007). Die ArtSet® Qualitätstestierung GmbH hat ein solches Verfahren für die Lernerorientierte Qualitätstestierung für Bildungsveranstaltungen (LQB) entwickelt (► http://www.artset-lqb.de).

Zu einem bestimmten Zeitpunkt muss der Erfolg der Bildungsmaßnahme festgestellt werden, d. h., es erfolgt eine *Prüfung*, ob die „Lernziele" erreicht worden sind. Müller weist darauf hin, dass der Schritt der Prüfung fakultativ ist, da z. B. im Bereich der Erwachsenenbildung üblicherweise keine Prüfungen stattfinden. Im schulischen Bereich gehören Prüfungen (Klassenarbeiten, Tests) zum festen Bestandteil von Unterricht.

Bildungsmaßnahmen vor allem im Bereich der Fort- und Weiterbildung sind aber nicht nur darauf ausgerichtet, Lernziele zu erreichen. Vielmehr soll das Gelernte auch langfristig angewendet werden können. Dementsprechend stellt das *Transfermanagement* eine wichtige Komponente des Bildungsprozessmanagements dar. Der Lerntransfer im Sinne der Anwendung des im Unterricht Gelernten auf Alltagsprobleme gehört schon seit langem zum Zielkatalog schulischen Unterrichts (Seel 2003) und auch im Bereich der betrieblichen Aus- und Weiterbildung gilt der langfristige Transfer des Gelernten als vorrangige Zielsetzung, wie eine Delphi-Studie des Swiss Centre for Innovations in Learning zeigt (Diesner et al. 2006).

Transfermanagement ist laut Müller et al. (2007) ein umfassender Prozess der ganzheitlichen und zielgerichteten Gestaltung und Steuerung des Bildungsprozesses mit dem Ziel einer langfristigen, nachhaltigen Bildungswirkung. Davon hebt sich die *Transfersicherung* als ein zeitlich begrenzter Abschnitt im Prozessmanagement ab. Transfersicherung schließt unmittelbar an eine Bildungsveranstaltung an, um sicherzustellen, dass das Gelernte am Arbeitsplatz oder in der Lebenssituation umgesetzt werden kann. Dazu gehören alle Maßnahmen, die ergriffen werden können, um den Transfer zu unterstützen. Zu solchen Maßnahmen gehören beispielsweise sogenannte Follow-up-Veranstaltungen, in denen das Gelernte wiederholt, aufgetretene Schwierigkeiten diskutiert und Verbesserungsmöglichkeiten erarbeitet werden (Müller et al. 2007).

Der nächste Schritt in der Prozesskette ist die *Evaluation* der Effekte von Bildungsmaßnahmen. Die Evaluation kann sich auf das Gesamtprogramm, aber auch auf einzelne Maßnahmen beziehen. Aus den Ergebnissen der Evaluation ergeben sich dabei nicht nur Hinweise auf die Effektivität von Lehrveranstaltungen, sondern gegebenenfalls auch auf notwendige Veränderungen des Bildungsprogramms und seiner Veranstaltungen.

Darauf bezieht sich dann die *Programmrevision*, die der Fortschreibung und Weiterentwicklung eines Bildungsangebots dient. Soll ein Bildungsprogramm über längere Zeit hinweg aufrechterhalten werden, sind wiederholte Modifikationen und Revisionen des Programms erforderlich, um sich den veränderten Rahmenbedingungen anzupassen (vgl. Stock 2007). Damit beginnt dann der Kreislauf aufs Neue.

Vergleicht man diese Konzeption des Prozessmanagements von Bildung mit dem weiter oben beschriebenen Modell der Bedarfsanalyse, das Rothwell und Kazanas (1989, 2008) im Rahmen von *instructional design* entworfen haben (◘ Abb. 5.10), wird eine weitgehende Übereinstimmung erkennbar. Tatsächlich befasst sich die Disziplin des *instructional design* bzw. *Instructional Systems Development* (ISD) seit mehr als 50 Jahren mit dem Problem des Prozessmanagements von Bildungsprogrammen und -maßnahmen als einer wichtigen Komponente der Personal- und Organisationsentwicklung (*Human Resources Development*). So ist auch die Programmplanung und -entwicklung im Rahmen von Bildungsmanagement nicht so neu, wie manche Autoren im deutschsprachigen Raum (z. B. Gessler 2009; Seufert 2013) glauben, sondern steht seit einem halben Jahrhundert im Zentrum von ISD (Seel 2005; Seel und Hanke 2010). Genauso lange befassen sich nordamerikanische Erziehungswissenschaftler auch mit Managementsystemen im Schulbereich unter Einbezug von Konzepten des *operational research* und mit Steuerungsmodellen zum Zwecke der Effizienzsteigerung des Schul- und Bildungssystems (vgl. Connor et al. 1973; Tomlinson 2004). Aus der Sicht des ISD ist das in der deutschsprachigen Literatur herausgestellte Novum von Bildungsmanagement „alter Wein in neuen Schläuchen".

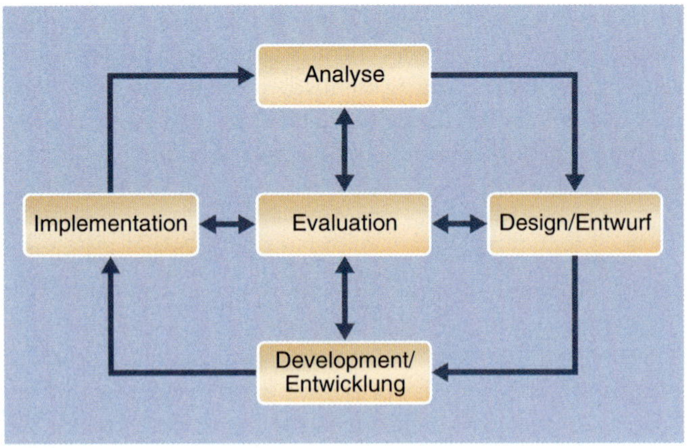

Abb. 5.14 Die Hauptphasen des didaktischen Designs nach ADDIE

5.4.1.2 Prozessmanagement als didaktisches Design

Mit dem Begriff des didaktischen Designs (bzw. *instructional design*) sind *Planungs- und Gestaltungsprozesse* angesprochen, die auf die Entwicklung effektiver Bildungsangebote zielen. Dem weiteren Verständnis legen wir folgende Definition zugrunde:

> » The field of instructional design [...] encompasses the analysis of learning and performance problems, and the design, development, implementation, evaluation and management of instructional and non-instructional processes and resources intended to improve learning and performance in a variety of settings, particularly educational institutions and the workplace (Reiser 2001, S. 57).

In dieser Definition wird die Funktion von didaktischem (bzw. instructional) Design als Management von erzieherischen und anderen Prozessen und Ressourcen konzipiert, die eine Verbesserung von Lernen und Leistungen in einer Vielzahl von Szenarien anstreben, zu denen besonders schulische Einrichtungen, aber auch der Arbeitsplatz zählen. Als eine Planungswissenschaft hat didaktisches Design den Vorzug, dass ihm eine technologische und entscheidungsorientierte Grundhaltung eigen ist, d. h. dass es *Ziele*, *Bedingungen* und *zielerreichende Mittel und Instrumente* in Form bewährter Präskriptionen miteinander verknüpft (vgl. Seel 1999). *Instructional design* ist nicht gleichzusetzen mit Didaktik, da sich nur die enge Variante von *instructional design* auf den Unterricht bezieht; üblicherweise bezieht sich *instructional design* auf das Management von Bildungsprozessen über ausgedehnte Zeitspannen im Kontext umfassender Ausbildungs- und/oder Weiterbildungsprogrammen. Das Spektrum reicht von der Planung einer Bildungsveranstaltung bis zur Planung nationaler Bildungssysteme (z. B. Morgan 1988, 1989).

Ähnlich wie in der allgemeinen Didaktik wurden im Feld des *instructional design* zahlreiche Prozessmodelle entworfen (vgl. Seel und Zierer 2012), die in eine gemeinsame Rahmenkonzeption eingeordnet werden können, die ADDIE genannt wird. ADDIE ist ein Sammelbegriff, der sich auf Prozessmodelle des *instructional design* bezieht, die eine gemeinsame Struktur aufweisen. Als Akronym steht es für *A*nalysis, *D*esign, *D*evelopment, *I*mplementation und *E*valuation. In Abb. 5.14 werden diese Phasen in ihrem funktionalen Zusammenhang dargestellt.

Die Phase der *Analyse* beinhaltet zunächst eine Bedarfsanalyse auf unterschiedlichen Ebenen der Anwendung eines Lehrsystems. Des Weiteren wird eine Analyse der Zielsetzungen und angestrebten Leistungen, der Merkmale der Adressaten und der Aufgaben wie auch eine Kosten-Nutzen-Analyse des geplanten Bildungsprogramms durchgeführt. Zentrale Fragen, die es zu beantworten gilt, sind z. B.:

- Wer sind die Lernenden und durch welche charakteristischen Merkmale zeichnen sie sich aus?
- Wie sehen die gewünschten neuen Verhaltensweisen aus?
- Welche einschränkenden Bedingungen existieren in Bezug auf das Lernen?
- Welche Optionen für die Vermittlung gibt es?
- Welche pädagogischen Betrachtungen sind anzustellen?

Die Phase des *Designs* von ADDIE stellt den Entwurf der Ergebnisse der Lehrmaßnahmen in den Mittelpunkt. In einem „Szenenbuch" (Storyboard) wird die gesamte Struktur einer Lernumgebung skizziert. Im Zentrum stehen die Gesamtplanung der Lehrmaßnahmen und die damit verbundenen Entscheidungen, die sich auf die externen Bedingungen des Lernens (z. B. Lehrmethoden, soziale Interaktionen, Medien und die Organisation der Umgebung) und die Erzeugung eines Prototyps beziehen.

In der *Development*-Phase steht die konkrete Realisierung der in der vorherigen Phase getroffenen Entscheidungen an. Genauer gesagt geht es nun um die Entwicklung einer Bildungsveranstaltung und der erforderlichen Materialien. Dabei liegt der Startpunkt in der Prüfung der Frage, ob bereits vorhandene Materialien (nach eventuell erforderlichen Modifikationen) verwendet werden können oder ob tatsächlich neue Materialien zu entwickeln sind. „Buy it or make it", lautet die Devise in der Phase der konkreten Entwicklung. In vielen Fällen kann es effizienter und kostengünstiger sein, mit bereits vorliegenden Materialien zu arbeiten als neue zu produzieren.

Die Phase der *Implementation* umfasst die konkrete Umsetzung der geplanten Lehrmaßnahmen in einer realen Situation. Üblicherweise läuft dies unter kontrollierten Bedingungen und einer kritischen Prüfung der Verwirklichung ab und ist mit einer formativen Evaluation (bereits während der Entwicklungsphase) verknüpft.

Die Phase der *Evaluation* bezieht sich auf die Prüfung des Erfolgs einer Lernumgebung und der Lehrmaßnahmen. Dementsprechend geht es darum, den Einfluss der Lehrbedingungen auf die Adressaten in Entsprechung mit den eingangs definierten Lehrzielen zu bestimmen. Legt man die übliche Unterscheidung zwischen formativer und summativer Evaluation zugrunde, geht es zum einen um eine prozessorientierte Bewertung der Entwicklung von Unterricht und zum anderen um Qualitätssicherung.

ADDIE hat sich im Verlauf der letzten drei Jahrzehnte zur populärsten Rahmenkonzeption des didaktischen Designs entwickelt.

Es kann als ein vielfach erprobtes Planungs- und Entwicklungsinstrument gefasst werden, für das zahlreiche Handreichungen und Anleitungen zur Durchführung verfügbar sind (z. B. ▶ http://

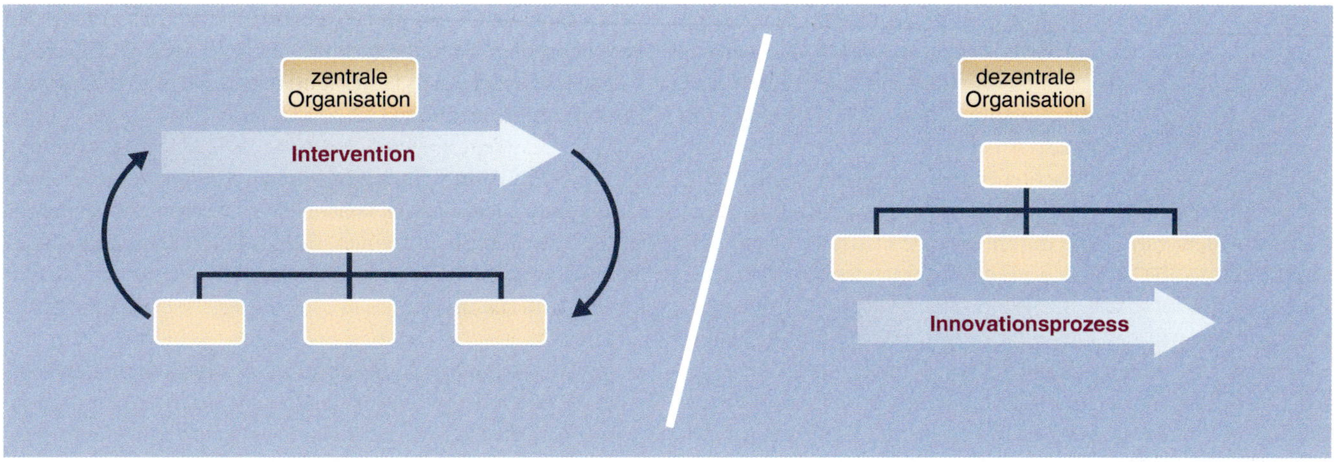

Abb. 5.15 Gegenüberstellung von zentraler und dezentraler Organisation

www.nwlink.com/~donclark/history_isd/addie.html). ADDIE bietet auch eine Grundlage für ein *Projektmanagement* als einem systematischen Prozess zur Führung komplexer Vorhaben. Als Projektmanagement überlässt ADDIE die Lösung anstehender Aufgaben nicht dem Zufall oder der Genialität von Einzelpersonen, sondern führt sie gezielt zu festen Zeitpunkten herbei.

5.4.2 Betriebsmanagement in Bildungseinrichtungen

Betriebsmanagement umfasst als zentrale Bestandteile die Organisationsentwicklung, das Personalmanagement, die Finanzierung, das Bildungsmarketing und das Bildungscontrolling. Bei der *Organisationsentwicklung* stehen notwendige strukturelle Veränderungen der Bildungseinrichtung im Vordergrund, das *Personalmanagement* umfasst die Bereiche der Personalführung und Personalentwicklung. Die *Finanzierung* einer Bildungseinrichtung und ihrer Projekte stellt ihre Leiter infolge knapper Budgets vor manche Probleme, zu deren Lösung fundierte Kenntnisse hinsichtlich der Erschließung von Finanzierungsquellen gehören. Der Stellenwert, der neuerdings Schulprogrammen beigemessen wird, verweist auch im Schulsektor auf die Bedeutung eines effektiven *Bildungsmarketings*, um Angebot und Nachfrage auszubalancieren, wie es Volkshochschulen eigentlich schon immer tun mussten. Schließlich zielt ein *Bildungscontrolling* auf eine permanente Qualitäts- und Wirksamkeitskontrolle von Bildungsprogrammen und -veranstaltungen.

5.4.2.1 Organisationsgestaltung und -entwicklung

Organisationen unterliegen der Veränderung durch technischen Fortschritt und sozialen Wandel. Das gilt für Bildungseinrichtungen ebenso wie für Wirtschaftsunternehmen. Strategien, die diese Veränderung erleichtern oder intensivieren, werden unter dem Begriff der *Organisationsgestaltung und -entwicklung* subsumiert (vgl. Weinert 1998). Versteht man *Organisationsentwicklung als eine Interventionsstrategie*, um zielgeleitete Veränderungen einer Bildungseinrichtung zu bewirken, dann haben Maßnahmen, die alle Beteiligten einbeziehen, wahrscheinlich die besten Realisierungschancen und die höchste Erfolgswahrscheinlichkeit. An dieser Leitidee orientiert sich z. B. der Landesverband der Volkshochschulen Niedersachsens (2001) bei der Formulierung von Richtlinien für VHS-Leitungen:

> » Das gemeinsame Aufgabenverständnis ist bei allen Beschäftigten zu fördern und die Beteiligung aller Mitarbeiterinnen und Mitarbeiter weiterzuentwickeln. Die Kooperation zwischen allen Funktionsbereichen in der VHS zu stärken, die Mitarbeiterzufriedenheit zu fördern, eigenverantwortliches und selbstbestimmtes Handeln zu unterstützen und die Fortbildung und Qualifizierung […] zu gewährleisten, gehören ebenso dazu wie die Förderung des nebenberuflichen Personals (S. 14).

Diese Auffassung, die auch in der betriebswirtschaftlichen Literatur seit langem vertreten wird (z. B. Lauterburg 1980), rückt die *Subjektperspektive* der Organisationsentwicklung in den Vordergrund. Diese ist zu unterscheiden von der *Systemperspektive*, die auf strukturelle Veränderungen einer Organisation (z. B. einer VHS) zielt.

Zwischen den beiden Perspektiven bestehen enge Querverbindungen, so dass daraus die Konzeption einer integrierten Organisationsentwicklung resultiert, die darauf zielt, die Qualifikationen und Kompetenzen der Organisationsmitglieder an die aktuellen und künftigen Anforderungen anzugleichen, die von außen und innen an die Organisation herangetragen werden.

▪ Strukturen den Bedürfnissen der Organisation anpassen

Wenn es um die *Struktur von Organisationen* und ihre Fortentwicklung geht, ist grundsätzlich zwischen einer zentralen und dezentralen Organisation zu unterscheiden. In der betriebswirtschaftlichen Literatur wird die Frage, welche Struktur in Bildungseinrichtungen zu bevorzugen ist, seit langem kontrovers diskutiert. In bildungspolitischen Gutachten zur Regulierung des Bildungs- und Schulwesens (z. B. vbw 2010) wird eine Präferenz für zentrale Organisationsstrukturen erkennbar, während in der Fachliteratur eher dezentralen Organisationsstrukturen der Vorzug gegeben wird, wenn es beispielsweise um die Organisationsgestaltung von Weiterbildungseinrichtungen geht (z. B. Meisel und Feld 2009). In Abb. 5.15 werden die beiden Konzeptionen stark vereinfacht wiedergegeben und einander gegenübergestellt.

Beide Organisationsstrukturen haben ihre Vor- und Nachteile. Zu den Vorteilen einer zentralen Organisation, die zugleich die Nachteile einer dezentralen Organisation sind, zählen eine einheitliche Regelung der Abläufe, einheitliche Entscheidungen, die Bündelung von Expertise sowie die bessere Nutzung der Ressourcen. Zu den Nachteilen der zentralen Organisation, die im Umkehrschluss die Vorteile der dezentralen Organisation darstellen, zählen die mitunter lange Dauer der Entscheidungsfindung, die „Überorganisation", fehlender Spielraum für Entscheidungen vor Ort, mangelnde Flexibilität und Dirigismus. Moderne Formen der Organisation von (Weiter-)Bildungseinrichtungen orientieren sich an Strukturen, in denen die Verbesserung von Teamfähigkeit und Zusammenarbeit, die Verbesserung der Kommunikation zwischen den verschiedenen Ebenen der Organisation, die Herstellung größtmöglicher Transparenz von Entscheidungen und die Schaffung von mehr Selbstkontrolle auf der Agenda stehen, ohne dass die Erfordernis von klaren Regelungen der Zuständigkeiten und Tätigkeitsbereiche in Abrede gestellt wird (vgl. Meisel und Feld 2009).

Jakob: „Du bist doch Mitglied im Fakultätsrat der Uni. Vielleicht kannst du mir die Frage beantworten, ob unsere Uni zentral oder dezentral organisiert ist."

Anna: „Also ich habe den Eindruck, dass es da ziemlich zentralistisch zugeht. Wenn wir eine Sitzung haben, ist praktisch alles bereits vom Fakultätsvorstand vorentschieden. Wir können dann noch herummäkeln, aber im Grunde soll doch nur abgenickt werden, was schon beschlossen ist."

Jakob: „Auch wenn es um die Interessen und Belange der Studierenden geht?"

Anna: „Du hast recht, da gilt das Votum der Studenten schon was."

Jakob: „Ich bin auf meine Frage gekommen, weil ich kürzlich gelesen habe, dass die Reformbemühungen an der Uni allesamt in Richtung Unternehmen laufen und dass die Universitätsleitung das absolute Sagen haben soll."

Anna: „Dann kann sich ein Präsident oder Rektor ja auch Vorstandsvorsitzender nennen lassen. Das ist dann wie bei deinen so heiß geliebten Fußballvereinen. Gibt es in der Bundesliga überhaupt noch einen Verein oder sind das nicht alles schon börsennotierte Unternehmen?"

Jakob: „Genau weiß ich das auch nicht. Aber die großen Fußballclubs sind auch in Deutschland längst Wirtschaftsunternehmen mit einem Manager und einem Vorstand mit allem Drum und Dran. Andererseits sind sie aber auch noch Vereine, sonst hätten sie ja keine Mitgliederversammlungen."

Anna: „Und da können sie sich dann richtig wohlfühlen."

Organisationsformen werden gemäß den Entscheidungsstrukturen klassifiziert, wobei eine Skala zugrunde gelegt wird, die von zentralen bis zu dezentralen Entscheidungsbefugnissen reicht. Laut Wilkesmann (2007) stehen an dem einen Ende die Unternehmen und am anderen Ende die Vereine. In Unternehmen werden die Entscheidungen an der Spitze getroffen und nach unten durchgereicht und umgesetzt. Idealtypisch bestimmt der Vorstandsvorsitzende, was zu tun ist, und alle in der Hierarchie unter ihm Stehenden haben diesen Anweisungen zu folgen. In der Praxis sieht das anders aus, da verschiedene Gruppierungen im Unternehmen ihre Interessen geltend machen und bis in die Vorstandsetage tragen können. Idealtypisch ist auch die Vorstellung, dass in einem Verein alle wichtigen Entscheidungen an der Basis, d. h. von den Mitgliedern getroffen werden. Wilkesmann et al. (2002) zeigen, dass auch dies in der Praxis anders aussieht, da der gewählte Vorstand eines Vereins mehr Einfluss und Macht ausübt als die anderen Mitglieder.

Nach Auffassung von Wilkesmann (2007) sind Universitäten zwischen den beiden Polen der Skala einzuordnen. Bei Unternehmen liegen die kollektiven und individuellen Ziele oft weit auseinander und müssen erst kongruent gemacht werden, was besondere Bemühungen seitens der Unternehmensleitung erfordert. Bei Vereinen stimmen die individuellen Ziele der Mitglieder meistens mit den kollektiven Zielen des Vereins überein. Wenn sich Universitäten mittlerweile zunehmend als Unternehmen betrachten, so bleibt Wilkesmann (2007) zufolge immer ein wesentlicher Unterschied bestehen: Die kollektiven Ziele, denen sich Hochschullehrerinnen und -lehrer erster Linie verpflichtet fühlen, sind üblicherweise nicht die der Universität, sondern die der sogenannten Scientific Community, welche ihre individuellen Ziele und ihre Handlungslogik beeinflussen (Minssen und Wilkesmann 2003).

Den bisherigen Überlegungen ist die Erkenntnis gemeinsam, dass sowohl personelle, ökonomische und technische als auch prozessuale und strukturelle Faktoren die Leistungsfähigkeit einer Organisation bestimmen und in ihrer Wechselwirkung zu beachten sind. Sowohl für zentrale als auch für dezentrale Orga-

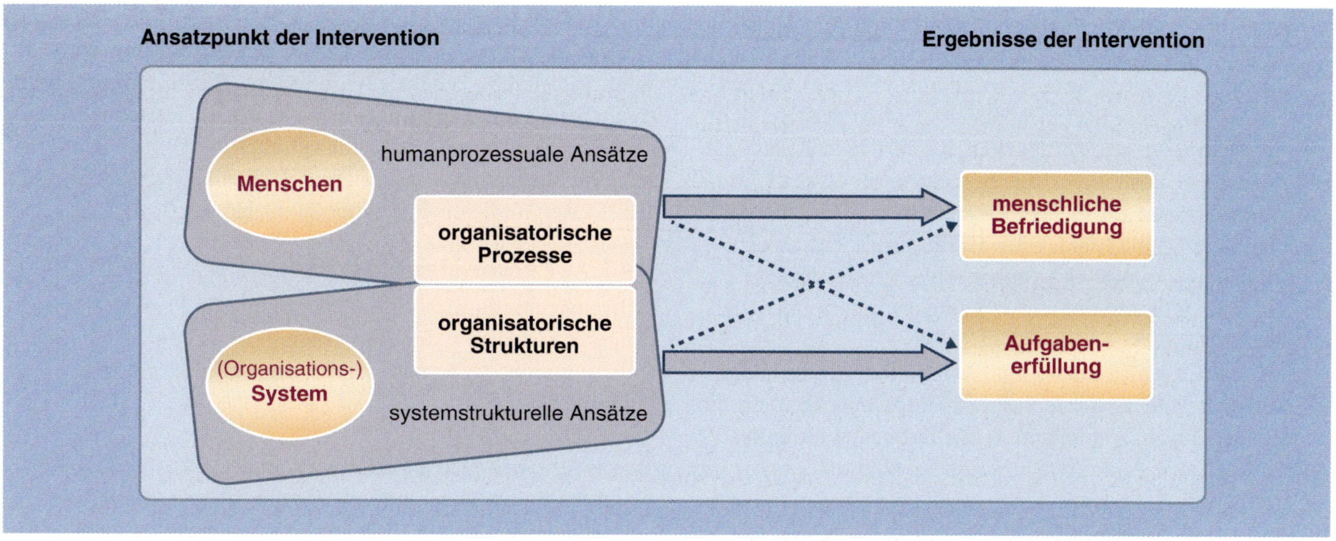

Abb. 5.16 Der Zusammenschluss von Subjekt- und Systemperspektive bei der Organisationsentwicklung. (Nach Wagner 1981, S. 15)

nisationsformen liegen die beiden Hauptziele der Organisationsentwicklung laut Meisel und Feld (2009) in

- der *Verbesserung der Leistungsfähigkeit* einer Organisation (Effektivitätssteigerung) und
- der *Verbesserung der erlebten Arbeitssituation* der beteiligten Menschen (Humanitätssteigerung).

Betroffene zu Beteiligten machen

Indem die Betroffenen zu Beteiligten der Organisationsgestaltung und -entwicklung gemacht werden, rückt die *Subjektperspektive* in den Vordergrund. Entsprechend dieser Perspektive liegt ein Hauptanliegen der Organisationsentwicklung in der Potentialentwicklung als Prozess des Aufbaus gemeinschaftlicher Kompetenzen und Interessen. Dies setzt voraus, dass sich die Organisationsmitglieder die gemeinschaftlichen Ziele aneignen und ihr Erreichen auch als eine subjektive Befriedigung empfinden (Abb. 5.16).

Eine subjektorientierte Organisationsgestaltung und -entwicklung zielt auf die Persönlichkeitsentwicklung der beteiligten Personen und die Verbesserung der Möglichkeiten eines jeden Einzelnen, an Entscheidungen zu partizipieren. Kurz gesagt geht es darum, die Betroffenen zu Beteiligten zu machen. Zentrale Probleme liegen deshalb in der Vereinbarkeit persönlicher Interessen der Organisationsmitglieder mit wirtschaftlichen Effizienzkriterien oder in den Konsequenzen neuer Dienstleistungen für den Einzelnen.

Die handlungsleitende Annahme dieser Konzeption, die auch als *Human-Relations-Ansatz* bezeichnet wird (Markert 2008), lautet, dass zur effektiven Veränderung und Entwicklung einer Organisation eine Verhaltenssteuerung der Organisationsmitglieder gehört, die das Zusammenarbeiten, das voneinander und miteinander Lernen sowie das gemeinsame Lösen von Problemen und Handhaben von Konflikten ermöglicht. Gemeinsame Lernprozesse sollen den geplanten sozialen Wandel herbeiführen, der auf den Fähigkeiten aller Beteiligten und der Organisation als Ganzes beruht. Auf diesen Grundsätzen baut die Konzeption der lernenden Organisation auf.

Die lernende Organisation

Der Begriff *lernende Organisation* bezeichnet eine anpassungsfähige, d. h. auf äußere und innere Anforderungen reagierende Organisation. Der Grad der Lernfähigkeit einer Organisation wird als Organisationsintelligenz bezeichnet. Die Leitidee ist eine offene und von Partizipation geprägte Organisation, die ein kreatives und innovatives Problemlösen erfordert und unterstützt. Äußere Ereignisse und Anforderungen werden als Anregung für kollektives Problemlösen genutzt und zur kontinuierlichen Weiterentwicklung der Organisation begriffen. Das zentrale Merkmal der lernenden Organisation ist die Integration von Organisations- und Personalentwicklung (vgl. Schlüter 2007) sowie die Partizipation aller Organisationsmitglieder an Entscheidungen.

Der Aspekt der Partizipation wird vor allem von Argyris und Schön (1978) betont. Argyris gilt neben anderen als Mitbegründer der Organisationsentwicklung. Bei Argyris und Schön beruht die lernende Organisation auf dem Konzept des „Doppelschleifenlernens“ (*double loop learning*), bei dem Kompetenzen, Wissen und Fertigkeiten der Organisationsmitglieder systematisiert und zugleich die Zielsetzungen und Abläufe der Organisation hinterfragt werden (*Argyris und Schön 2002*). Neben dem Konzept des Doppelschleifenlernens, das zu einem Standard in der Organisationspsychologie avanciert ist (Chatti et al. 2012), wird der Begriff der lernenden Organisation vor allem mit dem Namen Peter Senge (2011) in Verbindung gebracht. Nach Senge zeichnen sich lernende Organisationen idealtypisch durch folgende Merkmale aus:

- Ausgangsgrundlage ist die Fähigkeit zu systemischem Denken bei möglichst allen Organisationsmitgliedern. Ein solches Denken beinhaltet eine ganzheitliche Betrachtung der Organisation als System und zielt auf das Erkennen und Verstehen von Wechselwirkungen in Prozessen, was allerdings eine organisationale Transparenz in Entscheidungen und Abläufen voraussetzt.
- Systemisches Denken kann nicht einfach vorausgesetzt werden, sondern erfordert eine entsprechende Persönlichkeitsentwicklung und Förderung. Senge verbindet dies mit

dem Konzept Personal Mastery, was als individuelle Selbstverbesserung mit dem Ziel der optimalen Ausschöpfung der Potentiale der einzelnen Organisationsmitglieder verstanden werden kann. Personal Mastery umfasst deshalb nicht nur Fachwissen und Fertigkeiten, sondern auch Kreativität.

- In jeder Organisation existieren mentale Modelle als Sinnkonstruktionen, die es aufzudecken und zu überprüfen gilt, da in ihnen gemeinsame oder divergierende Annahmen, Vorstellungen und Bewertungen schlummern, die eine wirksame Organisationsentwicklung behindern oder auch fördern können.
- Soll eine Organisation optimal funktionieren, gilt es, die mentalen Modelle der Einzelpersonen zu einer gemeinsam geteilten Vision zu bündeln. Gemeinsame handlungsleitende Visionen einer Organisation haben nach Senge starke emotionale Anteile und beruhen auf intrinsischen Motiven der Organisationsmitglieder.
- Die Entwicklung einer geteilten Vision wird maßgeblich durch ein Lernen und Arbeiten im Team gefördert, was auch der gemeinschaftlichen Lösung von Problemen dienlich ist und das Gefühl der Gruppenzugehörigkeit stärkt.

Im Kontext der Organisationsentwicklung und der Lernenden Organisation wird Lernen zu einem Wesensmerkmal und Mittel des individuellen und kollektiven Fortschreitens im Sinne der Organisationsziele. Die Organisation wird zu einer Handlungsgemeinschaft (Community of Practice) mit einer klaren Vision und gemeinsamen Zielen. Voraussetzung hierfür ist die Fähigkeit zur Prozessorientierung und Selbstregulation der Teamarbeit ebenso wie die Fähigkeit zur Selbstbeobachtung und partnerschaftlicher Interaktion und Kommunikation, was wiederum Kooperations- und Konfliktlösungsfähigkeit, wechselseitiges Vertrauen und Teamgeist voraussetzt. Unter diesen Voraussetzungen kann die lernende Organisation zur Grundlage eines Innovations- und/oder Veränderungsmanagements werden.

Definition

Innovationsmanagement meint in diesem Kontext die systematische Planung, Steuerung und Kontrolle von Innovationen in Organisationen, während unter *Veränderungsmanagement* alle Aufgaben, Maßnahmen und Handlungen zusammengefasst werden, die eine umfassende und weitreichende Veränderung einer Organisation bewirken sollen.

Veränderungsmanagement soll den organisatorischen Wandel optimal gestalten und wird als ein Erfolgsfaktor eines gelingenden Managements betrachtet. Seine Bedeutung wird durch den viel zitierten Satz „Manage change or change management!" unterstrichen. Im Mittelpunkt aller Aktivitäten des Veränderungsmanagements steht dabei der Mensch, da sich Strukturen und Prozesse einer Organisation nur dann ändern können, wenn die Mitglieder fähig und bereit sind, Veränderungen mitzutragen und umzusetzen. Darauf gehen wir gleich noch ausführlicher ein. Hier soll lediglich festgehalten werden, dass beim Veränderungsmanagement die Organisations- und Personalentwicklung miteinander verschmelzen (Falk 2007).

Konzepte der lernenden Organisation und des Veränderungsmanagements als Instrumente der Organisationsentwicklung, wie sie hier beschrieben wurden, sind in vielen Anwendungsbereichen gang und gäbe. Neben dem Gesundheitswesen (z. B. McCarthy et al. 2010) steht z. B. auch der Weiterbildungsbereich im Mittelpunkt des betriebswirtschaftlichen Interesses (z. B. Dollhausen und Nuissl von Rein 2007; Höcker 2010).

5.4.2.2 Personalentwicklung

Betriebswirtschaftlich betrachtet dient die Personalentwicklung der Steigerung des Humankapitals und der strategischen Führung eines Unternehmens. Unternehmen brauchen Instrumente,

> » die Aussagen zulassen über den Wert der Belegschaft und dabei als Steuerung konkrete personalwirtschaftliche Aktionen anstoßen, [...] als Legitimation den Erfolgsbeitrag der Personalarbeit für das Unternehmen nachweisen und als Benchmarking ein strategisches Personalmanagement unterstützen (Scholz und Stein 2006, S. 52).

Aus pädagogischer Sicht wird *Personalentwicklung* als die Summe aller Maßnahmen zur persönlichen und beruflichen Entwicklung der Mitglieder einer Organisation unter Beachtung ihrer persönlichen Interessen und Entwicklungsmöglichkeiten verstanden (Becker 2013). Personalentwicklung ist in diesem Sinne also Bestandteil des umfassenden Personalmanagements und dient der Steuerung im Personalbereich einer Organisation (bzw. eines Unternehmens). In dem Modell des Personalmanagements von Kolb et al. (2010) stellt die Personalentwicklung zusammen mit dem Veränderungsmanagement eine von drei Säulen dar (Abb. 5.17).

Entsprechend diesem Modell ist der Unternehmens- bzw. Organisationsstrategie der Bereich Personalpolitik und strategisches Personalmanagement untergeordnet, welche ihrerseits für die Bestimmung der Vision, Strategien, Unternehmensziele und Leitlinien zuständig sind. Die Funktion des strategischen Personalmanagements ist die Steuerung im Personalbereich, die auf dreierlei Weise vor sich geht: erstens durch eine kontinuierliche Mitarbeiterbetreuung, zweitens durch Mitarbeiterführung und Kooperation, drittens durch Personalentwicklung in Verbindung mit einem Veränderungsmanagement. Dieser dritte Bereich ist der uns interessierende, da hier die Pädagogik in Form von Bildungs- und Trainingsmaßnahmen zum Tragen kommt.

Als Bestandteil des strategischen Personalmanagements ist Personalentwicklung auch strategisch (Kobaš 2008). Sie zielt darauf ab, Qualifikationen und Kompetenzen des Personals an die aktuellen und künftigen Anforderungen anzugleichen. Das kann durch geplante *Bildung* (Aus- und Weiterbildung, Training von Führungskräften) des Personals insgesamt, aber auch durch eine anforderungsspezifische *Förderung* von Einzelpersonen erfolgen. Ausgangspunkt ist in jedem Falle die Analyse des Potentials der Mitarbeiter und ihrer Entfaltungsmöglichkeiten. Diese Analyse erfolgt durch eine Bedarfsanalyse, die von der Vision, den Zielen und Leitlinien der Organisation geleitet wird.

Abb. 5.17 Drei-Säulen-Modell des Personalmanagements (Kolb et al. 2010, S. 5)

Je nachdem, welche Strategie für die Personalentwicklung gewählt wird, eröffnen sich unterschiedliche Zugänge: Wird wie bei einer *kontextorientierten* Strategie von oben nach unten (*top down*) verfahren, bestimmt die Unternehmenspolitik und Gesamtstrategie die Richtung, Ziele und Inhalte der Personalentwicklung (Becker 2013). Betriebswirtschaftlich steht dabei der Nutzungsaspekt der Personalentwicklung im Sinne von Kompetenzverbesserung und Potentialentwicklung im Vordergrund. Deshalb kann man diese Strategie auch als *Kompetenzmanagement* bezeichnen, für die Leinweber (2010) den in Abb. 5.18 dargestellten Prozessablauf beschreibt.

Bei einer *akteursorientierten* Personalentwicklung stehen die Interessen, Qualifikationen, Kompetenzen, Vorerfahrungen, aber auch Lern- und Motivationsbarrieren der Beschäftigten bzw. Organisationsmitglieder im Vordergrund (Becker 2013). Es geht darum, ein soziales Umfeld zu erzeugen, das Motivation und Verantwortung auf Seiten der Organisationsmitglieder fördert. Im Idealfall sollen sich die kontext- und akteursorientierte Gestaltung der Personalentwicklung ergänzen, um die Handlungskompetenzen der Mitarbeiter im Sinne der Organisations- bzw. Unternehmensziele zu fördern.

Kompetenzmanagement als strategische Potentialentwicklung

Eine strategische Potentialentwicklung kreist um die Fragen: In welchem Bereich eines Unternehmens bzw. einer Organisation ist der meiste Bildungs- und Trainingsbedarf erkennbar, um Bildungsdefizite der Mitarbeiterinnen und Mitarbeiter zu beheben? Welche Zielgruppen innerhalb dieser Unternehmensbereiche müssen besonders gestützt und gefördert werden? Mit welchen Bildungs- und Trainingsangeboten können die Unternehmensziele am besten erreicht werden?

Ausgehend von einer Bedarfsanalyse werden Strategien der Personalentwicklung als *Human Resources Development* (HRD) entwickelt, um den Bestand des Unternehmens zu sichern und fortzuschreiben. Das Hauptanliegen ist die *Förderung der Talente*[5] von Mitarbeitern, womit das *intellektuelle Potential* gemeint ist, neue Produkte oder Dienstleistungen zu entdecken, neue Märkte oder Marktnischen zu identifizieren, neue Wege und Mittel zu

5 Im englischsprachigen Original wird von „the strategic development of talent" gesprochen. Wir setzen „talent" mit „Potential" im Sinne von Vermögen und Fähigkeit gleich und beziehen diese auf den kognitiven, emotionalen und sozialen Bereich.

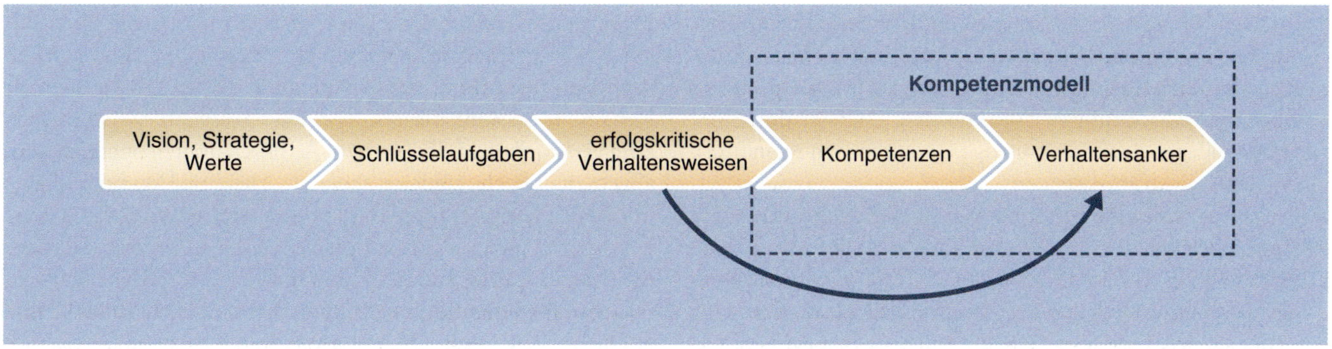

Abb. 5.18 Prozessverlauf des Kompetenzmanagements (Leinweber 2010, S. 152). Als Kompetenzfelder werden Problemlösekompetenz, Analysevermögen, Detailorientierung und konkrete Verhaltensweisen (Operationalisierungen) unterschieden, die als „Verhaltensanker" aufgefasst werden

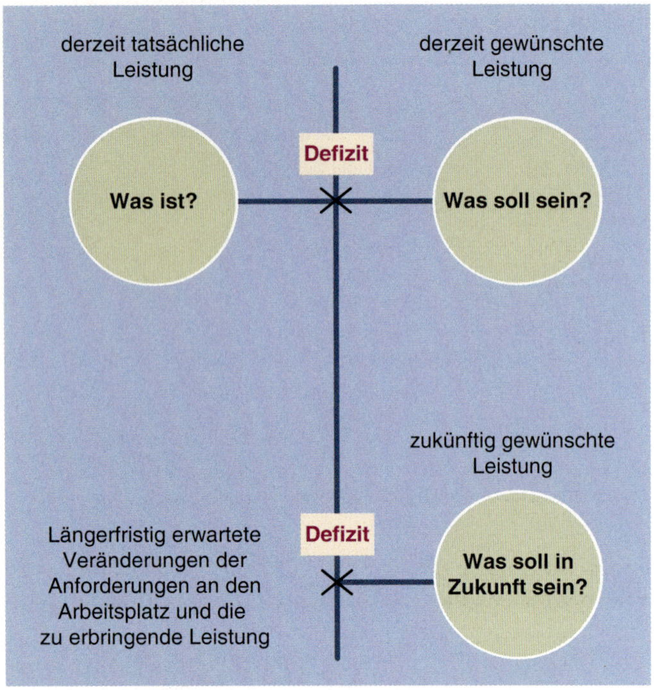

Abb. 5.19 Bedarfsfeststellung für die strategische Potentialentwicklung. (Nach Rothwell und Kazanas 2008)

finden, um die Erwartungen der Klienten zu erfüllen oder zu übertreffen. Personalentwicklung wird dabei zu einem festen Bestandteil der strategischen Unternehmensplanung, die laut Rothwell und Kazanas (2008) die folgenden Schritte umfasst:

- Klären des *Zwecks*: Welchem Zweck dient das Unternehmen bzw. die Organisation? Worin sollte er liegen?
- Auswahl der *Ziele*: Was versucht das Unternehmen bzw. die Organisation zu erreichen und zu leisten? Wie kann die Leistung gemessen werden?
- Feststellen der gegenwärtigen *Stärken und Schwächen*: Geht es dem Unternehmen augenblicklich gut oder nicht so gut?
- Analysen der zukünftig zu erwartenden *Gefährdungen und Opportunitäten*: Welche günstigen Gelegenheiten, aber auch Gefährdungen wird die äußere Umwelt dem Unternehmen in Zukunft bieten bzw. auferlegen?
- *Vergleich* der Stärken und Schwächen mit den Gefährdungen und Opportunitäten: Wie kann das Unternehmen bzw. die Organisation in Anbetracht der eigenen Stärken und Schwächen sich künftig bietende günstige Gelegenheiten nutzen, um Vorteile zu erringen, und wie kann sie zukünftigen Gefährdungen durch die Umwelt begegnen?
- Entscheidung über eine *Langzeitstrategie*: Was sollte die langfristige Richtung sein, die von einer Organisation eingeschlagen wird, um günstige Optionen zu nutzen und Gefährdungen abzuwenden?
- *Implementation* der Strategie: Welche Veränderungen sind innerhalb der Organisation (bzw. des Unternehmens) erforderlich, so dass die gewählte Strategie mit der größten Erfolgswahrscheinlichkeit verfolgt werden kann?
- *Evaluation* der Strategie: Wie gut kann die Strategie nach Ansicht der Entscheidungsträger umgesetzt werden? Wie effektiv war sie?

In die strategische Unternehmensplanung passt sich die *strategische Potentialentwicklung* als der Prozess ein, der auf Veränderungen einer Organisation, ihrer Interessengruppen und der Beschäftigten mittels geplanten und ungeplanten Lernens zielt, so dass genau die Kompetenzen entwickelt werden, die helfen, die Unternehmensziele zu erreichen und Wettbewerbsvorteile zu erzielen. Die strategische Potentialentwicklung hat also zum Ziel, die Effizienz der Organisation durch eine Steigerung der Routinen und Vorhersagbarkeit menschlichen Verhaltens zu verbessern. Sie soll u. a. auch die Sozialisation von Anfängern in die Unternehmenskultur, in Arbeitsgruppen und in den Arbeitsplatz erleichtern. Als Instrument des Personalmanagements soll sie gewährleisten, dass genügend Personen mit spezifischen Potentialen verfügbar sind, um die Zukunft des Unternehmens zu sichern (Rosse und Levin 2001).

Ausgangspunkt für die strategische Potentialentwicklung ist selbstredend eine Bedarfsanalyse, um die Defizite und Lücken in der Qualifikation des Personals festzustellen (Abb. 5.19).

Der nächste Schritt der strategischen Potentialanalyse besteht darin, die *Kompetenzen* zu identifizieren, die langfristig durch geeignete Bildungsmaßnahmen zu fördern sind. Dafür braucht man einen Plan, der sich an einem Kompetenzmodell orientiert (vgl. Zenger et al. 2000). Als *Kompetenz* wird dabei jede Eigenschaft einer Person betrachtet, die eine effektive Leistung bewirkt.

Kompetenzmodelle können sich auf die Vergangenheit, Gegenwart oder Zukunft beziehen. Vergangenheits- und gegenwartsbezogene Modelle beschreiben die Merkmale, die manche Personen erfolgreich gemacht haben. So gibt es beispielsweise Beschreibungen dessen, was erfolgreiche Manager so erfolgreich werden ließ (z. B. Citrin und Smith 2006; Huczynski 2006). Ob sie aber generalisierbar sind, mag dahingestellt sein. Zukunftsorientierte Kompetenzmodelle bauen auf dem strategischen Geschäftsplan einer Organisation auf, sie fokussieren auf zukünftige Trends und Merkmale von Kompetenzen, die den Trends entsprechen:

> Scan the environment to assess how work will probably change over time, how the talent requirements of the people will probably have to change over time to keep up with work changes and competitive requirements (Rothwell und Kazanas 2003, S. 22).

Rothwell und Kazanas (2008) unterscheiden drei Verfahren, um Kompetenzen aufzubauen: Das erste ist die *allgemeine (Aus-)Bildung*, bei der die Adressaten etwas in allgemeiner Form lernen und dann irgendwann eigenständig auf den Arbeitsbereich anwenden. Das zweite Verfahren ist eine *Ausbildung*, die *mit Training verknüpft* ist. Dabei lernen die Beschäftigten auch etwas in allgemeiner Form, zugleich aber entwickeln sie Handlungspläne, um das Gelernte unmittelbar auf den Arbeits- und Tätigkeitsbereich zu beziehen. Das dritte Verfahren ist *Training*, das auf die Herausbildung und Festigung spezifischer Fertigkeiten zielt. Die verschiedenen Bildungsverfahren sind gleichermaßen darauf ausgerichtet, den Organisationsmitgliedern zu helfen, ihre Karriere entweder vertikal (d. h. aufstiegsorientiert) oder horizontal (d. h. über ein Kontinuum der beruflichen Kompetenz) mit Erfolg zu durchlaufen. Im Mittelpunkt steht die individuelle Förderung der Kompetenzentwicklung.

Der Unterschied zwischen Aus- bzw. Weiterbildung und Training besteht darin, dass sich Training direkt auf die Arbeitsanforderungen konzentriert, während Aus- und Weiterbildung ein langwieriger Prozess ist, durch den eine Person Wissen über den Beruf und die Anforderungen des Arbeitsplatzes erwirbt und erste Erfahrungen in der Ausübung des Berufs sammelt, bevor sie in ein Beschäftigungsverhältnis übernommen wird.

Aus- und Weiterbildung ist kompetenzorientiert, Training ist performanzorientiert, wobei Performanz als das Ergebnis von Handlungsmustern verstanden wird, die ausgeführt werden, um ein Ziel gemäß einem gesetzten Standard zu erreichen (Bailey 1982).

Training soll unmittelbare Veränderungen in der Arbeitsleistung erzielen und umfasst üblicherweise nur kurze Zeitspannen; es zielt darauf, offenkundige Lücken zwischen dem, was Individuen wissen oder tun, und dem, was sie wissen oder tun sollten, zu schließen. Training kann die Arbeitsleistungen steigern durch eine Verbesserung individueller Fähigkeiten, durch Motivationsstimulation, durch eine Anpassung der individuellen Fähigkeit an Handlungsanforderungen und an Kontextbedingungen. Training kann aber nicht die Arbeitshandlungen oder deren Inhalt verändern, es verändert die Handlungsträger, indem es dazu beiträgt, dass diese Kompetenzen entwickeln, die wesentlich für die Ausübung der geforderten Tätigkeit sind.

Die strategische Potentialentwicklung, die, wie dargestellt wurde, auf die Entwicklung von Kompetenzen zielt, ist dabei im Sinne einer lernenden Organisation als Prozess des Aufbaus geteilter Individualkompetenzen zu verstehen. Durch sie wird die Organisation bzw. das Unternehmen zu einer Handlungsgemeinschaft (Community of Practice) und lernenden Organisation und damit zum Mittel des individuellen und kollektiven Fortschreitens im Sinne der Organisationsziele, die um folgende Fragen kreisen: *Wer* soll lernen? *Was* soll *wann, wo, warum* und *wie* gelernt werden? Und *wie* kann erfolgreiches Lernen evaluiert werden? Mit der Beantwortung dieser Fragen begeben wir uns auf die Ebene der akteursorientierten Personalentwicklung, die eng mit einem Veränderungsmanagement verbunden ist.

Personalentwicklung und Veränderungsmanagement

Strukturen und Prozesse in Organisationen können sich nur ändern, wenn die Organisationsmitglieder fähig und bereit sind, Veränderungen mitzutragen und umzusetzen. Im Allgemeinen stehen Personen anstehenden Veränderungen nämlich mit mehr oder weniger starken Vorbehalten gegenüber und reagieren eher negativ, wenn Veränderungen sie selbst betreffen. Geradezu dramatisch wird es für viele, wenn eine umfassende und weitreichende Veränderung auf einmal (d. h. zu einem Stichtag) umgesetzt werden soll und alles auf einen Schlag umkrempeln will. Das ist wie ein großer Knall (*big bang*) und löst Befürchtungen und auch Widerstände aus, da Veränderungen, die überraschend eintreten, als unbequem und mitunter als bedrohlich empfunden werden. Daher gilt eine schrittweise und transparente Umsetzung von Veränderungen begleitet von entsprechenden Bildungs- und Trainingsmaßnahmen als „goldene Regel", auf jeden Fall aber als eine probate Lösung, um die von Veränderungen Betroffenen zu Beteiligten des Wandels zu machen.

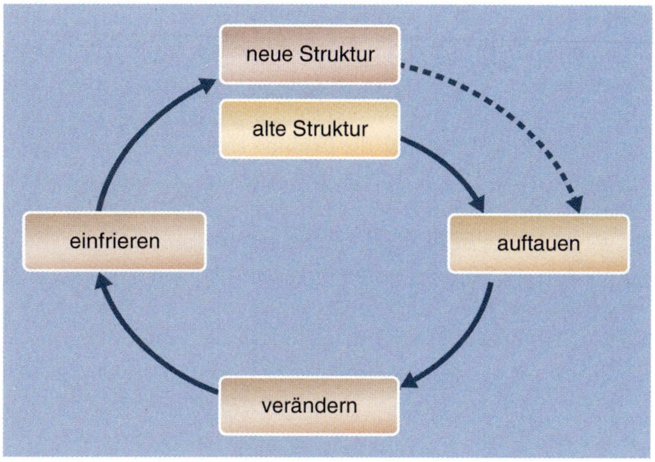

Abb. 5.20 Das Drei-Phasen-Modell der Veränderung nach Lewin (1947)

Aktiver und passiver Widerstand der Mitarbeiter, ob rational, emotional oder auch „politisch" motiviert, gefährdet den Erfolg einer jeden Veränderungsmaßnahme (Lauer 2010). Erfolgversprechend ist daher eigentlich nur die Strategie, die Organisationsmitglieder über die Gründe und Ziele einer notwendigen Veränderung zu informieren und sie zu motivieren, sich daran aktiv zu beteiligen. Personen, die von einer Veränderung unmittelbar negativ betroffen sind, sind zu schützen und durch Weiterbildungsmaßnahmen methodisch und fachlich so zu qualifizieren, dass sie sich den veränderten Bedingungen anpassen können. Des Weiteren gilt der Grundsatz, dass die Erneuerung einer Organisation langfristig verlaufen sollte, um eine nachhaltige Einstellungs- und Verhaltensänderung bei den beteiligten Personen bewirken zu können.

Ein erstes und einfaches Modell, um mit Widerständen gegen Veränderungen konstruktiv umzugehen, stammt von Lewin (1947). Auf die Organisations- und Personalentwicklung angewandt wird das Drei-Phasen-Modell Lewins üblicherweise folgendermaßen spezifiziert (z. B. Meisel und Feld 2009): In der ersten Phase – als *unfreezing* (Auftauen) bezeichnet – wird der Ist-Zustand einer Organisationsstruktur in Frage gestellt und bei den Organisationsmitgliedern eine Einsicht in die Notwendigkeit und Motivation für eine Veränderung geweckt. In der zweiten Phase – *moving* genannt – wird die Veränderung vorgenommen und in der dritten Phase – *refreezing* (Einfrieren) – werden die vollzogenen Veränderungen stabilisiert und in die neue Struktur eingebettet (Abb. 5.20). Wer das Stabilisieren vergisst, sollte sich nicht wundern, wenn eine Veränderungsmaßnahme wirkungslos verpufft. Eine schöne Abschlusspräsentation bedeutet laut Binder (2007) noch kein gutes Ende.

Um zu verdeutlichen, dass ein erfolgreiches Veränderungsmanagement im Rahmen der Personalentwicklung auf Seiten der betroffenen Personen Lernprozesse und eine gedankliche Auseinandersetzung mit der Veränderung voraussetzen, haben Berger et al. (2012) Lewins Modell um die Lern- und Reflexionsphasen *Handeln, Beobachten* und *Reflektieren* erweitert. Das konkrete Handeln richtet sich nach den ausformulierten Zielen der Veränderung, wobei die Handlungen sorgfältig zu beobachten sind, um Verbesserungen zu erzielen. Die Beobachtungen müssen dahingehend überprüft und reflektiert werden, inwieweit sie mit denen anderer Organisationsmitglieder übereinstimmen und worin gegebenenfalls die Unterschiede begründet sind. Die Phase der Reflexion schließt auch die Prüfung ein, ob die ursprünglich formulierten Ziele noch gültig sind oder sich im Prozessverlauf verändert haben, so dass neue Handlungen erforderlich werden, die wiederum zu beobachten und zu reflektieren sind. Auf diese Weise wird das Management von Veränderungen zu einem sich wiederholenden Rückkopplungsprozess, in den die Informationen aus den drei Lern- und Reflexionsphasen einfließen.

Anna: „Das, was wir bisher über Veränderungsmanagement erfahren haben, deutet ja darauf hin, dass Veränderungen bei Mitarbeitern in Unternehmen auf wenig Gegenliebe stoßen. Da müssen sich die Manager ja einiges einfallen lassen, um die Mitarbeiter von der Notwendigkeit einer Veränderung zu überzeugen."

Jakob: „Interessant dabei ist die gebetsmühlenhafte Behauptung, dass es die Mitarbeiter von Unternehmen sind, die sich Veränderungen entgegenstellen. Ich habe da aber gerade die Zusammenfassung einer Studie der Beratungsfirma Capgemini gefunden[6], und da steht, dass vor allem die Senior Manager[7] großer Unternehmen im deutschsprachigen Raum veränderungsmüde sind."

Anna: „Echt? Sagt die Studie auch was über die Gründe?"

Jakob: „Ja, als Hauptgründe werden die mangelnde Einsicht für notwendige Veränderungen, die Angst vor schwierigen Entscheidungen und die Furcht vor einem schwindenden Einfluss genannt."

Anna: „Wie sollen da Veränderungen zustande kommen, wenn selbst die an der Spitze eines Unternehmens stehenden Senior Manager dagegen sind?"

Jakob: „Das Paradoxe dabei ist, dass 80 % der Befragten dem *Changemanagement* eine sehr positive Bedeutung für die Gesamtproduktivität im Unternehmen beimessen. Gleichzeitig wird aber auch festgestellt, dass sich jedes zweite Projekt als Flop herausstellt."

6 Capgemini Consulting (2010).

7 *Senior Manager* ist die Bezeichnung für die Gruppe leitender Angestellten, die eine Ebene unterhalb der Unternehmensführung (Spitzenmanager) angesiedelt sind und für die Supervision, Planung und Organisationsentwicklung im Sinne der Unternehmensziele zuständig sind.

Anna: „Oje! Und dann wird Veränderungsmanagement als das Wundermittel für die Personalentwicklung im Bildungsbereich gepriesen?"

Die Personalentwicklung unter dem Aspekt des Veränderungsmanagements vollzieht sich als Prozess zwischen operativer Geschlossenheit und Identitätsfindung der Organisationsmitglieder. Sie ist die

> » langfristige Bemühung, die Problemlösungs- und Erneuerungsprozesse in einer Organisation zu verbessern, vor allem durch eine wirksamere und auf Zusammenarbeit gegründete Steuerung der Organisationskultur (French und Bell 1994, S. 31).

Dabei sollte ein konsequentes, ganzheitliches Lern- und *Wissensmanagement* helfen, die Veränderungsprozesse zu bewältigen und die Innovationskraft einer Organisation zu bewahren und zu stärken. Dementsprechend wird Wissensmanagement in vielen Unternehmen als eine bedeutende strategische Aufgabe der Personalentwicklung angesehen, um zu einer lernenden Organisation fortzuschreiten (Falk 2007).

▪ Mit Wissensmanagement zur lernenden Organisation

In der betriebswirtschaftlichen Literatur wird davon ausgegangen, dass Erfahrung und Wissen ein Schlüsselfaktor für den Erfolg eines Unternehmens ist (Linkow 1999). Das Problem dabei ist, dass Erfahrung nicht immer geeignet ist, sich auf die Zukunft vorzubereiten, da heutzutage neues Wissen schneller erzeugt wird als in der Vergangenheit. Diesem Problem soll durch ein effektives *Wissensmanagement* begegnet werden.

Wissensmanagement Definition

„Das Management von Wissen muss […] darauf abzielen, die in einem Unternehmen vorhandenen Wissensressourcen zielgerecht einzusetzen bzw. die zur Erreichung der Unternehmensziele erforderlichen Wissenspotenziale aufzubauen oder zu erwerben" (Picot und Scheuble 2000, S. 29).

Eine der größten Herausforderungen für die Personalentwicklung besteht darin, die Kluft zwischen Wissen und Handeln zu überwinden. Mit Hilfe von Wissensmanagement, das in den Organisationszielen verankert ist, soll ein Rahmen geschaffen werden, in dem Wissensnutzung erleichtert wird und tatsächlich stattfinden kann. Dabei sind Barrieren, z. B. Misstrauen gegenüber fremdem Wissen oder die Beibehaltung tradierter Routinen zu überwinden, was wiederum ein wirksames Veränderungsmanagement erfordert.

Wissensmanagement beschäftigt sich mit dem Erwerb, der Entwicklung, dem Transfer, der Speicherung sowie der Nutzung von Wissen. Grundsätzlich wird zwischen explizitem und implizitem Wissen unterschieden, wobei *explizites Wissen* als sprachlich artikulierbares und beliebig reproduzierbares Wissen verstanden wird und *implizites Wissen* als das nicht artikulierbare Wissen einer Person. Gemäß der Theorie des impliziten Wissens von Polanyi (1985) wissen Menschen mehr, als sie zu sagen wissen. Manches Wissen kommt, ohne artikuliert werden zu kön-

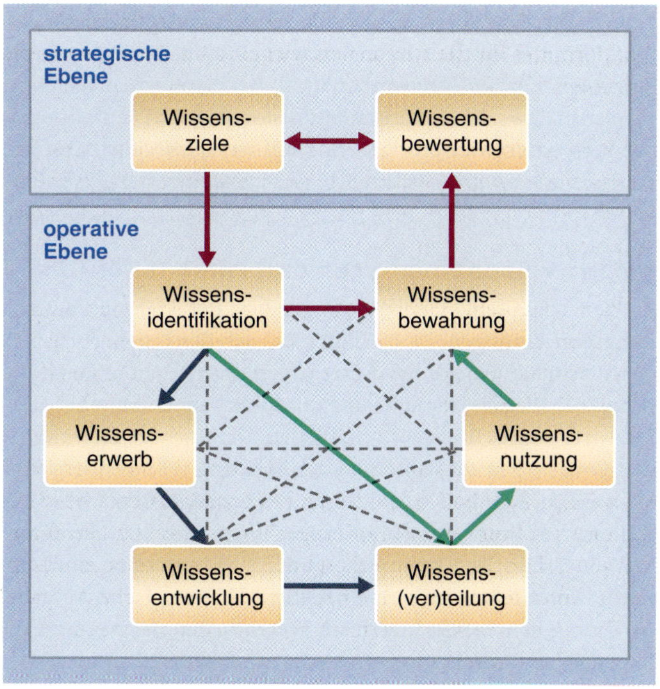

Abb. 5.21 Die Bausteine des Wissensmanagements im Zusammenhang. (Nach Probst et al. 2006)

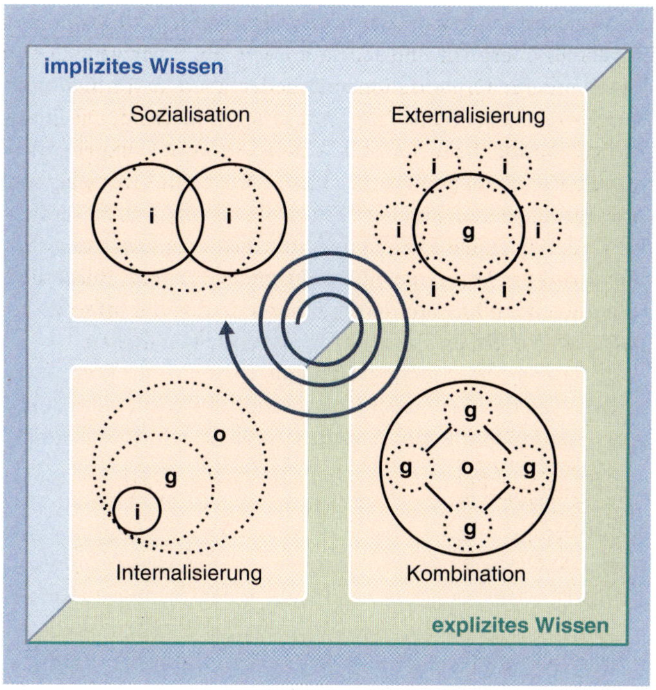

Abb. 5.22 Die Wissensspirale von Nonaka und Takeuchi (1997). (Quelle: ► http://www.nagel-kollegen.de/content/km/wissensspirale-seci-modell)

nen, in Handlungen zum Ausdruck. Dieses implizite Wissen gilt dabei aus betriebswirtschaftlicher Sicht oft als entscheidender Wettbewerbsvorteil eines Unternehmens (Eisenhardt und Santos 2002; Lehner 2009), aber es ist schwer, Zugang zu ihm zu finden und es in Managementprozessen organisatorisch einzubeziehen.

In der Managementliteratur werden zwei Modelle besonders häufig zitiert: das *Baukastenprinzip* von Probst et al. (2006) und das *Modell der Wissensspirale* von Nonaka und Takeuchie (1997). Beide Modelle sind aber weder „wissenschaftlich ausreichend fundiert noch detailliert genug für praktische Umsetzungshilfen. Warum sich diese Modelle durchgesetzt haben, ist bisher nicht untersucht worden" (Rascher und Wilkesmann 2003, S. 123). Da sie aber immer wieder zitiert werden, werden sie im Folgenden kurz skizziert (vgl. auch Capurro 2001).

Von „Bausteinen" sprechen Probst et al. (2006) im Hinblick auf acht Problemfelder des Wissensmanagements, wobei sie davon ausgehen, dass eine organisationale Wissensbasis sich aus individuellen und kollektiven Wissensbeständen zusammensetzt, auf die eine Organisation zurückgreifen kann, um ihre Aufgaben zu bewältigen.

» Organisationales Lernen betrifft die Veränderung der organisationalen Wissensbasis, die Schaffung kollektiver Bezugsrahmen sowie die Erhöhung der organisationalen Problemlösungs- und Handlungskompetenz (Probst et al. 2006, S. 44).

Die acht Bausteine des Wissensmanagements sind:

1. *Wissensidentifikation*: Erzeugen interner und externer Transparenz über vorhandenes Wissen;
2. *Wissenserwerb*: Welche Fähigkeiten sind extern einzuwerben?;
3. *Wissensentwicklung*: Aufbau neuen Wissens;
4. *Wissens(ver)teilung*: Wissen an den richtigen Ort bringen;
5. *Wissensnutzung*: Sicherstellung der Anwendung;
6. *Wissensbewahrung*: Schutz vor Wissensverlusten;
7. *Wissensziele*: Lernanstrengungen eine Richtung geben;
8. *Wissensbewertung*: Messen des Erfolgs der Lernprozesse.

In Abb. 5.21 sind die Bausteine in einen systemischen Zusammenhang eingeordnet.

Das Modell der *Wissensspirale* von Nonaka und Takeuchi (1997), das vermutlich populärste Modell des Wissensmanagements, stellt den Übergang vom impliziten auf explizites Wissen in den Kontext der Wissensorganisation in Unternehmen. Ausgangspunkt ist die Annahme, dass die Weitergabe von Wissen auf der Ebene von Einzelpersonen oder der Organisation erfolgen kann, wodurch der Übergang vom individuellen zum kollektiven Wissen ermöglicht wird. Dieser Übergang vom individuellen in kollektives Wissen ist wiederum die Voraussetzung für die Erzeugung und Verteilung des Wissens einer Organisation, denn nur das über Einzelpersonen *distribuierte Wissen* wird über die Organisation ausgebreitet und wird zu einem *geteilten Wissen* der Organisation. Dazu aber muss das individuelle Wissen der Organisationsmitglieder einen dynamischen Übertragungsprozess durchlaufen, der das explizite und implizite Wissen vier verschiedenen Formen der Übertragung unterzieht: Sozialisation, Externalisierung, Kombination und Internalisierung (Abb. 5.22).

Die *Sozialisation* überträgt implizites Wissen innerhalb einer Organisation überwiegend durch gemeinsame Handlungen und durch Beobachtung und Nachahmung anderer. Ein Beispiel hierfür ist die Integration eines neuen Mitglieds in die Denk- und Handlungsroutinen eines Teams. Die *Externalisierung* wandelt implizites Wissen in explizites Wissen um, was allerdings eine intensive Kommunikation zwischen den Organisationsmitgliedern voraussetzt, z. B. in Qualitätszirkeln oder interdisziplinären Teams, in denen die Teilnehmer ihr implizites Erfahrungswissen einander mitteilen und zugänglich machen. Die *Kombination* führt das explizite Wissen der Organisation zusammen. Mit der *Internalisierung* wird explizites Wissen (teilweise) wieder in implizites Wissen umgewandelt. Dabei erfolgt eine Anreicherung und Ausdifferenzierung der Wissensstrukturen, indem Individuen oder Gruppen Handlungsroutinen lernen, die vorher explizit ausformuliert waren. Eine zunehmende Prozeduralisierung sichert die Beherrschung von Routinen, so dass komplexe Tätigkeiten „wie im Schlaf" ausgeführt werden.

Je häufiger die Spirale durchlaufen wird, desto komplexer wird das geteilte Wissen der Organisationsmitglieder, das durch Schemata im Sinne von Routinen und Skripts repräsentiert wird.

Das geteilte Wissen einer Organisation ist nicht die Summe des expliziten und impliziten Wissens der Organisationsmitglieder, sondern entsteht erst aus der *koordinierten Zusammenarbeit*, d. h. dem gemeinsamen Handeln der Organisationsmitglieder. Die Einbettung der individuellen Erfahrungen und Wissensbestände in gemeinsames Handeln und in spezifische Organisationskontexte ist in diesem Sinne die Grundvoraussetzung für die Entwicklung des kollektiven Wissens einer Organisation, das ebenfalls explizit oder implizit sein kann (Hecker 2012).

Nach diesem Ansatz werden Organisationen und Unternehmen zu Wissenssystemen, wobei drei Zielebenen handlungsleitend sind (vgl. Probst et al. 2006):

1. die Ebene normativer Wissensziele, die sich auf eine wissensbewusste Unternehmenskultur stützt und den Einsatz des Spitzenmanagements erfordert,
2. die Ebene der strategischen Ziele der Organisations- und Personalentwicklung, die mittels der Bestimmung des Kernwissens einer Organisation eine strategische Veränderung von Strukturen und Prozessen erlauben, und
3. die Ebene der operativen Ziele, die sich auf die notwendigen Veränderungen an der Mitarbeiterbasis konzentrieren, um eine Verbesserung von Kompetenzen und Leistungen zu bewirken.

Da also ohne ein wirksames Wissensmanagement keine lernende Organisation entstehen kann, müssen die Mitglieder einer Organisation oder eines Unternehmens bereit sein, ihr Wissen zu reflektieren und an andere weiterzugeben. Das weist auf die zentrale Bedeutung der Kooperation und Kommunikation in Gruppen hin (Rosenstiel 2000).

Wissensmanagement wird in diesem Sinne als erfolgskritischer Bestandteil lernender Organisationen betrachtet, wobei davon ausgegangen wird, dass dieser Bestandteil gestaltbar ist. So werden seit geraumer Zeit Anleitungen zur praktischen Gestaltung von Wissensmanagement angeboten (z. B. Götz und Schmid 2004; Orth et al. 2011; Schiersmann und Thiel 2009). Eine umfangreiche und detaillierte Handreichung hat Mittelmann (2011) mit ihrem *Werkzeugkasten Wissensmanagement* ausgearbeitet. In ihm sind praktische Übungen zur Entwicklung eigener Kompetenzen, zur Gestaltung organisationalen Lernens (z. B. Wissensentwicklungskarten, Manöverkritiksitzung, Wissensmeeting, Knowledge Flow Meeting usw.), zu Beziehungen und Kommunikation (z. B. egozentrierte Beziehungslandkarte, Wissensträgerkarten, soziale Netzwerkanalyse, Beziehungsmanagement, Wissensnetzwerk, Kommunikationsforum) und Anleitungen zur Wissensstrukturierung (z. B. Mindmaps, Checklisten) sowie Planspiele und wissensorientierte Geschäftsprozessanalysen enthalten.

5.4.2.3 Personalmanagement: Personalführung

Zu den genuinen Managementaufgaben der Leitung von Bildungseinrichtungen (z. B. Volkshochschulen) gehört neben der Personalentwicklung insbesondere auch die Personalführung, die gelegentlich auch als Educational Leadership bezeichnet wird. Aus betriebswirtschaftlicher Sicht gehört *Führung* zu den Grundlagen der Unternehmensführung (Hungenberg und Wulf 2011; Schwaab et al. 2010). Dementsprechend wird bei Stellenangeboten auch darauf hingewiesen, dass sich die Tätigkeit einer Führungskraft auch dadurch auszeichnet, die Mitglieder eines Teams *angemessen führen* zu können.[8] Somit besteht der Erfolg von Topmanagern im Wesentlichen darin, einen erfolgreichen Führungsstil zu praktizieren (Citrin und Smith 2006).

Führung ist in der betriebswirtschaftlichen und sozialwissenschaftlichen Literatur eines der meistbehandelten Themen (z. B. Laufer 2009; Neuberger 2002; Rahn 2010), wobei allgemein davon ausgegangen wird, dass bei der *Menschenführung* in Organisationen ein angemessenes Grundverständnis von Führung von zentraler Bedeutung ist.

Führen

Führen ist die beabsichtigte, geplante und kontrollierte Beeinflussung der Einstellungen und des Verhaltens von Menschen, um die legitimen Ziele einer Organisation zu erreichen. Führung wird von den „Geführten" in unterschiedlichem Umfang und unterschiedlicher Intensität wahrgenommen.

Führung im Kontext der Organisations- und Personalentwicklung dient zwei Funktionen, die als „Lokomotionsfunktion" und „Kohäsionsfunktion" bezeichnet werden (Rosenstiel 1992). Im Unterschied dazu sind mit der Personal*leitung* die Funktionen der *Koordination* der individuellen Beiträge zur Zielerreichung und der *Verwaltung* der Personalressourcen und des Personaleinsatzes verbunden. *Lokomotionsfunktion* als Begriff der Sozial- bzw. Organisationspsychologie verweist darauf, dass Führung stets auf die Erreichung eines konkreten Gruppenziels bei der Bewältigung konkreter Sachaufgaben gerichtet ist. Demgegenüber betont die *Kohäsionsfunktion*, dass Führung für eine produktive und emotional befriedigende Arbeitsatmosphäre zu sorgen und ein Organisationsklima zu schaffen habe, das von gegenseitigem Respekt und Unterstützung geprägt ist und in dem sozial-emotionale Spannungen, die in der Gruppe auftauchen, geklärt und entschärft werden (vgl. Jacob 2013). Erforderlich sind hierfür intellektuelle, kommunikative und soziale Kompetenzen (Barth 2009).

8 Vgl. z. B. diese Webseite: ▶ http://www.experteer.ch/stellenangebote/jobs/projektmanager

Führung liegt aber nur dann vor, wenn die mit ihr verbundenen Einflussversuche auf Personen von diesen akzeptiert werden. Führung ist nicht der Beeinflussungsversuch selbst, sondern muss als „akzeptierter Beeinflussungsversuch" im Verhalten der Geführten zum Ausdruck gelangen. Führung ohne Einverständnis des Geführten ist Manipulation. Erst das *Kriterium der Anerkennung und Akzeptanz* des Führungsanspruchs einer Person erlaubt eine Unterscheidung zwischen einem Vorgesetzten und einer Führungskraft (Gill 2006). Jemand kann formal Vorgesetzte(r) einer anderen Person sein, muss aber nicht zwangsläufig als Führungskraft akzeptiert werden.

▪ Was zeichnet eine gute Führungskraft aus?

Eine Antwort auf diese Frage gibt die Studie „Deutschland führt?" von *Information Factory* (► www.information-factory.com) aus dem Jahr 2013, in der knapp 1000 Mitarbeiter, Führungskräfte und Personaler[9] zum Thema Führungsqualität in ihrem Unternehmen befragt wurden. Kurz zusammengefasst zeigt sich in der Studie, dass zwar zwei Drittel der befragten Mitarbeiter sich über zu viel Druck oder Kontrolle seitens ihres Vorgesetzten beschweren, aber die Führungsrolle selbst nicht in Frage stellen. Ganz im Gegenteil: Für über 96 % der Mitarbeiter ist der Vorgesetzte ein sehr wichtiger Faktor für die Arbeitszufriedenheit, und rund 90 % waren der Meinung, dass ihre eigene Leistung steigen würde, wenn sie optimal geführt würden. Die befragten Führungskräfte waren ihrerseits mehrheitlich der Meinung, dass sie ihre Mitarbeiter aktiv fördern, motivieren und inspirieren. Das wurde jedoch nur von einem Drittel der Mitarbeiter auch so wahrgenommen. Darüber, was eine effektive Führung ausmacht, waren sich Mitarbeiter und Führungskräfte im Grunde einig: Übereinstimmend und mehrheitlich werden einer guten Führung die Merkmale klare Kommunikation, soziale Kompetenz, Vertrauen und Feedback zugeschrieben. Die ideale Führungskraft ist laut Studie kommunikativ, verantwortungsbewusst, gerecht und empathisch. Sie operiert nach dem Prinzip *Fordern und Fördern* (HR Flower 2013).

Zu einem ähnlichen Bild gelangt auch die Umfrage der Unternehmensberatung Rundstedt HR Partners bei 6800 Arbeitnehmern, über die König (2011) berichtet. Danach bindet eine erstklassige Führungskraft die Mitarbeiter ein, motiviert sie und erklärt wichtige Entscheidungen. Fast die Hälfte der Befragten wünscht sich Vorgesetzte, die planen und organisieren können, mehr als ein Drittel wollen eingebunden und motiviert werden. Ebenso viele wünschen sich einen Chef, der kommunizieren und Entscheidungen erklären kann. Sogenannte Einzelkämpfer sind nicht sonderlich erwünscht und ein Delegieren von Aufgaben, ohne den Fortgang zu kontrollieren, wird wenig geschätzt ebenso wie das Vertrauen der Führungskräfte auf ihre Intuition und ihr vorgebliches Fachwissen.

Die in den angesprochenen Umfragen erhaltenen prozentualen Angaben weisen jedoch auch auf ein Kernproblem hin, da man kaum von einem allgemeingültigen Ergebnis sprechen kann, wenn weniger als die Hälfte bzw. nur ein Drittel der Befragten überhaupt Merkmale einer idealen Führungskraft benennt und die anderen „schweigen". Deshalb ist leicht nachvollziehbar, dass Malik (2006) Befragungen dieser Art grundsätzlich für unbrauchbar erklärt und darüber hinaus auch die Frage nach der idealen Führungskraft als „falsch gestellt" beurteilt. Ihm zufolge ist es auch ein krasser Fehler, nur die Personen als Führungskräfte zu verstehen, die nach außen sichtbar für ihre Organisationen handeln. „Jeder, der führt, ist eine Führungskraft" (Malik 2006, S. 66), also auch der Meister in der Fabrik oder der Polier am Bau und auch der Fähnchenführer bei den Pfadfindern. Obwohl Malik es ablehnt, von einer idealen Führungskraft zu sprechen, benennt er doch einige Grundsätze einer wirksamen Führung. Dazu zählt ihm zufolge u. a. eine Resultatorientierung, eine ganzheitliche Herangehensweise an Probleme, die Konzentration auf weniges, Stärken der Mitarbeiter zu nutzen und nicht auf Schwächen herumzuhacken, das Schaffen eines Vertrauensverhältnisses und positives Denken. Als zentrale Aufgaben einer Führungskraft nennt er

- für Ziele sorgen, aber keine Systembürokratie,
- organisieren, aber keine „Organisitis",
- entscheiden,
- kontrollieren, denn Kontrolle muss sein, und
- Menschen entwickeln und fördern.

Bezeichnenderweise verwendet Malik das Wort Menschen und nicht Mitarbeiter – Führung in Organisationen ist für ihn gleichbedeutend mit *Menschenführung*. Dabei begründet nicht allein die sachbezogene Leitung einer Gruppe von Personen, sondern eine vorbildliche Führung der Leitungsperson selbst und die Führung der von ihr geleiteten Menschen nach ethischen Leitlinien die Menschenführung. Und die will gelernt sein – genauso wie Management gelernt werden muss wie jeder andere Beruf auch:

> » Management *kann* erlernt werden; es *muss* aber auch erlernt werden. [...] Dass es Menschen gibt, die für Management mehr Talent haben als andere, ändert weder an der *Möglichkeit* etwas noch an der *Notwendigkeit*, Management zu erlernen! (Malik 2006 S. 60).

▪ Führungsstile

Der *Führungsstil* beschreibt, wie Führungskräfte mit den Geführten umgehen. Der Begriff Führungsstil bezeichnet ein langfristiges, relativ stabiles, von der Situation unabhängiges Verhaltensmuster der Führungsperson, das zugleich die Grundeinstellung gegenüber den Mitarbeitern zum Ausdruck bringt. Die Führungsstildiskussion korrespondiert mit der Diskussion über Erziehungsstile und hat ihre Wurzeln in den Iowa-Studien von Lewin et al. (1939). Die von diesen Forschern vorgenommene Unterscheidung zwischen autoritärer, demokratischer und Laissez-faire-Führung prägt die Führungsstilforschung bis heutige (Aretz 2007). In der Fortsetzung der Lewin'schen Forschung wurden über die Jahrzehnte unzählige Führungsstile unterschieden, die sich in zwei Hauptgruppen einteilen lassen: aufgaben- bzw. produktionsorientierte Stile und personenbezogene Stile (z. B. Likert 1967).

9 *Personaler* ist ein Wort aus dem betriebswirtschaftlichen Jargon und bezeichnet Mitarbeiter der Personalabteilung, die für das Einstellen von neuem Personal zuständig sind.

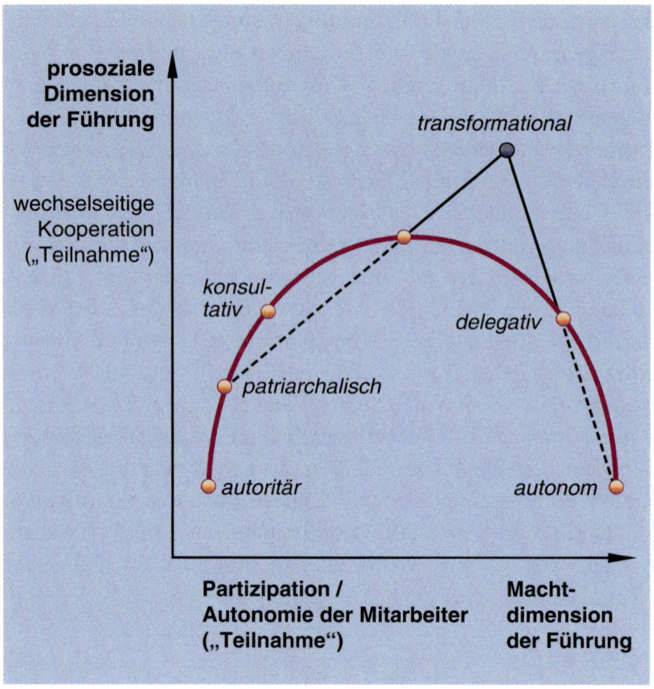

Abb. 5.23 Typologie der Führungsstile nach Wunderer (2003, S. 248)

In neueren Arbeiten wird zwischen einer situationsbezogenen, interaktionalen und einer transformationalen Führung unterschieden. Wunderer (2003) hat aus den in der Literatur diskutierten Führungsstilen eine Typologie mit sechs verschiedenen Stilen hergeleitet (Abb. 5.23).

Die meisten der aufgeführten Führungsstile sind aufgrund ihrer Bezeichnung leicht begreifbar. Ein Führungsstil, der sich nicht unmittelbar erschließen lässt, ist der *transformationale Stil*. Er hebt sich von den transaktionalen Stilen ab, bei denen es darum geht, die Mitglieder einer Organisation zu führen und zu motivieren, vorgegebene Ziele zu akzeptieren und zu verfolgen. In diesem Sinne sind die meisten der in der Abbildung aufgeführten Stile transaktional. Transformational wird eine Führung, wenn Ziele, Werte und Erwartungen der Organisationsmitglieder verändert bzw. geformt werden (Kuhnert und Lewis 1987). Auf der Grundlage verschiedener Studien mit dem Multifactor Leadership Questionnaire (MLQ; Bass und Avolio, 1995) gelangte Bass (z. B. 1985, 1988) zur Unterscheidung von vier Komponenten einer tranformationalen Führung (Tab. 5.4).

Anna: „Das Gerede über charismatische Führerpersönlichkeiten gefällt mir überhaupt nicht. War es nicht ein charismatischer Manager, der Karstadt und Quelle ruiniert hat?“

Jakob: „Da bist du mal wieder streng, aber im Grunde stimme ich dir zu. Ich glaube nicht, dass es ein Topmanager alleine schafft, ein wirklich solides Unternehmen in den Abgrund zu stürzen. Da haben viele ihren Beitrag geleistet.“

Anna: „Und wie ist es in der Politik? Gibt und gab es da nicht auch viele charismatische Führungspersönlichkeiten, die immer mehr versprechen als sie halten können und zugleich mehr Unheil anrichten, als sie selbst glauben?“

Jakob: „Das klingt nach Altbundeskanzler Helmut Schmidt. So ähnlich hat er sich auch mal über den amerikanischen Präsidenten geäußert.“

Anna: „Wo er recht hat, hat er recht. Charisma alleine genügt nicht, um solide Politik zu machen oder ein Unternehmen zu leiten. Das ist meine Meinung.“

Jakob: „Klar. Ich wünsche mir für meine spätere Tätigkeit in erster Linie auch einen Chef, der seinen Job solide macht, aber zugleich müsste er mich auch inspirieren und begeistern können.“

Anna: „So einen hätte ich auch gerne. Also wäre das mit der transformationalen Führung ja doch nicht so verkehrt.“

Tab. 5.4 Komponenten der transformationalen Führung. (Nach Bass 1988)

Transformationale Führung			
Charisma	**Inspiration**	**Geistige Anregung**	**Individuelle Beachtung**
Enthusiasmus vermitteln Als Identifikationsperson wirken	Mittels einer fesselnden Vision motivieren	Festgefahrene Denkmuster aufbrechen Neue Einsichten vermitteln	Mitarbeiter individuell fördern

Obwohl laut Weinert (1998) verschiedene Studien zeigen, dass eine transformationale Führung mit vergleichsweise hoher Produktivität und Zufriedenheit der Mitarbeiter korreliert (vgl. auch Felfe 2006a), ist eine Einengung von Führung auf vier Komponenten kaum möglich, zumal diese weder theoretisch zureichend begründet noch empirisch eindeutig feststellbar sind (Lowe et al. 1996).

Das gilt im Grunde auch für die Führungsstile insgesamt. Abgesehen von einer unzureichenden empirischen Fundierung (vgl. Dubrin 2007; Yukl 2006) erweist sich das Konzept der Führungsstile als problematisch, da es sich bestenfalls für die nachträgliche Beschreibung des Verhaltens einer Führungskraft eignet, aber nicht imstande ist, zuverlässige Prognosen über die Wirksamkeit des einen oder anderen Führungsstils im Bereich der Organisations- und Personalentwicklung zu treffen. Die Grenzen des Konzepts Führungsstile werden auch deutlich, wenn es darum geht, die Beziehung zwischen Führungsverhalten und Erfolg zu spezifizieren, denn weder das Führungsverhalten noch der Erfolg lassen sich eindeutig bestimmen. Was man aus empirischen Studien herleiten kann, ist die Erkenntnis, dass unterschiedliche Aspekte des Führungsverhaltens unterschiedliche Aspekte des Erfolgs nach sich ziehen (Gebert 2002). Abhängig ist dies von situativen Randbedingungen (Boerner und Streit 2006; Franken 2007), was auf das *situative Führungskonzept* von Hersey und Blanchard (1993) verweist.

Während die bisher beschriebenen Führungsstilkonzepte davon ausgehen, dass bestimmte Verhaltensweisen oder Persönlichkeitseigenschaften (z. B. Charisma) einer Führungskraft zum Erfolg führen, gehen Kontingenztheorien, zu denen das situative Führungskonzept gehört, davon aus, dass der Erfolg von Führung in hohem Maße auch von den situativen Rahmenbedingungen und vor allem dem „Reifegrad" der Mitarbeiter abhängt. Der Reifegrad hat zwei Aspekte: einen sachlichen und einen psychologischen. In sachlicher Hinsicht streben Mitarbeiter Verantwortung für Aufgaben an und entwickeln selbstständig Fachwissen und Fähigkeiten. Der psychologische Aspekt betrifft die Motivation und das Engagement bei der Aufgabenerfüllung. Hersey und Blanchard (1993) unterscheiden hier zwischen eher aufgaben- und eher personenbezogenen Führungsstilen und betonen, dass diese je nach Reifegrad der Mitarbeiter zur Anwendung gelangen sollten. Daraus leitet sich die Grundannahme her, dass es keinen universell anwendbaren Führungsstil gibt, der zum Erfolg führt, sondern immer nur ein Führungsverhalten, das sich an der Situation und an dem Entwicklungsstand der Mitglieder einer Organisation orientiert. Hierbei prägen vier Reifegrade das Mitarbeiterverhalten:

1. niedrige Kompetenz und ein hohes Engagement (z. B. neue Mitarbeiter),
2. einige Kompetenz und wenig Engagement,
3. hohe Kompetenz und variables Engagement,
4. hohe Kompetenz und hohes Engagement.

Erfolgversprechend ist, wenn Führungskräfte je nach Situation und Reifegrad den passenden Führungsstil anwenden:

1. *autoritär*: lenken und kontrollieren,
2. *integrativ*: anleiten, Entscheidungen erklären, Selbstvertrauen und Sicherheit geben,
3. *partizipativ*: in Entscheidungen einbeziehen, Raum für Eigeninitiative gewähren, emotional stützen,
4. *delegativ*: Verantwortung für Aufgaben übertragen.

In der Kombination von Reifegrad und Führungsstil ergeben sich die in ▫ Abb. 5.24 wiedergegebenen Passungen.

Dieses situative Führungskonzept bezieht die Qualifikation und Motivation der Geführten ein und ist als eine sinnvolle theoretische Weiterentwicklung der klassischen Führungsstilansätze zu bewerten (Schreyögg 2003). Abgesehen von der gelegentlichen Kritik an dem Konzept der Führungsstile gelangen Gebert und Rosenstiel (2002) zu einer positiven Bewertung, die sie damit begründen, dass der Erfolg einer Führungskraft nicht mehr in deren Persönlichkeit verortet wird, sondern in ihrem Führungsverhalten. Dieser theoretische Fortschritt relativiert sich aber laut Gebert und Rosenstiel in dem Maße, wie man den Führungsstil als stabiles Verhaltensmuster interpretiert.

Das Märchen vom Roten Apfel

Es war einmal ein Markführer aus dem Telekommunikationsmarkt – die *Königreich AG*. Eines Winterabends saß die Gründerin und Präsidentin der Königreich AG im herrschaftlichen Firmensitz hinter ihrem Ebenholzschreibtisch, schaute aus dem Fenster und träumte von einem Handy, das mehr konnte als nur telefonieren: Es konnte auch faxen, E-Mails senden und Online-Dienste verwenden, und es hatte eine Simultan-Übersetzungsfunktion in den wichtigsten Weltsprachen. Es war klein und von extravagantem Design. Doch bevor diese Vision Wirklichkeit werden konnte, schied die freundliche alte Präsidentin aus ihrem Amt.

Bald darauf nahm sich der Aufsichtsrat eine neue Präsidentin – eine kluge, aber auch sehr stolze Frau, die keine anderen Entscheidungen als ihre eigenen neben sich duldete. Die neue Präsidentin griff die Vision ihrer Vorgängerin auf, blickte in das Marktspieglein an der Wand und fragte: *„Spieglein, Spieglein an der Wand, wer macht das beste Handy im ganzen Land?"* Daraufhin gab ihr das Spieglein die wichtigsten Markt- und Best-Practice-Informationen, die ihr den entscheidenden Vorsprung vor der Konkurrenz sicherten. Die Präsidentin sorgte für eine rasche Entwicklung. Nach einer kurzen Testphase wurde das neue Handy namens *Roter Apfel* mit aggressiver Werbung auf den Markt geworfen: Rot, extravagant im Design, multimedial und multifunktional. Es war nicht ganz so solide gefertigt, wie von der alten Präsidentin erträumt und die Übersetzungskomponente fehlte – beides hätte zu viel Zeit gekostet.

Der erste Erfolg gab der Strategie der neuen stolzen Präsidentin Recht. Doch in der Königreich AG brodelte es: Für die schnelle Produktion hatte man Fehler in Kauf genommen, beim Service haperte es erheblich. Das bekam vor allem der Kunde zu spüren: „Spieglein, Spieglein an der Wand, wer ist der geduldigste Kunde im ganzen Land?" Einige Mitarbeiter äußerten bereits ihren Unmut, andere machten Verbesserungsvorschläge, die die stolze Präsidentin vor Zorn erblassen ließen. Der Produktionsleiter wagte ungehorsam zu sein und

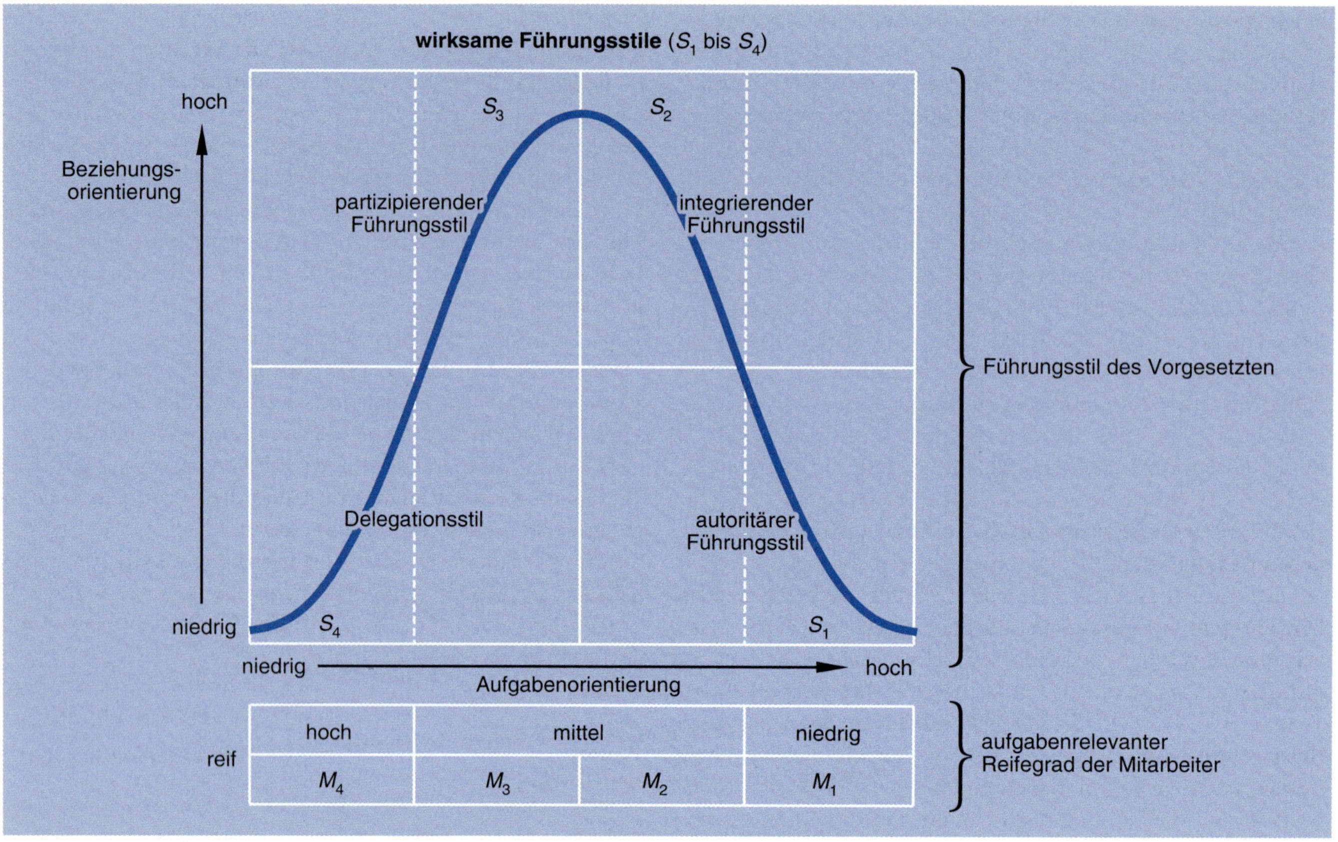

Abb. 5.24 Situative Passung von Führungsstilen und Reifegrad der Mitarbeiter. (Nach Hersey et al. 2001)

wurde eigenständig aktiv – er wurde daraufhin sofort entlassen. Wie lange konnte das noch gut gehen?
(Mandl & Reinmann-Rothmeier, 2000, S. 1).

An dieser Stelle brechen wir das Märchen ab. Die Lehre, die wir ziehen können, lautet, dass *Führungsfehler* einer Organisation und ihren Mitgliedern schweren Schaden zufügen können. Aber der Nachweis schlechter Führung ist schwer zu erbringen und es ist auch kaum nachvollziehbar, was bei einer anderen Führung und einem anderen Handeln der Führungskraft möglich gewesen wäre. Von da aus erübrigt sich die Frage, welches der erfolgreichste Führungsstil ist oder hätte sein können.

Eine andere Frage bleibt davon jedoch unberührt:

Ist Führungskompetenz lernbar?

Die Frage ist eigentlich trivial und beantwortet sich von selbst: Selbstverständlich ist Führungskompetenz lernbar – und sie muss gelernt werden, denn sie fällt einem ja nicht mit der Geburt in den Schoß. Die Frage sollte daher besser lauten: Wann wo und wie kann Führungs- und Managementkompetenz durch Lernen erworben werden?

Dazu stellt Malik (2006) fest, dass ein erheblicher Anteil der Führungskräfte ein Universitätsstudium hinter sich hat, aber weder Führungs- noch Managementkompetenz erwerben konnte, da an den Universitäten nicht zum Manager ausgebildet wird. Man studiert ein akademisches Fach, und weil man ein guter Fachmann oder eine gute Fachfrau ist, wird man von einer Organisation angestellt, macht Karriere und findet sich dann eines Tages in einer Führungsposition, die neben fachlichen Kompetenzen auch Managementfähigkeiten erfordert. Dieses Szenarium wird sehr anschaulich von Rowe und Conway (2013) anhand konkreter Fallbeispiele beschrieben.

Jakob: „Ich habe gestern meinen Cousin Pascal getroffen. Der hat einen Bachelor als Maschinenbauingenieur gemacht und einen guten Job in einem mittelständischen Unternehmen gefunden. Aber stell dir vor, der hat jetzt vor, noch in einem Fernstudium den MBA zu erwerben."

Anna: „MBA – ist das der Master of Business Administration?„

Jakob: „Genau. Pascals Chef meinte, dass er diesen Abschluss braucht, um in dem Unternehmen voranzukommen."

Anna: „Und was macht dein Cousin nun?"

Jakob: „Nun, zuerst war er mal ziemlich perplex, da er glaubte, doch allen Anforderungen zu genügen. Dann dachte er nach und verstand den Rat seines Chefs als Wink mit dem Zaunpfahl. Er dachte, dass sein Chef ihm klarmachen wollte, dass er das Zeug für eine Karriere hatte, aber eben nicht über das Wissen und die Fähigkeiten des Managements verfügt."

Anna: „Und wann fängt dein Cousin mit dem Fernstudium an?"

Jakob: „Ab sofort! Auch wenn das ziemlich anstrengend wird – neben dem Job und so."

Zur Führungskraft wird man entweder im Verlaufe einer langjährigen Ausübung eines Jobs, der mit Leitungsfunktionen verbunden ist, oder durch eine Zusatzausbildung. Dafür bietet das Gesundheitswesen zahlreiche Beispiele (vgl. Hollmann 2010; Tewes 2010; Tewes und Stockinger 2014). Sie widersprechen der Behauptung Maliks (2006), dass es im Grunde nur zwei Organisationen gibt, die ihre zukünftigen Führungskräfte systematisch auf Führungsaufgaben im engeren Sinne vorbereiten: das Militär und die Kirche(n). Mittlerweile werden Führungsnachwuchskräfte nicht nur im Gesundheits- und Pflegewesen systematisch auf Leitungsfunktionen vorbereitet, sondern auch im Bildungswesen. Laut Klein (2008) sind in den meisten Ländern der Bundesrepublik Fortbildungsveranstaltungen für Bewerber auf Leitungsstellen, für neu ernannte Schulleiter, aber auch für langjährig aktive Schulleiter der Standard. Die Führungskräfteentwicklung im Schulwesen ist längst als eine personalpolitische Notwendigkeit erkannt worden, auch wenn eine durchgängige Ausbildung pädagogischer Führungskräfte in den Bereichen Betriebsmanagement und Personalführung derzeit noch nicht flächendeckend realisiert wird. Dennoch wäre die Annahme, pädagogische Führungskräfte wie Schulleiter seien nicht auf die Aufgaben des Bildungsmanagements in seinem vollen Umfang vorbereitet, schlichtweg falsch.

Weiter als die Fortbildungsveranstaltungen reichen die an Hochschulen angebotenen Weiterbildungsstudiengänge zum Schulmanagement wie z. B. an der Pädagogischen Hochschule Luzern. Über die Vermittlung von Basiskompetenzen in den Bereichen Führen, Leiten, Entwickeln werden Spezialisierungen in Betriebswirtschaft und Recht, Qualitätsmanagement, Unterrichtsentwicklung und Personalmanagement angeboten (▶ http://www.phlu.ch/weiterbildung/casdasmas/cas-und-mas-schulmanagement/). Berufsbegleitend kann man auch an der Universität Kiel „Schulmanagement und Qualitätsentwicklung" studieren. An der TU Kaiserslautern wird der Fernstudiengang „Schulmanagement" angeboten. Weitere Beispiele ließen sich nennen. Was man mehrheitlich bei den Fortbildungs- und Studienangeboten vorfindet, entspricht dem Verständnis von Bildungsmanagement, wie es bisher in dem vorliegenden Lehrbuch dargelegt wurde.

5.4.2.4 Diagnostik der Führungskompetenz

Den Führungserfolg zu messen, ist einfacher als den Führungsstil zu messen. Um den Erfolg einer Führungskraft zu bestimmen, kann auf Kennzahlen des Controllings zurückgegriffen werden. Das konkrete Führungsverhalten zu erfassen, fällt ungleich schwerer, und um etwas über die Qualität der Führungsleistung in einem Unternehmen zu erfahren, gibt es ein einfaches Verfahren: Man fragt den jeweiligen Vorgesetzten einer Führungskraft nach seiner Einschätzung und bittet dann zusätzlich auch seine Mitarbeiter um eine Einschätzung. Die Frage, die sich hierbei stellt, ist die nach den Kriterien, die Vorgesetzte und Mitarbeiter ihren Urteilen zugrunde legen: Worauf gründen Vorgesetzte ihr Urteil, wenn sie zwischen hervorragender oder ungenügender Führungsleistung unterscheiden, und worauf gründen die Mitarbeiter ihr Urteil über die Kompetenz ihrer Führungskraft?

Um das herauszufinden, gelangen neben Verfahren des Führungsfeedbacks u. a. auch Interviews und Rollenspiele zur Anwendung. Wenn es dabei um Führungskräfte wie Senior Manager geht, werden diese Verfahren üblicherweise im Rahmen professioneller Assessment-Center ausgeführt. Geht es dagegen um die Beurteilung der Mitarbeiter durch die Vorgesetzten erfolgt dies oft im Rahmen von *Learning Management Systemen* (LMS)[10] als sogenanntes 360° Assessment. Auf der Basis von LMS-Daten, Ratingskalen und Fremdbeurteilungen werden dann Kompetenzprofile und Wissenslandkarten für die Mitarbeiter erstellt (vgl. Freimuth und Zirkler 2001).

Das internationale Beratungsunternehmen Hay Group (▶ www.haygroup.com) bietet zwei 180°-Online-Assessment -Instrumente zur Einschätzung der Führungsstile und des Organisationsklimas an. Das Führungsstilassessment vergleicht die Selbstwahrnehmung der Führungskraft mit der Einschätzung durch die Mitarbeiter und erfasst sechs Führungsstile (direktiv, visionär, integrativ, partizipativ, perfektionistisch, coachend), die den größten Einfluss auf das Organisationsklima haben. Das Organisationsklimaassessment vergleicht das Klima, wie es eine Führungskraft erlebt, mit dem Klima, das sie für die Organisation schafft, und identifiziert sechs Dimensionen des Organisationsklimas (Klarheit, Standards, Verantwortung, Flexibilität, Belohnung, Team Commitment).

Abgesehen von solchen Erhebungsverfahren wird, wenn es um die Beurteilung des Führungsstils von leitenden Personen geht, vor allem auf Persönlichkeitstests (z. B. Big Five) und Befragungen der Mitarbeiter zurückgegriffen (Felfe und Liepmann 2008). Wir wollen exemplarisch einige Verfahren beschreiben, die zur Erfassung von Führungsstilen und Organisationsklima verwendet werden.

Das erste Verfahren, auf das wir die Aufmerksamkeit lenken wollen, ist die von Felfe und Goihl (2002) entwickelte deutsche Version des Multifactor Leadership Questionnaire (MLQ) von Bass und Avolio (1995). Der MLQ stellt die transformationale Führung in den Mittelpunkt und enthält fünf Subskalen, die den

10 Ein *Learning Management System* (LMS) bzw. eine Lernplattform ist ein komplexes Softwaresystem, das der Bereitstellung von Lerninhalten und der Organisation von Lernvorgängen dient. Eine wichtige Aufgabe besteht auch in der Übernahme zahlreicher Verwaltungsaufgaben (vgl. Seel und Ifenthaler 2009).

attribuierten idealisierten Einfluss (z. B. „Mein direkter Vorgesetzter macht mich stolz darauf, mit ihm zu tun zu haben“), den *verhaltensbezogenen idealisierten Einfluss* (z. B. „Mein direkter Vorgesetzter macht klar, wie wichtig es ist, sich hundertprozentig für eine Sache einzusetzen“), die *inspirierende Motivierung* (z. B. „Mein direkter Vorgesetzter formuliert eine überzeugende Zukunftsvision“), die *intellektuelle Stimulierung* (z. B. „Mein direkter Vorgesetzter bringt mich dazu, Probleme aus unterschiedlichen Blickwinkeln zu betrachten“) und die *individualisierte Berücksichtigung* (z. B. „Mein direkter Vorgesetzter hilft mir, meine Stärken auszubauen“) messen. Verschiedene Validierungsstudien (z. B. Felfe 2006b) belegen die Reliabilität und Konstruktvalidität des deutschsprachigen MLQ. Bemerkenswert ist, dass der MLQ auch erfolgreich zur Messung der transformationalen Führung in Schulen eingesetzt wurde (Harazd und Ophuysen 2011).

5

Ein anderes Verfahren zur Messung der transformationalen Führung ist die von Heinitz und Rowold (2007) entwickelte deutsche Adaptation des *Transformational Leadership Inventory* (TLI) von Podsakoff et al. (1990). Auch dieser Fragebogen erfüllt die Kriterien der Reliabilität und Validität (Krüger et al. 2011). In den Kontext der transformationalen Führung gehören auch die *Conger-Kanungo-Skalen für charismatische Führung* (CKS; Conger et al. 1997), die von Rowold und Kersting (2008) ins Deutsche übersetzt und validiert wurden. Die CKS wurden in mehreren Stichproben eingesetzt und erwiesen sich als reliabel und valide.

Während sich die bisher genannten Verfahren auf die transformationale Führung beziehen, stellen Daumelang und Müskens (2004) das Organisationsklima in den Mittelpunkt ihres Verfahrens. Der *Fragebogen zur Erfassung des Organisationsklimas* (FEO) umfasst zwölf Skalen, die auf verschiedene Dimensionen des Organisationsklimas gerichtet sind. Mit der Skala „Vorgesetzter“ wird das Verhalten und der Führungsstil des Vorgesetzten erfasst. Zugrunde gelegt wird das Zweifaktorenmodell des Führungsverhaltens (Consideration and Initiating Structure). Die Items des FEO wurden in Zusammenarbeit mit Personalverantwortlichen, Betriebsräten, Vorgesetzten und Mitarbeitern entwickelt. Der Fragebogen soll zum einen zuverlässige Daten für Entscheidungsträger liefern und zum anderen zu eingehenden Diskussionen zwischen den Beteiligten anregen. Deshalb kann der FEO sowohl am Beginn von Maßnahmen zur Personal- und Organisationsentwicklung stehen als auch zu deren Evaluation herangezogen werden. Der FEO wird als Einzelverfahren bei der Selbst-, Ideal- und Fremdeinschätzung des Führungsverhaltens von Vorgesetzten eingesetzt und bietet Vergleichsnormen mehrerer Organisationen. Für die Beurteilung der Vorgesetzten kann ein Profil angelegt werden, das Vergleiche mit speziellen Normen erlaubt. Die interne Konsistenz der einzelnen Skalen variiert zwischen $\alpha = 0{,}67$ und 0,96. Die Skala „Vorgesetzter“ wurde einer Validierung unterzogen, bei der die Beurteilung von Personalchefs durch untergeordnete Mitarbeiter als Kriterium diente. In zwei unterschiedlichen Stichproben resultierten hieraus Korrelationskoeffizienten von 0,51 und 0,40. Vergleichbare Ergebnisse erbrachte auch die Validierungsstudie von Kauffeld (2006).

Die skizzierten Verfahren zur Führungskompetenz von Vorgesetzten dienen nicht der Entscheidungsfindung, wer als Führungskraft in einer Organisation beschäftigt werden soll. Diese Entscheidung ist bereits gefallen, und es geht nur mehr darum, die Führungskompetenz der Vorgesetzten und das Organisationsklima zu beurteilen. Das wirft die naheliegende Frage nach der Eignungsdiagnostik auf: Wie kann die Eignung zur Übernahme von Führungsaufgaben zuverlässig und gültig festgestellt werden?

Für die Anwerbung von Personal im Bereich des leitenden Managements wird wie in den USA auch im deutschsprachigen Raum zunehmend eine Direktsuche bzw. Direktansprache durch Personalvermittler – auch Headhunter genannt – wichtig (Hofmann und Bergert 2014). Dabei geht es auch um die gezielte Abwerbung von Mitarbeitern aus anderen Unternehmen. Ansonsten werden bei der Personalauswahl Verfahren angewandt, die auf die Erfassung relativ stabiler Persönlichkeitseigenschaften mittels psychologischer Testverfahren (*Eigenschaftsansatz*) oder auf die Erfassung von Verhaltensweisen in simulierten Szenarien (*Simulationsansatz*) oder aber auf die Erfassung von Verhalten zielen, das in der Vergangenheit gezeigt wurde (*Biografieansatz*).

Bei der Personalauswahl für Führungspositionen gelangen bevorzugt Interviewverfahren zum Einsatz (Werkmann-Karcher und Rietiker 2010). Dabei werden üblicherweise Fragen zu Berufsausbildung und -erfahrung, zu biografischen Ereignissen und deren Verarbeitung, gelegentlich auch zu persönlichen Bereichen gestellt. Erfragt werden auch Erwartungen der Bewerber an das Unternehmen und den Aufbau persönlicher Kontakte. Bei unstrukturierten Interviews werden die Antworten oft mit Eindrücken der Interviewer aus dem nonverbalen Verhalten intuitiv kombiniert. Dementsprechend weisen sie eine niedrige prognostische Validität auf; Schmidt und Hunter (1998) nennen eine Korrelation von $r = 0{,}38$ zwischen Interview und späterem Erfolg. Probleme unstrukturierter Einstellungsinterviews liegen darin, dass Informationen aus den Bewerbungsunterlagen das Interviewverhalten und die Beurteilung beeinflussen, dass sich die Interviewer durch die äußere Erscheinung (Attraktivität, Mimik, Gestik) beeinflussen lassen und dass Entscheidungen aufgrund des ersten Eindrucks oft zu früh gefällt werden.

Um diese Störfaktoren auszuschalten, wird in der Literatur übereinstimmend die Verwendung strukturierter Einstellungsinterviews empfohlen (vgl. Plate 2007; Schuler 2002). Für sie geben Schmidt und Hunter (1998) eine deutlich verbesserte prognostische Validität von $r = 0{,}51$ an. Dabei werden verschiedene strukturierte Interviewverfahren beschrieben. Das situative Interview von Latham et al. (1980) orientiert die Fragen an der Zukunft (z. B. „Was würden Sie in dieser Situation tun?“); die Antworten werden auf der Basis vorher entwickelter Antwortmöglichkeiten von mindestens zwei Personen eingestuft.

Das Behavior Description Interview von Janz et al. (1986) zielt mit den Fragen auf die Vergangenheit (z. B. „Was haben Sie in einer solchen Situation getan?“ oder „Berichten Sie über eines Ihrer Projekte, das erheblich zu spät zum Abschluss kam“ und Folgefragen).

Das *multimodale Interview* von Schuler (2002) nimmt eine Kombination von biografiebezogenen und situativen Fragen und weiteren Gesprächsteilen aus insgesamt acht Bausteinen vor, von denen fünf der diagnostischen Urteilsbildung dienen.

Einen guten Überblick über konstruktorientierte Verfahren der Personalauswahl bieten Schuler und Höft (2006) sowie Werkmann-Karcher und Rietiker (2010).

Konstruktorientiert sind auch die Verfahren nach dem Eigenschaftsansatz. Sie beziehen sich auf Persönlichkeitseigenschaften, die als grundlegend für Führungskompetenz und -erfolg beurteilt werden. Als positive Eigenschaften einer Führungspersönlichkeit gelten neben der Intelligenz im Grunde die Big Five, die wir in ▶ Abschn. 3.4 ausführlich beschrieben haben. Nach Piccolo und Judge (2013) sind dementsprechend Gewissenhaftigkeit, Extraversion, Verträglichkeit, emotionale Stabilität und Offenheit gegenüber neuen Erfahrungen wichtige Eigenschaften einer Führungspersönlichkeit. Dazu zählen auch zentrale Selbstbewertungen, die sich auf das Selbstwertgefühl, Kontrollüberzeugungen,

Selbstwirksamkeit und eine geringe Ausprägung von Neurotizismus beziehen. Gemessen werden können diese Faktoren u. a. mit dem *NEO-Fünf-Faktoren-Inventar* von Borkenau und Ostendorf (2008), das wir in ► Abschn. 3.7.3 hinsichtlich der psychometrischen Qualitätsmerkmale beschrieben haben. Als negative Eigenschaften nennen Piccolo und Judge *Narzissmus*, der mit Arroganz, Selbstbezogenheit, einem hohen Anspruchsdenken und Feindseligkeit verbunden ist (Rosenthal und Pittinsky 2006). Für die Messung von Narzissmus wird allgemein das *Narcissistic Personality Inventory* (NPI) von Raskin und Hall (1979) verwendet, für das eine deutsche Fassung existiert (Schütz et al. 2004).

Als weitere negative Eigenschaften von Führungspersönlichkeiten nennen Piccolo und Judge (2013) die *Hybris* (d. h. übermäßiger Stolz und übertriebenes Selbstvertrauen), *Gier, Dominanz* und *Machiavellismus*. Dominante Personen haben die Neigung, anderen ihren Willen aufzudrängen, Unterhaltungen zu kontrollieren und Begründungen für eigentlich gewöhnliche Aktivitäten zu fordern. Dominanz wird mit einem autoritären Führungsstil verknüpft, der allgemein als kontraproduktiv beurteilt wird. Dominanz im Sinne von Durchsetzungsstärke wird im *Bochumer Inventar zur berufsbezogenen Persönlichkeitsbeschreibung* (BIP) von Hossiep und Paschen (2003) gemessen. Darüber hinaus erfasst dieser psychometrische Persönlichkeitsfragebogen, der vor allem wegen seines expliziten Berufsbezugs in den Bereichen Personalauswahl, Personalentwicklung und Coaching eingesetzt wird, Leistungs-, Gestaltungs- und Führungsmotivation, Gewissenhaftigkeit, Flexibilität, Handlungsorientierung, Sensitivität, Kontaktfähigkeit, Soziabilität, Teamorientierung, emotionale Stabilität, Belastbarkeit sowie Selbstbewusstsein. Mit dieser Vielzahl an Skalen zur Messung von Persönlichkeitseigenschaften gehört das BIP zu den wichtigsten Routineverfahren der konstruktorientierten Eignungsdiagnostik im Personalbereich. Über seine Verwendungsmöglichkeiten berichtet das *Fallbuch BIP* von Kanning und Kempermann (2012). Eine neuere Untersuchung zur Konstruktvalidität an einer Stichprobe aus 414 schweizerischen Führungskräften (Abteilungsleiter, Teamleiter, Projektleiter) wurde von Frieg und Schulz (2013) durchgeführt. Das BIP erfüllt alle Ansprüche an die psychometrische Qualität von Persönlichkeitstests.

Nicht so eindeutig und überzeugend fallen demgegenüber bislang die Untersuchungen zur Messung von *Machiavellismus* aus (vgl. Rauthmann 2012). Machiavellismus bezeichnet ein Persönlichkeitsmerkmal, das sich durch ein übersteigertes Machtmotiv (McClelland und Burnham 1976) auszeichnet und sich in Gerissenheit und der Fähigkeit ausdrückt, sich sozial, kommunikativ und politisch „intelligent“ (d. h. zum Nutzen für die eigene Person) in Gruppen zu behaupten, seine eigenen Ziele unter Einsatz aller erforderlichen Mittel durchzusetzen und dabei langfristig erfolgreich zu bleiben. Gelegentlich wird Machiavellismus auch mit einem ausgesprochen tyrannischen Führungsstil in Verbindung gebracht (z. B. Glad 2002). Eine deutschsprachige Skala zur Messung von Machiavellismus wurde von Henning und Six (1977, 2008) entwickelt, die mittlerweile verschiedenen Validierungsstudien unterzogen wurde (z. B. Rauthmann 2012), allerdings nicht an Stichproben von Führungspersonal. Das gilt auch für die Kurzskalen zur Messung von Machiavellismus und Egoismus, die Shajek (2007) entwickelt hat.

Zusammenfassend kann festgehalten werden, dass es zahlreiche Test- und Erhebungsverfahren gibt, um die Eignung von Führungspersonal vorab oder während der Ausübung der Führungstätigkeit festzustellen. Ob sie auch mit Erfolg angewandt werden, steht auf einem anderen Blatt. Wir verknüpfen mit der Organisations- und Personaldiagnostik die Problematik der Entwicklung von Führungskompetenz, was darauf hinausläuft, die Statusdiagnostik zu einer Prozessdiagnostik umzuformen, um die Dynamik einer situativen Führung zu erfassen.

5.4.3 Finanzmanagement, Marketing und Bildungscontrolling

In dem oben erwähnten Märchen vom Roten Apfel (vgl. Abschn. 5.4.2.3) hat die Königreich AG auch Konkurrenz: die Zwergen AG.

Das Märchen vom Roten Apfel – Fortsetzung

„Der Hauptwettbewerber, die Zwergen AG, hatte seinen Firmensitz auf dem Land hinter den sieben Bergen. Die Zwergen AG war ein traditionelles Unternehmen mit hoher Kundenorientierung: Kam man als Besucher zur Zwergen AG, erhielt man sofort ein Tellerlein mit feinem Essen und ein Becherlein mit einem Tropfen Wein. Die siebenköpfige Führungsmannschaft der Zwergen AG traf sich jeden Morgen zum Business-Frühstück, bei dem über alles und nichts nachgedacht und gesprochen wurde. Oft waren die Zwerge über die endlosen und ungeordneten Diskussionen genervt. Doch Teamarbeit war Pflicht, seitdem der teure Unternehmensberater da gewesen war. Nach dem Business-Frühstück zog sich jeder in sein kleines Büro zurück und ging fleißig und emsig dem Tagesgeschäft nach. […]

Der Geschäftsführerzwerg, ein erfahrener Mann, war stets bemüht, neue Ideen in die Gesamtstrategie des Unternehmens zu integrieren, war aber doch eher Bedenkenträger. Darunter hatte vor allem der Marketingzwerg zu leiden; er kannte den Markt gut, hatte kreative Ideen, die von den anderen Zwergen oft nicht verstanden wurden. Der Controllingzwerg, ein kleiner Mann mit Schnurrbart, hatte nur Zahlen im Kopf; im Umgang mit Bilanzen war er ein Perfektionist und sein Alptraum waren neue Investitionen. Der Technologiezwerg war ein freundlicher Zeitgenosse, der gern in aller Ruhe nachdachte. Heimlich versuchte er ab und an, die als versponnen zurückgewiesenen Ideen des Marketingzwergs technisch nachzuvollziehen; die daraus entstandenen Realisierungskonzepte aber verstaubten in der Schublade. Das Steckenpferd des Produktzwergs war die Verbesserung des Serviceangebots. Er arbeitete eng mit dem Logistikzwerg, über den nicht viel zu sagen ist, außer dass er die größte Laterne hatte, um auch den hintersten Winkel des Lagers erspähen zu können. Der siebte Zwerg war der Qualitätssicherungszwerg, der selten Zeit hatte, weil er stets mit neuen ISO-Zertifizierungen beschäftigt war.

So hatte jeder Zwerg seine Aufgabe, man kommunizierte eifrig – allerdings nur beim Business-Frühstück – und war nett zueinander“ (Mandl und Reinmann-Rothmeier 2000, S. 2).

Obwohl sich das geschilderte Szenarium der Zwergen AG auf ein Unternehmen bezieht, weist es einige Gemeinsamkeiten mit Bildungseinrichtungen auf, die sich auf dem Bildungsmarkt behaupten müssen. Damit sind in erster Linie Volkshochschulen und Privatschulen gemeint. Während in staatlichen Schulen die Schulleiter die pädagogische und administrative Verantwortung tragen, wird an Privatschulen üblicherweise zwischen der Schulleitung und der Geschäftsführung unterschieden, obwohl die Funktionen durchaus auch in einer Person vereint sein können. Entsprechend der finanziellen und administrativen Selbstständigkeit fallen die Aufgaben des Finanzmanagements und des Controllings in den Zuständigkeitsbereich der Geschäftsführung. Privatschulen müssen darüber hinaus auch Öffentlichkeitsarbeit und Bildungsmarketing betreiben. Zu diesem Bereich gehört nicht nur die Vermarktung von Bildungsangeboten, sondern auch die Aufgabe der Aufrechterhaltung und Pflege der Beziehungen zu „Kunden" (z. B. Eltern) und „Geschäftspartnern" (z. B. Sponsoren).

Ähnlich wie bei Privatschulen zählen auch bei Volkshochschulen Finanzmanagement, Marketing und Controlling zu den zentralen Aufgaben der Leitung bzw. Geschäftsführung. Neben der pädagogischen und wirtschaftlichen Konzeptionierung des Bildungsangebotes hat sich die VHS-Leitung um Kurskalkulation, Zielgruppenanalysen, Qualitätssicherung und Qualitätsmanagement, die Akquisition von Fördergeldern, Marketing, Öffentlichkeitsarbeit und Controlling zu kümmern.

Da fast alle Managemententscheidungen auch in Bildungseinrichtungen in Budget- und Finanzierungsfragen münden und Führungskräfte an Volkshochschulen zunehmend mit Inhalten und Fragen des Finanzmanagements befasst sind, bietet z. B. der Bayerische Volkshochschulverband entsprechende Fortbildungsveranstaltungen für VHS-Führungskräfte an. Behandelt werden dabei Themen wie Finanzbuchhaltung und Kostenrechnung an Volkshochschulen, Investitionsplanung und mittelfristige Finanzplanung sowie Controlling. Natürlich unterscheidet sich das Finanzmanagement von Bildungseinrichtungen in mancherlei Hinsicht von dem anderer Unternehmen, die sich an Angebot und Nachfrage orientieren müssen, während öffentliche Bildungseinrichtungen wie die VHS ihren Finanzbedarf zu fast 60 % aus dem öffentlichen Haushalt bestreiten können (◘ Tab. 5.2). Im Umkehrschluss bedeutet das aber auch, dass 40 % der Kosten von den Teilnehmern als „Kunden" aufzubringen sind.

Vergleichbar ist die Situation der Privatschulen, deren Budget sich zum Teil aus dem staatlichen Finanzausgleich für Ersatzschulen, Schulgeld und den Einnahmen von Schulfördervereinen zusammensetzt.

Nach Berechnungen des Statistischen Bundesamtes (2012) speisten sich im Jahr 2009 die Einnahmen der allgemeinbildenden Schulen in freier Trägerschaft zu 85 % aus öffentlichen Finanzquellen. Von den 4,9 Milliarden, die größtenteils von den Ländern und Kommunen investiert wurden, entfielen 76 % auf Personalausgaben. Für berufsbildende Schulen in freier Trägerschaft wurden insgesamt 1,3 Milliarden aufgebracht, das waren 73 % der Einnahmen; 71 % entfielen auf Personalausgaben.

Da sich Schulen in freier Trägerschaft wie auch Volkshochschulen mit ihrem Angebot gegen andere Anbieter am Markt behaupten müssen, kommt dem Marketing eine Schlüsselaufgabe zu (Schöll 2005). Dazu gehören einerseits überzeugende und zielgruppengerechte Bildungsangebote und andererseits „Kunden", die die Angebote akzeptieren und in Anspruch nehmen. Bildungsmarketing muss deshalb darauf zielen, Vertrauen und Glaubwürdigkeit bei denen zu schaffen, die die Organisation noch nicht kennen, und vorhandene Kunden durch eine gezielte Informationspolitik und Betreuung weiterhin an die Bildungseinrichtung zu binden. Als unternehmerische Grundhaltung dient das Marketing einer doppelten Funktion: Nach außen geht es um eine zielgruppengerechte Ausformung und Passung des Angebots an die Anforderungen des Bildungsmarkts, nach innen zielt Marketing auf die Stärkung der Identifikation der Mitarbeiter mit der Organisation im Sinne einer Handlungsgemeinschaft (Community of Practice).

Nach Barz (2010) umfasst ein Marketingkonzept auch für den Bildungssektor drei Elemente:

1. eine *Marktanalyse*, um Angebot und Nachfrage auszuloten und gegebenenfalls Alternativen zu entwickeln;
2. *Marketinginstrumente*, die sich an den „klassischen 4 Ps" des Marketingmix orientieren sollten, also an Produkt, Promotion (Werbung, Kommunikation), Placement (Vertrieb) und Preis;
3. den *Marketingplan*, der die strategischen Entscheidungen im Hinblick auf die Ziele eines Bildungsanbieters beinhaltet. Dadurch wird das Leitbild der Einrichtung spezifiziert.

Wie das Bildungsmarketing wirkt auch das *Bildungscontrolling* sowohl nach außen als auch nach innen. Es zielt darauf ab, den Erfolg einer Bildungseinrichtung messbar zu machen (Hölbling et al. 2010). Zum einen dient es in diesem Sinne der Kostentransparenz nach außen und zum anderen dem Qualitätsmanagement nach innen. Als Argumente für ein Bildungscontrolling werden im Bereich der Fort- und Weiterbildung u. a. die Ausrichtung von Bildungsmaßnahmen an den Unternehmenszielen, die Erzeugung von Transparenz der entstehenden Kosten, die Ermittlung des Nutzens und der Rendite von Investitionen in Bildungsmaßnahmen sowie die kontinuierliche Verbesserung des Bildungsprozesses angeführt.

Dabei bezieht der Begriff Bildungscontrolling eine Vielzahl unterschiedlicher Herangehensweisen an die Steuerung von Bildungsprozessen ein, wobei das Spektrum qualitative und quantitative, monetäre und nicht monetäre, pädagogische und ökonomische Modellansätze umfasst. Eine wissenschaftliche Disziplin und ein Konsens über verbindliche Standards des Bildungscontrollings existieren nicht. Bildungscontrolling, wie es derzeit im Rahmen der betrieblichen Fort- und Weiterbildung realisiert wird, folgt durchaus unterschiedlichen Vorgehensweisen.

Zunächst ist der Ansatz des *Human Capital Assessment* zu nennen, bei dem Ausgaben für Fort- und Weiterbildung betriebs- und personalwirtschaftlich begründet werden, um den Beitrag bzw. Mehrwert der Personalentwicklung für das Unternehmen zu legitimieren. Für das Bildungscontrolling allgemein ist dieser Ansatz nicht ausreichend operationalisiert, und wesentliche Merkmale von Bildungsprozessen können mit Kosten-Nutzen-Berechnungen nicht sinnvoll erfasst und gesteuert werden. Aus pädagogischer Sicht kommt dem *phasenorientierten Bildungscontrolling* eine herausragende Bedeutung zu. In weitgehender Entsprechung mit dem Ansatz der Bildungsbedarfsanalyse wird ein Funktionszyklus zugrunde gelegt (◘ Abb. 5.25), der sich auf den Prozess einer Bildungsmaßnahme bezieht und dabei finanzi-

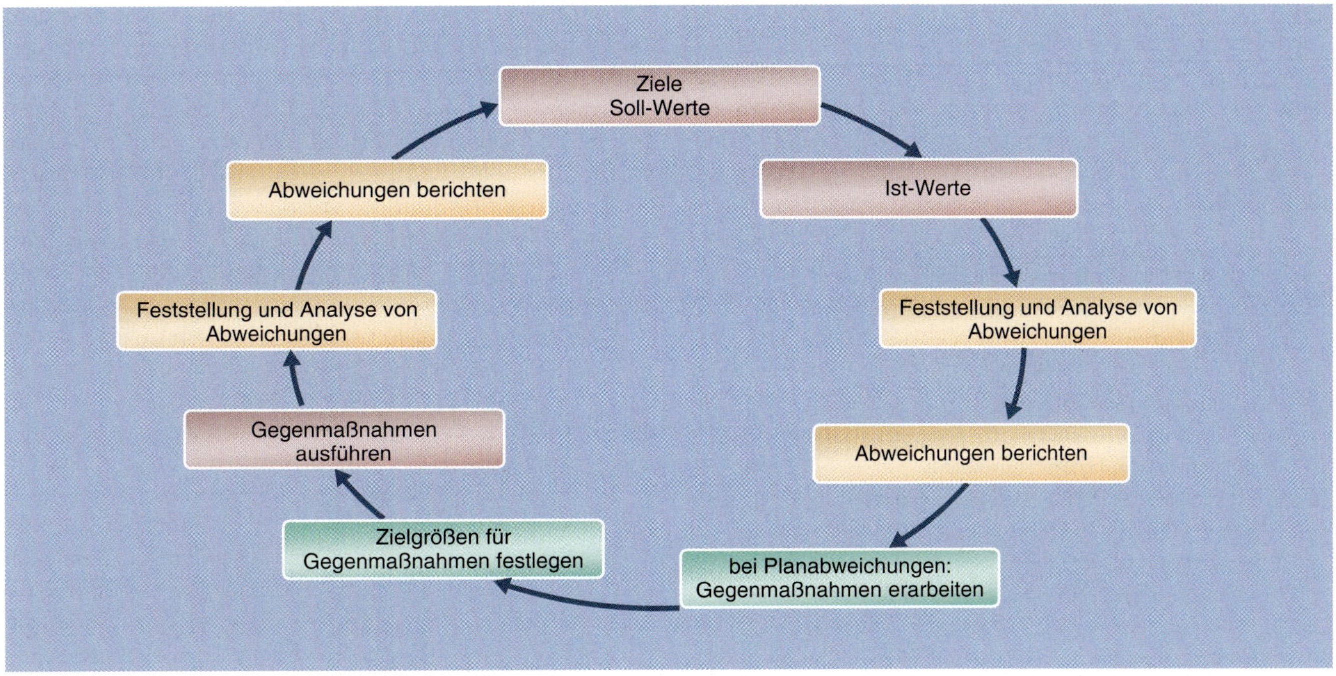

Abb. 5.25 Modell eines phasenorientierten Bildungscontrollings

elle Rahmenbedingungen, aber auch andere Steuerungsprozesse ausblendet, die außerhalb der Lehr-Lern-Prozesse liegen.

Die verschiedenen Kriterien des Controllings werden üblicherweise in Form der Selbstevaluation überprüft und zur Verbesserung von Bildungsveranstaltungen genutzt. Systematische empirische Daten oder Kennzahlen werden hierbei gewöhnlich nicht erhoben. Der Vorteil eines phasenorientierten Bildungscontrollings besteht darin, dass die Komplexität pädagogischer Prozesse erfasst und einer Optimierung unterzogen werden kann.

Während phasenorientierte Modelle des Bildungscontrollings auf einer formativen Evaluation aufbauen, setzen *Stufenmodelle der Evaluation* eine summative und externe Evaluation von Bildungsmaßnahmen voraus. Seit den 1950er Jahren erfreut sich das Vier-Stufen-Modell von Kirkpatrick (1959) einer großen Beliebtheit, obwohl es verschiedentlich als ergänzungsbedürftig kritisiert wurde (z. B. Kaufman und Keller 1994; Stokking 1996). Kirkpatrick (1998) zufolge bemisst sich der Erfolg einer Bildungsmaßnahme oder eines Trainingsprogramms

- am Grad der Zufriedenheit der Lernenden,
- an ihrem Lernerfolg,
- am Transfer des Gelernten in die Praxis und
- am Beitrag zum Erfolg einer Organisation.

Betriebswirtschaftliche Modelle betonen außerdem *Kennzahlen als Controllinginstrument*. Das sind aussagefähige Daten, die helfen sollen, festgelegte Organisationsziele zu verfolgen, die richtigen Entscheidungen zu fällen und für die Zukunft Verbesserungen anzusteuern. Mit Kennzahlen lassen sich betriebliche Vorgänge messen und beurteilen, komplexe Sachverhalte prägnant und kurz darstellen, Stärken und Schwächen eines Unternehmens beurteilen, Maßstäbe für die Zukunft festlegen, kritische Erfolgsfaktoren identifizieren und mit anderen Unternehmen vergleichen (Brauwer und Rumpel 2008). Mit dem Konzept der *Balanced Scorecard* (ausgewogener Berichtsbogen) ist das Arbeiten mit Kennzahlen zu einem weitverbreiteten Steuerungsmodell für Organisationen und Organisationseinheiten weiterentwickelt worden. In dem umfassenden System werden nicht nur Finanzkennzahlen erhoben, sondern auch andere erfolgskritische Bereiche der Bildungsorganisation. Insgesamt werden im Ansatz der Balanced Scorecard vier Komponenten von Bildungsmaßnahmen durch Kennzahlen als Differenz zwischen Ist- und Sollwerten operationalisiert. Diese Komponenten sind Finanzen, Kunden (Adressaten), Prozesse und die Mitarbeiterperspektive.

Zusammenfassend lässt sich sagen, dass sich unsere Ausführungen zu Finanzmanagement, Marketing und Bildungscontrolling zwar nicht ausschließlich, aber doch überwiegend auf den Bereich der Fort- und Weiterbildung bezogen haben. Sie treffen, wie wir oben betont haben, auch für den Bereich der Schulen in freier Trägerschaft zu. Von hier aus stellt sich nun jedoch die Frage, ob das Gesagte auch für das öffentliche Schulwesen gilt. Die Antwort lautet: grundsätzlich ja, da Qualitätsentwicklung und Qualitätssicherung mittlerweile zu den verpflichtenden Dienstaufgaben von Schulleitern gehören (z. B. Ministerium für Schule und Weiterbildung NRW 2012). Damit wird die Thematik der Schulentwicklung angesprochen, der wir uns im nächsten Abschnitt zuwenden wollen.

Aufgaben zum Festigen des neuen Wissens

1. Erstellen Sie eine Liste der verschiedenen Verfahren zur Eignungsdiagnostik und führen Sie jeweils auf, was diese Verfahren messen. Stellen Sie außerdem Vor- und Nachteile der Verfahren dar. Sie können hierfür eine Tabelle wie z. B. Tab. 5.5 nutzen.
2. Definieren Sie, was Führung bedeutet.
3. Stellen Sie dar, was als Merkmale guter Führung gilt.
4. Was ist der Unterschied zwischen einer Führungskraft und einem Vorgesetzten?
5. Definieren Sie Bildungscontrolling und Bildungsmarketing.

Tab. 5.5 Tabelle zu Aufgabe 1 zum Festigen des neuen Wissens

Verfahren	Gemessene Eigenschaften	Vorteile	Nachteile

6. Welche Aspekte werden beim Bildungscontrolling „kontrolliert" oder sind grundsätzlich „kontrollierbar"?
7. Benennen Sie die vier Aspekte des Marketingmix.
8. Was ist Prozessmanagement?

Aufgaben zum Weiterdenken

1. Diskutieren Sie, warum es schwierig ist, zu definieren, was eine gute Führungskraft ausmacht.
2. Stellen Sie sich vor, Sie seien Kindergartenbeauftragte/r eines konfessionellen, viergruppigen Kindergartens. Die Leitungsposition des Kindergartens ist vakant. Sie haben nun die Aufgabe, einen Ausschreibungstext für diese Führungstätigkeit vorzuschlagen und außerdem einen Vorschlag für den Ablauf der Auswahlgespräche zu erarbeiten. Überlegen Sie dabei, welche Eigenschaften die Person haben sollte, die Ihren Kindergarten künftig leiten soll, und überlegen Sie auch, ob und wenn ja, welches der vorgestellten Verfahren zur Eignungsdiagnostik Sie wählen würden.
   Bitte formulieren Sie die Ausschreibung und erstellen Sie einen Vorschlag für das Auswahlverfahren.
3. Definieren Sie Führungskompetenz, indem Sie sich noch tiefergehend über die im Text dargestellten Weiterbildungsstudiengänge informieren und aus deren Studienprogrammen herausarbeiten, was jeweils unter Führungskompetenz verstanden wird.
4. Erörtern Sie das Marketing für ein Verbrauchsprodukt, z. B. Papiertaschentücher und das Marketing für eine Bildungsmaßnahme, z. B. einer VHS. Worin unterscheiden sie sich, was ist gleich?
5. Beschreiben Sie den Marketingmix für das Marketing einer Waldorfschule in Ihrer Heimatstadt. Wie könnten die Instrumente hier sinnvoll aufeinander bezogen werden?
6. Sie werden als Berater/in bei der Gründung einer privatwirtschaftlichen Bildungsinstitution hinzugezogen: Welches Prozessmanagement würden Sie vorschlagen und warum?

Weiterführende Literatur

- Barz, H. (Hrsg.) (2010). *Handbuch Bildungsfinanzierung.* Wiesbaden: VS Verlag für Sozialwissenschaften.
- Lauer, T. (2010). *Change Management – Grundlagen und Erfolgsfaktoren.* Berlin: Springer.
- Sarges, W. (Hrsg.) (2013). *Management-Diagnostik* (4. Aufl.). Göttingen: Hogrefe.
- Schiersmann, C., & Thiel, H.-U. (2009). *Organisationsentwicklung. Prinzipien und Strategien von Veränderungsprozessen.* Wiesbaden: VS Verlag für Sozialwissenschaften.
- Schulte-Zurhausen, M. (2010). *Organisation* (5. Aufl.). München: Vahlen.
- Stipler, M. et al. (2010). *Führung: Ansätze – Entwicklungen – Trends.* Gütersloh: Bertelsmann Stiftung.
- Vahs, D. (2011). *Organisation. Einführung in die Organisationstheorie und -praxis.* Stuttgart: Schäffer-Poeschel.

5.5 Schulentwicklung und Qualitätsmanagement

Aufgabe als Denkanstoß

Bevor Sie den folgenden Abschnitt lesen, überlegen Sie doch bitte kurz, was Schulentwicklung bedeuten könnte. Wie entwickelt sich eine Schule? Wie unterscheidet sich dieser Entwicklungsprozess einer Schule von Entwicklungsprozessen in anderen Organisationen?

Der Begriff der Schulentwicklung scheint heute in aller Munde: Allenthalben wird gefordert, dass Schulen sich entwickeln wollen. So möchten sich Einzelschulen entwickeln und Lehrer, Eltern sowie Berater bezeichnen sich als Schulentwickler, wenn sie an ihrem bisherigen Handeln etwas verändern, wenn sie Innovationen einbringen und umsetzen. Selbst Sparmaßnahmen rechtfertigt man heute mit dem Argument der Schulentwicklung. Rolff (2013) gelangt deshalb zu dem Urteil, dass Schulentwicklung ein inflationärer Begriff ist.

5.5.1 Ziele der Schulentwicklung

Um zu beantworten, was unter Schulentwicklung zu verstehen ist, lohnt es sich, zunächst einen Blick auf die Ziele zu werfen. Aus dieser Perspektive erschließt sich, ob die Schulentwicklung pädagogischen oder betriebswirtschaftlichen Maximen folgt.

Als ein Hauptziel von Schulentwicklung wird die Verbesserung von Lerngelegenheiten für die Schülerinnen und Schüler im Unterricht genannt (z. B. Helmke 2010; Rolff 2010). Dementsprechend können dann alle Maßnahmen, die dafür Sorge tragen, dass die Schüler effektiver und lieber lernen, als Schulentwicklungsmaßnahmen begriffen werden. Umfassender wird auch davon gesprochen, dass es das Ziel von Schulentwicklung sei, die Gelegenheiten zur Erziehung zur Mündigkeit zu verbessern (Rolff 2013). Da Mündigkeit ja auch heißt, sich seines Verstandes zu bedienen, geht es also darum, Kinder und Jugendliche im Schulunterricht zur Reflexivität anzuregen. Deshalb können schulische Maßnahmen, die dieses Ziel verfolgen, auch als Schulentwicklungsmaßnahmen begriffen werden. Summa summarum bezeichnet Rolff (2013) deshalb die Ausgestaltung schulischen Lernens als das übergeordnete Ziel von Schulentwicklung, das sich durch Erziehungs- und Bildungsmaßnahmen auf drei Ebenen ansteuern lässt (◘ Abb. 5.26).

Die erste Ebene der Schulentwicklung betrifft die Einzelschule, die planvoll und systematisch weiterentwickelt werden soll. Dies wird als intentionale Schulentwicklung oder *Schulentwicklung erster Ordnung* bezeichnet. Akteure auf dieser Ebene sind vor allem Lehrer, aber auch Schüler und die Eltern. Auf der zweiten Ebene geht es darum, Schulen zu lernenden Organisationen zu machen, um sie dazu zu bringen, die Entwicklungsprozesse auf der ersten Ebene selbst zu steuern. Dies wird als institutionelle Schulentwicklung oder *Schulentwicklung zweiter Ordnung* verstanden. Hauptakteure auf dieser Ebene sind die pädagogischen Führungskräfte (Schulleiter und ihre Stellvertreter). Auf der dritten Ebene werden die allgemeinen Rahmenbedingungen geschaffen, damit Schulentwicklung auf der zweiten und ersten Ebene erfolgreich verlaufen kann. Dazu gehört, dass der Gesamtzusammenhang so gesteuert wird, dass Schulen zur Schulentwicklung erster Ordnung ermuntert und dabei unterstützt werden, ein Qualitätsmanagement und Bildungscontrolling aufzubauen. Dies wird als komplexe Schulentwicklung oder *Schulentwicklung dritter Ordnung* bezeichnet. Handlungsträger auf dieser Ebene ist die Politik.

Eine erfolgreiche Schulentwicklung setzt aber insgesamt ein Zusammenwirken der Kräfte auf allen drei Ebenen voraus: Ohne eine angemessene Steuerung auf der dritten Ebene ist es nicht möglich, dass Schulen sich zu lernenden Organisationen entwickeln (zweite Ebene); ohne dass Schulen zu lernenden Organisationen werden, werden an den einzelnen Schulen keine Initiativen zur Weiterentwicklung entstehen. Um Schulentwicklung auf allen drei Ebenen zu ermöglichen, ist deshalb *Organisationsentwicklung, Personalentwicklung* und *Unterrichtsentwicklung* erforderlich. Das Zusammenwirken dieser drei Entwicklungsaufgaben fasst Rolff (2013) im sogenannten Drei-Wege-Modell der Schulentwicklung zusammen (◘ Abb. 5.27).

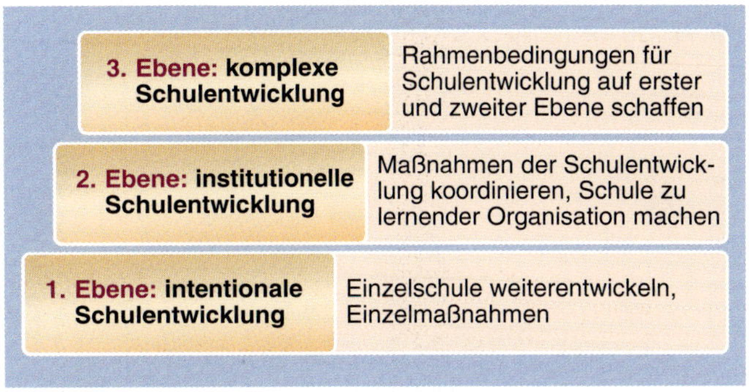

◘ **Abb. 5.26** Ebenen der Schulentwicklung (Rolff 2013, S. 37)

▪ Schulentwicklung als Zusammenschluss von Organisations-, Personal- und Unterrichtsentwicklung

Der Ausgangspunkt liegt in diesem Modell bei der *Organisationsentwicklung*, die sich auf die Entwicklung einer Bildungseinrichtung von innen bezieht, d. h. von den Organisationsmitgliedern ausgeht. Schulentwicklung in diesem Sinne hat den Zweck und das Ziel, Schulen zu lernenden Organisationen zu machen. Solche Schulen zeichnen sich dadurch aus, dass die pädagogische Arbeit im Hinblick auf Strukturen, Prozesse und Wirkungen im Kollegium, aber auch innerhalb der gesamten Schulgemeinschaft kontinuierlich überprüft wird, um daraus unmittelbar Überlegungen herzuleiten, wie die Schule angemessen(er) gestaltet und Probleme professionell gelöst werden können. Gelingt dies, kann eine Schule rasch und angemessen auf veränderte Situationen reagieren (Holtappels und Rolff 2010).

Schulen als lernende Organisationen entwickeln sich bewusst, klären Ziele und Normen, erarbeiten schuleigene Schwerpunkte im Curriculum, analysieren die Schulsituation, entwickeln Teamprojekte und überprüfen die Wirkungen des eigenen Tuns. Um dies leisten zu können, müssen nicht nur die geeigneten Strukturen z. B. im Hinblick auf Zeit und Personal geschaffen werden, es muss auch eine Organisations- und Lernkultur entwickelt werden, um aus Erfolgen und Misserfolgen zu lernen. Schulentwicklung ist nicht Organisationsentwicklung, da es zwischen Unternehmen, auf die sich die meisten Konzeptionen der Organisationsentwicklung beziehen, und Schulen gravierende Unterschiede gibt.

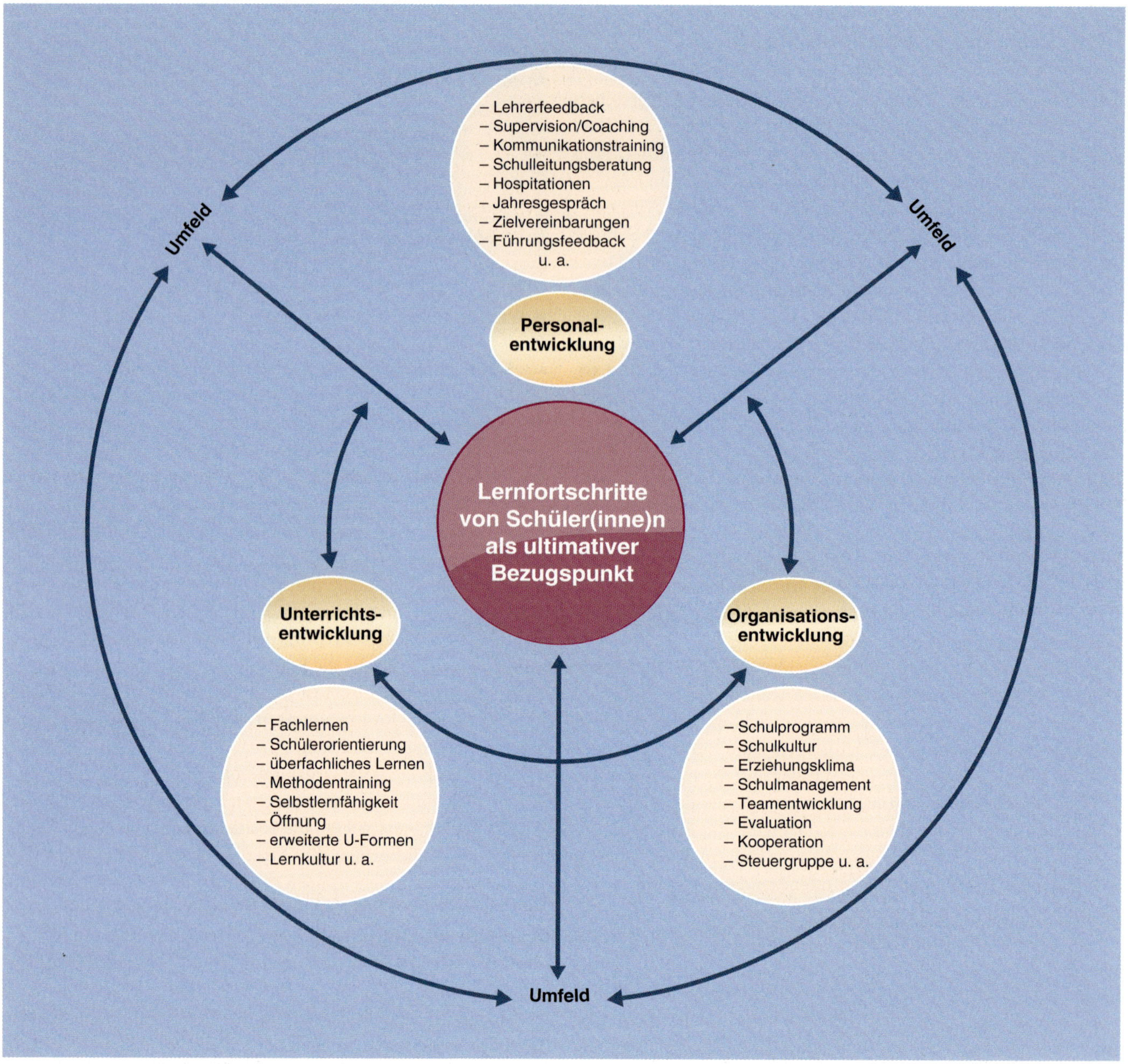

Abb. 5.27 Drei-Wege-Modell der Schulentwicklung (Rolff 2013, S. 20)

Anna: „Siehst du einen Unterschied zwischen Organisationen wie Unternehmen und Schulen? Eigentlich sind Schulen doch auch Organisationen."

Jakob: „Ja klar, wenn man Organisation als Zusammenschluss von Personen sieht, die ein gemeinsames Ziel verfolgen. Allerdings würde ich etwas bezweifeln, dass die Personen in Schulen wirklich alle das gleiche Ziel verfolgen. Die Lehrer sind doch oft Einzelkämpfer."

Anna: „Na ja, schon, aber haben sie nicht letztlich alle das gleiche Ziel? Nämlich dass die Schülerinnen und Schüler gut lernen?"

Jakob: „Bist du dir da sooo sicher, dass das Ziel aller Lehrer ist?"

Anna: „Jetzt komm, du siehst das ja sehr pessimistisch …"

» Das Besondere an der Organisation der Schule ist zum einen der pädagogische Bezug, das Fallverstehen und der dynamische und zugleich komplexe Lehr-Lern-Prozess mit hoher Bedeutung sowohl der Inhalte und Methoden als auch der sozialen Interaktion und des sozialen Klimas im Klassenzimmer. Gleichzeitig zeigen sich Organisationsdefizite: in der Diffusion der Ziele, der eher gefügeartigen als teamförmigen Kooperation, einem Mangel an Management und innerer Steuerung sowie an konzeptioneller und systematischer Entwicklungsarbeit (Holtappels und Rolff 2010, S. 76).

In Übereinstimmung mit dem Drei-Phasen-Modell der Veränderung von Lewin (Abb. 5.20) werden auch bei der Schulentwick-

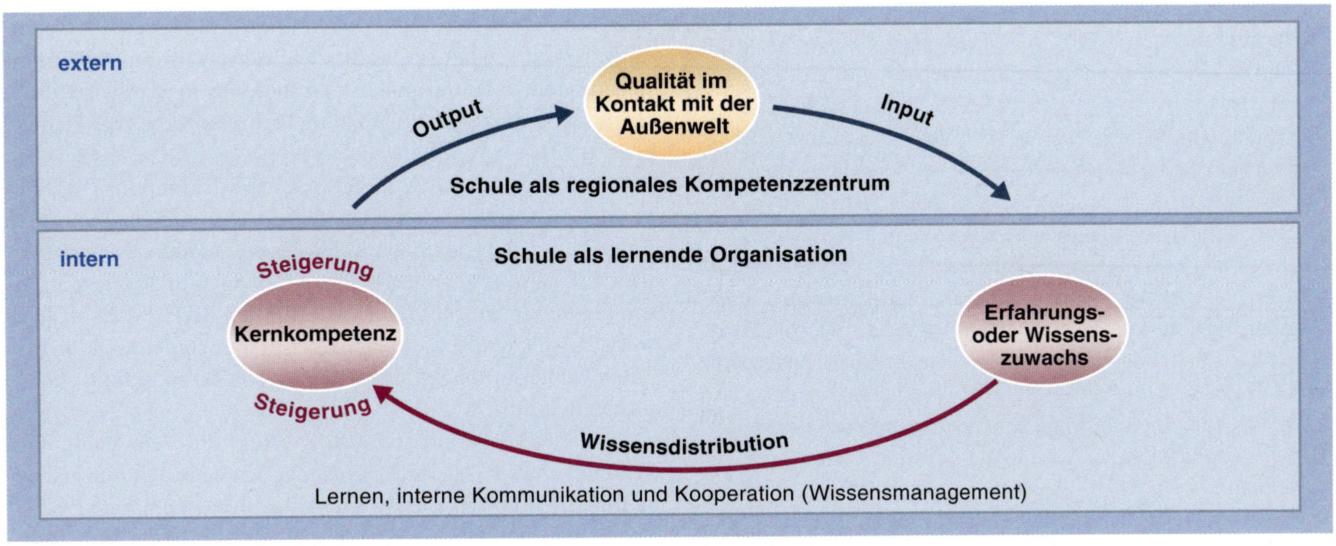

Abb. 5.28 Organisationales Lernen durch Kontakt mit der Außenwelt. (Quelle: ► http://lehrerfortbildung-bw.de/akaprojekte/archiv2007/team_a/bigr/lernende.jpg)

lung drei Phasen unterschieden: die Initiation, die Implementation und die funktionale Inkorporation bzw. Institutionalisierung (vgl. Rolff 2013). Insofern die Organisationentwicklung im schulischen Bereich auf den Prozess der Veränderung gerichtet ist, ist Schulentwicklung stets auch mit Veränderungsmanagement verknüpft.

Ein Beispiel aus der Praxis der Schulentwicklung

Im Rahmen des BLK-Programms zur Berufsbildung Innovelle-bs (Innovative Konzepte der Lehrerbildung für berufsbildende Schulen) haben sich in Baden-Württemberg drei berufliche Schulen einer Schulentwicklung unterzogen, um berufsbildende Kompetenzzentren zu schaffen. In dem Modellversuch teamA wurde die Veränderung der Schulen mit der Frage verknüpft, welche Konsequenzen dies für die interne Organisation der Schule hat, und wie Lehrerinnen und Lehrer für diese neuen Aufgaben adäquat qualifiziert werden können. Handlungsleitend war die Annahme, dass die Entwicklung beruflicher Schulen zu regionalen Kompetenzzentren es erforderlich macht, dass diese Schulen Organisationsstrukturen und Organisationsabläufe implementieren, die sie in die Lage versetzen, mit veränderten und ständig im Wandel befindlichen Bedingungen der Organisationsumwelt erfolgreich zu interagieren. Der Wandel wurde gemäß dem Drei-Phasen-Modell von Lewin in drei Schritten vollzogen:

1. Analyse und Beurteilung der Voraussetzungen und anzunehmenden Konsequenzen (Defreezing),
2. Teamentwicklung, um die Lehrpersonen in die Lage zu versetzen, neue Arbeitsformen zu entwickeln und zu praktizieren sowie strukturelle Veränderungen in der Schulorganisation eigenverantwortlich vorzunehmen (Moving), und
3. Förderung der internen Beziehungen zwischen den Organisationsmitgliedern und Wirksamwerden der Kompetenzen nach außen (Freezing).

Dazu waren externe Partner in der Region zu finden und Möglichkeiten einer Kooperation auszuloten.

Nach Aussage der Autoren des Berichts, Schuller und Röder (2007), wurden die beteiligten Schulen durch die Schulentwicklung und den daraus resultierenden Erfahrungs- und Wissenszuwachs zu lernenden Organisationen. Den Gesamtzusammenhang des organisationalen Lernens im Austausch mit der Umwelt illustriert Abb. 5.28.
Aus Sicht der Autoren ist die Entwicklung von Teamfähigkeit auf der Basis von gegenseitigem Vertrauen und offenem Umgang miteinander eine Grundvoraussetzung für organisationales Lernen in den Schulen und ihre Anschlussfähigkeit nach außen.

Der zweite Ansatzpunkt der Schulentwicklung im Drei-Wege-Modell von Rolff ist die *Unterrichtsentwicklung*. Die Optimierung von Unterricht als Aufgabe der Schulentwicklung zu betrachten, sollte eigentlich unmittelbar einleuchten, wurde aber lange Zeit keineswegs als selbstverständlich betrachtet, da die meisten Konzepte der Schulentwicklung sich auf die Problematik der Organisationsentwicklung konzentrierten. Schul- und Unterrichtsentwicklung schienen teilweise geradezu in Konkurrenz zueinander zu stehen. Im Folgenden geben wir zu diesem Thema einen Auszug aus einem Interview des Bildungsmagazins News4Teachers mit dem Schulreformer Heinz Klippert wieder.

Zur Bedeutung der Unterrichtsentwicklung (News4Teachers, 06.10.2013)

„Warum ist es so schwer, den Unterricht zeitgemäß weiterzuentwickeln? Was hemmt die Lehrkräfte?
Klippert:
[…] Zwar sehen die meisten Lehrkräfte durchaus ein, dass sich der Unterricht verändern sollte; sie wissen in der Regel allerdings nicht, wie sie das bei laufendem Alltagsbetrieb schaffen können.

Daraus resultieren Zweifel und Unsicherheit, Halbherzigkeit und Resignation. Dementsprechend zaghaft und dilettantisch wird vielerorts vorgegangen. Wie die Schulentwicklungsforschung zeigt, setzen die meisten Kollegien viel zu abstrakt und punktuell an. Der eine macht dieses, der andere jenes. Viele machen auch gar nichts. Es mangelt auf jeden Fall an Systematik und Verbindlichkeit. Das Vorgehen ist oft viel zu aufwändig. Es wird zu wenig kooperiert. Probleme werden vorschnell beklagt und zu wenig gelöst. Zudem mangelt es an Unterstützung von oben und außen. Das gilt für die Politik wie für die Lehrerbildung. Die Folge ist: Viele Lehrkräfte fühlen sich allein gelassen und in gewisser Weise auch überfordert. [...]
Wie sehen Sie die Bringschuld der Bildungspolitik und der Bildungsbehörden. Muss nicht auch der Staat mehr helfen?
Klippert:
Natürlich sind auch die staatlichen Stellen gefordert. Sie müssen für das angedeutete Unterstützungssystem Sorge tragen. Das betrifft den Auf- und Ausbau innovationszentrierter Lehrerbildung. Das betrifft aber auch das Ermöglichen von Teamarbeit und Teamfortbildung, von funktionalen Klassenräumen und material-gestütztem Arbeitsunterricht, von kleineren Klassen und entschlackten Bildungsplänen, von differenziertem Förderunterricht und erweiterten Stundentakten. Vor allem aber muss die Politik gewährleisten, dass die Schulen ihre Innovationsarbeit stärker fokussieren können und nicht alle möglichen Projekte irgendwie mitmachen müssen. Dieser verbreitete ‚Aktionismus' verhindert Nachhaltigkeit. Trotzdem: Die Hauptverantwortung für das Gelingen der besagten Unterrichtsentwicklung liegt weniger beim Staat, sondern vornehmlich bei den schulischen Akteuren selbst. Diese brauchen Hilfen, müssen andererseits aber auch sehr viel systematischer als bisher ihre bestehenden Handlungsspielräume nutzen."

Klippert weist seit langem immer wieder darauf hin, dass, um das Kerngeschäft von Schule, den Unterricht, zu stärken, ein Innovationsmanagement und Methodentraining unerlässlich ist (vgl. Klippert 2013). Das aber greift aus der Sicht Rolffs zu kurz, da „eine allzu starke Fixierung auf Methoden reflexionshemmend wirkt, also bildungstheoretische und allgemeindidaktische Erwägungen ausblendet" (Rolff 2013, S. 17). Wie auch immer man sich zu dieser Diskussion positionieren mag, liegt eine Schwachstelle der Unterrichtsentwicklung im Rahmen von Schulentwicklung darin begründet, dass diese überwiegend in Lehrerfortbildungen betrieben wird. Lehrerfortbildung ist aber nicht gleich Schulentwicklung, umgekehrt aber umfasst Schulentwicklung stets auch eine Fortbildung der Lehrpersonen.

Den Weg zu einer erfolgreichen Unterrichtsentwicklung als Beitrag zur Schulentwicklung weist EMU (*E*videnzbasierte *M*ethoden der *U*nterrichtsdiagnostik und -entwicklung). EMU ist ein handlungsorientiertes Programm, das an der Universität Koblenz-Landau im Auftrag der Kultusministerkonferenz entwickelt und deutschlandweit umfassend erprobt wurde. Das Material umfasst u. a. Instrumente für die Unterrichtsdiagnostik aus Lehrer-, Kollegen- und Schülersicht zu den Bereichen effiziente Klassenführung, Schüleraktivierung, Lernförderliches Klima und Motivierung, Klarheit und Strukturiertheit, Bilanz, Umgang mit Vielfalt bzw. Individualisierung, Kompetenzorientierung und Orientierung an den Bildungsstandards, fachliche sowie fachdidaktische Qualität und Lehrersprache (vgl. Helmke et al. 2013).

Der dritte Ansatzpunkt der Schulentwicklung im Drei-Wege-Modell von Rolff ist die *Personalentwicklung*. Dazu gehört die Fortbildung, die Führung und die gezielte Förderung des Personals. Der Hinweis darauf ist fast trivial, da es in Schulen ja stets um die Menschen geht. Aber auch für den Bereich Personalentwicklung gilt, dass diese alleine noch keine Schulentwicklung ist, dass Schulentwicklung aber ohne Personalentwicklung ebenso unmöglich ist.

Die Organisationsentwicklung bringt die Unterrichts- und Personalentwicklung im Rahmen der Schulentwicklung erst zusammen. Ohne Organisationsentwicklung wären Unterrichts- und Personalentwicklung kaum mehr als „modernisierte Lehrerfortbildung und renovierte Schulpsychologie" (Rolff 2013, S. 21). In den Vordergrund der Schulentwicklung rücken zunehmend Strategien des sogenannten partizipativen Managements bzw. Veränderungsmanagements (Arnold 2010).

▪ Schulentwicklung als Veränderungsmanagement

Wie das oben skizzierte Beispiel teamA zeigt, wird Schulentwicklung als Veränderungsmanagement begriffen. Dabei geht es zunächst um die Ausarbeitung einer Strategie, d. h. um „die Klärung und Vereinbarung mittelfristiger Ziele und die Wahl der Zielerreichung" (Rolff 2013, S. 16). Im nächsten Schritt werden die Strukturen geschaffen und in einem dritten Schritt soll sich eine neue Schulkultur entwickeln. Veränderungsmanagement zielt darauf, Organisationen so zu steuern und zu gestalten, dass sie auch langfristig in der Lage und bereit sind, sich zu entwickeln (Hotappels und Feldhoff 2010). Dabei handelt es sich im Kontext von Schulentwicklung jedoch um eine ganz besondere Art des Veränderungsmanagements, denn das Produkt bzw. die Dienstleistung der Organisation Schule besteht in Erziehung und Bildung. Beides ist nicht ohne das Zutun der Schülerinnen und Schüler zu gewährleisten. In dem Maße, in dem es im Rahmen von Schulentwicklung gelingt, den Schülern die bestmöglichen Lerngelegenheiten zu schaffen, kann der Erfolg von Schulentwicklung auch am Lernerfolg der Schüler bemessen werden.

5.5.2 Theorien und Modelle der Schulentwicklung

Die Schulentwicklung, die heutzutage propagiert wird, hat zwei Quellen: die Erkenntnisse der nordamerikanischen Implementationsforschung und die Erkenntnisse über „Gelingensbedingungen" schulischer Innovationen. In einer in den 1970er Jahren breit angelegten Studie (RAND-Studie) zur Evaluation von Reformen zeigte sich, dass Projekte und Reformvorhaben, die unter Einbezug der Betroffenen durchgeführt wurden oder von ihnen selbst ausgingen, sehr viel erfolgreicher waren als nicht partizipative Projekte. Des Weiteren wurde die Bedeutung von Trainings- und Fortbildungsmöglichkeiten für die Betroffenen

Tab. 5.6 Übersicht über Theorieansätze der Schulentwicklung (SE)

Theorien/Modelle	Ansatzpunkte	Autor	Quelle in Bohl et al. (2010
Systemisch-konstruktivistische SE	Mythen beeinflussen das Handeln. Deshalb sollte SE dafür sorgen, dass Mythen kritisch hinterfragt werden. Dafür muss Entwicklung von innen stattfinden, was sehr gut in professionellen Lerngemeinschaften erfolgen kann	Arnold	Kapitel 12, S. 79 ff.
Kooperative SE	SE kann nur durch die Kooperation aller Beteiligten erfolgen, da schulische Realität sich durch Ko-Konstruktionspraxis erhält und entwickelt	Rahm	Kapitel 13, S. 83 f.
SE aus subjektwissenschaftlicher Sicht	Aussage: Wenn Schule vom Subjektstandpunkt aus entwickelt werden soll, dann ist sie als Ort kooperativer Selbstverständigung zu begreifen	Rihm	Kapitel 14, S. 86
Hermeneutische SE	Ziel: Schule als Ganzes verstehen. Dabei wird Schule als Polis und nicht als Verwaltungseinheit verstanden	Bohl	Kapitel 15, S. 90 f.
Pädagogische SE	Entspricht in etwa der Unterrichtsentwicklung, legt dementsprechend den Fokus auf Lernen und Unterricht	Bastian	Kapitel 16, S. 93 f.
Mikropolitik der SE	Fokus auf Zieldiversität statt auf ein einziges gemeinsames Ziel, auf Interaktion und Beziehung statt auf Strukturen, auf kontinuierlichen und unsystematischen Wandel statt auf abschließbare Projekte	Altrichter	Kapitel 17, S. 96 f.
Schule als lernende Organisation	Schulen werden als lernende Organisationen begriffen, die sich durch gemeinsames Lernen weiterentwickeln	Holtappels	Kapitel 18, S. 99
Kulturtheoretischer Ansatz	Grundlegende Annahme: Die jeweilige Schulkultur bestimmt, wie Schulentwicklung betrieben wird	Helsper	Kapitel 19, S. 106 f.
Institution und Schulkultur	Grundlegende Annahme: Schulen als Institutionen geben einen Rahmen für Verhaltenssicherheit vor, wirken gleichzeitig aber auch restriktiv	Keuffer und Trautmann	Kapitel 20, S. 113 f.
Evolutionstheoretische SE	Fokus auf Entwicklungsverständnis: Entwicklung als Zusammenspiel von Variationen eines Systems und Selektionen in der Umwelt	Scheunpflug	Kapitel 21, S. 119 f.
Psychoanalytische SE	Die psychoanalytische Theorie kann die Verbundenheit zwischen Individuum und seiner Organisation klären und ermöglicht so z.B., den Umgang mit Ängsten in der SE zu thematisieren	Schönig	Kapitel 22, S. 122 f.
Governance und SE	Die Educational-Governance-Perspektive möchte untersuchen, durch welche Arten der Handlungskoordination welche Art von SE-Qualität entsteht	Brüsenmeister et al.	Kapitel 23, S. 126

ebenso evident wie die Bedeutung der Schulleitungen für die Umsetzung von Innovationen. Insgesamt scheint der Erfolg eines jeden Projekts oder jeder Reform demnach davon abhängig zu sein, wie die Implementation erfolgt.

Als zweite Quelle der Schulentwicklung nennt Rolff (2013) die Erkenntnisse über die Bedingungen des Gelingens- und Misslingens von schulischen Innovationen. In verschiedenen Studien zeigte sich, dass der Erfolg schulischer Innovationen nicht von staatlichen Regulierungsmaßnahmen, sondern fast ausnahmslos von den Einzelschulen abhängig ist. Eine Innovation wird von Einzelschulen selten adoptiert, sondern vielmehr adaptiert (Rolff 2013).

Diese beiden Grundlagen der Schulentwicklung führten dazu, dass Schulentwicklung heute als prozessorientiert (mit dem Fokus auf die Implementation) und von der Einzelschule her gedacht wird.

Laut Holtappels und Rolff (2010) muss sich die Schulentwicklungsforschung aber insgesamt den Vorwurf gefallen lassen, keine Theorie zu haben. Diesen Vorwurf halten die Autoren einerseits für berechtigt, da gerade heute, wie oben bereits angedeutet wurde, der Begriff der Schulentwicklung inflationär für alles, was in Schulen und mit Schulen passiert, genutzt wird. Auf der anderen Seite stellen sie dar, dass seit Beginn der 1980er Jahre Bemühungen erkennbar seien, zu Schulentwicklungstheorien zu gelangen.

Das Handbuch *Schulentwicklung* von Bohl et al. (2010) führt insgesamt zwölf Ansätze zu Theorien der Schulentwicklung auf: Dort wird eine systemisch-konstruktivistische Schulentwicklung, eine kooperative, eine hermeneutische und eine pädagogische Schulentwicklung vorgestellt. Schulentwicklung wird aus subjektwissenschaftlicher und aus evolutionstheoretischer Perspektive beschrieben. Außerdem wird Schulentwicklung im Kontext eines kulturtheoretischen Ansatzes und der psychoanalytischen Theorie dargestellt und die Schulkultur, Schule als lernende Organisation, Governance und Schulentwicklung sowie die Mikropolitik der Schulentwicklung thematisiert. Im Rahmen dieses Lehrbuchs ist es nicht möglich, alle Ansätze genauer zu beleuchten. Tab. 5.6 gibt deshalb nur eine grobe Idee davon, was die einzelnen Ansätze beinhalten, sowie den Hinweis auf das jeweilige Kapitel im *Handbuch Schulentwicklung* von Bohl et al. (2010).

Eine etwas herausragende Rolle kommt in dieser Menge theoretischer Ansätze jedoch dem Ansatz der Schulentwicklung zu, welcher Schulen als lernende Organisationen sieht. Wie bereits

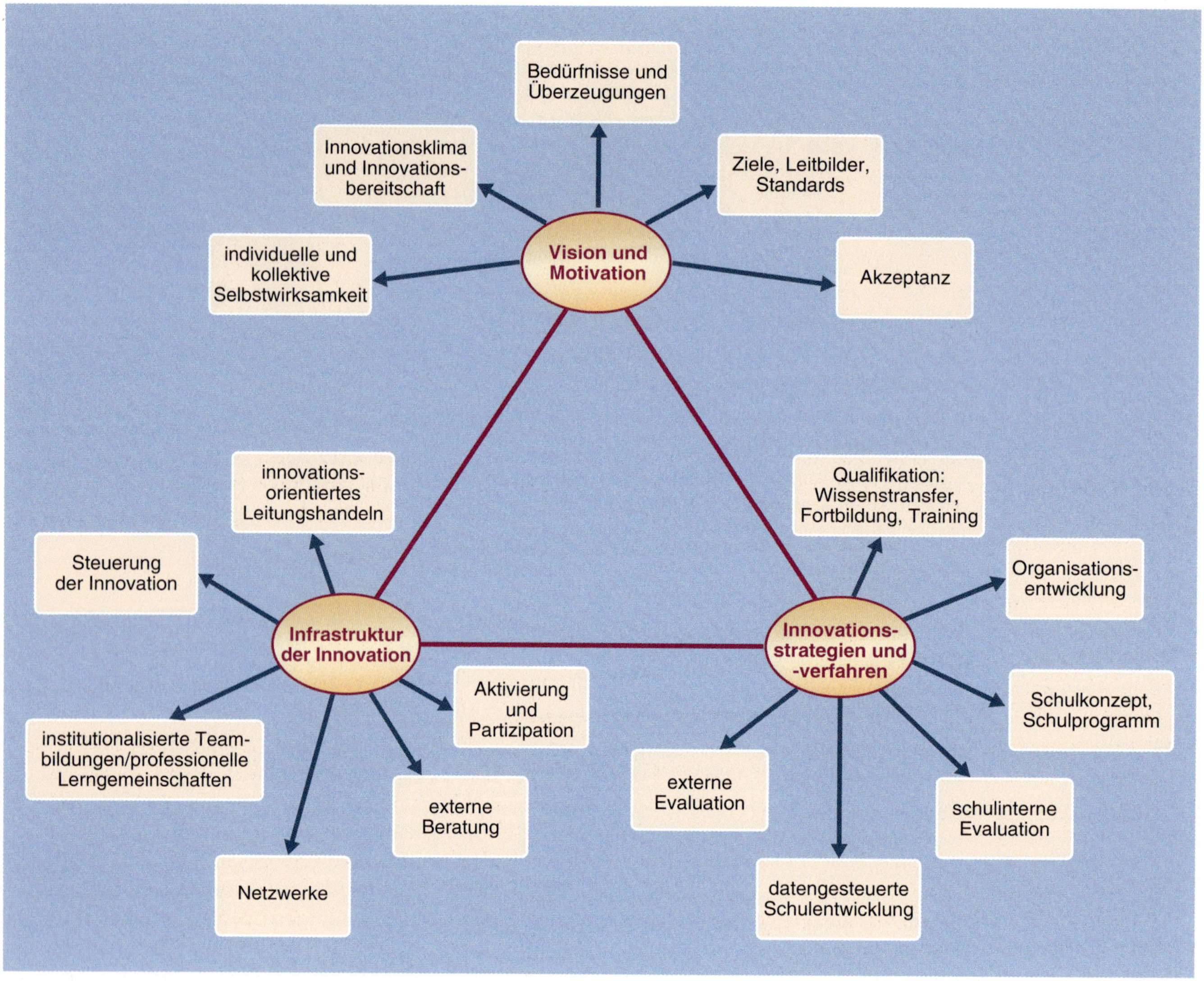

Abb. 5.29 Architektur der lernenden Organisation (Holtappels 2010, S. 103)

im Kontext des Drei-Wege-Modells der Schulentwicklung (Organisationsentwicklung, Unterrichtsentwicklung, Personalentwicklung) von Rolff dargestellt wurde, kann es als ein Ziel von Schulentwicklung gelten, dass Schulen zu lernenden Organisationen werden. Als lernende Schulen gelten in diesem Verständnis diejenigen,

> » die sich bewusst entwickeln, Ziele und Normen klären, schuleigene Schwerpunkte im Curriculum herausarbeiten, gemeinsame Analysen und Diagnosen der Schulsituation durchführen, Projekte entwickeln, Teamarbeit aufbauen und Wirkungen der eigenen Arbeit überprüfen. Lernende Schulen kennzeichnet insbesondere, dass sie Strukturen für eigenes Lernen, Reflexion und Selbstentwicklung schaffen, z. B. Prioritäten für Entwicklungsvorhaben abstimmen, Steuergruppen und Qualitätszirkel einrichten, Fortbildungsbedarfe klären oder Lerngelegenheiten für Einzelne ermöglichen (Holtappels 2010. S. 100).

Was bedeutet es, wenn Schulen lernen?

▪ Lernende Schulen müssen lernen

Hier geht es um das Organisationslernen. Dieses bezieht sich auf die Weiterentwicklung des Wissens einer Organisation im Hinblick auf deren Ziele, wobei es natürlich die einzelnen Organisationsmitglieder sind, die dieses Lernen verantworten. In Anlehnung an Überlegungen von Senge (2011) postuliert Holtappels (2010), dass lernende Schulen folgende fünf Kerndisziplinen beherrschen müssen (vgl. dazu die Ausführungen in ▶ Abschn. 5.4.2):

1. Personal Mastery,
2. mentale Modelle,
3. gemeinsame Visionen,
4. Teamlernen und
5. systemisches Denken.

Diese fünf Disziplinen werden im Rahmen von Schulentwicklung laut Holtappels (2010) vor allem durch die Arbeit an *Schulprogrammen*, durch die Entwicklung gemeinsamer Ziele, durch Diagnose und Evaluation realisiert. Beherrscht eine Schule alle Kerndisziplinen, so kann sie als *lernende Organisation* bezeichnet werden. Sie zeichnet sich dann durch eine „Architektur" aus, die drei Komponenten umfasst (◘ Abb. 5.29):

1. Vision und Motivation,
2. Infrastruktur der Innovation und
3. Innovationsstrategien und -verfahren.

In der Architektur lernender Organisationen sind drei Stadien der Entwicklung von Schulen als lernende Organisationen eingebettet (◘ Abb. 5.30):

1. die fragmentierte Schule,
2. die Projektschule und
3. als letztes Stadium die Problemlöseschule.

Im ersten Stadium erscheinen die Schulen als fragmentierte Schulen. Hier agiert jedes Mitglied quasi unabhängig von den anderen. Das zweite Stadium zeigt sich durch die Entwicklung einzelner, aber noch unsystematischer Projekte. Erst die sogenannten Problemlöseschulen des dritten Stadiums sind lernende Schulen im eigentlichen Sinne. Sie machen ihre eigenen Schulentwicklungsprozesse zu Lerngegenständen; sie reflektieren Werte und Einstellungen.

Dieser Ansatz der Schulentwicklung, Schulen als lernende Organisationen zu betrachten, wurde in den letzten Jahren entsprechend den Entwicklungen in der Betriebswirtschaft weiterentwickelt. Kernbereiche des Veränderungsmanagements, das Schulen zu lernenden Organisationen transfomieren soll, sind Wissensmanagement, steuerndes Prozessmanagement und eine koordinierende Vernetzung der Aktivitäten der Handlungsträger (vgl. Holtappels und Feldhoff 2010).

Wissensmanagement

Als wesentliche Voraussetzung für eine gelingende Schulentwicklung gilt ein gutes Wissensmanagement, das zwei Aspekte umfasst: Erstens ist es wichtig, dass die einzelnen Akteure einer Schule angehalten werden, ihr Wissen weiterzugeben, d. h. zu teilen. Dafür muss eine Umgebung und eine Infrastruktur geschaffen werden, in der die Akteure auch bereit sind, dies zu tun. Der zweite Aspekt des Wissensmanagements im Rahmen von Schulentwicklung betrifft die sogenannten mentalen Modelle von Akteuren der Schulentwicklung. Die mentalen Modelle repräsentieren Vorstellungen und Ideen, wie bestimmte Vorgänge in Schulen funktionieren sollten. Diese mentalen Modelle leiten also das Handeln von Akteuren der Schulentwicklung. Wenn sich diese mit der Zeit verfestigen, mutieren sie zu Schemata, die das Handeln in „eingefahrenen" Bahnen regulieren und kaum mehr hinterfragt werden. Dies steht Innovationen natürlich stark entgegen. Aus diesem Grund ist es in der Schulentwicklung wichtig, dass sich die Akteure der Schulentwicklung regelmäßig ihrer mentalen Modelle bewusst werden, diese im Team hinterfragen und kooperativ neue entwickeln.

Prozessmanagement und Vernetzung

Prozessmanagement ist ein wesentlicher Bestandteil der Schulentwicklung, sofern diese als fortlaufender Prozess konzipiert ist. Prozesse bedürfen einer Steuerung, wenn sie nicht ins Leere laufen sollen. Bei der Prozesssteuerung übernimmt zwar die Schulleitung die Federführung, aber zum Gelingen sollten immer so

◘ **Abb. 5.30** Stadien der Entwicklung von Schulen als lernende Organisationen

viele Organisationsmitglieder wie möglich eingebunden werden. Dadurch wird die Akzeptanz der ergriffenen Veränderungsmaßnahmen erhöht.

Darauf zielt auch die kooperierende Vernetzung. Damit Schulentwicklung wirklich stattfinden kann, müssen die Einzelprojekte einer Schule koordiniert werden und in ein gemeinsames Schulprogramm eingebunden sein. Ansonsten ist die Gefahr zu groß, dass sie im Sande verlaufen. Vernetzung und Koordinierung steigern die Nachhaltigkeit von Projekten.

Wann gelingt Schulentwicklung und woran kann man das Gelingen festmachen?

5.5.3 Gelingensbedingungen für Schulentwicklung

Zunächst ist entscheidend, welche Ziele die Schulentwicklung verfolgt. Oben wurde argumentiert, dass es bei der Schulentwicklung letztlich immer um die Optimierung der Lerngelegenheiten für die Schülerinnen und Schüler geht. Die Effektivität der Lerngelegenheiten und damit der Schule wird demnach vor allem auch von den messbaren Lernleistungen der Schüler bestimmt. Dementsprechend kann argumentiert werden, dass die „Faktoren auf Unterrichtsebene einen größeren Einfluss auf das Lernen der Schülerinnen und Schüler nehmen als Faktoren der schulischen Umwelt" (Rolff 2013, 134). Einen Katalog von Charakteristika effektiver Schulen, der aus der Schulentwicklungsforschung hervorging, führt Rolff (2013) in Anlehnung an Scheerens und Bosker (1997) und Scheerens (2000) an. Demnach zeichnen sich effektive Schulen, also Schulen, deren Schüler erfolgreich lernen, durch folgende Merkmale aus:

- angemessene Leistungserwartung an die Schüler, aber auch an die Lehrer,
- kollegiale Kooperation, d. h., die Lehrer arbeiten zusammen und verständigen sich über Ziele,
- gute pädagogische Führung durch die Schulleitung,
- Übereinstimmung zwischen intendiertem und implementiertem Curriculum,
- geordnete und angstfreie Lernumgebung, in der sich die Schüler wohlfühlen können,
- regelmäßige Evaluationstätigkeit im Hinblick auf Schülerleistungen, auf Unterrichtsentwicklung und Qualitätsentwicklung allgemein.

Auf der Grundlage solcher Merkmale guter Schulen hat Scheerens ein Wirkmodell von Schuleffektivität entwickelt, das wir in ◘ Abb. 5.31 wiedergeben.

Dieses Modell beschreibt die Wirkungen verschiedener Faktoren auf den Output. Als Output werden dabei sowohl Leis-

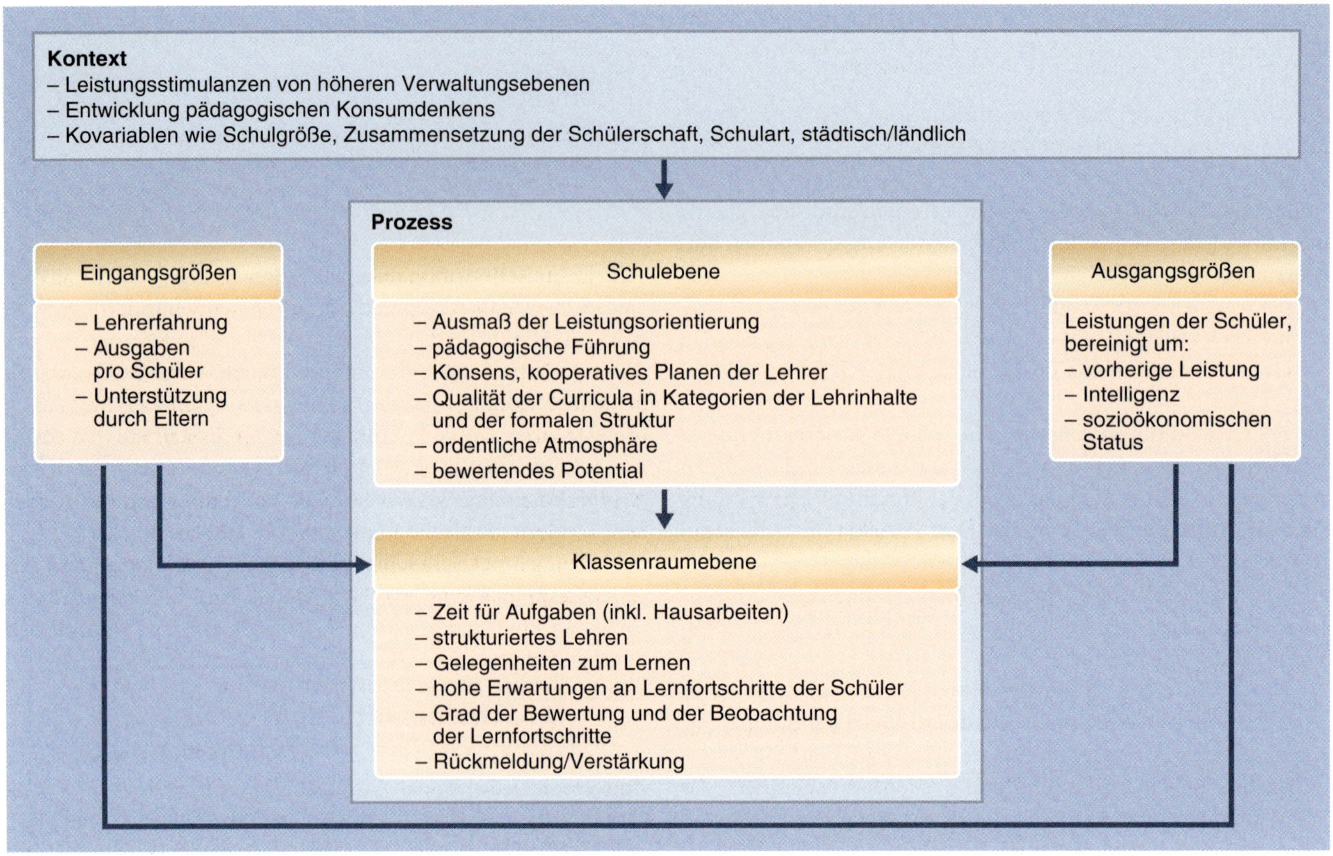

Abb. 5.31 Wirkmodell der Schuleffektivität von Scheerens et al. (2003, S. 247)

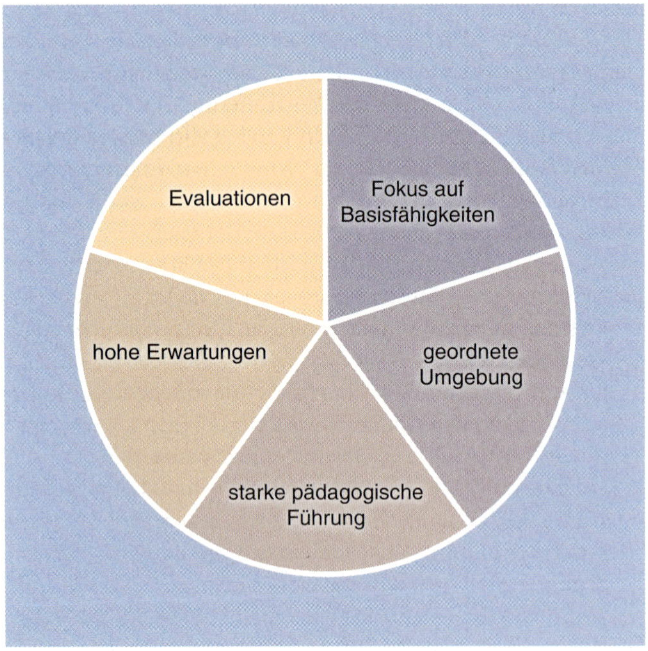

Abb. 5.32 Faktoren für das Gelingen von Schulentwicklung

tungskriterien als auch Abschlüsse, Einstellungen und Werte etc. berücksichtigt. Dieser Output entsteht entsprechend des Modells in einem Prozess, welcher durch Inputfaktoren als auch Kontextfaktoren beeinflusst ist. Dabei bezieht sich der Prozess sowohl auf die Schul- als auch auf die Unterrichtsebene.

Ein anderes Modell der Schuleffektivität, auf das wir bereits in ► Abschn. 1.2.2 (Abb. 1.21) hingewiesen haben, ist das Angebots-Nutzungs-Modell von Helmke (2003).

Ausgehend von Überlegungen zur Effektivität von Schulen wurden auch verschiedene Modelle zu Gelingensbedingungen von Schulentwicklung entwickelt. Das sogenannte Fünf-Faktoren-Modell z. B. benennt Faktoren, die das Gelingen von Schulentwicklung wahrscheinlich machen (Abb. 5.32):

> » starke pädagogische Führung, Betonung des Erwerbs von Basisfertigkeiten und -fähigkeiten, eine geordnete und sichere Umgebung, hohe Erwartung an die Schülerleistung, regelmäßige Überprüfung der Weiterentwicklung der Schüler (Rolff 2013, S. 141).

Insgesamt elf Faktoren für gute Schulentwicklung benennt das sogenannte OFSTED-Modell, welches auf der Basis von Daten der englischen Schulinspektion (Office for Standards in Education, OFSTED) entwickelt wurde (Abb. 5.33).

Zusammenfassend kann festgehalten werden, dass die Faktoren für effektive Schulen und gelingende Schulentwicklung, die aus unterschiedlichen Untersuchungen und Modellen hervorgehen, sehr ähnlich sind und große Überschneidungen aufweisen.

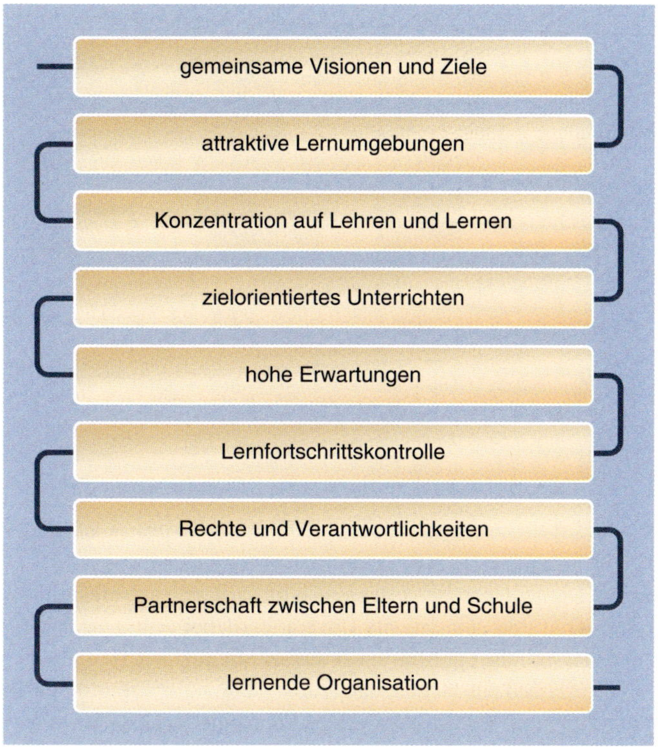

Abb. 5.33 OFSTED-Modell: Gelingensbedingungen für Schulentwicklung

5.5.4 Strategien und Methoden der Schulentwicklung

Aus den Erkenntnissen über effektive Schulen und Gelingensbedingungen für Schulentwicklung können unterschiedliche Strategien für eine erfolgreiche Schulentwicklung hergeleitet werden, mit denen wiederum unterschiedliche Methoden einhergehen.

5.5.4.1 Strategien der Schulentwicklung

Rolff (2013) unterscheidet drei Strategien für eine erfolgreiche Schulentwicklung (Tab. 5.7).

Tab. 5.7 Strategien für Schulentwicklung. (Nach Rolff 2013)

Strategien für Schulentwicklung		
Strategie 1: Fokussieren/„Treiber" von Qualität nutzen	Strategie 2: Entwicklungskapazität aufbauen	Strategie 3: Gesamtsystem entwickeln

- **Strategie 1: Fokussieren bzw. „Treiber" von Qualität nutzen**

Diese Strategie stellt drei Aspekte in den Vordergrund (Abb. 5.34): Erstens soll durch verschiedene Maßnahmen zielführendes Handeln ermöglicht werden. Zweitens sind Maßnahmen zur Teamentwicklung zu ergreifen. Und drittens ist es wichtig, eine Feedbackkultur zu implementieren. Rolff (2013) spricht in diesem Kontext von reziprokem Feedback.

Im Hinblick auf das *zielführende Handeln* fordert Rolff, dass Schulen sich realistische und messbare Ziele setzen sollen. Diese sollen aus dem eigenen Leitbild, gesetzten Standards oder aus Ist-Zustands-Erhebungen an der Schule abgeleitet werden. Wichtig ist dabei, dass bei den Mitgliedern der Schule ein Konsens über diese Ziele entsteht, so dass sich jeder Einzelne auch einbringt und das Erreichen der Ziele vorantreibt.

Der zweite Treiber der von Rolff vorgeschlagenen Strategie ist die *Teamentwicklung*. Basierend auf der Erkenntnis, dass die Schülerleistungen an Schulen, an denen die Lehrkräfte stärker zusammenarbeiten, besser sind als an Schulen, an denen die Lehrkräfte weniger zusammenarbeiten, scheint es von großer Wichtigkeit, dass Schulen Wert auf Teamentwicklung legen. Vor allem im Hinblick auf die Gestaltung das Unterrichts sollen Lehrkräfte in Teams zusammenarbeiten. Dies kann in fachbezogenen oder auch in jahrgangsbezogenen Teams geschehen.

Der dritte Treiber ist das sogenannte *reziproke Feedback*. Hier betont Rolff (2013) die Notwendigkeit, dass nicht nur die Schülerinnen und Schüler Feedback zu ihren Leistungen erhalten, sondern dass auch Lehrkräfte Feedback ihrer Schüler einholen, dass Lehrkräfte sich gegenseitig Feedback geben und dass auch Gespräche zwischen Schulleitung und Lehrkräften sowie zwischen Eltern und Lehrkräften bzw. Schulleitung stattfinden, die das Ziel verfolgen, die Schule zu verbessern. Rolff betont in diesem Zusammenhang, dass solche Feedbackgespräche vor allem dann effektiv verlaufen, wenn sie datengestützt erfolgen, d. h. wenn tatsächlich empirisch erhobene Daten besprochen werden. Durch solche Gespräche zwischen allen Mitgliedern der Schule soll eine Atmosphäre geschaffen werden, die ein stetiges Lernen und eine kontinuierliche Weiterentwicklung der gesamten Schule ermöglicht und sichert.

- **Strategie 2: Entwicklungskapazität aufbauen**

Die zweite von Rolff vorgeschlagene Strategie zielt darauf ab, eine günstige Gesamtatmosphäre für Entwicklung zu schaffen (Abb. 5.35). Dafür müssen Selbststeuerungseinrichtungen etabliert und eine Infrastruktur für Professionalisierung geschaffen werden. Außerdem ist es wichtig, regelmäßige Audits zur Qualitätssicherung durchzuführen.

Für die *Etablierung von Selbststeuerungseinrichtungen* ist es wichtig, dass die Schulleitung mit einer Steuergruppe (vgl. nächster Abschnitt) zusammenarbeitet. Eine Infrastruktur zur Professionalisierung wird durch die *Implementation von professionellen Lerngemeinschaften* (vgl. nächster Abschnitt) möglich. Unter *Audits* versteht Rolff in diesem Kontext, dass regelmäßig Ziele gesetzt und deren Erreichen durch die Erhebung von Daten überprüft wird, woraus dann auch Konsequenzen für das weitere Handeln und die Weiterentwicklung der Schule abgeleitet werden. Diese regelmäßige Auditierung beurteilt Rolff als die vermutlich wichtigste Voraussetzung für eine nachhaltige Entwicklung im Kontext von Schulentwicklung.

- **Strategie 3: Gesamtsystem entwickeln**

Eine dritte Strategie, die Rolff (2013) vorschlägt, geht über die Grenzen einer Einzelschule hinaus. Es geht nun darum, dass sich Schulen vernetzen, um sich gemeinsam zu entwickeln. Das kann auf der Basis einer lockeren Vernetzung nur im Hinblick auf einzelne Projekte erfolgen, es kann jedoch auch durch eine engere Vernetzung von Schulen einer Region mit dem Ziel, eine Bildungsregion oder eine gemeinsame Steuergruppe zu etablie-

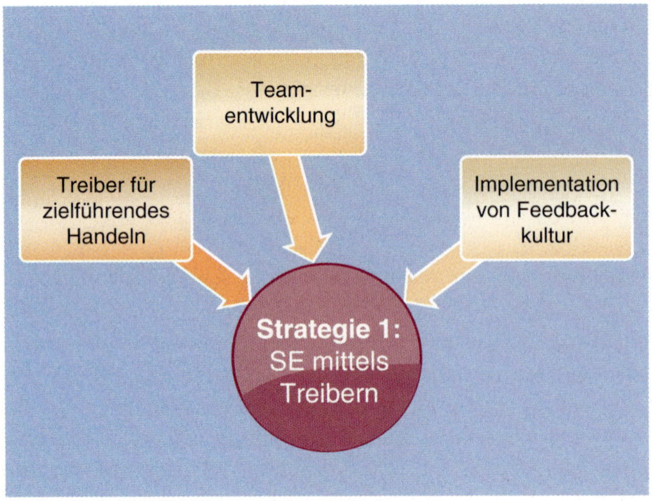

Abb. 5.34 Strategie 1: Treiber der Schulentwicklung (SE). (Nach Rolff 2013)

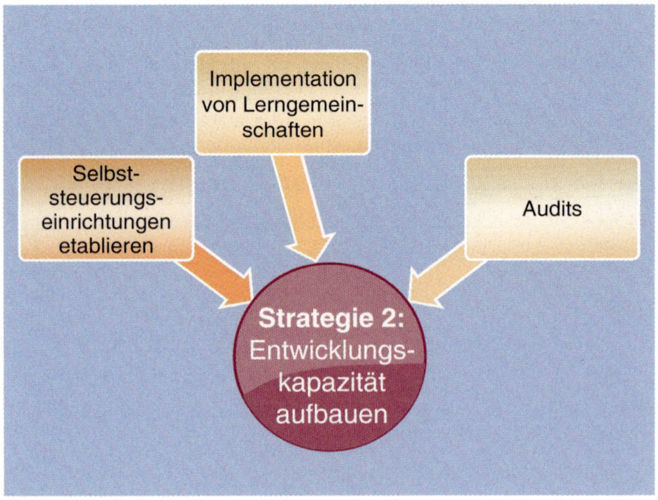

Abb. 5.35 Strategie 2: Möglichkeiten, Entwicklungskapazitäten aufzubauen

ren, realisiert werden. Um Strategien dieser Art anzuwenden, sind Methoden und Instrumente nötig.

5.5.4.2 Methoden und Instrumente der Schulentwicklung

Im Folgenden sollen überblicksartig einige Methoden und Instrumente der Schulentwicklung vorgestellt werden. Dabei erfolgt eine Auswahl der wesentlichen, der bekanntesten und einflussreichsten, die z. T. auch schon in den bisherigen Ausführungen über Schulentwicklung angerissen wurden. Dabei wird kein Wert auf Vollständigkeit gelegt. Der interessierte Leser sei auf die weiterführende Literatur verwiesen.

▪ Steuergruppen

Steuergruppen bestehen aus freiwilligen und ggf. gewählten Mitgliedern der gesamten Lehrerschaft einer Schule sowie der Schulleitung. Der Steuergruppe kommt die Aufgabe zu, die Prozesse der Schulentwicklung an der jeweiligen Schule zu steuern, zu koordinieren, durchzuführen und auszuwerten. So führen Steuergruppen z. B. Bestandsaufnahmen, Audits und Evaluationen durch, erstellen Vorlagen für Schulprogramme oder Leitbilder und koordinieren so den Prozess der Schulentwicklung. Den Auftrag für ihr Handeln erhält die Steuergruppe aus dem Kollegium. Dabei ist es wichtig, dass ihr Auftrag klar definiert ist, damit sich andere Kolleginnen oder Kollegen nicht übergangen fühlen. Ebenso ist es wichtig, dass die Steuergruppe eng mit der Schulleitung zusammenarbeitet und sowohl die Schulleitung als auch das Kollegium regelmäßig in ihre Arbeitsweise einbindet bzw. über Ergebnisse der Arbeit informiert.

▪ Schulprogramm

Ein Schulprogramm kann als Ausdruck des pädagogischen Selbstverständnisses aller Akteure einer Schule verstanden werden (Holtappels 2010). Es umfasst Ziele, die die Schule verfolgen möchte, Bestandsaufnahmen über den derzeitigen Stand der Schule und zeigt Entwicklungsperspektiven auf (vgl. ► Abschn. 5.1.3, 5.4.1). Ein Schulprogramm ist damit die Grundlage für die Arbeit an Schulen und soll letztlich die Qualität der Arbeit einer Schule verbessern. Es bildet die Grundlage des Arbeitens für alle Beteiligten. Dementsprechend ist es auch fortlaufend zu prüfen und zu optimieren und sollte nichts Unveränderliches sein. Gleichzeitig zeigt das Schulprogramm nach außen hin auf, welche Entwicklungsvorhaben eine Schule hat. Durch das Schulprogramm macht die Schule ihre Arbeit transparent, kontrollierbar und bewertbar (Philipp und Rolff 2006). Ein Schulprogramm beschreibt also das Vorhaben einer Schule; es zeigt deren Visionen und Ziele auf.

▪ Schulprofil und Leitbild

Das Schulprofil und das Leitbild einer Schule sind von ihrem Schulprogramm zu unterscheiden, hängen jedoch eng zusammen. Während das Schulprogramm, wie oben dargestellt, das Vorhaben einer Schule beschreibt, wird im Schulprofil das Besondere, das Charakteristische einer bestimmten Schule hervorgehoben. Dieses ist nicht immer explizit und bewusst, kann jedoch auch explizit gemacht werden. Es „ist Ausdruck bestimmter Aktivitäten, Verhaltensweisen und Gegebenheiten, die in irgendeiner Weise hervortreten" (Rolff 2013, S. 63).

Das Leitbild einer Schule ist dementsprechend kurz und prägnant. Es umfasst die Grundidee, nach der eine Schule arbeiten möchte. Es ist so formuliert, dass es auf Plakaten und sogar Visitenkarten Platz findet (Rolff 2013). Da das Leitbild also eine Art von Grundorientierung formuliert, ist es selbstverständlich immer Teil eines Schulprogramms, denn das Schulprogramm muss sich an ihm ausrichten; das Schulprogramm muss auf der Basis des Leitbildes den Ist-Zustand bewerten und daraus Entwicklungsschritte ableiten.

▪ Professionelle Lerngemeinschaften

Bei professionellen Lerngemeinschaften handelt es sich um Teams innerhalb eines Schulkollegiums, die sich zusammenfinden, um sich gemeinsam weiterzuentwickeln, d. h. zu lernen und ihre eigene Professionalisierung voranzutreiben. Diese Teams finden sich auf der Basis von Interessen und mit dem Ziel zusammen, voneinander und miteinander zu lernen. Die Grundlage des gemeinsamen Tuns sind geteilte Werte wie Fehlertoleranz und Hilfsbereitschaft. Damit dies funktioniert, müssen die Mitglieder einer professionellen Lerngemeinschaft Vertrauen zueinander haben.

Professionelle Lerngemeinschaften an Schulen können sich aus Fachgruppen, Klassenteams oder Jahrgangsgruppen zusammensetzen. Sie treffen sich regelmäßig zur gemeinsamen Arbeit: Sie besprechen auftretende oder aufgetretene Probleme im Kollegenkreis (kollegiale Beratung), diskutieren Best-Practice-Beispiele, führen gegenseitige Hospitationen durch, entwickeln und tauschen Arbeitsmaterialien aus, reflektieren über Evaluationsergebnisse, erstellen Förderpläne usw. (vgl. Rolff 2013). All dies dient der Weiterentwicklung der professionellen Kompetenz der einzelnen Mitglieder und damit in zweiter Linie der Weiterentwicklung und Optimierung des Unterrichts. Professionelle Lerngemeinschaften können damit als ein Instrument angesehen werden, das vor allem der Unterrichtsentwicklung dient. Da jedoch die kollegiale Kooperation, wie schon gezeigt wurde, insgesamt als ein sehr wesentlicher Faktor für gelingende Schulentwicklung anzusehen ist, sind professionelle Lerngemeinschaften ein wichtiges Instrument der Schulentwicklung allgemein.

- **Schulinterne Lehrerfortbildung**

Wie anfangs gezeigt wurde, kann Schulentwicklung nicht ausschließlich durch Fortbildung von Lehrkräften realisiert werden. Allerdings ist die Fortbildung dennoch ein wichtiges Instrument der Schulentwicklung. Dabei wird mittlerweile vor allem der schulinternen Fortbildung im Vergleich zu zentral organisierter Fortbildung großes Potential zugesprochen. Im Gegensatz zur zentral organisierten Lehrerfortbildung, die auf die einzelnen Lehrerinnen und Lehrer und deren Kompetenzentwicklung zielen, sind schulinterne Fortbildungen Teil des gesamten Schulentwicklungsprogramms einer Schule (Wenzel 2010). Schulinterne Fortbildungen können dabei auf zweierlei Art und Weise durchgeführt werden: Die sogenannte selbstorganisierte, schulinterne Lehrerfortbildung (selbstorganisierte SchiLF) wird von Lehrkräften des Kollegiums selbst durchgeführt. Das heißt, die Lehrerinnen und Lehrer eines Kollegiums werden damit betraut, ihre Kolleginnen und Kollegen fortzubilden. Dadurch wird das Potential eines Kollegiums genutzt. Nachteile an dieser Form der Fortbildung ist, dass bestehende Konflikte innerhalb des Kollegiums auch in die Fortbildung getragen und dort z. T. durchaus auch ausgetragen werden.

Die sogenannte moderatorengestützte interne Fortbildung (moderatorengestützte SchiLF) wird dagegen zwar intern ins Leben gerufen und durchgeführt, allerdings werden dafür Referentinnen oder Referenten von außen eingeladen, die die Fortbildung durchführen. In diesem Fall holt man sich also Expertise von außen dazu.

Wichtig, damit schulinterne Fortbildungen beider Arten im Hinblick auf die Schulentwicklung erfolgreich sind, ist, dass sie in das Schulprogramm passen: Sie sind nur dann sinnvoll, wenn die Fortbildungen dabei unterstützen, die von der Schule angestrebten Ziele zu erreichen. Tun sie dies nicht, können sie genau genommen nicht als Schulentwicklungsmaßnahme gelten, sondern lediglich als eine Einzelmaßnahme der Personalentwicklung.

- **Beratung**

Aus den Darstellungen über die Schulentwicklung ergibt sich, dass Schulentwicklungsprozesse durch Beratung unterstützt werden können, aber nicht müssen. In den meisten Schulentwicklungsprozessen kommt es jedoch hin und wieder zu Situationen, in denen verschiedene Akteure im Entwicklungsprozess einen Beratungsbedarf erkennen. Die Beratung kann dabei eine einzelne Person z. B. der Schulleitung betreffen, aber auch auf der Teamebene oder gar der Organisationsebene angesiedelt sein (Arnold und Reese 2010). Dies ist abhängig vom jeweiligen Beratungsbedarf, der festgestellt wurde. Dabei kann es unterschiedliche Anlässe geben, warum Beratung in Anspruch genommen wird: Zum Beispiel kann es sein, dass ein Kollegium im Entwicklungsprozess das Gefühl hat, in einem bestimmten Bereich Sachkompetenz zu benötigen, die im Kollegium selbst nicht vorhanden ist. Es kann auch sein, dass eine Schule sich erhofft, von einem externen Berater neue Impulse und Anregungen zu erhalten. Außerdem werden Berater natürlich gerne hinzugezogen, wenn es um die Lösung zwischenmenschlicher Schwierigkeiten geht und man sich eine neutrale Person als Vermittler erhofft. Nicht zu unterschätzen ist auch, dass eine Beraterin oder ein Berater als Hilfe genutzt werden kann, um unbeliebte Entscheidungen zu legitimieren.

In jedem Fall gilt es als Grundlage der Beratung, dass Beratung freiwillig wahrgenommen wird, dass der Beratungsprozess von allen Beteiligten gemeinsam getragen wird und stets das Ziel verfolgt, die Handlungsfähigkeit der zu Beratenden zu stärken (Arnold und Reese 2010). In diesem Sinne muss Beratung in Schulentwicklungsprozessen stets von einzelnen Akteuren oder Gruppen von Akteuren gewünscht und initiiert werden. Sie kann nicht von außen aufgezwungen werden.

5.5.5 Herausforderungen für die Zukunft

Nachdem ein Überblick über die Entwicklungen in der Schulentwicklung gegeben wurde, bleibt aufzuzeigen, mit welchen Herausforderungen die Schulentwicklung in der Zukunft umzugehen haben wird.

Eine erste Herausforderung besteht darin (vgl. Rolff 2013), zu lernen, wie mit der sogenannten Implementationslücke umgegangen werden kann: Die Implementationslücke zeigt sich immer wieder darin, dass Schulen sich Ziele im Hinblick auf Schulentwicklung setzen, die in der dieser Form gar nicht realisierbar sind, oder dass sie Projekte in Angriff nehmen, diese dann jedoch nicht zu Ende führen, oder das nach dem Ende von Projekten das „Neue", das Projektergebnis, nicht implementiert oder das Projekt nicht fortgeführt wird. Woran dieses Problem der fehlenden langfristigen Implementation liegt, ist ungeklärt. Für die Forschung stellt sich deshalb die Frage, ob dies einfach zur normalen Entwicklung bei der Etablierung von Schulentwicklung an Schulen gehört und wie damit umgegangen werden kann.

Eine weitere Herausforderung wird darin bestehen zu erforschen, in welcher Form Interventionen sinnvoll sind: Es stellt sich die Frage, ob Interventionen von außen, also z. B. von Schulberaterinnen und -beratern angeregt werden sollten oder eher nicht, denn Entwicklungen, die von innen kommen, die also von den Mitgliedern einer Schule selbst ausgehen, scheinen an sich nachhaltiger zu sein. Was aber, wenn keine Veränderungen von innen angestoßen werden? Muss dann nicht eigentlich von außen interveniert werden?

Des Weiteren muss in den nächsten Jahren versucht werden, noch mehr die charakteristischen Merkmale von Schulen als Organisationen herauszuarbeiten. Auch wenn es dazu bereits Versuche gibt, sind diese keineswegs ausreichend, um wirkliche Konsequenzen für das konkrete Handeln in der Schulentwicklung abzuleiten bzw. die Ansätze der Organisationsentwicklung angemessen zu übertragen.

Eine weitere Herausforderung sieht Rolff (2013) darin, den Mythos der Konflikte in Schulentwicklungsprozessen zu untersuchen. Häufig werden Konflikte als Freunde bezeichnet, weil sie als Indikatoren für Energien gelten (Rolff 2013). Allerdings ist kritisch zu fragen, ob die durch Konflikte freigesetzte Energie wirklich in ein Engagement für Schulentwicklung umgesetzt wird und nicht eher innerhalb einer wenig systemumfassenden Weise für die Lösung des jeweiligen Konflikts genutzt wird oder gar durch Unmut und schlechte Stimmung oder Wut verpufft.

Anna: „Wenn ich das so alles lese, dann frage ich mich ja schon, wann die Lehrer das denn alles bewerkstelligen sollen: 25 Stunden und mehr pro Woche unterrichten und dann auch das noch …"

Jakob: „Ja, das ist schon viel. Wenn man das als Lehrer wirklich ernst nimmt, dann ist nichts mit scheinbar ‚doppelt bezahltem Halbtagsjob', sondern wohl eher systematische Überforderung, oder?"

Anna: „Ja, würde ich auch so sehen. Wie kann denn der Unterricht dann überhaupt noch gut vorbereitet werden, was ja scheinbar so zentral ist? Ich meine, eine Stunde vorbereiten für eine Unterrichtsstunde, das ist ja wohl eigentlich nicht zu viel. Aber das ist ja überhaupt nicht zu bewältigen …"

Jakob: „Nee, jedenfalls nicht, wenn der Tag nur 24 Stunden hat und wenn man neben dem Unterricht auch noch ein Schulprogramm erstellen muss, in Steuergruppen mitarbeiten muss usw."

Aufgaben zum Festigen des neuen Wissens

1. Skizzieren Sie das Drei-Wege-Modell der Schulentwicklung nach Rolff.
2. Welche Strategien der Schulentwicklung lassen sich unterscheiden?
3. Welche Ziele werden mit Schulentwicklung verfolgt?
4. Was ist ein Schulprogramm, was ein Schulprofil?
5. Benennen Sie Gelingensbedingungen für Schulentwicklung.
6. Definieren Sie, welche Aspekte eine lernende Schule kennzeichnen.

Aufgaben zum Weiterdenken

1. Gehen Sie die in diesem Kapitel vorgestellten Instrumente der Schulentwicklung durch. Wie könnten diese ideal kombiniert werden, um gelingende Schulentwicklungsprozesse zu sichern? Begründen Sie Ihren Vorschlag mit Bezug zu den Gelingensbedingungen für Schulentwicklung.
2. Eine Schule bemüht sich seit einigen Jahren, Schulentwicklung zu betreiben, aber aus Sicht der Beteiligten gelingt diese nicht. Wenn Sie dieser Schule eine Strategie empfehlen müssten, mit der sie zu einer systematischen Schulentwicklung kommen könnte, welche würden Sie empfehlen? Und warum diese?
3. Wie dargestellt wurde, werden drei Stadien im Schulentwicklungsprozess unterschieden. Entwickeln Sie eine Strategie, wie das Durchlaufen der drei Stadien an einer Schule beschleunigt werden könnte, und begründen Sie diese Strategie.
4. Erklären Sie, wie durch das Zusammenspiel der „drei Wege" des Schulentwicklungsmodells von Rolff eine lernende Schule entstehen kann.
5. Sie werden als Schulentwicklungsberater/in an eine Schule eingeladen. Wie gehen Sie vor und warum tun Sie dies?

Weiterführende Literatur

- Bohl, T. et al. (Hrsg.) (2010). *Handbuch Schulentwicklung.* Bad Heilbrunn: Klinkhardt.
- Röbken, H. (2008). *Bildungsmanagement in der Schule: Eine Bildungseinrichtung effektiv und nachhaltig führen.* München: Oldenbourg.
- Rolff, Hans-Günter (2013). *Schulentwicklung kompakt. Modelle, Instrumente, Perspektiven.* Weinheim: Beltz.
- Scheile, B., & Tränkmann, J. (2008). *Schulinternes Qualitätsmanagement. Orientierung und Anleitung.* Hamburg: Behörde für Schule und Berufsbildung.

Literatur

Abels, H. (2009). *Die Individuen in ihrer Gesellschaft* (4. Aufl.). Einführung in die Soziologie, Bd. 2. Wiesbaden: VS Verlag für Sozialwissenschaften.

Abs, H. J., & Klieme, E. (2005). Standards für schulbezogene Evaluation. *Zeitschrift für Erziehungswissenschaf*, (4. Beiheft), 45–62.

van Ackeren, I., et al. (2011). Evidenzbasierte Schulentwicklung. Ein Forschungsüberblick aus interdisziplinärer Perspektive. *Die Deutsche Schule, 103*(2), 170–184.

Aguinis, H., & Kraiger, K. (2009). Benefits of training and development for individuals and teams, organizations, and society. *Annual Review of Psychology, 60*, 451–474.

Akinsolu, A. O., & Abdulkareem, A. Y. (2012). An investigation on the usage and adaptation of education policy strategic simulation model (EPSSim) by education planners in Nigeria. *International Journal of Educational Research and Technology, 3*(1), 3–10.

Altrichter, H., & Heinrich, M. (2005). Schulprofilierung und Transformation schulischer Governance. In X. Bueler, A. Buholzer, & M. Roos (Hrsg.), *Schulen mit Profil. Forschungsergebnisse – Brennpunkte – Zukunftsperspektiven* (S. 125–140). Innsbruck: Studien Verlag.

Altrichter, H., Brüsemeister, T., & Wissinger, J. (Hrsg.). (2007). *Educational Governance: Handlungskoordination und Steuerung im Bildungssystem.* Wiesbaden: VS Verlag für Sozialwissenschaften.

Ammermüller, A., & Dohmen, D. (2004). *Individuelle und soziale Erträge von Bildungsinvestitionen*. Studien zum deutschen Innovationssystem, Bd. 1. Köln: Forschungsinstitut für Bildungs- und Sozialökonomie.

Anger, C., Plünnecke, A., & Tröger, M. (2007). *Renditen der Bildung – Investitionen in den frühkindlichen Bereich*. Köln: Institut der deutschen Wirtschaft.

Aretz, W. (2007). *Subjektive Führungstheorien und die Umsetzung von Führungsgrundsätzen im Unternehmen*. Köln: Kölner Wissenschaftsverlag.

Argyris, C., & Schön, D. A. (1978). *Organizational learning. A theory of action perspective*. Boston: Addison-Wesley.

Argyris, C., & Schön, D. A. (2002). *Die lernende Organisation* (2. Aufl.). Stuttgart: Klett-Cotta.

Arnold, E., & Reese, M. (2010). Externe Beratung. In T. Bohl et al. (Hrsg.), *Handbuch Schulentwicklung: Theorie – Forschungsbefunde – Entwicklungsprozesse – Methodenrepertoire* (S. 298–301). Bad Heilbrunn: Klinkhardt.

Arnold, R. (2010). Systemtheorie und Schule: Systemisch - konstruktivistische Schulentwicklung. In T. Bohl et al. (Hrsg.), *Handbuch Schulentwicklung: Theorie – Forschungsbefunde – Entwicklungsprozesse – Methodenrepertoire* (S. 79–82). Bad Heilbrunn: Klinkhardt.

Aurin, K. (1991). Strukturelemente und Merkmale guter Schulen – Worauf beruht ihre Qualität?. In K. Aurin (Hrsg.), *Gute Schulen – Worauf beruht ihre Wirksamkeit?* (2. Aufl. S. 64–87). Bad Heilbrunn: Klinkhardt.

Autorengruppe Berichterstattung (2012). *Bildung in Deutschland 2012. Ein indikatorengestützter Bericht mit einer Analyse zur kulturellen Bildung im Lebenslauf*. Bielefeld: Bertelsmann.

Babel, J., Gaillard, L., & Strübi, P. (2012). *Bildungsperspektiven. Szenarien 2012–2021 für das Bildungssystem*. Neuchâtel: Bundesamt für Statistik.

Bader, R., & Sloane, P. (2002). *Bildungsmanagement im Lernfeldkonzept: curriculare und organisatorische Entwicklung*. Paderborn: Eusl.

Bailey, R. (1982). *Human performance engineering: A guide for system designers*. Englewood Cliffs, NJ: Prentice Hall.

Barth, M. (2009). *Führungskompetenz im Wandel. Komplexität und Dynamik als neue Herausforderung für Führungskräfteentwicklung*. Hamburg: Igel.

Bartling, H., & Luzius, F. (2004). *Grundzüge der Volkswirtschaftslehre. Einführung in die Wirtschaftstheorie und Wirtschaftspolitik* (15. Aufl.). München: Vahlen.

Barz, H. (2010). Bildungsmarketing. In H. Barz (Hrsg.), *Handbuch Bildungsfinanzierung* (S. 415–427). Wiesbaden: VS Verlag für Sozialwissenschaften.

Bass, B. M. (1985). *Leadership and performance beyond expectations*. New York: The Free Press.

Bass, B. M. (1988). The inspirational process of leadership. *Journal of Management Development*, *7*, 21–31.

Bass, B. M., & Avolio, B. J. (1995). *The multifactor leadership questionnaire – 5x short form*. Redwood: Mind Garden.

Becker, M. (2013). *Personalentwicklung. Bildung, Förderung und Organisationsentwicklung in Theorie und Praxis* (6. Aufl.). Stuttgart: Schäffer-Poeschel.

Behrmann, D. (2006). *Reflexives Bildungsmanagement*. Frankfurt am Main: Lang.

Bellenberg, G., Böttcher, W., & Klemm, K. (2001). *Stärkung der Einzelschule. Ansätze zum Management der Ressourcen Geld, Zeit und Personal*. Neuwied: Luchterhand.

Bellers, J. (2001). *Bildungspolitik. Strategien, Verwaltung, Recht und Ökonomie*. Münster: LIT.

Benz, A. (2004). Einleitung: Governance – Modebegriff oder nützliches sozialwissenschaftliches Konzept?. In A. Benz (Hrsg.), *Governance – Regieren in komplexen Regelsystemen. Eine Einführung* (S. 11–28). Wiesbaden: VS Verlag für Sozialwissenschaften.

Berger, M., Chalupsky, J., & Hartmann, F. (2012). *Change Management – (Über-)Leben in Organisationen* (6. Aufl.). Gießen: Verlag Dr. Götz Schmidt.

Bildungskommission der Länder Berlin und Brandenburg (2003). *Bildung und Schule in Berlin und Brandenburg – Herausforderungen und gemeinsame Entwicklungsperspektiven*. Berlin/Potsdam: Bildungskommission.

Bildungskommission NRW (1995). *Zukunft der Bildung – Schule der Zukunft*. Neuwied: Luchterhand. Denkschrift der Kommission „Zukunft der Bildung – Schule der Zukunft" beim Ministerpräsidenten des Landes Nordrhein-Westfalen.

Binder, T. (2007). Wer das Stabilisieren vergisst: Warum eine schöne Abschlusspräsentation noch kein gutes Ende bedeutet. Gruppendynamik und Organisationsberatung. *Zeitschrift für Angewandte Sozialpsychologie, 38*(3), 257–272.

Boerner, S., & v. Streit, C. (2006). Gruppenstimmung (group mood) als Erfolgsbedingung transformationaler Führung – Ergebnisse einer empirischen Untersuchung. *Zeitschrift für Arbeits- und Organisationspsychologie, 50*(1), 3–8.

Bogumil, J., & Holtkamp, L. (2012). Doppik in der Praxis: Bisher vor allem intransparent und ineffizient! *Verwaltung und Management*, *18*(3), 113–168.

Bogumil, J., Ebinger, F., & Jochheim, L. (2012). Spitzenbeamte und ihr Verhalten bei politisch relevanten Entscheidungen. In D. Schimanke, S. Veit, & H.-P. Bull (Hrsg.), *Bürokratie im Irrgarten der Politik. Gedächtnisband für Hans-Ulrich Derlien* (S. 151–174). Baden-Baden: Nomos.

Bohl, T. et al. (Hrsg.) (2010). *Handbuch Schulentwicklung*. Bad Heilbrunn: Klinkhardt.

Böttcher, W. (2007). Bildungsökonomie und Chancengleichheit. In D. Fischer, & V. Elsenbast (Hrsg.), *Zur Gerechtigkeit im Bildungssystem* (S. 38–47). Münster: Waxmann.

Böttcher, W. et al. (Hrsg.). (1997). *Wege zu einer neuen Bildungsökonomie. Pädagogik und Ökonomie auf der Suche nach Ressourcen und Finanzierungskonzepten*. Weinheim: Juventa.

Borkenau, P., & Ostendorf, F. (2008). *NEO-Fünf-Faktoren Inventar nach Costa und McCrae (NEO-FFI). Manual* (2. Aufl.). Göttingen: Hogrefe.

Brauwer, R., & Rumpel, K.-D. (2008). *Bildungscontrolling – Ansätze, Modelle und Kennzahlen*. Aachen: Shaker.

Brede, H. (2005). *Grundzüge der Öffentlichen Betriebswirtschaftslehre* (2. Aufl.). München: Oldenbourg.

Brown, C., Rawley, C., & Jatoi, H. (1997). *Educational Policy Simulation. EPICS: Investing in basic education for development. Coordinator's manual* (2. Aufl.). Cambridge, MA: Harvard Institute for International Development.

Brüsemeister, T. (2004). *Schulische Inklusion und neue Governance – Zur Sicht der Lehrkräfte*. Münster: Waxmann.

Bruneforth, M., & Lassnigg, L. (Hrsg.). (2012). *Das Schulsystem im Spiegel von Daten und Indikatoren*. Nationaler Bildungsbericht Österreich 2012, Bd. 1. Graz: Leykam.

Burns, T., & Schuller, T. (2007). The evidence agenda. In OECD (Hrsg.), *Evidence in education: Linking research and policy* (S. 15–32). Paris: OECD.

Buschle, N., & Haider, C. (2013). *Über den ökonomischen Nutzen der Bildung – Ansätze zur Berechnung von Bildungsrenditen*. Wiesbaden: Statistisches Bundesamt.

Capgemini Consulting (Hrsg.). (2010). *Change Management Studie 2010*. Berlin: Capgemini Consulting.

Capurro, R. (2001). Lässt sich Wissen managen? Eine informationswissenschaftliche Perspektive. In W.-F. Riekert, & M. Michelson (Hrsg.), *Informationswirtschaft. Innovation für die Neue Ökonomie* (S. 139–172). Wiesbaden: Deutscher Universitätsverlag.

Chatti, M., Jarke, M., & Schroeder, U. (2012). Double-loop learning. In N. M. Seel (Hrsg.), *Encyclopedia of the sciences of learning* (Bd. 2, S. 1035–1037). New York: Springer.

Chomsky, N. (1972). *Aspekte der Syntax-Theorie*. Frankfurt am Main: Suhrkamp.

Church, E., & Brand, P. (2011). A process for increasing school district efficiency and effectiveness. *Emporia State Research Studies*, *47*(1), 11–14.

Citrin, J. M., & Smith, R. A. (2006). *Das Geheimnis außergewöhnlich erfolgreicher Karrieren. Die fünf Prinzipien für den Weg an die Spitze*. Frankfurt am Main: Campus.

Conger, J. A., Kanungo, R. N., Menon, S. T., & Mathur, P. (1997). Measuring charisma: Dimensionality and validity of the Conger-Kanungo scale of charismatic leadership. *Canadian Journal of Administrarive Sciences*, *14*, 290–302.

Connor, J. et al. (1973). *Independent educational management audit – a system approach*. Washington: College University Press.

Cooper, D., & Costa, K. (2012). *Increasing the effectiveness and efficiency of existing public investments in early childhood education. Recommendations to boost program outcomes and efficiency*. Washington, DC: Center for American Progress.

Cortina, K. S. et al. (2003). *Das Bildungswesen in der Bundesrepublik Deutschland. Strukturen und Entwicklungen im Überblick*. Berlin: Rowohlt.

Daumelang, K., & Müskens, W. (2004). *Fragebogen zur Erfassung des Organisationsklimas (FEO). Handanweisung*. Göttingen: Hogrefe.

Dedering, K. (2008). Der Einfluss bildungspolitischer Maßnahmen auf die Steuerung des Schulsystems. Neue Erkenntnisse aus empirischen Fallstudien. *Zeitschrift für Pädagogik*, *54*(6), 869–887.

Dick, W., & Reiser, R. A. (1989). *Planning effective instruction*. Englewood Cliffs, NJ: Prentice Hall.

Diemer, T., & Kuper, H. (2011). Formen innerschulischer Steuerung mittels zentraler Lernstandserhebungen. *Zeitschrift für Pädagogik, 57*(4), 554–571.

Diesner, I. (2008). *Bildungsmanagement in Unternehmen. Konzeptualisierung einer Theorie auf der normativen und strategischen Ebene*. Wiesbaden: Gabler.

Diesner, I., Euler, D., & Seufert, S. (2006). *SCIL-Trendstudie. Ergebnisse einer Delphi-Studie zu den Herausforderungen für das Bildungsmanagement in Unternehmen*. SCIL-Arbeitsbericht, Bd. 9. St. Gallen: Swiss Centre for Innovations in Learning.

Dollhausen, K., & von Nuissl Rein, E. (Hrsg.). (2007). *Bildungseinrichtungen als „lernende Organisationen"? Befunde aus der Weiterbildung*. Wiesbaden: Deutscher Universitäts-Verlag.

Doran, G. T. (1981). There's a S.M.A.R.T. way to write management's goals and objectives. *Management Review, 70*(11), 35–36.

Dörfler, V. (2007). *Dienstleistungsbetrieb Schule. Konsequenzen für das Pädagogische Management*. München: Martin Meidenbauer Verlagsbuchhandlung.

Dohmen, D. (2003). Interne Effizienz von Bildungssystemen. *Revue Suisse des Sciences de l'Éducation, 25*(3), 373–404.

Dubrin, A. (2007). *Leadership: Research findings, practice and skills*. New York: Houghton Mifflin.

Dubs, R. (2005). *Die Führung einer Schule. Leadership und Management*. Stuttgart: Steiner.

Dubs, R., Euler, D., Rüegg-Stürm, J., & Wyss, C. E. (Hrsg.). (2004). *Einführung in die Managementlehre*. Bern: Haupt.

Eichel, C. (2014). *Deutschlands Lehrer sind am Limit. Cicero – Magazin für politische Kultur*. http://www.cicero.de/salon/schulreform-bildung-deutschlands-lehrer-sind-am-limit57334

Eisenhardt, K. M., & Santos, F. M. (2002). Knowledge-based view: A new theory of strategy?. In A. Pettigrew, H. Thomas, & R. Whittington (Hrsg.), *Handbook of strategy management* (S. 139–164). London: Sage.

Enzensberger, H. M. (1982). Plädoyer für den Hauslehrer. In *Politische Brosamen*. Frankfurt am Main: Suhrkamp.

Falk, R. (2000). *Betriebliches Bildungsmanagement*. Stuttgart: Schäffer-Poeschel.

Falk, S. (2007). *Personalentwicklung, Wissensmanagement und Lernende Organisation in der Praxis. Zusammenhänge – Synergien – Gestaltungsempfehlungen* (2. Aufl.). Mering: Hampp.

Felfe, J. (2006a). Transformationale und charismatische Führung – Stand der Forschung und aktuelle Entwicklungen. *Zeitschrift für Personalpsychologie, 5*, 163–176.

Felfe, J. (2006b). Validierung einer deutschen Version des „Multifactor Leadership Questionnaire" (MLQ Form 5 Short) von Bass und Avolio (1995). *Zeitschrift für Arbeits- und Organisationspsychologie, 50*, 61–78.

Felfe, J., & Goihl, K. (2002). Deutsche überarbeitete und ergänzte Version des „Multifactor Leadership Questionnaire" (MLQ). In A. Glöckner-Rist (Hrsg.), *ZUMA-Informationssystem. Elektronisches Handbuch sozialwissenschaftlicher Erhebungsinstrumente. Version 5.00*. Mannheim: Zentrum für Umfragen, Methoden und Analysen.

Felfe, J., & Liepmann, D. (2008). *Organisationsdiagnostik*. Göttingen: Hogrefe.

Fend, H. (2000). Qualität und Qualitätssicherung im Bildungswesen. Wohlfahrtsstaatliche Modelle und Marktmodelle. In A. Helmke, W. Hornstein, & E. Terhart (Hrsg.), *Qualität und Qualitätssicherung im Bildungsbereich* (S. 55–72). Weinheim: Beltz.

Franken, S. (2007). *Verhaltensorientierte Führung. Handeln, Lernen und Ethik in Unternehmen* (2. Aufl.). Wiesbaden: Gabler.

Freimuth, J., & Zirkler, M. (Hrsg.). (2001). *Lizenz zum Führen? 360-Grad-Feedback in der Personal- und Organisationsentwicklung*. Hamburg: Windmühle.

French, W. L., & Bell, C. H. Jr (1994). *Organisationsentwicklung. Sozialwissenschaftliche Strategien zur Organisationsveränderung* (4. Aufl.). Bern: Haupt.

Frieg, P., & Schulz, R. (2013). *Persönlichkeitsmessung – allgemein und/oder berufsbezogen? Eine Untersuchung zur Konstruktvalidität von PRF und BIP(Forschungsbericht)*. Bochum: Ruhr-Universität, Projektteam Testentwicklung. www.testentwicklung.de/mam/forschungsbericht_prf_bip.pdf

Fretwell, D. H., Lewis, M. V., & Deij, A. (2001). *A Framework for Defining and Assessing Occupational and Training Standards in Developing Countries*. Information Series, Bd. 386. Columbus: ERIC Clearinghouse on Adult, Career, and Vocational Education, The Ohio State University. http://cete.org/acve/majorpubs.asp

Funke, J. (1992). Solving complex problems: Exploration and control of complex systems. In R. J. Sternberg, & P. A. Frensch (Hrsg.), *Complex problem solving: Principles and mechanisms* (S. 185–222). Hillsdale, NJ: Lawrence Erlbaum.

Gebert, D. (2002). *Führung und Innovation*. Stuttgart: Kohlhammer.

Gebert, D., & v. Rosenstiel, L. (2002). *Organisationspsychologie* (5. Aufl.). Stuttgart: Kohlhammer.

Gessler, M. (2009). Strukturmodell der Handlungsfelder. In M. Gessler (Hrsg.), *Handlungsfelder des Bildungsmanagements. Ein Handbuch* (S. 13–37). Münster: Waxmann.

Gill, R. (2006). *Theory and practice of leadership*. Thousand Oaks, CA: Sage.

Glad, B. (2002). Why tyrants go too far: Malignant narcissism and absolute power. *Political Psychology, 23*, 1–37.

Goldstein, I. L., & Ford, J. K. (2002). *Training in Organizations* (4. Aufl.). Belmont, CA: Wadsworth.

Gonschorrek, U. (2003). *Bildungsmanagement in Unternehmen, Verwaltungen und Non-Profit-Organisationen*. Berlin: Berliner Wissenschafts-Verlag.

Goethe, J. W. (1950). (1827). Der Zauberlehrling. In *Sämtliche Gedichte* J.W. Goethe, Sämtliche Werke, (Bd. 1, S. 149–152). Zürich: Artemis.

Götz, K., & Schmid, M. (2004). *Praxis des Wissensmanagements*. Berlin: Vahlen.

Griese, C., & Marburger, H. (2011). Bildungsmanagement. Auf dem Weg zur lernenden Organisation. *Management und Qualität, 9*, 8–10.

Grünert, H., Wiener, B., & Winge, S. (2011). *Zusammenarbeit von Betrieben und Bildungsträgern in der beruflichen Weiterbildung*. Halle-Wittenberg: Zentrum für Sozialforschung.

Gundlach, E., & Wößmann, L. (2001). Better schools for Europe. *European Investment Bank Papers, 6*(2), 8–22.

Hagemeister, R. (2001). *Gezeiten des Wandels. Die Kondratieffzyklen und die Veränderung von Bildung und Beschäftigung*. Köln: Lernsteine.

Halbheer, U., & Reusser, K. (2008). Outputsteuerung, Accountability, Educational Goverenance – Einführung in Geschichte, Begrifflichkeiten und Funktionen von Bildungsstandards. *Beiträge zur Lehrerbildung, 26*(3), 253–266.

Hanushek, E. A. (1997). Assessing the effects of school resources on student performance: An update. *Educational Evaluation and Policy Analysis, 19*(2), 141–164.

Hanushek, E. A., & Kimko, D. D. (2000). Schooling, labor force quality, and the growth of nations. *American Economic Review, 90*(5), 1184–1208.

Harazd, B., & van Ophuysen, S. (2011). Transformationale Führung in Schulen. Der Einsatz des „Multifactor Leadership Questionnaire" (MLQ 5 x Short). *Journal of Educational Research Online, 3*(1), 141–167.

Hecker, A. (2012). Knowledge beyond the individual? Making sense of a notion of collective knowledge in organization theory. *Organization Studies, 33*(3), 423–445.

Heinitz, K., & Rowold, J. (2007). Gütekriterien einer deutschen Adaptation des Transformational Leadership Inventory (TLI) von Podsakoff. *Zeitschrift für Arbeits- und Organisationspsychologie, 51*(1), 1–15.

Hebel, J.P. (1808/1999). Seltsamer Spazierritt. In H. Schlaffer & H. Zils (Hrsg.), *Die Kalendergeschichten. Sämtliche Erzählungen aus dem Rheinischen Hausfreund* (S. 109). München: Hanser.

Helmke, A. (2010). *Unterrichtsqualität und Lehrerprofessionalität. Diagnose, Evaluation und Verbesserunh* (4. Aufl.). Seelze: Kallmayer. aktual. Aufl.

Helmke, A. et al. (2013). *EMU – Unterrichtsdiagnostik. [program]. Version 4.0.* Landau: Universität Landau. www.unterrichtsdiagnostik.de

Henning, H. J., & Six, B. (1977). Konstruktion einer Machiavellismus-Skala. *Zeitschrift für Sozialpsychologie, 8*, 85–198.

Henning, H., & Six, B. (2008). Machiavellismus. In A. Glöckner-Rist (Hrsg.), *Zusammenstellung sozialwissenschaftlicher Items und Skalen. ZIS Version 12.00*. Bonn: GESIS.

Henninger, M., & Mandl, H. (Hrsg.). (2009). *Handbuch Medien- und Bildungsmanagement*. Weinheim: Beltz.

Hensel, H. (2009). Kapitalbildung und Bildung. Moderner Kapitalismus als Sozialisationsinstanz. *PÄD-Forum: unterrichten erziehen, 37/28*(6), 275–279.

Hersey, P., & Blanchard, K. H. (1993). *Management of organizational behavior. Utilizing human resources* (7. Aufl.). Englewood Cliffs, NJ: Prentice Hall.

Hersey, P., Blanchard, K. H., & Johnson, D. E. (2001). *Management of Organizational Behavior: Leading Human Resources* (8. Aufl.). Upper Saddle River, NJ: Prentice Hall.

Herzog, W. (2005). Müssen wir Standards wollen? Skepsis gegenüber einem theoretisch (zu) schwachen Konzept. *Zeitschrift für Pädagogik, 51*, 252–258.

Herzog, W. (2008). Unterwegs zur 08/15-Schule? Wider die Instrumentalisierung der Erziehungswissenschaft durch die Bildungspolitik. *Schweizerische Zeitschrift für Bildungswissenschaften, 30*(1), 13–32.

Hesse, J. J., & Ellwein, T. (2004). *Das Regierungssystem der Bundesrepublik Deutschland*. Berlin: De Gruyter.

Higgins, M., Grant, F., & Thompson, P. (2010). Formative assessment: Balancing educational effectiveness and resource efficiency. *Journal for Education in the Built Environment, 5*(2), 4–24.

Hilgers, D. (2008). Hochschulen im Reformprozess des öffentlichen Rechnungswesens. *Verwaltung und Management, 14*(4), 180–188.

Höcker, A. (2010). Aspekte des Konzeptes Lernende Organisation im Rahmen einer betrieblichen Weiterbildung in Case Management. In V. Brinkmann (Hrsg.), *Case Management. Organisationsentwicklung und Change Management in Gesundheits- und Sozialunternehmen* (2. Aufl.; S. 309–324). Wiesbaden: Gabler.

Hofmann, D., & Bergert, G. (Hrsg.). (2014). *Headhunter. Blick hinter die Kulissen einer verschwiegenen Branche* (2. Aufl.). Wiesbaden: Gabler.

Hölbling, G., Stößel, D., & Bohlander, H. (2010). *Bildungscontrolling: Erfolg messbar machen*. Bielefeld: Bertelsmann.

Hollmann, J. (2010). *Führungskompetenz für leitende Ärzte. Motivation, Teamführung, Konfliktmanagement im Krankenhaus*. Berlin/Heidelberg: Springer.

Holtappels, H. G. (2010). Schulentwicklungsforschung. In T. Bohl et al. (Hrsg.), *Handbuch Schulentwicklung: Theorie – Forschungsbefunde – Entwicklungsprozesse – Methodenrepertoire* (S. 26–28). Bad Heilbrunn: Klinkhardt.

Holtappels, H. G. (Hrsg.). (2004). *Schulprogramme – Instrumente der Schulentwicklung*. Weinheim: Juventa.

Holtappels, G. H., & Feldhoff, T. (2010). Einführung: Change Management. In T. Bohl et al. (Hrsg.), *Handbuch Schulentwicklung: Theorie – Forschungsbefunde – Entwicklungsprozesse – Methodenrepertoire* (S. 159–165). Bad Heilbrunn: Klinkhardt.

Holtappels, H. G., & Rolff, H. G. (2010). Einführung: Theorien der Schulentwicklung. In T. Bohl et al. (Hrsg.), *Handbuch Schulentwicklung: Theorie – Forschungsbefunde – Entwicklungsprozesse – Methodenrepertoire* (S. 73–78). Bad Heilbrunn: Klinkhardt.

Hörmann, C. (2009). Aufgabenstellungen und Kompetenzprofile im Medien und Bildungsmanagement. In M. Henninger, & H. Mandl (Hrsg.), *Handbuch Medien und Bildungsmanagement* (S. 12–20). Weinheim: Beltz.

Hossiep, R., & Paschen, M. (2003). *Bochumer Inventar zur berufsbezogenen Persönlichkeitsbeschreibung – BIP* (2. Aufl.). Göttingen: Hogrefe.

Flower, H. R. (Hrsg.). (2013). *Deutschland führt?!* Nürnberg: Information Factory. http://www.information-factory.com/fileadmin/page_content/News/Booklet_UmfrageFuehrung_final.pdf

Huczynski, A. (2006). *Encyclopedia of management envelopment methods* (2. Aufl.). London: Gower.

Hungenberg, H., & Wulf, T. (2011). *Grundlagen der Unternehmensführung* (4. Aufl.). Berlin/Heidelberg: Springer.

Huntemann, H., & Reichart, E. (2013). *Volkshochschul-Statistik (51. Folge, Arbeitsjahr 2012)*. www.die-bonn.de/doks/2013-volkshochschule-statistik-01.pdf

Ifenthaler, D. (2009). Using a causal model for the design and development of a simulation game for teacher education. *Technology, Instruction, Cognition and Learning, 6*(3), 193–212.

Jacob, M. (2013). *Management und Informationstechnik*. Wiesbaden: Springer Vieweg.

Janz, T., Hellervik, L., & Gilmore, D. C. (1986). *Behavior description interviewing*. Newton, MA: Allyn & Bacon.

Jonassen, D. H., Tessmer, M., & Hannum, W. H. (1999). *Task analysis methods for instructional design*. Mahwah, NJ: Erlbaum.

Kanning, U. P., & Kempermann, H. (Hrsg.). (2012). *Fallbuch BIP: Das Bochumer Inventar zur berufsbezogenen Persönlichkeitsbeschreibung in der Praxis*. Göttingen: Hogrefe.

Kauffeld, S. (2006). Fragebogen zur Erfassung des Organisationsklimas (FEO) von K. Daumenlang, W. Müskens und U. Harder. *Zeitschrift für Personalpsychologie, 5*, 68–71.

Kaufman, R. (2006). *Change, choices, and consequences: A guide to mega thinking and planning*. Amherst, MA: HRD Press.

Kaufman, R., & Herman, J. (1991). *Strategic planning in education. Rethinking, restructuring, revitalizing*. Lancaster, PA: Technomic Publishing Comp.

Kaufman, R., & Keller, J. M. (1994). Levels of education: Beyond Kirkpatrick. *Human Resource Development Quarterly, 5*(4), 371–380.

Kaufman, R., Rojas, A. M., & Mayer, H. (1993). *Needs assessment. A user's guide*. Englewood Cliffs, CA: Educational Technology Publishing.

Kaufman, R. et al. (2003). *Strategic planning for success: Aligning people, performance, and payoffs*. New York: Wiley.

Kieser, A., & Kubicek, H. (1993). *Organisation* (3. Aufl.). Berlin: de Gruyter.

Kim, M.-S. (1994). *Bildungsökonomie und Bildungsreform. Der Beitrag der OECD in den 60er und 70er Jahren*. Würzburg: Königshausen + Neumann.

Kirkpatrick, D. (1959). Techniques for evaluating training programs. *Journal of the American Society for Training and Development, 13*(11), 3–9.

Kirkpatrick, D. (1998). *Evaluating training programs: The four levels* (2. Aufl.). San Francisco, CA: Berrett-Koehler.

Klauer, K. J. (1974). *Methodik der Lehrzieldefinition und Lehrstoffanalyse*. Düsseldorf: Schwann.

Klein, H. E. (2008). *Was Schulleiter als Führungskräfte brauchen. Eine Bestandsaufnahme von Aufgaben, Kompetenzprofilen und Qualifizierungen von Schulleitern in den Ländern der Bundesrepublik Deutschland*. Köln: Bundesarbeitsgemeinschaft SCHULEWIRTSCHAFT.

Klein, R., & Scholl, A. (2012). *Planung und Entscheidung* (2. Aufl.). München: Vahlen.

Klippert, H. (2013). *Unterrichtsentwicklung – aber wie? Erprobte Ansätze und Strategien*. Weinheim: Beltz.

Kobaš, T. (2008). *Personalentwicklung als Aufgabe der strategischen Unternehmensführung*. München/Mering: Rainer Hampp.

Kolb, M., Burkart, B., & Zundel, F. (2010). *Personalmanagement. Grundlagen und Praxis des Human Resources Managements* (2. Aufl.). Wiesbaden: Gabler.

König, A. (2011). *So sieht der ideale Chef aus. Mitarbeiterwünsche an Führungskräfte*. www.cio.de/karriere/2285189

Krüger, C., Rowold, J., Borgmann, L., Staufenbiel, K., & Heinitz, K. (2011). The discriminant validity of transformational and transactional leadership: A multitrait-multimethod analysis of and norms for the German Transformational Leadership Inventory (TLI). *Journal of Personnel Psychology, 10*(2), 49–60.

Kruip, G. (2011). Educational Governance und kooperative Bildungsverantwortung. In M. Heimbach-Steins, & G. Kruip (Hrsg.), *Kooperative Bildungsverantwortung. Sozialethische und pädagogische Perspektiven auf „Educational Governance"* (S. 11–33). Bielefeld: Bertelsmann.

Kuhnert, K. W., & Lewis, P. (1987). Transactional and transformational leadership: A constructive/developmental analysis. *Academy of Management Review, 12*, 648–657.

Kussau, J., & Brüsemeister, T. (2007). *Governance, Schule und Politik. Zwischen Antagonismus und Kooperation*. Wiesbaden: VS Verlag für Sozialwissenschaften.

Landesverband der Volkshochschulen Niedersachsens e. V. (Hrsg.). (2001). *Die Volkshochschule und der Beruf Erwachsenenbildung. Funktionsbereiche und Aufgabenprofile des hauptberuflichen Personals*. Hannover: Landesverband der Volkshochschulen Niedersachsens e. V..

Langer, R. (Hrsg.). (2008). *„Warum tun die das?" Governanceanalysen zum Steuerungshandeln der Schulentwicklung*. Wiesbaden: VS Verlag für Sozialwissenschaften.

Latham, G. P., Saari, L. M., Pursell, E. D., & Campion, M. A. (1980). The situational interview. *Journal of Applied Psychology, 65*, 422–427.

Lauer, T. (2010). *Change Management – Grundlagen und Erfolgsfaktoren*. Berlin: Springer.

Laufer, A. (2009). *Breaking the code of project management*. New York: Macmillan.

Lauterburg, C. (1980). *Vor dem Ende der Hierarchie* (2. Aufl.). Düsseldorf: Econ.

Lehner, F. (2009). *Wissensmanagement. Grundlagen, Methoden und technische Unterstützung* (3. Aufl.). München: Hanser.

Leinweber, S. (2010). Etappe 3: Kompetenzmanagement. In M. T. Meifert (Hrsg.), *Strategische Personalentwicklung. Ein Programm in acht Etappen* (S. 145–178). Berlin/Heidelberg: Springer.

Leithwood, K. A., Lawton, S. B., & Cousins, J. B. (1989). The relationship between selected characteristics of effective secondary schools and student retention. In B. Creemers, T. Peters, & D. Reynolds (Hrsg.), *School effectiveness and school improvement* (S. 95–115). Amsterdam: Swets & Zeitlinger.

Lenzen, D. (1971). Eine „eduktive" Strategie für Curriculum-Konstruktion. In H. Blankertz (Hrsg.), *Curriculumforschung – Strategien, Strukturierung, Konstruktion* (S. 118–150). Essen: Neue Deutsche Schule Verlagsgesellschaft.

Lewin, K. (1947). Frontiers in group dynamics: Concept, method and reality in social science; social equilibria and social change. *Human Relations, 1*(5), 5–41.

Lewin, K., Lippitt, R., & White, R. K. (1939). Patterns of aggressive behavior in experimentally created „social climates". *Journal of Social Psychology, 10*, 271–299.

Likert, R. (1967). *Human organization*. New York: McGraw-Hill.

Linkow, P. (1999). What gifted strategic thinkers do. *Training and Development, 53*(7), 34–37.

Lowe, K. B., Kroeck, K. G., & Sivasubramaniam, N. (1996). Effectiveness correlates of transformational and transactional leadership: A meta-analytic review of the MLQ literature. *The Leadership Quarterly, 7*(3), 385–415.. http://dx.doi.org/10.1016/S1048-9843(96)90027-2

Luhmann, N. (1975). Interaktion, Organisation, Gesellschaft. In N. Luhmann (Hrsg.), *Soziologische Aufklärung* (Bd. 2, S. 9–20). Opladen: Westdeutscher Verlag.

Luhmann, N. (2010). *Soziale Systeme. Grundriss einer allgemeinen Theorie (Nachdruck)*. Frankfurt am Main: Suhrkamp.

Machura, S. (2005). *Politik und Verwaltung*. Wiesbaden: VS Verlag für Sozialwissenschaften.

Magin, C. (2007). Kommunale Doppik: (Miss-)Verständnisse und Weiterentwicklungen. *Der Gemeindehaushalt, 108*(8), 175–180.

Maier, U. (2009). *Wie gehen Lehrerinnen und Lehrer mit Vergleichsarbeiten um? Eine Studie zu testbasierten Schulreformen in Baden-Württemberg und Thüringen*. Hohengehren: Schneider.

Malik, F. (2006). *Führen, Leisten, Leben. Wirksames Management für eine neue Zeit (Neuaufl.)*. Frankfurt am Main: Campus.

Mandl, H., & Reinmann-Rothmeier, G. (2000). Die Rolle des Wissensmanagements für die Zukunft: Von der Informations- zur Wissensgesellschaft. In H. Mandl, & G. Reinmann-Rothmeier (Hrsg.), *Wissensmanagement* (S. 1–18). München: Oldenbourg.

Mandl, H., & Reinmann-Rothmeier, G. (Hrsg.). (2000). *Wissensmanagement*. München: Oldenbourg.

Marburger, H., & Griese, C. (Hrsg.). (2011). *Bildungsmanagement: Ein Lehrbuch*. München: Oldenbourg.

Markert, J. (2008). Weberian and human relations management theories: An applied micro-macro reconciliation. *Michigan Sociological Review, 22*, 41–80.

Maroulis, S., et al. (2010). Complex systems view of educational policy research. *Science, 330*(6000), 38. doi:10.1126/science.1195153.

McCarthy, C., Eastman, D., & Garets, D. E. (2010). *Change management strategies for an effective EMR implementation*. Chicago, IL: HIMSS.

McCawley, P. F. (2009). *Methods for conducting an educational needs assessment. Guidelines for cooperative extension system professionals*. Moscow: University of Idaho.

McClelland, D. C., & Burnham, D. H. (1976). Power is the great motivator. *Harvard Business Review, 54*(2), 100–110.

Meisel, K., & Feld, T. C. (2009). *Veränderungen gestalten. Organisationsentwicklung und -beratung in Weiterbildungseinrichtungen*. Münster: Waxmann.

Menzel, K., & Messina, S. (2011). *Training needs analysis*. Sydney, Australia: The Royal Australian and New Zealand College of Radiologists.

Ministerium für Schule und Weiterbildung Nordrhein-Westfalen (2012). *Allgemeine Dienstordnung für Lehrerinnen und Lehrer, Schulleiterinnen und Schulleiter an öffentlichen Schulen (ADO)*. Düsseldorf: ABl. NRW.

Minssen, H., & Wilkesmann, U. (2003). Lassen Hochschulen sich steuern? *Soziale Welt, 54*(2), 123–144.

Mittelmann, A. (2011). *Werkzeugkasten Wissensmanagement*. Norderstedt: Books on Demand.

Morgan, R. M. (1988). Improving effciency of education in developing countries. *Educational Media International, 25*(4), 201–208.

Morgan, R. M. (1989). Instructional systems development in third world countries. *Educational Technology Research & Development, 37*(1), 47–56.

Müller, U. (2007). Bildungsmanagement – Skizze zu einem orientierenden Rahmenmodell. In G. Schweizer, U. Iberer, & H. Keller (Hrsg.), *Lernen am Unterschied. Bildungsprozesse gestalten, Innovationen vorantreiben* (S. 99–121). Bielefeld: Bertelsmann.

Müller, U., & Iberer, U. (2007). Programmentwicklung als Bildungsprozessmanagement. *Erwachsenenbildung, 53*(4), 205–209.

Müller, U., Nagel, C., & Ihlein, M. (2007). Transfermanagement. In G. Schweizer et al. (Hrsg.), *Lernen am Unterschied. Bildungsprozesse gestalten – Innovationen vorantreiben* (S. 191–220). Bielefeld: Bertelsmann.

Müller-Jentsch, W. (2003). *Organisationssoziologie. Eine Einführung*. Frankfurt am Main: Campus.

Muir, M., Watkins, R., Kaufman, R., & Leigh, D. (1998). Costs-consequences analysis: A primer. *Performance Improvement, 37*(4), 8–17.

Neuberger, O. (2002). *Führen und führen lassen. Ansätze, Ergebnisse und Kritik der Führungsforschung* (6. Aufl.). Stuttgart: Lucius & Lucius (UTB).

Nonaka, I., & Takeuchi, H. (1997). *Die Organisation des Wissens – Wie japanische Unternehmen eine brachliegende Ressource nutzbar machen*. Frankfurt am Main: Campus.

Oelkers, J. (2004). Zum Problem von Standards aus historischer Sicht. *Neue Sammlung, 44*, 179–200.

Österle, H. (1995). *Entwurfstechniken*. Business engineering. Prozess - und Systementwicklung, Bd. 1. Berlin/Heidelberg: Springer.

Orth, R., Voigt, S., & Kohl, I. (2011). *Praxisleitfaden Wissensmanagement*. Stuttgart: Fraunhofer.

Parsons, T. (1966/1975). *Gesellschaften. Evolutionäre und komparative Perspektiven*. Frankfurt am Main: Campus.

Patscha, C., Glockner, H., & Burmeister, K. (2013). *Gestaltungsräume im Zeitalter der Komplexität. Positionspapier für die Arbeit der Expertenkommission Arbeits- und Lebensperspektiven in Deutschland*. Gütersloh: Bertelsmann Stiftung.

Philipp, E., & Rolff, H.-G. (2006). *Schulprogramme und Leitbilder entwickeln*. Weinheim: Beltz.

Piccolo, R. F., & Judge, T. A. (2013). Die positiven und negativen Seiten von Eigenschaften bei Führungspersonen. In W. Sarges (Hrsg.), *Management-Diagnostik* (4. Aufl. S. 427–443). Göttingen: Hogrefe.

Picot, A., & Scheuble, S. (2000). Die Rolle des Wissensmanagements in erfolgreichen Unternehmen. In H. Mandl, & G. Reinmann-Rothmeier (Hrsg.), *Wissensmanagement: Informationszuwachs – Wissensschwund? Die strategische Bedeutung des Wissensmanagements* (S. 19–37). München: Oldenbourg.

Plate, T. (2007). *Personalauswahl in Unternehmensberatungen. Validität und Nutzen der Eignungsdiagnostik*. Wiesbaden: Gabler.

Podsakoff, P. M., MacKenzie, S. B., Moorman, R. H., & Fetter, R. (1990). Transformational leader behaviors and their effects on followers' trust in leader, satisfaction, organizational citizenship behaviors. *Leadership Quarterly, 1*, 107–142.

Polanyi, M. (1985). *Implizites Wissen*. Frankfurt am Main: Suhrkamp.

Probst, G., Raub, S., & Romhardt, K. (2006). *Wissen managen. Wie Unternehmen ihre wertvollste Ressource optimal nutzen* (5. Aufl.). Wiesbaden: Gabler.

Rahn, H.-J. (2010). *Erfolgreiche Teamführung* (6. Aufl.). Hamburg: Windmühle.

Rascher, I., & Wilkesmann, U. (2003). Change Management in der Wissensökonomie: Das Bochumer Modell. In O. Katenkamp, & G. Peter (Hrsg.), *Die Praxis des Wissensmanagements. Aktuelle Konzepte und Befunde in Wirtschaft und Wissenschaft*. Münster: LIT.

Raskin, R., & Hall, C. S. (1979). A narcissistic personality inventory. *Psychological Reports, 45*, 590.

Rauthmann, J. F. (2012). Towards multifaceted Machiavellianism: Content, factorial, and construct validity of a German Machiavellianism scale. *Personality and Individual Differences, 52*, 345–351.

Ravitch, D. (1995). *National standards in American education. A citizens' guide*. Washington: The Brookings Institution.

Rawley, C., & Rambaud, M. (1996). *Guinea Education Sector Policy Dialogue. The Process of Financial Policy Formation. EPIC Simulation Workshop*. Conakry, Guinea: Institut Pédagogique National.

von Recum, H., & Weiß, M. (2000). Bildungsökonomie als Steuerungswissenschaft. Entwicklungslinien und Konjunkturen. *Zeitschrift für Pädagogik, 46*(1), 5–17.

Reiser, R. A. (2001). A history of instructional design and technology: Part II: A history of instructional design. *Educational Technology, Research and Development, 49*(2), 57–67.

Reviere, R. et al. (Hrsg.). (1996). *Needs assessment: A creative and practical guide for social scientists*. Washington, DC: Taylor and Francis.

Robinsohn, S. B. (1969). *Bildungsreform als Reform des Curriculum* (2. Aufl.). Neuwied: Luchterhand.

Röbken, H. (2008). *Bildungsmanagement in der Schule: Eine Bildungseinrichtung effektiv und nachhaltig führen*. München: Oldenbourg.

Rolff, H.-G. (2010). Schulentwicklung als Trias von Organisiations-, Unterrichts- und Personalentwicklung. In T. Bohl et al. (Hrsg.), *Handbuch Schulentwicklung: Theorie – Forschungsbefunde – Entwicklungsprozesse – Methodenrepertoire* (S. 29–36). Bad Heilbrunn: Klinkhardt.

Rolff, H.-G. (2013). *Schulentwicklung kompakt. Modelle, Instrumente, Perspektiven*. Weinheim: Beltz.

von Rosenstiel, L. (1992). *Grundlagen der Organisationspsychologie* (3. Aufl.). Stuttgart: Schäffer-Poeschel.

von Rosenstiel, L. (2000). Wissensmanagement in Führungsstil und Unternehmenskultur. In H. Mandl, & G. Reinmann-Rothmeier (Hrsg.), *Wissensmanagement* (S. 139–158). München: Oldenbourg.

Rosenthal, S. A., & Pittinsky, T. L. (2006). Narcissistic leadership. *Leadership Quarterly*, *17*(6), 617–633.

Rosse, J., & Levin, R. (2001). *Talent flow: A strategic approach to keeping good employees, helping them grow, and letting them go*. San Francisco, CA: Jossey-Bass.

Rossett, A. (1987). *Training needs assessment*. Englewood Cliffs, CA: Educational Technology Publ.

Rothwell, W. J., & Kazanas, H. C. (2003). *The strategic development of talent*. Amherst, MA: HRD Press.

Rothwell, W. J., & Kazanas, H. C. (2008). *Mastering the Instructional Design Process. A systematic Approach* (4. Aufl.). San Francisco: Wiley.

Rowe, W. G., & Conway, D.-O. (2013). *Introduction to nonprofit management: Text and cases*. Thousand Oaks, CA: Sage.

Rowold, J., & Kersting, M. (2008). The assessment of charismatic leadership: Validity of a German version of the Conger-Kanungo Scales. *European Journal of Psychological Assessment*, *24*(2), 124–130.

Rubinson, R., & Browne, I. (1995). Education and the economy. In N. J. Smelser, & R. Swedberg (Hrsg.), *The Handbook of Economic Sociology* (S. 581–599). Princeton, NY: Princeton University Press.

Sachverständigenrat zur Begutachtung der gesamtwirtschaftlichen Entwicklung (2002). *Zwanzig Punkte für Beschäftigung und Wachstum. Jahresgutachten 2202/03*. Stuttgart: Metzler-Poeschel.

Schaffer, S. P. (2000). A review of organizational and human performance frameworks. *Performance Improvement Quarterly*, *13*(2), 220–243.

Scheerens, J. (2000). *Improving school effectiveness*. Paris: UNESCO.

Scheerens, J., & Bosker, R. J. (1997). *The foundations of educational effectiveness*. Oxford, UK: Pergamon.

Scheerens, J., Glas, C., & Thomas, S. M. (2003). *Educational Evaluation, assessment, and monitoring. A systematic approach*. Lisse: Swets & Zeitlinger.

Schiersmann, C., & Thiel, H.-U. (2009). *Organisationsentwicklung. Prinzipien und Strategien von Veränderungsprozessen*. Wiesbaden: VS Verlag für Sozialwissenschaften.

Schlüter, A. (2007). Die „Lernende Organisation" als mentales Modell für die Personal- und Organisationsentwicklung von Weiterbildungseinrichtungen. In K. Dollhausen, & E. Nuissl von Rein (Hrsg.), *Bildungseinrichtungen als „lernende Organisationen"? Befunde aus der Weiterbildung* (S. 41–55). Wiesbaden: Deutscher Universitäts-Verlag.

Schmidt, F. L., & Hunter, J. E. (1998). Meßbare Personmerkmale: Stabilität, Variabilität und Validität zur Vorhersage zukünftiger Berufsleistung und berufsbezogenen Lernens. In M. Kleinmann, & B. Strauss (Hrsg.), *Potenzialfeststellung und Personalentwicklung* (S. 16–43). Göttingen: Hogrefe.

Schmidt, V. (1971). *Angebotsorientierte Planung der Bildungspolitik in der Bundesrepublik*. Düsseldorf: Bertelsmann-Universitätsverlag.

Schöll, I. (2005). *Marketing in der öffentlichen Weiterbildung. Studientexte für Erwachsenenbildung* (3. Aufl.). Bielefeld: Bertelsmann Verlag.

Scholz, C., & Stein, V. (2006). Das neue Paradigma der Humankapitalbewertung. *Personal*, (7/8), 52–53.

Schott, F. (1975). *Lehrstoffanalyse*. Düsseldorf: Schwann.

Schreyögg, G. (2003). *Organisation. Grundlagen moderner Organisationsgestaltung*. Wiesbaden: Gabler.

Schuler, H. (2002). *Das Einstellungsinterview*. Göttingen: Hogrefe.

Schuler, H., & Höft, S. (2006). Konstruktorientierte Verfahren der Personalauswahl. In H. Schuler (Hrsg.), *Lehrbuch der Personalpsychologie* (2. Aufl. S. 101–144). Göttingen: Hogrefe.

Schuller, J.-P., & Röder, R. R. (2007). *Der Modellversuch teamA*. Esslingen: Landesakademie für Fortbildung und Personalentwicklung. http://lehrerfortbildung-bw.de/akaprojekte/archiv2007/team_a/

Schümer, G., & Weiß, M. (2008). *Bildungsökonomie und Qualität der Schulbildung*. Frankfurt am Main: Gewerkschaft Erziehung und Wissenschaft.

Schütz, A., Marcus, B., & Sellin, I. (2004). Die Messung von Narzissmus als Persönlichkeitskonstrukt: Psychometrische Eigenschaften einer Lang- und einer Kurzform des Deutschen NPI (Narcissistic Personality Inventory). *Diagnostica*, *50*, 202–218.

Schwaab, M.-O., Bergmann, G., Gairing, F., & Kolb, M. (Hrsg.). (2010). *Führen mit Zielen. Konzepte – Erfahrungen – Erfolgsfaktoren* (3. Aufl.). Wiesbaden: Gabler.

Seel, N. M. (1981). *Lernaufgaben und Lernprozesse*. Stuttgart: Kohlhammer.

Seel, N. M. (1999). Instruktionsdesign – Modelle und Anwendungsgebiete. *Unterrichtswissenschaft*, *27*(1), 2–11.

Seel, N. N. (2003). *Psychologie des Lernens* (2. Aufl.). München: Reinhardt.

Seel, N. M. (2005). Designing model-centered learning environments: Hocus-pocus – Or the focus must strictly be on locus. In J. M. Spector, & D. Wiley (Hrsg.), *Innovations in Instructional Technology: Essays in Honor of M. David Merrill* (S. 65–90). Mahwah, NJ: Lawrence Erlbaum.

Seel, N. M. (2009). Bonjour Tristesse: Why don't we research as we have been taught? Methodological considerations on simulation-based modelling. *Technology, Instruction, Cognition and Learning*, *6*(3), 151–176.

Seel, N. M. (2013). *Instructional Design*. Lahr: Wissenschaftliche Hochschule.

Seel, N. M., & Blumschein, P. (2009). Systems modeling in learning and instruction: A theoretical perspective. In P. Blumschein, W. Hung, D. Jonassen, & J. Strobel (Hrsg.), *Model-Based Approaches to Learning: Using Systems Models and Simulations to Improve Understanding and Problem Solving in Complex Domains* (S. 3–15). Rotterdam, The Netherlands: Sense Publ..

Seel, N. M., & Hanke, U. (2010). *Lernen und Behalten*. Weinheim: Beltz.

Seel, N. M., & Ifenthaler, D. (2009). *Online Lernen und Lehren*. München: Reinhardt.

Seel, N. M., & Zierer, A. (2012). General didactics and instructional design: Living in parallel worlds. *Jahrbuch für Allgemeine Didaktik*, *2*, 76–106.

Senge, P. M. (2011). *Die fünfte Disziplin. Kunst und Praxis der lernenden Organisation* (11. Aufl.). Stuttgart: Schäffer-Poeschel.

Seufert, S. (2008). *Innovationsorientiertes Bildungsmanagement: Hochschulentwicklung durch Sicherung der Nachhaltigkeit von eLearning*. Wiesbaden: VS Verlag für Sozialwissenschaften.

Seufert, S. (2013). *Bildungsmanagement. Einführung für Studium und Praxis*. Stuttgart: Schäffer-Poeschel.

Seyda, S. (2009). Kindergartenbesuch und späterer Bildungserfolg. *Zeitschrift für Erziehungswissenschaft*, *12*(2), 233–251.

Shajek, A. (2007). *Entwicklung zweier Kurzskalen zur Messung von Machiavellismus und Egoismus*. Berlin: Deutsches Institut für Wirtschaftsforschung.

Specht, W. (Hrsg.). (2009). *Nationaler Bildungsbericht Österreich*. Graz: Leykam. 2 Bde.

Spraul, K. (2006). *Bildungsrendite als Zielgröße für das Hochschulmanagement*. Berlin: Berliner Wissenschafts-Verlag.

Stainton, A. J., Johnson, J. E., & Borodzicz, E. P. (2010). Educational validity of business gaming simulation: A research methodology framework. *Journal Simulation and Gaming*, *41*(5), 705–723.

Stamm, M. (1999). *Qualitätsevaluation und Bildungsmanagement im sekundären und tertiären Bildungsbereich* (2. Aufl.). Köln: Fortis.

Statistik Austria (2013). *Bildung in Zahlen 2011/12. Schlüsselindikatoren und Analysen*. Wien: Bundesanstalt Statistik Österreich.

Statistisches Bundesamt (2012). *Finanzen der Schulen. Schulen in freier Trägerschaft und Schulen des Gesundheitswesens 2009*. Wiesbaden: Statistisches Bundesamt.

Statistisches Bundesamt (2013). *Bildungsausgaben. Budget für Bildung, Forschung und Wissenschaft 2010/11*. Wiesbaden: Statistisches Bundesamt.

Stock, H. (2007). Fusion von drei Berliner Volkshochschulen zur Volkshochschule Berlin Mitte (City VHS) vor dem Hintergrund des Lernerorientierten Qualitätsmodells. In W. Bender, & R. Zech (Hrsg.), *... denn sie wissen, was sie tun. Auf dem Weg zur selbstreflexiven Organisation* (S. 104–112). Hannover: Expressum.

Stokking, K. M. (1996). Levels of evaluation: Kirkpatrick, Kaufman, Keller, and beyond. *Human Resource Development Quarterly*, *7*(2), 179–183.

Sydow, J. (1985). *Der soziotechnische Ansatz der Arbeits- und Organisationsgestaltung: Darstellung, Kritik, Weiterentwicklung*. Frankfurt am Main: Campus.
Tewes, R. (2010). *Führungskompetenz ist lernbar. Praxiswissen für Führungskräfte in Gesundheitsfachberufen* (2. Aufl.). Berlin/Heidelberg: Springer.
Tewes, R., & Stockinger, A. (Hrsg.). (2014). *Personalentwicklung in Pflege- und Gesundheitseinrichtungen*. Berlin/Heidelberg: Springer.
Tönnies, F. (1887/2005). *Gemeinschaft und Gesellschaft*. Darmstadt: Wissenschaftliche Buchgesellschaft.
Tomlinson, H. (Hrsg.). (2004). *Educational management: Major themes in education, Vol. 1–4*. London: Routledge.
Tyack, D., & Tobin, W. (1994). The "Grammar" of schooling: Why has it been so hard to change? *American Educational Research Journal, 31*(3), 453–479.
van der Hoeven, M. J. A. (2007). Evidence-based policy: Yes, but evidence-based practice as well. In OECD (Hrsg.), *Knowledge management. Evidence in education: Linking research and policy* (S. 151–155). Paris: OECD.
vbw – Vereinigung der Bayerischen Wirtschaft e. V. (Hrsg.). (2010). *Bildungsautonomie: Zwischen Regulierung und Eigenverantwortung. Jahresgutachten 2010*. Wiesbaden: VS Verlag für Sozialwissenschaften.
Vogtenhuber, S., Lassnigg, L., Radinger, R., & Gurtner-Reinthaler, S. M. (2012). Outcome – Wirkungen des Schulsystems. In M. Bruneforth, & L. Lassnigg (Hrsg.), *Das Schulsystem im Spiegel von Daten und Indikatoren* Nationaler Bildungsbericht Österreich 2012, (Bd. 1, S. 177–194). Graz: Leykam.
Wagner, D. (1981). Überwindung traditioneller Organisationsstrukturen durch Organisationsentwicklung. In E. Zander (Hrsg.), *Führungsentwicklung: Organisation Development in der Praxis* (S. 13–30). Heidelberg: Saur.
Wang, C., & Burris, M. A. (1997). Photovoice: Concept, methodology, and use for participatory needs assessment. *Health Education and Behavior, 24*(3), 369–387.
Weinert, A. B. (1998). *Organisationspsychologie* (4. Aufl.). Weinheim: Beltz.
Weiß, M. (1995). Bildungsökonomische Wirkungsforschung: Konzepte, Methoden, empirische Befunde. In U. P. Trier (Hrsg.), *Wirksamkeitsanalyse von Bildungssystemen* (S. 107–128). Bern: Schweizerische Koordinierungsstelle für Bildungsforschung.
Weiß, M., & Preuschoff, C. (2004). *Kosten und Effizienzanalysen im Bildungsbereich. Referenzpapier für das Projekt „Bildungssteuerung"*. Frankfurt am Main: DIPF.
Weiß, M., & Timmermann, D. (2004). Bildungsökonomie und Schulstatistik. In W. Helsper, & J. Böhme (Hrsg.), *Handbuch der Schulforschung* (S. 241–283). Wiesbaden: VS Verlag für Sozialwissenschaften.
von Weizsäcker, R. K. (Hrsg.). (1998). *Deregulierung und Finanzierung des Bildungswesens*. Berlin: Duncker & Humblot.
Wenzel, H. (2010). Schulinterne Lehrerfortbildung. In T. Bohl et al. (Hrsg.), *Handbuch Schulentwicklung: Theorie – Forschungsbefunde – Entwicklungsprozesse – Methodenrepertoire* (S. 295–297). Bad Heilbrunn: Klinkhardt.
Werkmann-Karcher, B., & Rietiker, J. (2010). *Angewandte Psychologie für das Human Resource Management. Konzepte und Instrumente für ein wirkungsvolles Personalmanagement*. Berlin/Heidelberg: Springer.
Wieland, K. I. (2011). *The effects of different computer-supported collaboration scripts on students' learning processes and outcome in a simulation-based collaborative learning environment*. Tallahassee, FL: Florida State University. Diss.
Wilkesmann, U. (2007). *Die Organisation der Weiterbildung*. Dortmund: Universität, Zentrum für Weiterbildung.
Wilkesmann, U., Blutner, D., & Meister, C. (2002). Der Fußballverein zwischen e. V. und Kapitalgesellschaft. Wie Profifußballvereine das Dilemma zwischen Mitgliederrepräsentation und effizienter Zielverfolgung institutionell lösen. *Kölner Zeitschrift für Soziologie und Sozialpsychologie, 54*(4), 753–774.
Windolf, P. (1990). *Die Expansion der Universitäten 1870–1985. Ein internationaler Vergleich*. Stuttgart: Enke.
Wissinger, J. (2000). Rolle und Aufgaben der Schulleitung bei der Qualitätssicherung und -entwicklung von Schulen. *Zeitschrift für Pädagogik, 46*(6), 851–865.
Witkin, B. R., & Altschuld, J. W. (1995). *Planning and conducting needs assessments: A practical guide*. Thousand Oaks, CA: Sage.
Woodhall, M. A. (1987). Cost effectiveness analysis in education. In G. Psacharopoulos (Hrsg.), *Economics of education: research and studies* (S. 348–350). Oxford: Pergamon Press.
Wunderer, R. (2003). *Führung und Zusammenarbeit. Eine unternehmerische Führungslehre* (5. Aufl.). München/Neuwied: Luchterhand.
Yukl, G. A. (2006). *Leadership in organizations* (6. Aufl.). Upper Saddle River, NJ: Prentice Hall.
Zech, R. (2007). ... denn sie wissen, was sie tun! Zur Reflexivität und Begründetheit einer Lernerorientierten Qualitätsentwicklung. In W. Bender, & R. Zech (Hrsg.), *... denn sie wissen, was sie tun. Auf dem Weg zur selbstreflexiven Organisation* (S. 12–19). Hannover: Expressum.
Zemke, R. E. (1994). Training needs assessment: The broadening focus of a simple construct. In A. Howard (Hrsg.), *Diagnosis for organizational change: Methods and models* (S. 139–151). New York: Guilford.
Zenger, J., Ulrich, D., & Smallwood, N. (2000). The new leadership development. *Training and Development, 54*(3), 22–27.

Methodik der Erziehungswissenschaft

Norbert M. Seel, Ulrike Hanke

N. M. Seel, U. Hanke, *Erziehungswissenschaft*,
DOI 10.1007/978-3-642-55206-9_6,

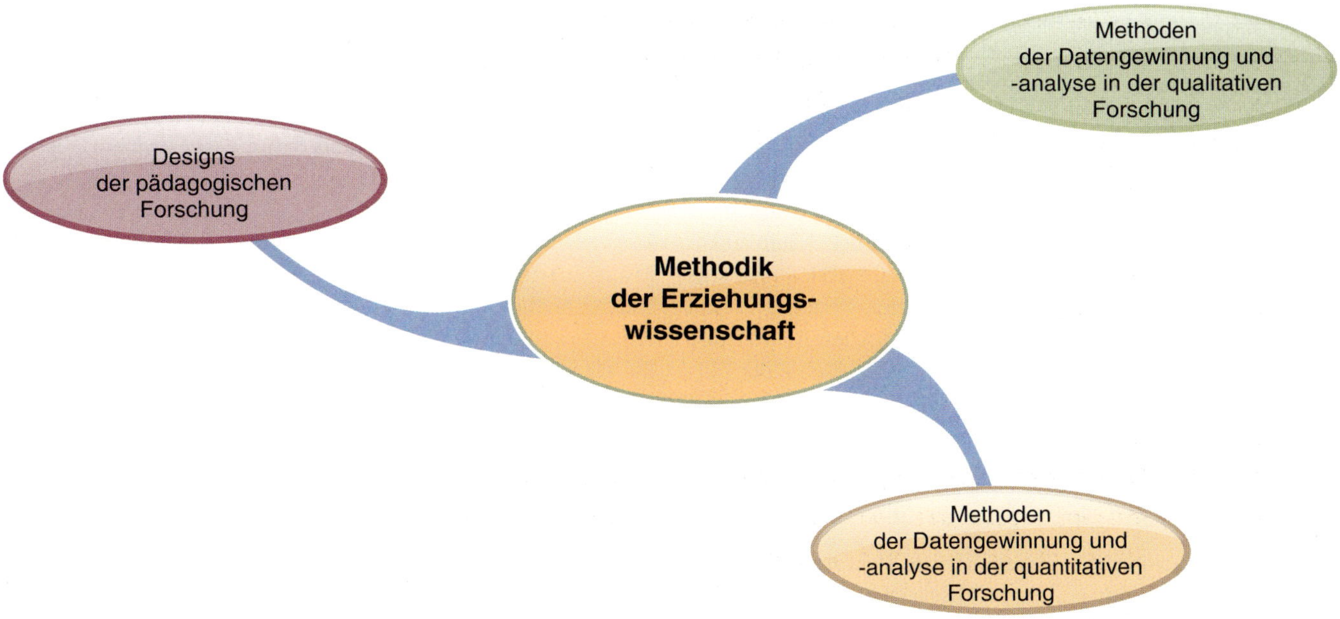

Lernziele

- Sie können Forschungsdesigns und deren Vor- und Nachteile erklären.
- Sie können ein Experiment gegenüber anderen Forschungsmethoden abgrenzen.
- Sie können auch Alternativen zum klassischen Experiment benennen.
- Sie können Varianzanalysen, Faktorenanalysen, Pfadanalysen und Strukturgleichungsmodelle nachvollziehen und wissen, was ihre Ergebnisse aussagen.
- Sie wissen über die Grundlagen sowie die Vor- und Nachteile quantitativer und qualitativer Forschung Bescheid und können diese Ansätze fruchtbar miteinander verknüpfen.
- Sie kennen die qualitativen und quantitativen Verfahren der Datenerhebung und wissen, wann diese sinnvollerweise eingesetzt werden.
- Sie wissen, welche Softwarepakete Ihnen die Datenauswertung erleichtern können.

Einleitung

In diesem Kapitel befassen wir uns mit den methodischen Grundlagen der Erziehungswissenschaft. Die wissenschaftstheoretischen Grundlagen der Erziehungswissenschaft wurden bereits in ▶ Abschn. 1.3.1 behandelt. Wir empfehlen Ihnen, sich diese noch einmal zu vergegenwärtigen, bevor Sie mit der Lektüre dieses Kapitels beginnen.

Mit dem Begriff *Methodik* oder *Methodenlehre* wird die Lehre von den Wegen und Verfahrensweisen wissenschaftlicher Erkenntnis bezeichnet. Sie enthält Anleitungen zum planmäßigen und systematisierten Vorgehen – das griechische Wort *méthodos* heißt nichts anderes als der „Weg zu etwas hin" – als unabdingbare Voraussetzung für die Gewinnung wissenschaftlicher Einsichten in komplexe Zusammenhänge. Da üblicherweise viele Wege zu einem Ziel führen, zeichnet sich auch jede wissenschaftliche Methodik durch eine Vielzahl verschiedener Wege und Verfahrensweisen der Erkenntnisgewinnung aus. Daraus folgt oft die Frage nach dem „Königsweg" als dem kürzesten und erfolgreichsten Weg zum Erfolg. Da es diesen jedoch nicht gibt, ist stets abzuwägen, mit welchen wissenschaftlichen Methoden der größtmögliche Erkenntnisgewinn erzielt werden kann. Diesbezüglich gehen die Meinungen in der Erziehungswissenschaft oft weit auseinander: Für die einen sind nur quantitative Methoden akzeptabel, während die anderen auf qualitative Methoden setzen und quantitativen Methoden ablehnend gegenüberstehen. Dies ist heute so und war auch vor 60 Jahren nicht anders, als sich die empirische Erziehungswissenschaft im deutschen Sprachraum zu etablieren begann (vgl. dazu ▶ Abschn. 1.3.4).

Damals galt Fred N. Kerlinger als einer der Wegbereiter der empirisch-analytischen Erziehungswissenschaft (Pedhazur 1992). Bereits in den 1960er Jahren wies er darauf hin, dass die erziehungswissenschaftliche Forschung mit Mythologie überfrachtet sei, d. h. mit Legenden und Überzeugungen, die vorgeben, Grundprinzip, Zweck und Methodenlehre der pädagogischen Forschung zu sein (Kerlinger 1960). Ende der 1990er Jahre griff Daniel (1996, 1997) die Argumente Kerlingers wieder auf, um deutlich zu machen, dass sie 40 Jahre später immer noch Bestand hatten. Wir glauben, dass sie auch heute noch zutreffen. Deshalb wollen wir nun diese Mythen, die Kerlinger als falsch entlarvt hatte, kurz beschreiben. Sie betreffen die *Methoden*, die *Praktikabilität* und die *Statistik*.

Mythos Methoden. Dieser Mythos dreht sich nach Kerlinger (1960) um die naive Annahme, ein pädagogischer Forscher habe hauptsächlich die Methoden der Datensammlung und -analyse zu erlernen. In der Forschungspraxis ist es hingegen so, dass der Erziehungswissenschaftler sich nicht so sehr damit befasst, ob diese oder jene Methode angewandt werden soll (Kerlinger und Pedhazur 1973), sondern sich darauf konzentrieren muss, die wichtigen erkenntnisleitenden und in theoretischer Hinsicht bedeutsamen Fragen zu stellen und dann ein Forschungsdesign zu entwerfen, das geeignet scheint, die Fragen zu untersuchen. Erst dann stellt sich die Frage, welche Methoden der Beobachtung, Messung und Analyse helfen, die theoretischen Annahmen und Hypothesen zu prüfen.

Laut Daniel (1997) scheint sich der Mythos der Methoden über die Jahrzehnte fortgepflanzt zu haben, was auch damit zu tun habe, dass viele Lehrbücher die Methoden stärker betonen als das Design von Untersuchungen – zumindest behandeln sie oft die Methoden vor den Designs (z. B. Creswell 2005). So hat sich laut Daniel über Generationen die Tradition verfestigt, blind der Strategie der Datensammlung und statistischen Auswertung zu folgen, anstatt sich um die umfassenden Probleme der Forschungsdesigns zu kümmern. Dieses Urteil Daniels ist zumindest teilweise zu korrigieren, da neuere Lehrbücher (z. B. Arthur et al. 2012; Bernard 2013) den Forschungsdesigns das Primat vor den Methoden einräumen.

Mythos Praktikabilität. Bei diesem Mythos steht nach Kerlinger (1977) das pragmatisch-praktische Missverständnis der pädagogischen Forschung im Vordergrund. Gemeint ist damit eine substantielle Voreingenommenheit in Bezug auf den praktischen Nutzen der pädagogischen Forschung. Erziehungswissenschaftler, die diesem Mythos anhängen, betrachten die Lösung praktischer pädagogischer Probleme als den Hauptzweck der Forschung und streben unmittelbare Erfolge an. Für Kerlinger besteht aber das tatsächliche Ziel erziehungswissenschaftlicher Forschung im Fortschritt der Theoriebildung. Obwohl der Ausgangspunkt der pädagogischen Forschung oft in einem praktischen Problem liegt, sollte sie nicht primär von dem Wunsch geleitet werden, z. B. Probleme des Schulalltags zu überwinden. Gemäß der Devise Pasteurs (1939), wonach die Theorie die Mutter der Praxis ist, steht für Kerlinger unzweideutig die Grundlagenforschung im Vordergrund, die er als erfolgversprechender als eine angewandte Forschung betrachtet, wenn es darum geht, Erziehungsprobleme zu verstehen (Kerlinger 1969). Das Ziel erziehungswissenschaftlicher Forschung ist Erklärung und Theoriebildung:

> You can't have a how without a why (Egbert und Sanden 2014).

Dieser Auffassung stehen laut Daniel (1997) die Ansprüche der Gesellschaft und vor allem der Politik diametral gegenüber. Zwar habe sich die erziehungswissenschaftliche Forschung über die Jahrzehnte stärker theoriebezogen positioniert, aber der Ruf der Öffentlichkeit nach unmittelbarem Nutzen pädagogischer Forschung wird deshalb nicht schwächer, und für die Bildungspolitik ist der pragmatisch-praktische Zweck der Bildungsforschung die Norm, wie wir in ▶ Kap. 5 herausgestellt haben. So gilt auch heute die Aussage Kerlingers, dass die Praktikabilität pädagogischer Forschung als eine soziale Norm dient, welche die Erziehungswissenschaft von den eigentlich wichtigen wissenschaftlichen Problemen weglockt (Kerlinger 1959).

Mythos Statistik. Obwohl nicht unmittelbar deutlich wird, was Kerlinger genau mit „Statistik" meint, kann laut Daniel (1997) aus seinen Schriften hergeleitet werden, dass er damit zwei verschiedene, aber miteinander verknüpfte Probleme ansprechen wollte:

1. eine grundsätzliche Geringschätzung der Statistik als methodisches Werkzeug (Mythos I) und
2. ein mangelhaftes Verständnis dafür, dass Forschungsdesign und statistische Analyse eng miteinander verknüpft sind (Mythos II).

Etwas übertrieben ausgedrückt scheinen Anhänger des ersten Statistikmythos Menschen, die imstande sind, statistische Verfahren anzuwenden, als methodologische Schamanen zu betrachten, die auf mysteriöse Weise komplexe und abstruse Rechenoperationen durchführen, die nichts oder nur wenig mit der Realität zu tun haben. Die persönliche Abneigung gegen statistische Verfahren wird dann oft damit legitimiert, dass man behauptet, die relevanten pädagogischen Konstrukte ließen sich nicht quantifizieren. Das deutet auf ein grundlegendes Missverständnis der Verwendung statistischer Verfahren hin, die ja nicht die Realität abbilden wollen, sondern dem Erziehungswissenschaftler helfen sollen, Beobachtungen und Daten zu verstehen und hinsichtlich ihrer Generalisierbarkeit zu prüfen.

Der zweite Statistikmythos geht davon aus, dass der forschende Erziehungswissenschaftler und der Statistiker zwei verschiedene Personen sind oder sein können, die nichts miteinander zu tun haben. Unter dem Vorwand, dass die Anwendung statistischer Prozeduren eigentlich unnötig ist, entscheiden sich Erziehungswissenschaftler, wenn sie mit quantitativen Daten konfrontiert sind, dann gerne für wenig anspruchsvolle Analyseverfahren (z. B. die Wiedergabe von Prozentwerten) und leisten bei der Interpretation der minderwertigen Daten der Pädagogik einen schlechten Dienst. Zusätzlich kann begrenztes Wissen der grundlegenden statistischen Konzepte zu unangemessener Interpretation von Daten führen. Ganz oben auf der Liste möglicher Missverständnisse steht bis heute die Interpretation der statistischen Signifikanz, wonach einzig und alleine statistisch signifikante Ergebnisse als nützlich und erstrebenswert betrachtet werden. Was dabei leicht übersehen wird, ist die Tatsache, dass alle statistischen Verfahren ihre Stärken und Schwächen haben und dass jedes Verfahren bestimmte Annahmen in Bezug auf die zu analysierenden Daten voraussetzt. Da die Wahl statistischer Verfahren die Auswahl von Untersuchungsproblemen mehr oder weniger stark beeinflussen kann, ist der Wahl statistischer Verfahren große Aufmerksamkeit zu widmen, da diese der gesamten Forschung eine Richtung geben können.

Vor dem Hintergrund der skizzierten Mythen werden wir in diesem Kapitel als Erstes die wichtigsten Forschungs- und Untersuchungsdesigns der Erziehungswissenschaft beschreiben. Dann werden wir auf die verschiedenen Methoden der Datensammlung und -analyse eingehen, wobei wir allerdings den großen Komplex der „Statistik" nur streifen können, da eine ausführliche Behandlung weit über den Rahmen des Lehrbuchs hinausgreifen würde. Wir werden uns deshalb auf das notwendige Maß beschränken (müssen), das aus unserer Sicht zum Grundverständnis der erziehungswissenschaftlichen Methodik erforderlich ist.

In diesem Kapitel verwendete Fachbegriffe

Abgesehen von den Fachbegriffen, die im Text erklärt werden, werden in diesem Kapitel folgende Grundbegriffe verwendet:

Forschungsdesign – Das Forschungsdesign (auch Untersuchungsdesign oder Versuchsplan) ist die Grundlage jeder wissenschaftlichen Untersuchung. Es beschreibt, wie eine pädagogische Fragestellung untersucht werden soll, und legt fest, welche Indikatoren wann, wie oft, wo und wie an welchen Objekten (Grundgesamtheit, Stichprobe) erfasst werden sollen. Das jeweilige Forschungsdesign ist entscheidend für die Aussagekraft der Untersuchungsergebnisse.

Population – Die Population oder Grundgesamtheit bezeichnet in der Bio- und Sozialstatistik die untersuchte Anzahl von Individuen.

Stichprobe – Als Stichprobe bezeichnet man eine Teilmenge einer Grundgesamtheit, die unter bestimmten Gesichtspunkten ausgewählt wurde. Es gibt verschiedene Auswahlverfahren für die Zusammensetzung einer Stichprobe: die Zufallsauswahl, die bewusste Auswahl und die willkürliche Auswahl. Für die meisten Methoden der induktiven Statistik ist nur die Zufallsauswahl anwendbar.

Zufallsvariable – Eine Zufallsvariable ist eine Größe, deren Wert vom Zufall abhängig ist. Mathematisch ist eine Zufallsvariable eine messbare Funktion eines Wahrscheinlichkeitsraums in einem Messraum.

Hypothese – Hypothesen sind Erklärungen, wie irgendetwas geschieht, während Vorhersagen gebildete Schätzungen sind, was sich in bestimmten Situationen unter bestimmten Bedingungen mit einer Wahrscheinlichkeit x ereignen wird.

6.1 Designs der pädagogischen Forschung

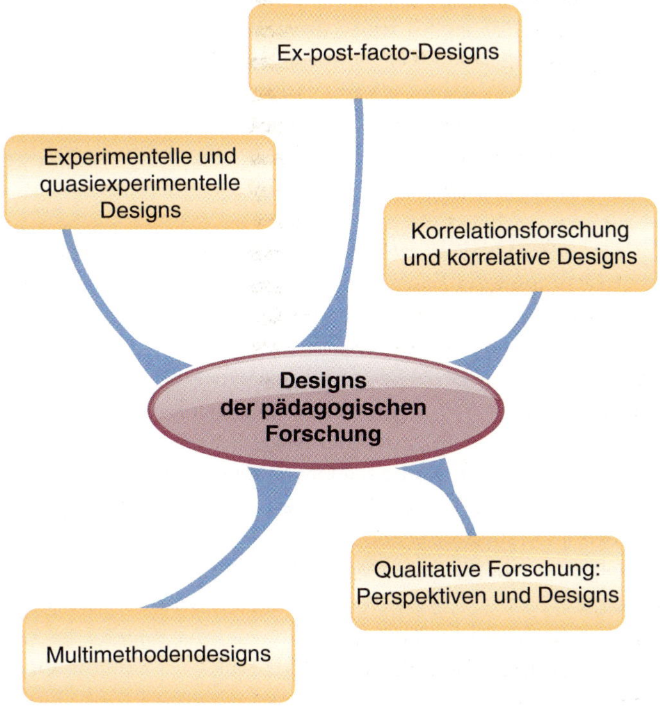

Aufgabe als Denkanstoß

Wie würden Sie es anstellen, wenn Sie untersuchen wollten, ob die von Ihnen erfundene Lehrmethode effektiver ist als klassischer Frontalunterricht? Versuchen Sie möglichst genau zu beschreiben, was Sie konkret tun müssen, was Sie unterlassen sollten, und überlegen Sie wie allgemeingültig und sicher Ihre zu erwartenden Ergebnisse sein werden.

Forschungsansätze und Methodenpluralismus der Erziehungswissenschaft

In der Methodenlehre der Erziehungswissenschaft sind die verschiedenen Ursprünge des Faches gegenwärtig: die geisteswissenschaftliche, die empirisch-analytische, die biografische und die sozialwissenschaftliche Orientierung. Daraus ist ein Methodenpluralismus wie in kaum einer anderen Humanwissenschaft entstanden. Gemeinsam ist den verschiedenen Methoden der Erkenntnisgewinnung eine allgemeine Vorstellung von Wissenschaftlichkeit, die sich von der Methode der Anhänglichkeit an eine Ideologie wie auch von den Methoden der Expertenurteile und der Intuition unterscheidet (Kerlinger 2000). Die Methodik der Erziehungswissenschaft steht damit in einem engen Zusammenhang mit wissenschaftstheoretischen Grundsätzen, die nicht nur den allgemeinen Rahmen der pädagogischen Forschung bestimmen, sondern auch die Auswahl von Untersuchungsdesigns und Methoden der Datengewinnung maßgeblich beeinflussen.

Trotz dieses Methodenpluralismus herrscht in der Pädagogik ein weitgehender Konsens in der Frage, was Wissenschaft ist (vgl. dazu ▶ Abschn. 1.3.1):

- Wissenschaft ist ein Weg, etwas über die Welt zu erfahren. Sie ist eine Form der Welterschließung, indem sie nach Fakten sucht und diese verstehen will.
- Wissenschaft sucht nach Mustern und Strukturen von Welterscheinungen, aber auch nach Ursachen und Wirkungen.
- Wissenschaft ist ein Prozess des Beschreibens, Interpretierens und Vorhersagens von Ereignissen in der Welt. Dazu werden bestimmte Methoden angewandt: Wissenschaftler beobachten und sammeln Daten, sie kreieren mögliche Erklärungen oder zumindest Hypothesen, deren Gültigkeit sie testen. Wenn erforderlich werden die Hypothesen revidiert und erneut geprüft.
- Wissenschaft folgt Grundprinzipien der Logik, des kritischen Denkens und der Standardprozeduren. Wenn eine Annahme oder Hypothese die Prüfung übersteht, dann wird sie als wahrscheinliche Erklärung, aber nicht als Beweis im engeren Sinne verwendet. Wissenschaft erzeugt nur „sehr wahrscheinliche" Erklärungen, die auf der bestmöglichen Information aufbauen, über die man aktuell verfügt.
- Wissenschaft beinhaltet die strenge Analyse und den fairen Vergleich alternativer Erklärungen unter Verwendung spezieller Kriterien. Erklärungen sind durch zahlreiche und mannigfaltige Evidenzen zu bestätigen.
- Da nicht alle Phänomene direkt beobachtbar sind, beruht Wissenschaft auch auf induktiven Schlussfolgerungen und Interpretationen.
- Wissenschaft ist kumulativ und verändert sich ständig. Wissenschaft baut zwar auf bestehendem Wissen auf, fährt aber unentwegt in dem Bemühen fort, die Gültigkeit dieses Wissens zu prüfen.

Weitgehende Übereinstimmung besteht auch darin, was Wissenschaft *nicht* ist. Sie ist mit Gewissheit kein Prozess, der alle Probleme lösen und alle Fragen beantworten kann, und sie bezieht sich auch nicht auf den übernatürlichen Bereich. Der Prozess der Wissenschaft ist auch nicht frei von Werten, Meinungen oder Verzerrungen. Wissenschaftler sind Menschen, und obwohl sie üblicherweise versuchen, so objektiv wie möglich zu sein, können ihre Beobachtungen und Interpretationen durch vorherige Erfahrungen und mentale Modelle verzerrt werden. Gleichwohl ist Wissenschaft kein Prozess, bei dem eine Lösung für ein Problem so gut wie eine andere oder auch nur Ansichtssache ist – Wissenschaft ist nicht beliebig, sondern hat sich in der Wirklichkeit zu bewähren. Vor allem aber ist Wissenschaft kein Selbstzweck, sondern will verstehen, erklären, Voraussagen treffen und einen Beitrag zur Gestaltung der Umwelt leisten.

› ***Erklärungsorientierte Forschung*** **versucht, die Wirklichkeit mittels theoretischer Konstrukte und deren Wechselwirkungen zu beschreiben. Zur Herleitung der Konstrukte werden Verfahren der Deduktion und der Induktion angewandt.**

Eine Besonderheit erklärungsorientierter Forschung ist der Versuch, Kausaltheorien über die Wirklichkeit mit Hilfe von Ursache-Wirkungs-Beziehungen aufzustellen. Auf der Grundlage solcher Beziehungen werden auch Wahrscheinlichkeitsaussagen hergeleitet, die zukünftiges Handeln unter gegebenen Bedingungen voraussagen. Dadurch wird die erklärungsorientierte Forschung zu einer *prognoseorientierten Forschung*.

› ***Verstehensorientierte Forschung*** **befasst sich demgegenüber primär mit einer „Sinnanalyse" gegebener Weltzustände durch Auslegung und Interpretation im Sinne der Hermeneutik.**

Pädagogische Forschung ist auch darauf gerichtet, innovative Handlungssysteme zu entwerfen und zu erproben. Ein solcher *gestaltungsorientierter Forschungsansatz* bietet spezifische Chancen zur Innovation des Bildungsbereichs, die allerdings nur genutzt werden können, wenn der Ansatz methodisch überzeugend begründet ist. Da eine umfassende Begründung durch einen formalen Beweis oder durch eine empirisch gehaltvolle Theorie in der Regel keine Option ist, bleibt nur die Möglichkeit, alle Annahmen, die dem Gestaltungsentwurf zugrunde liegen, explizit zu machen. Gestaltungsorientierte Forschungsansätze sind mit sogenannten *Grounded Theory Designs* verknüpft.

Vor dem Hintergrund dieser Hauptlinien der Forschung sind die zahlreichen pädagogischen Forschungsansätze zu sehen. Isaac und Michael (1974) haben neun grundlegende Ansätze unterschieden, die auch die Erziehungswissenschaft bestimmen (▪ Tab. 6.1).

Jeder dieser Forschungsansätze bedarf zur effektiven Realisierung einer Planung und Gestaltung von Untersuchungsdesigns. Das gilt auch und insbesondere für Forschungsansätze, die im Bereich der geisteswissenschaftlichen Hermeneutik angesiedelt sind (z. B. historische Studien), und nicht nur, wie die Literatur gelegentlich glauben macht (z. B. Abel et al. 1998), für die empirische Forschung.

6.1.1 Experimentelle und quasiexperimentelle Designs

Im Unterschied zur Psychologie, in der experimentelle Forschung gang und gäbe ist, stellt diese im Bereich der Erziehungswissenschaft eine Ausnahme dar. Dennoch kommt so gut wie keine Einführung in die Methoden der Erziehungswissenschaft darum herum, mehr oder weniger ausführlich auf die experimentelle Methodik einzugehen (z. B. Abel et al. 1998; Creswell 2005; Gudjons 2003; Krüger 2012; Wellenreuther 2000). Das steht in gewisser Weise im Widerspruch zu den Ressentiments, die der experimentellen Pädagogik seit ihren Anfangszeiten entgegengebracht werden.

> » Der Verfasser [gemeint ist Ernst Weber-München] lehnt aufs entschiedenste das Experiment in der Schule ab, die Kinder seien nicht der Wissenschaft wegen, nicht dazu da, um für sie in der Schule „verbraucht" zu werden. Die Ausführungen zeugen von nicht geringer Unkenntnis des Verfassers hinsichtlich des pädagogisch-psychologischen Experiments, seiner Weise, seiner Absichten (Lobsien 1905, S. 23).

An der auf Unwissenheit beruhenden Ablehnung der experimentellen Forschung hat sich bis heute wenig geändert. Dabei gilt das Experiment seit der Aufklärung als Vorbild für die Kausalforschung, d. h. für die Absicht, die entscheidenden, notwendigen und hinreichenden Ursachen beobachtbarer Sachverhalte zu entdecken. Vorbild der experimentellen Forschung ist das naturwissenschaftliche Experiment, das auf andere Disziplinen eine besondere Überzeugungskraft ausstrahlt. Die Forschungslogik des Experiments lautet: Wenn die gezielte Manipulation einer bestimmten unabhängigen Variablen regelmäßig einen Effekt auf eine abhängige Variable hat, so gilt dies als Hinweis darauf, dass eine Gesetzmäßigkeit vorliegt, die sich wiederholt. Diese Schlussfolgerung ist zwar nicht zwingend, aber aufgrund theoretischer Annahmen naheliegend.

6.1.1.1 Merkmale des Experiments

Eine Definition des Experiments, die sich eng an das naturwissenschaftliche Denken anlehnt, lautet:

> » Ein Experiment ist der Beweis für eine Hypothese, der zwei Faktoren in eine ursächliche Beziehung zueinander bringen will, indem er [der Forscher] sie in unterschiedlichen Situationen untersucht. Diese Situationen werden in Bezug auf alle Faktoren kontrolliert mit Ausnahme des einen, der uns besonders interessiert, da er entweder die hypothetische Ursache oder die hypothetische Wirkung darstellt (Greenwood 1967, S. 177).

Zur Problematik der behaupteten Kausalitätsfeststellung durch das Experiment gibt es umfangreiche Literatur (z. B. Heckman 2005), deren Quintessenz darin besteht, dass die Annahme von Kausalzusammenhängen grundsätzlich eine Angelegenheit der Theorie und nicht der Empirie ist (Klauer 1973). Das Hauptziel der experimentellen Methodik ist laut Ahrens (2011) die Explo-

Tab. 6.1 Neun grundlegende Forschungsansätze nach Isaac und Michael (1974, S. 13 f.) unter Hinzufügung von Beispielen durch die Autoren dieses Lehrbuchs

Strategie	Ziel	Beispiele
Historische Studien	Systematische Rekonstruktion vergangener Ereignisse durch Sammlung, Bewertung und Prüfung von Quellen (Zeitzeugnisse, Dokumente)	Analyse und Beschreibung der Erziehungslehre von Thomas von Aquin oder Comenius
Beschreibende Studien	Systematische und exakte Beschreibung der Fakten und Merkmale einer gegebenen Population oder eines Untersuchungsfelds	Epidemiologische Untersuchungen über das Auftreten von Aggression unter Jugendlichen
Entwicklungsstudien (Zeitreihen, Verlaufsstudien)	Untersuchungen von Mustern oder Abfolgen der Reifung oder der Veränderung im zeitlichen Verlauf	Längsschnittuntersuchung zur Art und zum Verlauf der Intellektentwicklung (im Sinne Piagets)
Einzelfall- und Feldstudien	Eingehende Untersuchung des Hintergrunds, des aktuellen Zustands und der Interaktion mit der Umwelt eines Individuums, einer Gruppe oder einer Institution	Untersuchungen von Verhaltensstrukturen in gesellschaftlichen Rand- oder Teilgruppen; ethnographische Studien zur Alltagsmathematik
Korrelationsstudien	Untersuchungen über das Ausmaß des Zusammenhangs (Kovariation) zwischen zwei oder mehreren Merkmalen	Zusammenhang von Familienmerkmalen und schulischem Erfolg von Kindern Reliabilitätsbestimmung bei Tests
Kausal-analytische oder Ex-post-facto-Untersuchungen	Die Untersuchung möglicher Ursache-Wirkungs-Zusammenhänge durch Beobachtung bestehender Folgen und Rückwärtssuche nach kausalen Faktoren anhand konkreter Daten	Suche nach charakteristischen Merkmalen bei Personen mit hoher Verhaltensauffälligkeit – z. B. Untersuchung der Bedingungsfaktoren jugendlicher Delinquenz
Echte Experimente	Erfassung von Ursache-Wirkungs-Zusammenhängen durch systematische und willkürliche Veränderung der Ausgangsbedingungen und exakte Erfassung der Folgezustände durch den Vergleich von Experimental- und Kontrollgruppen	Effektivitätsuntersuchung mehrerer Behandlungsmethoden; Wirkung von Stress auf Schulleistungen unter verschiedenen Laborbedingungen
Quasiexperimentelle Untersuchungen	Annäherung an die echten experimentellen Bedingungen, wobei jedoch nicht alle relevanten Variablen kontrolliert oder systematisch variiert werden können mit entsprechenden Einschränkungen der *internen und externen Validität* (meist anwendungsorientierte Forschung)	Untersuchung der Effektivität unterschiedlicher Lehrmethoden in gegebenen Schulklassen
Aktionsforschung	Untersuchungen zur Entwicklung neuer Ansätze oder Problembewältigungsstrategien mit direkter Anwendung auf die Praxis und mit direkter Rückkopplung durch die Betroffenen	Verbesserung des Organisationsklimas durch ein Trainingsprogramm

ration im Sinne der Erschließung der Welt. In diesem Sinne ist unter einem Experiment zweierlei zu verstehen:

1. eine *systematische Beobachtung* im Gegensatz zur Gelegenheitsbeobachtung, d. h., Beobachtungen werden unter einer definierten Fragestellung und nach bestimmten Gesichtspunkten durchgeführt;
2. eine *planmäßige Variation der Bedingungen*, d. h., es wird gezielt in ein System von Beziehungen eingegriffen, indem ein Parameter (unabhängige Variable) herausgegriffen und systematisch variiert wird und die Effekte dieser Variation auf einen anderen Parameter, die abhängige Variable, geprüft werden. Selbstverständlich können auch mehrere unabhängige Variablen planmäßig variiert werden, um festzustellen, ob sich mit der spezifischen Variation auch die Ergebnisse ändern.

Darüber hinaus weist Klauer (1973) darauf hin, dass ein Experiment grundsätzlich wiederholbar ist bzw. sein sollte, was auf die Forschungsstrategie von Replikationen hinweist, mittels derer schrittweise der Erkenntnisgewinn erweitert und stabilisiert wird (vgl. Seel 2008). Experimente im pädagogischen Feld zu planen und durchzuführen, ist eine aufwendige Angelegenheit, jedenfalls aufwendiger als die außerexperimentelle pädagogische Forschung, die vermutlich deshalb, wie Klauer (1973) vermutet, im deutschen Sprachraum auch verbreiteter ist.

Bei der Beschreibung der Methodologie der empirischen Pädagogik (in ► Abschn. 1.3.4.4) wurde bereits grundsätzlich zwischen echten und Quasiexperimenten sowie zwischen Labor- und Feldexperimenten unterschieden. Darüber hinaus wird auch zwischen Erkundungsexperimenten (oder Pilotstudien) und Entscheidungsexperimenten unterschieden.

Diese Unterscheidungen gehen darauf zurück, dass bestimmte charakteristische Merkmale der experimentellen Untersuchungsanordnung einmal mehr und einmal weniger in den Griff zu bekommen sind. Eines dieser Merkmale ist z. B. die Bedingung der Zufallsauswahl der Versuchsteilnehmer. In den meisten pädagogischen Anwendungen der Experimentalmethode ist eine strenge Zufallsauswahl nicht möglich, und man greift auf ausgewählte

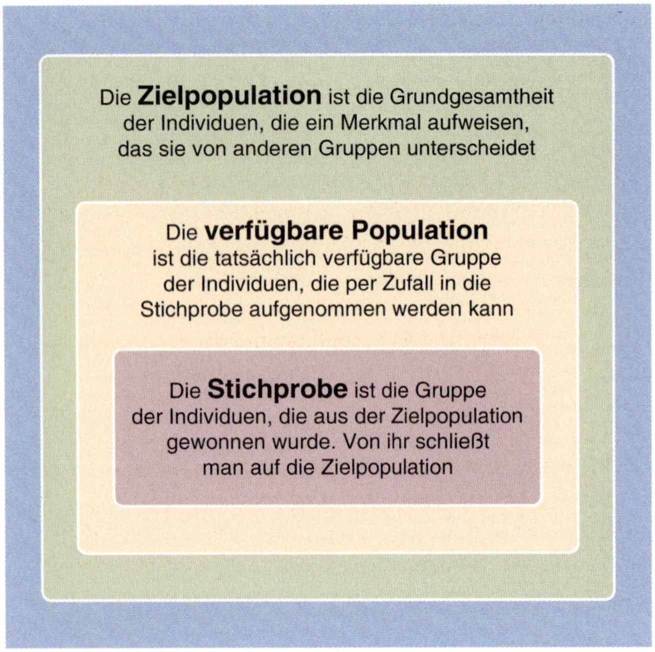

Abb. 6.1 Zielpopulation, experimentell verfügbare Population und Stichprobe

Schulklassen als Ganze zurück, die jeweils als geschlossene Einheit einer experimentellen Bedingung unterzogen werden.

Ein anderer Gesichtspunkt, der zur Unterscheidung zwischen einem Labor- und Feldexperiment führt, ist die ökologische Validität, die sich auf die Gekünsteltheit einer Untersuchungsanordnung im Labor gegenüber der Lebensnähe im Feldexperiment bezieht. Aus dem Gesagten wird klar, dass es *das* Experiment nicht gibt, sondern verschiedene Varianten und Ausformungen, die sich in ihrer Merkmalscharakteristik unterscheiden:

Demnach ist ein wissenschaftliches Experiment eine Untersuchungsanordnung, die sich durch eine mehr oder weniger strenge *Zufallsauswahl* der Stichprobe aus einer Grundgesamtheit, eine mehr oder weniger starke Kontrolle der äußeren Einwirkungen auf das Geschehen, die systematische Manipulation von Behandlungsbedingungen oder Interventionen, durch die Messung der Ergebnisse des Einwirkens der Behandlungen, durch den Vergleich von Gruppen, aber auch durch eine unterschiedliche Kontrolle möglicher Fehlerquellen auszeichnet.

Zufallsauswahl und Zufallszuweisung

Mit der Zufallsauswahl von Individuen und ihrer ebenso zufallsbedingten Zuweisung zu einer Experimental- und Kontrollgruppe werden zwei unterschiedliche Verfahren der *Randomisierung* angesprochen, die als ein grundlegendes Prinzip von Forschung allgemein gilt (vgl. ▶ Abschn. 1.3.4.4) und dementsprechend nicht nur bei experimentellen Untersuchungsdesigns zum Tragen kommt.

Typ I der Randomisierung bezieht sich auf die Auswahl von Individuen zum Zwecke der Erzeugung repräsentativer Stichproben, die ein verkleinertes, möglichst wahrheitsgetreues Abbild der Grundgesamtheit darstellen. Erfolgt die Zusammensetzung einer Stichprobe streng nach Zufall, spricht man auch von einer Zufallsstichprobe, die sich dadurch auszeichnet, dass jedes Mitglied der Grundgesamtheit die gleiche Chance hat, in die Stichprobe aufgenommen zu werden. Das setzt allerdings zwingend voraus, dass sich der Untersuchende zunächst Klarheit verschafft, auf welche Zielpopulation sich die Ergebnisse der Untersuchung beziehen sollen. Dann hat er dafür zu sorgen, dass die Auswahl der Individuen, die der fokussierten Grundgesamtheit angehören, nicht nach irgendwelchen subjektiven Gesichtspunkten erfolgt, sondern nach Zufall. Ein Beispiel für eine solche Zielpopulation sind alle Personen, die am 1. Januar 2015 Schüler einer 9. Klasse allgemeinbildender Schulen sind. Grundsätzlich ist es denkbar, nun aus dieser Grundgesamtheit eine Zufallsstichprobe für ein pädagogisches Experiment zu gewinnen. Dies allerdings würde den Untersucher rasch mit einem schier unlösbaren Problem konfrontieren: Per Zufall ausgewählte Schülerinnen und Schüler aus 16 Bundesländern müssten entweder an den Ort des Experimentes gebracht werden, oder das Experiment müsste unter denselben Bedingungen an verschiedenen Orten der Bundesrepublik durchgeführt werden.

Bei der Validierung von Tests verfährt man nach Typ II (s.u.) der Randomisierung, aber auch dabei wird nicht auf die eigentliche Zielpopulation zurückgegriffen, sondern auf die verfügbare Population an Individuen an ausgewählten Standorten, von denen man wiederum annehmen muss, dass sie repräsentativ, d. h. per Zufall ausgewählt wurden. Diese tatsächlich verfügbare Gruppe, aus der die Stichprobe gewonnen wird, wird experimentell *verfügbare Population* genannt (Abb. 6.1).

Um das Gesagte zu verdeutlichen, greifen wir auf TIMSS 2007 als Beispiel zurück. Bei dieser internationalen Vergleichsstudie zu Schulleistungen in Mathematik und Naturwissenschaften besteht die Zielpopulation aus der Grundgesamtheit aller Schülerinnen und Schüler der 4. Klassenstufe. Das Merkmal, das diese Gruppe von Individuen aufweist, ist das ISCED-Level 1, das einem Durchschnittsalter von mindestens 9,5 Jahren entspricht. Diese Grundgesamtheit umfasst demnach alle Schülerinnen und Schüler, die eine Grundschule besuchen und deren Mindestalter bei 9,5 Jahren liegt.

Aus dieser Grundgesamtheit heraus konstituieren sich die nationalen Zielpopulationen – z. B. alle Schülerinnen und Schüler in Österreich, die zum Testzeitpunkt die 4. Klasse besuchen und im Durchschnitt 9,5 Jahre alt sind. Aus der jeweils verfügbaren Population eines teilnehmenden Landes wird dann die Stichprobe gewonnen. Bei TIMSS erfolgt dies in zwei Schritten: Der erste Schritt besteht aus der Zufallsauswahl der Schulen aus allen Schulen der verfügbaren Population; der zweite Schritt umfasst die Auswahl einer oder mehrerer Klassen in den ausgewählten Schulen. Alle Schülerinnen und Schüler der in diesem zweiten Schritt ermittelten Klassen sind Teil der Stichprobe (vgl. Bundesinstitut für Bildungsforschung, Innovation und Entwicklung des österreichischen Schulwesens: ▶ https://www.bifie.at/buch/1071/4).

Randomisierung betrifft, wie gesagt, nicht nur die Zusammensetzung der Stichprobe, sondern auch die Zuweisung der Versuchspersonen zu unterschiedlichen Gruppen (z. B. einer Experimental- und einer Kontrollgruppe). Dieser Typ II der Randomisierung, *Zufallszuweisung* (*random assignment*) genannt, zielt darauf ab, bekannte und unbekannte personengebundene Störgrößen gleichmäßig auf die Gruppen zu verteilen, um auf diese Weise gleiche Voraussetzungen bzw. Versuchsbedingungen zu schaffen. Bei TIMSS 2007 wurde das Verfahren der *Stratifizierung* bei der Zufallszuweisung zugrunde gelegt, um die Effizienz der Stichprobe und die Präzision der Ergebnisse zu steigern.

Bei einer Stratifizierung, die eine *geschichtete Zufallsstichprobe* nach sich zieht, wird die Zielpopulation in mehrere kleinere Gruppierungen (*Schichten* genannt) unterteilt. Danach wird separat aus jeder Gruppierung eine einfache Zufallsstichprobe gezogen. Diese geschichteten Stichproben werden beim Schluss auf die Zielpopulation entsprechend den Umfängen der einzelnen Schichten gewichtet. Durch Stratifizierung erhält man bei günstiger Auswahl der Attribute oder Variablen genauere Ergebnisse, mindestens aber genauso gute Ergebnisse wie bei einfachen Zufallsstichproben. Bei TIMSS 2007 galten beispielsweise „geografische Lage" (z. B. Bundesländer), „Schultyp" (z. B. privat vs. öffentlich) oder „Urbanisierungsgrad" als Stratifizierungsvariablen.

Bei experimentellen Forschungsdesigns werden also die Versuchsteilnehmer entweder per *Zufall* den Versuchsbedingungen zugewiesen (Zufallsversuchsplan), oder es wird eine *Parallelisierung* der Versuchsteilnehmer vorgenommen. Dabei wird ein relevantes Merkmal (z. B. die Intelligenz) vorab gemessen, anschließend werden Gruppen mit ähnlichen Merkmalsausprägungen gebildet (z. B. immer zwei Personen, die etwa den gleichen IQ-Wert aufweisen). Jeweils eine Person aus einer Gruppe wird dann zufällig einer der Versuchsbedingungen zugeordnet. Bei der Methode der Parallelisierung, auch *Matching* genannt, werden die für das Experiment bedeutungsvollen Merkmale bewusst gleichmäßig auf die Gruppen verteilt, so dass von einem Personenpaar mit übereinstimmenden Eigenschaften je eine Person der Experimental- und die andere der Kontrollgruppe zugeordnet wird (z .B. gleich viele Frauen und Männer in beiden Gruppen). Dieses Vorgehen ist jedoch mit einem erheblichen Aufwand verbunden.

Im Bereich erziehungswissenschaftlicher Forschung ist all das, was bisher über die Randomisierung gesagt wurde, meistens nur sehr eingeschränkt realisierbar, d. h., es findet weder eine Zufallsauswahl bei der Stichprobengewinnung noch eine Zufallszuweisung der Individuen zu Versuchsbedingungen statt. Der Erziehungswissenschaftler, der ein pädagogisches Experiment durchführen will, ist meistens genötigt, mit intakten Gruppen (z. B. Schulklassen) zu arbeiten, da es aus mancherlei Gründen nicht möglich ist, Zufallsgruppen nach den oben erläuterten Verfahren zu bilden. Ist weder eine Zufallsauswahl der Versuchsteilnehmer noch eine Zufallszuweisung zu Versuchsbedingungen möglich, spricht man von einem *Quasiexperiment*, allerdings nur unter der Voraussetzung, dass die anderen Bedingungen experimenteller Forschung weitgehend erfüllt werden. Beispielsweise kann es die Untersuchung eines neuen mathematischen Lehrprogramms erforderlich machen, dass man die in einer Grundschule verfügbaren zwei Klassen der 4. Klassenstufe komplett der Experimental- und der Kontrollgruppe zuweist. Eine Zufallszuweisung zu den Bedingungen würde das gewohnte Lernen im Klassenverband empfindlich stören und womöglich den gesamten Versuch gefährden. Um es kurz zu machen: Wenn im pädagogischen *Feld* experimentell geforscht wird, dann in der Regel auf der Grundlage quasiexperimenteller Versuchsanordnungen. Anders sieht es natürlich bei pädagogischen Experimenten aus, die unter Laborbedingungen durchgeführt werden (z. B. die Untersuchungen zu mentalen Modellen von Seel und Mitarbeitern: Seel und Dinter 1995; Seel und Schenk 2003; Ifenthaler und Seel 2005, 2013).

Kontrolle der externalen Variablen

Bei einer Zufallsauswahl von Individuen geht man davon aus, dass dadurch die äußeren Bedingungen und Variablen der Umwelt weitgehend unter Kontrolle sind. Als externaler Faktor zählt alles, was auf die Auswahl der Versuchsteilnehmer, die Verfahren der Erhebung und das Design einwirkt und das Ergebnis des (Quasi-)Experiments beeinflusst und daher auch alternative Erklärungen dafür, wie das Ergebnis zustande gekommen ist, nach sich zieht. Jedes Experiment hat irgendeinen Zufallsfehler, der den Bereich definiert, innerhalb dessen der tatsächliche Anteil eines Merkmals in einer Zielpopulation von dem Anteil des Merkmals in der Stichprobe abweichen kann, und der nicht kontrollierbar ist (z. B. Fehler beim Messen, die nicht von dem Verfahren abhängen). Abgesehen von dem Zufallsfehler, der nicht zu vermeiden und kontrollieren ist, gilt das Gebot, eine möglichst umfassende und genaue Kontrolle von Faktoren vorzunehmen, die auf das experimentelle Geschehen Einfluss nehmen können. Über die Zufallszuweisung hinausgehend, die so etwas wie der goldene Standard der Experimentalforschung ist, werden in der Literatur (z. B. Creswell 2005) verschiedene Verfahren der Kontrolle genannt. Dazu gehören Vortests, Kovariate, Parallelisierung, Homogenisierung und Blockbildung, um die Merkmale der Gruppen gleichzustellen.

Bei der Datenauswertung können neben unabhängigen und abhängigen Variablen auch Drittvariablen – hier als **Kovariate** bezeichnet – Berücksichtigung finden, sofern die Drittvariablen mit der abhängigen Variable korrelieren. Eine Methode, Drittvariablen bei der Datenauswertung zu berücksichtigen, ist die Kovarianzanalyse, bei welcher der Einfluss einer Kovariate auf die abhängigen Variablen rechnerisch konstant gehalten, d. h. ihr Einfluss herausgerechnet wird.
Homogenisierung bezeichnet Verfahren zur Erzeugung eines einheitlichen (homogenen) Datenbestands aus verschiedenen Ausgangsdaten. Ziel der Homogenisierung ist die Erstellung vergleichbarer Daten. Wenn beispielsweise leistungsschwächere Schüler nicht versetzt und dadurch aus dem Klassenverband ausgeschlossen werden, dient das Sitzenbleiben als ein „formales Mittel zur Homogenisierung der Leistungsstreuung in einer Jahrgangsklasse" (Glumpler 1994, S. 316). Homogenisieren ist ein aufwendiges statistisches Verfahren, um z. B. lange Zeitreihen für die pädagogische Forschung nutzbar zu machen.
Parallelisierung (oder **Matching**) bezeichnet Verfahren zur Bildung von Gruppen, die annähernd gleiche Mittelwerte und Streuungen hinsichtlich persongebundener Variablen (z. B. Intelligenz) aufweisen. Durch Parallelisierung kann der Einfluss von Störvariablen kontrolliert werden, da er in allen Gruppen gleich stark wirksam ist.
Mit **Blockbildung** wird die zufällige Zuordnung der Versuchspersonen anhand eines blockbildenden Merkmals zu

verschiedenen Versuchsbedingungen bezeichnet. Zunächst ist ein blockbildendes Merkmal (z. B. Alter, Geschlecht, Intelligenz) in einem Vortest zu erheben, dann werden Versuchspersonen, die sich in dem blockbildenden Merkmal ähnlich sind, den verschiedenen Versuchsbedingungen zufällig zugeteilt (vgl. Sarris 1990).

Es dürfte einleuchten, dass bei Untersuchungen, in denen es um Effekte pädagogischer Interventionen auf Wissens- und Kompetenzerwerb oder Einstellungen geht, mit Hilfe eines Vortests ausgelotet werden muss, welches die Ausgangsbedingungen sind. Andernfalls könnte nämlich der Effekt irrtümlich auf das experimentelle Treatment zurückgeführt werden, obwohl er bereits zuvor gegeben war. Ebenso verhält es sich mit der Kontrolle von Kovariaten. Angenommen 300 Schüler lernen eine Programmiersprache nach fünf verschiedenen Methoden und es wird abschließend der Lernerfolg gemessen, so könnten in diesem Fall die mathematisch-logischen Vorkenntnisse der Schüler als Kovariate auf den Lernerfolg einwirken und den Zusammenhang zwischen den Lehrmethoden und dem Lernerfolg verfälschen. Werden Kovariaten kontrolliert (d. h. gemessen), können ihre Effekte statistisch errechnet werden. Damit dies möglich ist, muss jedoch eine Vergleichbarkeit der Versuchsbedingungen und ihrer Effekte über die bereits erwähnte Parallelisierung erreicht werden; alternativ können auch *homogene Stichproben* gebildet werden, bei denen sich die Individuen hinsichtlich des relevanten Merkmals nur geringfügig unterscheiden, oder es können *Blöcke* gebildet werden, indem innerhalb einer jeden Versuchsbedingung vergleichbare Teilgruppen gebildet werden (z. B. hoch motivierte und niedrig motivierte Schüler).

▪ Manipulation der Behandlungsbedingungen

Das Wesensmerkmal experimenteller Forschung ist, wie oben herausgestellt wurde, die *planmäßige Variation der Bedingungen*, indem eine unabhängige Variable herausgegriffen und gezielt manipuliert wird, um bestimmte, zu erwartende Effekte auszulösen. Diese Manipulation erfordert dreierlei: Erstens muss die Variable, die systematisch variiert werden soll, auf der Grundlage theoretischer Überlegungen zweifelsfrei identifiziert werden; zweitens müssen die Bedingungen spezifiziert werden, unter denen die Variable vorkommen kann; drittens müssen dann theoretisch sinnvolle Varianten kreiert werden.

Nehmen wir zur Verdeutlichung das Beispiel, dass ein Erziehungswissenschaftler den Effekt der Doppelcodierung auf die Lernleistung von Grundschülern untersuchen will. Doppelcodierung, die ihn interessierende Treatmentvariable, bezieht sich auf die theoretisch begründete Annahme (z. B. Paivio 1971), dass die Lernleistung verbessert wird, etwa wenn Bilder durch schriftliche Texte erläutert und damit sowohl visuell als auch verbal verarbeitet werden. Allerdings kann ein Nebeneinander von schriftlichem Text und Bild auch zu kognitiver Überlastung durch Blickbewegungen und Aufmerksamkeitsspaltung führen (Sweller und Chandler 1994). Die Treatmentvariable und ihre Bedingungen sind klar, nun geht es darum, sie experimentell zu variieren. Das kann auf einfache Weise so erfolgen, dass entweder informative Bilder oder nicht unmittelbar für das Verständnis relevante Bilder in den Lerntext eingefügt werden. In einer dritten Gruppe wird der Lerntext hingegen ohne Illustrationen präsentiert. In beiden Beispielen weist die Treatmentvariable also unterschiedliche Kategorien auf, möglich ist aber auch eine Stufung der Treatmentvariable. So könnte man beispielsweise ein und denselben Text in verschiedenen Schriftgrößen (8, 10, 12 oder 14) darbieten und hätte somit vier Stufen.

Um ein Experiment durchzuführen, muss also mindestens eine unabhängige Variable manipuliert werden können. In jeder Untersuchungssituation gibt es aber stets auch unabhängige Variablen, die nicht manipuliert, sondern nur kategorisiert werden können. Dazu gehören beispielsweise das Geschlecht und das Alter der Versuchsteilnehmer. Es ist deshalb wichtig, zwischen den unabhängigen Variablen zu unterscheiden und genau anzugeben, welche davon einer experimentellen Manipulation unterzogen wird.

▪ Messung der Ergebnisse

In allen experimentellen Untersuchungen geht es darum, die Effekte einer spezifischen Intervention auf eine abhängige Variable zu messen. Diese Feststellung ist trivial, aber nicht trivial ist die Frage, was als Ergebnis betrachtet wird: Ist es eine Reaktion auf einen Reiz oder das Erfüllen eines Kriteriums oder die Gesamtleistung in einem Test? Wie auch immer, es ist genau anzugeben, worin das Ergebnis eines Experiments bestehen soll, weil man ansonsten keine Aussage über Ursache und Wirkung treffen kann. Beispiele abhängiger Variablen können die Messwerte eines kriteriumsbezogenen Tests, eines Leistungstests oder eines Einstellungsfragebogens sein. Von entscheidender Bedeutung ist, dass die Verfahren, die zur Feststellung der Ergebnisse einer Untersuchung angewandt werden, den psychometrischen Kriterien der Reliabilität und Validität genügen. Messverfahren, die diesen Kriterien nicht entsprechen, sind wissenschaftlich wertlos. Als weitere Bedingung für die Messung der Ergebnisse gilt, dass die verwendeten Verfahren hinreichend sensitiv auf die Treatments ansprechen müssen. Kann dies nicht sichergestellt werden, so ist eine pädagogische Intervention zwar womöglich wirksam, wird aber nicht festgestellt, da das Verfahren für die Erhebung der Effekte nicht geeignet ist.

▪ Gruppenvergleiche

Bei experimentellen Untersuchungen werden nicht nur Vergleiche zwischen der Experimental- und Kontrollgruppe durchgeführt, sondern je nach Versuchsplan auch Vergleiche zwischen verschiedenen Behandlungsbedingungen und Blöcken. Das kann mit dem in ◘ Tab. 6.2 wiedergegebenen Beispiel eines Versuchsplans mit zwei Faktoren (Treatment, Intelligenz) illustriert werden.

Bei diesem Versuchsplan sind, um zu einem differenzierten Gesamtbild der Ergebnisse zu gelangen, Vergleiche zwischen den drei Treatmentgruppen wie auch mit K, also der Kontrollgruppe, durchführbar, ebenso auch zwischen den drei Ebenen der Intelligenz und für alle Interaktionen von A und B. Wie das statistisch zu bewerkstelligen ist, wird in ► Abschn. 6.3 behandelt.

▪ Fehlerquellen

Die Planung und Durchführung eines Experiments ist eine ziemlich komplexe Angelegenheit, bei der mancher Fehler un-

Tab. 6.2 Zweifaktorieller Versuchsplan

		Treatment (A)			
		A 1	A 2	A 3	K
IQ (B)	Hoch				
	Mittel				
	Niedrig				

terlaufen kann, der zum Scheitern oder zumindest zu einer stark eingeschränkten Aussagekraft der erzielten Ergebnisse führen kann. Solche Fehler(-Quellen) werden als eine Bedrohung der Validität beurteilt, wobei unter Validität die Gültigkeit bzw. Belastbarkeit der theoretischen Annahmen oder Aussagen gemeint ist, die durch ein Experiment untersucht werden sollen. Dabei wird zwischen interner und externer Validität unterschieden. Aussagen bzw. Schlussfolgerungen auf der Basis der Ergebnisse eines Experiments wird ein hoher Grad an interner Validität zugeschrieben, wenn Alternativerklärungen für die gefundenen Ergebnisse ausgeschlossen werden können.

Interne Validität

Interne Validität ist gegeben, wenn die beobachtbaren Effekte auf die abhängige Variable eindeutig auf die Variation des Treatments zurückgeführt werden können und keine Alternativerklärung möglich ist. Um dies zu gewährleisten, müssen bestimmte Störvariablen kontrolliert bzw. durch verschiedene Methoden (z. B. Parallelisierung) ausgeschaltet werden.

Externe Validität

Die externe bzw. ökologische Validität bezieht sich auf die Allgemeingültigkeit und Verallgemeinerungsfähigkeit der Ergebnisse einer Untersuchung. Im Zentrum steht die Frage nach der Generalisierbarkeit der Ergebnisse. Ein Experiment gilt als extern bzw. ökologisch valide, wenn sich die Resultate auf die Grundgesamtheit und auf andere Situationen verallgemeinern lassen.

Wenn es um die Fehlerquellen geht, welche die interne und externe Validität experimenteller und quasiexperimenteller Untersuchungen bedrohen, kommt man nicht umhin, auf Campbell und Stanley (1963 bzw. 1970) zu verweisen, die bis heute den Standard setzen. In ihrem epochalen Beitrag, der in einem erziehungswissenschaftlichen Handbuch erschienen ist, unterscheiden sie folgende Störfaktoren der internen Validität (vgl. auch Shadish et al. 2002):

Fehlerquellen – interne Validität

Geschichte: Damit sind äußere Ereignisse gemeint, die im Verlauf des Experiments oder in der Zeit zwischen verschiedenen Messungen der abhängigen Variable eintreten und die Ergebnisse beeinflussen können.

Reifung: Sie betrifft Veränderungen der Versuchspersonen, die auf die alterskorrelierte Entwicklung der Versuchspersonen zurückgehen.

Instrumentation: Während einer Studie können sich die Eigenschaften der Messinstrumente und der messenden Personen ändern. Personen können z. B. aufgrund zunehmender Erfahrung genauer oder aufgrund von Müdigkeit oder Langeweile ungenauer messen. Auch kann die abhängige Variable durch die Behandlung in einen Wertebereich gelangen, in dem das Messinstrument weniger genau und deshalb neu zu kalibrieren ist. Erfolgt die Kalibrierung nicht, kann es zu Boden- oder Deckeneffekten kommen. Wenn die Versuchspersonen bei einer ersten Messung bereits 95 % der Items beantworten können, ist bei einer erneuten Messung entweder kein Zuwachs oder sogar ein Verlust zu beobachten.

Testwirkung: Die Versuchspersonen können im Verlauf einer Untersuchung mit den Testverfahren vertraut werden und daher bei Testwiederholungen besser abschneiden. Das nennt man auch *testverbessertes Lernen*. Die Verbesserung des Lernens wird bereits von der Bearbeitung eines einzigen Tests beeinflusst (vgl. Roediger und Karpicke 2006).

Statistische Regression: Diese kann eintreten, wenn Extremgruppen gebildet werden. Es ist dann die Tendenz zu beobachten, dass die Messwerte zur Mitte hin regredieren. So werden z. B. die Werte leistungsstarker Versuchspersonen schlechter und die der leistungsschwachen besser.

Auswahl: Ist die Zuordnung der Individuen zu den Versuchsbedingungen nicht zufällig, können sich Experimental- und Kontrollgruppe schon vor der Behandlung unterscheiden, so dass die Messung des Behandlungseffektes verfälscht wird.

Interaktion mit der Auswahl: Erfolgt die Auswahl der Versuchspersonen nicht nach Zufall, können sich Geschichts-, Reifungs- und Instrumenteneffekte auf die Gruppen in unterschiedlicher Weise auswirken. So kann z. B. eine Interaktion von Auswahl und Reifung eintreten, wenn unterschiedliche Altersgruppen sich aufgrund der Reifung während einer Untersuchung verändern.

Ausfall (mortality): Versuchsteilnehmer können aus verschiedenen Gründen während des Experiments aufgeben und ausscheiden. Das kann auch an der Behandlung liegen. Jedenfalls wird dadurch die Herleitung von Schlussfolgerungen aus den Daten erschwert.

Versuchsleitereffekt (auch Pygmalion-Effekt): Positive Erwartungen, Einstellungen, Überzeugungen sowie Stereotype des Versuchsleiters wirken sich als „sich selbsterfüllende Prophezeiung" aus. Es handelt sich dabei nicht um absichtliche Handlungen des Versuchsleiters, sondern die Einflussnahme erfolgt weitgehend unbewusst.

Placeboeffekt: Damit wird eine Verbesserung bezeichnet, die alleine aufgrund von Erwartungen eintritt und nicht als Ergebnis einer Behandlung. In der Medizin bezeichnet Placebo ein Scheinarzneimittel, und alleine der Glaube an dessen vermeintliche Wirkung kann zum gewünschten Effekt führen. Das Gegenstück zum Placeboeffekt ist der Noceboeffekt. Hierbei handelt es sich um unerwünschte Wirkungen, die analog einer Placebowirkung auftreten können.

Hawthorne-Effekt: Darunter versteht man den Effekt, dass Versuchspersonen ihr natürliches Verhalten ändern können, wenn sie wissen, dass sie Teilnehmer an einer Untersuchung sind. Sie verhalten sich dann unabhängig von der Behandlung anders.
Kontaminierung: Es kann vorkommen, dass die Vergleichsgruppe in irgendeiner Weise durch die Behandlungsgruppe beeinflusst wird – oder umgekehrt. In diesem Falle kann eine Steigerung der Anstrengungen erfolgen, was auch als „kompensatorische Rivalität" bezeichnet wird (vgl. z. B. Kammler 2013).

Zusätzlich haben Campbell und Stanley einige bedeutende Störfaktoren für die externe Validität benannt, dabei handelt es sich um Faktoren, die Einfluss darauf nehmen, ob und inwieweit die Ergebnisse einer Untersuchung auf die Zielpopulation verallgemeinert werden können. Bracht und Glass (1968) haben eine detailliertere Analyse dieser Faktoren vorgenommen und unterscheiden hinsichtlich der externen Validität grundsätzlich zwischen einer personenbezogenen und einer situationsbezogenen Verallgemeinerung experimenteller Befunde und entsprechend zwischen *Populationsvalidität* und *Situationsvalidität.*

Fehlerquellen – externe Validität

1. Populationsvalidität

a. Die experimentell verfügbare Population ist die Gruppe von Personen, die dem Untersuchenden zur Verfügung steht, die Zielpopulation ist die, über die Aussagen gemacht werden soll. Der Forscher muss bei seinen Verallgemeinerungen zwei Schritte machen:
von der Stichprobe zur experimentell verfügbaren Population und von dieser zur Grundgesamtheit. Der erste Schritt ergibt keine Probleme, wenn die Stichprobe nach dem Zufallsprinzip gewonnen wurde. Wenn dies nicht der Fall ist, kann nur sehr eingeschränkt auf eine größere Gruppe von Personen oder gar die Zielpopulation geschlossen werden. Im Extremfall ist die Stichprobe die experimentell verfügbare Population, und die Aussagen gelten nur für sie. Der zweite Schritt, von der verfügbaren Population zur Zielpopulation, wirft noch mehr Probleme auf. Auf die Zielpopulation kann man nur verallgemeinernd schließen, wenn man deren Charakteristika genau kennt. Bracht und Glass empfehlen daher, sich mit Generalisierungen der Stichprobe auf die verfügbare Population zu beschränken und weitergehende Verallgemeinerungen mit äußerster Vorsicht vorzunehmen. Am Beispiel der PISA-Studien ist das leicht zu illustrieren: Die Stichprobe umfasst Schülerinnen und Schüler der 7. Klasse allgemeinbildender Schulen. Generalisierungen können daher nur auf die verfügbare Population von Schülerinnen und Schülern vorgenommen werden, die dieses kritische Merkmal besitzen. Verallgemeinerungen auf Schülerinnen und Schüler anderer Jahrgangsklassen und gar auf die Grundgesamtheit aller Schülerinnen und Schüler allgemeinbildender Schulen sind nicht möglich und sollten auch von bildungspolitisch motivierten Forschern nicht in Erwägung gezogen werden.

b. Die zweite Quelle mangelnder externer Validität besteht in der Interaktion von Persönlichkeitsvariablen und Treatmenteffekten. Eine solche Interaktion liegt vor, wenn ein Treatmenteffekt nur bei einer bestimmten Ausprägung eines Persönlichkeitsmerkmals eintritt und sich bei einer andersartigen Ausprägung ins Gegenteil verkehrt. Bracht und Glass sprechen damit die Möglichkeit von Aptitude-Treatment Interactions (ATI) an, die wir in ► Abschn. 1.2.2.3 beschrieben haben. Die Kontrolle von ATIs setzt bestimmte statistische Verfahren (z. B. Varianzanalyse oder Konfigurationsfrequenzanalyse) voraus (dazu mehr in ► Abschn. 6.3).

2. Situationsvalidität

Neben der Populationsvalidität führen Bracht und Glass auch eine *Situationsvalidität* ins Feld, bei der nicht die Verallgemeinerung in Bezug auf Personen, sondern in Bezug auf Situationen von Bedeutung ist: Hier stellt sich die Frage, unter welchen Bedingungen, d. h. Situationen, Treatments, Versuchsbedingungen, Variablen usw., bei einer Wiederholung einer Untersuchung die gleichen Ergebnisse erwartet werden können. Sind z. B. die Ergebnisse aus einem pädagogischen Laborexperiment auf Situationen im pädagogischen Handlungsfeld Schule verallgemeinerbar?
Als Fehlerquellen der externen bzw. ökologischen Validität benennen Bracht und Glass die folgenden:

a. explizite Beschreibung der unabhängigen Variable,
b. Interferenz mehrfacher Versuchseinwirkungen,
c. Hawthorne-Effekt,
d. Neuheits- und Störungseffekte,
e. Versuchsleitereffekt,
f. Vortestsensitivierung,
g. Nachtestsensitivierung,
h. Interaktion zwischen Umweltgeschehen und Treatmenteffekten,
i. Messung der abhängigen Variablen,
j. Interaktion zwischen Messzeitpunkt und Treatment.

Mehrere der genannten Faktoren (z. B. Hawthorne-Effekt, Versuchsleitereffekt) werden von Campbell und Stanley im Kontext der internen Validität genannt. Wir gehen deshalb nur noch auf die potentiellen Fehlerquellen ein, die bisher nicht genannt wurden.
Dazu gehört die *Interferenz mehrfacher Versuchseinwirkungen*: Wenn mehrere pädagogische Interventionen realisiert werden, kann es zu einer Interferenz kommen, so dass die Effekte der einzelnen Treatments nicht mehr feststellbar sind, sondern nur auf die vorliegende Kombination zurückgeführt werden können. Alles, was anders ist, bewirkt einen Unterschied – soll heißen, dass eine pädagogische Intervention (z. B. eine neue Lehrmethode) nur deshalb wirkt, weil sie neu ist.
Dieser *Neuheitseffekt* ist oft bei der pädagogischen Anwendung neuer Informations- und Kommunikationstechnologien zu beobachten (Seel und Ifenthaler 2009). Gelegentlich kann

eine pädagogische Intervention nur wirken, wenn ein Vortest durchgeführt wird, da dieser die Versuchspersonen für die Intervention sensibilisiert (vgl. Roediger und Karpicke 2006; Welch und Walberg 1970; Willson und Putnam 1982). Zu einer Vortestsensitivierung kann auch noch eine Nachtestsensitivierung kommen, wenn der Nachtest zu einer Lernerfahrung wird. Das war beispielsweise in Untersuchungen von Seel et al. (2000) zur lernabhängigen Veränderung mentaler Modelle der Fall.

Für alles gibt es eine Zeit – was in Bezug auf die experimentelle Methodik bedeutet, dass ein *Treatmenteffekt nur zu einem bestimmten Zeitpunkt* eintreten kann. Bracht und Glass weisen darauf hin, dass es manchmal *dauern kann, bis eine Intervention richtig anläuft*. Es kann sein, dass der Effekt einer pädagogischen Intervention erst Wochen nach Abschluss der Untersuchung eintritt. In einem solchen Fall zeigt der Nachtest unmittelbar nach einer Intervention womöglich keinen Effekt, aber einen Monat später wäre dieser messbar. Eine solche zeitlich hinausgeschobene Wirkung konnte in der bereits erwähnten Untersuchung von Seel et al. (2000) beobachtet werden. Deshalb ist es erforderlich, die Interaktion zwischen Messzeitpunkt und Treatmenteffekt zu kontrollieren.

Die Ausführungen von Bracht und Glass lassen sich dahingehend zusammenfassen, dass die aufgrund einer experimentellen Studie gezogenen Schlussfolgerungen einen hohen Grad an *externer Validität* aufweisen,

1. wenn sich die Resultate auf die Grundgesamtheit übertragen lassen, für die die Studie konzipiert wurde, und
2. wenn sich die Resultate über das konkrete Setting der Studie hinausgehend auch auf andere Designs und Situationen übertragen lassen, wenn sie also allgemeingültig und verallgemeinerungsfähig sind.

Obwohl es das Anliegen der experimentellen Forschung ist, eine möglichst große interne Validität und zugleich eine ebenso große externe Validität zu erzielen, geraten die beiden Validitäten leicht in einen Widerstreit, denn ein hohes Maß an interner Validität erreicht man am ehesten durch streng kontrollierte und relativ künstliche (Labor-)Bedingungen, die schwer auf die Welt außerhalb des Labors zu übertragen sind. Realitätsnahe Forschungsdesigns sind dagegen einer Vielzahl unkontrollierbarer Störeinflüsse unterworfen. Um das zu verdeutlichen, stellen wir im folgenden Abschnitt einige typische experimentelle und quasiexperimentelle Designs dar und prüfen, ob und inwieweit sie imstande sind, die aufgeführten Fehlerquellen zu kontrollieren.

6.1.1.2 Beispiele experimenteller und quasiexperimenteller Forschungsdesigns

Die kontrollierte Variation ist die Essenz und das Hauptmerkmal der experimentellen Forschung und der Begründung empirisch valider Erkenntnisse. Experimentelle Versuchsanordnungen zielen auf die Untersuchung von etwas, was naturgemäß mittels der gründlich überdachten Manipulation spezifischer Variablen abläuft. Mit dem Ziel, Ursache-Wirkungs-Zusammenhänge herauszufinden, wird eine starke Beziehung zwischen einer bestimmten Behandlung (*treatment*) X und einer spezifischen Variable Y postuliert. Das heißt, es wird davon ausgegangen, dass X alleine den Effekt auf Y produziert, also *Y immer dann und nur dann, wenn X*. Um dies „beweisen", d. h. empirisch dingfest machen zu können, müssen weitere Variablen kontrolliert werden, um die Behandlungseffekte zu isolieren. Je nachdem, wie gut das gelingt, kann zwischen vorexperimentellen oder unechten Experimenten, echten Experimenten und Quasiexperimenten unterschieden werden.

Ⓢ *Echte Experimente* weisen die gründlichste und stärkste Kontrolle von Behandlungseffekten auf, weil die Versuchspersonen nach Zufallsprinzip unterschiedlichen experimentellen Bedingungen zugewiesen werden und ein Vergleich mit einer Kontrollgruppe erfolgt. Echte Experimente finden üblicherweise im Laboratorium statt.

Im Bereich der pädagogischen Forschung werden aber viele Untersuchungen mit bereits existierenden Gruppen durchgeführt, so dass keine Zufallszuweisung möglich ist. In diesem Fall spricht man, wie in ► Abschn. 1.3.4 und 6.1.1 bereits dargestellt wurde, von einem *Quasiexperiment*.

Wir werden nun Beispiele für die verschiedenen Kategorien experimenteller Forschungsdesigns skizzieren, wobei wir uns eng an Campbell und Stanley (1963/1970) anlehnen. Dazu gehört auch, dass wir die Notation dieser Autoren übernehmen, die leicht zu verstehen ist, da im Grunde nur zwischen Randomisierung R, Beobachtung O (*observation*) und Behandlung (*treatment*) X unterschieden wird. Verschiedene Gruppen werden untereinander in Zeilen geschrieben, d. h., wird eine Gruppe untersucht, besteht die Notation von Campbell und Stanley aus nur einer Zeile, sind es zwei, so sind es zwei Zeilen, bei drei Gruppen drei Zeilen usw.

An den Anfang ihrer Überlegungen stellen Campbell und Stanley drei vorexperimentelle Designs, um zu zeigen, dass mit ihnen die meisten Fehlerquellen, welche die interne und externe Validität gefährden können, nicht kontrolliert werden können. Da ist z. B. die Einzelpunktfallstudie mit X O zu nennen, bei der keine einzige Fehlerquelle kontrollierbar ist. Etwas besser sieht es beim Vergleich statischer Gruppen aus:

$$\frac{X \quad O}{\quad O}$$

Dieses Design erlaubt nach Campbell und Stanley immerhin die Kontrolle von Geschichte, Testwirkung, Instrumentierung und Regression. Aber eine Kontrolle der externen Validität ist nicht möglich.

▪ Experimentelle Designs

Campbell und Stanley (1963/1970) unterscheiden drei Designs für echte Experimente, deren Haupteigenschaft darin besteht, dass sie alle Fehlerquellen der internen Validität kontrollieren. Wesentliches Merkmal ist die Randomisierung, d. h., die Ver-

Tab. 6.3 Drei experimentelle Designs mit einer Behandlung

Design	Gruppe	Vortest	Treatment	Nachtest
Vortest-Nachtest-Kontrollgruppendesign	1	R O	X	O
	2	R O		O
Solomon-Vier-Gruppen-Design	1	R O	X	O
	2	R O		O
	3	R	X	O
	4	R		O
Nachtest-Kontrollgruppendesign	1	R	X	O
	2	R		O

suchspersonen werden per Zufall den verschiedenen Bedingungen bzw. Gruppen zugewiesen (Tab. 6.3).

Das Vortest-Nachtest-Kontrollgruppendesign dürfte der „Klassiker" sein; jedenfalls wird es in der Literatur meist genannt, wenn es um experimentelle Forschung geht. Das ambitionierteste Design eines echten Experiments aber ist das Solomon-Vier-Gruppen-Design (Solomon 1949). Jedes dieser Designs ist geeignet, den Effekt einer Behandlung zu erfassen, und ist immun gegenüber den meisten Gefährdungen der internen Validität. Das Solomon-Design hat den Vorzug, als Einziges der genannten Versuchspläne die Vortestsensitivierung zu erfassen. Dementsprechend weist dieser Versuchsplan auch ein höheres Maß an externer Validität auf. Insgesamt ist das Solomon-Design

> the most desirable of all the [...] basic experimental designs (Helmstadter 1970, S. 110).

Und dennoch wurde und wird dieses Design nicht oft verwendet, was verschiedene Gründe hat. Einer ist, dass das Solomon-Design im Vergleich zu den anderen Designs die doppelte Anzahl an Gruppen erfordert, was nicht damit verwechselt werden darf, dass es auch die doppelte Anzahl an Versuchspersonen erfordert. Der vermutlich wichtigste Grund für die seltene Anwendung ist die Unsicherheit in Bezug auf die statistische Behandlung des ziemlich komplizierten Designs. Dass dies unbegründet ist, d. h. dass der Solomon-Plan der statistischen Auswertung der erzielten Daten keine großen Schwierigkeiten bereitet, ist jedoch eigentlich seit langem ausführlich in der Literatur dargelegt worden (z. B. Braver und Braver 1988; Huck und McLean 1975).

Das Nachtest-Kontrollgruppendesign ist das minimale Design eines echten Experiments. Die Versuchspersonen werden zufällig einer von zwei Bedingungen zugewiesen, von denen nur eine experimentell manipuliert wird. Das Nachtest-Kontrollgruppendesign ist eine Erweiterung der One-shot-Fallstudie und zielt darauf, Unterschiede der abhängigen Variablen aus den Veränderungen der unabhängigen Variablen zu erschließen.

Quasiexperimentelle Designs

Diese Gruppe von Versuchsplänen kommt in der pädagogischen Forschung vergleichsweise häufig vor, und zwar immer dann, wenn intakte Gruppen in die Untersuchung einzubeziehen sind und keine Bildung von Zufallsgruppen möglich ist. Quasiexperimente beinhalten selbstverständlich auch eine Zuweisung der Gruppen zu Experimental- und Kontrollbedingungen, aber dabei handelt es sich nicht um eine Zufallszuweisung. Die Konsequenz ist, dass zahlreiche Faktoren, welche die interne Validität gefährden, unkontrolliert bleiben müssen, ohne dass dadurch die externe Validität gestärkt wird. Das kann am Beispiel des „nichtäquivalenten Gruppendesigns" verdeutlicht werden:

O	X	O
O		O

Laut Campbell und Stanley erlaubt dieses Design zwar die Kontrolle der meisten Störfaktoren in Bezug auf die interne Validität, aber nicht die Kontrolle von Regression und der Interaktion der Behandlung mit Geschichte, Testwirkung und Instrumentierung. Auch hinsichtlich der externen Validität beurteilen Campbell und Stanley dieses Design nicht als vorteilhaft. Zu diesem Urteil gelangen sie auch im Hinblick auf die meisten anderen quasiexperimentellen Designs wie beispielsweise dem Zeitreihendesign (O_1 O_2 O_3 O_4XO_5 O_6 O_7 O_8). Eine ausgesprochen hohe interne Validität schreiben Campbell und Stanley dagegen 1. dem *Equivalent Time Samples Design* und 2. dem *Equivalent Time Samples Design* zu:

1. X_1O X_2O X_3O X_4O ....
2. M_aX_1O M_bX_oO M_cX_1O M_dX_oO ....

Wenn die externe Validität quasiexperimenteller Designs hinreichend kontrolliert werden soll, kommt man laut Campbell und Stanley jedoch um eine Zufallszuweisung nicht herum. Das kann am Beispiel des *Separate-Sample Pretest-Posttest Designs* verdeutlicht werden:

R	O	(X)	
R		X	O

Dieses Design erlaubt lediglich die Kontrolle von Testwirkung, Regression und Auswahl, aber auch die Kontrolle aller Störfaktoren in Bezug auf die externe Validität. Damit wird das weiter oben angesprochene Dilemma deutlich: Eine hohe interne Validität geht üblicherweise zu Lasten der externen Validität und deren Stärkung geht – selbst bei einer Zufallszuweisung – zu Lasten der internen Validität.

Der Forscher hat dementsprechend abzuwägen, welchem Design er aus welchen Gründen den Vorzug gibt. Da der Hauptzweck experimenteller und quasiexperimenteller Forschung im Beitrag zur Theoriebildung und nicht in der Lösung praktischer Probleme liegt (siehe Kerlingers Aussagen zu den Mythen der erziehungswissenschaftlichen Forschung), sollte die Kontrolle der internen Validität im Vordergrund stehen.

Die bisher unterschiedenen Designs zeichnen sich dadurch aus, dass jeweils nur *eine* einzige Variable systematisch und planvoll variiert wird. Aber im pädagogischen Bereich ist es oft nicht genug, den Effekt einer einzelnen Intervention auf eine abhängige Variable bestimmen zu können, sondern es müssen auch die Effekte weiterer unabhängiger Variablen erfasst werden. Die Untersuchung der voneinander unabhängiger, aber simultanen Effekte mehrerer Faktoren auf eine abhängige Variable ist durch faktorielle Designs möglich.

6.1.1.3 Faktorielle Designs

In der forschungsmethodischen Literatur werden *univariable* und *multivariable Versuchspläne* unterschieden. Univariable Pläne sind solche, die eine Variable (z. B. die Lernfähigkeit, die Einstellung zu einem bestimmten Ereignis) unter verschiedenen Bedingungen x_1, x_2, … untersuchen, wobei jeweils nur eine Bedingung variiert wird. Das setzt voraus, dass die Variable X weitgehend unabhängig von anderen Einflüssen variierbar ist.

Multivariable Pläne sind demgegenüber dadurch charakterisiert, dass sie mehr als eine Variable (X, Y, Z, …) in einem Design so zusammenfassen, dass spezifische Variablenkombinationen gleichzeitig untersucht und dabei auch Wechselwirkungen (Interaktionen) zwischen ihnen erfasst werden können. Im Rahmen der varianzanalytischen Auswertung (s. u.) spricht man nicht von uni- und multivariablen Plänen, sondern von ein- oder mehrfaktoriellen Plänen, d. h., die unabhängigen Variablen heißen *Faktoren*. Von ihnen wird angenommen, dass sie einen Effekt auf die interessierende abhängige Variable ausüben.

Faktorielle Versuchspläne

Faktorielle (auch mehr- oder multifaktorielle) Versuchspläne bezeichnen Designs, in denen nicht nur ein Faktor (bzw. eine unabhängige Variable) in verschiedenen Ausprägungen untersucht wird, sondern mehrere Faktoren mit jeweils mindestens zwei Abstufungen enthalten sind.

▪ Mehrfaktorielle Versuchspläne

Stellen wir uns vor, es soll untersucht werden, wie sich die Variablen bzw. Faktoren X (Darbietungsart), Y (Tageszeit) und Z (Nutzung von Hilfsmitteln) auf die Aneignung eines mathematischen Lehrstoffs auswirken. Dabei soll jeder Faktor zweistufig realisiert werden:

X Darbietungsart:	X_1 üblicher Klassenunterricht
	X_2 Lernen in Kleingruppen
Y Tageszeit:	Y_1 morgens zwischen 8 und 10 Uhr
	Y_2 mittags zwischen 12 und 14 Uhr
Z Hilfsmittel:	Z_1 Benutzung von Hilfsmitteln (z. B. Internet) ist erlaubt
	Z_2 Benutzung von Hilfsmitteln ist nicht erlaubt

Die Stichprobe setzt sich aus verschiedenen 9. Gymnasialklassen in der Stadt Freiburg zusammen. Die abhängige Variable ist die Lernleistung, die mit einem Nachtest gemessen wird. Dieses Design ist in ▣ Tab. 6.4 dargestellt.

▣ **Tab. 6.4** Dreifaktorielles Design

		Faktor X (Darbietungsart)			
		X_1		X_2	
		Faktor Z (Hilfsmittel)			
		Z_1	Z_2	Z_1	Z_2
Faktor Y (Tageszeit)	Y_1				
	Y_2				

Durch die Kombination jeder Stufe eines Faktors mit jeder Stufe eines jeden anderen Faktors entstehen verschiedene Zellen im Versuchsplan, die mit Versuchspersonen besetzt werden, um die Kombinationen der verschiedenen Faktorausprägungen zu untersuchen. Im Gegensatz zu univariablen (einfaktoriellen) Plänen, in denen nur ein Faktor auf seine Wirkung untersucht wird (Haupteffekt), sind bei mehrfaktoriellen Plänen zusätzlich zu den Haupteffekten auch die kombinierten Wirkungen der Faktoren zu prüfen. Hängt die Wirkung einer Faktorstufe von der Ausprägung eines anderen Faktors ab, liegt ein Interaktionseffekt (Wechselwirkungseffekt) vor. Für faktorielle Designs sind wie für alle Versuchspläne die Störfaktoren der internen und externen Validität zu kontrollieren. Das ist mitunter eine aufwendige Angelegenheit, aber ein Muss, wenn man an theoretisch und empirisch validen Aussagen interessiert ist.

Mehrfaktorielle Versuchspläne bieten im Vergleich zu einfaktoriellen Plänen mehr Möglichkeiten, um detaillierte Informationen über Ursache-Wirkungs-Zusammenhänge zu gewinnen. Problematisch werden kann die Untersuchung von drei oder mehr Faktoren, da hierbei die Möglichkeit vieler Interaktionen gegeben ist, was die Interpretation sowohl der Haupt- als auch der Interaktionseffekte erschwert.

Daten aus faktoriellen Versuchsplänen werden üblicherweise mit Hilfe des statistischen Verfahrens der *Varianzanalyse* ausgewertet. Als Varianzanalyse (ANOVA = *analysis of variance*) wird eine umfangreiche Gruppe strukturprüfender statistischer Verfahren bezeichnet, denen gemeinsam ist, dass sie Varianzen und Prüfgrößen berechnen, um Aufschlüsse über die hinter den Daten steckenden Gesetzmäßigkeiten zu erlangen.

Varianz ist in der Statistik ein Maß für die Streuung einer Zufallsvariablen um einen Mittelwert. Bei einem faktoriellen Design wird die Varianz einer oder mehrerer Zielvariablen durch den Einfluss einer oder mehrerer unabhängiger Variablen erzeugt. Dementsprechend wird die totale Varianz (Gesamtvarianz) der abhängigen Variablen in die Anteile zerlegt, die auf die einzelnen Faktoren und ihre Interaktionen zurückgehen. Nehmen wir als Beispiel einen zweifaktoriellen Versuchsplan (▣ Tab. 6.5).

Mit der Varianzanalyse kann hier untersucht werden, ob und gegebenenfalls wie sich die Erwartungswerte der Zufallsvariablen in den verschiedenen Gruppen unterscheiden. Es wird geprüft, ob die Varianz zwischen den Methoden (A) größer ist als die Varianz innerhalb der beiden Gruppen. Gleichermaßen wird geprüft, ob die Varianz zwischen den Gruppen der drei Intelligenzniveaus größer ist als die Varianz innerhalb einer einzelnen Gruppe. Dadurch wird erkennbar, ob die Gruppeneinteilung sinnvoll ist bzw. ob sich Gruppen überzufällig unter-

Tab. 6.5 Beispiel eines zweifaktoriellen Versuchsplans (Lewis 1974, S. 96)

		Methoden (A)	
		1	*2*
IQ (B)	*Hoch*	36 38 28 23 (*120*)	41 35 34 34 32 29 (*205*)
	Mittel	30 27 26 25 25 24 21 20 (*198*)	35 34 33 32 32 30 30 29 28 27 25 24 (*359*)
	Niedrig	27 25 23 22 20 18 (*135*)	28 23 22 21 21 21 20 20 18 16 (*89*)

scheiden oder nicht. Das wird geprüft, indem die beobachteten Daten mit einer theoretischen Wahrscheinlichkeitsverteilung verglichen werden. *Wenn* sich die Gruppen signifikant, d. h. überzufällig unterscheiden, *dann* wird angenommen, dass in den Gruppen unterschiedliche Wirkungen der Einflussfaktoren eingetreten sind. Kann z. B. die Varianz der Gruppe A 1 auf Ursachen zurückgeführt werden, kann bei Varianzgleichheit mit der Gruppe A 2 geschlussfolgert werden, dass in A 2 keine neue Wirkungsursache (durch die Experimentalbedingung) hinzugekommen ist.

Um zu einem vollständigen Eindruck der Effekte der beiden Faktoren A und B zu gelangen, wird die Gesamtvarianz wie in Abb. 6.2 zerlegt.

Die Varianzanalyse produziert folglich statistische Kennzahlen für Haupteffekte und für Interaktionseffekte. Als *Haupteffekt* wird der Einfluss jeder unabhängigen Variablen (im Beispiel die Faktoren A und B) auf die abhängige Variable bezeichnet, als *Interaktionseffekt* der von beiden unabhängigen Variablen gemeinsam ausgeübte Effekt. Oft verwendet man Diagramme (wie in Abb. 6.2 gezeigt), um Haupt- und Interaktionseffekte zu illustrieren.

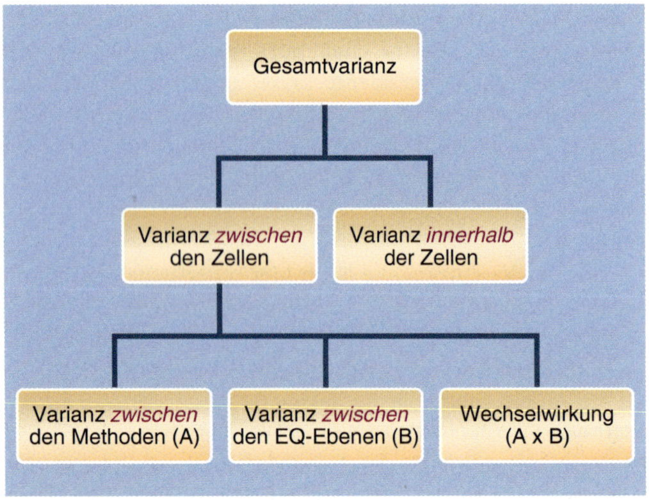

Abb. 6.2 Zerlegung der Gesamtvarianz in Varianzanteile

Tab. 6.6 Zweifaktorieller Plan mit Messwiederholung auf einem Faktor (Klauer 1973, S. 126)

		Test (B)			
		B_1	B_2	…	B_m
Methoden (A)	A_1			…	
	A_2			…	
	…			…	
	A_k			…	

Versuchspläne mit Messwiederholung

Versuchspläne mit Messwiederholung stellen eine Besonderheit für die pädagogische Forschung dar, da sie sich gut dafür eignen, beispielsweise Lernfortschritte unter verschiedenen experimentellen Bedingungen zu untersuchen. Bei einem einfachen Design mit Messwiederholung nehmen alle Versuchspersonen einer einzelnen Gruppe an allen experimentellen Behandlungen teil. Der Plan ist recht einfach: $O_1\ X_1\ O_2\ X_2\ O_3\ X_3\ O_4$ … Dann werden die Leistungen in einer experimentellen Bedingung mit denen in den anderen Bedingungen verglichen. Wie bei faktoriellen Designs werden mehrere Behandlungen angewandt, aber in einer Sequenz bei denselben Versuchspersonen einer Gruppe. Zur Erläuterung kann auf ein Beispiel eines zweifaktoriellen Plans mit Messwiederholung auf einem Faktor verwiesen werden, das Klauer (1973) angeführt hat. Faktor A repräsentiert verschiedene Lehrmethoden und Faktor B die verschiedenen Tests (Messwiederholungen) (Tab. 6.6).

In diesem Fall braucht man so viele Gruppen wie Lehrmethoden; diese können zu einer Schulklasse gehören, man kann den Methoden laut Klauer aber auch verschiedene Schulklassen zuordnen. In diesem Falle würde pro Klasse eine Methodenvariante angewandt und in ihrer Wirkung mehrmals getestet.

In der erziehungswissenschaftlich relevanten forschungsmethodischen Literatur wird übereinstimmend auf die Schwierigkeiten hingewiesen, die mit der Planung und praktischen Umsetzung mehrfaktorieller Versuchspläne mit Messwiederholung verbunden sind (vgl. Creswell 2005; Klauer 1973; Lewis 1974; Martella 2013). Für kundige Methodiker stellen diese Schwierigkeiten keinesfalls unüberwindbare Probleme dar, und so gibt es genügend Anleitungen und Hinweise, wie mehrfaktorielle Versuchspläne mit Messwiederholung zu planen und hinsichtlich der Bedingungsverwirklichung zu kontrollieren sind (z. B. Ellis 1999; Keselman 1998; Kirk 2003; O'Brien und Kaiser 1985). Darauf ausführlicher einzugehen, würde aber den Rahmen dieses Lehrbuchs sprengen.

Jakob: „So allmählich fange ich an zu verstehen, warum Experimente in der Erziehungswissenschaft nicht so populär sind. Das ist ja alles ziemlich kompliziert, und man kann so viele Fehler machen."

Anna: „Gut und schön, aber wenn du wirklich daran interessiert bist, Ursache-Wirkungs-Zusammenhänge zu finden, bist du halt auf gute Experimente angewiesen. Und wenn ich das richtig verstanden habe, geht es der Erziehungswissenschaft ja auch darum, solche Zusammenhänge herauszufinden."

Jakob: „Gut gebrüllt, Löwin! Ich verstehe schon, um was es bei den pädagogischen Experimenten geht. Aber könnte man nicht auch ohne diesen Riesenaufwand von Experimenten und all den notwendigen Kontrollen von Störfaktoren zu den gleichen Erkenntnissen gelangen?"

Anna: „Das hoffe ich in diesem Kapitel noch zu erfahren. Bisher habe ich das so verstanden, dass eigentlich nur das kontrollierte Experiment brauchbar ist, um kausale Beziehungen aufzudecken. Wenn ich das will, komme ich wohl nicht um ein sorgfältig geplantes und durchgeführtes Experiment herum."

Jakob: „Puh, das ist aber anstrengend."

Anna: „Klar, aber du weißt ja: Ohne Fleiß kein Preis!"

Jakob: „Wie schon mal gesagt: Gut gebrüllt, Löwin! Aber müssen es denn wirklich Experimente im Labor sein? Die haben doch mit der Erziehungswirklichkeit nicht viel zu tun!"

Anna: „Da sage ich nur: Schlag nach bei Kerlinger!"

6.1.1.4 Experimente, die eigentlich keine sind

Es gibt Laborexperimente und Feldexperimente, die eine mehr oder weniger strenge Kontrolle der Gelingensbedingungen voraussetzen, und es gibt Experimente, die eigentlich keine sind, weil die Bedingungen nicht kontrollierbar sind und daher keine interne Validität erzeugt werden kann. So sind Schulversuche – auch *Modellversuche* genannt – und ihre wissenschaftlichen Begleituntersuchungen, die verschiedenen Zwecken dienen können, keine Experimente im eigentlichen Sinn, da üblicherweise keine systematische Variation von unabhängigen Variablen möglich ist und auch so viele Bedingungen gleichzeitig Veränderungen unterworfen sein können, dass keinerlei Vergleichbarkeit gegeben ist (Klauer 1973).

Tab. 6.7 Kontrolle der internen und externen Validität bei Labor- und Feldexperiment

	Laborexperiment	Feldexperiment
Interne Validität	Hoch	Niedrig
Externe Validität	Niedrig	Hoch

Schulversuche als Modellversuche haben ihren Ursprung in den 1970er Jahren, als die Bildungskommission (1970) planmäßige und wissenschaftlich fundierte Versuche forderte, um Vorschläge und Empfehlungen für eine langfristige Bildungsplanung zu erarbeiten. Auf lange Sicht könne es keine Bildungsplanung ohne *kontrollierte Schulexperimente* geben, wobei auch das Risiko des Scheiterns einzelner Konzeptionen einzuplanen sei. Für die Bildungskommission war klar, dass nur das Experiment als Erprobung und Kontrolle künftiger Möglichkeiten die Lösung sei. Mit dem Begriff des Experiments meinte die Bildungskommission die Form des Feldexperiments. Im Unterschied zu kontrollierten Laborexperimenten werden Feldexperimente in den natürlichen Umgebungen durchgeführt, wobei im Allgemeinen auch versucht wird, durch Zufallszuweisung der Individuen zu Versuchsbedingungen eine Kontrolle der internen und externen Validität zu erreichen. Dabei gilt die Daumenregel, dass sich das Laborexperiment durch eine hohe interne Validität und das Feldexperiment durch eine hohe externe Validität auszeichnet (Tab. 6.7).

Betrachtet man die Geschichte der Modellversuche seit den 1970er Jahren, kann man leicht erkennen, dass mitnichten das Feldexperiment die Methodik der Wahl war, sondern die *Feldstudie*, bei der auf eine Randomisierung vollständig verzichtet wird.

Feldstudie

Eine *Feldstudie* ist eine systematische wissenschaftliche Beobachtung unter natürlichen Bedingungen. Sie kann rein beobachtend und beschreibend sein, sie kann auch dazu dienen, die in Laborexperimenten erhaltenen Ergebnisse im Feld zu überprüfen. Im Gegensatz zum Feldexperiment wird bei einer *Feldstudie* auf die Manipulation der unabhängigen Variablen verzichtet.

Verschiedene Gründe, über die Rauner (2002) ausführlich berichtet, haben dazu geführt, dass die Idee, Schulversuche in Form von Feldexperimenten durchzuführen, relativ rasch aufgegeben wurde und stattdessen Modellversuche eingesetzt wurden. Unter

Beteiligung der Lehrer dienten sie als ein Instrument, pädagogisch-didaktische Innovationen zu initiieren und einzuführen. Darauf werden wir im Abschnitt über Designexperimente näher eingehen. Hier ist festzuhalten, dass das Fehlen der experimentellen Methodik bei Modellversuchen der Schule auch kritisch beurteilt wird. So stellt Maag Merki (2014) unter Bezugnahme auf Slavin (2010) fest, dass das randomisierte Experiment in der Erziehungswissenschaft, wenn es um die Untersuchung pädagogischer Innovationen über längere Zeiträume geht, wenig verbreitet ist:

> In education, experiments are not uncommon, but they are usually brief, artificial experiments on topics of theoretical more than practical interest [...]. Far rare are experiments evaluating treatments of practical interest studied over a full school year or more (Slavin 2010, S. 103).

Dieses Zitat ist insofern bemerkenswert, als Slavin den gekünstelten Experimenten (gemeint sind randomisierte Laborexperimente), die einem *theoretischen Interesse* folgen, solche gegenüberstellt, die von *praktischem Interesse* sind. Damit trifft er den Nagel auf den Kopf, da das erkenntnisleitende Interesse bestimmt, welche Methodik gewählt wird. Man muss schlicht und einfach wissen, worin der Zweck der Untersuchung besteht. Kurz gesagt: Steht die Theoriebildung im Vordergrund der erziehungswissenschaftlichen Forschung, kommt man um das kontrollierte Experiment nicht herum, verfolgt man praktische Interessen, z. B. die Innovation von Schule und Unterricht, bedarf es einer anderen Methodik. Maag Merki (2014) beschreibt verschiedene methodische Alternativen zum experimentellen Vorgehen bei der Schul- und Unterrichtsforschung (z. B. *mixed methods designs*), stellt aber zugleich heraus, dass im Rahmen von Quasiexperimenten einen Spielraum an Untersuchungsmethoden gibt, die „auch für den schulischen Kontext Potenzial für die Identifikation kausaler Aussagen über die Leistungsfähigkeit eines pädagogischen Ansatzes oder einer Reform" haben (Maag Merki 2014, S. 55).

Ein brauchbarer Ansatz sind z. B. die von Slavin (2010) vorgeschlagenen „withinschool/within-teacher comparisons", bei denen innerhalb einer Schule die Versuchspersonen oder ganze Schulklassen den Experimental- und Kontrollgruppen per Zufall zugeteilt werden (z. B. Köppel et al. 2011). Dieser Ansatz ist aber durchaus nicht neu, da er der seit Jahrzehnten üblichen quasiexperimentellen Forschung entspricht (vgl. Klauer 1973). Relativ neu bzw. noch nicht sehr bekannt ist demgegenüber der Ansatz der Designexperimente, der auf Brown (1992) zurückgeht.

Designexperimente

Der methodische Ansatz der Designexperimente geht auf Brown (1992) und Collins (1992) zurück, die beide die Idee verfolgten, durch experimentelle Anordnungen im schulischen Kontext einen Beitrag zur Entwicklung von Theorien des Lernens und Lehrens zu leisten und nicht mehr nur einfach zu untersuchen „what works" (Cobb et al. 2003). Die zentrale Frage Browns lautete, wie man es schaffen kann, Ergebnisse der experimentellen Forschung auf das Lernen und Lehren im Klassenraum zu übertragen. Ihre Vision war eine dynamische Beziehung zwischen der praktischen pädagogischen Arbeit im Klassenraum und der Laborforschung, auch um die Kluft zwischen Theorie und Praxis zu überwinden. Dementsprechend betonte Brown die traditionelle Nutzung von Vor- und Nachtests, kombiniert mit adäquaten Kontrollwerten, die eine klare Evidenz der Effektivität von pädagogischen Interventionen bereitstellen und gleichermaßen von Erziehungswissenschaftlern und den Praktikern in der Schule verwendet werden können.

Designexperimente sind auf Lerntheorien begründet und leisten ihrerseits wieder einen Beitrag zur Konsolidierung und Weiterentwicklung von Lerntheorien. Designexperimente zielen aber nicht nur darauf ab, Lerntheorien zu erweitern und zu verbessern, sondern sollen auch die pädagogische Praxis verbessern. Sie sind daher als eine Art Interventionsforschung zu begreifen, die auf eine nachhaltige Verbesserung der pädagogischen Praxis zielt. Beim Designexperiment steht also die pädagogische Intervention im Mittelpunkt; sie wird als *engineering a working environment* (bzw. *Konstruktion einer Lernumgebung*) bezeichnet. Diese Konstruktion (*engineering*) der Arbeits- bzw. Lernumgebung geschieht weder voraussetzungs- noch ergebnislos. Dementsprechend führt Brown Input- und Outputvariablen als weitere Konstituenten des Designexperiments ein. Beim *Input* unterscheidet sie zwischen den Variablen Klassenethos, Lehrer und Schüler als Forscher, Curriculum, Technologie usw.; daraus wird deutlich, dass Brown das Designexperiment in erster Linie für die Forschung im traditionellen Klassenzimmer konzipiert hat. Beim *Output* legt Brown großen Wert auf die „Messung der richtigen Dinge" und fordert, dass „Rechenschaft abzulegen" sei (gegenüber Lernenden, Lehrenden und Auftraggebern). Zu den richtigen Dingen, die gemessen werden sollen, gehören nach Browns Auffassung Problemlösen, kritisches Denken und reflektives Lernen. In der Terminologie empirischer Forschung bezeichnen die Inputvariablen die unabhängigen Variablen, während beim Output die abhängigen Variablen aufzuführen sind. Bemerkenswerterweise weist Brown auch auf die Wichtigkeit der *Verbreitung* (Dissemination) und praktischen Verwertbarkeit effektiver Lernumgebungen hin. Ein positives Beispiel für eine erfolgreiche Dissemination bieten Jasper Woodbury und das Nachfolgeprojekt STAR Legacy: Beide wurden in den 1990er Jahren nach der Erprobungsphase häufig und breit gestreut in Schulen eingesetzt (vgl. Pellegrino und Brophy 2008)[1]. Die Konstituenten eines Designexperimentes werden in ◘ Abb. 6.3 in ihrem Zusammenspiel wiedergegeben.

Da Brown (1992) ihre Vorstellungen von Designexperimenten nicht in einer systematischen Art, sondern in einem von persönlichen Erfahrungen geprägten Erzählstil expliziert hat, führte dies in der Folgezeit zu einigen Missverständnissen. So bezieht sich der Ansatz der designgestützten Forschung (*design-based research*) zwar in allgemeiner Form auf Brown, konzentriert sich aber auf divergierende Aspekte von Designexperimenten und ignoriert die enge Verbindung von Design und einem systematischen Experimentieren (vgl. Reinmann 2005). Designgestützte

1 Die Adventures of Jasper Woodbury bezeichnen eine Serie von Video-Geschichten und Zusatzmaterialien, die Schüler mit komplexen mathematischen Problemstellungen im Kontext des Lehrkonzepts der Anchored Instruction konfrontieren (vgl. Scharnhorst 2001). Über ihre Effektivität informiert die Metaanalyse von Blumschein (2003).

Forschung betont den Ansatz von Handlungsforschung als zentrales Merkmal (Barab und Squire 2004; Design-based Research Collective 2003; Edelson 2002). Demgegenüber strebte Brown eine Kombination von Feldexperimenten und Handlungsforschung an. Zuallererst ist das Designexperiment deshalb als Mittel der Interventionsforschung konzipiert:

> designed to inform practice [...] that should be able to migrate from the experimental classroom to average classrooms operated by and for average students and teachers, supported by realistic technological and personal support (Brown 1992 S. 143).

Das entspricht exakt der Vorstellung von Feldexperimenten. Darüber hinausgehend fordert Brown aber die aktive Beteiligung der Lehrpersonen und Schüler als „Forscher", was dem Ansatz der Handlungsforschung entspricht. Ziel der Aktionsforschung ist es, an konkreten Problemen aus der Praxis anzusetzen und direktes Handeln der Akteure zu ermöglichen.

Ohne dass sich Brown explizit auf Lewin (1948/1968) bezieht, auf den allgemein der Begriff der Handlungsforschung (*action research*) zurückgeführt wird, ähnelt ihre Argumentation der von Lewin dargelegten Methodik als einer sich wiederholenden Spirale von

1. Planung,
2. sozialer Intervention im Feld und
3. Reflexion über die Ergebnisse der Intervention.

Die Konzeption des Designexperimentes fand bisher eher einen Niederschlag in der forschungsmethodischen Literatur als in der Forschungspraxis. Beispielhaft kann auf die Untersuchungen von Palincsar et al. (2001) und Verschaffel et al. (1999) hingewiesen werden, aber auch manche Studien, die unter der Bezeichnung „Learning by Design" durchgeführt wurden, können der Methodik der Designexperimente zugerechnet werden (z. B. Kolodner et al. 2004). In einer Anwendung des Ansatzes auf den Bereich des technologiegestützten Unterrichts hat Seel (2008) herausgearbeitet, in welcher Weise die systematische Variation der Lernumgebung für Replikationsuntersuchungen genutzt werden kann.

Die Idee der „Replikation"

Nach Auffassung von Johnson (2001) ist der Erkenntnisgewinn, den man aus einer einzigen und womöglich nichtexperimentellen Untersuchung herleiten kann, nur gering. Was nötig ist, um zu einem tieferen Verständnis von Ursache-Wirkungs-Zusammenhängen vorzustoßen, sind Replikationen experimenteller und quasiexperimenteller Untersuchungen an verschiedenen Stichproben derselben Grundgesamtheit. In der Wissenschaftstheorie gelten Replikationsstudien schon lange als ein wichtiger Antreiber des wissenschaftlichen Fortschritts. Dabei werden durchaus unterschiedliche Begriffe verwendet, um dasselbe zu bezeichnen: Intersubjektive Testbarkeit, Nachprüfbarkeit durch Wiederholung, aber auch Reliabilität werden synonym verwendet. Cook und Campbell (1979) betrachten die Wiederholung von Untersuchungen bzw. den Parallelversuch als einen wesentlichen Aspekt der wissenschaftlichen Methodik überhaupt. Die richtige Art der Wiederholung meint, dass ein bisheriges Ergebnis in seiner Reichweite ausgedehnt wird. Erst die Wiederholung von Experimenten führt zu verallgemeinerbaren Ergebnissen. Die erfolgreiche Wiederholung einer Untersuchung und ihrer Ergebnisse mehrt das Vertrauen in ihre Gültigkeit und ist eine Rückversicherung im Hinblick auf die Ergiebigkeit der Forschungslinie, der man folgt. Umgekehrt steigert die Unfähigkeit, ein Experiment mit seinen Ergebnissen zu wiederholen, die Zweifel an dessen Validität. Wiederholung schafft also Klarheit in Bezug auf die Verifikation theoretischer Annahmen.

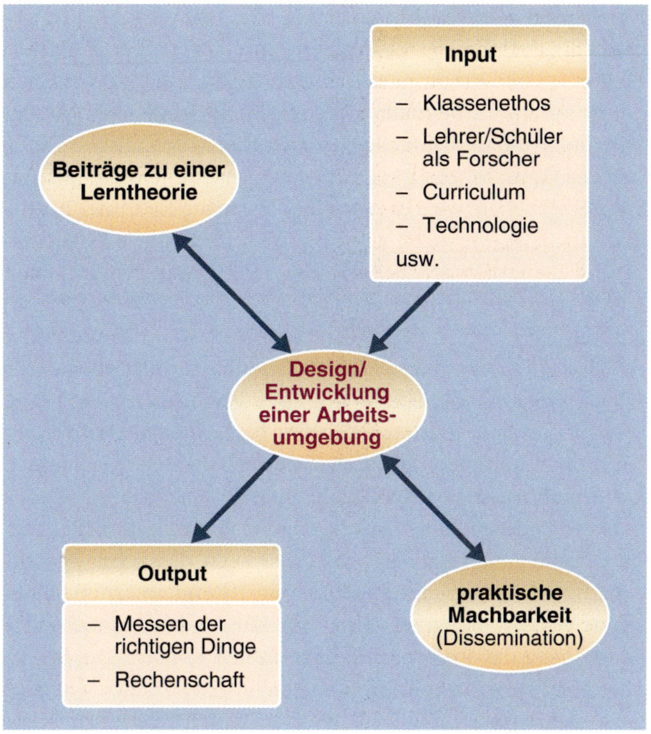

Abb. 6.3 Die „Architektur" eines Designexperiments (Brown 1992, S. 142)

Anfang der 1990er Jahre prüfte Muma (1993) sozialwissenschaftliche Zeitschriften in Bezug auf die Häufigkeit von Wiederholungsstudien. Bei Zugrundelegung der Wahrscheinlichkeiten für die Widerlegung der Nullhypothese und die Annahme einer Alternativhypothese (▶ Abschn. 6.3) stellte sich heraus, dass dabei relativ viele Fehler gemacht wurden. Viele Untersuchungen hatten relativ kleine Stichprobengrößen, so dass eine Wiederholung hilfreich gewesen wäre, um eine Generalisierung der Befunde zu erlauben. Mumas Beobachtungen belegen, dass Wiederholungs- oder Paralleluntersuchungen in den Sozialwissenschaften notwendig sind.

Eine sorgfältige Planung von Wiederholungs- und Paralleluntersuchungen steigert die Interpretierbarkeit angewandter Forschung in pädagogischen Handlungsfeldern. Dabei gilt die Faustregel: je sorgfältiger das Design, desto stärker sind die Schlussfolgerungen, die aufgrund der Wiederholung möglich sind. Wenn Ergebnisse sich über verschiedene Studien (Experimente) als konsistent erweisen (z. B. Seel und Schenk 2003), ergibt das eine solidere Grundlage für kausale Folgerungen als bei einer Einzeluntersuchung. Versuchswiederholungen können auf einem Kontinuum von einer genauen bis zu einer nur schwach angenäherten Wiederholung variieren. Im ersten Fall umfasst die Versuchswiederholung dieselben Materialien und

Prozeduren wie der vorangehende Versuch, um herauszufinden, dass auch bei verschiedenen Versuchspersonen dieselben Ergebnisse herauskommen. Der zweite Fall, am anderen Ende des Kontinuums, beinhaltet nur wenige Bedingungen, die der Vorgängerstudie entsprechen. Gelingt eine systematische Variation der Versuchsbedingungen in einer Serie annähernd gleicher Wiederholungen, wird es möglich, die genaue Natur der Ergebnisse früherer Versuche zu bestimmen und auf Bedingungen auszuweiten, die auch bei anderen verfügbaren Populationen und Situationen zutreffen.

Aus den genannten Gründen bewerten Sozialwissenschaftler erfolgreiche annähernd gleiche Wiederholungen oft höher als die erfolgreiche exakte Wiederholung eines Versuchs (Aronson et al. 1998), da Letztere recht wenig zu dem bereits gesicherten Wissen beiträgt. Für annähernd gleiche Wiederholungen spricht auch die Annahme, dass die Möglichkeiten der exakten Wiederholung von Experimenten im pädagogischen Bereich stark begrenzt sind. Zum einen hängt das damit zusammen, dass oftmals nichtexperimentelle Forschungsmethoden verwendet werden, deren exakte Wiederholung, oft schwerfällt. Zum anderen können Veränderungen des sozialen und historischen Kontexts die Ergebnisse einer Untersuchung beeinflussen. In den Sozialwissenschaften Versuchswiederholungen mit einem hohen Genauigkeitsgrad der Übereinstimmung durchzuführen ist ungleich schwerer als in den Naturwissenschaften. Dessen ungeachtet stellt die Versuchswiederholung ein probates Verfahren dar, um das Vertrauen in die Ergebnisse pädagogischer Studien zu vergrößern.

Ein anderes Mittel besteht in Metaanalysen, auf die wir weiter unten noch ausführlich eingehen werden. Hier kann zunächst einmal festgestellt werden, dass zur Problematik des Lernens und Lehrens in den vergangenen Jahrzehnten so viele Labor- und Feldexperimente durchgeführt wurden und so viele Metaanalysen ausgeführt werden konnten, dass Hattie (2013) dann sozusagen in einer Metanalyse dieser Metanalysen die Hauptfaktoren erfolgreichen Unterrichtens herausfiltern konnte.

» Die Grenze des Experiments ist nicht die Grenze der Wissenschaft. Deshalb gibt es auch außerexperimentelle Forschungsmethoden der Wissenschaft, und es besteht keine Notwendigkeit, die eine oder andere Methode als experimentell hochzustilisieren, wenn sie es nicht ist (Klauer 1973, S. 44).

Mit außerexperimentellen Forschungsmethoden der Erziehungswissenschaft befassen sich die folgenden Abschnitte.

6.1.2 Ex-post-facto-Designs

„Hinterher ist man immer schlauer" – so könnte man das Forschungsprogramm von Ex-post-facto-Designs salopp umschreiben. *Ex post facto* ist die Bezeichnung für die nachträgliche Beurteilung eines Sachverhaltes nach Lage der Dinge. Dabei sind dem Forscher auch später ablaufende Vorgänge bekannt, die zu einem früheren Zeitpunkt nicht bekannt sein konnten. Im Gegensatz zu experimentellen Designs verändert man keine Variablen, sondern betrachtet „im Nachhinein" einen gegebenen Sachverhalt und sucht nach Erklärungen für dessen Zustandekommen. Kerlinger (1979) hat zur Verdeutlichung folgendes Beispiel gewählt: Die Hypothese lautet, dass Rauchen Lungenkrebs verursacht. Diese Hypothese kann man aber am Menschen aus ethischen Gründen nicht durch eine systematische Manipulation der unabhängigen Variable Nikotinkonsum untersuchen. Deshalb kann man nur die Häufigkeit von Lungenkrebs bei Rauchern mit der von Nichtrauchern vergleichen. Das heißt, man versucht *ex post* die Entstehung von Lungenkrebs durch Nikotinkonsum zu erklären. Da sich die Stichproben der Raucher und Nichtraucher auch in anderen Lebensgewohnheiten (unabhängige Variablen) unterscheiden, kann man nicht schließen, dass nur der Nikotinkonsum Lungenkrebs verursachen kann, da auch andere Faktoren dabei eine Rolle spielen können. Deshalb ist die Kausalinterpretation, dass Rauchen zu einem erhöhten Krebsrisiko mit Todesfolge führt, nicht zulässig, da Störvariablen nur unzureichend kontrolliert werden können.

Anna: „Ich verstehe, dass man, um die Ursachen von Lungenkrebs festzustellen, keine Experimente mit Menschen machen darf. Aber ich finde es ausgesprochen unethisch und geradezu widerlich, wenn dafür Tiere missbraucht werden."

Jakob: „Da stimme ich voll und ganz zu. Da werden Tiere in luftdichte Kammern gesperrt oder an ihren Gesichtern werden trichterförmige Apparate angebracht, um sie zu zwingen, jede Art von Produkt einzuatmen: Insektizide, Frostschutzmittel, Deodorants, Enthaarungsmittel, Haarspray, Nagellack, Farbe, Lösungsmittel, Schmiermittel usw."

Anna: „Die Tabakindustrie greift auch auf solche Tierversuche zurück, um die Effekte des Tabakrauchs in verschiedenen Konzentrationen zu testen. Hunde, Kaninchen, Ratten und Primaten sind Opfer dieser Experimente."

Jakob: „Ich habe dazu mal einen Bericht im Internet gelesen, da waren auch Bilder dabei[2]. Beim Ansehen ist es mir richtig übel geworden, und ich habe mich gefragt, was das für Menschen sein können, die so was tun."

2 Zum Beispiel: ▶ http://www.elhogarprovegan.org/DEU/offne-die-augen/versuchstiere

Anna: „Das frage ich mich auch, denn mittlerweile hat man doch Forschungsverfahren entwickelt, für die keine Tiere verwendet werden müssen und die auch eine größere Verlässlichkeit bieten. Die Übertragung der Ergebnisse von Tierversuchen auf Menschen war doch oft sehr fehlerhaft."

Jakob: „Für mich steht fest, dass Tierversuche in keinem Fall moralisch akzeptabel sind, selbst wenn es keine alternativen Methoden gäbe."

Weitere Beispiele, um die sozialwissenschaftliche Bedeutung der Ex-post-facto-Forschung zu illustrieren, sind die Auswirkungen von Scheidungen oder Arbeitslosigkeit der Eltern auf das subjektive Wohlbefinden von Kindern – man kann niemanden zufällig auswählen und zur Scheidung oder Arbeitslosigkeit zwingen, um dann die Folgen auf das Wohlbefinden der Kinder zu messen. Und man kann auch nicht Bedingungen in der Umgebung von Jugendlichen systematisch manipulieren, um die Auswirkungen auf Delinquenz zu prüfen – dafür sorgt die Gesellschaft ja auf „natürliche" Weise – und man kann im Nachhinein (*ex post facto*) versuchen festzustellen, woran es gelegen haben könnte, dass Jugendliche straffällig wurden.

Ex-post-facto-Designs dienen demnach also der nichtexperimentellen Forschung, bei der bereits bestehende Gruppen hinsichtlich ihrer Ausprägungen in einer abhängigen Variablen miteinander verglichen werden. Es handelt sich um eine Form der Forschung, die sich als genuines Experiment verkleidet. Denn Ex-post-facto-Designs sehen auf den ersten Blick so aus wie experimentelle Versuchspläne und auch die zur Anwendung gelangenden statistischen Verfahren entsprechen diesen oft. Die Ähnlichkeit mit einem Experiment besteht darin, dass zwei oder mehr Gruppen von Individuen mit ähnlichen Hintergründen in Bezug auf die Ausprägungen einer abhängigen Variable verglichen werden. Der wesentliche und entscheidende Unterschied zum Experiment ist jedoch, dass die Zuweisung der Versuchspersonen zu unterschiedlichen Varianten der unabhängigen Variablen auf Ereignissen beruhen, die in der Vergangenheit liegen. Die verschiedenen Bedingungen sind Ergebnis ihrer unterschiedlichen Biografien.

6.1.2.1 Eigenschaften von Ex-post-facto-Designs

Ex-post-facto-Anordnungen gelangen meistens dann zum Einsatz, wenn die Bedingungen für experimentelle oder quasiexperimentelle Untersuchungen nicht erfüllt werden können. Das ist dann der Fall, wenn die Störvariablen nicht kontrolliert werden können, so dass die interne und externe Validität einer Untersuchung eingeschränkt wird. Gleichwohl kommen Ex-post-facto-Designs überwiegend in der hypothesenprüfenden Forschung zur Anwendung. Sie ermöglichen die rekonstruktive Untersuchung des Zustandekommens von Unterschieden zwischen Gruppen im Hinblick auf eine abhängige Variable. Nehmen wir als Beispiel die Untersuchung der Frustrations-Aggressions-Hypothese. Sie lautet kurz: Wenn X (Frustration), dann Y (Aggression). Beim Experiment beobachtet der Forscher, was mit Y geschieht, wenn sich X (z. B. im Ausmaß der erlebten Frustration) verändert. Beim Ex-post-facto-Design wird nur Y beobachtet – unter der Annahme, dass sich Individuen oder Gruppen nachträglich in eine „Experimental"- und eine Kontrollgruppe einteilen lassen, also in Personen, die in der Vergangenheit Frustration erlebt haben, und solche, die keine Frustration erlebt haben.

Grundsätzlich wird bei der Ex-post-facto-Forschung die *Retrospektive* in den Vordergrund gestellt. Man stellt beispielsweise fest, dass Schülerinnen und Schüler der 7. Klasse allgemeinbildender Schulen deutliche Schwächen im Rechnen und Lesen aufweisen, und man macht zunächst das Bildungssystem dafür verantwortlich. Da dies zu pauschal ist, wird nach potentiellen unabhängigen Variablen gesucht, die wahrscheinlich für die beobachteten Schwächen der Schülerinnen und Schüler verantwortlich sind. Die *retrospektive Ex-post-facto-Forschung* richtet das Augenmerk auf den zurückliegenden Lebenslauf von Personen, um gegenwärtige Ausprägungen einer abhängigen Variablen zu erklären.

Demgegenüber geht die *prospektive Ex-ante-Forschung* von gegenwärtigen Sachverhalten aus, und schaut voraus, welche Wirkungen sie zu einem bestimmten Zeitpunkt in der Zukunft auf eine abhängige Variable ausüben. Der Begriff *prospektiv* wird im Sinne von „vorausschauend" und „die Weiterentwicklung betreffend" verwandt. Wenn wir beim Beispiel des Rauchens bleiben, läuft eine prospektive Untersuchung darauf hinaus, Personen zu fragen, ob und wie viel sie rauchen, und ordnet sie dementsprechend in Gruppen ein, um dann zu untersuchen, ob sich im Verlauf der nächsten fünf Jahre unterschiedlich häufig Lungenkrebs entwickelt. Übertragen auf den schulischen Bereich, könnte man heute den intellektuellen Entwicklungsstand eines Kindes feststellen wollen, um den schulischen Erfolg am Ende des nächsten Schuljahres „vorherzusagen". Das ist selbstverständlich mit großen Unsicherheiten behaftet und die Verlässlichkeit der Annahmen ist weit geringer als bei einer Ex-post-facto-Untersuchung, da man im Nachhinein ja immer schlauer ist. Eine prospektive Ex-ante-Studie zielt also auf die Überprüfung der Wirksamkeit einer Behandlungsmethode unter der Festlegung, welche Hypothese geprüft werden soll. Anders als bei der retrospektiven Methode, die sich auf bereits vorhandenes Datenmaterial stützt, werden bei der prospektiven Methode die Daten erst nach der Aufstellung der Hypothese erhoben. Danach kann experimentell oder nichtexperimentell verfahren werden. Bei experimentellen prospektiven Untersuchungen wird die interessierende unabhängige Variable systematisch manipuliert, um unterschiedliche Effekte auf eine abhängige Variable herauszufinden, und die Versuchspersonen werden den verschiedenen Bedingungen per Zufall zugewiesen. Bei nichtexperimentellen prospektiven Untersuchungen, die eigentlich nur der Bobachtung von Entwicklungsverläufen dienen, erfolgt keine Manipulation unabhängiger Variablen und auch keine Randomisierung. Deshalb ähnelt das Design solcher nichtexperimenteller prospektiver Studien auch dem der retrospektiven Ex-post-facto-Forschung, was dann zu dem im Grunde unsinnigen Begriff der „prospektiven Ex-post-facto-Untersuchung" führt. Das würde – wörtlich genommen – bedeuten, dass zum gegenwärtigen Zeitpunkt etwas im Nachhinein untersucht und erklärt wird, was aber erst in der Zukunft stattfindet.

Bei der prospektiven Ex-ante-Forschung beginnt die Untersuchung in der Gegenwart und endet zu einem bestimmten zukünftigen Zeitpunkt. Ein Beispiel dafür bietet die Prospektiv-

Tab. 6.8 Plan einer Ex-post-facto-Untersuchung

Gruppen	Treatment	Messung
G_1	$[?\,X_1]$	Y_1
G_2	$[?\,X_2]$	Y_2
…	…	…
G_k	$[?\,X_k]$	Y_k

studie zu Grundfragen der Bildungslaufbahn von Rosenmund und Zulauf (2004), in der verschiedene Szenarien des Bildungssystems durchgespielt werden, um die Langzeitwirkungen auf das lebenslange Lernen zu prognostizieren.

Grundsätzlich sind Ex-post-facto-Versuchspläne so aufgebaut wie experimentelle Pläne. Das Treatment wird gewöhnlich in Klammern gesetzt und mit einem Fragezeichen versehen, um den hypothetischen Charakter der unabhängigen Variable zu verdeutlichen, die zur Erklärung für das Zustandekommen von Y angenommen wird (Tab. 6.8).

Bei einer Ex-post-facto-Untersuchung wird nachträglich eine Sortierung der unabhängigen Variable vorgenommen. Alle Daten (d. h. sowohl die unabhängigen als auch die abhängigen Variablen) werden zu einem einzigen Zeitpunkt erhoben. Ein Kausalzusammenhang zwischen unabhängiger und abhängiger Variable kann dabei nicht festgestellt werden, da das wichtige Kriterium der zeitlichen Differenz zwischen Ursache und Wirkung nicht gegeben ist. Bestimmte Verfahren einer nachträglichen statistischen Kontrolle lassen laut Sarris (1992) bestenfalls vorsichtige Kausalinterpretationen zu (vgl. auch Holland und Rubin 1988).

Ex-post-facto-Untersuchungen haben Vor- und Nachteile. Die Vorteile liegen darin, dass keinerlei Manipulation von unabhängigen Variablen vorgenommen wird, was eine hohe ökologische Validität mit einem entsprechenden heuristischen Erkenntnisgewinn mit sich bringt. Gelegentlich spricht man deshalb auch von einem „natürlichen Experiment“, was aber eher eine Redensart ist, da Ex-post-facto-Untersuchungen keine Experimente sind (vgl. Klauer 1973). Dementsprechend geht die Ex-post-facto-Forschung auch mit einigen methodischen Problemen einher.

- Die nachträgliche Klassifizierung von Daten in „Experimental“- und Kontrollgruppe wirft Probleme hinsichtlich der tatsächlichen Varianz der unabhängigen Variable(n) auf;
- außerdem ist eine „kausale“ Reihenfolge der Variablen unter Umständen nicht mehr herstellbar, wenn alle Daten gleichzeitig erhoben werden, und
- die Kontrolle von Stör- und Drittvariablen wird schwierig, da die Einwirkung der unabhängigen Variablen nicht nach dem Zufallsprinzip auf die Versuchspersonen verteilt werden kann, sondern bereits vorliegt (vgl. Lammers und Badia 2005).

Um dem Problem der mangelnden Kontrolle von Drittvariablen zu begegnen, ist es wichtig, theoretisch sinnvolle Drittvariablen zu operationalisieren und ebenfalls zu erheben.

Bei der Ex-post-facto-Forschung können auch unerwünschte Selektionseffekte wirksam werden. Zum einen können sie sich bei der Auswahl von Personen aufgrund ihrer Merkmalsausprägung in der abhängigen Variablen auswirken, zum anderen können sie auch bei der Auswahl von Personen aufgrund der Merkmalsausprägung in der unabhängigen Variable zum Tragen kommen. Da die Versuchspersonen den Bedingungen nicht zufällig zugeordnet sind, ist eine exakte statistische Kontrolle nicht möglich. Dessen ungeachtet handelt es sich bei Ex-post-facto-Anordnungen wohl um die in den Sozialwissenschaften am meisten verbreitete Untersuchungsform.

6.1.2.2 Erhebungsdesigns

Ein entscheidender Vorteil von Ex-post-facto-Designs ist, dass mit einem relativ geringen finanziellen und personellen Aufwand sehr viele Daten erhoben werden können (z. B. durch eine Befragung) und dass bei einer geschickten Auswahl der Versuchspersonen auch Generalisierungen möglich sind. Ein typisches Beispiel für die Methodik der Ex-post-facto-Forschung ist das *Survey-Design* (Umfragedesign) (Creswell 2005).

Survey-Design

Bei einem *Survey-Design* wird eine große Anzahl zufällig ausgewählter Personen befragt. Die Befragung umfasst dabei sowohl Variablen, die der Klassifizierung der Personen dienen (unabhängige Variable), als auch solche, mit denen eine Messung bestimmter Eigenschaften der Personen vorgenommen wird.

Beispiel: Ein Forscher befragt Studenten zu ihrem subjektiven Wohlbefinden; zugleich erfasst er, ob die Befragten neben dem Studium arbeiten müssen, um den Lebensunterhalt zu verdienen. Er sortiert die Personen in eine Gruppe „Studenten mit Job“ und eine Gruppe „Studenten ohne Job“. Die unabhängige Variable ist in diesem Fall der Studentenjob und kann vom Forscher nicht manipuliert werden. Ob das Wohlbefinden der Studenten alleine auf die Jobausübung zurückzuführen ist, ist eine gewagte Hypothese.

Ex-post-facto-Untersuchungen lassen sich in drei Designs unterteilen:

1. *Querschnittdesign*: Die Datenerhebung erfolgt zu einem einzigen Zeitpunkt, die Variablenwerte werden einmalig erhoben.
2. *Längsschnittdesign* zur Feststellung von Trends: Hierbei werden die Werte der gleichen Variablen zu mehreren Zeitpunkten mit jeweils unterschiedlichen Stichproben erhoben. Eine Variante besteht im Zeitreihendesign, bei dem eine einzelne Person über einen längeren Zeitraum beobachtet wird.
3. *Paneldesign*: Hier werden die Werte der gleichen Variablen zu mehreren Zeitpunkten, jedoch auf der Grundlage ein und derselben Stichprobe erhoben. Eine spezielle Variante besteht in den *Cross-lagged-panel-Designs*[3].

Auf Querschnitt- und Längsschnittdesigns sind wir im Zusammenhang mit dem Prozesscharakter von Lebenslauf und Biografie (in ► Abschn. 1.2.3) bereits recht ausführlich eingegangen, so dass wir uns hier nur noch mit den Cross-lagged-panel-Designs befassen wollen.

Um die Besonderheit dieser Designs zu kennzeichnen, beziehen wir uns auf die zahlreichen Untersuchungen, in denen ein

3 Zu diesem Begriff gibt es keine griffige deutsche Übersetzung, so dass in der Literatur üblicherweise mit dem englischen Begriff operiert wird.

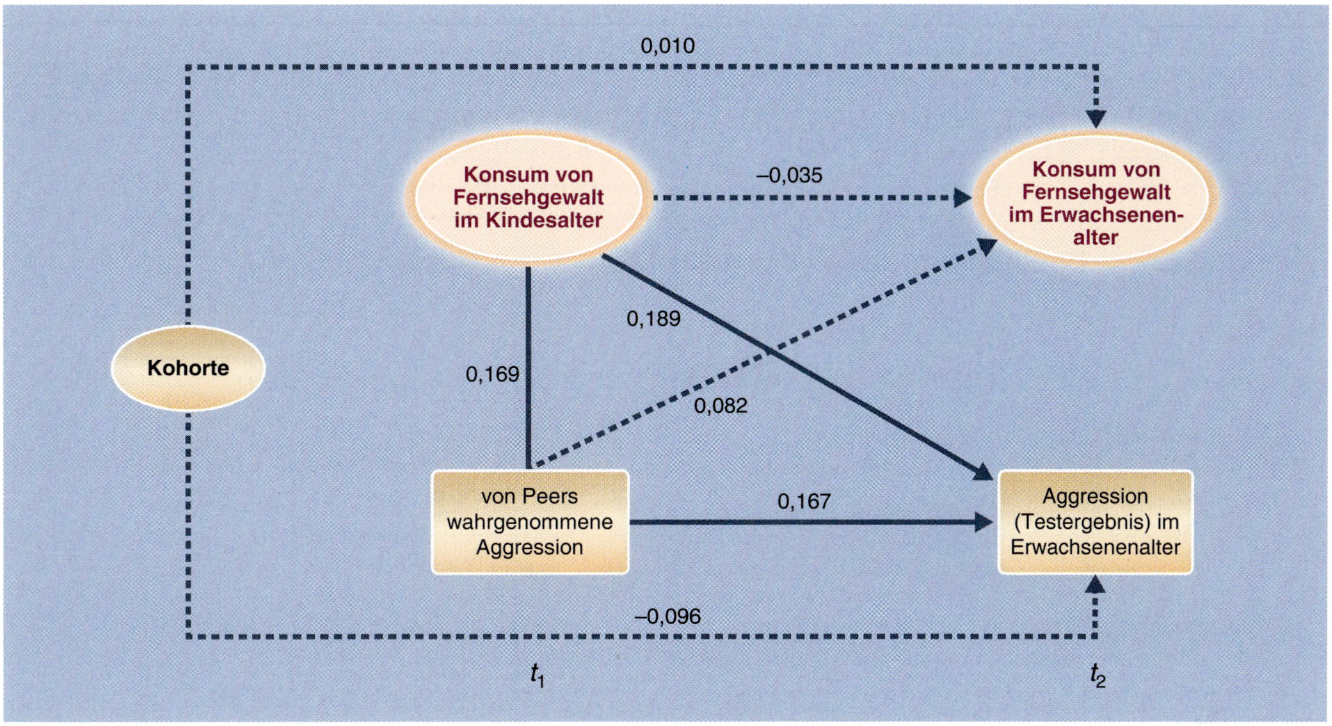

Abb. 6.4 Strukturelles Modell eines Cross-lagged-panel-Designs aus der Untersuchung von Huesman et al. (2003, S. 215)

Zusammenhang zwischen Abiturnote und Studienerfolg untersucht wurde. Da die Abiturnote bereits vor Beginn des Studiums vorliegt, können die Studienleistungen natürlich nicht in die Abiturnote einfließen. Deshalb wäre in diesem Fall ein Längsschnittdesign unsinnig, da sich die Abiturnote im Nachhinein nicht mehr ändern kann. Hier reicht ein Querschnittdesign aus, um den Zusammenhang zu erkunden.

Anders verhält es sich bei Variablen, die sich im Zeitverlauf ändern können. Wenn beispielsweise untersucht werden soll, ob sich aggressives und gewaltbereites Verhalten von Kindern in Abhängigkeit vom Konsum gewaltdarstellender Fernsehsendungen bis zum frühen Erwachsenenalter verändert, wird die Aggressionsbereitschaft derselben Personen zu zwei Zeitpunkten gemessen und mit dem gleichzeitig im Nachhinein festgestellten Konsum gewaltdarstellender Fernsehsendungen korreliert (vgl. Huesman et al. 2003). Daraus resultiert das in Abb. 6.4 dargestellte Cross-lagged-panel-Design.

Insgesamt zeigen sich nur sehr mäßige Zusammenhänge zwischen den Komponenten des Modells. Für unsere methodischen Überlegungen ist bemerkenswert, dass Zusammenhänge (Korrelationen) berechnet wurden, um Wirkungen der unabhängigen Variable auf die abhängige Variable zu erfassen. Tatsächlich arbeiten Ex-post-facto-Untersuchungen üblicherweise mit Korrelationen und Regressionen und überschneiden sich deshalb mit der Korrelationsforschung und ihren Designs. Auf sie wird im folgenden Abschnitt eingegangen. Zuvor wollen wir aber noch auf eine komplexe Anwendung der Ex-post-facto-Forschung im pädagogischen Feld eingehen: die Mehrebenenanalyse.

6.1.2.3 Design der Mehrebenenanalyse

Mehrebenenanalysen werden seit mehreren Jahrzehnten verwendet, um Bildungseffekte, die durch Merkmale der Handlungsträger verursacht werden, bei Kontrolle der Effekte von Familie und Bezugsgruppen, Schulklassen, sozialen Milieus usw. *ex post facto* zu analysieren (vgl. Cheung et al. 1990; Raudenbush 1988). Mehrebenendesigns pädagogischer Ex-post-facto-Forschung entsprechen der Idee des ökologischen Experiments von Bronfenbrenner (1979), bei dem zunehmend umfassendere Systeme um eine Ausgangssituation gelegt werden. Diese Ausgangssituation kann z. B. aus der Lernleistung von Schülern im Mathematikunterricht bestehen, für deren Zustandekommen retrospektiv nach Variablen gesucht wird, die als relevante Bedingungsfaktoren interpretiert werden können. Die Ausgangssituation wird in das umfassendere Makrosystem (z. B. die Institution Schule mit ihren strukturellen Komponenten) und dieses wiederum wird in das umfassendere soziale Milieu, das sogenannte Mesosystem eingebettet usw.

Bei der Planung von Mehrebenendesigns ist zwischen dem explorativen und dem hypothesentestenden Vorgehen zu unterscheiden. Wir befassen uns in diesem Abschnitt mit dem *explorativen Mehrebenendesign*, das zum Bereich der Ex-post-facto-Forschung zählt. Mit dem hypothesentestenden Vorgehen befassen wir uns im nächsten Kapitel. Auf der Grundlage retrospektiver Datengewinnung auf der Individual- und Organisationsebene, wie sie von Kreft und De Leeuw (1998) empfohlen wird, kann beispielhaft folgendes Mehrebenendesign entwickelt werden: Es soll untersucht werden, auf welche Faktoren der schulische Erfolg (z. B. Mathematikleistung) von Schülern mit Migrationshintergrund zurückgeführt werden kann. Die Ausgangssituation wird durch die Schulleistung von Personen in einem Fach konstituiert. Diese Ebene ist rein analytischer Natur und dient der Varianzstrukturierung der abhängigen Variable (z. B. Lernleistungen: $y^{(i)}$, fachbezogene Interessen: $y^{(m)}$). Auf der nächsten Ebene werden außer der Dummy-Variablen Geschlecht weitere Merkmale der Versuchspersonen erhoben, die aus theoretischer Sicht dafür

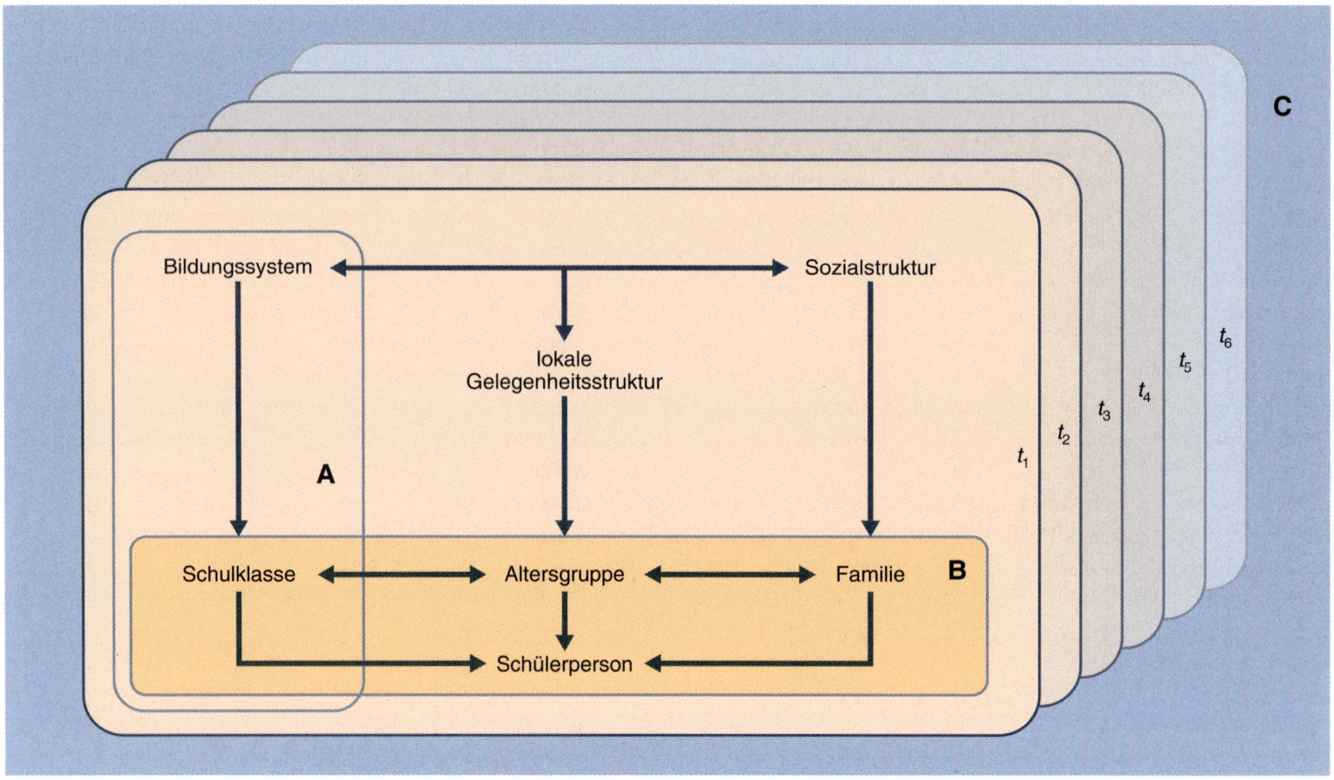

Abb. 6.5 Komponenten eines Mehrebenendesigns zur Untersuchung individueller Bildungsverläufe (Treiber 1980, S. 358)

in Frage kommen, das Zustandekommen der Lernleistung im Fach Mathematik zu erklären (z. B. Lern- und Leistungsmotiv, Lernstil, Aufwand an Lernzeit). Die nächste Ebene bezieht sich auf das im Schulunterricht ablaufende Geschehen, und es werden die Lehrerpersönlichkeit und das Klassenklima als Einfluss nehmende Variablen in den Blick genommen. Weitere auf dieser Ebene in Frage kommende Variablen sind in dem Angebots-Nutzungs-Modell des schulischen Lernens von Helmke (2003) aufgeführt (vgl. Abb. 1.21). Mit der nächsten Ebene wird der Bereich Schule um die Analyse des sozialen Milieus der Schüler erweitert, und es werden beispielsweise der sozioökonomische Status der Familie und das Bildungsniveau der Eltern erhoben. Darüber hinaus könnte auch die Art des Schulträgers (öffentliche Schule oder Privatschule) erfasst werden. Bis zu diesem Punkt zielt das Mehrebenendesign auf eine Querschnittuntersuchung. Analysiert man die bisher genannten Ebenen auch noch im zeitlichen Verlauf, indem man mehrere Messungen der unabhängigen und abhängigen Variablen durchführt, erzeugt man ein längsschnittliches Design. Bei dem skizzierten Design werden die Effekte auf Bildungs- und Lernprozesse, die von Schülern und ihren Merkmalen, dem Elternhaus, dem Milieu und den Schulen ausgehen, in einem Modell erfasst und aufeinander bezogen (Abb. 6.5).

Die Mehrebenenanalyse ist ein

» Verfahren, das eine Verknüpfung von Daten verschiedener Ebenen sozialer Realität zur Erklärung individueller und kollektiver sozialer Tatbestände vornimmt. Individualdaten und Daten über Kollektive – auf der Ebene sozialer Gruppen, Organisationen, gesellschaftlicher Subsysteme und in interkulturell-vergleichender Forschung auf der Ebene von Gesamtgesellschaften – werden miteinander in Beziehung gesetzt, um den Einfluß der durch die Kollektivmerkmale charakterisierten Umwelten auf Individualleistungen und Individualverhalten zu analysieren (Eirmbter 1979, S. 710).

Formal stellen Mehrebenenmodelle Methoden für hierarchische Datenstrukturen bereit (Kreft und De Leeuw 1998; Radisch 2012), die auf der Annahme der Inklusion von untergeordneten in übergeordnete Analyseeinheiten gründen. Das heißt, eine Menge von Einheiten einer Ebene n konstituiert gemeinsam eine Analyseeinheit auf der Ebene n + 1, deren Einheiten wiederum zu einer übergeordneten Ebene n + 2 aggregiert werden können. Wie die Aggregierungen der Einheiten auf den verschiedenen Ebenen vorgenommen werden, ist eine Angelegenheit des theoretischen Hintergrunds und der Kategorisierung der Variablen. Dabei spielt es mittlerweile keine Rolle mehr, welche Skalenqualität die Datensätze haben. Sie können aus der Umfrageforschung wie auch aus der Messung mit objektiven Tests und Schätzskalen stammen, ausschlaggebend ist alleine die hierarchische Beziehung der Daten. Mehrebenenanalysen sind mit Erfolg in der Survey-Forschung (Bevölkerungsumfragen) wie auch in struktursoziologischen Untersuchungen angewandt worden (z. B. Braun et al. 2010).

Mehrebenenanalytische Designs und Modelle finden seit Jahren auch zunehmend Anwendung in der Erziehungswissenschaft (vgl. Ditton 1998; Radisch 2012), wobei ein breites Spektrum an Forschungsfragen abgedeckt wird. Für die Schulforschung beispielsweise liegt der Nutzen von Mehrebenenanalysen in den Möglichkeiten, mit geschachtelten Datenstrukturen zu operieren und Assoziationen verschiedener Aggregatebenen (z. B. innerhalb und zwischen Schulen) zu untersuchen (z. B. Götz et al.

2004; Hanke und Schwippert 2005). Auch im Bereich der Bildungsforschung, wie sie durch PISA oder TIMSS angeregt wurde, finden sich vermehrt Mehrebenenanalysen, die aber häufig unter Ausschluss der Dimension Zeit auf quersequentielle Vergleiche z. B. von Jahrgangsstufen abzielen (z. B. Keller 1998; König 2009; Rüesch 1998). Hier liegt das Ziel dieser Mehrebenenanalysen u. a. in der Schätzung von Erziehungs- und Sozialisationseffekten auf schulische Leistungen. Verbunden sind damit auch Bemühungen im Feld von „Educational Governance", mittels Mehrebenenanalysen Grundlagen für die Entwicklung von Bildungsindikatoren zu finden (vgl. Ackeren und Hovestadt 2003). Anzumerken ist, dass Mehrebenenanalysen nicht nur im schulischen Bereich Anwendung finden, sondern auch in der auf Hochschulen bezogenen Forschung zur Studienqualität (vgl. Grotheer und Kerst 2011).

Abschließend kann festgestellt werden, dass mit Hilfe von Designs und Modellen der Mehrebenenanalyse individuelle Bildungsunterschiede auf institutionelle, ökologische und interpersonale Merkmalsklassen innerhalb bestimmter Bildungskontexte *ex post facto* bezogen werden können. Über die binnenorganisatorischen Bedingungen von Bildungsverläufen hinausgehend werden auch außerschulische Erklärungsalternativen berücksichtigt, z. B. Einflüsse des sozialen Milieus, denn schließlich werden die schulischen und außerschulischen Bildungsbedingungen als temporal geordnet begriffen und eine Prüfung von zeitabhängigen Veränderungen von Bildungseffekten wird ermöglicht.

6.1.3 Korrelationsforschung und korrelative Designs

Das Experiment gilt vielen empirisch-analytisch arbeitenden Forschern seit Fisher (1971) als „Goldstandard", d. h. als unübertroffenes Verfahren, um „kausale" Beziehungen zwischen unabhängigen und abhängigen Variablen zu untersuchen und aufzudecken (vgl. Seel 2008). Das setzt allerdings voraus, dass man die unabhängigen Variablen willkürlich variieren und die Störvariablen möglichst vollständig kontrollieren kann. Diese Bedingungen können bei vielen erziehungswissenschaftlichen Fragestellungen aus unterschiedlichen Gründen nicht immer realisiert werden. Außerdem ist erziehungswissenschaftliche Forschung nicht auf die Untersuchung „kausaler" Beziehungen beschränkt, sondern befasst sich auch mit Fragen wie: Gibt es z. B. einen Zusammenhang zwischen Begabung und Schulerfolg? Gibt es einen Zusammenhang zwischen den Big-Five-Faktoren mit dem Lernerfolg? Welche Persönlichkeitsmerkmale hängen mit der Bewältigung von Schulangst zusammen? Gibt es einen Zusammenhang zwischen sozioökonomischen Variablen (z. B. Beruf und Bildungsstand der Eltern) und dem Übergang zu weiterführenden Schulen?

Die experimentelle Methode setzt, wie gesagt, die Manipulation unabhängiger Variablen und die Kontrolle von Störvariablen voraus. Persönlichkeitsmerkmale wie die Big Five (z. B. Extraversion, Gewissenhaftigkeit und Offenheit für Erfahrungen) können aber ebenso wenig willkürlich variiert werden wie der sozioökonomische Status der Herkunftsfamilien von Schülern. Solche Merkmale können in experimentellen oder quasiexperimentellen Designs zwar als Kovariate erfasst und mit Hilfe einer Kovarianzanalyse statistisch kontrolliert werden, aber immer nur in einer begrenzten Anzahl, denn es sollte eigentlich möglichst immer nur eine Kovariate berücksichtigt werden (Bortz und Schuster 2010).

Will ein Forscher dennoch den Einfluss mehrerer unabhängiger Variablen auf eine abhängige Variable untersuchen, kann er sich der Verfahren der Korrelationsanalyse bedienen. Dabei ist jedoch zu berücksichtigen, dass dies den Preis hat, dass damit keine Kausalzusammenhänge (im Sinne strenger Ursache-Wirkungs-Folgen) aufgedeckt werden können.

Während die experimentelle Forschung, wie dargestellt wurde, darauf abzielt, durch die Manipulation unabhängiger Variablen verursachende Effekte auf eine abhängige Variable künstlich zu erzeugen, geht es in der Korrelationsforschung um die Feststellung von Zusammenhängen zwischen zwei und mehreren Variablen. In korrelativen Untersuchungsdesigns werden üblicherweise keine Versuche unternommen, Variablen zu manipulieren, sondern die bereits existierenden Variationen in Merkmalen von Personen und Gruppen werden miteinander in Beziehung gesetzt – z. B. die Lernmotivation und die Lernleistungen.

Die Untersuchung der Korrelation als Maß des Zusammenhangs zwischen Variablen stellt zwei Fragen in den Vordergrund:

1. Wie stark ist der Zusammenhang?
2. Ist es möglich, eine Richtung des Zusammenhangs zu bestimmen?

6.1.3.1 Korrelation und Regression

Eine *Korrelation* (lat. *correlatio*: Wechselbeziehung) beschreibt eine Beziehung zwischen zwei oder mehreren Merkmalen, die Personen oder Ereignissen und Funktionen zugeschrieben werden (vgl. ► Abschn. 1.3.4). Diese Beziehung muss aber nicht kausaler oder gerichteter Natur sein, sie kann vielmehr auch auf einer stochastischen Koinzidenz, d. h. auf einem vom Zufall beeinflussten gleichzeitigen Auftreten begründet sein. Das ist mittels einer statistischen Prüfung zu klären. Die zentrale Frage dabei lautet: Wie stark muss der Zusammenhang zwischen Variablen mindestens sein, damit der Zufall ausgeschlossen werden kann?

Nehmen wir als Beispiel die theoretisch gut begründete Annahme eines Zusammenhangs zwischen Lebensalter und fluider Intelligenz (die tempoabhängige Leistung in Intelligenztests). In Bezug auf dieses Beispiel lässt sich je nach theoretischem Vorwissen eine gerichtete oder ungerichtete Zusammenhangshypothese formulieren. Letztere geht lediglich von einer Assoziation zwischen zwei Merkmalen aus, sagt aber nicht, ob es sich um einen negativen oder positiven Zusammenhang handelt: Alter und fluide Intelligenz hängen zusammen. Eine gerichtete Hypothese spezifiziert dagegen die Richtung. Wenn man weiß, dass die fluide Intelligenz (ebenso wie die Reaktionszeit) einen Höhepunkt im jungen Erwachsenenalter hat und sich dann kontinuierlich verringert, kann man die Hypothese formulieren, dass die Leistung in einem Intelligenztest, der fluide Intelligenz misst, mit zunehmendem Alter der Testpersonen abnimmt. Damit wird ein negativer Zusammenhang angesprochen: Mit zunehmendem Alter nimmt die fluide Intelligenz ab. Um diese Hypothesen prüfen zu können, müssen beide Merkmale (Alter und fluide Intelligenz) an einer großen, möglichst repräsentativen Stichprobe

Tab. 6.9 Korrelations- und Kontingenzkoeffizienten in Abhängigkeit vom Skalentyp

		Skalierung der Variablen X		
		Intervall	*Ordinal*	*Nominal*
Skalierung der Variablen Y	*Intervall*	*Maßkorrelationskoeffizient r*		
	Ordinal		*Rangkorrelationskoeffizient R*	
	Nominal	Biserialer Koeffizient r_{bis} punktbiserialer Koeffizient r_{pbis}		Phi-Koeffizient ϕ Assoziationskoeffizient Q *Kontingenzkoeffizient C* oder K

erhoben werden. Pro Person werden zwei Messwerte erhoben, so dass sich für die Stichprobe zwei Messreihen mit Werten ergeben, die eindeutig Personen zugeordnet sind. Den Grad des Zusammenhangs kann man dann durch Berechnung eines Korrelationskoeffizienten ermitteln, der angibt, wie stark beide Variablen gemeinsam variieren bzw. kovariieren (Tab. 6.9).

In unserem Beispiel würde man den Maßkorrelationskoeffizienten r nach Pearson-Bravais berechnen. Er kann Werte annehmen, die im Bereich von −1 bis +1 liegen. r = +1 besagt, dass zwischen beiden Variablen eine ausgeprägte (perfekte) Kovariation vorliegt, r = −1 besagt das genaue Gegenteil, nämlich dass beide Variablen perfekt in gegenteiliger Weise kovariieren, und r = 0 besagt, dass gar kein Zusammenhang vorliegt. Eine Maßkorrelation von +/−0,50 zwischen zwei Merkmalen ist zwar weit von einem perfekten Zusammenhang entfernt, gilt in den Human- und Sozialwissenschaften aber aufgrund der Vielzahl an zusätzlichen Bedingungen des Erlebens und Verhaltens bereits als starker Zusammenhang (Bortz und Schuster 2010).

Liegen für beide Variablen keine Messwerte, sondern Rangplätze vor, dann wird für den Grad des Zusammenhangs zwischen beiden Rangfolgen der Rangkorrelationskoeffizient R nach Krueger-Spearman berechnet. R ist für den gleichen Wertebereich definiert wie der Maßkorrelationskoeffizient ($-1 \leq R \leq +1$) und liefert gleiche Informationen über den Grad des Zusammenhang zwischen ordinalskalierten Variablen. Ein Beispiel: Die Schüler einer Klasse schätzen einander bezüglich des Merkmals Sportlichkeit ein, indem sie die Namen aller Kinder in eine Reihe bringen. Dabei steht an der Spitze der Mitschüler, dem die größte Merkmalsausprägung zuerkannt wird; am Ende der Rangliste steht der Schüler mit der geringsten Ausprägung im Hinblick auf Sportlichkeit. Lehrer schätzen dieselben Schüler nach der gleichen Methode ein. Die Rangreihen beider Beurteilergruppen werden dann miteinander verglichen.

Zusammenhänge gibt es auch zwischen Variablen, die nominalskaliert sind, d. h. die die Merkmale der Individuen einer benennbaren Kategorie zuordnen. Hierfür kann der Zusammenhang zwischen Haar- und Augenfarbe von Schülerinnen und Schülern als Beispiel dienen. Für die Berechnung dieses Zusammenhangs legt man üblicherweise den Kontingenzkoeffizienten C zugrunde, der Werte zwischen 0 und +1 annehmen kann.

Es gibt demnach keine Variable, die aufgrund ihrer Charakteristik nicht in einen Zusammenhang mit einer anderen gebracht werden kann. Allerdings ist dabei stets auf die Skalenqualität zu achten, da die Berechnung von Korrelationskoeffizienten an entsprechende Bedingungen geknüpft ist. So kann man beispielsweise keine Korrelation zwischen einer intervall- und einer ordinalskalierten Variablen berechnen. Welche Koeffizienten bei welchen Skalenkombinationen berechenbar sind, haben wir in Tab. 6.9 zusammengefasst.

Korrelationskoeffizienten drücken die Stärke und Richtung von Zusammenhängen zwischen Variablen aus, aber keine Ursache-Wirkungs-Beziehung.

Dementsprechend kann man bei Kenntnis der Werte einer Variablen nicht die Werte einer anderen Variablen bestimmen. Hierfür muss man auf die Berechnung der *Regression* zurückgreifen, die einen inneren Zusammenhang voraussetzt, der als „kausal" betrachtet wird, d. h., es wird angenommen, dass eine Variable die Werte der anderen Variablen „verursacht". Mathematisch wird eine Beziehung zwischen einer unabhängigen Variablen X und einer abhängigen Variablen Y durch eine einfache lineare Funktion ausgedrückt: $y = f(x) + e$. Üblicherweise wird in der forschungsmethodischen Literatur aber mit folgender Gleichung gearbeitet:

$$y_i = a + bx_i + e_i.$$

Dabei bezeichnet y_i die Zielvariable; sie wird je nach thematischem Zusammenhang auch als *Kriterium* oder als endogene Variable bezeichnet; x_i bezeichnet die unabhängige oder erklärende Variable; sie wird auch Prädiktor- oder exogene Variable genannt; b gibt die Steigung der Geraden an, und e_i bezeichnet an dieser Stelle das sogenannte Residuum (die vom Zufall abhängige Fehlerkomponente).

Auf dem mathematischen Konzept der linearen Regression baut die Methode der statistischen *Regressionsanalyse* auf, die zur Anwendung gelangt, wenn Zusammenhänge zwischen Variablen quantitativ zu beschreiben oder die Werte der abhängigen Variablen auf der Grundlage der Werte unabhängiger Variablen zu prognostizieren sind. Die Regressionsanalyse evaluiert folglich den Zusammenhang der Variablen gegenüber einem zuvor ausgewählten Regressionsmodell. Hierbei unterscheidet man zwischen der *Einfachregression* (Erklärung einer Zielvariablen durch *eine* Prädiktorvariable) und der *Mehrfachregression* bzw. multiplen Regression (Erklärung des Kriteriums durch mehrere Prädiktoren).

Die Korrelationsforschung ist also nicht auf eine einzige Prozedur (z. B. die Berechnung von Korrelationskoeffizienten) beschränkt, sondern umfasst auch regressionsanalytische Verfahren ebenso wie faktorenanalytische Verfahren, die in der Diagnostik häufig zum Einsatz gelangen.

6.1.3.2 Merkmale und Typen korrelativer Designs

Vor 60 Jahren haben Campbell und Stanley (1963) die Korrelationsforschung als eine Hauptrichtung der empirisch-quantitativen Forschung herausgestellt, die immer dann zur Anwendung gelangen kann, wenn Experimente nicht durchführbar, nicht zweckdienlich (wegen langer Dauer oder hoher Kosten) oder unethisch sind. Mit den statistischen Verfahren zur Berechnung von Korrelation und Regression konstituiert die Korrelationsforschung eine der wichtigsten Hauptlinien der empirisch-analytischen Erziehungswissenschaft. Ihre wissenschaftliche Funktion besteht im Beschreiben bzw. Erklären und Vorhersagen. Dementsprechend werden auch zwei Typen korrelativer Designs unterschieden: das beschreibende und das prognostische Design.

■ Typen und Funktionen korrelativer Designs

Das *beschreibende Design* der Korrelationsforschung zielt darauf ab, den Zusammenhang zwischen Variablen zu beschreiben und zu erklären. Bei diesem Design ist der Erziehungswissenschaftler an dem Ausmaß interessiert, in dem zwei oder mehr Variablen kovariieren, wobei von einer einfachen Assoziation der Variablen ausgegangen wird. Dieses Design umfasst laut Creswell (2005) sechs Schritte:

1. Zwei oder mehr Variablen werden zueinander in Beziehung gesetzt,
2. zu einem Zeitpunkt werden Daten zu beiden Variablen erhoben,
3. alle Versuchsteilnehmer werden als eine einzige Gruppe betrachtet und analysiert,
4. für jedes Individuum der Gruppe gibt es mindestens zwei Messwerte bzw. jeweils einen Messwert für jede Variable,
5. es wird eine statistische Analyse durchgeführt, um die Stärke und Richtung des Zusammenhangs zu spezifizieren,
6. die Ergebnisse der statistischen Prüfung werden diskutiert.

Anstatt einfach Variablen miteinander in Beziehung zu setzen, zielt das *prognostische Design* der Korrelationsforschung darauf ab, bei Kenntnis der Werte einer Variablen die Werte einer anderen Variablen vorherzusagen. Die unabhängigen Variablen werden auf diese Weise zu Prädiktoren für die abhängige Variable, die als Kriterium bezeichnet wird. Wie oben ausgeführt, stützt sich das prognostische Design auf das Konzept der Regression im Sinne einer linearen Gleichung. Welche Variablen bei einer Untersuchung als Prädiktoren in Frage kommen und welche Variable als Kriterium gewählt wird, hängt von der theoretischen Begründung ab.

■ „Cum hoc ergo propter hoc"

Mit diesem lateinischen Ausdruck, der so viel heißt wie „mit diesem, folglich wegen diesem", wird ein Fehlschluss umschrieben, der immer dann auftritt, wenn zwischen gemeinsam auftretenden Ereignissen ohne genauere Prüfung ein kausaler Zusammenhang behauptet wird. Zwar bietet das immer wieder beobachtbare Zusammentreffen zweier Ereignisse Anlass für die Vermutung, zwischen beiden bestehe ein innerer Zusammenhang, aber das zeitliche Zusammentreffen alleine ist kein Beweis für einen kausalen Zusammenhang. Ob ein Ereignis die Ursache für das andere ist oder ob beide die Wirkungen einer anderen Ursache sind oder ob sie überhaupt zusammenhängen, lässt sich durch eine räumliche und zeitliche Kontiguität nicht belegen. Ohne eine gut begründete Theorie bleibt das reine Spekulation.

Anna: „Ich weiß schon, was jetzt kommt: der Zusammenhang zwischen Börsenkurs und Minirock oder die Geschichte mit den Störchen und der Zahl der Geburten."

Jakob: „Die Beispiele sind einfach super. Aber ich habe noch ein paar andere. Hast du gewusst, dass die Intelligenz umso höher ist, je größer die Schuhgröße ist?"

Anna: „Nein, aber das erklärt, warum du so ungeheuer intelligent bist mit der Schuhgröße 44, während ich mit 37 hoffnungslos abgeschlagen bin. Gut, dass ich das jetzt endlich erklären kann."

Jakob: „Was sehr voreilig wäre, da dieser Unsinn daher rührt, dass bei einer zufälligen Stichprobe auch Kinder den Test für

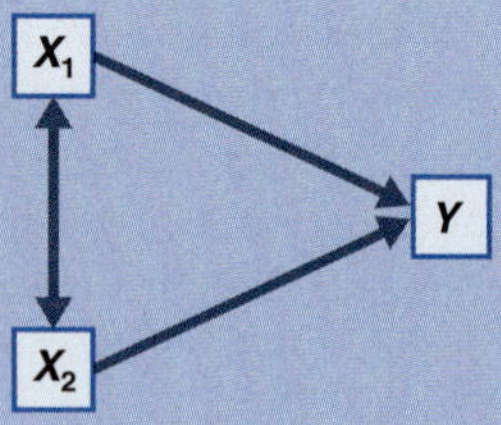

$$y = a + \beta_1 X_1 + \beta_2 X_2 + \varepsilon$$

a	Wert von Y, wenn X_1 und $X_2 = 0$
β_1, β_2	Regressionskoeffizienten (Steigungen) der Ebene zur Prognose von y
ε	Fehlerterm

Abb. 6.6 Regressionsmodell mit zwei Prädiktoren

Erwachsene ausfüllen. Da Kinder gewöhnlich kleinere Füße als Erwachsene haben, gibt es eine Korrelation zwischen Schuhgröße und IQ. – Aber ist dir bekannt, dass mit dem Alter der britischen Königin die Weltbevölkerung zunimmt?"

Anna: „Und was hältst du von der Korrelation, die Bobby Henderson, der Begründer der Religionsparodie mit dem Fliegenden Spaghettimonster als Gottheit, in Bezug auf die globale Erwärmung festgestellt hat?"

Jakob: „Die kenne ich nicht. Lass hören!"

Anna: „Die einzige Ursache für die globale Erwärmung und für alle Naturkatastrophen ist die sinkende Anzahl von Piraten seit dem 19. Jahrhundert."

Jakob: „Das ist fast so gut wie die Miniröcke und der Börsenkurs."

Dass diese Korrelationen unsinnig sind, kann daran erkannt werden, dass Merkmale von unterschiedlichen Merkmalsträgern in einen Zusammenhang gebracht werden. Aus Sicht der Logik lässt sich die Beobachtung, dass zwei Ereignisse A und B gemeinsam auftreten, folgendermaßen klassifizieren:
- A verursacht B,
- B verursacht A,
- ein unbekanntes X verursacht sowohl A als auch B,
- ein unbekanntes Y bewirkt ein x und ein x', aus denen wiederum A und B folgen,
- A und B treten zufällig gleichzeitig auf.

Forschungsmethodisch geht man stets von der letzten Kategorie aus und versucht, mit Hilfe eines geeigneten statistischen Prüfverfahrens den „Gegenbeweis" dafür anzutreten, dass keine zufallsbedingte Koinzidenz der Ereignisse vorliegt. Alternativ kann man auch versuchen, durch ein Experiment herauszufinden, ob eine kausale Beziehung vorliegt.

6.1.3.3 Bivariate und multivariate Designs

Der einfachste Fall eines korrelativen Designs besteht in der Untersuchung des Zusammenhangs zwischen zwei Variablen. Ein simples Beispiel dafür ist der Zusammenhang zwischen den Leistungen von Schülern in den Fächern Mathematik und Physik, wobei die Annahme mitschwingt, dass mathematische Kompetenz eine Voraussetzung für das Verständnis der Physik sei. Berechnet man auf der Grundlage entsprechender Leistungstests den Maßkorrelationskoeffizienten, dann wird der Grad und die Richtung der Assoziation erkennbar, aber kein Ursache-Wirkungs-Zusammenhang.

Das Beispiel beschreibt ein *korrelatives Querschnittsdesign* einer bivariaten Versuchsanordnung, bei der die Messwerte für beide Variablen nur zu einem Zeitpunkt erhoben werden. In einem *korrelativen Längsschnittdesign* wird im bivariaten Fall ein Merkmal bei allen Personen einer Stichprobe zu zwei (oder mehr) Messzeitpunkten erhoben. Dieses Design kommt in der differentiellen Diagnostik zum Einsatz, wenn die zeitliche Stabilität von Persönlichkeitseigenschaften (z. B. der Big Five) ermittelt werden soll. Dazu wird die Retestkorrelation zwischen den Ausprägungen eines Merkmals bei einer Stichprobe von Personen zum Zeitpunkt t_1 und den Ausprägungen desselben Merkmals zum Zeitpunkt t_2 ermittelt.

In vielen erziehungswissenschaftlichen Untersuchungen ist man an dem Zusammenhang mehrerer unabhängiger Variablen mit einer abhängigen Variablen interessiert, wobei oft ein Regressionsmodell zugrunde gelegt wird, um den Effekt der unabhängigen Variablen (Prädiktoren) auf die abhängige Zielvariable (Kriterium) zu bestimmen. Im Folgenden werden wir zwei Designvarianten zur Untersuchung multivariater Zusammenhänge vorstellen. Die erste Variante bezieht sich auf den in der Forschungspraxis häufigen Anwendungsfall, bei dem mehrere Prädiktoren zur Vorhersage eines Kriteriums herangezogen werden. Die zweite Variante stellt die Untersuchung von Moderator- und Mediatorvariablen in den Mittelpunkt.

▪ Multivariates Korrelationsdesign: mehrere Prädiktoren und ein Kriterium

Wir beginnen mit dem einfachen Modell, das zwei Prädiktoren umfasst. Zur Schätzung des Einflusses dieser Prädiktoren auf die Zielvariable (Kriterium), wird eine mathematische Funktion genutzt, in der die Werte der Prädiktorvariablen linear kombiniert werden (Abb. 6.6).

Als Beispiel kann folgende Fragestellung dienen, die allerdings drei Prädiktoren umfasst: Wie hängen Merkmale des familiären Hintergrunds, schulische Ressourcen und institutionelle Merkmale des Bildungssystems mit den Testleistungen von Schülern (z. B. PISA) zusammen? Dieser Frage gingen Schümer und Weiß (2008) nach, wobei sie für die Effektschätzung ein lineares Regressionsmodell der Bildungsproduktion mit folgenden Parametern zugrunde legten: $Y = \beta_1 X_1 + \beta_2 X_2 + \beta_3 X_3 + \varepsilon$.

Die Parametervektoren β_1 bis β_3 spiegeln die Stärke des Zusammenhangs zwischen der abhängigen Zielvariable und den Einflussfaktoren X_1 bis X_3 wider; sie werden in einer multivariaten Regressionsanalyse geschätzt. Die Koeffizienten β_n sind Gewichtszahlen. Sie geben an, mit welchem Gewicht der jeweilige Prädiktor in die Vorhersage eingeht. Daraus ergibt sich eine lineare Kombination, die eine „gewichtete Summe" der Prädiktorvariablen darstellt. Im Beispiel von Schümer und Weiß ist das Modell der Bildungsproduktion dadurch gekennzeichnet, dass ein direkter Wirkungszusammenhang zwischen den Einflussfaktoren (unabhängige Variablen) und der abhängigen Variablen (Testleistungen) unterstellt wird, d. h. dass schulische Ressourcen und institutionelle Kontextbedingungen die Lernergebnisse und Testleistungen von Schülern unmittelbar beeinflussen.

Multiple Regressionsanalysen lassen sich so durchführen, dass aus einer Vielzahl von Prädiktoren diejenigen bestimmt werden können, die zur Vorhersage des Kriteriums einen substantiellen Beitrag leisten. Das heißt umgekehrt, dass die Prädiktoren herausgefunden werden können, die im gegebenen Kontext einer multiplen Vorhersage redundant sind und wenig zur Varianz der abhängigen Variable beitragen, obwohl sie eine Korrelation mit ihr aufweisen. Es gibt Verfahren wie die sogenannte schrittweise Regression, die sukzessive dasjenige Modell ermitteln, welches den gesuchten Zusammenhang am besten erklärt. Lineare Regressionsmodelle gestatten die Berücksichtigung von Interaktionen zwischen den Prädiktoren und damit die Untersuchung des gemeinsamen Zusammenwirkens von Prädiktoren auf das Kriterium. In der multiplen Regressionsanalyse werden solche *Interaktionen* im Rahmen von sogenannten Moderatorhypothesen geprüft. Darauf werden wir im nächsten Abschnitt eingehen. Hier ist noch darauf hinzuweisen, dass es neben der linearen Regression, die voraussetzt, dass die Fehlerresiduen ε normalverteilt sind, auch das Verfahren der nichtparametrischen Regression gibt, für das diese Voraussetzung nicht erfüllt sein muss.

Multivariates Korrelationsdesign: Effekte von Moderator- und Mediatorvariablen

Ein *Moderatoreffekt* liegt vor, wenn die Beziehung zwischen zwei Variablen von der Ausprägung einer dritten Variable abhängt. Ein *Moderator* kann eine qualitative Variable (z. B. Schichtzugehörigkeit, Geschlecht) oder eine quantitative Variable (z. B. Alter, IQ) sein, die die Richtung und/oder den Grad des Zusammenhangs zwischen einer Prädiktorvariablen und der abhängigen Variablen beeinflusst (Baron und Kenny 1986). Eine Moderatorvariable gibt an, unter welchen Bedingungen welche Art des Zusammenhangs zwischen zwei Variablen besteht.

Demgegenüber erklärt eine *Mediatorvariable* den Prozess, durch den ein Prädiktor vermittelt durch den Mediator die Kriteriumsvariable beeinflusst (MacKinnon et al. 2007). Ein Mediator ist demnach eine unabhängige Variable, die erklärt, warum ein Zusammenhang zwischen zwei Variablen besteht. Der Unterschied zwischen Moderator und Mediator kann wie in ◘ Abb. 6.7 dargestellt werden.

In der Abbildung repräsentiert c den Gesamteffekt des Prädiktors auf das Kriterium (X → Y), während c′ den direkten Effekt X → Y nach Kontrolle einer angenommenen Mediatorvariablen bezeichnet. Der Effekt des Prädiktors auf den Mediator wird durch a und der Effekt des Mediators auf das Kriterium durch b gekennzeichnet. Der indirekte Effekt ist das Produkt von a und b ($a \cdot b$). Im Allgemeinen ist dieses Produkt äquivalent mit $c - c'$, also mit der Differenz zwischen dem Gesamteffekt und

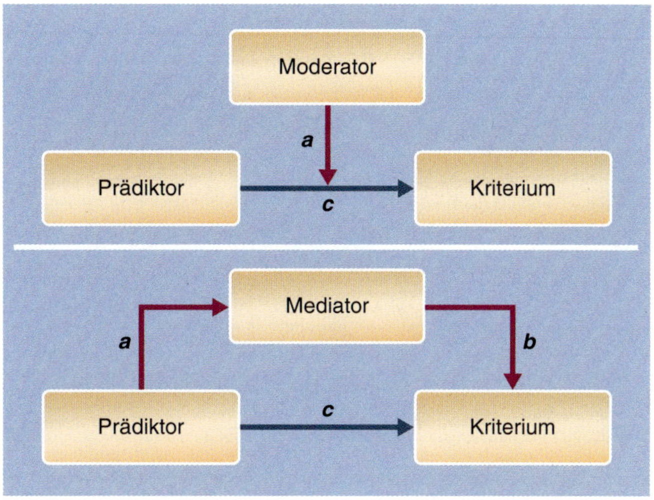

◘ **Abb. 6.7** Wirkungsweisen von Moderator und Mediator bei der Vorhersage eines Kriteriums durch einen Prädiktor

dem direkten Effekt. Aus Sicht der Statistik ist es einfacher, die Signifikanz von $a \cdot b$ zu prüfen, da diese Koeffizienten aus einem einzigen Modell stammen, während c und c′ aus zwei getrennten Modellen resultieren (Sobel 2008).

Die Unterscheidung zwischen Moderatoren und Mediatoren ist für die erziehungswissenschaftliche Forschung insofern relevant, als Moderatoren dann zu suchen sind, wenn zwischen einem Prädiktor und dem Kriterium unerwartet niedrige oder inkonsistente Zusammenhänge beobachtet werden, z. B. wenn ein bekannter Zusammenhang in verschiedenen Stichproben unterschiedlich ausfällt. Ein Moderatoreffekt läge beispielsweise dann vor, wenn in einem Schulleistungstest eine von zwei Stichproben von Kindern trotz vergleichbarer Intelligenztestwerte deutlich besser abschneidet und sich bei einer Nachprüfung herausstellt, dass die Kinder dieser Stichprobe ein Denktraining (Klauer 1989) absolviert hatten. Ein solches Denktraining scheint neben der Verbesserung grundlegender kognitiver Fähigkeiten (z. B. analoges Schlussfolgern) auch positive Effekte auf die fluide Intelligenz zu haben. Mehr als 100 Studien belegen nicht nur diese Effekte auf die Intelligenzentwicklung, sondern auch auf schulische Leistungen (Klauer und Phye 2008).

Der in zahlreichen Studien beobachtete Zusammenhang zwischen dem Persönlichkeitsmerkmal Neurotizismus (emotionale Instabilität) und Stresssymptomen (z. B. Schul- oder Prüfungsangst) wird in der Literatur mit dysfunktionalen Bewertungs- und Bewältigungsprozessen erklärt, die als *Mediatoren* fungieren (vgl. z. B. Strittmatter 1997). Demnach neigen emotional labile Schülerinnen und Schüler dazu, potentielle Stressoren, wie eine Prüfung, als bedrohlicher wahrzunehmen als emotional stabile Personen und schätzen auch ihre Bewältigungsfähigkeiten geringer ein (vgl. Krohne 1980). Zusätzlich können auch die Zusammenhänge zwischen elterlichen Erziehungsstilen und Angstbewältigungsdispositionen des Kindes auf die Zielvariable einwirken (Krohne et al. 1988). Mittels multipler Regressionsanalysen ist es möglich, diesen komplexen Zusammenhängen auf den Grund zu gehen. Auf komplexe Anwendungen der multiplen Regressions- und Korrelationsanalysen gehen wir im nächsten Abschnitt ein.

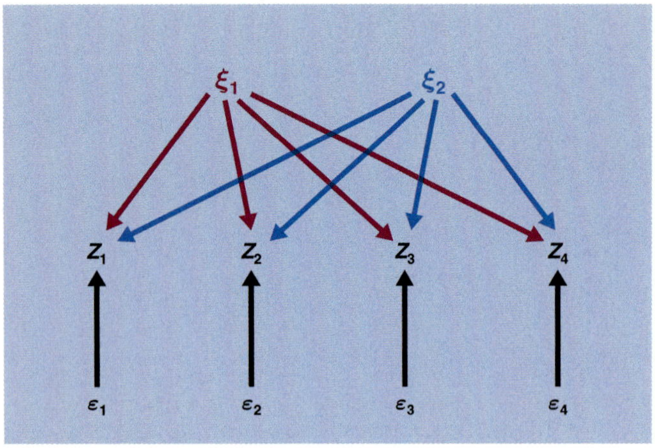

Abb. 6.8 Ein einfaches faktorenanalytisches Modell mit zwei Faktoren

6.1.3.4 Komplexe Anwendungsfelder der Korrelationsforschung

In diesem Lehrbuch sind bereits an mehreren Stellen mit dem Verweis auf Faktorenanalysen und Pfadanalysen komplexe Anwendungsfelder der Korrelationsforschung angesprochen worden; auch Mehrebenenanalysen, die in ► Abschn. 6.1.2 thematisiert wurden, gehören zu den komplexen Anwendungen der Korrelations- bzw. Regressionsanalyse. Wir werden im Folgenden auf diese Verfahren eingehen, wobei wir uns mit einer inhaltlichen und weitgehend formelfreien Beschreibung begnügen wollen.

Faktorenanalyse

Die *Faktorenanalyse* geht von Korrelationen zwischen Variablen aus und nimmt an, dass es unabhängige Faktoren gibt, die in allen Variablen wirksam sind und damit zum Zustandekommen der Korrelationen beitragen. Die Grundidee der Faktorenanalyse ist es, viele miteinander korrelierende Variablen auf wenige, voneinander unabhängige Faktoren zu reduzieren, welche die Reproduktion der Korrelationen gestatten und mit der Ladung einer Variablen in einem Faktor ein Maß für dessen Einfluss auf die Variable angeben.

Die Faktorenanalyse ist in ihren Anfängen eng mit der Intelligenzforschung verbunden. Spearman (1904) analysierte Korrelationskoeffizienten zwischen Intelligenztests und publizierte einen Artikel, in dem er argumentierte, dass den intellektuellen Leistungen in den Tests ein Generalfaktor zugrunde liegt und dass es darüber hinaus spezifische, voneinander unabhängige Faktoren gibt, die nur in einzelnen Variablen wirksam werden. Diese Zwei-Faktoren-Theorie gab den Anstoß zu einer Forschungsrichtung, die sich über Jahrzehnte bemühte, die Faktoren zu finden, die als latente Variablen den Manifestationen psychischer Dispositionen zugrunde liegen. Ähnlich wie Spearman identifizierte Cattell zwei Intelligenzfaktoren, die fluide und kristallisierte Intelligenz (vgl. Horn und Cattell 1966); Carroll (1993) identifizierte drei Faktoren, Guilford (1956) ebenfalls und Jäger (1967) fand sieben hochgradig allgemeine Hauptfaktoren der Intelligenz. Ausgehend von der Intelligenzforschung wurde die Faktorenanalyse zu dem dominierenden Ansatz der Persönlichkeitsforschung überhaupt (vgl. dazu unsere Ausführungen in ► Abschn. 3.4).

In der Faktorenanalyse werden Variablen anhand ihrer korrelativen Beziehungen in voneinander unabhängige Gruppen klassifiziert, die als Faktoren bezeichnet werden. Sogenannte *Ladungen* geben an, wie gut eine Variable zu einer Variablengruppe bzw. einem Faktor passt. Ladungen sind im Grunde nichts anderes als die Korrelationen einer einzelnen Variable (oder eines Testitems) mit einem Faktor. Die Ladung ist ein Maß dafür, wie stark eine Variable oder ein Item mit einem Faktor assoziiert ist. Die Items eines Tests, die am höchsten auf einem Faktor laden, werden *Markiervariablen* genannt und zur Interpretation des Faktors herangezogen, um zu umschreiben, was ein Faktor inhaltlich erfasst. Das aber ist eine Frage der theoretischen Argumentation und Interpretation, der Faktor selbst ist im Grunde eine mathematische Größe, die eine latente Variable repräsentiert.

Faktoren sind theoretische Konstrukte (ξ_i), denen Wirkungsindikatoren (zi) zugeordnet werden, die aus einzelnen Items eines Tests oder den Messwerten von Variablen bestehen. Die Faktorladungen (a, b) entsprechen den Korrelationen der Faktoren mit den Indikatoren. Dabei wird vorausgesetzt, dass die Faktoren voneinander unabhängig sind, also keine Korrelation miteinander aufweisen. Die ε_i fassen spezifische Einflüsse und Zufallsfehler zusammen, die jeweils auf die Variable z_i wirken und die Restvarianz bestimmen. In Abb. 6.8 ist das Modell für zwei Faktoren und vier Indikatoren beschrieben.

Ausgehend von den Korrelationen zwischen den gemessenen Variablen wird eine latente Variable konstruiert, die mit allen Variablen so hoch wie möglich korreliert. Diese latente Variable ist der *Faktor*. Das Ergebnis einer Faktorenanalyse sind in diesem Sinne wechselseitig voneinander unabhängige Faktoren, welche die Zusammenhänge zwischen den jeweiligen Variablen erklären. Die inhaltliche Interpretation dieser Faktoren ist offen!

Nehmen wir ein einfaches Beispiel: In den Fächern Deutsch (D), Englisch (E), Physik (P) und Mathematik (M) wurden an einer Stichprobe von N Schülern Tests durchgeführt und die Korrelationen (Maßkorrelation r) zwischen den Tests berechnet (Tab. 6.10).

Tab. 6.10 Korrelationen zwischen Tests bei einer Schülerstichprobe

	Deutsch	Englisch	Physik	Mathematik
Deutsch	1,0	0,58	0,25	0,17
Englisch	0,58	1,0	0,30	0,25
Physik	0,25	0,30	1,0	0,74
Mathematik	0,17	0,25	0,74	1,0

Alle Tests korrelieren positiv untereinander, aber es fällt auf, dass die Werte für Deutsch und Englisch höher miteinander korrelieren (0,58) als mit Physik und Mathematik, die wiederum untereinander höher korrelieren (0,74) als mit Deutsch und Englisch. Bei einer Faktorenanalyse werden dann tatsächlich zwei Faktoren identifiziert (Tab. 6.11).

Faktor 1 lädt auf alle Fächer etwa gleich stark, während Faktor 2 zwar positiv mit den Testwerten für Deutsch und Englisch korreliert, aber negative Ladungen mit den Testwerten aus Physik und Mathematik aufweist.

Wie ist das zu interpretieren? – Die Antwort darauf kann nur in einer Theorie gefunden werden. Im gegebenen Beispiel könnte man auf die theoretisch sinnvolle Unterscheidung zwischen sprachlicher und mathematisch-naturwissenschaftlicher Begabung zurückgreifen und entsprechend argumentieren, dass Faktor 2 sich inhaltlich auf die sprachliche Begabung bezieht. Faktor 1 könnte als generelle intellektuelle Fähigkeit interpretiert werden, die sich sowohl auf den sprachlichen als auch den mathematisch-naturwissenschaftlichen Bereich beziehen lässt. Natürlich sind auch andere Deutungen denkbar. Wir wollen aber diese Annahmen an dieser Stelle nicht weiter diskutieren, da sie sich bloß auf unser Beispiel beziehen.

Bildet man nun die Summe der quadrierten Ladungen für jeden Faktor, so erhält man für den ersten Faktor einen Betrag von 2,15 und für den zweiten Faktor einen Betrag von 1,17. Die Gesamtvarianz aller Indikatoren beträgt im Beispiel 4. Daraus folgt, dass Faktor 1 mehr als 53 % der Varianz und Faktor 2 etwas mehr als 29 % der Varianz erklärt. Zusammen werden etwa 83 % der Varianz der Indikatoren durch die beiden Faktoren erklärt – ein Traumergebnis, das alleine dem Umstand zu verdanken ist, dass wir mit einem fiktiven und für unsere Zwecke präparierten Beispiel gearbeitet haben. Für das Grundverständnis der Faktorenanalyse dürfte es ausreichen.

Faktorenanalysen haben allgemein zwei verschiedenen Funktionen: Sie können einem exploratorischen oder einem konfirmatorischen Zweck dienen. Eine *explorative Faktorenanalyse* ist ein heuristisches Verfahren, das einer Gesamtheit von Korrelationen zwischen Variablen oder Testitems eine Ordnung unterlegen will, mit der sich die Korrelationen erklären lassen. Dabei geht es um die Ermittlung der Anzahl der Faktoren. Gesetzt den Fall, man habe ein neues Testverfahren zur Messung der Leistungsmotivation mit k Items entwickelt und will nun in Erfahrung bringen, wie viele voneinander unabhängige Faktoren existieren, die imstande sind, die gefundenen Zusammenhänge zu erklären, so würde es sich anbieten, in diesem Falle eine explorative Faktorenanalyse zu nutzen. Da die Zusammenhänge nicht durch eine einzige Ordnung alleine erklärt werden können, ist die Faktorenstruktur herauszufinden, die sich nicht nur statistisch, sondern auch theoretisch am besten begründen lässt. Dabei gibt es bei der exploratorischen Faktorenanalyse vorab keine Annahmen über die Faktorenstruktur; vielmehr bleibt es dem mathematischen Algorithmus einer computergestützten Berechnung (z. B. der Faktorenanalyse mit SPSS) überlassen, wie viele Faktoren sich aus einer Korrelationsmatrix generieren lassen. In weiteren Studien kann dann geprüft werden, ob sich die gefundene Faktorenstruktur replizieren und bestätigen lässt.

Tab. 6.11 Bei einer Faktorenanalyse identifizierte Faktoren und ihre Ladungen

	Faktor 1	Faktor 2
Deutsch	0,641	0,625
Englisch	0,701	0,539
Physik	0,763	−0,451
Mathematik	0,768	−0,534

Für dieses Prüfen in weiteren Untersuchungen wird dann die sogenannte *konfirmatorische Faktorenanalyse* genutzt. Mit ihr wird die Hypothese getestet, dass den multiplen Interkorrelationen zwischen Variablen oder Testitems eine bestimmte Faktorenstruktur zugrunde liegt. Die Annahme kann sich dabei entweder auf die Ergebnisse einer explorativen Faktorenanalyse oder auf eine Theorie stützen. Handelt es sich z. B. um die Prüfung eines neuen Leistungsmotivationstests, könnte man theoretisch begründen, zwei Faktoren zu erwarten, von denen der eine Faktor solche Items abdeckt, die eine Hoffnung auf Erfolg thematisieren, während der andere Faktor mit Items zusammenhängt, die Furcht vor Misserfolg beinhalten.

Nach dieser Darstellung wird deutlich, dass die Faktorenanalyse mit der Clusteranalyse und anderen elaborierten statistischen Methoden zu den Verfahren gehört, die eine Strukturierung von Datenmengen und die Analyse messtheoretisch begründeter Merkmalsstrukturen (z. B. Faktorenstruktur) ermöglichen. Pfadanalysen und Strukturgleichungsmodelle gehen noch einen Schritt weiter, indem sie auf die empirische Prüfung komplexer Mess- und Strukturmodelle abzielen.

Pfadanalyse und Strukturgleichungsmodelle

In diesem Lehrbuch sind in unterschiedlichen thematischen Zusammenhängen auch Pfaddiagramme wiedergegeben worden, um theoretische Zusammenhänge zwischen Variablen empirisch zu untermauern. Beispielsweise haben wir im Zusammenhang mit den Auswirkungen von Bildungsaspirationen auf den Bildungsabschluss und den späteren beruflichen Erfolg auf das *Wisconsin Model of Status Attainment* hingewiesen, das als Pfaddiagramm dargestellt ist (vgl. Abb. 4.27 und 4.28). Stark vereinfacht wird das theoretische Modell aus Abb. 6.9 zugrunde gelegt, das durch empirische Daten zu bestätigen ist.

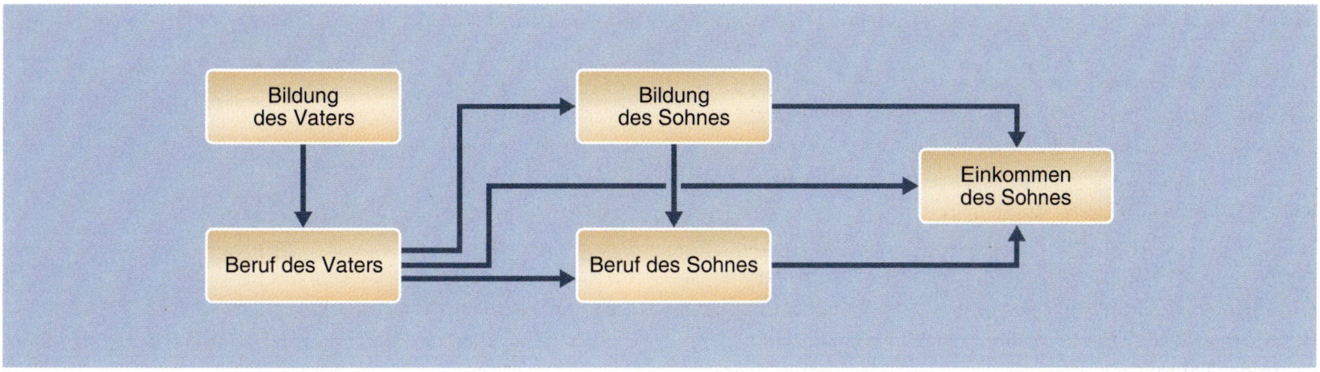

Abb. 6.9 Ein einfaches Pfadmodell (in Anlehnung an Blau und Duncan 1967)

Damit vergleichbar sind auch die Pfaddiagramme, die zur Ergebnisdarstellung von Mehrebenenanalysen verwendet werden, wobei das charakteristische Merkmal dieser Analysen in der Modellierung hierarchisch geschachtelter Datenstrukturen liegt. Das kann *ex post facto* zur retrospektiven Aufdeckung der komplexen Zusammenhänge geschehen (▶ Abschn. 6.1.2) oder auch hypothesenprüfend, indem ein theoretisch fundiertes Mehrebenenmodell empirisch validiert wird. Das kann auf der Basis einer Pfadanalyse erfolgen.

Die *Pfadanalyse* erweitert die multiple Korrelations- und Regressionsrechnung, indem Zusammenhänge zwischen mehreren unabhängigen und abhängigen Variablen gleichzeitig berücksichtigt werden. Die Unterscheidung zwischen Pfad- und Regressionsanalyse ist laut Irzik und Meyer (1987) bloß eine Frage der Interpretation und beruht auf der Bedeutung und Funktion der Pfadkoeffizienten. *Pfade* stehen für einen gerichteten Zusammenhang und stellen in der Regel partielle standardisierte Regressionsgewichte[4] dar. Dabei ist zu unterscheiden zwischen Pfaden, die direkte Effekte bezeichnen, und solchen, die indirekte Effekte bezeichnen, also Zusammenhänge zwischen zwei Variablen, die von einer oder mehreren anderen Variablen „mediiert" werden. Dementsprechend werden die Regressionsgleichungen berechnet, die erforderlich sind, um zu prüfen, welche Variablen als Mediatoren fungieren. In der Pfadanalyse können Mediatorvariablen auch als abhängige Variable aufgefasst werden, wenn theoretisch angenommen wird, dass eine unabhängige Variable die Mediatorvariable „kausal" beeinflusst.

Ausgangspunkt der Pfadanalyse ist also stets ein theoretisches Modell, das Zusammenhänge zwischen den Variablen postuliert, wobei auch Annahmen über Kausalbeziehungen einfließen. Die theoretisch vermuteten Zusammenhänge werden in ein sogenanntes *Pfadmodell* übersetzt und dann einer empirischen Prüfung unterzogen. In der Literatur wird gelegentlich der Eindruck erweckt, mit der Pfadanalyse (wie auch mit Strukturgleichungsmodellen) ließen sich kausale Zusammenhänge finden und bestätigen. Korrelative Zusammenhänge – und um solche handelt es sich bei Pfadkoeffizienten – dürfen aber nicht kausal interpretiert werden. Darauf hat bereits Burks (1928), eine der „Erfinderinnen" der Pfadanalyse, hingewiesen:

> » The method [of path coefficients] is limited by the rarity with which we have actual knowledge of causal relations; but it provides a tool of the nicest precision in such situations as to offer an adequate basis for postulating causation. It cannot, itself, uncover what is cause and what is effect, though in the absence of definite knowledge regarding causal relationships between variables, the method „can be used to find out the logical consequences of any particular hypothesis in regard to them." Conservatively stated, in any situation in which we feel justified in drawing conclusions regarding the effects of certain phenomena upon others, the [...] method provides a numerical expression of such conclusions (Burks 1928, S. 299).

Die Analyse kausaler Zusammenhänge ist ohne Zweifel das Herzstück einer theoriegeleiteten hypothesenprüfenden Sozialwissenschaft, in der sich theoretische Modellbildung und deren empirische Überprüfung verbinden. Dass Kausalschlüssen eine zentrale Rolle für die Verzahnung empirischer und theoretischer Forschung zukommt, ist seit langem bekannt, sie sind aber einzig und alleine eine Angelegenheit der theoretischen Interpretation empirischer Daten (vgl. Blalock 1964). Das gilt auch für die

4 Pfaden liegen Zusammenhangshypothesen zugrunde, die besagen, dass der Zusammenhang zwischen zwei Variablen X und Y unbedeutend wird, wenn man den „Einfluss" einer dritten Variablen Z „ausschaltet". Anders ausgedrückt wird der Zusammenhang zwischen X und Y um den Einfluss von Z bereinigt. Das statistische Verfahren zur Bestimmung und Prüfung solcher partieller Zusammenhangshypothesen ist die Partialkorrelation (vgl. Döring und Bortz 2014).

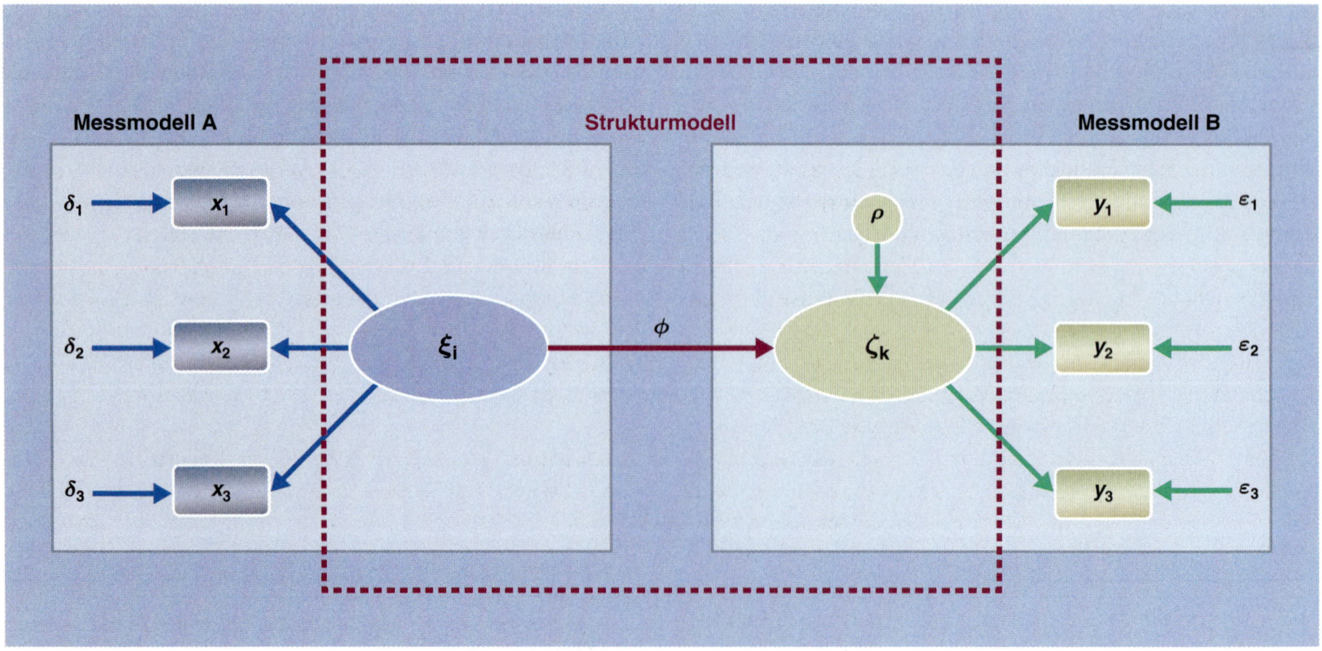

Abb. 6.10 Beispiel eines Strukturgleichungsmodells mit zwei Messmodellen und einem Strukturmodell

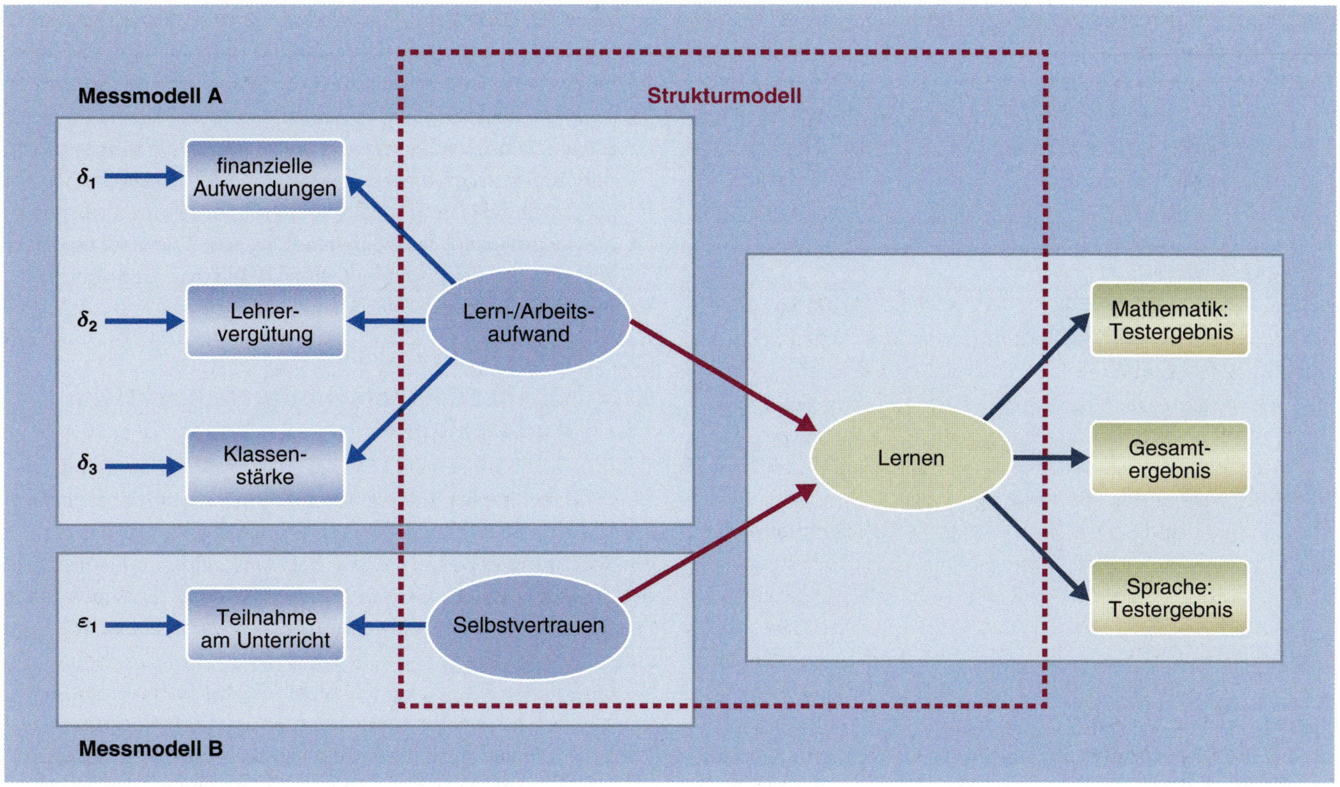

Abb. 6.11 Beispiel eines Strukturgleichungsmodells. (Nach Schlittgen 2009)

Pfadanalyse. Mit ihr werden keine kausalen Zusammenhänge identifiziert, sondern es wird lediglich geprüft, ob und wie gut empirische Zusammenhänge zu einem theoretischen (Pfad-)Modell passen.

Es geht bei den komplexen Verfahren der Korrelationsforschung um die Falsifikation theoretischer Annahmen, d. h. um die Prüfung, ob ein theoretisches Modell aufgrund der empirischen Zusammenhänge verworfen werden muss oder beibehalten werden kann. Diese Aussage gilt für Mehrebenenanalysen und Pfadanalysen wie auch für die *Strukturgleichungsmodelle*, als deren Spezialfall die Pfadanalyse gilt.

Mit dem Begriff der Strukturgleichungsmodelle wird eine ganze Gruppe von Verfahren der Korrelations- und Regressionsanalyse bezeichnet (vgl. Raykov und Marcoulides 2006), zu denen neben der Pfadanalyse u. a. auch die konfirmatorische Faktorenanalyse zählt. Um das Besondere von Strukturgleichungsmodellen herauszustellen, vergleicht man sie am besten mit der Pfadanalyse. Diese bezieht nur manifeste, d. h. beobachtete Variablen ein, aber keine latenten Variablen und beinhaltet lediglich ein Messmodell. Ein Strukturgleichungsmodell umfasst ein Messmodell und ein Strukturmodell. Im Grunde ist ein Strukturgleichungsmodell also eine um ein Messmodell erweiterte Pfadanalyse. Das Messmodell spezifiziert die Beziehungen zwischen beobachteten (manifesten) Variablen und theoretischen Konstrukten, die als latente Variablen konzipiert sind. Ängstlichkeit z. B. ist ein hypothetisches Konstrukt, das nicht direkt beobachtbar ist; es ist latent, es „versteckt" sich sozusagen „hinter" den beobachtbaren Phänomenen, die sich aber dem Konstrukt auf der Grundlage von Messregeln zuordnen lassen. Dabei werden Fehler bei der Messung der beobachteten Variablen berücksichtigt, und die Zusammenhänge mit den latenten Variablen können genauer geschätzt werden. Das Strukturmodell beschreibt die Zusammenhänge zwischen den theoretischen Konstrukten. Ein einfaches Strukturgleichungsmodell mit zwei latenten Variablen und den sie erschließenden manifesten Variablen ist in Abb. 6.10 wiedergegeben.

Die Abbildung zeigt, dass ein Strukturmodell die Beziehungen von latenten Variablen untereinander spezifiziert (z. B. Leistungsmotivation und Intelligenz), deren Werte durch geeignete Testverfahren zu erheben sind.

Wir wollen dies mit einem Beispiel verdeutlichen, das wir bei Schlittgen (2009) gefunden haben. Gegenstand ist die Beziehung zwischen Ausgaben für Schulen und dem Erfolg der Schüler. Es wurden folgende Variablen gemessen: die finanziellen Aufwendungen pro Schüler im Durchschnitt der täglichen Anwesenheit der Schüler (Aufwendungen), das durchschnittliche Schüler-Lehrer-Verhältnis in den Klassen (Klassenstärke), das durchschnittliche Jahresgehalt der Lehrer (Vergütung), die Anzahl der Schüler, die am SAT[5] teilgenommen haben, das Gesamtergebnis des SAT sowie die Ergebnisse für den sprachlichen und mathematischen Bereich. In Abb. 6.11 ist das Modell für dieses Beispiel dargestellt.

Das *Strukturmodell* umfasst drei latente Variablen (Lernaufwand, Lernen und Selbstvertrauen), die theoretisch postuliert

5 Der SAT (ehemals *Scholastic Assessment Test*, heute als Abkürzung ohne Bedeutung verwendet) ist einer von mehreren standardisierten Tests, die in den USA verwendet werden, um die Studierfähigkeit von Studienplatzbewerbern zu prüfen.

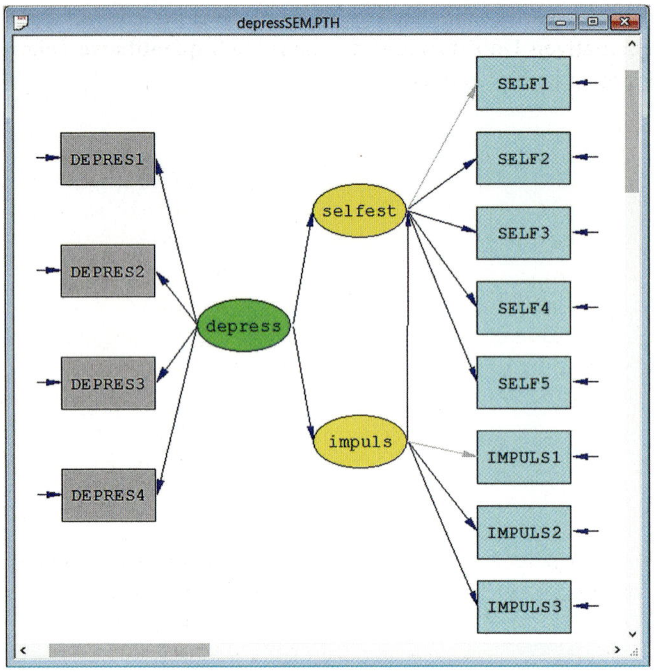

Abb. 6.12 Beispiel eines LISREL-Strukturmodells. Der Datensatz umfasst 204 Messungen von 12 kontinuierlichen Variablen. Diese 12 Variablen sind Indikatoren der latenten Variablen Selbstwertgefühl, Depression und Impulsivität. *Self1* bis *Self5* sind die Indikatoren der latenten Variable Selbstwertgefühl, *Depres1* bis *Depres4* sind die Indikatoren der latenten Variable Depression und *Impuls1* bis *Impuls3* die Indikatoren der Variable Impulsivität. *Depression* und *Impulsivität* sind miteinander korrelierende Bedingungen des *Selbstwertgefühls*. (Quelle: ► www.ssicentral.com/lisrel/example1-2.html, © Scientific Software International, Inc.)

werden und operationalisiert werden müssen. Es wird davon ausgegangen, dass das Lernen der Schüler und der Erfolg vom Lernaufwand und Selbstvertrauen abhängig sind. Bis dahin wäre dies eine typische Ausgangssituation für ein multiples Regressionsmodell. Aber dem Modell liegt zusätzlich die Annahme zugrunde, dass das Selbstvertrauen vom Lernaufwand abhängt, da sich bei einem höheren Aufwand die Ausgangsbedingungen für den Test verbessern und dadurch auch das Selbstvertrauen im Hinblick auf das Bestehen des Tests gesteigert wird. Somit wird das Selbstvertrauen zu einer Mediatorvariablen. Um die latenten Variablen zu „erschließen", müssen geeignete manifeste Variablen gefunden werden, die wiederum mittels geeigneter Verfahren gemessen werden müssen. Genau das geschieht in den jeweiligen *Messmodellen*, welche die Indikatoren für die theoretischen Konstrukte liefern. Im Weiteren erfolgt dann die statistische Auswertung.

Für die Erstellung von Strukturgleichungsmodellen und die statistische Auswertung benutzt man üblicherweise die Softwarepakete LISREL, AMOS oder EQS. Laut Kline (1998) ist AMOS als Erweiterung von SPSS zwar benutzerfreundlicher als LISREL von Jöreskog und Sörbom (1989, 1993), das aber den Standard gesetzt hat und daher meistens verwendet wird. Für Bollen (1989) ist klar, dass die LISREL-Software als einer der wichtigsten Faktoren betrachtet werden kann, um die Methode der Strukturgleichungsmodellierung in den Sozialwissenschaften zu verbreiten und zu verankern. Ein Beispiel für LISREL soll deshalb den Abschluss dieses Abschnitts bilden (Abb. 6.12).

Auch für LISREL gilt:

» Structural equation models do not assess or „prove" causality any more than the application of any statistical technique conveys information about the causal relations in the data. Although the hypotheses underlying model development may be causal in nature, assessing the fit of a model does not provide a basis for causal inference. [...] conditions for causal inference is more a matter of study design than of statistical technique (Kelloway 1998, S. 8 f.).

6.1.4 Qualitative Forschung: Perspektiven und Designs

Wie fühlt es sich an, Tag für Tag mit einer körperlichen Behinderung zu leben? Was geht in einem Kind vor sich, das gerade die Scheidung der Eltern erlebt hat? Wie geht eine Familie mit der Arbeitslosigkeit des Vaters um? Wie schätzen Jugendliche ihre Beteiligungschancen in der Interaktion mit Schoolworkern ein?

Bei solchen Fragen geht es nicht um das Testen einer Hypothese, sondern um die Exploration eines Gegenstandsbereichs. Formen der standardisierten Beobachtung oder Befragung sind hier nicht anwendbar, denn um einen Fragebogen über körperliche Behinderung im Alltag erstellen zu können, müssten ja die Beschreibungskategorien bereits bekannt sein. Diese sollen aber durch eine Untersuchung überhaupt erst ermittelt werden. Für eine solche Untersuchung mit Erkundungscharakter sind in der Regel *qualitative Methoden* am besten geeignet, deren Funktion idiografisch ist, da es um eine umfassende Analyse konkreter und einzigartiger Sachverhalte geht. Deshalb steht die Hermeneutik mit ihrem idiografischen Wissenschaftsverständnis, das auf das *Verstehen* von Eigentümlichkeiten der Welt ausgerichtet ist, im Zentrum der qualitativen Forschungsmethodik.

Um diese in Grundzügen zu verdeutlichen, greifen wir auf die *Marienthal-Studie* von Jahoda et al. (1975) zurück, die als Klassiker der qualitativen Sozialforschung gilt.

Die Arbeitslosen von Marienthal

Die Untersuchung wurde zu Beginn der 1930er Jahre durchgeführt, um unter natürlichen Bedingungen die Auswirkungen von Arbeitslosigkeit zu erforschen. Der Name der Studie leitet sich von dem Ort her, wo die Studie durchgeführt wurde: Marienthal, einem österreichischen Dorf, dessen Bewohner fast alle in einer Textilfabrik arbeiteten und Anfang der 1930er Jahre aufgrund von Massenentlassungen allesamt arbeitslos wurden.
Die Untersuchung erstreckte sich über mehrere Monate, während derer eine Projektmitarbeiterin fast zwei Monate lang ständig vor Ort wohnte. Der Kontakt zu den Dorfbewohnern wurde allmählich hergestellt, indem das Untersuchungsteam auch Aktivitäten (z. B. Schnittzeichenkurse) zur Unterstützung der arbeitslosen Menschen anbot. Das Untersuchungsteam beteiligte sich politisch in den örtlichen Verbänden. Insge-

samt gelang es aufgrund des vielfachen Engagements der Teammitglieder, Kontakte zu der Dorfbevölkerung zu knüpfen. Zugleich dienten die Aktivitäten auch der Datenerhebung, g. Dies war aber dem Ziel untergeordnet, zur Verbesserung der Lebensbedingungen der Menschen beizutragen.
Das im Verlauf der Untersuchung gesammelte Datenmaterial war umfangreich und vielfältig. Es beinhaltete u. a. ausführliche Lebensgeschichten von 32 Männern und 30 Frauen, Protokolle (Zeitverwendungsbögen) der Tagesabläufe von 80 Personen, Inventare von Mahlzeiten in 40 Familien, Beschreibung der Weihnachtsgeschenke von 80 Kleinkindern, eine Aufstellung von Gesprächsthemen in öffentlichen Lokalen und die Entleihzahlen der örtlichen Bibliothek.
Diese Materialvielfalt zeigt, dass bei der Datenerhebung unterschiedliche Methoden zum Einsatz kamen: Interviews (zur Erhebung von Lebensgeschichten), teilnehmende Beobachtung (in öffentlichen Lokalen), standardisierte Beobachtung (Zeitverwendungsbögen), Statistiken (Entleihzahlen) usw. Ein wesentlicher Aspekt der Auswertung war die Erstellung eines Kategoriensystems zur Charakterisierung der Grundhaltung der Marienthaler Menschen. Es wurden vier Grundhaltungen unterschieden:

1. eine ungebrochene, die durch aufrechterhaltene Lebenslust, Aktivitäten und unverminderte Versuche der Arbeitsbeschaffung gekennzeichnet war (16 %),
2. eine resignierte, für die das Gefühl charakteristisch war, nichts gegen die Arbeitslosigkeit tun zu können (48 %),
3. eine verzweifelte, gekennzeichnet durch Verzweiflung, Depression und Hoffnungslosigkeit (11 %) und
4. eine apathische Grundhaltung im Sinne von Tatenlosigkeit, unbeteiligtem Zusehen, wie die Umgebung verfällt (25 %).

Die Prozentzahlen zeigen, dass es nur einer Minderheit der Menschen in Marienthal gelungen war, sich eine ungebrochene Hoffnung auf die Zukunft zu erhalten; die meisten Menschen reagierten dagegen auf Dauer mit Resignation, Verzweiflung oder Apathie. Entsprechend wurde Marienthal von Jahoda et al. auch zusammenfassend als „müde Gemeinschaft" bezeichnet. Die Untersuchung, die den Verlust von Hoffnung aufgrund von anhaltender Arbeitslosigkeit dokumentiert, dürfte bis heute wenig an Gültigkeit verloren haben (vgl. Cremer-Schäfer 2005).

Selbstverständlich haben auch qualitative Forschungsprojekte ein Design, d. h. einen (revidierbaren) Plan, wie man welche Daten erheben und zu Schlussfolgerungen kommen kann. Um die verschiedenen Designs der qualitativen Forschung besser zu verstehen, ist es zweckmäßig, zunächst die Merkmale und Arten dieses Forschungstyps zu beschreiben.

6.1.4.1 Merkmale und Arten der qualitativen Forschung

Um die spezifischen Merkmale der qualitativen Forschung zu verdeutlichen, wird sie in der forschungsmethodischen Literatur gerne in einen Kontrast mit der quantitativen Forschung gesetzt. Das aber kann, wie die Marienthal-Studie mit ihrem Methodenmix zeigt, an der Forschungspraxis vorbeigehen, da bei einer qualitativen Untersuchung durchaus auch quantitative Daten erhoben werden können.

- **Quantitativ vs. qualitativ**

Abgesehen davon, dass man üblicherweise die qualitative Forschung der Geisteswissenschaft und die quantitative Forschung den Naturwissenschaften zuschreibt, sagt man, dass die qualitative Forschung idiografisch, induktiv, fallorientiert und zyklisch in der Durchführung sei, auf das Verstehen abziele und im Feld durchgeführt werde, während die quantitative Forschung nomothetisch, deduktiv, variablenorientiert und linear in der Durchführung sei, auf Erklärungen abziele und überwiegend im Labor ausgeführt werde.

Diese Gegenüberstellung trifft aber nur zu, wenn die quantitative Forschung mit dem Experiment verknüpft und die qualitative Forschung als Feldforschung begriffen wird. Abgesehen davon, dass auch im Bereich der qualitativen Forschung der Begriff des Experiments nicht unüblich ist, insofern von dem *qualitativen Experiment* oder dem *Erkundungsexperiment* gesprochen wird (z. B. Kleining 1986), findet die empirische Erziehungswissenschaft nur zum kleinsten Teil im Labor statt. Auch ist bei der Gegenüberstellung von Verstehen (qualitativ) und Erklären (quantitativ) ein Vorbehalt anzumelden, da qualitative und quantitative Forschung gleichermaßen auf das Beschreiben und Verstehen ausgerichtet sind, während das Erklären die Aufgabe einer Theorie ist, die sich auf Daten (unterschiedlicher Natur) stützen kann. Die dem naturwissenschaftlichen Ansatz zugeschriebene Zielsetzung des Erklärens im Sinne der Überprüfung von Kausalhypothesen ist, wie wir im vorherigen Abschnitt dargelegt haben, kein inhärentes Merkmal quantitativer Methoden. Ebenso auch nicht der Anspruch der Verallgemeinerung der Untersuchungsergebnisse, da dieser Anspruch auch in der qualitativen Forschung erhoben wird (vgl. Mayring 2007).

Deutliche Unterschiede zwischen der qualitativen und quantitativen Forschungsmethode sind in erster Linie in der Qualität der Daten und ihrer Auswertung festzustellen, aber entscheidend ist laut Witt (2001) der Unterschied in der Strategie der Forschungsdurchführung. Bei der quantitativen Forschung wird eine *lineare Strategie* der Versuchsplanung und -durchführung angewandt, bei der qualitativen ist das Vorgehen bei der Durchführung *zirkulär* (▫ Abb. 6.13).

Witt (2001) weist darauf hin, dass die unterschiedlichen Strategien der Forschungsdurchführung notwendig sind. Bei der Durchführung quantitativer Forschung dürfen keine Veränderungen vorgenommen werden, da dadurch die Vergleichbarkeit der Daten gefährdet wird. Diese ist aber eine Voraussetzung dafür, dass Daten aggregiert, d. h. zusammengefasst und statistisch ausgewertet werden können.

Davon grenzt sich das zirkuläre Vorgehen der qualitativen Forschung deutlich ab. Hier ist die Sequenz der Forschungsschritte mehrmals zu durchlaufen, wobei der jeweils nächste Schritt von den Ergebnissen des vorherigen Schritts abhängig ist. Anders als bei der experimentellen Methode muss zu Beginn

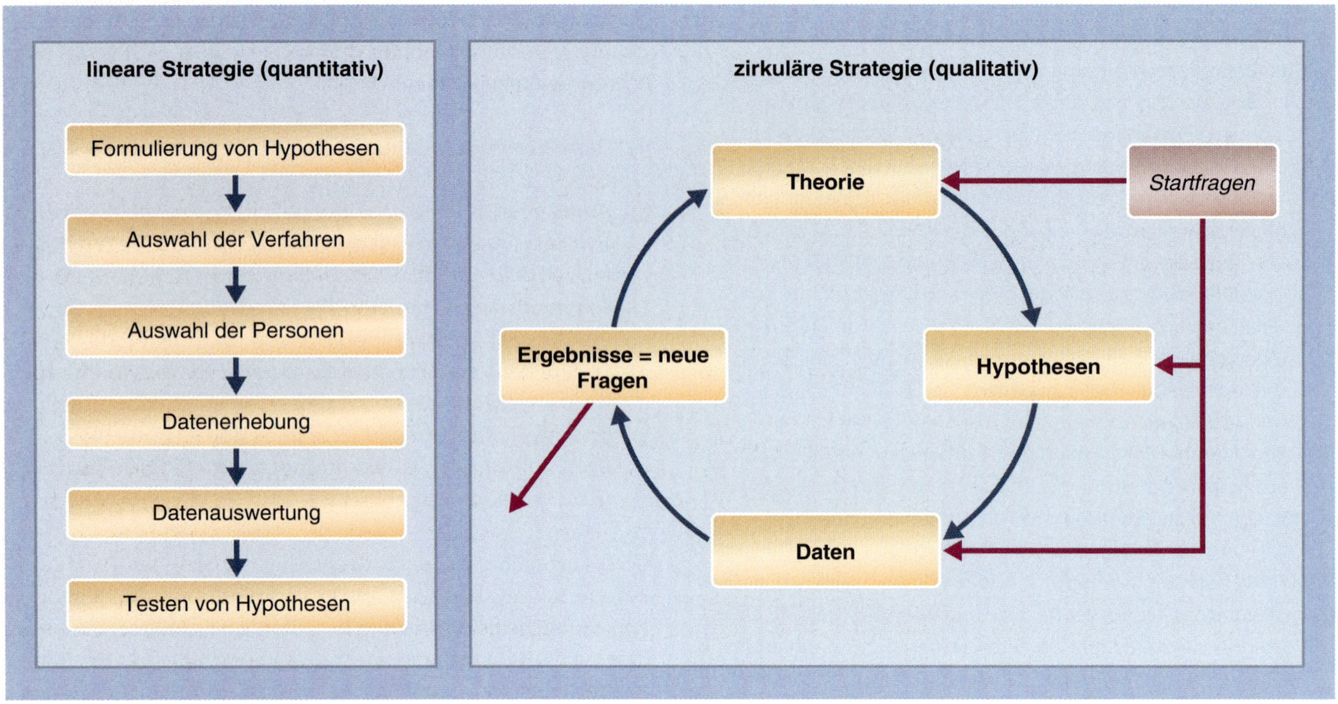

Abb. 6.13 Gegenüberstellung der linearen und zirkulären Strategie der Forschungsdurchführung

einer qualitativen Untersuchung nur ein ungefähres Vorverständnis über den Gegenstand und das Ziel gegeben sein, so dass zunächst nur wenig vorausgeplant werden muss. Das Verständnis des Gegenstandes erschließt sich erst im Fortgang der Untersuchung, die ja erkundend und explorativ ist. Jeder Schritt hat Konsequenzen nach vorne (d. h. für das weitere Vorgehen) und nach hinten, so dass gegebenenfalls Modifikationen der Fragestellung erforderlich werden. Im Grunde stellt sich bei der qualitativen Forschung alles, was bei der empirisch-quantitativen Forschung vorab spezifiziert sein muss, erst im Verlauf der Durchführung einer Untersuchung heraus: die Erhebungsmethoden ebenso wie die zu untersuchenden Personen und der Umgang mit den erhobenen Daten. Eine „Vergleichbarkeit" der Daten ist laut Witt (2001) auf diese Weise natürlich nicht herzustellen. Sie wäre auch nicht zielführend, da es ja nicht um die Bestimmung der quantitativen Ausprägung bestimmter Merkmale geht, sondern um die Aufdeckung von Sachverhaltsstrukturen. Für Witt ist das sequentielle, am bisherigen Verlauf orientierte Vorgehen durch ein Minimum an Aufwand bei einem Maximum an breitbandiger Information gekennzeichnet.

▪ Bestimmt die Art der Datenerhebung den Forschungstyp?

Begibt man sich auf die Ebene der Methoden der Datenerhebung, so zeichnet sich die qualitative Forschung durch eine Vielzahl von Verfahren aus, die sich unterschiedlich klassifizieren lassen. Ein Kriterium dafür könnte sein, ob qualitative Methoden der Datenerhebung sich ausschließlich im Bereich qualitativer Forschung finden lassen oder auch in der quantitativen Forschung angewandt werden. Beispielsweise haben sich Tagebücher und Portfolios, beides qualitative Methoden, mittlerweile auch in der Lehr-Lern-Forschung zur Analyse von Lernprozessen etabliert (vgl. Gläser-Zikuda und Hascher 2007).

Qualitative Methoden der Datenerhebung und -analyse sind nicht an einen bestimmten Forschungsprozess gebunden. Interviews oder Inhaltsanalysen können durchaus auch im Rahmen einer hypothesenprüfenden Untersuchung zur Anwendung kommen, allerdings nur unter der Voraussetzung, dass ihnen Zahlenwerte zugeordnet werden können, so dass sie vergleichbar werden.

Legt die Forschungsphase, in der eine Methode zur Anwendung gelangt, eine Unterscheidung zwischen qualitativen Methoden nahe? Die Antwort auf die Frage lautet ja, denn gliedert man die Forschungsphase in die Abschnitte Datenerhebung und -auswertung, so lassen sich für die Datenerhebung verschiedene Methoden unterscheiden (z. B. Interview, Gruppendiskussion, freie Beobachtung usw.), die sich in der quantitativen Forschung kaum oder nur selten finden. Das gilt auch für Verfahren der Datenanalyse und -auswertung, die z. B. mit den Stichworten Hermeneutik und Inhaltsanalyse zu umschreiben sind. Dazu lassen sich auch unterschiedliche Untersuchungsdesigns benennen wie die deskriptive Feldforschung oder die sogenannte Grounded Theory, die als gegenstandsbezogene Theoriebildung nur in der qualitativen Sozialforschung zu finden sind.

6.1.4.2 Allgemeine Charakteristik der qualitativen Forschung

Was genau den qualitativen Forschungsansatz ausmacht, ist nicht einfach zu bestimmen, da es keine einheitliche Ausrichtung der qualitativen Forschung gibt. Im Grunde ist die Bezeichnung „qualitative Forschung" ein Sammelbegriff für eine Vielfalt an Methoden. Dennoch gibt es selbstverständlich Merkmale, welche die qualitative Forschung charakterisieren und sie von anderen Forschungsmethoden unterscheiden. Einen wesentlichen Beitrag zur Merkmalscharakteristik qualitativer Forschung hat Mayring (2002) mit der Formulierung von 5 Postulaten geleistet, denen er 13 Komponenten qualitativen Denkens zuordnet.

Postulate qualitativer Forschung und Komponenten qualitativen Denkens (Mayring 2002)

1. Orientierung am Subjekt
   - Ganzheitlichkeit
   - Historizität
   - Problemorientierung
2. Deskription als Ausgangspunkt
   - Einzelfallbezug
   - Offenheit
   - Kontrolle
3. Interpretation
   - Vorverständnis
   - Introspektion
   - Forscher-Gegenstands-Interaktion
4. Alltagsnähe
5. Schrittweise Verallgemeinerung
   - Argumentative Verallgemeinerung
   - Induktion
   - Quantifizierung
   - Regelbegriff

Erstes Postulat: Orientierung am Subjekt

Das erste Postulat besagt, dass qualitative Forschung immer am Subjekt, also am Menschen, ansetzt. Damit wird ein ganzheitliches Denken vorausgesetzt, da eine Grundforderung lautet, den Menschen in seiner *Ganzheit* zu betrachten. Das kann am Beispiel der Marienthal-Studie verdeutlicht werden, in der nicht einzelne Reaktionen auf die Arbeitslosigkeit untersucht wurden, sondern die Gesamtheit der Reaktionen der betroffenen Personen im Hinblick auf Denken, Fühlen und Handeln berücksichtigt wurde.

Die Marienthal-Studie zeigt auch die zweite Komponente qualitativen Denkens, da die Ursachen und Auswirkungen der Arbeitslosigkeit im zeitlichen Verlauf betrachtet wurden. Das bezeichnet Mayring als *Historizität,* denn der Blick richtet sich darauf, wie Menschen aufgrund ihrer Biografien zu dem geworden sind, was sie sind. Zu dieser Betrachtungsweise gehört es aber auch, die Veränderungen der Menschen im Verlauf einer Untersuchung zu analysieren.

Auch im Hinblick auf die dritte Komponente der Orientierung am Subjekt kann die Marienthal-Studie als Beispiel herangezogen werden, da in ihr die *Problemorientierung* der qualitativen Forschung besonders deutlich wird, weil sie an den praktischen Alltagsproblemen der von Arbeitslosigkeit betroffenen Menschen ansetzte.

Zweites Postulat: Deskription als Ausgangspunkt

Mit folgenden Worten umschreibt Mayring das zweite Postulat der qualitativen Forschung, die Deskription:

> Am Anfang der Analyse muss eine genaue und umfassende Beschreibung (Deskription) des Gegenstandsbereiches stehen (Mayring 2002, S. 21).

Ihr werden wiederum drei Merkmale zugeschrieben: Laut Mayring setzt die qualitative Forschung am Einzelfall an, wobei dieser je nach Fragestellung eine Einzelperson, eine Gruppe oder auch Organisation sein kann. Neben der *Einzelfallbezogenheit*, die auch Vergleiche von Einzelfällen einschließt, stellt Mayring die *Offenheit* gegenüber dem Forschungsgegenstand als zentrales Merkmal der qualitativen Forschung heraus. Damit wird die Dynamik der Vorgehensweise angesprochen, die dem induktiven Denken entspricht, was eine Grundvoraussetzung für die oben angesprochene zirkuläre Strategie der Erkenntnisgewinnung ist. Das in der Marienthal-Studie hergestellte Kategoriensystem zur Beschreibung der Grundhaltungen der Menschen war das Ergebnis einer induktiven Schlussfolgerung auf der Basis der erhobenen Daten. Die Marienthal-Studie zeigt auch, dass Offenheit nicht mit einem unsystematischen Vorgehen verwechselt werden darf, da das Untersuchungsteam alle Verfahrensschritte genau dokumentiert hatte. Die Deskription erfordert eine *Kontrolle* der angewandten Methoden zur Datenerhebung, um zu zulässigen Interpretationen zu gelangen.

Drittes Postulat: Interpretation

Mit der Interpretation ist das dritte Postulat Mayrings angesprochen. Die Interpretation bezieht sich nicht nur auf die Daten, sondern generell und grundsätzlich darauf, dass der Gegenstand einer qualitativen Untersuchung durch Interpretation erst erschlossen werden muss. Qualitative Forschung geht nämlich grundsätzlich von der Interpretationsbedürftigkeit ihres Gegenstandes aus, wobei sich kein Forscher unvoreingenommen und ohne ein *Vorverständnis* dessen, was er untersuchen will, an die Arbeit macht. Man kann das Vorverständnis wie ein Regulativ betrachten, das der Offenheit entgegenwirkt. Ein unvoreingenommenes Herangehen an eine Fragestellung gibt es nicht, und wenn keine Theorie das Handeln leitet, dann eine implizite Theorie. Eine Grundvoraussetzung erfolgreicher Forschung erfordert deshalb, dass das Vorverständnis explizit gemacht wird. Das gilt nicht nur, aber besonders für die qualitative Forschung. Interpretation im Rahmen qualitativer Forschung vollzieht sich nach Mayring in Form der *Introspektion.* Wie das Vorverständnis sind auch die Prozesse der Introspektion offenzulegen.

Die dritte Komponente der Interpretation bezieht sich darauf, dass qualitative Forschung ein sozialer Prozess ist, in dessen Verlauf sich sowohl der Forscher als auch das Untersuchungssubjekt verändern können. Die zur Kennzeichnung gewählte Formulierung *Forscher-Gegenstands-Interaktionen* ist dabei jedoch unseres Erachtens etwas unglücklich gewählt, da der Gegenstand ja der Mensch in seiner Gesamtheit ist (s. erstes Postulat). Tatsächlich beziehen sich die näheren Ausführungen Mayrings auch auf die Qualität der Interaktionen zwischen dem Forscher und dem zu untersuchenden Menschen: Letzterer reagiert auf die Untersuchungssituation und die Persönlichkeit des Forschers, so wie dieser seinerseits auf die untersuchte Person reagiert. Beide Seiten entwickeln Sympathien und Antipathien, die in die Interaktionen und die zu gewinnenden Daten einfließen. Dies alles offenzulegen, ist sicherlich nicht einfach, aber ein Postulat einer validen qualitativen Untersuchung.

Viertes Postulat: Alltagsnähe

Das vierte Postulat qualitativer Forschung, die Alltagsnähe, wird von Mayring nicht weitergehend differenziert, sondern mit der

Tab. 6.12 Forschungsperspektiven in der qualitativen Forschung (Flick et al. 2000, S. 19)

	Zugänge zu subjektiven Sichtweisen	Beschreibung von Prozessen der Herstellung sozialer Situationen	Hermeneutische Analyse tiefer liegender Strukturen
Theoretische Position	Symbolischer Interaktionismus Phänomenologie	Ethnomethodologie Konstruktivismus	Psychoanalyse Genetischer Strukturalismus
Methoden der Datenerhebung	Leitfadeninterviews Narrative Interviews	Gruppendiskussion Ethnografie Teilnehmende Beobachtung Aufzeichnung von Interaktionen Sammlung von Dokumenten	Aufzeichnung von Interaktionen Fotografie Filme
Methoden der Interpretation	Theoretisches Codieren Qualitative Inhaltsanalyse Narrative Analysen Hermeneutische Verfahren	Konversationsanalyse Diskursanalyse Gattungsanalyse Dokumentenanalyse	Objektive Hermeneutik Tiefenhermeneutik Hermeneutische Wissenssoziologie
Anwendungsfelder	Biografieforschung Analyse von Alltagswissen	Analyse von Lebenswelten und Organisationen Evaluationsforschung Cultural Studies	Familienforschung Biografieforschung Generationsforschung Genderforschung

Forderung verknüpft, qualitative Forschung möglichst im natürlichen Kontext und Umfeld der Subjekte zu untersuchen. Bei der Marienthal-Studie war diese Alltagsnähe dadurch gegeben, dass die Untersuchung vor Ort und mit den unmittelbar betroffenen Personen stattfand.

Fünftes Postulat: schrittweise Verallgemeinerung

Auf den von Mayring betonten Anspruch der Verallgemeinerung der Ergebnisse qualitativer Forschung haben wir bereits weiter oben hingewiesen. Diese soll aufgrund der üblicherweise kleinen Stichproben schrittweise erfolgen und umfasst vier Komponenten: eine *argumentative Verallgemeinerung*, die *induktive Erschließung* allgemeingültiger Aussagen und das Bemühen um eine *Quantifizierung*, wie sie uns beispielhaft auch in der Marienthal-Studie begegnet. Obwohl man der qualitativen Forschung gelegentlich unterstellt, dass sie lieber klassifiziere als quantifiziere (Rost 2003), ist Mayrings Position mittlerweile in der qualitativen Forschung ebenso unbestritten wie seine Argumentation, dass es bei der Verallgemeinerung in der qualitativen Forschung nicht um die Aufstellung von allgemeingültigen Gesetzen gehe, sondern um Gleichförmigkeiten über verschiedene Fälle hinweg, so dass eine *Regel* daraus resultiert.

Lamnek (1998) hat diesbezüglich drei Funktionen qualitativer Forschung unterschieden:

1. Nachvollzug bzw. Rekonstruktion eines subjektiv gemeinten Sinns sprachlicher Äußerungen,
2. Beschreibung des sozialen Handelns in der Interaktion mit der Umwelt und
3. Rekonstruktion von Strukturen der impliziten Regeln, die dem menschlichen Handeln zugrunde liegen.

Der ersten Funktion entsprechen Interviewverfahren, bei der zweiten Funktion stehen die ethnografische Forschung wie auch narrative Interviews im Vordergrund, um beispielsweise Prozessstrukturen des Lebenslaufs zu entdecken und einzuordnen. Die dritte Funktion wiederum ist eng mit der objektiven Hermeneutik und der Konversationsanalyse verbunden. Dabei werden diesen Funktionen in der forschungsmethodischen Literatur unterschiedliche Untersuchungsdesigns zugeordnet, auf die nun eingegangen wird.

6.1.4.3 Qualitative Forschungsperspektiven und grundlegende Designs

Im Unterschied zur quantitativen Forschung, in der das Designkonzept fester Bestandteil der Terminologie ist, weichen die Klassifikationen der Designs qualitativer Forschung in der forschungsmethodischen Literatur sehr stark voneinander ab. Creswell (2005) nennt neben den Grounded-Theory-Designs, auf die wir im nächsten Unterkapitel gesondert eingehen werden, noch ethnografische und narrative Designs der qualitativen Forschung (vgl. dazu auch Strübing 2013). Andere Autoren (z. B. Miles et al. 2014) unterscheiden allgemein zwischen Fallstudien (Einzelfälle, multiple Fälle) und Feldforschung und wiederum andere (z. B. Bernard 2013; Monette et al. 2014) beziehen den Begriff des Designs, obwohl sie auch die qualitative Forschung ausführlich behandeln, nur auf die experimentelle Forschung.

Auch in der deutschsprachigen Literatur wird das Thema der Untersuchungsdesigns qualitativer Forschung stiefmütterlich behandelt. Neben den allgemeinen Ausführungen zur Designproblematik von Mayring (2002) wird noch am ehesten die Klassifikation von Flick (2000a) der Thematik gerecht. Ausgehend von den Methoden der Datenerhebung haben Flick et al. (2000) die in Tab. 6.12 genannten Forschungsperspektiven hergeleitet, denen unterschiedliche Untersuchungsdesigns zugrunde gelegt werden können. In Anlehnung daran unterscheiden wir zwischen den Designs

- der Einzelfallanalyse, die dem narrativen Design von Creswell (2005) entspricht,
- der Dokumentenanalyse,
- der deskriptiven Feldforschung, die den ethnografischen Designs Creswells entspricht,
- des qualitativen Experiments und
- der Handlungsforschung.

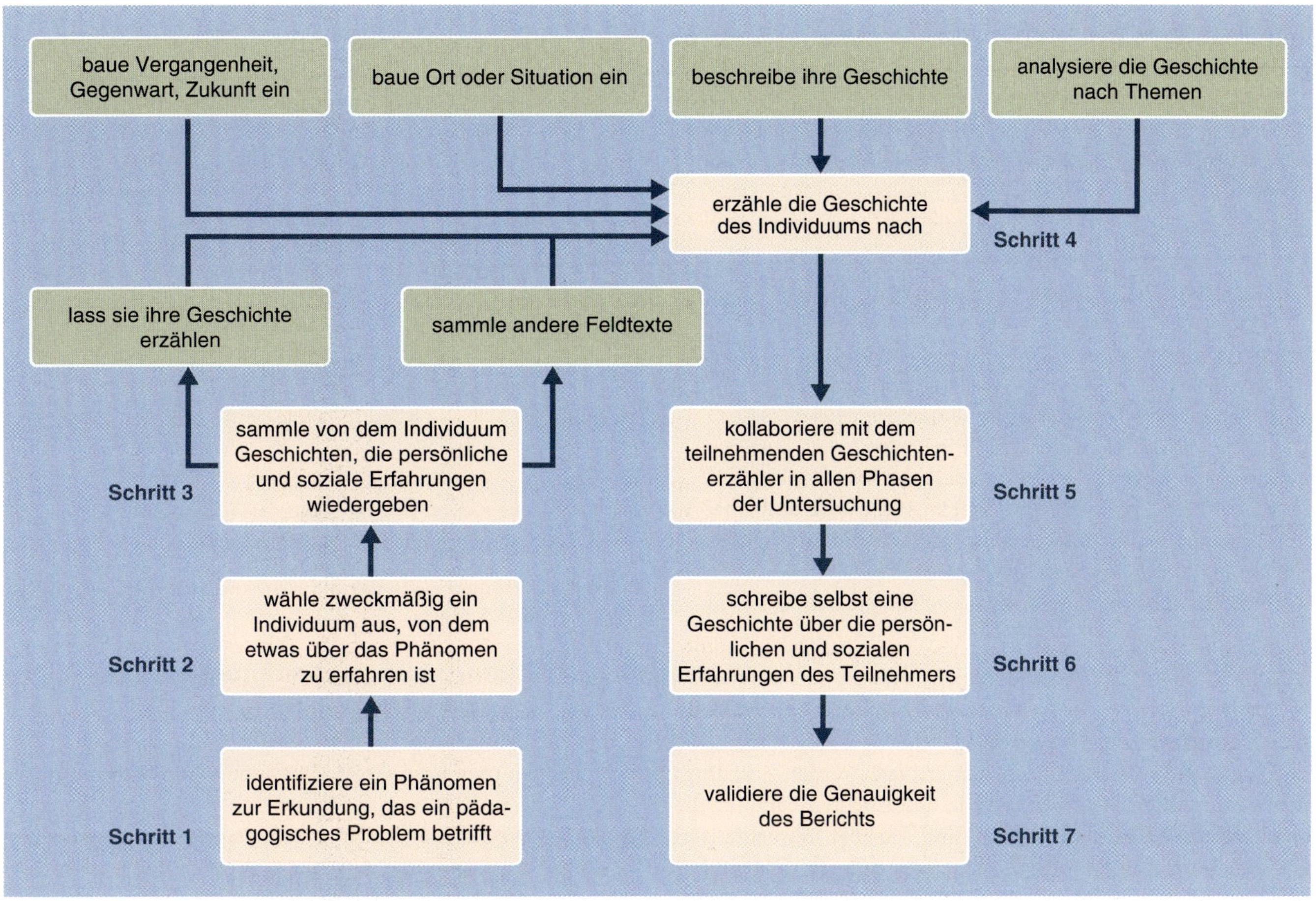

Abb. 6.14 Schritte der Realisierung eines narrativen Designs (Creswell 2005, S. 485)

Wir befassen uns im Folgenden mit der Fallanalyse, der deskriptiven Feldforschung und dem narrativen Experiment.

6.1.4.4 Fallstudien und narrative Designs

Zur thematischen Einordnung der folgenden Ausführungen empfehlen wir die Lektüre von ► Abschn. 1.3.3, in dem die Problematik der Fallanalyse und des Fallverstehens im Zusammenhang der pädagogischen Kasuistik behandelt wird. Bei Fallanalysen gibt der jeweilige Untersuchungsplan unter anderem Auskunft darüber, zu welchen „Fällen" Daten erhoben werden sollen und welche Vergleiche zwischen den Daten zur Beantwortung der Fragestellung im Kontext der jeweiligen Zielsetzung notwendig sind. Im Folgenden sollen hierzu drei Typen von Untersuchungsplänen der Fallanalyse skizziert werden.

▪ Einzelfallstudie

Der erste Typ betrifft Einzelfallstudien, die als bereichsspezifische Untersuchungen dann sinnvoll sind, wenn neuartige, historisch einzigartige oder exemplarische Phänomene oder Entwicklungsprozesse erforscht werden sollen. Der „Fall" ist etwas, was eine Geschichte hat. Untersucht werden kann die Biografie eines Menschen, ein Ereignis, eine Gruppe, ein Programm, eine Organisation oder ein Betrieb, eine Tradition oder ein gemeinschaftlicher Sozialzusammenhang. Das Ziel liegt darin, diejenigen Struktureigenschaften herauszufinden, die einen „Fall" determinieren. Dabei geht es darum, „die für das zu untersuchende wissenschaftliche Problem bedeutsamen Kennzeichen als Einheit aufzufassen und zusammenzuhalten" (Goode und Hatt 1972, S. 302). Die Einzelfallstudie ist dementsprechend ein komplexer Forschungsansatz, in dem die Methoden für die Erhebung und Analyse von Daten so gestaltet werden, dass eine modellbildende Gesamtinterpretation ermöglicht wird. Für Creswell (2005) ist die Einzelfallanalyse das Herzstück des *narrativen Forschungsdesigns*. Im erziehungswissenschaftlichen Kontext liegt dabei der Fokus gewöhnlich auf einer einzelnen Person, für welche Geschichten und individuelle Erfahrungen gesammelt werden. Diese werden anschließend mit der betreffenden Person dikutiert (◘ Abb. 6.14).

Biografien, die üblicherweise aufgrund von Aufzeichnungen und Archivmaterial erstellt werden, aber auch andere Informationsquellen wie Interviews oder Fotografien einbeziehen, repräsentieren den Typ der narrativen Einzelfallanalyse ebenso gut wie die spezielle Variante der Autobiografie.

▪ Untersuchung einer Fallgruppe

Häufig werden in qualitativen Untersuchungen Daten von Fällen erhoben, die aus einer relativ homogenen Untersuchungsgruppe stammen, z. B. biografische Verläufe und Handlungsmuster obdachloser Frauen (Wesselmann 2009), Konflikte in Schulklassen (Ulich 2001) oder der von Bildungsforschern kritisierte Widerstand von Lehrern gegen Reformen der Schule (Terhart 2013).

Fallbeispiel: aus dem Tagebuch einer Schülerin
Eine Studentin hat als 16-jährige Schülerin Folgendes in ihr Tagebuch geschrieben:
„Ich komme nie raus aus meiner Rolle! Es wird sich wohl die ganze Schulzeit nicht ändern. Schule. Da gibt's die Streber und die Außenseiter. Die Chemie-Freaks und die Sport-Cracks. Da gibt's die ‚Schönen', die jeder anhimmelt und die immer voll aufgestylt in die Schule kommen, die ‚Meinungsmacher', die immer den Mund offen haben, und die Mitläufer, die halt auch da sind, aber die man eigentlich gar nicht bemerkt. Und da gibt's die Clique. Und jeder will in die Clique rein. Und ich, na ja, will's auch. Aber ich hab mein Image. Werde nie dazugehören. Bin in meiner Rolle festbetoniert. Und keiner merkt, dass ich ja eigentlich gar nicht mehr so bin. Es interessiert die anderen ja auch gar nicht. Die Schule wechseln, das wäre die einzige Möglichkeit. Eine neue Klasse. Aber im Prinzip ist es doch überall gleich. In jeder Klasse gibt's die ‚Stars' und der Rest ist dafür zuständig, die ‚Stars' anzubeten!" (Ulich 2001, S. 49).
Probleme dieser Art haben viele Schülerinnen und Schüler in diesem Alter.

Durch die Untersuchung mehrerer gleichartiger Fälle können die Ergebnisse auf die Gesamtgruppe übertragen werden, allerdings nur wenn sichergestellt ist, dass die untersuchten Fälle für die Gesamtgruppe auch repräsentativ sind. Da aber in qualitativen Untersuchungen wegen des hohen Aufwands der Datenerhebung gewöhnlich nicht mit Zufallsstichproben gearbeitet wird und gezielt exemplarische Fälle ausgewählt werden, wird die Repräsentativität und damit auch die Generalisierbarkeit zu einem Problem. Eine Lösung besteht darin, dass die exemplarischen Fälle so ausgewählt werden, dass sie die Unterschiede innerhalb der zu untersuchenden Gruppe abdecken. Dies erfordert entsprechendes Vorwissen und auch Hypothesen über die mögliche Variation des untersuchten Phänomens. Im oben angeführten Fallbeispiel wäre u. a. der Einfluss von Geschlecht, Alter und Dauer der Gruppenzugehörigkeit zu erheben.

Für die Zusammensetzung kleiner Stichproben, wie sie bei qualitativen Fallvergleichen üblich sind, wird das Quotenverfahren (auch *theoretisches* oder *gezieltes Sampling* genannt) empfohlen (Patton 1990). Im Kontext der zirkulären Strategie der qualitativen Forschung kann dieses Sampling auf die Fallgruppenuntersuchung so angewandt werden wie in ◻ Abb. 6.15 dargestellt.

- **Vergleich mehrerer Fallgruppen**

Eine dritte Variante der Fallanalyse betrifft den Vergleich mehreren Gruppen. Dadurch sollen theoretisch und praktisch bedeutsame Unterschiede zwischen verschiedenen Gruppen aufgedeckt werden, an denen dasselbe Phänomen untersucht wird. Beispiele für qualitative Untersuchungen diesen Typs sind Vorher-Nachher-Untersuchungen zur Auswirkung kritischer Lebensereignisse oder Untersuchungen zur Lebensqualität in verschiedenen Stadtteilen. In Bezug auf die Pädagogik kann die Untersuchung zum Einfluss der Zufriedenheit auf die Qualität pädagogischer Arbeit als Beispiel angeführt werden (z. B. Schütz 2009).

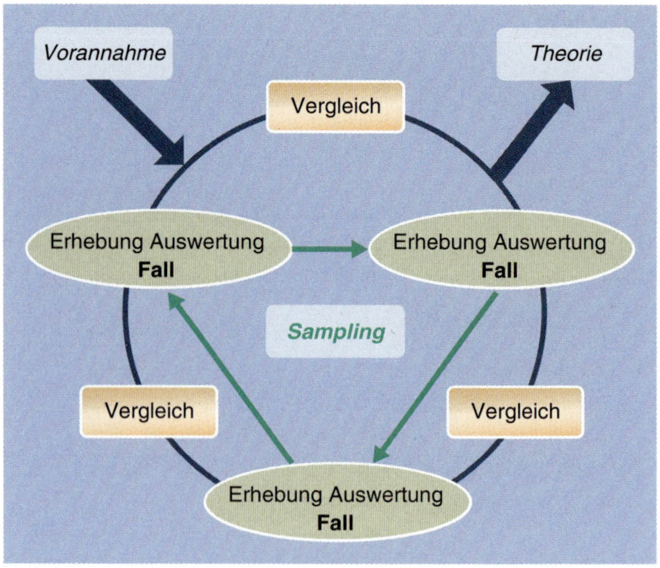

◻ **Abb. 6.15** Fallgruppenuntersuchung und Quotenverfahren s. Anmerkung oben (Flick 2000b, S. 61)

6.1.4.5 Feldforschung und ethnografische Designs

Der Begriff der Feldforschung bezeichnet ein komplexes qualitatives Forschungsprogramm, das eng mit ethnografischen Untersuchungen und ihren Designs verbunden ist (Creswell 2005).

Eine ethnografische Untersuchung zielt in der Regel darauf ab, Menschen über einen längeren Zeitraum in ihrem alltäglichen Leben zu erforschen.

Der natürliche Lebensraum wird dabei als „Feld" bezeichnet, und das Ziel der Forschung besteht darin, überschaubare und unterscheidbare Einheiten des menschlichen Zusammenlebens *ganzheitlich* zu erfassen, sie hinsichtlich ihrer Strukturen und zeitlichen Zustandekommens zu analysieren und zu dokumentieren. Dabei gilt es, den natürlichen Lebenslauf der Menschen durch die Forschungstätigkeit so wenig wie möglich zu beeinträchtigen. Am besten ist es, wenn die Forscher selbst über einen längeren Zeitraum in dem zu untersuchenden Feld leben, am Alltagsleben der Subjekte teilnehmen und dabei die erforderlichen Daten erheben, die der späteren Analyse als Grundlage dienen. Ein Beispiel dafür ist die Marienthal-Studie. Diese persönliche Einbettung in das Feld unterscheidet die qualitative Feldforschung von der quantitativen Felduntersuchung, die nicht in das Feld eintritt. Qualitative Feldforschung dient nicht nur der Datenerhebung zum Zwecke der Erkenntnisgewinnung, sondern wird zu einem Verfahren der Generierung von subjektiven Erfahrungen und Erlebnissen, die den Forscher zum Teil des Feldes bzw. Milieus machen, in dem die Untersuchung stattfindet. Daher wird die Feldforschung in Lehrbüchern zu qualitativen Forschungsmethoden oft unter dem Stichwort der teilnehmenden Beobachtung behandelt (z. B. Lamnek 1998).

Teilnehmende Beobachtung

Teilnehmende Beobachtung meint, dass der Forscher am Leben der Menschen, die ihn interessieren, teilnimmt, diese Menschen beobachtet, Gespräche mit ihnen führt und seine Beobachtung deskriptiv wiedergibt (Lamnek 1995).

Die Gespräche, die zu führen sind, werden von Girtler (1995) in strikter Ablehnung standardisierter Befragungen als „ero-epische Gespräche"[6] bezeichnet:

» Ein „ero-episches" Gespräch ist [...] ein sehr eingehendes Gespräch, bei dem beide sich öffnen, der Forscher und sein Gesprächspartner, um in die „wahren" Tiefen einer Kultur [...] vorzudringen. [...] Die Fragen in einem „ero-epischen Gespräch" ergeben sich aus dem Gespräch (Girtler 1995, S. 219).

Für eine erfolgreiche qualitative Feldforschung, die den Forscher als Mitglied des Feldes sieht, hat Girtler (2004) 10 Gebote formuliert, die folgende Kernaussagen enthalten:

Die 10 Gebote der Feldforschung nach Girtler (1995)

1. Passe dich, ohne dich selbst zu verleugnen, in deinem Benehmen, aber auch in deinem Erscheinungsbild dem Forschungsfeld an!
2. Nähere dich unvoreingenommen und ohne falsches Misstrauen den Menschen, die dich interessieren!
3. Denke und berichte über diese Menschen ohne jegliche Geringschätzung!
4. Sammle und studiere Hintergrundinformationen zu deinem Forschungsfeld!
5. Erwandere das Feld, denn Feldforscher zu sein, bedeutet ein „Wanderforscher" zu sein.
6. Protokolliere, was du beobachtest und erfährst! Führe ein Forschungstagebuch!
7. Führe freie inhaltsschwere Gespräche mit Personen aus der zu erforschenden Kultur! Führe „ero-epische Gespräche" und keine standardisierten Interviews! Diese Gespräche sollten mittels eines Tonbandgerätes aufgezeichnet und im Anschluss von dir selbst transkribiert werden.
8. Bleib immer wohlwollend, aber kritisch und versuche, den Wahrheitsgehalt einer jeden Äußerung zu prüfen!
9. Beginne deine Forschung nicht mit missionarischen Absichten und politischer oder pädagogischer Intention! Führt das Forschungsergebnis und der Forschungsbericht zu politischem oder pädagogischem Engagement, ist das (möglicherweise) gut, aber nicht impliziert.
10. Sei dir im Vorfeld der Forschungsarbeit bewusst, dass Feldforschung körperlich anstrengend ist!

Feldforschung ist nach diesem Verständnis Milieuforschung und befasst sich mit der Gestaltung von Lebenswelten durch Menschen. Für Girtler (2002) sind die vollkommen unstrukturierte teilnehmende Beobachtung und das „ero-epische Gespräch" die wichtigsten Methoden der freien Feldforschung. Die persönliche Teilnahme am Geschehen im Feld erlaubt es, Handlungen und Denkweisen der Akteure nachzuvollziehen und zu verstehen.

Die qualitative Feldforschung bedient sich aber nicht nur der Methode der teilnehmenden Beobachtung, sondern stützt sich u. a. auch auf beobachtende Teilnahme, informelle und formelle Interviews, Diskussionen und Dokumentenanalyse. Ein Beispiel für die beobachtende Teilnahme sind die ethnografischen Studien zur Alltagsmathematik brasilianischer Straßenverkäufer von Carraher (1991), über die wir bereits in ▶ Abschn. 4.2.3 berichtet haben (vgl. auch Petitto und Ginsburg 1982).

Feldforschung steht also grundsätzlich vor dem Problem, Beobachtungen an Menschen in ihrer natürlichen Umgebung so zu organisieren, dass man den Untersuchungsbereich in seiner Besonderheit und seiner Dynamik besser *verstehen* kann. Der Vorteil offener Beobachtungsformen ist es, flexibel auf Ereignisse und dynamische Veränderungen im Feld reagieren zu können.

Grundvoraussetzung für ethnografische Untersuchungen aber ist, überhaupt einen Zugang zum Forschungsfeld und den Akteuren zu finden. Ist dies gelungen, fangen die Probleme aber eigentlich erst an: Welchen Stellenwert haben die Beobachtungen und kann man ihnen vertrauen? Kann sich der Feldforscher auf die Auskünfte der Menschen verlassen und sind seine Schlussfolgerungen daraus somit begründet? Hallpike (1990) hat diesbezüglich im Hinblick auf die von Margaret Mead (1928) behaupteten Befunde über die Entwicklung Jugendlicher in Samoa aufgrund einer eingehenden Analyse starke Zweifel. Kann man überhaupt etwas darüber in Erfahrung bringen, was Menschen wirklich denken? Sollte man sich in der Feldforschung aktiv einbringen, so wie es die Forscher bei der Marienthal-Studie getan haben, oder sollte man besser alles aus einer neutralen Distanz beobachten?

Qualitative Feldforschung lässt sich nicht in allen Einzelheiten im Voraus planen. Das heißt aber nicht, dass überhaupt nichts geplant werden muss, aber vieles von dem, was wissenschaftlich von Bedeutung ist, ergibt sich erst im Verlauf der Untersuchung im Feld. Dementsprechend sind die Untersuchungsfragen an die Dynamik des Feldes anzupassen. Deshalb ist Feldforschung zyklisch organisiert (▣ Abb. 6.13). Laut Lueger (2000), der sich ausführlich mit den wissenschaftstheoretischen und methodologischen Grundlagen der qualitativen Feldforschung auseinandergesetzt hat, umfasst der Zyklus einer ethnografischen Untersuchung 6 Phasen.

■ Zyklus einer ethnografischen Untersuchung nach Lueger

(1) Planung und Vorbereitung. Die erste Forschungsphase dient der organisatorischen Planung (Finanzierung, Zeitplan) und Präzisierung des Untersuchungsthemas. Lueger (2000) betrachtet diese Phase als Ausgangsgrundlage für die „Herstellung von Lernpotentialen und günstiger Rahmenbedingungen, um Lernchancen möglichst intensiv nutzen zu können" (S. 54). Entscheidungen sind in dreierlei Hinsicht zu fällen: Erstens müssen die organisa-

6 Im Eigenschaftswort „ero-episch" stecken die altgriechischen Wörter Erotema und Epos. Erotema heißt die Frage und Epos bedeutet Erzählung, Nachricht oder auch Göttersspruch (vgl. Girtler 1995).

torischen Voraussetzungen geschaffen werden, um ein Projekt überhaupt sinnvoll in Angriff nehmen zu können. Zweitens muss geklärt werden, ob eine qualitative Studie sich überhaupt sinnvoll abwickeln lässt und welche Grundsätze für sie gelten sollen. Drittens muss ein „Zugang" zum Feld gefunden werden, um zu wissen, wie man an den Untersuchungsgegenstand herangehen kann.

(2) Einstieg in das Feld. Räumlich kann sich das Feld je nach Zugänglichkeit als offen (z. B. Bahnhöfe, Straße), halboffen (z. B. Geschäfte) oder geschlossen (z. B. Wohnzimmer, Klassenraum) erweisen. In jedem Fall muss der Forscher irgendwie in das Feld eingeführt werden, was z. B. bei einer ethnografischen Studie an Straßenkindern nicht einfach zu bewerkstelligen ist. Wichtig ist, dass der Untersucher im Feld eine von den Subjekten akzeptierte Rolle einnimmt. Bei der verdeckten Feldforschung ist das anders. Hier gibt sich der Wissenschaftler nicht zu erkennen, sondern nimmt eine bestimmte Rolle ein (z. B. Praktikant, Mitarbeiter) und lässt sich beispielsweise als Mitglied bei einer Gruppe anwerben.

Anna: „Das erinnert mich an Günter Wallraff, der doch auch immer wieder verdeckt im Feld ermittelt hat. Wie beispielsweise als türkischer Gastarbeiter, der unter anderem bei McDonald's und Thyssen gearbeitet hat und dann berichtet hat, was es heißt, Gastarbeiter in Deutschland zu sein."

Jakob: „Das ist aber schon ziemlich lange her. Ich kann mich eigentlich nur noch so richtig daran erinnern, dass er vor ein paar Jahren mit dunkler Hautfarbe durch Deutschland tourte und dabei ziemlich oft einem offenen oder versteckten Rassismus begegnet ist."

Anna: „Toll fand ich auch, dass er als Arbeiter in einer Brotfabrik schuftete und neben der miserablen Bezahlung auch katastrophale Arbeitsbedingungen, Sicherheitsmängel und hygienische Zustände vorfand."

Jakob: „Das ist auch eine Art Feldforschung, die aber zur Kategorie investigativer Journalismus gehört."

Anna: „Wofür Wallraff auch immer wieder heftig angegriffen wird. Dass man ihm unsaubere Methoden als Journalist vorwirft, ist da noch das Wenigste."

Jakob: „Na ja, finden wird man immer was, wenn man lange genug gesucht. Aber für mich ist der Wallraff trotzdem irgendwie cool!"

Nicht nur der investigative Journalismus eines Günter Wallraff wird gelegentlich kritisiert, sondern auch die verdeckte Feldforschung. Darauf soll aber hier nicht weiter eingegangen werden.

(3) Handeln im Feld. Ein erfolgreiches Handeln im Feld setzt die Schaffung eines guten Kontaktnetzes voraus, um an die Informationen heranzukommen. Beim aktiven Handeln im Feld sind zwei Störvariablen enthalten: Eine betrifft die Möglichkeit, dass der Forscher als Fremdkörper das Verhalten der unter Beobachtung stehenden Personen beeinflusst (Pygmalion-Effekt). Die zweite Störung besteht darin, dass ein Distanzverlust des Forschers eintreten kann, wenn er aufgrund eigener Betroffenheit und unkritischer Identifikation mit den Handlungsträgern im Feld (*going native*) vom teilnehmenden Beobachter zum aktiven Mitstreiter wird.

(4) Datenerhebung und Dokumentation. Bei der Datenerhebung spielen Beobachtung, Befragung, Diskussion und andere Methoden eine Rolle, wobei zunächst breit gestreut beobachtet wird und sich im Fortgang der Untersuchung der Blick zunehmend auf spezifische Fragestellungen einengt. Bei einer nicht verdeckten Untersuchung können ergänzend zu den Beobachtungen standardisierte Interviews, Fragebögen oder Tests eingesetzt werden. Die Dokumentation der erhobenen Daten soll vor allem durch sogenannte Feldnotizen erfolgen, aber es werden vielfach auch Audio- und Videoaufzeichnungen verwendet. Dies kann sich allerdings auch störend auswirken, wenn dadurch eine „künstliche" Situation herbeigeführt wird. Insgesamt sind Datenerhebung und -interpretation bei der Feldforschung eng verzahnt und insofern dynamisch, als dass im Verlauf der Untersuchung neu auftretende Annahmen und Hypothesen zu weiteren Recherchen führen und die sich daraus ergebenden Daten dann wieder interpretiert werden müssen.

(5) Ausstieg aus dem Feld. So schwierig der Einstieg in ein Feld sein kann, so schwierig kann sich auch der Ausstieg gestalten, was von der Dauer der Untersuchung und der persönlichen Bindung des Feldforschers an die Subjekte abhängt. Allgemein wird empfohlen, sich Schritt für Schritt aus dem Feld zurückzuziehen.

(6) Auswertung und Berichterstattung. In der Abschlussphase erfolgt die Auswertung des üblicherweise umfangreichen Datenmaterials. Empfehlenswert ist eine zeitnahe Auswertung, damit bei Klärungsbedarf der einen oder anderen Frage im Feld nachgeforscht werden kann. Bei der Auswertung gelten die üblichen Konventionen qualitativer Auswertung der meist schriftlichen Aufzeichnungen. Darauf werden wir in ► Abschn. 6.2 ausführlicher eingehen. Hier ist festzuhalten, dass zweckmäßigerweise ein Auswertungsplan erstellt werden sollte, um entscheiden zu können, welche Aufzeichnungen für Vergleiche herangezogen und mit welchen Verfahren die Texte analysiert werden können. Bei der Ergebnisdarstellung kann analytisch (d. h. nach theoretischen Gesichtspunkten) oder chronologisch vorgegangen werden.

- **Schritte einer ethnografischen Untersuchung nach Spradley**

Alternativ zu diesen 6 Phasen kann bei ethnografischen Untersuchungen auch nach einem Plan von Spradley (1979) verfahren werden, der insgesamt 12 Schritte umfasst (◘ Abb. 6.16).

Begonnen wird mit einem breiten Fokus, der sich ab dem 7. Schritt auf eine intensivere Untersuchung ausgewählter Problemstellungen einengt und sich nach dem 12. Schritt wieder weitet.

Zusammenfassend kann festgehalten werden: Das Forschungsdesign einer ethnografischen Felduntersuchung wird bestimmt durch das Forschungsziel, die theoretischen Grundannahmen, die methodische Ausrichtung und die entsprechenden Verfahren der Datenerhebung und nicht zuletzt durch die soziokulturellen Voraussetzungen im Forschungsfeld. Kennzeichnend ist oft die persönliche Teilnahme des Forschers an der Praxis derjenigen, die er erforschen will,

> » über deren Handeln und Denken er […] Daten erzeugen möchte […]. Dabei ist die Annahme leitend, dass durch die Teilnahme an face-to-face-Interaktionen bzw. die unmittelbare Erfahrung von Situationen Aspekte des Handelns und Denkens beobachtbar werden, die in Gesprächen und Dokumenten – gleich welcher Art – über diese Interaktionen bzw. Situationen nicht in dieser Weise zugänglich wären (Lüders 2003, S. 151).

6.1.4.6 Qualitatives Experiment

In der forschungsmethodischen Literatur wird der Begriff des Experiments üblicherweise auf die mit quantitativen Methoden operierende Forschung bezogen (z. B. Stier 1999), was die Frage aufwirft, ob es denn so etwas wie ein *qualitatives Experiment* überhaupt geben kann. Zu dem Begriff des Experiments haben wir uns bereits in ► Abschn. 6.1.1 geäußert und festgestellt, dass es *das* Experiment nicht gibt, sondern verschiedene Varianten, die sich in ihren charakteristischen, nicht aber in den definierenden Merkmalen unterscheiden.

- **Das qualitative Experiment nach Kleining**

Im Unterschied zum Laborexperiment liegt das Ziel des qualitativen Experiments darin, durch einen kontrollierten Eingriff in den Untersuchungsbereich unter möglichst natürlichen Bedingungen Veränderungen hervorzubringen, die Rückschlüsse auf dessen Struktur zulassen:

> » Das qualitative Experiment ist der nach wissenschaftlichen Regeln vorgenommene Eingriff in einen (sozialen) Gegenstand zur Erforschung seiner Struktur. Es ist die explorative, heuristische Form des Experiments (Kleining 1986, S. 724).

In gewisser Hinsicht ähnelt das qualitative Experiment damit dem *Erkundungsexperiment*, das alltagssprachlich so etwas wie Experimentieren oder Erproben meint, forschungsmethodisch aber einen Vorversuch (Pilotstudie) zu einem nachfolgenden Experiment bezeichnet.

> » Qualitative Experimente sind Eingriffe in einen sozialen Gegenstand, wie alle experimentellen Techniken verändern sie ihn. Aber ihre explorative Zielsetzung sollte verhindern, daß sie ihn dabei zerstören. Sie sind Untersuchungstechniken, nicht Demonstrationsverfahren. Zu ihrer Methodologie gehört ihre vorsichtige Anwendung: die Anpassung der Verfahren an den Gegenstand, das Testen der Grenzen, die allmähliche Maximierung oder Minimierung von Aspekten im Untersuchungsobjekt, das beständige Frage-Antwort-Spiel im Dialogprinzip, nach Möglichkeit unter direkter Mitwirkung der Betroffenen (Kleining 1986, S. 744 f.).

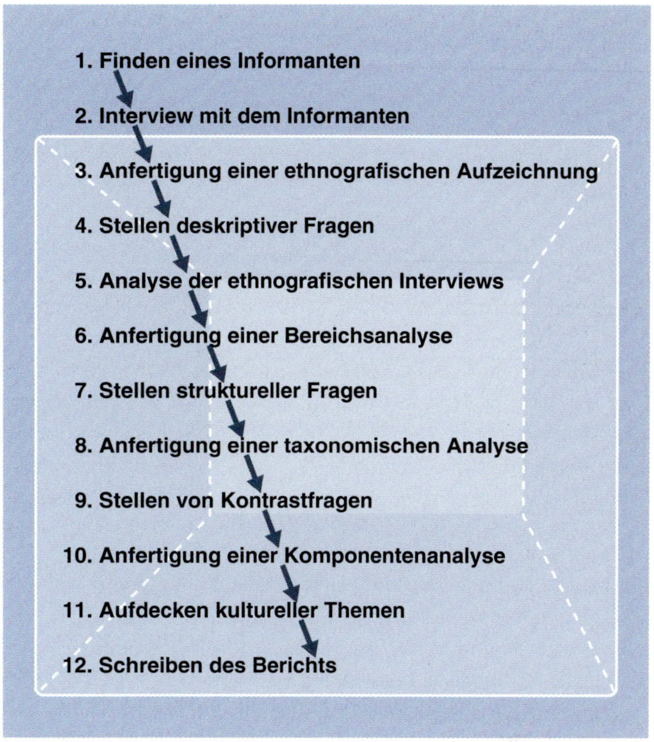

◘ **Abb. 6.16** Schritte einer ethnografischen Untersuchung nach Spradley (Creswell 2005, S. 449)

Um die charakteristischen Merkmale des qualitativen Experiments zu verdeutlichen, zieht Kleining (1986) den Vergleich zum „quantitativen" Experiment und gelangt zu der Feststellung, „es sei zugleich von ihm unterschieden, sein Gegenteil, als auch ihm ähnlich" (S. 725). Keines der Merkmale des quantitativen Experiments trifft laut Kleining auf das qualitative Experiment zu. Es gehe nicht deduktiv von schon Bekanntem, von Hypothesen aus, sondern ziele auf Neues, auf Entdeckungen. Es verwende nicht Variablen, sondern suche und finde Strukturen. Zur genaueren Beschreibung der Methodik des qualitativen Experiments unterscheidet er deshalb 4 Grundregeln (S. 733 ff.).

Die 4 Grundregeln des qualitativen Experiments nach Kleining (1986)

Regel 1 über das „Subjekt":
Der Forscher soll sein Vorverständnis als vorläufig ansehen und es ändern, falls die erhobenen Daten nicht mit seinem Vorverständnis übereinstimmen. Dabei geht er nicht von Hypothesen aus, die er verifiziert oder falsifiziert, sondern er nutzt neue Kenntnisse zur kontinuierlichen Veränderung seiner Ansichten.

Regel 2 über das „Objekt":
Der Gegenstand des Experiments ist vorläufig und wird als veränderlich angesehen, solange der Forschungsprozess andauert.
Regel 3 über das Handeln des Forschers:
Verlangt wird eine maximale strukturelle Variation, also Flexibilisierung der Untersuchungsbedingungen und deren Veränderung auf eine Weise, die spezifisch für jeden Gegenstand ist. Qualitative Experimente sind nicht standardisiert, weil die verwendeten Methoden gegenstandsbezogen sind.
„Die Samplestrategie ist das Extremgruppen-Sampling, das strukturell relevant ist, nicht die Zufallsstichprobe, die soziale Strukturen zerstört. Extremgruppen-Sampling fordert nicht nur, daß ungewöhnliche, ausgefallene, ‚extreme' Situationen untersucht werden, sondern auch, daß das Besondere, für den Gegenstand charakteristische, mit ihm in der einen oder anderen Weise Verbundene ausfindig gemacht und in das Experiment einbezogen wird, seien es Personen, Personengruppen, soziale Bedingungen, Milieus, Situationen etc., immer in Abhängigkeit vom jeweiligen Gegenstand" (Kleining 1986, S. 734).
Regel 4 über die Bewertung der Daten:
Die experimentellen Ergebnisse werden auf Gemeinsamkeiten hin untersucht. Zuerst werden die Daten nach offensichtlichen Gemeinsamkeiten gruppiert, dann werden die Gruppen miteinander in Beziehung gesetzt. Dabei ist laut Kleining zu beachten, dass „Gemeinsamkeit" nicht nur durch Identität oder Teilidentität („Ähnlichkeit") gegeben sein kann, sondern auch durch Gegensatz, Widerspruch, Negation. Alle Daten werden daraufhin geprüft, ob sie in Beziehung zueinander stehen oder nicht – hieraus entsteht die Kenntnis von der Struktur des Gegenstandes.

6

Diesen 4 Regeln werden 3 Handlungsstrategien zugeordnet, die aufeinander bezogen als Bestandteil einer umfassenden Strategie gelten: Maximierung/Minimierung, Testen der Grenzen und Adaption. Die Strategie der *Maximierung/Minimierung* betrifft das Auffinden und Erforschen von Extremen, die mit dem Untersuchungsgegenstand in Verbindung stehen:

» Etwa bezogen auf Aufwand und Wirkung: mit welchem geringsten Aufwand kann der Forscher ein Maximum an Effekt bei seinem Gegenstand erreichen? Oder: wie kann er ein Maximum an Eingriffen vornehmen und gleichwohl den Gegenstand nur minimal verändern? (Kleining 1986, S. 735).

Werden die Extrembedingungen ausgelotet, so erscheinen laut Kleining die Strukturmerkmale des Gegenstandes.

Die zweite Handlungsstrategie, die als konstitutiv für das qualitative Experiment betrachtet wird, ist das *Testen der Grenzen*. Es geht darum, die Begrenzungen des Untersuchungsgegenstandes zu bestimmen, „die Bereiche, in denen Struktur in Beliebigkeit, Figur in Grund, Gemeintes in Nicht-Gemeintes, Einfluss in Wirkungslosigkeit, Sinn in Unsinn umschlägt" (Kleining 1986, S. 735).

Als dritte Handlungsstrategie wird die *Adaption* genannt. Kleining bezieht sich zur Umschreibung dieser Strategie auf Mach, der in den *Skizzen zur Psychologie der Forschung* von einer „Anpassung der Vorstellungen an die Tatsachen und der Anpassung der ersteren aneinander" (Mach 1905, S. 164) gesprochen hatte. Nach Kleining wird die Adaption durch die Herstellung einer Vielfalt von Techniken und ihrer Flexibilisierung bei der Anwendung erreicht, wobei allerdings der Gegenstand durch die Untersuchung weder zerstört noch beschädigt werden darf,

» da er ein sozialer Gegenstand, also nicht rekonstituierbar ist und das qualitative Experiment diagnostischen, nicht therapeutischen Charakter hat (Kleining 1986, S. 736).

▪ Interaktives Modell der qualitativen Forschung nach Maxwell

Wie sich durch die vorangehende Beschreibung des Experiments in der qualitativen Forschung zeigt, entspricht keines der in der Literatur üblicherweise unter Bezugnahme auf Campbell und Stanley (1963) beschriebenen Designs der experimentellen Forschung der Logik und dem Verlauf qualitativer Forschung. Das heißt aber nicht, dass ein qualitatives Experiment kein Design hat, denn jede Forschung setzt nach Yin (1994) notwendigerweise zumindest einen impliziten Versuchsplan voraus. Qualitative Forschung erfordert dabei jedoch generell ein breiter angelegtes und weniger restriktives Konzept von Design. Bei einem qualitativen Experiment sollte das Design einem reflexiven Prozess entsprechen, der in jeder Phase zur Anwendung gelangt: bei der Planung, der Sammlung und Analyse der Daten, der Entwicklung und Modifikation der Theorie usw. Vor allem aber muss das Untersuchungsdesign jeweils den sich verändernden Bedingungen der Situation angepasst werden. Aufgrund solcher Überlegungen gelangte Maxwell (z. B. 2008) zu der Konzeption eines interaktiven Modells für qualitative Forschung: Das Modell umfasst die 5 Komponenten, die sich auf verschiedene Fragestellungen richten, deren Klärung als wesentlich für den Zusammenhalt einer qualitativen Studie beurteilt wird. Zu klären sind die *Forschungsfragen* und *Ziele*, der *konzeptuelle Rahmen*, die Methoden der *Datengewinnung* und die Frage der *Gültigkeit* der Ergebnisse.

In weitgehender Übereinstimmung mit diesem interaktiven Modell läuft ein qualitatives Experiment idealtypisch folgendermaßen ab:

1. Nach einer anfänglichen Klärung der Forschungsfragen, die im Verlauf des Experiments verändert und an die jeweiligen situativen Anforderungen angepasst werden können und müssen, erfolgt die *Deskription des Untersuchungsgegenstandes.* Ohne eine möglichst genaue Beschreibung des Gegenstandes und der Ziele kann nämlich ein qualitatives Experiment kaum aussagekräftige Ergebnisse erbringen.
2. Der *experimentelle Eingriff* wird ausgeführt.
3. Das Ergebnis des Eingriffs wird in der *Deskription des Gegenstands* nach dem Eingriff festgestellt.
4. Aus dem Ergebnis des experimentellen Eingriffs werden *Schlussfolgerungen* im Hinblick auf die Struktur des Gegenstandes abgeleitet, und es wird die Gültigkeit unter Bezugnahme auf den konzeptuellen Rahmen geprüft.

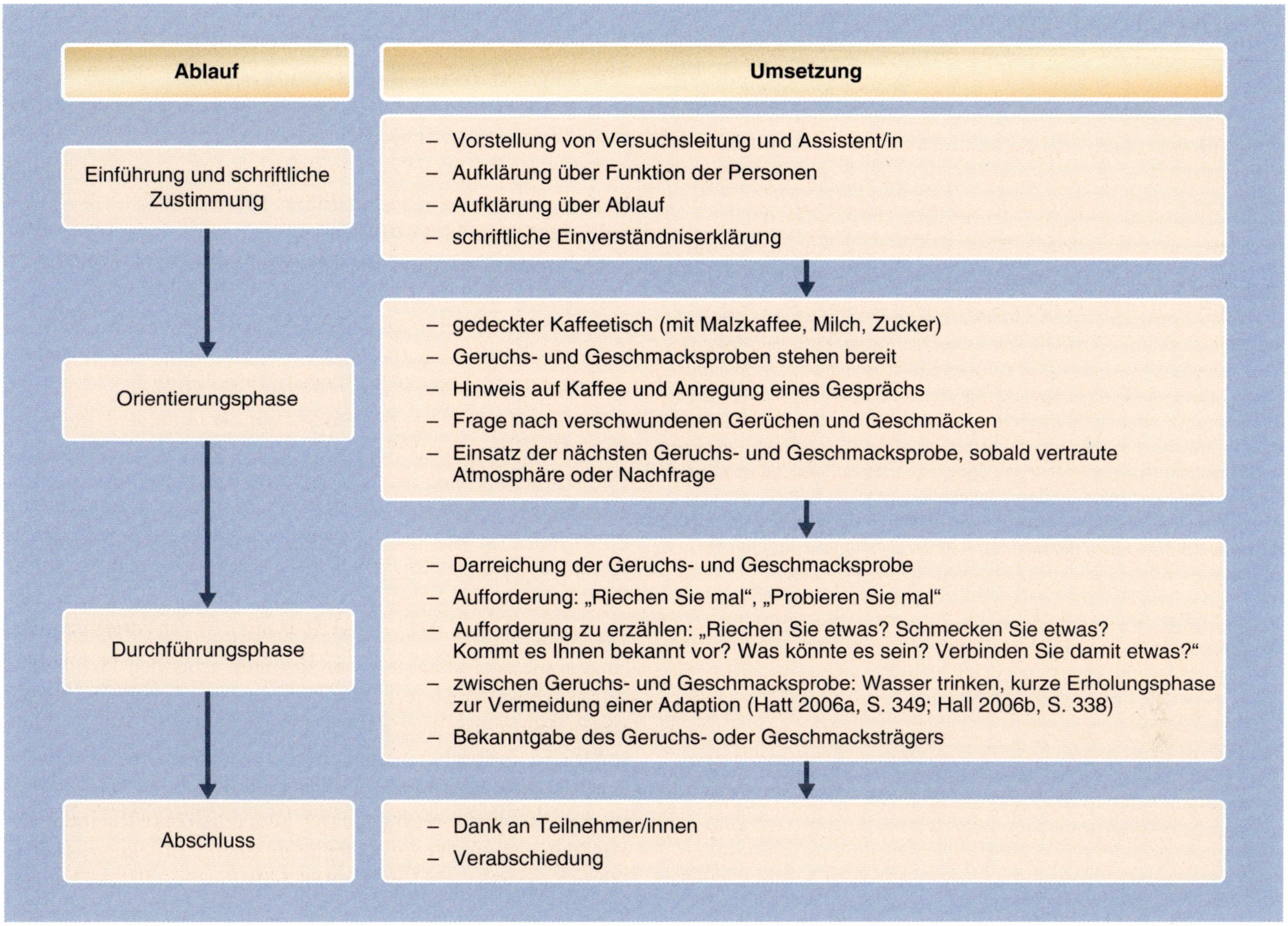

Abb. 6.17 Verlauf des qualitativen Experiments von Heckel et al. (2012, Abs. 7)

In diesem Prozess müssen dabei der zweite und dritte Schritt in der Regel mehrmals durchlaufen werden, bis der vierte möglich wird.

Beispiel: qualitatives Experiment von Heckel

Die Methode des qualitativen Experiments ist in der Erziehungswissenschaft jedoch nicht verbreitet und wird in der einschlägigen Literatur gewöhnlich auch nicht erwähnt (z. B. Ackermann et al. 2012; Creswell 2005). Die große Zeit des qualitativen Experiments war laut Kleining (1991) die erste Hälfte des 20. Jahrhunderts. Als Beispiele nennt er u. a. Köhlers Schimpansenexperimente und die Untersuchungen Piagets zur intellektuellen Entwicklung (vgl. auch Burkart 2005).

In Ermangelung eines Beispiels aus dem engeren erziehungswissenschaftlichen Bereich kann deshalb hier auch nur auf ein qualitatives Experiment von Heckel et al. (2012) verwiesen werden, mit dem der Frage nachgegangen wurde, welche subjektive Bedeutung Geruch und Geschmack im Lebensverlauf älterer Personen haben. Konkret wurden zwei Forschungsfragen untersucht: Wie reagieren ältere Personen auf ausgewählte Geruchs- und Geschmacksproben? An welche Gerüche und Geschmäcke aus ihrem Leben erinnern sich die Personen? Das qualitative Experiment bestand aus einem Vortest mit Teilnehmerin 1 und einer vierteiligen Versuchsreihe mit insgesamt 14 Teilnehmerinnen bzw. Teilnehmern. Der Ablauf des Experiments ist in Abb. 6.17 wiedergegeben. Dieses Experiment, auf dessen Auswertung wir in ► Abschn. 6.2.2 ausführlicher eingehen werden, kann als Prototyp zur Erweiterung der Anwendung qualitativer Experimente in der gerontologischen Forschung betrachtet werden. Es gehört eigentlich nicht allzu viel Fantasie dazu, sich ähnliche Experimente mit anderen Altersgruppen (z. B. Schulkindern) vorzustellen.

6.1.4.7 Grounded Theory

„Wissenschaftliche Praxis ist, wenn alles funktioniert und keiner weiß warum." Mit dieser provokativen Aussage leiten Lüders und Reichertz (1986) ihre Bemerkungen zur Entwicklung qualitativer Sozialforschung ein. Eine solche Aussage ad absurdum zu führen, ist das Anliegen der sogenannten Grounded Theory, die mittlerweile aus der Literatur zur sozialwissenschaftlichen Methodik nicht mehr wegzudenken ist (z. B. Breuer 2009; Schreier 2009) und auch im erziehungswissenschaftlichen Kontext zunehmend Beachtung findet (Creswell 2005; Friebertshäuser und Langer 2010).

Zunächst ist zu konstatieren, dass die Grounded Theory gar keine Theorie ist, sondern ein in der Hermeneutik verankerter Forschungsstil und eine Strategie, um auf der Grundlage von meist qualitativen Daten eine Theorie zu „entdecken" bzw. Schritt für Schritt zu entwickeln; es handelt sich also um eine *Methodik zur Entwicklung einer datenbegründeten Theorie*. Sie umfasst ein umfangreiches Repertoire an verschiedenen Techniken, um aus Interviews, Feldnotizen, Dokumenten und Statistiken schrittweise eine

Theorie des Untersuchungsgegenstandes zu entwickeln. Das große Ziel ist es dabei, auf Daten begründet eine wirklich realitätsnahe Theorie zu entwickeln, die in der Praxis auch konkret anwendbar ist.

In der forschungsmethodischen Literatur gehört es, wenn es um die Grounded Theory geht, einfach dazu, ausführlich auf ihre Entstehungsgeschichte einzugehen (vgl. Creswell 2005). Wir wollen uns mit wenigen Ausführungen begnügen.

Die Methodik der Grounded Theory wurde von den amerikanischen Soziologen Glaser und Strauss in den 1960er Jahren im Rahmen medizinsoziologischer Untersuchungen zum Sterben entwickelt (Glaser und Strauss 1965, 1968). Zur Entstehung der Grounded Theory ist wichtig festzuhalten, dass das Thema Sterben 1960 ein völlig unbekanntes Forschungsgebiet war und dass dementsprechend keine empirisch begründete Theorie existierte. Glaser und Strauss, die Erfinder der Grounded Theory, waren in ganz unterschiedlichen Institutionen tätig: Frühgeborenenstationen, Krebsstationen und Altersheimen. Sie haben dort in teilnehmender Beobachtung und Gesprächen untersucht, welche Faktoren das Sterben in Institutionen beeinflussen.
Aus den Daten haben sie eine Theorie zum Sterben entwickelt, die besagt, dass der Bewusstheitskontext der Kommunikation zwischen dem Sterbenden und dem ärztlichen Personal oder ihren Angehörigen von entscheidender Bedeutung für den Umgang mit Sterbenden ist. Diese Theorie avancierte zu einer der einflussreichsten Theorien in der Psychosomatik.

▪ Merkmale der Grounded Theory

Die Grounded Theory stellt eine Heuristik dar, mit deren Hilfe aus Daten theoretische Konzepte entwickelt werden können.

Während bei der Überprüfung einer Theorie durch ein Experiment die logische Schlussweise der Deduktion im Mittelpunkt steht, baut die Grounded Theory auf einem stetigen Wechsel zwischen Induktion und Deduktion auf. Eine solche Vorgehensweise wird auch „Abduktion" genannt.

Die Abduktion „sucht angesichts überraschender Fakten nach einer sinnstiftenden Regel [...], welche das Überraschende an den Fakten beseitigt" und klar macht, was der Fall ist. „Endpunkt dieser Suche ist eine [...] (sprachliche) Hypothese. Ist diese gefunden, beginnt der Überprüfungsprozess" (Reichertz 2003, S. 43).

Ein weiteres Merkmal der Grounded Theory besteht in der Verwendung eines *Indikatorenmodells*, wonach man Erkenntnisse über einen sozialen Ausschnitt der Wirklichkeit nur gewinnen kann, wenn man Daten über die relevanten Phänomene der Wirklichkeit erhebt. Die Daten können aus Befragungen, Interviews, Feldnotizen aus der teilnehmenden Beobachtung, Ergebnissen von Fragebogenerhebungen, Tagebuchaufzeichnungen und anderen Dokumenten bestehen. Ungeachtet dessen, woraus sich die Daten auch speisen mögen, werden sie als Indikatoren für die Phänomene betrachtet und bilden die Ausgangsgrundlage für die Entwicklung einer „datenbegründeten Theorie".

Als weiteres Merkmal ist anzuführen, dass die Grounded Theory keine strengen Verfahrensregeln enthält, nach denen sich der Forscher wie bei der Durchführung eines Experimentes richten kann. Es handelt sich vielmehr um eine systematische und durchdachte Sammlung von heuristischen Schritten, die sich über Jahrzehnte aus dem Umgang mit qualitativen Daten in Feldforschungsprojekten herauskristallisiert haben. Die wichtigsten Merkmale der Grounded Theory sind ihr Dialog- und Prozesscharakter, die Vielfalt der Erhebungsmethoden, das theoretische Sampling und das theoretische Codieren.

▪ Vorgehensweise der Grounded Theory

Am Anfang des Prozesses stehen keine theoretisch abgeleiteten Hypothesen über einen Gegenstand, sondern subjektive Annahmen, die sich auf Vorkenntnisse stützen und die helfen, die Wahrnehmung des Untersuchungsgegenstandes zu strukturieren. Zu dem Dialog- und Prozesscharakter der Grounded Theory gehört der permanente Vergleich gegensätzlicher Phänomene (vgl. Hallberg 2006) ebenso wie die sukzessive Entwicklung von Konzepten und ihre schrittweise Präzisierung auf der Grundlage einer gezielten Datenerhebung. In allen Phasen der Grounded Theory ist das Prinzip der Abduktion als Pendeln zwischen Induktion und Deduktion handlungsleitend, und zwar so lange, bis es die fortgesetzte Datenerhebung und -interpretation erlaubt, einen ersten Entwurf der Theorie zu kreieren. Zu dem Dialog- und Prozesscharakter gehört auch, dass im Forschungsprozess entschieden wird, welche Erhebungsverfahren einer Fragestellung angemessen sind. Verwendet werden alle möglichen Verfahren, um zu Daten zu gelangen, die als Indikatoren der zu untersuchenden Phänomene betrachtet werden können. Dabei ist es selbstverständlich auch gestattet, den Interviewleitfaden während der Untersuchung zu verändern, wenn sich herausstellt, dass er nicht alle Aspekte abdeckt.

Die Daten werden theoriegeleitet erhoben, wobei anzumerken ist, dass es sich dabei um eine sich allmählich entwickelnde Theorie handelt, aus der Gesichtspunkte für die Erhebung weiterer Daten hergeleitet werden. Die Zufallsstichproben der experimentellen Forschung werden in der Grounded Theory durch ein *Theoretical Sampling* ersetzt, indem möglichst viele unterschiedliche Fälle gesammelt werden. Dadurch soll erreicht werden, dass die untersuchten Phänomene in der ganzen Vielfalt (einschließlich atypischer und konträrer Fälle) durch die Daten repräsentiert werden. Die Datenerhebung und -interpretation wird so lange fortgesetzt, bis keine neuen Gesichtspunkte mehr auftreten. Diesem pragmatischen Abbruchkriterium liegt das Sättigungsprinzip zugrunde, das die angestrebte Präzision von der Fragestellung und dem vertretbaren Aufwand der Datenerhebung abhängig macht.

Im Zentrum der Methode steht das *theoretische Codieren*, das als eine zugleich systematische und kreative Methode der Textinterpretation zu begreifen ist. Konkret sieht das so aus, dass einer Textstelle ein Code (Stichwort, Begriff) zugeordnet wird, der über die zugeordnete Textstelle auf ein bestimmtes Phänomen des Gegenstandsbereichs verweist. Mit Hilfe des theoretischen Codierens wird ein bestimmtes soziales oder pädagogisches Ereignis sozusagen auf den Begriff gebracht. Die Vorgehensweise kann an folgendem Beispiel eines Interviewausschnitts verdeutlicht werden (Böhm et al. 1992).

W: [1]/nich * wir sind ja nun auch 'ne
gesellschaft [2]/wir sind 'ne MULTIkulturelle
gesellschaft * [3]/wir inteGRIEREN jeden und
so *2* [4]/aber nich// nichts is` * [5]/im grunde
genommen [6]/gibt * GANZ viele jugendliche
in dieser stadt ** die ausgegrenzt,
ausgestoßen sind * [7]/die sich nirgendwo zu

hause fühlen ** 8/die *mittels gewalt eben
auch ganz massiv auf sich aufmerksam
machen

I: mhm

W: 9/eigentlich aufmerksamkeit gradezu
erZWINGEN *3*

Diesem Interviewausschnitt werden folgende Codes zugeordnet: 1/: Gesellschaft/Ich, 1/–3/: Integrationsbemühungen, 5/–6/: Ausgrenzungsakte, 7/: Verlorenheitsgefühl/Ausgrenzungswirkungen, 8/–9/: Gewalt als Appell/Aufmerksamkeitstaktiken (Böhm et al. 1992, S. 41). Um zu Codes zu gelangen, werden „theoriegenerierende Fragen" an den Text bzw. Textausschnitt gestellt: Um was bzw. worum geht es? Wer ist beteiligt? Welche Aspekte werden angesprochen? Welche Begründungen werden gegeben oder können unmittelbar erschlossen werden? Welche Absicht wird verfolgt? Auf der Grundlage solcher Fragen werden Stichwörter und Konzepte formuliert (Codes), die in Notizen erläutert und abgegrenzt werden.

Während des Codierens hält der Untersucher seine Einfälle und Überlegungen zu der sich entwickelnden Theorie fortlaufend in *Memos* fest. In diesen wird der Zusammenhang verschiedener Codes festgehalten und kommentiert. Böhm et al. unterscheiden zwischen Forschungs-, Methoden-, Theorie- und Planungsmemos. Die Phase des theoretischen Codierens beginnt mit einem offenen Codieren, im Fortgang der Untersuchung wird es zunehmend gezielter, und schließlich erfolgt ein axiales und selektives Codieren, wobei sich das selektive Codieren auf das Herausfiltern der tragfähigen Konzepte und das axiale Codieren auf die Spezifikation der Beziehungen zwischen den Konzepten bezieht. Konzepte und Kategorien der Theorie wie auch ihre Eigenschaften werden aus den Daten generiert, wobei sich unterschiedliche Grade der begrifflichen Abstraktion ergeben. Daher wird unter Umständen eine Feinanalyse als besonders sorgfältige Form des theoretischen Codierens erforderlich, um zu tieferen Bedeutungsschichten von Textpassagen vorzudringen. Dazu wird eine Textpassage in kleinste Sinneinheiten zerlegt und interpretiert. Begriffe und Kategorien der Theorie werden aus den Daten heraus entwickelt, nicht aus den Hypothesen und Präkonzeptionen des Forschers.

Am Anfang des theoretischen Codierens wird eher induktiv gearbeitet, in fortgeschrittenen Phasen, wenn bereits zahlreiche theoretische Konzepte und Beziehungen zwischen ihnen vorliegen, wird für das Ordnen der Konzepte ein Codierschema verwendet. Strauss und Corbin (1998) schlagen vor, ein zentrales Phänomen mit seinen unterschiedlichen Ausprägungen in den Mittelpunkt der Analyse zu stellen und anhand der Daten zu untersuchen, welches seine Ausgangsbedingungen, der soziale Kontext, die Strategien des Umgangs und die Konsequenten des Auftretens sind. Mit einem solchen Codierschema, das wesentliche Elemente einer Handlungstheorie enthält, gelingt es, soziale oder pädagogische Phänomene miteinander in Beziehung zu setzen. Hierfür hat Tiefel (2005) ein gutes Beispiel beschrieben, indem sie die Codierung nach der Grounded Theory auf den Bereich des biografischen Lernens angewendet hat. Dabei musste sie jedoch gegenstandsangemessene Modifizierungen des von Strauss und Corbin vorgeschlagenen Codierungsschemas vornehmen, da sich in der konkreten Anwendung zeigte, dass die Codierung entgegen den Prämissen der Grounded Theory keineswegs auf alle Forschungsfragen anzuwenden ist, da sie für handlungstheoretische Fragestellungen entwickelt wurde. Die von Tiefel für den Untersuchungsgegenstand des biografischen Lernens vorgenommenen Modifikationen erweisen sich bei näherer Betrachtung jedoch als eher marginal. Was die Untersuchung aber ebenso zeigt wie andere Studien, die mit der Methodik der Grounded Theory operieren (z. B. Heeg 2009), ist die Dominanz der sprachinhaltlichen Analyse.

Als Alternative zu dem von Strauss und Corbin vorgeschlagenen Codierschema eignet sich auch das Toulmin-Modell der Argumentationsanalyse (Toulmin 1996) oder das Narrationsschema von Labov (z. B. 1971). Zur Verdeutlichung ein Beispiel für die Anwendung eines Argumentationsschemas von Toulmin. Gegeben sei folgender Text:

> » Oskar wird es vermutlich weit bringen, denn er ist ein guter Schüler. Wenn seine Leistungen bis zum Abitur nicht nachlassen, hat er beste Startchancen für seinen weiteren beruflichen Werdegang, wie Statistiken über den Zusammenhang von schulischer Leistung und Berufschancen belegen.

In ▫ Abb. 6.18 wurde dieser Text in das Argumentationsschema übertragen.

Die Abbildung verdeutlicht ein weiteres wichtiges Merkmal der Vorgehensweise bei der Grounded Theory: Um in der Theorieentwicklung fortschreiten zu können, werden die aus Textbausteinen extrahierten Konzepte miteinander verknüpft, so dass ein *Begriffsnetzwerk* entsteht.

Zur praktischen Durchführung der Schritte, die zu einer Grounded Theory führen, gibt es mittlerweile zahlreiche Publikationen, unter denen der Beitrag von Charmaz (2006) wegen seiner Präzision hervorsticht. Sie unterscheidet sechs Schritte:

1. Sammeln von reichhaltigen Daten,
2. Codierung,
3. Anfertigen von Memos,
4. theoretisches Sampling, Sättigung und Sortierung,
5. Herleiten einer Theorie und Verfassen eines ersten Berichts sowie
6. Reflexion des Forschungsprozesses.

Anders als Charmaz betrachtet Strauss, einer der Begründer der Grounded Theory, diese Theorie nicht als Regelwerk, das man Schritt für Schritt anwenden sollte. In einem Interview (Legewie und Schervier-Legewie 1995, S. 71) äußert er sich über das Wesensmerkmal der Grounded Theory folgendermaßen:

> » Zunächst einmal meine ich, Grounded Theory ist weniger eine Methode oder ein Set von Methoden, sondern eine Methodologie und ein Stil, analytisch über soziale Phänomene nachzudenken. Wenn ich nun sagen sollte, was zentral ist, würde ich drei Punkte hervorheben: Erstens die Art des Kodierens. Das Kodieren ist theoretisch, es dient also nicht bloß der Klassifikation oder Beschreibung der Phänomene. Es

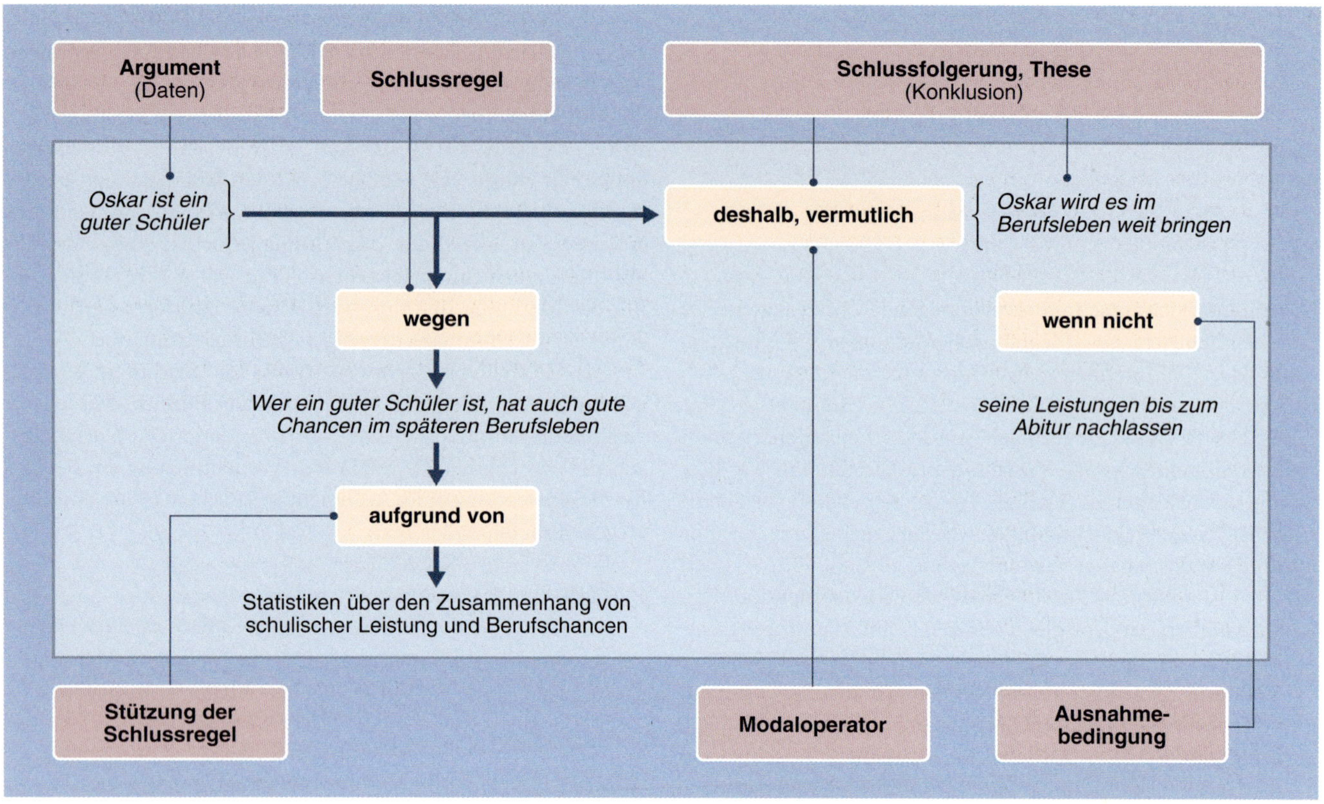

Abb. 6.18 Beispiel für eine Textanalyse nach dem Argumentationsschema von Toulmin. (Quelle: http://www.teachsam.de/deutsch/d_rhetorik/argu/arg_mod_toul_4.htm, © teachSam – Lehren und Lernen online, Gert Egle, www.teachsam.de, CC-BY-SA 4.0)

werden theoretische Konzepte gebildet, die einen Erklärungswert für die untersuchten Phänomene besitzen. Das zweite ist das theoretische Sampling. Ich habe immer wieder Leute getroffen, die Berge von Interviews und Felddaten erhoben hatten und erst hinterher darüber nachdachten, was man mit den Daten machen sollte. Ich habe sehr früh begriffen, dass es darauf ankommt, schon nach dem ersten Interview mit der Auswertung zu beginnen, Memos zu schreiben und Hypothesen zu formulieren, die dann die Auswahl der nächsten Interviewpartner nahe legen.
Und das dritte sind die Vergleiche, die zwischen den Phänomenen und Kontexten gezogen werden und aus denen erst die theoretischen Konzepte erwachsen. Wenn diese Elemente zusammenkommen, hat man die Methodologie.

Laut Glaser und Strauss (1967/2012) kommt es bei der Grounded Theory besonders auf die *theoretische Sensibilität* des Forschers im Feld an. Damit ist die Fähigkeit gemeint, persönliche und professionelle Erfahrungen ebenso zu nutzen wie methodologisches Wissen, um Daten aus einer neuen Sicht zu betrachten und aus ihnen Abstraktionen herzuleiten, die letztendlich zu einer Theorie führen. Theoretische Sensibilität kann aber auch im Sinne von Manipulation verstanden werden, indem Daten so erklärt werden, dass sie die Realität bestmöglich widerspiegeln. Deshalb muss theoretische Sensibilität durch Reflexivität in Bezug auf die Interaktionen mit den Untersuchungsteilnehmern und auf die Analyse und ihre Ergebnisse ergänzt werden.

Anna: „Ich bin froh, mal etwas über die Grounded Theory erfahren zu haben. Ich hab mich nämlich schon oft gefragt, wie man zu einer neuen Theorie gelangen kann."

Jakob: „Geht mir auch so. In der Literatur wird zwar immer wieder betont, wie wichtig die Theorie für die pädagogische Forschung ist, aber es wird selten erklärt, wo die Theorie herkommt."

Anna: „Theorien können ja nicht einfach vom Himmel fallen, also müssen sie entwickelt werden. Und das scheint wirklich nicht einfach zu sein, wenn man sieht, welchen Aufwand Glaser und Strauss leisten mussten, um zu ihrer Theorie des Sterbens zu gelangen."

Jakob und Anna sind natürlich nicht die Ersten, die sich über die Entstehung von Theorien Gedanken machen. So kommt Sedmark (2004) im Hinblick auf dieses Thema zu folgendem Schluss:

» Theorien fallen nicht vom Himmel, sondern werden im Schweiße des Angesichts von Menschen erzeugt. Natürlich spielen Zufälle und Glücksfälle hier eine wichtige Rolle. Wissenschaftlicher Fortschritt lässt sich – ähnlich wie die Entwicklung einer bestimmten Kultur – nicht bis ins letzte Detail systematisch planen und im Sinne von „5-Jahres-Plänen" zwangsverorten. Theorien fallen nicht vom Himmel, sondern hängen mit all den Kontingenzen der irdischen Conditio humana zusammen. Es sind Menschen, die Theorien erzeugen – und deswegen, wenn ich das so moralisierend sagen darf – sollen Theorien auch für Menschen da sein und nicht umgekehrt. Dabei sind diese Menschen, die Theorien schaffen, nicht nur Theorienbauer und Begriffsarchitektinnen, sondern auch Menschen, die ihr Leben im Rahmen einer bestimmten Lebensform leben. Daraus ergeben sich bestimmte Bindungen, die unter den Begriff „commitments" gestellt werden sollen. Unter Commitments verstehe ich Bindungen und Verpflichtungen, die in die Theorienbildungen einfließen. Diese Bindungen können moralisch-praktische oder auch epistemisch-begriffliche Bindungen sein, also Bindungen an Wertüberzeugungen und Handlungszusammenhänge ebenso wie Bindungen an bestimmte Begriffe, Kategorialsysteme, Klassifikationen, Strategien der Theorienkonstruktion. Die Verpflichtungen, von denen hier die Rede sein soll, gehen der Theorienbildung voraus, begleiten sie und prägen die Anwendung von Theorien (Sedmark 2004, S. 5).

6.1.5 Multimethodendesigns

Im Zusammenhang mit den wissenschaftstheoretischen Ausführungen in ► Abschn. 1.3.2 haben wir auf den „Krieg der Paradigmen" hingewiesen, wie Gage (1989) den damaligen Streit zwischen Vertretern des qualitativen und quantitativen Paradigmas bezeichnet hatte. Tatsächlich war es damals gang und gäbe, dass sich Wissenschaftler beider Lager oft als „Puristen" bezeichneten (Onwuegbuzie und Leech 2005) und betonten, dass die jeweiligen erkenntnistheoretischen und methodischen Grundannahmen und Überzeugungen unvereinbar seien. Vertreter des quantitativen Paradigmas kritisierten an der anderen Methodik, dass es für qualitative Verfahren keine methodischen Standards und Gütekriterien gebe, die jenseits subjektiver Einzelerlebnisse formulier- und überprüfbar sind (Schnell et al. 1999/2008); andererseits bemerkten Vertreter der qualitativen Methodologie, dass die soziale Welt zu wechselhaft, veränderlich und dynamisch sei, um sie mit Zahlen und statistischen Verfahren adäquat erfassen zu können (Filstead 1979). In den 1990er Jahren wurde eine lebhafte Diskussion um die „richtige Methodik" geführt, die letztendlich zur Etablierung eines dritten Paradigmas führte, das als *Mixed-Methods- oder Multimethodenansatz* bezeichnet wird.

In Anbetracht der Tatsache, dass sowohl die quantitative als auch die qualitative Methodik spezifische Vor- und Nachteile aufweist, versucht man in diesem neuen Ansatz pragmatisch, die quantitative und qualitative Forschungsstrategie miteinander zu verknüpfen, um den größtmöglichen Nutzen für den wissenschaftlichen Erkenntnisgewinn zu erzeugen. Methodologische Angemessenheit bedeutet nach diesem pragmatischen Ansatz, dass Designs danach beurteilt werden sollten, wie sie eine gegebene Forschungsfrage beantworten können, aber nicht danach, ob sie irgendeinem vorgegebenen Standard entsprechen (vgl. Patton 2006). In pragmatischen Ansätzen, die sich der Multimethodendesigns bedienen, geht es aber nicht mehr um die leidigen sogenannte Quantitativ/Qualitativ-Debatten, sondern um die Frage, ob eine Studie hilft, eine Forschungsfrage zu beantworten. Es geht nicht mehr um *die* Methode schlechthin, sondern um ihr Potential, zur Beantwortung einer Forschungsfrage beizutragen. Dabei wird davon ausgegangen, dass alle Befunde einer Studie relativ sind und dass selbst kausale Zusammenhänge „transitorisch und schwer zu identifizieren" sind (Teddlie und Tashakkori 2009, S. 93).

Multimethodendesign

Ein *Multimethodendesign* (Mixed-Method-Design) ist eine strategische Verfahrensweise des Sammelns, Analysierens und „Mischens" von quantitativen und qualitativen Daten in einer einzigen Untersuchung (Creswell 2005).

Um ein solches Design anwenden zu können, muss man sowohl quantitative als auch qualitative Forschungsstrategien verstehen. Für Mixed-Methods-Designs hat man ein eigenes, einfaches Notationssystem eingeführt (vgl. Morse 2003):

Studie #1 QUAL	+	QUAN
Studie #2 QUAN	→	qual

+ symbolisiert die gleichzeitige Erhebung qualitativer und quantitativer Daten.
→ symbolisiert eine nacheinander folgende Erhebung quantitativer und qualitativer Daten.
Großbuchstaben symbolisieren eine Schwerpunktsetzung auf einen Erhebungstyp, Kleinbuchstaben dementsprechend eine nachgeordnete Priorität und eine geringere Gewichtung.

Entsprechend dieser Notation empfiehlt Creswell (2005) verschiedene Fragen zu beantworten, um den jeweiligen Typ eines Mixed-Methods-Designs festzustellen:

- Welche Priorität oder Gewichtung wird der Erhebung qualitativer und quantitativer Daten beigemessen? Liegt die Betonung auf einem Datentyp oder werden beide Datentypen gleich behandelt?
- Welches ist die Sequenz der Datenerhebung? Welche Daten werden zuerst erhoben und warum?
- Wie werden die Daten tatsächlich analysiert? Werden beide Datentypen in einer Analyse kombiniert oder werden sie getrennt voneinander ausgewertet?

Üblicherweise werden in der forschungsmethodischen Literatur drei Mixed-Methods-Designs unterschieden:

1. das Triangulationsdesign,
2. das Erklärungsdesign und
3. das Erkundungsdesign.

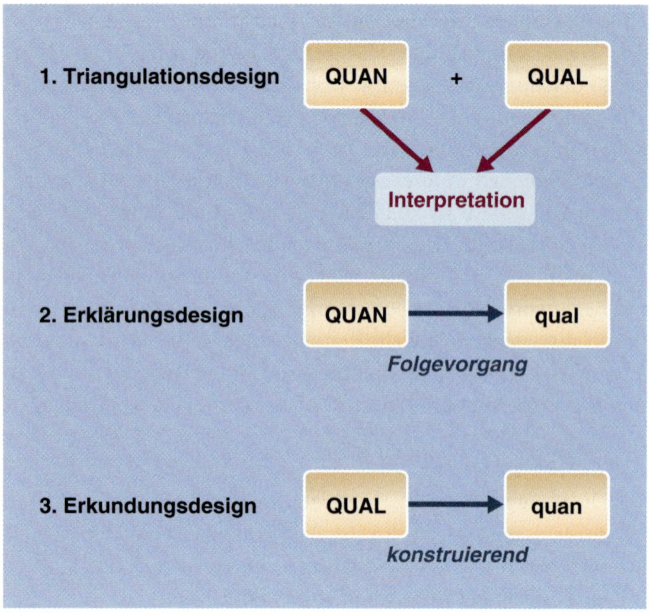

Abb. 6.19 Typen von Mixed-Methods-Designs (Creswell 2005, S. 514)

In Abb. 6.19 wird der Unterschied zwischen diesen Designs unter Verwendung des Notationssystems herausgestellt.

Triangulationsdesign

Das Triangulationsdesign dürfte derzeit die populärste Variante von Mixed-Methods-Designs in der empirischen Sozialforschung sein.

Triangulation zielt auf die Kombination und Integration qualitativer und quantitativer Methoden ebenso wie auf die Analyse der anfallenden unterschiedlichen Daten (Mayring 2001).

Bei der *Datentriangulation* werden Daten aus verschiedenen Quellen oder verschiedenartige Daten aus derselben Quelle verwendet. Bei der *Methodentriangulation*, der am weitesten verbreiteten Methode der Triangulation (Flick 2008), wird zwischen einer Triangulation innerhalb einer Methode und zwischen Methoden unterschieden (Denzin 1970). Bei der Triangulation *innerhalb einer Methode* wird die gleiche Methode verschiedenartig angewandt, um unterschiedliche Indikatoren für das gleiche Konstrukt zu erhalten. Bei der Triangulation *zwischen Methoden* werden unterschiedliche Methoden auf den Untersuchungsgegenstand angewandt, um verschiedenartige Daten zu ein und demselben Gegenstand zu erhalten. Damit glaubt man, eventuelle Schwächen einer Methode durch die Stärken einer anderen Methode ausgleichen zu können und dadurch die Validität der Untersuchungsergebnisse zu steigern (Jick 1979). Methoden- und Datentriangulation zielen gleichermaßen darauf ab, Forschungsergebnissen eine größere Validität, zumindest aber eine höhere Plausibilität zu verleihen (Creswell und Miller 2000).

Auf den ersten Blick scheint die Idee überzeugend, dass durch den Ausgleich möglicher Schwächen der einen Methode durch Stärken der anderen Methode die Wahrscheinlichkeit systematischer Messfehler vermindert und eine größere Validität erreicht werden kann, aber dem widersprechen Bollen und Paxton (1998) aufgrund ihrer Beobachtung, dass eine erfolgreiche Methoden- oder Datentriangulation nicht zwangsläufig eine größere externe Validität nach sich zieht, sondern eine notwendige, aber nicht hinreichende Bedingung dafür ist. Ob letztlich eine externe Validität erzielt werden kann, hängt nach Meinung dieser Autoren davon ab, ob es gelingt, bei den qualitativen Daten die subjektiven Verzerrungen zu kontrollieren und zu bereinigen. Wie auch immer mit dem Validitätsproblem der Triangulationsergebnisse umgegangen wird, so erzielt die Triangulation vielleicht nicht validere, aber in jedem Falle reichhaltigere Ergebnisse (Flick 2008; Moran-Ellis et al. 2006).

Die praktische Durchführung der Triangulation wird durch computergestützte Programme zur qualitativen Datenanalyse unterstützt, mit deren Hilfe verschiedenartige Daten organisiert und ausgewertet werden können. Populär sind derzeit verschiedene *CAQDAS-Programme* (Computer Assisted Qualitative Analysis Software), die für die Daten- und Methodentriangulation eingesetzt werden können (Leech und Onwuegbuzie 2007). Neben CAQDAS-Programmen, von denen manche ziemlich viel Geld kosten, existieren weniger leistungsfähige aber als freie Software verfügbare Programme, die dem qualitativ arbeitenden Forscher im Hinblick auf Daten- und Methodentriangulation eine weitreichende Unterstützung bieten. Ein Beispiel einer frei verfügbaren Software ist die in Deutschland entwickelte AQUAD-Plattform (▶ www.acuad.de). Mit AQUAD 7 können Texte jeglicher Art, Audio- und Videodateien, Zeichnungen und Bilder verarbeitet werden. Über eine Schnittstelle zu *R*[7] wird die Analyse quantitativer Daten ermöglicht. Ein Anwendungsbeispiel für die Verwendung von AQUAD in der *Methodentriangulation* ist das Extrahieren von Transkriptionsabschnitten, die in gleicher Weise quantitativ codiert worden sind.

Erklärungsdesign

Anstatt verschiedene Daten zur selben Zeit zu erheben, kann der Forscher im Rahmen von Mixed-Methods-Designs die qualitative und quantitative Information auch sequentiell oder in zwei Phasen gewinnen (Abb. 6.19). Ein auf Erklärung zielendes Multimethodendesign, für das auch die Bezeichnung Zweiphasenmodell gebräuchlich ist (Creswell 2005), umfasst zunächst die Erhebung quantitativer Daten und anschließend die Erhebung qualitativer Daten, die herangezogen werden, um die quantitativen Daten inhaltlich zu verdeutlichen und zu präzisieren. Die Leitvorstellung ist, dass die quantitativen Daten ein allgemeines Bild des Untersuchungsgegenstandes liefern, aber zusätzliche Analysen qualitativer Daten erforderlich sind, um dieses allgemeine Bild zu verfeinern, detaillierter zu machen, auszuweiten und zu erklären. Dabei sind verschiedene Varianten möglich:

- Die Priorität liegt auf der Erhebung und Analyse quantitativer Daten (QUAN), und es folgt dann eine gewöhnlich weniger umfangreiche Erhebung qualitativer Daten (qual), um zu inhaltlichen Erklärungen zu gelangen.

7 *R* ist eine freie Programmiersprache für statistisches Rechnen und statistische Grafiken (vgl. Dalgaard 2008), die als Standardsprache für statistische Problemstellungen im kommerziellen und im wissenschaftlichen Bereich zunehmend Verbreitung gefunden hat.

- Die zweite Variante entspricht der ersten mit dem Unterschied, dass beide Datenquellen, die auch mit einem größeren zeitlichen Abstand erhoben werden können, als gleichwertig (QUAN → QUAL) betrachtet werden. In der Praxis werden dann oft zwei Berichte verfasst.
- Qualitative Daten werden erhoben und gezielt verwendet, um die quantitativen Ergebnisse zu verfeinern und weiterzuentwickeln (QUAL → quan). Diese Verfeinerung erfolgt durch die Exploration weniger, aber typischer Fälle.

Das auf Erklärung zielende Multimethodendesign hat den Vorteil, dass die qualitativen und quantitativen Anteile klar definiert sind und dass die beiden Datentypen nicht wie beim Triangulationsdesign integriert werden müssen. Die Leitidee ist, dass das Beste aus beiden Methoden gemacht wird: Zunächst werden quantitative Daten in einer repräsentativen Personenstichprobe gewonnen und diese werden dann durch eine eingehende und gründliche qualitative Exploration inhaltlich verfeinert und elaboriert. Die Schwierigkeit bei diesem Design besteht darin, dass bestimmt werden muss, welchen Aspekten der quantitativen Daten in der nachfolgenden qualitativen Analyse nachgespürt werden soll. In praktischer Hinsicht spricht oft der hohe zeitliche Aufwand gegen dieses Design.

Erkundungsdesign

Bei diesem Design steht am Anfang die Erhebung und Analyse qualitativer Daten (QUAL), und dann erst werden quantitative Daten (QUAN) erhoben, um Beziehungen zwischen den qualitativen Daten zu klären. Ein verbreitetes Vorgehen dieses Designs ist es laut Creswell (2005), zunächst einen Untersuchungsgegenstand zu erkunden, Themen zu identifizieren, dann ein Messinstrument zu entwickeln und dieses anschließend zur Erhebung quantitativer Daten einzusetzen. Dieses Design wird sinnvollerweise dann verwendet, wenn noch keine Variablen und Erhebungsverfahren für den zu untersuchenden Gegenstand existieren. In seiner Funktion ähnelt dieses Vorgehen dem bereits angesprochenen Erkundungsexperiment, denn auch bei diesem dienen die Befunde der Formulierung empirischer Hypothesen für die nachfolgende quantitative Untersuchung.

Welche Verfahren zur Gewinnung qualitativer und quantitativer Daten zur Anwendung gelangen können und wie die Daten zu analysieren sind, wird uns in ► Abschn. 6.2 und 6.3 beschäftigen.

Aufgaben zum Festigen des neuen Wissens

1. Was kennzeichnet ein Experiment und was unterscheidet es von einem Quasiexperiment?
2. Erklären Sie den Unterschied zwischen mehrfaktoriellen und multivariaten Designs.
3. Definieren Sie Korrelation und grenzen Sie den Begriff der Korrelation vom Begriff der Regression ab.
4. Was unterscheidet Pfadmodelle von Strukturgleichungsmodellen?
5. Stellen Sie dar, was Ex-post-facto-Designs kennzeichnet und was diese zu messen vermögen.
6. Wie ist eine Untersuchung zu gestalten, damit Kausalzusammenhänge gefunden werden können?
7. Stellen Sie dar, für welche Zwecke und aus welchem Grund sich Replikationen von Untersuchungen anbieten.
8. Unter welchen Voraussetzungen setzen Sie welches Ex-post-facto-Design ein? Erstellen Sie eine Liste.
9. Welchen Zweck verfolgt der Einsatz der Grounded Theory?
10. Benennen Sie die Schwierigkeiten qualitativer Forschungsmethoden.
11. Inwieweit unterscheidet sich das qualitative Experiment vom Experiment in der quantitativen Forschung?
12. Erläutern Sie in Stichworten die wichtigsten qualitativen Untersuchungspläne.
13. Erläutern Sie die wesentlichen Charakteristika der Forschungsstrategie der Grounded Theory.
14. Was versteht man unter deskriptiver Feldforschung?
15. Nennen Sie zwei Gegenstandsbereiche, in denen deskriptive Feldforschung heutzutage zum Einsatz kommt.
16. Gesetzt den Fall, Sie verwenden den Rokeach Value Survey bei einer Stichprobe von Studierenden in einem korrelativen Längsschnittdesign, um die Stabilität der Wertorientierungen festzustellen. Welchen Korrelationskoeffizienten müssen Sie berechnen?

Aufgaben zum Weiterdenken

1. Angenommen Sie wollten die Effektivität einer von Ihnen erfundenen Lehrmethode untersuchen. Welche Designs würden sich anbieten? Welche Vor- und Nachteile haben diese im Hinblick auf die Validität und welche Aussagen ermöglichen Ihre Ergebnisse?
2. Angenommen Sie wollten Schulerfolg erklären. Welche Designs wären denkbar? Welche Verfahren würden Sie anwenden? Begründen Sie Ihre Auswahl.
3. Statt klassischer Kontrollgruppendesigns können vielfach auch Designs mit Messwiederholung genutzt werden. Was sind die jeweiligen Vor- und Nachteile? Diskutieren Sie diese.
4. Führen Sie alle Designs auf, die Kausalität aufzuzeigen vermögen. Stellen Sie auch dar, welche Designs dies nicht ermöglichen und warum.
5. Stellen Sie die Merkmale quantitativer und qualitativer Experimente einander gegenüber und diskutieren Sie Unterschiede und Gemeinsamkeiten.
6. Angenommen Sie wollten erforschen, ob eine Hochschulausbildung für den Erzieherberuf sinnvoll ist oder nicht, welche Methoden und welches Design würden Sie wählen?
7. Wie unterscheiden sich typischerweise Fragestellungen, die einen quantitativen Forschungsansatz erfordern von solchen, die angemessener durch einen qualitativen Ansatz bearbeitet werden sollten?

Weiterführende Literatur

- Ary, D. et al. (2014). *Introduction into research in education.* Belmont, CA: Wadsworth.
- Döring, N. & Bortz, J. (2014). *Forschungsmethoden und Evaluation* (5. Aufl.). Heidelberg: Springer.
- Engel, U. (1998). *Einführung in die Mehrebenenanalyse. Grundlagen, Auswertungsverfahren und praktische Beispiele.* Wiesbaden: Opladen.

- Friebertshäuser, B., & Langer, A. (Hrsg.) (2010). *Handbuch qualitative Forschungsmethoden in der Erziehungswissenschaft*. Weinheim: Beltz Juventa.
- Glaser, B.G., & Strauss, A.L. (1998). *Grounded Theory. Strategien qualitativer Forschung*. Bern: Huber.
- Hofmann, F., Schreiner, C., & Thonhauser, J. (Hrsg.) (2008). *Qualitative und quantitative Aspekte. Zu ihrer Komplementarität in der erziehungswissenschaftlichen Forschung*. Münster: Waxmann.
- Leedy, P. & Ormrod, J. (2005). *Practical Research: planning and design* (8. Aufl.). Upper Saddle River, NJ: Prentice-Hall.
- Martella, R.C. et al. (2013). *Understanding and interpreting educational research*. New York: Guilford.
- Maxwell, J.A. (2013). *Qualitative research design. An interactive approach* (3. Aufl.). Thousand Oaks, CA: Sage.

6

6.2 Methoden der Datengewinnung und -analyse in der qualitativen Forschung

Aufgabe als Denkanstoß
Wie würden Sie vorgehen, wenn Sie herausfinden wollten, wie in deutschen Grundschulen typischerweise Unterricht abläuft? Welche Methoden wären denkbar? Und wie könnten Sie sich vorstellen, Ihre erhobenen Daten auszuwerten, um zu Aussagen zu kommen?

Qualität vor Quantität?

Erziehungswissenschaftliche Forschung ist grundsätzlich abhängig von normativen, theoretischen und methodischen Voraussetzungen. In diesem Unterkapitel stehen die methodischen Voraussetzungen der qualitativen Forschung im Mittelpunkt. Darunter wird in erster Linie die Erhebung sprachgebundener und nicht standardisierter Daten verstanden, die durch interpretative und hermeneutische Analyseverfahren ausgewertet werden. Ein wesentliches Merkmal der qualitativen Methodik ist, dass sie sich überwiegend (aber nicht ausschließlich) auf Einzelfälle, zu denen auch Fallgruppen gehören, stützt und nicht hypothesenprüfend, sondern hypothesengenerierend ausgerichtet ist. Im Unterschied zur quantitativen Forschungsrichtung, die auf Objektivität der Datengewinnung und -analyse zielt, ist der Forscher bei der qualitativen Datenerhebung selbst stark eingebunden. Davon abgesehen verfolgt die qualitative Forschung die gleichen Ziele wie die quantitative:

- Qualitative Forschung zielt wie quantitative Forschung auf *Verallgemeinerung*, wobei die quantitative Forschung allerdings eine deutlich höhere Validität und einen höheren Grad der Verallgemeinerungen aufweist.
- Qualitative Forschung zielt wie quantitative Forschung auf *Theoriebildung*, wobei der Schwerpunkt der quantitativen Forschung auf der Prüfung von Hypothesen liegt, die aus einer bereits vorliegenden Theorie deduktiv abgeleitet werden, während die qualitative Forschung hypothesengenerierend ist und zum induktiven Aufbau einer Theorie beiträgt.

Der Unterschied zwischen beiden Paradigmen liegt aber nicht nur in der grundsätzlichen Zielorientierung, sondern auch in der Art und Weise, wie die Daten gewonnen werden und wie damit umgegangen wird.

Im Weiteren soll verdeutlicht werden, welcher Erhebungsmethoden sich die qualitative pädagogische Forschung bedient, welche Methoden zu welchen Untersuchungsgegenständen passen und wie sich die verschiedenen Methoden im Hinblick auf den Typ der erhobenen Daten sowie im Hinblick auf den Aufwand bei der Erhebung und bei der Analyse beurteilen lassen. Dabei sind auch die Vor- und Nachteile der verschiedenen Erhebungsmethoden zu berücksichtigen. Im Einzelnen werden wir auf die wichtigsten Ergebungsverfahren eingehen, durch die qualitative Daten gewonnen werden können. Dazu gehören: Interview, biografische Erzählung, Beobachtung und Feldnotizen, schriftliche Befragung und Dokumentenanalyse. Zuvor aber sollen noch die Rahmenbedingungen der Datenerhebung erläutert werden, womit in erster Linie die Problematik des Sampling angesprochen wird.

6.2.1 Rahmenbedingungen der Datengewinnung

Qualitative Methoden fokussieren das Beschreiben, subjektive Interpretieren und Verstehen menschlicher Verhaltensweisen in soziokulturellen Umwelten und Zusammenhängen. Die Datengewinnung ist im Unterschied zum quantitativen Ansatz offen und adaptiv, d. h., sie passt sich den situativen Gegebenheiten einer Untersuchung und ihrer Veränderungen flexibel an. Während der quantitative Ansatz Objektivität anstrebt, ist beim qualitativen Forschungsansatz Subjektivität mitunter erwünscht. Auf eine Standardisierung der Datengewinnung wird weitgehend verzichtet; aus diesem Grund handelt es sich bei qualitativen Daten üblicherweise nicht um numerische, sondern um überwiegend sprachlich codierte Daten. Qualitative Daten sind deshalb nominalskaliert, was allerdings eine nachträgliche Quantifizierung nicht ausschließt, die von manchen Autoren (z. B. Kempf 2008; Mayring 2002) nachdrücklich gefordert wird.

6.2.1.1 Prinzipien der qualitativen Datenerhebung

Aus der forschungsmethodischen Literatur lassen sich verschiedene Prinzipien der qualitativen Datenerhebung herleiten, die diesen Forschungstyp charakterisieren und ihn von der quantitativen Forschung unterscheiden. Zum Teil wurden diese Prinzipien bei der Darstellung der qualitativen Untersuchungsdesigns in ▶ Abschn. 6.1 bereits angesprochen, so dass wir es hier bei einer knappen Beschreibung belassen können. Dabei folgen wir weitgehend Lamnek (2005).

- **Prinzip der Offenheit**

Die qualitative Sozialforschung verlangt eine grundsätzliche Offenheit des Forschers gegenüber Untersuchungspersonen, -situationen und -methoden, um für unerwartete Informationen empfänglich zu sein und auf unerwartete Umstände reagieren zu können (vgl. Girtler 2004). Kennzeichnend für die Erhebung qualitativer Daten ist, wie Kleining (1986) bei seinen Ausführungen zum qualitativen Experiment hervorgehoben hat, der Verzicht auf eine „Hypothesenbildung ex ante".

- **Prinzip der Kommunikation**

Die Erhebung qualitativer Daten vollzieht sich überwiegend (wenn auch nicht ausschließlich) mittels sprachlicher Kommunikation und Interaktion zwischen Forscher und Subjekt (vgl. Steger 2003). Deshalb stellen das Gespräch und das Interview wichtige Erhebungsinstrumente dar. Im Vordergrund steht, durch intensive und offene Gespräche grundlegende Informationen über den Untersuchungsgegenstand zu gewinnen. Dabei soll die Kommunikationssituation möglichst der Lebenswelt des Subjektes entsprechen und ungekünstelt sein. Damit verbunden ist auch das Prinzip der Gegenstandsangemessenheit (vgl. Flick 2009), welches besagt, dass sich die Erhebungsmethode dem Untersuchungsgegenstand unterzuordnen hat. Des Weiteren schließt das Prinzip der Kommunikation auch die Prozesshaftigkeit ein.

- **Prinzip der Prozesshaftigkeit**

Dieses Prinzip betrifft nicht nur den Vorgang der Datenerhebung, sondern grundsätzlich auch die gesamte Methodik der qualitativen Forschung. Beobachtete Verhaltensweisen und sprachliche Aussagen der Versuchsteilnehmer sind als „prozesshafte Ausschnitte der Reproduktion und Konstruktion sozialer Realität" zu verstehen (Lamnek 2005, S. 23). Der Forscher ist dabei selbst in diesen Reproduktions- und Konstruktionsprozess und damit auch in die Veränderung von Wirklichkeit eingebunden. Die prozessbezogene Perspektive qualitativer Forschung besagt auch, dass es nicht das *eine* bereits vorgefertigte Forschungsdesign geben kann, sondern dass sich das Design erst Schritt für Schritt entwickelt. Reinders (2005) hat die Prozesshaftigkeit der qualitativen Forschung dahingehend umschrieben,

> » dass mit qualitativer Forschung die Bilder laufen lernen. Ähnlich wie ein Film auf der kurzen Abfolge vieler Standbilder basiert, gründet sich der „Film" über die soziale Realität auf in kurzer Abfolge erhobene Informationen. Hierdurch ist es möglich, Fragestellungen in relativ kurzer Zeit und im Hinblick auf die subjektive Perspektive der Befragten zu verändern (Reinders 2005, S. 39).

- **Prinzip der Reflexivität**

Dieses Prinzip, das von Lamnek (2005) als geradezu zwingend für die qualitative Forschung begriffen wird, bezieht sich auf die Sinnzuschreibung von Handeln und sprachlichen Äußerungen. Diesem Prinzip liegt die Tatsache zugrunde, dass Handlungen und Sprachäußerungen nur unter Berücksichtigung des sozialen Kontexts verständlich werden. Grundlage für die Analyse ist deshalb der hermeneutische Zirkel (vgl. ▶ Abschn. 1.3.3). Darüber hinaus wird mit dem Reflexivitätsprinzip auch die Selbstreflexion des Forschers angesprochen:

> » Die Reflexion des Forschers über seine Handlungen und Beobachtungen im Feld, seine Eindrücke, Irritationen, Einflüsse, Gefühle etc. werden zu Daten, die in die Interpretationen einfließen, und in Forschungstagebüchern und Kontextprotokollen dokumentiert [werden] (Flick 2009, S. 29).

- **Prinzip der Explikation**

Der Forscher ist aufgrund des Prinzips der Explikation angehalten, transparent zu machen, nach welchen Regeln er die Daten interpretiert. Dies soll eine gewisse Nachvollziehbarkeit und Intersubjektivität sichern. Außerdem fördert es auch die soeben angesprochene Selbstreflexion des Forschers und vermindert die Gefahr, sich zu weit von den Ergebnissen zu entfernen und sich Spekulationen hinzugeben.

- **Prinzip der Flexibilität**

So gut wie jeder Beitrag zur Methodik der qualitativen Forschung verlangt, dass der gesamte Forschungsprozess flexibel gestaltet sein muss. Gefordert wird konkret die Anpassung an veränderte Bedingungen und Konstellationen der Untersuchungssituation sowie die wechselseitige Anpassung zwischen Forscher und Versuchsteilnehmern. Mit dem Prinzip der Flexibilität wird aber auch die Forderung nach einer breiten Methodenvielfalt verknüpft.

6.2.1.2 Voraussetzungen der Datenerhebung: zum Problem des Sampling

Das Ziel qualitativer Forschung ist es nicht, von einer repräsentativen Stichprobe auf die Zielpopulation (bzw. die verfügbare Population) zu schließen, sondern besteht darin, eine tiefgehende Erkundung eines Phänomens der sozialen Wirklichkeit zu leisten. Es geht also um die Erzeugung eines fundierten Verständnisses der Welt. Dazu wählt der qualitative Forscher zielgeleitet und zweckorientiert Einzelpersonen und Standorte aus.

Im Unterschied zur quantitativen Forschung, die auf dem Prinzip der *Randomisierung* (Zufallsauswahl und -zuweisung) begründet ist, steht bei der qualitativen Forschung die *zweckgebundene Stichprobenbildung* im Vordergrund. Es werden die Personen und Orte des Handelns ausgewählt, die am besten helfen, den fraglichen Untersuchungsgegenstand zu verstehen (vgl. Creswell 2005).

Die zweckgebundene Stichprobenbildung (*purposeful sampling*) kann auf der Basis unterschiedlicher Strategien erfolgen. Gelegentlich wird das zweckgebundene Sampling als

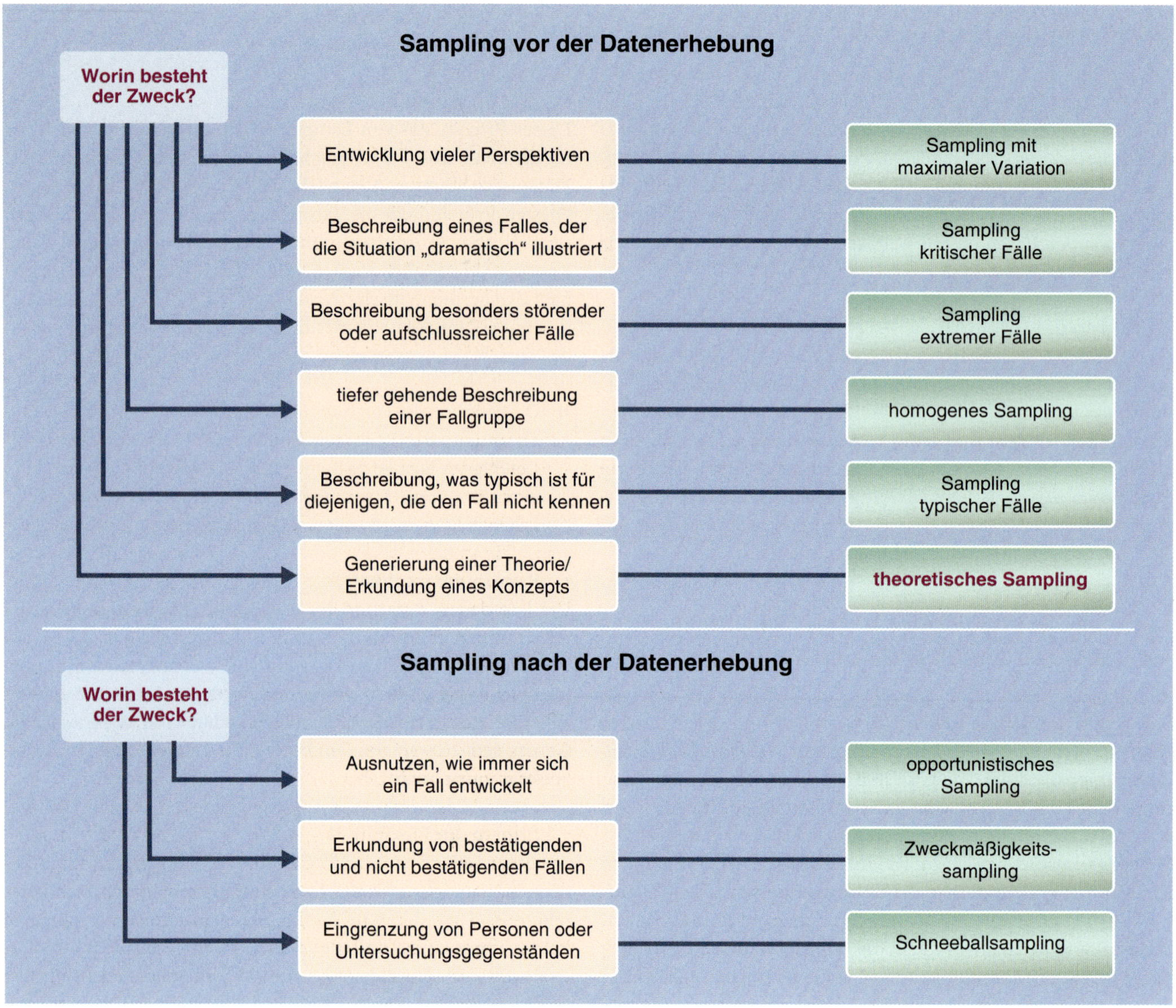

Abb. 6.20 Strategien des zweckgebundenen Sampling. (Nach Creswell 2005, S. 205)

etwas anderes als das theoretische Sampling betrachtet, das in der Grounded Theory eine besondere Rolle spielt, dennoch sind die Grenzen zwischen beiden Vorgehensweisen fließend (Coyne 1997). Größere Bedeutung für die Durchführung einer qualitativen Studie und die Datenerhebung ist allerdings der Zeitpunkt, zu dem die Samplingstrategie festgelegt wird. Hier wird zwischen einem Sampling vor und einem nach der Datenerhebung unterschieden. Die Entscheidung für die eine oder andere Vorgehensweise hängt dabei von dem Zweck und Ziel der Untersuchung ab: Eine Vorabfestlegung des Samplingtyps geht mit der Bestimmung von Kategorien und Kriterien in Bezug auf den Untersuchungsgegenstand einher. Dadurch kann die Theorieentwicklung stark eingeschränkt werden, da neue Sachverhalte unberücksichtigt bleiben. Führt man das Sampling dagegen nach der Datenerhebung durch, so ermöglicht dies mehr Flexibilität und ein Eingehen auf die Situation. In Abb. 6.20 sind für beide Vorgehensweisen die bedeutsamen Samplingverfahren aufgeführt.

Die aus den Samplingverfahren resultierenden Stichproben variieren von Untersuchung zu Untersuchung sowohl in der Anzahl der Personen als auch der Fälle. Wie wir im Zusammenhang mit der Fallanalyse dargelegt haben, können sowohl Einzelpersonen bzw. Einzelfälle als auch Fallgruppen untersucht werden. Aufgrund des enorm hohen Aufwands, den die Auswertung eines umfangreichen Datenmaterials erfordert (▶ Abschn. 6.2.3), wird aber zumeist nur eine kleine Anzahl von Personen bzw. Fällen in eine qualitative Untersuchung aufgenommen. In Mixed-Methods-Untersuchungen werden zwar üblicherweise mehr Personen bzw. Fälle berücksichtigt (Creswell meint bis zu 40), aber auch hier beschränkt der Aufwand für die Datenauswertung die Stichprobengröße.

6.2.2 Verfahren zur Gewinnung qualitativer Daten

In den Ausführungen zu den Designs der qualitativen Forschung sind wiederholt Verfahren genannt worden, mittels derer Daten erhoben werden können: z. B. beobachtende Teilnahme, infor-

Tab. 6.13 Varianten der qualitativen Datenerhebung. (Nach Creswell 2005, S. 211)

Form der Datenerhebung	Datentyp	Definition
Beobachtungen	Feldnotizen und (Auf-) Zeichnungen	Unstrukturierte Textdaten und Bilder (Skizzen), die während der Beobachtungen erzeugt werden
Interviews und Befragungen	Transkriptionen (d. h. wortgetreue Abschriften) von offenen Interviews oder offener Fragen eines Fragebogens	Unstrukturierte Textdaten, die aus der Übertragung von Tonbandaufzeichnungen eines Interviews oder Antworten auf Fragen eines Fragebogens resultieren
Dokumente	Handgefertigte Notizen zu Dokumenten, Akten, Publikationen	Öffentliche (z. B. Mitteilungen über Versammlungen oder Konferenzen) und private Aufzeichnungen (z. B. Tagebuch)
Audiovisuelle Materialien	Bilder, Fotografien, Videoaufzeichnungen, Kunstobjekte, Klangbilder	Audiovisuelle Materialien, die aus Bildern oder Klangbildern von Personen oder Plätzen bestehen, die der Forscher oder eine andere Person angefertigt hat

melles und formelles Interview, Diskussion sowie Dokumentenanalyse. Hier wird auf den ersten Blick deutlich, dass bei diesen Verfahren die Sprache im Mittelpunkt steht.

Sprachgebundene Daten sind eine der methodischen Säulen qualitativer Forschung. Sie kommen entweder aufgrund einer *introspektiven* Verbalisierung von Gedanken und Vorstellungen („lautes Denken") oder einer *retrospektiven* Verbalisierung (z. B. biografische Erzählung) zustande.

Bei der Introspektion werden verbale Daten während der Lösung einer Aufgabe erhoben, bei der Retrospektion hingegen nach erfolgter Lösung. Bei den gewonnenen Daten kann differenziert werden nach

- dem Gegenstand dessen, was verbalisiert wird,
- dem Zeitpunkt, zu dem die Verbalisierung im Hinblick auf das zu kommentierende Ereignis oder Problem erfolgt,
- dem Ausmaß an Strukturiertheit der sprachlichen Äußerungen,
- dem Grad an Abstraktheit der Aufgabe und
- dem Grad der Interaktivität (vgl. Krings 1986).

Darüber hinaus ist zu unterscheiden, ob sich die Verbalisierung auf Sprechakte oder die verschriftlichte Form als Text bezieht. Weiterhin kann die Verbalisierung sozusagen „live", d. h. unmittelbar in Sprachverwendungshandlungen erfolgen, oder audiovisuell aufgezeichnet sein und ebenso wie Texte zu nachträglichen Analysen verwendet werden.

Wir unterscheiden mit Creswell (2005) vier Gruppen der qualitativen Datenerhebung (vgl. Tab. 6.13):

1. Beobachtungen,
2. Interviews und Befragungen,
3. Dokumente und
4. audiovisuelle Materialien (Aufzeichnungen).

6.2.2.1 Beobachtungen

Beobachtungen als Datenerhebungsmethode beschreiben den Vorgang des Sammelns von Informationen über den Untersuchungsgegenstand und dienen dazu, persönliche Eindrücke und Kenntnisnahmen auf der Basis aller menschlicher Sinne zu sichern. Beobachtungen können dabei standardisiert und nichtstandardisiert durchgeführt werden. Bei der standardisierten Beobachtung werden bereits im Vorfeld die relevanten Kriterien und Kategorien festgelegt und in Form von Beobachtungsbögen (z. B. zum Entwicklungsstand von Kindern) eingesetzt. Die standardisierte Beobachtung ist in der quantitativen Forschung häufiger zu finden als in der qualitativen Forschung. Dort werden nichtstandardisierte Beobachtungsverfahren bevorzugt, wie z. B. die ethnografische Forschung belegt.

Nichtstandardisierte Formen der Beobachtung finden im natürlichen Kontext ohne Einschränkungen durch vorher festgelegte Kategorien oder künstlich erzeugter Arrangements von Situationen statt. Sie werden insbesondere in der ethnografischen Feldforschung gepflegt, da es hier um die lebensweltlichen Konzepte und Handlungsweisen der beobachteten Handlungsträger geht, die verstanden werden sollen. Dabei kann sich das Ausmaß der Fokussierung im Verlauf der Untersuchung verändern: Anfangs können allgemeine Fragestellungen im Vordergrund stehen, und es geht darum, den Einstieg in das zu untersuchende Feld zu finden. Im Verlauf der Untersuchung wird dann möglicherweise stärker auf einen begrenzten Untersuchungsausschnitt fokussiert und schließlich werden Beobachtungen durchgeführt, um selektiv aufgetauchte Hypothesen zu prüfen. Welche Versuchsanordnung die Feldstudie auch immer hat (z. B. völlige Teilnahme, nicht teilnehmende oder gar verdeckte Beobachtung), ein zentrales Moment des Forschungsprozesses besteht darin, die Erfahrungen und Erlebnisse durch das systematische Anlegen und Ausarbeiten von *Feldnotizen* festzuhalten, um aus ihnen Daten für die nachträgliche Analyse zu gewinnen.

Für die Anfertigung von Feldnotizen gibt es keinerlei Vorschriften oder Anleitungen, sie sind einfach nur schriftliche Skizzen, oft durch Zeichnungen angereichert. Sie beinhalten auch Informationen über die Befindlichkeit und die Emotionen des Forschers, seine Wünsche und Hoffnungen. Deshalb unterscheidet sich der Charakter von Feldnotizen nicht nur individuell und auf den Anlass und Zielsetzungen bezogen, sondern auch in der Form der Niederschrift und den verwendeten Textsorten. Dazu gehören Stichwörter und Memos ebenso wie umfängliche und elaborierte Verschriftlichungen des im Feld Erlebten.

Im Rahmen des Untersuchungsprozesses sollen Feldnotizen in der Retrospektion die Vorannahmen des Untersuchers verdeutlichen und die Veränderungen der Wahrnehmung während der Untersuchung herausstellen. Sie veranschaulichen, wofür der

Untersucher sensibilisiert wurde, was er im Feld Neues gelernt hat. Gelegentlich wird zwischen deskriptiven und reflektierten Feldnotizen unterschieden; Letztere werden auch „Headnotes“ genannt und sind als kurze Zusammenfassungen einer bestimmten Sichtweise zu begreifen.

Beispiel einer Feldnotiz aus der Ethnografie des Unterrichts (Breidenstein 2010, S. 205)
„Dann kommt endlich Michael, wir rauchen zusammen und palavern noch ein bissel, ich fühle mich ziemlich unsicher in diesem Gelände, orientierungslos. Michael hat mir draußen noch erzählt, dass wir jetzt bei einer Lehrerin zuschauen wollen, die noch nichts davon weiß. Ich denke mir, dass das wohl eine echt ungünstige Konstellation ist, ich zumindest wollte in so einem Moment nicht an ihrer Stelle sein. Wer sagt denn schließlich NEIN in solch einem Moment und verweigert seine, ihre in diesem Fall, Dienste der Wissenschaft?"

Feldnotizen (und Headnotes) geben die ethnografische Erfahrung aus einer subjektiven Sicht wieder und unterliegen den Mechanismen der selektiven Wahrnehmung. Bei der Auswertung und Interpretation kommt es dann unweigerlich zu einer weiteren Selektion, da nun Ereignisse, die im Lichte der Retrospektion als nicht mehr relevant erscheinen, ausgeblendet werden.

6.2.2.2 Interviews und Befragungen

Interviews als Verfahren, um an qualitative Daten zu gelangen, stellen das vermutlich populärste Instrument der qualitativen Forschung dar.

Jakob: „Ich hab gerade mal in diesem Buch über qualitative Forschung nachgeschlagen, was da zu Interviews zu finden ist. Rate mal, wie viele verschiedene Interviewarten da unterschieden werden?“

Anna: „Oje, das kann ich beim besten Willen nicht beantworten. Bisher haben wir in diesem Lehrbuch was über narrative Interviews, Leitfadeninterviews und standardisierte Interviews erfahren. So was wie ein ethnografisches Interview scheint es auch zu geben.“

Jakob: „Ja, da war auch mal die Rede von formellen und informellen Interviews.“

Anna: „Also, wenn ich richtig zusammenzähle, haben wir damit fünf Interviewarten.“

Jakob: „Gut gerechnet, aber nach dem, was ich gefunden habe, fehlen dann aber noch viele andere. Hör mal her, ich lese dir mal ein paar vor: Experteninterview, ethnografisches Interview, diskursives Interview, episodisches Interview, evaluatives Interview, fokussiertes Interview, problemzentriertes Interview, narratives Interview, biografisches Interview, informatives Interview, analytisches Interview, diagnostisches Interview, klinisches Interview, Struktur- oder Dilemmainterview, rezeptives Interview, assoziatives Interview, ero-episches Gespräch, Tiefeninterview, explorierendes Interview, freies Interview, gelenktes Interview, halbstandardisiertes Interview, individuelles Interview, neutrales Interview, offenes Interview, persönliches Interview, Telefoninterview, Eins-zu-eins-Interview, schriftliches Interview, standardisiertes Interview, strukturiertes Interview, unstrukturiertes Interview, themenzentriertes Interview.“

Anna: „Stopp, stopp. Das reicht! Auweia.“

Abgesehen vom Verwendungsbereich lassen sich die unterschiedlichen Formen des Interviews nach dem Grad der Standardisierung und Strukturierung der Gesprächsführung kategorisieren. Legt man ein entsprechendes Kontinuum zugrunde, so reicht das Spektrum vom informellen und offenen Interview bzw. Gespräch, das sich völlig unstrukturiert und zufällig in unterschiedlichen Zusammenhängen ergibt, bis zum sorgfältig ausgearbeiteten vollstrukturierten schriftlichen Fragebogen mit geschlossenen Fragen und vorgegebenen Antwortkategorien. Solche Fragebögen mit bereits im Vorfeld definierten Antwortkategorien kommen in der qualitativen Sozialforschung jedoch, wie bereits erwähnt, kaum zum Einsatz.

- **Informelle Interviews**

Beim unstrukturierten offenen und *narrativen Interview* beschränkt man sich auf die Festlegung eines Themas und die Formulierung eines Eingangsstatements, das den Interviewten anregen soll, von sich aus etwas über das Thema zu erzählen. Im weiteren Interviewverlauf werden dann vom Interviewer weitere Fragen gestellt, um den Fortgang des Erzählflusses zu unterstützen oder um Sachverhalte zu klären. Eigentlich ist es aber die interviewte Person, die der Erzählung eine Struktur verleiht.

In die Kategorie des informellen Interviews oder Gesprächs fallen auch das rezeptive Interview (Kleining 1994) und das ero-epische Gespräch (Girtler 2002). Sie gelangen als ungeplante Gespräche vor allem in der ethnografischen Feldforschung zum Einsatz. Auf sie bezieht sich, wie der Name bereits sagt, das ethnografische Interview nach Spradley (1979), das darauf zielt, informelle und unstrukturierte Gespräche schrittweise zu formellen Interviews zu verändern.

Formelle Interviews

Im Unterschied zu den informellen Gesprächen zeichnen sich formelle Interviews durch eine gezielte Planung aus. Formell heißt in dem Zusammenhang, dass sich die interviewte Person im Klaren darüber ist, dass sie mehr oder weniger gezielt über einen Themenbereich befragt wird. Die Strukturierung formeller Interviews erfolgt üblicherweise mittels eines Leitfadens für jeweilige Fragestellungen, weshalb sie auch als *Leitfadeninterview* bezeichnet werden. Allerdings werden natürlich keine Antwortmöglichkeiten vorgegeben oder auch nur angedeutet. Der Leitfaden enthält in der Regel eine offene Startfrage und einige weiterführende Fragen zum Thema. Mit der Startfrage wird das Gespräch eröffnet, sie soll die befragte Person zum weiteren Erzählen animieren. Gelingt der Start, wird oft ein großer Teil der Fragen schon beantwortet, und es bleibt nur noch, an einigen Stellen nachzuhaken.

Im Hinblick auf die Entwicklung eines solchen Leitfadens sind folgende drei Fragen im Vorfeld zu klären:

1. Welche Themen sollen angesprochen werden?
2. Zu welchen Themen können die Befragten vermutlich etwas sagen?
3. Welches sind die wichtigsten vier oder fünf Themen? (Vgl. Ewers und Hoff 2002).

Beispiel eines Leitfadeninterviews der Ruhruniversität zur Berufsfeldorientierung im sozialwissenschaftlichen Studium (2003)

Übersicht

0 Rahmen des Interviews (Ort, Zeit, etc.)
1 Kurzabriss Studium/Praktika/sonstige Tätigkeiten/beruflicher Werdegang
2 Studium
3 Beruf
4 Würden Sie Sozialwissenschaften nochmals studieren? Welche Tipps geben Sie heutigen Sowi-Studenten?
5 Angaben zur Person

Zu 1

Bitte geben Sie einen kurzen Überblick über Ihren studentischen und beruflichen Werdegang!

Zu 2

2.1 Aus welchem Grund entschieden Sie sich für das Fach Sozialwissenschaften? (Erwartungen)
2.2 Welche Qualifikationen meinen Sie, während des Studiums erworben zu haben? – Tätigkeiten? (Hatten diese Tätigkeiten aus Ihrer Sicht Studienbezug?) – Wurden Zusatzqualifikationen erworben? Wenn ja, welche?
2.3 Haben Sie schon während des Studiums an spätere Berufsmöglichkeiten gedacht?
   - Wann kam dieser Gedanke auf? Hatten diese Gedanken Konsequenzen für den Studienverlauf (Studienrichtung, Seminarwahl, Praktika, oder eher interessenbezogenes Studium)?
2.4 Welche Meinung hatten Sie damals über den Zusammenhang von Studium und Beruf?

Übergangsfragen:
   (a) Wurde der Übergang vom Studium zum Beruf als großer Einschnitt empfunden?
   (b) Fühlten Sie sich mit den erworbenen Qualifikationen gut gerüstet für den Arbeitsmarkt?

Zu 3

3.1 In welchem Bereich haben Sie sich nach dem Studium beworben und welche Voraussetzungen waren an diese Stelle(n) geknüpft?
   - Welches waren die ausschlaggebenden Faktoren für den Erhalt der Stelle: Praktika (in der gleichen Firma), Sympathie, besondere Qualifikationen, Art der Präsentation, informelle Bekanntschaften („Vitamin B"), Flexibilität (Einkommen, Mobilität, Inhalt der Tätigkeit, Risikobereitschaft, private Basis).
   - Welche Opfer hätten Sie erbracht?
3.2 Wurden Ihre oben erfragten Erwartungshaltungen hinsichtlich des Studiums erfüllt? Wenn ja, in welchem Maße? Wenn nein, warum nicht?

Zu 4

4.1 Würden Sie Sozialwissenschaften nochmals studieren?
4.2 Welche Tipps würden Sie einem heutigen Sowi-Studenten geben?

Zu 5

Angaben zur Person: Alter, Zeitpunkt des Studiums, Dauer des Studiums, Familienstand usw.

Varianten von Leitfadeninterviews sind das problemzentrierte Interview, das fokussierte Interview und das Tiefen- bzw. Intensivinterview.

Das problemzentrierte Interview ist eine relativ offene Art des qualitativen Interviews. Kennzeichnend ist, dass der Interviewer bereits mit einem gewissen Vorverständnis und entsprechenden Erwartungen und Zielsetzungen in das Interview einsteigt. Gemäß Vorwissen des Interviewers wird das Gespräch behutsam, aber bestimmt auf ein definiertes Problemfeld zentriert, wobei nach einem Leitfaden vorgegangen wird.

Auch das fokussierte Interview legt einen Leitfaden zugrunde, sein charakteristisches Merkmal ist die Konzentration auf bestimmte Aspekte einer gemeinsamen Erfahrung der Befragten. Die relevanten Aspekte der Gemeinsamkeiten werden im Verlauf des Interviews herausgestellt und analysiert. Ein Beispiel dafür ist das pädagogisch-reflexive Interview, mit dessen Hilfe man Bildungsprozessen auf die Spur kommen möchte (vgl. Christof 2009).

Noch einen Schritt weiter in der Fokussierung geht das Tiefen- oder Intensivinterview, bei dem der Interviewer versucht, dem Befragten eine bestimmte Bedeutungsstruktur für die beschriebenen Sachverhalte zu vermitteln.

Diese Beispiele von Leitfadeninterviews deuten darauf hin, dass man Interviews auch nach dem Stil der Kommunikation unterscheiden kann. Lamnek (2005) unterscheidet diesbezüglich zwischen weichen, harten und neutralen Interviews und stellt zugleich fest, dass in der qualitativen Sozialforschung eigentlich nur die weichen und neutralen Interviews zur Anwendung gelangen. Das weiche Interview versucht, „das sympathisierende Verständnis für die spezielle Situation des Befragten zum Ausdruck zu bringen" (Lamnek 2005, S. 343), und ein Vertrauensverhältnis zum Interviewten zu entwickeln, während das neutrale Interview „den unpersönlich-sachlichen Charakter der Befragung, die Einmaligkeit der Kommunikation und die soziale Distanz zwischen den Befragungspartnern betont" (Lamnek 2005, S. 344)

6.2.2.3 Dokumente

Dokumente und ihre Analyse stellen eine wertvolle Informationsquelle in der qualitativen Forschung dar. Dokumente können, wie oben bereits erwähnt, private und/oder öffentliche Aufzeichnungen sein, die in Bezug auf den Untersuchungsgegenstand Informationen liefern. Neben den selbsterhobenen und dokumentierten Daten können auch bereits vorliegende oder von anderen Personen erhobene Daten im Rahmen eines qualitativen Forschungsprojektes einer Analyse unterzogen werden. Zu solchen nicht selbst erhobenen Daten, die mittels einer *Dokumentenanalyse* untersucht werden können, gehören z. B. Akten, Urkunden, historische Quellen, Tagebücher, Ton- und Bilddokumente (Filme, Fernsehsendungen), Geschäftsbücher, Versammlungsprotokolle, Zeitungsberichte, Reportagen – d. h. im Grunde jedes Schriftstück, das Informationen zum Untersuchungsgegenstand enthält. Zu den Dokumenten als Mittel der qualitativen Forschung gehören auch Fotografien (vgl. Fuhs 2003; Stutz 2005) und Gegenstände der bildenden Kunst wie Gemälde oder Skulpturen, mitunter auch qualitative Daten aus Datenbanken (vgl. Huschka et al. 2013; Legewie et al. 2005).

Die sozialwissenschaftliche Dokumentenanalyse wurde aus der Quellenanalyse der Geschichtswissenschaft entwickelt und gehört zu den interpretativen Verfahren. Aus dieser Herkunft erklärt sich, dass im Allgemeinen entsprechend der Fragestellung eine Quellenauswahl getroffen wird, die alle für die Fragestellung einschlägigen Dokumente als Informationsquellen umfassen sollte. Diese werden in ihrer Aussagekraft bewertet, bevor die eigentliche sprachliche und inhaltliche Analyse durchgeführt wird. Nach Atteslander geht es dabei um eine

> » intensive, persönliche Auseinandersetzung mit dem Dokument, welches in seiner Einmaligkeit möglichst umfassend durchleuchtet und interpretiert wird (Atteslander 1971, S. 67).

6.2.2.4 Audiovisuelle Materialien

Dokumente einer besonderen Art werden durch audiovisuelle Aufzeichnungen von Gesprächen und Interviews erzeugt. Im medizinischen Feld (z. B. in der Familiendiagnostik) werden audiovisuelle Aufzeichnungen in vielen Institutionen und Praxen routinemäßig angefertigt (vgl. Cierpka 2008). In der Unterrichtsforschung werden Videoaufzeichnungen seit den 1960er Jahren, als die Unterrichtsmitschau in der Lehrerbildung Einzug hielt (vgl. Schorb 1966), zur quantitativen und qualitativen Analyse von Unterrichtsgesprächen verwendet (vgl. Aufschnaiter und Welzel 2001; Bittner 2006; Prenzel et al. 2001). Auch in der Erwachsenenbildung sind audiovisuelle Aufzeichnungen ein wichtiges Instrument der qualitativen Fallarbeit im Bereich der Kompetenzentwicklung (vgl. Schrader 2010).

Die Verwendung von Videoaufzeichnungen als Datenmaterial für die qualitative Sozialforschung wurde lange dadurch eingeschränkt, dass keine hinreichend ausgearbeiteten Verfahren der Datenanalyse vorlagen. Das hat sich mittlerweile in Folge der Verfügbarkeit computergestützter Analyseverfahren (z. B. ATLAS. ti) grundlegend geändert (vgl. Gerhold und Bornemann 2004).

Abgesehen von den bisher erwähnten Anwendungsbereichen beurteilen wir audiovisuelle Aufzeichnungen als besonders relevant für die qualitative Analyse von *Gruppengesprächen*. Im Unterschied zum Interview, bei dem üblicherweise eine Person eine andere befragt, was Creswell (2005) als „One-on-one-Interview" bezeichnet, erlaubt die Aufzeichnung eines Gruppengesprächs, mehrere Personen gleichzeitig zu untersuchen.

Dabei sind unterschiedliche Strategien zu unterscheiden: Bei der *Gruppenbefragung* werden die Meinungen und Einstellungen einzelner Gruppenmitglieder erkundet; im Grunde handelt es sich hierbei um eine Variante des Interviews, bei dem mehrere Personen gleichzeitig befragt werden. Das gruppendynamische Moment bleibt außen vor, da die Gruppenmitglieder nur mit dem Interviewer, aber nicht miteinander kommunizieren. Dieses kommt in der *Gruppendiskussion* zum Tragen, bei der es darum geht, die Meinungen und Einstellungen der Gruppe als Einheit zu erkunden. Dabei liegt ein Ziel auch darin, die gruppendynamischen Prozesse zu untersuchen, die bei der Meinungsbildung in der Gruppe wirksam werden. Im Grunde geht es also, wenn eine Gruppendiskussion angesetzt wird, gar nicht um die Meinungen und Einstellungen, sondern um die Art und Weise, wie sie in der Gruppe zustande kommen. Selbstverständlich können aber auch die Inhalte der Meinungen und Einstellungen zum Gegenstand der Analyse werden.

Der entscheidende Vorteil der Gruppendiskussion liegt also darin, dass nur dieses Verfahren erlaubt, gruppendynamische Prozesse und kollektive Einstellungen zu erfassen. Dabei verfügt die Gruppeninteraktionsforschung z. B. mit dem SYMLOG-Verfahren von Bales (1982) auch über sehr gut untersuchte Beobachtungs- und Messinstrumente, welche die Erfassung der gruppendynamischen Prozesse sowohl aus der Sicht der Gruppenmitglieder als auch der Gesamtgruppe erlauben (Becker-Beck 1997). Allerdings ist deren Einsatz sehr aufwendig. Videoaufzeichnungen und die computergestützte Analyse der Daten tragen jedoch dazu bei, den erforderlichen Arbeitsaufwand in Grenzen zu halten.

6.2.3 Auswertung und Analyse qualitativer Daten

Wie ist es möglich, aus den sprachlichen Äußerungen verschiedener Personen sinnvoll geordnete Erkenntnisse zu gewinnen, die gerechtfertigt, plausibel oder begründet sind? – Mit dieser Frage ist das grundsätzliche Problem der Auswertung und Analyse qualitativer Daten auf den Punkt gebracht, denn die verwendbaren Erhebungsverfahren erzeugen, wie gezeigt wurde, vornehmlich verbale Daten und selbst bei audiovisuellen Aufzeichnungen spielt die sprachliche Kommunikation eine zentrale

Rolle. Interviews und Gruppendiskussionen werden in der Regel auditiv und/oder visuell aufgezeichnet. Bevor die sprachlichen Äußerungen ausgewertet werden können, müssen sie deshalb in eine schriftliche Form übersetzt, d. h. *transkribiert* werden.

6.2.3.1 Transkription als Ausgangsgrundlage der Auswertung

Bei der Verschriftlichung sprachlicher Äußerungen aus Interviews und Gruppendiskussionen ist zwischen einer vollständigen und einer selektiven Transkription zu unterscheiden. Wie aus der Bezeichnung bereits hervorgeht, werden bei einer *vollständigen Transkription* alle sprachlichen Äußerungen in einem Interview oder einer Gruppendiskussion wortwörtlich verschriftlicht. Bei einer *selektiven Transkription* werden ausgewählte Ausschnitte (z. B. nur die Antworten einer Person auf Interviewfragen), die thematisch relevant oder interessant sind, in eine schriftliche Form übertragen und gelegentlich auch nur umschrieben. Genau dieser Selektionsprozess ist jedoch nicht ganz unproblematisch, da die Entscheidung, nur Ausschnitte z. B. eines Interviews zu verschriftlichen und auszuwerten, bereits eine Interpretation des Materials voraussetzt. Weiterhin können zusätzlich zum Inhalt der Sprachäußerungen auch die Modalität ihrer Ausdrucksweise (z. B. Tonfall, Sprechpausen) berücksichtigt werden, so dass eine *kommentierte Transkription* zustande kommt. Dieser erweiterten Verschriftlichung steht das zusammenfassende Protokoll gegenüber, bei dem die Sprachhandlungen nur sinngemäß und in komprimierter Form verschriftlicht werden. Mayring (2002) versteht das zusammenfassende Protokoll deshalb auch nicht als Form der Transkription, sondern der Inhaltsanalyse, auf die wir gleich eingehen werden.

Die Frage, welche Form der Transkription zu wählen ist, kann nicht pauschal beantwortet werden, da sich der Umfang der Verschriftlichung am Untersuchungszweck ausrichten muss. Ist man an inhaltlichen Aspekten der sprachlichen Äußerungen interessiert, liegt es nahe, eine wörtliche Transkription vorzunehmen, um beispielsweise die Einstellungen und Wertorientierungen der Befragten zu erfassen. Ist man an den Strukturen hinter den verbalen Äußerungen interessiert, wie das im Falle der moralischen Diskussion gegeben ist, sind Erweiterungen der Verschriftlichung vorzunehmen, da Sprechpausen oder der plötzliche Wechsel in mundartliche Äußerungen auf eine Unsicherheit des Sprechers hindeuten können.

Dies in Kommentaren zusätzlich zu den Sprachäußerungen aufzugreifen, beinhaltet allerdings eine Interpretation. In diesem Fall ist ein *Verstehensmonitoring* (Braun 2004) erforderlich, womit die fortlaufende Kontrolle des Verstehens und Interpretierens sprachlicher Äußerungen anderer gemeint ist. Ein nützliches Praxisbuch zur Transkription, das wir zum Lesen empfehlen, haben Dresing und Pehl (2013) veröffentlicht.

Auf der Grundlage verschriftlichter Sprachäußerungen, die in Interviews oder Gruppendiskussionen getätigt wurden, zielen qualitative Auswertungsverfahren auf die Interpretation verbaler Daten. Entscheidend ist dabei, dass die Auswertung verbaler Daten in intersubjektiv nachvollziehbaren Arbeitsschritten vor sich geht. Außerdem müssen aus den Daten hergeleitete Interpretationen konsensfähig sein, d. h. von anderen und den Betroffenen als zutreffende Deutungen akzeptiert werden.

Das Spektrum qualitativer Methoden, die eine solche Analyse verbaler Daten ermöglichen, reicht von wenig regulierten Verfahren (z. B. hermeneutisches Verfahren) bis hin zu systematisierten Verfahren (z. B. Inhaltsanalyse). Auf zwei Verfahren der Auswertung verbaler Daten gehen wir nun ein: die *objektive Hermeneutik* und die *Inhaltsanalyse.*

6.2.3.2 Objektive Hermeneutik

Die objektive Hermeneutik ist eine Variante der Hermeneutik (▶ Abschn. 1.3.3), die speziell für die Sozialwissenschaften entwickelt wurde (Oevermann et al. 1979). Die Bezeichnung „objektiv" bezieht sich nicht auf die Vorgehensweise, sondern auf den Gegenstand, da das Ziel der objektiven Hermeneutik darin besteht, allgemeine und „objektive" Strukturen zu identifizieren, die dem menschlichen Handeln und speziell Sprachverwendungshandlungen zugrunde liegen. In seinem *Manifest der objektiven Hermeneutik* schreibt Oevermann:

> » Indem die objektive Hermeneutik sich, unabhängig davon, welchen konkreten Gegenstand sie zu analysieren hat, immer primär auf die Rekonstruktion der latenten Sinnstrukturen bzw. objektiven Bedeutungsstrukturen derjenigen Ausdrucksgestalten richtet, in denen sich der zu untersuchende Gegenstand oder die zu untersuchende Fraglichkeit authentisch verkörpert, kann sie in demselben Maße Objektivität ihrer Erkenntnis bzw. ihrer Geltungsprüfung beanspruchen, wie wir das selbstverständlich von den Naturwissenschaften gewohnt sind (Oevermann 2002, S. 4).

Die objektive Hermeneutik ist eng mit der Sprach- und Textanalyse verknüpft, deren Ziel es ist, hinter den subjektiven Bedeutungsstrukturen sprachlicher Äußerungen die objektiven Bedeutungen als latente Sinnstrukturen festzustellen. Ursprünglich war die objektive Hermeneutik im Rahmen familiensoziologischer Forschung für die Auswertung transkribierter Interviews entwickelt worden. Im Laufe der Zeit wurde die objektive Hermeneutik auf die Analyse anderer Dokumente ausgeweitet und avancierte zu einer weit verbreiteten Interpretationstechnik der qualitativen Forschung (vgl. Wernet 2009).

▪ Ablaufmodell der objektiven Hermeneutik

Die objektive Hermeneutik differenziert zwischen zwei Ebenen des Texts: den subjektiven Bedeutungen, die eine Sprachverwendungshandlung für die Akteure hat, und den dahinterliegenden objektiven Bedeutungsstrukturen, also der latenten Sinnstruktur der Handlung. Das Grundprinzip der objektiven Hermeneutik besteht darin, dass auf der Grundlage kleiner Ausschnitte der sprachlichen Kommunikation Hypothesen darüber aufgestellt werden, welche objektive Sinnstruktur hinter den Sprachäußerungen liegen. Diese Hypothesen werden dann mit dem konkreten sprachlichen Material verglichen, wobei generell drei Verfahren unterschieden werden:

1. die Feinanalyse,
2. die Sequenzanalyse und
3. die Interpretation objektiver Verbaldaten.

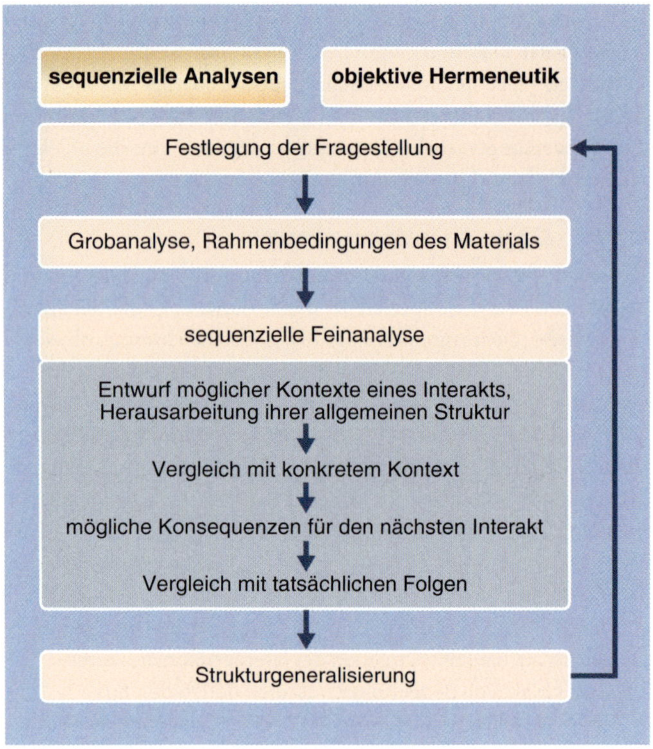

Abb. 6.21 Ablaufmodell der objektiven Hermeneutik nach Mayring (2002, S. 125)

Andere Formen sind die *summarische Interpretation* und die *Glosse*. Auf diese gehen wir aus Platzgründen nicht näher ein und befassen uns im Folgenden mit dem Vorgehen bei der *Sequenzanalyse*. Für sie hat Mayring (2002) das in Abb. 6.21 wiedergegebene Ablaufmodell beschrieben.

Der Startpunkt der Auswertung durch die Methode der objektiven Hermeneutik liegt in der *Festlegung der Fragestellung* der Analyse. Im Falle von Befragungen oder Interviews bezieht sich die Fragestellung auf die objektive Interaktionsstruktur. Es folgt eine *Grobanalyse* des Handlungsproblems und der Rahmenbedingungen der Materialgewinnung. Das heißt, es wird herausgestellt, ob sich das Textmaterial auf ein Interview oder eine Gruppendiskussion bezieht. In der Grobanalyse geht es darum, eine Unterscheidung zwischen dem äußeren Kontext als einer spezifischen Konstellation der Interaktion und dem inneren Kontext herzustellen, der sich aus dem Zusammenhang erschließen lässt, in dem die sprachlichen Äußerungen in einer Interaktionssequenz zueinander stehen.

Nach der Grobanalyse erfolgt die *sequentielle Feinanalyse*, das Herzstück der objektiven Hermeneutik. Hier wird das Textmaterial in einzelne Stücke zerlegt, deren Strukturen nacheinander analysiert werden. Zunächst wird für die erste Äußerung geprüft, welche Regelhaftigkeit dieser Äußerung potentiell zugrunde liegen könnte. Dazu werden für die Äußerung (= Interakt) mögliche Kontexte entworfen und mit dem konkreten Kontext verglichen. Konkret heißt dies, dass an die zu analysierende Teststelle die Frage angelegt wird, was sie bedeuten könnte. In Form eines Gedankenexperiments werden verschiedene Lesarten (*Kontexte*) zu einer Äußerung erzeugt, um deren Sinn zu erschließen. Das sprachliche Geschehen wird nicht auf eine einzige Art und Weise interpretiert, sondern verschiedene, auch weniger wahrscheinliche Lesarten werden als Interpretationsgrundlage erwogen. Daraus kann man mögliche Konsequenzen für den nächsten Interakt, d. h. die nachfolgende Textstelle ableiten, die Vermutungen darüber zulassen, wie es mit dem Text weitergehen könnte. Diese Annahme wird dann geprüft, indem sie mit den möglichen Lesarten verglichen wird, was zu einem Ausschluss unzutreffender Lesarten führt. So kristallisiert sich schrittweise eine Bedeutungsstruktur des Textes heraus. Das geschieht dadurch, dass die verschiedenen Interpretationsmöglichkeiten zu Lesarten gruppiert werden, von denen jede eine Interpretation der Äußerung beinhaltet und die insgesamt auf dieselbe Regel, d. h. auf dieselbe objektive Struktur, zurückgreifen.

Im letzten Schritt der objektiven Hermeneutik werden *Strukturgeneralisierungen* vorgenommen. Dazu werden verschiedene Fälle, die sich auf die definierte Fragestellung beziehen, miteinander verglichen. Um von singulären zu allgemeinen Aussagen im Sinne einer generalisierbaren Struktur zu gelangen, wird das Falsifikationsprinzip angewandt. Das heißt, die an einem einzelnen Fall entwickelte Interpretation wird als Heuristik verwendet, um weitere Fälle zu analysieren. Anders ausgedrückt: Aus der hermeneutischen Analyse eines Einzelfalls werden Hypothesen abgeleitet, die an weiteren Fällen geprüft werden. Stimmt eine Textpassage mit der aufgestellten Hypothese nicht überein, gilt sie als falsifiziert. Die Strukturgeneralisierung zielt auf die Aufdeckung von Strukturgesetzlichkeiten, die sowohl einzelfallspezifisch als auch allgemein sind.

Die objektive Hermeneutik ist wie die Hermeneutik allgemein eine *Kunstlehre*, die nicht systematisch vermittelbar ist. Dies zeigt sich wohl auch darin, dass ihr Ablauf nur auf einem sehr abstrakten Niveau beschrieben wird. Ihr größtes Problem aber ist der extrem hohe Aufwand, den dieses Vorgehen erfordert. Schätzungsweise ist eine Gruppe von 5 Personen etwa 30 Stunden damit beschäftigt, für eine Seite Text eine fünfzigseitige Interpretation anzufertigen (vgl. Mayring 2002). Aus diesem Grund wird dieses Verfahren üblicherweise auch nur auf kleine Textstichproben angewendet. Dessen ungeachtet ist die objektive Hermeneutik in der pädagogischen Kasuistik recht populär.

Jakob: „Au Backe! Fünf Leute sind 30 Stunden beschäftigt, eine fünfzigseitige Interpretation zu fabrizieren, wobei der ursprüngliche Text gerade mal eine Seite umfasst. Das hält man doch im Kopf nicht aus!"

Anna: „So gewaltig habe ich mir das auch nicht vorgestellt. Kein Wunder, dass man in der Literatur so gut wie kein konkretes Beispiel finden kann."

Jakob: „Nach meiner Meinung ist ja schon die Grounded Theory eine Heidenarbeit, aber die objektive Hermeneutik toppt das noch!"

Anna: „Es muss doch auch andere Methoden der qualitativen Inhaltsanalyse geben."

Jakob: „Darüber werden wir wohl gleich was erfahren."

Bevor es so weit ist, wollen wir aber noch ein Beispiel für die Anwendung der objektiven Hermeneutik im Bereich der pädagogischen Kasuistik geben.

Fallverstehen als objektive Hermeneutik

Wie bereits dargestellt wurde, stellt die *Befragung* neben der Beobachtung eine wichtige und häufig angewandte Methode der pädagogischen Kasuistik dar. In der sozialwissenschaftlich orientierten Pädagogik ist die mündliche Befragung in Form des Interviews mittlerweile wahrscheinlich sogar die am häufigsten verwendete Form der Datengewinnung.

Für die Fallrekonstruktion mit der Methode der objektiven Hermeneutik schlägt Kraimer (1998) 7 Schritte vor (▫ Tab. 6.14).

▫ Tab. 6.14 Vorgehensweise bei einer Einzelfallstudie zur Fallrekonstruktion. (Nach Kraimer 1998)

	Tätigkeit	Produkt
1.	Abgrenzung des Gegenstandsbereichs und der Problemstellung: *Was* ist der Fall?	Fallbestimmung
2.	Methodenwahl zur Erhebung und Auswertung: *Wie* soll der Fall erschlossen werden?	Methodenbestimmung
3.	Klärung des Materialzugangs: *Welches* Material ist relevant?	Materialsammlung
4.	Datenerhebung und Sicherung von Datenmaterial (nicht standardisiert)	Texte, Protokolle, Transkriptionen
5.	Rekonstruierende Datenauswertung	Erschließung des Falls
6.	Fallspezifische Sequenzanalyse	Bestimmung von „Fallgesetzlichkeiten" und Regelhaftigkeiten auf der Basis von „Fall 1" Fallrekonstruktion
7.	Sequenzanalytische Fallkontrastierung mit maximal anders gelagerten Fällen	Theoriebildung

Die Fallrekonstruktion beginnt mit der Klärung des Falles und des darin enthaltenen Entscheidungs- oder Handlungsproblems (Was ist der Fall?). Im nächsten Schritt geht es darum festzustellen, wie der Fall erhoben werden kann oder bereits erhoben wurde, d. h. welches Datenmaterial verfügbar ist. Dazu werden in einem dritten Schritt objektive Informationen (z. B. biografische Daten) und konkrete Fallinformationen aus Interviews oder Beobachtungen erhoben. Kraimer (1998) umschreibt diese ersten Schritte mit einem „Hineinversetzen" in den Fall (in Schritt 1) und einem „Hinausversetzen" (in Schritt 2 und 3), um den Fall auf der Grundlage verfügbaren Datenmaterials nach übergreifenden Regeln analysieren zu können. Hierfür ist eine Fallhypothese zu formulieren, die sodann nach der Logik der Sequenzanalyse geprüft wird. In dieser Phase der Datensichtung und -auswertung erfolgt die Rekonstruktion von Bedeutungen, indem herausgearbeitet wird, welche Gedanken und Überzeugungen eine Person in einem Interview sprachlich zum Ausdruck gebracht hat. Diese werden vor dem Hintergrund allgemein anerkannter Bedeutungsstrukturen analysiert. Dabei besteht das Ziel darin, die Struktur des spezifischen Falles zu identifizieren und in einer Strukturhypothese festzuhalten. Diese Analyse wird so lange durchgeführt, bis sich keine neuen Erkenntnisse mehr ergeben. Das Ergebnis wird dann mit einem Fall verglichen, der einen maximalen Kontrast darstellt. Auf diese Weise gelangt man zur Bildung von Fallkategorien. Den Abschluss bilden Überlegungen hinsichtlich einer fall- und problemangemessenen Intervention (z. B. sozialpädagogische Beratung).

Kraimer verweist auf einige erfolgreiche Anwendungen dieser Methodik der Fallrekonstruktion in der Sozialpädagogik/Sozialarbeit (z. B. Ackermann und Owczarski 2000; Haupert und Kraimer 1991). Offenkundig ist die objektive Hermeneutik in diesen pädagogischen Feldern eine durchaus übliche Herangehensweise für die Analyse von Textmaterialien.

6.2.3.3 Inhaltsanalytische Verfahren

Auch der Begriff der Inhaltsanalyse ist ein Sammelbegriff, der verschiedene Verfahren beinhaltet, denen aber im Wesentlichen die gleichen Zielsetzungen und Prinzipien zugrunde liegen. Bei den inhaltsanalytischen Verfahren geht es darum, unter Anlegung bestimmter Kriterien die Bedeutung von Texten zu erschließen. Das geschieht dadurch, dass für die interessierenden Bedeutungsaspekte spezifische *Kategorien* gebildet werden, um sprachliche Äußerungen klassifizieren zu können. Damit dies gelingt, ist genau festzulegen, unter welchen Bedingungen eine Sprachäußerung oder ein Textteil einer bestimmten Kategorie zuzuordnen ist. Als Beispiel eines inhaltsanalytischen Verfahrens wählen wir die *Inhaltsanalyse nach Mayring* (2008), die in der Pädagogik einen zentralen Stellenwert gewonnen hat. Über deren Entstehungsgeschichte informiert Mayring (2010).

Mayrings Inhaltsanalyse stellt eine Anleitung zu einer regelgeleiteten und intersubjektiv nachvollziehbaren Analyse umfangreichen Textmaterials dar (▫ Abb. 6.22). Je nach Zielsetzung und Ambitionen kann entweder eine Globalauswertung oder eine Feinanalyse des Textmaterials erfolgen. Die Grobanalyse verschafft nur einen Überblick, während die Feinanalyse auf die Erschließung kleinerer Sinneinheiten zielt, dafür aber ein elaboriertes Kategorienschema voraussetzt. Bei einer Feinanalyse wird in drei Schritten vorgegangen:

1. *Zusammenfassende Inhaltsanalyse*: Über Paraphrasieren, Generalisierung und Reduktion wird der Ausgangstext auf eine überschaubare Kurzversion reduziert.

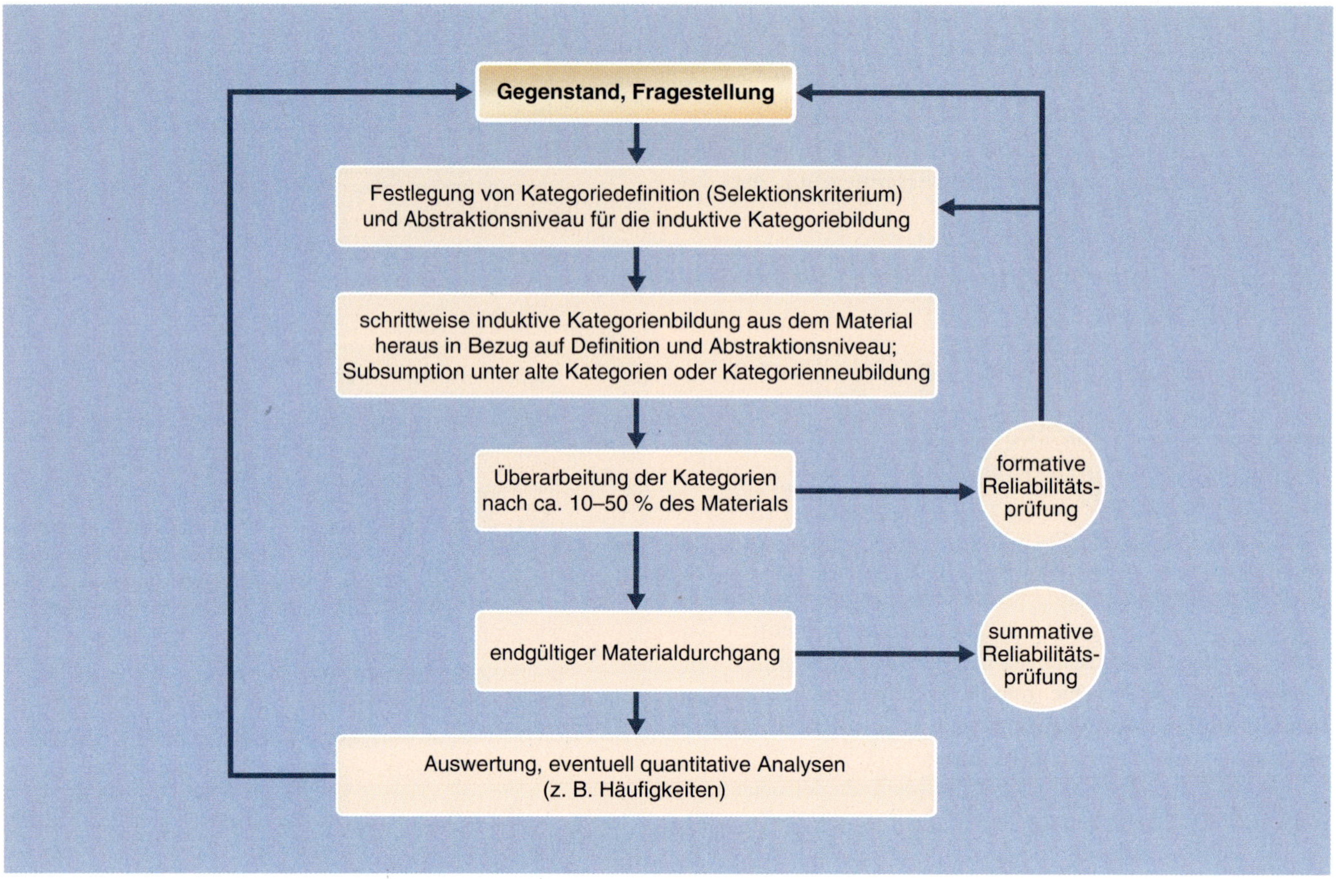

Abb. 6.22 Ablaufschema der Kategorienbildung bei der Inhaltsanalyse nach Mayring (2002)

2. *Explizite Inhaltsanalyse*: Durch Hinzuziehung von Zusatzinformationen (z. B. andere Interviewpassagen oder auch Fremdbefunde) wird Unklares verständlich gemacht.
3. *Strukturierende Inhaltsanalyse*: Die Kurzversion wird nach theoretischen Fragestellungen geordnet, wobei mehrere Probedurchläufe zu einem zunehmend verfeinerten Kategorienschema führen. Drei Varianten der Strukturierung sind zu unterscheiden: *inhaltliche Strukturierung* (Herausarbeiten bestimmter Themen und Inhalte), *typisierende Strukturierung* (Identifikation häufig besetzter Merkmalsausprägungen) und *skalierende Strukturierung* (Schätzen der Merkmalsausprägungen auf Ordinalniveau).

Eine zentrale Bedeutung für die Inhaltsanalyse hat die Herleitung und *Definition von Kategorien*, da diese die Grundlage für die Auswertung bilden. Das Ziel besteht darin, eine eindeutige Zuordnung von Textstellen zu Kategorien herbeizuführen. Hergeleitet werden die Kategorien, die sich durch klare Abgrenzungen voneinander auszeichnen sollten, aus einer Theorie, und ihre Definition erfolgt durch die ausdrückliche Festlegung der Bedingungen, die eine Textstelle einer Kategorie zuordnen lassen. Hierfür werden Ankerbeispiele verwendet, die besonders prägnante Beispiele der Kategorien repräsentieren.

Sind die Kategorien definiert, wird das Textmaterial zeilenweise bearbeitet. Fundstellen, die den in den Kategorien vermerkten inhaltlichen Aspekten entsprechen, werden am Rand notiert. Die Fundstellen werden dann den *Kategorien zugeordnet*, wobei diese zugleich verfeinert und dem Textmaterial angepasst werden. Nachdem etwa 10 bis 50 % des Textes bearbeitet wurden, werden die verbleibenden Fundstellen dem Kategoriensystem zugeordnet. Damit verbunden ist eine *formative Reliabilitätsprüfung*, die unter Umständen eine Modifikation der Fragestellung und/oder der Kategoriendefinition erforderlich macht. Bei einer hinreichenden Reliabilität der Kategorien wird das Textmaterial endgültig durchlaufen, und es erfolgt eine *summative Reliabilitätsprüfung*. Die am Ende stehende *Gesamtauswertung* kann bzw. sollte dann auch eine *quantitative Analyse* einschließen (Abb. 6.22).

Solche Ablaufmodelle werden in der qualitativen Inhaltsanalyse noch durch weitere Auswertungsregeln präzisiert. Darauf aufbauend gibt es Regeln für die zusammenfassenden Inhaltsanalysen (vgl. Mayring 2008, S. 58).

Regeln für die zusammenfassenden Inhaltsanalysen

Z1: Paraphrasierung

Z1.1: Streiche alle nicht (oder wenig) inhaltstragenden Textbestandteile wie ausschmückende, wiederholende, verdeutlichende Wendungen!

Z1.2: Übersetze die inhaltstragenden Textstellen auf eine einheitliche Sprachebene!

Z1.3: Transformiere sie auf eine grammatikalische Kurzform!

Z2: Generalisierung auf das Abstraktionsniveau

Z2.1: Generalisiere die Gegenstände der Paraphrasen auf die definierte Abstraktionsebene, so dass die alten Gegenstände in den neu formulierten impliziert sind!
Z2.2: Generalisiere die Satzaussagen (Prädikate) auf die gleiche Weise!
Z2.3: Belasse die Paraphrasen, die über dem angestrebten Abstraktionsniveau liegen!
Z2.4: Nimm theoretische Vorannahmen bei Zweifelsfällen zu Hilfe!
Z3: Erste Reduktion
Z3.1: Streiche bedeutungsgleiche Paraphrasen innerhalb der Auswertungseinheiten!
Z3.2: Streiche Paraphrasen, die auf dem neuen Abstraktionsniveau nicht als wesentlich inhaltstragend erachtet werden!
Z3.3: Übernimm die Paraphrasen, die weiterhin als zentral inhaltstragend erachtet werden (Selektion)!
Z3.4: Nimm theoretische Vorannahmen bei Zweifelsfällen zu Hilfe!
Z4: Zweite Reduktion
Z4.1: Fasse Paraphrasen mit gleichem (ähnlichem) Gegenstand und ähnlicher Aussage zu einer Paraphrase zusammen (Bündelung)!
Z4.2: Fasse Paraphrasen mit mehreren Aussagen zu einem Gegenstand zusammen (Konstruktion/Integration)!
Z4.3: Fasse Paraphrasen mit gleichem (ähnlichem) Gegenstand und verschiedener Aussage zu einer Paraphrase zusammen (Konstruktion/Integration)!
Z4.4 Nimm theoretische Vorannahmen bei Zweifelsfällen zu Hilfe!

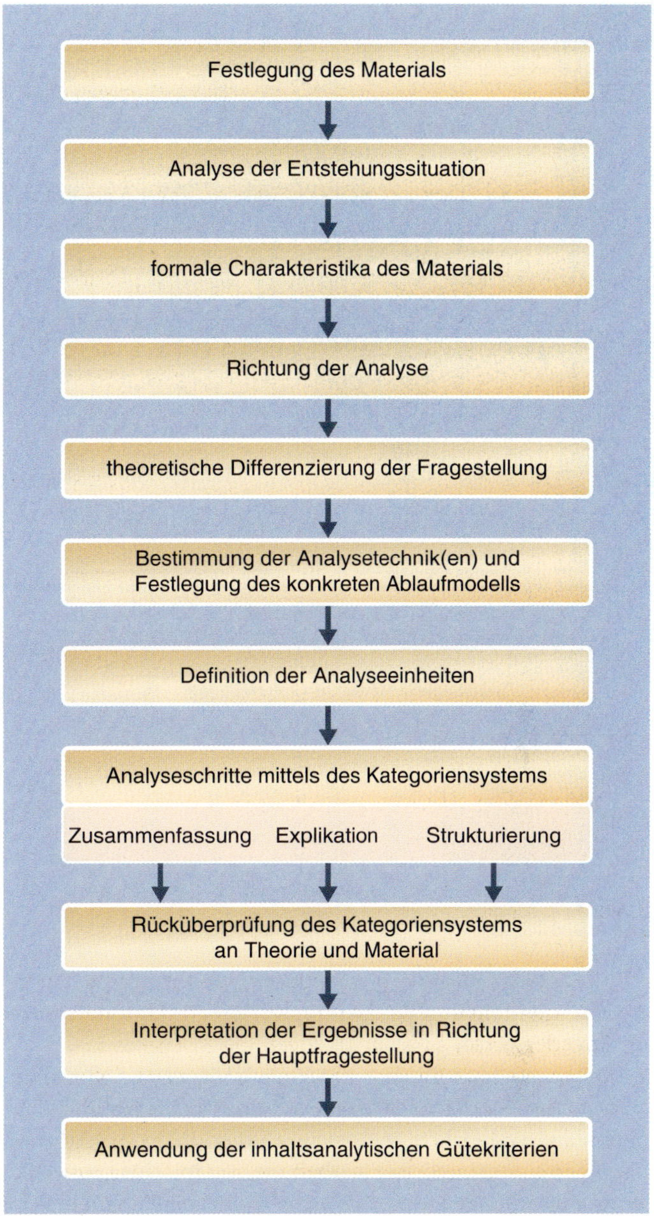

Abb. 6.23 Ablaufschema der Inhaltsanalyse nach Mayring (2002, S. 54)

Durch solche Regeln wird das Vorgehen weiter präzisiert und intersubjektiv nachvollziehbar sowie überprüfbar. Das gesamte Ablaufschema der Inhaltsanalyse wird in Abb. 6.23 dargestellt.

Das inhaltsanalytische Verfahren, das Mayring entwickelt hat, ist, wie gesagt, in der qualitativen Forschung weit verbreitet und auch in der Erziehungswissenschaft sehr populär. Daher kann es nicht verwundern, dass es zahlreiche Untersuchungen gibt, die mit dem Verfahren gearbeitet haben. Bemerkenswert ist, dass viele dieser Untersuchungen bei der Inhaltsanalyse Computerprogramme/Software zu Hilfe nehmen, welche die Codierung und Bildung von Kategorien unterstützen (z. B. Heckel et al. 2012; Larcher 2010; Mayring et al. 2009).

6.2.3.4 Computerunterstützte Datenanalyse

Ist man in einem Forschungsprojekt mit dem Problem konfrontiert, sprachliche Äußerungen, Texte und audiovisuelle Informationen unter formalen und inhaltlichen Aspekten auszuwerten und zu analysieren, so ist es nicht nur zeitgemäß, sondern vor allem zweckmäßig, auf Computerprogramme/Software zurückzugreifen. Was man dabei allerdings von vornherein wissen sollte, ist, dass die verfügbaren Programme der qualitativen Datenanalyse nicht die kreative Arbeit des Sinnverstehens und der Textinterpretation übernehmen können, sondern lediglich wertvolle Unterstützung bei der Dokumentation und Speicherung von Codierungen, beim Ordnen der Daten, beim Recherchieren im Zettelkasten eines Projektes und beim Visualisieren von analytischen Strukturen leisten.

Computerunterstützte Analysen von Texten liegen auch für den Bereich der quantitativen Forschung vor. Beispielsweise zielt das Programm MITOCAR (*M*odel *I*nspection *T*race *o*f *C*oncepts *a*nd *R*elations) von Pirnay-Dummer (2006) darauf, die Assoziationsstärken zwischen Begriffen, die in einem Text verwendet werden, zu identifizieren und einer grafischen Repräsentation zugrunde zu legen. MITOCAR verwendet Sätze der natürlichen Sprache, die durch einen Parser laufen, um Begriffe aus den Sätzen herauszulesen und dann ihre assoziativen Stärken zu berechnen. Anders als bei quantitativen Verfahren wie MITOCAR, bei dem es um das Auszählen und Berechnen von Häufigkeiten und assoziativen Verknüpfungen von Begriffen geht, steht bei computerunterstützten qualitativen Datenanalysen das Codieren textbasierter oder audiovisueller Informationen im Vordergrund,

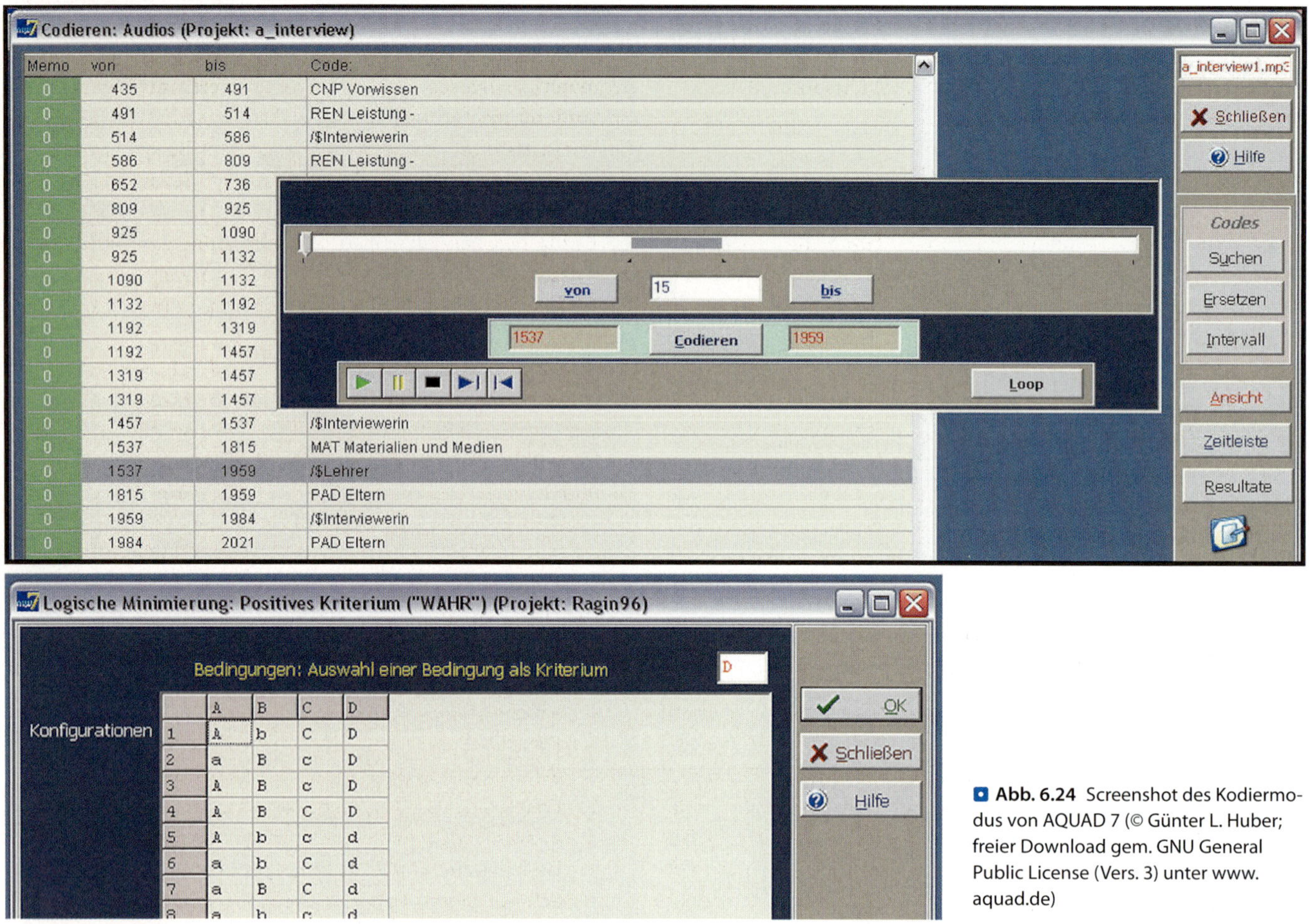

Abb. 6.24 Screenshot des Kodiermodus von AQUAD 7 (© Günter L. Huber; freier Download gem. GNU General Public License (Vers. 3) unter www.aquad.de)

um die Interpretation der vermittelten Inhalte zu unterstützen und zu erleichtern.

Im Folgenden werden zwei ziemlich komplexe Softwarepakete für die qualitative Datenanalyse beschrieben. Wie alle komplexen Softewarepakete (z. B. auch SPSS) erfordert das Arbeiten mit ihnen eine gründliche Einarbeitung, was mit einem gewissen Aufwand verbunden ist, der sich aber lohnt, wenn umfangreiche Texte (z. B. transkribierte Interviews) oder audiovisuelle Materialien (z. B. Videoaufzeichnungen des Unterrichts) zu analysieren sind.

AQUAD

Das Softwarepaket AQUAD (*A*nalysis of *Qua*litative *D*ata) ist ein frei verfügbares Werkzeug der Familie CAQDAS (Computer Assisted Qualitative Data Analysis Software), das die Inhaltsanalyse offener Daten in der qualitativen Forschung unterstützt. AQUAD wurde in den 1980er Jahren von Günter L. Huber, einem Psychologieprofessor der Universität Tübingen, entwickelt und liegt mittlerweile in der siebten Version vor (vgl. Huber und Gürtler 2013; Abb. 6.24). Das Programm erfreut sich in der erziehungswissenschaftlichen Forschung einer großen Beliebtheit.

AQUAD 7 ist ein Programm, das in der Tradition des qualitativen Codierens und der qualitativen Inhaltsanalyse entwickelt wurde. Als Datenquellen für die Arbeit mit AQUAD 7 eignen sich Texte jeglicher Art (z. B. Interviewtranskripte, Dokumente), Audio-, Video- und Bilddaten. Auf der Internetseite des Anbieters (► http://www.aquad.de/) wird der Leistungsumfang folgendermaßen beschrieben:

- Inhaltsanalysen ohne Transkription: Videos (.avi), Audio-Aufzeichnungen (.wav, .mp3) und Bilder (.jpg) können direkt am Bildschirm codiert werden;
- Inhaltsanalysen von Texten mit dem Text am Bildschirm (Coderegister und markierte Textsegmente werden eingeblendet);
- Codieren durch Klicken in ein automatisch erzeugtes Coderegister;
- variable Länge der Codierungen, maximal 60 Zeichen;
- praktisch unbegrenzte Memos; Textsegmente, Teile anderer Memos und gespeicherte Ergebnisse können in die Memos kopiert werden; Suche mit Dateiname, Zeilennummer, Codierung, Schlüsselwort (auch kombiniert) oder Teilen des Memos selbst (Volltextsuche);
- Analyse getrennt nach Sprechern (oder Fragen etc.) in den Audio-, Video-, Textdateien möglich;
- Wortanalyse: Zerlegung der Dateien in Einzelwörter, Analyse mit Bedeutungslexika (Wortlisten) und Sprechercodes; Tabellenanalyse mit ein, zwei oder drei Kriteriumsebenen (d. h. hierarchische Struktur der Tabellierung möglich);
- Hypothesen über systematische Verknüpfungen von Bedeutungseinheiten in den Dateien werden durch Klicken und Drag-and-drop konstruiert;

- Vergleich von Fällen/Dateien mit Boole'scher Analyse kritischer Merkmale („logische Minimierung");
- Sequenzanalyse am „Text" (gemäß dem Verfahren der objektiven Hermeneutik).

AQUAD 7 unterstützt inhaltliche Codierungen, Codierungen auf abstrakter Ebene (z. B. Zusammenfassungen inhaltlicher Codierungen) und Sequenzcodierungen (im Sinne der objektiven Hermeneutik). Jede Codierung kann unmittelbar auf die entsprechende Stelle im Originalmaterial zurückgeführt werden.

AQUAD 7 unterstützt nicht nur die *Implikantenanalyse* nach Ragin (1989), die auf der Grundlage der Boole'schen Operatoren Metaanalysen und das Testen von Hypothesen über Codekonfigurationen erlaubt, sondern ist im Grunde das einzige Programm zur Analyse qualitativer Daten, das die Sequenzanalyse der objektiven Hermeneutik unterstützt. Damit werden die weiter oben genannten Hinderungsgründe für die praktische Durchführung der objektiven Hermeneutik überwunden.

ATLAS.ti

Der Prototyp des Softwarepakets ATLAS.ti (▶ http://www.atlasti.com/de) wurde Anfang der 1990er Jahre von Thomas Muhr entwickelt (Muhr 1994) und avancierte zu einem vielfach genutzten Werkzeug in der qualitativen Forschung für die Analyse von unstrukturierten Daten, die aus Texten und audiovisuellen Materialien zu extrahieren sind. Das Programm stellt Instrumente bereit, um Fundstellen in primärem Datenmaterial zu lokalisieren, zu codieren und mit Anmerkungen zu versehen. Diese Fundstellen können gewichtet und hinsichtlich ihrer Bedeutung bewertet werden. Darüber hinaus stellt ATLAS.ti auch Mittel bereit, komplexe Beziehungen zwischen den Fundstellen zu visualisieren.

Das Herzstück von ATLAS.ti ist die „hermeneutische Einheit". In ihr werden wie in einem großen Zettelkasten alle für ein Projekt bedeutsamen Dokumente zusammengefasst und sämtliche Auswertungsschritte, d. h. alle vorgenommenen Codierungen von Texten, Kommentaren und semantischen Beziehungen in einer Hypertextstruktur, dokumentiert. Auf der ersten Ebene werden in den Dokumenten bedeutsame Text- oder Bildausschnitte markiert und mit Codes oder Kommentaren versehen. Die Codierung erfolgt durch den Anwender oder halbautomatisch (Suche nach Wörtern oder Wortkombinationen im Text). Auf der konzeptuellen Ebene werden die Codes (Schlagwörter, Konzepte) miteinander vernetzt, die erzeugten Relationen benannt und Begriffsnetzdarstellungen erzeugt. Die hermeneutische Einheit protokolliert alle Auswertungsschritte mit Zeitpunkt und Autor, wobei auch die Teamarbeit mehrerer Personen unterstützt wird.

ATLAS.ti bietet zur Codierung von Textstellen verschiedene Optionen: Durch offenes Codieren können freie, noch nicht definierte Codes zu markierten Textstellen formuliert werden. Liegen bereits Codes vor, können diese zum Codieren aus einer Liste ausgewählt werden. Sollen mehrere Text- oder Filmstellen mit dem gleichen Code versehen werden, kann auf den zuletzt ausgewählten Code zurückgegriffen werden. Um sich besser an bereits betrachtete Filmsequenzen zu erinnern bzw. Ideen bei der Interpretation nicht zu verlieren, können Memos angelegt und mit den entsprechenden Filmstellen verknüpft werden.

In einem konkreten Fallbeispiel haben Gerhold und Bornemann (2004) das Programm ATLAS.ti für die Analyse von Videomaterial eingesetzt und dabei weitere relevante Quellen auch im Sprachformat eingebunden und in einer hermeneutischen Einheit organisiert. Ein anderes lesenswertes Beispiel für die Anwendung von ATLAS.ti zur Analyse von Videoaufzeichnungen hat Konopásek (2008) beschrieben.

Bezug nehmend auf unsere Ausführungen zu den Designs der qualitativen Forschung ist anzumerken, dass ATLAS.ti der Grounded Theory verpflichtet, aber nicht auf ihre Methodik beschränkt ist.

Anzumerken ist, dass AQUAD 7 und ATLAS.ti natürlich nicht die einzigen Softwarepakete sind, die in der qualitativen Forschung eingesetzt werden. Beispielsweise haben Mayring et al. (2005) für die Auswertung von Videoaufnahmen ausgewählter Unterrichtsstunden mittels qualitativer Inhaltsanalyse auf das Programm Videograph von Rimmele (2002) zurückgegriffen. Solche Videoanalysen werden von Wild (2003) als neue Impulsgeber für eine praxisnahe prozessorientierte empirische Unterrichtsforschung gesehen.

Aufgaben zum Festigen des neuen Wissens

1. Welche Methoden der Datenerhebung in der qualitativen Forschung gibt es? Erstellen Sie eine Liste und benennen Sie die Vor- und Nachteile der jeweiligen Methoden.
2. Erläutern Sie die Vorgehensweise bei der Auswertung qualitativer Daten mit der Methode der objektiven Hermeneutik. Beschreiben Sie auch, welche konkreten Schwierigkeiten bestehen und wie mit ihnen entsprechend dieser Methode umzugehen ist.
3. Erläutern Sie die Vorgehensweise bei der Auswertung qualitativer Daten mit der Methode der Inhaltsanalyse. Beschreiben Sie auch, welche konkreten Schwierigkeiten bestehen und wie mit ihnen entsprechend dieser Methode umzugehen ist.

Aufgaben zum Weiterdenken

1. Was ist die größte Herausforderung der qualitativen Forschung?
2. Erstellen Sie eine Handlungsanweisung, unter welchen Bedingungen besser auf qualitative und unter welchen Bedingungen besser auf quantitative Forschungsmethoden zurückgegriffen werden soll. Begründen Sie Ihre Empfehlungen dabei auch.
3. Sehen Sie sich die Websites der in diesem Kapitel beschriebenen Softwarepakete zur qualitativen Datenanalyse an und erstellen Sie eine Liste mit den Vor- und Nachteilen der jeweiligen Pakete. Schreiben Sie dann auch eine konkrete Empfehlung, unter welchen Bedingungen welches Softwarepaket zu empfehlen ist, und begründen Sie diese Empfehlung.

Weiterführende Literatur

- Creswell, J.W. (2005). *Educational Research. Planning, Conducting, and Evaluating Quantitative and Qualitative Research* (2. Aufl.). Upper Saddle River, NJ: Pearson.

- Mayring, P. (2002). *Einführung in die qualitative Sozialforschung* (5. Aufl.). Weinheim: Beltz.
- Mayring, P., & Gläser-Zikuda, M. (2005). *Die Praxis der Qualitativen Inhaltsanalyse.* Weinheim: Beltz UTB.

6.3 Methoden der Datengewinnung und -analyse in der quantitativen Forschung

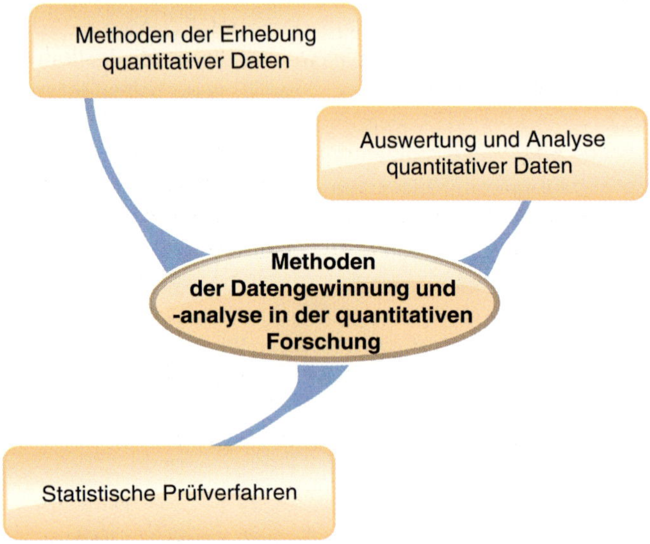

Aufgabe als Denkanstoß

Angenommen Sie hätten zwei Intelligenztests durchgeführt und kämen zu unterschiedlichen Ergebnissen hinsichtlich Ihrer eigenen Intelligenz. Woran, würden Sie annehmen, könnte dies liegen? Welcher Test hat denn nun wirklich Ihre Intelligenz gemessen? Welchen würden Sie für eine Untersuchung einsetzen?

Quantität vor Qualität?

Vermutlich auf Descartes bezogen, leitet Thorndike (1918) seine Ausführungen zu der Natur und den Methoden des erziehungswissenschaftlichen Messens mit den Worten ein:

> Whatever exists at all exists in some amount. To know thorougly involves knowing its quantity as well as its quality. Education is concerned with changes in human beings; a change is a difference between two conditions; each of these conditions is known to us only by the products produced by it – things made, words spoken, acts performed, and the like. To measure any of these products means to define its amount in some way so that competent persons will know how large it is, better than they would without measurement. To measure a product well means so to define its amount that competent persons will know how large it is, with some precision, and that this knowledge may be conveniently recorded and used. This is the general *Credo* … (Thorndike 1918, S. 16).

Etwas über ein Phänomen der Welt in Erfahrung zu bringen, bedeutet laut Thorndike, Wissen über Quantität *und* Qualität dieses Phänomens zu erwerben. Damit wird die quantitative Forschung nicht wie üblich als Gegensatz zur qualitativen Forschung definiert, sondern als komplementär. Diese Position durchzieht wie ein roter Faden auch das vorliegende Lehrbuch. Wenn wir uns in den folgenden Abschnitten mit der Erhebung und Analyse quantitativer Daten befassen, begreifen wir diese zunächst als numerische Werte, die aus Messungen mit spezifischen Instrumenten (z. B. Tests, Fragebögen, Zeitwerte) in Bezug auf spezifische Phänomene resultieren. Die numerischen Werte enthalten aber nicht den Bedeutungsgehalt des gemessenen Phänomens. Dieser muss nachträglich durch den Forscher hinzugefügt werden. Was mit den numerischen Daten geschieht, d. h. wie sie ausgewertet und analysiert werden, ist nämlich von einer Reihe von Merkmalen der Daten abhängig, die in den Zahlen selbst nicht enthalten sind, sondern aus der Entstehungsgeschichte oder den Entstehungsbedingungen herausgelesen werden müssen (Witt 2001). Im Unterschied zur qualitativen Forschung, die auf *Verstehen* ausgerichtet und hypothesengenerierend ist, zielt die quantitative Forschung auf *Erklären* und ist insbesondere auf die Prüfung von Hypothesen ausgelegt, die aus Theorien hergeleitet sind. Wissenschaftstheoretisch soll mit der quantitativen Forschungsmethodik zweierlei geleistet werden:

1. Erziehungswissenschaftliche Theorien und daraus entwickelte Hypothesen sollen durch empirische Daten überprüft werden und
2. diese Theorien sollen auf der Grundlage der empirischen Daten weiterentwickelt werden.

Darüber hinaus verfolgt die empirische Bildungswissenschaft auch das Ziel, soziale und/oder pädagogische Sachverhalten systematisch zu beschreiben, um eine Grundlage für politische Planungs- und Entscheidungsprozesse zu geben.

Ohne die gesellschaftliche Bedeutung von populationsbeschreibender Forschung in Abrede stellen zu wollen, werden wir den Schwerpunkt unserer Betrachtungen auf die *hypothesenprüfende Forschung* legen, die auf Erklärungen ausgerichtet ist und darauf zielt, Regelhaftigkeiten und Gesetzmäßigkeiten im Sinne kausaler Beziehungen zwischen Variablen zu entdecken. Ausgangspunkt ist dabei, wie bereits gesagt wurde, eine Theorie, aus der die Hypothesen hergeleitet werden können. In diesem Sinne ist quantitative Forschung stets deduktiver Natur.

6.3.1 Methoden der Erhebung quantitativer Daten

In der quantitativen pädagogischen Forschung werden allgemein Daten zu vier Hauptbereichen erhoben: zu individuellen Leistungen, Einstellungen, Verhaltensweisen und Persönlichkeitseigenschaften. Zur Erfassung der Daten werden unterschiedliche Mess- bzw. Erhebungsverfahren eingesetzt, die sich grob in Einschätzverfahren und Beobachtungsverfahren unterteilen lassen. Zu den *Einschätzverfahren* zählen Methoden des Befragens, Urteilens und Testens, unter die *Beobachtungsverfahren* fallen die Beobachtung selbst, das Zählen sowie das Messen im eigentlichen Sinne. Mit den verschiedenen Verfahren werden stets die gleichen Fragen verbunden: Welches Verfahren ist das Beste, um z. B. ein Persönlichkeitsmerkmal wie Intelligenz oder Motivation zu messen? Wie sollte es beschaffen sein? Sollte das Verfahren wissenschaftlich fundiert und in der Forschung akzeptiert sein? Oder sollte es eher praktisch nützlich, einfach zu handhaben und allgemein zugänglich sein?

Die Antworten auf diese Fragen werden je nach Zielsetzung und Zweck der jeweiligen Datenerhebung unterschiedlich ausfallen. Für die pädagogische Forschung wird selbstredend die wissenschaftliche Fundierung im Vordergrund stehen, was bedeutet, dass die Erhebungsverfahren den Standards der pädagogischen Diagnostik genügen müssen. Der Praktiker in der Schule oder in der Weiterbildungsabteilung eines Unternehmens braucht demgegenüber in erster Linie ein handhabbares und nützliches Verfahren. Aber auch hier wäre es vorteilhaft, wenn das Erhebungsverfahren den Standards der pädagogischen Diagnostik entsprechen würde, da dadurch die Wahrscheinlichkeit von Fehlschlüssen vermindert wird. Dieses ist auch das erste Gebot im Hinblick auf die Erhebungsverfahren, die zum Zwecke der Untersuchung eines pädagogischen Problems ausgewählt und eingesetzt werden. Pointiert ausgedrückt:

Die wissenschaftliche Qualität (und Verwertbarkeit im Sinne der Generalisierbarkeit) der Ergebnisse einer empirischen Untersuchung steht und fällt mit der Qualität der verwendeten Test- und Messverfahren.

Dieses Postulat gilt selbstverständlich auch für die Erhebungsverfahren, die eigens für eine bestimmte Untersuchung vom pädagogischen Forscher entwickelt werden. Im Bereich des *instructional design* gilt, wenn es um die Entwicklung von Lernmaterialien geht, die Faustregel „Buy it or make it“, wobei zugleich eine Präferenz für das Einkaufen ausgesprochen wird. Wir empfehlen, diese Faustregel auch bei der Auswahl von Mess- und Testverfahren anzuwenden, zumindest wenn es um die pädagogische Forschung geht.

Anna: „Dazu fällt mir spontan ein, was mir eine Freundin erzählt hat. Sie wollte eine Abschlussarbeit zum kritischen Denken von Schülern schreiben. Sie stellte ihren Plan einem Prof vor, und der war auch ziemlich angetan von der Idee. Der Versuchsplan sah ordentlich aus …“

Jakob: „Aber irgendwas hat dann doch nicht gepasst. Oder?“

Anna: „Genau! Der Professor stellte die einfache Frage, ob die Studentin auch einen geeigneten Test zur Messung des kritischen Denkens habe. Die Antwort lautete Nein.“

Jakob: „Das war's ja wohl gewesen. Schade eigentlich! Und wie geht die Geschichte aus?“

Anna: „Ausgesprochen gut! Meine Freundin hat zwar ihren ursprünglichen Plan nicht ausgeführt, aber einen bereits bestehenden Test aus den USA genommen und an deutsche Verhältnisse angepasst. Mit allem Drum und Dran, was die Reliabilität und Validität anbelangt. Am Ende kam eine wirklich überzeugende Masterarbeit heraus.“

Jakob: „Das ist ja wie im Märchen: Ende gut, alles gut!“

Anna: „Manchmal kannst du aber richtig fies sein. Ich finde die Geschichte gut.“

Vor dem Hintergrund der bisherigen Überlegungen werden wir in den folgenden Abschnitten zunächst der Frage nachgehen, welche Verfahren der quantitativen Datenerhebung in der pädagogischen Forschung verwendet werden können. In einem weiteren Schritt werden wir uns den Anforderungen bezüglich der Gütekriterien der Verfahren zuwenden.

6.3.1.1 Verfahren zur Gewinnung quantitativer Daten

Üblicherweise wird in der forschungsmethodischen Literatur zwischen direkten und indirekten Verfahren der Messung von Variablen unterschieden (z. B. Sixtl 1982).

Direkte vs. indirekte Messung von Variablen

Unter *direkten Messungen* versteht man zunächst solche Messvorgänge, deren Ergebnis man unmittelbar an dem Instrument ablesen kann, z. B. Längenmessungen mit dem Lineal oder Temperaturmessungen mit einem Thermometer. In den Sozialwissenschaften werden auch die meisten Methoden der Einstellungsmessung als direkte Methoden begriffen, da sie auf der Annahme beruhen, dass sich Einstellungen anhand der Meinungen und Überzeugungen von Personen über ein Einstellungsobjekt messen lassen. Andere Methoden zielen darauf ab, den bewertenden Charakter einer Einstellung zu erfassen. Diese Messverfahren werden daher auch *Selbsteinschätzungen* genannt.

Ihnen stehen die indirekten Methoden der Einstellungsmessung gegenüber, die vorgenommen werden, ohne dass die Person sich des Messvorgangs bewusst wird. Als Beispiel für eine Einstellungsmessung, die nicht auf Selbsteinschätzung beruht, kann auf die Messung der psychogalvanischen Hautreak-

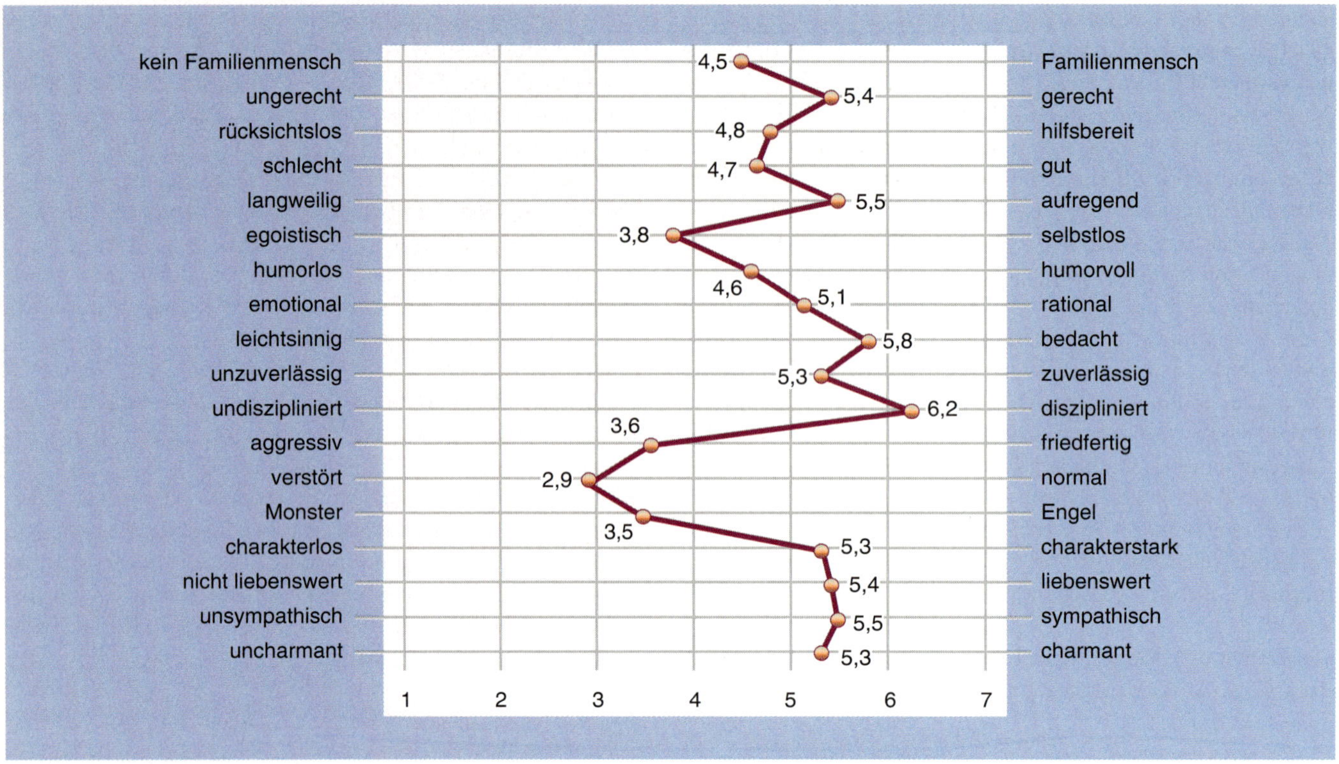

Abb. 6.25 Beispiel für das semantische Differential von Osgood et al. (1957)

tion oder das Elektromyogramm der Gesichtsmuskeln verwiesen werden. Beide Verfahren zeigen die Intensität der Emotionen, aber nicht deren Richtung an (vgl. Bosch et al. 2007).

Selbsteinschätzungsmessungen von Einstellungen

Zu diesen Verfahren zählen die Ein-Item-Ratingskala, die Likert-Skalen und das semantische Differential (vgl. Greving 2009).

Unter einer Ratingskala versteht man eine in regelmäßige Intervalle aufgeteilte Strecke, die den Ausprägungsgrad eines Merkmals (z. B. der Ängstlichkeit) anzeigt.

Die *Ein-Item-Ratingskala* ist eine einfache und ökonomische Methode, Einstellungen in repräsentativen Untersuchungen (z. B. bei Meinungsumfragen) zu messen. Es wird eine Frage formuliert, die eine direkte Abschätzung einer Einstellung ermöglichen soll – z. B. „Sind Sie mit ihrem jetzigen Leben zufrieden?" Diese Frage kann mit einer mehrfach gestuften Ratingskala verknüpft werden (z. B. von 1 = überhaupt nicht bis 7 = sehr).

Die *Likert-Skala* (nach ihrem Erfinder Rensis Likert benannt) erfreut sich in den Sozialwissenschaften allgemein einer großen Beliebtheit. Die Konstruktion erfolgt in vier Schritten:

1. Zusammenstellung einer Sammlung von Aussagen, die positive oder negative Meinungen oder Gefühle ausdrücken,
2. Bewertung der Items durch Beurteiler,
3. Berechnung eines vorläufigen Einstellungswertes durch Aufsummierung der Urteile,
4. Addition aller Antworten zum endgültigen Einstellungsmaß.

Beispielitems:
Manchmal glaube ich, dass ich zu nichts gut bin.
Ich finde mich ganz in Ordnung.
Ich wollte, ich könnte mehr Achtung vor mir haben.
Ich bin zufrieden mit mir.

Jedes Item wird mit einer mehrstufigen Antwortskala ausgestattet, z. B. 1 = stimme zu, 2 = stimme eher zu, 3 = weder noch, 4 = stimme eher nicht zu, 5 = stimme nicht zu.

Beim *semantischen Differential* (von Osgood et al. 1957) werden die Versuchspersonen mit bestimmten Begriffen (z. B. Vater, Lehrer) konfrontiert, die auf Ratingskalen einzuordnen sind, deren Endpunkte bipolare Adjektivpaare wie „ungerecht – gerecht" oder „aggressiv – friedfertig" sind. Die Einstellung erhält man dann durch die Addition der Ergebnisse der einzelnen Ratings (Abb. 6.25).

Die vorgestellten Skalen legen ein eindimensionales Einstellungskonzept zugrunde und weisen gleichermaßen die Probleme der sozialen Erwünschtheit und Reaktanz der Selbsteinschätzung auf. Über diese und andere Probleme informiert Greving (2009). Um diese Probleme zu vermeiden, wird auf indirekte Methoden der Messung zurückgegriffen.

Zu den *indirekten Methoden* der Messung von Variablen zählen in erster Linie Tests und Befragungen mittels standardisierter Instrumente (z. B. Fragebogen) sowie die Reaktionszeitmessung als eine implizit-quantitative Erhebungsmethode. Bei der Methode der *impliziten Reaktionszeitmessung* wird nicht ausdrücklich nach Präferenzen gefragt, vielmehr werden Assoziationsaufgaben verwendet, auf welche die Testperson in irgendeiner Weise reagieren soll. In der Marktforschung kann beispielsweise eine Aufgabe darin bestehen, dass einem Produkt mehrere prägnante Aussagen oder Bildmotive zugeordnet werden und die Testpersonen auf diese zustimmend oder ablehnend reagieren sollen. Dabei wird die Zeit gemessen, die nach Wahrnehmung einer Aussage bis zur Reaktion verstreicht. Bei der Analyse werden nur diejenigen Antworten betrachtet, die innerhalb eines zuvor definierten Zeitfensters gegeben wurden, denn es soll abgesichert werden, dass nur unbewusste Assoziationen in die Analyse einfließen. Antworten, die zu lange gedauert haben, deuten auf ein bewusstes Abwägen hin und werden deshalb ausgeschlossen. Ebenso werden zu schnell gegebene Antworten aussortiert, da sie darauf hinweisen, dass sich die Testperson gar nicht mit ihnen befasst und einfach „durchgeklickt" hat.

Verwandt mit der Reaktionszeitmessung ist die im pädagogischen Bereich häufiger vorkommende Messung der Bearbeitungszeit bei Aufgabenstellungen (z. B. Seel 1995). Auch hierbei wird nicht explizit nach Beurteilungen durch die Versuchspersonen gefragt, sondern es wird einfach die Zeit gemessen, die zur Bearbeitung einer homogenen Gruppe von Lernaufgaben oder Problemen erforderlich ist. In der Untersuchung von Seel (1995) wurde beispielsweise die erforderliche Zeit zur Lösung physikalischer Problemaufgaben unter den Bedingungen prozess- oder ergebnisorientierter Lernhilfen gemessen und miteinander verglichen. Bei der *impliziten Bearbeitungszeitmessung* sind zwei Varianten zu unterscheiden:

1. die Einzelzeitmessung, bei der ein Beobachter die Zeiten für ausgewählte Aufgaben misst, und
2. die Fortschrittszeitmessung, bei der Veränderungen in der Bearbeitungszeit im langzeitigen Verlauf von Lernprozessen erhoben werden.

Dabei wird angenommen, dass eine Verminderung der Bearbeitungszeit auf eine Schematisierung der Aufgabenbewältigung hindeutet. Die implizite Reaktionszeitmessung wie auch die Messung der Bearbeitungszeit erfolgt dabei durch Fremdbeobachtung.

▪ Beobachtungsverfahren

Wie wir bereits in ► Abschn. 1.3.1 herausgestellt haben, unterscheiden sich wissenschaftliche Beobachtungen von Alltagsbeobachtungen vor allem dadurch, dass Zufälligkeiten der Wahrnehmung entgegengewirkt werden soll. Im Schulalltag kann es z. B. sein, dass eine Lehrerin das störende Verhalten eines Schülers bewusst wahrnimmt, nachdem der Schüler eher zufällig ihre Aufmerksamkeit erregt hat, obwohl andere Schüler sich eigentlich genauso störend verhalten haben. Die Lehrerin operiert danach im Sinne einer schematischen Antizipation und rückt den Schüler, obwohl sein Ausgangsverhalten zufällig war, in die Rolle des „Störenfrieds". Solchen Attribuierungen, die auf Zufälligkeiten zurückgehen, versucht man in der Wissenschaft dadurch entgegenzuwirken, dass man die Welt *systematisch* beobachtet. Es wird von vornherein eindeutig festlegt, wer, was, wann und wo beobachtet werden soll. Dabei hat die Auswahl des Gegenstands, der Zeitpunkte, Zeiträume und Situationen so zu erfolgen, dass für die Fragestellung repräsentative Ergebnisse zu erwarten sind.

Bei der wissenschaftlichen Beobachtung ist zu unterscheiden, ob sie standardisiert oder nichtstandardisiert, offen oder verdeckt, reaktiv oder nichtreaktiv ist. Eine *standardisierte Beobachtung* basiert auf einem festgelegten Beobachtungsschema, das unterscheidbare Kategorien möglicher Ereignisse umfasst. Als Beispiel kann die in ► Abschn. 4.5.3 beschriebene Interaktionsanalyse nach Flanders (1970) herangezogen werden, die mit vorgegebenen Kategorien der sprachlichen Interaktion operiert, welche ihrerseits in einem Beobachtungsschema enthalten sind (vgl. ◘ Tab. 4.32). In diesem Beobachtungsschema kreuzen die Beobachter an, welche der vorgegebenen Ereigniskategorien im Beobachtungszeitraum vorkommen. Um die Qualität der Beobachtungen zu kontrollieren, werden die Ergebnisse mehrerer Beobachter ermittelt und hinsichtlich ihrer Übereinstimmung geprüft. Die Beobachtung durch mehrere Personen mag einerseits für die Untersuchungsteilnehmer störender sein, hat jedoch den Vorteil, dass Beobachtungsfehler kontrolliert und ausgeglichen werden können.

Bei der *nichtstandardisierten Beobachtung* wird lediglich allgemein festgelegt, welche Ereigniskategorien beobachtet werden sollen. Die genaueren Aspekte und Ereignisse werden erst im Verlauf des Beobachtungsprozesses ermittelt. Die nichtstandardisierte Beobachtung ist also ebenso wie die Selbstbeobachtung eine Methode der qualitativen Forschung, während in der quantitativen Forschung die standardisierte Form der Beobachtung üblich ist.

Beobachtungen können offen oder verdeckt durchgeführt werden. Bei der *offenen Beobachtung* wissen die Versuchspersonen, dass sie beobachtet werden; eine verdeckte Beobachtung erfolgt demgegenüber ohne Wissen der beobachteten Personen, was unter forschungsethischen Aspekten problematisch sein kann. Eine offene Beobachtung, die kurzzeitig durchgeführt wird, kann bewirken, dass sich die Personen anders verhalten, als sie das normalerweise tun. Das wird als *Reaktivität* des Verfahrens bezeichnet und als Beeinträchtigung der Validität der Untersuchung beurteilt. In Anbetracht des Problems, dass Menschen sich anders verhalten, wenn sie wissen, dass sie beobachtet werden, wird die Bedeutung *nichtreaktiver Methoden* der Verhaltensbeobachtung herausgestellt. Beobachter und beobachtete Person kommen dabei gar nicht miteinander in Kontakt. Der Vorteil nichtreaktiver Beobachtungen liegt in der Vermeidung von Verfälschungstendenzen (vgl. Petermann und Noack 1993); der Nachteil darin, dass sie im pädagogischen Feld kaum durchführbar sind, wenn man zu verwertbaren Daten kommen will. Das in der Literatur gerne angeführte Beispiel, aufgrund der Abnutzungserscheinungen des Teppichbodens in einem Museum auf die bevorzugten Pfade durch eine Ausstellung zu schließen, ist schwer auf Bildungseinrichtungen zu übertragen. Was mittlerweile als Form der nichtreaktiven und zugleich verdeckten Beobachtung im Rahmen pädagogischer Forschung in Erscheinung tritt, ist die *automatische Beobachtung*, bei der das Verhalten von Personen selbsttätig aufgezeichnet wird. Eine automatische Beobachtung findet oft im Internet statt, z. B. bei der Aufzeichnung von Chatprotokollen oder von Bewegungen durch das Web in Form von sogenannten Logfiles (Priemer 2004). In Logfiledaten werden die Aktionen eines Webservers dokumentiert (z. B. welche Webseiten oder Grafiken an einen Benutzer eines bestimmten Computers mit identifizierbarer IP-Nummer transferiert werden). Mit Logfiledaten liegt eine neuartige Datenform vor: Als prozessgenerierte Daten stammen Logfiledaten aus authentischen Nutzungssituationen und gehören zu den nichtreaktiven und auch verdeckten Formen der Beobachtung (Iske 2014).

Jakob: „Ist dir eigentlich schon mal bewusst geworden, dass wir auch automatisch und verdeckt beobachtet werden können, wenn wir mit der Lernplattform unserer Uni arbeiten?"

Anna: „Ja, einer unserer Dozenten hat uns das mal am Beispiel seines Online-Seminars gezeigt. Der konnte mir genau sagen, wann und wie lange ich an einem Text seines Seminars gearbeitet habe. War mir etwas peinlich, weil da deutlich wurde, dass ich den Text praktisch auf den letzten Drücker bearbeitet hatte."

Jakob: „Ich habe grundsätzliche Probleme damit, dass ich bei meiner Arbeit mit der Lernplattform auf Schritt und Tritt beobachten werden kann. Mir ist richtig unwohl bei dem Gedanken, dass ich vielleicht gerade an einer Untersuchung teilnehme und es gar nicht weiß."

Anna: „Das kann ich gut nachempfinden, weil es mir genauso geht."

▪ Fragebogenmethode

Fragebogen gehören zu den beliebtesten Instrumenten der Sozialwissenschaften. Fragebogen werden breit eingesetzt, um Einstellungen, Meinungen, Interessen und Persönlichkeitseigenschaften zu erfassen. Auch in der erziehungswissenschaftlichen Forschung gehört die Methodik des Fragebogens zum Kernbestand. „So ein Fragebogen ist ja leicht erstellt", denkt so mancher Prüfungskandidat, wobei er damit zeigt, dass er die Tücken der Methode nicht umfassend berücksichtigt. Gewiss ist es weniger aufwendig, einen Fragebogen zu entwickeln als Interviews durchzuführen, und der Fragebogen hat auch noch den Vorteil, dass eine große Anzahl von Personen relativ schnell befragt werden kann, aber es ist ein weiter und steiniger Weg bis ein Fragebogen entwickelt ist, der den Gütekriterien der pädagogischen Diagnostik genügt.

Unter dem Begriff Fragebogen wird mancherlei verstanden. Da gibt es zunächst einmal eine *Ad-hoc-Liste von Fragen*, die rasch und alleine auf der Basis weniger inhaltlicher Aspekte zusammengestellt wird, um z. B. die Akzeptanz eines Internetportals zu prüfen. Dann gibt es einen *teilweise standardisierten Fragebogen*, bei dem zwar die Fragen einheitlich formuliert, die Antworten aber freigestellt sind. Einen Schritt weiter geht der *standardisierte Fragebogen*, bei dem die Items einheitlich formuliert sind und die Befragten zwischen Antwortalternativen auszuwählen haben. Liegen bereits umfangreiche empirische Ergebnisse aus anderen Erhebungen vor, lässt sich ein standardisierter Fragebogen normieren, was dann statistische Vergleiche ermöglicht. Schließlich gibt es noch den Fragebogen, der wie ein standardisierter Test nach spezifischen methodischen Kriterien konstruiert wird; ein Fragebogen dieser Art wird auch als *Skala* bezeichnet (Mummendey und Grau 2008; Rammstedt 2006). Für die quantitative Forschung kommen nur standardisierte Formen des Fragebogens in Betracht, wobei die Anwendung bzw. Entwicklung von Skalen das Nonplusultra darstellt. Für Skalen haben wir in dem Kapitel zur Messung von Persönlichkeitsmerkmalen (▶ Abschn. 3.7) zahlreiche Beispiele gegeben. Skalen ähneln standardisierten Testverfahren, denn sie stimmen in den Ansprüchen an die Gütekriterien der Reliabilität und Validität überein.

Allgemein muss die Entwicklung eines Fragebogens stets im Hinblick auf das Ziel der Untersuchung erfolgen. Das heißt, dass konkret und präzise zu bestimmen ist, was überhaupt von wem und mit welchem Zweck erfragt werden soll. Ist es eine politische Einstellung, die gemessen werden soll, hilft es wenig, beispielsweise eine Skala zu verwenden, die auf die Messung der Big Five ausgelegt ist.

Die Entwicklung eines Fragebogens ist ein langwieriger und zeitaufwendiger Prozess mit mehreren Iterationen. Nachdem die Frage nach der Zielgruppe und das Ziel der Untersuchung, in der der Fragebogen eingesetzt werden soll, geklärt sind, müssen geeignete Items für den Untersuchungsbereich ausgewählt werden. Dazu gehören in erster Linie bereits bewährte Items, hinzu kommen aber auch neue Items, die theoretisch abgeleitet oder aufgrund ausführlicher Interviews entwickelt, neu formuliert, möglichst mit anderen Fachleuten diskutiert und hinsichtlich ihrer Verständlichkeit empirisch vorgeprüft werden. Aus dieser Sammlung von Items entsteht allmählich, nach mehreren Durchgängen der Erprobung und Revision, ein geeignetes Instrument zur Erhebung quantitativer Daten.

Beispiel: Thurstone-Skalierung

Hierbei handelt es sich um ein 1929 von Thurstone und Chave entwickeltes Skalierungsverfahren zur Messung von Einstellungen. Die Konstruktion der Skala erfolgt in vier Stufen:

1. Generierung einer großen Menge von Aussagen, die möglichst umfassend sein und alle Eigenschaften des Untersuchungsobjektes widerspiegeln sollen.
2. Sämtliche Aussagen bzw. Items werden durch unabhängige Sachverständige nach dem Grad ihrer Angemessenheit für den Untersuchungsgegenstand entsprechend 11 Kategorien bewertet.

3. Daraus wird für jedes Item der Median und ein Maß für die Streuung berechnet (Differenz zwischen 3. und 1. Quartil).
4. Es erfolgt eine Auswahl von ca. 20 Items aus der Gesamtmenge auf der Basis gleicher Abstände der Skalenwerte und geringer Streuung, was der Methode auch die Bezeichnung der „gleich erscheinenden Intervalle" eingebracht hat.

Der fertige Fragebogen erfordert von den Versuchsteilnehmenden dann, dass sie den Grad ihrer Zustimmung zu den einzelnen Items angeben. Das arithmetische Mittel dieser Zustimmungsgrade ergibt dann den Einstellungswert der jeweiligen Testperson (Thurstone und Chave 1929).

Das Zentrum für Umfragen, Methoden und Analysen (ZUMA), das die Verbesserung von Fragebogen als eine Leistung für externe Forscher erbringt, legt der Entwicklung eines Fragebogens ein Verfahren des Zwei-Phasen-Pretesting zugrunde, dessen Besonderheit darin besteht, dass in der ersten Phase einzelne Items mittels eines Evaluationsinterviews, d. h. durch standardisierte Anwendung kognitiver Techniken von Interviewern im Feld getestet werden; in der zweiten Phase wird dann der gesamte Fragebogen mittels eines Standardpretests überprüft (Prüfer und Rexroth 2000). Auch dieses Verfahren zeigt, dass die Entwicklung und Standardisierung eines Fragebogens keine einfache Sache ist.

Erleichtert wird die Aufgabe der Entwicklung eines Fragebogens durch einige ausgezeichnete „Praxisbücher" (z. B. Porst 2011), die Forschern ganz konkrete und detaillierte Hilfestellungen bieten (vgl. auch Bühner 2011; Kallus 2010; Kirchhoff et al. 2010).

Eine wichtige Eigenschaft des Fragebogens als Instrument der quantitativen Datenerhebung ist also die Standardisierung von Fragen und Antwortmöglichkeiten, so dass eine große Anzahl von Personen erfasst werden kann. Der Nachteil der Fragebogenmethode ist (im Vergleich zum Interview), dass nicht individuell auf jeden Befragten eingegangen werden kann und der Befragte durch die Vorgabe von Antwortmöglichkeiten in seinem Urteil beeinflusst und eingeschränkt wird.

▪ Testverfahren

Da Testverfahren seit Jahrzehnten als das zentrale Instrument der quantitativen Forschung gelten, gibt es zu dieser Thematik eine kaum noch zu überschauende Menge an Literatur, in der im Grunde jeder erdenkliche Aspekt von Tests ausführlich behandelt wird. In diesem Lehrbuch haben wir bereits Grundlegendes zu Tests im Zusammenhang mit der Persönlichkeitsdiagnostik (in ▶ Abschn. 3.7) behandelt; dort sind auch zahlreiche Beispiele für Leistungs- und Persönlichkeitstests angeführt worden. Wir beschränken uns deshalb bei den folgenden Ausführungen auf Aspekte von Testverfahren, die bisher noch nicht genannt oder nur gestreift worden sind.

In der forschungsmethodischen Literatur und auch im vorliegenden Lehrbuch wird zwischen Tests und Fragebogen unterschieden, was die Frage aufwirft, worin der Unterschied zwischen einer Skala und einem Test besteht, wenn beiden dieselben Gütekriterien zugrunde gelegt werden. Die Antwort darauf liegt weniger in den angestrebten Gütekriterien beider Verfahren, sondern eher in ihrer Zweckgebundenheit. Ein Fragebogen bzw. eine Skala ist laut einschlägiger Literatur ein Instrument der quantitativen Datenerhebung mit dem primären Zweck, Einstellungen, Interessen, Meinungen und Eigenschaften von Personen festzustellen und zu vergleichen. Greifen wir auf die in ▶ Abschn. 3.7 angeführte Definition zurück, laut derer ein Test als ein wissenschaftliches Routineverfahren zur Untersuchung eines oder mehrerer abgrenzbarer Persönlichkeitsmerkmale mit dem Ziel einer möglichst quantitativen Aussage über den relativen Grad der individuellen Merkmalsausprägung zu begreifen ist (vgl. Bühner 2011; Lienert und Raatz 1998), fällt es schwer, den genauen Unterschied zwischen einem Test und einer Skala zu bestimmen.

Beide Verfahren wollen offenkundig dasselbe, nämlich individuelle Merkmalsausprägungen quantitativ erfassen. Ein Unterschied liegt jedoch darin, dass Tests stärker in der differentiellen Diagnostik zu verorten sind, d. h. auf die Individualdiagnose ausgerichtet sind, während Skalen mit aggregierten Werten (d. h. statistischen Kennwerten für Gruppen) operieren, um Hypothesen zu prüfen. Ein weiterer Unterschied liegt darin, dass sich Fragebögen und Skalen auf beliebige Untersuchungsgegenstände beziehen, wohingegen Tests sich in erster Linie auf den Leistungs- und Persönlichkeitsbereich beziehen. Aber auch diese Grenzziehung wird durch Persönlichkeitsskalen, die zahlreich existieren, wieder in Frage gestellt. Um aus der Sackgasse der Abgrenzungsversuche herauszukommen, betrachten wir Tests und Skalen als äquivalent und als derselben Hauptgruppe quantitativer Erhebungsverfahren zugehörig. Dabei stützen wir uns auf die Beobachtung, dass die meisten Skalen und Tests auf der *klassischen Testtheorie* begründet sind. Diese ist die meistverbreitete Testtheorie. Sie beruht auf mehreren Axiomen (vgl. Schmitz-Atzert und Amelang 2012).

Axiome der klassischen Testtheorie

1. Jeder Testwert X setzt sich aus einem wahren Merkmalsanteil *T* und einem zufälligen Messfehler *E*: $X = T + e$ zusammen.
2. Der Erwartungswert der Fehler hat den Wert Null: $\varepsilon(E) = 0$.
3. Der Messfehler ist mit dem wahren Wert unkorreliert, d. h. stochastisch unabhängig: $\rho(T, E) = 0$.
4. Wahrer Wert und Fehlerwert zweier verschiedener Tests sind unkorreliert: $\rho(T_{Test\ 1}, E_{Test\ 2}) = 0$.
5. Fehlerwerte von zwei verschiedenen Tests sind unkorreliert: $\rho(E_{Test\ 1}, E_{Test\ 2}) = 0$.
6. Aus den beiden ersten Axiomen folgt: $\varepsilon(T) = \varepsilon(X)$.

Das heißt: Der Messfehler verschwindet, wenn ein Test an vielen Individuen oder mehrfach bei ein und derselben Person angewandt wird.

Aus diesen Axiomen folgen unmittelbar die zentralen Merkmale der Testmethodik: Zum einen ist der Messfehler einer der Gründe dafür, dass zur Erfassung eines Merkmals stets mehrere Items formuliert werden. Dies ermöglicht eine bessere Annäherung an den wahren Wert einer Merkmalsmessung, und außerdem gestatten mehrere Items auch eine differenziertere Messung verschiedener Merkmalsausprägungen.

In einem Test können verschiedene Arten von Items verwendet werden (vgl. Rütter 1973):

1. Items mit offener Beantwortung: Hierbei wird eine Aussage oder Frage dargeboten und der Testperson wird freigestellt, darauf zu antworten. Beispiel: „Was halten Sie von Horoskopen? – Begründen Sie Ihre Ansicht!"
2. Items mit halboffener Beantwortung: Bei solchen Items ist der Testperson die Antwortformulierung ebenfalls überlassen. Allerdings wird die Frage so präzise gestellt, dass im Grunde nur eine Antwort möglich ist. Die Antworten werden mit Punkten bewertet (gelegentlich werden dabei auch teilweise richtige Antworten berücksichtigt). Beispiel: „Woran erkennst du ein Rechteck? – Schreibe zwei besondere Eigenschaften des Rechtecks auf."
3. Items mit geschlossenem Antwortformat: Beim geschlossenen Antwortformat stehen den Testpersonen zu einer Frage mehrere vorformulierte Antworten zur Auswahl. Hier ist nochmals zu unterscheiden zwischen Items mit Antwortvorgaben (Multiple Choice), Richtig-Falsch-Items, Umordnungsitems und Zuordnungsitems. Diese werden im Folgenden genauer erklärt:
   - Items mit Antwortvorgaben (Multiple Choice): Hierbei muss die Testperson sich für eine von mehreren vorgegebenen Antwortmöglichkeiten entscheiden, von denen möglichst nur eine Alternative richtig ist, da dies für die Auswertung vorteilhaft ist. In einer Standardüberprüfung werden meistens Multiple-Choice-Items im Format 1 aus 4 eingesetzt, es ist also jeweils nur eine von den vier Antworten auszuwählen.

Beispiel: „Eine Maschine verbraucht in 30 Stunden 2,4 Liter Treibstoff. Wie viele Liter Treibstoff verbraucht die Maschine in 100 Stunden, wenn ihr Treibstoffverbrauch pro Stunde konstant bleibt?

A. 7,2 B. 8,0 C. 8,4 D 9,6"

Dieser Typ von Items mit Antwortvorgaben dürfte unter den verschiedenen Arten von Testitems die am weitesten verbreitete sein.

- Richtig-Falsch-Items (zum Ankreuzen): Sie bestehen aus mehreren Aussagen mit jeweils zwei Antwortalternativen (richtig oder falsch, ja oder nein), von denen immer eine zutrifft. Beispiel: „Der Wal ist ein Säugetier: richtig – falsch."
- Umordnungsitems: Hierbei hat die Testperson vorgegebene Elemente so umzuordnen, dass sich eine richtige und/oder sinnvolle Abfolge ergibt.

Beispiel: „Herrn – seinen – ein – rettete – Hund – treuer."

- Zuordnungs-Items: Hier ist eine korrekte Zuordnung der vorgegebenen Antwortmöglichkeiten durch Kennzeichnung mit Buchstaben vorzunehmen.

Beispiel: „Ordnen Sie die Zahlen den Buchstaben zu:

1 ... sinken die Preise.
2 ... steigen die Preise.
3 ... wird das Angebot größer, weil mehr Gewinn zu machen ist.
4 ... wird die Nachfrage größer.
A. Wenn die Nachfrage im Verhältnis zum Angebot steigt, ...
B. Wenn das Angebot im Verhältnis zur Nachfrage steigt, ...
C. Wenn die Preise steigen, ...
D. Wenn die Preise sinken, ..."

Wie man Testitems entwickelt, ist in der Literatur ausführlich beschrieben (z. B. Bühner 2011; Moosbrugger und Kelava 2012; Rost 2004; Rütter 1973).

Nachdem Items entwickelt wurden, müssen sie einer sogenannten Itemanalyse unterzogen werden. Dazu werden die Itemschwierigkeit, die Trennschärfe und die Homogenität geprüft.

Bei der *Itemschwierigkeit* handelt es sich um den Anteil von Personen, die das Item richtig lösen (Bortz und Döring 2005). Zweck der Bestimmung der Itemschwierigkeit ist die Unterscheidung von Personen mit hoher Merkmalsausprägung und solchen mit niedriger Merkmalsausprägung. Items, die von allen Testpersonen oder von keiner Person gelöst werden konnten, werden dann aus dem Test ausgeschlossen.

Bei der Bestimmung der *Trennschärfe* eines Items geht es darum festzustellen, wie gut das gesamte Testergebnis aufgrund der Beantwortung eines einzelnen Items vorhersagbar ist. Eine hohe Trennschärfe besagt, dass ein Item zwischen Testpersonen differenzieren kann: Ein Individuum mit hoher Merkmalsausprägung vermag das Item erfolgreich zu beantworten, ein Individuum mit geringer Merkmalsausprägung dagegen nicht.

Um die *Homogenität* des Tests zu prüfen, wird die Korrelation zwischen den einzelnen Items eines Tests berechnet. Diese sollte möglichst hoch sein, denn bei einer hohen Homogenität erfassen die Items eines Tests ähnliche Informationen (Bortz und Döring 2005).

Die Items, die erfolgreich die Prüfung hinsichtlich der genannten Kriterien bestehen, werden zu einem Test zusammengefasst und konstituieren die *Testskala*. Diese kann dann als ein geeignetes Mittel angesehen werden, um *intraindividuelle* (d. h. die Veränderung einer Person im Laufe einer bestimmten Zeit) sowie *interindividuelle Unterschiede* beim Vergleich mehrerer Personen zu erfassen und zu quantifizieren.

Soll ein Test angewandt werden, um eine spezifische Fragestellung beantworten zu helfen, muss er aber zusätzlich den Kriterien der Reliabilität, Validität und auch der Objektivität genügen. Genügt er diesen Anforderungen nicht, so ist er im Grunde im Hinblick auf den wissenschaftlichen Erkenntnisgewinn wertlos. Konkret heißt das, dass man sich, wenn man einen bereits existierenden Test für die eigene Forschung verwenden will, zunächst informieren muss, ob und wie gut der Test den Gütekriterien entspricht. Dasselbe gilt auch für selbstkonstruierte Tests und Skalen. Eine Vorgehensweise nach der Devise „quick and dirty" dürfte einer der schlimmsten Fehler sein, den man bei einer empirischen Untersuchung machen kann.

6.3.1.2 Gütekriterien der quantitativen Datenerhebung

Die Anforderungen der Reliabilität, Validität und Objektivität betreffen nicht nur Tests und Skalen, sondern jedes Verfahren der quantitativen Datenerhebung. So ist z. B. auch bei der *systematischen Beobachtung*, sofern sie der Gewinnung quantitativer Daten dient, zu prüfen, ob sie den Gütekriterien genügt.

▪ Objektivität

Das Kriterium der Objektivität bezieht sich auf Effekte, die unbewusst und ungewollt vom Untersucher ausgehen, aber die Ergebnisse der Messung beeinflussen. Im Kontext der Forschungsdesigns wird dies als *Versuchsleitereffekt* bezeichnet, den es zu kontrollieren gilt, da er Messfehler bewirkt. Objektivität soll also Messfehler ausschließen, die durch den Versuchsleiter oder auch durch die Versuchsbedingungen bewirkt werden. Im Allgemeinen wird zwischen der Objektivität der Durchführung, der Auswertung und der Interpretation der Datenerhebung unterschieden.

Bei der *Durchführungsobjektivität* steht die Standardisierung des Messvorgangs im Vordergrund, insofern darauf gezielt wird, durch die genaue Kontrolle der Untersuchungsbedingungen und Verhaltensweisen des Versuchsleiters die Wahrscheinlichkeit von Messfehlern zu vermindern.

Auswertungsobjektivität ist gegeben, wenn die Ergebnisse in einem Test nicht aufgrund unterschiedlicher Auswerter variieren. Mit anderen Worten: Bei der Auswertung eines Tests durch mehrere Personen sollte zwischen diesen eine hohe Übereinstimmung vorliegen.

Gleiches gilt für die *Interpretationsobjektivität*: Auch die Schlussfolgerungen, die aus einem Testergebnis gezogen werden, sollten nicht aufgrund unterschiedlicher Auswerter variieren.

Aus der Sicht der klassischen Testtheorie, die eine Theorie der Messfehler ist, ist die Objektivität ein Teilaspekt der Reliabilität. Dementsprechend wird in der Literatur auch vorgeschlagen, die *Beurteilerreliabilität* der Einschätzungen von zwei Beurteilern (Rater) z. B. nach Cohens Kappa zu berechnen: $\kappa = p_o - p_c / 1 - p_c$, wobei p_o der gemessene Übereinstimmungswert der beiden Schätzer und p_c die zufällig erwartete Übereinstimmung ist. Wenn die Rater in allen ihren Urteilen übereinstimmen, ist $\kappa = 1$. Für mehr als zwei Beurteiler kann mit einem gewichteten Kappa nach Fleiss und Cohen (1973) gearbeitet werden und bei Inhaltsanalysen mit einem Koeffizienten, den Krippendorff (2004) vorgeschlagen hat. Einen Überblick über Verfahren zur Feststellung der Beurteilerreliabilität bieten Wirtz und Caspar (2002).

Reliabilität

Die Reliabilität kann, da man die wahren Werte nicht kennt, nur geschätzt werden. Ein Verfahren ist die Testhalbierungsreliabilität bzw. sogenannte *Split-Half-Reliabilität*. Dabei wird ein Test auf Itemebene in zwei gleich große Teile aufgespalten, die dann miteinander korreliert werden.

Wesentlich geläufiger ist heutzutage eine Methode, die als eine Verallgemeinerung der Split-Half-Reliabilität verstanden werden kann. Dabei wird jedes Item wie ein eigener Testteil aufgefasst und mit den anderen Items der Skala korreliert. Man verwendet hierfür häufig *Cronbachs Alpha* α (Cronbach 1951), ein Maß, das uns bei fast allen Skalen begegnet ist, die wir in ▶ Abschn. 3.7 beschrieben haben. Dort wurde Cronbachs Alpha als Maßzahl für die interne Konsistenz einer Skala zugrunde gelegt. Der Alpha-Koeffizient gilt als Untergrenze der Reliabilitätsschätzung und setzt Homogenität der Items voraus, ohne diese Annahme zu prüfen. α kann theoretisch Werte zwischen minus unendlich und 1 annehmen, sinnvoll interpretieren lassen sich aber nur positive Werte. Als Konvention hat sich in der Diagnostik eingebürgert, eine Skala nur als reliabel zu betrachten, wenn für α ein Wert von mindestens 0,65 erreicht wird. Ein solcher Wert gilt aber als fragwürdig, während Werte ab 0,8 als gut und solche ab 0,9 als ausgezeichnet gelten.

Mit Cronbachs Alpha, das ein beliebtes Maß der Reliabilitätsschätzung geworden ist, gehen jedoch mitunter auch Fehlinterpretationen einher. Beispielsweise wird Cronbachs Alpha oft als Beleg für die Eindimensionalität einer Skala interpretiert. Niedrige Werte für die innere Konsistenz legen nach allgemeiner Auffassung den Schluss nahe, dass es sich bei einer Skala nicht um eine eindimensionale, sondern um eine mehrdimensionale Skala handelt (vgl. Noll 2009). Eine Skala kann aber mehrdimensional sein und zugleich eine hohe innere Konsistenz aufweisen (vgl. Schmitt 1996). Bei der Eigenschaftswörterliste (Janke und Debus 1978), einem sehr bekannten mehrdimensionalen Instrument zur Erfassung des Befindens mit den Subskalen leistungsbezogene Aktivität, allgemeine Desaktivität, Extraversion/Introversion, allgemeines Wohlbefinden, emotionale Gereiztheit und Angst variieren die Kennwerte für Cronbachs Alpha zwischen 0,75 und 0,94. Auch das mehrdimensionale Leistungsmotivationsinventar von Schuler und Prochaska (2000) weist mit $\alpha = 0{,}80$ für die verschiedenen Subskalen eine hohe innere Konsistenz auf.

Ein anderes wichtiges Schätzverfahren ist die Methode, denselben Test bei denselben Personen zu zwei unterschiedlichen Zeitpunkten durchzuführen und die Korrelation zwischen beiden Durchgängen zu berechnen. Diese sogenannte *Test-Retest-Reliabilität* ist im Kontext der pädagogischen Forschung nicht unproblematisch, da das Verfahren nur dann sinnvoll ist, wenn von einer Stabilität des zu messenden Konstrukts ausgegangen werden kann. Führt man beispielsweise einen Vortest-Nachtest-Vergleich bei einem Lernexperiment durch, sollte die Test-Retest-Reliabilität gegen Null streben, denn sonst hätte ja kein Lernen stattgefunden. Selbst wenn kein planvolles Lernen stattgefunden hat, können Erinnerungseffekte zu einer Überschätzung der Reliabilität führen. Deshalb ist die Dauer des Intervalls zwischen den beiden Testzeitpunkten von entscheidender Bedeutung. Selbst wenn von einer Stabilität eines Persönlichkeitsmerkmals (z. B. der Intelligenz) ausgegangen wird, kann der Zeitraum zwischen den Testwiederholungen nicht beliebig groß angesetzt werden, weil bei einer langen Zeitspanne Entwicklungseffekte wirksam werden und die Retestreliabilität vermindern.

Will man beim pädagogischen Lernexperiment mit reliablen Vor- und Nachtests arbeiten, bleibt eigentlich nur das Verfahren der parallelen Tests. Konkret heißt das, dass zu ein und demselben zu messenden Merkmal zwei parallele Tests entwickelt werden und die Reliabilität durch die Korrelation zwischen den beiden Tests geschätzt wird. Man nennt dies auch *Paralleltestreliabilität*. Ihr Vorteil liegt darin, dass weder Homogenität der Items wie bei Cronbachs Alpha noch eine zeitliche Stabilität wie bei der Retestreliabilität vorausgesetzt werden müssen. Für viele gilt deshalb die Paralleltestreliabilität als Königsweg. Allerdings ist es schwierig, wirklich parallele Testformen zu konstruieren, die sich in der Itemcharakteristik (z. B. Schwierigkeit und Trennschärfe) nicht unterscheiden. Die praktischen Schwierigkeiten sind ausschlaggebend dafür, dass diese Form der Reliabilitätsschätzung recht selten angewandt wird, was dazu geführt hat, dass Cronbachs Alpha zum Königsweg der Reliabilitätsschätzung avancierte.

Validität

Die allgemeine Faustregel lautet, dass Objektivität und Reliabilität als Voraussetzung für die Validität zu betrachten sind, diese aber nicht garantieren können. Validität ist mehr als die Summe von Objektivität und Reliabilität. Allgemein gilt es als schwierig, die Validität eines Tests zu schätzen, was zum einen daran liegt, dass Validität ein uneinheitlich verwendeter Begriff ist; zum anderen lassen sich nicht alle Aspekte der Validität quantitativ erfassen. Über eine bloße Augenscheinvalidität hinausgehend, bei der die Testitems aufgrund ihrer unmittelbaren Evidenz als valide bzw. zumindest als plausibel betrachtet werden, werden allgemein drei Formen der Validität unterschieden: Inhalts-, Konstrukt- und Kriteriumsvalidität.

Die *Inhaltsvalidität* bezieht sich auf die theoretisch bestimmte Frage, ob die Items eines Tests inhaltlich abdecken, was ein bestimmtes Konstrukt besagt. In der Praxis wird die Inhaltsvalidität auf der Grundlage von Expertenurteilen geschätzt.

Tab. 6.15 Checkliste zur Beurteilung der Qualität von Tests nach Creswell (2005, S. 166)

Wenn Sie ein Messinstrument auswählen oder bewerten wollen, sollten Sie Folgendes beachten:	
Reliabilität	**Validität**
– Hat der Autor die Reliabilität geprüft? – Wenn ja, welche Form der Reliabilität wird genannt? – Wurde eine adäquate Schätzung vorgenommen? – Werden die Reliabilitätswerte (Koeffizienten) genannt? – Liegen positive und hohe Koeffizienten vor?	– Hat der Autor die Validität geprüft? – Wenn ja, welche Form der Validität wird genannt? – Wird mehr als eine Form genannt? – Werden Validitätswerte (Koeffizienten) genannt? – Liegen positive und hohe Koeffizienten vor?

Mit der Inhaltsvalidität verwandt ist die *Konstruktvalidität*, die dadurch geschätzt wird, dass man z. B. die interne Struktur des Tests mit einer Faktorenanalyse zu erschließen versucht. Die Suche nach Faktoren kennzeichnet die Tests der Intelligenzmessung ebenso wie die Skalen der Persönlichkeitsdiagnostik. Ein anderes Verfahren zur Schätzung der Konstruktvalidität ist die Prüfung der Konvergenz oder Divergenz mit anderen Tests, die dasselbe oder ein anderes Konstrukt messen.

Auf einem Vergleich mit anderen Tests beruht auch die Schätzung der *Kriteriumsvalidität.* Hierbei geht es darum zu prüfen, wie gut sich Ergebnisse anderer Tests oder auch Verhaltensweisen durch das Testergebnis vorhersagen lassen. Ein Beispiel dafür ist der Vergleich zweier Skalen, die Ängstlichkeit bzw. Neurotizismus messen.

Die Verfahren zur Erhebung quantitativer Daten sollten, so die einmütige Auffassung in der forschungsmethodischen Literatur, den Kriterien der Objektivität, Reliabilität und Validität genügen. Dementsprechend empfiehlt Creswell (2005), bei der Wahl eines Testverfahrens die Fragen zu stellen, die wir in Tab. 6.15 zusammengefasst haben.

6.3.2 Auswertung und Analyse quantitativer Daten

Nachdem eine Befragung, systematische Beobachtung oder gar ein Experiment durchgeführt worden ist, liegen zumeist jede Menge Daten vor, die auszuwerten und zu interpretieren sind. Dabei werden bestimmte Verfahren angewandt, die darauf zielen, mögliche Regelmäßigkeiten oder Gesetzmäßigkeiten aufzudecken. Um dies zu ermöglichen, müssen allerdings schon Maßnahmen dafür bei der Datenerhebung ergriffen werden. Dazu gehört es, die Daten standardisiert zu erheben, damit sie eine bestimmte Qualität aufweisen. Außerdem muss die Stichprobe repräsentativ sein, um mit den gewonnenen Daten sinnvoll operieren zu können.

Nachdem die Daten erhoben wurden, stellt sich dann die Frage, was mit den quantitativen Daten geschehen soll, und auf welche Weise sie ausgewertet oder analysiert werden können und sollen. Mit der Beantwortung dieser Fragen befasst sich die *Statistik*.

Jakob: „Hi, Anna."

Anna: „Ah hi, Jakob. Was machst du denn gerade?"

Jakob: „Ich bin gerade auf dem Weg zu Statistik."

Anna: „Oje, da musst du dir wahrscheinlich wieder von ein paar Studis anhören, wie schrecklich das alles ist und dass man das alles doch gar nicht braucht."

Jakob: „Nee, eigentlich nicht. So was hat bisher niemand gesagt. Die machen alle gut mit."

Anna: „War ja auch nur ein Scherz, der dem Klischee entspricht, dass wir Pädagogikstudenten mit der Statistik überkreuz liegen und uns dauernd beschweren, von mathematischen Prozeduren belästigt zu werden."

Jakob: „Also, ich war ja nicht gerade der beste in Mathe, aber was da bisher behandelt wurde, kenne ich zum Teil bereits von der Mittelstufe. Höhere Mathematik war bisher nicht erforderlich und auch bei der Prüfstatistik wurden eigentlich recht einfache mathematische Sachverhalte behandelt."

Anna: „Na ja, allgemein stimme ich dir zu. Aber die Formel für die Standardnormalverteilung ist doch höhere Mathematik."

Jakob: „Schon, aber die muss ich ja nicht mehr beweisen. Das hat der Mathematiker Gauß doch schon getan. Ich muss doch nur verstehen, was sie bedeutet und wie ich mit ihr umgehen kann."

Anna: „Stimmt! Also fassen wir zusammen: Statistik für Pädagogen? – Kein Problem für Abiturienten! Sie muss nur richtig gelehrt werden."

Wir wollen hier nicht weiter auf das Klischee der negativen Grundeinstellung von Pädagogikstudenten zur Statistik eingehen, sondern auf ein Problem hinweisen, das mit der Nutzung von Softwarepaketen der Statistik verbunden ist. Das Problem kann kurz damit umschrieben werden, dass die in den Softwarepaketen enthaltenen Prozeduren angewandt werden können, ohne dass sie in den Voraussetzungen geprüft und in ihrer wissenschaftlichen Logik verstanden werden. Der schlimmste Fall (*worst case*) dürfte dabei sein, dass jemand die in einer Untersuchung erhobenen Daten in das Format überträgt, das ein Softwarepaket voraussetzt, und dann so lange herumprobiert, bis eine der Prozeduren das „Wunschergebnis", die statistische Signifikanz, liefert, die dann als Erfolg der Untersuchung gefeiert wird. Unsere Position ist hier klar eine andere: Softwarepakete wie SYSTAT 13, STATISTICA, SAS, SPSS® von IBM, StatView® u. a. sind komfortable und mittlerweile unentbehrliche Hilfsmittel für die statistische Analyse, aber sie müssen fachkundig angewendet werden. Das heißt nichts anderes, als dass der Nutzer eines Softwarepakets vorab prüfen muss, welches statistische Verfahren für die Auswertung seiner Daten in Frage kommt und ob die Voraussetzungen für die Anwendung des Verfahrens erfüllt sind. Diese Vorabprüfung nimmt dem Nutzer keine Software ab. Die Software kann nur sehr schnell und fehlerfrei rechnen und Ergebnisse liefern, aber sie hat nicht die Intelligenz zu entscheiden, ob ein bestimmtes Verfahren zu der wissenschaftlichen Fragestellung passt oder nicht.

Des Weiteren ist zu fordern, dass sich Nutzer von Softwarepaketen gründlich in die *Manuals* einarbeiten, um die Logik der Programme zu verstehen. Anders als bei der Software für die qualitative Analyse, die eine solche Einarbeitung zwingend voraussetzen, erwecken die automatisch ablaufenden Prozeduren bei Software für die quantitative Datenauswertung den Eindruck, eine Einarbeitung sei nicht erforderlich.

Die derzeit am weitesten verbreiteten Statistiksoftwarepakete sind SPSS® (ursprünglich *Statistical Package for the Social Sciences*) und StatView® 5.0. Eine Beschreibung der aktuellen Version SPSS Statistics 22 (2013) ist auf der deutsche Homepage zu finden: ▶ http://www-01.ibm.com/software/de/analytics/spss/. Obwohl sich Bühl (2008) auf die Version 16 bezieht, ist seine Einführung in SPSS in jedem Falle lesenswert; für StatView® empfehlen wir die Lektüre der Einführung von Vang et al. (1998).

Für Creswell (2005) stellt die Auswahl eines geeigneten Softwarepakets den Ausgangspunkt für die statistische Analyse quantitativer Daten dar. Dieser Ansicht schließen wir uns an, da wir im Rahmen dieses Lehrbuchs keinen „Crashkurs" in Statistik anstreben, was auf wenigen Seiten auch nicht möglich wäre. Wir konzentrieren uns auf die wesentlichen Aspekte der Auswertung und Analyse quantitativer Daten, für die unterschiedliche Ebenen zu differenzieren sind.

6.3.2.1 Ebenen der Auswertung und Analyse quantitativer Daten

Die statistische Methode der Datenauswertung unterscheidet sich vom kasuistischen Vorgehen, das in ▶ Abschn. 6.2 beschrieben wurde, vor allem im Hinblick auf den *Geltungsbereich* der Befunde. Während die Kasuistik die Besonderheiten eines Falles darstellt, erhebt die statistische Methodik Anspruch auf allgemeine Gültigkeit der quantitativen Befunde. Kurz gesagt: Man will vom Teil auf das Ganze schließen. Dazu ein Beispiel: Ein Erziehungswissenschaftler, der in fünf Klassen der 9. Jahrgangsstufe das ökonomische Wissen der Schülerinnen und Schüler untersuchte und dabei feststellte, dass 25 % der Schülerinnen und Schüler dieser Stichprobe so gut wie kein Wissen über ökonomische Grundsachverhalten haben, fragt sich, ob dieser Befund verallgemeinerbar ist. Gilt er nur für die untersuchten Klassen oder kann man dasselbe Ergebnis in allen Klassen der 9. Jahrgangsstufe der Stadt finden? Trifft der Befund auf alle Klassen des Landes zu oder womöglich sogar auf alle Jugendlichen dieses Alters?

Mit dem Beispiel ist der erste Zweck der statistischen Analyse angesprochen: Man möchte von einer Stichprobe auf die Grundgesamtheit, aus der die Stichprobe entnommen wurde, schließen, d. h. verallgemeinern. Ein anderer Zweck besteht in der Prüfung von Hypothesen im Sinne von Annahmen über die Häufigkeitsfunktion von Messwerten. Durch diese sogenannte Prüfstatistik will man feststellen, ob diese Kennwerte „echt" oder ob sie „zufällig" zustande gekommen sind. Ein „echter" Unterschied liegt dann vor, wenn die Kennwerte aus zwei oder mehr Stichproben so stark voneinander abweichen, dass man davon ausgehen muss, dass dieser Unterschied nicht nur zufällig ist, sondern auch in der Grundgesamtheit so vorkommt. Im Gegensatz dazu wird ein gefundener Unterschied als „zufällig" charakterisiert, wenn man davon ausgehen kann, dass die beiden Stichproben aus ein und derselben Grundgesamtheit kommen.

Ein Beispiel: In zwei gleich großen, leistungsmäßig vergleichbaren Klassen der Unterstufe wird der Mathematikunterricht nach einer unterschiedlichen Methode durchgeführt. Nennen wir die eine Methode einfach „modern" und die andere „konventionell". Es soll herausgefunden werden, ob die Lehrmethoden zu unterschiedlichen Lernergebnissen führen. Dazu werden identische Klassenarbeiten geschrieben, und es wird die mittlere Punktezahl pro Klasse berechnet. Diese beträgt in der Klasse, in welcher der „moderne" Unterricht stattgefunden hat, 20 und in der anderen 15. Nun stellt sich die Frage nach der „Echtheit" bzw. Zufälligkeit dieses Ergebnisses. Manchem Leser mag dies nun überflüssig vorkommen, da der Unterschied doch deutlich wird: Der „moderne" Unterricht hat gewonnen.

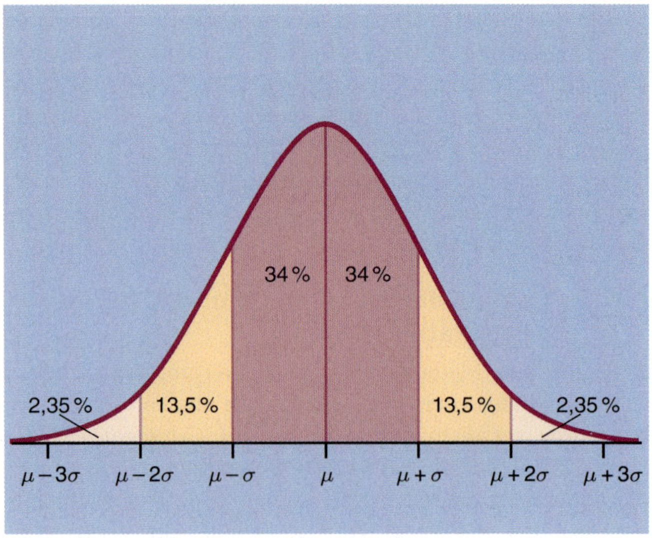

Abb. 6.26 Eigenschaften der Normalverteilung

Dieser Schluss wäre jedoch voreilig und möglicherweise falsch, denn ein solcher Schluss ist nur berechtigt, wenn die Differenz der beiden Mittelwerte „echt" ist. Das ist dann der Fall, wenn beide Stichproben aus Grundgesamtheiten mit verschiedenen Parametern μ_1 und μ_2 stammen. Ob das der Fall ist, muss jedoch geprüft werden, bevor der Schluss gezogen wird, ob der festgestellte scheinbare Unterschied „echt" oder zufällig ist.

Parameter und Normalverteilung

In der Statistik dient der Begriff *Parameter* zur Bezeichnung aggregierter Kennzahlen zur Beschreibung wesentlicher Eigenschaften von Wahrscheinlichkeitsverteilungen wie z. B. der Binomial- oder der Normalverteilung. Zur numerischen Beschreibung empirischer Verteilungen werden üblicherweise Mittelwert und Streuung berechnet.

Die *Normalverteilung*, die auch Gauß-Verteilung (nach dem Mathematiker Carl Friedrich Gauß) genannt wird, ist eine der wichtigsten stetigen Wahrscheinlichkeitsverteilungen in den Human- und Sozialwissenschaften. Die Normalverteilung basiert auf dem zentralen Grenzwertsatz, der besagt, dass Verteilungen, die durch eine Überlagerung einer großen Zahl von unabhängigen Einflüssen entstehen, unter schwachen Voraussetzungen annähernd normalverteilt sind. Die Normalverteilung wird durch zwei Parameter gekennzeichnet: den Erwartungswert μ und die Standardabweichung σ. Die Standardabweichung σ beschreibt die Breite der Normalverteilung. Es gilt näherungsweise:

- Im Intervall der Abweichung $\pm\,\sigma$ von μ sind 68,27 % aller Messwerte zu finden,
- im Intervall der Abweichung $\pm\,2\sigma$ von μ sind 95,45 % aller Messwerte zu finden,
- im Intervall der Abweichung $\pm\,3\sigma$ von μ sind 99,73 % aller Messwerte zu finden.

Eine Normalverteilung mit einem Erwartungswert μ und einer beliebigen Standardabweichung σ (die Kurzschreibweise ist: $N(\mu,\sigma)$ hat die folgenden Eigenschaften:

- Sie ist symmetrisch, wobei die vertikale Achse der Symmetrie bei $x = \mu$ liegt, welche auch der Modus, Median und Erwartungswert der Verteilung ist.
- Sie ist unimodal (sie hat nur einen Gipfel).
- Sie erreicht ihr Maximum an der Stelle $x = \mu$.
- Ihre erste Ableitung ist positiv für Werte von $x < \mu$ und negativ für Werte von $x > \mu$; am Punkt $x = \mu$ hat die erste Ableitung einen Wert von Null.
- Sie hat genau zwei Wendestellen: Beide sind genau eine Standardabweichung vom Erwartungswert entfernt, nämlich bei $x1 = \mu - \sigma$ und $x2 = \mu + \sigma$.
- Sie ist an jeder Stelle von x differenzierbar.
- Sie ist stetig, daher von $-\infty$ bis ∞ definiert.

Die Normalverteilung ist die wichtigste Verteilung der Statistik, und wird sowohl in Naturwissenschaften als auch in Geistes- und Sozialwissenschaften verwendet. Einkommen, Intelligenz, Körpergröße (desselben Geschlechts): All diese Werte sind normalverteilt. Die Normalverteilung gelangt üblicherweise zur Anwendung, wenn die eigentliche, den Daten zugrunde liegende Verteilungsfunktion unbekannt ist (Abb. 6.26).

Um zu prüfen, ob die beiden verschieden unterrichteten Gruppen sich „echt" voneinander unterscheiden, d. h. nicht zufällig, wird die Annahme formuliert, dass beide Stichproben ein und derselben Grundgesamtheit mit den Parametern $N(\mu,\sigma)$ entspricht. Diese Annahme ist die zu prüfende *statistische Hypothese*. Gelingt es in unserem Beispiel, diese Hypothese abzulehnen, können wir behaupten, dass die „moderne" Unterrichtsmethode zu besseren Lernleistungen geführt hat. Gelingt es aber nicht, die statistische Hypothese zu verwerfen, dürfen wir trotz der offenkundig unterschiedlichen Lernleistung nicht darauf schließen, dass die „moderne" Methode die überlegene ist. Vielmehr müssen wir bei der Annahme bleiben, dass der Lernerfolg in beiden Klassen statistisch gleich und der Unterschied rein zufällig ist.

Die zu prüfende statistische Hypothese nennt man *Nullhypothese* und kennzeichnet sie mit H_0. Sie drückt die Vermutung aus, dass sich zwei Stichproben zufällig unterscheiden. Anders formuliert: Die Stichproben entstammen ein und derselben Grundgesamtheit und beobachtbare Differenzen zwischen ihren Kennwerten sind zufällig.

Neben der Nullhypothese formuliert man immer auch die sogenannte Alternativhypothese, die mit H_1 gekennzeichnet wird. Die Alternativhypothese geht stets davon aus, dass ein Unterschied besteht, d. h. dass zwei Kennwerte nicht aus derselben Grundgesamtheit stammen. Stellt man bei der Auswertung der Daten fest, dass die gefundenen Kennwerte *nicht* aus derselben Grundgesamtheit stammen, so wird die Nullhypothese abgelehnt und die Alternativhypothese angenommen.

Aus dem bisher Gesagten dürfte klar geworden sein, dass sich die statistische Analyse quantitativer Daten auf zwei Ebenen abspielt: die eine wird als *deskriptive* bzw. beschreibende *Statistik* bezeichnet, die andere als *Inferenz- oder Prüfstatistik*.

Die deskriptive Statistik beschreibt die Daten, indem sie sie zusammenfasst, z. B. in Mittelwerte bzw. Durchschnitt und

Prozentzahlenwerte. Die deskriptive Statistik zeigt so, wie die gemessenen Variablen in der Stichprobe verteilt sind. Zum Beispiel kann sie Auskunft darüber geben, wie viele Untersuchungspersonen männlich, wie viele weiblich sind. Sie arbeitet deshalb häufig mit grafischen Darstellungen von Häufigkeitsverteilungen (z.B. Histogramme oder Polygonzüge), wesentlich ist aber die Zusammenfassung quantitativer Daten mit Hilfe aussagekräftiger Kennzahlen. Die wichtigsten sind

- der *Modalwert* (Modus) als der Messwert, der am häufigsten auftritt,
- der *Median*, der die Datenmenge in zwei gleich große Teile teilt,
- das *arithmetische Mittel*, der sogenannte Mittelwert, der den Durchschnitt aller Messwerte repräsentiert,
- die *Varianz* und die *Standardabweichung*, die Auskunft darüber geben, wie stark und weit die Messwerte um den Mittelwert streuen,
- der *Korrelationskoeffizient*, der den Zusammenhang zwischen zwei Variablen angibt.

Wir werden uns nachfolgend nur mit der Inferenzstatistik befassen, da sie für die hypothesenprüfende Forschung von zentraler Bedeutung ist. Dem Leser, der noch nicht über die Grundkenntnisse der Statistik verfügt, empfehlen wir das Buch *Statistik leicht gemacht* von Pulham (2012). Wer darüber hinaus stärker an der Inferenzstatistik interessiert ist, sollte sich bei Schäfer (2011) kundig machen.

6.3.2.2 Inferenzstatistik: das Herzstück der quantitativen Forschung

Im Gegensatz zur deskriptiven, also beschreibenden Datenauswertung untersucht die Inferenzstatistik, ob eine Hypothese gilt oder nicht. Dabei wird immer die Gültigkeit der Nullhypothese (H_0) geprüft, indem nach einer Abweichung von ihr gesucht wird. Falls eine Abweichung gefunden wird, gilt nicht die Nullhypothese, sondern die Alternativhypothese, denn dann wurde ein Zusammenhang oder ein Unterschied als Abweichung von der Aussage der Nullhypothese gefunden. Wenn keine Abweichung gefunden wird, muss die Nullhypothese beibehalten werden.

Beispielsweise könnte folgende Hypothese H_0 formuliert werden: Der mittlere Zeitaufwand zur Lösung eines mathematischen Problems ist bei zwölfjährigen Jungen und Mädchen gleich.

Zur Prüfung dieser Hypothese setzt man zwei ausreichend große Stichproben von Jungen und Mädchen zusammen und lässt diese dann ein mathematisches Problem bearbeiten. Für jede Stichprobe ermittelt man nun den durchschnittlichen Zeitaufwand. Unterscheiden sich die Mittelwerte nur wenig, können zufällige Abweichungen angenommen werden, und die Nullhypothese wird beibehalten. Je größer die Differenz zwischen den Mittelwerten ist, desto weniger wahrscheinlich wird die Annahme, dass beide Stichproben derselben Grundgesamtheit angehören, d.h. desto wahrscheinlicher wird es, dass tatsächlich ein Unterschied zwischen den Jungen und Mädchen im Hinblick auf die Zeit, die sie für das Lösen des Problems benötigen, besteht. Ist die Differenz so groß, dass es sehr unwahrscheinlich ist, dass es sich um Stichproben derselben Grundgesamtheit handelt, wird die Nullhypothese zurückgewiesen (bzw. *falsifiziert*).

Signifikanzniveaus und mögliche Fehler bei der Hypothesenprüfung

Der größte Teil empirischer Untersuchungen in der Erziehungswissenschaft (und auch in anderen Disziplinen) ist, wie bereits gesagt wurde, auf die *Zurückweisung der Nullhypothese* ausgerichtet, d.h. auf den „Nachweis" statistisch signifikanter Unterschiede. Mit dem „Nachweis" hat es aber etwas Besonderes auf sich, denn die statistisch prüfbare Nullhypothese bezieht sich zwar immer auf den Vergleich mit den Parametern einer Grundgesamtheit, zugrunde gelegt werden aber Befunde aus Stichproben. Diese gestatten es jedoch nur, die Nullhypothese zu widerlegen, aber nicht zu *beweisen*. Ebenso wenig wird durch die Ablehnung einer Nullhypothese eine *Alternativhypothese* bewiesen. Für die Annahme einer Alternativhypothese, die Aussagen über die Gründe des festgestellten Unterschieds trifft, spricht nämlich nur eine gewisse Wahrscheinlichkeit, aber die Zurückweisung der Nullhypothese ist kein Beweis für das Gegenteil ihrer inhaltlichen Aussage.

In Wikipedia ist hierfür ein anschauliches Beispiel angeführt (vgl. ► http://de.wikipedia.org/wiki/Statistischer_Test): Dort wird der statistische Signifikanztest mit einem Gerichtsverfahren verglichen. Das Verfahren hat den Zweck festzustellen, ob es ausreichend Beweise gibt, einen Angeklagten zu verurteilen. Grundsätzlich wird dabei von der Unschuld eines Verdächtigen ausgegangen, und solange Zweifel an den Indizien für das Vergehen bestehen, wird ein Angeklagter freigesprochen. Nur wenn die Indizien für die Schuld eines Angeklagten deutlich überwiegen, kommt es zu einer Verurteilung. Die Nullhypothese lautet $H_{0:}$ „Der Verdächtige ist unschuldig", und die Alternativhypothese lautet H_1 „Der Verdächtige ist schuldig". So wie es bei Gericht formale Schritte gibt, die Gültigkeit der Nullhypothese zu prüfen, so auch in der Inferenzstatistik.

Ein wichtiger Aspekt dabei ist festzulegen, wie groß der Fehler sein darf, den man beim Schlussfolgern machen darf. Hierbei geht es um die sogenannte Irrtumswahrscheinlichkeit: Welche Wahrscheinlichkeit ist man bereit zu akzeptieren? Ist man z.B. bereit, das Risiko einzugehen, in 5 von 100 Fällen zu einem Fehlschluss zu gelangen, d.h. eine Hypothese fälschlicherweise anzunehmen, dann entscheidet man sich für eine *Irrtumswahrscheinlichkeit* von 5 % oder $\alpha = 0{,}05$. In diesem Fall genügen bereits kleine Differenzen in den Daten der verglichenen Gruppen, um die Nullhypothese zurückzuweisen. Man kann die Ansprüche an die Zuverlässigkeit einer Aussage aber auch hochschrauben und die Hypothese nur zurückweisen, wenn ein Fehler in einem von 100 Fällen gemacht werden darf. Dann beträgt die akzeptierte Irrtumswahrscheinlichkeit $\alpha = 0{,}01$. In ◘ Abb. 6.27 ist der Vertrauensbereich für die Beibehaltung der Nullhypothese (als *Annahmebereich* bezeichnet) unter der Voraussetzung einer Irrtumswahrscheinlichkeit von 5 % wiedergegeben. Dabei wird davon ausgegangen, dass eine Ablehnung von H_0 auf beiden Seiten des Annahmebereichs möglich ist, weshalb auch von einer zweiseitigen Prüfung gesprochen wird. Die Darstellung verdeutlicht, dass die Mittelwerte zweier Stichproben sehr stark von μ abweichen müssen, damit sie aus dem Annahmebereich herausfallen und die Nullhypothese abgelehnt werden muss.

Die Inferenzstatistik berechnet in diesem Sinne die sogenannte Fehler- bzw. Irrtumswahrscheinlichkeit. Diese sagt aus, mit welcher Wahrscheinlichkeit man sich irrt, wenn man die

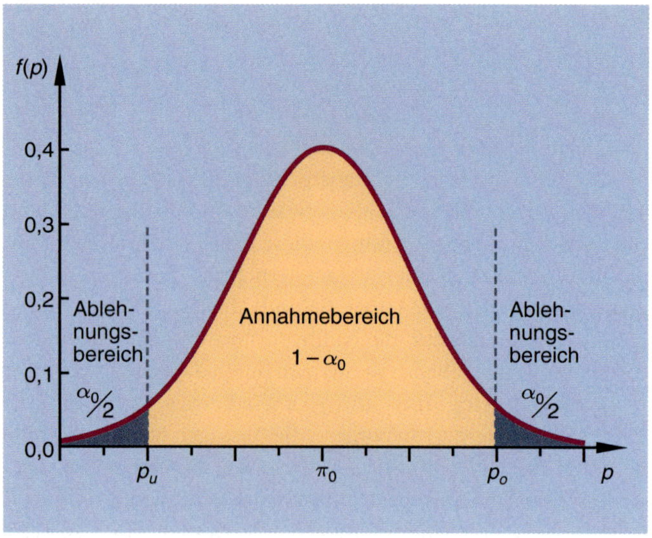

Abb. 6.27 Vertrauens- und Ablehnungsbereich für die Nullhypothese bei einer Irrtumswahrscheinlichkeit von 5 %

Nullhypothese verwirft. Liegt diese Wahrscheinlichkeit über der vorab definierten akzeptierten Irrtumswahrscheinlichkeit von z. B. 5 %, dann wird das als zu große Fehlerwahrscheinlichkeit angesehen. In diesem Fall behält man die Nullhypothese bei. Liegt sie unter 5 %, verwirft man die Nullhypothese und nimmt die Alternativhypothese an. Diese Irrtumswahrscheinlichkeit wird auch als Signifikanzniveau bezeichnet.

Grundsätzlich können beim Prüfen von Hypothesen zwei Arten von Fehlschlüssen auftreten:

1. Eine zutreffende Hypothese wird abgelehnt, was als Fehler erster Art oder α-Fehler bezeichnet wird, oder
2. eine falsche Hypothese wird angenommen, was als Fehler zweiter Art oder β-Fehler bezeichnet wird.

Entscheidet man z. B. über die Ablehnung der Nullhypothese auf dem Fünf-Prozent-Niveau, kann das ein Fehler sein, da die Unterschiede „in Wahrheit" doch zufällig sind. Dieses Wechselspiel der beiden Fehlerarten, unter der Annahme, dass die Stichproben normalverteilt sind, wird in Abb. 6.28 dargestellt.

Eine Regel, wie im konkreten Falle zu verfahren ist, um den einen oder den anderen Fehler zu vermeiden, gibt es nicht. Allgemein ist man bemüht, das Risiko, die Nullhypothese fälschlicherweise abzulehnen, durch die Wahl eines höheren Signifikanzniveaus zu vermindern.

Grundsätzlich sind wissenschaftliche Verallgemeinerungen empirischer Befunde nur statthaft, wenn die Messwerte aus verschiedenen Stichproben auf Signifikanz geprüft worden sind.

Dabei sollte bei der Durchführung der Signifikanzprüfung stets bedacht werden, dass der Ausgangspunkt in der Formulierung der Nullhypothese liegt, die keinen Unterschied zwischen den Parametern der Grundgesamten postuliert, aus denen die Stichproben entnommen sind. Darüber hinaus ist das Signifikanzniveau für die Prüfung der Nullhypothese sorgfältig zu wählen, um die α- und β-Fehler zu kontrollieren. Und schließlich ist in Rechnung zu stellen, dass es außer der statistischen Signifikanz auch so etwas gibt wie die *praktische Signifikanz* einer Untersuchung, die sich aus der Effektstärke ergibt.

Effektstärke als Maß der praktischen Signifikanz

Es ist wichtig, in Erfahrung zu bringen, ob eine Untersuchung eine statistische Signifikanz erbracht hat. Genauso wichtig ist es aber auch zu prüfen, ob der dabei zugrundeliegende Unterschied auch praktische Bedeutung hat (vgl. Bredenkamp 1972). Vergleicht man beispielsweise die Lernleistungen von Schülern, die nach einer neuen Methode unterrichtet wurden, mit Schülern, die konventionell unterrichtet wurden, mit einer sehr großen Stichprobe, dann können sich bereits kleine Zuwachsraten in der Lernleistung als statistisch signifikant erweisen, obwohl ganz klar erkennbar wird, dass kaum dazugelernt worden ist. Um eine

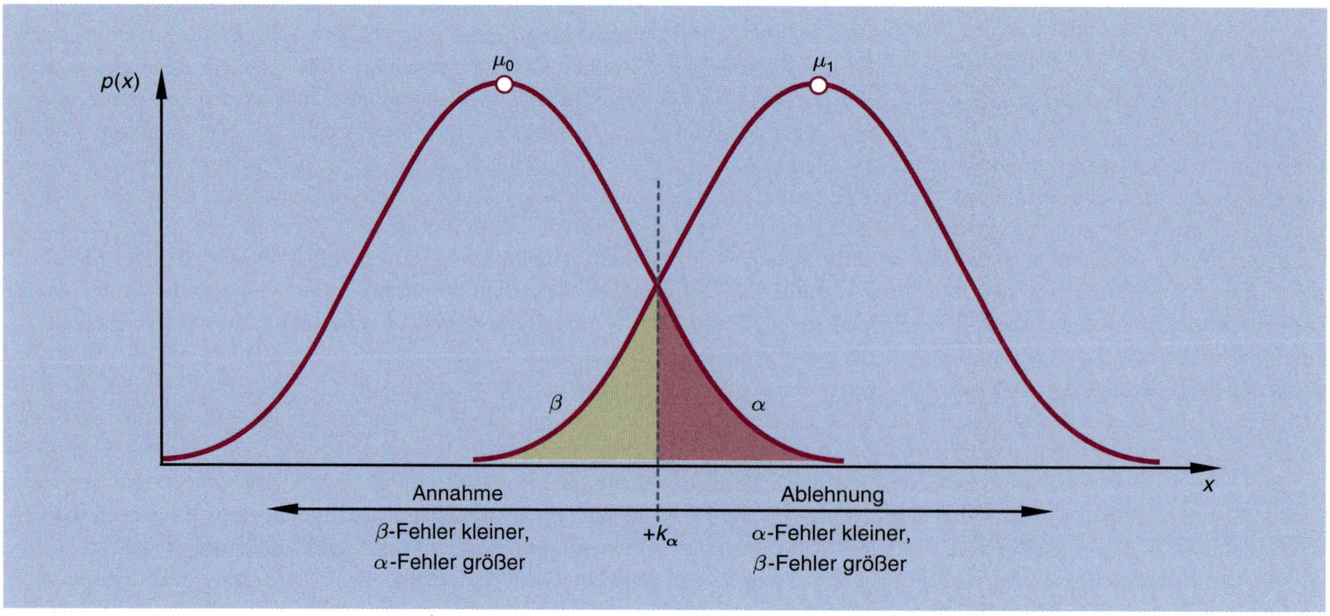

Abb. 6.28 α- und β-Fehler bei der Hypothesenprüfung

Fehlinterpretation dieses Ergebnisses zu vermeiden, kann man die *Effektstärke* berechnen. Sie ist ein statistisches Maß, das die relative Stärke eines Effektes angibt.

Nach der bisherigen Argumentation ist von einem Effekt auszugehen, wenn die Nullhypothese, die keinen Unterschied annimmt, aufgrund einer statistischen Prüfung abgelehnt werden kann. Nun gilt es, die Stärke des Effekts zu bestimmen. Laut Bredenkamp (1972) dient die Effektstärke auch zur Verdeutlichung einer praktischen Relevanz eines statistisch signifikanten Ergebnisses. Es liegt in der Natur der statistischen Prüfung von Parametern, dass, je größer der Stichprobenumfang wird, in zunehmendem Maße auch kleinere Effekte zur Ablehnung der Nullhypothese führen. Erziehungswissenschaftlich bedeutsam ist aber nicht nur, ob ein Effekt feststellbar ist, was zur Ablehnung der Nullhypothese führt, sondern auch wie stark der Effekt ist.

Aus Sicht der Statistik gibt es vier Größen, die sich wechselseitig beeinflussen: die Stichprobengröße N einer Untersuchung, der α-Fehler, der β-Fehler (als Maß der Teststärke) und die Effektstärke, die mittels verschiedener Koeffizienten (z. B. Cohens d, eta² oder omega²) berechnet werden kann.

Am einfachsten ist die Effektstärke mit *Cohens d* zu berechnen. Mit diesem Koeffizienten lässt sich die Effektstärke für Mittelwertunterschiede zwischen zwei Stichproben bzw. Untersuchungsgruppen mit gleichem Umfang und gleichen Varianzen bestimmen (▫ Abb. 6.29).
Die Formel für Cohens d lautet:

$$d = \frac{\bar{x}_1 - \bar{x}_2}{\sqrt{(s_1^2 + s_2^2)/2}}$$

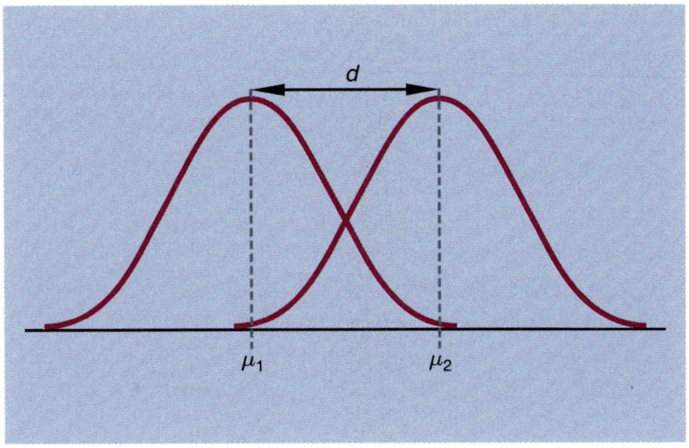

▫ Abb. 6.29 Cohens d als Distanzmaß

Nach Cohen (1988) entspricht d = 0,2 einem kleinen Effekt, d = 0,5 einem mittleren und d = 0,8 einem starken Effekt.
Ein anderes Maß für die Effektstärke ist Eta-Quadrat. Es wird bei Varianzanalysen angewandt und gibt an, wie viel Varianz der abhängigen Variablen prozentual durch die unabhängige Variable erklärt wird. Bemerkenswert ist, dass das Programm SPSS bei Varianzanalysen standardmäßig ein partielles Eta-Quadrat berechnet. Die Formel dafür lautet:

$$\eta^2 = \frac{QS_{\text{Effekt}}}{QS_{\text{Effekt}} + QS_{\text{Res}}},$$

wobei QS die Quadratsumme bezeichnet.
Darüber hinaus gibt es auch für andere statistische Prüfverfahren (z. B. F-Test) die passenden Effektstärkekoeffizienten (vgl. Bortz und Schuster 2010).

Sind drei der oben genannten vier Größen bekannt, ergibt sich die vierte. Das kann z. B. dazu genutzt werden, bereits bei der Planung einer Untersuchung zu berechnen, wie groß die Stichprobe sein muss, wenn man den α-Fehler und die Effektstärke a priori festlegt und die Teststärke bestimmt, d. h. angibt, welchen β-Fehler zu riskieren man bereit ist.

Die Teststärke (oder *power*) ist die Wahrscheinlichkeit, einen in der Grundgesamtheit vorhandenen Unterschied in einer statistischen Prüfung zu finden. Sie ist das „Gegenstück" zum β-Fehler: Teststärke = 1 – β. Jede empirische Untersuchung sollte eine hohe Teststärke haben.

Döring und Bortz (2014) haben für die wichtigsten Signifikanztests und Effektgrößen die optimalen Stichprobenumfänge angegeben. Wurde eine Untersuchung bereits durchgeführt, so kann auch im Nachhinein eine Teststärkeanalyse zu einer Abschätzung führen, welche Effekte bei gegebenem Stichprobenumfang N und mit den Risiken α und β zu entdecken waren. Auf genau diese Weise funktionieren Metaanalysen.

Metaanalysen wurden in diesem Lehrbuch bereits mehrfach in unterschiedlichen thematischen Zusammenhängen erwähnt, ohne dass ihre Methodik näher beschrieben wurde. Dies und die Tatsache, dass Metaanalysen in der Erziehungswissenschaft sozusagen Konjunktur haben, seitdem Beywl und Zierer den Bestseller *Visible Learning* von Hattie ins Deutsche übersetzt haben (Hattie 2013), veranlasst uns, in einem Exkurs auf die Methodik der Metaanalyse einzugehen.

Metaanalyse und Effektstärken

Eine Metaanalyse ist ein statistisches Routineverfahren, das erlaubt, die Ergebnisse ganz verschiedener Untersuchungen hinsichtlich ihrer praktischen Signifikanz zu vergleichen. Dazu wandelt sie die Ergebnisse einer jeden Untersuchung in ein vergleichbares, standardisiertes Maß, die Effektstärke, um. Dadurch wird das Ausmaß der Behandlungseffekte zwischen verschiedenen Untersuchungen vergleichbar. Die allgemeinen Ziele einer Metaanalyse bestehen darin,

- eine umfassende Übersicht über den gegenwärtigen Stand der Forschung zu einer bestimmten Thematik zu erzeugen,
- die Befunde zahlreicher empirischer Studien zu aggregieren, um eine präzise Schätzung der Effektstärken zu erreichen, und
- den Einfluss substantieller Moderatorvariablen auf die Effektstärke zu bestimmen.

Im Kontext der Lernforschung werden Metaanalysen üblicherweise durchgeführt, um den Effekt spezifischer Interventionen (z. B. Lehrmethoden) über verschiedene Stichproben und Anwendungsbereiche hinweg zu identifizieren (vgl. dazu Hattie 2013). Dabei können Metaanalysen wie ein Filter wirken, denn oft führen sie zu der ernüchternden Erkenntnis, dass viele Studien in einem Untersuchungsbereich nicht die Kriterien erfüllen, um bei einer Metaanalyse berücksichtigt werden zu können.

Hierfür bietet Blumscheins (2003) Metaanalyse zur Effektivität multimedialen Lernens am Beispiel der *Anchored Instruction* ein gutes Beispiel. Die Lehrkonzeption *Anchored Instruction* war in den 1990er Jahren äußerst populär (vgl. Pellegrino 2004) und schien auf den ersten Blick auch gut erforscht. Tatsächlich fand Blumschein 39 empirische Studien zu diesem Ansatz. Nach Bereinigung von Doppeltveröffentlichungen blieben 24 Untersuchungen als potentielle Kandidaten übrig, die dann nach Prüfung der Voraussetzungen, die zu erfüllen sind, um in eine Metaanalyse integriert zu werden, auf nicht einmal ein Dutzend zusammenschrumpften. Das nennt man im Alltag auch, die Spreu vom Weizen trennen.

Metaanalysen werden üblicherweise in mehreren, aufeinanderfolgenden Schritten durchgeführt (vgl. Borenstein et al. 2009):

Schritte der Metaanalyse

Schritt 1: Formulieren des Untersuchungsziels
Hierbei gilt zu klären, welche Hypothese zu untersuchen ist, welche Konstrukte und Variablen von Interesse sind, wie diese Variablen üblicherweise gemessen werden und welche Studien berücksichtigt werden sollen und welche nicht.

Schritt 2: Literaturrecherche und Auswahl der Studien
Zweckmäßig ist es, eine Liste von Schlüsselbegriffen zu entwerfen und auf deren Grundlage in der Literatur zu suchen. Im erziehungswissenschaftlichen Kontext liegt es nahe, die Online-Bibliothek von ERIC, dem Institute of Education Sciences (▶ http://eric.ed.gov/), zu benutzen. Die in Frage kommenden Untersuchungen werden hinsichtlich ihrer Eignung geprüft.

Schritt 3: Codierung
Codiert werden typischerweise das Jahr der Veröffentlichung, Designmerkmale (z. B. bei Interventionsstudien die Existenz einer Kontrollgruppe), Stichprobenmerkmale (z. B. mittleres Alter der Versuchspersonen, Geschlechterverteilung) und deskriptive Statistiken (d. h. Mittelwerte, Standardabweichungen, Korrelationskoeffizienten).

Schritt 4: Berechnung der Effektstärken
Obwohl mittlerweile in vielen Veröffentlichungen die Effektstärken genannt werden, ist es in vielen anderen Fällen oft notwendig, die Effektstärken im Nachhinein auf der Grundlage der Stichprobenstatistiken zu berechnen. Die geschätzten Effektstärken können durch eine Vielzahl an Faktoren beeinflusst werden (z. B. Stichprobenfehler und mangelnde Reliabilität). Dann müssen angepasste Formeln zur Korrektur angewandt werden (vgl. Hunter und Schmidt 1990). Zusätzlich muss für jede Effektgröße der Standardfehler berechnet werden, da dieses Maß den Grad der Genauigkeit der Effektstärke angibt und von der Stichprobengröße abhängig ist. Die Formeln zur Berechnung des Standardfehlers der verschiedenen Effektgrößen sind in jedem guten Statistiklehrbuch zu finden.

Schritt 5: Datenanalyse
Hierbei sind zwei verschiedene Ansätze zu unterscheiden (vgl. Borenstein et al. 2009): Festeffektmodelle setzen voraus, dass die Gesamtvarianz zwischen den Effektgrößen aus verschiedenen Studien auf einen Zufallsfehler zurückgeht. Zufallseffektmodelle nehmen demgegenüber an, dass die Varianz auf systematische Unterschiede zwischen den Stichproben zurückgeht. In den meisten Fällen ist von Zufallseffektmodellen auszugehen.

Schritt 6: Berichterstattung
Die Ergebnisse von Metaanalysen werden in Tabellen oder Grafiken dargestellt (vgl. Hattie 2013). Die meisten Statistiksoftwarepakete können verwendet werden, um eine Metaanalyse durchzuführen. Sie stellen die Ergebnisse in den ihnen eigenen Formaten dar. Über die Standardprogramme hinausgehend gibt es auch solche, die speziell für Metaanaysen entwickelt wurden (z. B. Viechtbauer 2010) und eine Vielzahl grafischer Darstellungsformen (u. a. den Forest-Plot) enthalten.

In Anbetracht der Tatsache, dass im erziehungswissenschaftlichen Feld jährlich Unmengen an empirischen Untersuchungen zu fast jedem Thema durchgeführt werden, ist es ratsam, zunächst zu prüfen, ob nicht eine Metaanalyse durchgeführt werden sollte anstatt eine weitere, womöglich unnötige Untersuchung anzustellen. Wir raten unseren Lesern, diese Option bereits bei der stets erforderlichen Literaturanalyse mitzubedenken. Darüber hinaus sollten Metaanalysen immer dann durchgeführt werden, wenn zu einem Forschungsthema viele Einzelstudien vorliegen.

Sollte es sich nach einer sorgfältigen Prüfung dieser Option doch als notwendig erweisen, eine neue Studie durchzuführen, wird man bei der Auswertung der Daten mit dem Problem konfrontiert, den passenden statistischen Test für die Prüfung der Nullhypothese zu finden und anzuwenden.

6.3.3 Statistische Prüfverfahren

» Ein Mensch, der von Statistik hört,
denkt dabei nur an Mittelwert.
Er glaubt nicht dran und ist dagegen,
ein Beispiel soll es gleich belegen:
Ein Jäger auf der Entenjagd
hat einen ersten Schuß gewagt.
Der Schuß, zu hastig aus dem Rohr,
lag eine Handbreit vor.
Der zweite Schuß mit lautem Krach
lag eine Handbreit nach.
Der Jäger spricht ganz unbeschwert
voll Glauben an den Mittelwert:
Statistisch ist die Ente tot
(P.H. List, aus Hartung 2005, S. 1).

Mit statistischen Prüfverfahren sind mathematische Testverfahren gemeint, mittels derer auf der Grundlage vorliegender Beobachtungsdaten oder Messwerte eine Entscheidung über die Gültigkeit oder Ungültigkeit einer Hypothese zu treffen ist. Da die Messwerte sich auf Zufallsvariablen beziehen, lässt sich die Gültigkeit einer Hypothese gewöhnlich nicht mit Sicherheit feststellen. Deshalb versucht man, wie wir im vorherigen

Tab. 6.16 Unterschiedliche Skalenniveaus und ihre Eigenschaften

Skalenniveau	Sinnvolle Aussagen	Erlaubte statistische Verfahren	Beispiele
Nominal	Gleichheit Verschiedenheit	Frequenzstatistik Chi-Quadrat-Test	Namen Schulnoten
Ordinal	größer – kleiner mehr – weniger	Median, Quartil Rangkorrelation	Notenskala Härteskala
Intervall	Gleichheit von Intervallen	Mittelwert Standardabweichung Produkt-Moment-Korrelation	Zeit Standardtestergebnisse
Verhältnis	Gleichheit von Summen, Vielfachen und Quotienten	geometrisches Mittel Variabilitätskoeffizient	Verhältnis von Celsius und Fahrenheit

Abschnitt dargelegt haben, die Wahrscheinlichkeiten für Fehlentscheidungen (erster und zweiter Art, α- und β-Fehler) zu bestimmen.

Hier sind folgende Schritte einzuhalten (vgl. Creswell 2005):

1. die Nullhypothese H_0 und eine (theoretisch sinnvolle) Alternativhypothese H_1 formulieren,
2. das Signifikanzniveau, d. h. α ($\alpha = 0{,}05$ oder $\alpha = 0{,}01$) festlegen (dies sollte vor der Realisation der Stichprobe geschehen),
3. die Untersuchung durchführen und die erforderlichen Daten erheben,
4. die Statistiken (Mittelwert, Varianz, gegebenenfalls die Korrelation) der Stichprobe(n) berechnen,
5. den geeigneten statistischen Test zur Prüfung der Nullhypothese auswählen,
6. eine Entscheidung hinsichtlich der Beibehaltung oder Ablehnung der Nullhypothese treffen.

Wir konzentrieren uns in den folgenden Ausführungen auf den fünften Punkt, die Auswahl des geeigneten statistischen Testverfahrens zur Prüfung der Nullhypothese. Dabei ist grundsätzlich zwischen parametrischen und nichtparametrischen (bzw. verteilungsfreien) Tests zu unterscheiden.

Parametrische und nichtparametrische (bzw. verteilungsfreie) Testverfahren

Bei den parametrischen Tests wird stets von der Annahme ausgegangen, dass die Zufallsvariable in der Grundgesamtheit, aus der die Stichprobe entnommen wurde, normal verteilt ist, d. h. dass ihr die oben beschriebene Gauß'sche Normalverteilung zugrunde liegt. Eine Zusatzannahme bezieht sich auf das Skalenniveau der Variablen, insofern als für manche Tests ein bestimmtes Intervallskalenniveau der Variablen vorausgesetzt wird.

Skalenniveaus von Variablen

Quantitative Daten treten in zwei Grundformen auf: als Häufigkeiten diskreter Variablen und als Messwerte stetiger Variablen. Bei diskreten Variablen (wie Geschlecht, Religion, Schichtzugehörigkeit usw.) lautet das Ergebnis der Messung:

$$f = \{(x, y) \mid x \text{ ist Element von X und y ist entweder 1 oder 0, je nachdem, ob x die Eigenschaft M besitzt oder nicht}\}.$$

Um die Häufigkeit der Objekte mit dem Merkmal M festzustellen, muss lediglich die Anzahl der Objekte mit diesem Merkmal gezählt werden. Die gleiche Überlegung wird auch bei stetigen Variablen angestellt, aber es ändert sich die Funktion in der Weise, dass sie den Objekten reelle Zahlen zuschreibt:

$$f = \{(x, y) \text{ x ist ein Objekt, und y ist eine reellwertige Zahl}\}.$$

Auf diesen unterschiedlichen Messvorgängen beruhen unterschiedliche Skalenniveaus. Die Skalenniveaus, die in der forschungsmethodischen Literatur genannt werden, sind in Tab. 6.16 aufgeführt.

Parametrische Tests gelangen dann zur Anwendung, wenn Hypothesen über die Parameter einer Verteilung zu prüfen sind. Grundsätzlich ist dabei zu beachten, dass die Ergebnisse eines parametrischen Tests unbrauchbar sind, wenn die Verteilungsannahmen nicht zutreffen. In diesem Falle lässt sich der β-Fehler nicht mehr sinnvoll interpretieren und infolgedessen sinkt die Teststärke (*power*).

Verteilungsfreie, d. h. nonparametrische oder nichtparametrische Tests gehen von anderen Voraussetzungen aus. Die zentrale Annahme lautet, dass sich die Verteilung der Zufallsvariablen nicht durch Parameter beschreiben lässt. Das heißt nicht, dass keine Parameter existieren, aber die Art und Anzahl der Parameter ist flexibel und nicht von vornherein festgelegt. Anders als parametrische Tests machen verteilungsfreie Verfahren keine Annahmen über die Wahrscheinlichkeitsverteilung der untersuchten Variablen und sind deswegen auch anwendbar, wenn die Voraussetzungen für einen parametrischen Test nicht erfüllt sind.

Bei verteilungsfreien, d. h. nonparametrischen Tests wird der *Typ der Zufallsverteilung* überprüft. Allgemein liegt folgendes Problem vor: Man hat an einer Zufallsstichprobe eine Variable untersucht, über deren Verteilung in der Grundgesamtheit nichts bekannt ist. Nun liegt eine Häufigkeitsverteilung vor. Es soll dann geprüft werden, ob die Verteilung der tatsächlich beobachteten Häufigkeiten nicht doch einer bestimmten theoretischen Verteilung (z. B. der Normalverteilung) entspricht. Dafür verwendet man üblicherweise den Chi-Quadrat-Test, dem eine eigene Verteilung zugrunde liegt, deren einziger Parameter *n*

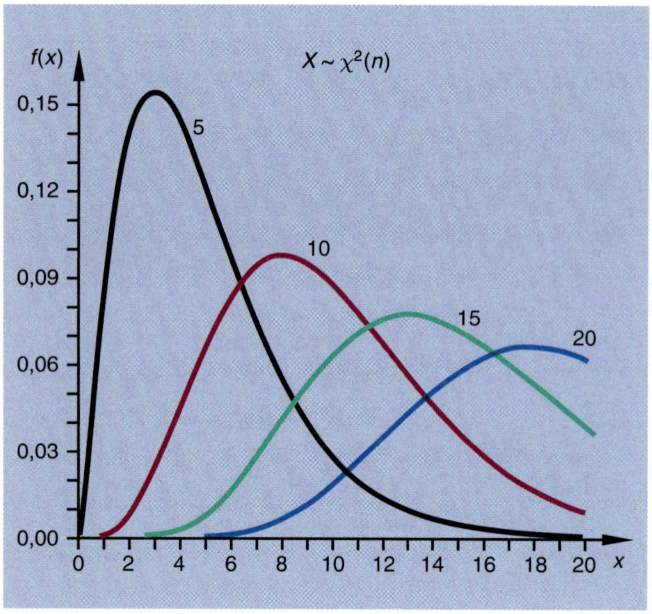

Abb. 6.30 Darstellung verschiedener Chi-Quadrat-Verteilungen

(die Stichprobengröße) ist und „Freiheitsgrad" genannt wird. Die Chi-Quadrat-Verteilung gleicht sich mit wachsendem n der Normalverteilung an, was darauf zurückzuführen ist, dass sie aus der Normalverteilung hergeleitet werden kann. Abb. 6.30 veranschaulicht die Annäherung der Chi-Quadrat-Verteilung bei wachsendem n an die Normalverteilung.

Die Berechnung von Chi-Quadrat ist ziemlich einfach. Im ersten Schritt sind zu den empirisch festgestellten beobachteten Häufigkeiten f_b die erwarteten Häufigkeiten f_e zu bestimmen. Im zweiten Schritt werden die Differenzen zwischen f_b und f_e berechnet und quadriert. Die quadrierten Differenzen werden durch die jeweilige erwartete Häufigkeit dividiert; die Summe daraus ergibt den Chi-Quadrat-Wert, der dann mit dem kritischen Wert der Chi-Quadrat-Verteilung verglichen wird, um eine Aussage darüber zu treffen, ob die Verteilung der beobachteten Häufigkeiten eines Merkmals normal verteilt ist oder nicht.

Bei Untersuchungen in der Erziehungswissenschaft oder Psychologie kann aus verschiedenen Gründen die Voraussetzung der Normalverteilung einer Zufallsvariable nicht erfüllt sein. Vor der Untersuchung lässt sich im Allgemeinen nichts darüber sagen, ob ein solcher Fall gegeben ist oder nicht. Zwar sollte man generell davon ausgehen, dass bei kleinen Stichproben deutlich seltener eine Normalverteilung der gemessenen Merkmale vorliegt als bei großen Stichproben, aber Gewissheit bringt eigentlich erst der Chi-Quadrat-Test. Er sollte deshalb bei kleineren Stichproben, mit denen man es in der erziehungswissenschaftlichen Forschung oft zu tun hat, routinemäßig durchgeführt werden. Erst aus dem Ergebnis des Chi-Quadrat-Tests der Stichprobe kann gefolgert werden, dass eine kritische Variable normalverteilt ist. Ist das Ergebnis des Chi-Quadrat-Tests negativ, d. h., liegt keine normalverteilte Zufallsvariable vor, darf kein parametrischer Test durchgeführt werden. In diesem Fall muss ein Prüfverfahren gewählt werden, das nicht von einer bestimmten Verteilungsform abhängt, d. h. ein nonparametrisches Verfahren.

Wann ist welches statistische Testverfahren anzuwenden?

Die erziehungswissenschaftliche Forschung unserer Tage zeichnet sich durch eine große Heterogenität hinsichtlich der Qualität der statistischen Auswertung von Daten aus: Auf der einen Seite findet man simple Häufigkeits- und Prozentwertverteilungen von Daten ohne weitergehende inferenzstatistische Prüfung, auf der anderen Seite werden hochspezialisierte statistische Verfahren (z. B. multiple Regressionsanalysen, Pfadanalysen) verwendet, um die Effekte von Variablen in ihre relativen Anteile zu zerlegen. Die Beantwortung der Frage, welches Verfahren der statistischen Prüfung von Hypothesen in einer empirischen Studie zu wählen ist, füllt umfangreiche Statistiklehrbücher, auf die wir im Rahmen unseres Buches nur verweisen können. Eine kurze – wenn auch nicht unbedingt vollständige – Zusammenfassung, unter welchen Bedingungen welche statistischen Testverfahren anwendbar sind, gibt Tab. 6.17.

Die in der Tabelle genannten statistischen Testverfahren (und andere) sind in den bereits erwähnten Statistiksoftwarepaketen enthalten. Nach einer Einarbeitung in diese Programme bereitet die konkrete Durchführung der Testverfahren keine Mühe. Worauf hinzuweisen bleibt, ist der Fakt, dass die Anwendung der statistischen Testverfahren an spezifische Bedingungen geknüpft ist, die sorgfältig zu beachten sind, weil die Ergebnisse sonst wissenschaftlich unbrauchbar sind.

Tab. 6.17 Überblick über parametrische und verteilungsfreie, d. h. nonparametrische Testverfahren

	Unabhängige Variable			
Abhängige Variable		*Stetig*	*Diskret*	
	Stetig	(Multiple) Korrelationsanalyse Regressionsanalyse	t-Test Varianzanalyse Kovarianzanalyse	*Parametrisch*
		Spearmans Rho Kendalls Tau	Mann-Whitney-U-Test Kruskal-Wallis-Test Friedman-Test Zweiweg-ANOVA	*Verteilungsfrei*
	Diskret	Diskriminanzanalyse	Chi-Quadrat-Test Phi-Koeffizient	*Parametrisch*
		Punktbiseriale Korrelation		

❓ Aufgaben zum Festigen des neuen Wissens

1. Definieren Sie die drei Gütekriterien der quantitativen Datenerhebung und erklären Sie, wie man sie sicherstellen kann.
2. Welche Merkmale werden bei einer Itemanalyse geprüft? Was testen sie jeweils?
3. Welche Methoden der quantitativen Datenerhebung kennen Sie? Benennen Sie deren Vor- und Nachteile.
4. Warum wird ein Persönlichkeitsmerkmal in einem Test nicht mit einem einzigen Item erhoben?
5. Welche Maße für die Reliabilität kennen Sie? Erklären Sie, wann welches Maß berechnet werden sollte.
6. Nennen Sie die wesentlichen Merkmale der Normalverteilung.
7. Was bedeutet es, wenn sich zwei Gruppen signifikant voneinander unterscheiden?
8. Erklären Sie, was die deskriptive Statistik, was die Prüfstatistik prüft.
9. Welche Bedingungen fordern eine Datenauswertung mit nonparametrischen Tests?
10. Was besagt die Irrtumswahrscheinlichkeit?

❓ Aufgaben zum Weiterdenken

1. Angenommen, Sie hätten folgende Nullhypothese formuliert: Die Schüler, die nach Methode X unterrichtet wurden, erzielen gleich gute Leistungen in einem anschließenden Leistungstest wie die Schüler, die nach Methode Y unterrichtet wurden. Ihr Test hat Ihnen eine Irrtumswahrscheinlichkeit von $< 0{,}05$ ausgegeben. Was folgern Sie daraus? Behalten Sie die Nullhypothese bei oder nehmen Sie die Alternativhypothese an?
2. Was tun Sie, um herauszufinden, ob zwei Gruppen aus derselben Grundgesamtheit stammen? Nennen Sie alle Schritte.
3. Warum ist es nicht korrekt, zu sagen, dass eine Hypothese richtig oder wahr ist?
4. Wenn Sie Ihre Daten daraufhin untersucht haben, ob sie normalverteilt sind oder nicht, und dabei herausgefunden haben, dass sie nicht normalverteilt sind: Welche Art von Tests ziehen Sie dann für die Datenerhebung in Betracht und warum?

Weiterführende Literatur

- Atteslander, P. (2008). *Methoden der empirischen Sozialforschung* (12. Aufl.). Berlin: Erich Schmidt.
- Bühner, M. (2011). *Einführung in die Test- und Fragebogenkonstruktion* (3. Aufl.). München: Pearson Education.
- Bühner, M., & Ziegler, M. (2009). *Statistik für Psychologen und Sozialwissenschaftler*. München: Pearson Education.
- Döring, N., & Bortz, J. (2014). *Forschungsmethoden und Evaluation* (5. Aufl.). Heidelberg: Springer.
- Pulham, S. (2012). *Statistik leicht gemacht. Grundlagen für den Bachelor – mit Aufgaben und Lösungen*. Wiesbaden: Gabler.
- Raab-Steiner, E., & Bensch, M. (2012). *Der Fragebogen. Von der Forschungsidee bis zur SPSS-Auswertung* (3. Aufl.). Wien: Facultas.

Literatur

Abel, J., Möller, R., & Treumann, K. P. (1998). *Einführung in die empirische Pädagogik*. Stuttgart: Kohlhammer.

van Ackeren, I., & Hovestadt, G. (2003). *Indikatorisierung der Empfehlungen des Forum Bildung*. Bildungsreform, Bd. 4. Berlin: Bundesministerium für Bildung und Forschung.

Ackermann, F., & Owczarski, S. (2000). Soziale Arbeit zwischen Allmacht und Ohnmacht. Eine exemplarische Fallrekonstruktion zur Logik sozialarbeiterischen Handelns. In K. Kraimer (Hrsg.), *Die Fallrekonstruktion* (S. 321–344). Frankfurt am Main: Suhrkamp.

Ackermann, F. et al. (Hrsg.). (2012). *Qualitatives Forschen in der Erziehungswissenschaft*. Wiesbaden: VS Verlag für Sozialwissenschaften.

Ahrens, S. (2011). *Experiment und Exploration. Bildung als experimentelle Form der Welterschließung*. Bielefeld: transcript.

Aronson, E., Wilson, T. D., & Brewer, M. B. (1998). Experimentation in social psychology. In D. Gilbert, S. Fiske, & G. Lindzey (Hrsg.), *The Handbook of Social Psychology* 4. Aufl. (Bd. 1, S. 99–142). Boston: McGraw-Hill.

Arthur, J., Waring, M., Coe, R., & Hedges, L. V. (2012). *Research methods and methodologies in education*. Thousand Oaks, CA: Sage.

Atteslander, P. (1971). *Methoden der empirischen Sozialforschung*. Berlin: De Gruyter.

von Aufschnaiter, S., & Welzel, M. (Hrsg.). (2001). *Nutzung von Videodaten zur Untersuchung von Lehr-Lern-Prozessen: aktuelle Methoden empirischer pädagogischer Forschung*. Münster: Waxmann.

Bales, R. F. (1982). *SYMLOG: Ein System für die mehrstufige Beobachtung von Gruppen*. Stuttgart: Klett.

Barab, S., & Squire, K. (2004). Design-based research: Putting a stake in the ground. *Journal of the Learning Sciences*, *13*(1), 1–14.

Baron, R. M., & Kenny, D. A. (1986). The moderator-mediator variable distinction in social psychological research: Conceptual, strategic and statistical considerations. *Journal of Personality and Social Psychology*, *51*, 1173–1182.

Becker-Beck, U. (1997). *Soziale Interaktion in Gruppen. Struktur- und Prozeßanalyse*. Opladen: Westdeutscher Verlag.

Bernard, H. R. (2013). *Social research methods. Qualitative and quantitative approaches* (2. Aufl.). Thousand Oaks, CA: Sage.

Bittner, S. (2006). *Das Unterrichtsgespräch. Formen und Verfahren des dialogischen Lehrens und Lernens*. Bad Heilbrunn: Klinkhardt.

Blalock, H. M. (1964). *Causal inferences in nonexperimental research*. Chapel Hill: University of North Carolina Press.

Blau, P. M., & Duncan, O. D. (1967). *The American occupational structure*. New York: Wiley.

Blumschein, P. (2003). *Eine Metaanalyse zur Effektivität multimedialen Lernens am Beispiel der Anchored Instruction*. Freiburg: Albert-Ludwigs-Universität (Diss.)

Böhm, A., Legewie, H., & Muhr, T. (1992). *Kursus Textinterpretation: Grounded Theory*. Forschungsbericht. Berlin: Technische Universität Berlin. Interdisziplinäres Forschungsprojekt ATLAS

Bollen, K. A. (1989). *Structural equations with latent variables*. New York: Wiley.

Bollen, K. A., & Paxton, P. (1998). Detection and determinants of bias in subjective measures. *American Sociological Review*, *63*(3), 465–478.

Borenstein, M., Hedges, L. V., Higgins, J. P. T., & Rothstein, H. R. (2009). *Introduction to meta-analysis*. Chichester: Wiley.

Bortz, J., & Döring, N. (2005). *Forschungsmethoden und Evaluation*. Heidelberg: Springer.

Bortz, J., & Schuster, C. (2010). *Statistik für Human- und Sozialwissenschaftler* (7. Aufl.). Berlin/Heidelberg: Springer.

Bosch, C., Schiel, S., & Winder, T. (2007). *Emotionen im Marketing. Verstehen – Messen – Nutzen*. Wiesbaden: Universitäts-Verlag.

Bracht, G. H., & Glass, G. V. (1968). The external validity of experiments. *American Educational Research Journal*, *5*(4), 437–474.

Braun, D. et al. (2010). *Einstellungen gegenüber Immigranten und die Zustimmung zur Europäischen Integration. Eine Mehrebenenanalyse*. Working Paper, Bd. 136. Mannheim: Mannheimer Zentrum für Europäische Sozialforschung.

Braun, S. (2004). *Kommunikation unter widrigen Umständen?* Tübingen: Narr.

Braver, M. C. W., & Braver, S. L. (1988). Statistical treatment of the Solomon Four-Group Design: A metaanalytic approach. *Psychological Bulletin*, *104*(1), 150–154.

Bredenkamp, J. (1972). *Der Signifikanztest in der psychologischen Forschung*. Frankfurt am Main: Akademische Verlagsgesellschaft.

Breidenstein, G. (2010). Einen neuen Blick auf schulischen Unterricht entwickeln: Strategien der Befremdung. In F. Heinzel et al. (Hrsg.), *„Auf unsicherem Terrain". Ethnographische Forschung im Kontext des Bildungs- und Sozialwesens* (S. 205–215). Wiesbaden: VS Verlag für Sozialwissenschaften.

Breuer, F. (2009). *Reflexive grounded theory. Eine Einführung in die Forschungspraxis*. Wiesbaden: VS Verlag für Sozialwissenschaften.

Bronfenbrenner, U. (1978). Ansätze zu einer experimentellen Ökologie menschlicher Entwicklung. In R. Oerter (Hrsg.), *Entwicklung als lebenslanger Prozeß* (S. 33–65). Hamburg: Hoffmann & Campe.

Bronfenbrenner, U. (1979). *The ecology of human development. Experiments by nature and design*. Cambridge, MA: Harvard University Press.

Brown, A. L. (1992). Design experiments: Theoretical and methodological challenges in creating complex interventions in classroom settings. *Journal of the Learning Sciences*, *2*(2), 141–178.

Bühl, A. (2008). *SPSS 16. Einführung in die moderne Datenanalyse* (11. Aufl.). München: Pearson Education.

Bühner, M. (2011). *Einführung in die Test- und Fragebogenkonstruktion* (3. Aufl.). München: Pearson Education.

Burkart, T. (2005). Das qualitative Experiment in der Entwicklungspsychologie am Beispiel von Jean Piaget. In G. Mey (Hrsg.), *Handbuch Qualitative Entwicklungspsychologie* (S. 477–495). Köln: Kölner Studien Verlag.

Burks, B. S. (1928). The relative influence of nature and nurture upon mental development: A comparative study of foster parent-foster child resemblance and true parent-true child resemblance. *The Twenty-Seventh Yearbook of the National Society for the Study of Education*, *27*, 219–316.

Campbell, D. T., & Stanley, J. C. (1963). Experimental and quasi-experimental designs for research on teaching. In N. L. Gage (Hrsg.), *Handbook of research on teaching* (S. 171–246). Chicago: Rand McNally.

Campbell, D. T., & Stanley, J. C. (1970). Experimentelle und quasi-experimentelle Anordnungen in der Unterrichtsforschung". In K. Ingenkamp, & E. Parey (Hrsg.), *Handbuch der Unterrichtsforschung. Teil I: Theoretische und methodologische Grundlegung* (S. 445–632). Weinheim: Beltz.

Carraher, D. W. (1991). Mathematics in and out of school: A selective review of studies from Brazil. In M. Harris (Hrsg.), *Schools, mathematics and work* (S. 169–201). London: Falmer Press.

Carraher, T. N., Carraher, D. W., & Schliemann, A. D. (1985). Mathematics in the streets and in the schools. *British Journal of Developmental Psychology*, *3*(1), 21–29.

Carroll, J. B. (1993). *Human cognitive abilities: A survey of factor-analytic studies*. Cambridge: Cambridge University Press.

Charmaz, K. (2006). *Constructing Grounded Theory. A practical guide through qualitative analysis*. London: Sage.

Cheung, C. P., Keeves, J. P., Sellin, N., & Tsoi, S. C. (1990). The analysis of multilevel data in educational research: Studies of problems and their solutions. *International Journal of Educational Research*, *14*(3), 215–319.

Christof, E. (2009). Das pädagogisch reflexive Interview. Bildungsprozessen auf der Spur. *MAGAZIN erwachsenenbildung.at. Das Fachmedium für Forschung, Praxis und Diskurs*, (7/8). Wien

Cierpka, M. (2008). *Handbuch der Familiendiagnostik* (3. Aufl.). Heidelberg: Springer.

Cobb, P., et al. (2003). Design experiments in educational research. *Educational Researcher*, *32*(1), 9–13.

Cohen, J. (1988). *Statistical power analysis for the behavioral sciences* (2. Aufl.). Hillsdale, NJ: Erlbaum.

Collins, A. (1992). Towards a design science of education. In E. Scanlon, & T. O'Shea (Hrsg.), *New directions in educational technology* (S. 15–22). Berlin: Springer.

Cook, T. D., & Campbell, D. T. (1979). *Quasi-experimentation: Design and analysis issues for field settings*. Chicago: Rand McNally.

Coyne, I. T. (1997). Sampling in qualitative research. Purposeful and theoretical sampling; merging or clear boundaries? *Journal of Advanced Nursing*, *26*, 623–630.

Cremer-Schäfer, H. (2005). Situationen sozialer Ausschließung und ihre Bewältigung durch die Subjekte. In R. Anhorn, & F. Bettinger (Hrsg.), *Sozialer Ausschluss und Soziale Arbeit* (S. 147–164). Wiesbaden: VS Verlag für Sozialwissenschaften.

Creswell, J. W. (2005). *Educational Research. Planning, Conducting, and Evaluating Quantitative and Qualitative Research* (2. Aufl.). Upper Saddle River, NJ: Pearson.

Creswell, J. W., & Miller, D. L. (2000). Determining validity in qualitative inquiry. *Theory into Practice*, *39*(3), 124–130.

Cronbach, L. J. (1951). Coefficient alpha and the internal structure of tests. *Psychometrika*, *16*, 297–334.

Dalgaard, P. (2008). *Introductory Statistics with R* (2. Aufl.). New York: Springer.

Daniel, L. G. (1996). Kerlinger's research myths. *Practical Assessment, Research & Evaluation*, *5*(4), 1. http://PAREonline.net/getvn.asp?v=5&n=4

Daniel, L. G. (1997). Kerlinger's research myths. On overview with implications for educational researchers. *The Journal of Experimental Education*, *65*(2), 101–118.

Denzin, N. K. (1970). *The research act: A theoretical introduction to sociological methods*. Chicago: Aldine.

Design-Based Research Collective (2003). Design-based research. An emerging paradigm for educational inquiry. *Educational Researcher*, *32*(1), 5–8.

Ditton, H. (1998). *Mehrebenenanalyse. Grundlagen und Anwendungen des Hierarchisch Linearen Modells*. Weinheim: Juventa.

Döring, N., & Bortz, J. (2014). *Forschungsmethoden und Evaluation* (5. Aufl.). Heidelberg: Springer.

Dresing, T., & Pehl, T. (2013). *Praxisbuch Interview, Transkription & Analyse. Anleitungen und Regelsysteme für qualitativ Forschende* (5. Aufl.). Marburg: Dr Dresing und Pehl GmbH. www.audiotranskription.de/praxisbuch

Edelson, D. C. (2002). Design research: What we learn when we engage in design. *Journal of the Learning Sciences*, *1*(1), 105–122.

Egbert, J., & Sanden, S. (2014). *Foundations of education research. Understanding theoretical components*. New York: Routledge.

Einsiedler, W. (1981). *Lehrmethodenforschung*. München: Urban & Schwarzenberg.

Eirmbter, W. H. (1979). Zur Theorie und Methodik von Mehrebenenanalysen. *Kölner Zeitschrift für Soziologie und Sozialpsychologie*, *31*, 709–731.

Ellis, M. V. (1999). Repeated measures designs. *The Counseling Psychologist*, *27*(4), 552–578.

Ewers, E., & Hoff, E.-H. (2002). *Interviewleitfaden und erste Untersuchungsschritte im Projekt „KOMPETENT"*. Berlin: Freie Universität, Bereich Arbeits-, Berufs- und Organisationspsychologie.

Filstead, W. J. (1979). Qualitative methods – a needed perspective in evaluation research. In T. D. Cook, & C. S. Reichardt (Hrsg.), *Qualitative and quantitative methods in evaluation research* (S. 33–48). London: Sage.

Fisher, R. A. (1971). *The design of experiments*. New York: Macmillan.

Flanders, N. A. (1970). *Analyzing teaching behavior*. Reading, MA: Addison-Wesley.

Fleiss, J. L., & Cohen, J. J. (1973). The equivalence of weighted kappa and the intraclass correlation coefficient as measures of reliability. *Educational and Psychological Measurement*, *33*, 613–619.

Flick, U. (2000a). Design und Prozess qualitativer Forschung. In U. Flick, E.v Kardoff, & I. Steinke (Hrsg.), *Qualitative Forschung. Ein Handbuch* (S. 252–265). Reinbek: Rowohlt.

Flick, U. (2000b). *Qualitative Forschung*. Reinbek: Rowohlt.

Flick, U. (2008). *Triangulation: Eine Einführung* (2. Aufl.). Wiesbaden: VS Verlag für Sozialwissenschaften.

Flick, U. (2009). *Sozialforschung – Methoden und Anwendungen: Ein Überblick für die BA-Studiengänge*. Reinbek: Rowohlt.

Flick, U., von Kardorff, E., & Steinke, I. (2000). Was ist qualitative Forschung? Einleitung und Überblick. In U. Flick et al. (Hrsg.), *Qualitative Forschung – Ein Handbuch* (S. 13–29). Hamburg: Rowohlts Enzyklopädie.

Friebertshäuser, B., & Langer, A. (Hrsg.). (2010). *Handbuch qualitative Forschungsmethoden in der Erziehungswissenschaft*. Weinheim: Beltz Juventa.

Fuhs, B. (2003). Fotografie als Dokument qualitativer Forschung. In Y. Ehrenspeck, & B. Schäffer (Hrsg.), *Film- und Fotoanalyse in der Erziehungswissenschaft* (S. 37–54). Wiesbaden: VS Verlag für Sozialwissenschaften.

Gage, N. L. (1989). The paradigm wars and their aftermath: A "historical" sketch of research on teaching since 1989. *Educational Researcher*, *18*(7), 4–10.

Gerhold, L., & Bornemann, S. (2004). Qualitative Analyse audiovisueller Informationen mit ATLAS.ti. *MedienPädagogik*, (9), 1. http://www.medienpaed.com/Documents/medienpaed/9/gerhold0411.pdf

Girtler, R. (1995). *Randkulturen. Theorie der Unanständigkeit*. Wien: Böhlau.

Girtler, R. (2002). *Methoden der Feldforschung* (4. Aufl.). Wien: Böhlau.
Girtler, R. (2004). *10 Gebote der Feldforschung*. Münster: LIT.
Gläser-Zikuda, M., & Hascher, T. (Hrsg.). (2007). *Lernprozesse dokumentieren, reflektieren und beurteilen. Lerntagebuch & Portfolio in Bildungsforschung und Bildungspraxis*. Bad Heilbrunn: Klinkhardt.
Glaser, B. G., & Strauss, A. L. (1965). *Awareness of dying*. Chicago: Aldine.
Glaser, B. G., & Strauss, A. L. (1968). *Time for dying*. Chicago: Aldine.
Glaser, B.G., & Strauss, A.L. (1967/2012). *The discovery of Grounded Theory: Strategies for qualitative research* (7. Aufl.). Chicago: Aldine.
Glumpler, E. (1994). Sitzenbleiben. In R. Keck, U. Sandfuchs, & B. Feige (Hrsg.), *Wörterbuch Schulpädagogik* (S. 316–317). Bad Heilbrunn: Klinkhardt.
Götz, T., et al. (2004). Leistung und emotionales Erleben im Fach Mathematik: Längsschnittliche Mehrebenenanalysen. *Zeitschrift für Pädagogische Psychologie, 18*(3–4), 201–212.
Goode, W. J., & Hatt, P. K. (1972). Die Einzelfallstudie. In R. König (Hrsg.), *Beobachtung und Experiment in der Sozialforschung* (S. 299–313). Köln: Kiepenheuer & Witsch.
Greenwood, E. (1967). Das Experiment in der Soziologie. In R. König (Hrsg.), *Beobachtung und Experiment in der Sozialforschung* (5. Aufl. S. 171–220). Köln: Kiepenheuer & Witsch.
Greving, B. (2009). Messen und Skalieren von Sachverhalten. In S. Albers et al. (Hrsg.), *Methodik der empirischen Forschung* (3. Aufl. S. 65–78). Wiesbaden: Deutscher Universitäts-Verlag.
Grotheer, M., & Kerst, C. (2011). *Studienqualität in system- und hochschulbezogener Perspektive (HIS Projektbericht)*. Hannover: Hochschul-Informations-System.
Gudjons, H. (2003). *Grundwissen Pädagogik* (8. Aufl.). Bad Heilbrunn: Klinkhardt.
Guilford, J. P. (1956). The structure of intellect. *Psychological Bulletin, 53*, 267–293.
Hallberg, L. R.-M. (2006). The „core category" of grounded theory: Making constant comparisons. *International Journal of Qualitative Studies of Health and Well-being, 1*, 141–148.
Hallpike, C. R. (1990). *Die Grundlagen primitiven Denkens*. Stuttgart: Klett-Cotta.
Hanke, P., & Schwippert, K. (2005). Orthographische Lernprozesse im Grundschulbereich. Ergebnisse aus Mehrebenenanalysen. *Unterrichtswissenschaft, 33*(1), 70–91.
Hartung, J. (2005). *Statistik. Lehr- und Handbuch der angewandten Statistik* (14. Aufl.). München: Oldenbourg.
Hattie, J. (2013). *Lernen sichtbar machen*. Baltsmannsweiler: Schneider Verlag Hohengehren. Überarbeitete deutschsprachige Ausgabe von „Visible Learning" besorgt von W. Beywl und K. Zierer
Haupert, B., & Kraimer, K. (1991). „Ich bin ein Bauernbub". Zur Analyse lebensgeschichtlicher Interviews in der Sozialarbeit/Sozialpädagogik. *Archiv für Wissenschaft und Praxis der sozialen Arbeit, 22*, 193–202.
Heckel, M., Rester, D., & Seeberger, B. (2012). „Und den Geschmack habe ich heute auch noch auf der Zunge." Geruch und Geschmack im Lebensverlauf – Ein qualitatives Experiment. *Forum Qualitative Sozialforschung/Forum: Qualitative Social Research, 13*(3), 1. Art. 3, http://nbn-resolving.de/urn:nbn:de:0114-fqs120332
Heckman, J. J. (2005). The scientific model of causality. *Sociological Methodology, 35*(1), 1–98. with a discussion by M.E. Sobel, 99–133
Heeg, R. (2009). *Mädchen und Gewalt. Bedeutungen physischer Gewaltausübung für weibliche Jugendliche*. Wiesbaden: VS Verlag für Sozialwissenschaften.
Helmke, A. (2003). *Unterrichtsqualität – erfassen, bewerten, verbessern*. Seelze: Kallmeyer.
Helmstadter, G. C. (1970). *Research concepts in human behavior: Education, psychology, sociology*. New York: Appleton-Century-Crofts.
Holland, P. W., & Rubin, D. B. (1988). Causal inference in retrospective studies. *Evaluation Review, 12*(3), 203–231.
Horn, J. L., & Cattell, R. B. (1966). Refinement and test of the theory of fluid and crystallized general intelligences. *Journal of Educational Psychology, 57*, 253–270.
Huber, G. L., & Gürtler, L. (2013). *AQUAD 7. Manual: The Analysis of Qualitative data*. Tübingen: Ingeborg Huber. http://www.aquad.de/materials/manual_aquad7/manual-e.pdf
Huck, S., & McLean, R. (1975). Using a repeated measures ANOVA to analyze the data from a pretest-posttest design: A potentially confusing task. *Psychological Bulletin, 82*, 511–518.
Huesman, L. R., et al. (2003). Longitudinal relations between childen's exposure to TV violence and their aggressive and violent behavior in young adulthood. *Developmental Psychology, 39*(2), 201–221.
Hunter, J. E., & Schmidt, F. L. (1990). *Methods of meta-analysis: Correcting error and bias in research findings*. Thousand Oaks, CA: Sage.
Huschka, D. et al. (Hrsg.). (2013). *Forschungsinfrastrukturen für die qualitative Sozialforschung*. Berlin: Scivero Verlag.
Ifenthaler, D., & Seel, N. M. (2005). The measurement of change: Learning-dependent progression of mental models. *Technology, Instruction, Cognition, and Learning, 2*(4), 321–340.
Ifenthaler, D., & Seel, N. M. (2013). Model-based reasoning. *Computers and Education, 64*, 131–142.
Irzik, G., & Meyer, E. (1987). Causal modeling: New directions for statistical explanation. *Philosophy of Science, 54*, 495–514.
Iske, S. (2014). Zeitlichkeit als Herausforderung medienpädagogischer Forschung. In B. Schorb et al. (Hrsg.), *Jahrbuch Medienpädagogik* (Bd. 10, S. 109–129). Wiesbaden: VS Verlag für Sozialwissenschaften.
Isaac, S., & Michael, W. B. (1974). *Handbook in research and evaluation*. San Diego, CA: Knapp.
Jäger, A. O. (1967). *Dimensionen der Intelligenz*. Göttingen: Hogrefe.
Jahoda, M., Lazarsfeld, P. F., & Zeisel, H. (1975). *Die Arbeitslosen von Marienthal. Ein soziographischer Versuch* (24. Aufl.). Frankfurt am Main: Suhrkamp.
Janke, W., & Debus, G. (1978). *Eigenschaftswörterliste (EWL)*. Göttingen: Hogrefe.
Jick, T. D. (1979). Mixing qualitative and quantitative methods: Triangulation in action. *Administrative Science Quarterly, 24*(4), 602–611.
Jöreskog, K. G., & Sörbom, D. (1989). *LISREL 7: A guide to the program and application*. Chicago: Spss Inc..
Jöreskog, K. G., & Sörbom, D. (1993). *New features in LISREL 8*. Chicago: Scientific Software.
Johnson, B. (2001). Toward a new classification of non-experimental quantitative research. *Educational Researcher, 30*(2), 3–13.
Kallus, K. W. (2010). *Erstellung von Fragebogen*. Wien: Facultas.
Kammler, T. (2013). *Anerkennung und Gewalt an Schulen. Eine evidenzbasierte und theoriegeleitete Interventionsstudie im Praxistest*. Wiesbaden: Springer VS.
Keller, C. (1998). *Geschlechterdifferenzen in der Mathematik: Prüfung von Erklärungsansätzen: eine mehrebenenanalytische Untersuchung im Rahmen der „Third International Mathematics and Science Study"*. Zürich: Zentralstelle der Studentenschaft.
Kelloway, E. K. (1998). *Using LISREL for structural equation modeling: A researcher's guide*. Thousand Oaks, CA: Sage.
Kempf, W. (2008). *Quantität und Qualität*. Forschungsmethoden der Psychologie. Zwischen naturwissenschaftlichem Experiment und sozialwissenschaftlicher Hermeneutik, Bd. 2. Berlin: regener.
Kerlinger, F. N. (1959). Practicality and educational research. *School Review, 67*, 281–291.
Kerlinger, F. N. (1960). The mythology of educational research: The methods approach. *School and Society, 88*, 149–151.
Kerlinger, F. N. (1969). Research in Education. In R. Ebel, V. Noll, & R. Bauer (Hrsg.), *Encyclopedia of education* (4. Aufl. S. 1127–1134). New York: Macmillan.
Kerlinger, F. N. (1977). The influence of research on educational practices. *Educational Researcher, 6*(8), 5–12.
Kerlinger, F. N. (1979). *Behavioral research: A conceptual approach*. New York: Holt, Rinehart, and Winston.
Kerlinger, F. N. (2000). *Foundations of behavioral research* (4. Aufl.). San Diego, CA: Harcourt College Publ..
Kerlinger, F. N., & Pedhazur, E. J. (1973). *Multiple regression in behavioral research*. New York: Holt, Rinehart, and Winston.
Keselman, H. J. (1998). Testing treatment effects in repeated measures designs: An update for psychophysiological researchers. *Psychophysiology, 35*, 470–478.
Kirchhoff, S. et al. (2010). *Der Fragebogen. Datenbasis, Konstruktion und Auswertung* (5. Aufl.). Wiesbaden: VS Verlag für Sozialwissenschaften.
Kirk, R. E. (2003). Experimental design. In I. B. Weiner, D. K. Freedheim, J. A. Schinka, & W. F. Velicer (Hrsg.), *Research methods in psychology* Handbook of psychology, (Bd. 2, S. 3–32). Hoboken, NJ: Wiley.
Klauer, K. J. (1973). *Das Experiment in der pädagogischen Forschung*. Düsseldorf: Schwann.

Klauer, K. J. (1989). Allgemeine oder bereichsspezifische Transfereffekte eines Denktrainings. *Zeitschrift für Entwicklungspsvchologie und Pädagogische Psychologie, 21*, 185–200.

Klauer, K. J., & Phye, G. D. (2008). Inductive Reasoning: A Training Approach. *Review of Educational Research, 78*(1), 85–123.

Kleining, G. (1986). Das qualitative Experiment. *Kölner Zeitschrift für Soziologie und Sozialpsychologie, 38*(4), 724–750.

Kleining, G. (1991). Das qualitative Experiment. In U. Flick et al. (Hrsg.), *Handbuch qualitative Sozialforschung: Grundlagen, Konzepte, Methoden und Anwendungen* (S. 263–266). München: Psychologie Verlags Union.

Kleining, G. (1994). Das rezeptive Interview. In G. Kleining (Hrsg.), *Qualitativheuristische Sozialforschung. Schriften zur Theorie und Praxis* (S. 123–147). Hamburg: Fechner.

Kline, R. B. (1998). Software Review: Software programs for structural equation modeling: AMOS, EQS, and LISREL. *Journal of Psychoeducational Assessment, 16*(4), 343–364.

König, J. (2009). Klassenklima und schulbezogene Hilflosigkeit in den Jahrgangsstufen 8 und 9. *Zeitschrift für Pädagogische Psychologie, 23*(1), 41–62.

Köppel, T., Slecpevic-Zach, P., & Winkelbauer, A. (2011). Experimentelle Pädagogik. Homogene und heterogene Kooperationsneigungen im realen Unterricht. *Wissenplus, 5*(10/11), 55–60.

Kolodner, J. L. (2004). Promoting deep science learning through case-based reasoning: Rituals and practices in Learning by Design classrooms. In N. M. Seel, & S. Dijkstra et al. (Hrsg.), *Curriculum, Plans and Processes of Instructional Design: International Perspectives* (S. 89–114). Mahwah, NJ: Erlbaum.

Konopásek, Z. (2008). Making thinking visible with Atlas.ti: Computer assisted qualitative analysis as textual practices. *Forum Qualitative Sozialforschung/ Forum: Qualitative Social Research, 9*(2). Art. 12, http://nbn-resolving.de/ urn:nbn:de:0114-fqs0802124.

Kraimer, K. (1998). Sozialpädagogisches Fallverstehen, Forschungswerkstatt, professionelles Handeln. *Archiv für Wissenschaft und Praxis der sozialen Arbeit, 29*(3), 170–189.

Kreft, I., & De Leeuw, J. (1998). *Introducing multilevel modeling*. Thousand Oaks, CA: Sage.

Krings, H. P. (1986). *Was in den Köpfen von Übersetzern vorgeht*. Tübingen: Narr.

Krippendorff, K. (2004). Reliability in content analysis: Some common misconceptions and recommendations. *Human Communication Research, 30*(3), 411–433.

Krohne, H. W. (1980). Prüfungsangst: Defensive Motivation in selbstwertrelevanten Situationen. *Unterrichtswissenschaft, 8*(3), 226–242.

Krohne, H. W., Kohlmann, C. W., & Schumacher, A. (1988). Beziehungen zwischen elterlichen Erziehungsstilen und Angstbewältigungsdispositionen des Kindes. *Zeitschrift für Entwicklungspsychologie und Pädagogische Psychologie, 20*, 167–183.

Krüger, H.-H. (2012). *Einführung in Theorien und Methoden der Erziehungswissenschaft* (6. Aufl.). Opladen: Barbara Budrich.

Labov, W. (1971). Das Studium der Sprache im sozialen Kontext. In W. Klein, & D. Wunderlich (Hrsg.), *Aspekte der Soziolinguistik* (S. 111–194). Frankfurt am Main: Athenäum.

Lammers, W. J., & Badia, P. (2005). *Fundamentals of behavioral research*. Belmont, CA: Thomson and Wadsworth.

Lamnek, S. (1995). *Methodologie.* (3. Aufl.). Qualitative Sozialforschung, Bd. 1. Weinheim: Beltz PVU.

Lamnek, S. (1998). *Methoden und Techniken* (3. Aufl.). Qualitative Sozialforschung, Bd. 2. Weinheim: Beltz PVU.

Lamnek, S. (2005). *Qualitative Sozialforschung. Lehrbuch* (4. Aufl.). Weinheim: Beltz PVU.

Larcher, M. (2010). *Zusammenfassende Inhaltsanalyse nach Mayring – Überlegungen zu einer QDA-Software unterstützten Anwendung (Diskussionspapier DP-46-2010)*. Wien: Universität für Bodenkultur.

Leech, N. L., & Onwuegbuzie, A. J. (2007). An array of qualitative data analysis tools: A call for data analysis triangulation. *School Psychology Quarterly, 22*(4), 557–584.

Legewie, H., et al. (2005). Sekundäranalyse qualitativer Daten aus Datenbanken: QUESSY als Schnittstelle zu QDA-Software-Systemen. Forum Qualitative Sozialforschung/Forum: Qualitative. *Social Research, 6*(1). Art. 35, http:// nbn-resolving.de/urn:nbn:de:0114-fqs0501350

Legewie, H., & Schervier-Legewie, B. (1995). Im Gespräch: Anselm Strauss. *Journal für Psychologie, 3*(1), 64–75.

Lewin, K. (1948/1968). Aktionsforschung und Minderheitenprobleme. In K. Lewin (Hrsg.), *Die Lösung sozialer Konflikte. Ausgewählte Abhandlungen über Gruppendynamik* (S. 278–298). Bad Nauheim: Christian.

Lewis, D. G. (1974). *Experimentelle Planung in den Erziehungswissenschaften*. Weinheim: Beltz.

Lienert, G. A., & Raatz, U. (1998). *Testaufbau und Testanalyse*. Weinheim: Beltz Psychologie VerlagsUnion.

Lobsien, M. (1905). Experimentier-Pädagogik. *Zeitschrift für Pädagogische Psychologie, Pathologie und Hygiene, 7*, 23–30.

Lüders, C. (2003). Teilnehmende Beobachtung. Stichwort. In R. Bohnsack, W. Marotzki, & M. Meuser (Hrsg.), *Hauptbegriffe qualitativer Sozialforschung* (S. 151–153). Opladen: Leske + Budrich. Maxwell

Lüders, C., & Reichertz, J. (1986). Wissenschaftliche Praxis ist, wenn alles funktioniert und keiner weiß warum. Bemerkungen zur Entwicklung qualitativer Sozialforschung. *Sozialwissenschaftliche Literatur Rundschau*, (12), 90–102.

Lueger, M. (2000). *Grundlagen qualitativer Feldforschung*. Wien: Wiener Universitätsverlag.

Maag Merki, K. (2014). Das Quasi-Experiment in der Educational Governance Forschung?. In K. Maag Merki, R. Langer, & H. Altrichter (Hrsg.), *Educational Governance als Forschungsperspektive. Methoden, Ansätze* (S. 51–82). Wiesbaden: Springer Fachmedien.

Mach, E. (1905). *Erkenntnis und Irrtum. Skizzen zur Psychologie der Forschung*. Leipzig: J.A. Barth.

MacKinnon, D. P., Fairchild, A. J., & Fritz, M. S. (2007). Mediation analysis. *Annual Review of Psychology, 58*, 593–614.

Martella, R. C. et al. (2013). *Understanding and interpreting educational research*. New York: Guilford.

Maxwell, J. A. (2008). Designing a qualitative study. In L. Bickman, & D. Rog (Hrsg.), *Handbook of applied social research methods* (2. Aufl. S. 214–253). Thousand Oaks, CA: Sage.

Mayring, P. (2001). Kombination und Integration qualitativer und quantitativer Analyse. *Forum Qualitative Sozialforschung/Forum Qualitative Social Research, 2*(1), Art. 6. http://www.qualitative-research.net/index.php/fqs/ article/view/967/2111

Mayring, P. (2002). *Einführung in die qualitative Sozialforschung* (5. Aufl.). Weinheim: Beltz.

Mayring, P. (2007). Generalisierung in qualitativer Forschung. *Forum Qualitative Sozialforschung/Forum Qualitative Social Research, 8*, 3.. Art. 26. http:// nbn-resolving.de/urn:nbn:de:0114-fqs0703262

Mayring, P. (2008). *Qualitative Inhaltsanalyse. Grundlagen und Techniken* (10. Aufl.). Weinheim: Beltz.

Mayring, P. (2010). Qualitative Inhaltsanalyse. In G. Mey, & K. Mruck (Hrsg.), *Handbuch Qualitative Forschung in der Psychologie* (S. 601–613). Wiesbaden: VS Verlag für Sozialwissenschaften.

Mayring, P., Gläser-Zikuda, M., & Ziegelbauer, S. (2005). Auswertung von Videoaufnahmen mit Hilfe der Qualitativen Inhaltsanalyse – ein Beispiel aus der Unterrichtsforschung. *MedienPädagogik*, (9), 1. http://nbn-resolving.de/ urn:nbn:de:0168-ssoar-3414

Mead, M. (1928/2001). *Coming of age in Samoa: A psychological study of primitive youth for Western civilisation* (Nachdruck). New York: Harper Perennial.

Miles, M. B., Huberman, A. M., & Saldana, J. (2014). *Qualitative data analysis. A methods sourcebook* (3. Aufl.). Thousand Oaks, CA: Sage.

Monette, D. R. et al. (2014). *Applied social research: A tool for the human services*. Belmont, CA: Brooks/Cole.

Moosbrugger, H., & Kelava, A. (Hrsg.). (2012). *Testtheorie und Fragebogenkonstruktion* (2. Aufl.). Heidelberg: Springer Medizin.

Moran-Ellis, J., et al. (2006). Triangulation and integration: processes, claims and implications. *Qualitative Research, 6*(1), 45–59.

Morse, J. M. (2003). Principles of mixed methods and multimethod research design. In A. Tashakkori, & C. Teddlie (Hrsg.), *Handbook of mixed methods in social and behavioral research* (S. 189–208). Thousand Oaks, CA: Sage.

Muhr, T. (1994). Atlas/ti – ein Werkzeug für die Textinterpretation. In A. Böhm, A. Mengel, & T. Muhr (Hrsg.), *Texte verstehen: Konzepte, Methoden, Werkzeuge* (S. 317–324). Konstanz: Universitäts-Verlag.

Muma, J. R. (1993). The need for replication. *Journal of Speech and Hearing Research, 36*, 927–930.

Mummendey, H. D., & Grau, I. (2008). *Die Fragebogen-Methode* (5. Aufl.). Göttingen: Hogrefe.

Noll, P. (2009). *Statistisches Matching mit Fuzzy Logic. Theorie und Anwendungen in Sozial- und Wirtschaftswissenschaften*. Wiesbaden: Vieweg & Teubner.

O'Brien, R. G., & Kaiser, M. K. (1985). MANOVA method for analyzing repeated measures designs: An extensive primer. *Psychological Bulletin, 97*, 316–333.

Oevermann, U. (2002). *Klinische Soziologie auf der Basis der Methodologie der objektiven Hermeneutik – Manifest der objektiv hermeneutischen Sozialforschung*. Frankfurt am Main: Universität Frankfurt am Main. http://www.objektivehermeneutik.de

Oevermann, U., Allert, T., Konau, E., & Krambeck, J. (1979). Die Methodologie einer 'objektiven Hermeneutik' und ihre allgemeine forschungslogische Bedeutung in den Sozialwissenschaften. In H. G. Soeffner (Hrsg.), *Interpretative Verfahren in den Sozial und Textwissenschaften* (S. 352–433). Stuttgart: Metzler.

Onwuegbuzie, A., & Leech, N. (2005). On becoming a pragmatic researcher: The importance of combining quantitative and qualitative research methodologies. *International Journal of Social Research Methodology, 8*(5), 375–387.

Osgood, C. E., Suci, G. J., & Tannenbaum, P. H. (1957). *The measurement of meaning*. Urbana, USA: University of Illinois Press.

Paivio, A. (1971). *Imagery and verbal processes*. New York: Holt, Rinehart, & Winston.

Palincsar, A., et al. (2001). Making science accessible to all: Results of a design experiment in inclusive classrooms. *Learning Disability Quarterly, 24*, 15–32.

Pasteur, V.-R. (Hrsg.). (1939). *Mélanges scientifiques et littéraires*. Œuvres de Pasteur, Bd. 7. Paris: Masson.

Patton, M. Q. (1990). *Qualitative sampling and research Methods* (2. Aufl.). London: Sage.

Patton, M. Q. (2006). Evaluation for the way we work. *The Nonprofit Quarterly, 13*(1), 28–33.

Pedhazur, E. J. (1992). In memoriam – Fred N. Kerlinger (1910–1991). *Educational Researcher, 21*(4), 45.

Pellegrino, J. W. (2004). Complex learning environments: Connecting learning theory, instructional design, and technology. In N. M. Seel, & S. Dijkstra (Hrsg.), *Curriculum, plans, and processes in instructional design. International perspectives* (S. 25–48). Mahwah, NJ: Erlbaum.

Pellegrino, J. W., & Brophy, S. (2008). From cognitive theory to instructional practice: Technology and the evolution of Anchored Instruction. In D. Ifenthaler, P. Pirnay-Dummer, & J. M. Spector (Hrsg.), *Understanding models for learning and instruction. Essays in honor of Norbert M. Seel* (S. 277–303). New York: Springer.

Petermann, F., & Noack, H. (1993). Nicht-reaktive Meßverfahren. In E. Roth (Hrsg.), *Sozialwissenschaftliche Methoden. Lehr- und Handbuch für Forschung und Praxis* (3. Aufl. S. 440–460). München: Oldenbourg.

Petitto, A., & Ginsburg, H. (1982). Mental arithmetic in Africa and America: Strategies, principles and explanations. *International Journal of Psychology, 17*, 81–102.

Pirnay-Dummer, P. (2006). Expertise und MITOCAR. Freiburg: Albert-Ludwigs-Universität (Diss.)

Porst, R. (2011). *Fragebogen: Ein Arbeitsbuch*. Wiesbaden: VS Verlag für Sozialwissenschaften.

Prenzel, M., Duit, R., Euler, M., Lehrke, M., & Seidel, T. (2001). *Erhebungs- und Auswertungsverfahren des DFG-Projekts „Lehr-Lern-Prozesse im Physikunterricht – eine Videostudie"*. Kiel: IPN.

Priemer, B. (2004). *Logfile-Analysen: Möglichkeiten und Grenzen ihrer Nutzung bei Untersuchungen der Mensch-Maschine-Interaktion. MedienPädagogik* . http://www.medienpaed.com/04-1/priemer1.pdf

Prüfer, P., & Rexroth, M. (2000). *Zwei-Phasen-Pretesting*. ZUMA Arbeitsbericht, Bd. 2000/08. Mannheim: ZUMA.

Pulham, S. (2012). *Statistik leicht gemacht. Grundlagen für den Bachelor – mit Aufgaben und Lösungen*. Wiesbaden: Gabler.

Radisch, F. (2012). Einführung in die Mehrebenenanalyse. In M. Gläser-Zikuda et al. (Hrsg.), *Mixed Methods in der empirischen Bildungsforschung* (S. 51–64). Münster: Waxmann.

Ragin, C. R. (1989). *The comparative method. Moving beyond qualitative and quantitative strategies*. London: University of California Press.

Rammstedt, B. (2006). Fragebogen. In F. Petermann, & M. Eid (Hrsg.), *Handbuch der psychologischen Diagnostik* (S. 109–134). Göttingen: Hogrefe.

Raudenbush, S. W. (1988). Educational applications of hierarchical linear models: A review. *Journal of Educational Statistics, 13*, 85–116.

Rauner, F. (2002). *Modellversuche in der beruflichen Bildung: Zum Transfer ihrer Ergebnisse*. Bremen: Universität, Institut Technik und Bildung.

Raykov, T., & Marcoulides, G. A. (2006). *A first course in structural equation models* (2. Aufl.). Mahwah, NJ: Erlbaum.

Reichertz, J. (2003). *Die Abduktion in der qualitativen Sozialforschung*. Opladen: Leske & Budrich.

Reimann, G. (2005). Innovation ohne Forschung? Ein Plädoyer für den Design-based-Research-Ansatz in der Lehr-Lern-Forschung. *Unterrichtswissenschaft, 33*(1), 52–69.

Reinders, H. (2005). *Qualitative Interviews mit Jugendlichen führen*. München: Oldenbourg.

Rimmele, R. (2002). *Videograph – Multimedia-Player zur Kodierung von Videos*. Kiel: IPN.

Roediger III., H. L., & Karpicke, J. D. (2006). Test-enhanced learning. Taking memory tests improves long-term retention. *Psychological Science, 17*(3), 249–255.

Rosenmund, M., & Zulauf, M. (2004). *Um-bilden. Welches Bildungssystem für das lebenslange Lernen?* Bern: Schweizerische Konferenz der kantonalen Erziehungsdirektoren.

Rost, J. (2003). Zeitgeist und Moden empirischer Analysemethoden. Forum Qualitative Sozialforschung/Forum: Qualitative. *Social Research, 4*(2), 1. Art. 5, http://nbn-resolving.de/urn:nbn:de:0114-fqs030258

Rost, J. (2004). *Lehrbuch Testtheorie – Testkonstruktion* (2. Aufl.). Bern: Huber.

Rüesch, P. (1998). *Spielt die Schule eine Rolle? Schulische Bedingungen ungleicher Bildungschancen von Immigrantenkindern - eine Mehrebenenanalyse*. Bern: Lang.

Rütter, T. (1973). *Formen der Testaufgabe. Eine Einführung in didaktische Zwecke*. München: C.H. Beck.

Ruhr-Universität Bochum, Fakultät für Sozialwissenschaft (2003). *BISS – Berufsfeldorientierung im sozialwissenschaftlichen Studium. Teil II: Leitfadeninterviews mit Absolventen der Fakultät für Sozialwissenschaft*. Bochum: Ruhr-Universität. www.sowi.rub.de/mam/conten/fakultaet/qualitaet/biss4.pdf

Sarris, V. (1992). *Versuchsplanung und Stadien des psychologischen Experiments*. Methodologische Grundlagen der Experimentalpsychologie, Bd. 2. München: Reinhardt.

Schäfer, T. (2011). *Statistik II. Inferenzstatistik*. Heidelberg: Springer.

Scharnhorst, U. (2001). Anchored Instruction: Situiertes Lernen in multimedialen Lernumgebungen. *Schweizerische Zeitschrift für Bildungswissenschaften, 23*(3), 471–492.

Schlittgen, R. (2009). *Multivariate Statistik*. Oldenburger Wissenschaftsverlag: Oldenburg.

Schmitt, N. (1996). Uses and abuses of coefficient alpha. *Psychological Assessment, 8*(4), 350–353.

Schmitz-Atzert, L., & Amelang, M. (2012). *Psychologische Diagnostik* (5. Aufl.). Berlin/Heidelberg: Springer.

Schnell, R., Hill, P.B, & Esser, E. (1999/2008). *Methoden der empirischen Sozialforschung* (8. Aufl.). München: Oldenbourg.

Schorb, A. O. (1966). *Die Unterrichtsmitschau in der Praxis der Lehrerbildung*. Bad Godesberg: Dürrsche Buchhandlung.

Schrader, J. (Hrsg.). (2010). *Mediengestützte Fallarbeit: Konzepte, Erfahrungen und Befunde zur Kompetenzentwicklung von Erwachsenenbildnern*. Bielefeld: Bertelsmann.

Schreier, M. (2009). Qualitative Forschungsmethoden. In W. Hussy, M. Schreier, & G. Echterhoff (Hrsg.), *Forschungsmethoden in Psychologie und Sozialwissenschaften* (S. 183–212). London: Springer.

Schümer, G., & Weiß, M. (2008). *Bildungsökonomie und Qualität der Schulbildung*. Frankfurt am Main: Gewerkschaft Erziehung und Wissenschaft.

Schütz, J. (2009). *Pädagogische Berufsarbeit und Zufriedenheit. Eine bildungsbereichsübergreifende Studie*. Bielefeld: Bertelsmann.

Schuler, H., & Prochaska, M. (2000). *Das Leistungsmotivationsinventar (LMI)*. Göttingen: Hogrefe.

Sedmark, C. (2004). Einleitung: Theorien fallen nicht vom Himmel. In R. Deinhammer et al. (Hrsg.), *Man kann nicht denken, was man nicht tut". Commitments und wissenschaftliche Theoriebildung* Working Papers, (Bd. 6, S. 5–7). Salzburg: Universität, Poverty Research Group.

Seel, N. M. (1995). Mental models, knowledge transfer, and teaching strategies. *Journal of Structural Learning and Intelligent Systems, 12*(3), 197–213.

Seel, N. M. (2008). Bonjour Tristesse: Why don't we research as we have been taught? Methodological considerations on simulation-based modelling. *Technology, Instruction, Cognition and Learning, 6*(3), 151–176.

Seel, N. M., & Dinter, F. R. (1995). Instruction and Mental Model Progres-sion: Learner-Dependent Effects of Teaching Strategies on Knowledge Acquisition and Analogical Transfer. *Educational Research and Evaluation, 1*(1), 4–35.

Seel, N. M., & Ifenthaler, D. (2009). *Online Lernen und Lehren*. München: Reinhardt.

Seel, N. M., & Schenk, K. (2003). An Evaluation Report of Multimedia Environments as Cognitive Learning Tools. *Evaluation and Program Planning, 26*(2), 215–224.

Shadish, W., Cook, T., & Campbell, D. (2002). *Experimental and quasi-experimental designs for generalized causal inference*. Boston, MA: Houghton Mifflin.

Sixtl, F. (1982). *Messmethoden der Psychologie. Theoretische Grundlagen und Probleme* (2. Aufl.). Weinheim: Beltz.

Slavin, R. E. (2010). Experimental studies in education. In B. P. M. Creemers, L. Kyriakides, & P. Sammons (Hrsg.), *Methodological advances in educational effectiveness research* (S. 102–114). London: Routledge.

Sobel, M. E. (2008). Identification of causal parameters in randomized studies with mediating variables. *Journal of Educational and Behavioral Statistics, 33*, 230–251.

Solomon, R. L. (1949). An extension of control group design. *Psychological Bulletin, 46*, 137–150.

Spearman, C. (1904). General intelligence: Objectivley determined and measured. *The American Journal of Psychology, 15*(2), 201–292.

Spradley, J. P. (1979). *The ethnographic interview*. New York: Holt, Rinehart & Winston.

Stier, W. (1999). *Empirische Forschungsmethoden* (2. Aufl.). Berlin/Heidelberg: Springer.

Strauss, A. L., & Corbin, J. M. (1998). *Basics of qualitative research. Techniques and procedures for developing grounded theory* (2. Aufl.). Thousand Oaks, CA: Sage.

Strittmatter, P. (1997). *Schulangstreduktion. Abbau von Angst in schulischen Leistungssituationen* (2. Aufl.). Neuwied: Luchterhand.

Strübing, J. (2013). *Qualitative Sozialforschung: Eine komprimierte Einführung für Studierende*. München: Oldenbourg.

Stutz, U. (2005). Ästhetische Annäherungen an Bilder in der qualitativen empirischen Forschung. *MedienPädagogik*, (9), 1. (7. Januar 2005). www.medienpaed.com/documents/medienpaed/9/stutz0501.pdf

Sweller, J., & Chandler, P. (1994). Why some material is difficult to learn. *Cognition and Instruction, 12*(3), 185–233.

Teddlie, C., & Tashakkori, A. (2009). *Foundations of Mixed Methods Research: Integrating quantitative and qualitative approaches in the social and behavioral sciences*. Thousand Oaks, CA: Sage.

Terhart, E. (2013). *Erziehungswissenschaft und Lehrerbildung*. Münster: Waxmann.

Thorndike, E. L. (1918). The nature, purposes, and general methods of measurements of educational products. In G. M. Whipple (Hrsg.), *The seventeenth yearbook of the National Society for Study of Education. Part II. The Measurement of Educational Products* (S. 16–24). Bloomington, IL: Public School Publ..

Thurstone, L. L., & Chave, E. J. (1929). *The measurement of attitude: A psychophysical method and some experiments with a scale for measuring attitude toward the Church*. Chicago, IL: University of Chicago Press.

Tiefel, S. (2005). Kodierung nach der Grounded Theory lern- und bildungstheoretisch modifiziert: Kodierleitlinien für die Analyse biographischen Lernens. *Zeitschrift für qualitative Bildungs-, Beratungs- und Sozialforschung, 6*(1), 65–84.

Toulmin, S. (1996). *Der Gebrauch von Argumenten* (2. Aufl.). Weinheim: Beltz.

Treiber, B. (1980). Mehrebenenanalysen in der Bildungsforschung. *Zeitschrift für Entwicklungspsychologie und Pädagogische Psychologie, 12*(4), 358–386.

Ulich, K. (2001). *Einführung in die Sozialpsychologie der Schule*. Weinheim: Beltz.

Vang, E. et al. (1998). *Using StatView®* (2. Aufl.). Cary, NC: SAS Institute Inc..

Verschaffel, L., et al. (1999). Learning to solve mathematical application problems: A design experiment with fifth graders. *Mathematical Thinking and Learning, 1*(3), 195–229.

Viechtbauer, W. (2010). Conducting meta-analyses in R with the metafor package. *Journal of Statistical Software, 36*(3), 1–48.

Welch, W. W., & Walberg, H. J. (1970). Pretest and sensitization effects in curriculum evaluation. *American Education Research Journal, 7*, 605–614.

Wellenreuther, M. (2000). *Quantitative Forschungsmethoden in der Erziehungswissenschaft*. Weinheim: Juventa.

Wernet, A. (2009). *Einführung in die Interpretationstechnik der Objektiven Hermeneutik* (3. Aufl.). Wiesbaden: VS Verlag für Sozialwissenschaften.

Wesselmann, C. (2009). *Biografische Verläufe und Handlungsmuster wohnungsloser Frauen*. Opladen: Barbara Budrich.

Wild, K. P. (2003). Videoanalysen als neue Impulsgeber für eine praxisnahe prozessorientierte empirische Unterrichtsforschung. *Unterrichtswissenschaft, 31*(2), 98–102.

Willson, V. L., & Putnam, R. R. (1982). A meta-analysis of the pretest sensitization effects in experimental design. *American Educational Research Journal, 19*, 249–258.

Wirtz, M., & Caspar, F. (2002). *Beurteilerübereinstimmung und Beurteilerreliabilität. Methoden zur Bestimmung und Verbesserung der Zuverlässigkeit von Einschätzungen mittels Kategoriensystemen und Ratingskalen*. Göttingen: Hogrefe.

Witt, H. (2001). Forschungsstrategien bei quantitativer und qualitativer Sozialforschung. *Forum Qualitative Sozialforschung/Forum Qualitative Social Research, 2*(1). Art. 8, http://nbn-resolving.de/urn:nbn:de:0114-fqs010189

Yin, R. K. (1994). *Case study research: Design and methods* (2. Aufl.). Thousand Oaks, CA: Sage.

Einzeldisziplinen der Erziehungswissenschaft

Ulrike Hanke, Norbert M. Seel

N. M. Seel, U. Hanke, *Erziehungswissenschaft*,
DOI 10.1007/978-3-642-55206-9_7,

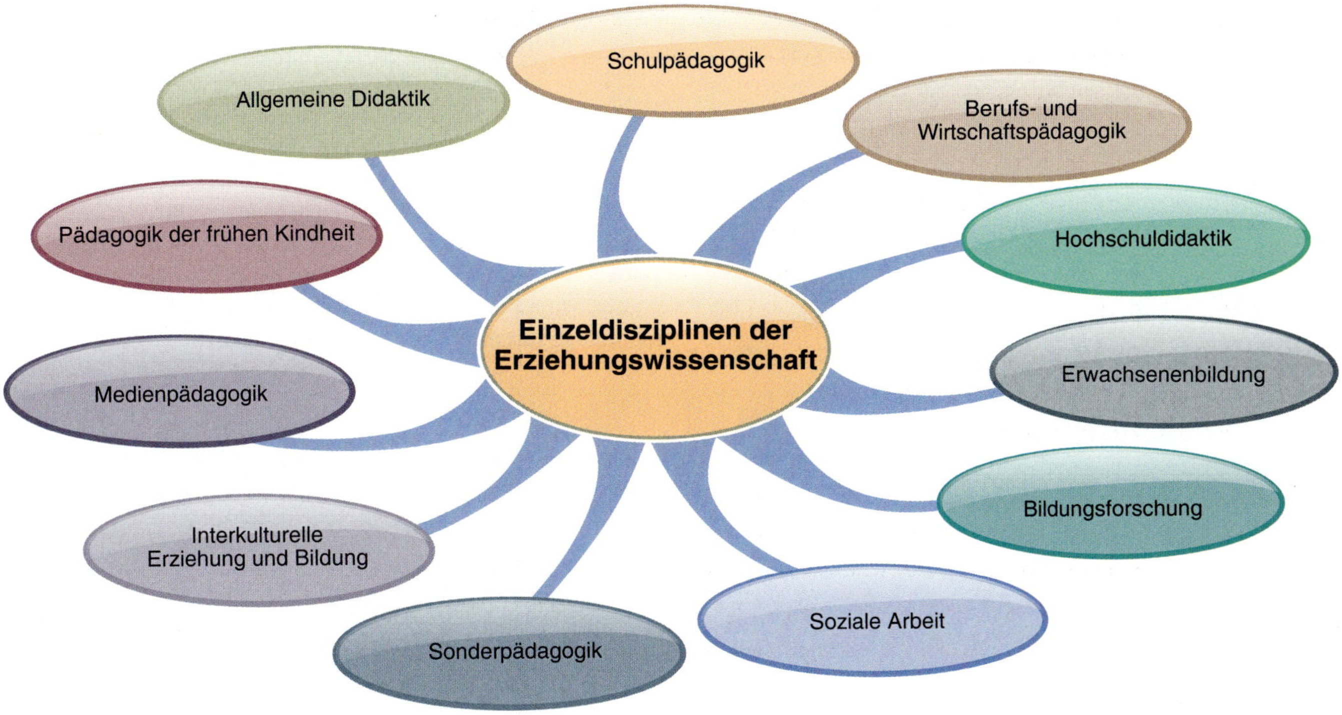

Lernziele

- Sie können erklären, mit welchen Themenfeldern sich verschiedene Einzeldisziplinen der Erziehungswissenschaft beschäftigen.
- Sie können die Geschichte der Einzeldisziplinen erläutern.
- Sie können grundlegende Ansätze, Modelle und empirische Forschungsergebnisse der Einzeldisziplinen darstellen.

Einleitung

Die Erziehungswissenschaft ist inzwischen ein sehr weites Feld. Während sie sich lange Zeit vorwiegend auf die Erziehung und Bildung von Kindern und Jugendlichen konzentrierte, betrachtet sie den Menschen mittlerweile über seine gesamte Lebensspanne und in den verschiedensten Lebenslagen. Dementsprechend studiert man heute – nach den Bologna-Reformen – selten Erziehungswissenschaft in ihrer ganzen Breite, sondern lediglich einen Teilbereich der Erziehungswissenschaft. Schon die Namen der Studiengänge machen dies deutlich: So werden an der Pädagogischen Hochschule Freiburg zum Beispiel die Masterstudiengänge „Medien in der Bildung" oder „Schul- und Unterrichtsentwicklung" angeboten. Auch die Lehrstühle werden nach der jeweiligen Spezialisierung der Lehrstuhlinhaber benannt. Lediglich die Institute werden zumeist noch als „Institut für Erziehungswissenschaft" bezeichnet.

Nun fällt es schwer, sich innerhalb dieser unübersichtlichen Zahl an Einzeldisziplinen einen Überblick zu verschaffen. Eine Logik scheint nicht wirklich dahinterzustehen, so dass es schwer ist, hier eine Auswahl zu treffen. Gleichzeitig würde es aber auch den Rahmen dieses Lehrbuches sprengen, Vollständigkeit anzustreben. Wir versuchen deshalb, ausgewählte Einzeldisziplinen der Erziehungswissenschaft zu thematisieren, die aus unserer Sicht prominent und aktuell sind. Das Kapitel gliedern wir zunächst im Hinblick auf die Lebensspanne des Menschen: Wir starten mit der Pädagogik der frühen Kindheit und arbeiten uns durch die jeweiligen pädagogischen Felder der unterschiedlichen Lebensabschnitte bis zur Erwachsenenbildung vor. Anschließend thematisieren wir dann die Einzeldisziplinen, die sich nicht auf einen bestimmten Lebensabschnitt konzentrieren, sondern gewissermaßen ein pädagogisches Thema in jedem Abschnitt darstellen können. Dabei ist uns durchaus klar, dass diese Systematik angreifbar ist, sehen sie aber dennoch als sinnvoller an als eine alphabetische Gliederung.

7.1 Pädagogik der frühen Kindheit

Aufgabe als Denkanstoß
Die Pädagogik der frühen Kindheit beschäftigt sich mit dem Lernen und Erziehen im Vorschulbereich. Ist hier Forschung wirklich notwendig? Was sollte erforscht werden?

Jakob: „Ich find's ja ganz schön übertrieben, dass sogar schon die Erzieherinnen, die später im Kindergarten arbeiten, ein Hochschulstudium machen sollen … das wird doch viel zu teuer …"

Anna: „Ähhhhh, wie redest du denn? Die Kindheit gilt doch als eine sehr prägende Phase im Leben eines Menschen. Da ist es ja wohl wichtig, dass die Erzieherinnen professionell handeln!!!!!!"

Jakob: „Und du meinst, dazu brauchen sie ein Hochschulstudium? Das können sie doch auch in einer Ausbildung lernen."

Anna: „Na, wenn du so argumentieren willst ... Aber wieso leisten es sich dann fast alle anderen Länder, ihre Erzieherinnen an Hochschulen auszubilden? Meinst du die machen das nur, weil sie zu viel Geld haben?"

Jakob: „Na ja, nicht alles, was andere machen, ist gut."

Anna: „Meinst du wirklich, dass wir es uns als Gesellschaft leisten können, dass die wesentliche Zeit der Kindheit von schlecht ausgebildeten bzw. zumindest von sehr schlecht bezahlten Menschen gestaltet und geprägt wird? Müssen wir nicht dafür sorgen, dass alle Kinder möglichst viel Potential in dieser Zeit entfalten können? Ich bin überzeugt davon, dass dafür gut ausgebildete Menschen her müssen, deren Arbeit auch angemessen bezahlt und dadurch angesehen ist. Mit dem Lohn, den eine Erzieherin heute kriegt, kann ich schon auch verstehen, dass sie sich aufs ‚Betreuen' zurückzieht."

7.1.1 Gegenstand der Pädagogik der frühen Kindheit

Insgesamt beschäftigt sich die Pädagogik der frühen Kindheit vor allem mit Vorschulkindern und Kindern in den ersten Grundschulklassen. Lange Zeit wurde fast ausschließlich auf den Kindergarten als Handlungsfeld fokussiert. Seit dem PISA-Schock zu Beginn des neuen Jahrtausends rückten jedoch auch andere Handlungsfelder wie Kindergrippen und Horte in den Mittelpunkt des Interesses. Dies wird im folgenden Abschnitt herausgearbeitet und in seiner historischen Entwicklung verdeutlicht.

7.1.2 Geschichte der Pädagogik der frühen Kindheit

Als wissenschaftliche Disziplin ist die Pädagogik der frühen Kindheit sehr jung, nämlich nicht viel mehr als zehn Jahre alt, in Bezug auf ihre praktische Anwendung reichen ihre Wurzeln jedoch bis zum Beginn des 19. Jahrhunderts zurück (◘ Tab. 7.1).

Die zunehmende Industrialisierung zu dieser Zeit ging mit prekären Lebensverhältnissen der Arbeiterfamilien einher. Um den Lebensunterhalt der Familie zu verdienen, war es nötig, dass auch die Frauen arbeiteten. Dies führte dazu, dass die Kinder unbeaufsichtigt waren und zunehmend verwahrlosten. Um diese Situation aufzufangen, kam es zur Gründung von Kleinkinderschulen und Bewahranstalten, in denen die Kinder betreut werden sollten; einen Bildungsauftrag hatten diese Einrichtungen nicht. Stattdessen orientierten sie sich an den englischen Kleinkinderschulen, die auf eine rigide Führung der Kinder setzten und kaum Raum für freies Spiel ließen. Diese Bestrebungen können als ausschließlich sozialpädagogische Nothilfe verstanden werden, denen ansonsten kein pädagogisches Konzept zugrunde lag. Als Betreuungspersonen wurden Mädchen der ärmeren Bevölkerungsschichten sowie ältere Frauen und Männer eingesetzt, die keiner eigenen Erwerbstätigkeit nachgingen.

Mit dem Aufkommen der Ideen der Aufklärung entwickelte sich auch ein Interesse an der Erziehung von Kindern und damit an der Pädagogik. Die Kindheit wurde „als eigenständige Lebensphase entdeckt und ein neues Wissen verbreitete sich in den wohlhabenden Schichten des Bürgertums" (Kasüschke und Fröhlich-Gildhoff 2008, S. 18). Vor allem auch die Bewegung der Philanthropen, die sich auf Rousseau bezogen, bestimmt die pädagogische Diskussion dieser Zeit. Kinder sollten zu Menschenfreunden erzogen werden, wofür vorwiegend die Mütter zuständig sein sollten. Zu diesem Zweck wurden Kindergruppen gegründet, in denen sich die bürgerlichen Mütter mit ihren Kindern regelmäßig trafen und sich erzieherisch bildeten. Dieser Bewegung lässt sich auch Friedrich Wilhelm August Fröbel zuordnen. Er war es, der die anthropologische Eigenart der frühen Kindheit erkannte und vor allem dem kindlichen Spiel eine wichtige bildende Funktion zusprach. Er verstand die Pädagogik als eine Anregung zur Selbstbildung mit dem Ziel, dass jedes Kind seine eigene Persönlichkeit herausbildet. Ganz in diesem Sinne gründete er 1840 den ersten Kindergarten, den er als Bildungsinstitution konzipierte. Um seine pädagogischen Ideen im

Kindergarten zu realisieren, brauchte er auch das entsprechende Personal, weshalb er bereits 1843 mit der Ausbildung der Kindergärtnerinnen begann.

Spätestens mit der Gründung des ersten Kindergartens, der zunächst neben den Bewahranstalten und Kleinkinderschulen für die arme Bevölkerung vorhanden war, entwickelte sich damit die dreifache Aufgabe der Kindertageseinrichtungen, die auch heute noch besteht:

1. bewahren,
2. betreuen, bilden und erziehen,
3. unterstützen der Eltern.

Auch für die beiden Berufe „Kinderpfleger/in" und „Kindergärtner/in" (später Erzieher/in) wurde hiermit der Grundstein gelegt. Während sich der Beruf der Kinderpfleger/innen (diesen Beruf gibt es auch heute noch) auf die Tätigkeit junger Frauen aus den ärmeren Schichten zurückführen lässt, die in den Einrichtungen für Kinder arbeiteten und dafür bezahlt wurden, um ihnen eine eigenständige Existenzsicherung zu ermöglichen, entwickelte sich der Beruf der Kindergärtner/innen bzw. Erzieher/innen aus der bürgerlichen Bewegung. So arbeiteten in Kindergärten zunächst junge Frauen des Bürgertums, die sich auf die eigene Mutterschaft vorbereiteten und für ihre Arbeit nicht entlohnt wurden, da sich eine bezahlte Tätigkeit für Frauen aus dem Bürgertum nicht ziemte.

Die weitere Entwicklung des Kindergartens erfolgte dann sehr langsam. Der Staat hielt sich zunächst stark zurück und erließ aus Angst vor revolutionären Ideen 1851 sogar ein Verbot des Kindergartens (preußisches Kindergartenverbot). Dieses Verbot wurde zwar bereits 1860 wieder aufgehoben, demonstrierte aber deutlich, dass der Staat der Einrichtung Kindergarten kritisch gegenüberstand. Die Kindergärten waren deshalb vorwiegend in freier Trägerschaft von Vereinen, Kirchen und Privatpersonen.

Erst im Zuge der Arbeiter- und Frauenbewegung wurde zu Beginn des 20. Jahrhunderts der Volkskindergarten gegründet und damit der staatlichen Aufsicht unterworfen. Dies ging auch mit der Verstaatlichung der Ausbildung des Kindergartenpersonals einher. Zu diesem Zweck entstanden die ersten Frauenfachschulen. Obwohl Fröbel wohl auch Männer für die Arbeit in den Kindergärten vorgesehen hatte, war mit der Gründung der Frauenfachschulen auch besiegelt, dass das Personal weiblich zu sein habe. Diese Entscheidung wirkt sich bis heute in zweifacher Weise aus:

1. Auch der in den 1960er Jahren neu entwickelte Beruf „Erzieher/in für Kinder- und Jugendpflege" änderte wenig daran, dass im Wesentlichen Frauen in diesem Bereich arbeiten.
2. Da lange Zeit nur Frauen als Personal für die Arbeit in der frühen Bildung eingesetzt wurden, wurde eine Verwissenschaftlichung der Ausbildung nicht in Betracht gezogen, da für Frauen keine wissenschaftliche Ausbildung vorgesehen war.

In den 1920er Jahren wurden die Kindergärten dann dem Jugendhilfebereich zugeordnet und zahlreiche Verordnungen und Richtlinien verabschiedet.

Im Nationalsozialismus setzte man dann zunächst auf die Familienerziehung, so dass der Kindergarten an Bedeutung verlor.

Tab. 7.1 Geschichte der Pädagogik der frühen Kindheit

Entwicklung	Kleinkinderschulen	Gründung des Kindergartens durch Fröbel und Mütterbildung	Preußisches Kindergartenverbot	Aufhebung des Kindergartenverbots	Kindergärten in privater Trägerschaft	Volkskindergarten (unter staatlicher Aufsicht)	Kindergarten unerwünscht	Kindergarten erwünscht	sozialistisches Bildungssystem Anknüpfen an Weimarer Republik		Interesse nun auch an Krippen und Hort
Betreuer/innen – Ausbildung	Arme Mädchen, alte Frauen und Männer	Mädchen der Mittelschicht				Gründung der Frauenfachschulen				Etablierung der Erzieher-Ausbildung – erste Diskussion über Akademisierung der Ausbildung	zunehmende Akademisierung
	→										
	um 1800	1840/43	1851	1860		um 1900	ab 1933	1939	nach 1945	1960–1970	um 2000
Geschichtliche Ereignisse	Industrialisierung	Aufklärung				Arbeiter-/Frauenbewegung	Nationalsozialismus	Kriegsbeginn	Kriegsende	Sputnik-Schock	„PISA-Schock"

Spätestens mit Kriegsbeginn wurde er jedoch wieder propagiert, da die Frauen als Arbeitskraft benötigt wurden.

Während sich in der DDR nach dem Krieg ein sozialistisches Bildungssystem etablierte, das eine Betreuung der Kinder ab dem ersten Lebensjahr vorsah, wurde in Westdeutschland an die Bemühungen der Weimarer Republik angeknüpft. Die Kindergärten waren Halbtagseinrichtungen, die von ca. einem Drittel der Kinder besucht wurden, während die Ganztageseinrichtungen der Heimaufsicht unterstellt waren. Damit ist zu konstatieren, dass im Hinblick auf die frühkindliche Pädagogik zwischen den 1920er und 1970er Jahre kaum Entwicklungen festgestellt werden können. Erst mit dem Sputnik-Schock und den Erkenntnissen der Entwicklungspsychologie, die die Kindheit als eine Phase höchster Bildsamkeit erkannten, wurde auch die Bedeutung und die Aufgabe des Kindergartens wieder in den Blick genommen. So wurde im deutschen Bildungsrat 1970 auch erstmals die Akademisierung des Personals diskutiert. Dies blieb jedoch noch jahrelang folgenlos.

Auch wurden in dieser Zeit, ausgelöst durch Überlegungen von Bruner, schulähnlich organisierte Förder- und Trainingsprogramme für die frühkindliche Bildung erprobt. Letztlich setzte sich jedoch der situationsorientierte Ansatz in der Praxis durch, welcher bis heute verbreitet ist. Diesem Ansatz zufolge sind Kinder als selbstbestimmte Individuen wahrzunehmen. Von Bedeutung sind die Vermittlung von Schlüsselqualifikationen, Partizipation sowie demokratische Teilhabe. Diesem Ansatz sind auch die Reggio-Pädagogik sowie die Pädagogik von Freinet zuzuordnen.

Bis in die 1990er Jahre stand der Kindergarten im Zentrum aller Überlegungen, während Kindereinrichtungen wie Krippen und Horte eher ein Schattendasein führten. Schließlich wurden alle diese Einrichtungen unter dem Begriff Kindertageseinrichtung zusammengefasst und Krippen und Horten damit auch mehr Aufmerksamkeit geschenkt.

Auch wenn in den 1980er Jahren bereits die ersten Studiengänge für Erzieher geschaffen wurden, d.h. sich eine wissenschaftliche Disziplin der Pädagogik der frühen Kindheit zu etablieren begann, war der sogenannte PISA-Schock nötig, bevor Bildungspläne für Kindertageseinrichtungen entwickelt wurden. Erst dadurch wurde die Bedeutung einer speziellen Methodik und Didaktik für das Arbeiten mit Kindern im Vorschulalter erkannt. Dies gab der Entwicklung der Disziplin der Pädagogik der frühen Kindheit einen weiteren Schub.

Da bis dahin jedoch eine systematische wissenschaftliche Auseinandersetzung mit der Pädagogik der frühen Kindheit fehlte und stattdessen alle Ansätze aus der Praxis für die Praxis entwickelt wurden, steckt die Forschung zur Pädagogik der frühen Kindheit heute in den Kinderschuhen und es fehlt die bezugswissenschaftliche Begründung der Ansätze. Man berief sich jahrelang auf Klassiker, Moden und Praxisprojekte, die jedoch nicht systematisch evaluiert wurden (Fröhlich-Gildhoff et al. 2008). Heute wird deshalb empirische Forschung gefordert, die „Aussagen über Prozessdynamiken, Bedingungen, Wirkungen sowie Erklärungsmodelle liefern und (möglicherweise) Traditionen und Praxisgewissheiten zumindest entmythologisieren“ (Fröhlich-Gildhoff et al. 2008, S. 14) kann. Insgesamt genießt die Disziplin der Pädagogik der frühen Kindheit heute große Aufmerksamkeit.

7.1.3 Herausforderungen für die Pädagogik der frühen Kindheit

Die zunehmende Erkenntnis, dass die ersten Lebensjahre sehr prägend für das Leben eines Menschen sind, sowie der PISA-Schock führten also, wie dargestellt wurde, zu politischen Veränderungen, die großen Einfluss auf die Entwicklung der Disziplin der Pädagogik der frühen Kindheit hatten:

Zunächst wurde die Garantie auf einen Kindergartenplatz für jedes Kind ab dem 3. Lebensjahr festgeschrieben, seit 2013 gibt es sogar die Garantie auf einen Krippenplatz für die unter Dreijährigen. Außerdem geriet die Ausbildung der Erzieherinnen und Erzieher zunehmend in den Fokus des Interesses. Man diskutierte die Akademisierung des Berufs, um in Europa anschlussfähig zu werden. Des Weiteren wurden große Projekte im Bereich der frühen Bildung von Stiftungen wie der Robert-Bosch-Stiftung und der Bertelsmann-Stiftung angestoßen und finanziert, was der Pädagogik der frühen Bildung starken Auftrieb gab.

Allerdings stellte man fest, dass es große theoretische wie empirische Mängel im Bereich der Pädagogik der frühen Bildung gibt. Es existiert keine konsistente Theoriebildung, vielmehr stehen sich manche Ansätze geradezu unversöhnlich gegenüber, so z. B. die Ansätze zur Selbstbildung und die Ansätze zur Ko-Konstruktion. Empirische Forschungsergebnisse fehlen quasi vollständig.

Des Weiteren wird durch die zunehmende Akademisierung der Ausbildung die Ausbildungslandschaft unübersichtlicher: Verschiedene Hochschulen bieten sehr unterschiedliche Studiengänge an, wodurch die Vergleichbarkeit stark eingeschränkt wird.

> » Diese Faktoren führen insgesamt nicht nur zu einem hohen Maße an Unübersichtlichkeit, es fällt auch schwer(er), einheitliche Qualitätsmaßstäbe zu formulieren (Kasüschke und Fröhlich-Gildhoff 2008, S. 10).

Die Herausforderungen für die Disziplin der Pädagogik der frühen Bildung (Kasüschke und Fröhlich-Gildhoff 2008, S. 79 ff.) bestehen deshalb darin, in den nächsten Jahren das Zusammenspiel zwischen Bildung als Eigenwert und gesellschaftlichem Anspruch zu definieren, eine Methodik und Didaktik für Kindertageseinrichtungen und umfassender eine Pädagogik für Kindertageseinrichtungen zu entwickeln und sich mit dem Thema Lernen und Wissenserwerb in der frühen Kindheit zu beschäftigen. Auf dieser Basis können dann Kriterien für professionelles Handeln in Kindertageseinrichtungen erarbeitet werden.

7.1.4 Zusammenfassung

Zusammenfassend kann festgehalten werden, dass durch gesellschaftliche Entwicklungen und Erkenntnisse über die frühkindliche Entwicklung die Disziplin der Pädagogik der frühen Bildung einen starken Bedeutungszuwachs erfahren hat. Man erkennt zunehmend die Wichtigkeit der ersten Lebensjahre innerhalb der Bildungskarrieren von Menschen. Daraus wird abgeleitet, dass die Art und Weise, wie in vorschulischen Einrichtungen gehandelt wird, sehr bedeutsam ist. Da bisher kaum Forschung aus dem vorschulischen Bereich vorliegt, besteht hier großer Bedarf für die nächsten Jahre. Außerdem muss die Ausbildung des Personals überdacht werden. Während in fast allen europäischen Ländern auch das Personal für die vorschulischen Einrichtungen eine akademische Ausbildung genießt, ist in Deutschland weiterhin eine Fachschulausbildung ausreichend. Dementsprechend werden Erzieher und Erzieherinnen in Deutschland auch recht schlecht bezahlt und genießen kein besonders hohes gesellschaftliches Ansehen. Dies könnte sich durch eine Akademisierung der Ausbildung, die bereits begonnen hat, ändern. Allerdings ist dies natürlich mit hohen Kosten verbunden. Es bleibt abzuwarten, wann der Staat diese Kosten als Investitionen in die Zukunft zu begreifen beginnt.

Aufgaben zum Festigen des neuen Wissens

1. Zeichnen Sie die Geschichte der Pädagogik der frühen Kindheit in groben Zügen nach. Benennen Sie mindestens drei wesentliche Meilensteine.
2. Welche zwei Aufgaben erfüllt der Kindergarten heute? Wie sind diese historisch entstanden?

Aufgaben zum Weiterdenken

1. Lesen Sie erneut die Unterhaltung von Anna und Jakob zu Beginn dieses Kapitels. Suchen Sie Argumente für Annas sowie für Jakobs Position.
2. Welche Forschungsergebnisse müsste die Pädagogik der frühen Kindheit liefern, um in der Öffentlichkeit überzeugend dafür eintreten zu können, dass sie Ausbildung der Erzieher und Erzieherinnen akademisiert werden soll?

Weiterführende Literatur

Fried, Lilian & Liegle, Ludwig (2012). *Pädagogik der Frühen Kindheit.* Weinheim: Beltz.

7.2 Allgemeine Didaktik

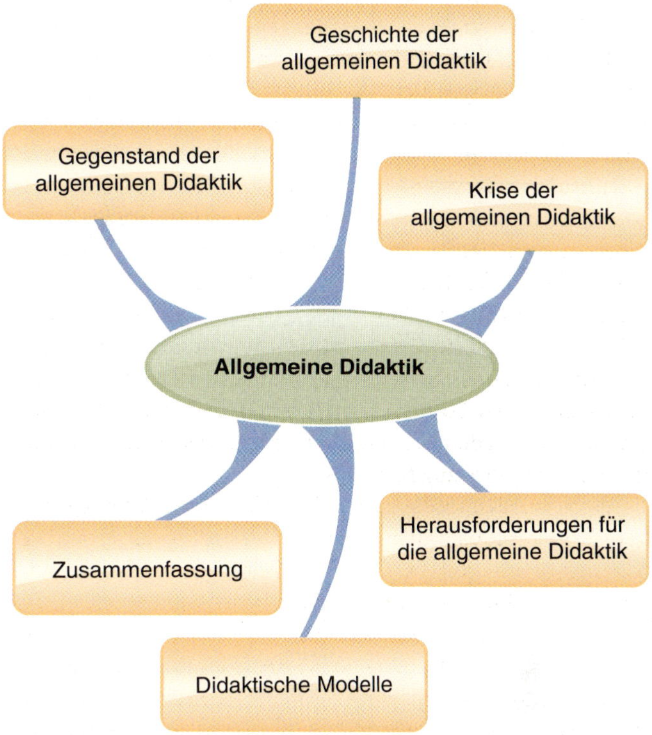

Aufgabe als Denkanstoß

Wozu brauchen wir eine allgemeine Didaktik? Wäre es nicht sinnvoller, jedes Fach hätte seine eigene Didaktik? Schließlich muss Matheunterricht doch anders sein als Deutschunterricht …

7.2.1 Gegenstand der allgemeinen Didaktik

Die allgemeine Didaktik ist eine sehr wichtige Teildisziplin der Erziehungswissenschaft. Im Volksmund ist sie z. T. kaum von Pädagogik zu trennen und wird mit ihr gleichgesetzt. Sie wird außerdem in jedem Lehramtsstudiengang thematisiert. Dennoch durchläuft die allgemeine Didaktik derzeit eine Krise, was im Folgenden genauer betrachtet wird.

Zunächst soll jedoch die Frage geklärt werden, was Didaktik überhaupt ist. Nach der vielzitierten Definition von Dolch (1967) ist die allgemeine Didaktik die Wissenschaft vom Lehren und Lernen. Bönsch (2006) zählt einige weitere gängige Auffassungen auf:

> Didaktik als Bildungslehre, Didaktik als Wissenschaft vom Unterricht bzw. Allgemeine Unterrichtslehre und Didaktik als Theorie der Bildungsinhalte und des Lehrplans (Bönsch 2006, 14).

Kiper und Mischke (2004) definieren Didaktik auch als „Lehrkunst" oder Lehre vom Unterricht und ordnen die Theorien des Lehrens und Lernens der Didaktik zu:

Tab. 7.2 Geschichte der allgemeinen Didaktik

Vertreter	Comenius Ratke (Didaktikus)		Herbart	Willmann	Weniger	Klafki Heimann, Otto und Schulz		
Konzeptionen	*Didactica magna* (Comenius)	Weiterentwicklung	Prozessmodell des Lehrens	Fokus auf Bildungsinhalte	Didaktik als wissenschaftliche Disziplin	Bildungstheoretische Didaktik Berliner Modell	Viele weitere didaktische Modelle	beginnende Krise der allgemeinen Didaktik
	17. Jh.	18. Jh.	19. Jh.		Beginn des 20. Jh.	ca. 1950–1965	bis um 2000	ab ca. 2000
		Aufklärung						„PISA-Schock"

» Die Didaktik erörtert, welche Rolle das Wissen in einer jeweiligen Gesellschaft spielt, ob in bestimmten abgeschlossenen Phasen oder lebensbegleitend gelernt werden soll und *wer* als Lernender angesprochen wird. Sie fragt danach, *wie* das Lernen von *ausgewählten* Zielgruppen (Erwachsene, Jugendliche, Kinder) optimiert werden kann und erörtert die Frage, ob es besonders geeignete Phasen des Lernens im Leben gibt. [...] Sie fragt danach, *was* gewusst und gekonnt und *warum* und *wozu* es gelernt werden soll und wirft damit die Fragen nach übergeordneten Leitideen des Unterrichts [...] auf. Sie fragt nach Stoffplänen oder Curricula [...].
Didaktik beschäftigt sich mit der Frage, *in welchen organisatorischen Kontexten*, ob *allein* oder *in Gruppen* und *in welchen* gelernt werden soll [...].
Ebenfalls wird diskutiert, durch welche Methoden und *Lernarrangements* Unterweisung (Instruktion) oder eigenständig angelegte Lernprozesse optimiert werden können. Dabei spielt die Konzeption, Entwicklung und Auswahl geeigneter *Lehr- und Lernmittel* [...] und sinnvolle Aufgabenstellungen eine bedeutsame Rolle (Kiper und Mischke 2004, S. 13/14; Hervorhebung im Original).

Insgesamt durchzieht die didaktische Diskussion die Auseinandersetzung darüber, ob der Fokus der Didaktik auf den Inhalten und deren Auswahl oder auf der Unterrichtsmethodik zu liegen habe. Im Kontext dieser Diskussion unterschied Klafki zwischen einer Didaktik im engeren Sinne, die auf die Inhalte und deren Auswahl fokussiert, und einer Didaktik im weiteren Sinne, die das Lehren und Lernen allgemein betrachtet.

7.2.2 Geschichte der allgemeinen Didaktik

Im Vergleich mit anderen Einzeldisziplinen der Erziehungswissenschaft kann die allgemeine Didaktik bereits auf eine lange Geschichte zurückblicken (Tab. 7.2). Die eigentliche Geburt der allgemeinen Didaktik auch im begrifflichen Sinne kann im 17. Jahrhundert verortet werden. In diesem Jahrhundert erschienen die Werke von Ratke, der sich selbst Didaktikus nannte, und Comenius. Vor allem die *Didactica magna* von Comenius gilt als die erste umfassende Auseinandersetzung mit Themen der Didaktik.

Die Wurzeln der Didaktik können jedoch auch schon im alten Griechenland, bei den Römern, Kirchenvätern wie Augustinus und Gelehrten wie Erasmus von Rotterdam gesehen werden (Arnold und Lindner-Müller 2012). Auch damals wurde über das Lehren und Lernen philosophiert und debattiert.

Im 18. Jahrhundert wurde die Didaktik dann durch die Ideen der Aufklärung und der Philanthropisten (Bewegung der Menschenfreunde) vorangetrieben.

Das 19. Jahrhundert war geprägt durch die Ideen von Herbart, der ein Prozessmodell des individuellen Lernens entwickelte und daraus ein sogenanntes Artikulationsschema, also einen Ablaufvorschlag für Unterricht, ableitete. Gegen Ende des 19. Jahrhunderts kamen dann mit Willmann immer mehr Überlegungen zu den Bildungsinhalten und -gehalten auf, d. h., man fokussierte die Didaktik im engeren Sinne.

Erst mit Weniger in der Mitte des 20. Jahrhunderts wurde die allgemeine Didaktik dann zu einer wissenschaftlichen Disziplin. Vor allem die Universitätsreformen nach dem Zweiten Weltkrieg sind hier als Meilensteine zu nennen (Seel und Zierer 2012). Von da an erhielten viele Lehrstühle die Bezeichnung „Lehrstuhl für Allgemeine Didaktik". Dies führte auch dazu, dass eine sehr produktive Zeit folgte, in der die zwei wohl bekanntesten Ansätze der Didaktik entwickelt wurden: Klafkis Ansatz der bildungstheoretischen Didaktik (Klafki 1959) und Heimanns lerntheoretische Didaktik, die auch als Berliner Modell bekannt wurde (1965). Beide Ansätze sind stark rezipiert und diskutiert worden (sie werden in ► Abschn. 7.2.5 genauer dargestellt). Auch Klafki und Heimann selbst traten in intensiven Austausch miteinander und entwickelten ihre Ansätze daraufhin weiter. Auf diese Weise entstand Klafkis kritisch-konstruktive Didaktik und die sogenannte lehrtheoretische Didaktik (Hamburger Modell), die von Heimanns Schüler Schulz aus der lerntheoretischen Didaktik heraus entwickelt wurde. (Beide Ansätze werden ebenfalls in ► Abschn. 7.2.5 vorgestellt.)

Neben diesen sehr zentralen Modellen, die als die bekanntesten der allgemeinen Didaktik gelten, sind im Laufe der folgenden Jahre zahlreiche weitere didaktische Modelle entwickelt worden. Kron (2008) weist auf mehr als 40 Modelle hin. Zu gewisser Bekanntheit gelangten auch die Curriculumtheorie (Robinsohn 1967), die informationstheoretisch-kybernetische Didaktik (Frank 1962; von Cube 1965), die systemtheoretische Didaktik (König und Riedel 1970 u. a.) und die kommunikativ-kritische Didaktik (Schäfer und Schaller 1971; Mollenhauer 1972).

Wie die Beiträge im *Jahrbuch für Allgemeine Didaktik 2013* (herausgegeben von Klaus Zierer) zeigen, ist die Entwicklung weiterer Ansätze und Modelle immer noch in vollem Gange. Dort gibt es Beiträge zu einer Lehrkunstdidaktik (Berg et al. 2013), zu einer tätigkeitstheoretischen bzw. kulturhistorischen Didaktik (Giest 2013) und zu einer Didaktik empirischer Potentiale (Helm 2013), um nur die ersten von insgesamt 16 zu nennen.

7.2.3 Krise der allgemeinen Didaktik

Dennoch oder vielleicht auch gerade wegen dieser hohen Zahl verschiedener didaktischer Modelle ist die allgemeine Didaktik heute in einer Krise. Vor allem mit der Veröffentlichung der Ergebnisse der ersten PISA-Studie, die zum sogenannten PISA-Schock in Deutschland führten, da sich die Leistungen deutscher Schüler entgegen der Erwartungen und Hoffnungen lediglich im Mittelfeld fanden, kam die allgemeine Didaktik immer mehr in die Kritik: Man suchte die Ursache in der Lehrerausbildung und fand in der allgemeinen Didaktik einen Sündenbock, da diese in Deutschland zentraler Gegenstand der Lehrerausbildung war.

Da die allgemeine Didaktik lediglich in Deutschland Thema ist, wird sie bis heute international wenig wahrgenommen. Bis in die 1990er Jahre wurden Beiträge der allgemeinen Didaktik nur sehr selten auf Englisch publiziert, weshalb sie in anderen Ländern wenig rezipiert wurden. Werke aus dem englischsprachigen Raum wurden in Deutschland lediglich registriert, wenn sie ins Deutsche übersetzt wurden. Dazu kam, dass man den Strömungen der US-amerikanischen Pädagogik kritisch gegenüberstand, da sie mit der deutschen Tradition einer geisteswissenschaftlich geprägten Pädagogik wenig in Einklang gebracht werden konnte. Der Ansatz des Pragmatismus und des Behaviorismus wurden als zu einfach und sogar als brutal abgetan (Terhart 2012, S. 73). Erst Ende des 20. Jahrhunderts erfolgte eine langsame Öffnung und Internationalisierung, aber auch heute noch wird die allgemeine Didaktik als deutsche Tradition gesehen.

Ein Kritikpunkt, den sich die allgemeine Didaktik heute gefallen lassen muss, ist zudem die fehlende empirische Ausrichtung. Die allgemeine Didaktik hat keine Tradition in empirischer Forschung, sondern grenzte sich jahrelang sogar explizit von ihr ab. Aus diesem Grund ist das Verhältnis zu ihrer „Schwester", der Lernforschung, heute recht gespannt. Auch die Lernforschung fokussiert auf die Prozesse des Lernens und von dort ausgehend auf das Lehren. Da die Lernforschung jedoch zurzeit mit hohem Forschungsaufkommen aufwarten kann und sich empirischer Forschungsmethoden bedient, die auch in der Erziehungswissenschaft hoch im Kurs stehen, genießt sie ein deutlich höheres Ansehen als die allgemeine Didaktik. Dies zeigt sich auch darin, dass immer mehr Professuren die Bezeichnung „Bildungsforschung" und im Gegenzug immer weniger die Bezeichnung „Allgemeine Didaktik" tragen (siehe auch ► Abschn. 7.7).

Ein weiterer Vorwurf, dem sich die allgemeine Didaktik heute gegenübersieht, lautet provokant, sie „stricke ohne Wolle" (Blömeke 2009), denn die allgemeine Didaktik fokussiert auf das Allgemeine, d. h., sie beschäftigt sich übergreifend mit dem Lehren und Lernen in allen Fächern. Sie steht damit den Fachdidaktiken gegenüber, die als Bindeglied zwischen der allgemeinen Didaktik und den jeweiligen Fachwissenschaften fungieren.

Seel und Zierer (2012) fassen die Kritik an der allgemeinen Didaktik unter folgenden drei Punkten zusammen: fehlende Effektivität, fehlende Praktikabilität und fehlende Brauchbarkeit. Die fehlende Effektivität leiten sie aus der öffentlichen Kritik an der allgemeinen Didaktik ab, die auf den PISA-Schock folgte. Die fehlende Praktikabilität zeigt sich für Seel und Zierer darin, dass Lehrerinnen und Lehrer die Modelle der allgemeinen Didaktik in ihrem Alltag der Unterrichtsplanung gar nicht nutzen (vgl. die Untersuchung von Bromme 1980). Als Indikator für die fehlende Brauchbarkeit sehen Seel und Zierer die große Anzahl verschiedener didaktischer Modelle. Dies deutet darauf hin, dass man in eine Sackgasse geraten ist: Keines der Modelle ist besser als ein anderes, und keines dieser Modelle ist in der Lage, die bestehenden Herausforderungen zufriedenstellend zu lösen.

7.2.4 Herausforderungen für die allgemeine Didaktik

Aus der oben dargestellten Kritik an der allgemeinen Didaktik ergeben sich die Herausforderungen, der sich die Disziplin heute zu stellen hat:

An erster Stelle wird dabei immer wieder genannt, dass die allgemeine Didaktik sowohl bestehende empirische Forschungsergebnisse in ihre Modelle integrieren als auch eigene empirische Forschung betreiben soll (vgl. Blömeke 2009; Arnold 2009;

Gruschka 2009; Bohl und Kleinknecht 2009). Benner (2009) vertritt die Auffassung, dass die allgemeine Didaktik sowie die Lernforschung nur Bestand haben können, wenn diese Verbindung gelingt. Er sieht die Zukunft der Disziplin in einer integrativen Sichtweise der allgemeinen Didaktik, der Lernforschung und der Fachdidaktiken. Kernaufgabe der allgemeinen Didaktik soll dabei die Begründung von Zielen und Inhalten schulischen Lernens und die Formulierung von Aufgaben auf dieser Basis sein (Blömeke 2009; vgl. auch Gruschka 2009). Sie muss z. B. definieren, was Bildung ausmacht, da die Lernforschung diesbezüglich keine Stellung bezieht. Die Lernforschung kann im Gegenzug, da sie nicht normativ arbeitet, die Vermittlungstechnologie liefern (Arnold 2009). Die allgemeine Didaktik soll weiterhin fachübergreifend bleiben und fachspezifische Erkenntnisse generalisieren (Blömeke 2009).

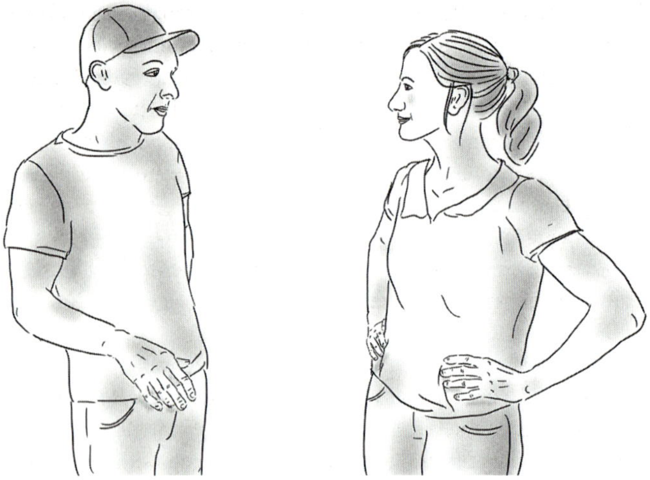

Anna: „Ich glaub ja, die allgemeine Didaktik braucht einfach mehr Selbstvertrauen, und ihre Vertreter sollten vielleicht mehr zusammenarbeiten. Die lassen sich die Vorwürfe ja auch gefallen."

Jakob: „Ja, das klingt aber schon so, als ob da jeder sein eigenes Süppchen kocht und deshalb werden immer die ‚Alten' wieder rausgekramt, weil die wenigstens noch miteinander gesprochen haben."

Anna: „Und was dabei rauskommt, sind 40 oder noch mehr Modelle. Das hilft doch niemandem mehr. Es erscheint wie eine Beschäftigungstherapie für die Wissenschaftler."

Jakob: „Na ja, aber wichtig ist die allgemeine Didaktik ja schon. Sie müsste halt ihre Modelle auch prüfen. Dann würden wahrscheinlich einige einfach rausfallen."

■ Zwei Ansätze zum Umgang mit den Herausforderungen

Derzeit lassen sich neben der weiteren Entwicklung neuer Modelle, wie sie z. B. im Jahrbuch für allgemeine Didaktik 2013 deutlich wird, zwei Ansätze aufzeigen, wie mit diesen Herausforderungen umgegangen wird. Auf der einen Seite entstehen Ansätze wie die eklektische Didaktik von Zierer (z. B. Zierer 2010, 2013), die versuchen, bestehende Modelle zu integrieren, auf der anderen Seite werden Ansätze entwickelt, die empirische Forschungsergebnisse der Lernforschung in didaktische Modelle zu integrieren versuchen. Dazu gehört z. B. das Angebots-Nutzungs-Modell von Helmke. Sowohl die eklektische Didaktik als auch der Ansatz des Angebots-Nutzungs-Modells werden im folgenden Abschnitt vorgestellt.

7.2.5 Didaktische Modelle

Klassische Planungsmodelle sind sogenannte didaktische Modelle. Da es bezogen auf die Didaktik jedoch weder ein einheitliches etymologisches Verständnis noch eine einheitliche historische Entwicklung gibt, stellt sich das weite Feld der Didaktik als ein sehr verwirrendes dar (Peterßen 2001). Ohne genauer auf diese Problematik einzugehen, sollen hier zentrale didaktische Modelle vorgestellt werden, die es ermöglichen, die Prozesse des Lehrens zu beschreiben. Dabei fällt die Wahl erstens auf die Modelle, die in Wissenschaft und Forschung sowie in der Praxis besonders stark rezipiert wurden, und zweitens auf die, die heute versprechen, die allgemeine Didaktik aus der Krise zu führen.

■ Bildungstheoretische Didaktik

Das wohl bekannteste didaktische Modell, das auch international wahrgenommen wurde, ist die sogenannte bildungstheoretische Didaktik. Sie wurde von Klafki in der Tradition der geisteswissenschaftlichen Pädagogik in den 1950 Jahren entwickelt und später zur kritisch-konstruktiven Didaktik weiterentwickelt. Im Zentrum des Modells aus den 1950er Jahren steht der Bildungsbegriff. Klafki beschreibt den Bildungsvorgang als einen Prozess des doppelseitigen Erschließens, der zu kategorialer Bildung führt. Unter kategorialer Bildung fasst er dabei die materiale und die formale Bildung zusammen, da er die Auffassung vertritt, dass das eine nicht ohne das andere denkbar ist. Schließlich muss die Formung und Entwicklung von Kräften immer an Gegenständen, also an Inhalten, vollzogen werden, und Inhalte sind nur zu erschießen, wenn dabei Können eingesetzt wird. In diesem Sinne lautete für Klafki also „der Auftrag für die Didaktik, danach zu fragen, unter welchen Bedingungen und Voraussetzungen Inhalte zu Bildungsinhalten werden" (Peterßen 2001, S. 160). Um diesen Auftrag zu erfüllen, entwickelte Klafki die sogenannte didaktische Analyse als Kern der Unterrichtsvorbereitung. Mittels fünf Kernfragen unterstützt sie Praktiker dabei, den Bildungsgehalt von Inhalten zu erschließen und auf diese Weise zu begründeten Entscheidungen darüber zu kommen, ob Inhalte als Bildungsinhalte für eine kategoriale Bildung taugen oder nicht. Inhalte, die als Bildungsinhalte taugen, müssen in ihrer Besonderheit etwas Allgemeines enthalten, d. h., sie müssen auch stellvertretend für andere Kulturinhalte stehen. Klafki bezeichnet Inhalte dieser Art deshalb auch als Elementaria. Allerdings reicht es nach Klafki nicht aus, dass Inhalte Elementaria sind; vielmehr muss das Elementare auch vom Lernenden zu erschließen sein und eine Bedeutung für die Zeit haben, in der die Inhalte vermittelt werden. Nicht jeder Inhalt hat zu jeder Zeit einen Bildungsgehalt. Dabei ist es vor allem auch wichtig, nach der Bedeutung für die Zukunft zu fragen, denn die Lebenswirklichkeit der Lernenden liegt laut Klafki stets in der Zukunft.

Ausgehend von diesen Überlegungen der Bildungstheorie umfasst die didaktische Analyse im Sinne Klafkis Fragen

- nach der Gegenwartsbedeutung und der Zukunftsbedeutung eines Inhalts,
- nach dessen Sachstruktur und exemplarischer Bedeutung sowie
- nach dessen Zugänglichkeit für die Lernenden.

Diese Fragen zu beantworten ist nach Klafki der „Kern der Unterrichtsvorbereitung".

Kritisch-konstruktive Didaktik

Wie bereits angesprochen, hat Klafki seinen Ansatz der didaktischen Analyse, der noch stark unter dem Einfluss der geisteswissenschaftlichen Pädagogik stand, im Laufe seines Berufslebens in Auseinandersetzung mit anderen pädagogischen Strömungen und didaktischen Modellen zur kritisch-konstruktiven Didaktik weiterentwickelt. Auch in diesem Modell, welches Klafki als vorläufiges Perspektivenschema zur Unterrichtsplanung vorstellt, kommt dem Bildungsbegriff eine zentrale Position zu. Dieser wird jedoch präzisiert und zum Teil auch neu gefasst sowie durch weitere Aspekte, wie z. B. die Methodik ergänzt. An die Stelle des Primats der Inhalte tritt nun das Primat der Zielsetzung, und an die Stelle des Ideals des sogenannten gebildeten Laien tritt das Ziel der Emanzipation, welche die Fähigkeiten zur Selbst- und Mitbestimmung und zur Solidarität umfassen.

Da Klafki also bewusst Aspekte aus der empirisch-analytischen und der kritischen Wissenschaftsauffassung in seine ursprünglich geisteswissenschaftliche Theorie integriert und „ausdrücklich als bewährt empfundene Vorstellungen der übrigen didaktischen Positionen" (Peterßen 2001, S. 78) aufnimmt, wird die kritisch-konstruktive Didaktik auch als Mischtheorie bezeichnet (Peterßen 2001).

Der Bildungsbegriff bleibt, wie gesagt, jedoch zentral. Dabei interpretiert Klafki Bildung hier in zweifacher Weise: als Individualbildung und als Allgemeinbildung. Auf der Ebene der Individualbildung soll sich der Mensch durch Bildung zu einem zu Selbst- und Mitbestimmung und zu Solidarität fähigen Mitglied der Gesellschaft entwickeln. Auf der Ebene der Allgemeinbildung geht es darum, dass die Individuen „ein geschichtlich vermitteltes Bewusstsein von zentralen Problemen der Gegenwart und – soweit voraussehbar – der Zukunft [...] gewinnen" (Klafki 1991, S. 56) und sich in der Verantwortung sehen, an der Bewältigung dieser Probleme mitzuwirken. Auf der Ebene der Allgemeinbildung fordert Klafki Bildung für alle und allseitig durch das Allgemeine im Medium des Allgemeinen. Dabei versteht er Bildung durch das Allgemeine in der neueren Fassung der kritisch-konstruktiven Didaktik als Bildung durch Schlüsselprobleme. Klafki fordert, dass jeder Mensch sich mit den zentralen Schlüsselproblemen der Gesellschaft auseinandergesetzt haben sollte. Solche Schlüsselprobleme sind z. B. die Friedensfrage, die gesellschaftlich bedingte Ungleichheit, die Problematik des Nationalitätsprinzips, das Verhältnis der hoch- zu den unterentwickelten Ländern, das Umweltproblem, die Gefahren neuer Technologien, die wachsende Weltbevölkerung sowie die menschliche Sexualität und Geschlechterbeziehung. Dabei ist Klafki der Meinung, dass diese Schlüsselprobleme nicht von den einzelnen Lehrenden bestimmt werden können, sondern dass diese Schlüsselprobleme diskursiv als Konsens herausgearbeitet werden müssen. Diese Schlüsselprobleme sollen im sogenannten Problemunterricht behandelt werden. Als Bestimmungsstücke des Problemunterrichts gelten Klafki dabei der Epochalunterricht, fächerübergreifender Unterricht und Teamteaching. Dabei soll ein exemplarisches und methodenorientiertes Lernen, aber auch ein handlungsorientiertes und praktisches Lernen möglich werden, das von sozialem Lernen begleitet werden soll. Gleichzeitig fordert Klafki, dass nicht nur kognitive, sondern auch soziale Leistungen beurteilt und bewertet werden.

Um im Unterricht ein Lehren und Lernen entsprechend der kritisch-konstruktiven Didaktik zu ermöglichen, gibt Klafki ein Perspektivenschema zur Unterrichtsplanung vor (◘ Abb. 7.1). Demnach soll der Lehrende zunächst eine Bedingungsanalyse durchführen. Anschließend muss er kritisch reflektieren, ob die Inhalte vor dem Hintergrund der Förderung von Selbst-, Mitbestimmungs- und Solidaritätsfähigkeit zu begründen sind. Dann muss das Thema strukturiert werden, indem Lernziele formuliert werden. Schließlich folgt die Bestimmung von Zugangs- und Darstellungsmöglichkeiten auch durch Medien, bevor schließlich die methodische Strukturierung zu leisten ist. Dieses Perspektivenschema ist damit sehr praktisch orientiert, weshalb Peterßen (2001) auch meint, dass dieses Planungsmodell auf große Zustimmung bei Praktikern gestoßen sei.

Lerntheoretische Didaktik

Zur gleichen Zeit wie die bildungstheoretische Didaktik wurde die lerntheoretische Didaktik zunächst in Form des Berliner Modells entwickelt und schließlich im Rahmen der lehrtheoretischen Didaktik zum Hamburger Modell weiterentwickelt.

Die lerntheoretische Didaktik geht primär auf Heimann (1962) zurück. Teil der lerntheoretischen Didaktik ist dabei das sogenannte Berliner Modell, welches Heimann, Otto und Schulz (1965) zusammen als ein Modell zur Strukturanalyse des Unterrichts entwickelten. Dieses Modell ist empirisch orientiert und gilt als lernpsychologisch-technologisch und zweckorientiert, da es anders als die konkurrierende bildungstheoretische Didaktik von Klafki wertneutral ist. Es ist ein Entscheidungsmodell, welches den Lehrenden aufzeigt, welche Entscheidungen zu treffen sind, aber es gibt keinerlei konkrete Handlungsempfehlungen vor. Diese Wertneutralität brachte ihm viel Kritik ein, weshalb das sogenannte Hamburger Modell als die Weiterentwicklung des Berliner Modells durch Schulz genau diesen Aspekt aufgriff und neue Akzente setzte, wie später zu zeigen sein wird (vgl. „Lehrtheoretische Didaktik").

Das einzige Entscheidungsmaß, welches das Berliner Modell vorgibt, ist die Stimmigkeit. Demnach sollen didaktischen Entscheidungen aufeinander und auf die vorliegenden Bedingungen abgestimmt sein. Im Gegensatz zum bildungstheoretischen Ansatz von Klafki gibt das Berliner Modell aber keine Anhaltspunkte dafür, welche Inhalte ausgewählt oder welche Intentionen verfolgt werden sollten. So liegt dem Berliner Modell nicht der Bildungs-, sondern der Lernbegriff zugrunde, weil er im Gegensatz zum Bildungsbegriff laut Heimann schlicht, neutral und umfassend ist.

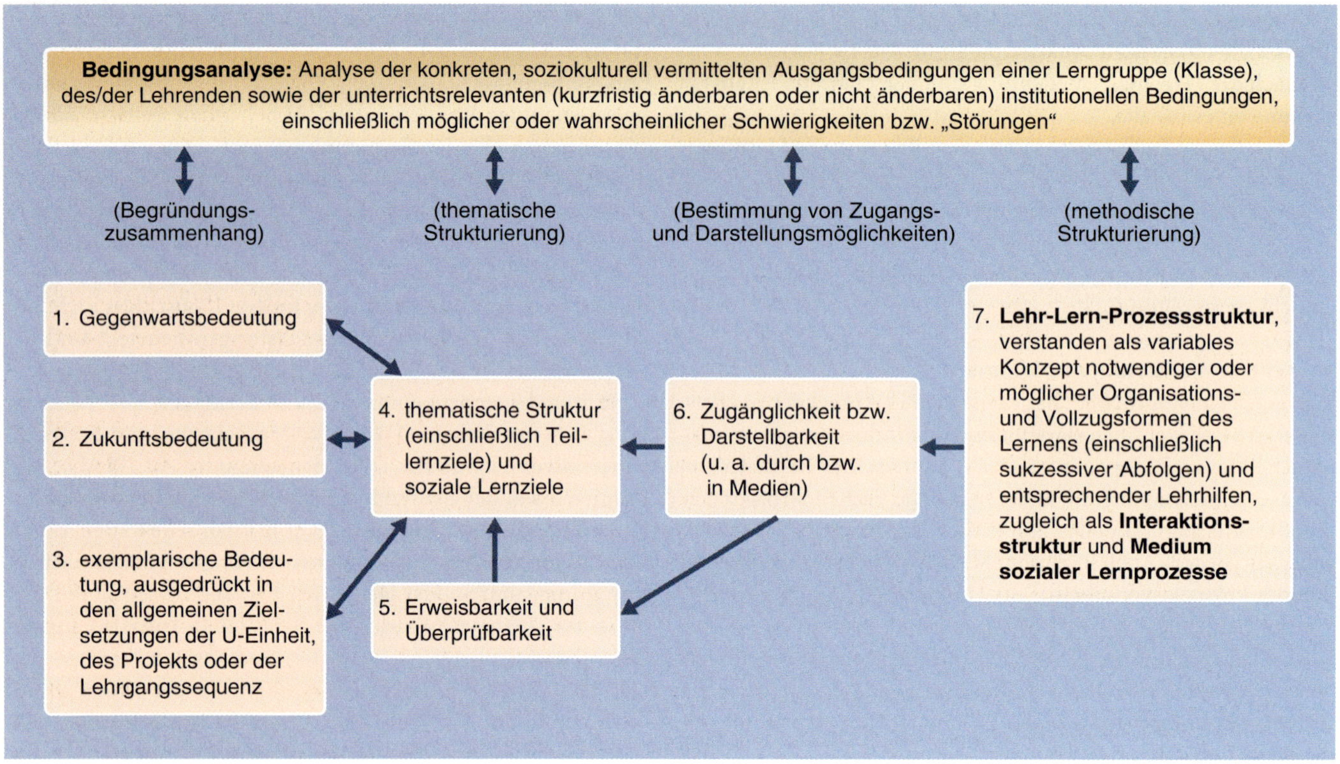

Abb. 7.1 Perspektivenschema zur Unterrichtsplanung von Klafki. (Nach Klafki 1989, S. 14)

7

In diesem Sinne umfasst das Berliner Modell (vgl. Abb. 7.2) Entscheidungs- und Bedingungsfelder. Bei den Entscheidungsfeldern handelt es sich um die Elementarstrukturen des Unterrichts, die einerseits konstant sind, weil sie Unterricht konstituieren, die andererseits inhaltlich jedoch so variabel sind, dass die Lehrenden über sie jeweils neue Entscheidungen treffen müssen. Diese Entscheidungsfelder betreffen die Intentionen, die Inhalte, die Methodik und die Medien. Da diese Elementarstrukturen, über die entschieden werden muss, in einem Interdependenzverhältnis zueinander stehen, muss der Lehrende die Entscheidungen in diesen Feldern aufeinander abstimmen. Außerdem muss er dabei die Bedingungsfelder berücksichtigen. Dazu gehören anthropogene und individuelle Voraussetzungen sowie die soziokulturellen Bedingungen. Dabei ist es wichtig zu erwähnen, dass das Berliner Modell auch die Bedingungen nicht als gegeben erachtet, sondern vielmehr davon ausgeht, dass das Lehr-Lern-Geschehen auf diese Bedingungen zurückwirkt, dass also auch hier das Interdependenzverhältnis vorherrscht. Aus diesem Grund umfasst das Berliner Modell auch die soziokulturellen und anthropologisch-psychologischen Folgen (Abb. 7.2).

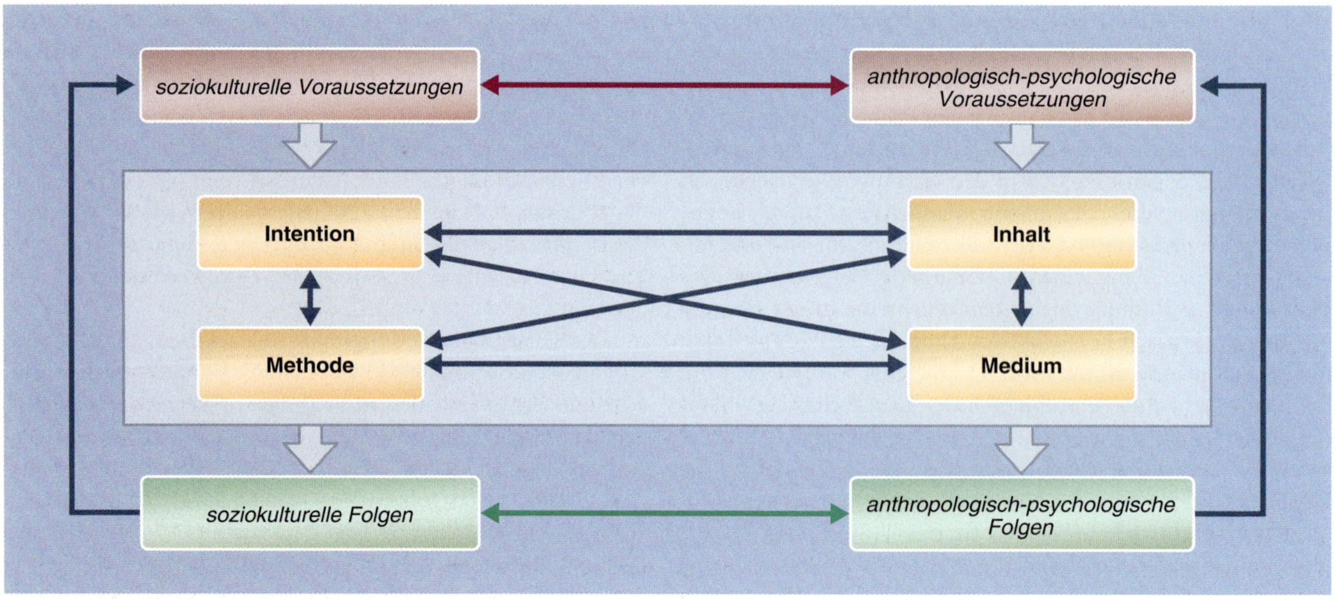

Abb. 7.2 Berliner Modell. (Nach Peterßen 2001, S. 54)

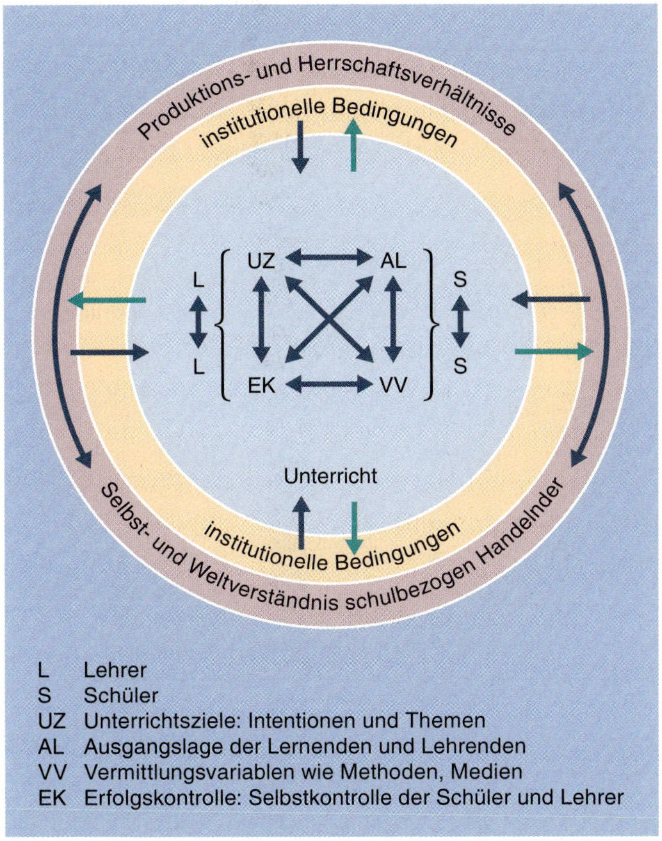

Abb. 7.3 Hamburger Modell. (Nach Schulz 1989, S. 32)

Das Berliner Modell ist damit ein handlungsorientiertes, praktisch umsetzbares Modell zur Unterrichtsplanung, welches den Lehrenden aufzeigt, wo sie welchen Gestaltungsspielraum haben. Dabei erfasst und berücksichtigt es alle im Unterricht wirksamen Momente (Peterßen 2001 spricht von Totalerfassung), bleibt aber komplett wertneutral, indem es keinerlei Handlungsempfehlungen ausspricht oder bestimmte Ziele bzw. Intentionen anderen vorzieht. An genau dieser Stelle setzt dann die sogenannte lehrtheoretische Didaktik an.

Lehrtheoretische Didaktik

Die lehrtheoretische Didaktik wird als Weiterentwicklung der lerntheoretischen Didaktik und damit des Berliner Modells gesehen. Nach seinem Wechsel aus Berlin an die Universität Hamburg hat Schulz aufbauend auf dem Berliner Modell das Hamburger Modell entwickelt (Abb. 7.3). Dieses Modell nimmt die Kritik am Berliner Modell auf und hebt dessen Wertfreiheit auf. Es ist ideologiekritischer und normativ orientiert. Seine zentralen Kategorien sind Autonomie, Solidarität und Kompetenz.

Beibehalten werden die Entscheidungs- und Bedingungsfelder, wobei bei den Entscheidungsfeldern Intentionen und Inhalte zu einem Feld vereint werden und stattdessen die Erfolgskontrolle als ein weiteres aufgenommen wird. Eine weitere wesentliche Veränderung ist es außerdem, dass Lehrende und Lernende nun gemeinsam als verantwortlich für das Gelingen des Unterrichts gesehen werden. Schulz fordert eine partnerschaftliche Gestaltung des Unterrichts.

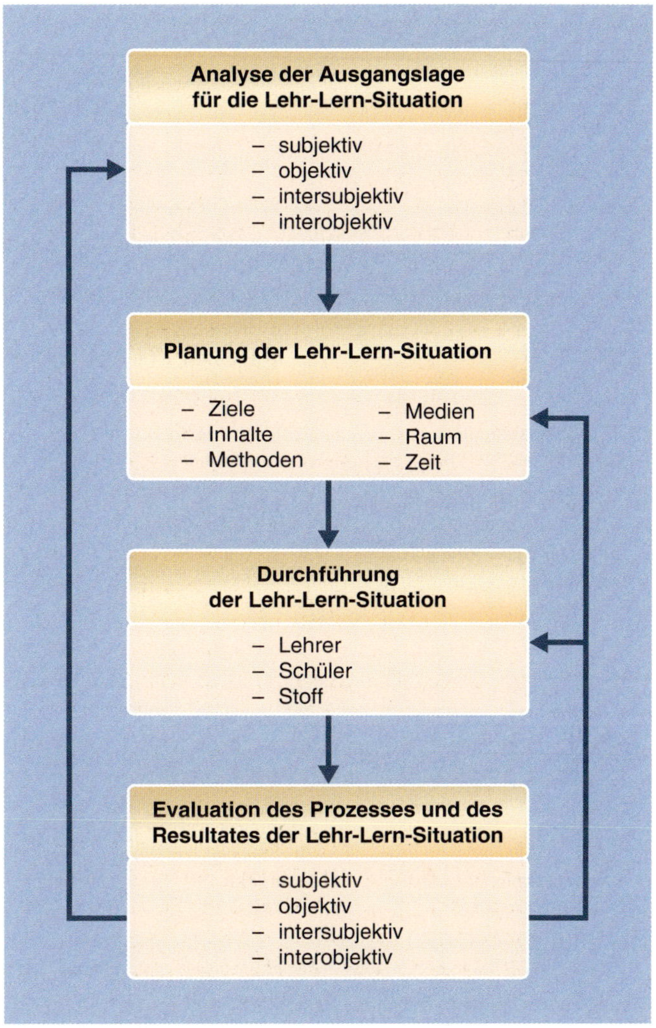

Abb. 7.4 Arbeitsmodell der eklektischen Didaktik. (Nach Zierer 2013, S. 212)

Eklektische Didaktik

Der Ansatz der eklektischen Didaktik (Zierer 2013) versucht, bestehende Modelle zu integrieren. Er bedient sich dabei verschiedener bestehender Modelle. Als Strukturierungsprinzip wird das sogenannte ADDIE-Modell aus dem *Instructional Design* genutzt. Dieses umfasst die Schritte Analyse (A), Design (D), Development (D), Implementation (I) und Evaluation (E). In der Analysephase sollen die Ausgangsbedingungen der Lehr-/Lernsituation präzisiert werden, auf deren Grundlage dann ein Design entwickelt wird. In der Developmentphase werden die zur Umsetzung des Designs nötigen Materialien entwickelt, bevor dann die Implementation, d. h. die Umsetzung in der Praxis erfolgt. Parallel dazu wird der ganze Prozess und das Ergebnis der Implementation evaluiert (Evalutionsphase). In dieses ADDIE-Modell integriert Zierer im Rahmen seiner eklektischen Didaktik das sogenannte Quadrantenmodell von Ken Wilber in die Analyse- und Evaluationsphase, das didaktische Sechseck in die Phasen Design und Development, die Zierer als Planungsphase zusammenfasst, und das didaktische Dreieck in die Implementationsphase, die bei Zierer als Durchführungsphase bezeichnet wird. Eine grafische Abbildung des Arbeitsmodells der eklektischen Didaktik findet sich in Abb. 7.4.

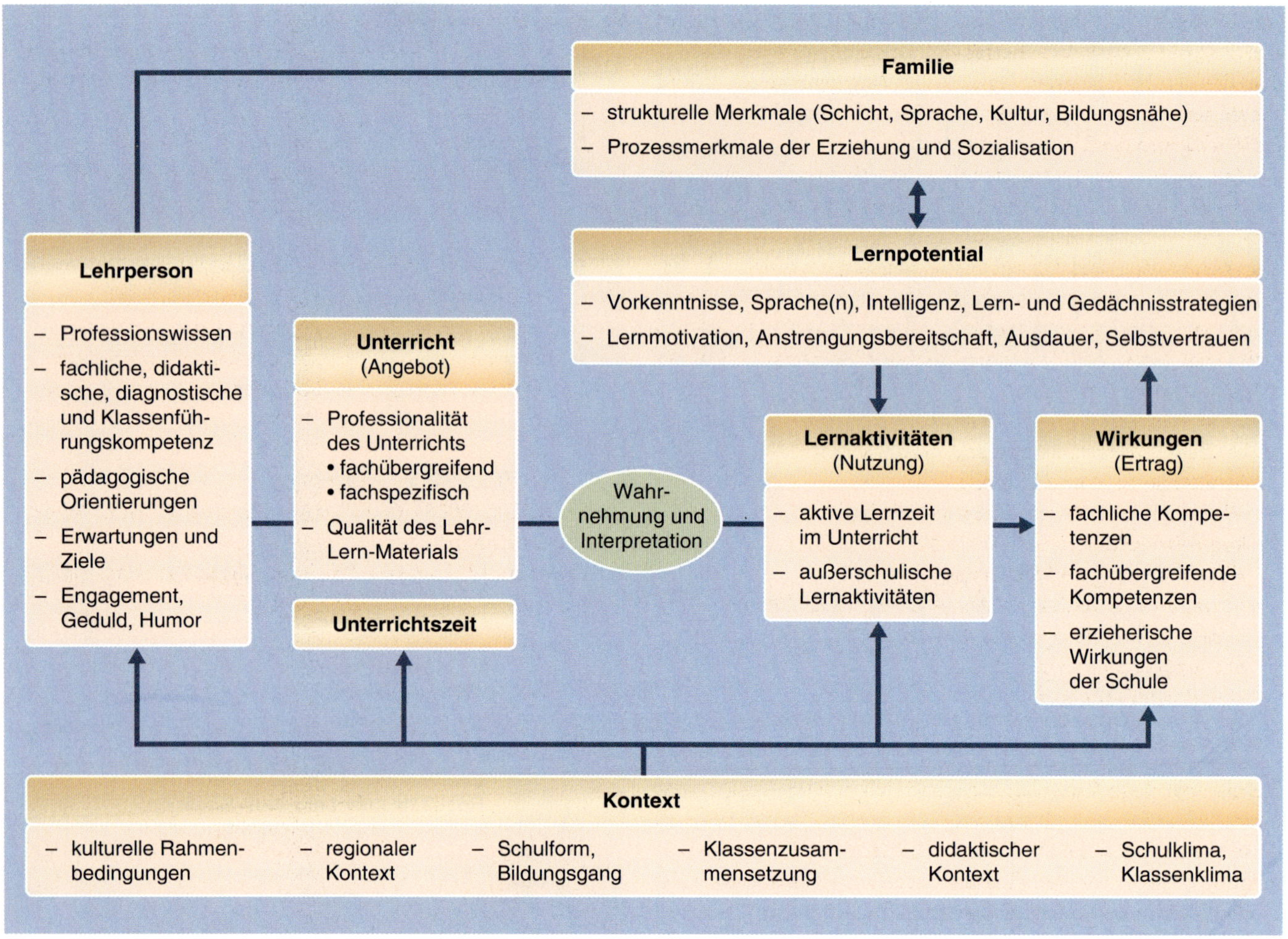

Abb. 7.5 Angebots-Nutzungs-Modell des Unterrichts von Helmke (2009, S. 73)

Die Ausgangssituation didaktischen Handelns ist entsprechend dem Quadrantenmodell durch vier Perspektiven gekennzeichnet:

1. die subjektive Perspektive von einzelnen Schülern, Lehrern, Eltern,
2. die intersubjektive Perspektive, die durch den kulturellen Rahmen gegeben ist und sich z. B. in Bildungsplänen manifestiert,
3. die interobjektive Perspektive, die den systemischen Zusammenhang in den Blick nimmt, und
4. die objektive Perspektive, die z. B. aus empirisch gewonnenen Forschungsergebnissen resultiert.

All diese Perspektiven sind zu berücksichtigen, wenn Lehr-Lern-Situationen geplant und umgesetzt werden. In der Planungsphase sind dann Entscheidungen im Hinblick auf die sechs Aspekte des didaktischen Sechsecks zu treffen. Diese betreffen die Ziele, die Inhalte, die Methoden, die Medien sowie die räumliche und zeitliche Gestaltung. In der Durchführung geht es dann darum, dass die Interaktion zwischen Lehrern, Schülern und Inhalt bestmöglich gestaltet wird. Schließlich wird evaluiert. Dabei können die Erkenntnisse aus der Evaluation Korrekturen im Hinblick auf den Verlauf nach sich ziehen. Die Evaluation muss dabei erneut Bezug nehmen zur Ausgangssituation: Es ist wiederum „eine subjektive, objektive, intersubjektive und interobjektive Perspektive einzunehmen" (Zierer 2013, S. 212), um den Wert der Lehr-Lern-Situation zu bestimmten bzw. zu evaluieren.

In diesem hier kurz skizzierten Ansatz der eklektischen Didaktik zeigt sich die grundlegende Idee: Um der Krise der allgemeinen Didaktik im Hinblick auf die schier unüberblickbare Anzahl unterschiedlicher Modelle zu begegnen, versucht Zierer mehrere Modelle nach dem Prinzip „Alles prüfen! Das Beste behalten" zu integrieren.

Angebots-Nutzungs-Modell

Ein heute sehr prominentes und viel diskutiertes Modell der allgemeinen Didaktik, welches Erkenntnisse aus der Lernforschung berücksichtigt, ist das Angebots-Nutzungs-Modell (Abb. 7.5) von Helmke (2009). Seine Kernaussage ist es, dass der Unterricht aus *Angeboten* besteht, die von den Akteuren des Unterrichts in unterschiedlichem Maße ge*nutzt* werden. Angebote werden dabei von den Lehrpersonen für die Schülerinnen und Schüler gemacht; es gibt aber auch Angebote der Schüler an die Lehrpersonen, die das Unterrichtsgeschehen maßgeblich beeinflussen; und es gibt Angebote, die sich die Schüler gegenseitig machen.

Allerdings sind nicht nur die Angebote zu berücksichtigen, denn sie alleine machen keinen guten Unterricht aus. Vielmehr müssen diese Angebote auch genutzt werden, damit Wirkungen erzielt werden. Im Angebots-Nutzungs-Modell wird Unterricht also aus zwei Perspektiven betrachtet: Aus einer Prozessperspektive, die den Fokus darauf legt, welche Angebote gemacht und wie sie genutzt werden, und aus einer Produktperspektive, welche die Wirkungen des Unterrichts betrachtet.

Aus der Prozessperspektive definiert Helmke verschiedene Variablen, die die Unterrichtsqualität beeinflussen. Dabei ist es ihm sehr wichtig, dass von Variablen und nicht von Kriterien gesprochen wird: Die Variablen nehmen Ausprägungen an. Sie können jedoch niemals alle gleichzeitig vollständig erfüllt werden, und dies kann nach Helmke auch nicht das Ziel sein. Vielmehr geht es um das Zusammenspiel der Variablen und deren möglichst hohe Ausprägung.

Zu diesen Variablen gehören

- effiziente Klassenführung und Zeitnutzung,
- Strukturiertheit und Klarheit,
- Wirkungs- und Kompetenzorientierung,
- kognitive Aktivierung,
- Konsolidierung und Sicherung,
- Variation von Methoden, Aufgaben und Sozialformen,
- Umgang mit heterogenen Lernvoraussetzungen,
- lernförderliches Unterrichtsklima,
- vielfältige Motivierung,
- Schülerorientierung.

Helmke hat diese Variablen aus empirischen Forschungsergebnissen zusammengestellt und nimmt auf deren Basis an, dass all diese Variablen auf die Motivation der Schüler wirken und durch die Motivation dann deren Lernen beeinflussen und dass sie alle direkt auf das Lernen der Schüler wirken.

Damit hat Helmke ein Modell vorgelegt, das empirische Forschungsergebnisse integriert und so der allgemeinen Didaktik einen Ausweg aus der Krise weisen könnte.

7.2.6 Zusammenfassung

Zusammenfassend kann festgehalten werden, dass die allgemeine Didaktik zwei wesentliche Kontrahenten hat: Da sind auf der einen Seite die Fachdidaktiken und auf der anderen die Lehr-Lern- bzw. die Bildungsforschung. Von den Vertretern der Fachdidaktiken wird bezweifelt, ob eine allgemeine Didaktik überhaupt relevant ist; von den Vertretern der Lehr-Lern- bzw. der Bildungsforschung wird ihr der Vorwurf gemacht, dass sie zu wenig forschungsorientiert sei. Gegen beides gibt es überzeugende Argumente. Die allgemeine Didaktik muss in den kommenden Jahren die vorhandenen Lösungswege nutzen, um ihren berechtigten Platz zwischen den Fachdidaktiken und der Lehr-Lern- bzw. Bildungsforschung selbstbewusst einzunehmen.

Aufgaben zum Festigen des neuen Wissens

1. Was ist die Didaktik im engeren und im weiteren Sinne?
2. Welchen Vorwürfen sieht sich die allgemeine Didaktik derzeit gegenüber? Was sind die Auslöser dafür?
3. Skizzieren Sie die bildungstheoretische Didaktik, die kritisch-konstruktive Didaktik, das Hamburger sowie das Berliner Modell.

Aufgaben zum Weiterdenken

1. Zeigen Sie Ähnlichkeiten und Unterschiede zwischen den didaktischen Ansätzen von Klafki und von Heimann, Otto, Schulz auf.
2. Inwiefern finden sich in der eklektischen Didaktik und im Angebots-Nutzungs-Modell Aspekte der didaktischen Klassiker von Klafki und von Heimann, Otto, Schulz wieder?
3. Stellen Sie grafisch dar, wie sich die allgemeine Didaktik künftig zwischen Fachdidaktiken und der Lehr-Lern-Forschung bzw. der Bildungsforschung verorten könnte. Benennen Sie die Aufgabenbereiche der unterschiedlichen Disziplinen und grenzen Sie sie begründet voneinander ab.

Weiterführende Literatur

- Kron, F.W. (2008). *Grundwissen Didaktik* (5. Aufl.) München: Reinhardt.
- Peterßen, W.H. (2001). *Lehrbuch Allgemeine Didaktik* (4. Auf.). München: Oldenbourg.

7.3 Schulpädagogik

Aufgabe als Denkanstoß

Lehrer handeln in verschiedenen Kontexten: Sie unterrichten, sie planen Unterricht, sie beraten, sie prüfen, sie sprechen mit Eltern usw. Wie handeln sie dabei professionell? Woran sollen sie sich bei ihrem Handeln orientieren?

Jakob: „Manchmal finde ich es ja übertrieben, dass angehende Lehrerinnen und Lehrer in der Uni so viel Pädagogik haben. Das Fachwissen ist doch viel wichtiger und dann noch die Lehrerpersönlichkeit, aber die kann man ja eh nicht lernen. Wozu also Bildungswissenschaften und Schulpädagogik?"

Anna: „*Jakob!* Was ist denn das für eine Einstellung? Glaubst du echt an den geborenen Lehrer?"

Jakob: „Ja, ganz so krass vielleicht nicht, aber so im Grundsatz schon. Ich glaube, es gibt Leute, die das besser können als andere. Ich glaube nicht, dass man es richtig lernen kann, ein guter Lehrer zu sein."

Anna: „Das glaub ich aber wohl. Vielleicht gibt es Einzelne, die das besser können, denen das schon grundlegend mehr liegt, aber trotzdem gibt es professionelles Wissen, das alle lernen müssen. Es ist noch kein Lehrer vom Himmel gefallen."

Jakob: „Und was soll das für Wissen sein?"

Anna: „Na das fängt beim Wissen über die Entwicklungsverläufe von Kindern an und endet bei einer guten Kenntnis über das Schulsystem. Außerdem bin ich ja schon der Meinung, dass Lehrer auch Ergebnisse von empirischen Studien kennen sollten und dann auch so handeln sollten. Ansonsten wird doch das, was sie tun, völlig willkürlich!"

7.3.1 Gegenstand der Schulpädagogik

Die Schulpädagogik ist eine Teildisziplin der Erziehungswissenschaft und gleichzeitig die Bezugswissenschaft für das praktische Handeln von Lehrenden. Sie wird deshalb auch als Professionswissenschaft von Lehrenden bezeichnet und zum Teil sogar als die Technologie des Lehrberufes aufgefasst.

Um als Bezugswissenschaft, Professionswissenschaft und sogar als Technologie für das Handeln von Lehrenden fungieren zu können, beschäftigt sich die Schulpädagogik mit vielen verschiedenen Theorieansätzen (Esslinger-Hinz und Sliwka 2011):

- Sie analysiert Erziehungs- und Bildungsprozessen in der Schule.
- Sie beschreibt und vergleicht Schulen als Institutionen (Schultheorie).
- Sie erarbeitet und begründet die Inhalte, die in Schulen gelehrt werden sollen (Curriculumtheorie, Lehrplantheorie) und beschäftigt sich in der Unterrichtstheorie mit den Prozessen des Lehrens und Lernens und beschreibt diese (allgemeine Didaktik).
- Des Weiteren steht in ihrem Fokus die Person und die Rolle der Lehrenden, die sie analysiert und beschreibt (Professionstheorie).
- Daneben thematisiert sie Schulentwicklungsprozesse und analysiert das System Schule (Schulsystemtheorie).
- Außerdem übt sie Kritik an Schule und Unterricht, um Schule und Unterricht zu optimieren (Schul- und Unterrichtskritik).

Diese Liste könnte noch weitergeführt werden, aber letztlich lässt sich resümieren, dass die Schulpädagogik all das umfasst, dessen Referenzpunkt die Schule ist.

7.3.2 Schulpädagogik als wissenschaftliche Disziplin

Da sich also eine große Bandbreite an theoretischen Ansätzen unter dem Dach der Schulpädagogik vereinigt, wird immer wieder auch die Frage gestellt, ob es sich bei der Schulpädagogik wirklich um eine homogene Disziplin handelt oder ob sie nicht vielmehr schulbezogene Forschung aus verschiedenen Bereichen, die nebeneinander bestehen, umfasst (vgl. Apel und Sacher 2007).

Auch wenn dieser Einwand berechtigt ist, wird die Schulpädagogik heute als *eine* wissenschaftliche Disziplin gesehen. Sie hat eigene Forschungsmethoden, und es gibt Professuren für Schulpädagogik, ihr Gegenstandsbereich ist der – wenn auch sehr große – Bereich der Schule.

> Sie [...] bündelt die einzelnen Forschungsergebnisse zu einer Theorie der Schule und des Unterrichts und entwickelt neue Fragestellungen aus den Bedürfnissen der Schul- und Unterrichtspraxis (Apel und Sacher 2007, S. 19).

Kiper (2002) definiert die Schulpädagogik deshalb

> als Theorie pädagogischen Handelns unter schulischen Voraussetzungen und als Theorie außerschulisch wirksamer Voraussetzungen für die schulische Arbeit (Kiper 2002, S. 22)

Dabei ist die Schulpädagogik heute als empirisch, historisch und systematisch reflektierende Disziplin zu beschreiben. Während sie lange Zeit stark hermeneutisch ausgerichtet war, hat sie mittlerweile einen starken Empirieschub erlebt, ohne jedoch die anderen Zugänge zur schulischen Wirklichkeit zu vernachlässigen (Esslinger-Hinz und Sliwka 2011). Durch ihren empirischen Zugang zur schulischen Wirklichkeit versucht sie zu gesicher-

■ **Tab. 7.3** Geschichte der Schulpädagogik

1657	18./19. Jh.	Wende zum 20. Jh.	1922	Nationalsozialismus	1950er Jahre	1960/70er Jahre
→						
Didactica magna (Comenius)	Seminarpädagogiken, z. B. Diesterweg und Herbartianer	Reformpädagogik	Simmels Vorlesungen zur Schulpädagogik		Lehrplantheorie	Erste Lehrstühle
Natürliches Lernen	Natürliches Lernen vs. Wissenschaft als Grundlage des Lernens	Ganzheitliches Lernen	Erste Nutzung des Begriffs			Verwissenschaftlichung der Lehrerbildung, empirische Forschungsmethoden

ten Aussagen zu kommen. Durch den hermeneutischen Zugang ist es möglich, die schulische Wirklichkeit zu verstehen und so Verbesserungsvorschläge zu erarbeiten. Gleichzeitig ermöglicht es der kritische Zugang, normative und kritische Aussagen darüber zu machen, wie Schule sein sollte. Diese verschiedenen Zugänge zur Erforschung von Schule und Unterricht machen die Schulpädagogik heute zu einer vielfältigen Disziplin, die in der Lage ist, die schulische Wirklichkeit umfassend zu beschreiben, zu analysieren und zu kritisieren.

7.3.3 Geschichte der Schulpädagogik

Auch wenn die Schulpädagogik nicht als solche bezeichnet wurde, ist die Beschäftigung mit Fragen zur Schulpädagogik ebenso alt wie die Schule selbst (■ Tab. 7.3). Apel und Sacher (2007) datieren die ersten systematischen Reflexionen bereits ins 17. Jahrhundert und nennen als ein erstes „schulpädagogisches Werk" die *Didactica magna* von Comenius (1657) – hier sieht man also auch den engen Bezug von allgemeiner Didaktik und Schulpädagogik (vgl. Jörg 1970). In diesem Werk, das in Deutschland als *Große Didaktik* bekannt wurde, forderte Comenius, dass allen alles zu lehren sei, da alle Menschen als das Ebenbild Gottes erschaffen worden seien. Außerdem vertrat er die Auffassung, dass Menschen erst durch Bildung, Sittlichkeit und Frömmigkeit ein menschenwürdiges Leben möglich wird. In der *Didactica magna* formulierte er deshalb konkrete Anforderungen an die Lehrer und das Schulsystem, damit allen Menschen diese Bildung zuteil werden kann. Dabei forderte er vor allem ein natürliches Lernen. Durch diese sehr konkreten Forderungen Comenius' wird die *Didactica magna* zu Recht als ein Werk der Schulpädagogik gesehen. Comenius' Ansätze sind selbst heute – mehr als 300 Jahre später – durchaus noch im schulpädagogischen Diskurs zu finden und keineswegs veraltet (vgl. Meyer 2012).

In der zweiten Hälfte des 18. Jahrhunderts kamen dann erste Anweisungsbücher und praxisbezogene Werke für das entstehende öffentliche Unterrichtswesen auf den Markt. Vor allem den sogenannten Seminarpädagogiken kam hier ein Gewicht zu. Diese wurden in der Lehrerausbildung dieser Zeit eingesetzt, die damals an Lehrerseminaren nach dem Meister-Lehrlings-Prinzip stattfand. Eine solche Seminarpädagogik ist z. B. der *Wegweiser zur Bildung deutscher Lehrer* von Diesterweg (1835).

Insgesamt war die Schulpädagogik bis dahin jedoch immer Teil der allgemeinen Pädagogik, und konkrete Fragestellungen im Hinblick auf Unterricht wurden in der sogenannten praktischen Pädagogik thematisiert.

Parallel dazu unternahm Herbart (1776–1841) den Versuch, die Pädagogik auf eine wissenschaftliche Basis zu stellen. Er entwickelte die Theorie der Formalstufen, die dem Lehrer Schritte aufzeigte, wie er im Unterricht vorgehen solle. Obwohl Herbart diese Schritte lediglich als Unterstützung der Selbstentfaltung der Kinder verstand, wurde sein Ansatz von seinen Anhängern in ein strenges Regelwerk überführt, welches eine Anleitung für den Aufbau von Unterricht vorgab und den Individuen keinen Freiraum zur Selbstentfaltung ließ. Herbarts Ideen wurde hier von seinen Anhängern falsch umgesetzt oder falsch verstanden. Dieser sogenannte Herbartianismus wurde dann auch von der reformpädagogischen Bewegung um 1900 massiv kritisiert. Man warf den Herbartianern vor, ein „künstliches" Lernen in einer „Buchschule" zu vertreten und forderte vielmehr ganzheitliches und anschauliches Lernen. Im Kontext der Schul- und Unterrichtskritik gilt die reformpädagogische Bewegung deshalb auch als eine zentrale Traditionslinie schulpädagogischen Denkens (Apel und Sacher 2007; Jörg 1970).

Diese Kritik der Reformpädagogen gab der Schulpädagogik Aufwind. Es galt, sich mit diesen Vorwürfen auseinanderzusetzen, Stellung zu beziehen, Alternativen aufzuzeigen oder die Linie der Reformpädagogen zu unterstützen.

> » Außerdem trugen [zu dieser Zeit] auch Beiträge zur Pädagogischen Psychologie und einer entstehenden Soziologie der Erziehung dazu bei, breiter und fundierter die Bedingungen, Funktionen und Folgen schulischer Sozialisation zu erörtern (Apel und Sacher 2007, S. 9).

Die erste Erwähnung des Begriffs Schulpädagogik erfolgte dann im Jahr 1922. In diesem Jahr wurden die Vorlesungen des Soziologen Simmel aus dem Wintersemester 1915/16 an der Universität Straßburg posthum unter dem Titel *Schulpädagogik* veröffentlicht. Der Anstoß für eine Etablierung der Schulpädagogik kam damit also aus der Soziologie. Wiechmann (2003) schreibt zwar, dass der Begriff bereits 1839 das erste Mal aufgekommen sein soll, belegt es jedoch durch keine Quelle.

Simmel forderte in seiner Vorlesung, dass die Schulpädagogik als eigener Forschungsgegenstand zu behandeln sei und nicht nur in der unmittelbaren Praxis von Lehrern Betrachtung finden müsse (Simmel nach Wiechmann 2003).

Nachdem die Bemühungen in der Schulpädagogik der 1920er Jahre von den Nationalsozialisten im Dritten Reich unterdrückt wurden, knüpfte man nach 1945 in Westdeutschland an diese Bemühungen an. In Ostdeutschland vertrat man zunächst die Ansätze der bürgerlichen Reformpädagogik, musste sich dann aber schnell sowjetischen Vorgaben beugen.

In den 1950er Jahren beschäftigte man sich in Westdeutschland vorwiegend mit der Lehrplantheorie, der praktischen Pädagogik und Forschungen zur Unterrichtswirklichkeit, was unter der Bezeichnung „allgemeine Didaktik" erfolgte.

Erst durch die Verwissenschaftlichung der Lehrerbildung in den 1960er Jahren in der Bundesrepublik erhielt die Schulpädagogik den Status einer eigenständigen Bereichsdisziplin. In dieser Zeit wurden dann auch die ersten Lehrstühle für Schulpädagogik an den Universitäten eingerichtet. Da die Schulpädagogik damit in einer Zeit des Umbruchs und heftiger ideologischer Auseinandersetzungen ein Selbstverständnis finden musste, entwickelten ihre Vertreter „entsprechend vielseitige Ansätze zu einer Erörterung der Fragen, die mit dem pädagogischen Handeln in Schule und Unterricht verbunden sind" (Apel und Sacher 2007, S. 10). Dabei orientierten sie sich auch an anderen Sozialwissenschaften, um sich auf diese Weise von der praktischen Pädagogik zu lösen. So wurde z. B. aus der Soziologie das Rollenmodell oder die Führungsstildiskussion aufgegriffen.

In den 1970er Jahren wurde die Schulpädagogik schließlich allgemein als Theorie von Schule und Unterricht aufgefasst, und man wendete sich empirischen Forschungsmethoden zu. Heute kann die Schulpädagogik, wie oben dargestellt wurde, als empirisch orientierte Wissenschaft angesehen werden.

Rückblickend bescheinigen Esslinger-Hinz und Sliwka (2011) der Schulpädagogik eine gelungene Entwicklung. Auch wenn z. B. die Ergebnisse der PISA-Studien zeigen, dass der soziale Aufstieg trotz eines formal durchlässigen Schulsystems weiterhin schwierig ist, weisen die Entwicklungen des letzten Jahrzehnts darauf hin,

> dass gute Schulen sich entwickeln lassen und dass Lehrerinnen und Lehrer lernen, die Entwicklungsaufgabe anzunehmen und den Blick für ihre Schule als Ganzes zu schärfen. Die Schülerschaft wird in ihrer Vielfalt wahrgenommen und Formen der inneren Differenzierung nehmen zu (Esslinger-Hinz und Sliwka 2011, S. 185).

7.3.4 Herausforderungen für die Schulpädagogik

Die Herausforderungen für die Schulpädagogik der Zukunft sehen Esslinger-Hinz und Sliwka (2011) darin, wie die Schule angemessen mit Unterschiedlichkeit umgehen kann, wie die Wirklichkeit in die Schule geholt werden kann und wie Schule so gestaltet werden kann, dass sich Kinder und Jugendliche dort wohlfühlen. Die Schulpädagogik muss sich immer neuen Herausforderungen stellen und aktuelle Lösungsansätze in Frage stellen.

> Die tragenden Lösungen von gestern beizubehalten, die brüchigen abzulegen und konzeptionell neue Wege zu beschreiten, bleibt eine Aufgabe von Lehrerinnen und Lehrern, von Schule und Unterricht. Die Schulpädagogik trägt durch empirische Forschung und Theoriebildung dazu bei, für diese Aufgaben zu professionalisieren (Esslinger-Hinz und Sliwka 2011, S. 187).

Die Schulpädagogik muss deshalb die Nähe zur Praxis stets suchen, ohne dass sie sich dazu verleiten lässt, jeder Modeerscheinung zu folgen und nur noch Ratgeberliteratur herauszugeben.

7.3.5 Zusammenfassung

Die Schulpädagogik ist eine sehr vielfältige Disziplin. Sie vereinigt sehr verschiedene Themen und erforscht Fragestellungen in sehr unterschiedlichen Bereichen. Ihr Bezugspunkt ist jedoch immer die Schule und das Handeln von Lehrenden in der Schule. Die Schulpädagogik wird deshalb heute als *eine* Disziplin verstanden. Sie erforscht die Grundlagen des Handelns in der Schule und liefert so Modelle und Forschungsergebnisse, die Lehrenden Anhaltspunkte für ihr Handeln geben können.

Aufgaben zum Festigen des neuen Wissens

1. Nennen Sie die zentralen Gegenstandsbereiche der Schulpädagogik.
2. Nennen Sie die zentralen Meilensteine in der Geschichte der Schulpädagogik.

Aufgaben zum Weiterdenken

1. Grenzen Sie die allgemeine Didaktik von der Schulpädagogik ab, indem Sie eine Skizze anfertigen, die die Gegenstände der beiden Disziplinen benennt und zueinander in Beziehung setzt, die jedoch auch deutlich macht, wo sich die beiden Disziplinen voneinander unterscheiden.
2. Überlegen Sie bitte, in welchen Handlungsfeldern eine Lehrerin oder ein Lehrer agieren muss. Ordnen Sie diese Handlungsfelder den Gegenstandsbereichen der Schulpädagogik zu. Welche Fragestellungen sollen dort jeweils bearbeitet werden und warum?

Weiterführende Literatur

- Esslinger, I., & Sliwka, A. (2011). *Schulpädagogik.* Bachelor/Master-Reihe. Weinheim: Beltz.

7.4 Berufs- und Wirtschaftspädagogik

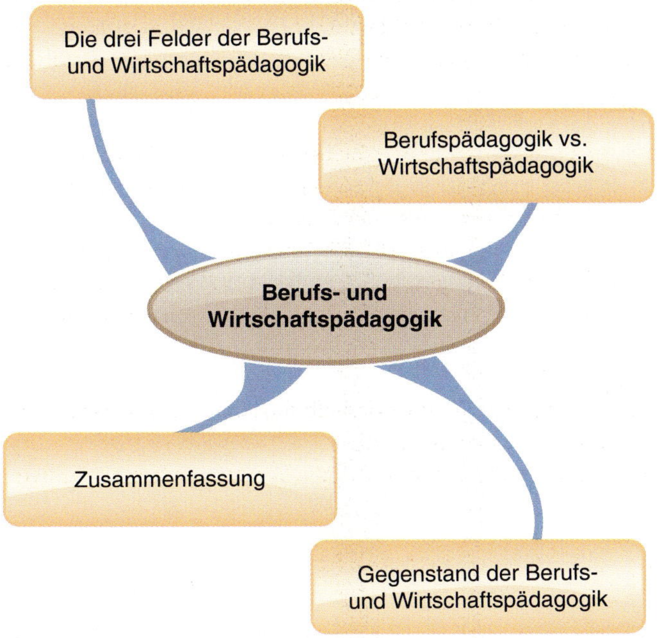

Aufgabe als Denkanstoß
Welche Aufgabe hat Pädagogik in der Berufs- und Wirtschaftswelt?

7.4.1 Die drei Felder der Berufs- und Wirtschaftspädagogik

Die Teildisziplin der Berufs- und Wirtschaftspädagogik wird in drei, sich zunächst einmal eigentlich fremden Feldern verortet: dem Feld des Berufs, dem der Wirtschaft und dem der Pädagogik (▫ Abb. 7.6). Alle drei Felder sind primär voneinander unterschieden und gehen in dieser Disziplin eine ganz besondere Beziehung ein. Rebmann et al. (2011) beschreiben diese drei Felder als jeweils eigenständige soziale Systeme, die von Lebewesen erzeugt und erhalten werden. Diese Systeme sind Netzwerke von Interaktionen, die durch Kommunikation und Handeln entstehen. Charakteristisch ist dabei, dass erstens jedes Handeln innerhalb des Netzwerkes so verknüpft wird, dass es an vorhergehendes Handeln anschließt und zukünftiges Handeln vorbereitet, und dass zweitens Handeln innerhalb dieses Systems von Handlungen außerhalb des Systems unterschieden werden kann, da sich Systeme durch Grenzziehungen zu anderen Systemen auszeichnen.

Wie lassen die sich die drei Systeme der Berufs- und Wirtschaftspädagogik charakterisieren?

▪ Beruf

Das Konzept des Berufs hat zwei Seiten, die untrennbar miteinander verbunden sind: Beruf bezeichnet auf der einen Seite ein Bündel von Arbeitstätigkeiten, die zusammen ein bestimmtes Sozialprestige haben – dies ist die gesellschaftliche Seite des Berufs. Andererseits steht der Beruf auch für den persönlichen Sinn, für Interessen und Wertvorstellungen von Individuen. Dies kann als die individuelle Seite des Berufskonzepts begriffen werden. Schon Luther unterschied diese zwei Seiten, indem er von einem „inneren" und einem „äußeren Beruf" sprach. Der innere Beruf sei die innere Berufung – bei Luther selbstverständlich in einem religiösen Sinne –, der äußere Beruf beschreibe dagegen den weltlichen Stand (▫ Abb. 7.7).

Auch heute noch kann man den gesellschaftlichen und den persönlichen Aspekt des Berufs unterscheiden. Auch wenn man laut Rebmann et al. (2011) zusätzlich zwischen Erwerbs- und Ausbildungsberuf unterscheiden muss, ist auch heute noch die Berufswahl durch persönliche Motive und Interessen des Einzelnen geprägt, und gleichzeitig weist der Beruf auf Status und

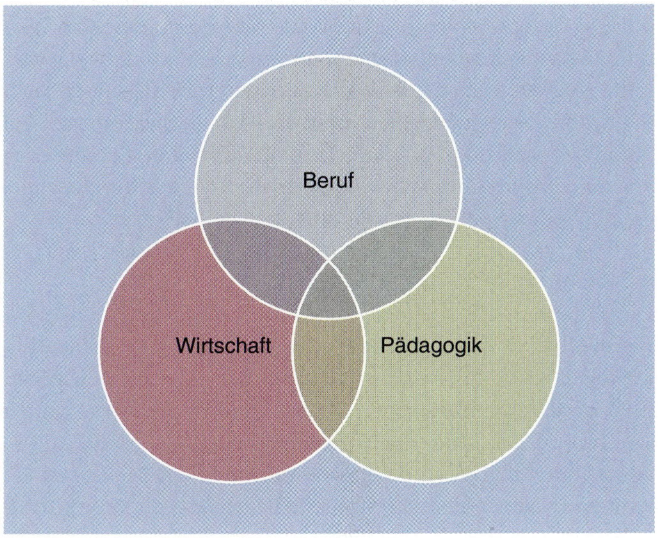

▫ **Abb. 7.6** Die drei Felder bzw. Systeme der Berufs- und Wirtschaftspädagogik

▫ **Abb. 7.7** Die zwei Seiten des Berufs

soziale Stellung innerhalb der Gesellschaft hin. Je nach Beruf genießt man mehr Ansehen oder weniger, je nach Beruf kennt man bestimmte Menschen. In diesem Sinne entscheiden Berufe über das Sozialprestige und über die Möglichkeiten der Selbstverwirklichung und der Karriere.

Jakob: „Anna, was denkst du denn, warum manche Menschen Lehrer werden wollen und andere nicht?"

Anna: „Ich glaube, da muss man unterscheiden: Die einen wollen es werden, weil sie gerne mit Kindern und Jugendlichen arbeiten wollen, weil sie gerne ‚lehren'. Die anderen machen das vielleicht nur, weil sie sich davon einen familienfreundlichen Beruf versprechen."

Jakob: „Du meinst also, dass die einen aus ‚Berufung' Lehrer werden, und die anderen wegen solcher vermeintlicher Vorteile?"

Anna: „Ja, ich glaub schon. Ich denke ja, dass Lehrer wirklich keinerlei Sozialprestige haben. Denk nur an so Sprüche wie: doppelt bezahlter Halbtagsjob."

Jakob: „Ich habe allerdings kürzlich eine Studie vom Institut für Demoskopie in Allensbach (▶ http://www.ifd-allensbach.de/uploads/tx_reportsndocs/PD_2013_05.pdf, 17.10.13) gelesen, da kommen Lehrer recht weit oben raus; nach Ärzten, Krankenschwestern und Polizisten."

Anna: „Na, das stimmt ja gar nicht mit meiner Einschätzung überein ... Selbst unser Ex-Bundeskanzler Schröder soll doch von Lehrern als ‚faulen Säcken' gesprochen haben."[1]

▪ Wirtschaft

Das Konzept der Wirtschaft im Kontext der Berufs- und Wirtschaftspädagogik stellt die Ökonomie und die Politik in den Fokus. Bildung wird als Gut verstanden, Menschen als Humankapital, in die durch Bildung investiert werden kann, wodurch das Humankapital steigt. In extremen Formen, wie sie z. B. durch

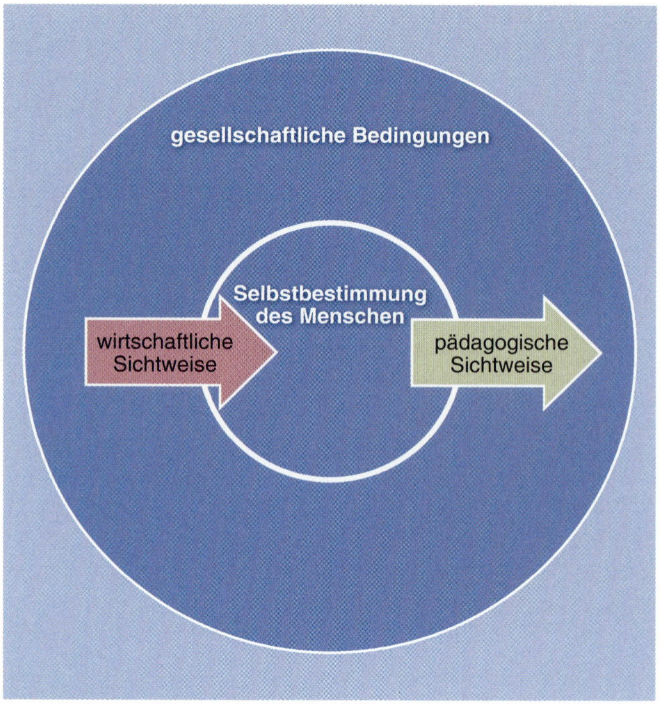

Abb. 7.8 Pädagogische (anthropozentrische) Sichtweise vs. wirtschaftliche Sichtweise auf den Menschen

Smith (1723–1790) und Mill (1806–1873) vertreten wurden, wird zwischen produktiven und unproduktiven Tätigkeiten unterschieden und jegliche Form der Bildung unter einen ökonomischen Fokus gestellt. Selbst die moralische Bildung wurde damit begründet, dass durch sie Straftaten verhindert und dadurch die Ausgaben für Polizei und Justiz reduziert werden könnten.

Dieser Ansatz spiegelt sich im Marktmodell der Berufsbildung wider. Demzufolge ist Bildung ein Produktionsfaktor wie andere auch, in welchen man investieren kann, der Kosten verursacht und Erträge einfährt. Bildung steht in diesem Sinne in Konkurrenz zu anderen Produktionsfaktoren und wird über den Markt reguliert, d. h., die Nachfrage bestimmt das Angebot und umgekehrt. Laut Rebmann et al. (2011) wird dieses Modell im Moment vermehrt diskutiert, vor allem im Kontext der beruflichen Weiterbildung. In der Regulierung der Weiterbildung kommt dem Staat nur eine subsidäre Funktion zu, d. h., er tritt nur ein, wenn dies nötig ist. Ansonsten reguliert sich der Weiterbildungsmarkt nach den klassischen Gesetzen des Marktes. Hier sind es also ganz im Sinne des Marktmodells Angebot und Nachfrage, die den Wert von Bildung bestimmen; es sind wirtschaftliche Überlegungen, die die bildungspolitischen Entscheidungen beeinflussen.

▪ Pädagogik

Das dritte Konzept, das in der Berufs- und Wirtschaftspädagogik Betrachtung findet, ist das der Pädagogik. Dahinter stehen Überlegungen zu Bildung und Bildungsidealen, was auf den ersten Blick geradezu unvereinbar mit dem Konzept der Wirtschaft zu sein scheint. Das neuhumanistische Bildungsideal stellt beispielsweise Individualität und Selbstbestimmung des Menschen ins Zentrum, was aus einer ökonomischen Sicht „als philosophischer Ballast über Bord" geworfen wird (Rebmann et al. 2011, S. 109). Während die Bildungsökonomen den Blick von außen, von den

1 Anna bezieht sich hier auf Beiträge in DIE ZEIT Nr. 26/1995 und im Spiegel 25/1995.

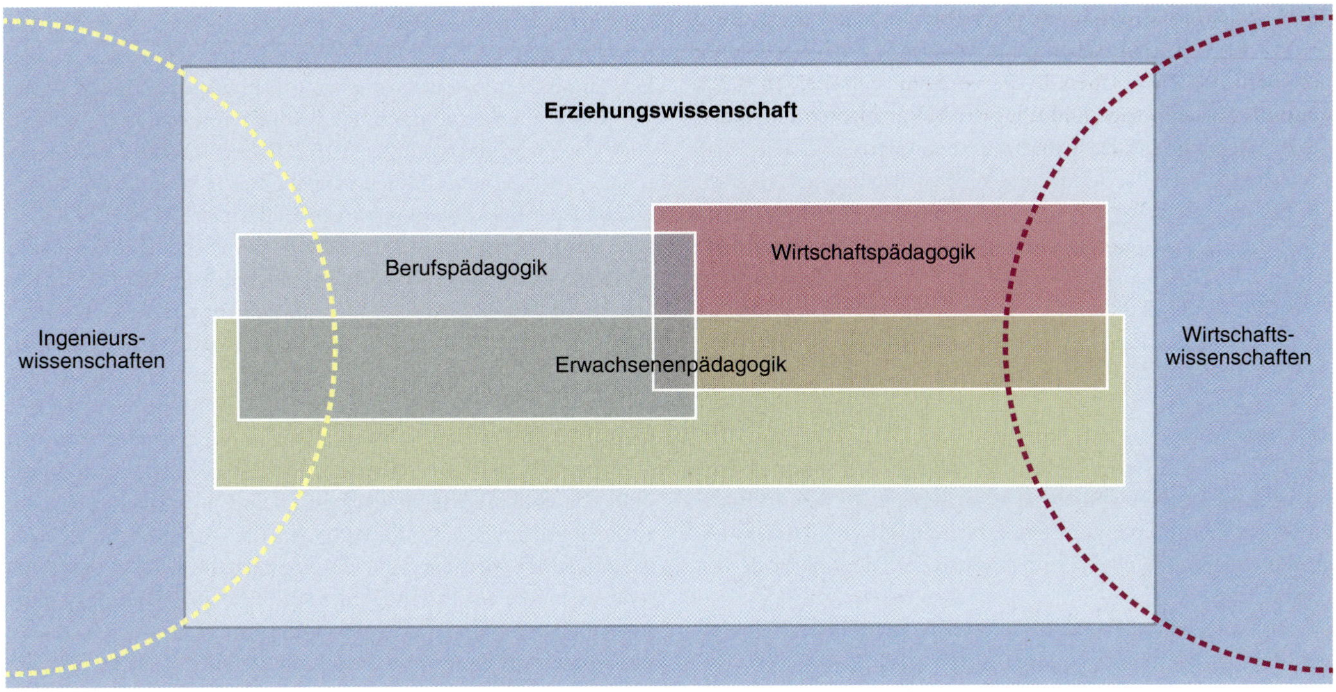

■ **Abb. 7.9** Zusammenhang Berufs- und Wirtschaftspädagogik. (Nach Arnold und Gonon 2006, S. 15)

gesellschaftlichen Belangen auf das Innen, d. h. den Menschen, richten, richten Ansätze der Pädagogik eher den Blick von innen nach außen und versuchen gar, das Innen von dem schädlichen Einfluss des Äußeren abzuschirmen (■ Abb. 7.8).

Diese anthropozentrische Sichtweise, d. h. der Blick vom Menschen auf die Umwelt, hatte einen bedeutenden Einfluss auf das deutsche Bildungssystem. In dieser Sichtweise zeigt sich die weiterhin vorherrschende Trennung von Allgemein- und Berufsbildung.

» Erst auf der Grundlage einer allgemeinen Menschenbildung – so lautete die zentrale neuhumanistische Sichtweise – könne eine Berufsbildung aufsetzen (Rebmann et al. 2011, S. 109).

Erst die sogenannten klassischen Berufsbildungstheorien, die Anfang des 20. Jahrhunderts aufkamen, stellten diesen scheinbaren Gegensatz in Frage. Kerschensteiner z. B. sah die Berufsbildung als „Pforte zur Menschenbildung" und vertrat die Ansicht, dass Menschenbildung im Sinne von Allgemeinbildung ohne Berufsbildung undenkbar sei. Diese Meinung vertraten nach ihm auch andere Berufspädagogen wie Spranger, Fischer und Litt.

In der Bildungspolitik fand dies jedoch erst zu Beginn der 1970er Jahre seinen Niederschlag. 1970 stellte der deutsche Bildungsrat fest, dass es nicht mehr möglich sei, der Allgemeinbildung eine Berufsbildung gegenüberzustellen, da das Lernen den ganzen Menschen fördern solle (Deutscher Bildungsrat 1970, in Rebmann et al. 2011, S. 112).

Das Konzept der Pädagogik im Kontext der Berufs- und Wirtschaftspädagogik fokussiert also den Menschen, das Konzept der Wirtschaft bringt Aspekte der Wirtschaftlichkeit und damit gesamtgesellschaftliche Aspekte ein, und das Konzept des Berufs thematisiert den Beruf im Sinne einer Berufung und im Sinne von Arbeitstätigkeit.

7.4.2 Berufspädagogik vs. Wirtschaftspädagogik

Aus dieser scheinbaren Unvereinbarkeit der drei Systeme lässt sich erklären, dass die Berufs- und die Wirtschaftspädagogik zunächst auch voneinander getrennte Disziplinen mit unterschiedlichen Bezügen waren. Während die Berufspädagogik aus nichtwissenschaftlichen berufspädagogischen Institutionen hervorging und sich stark auf Erziehung und Bildung im Beruf(sleben) bezog, entwickelte sich die Wirtschaftspädagogik aus den wissenschaftlichen Handelshochschulen mit starkem Bezug zur Wirtschaftswissenschaft und beschäftigt sich dementsprechend mit dem wirtschaftlichen Handeln. Dementsprechend unterscheiden sich Berufs- und Wirtschaftspädagogik also vornehmlich „im horizontalen Bezug ihrer Berufserziehung" (Arnold und Gonon 2006, S. 14): Die Wirtschaftspädagogik gilt dabei als auf den kaufmännisch-verwaltenden Bereich ausgerichtet, wohingegen die Berufspädagogik die meisten anderen Bereiche, so z. B. den gewerblich-technischen, den sozialpädagogischen, den gesundheitlichen und den hauswirtschaftlich-pflegerischen, thematisiert.

Da beide Disziplinen jedoch das Handlungsfeld der Berufsbildung und die Lehrerausbildung für berufliche Schulen und die berufliche Aus- und Weiterbildung im Blick haben, d. h. vorwiegend eine pädagogische bzw. erziehungswissenschaftliche Perspektive einnehmen, geht man heute verstärkt dazu über, mehr die Gemeinsamkeiten als die Unterschiede der beiden Disziplinen hervorzuheben und sie deshalb in Publikationen vielfach als eine Disziplin darzustellen.

Arnold und Gonon (2006) zeigen eine Darstellung, die den Zusammenhang und die Bezüge der Disziplin der Berufs- und Wirtschaftspädagogik verdeutlicht (■ Abb. 7.9).

7.4.3 Gegenstand der Berufs- und Wirtschaftspädagogik

Zentraler Bezugspunkt der Berufs- und Wirtschaftspädagogik ist die Erziehung und Bildung im Kontext von Beruf und Wirtschaft. Dabei thematisiert die Berufs- und Wirtschaftspädagogik einerseits die Lehrerausbildung und die Ausbildung der Ausbilder für die berufliche Ausbildung und andererseits auch die Inhalte und Methoden beruflicher Ausbildung sowie die berufliche Weiterbildung.

Um dies leisten zu können, nutzt sie die entsprechenden Bereiche der Erziehungswissenschaft und passt sie an die Bedingungen der Berufsbildung an.

Didaktik der Berufsbildung

Die Didaktik der Berufsbildung ist dabei als ein Sammelbegriff für verschiedene Didaktikansätze im Bereich der Berufsbildung zu sehen. Sie umfasst zum einen fachdidaktische Ansätze und zum anderen auch allgemeine Ansätze der Didaktik in der Berufsbildung.

Als Aufgabe der Didaktik der beruflichen Bildung bezeichnen Rebmann et al. Folgendes:

- „Lehr- und Lernhandlungen und deren Erfolgsaussichten angeben,
- Umstände, unter denen Lehr- und Lernhandlungen auszuführen sind, angeben,
- die handelnden Personen bezeichnen,
- die Auswahl von Inhalten und Zielen im Spannungsverhältnis von Fachwissenschaft, Qualifikationsanforderungen und Handlungssituationen/-interessen der Jugendlichen anleiten und begründen,
- Empfehlungen für die Gestaltung von Lehr-Lernarrangements in Betrieb und Schule bereithalten,
- Lehr- und Lernprozesse in der beruflichen Bildung überprüfen (evaluieren)“ (Rebmann et al. 2011, S. 200).

Basis der Didaktik der Berufsbildung sind dabei auch allgemeindidaktische Ansätze, so z. B. die bildungstheoretische Didaktik, die lehrtheoretische Didaktik, das Konzept des lernzielorientierten Unterrichts, die kritisch-kommunikative Didaktik sowie die kybernetisch-informationstheoretische Didaktik.

Neben allgemeindidaktischen Ansätzen waren und sind aber auch die Fachdidaktiken vor dem Hintergrund der Fachwissenschaften von großem Interesse für die Berufsbildung, da sich die Didaktik der Berufsbildung immer auf Berufsfelder bezieht. Ein zu starker und fast ausschließlicher Bezug der Fachdidaktiken zu den Fachwissenschaften brachte ihnen jedoch den Vorwurf ein, nichts anderes als Abbilddidaktiken zu sein (Rebmann et al. 2011). Heute stehen deshalb qualifikations- und handlungsorientierte Didaktiken im Fokus. Diese orientieren sich nicht ausschließlich an den Fachwissenschaften, sondern an beruflichen Anforderungen und den Lebens- und Handlungssituationen der Lernenden.

Neben didaktischen Überlegungen für die Lehrerausbildung in Berufsschulen stehen in der Berufs- und Wirtschaftspädagogik auch Überlegungen zur Didaktik für die Ausbilder im Betrieb. An Ausbilder wird die Anforderung gestellt, dass sie ausgewiesene Fachleute auf ihrem Gebiet sind und aufgrund dessen die Auszubildenden im Betrieb begleiten können. Zusätzlich müssen sie die sogenannte Ausbildungseignungsprüfung ablegen, durch die sie grundlegende methodisch-didaktische Qualifikationen nachweisen. Sie sollen in der Lage sein,

- die Ausbildungsvoraussetzungen zu prüfen und die Ausbildung ihrer Auszubildenden zu planen,
- die Ausbildung vorzubereiten und bei der Einstellung von Auszubildenden mitzuwirken,
- die Ausbildung durchzuführen und
- die Ausbildung abzuschließen (vgl. §§ 2, 3 Ausbildungs-Eignungsverordnung (AEVO 2009).

Methodik der Berufsbildung

Auch die Methodik der Berufsausbildung ist damit Thema der Berufs- und Wirtschaftspädagogik. Diese ist sehr vielfältig. Grundsätzlich wird jedoch zwischen zwei Ansätzen unterschieden: den systematischen Lernsettings und den situativen Lernsettings. Zu den systematischen Ansätzen der Methodik der Berufsausbildung

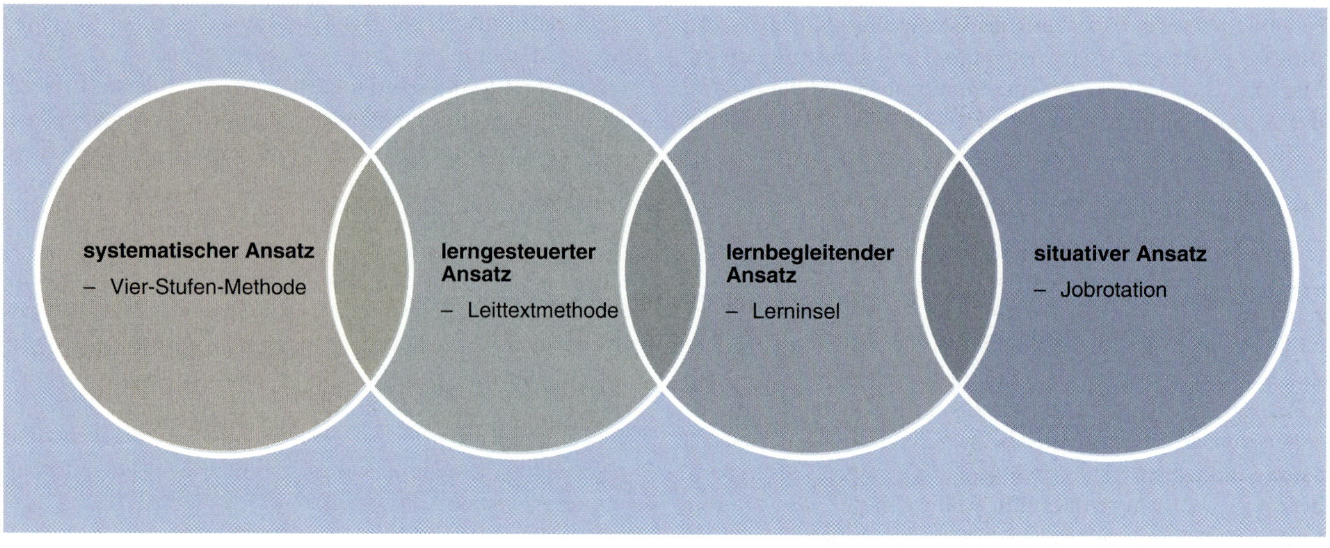

Abb. 7.10 Methodische Ansätze in der Berufsbildung

gehören alle formellen Lehr-Lern-Situationen, wie z. B. Lehrgänge oder gezielte und geplante Unterweisungen am Arbeitsplatz. Hier hat sich die Vier-Stufen-Methode – Vorbereiten, Vormachen, Nachmachen, Üben – durchgesetzt. Situative Ansätze nehmen reale Situationen im Arbeitsprozess als Auslöser für das Lernen. Ein Beispiel hierfür ist die sogenannte Jobrotation. Hier wechseln Auszubildende während ihrer Ausbildung systematisch und geplant ihren Arbeitsplatz innerhalb eines Unternehmens.

Zwischen situativen und systematischen Ansätzen des Lernens sind lerngesteuerte und lernbegleitende Ansätze einzuordnen (◘ Abb. 7.10). Beim lerngesteuerten Arbeiten wird der Lernende beim Arbeiten zum Lernen angeregt. Eine typische Methode dieses Ansatzes ist die sogenannte Leittextmethode. Dabei erhält ein Lernender einen vollständigen Arbeitsauftrag, den er mit Hilfe von Leitfragen und Quellenmaterial vollständig bearbeiten muss. Beim lernbegleitenden Arbeiten steht das Arbeiten im Vordergrund und wird durch Lernen ergänzt. Lernbegleitendes Arbeiten erfolgt z. B. mittels der Methode der Lerninsel. Hier sind in den Arbeitsprozess Lerngelegenheiten integriert, die z. B. durch Gespräche oder Materialien realisiert werden.

▪ Ausbildungsstrukturen

Die Berufs- und Wirtschaftspädagogik beschäftigt sich neben den bisher genannten vorwiegend eher mit pädagogischen Fragestellungen zur Aus- und Weiterbildung, aber auch mit umfassenderen Fragestellungen wie z. B. der Gestaltung von Ausbildungsstrukturen. Gerade durch die Europäisierung werden zunehmend verschiedene Berufsausbildungssysteme verglichen. Während in Deutschland die Berufsausbildung im sogenannten dualen System erfolgt (Ausbildung im Betrieb begleitet durch Unterricht an Berufsschulen), ist die Berufsausbildung in anderen europäischen Ländern anders geregelt. Hier lassen sich vorwiegend zwei Modelle unterscheiden: das Schulmodell, welches in stark zentralistisch organisierten Staaten wie z. B. Frankreich vorzufinden ist, und das Marktmodell. Während im Schulmodell der Staat das Bildungsmonopol hat und das gesamte Bildungssystem regelt und reguliert, überlässt man im Marktmodell die Regulierung des Ausbildungsangebots dem Ausbildungsstellenmarkt. Das in Deutschland vorherrschende duale System der Berufsausbildung vereinigt beide Aspekte: Ein Jugendlicher muss zunächst einen Ausbildungsplatz in einem Betrieb suchen – hier findet sich das Marktmodell wieder –, die Ausbildung selbst wird dann jedoch durch staatliche Regulierungen geregelt (◘ Abb. 7.11).

7.4.4 Zusammenfassung

In der Berufs- und Wirtschaftspädagogik geht es um Überlegungen zur Berufsaus- und -weiterbildung im Kontext wirtschaftlicher Überlegungen. Nachdem die Wirtschaftspädagogik lange Zeit den Fokus vor allem auf die Handelslehrerausbildung und damit auf die berufliche Ausbildung im wirtschaftlich-gewerblichen Bereich gerichtet hatte, konzentrierte sich die Berufspädagogik auf gewerblich-technische, sozialpädagogische, gesundheitliche und hauswirtschaftlich-pflegerische Berufe. Heute wachsen beide Disziplinen zunehmend zusammen.

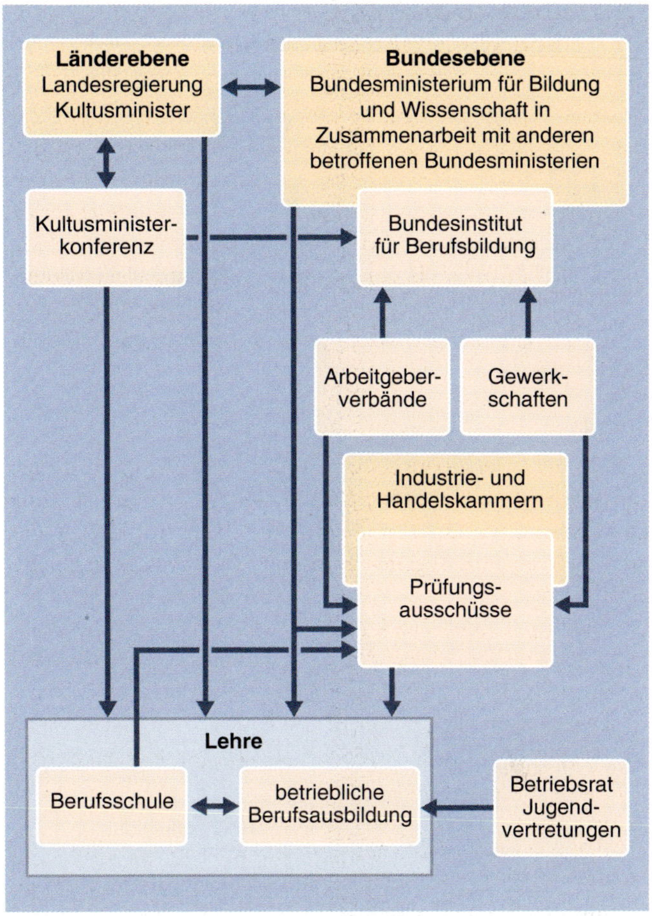

◘ **Abb. 7.11** Institutioneller Rahmen der Berufsausbildung. (Aus Cortina 2003, S. 527)

Aufgaben zum Festigen des neuen Wissens

1. Welche drei Systeme bestimme die Berufs- und Wirtschaftspädagogik und wie?
2. Nennen Sie die vier hier vorgestellten methodischen Ansätze der Berufsbildung und erklären Sie sie.
3. Welche geschichtliche Grundlage hat die Berufspädagogik, welche die Wirtschaftspädagogik? Warum wird daraus zunehmend eine Disziplin?

Aufgaben zum Weiterdenken

1. Diskutieren Sie den Zusammenhang von Allgemeinbildung und Berufsbildung. Kann es das eine ohne das andere geben? Welches Gewicht sollte der Allgemein-, welches der Berufsbildung zukommen und warum?
2. Im obigen Abschnitt wurden zwei Sichtweisen dargestellt: die anthropozentrische und die wirtschaftliche Sichtweise. Diskutieren Sie, wie diese beiden Sichtweisen zu vereinbaren wären. Erstellen Sie ggf. eine Skizze, die die Zusammenhänge und Widersprüche etc. darstellt.

▪ Weiterführende Literatur

- Arnold, R., & Gonon, P. (2006). *Einführung in die Berufspädagogik*. Opladen: Budrich.

7.5 Hochschuldidaktik

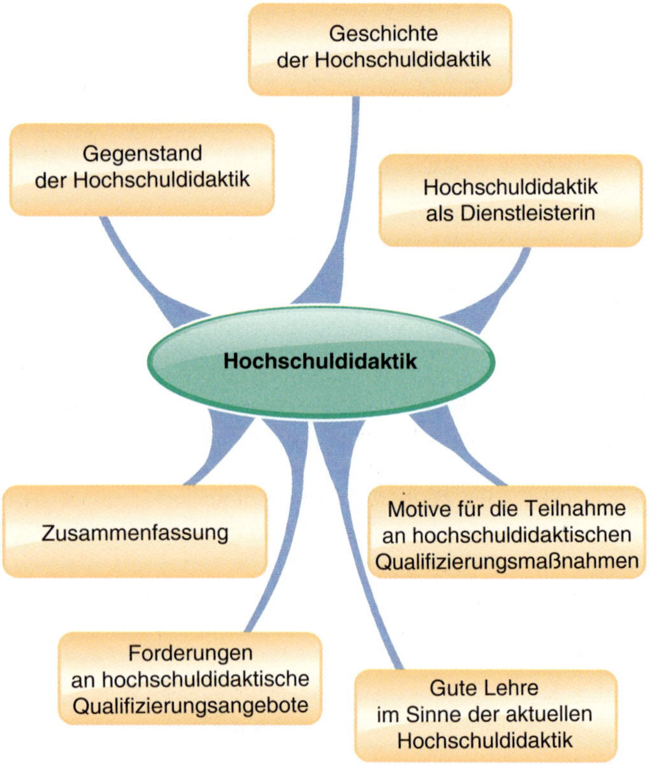

Aufgabe als Denkanstoß

Welche Gründe sprechen dafür, dass es neben einer allgemeinen Didaktik auch noch eine eigene Didaktik für die Hochschullehre geben sollte? In welchen Aspekten ist das Lehren und Lernen in diesem Bereich anders?

7.5.1 Gegenstand der Hochschuldidaktik

Die Disziplin der Hochschuldidaktik beschäftigt sich mit der Didaktik der Hochschullehre, d. h. also dem Lehren und Lernen an Hochschulen und Universitäten. Sie steht damit einerseits der allgemeinen Didaktik nahe, unterscheidet sich aber auch maßgeblich von ihr. Im Gegensatz zur allgemeinen Didaktik fokussiert sie weniger die Inhalte des Lehrens und Lernens, sondern stärker die Methodik und wäre damit in den Worten Klafkis der „Didaktik im weiteren Sinne" zuzuordnen. Dieser Schwerpunkt der Hochschuldidaktik auf eher methodische Fragen resultiert aus ihrer Stellung im Hochschulkontext. Da es bei der starken Spezialisierung der Fachdisziplinen an Hochschulen für eine allgemeine Hochschuldidaktik nicht möglich ist, inhaltlich Stellung zu beziehen, kann sich eine allgemeine Hochschuldidaktik nur auf einer allgemeinen Ebene mit dem Lehren und Lernen an Hochschulen beschäftigen. Allerdings wird inzwischen Hochschuldidaktik auch zunehmend in einzelnen Fachdisziplinen betrieben, wo dann natürlich auch inhaltliche Fragen thematisiert werden können.

7.5.2 Geschichte der Hochschuldidaktik

Insgesamt ist die Hochschuldidaktik eine sehr junge Disziplin (■ Tab. 7.4). Zwar ist es schwer zurückzuverfolgen, wann und wo sie tatsächlich ihren Ursprung hat, aber eine etwas intensivere Auseinandersetzung mit der Hochschullehre begann definitiv erst zaghaft in den 1960er und 1970er Jahren. So datiert z. B. Wildt (2003) die Entstehung der Hochschuldidaktik an westdeutschen Universitäten in diese Zeit. Zunächst war die Hochschuldidaktik als „Arbeitskreis Hochschuldidaktik" im liberal bis liberal-konservativ geprägten Hochschulverband angesiedelt. Man hatte hier die Verbesserung von Lehre und Studium im Sinn, aber keineswegs die Institutionalisierung einer eigenständigen Hochschuldidaktik. Aus diesem Arbeitskreis ging später dann die Arbeitsgemeinschaft für Hochschuldidaktik hervor, die die Vorgängerin der heutigen Gesellschaft für Hochschuldidaktik (DGHD) war.

Maßgeblich beschleunigt wurde laut Wildt (2003) die Entstehung der Hochschuldidaktik durch einen Aufsatz der Bundesassistentenkonferenz (BAK) mit dem Titel „Forschendes Lernen – wissenschaftliches Prüfen" (BAK 1970). Die Bundesassistentenkonferenz unter dem Vorsitz von Ludwig Huber forderte darin, es Studierenden zu ermöglichen, an der Wissenschaft teilzunehmen (BAK 1970, S. 9), da nur auf diese Weise eine wissenschaftliche Ausbildung gewährleistet werden könne, was die Aufgabe der Hochschulen sei. Die Bundesassistentenkonferenz kritisierte,

- dass zu dieser Zeit viele Studiengänge zunächst nur Grundlagen in einer Weise vermittelten, die keine Fähigkeiten hinsichtlich des Forschens aufbauen,
- dass viele Lehrveranstaltungen zum Selbstzweck werden, in denen es versäumt wird, den Lernenden ihren Stellenwert im Hinblick auf das gesamte Studium aufzuzeigen, wodurch die intrinsische Motivation der Studierenden reduziert wird, und
- dass die Einführung von „Kurzstudiengängen" eine wirklich tiefergehende, wissenschaftliche Auseinandersetzung mit den Studieninhalten verhindere.

Als möglichen Ausweg aus diesen nach Auffassung der Bundesassistentenkonferenz ungünstigen Bedingungen wurde 1970 das forschende Lernen gesehen. Dieses sollte den Studierenden die Tür zu Wissenschaft und Forschung öffnen. Als Merkmale forschenden Lernens werden dabei genannt,

- dass die Lernenden ihr Thema sowie ihr Vorgehen bzw. ihre Methode selbstständig wählen,
- dass sie dadurch nicht von Umwegen und Irrtümern geschützt sind, aber andererseits auch Zufallsfunde möglich werden,
- dass sie ihren Weg konsequent und mit dem Anspruch, der Wissenschaft zu genügen, gehen und
- dass sie ihre Ergebnisse kritisch prüfen und nachvollziehbar darstellen (BAK 1970).

Konkret forderte die Bundesassistentenkonferenz in ihrem Aufsatz, dass die Studierenden durch eigene Forschungsprojekte die Techniken des wissenschaftlichen Arbeitens erwerben sollen.

■ **Tab. 7.4** Geschichte der Hochschuldidaktik

1960/70	1970	1970/80	1995	1999	2011
→					
Erste Beschäftigung mit dem Thema	Diskussionspapier der BAK zum Thema „Forschendes Lernen"	Erste Modellversuche für hochschuldidaktisches Qualifizierungsangebot	Paper „The Shift from Learning to Teaching" (Barr und Tagg)	Bologna-Erklärung	Qualitätspakt Lehre
			→		
			Institutionalisierung		

Wie dies konkret realisiert werden könnte, d. h. wie Forschungsprojekte in die Studiengänge eingebunden werden können, wird ausführlich dargestellt und auch an Beispielen für unterschiedliche Fächer verdeutlicht.

Neben der Forderung, forschendes Lernen in Studiengängen zu verankern, wird außerdem starke Kritik am Prüfungssystem geübt und gefordert, studienbegleitende Prüfungen einzuführen und die Benotung in der zu dieser Zeit, aber auch heute im Jahr 2014 noch üblichen Form abzuschaffen. Stattdessen fordert die Bundesassistentenkonferenz, nur zwischen „bestanden" und „nicht bestanden" und in Ausnahmefällen „mit Auszeichnung bestanden" zu unterscheiden. Um eine weitere Differenzierung vorzunehmen, wird vorgeschlagen, diese Prädikate auf unterschiedliche Zieldimensionen anzuwenden (Huber für die BAK 1970, S. 61 f.).

Anna: „Als ich das jetzt gerade gelesen habe, was diese Bundesassistentenkonferenz 1970 gefordert hat, bin ich gestolpert: Ich musste gerade noch mal die Jahreszahl ansehen. Das ist über 40 Jahre her! Aber so schrecklich alt erscheinen diese Forderungen doch nicht, oder?"

Jakob: „Ja, das hab ich auch gedacht. Vieles davon könnte auch eine ganz aktuelle Forderung sein. Ich habe kürzlich zufällig auch das Programm der Jahrestagung der Deutschen Gesellschaft für Hochschuldidaktik von diesem Jahr gelesen. Da ist in vielen Vorträgen das forschende Lernen immer noch Thema."

Anna: „Klar, schau doch mal unser Studium an: Haben wir viele Lehrveranstaltungen, die forschendes Lernen fördern? Ich hab auch oft den Eindruck, dass unsere Lehrveranstaltungen nur dem Selbstzweck dienen und einfach nur so unverbunden nebeneinander stehen ..."

Jakob: „Stimmt. Und ich glaube auch nicht, dass das in anderen Fächern wirklich anders ist. Schließlich sollte man ja annehmen, dass wir ja noch einen Studiengang haben, der von den Leuten gestrickt wurde, die am meisten in so hochschuldidaktischen Diskursen verwoben sind … Denk doch mal an einen Chemiker oder einen Anglisten. Die dürften doch davon noch viel weniger Ahnung haben als unsere Erziehungswissenschaftler …"

Anna: „Das stimmt. Umso erstaunlicher. Und schau mal: Thema Kurzstudiengänge. Wir haben doch eigentlich genau so einen Kurzstudiengang, wie er hier kritisiert wird. Bachelor – 6 Semester!"

Jakob: „Ja. Und die Noten haben wir auch noch."

Anna: „Dafür haben wir aber immerhin studienbegleitende Prüfungen und nicht diese punktuellen, die 1970 von der Bundesassistentenkonferenz so stark kritisiert wurden."

Jakob: „Ja, immerhin eine der Forderungen ist nach 40 Jahren im Ansatz realisiert."

Anna: „Krass. Was ist eigentlich in den letzten 40 Jahren so passiert? Offensichtlich nicht viel! Traurig!"

Jakob: „Na, lass uns mal weiterlesen. Vielleicht ist ja doch was passiert. Nur nicht gerade das."

Ausgehend von dieser programmatischen Publikation der Bundesassistentenkonferenz 1970 folgten dann tatsächlich erste Modellversuche im Hinblick auf hochschuldidaktische Aus- und Weiterbildung der Lehrenden an Hochschulen, wie z. B. an der Universität Bochum. Angestoßen durch den damaligen Rektor der Hochschule Ewald und den Prorektor für Lehre Figge wurde dort 1978 ein Programm zur „Hochschulpädagogischen Ausbildung von Hochschullehrern und wissenschaftlichen Mitarbeitern" konzipiert. Durch ein mehrtägiges Kompaktseminar und Ergänzungsveranstaltungen sollte innerhalb eines Jahres die Lehrkompetenz der Lehrenden gestärkt werden. Dabei sollte jedoch nicht nur die Vermittlung von Inhalten im Kontext von Methodik und Didaktik der Hochschullehre im Vordergrund stehen, sondern der wissenschaftliche Nachwuchs sollte auch im Hinblick auf Forschungsmethoden, das Führen von Arbeitsgruppen und das Darstellen von Forschungsergebnissen geschult werden. Dieses Curriculum kann als erster Versuch, ein hochschuldidaktisches Kerncurriculum zu entwickeln, verstanden werden.

Weitere frühe Entwicklungen in der Hochschuldidaktik fanden an der RWTH Aachen statt. Bereits diese beiden Entwicklungen zeigen jedoch, dass die Hochschuldidaktik sich weniger als eine wissenschaftliche Disziplin entwickelte, sondern vielmehr als eine fächerübergreifende Serviceeinrichtung, die die Lehrenden methodisch und didaktisch zu schulen hatte.

Auch im Hinblick auf den angloamerikanischen Sprachraum datiert Berendt (2003) den Beginn einer systematischen Beschäftigung mit der Hochschuldidaktik, die dort als Academic Staff Development bezeichnet wird, auf den Beginn der 1980er Jahre. In dem Begriff Academic Staff Development wird noch deutlicher als im deutschen Begriff Hochschuldidaktik, dass es weniger um Forschung und Wissenschaft geht, sondern eben viel mehr um Aus- und Weiterbildung und um Personalentwicklung des akademischen Personals von Hochschulen.

Auch der nächste Meilenstein in der Geschichte der Hochschuldidaktik ist ein Aufsatz: Sowohl im deutschsprachigen als auch im angloamerikanischen Raum kann der programmatische Aufsatz mit dem Titel „The Shift From Teaching to Learning – A New Paradigm for Undergraduate Education" von Barr und Tagg (1995) als wesentlicher Impulsgeber für die Weiterentwicklung der Hochschuldidaktik angesehen werden. Die Autoren dieses Aufsatzes forderten weniger Orientierung an den Fachsystematiken in der Lehre, dafür „mehr Orientierung an einem wissensbasierten Aufbau von berufsrelevanten Kompetenzen und einen Wandel der Rolle der Lehrenden zu Lernbegleitern" (Wildt und Eberhardt 2010, S. 18). Die Autoren nehmen dabei Bezug auf Erkenntnisse der Lernpsychologie. Sie machen deutlich, dass der Fokus auf das Lehren an Hochschulen eigentlich sein Ziel verfehlt. Sie zeigen auf, dass lange Zeit verkannt wurde, dass das Lehren nur das Mittel ist, mit dem Hochschulen ihr Produkt, nämlich das Lernen, erreichen können, dass Lehren kein Selbstzweck ist. Es sei wichtig zu erkennen, dass es die Aufgabe von Hochschulen ist, Lernen anzuregen, zu unterstützen und zu ermöglichen, was durch die unterschiedlichsten Maßnahmen und Mittel auch durch das Lehren erfolgen kann.

Dieser Aufsatz verschob also den Fokus des Interesses vom Handeln des Lehrenden auf das Lernen der Studierenden. Für die Entwicklung der Hochschuldidaktik bedeutete dies, dass ihr wieder mehr Aufmerksamkeit geschenkt wurde, denn neu war dieser Ansatz für die Hochschuldidaktik nicht. Bereits der Aufsatz der Bundesassistentenkonferenz stellt das Lernen ins Zentrum und beschreibt das Lehren als Mittel zu diesem Zweck.

Auch wenn der Aufsatz von Barr und Tagg 1995 also eigentlich nicht wirklich neue Impulse brachte, sorgte er für Wirbel und wurde auch auf der UNESCO-Weltkonferenz 1998 und der vorbereitenden Konferenz Europäischer Rektoren (CRE) und UNESCO-CEPES 1997 thematisiert (Berendt 2003). Auf diesen Konferenzen wurde die Notwendigkeit des lebenslangen und des selbstgesteuerten Lernens hervorgehoben. Durch diese Forderungen wurde auch die Relevanz der Hochschuldidaktik weiter gestärkt: Um die Umstellung vom Lehren zum Lernen realisieren zu können, wurden Experten gebraucht, die die Lehrenden dabei unterstützten, Lernen durch das Mittel der Lehre zu ermöglichen. Dazu waren Serviceeinrichtungen der Hochschuldidaktik geeignet, welche in der Folge zunehmend an vielen Hochschulen etabliert wurden.

Einen weiteren Schub erhielt die Hochschuldidaktik durch die sogenannte Bologna-Erklärung, die 1999 verabschiedet wurde. Darin verpflichteten sich europäische Bildungsminister, die Studiensysteme international anzugleichen, um die Mobilität der Studierenden zu erhöhen. Man beschloss, bis zum Jahr 2010 die Umstellung der damaligen Studienabschlüsse (in Deutschland: Magister und Diplom) auf das international anerkannte Bachelor-Master-System zu verwirklichen. Durch diesen Reformprozess rückte automatisch die Lehre an den Hochschulen mehr ins Zentrum des Interesses. Da die neuen Studiengänge modularisiert, auf konkret formulierte Kompetenzen ausgerichtet und berufsqualifizierend sein sollten, waren Fachleute gefragt, die Studiengänge dieser Art entwickeln konnten. Eine wesentliche Rolle spielten dabei die damaligen hochschuldidaktischen Zentren, die zu dieser Zeit verstärkt institutionalisiert wurden und neben Workshops zur Aus- und Weiterbildung von Lehrenden im Hinblick auf die Verbesserung von Lehrkompetenzen auch Beratung anboten. Da diese Zentren in ganz ähnlicher Form auch heute noch bestehen, wird darauf im ► Abschn. 7.5.6 genauer eingegangen.

Damit ist auch klar, dass die Hochschuldidaktik als Dienstleistungsanbieterin mittlerweile als institutionalisiert betrachtet werden kann, was Wildt (2003) um die Jahrtausendwende noch immer als ungeklärte Frage ansah. Die allermeisten deutschen und schweizerischen Hochschulen haben die Hochschuldidaktik inzwischen institutionalisiert und bieten ein mehr oder weniger umfangreiches hochschuldidaktisches Aus- und Weiterbildungsprogramm an.

Weiteren Aufwind hat die Hochschuldidaktik als Dienstleisterin auch durch den in Deutschland von Bund und Ländern ins Leben gerufenen Qualitätspakt Lehre erhalten. Im Rahmen dieses Förderprogramms werden den Hochschulen von 2011 bis 2020 insgesamt rund 2 Milliarden Euro zur Verfügung gestellt, um die Studienbedingungen an deutschen Hochschulen zu verbessern. Dies kann als ein einmaliges Engagement für die Hochschullehre in der deutschen Hochschulpolitik angesehen werden. Im Rahmen dieses Programms werden derzeit zumindest vorübergehend zahlreiche neue Stellen im Kontext der Hochschuldidaktik geschaffen und die Hochschuldidaktik als Dienstleisterin weiter gefördert.

Die Hochschuldidaktik als Serviceeinrichtung hat damit in den letzten Jahren einen starken Aufschwung erlebt und wird ihre Bedeutung in absehbarer Zeit sicherlich nicht einbüßen, da

„der Druck zur Qualitätsverbesserung in Lehre und Studium“ (Welbers 2003, S. 48) weiterhin sehr groß ist und sich die jungen Lehrenden auch zunehmend in der Pflicht sehen, nicht nur als Forscherinnen und Forscher professionell zu handeln, sondern auch als Lehrende.

Wie die Geschichte der Hochschuldidaktik zeigt, ist sie im Wesentlichen Dienstleisterin. Sie als wissenschaftliche Disziplin zu sehen, fällt schwer, da es kaum Lehrstühle für Hochschuldidaktik gibt, vergleichsweise wenig Forschung und akademische Ausbildung. Die Hochschuldidaktik ist bis heute auch in keiner Sektion der Deutschen Gesellschaft für Erziehungswissenschaft vertreten.

All diese Aspekte führen zu einer ungewöhnlichen Situation: Die Hochschuldidaktik ist Dienstleisterin, der aber genau genommen die wissenschaftliche Basis sowie das entsprechend ausgebildete Personal fehlt. Die Hochschuldidaktik ist deshalb ausgesprochen interdisziplinär: Die Forschung findet in den Fachbereichen statt, oder man referiert Ergebnisse der allgemeinen Didaktik bzw. Schulpädagogik und der Erwachsenenbildung, und die Leiter, Mitarbeiter und Dozenten der hochschuldidaktischen Institutionen kommen aus den unterschiedlichsten Disziplinen.

7.5.3 Hochschuldidaktik als Dienstleisterin

Als Dienstleisterin bietet die Hochschuldidaktik Qualifizierungsmaßnahmen für Lehrende an Hochschulen an. Sie wird deshalb als Teil der Personalentwicklung an Hochschulen begriffen (Welbers 2003) und ist auch institutionell, z. B. an der Universität Basel, in der Personalentwicklungsabteilung angesiedelt. In diesem Rahmen werden Maßnahmen wie Workshops, Kurse und Coaching angeboten, um die Lehrenden an den Hochschulen für ihre Lehrtätigkeit zu qualifizieren. Themen dieser Workshops und Kurse sind das Lehren und Lernen an Hochschulen, das methodische Gestalten von Lehrveranstaltungen und die Beziehungsgestaltung von Lehrenden und Lernenden an Hochschulen im Hinblick auf die Optimierung von Lehr-Lern-Prozessen allgemein, aber auch von Studiengangentwicklung und Erstellen von Prüfungen.

Die Institute für Hochschuldidaktik agieren dabei zum Teil ausschließlich auf der Ebene der jeweiligen Hochschule, sind in manchen Bundesländern der Bundesrepublik Deutschland jedoch auch vernetzt und bieten ein gemeinsames Programm an. So wurde z. B. 2001 das Hochschuldidaktikzentrum der Universitäten des Landes Baden-Württemberg gegründet. Dieses Zentrum bietet an den neun Landesuniversitäten ein gemeinsames Hochschuldidaktikprogramm an, welches allen Lehrenden der neun Universitäten offensteht. Die angebotenen Kurse können einzeln besucht werden, oder es kann das gesamte angebotene Curriculum absolviert werden. Dieses umfasst den Besuch verschiedener Kurse, aber auch Hospitationen und die Teilnahme an kollegialer Beratung und das Erstellen eines Leistungsnachweises. Lehrende, die das gesamte Curriculum durchlaufen, erhalten ein Zertifikat.

Ähnliche Konzeptionen gibt es an anderen Universitäten oder in anderen Verbünden bzw. Zentren auch. Zwar sind die zu erbringenden Leistungen an unterschiedlichen Universitäten oder landesweit organisierten Zentren keineswegs gleich, aber im Groben zeigt sich stets eine ähnliche Struktur, die sich am Kerncurriculum „Qualifizierung für die Lehre an Hochschulen“ orientiert (vgl. Berendt 2003, S. 116). Demnach sollen Lehrende einerseits Workshops zu den Themenschwerpunkten „Rahmenbedingungen von Lehre und Studium“, „Lehren und Lernen“ und „Beraten und Prüfen“ besuchen, zusätzlich eigene Projekte durchführen und an praxisbegleitenden Beratungen wie z. B. Hospitationen und Supervisionen teilnehmen, um ein Zertifikat zu erwerben. Dabei wird empfohlen, dass der Zeitaufwand, der für den Erwerb eines solchen Zertifikats aufzubringen ist, bei ca. 200 Stunden liegen soll.

7.5.4 Motive für die Teilnahme an hochschuldidaktischen Qualifizierungsmaßnahmen

Der Besuch hochschuldidaktischer Qualifizierungsmaßnahmen ist heute weiterhin in den meisten Fällen freiwillig. Zwar ist es mit Sicherheit nicht von Nachteil, ein Zertifikat im Bereich Hochschullehre vorweisen zu können, ob es jedoch die Chancen auf eine Berufung erhöht, bleibt fraglich, da noch immer die in der Forschung erworbenen Meriten schwerer wiegen. Dennoch fordern immer mehr Habilitationsordnungen den Nachweis einer Qualifikation im Bereich der Lehre.

> In erster Linie erwächst die Motivation [sich hochschuldidaktisch zu qualifizieren] aus der Erwartung, dass effektive Lehre auch wesentlich zur eigenen beruflichen Zufriedenheit beiträgt. Ein dynamisches Unterrichtsgeschehen auf zielgruppenangemessenem, dabei aber anspruchsvollem Niveau sowie interessierte, engagierte Studierende, die sich kompetent einbringen, gehören zum Traum der jungen Generation Hochschullehrender (Heudecker 2010, S. 257).

Dabei interessieren sich die Lehrenden entsprechend einer Befragung von Hochschuldozenten vor allem für Themen wie Stimme und Körpersprache, Interaktionen im Seminar, Konzeption von Lehrveranstaltungen, Strukturierung von Einzelsitzungen, Seminardiskussionen sowie motivierende Gesprächsführung, aber auch für den effektiven Einsatz von Gruppenarbeiten, die gelungene Gestaltung von Prüfungen und das Visualisieren von Inhalten (Heudecker 2010).

7.5.5 Gute Lehre im Sinne der aktuellen Hochschuldidaktik

Als gute Lehre wird dabei im Diskurs der Hochschuldidaktik ein Lehren verstanden, das

> zielgerichtet und bewusst von den Lehrenden als wechselseitiger Prozess gestaltet [wird], der vorbereitet und reflektiert werden muss. Lernfreundliche Bedingungen werden von Lehrenden geschaffen, wenn sich die Veranstaltung durch eine klare Gliederung, klare Ziele, klare organisatorische Vorgaben,

gezielten Medieneinsatz, regelmäßige Überarbeitung des Skriptes, ausreichendes Übungs- und Tutorienangebot, transparente Anforderungen, Anknüpfen an Bekanntes, Einbezug von Forschung, Flexibilität bei der Schwerpunktsetzung, Berücksichtigung der Arbeitsbelastung, Teilnehmerorientierung und Abstimmung von Terminen auszeichnet. Durch Anregung und Phantasiereichtum wie z. B. Eselsbrücken, Humor, lebensnahe Beispiele, Flexibilität, Machbarkeit der Aufgabenstellung, Schaffen von Erfolgserlebnissen und Visualisierungen tragen die Lehrenden zu einer lernförderlichen Umgebung bei (Auferkorte-Michaelis und Ladwig 2011, S. 101).

7.5.6 Forderungen an hochschuldidaktische Qualifizierungsangebote

Um bei den Lehrenden an Hochschulen diese Kompetenz aufzubauen, wird von Dozenten der hochschuldidaktischen Qualifizierungsmaßnahmen gefordert, dass sie Workshops gestalten, die problemlösungsorientiert, kreativitätsfördernd, authentisch und wertschätzend sowie interaktionsorientiert sind, zur Reflexion der Lehr-Lern-Perspektive und zum Ausprobieren anregen (Auferkorte-Michaelis und Ladwig 2011). Huber (2003) fordert außerdem Reflexivität, Reformorientierung, Teilnehmerorientierung, Problemorientierung, Methodenvielfalt und Professionalität (Huber 2003).

7.5.7 Zusammenfassung

Die Hochschuldidaktik ist eine besondere Disziplin innerhalb der Landschaft der Einzeldisziplinen der Erziehungswissenschaft: Sie ist wissenschaftlich vergleichsweise schwach positioniert, d. h., es gibt kaum Forschung und wenige Wissenschaftlerinnen und Wissenschaftler, die sich ihr zuwenden; es gibt außerdem kaum Studiengänge, die ein systematisches Studium der Hochschuldidaktik ermöglichen; auf der anderen Seite gibt es eine fortlaufend steigende Anzahl praktisch arbeitender Hochschuldidaktiker, die Weiterbildung im Bereich der Hochschuldidaktik organisieren und durchführen. Diese kommen meist aus der allgemeinen Erziehungswissenschaft oder einer ihrer Teildisziplinen oder sind gar ganz fachfremd. Hier sollte in absehbarer Zeit eine Veränderung stattfinden, die das Handeln von in der Hochschuldidaktik Tätigen auf wissenschaftlich fundierte hochschuldidaktische Grundlagen stellt.

Aufgaben zum Festigen des neuen Wissens

1. Was zeichnet die Hochschuldidaktik gegenüber anderen erziehungswissenschaftlichen Einzeldisziplinen aus?
2. Benennen Sie die Prinzipien der Hochschuldidaktik und begründen Sie sie.

Aufgaben zum Weiterdenken

1. Welche Problematik ergibt sich daraus, dass es quasi keine wissenschaftliche Disziplin „Hochschuldidaktik" gibt? Welche Fragen sollte eine solche Disziplin aus Ihrer Sicht bearbeiten?
2. Derzeit entstehen immer mehr weiterbildende Masterstudiengänge zum Themenfeld der Hochschuldidaktik. Diese wenden sich an Lehrende an Hochschulen mit unterschiedlichen Disziplinen. Inwieweit halten Sie solche Masterstudiengänge für eine geeignete Form, die Disziplin der Hochschuldidaktik wissenschaftlich weiterzuentwickeln? Welche Probleme erkennen Sie?

Weiterführende Literatur

Macke, G., Hanke, U. & Viehmann, P. (2012). *Hochschuldidaktik. Lehren, Vortragen, Prüfen, Beraten* (2. Aufl.). Weinheim: Beltz.

7.6 Erwachsenenbildung

Aufgabe als Denkanstoß

Nach welchen Prinzipien sollten in der Weiterbildung tätige Menschen handeln und Entscheidungen treffen?

7.6.1 Geschichte der Erwachsenenbildung

Die Erwachsenenbildung als Teildisziplin der Erziehungswissenschaft gibt es erst seit den 1960er Jahren, obwohl ihre Geschichte viel weiter zurückreicht (Tab. 7.5). Auch wenn es vor der Aufklärung angestoßen durch den Buchdruck schon Ideen zu einer Erwachsenenbildung gab, wurde in der Aufklärung das erste Mal damit begonnen, die Idee einer Bildung für Erwachsene bewusst zu reflektieren: Zu dieser Zeit erkannte man den Menschen als einerseits lernfähig, andererseits aber auch als lernbedürftig. Damit wurde Bildung jeglicher Art und damit auch die Bildung von Erwachsenen nötig, um den Menschen aus seiner Unmündigkeit zu befreien.

Um diese Bildung zu ermöglichen, traten dann bis zur Mitte des 19. Jahrhunderts vermehrt Vereine des Bürgertums, Handwerksvereine und Handwerkerbildungsvereine in Erscheinung, die die Bildungsarbeit für ihre Mitglieder organisierten. Ausgelöst durch die beginnende Industrialisierung und eine liberalisierte Wirtschaftspolitik (Gewerbefreiheit) nahmen diese Vereine 1848 erstmals auch politisch Stellung. Dies führte 1854 dann jedoch dazu, dass sie verboten wurden, weil man die Verbreitung revolutionären Gedankengutes fürchtete.

Trotz dieses Rückschlags wurden die Bestrebungen, Erwachsene zu bilden, dadurch nicht längerfristig zunichtegemacht. Bereits ab Ende der 1850er Jahre kamen neue Initiativen auf, durch die die Erwachsenenbildung neuen Auftrieb erhielt. Es ist jedoch wichtig zu erkennen, dass die Erwachsenenbildung vor allem um die Jahrhundertwende zum 20. Jahrhundert von ganz eigenen Absichten getragen wurde: Es ging nicht primär darum, das Volk wirklich zu bilden. Vielmehr war das Bildungsangebot ein Mittel zum Zweck. Man wollte das Volk „zähmen", indem man ihm „Teilhabe" anbot (vgl. Wittpoth 2006).

Passend zu den grundlegenden Ideen der Weimarer Republik und der reformpädagogischen Bewegung wurde in der Weimarer Verfassung die Volksbildung dann jedoch verankert. Volksbildung wurde als Bildung des Volkes verstanden. Dazu kam, dass man plante, die Volkshochschulen finanziell zu unterstützen.

Die Nationalsozialisten konnten auf diesen Strukturen aufbauen und sie sich zunutze machen. So wurde auch während des Dritten Reichs die Volkshochschulbildung unterstützt, allerdings mit der Absicht, durch Bildung Einfluss auf die Willenshaltung der Mensch zu nehmen. Auch hier ging es also darum, „in eine bestimmte Richtung zu bilden", und nicht um Bildung im Sinne von Bildung zur Mündigkeit.

Nach dem Zweiten Weltkrieg folgte im Hinblick auf die Erwachsenenbildung eine Phase, die Faulstich und Zeuner (1999) als „Periode zwischen Tradition und Neuanfang" bezeichnen. In dieser Zeit drifteten das Selbstverständnis der Erwachsenenbildung und deren praktische Realisierung immer stärker auseinander. Während auf der einen Seite an einem anspruchsvollen Bildungsbegriff festgehalten wurde, war auf der anderen Seite die Realität immer stärker durch Angebote gekennzeichnet, „die stark auf Verwendbarkeit und Brauchbarkeit abzielten" (Faulstich und Zeuner 1999, S. 219).

Das Gutachten „Zur Situation und Aufgabe der deutschen Erwachsenenbildung" des Ausschusses für das Erziehungs- und Bildungswesen im Januar 1960 brachte diese beiden Perspektiven zusammen. Diesem Gutachten zufolge sollte jeder als gebildet angesehen werden, der bemüht war, sich und die Welt zu verstehen und diesem Verständnis entsprechend zu handeln: Damit hielt man einerseits an der Tradition geisteswissenschaftlicher Pädagogik fest, machte aber gleichzeitig den Weg frei für zukünftige Entwicklungen (Faulstich und Zeuner 1999), die auch auf Verwendbarkeit zielten. Da man nun also auch Angebote, die z. B. auf die Weiterqualifikation im Beruf ausgerichtet waren, als Angebote der Erwachsenenbildung zu verstehen hatte, wird dieses Gutachten auch als *realistische Wende* bezeichnet. Eine Folge der realistischen Wende war es dann auch, dass zunehmend von Weiterbildung statt von Erwachsenenbildung gesprochen wurde. Das Konzept der Bildung Erwachsener erfuhr damit eine Erweiterung.

Tab. 7.5 Geschichte der Erwachsenenbildung (EB)

	Buchdruck	Aufklärung	19. Jh.	Weimarer Republik	Drittes Reich	Sputnik-Schock	Gutachten von 1960	1964	Gutachten von 1970
Was geschah?	Erste Ideen zur EB	Ideen zur EB	EB durch Vereine	Volksbildung in Verfassung		Realistische Wende Erste Lehrstühle für EB			Weiterbildung als vierte Säule des Bildungssystems
Grundlagen		Mensch ist lernfähig und -bedürftig	Bildung als „Zähmung"	Volksbildung als Bildung des Volkes	Volksbildung als Willensbildung	Funktionale EB wird „salonfähig"	Gebildet ist jeder, der um Verständnis bemüht ist und danach handelt	Piechts Warnung vor Bildungskatastrophe	Der Begriff „Weiterbildung" setzt sich durch

Weitere Katalysatoren für die Erwachsenenbildung und die realistische Wende der Erwachsenenbildung waren der Sputnik-Schock und Piechts Warnung vor der „deutschen Bildungskatastrophe" in den 1960er Jahren. Man fürchtete um die Konkurrenzfähigkeit Deutschlands und forderte deshalb, die Erwachsenenbildung auszubauen, um international mithalten zu können. Die Erwachsenenbildung wurde damit noch stärker in einen funktionalen Zusammenhang gestellt,

> » d. h. [es erfolgte] eine Abkehr von einer normativ-idealistischen Bildungsidee und eine Aufwertung der pragmatischen Lerninteressen in den unterschiedlichen Bevölkerungsschichten (Siebert 1997, S. 55).

Im Strukturplan für das Bildungswesen des Deutschen Bildungsrats wurde deshalb 1970 die Weiterbildung auch als die vierte Säule verankert. Weiterbildung wurde dadurch zum sogenannten quartären Bildungssektor erklärt und „als Fortsetzung oder Wiederaufnahme organisierten Lernens nach Abschluss einer unterschiedlich ausgedehnten ersten Bildungsphase" (Deutscher Bildungsrat 1973, S. 197) definiert.

Etwas früher (1965) wurde in der DDR das „Gesetz über das einheitliche sozialistische Bildungssystem" verabschiedet, durch das die Erwachsenenbildung in der DDR verstaatlicht und zentralisiert wurde.

Zu dieser Zeit der realistischen Wende in der Erwachsenenbildung entstanden dann auch die ersten Lehrstühle für Erwachsenenbildung in Westdeutschland. In den 1970er und 80er Jahren stieg deren Zahl an und liegt heute bei ca. 40 bis 50 Professuren (Wittpoth 2006).

7.6.2 Erwachsenen- bzw. Weiterbildung als wissenschaftliche Disziplin

Bezugspunkt der wissenschaftlichen Beschäftigung mit der Erwachsenenbildung, die auch als Andragogik bezeichnet wird, ist heute grob gesagt der erwachsene Lernende in unterschiedlichen Lernumgebungen. Forschungsfelder sind das Lernen Erwachsener, deren Wissensstrukturen und Kompetenzbedarfe, das professionelle Handeln in der Erwachsenenbildung sowie die Institutionalisierung von Erwachsenenbildung auch im Kontext des politischen Systems.

Als wissenschaftliche Disziplin lässt die Erwachsenenbildung jedoch Eindeutigkeit vermissen:

> » Wer Eindeutigkeit erwartet, wird mittlerweile reichlich enttäuscht sein. ‚Die eine Theorie' oder wenigstens ‚die klar unterscheidbaren Schulen' gibt es im Bereich der Erwachsenenbildung nicht und wird es auch angesichts einer sich entfaltenden fruchtbaren Pluralität einer weiter zu pflegende theoretische Mehrstimmigkeit nicht geben (Wittpoth 2006, S. 60).

Auch im Hinblick auf die Forschung lässt sich diese Pluralität feststellen. Es gibt Forscher, die eher eine programmatische Perspektive einnehmen, und Forscher, die eher eine analytische einnehmen (Wittpoth 2006). Forscher mit programmatischer Perspektive beschreiben, was Erwachsenenbildung zu leisten habe und was nicht. Forscher mit analytischer Perspektive beschreiben im weitesten Sinne die Strukturen von Erwachsenenbildung. Diese Forscher bedienen sich auch empirischer Forschungsmethoden.

Allerdings wird deutlich, dass sich die Erwachsenenbildung nicht in erster Linie über empirische Forschung definiert. Zwar gibt es immer wieder auch größer angelegte empirische Studien z. B. zur Ermittlung von Bildungsvorstellungen (sogenannte Göttinger Studie; Strzelewicz et al. 1966) oder auch zum Lernverhalten von Erwachsenen (sogenannte Hannover-Studie; Siebert und Gerl 1975), aber die programmatische Perspektive ist ebenso prominent. Ein Indikator dafür ist auch, dass diese Studien dementsprechend immer wieder explizit genannt werden. Gäbe es viele empirische Studien, wäre eine Hervorhebung dieser Art kaum möglich.

7.6.3 Programmatische Perspektive in der Erwachsenenbildung

Wesentliche Charakteristika der Erwachsenenbildung, die aus einer programmatischen Beschäftigung mit dem Gegenstand resultieren, nennen z. B. Faulstich und Zeuner (1999): Demnach ist es die Hauptaufgabe von Erwachsenenbildung „lernen zu vermitteln" (Faulstich und Zeuner 1999, S. 20). Sie soll nicht wie die Schule, kulturelle Bestände weitergeben oder den Erwachsenen erziehen; vielmehr sollen die Lehrenden in der Erwachsenenbildung die Lernenden stets als gleichberechtigte Menschen verstehen. Außerdem soll stets die Lebenswelt der Lernenden berücksichtigt und Theorie immer nur im Hinblick auf die Praxis thematisiert werden, denn das Lernen Erwachsener ist immer ein „Anschluss- und Deutungslernen" (Faulstich und Zeuner 1999, S. 36). Es „kommt nicht aus ohne Rückbezug auf Lebens- besonders auf Lernerfahrungen aus der Kindheit, der Schule, dem Arbeitsplatz, der Familie usw." (Faulstich und Zeuner 1999, S. 36). Aus der programmatischen Beschäftigung mit der Erwachsenenbildung resultieren deshalb auch didaktische Prinzipien für das Handeln in der Erwachsenenbildung wie Adressatenbezug, Teilnehmerorientierung und Praxisorientierung, um nur einige zu nennen (Abb. 7.12).

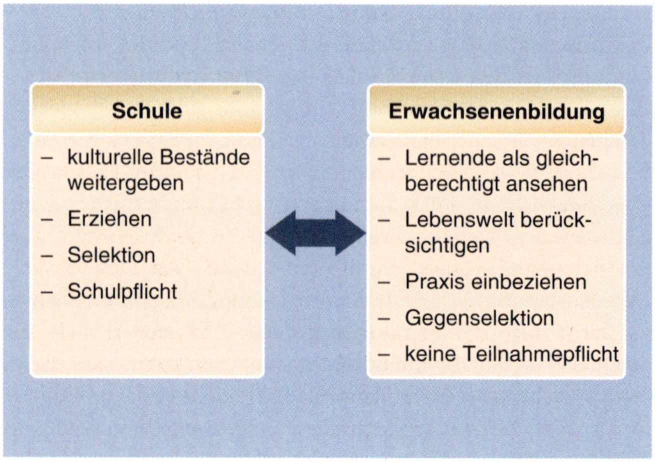

Abb. 7.12 Schule vs. Erwachsenenbildung

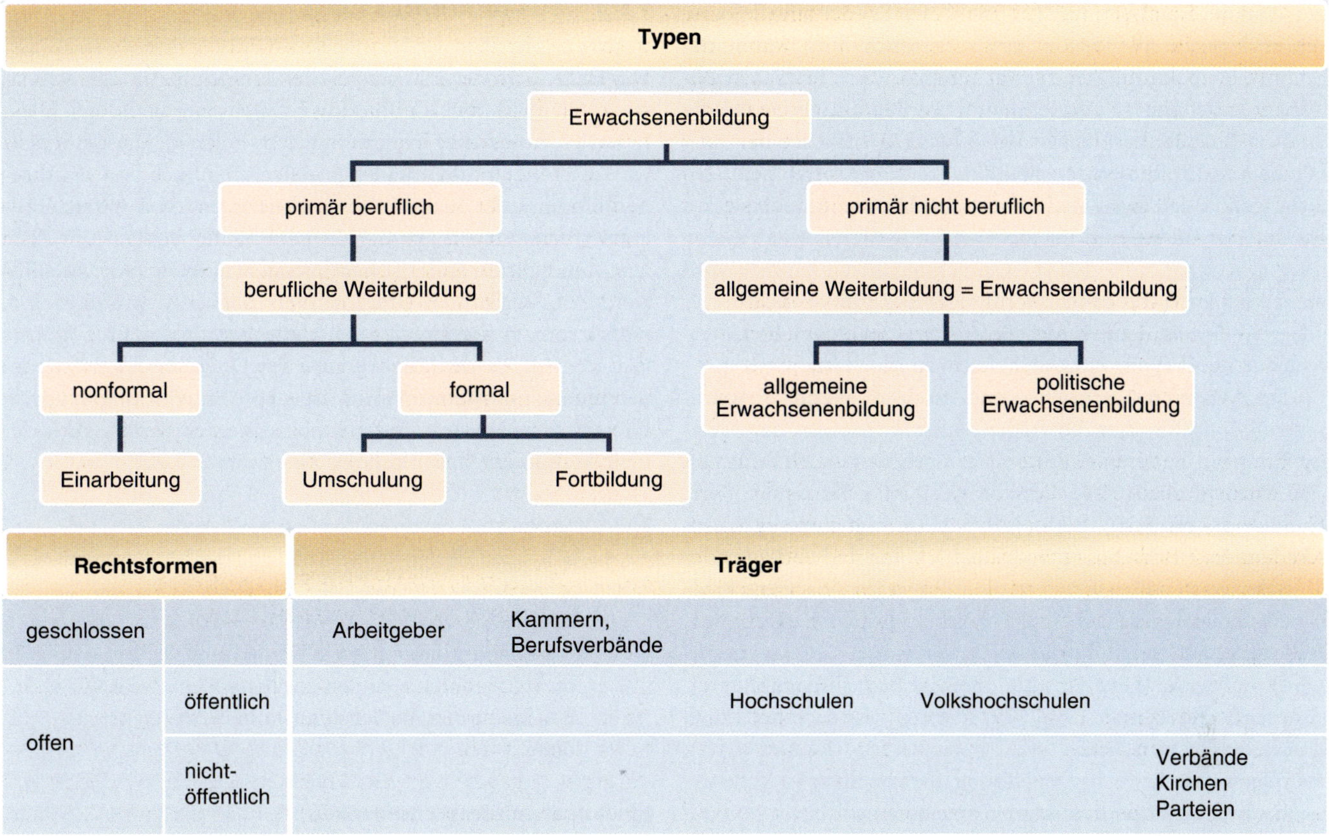

Abb. 7.13 Systematisierung von Typen, Trägern und Rechtsformen der Erwachsenenbildung. Die Träger von Erwachsenenbildung lassen sich grob auf einem Kontinuum anordnen, auf dem Arbeitgeber sowie Kammern und Berufsverbände eher berufliche Weiterbildung anbieten, Volkshochschulen, Verbände, Kirchen und Parteien hingegen eher allgemeine Weiterbildung (= Erwachsenenbildung). Allerdings bieten auch Volkshochschulen und Parteien zum Teil berufliche Weiterbildung an und umgekehrt

Auch Siebert (1997) nimmt eine programmatische Perspektive ein, wenn er die gesellschaftlichen Aufgaben der Erwachsenenbildung beschreibt. Diese bestehen ihm zufolge darin,

- Ambiguitätstoleranz zu schaffen,
- zu Urteilsvorsicht zu erziehen,
- zu lernen, eigene Betroffenheit und Ohnmachtsgefühle zuzulassen und zu thematisieren,
- Bewusstsein für kritische Medienberichterstattung zu schaffen,
- zu lernen, eigene Handlungsmöglichkeiten zu beurteilen und eigene Problemlösungen zu entwickeln, und
- sogenannte „erschließende" Leitfragen („Wer hat Interesse daran? Wer ist von einer Lösung betroffen?") zu kennen.

Zur programmatischen Perspektive auf die Erwachsenenbildung gehört außerdem die Unterscheidung zwischen den Funktionen von Erwachsenenbildung und denen der Schule. Während Schule selektiert, soll die Erwachsenenbildung die Gegenselektion leisten, d. h. die „Schäden", die die schulische Selektion verursacht hat, beheben (Siebert 1997). Erwachsenenbildungseinrichtungen werden somit als „Reparaturwerkstätten für Systemkrisen" (Siebert 1997, S. 15) betrachtet. Diese Funktionen können sie jedoch nur bedingt übernehmen, denn auch in der Erwachsenenbildung werden Zertifikate ausgestellt, wodurch Erwachsenenbildung ihrerseits selektiv wird. Ein weiterer Unterschied zwischen Schule und Erwachsenenbildung wird im fehlenden Erziehungsauftrag der Erwachsenenbildung und in der fehlenden objektiven Pflicht zur Teilnahme gesehen (Abb. 7.12).

7.6.4 Analytische Perspektive der Erwachsenenbildung

Wer dagegen eine analytische Perspektive einnimmt, beschreibt die Strukturen der Erwachsenenbildung. (Eine solche Systematisierung wird in Abb. 7.13 dargestellt.) So werden in der Erwachsenenbildung explizite und implizite Formen unterschieden. Als explizite Formen werden formelle, institutionalisierte Veranstaltungen der Erwachsenenbildung verstanden; als implizite informelle Lerngelegenheiten z. B. am Arbeitsplatz oder in Museen oder Ausstellungen. Diese implizite Erwachsenenbildung wird jedoch erst seit den 1990er Jahren thematisiert. Zwar existierte diese Art der Erwachsenenbildung selbstverständlich schon früher, allerdings erkannte man sie nicht als Erwachsenenbildung an und schenkte ihr deshalb keine Beachtung.

Neben der Unterscheidung von expliziten und impliziten Formen der Erwachsenenbildung differenziert man heute oft auch zwischen allgemeiner und beruflicher Erwachsenenbildung (s. auch Abb. 7.13). Als berufliche Erwachsenenbildung wird das gefasst, was allgemein oft als Weiterbildung bezeichnet wird, also alle Angebote, die dem Weiterkommen im Beruf dienlich sind. Man unterteilt sie deshalb auch in die Fortbildung, die Umschulung und die Einarbeitung. Zur allgemeinen Erwachsenenbildung gehört dagegen alles, was nicht zur beruflichen Weiterbildung gehört. Heute wird dieser Typ oft vereinfacht als Erwachsenenbildung bezeichnet. In diesem Sinne werden als Weiterbildung die Angebote der beruflichen Weiterbildung (nicht die der Ausbildung) und als Erwachsenenbildung die übrigen Angebote, also die Angebote der allgemeine Erwachsenenbildung, bezeichnet. Da die Unterscheidung zum Teil nicht eindeutig ist, z. B. wenn es sich um ein Seminar zum Thema Gesprächstechniken handelt, wird manchmal auch von primär beruflicher und primär nichtberuflicher Weiterbildung gesprochen. Dies zeigt auf, dass die Unterscheidung und Typisierung nicht leicht zu fassen ist.

Des Weiteren beschreiben analytisch arbeitende Erwachsenenbildungsforscher die Träger der Erwachsenen- bzw. Weiterbildung, d. h. deren Anbieter. Dazu gehören die Arbeitgeber, also Firmen, private Weiterbildungsanbieter, Kammern (z. B. Handwerkskammern), Berufsverbände und -genossenschaften, Akademien, Hochschulen, Volkshochschulen und andere.

Selbstverständlich verfolgen diese Träger jeweils unterschiedliche Interessen, weshalb „ihre Position zwischen Staat, Interessensorganisationen und privaten Unternehmen [...] das spezifische Profil der jeweiligen Institutionen der Erwachsenenbildung" (Faulstich und Zeuner 1999, 179) liefert. Es wird deshalb auch unterschieden zwischen

- öffentlicher Erwachsenenbildung, die vor allem an Volkshochschulen und Fachschulen angeboten wird,
- partikularer Erwachsenenbildung, d. s. Angebote für bestimmte Großgruppen, wie z. B. von Parteien, Stiftungen, Kirchen, Gewerkschaften oder Interessensgruppen,
- betrieblicher Weiterbildung, die von Unternehmen organisiert wird, sowie
- kommerziellen Weiterbildungsunternehmen.

Diese verschiedenen Typisierungsversuche sind Indikatoren dafür, dass es zahlreiche Kriterien gibt, nach denen klassifiziert werden kann, und dass der Weiterbildungsmarkt sehr vielfältig ist.

Die analytische Perspektive der Erwachsenenbildung beschreibt des Weiteren die Motive der Teilnehmenden von Erwachsenen- und Weiterbildung. Wittpoth (2006) nennt dabei nach Kade und Seitter (1996) die Emanzipation, Gemeinschafts- und Integrationsmotive sowie Sicherheits- und Stabilitätsmotive. Sicherlich lässt sich

> » die Teilnahme an einem Seminar der Erwachsenenbildung [...] [jedoch] nicht linear auf ein Motiv zurückführen. Dieser Beteiligung liegen unterschiedliche endogene Erfahrungen und Erwartungen und exogene Anreize und Zwänge zugrunde. Häufig ist diese Teilnahme eine diffuse Suchbewegung, und ein ‚Driften' zwischen unterschiedlichen Themen und Einrichtungen ist durchaus nicht selten. Die Thematik ist zwar meist nicht nebensächlich, aber sie wird durch themenunspezifische Erwartungen relativiert (Siebert 1997, S. 59)

Typische Themenfelder der Erwachsenenbildung sind EDV-Themen, Mitarbeiterführung und Veranstaltungen zur Persönlichkeitsbildung (Wittpoth 2006).

7.6.5 Zusammenfassung

Die Ursprünge der Erwachsenenbildung liegen in der Aufklärung. Hier sah man die Bildung Erwachsener als Möglichkeit, Erwachsene aus ihrer Unmündigkeit zu befreien. Diesem Ansatz wird auch heute nicht widersprochen. Dennoch ist Erwachsenenbildung oder Weiterbildung zunehmend von wirtschaftlichen Überlegungen geprägt. Es geht häufig weniger um Ziele wie Mündigkeit, sondern eher darum, Mitarbeiter so zu qualifizieren, dass sie für das Unternehmen möglichst produktiv sind, und darum, sich selbst so zu qualifizieren, dass man möglichst viel verdient. Es wird die Aufgabe der Disziplin der Erwachsenenbildung und Weiterbildung sein, diese Entwicklung weiter im Blick zu behalten und ihr auch bei zu starker Verdrängung der Idee der Bildung Gegenimpulse zu setzen.

? Aufgaben zum Festigen des neuen Wissens

1. Skizzieren Sie den analytischen und den programmatischen Ansatz der Erwachsenenbildung.
2. Erklären Sie, wie Erwachsenenbildung und Weiterbildung voneinander unterschieden werden, und stellen Sie die unterschiedlichen Formen der Weiterbildung dar.
3. Beschreiben Sie die Rolle des Staates in der Weiterbildung.

? Aufgaben zum Weiterdenken

1. Schule und Weiterbildung unterscheiden sich durch die Aspekte, die oben genannt wurden. Überlegen Sie, welche Konsequenzen sich aus diesen Unterschieden für das konkrete Handeln in der Weiterbildung ergeben, welche Vorteile dies hat und welche Schwierigkeiten dies mit sich bringt.
2. Stiftung Warentest testet nicht nur Waren, sondern auch Weiterbildungsdatenbanken. Überlegen Sie, nach welchen Bewertungskriterien dies geschehen könnte, und recherchieren Sie anschließend, welche Kriterien es tatsächlich gibt.
3. Auf der Seite ▶ www.iwwb.de können Sie Weiterbildungsdatenbanken recherchieren. Suchen Sie sich auf dieser Seite eine Weiterbildungsdatenbank, mit deren Hilfe Sie sich über das Weiterbildungsangebot Ihrer Region informieren können. Nutzen Sie diese Datenbank dann, um sich einen Überblick über den Weiterbildungsmarkt Ihrer Region differenziert nach allgemeiner, politischer und beruflicher Weiterbildung zu verschaffen. Welches sind die größten Anbieter allgemeiner, politischer und beruflicher Weiterbildung in Ihrer Region? Was bieten sie jeweils an?

Weiterführende Literatur

- Faulstich, P., & Zeuner, C. (2010). *Erwachsenenbildung.* Weinheim: Beltz.

7.7 Bildungsforschung

Aufgabe als Denkanstoß
Bildungsforschung klingt fast wie ein Synonym für Erziehungswissenschaft. Inwiefern? Inwiefern nicht?

7.7.1 Gegenstand der Bildungsforschung

Bildungsforschung ist ein heute durchaus gebräuchlicher Begriff in der Presse, der Bildungspolitik und im Bildungswesen selbst. Auch alle, die sich mit Bildung im weitesten Sinne des Wortes beschäftigen, nutzen diesen Begriff. Er scheint vertraut. Dennoch ist er, „wenn man einen Blick in Wörterbücher, Lexika oder ins Internet wirft, kein selbstverständlicher und gut eingeführter Begriff" (Prenzel 2006, S. 72) und keineswegs klar abgrenzbar (Prenzel 2006; Tippelt und Schmidt 2009). Aus diesem Grund zitiert jede Publikation, die sich damit beschäftigt, was Bildungsforschung eigentlich ist und will, eine recht alte Definition des Deutschen Bildungsrates:

> » Die Bildungsforschung hat die Untersuchung der Voraussetzungen und Möglichkeiten von Bildungs- und Erziehungsprozessen im institutionellen und gesellschaftlichen Kontext zum Gegenstand (Deutscher Bildungsrat 1974, S. 16).

Im engeren Sinne geht es in der Bildungsforschung dabei um die Erforschung von Lehr- und Lernprozessen in Schule und Unterricht und im weiteren Sinne von Lehr- und Lernprozessen über alle Altersstufen hinweg, in allen Institutionen und im gesamten Bildungswesen. Wie bereits oben in ▶ Abschn. 1.3.4.1 dargestellt wurde, reichen ihre Forschungsfelder demzufolge von der frühkindlichen Bildung, der Schule, der Hochschule und dem Beruf bis hin zur Erwachsenen- und Weiterbildung. Dazu kommen Forschungsfelder wie Kinder- und Jugendforschung, aber auch die international vergleichende Bildungsforschung. Dabei steht heute vor allem die empirische Forschung im Vordergrund.

Die Definition des Deutschen Bildungsrates macht zudem deutlich, dass die Bildungsforschung eine fachübergreifende Disziplin ist. Sie muss Disziplingrenzen überwinden und problemorientiert arbeiten.

7.7.2 Disziplinen der Bildungsforschung

Disziplinen, die typischerweise Bildungsforschung betreiben, sind die pädagogische Psychologie und die Erziehungswissenschaft. Gerade wenn man die weite Definition des Deutschen Bildungsrates hinzuzieht, wird deutlich, dass auch Bildungsökonomie, Bildungspolitik, pädagogische Soziologie, Sozialpädagogik, Schulpädagogik und Erwachsenenpädagogik wichtige Disziplinen sind, an deren Schnittstelle Bildungsforschung betrieben werden kann.

7.7.3 Aufgaben der Bildungsforschung

Die Aktualität und starke Aufwertung der Bildungsforschung hängt damit zusammen, dass sie Zusammenhänge aufzeigen möchte, die dazu beitragen, sich von Ideologien und Vorurteilen zu lösen, um damit Orientierungs- und Steuerungswissen bereitzustellen. Dieses soll dann wiederum dazu dienen, bildungspraktische und bildungspolitische Entscheidungen zu erleichtern (Edelmann et al. 2012, S. 15).

Die empirische Bildungsforschung steht aus diesen Gründen in engem Kontakt mit der Bildungspolitik. Von ihr wird gefordert, wissenschaftliche Begründungen für Entscheidungen vorzulegen. In diesem Kontext sind deshalb auch zahlreiche außeruniversitäre Einrichtungen der Bildungsforschung gegründet worden. Diesen kam die Aufgabe zu, eingeleitete Reformen zu überprüfen und sie in das Bildungswesen organisatorisch und auch ökonomisch einzubetten.

Heute hat die Bildungsforschung u. a. folgende Aufgaben (einen umfassenderen Überblick geben Edelmann et al. 2012, S. 67 ff.):

- Bedarfsanalysen zu erstellen,
- bei Outputsteuerung durch Evaluationen zu helfen,
- Bildungsstandards zu konstruieren,
- Bildungsverläufe zu diagnostizieren,
- institutionelle Netzwerkforschung zu betreiben,
- die Gründe für Abbrecherquoten in Schulen zu erforschen,
- Hochschule und Berufsbildung zu fördern.

Herausforderungen werden dementsprechend u. a. darin gesehen,

- die Bildungsqualität zu sichern,
- das Bildungssystem zu steuern,
- Entwicklungsstörungen zu erkennen und ihnen entgegenzuwirken,

- Defizite in der Sprache zu diagnostizieren und Sprachfähigkeit zu fördern,
- das pädagogische Personal auf allen Ebenen des Bildungssystems zu professionalisieren, z. B. auch auf der Hochschule und im Bereich der frühkindlichen Bildung,
- die Alphabetisierung voranzubringen,
- Neurowissenschaften und Lehr-Lern-Forschung zusammenzubringen und technologiebasiert zu testen,
- sich international zu vernetzen.

Um diese Herausforderungen erfolgreich zu meistern, ist der Austausch zwischen allen an der Bildungsforschung beteiligten Disziplinen und Institutionen nötig. Die Bildungsforschung muss international ausgerichtet sein, es ist ein Methodenpluralismus und eine Methodentriangulation nötig und es muss sowohl formale als auch nonformale Bildung in den Blick genommen werden.

7.7.4 Bildungsforschung und Erziehungswissenschaft

Wie in ▶ Kap. 1 bereits diskutiert wurde, kann die Erziehungswissenschaft mit ihrem Fokus auf Bildungsprozessen als die Kernbezugsdisziplin der Bildungsforschung gesehen werden. Dennoch ist die Beziehung keineswegs so eindeutig (Benner 2006) und ist und war jahrelang eher durch Skepsis als durch konstruktive Zusammenarbeit geprägt. Sicherlich werden sich Erziehungswissenschaftler finden, die sich als Bildungsforscher verstehen und deshalb keinen Unterschied zwischen beiden Disziplinen wahrnehmen. Es gibt jedoch auch Erziehungswissenschaftler, die keine Gemeinsamkeiten zwischen beiden sehen. Diese sehen die Bildungsforschung als eine theorielose, ohne pädagogische Fragestellungen auskommende Outputforschung. Die Kritik kommt dabei vor allem aus der langen geisteswissenschaftlichen Tradition der Erziehungswissenschaft. Die Erziehungswissenschaft hat es versäumt, sich selbst klar zu positionieren und hat sich stattdessen von der pädagogischen Psychologie und der pädagogischen Soziologie aus dem Feld nahezu herausdrängen lassen. Tillmann (2006) fordert demzufolge z. B., dass auch die Erziehungswissenschaft sich stärker quantitativ-empirisch ausrichten solle.

Tillmann (2006) betont deshalb, dass die Umwidmung von Professuren der „Allgemeinen Pädagogik" oder „Allgemeinen Didaktik" in Richtung Bildungsforschung bis zu einem gewissen Grad durchaus zu rechtfertigen und nötig sei, dass jedoch an den einzelnen Standorten darauf geachtet werden müsse, das Gleichgewicht beizubehalten, denn Inhalte der Erziehungswissenschaft seien zentrale Inhalte der Bildungsforschung. Es wäre deshalb fatal, wenn der Verdrängungsprozess weiterhin stattfinden würde.

Bisher hat jedoch die Annäherung zwischen allgemeiner Pädagogik bzw. Erziehungswissenschaft und Bildungsforschung nur partiell stattgefunden (Tippelt und Schmidt 2009), dabei forderte der Deutsche Bildungsrat schon 1970, dass sich die Erziehungswissenschaft öffnen und Bezugspunkte für die Bildungsforschung in den verschiedenen Disziplinen herstellen solle. Die Erziehungswissenschaft wäre dazu in der Lage, die einzelnen Aspekte unter einem großen gemeinsamen Dach zusammenzufassen, denn „die erziehungswissenschaftlichen Zugänge zur Bildungsforschung [sind] inhaltlich und methodisch vielfältiger als jene mit psychologischem Hintergrund" (Prenzel 2006, S. 75).

7.7.5 Geschichte der Bildungsforschung

Geschichtlich lässt sich die Bildungsforschung sowohl in der Erziehungswissenschaft als auch in der Psychologie verorten. Edelmann et al. (2012) sehen die Ursprünge bei Lay und Meumann, die Beobachtungsverfahren für das pädagogische Feld entwickelten, im pädagogischen Feld Experimente durchführten und statistische Analyseverfahren anwendeten. Ihr Anliegen war die Tatsachenforschung und Tatsachenbeurteilung. Des Weiteren werden Dewey und Kerschensteiner und vor allem auch Alois Fischer genannt, die die Entwicklung der deskriptiven Pädagogik vorantrieben. Während des Nationalsozialismus gab es keine Bildungsforschung oder Ähnliches. Erst Aebli nahm sie mehr als zwanzig Jahre nach dem Krieg wieder auf. Aber erst seit Beginn des neuen Jahrtausends etablierte sie sich in der Pädagogik bzw. Erziehungswissenschaft.

7.7.6 Forschungsfelder der Bildungsforschung

Forschungsfelder der Bildungsforschung waren in der Vergangenheit die Lebenslaufforschung im Hinblick auf die Ungleichverteilung von Bildungschancen und die soziale Vererbung. Dann wurden die großen Schulleistungsstudien wie TIMMS, PISA und IGLU durchgeführt, die vor allem das Ansehen der Bildungsforschung in der Öffentlichkeit steigerten. Laut Tippelt und Schmidt (2009) sind heute auch Forschungsfelder wie Qualitätssicherung, Qualitätsmanagement und Bildungs- und Wissensmanagement im Hinblick auf das pädagogische Personal von Bedeutung.

In der psychologisch orientierten Bildungsforschung stehen besonders der naturwissenschaftliche Unterricht und die Kontrolle der Outcomes beim Lernen im Vordergrund.

7.7.7 Zusammenfassung

Die Bildungsforschung ist eine fächerübergreifende Disziplin, die sich mit Fragen der Bildung allgemein beschäftigt. Sie arbeitet ausgehend von Problemstellungen und kann deshalb auch nicht lediglich einem Fach zugeordnet werden, da dies ihren Blickwinkel zu stark verengen würde. Dennoch ist die Erziehungswissenschaft als die Disziplin, die sich wirklich mit dem Konzept der Bildung beschäftigt, als die zentrale Bezugsdisziplin anzusehen; sie vermag es auch als einzige, die Erkenntnisse der anderen Disziplinen zu integrieren, um so zu umfassenderen Antworten und Problemlösungen zu kommen. Wie dargestellt wurde, übernimmt die Erziehungswissenschaft diese Funktion innerhalb der Bildungsforschung jedoch nur sehr zögerlich. Hier besteht sicherlich Handlungsbedarf.

Aufgaben zum Festigen des neuen Wissens

1. Welche Disziplinen sind an der Bildungsforschung beteiligt?
2. Benennen Sie die Gegenstandsbereiche der Bildungsforschung.

Aufgaben zum Weiterdenken

1. Diskutieren Sie, inwieweit die Bildungsforschung in ihrer heute praktizierten Form wirklich Bildung erforscht.
2. Bildungsforschung ist eigentlich ein neuer Name für die Erziehungswissenschaft allgemein. Was spricht für, was spricht gegen diese These?
3. Als im Jahr 2012 die Gesellschaft für Bildungsforschung gegründet wurde, führte dies zu gewissem Unmut in den Reihen der Deutschen Gesellschaft für Erziehungswissenschaft. Wie erklären Sie sich das?

Weiterführende Literatur

- Edelmann, D., Schmidt, J., & Tippelt, R. (2012). *Einführung in die Bildungsforschung*. Stuttgart: Kohlhammer.
- Tippelt, R., & Schmidt, B. (Hrsg.) (2009). *Handbuch Bildungsforschung* (2. Aufl.). Wiesbaden: Verlag für Sozialwissenschaften.

7.8 Soziale Arbeit, Sozialpädagogik

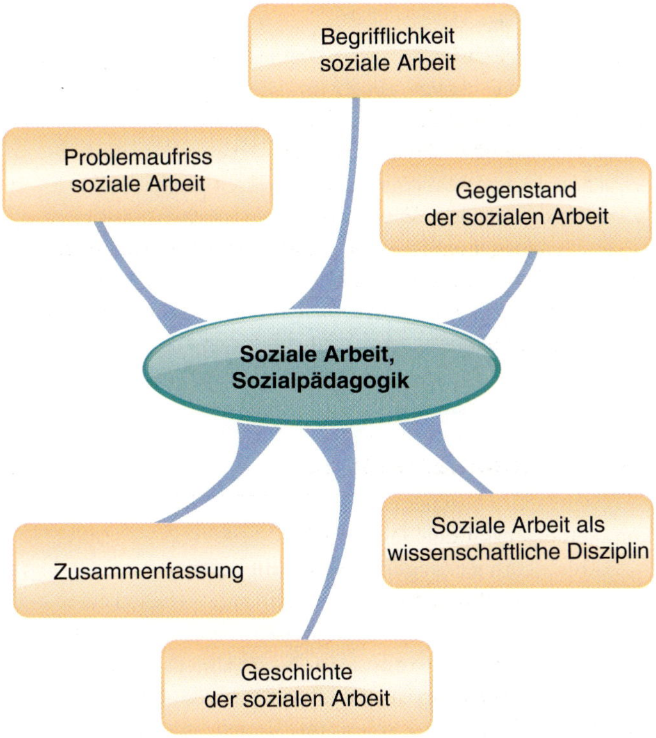

Aufgabe als Denkanstoß

Eine Tätigkeit in der sozialen Arbeit erfordert, auf der Seite der Menschen zu stehen, die Hilfe benötigen. Auf der anderen Seite sind in der sozialen Arbeit die Interessen der Gesellschaft zu vertreten, die letztlich den Auftrag gibt zu helfen. Zu welchem Spannungsverhältnis führt dies?

7.8.1 Problemaufriss soziale Arbeit

Nach der Durchsicht verschiedener Einführungen und Übersichtsartikel über die Sozialpädagogik, Sozialarbeit oder soziale Arbeit scheint es aus dreierlei Gründen fast unmöglich zu sein, ein Unterkapitel über diese Disziplin(en) zu schreiben. Auch wenn der Begriff Sozialpädagogik suggeriert, dass dieser Bereich eine Teildisziplin der Erziehungswissenschaft ist, ist dies keineswegs eindeutig geklärt. Es stellt sich also die Frage, ob ein Unterkapitel hierzu überhaupt in ein Lehrbuch für Erziehungswissenschaft gehört. Die nächste Schwierigkeit stellt der Titel des Unterkapitels dar: Sozialpädagogik, Sozialarbeit oder soziale Arbeit? Da man alle Namen in der Literatur und in der Praxis findet, stellt sich die Frage, wie die Einzeldisziplin denn nun eigentlich heißt. Alle Begriffe scheinen nebeneinander für Ähnliches gebraucht zu werden. Aber wofür eigentlich? Hier stellt sich die nächste Schwierigkeit: Was ist denn der Gegenstandsbereich dieser Disziplin(en)? Auch bei der Antwort auf diese Frage tun sich die Experten schwer. Wie kann man also ein solches Unterkapitel schreiben, ohne die Diskussionen all dieser ungeklärten Fragen wiederzugeben? Die Antwort lautet: nur schwer.

Auch wenn es eigentlich in diesem Kapitel nicht darum geht, in die disziplinären Diskurse einzuführen, sondern vielmehr einen Überblick zu geben, also die großen Linien der Disziplinen herauszustellen, kann ein Unterkapitel zur Sozialpädagogik, Sozialarbeit oder sozialen Arbeit die Diskurse dieser Disziplin(en) nicht unberücksichtigt lassen. Es besteht nämlich kaum Einigkeit über die „großen Linien".

Da es schwer ist, etwas über einen Gegenstand zu schreiben, dessen Name nicht geklärt ist, soll hier zunächst auf die Begrifflichkeit eingegangen werden.

7.8.2 Begrifflichkeit soziale Arbeit

Wie dargestellt wurde, scheinen Namen wie Sozialpädagogik, Sozialarbeit und soziale Arbeit zum Teil geradezu parallel und sogar synonym verwendet zu werden, während auf der anderen Seite auch Unterschiede zwischen diesen gemacht werden, wenn z. B. ein und dieselbe Hochschule einen Studiengang „Sozialpädagogik" neben einem Studiengang „Sozialarbeit" anbietet. Taucht man in die Literatur ein, begegnet man weiteren Begriffen, wie z. B. Wohlfahrtspflege, soziale Pädagogik, Fürsorgeerziehung oder soziale Erziehung. Thole konstatiert deshalb, dass es „dem sozialpädagogischen Projekt […] an einem einheitlichen, von allen akzeptierten Begriff" (Thole 2005, S. 15) fehle. Für all diese Begriffe gibt es selbstverständlich plausible Erklärungen sowie Argumente. Ebenso gibt es jedoch auch immer Gründe, die gegen den jeweiligen Namen sprechen. Wer sich dafür interessiert, sei an dieser Stelle auf die weiterführende Literatur verwiesen.

Lediglich die drei Ausdrücke Sozialpädagogik, Sozialarbeit und soziale Arbeit, die wir auch in den Titel dieses Unterkapitels aufgenommen haben, sollen hier genauer betrachtet werden. Auf diese konzentriert sich auch der Begriffsstreit (Thole 2005).

Diese drei Namen lassen sich vor allem historisch gesehen erklären. Während sich die Sozialpädagogik vorwiegend aus der

Jugendhilfe und Jugendpflege sowie aus der Früherziehung heraus entwickelte, finden sich die Wurzeln der Sozialarbeit in der Sozialhilfe und Wohlfahrtspflege.

> Obwohl an einigen Ausbildungsinstitutionen an einer scharfen Trennung auch weiterhin festgehalten wird, codieren die Begriffe Sozialpädagogik und Sozialarbeit zu Beginn des 21. Jahrhunderts keine verschiedenartigen wissenschaftlichen Fächer, keine deutlich voneinander differenzierten Praxisfelder, keine unterschiedlichen Berufsgruppen und auch keine divergenten Ausbildungswege und -inhalte mehr (Thole 2005, S. 16).

Thole (2005) plädiert deshalb dafür, den Begriff der sozialen Arbeit zu nutzen, da dieser seiner Ansicht nach das entwicklungsgeschichtliche Zusammenfallen der beiden Bereiche widerspiegelt und für die Einheit von Sozialarbeit und Sozialpädagogik steht (vgl. auch Hamburger 2012). Diesem Verständnis folgend werden wir im Weiteren auch vorwiegend von sozialer Arbeit sprechen und die Begriffe Sozialpädagogik und Sozialarbeit synonym dazu verwenden.

7.8.3 Gegenstand der sozialen Arbeit

Nachdem nun geklärt ist, wie die Disziplin bezeichnet werden soll, stellt sich die Frage, was denn nun der Gegenstand von sozialer Arbeit ist. Auf der Suche nach Antworten auf diese Frage liest man bei Hamburger (2012), dass die Sozialpädagogik lediglich

> als schriftlich fixiertes Gedankengebäude oder als gesellschaftliche Realität in vielfältigen Formen [existiert], doch scheint es unmöglich, sie als ganze von innen her darzustellen oder von außen her zu beschreiben (Hamburger 2012, S. 11).

Hamburger beschreibt Sozialpädagogik deshalb als das, was Sozialpädagoginnen und Sozialpädagogen tun (Hamburger 2012, S. 12): Sie unterstützen, beraten, begleiten, planen und strukturieren das Zusammenleben, geben Informationen, Ressourcen und materielle Hilfen, reflektieren und bilden, planen und betreiben Öffentlichkeitsarbeit, und dies alles mit dem Bezugspunkt eines konflikthaften oder konfliktträchtigen Verhältnisses zwischen Individuum und Gesellschaft (Hamburger 2012). Der sozialen Arbeit fällt also die Aufgabe zu,

> Subjekte und Lebenswelten, die mit ihren eigenen Ressourcen Lebenskrisen und Verunsicherungen nicht oder kaum aufzufangen vermögen, zu unterstützen und biografische Verunsicherungen als Folge von Desintegration aufzufangen und Menschen in institutionalisierte Lebenslaufregime neu einzubinden und so aufzuheben, dass für sie gesellschaftlich anerkannte, selbstverantwortete Wege durch das Leben wieder denkbar und möglich werden (Thole 2005, S. 47).

Dabei haben Sozialarbeiterinnen und Sozialarbeiter ein doppeltes Mandat: Einerseits müssen sie auf der Seite der Individuen stehen und deren Interessen und Bedürfnisse ins Zentrum ihrer Bemühungen rücken; andererseits müssen sie die Interessen des Staates vertreten, der sie letztlich auch beauftragt und bezahlt (vgl. Hamburger 2012).

Soziale Arbeit kann also als das „Dazwischentreten" zwischen Individuum und Gesellschaft verstanden werden (vgl. Hamburger 2012), um Sozialisationsprozesse zu gestalten, damit Individuen am gesellschaftlichen Leben teilnehmen können. Dabei gehört soziale Arbeit heute zur Infrastruktur modernisierter Gesellschaft und wird im sozialstaatlichen Dienstleistungssystem der Bundesrepublik Deutschland durch elf Gesetze der sozialen Sicherung unterstützt.

Historisch betrachtet, erlebte die soziale Arbeit laut Thole eine „Normalisierung". Durch die Entstandardisierung gesellschaftlicher Risiken weiteten sich der Adressatenkreis und die Felder aus, auf die sich die soziale Arbeit bezieht. So spielt die soziale Arbeit heute z. B. auch im Gesundheitswesen und im Schulsystem eine Rolle, was früher nicht der Fall war.

7.8.4 Soziale Arbeit als wissenschaftliche Disziplin

Wie sich an dieser Darstellung des Gegenstandes sozialer Arbeit zeigt, definiert sich die soziale Arbeit vorwiegend durch ihre Praxis. Dies ist auch ein Grund dafür, warum sie gelegentlich nicht als wissenschaftliche Disziplin angesehen wird. Thole schreibt z. B., dass

> sich bis heute die Idee einer wissenschaftlich fundierten Professionalisierung und die auf Erfahrungen der fachlich Engagierten aufbauende curriculare Ausformulierung der akademischen Ausbildung und die wissenschaftlich abgestützte Verfachlichung der sozialpädagogischen Praxis nicht durchgängig durchsetzen und etablieren [konnte] (Thole 2005, S. 27).

Als Konsequenz daraus ist es sehr schwer, die Disziplin „Soziale Arbeit" in der Landschaft der Wissenschaftsdisziplinen zu verorten. Gehört die soziale Arbeit in ihrer fachlichen Perspektive zur Erziehungswissenschaft oder zur Rechtswissenschaft? Sind ihre Ideen nicht eher verwaltungstechnisch oder soziologisch zu fassen? Oder handelt es sich bei der sozialen Arbeit um eine komplett eigenständige Disziplin?

Thole stellt vier mögliche Verortungen vor:

1. Eine erste Möglichkeit ist es, die soziale Arbeit als eine Teildisziplin der Erziehungswissenschaft einzuordnen. Dies ist auch der Grund, warum sie in diesem Unterkapitel gewürdigt wird. Dieser Bezug ist deshalb einleuchtend, da Sozialpädagogik die Pädagogik schon im Namen trägt. Außerdem ist sie eine Sektion innerhalb der Deutschen Gesellschaft für Erziehungswissenschaft (DGfE). Thole spricht deshalb davon, dass die soziale Arbeit ein „freiwilliges Pflegschaftsverhältnis" (Thole 2005, S. 36) mit der Erziehungswissenschaft eingegangen sei.
2. Eine andere Möglichkeit ist es jedoch auch, die soziale Arbeit als eigenständige Wissenschaft zu verstehen.

3. Des Weiteren wäre es auch denkbar, die soziale Arbeit in den Sozialwissenschaften zu verorten.
4. Man könnte die soziale Arbeit aber auch als gewollt heimatlose Wissenschaft ansehen, welche sich immer dort einnistet, „wo ihr der Zeitgeist ein attraktives (populistisches), zeitlich befristetes Zuhause anbietet" (Thole 2005, S. 37).

Um zu verstehen, wieso im Hinblick auf die soziale Arbeit so viele offene Fragen bestehen, lohnt es sich, ihre Geschichte kurz zu beleuchten.

7.8.5 Geschichte der sozialen Arbeit

Ohne den Begriff Sozialpädagogik oder einen ihm verwandten explizit zu nennen, kann man die Bemühungen von Pestalozzi (1746–1827) und von Wichern (1808–1881) als die Vorläufer der sozialpädagogischen Idee verstehen. Beide versuchten, Hilfeleistungen zu geben, Kinder und Jugendliche vor der Verwahrlosung zu bewahren, und konzipierten Anstalten und Heime, in denen familienähnliche Strukturen realisiert wurden. Die Wurzeln der Sozialpädagogik und Sozialarbeit finden sich dementsprechend in der Armenpflege (◘ Tab. 7.6).

Der Begriff der Sozialpädagogik selbst wurde erstmals in den Schriften von Karl August Mager (1810–1858) und von Adolph Diesterweg (1790–1866) gegen Ende des 19. Jahrhunderts erwähnt und gewann dann auch sofort an Popularität. Zunächst blieb er jedoch ausschließlich in der Pädagogik verortet.

Mit Beginn des 20. Jahrhunderts kam dann die sogenannte sozialpädagogische Bewegung auf, die ihren Höhepunkt in den 1920er Jahren hatte. In dieser Zeit wurden zahlreiche Verordnungen und Gesetze erlassen und viele Institutionen zunehmend gesellschaftlich etabliert, so z. B. Jugend-, Wohlfahrts- und Gesundheitsämter sowie Kindergärten. Dies führte dazu, dass der sozialpädagogische Diskurs auch zunehmend in die gesellschaftliche Diskussion übernommen wurde.

Auch wenn der Begriff der Sozialpädagogik bereits in den 1890er Jahren von Paul Natorp (1854–1924) systematisch wissenschaftlich behandelt wurde, sind in wissenschaftlicher Hinsicht die 1920er Jahre als konstitutive Phase zu sehen. Hermann Nohl (1879–1960), in dieser Zeit ein bekannter Professor für Pädagogik, beschäftigte sich mit dieser Disziplin. Ausgehend von der Jugendhilfe erweiterte er die Pädagogik um gesellschaftliche Aspekte und damit um die Sozialpädagogik. Auf diese Weise entstand die eigenständige Fürsorgewissenschaft, die als Grundlage der heutigen Sozialarbeitswissenschaft gesehen wird.

Mit dem Nationalsozialismus änderte sich nicht nur die Terminologie – man sprach von Volkspflege statt von Wohlfahrtspflege, von Sondererziehung statt Sozialpädagogik, von Menschenpflege statt Pädagogik usw. (vgl. Niemeyer 1999) –, sondern auch die grundlegende Haltung. Statt der Fokussierung auf den einzelnen Menschen rückte nun das Volk ins Zentrum des Interesses. Als Grundlage der Gesundheit des Volkes wurde die Rassenhygiene gesehen. Dementsprechend wurde die Familien- und Säuglingspflege auch mehr zum Zweck der Auslese und Ausmerzung eingesetzt als zur Unterstützung des Einzelnen. In diesem Sinne verlor der Begriff der Sozialpädagogik seine Be-

◘ **Tab. 7.6** Geschichte der sozialen Arbeit

	Armenpflege	Erste Begriffsnutzung	Gesetze und Gründung vieler Institutionen der Wohlfahrtspflege etc. – Etablierung der Fürsorgewissenschaft	Volkspflege, Sondererziehung, Gesundheit des Volkes, Ausmerzen und Auslesen	Nachholen, Amerikanisierung → Social Work	Politisierung und gesellschaftliche Fundierung
Prominente Vertreter	Pestalozzi, von Wichern	Mager, Diesterweg, Natorp	Nohl			
	→					
	bis ins 19. Jh.	**Ende 19. Jh.**	**Beginn 20. Jh., um 1920 (sozialpädagogische Bewegung)**	**Nationalsozialismus**	**Ca. 1945–1970**	**Seit 1970**

rechtigung, obwohl er auch im nationalsozialistischen Schrifttum, so Niemeyer (1999), verwendet wird. Sehr viel stärker wird jedoch der Begriff der Sondererziehung verwendet.

Die auf den Nationalsozialismus folgende Zeit von Ende der 1940er bis in die 1960er Jahre war dann geprägt durch „Warten und Hoffen auf andere, bessere Zeiten“ (Thole 2005, S. 31). Einerseits versuchte man, an die Ansätze der Weimarer Republik anzuknüpfen, andererseits musste man die „verlorene“ Zeit aufholen, denn die Entwicklung der Sozialpädagogik in anderen Ländern war weitergegangen. Man rezipierte also in großem Umfang die Veränderungen, die dieser Fachbereich im angloamerikanischen Raum durchgemacht hatte, um der Sozialpädagogik eine disziplinäre Kontur zu geben. Niemeyer spricht in diesem Kontext auch davon, dass es zu einer

» Amerikanisierung von Institutionalisierungsformen und Handlungsmethoden [kam], so daß sich das Verständnis der Sozialarbeit als „Social Work“ durchsetzte (Niemeyer 1999, S. 23).

Spätestens mit Beginn der 1970er Jahre ist dann jedoch eine kritische Wende in der sozialen Arbeit erkennbar:

» Eine fortschreitende Politisierung und gesellschaftstheoretische Fundierung bestimmten fortan die sozialpädagogische Theorieentwicklung (Thole 2005, S. 31).

7.8.6 Zusammenfassung

Zusammenfassend lässt sich sagen, dass die soziale Arbeit eine sehr stark reflektierende Disziplin ist, die flexibel und offen ist. Ihre disziplinären Grenzen sind fließend, ihre Gegenstände schwer zu definieren. Dennoch muss sie jederzeit das Zusammenspiel von Individuum und Gesellschaft gleichermaßen berücksichtigen. Dies dürfte sie gegenüber anderen Disziplinen auszeichnen.

Aufgaben zum Festigen des neuen Wissens

1. Welche Disziplinen sind heute unter dem Dach der „sozialen Arbeit“ vereint und in welchem Zusammenhang stehen diese zueinander? Erstellen Sie bitte eine Skizze.
2. Aus welchen zwei Strömungen entwickelte sich die soziale Arbeit?
3. Welche theoretischen Überlegungen sollten das Handeln in der sozialen Arbeit leiten?

Aufgaben zum Weiterdenken

1. Finden Sie Pro- und Kontra-Argumente dafür, die soziale Arbeit als Teildisziplin der Erziehungswissenschaft einzuordnen.
2. Inwieweit ist soziale Arbeit sozial und inwieweit nicht? Finden Sie Argumente.

Weiterführende Literatur

- Bieker, R. & Floerecke, P. (Hrsg.) (2011). *Träger, Arbeitsfelder und Zielgruppen der Sozialen Arbeit*. Stuttgart: Kohlhammer.
- Niemeyer, Ch., Schröer, W., & Böhnisch, L. (Hrsg.) (1997). *Grundlinien Historischer Sozialpädagogik. Traditionsbezüge, Reflexionen und übergangene Sozialdiskurse*. Weinheim: Juventa.
- Thole, W. (Hrsg.). *Grundriss Soziale Arbeit. Ein einführendes Handbuch* (S. 15–60) (2. Aufl.). Wiesbaden: VS Verlag für Sozialwissenschaften.

7.9 Sonderpädagogik

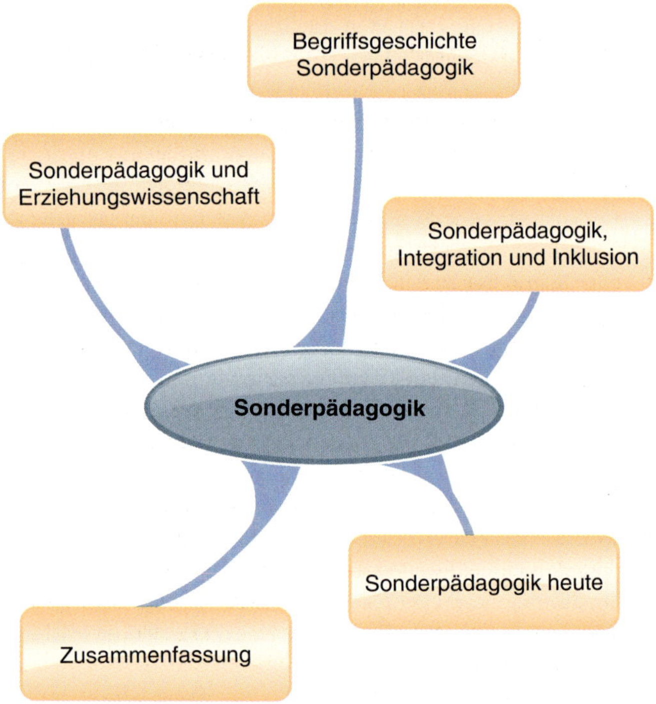

Aufgabe als Denkanstoß

In Zeiten der Inklusion, wo behinderte Kinder in Regelschulklassen integriert werden, hat die Sonderpädagogik ausgedient. Inwiefern ist dieser These zuzustimmen, inwiefern nicht?

7.9.1 Sonderpädagogik und Erziehungswissenschaft

Die Sonderpädagogik als eine Teildisziplin der Erziehungswissenschaft darzustellen, hätte noch bis vor wenigen Jahren zu Diskussionen geführt, denn geschichtlich gesehen ist die Sonderpädagogik oder auch Heilpädagogik, wie sie lange Zeit genannt wurde, stets ihren eigenen Weg gegangen und ihr Verhältnis zur allgemeinen Pädagogik war eher ambivalent.

» Einerseits wurde die programmatische Aussage eines Klassikers der Heilpädagogik, Paul Moor, „Heilpädagogik ist Pädagogik, und nichts anderes“ (Moor 1965, S. 273) nie ernsthaft in

Frage gestellt, andererseits handelt es sich bei der Sonderpädagogik um einen Arbeitsbereich, in dem sehr viele Fachleute anderer Provenienz zu finden sind und diesen Fachbereich mit geprägt haben. Hier sind vor allem Mediziner, Psychologen und Therapeuten zu nennen (Sassenroth 2002, S. 1).

Mittlerweile rückt die Sonderpädagogik jedoch wieder mehr an die Pädagogik und Erziehungswissenschaft heran, denn es drängen verstärkt integrative Ansätze in den Vordergrund. In Abkehr von den Jahren, in denen die Sonderpädagogik oder Heilpädagogik einen *Sonder*weg beschritt und z. B. das Sonderschulwesen stark ausgebaut wurde, sind heute starke Bestrebungen spürbar zu integrieren, statt abzusondern. Das Schlagwort „Inklusion" ist in aller Munde.

7.9.2 Begriffsgeschichte Sonderpädagogik

In der Geschichte der Sonderpädagogik dominierte zunächst der Begriff der Heilpädagogik, der unmissverständlich die Nähe zur Medizin sichtbar machte. Ausgangspunkt der Heilpädagogik war lange Zeit die Annahme, dass „Fehler" die Ursache dafür sind, dass Kinder Behinderungen oder Beeinträchtigungen der verschiedensten Art haben und dass es diese Fehler zu beheben gilt, indem die Kinder „geheilt" werden. Ein Vertreter war Herbart, der auch als Wegbereiter für das heutige Sonderschulsystem gilt. Man sprach davon, dass diese Kinder eine Behinderung, Störung, einen Defekt, eine Schädigung oder eine Dysfunktionalität *haben* oder behindert, gestört usw. *sind*. Man beschrieb es also gewissermaßen so, als sei es ein „Besitz" oder ein Zustand. Die Ursachen für die Auffälligkeiten wurden in der Person des Kindes verortet. Man bezeichnet diesen Ansatz der Heilpädagogik auch als biomedizinischen Ansatz der Sonderpädagogik (vgl. Balgo 2002). Weitere Ansätze der Sonderpädagogik sind in ◘ Tab. 7.7 zusammengefasst.

Ganz vom biomedizinischen Ansatz geprägt, wurde 1931 der erste Lehrstuhl für Heilpädagogik in Europa an der Universität Zürich gegründet. Heinrich Hanselmann, der erste Lehrstuhlinhaber definierte die Heilpädagogik in diesem Sinne als

» die Lehre vom Unterricht, von der Erziehung und Fürsorge aller jener Kinder, deren körperlich-seelische Entwicklung dauernd durch individuale und soziale Faktoren gehemmt ist (Hanselmann 1976, S. 12).

Individuale und soziale Faktoren sind in seinem Verständnis „Mindersinnigkeit und Sinnesschwäche", Entwicklungshemmung, neuropathische und psychopathische Konstitution (Krankheit, Verkrüppelung, Umweltfehler, schwer erziehbare Kinder).

Hanselmann vertritt damit weiterhin den medizinisch geprägten Ansatz, rückte aber klar den pädagogischen Aspekt von Unterricht und Erziehung mit ins Blickfeld. Dieser Tendenz wurde dann in den 1960er Jahren mit dem sich langsam durchsetzenden Begriff der Sonderpädagogik entsprochen, der schließlich den Begriff der Heilpädagogik verdrängte. Mit dem Begriff der Sonderpädagogik rückte man von der starken Bindung an die Medizin ab und wandte sich verstärkt der Pädagogik zu, allerdings eben der *Sonder*pädagogik.

◘ **Tab. 7.7** Übersicht über Ansätze der Sonderpädagogik. (Zusammengefasst nach Balgo 2002)

	Biomedizinischer Ansatz	Verhaltenstheoretische Ansätze	Psychodynamische Ansätze	Materialistische Ansätze	Interaktionistische Ansätze	Ökologische Ansätze	Systemisch-konstruktivistische Ansätze
Ursache	In der Person, individuumszentriert	Ungünstige Lernprozesse	tieferliegende Persönlichkeitsstörungen oder Störungen der Triebstruktur	Isolierende Bedingungen/Beeinträchtigung der Lebensmöglichkeiten	Interaktionsprozesse und gesellschaftliche Strukturen (Sozialisation)	Ökosystem	Störung als Konstrukte der sozialen Kommunikation
Therapie	„Heilen"	Verstärken des gewünschten und abschwächen des unerwünschten Verhaltens	Hier liegt die Kritik am Ansatz: nur Blick in die Vergangenheit, keine Vorschläge für Handlungsmuster in der Gegenwart	Aufhebung der Isolierung	Stigmatisierung vermeiden	Neuorganisation des Lebensbereichs	Alte Ordnungen destabilisieren oder gar auflösen

Zu dieser Zeit entstanden sehr viele Sonderschulen, und es wurde ein umfassendes Sonderschulwesen mit Sonderschulen für die verschiedensten Zielgruppen etabliert. Mit der Einführung des Begriffs der Sonderpädagogik fand aber auch gleichzeitig eine Reduktion der Sonderpädagogik auf eine Sonder*schul*pädagogik statt, die den Ab*sonder*ungsaspekt stark betonte.

Auch wenn sich der Begriff der Sonderpädagogik schnell durchsetzte, blieb die Diskussion um den Namen der Disziplin bestehen. Neben Sonderpädagogik wurde auch der Begriff der Behindertenpädagogik diskutiert, der sich letztlich durch seine stark etikettierende und diskriminierende Wirkung nicht durchsetzte.

In der DDR wurde außerdem der Begriff der Rehabilitationswissenschaft geprägt (Becker 1997). Obwohl dieser Begriff von Bleidick (1970) zu Recht als geeignet eingeschätzt wird, da er als interdisziplinärer Rahmen alle Bemühungen um den behinderten Menschen vereinigt, setzte er sich nicht durch – wahrscheinlich, da er in der DDR geprägt wurde.

Es wird also seit Jahren um die Begrifflichkeit gerungen und die Diskussion wird immer wieder aufgegriffen, aber es kommt kaum etwas Neues dabei heraus (Sassenroth 2002).

7.9.3 Sonderpädagogik, Integration und Inklusion

Seit den 1990er Jahren sind starke Bestrebungen erkennbar, keine *Sonder*pädagogik mehr zu betreiben, sondern stattdessen eine integrative oder inklusive Pädagogik für Kinder mit Behinderungen zu etablieren (vgl. Hildeschmidt und Schnell 1998; Meister und Sander 1993).

Die Gründe für diese Bestrebungen waren laut Sassenroth (2002) vielfältig: Erstens wurde der traditionelle, sonderpädagogische Ansatz „durch die kritische Reflexion des Behinderungsbegriffs" (Balgo 2002, S. 9) erschüttert. Dazu kamen Forschungsergebnisse, die zeigten, dass diejenigen schwachen Schüler, die in der Regelschule beschult wurden, bessere Leistungen zeigten, als die Schüler, die in Sonderschulen unterrichtet wurden, was unter anderem auch darauf zurückgeführt wurde, dass die Sonderschulen keineswegs so homogene Schulklassen hatten, dass sie hier einer Regelschulklasse überlegen waren. Des Weiteren wurde die Bestrebung der Integration statt der Separation durch die politische Absichtserklärung des Deutschen Bildungsrates unterstützt, wonach „die Integration Behinderter in die Gesellschaft eine der vordringlichsten Aufgaben jedes demokratischen Staates" sei (Deutscher Bildungsrat 1973, S. 16).

Heute geht man noch einen Schritt weiter. Gefordert wird nicht mehr nur eine Integration, sondern die *Inklusion*. Während der Begriff der Integration nämlich noch die Andersartigkeit Behinderter im Fokus hat, geht es bei der Inklusion darum, diese Andersartigkeit aus dem Fokus zu rücken und alle gleich zu behandeln. Dabei bezieht man sich üblicherweise auf ein Statut der UNO aus dem Jahr 2007, nach dem Kinder mit Behinderung nicht ausgeschlossen werden dürfen, sondern innerhalb des allgemeinen Bildungssystems die nötige Unterstützung erhalten sollen (UNO 2007, Art. 24, Abs. 2.).

Radikale Ansätze wie der in den USA vertretene Full-inclusion-Ansatz (No-child-left-behind-Kampagne) fordern die Abschaffung aller Fördermaßnahmen, weil sie die Andersartigkeit unterstreichen und dadurch Stigmatisierung und Kategorisierung fördern. Dies soll erreicht werden, indem die Curricula in den Fächern individualisiert werden.

Bereits hier zeigt sich jedoch der oft thematisierte Widerspruch, der den radikalen Inklusionsansätzen innewohnt: Wenn man die Curricula individualisiert, behandelt man ja wiederum nicht alle gleich. Auf der anderen Seite muss natürlich insgesamt auch die Frage gestellt werden, ob man leistungsschwachen Schülern und Schülern mit Behinderung in einer inklusiven Schule, die keine speziellen Fördermaßnahmen anbietet, wirklich gerecht wird.

Damit wird das Dilemma der Inklusion deutlich: Auf der einen Seite fühlen sich Kinder, die mit dem Label „behindert" versehen werden, berechtigterweise stigmatisiert. Auf der anderen Seite fühlen sie sich auch nicht ernst genommen und geachtet, wenn sie nicht ausreichend gefördert werden. Ebenso bekommen sie keine angemessene Förderung, wenn sie die gleichen Lerngelegenheiten erhalten, wie die übrigen Kinder. Bekommen sie aber auf sie abgestimmte Lerngelegenheiten, so werden sie wiederum stigmatisiert. Und ein weiteres Dilemma: Werden sie in normalen Klassenzimmern unterrichtet, so haben sie zu manchen Einrichtungen keinen Zugang. Werden sie in speziellen Räumen unterrichtet, werden sie ausgeschlossen (vgl. Hildeschmidt und Schnell 1998).

Inklusion ist damit kein leichtes Thema. Natürlich sind die Bestrebungen unterstützenswert, es stellt sich aber eben die Frage, ob man den Bedürfnissen Behinderter wirklich durch „Gleichmachung" gerecht wird. Vielmehr als „Gleichheit" und „Gleichmachung" müsste wohl die Gleich*wertigkeit* in den Fokus des Interesses rücken. Es sollte um „Gleichheit ohne Angleichung" (Lee 2010, S. 31) gehen.

» Eine ideale Schule müsste sicher stellen, dass die Individualität jedes einzelnen Kindes unter heterogenen Verhältnissen anerkannt und respektiert wird und weder Stigmatisierungs- noch Diskriminierungsprobleme bei Schülern mit Behinderungen entstehen, ohne dass dabei die Chancengleichheit preisgegeben werden muss (Lee 2010, S. 14).
Das Ziel der vollständigen Teilhabe von Menschen mit Behinderungen kann vielmehr erst dann erreicht werden, wenn die Tatsache, dass sie sonderpädagogische Unterstützung erhalten, kein Diskriminierungsproblem herbeiführt (Lee 2010, S. 210).

7.9.4 Sonderpädagogik heute

Sonderpädagogik ist heute also in der Weise, wie sie früher diskutiert wurde, im Grunde nicht mehr haltbar, aber sonderpädagogische Fragestellungen sind in der allgemeinen Didaktik und Schulpädagogik durchaus berechtigt, denn eine integrative bzw. inklusive Pädagogik muss die Heterogenität der Schüler berücksichtigen und kann sie eben nicht unter „den Tisch kehren". Kritisch kann dann jedoch wieder die Frage gestellt werden, ob eine sonderpädagogische Maßnahme schon dadurch zu einer inklusiven Maßnahme wird, wenn auf den Begriff der Sonderpädagogik verzichtet wird.

Festzuhalten bleibt auf jeden Fall, dass die Geschichte der Sonderpädagogik eindrucksvoll ist, auch wenn die Begrifflichkeit „Sonderpädagogik" heute auf Kritik stößt. So wurden im 18. Jahrhundert gegen die Lehrmeinung, die auf Aristoteles zurückgeht, Bildungsversuche mit Blinden und Gehörlosen voller Optimismus unternommen und damit Nachweise für deren Bildsamkeit erbracht (Wisotzki 2000). Ohne diese mutigen Vorreiter wäre die Entwicklung der Sonderpädagogik und auch der heutigen Ansätze zur Inklusion nicht so weit vorangeschritten.

7.9.5 Zusammenfassung

Ein Hauptdiskussionspunkte bezogen auf die Disziplin der Sonderpädagogik ist ihr Name. Dieser diskriminiert Menschen mit Behinderung. Auf der anderen Seite arbeitet und forscht die Sonderpädagogik heute ja mit der Absicht, diese Menschen zu fördern. Dies macht sie auch in Zeiten der Inklusion nicht überflüssig, sondern wichtiger denn je.

Aufgaben zum Festigen des neuen Wissens

1. Skizzieren Sie die Wurzeln und die Geschichte der Sozialpädagogik.
2. Benennen Sie die grundlegenden Fragestellungen, mit denen sich die Sonderpädagogik beschäftigt.

Aufgaben zum Weiterdenken

1. Inwieweit ist auch in einer Zeit der Inklusion, in der behinderte Kinder in Regelschulklassen integriert werden, eine Disziplin wie die Sonderpädagogik relevant? Finden Sie Argumente, die dafür, und Argumente, die dagegen sprechen.
2. Wird man mit der Inklusion Betroffenen mehr gerecht als durch sonderpädagogische Maßnahmen? Finden Sie Argumente für und gegen Inklusion.

Weiterführende Literatur

- Borchert, J. (2007). *Einführung in die Sonderpädagogik*. München: Oldenbourg.
- Schnell, I., & Sander, A. (2004). *Inklusive Pädagogik*. Bad Heilbrunn: Klinkhardt.

7.10 Interkulturelle Erziehung und Bildung

Aufgabe als Denkanstoß

Wenn endlich akzeptiert werden würde, dass alle Menschen gleich und gleichwertig sind, bräuchten wir keine interkulturelle Erziehung und Bildung. Was halten Sie von dieser These?

7.10.1 Geschichte der interkulturellen Erziehung und Bildung

Die Beschäftigung mit der interkulturellen Erziehung und Bildung ist vergleichsweise jung (Tab. 7.8). Nicht nur in Deutschland und Europa, sondern auch in Zuwanderungsländern wie den USA oder Kanada begann die Beschäftigung mit diesem Themenfeld erst zu Beginn der 1970er Jahre. Dies ist darauf zurückzuführen, dass man Angehörige anderer Kulturen bis dahin gar nicht als eigenständig wahrgenommen hatte. Erst zu dieser Zeit erkannte man, dass eine Auseinandersetzung mit diesem Thema nötig wurde.

In Deutschland ging dies damit einher, dass viele Gastarbeiter ihre Familien nach Deutschland nachholten und dadurch Kinder nichtdeutscher Herkunft in die Schulen strömten. Man musste reagieren: „Als Nothilfe" wurde die Ausländerpädagogik geboren (Nieke 2008). Es erfolgten erste Publikationen. Zunächst stand dabei im Vordergrund, dass die Kinder die deutsche Sprache lernten. Dafür wurden sie in Sondergruppen zusammengefasst, bis sie Deutsch so weit beherrschten, dass sie am regulären Unterricht teilnehmen konnten. In diesen Sondergruppen wurden zunächst die Methoden der Fremdsprachendidaktik angewendet, bis man erkannte, dass hier eine spezielle Zweitsprachendidaktik notwendig war, da die Kinder auch außerhalb des regulären Un-

Tab. 7.8 Geschichte der interkulturellen Erziehung und Bildung

	1970	1970er	1980er	1990er	11.9.2001	2005
	→	→	→	→	→	→
	Erste Beschäftigung mit interkultureller Erziehung	Ausländerpädagogik als Nothilfe	Interkulturelle Erziehung in der multikulturellen Gesellschaft	Institutionalisierung	Beginn des Neo-Assimilationismus	Integrationskurse verpflichtend
Auslöser	Erkennen der Eigenständigkeit anderer Kulturen	Gastarbeiter holen Familien nach	Deutschland wird als Einwanderungsland erkannt, Kritik an Defizitorientierung	KMK- und HRK-Beschlüsse	Islamistische Anschläge in den USA	Neufassung des Zuwanderergesetzes
				→	→	→
				Debatte um eine (deutsche) Leitkultur		

terrichts Deutsch lernten, was beim Erwerb von Fremdsprachen in der Schule normalerweise nicht der Fall ist.

Die Ausländerpädagogik dieser Zeit ging also von den „Defiziten“ der ausländischen Kinder aus und versuchte, diese zu „beheben“. Grundsätzlich wurde jedoch eine Doppelstrategie gefahren: Neben der Integration sollte auch die „Rückkehrfähigkeit“ der Kinder in ihre Herkunftsländer erhalten werden, da man nicht damit rechnete, dass sie längerfristig in Deutschland bleiben würden.

Um diese Ausländerpädagogik „als Nothilfe“ leisten zu können, wurden zu dieser Zeit die ersten Lehrerfort- und -weiterbildungen zum Thema Ausländerpädagogik angeboten. Außerdem wurde der erste Studiengang zu dieser Thematik als Ergänzungsstudium 1978 in Landau eingeführt. Studieninhalte waren vor allem die Sprachdidaktik sowie interkulturelle Erziehung und Migrations- und Minoritätenforschung.

Zu Beginn der 1980er Jahre setzte massive Kritik an der Ausländerpädagogik dieser Art ein. Man warf der Pädagogik vor, durch ihre Ansätze das „Ausländerproblem“ zu verschleiern, obwohl es eigentlich Aufgabe der Politik sei, dieses endlich ernst zu nehmen. Des Weiteren warf man ihr vor, defizitorientiert zu sein, d. h. bei den ausländischen Kindern ausschließlich die Defizite zu suchen, um diese zu beheben. Diese Vorwürfe und die zunehmende Erkenntnis, dass Deutschland ein Einwanderungsland war und bleiben würde, führten langsam zur Entwicklung des „Ansatzes der interkulturellen Erziehung in der multikulturellen Gesellschaft“. Ziel dieses Ansatzes war es, die Ausländer auf ein Leben in einer dauerhaft multikulturellen Gesellschaft vorzubereiten. Dafür wurde es nötig, auch die Lehrer so auszubilden, dass sie die Kinder auf ein Leben in einer multikulturellen Gesellschaft vorbereiten konnten. Das Bild der Salatschüssel wurde dem Bild des Schmelztigels gegenübergestellt. Das Bild der Salatschüssel betont, dass es um den gegenseitigen Austausch zwischen gleichwertig anerkannten Kulturen gehe, und nicht um deren Verschmelzung (Bild des Schmelztigels). Dabei wurde der Blick nun auch auf die einheimischen Minderheiten gerichtet. Damit rückte die interkulturelle Erziehung gewissermaßen zudem in den Kontext der Friedenserziehung.

Auch dieser Ansatz der interkulturellen Erziehung in der multikulturellen Gesellschaft blieb jedoch nicht ohne Kritik. Man sah vor allem die Gefahr, dass man durch eine Folklore der Herkunftskultur und die Betonung der Verschiedenheiten den Blick auf die Ursachen für die weiterhin vorhandene Diskriminierung verstellte und dadurch sogar deren Verstärkung begünstigen könnte.

Auftrieb erhielten die Konzepte der interkulturellen Erziehung und Bildung dann nichtsdestotrotz in den 1990er Jahren. So bestimmte die Kultusministerkonferenz 1996 interkulturelle Bildung als Bestandteil der Allgemeinbildung. Man forderte, dass sie in den Schulen explizit praktiziert und gelehrt werde (Kultusministerkonferenz vom 25.10.1996). Im gleichen Jahr beschloss auch die Hochschulrektorenkonferenz, dass an Hochschulen die interkulturelle Kompetenz von Studierenden zu fördern sei.

Einen Wendepunkt in der Geschichte der interkulturellen Erziehung bildeten dann jedoch die Anschläge vom 11. September 2001 auf Ziele in New York und Washington. Die Bedrohung durch die islamische Kultur wurde so stark wahrgenommen, dass übereinstimmend eine Forderung nach „Anpassung, die über funktionale Kompetenzen und eine Loyalität zum Staatssystem hinausgeht und auch die zentralen Grundüberzeugungen der Mehrheitskultur mit einschließt“ (Nieke 2008, S. 20), gestellt wurde.

Im Diskurs der interkulturellen Erziehung und Bildung spricht man hier von einer Wende hin zum Neo-Assimilationismus. Gefordert wurde faktisch eine Zwangsakkulturation,

> » also eine eigene Anstrengung der Zuwanderer, ihre Herkunftskultur zu verlassen und sich der Mehrheitskultur möglichst vollständig anzupassen. Wer dies nicht mag oder kann, wird Sanktionen unterworfen, die bis zur dauerhaften Ausweisung gehen sollen (Nieke 2008, S. 21).

Diese Bewegung führte dazu, dass die „pädagogischen Bemühungen [...] sich zunehmend von der interkulturellen Erziehung und Bildung ab[wendeten] und hin zu einer Integrationsförderung mit Akkulturationsunterstützung“ (Nieke, 2008, 21) gingen. In diesem Kontext wurden in der Neufassung des Zuwanderergesetzes des Jahres 2005 in der Bundesrepublik Deutschland Integrationskurse für Ausländer verpflichtend vorgeschrieben. Der Erhaltung der Herkunftssprache wurde demgegenüber keine Bedeutung mehr beigemessen.

7.10.2 Leitkultur

In diese Zeit fällt auch das immer wieder Aufkeimen der Debatte um eine sogenannte Leitkultur. Dieser Begriff wurde von Bassam Tibi, einem deutschen Politikwissenschaftler mit syrischer Herkunft geprägt. Er versteht darunter einen Wertekonsens, den alle Menschen vertreten sollten, um ein Miteinander zu ermöglichen und einen falsch verstandenen Multikulturalismus, der sich in Parallelgesellschaften zeigt, zu verhindern. Bassam Tibi (2000) spricht von einer europäischen, nicht primär von einer deutschen Leitkultur und beruft sich dabei auf Jürgen Habermas' Ansatz der „kulturellen Moderne“. Demnach gehört zu einer solchen Leitkultur

> » das Primat der Vernunft vor religiöser Offenbarung, d. h. vor der Geltung absoluter Wahrheiten; individuelle Menschenrechte (also nicht Gruppenrechte), zu denen im besonderen Maße die Glaubensfreiheit zu zählen ist; säkulare, auf der Trennung von Religion und Politik basierende Demokratie; allseitig anerkannten Pluralismus sowie ebenso gegenseitig geltende Toleranz, die bei der rationalen Bewältigung von kulturellen Unterschieden hilft (Tibi 2002, S. 3).

Tibi sieht die Anerkennung dieser Werte als eine Grundlage dafür an, dass Menschen unterschiedlicher kultureller Herkunft friedlich zusammenleben können. Er beschreibt diese als Klammer zwischen den einheimischen Menschen und den Einwanderern. Wichtig ist Tibi dabei, dass es nicht um eine Unterordnung einer Kultur unter eine andere gehe, sondern um ein Miteinander. Es gehe auch nicht um eine Assimilation der Einwanderer, sondern um eine Verständigung auf gemeinsame Werte, ohne die ein friedliches Zusammenleben nicht möglich sei, was den Zerfall einer Gesellschaft zur Folge habe. Dabei ist zu betonen, dass Tibi zunächst lediglich von einer europäischen Leitkultur sprach. In der politischen Diskussion kam die Sprache dann jedoch verstärkt auch auf eine deutsche Leitkultur. Dabei wurde Tibis Ansatz oft missverstanden und für die eigenen Belange missbraucht. Die einen sahen darin einen Rechtsruck, die anderen wollten dadurch eine Begrenzung der Zahl der Zuwanderer rechtfertigen, weil die Integration von zu vielen Zuwanderern auf einmal in die deutsche Leitkultur nicht möglich sei.

Immer wieder keimt diese Debatte um die deutsche Leitkultur auf, wird jedoch dabei auch immer wieder für die eigenen politischen Zwecke missbraucht.

7.10.3 Abgrenzung zu anderen Konzepten

Neben den Ansätzen der interkulturellen Erziehung und Bildung gibt es auch die Ansätze der multikulturellen, der interkulturellen, der multiethnischen, der antirassistischen und der bikulturellen Erziehung. Diese Ansätze sind einander sehr ähnlich, aber setzen doch jeweils unterschiedliche Schwerpunkte.

Der Ansatz der *multikulturellen Erziehung* stammt aus dem angloamerikanischen Raum. Hier spricht man von *multicutural education*, die man als Antwort auf die neuen, gesellschaftlichen Aufgabenstellungen durch den Zuzug von Menschen anderer Kulturen sieht. Der Schwerpunkt liegt hier in einer Erziehung zur Akzeptanz der Vielfalt.

Der Ansatz der *interkulturellen Erziehung* fokussiert dagegen mehr auf den vernünftigen Umgang der Majorität mit ethnisch-kulturellen Minoritäten. Dieser Ansatz ist neben Deutschland auch in Frankreich und den Niederlanden stark verbreitet.

Der Ansatz der *multiethnischen Erziehung*, der ebenfalls aus dem englischen Sprachraum kommt, ersetzt den Kulturbegriff mit dem der Ethnie. Als Grund dafür wird genannt, dass das Konzept Ethnie umfassender sei als das Konzept der Kultur. Indem man das Konzept der Ethnie nutzt, würden also weitere Aspekte Berücksichtigung finden.

Der Ansatz der *antirassistischen Erziehung* fokussiert vor allem auf die Vermeidung von Rassismus. Es geht weniger um Integration und Umgang mit unterschiedlichen Kulturen, sondern mehr darum, Rassismus zu verhindern.

Ein weiterer Ansatz in diesem Kontext ist der der *bikulturellen Erziehung*. Dieser geht auf den Erziehungswissenschaftler Fthenakis zurück. Fthenakis fordert eine bikulturelle und bilinguale Erziehung für Kinder mit anderer Herkunft. Er vertritt die Ansicht, dass Kinder mit anderer Herkunft nur dann eine gesunde Persönlichkeit entwickeln können, wenn sie in ihrer Herkunftskultur als auch in der neuen Kultur sicher agieren können.

Allen Ansätzen gemeinsam ist die Beschäftigung mit der Interaktion verschiedener Kulturen innerhalb eines Landes.

Eine Besonderheit der Beschäftigung mit diesem Thema im deutschsprachigen Raum ist, dass neben der interkulturellen Erziehung auch von interkultureller Bildung gesprochen wird. Diese Besonderheit ist darauf zurückzuführen, dass lediglich in der deutschen Sprache der Bildungsbegriff in dieser Form vorkommt. Wie sich interkulturelle Erziehung und interkulturelle Bildung voneinander unterscheiden lassen, wird im nächsten Abschnitt verdeutlicht.

7.10.4 Ziele interkultureller Erziehung und Bildung

Ziel der interkulturellen Erziehung und Bildung ist es, interkulturelle Handlungskompetenz aufzubauen. Diese Handlungskompetenz ist dabei eng verknüpft mit der Persönlichkeit eines Menschen, welche sich in einem Bildungsprozess herausbildet. Interkulturelle Erziehung und Bildung zielt also darauf ab, dass sich Menschen in einer ethnisch, sprachlich, religiös und sozial heterogenen Gesellschaft zurechtfinden. Dazu gehört es laut Kultusministerkonferenz, dass die kulturelle Vielfalt geachtet wird, dass die berufliche Mobilität und die europäische Integration ermöglicht und erleichtert wird und dass das Leben in *einer* Welt möglich wird.

Diese interkulturelle Kompetenz erwirbt man jedoch nicht auf einmal, sondern schrittweise. Nieke (2008) formuliert dafür ein Entwicklungsmodell, welches zehn verschiedene Entwicklungsstadien auf dem Weg zu interkultureller Kompetenz beschreibt. Diese Stadien, die nachfolgend aufgezählt werden, werden nach Nieke nacheinander durchlaufen:

» 1. „Erkennen des eigenen, unvermeidlichen Ethnozentrismus
2. Umgehen mit der Befremdung
3. Grundlegen von Toleranz
4. Akzeptieren von Ethnizität; Rücksichtnehmen auf die Sprachen der Minoritäten
5. Thematisieren von Rassismus
6. Das Gemeinsame betonen, gegen die Gefahr des Ethnizismus
7. Ermuntern zur Solidarität, Berücksichtigen der asymmetrischen Situation zwischen Mehrheit und Minoritäten
8. Einüben in Formen vernünftiger Konfliktbewältigung – Umgehen mit Kulturkonflikt und Kulturrelativismus
9. Aufmerksamwerden auf Möglichkeiten gegenseitiger kultureller Bereicherung
10. Thematisieren der Wir-Identität: Aufheben der Wir-Grenze in globaler Verantwortung oder Affirmation universaler Humanität" (Nieke 2008, S. 75 f.).

Im Sinne Niekes gilt jemand als gebildet und interkulturell kompetent, wenn er das zehnte Stadium erreicht hat.

Insgesamt werden in der interkulturellen Erziehung unterschiedliche Schwerpunkte gesetzt:

- Interkulturelle Erziehung als soziales Lernen möchte Empathie, Toleranz, Solidarität und Konfliktfähigkeit erzielen.
- Interkulturelle Erziehung als Erziehung zum Umgang mit kultureller Differenz möchte zum interkulturellen Dialog befähigen. Dafür muss sie ein Bewusstsein für die Asymmetrie zwischen der Dominanzkultur und den Minderheitenkulturen schaffen und zur Anerkennung der Unterschiede ohne Rangordnung erziehen. Sie muss ein Bewusstsein dafür schaffen, dass Unterschiede zwischen Kulturen beunruhigen können, und gleichzeitig vermitteln, dass die eigene Lebensweise immer nur eine von vielen möglichen ist.
- Interkulturelle Erziehung kann außerdem als multiperspektivische Allgemeinbildung gesehen werden. Um Schülern diese Allgemeinbildung näher zu bringen, müssen sie zur Auseinandersetzung mit verschiedenen Sichtweisen z. B. durch Literatur oder durch verschiedene Sprachen angeregt werden.
- Interkulturelle Erziehung kann aber auch als politische und antirassistische Bildung gesehen werden.
- Nicht zuletzt kann interkulturelle Erziehung im Sinne einer bikulturellen Erziehung es auch anstreben, kompetentes Handeln in zwei Kulturen zu ermöglichen. Dazu ist vor allem auch eine gut ausgeprägte Zweisprachigkeit nötig. Dies vermag unser Bildungssystem jedoch kaum zu leisten, da die Vielfalt an Herkunftssprachen mittlerweile so hoch ist, dass es nicht möglich ist, Unterricht für alle Herkunftssprachen anzubieten.

7.10.5 Interkulturelle Erziehung und Bildung in Institutionen

Im Hinblick auf interkulturelle Erziehung und Bildung in der Schule fordert Auernheimer (1996),

- dass jede Schule ihre Philosophie im Hinblick auf den Umgang mit kultureller Differenz und die politische Haltung des Kollegiums zu prüfen habe,
- dass versucht werden solle, die eigenen Empfehlungen für Sonderschulen und weiterführende Schulen auf den Prüfstand zu stellen,
- dass Migrantenkulturen einen Platz in der Schule erhalten und Unterricht auch an Interessen und Bedürfnissen ausgerichtet wird.

Des Weiteren sind außerunterrichtliche Aktivitäten wichtig, und die Schule soll zum Stadtteil hin geöffnet, d. h. in das jeweilige Milieu integriert werden.

In institutioneller Hinsicht ist interkulturelle Erziehung seit den Empfehlungen der Kultusministerkonferenz 1996 Bestandteil des Erziehungsauftrags. Sie kann durch ein fächerübergreifendes Unterrichtsprinzip realisiert werden, aber auch als Unterrichtsgegenstand oder als Bestandteil einzelner Unterrichtsfächer thematisiert werden. Eine weitere Möglichkeit wäre es, interkulturelle Erziehung als neues Unterrichtsfach zu integrieren, was bisher nicht umgesetzt wurde. Zudem kann interkulturelle Erziehung durch veränderte organisationale Strukturen in der Schule verwirklicht werden.

Neben der Schule spielt interkulturelle Erziehung und Bildung auch in der Jugendarbeit und der Erwachsenenbildung eine Rolle. Dort können Lernumgebungen geschaffen werden,

- in denen Konflikte bearbeitet und über Stereotype und Vorurteile gesprochen wird,
- in denen andere Perspektiven eingenommen werden und Einblicke in andere Lebensweisen möglich werden,
- in denen Sensibilität geschaffen wird für die Situationen von Minderheiten und die Benachteiligung hautnah erfahren werden kann,
- in denen eingreifendes Handeln erprobt wird, sowie Kooperationserfahrungen gemacht werden und
- in denen das kulturelle Repertoire erweitert werden kann.

All dies soll die sozialen Kompetenzen erweitern, das politische Bewusstsein bilden und zum Umgang mit Fremdheit befähigen.

In diesem Sinne kann kulturelle Erziehung und Bildung als ein Teil der allgemeinen Pädagogik verstanden werden, da sie sich auf alle institutionell gebundenen Subdisziplinen wie z. B. die Schulpädagogik oder die Erwachsenenbildung bezieht (Nieke 2008).

7.10.6 Zusammenfassung

Interkulturelle Erziehung und Bildung erfolgte schubweise und ausgehend von politischen Entscheidungen. So wurde in Deutschland die Bedeutung interkultureller Erziehung erst mit der Anwerbung von Gastarbeitern aus Südeuropa in den 1950er und 1960er Jahren thematisiert. Ein weiteres sehr wesentliches Ereignis in Bezug auf das Bewusstsein für interkulturelle Erziehung und Bildung war dann die Diskussion um die deutsche Leitkultur. Heute sind die Themen der interkulturellen Erziehung und Bildung aktueller denn je und sehr stark in der Diskussion. Nimmt man z. B. die Idee der Individualisierung, wie sie in der Pädagogik seit langem gefordert wird, ernst, ergibt sich daraus auch die Notwendigkeit der interkulturellen Erziehung und Bildung. Außerdem ist die Entwicklung hin zu einer globalisierten Welt, in der jeder seinen Wohnort unabhängig von seiner kulturellen Herkunft selbst bestimmt, und die zunehmende Zuwanderung kein vorübergehendes Phänomen, sondern vielmehr eines, mit dem man heute umgehen muss. Hier ist interkulturelle Erziehung und Bildung gefragt.

Aufgaben zum Festigen des neuen Wissens

1. Benennen Sie Ereignisse in der Geschichte, die die Entwicklung der Disziplin interkulturelle Erziehung und Bildung nachhaltig geprägt haben, und stellen Sie dar, in welcher Weise sie die Entwicklung prägten.
2. Nennen Sie die Gegenstandsbereiche der Disziplin Interkulturelle Erziehung und Bildung.
3. Differenzieren Sie zwischen interkultureller Erziehung und interkultureller Bildung: Wie unterscheiden sie sich und welcher Zusammenhang besteht?

Aufgaben zum Weiterdenken

1. Aus der Perspektive der Interkulturellen Erziehung und Bildung: Welcher Umgang mit dem Konzept der „Deutschen Leitkultur" ist zu fordern?
2. Wie kann Interkulturelle Erziehung und Bildung in der Grundschule gefördert werden?
3. Sammeln Sie Argumente, warum Interkulturelle Erziehung und Bildung wichtig ist.

Weiterführende Literatur

- Tibi, B. (2000). *Europa ohne Identität? Leitkultur oder Wertebeliebigkeit*. München: Siedler.
- Gogolin, I., & M. Krüger-Potratz, M. (2006). *Einführung in die Interkulturelle Pädagogik*. Opladen: Barbara Budrich.
- Yousefi, H.R., & Braun, I. (2011). *Interkulturalität. Eine interdisziplinäre Einführung*. Darmstadt: Wissenschaftliche Buchgesellschaft.

7.11 Medienpädagogik

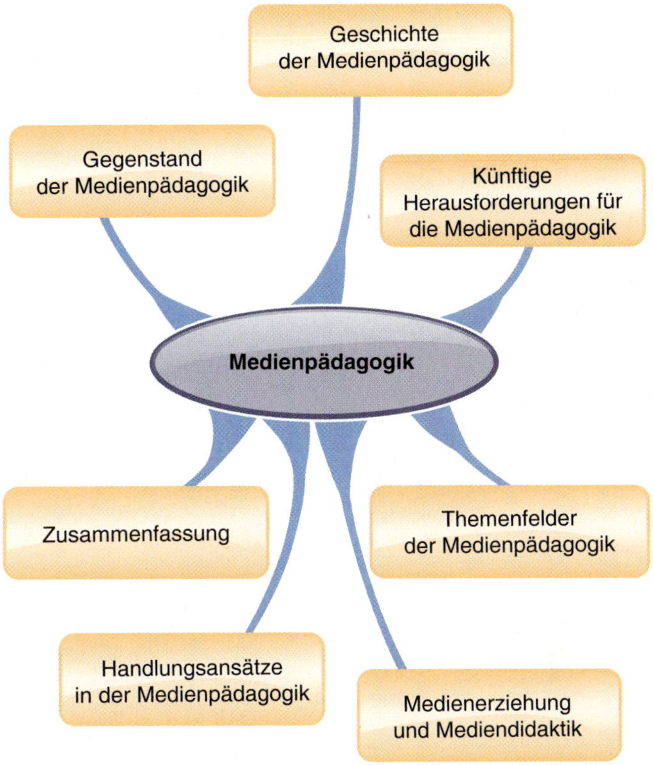

Aufgabe als Denkanstoß

„Hilfe, mein Kind will ein Handy zu Weihnachten!" titelte die Stuttgarter Zeitung am 13.12.2013. Wie erklären Sie sich diesen „Hilferuf"?

7.11.1 Gegenstand der Medienpädagogik

Die Medienpädagogik beschäftigt sich mit Theorien und Forschung rund um das große Thema Medien. Sie umfasst dabei Theorien zur Mediensozialisation, zur Medienerziehung und -bildung sowie zur Mediendidaktik. Obwohl diese Konzepte keine klaren Grenzen aufweisen, kann trotzdem gesagt werden, dass ihr gemeinsames Ziel die Förderung von Medienkompetenz und im weiteren Sinne auch die Medienbildung ist.

7.11.2 Geschichte der Medienpädagogik

Die Medienpädagogik ist eine vergleichsweise junge Disziplin. Richtig etabliert hat sie sich erst in den 1960er Jahren, auch wenn es zuvor schon Bemühungen gab, den Medienumgang von Kindern und Jugendlichen durch Erziehung und Unterricht zu beeinflussen. Der Beginn des 20. Jahrhunderts, als sich das Medium des Films durch Kinos verbreitete, war durch die reformpädagogische Strömung und bewahrpädagogische Ansätze geprägt (Tab. 7.9). Man wollte Kinder und Jugendliche vor der Schund- und Schmutzliteratur, aber auch vor negativen Einflüssen aus Filmen schützen und ihnen wertvolle Filme sowie

Tab. 7.9 Geschichte der Medienpädagogik

1920	1926	Nationalsozialismus	1947	1951	1953	1957	1960er und 1970er Jahre	1970er Jahre		Seit ca. 1990
			Bundesrepublik: Erziehung zu einer kritischen Haltung durch Filmgespräche					Paradigmenwechsel	Filmprojekte	Medienkompetenz als Schlüsselkompetenz
			DDR: Filme mit der Bundesrepublik vergleichbar, aber immer ideologisch und mit dem Ziel der Emanzipation vom Westfernsehen							
Bewahrpädagogischer Ansatz							Kritische Theorie			
Rezipienten werden als passiv ausgesehen								Rezipienten werden als aktiv angesehen		
Reichslichtspielgesetz	Gesetz zur Bewahrung der Jugend vor Schund- und Schmutzschriften	Zensur und Propaganda	Gründung der FSK	Gesetz zum Schutz der Jugend in der Öffentlichkeit (JÖSchG)	Gesetz über die Verbreitung jugendgefährdender Schriften (GjS)	Gründung der Bundesprüfstelle für jugendgefährdende Schriften (BPjS)				

gute Kinder- und Jugendliteratur zugänglich machen, z. B. durch die sogenannten Schulfilme. Ganz im Denken der Zeit wurde deshalb auch 1920 in Deutschland das Reichslichtspielgesetz und 1926 das Gesetz zur Bewahrung der Jugend vor Schund- und Schmutzschriften verabschiedet. Beide Gesetze waren letztlich eine Zensur, die den Schutz der Bevölkerung und der Jugend gewährleisten sollte.

Unter anderen Vorzeichen wurde die Zensur im Dritten Reich sehr stark verschärft. Filme und Bücher nicht regimekonformer Autoren wurden verboten, die Autoren wurden verfolgt und Bücherverbrennungen durchgeführt. Auf der anderen Seite wurden Film und Radio zum ersten Mal ganz gezielt zu Propagandazwecken, also zur Verbreitung der nationalsozialistischen Ideologien und zur Indoktrination, eingesetzt. So wurden 1934 z. B. die sogenannten Jugendfilmstunden für die Hitlerjugend eingeführt, in denen dann gezielt ausgewählte Propagandafilme gezeigt wurden.

Nach dem Krieg war die Medienpädagogik wie die meisten anderen gesellschaftlichen Bereiche durch eine Fortsetzung der Bestrebungen aus der Weimarer Republik gekennzeichnet. Dies führte dazu, dass weitere Gesetze und Erlasse zum Schutz der Kinder und Jugendlichen verabschiedet wurden: So wurde 1947

» die freiwillige Selbstkontrolle der Filmwirtschaft (FSK) gegründet, 1951 trat das „Gesetz zum Schutz der Jugend in der Öffentlichkeit" (JÖSchG) und 1953 das „Gesetz über die Verbreitung jugendgefährdender Schriften" (GjS) in Kraft. 1954 wurde die Bundesprüfstelle für jugendgefährdende Schriften (BPjS) gegründet (Süss et al. 2011, S. 58).

Die FSK bestimmt auch heute noch – im Sinne der gesetzlichen Bestimmungen – die Altersfreigaben von Medien.

Gleichzeitig gab es in den Nachkriegsjahren Bestrebungen, die Jugendlichen durch sogenannte Filmgespräche zu einer kritischen Haltung gegenüber Film- und Medieninhalten zu erziehen. Diese Bestrebungen wurden ab 1960 durch den Einfluss der kritischen Theorie der Frankfurter Schule noch verstärkt: Man wollte Kindern und Jugendlichen das manipulative Potential der Medien bewusst machen, um sie zu kritischen Bürgern zu erziehen. Während man also direkt nach dem Krieg die Absicht hatte, die Jugend zu schützen, stand in den 1960er Jahren eine politische Absicht hinter den Bemühungen der Medienpädagogik: Man wollte die Jugendlichen zu kritischen Bürgern erziehen. Gemeinsam war jedoch beiden Ansätzen, dass man die Rezipienten von Medieninhalten als passiv ansah.

Dies änderte sich in den 1970er Jahren. Diese Veränderung wird auch als Paradigmenwechsel in der Medienpädagogik bezeichnet (Süss et al. 2011): Man erkannte, dass die Rezipienten keine passiven Empfänger sind, sondern aktiv handelnde Subjekte, die Medieninhalte vor dem Hintergrund ihrer eigenen Erfahrungen verarbeiten. Demzufolge rückten in der Medienpädagogik in den 1970er und 1980er Jahren die Individuen in den Fokus des Interesses.

» Emanzipation und Partizipation bildeten die grundlegenden Zielrichtungen der sich entwickelnden handlungsorientierten Medienpädagogik (häufig auch als kritische, emanzipatorische Medienpädagogik bezeichnet) (Süss et al. 2011, S. 60).

Man wollte die Mediennutzer dazu befähigen, sich aktiv mit Medieninhalten auseinanderzusetzen und sich eine eigene Meinung zu bilden. Außerdem sollten die Nutzer zu Medienproduzenten werden. So wurden Filmprojekte ins Leben gerufen.

In der DDR waren in der Nachkriegszeit bis in die 1980er Jahre hinein einerseits ähnliche Bestrebungen wie im Westen erkennbar, andererseits wurden hier die Medien von Beginn an stärker zur Verbreitung der sozialistischen Ideologie genutzt. Wie auch im Westen ging es darum, durch Medienpädagogik die Kinder und Jugendlichen zu einem bewussten bzw. distanzierten Umgang mit Medieninhalten zu erziehen. Allerdings bezog sich dies vorwiegend auf den kritischen Umgang mit den westlichen Medien. Wie im Westen wurden außerdem Filmprojekte in sogenannten Filmclubs oder Einrichtungen wie der „Erfurter Filmschule" ins Leben gerufen, um Kinder und Jugendliche zu eigenen Medienproduktionen anzuregen. Auch hier ging es jedoch letztlich um die Emanzipation gegenüber den Westmedien und „weniger um die Befähigung zu einem emanzipierten Mediengebrauch" (Süss et al. 2011, S. 64). Gleichzeitig „wurden die Medien sehr stark für politisch ideologische Zwecke instrumentalisiert. In der Medienerziehung richtete sich der Fokus insbesondere auf die Propagierung des ‚guten' im Sinne eines ‚ideologisch wertvollen Films'" (Süss et al. 2011, S. 62) in Abgrenzung vom Westfernsehen.

Mit der deutschen Wiedervereinigung wandte man sich dann verstärkt dem Konzept der Medienkompetenz für die Medienpädagogik zu. Medienkompetenz wurde und wird dabei als eine Schlüsselqualifikation für die Teilhabe am gesellschaftlichen Leben gesehen. Die Ausstattung von Schulen mit der notwendigen Technik ebenso wie die medienpädagogische Aus- und Weiterbildung der Lehrerinnen und Lehrer war dabei von besonderer Bedeutung. In der Forschung wurde vermehrt Fragen nachgegangen, wie Kinder und Jugendliche Fernsehsendungen und Informationsangebote wahrnehmen und verarbeiten.

Obwohl sich die Medienlandschaft in den letzten 20 Jahren sehr stark verändert hat, konstatieren Süss et al. (2011), dass sich in diesem Zeitraum kaum theoretische Weiterentwicklungen in der Medienpädagogik feststellen lassen. So stehen z. B. die verschiedenen Ansätze der Medienpädagogik, wie sie anschließend dargestellt werden, weiterhin unverbunden nebeneinander. Außerdem werden auch derzeit immer noch monokausale Wirkungsannahmen postuliert, wonach z. B. das Spielen von Computerspielen zu Gewalt bei Jugendlichen führen solle, was so empirisch bisher nicht nachweisbar ist.

Neu in der Medienpädagogik der letzten Jahre ist jedoch, dass sich verstärkt auch Vertreter der Psychologie und Neuropsychologie am medienpädagogischen Diskurs beteiligen. So vertritt z. B. Manfred Spitzer (2005) die Ansicht, dass Medienkonsum die Gehirnentwicklung und Gesundheit von Kindern gefährdet.

Anna: „Ich habe kürzlich gelesen, dass Kinder, die viel Fernsehen, weniger intelligent sind als andere Kinder."

Jakob: „Klar, und alle, die Computerspiele spielen, werden zu Amokläufern, weil sie im Spiel ja auch schon zigtausend Menschen erschossen haben."

Anna: „Na ja, so einfach darf man sich das ja wohl nicht machen. Aber glaubst du nicht, dass zu viel Fernsehen und Computerspielen schädlich ist?"

Jakob: „Nein. So pauschal ja wohl keinesfalls. Du musst es ja auch so sehen: Wer schaut denn besonders viel fern und spielt besonders viel am Computer? Sind das nicht die Kinder, die schon aus schlechter gestellten Familien kommen? Die auch sonst in einer weniger förderlichen Umgebung aufwachsen? Meinst du wirklich, es würde deinem Kind schaden, wenn es mal fernsieht? … Abgesehen davon, dass es natürlich darauf ankommt, *was* es schaut."

Anna: „Ja, da hast du recht. Du meinst also, das ist mal wieder die berühmte Frage nach der Henne und dem Ei …?"

Jakob: „Klar. Denk doch mal nach: Solche Thesen wie, dass höherer Fernsehkonsum zu Übergewicht führt, sind doch auch völliger Unsinn. Die Leute vergessen einfach, dass es nicht der Fernsehkonsum ist, der dick macht, sondern die fehlende Bewegung und die ungesunde Ernährung."

Anna: „Du meinst also, ein Kind kann sehr viel fernsehen. Wenn es sich trotzdem gut ernährt und bewegt, so hat der Fernsehkonsum rein gar nichts mit dem Gewicht zu tun, oder?"

Jakob: „Ja genau. Mich nervt einfach so komisches monokausales Gelaber."

7.11.3 Künftige Herausforderungen für die Medienpädagogik

Herausforderungen für die kommenden Jahre sehen Süss et al. (2011) darin, dass Medienpädagogik in den Bildungsplänen weiterhin kein eigenes Fach ist, sondern lediglich als Querschnittsthema vorkommt, und dass immer jüngere Kinder frei über sehr viele verschiedene Medien verfügen können. Für beide Aspekte sind Konzepte zu erarbeiten.

Zudem betonen Süss et al. (2011), dass die Medienpädagogik auch heute noch ein wenig professionalisiertes Feld sei, das die Selbstfindungsphase noch nicht hinter sich habe. Ein Defizit wird vor allem in der geringen Forschungstätigkeit der Medienpädagogik gesehen. So stehen z. B. noch immer umfassende Evaluationsstudien zur Wirkung medienpädagogischer Interventionen aus.

7.11.4 Themenfelder der Medienpädagogik

Wie aus der Nachzeichnung der Geschichte der Medienpädagogik hervorgeht, beschäftigt sich die Medienpädagogik mit unterschiedlichen Themen und verfolgt unterschiedliche Ansätze.

Als Themenfelder der Medienpädagogik lassen sich die Mediensozialisation und die Mediendidaktik unterscheiden. Dazu kommen, wie oben bereits genannt, die Medienerziehung und die Medienbildung, wobei Letztere sowohl als Prozess als auch als Zielkategorie der Medienpädagogik verstanden werden kann. Auf diese Themenfelder wird im Folgenden genauer eingegangen.

■ Mediensozialisation

Mediensozialisation ist als der Prozess zu verstehen, in welchem sich Menschen durch den Einfluss von Medien entwickeln. Dabei wird Mediensozialisation

> » durch die Erziehenden, die Gleichaltrigen, die Individuen selbst und die gesellschaftlichen Rahmenbedingungen [beeinflusst], welche Spielräume eröffnen und Einschränkungen machen (Süss et al. 2011, S. 29).

Grundlegende Überzeugung der mediensozialisatorischen Ansätze ist dabei, dass Medien von Menschen dazu genutzt werden, um jeweils anstehende Entwicklungsaufgaben zu bewältigen und Bedürfnisse zu befriedigen. Diese Theorie der Mediensozialisationsforschung wird als Nutzen- und Belohnungsansatz (engl. *uses and gratifications approach*) bezeichnet. Demnach suchen sich Jugendliche die Medien und Medieninhalte aus, die ihre Bedürfnisse befriedigen und die sie brauchen, um anstehende Entwicklungsaufgaben zu bewältigen.

Ein weiterer Ansatz der Mediensozialisation sind die sogenannten Cultural Studies. In Anlehnung an den Paradigmenwechsel in der Lernpsychologie (vom Behaviorismus zum Kognitivismus bzw. Konstruktivismus) überwinden die Cultural Studies das Reiz-Reaktions-Modell und betrachten Medieninhalte und -wirkungen nicht mehr als gegeben. Der Ansatz der Cultural Studies geht vielmehr davon aus, dass Medieninhalte nur durch individuelle Konstruktionsprozesse und soziales Aushandeln bedeutungshaltig werden. Angesichts dieser Theorie wird der Medienpädagogik die Aufgabe der Alphabetisierung im Hinblick auf Medieninhalte zugeschrieben (Moser 2010). Kinder und Jugendliche sollen die kulturellen Codes der Medien verstehen und gleichzeitig auch nutzen lernen.

In diesem Kontext wird auch die sogenannte Wissenskluft-theorie der Mediensozialisation genannt. Diese Theorie geht davon aus, dass die Rezipienten aktiv Handelnde sind und demnach die Medieninhalte aktiv verarbeiten, um Bedeutung zu erzeugen und zu nutzen. Dabei seien es vor allem die gut informierten Rezipienten, die in der Lage sind, das Informationsangebot zu nutzen und davon zu profitieren, wodurch sich die Wissenskluft zwischen den gut und den eher schlecht informierten Mediennutzern noch verstärke (Moser 2010, S. 157). Die Wissenskluft-theorie geht also davon aus, dass hier das Matthäus-Prinzip (wer hat, dem wird gegeben) herrscht.

■ Positionen der Mediensozialisation

Es werden folgende Positionen der Mediensozialisation unterschieden: die kulturpessimistische, die medieneuphorische und die kritisch-optimistische Position.

Die *kulturpessimistische Position* hat die längste Tradition (Süss et al. 2011) und ist allgegenwärtig. Vertreter dieser Position sehen die Medien als Konkurrenz zu sonstigen Freizeitaktivitäten von Kindern und Jugendlichen. Man fürchtet die „Medienverwahrlosung“ sowie eine Gefährdung der psychosozialen Entwicklung der Kinder und Jugendlichen und betont das Suchtpotential von Medien. Man sieht die Gefahr, dass Kinder und Jugendliche nur noch ein Leben aus zweiter Hand führen, d. h. keine Primärerfahrungen mehr machen. Auch die Hypothese, zu hoher Medienkonsum führe zu erhöhter Gewaltbereitschaft, oder die Angst vor digitaler Demenz zeugen von einer kulturpessimistischen Position. Hierbei ist zu betonen, dass es keinerlei stichhaltige empirische Evidenz für diese Phänomene gibt.

Die *medieneuphorische Position* betont dagegen das Potential, welches vor allem in den sogenannten neuen Medien wie Computer und Internet stecke. Ihre Vertreter sehen in den Möglichkeiten, die die neuen Medien bieten, Chancen für eine positive Entwicklung. Wie die Vertreter der kulturpessimistischen Position bleiben sie dabei jedoch recht unkritisch in ihrem Umgang mit Forschungsergebnissen.

Vertreter der *kritisch-optimistischen Position* betonen vor allem die aktive Rolle der Rezipienten von Medienangeboten und sehen die Medienangebote als wertvolle Ergänzung zum „wirklichen Leben“. Sie vertreten die Auffassung, dass für eine gelingende Entwicklung einerseits eine reichhaltige und entwicklungsförderliche Umwelt mit ausreichend Primärerfahrungen (in der sogenannten Alpha-Welt, vgl. Millner 1996) nötig ist, andererseits jedoch nicht alles primär erfahren werden könne. Hierfür seien dann Medien einzusetzen, die Kindern und Jugendlichen ermöglichen, diese Erfahrungen zumindest in der sogenannten Beta-Welt (Millner 1996) zu machen.

> » In beiden Bereichen sollten Begegnungs- und Rückzugsräume bestehen, welche die Heranwachsenden für sich nutzen und gestalten können (Süss et al. 2011, S. 33).

Unabhängig von der vertretenen Position beschäftigt sich die Mediensozialisation also mit den Einflüssen der Medien auf die Entwicklung von Menschen.

Mediendidaktik und Medienerziehung, die unauflöslich miteinander verbunden sind, fokussieren dagegen auf die intentionale Einflussnahme von Medien auf den Mediensozialisationsprozess.

7.11.5 Medienerziehung und Mediendidaktik

Medienerziehung ist als gezielte Intervention zu verstehen, um Medienkompetenz zu fördern. Sie wird intentional eingesetzt, um Kinder und Jugendliche zu einer kompetenten Mediennutzung zu befähigen. In diesem Sinne greift sie u. a. auch dann ein, wenn Mediensozialisation zu misslingen droht. Auf der anderen Seite beschäftigt sich die Medienerziehung auch damit, wie Medien instrumentalisiert werden können, um Erziehungs- und Bildungsprozesse zu optimieren. Diesen Aspekt thematisiert vor allem die sogenannte Mediendidaktik.

In der Medienerziehung werden drei Ansätze unterschieden: der kritische Ansatz, der handlungsorientierte und der werteorientierte.

Der *kritische Ansatz* verfolgt das Ziel, die Heranwachsenden zu einem kritischen Umgang mit Medien zu erziehen. Der *handlungsorientierte Ansatz* fokussiert demgegenüber auf eine aktive Auseinandersetzung mit Medien und auf praktisches Handeln. Man spricht auch von praktischer Medienarbeit. Vertreter dieses Ansatzes realisieren in der Medienerziehung z. B. praktische Filmprojekte. Die *werteorientierte Medienerziehung* möchte Kinder und Jugendliche dazu bringen, ein eigenes Wertesystem zu entwickeln, welches es ihnen ermöglicht, verantwortungsvolle Entscheidungen im Hinblick auf ihr eigenes Mediennutzungsverhalten zu treffen.

Während die *Medienerziehung* also das Lernen über Medien fokussiert, geht es in der *Mediendidaktik* um das Lernen mit Medien, was somit eng mit didaktischen und lehr-lern-theoretischen Überlegungen verknüpft ist. In der Mediendidaktik werden Überlegungen angestellt, wie Medien eingesetzt werden können, um das Lernen zu unterstützen. Es geht hier also weniger um das Lernen über Medien und das Lernen des Umgangs mit den Medien als um den Einsatz von Medien, um dadurch das Lernen zu unterstützen (vgl. Strittmatter und Niegemann 2000).

7.11.6 Handlungsansätze in der Medienpädagogik

Die Medienpädagogik wurde stets durch verschiedene Handlungsansätze geprägt. Man unterscheidet zwischen einem bewahrpädagogischen, einem reparierenden, einem aufklärenden, einem alltagsorientierten und einem partizipatorischen Ansatz. Diese Ansätze korrespondieren mit den Positionen der Medienpädagogik.

Vertretern des *bewahrpädagogischen Ansatzes* geht es darum, Kinder und Jugendliche vom schädlichen Einfluss der Medien fernzuhalten. Entsprechend der kulturpessimistischen Position vertreten sie die These, dass Medien zwangsläufig zur sozialen Isolation führen. Dies ist bezogen auf Computerspiele und die Technologien des Web 2.0 kaum nachvollziehbar und lässt sich auch

> » mit der Mediennutzungs- und Wirkungsforschung nicht stützen. Es gibt Risikogruppen, -konstellationen und -situationen, in denen der Medienumgang solche Effekte haben kann, aber Generalisierungen sind nicht statthaft (Süss et al. 2011, S. 87).

Aus diesem Grund „erscheint ein rein bewahrpädagogischer Ansatz im Zeitalter einer Medien- und Informationsgesellschaft kaum mehr ein realistisches und wünschenswertes Ziel" (Moser 2010, S. 143).

Ziel des *reparierpädagogischen Ansatzes* ist es, Kindern und Jugendlichen Unterstützung beim Verarbeiten der Erlebnisse und Erfahrungen in der Medienwelt zu bieten. Dazu initiieren Vertreter dieses Ansatzes z. B. Rollenspiele und regen die Kinder zur zeichnerischen Auseinandersetzung mit ihren Medienerfahrungen an.

Vertreter eines *aufklärenden medienpädagogischen Ansatzes* denken die Medienpädagogik vom Rezipienten aus. Sie verurteilen den Medienkonsum nicht pauschal, sondern versuchen zu ergründen, warum Rezipienten in welchen Situationen Medien nutzen. Ihr Ziel ist es, die Kinder und Jugendlichen zu kompetenten Mediennutzern zu erziehen. Es soll zunächst wertfrei mit den Medien umgegangen werden und schließlich auf einen reflektierten, bewussten Umgang mit den Medien hingewirkt werden.

In eine ähnliche Richtung denken und handeln auch die Vertreter des *alltagsorientierten Ansatzes*. Sie regen dazu an, Medienerfahrungen zu verarbeiten und den Medienalltag mit den Kindern und Jugendlichen bewusst zu reflektieren.

Einen Schritt weiter gehen Vertreter des *partizipatorischen Ansatzes*: Sie gehen „davon aus, dass eine kreative Auseinandersetzung mit den Medien am besten erfolgen kann, wenn man selbst Medienbotschaften gestaltet" (Süss et al. 2011, S. 98). In diesem Sinne regen sie Kinder und Jugendliche dazu an, selbst Medieninhalte zu generieren und damit einen Perspektivenwechsel vorzunehmen. Dadurch werden sie in die Lage versetzt, Medieninhalte auch aus der Produzentensicht zu reflektieren, und erkennen so Intentionen von Medienangeboten leichter.

Aus der Darstellung der verschiedenen Ansätze wird deutlich, dass kein Ansatz allein in Reinform heute als angemessen und ausreichend bewertet werden kann. Vielmehr ist eine situations- und individuumsspezifische Kombination verschiedener Ansätze angemessener.

7.11.7 Zusammenfassung

Versucht man die verschiedenen Ansätze auf einem Kontinuum anzuordnen, so wird deutlich, dass es zwei extreme Pole gibt, zwischen denen sich die anderen Positionen anordnen lassen: Die eine Extremposition sieht vorwiegend die negativen Einflüsse der Medien auf die Kinder und Jugendlichen, die andere betont ausschließlich die förderlichen Effekte der Medien. Wie so oft liegt aber auch hier die Wahrheit sicherlich in der Mitte. Aus diesem Grund findet jedes medienpädagogische Handeln in diesem Spannungsfeld statt und muss sich dort positionieren.

Aufgaben zum Festigen des neuen Wissens

1. Erstellen Sie eine Skizze, auf der Sie die Medienpädagogik, die Medienbildung, die Mediensozialisation, die Medienerziehung und die Mediendidaktik voneinander abgrenzen und ihre jeweiligen Gegenstandsbereiche benennen.
2. Skizzieren Sie die unterschiedlichen Positionen der Medienpädagogik.

Aufgaben zum Weiterdenken

1. Was ist aus der Sicht der Medienpädagogik am sinnvollsten: einem Sechsjährigen den Umgang mit dem Computer (Spiele und Internet) und dem Fernsehen komplett zu verbieten, die Zeit für den Umgang mit diesen Medien zu rationieren oder freien Zugang zu gewähren? Sammeln Sie Argumente für und gegen alle drei Möglichkeiten.
2. „Das Schwerste in der Erziehungsarbeit mit meinem sechsjährigen Sohn ist es, den Umgang mit dem iPad zu regulieren" (Zitat einer Mutter). Was ist daran wohl so schwer? Was würden Sie dieser Mutter raten?

Weiterführende Literatur

- Hartung, A., Schorb, B., Niesyto, H., Moser, H. & Grell, P. (Hrsg.) (2014). *Jahrbuch Medienpädagogik 10. Methodologie und Methoden medienpädagogischer Forschung*. Wiesbaden: Springer VS.
- Moser, H. (2010). *Einführung in die Medienpädagogik: Aufwachsen im Medienzeitalter* (5. Aufl.) Wiesbaden: VS Verlag für Sozialwissenschaften.
- Süss, D., Lampert, C., &Wijnen, C. (2011). *Medienpädagogik. Ein Studienbuch zur Einführung*. Wiesbaden: VS Verlag für Sozialwissenschaften.

Literatur

Apel, H. J., & Sacher, W. (2007). Schulpädagogik als Wissenschaft. In *Studienbuch Schulpädagogik* (S. 7–52). Bad Heilbrunn: Klinkhardt.

Arnold, K.-H. (2009). Lehr-Lernforschung ohne Allgemeine Didaktik? Über die Notwendigkeit einer integrierten Wissenschaft vom Unterricht. In K.-H. Arnold, S. Blömeke, R. Messner, & J. Schlömerkemper (Hrsg.), *Allgemeine Didaktik und Lehr-Lernforschung. Kontroversen und Entwicklungsperspektiven einer Wissenschaft vom Unterricht* (S. 27–46). Bad Heilbrunn: Klinkhardt.

Arnold, R., & Gonon, P. (2006). *Einführung in die Berufspädagogik*. Opladen: Budrich.

Auernheimer, G. (1996). *Einführung in die interkulturelle Erziehung*. Darmstadt: Primus.

Auferkorte-Michaelis, N., & Ladwig, A. (2011). Anforderungsprofil Lehrkompetenz: Über die Einstellung zur guten Lehre. In *Aspekte einer exzellenten universitären Lehre* (S. 95–109). Bad Heilbrunn: Klinkhardt.

AEVO (2009). *Ausbilder-Eignungsverordnung*. Bundesgesetzblatt Jahrgang 2009 Teil I Nr. 5, ausgegeben zu Bonn am 30. Januar 2009.

Balgo, R. (2002). Was ist Lernen ...? Ein Metalog. *System Schule – Zeitschrift für eine innovative Schulpraxis, 6*(4), 11–117.

Barr, R. B., & Tagg, J. (1995). From Teaching to Learning: A New Paradigm for Undergraduate Education. *Change, 27*(6), 13–25.

Baumert, J. (Hrsg.). (2001). *PISA 2000 : Basiskompetenzen von Schülerinnen und Schülern im internationalen Vergleich*. Opladen: Leske Budrich.

Becker, K. P. (1997). Die theoretische Funktion der Rehabilitationswissenschaft. In Verband Deutscher Rentenversicherungsträger (Hrsg.), *Interdisziplinarität und Vernetzung* (S. 231–232). Bad Homburg: WDV Wirtschaftsdienst.

Benner, D. (2006). Bildungsforschung Erziehungswissenschaft. Schlussreferat im Rahmen der von der DGfE veranstalteten Tagung „Erziehungswissenschaft und Bildungsforschung". In H. Merkens (Hrsg.), *Erziehungswissenschaft und Bildungsforschung* (S. 129–146). Wiesbaden: Verlag für Sozialwissenschaften.

Benner, D. (2009). Erziehung – Unterricht – Bildung. Für eine bildungstheoretisch ausgewiesene Kooperation von Allgemeiner Didaktik, Fachdidaktik und Bildungsforschung. In K.-H. Arnold, S. Blömeke, R. Messner, & J. Schlömerkemper (Hrsg.), *Allgemeine Didaktik und Lehr-Lernforschung. Kontroversen und Entwicklungsperspektiven einer Wissenschaft vom Unterricht* (S. 47–54). Bad Heilbrunn: Klinkhardt.

Berendt, B. (2003). Hochschuldidaktische Weiterbildung als Bestandteil von Qualitätssicherung und -entwicklung. Unterstützung durch die Akkreditierung hochschuldidaktischer Weiterbildungsveranstaltungen. In *Hochschuldidaktische Aus- und Weiterbildung, Grundlagen – Handlungsformen – Kooperationen* (S. 105–116). Bielefeld: W. Bertelsmann.

Berg, H.-C., Gerwig, M., & Wildhirt, S. (2013). Tätigkeitstheoretische bzw. kulturhistorisch orientierte Didaktik. *Jahrbuch für allgemeine Didaktik, 2*, 32–42.

Bleidick, U. (1996). Lernbehinderte gibt es eigentlich gar nicht. Oder: Wie man das Kind mit dem Bade ausschüttet. *Berufliche Rehabilitation, 10*(3), 182–193.

Bleidick, U. (1970). Sondererziehung. In J. Speck, & G. Wehle (Hrsg.), *Handbuch pädagogischer Grundbegriffe* (Bd. 2, S. 451–465). München: Kösel.

Blömeke, S. (2009). Allgemeine Didaktik ohne empirische Lernforschung? Perspektiven einer reflexiven Bildungsforschung. In K.-H. Arnold, S. Blömeke, R. Messner, & J. Schlömerkemper (Hrsg.), *Allgemeine Didaktik und Lehr-Lernforschung. Kontroversen und Entwicklungsperspektiven einer Wissenschaft vom Unterricht* (S. 13–26). Bad Heilbrunn: Klinkhardt.

Bohl, T., & Kleinknecht, M. (2009). Weiterentwicklung der Allgemeinen Didaktik – theoretische und empirische Impulse aus einer Aufgabenkulturanalyse. In K.-H. Arnold, S. Blömeke, R. Messner, & J. Schlömerkemper (Hrsg.), *Allgemeine Didaktik und Lehr-Lernforschung. Kontroversen und Entwicklungsperspektiven einer Wissenschaft vom Unterricht* (S. 145–158). Bad Heilbrunn: Klinkhardt.

Bönsch, M. (2006). *Allgemeine Didaktik*. Stuttgart: Kohlhammer.

Bromme, R. (1980). *Das Denken von Lehrern bei der Unterrichtsvorbereitung: Eine empirische Untersuchung zu kognitiven Prozessen von Mathematiklehrern*. Weinheim: Beltz.

Bundesassistentenkonferenz (BAK) (1970). *Forschendes Lernen – Wissenschaftliches Prüfen*. Schriften der Bundesassistentenkonferenz, Bd. 5. Bonn: BAK (Schriften der Bundesassistentenkonferenz 5). Neuaufl. Bielefeld: Universitätsverlag Webler.

Comenius, J. A. (1657/1992). *Große Didaktik*. Stuttgart: Klett-Cotta.

Cortina, K. S. (Hrsg.). (2003). *Das Bildungswesen in der Bundesrepublik Deutschland: Strukturen und Entwicklungen im Überblick*. Reinbek bei Hamburg: Rowohlt.

von Cube, F. (1965). *Kybernetische Grundlagen des Lernens und Lehrens*. Stuttgart: Klett.

Deutscher Bildungsrat (1973). *Zur Planung berufsqualifizierender Bildungsgänge im tertiären Bereich: verabschiedet auf der 31. Sitzung der Bildungskommission des Deutschen Bildungsrates am 22. Juni 1973*. Bonn: Deutscher Bildungsrat.

Deutscher Bildungsrat (1974). *Empfehlungen der Bildungskommission. Zur Neuordnung der Sekundarstufe II. Konzept für eine Verbindung von allgemeinem und beruflichem Lernen*. Stuttgart: Klett.

Diesterweg, A. (1989). *Volksbildung als allgemeine Menschenbildung* (1. Aufl.). Frankfurt am Main: Diesterweg. Jubiläumsausg

Dolch, J. (1967). *Grundbegriffe der pädagogischen Fachsprache* (6. Aufl.). München: Ehrenwirth.

Edelmann, D., Schmidt, J., & Tippelt, R. (2012). *Einführung in die Bildungsforschung*. Stuttgart: Kohlhammer.

Esslinger, I., & Sliwka, A. (2011). *Schulpädagogik. Bachelor/Master-Reihe*. Weinheim: Beltz.

Faulstich, P., & Zeuner, C. (1999). *Erwachsenenbildung: eine handlungsorientierte Einführung*. Weinheim: Juventa.

Frank, H. (1962). *Kybernetische Grundlagen der Pädagogik: eine Einführung in die Informationspsychologie und ihre philosophischen, mathematischen und physiologischen Grundlagen*. Baden-Baden: Agis.

Fröhlich-Gildhoff, K., Nentwig-Gesemann, I., & Haderlein, R. (2008). Forschung in der Frühpädagogik: Sinn – Standards – Herausforderungen. In K. Fröhlich-Gildhoff, I. Nentwig-Gesemann, & R. Haderlein (Hrsg.), *Forschung in der Frühpädagogik* (S. 13–36). Freiburg: Evangelische Hochschule.

Fröhlich-Gildhoff, K., Nentwig-Gesemann, I., & Haderlein, R. (Hrsg.). (2008a). *Forschung in der Frühpädagogik. Materialien zur Frühpädagogik* Bd. 1. Freiburg: Zentrum für Kinder- und Jugendforschung (ZfKJ).

Gogolin, I., & M. Krüger-Potratz, M. (2006). *Einführung in die Interkulturelle Pädagogik*. Opladen: Barbara Budrich.

Gruschka, A. (2009). Die Zukunft Allgemeiner Didaktik vor der Gegenwärtigkeit empirischer Unterrichtsforschung. In K.-H. Arnold, S. Blömeke, R. Messner, & J. Schlömerkemper (Hrsg.), *Allgemeine Didaktik und Lehr-Lernforschung. Kontroversen und Entwicklungsperspektiven einer Wissenschaft vom Unterricht* (S. 93–120). Bad Heilbrunn: Klinkhardt.

Hamburger, F. (2012). *Einführung in die Sozialpädagogik* (3. Aufl.). Stuttgart: Kohlhammer.

Hanselmann, H. (1976). *Einführung in die Heilpädagogik: prakt. Teil für Eltern, Lehrer, Anstaltserzieher, Jugendfürsorger, Richter und Ärzte* (9. Aufl.). Zürich: Rotapfel.

Hartung, A., Schorb, B., Niesyto, H., Moser, H. & Grell, P. (Hrsg.) (2014). *Jahrbuch Medienpädagogik 10. Methodologie und Methoden medienpädagogischer Forschung*. Wiesbaden: Springer VS.

Heimann, P. (1962). Didaktik als Theorie und Lehre. *Die Deutsche Schule, 54*, 407–472.

Heimann, P., Otto, G., & Schulz, W. (1965). *Unterricht: Analyse und Planung*. Hannover: Schroedel.

Helm, C. (2013). Eine Didaktik empirischer Potentiale. In *Jahrbuch für allgemeine Didaktik* (S. 59–71).

Helmke, A. (2009). *Unterrichtsqualität und Lehrerprofessionalität. Diagnose, Evaluation und Verbesserung des Unterrichts* (2. Aufl.). Seelze: Klett Kallmeyer.

Heudecker, S. (2010). „Kompetent lehren" – Ein zielgruppenspezifisches Pilotprojekt. In *Neue Impulse in der Hochschuldidaktik* (S. 255–271). Wiesbaden: VS Verlag für Sozialwissenschaften.

Hildeschmidt, A., & Schnell I. (Hrsg.) (1998). *Integrationspädagogik. Auf dem Weg zu einer Schule für alle*. Weinheim: Juventa.

Huber, L. (2003). Forschendes Lernen in Deutschen Hochschulen. Zum Stand der Diskussion. In A. Obolenski, & H. Meyer (Hrsg.), *Forschendes Lernen. Theorie und Praxis einer professionellen LehrerInnenausbildung* (S. 15–36). Bad Heilbrunn: Klinkhardt.

Jörg, H. (1970). *Unterrichtspraxis. Grundbegriffe und Grundfragen der Schulpädagogik und Allgemeinen Didaktik*. Oberursel: Finken Verlag.

Kade, J., & Seitter, W. (1996). *Lebenslanges Lernen – Mögliche Bildungswelten. Erwachsenenbildung, Biographie und Alltag*. Opladen: Leske + Budrich.

Kasüschke, D., & Fröhlich-Gildhoff, K. (2008). *Frühpädagogik heute. Herausforderungen an Disziplin und Profession. Grundlagen der Frühpädagogik* (1. Aufl.). Bd. 1. Köln: Carl Link.

Kiper, H. (2002). Lehrerin oder Lehrer werden – ein lebenslanger Entwicklungs- und Lernprozess?. In *Einführung in die Schulpädagogik* (S. 15–23). Berlin: Cornelsen Scriptor.

Kiper, H., & Mischke, W. (2004). *Einführung in die Allgemeine Didaktik*. Weinheim: Beltz.

Klafki, W. (1959). Didaktische Analyse als Kern der Unterrichtsvorbereitung. *Die Deutsche Schule, 50*(10), 450–471.

Klafki, W. (1976). Zum Verhältnis von Didaktik und Methodik. *Zeitschrift für Pädagogik, 22*, 77–94.

Klafki, W. (1989). Die bildungstheoretische Didaktik im Rahmen kritisch-konstruktiver Erziehungswissenschaft In H. Gudjons, R. Teske & R. Winkel (Hrsg.), *Didaktische Theorien* (S. 11-27). Hamburg: Bergmann + Helbig.

König, E., & Riedel, H. (1970). *Unterrichtsplanung als Konstruktion*. Weinheim: Beltz.

Kron, F. W. (2008). *Grundwissen Didaktik* (5. Aufl.). München: Reinhardt.

Lee, J.-H. (2010). *Inklusion – Eine kritische Auseinandersetzung mit dem Konzept von Andreas Hinz*. Oberhausen: Athena.

Meister, H., & Sander, A. (Hrsg.) (1993). *Qualifizierung für Integration*. St. Ingbert: Röhring.

Merkens, H. (2006). Bildungsforschung und Erziehungswissenschaft. In H. Merkens (Hrsg.), *Erziehungswissenschaft und Bildungsforschung* (S. 9–20). Wiesbaden: VS Verlag für Sozialwissenschaften.

Meyer, M. (2012). The present-day relevance of the didactical works of Jan Amos Comenius. *Jahrbuch für Allgemeine Didaktik, 2*, 11–45.

Millner, M. (1996). *Das Beta-Kind: Fernsehen und kindliche Entwicklung aus kinderpsychiatrischer Sicht* (1. Aufl.). Bern: Huber.

Mollenhauer, K. (1972). *Theorien zum Erziehungsprozess: zur Einführung in erziehungswissenschaftliche Fragestellungen*. München: Juventa.

Moor, P. (1965). *Heilpädagogik: ein pädagogisches Lehrbuch*. Bern: Huber.

Moser, H. (2010). *Einführung in die Medienpädagogik: Aufwachsen im Medienzeitalter* (5. Aufl.). Wiesbaden: VS Verlag für Sozialwissenschaften.

Nieke, W. (2008). *Interkulturelle Erziehung und Bildung*. Wiesbaden: VS Verlag für Sozialwissenschaften.

Niemeyer, C. (1999). *Theorie und Praxis der Sozialpädagogik*. Münster: Votum.

Peterßen, W. H. (2001). *Lehrbuch Allgemeine Didaktik* (4. Aufl.). München: Oldenburg.

Prenzel, M. (2006). Bildungsforschung zwischen Pädagogischer Psychologie und Erziehungswissenschaft. In H. Merkens (Hrsg.), *Erziehungswissenschaft und Bildungsforschung* (S. 69–79). Wiesbaden: VS Verlag für Sozialwissenschaften.

Rebmann, K., Tenfelde, W., & Schlömer, T. (2011). *Berufs- und Wirtschaftspädagogik: Eine Einführung in Strukturbegriffe* (4. Aufl.). Wiesbaden: Gabler.

Robinsohn, S. B. (1967). *Bildungsreform als Revision des Curriculum*. Berlin: Luchterhand.

Sassenroth, M. (2002). Verhältnis der Sonderpädagogik zur Allgemeinen Pädagogik. In *Sonderpädagogik* (S. 1–14). München: Oldenbourg.

Schäfer, K.-H., & Schaller, K. (1971). *Kritische Erziehungswissenschaft und kommunikative Didaktik*. Heidelberg: Quelle & Meyer.

Schnell, I., & Sander, A. (2004). *Inklusive Pädagogik*. Bad Heilbrunn: Klinkhardt.

Schulz, W. (1989). Die lehrtheoretische Didaktik. Oder: Didaktisches Handeln im Schulfeld – Modellskizze einer professionellen Tätigkeit. In H. Gudjons, R. Teske & R. Winkel (Hrsg.), *Didaktische Theorien* (S. 29-45). Hamburg: Bergmann + Helbig.

Seel, N. M., & Zierer, K. (2012). General Didactics and Instructional Design. In *Jahrbuch für allgemeine Didaktik 1* (S. 77–107).

Siebert, H. (1997). Seminarplanung und -organisation. In R. Tippelt (Hrsg.), *Handbuch Erwachsenenbildung/Weiterbildung*. Opladen: Leske + Budrich.

Siebert, H., & Gerl, H. (1975). *Lehr- und Lernverhalten bei Erwachsenen* (1. Aufl.). Braunschweig: Westermann.

Spitzer, M. (2005). *Vorsicht Bildschirm!: elektronische Medien, Gehirnentwicklung, Gesundheit und Gesellschaft* (3. Aufl.). Stuttgart: Klett.

Strittmatter, P., & Niegemann, H.M. (2000). Lehren und Lernen mit Medien. Eine Einführung. Darmstadt: Wissenschaftliche Buchgesellschaft.

Strzelewicz, W., Raapke, H.-D., & Schulenberg, W. (1966). *Bildung und gesellschaftliches Bewußtsein: eine mehrstufige soziologische Untersuchung in Westdeutschland*. Stuttgart: Enke.

Süss, D., Lampert, C., & Wijnen, C. (2011). *Medienpädagogik. Ein Studienbuch zur Einführung*. Wiesbaden: VS Verlag für Sozialwissenschaften.

Terhart, E. (2012). *Drifting Didactics*. Jahrbuch für allgemeine Didaktik. (S. 65–76).

Thole, W. (2005). Soziale Arbeit als Profession und Disziplin. Das sozialpädagogische Projekt in Praxis, Theorie, Forschung und Ausbildung – Versuche einer Standortbestimmung. In W. Thole (Hrsg.), *Grundriss Soziale Arbeit. Ein einführendes Handbuch* (2. Aufl. S. 15–60). Wiesbaden: VS Verlag für Sozialwissenschaften.

Tibi, B. (2000). *Europa ohne Identität? Leitkultur oder Wertebeliebigkeit*. München: Siedler.

Tibi, B. (2002). http://www.bpb.de/apuz/26535/leitkultur-als-wertekonsens?p=2 (abgerufen am 13.03.2013)

Tillmann, K.-J. (2006). Schulpädagogik und Bildungsforschung: Aktuelle Trends vor dem Hintergrund langfristiger Entwicklungen. In H. Merkens (Hrsg.), *Erziehungswissenschaft und Bildungsforschung* (S. 81–95). Wiesbaden: VS Verlag für Sozialwissenschaften.

Tippelt, R., & Schmidt, B. (Hrsg.). (2009). *Handbuch Bildungsforschung* (2. Aufl.). Wiesbaden: VS Verlag für Sozialwissenschaften.

UNO (2006). *Convention on the Rights of Persons with Disabilities*. New York: United Nations.

Welbers, U. (Hrsg.). (2003). *Hochschuldidaktische Aus- und Weiterbildung*. Bielefeld: W. Bertelsmann.

Wiechmann, J. (2003). *Schulpädagogik*. Baltmannsweiler: Schneider Hohengehren.

Wildt, J. (2003). Forschendes und reflexives Lernen – eine hochschuldidaktische Perspektive auf die modularisierte Lehrerbildung. In A. Schlüter (Hrsg.), *Aktuelles und Querliegendes zur Didaktik und Curriculumentwicklung. Festschrift für Werner Habel* (S. 160–181). Bielefeld: W. Bertelsmann.

Wildt, J., & Eberhardt, U. (2010). Einleitung: Neue Impulse? Hochschuldidaktik nach der Strukturreform. In *Neue Impulse in der Hochschuldidaktik* (S. 11–23). Wiesbaden: VS Verlag für Sozialwissenschaften.

Wisotzki, K. H. (2000). *Integration Behinderter*. Stuttgart: Kohlhammer.

Wittpoth, J. (2006). *Einführung in die Erwachsenenbildung* (2. Aufl.). Opladen und Farmington Hills: Verlag Barbara Budrich.

Yousefi, H.R., & Braun, I. (2011). *Interkulturalität. Eine interdisziplinäre Einführung*. Darmstadt: Wissenschaftliche Buchgesellschaft.

Zierer, K. (2010). *Alles prüfen! Das Beste behalten!: zur Eklektik in Lehrbüchern der Didaktik und des Instructional Design*. Baltmannsweiler: Schneider Hohengehren.

Zierer, K. (2013). *Eklektische Didaktik*. Jahrbuch für Allgemeine Didaktik. (S. 213–218).

Serviceteil

N. M. Seel, U. Hanke, *Erziehungswissenschaft*,
DOI 10.1007/978-3-642-55206-9,

Stichwortverzeichnis

A

B

C

D

E

F

G

H

I

J

K

L

N

O

P

Q

R

S

T

X

Y

Z

Printing and Binding: Stürtz GmbH, Würzburg